U0162845

"十三五"国家重点出版物出版规划项目

铸　造　手　册

第 1 卷

铸　铁

第 4 版

中国机械工程学会铸造分会　组　编

李　卫　主　编

机 械 工 业 出 版 社

《铸造手册》第4版共分铸铁、铸钢、铸造非铁合金、造型材料、铸造工艺和特种铸造6卷出版。本书为铸铁卷。第4版对第3版做了全面的修订，除更新了许多旧标准外，在内容上也做了较大的修改，使其内容更为新颖、全面、实用。本书包括绪论、铸铁的基础知识、铸铁的质量检测、灰铸铁、球墨铸铁、蠕墨铸铁、可锻铸铁、耐磨铸铁、冷硬铸铁、耐热铸铁、耐蚀铸铁、铸铁熔炼共12章，主要介绍了生产优质铸铁所必须掌握的基础知识，铸铁材料的各项测试技术，各种铸铁的现行标准、牌号、化学成分、金相组织，以及提高材料性能的方法和典型铸件，冲天炉、电炉和双联等铸铁熔炼方法，熔炼的节能与环境保护，生产各种铸铁的原辅材料等内容；附录中列出了各种铸铁的现行国际标准和主要工业发达国家的标准以供参考。本书由中国机械工程学会铸造分会组织编写，内容系统全面，具有权威性、科学性、实用性、可靠性和先进性。

本书可供铸造工程技术人员、质量检验和生产管理人员使用，也可供设计人员、科研人员和相关专业的在校师生参考。

图书在版编目（CIP）数据

铸造手册. 第1卷，铸铁/中国机械工程学会铸造分会组编；李卫主编. —4版. —北京：机械工业出版社，2021.2（2024.1重印）
"十三五"国家重点出版物出版规划项目
ISBN 978-7-111-67449-8

Ⅰ. ①铸…　Ⅱ. ①中…②李…　Ⅲ. ①铸造－技术手册②铸铁－技术手册　Ⅳ. ①TG2-62②TG143-62

中国版本图书馆CIP数据核字（2021）第009758号

机械工业出版社（北京市百万庄大街22号　邮政编码100037）
策划编辑：陈保华　　　　责任编辑：陈保华　李含杨
责任校对：张　征　张　薇　封面设计：马精明
责任印制：单爱军
北京虎彩文化传播有限公司印刷
2024年1月第4版第2次印刷
184mm×260mm·63印张·2插页·2166千字
标准书号：ISBN 978-7-111-67449-8
定价：199.00元

电话服务　　　　　　　　网络服务
客服电话：010-88361066　机　工　官　网：www.cmpbook.com
　　　　　010-88379833　机　工　官　博：weibo.com/cmp1952
　　　　　010-68326294　金　书　网：www.golden-book.com
封底无防伪标均为盗版　机工教育服务网：www.cmpedu.com

第 4 版前言

进入 21 世纪后，我国铸造行业取得了长足发展。2019 年，我国铸件总产量接近 4900 万 t，已连续 20 年位居世界第一，我国已成为铸造大国。但我们必须清楚地认识到，与发达国家相比，我国的铸造工艺技术水平、工艺手段还有一定的差距，我国目前还不是铸造强国。

1991 年，中国机械工程学会铸造分会与机械工业出版社合作，组织有关专家学者编辑出版了《铸造手册》第 1 版。随着铸造技术的不断发展，2002 年修订出版第 2 版，2011 年修订出版了第 3 版。《铸造手册》的出版及后来根据技术发展情况进行的修订再版，为我国铸造行业的发展壮大做出了重要的贡献，深受广大铸造工作者欢迎。两院院士、中国工程院原副院长师昌绪教授，中国科学院院士、上海交通大学周尧和教授，中国科学院院士、机械科学研究院原名誉院长雷天觉教授，中国工程院院士、中科院沈阳金属研究所胡壮麒教授，中国工程院院士、西北工业大学张立同教授，中国工程院院士、清华大学柳百成教授等许多著名专家、学者都曾对这套手册的出版给予了高度评价，认为手册内容丰富、数据可靠，具有科学性、先进性、实用性。这套手册的出版发行对跟踪世界先进技术、提高铸件质量、促进我国铸造技术进步起到了积极的推进作用，在国内外产生了较大的影响，取得了显著的社会效益和经济效益。《铸造手册》第 1 版 1995 年获机械工业出版社科技进步奖（暨优秀图书）一等奖，1996 年获中国机械工程学会优秀工作成果奖，1998 年获机械工业部科技进步奖二等奖。

《铸造手册》第 3 版出版后的近 10 年来，科学技术发展迅猛，先进制造技术不断涌现，技术标准及工艺参数不断更新和扩充，我国经济已由高速增长阶段转向高质量发展阶段，铸造行业的产品及技术结构发生了很大变化和提升，铸造生产节能环保要求不断提高，第 3 版手册的部分内容已不能适应当前铸造生产实际及技术发展的需要。

为了满足我国国民经济建设发展和广大铸造工作者的需要，助力我国铸造技术提升，推进我国建设铸造强国的发展进程，我们决定对《铸造手册》第 3 版进行修订，出版第 4 版。2017年 11 月，由中国机械工程学会铸造分会组织启动了《铸造手册》第 4 版的修订工作。第 4 版基本保留了第 3 版的风格，仍由铸铁、铸钢、铸造非铁合金、造型材料、铸造工艺、特种铸造共 6 卷组成；第 4 版除对第 3 版中陈旧的内容进行删改外，着重增加了近几年来国内外涌现出的新技术、新工艺、新材料、新设备的相关内容，全面贯彻现行标准，修改内容累计达 40% 以上；第 4 版详细介绍了先进实用的铸造技术，数据翔实，图文并茂，基本反映了当前国内外铸造领域的技术现状及发展趋势。

经机械工业出版社申报、国家新闻出版署评审，2019 年 8 月《铸造手册》第 4 版列入了"十三五"国家重点出版物出版规划项目。《铸造手册》第 4 版将以崭新的面貌呈现给广大的铸造工作者。它将对指导我国铸造生产，推进我国铸造技术进步，促进我国从铸造大国向铸造强国转变发挥积极作用。

《铸造手册》第 4 版的编写班子实力雄厚，共有来自工厂、研究院所及高等院校 34 个单位的 130 名专家学者参加编写。各卷主编如下：

第 1 卷　铸铁　暨南大学先进耐磨蚀及功能材料研究院院长李卫教授。

第 2 卷　铸钢　机械科学研究总院集团副总经理娄延春研究员。

第 3 卷　铸造非铁合金　北京航空材料研究院院长戴圣龙研究员，上海交通大学丁文江教授（中国工程院院士）。

第 4 卷　造型材料　华中科技大学李远才教授。

第 5 卷　铸造工艺　沈阳铸造研究所有限公司苏仕方研究员。

第 6 卷　特种铸造　清华大学吕志刚教授。

本书为《铸造手册》的第 1 卷，其编写组织工作得到了暨南大学的大力支持，编写工作在本书编委会主持下完成。主编李卫教授和副主编刘金海教授全面负责，会同编委完成各章的审定工作。本书共 12 章，各章的编写分工如下：

第 1 章　暨南大学李卫教授。

第 2 章　河北工业大学刘金海教授。

第 3 章　安徽省机械科学研究所宋量教授级高工。

第 4 章　河北工业大学刘金海教授。

第 5 章　宁夏共享集团股份有限公司原晓雷教授级高工。

第 6 章　河北工业大学刘金海教授。

第 7 章　玫德集团有限公司邵邦印高工、张明远教授级高工。

第 8 章　暨南大学李卫教授。

第 9 章　邢台鸿科高速钢轧辊有限公司秦英方高工。

第 10 章　暨南大学涂小慧教授级高工。

第 11 章　暨南大学宋东东副研究员。

第 12 章　一汽铸造有限公司尹庆华高工、胡金豹教授级高工。

附　　录　暨南大学崔绍刚副研究员。

本书由主编李卫教授与责任编辑陈保华编审共同完成统稿工作。

本书的编写工作得到了暨南大学、河北工业大学、安徽省机械科学研究所、宁夏共享集团股份有限公司、玫德集团有限公司、邢台鸿科高速钢轧辊有限公司、一汽铸造有限公司、钢铁耐磨材料产业技术创新战略联盟等单位的大力支持，在此一并表示感谢。由于编者水平有限，不妥之处在所难免，敬请读者指正。

中国机械工程学会铸造分会

机械工业出版社

第3版前言

新中国成立以来，我国铸造行业获得了很大发展，年产量超过 3500 万 t，位居世界第一；从业人员超过 300 万人，是世界规模最大的铸造工作者队伍。为满足行业及广大铸造工作者的需要，机械工业出版社于 1991 年编辑出版了《铸造手册》第 1 版，2002 年出版了第 2 版，手册共 6 卷 813 万字。自第 2 版手册出版发行以来，各卷先后分别重印 4~6 次，深受广大铸造工作者欢迎。两院院士、中国工程院副院长师昌绪教授，科学院院士、上海交通大学周尧和教授，科学院院士、机械科学研究院名誉院长雷天觉教授，工程院院士、中科院沈阳金属研究所胡壮麒教授，工程院院士、西北工业大学张立同教授，工程院院士、清华大学柳百成教授等许多著名专家、学者都曾对这套手册的出版给予了高度评价，认为手册内容丰富、数据可靠，具有科学性、先进性、实用性。这套手册的出版发行对跟踪世界先进技术，提高铸件质量，促进我国铸造技术进步起到了积极推进作用，在国内外产生较大影响，取得了显著的社会效益及经济效益。第 1 版手册 1995 年获机械工业出版社科技进步奖（暨优秀图书）一等奖，1996 年获中国机械工程学会优秀工作成果奖，1998 年获机械工业部科技进步奖二等奖。

第 2 版手册出版后的近 10 年来，科学技术迅猛发展，先进制造技术不断涌现，标准及工艺参数不断更新，特别是高新技术的引入，使铸造行业的产品及技术结构发生了很大变化，手册内容已不能适应当前生产实际及技术发展的需要。应广大读者要求，我们对手册进行了再次修订。第 3 版修订工作由中国机械工程学会铸造分会和机械工业出版社负责组织和协调。

修订后的手册基本保留了第 2 版的风格，仍由铸铁、铸钢、铸造非铁合金、造型材料、铸造工艺、特种铸造共 6 卷组成。第 3 版除对第 2 版已显陈旧落后的内容进行删改外，着重增加了近几年来国内外涌现出的新技术、新工艺、新材料、新设备的相关内容，并以最新的国内外技术标准替换已作废的旧标准，同时采用法定计量单位，修改内容累计达 40% 以上。第 3 版手册详细介绍了先进实用的铸造技术，数据翔实，图文并茂，基本反映了 21 世纪初的国内外铸造领域的技术现状及发展趋势。新版手册将以崭新的面貌为铸造工作者提供一套完整、先进、实用的技术工具书，对指导生产、推进 21 世纪我国铸造技术进步，使我国从铸造大国向铸造强国转变将发挥积极作用。

第 3 版手册的编写班子实力雄厚，共有来自工厂、研究院所及高等院校 40 多个单位的 110 名专家教授参加编写，而且有不少是后起之秀。各卷主编如下：

第 1 卷　铸铁　中国农业机械化科学研究院原副院长张伯明研究员。
第 2 卷　铸钢　沈阳铸造研究所所长娄延春研究员。
第 3 卷　铸造非铁合金　北京航空材料研究院院长戴圣龙研究员。
第 4 卷　造型材料　清华大学黄天佑教授。
第 5 卷　铸造工艺　机械研究院院长李新亚研究员。
第 6 卷　特种铸造　清华大学姜不居教授。

本书为《铸造手册》的第 1 卷，其编写组织工作得到了中国农业机械化科学研究院的大力支持，在本书编委会的主持下，经过许多同志的辛勤工作而完成。主编张伯明研究员和副主编陆文华教授、孙国雄教授全面负责，会同编委完成各章的审定工作。全书共 12 章，各章编写分工如下：

第 1 章 清华大学吴德海教授。

第 2 章 西安交通大学陆文华教授。

第 3 章 沈阳铸造研究所赵芳欣研究员、于波研究员。

第 4 章 中国农业机械化科学研究院张伯明研究员。

第 5 章 东南大学孙国雄教授。

第 6 章 一汽集团公司无锡柴油机厂应忠堂研究员级高工。

第 7 章 河北龙凤山铸业有限公司钱立教授。

第 8 章 暨南大学李卫教授。

第 9 章 邢台机械轧辊（集团）有限公司苏长岐研究员级高工，邢台德龙机械轧辊有限公司秦英方高工。

第 10 章 东南大学孙国雄教授。

第 11 章 沈阳铸造研究所齐笑冰研究员、于波研究员。

第 12 章 江苏大学何光新教授。

附录 中国农业机械化科学研究院胡家骢研究员。

本书统稿工作由主编张伯明研究员与责任编辑余茂祚研究员级高工共同完成。

本书的编写工作得到了各编写人员所在单位的大力支持，也得到了苏州振吴电炉有限公司、淄博蠕墨铸铁股份有限公司、江阴市铸造设备厂有限公司、苏州市兴业铸造材料有限公司、河北龙凤山铸业有限公司、北京海德华机械设备有限公司的大力支持，在此一并表示感谢。由于编者水平有限，错误之处在所难免，敬请读者指正。

中国机械工程学会铸造分会

机械工业出版社

第2版前言

新中国成立以来，我国铸造行业获得很大发展，年产量超过千万吨，位居世界第二；从业人员超过百万人，是世界规模最大的铸造工作者队伍。为满足行业及广大铸造工作者的需要，机械工业出版社于1991年编辑出版了《铸造手册》第1版，共6卷610万字。第1版手册自出版发行以来，各卷先后分别重印3～6次，深受广大铸造工作者欢迎。两院院士、中国工程院副院长师昌绪教授，科学院院士、上海交通大学周尧和教授，科学院院士、机械科学研究院名誉院长雷天觉教授，工程院院士、中科院沈阳金属研究所胡壮麒教授，工程院院士、西北工业大学张立同教授等许多著名专家、学者都对这套手册的出版给予了高度评价，认为手册内容丰富、数据可靠，具有科学性、先进性、实用性。这套手册的出版发行对跟踪世界先进技术、提高铸件质量、促进我国铸造技术进步起到了积极推进作用，在国内外产生较大影响，取得了显著的经济效益及社会效益。第1版手册1995年获机械工业出版社科技进步奖（暨优秀图书）一等奖，1996年获中国机械工程学会优秀工作成果奖，1998年获机械工业部科技进步奖二等奖。

第1版手册出版后的近10年来，科学技术迅猛发展，先进制造技术不断涌现，标准及工艺参数不断更新，特别是高新技术的引入，使铸造行业的产品及技术结构发生很大变化，手册内容已不能适应当前生产实际及技术发展的需要。应广大读者要求，我们对手册进行了修订。第2版修订工作由中国机械工程学会铸造分会和机械工业出版社负责组织和协调。

修订后的手册基本保留了第1版风格，仍由铸铁、铸钢、铸造非铁合金、造型材料、铸造工艺、特种铸造共6卷组成。为我国进入WTO，与世界铸造技术接轨，并全面反映当代铸造技术水平，第2版除对第1版已显陈旧落后的内容进行删改外，着重增加了近十几年来国内外涌现出的新技术、新工艺、新材料、新设备的相关内容，并以最新的国内外技术标准替换已作废的旧标准，同时采用新的计量单位，修改内容累计达40%以上。第2版手册详细介绍了先进实用的铸造技术，数据翔实，图文并茂，基本反映了20世纪90年代末至21世纪初国内外铸造领域的技术现状及发展趋势。新版手册将以崭新的面貌为铸造工作者提供一套完整、先进、实用的技术工具书，对指导生产、推进21世纪我国铸造技术进步将发挥积极作用。

第2版手册的编写班子实力雄厚，共有来自工厂、研究院所及高等院校40多个单位的109名专家教授参加编写。各卷主编如下：

第1卷　铸铁　中国农业机械化研究院副院长张伯明研究员。

第2卷　铸钢　中国第二重型机械集团公司总裁姚正耀研究员级高工。

第3卷　铸造非铁合金　北京航空材料研究院院长刘伯操研究员。

第4卷　造型材料　清华大学黄天佑教授。

第5卷　铸造工艺　沈阳铸造研究所总工程师王君卿研究员。

第6卷　特种铸造　中国新兴铸管集团公司董事长范英俊研究员级高工。

本书为《铸造手册》的第1卷，其编写组织工作得到了中国农业机械化科学研究院的大力支持，在该卷编委会的主持下，经过许多同志辛勤劳动而完成。主编张伯明研究员和副主编陆文华教授全面负责，会同编委完成各章的审定工作。各章编写分工如下：

第1章　清华大学吴德海教授。

第2章　西安交通大学陆文华教授。

第3章　沈阳铸造研究所赵芳欣高工。

第4章　中国农业机械化科学研究院张伯明研究员、胡家骢研究员。

第5章　清华大学吴德海教授。

第6章　一汽集团无锡柴油机厂唐力高工。

第7章　宏德天津矿业有限公司钱立教授。

第8章　广州有色研究院耐磨所李卫研究员级高工。

第9章　邢台机械轧辊（集团）有限公司苏长岐研究员级高工、周守航高工。

第10章　山东工业大学李秀真教授、于化顺教授。

第11章　沈阳铸造研究所申泽骥研究员级高工。

第12章　一汽集团公司工艺材料所刘长锁高工、陈位铭高工。

附　录　中国农业机械化科学研究院关洪国高工。

本书统稿工作由主编张伯明研究员与责任编辑余茂祚研究员级高工共同完成。

本书的编写工作得到了各编写人员所在单位的大力支持，也得到了陶令桓顾问等有关同志的大力支持，在此一并表示感谢。由于编者水平有限，不周之处，在所难免，敬请读者指正。

中国机械工程学会铸造分会编译出版工作委员会

第1版前言

随着科学技术和国民经济的发展，各行各业都对铸造生产提出了新的更高的要求，而铸造技术与物理、化学、冶金、机械等多种学科有关，影响铸件质量和成本的因素又很多。所以正确使用合理的铸造技术，生产质量好、成本低的铸件并非易事。有鉴于此，为了促进铸造生产的发展和技术水平的提高，并给铸造技术工作者提供工作上的方便，我会编辑出版委员会与机械工业出版社组织有关专家编写了由铸钢、铸铁、铸造非铁合金（即有色合金）、造型材料、铸造工艺、特种铸造六卷组成的《铸造手册》。

手册的内容，从生产需要出发，既总结了国内行之有效的技术经验，也搜集了国内有条件并应推广的国外先进技术。手册以图表数据为主，辅以适当的文字说明。

手册的编写工作由铸造专业学会编译出版委员会和机械工业出版社负责组织和协调。本卷的编写工作是在铸造专业学会铸铁及熔炼专业委员会的支持下，在本卷编委会的主持下，由近30位同志辛勤劳动完成的。由主编、机械电子工业部机械科学研究院陶令恒负责全书统编工作。各章编写分工如下：

第一章　吴德海（清华大学）。

第二章　陆文华（西安交通大学）、王家炘（陕西机械学院）、张宝庆（机械电子工业部郑州机械研究所）。

第三章　李德珊（机械电子工业部沈阳铸造研究所）、王世元（沈阳铸造厂）、吴又玄（机械电子工业部沈阳铸造研究所）、赵维俊（大连理工大学）。

第四章　张伯明、胡家骢（机械电子工业部中国农业机械化科学研究院）、马敬仲（北京第一机床厂）。

第五章　王云昭、唐玉林（机械电子工业部沈阳铸造研究所）。

第六章　楼恩贤（北京农业工程大学）、曾大本（清华大学）、刘静远（机械电子工业部沈阳铸造研究所）。

第七章　陈永民（昆明工学院）、钱翰城（重庆大学）。

第八章　陆文华、周庆德（西安交通大学）、胡起萱（湖南省机械研究所）、柳葆铠（清华大学）。

第九章　杨士浩（山东工业大学）。

第十章　姜炳焕（机械电子工业部沈阳铸造研究所）。

第十一章　陈琦（机械电子工业部沈阳铸造研究所）、林克光（沈阳工业大学）、胡起萱、刘幼华（机械电子工业部沈阳铸造研究所）。

第十二章　姜炳焕、唐玉林。

附　　录　胡家骢。

本书的编写工作得到了机械电子工业部机械科学研究院、西安交通大学、机械电子工业部沈阳铸造研究所、中国农业机械化科学研究院、机械电子工业部郑州机械研究所、扬州柴油机厂等许多工厂、科研单位和高等院校的大力支持，以及柳百成（清华大学）、曾艺成（机械电子工业部机械科学研究院）、崔春芳（沈阳市钢铁研究所）、于泉根、李安民（机械电子工业部沈阳铸造研究所）、高志栋（清华大学）等许多同志的帮助。此外，参加本卷审稿工作的除主审外，还有陈农（郑州纺织机械厂）、王贻青（陕西机械学院）、胡学文（机械电子工业部机械科学研究院）等，在此一并致谢。由于水平有限，书中难免有不当和错误之处，恳请读者批评指正，以便再版时予以订正。

中国机械工程学会铸造专业学会

本书主要符号表

符号	名　称	单　位	符号	名　称	单　位
R_m	抗拉强度		H	磁场强度	A/m
R_{mc}	抗压强度		B	磁感应强度	T
$R_{p0.2}$	条件屈服强度		μ、ν	泊松比	
R_{mcp}	抗压屈服强度		w	质量分数	
σ_{bb}	抗弯强度		φ	体积分数	
τ_b	抗剪强度		A	奥氏体	
S	疲劳强度		P	珠光体	
S_D	弯曲疲劳强度		B	贝氏体、奥铁体	
$R_{ut/T}$	持久强度	MPa 或 N/mm^2	M	马氏体	
σ_e	弹性极限		L_d	莱氏体	
σ	应力		Fe_3C	渗碳体	
σ_c	临界应力		S	索氏体、时效态	
σ_p	非比例伸长应力		G	石墨	
τ	切应力		C	碳化物、淬火态	
E	弹性模量		CE	碳当量	
G	切变模量		RE	稀土	
A	断后伸长率		Z	铸态	
ε	应变	%	Zh	正火态	
Z	断面收缩率		H	回火态	
K、KV、KU	冲击吸收能量	J	D	等温淬火态	
a_K	冲击韧度	J/cm^2	ADI	等温淬火球墨铸铁	
K_{IC}	平面应变断裂韧度	MPa·m$^{1/2}$ 或 N/cm$^{3/2}$	S_c	共晶度	
HBW	布氏硬度		HG	硬化度	
HRA			RH	相对硬度	
HRB	洛氏硬度		RG	成熟度	
HRC			Qi	品质系数	
HM	马氏硬度		Mf	马氏体转变终了温度	
HV	维氏硬度		Ms	马氏体转变开始温度	
HK	努氏硬度		Ac_1	加热时共析转变临界温度	℃
HS	肖氏硬度		Ar_1	冷却时共析转变临界温度	
λ	热导率	W/(m·K)			
c	比热容	J/(kg·K)			
ρ	密度、电阻率	g/cm^3 或 t/m^3、Ω·m			
γ	电导率	S/m			
a_l	线胀系数	K^{-1}	筛号	与旧标准的目等同	

目　录

第1章 绪 论

材料、能源、信息和生命科技是当代科学技术的四大支柱。进入21世纪以来，新材料技术、新能源技术、信息技术、生物技术广泛渗透，带动几乎所有领域发生了群体性技术革命。其中，材料技术给人类文明和社会进步提供了坚实的物质基础，是制造业强国的重大基础要素。

迄今，工程材料包括金属材料、高分子材料、无机非金属材料和复合材料。其中，金属材料在全部工程材料中占据绝大多数。在金属材料中，因成形方法的不同有轧制金属材料、铸造金属材料和锻造金属材料。其中，铸造金属材料在全部金属材料的比重是 $1/10 \sim 1/7$。在铸造金属材料中，尽管铝、镁等铸造合金发展迅速，但是铸铁，特别是球墨铸铁和特种性能铸铁也在快速发展。迄今，铸铁材料仍占据铸造金属材料的主导地位。

1.1 铸铁发展简史

自从地球上的矿物被发现以来，金属铸造在人类社会发展中一直起着重要作用。作为各种技术发展不可分割的一部分，铸造使我们能制造出人类赖以生存的器皿、零部件和设备，使人类能为争取自立而奋斗，使我们能够制造出汽车、火车和飞机。总之，金属铸造是人类迈向美好生活，特别是制造业发展不可缺少的关键技术。

人类进入文明社会是以使用金属铸造材料（铜与铁）开始的。世界上最早的文明古国都先后进入过青铜器时代，早在公元前4000年，古埃及人便掌握了炼铜技术。我国用矿石炼铜始于公元前2000年（夏代早期）。晚商和西周是我国青铜时代的鼎盛时期，重达800余kg的后母戊大方鼎，至今仍珍藏在中国国家博物馆。铜是人类最先使用的金属，在青铜器时代，铁比铜要宝贵，这是因为当时炼铜要比炼铁更容易；并且，在地球表层中往往有呈自然金属状态存在的自然铜，以"露头"形式存在，因而容易被发现和开采。

人类最早使用的铁是陨石铁（又称自然铁，也称陨铁），古埃及在至今5000年以前的前王朝时期，曾用镍的质量分数为7.5%的陨石铁做成铁珠。陨石铁的主要成分是铁和镍，这两者的一般质量分数在98%以上。其中，$w(\text{Ni})$ 为 $4\% \sim 20\%$，余为铁；其他杂质元素中，除 $w(\text{Co})$ 为 $0.3\% \sim 1.0\%$ 外，磷、硫和碳含量均是很低的：$w(\text{P}) = 0.1\% \sim 0.3\%$，$w(\text{S}) = 0.2\% \sim 0.6\%$，$w(\text{C}) = 0.01\% \sim 0.2\%$。

从美索不达米亚出土的文物证明，在公元前大约3000年就有了铁器；在公元前2000年就知道了铸铁技艺。尽管古希腊人和古罗马人在很有限的范围内知道铸铁的技艺，但是他们对铸铁技术及应用远不能和中国古代所掌握的铸铁技术和发展应用相比拟。

古代文物表明，中国人早在2500年前就制作了铸铁件，重达270kg的铸铁刑鼎，是公元前513年铸造成功的。此外，还有江苏六合程桥出土的春秋晚期楚墓的铁丸，长沙楚墓的铁臿和铁鼎等。战国初期出现了用热处理法制取韧性铸铁的工艺，战国后期出现了铁范。由此可见，在我国生产铸铁要比其他国家早许多个世纪。

铸铁在我国得到迅速的发展，这在很大程度上是由于熔炼设备的改善和拥有丰富的原材料。采用风箱，取得了较大的风量，使铁矿石与木炭在高温下长时间保持接触，从而得到了适于浇注到铸型中的铁液。为了增加流动性，中国人早就知道加入动物或人体骨骼以增磷。

多少世纪以前，我国人民就把铸铁件用于制作各种制品，如铸铁炊具、钟、农业机具和各种容器等。但是，就全世界范围来说，在工业革命以前，铸铁件的用途主要是兵器、祭器和艺术品。

虽然铸铁的历史经历了漫长的岁月，达几千年之久，但其发展速度缓慢。直到公元1722年，出现了 R. A. F. De Reaumur 冲天炉，并开始用显微镜研究铸铁的组织和断口；之后，于1734年 Svedenberg 写的《铸铁学》（"de ferro"）问世。特别是1765—1785年之间，出现了瓦特蒸汽机，由此，在机器制造业和桥梁建筑业中大量使用铸铁，并开始采用铸铁制造铁轨。公元1788年，为巴黎的自来水厂铸造了60km长的输水铸铁管，把它通向凡尔赛宫，以提供法国宫廷生活用水。从此，铸铁走上了工业发展的道路。要特别指出的是，考虑到输水管应具有足够的耐压和耐蚀能力，并应具有足够的韧性以支撑土壤的下沉压力，这条通向凡尔赛王宫的世界第一条输水管道是用可锻铸铁制作的。

从近代物理冶金学的观点来看，铸铁是一种铁碳硅合金，一般碳的质量分数为 2.0% ~ 4.5%；硅的质量分数为 1% ~ 3%。此外，铸铁中还含有锰、磷、硫及其他合金元素。按铸铁中是否有石墨存在，把铸铁分成石墨型铸铁和白口铸铁；按石墨形态的不同，可以分为灰铸铁、球墨铸铁、蠕墨铸铁和可锻铸铁。此外，按铸铁中是否含有除常规元素以外的合金元素，还可把铸铁分成普通铸铁与合金铸铁，合金元素含量较高且具有一些特殊性能的铸铁也可称作特种性能铸铁。现将各种铸铁的发展分别简述如下。

1.1.1　灰铸铁

灰铸铁的发展首先是以获得体积分数为 100% 的珠光体基体组织为目标的，为此，铸铁工作者已经奋斗了至少有 100 年之久。与具有珠光体—铁素体混合基体组织的铸铁相比，具有体积分数为 100% 的珠光体铸铁具有较高的强度，这种铸铁中往往伴随着 A 型石墨，并且有较为细小的共晶团，因此断面敏感性得到改善。特别要指出的是，具有体积分数为 100% 的珠光体铸铁与具有体积分数为 100% 铁素体铸铁相比，其相对耐磨性可提高近 100 倍。

为了制作高强度的气缸体，曾发展了 Lanz 法生产珠光体铸铁件。这种方法是由 A. Diefenthler 和 K. Sipp 两人在德国 Mannheim 城的 Heinrich Lanz 铸铁厂研制成功的，并由此而获得了德国和其他国家的专利。这种铸件的特点在于它具有很高的强度和特别小的断面敏感性。在制作 Lanz 珠光体铸铁件时，化学成分要根据铸件壁厚严加控制，其 C + Si 的质量分数在 3.5% ~ 4.6% 之间。对于小型薄壁铸件，采用较高的 C + Si 总量，并使铸型与型芯在大于 500℃ 的温度下预热；对于厚壁铸件，则采用较低的 C + Si 总量和较低的预热温度。这种方法可在铸件各部位得到基体体积分数为 100% 的珠光体 + A 型石墨，并且铸造应力很小，但这种工艺复杂，成本高昂，因而至今在生产上不再采用。

在发展高强度灰铸铁的过程中，钢性铸铁的生产曾经起过重要作用。所谓钢性铸铁就是靠加入大量废钢熔炼得到的铸铁。由于加入废钢的质量分数达 40% ~ 80%，它具有的成分是 $w(C) = 2.8\% ~ 3.0\%$，$w(Si) = 1.5\% ~ 1.7\%$，$w(Mn) = 0.8\% ~ 1.0\%$，$w(P) \leqslant 0.3\%$，$w(S) \leqslant 0.12\%$。由于碳、硅含量较低，所以这种铸铁具有珠光体组织和很高的力学性能，抗拉强度可达 200MPa 以上。这种钢性铸铁曾被用来制作各种尺寸的炮弹和各种机器上的重要零件。

在高强度灰铸铁发展的历程中，降低碳、硅含量以提高灰铸铁强度的方法，曾经是重要的措施。但是增加废钢加入量和与之相应的提高铁液过热温度等工艺措施，会促使形成过冷石墨，因而限制了使用范围。此外，在用钢性铸铁制作壁厚相差悬殊的铸件时，很难避免在薄壁处出现白口组织。

高强度灰铸铁的进一步发展，就是孕育铸铁的出现。1922 年，美国人 A. M. Meehan 在碳、硅含量较低的铁液中，用硅钙合金进行孕育处理，使灰铸铁的强度显著提高，消除了过冷石墨，提高了断面均匀性。如果把钢性铸铁进行孕育处理，可使不同壁厚的铸件本体抗拉强度达到 350 ~ 380MPa。但是，要得到优质的孕育铸铁，必须要严格控制碳当量和采取适宜的孕育处理。此外，铁液还须有很大程度的过热。

进一步提高低碳铸铁强度的方法就是采取合金化以及合金化与孕育处理联合使用。为此，采用合金元素质量分数小于 3% 的低合金铸铁。在低合金高强度灰铸铁中，最早使用的合金元素是镍、铬元素。在镍与铬的质量比为 3:1 的情况下，可使珠光体的分散度提高，形成索氏体型的珠光体组织，此时，抗拉强度可达 400 ~ 450MPa，同时也改进了其他使用性能。当附加适量的合金元素，如 $w(Mo) = 0.6\% ~ 1.0\%$，$w(Ni) = 1.5\% ~ 3.5\%$，$w(C) = 2.5\% ~ 2.7\%$ 时，可以得到针状组织。具有这种组织的灰铸铁，抗拉强度可达 450 ~ 600MPa。后来的研究表明，在镍、铬、钼低合金铸铁中，镍可全部或部分地用铜或锰取代。

与钢性铸铁的情况一样，采用低碳成分的合金铸铁时，可得到很高的力学性能，但必须在过热的条件下实现，由此就会产生过冷石墨。为此，生产合金铸铁时，往往要采取孕育处理。

由以上可见，灰铸铁的发展主要是以高强度作为驱动力的。从强度的记载得知，1860 年，灰铸铁的抗拉强度只有 60 ~ 80MPa；发展至今，可以达到 400MPa。从发展的途径来看，早期着眼于孕育处理。但为了进一步提高强度，以后则着眼于合金化，并且为了改善铸造性能，则力求采用较高碳当量的铸铁，这对低合金铸铁尤为重要。

1.1.2　球墨铸铁

早在 1935—1936 年间，德国人发现，成分为 $w(C) = 1.5\%$、$w(Si) = 3.5\%$ 的铁碳合金，在凝固过程中可析出球状石墨，这就是后来人们称呼的石墨钢。

C. Adey 于 1937 年发现在活塞环中有球状石墨存在，以后在高温碱性炉渣覆盖下的高碳铁液，经快速冷却后，在铸态也得到了球状石墨。但此项研究并未用于工业生产。

1947 年，英国人 H. Morrogh 发现，在过共晶的灰铸铁铁液中，加入铈和其他稀土元素，并以 Si-Mn-

Zr 合金孕育，如果此时铁中铈的质量分数在 0.02% 以上时，则其中的石墨呈球状。

1948 年，美国人 A. P. Gangnebin 研究在铁液中加入镁，随后用硅铁孕育，如果铁液中残留 $w(Mg) \geq$ 0.04% 时，可得到球状石墨。从此，球墨铸铁进入了大规模的工业生产。

球墨铸铁作为新型工程材料的发展是令人惊异的。1949 年全世界球墨铸铁产量是 5 万 t，1960 年为 53.5 万 t，1970 年为 500 万 t，1990 年为 915 万 t，2000 年为 1310 万 t，2007 年为 2288 万 t，2017 年为 2643 万 t。并且随着时间的推移，全世界的球墨铸铁产量还将增长。与此同时，1980 年全世界灰铸铁产量是 5280 万 t，1990 年为 4407 万 t，2000 年为 3403 万 t，2007 年为 4492 万 t，2017 年为 4904 万 t。全世界球墨铸铁产量与灰铸铁产量之比不断提高。某些国家的球墨铸铁年产量已经超过当年的灰铸铁产量。

我国球墨铸铁的发展经历了三个阶段。1950—1958 年为第一阶段——镁球墨铸铁时期。在这段时间内，我国球墨铸铁的研究与生产，从无到有，从小到大，从生产不太重要的零件到制造以曲轴为代表的重要结构件，稳步向前发展。到 1958 年，形成了全国性的推广球墨铸铁的高潮。

稀土镁球墨铸铁的出现，是我国球墨铸铁发展的第二阶段。在 1959—1964 年底稀土镁球墨铸铁试验成功的这段时间内，研究工作先后围绕高硫生铁制作球墨铸铁和寻求适合我国铸造生产条件下的新型球化剂这两项内容而展开。

从 1965 年至今是我国球墨铸铁发展的第三阶段。这是以 1964 年底在南京召开的第一机械工业部稀土推广应用会议为转机，开始了稀土镁球墨铸铁在全国的推广和普及。

从 1950 年至今，我国球墨铸铁的生产得到了迅猛发展。2017 年，球墨铸铁的年产量已达 1375 万 t，已是世界第一位。

球墨铸铁在汽车、机床、农业机械和建筑等领域均有应用。另外，球墨铸铁管也得到广泛的应用，有 40%~50% 的球墨铸铁用于铺设输水管线。球墨铸铁件最轻的只有几十克，最重的可达数百吨。有的球墨铸铁件壁厚超过 400mm，有的壁厚只有 3mm，并且是在铸态得到的铁素体基体组织。

珠光体—铁素体的球墨铸铁占全部球墨铸铁的 95%（其中，铁素体基体球墨铸铁占 60%，珠光体基体球墨铸铁占 15%，铁素体—珠光体混合基体球墨铸铁占 20%），其余基体的球墨铸铁占全部球墨铸铁的 5%。进入 20 世纪 80 年代，等温淬火奥氏体球墨铸铁（austempered ductile iron，ADI）在国内外突起，至今年产量已达数十万吨。这种球墨铸铁的力学性能优异，在断后伸长率达到 10% 的情况下，抗拉强度可达 1000MPa。采用不同的等温淬火温度，可使基体中含有不同体积分数的贝氏体和奥氏体组织，以满足不同工况条件下的使用要求。

1.1.3　蠕墨铸铁

早在 1947 年，英国人 H. Morrogh 在研究用铈处理球墨铸铁的过程中，就发现了蠕虫状石墨。由于 H. Morrogh 当时以及后来的研究工作主要集中于研究怎样得到球状石墨及球墨铸铁的性能，而蠕虫状石墨则被认为是处理球墨铸铁失败的产物，因此没有被引起重视。

1955 年，美国 J. W. Estes 和 Schneidenwind 首次提出建议，采用蠕墨铸铁；1966 年，又由 R. D. Schelleng 继续提出应用蠕墨铸铁。美国在 1965 年的一项专利中提到，通过加入合金，使铁液成分含 $w(Mg)=0.05\%~0.06\%$、$w(Ti)=0.15\%~0.50\%$、$w(RE)=0.001\%~0.015\%$，就能得到蠕虫状石墨组织。到 1976 年，美国 Foote 矿业公司将这些主要元素按一定比例配成 Mg-Ti 系合金，作为商品供应市场，称为"Foote"合金，从而，蠕墨铸铁在工业上有了较多的应用。

另外，奥地利的研究工作者在 20 世纪 60 年代研究了稀土对球墨铸铁原铁液的影响，从中得到了生产蠕墨铸铁的可靠方法，于 1968 年获得奥地利专利。从此，奥地利开始大量生产铁素体蠕墨铸铁的货车和拖拉机零件。

我国对蠕虫状石墨的认识，也是随着球墨铸铁的出现而开始的，尤其是 20 世纪 60 年代初，在用稀土硅铁合金制作稀土球墨铸铁时，这种蠕虫状石墨更为常见。然而，有意识地把含有这种石墨的铸铁作为新型工程材料来研究和应用，是从 1965 年开始的。

进入 20 世纪 60 年代，在高碳铁液中加入稀土硅铁合金，发现其中部分试样的宏观断口呈"花斑"状，石墨为蠕虫状，其性能超过 HT300 的指标。鉴于当时国内高级灰铸铁生产中废钢来源的短缺，于是不加废钢，仅用稀土硅铁合金直接处理冲天炉高碳铁液来生产高级灰铸铁件，就成了当时研究课题的出发点。例如，大量消耗废钢的机床铸造业，曾试图在低牌号铸铁中加入不同量的稀土来节省废钢，以获得高牌号的灰铸铁。试验过程中发现，具有蠕虫状石墨的铸铁，其强度大幅度提高，从而获得不加废钢的高强度灰铸铁。

由于上述高级铸铁是用稀土处理而得到，因而曾先后将其命名为稀土高牌号灰铸铁、稀土（灰）铸铁等。20 世纪 70 年代末期，根据光学显微镜下看到的石墨形貌，并与国外的命名力求统一，我国文献中把这种铸铁称为（稀土）蠕虫状石墨铸铁，简称为蠕墨铸铁。

此外，在 1977 年召开的第 44 届国际铸造年会上，成立了"蠕虫状石墨铸铁会员会"，同时也规定了这种铸铁的名称为"Compacted/Vermicular Graphite Cast Iron"，即"紧密或蠕虫状石墨铸铁"，简称"CV 铸铁"。

近年，蠕墨铸铁的应用，特别是在欧洲得到了长足的进展，即在发现蠕墨铸铁后，首次作为一种材质在发动机缸体等重要铸件上得到应用。同时，也掀起了进一步深入研究的高潮。目前，已制定出蠕墨铸铁国际标准。在 2003 年的世界铸造展览会上，BMW 汽车公司的 8 缸发动机缸体，Daimler Chrysler 汽车公司的 12L 排量 8 缸发动机缸体等都已经用蠕墨铸铁铸造。因为蠕墨铸铁的耐热度高，可提高燃烧室的峰值点火压力，而峰值点火压力的提高也就提高了柴油发动机的负荷（热负荷和机械负荷），为此就要把缸体、缸盖的材质由灰铸铁改为蠕墨铸铁。这是因为蠕墨铸铁比灰铸铁的抗拉强度高 75%，刚度提高 45%，疲劳强度提高 1 倍。蠕墨铸铁缸体、缸盖的使用耐久性和尺寸稳定性都有明显的提高，在发动机的整个寿命周期中均可满足欧Ⅳ以上的排放要求。

1.1.4　可锻铸铁

可锻铸铁也叫展性铸铁或韧性铸铁，是由白口铸铁经石墨化退火（可锻化退火）后使石墨呈团絮状或球状的铸铁。其化学成分范围通常为 $w(C) = 2.2\% \sim 2.8\%$，$w(Si) = 1.2\% \sim 1.8\%$，$w(Mn) = 0.4\% \sim 1.2\%$，$w(P) \leqslant 0.1\%$，$w(S) \leqslant 0.20\%$。由于这种铸铁具有一定的塑性和韧性，所以称可锻铸铁，其实，它并不能锻造。按制作方法，可锻铸铁有白心、黑心两种。关于白口铸铁可锻化热处理的最早著作是法国物理学家 Reaumur 于 1762 年发表的"Nouvel art d'adoucirle fer foudu"。

1720—1722 年，Reaumur 发明了后来被通常称为"欧洲法"（procede europeen）的白心可锻铸铁生产方法。它的实质就是把亚共晶成分的铸态白口铸铁，填入铁矿石粉（Fe_2O_3），加热氧化。其中，碳因表面氧化而减少。这种脱碳也许不是全部的，在铸件中心部位还有少部分未能脱碳。所得铸件表层的基体组织是铁素体，但在其心则是珠光体和少量渗碳体。这种白心可锻铸铁的突出优点，就是它具有焊接性。

1820 年，美国人 Seth Boyden 通过偶然的热处理，把白口铸铁中的 Fe_3C 进行分解，使之析出团絮状石墨 + 金属基体（铁素体或珠光体）。他当时得到的可锻铸铁是铁素体基体的。这种方法通常被称为"美国法"（黑心可锻铸铁）。自 Seth Boyden 以后，可根据所需要的基体而采取相应的热处理工艺。也就是说，黑心可锻铸铁既可具有铁素体，也可具有珠光体基体组织。

其实，我国是生产可锻铸铁历史最悠久的国家，早在战国初期就出现了用热处理方法，使白口铸铁中与铁化合的碳成为石墨析出而获得韧性铸铁的工艺。在河南洛阳出土的战国初期经退火表面脱碳的钢面白口铁锛，是当时已有退火操作的一例。在此基础上延长退火时间就可以生产韧性（可锻）铸铁。这一发明使铸铁在当时得以大量、广泛地用于军事和农业生产。

可锻铸铁由于退火处理时间长，生产周期长，耗能多，现在逐步被其他铸铁替代，产量在逐渐下降。

1.1.5　特种性能铸铁

普通铸铁要满足力学性能的要求，但有些铸铁需要具有特殊的性能，如耐磨、耐热、耐蚀、无磁、低膨胀系数等，这种铸铁称为特种性能铸铁。

为了获得特种性能，就必须在铸铁中添加合金元素，因此特种性能铸铁也是合金铸铁。当然，合金铸铁也可以是高强度铸铁。

在铸铁中，除了碳、硅、锰、磷、硫五元素以外，在使用的原材料和熔化过程中，常混入铜、铬、钼、钛、锡、铅、锑、砷、镍、铝等微量元素，同时也含有氧、氢、氮等气体。现已查明，这些元素对铸铁的组织和性能有明显的影响。但是，如果这些元素不是有意加入的，虽然有上述各种微量元素存在，也不称为合金铸铁。另外，在天然铁矿中，常含有各种元素，只要它们的含量足以起到合金化作用时，也称作合金铸铁。

1926 年出现了高镍奥氏体耐蚀铸铁；1930 年出现了耐磨马氏体镍硬白口铸铁和高铬白口铸铁。1936 年发表了铸铁高温性能的研究结果，在铸铁中添加 Ni、Cr、Si 合金元素的研究表明，高铬铸铁 [$w(C) = 1.35\%$、$w(Si) = 2.0\%$ 和 $w(Cr) = 35\%$] 具有好的耐热性和高温强度。随着工业的发展和技术的进步，特种性能铸铁得到越来越多的应用。

加入合金元素质量分数在 3% 以下的称为低合金铸铁，加入合金元素质量分数在 3% ~ 10% 之间的称为中合金铸铁，加入合金元素质量分数在 10% 以上的称为高合金铸铁。

特种性能铸铁用途广泛，主要有耐磨铸铁（其中有减摩耐磨铸铁、增摩耐磨铸铁和抗磨铸铁之分）、耐热铸铁和耐蚀铸铁。铸铁类型与合金元素含量、基体组织和碳存在形式的关系见表1-1。

表1-1 铸铁类型与合金元素含量、基体组织和碳存在形式的关系

类型		合金元素含量	基体组织	碳存在主要形式
耐磨铸铁	减摩耐磨铸铁	低合金	珠光体	片状石墨
			索氏体	球状石墨
	增摩耐磨铸铁	低合金	珠光体、铁素体	蠕虫状石墨
	抗磨铸铁	无	珠光体	Fe_3C
		低铬	珠光体	M_3C
		中铬	马氏体、贝氏体	$M_3C + M_7C_3$
		高铬	马氏体	M_7C_3
		低合金	贝氏体、马氏体	球状石墨
耐热铸铁		中硅	铁素体	片状、球状石墨
		中铝	铁素体	片状、球状石墨
		高铝	铁素体	片状、球状石墨
		低铬	珠光体、索氏体	片状石墨
		高铬	铁素体	$M_{23}C_6$
耐蚀铸铁		高镍	奥氏体	片状、球状石墨
		高硅	铁素体	片状、球状石墨

1.1.6 铸铁熔炼

1. 冲天炉熔炼

虽然早在公元1722年就开始采用倾转式冲天炉，但近代冲天炉的出现则是在1858年，这就是J. Ireland式冲天炉。1867年，美国人F. M. Root和P. H. Root合作发明了罗茨鼓风机，这就为近代冲天炉熔炼铸铁铁液奠定了基础。1870年，在汉诺威城出现了H. Krigar式带有前炉的冲天炉。从此，冲天炉一直是世界各国熔炼铸铁的主要设备。至今，用冲天炉熔炼的铸铁已经累计达几十亿吨。

20世纪50年代，世界工业发达国家因公害问题突出，均先后制定了环境保护条例，又因当时优质焦炭供应紧张，曾一度发生过冲天炉被工频感应电炉取代的趋势。但是，到了20世纪70年代，世界性的石油危机给各国经济带来了严重影响；与此同时，对冲天炉设备的改造也取得了重大的突破性进展：使冲天炉达到完全自动化生产；在继续保持高效率和低成本的同时，改进了工艺并提高了铁液质量，又能满足环保的要求。因此，迄今为止，世界各国仍采用冲天炉作为主要的熔炼铸铁的设备。

我国的铸铁生产绝大部分采用冲天炉熔炼。冲天炉向大型化、连续长时间生产已成发展趋势。

最近30年来，冲天炉技术发展的特点如下：

1）两排大间距送风——与单排风口送风相比，在焦炭消耗相同的情况下，铁液温度提高45～50℃；在铁液温度相同的情况下，焦炭消耗下降20%～30%，并且熔化效率提高11%～23%。

2）大型水冷无炉衬长炉龄热风冲天炉——热风温度450～650℃，连续工作3～6个月，铁液温度达1500℃以上，生产成本大幅度下降。

3）富氧送风——当富氧的体积分数为2%时，出铁温度提高30～50℃；当富氧的体积分数为3%时，出铁温度提高50～80℃。

4）与感应电炉双联熔炼——提高总的热效率，调整和均匀铁液的化学成分，提高炉料的利用率，适用于批量生产。

5）环境保护型冲天炉——实现除烟除尘，使废气净化。

2. 感应电炉熔炼

感应电炉熔炼，可以采用廉价的废钢。由于电费的下降，以及由于可以稳定生产高质量的铸件、劳动条件的改善、环境污染程度的减小，由此导致综合生产成本的降低。因此，感应电炉熔炼铸铁的技术与生产得到了迅猛的发展，尤其在小批量生产中采用的更多。

（1）有心感应电炉 1903年，瑞典工程师F. Kjellin首先设计和制造出第一台水平开槽式有心工频电炉用于炼钢。1916年，美国James R. Wyatt设计出第一台立式闭槽式有心感应电炉。于是为有心工频感应电炉在工业上的应用开辟了广阔前景。

20世纪30年代，有心工频感应电炉不仅用于铜、铝及其他合金的熔炼，而且也尝试了熔炼铸铁铁液和钢液保温。当时，遇到了熔沟耐火材料的问题。20世纪60年代，瑞典ASEA公司采用高级耐火炉衬和快换感应器，为现代有心工频感应电炉用于铸铁铁液熔炼奠定了基础。至今，用于铸铁铁液熔炼、保温和浇注的有心工频感应电炉的感应器最大功率达1400kW。

与无心工频感应电炉相比，有心工频感应电炉的投资少，占地面积可减少10%～20%。采用有心工频感应电炉熔炼铸铁时，消耗电量为500～750kW·h/t。

至今，有心感应电炉主要用于铸铁铁液的保温与浇注，而不是用于熔炼，即用于大批量生产的与冲天炉的双联上。

（2）无心感应电炉　根据使用的电流频率不同，无心感应电炉可分为工频无心感应电炉（50Hz），中频无心感应电炉（>50~10000Hz）和高频无心感应电炉（>10000Hz）。

以前国内外普遍采用工频无心感应电炉熔炼铸铁，容量一般为 1~20t。近年来从提高熔化效率和降低能量消耗的角度，中频无心感应电炉的应用日益增多，特别适用于中小型的电炉容量。然而，对于大型电炉（容量达 30t），采用工频无心感应电炉仍然是有利的，此时它的电能消耗只有 600kW·h/t。

3. 冲天炉—感应电炉双联熔炼

采用双联熔炼工艺的优点是：

1）可获得高温低硫铁液。

2）缓解冲天炉熔炼与生产需求之间的矛盾。

3）可在感应电炉内调整铁液成分。

4）节约能源，降低成本。

表 1-2、表 1-3 列出了几种铸铁熔炼设备的热效率和能源成本的比较。

表 1-2　几种铸铁熔炼设备的热效率比较

（%）

熔炼设备	用于加热和熔化	用于铁液过热
冲天炉	60	7
电弧炉	75	25
感应电炉	60	60

表 1-3　几种铸铁熔炼设备的能源成本比较

（单位：美元/t 铁液）

熔炼设备	预热和熔化	铁液过热	总成本
冲天炉	2.7	3.06	5.76
电弧炉	3.8	1.6	5.4
感应电炉	4.7	0.6	5.3
冲天炉-电弧炉	2.6	1.6	4.2
冲天炉-感应电炉	2.6	0.6	3.2

注：为国外资料，电价便宜。

当前，冲天炉-感应电炉双联工艺的发展趋势是采用冲天炉-中频感应电炉双联法。这是因为与工频感应电炉相比，中频感应电炉具有如下优点：

1）功率密度大，提温速度快，节省电能。

2）炉内铁液可全部倒出，不需要采用起炉块。在任何负载下均可平稳起动，可以灵活改变铁液牌号。

3）不需要庞大的补偿电容，占地面积小。

4）由于频率较高，铁液搅拌强度小，铁液吸气以及由此产生的白口倾向、收缩倾向和氧化烧损均减小。

1.2　展望现代铸铁

1.2.1　铸铁生产在当今社会中的地位与作用

20 世纪 60 年代，全世界铸件生产发展很快；到了 20 世纪 70 年代，则保持原有水平。进入 20 世纪 80 年代，全世界铸件产量开始下降；进入 21 世纪，全世界的铸件年产量没有明显变化。但是，在铸件的合金类别方面却发生了明显的变化。表 1-4 列出了 1980 年与 2017 年间全世界各种铸件以及总产量的变化。由该表可看出，全世界的铸件总产量增长 27.5%，铸件材料品种变化很大。全世界的灰铸铁年产量下降了 7.1%，可锻铸铁与铸钢分别下降了 72.2% 和 36.5%，而在此期间，铝合金却增长了 596.6%，球墨铸铁则增长了 249.2%。

表 1-4　1980 年与 2017 年间全世界各种铸件以及总产量变化　（单位：t）

铸件	1980 年	2007 年	2017 年	增减量	增减（%）
灰铸铁	52779528	44917143	49043244	-3736284	-7.1
球墨铸铁	7567337	22877201	26428148	+18860811	+249.2
可锻铸铁	2749593	1101222	764034	-1985559	-72.2
铸钢	17775705	10183295	11281541	-6494164	-36.5
铝合金	2738429	12727106	19076302	+16337873	+596.6
总计	83610592	91805967	106593269	+22982677	+27.5

还要指出的是，这些年来，工业发达国家的铸件年产量在下降。例如，美国 1995 年的铸件产量是 1365 万 t，2007 年的铸件产量是 1182 万 t，2017 年的铸件产量是 967 万 t。

产生这种现象是由于构成铸件用量的主要支柱（汽车工业、建筑和农业机械）的发展速度放慢以及其他工程材料（塑料、复合材料、陶瓷等）竞争的结果。在最近 30 年里，工业发达国家中工程材料制品的增长速度超过了铸件增长速度，致使每年对铸件的消耗用量降低。

铸造业耗能多是使一些国家及企业放弃铸造的另一个原因。根据每生产 1t 合格铸件所需的能量消耗分析，生产各种铸铁件的能源利用率很低，只有 15%~35%。而现在，整个工业的能源利用率一般可达 55%。有人预言，在铸造领域，把能源利用率提高到 40% 是可能的, 见表 1-5。

表 1-5　1t 合格铸铁件所需能耗

铸铁件 种类	理论值 /(kW·h/t)	实际值 /(kW·h/t)	利用率 (%)
可锻铸铁	1050	3000 ~ 7000	15 ~ 35
球墨铸铁	1050	3000 ~ 7000	15 ~ 35
灰铸铁	550	1400 ~ 1600	21 ~ 29

此外, 产生铸件产量增长速率放慢的另一个原因, 就是一些传统的铸件出现了代用品, 最典型的例子就是钢锭模。由于连续铸钢的广泛应用, 使钢锭模消耗量显著下降; 其他如轧辊、浴缸、暖气片的用量均有明显下降。还要指出的是, 由于铸件本身强度的提高使铸件减薄减轻; 在减摩、抗磨以及耐腐蚀等领域的技术进步, 使得铸件本身的使用寿命有很大的提高, 因此使铸件按重量的需求量有所降低。但这将给社会带来巨大的效益。当然, 发达国家从发展中国家采购铸件, 也是发达国家铸件产量下降的原因之一。

1.2.2　我国铸铁件的发展

从世界和我国铸造业分析, 铸铁件约占整个铸件产量的 70%, 因此铸铁业更应进一步发展。

2017 年, 我国铸件年产量已达 4940 万 t, 连续多年成为世界第一铸件生产国。其中, 铸铁件 (灰铸铁、球墨铸铁、蠕墨铸铁和可锻铸铁的总和) 达 3550 万 t。近年来, 铸件材质结构发生了较大变化, 球墨铸铁件的产量大幅度增加, 2017 年达到 1375 万 t, 占铸件总量的 27.8%; 灰铸铁件的产量略有增加, 2017 年达到 2115 万 t, 占铸件总量的 42.8%。球墨铸铁产量与灰铸铁产量之比提高, 而可锻铸铁件的产量变化不大。另外, 蠕墨铸铁件一定范围内用于汽车、内燃机等零件。

由此可见, 就铸铁件的产量而言, 我国铸铁件将以比其他工业部门较低的速度向前发展, 而且必须考虑对铸铁产量产生影响的因素:

1) 由于铸件质量的提高及其功能重量的降低, 因而使铸件产量下降。

2) 轻合金铸件所占比例, 特别是在汽车工业中的比例将有提高。

3) 高性能的工程塑料将取代部分传统的铸铁件。

4) 冲压、焊接件将取代某些铸铁件。

5) 能源供应的限制。

6) 环境保护高要求。

7) 高速发展的中国制造业需求。

8) 国际市场需求与国际贸易环境。

可以预料, 随着时间的推移, 这些限制铸铁件产量的因素将进一步发挥作用。为此, 铸铁工作者在着眼于提高铸铁件产量的同时, 更要着眼于铸铁件质量的提高和能耗、材耗的降低。诚然, 市场的全球化, 我国铸件的出口将会有所增加, 因此总铸件产量将会维持不变或略有增加。

1.2.3　现代铸铁生产的质量要求

1. 高力学性能

如果说铸铁的发展历史主要是以提高其强度作为驱动力的话, 那么它的进一步发展也仍然如此。这包含有下列内容:

1) 铸铁领域中处在最高强度的球墨铸铁要进一步发展。

2) 各种其他铸铁, 如灰铸铁、可锻铸铁、蠕墨铸铁等, 强度要进一步提高。

3) 在铸铁领域中, 高强度铸铁, 特别是高强度高韧度的球墨铸铁所占比例要增大。

我国球墨铸铁件与铸钢件的比例, 以及球墨铸铁件占铸铁件的比例均有待提高; 广泛使用球墨铸铁件, 使其占铸铁件总重量的 40% 以上, 这是最经济、最有效地降低铸件重量和提高技术经济效益的途径之一。用球墨铸铁件代替铸钢件, 可使其自重下降 8% ~ 12%; 用球墨铸铁取代灰铸铁, 抗拉强度可提高 1 ~ 2 倍, 此时铸件重量可下降 15% ~ 30%。

2. 高使用性能

各种铸铁除了力求具有更高的强度外, 还应具有优异的使用性能, 如减摩性、耐磨性、耐热性、耐蚀性、减振性、机械加工性能、表面抛光性能、尺寸稳定性、耐低温性能等。总之, 应在最低的能耗和材料消耗的情况下, 力求提高铸铁材质的使用性能, 从而提高相应铸件的使用寿命。我国当前每年大量需用轧辊、磨球、缸体缸盖、铸铁管, 仅此几项, 每年需要铸铁件即达数百万吨, 如果将其使用寿命提高 20%, 节省的资金将以亿元计。此外, 在火车上使用的闸瓦, 内燃机上的缸套、活塞环、曲轴、凸轮轴、气门挺杆和摇臂, 在油田使用的泥浆泵缸套, 轻工机械上的各种模具, 轧钢机上的导卫板、冲头, 水泵上的叶轮、导翼, 石油化工用的耐热和耐蚀零件等, 都迫切要求提高其使用寿命。这不仅给机器本身带来显著的技术经济效果, 而且还具有难以估量的社会效益。

3. 节能与环境保护

(1) 节能　发展中国家需要巨量的能源, 以使它们的经济达到发达国家的水平。地球能源消耗是由经济增长推动的, 特别是发展中国家, 到 21 世纪中叶，能源消耗至少比现在要增加1倍。现今，一次能源消耗中40%来自石油，27%来自煤，23%来自天然气，这就是说，一次能源消耗的90%来自化石燃料。过分依赖化石燃料和能源的大量消耗受到两方面的威胁：第一是资源有限，第二是对地球环境的负面影响。

现今，国际原油价格猛涨，由此带动其他燃料也上涨。预计再有几十年，地球上蕴藏的石油就会枯竭。因此，居住在地球上的人们及各行各业都要节约能源。

铸造业是一个消耗能量很大的行业。例如，德国每年用于铸造消耗的能量约占该国全部工业能量消耗的2%。表1-6列出了生产1t合格铸铁件，各耗能部门的能源利用组成。

表1-6　生产1t合格铸铁件，各耗能部门的能源利用组成

耗能部门	能源利用组成（%）
熔炼	52
热处理	18
浇包预热	6
其他加热	5
压缩空气	2
铁液保温	7
压缩空气以外的电能	10
总计	100

我国是铸件生产大国，特别是铸铁件的生产大国，在我国，铸造行业耗能占机械工业总耗能的25%~30%。之前，我国铸造生产中的能耗与工业发达国家相比，大约高出1倍。近年重视节能，部分先进铸造企业能耗下降已能达到世界先进水平，但行业整体能耗仍然偏高，有待加大节能投入，提高管理水平。

从表1-6中的能源利用组成中可以看出，铸铁熔炼所占比例达52%，因此节能首先应从熔炼入手。采用冲天炉—感应电炉双联熔炼是有效的节能措施

之一。

采用铸态球墨铸铁，如铁素体基体的球墨铸铁，由于取消了热处理，每吨铸件可节省200m³天然气，清理工作量减少15%~25%，废品损失可减少一半。

（2）环境保护　铸造生产中存在粉尘、废砂、废渣、废水、废气及噪声等污染环境现象。铸造环境污染源于且不局限于此。主要粉尘产生于黏结剂失效与型砂破碎，落砂机、带式输送机、斗式提升机的转卸点及冷却床，铸件清理打磨，冲天炉焦炭燃烧排放灰尘。固体废弃物为铸造车间产生的废砂和废渣，铸造废砂量占整个废弃物比例最大，生产1t铸件一般要产生1~1.5t的废砂；主要废渣产生于钢铁液熔炼过程。废水主要为铸件表面处理产生的废水（液）和制芯三乙胺废水处理。铸造废气污染物主要是树脂和消失模泡沫塑料燃烧气味、熔炼与浇注的烟气、冷却通廊的烟气、制芯车间的气味、冲天炉焦炭燃烧向大气排放 CO_2 和 SO_2 气体。主要噪声源于振动落砂机、清理打磨砂轮机、风机、风镐、电炉运行等。

以前，我国铸造生产中的环境污染问题较为严重，采用冲天炉熔炼的铸铁件生产企业问题更突出。近些年，在政府、行业、社会监督及引导之下，众多铸造企业加大环保投入，部分先进铸造企业环境污染控制已能达到世界先进水平。目前，全行业铸造企业尚需进一步加大环保投入，提高环保设备质量及运行稳定性和可靠性，提高环保认识和管理水平。

为实现铸造清洁生产，有关铸造方面的治理和排放标准已经逐渐提高。GB 8978—1996《污水综合排放标准》，GB 8959—2007《铸造防尘技术规程》，GB 18599—2001《一般工业固体废物贮存、处置场污染控制标准》，中国铸造协会团体标准 T/CFA0310021—2019《铸造企业规范条件》，国家环境保护标准 HJ 1115—2020《排污许可证申请与核发技术规范 金属铸造工业》，国家环境保护标准《铸造工业大气污染物排放标准》等标准的实施，将满足现代铸铁生产的质量要求，规范、支撑和引领我国铸造行业绿色制造。

参 考 文 献

[1] 张伯明. WTO与我国铸造业 [J]. 现代铸铁，2000（3）：1-6.

[2] 缪良. 第四届中国（国际）铸造厂长（经理）会议（NCFD′2000）论文集 [C]. 北京：中国铸造协会，2000：1-21.

[3] 孙国雄，等. 世界铸造技术最新发展 [J]. 铸造，2008（5）：423-432.

[4] 张伯明. 蠕墨铸铁的最新发展 [J]. 铸造，2004（5）：341-344.

[5] ARUNACHALAM V S, FLEISCHER E L. The

Global Energy Landscape and Materials Innovation ［J］. MRS Bulletin, 2008, 33 (4)：264-276.

［6］ GWYN PRINS, STEVE RAYNER. Time to Ditch Kyoto ［J］. Nature, 2007, 449：973-975.

［7］ 2007 年全球铸件生产统计报告 ［J］. 铸造, 2009, 58 (2)：203-204.

［8］ RADEBACH D. Downsizing with Cast Iron Materials-Trends and Developments ［J］. Casting Plant & Technology, 2010 (1)：6-19.

［9］ 李卫. 中国铸造耐磨材料产业技术路线图 ［M］. 北京：机械工业出版社, 2013.

［10］ 中国机械工程学会铸造分会. 铸造技术路线图 ［M］. 北京：机械工业出版社, 2016.

［11］ 张春艳. 2017 年全球铸件产量增长 5.3%——《Modern Casting》杂志第 52 次全球铸件产量普查结果 ［J］. 铸造, 2019, 68 (1)：97-98.

第2章　铸铁的基础知识

2.1　铸铁的分类

工业上的铸铁是一种以铁、碳、硅为基础的复杂的多元合金，其碳的质量分数一般在 2.0%~4.0% 的范围内变动⊖。除碳、硅以外，铸铁中还存在锰、磷、硫等元素。为了改善铸铁的某些性能，还经常有目的地向铸铁中加入一些不同种类和数量的合金元素，形成各种类型的合金铸铁。

铸铁的分类尚无统一标准，目前只能按它的使用性能、断口特征或成分特征等进行分类。较为方便和常用的是将铸铁分成八大类，见表2-1。

表 2-1　铸铁的分类

类别		组织特征	断口特征	成分特征	性能特征
工程结构件用铸铁	1）灰铸铁（普通灰铸铁、高强度灰铸铁、低合金减摩铸铁）	基体 + 片状石墨	灰口	仅含 C、Si、Mn、P、S 五元素或外加少量合金元素	R_m：150 ~ 350MPa 基本上无塑性
	2）球墨铸铁	基体 + 球状石墨	灰口（银白色断口）	1）C、Si、Mn、P、S 五元素或外加不同量的合金元素 2）$w(Mg_残)$ ≥ 0.03%、$w(RE_残)$ ≥ 0.01%	R_m：350 ~ 900 （1600）MPa A：1% ~ 22% a_K：15 ~ 120J/cm²
	3）蠕墨铸铁	基体 + 蠕虫状石墨（往往伴有少量球状石墨）	灰口（斑点状断口）	同球墨铸铁，但 $Mg_残$ 及 $RE_残$ 量稍低	R_m：300 ~ 500MPa A：1% ~ 3%
	4）可锻铸铁	生坯：珠光体 + 莱氏体 退火后：基体 + 团絮状石墨	生坯：白口 退火后：灰口（黑色绒状断口）	低碳、低硅，$w(Cr)$ < 0.06%	R_m：300 ~ 700MPa A：2% ~ 12%
特种性能铸铁	5）抗磨铸铁	基体 + 不同类型的渗碳体	白口（抗磨球墨铸铁例外）	除 C、Si、Mn、P、S 五元素外，可加入低、中、高量合金元素	有高的抗磨性能，但韧度较低 硬度 ≥50 ~ 65HRC a_K：2 ~ 8J/cm²
	6）冷硬铸铁	表层：基体 + 渗碳体 内层：基体 + 各类石墨	表层白口 内层灰口	除 C、Si、Mn、P、S 五元素外，可加入不同量的合金元素	外层耐磨、内层强度较高
	7）耐热铸铁	基体 + 片状或球状石墨或蠕虫状石墨	灰口	有 Si、Al、Cr 系（中硅、高铝、中硅铝、高铬等铸铁）	有高的耐热性及抗氧化性能，但强度较低、较脆
	8）耐蚀铸铁	基体 + 片状或球状石墨	灰口	主要合金元素 Si、Ni 含量高	有高的耐蚀性

⊖　在某些特种性能铸铁如高硅铸铁中，$w(C)$ < 2.0%。

2.2　Fe-C 相图

2.2.1　Fe-C、Fe-Fe₃C 双重相图

由于铸铁中的碳能以石墨或以渗碳体（Fe₃C）两种独立相的形式存在，因而铁、碳合金系统存在着 Fe-C（石墨）、Fe-Fe₃C 双重相图，如图 2-1 所示。图上虚线表示 Fe-C（石墨）稳定系相图；实线表示 Fe-Fe₃C 亚稳定系相图。

Fe-C、Fe-Fe₃C 双重相图中各临界点的温度及碳的原子浓度见表 2-2。

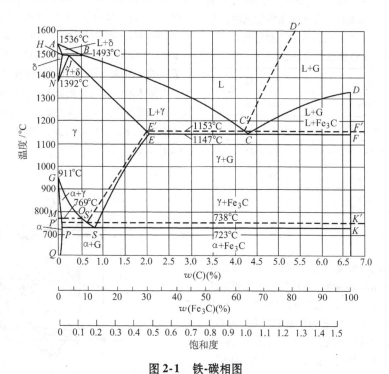

图 2-1　铁-碳相图

表 2-2　铁-碳相图各临界点的温度及碳的原子浓度

点	温度 $t/℃$	$w(C)(\%)$	碳的摩尔分数（%）	点	温度 $t/℃$	$w(C)(\%)$	碳的摩尔分数（%）
A	1536	0.00	0.00	H	1493	0.086	0.40
B	1493	0.53	2.43	J	1493	0.16	0.74
C	1147	4.30	17.29	K	723	6.689	25.00
C'	1153	4.26	17.13	K'	738	6.689	25.00
D	1252	6.689	25.00	M	769	0.00	0.00
D'	4000	100.00	100.00	N	1392	0.00	0.00
E	1147	2.14	9.23	P	723	0.034	0.16
E'	1153	2.10	9.06	P'	738	0.032	0.15
F	1147	6.689	25.00	Q	0	0.00	0.00
F'	1153	6.689	25.00	S	723	0.76	3.43
G	911	0.00	0.00	S'	738	0.69	3.12

2.2.2　Fe-C、Fe-Fe₃C 双重相图中的基本组成

1. 纯铁

铁的密度为 7.68g/cm³。一般来说，铁是不会极纯的，其中总含有杂质。工业纯铁中杂质的质量分数量为 0.1% ~ 0.2%。纯铁的熔点或凝固点为 1536℃，在 1392℃ 及 911℃ 有两个同素异构变化，经 X 射线结构分析证实，其变化过程为

$$\delta\text{-}Fe \xrightarrow{1392℃} \gamma\text{-}Fe \xrightarrow{911℃} \alpha\text{-}Fe$$

$$a = 29.3nm \quad a = 36.4nm \quad a = 28.7nm$$

纯铁在加热或冷却过程中还有磁性转变,温度高于770℃时无磁性,温度低于770℃时有磁性。

工业纯铁[$w(C) \leqslant 0.0218\%$]的力学性能与其组织中的晶粒大小有密切关系。在其他条件相同时,晶粒越细,强度越高。工业纯铁的力学性能见表2-3。

表2-3 工业纯铁的力学性能

力学性能指标	性 能
抗拉强度 R_m/MPa	180~230
条件屈服强度 $R_{p0.2}$/MPa	100~170
断后伸长率 $A(\%)$	30~50
断面收缩率 $Z(\%)$	70~80
冲击吸收能量 K/J	128~160
硬度 HBW	50~80

由于不同晶体的致密度不同,当纯铁由一种晶体结构转变为另一种晶体结构时,将伴随有比体积的跃变,即体积发生突变。例如,由室温加热到911℃以上时,致密度较小的 α-Fe 转变为致密度较大的 γ-Fe,体积突然减小;冷却时则相反。图2-2所示为试验测得的纯铁加热时的膨胀曲线。在 α-Fe 转变为 γ-Fe 以及 γ-Fe 转变为 δ-Fe 时,均会因体积突变而使曲线上出现明显的转折点。

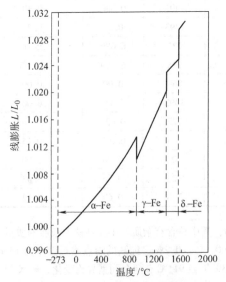

图2-2 纯铁加热时的膨胀曲线

L_0—原长度 L—某温度下的长度

2. 渗碳体 (Fe_3C)

它是钢铁材料中的一个基本组成相,具有复杂晶体结构的间隙化合物,碳与铁的原子半径比为0.63。Fe_3C 的晶体结构如图2-3所示。由图2-3可见,碳原子构成一个正交晶格,即三个轴间夹角 $\alpha = \beta = \gamma = 90°$,三个晶格常数 $a \neq b \neq c$($a = 45.235nm$,$b = 50.888nm$,$c = 67.431nm$),每个晶胞中具有12个铁原子、4个碳原子,在每个碳原子周围都有6个铁原子构成八面体,各八面体的轴彼此倾斜某一角度,每个八面体内都有一个碳原子,而每个铁原子又为2个八面体所共有,所以在渗碳体中,铁原子与碳原子间的比例为$(6 \times 1/2):1 = 3:1$,因而这种间隙化合物用 Fe_3C 表示。

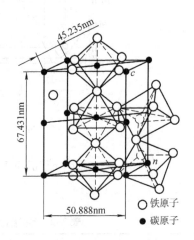

图2-3 Fe_3C 的晶体结构

在 Fe_3C 中,铁原子可以被其他金属原子,如 Mn、Cr、W、Mo 等置换,分别形成 $(FeMn)_3C$ 与 $(FeCr)_3C$ 等以 Fe_3C 为基的置换固溶体,称为合金渗碳体。Fe_3C 中的碳可被硼所置换而形成 $Fe_3(C.B)$,但碳不能被氮置换。

渗碳体的显微硬度为950~1050HV。

3. 石墨

它是碳的一种同素异形体,属六方晶系。石墨的晶体结构如图2-4所示。石墨晶体中的碳原子是层状排列的,在同层原子之间是以共价键结合,其结合力较强(293~335kJ/mol),而层与层之间则是以极性键结合,其结合力较弱(17kJ/mol)。因此,石墨极易分层剥离,强度极低。由于石墨晶体具有这样的结构特点,因此在铁液中长大时就容易长成片状结构。

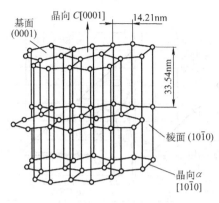

图 2-4 石墨的晶体结构

2.2.3 Fe-C、Fe-Fe₃C 双重相图中的组成相

双重相图中的组成相见表 2-4。

表 2-4 Fe-C、Fe-Fe₃C 双重相图中的组成相

组成相	说　　明
液溶体 L	即液相，符号 L，为碳或其他元素在铁中的无限液溶体，存在于液相线之上；二相区内也有液溶体存在，但成分随温度而变化
δ铁素体 α铁素体	即 δ 相、α 相，为碳在铁中的间隙固溶体，体心立方晶格，δ 相存在于 1392 ~ 1536℃ 之间，1493℃ 时最大溶碳的质量分数为 0.086%；α 相存在于 911℃ 以下，723℃ 时最大溶碳的质量分数为 0.034%
奥氏体 A	即 γ 相，符号 γ 或 A，为碳在 γ 铁中的间隙固溶体，面心立方晶格，存在于 723 ~ 1493℃ 之间，1147℃ 时的最大溶碳的质量分数为 2.14%
石墨 G	符号 G，铸铁中以游离状态存在的碳。按稳定系转变时的高碳相，在铸铁中取决于化学成分及析出的温度不同，有初生石墨、共晶石墨、二次石墨和共析石墨，其形态主要有片状、蠕虫状、团絮状以及球状
渗碳体 Fe₃C	符号为 Fe₃C，铁和碳的间隙化合物，具有复杂的正交晶格，碳的质量分数为 6.69%。按亚稳定系转变时的高碳相，取决于化学成分及析出的温度，有初生渗碳体（一次渗碳体）、共晶渗碳体、二次渗碳体及共析渗碳体，渗碳体的形状有大片状、莱氏体型、板条状以及网状
莱氏体 Ld	为按亚稳定态转变时的共晶组织，由奥氏体与渗碳体组成的机械混合物，冷却到 Ar_1 以下温度时，则由珠光体与渗碳体组成

（续）

组成相	说　　明
珠光体 P	是过冷奥氏体在共析温度时形成的机械混合物，由铁素体和渗碳体按层片状交替排列的层状组织。根据珠光体转变时的过冷度大小，可形成正常片状珠光体、细片状珠光体（索氏体）及极细珠光体（托氏体），还可通过热处理，使珠光体中的渗碳体粒状化而得到粒状珠光体

2.2.4 Fe-C-Si 准二元相图

铸铁中除碳以外，硅的含量较高（质量分数在常规情况下为 0.5% ~ 3.7%），变化幅度也较大，对于有特殊用途的铸铁，则硅含量可更高。要了解硅对铁碳合金的凝固过程、金相组织和性能的影响，应根据 Fe-C-Si 三元立体相图来进行分析。目前三元相图的研究还很不彻底，通常用准二元相图（一定硅含量的 Fe-C-Si 三元垂直切面图）来分析铸铁中碳、硅含量对凝固过程和组织的影响。

在 Fe-C-Si 三元合金中，高碳相可能以石墨和渗碳体两种形式出现，相应地就有 Fe-G-Si 和 Fe-Fe₃C-Si 两种准二元相图。

图 2-5 所示为不同硅含量的局部 Fe-G-Si 准二元相图。对比 Fe-G 相图和 Fe-G-Si 准二元相图，可见硅的作用为：

1）共晶点和共析点的碳含量随硅含量的增加而减少。例如，Fe-G 二元共晶合金碳的质量分数为 4.26%，共析合金碳的质量分数为 0.69%；在三元系中，当硅的质量分数为 2.08% 时，其共晶和共析点碳的质量分数则分别为 3.65% 及 0.65%。E′点（见图 2-1）的碳含量也随硅含量的增加而减少，即在液态共晶合金以及奥氏体固溶体中碳的溶解度都随硅含量的增加而减少。

2）硅的加入使相图上出现了共晶和共析转变的三相共存区（共晶区：液相、奥氏体加石墨；共析区：奥氏体、铁素体加石墨），说明 Fe-C-Si 三元合金的共析和共晶反应不是恒温，而是在一个温度范围内进行，且硅含量增加温度范围扩大，Fe-G 系共晶和共析温度升高。

3）硅含量的增加，还缩小了相图上的奥氏体区。当 $w(Si) > 10\%$ 时，奥氏体区趋于消失，此种合金不出现奥氏体相，这对高硅耐酸铸铁的凝固和组织的研究很有意义。

4）硅含量的增加，使共晶和共析温度提高。但是，对 Fe-Fe₃C 而言，硅含量增加，共晶温度降低。

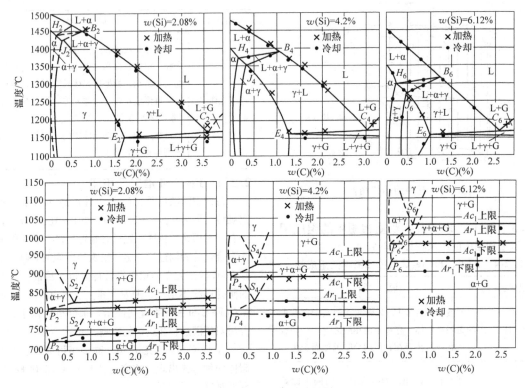

图 2-5 Fe-G-Si 准二元相图

上述特点，对分析铸铁的凝固过程、组织以及制订热处理工艺时有参考意义。

2.2.5 铸铁中常见元素对 Fe-C 相图中各临界点的影响

铸铁中除 Fe、C、Si 外，还存在其他元素，因而在分析铸铁的实际凝固过程及组织时，还必须考虑其他元素对相图上各临界点的影响。这方面的资料尚不完善。表 2-5 和表 2-6 分别定性定量地列出了一些常见元素在一般含量范围内对铁-碳双重相图上各临界点的碳浓度及转变温度的影响趋势。根据这些数据，可粗略地估算出某一成分铸铁的实际共晶温度或共析温度，也可推算出稳定系和亚稳定系的共晶温度或共析温度差，借以估计对石墨化或其他方面的影响（因此处并未估计到元素间的相互作用，因而只能是粗略地估算）。

各元素对稳定系 Fe-C 相图共晶点碳含量的影响为

$$w(C_{共晶}) = 4.26 - 0.31w(Si) - 0.33w(P) - 0.4w(s)$$
$$+ 0.027w(Mn) + 0.05w(Cr) - 0.053w$$
$$(Ni) - 0.074w(Cu) - 0.22w(Al) - 0.11w$$
$$(Sn) - 0.117w(Sb) + 0.135w(V) +$$
$$0.025w(Mo) - 0.026w(Co) + \cdots$$

式中 $w(C_{共晶})$——共晶点碳的质量分数（%）。

$w(Si)$、$w(P)\cdots$——元素硅、磷等的质量分数（%）。

2.2.6 碳当量、共晶度和液相线碳当量

1. 碳当量

根据常见元素对铁-碳双重相图中各临界点碳浓度的影响（见表 2-5），将这些元素的量折算成对碳含量的增减，称之为碳当量，以 CE 表示。为简化计算，一般只考虑 Si、P 的影响，则

$$CE = w(C) + \frac{1}{3}w(Si + P)$$，将 CE 值与 C' 点

$w(C) = 4.26\%$ 相比，即可判断某一具体成分的铸铁偏离共晶点的程度，如 CE > 4.26% 为过共晶成分，CE < 4.26% 为亚共晶成分，CE = 4.26% 则为共晶成分。但在非平衡凝固条件下，共晶点的碳含量是变动的，利用上述公式计算的 CE 值与 4.26% 比较，来判断共晶类型会导致很大误差。

表 2-5　常见元素对铁-碳双重相图中各临界点碳浓度的影响

元素	铁-石墨系					铁-渗碳体系					碳的浓度	石墨化	元素含量增加时,促进形成的组织
	共晶温度/℃	共析温度/℃	共晶点碳$w(C)$(%)	奥氏体饱和碳量	共析点碳量	共晶温度	共析温度	共晶点碳量	奥氏体饱和碳量	共析点碳量			
S	−	+	−0.36	+	−	−	+	−	+	−	+	−	珠光体、渗碳体
Si	+14	++	−0.31	−	−	−	+	−	−	−	+	+	铁素体
Mn	−8	−	+0.027	+	−	−	−	+	+	−			珠光体、碳化物
P	−21	+	−0.33	−	−	−	+	−	−	−	+	+、−	珠光体
Cr	−6	−	+0.063	+	−	−	−	−	−	−			珠光体、碳化物
Ni	+3	−	−0.053	−	−						+	−	珠光体、并细化
Cu	+3	−	−0.074	−	−						+	+	珠光体
Co	+	−									+	−	—
V	−	+	+0.135	−	+	+						−	碳化物、珠光体
Ti	−	+			+	+					−	−	铁素体
Al	+	+	−0.25			+					+	+	铁素体
Mo	−10		+0.025										铁素体、细化珠光体
W	−	+											—
Sn		−			−						+	+、−	珠光体
Sb		−									+		珠光体
Mg							−					−	珠光体、渗碳体
Nd													—
RE												−	珠光体、渗碳体
B												−	珠光体、渗碳体
Te												−	珠光体、渗碳体

注:1."+"代表增加、提高、促进;"−"代表降低、阻碍;空格表示不明。
　　2. 数字代表加入质量分数为 1% 的合金时的波动值。

表 2-6　常见元素对铁-碳相图上各临界点转变温度的影响　　（单位:℃）

元素	碳在奥氏体中最大溶解度温度		共析点温度		共晶点温度	
	亚稳定系	稳定系	亚稳定系	稳定系	亚稳定系	稳定系
Si	−10~15	+2.5	+8	0~30	−10~20	+4
Cu	−2	+5.2	—	−10	−2.3	+5
Al	−14	+8	+10	+10	−15	+8
Ni	−4.8	+4	−20	−30	−6	+4
Cr	+7.3	—	+15	+8	+7	—
Mn	+3.2	−2	−9.5	−3.5	+3	−2
V	+6~8	—	+15	+	+6~8	—
P	−180	−180	+	+6	−37	−3

2. 共晶度

铸铁偏离共晶点的程度还可用铸铁的实际碳含量与共晶点的实际碳含量的比值来表示,这个比值称为共晶度,以 S_c 表示。

$$S_c = \frac{w(C_{铁})}{w(C_{共晶})} = \frac{w(C_{铁})}{4.26\% - \frac{1}{3}w(Si+P)}$$

式中　$w(C_{铁})$——铸铁中碳的实际质量分数（%）;
　　　$w(C_{共晶})$——铸铁共晶点（稳定系）碳的实际质量分数（=4.26%）;
　　　$w(Si+P)$——铸铁中硅、磷的质量分数（%）。

如 $S_c > 1$,为过共晶成分铸铁;$S_c = 1$,为共晶成分铸铁;$S_c < 1$,则为亚共晶成分铸铁。

近几年的研究表明,0.05%的碳当量变化就可使非平衡状态下的亚共晶铸铁转变为过共晶或过共晶铸铁转变为亚共晶凝固,这对熔体的铸造性能和铸件的组织及性能影响较大。

碳当量的高低或共晶度的大小，除衡量铸铁偏离共晶点的程度对凝固过程的影响外，还能间接地推断出铸造性能的好坏以及石墨化能力的大小，因此是一个较为重要的参数。

3. 液相线碳当量

铸铁是具有共晶转变的铁碳合金，它的凝固终了是以共晶转变进行的。但是，铸铁中还存在着其他多种元素，如 Si、Mn、S 和 P 等，由于化学成分、冷却速度、孕育处理和形核程度等因素的影响，铸铁的共晶转变是一个复杂的过程。共晶转变有两种模式：一是按照铸铁稳定系进行奥氏体 + 石墨共晶；二是按照铸铁亚稳定系进行奥氏体 + 渗碳体共晶。实际上，大部分铸铁结构材料是按照稳定系共晶的，其温度是介于上述两者之间。但是，初生奥氏体析出温度 T_{AL} 主要取决于化学成分（即碳和硅的含量），与共晶凝固模式无关。如果用碳当量 CE 值来表征碳、硅、磷等元素的影响，碳当量与液相线温度有一定的对应关系，即 $CE = f(T_{AL})$。

根据铸铁的结晶理论和实验表明，铸铁中的碳含量、硅含量与 T_{AL} 及亚稳定系共晶温度 T_E 也具有对应关系，即

$$w(C) = f(T_{AL}、T_E)；w(Si) = f(T_E)$$

工业上应用热分析时，引入了液相线碳当量（CEL）的概念，因为二元 Fe-C 相图不能直接作为热分析的基础。许多元素，特别是硅、磷对 T_{AL}、T_E 的影响应由 Fe-C-Si-P 多元相图来确定，这样问题就变得非常复杂，甚至不可确定。较简易的方法是通过试验分析找到 T_{AL} 和碳、硅、磷等之间的回归关系。试验证明，液相线温度随着碳、硅、磷等含量的增加而降低，因此考虑到硅、磷对 Fe-C 相图液相线温度的影响，可建立如下关系：

$$T_{AL} = A - B[w(C) + w(Si)/X + w(P)/Y]$$
$$或 T_{AL} = A - B \times CEL$$

式中　　CEL——液相线碳当量（质量分数，%）；
A、B、X、Y——常数。

理论分析和试验回归得出：

$$CEL = w(C) + \frac{w(Si)}{4} + \frac{w(P)}{2}$$

$$T_{AL} = 1664 - 123 \times CEL$$

对比 CE 与 CEL，它们有着不同的含义，前者是根据二元相图通过化学成分计算得到的，后者是由测定的液相线温度并经过回归分析确定的，T_{AL} 与 CEL 之间比 T_{AL} 与 CE 之间具有更为良好的线性关系，故当采用铸铁热分析法测试碳硅含量时，经常采用 CEL 作为测试依据。

2.3　铸铁的凝固结晶与固态相变

铸铁是按稳定系凝固还是按亚稳定系凝固，不仅由其本身的化学成分（即热力学条件）所决定，而且与其凝固时的动力学过程密切相关。因此，研究铸铁的凝固过程就显得尤为重要。

铸铁的凝固结晶历经初生、共晶及共析阶段，所得到的各种组织的形成过程，可以归纳为以下四个方面：①初生石墨或初生奥氏体的形成、形貌及数量；②共晶团以及共晶后期组织的形成；③共晶石墨或碳化物的形成及其特征；④基体的形成。

2.3.1　铁液的结构

铁液作为一种金属液在结构上具有一般金属液所具有的共同特点，即它是近程有序的，并伴随着温度起伏，存在着结构起伏和浓度起伏。作为一种高碳多元铁碳合金熔液，其结构又与碳的存在形态密切相关。由于碳在铁液中的存在形态对铸铁的凝固过程、组织和力学性能有决定性影响，因此研究铁液的结构主要是研究碳在铁液中的存在形态。

研究表明，在一定的温度范围内，铸铁在熔融状态下并非单相体，而是存在着未溶解石墨分子和渗碳体分子的多相体。

用离心分离的方法可以证明铁液中存在着碳原子集团。将 $w(C) = 3.3\% \sim 3.5\%$ 白口铸铁在 1240 ～ 1490℃下熔化，当沉淀物达到平衡时进行离心分离。离心分离后铸铁试样中碳含量的径向分布如图 2-6 所示。未溶石墨悬浮物由于体积质量较小而向中心偏析集聚。根据计算，悬浮着的碳显微集团的平均尺寸约小于 1nm，见表 2-7。对于碳的质量分数大于 2% 的铁液，在 1300 ～ 1400℃ 时碳原子集团在铁液中的数量为 2.7×10^7 个/mm^3，每个原子集团含 15 个以上碳原子。

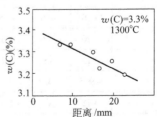

图 2-6　离心分离后铸铁试样中碳含量的径向分布

表 2-7　铁液中悬浮着的
碳显微集团的尺寸

$w(C)(\%)$	试验温度/℃	碳显微集团尺寸/nm
3.30	1300	0.965
3.30	1370	0.69
3.45 ~ 3.50	1280	0.96
3.45	1350	0.7

斯蒂伯（Steeb）和梅尔（Maier）通过采用 X 射线宽角衍射和中子宽角衍射的方法测定 Fe-C 系熔融合金的强度曲线，也证实了碳原子集团的存在。他们的研究表明，纯铁的原子配位数为 9，原子间距为 0.260nm，当 $w(C) = 1.8\%$ 时，原子间距增大到 0.267nm，配位数为 10.4 个原子。随碳含量的继续增加，原子间距不变，原子配位数增加。当达到 $w(C) = 3\%$ 时，碳含量再继续增加，配位数不变。对于 X 射线和中子衍射的情况而言，其值分别为 10.8 或 11.2 个原子。研究者推测，当碳的质量分数大于 3.0% 时，铁液中出现近程有序的结构，包括 C_n 分子和 Fe_3C 分子。

由若干碳分子 C_n 组成的微观集团称为碳簇。当铁液处于长时间高温保温状态时，碳簇会分解成 C_n 分子并进一步分解成 C 原子，此时才表现出 Fe-C 的理想熔融状态。研究表明，在 1300 ~ 1400℃ 时，铁液中碳簇 $(C_6)_n$ 的区域直径为 1 ~ 10nm，碳显微集团的大小和数量取决于碳含量、铁液温度和高温保持时间。随着碳含量增加、硅含量降低及过热温度的降低，$(C_6)_n$ 区域直径增大，作为石墨核心的作用更为明显，同时也影响着奥氏体的形核与 Fe_3C 的形成。图 2-7 所示为 $(C_6)_n$ 碳簇、C_n 分子、C 原子的转化与形成石墨、Fe_3C、奥氏体的关系。由图 2-7 可见，未溶解的 C_n 分子集团使得奥氏体和石墨容易形核，因为随着 $(C_6)_n$ 增多，其他区域铁液的实际成分被偏移，从而促进奥氏体析出。如果过热温度足够高，保持时间足够长，碳簇逐渐转化为 C_6 或 C_2，甚至变成 C 原子，此时石墨和奥氏体均难以形核，但 Fe_3C 却容易形成。可见，铁液在高于某一温度时，有利于 Fe_3C 形成，此时铁液中的 Fe_3C 比石墨更稳定。在低于某一温度时，Fe_3C 不稳定，有自发分解成 Fe 和 C 的倾向，不利于 Fe_3C 形成。这一临界温度受化学成分和其他因素的影响。

E. E. TpeTЬ Я KOBa 基于铁液表面张力和差热分析，检测研究了共晶成分铸铁的铁液及其物理性质。在共晶铸铁加热和冷却过程中，铁液表面张力随温度

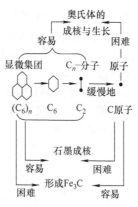

图 2-7　$(C_6)_n$ 碳簇、C_n 分子、C 原子的转化与形成石墨、Fe_3C、奥氏体的关系

的变化规律及差热分析如图 2-8 所示和图 2-9 所示。由图 2-8 可见，在加热过程中，当铁液温度高于 1400℃（T_1）时，表面张力随温度变化有一个突然增加的趋势，但当温度高于 1530℃（T_2）时，表面张力又降低。在液相线温度至 1400℃ 的范围内加热过程中，可以观察到类似于石墨板片的针状质点的溶解现象。因此可以认为，铁液在较低的温度范围内是一个多相系统。在这个系统中，存在着未溶解的石墨质点。当温度超过 1400℃，铁液是均匀的，但在微观上仍是不均匀的。其中，存在着一些复杂的显微集团及活性夹杂物原子。随着温度的升高，这些显微集团逐渐受到破坏，活性逐渐降低，表面张力仍呈现上升趋势，铁液结构逐渐均匀。当温度高于 1530℃ 时，X 射线衍射结果表明，铁液结构因子的最大点向衍射角较小的方向移动，标志着原子间距加大。这说明铁液的物理性质发生突变，这与近程有序结构的转变有关。铸铁中存在着一些强碳化物形成元素，如 Fe、Cr、Si、Ti 等，原始炉料铁液结构的显微组织的不均匀性与这些元素的碳化物集团有密切联系。当铁液温

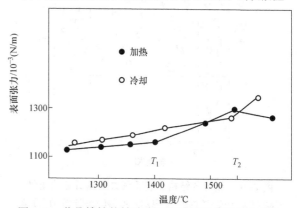

图 2-8　共晶铸铁的铁液表面张力随温度的变化规律

度高于1400℃并继续加热时，伴随着这些集团的瓦解破坏，这也是在该温度范围内随着温度的增加，表面张力增加的原因。当温度达到1530℃时，这些原子集团的瓦解破坏过程结束。

图2-9所示的共晶铸铁差热分析也表明了铁液的多相性，同时可以看到，当温度达到1400℃时，这些质点和原子集团的开始分解。

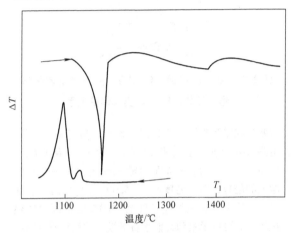

图2-9　共晶铸铁差热分析

这种铁液的结构、表面张力随热历史的变化可简要地用图2-10表示。据此可知，在熔炼高强度铸铁过程中，当铁液加热温度高于T_2时，铁液结晶前的状态比较均匀，便于获得较大的过冷度，增加铁液的受孕能力，提高共晶核心数量，细化共晶团，改善铸铁的组织与性能。

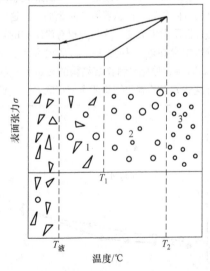

图2-10　铁液的结构、表面张力随热历史的变化
1—以碳化物形式存在的碳　2—以Fex-Cy-Mz形式存在的原子集团
3—以理想形式存在的碳

对于在热力学上处于平衡状态的铁液而言，碳原子集团的存在是铁液浓度起伏的结果。从图2-1所示的铁-碳相图可知，在接近共晶温度时，$w(C) \geq 4.3\%$就会有石墨析出。即使在1500℃，只要碳的质量分数超过5.0%就具备了石墨析出的热力学条件。考虑到铸铁中$w(C) = 2.0\% \sim 4.0\%$，因此只要有浓度起伏存在，就有石墨原子集团析出的可能。但是，石墨中碳的质量分数为100%，而渗碳体中的$w(C) = 6.689\%$，从浓度起伏的观点考虑，铁液中形成$(Fe_3C)_n$碳原子集团要比形成石墨碳原子集团容易得多。铁液温度越高，石墨析出所要求的碳含量越高，石墨越不易存在。上述分析得到了实践的证实。对激冷试样的分析中发现，当铁液过热温度不太大时，在共晶和过共晶铁液中有碳原子的富集，并且主要以Fe_3C的形式存在，同时有少量石墨呈短程有序存在。随着时间的延长和温度的升高，有利于Fe_3C的生成。

另外，铁液存在着遗传性，即原始炉料在重熔过程中，炉料的某种结构、成分和物性方面的信息被保存并传递给后来的重新凝固的铸件，对其性能带来重要影响。具体遗传性表现在三个方面：一是结构信息的遗传，其特征表现为原炉料中某些组织结构特征（如碳原子集团种类、颗粒大小、不均匀性、微观多相组织等）在炉料→铁液→铸件转变过程中被继承下来；二是成分遗传效应，即除了常规元素外，某些微量元素在熔炼过程中被保留于铸件发生各种遗传效应；三是物性特征遗传，即铁液的物理性质（黏度、表面张力）、凝固时的白口、收缩、气孔、裂纹倾向都可能存在遗传效应。物性遗传的本质在于结构及成分信息的保留。图2-11所示为炉料生铁中的缩松缺陷导致柴油机机身厚大壁厚处易产生缩松缺陷。

如果炉料以白口铁为主，它们熔化后会留下未溶解的渗碳体原子集团；如果炉料以石墨类铸铁为主，熔化后就会留下未溶解的石墨原子集团。如果提高铁液温度或长时间保温，铁液趋向于热力学平衡状态，未溶解的渗碳体和石墨原子集团被溶解，铁液中由于成分起伏出现新的碳原子集团，这些碳原子集团可能以渗碳体型占多数。因此，生产中使用白口铁炉料时石墨化能力较低，使用灰铁炉料时石墨化能力较强。提高熔炼温度，铸铁的白口化倾向增大。但在使用白口铁炉料生产石墨类铸铁时，提高熔炼温度可以减少由于炉料遗传性造成的白口倾向。

综上所述，铁液存在何种原子集团与所使用的炉料关系很大。因此，在铸造生产中，应注意改善铁液的不良遗传性，其主要途径有更换炉料、多种炉料搭配使用，或者针对性处理、铁液过热等。

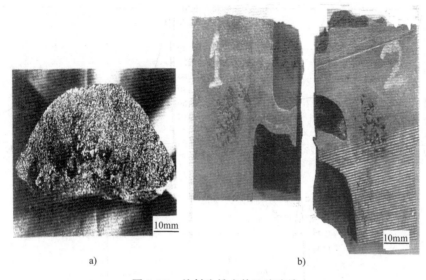

图 2-11　炉料生铁中的缺陷遗传

a）生铁中的缩松　b）柴油机机身厚大壁厚处缩松

2.3.2　铸铁的凝固热分析曲线

热分析是研究金属及合金凝固过程的一种检测手段，它可直接用来检测和控制合金的质量，并且具有快速、简便、准确和费用低廉等优点。在现代化的铸造车间里，越来越多地采用这种热分析法，进行铸铁熔炼炉前快速检验来控制生产过程。铸铁凝固热分析曲线是铁液在样杯凝固过程中其温度随时间变化的曲线。当样杯和环境温度等外界工艺因素保持基本稳定时，样杯的散热速度也保持基本不变，则铸铁凝固热分析曲线的形状就取决于铸铁凝固时热效应的大小和放热速度，即铁液在凝固过程中奥氏体相的形核与长大以及共晶转变能以冷却曲线的形状及温度特征表现出来，以此来判断铸铁合金的结晶过程及组织结构。

工业上应用较多的铸铁材料是亚共晶灰铸铁。根据铸件的结构和性能要求，球墨铸铁和蠕墨铸铁的碳当量选择范围比较宽，从亚共晶、共晶到过共晶的成分都可存在。在不同的共晶度下，铸铁凝固时发生的相变也不同，其热分析曲线也有所差别。图 2-12 所示为亚共晶灰铸铁的凝固热分析曲线。图 2-13 所示为蠕墨铸铁的凝固热分析曲线。图 2-14 所示为球墨铸铁的凝固热分析曲线。凝固热分析曲线上各特征点的物理意义见表 2-8。

通过测试灰铸铁、球墨铸铁和蠕墨铸铁的凝固热分析曲线，人们可以了解和分析各种铸铁结晶过程中各个相的形核与长大情况，达到进一步控制铸铁组织的目的。

2.3.3　初生奥氏体的结晶

初生奥氏体枝晶对铸铁的组织及力学性能有间接或直接的影响，它在灰铸铁中的作用与钢筋在钢筋混凝土中的作用一样，能起到骨架的加固作用，并能阻止裂纹的扩展。

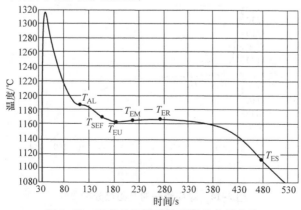

图 2-12　亚共晶灰铸铁的凝固热分析曲线

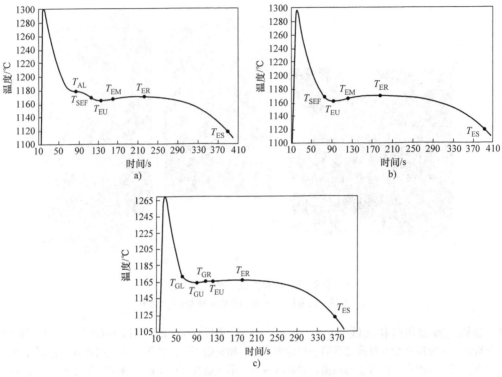

图 2-13 蠕墨铸铁的凝固热分析曲线

a) 亚共晶 b) 共晶 c) 过共晶

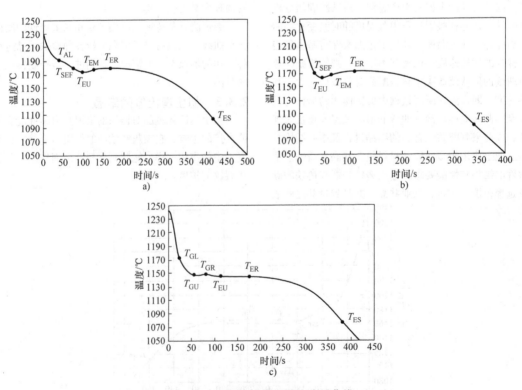

图 2-14 球墨铸铁的凝固热分析曲线

a) 亚共晶 b) 共晶 c) 过共晶

表 2-8　凝固热分析曲线上各特征点的物理意义

特征参数	意　义	备　注
T_{AL}	初生奥氏体析出温度	亚共晶热分析曲线上的第一个拐点
T_{GL}	初生石墨析出温度	过共晶热分析曲线上的第一个拐点
T_{SEF}	共晶开始形核温度	亚共晶热分析曲线二阶导为零, 由负转正
T_{GU}	共晶前奥氏体析出最低温度	过共晶热分析曲线上第二个拐点
T_{GR}	共晶前奥氏体析出最高温度	T_{GU} 后温度回升极大值
T_{EU}	共晶最低温度	共晶阶段温度回升前的最低点
T_{EM}	回升速度最快时温度	共晶阶段温度回升速度最快
T_{ER}	共晶最高温度	共晶阶段温度回升后的最高点
T_{ES}	共晶结束温度	铁液全部凝固

1. 初生奥氏体枝晶的凝固过程

当凝固在平衡条件下进行时, 只有化学成分为亚共晶时才会析出初生奥氏体。其实在非平衡条件下, 铸铁中存在一个共生生长区, 而且偏向石墨的一方。因而在实际情况下, 往往共晶成分、甚至过共晶成分的球墨铸铁和蠕墨铸铁在凝固过程中也会析出初生奥氏体。

通常用连续液淬的方法研究初生奥氏体枝晶的凝固过程, 观察各液淬温度下所得到的显微组织, 即可窥其全貌 (见图 2-15)。图中奥氏体在液淬过程中已转变为马氏体, 尚未凝固的液体经液淬后直接转变成细小的莱氏体。可把这一过程描述如下: 在液相线温度以上, 铁液全处于液态, 液淬组织全部是细小的莱氏体 (见图 2-15a); 当冷却到液相线温度以下时, 奥氏体枝晶便开始析出 (见图 2-15b); 随着铁液温度的继续下降, 奥氏体枝晶不断分枝并长大 (见图 2-15c), 进入共晶阶段 (见图 2-15d) 后, 可以看到初生奥氏体枝晶仍在继续长大 (见图 2-15e、f), 数量也有增加。因此, 初生奥氏体枝晶的生长温度范围和共晶温度范围有一个重叠的区间。随着工艺条件的不同, 共晶转变开始的温度会有高低, 因而就可能有不同的重叠温度区间, 使初生奥氏体和共晶组织之间具有不同的匹配情况。例如, 当冷却速度很快时, 共晶转变开始温度较低, 奥氏体枝晶发达, 数量增加。严重时, 剩余液液相奥氏体枝晶形成 D 型和 E 型石墨。

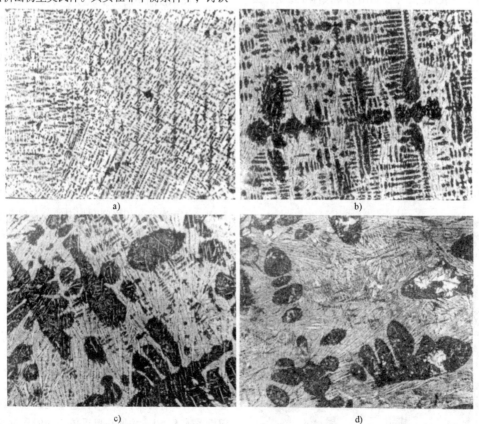

a)

b)

c)

d)

图 2-15　奥氏体枝晶的凝固过程　×75

a) 液态, 液淬温度 1225℃　b) 初生 γ 体析出, 液淬温度 1200℃

c) 初生 γ 体生长期间, 液淬温度 1183℃　d) 共晶转变开始, 液淬温度 1160℃

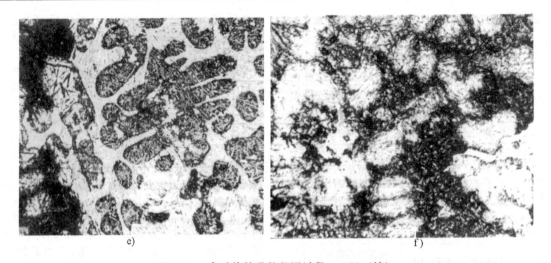

e)　　　　　　　　　　　　　　f)

图 2-15　奥氏体枝晶的凝固过程　×75（续）

e）共晶转变期间，液淬温度 1156℃　f）共晶转变末期，液淬温度 1146℃

2. 初生奥氏体的形态

奥氏体为面心立方体，其原子密排面为（111）面，当奥氏体直接从液相中形核、长大时，只有按密排面生长，其表面能最小，析出的奥氏体才稳定。由原子密排面 ｛111｝ 构成的晶体外形是八面体。八面体的生长方向必然是八面体的轴线，即 ［100］ 方向，由于八面体尖端的快速生长，便形成了奥氏体的一次晶枝，在一次晶枝上长起微小的突起，以此为基础长出二次晶枝，进而长出三次晶枝，最后长成三维树枝晶（见图 2-16）。奥氏体枝晶生长的特点之一是晶枝的生长程度不同，有的晶枝生长快，有的晶枝的生长因前沿有溶质元素的富集而受到妨碍生长较慢，故铸铁中的奥氏体枝晶往往具有不对称、不完整的特征，加上奥氏体枝晶的二维形貌实际上是三维树枝晶

在不同切面上的反映，因而便呈现出更加复杂的形态。

3. 奥氏体枝晶中的成分偏析

奥氏体枝晶中的化学成分不均匀性是由凝固过程所决定。按照相图，先析出的奥氏体心部碳含量较低，在逐渐长大以后各层奥氏体中的碳含量沿着图 2-1 中 JE' 线变化，即碳含量逐渐增高，形成所谓芯状组织。

对奥氏体枝晶及其结晶前沿的显微分析可以看到，在初生奥氏体中有硅的富集，锰则较低，而在枝晶间的残存液体中则是碳高、锰高、硅低。这样，在奥氏体的生长过程中，在结晶前沿就有不同元素的富集或贫乏，如形成了硅的反偏析及锰的正偏析，即存在着较大的浓度不均匀性。在普通灰铸铁及合金灰铸铁中，各元素在各相之间和相内的分布都有这样的现象。相间分布的不均匀性通常由分配系数 K_p 表示，而晶内偏析程度则由偏析系数 K_i 表示。

$$K_p = \frac{\text{元素在奥氏体中的含量 } X_A}{\text{元素在铁中平均含量 } X_i}$$

$$K_i = \frac{\text{元素在奥氏体枝晶心部的含量 } X_A^c}{\text{元素在奥氏体边缘的含量 } X_A^s}$$

实际测定结果见表 2-9。由表 2-9 可见，与碳亲和力小的石墨化元素（如 Al、Si、Cu、Ni、Co）在奥氏体中都有富集，$K_p > 1$；这些元素在奥氏体内的偏析系数 $K_i > 1$，说明在奥氏体心部的含量高于奥氏体边缘的含量，即形成晶内反偏析。

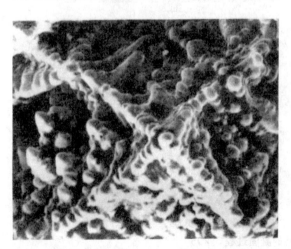

图 2-16　奥氏体枝晶的三维形态　×124

表 2-9　奥氏体和铁中各种元素的含量

序号	元素	元素（质量分数，%）			分配系数 $K_p = \dfrac{X_A}{X_i}$	偏析系数 $K_i = \dfrac{X_A^c}{X_A^e}$
		铁中	奥氏体中			
			中心（X_A^c）	边缘（X_A^e）		
1	Al	0.68	0.74	0.67	1.09	1.10
2	Si	1.27	1.39	1.21	1.09	1.15
3	Cu	1.12	1.22	1.11	1.09	1.10
4	Ni	1.07	1.10	0.96	1.03	1.15
5	Co	1.09	1.15	1.01	1.05	1.14
6	Mn	1.07	0.75	1.00	0.70	0.75
7	Cr	0.98	0.50	0.59	0.51	0.85
8	W	0.89	0.35	0.37	0.39	0.95
9	Mo	1.13	0.39	0.45	0.35	0.87
10	V	1.48	0.56	0.58	0.38	0.97
11	Ti	0.26	0.03	0.04	—	—
12	S	0.12	痕量	痕量		
13	P	0.58	0.09	0.13	0.16	0.69

白口化元素（Mn、Cr、W、Mo、V）与碳的亲和力大于铁，富集于共晶液相中，$K_p < 1$，而且与碳结合力越大的元素 K_p 越小。在奥氏体内则呈中心含量低，边缘含量高的正偏析，即 $K_i < 1$。

由于在奥氏体内部及奥氏体间剩余液相中都存在成分上的不均匀性，因此它既可对铸铁的共晶凝固过程产生影响，如在共晶凝固时，可激发由按稳定系凝固向亚稳定系凝固的转化，促使形成晶间碳化物；又可对凝固以后的固态相变或热处理过程产生影响，如破碎铁素体的获得，就是在热处理时利用了奥氏体内部的成分不均匀性的特点。因此，这是一个很值得注意的问题。

4. 影响奥氏体枝晶数量及粗细的因素

铸铁中奥氏体枝晶的数量将直接影响作为坚固骨架体数量的多少，因而研究奥氏体枝晶数量的变化及其影响因素，对控制铸铁的组织及性能有较重要的意义。

在平衡条件下，奥氏体枝晶的体积分数可利用相图及杠杆定律算出，但在非平衡条件下，用定量金相的原理直接测定奥氏体枝晶数量的方法较为可靠。

当冷却速度较快时，由于在非平衡的条件下进行凝固结晶，因此即使碳当量的质量分数高达 4.7%，铸态组织中仍有一定量的奥氏体枝晶形成，这是工业铸铁组织中的一个重要特征。

在相同碳当量的前提下，初生奥氏体的量还受铸铁中碳、硅含量的影响。目前，常用 $w(Si)/w(C)$ 比值来讨论其影响，$w(Si)/w(C)$ 比增大，初生奥氏体数量随之增高（见图 2-17）。在高碳当量时，除影响数量外，碳含量对初生奥氏体的粗细也有影响。当冷却速度一定时，随着碳含量的增加，枝晶细化（见图 2-18）。图 2-18 中的凝固率为铁液中出现固相的体积分数。

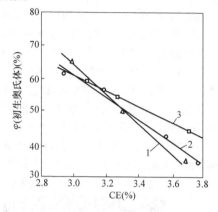

图 2-17　$w(Si)/w(C)$ 比和初生奥氏体数量的关系

1—$w(Si)/w(C) = 0.62 \sim 0.68$　2—$w(Si)/w(C) = 0.7 \sim 0.75$
3—$w(Si)/w(C) = 0.85 \sim 0.88$

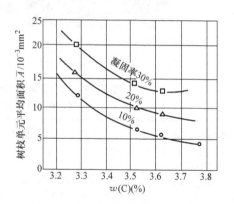

图 2-18　碳含量与奥氏体枝晶细化程度的关系

注：冷却速度为 2.5℃/min。

硫含量对奥氏体树枝晶的粗细也有影响，随着硫含量的增加，树枝晶有粗化的倾向（见图 2-19）。

合金元素对初生奥氏体影响的有关资料较少。一般来说，合金元素的加入，会影响初生奥氏体析出温度 T_L 的高低，以及初生奥氏体的生长区间（T_L-T_{EU}）的大小，据测定，对前者影响较小，对后者则影响较为显著（见表 2-10）。另外，加入合金元素以后，会引起奥氏体结晶界面前沿溶质浓度梯度的改变，因而使结晶前沿的成分过冷程度发生变化，即改变了初生奥氏体的生长条件及环境，必然会影响到初生奥氏体的数量及形态。向亚共晶灰铸铁中分别加入 V、Ti、Cr、Mo、Cu、Ni、Si 及 Al 的质量分数各为 1%，然后用液淬的方法研究这些合金元素对铸铁中初生奥氏体形态的影响。从表 2-10 可以看出，与不加合金元素的铸铁相比，使（T_L-T_{EU}）值增加大于 10℃的元素有 V、Mo，使（T_L-T_{EU}）值减少大于 10℃的元素有 Al、Si、Ni。元素 Ti、Cr、Cu 对（T_L-T_{EU}）值的影响较小，在 ±6℃范围以内。观察液淬后的试样发现，未加合金元素的亚共晶铸铁的奥氏体枝晶方向性较强，二次枝晶不发达，且二次枝晶间距较小。V 和 Mo 都是增大共晶凝固过冷度并增大初生奥氏体生长区间的元素，它们都能使奥氏体枝晶的分枝程度增高，使二次枝晶发达，细化二次枝晶间距。加入 Al 和 Ni 可减小共晶结晶过冷度，缩小初生奥氏体生长的温度区间。Ni 促使形成分枝较少的短胖状奥氏体，Al 则形成细而短小、无规则分布的奥氏体。Ti、Cu、Cr 的影响则介于上述两类元素的影响之间。

Ti 能促进奥氏体枝晶的形成，Cr 则促使形成短小而无方向性分布的奥氏体枝晶，且分枝较少。

对 CE = 4.1% [$w(C)$ = 3.24%，$w(Si)$ = 2.58%] 的灰铸铁，定量地研究了钒、钛对初生奥氏体数量的影响，结果见表 2-11。从金相观察及图像分析表明，非合金铸铁的初生奥氏体生长最初阶段，枝晶排列的方向性较强，而且发现奥氏体树枝晶主要是在共晶转变前形成；在共晶期间，它的数量、形态基本上无变化。加入 Ti 以后，则能使奥氏体枝晶的数量增多并细化枝晶，而且可看到在共晶转变期间含 Ti 铁液的初生奥氏体仍在继续长大，这期间初生奥氏体的体积分数增加量占总量的 25%。V 也使初生奥氏体数量增加，同时也减小一次和二次枝晶长度，细化枝晶，但没有 Ti 作用大。V 使枝晶在共晶期间增加的数量更多，约占有总量的 37%。V、Ti 同时加入铁液时，影响更明显，使枝晶数量增加很多，并细化枝晶；在共晶转变期间，枝晶数量增长量约占总量的 35%。

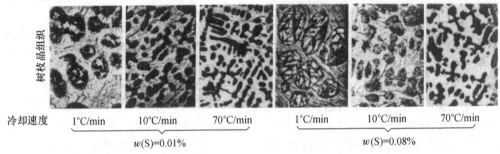

树枝晶组织|					
冷却速度	1℃/min	10℃/min	70℃/min	1℃/min	10℃/min	70℃/min
	$w(S)$=0.01%			$w(S)$=0.08%		

图 2-19　硫含量和冷却速度对初生奥氏体树枝晶粗细的影响

表 2-10　合金元素对冷却曲线上特征点的影响

加入的合金元素（加入质量分数为 1%）	冷却曲线上特征点温度/℃					T_{EU} 的变化/℃	T_L - T_{EU} 的变化/℃
	T_L	T_{ER}	T_{EU}	ΔT_E	T_L - T_{EU}		
原铁液	1220	1125	1120	5	100	0	0
V	1225	1102	1105	−3	120	−15	+20
Mo	1225	1110	1112	−2	113	−8	+13
Ti	1227	1122	1124	−2	103	+4	+3
Cr	1226	1123	1125	−2	101	+5	+1
Cu	1222	1130	1128	2	94	+8	−6
Ni	1223	1138	1135	3	88	+15	−12
Si	1196	1153	1150	3	46	+30	−51
Al	1224	1156	1155	1	69	+35	−31

注：T_L——奥氏体开始析出的温度，即液相线温度。

　　T_{ER}——由于共晶潜热的析出而使共晶凝固期间冷却曲线上再次发生转折的温度，或者经温度回升而在共晶阶段出现的最高温度。

　　T_{EU}——大部分共晶转变前铁液过冷的最低温度。

表 2-11　钒、钛对初生奥氏体数量的影响

序号	化学成分(质量分数,%)				临界点温度/℃			初生奥氏体数量(体积分数,%)		
	C	Si	V	Ti	T_L	T_{EU}	T_S	1200℃	1160℃	1120℃
1	3.24	2.58	—	—	1220	1160	1120	23.9	37.15	37.60
2	3.24	2.58	—	0.17	1223	1160	1119	30.0	37.58	49.9
3	3.24	2.58	0.24		1227	1160	1120	29.2	35.0	56.12
4	3.24	2.58	0.24	0.17	1227	1160	1117	32.8	41.2	63.3

提高冷却速度，将使奥氏体枝晶量增加，特别是随着初生阶段冷却速度的加快，枝晶有明显的细化（见图 2-19）。随着冷却速度的加快，初生奥氏体分枝的程度也会增加，原因是允许溶质元素扩散离去时间的缩短所致。同样，冷却速度加快，会引起界面前沿的热过冷增大，这会使枝晶生长速率增大以及枝臂间距的缩小。因此，枝晶凝固阶段的冷却速度不仅会影响初生奥氏体的数量，而且还会改变它的分枝及细化的程度。

5. 奥氏体枝晶对强度的影响

奥氏体枝晶数量和长度对灰铸铁的强度起着不可忽视的作用。枝晶数量越多，铸铁的强度越高。图 2-20 所示为奥氏体枝晶数量与抗拉强度的关系。二次枝晶轴间距对铸铁强度的影响虽不如枝晶数量显著，但随初生奥氏体枝晶二次轴间距的减小，抗拉强度也在提高，如图 2-21 所示。如果奥氏体枝晶以短小孤立状存在于铸铁中，铸铁抗拉强度提高的幅度不大。当枝晶相互交叉形成骨架，相互作用面积得到增大，对强度的提高起到十分有利的作用。

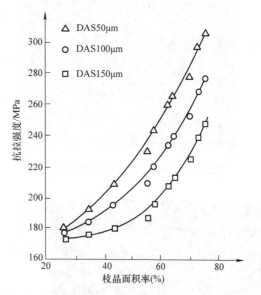

图 2-21　枝晶数量和二次枝晶轴间距与抗拉强度的关系
注：石墨为 D 型，长度为 0.006 ~ 0.01mm；基体为珠光体。

奥氏体的分布形态和位向与铸铁受载时裂纹扩展有密切联系。内生初生奥氏体往往晶粒枝晶小，无方向性，诱发的裂纹行径路程长，故有较强的承载能力。奥氏体枝晶对提高强度的作用在于阻碍断裂过程中裂纹的扩展。当裂纹遇到枝晶后，或改变方向或沿枝晶外缘平行于枝晶轴蔓延。随着裂纹扩展路径的增加，消耗的能量增多。另外，枝晶的三维骨架结构能够阻止应力从一个共晶团向另一个共晶团传递。由于树枝晶内部不存在石墨片，所以枝晶内的金属基体未受到削弱，可阻止微裂纹生长，从而达到提高强度的目的。

6. 奥氏体枝晶的显示

奥氏体作为高温相在共析反应阶段转变为其他固相，所以在室温组织中不能直接分辨初生奥氏体和共晶奥氏体。因此，要对试样进行特定处理，使奥氏体在室温下便于观察，同时将初生奥氏体和共晶奥氏体区分开来。通常，显示奥氏体枝晶的方法有热处理法和热染着色法。图 2-22 所示为退火方法显示的初生

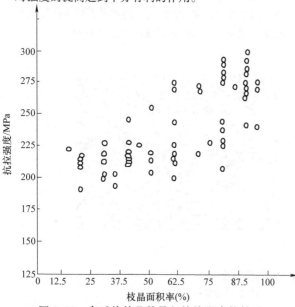

图 2-20　奥氏体枝晶数量与抗拉强度的关系

奥氏体枝晶（860℃ 退火 30min，冷却到 600 ℃，然后腐蚀）。

热处理方法相对于着色法在试验过程中较为麻烦，而且在热处理过程中误差较大。着色法是显示奥氏体枝晶常用的一种方法。其原理是利用初生奥氏体中硅的含量高于共晶奥氏体，两者侵蚀后的着色深度不同，如图 2-23 所示。

图 2-22　退火方法显示初生奥氏体枝晶

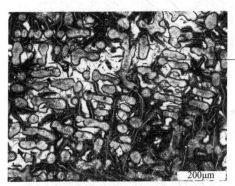

初生奥氏体

图 2-23　着色法显示的奥氏体枝晶形貌

初生奥氏体侵蚀液配方见表 2-12。配置过程：先将 NaOH 粉末、KOH 粉末溶于蒸馏水中，然后在该溶液中加入苦味酸并用玻璃棒搅拌，将配好的侵蚀液放入 98℃ 的恒温水浴锅中，再把经过抛光的试样放入 98℃ 的侵蚀液并保持 20min；侵蚀后取出，用蒸馏水、乙醇冲洗干净，吹干后即可用金相显微镜观察初生奥氏体。

表 2-12　初生奥氏体侵蚀液配方

NaOH 的质量 /g	KOH 的质量 /g	苦味酸的质量 /g	蒸馏水的体积 /mL
28	1	4	200

2.3.4　初生石墨的结晶

当过共晶成分的铁液冷却时遇到石墨的液相线，在一定的过冷度下便会析出初生的石墨晶核，并在液相中逐渐长大。由于液相的温度较高，碳原子在液相中的扩散速度较快，生长的时间较长，又在液相中自由生长，因而灰铸铁常常长成分枝较少的粗大平直片状（见图 2-24a）。石墨片的晶体结构为侧面的晶面指数为（0001）晶面。当冷却速度较快时，灰铸铁初生石墨的结晶过冷度增加，石墨结晶前沿稳定性降低，生长过程中容易产生分支，最后长大形状为星形（见图 2-24b）。

对于过共晶球墨铸铁而言，当温度降低到凝固热分析曲线 T_{GL} 时（见图 2-14c），初生石墨形核，快速生长成直径较大的石墨球（见图 2-24c）。

对于过共晶蠕墨铸铁而言，当温度降低到凝固热分析曲线 T_{GL} 时（见图 2-13c），初生石墨在液相中形核。由于变质元素含量较低，过共晶石墨往往形成开花状（见图 2-24d）或团块状（见图 2-24e）。

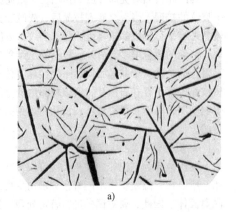

a)

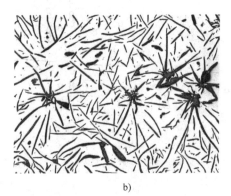

b)

图 2-24　铸铁过共晶石墨形态

a）普通铸铁直片状石墨　b）普通铸铁星形状石墨

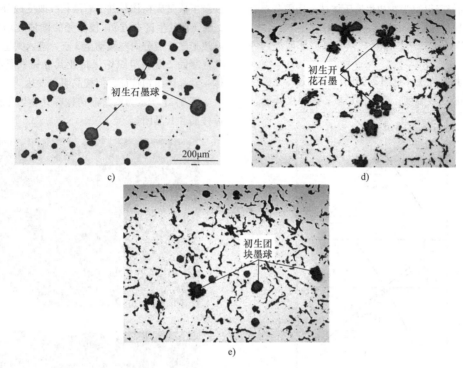

图 2-24　铸铁过共晶石墨形态（续）

c）球墨铸铁粗大球状石墨　d）蠕墨铸铁开花状石墨　e）蠕墨铸铁团块状石墨

2.3.5　稳定系共晶转变

1. 铸铁的非平衡凝固概念与过程

按平衡凝固原理，合金在凝固过程生成的组织只取决于相图的平衡相变线（包括液相线、固相线），而与凝固条件无关。由于实际的铸件是在特定的条件下制得的，外界的凝固参数（冷却速度）、铁液的核心状况、液相内的合金成分（指在相图上未反映的微量元素）等因素均对铸件的凝固组织产生重要影响。不仅影响 Fe-C-Si 相图上各组织形成时的温度与成分界线，而且还直接改变所产生的组织，甚至形成原先在平衡条件下不存在的相分，所以非平衡凝固形成的组织远比平衡凝固复杂。

（1）非平衡状态下的共晶共生区概念　铸铁是典型的共晶合金，非平衡冷却时产生的共晶反应是铸铁非平衡凝固的关键。

在平衡凝固条件下，只有恰好是共晶成分的液相凝固后才能得到 100% 的共晶组织。但在非平衡状态下凝固时，非共晶成分的合金也可得到典型的共晶组织，这种共晶称伪共晶。伪共晶区也可称为共生区。

共生区分为两大类：对称型共生区与非对称型共生区。

1）对称型共生。共晶点的成分处于共生区内，生成正常的、均匀的片状或杆状两相共晶组织称为对称型共生。具有对称型共生区的合金都是金属-金属共晶合金，共晶体中的两相生长速度基本相同。

2）非对称型共生。共晶点的成分处于共生区之外的称为非对称型共生。出现非对称型共生的以非金属-金属共晶合金居多（如 Fe-C、Al-Si 共晶系）。

共生区不对称，发生偏离的原因是两个组元（组成相）的熔点不同。当快速冷却过冷至平衡共晶温度以下时，液相对于两个组成相的过冷不相同，高熔点组成的过冷度比低熔点组成的要大得多，使两个组成相长大速度不等，引起共生区位移。另外，在过冷条件下，由于成分的浓度起伏及扩散的关系，低熔点组成相比高熔点相易于形核，并且长大速度快，因此得到以低熔点相为初晶的亚共晶组织，使共生区偏向高熔点一方。

（2）铸铁的非平衡凝固过程　实际铸铁件均在非平衡冷却条件下按共生区概念依凝固相图进行凝固，形成最终的凝固组织。

不同共晶度的三种铸铁的非平衡凝固过程如图 2-25 所示。Fe-C 共晶系的共生区偏向非金属组元（C 或 Fe_3C）一侧。

1）共晶铸铁（见图 2-25a）。共晶液相过冷至温度 1，落于共生区左方，奥氏体在过冷液相中形核，生成奥氏体树枝晶。奥氏体析出使余下的铁液富碳，成分移动进入共生区 2，发生奥氏体—石墨共生生长，最终的凝固组织为在初生奥氏体枝晶周围分布有孤立的共晶团。

图 2-26 所示为共晶铸铁在共生区形成的奥氏体枝晶。

2）亚共晶铸铁（见图 2-25b）。液相过冷至温度 1 点，低于液相线温度，奥氏体形核。随温度降低，

铁液生成贫碳树枝晶并沿着液相线改变成分。过冷至 2 点（在共生区右方），枝晶旁的碳浓度增加，促使石墨形核，成分向左移动至 3 点，进入共生区内发生共晶凝固。凝固组织仍保持亚共晶铸铁具有的奥氏体 + 共晶团组织特征，但枝晶明显发达。

图 2-27 所示为亚共晶铸铁在共生区形成的奥氏体枝晶和共晶团。

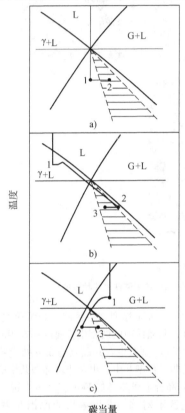

图 2-25　铸铁的非平衡凝固过程

a）共晶　b）亚共晶　c）过共晶

注：阴影部分为共生区。

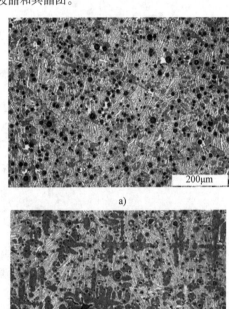

图 2-26　共晶铸铁在共生区形成的奥氏体枝晶

a）共晶球墨铸铁　b）共晶蠕墨铸铁

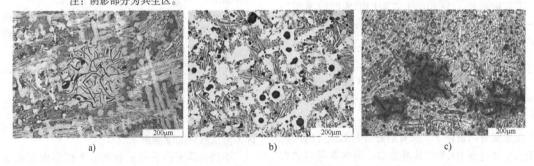

图 2-27　亚共晶铸铁在共生区形成的奥氏体枝晶和共晶团

a）灰铸铁　b）球墨铸铁　c）蠕墨铸铁

3）过共晶铸铁（见图 2-25c）。液相过冷至 1 点，析出初生石墨。由于石墨析出，熔体沿液相线降低温度并改变成分至 2 点（共生区左方）。在亚共晶

区析出奥氏体核心，核心最容易先在石墨周围形成。奥氏体的生长使液相成分又回到共生区内 3 点，继续进行奥氏体 + 石墨共晶，最后得到包含有初生石墨 +

奥氏体枝晶 + 共晶团的复杂组织。

图 2-28 所示为过共晶铸铁在共生区形成的奥氏体枝晶和共晶石墨。

影响非平衡凝固的首要因素固然是冷却条件，但不能忽略铁液内部的物理化学条件（夹杂物、微量元素、成分偏析及原有的核心状态等）的变化对铸铁凝固行为的影响。

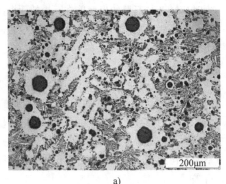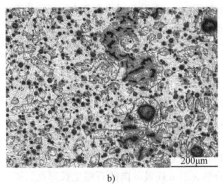

a)　　　　　　　　　　　　　　　　b)

图 2-28　过共晶铸铁在共生区形成的奥氏体枝晶和共晶石墨

a）球墨铸铁　b）蠕墨铸铁

2. 片状石墨铸铁的共晶凝固

灰铸铁通常为亚共晶成分。在凝固过程中析出初生奥氏体枝晶后，随着液相温度的继续降低，奥氏体枝晶不断形成和长大，残留液相逐渐减少，其碳含量逐渐增加。当温度降低到略低于稳定系平衡共晶温度，即具有一定程度的过冷时，初生奥氏体枝晶间的液相碳含量达到饱和程度，此时枝晶间的液相发生共晶反应。

（1）共晶核心　当铁液沿着液相线降低到稳定系共晶平衡点右下方时，初析奥氏体枝晶间液相的碳含量就达到饱和程度，共晶反应开始。现已证实，共晶体不是在初析奥氏体树枝晶上以延续的方式在结晶前沿共晶形核并长大，而是在初析奥氏体晶体附近的枝晶间、具有过共晶成分的液相中单独由石墨领先形核开始（共晶领先相为石墨），这符合一般金属与非金属的共晶领先相大都为非金属的规律。如液相结构所述，液相中存在着许多亚微观石墨团聚集体、未熔的微细石墨颗粒和某些高熔点夹杂物（如硫化物、碳化物、氧化物、氮化物等），这些都可能成为共晶石墨领先相的非均质晶核。图 2-29 所示为亚共晶灰铸铁高温液淬的金相组织。由图 2-29 可见，在初生奥氏体枝晶间的高温液相中，存在着大量的石墨团聚集体，并已经形成了微小的石墨核心质点。这说明，在孕育的作用下，亚共晶灰铸铁的共晶石墨核心可在高于理论共晶温度以上的液相中形成。

如果炉料中使用较多的生铁，液相中存在着未熔石墨颗粒较多且尺寸较大，它们可作为共晶石墨的结晶核心，凝固后的共晶片状石墨比较粗大，但是铁液

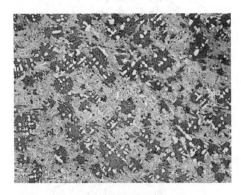

图 2-29　亚共晶灰铸铁高温液淬（T_{SEF} 温度以上）金相组织

的收缩倾向比较小，有利于消除铸件收缩缺陷。

（2）共晶石墨生长方式　当灰铸铁共晶石墨核心形成后，石墨的生长方式取决于石墨本身的晶体结构、晶体缺陷、热力学条件和生长动力学条件等多种因素。

石墨的晶体结构如图 2-4 所示，呈六方晶格结构。由于石墨具有这样的结构特点，从结晶学的晶体生长理论看，石墨的正常生长方式应是沿基面择优生长，最后形成片状组织。然而，在不同的实际条件下，石墨往往会出现多种多样的形式，因而必然存在着影响石墨生长的因素，而这主要与石墨的晶体缺陷以及结晶前沿铁液的杂质含量有关。

在实际的石墨晶体中确实存在着多种缺陷，其中旋转晶界、螺旋位错以及倾斜孪晶对石墨的生长有很大的影响，而且在不同成分、经不同处理所得到的铁

液以及在不同的过冷度下，形成这些缺陷的倾向是不同的。

石墨是非金属晶体，在纯 Fe-C-Si 合金中的生长界面为光滑界面，无论在基面上或棱面上要依靠二维形核生长是较困难的，需要的过冷度较大。但如果在基面上存在螺旋位错缺陷，则可为石墨的生长提供大量的生长台阶（见图 2-30），石墨沿这些台阶生长，看起来是沿着基面的 a 向生长，其实还包括向 c 向生长的作用，既有增大片状石墨面积的作用，又有增加石墨厚度的倾向。除此之外，在石墨晶体中还存在旋转晶界生长（见图 2-31），石墨内旋转晶界的存在，提供了晶体生长所需的台阶，这种台阶可促进在石墨晶体的（$10\bar{1}0$）面上，即 a 向的生长。因此，如果以 v_a 及 v_c 分别表示 a 向及 c 向的石墨生长速度，则 v_a/v_c 的比值不同，铸铁中便会出现不同形式的石墨。

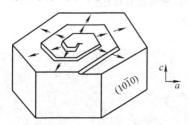

图 2-30　石墨螺旋位错台阶

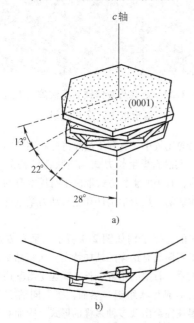

图 2-31　石墨旋转晶界生长

a) 旋转晶界及其所造成的台阶

b) 石墨从（$10\bar{1}0$）面上在旋转晶界台阶上形核生长

在铸铁凝固过程中，石墨以何种方式生长，最终是何种形貌，首先取决于石墨所处熔液的热力学条

件。在不存在硫等表面活性元素以及其他杂质的情况下，石墨在较大过冷度下的正常生长形态应该是球状的，其生长方向是沿着垂直于基面（0001）方向进行的。但是，当铁液中存在硫、氧和其他表面活性元素时，铁液与石墨的界面能在石墨的两个晶面上都减小，但在棱面上减小的值较大，结果使棱面界面能低于基面界面能，石墨沿棱面（$10\bar{1}0$）的法向生长成片状石墨。

铸铁中石墨的生长方式和最终形貌还受到碳原子的扩散这一动力学因素的限制。在石墨的生长过程中，石墨两侧被奥氏体包围，碳原子向石墨两侧的扩散受到严重阻碍，而石墨端部直接与铁液接触，能够不断地得到碳原子的堆砌，生长很快，最终形成片状石墨。

石墨晶体内部存在着大量缺陷，这些缺陷的存在使石墨片在生长过程中脱离理想状态而产生分枝或弯曲。图 2-32 所示为位错造成石墨弯曲生长。根据晶体学理论，同号刃型位错群聚产生的范性弯曲（见图 2-32a）和同号刃型位错垂直排列产生的对称倾斜晶界（见图 2-32b）是造成这种弯曲的主要机制。非对称倾斜晶界是造成石墨弯曲的另一个可能机制（见图 2-33）。如果在石墨生长前沿局部出现非对称倾斜晶界，而其余部分仍按原方向长大，石墨就会产生分枝，其石墨分枝模型如图 2-34 所示。

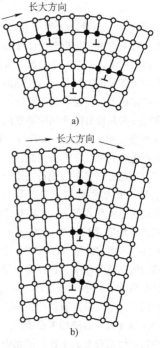

图 2-32　位错造成石墨弯曲生长

a) 范性弯曲　b) 对称倾斜晶界

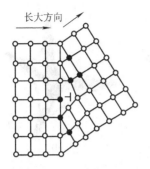

图 2-33　非对称倾斜晶界造成石墨弯曲的模型

另外，石墨析出时，相邻近的铁液内贫碳富硅，这会促进奥氏体的形成，同时更会造成共晶相前沿会有某些溶质元素或杂质元素的富集，这些元素，尤其是表面活性元素的存在会影响石墨晶体表面缺陷的形成，更导致石墨沿一定的方向迅速生长。

综上所述，由于石墨的晶体结构（见图 2-4）及缺陷，O 和 S 表面活性元素的吸附作用（见图 2-35），特别是吸附于石墨（10$\overline{1}$0）晶面，以及共

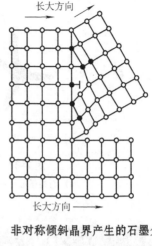

图 2-34　非对称倾斜晶界产生的石墨分枝模型

晶奥氏体的生长约束等，使得灰铸铁共晶石墨核心的长大沿 [10$\overline{1}$0] 晶向以片状方式长大，石墨片侧面为（0001）晶面，且生长过程中不断产生分支，如图 2-36 所示。

a)

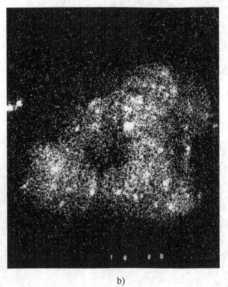

b)

图 2-35　高硫铸铁石墨片及其分布

a）萃取的石墨片　b）S 在石墨片的分布

图 2-36　共晶石墨核心的生长

（3）共晶奥氏体的形核　当共晶石墨晶核形成并开始长大后，就出现了石墨/液相的凝固界面，在界面区域内的液相贫碳富硅，为共晶奥氏体的形核创造了条件。另外，石墨片侧面的晶面为（0001），奥氏体的（111）晶面与石墨的（0001）晶面具有晶格对应关系。因此，奥氏体将石墨片的（0001）晶面作为基地形成奥氏体核心，如图 2-37 所示。图 2-38 所示的在热分析曲线 T_{EU} 处的液淬金相组织证明了这一点。

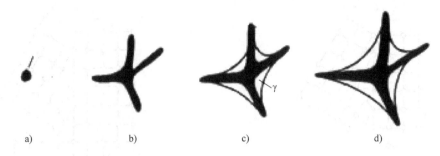

图 2-37　共晶奥氏体在石墨片侧面形核生长

a）石墨核心　b）石墨分枝　c）奥氏体形核　d）奥氏体生长

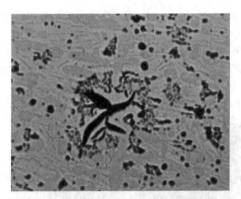

图 2-38　共晶开始 T_{EU} 处液淬金相组织

（4）石墨与奥氏体的共晶生长　当奥氏体晶核析出并开始生长后，使得其结晶前沿液相富碳，并形成较多碳原子集团（见图 2-39a），又促进了共晶石墨的继续生长（见图 2-39b），这时出现了从液相中同时析出奥氏体和石墨的共同生长的格局。至此，铸铁便进入了全部共晶凝固阶段。在共晶连续生长的结晶前沿，石墨和奥氏体两相与液相接触的界面并不呈光滑形式（见图 2-39c）。在共晶生长过程中，当结晶过冷度不太大时，石墨的生长速度大于奥氏体（见图 2-40），即石墨片的端部始终凸出在共晶前沿的外部，伸向液相之中（即所谓领先相），保持着领先于奥氏体向液相内生长和分枝的态势（见图 2-39c）。这种共晶生长方式非常有利于灰铸铁凝固过程中的自补缩，因为石墨析出时的石墨化膨胀直接用于未凝固的液相上，补偿液相收缩和凝固收缩。

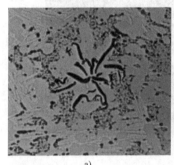 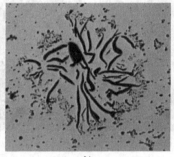 

a）　　　　　　　　　　b）　　　　　　　　　　c）

图 2-39　石墨与奥氏体共晶生长过程

a）碳富集在前沿　b）共晶石墨长大　c）结晶前沿不光滑

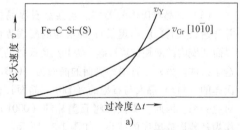 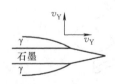

a）　　　　　　　　　　　　　　　　b）

图 2-40　石墨与奥氏体的生长速度

a）片状石墨与奥氏体的生长速度曲线　b）凝固前沿示意

在奥氏体与石墨的共生生长过程中，奥氏体相与石墨相的生长分别按照扩散控制生长和界面控制生长进行。所谓扩散控制生长指相的生长速度由原子向生长界面扩散的速度控制；所谓界面控制生长指生长速度由界面吸收扩散原子的能力控制。奥氏体与石墨的生长机制与生长速度均不相同，构成了奥氏体与石墨共晶团的特定形状，而其中石墨生长是共晶团生长方式的限制性环节。

对于共晶度较低的亚共晶灰铸铁，奥氏体枝晶比较发达，通常在奥氏体枝晶间的共晶液相中的共晶晶粒在生长过程中将奥氏体枝晶包围其中。图2-41所示为亚共晶灰铸铁共晶转变时的晶粒生长与液淬金相组织，很好地显示了普通亚共晶灰铸铁共晶晶粒的长大情况。

 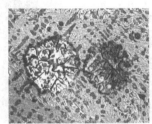 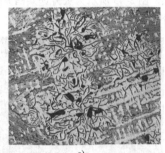

a)　　　　　　　　　　b)　　　　　　　　　c)

图2-41　亚共晶灰铸铁共晶转变时的晶粒生长与液淬金相组织

a）共晶晶粒立体形貌示意　b）共晶晶粒生长初期　c）共晶晶粒逐渐长大

根据奥氏体和石墨的共晶生长模式，一个共晶晶粒内的石墨片构成连续的分枝立体形态，如图2-42所示。图2-43所示为共晶晶粒内石墨片的断口微观形貌，显示了石墨片的旋转晶界生长模式。图2-44所示为单个石墨片的层状结构、晶面与晶向。这表明片状石墨的侧面为（0001）晶面。

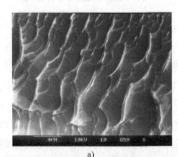

a)

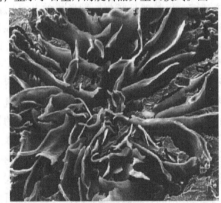

图2-42　共晶晶粒内的石墨片立体形态

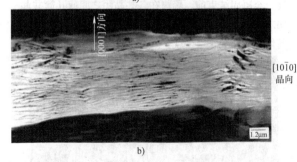

b)

图2-44　单个石墨片的层状结构、晶面与晶向（TEM）

a）层状结构　b）晶面与晶向

至共晶凝固结束时，各个共晶晶粒的奥氏体和初析奥氏体枝晶构成连续的金属基体，每个共晶晶粒内的石墨片构成连续的分枝立体形状，分布于金属基体之中。

由于凝固条件不同（指化学成分、冷却速度、

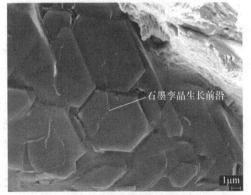

石墨孪晶生长前沿

图2-43　石墨片的旋转晶界生长模式（SEM）

形核能力等），灰铸铁中的片状石墨可出现不同的分布及尺寸。GB/T 7216—2009 将灰铸铁的石墨片分为 6 种，将石墨的长度分为 8 级。

（5）共晶团与晶内偏析　以每个石墨核心为中心所形成的这样一个石墨-奥氏体两相共生生长的共晶晶粒称为共晶团，如图 2-41c 所示。可以利用斯氏腐蚀剂（$CuCl_2$ 10g，$MgCl_2$ 40g，HCl 20mL）显示共晶团。图 2-45 所示为灰铸铁共晶凝固结束后共晶团的分布形态。

图 2-45　灰铸铁共晶团的分布形态

在共晶团的生长过程中，同奥氏体枝晶生长一样，也会发生合金元素偏析的情况，如 Si、Ni、Cu、Al、Co 等共晶石墨化元素为负偏析，在共晶团中心含量高于晶界处；Mn、Cr、Mo、V、W 等碳化物形成元素为正偏析，共晶团边界处含量高于中心处。当凝固冷却速度较慢时，随着凝固过程的进行，铸铁中正偏析倾向较高的合金元素在残液中的含量会越来越高，至凝固结束前，聚集在各共晶团之间或几簇共晶团之间，形成弥散度很高的晶间碳化物或局部的硬化基体组织（见图 2-46）。另外，当磷含量较高时，偏

图 2-46　高锰灰铸铁铸态组织中
晶间局部马氏体形态（×500）
$w(CE) = 4.1\%$　　$w(Mn - Si) > 0.5\%$

析在共晶团晶界上，形成显微硬度较高的磷共晶（见图 2-47）。上述凝固现象有利于制造耐磨性较高的减摩铸铁。还有一些低熔点微量元素也常聚集在各共晶团之间的残留液相中，在晶界上常会形成较多的低熔点夹杂物。

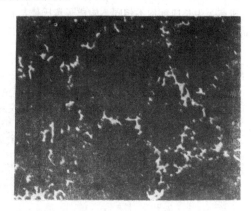

图 2-47　分布在晶界的磷共晶（4%硝酸乙醇，×100）
注：高磷铸铁 $[w(P) = 0.5\%]$ 中的磷共晶网孔。
珠光体 + 磷共晶网孔。

灰铸铁的共晶团数（个/cm^2）取决于共晶转变时的形核及长大条件。冷却速度及过冷度越大、非均质晶核越多，生长速度越慢，则形成的共晶团数越多。随共晶团数的增加，白口倾向减少，力学性能略有提高。但由于增加了共晶凝固期间的膨胀力，因而使铸件胀大的倾向增加，从而增加了缩松倾向。控制共晶团数，对铸铁生产具有重要作用，尤其对耐压铸件更为重要。由于共晶团数随生产条件而异，且不同铸件的要求也有所不同，所以各工厂应有各自的控制要求，并作为控制和分析铸铁质量的一个指标。

过共晶灰铸铁的凝固过程从析出初生石墨开始，当到达共晶平衡温度并有一定程度过冷时，进入共晶阶段。此时，共晶石墨及共晶奥氏体可在初生石墨的基础上析出，所以可见到共晶体与初生石墨相连的组织特征，其最后的室温组织与共晶成分、亚共晶成分的灰铸铁基本相似，所不同的是组织中有粗大的初生片状石墨存在（见图 2-24a），而共晶石墨也显得较多和较粗些。

3. 球状石墨铸铁的共晶凝固

一定成分的铁液，经过球化和孕育处理，使铁液中的硫和氧含量显著降低，并在铁液中保持球化元素一定的残留量。这种铸铁的共晶凝固过程和所形成的石墨形态与普通灰铸铁有明显的区别和显著变化。

（1）石墨球产生的工艺条件　球状石墨生成的两个必要条件是铁液凝固时必须有较大的过冷度和较

大的界面张力（指铁液与石墨间的界面张力）。事实证明，加入任何一种球化剂（Mg、Ce、Y、La）都会使铁液的过冷度加大。另外，若采用高纯度铁碳合金或真空处理，也能促使铁液的过冷度增大，因而也可能得到球状石墨。

球化剂（Mg、Ce 等）会影响铁液的表面张力，但首先要把铁液的表面张力与铁液和石墨之间的界面张力区别开，其次要把石墨基面和铁液界面张力[σ_s (0001) - L]与石墨棱面和铁液的界面张力[σ_s ($10\bar{1}0$) - L]区别开。对于片状石墨铸铁，其形成条件是

$$[\sigma_s(0001) - L] > [\sigma_s(10\bar{1}0) - L]$$

而对于球墨铸铁，则是

$$[\sigma_s(0001) - L] < [\sigma_s(10\bar{1}0) - L]$$

铁液中的硫、氧是表面活性物质，当向铁液中加入球化剂时，首先与氧、硫发生反应，因而使铁液中的氧、硫含量降低，表现出使铁液的表面张力升高，同时也使铁液-石墨间的界面张力增加，因而为球状石墨的生成提供了必要的条件。但氧、硫二元素的作用长期来一直没有区别开。近年来研究指出，随着铁液中氧电动势 E_0 的增高（氧活度降低），铁液凝固后球化率提高，两者之间具有很好的对应关系，然而球化率和铁液中活性硫含量之间却没有明显的对应关系。因此，认为对石墨球化起决定作用的是氧而不是

硫，硫只是通过消耗球化元素而起间接的干扰作用。

在工业生产的条件下，为了获得球状石墨铸铁，在铁液中还必须残留有足够的球化元素量，即必须加入数量足够的球化剂，还应加入一定的孕育剂。

生产中所采用的球化剂具有以下的共同特点：

1) 与硫、氧有很大的亲和力，生成稳定的反应生成物，显著减少溶于铁液中的反球化元素含量。

2) 在铁液中的溶解度很低。

3) 可能与碳有一定的亲和力，在石墨晶格中有低的溶解度。

根据大量的生产实践和理论研究，到目前为止，认为镁是球化剂中最主要的元素。

(2) 非平衡球墨铸铁的凝固类型　根据铁-碳相图，球墨铸铁的结晶过程如图 2-48 所示。通常认为其共晶点碳当量为 4.26% 或 4.3%，但在非平衡条件下，共晶和过共晶球墨铸铁的凝固过程变化非常大。由于球化元素 Mg 对共晶石墨析出的抑制作用，球墨铸铁的共晶碳当量是在一个范围内变化（见图 2-49a）。当过共晶碳当量较高时，凝固过程按照图 2-49b 方式进行结晶，即首先析出初生石墨球，接着析出奥氏体，然后才进入到共晶阶段。三种类型球墨铸铁凝固热分析曲线充分显示了球墨铸铁的凝固过程中各个相的析出与长大（见图 2-14）。

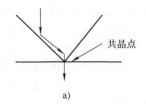 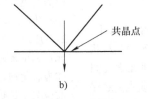 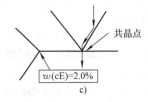

图 2-48　球墨铸铁的结晶过程

a) 亚共晶　b) 共晶　c) 过共晶

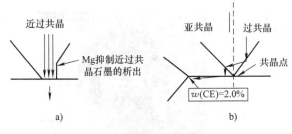

图 2-49　球墨铸铁非平衡凝固过程

a) 共晶点变化范围　b) 高碳当量过共晶

(3) 石墨球的形核　球状石墨的形成经历了形核与生长两个阶段，形核是石墨球形成的重要过程。电

镜证实，每个石墨球中心都存在着夹渣物颗粒，如图 2-50 所示。石墨球的生长核心有多数颗粒和单颗粒，有时也看到复合体夹杂物，形状各异，尺寸为 0.5 ~ 3.0μm。能谱分析显示核心的化学成分比较复杂。

铁液在熔炼及随后的球化、孕育处理中产生大量的非金属夹杂物，初生的夹杂物非常小，在浇注、充型、凝固时相互碰撞、聚合变大，或上浮或下沉，但更多的夹杂物将成为石墨球析出的核心，如硫化物、氧化物、碳化物、氮化物、金属间化合物等。另外，未熔的石墨颗粒、气体等也是石墨球的形核物质。普遍认为，片状石墨的晶核与球状石墨没有本质区别，略有区别的是球状石墨的晶核都含了球化元素的反应产物。

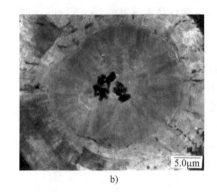

图 2-50　石墨球核心

a) 单颗粒　b) 多颗粒

球状石墨核心归纳为以下几类：

1) 石墨颗粒。由于铁液中未熔石墨颗粒的适配度为零，故是石墨球结晶的理想基底材料。其主要来源是生铁重熔时过热温度低、停止时间短而来不及彻底熔解的粗片石墨颗粒，或者是添加的晶型石墨增碳剂。另外，非平衡石墨孕育剂的硅元素在铁液中的不均匀分布导致微区 Si 含量偏高，引起局部形成过共晶成分，使 Si 微区附近出现"碳峰"，由此析出的石墨称为非平衡石墨，其活性很高。非平衡石墨也可产生于预处理剂 SiC，加入铁液的 SiC 中的 Si 与 Fe 结合，余下的 C 形成非平衡石墨，即 SiC + Fe = SiFe + C（非平衡石墨）。

2) 盐类结构碳化物。元素周期表中的第Ⅰ、Ⅱ、Ⅲ族的一些金属元素加入到铁液中可形成类盐状结构的碳化物，见表 2-13。碳与这些金属元素之间有强的离子键，促使结合成不熔的碳化物质点，悬浮于铁液中，可作为石墨球核心。例如，碳化钙与石墨晶格之间存在着良好的匹配关系。实践证明，含钙的 FeSi 形核能力比不含 Ca 的 FeSi 强烈（见图2-52）。

表 2-13　类盐状结构碳化物的种类

元素在周期表中的位置	第Ⅰ族	第Ⅱ族	第Ⅲ族
碳化物	$NaHC_2$　KHC_2	CaC_2　SrC_2　BaC_2	YC_2　LaC_2

3) 硫化物/氧化物。近年来的研究表明，石墨球核心中存在着硫化物（MgS、CaS、CeS 等）和氧化物（$MgO \cdot SiO_2$、$2MgO \cdot SiO_2$），但这些硫化物或氧化物与石墨（0001）的适配度较大，难以直接成为石墨的有效基底。Jacobs 和 Skaland 等人均提出了硫化物/氧化物双重结构核心的成核模型，如图 2-51所示。因为原铁液中硫的活度大于氧活度，球化元素和孕育元素优先形成硫化物，硫化物粒子接下来作为氧化物异质形核的基底。两种化合物的晶体位向对应关系是硫化物（110）//氧化物（111），硫化物（1$\bar{1}$0）//氧化物（2$\bar{1}$$\bar{1}$）；石墨与氧化物的位向关系是石墨（0001）//氧化物（111）。

图 2-51　硫化物/氧化物双重结构核心

a) 模型　b) 核心形貌

实践证明，经 Mg 处理的铁液会产生很多的 $MgO \cdot SiO_2$、$2MgO \cdot SiO_2$ 基底，但不能生成较多的石墨球核心。只有经过孕育的铁液，石墨球才能大量析出。利用含有 Ba、Ca、Sr 及 Al 的硅铁进行孕育处理后，在夹杂物表面上产生下列反应：

$$MgO - SiO_2 + X = XO \cdot SiO_2 + Mg$$
$$2（2MgO \cdot SiO_2）+ X + 2Al = XO \cdot Al_2O_3 \cdot 2SiO_2 + 4Mg$$

其中，X 表示 Ba、Ca、Sr。

反应产物 $XO \cdot SiO_2$ 和 $XO \cdot Al_2O_3 \cdot 2SiO_2$ 等六方硅酸盐在 $MgO \cdot SiO_2$ 及 $2MgO \cdot SiO_2$ 基底上形成晶面，其（001）与石墨（0001）形成耦合或半耦合低

能界面，相互晶格适配度低，利于作为石墨球晶核。这就不难解释：孕育剂中少量的 Ba、Ca、Sr、Al 元素可改变 $MgO \cdot SiO_2$ 和 $2MgO \cdot SiO_2$ 的表面成分，对石墨核心起重要的催化作用。孕育剂中微量的 La、Ce 并不增加新的核心，但同样起着对已有夹杂物核心的激活作用。单一的 SiO_2 与石墨晶格的适配度相当大（37%），难以成为有效核心基底（纯硅对球墨铸铁的孕育作用非常小，见图 2-52），但在双重结构中，它是复式硅酸盐的组成部分，对形核起着重要作用。另外，双重结构的壳除氧化物外还存在 Mg、Ce、La、Ca 等硫化物。

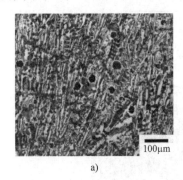 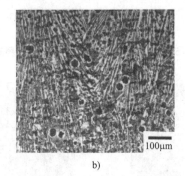 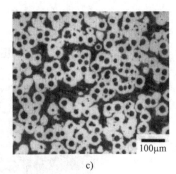

a)　　　　　　　　　　b)　　　　　　　　　　c)

图 2-52　纯硅对球墨铸铁的孕育作用

a）未孕育处理　b）用纯硅铁孕育　c）含 $w（Ca）=0.8\%$ 的硅铁孕育

由于硫化物是双重结构核心的发源地，所以硫化物数量对石墨球成核有重要影响。实践已经证明，过低的 $w(S)$（< 0.002%），石墨球数量减少。有文献介绍，对球化后 $w(S)$ 为 0.005% 的铁液，用 FeS_2 进行后孕育使 $w(S)$ 提高到 0.012%，发现石墨球形状不受影响，但石墨球数量却由 528 个/mm^2 增加到 585 个/mm^2。

4）Bi、Sb 及其化合物。添加少量的 Bi 或 Sb，具有明显的孕育作用，使石墨球细小、圆整、数量增加。在厚大截面的球墨铸铁件中加入 Bi 或 Sb，有利于消除碎块状石墨。通常，Bi 用于铁素体基体的球墨铸铁件，Sb 用于珠光体球墨铸铁件。Bi 及其化合物的熔点（见表 2-14）均低于铁液温度，在铁液中的溶解度极低。开始共晶凝固时，这些物质呈液态以及细小颗粒状分布于铁液中，当温度略低于共晶温度时，便形成很多新的固-液界面，于是石墨以此界面为基底形成石墨核心。对薄壁球墨铸铁件，加入 Bi 的核心作用明显增强。微量的 Bi 和 Sb 可以在铁液中形成大量的含 La、Sc、Al、Ce 等元素稳定复杂化合物，如 CeSb 或 CeBi，成为石墨的异质结晶核心。

但是，利用 Bi 或 Sb 进行大截面孕育时，铁液必须含有一定量的稀土元素。有文献认为，RE 与 Bi 的

质量比为 1.4~1.9，RE 与 Sb 的质量比为 1.5~2.5。

表 2-14　Bi 和 Bi 的化合物熔点

物质	Bi	Bi_2O_3	Bi_2S_3	Bi_2Mg_3
熔点/℃	271	820	685	823

（4）石墨球的生长

1）石墨球在液相直接形核长大。目前已基本肯定，无论亚共晶、共晶、过共晶成分的球墨铸铁，首批小石墨球在高于平衡共晶转变温度时的液相中直接析出（见图 2-53），这是不平衡条件所造成的。这可以通过离心浇注时分离出石墨球、厚大件顶面有石墨球漂浮、液淬试验（见图 2-54）等得到证实。

由于高温形成的微小石墨球活性较大，部分小石墨球会解体，原因是球化孕育后铁液的高硅浓度微区及其低浓度微区的起伏减弱或消失，非平衡状态下微小石墨质点在新的条件下开始向铁液溶解，它们中间尺寸足够大的部分小石墨球未能完全溶解掉，在后面的冷却过程中继续长大。随着这一过程的进行，又会重新形成新的小石墨球，这说明石墨球的形核是在一定的温度范围内进行的。液淬试验也证明了这一点。

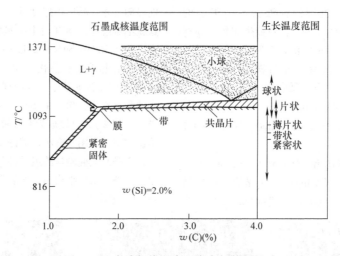

图 2-53　在液相线温度之上生长的石墨球

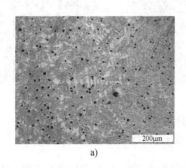

a)

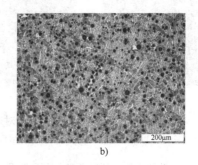

b)

图 2-54　球墨铸铁高温液淬金相组织

a）亚共晶 T_{AL} 温度点　b）共晶 T_{EU} 温度以上

对于亚共晶和共晶球墨铸铁，生存下来的高温小石墨球，或者降温过程中重新形成的小石墨球，均可在液相中单独长大到一定的尺寸。对于一般壁厚的铸件，在共晶奥氏体形成之前，石墨球与液相接触的生长时间十分有限，石墨球的最大直径不超过 10 ~ 15μm，其析出量也不大。例如，CE 为 4.5% 的球墨铸铁，理论上共晶转变前析出的 w（C）为 4.5% - 4.3% = 0.2%，而共晶转变期间却要析出的 w(C) 为 2.0% ~ 2.5%。但是，对于过共晶球墨铸铁，初生石墨球可以在液相中快速单独长大到较大的尺寸，图 2-55 所示为过共晶球墨铸铁在凝固曲线（T_{GL}）温度处的液淬石墨球分布。

2）石墨球在奥氏体壳包围下长大。

① 共晶奥氏体的形核地点。在夹渣物核心上形成的小石墨球表面为（0001）晶面，与奥氏体的（111）晶面存在着良好位向关系，而且其圆周界面处存在着低碳区域，此时共晶奥氏体已经满足了奥氏体壳析出的热力学和动力学条件，非常容易紧贴石墨球表面为基底形核，然后生长速度非常快，最终长成

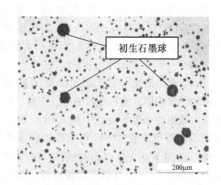

图 2-55　过共晶球墨铸铁在 T_{GL} 温度处的液淬石墨球分布

一定厚度的奥氏体壳（也称为晕圈），这已为液淬试验所证实（见图 2-58a）。

② 奥氏体壳生长机制。图 2-56 描述了奥氏体壳的形成机制：石墨球在液相中单独长大到一定尺寸后（见图 2-56a），四周形成贫碳区且富硅（见图 2-56b）；奥氏体在石墨球界面以及贫碳区内按离异

共晶方式形核（见图 2-56c），但也存在离开石墨界面处形核的情况；奥氏体按非平面晶模式生长，但因石球墨周围附近熔体中硅高的特点，使奥氏体界面前的过冷区变窄，奥氏体没有条件侧向分支形成典型的奥氏体枝晶，而是以条状（甚至包块状）向液相方向生长（见图 2-56d）；释放的结晶潜热及所处的高温环境使条状晶融合、兼并、粗化，成为完整的奥氏体晶粒；最后，若干个奥氏体晶粒将石墨球包覆，形成封闭的奥氏体壳（见图 2-56e）。图 2-56f 所示的热染腐蚀金相证明了这一点。

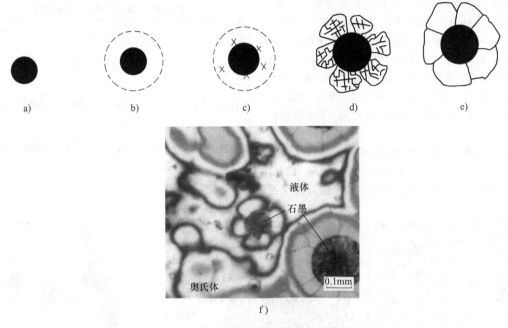

图 2-56　石墨球外围奥氏体壳的形成机制

a）石墨球形成　b）形成贫碳区　c）奥氏体形核　d）奥氏体生长、兼并
e）形成封闭的壳　f）奥氏体壳热染腐蚀

③ 奥氏体壳内石墨球的生长。当石墨球被奥氏体壳包围后，碳在奥氏体壳内存在着浓度梯度（见图 2-57），与石墨球表面相平衡的奥氏体碳含量较低（e 点），与液相相平衡的奥氏体碳含量较高（d 点），于是，碳原子由奥氏体结晶前沿通过奥氏体壳向石墨球表面扩散，石墨继续长大。

石墨球在奥氏体壳内的生长包括两个关键环节：一是 C 原子通过壳体由液相向石墨晶体扩散；二是 Fe 原子由石墨球-奥氏体界面向外迁出。由于 C 原子通过奥氏体壳的扩散速度约是在铁液中的 1/20，所以奥氏体包围下的石墨球生长速度非常慢。与片状石墨相比，其共晶温度和结晶时间长。为使石墨球不断长大，必须保证在原来已被奥氏体占据的地方能空出位置，让碳原子有充填的空隙。由于 C 原子比 Fe 原子直径小得多，扩散速度比 Fe 快，故 Fe 的扩散是影响石墨球长大的决定性环节。由此可见，一旦石墨球被奥氏体壳包围，石墨球长大的最终形状不可避免地会受到奥氏体外壳的制约。

（5）奥氏体的生长　由图 2-56 可见，石墨球外围的奥氏体壳是由若干个独立生长的奥氏体晶粒组成，它们的形核时间及长大速度不尽一致，从而影响奥氏体壳的封闭。奥氏体晶粒形成的开始阶段不一定快速构成完整外壳，而是生长一定时间后，彼此相互接触，外壳最终封闭，或者在封闭前，奥氏体晶粒间存在着液相，则形成液相通道（沟槽）。

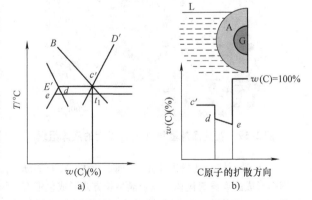

图 2-57　奥氏体壳内碳含量的变化

a）相图　b）界面上的碳含量

1）奥氏体壳的生长类型。根据奥氏体外壳的封闭过程，奥氏体壳有三种生长类型（见表2-15）：

① 快封闭。石墨球长大到一定尺寸后，奥氏体在石墨球贫碳区快速形核，短时间内很快地形成封闭的奥氏体壳。随后，石墨球的进一步长大依靠C的不断向里扩散迁移，由于A/G界面状况接近一致，故Fe原子迁移速度近似相同。C向球体表面的均衡扩散，保持了石墨原先的球状生长，球化率提高。

② 慢封闭。由于铸件冷却缓慢、核心缺乏、沟槽内的液相受碳污染等原因，延缓了石墨球外围奥氏体壳的封闭时间，引起局部缺口的形成，导致出现慢封闭外壳，使得石墨球各方向生长不均匀，石墨球圆整度低。

③ 不封闭。当石墨球周围某位置的奥氏体迟迟不成核，这些地方始终与最后凝固区（LTF）相通，一直延续到共晶凝固后期，导致C原子向石墨球扩

散的严重不均匀，使得石墨球发生畸变。

由此可见，奥氏体壳的类型与石墨球的畸变有着密切的关系。图2-58所示为共晶球墨铸铁凝固中的液淬金相组织，显示了三种类型的奥氏体壳生长情况。

表2-15　奥氏体壳的生长类型

奥氏体壳	石墨形成过程					石墨形状
快封闭	●	◉	⬡	⬡	◉	●
慢封闭	●	◉	❀	❀	❀	✾
不封闭	●	◉	❀	❀	~	~

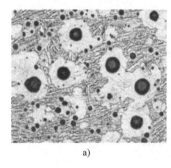

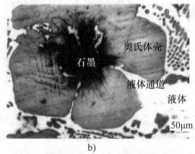

石墨　奥氏体壳　液体通道　液体　50μm

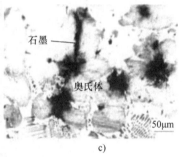

石墨　奥氏体　50μm

a)　　　　　　　　b)　　　　　　　　c)

图2-58　共晶球墨铸铁凝固中的液淬金相组织

a) 快封闭　b) 慢封闭　c) 不封闭

影响奥氏体壳封闭速度的关键因素是奥氏体成核数量与生长速度。如果石墨球周围的奥氏体核心多且生长快，则容易快速形成封闭外壳。冷却速度是影响奥氏体壳形成的重要工艺因素。快的冷却速度可加速奥氏体壳的形成；缓慢冷却时，石墨球周围碳的逸减量小，奥氏体成核与生长困难，使得奥氏体壳迟迟难以形成。另外，铁液中杂质元素，尤其是低熔点元素，将明显延缓奥氏体壳的封闭。此外，正偏析元素容易富集于液相通道，降低凝固温度，同样会延缓奥氏体壳的封闭。

2）球墨铸铁中奥氏体枝晶的生长。球墨铸铁属于离异共晶，即共晶结晶时奥氏体与石墨分别异地独自形核。因此，除亚共晶球墨铸铁的初生奥氏体枝晶外，分离的共晶奥氏体会随着生长条件的不同形成各种枝晶。

① 初生奥氏体枝晶。亚共晶成分的球墨铸铁无论是平衡凝固还是非平衡凝固，都会析出先共晶奥氏

体枝晶（见图2-59）。它的结晶遵循铁碳合金中奥氏体的形核及生长规律。

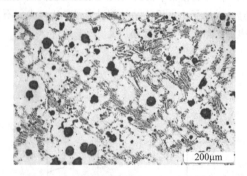

200μm

图2-59　亚共晶球墨铸铁 T_{SEF} 温度的液淬组织

② 晕圈枝晶（奥氏体壳）。如上所述，在石墨球周围形成的离异奥氏体，以枝晶生长方式形成包围石墨球的奥氏体壳，这部分枝晶称为晕圈枝晶（见图2-56f和图2-58a）

③ 激冷枝晶。在激冷的球墨铸铁件中，距表面（或冷铁表面）一定深度范围内可形成垂直于激冷面的枝晶，称为激冷枝晶。枝晶一次轴细长、枝晶笔直无分叉、枝晶内无石墨球。实际上，激冷枝晶属于先共晶初生奥氏体，在亚共晶至过共晶成分的球墨铸铁中均能形成，如薄壁球墨铸铁件会形成奥氏体枝晶。其原因是快速冷却时，结晶时球墨铸铁的共晶点右移，共晶或近过共晶球墨铸铁产生很大的过冷，落于亚共晶或共生区左侧的亚共晶范围，促使初始奥氏体枝晶析出。

④ 缓冷枝晶。对于厚壁球墨铸铁件（大于100mm），或者一般壁厚铸件冒口颈处，共晶或过共晶球墨铸铁中经常可以看到枝晶形态，如图2-60所示。由于该枝晶在缓慢冷却条件下形成，故称为缓冷枝晶。

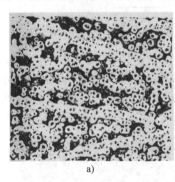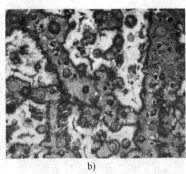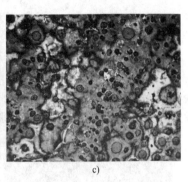

图 2-60　缓冷奥氏体枝晶形态

a）普通金相　b）以枝晶主杆为主　c）主杆和二次枝晶

缓冷枝晶的二次枝晶比激冷枝晶发达，但仍以一次枝晶臂排列为主；断面中心热流方向不明显，呈等轴枝晶无规律分布。缓冷枝晶的特征是内有石墨球，沿枝晶臂排列。其形成原因是结晶过冷和离异共晶特征所致。当共晶球墨铸铁共晶核心较少时，共晶反应被迫在更低的温度发生，铁液产生较大过冷使原先共晶成分的球墨铸铁转入到亚共晶范围，结晶时便首先析出奥氏体枝晶。对于过共晶球墨铸铁，首先析出初生石墨球，其周围液相碳含量降低，随着温度下降，液相线成分沿着初生石墨液相线向左下方移动，进入到共生区的左侧（见图2-24c），此时初生石墨球表面周围液相为亚共晶成分，满足了形成奥氏体的热力学和动力学条件，在石墨球周围形成奥氏体枝晶（见图2-27b）。

在这种条件下，缓冷枝晶的发生时间是在共晶凝固的早期阶段。由于奥氏体的析出释放结晶潜热，通常在凝固热分析曲线上出现一高温回升极大值（见图2-14c 中的 T_{GR}，通常温度高于主共晶反应），然后才进入到主共晶反应阶段，形成共晶主平台。根据初生石墨和缓冷枝晶析出量的多少，主共晶反应有温度回升（$T_{ER} > T_{EU}$），或者没有温度回升（$T_{ER} < T_{EU}$）。另外，由于离异枝晶的生长，导致其周围的铁液发生碳的过饱和，有利于石墨球在缓冷枝晶附近成核与长大，继而形成奥氏体壳后，与枝晶接触并融成一体，结果使石墨缓冷枝晶形状直线排列（见图2-60）。

影响缓冷枝晶的工艺因素较多。铸件壁厚增大，冷却速度慢，缓冷枝晶发达；共晶和过共晶球墨铸铁都有可能产生缓冷枝晶，但过共晶球墨铸铁出现枝晶的概率更大；高的浇注温度和大的过热度容易促使缓冷枝晶形成；在相同碳当量时，Si 含量增加，奥氏体枝晶增多且变粗；使用含 Ce 孕育剂，石墨球数增多，枝晶数量减少；铁液中加入少量的 Bi 或 Sb 可抑制枝晶形成；有效地孕育可增多石墨球数，促进奥氏体壳枝晶的形成，从而减少缓冷枝晶的形成。

枝晶的方向性排列会导致组织的带状分布（带状铁素体），使得球墨铸铁在不同方向上力学性能出现差异。当拉伸力与枝晶一次轴平行时，抗拉强度提高；当垂直受力时，力学性能降低。

（6）奥氏体枝晶间液相的凝固　随着许多奥氏体晶粒的长大、相互之间接触，形成更大的奥氏体晶粒，将最后尚未凝固的液相分割，存在于枝晶间，简称 LTF。一般冶金条件下，LTF 的液相形成细小的石墨球（见图2-61）。但是，由于共晶过程中某些合金元素的正偏析及夹杂物的富集，这部分液相晶容易产生缺陷，如晶间碳化物、夹杂、石墨畸变，甚至产生显微缩松。

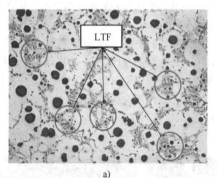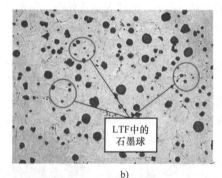

图 2-61　LTF 区的石墨球

a）T_{ES}点之前液淬组织　　b）T_{ES}点液淬组织

（7）球墨铸铁凝固结束的组织　图 2-62 所示为球墨铸铁凝固结束的组织。由图 2-62 可见，亚共晶球墨铸铁的组织由初生奥氏体和石墨球 + 共晶奥氏体组成。共晶球墨铸铁的组织由石墨球和共晶奥氏体组成。过共晶球墨铸铁的组织由初生石墨球、共晶前的奥氏体枝晶、共晶石墨球与共晶奥氏体组成。

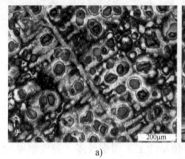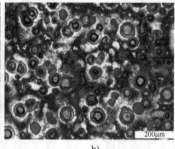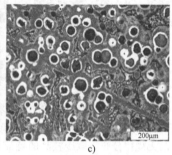

图 2-62　球墨铸铁凝固结束的组织

a）亚共晶　b）共晶　c）过共晶

（8）球墨铸铁的凝固特征

1）微观特征。准确、清楚地描述微观尺度范围内各凝固组织在形成过程中的相互关系是了解球墨铸铁凝固行为的重要前提。人们普遍认为共晶球墨铸铁的微观凝固过程为：球状石墨在液相中自由生长到一定尺寸后，围绕球墨的贫碳液相凝固成奥氏体壳，接着石墨球在奥氏体壳包围下生长；在石墨长大的同时，奥氏体壳也在生长，直至奥氏体壳彼此相互接触，完成凝固过程，如图 2-63 所示。人们已经习惯地将一个石墨球与包围它的奥氏体壳看作一个共晶晶粒。实际上，只有共晶球墨铸铁才适用这种凝固模式。

从 20 世纪 80 年代开始，不少学者对球墨铸铁的微观凝固过程提出了新的认识。实际生产条件下，球墨铸铁结晶过程往往伴随着奥氏体枝晶的形成，亚共晶和过共晶球墨铸铁凝固过程微观形态如图 2-64 和图 2-65 所示。

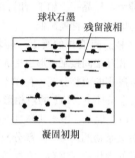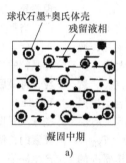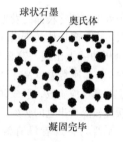

图 2-63　共晶球墨铸铁凝固过程微观形态

a）凝固微观过程

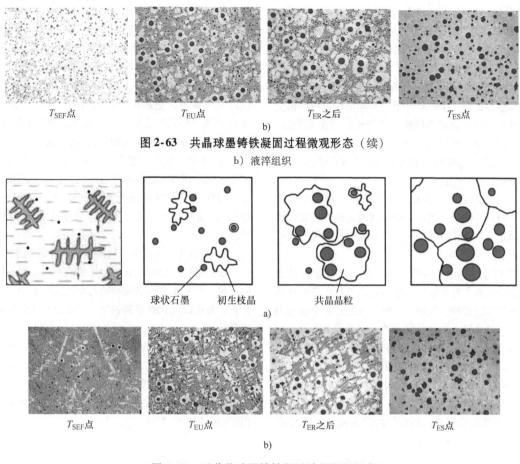

T_{SEF}点　　　　T_{EU}点　　　　T_{ER}之后　　　　T_{ES}点

b)

图 2-63　共晶球墨铸铁凝固过程微观形态（续）

b）液淬组织

球状石墨　初生枝晶　　　共晶晶粒

a)

T_{SEF}点　　　　T_{EU}点　　　　T_{ER}之后　　　　T_{ES}点

b)

图 2-64　亚共晶球墨铸铁凝固过程微观形态

a）凝固微观过程　b）液淬组织

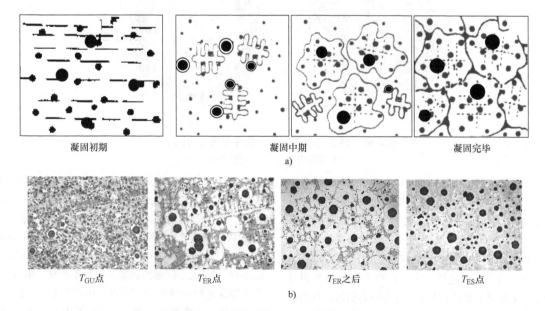

凝固初期　　　　　凝固中期　　　　　凝固完毕

a)

T_{GU}点　　　　T_{ER}点　　　　T_{ER}之后　　　　T_{ES}点

b)

图 2-65　过共晶球墨铸铁凝固过程微观形态

a）凝固微观过程　b）液淬组织

截至目前，普遍的观点为：

① 亚共晶、共晶球墨铸铁结晶时的首批石墨球晶核均可在高于平衡液相线温度以上的液相中形成；随后，部分石墨球晶核消失，部分生存下来。

② 对亚共晶球墨铸铁，先析出初生奥氏体枝晶；共晶球墨铸铁在非平衡条件下，共晶前也可析出初生奥氏体；对过共晶球墨铸铁，首先析出初生石墨球，然后再形成奥氏体枝晶。

③ 共晶结晶时发生离异共晶，共晶石墨球与奥氏体分别独自形核。

④ 石墨球直接与液相接触下进行有限生长，接着在石墨球外围形成奥氏体壳；同时，离异的奥氏体在异地也可按枝晶方式生长，也可能在枝晶旁析出石墨球。

⑤ 结晶过程中，由于石墨漂浮、枝晶下沉及铁液对流等因素，首先可能发生石墨球与奥氏体或石墨球与石墨球的碰撞、接触，然后在凝固过程中相互融合成一个尺寸较大的共晶凝固单元（共晶晶粒）。

⑥ 随后，奥氏体枝晶圆整化生长，枝晶轮廓消失。碳原子通过奥氏体壳向石墨扩散，使石墨球显著长大，此时产生非常大的石墨化膨胀。此阶段是球墨铸铁结晶生长的主要阶段。

⑦ 共晶晶粒相遇，晶粒间的残余液相全部变成

固相后，凝固结束。

2）宏观特征。宏观凝固形貌是对整个铸件从边缘到中心正在生长着的晶体形态、相互关系及分布的描述。球墨铸铁的宏观凝固过程与灰铸铁不同，球墨铸铁存在着较宽的结晶区间，凝固截面上液-固两相区比灰铸铁宽，呈现出"粥状凝固"形貌，而灰铸铁按"逐层凝固"方式进行，如图 2-66 所示。两种铸铁凝固形貌的差别是由如下原因造成的：

① 球化及孕育处理大大增加了球墨铸铁的异质核心，同时球墨铸铁的共晶过冷度大，临界晶核尺寸小，因此球墨铸铁的晶粒数比灰铸铁多（50～200倍），且核心存在于整个液相，有利于全截面同时结晶。

② 石墨球在奥氏体壳包围下生长，结晶速度慢，铸件表层凝固结束时间长，使铸件截面中心有足够时间形核；而片状石墨的端部始终与铁液接触，石墨生长快，凝固时间比球墨铸铁短，形壳速度比球墨铸铁明显快。

③ 球墨铸铁中的石墨球彼此孤立分布，热导率比灰铸铁小，散热慢，铸件截面温度梯度小，导致铸件凝壳时间长，固液两相区宽。

④ 球墨铸铁的共晶石墨化膨胀力远大于灰铸铁（是灰铸铁的 3～5 倍）。

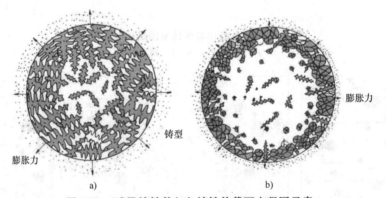

图 2-66　球墨铸铁件与灰铸铁件截面上凝固示意
a）球墨铸铁件　b）灰铸铁件

球墨铸铁的"粥状凝固"特征导致球墨铸铁件容易产生缩松和缩孔缺陷，而灰铸铁的"层状凝固"特征不易产生缩松，如图 2-67 所示。如果铸型的刚度足够大，可以利用共晶石墨化膨胀，实现球墨铸铁件的无冒口铸造，同时有益于消除铸件的缩松和缩孔缺陷。

（9）合金元素偏析　由于在球墨铸铁的凝固过程中，溶质元素出现的不均匀性分布易引起晶粒内的微观偏析。元素在球墨铸铁中的偏析分布规律与灰铸铁相同，但偏析程度比灰铸铁大。$K_s > 1$ 的反偏析元

素（Si、Ni、Cu、Co、Al）优先分布在石墨球附近奥氏体枝晶内，$K_s < 1$ 的正偏析元素（Mn、Mo、Cr、P、V、Ti）则富集于共晶枝晶间的残余液相中。表 2-16 列出了厚壁球墨铸铁件枝晶内和枝晶间 Si、Cr、Mn、Ti、P、S 元素的分布（电子探针分析结果）。图 2-68 所示为不同铸型和锰含量条件下 Si、Mn 在两个石墨球之间的偏析分布情况。由图 2-68 可见，冷却速度快的金属型比砂型球墨铸铁件中 Si、Mn 的偏析小。

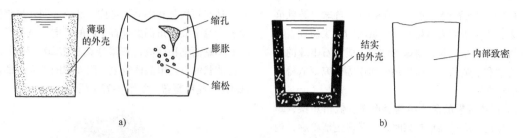

图 2-67　球墨铸铁件与灰铸铁件形成缩松和缩孔的倾向

a）球墨铸铁件　b）灰铸铁件

表 2-16　枝晶内、枝晶间 Si、Cr、Mn、Ti、P、S 的分布（质量分数）　　　（%）

位置		Si	Cr	Mn	Ti	P	S
枝晶内	1	3.06	0.0236	0.25	0.0087	0.0091	0.0015
	2	3.14	0.0056	0.25	0.0052	0.0265	0.0028
枝晶间	3	1.35	0.1186	0.24	0.3068	0.7019	0.031
	4	1.06	0.0336	0.36	0.0064	1.1141	1.0135
	5	1.07	0.2881	1.09	0.0778	3.4538	0.021
	6	0.34	0.054	0.53	0.0134	0.5391	0.082

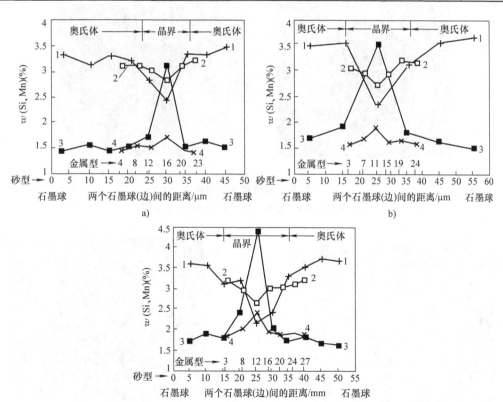

图 2-68　球墨铸铁中合金元素的偏析

a）$w(Mn) = 1.5\%$　b）$w(Mn) = 1.75\%$　c）$w(Mn) = 2.0\%$

试棒直径：$\phi 32mm$　化学成分：$w(C) = 3.3\%$、$w(Si) = 2.95\%$

1—Si（砂型）　2—Si（金属型）　3—Mn（砂型）　4—Mn（金属型）

（10）球状石墨的过冷形成机制　自球墨铸铁问世以来，许多研究人员耗费了大量的精力来研究石墨球化机理。至今，对石墨球的结构，成形石墨球的物理、化学和冶金条件，球化剂的作用等研究都取得了很大的进展。

1）球状石墨的晶体结构及形态。低倍观察，球状石墨接近球形；高倍观察时，则呈多边形轮廓，内部呈放射状，在偏振光下尤为明显（见图2-69）。利用扫描电镜可以更加清楚地看到，石墨球表面并不是光滑的球面，而是有许多的包状物（见图2-70）。从球状石墨中心截面的覆型电镜照片可以看到，石墨球内部具有年轮线状结构（见图2-71），在一定的直径范围内其内部年轮线不明显，中心可以看到白色的小点，可认为是球状石墨借以长大的核心。图2-72所示为经离子轰击后的球状石墨。从球状石墨的这些结构和外形的特征，并结合石墨晶体的结构特点可以断定，球状石墨具有多晶体结构，从核心向外呈辐射状生长。每个放射角都由垂直于球的径向而呈相互平行的石墨基面堆积而成，石墨球就是由20～30个这样的锥体状的石墨单晶体组成，因而球的外表面都是由（0001）晶面覆盖，如图2-73所示。

图2-69　球状石墨的偏振光金相照片×500

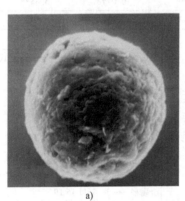

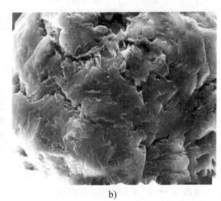

　　　　　　a)　　　　　　　　　　　　　　b)

图2-70　石墨球的表面形态

a）萃取的多个石墨球　b）石墨球表面局部放大

图2-71　石墨球内部的年轮线状结构×800

实际上，每个石墨球都存在三层结构（见图2-74和图2-75）。除了每个石墨球中心都存在着夹

图2-72　经离子轰击后的球状石墨×800

渣物颗粒，在生长过程中，首先围绕着核心曲面生长的圆整度非常高的细小石墨球体，这可能是在液相中直接长大的；然后是在奥氏体包围下生长的具有层状

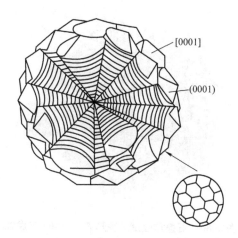

图 2-73　石墨球晶体结构

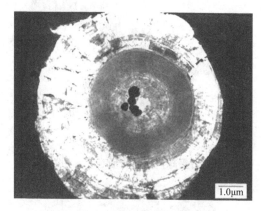

图 2-74　石墨球结构（TEM）

和放射状的圆壳体，最外表面并不特别圆整。经电镜证实，这种结构是正确的。图 2-76a 所示为心部细小

石墨球体和外层的高倍显微结构。在石墨单晶锥体之间，还存在着亚晶锥体结构（见图 2-76b）。图 2-76c 所示为石墨锥体晶界处形貌。石墨单晶锥体（0001）面中存在着许多位错缺陷（见图 2-76d、图 2-76e 的箭头位置）。在石墨球的表层碳原子排列不整齐，类似于非晶态（见图 2-76e）。

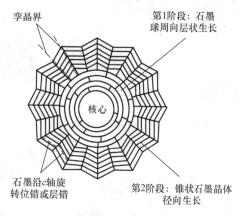

图 2-75　石墨球三层结构

在球墨铸铁中，除了圆整的石墨球外，还有其他形式的偏离球状的石墨，如图 2-77 ~ 图 2-82 所示。

2）球状石墨生长的结晶学条件。自 20 世纪 50 年代以来，关于铸铁的石墨球化提出了各种假说：核心学说、吸附说、表面张力说、过冷说、气泡说和位错说等，球化理论取得了一些新进展，但至今还没一种理论能够完全解释球墨铸铁凝固过程中出现的一些现象，有的理论之间还相互矛盾。无论何种理论，从铁液中析出的石墨要生长成球状，必须遵循球形晶的生长规律。

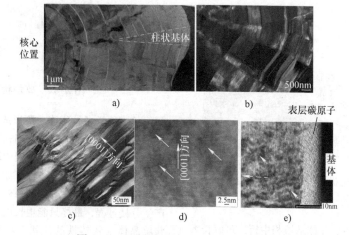

a）　　　　　　　　　b）

c）　　　　　d）　　　　　e）

图 2-76　石墨球晶体结构及碳原子分布
a）心部与外层石墨结构　b）亚晶锥体结构
c）锥体晶界处　d）锥体内的（0001）排列　e）表层碳原子排列

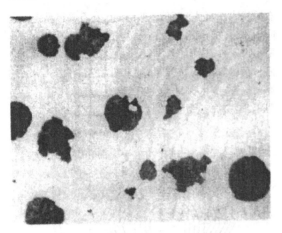

图 2-77　团状石墨　×100 未腐蚀

图 2-80　石墨球轻度畸变形态　×400 未腐蚀

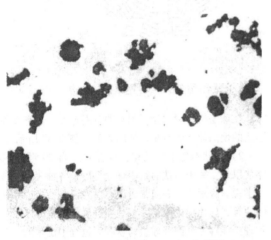

图 2-78　团片状石墨　×100 未腐蚀

图 2-81　石墨球严重畸变形态　×400 未腐蚀

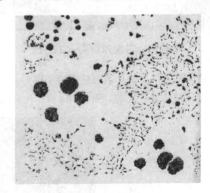

图 2-82　碎块状石墨

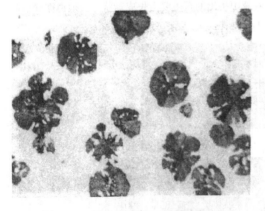

图 2-79　开花状石墨，开裂处嵌有
金属基体　×100 未腐蚀

根据晶体生长理论，晶体从液相中析出可以长大成多种形态，其中球状生长是晶体生长的一种模式，球形晶的生长理论是石墨成球机制的基础，即只有在雏晶的三维方向形成许多小角度分枝的晶体，才可能

最终长成一个多晶球体。要形成大量的小角度分枝，石墨晶体必须存在大量的缺陷，因为缺陷产生新的台阶，形成新的方向。结晶过程中增加过冷度是有利于产生晶格缺陷的动力学条件。如果过冷度非常小，没有晶格缺陷，不存在晶格的意外扭曲，石墨晶体不会产生分枝过程，最终只能生长出一个沿基面铺开的片状单晶体（灰铸铁的片状石墨）。小角度分枝具有"规则分枝"特征，即每个分枝晶体有着几乎相同的生长习性与生长速度，与原晶体存在特定的位向。从规则分枝发展成一个球形晶体的过程如图 2-83 所示。

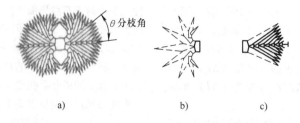

图 2-83　从规则分枝发展成一个球形晶体的过程

a）由大量束状分枝晶体组成的球体　b）分枝组成环形骨架　c）羽毛状分枝

首先，分枝组成环形骨架；然后，形成很多取向相同的羽毛状分枝，由大量分枝束组合成实体的球形晶。在分枝过程中，一方面要沿径向向外生长，另一方面每个分枝也要沿切向粗化，长成为角锥体。为保证形成球状晶体而不形成其他畸变形状，要求每个分枝的径向生长速度 v_c 大于切向的生长速度 v_a。从晶体生长动力学角度分析，晶体生长形态是由生长速度的各向异性决定的。晶体生长速度越大的取向，在晶体形态中其取向对应的晶面显示的机会就越小，并最终在晶体的平衡形状中消失，即晶体的最终形态是由生长速度小的晶面来围成的。由此可见，根据石墨球的晶体结构（见图 2-73 和图 2-76），石墨分枝的基面（c 轴方向）v_c 与棱面（a 轴方向）v_a 的相对生长速度决定了石墨的生长形态。也就是说，在铸铁共晶过程中，石墨若要生长成球形，必须满足 $v_c/v_a > 1$ 的条件。

从能量角度讲，晶体生长的速度 v 与界面能有很大关系，即

$$v = \frac{3\Delta S^2 D \Delta T}{4\pi V R \sigma}$$

式中　ΔS^2——熵值变化；

　　　D——原子扩散系数；

　　　ΔT——结晶过冷度；

　　　V——结晶的体积；

　　　R——摩尔气体常数；

　　　σ——界面张力。

由此可见，界面能减小，有利于提高晶面对应其晶向的生长速度。

3）球状石墨的缺陷生长方式。根据晶体生长方式，石墨的生长（即碳原子在核心基底是堆砌）有 3 种机制。一是二维生长：石墨沿（$10\bar{1}0$）面独立形核。由于单个原子与晶面结合力弱，故生长困难，靠这种生长方式长大的可能性很小。二是旋转台阶生长（见图 2-31）：石墨在旋转孪晶台阶上沉积，依靠台阶向侧面扩展而进行长大（片状石墨生长模式，见图 2-43）。三是螺旋位错生长（见图 2-30）：碳原子在（0001）晶面螺旋形位错造成的台阶上沉积（球状石墨螺旋生长模式，见图 2-84）。

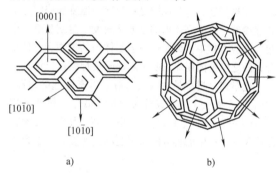

图 2-84　球状石墨螺旋生长模式

a）[0001] 方向生长　b）长成近似球状多面体

通常，晶面的面间距越大，该晶面的界面能越小。由此可见，依据最小自由能原理和石墨晶体结构，如果石墨在无缺陷状态下生长，则碳原子最终排列成位向相同的单晶石墨片，石墨相侧面为（0001）晶面。另外，如果在无过冷、又不存在干扰元素的作用下生长，石墨相的平衡状态生长也是片状。然而，实际的石墨生长与理想状态有很大区别。在非平衡条件下，石墨雏形晶存在着各种缺陷，破坏了石墨晶格的整齐排列，促使石墨发生分枝，导致产生许多结晶位向。

4）过冷对球状石墨缺陷生长的作用。在现有的石墨球化理论中，缺陷生长理论较符合球形晶的结晶学原理，故得到较多学者的认同。石墨的缺陷生长机制又与结晶前沿的过冷存在密切的联系。过冷是影响相变驱动力的决定性因素，它不仅从石墨成核角度影响结晶，还从液-固界面的不稳定性影响石墨的生长形态。

过冷能够增大石墨生长过程的不稳定性。石墨生长过程的不稳定性指石墨不按照 [$10\bar{1}0$] 晶向沿（0001）晶面铺开方式生长，而是向金字塔角锥体发展。过冷容易增加石墨晶体生长过程中的各种点、线、面缺陷，从而增加螺型位错密度，使得 $v_c > v_a$。

如果保证每个石墨单晶体的 $v_c > v_a$，则可满足球形晶生长的"规则分枝"条件。因此，增加晶界的过冷度有利于石墨不稳定性生长，最终结晶成球状石墨。

试验表明，石墨成球要求的过冷度（ΔT）一般在29℃以上，片状石墨生长时的过冷度（ΔT）比球墨铸铁低15~25℃。

铸铁凝固时的过冷度由两部分组成：热学过冷度（ΔT_t）和化学成分过冷度（ΔT_c）。因凝固速度变化而形成的过冷称为热学过冷，冷却速度越快，原子扩散越困难，导致合金在较低的温度发生结晶，此时热学过冷增大。生产实践表明，提高热学过冷度有利于石墨按球形生长，其原因是：当冷却速度加快时造成骤然冷却，石墨晶体内的碳原子间发生急剧收缩，引起局部应力集中，或者使石墨晶体内的过饱和空位聚合，随之空位团崩塌，萌生新缺陷使螺型位错增加。

化学成分过冷是由铁液内溶质因素引起的过冷，如图2-85所示。化学成分过冷度（ΔT_c）包括两部分，即 $\Delta T_c = \delta\Delta T_{cs} + \Delta T_k$。其中，$\Delta T_{cs}$ 为溶质元素在晶体长大过程中的再分配所引起的过冷度；ΔT_k 为活性元素吸附于石墨界面推迟结晶进程的过冷度，也称动力过冷度。于是，任何铸件的过冷度都可表示为 $\Delta T = \Delta T_t + \Delta T_{cs} + \Delta T_k$。正常铸造条件下，仅从冷却速度去满足球化所需要的过冷度是十分困难的，因此必须从合金的成分寻找提高过冷度的途径。影响铁液过冷度的元素分类见表2-17。

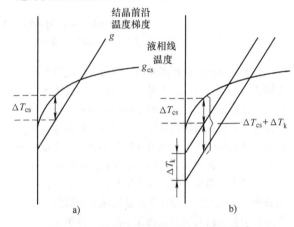

图2-85 化学成分引起的结晶前沿过冷

a）成分过冷 b）成分过冷 + 动力过冷

表2-17 影响铁液过冷度的元素分类

类别	元素	特性	作用机制
1	Ⅰ、Ⅱ、Ⅲ族及La、Ce等RE元素	增大动力过冷	强烈吸附在石墨晶面，与S、O紧密结合
2	Ⅳ族（以Si、B为主）	增大成分过冷	不能吸附在石墨晶面上，但富集在石墨晶体生长前沿的溶液中
3	Ⅵ族（以S、O为主）	减小动力过冷	吸附到石墨晶体表面的活性元素

由表2-17可见，第1类为增大动力过冷的元素：

① Mg、Ce等加入铁液，脱氧去硫，减少铁液中S、O含量，消除S、O在螺型位错口上的封堵作用，使得生长台阶活化，碳原子容易堆砌；同时，使得石墨（0001）的界面能小于（10$\overline{1}$0）（见表2-18），使石墨沿 c 轴生长速度大于 a 轴。

表2-18 石墨晶面与铁液的界面能

铁液种类	石墨晶面	接触角/(°)	界面能/(erg[①]/cm²)
含镁铁液	(0001)	115	1459.7
	(1010)	123	1720.7
含硫铁液	(0001)	105.7	1269.8
	(1010)	77.4	845.5
含铈铁液	(0001)	104.7	1322.8
	(1010)	111.6	1578.7

① 1erg = 10⁻⁷J。

② 脱氧去硫后铁液显著净化，残留镁逐渐增加，动力过冷随之增大（见图2-86），使石墨分枝倾向加大。

③ Mg、Ce嵌入石墨晶格，引起应力，造成高浓度螺旋位错。但是，由于Mg、Ce也是表面活性元素，过量的Mg、Ce也会像S、O一样封堵石墨位错台阶，使石墨形态恶化，即"过球化"。

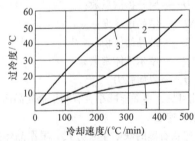

图2-86 镁残留量对球墨铸铁过冷度的影响

1—$w(\text{Mg}) = 0.005\%$ 2—$w(\text{Mg}) = 0.016\%$
3—$w(\text{Mg}) = 0.049\%$

第2类为增大成分过冷的元素：Si是铸铁中促使成分过冷的主要元素，它提高了碳的活性，促使石墨晶核析出，但不与石墨发生作用，即不能吸附在石墨晶面上，而是富集在石墨前沿的液相中，增大成分过冷, 提高石墨生长前沿的不稳定性, 有利于形成小角度石墨分枝, 促进石墨球状生长。实践表明, Si 含量增加有利于提高石墨球的圆整度。另外, Si 在无 S 的纯铁碳合金中可促使形成强烈分枝的珊瑚状石墨。

第 3 类是减小动力过冷元素: S、O 是表面活性元素, 吸附在石墨锥体 (微小球状石墨晶核) 表面, 共晶石墨生长的温度提高了, 使石墨结晶温度更接近于平衡相图, 减小了动力过冷度, 趋向于稳定结晶, 从而减少石墨分枝, 利于片状生长。特别是 S、O 优先吸附于石墨螺型位错口上 (因为界面能降低), 抑制螺型位错生长, 助长了旋转孪晶的发展, 石墨片状长大。另外, S、O 与 C 原子形成 C—S、C—O 共价键的键能比 C—C 的键能大很多, 加速了 S、O 在石墨 $(10\bar{1}0)$ 晶面的吸附, 降低了石墨棱面的界面能, 提高了石墨沿 $[10\bar{1}0]$ 晶向的生长速度, 即 $v_a > v_c$。表 2-19 列出了硫含量对石墨晶面生长速度的影响。

表 2-19　硫含量对石墨晶面生长速度的影响

$w(S)$ (%)	0	0.04	0.10	0.40
基面/棱面	1.8	1.7	1.0	0.5
v_c 和 v_a	$v_c > v_a$	$v_c > v_a$	$v_c = v_a$	$v_c < v_a$

除 S、O 以外, 许多微量元素, 如 Bi、Pb、Sb、As 等也属于表面活性元素, 会减小动力过冷, 如当厚大截面球墨铸铁件加入 Bi、Sb 过量时, 石墨球恶化。

综上分析, 在铸件冷却速度一定的条件下, 可以通过化学成分调整及微量元素含量的平衡, 控制过冷, 从而获得所需要的石墨形态。

5) 石墨晶面生长速度、过冷度与石墨形态的关系。总的来说, 决定铸铁石墨形态的关键参数是石墨晶体 $[0001]$ 晶向与 $[10\bar{1}0]$ 晶向生长速度之比, 即只有当 $v_c/v_a > 1$ 时, 才能生长出杆状、角锥体、金字塔状, 乃至由多个角锥体组成的球状石墨, 否则只能生长成片状石墨。当 $v_c/v_a > 1$ 但比值相对较小时, 有不规则分枝, 但相对形成球状石墨的分枝较少; 相对于石墨 $[0001]$ 晶向而言, $[10\bar{1}0]$ 方向长较慢, 石墨分枝之间长时间不能长大并相互接触。随着石墨结晶的进行, 分枝间低碳的液相形成奥氏体, 此时将由球状衰减到开花状 (如过共晶蠕墨铸铁的初生开花状石墨, 见图 2-24d)。

如果变质元素含量过高, 最终将导致过球化石墨。例如, 厚大截面球墨铸铁件最后凝固的部位, 冷却速度很慢, 热学过冷较小, 共晶点向左上方移动, 使得成分变成较大程度的过共晶; 又由于稀土、镁的正偏析, 导致心部铁液的球化元素超限程度很大。稀土和镁也是表面活性元素, 吸附在石墨晶面上, 引起极大的石墨结晶前沿动力过冷 (见图 2-85), 使得石

墨沿 c 向生长过快, 并频繁产生分枝, 但石墨分枝 a 向生长相对 c 向非常慢, 径向生长的石墨分枝之间不能接触弥合, 其间存在的低碳液相将转变成奥氏体, 因而不能形成完整的球状石墨, 二维金相呈现出碎块状石墨分布 (见图 2-82)。

通常, 在厚大截面球墨铸铁件实际生产中加入微量的 Sb、Bi, 与过量的稀土和镁形成金属间化合物, 削弱过量的稀土和镁在石墨表面吸附, 使得石墨结晶过冷相对降低, 石墨分枝 c 向生长的过快速度有所抑制; 同时, Bi 和 Sb 与稀土形成金属间化合物也可以作为石墨球的核心, 达到细化厚大截面石墨球、消除碎块状石墨的功能。

根据上述石墨生长过冷理论和实践分析, 可以得出: 随着石墨晶面生长速度 v_c/v_a 比值增大, 石墨的形状由片状→开花状→球状→过球石墨 (碎块状)。表 2-20 总结分析列出了石墨基面 v_c 与棱面 v_a 生长速度之比 (v_c/v_a)、过冷度与球状石墨生长模式和形态的关系。

6) 工艺条件与石墨成球的关系。根据石墨的生长机制, 控制石墨球状生长的措施主要有化学成分、孕育处理及冷却速度。化学成分包括常规元素、微量元素和添加元素等; 冷却速度则通过铸件壁厚、铸型材料、浇注温度等予以影响。这些工艺条件是基于石墨结晶过冷度变化而改变了石墨结晶的生长机制, 最终控制石墨的球形生长。图 2-87 所示为工艺条件与石墨球形成机制的关系。

4. 蠕虫状石墨铸铁的共晶凝固

经过对一定成分的铁液进行蠕化处理, 使铁液中的硫含量降低到球墨铸铁的水平, 活性氧含量略高于球墨铸铁, 并在铁液中保持比球墨铸铁低的变质元素残留量, 这种铸铁的共晶凝固过程和所形成的石墨形态显著不同, 它介于灰铸铁和球墨铸铁之间。

(1) 蠕虫状石墨产生的工艺条件　蠕虫状石墨是伴随着球墨铸铁的发现、开发和应用过程中出现的。当初, 蠕虫状石墨被认为是球化不良或球化衰退的一种形式, 而拒绝加以使用。后来研究发现, 蠕墨铸铁力学性能与球墨铸铁接近, 同时又具有灰铸铁的高导热性, 良好的铸造性能和切削加工性能, 因此蠕墨铸铁具有良好的综合性能。总的来说, 它的性能处于球墨铸铁与灰铸铁之间, 因而填补了铸铁材料在性能上的一个 “空白区”; 但是, 要稳定地制造这样一种所谓 “缺陷” 铸铁材料并非易事。直到 20 世纪六七十年代, 以美国国际镍公司为代表改进的 “Foote” 合金蠕化剂和我国稀土基蠕化剂的成功研制, 蠕墨铸铁才有了较快的发展。

表 2-20 v_c/v_a、过冷度与球状石墨生长模式和形态的关系

$v_c/v_a > 1$		
降低←————————残留稀土镁适量————————→过多		
减小←——————石墨结晶过冷度 ΔT 适当——————→过大		
略大于 1 ←——————v_c/v_a 比值适当大——————→ >>1		
稳定性变大，分枝少	石墨生长界面不稳定	极不稳定，分枝快
开花状	球状	碎块状

经过近 60 年的研究与开发，特别是进入到 21 世纪，人们已经掌握了蠕虫状石墨形成的工艺方法：

1) 对原铁液的要求与球墨铸铁基本一致。

2) 使用少量的球化元素（Mg、Ce、La 等）处理铁液，使铁液不完全球化。

3) 使用球化元素和反球化元素（Ti）同时处理铁液。

4) 以稀土元素为主，配以其他元素（Mg、Ca、Zn、Al 等）构成复合蠕化剂处理铁液。

（2）蠕墨铸铁的凝固曲线 图 2-88 所示为亚共晶成分相同的三种石墨铸铁的凝固热分析曲线。表 2-21 列出了三种石墨铸铁的凝固热分析曲线特征参数对比。

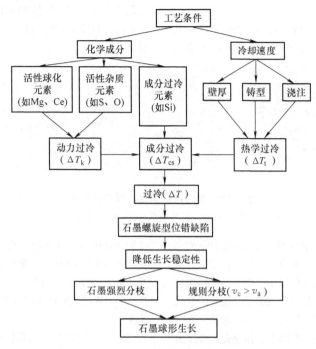

图 2-87　工艺条件与石墨球形成机制的关系

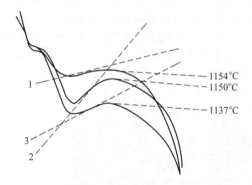

图 2-88　三种石墨铸铁的凝固热分析曲线
1—灰铸铁　2—蠕墨铸铁　3—球墨铸铁

表 2-21　三种石墨铸铁的凝固热分析曲线特征参数对比

铸铁种类	残留镁（质量分数,%）	T_{EU}	T_{EM}点导数	T_{ER}	$\Delta T = T_{ER} - T_{EU}$
灰铸铁	0	高	低	高	较小
蠕墨铸铁	0.01~0.016	居中	高	居中	大
球墨铸铁	0.03~0.04	低	低	低	较小

由图 2-88 可见，片状石墨生长的温度最高，球状石墨生长温度最低，蠕虫状石墨居中。但是，蠕虫状石墨生长的最低温度 T_{EU} 略高于球状石墨，其共晶再辉（$T_{ER} - T_{EU}$）（T_{ER} 为蠕墨铸铁共晶阶段的最高温度）最高。片状石墨与球状石墨的共晶再辉度较小。

根据蠕墨铸铁件的结构和重量，其碳当量可选择亚共晶、共晶或过共晶三种类型，其凝固热分析曲线如图 2-89 所示。在非平衡条件下，蠕墨铸铁的凝固热分析曲线特征与球墨铸铁类似（其特征点的物理意义见表 2-8）。可见，过共晶蠕墨铸铁的共晶温度高于共晶蠕墨铸铁和亚共晶蠕墨铸铁。

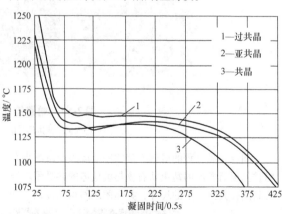

图 2-89　三种蠕墨铸铁的凝固热分析曲线

根据图 2-89 可知，亚共晶蠕墨铸铁共晶前有初生的奥氏体枝晶析出（见图 2-27c）；过共晶蠕墨铸铁在共晶发生前，由于非平衡凝固，有奥氏体枝晶生长（见图 2-28b）；共晶蠕墨铸铁在共生区也析出少量的奥氏体（见图 2-26b）。

（3）共晶凝固过程

1）蠕虫状石墨核心。研究表明，无论是哪种共晶类型，蠕墨铸铁的首批石墨核心都是在高于平衡共晶转变温度以上的液相中直接以细小石墨球的形式析出，高温液淬组织也证明了这一点，如图2-90所示。

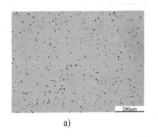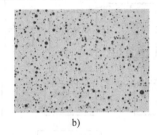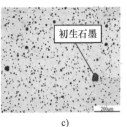

a)　　　　　　　　　　　b)　　　　　　　　　　　c)

图2-90　蠕墨铸铁高温液淬金相组织

a）亚共晶 T_{AL} 点　b）共晶 T_{SEF} 点　c）过共晶 T_{GU} 点

在高温液相中形成的这些细小石墨核心并不能完全生长成蠕虫状石墨，其发展有三种情况：第一种是大部分微小石墨球在共晶过程发生畸变，形成蠕虫状石墨；第二种是部分非常细小的石墨核心重新溶解到铁液中；第三种是少量尺寸较大的小石墨球在共晶时迅速被奥氏体包围，形成完整的奥氏体薄壳，被保留下来长大成球状。

对于过共晶蠕墨铸铁，在发生共晶之前，除了在高温形成微小石墨质点外，首先析出的是初生石墨。由于变质元素含量较低，铁液中氧活度较高，球化干扰元素较多，石墨结晶过冷减小，分枝少，初生石墨的生长形态多为开花状（见图2-24d）。如果铁液中 $w(S) < 0.01\%$，且其他干扰元素非常少，特别是当冷却速度非常快时，石墨结晶过冷相对较大，分枝多，初生石墨在液相中生长为球状（见图2-24e）。但是，需要注意的是这部分初生石墨非常容易产生石墨漂浮。

2）蠕虫状石墨与奥氏体共晶长大过程。依据热分析曲线，当铁液温度降低到共晶温度 T_{EU} 时，即进入到共晶过程。由于球化元素与反球化元素在石墨晶体棱面及基面上的不均匀吸附，导致细小石墨球的生长发生畸变，开始生长成为蠕虫状石墨，然后在其周围形成共晶奥氏体，液淬组织也证明了这一点，如图2-91所示。

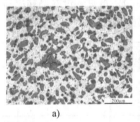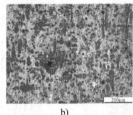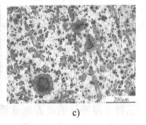

a)　　　　　　　　　　　b)　　　　　　　　　　　c)

图2-91　蠕墨铸铁在 T_{EU} 点的液淬组织

a）亚共晶　b）共晶　c）过共晶

随着共晶过程的进行，液相中形成多个由细小石墨雏晶逐渐发展的蠕虫状石墨与奥氏体的共晶团。当共晶团长大到一定的尺寸，共晶团之间相互接触、合并，形成较大尺寸的晶粒，如图2-92所示。同时，被奥氏体壳完整包围的石墨球没有机会发生畸变，像球墨铸铁一样，石墨球在奥氏体的包围下继续以球状生长。

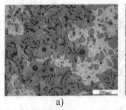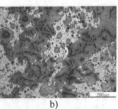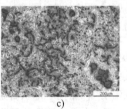

a)　　　　　　　　　　　b)　　　　　　　　　　　c)

图2-92　蠕墨铸铁凝固过程中的液淬金相组织

a）亚共晶　b）共晶　c）过共晶

当共晶凝固进行到后期，液相越来越少，形成多个被大晶粒分割成的小区域（LTF）。由于变质元素 Mg、Ce 等的正偏析，在 LTF 区域中含量有所增加。此时液相温度降低，共晶过冷增大，在液相中形成新的石墨晶核，少量晶核生长成为蠕虫状石墨，但大部分形成的细小石墨球来不及长大，液相全部消耗完毕，共晶凝固结束。因此，凝固的后期往往存在许多细小石墨球，如图 2-93 所示。

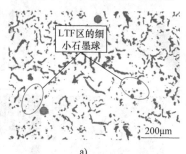
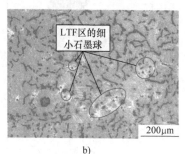

图 2-93　LTF 区的细小石墨球
a）未腐蚀　b）T_{ES} 点液淬

（4）蠕虫状石墨与奥氏体的共晶生长模式　当蠕虫状石墨和共晶奥氏体形成后，受奥氏体和石墨生长速度不同的影响，石墨与奥氏体的生长模式呈现多样性。因此，蠕虫状石墨的形态多种多样。

在蠕虫状石墨-奥氏体共晶生长过程中，蠕虫状石墨的生长方向和形式受到其四周变质元素浓度的制约。当在石墨生长界面前沿的液相中富集足够多的变质元素，而硫、氧等反球化表面活性元素较少时，石墨以 c 向为生长方向，反之则以 a 向为生长方向。由于蠕虫状石墨在生长过程中，其界面前沿的铁液中变质元素和硫、氧等元素的富集，以及反应的程度在不断发生变化，因而生长过程中的蠕虫状石墨也经常发生 a 向生长和 c 向生长的相互转换，使石墨的优先生长方向经常发生变化。当蠕虫状石墨以 c 向生长时，其生长端部与球状石墨的结构相似，容易被奥氏体壳包围。当蠕虫状石墨端部以 a 向生长时，其端部与片状石墨结构类似，石墨的端部始终与铁液接触，与奥氏体共同向液相生长，但有时候，共晶奥氏体的生长速度比石墨快，于是在蠕虫状石墨的端部形成狭小的液态通道。

蠕墨铸铁共晶生长模式见表 2-22。通过液淬组织、扫描和透射电镜照片分析，足以证明蠕虫状石墨既可以隔离式生长，也可以联通式生长，大部分情况下是隔离和联通的混合生长模式。隔离式生长模式的蠕虫状石墨的端部比较圆钝，对基体的应力集中作用小，强度较高，但凝固收缩倾向比较大，铸件容易产生缩松缺陷。以联通式生长的蠕虫状石墨端部相对比较尖锐，对基体的割裂作用较大，强度相对较低，但这种生长模式的凝固收缩小，不易产生缩松缺陷。

（5）共晶团　在每个蠕虫状石墨-奥氏体共晶团内（见图 2-94），石墨互相连接，与灰铸铁的结构相似。当蠕墨铸铁中含有较多的石墨球时，单位面积上的共晶团数要比灰铸铁多很多，但其中蠕虫状石墨-奥氏体共晶团尺寸仍与灰铸铁中的片状石墨-奥氏体共晶团尺寸大体相当。

在蠕虫状石墨-奥氏体共晶团中，蠕虫状石墨成簇聚集，相邻的共晶团中的石墨一般被奥氏体隔开，共晶团近似于球状。蠕墨铸铁中含石墨越多，越难显示共晶团边界。

在共晶凝固过程中，部分蠕虫状石墨-奥氏体共晶团周围往往被变质元素和杂质元素富集的铁液所包围，后者易凝固成球状石墨-奥氏体共晶团，这也说明了蠕墨铸铁中往往伴随有一些球状石墨的原因，而且这部分的基体组织在铸态室温下往往是以球光体为主。

（6）凝固结束后的组织　图 2-95 所示为三种蠕墨铸铁凝固后的金相组织。亚共晶蠕墨铸铁由共晶前的初生奥氏体和共晶团所组成；共晶蠕墨铸铁基本上仅由共晶组织所组成；过共晶蠕墨铸铁由初生石墨球、奥氏体枝晶和共晶团所组成。

（7）蠕虫石墨的过冷形成机制　自蠕墨铸铁问世以来，人们对蠕化机理进行了研究。至今，对蠕虫状石墨的结构，蠕虫状石墨的物理、化学和冶金条件及蠕化剂的作用等的研究都取得了一定进展。对蠕虫状石墨提出了多种生长机制。根据晶体生长理论，石墨从液相中析出可以长大成多种形态。按照石墨缺陷的生长机制，若按照旋转台阶生长，石墨在旋转孪晶台阶上沉积，依靠台阶向侧面扩展长大成片状；若按

表 2-22 蠕墨铸铁共晶生长模式

类型	隔离式共晶生长模式	联通式共晶生长模式	隔离与联通混合生长模式
特征	蠕虫状石墨的端部在共晶凝固过程的后期被奥氏体壳所包围，随后碳原子通过过奥氏体壳扩散至蠕虫状石墨端部才能使皮石墨端部继续长大，此时蠕虫状石墨端部与铁液是相互隔离的	在共晶过程中，蠕虫状石墨的前端有液相通道，碳原子在通道中快速扩散至蠕虫状石墨端部而长大，始终与铁液通互连通接触	在一个蠕虫状石墨与奥氏体共晶团的生长过程中，存在隔离式和联通式两种模式，也可能是不同的共晶团有不同的生长模式
示意图			
SEM或TEM或淬金相			

照螺旋位错生长，碳原子在石墨（0001）晶面螺旋位错造成的台阶上沉积，生长为球状石墨。影响石墨缺陷生长方式的主要因素是结晶过冷度，如图 2-96 所示。随着过冷度的增加，石墨由台阶生长逐渐转变为台阶和螺旋位错混合生长，最后全部转变为螺旋位错生长。

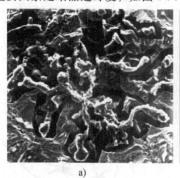 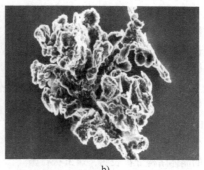

a)　　　　　　　　　　　　　b)

图 2-94　共晶团立体形态（SEM）

a）深腐蚀　b）萃取的共晶团蠕虫状石墨

 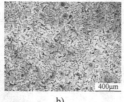 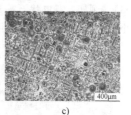

a)　　　　　　　　　b)　　　　　　　　　c)

图 2-95　三种蠕墨铸铁凝固后的金相组织

a）亚共晶（CE=4.28%）　b）共晶（CE=4.43%）　c）过共晶（CE=4.77%）

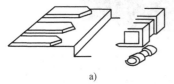

a)　　　　　　　　　b)　　　　　　c)　　　　　　d)

a→b→c→d 过冷度逐渐增加

图 2-96　过冷度对石墨缺陷生长方式的影响

a）石墨在（1010）晶面产生分支　b）石墨表面出现台阶不稳定生长　c）石墨在（0001）晶面生长出角锥体分支

d）以石墨（1010）晶面为外表面延伸的金字塔晶体分支

根据缺陷形成机理、无缺陷形核理论及杂质对石墨生长的作用，可描绘石墨各晶面生长速度的动力学曲线。石墨在生长中产生的形态由（0001）面和（1010）面的生长速度决定，而生长速度取决于晶界上过冷度（ΔT）。不同环境下，过冷度对石墨生长方式的影响如图 2-97 所示。

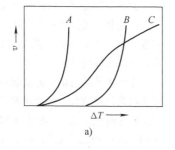 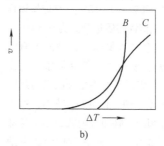

a)　　　　　　　　　　　　　b)

图 2-97　过冷度对石墨生长方式的影响

a）污染的环境　b）含有球化元素的环境

A—旋转孪晶台阶生长　B—二维形核生长　C—螺旋位错生长

当铁液被硫、氧等干扰球化元素污染时（见图 2-97a），在一般过冷度条件下，旋转孪晶台阶的生长速度大于二维晶核和螺旋位错生长速度，此时石墨长大成片状。当存在有球化元素时（见图 2-97b），Mg 可以吸附于石墨晶体表面，增加过冷度，使旋转孪晶台阶移动减慢，生长受到抑制或完全失效。此时，只剩下二维晶核及螺旋位错型缺陷两种生长方式，保持 v_c 大于 v_B，石墨生长为球状。因此，从过冷角度讲，形成片状石墨过冷度小，形成球状石墨过冷度大。但是，当过冷度过大时，$v_B > v_c$，石墨由螺旋位错生长由转换为二维晶核生长，石墨球发生畸变。

对蠕虫状石墨的晶体结构分析表明，蠕虫状石墨是介于片状石墨和球状石墨的一种过渡态形态，因此可以认为，蠕虫状石墨的结晶过冷度也应该是介于二者之间（见图 2-98）。例如，蠕虫状石墨片的长度/厚度比（2~10）小于片状石墨（>50），但远大于球

状石墨（0.8），且在蠕虫状石墨侧面经常出现凹凸不平（见图 2-99a），说明蠕虫状石墨的生长过冷度大于片状石墨，凸起在侧面按照 c 向长大（见图 2-99b）。

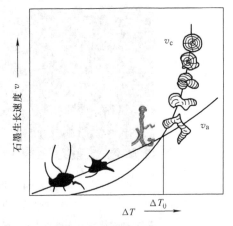

图 2-98　过冷度与石墨形态的关系

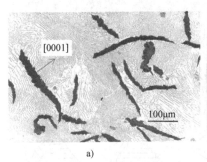
a)

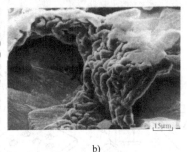
b)

图 2-99　蠕虫状石墨表面形态
a）二维　b）立体

如前所述，共晶过程中蠕虫状石墨的生长方向在 a 向和 c 向之间相互转换，因此 v_c/v_a 的值或大于 1，或者小于 1。表 2-23 列出了过冷度对蠕虫状石墨生长形态及蠕化率的影响。

在一般生产条件下，经过常规的镁蠕化处理后，残余硫的质量分数为 0.008%~0.012%；与球墨铸铁基本相当，蠕墨铸铁的残留镁的质量分数为 0.01%~0.016%。研究表明，残余镁含量越低，铁液中氧的活度越高（见图 2-100）。氧是表面活性元素，优先吸附在石墨螺旋位错口，降低了石墨生长的动力过冷度，石墨沿 a 向生长速度加快，使 v_c/v_a 减小，蠕虫状石墨与奥氏体的共晶倾向于联通式模式，结果是降低了球化率，即提高了蠕化率（见图 2-101），有助于利用石墨化膨胀来降低蠕墨铸铁液的收缩倾向（见图 2-102），减少了铸件缩松缺陷。相反，若在蠕化范围内，蠕化元素含量增加，石墨的结晶过冷度提

高，倾向于隔离式生长模式，蠕化率降低，铸件容易产生缩松缺陷。

2.3.6　亚稳定系共晶转变

当铸铁的化学成分和冷却速度变化时，铸铁的凝固现象也会发生变化，当共晶转变进入亚稳定区域时，原共晶转变时的液相—奥氏体—石墨三相平衡将改变成液相—奥氏体—渗碳体。高碳相将由石墨改变成渗碳体，共晶组织由共晶奥氏体加共晶渗碳体组成，即莱氏体组织。

渗碳体的晶格结构为复杂的正交晶格，各层内的原子以共价键结合，而层间原子则以金属键结合。在 c 轴方向的生长速度要比 a 轴和 b 轴的慢，有沿 [010] 晶向择优生长的特点，因此渗碳体一般也长成片状。在渗碳体的长大过程中，螺旋位错缺陷在新层长大时起到一定的作用，同时杂质元素也会促使层状的渗碳体产生许多分枝。

表 2-23　过冷度对蠕虫状石墨生长形态及蠕化率的影响

| | 减小 ← $\quad\quad$ ΔT $\quad\quad$ → 增大 | | | |
| | 减小 ← $\quad\quad$ v_c/v_a $\quad\quad$ → 增大 | | | |
<<1	<1	1	>1	>>1
片状石墨	蠕虫状石墨			球状石墨
硫氧活度高	w(Mg) 降低，提高 ←	蠕化率 → 降低，w(Mg) 提高		w(Mg) >0.03%
石墨领先奥氏体	联通式生长	混合生长	隔离式生长	奥氏体包围石墨球

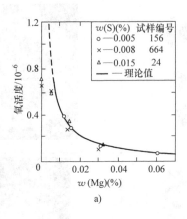

a)

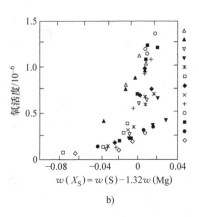

b)

图 2-100　镁和硫对氧活度的影响（1420℃）

a) 镁的作用　b) 硫镁联合作用

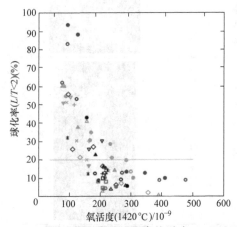

图 2-101　氧活度对球化率的影响（1420℃）

L—Y 型试块的长度　T—Y 型试块的厚度

注：深色点数据 $w(S) < 0.002\%$，其他
数据 $w(S)$ 为 $0.007\% \sim 0.014\%$。

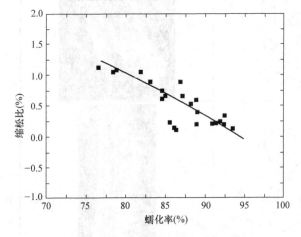

图 2-102　蠕化率对蠕墨铸铁收缩的影响

注：缩松比指缩松体积占试样体积的百分比。

在普通白口铸铁中，莱氏体中的奥氏体和渗碳体以片状协同方式生长，同时在侧向上以奥氏体为分隔晶体的蜂窝结构长大，即共晶渗碳体片的（0001）面是共晶团的基础，排列得很整齐的奥氏体心棒沿 [001] 方向嵌入渗碳体基体，形成蜂窝状共晶团。但在最初，共晶团并不是具有规律的蜂窝结构，而是在渗碳体团之间生长着奥氏体的片状分枝，逐渐地它们便成为杆状。这个转化与共晶结晶前沿的杂质富集有关，所形成的成分过冷非常适宜于凸出部分的长大。由于渗碳体的各向异性结构，不大可能在 [001] 方向有分枝的长大，而奥氏体则可能在垂直于共晶团基面的方向发生分枝。奥氏体的长大使周围液体富碳，促使渗碳体又在奥氏体分枝之间生长，使奥氏体成为被分隔开的晶体，在连续的渗碳体基体中构成蜂窝状的共晶体（见图 2-103）。

普通白口铸铁中的渗碳体共晶组织可以是莱氏体型，也可以是板条状渗碳体（见图 2-104）。一般在过冷较度小的条件下共晶凝固时，形成的组织为莱氏体；如果在过冷度较大条件下凝固，则趋向于形成板条状渗碳体（见图 2-105），此时共晶生长以片状渗碳体和奥氏体呈分离的形式进行，也是一种离异型的共晶组织。值得注意的是，具有这种板条状渗碳体共晶组织的白口铸铁比具有莱氏体共晶组织的白口铸铁有较好的力学性能，特别是冲击韧度。

在铬系白口铸铁中，低铬铸铁中的碳化物是 M_3C 型（正交晶型），呈表面带有规则沟槽的片状，而高铬铸铁中的碳化物呈 M_7C_3 型，具有六方、斜方和菱形三种晶型，外形呈截面为六角形的空心杆状。低合金铬系白口铸铁中的共晶碳化物是 M_3C 型，以连续的片状形式存在；而高铬铸铁中的共晶碳化物在二维状态下呈现出孤立的空心杆状和板条状，但在深腐蚀下，经扫描电镜观察其立体形貌，发现这些孤立的杆和板条在其"根部"仍然是连续的。

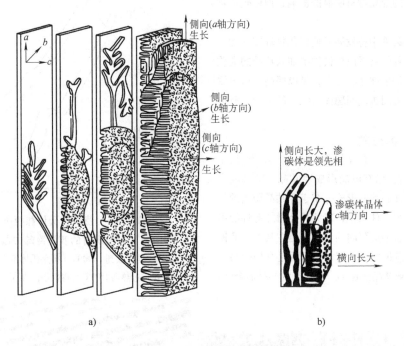

a)　　　　　　　　　　　　　　　　b)

图 2-103　共晶莱氏体生长过程

a）生长过程　b）生长方向

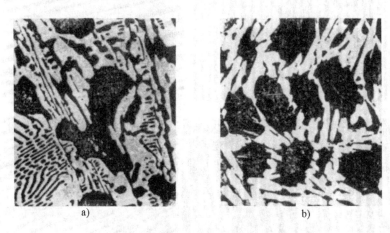

a)　　　　　　　　　　　　　b)

图 2-104　亚共晶白口铸铁中的共晶组织　×100

a）莱氏体组织　b）板条状共晶组织

注：采用质量分数为 4% 苦味酸腐蚀。

如果向低铬白口铸铁中加入稀土元素，当稀土元素的含量达到一定量时，共晶凝固时的领先相由基本上是碳化物变成基本上是奥氏体（见图 2-106a 和图 2-106c）；碳化物由表面平整的板状变为波纹状表面，并带有分枝的结构（见图 2-106b 和图 2-106d）；碳化物的长度变短，宽度变窄；有相当一部分板状碳化物转变成板条状和杆状；同时碳化物有明显的细化，说明稀土元素变质处理对低铬白口铸铁的共晶转变具有明显的影响（见图 2-106），而 $w(Cr)$ 为 20% 的高铬铸铁共晶凝固则与低铬铸铁不同，即使在不含稀土元素的情况下，也主要是奥氏体为领先相。加入稀土元素对共晶生长时的领先相、领先程度及碳化物的形貌没有明显的影响，但使碳化物有所细化。

在铬系白口铸铁中曾发展了使碳化物球团化的工艺，即在一定成分的铬系白口铸铁中加入特殊的变质剂，使共晶碳化物呈球团状分布，借以提高白口铸铁的韧性，但关于凝固机理问题尚无统一的结论，有待于深化。

2.3.7　磷共晶的形成

磷在铸铁中是一个容易偏析的元素。铸铁中 $w(P)$ 为 0.05% 时，已有可能形成磷共晶。磷共晶常以不连续网状或孤岛状的形式分布于原共晶团间的位置。对于大多数铸铁件来说，磷共晶会增加铸件的脆性，被认为是铸铁中应限制的元素，但在某些耐磨铸铁中，则往往有意识地加入磷，其目的是利用磷共晶的耐磨性。二元磷共晶是 α-Fe 与 Fe_3P 的共晶混合物，

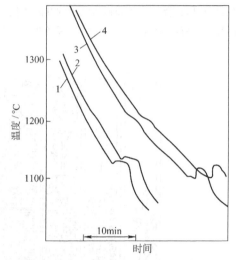

图 2-105　获得莱氏体和板条状共晶组织时的实测冷却曲线

1、2—试样过热到1300℃（得莱氏体组织，见图2-104a）

3、4—试样过热到1500℃（得板条状共晶组织，见图2-104b）

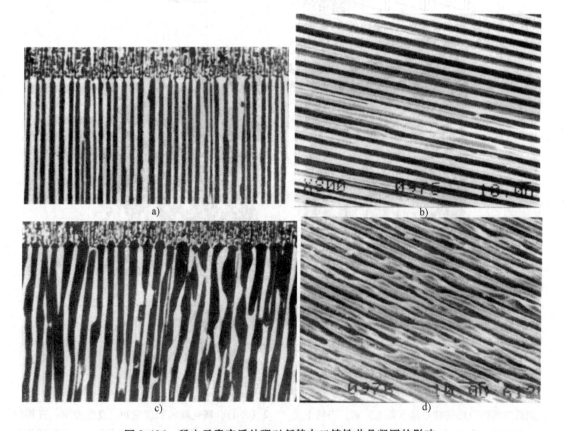

a)　　　　　　　　　　　b)

c)　　　　　　　　　　　d)

图 2-106　稀土元素变质处理对低铬白口铸铁共晶凝固的影响

a) 不含稀土（经退火处理）试样的纵剖面照片　×500

b) 不含稀土试样的 SEM 照片　×650

c) 加入质量分数为0.5%的纯稀土元素（经退火处理）试样的纵剖面照片　×500

d) 加入质量分数为0.5%的纯稀土元素试样的 SEM 照片　×650

注：试验采用的温度梯度为1400℃/cm，凝固速度为5.7mm/h。

硬度为 750 ~ 800HV；三元磷共晶是由 α-Fe + Fe_3P + Fe_3C 组成，硬度为 900 ~ 950HV。由于后者比前者更硬而脆，因而容易从基体上剥落下来，成为磨料，加速零件的磨损，所以铸造工作者一直很关注铸铁中的磷含量与控制三元磷共晶的出现。

对于铸铁中磷共晶的形态、组成、形成过程及其对力学性能的影响，曾做过不少研究，但对某些问题还存在一定的分歧，特别是关于二元磷共晶及三元磷共晶形成机理的看法，而对磷的偏析研究则是为弄清磷共晶形成的首要任务。

对含 $w(C) = 3.1\%$、$w(P) = 0.11\%$ 的灰铸铁件 [$w(Mn) = 0.62\%$、$w(Si) = 2.49\%$、$w(S) = 0.022\%$、$w(Ni) = 0.18\%$、$w(Cr) = 0.42\%$] 中的磷共晶进行了电子探针分析，对分析结果进行了数据处理及修正；同时对磷共晶部位进行了 X 射线面分布扫描分析，发现在整个磷共晶部位有磷、锰、铬的富集，而且磷的分布很不均匀。

表 2-24 列出了磷共晶的电子探针定量分析结果。数据表明，磷的偏析及不均匀性严重。在 $w(P) = 0.11\%$ 灰铸铁的磷共晶中，磷的质量分数可高达 8.23% ~ 11.29%；在有颗粒状的奥氏体转变产物的部位，磷的质量分数要低些，为 8.23%（点 2），在其他部位则高些。磷的偏析系数高达 51.4 ~ 70.6。另外，铬和锰也形成正偏析，富集于磷共晶区内，而硅和镍则是反偏析元素，因而很低（富集于先前形成的奥氏体中）。

表 2-24 磷共晶的电子探针定量分析结果

试测部位	元素含量(质量分数,%)						剩下值 $w(C)(\%)$	磷的偏析系数 $SR^①$
	Fe	Si	Mn	P	Ni	Cr		
点 1	82.91	0.12	1.92	10.54	0.00	2.70	1.81	65.9
点 2	86.09	0.17	1.97	8.23	0.01	2.90	0.63	51.4
点 3	82.95	0.13	1.73	11.29	0.01	2.51	1.39	70.6
珠光体区	95.24	2.11	0.82	0.16	0.09	0.40	1.19	—

① $SR = \dfrac{磷共晶中 w(P)（\%）}{珠光体中 w(P)（\%）}$。

关于二元和三元磷共晶的形成：图 2-107 所示为 Fe-C-P 三元相图的投影图。它是采用直角坐标，以不同比例的方式表示成分的。从图 2-107 可以看出，在平衡条件下，位于 QDR 三角形内的成分将发生三相共晶转变，析出 Fe_3C + Fe_3P + γ 三元磷共晶，三元共晶点为 E_T，温度为 950℃。位于 QFGT 四边形内的成分将发生四相平衡的包晶转变，即 L + α → Fe_3P + γ，析出 Fe_3P + γ 二元磷共晶，包晶点为 T，温度为 1005℃。当成分位于 QDT 三角形内时，将先转变析出二元磷共晶，然后液相成分沿 TE_T 线移动到三元共晶点 E_T，析出三元磷共晶。

以上述铸铁试样为例，它的平衡成分为 $w(C) = 3.1\%$，$w(P) = 0.11\%$，位于 QDR 三角形之外。因此，在平衡条件下，既不能进行三元共晶转变，也不能进行包晶转变。显然，上述试样中的磷共晶是不平衡条件下的产物，是完全由于磷的严重偏析造成的。

表 2-24 中对三点测定的磷含量分别为 $w(P) = 8.23\%$，$w(P) = 10.54\%$，$w(P) = 11.29\%$，而且碳含量都很低，分别为 $w(C) = 1.81\%$，$w(C) = 0.63\%$，

$w(C) = 1.39\%$。因此，实际上最后凝固的这部分铁液的成分已远离平均成分，移到了相图的左下角区。其中，点 2 成分位于 QFGT 四边形内，是包晶转变的结果，此时直接得到二元磷共晶；点 1 及点 3 的成分则位于 QDR 三角形内，将进行三元共晶转变，它的组织将是 γ + Fe_3P + Fe_3C 三元磷共晶。

根据这样的分析，铸铁中的二元磷共晶可在凝固过程中直接析出，而不像有的文献中指出的，认为二元磷共晶是三元磷共晶中的 Fe_3C 分解而形成的。

有文献认为，在普通灰铸铁中，随着化学成分和冷却条件的不同，会形成不同的三元磷共晶。如果铸铁的石墨化能力较强或冷却速度较快，就形成 Fe(C,P) + Fe_3P + 石墨的稳定系三元磷共晶，它在形式上和一般认为的二元磷共晶相似；反之，则形成 Fe(C,P) + Fe_3P + Fe_3C 的亚稳定系三元磷共晶，并且认为在灰铸铁中存在的主要是稳定系三元磷共晶。

二元磷共晶及三元磷共晶显微组织的鉴别方法可参见本卷第 3 章。

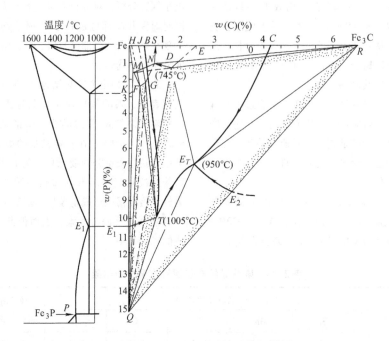

图 2-107　Fe-C-P 三元相图的投影图

2.3.8　连续冷却时铸铁的固态相变

本节介绍奥氏体的共析转变和过冷奥氏体的中、低温转变。

1. 奥氏体的脱碳

对于 Fe-G 二元成分的铸铁，共晶转变后的组织为 $w(C)=2.10\%$（这是指平衡状态的碳含量，其实际生产中奥氏体中的碳含量不一定就是这个数值）的奥氏体加石墨。如果继续冷却，奥氏体中的碳含量将沿 $E'S'$ 线（见图2-1）降低，以二次石墨的形式析出。如果为白口铸铁，由于共晶转变时按亚稳定系转变，则此时一般也按亚稳定系析出二次渗碳体。在固态连续冷却的条件下，析出的高碳相往往不需要重新形核，而只是依附在共晶高碳相上。例如，对于灰铸铁来说，由奥氏体脱碳而析出的二次石墨就堆积在共晶石墨上。

2. 铸铁的共析转变

共析转变属固态相变，由于原子扩散缓慢，其转变速度要比共晶凝固速度低得多，故共析转变经常有较大的过冷度，甚至完全被抑制。

当奥氏体冷却至共析温度以下，并达到一定的过冷度后就开始共析转变。共析转变是决定铸铁基体组织的重要环节。

与共晶转变一样，共析转变也往往按成对长大的方式进行，即两个固相 α 与 Fe_3C 相互协同地从第三个固相长大（见图2-108）。成对相的组织通常由交替的 α 和 Fe_3C 片组成，而且一般在 α 与 Fe_3C 晶体之间的公共界面上存在着择优的位向关系。

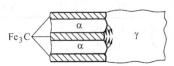

图 2-108　珠光体长大时碳的扩散

由铁素体和渗碳体片交替组成的共析组织称为珠光体。因此，以下主要讨论珠光体的形成过程。

（1）形态　普遍地观察到珠光体组织在母相（γ 相）的界面上形核，并以球团状晶粒向母相内长大，如图2-109a所示。每个珠光体团由多个结构单元组成，在这些结构单元内，大部分片层是平行的。这些结构单元一般称为珠光体领域（见图2-109b）。通常观察到的珠光体团只向相邻晶粒中的一个晶粒内长大（见图2-109a）。

共析组织除层片状结构外，也有如粒状珠光体这样的例外结构。

（2）形核　在铸铁中究竟哪个相先析出成为珠光体的核心，未见确切报道。从铸铁实际情况出发，当达到共析温度后，铸铁中除奥氏体外还有石墨（灰铸铁）或共晶渗碳体（白口铸铁）两种情况，因此在不同情况下可能也会有不同的相先析出。例如，对于白口铸铁，共析转变时先由 Fe_3C 领先析出；对于灰铸铁，则先是奥氏体中碳的脱溶，然后析出铁素体，进而进入共析阶段。这可由石墨边上经常有一薄层铁素体，以及 D 型石墨铸铁往往易得大量铁素体基体而得到间接的证实。

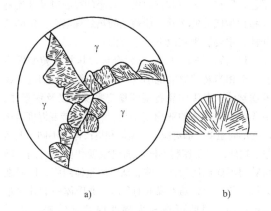

图 2-109　珠光体长大

a) 珠光体团由晶界向奥氏体晶内长大

b) 含有三个领域的一个珠光体球团

共析转变常在奥氏体的界面或奥氏体—石墨界面上形核，先析出的领先相和奥氏体之间有一定的晶体学位向关系。一个相形成后，其邻近的奥氏体中碳的含量将发生改变，引起碳原子的界面扩散，为第二相的析出创造了条件。由于铁素体和渗碳体存在着晶体学位向关系，因而认为珠光体转变时这种形核方式是可信的。

（3）长大　一旦渗碳体或铁素体从奥氏体界面上并向奥氏体相内生成后，就开始长大。在渗碳体或铁素体同时生长的过程中，各自的前沿和侧面分别有铁和碳的富集。在生长前沿产生溶质元素的交替扩散，使晶体生长，生长时不但有向前生长，而且有通过搭桥或分枝的方式沿其侧面交替地生长，形成新片层，最后形成团状共析领域。在一个共析领域中，所有铁素体和渗碳体片分别属于两个彼此穿插的、有一定位向关系的单晶体。

共析转变时还有一个特点，即先析出的领先相虽然长自与晶核有位向关系的某个奥氏体晶体，却长入与它们无特定位向关系的另一个奥氏体晶粒中（见图 2-109a）。

共析转变产物层片间距与转变温度有关，转变温度越低，层片间距越小，转变产物就会由粗片状的珠光体逐渐过渡到细片状珠光体（索氏体）及极细片状珠光体（托氏体）。

共析转变的速率也随转变温度的不同而改变，过冷度增大会使共析领域长大加快，但是扩散系数却随温度的下降而减小，所以共析转变的速率并不随温度的下降而单纯地加快，低于一定温度后就转为减慢，故其等温转变曲线具有 C 形曲线的特征。

在一般成分的或低合金灰铸铁中，共析转变主要是珠光体转变，但在蠕墨铸铁、D 型石墨灰铸铁以及铸态铁素体球墨铸铁中的共析转变则有其自己的特点，其中一个共同而主要的原因是其共晶石墨的特点（分枝频繁、细化石墨量较多、石墨球较细等），影响共析转化过程。由于石墨密集，奥氏体中的碳极易脱溶而堆积到共晶石墨上，而奥氏体中的碳扩散出去后就很容易在奥氏体或奥氏体—石墨的界面上析出铁素体的核心，随着过程的进行，不断析出石墨及铁素体，使最后的基体成为铁素体为主的组织。这些铸铁大多数都有硅含量较高、锰含量较低的特点。因此，共析转变的平衡温度较高，更有利于扩散过程的进行，因而更容易得到以铁素体为主的铸铁。在此可得出一个重要启示，如要得到铁素体基体的组织，除了调整化学成分外，还必须把主要的注意力集中在控制石墨的参数上，灰铸铁如此，球墨铸铁也是如此。

3. 过冷奥氏体的中温及低温转变

借鉴于钢的热处理原理，如果把铸铁加热到奥氏体区温度，然后以较快的速度进行连续冷却或等温冷却，也可得到不同基体的铸铁。

例如，把奥氏体化后的铸铁（加热、保温后）快冷至 450 ~ 250℃ 范围，并在此温度区进行较长时间的保温，使过冷奥氏体进行等温分解，则其转变产物为贝氏体组织，是由碳含量过多的铁素体和极细小的渗碳体混合而成的。贝氏体比珠光体具有更高的强度和硬度。

过冷至 350 ~ 450℃ 之间（实际应用中以不超过 400℃ 为宜）转变而得到的组织为上贝氏体，过去几年所称的某些奥-贝球墨铸铁，实际上即属上贝氏体类型；过冷至 250 ~ 350℃ 之间转变而得到的组织称为下贝氏体。我国曾研制过经等温淬火的贝氏体球墨铸铁齿轮，这种铸铁的基体即属下贝氏体类型。

但近代的研究得出，如果把奥氏体化（加热保温一定时间后，这时奥氏体中含有饱和碳量）的球墨铸铁，以很快的冷却速度冷至贝氏体的转变温度区间，并在此温度范围内保温一定时间，在此过程中，含有饱和碳量的奥氏体组织分解成由针状或片状铁素体与稳定的高碳奥氏体组成的均质奥铁体，而得到目前所说的 ADI（等温淬火球墨铸铁），奥铁体反应在贝氏体形成以前终止（认为一旦形成贝氏体，对 ADI 的性能不利）。这种 ADI 在性能上区别于以上所说的上贝氏体或下贝氏体球墨铸铁，有其自己的特点，可详见本卷第 5 章。

如果把加热至奥氏体化后的铸铁以很快的冷却速度过冷到 230℃ 以下，则进行无扩散转变而生成马氏体，实质上是碳过饱和的 α 固溶体。马氏体是一种不稳定组织，它具有较高的硬度、很差的塑性和韧性。马氏体可通过不同温度的回火而得到回火马氏体、回火托氏体或回火索氏体，从而得到不同性能的铸铁。

2.3.9　铸铁的热处理原理

虽然各种铸铁都可以通过热处理改变组织，从而达到改变性能的目的，但除了特殊情况以外，为节省能源及简化工序，目前一般性的热处理工序都已基本上取消了，而直接通过工艺手段在铸态就得到相应的组织。

热处理是利用加热和冷却的方法，有目的地改变铸铁的基体组织，从而使其具有与所获得组织相应的性能，以满足某一工作条件的需要。因此，铸铁生产除适当地选择化学成分以得到一定的组织外，热处理是可以用作调整和改进基体组织以提高铸铁性能的一种途径。

1. 铸铁的金相学特点

铸铁的热处理和钢的热处理有相同之处，也有不同之处。在热处理方法上，铸铁可以仿照钢的热处理工艺，但在工艺参数方面由于石墨的存在以及金属基体和化学成分的差异，使铸铁的热处理具有一定的特殊性，主要表现在以下几个方面：

1) 铸铁是 Fe-C-Si 三元合金，其共析转变发生在一个相当宽的温度范围内，在这个温度范围内存在着铁素体、奥氏体和石墨的稳定平衡，以及铁素体、奥氏体和渗碳体的亚稳态平衡。在共析转变温度范围内的不同温度，都对应着铁素体和奥氏体的不同平衡数量。这样，只要控制不同的加热温度和保温时间，就可获得不同比例的铁素体和珠光体基体组织；同时在共析三相区内，随着温度的升高，奥氏体中的碳含量逐渐增加，因此可在较大幅度内调整铸铁的力学性能。

表 2-25 列出了各种铸铁共析转变临界温度范围的参考数据。

表 2-25　各种铸铁共析转变临界温度范围的参考数据

铸铁类别	化学成分(质量分数,%)									临界温度/℃			
	C	Si	Mn	P	S	Cu	Mo	Mg	Ce	Ac_1 下限	Ac_1 上限	Ar_1 上限	Ar_1 下限
灰铸铁	3.15	2.2	0.67	0.24	0.11	—	—	—	—	770	830		
灰铸铁	2.83	2.17	0.50	0.13	0.09	—	—	—	—	775	830	765	723
合金灰铸铁	2.86	2.27	0.50	0.14	0.09	Cr0.7	Ni1.7	—	—	770	825	750	700
合金灰铸铁	2.85	2.24	0.45	0.13	0.10	Ni2.3	0.90	—	—	780	830	725	625
合金灰铸铁	2.85	2.25	0.55	0.13	0.09	3.00	—	—	—	770	825	725	680
可锻铸铁	2.60	1.13	0.43	0.178	0.163	—	—	—	—			768	721
可锻铸铁	2.35	1.31	0.43	0.134	0.170	—	—	—	—			785	732
球墨铸铁	3.80	2.42	0.62	0.08	0.033	—	—	0.041	0.035	765	820	785	720
球墨铸铁	3.80	3.84	0.62	0.08	0.033	—	—	0.041	0.035	795	920	860	750
球墨铸铁	3.86	2.66	0.92	0.073	0.036	—	—	0.05	0.04	755	815	765	675
合金球墨铸铁	3.50	2.90	0.265	0.08	—	0.62	0.194	0.039	0.038	790	840	—	—
合金球墨铸铁	3.40	2.65	0.63	0.063	0.0124	1.70	0.20	0.037	0.053	785	835	—	—

铸铁加热时的共析转变临界温度以 Ac_1 表示，冷却时则以 Ar_1 表示。由于相变的滞后现象，Ac_1 值总是高于 Ar_1 值。

铸铁共析转变的临界温度范围不仅受化学成分的影响，而且与加热速度和冷却速度有关。

随着硅含量的增加，铸铁的共析临界温度逐渐升高，并扩大临界温度范围（三相区）。图 2-110 所示为用金相法（辅以硬度测定）测定的硅对稀土镁球墨铸铁共析临界温度的影响。

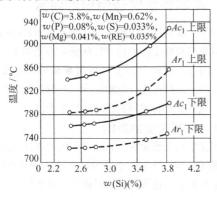

**图 2-110 硅对稀土镁球墨铸铁
共析临界温度的影响**

加热和冷却速度对铸铁共析临界温度的影响表现为：加热速度越快，Ac_1 的上下限位置越高；增加铸铁的冷却速度，则降低 Ar_1 上下限的位置。

2）与钢不同，铸铁的最大特点是有石墨（白口铁除外），石墨在热处理过程中要参与相组织的变化过程。在加热过程中，奥氏体中碳的平衡含量要增加，碳原子从石墨向基体扩散；冷却时，奥氏体中碳的平衡含量降低，多余的碳要析出，则碳原子又会从基体向石墨沉积。因此，在铸铁热处理中，石墨就是碳的"集散地"。如果控制热处理的温度及保温时间，就可控制奥氏体中碳含量的高低；冷却以后，奥氏体分解产物的碳含量不同，就可能得到不同组织和不同性能的铸铁。

3）铸铁的杂质含量较钢为高，一次结晶时形成的石墨—奥氏体共晶团组织，有较严重的成分偏析，晶内硅含量高，晶界处则锰、磷、硫含量高。这种成分上的偏析，使铸铁热处理的相变过程也有它自己的特点。

4）热处理基本上不能改变石墨的形状和分布的特征，因而铸铁热处理的效果与存在于铸铁基体中的石墨形态有密切关系。对于灰铸铁而言，热处理有一定的局限性。球墨铸铁中的石墨呈球状，削弱基体作用最小，因而凡能改变金属基体的各种热处理方法，对于球墨铸铁件都非常有效。

铸铁的这些金相学特点和相变规律是铸铁热处理工艺的基础，广大的铸造工作者必须重视。

2. 加热时铸铁组织的转变

铸铁在临界温度以下加热时，发生共析渗碳体的粒化和石墨化。加热温度越高，粒化过程越快。但亚稳定的渗碳体在一定条件下（如有足够的温度和时间），要分解为它的稳定组织——石墨和铁素体。

铸铁中存在的碳、硅、锰、磷等元素对渗碳体的粒化和石墨化过程有不同的影响。锰是稳定碳化物的元素，它有利于珠光体的粒化，而其他元素则有利于共析渗碳体的分解。铸铁中通常总是硅高锰低，因此石墨化作用总是比粒化作用强烈。如果要获得粒状珠光体组织的铸铁，则要适当提高锰含量 [$w(Mn)$ 为 $1.0\% \sim 1.2\%$]，降低硅含量。

凝固过程中总有成分偏析，一般在石墨周围硅含量较高而锰含量较低，容易石墨化，而在共晶团晶界处则锰含量高，硅含量低，故在该处的珠光体容易粒化。

当加热到临界温度范围以内时，就会发生珠光体转变成奥氏体，或者铁素体加石墨转变成奥氏体的相变。由于化学成分的偏析，晶界的临界温度比晶内低，因而奥氏体的晶核首先在晶界处形成。以球墨铸铁为例，其基体中通常同时存在有珠光体和铁素体。当由珠光体转变成奥氏体时，奥氏体晶核长大所需的碳由珠光体中的渗碳体分解供应，因而奥氏体的长大极快；而由铁素体转变成奥氏体时，奥氏体晶核长大所需的碳则由石墨供应，碳需经较远的距离由石墨扩散到共晶团晶界处奥氏体结晶前沿。由于晶界处的晶体缺陷较多，碳原子优先沿晶界扩散，所以奥氏体首先沿晶界长大。随着温度的升高，奥氏体晶粒占据了晶界，然后奥氏体以有利于获得碳原子的角度和方向向铁素体晶粒内生长，形成以石墨为中心的放射状分布，并将铁素体分割。

由此可见，在临界温度范围内，铁素体、奥氏体和石墨三相共存。随着加热温度的升高，奥氏体增加而铁素体减少，在某一温度达到平衡后，奥氏体与铁素体的数量有一定的比例。除非温度改变，继续增加保温时间，比例是不会改变的。

当加热温度高于 Ac_1 上限时，铁素体消失，全部转变成奥氏体。温度继续升高，石墨中的碳不断地溶入奥氏体中，奥氏体中的碳浓度随温度的升高而增加，同时也促使奥氏体晶粒的长大。

当铸铁组织中含有自由渗碳体时，在高温时则会发生分解。此过程进行的速度主要决定于碳的扩散速度，因此随着温度的升高，自由渗碳体的分解速度急剧增加。化学成分对渗碳体的分解速度有较大的影响，碳、硅、铝、镍等元素加速渗碳体的分解，而铬、钼、钨、锰、硫等元素则降低渗碳体的分解速度。

3. 冷却时铸铁组织的转变

铸铁加热至奥氏体区域并经一定时间的保温即可进行冷却，随着冷却速度的不同，可能发生共析转变、奥铁体转变、贝氏体转变和马氏体转变。冷却时的组织转变可以用奥氏体等温转变图来分析。

图 2-111 所示为某厂测定的球墨铸铁奥氏体等温转变图。该球墨铸铁的化学成分（质量分数）为：C 3.5%，Si 2.05%，Mn 0.75%，S 0.023%，P 0.059%，Mg 0.047%，RE 0.034%。

由图 2-111 可知，球墨铸铁的等温转变曲线有两个奥氏体不稳定区，一个在 600℃ 左右，一个在 400℃ 左右。

奥氏体在临界温度以上冷却时，奥氏体内的碳含量降低，其平衡碳含量由 Fe-C 相图中 $E'S'$ 线决定。析出的碳沉积在邻近的石墨上，或者以网状渗碳体的形式析出在晶界上。

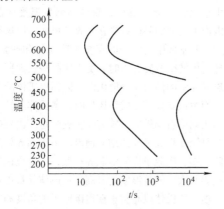

图 2-111　球墨铸铁的奥氏体等温转变图

当冷却到 Ar_1 时，奥氏体就不稳定，便要发生分解，其转变形式和分解产物取决于冷却速度、奥氏体中的化学成分以及转变温度的高低，如发生共析转变、奥铁体转变、贝氏体转变或马氏体转变。前者将分解成铁素体 + 石墨、铁素体 + 珠光体 + 石墨或珠光体 + 石墨。如果奥氏体稳定性较高，过冷到 500℃ 以下（但在马氏体转变温度以上温度）时，根据等温时间长短，则发生贝氏体转变或奥铁体转变。如果把奥氏体迅速冷却到 Ms 点以下时，部分奥氏体立即以极快的速度转变成马氏体，这是一种无扩散型转变。温度继续下降，奥氏体继续转变为马氏体，当温度下降到 Mf 点时，马氏体转变立即停止。马氏体转变开始及转变终了的温度（即 Ms 及 Mf）越低，则残留奥氏体的数量就越多。因此，Ms 及 Mf 点的位置（即温度）的高低，对生产实际非常重要。奥氏体的化学成分对 Ms 及 Mf 点的影响很大，增加奥氏体中的碳、锰、钼、铬等元素，都会使 Ms 点显著下降，尤其以碳、锰影响最大；硅使奥氏体中的碳含量降低，从而间接地提高了 Ms 点。

2.4　影响铸铁铸态组织的因素

对于一般铸铁的组织来说，共晶凝固时的石墨化问题以及共析转变时的珠光体转化环节是两个关键性问题。对于上述两个环节产生重要影响的主要因素有：铸件的冷却速度；化学成分；与形核能力有关的因素；气体；炉料特征和铁液的纯净程度。

2.4.1　冷却速度的影响

当化学成分选定以后，通过改变铸铁共晶阶段的冷却速度，可在很大的范围内改变铸铁的铸态组织，可以是灰铸铁，也可以是白口铸铁；其次取决于共析转变时的冷却速度，共析转化的产物也会有很大的变化，可从很细的片状珠光体到粗片珠光体、珠光体加铁素体，一直到全部为铁素体的基体。图 2-112 所示为冷却速度对铸铁凝固组织的影响。图中 T_{EG} 相当于稳定系的平衡共晶温度，T_{EC} 相当于形成莱氏体共晶的亚稳定系共晶温度。随着冷却速度的加快，铁液的过冷度增大（见图 2-112a→图 2-112d）共晶平台离莱氏体共晶线的距离越来越近，说明铸铁的白口倾向越来越大。如果共晶过冷温度低于莱氏体共晶线，或者最后的凝固部分进入亚稳定区凝固，则铸件最后的组织中将出现自由状态的共晶渗碳体。假如再考虑偏析因素，形成碳化物的元素在残留铁液中有富集，硅含量则较低，因而使形成莱氏体的共晶温度升高，以致在共晶团边界处形成碳化物的倾向更为增大（见图 2-113、图 2-114）。

在实际生产中，冷却速度的影响常常通过铸件壁厚、铸型条件以及浇注温度等因素体现出来。

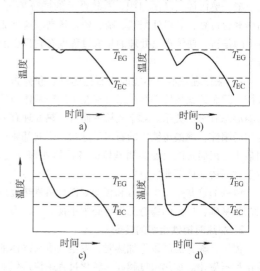

**图 2-112　冷却速度对铸铁凝固
组织的影响**

当其他条件相同时，铸件越厚，冷却速度越慢。因此，灰铸铁件厚壁处容易出现粗大的石墨片，球墨铸铁件则会出现球径很大的石墨球；在共析转变时则有转变成铁素体的倾向。如果铸件厚度逐渐变薄，由于冷却速度相应加快，可以形成较细的石墨片，此时在共析转变时大多呈珠光体基体；铸件继续变薄至一定程度，过冷度加大，则会出现过冷石墨（D、E型石墨），共析转变时则会出现大量铁素体，致使强度、硬度降低。如果继续减薄，则会进入亚稳定系凝固而出现共晶渗碳体。因此，灰铸铁的力学性能随铸件的壁厚改变而变化（参阅第4章）。

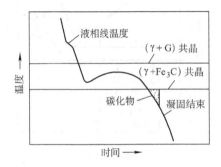

图 2-113 形成晶间碳化物

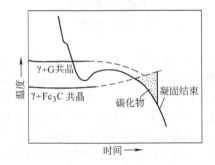

图 2-114 有偏析元素存在时形成晶间碳化物的倾向增大

铸件的几何形状比较复杂，壁厚差别也较大，很难简单地用一个壁厚来进行分析比较。因此，根据传热学原理，在铸件工艺设计中提出了"铸件模数 M"的概念：

$$M = \frac{V}{S}$$

式中 V——铸件体积；

S——铸件表面积。

M 值表示单位面积占有的体积量，M 值的大小在一定程度上体现了铸件的散热能力。M 值越大，冷却速度越小；反之冷却速度越大。

不同的铸型材料具有不同的导热能力，能形成不同的冷却速度。干砂型导热较慢，湿砂型导热较快，金属型更快，石墨型最快。对于铸铁件来说，与金属型接触的表面往往由于激冷而易形成白口。表2-26列出了铸铁件在不同铸型中的平均冷却速度。因此，在设计铸铁成分时必须考虑到所用的铸型材料；反之，也可以运用各种导热能力不同的造型材料来调整铸件各处的冷却速度，如用冷铁加快局部厚壁部分的冷却速度，用热导率低的造型材料减缓某些薄壁部分的冷却速度以获得所需的组织。

表 2-26 铸铁件在不同铸型中的平均冷却速度

试样直径/mm	铸件平均冷却速度/(℃/min)		
	湿砂型	干砂型	预热砂型（200~400℃）
30	20.5	12.0	9.1
300	1.7	1.2	0.5

浇注温度对铸件的冷却速度略有影响，如提高浇注温度，则在铁液凝固前将型腔加热到较高温度，降低了在凝固及共析阶段铸铁通过型壁向外散热的能力（见图2-115），所以延缓了铸件在共晶凝固及共析转变时的冷却速度，既可促进共晶阶段的石墨化，又可促进共析阶段的石墨化。因此，提高浇注温度可稍使石墨粗化。实际上，浇注温度可供调节的幅度并不大，因此在实际生产中，很少采用通过控制浇注温度来调控铸铁组织的工艺措施。要注意，浇注温度和铁液的过热温度是两个不同的概念，不能混为一谈。

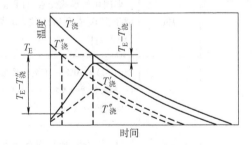

图 2-115 在不同浇注温度时的铸件冷却及铸型受热情况

$T_浇$—浇注温度 T_E—铸件共晶凝固温度

2.4.2 化学成分的影响

普通铸铁中主要有碳、硅、锰、磷、硫五元素，其中，碳、硅是最基本的元素；锰含量一般较低，影响不大；磷、硫常被看作是有害杂质，因此常加以限制。但在耐磨铸铁中，有时加入一定量的磷。其实除五元素外，在所有的铸铁中均含有少量的氮、氢、氧，许多铸铁中还含有微量的钒、钛、铝、铋、锑、砷、锡、锌等元素，这些元素若不是有意加入的，也被认为是杂质。为了改善铸铁的某些性能，常加入一些合金元素，如超过常量的硅、锰、磷以及一定量的铜、铬、钨、钼、镍、钒、钛、硼、铝、锡、锑等元素。可见，工业上的铸铁实际上是一种以铁、碳、硅为基础的十分复杂的多元合金，其中每个元素对铸铁的凝固结晶、组织和性能均有一定的影响和作用。

1. 各元素在铸铁中存在的状态

在平衡条件下，各元素在铸铁中存在的状态见表2-27。

表 2-27 各元素在铸铁中存在的状态

	Si	全溶于奥氏体或铁素体中
1）固溶于基体中	Mn、Ni、Co	可全溶于奥氏体
	P、S	在奥氏体中溶解度极低
	Al	$w(Al) < 8\% \sim 9\%$ 及 $w(Al) = 20\% \sim 24\%$ 时，可进入固溶体，可促进石墨化
2）组成碳化物	V、Zr、Nb、Ti	强碳化物形成元素，形成各自的碳化物
	Cr、Mo、W	中强碳化物形成元素，大部分溶入渗碳体，形成$(FeCr)_3C$、$(FeW)_6C$等复合碳化物
	Mn	弱碳化物形成元素，分别溶解于奥氏体及碳化物，形成$(FeMn)_3C$
	Al	$w(Al) = 10\% \sim 20\%$时形成$Fe_3AlC_x(x \approx 0.65)$；$w(Al) > 24\%$时形成$Al_4C_3$
3）形成硫化物、氧化物及氮化物等夹杂物	S	形成FeS、MnS、MgS、FeS-MnS、FeS-Fe等
	V、Ti、Ca、Mg等	形成各自的硫化物、氧化物和氮化物
	P	形成Fe_3P，组成磷共晶
4）纯金属相	Cu、Pb	超过溶解度后，以微粒状态存在于基体中

2. 常见元素对铁-碳相图上共晶温度的影响

表2-5及表2-6列出了常见合金元素在一般含量范围内时对相图上各相变临界点位置的影响及数据。

图2-116所示为常见合金元素对Fe-G、Fe-Fe₃C相图中共晶温度的影响。值得注意的是，某些元素对稳定系及亚稳定系中共晶温度的影响，不但程度不同，而且方向相反，如图2-117中的铬、镍和硅便有这样的作用。

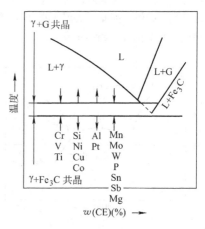

图 2-116 常见合金元素对 Fe-G、Fe-Fe₃C 相图中共晶温度的影响

↑表示提高 ↓表示下降

由图2-117可见，镍、硅含量的增加扩大了两个系统的共晶温度间隔，铬和硫则缩小了此温度间隔。由于在此温度间隔内，只可能按稳定系进行共晶转变，析出石墨—奥氏体共晶，不可能析出渗碳体，故凡扩大这一间隔的元素，如镍、硅等将促进共晶转变时析出石墨。相反，缩小这一温度间隔的元素，如铬、硫等将阻止石墨的析出，促使共晶转变按亚稳定系进行。

3. 化学成分对石墨化作用的影响

各元素对铸铁石墨化能力的影响见表2-28。各元素对石墨形状、分布的影响则是：C、Si增加能使石墨粗化，在一定限度前降低C、Si含量能使石墨细化，但降得很低时则有促成D、E型石墨分布的倾向。Cu、Ni、Mo、Mn、Cr、Sn等元素能细化石墨，加入Mg及RE则可使石墨呈球状。

实际上，各元素对铸铁的石墨化能力的影响更为复杂，其影响与各元素本身的含量以及是否与其他元素发生作用有关，如Ti、Zr、B、Ce、Mg等都阻碍石墨化，但如其含量极低时，如$w(B、Ce) < 0.01\%$、$w(Ti) < 0.08$，它们又表现出有促进石墨化的作用。

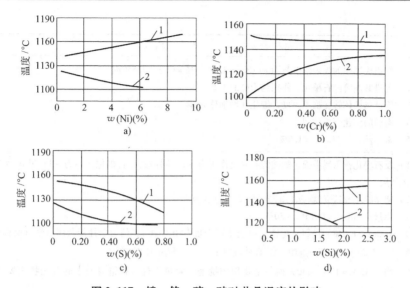

图 2-117　镍、铬、硫、硅对共晶温度的影响

a) Ni 的影响　b) Cr 的影响　c) S 的影响　d) Si 的影响

1—稳定系　2—亚稳定系

表 2-28　各元素对铸铁石墨化能力的影响

元素组别	元　素	共晶转变期间	共晶共析温度之间	共析转变期间
1	C、Si、Al	+	+	+
2	Mn、S、Mo、Cr、V、H、N、Te、Sb	-	-	-
3	P、Ni、Cu、As、Sn	+ 或 0	+ 或 0	-
4	Mg、Ce	-	0 或弱	0 或弱
5	Bi	-	0	0

注：+ 为促进石墨化，- 为阻碍石墨化，0 为无影响。

4. 各元素对金属基体的影响

各元素对基体的影响主要表现在对铁素体和珠光体的相对数量和珠光体弥散度的变化上。

某些合金元素加入量多时，由于奥氏体的稳定性大为提高，可抑制珠光体转变而出现奥氏体的中温或低温转变产物，甚至保留奥氏体至室温而成为奥氏体铸铁。

合金元素对金属基体的影响见表 2-29。

表 2-29　合金元素对金属基体的影响

条　件	基体变化情况
C、Si、Al 增高	铁素体增加
Mn、Cr、Cu、Ni、Sn、Sb（一定量内）	珠光体增加并细化
Mo	珠光体细化
提高 Cu、Ni、Mo 量	可出现中温转变产物—贝氏体
$w(Mn) = 5\% \sim 7\%$	形成马氏体
高 Mn、高 Ni	形成奥氏体

5. 常用合金元素的具体作用

从对共晶凝固时的石墨化作用，对临界转变温度、奥氏体的稳定性、能否细化珠光体或出现其他组织，以及各元素在铸铁中的常用含量等各方面进行分析，将各元素的具体作用汇总于表 2-30。

表 2-30　各合金元素在铸铁中的具体作用

合金元素	作　用
Ni（镍）	1）溶于液相及奥氏体 2）共晶期间促进石墨化，其作用相当于 Si 的 1/3 3）降低奥氏体转变温度，扩大奥氏体区，能细化并增加珠光体 4）$w(Ni) < 3.0\%$，珠光体型，可提高强度，主要用作结构材料；$w(Ni) = 3\% \sim 8\%$，马氏体型，主要用作抗磨材料；$w(Ni) > 12\%$，奥氏体型，对石墨粗细影响较小，主要用作耐蚀材料、无磁性材料等

（续）

合金元素	作　　用
Cu（铜）	1）在奥氏体中的极限溶解量为 $w(Cu)=3.5\%$ ［当 $w(C)=3.5\%$ 时］ 2）促进共晶阶段石墨化，作用约为硅的 1/5 3）降低奥氏体转变临界温度，细化并增加珠光体 4）有弱的细化石墨作用 5）常用量，w（Cu）$<1.0\%$
Cr（铬）	1）反石墨化作用属中强，如硅的石墨化作用为 +1，则铬的反石墨化作用为 -1；共析转变时，起稳定珠光体作用 2）铬是缩小 γ 区元素，$w(Cr)=20\%$ 时，γ 区消失 3）用量，$w(Cr)=0.15\%\sim30\%$ 4）$w(Cr)<1.0\%$，仍属灰铸铁（可能出现少量自由 Fe_3C），但力学性能及耐热性有所提高。当 $w(Cr)=2.0\%\sim3.0\%$ 时产生白口组织，Fe_3C 变成 $(FeCr)_3C$，即 M_3C 型 5）当 $w(Cr)=10\%\sim30\%$ 时，主要用作抗磨、耐热零件，高铬铸铁中的碳化物主要为 $(FeCr)_7C_3$ 即 M_7C_3 型 6）高铬时，由于在铸件表面会形成铬氧化膜，可以防止或阻碍铸铁进一步氧化，提高耐热性
Mo（钼）	1）当 $w(Mo)<0.6\%$ 时，稳定碳化物的作用比较温和，主要作用在于细化珠光体，也能细化石墨 2）当 $w(Mo)<0.8\%$ 时，对铸铁的强化作用较大 3）用 Mo 合金化时，磷含量一定要低，否则形成 P-Mo 四元共晶，增加脆性 4）当 $w(Mo)>1\%$，达到 $w(Mo)=1.8\%\sim2.0\%$ 时，可抑制珠光体的转变，形成针状基体 5）Mo 能使 C 曲线右移，并有使之形成 2 个"鼻子"的作用，故容易获得贝氏体
W（钨）	1）属稳定碳化物元素，作用与钼相似，但较弱 2）能使 C 曲线右移，提高淬透性，但作用较钼弱
Mn（锰）	1）可分别溶于基体及碳化物中，既强化基体，又增加碳化物 $(FeMn)_3C$ 的弥散度和稳定性 2）降低 A_1 温度，促使形成细珠光体、索氏体，甚至马氏体 3）使 C 曲线右移，同时使 Ms 点下降 4）$w(Mn)>7\%$ 时可获得奥氏体基体
V（钒）	1）强烈形成碳化物，如 VC、V_2C、V_4C_3 等，具有极高的硬度（VC 为 2800HV） 2）能细化石墨，有促进形成珠光体的作用 3）也有增加珠光体高温稳定性的作用 4）因价格昂贵，很少单独使用
Ti（钛）	1）也能形成碳化物，与碳氮亲和力极强 2）Ti 的碳化物具有极高的硬度（TiC 为 3200HV） 3）其碳化物、氮化物常以细颗粒（方形、多边形）存在于铸铁中，可提高耐磨性 4）有强化铁素体的效果

图 2-118 所示为合金元素因数图。此图可用来确定将非合金铸铁［基础成分为 $w(C)=3.0\%$、$w(Si)=2.0\%$、$w(Mn)=0.7\%$］提高至所需强度而需要的合金元素的大概用量（仅从强化效果考虑）。在考虑多种合金元素联合使用时，也可予以适当参考。

6. 常见微量元素的影响（见表 2-31）

锡、锑、铋、铅、锌等元素在含量很低的情况下，就能显著影响铁液的特性（如黏度、表面张力等）以及凝固后的组织特性（如基体及石墨）。它们对铸铁组织的影响有两重性，有其有害的一面，有时也有可以利用的一面，因此有必要全面估计它们对铸铁的影响和作用。

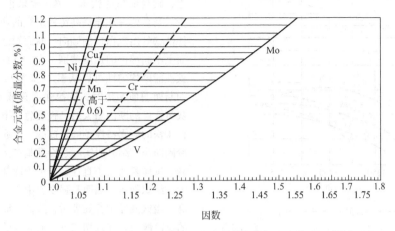

图 2-118　合金元素因数图

（因数为提高强度性能的比例数字）

表 2-31　常见微量元素对铁液特性和凝固后组织特性的影响

Sn（锡）	1）为增加珠光体量而加入，一般用量为 $w(Sn)=0.1\%$，可提高铸铁强度；$w(Sn)>0.1\%$ 时有可能使铸铁出现脆性和反球化作用 2）共晶团边界易形成 $FeSn_2$ 的偏析化合物，因此有韧性要求时，应注意锡含量的控制
Sb（锑）	1）强烈促进形成珠光体 2）当 $w(Sb)=0.002\%\sim0.01\%$ 时，对球墨铸铁有使石墨球细化的作用，尤其对大断面球墨铸铁件有效 3）干扰球化的作用，可用稀土元素中和 4）灰铸铁中的加入量为 $w(Sb)<0.02\%$；球墨铸铁中的适宜加入量为 $w(Sb)=0.002\%\sim0.010\%$
Bi（铋）	1）球墨铸铁中加铋能很有效地细化石墨球 2）大断面球墨铸铁件中加铋能防止石墨畸变，阻止碎块状石墨的形成 3）干扰球化的作用，可用稀土元素中和
Pb（铅）	1）少量铅可在灰铸铁中出现魏氏组织石墨，严重降低强度，因而认为铅对灰铸铁总是有害元素 2）在球墨铸铁中，可加 $w(Pb)=0.003\%$，以消除大断面球墨铸铁件中的碎块状石墨 3）有干扰球化作用，可用稀土元素中和
Zn（锌）	1）灰铸铁中加入 $w(Zn)=0.3\%$，能去氧，使氧含量降低到原有量的 1/3 2）细化石墨，增加化合碳量，白口倾向有所增长，强度、硬度有提高趋势，允许的加入量为 $w(Zn)=0.1\%\sim0.3\%$ 3）可能生成 Fe_3ZnC 复合碳化物

2.4.3　铁液的过热和高温静置的影响

在一定范围内提高铁液的过热温度，延长高温静置的时间，能使铁液净化，因而能使铸铁中石墨及基体组织的细化，提高铸铁强度；进一步提高过热温度，铸铁的形核能力下降，因而使石墨形态变差，白口倾向增大，甚至出现少量自由渗碳体，使强度性能反而下降（见图 2-119），因而存在一个"临界温度"。

临界温度的高低，主要取决于铁液的化学成分及铸件的冷却速度。所有促进过冷度增大的因素（如碳、硅低，冷却速度快，形核能力差等），都能使临界温度向低温方向移动。一般认为，普通灰铸铁的临界温度为 $1500\sim1550$℃，所以在此限度以下总希望出铁温度高些。

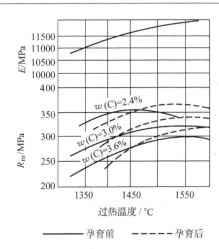

图 2-119　过热温度对铸铁力学性能的影响

经高温过热的铁液如在较低温度下静置相当时间，过热效果便会局部或全部消失，这便是过热效果的可逆现象。其原因可能是在较低温度下静置时重新又形成大量非均质晶核，形核能力提高，因而又使提高了的过冷度降低而恢复到过热以前的状态。

2.4.4　孕育的影响

浇注铁液前，在一定的条件下（如需要一定的过热温度、一定的化学成分、合适的加入方法等）向铁液中加入一定量的孕育剂以改变铁液的凝固过程，改善铸态组织，从而达到以提高性能为目的的处理方法，谓之孕育处理。孕育处理在铸铁件生产中得到了广泛的应用。

在生产高强度灰铸铁时，往往要求铁液过热并适当降低碳硅含量，伴随而来的必然是形核能力的降低，因此往往会在铸态组织中出现过冷石墨（同时形成多量铁素体），甚至还会有一定量的自由渗碳体出现。孕育处理能降低铁液的过冷倾向，促使铁液按稳定系共晶进行凝固，对石墨形态也会发生积极的影响，同时还能细化晶粒，提高组织和性能的均匀性，降低对冷却速度的敏感性，使铸铁的力学性能得到改善。目前生产的高牌号灰铸铁或薄壁铸件几乎都要经过孕育处理。例如，在过冷度较大的（碳、硅含量较低的）铁液中，加入硅铁或其他孕育剂，使铁液在很短的时间内形成局部的温度、成分和结构起伏，从而形成大量的均匀分布的异质核心，细化了共晶团和石墨，使石墨由枝晶间状的 D、E 型分布转变成细小均匀的 A 型分布。

铁液经孕育处理和未经孕育处理的性能有显著差别。从图 2-120 可看出，孕育的效果与铸铁的成分有关，碳当量低的铁液孕育效果好，强度提高得多；反

之，碳当量高的铁液，孕育效果很差，强度提高很少。孕育处理还能提高铸铁组织的均匀性，防止在铸件薄壁处出现白口的倾向，断面敏感性也小，即在断面上不同部位的强度差别不大。孕育铸铁与普通灰铸铁性能的均匀性可以从表 2-32 看出。当孕育铸铁件的断面增加 5 倍时，抗拉强度只减少 10%，而普通灰铸铁件的断面增大后，强度急剧下降。这是因为两种铸铁的凝固特性不同造成的。普通灰铸铁铁液的过冷倾向小，结晶时实际过冷度基本上受冷却速度的控制。试样表面或小直径试样由于冷却速度快、过冷度大、组织细密，因而其强度比中心部分或大直径试样高。当铁液经孕育处理后，降低了原来所具有的较大的过冷倾向，并以均匀分布的大量的外来晶核作为结晶核心，因此冷却速度对结晶时的过冷度影响较小，结晶过程几乎在整个体积内同时进行，所以铸件断面上组织较均匀，性能也较一致。

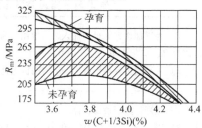

图 2-120　孕育处理对灰铸铁强度的影响

表 2-32　铸铁件强度的均匀性

试样直径/mm（从中心取样）		20	30	50	75	100	150
R_m/MPa	孕育铸铁	—	375	381	372	356	333
	普通灰铸铁	193	180	128	102	—	—

对于蠕墨铸铁及球墨铸铁，经过蠕化处理或球化处理后，凝固时的过冷倾向比灰铸铁更大。因此，为了得到正常的铸态组织，在一般的生产条件下，孕育处理就成为必要的工序。对于上述两种铸铁，孕育的目的主要在于降低过冷度，增加石墨形核能力，改变石墨的形态及细化程度等。

近年来，除了传统的孕育处理技术外，又发展了在球化处理前先用含石墨的或含硅钡的预处理剂进行预处理，以达到提升和稳定铸件质量的积极效果。具体工艺举例如下：待铁液调整好化学成分并达到预定的温度后，即可对铁液进行预处理。例如，向铸铁中加入 inoculin390 质量分数为 0.2% ~ 0.25% 的预处理剂，此时会由此而使铁液硅的质量分数增高约 0.2%，如用含石墨的预处理剂将会导致碳的增高，事先要有所估计。其方法有下列两种：①倒出铁液，

在包内进行预处理，然后倒回电炉升温，到一定温度后立即出炉球化处理；②把预处理剂放在包内某特定位置，使铁液先接触到预处理剂，然后立即与球化剂接触，进行球化处理。采用冲入法时，可把预处理剂放在浇包底部的另一边；采用转包法时，可把预处理剂放在接受铁液的位置；采用喂丝法时，则可先在包内预处理，然后再进行喂丝处理。实践证明，经石墨性预处理剂处理后，能细化石墨球，使单位面积上的石墨数更多、更圆整，提高了球化率，可改善力学性能及力学性能数据的离散性，从而提高稳定性。另一个较新的技术，即使用含 S、O 的 u1traseed 孕育剂，其原理是孕育剂中除常规孕育元素外，还有一定量的硫和氧。使用这种孕育剂后，会使铁液中产生更多的硫化物和氧化物，从而增加析出石墨球的形核能力，不仅能显著增加单位面积上的石墨球数，而且会增加凝固后期析出的石墨球数，此时产生的石墨化膨胀因而兼有消除热节处形成缩松的效果。热分析及金相分析表明，采用这种含 S、O 的孕育剂具在热节处会有大小不均的石墨球，这也说明了有一定量的石墨球在凝固后期析出。实践表明，采用这种孕育剂具有消除热节处形成缩松的效果。

在可锻铸铁的生产中也经常采用孕育处理，其目的在于细化碳化物或由于加入少量反石墨化的孕育剂而可提高硅的含量。这些因素都可促使退火时的石墨核心数增加，从而缩短退火时间。

至于白口抗磨铸铁的孕育处理，其主要目的在于改善碳化物的形态及分布，从而改善其韧性。

孕育处理对提高铸铁件性能有显著的效果，但也存在孕育衰退现象，即孕育处理后随着时间的推移，孕育效果会逐渐消失，图 2-121 ~ 图 2-123 所示为几个不同表示孕育衰退的具体实例。为了解决孕育衰退问题，近年来发展了许多滞后、瞬时孕育工艺，其主要原则是缩短孕育处理到凝固阶段的时间，极大程度上防止了孕育衰退现象。

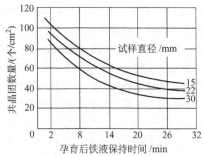

图 2-121　孕育后铁液保持时间与共晶团数量的关系

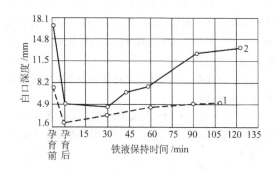

图 2-122　孕育后铁液保持时间与白口深度的关系
铁液成分(质量分数,%)：
1—C = 3.39,Si = 1.98,CE = 4.05
2—C = 3.03,Si = 1.45,CE = 3.51
孕育剂用量　$w(Ca\text{-}Si) = 0.25\% \sim 0.3\%$

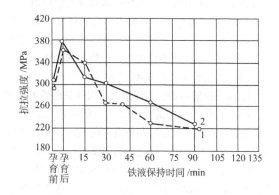

图 2-123　孕育后铁液保持时间与抗拉强度的关系
铁液成分(质量分数,%)：
1—C = 3.39,Si = 1.98,CE = 4.05
2—C = 3.03,Si = 1.45,CE = 3.51
孕育剂用量　$w(Ca\text{-}Si) = 0.25\% \sim 0.3\%$

总之，对于不同的铸铁，都可通过孕育或变质处理，改变铸态的组织，从而改善铸铁件的性能。

2.4.5　气体的影响

氮、氢和氧三种气体元素是溶解于铁液中并对铸铁组织和性能有重要影响的主要气体。它们以下列三种形态存在于铸铁中：①溶解于液态或固态铸铁中；②与铸铁中其他元素形成化合物；③从铁液中析出而以气相形式存在，形成单质气体的气体杂质，即成为气泡。气泡在铁液凝固后残留下来会成为气孔缺陷。

铸铁中的氧和氮主要来源于熔炼过程，而氢则来源于浇注过程中的铁液与铸型所含水分之间的化学反应。氧特别容易与铁液中其他元素形成化合物气体的气泡，但不会形成单质氧气体气泡。例如，溶于铁液中的氧与碳产生碳氧反应，即 $C + [O] = CO$。由于铁液中的氧、氮和氢3种元素可以成为气体杂质，因此称它们为"气体元素"。

氧、氢和氮3种气体元素对铁液中石墨形核和长大有下列影响：

1）氧是通过影响铁液凝固过程的形核来影响铸铁的组织和性能。氧气体元素对石墨的形核特性有重要影响。

2）如果是在铁液与水蒸气发生反应时氢元素吸附于铁液中，则当铁液中 Al、Mg 等活性微量元素和 Mn 元素的含量较高时，这些元素将促进和加剧氢元素在铁液中的吸附和溶解。氢元素对石墨的形核和长大来说，是一个活性元素，铁液中的氢具有类似于硫、硒、碲等元素的作用。它的综合影响表现为减少硫对石墨的吸附作用，并促使铁液凝固为白口组织。

3）氮元素在铁液中可成为碳化物的稳定剂，促进碳化物形成。它对石墨生长过程有影响，并能促进珠光体形成。而作为奥氏体转变产物的珠光体，在提高灰铸铁的强度方面起着重要的作用。

1. 氧在铁液中的吸附作用及其对铸铁质量的影响

（1）氧在铁液中的吸附作用　研究表明，氧气体元素在铸铁中的溶解度与铁液中的氧、碳和硅之间的平衡有关。可通过三者之间的平衡关系，估算氧在铸铁中的溶解度。通常是对 Fe-C-Si 系、Fe-O-C 系进行测定，先求出氧的活度系数，再利用这些数据估算氧气体元素在铸铁中的溶解度。采用双联熔炼时，应分不同阶段对铁液中氧的溶解度进行研究。铸铁中氧的溶解度与熔炼过程、所用的浇包种类及铸型种类等有关。

1）氧在铁液中吸附热力学。通常可将铸铁看成是以 Fe-C-Si 系为基的合金。氧对铁液形核状态、铸铁组织和性能都有重要的影响。但在铸铁生产中，始终未得到像炼钢生产中那样重视。碳氧化及硅氧化的相互转化，对铁液质量来说也很有意义。铸铁中的碳、硅含量高于钢。因此，铁液中的氧含量远比钢液要低。在通常情况下，铁液中的氧是过饱和的，是在一定程度上偏离氧平衡状态的 Fe-C-Si-O 铁液。

在熔炼过程中，铁液通常处于空气的影响之下，故气态氧始终对铁液起着作用。氧首先在铁液中吸附、溶解，直到饱和为止，然后与跟氧亲和力最强的那些合金元素反应。铁液与大气接触，总是不同程度地吸附氧，而为氧所过饱和，因而含有比平衡状态时更多的氧量。此外，当铁液温度高低不同时，硅或碳与溶解氧作用，分别生成相应的氧化物；当铁液温度较低时，溶于铁液中的氧与硅反应，即

$$Si + 2[O] = SiO_2 (固)$$

或　$$Si + 2[O] = SiO_2 (渣)$$

此时的铁液呈浑浊状，是一种为溶解氧过饱和并析出 SiO_2 的铁液。

当铁液温度较高时，溶解于铁液中的氧与铁液中的碳发生反应，即

$$[C] + [O] = [CO]$$

或　$$[C] + [O] = CO(气)$$

高温时，铁液为溶解的氧以及 CO 所饱和。随着温度的升高（加热）或降低（冷却），铁液中对应的氧溶解量也分别提高或降低。在高温保温时，铁液中的氧含量通常随时间而向着平衡方向下降（温度较高时，下降较快），此时铁液的过饱和 $[O]$ 就较少。

通常在铁液中生成一种作为新相的氧化物（即固态 SiO_2 和气态 CO）的过程很难自发产生。原因是这种过程只能向平衡方向缓慢地进行，或者只有在高温时才能进行或达到平衡。因而铁液中溶解的氧量也就相应明显地高于其平衡值。实际上，偏离平衡状态是各种铁液冶金特性的表征。

铁液对氧的吸收与各种因素有关。吸氧量随铁液表面积与体积比值的增大、熔池运动的加剧和温度的升高而增加。当温度足够高时，氧也可来自含有 SiO_2 的酸性炉衬。

2）碳和硅的氧化反应对铁液氧含量的影响。不同成分铁液中，氧的溶解度与温度的关系如图 2-124 所示。

试验曲线1、2、3是分别按不同化学成分铁液的测定数据绘制的。虚线是试验曲线1、2、3的延长线。由图 2-124a 可见，在 1350℃ 和 1400℃ 以上（2 合金为 1350℃ 以上，1、3 合金为 1400℃ 以上），铁液中碳的氧化反应占主要优势。随着温度的升高，铁液中氧溶解量并不取决于温度。但实际上铁液中碳的氧化反应很难达到平衡，而在 1350℃ 和 1400℃ 以下（1 合金为 1350℃ 以下，2、3 合金为 1400℃ 以下）硅的氧化反应占优势。随着温度的上升，铁液中氧的溶解度提高。可见，铁液中的氧含量可通过元素碳和硅加以适当调整。实际上，碳和硅的氧化特性，对于铁液的均匀化、形核条件的控制、元素的氧化烧损以及酸性耐火炉衬的熔蚀等，均具有决定性意义。

图 2-124 所示为化学成分为 $w(C) = 3.3\%$，$w(Si) = 2\%$ 的铁液，分别在 0.18MPa 和 0.1MPa 条件下，铁液中的溶解氧量与温度的关系。其中，上、下方曲线（实线）分别是在 0.18MPa 和 0.1MPa 等不同大气压下测得的实际溶解氧量与温度的关系曲线。图中的阴

影部分表示铁液中碳的氧化反应处于平衡状态时，在不同压力下的理论溶解氧量与温度的关系曲线。由图可知，不同压力下，在某一温度变化范围内，铁液的吸氧能力特别大，处于这一温度范围，铁液中的溶解氧量出现峰值，从而为有利于形核的最佳冶金熔炼操作提供了可能。

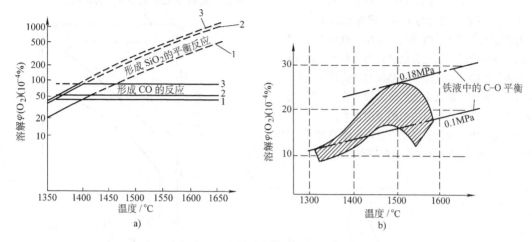

图 2-124　氧的溶解氧量与温度的关系

a) 不同化学成分铁液中，溶解氧量与温度的关系

b) 不同压力下溶解氧量与温度的关系[$w(C) = 3.3\%$, $w(Si) = 2\%$]

1—$w(Si) = 2\%$, $w(C) = 1\%$　2—$w(Si) = 1\%$, $w(C) = 3\%$　3—$w(Si) = 2\%$, $w(C) = 3\%$

（2）氧对铸铁中石墨形核与长大的影响

1）氧对石墨形核的作用。有关研究表明，在平衡温度下，铁液中的氧与硅发生反应，二氧化硅在沉淀反应中起着形成石墨晶核的作用。就片状石墨而言，铁液中最佳氧的质量分数为 $(20 \sim 30) \times 10^{-4}\%$。这样的氧含量已接近于饱和铁液的平衡含量。

众所周知，铁液凝固时，SiO_2 晶体可作为石墨结晶的外来晶核。在低于铁液氧化皮形成温度时，析出的 SiO_2 质点通常不可能作为石墨核心。其原因在于，铁液尚未进入凝固时期，SiO_2 的有效结晶表面或随时间延长而熔解，或变为熔渣而失去孕育能力。只有在凝固期间，SiO_2 才可能有效地对石墨起孕育作用。它既不成渣，也不溶解，此时 SiO_2 有一个晶质表面，起到石墨核心的作用。要使析出的 SiO_2 具有有效的孕育剂的作用，必须具备以下3个条件：①应合理加入含硅孕育剂。②铁液中应有足够的氧，以便形成十分有效的 SiO_2 晶核；③加硅和凝固之间的时间间隔应为最短，以免 SiO_2 表面受到破坏而失去作用。因此，一种含有一定量的氧、被氧过饱和的铁液，是 SiO_2 作为有效石墨化孕育剂的必要条件。

氧未过饱和的铁液，不可能进行孕育处理，即使可能也极为困难。将铁液在高温下长时间保温时将很难孕育，这就是其中的一例。研究表明，铁液的孕育能力也不可能受输入其中的氧的影响，因目前还没有一种熟知的办法，能使铁液可靠而充分地增加 [O] 量。

研究表明，将铁液在反应式 $(SiO_2) + 2C = [Si] + 2CO(气)$ 的平衡温度 T_G 以上，经短时间过热，可减少失效的 SiO_2 晶核，这一过程只失掉部分 SiO_2 晶核，不会去掉 CO，此时铁液中仍保持 [CO] 或 [O] 过饱和。在随后的冷却过程中，铁液仍可生成许多 SiO_2 微粒，但将铁液在平衡温度 T_G 以上长时间加热后，铁液因 CO 挥发而贫氧。这样的铁液冷却时，可能只形成极少的 SiO_2 晶核，而且其中一大部分很容易失去作用，成为一种缺少晶核的铁液。只有在一定的过冷之后才开始结晶，因而很可能在凝固后形成 D 型石墨和铁素体基体。若用孕育剂处理这样的贫氧铁液也不会有多大效果，因对于形成足够的 SiO_2 有效晶核来说，还缺乏氧源。由此可见，适于孕育的铁液，显然是来自铁液与空气直接接触的冲天炉和熔池剧烈搅动的感应电炉（尤其是工频电炉）等，而不是在平衡温度以上长时间保温的，特别是在保温炉中的炉渣覆盖下很少与空气和氧接触的铁液。

值得注意的是，为使孕育富有成效，铁液中的 SiO_2 晶核必须具有晶质表面，才能单独起到石墨晶核的作用。随着时间的延续，特别是在高温和铁液中含氧很多时，新鲜的 SiO_2 微粒晶质表面极易渣化，而且微粒本身也易聚合和上浮，因此铁液孕育处理就具有时效性特征，产生所谓的孕育衰退现象。

2）氧与石墨化程度和石墨形态的关系。

① 氧与石墨化程度的关系。根据条件不同，铁液中的溶解氧既可促进铸铁的石墨化，也可阻碍石墨化。当铁液中的溶解氧化合成氧化物，而氧化物又可作为石墨结晶的非均质形核的晶核时，溶解氧就起了促进石墨化作用。铁液中的溶解氧如未化合，则它会阻碍石墨化，使铸铁出现白口的倾向增大。

图 2-125 所示为铁液温度与白口深度的关系；图 2-126 所示为铸铁的溶解氧量与白口深度的关系。

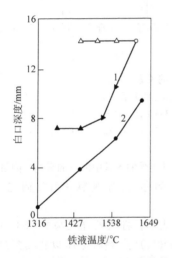

图 2-125　铁液温度与白口深度的关系

（三角试样断面高度38mm，底宽19mm）
△—冷却时的白口深度　●▲—加热时的白口深度
○—加热到1613℃后冷却时的白口深度
铸铁成分：1—$w(C)=3.0\%$，$w(Si)=1.85\%$
2—$w(C)=3.4\%$，$w(Si)=2.55\%$

这两种灰铸铁，铁液的平衡温度分别为：$w(C)=3.4\%$、$w(Si)=2.55\%$ 的铁液为 1414℃；$w(C)=3.0\%$、$w(Si)=1.85\%$ 的铁液为 1410℃。由图 2-125 和图 2-126 可以看出：①当铁液温度高于平衡温度，并再提高温度时，则溶解氧量显著增大，两种铸铁的白口深度，（即白口倾向性）也随溶解氧量的增大而增大，这说明溶解氧起了阻碍铸铁石墨化的作用；②当溶解氧量相同时，硅含量低的铁液白口深度大；③无论高硅含量或低硅含量的铁液，随铁液温度下降，溶解氧量也随着可逆地下降；白口深度的变化，对硅含量高的铁液而言，也是可逆减小，但对硅含

量低的铁液而言，则是不可逆的，即这种铁液从高温冷却到低温时，溶解量虽可逆地减少，而白口深度却不低，仍保持高的白口深度值。这种白口深度的不可逆现象，说明净化作用本身也有影响。

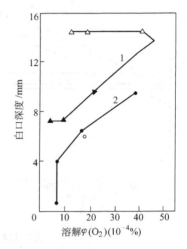

图 2-126　铸铁的溶解氧量与白口深度的关系

（氧探头读数，三角试样尺寸化学成分同图 2-125 中 1、2）
●▲—加热时的白口深度　○△—冷却时的白口深度

② 铁液中的氧与石墨形态的关系。图 2-127 反映了铁液球化处理后，铁液中的溶解氧量、残留镁量与铸铁石墨形态的关系。

如上所述，铁液中未化合的溶解氧是阻碍石墨化的元素，但用球化元素对铁液进行处理后，显著地降低了溶解氧量，加之残留镁量的影响，改变了石墨形态。随着残留镁量的增加，石墨形态由片状变为蠕虫状或球状石墨。

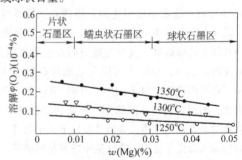

**图 2-127　溶解氧量（氧探头测定）、残留镁量
与铸铁石墨形态的关系**

铁液成分：$w(C)=3.7\%$，
$w(Si)=2.5\%$，$w(S)<0.01\%$
球化剂 Fe-Si-Mg10 合金，
后孕育剂 75FeSi，高频感应电炉熔化

2. 氢在铁液中的溶解度及其对铸铁组织、性能的影响

（1）氢在铸铁中的溶解度　通常，在大气压的条件下，氢可溶于温度为 1600℃ 的纯铁液中。氢在这种铁液中的溶解度为 (27.2 ± 0.8) cm³/100g 铁液。

氢在 Fe-Si 系铁液中的溶解度如图 2-128 所示。在 Fe-Si 系铁液中，氢的溶解度先随铁液中硅含量的增加而减小，当铁液中的硅含量超过某一限度后，氢的溶解度反而随硅含量的增加而增大。因此，在 Fe-Si 系中，氢在其中的溶解度曲线下凹，存在氢的最小溶解度。当铁液温度为 1600℃，氢在 Fe-Si 系 100g 铁液中的最小溶解度为 3cm³。

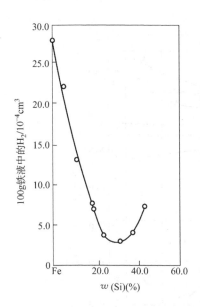

图 2-128　氢在 Fe-Si 系铁液中的溶解度

由图 2-129a 可知，氢在 Fe-C 系铁液中的溶解度随铁液中碳含量的增加而减少，碳元素具有减少氢在铁液中溶解度的作用。在铁液温度为 1592℃ 的情况下，当碳的质量分数由 0 增加到 3.5% 时，则氢在 100g 铁液中的溶解度由 27.5cm³ 降低到 14.5cm³。

由图 2-129b 可知，在铁液中加入 C、B、Al、Ge、Sn、Co、Cu、P、S 等元素，将降低氢在铁液中的溶解度，而 Cd、Cr、Mn、Ni 等元素的加入却提高了氢在铁液中的溶解度。图 2-129b 中溶解度的换算为：在标准温度和压力条件下，100g 铁液溶解 1cm³H₂ 等于 0.9×10^{-6} 氢。

温度对氢在铁液中的溶解度有一定影响，除了

B、P、Ge、Cr 等元素外，当将图 2-129b 中其余的元素加入铁液中时，温度每变化 100℃，氢在铁液中的溶解度将变化 3.1×10^{-6}（由图 2-129b 确定溶解度上升或下降）。

（2）氢对铸铁组织及性能的影响　氢对铸铁组织及性能的影响主要表现在以下两个方面：

1）氢对铸铁结晶过冷度和金相组织的影响。图 2-130 所示为铸铁结晶时，溶解氢量对铸铁共晶结晶过冷度的影响。

由图 2-130 可知，溶解氢量增大，铸铁的共晶温度降低，过冷度增高。试棒直径越细（即铸件冷却速度越大），氢增大过冷的效应就越明显，铸铁白口倾向就越严重，故铸铁中的氢起着阻碍石墨化的作用。随着氢含量的增加，先是由分散的片状石墨变成枝晶间石墨，最后形成紧密状石墨并伴有渗碳体，白口深度也随着增加。

2）氢对铸铁力学性能的影响。图 2-131 所示为氢含量对化学成分为 $w(C) = 3.35\%$、$w(Si) = 1.94\%$ 的灰铸铁的抗拉强度 R_m 和抗弯强度 σ_{bb} 等的影响。由图 2-131 可知，氢恶化了灰铸铁的力学性能。随着氢含量的增加，灰铸铁的抗拉强度和塑性均下降，而硬度稍有提高。

氢对球墨铸铁的力学性能也有不良影响。例如 100g 铁液中氢含量从 0.95cm³ 增高至 4.8cm³，抗拉强度从 956MPa 降至 750MPa。

3. 氮在铁液中的溶解度及其对铸铁组织性能的影响

（1）氮在铁液中的溶解度　在铁液中吸附的氮气体元素，既可在液相中存在，也可在固相中存在。研究表明，氮对铸铁的影响是明显的，它可成为铁液凝固过程中的珠光体稳定剂，从而完全抑制或消除铸铁基体组织中的铁素体。

灰铸铁中氮含量的变化，最终将导致其抗拉强度产生明显变化。分别用冲天炉和感应电炉熔化同一炉料生产灰铸铁件，所得铸件的抗拉强度就有明显区别，原因是这两种熔炼设备熔化所得铁液的氮含量明显不同。

图 2-132 所示为在 0.1MPa 压力下，碳饱和铁液中氮溶解度与温度的关系。从图 2-132 中可见，随着温度上升，铁液中氮的溶解度和碳的溶解度均增加。铁液中氮的溶解度随温度升高而增大，但就氮溶解度和碳溶解度两者的关系来看，铁液中碳含量的增加，将导致氮的溶解度减少。

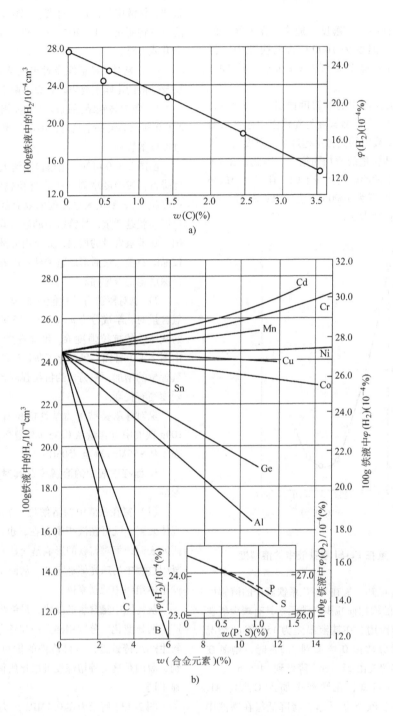

图 2-129　各种元素对氢在铁液中溶解度的影响

a) 碳　b) 合金元素

(铁液温度为 1592℃，压力为 0.1MPa)

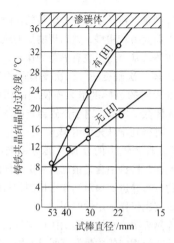

图 2-130　溶解氢量对铸铁
共晶结晶过冷度的影响

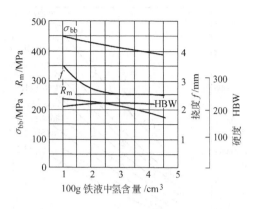

图 2-131　氢含量对灰铸铁力学性能的影响

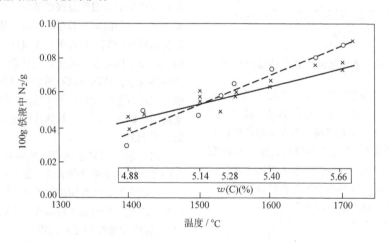

图 2-132　在 0.1MPa 压力下，碳饱和铁液中氮溶解度与温度的关系
（图中两条曲线分别由两位研究者得到）

（2）Fe-C-Si 系铁液中氮的溶解度　向 Fe-C 系铁液中加入不同量的 Si，铁液中氮的溶解度曲线也不相同，如图 2-133 所示。由图 2-133 可知，硅可明显地减少氮在铁液中的溶解度。通常，随温度变化的碳的溶解度增大，则铁液中的氮的溶解度将下降。然而，硅的这种作用比碳更为明显，更能有效地降低氮在铁液中的溶解度。

（3）硫和氧对铁液中氮的溶解度的影响　研究表明，表面活性元素（尤其是氧和硫）可明显地减少氮在铁液中的溶解速度。铁液中其他起到脱氧还原作用的元素，均能明显影响氮在铁液中的溶解速度。除此之外的其他元素（即没有脱氧还原功能的元素）对氮在铁液中的溶解速度仅有极小的影响。

当铁液中出现较多硫时，氮在铁液中的溶解速度

将大大降低。氮在铁液中的溶解速度受到表面活性元素反应的控制。通常，表面活性元素均具有减慢氮在铁液中的吸附速度的作用。据报道，在低硫铁液中，每增加 $w(S) = 0.05\%$，氮在铁液中溶解反应速度将下降 50% 左右。此时尽管铁液中氮的溶解度没有变化，但却给铁液带来重要的动力学影响，尤其是铁液的纯度较高时，所造成的动力学影响更为明显。在用感应电炉或冲天炉熔化的炉料中，当废钢比例大时，因废钢中硫含量低，再加上钢中奥氏体相可溶解和容纳不少氮气。所以，在熔化炉料过程中，这部分氮气就成了铁液中氮的来源之一，并因此而影响铁液中总的氮含量。

（4）氮对铸铁组织和性能的影响

1）氮对铸铁石墨化和金相组织的影响。研究表

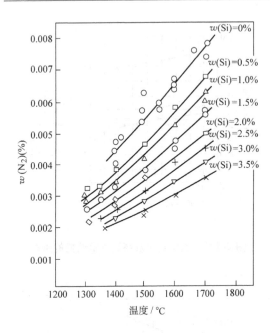

图 2-133　不同硅含量对铁液中氮的溶解度影响

明，氮使铁液的平衡和非平衡一次结晶温度降低，结晶过冷度增大。但当铸铁中锰含量较高时，氮含量对共晶转变开始温度几乎没有影响。氮含量对共析转变温度及其范围也有影响（见图 2-134），使共析转变的开始及终了温度降低，随着氮含量的增加，共析转变温度区增大，氮的这种影响程度与灰铸铁的碳含量有关，碳含量越高，氮的影响越显著。

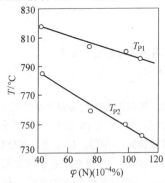

图 2-134　氮含量对灰铸铁共析转变温度的影响

T_{P1}—共析转变开始　　T_{P2}—共析转变终了

氮对铸铁中石墨组织的形态、数量和分布均有显著的影响。日本学者张博等研究表明，向铸铁中吹入一定量的氮气，可以在不添加任何球化剂的条件下获得球墨铸铁。有研究者在采用单相凝固的方法研究纯 Fe- C- Si- Mn 合金中的作用时也发现过球状石墨。

对于普通灰铸铁，氮使石墨片长度缩短，弯曲程度增加，端部钝化，长宽比减小。氮对石墨表面形貌

也影响，特别是当铸铁中含有一定量的锰时，加氮后会使石墨表面变得较粗糙，并出现明显的纹理。

氮对灰铸铁基体组织也有显著的作用，首先，氮使初生奥氏体一次轴变短，二次支臂间距减小；其次，由于凝固时的过冷度增大而使共晶团细化；第三，使珠光体数量增加。对于高碳当量的灰铸铁，加入适量的氮可得到全珠光体组织。

2）氮在灰铸铁中的分布及其对铸铁的作用机制。由于氮在灰铸铁含量很低，要定量地测定其在灰铸铁中的分布并进而揭示其作用机制，目前还有困难，有的研究也仅作了定性的探讨。

波谱检测表明，在初生奥氏体析出过程中，氮在奥氏体和残留液相中的含量没有明显差别，共晶转变过程中石墨表面有几个原子层厚度的氮吸附层，并发现石墨中氮的含量明显高于基体。由此可见，氮在石墨表面的吸附阻碍了石墨的长大，从而细化了灰铸铁的共晶转变组织。在石墨长大过程中，吸附在石墨表面的氮原子固溶在石墨中，使石墨晶格产生畸变，增加晶体缺陷，从而导致石墨的分枝及弯曲。铁液中的锰可促进石墨表面对氮原子吸附，因此加大了氮对石墨组织的影响；反之，氮的作用主要表现在对基体组织的影响上。

用 X 射线衍射法测定加氮前后基体组织中铁素体和渗碳体的晶格常数表明，加氮后它们均有明显的增大，说明氮是作为间隙原子固溶在铁素体和渗碳体中的，造成了它们的晶格畸变，因而有助于力学性能（抗拉强度和显微硬度）的提高。

3）氮对灰铸铁抗拉强度的影响。若用亚铁氰化钠 $Na_4[Fe(CN)_6]$ 处理低碳当量灰铸铁铁液［灰铸铁的化学成分为，$w(C) = 3.12\%$、$w(Si) = 1.35\%$、$w(Mn) = 0.71\%$、$w(S) = 0.09\%$、$w(P) = 0.13\%$、$CE = 3.61\%$］，使之增氮，并用硅钙进行孕育处理后，则氮含量与抗拉强度的关系见表 2-33。

表 2-33　灰铸铁氮含量与抗拉强度的关系

试样编号	亚铁氰化钠的添加剂（质量分数,%）	孕育剂 SiCa 加入量（质量分数,%）	铸铁的氮含量（质量分数,10^{-4}%）	抗拉强度/MPa
1	无	0.3	80	298
2	0.1	0.3	100	317
3	0.2	0.3	140	340
4	0.3	0.3	150	375
5	0.4	0.3	170	358
6	0.5	0.3	220	348

注：5 号试样有轻微裂纹状氮气孔；6 号试样有裂纹状氮气孔。

由表 2-33 可知，随着灰铸铁氮含量增加，抗拉强度增大。氮含量（体积分数，下同）从 $80 \times 10^{-4}\%$ 增至 $150 \times 10^{-4}\%$，抗拉强度约可提高 77MPa。这主要是与氮含量增加后，易于获得珠光体灰铸铁和改善了片状石墨的形态有关。

当铁液中的氮的质量分数大于 $100 \times 10^{-4}\%$ 时，则有可能导致形成氮气孔缺陷（像裂纹状的气孔），尤其当氮含量大于 $140 \times 10^{-4}\%$ 时更甚，此时可用加 Ti 的方法消除。因 Ti 有很好的固氮能力而形成 TiN 硬质点相，以固态质点状态分布于铸铁中，氮的有害作用便可大为降低，但氮提高强度的效果也会随之消失。

顺便指出，在灰铸铁中氮和稀土有显著的交互作用，如向灰铸铁中同时加入这两种元素，它们对铸铁的组织和性能的影响可能会更显著，其作用可能会大于 $1 + 1 = 2$ 的效果。

2.4.6　炉料的影响

在生产实践中，往往遇到更换炉料后，虽铁液的主要化学成分不变，但铸铁的组织（石墨化程度、白口倾向以及石墨形态甚至基体组织）都会发生变化，炉料与铸件组织之间的这种关系，通常用铸铁的遗传性来解释。

早在 20 世纪 20 年代，法国学者 Levi 即已发现 Fe-C 系合金组织中石墨片的大小往往与炉料中石墨片的尺寸有关，首次提出了金属遗传性概念。随后的研究表明，在相同生产条件下，合金的组织和性能取决于原材料的显微组织和质量。原始状态对合金熔液及最终产品微观结构的特殊影响，即"遗传效应"，引起了材料工作者的高度重视。

金属和合金在固（原始炉料）-液-固（金属制品）转变过程中的组织遗传行为，主要涉及熔化机制，尤其是熔点附近金属液的结构和性质，它们对材料加工及产品性能有着重要的影响。目前对熔化机制的研究大多基于 я. 弗伦克尔的液态结构理论模型，认为液态中粒子的配位数及分布基本上与固态相似。该理论模型可很好地解释黏度、电导率和扩散等与结构有关的液态性质。В. 丹尼洛夫等的基础性研究工作证实了上述固态和液态结构相近的观点。

综合有关遗传性的试验研究结果，可以得出如下观点：

1）大多数铸造合金的过热温度都不高，大大低于液态结构无序化温度，合金或金属由结晶状态向液态状态的转变不会引起近程有序结构的重新构成。

2）多元合金液在较长时间内保持近程有序结构，液态结构单元的尺寸和数量影响结晶动力学和铸件的性质。

3）当合金中存在活性变质元素时，会形成具有不同稳定程度、金属间化合物形式的原子集团，从而改变遗传效果。

目前已普遍认为在金属材料加工过程中存在着组织遗传效应，因此可设想存在着某种遗传性载体，即"遗传因子"。许多研究者从不同角度评价了遗传效应，并探寻着遗传过程的"遗传因子"。

最初，一些研究者根据化学成分来解释遗传效应。法国 J. C. Margerio 试验研究了铸铁冶金过程中原始炉料遗传性对铸铁组织和铸造性能的影响。结果表明，当 C、Si、Mn、P、S 含量一定时，原材料来源对铸件组织和性能最明显的影响与微量元素的含量有关。在此基础上提出了"杂质指数"的概念，认为从金属原材料或回炉料遗传给铸件的特殊冶金性能，可简单地由某些微量元素来进行部分解释。对试验结果采用简单回归分析得到杂质指数 I 的计算公式为

$$I = 4.9Cu + 0.37(Ni + Cr) + 7.9Mo + 4.4Ti + 3.9Sn + 0.44Mn + 5.6P$$

式中，元素含量均为质量分数（%）。

图 2-135 所示为试验中铸锭的珠光体数量与根据标准光谱分析结果计算得到的"杂质指数"之间的关系。试验结果还表明，这些控制元素不是唯一的"遗传性载体"。

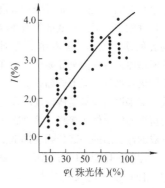

图 2-135　含 $w(Si) = 2.5\% \sim 3.0\%$ 的赤铁矿生铁的杂质指数与珠光体数量的关系

实际上，铸造生铁中肯定还有其他"载体"存在，除气体及上述元素之外的真正的微量元素含量就有可能是影响着铸铁组织及性能的其他"遗传性载体"，可惜在这方面还缺乏系统研究以及具体的量化资料。为了使铸铁的组织和性能尽量能适应日益提高的要求，在了解了影响铸铁组织及性能的诸多因素之后，建议读者在今后的铸造生产中应尽量选用高品质的高纯度的铸造生铁，而且一经选定，不要轻易地改

变炉料来源。

铸造工程中物理、化学、冶金现象之间各种可能的相互作用十分复杂，因此在实际生产中，出现问题时首先需要把真正的原料的遗传效应和工艺条件所产生的影响区分开来，否则研究会进入误区。

2.5　铸铁凝固及冷却过程中主要缺陷的形成原理及其防止

2.5.1　缩孔和缩松的形成及其防止

铸铁件在凝固过程中，因液态收缩和凝固收缩，在铸件的热节或最后凝固的部位将出现缩孔和缩松。缩孔的容积大而集中，形状不规则、表面粗糙，可以看到相当发达的树枝状晶末梢；缩松细小而分散，常分布在铸件的热节轴心处或集中性缩孔的下方。

因缩孔和缩松减少了铸铁件受力的有效截面积，并在其附近产生应力集中现象，从而使铸铁件的力学性能大幅度下降。对承受液压或气压的铸铁件，往往因缩孔或缩松达不到耐压指标而报废。

1. 缩孔和缩松的形成

铁液浇满铸型后，随即发生液态收缩，此时可从浇注系统得到补缩，当铸铁件的外表面温度下降到凝固温度时，表层就凝固成一层硬壳。当内浇道凝固后，如无冒口补缩且继续冷却时，硬壳内的铁液因温度下降而发生液态收缩，同时要对逐渐加厚的硬壳层的凝固收缩进行补缩。虽然固态硬壳因温度降低而使铸铁件外表尺寸缩小，但由于铁液的液态收缩和凝固收缩超过硬壳的固态收缩，随着结晶凝固过程的进行，硬壳不断增厚，待铁液全部凝固后，在铸铁件最后凝固部位因无铁液补缩而形成缩孔。

灰铸铁、球墨铸铁和蠕墨铸铁在凝固过程中还将伴随石墨的析出而发生体积膨胀，这种膨胀可能将凝固前期所形成的体收缩的一部分或全部抵消。如果铸型刚度较差，在石墨化膨胀压力作用下，就会造成型壁向外迁移，使铸铁件的尺寸增大，体积也相应增加，最终将使铸铁件内缩孔总容积增加。

形成缩松的基本原因和形成缩孔一样，但形成缩松的条件还有：铁液的结晶温度范围或凝固区域较宽，倾向于糊状凝固方式；铸铁件断面上的温度梯度小，因而形成细小分散的缩松。

形成铸铁件缩孔和缩松的总体积可用下式表示：

$$V_{缩总} = V_{液缩} + V_{凝缩} - V_{石胀} + V_{型移}$$

式中　$V_{缩总}$——缩孔、缩松总体积；

$V_{液缩}$——液态收缩体积；

$V_{凝缩}$——凝固收缩体积；

$V_{石胀}$——石墨化膨胀体积；

$V_{型移}$——型壁迁移增加的缩孔体积。

从式中可能看出，当铸型的刚度较大（如干型、金属型）和不产生抬型时，铸铁在共晶转变发生石墨化膨胀时不产生型壁迁移的条件下，即 $V_{型移}=0$，如 $V_{石胀} = V_{液缩} + V_{凝缩}$ 时，则 $V_{缩总}=0$，即铸铁件就能实现"自补缩"，在工艺上可用无冒口铸造。

但是，在应用上式时应考虑到铸铁件的液态收缩和凝固收缩在前，石墨化膨胀在后的时间差。不同时间的收缩和膨胀是不能相抵而自补的，使铸铁件的石墨化膨胀量不能百分之百地被利用。如果铸铁件收缩时得不到有效的补缩，就会产生缩孔、缩松。一旦形成收缩缺陷，后期的石墨化膨胀也不能将其抵消，而往往只能使型壁迁移。型壁迁移的结果，使石墨化膨胀没有被充分利用于补缩，所以铸铁件外形尺寸的胀大倾向和内部致密度之间往往存在着一定的对应关系。

灰铸铁在共晶凝固时，共晶团中片状石墨的尖端始终与共晶铁液相接触，因此石墨片长大时所产生的体积膨胀，绝大部分都直接作用在初生奥氏体枝晶间或共晶团之间的铁液上，这样就迫使铁液通过枝晶间的通道去补缩因液态收缩和凝固收缩而在奥氏体枝晶间或共晶团之间所形成的小孔洞；而且由于灰铸铁倾向于逐层凝固，使铁液的补缩通道可在较长时间里保持畅通，所以灰铸铁产生分散缩松的倾向较小。

球墨铸铁和灰铸铁相比，因它倾向于"糊状凝固方式"，因而在铸件断面上有较宽的凝固区域，形成坚固外壳的时间也较长；相当一部分石墨球是在奥氏体外壳包围下长大，石墨长大时的膨胀力很容易通过奥氏体壳的接触而传递到铸件外壳，从而表现出有远比灰铸铁要大的共晶石墨化膨胀力。由于球化处理时加入了镁和稀土元素，增加了铸铁的白口化倾向，同时球墨铸铁的共晶团的尺寸比灰铸铁细小得多，所以共晶团之间微小的间隙很难得到铁液的充分补缩。上述这些特点，在生产实际中使球墨铸铁件常常表现出有较大的外形尺寸胀大（其大小程度取决于铸型刚度）以及产生缩孔、缩松的倾向。

蠕墨铸铁产生缩孔、缩松的倾向介于灰铸铁和球墨铸铁之间。各种铸铁的体收缩值见表2-34。

表 2-34　各种铸铁的体收缩值

铸铁类型	CE(%)	浇注温度/℃	缩孔率(%)
灰铸铁	4.3	1300	0.91
合金铸铁	3.62	1250	3.94
蠕墨铸铁	4.51	1310	1.52
球墨铸铁	4.34	1238	3.05

白口铸铁由于碳当量较低，另外在共晶凝固时没

有石墨析出，所以其收缩值较大，铸件易产生缩孔、缩松缺陷，应特别注意冒口和冷铁的设置，以增强补缩能力。亚共晶白口铸铁和灰铸铁凝固体收缩率 ε_v 与碳含量的关系表 2-35。

表 2-35　亚共晶白口铸铁和灰铸铁
凝固体收缩率 ε_v 与碳含量的关系

$w(C)(\%)$		2.0	2.5	3.0	3.5	4.0
ε_v	白口铸铁	+5.1	+4.6	+4.2	+3.7	+3.3
$(\%)$	灰铸铁	+4.3	+2.8	+1.4	+0.1	-1.5

2. 缩孔和缩松的防止方法

其防止方法主要从铁液本身、铸型条件及铸造工艺三方面考虑：

1）铁液的化学成分，特别是碳、硅含量的选择，能影响到灰铸铁及球墨铸铁的 $V_{石胀}$。对于亚共晶灰铸铁以及球墨铸铁来说，碳含量增加，析出的石墨量增多，使 $V_{石胀}$ 增大，有利于减少或消除缩孔和缩松。对白口铸铁来说，碳含量的变化对收缩值的影响较小。

铁液的浇注温度直接影响到 $V_{液缩}$ 的大小，故无论对何种铸铁，都应有适宜的浇注温度。浇注温度太高，将增大 $V_{液缩}$ 值，也将增加缩孔、缩松的趋势。

2）铸型刚度的大小将直接影响到灰铸铁、蠕墨铸铁和球墨铸铁凝固过程中 $V_{型移}$ 的大小，铸型的刚度因造型坚实度及铸型种类的不同而异，应根据铸铁件的要求及实际生产条件合理地选择铸型。对于球墨铸铁件，要特别强调较高的铸型刚度。

3）根据灰铸铁、蠕墨铸铁及球墨铸铁的凝固特点，应采用合理补缩的原则来设计浇冒口系统，应充分利用铸件的自补缩能力，冒口只是补充自补缩不足的差额。

有关冒口及冷铁应用的具体内容可参考本套手册第6卷铸造工艺。

2.5.2　铸造应力、变形和开裂及其防止

1. 应力的形成

铸铁件在凝固后的冷却过程中，温度将继续下降而产生收缩，如收缩受到阻碍，便会在铸件中产生铸造应力。铸造应力按其形成原因可分为热应力、相变应力和机械阻碍应力。

（1）热应力　由于铸铁件的各部分在冷却过程中的冷却速度不同，造成各部分的收缩量不同，但铸件各部分连为一个整体，互相制约而产生应力。这种由于线收缩受到阻碍而产生的热应力一般称为铸件内的残余应力，其大小与铸件厚薄两部分的温度差成正比，即铸件的壁厚差越大，残余热应力也越大。凡能促使铸件同时凝固及减缓冷却速度的因素，都能减小

铸件中的残余热应力。

（2）相变应力　铸件各部分在冷却过程中发生固态相变的时间和程度不同，使体积和长度的变化也不一样，而各部分之间又互相制约，由此而引起相变应力。对于灰铸铁件来说，当铸件的某一部分冷却到共析转变温度以下时，奥氏体转变为铁素体及高碳相（石墨或渗碳体）。由于共析石墨化而使铸件某部分产生一定的膨胀，如铸件各部分温度不一致，相变不同时发生，就会产生相变应力。由于灰铸铁件粗厚部分的石墨化程度比细薄部分更充分些，因此薄部分受拉应力，而厚部分受压应力。

（3）机械阻碍应力　铸铁件冷却过程中，由于收缩受到机械阻碍而产生机械阻碍应力。它可表现为拉应力或切应力。当机械阻碍一经消除，应力也随之消失，所以它是一种临时应力。

铸造应力是热应力、相变应力和机械阻碍应力三者的代数和。铸铁件不同部位上的三种应力见表 2-36。

表 2-36　铸铁件不同部位上的三种应力

铸件部位	热应力	相变应力		机械阻碍应力	
		由于共析转变	由于石墨化	落砂前	落砂后
薄部分或外层	$-\sigma$	$+\sigma$	$+\sigma$	$+\sigma$	0
厚部分或内层	$+\sigma$	$-\sigma$	$-\sigma$	$+\sigma$	0

注："$+\sigma$"表示拉应力，"$-\sigma$"表示压应力。

各种铸铁的铸造应力见表 2-37。灰铸铁的铸造应力最小，球墨铸铁最大，蠕墨铸铁的铸造应力介于两者之间。

表 2-37　各种铸铁的铸造应力

铸铁种类	弹性模量 E/MPa	铸造应力 $\sigma_{铸}$/MPa
合金铸铁	121870	106.3
蠕墨铸铁	148740	122.0 ~ 137.3
球墨铸铁	175500	180.0
灰铸铁	87510	52.3

2. 减小铸造应力的方法

减小铸铁件中的铸造应力，可使经机械加工后的铸件具有较好的尺寸稳定性和精度的持久性。为减小铸造应力，主要应设法减小铸铁件在冷却过程中各部分的温度差，实现同时凝固；改善铸型和型芯退让性；适当增加铸铁件在型内的冷却时间，以减少各部分的温差。

对形状比较复杂、尺寸稳定性要求较高的铸铁件，应采用时效的方法来降低铸造应力。最终残余应力的大小，除与时效工艺有关外，在很大程度上取决

于铸铁件原始残余应力的大小，即如果铸铁件中原始残余应力很大，即使经过时效处理，铸铁件中也仍有较大的残余应力。因此，减小铸造应力的最根本的办法是应使铸铁件在冷却过程中尽可能少产生应力。

3. 铸铁件的变形和开裂

（1）铸铁件的变形　铸铁件在内力和外力的作用下引起变形的原因：铸铁件结构的刚度不足，温度变化，铸铁件内残余应力发生松弛与再分布等。

研究铸铁材质在外力作用下的应力-应变曲线，残余应力的大小及其松弛过程对变形的影响，对探索铸铁件变形机理，掌握铸铁件变形的规律是必要的。铸铁的应力-应变曲线是一条微弯的曲线，没有明显的直线部分。在应力作用下，铸铁除产生弹性变形外，还同时伴有塑性变形产生。弹性变形随应力的增大而降低。应力越大，残余变形也越大，应力消除后有残余塑性变形发生。图 2-136 所示为铸铁的应力-应变曲线。可以看出，它的弹性变形过程并不遵守胡克定律，而且受拉伸和压缩应力时也不相同。

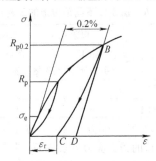

图 2-136　铸铁的应力-应变曲线

R_p—规定塑性延伸强度　　σ_e—弹性极限　　ε_r—残余变形

$R_{p0.2}$—条件屈服强度

灰铸铁的弹性模量与它的成分和组织有密切关系。具有细片状石墨的高强度铸铁的弹性模量高于石墨粗大的低牌号铸铁。

当灰铸铁受到较大外力作用时，外力与残余应力叠加，使铸铁件中与作用力方向垂直的石墨尖端产生很大的应力集中，当附近的基体所受的应力超过其屈服极限时，就会产生显著的塑性变形。不均匀的塑性变形会造成铸铁件的挠曲。塑性变形一方面减缓了应力集中状况，另一方面会强化金属基体，从而使金属的松弛刚度提高。

处于应力状态的铸铁件，能自发地进行变形以减小内应力，使铸铁件趋于稳定状态。只有当原来受弹性拉伸部分产生压缩变形，而原来受弹性压缩部分产生拉伸变形时，才能使铸铁件中的残余应力减小。铸

铁件变形的结果，将导致它产生挠曲。产生挠曲变形的铸铁件可能因机械加工余量不足而报废。铸铁件变形后，只能减小应力，而不能完全消除应力。机械加工后，由于铸铁件内的应力失去平衡，又会产生第二次挠曲变形，使零部件失去应有的精度。因此，对于精度要求较高的铸铁件，消除残余应力是很必要的。

（2）铸铁件的开裂　铸铁件冷裂的外形呈连续的直线状或圆滑曲线，而且常常是穿过晶粒而不是沿晶界断裂。冷裂断口干净，具有金属光泽或呈轻微的氧化色。冷裂是铸铁已处于较低温度下，铸造应力超过了铸铁的强度极限而产生的。冷裂往往出现在铸铁件受拉伸的部位，特别是有应力集中的地方。铸铁件产生冷裂的倾向和影响因素与影响铸造应力的因素基本一致。

形状复杂的大型铸铁件容易形成冷裂。有些冷裂在打箱清理后即能发现，也有些铸件在打箱后在放置的状态下发生冷裂。当灰铸铁中 $w(P) > 0.3\%$ 时，往往有大量网状磷共晶出现，冷裂倾向明显增大。

（3）防止铸铁件变形和开裂的措施　铸铁件产生变形和开裂的共同原因是在冷却过程中产生了铸造应力。当铸造应力超过铸铁的屈服极限并产生塑性变形时，就会出现变形与挠曲；若铸造应力超过强度极限，即会产生开裂。因此，将铸造应力减至最低程度是防止铸铁件产生变形和开裂的最根本方法。

从工艺方面应采取的措施参见本套手册第 6 卷铸造工艺。

2.5.3　非金属夹杂物和组织不均匀性及其防止

1. 非金属夹杂物的形成及其防止

铸铁在熔炼和铸造过程中，各种金属元素与非金属元素发生化学反应而产生各种化合物，以及铁液与外界物质（如与金属炉料表面的砂粒、铁锈，焦炭中的灰分以及与炉衬、浇包衬等）接触后发生的相互作用，都会产生非金属夹杂物而进入铁液内。

铸铁件内存在非金属夹杂物，会大大降低铸件的力学性能，特别是对疲劳性能和韧度的影响更为严重。铁液中含有悬浮状难熔的固体夹杂物，还会显著降低铁液的流动性。

从溶解有非金属元素的铁液中析出非金属夹杂物，取决于铁液的热力学和动力学条件。其化学反应方程为

$$m[A] + n[B] \Longrightarrow AmBn$$

式中　A、B——分别表示金属和非金属元素；

　　　m、n——系数；

　　　AmBn——为产生的非金属夹杂生相。

其平衡常数 K 为

$$K = \frac{a_{AmBn}}{a_A^m a_B^n}$$

式中 a——相应元素和夹杂物的活度。

标准状态下夹杂物的生成自由能 ΔG 与平衡常数 K 的关系为

$$\Delta G = -RT\ln K$$

式中 R——摩尔气体常数；

T——热力学温度。

若 $\Delta G < 0$，该夹杂物即可从液相中析出。析出夹杂物的过程一般是放热反应，所以温度越低、ΔG 越小，该夹杂物越容易形成。

在相同的温度、元素含量的条件下，优先从金属液中形成氧化物的顺序是 $Al_2O_3 \rightarrow SiO_2 \rightarrow MnO \rightarrow FeO \rightarrow Cu_2O$ 等。夹杂物的熔点也反映了生成热的高低及元素之间亲和力的大小。熔点越高，生成热越大，即 ΔG 越小。因此，比较它们的熔点，也可大致比较出非金属夹杂物生成的难易程度。表 2-38 列出了各种非金属夹杂物的熔点、密度和热力学参数。

表 2-38 各种非金属夹杂物的熔点、密度和热力学参数

夹杂物	熔点 /℃	密度 /(g/cm³)	$-\Delta H^\circ_{289}$ /(kJ·mol)	$-\Delta G_{289}$ /(kJ/mol)
FeO	1371	5.9	266.7	244.1
Fe₃O₄	1597	4.9	1122.1	1021.6
Fe₂O₃	1560	5.12	822.7	742.3
SiO₂	1713	2.26	880.1	825.6
Al₂O₃	2050	3.9	1675.6	1582.6
MnO	1785	5.8	385.2	363.0
MnO·SiO₂	1270	3.58	—	—
MgO·Al₂O₃	2135	3.58	—	—
CaO·Fe₂O₃	1216	4.68	—	—
CaO·Al₂O₃	1606	2.98	—	—
FeO·SiO₂	1206	4.35	—	—
FeO·Al₂O₃	1780	4.05	—	—
Al₂O₃·SiO₂	1487	3.05	—	—
Cr₂O₃	2277	5.0	1129.2	1047.5
TiO₂	1825	4.2	944.1	889.3
MgO	2800	3.5	601.6	569.8
Ce₂O₃	1690	6.38	—	—
Cu₂O	1230	—	166.8	142.4
MnS	1610	3.6	205.2	205.2
FeS	1193	4.5	95.1	97.6
CaS	2525	2.8	460.5	455.5
MgS	2000	2.8	347.5	—
CeS	2450	5.88	494.0	—
Ce₂S₃	1890	5.07	—	—
TiN	2900	5.1	336.6	—
Fe₃P	1155	6.74	—	—

注：ΔH° 为标准生成热；ΔG 为标准生成自由能。

实际上，金属液内各元素的含量是不同的，仅从热力学条件来判断是不够的，还应考虑到反应过程的动力学条件。反应速度还取决于参加反应元素的含量和扩散速度，即反应元素的含量越高、扩散系数越大和温度越高，反应速度越大。因此，从液态金属中形成非金属夹杂物的难易程度，需由反应过程的热力学和动力学条件决定。当非金属元素的含量很少时，夹杂物的析出主要取决于动力学条件。

夹杂物从铁液中析出后，因铁液内的对流和夹杂物本身由于重度差而产生的上浮或下沉运动，都会使夹杂物之间发生碰撞和聚合。它们碰撞后能否聚合在一起，取决于夹杂物表面的性质、铁液的温度、夹杂物的大小和熔点的高低。夹杂物与铁液的表面张力越大、铁液温度越高、夹杂物越小、熔点越低，则越容易聚合成一体。

非同类的两夹杂物相碰时，将组成更复杂的化合物，如：

$$Al_2O_3 + SiO_2 \rightarrow Al_2O_3 \cdot SiO_2$$
$$SiO_2 + FeO \rightarrow FeO \cdot SiO_2$$

这些复杂氧化物或硅酸盐夹杂物，熔点都比简单氧化物低，因此反应产物可能重新熔化，成为液态夹杂物。液态夹杂物碰到固相夹杂物后，就会沿固体夹杂物表面溶散，促成两者反应，或者黏附在固相夹杂物周围。

如果两个夹杂物相碰后，不产生化学反应，也可机械地粘在一起，组成各种成分分布不均匀、形状极不规则的复杂夹杂物。

夹杂物粗化后，再与其他夹杂物相碰撞，这样不断进行下去，使夹杂物不断长大，其成分和形状也会变得更复杂。与此同时，铁液中的某些成分也会不断向夹杂物扩散和溶解。所以，铸铁件中的夹杂物常含有多种元素，若未被清除，一般会浮到铸件上部表层内，其形状常是不规则的。

球墨铸铁件中常出现夹杂物类缺陷，又称夹渣、黑渣或黑斑。夹渣在断口上呈暗黑色，没有金属光泽。

球墨铸铁件夹渣的组成中含有氧化物、硫化物和硅酸镁等非金属夹杂物，它们是球化处理时原铁液中的硅、锰、镁及稀土与氧、硫的反应产物。常因除渣剂效果不佳、扒渣不彻底、温度低、渣上浮较慢而未能排除，因而在铸件中造成夹渣，称一次夹渣。当铁液在吊运、浇注、充型过程中受到搅动、氧化膜破裂成碎片而卷入铸型中，在上浮过程中又不断吸附沿途碰到的硫化物等微粒，会使铸件造成二次夹渣。二次夹渣形成较晚，位于一次夹渣的下面。

球墨铸铁的夹渣主要与残留镁量、原铁液硫含量和浇注温度有关。提高残留镁量，也就提高了氧化膜的形成温度。在较高的温度下就形成了氧化膜。氧化膜越多，夹渣倾向也越严重。所以，应在保证球化的前提下，尽量降低残留镁量。原铁液的硫含量高，生成的硫化物多，夹渣也多。浇注温度高，有利于各种夹杂物聚集上浮，便于提前清除，减少一次夹渣。此外，当浇注温度高于氧化膜的结膜温度，就可防止二次夹渣的生成。

铁液中颗粒较粗的非金属夹杂物大多数可在浇注系统中通过设置耐高温的玻璃纤维过滤网或陶瓷过滤器去除。详细内容可分别参阅第5章球墨铸铁及本套手册第6卷铸造工艺有关章节。

2. 组织不均匀性及其防止

(1) 晶粒粗大　灰铸铁件局部断面，特别是热节处晶粒粗大并伴随析出粗片状石墨，机械加工后石墨脱落，加工表面显得结构疏松和多孔性，类似苍蝇脚的小黑孔，有时会被误认为缩松。晶粒粗大会降低铸件的力学性能和耐磨性，在水压试验时易发生渗漏。

当铸铁件的壁厚相差较大时，为防止薄壁部分产生白口，采用碳当量高的铁液浇注易使厚壁处晶粒粗大。炉料新生铁晶粒粗大，用量又多，浇注温度太高，都能促使这种缺陷的产生。

若在铸铁件的厚壁部位用冷铁激冷，严格控制碳当量、浇注温度和炉料，可以避免产生晶粒和石墨的粗大缺陷。

(2) 石墨漂浮　石墨漂浮是球墨铸铁、蠕墨铸铁等高碳当量铸铁易产生的缺陷。常出现在铸件的上表面、型芯的下表面或铸件最后凝固处，呈密集的黑斑（乌黑发亮），这种黑斑是大量非球状、开花状、枝晶状石墨的聚集，它是一种密度偏析现象，称为石墨漂浮。石墨漂浮区除碳含量较高外，硫、镁及稀土元素的含量也比正常区高。

产生石墨漂浮的原因及其防止措施参见本卷第5、6章。

(3) 局部白口　局部白口组织常在某些灰铸铁、蠕墨铸铁和球墨铸铁件中出现。一般认为是因铸铁件薄壁部分冷却速度太快，使铸铁件的局部按亚稳定系结晶而析出渗碳体。

产生局部白口的主要原因：铸件壁厚不均匀，化学成分不正确（碳当量太低、硫含量或硫与锰的比值太高、存在反石墨化元素等），铁液氧化严重、碳、硅、锰大量烧损，配料中废钢用量太多等。

防止方法：冲天炉熔炼时适当减小风量，增加底焦高度和层焦加入量，防止铁液氧化，减少废钢加入量，降低硫含量，严格控制反石墨化元素，加强孕育处理，使铸件各部分冷却均匀。

(4) 反白口　铸铁件断面外部呈灰口组织，而内部呈局部的白口组织，因白口的位置正好与表层白口缺陷相反，所以称为反白口。反白口常出现于灰铸铁件、蠕墨铸铁件和球墨铸铁件中。

产生反白口的原因较复杂，一般来说有下列原因：

1) 各种成分的铸铁有各自的最易形成反白口的临界冷却速度。由于在已凝固部分的冷却作用下，中心部分的凝固速度快于外部而形成反白口。有时由于型砂水分高、浇注温度低而增加形成反白口的倾向。

2) 在冷却较快的情况下，凝固过程中出现成分偏析：

① 碳的反偏析。由于中部碳含量低，按亚稳定系凝固而析出渗碳体，表2-39列出了单体铸造过共晶活塞环反白口和灰口部分的化学成分，其中心白口部分碳的质量分数较灰口部分低0.28%（编号2）。

② 反石墨化元素的正偏析，如有的球墨铸铁件的反白口部分存在稀土与镁的偏析。

3) 厚壁球墨铸铁件最后凝固部分产生孕育衰退，石墨球数少，形成反白口。

4) 铁液氢含量高，凝固过程中氢气集中在铸件中心部分，阻止石墨化而促使形成白口。

表2-39　单体铸造过共晶活塞环反白口和灰口部分的化学成分

编号	取样部位	化学成分（质量分数，%）					
		C	Si	Mn	S	P	Cr
1	白口	3.68	—	—	—	—	—
2	白口	3.6	2.86	0.66	0.037	0.425	0.08
	灰口	3.88	2.87	0.66	0.049	0.472	—
3	白口	3.62	—	0.58	0.052	—	0.12
	灰口	3.90	2.74	0.67	0.086	0.452	0.10
4	白口	3.50	2.78				

防止出现反白口的方法：严格控制铁液的化学成分和反石墨化元素；提高铁液的温度并强化孕育；减少球化剂中稀土的含量，保证球化的条件下，降低球化剂的加入量。

2.5.4　气孔的形成及其防止

　　铸铁件中存在气孔,不仅减小了铸铁件的有效截面面积,同时在气孔周围会引起应力集中,成为材料断裂的裂纹源,特别严重的是当气孔呈条状、尖角形且大量密集分布在铸铁件表面层时,危害最大,会大大降低铸铁件的力学性能,尤其使冲击韧度和疲劳强度大幅度下降。铸铁件凝固时析出气体的反压力,可阻碍铁液的补缩,造成微观缩松,降低铸铁件的致密性,使某些需经水压试验的铸铁件因渗漏而报废。

　　析出性气孔一般在铸铁件的最后凝固处、冒口附近较多。铸铁件中形成析出性气孔的气体主要有氧、氮、氢等。

　　铸铁中的气体含量一般为（质量分数,下同）:氧在 $80 \times 10^{-4}\%$ 以下,氮在 $140 \times 10^{-4}\%$ 以下,氢在 $4 \times 10^{-4}\%$ 以下。随着温度下降,气体在铁液中的溶解度减小。图 2-137 所示为铁液中溶氧量与温度的关系。图中的曲线是由〔Si〕$+2$〔O〕$\rightarrow$（SiO_2）反应所决定的平衡溶氧量；直线是由〔C〕$+$〔O〕$\rightarrow$CO 所决定的平衡溶氧量,用浓差氧探头直接测量的各种工业铸铁的溶氧量值用标记示于图中。从图 2-137 中可看出,当硅的质量分数为 1% ~3% 时,如温度在 1400 ~1650℃ 范围内变化,氧含量将从 $5 \times 10^{-4}\%$ 增加到 $70 \times 10^{-4}\%$ 以上。所以,硅含量和温度是控制铸铁中溶氧量的主要参数。铸铁中除固溶氧外,氧还可能以 SiO_2、FeO、CO、CO_2 等非金属夹杂物或化合物的形式存在。

　　铸铁中氮的溶解度随温度下降而减小,而且与合金元素含量有关。碳和硅能降低氮在铁液中的溶解度,而铬、锰、钒等元素则能提高氮在铁液中的溶解度。各种铸铁的氮含量见如表 2-40。

表 2-40　各种铸铁的氮含量（质量分数）（%）

铸铁种类	氮含量/10^{-4}
可锻铸铁	50 ~140
灰铸铁	40 ~70
球化前的铁液	40 ~120
球化后的铁液	30 ~80

　　铸铁中氢的含量不高,一般不超过 $\varphi(H_2) \leq 2.5 \times 10^{-4}\%$,但它对铸铁件形成析出性气孔的影响较大。一般认为氢的质量分数只要超过 $2 \times 10^{-4}\%$,就可能出现气孔。铁液中含有微量的铝,能使铁液大量吸氢,促使形成气孔。

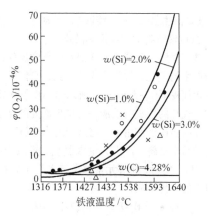

图 2-137　铁液中溶氧量与温度的关系
×—可锻铸铁　○、●—灰铸铁　△—球墨铸铁

1. 析出性气孔的形成及其防止

　　铁液溶解气体是一个可逆过程。温度降低时,溶解的气体处于过饱和状态,气体能向铁液表面扩散而脱离吸附状态（蒸发）。但在实际生产条件下,因冷却较快,以这种形式析出的气体量受到很大限制,一般可以气泡或与其他元素形成化合物的形式存在或排除。

　　溶于铁液中过饱和的气体能形成气泡的条件:

　　1）气泡内各种气体分压的总和（气体总压力）大于作用于气泡的外压力。

　　2）溶解在铁液中的某种气体析出的分压力应大于该气体在气泡中的分压力,该气体才能自动向气泡扩散而不断长大。要满足这一条件,主要依靠铁液温度的降低。

　　3）必须有大于某临界尺寸而稳定存在的气泡核心。铁液中存在的大量非金属夹杂物,熔炼、炉前处理或浇注过程中形成和卷入的气体,以及包衬、型壁等都可能成为气泡的非自发核心的基础,气泡很容易在这些表面上形成。

　　附着在外来夹杂表面的气核形成后,溶于铁液中的气体由于压差必将自动向气泡扩散,当气泡长大到一定临界尺寸时,就会脱离表面而上浮。有时附着在非金属夹杂物表面的气泡,可带着夹杂物一起上浮。气泡越小,上浮速度越慢。要使气泡能及时上浮而排除,气泡直径一般应大于 0.001 ~0.01cm。

　　铁液在铸型内降温较快,气泡上浮困难,或者铸件表面已凝固,气泡来不及排除而造成气孔。

　　防止析出性气孔最根本的方法是减少铁液的吸气量；其次是将它含有的气体排除或阻止气体析出。例如,废钢应经清理滚筒并除锈；焦炭、铁料不应在露天堆放；炉衬、浇注工具必须充分烘干；孕育剂应烘烤后加入，提高浇注温度；提高铸铁件的冷却速度等。

2. 反应性气孔的形成及其防止

铁液与铸型之间或铁液内部发生化学反应而析出气体所产生的气孔，称为反应性气孔，它们常分布在铸铁件表面皮下 1～3mm 处，所以通称皮下气孔。

皮下气孔的形成与铁液—铸型界面处的化学反应有关。在高温铁液作用下，铸型中的水分被蒸发，黏土中的结晶水分解，产生大量水蒸气。铁液中的 Fe、C、Si、Mn、Mg 和 Al 等元素都会与水蒸气发生作用，产生以下的气化反应：

$$mMe + nH_2O \longrightarrow Me_mO_n + nH_2$$

造型材料中的自由碳（如煤粉等）及有机物会发生燃烧反应，即

$$2C + O_2 \rightarrow 2CO$$
$$或 \qquad 2[C] + O_2 \rightarrow 2CO$$
$$CO + \frac{1}{2}O_2 \rightarrow CO_2$$

直至自由氧气耗尽为止。

经氧化—热分解反应后，在界面处形成了 H_2O、H_2、CO 和 CO_2 等气相，它们与铸型表层上残存的固体碳又继续相互作用，发生以下反应：

$$CO_2 + H_2 \rightarrow CO + H_2O$$
$$C + CO_2 \rightarrow 2CO$$
$$C + H_2O \rightarrow CO + H_2$$

$$C + 2H_2O \rightarrow CO_2 + 2H_2$$

在高温下都使上述反应向右进行，使 CO 及 H_2 含量增加。在一定温度下，铸型内各气相成分达到热力学平衡。

由于皮下气孔的形成原因比较复杂，至今还没有统一的认识。一种原因可能是，固液界面处气相中含有较多的氢，凝固时固液界面前沿形成过饱和浓度和很高的析出压力，而界面反应产生的各种氧化物 FeO、Al_2O_3、MnO 或石墨等可作为气泡的核心，这些表面上形成气泡后，铁液中的氢、氮等气体均向气泡扩散而长大；另一种原因可能是，铁液在浇包中和浇注时的降温过程中，由于锰、铁的 $\Delta F°$ 降低，增强了它们的氧化倾向，与大气中的氧、铸型内界面处的水蒸气或 CO_2 相互作用，生成氧化物。MnO 容易与 FeO 组成低熔点渣，促使 FeO 与凝固层界面处枝晶内由于碳的成分偏析而析出的石墨产生以下反应：

$$FeO + C \rightarrow Fe + CO \uparrow$$

如有 MnS 参加反应，将使 FeO 复合物的熔点更低，反应更充分。CO 气泡可依附于枝晶或非金属夹杂物形成，同时铁液中的氢、氮可扩散进入气泡而长大。

一般认为，皮下气孔主要是在铁液—铸型界面上的化学反应析出气体过程中产生的。经镁处理的球墨铸铁铁液浇入铸型后，更易与铸型中的水蒸气反应而产生皮下气孔，其形成原因及防止措施可参见本卷第5章。

参 考 文 献

[1] ZHOU J Y. Colour Metallography of Cast Iron [J]. China Foundry, 2010 (7)：1-4.

[2] 翟启杰. 铸铁物理冶金理论及应用 [M]. 北京：冶金工业出版社, 1995.

[3] 周继扬. 影响铸铁凝固组织的隐形因素 [J]. 现代铸铁, 2005 (1)：20-25.

[4] 陆文华, 等. 铸造合金及其熔炼 [M]. 北京：机械工业出版社, 2013.

[5] 刘志恩. 材料科学基础 [M]. 西安：西北工业大学出版社, 2003.

[6] 边秀房, 等. 铸造金属遗传学 [M]. 济南：山东科学技术出版社, 1999.

[7] STEFANESCU D M. Thermal Analysis – Theory and Application in Metalcasting [J], International Journal of Metalcasting, 2015, 9 (1)：7-22.

[8] 井ノ山直哉, 山本悟, 川野丰, 等. 反应论铸铁学 [M]. 庞建路, 等译. 北京：机械工业出版社, 2012.

[9] 方克明. 铸铁石墨形态和微观结构图谱 [M].

北京：科学出版社, 2000.

[10] 徐锦锋, 等. 蠕虫状石墨的生长方式及其与奥氏体的位向关系 [C] //2018 中国铸造活动周论文集, 2018.

[11] 邱汉泉, 等. 中国蠕墨铸铁40年 [J]. 中国铸造装备与技术, 2006, 1-3.

[12] QING J J, XU M Z. Graphite in Metallic Materials Grorths, Structure, and Defects of Spheroidal Graphite in Ductile Iron, Handbook of Graphene：Volume 1 [M]. Beverly Scrivener Publishing LLC, 2019.

[13] STEFANESCU D M, et al. On the Crystallization of Graphite from Liquid Iron – Carbon – Silicon Melts [J]. Acta Materialia, 2016, 107：102-126.

[14] Liu J H, Yan J S, Zhao X B, et al. Precipitation and evolution of nodular graphite during solidification process of ductile iron [J]. China Foundry, 2020, 17, (4)：260-271.

第3章 铸铁的质量检测

3.1 检测范围

为了满足铸件的使用条件，通常要求铸件符合某些性能的要求，而这些性能有的能通过铸件本身检测，绝大部分则是通过对铸件材质的检测来保证性能的，因此本章主要阐述影响铸件性能的铸铁材质及铸件的相关检测。

在化学成分一定的情况下，金属材料的性能取决于（金相）显微组织，而金相组织的形成则取决于金属材料的化学成分和凝固条件，凝固条件取决于不同的铸造工艺、生产条件和铸件结构，即便是金相组织相同，但成分稍有差异也可能造成性能的改变。所以，相对准确反映铸铁件性能的最直接办法是从铸件本体上取样测试。鉴于铸件本身的结构条件对取样的限制和实际生产现状，通常采用与铸件同炉铁液的单铸试棒或依附于铸件本体的附铸试棒来表示铸件的实际性能水平；对于一些特殊要求的铸铁件，当其某些性能不易测定时，往往通过铸铁材料化学成分及其含量的控制来满足铸铁件的性能要求。因此，为保证铸件的使用条件和铸造生产过程中的质量控制，铸件的检测就包括了铸铁材料的检测和铸件性能的检测，即材料化学成分的检测、材料的物理性能检测、材料力学性能的检测、铸造性能检测、铸件的无损检测、铸件表面粗糙度检测、铸件尺寸检测以及铸造生产过程中的铁液温度的检测等。

3.2 铸铁化学成分分析

铸铁的化学成分中除铁外，主要含有碳、硅、锰、磷、硫以及其他合金元素。

3.2.1 取样和制样的标准及方法

表3-1列出了与铸铁化学成分分析取样和制样相关的标准。

表3-1 铸铁化学成分分析取样和制样的标准

标准号	标准名称
GB/T 20066—2006	钢和铁　化学成分测定用试样的取样和制样方法
GB/T 5678—2013	铸造合金光谱分析取样方法

按 GB/T 20066—2006《钢和铁　化学成分测定用试样的取样和制样方法》制取铸铁化学成分分析试样应特别注意以下事项：

1. 铸铁产品用铁液试样

1）物理分析方法试样一般需通过急冷获得白口组织。

2）为防止球墨铸铁试样受铁渣污染，可用陶瓷过滤网对铁液过滤后再取样，在加入添加剂之前取得的样品不能代表铸件的化学成分。

2. 铸铁产品试样

1）屑状样品应尽可能压紧，每块约 10mg，以避免石墨粉化。不能用洗涤剂洗涤样品或用磁处理样品，以避免金属与石墨的分配状态被改变。

2）用重熔制备物理分析方法用样时，应制备出急冷态白口组织的样品。要特别注意有部分损失的元素。对于从含有游离石墨碳的铸铁产品中取得的样品，不适合于用如光电发射光谱分析方法或 X 射线荧光光谱分析方法进行高质量的分析，这时应选用化学分析方法或热分析方法。

按 GB/T 5678—2013《铸造合金光谱分析取样方法》制取铸铁发射光谱分析用试样制样要点见表 3-2。

3.2.2 常用铸铁化学成分分析标准

常用铸铁化学成分分析标准见表 3-3。

3.2.3 碳硫分析

碳是铸铁中的重要组分，硫虽然在一定含量范围内对铸铁的某些性能有利，但会降低铸铁的塑性和韧性。碳在常温下反应能力很弱，只有在高温下才能与其他合金元素化合，碳的检测通常是使碳在高温下与氧反应转化成 CO_2，然后以不同的方法检测；硫易与氧形成氧化力较小的化合物，而全部或部分失去最外层的 6 个电子，形成正四价或正六价的化合物（如 SO_2、SO_3、SO_4^{2-}、$S_2O_3^{2-}$ 等）。分析上就是利用硫的这一特性将其转化为相应的化合物而进行硫的测定。

1. 碳的测定

测定碳的方法主要有碱石棉重量法、气体容量法、非水滴定法、电导法和红外线吸收法等，最常用的主要有气体容量法和红外线吸收法。

（1）气体容量法　气体容量法为中小型工厂日常分析钢铁和铸铁中碳含量最常用的方法，分析结果为碳含量的绝对值，有较高的准确度，是测定铸铁中碳的国家标准方法。测试原理是将试样置于高温炉中通氧燃烧，使碳氧化成二氧化碳。混合气体经除硫管除硫后，收集于量气管，然后以氢氧化钾溶液吸收其中的二氧化碳，吸收前后的体积之差为二氧化碳体积，由此计算碳的含量。

表3-2　铸铁发射光谱分析用试样制样要点

试块类型	组合铸型[①]	试块的铸造	试样的制备
铸造薄圆盘试块	铸造薄圆盘试块的组合铸型 （用带排气槽的金属型做上型,铜激冷块做下型）	1）钢制采样勺的容量应足够浇注3～4个试块。采样勺应预先烤干并预热 2）铸型可涂刷耐火涂料。铸型应预热到300℃左右。上型与下型外侧缝隙可泥封 3）采样勺内的液态金属经扒渣后浇入铸型,并控制金属液面低于型腔顶面3～5mm 4）每次取样后,采样勺和铸型要洁净,不得残留上一次取样的金属和熔渣	1）用锤击、砂轮片切割机或锯将圆盘部分自试块上取下,并以底部的激冷面制备光谱分析试样的工作面 2）加工面用氧化铝或碳化硅质砂轮或砂带研磨 3）以原激冷面作为试样的光谱分析工作面时,应将其打磨掉1.3～1.6mm 4）加工好的工作面应平整、光洁,无气孔、砂眼、缩孔、缩松、毛刺、裂纹和夹杂等缺陷
铸造圆盘试块	铸造圆盘试块的组合铸型 （用水玻璃砂做上型,铜激冷块做下型）		

① 对于灰铸铁,在必须采用灰口组织试样时,可以用耐火砖或砂型做下型代替铜激冷块。

表 3-3 常用铸铁化学成分分析标准

分析内容	标 准 号	标 准 名 称	测定范围（质量分数,%）
碳、硫	GB/T 20123—2006	钢铁 总碳硫含量的测定 高频感应炉燃烧后红外吸收法（常规方法）	碳：0.005 ~ 4.3 硫：0.0005 ~ 0.33
	GB/T 223.69—2008	钢铁及合金 碳含量的测定 管式炉内燃烧后气体容量法	碳：0.10 ~ 2.00
	GB/T 223.71—1997	钢铁及合金化学分析方法 管式炉内燃烧后重量法测定碳含量	碳：0.10 ~ 5.0
	GB/T 223.68—1997	钢铁及合金化学分析方法 管式炉内燃烧后碘酸钾滴定法测定硫含量	硫：0.003 ~ 0.20
	GB/T 223.72—2008	钢铁及合金 硫含量的测定 重量法	方法一 硫：0.003 ~ 0.35 方法二 硫：0.003 ~ 0.20
磷	GB/T 223.59—2008	钢铁及合金 磷含量的测定 铋磷钼蓝分光光度法和锑磷钼蓝分光光度法	方法一 磷：0.005 ~ 0.300 方法二 磷：0.01 ~ 0.06
锰	GB/T 223.64—2008	钢铁及合金 锰含量的测定 火焰原子吸收光谱法	锰：0.002 ~ 2.0
硅	GB/T 223.5—2008	钢铁 酸溶硅和全硅含量的测定 还原型硅钼酸盐分光光度法	硅：0.01 ~ 1.00
	GB/T 223.60—1997	钢铁及合金化学分析方法 高氯酸脱水重量法测定硅含量	硅：0.10 ~ 6.00
铝	GB/T 223.9—2008	钢铁及合金 铝含量的测定 铬天青 S 分光光度法	方法一 酸溶铝：0.050 ~ 1.00 方法二 铝：0.015 ~ 0.50
铝、硼	GB/T 223.81—2007	钢铁及合金 总铝和总硼含量的测定 微波消解 – 电感耦合等离子体质谱法	总铝：0.0005 ~ 0.10 总硼：0.0002 ~ 0.10
铬	GB/T 223.11—2008	钢铁及合金 铬含量的测定 可视滴定或电位滴定法	方法二 铬：0.25 ~ 35.00
铜	GB/T 223.53—1987	钢铁及合金化学分析方法 火焰原子吸收分光光度法测定铜含量	铜：0.005 ~ 0.50
镍	GB/T 223.54—1987	钢铁及合金化学分析方法 火焰原子吸收分光光度法测定镍含量	镍：0.005 ~ 0.50
钒	GB/T 223.13—2000	钢铁及合金化学分析方法 硫酸亚铁铵滴定法测定钒含量	钒：0.100 ~ 3.50
	GB/T 223.14—2000	钢铁及合金化学分析方法 钽试剂萃取光度法测定钒含量	钒：0.005 ~ 0.50
	GB/T 223.76—1994	钢铁及合金化学分析方法 火焰原子吸收光谱法测定钒含量	钒：0.005 ~ 1.0

（续）

分析内容	标 准 号	标 准 名 称	测定范围 （质量分数,%）
钛	GB/T 223.84—2009	钢铁及合金　钛含量的测定　二安替比林甲烷分光光度法	钛：0.002~0.80
钴	GB/T 223.65—2012	钢铁及合金钴含量的测定　火焰原子吸收光谱法	钴：0.003~5.0
镁	GB/T 223.46—1989	钢铁及合金化学分析方法　火焰原子吸收光谱法测定镁含量	镁：0.002~0.100
钙	GB/T 223.77—1994	钢铁及合金化学分析方法　火焰原子吸收光谱法测定钙含量	钙：0.0005~0.010
氧	GB/T 11261—2006	钢铁　氧含量的测定　脉冲加热惰气熔融-红外线吸收法	氧：0.0005~0.020
氮	GB/T 20124—2006	钢铁　氮含量的测定　惰性气体熔融热导法（常规方法）	氮：0.002~0.6
氢	GB/T 223.82—2018	钢铁　氢含量的测定　惰气脉冲熔融-热导或红外法	氢：0.6~30.0μg/g
稀土总量	GB/T 223.49—1994	钢铁及合金化学分析方法　萃取分离-偶氮氯膦 mA 分光光度法测定稀土总量	稀土总量： 0.001~0.2（无直接适用铸铁的国标）
多元素	GB/T 223.79—2007	钢铁　多元素含量的测定　X-射线荧光光谱法（常规法）	见标准
	GB/T 4336—2016	碳素钢和中低合金钢　多元素含量的测定　火花放电原子发射光谱法（常规法）	见标准（无直接适用铸铁的国标）
	GB/T 14203—2016	火花放电原子发射光谱分析法通则	—

注：方法一、方法二为相应标准中的序号。

（2）红外线吸收法　根据压力固定的气体吸收红外线的能量与气体的浓度成正比的原理，测出二氧化碳气体进入红外吸收器后能量的变化值可计算出碳含量。这类仪器自动化程度高，已经越来越得到广泛的应用。

红外碳硫仪一般由熔样炉、除尘器、干燥器、流量控制阀、二氧化硫检测器和二氧化碳检测器等构成。将试样放入经预先灼烧的陶瓷坩埚中称量并加一定量的助熔剂后，放到炉中通氧燃烧，并有二氧化碳和二氧化硫等其他气体生成，混合气体用氧气作载气进入除尘器除去粉尘，经过内装高氯酸镁的干燥器对气体进行干燥，除去水分；然后混合气体进入碳的红外检测器进行检测，最后在计算机上显示碳硫的结果。

2. 硫的测定

测定方法主要有 $BaSO_4$ 重量法、燃烧碘量法、酸碱滴定法、电导法、红外吸收法、离子选择电极法和还原蒸馏次甲基蓝光度法等，最常用的主要有燃烧碘量法和红外线吸收法。

（1）燃烧碘量法　将试样置于高温炉中通氧气燃烧，使硫氧化成为 SO_2，燃烧后的混合气体经除尘管除去各类粉尘，用含有淀粉的水溶液吸收，生成亚硫酸，用碘或碘酸钾标准溶液滴定。过量的碘被淀粉（$C_{24}H_{40}O_{20}$）吸附生成蓝色的吸附络合物，即为终点。

燃烧碘量法测定硫受炉温、助熔剂及仪器设备等各方面因素影响，硫的转化率往往只是在某一特定条件下的一定的回收率。所以不能直接用理论值计算，只能用与组分相当的标准试样来标定标准溶液，从而求得结果。

燃烧碘量法是目前测定铸铁中硫应用最广的分析方法，具有仪器简单、操作简便、测定速度快、适用范围广的特点，准确度也能满足要求，非常适合于中小型企业，同时也被用作测定硫的国家标准方法。

（2）红外线吸收法　SO_2 同 CO_2 一样都能有选择地吸收红外线，测量过程与碳的测定基本相同。不同的是，测定碳时混合气体进入碳的红外检测器，测量硫时混合气体进入硫的红外检测器，但由于 SO_2 对红外光的吸收不及 CO_2 灵敏，加之金属中硫的含量一般较低，所以分析准确度不如测量碳的高。

3. 碳硫分析仪

虽然采用光电直读光谱仪能快速测定出铸铁的成

分，但与专业的碳硫分析仪相比，在检测限和准确度方面仍存在一定差距，因此碳硫分析仪仍然是铸铁原料验收、炉前分析和成品检验等阶段的常用设备。碳硫分析仪的原理是将试样在高温炉中通氧燃烧，生成并逸出 CO_2 和 SO_2 气体，用此法实现碳硫元素与金属元素及其化合物的分离，然后测定 CO_2 和 SO_2 的含量，再换算出试样中的碳硫含量。

高温炉主要有电阻炉（也称管式炉）、电弧炉和高频感应燃烧炉等，管式炉加热温度相对较低，加热时间较长，转化率较低，成本较低；高频炉加热温度高，加热时间短，转化率高，成本高。

碳硫分析仪可以按价格分为价格较低的普通碳硫分析仪和价格较高的红外碳硫分析仪。

（1）普通碳硫分析仪　普通碳硫分析仪的测定方法主要有容量法和电导法等，其中容量法最为常用。

1）容量法。容量法主要有气体容量法测碳、碘量法测硫和非水滴定法测碳、酸碱滴定法测硫两种组合，其中气体容量法测碳、碘量法测硫既快速又准确，是我国碳、硫联合测定最常用的方法，采用此方法的碳硫分析仪的精度可满足大多数场合的需要。

2）电导法。用电导法测定碳、硫的优点是准确、快速、灵敏，缺点是测量范围窄、耗用试剂多，多用于低碳、低硫的测定。

（2）红外碳硫分析仪　红外碳硫分析仪的工作原理是将试样中的碳、硫经过富氧条件下的高温加热，氧化为二氧化碳和二氧化硫气体，该气体经处理后进入相应的吸收池，对相应的红外辐射进行吸收，由探测器转发为信号，经计算机处理输出结果。此方法具有准确、快速、灵敏度高的特点，对高低碳硫含量均使用。采用此方法的红外碳硫分析仪，自动化程度较高，适用于分析精度要求较高的场合。红外碳硫分析仪在许多实验室中广泛使用，成为铸铁碳硫快速分析的趋势。

3.2.4　光电直读光谱分析

1. 光电直读光谱分析的原理与特点

原子发射光谱法（AES）是根据物质中不同原子受激发后，产生不同的特征光谱来确定其组成的分析方法。光电法光谱分析是一种原子发射光谱分析方法，将加工好的试样作为一个电极，用光源发生器使样品与对电极之间激发发光，经分光系统色散成光谱，对选用的内标线和分析线由光电转换系统和测量系统进行光电转换和测量。根据相应的标准物质（标准样品）制作的分析曲线计算出分析试样中各测定元素的含量。

直读光谱的优点是智能化程度高、分析速度快、精密度高，可同时进行多元素测定，广泛用于铸铁的成分分析，特别是铸铁炉前快速分析。

光电法光谱分析仪器设备昂贵，尤其是真空型光电光谱仪，需要在操作过程中连续地在电极架周围通惰性气体，分析费用较高。

2. 光电法直读光谱仪的选择

光电直读光谱仪一般是由制造厂家根据用户的分析任务在出厂前调整好的。仪器上的光道数量、分析元素的含量范围、分析线和内标线的选择等调整好以后就固定了。选择仪器时应注意以下事项：

（1）光源发生器的选择　为进行多种样品和元素的分析，需要各种发生器；同时测定多种元素时，根据测定范围选一种激发方法。

火花光源比较适用于同时测定多种元素，如成分和杂质元素的定量分析；电弧光源适合于测定样品中的痕量成分；低压电容放电光源使电路参数变化达到从电弧到火花阶段性变化，可用于多目的的分析。

（2）分光计的选择　一般是根据分析元素及其测定范围、临近谱线对分析线影响的程度等因素，考虑色散率、测定波长范围和亮度来选定。

（3）分析线的选择　分析元素和内标元素的谱线应选择受其他元素谱线及带光谱等影响小、信噪比大的谱线。

3.2.5　热分析

1. 铸铁成分热分析的特点

碳当量、碳含量、硅含量等是决定铸铁件质量的重要化学因素。常规的化学分析法检测周期长，光谱分析价格昂贵、设备复杂，并且在炉前使用受到限制，因此寻求快速、简便的炉前铁液质量检测与控制方法，并研制与之配套的价格低廉的分析仪器，对于提高铸件质量和劳动生产率，具有重要意义。

热分析，从广义上可以解释为以材料的温度变化所引起的物理性质的变化来确定其状态变化的一种方法。早期热分析法一直被用于测定冷却曲线，研究金属和合金的结晶过程，绘制相图。由于材料在凝固时的热效应使得在热分析过程中测得的加热（或冷却）曲线上形成了"拐点"和"平台"，这些特征点与材料的成分存在对应关系，于是在 20 世纪 60 年代初，由英国人首先将热分析技术用于铸造生产中测定铸铁成分。由于这种方法具有快速、简便、准确和费用低等优点，因此在铸造业的应用日益广泛。热分析法经多年的发展，目前在国外已经相当成熟、应用相当广泛。在先进国家中，几乎所有的铸造车间中都有热分析仪，在稳定产品质量方面起到了重要作用。

铸铁是包含有共晶转变的铁碳合金，它的凝固主要是以共晶转变方式进行的。冷却曲线液相线温度和共晶特征温度明显，容易得到准确测量，并且铸铁的碳当量、碳含量和硅含量与凝固温度线的特征温度具有对应关系，因此热分析特别适合铸铁碳、硅含量和碳当量的炉前快速分析。

我国在1979年—1990年的11年间对热分析仪也做了大量的研究工作。20世纪90年代中期，随着世界产业结构的转移，一些发达国家的厂商来我国采购铸件或投资建厂，为了获得高品质的铸件，把热分析技术带到中国，使热分析仪的应用首先在独资、合资和生产出口铸件的工厂展开，并取得很好的经济效益和社会效益。由于外商铸造企业的示范效应和热分析仪生产厂商的大力推广，近年来热分析技术应用得到迅速普及。目前，用于炉前铁液成分快速分析的热分析仪基本都具备碳当量、碳含量和硅含量测定功能，根据热分析仪的功能，还可以将其称为炉前碳硅分析仪、碳硅成分分析仪和碳硅当量仪等。

2. 铸铁成分热分析的基本原理

铸铁在凝固过程中，冷却曲线临界点（见图3-1）的温度和铸铁成分之间存在对应关系：

$$CE = f(t_L)$$
$$w(C) = f(t_L、t_E)$$
$$w(Si) = f(t_E)$$
$$或 w(Si) = f(t_L、t_E)$$
$$或 w(Si) = f[t_L、t_E、w(P)]$$

式中　t_L——液相线温度；

　　　t_E——共晶温度；

　　　CE——碳当量。

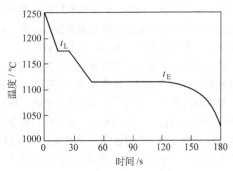

图3-1　灰铸铁冷却曲线

通过大量工艺试验和数理统计处理，找出确定的回归关系。通过测定t_L、t_E，计算出CE、$w(C)$和$w(Si)$。

3. 铸铁成分热分析过程和方法

铸铁热分析测试系统流程框图如图3-2所示。测试系统由一次感受元件和二次仪表两部分组成。一次感受元件就是取样装置，包括取样器、测试样杯和测温热电偶，测定成分需采用加碲或铋样杯进行强制白口凝固；二次仪表包括动态函数模拟记录仪、数据处理和结果显示等装置。两部分之间由传输导线连接。铁液浇入样杯后，由二次仪表描绘凝固过程的温度-时间曲线，通过数据处理，最后显示出测试结果。

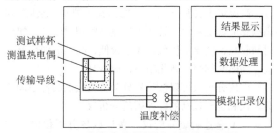

图3-2　铸铁热分析测试系统流程框图

铸铁成分热分析设备数据处理所依据的数学模型主要有以下几种：

$$w(C) = a_1 + b_1 t_L + c_1 t_E$$
$$w(Si) = a_2 + b_2 t_E$$
$$或 w(Si) = a_2 + b_2 t_L + c_2 t_E$$
$$或 w(Si) = a_2 + b_2 t_L + c_2 t_E + d_2 w(P)$$
$$CE = a_3 + b_3 t_L$$

式中　CE——碳当量；

　　　t_L——液相线温度；

　　　t_E——共晶温度；

　　　$a_1、a_2、a_3、b_1、b_2、b_3、c_1、c_2、d_2$——常数。

根据某种铸铁的试验获得上述回归方程，并编制成计算机程序。热分析仪通过捕捉到液相线温度t_L、共晶温度t_E这两个特征点，内装的计算机程序计算出碳当量、碳含量、硅含量。

4. 热分析仪的智能化发展

随着电子信息和网络技术的不断发展，铸铁冷却曲线获得的热分析参数，与铸铁性能之间的各种理化参数经过数理统计、建模和大量运算，除能输出细分的热分析类参数外，热分析仪的智能化功能越来越强，10种机械性能类参数：①铸铁的牌号（HT、QT、RuT、KT）；②抗拉强度R_m；③下屈服强度R_{eL}；④弹性模量E；⑤冲击吸收能KU；⑥布氏硬度；⑦伸长率A；⑧球铁球化级别；⑨球化率DS；⑩蠕化率η。3种化学成分类参数：①碳当量CEL；②碳含量；③硅含量。7种凝固工艺参数：①缩松倾向；②石墨漂浮倾向；③球化衰退；④孕育衰退及白口；⑤缩孔倾向；⑥其他废品倾向；⑦优化配料功能（成本最优化）等。都能在铁液浇注前完成检测。智能化结构框图如图3-3所示。

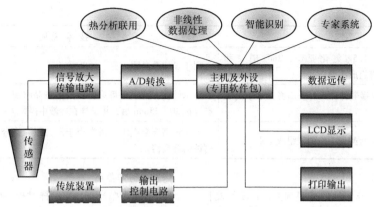

图 3-3 智能化结构框图

3.3 铸铁金相组织检验

3.3.1 金相试样的制备

铸铁金相试样的制备过程主要包括取样、研磨和浸蚀等，对于细薄较软、易碎或需检验边缘组织，以及为便于在自动磨光和抛光机上研磨的试样，则需镶嵌。铸铁试样的制备按 GB/T 13298—2015《金属显微组织检验方法》执行，本节仅针对铸铁特性简介金相试样的取样和浸蚀，观察石墨的试样制备方法见本章 3.3.2 节中的相关内容。

1. 取样

金相试样应在与铸件同时浇注、同炉热处理的试块或铸件上截取。当截取和制备金相试样时，应防止组织发生变化、石墨剥落及石墨曳尾，试样表面应光

洁，不允许有粗大的划痕。

取样的注意事项如下：

1）无论采取何种方法切割试样，都应保证被切取的试样表面及其附近的显微组织不因切割而发生变化。用砂轮切割时试样应充分冷却。

2）在力学性能试验后的试样上取金相试样时，要避开塑性变形位置。

3）测定表皮层时，试样不可倒角，最好进行试样镶嵌。

2. 化学浸蚀

一些铸铁金相试验标准推荐铸铁金相试样浸蚀剂为 2%～5%（体积分数）的硝酸乙醇溶液，还可根据试验需要按表 3-4 选用浸蚀剂。

表 3-4 铸铁金相试样的浸蚀剂

序号	配　　比	技术说明
1	硝酸的体积分数为 0.5%～6% 的乙醇混合液	用于分辨铸铁的基体组织，对于弥散度高的组织，采用体积浓度稀的溶液，可减慢浸蚀速度，提高组织清晰程度，分辨效果好
2	将 3～5g 苦味酸放入 100mL 无水乙醇中	用该种浸蚀剂热浸蚀金相试样可使磷偏析区颜色变深
3	将 2～5g 苦味酸和 20～25g 氢氧化钠放在 100mL 蒸馏水中	将铸铁金相试样用该溶液煮沸，碳化物变黑色，其他组织不受浸蚀。用这种方法研究铸铁的初晶组织效果较好
4	将 10g 过二硫酸铵溶于 100mL 蒸馏水中	能浸蚀铸铁中的铁素体。磷化物不受浸蚀
5	将 1～4g 高锰酸钾与 1～4g 氢氧化钠溶于 100mL 蒸馏水中	用该种浸蚀剂煮沸金相试样可使碳化物着色，随着时间的延长，碳化物由黄色变为橙黄、蓝绿、棕色
6	体积分数为 5%～10% 的氢氟酸水溶液	氢氟酸对硅有强烈浸蚀作用，用该种浸蚀剂检查高硅铸铁的金相组织
7	将 200g 氯化亚铁溶于 300mL 硝酸和 100mL 蒸馏水组成的溶液中	可用于浸蚀各种耐蚀、不锈的高合金铸铁的金相组织，对各种相的分辨效果较好
8	将 10g 赤血盐和 10g 氢氧化钠溶于 100mL 蒸馏水中	在 60～70℃ 浸蚀铸铁金相试样，铁素体不着色，碳化物呈深棕色，磷化铁呈黄绿色
9	1g 氯化铜、4g 氯化镁和 2mL 盐酸、100mL 无水乙醇组成溶液	用脱脂棉蘸浸蚀剂擦金相试样的抛光面，可显示共晶团边界，浸蚀速度慢，效果很好
10	4g 硫酸铜、20mL 蒸馏水与 20mL 盐酸组成溶液	可显示共晶团边界，浸蚀速度较快

（续）

序号	配　　比	技术说明
11	3g 氯化铜、1.5g 氯化亚铁、2mL 硝酸和 100mL 无水乙醇组成溶液	用于显示共晶团边界，效果很好
12	将 0.1～1g 高锰酸钾加入 100mL 蒸馏水中制成溶液	显示铸铁，特别是可锻铸铁的原枝晶组织。磷化物共晶体在热态浸蚀 20～25min 后，将试样在冷液中停留 7～10min 变黑
13	体积比为 3 份盐酸和 1 份硝酸组成王水	可显示高合金组织，通常用于浸蚀高镍铬合金铸铁及其他难被腐蚀的合金铸铁

3.3.2　石墨检验

石墨的检验项目与铸铁的类型有关，石墨的检验通常是在抛光状态下进行。

1. 石墨分类

ISO 945 将石墨分为六类，见表 3-5 和图 3-4。

表 3-5　石墨的分类

石墨类型	石墨名称	铸铁类型
I	片状石墨	灰铸铁及其他类型铸铁材料的边缘区域
II	聚集的片状石墨，蟹状石墨	快速冷却的过共晶灰铸铁
III	蠕虫状石墨	蠕墨铸铁、球墨铸铁
IV	团絮状石墨	可锻铸铁、球墨铸铁
V	团状石墨	球墨铸铁、蠕墨铸铁、可锻铸铁
VI	球状石墨	球墨铸铁、蠕墨铸铁

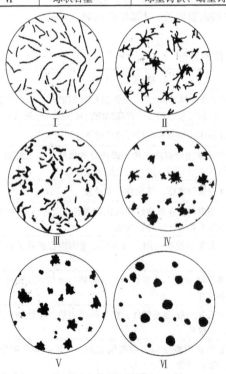

图 3-4　石墨的分类

2. 制样要点

试样为抛光态。在制样过程中应防止石墨剥落及石墨曳尾。可以将试样观察面在细砂轮上磨平，然后分几道砂纸磨制，消除试样磨面的划痕。选用短毛纤维柔软的平绒、呢或丝绸对研磨后的试样表面进行抛光。抛光粉应细致尖利，如，经过细化加工处理的氧化铝或常用的氧化铬、氧化铁。在开始抛光时，抛光粉的浓度可以高些，这对防止石墨拖曳有好处；抛光时用力要适中、均衡，随时转动变换试样方向，将至完成时把抛光粉减薄，并用力减轻；最后用清水冲洗试样，再轻微抛光并用干净丝绒擦干就可观察石墨，以观察试样无划痕，石墨呈灰暗为标准。每个试样一般抛光 5～6min 即可。

3. 石墨鉴别

用光学显微镜观察时，石墨的平面形貌具有非金属外观，表现出石墨的各向异性和反射多色性。在非偏振光下，石墨呈浅灰褐色；当用平面偏振光观察时，石墨则呈浅灰色至黑色。在铸铁中，只有经过抛光并证实其光学各向异性和反射多色性才能确认其为石墨相。当用明场非偏振光观察石墨时，石墨无方向性，不产生偏光效应，石墨相为各方向均匀一致的浅灰色。当用明场偏振光检查时，石墨产生明显的偏光效应，在一些方向石墨反光能力强，明显发亮，而在另一些方向则颜色发暗。也可采用暗场技术检查石墨。当用暗场偏振光观察时，石墨呈明暗相交的十字形。图 3-5 所示为石墨的明场、明场偏振光及暗场偏振光照片。

4. 灰铸铁石墨检验

灰铸铁石墨检验按 GB/T 7216—2009《灰铸铁金相检验》进行，部分相关内容在本卷第 4 章中做了更详细的介绍。

灰铸铁石墨检验项目有石墨分布形状和石墨长度，放大倍数均为 100 倍，对照相应特征、标准图或评级图评定。

（1）石墨分布形状　灰铸铁的石墨分布形状有六种类型，按大多数视场石墨分布形状评定。

（2）石墨长度　选择有代表性的视场，被测量的视场不少于 3 个，以其中最长的 3 条石墨的平均值作为石墨长度，石墨长度分成八级。如果采用图像分析仪，直接进行阈值分割，测量每个视场中最长的 3 条石墨的平均值。被测量的视场不少于 10 个。

5. 球墨铸铁石墨检验

球墨铸铁石墨检验按 GB/T 9441—2009《球墨铸铁金相检验》进行，部分相关内容在本卷第 5 章中做了更详细的介绍。

球墨铸铁检验项目有球化分级、石墨大小和石墨球数。除了石墨球数检验可选择放大倍数外，其余均为 100 倍，对照相应的特征、标准图或评级图评定。

（1）球化分级　首先观察整个受检面，选 3 个球化差的视场评定，球化级别分为 6 级；也可以采用图像分析仪，进行阈值分割提取石墨球，计算球化率及级别。首先观察整个受检面，选 3 个球化差的视场进行测量，取平均值。

球化率的计算方法如下：

参照表 3-6 查出视场中每颗石墨的面积率，对照表 3-7 换算成每颗石墨的球状修正系数，再按下列公式计算该视场的球化率：

$$球化率 = \frac{1 \times n_{1.0} + 0.8 \times n_{0.8} + 0.6 \times n_{0.6} + 0.3 \times n_{0.3} + 0 \times n_0}{n_{1.0} + n_{0.8} + n_{0.6} + n_{0.3} + n_0} \times 100\%$$

式中　$n_{1.0}$、$n_{0.8}$、$n_{0.6}$、$n_{0.3}$ 和 n_0——5 种球状修正系数的石墨颗数。

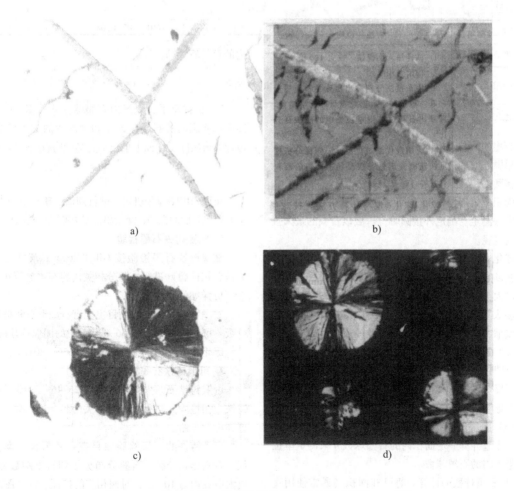

a)　　　　　　　　　　　　b)

c)　　　　　　　　　　　　d)

图 3-5　石墨的明场、明场偏振光及暗场偏振光照片　×500

a）片状石墨（明场）　b）片状石墨（明场偏振光）

c）球状石墨（明场偏振光）　d）球状石墨（暗场偏振光）

表 3-6　各种形状石墨面积率的对照表

球状石墨									
面积率 0.98	0.96	0.94	0.90	0.88	0.86	0.84	0.83	0.82	0.81
团状石墨									
面积率 0.80	0.78	0.75	0.75	0.71	0.68	0.67	0.65	0.63	0.61
团絮状石墨									
面积率 0.60	0.58	0.55	0.53	0.50	0.48	0.45	0.43	0.42	0.41
蠕虫状石墨									
面积率 0.40	0.38	0.37	0.35	0.33	0.32	0.28	0.26	0.23	0.21
蠕虫状和片状石墨									
面积率 0.20	0.19	0.18	0.17	0.16	0.14	0.10	0.08	0.07	0.05

表 3-7　石墨面积率和球状修正系数对照表

石墨面积率	≥0.81	0.80 ~ 0.61	0.60 ~ 0.41	0.40 ~ 0.21	≤0.20
球状修正系数	1.0	0.8	0.6	0.3	0

石墨的面积率按下式计算：

单颗石墨的面积率 = 石墨的实际面积／石墨的最小外接圆面积

面积率可以用图像分析仪直接测定，也可用其他近似方法测定。确定外接圆时，一般以石墨的最大投影长为直径。

球化率计算规则如下：

视场直径为70mm，被视场周界切割的石墨不计数。放大100倍时，少量小于2mm的石墨不计数。若石墨大多数小于2mm或大于12mm时，则可适当放大或缩小倍数，视场内的石墨数一般不少于20颗。

（2）石墨大小　石墨大小分为6级，对照相应的评级图评定。可以采用图像分析仪，进行阈值分割提取石墨球，选取有代表性的视场，计算直径大于最大石墨球半径的石墨球直径的平均值。

（3）石墨球数　选取有代表性视场的石墨球数计算，通过计算一定面积内的石墨球数 n 来测定单位平方毫米内的石墨球数。

1）石墨球数的计算。将已知面积（通常使用直径为79.8mm、面积5000mm² 的圆形）的测量网格置于石墨图形上，选用测量面积内至少有 50 个石墨球的放大倍数 F。计算完全落在测量网格内的石墨球数 n_1 和被测量网格所切割的石墨球数 n_2，该面积范围内的总的石墨球数 n 为

$$n = n_1 + \frac{n_2}{2}$$

2）试样每平方毫米内石墨球数的计算。通过已知面积 A 圆内的石墨球数 n 和观测用的放大倍数 F，可计算出实际试样面上单位平方毫米内石墨球数 n_F：

$$n_F = \frac{n}{AF^2}$$

可以采用图像分析仪，进行阈值分割提取石墨球，选取有代表性的视场，测量单位平方毫米的石墨球数。

6. 蠕墨铸铁石墨检验

蠕墨铸铁石墨检验按 GB/T 26656—2011《蠕墨铸铁金相检验》进行，部分相关内容在本卷第6章中做了更详细的介绍。

蠕墨铸铁石墨检验项目主要有石墨形态和蠕化率分级。可对照 GB/T 26656—2011 中的图像照片确定。蠕化率的计算也详见 GB/T 26656—2011。

7. 可锻铸铁石墨检验

可锻铸铁石墨检验按 GB/T 25746—2010《可锻铸铁金相检验》进行，部分相关内容在第7章中做了更详细的介绍。

可锻铸铁的石墨检验项目有石墨形状分类及特征、石墨形状分级、石墨分布分级和石墨颗数分级，放大倍数均为100倍，对照相应的特征、标准图或评级图评定。

（1）石墨形状分类及特征　石墨分布形状分球状、团絮状、絮状、聚虫状和支晶状5种类型。

（2）石墨形状分级　可锻铸铁中，石墨通常不

以单一形状出现。鉴于石墨形状对力学性能的影响，分为五级。按不同类型石墨颗粒数占整个视场石墨颗粒数的百分数进行石墨形状分级。

（3）石墨分布分级　按可锻铸铁中的石墨分布的均匀性和方向性分为三级。

（4）石墨颗数分级　单位面积内的石墨数，称为石墨颗数，以颗/mm² 计。石墨颗数分为五级。单个石墨颗粒等于或大于 0.01mm 予以计数，未完全进入视场的石墨颗粒以 1/2 颗数计数。

3.3.3　基体组织检验

铸铁基体组织主要有铁素体、珠光体、贝氏体、马氏体和奥氏体等。

1. 铁素体

铁素体是碳与合金元素溶于 α 铁中的固溶体，为体心立方晶格，不受酸碱溶液浸蚀。铸铁中的铁素体形态如图 3-6 所示，相应的说明见表 3-8。

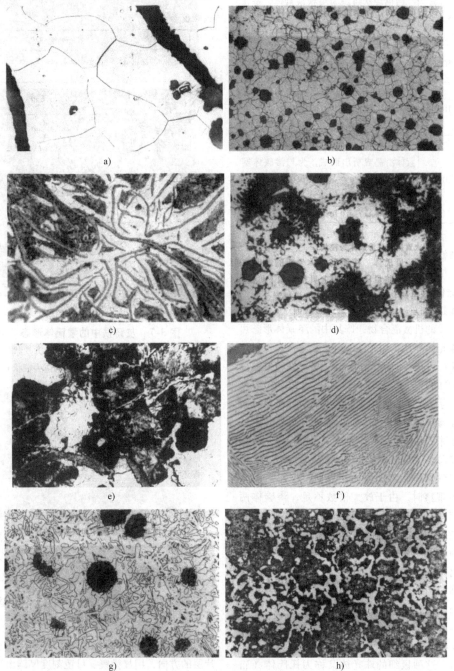

a)

b)

c)

d)

e)

f)

g)

h)

图 3-6　铸铁中的铁素体形态

表 3-8　图 3-6 的说明

分图号	放大倍数	说　　明
a	500	铁素体晶粒
b	100	铁素体晶粒
c	100	片状石墨周围的铁素体
d	100	球状石墨周围的铁素体，俗称牛眼铁素体
e	500	白色块状组织为块状铁素体，是在共析温度之上由奥氏体转变而成的先析铁素体
f	500	厚白色片状组织为片状铁素体，是在与碳化物共析时形成的共析铁素体
g	100	部分奥氏体化热处理后，部分铁素体未发生相变，以破碎状形态保存在组织中
h	100	白色网状组织为网状铁素体，是铁素体沿晶界析出而成，为与渗碳体网区别可用苦味酸 2g、氢氧化钠 25g、水 100mL 水溶液煮沸，渗碳体网染色，铁素体网不染色

有关铸铁中铁素体数量的检验方法请参见相关铸铁金相检验标准（见表 3-19）。

2. 珠光体

珠光体是铁碳合金共析反应所形成的铁素体和渗碳体两相组成的机械混合物，按其中的渗碳体形态可分为片状珠光体和粒状珠光体，以片状为常见。对于片状珠光体，可按片间距大小分为三类。在较高温度范围内形成的珠光体比较粗，其片间距为 0.6 ~ 1.0μm，称为珠光体，通常在光学显微镜下极易分辨出铁素体和渗碳体层片状组织形态。由于铁素体的体积约是渗碳体的 8 倍，因此珠光体组织中较厚的片是铁素体，较薄的片是渗碳体。在腐蚀金相试样时，被腐蚀的是铁素体和渗碳体的相界面，但在一般金相显微镜下观察时，由于放大倍数不足，渗碳体两侧的边界有时分辨不清，看起来合成了一条线（见图 3-6f）；在较低温度范围内形成的珠光体，其片间距较小，为 0.25 ~ 0.3μm，只有在高倍光学显微镜下才能分辨出铁素体和渗碳体的片层形态。这种细片状珠光体又称为正火索氏体（见图 3-7a，图 3-7b 为回火索氏体）；在更低温度范围内形成的珠光体，其片间距极小，只有 0.1 ~ 0.15μm，在光学显微镜下无法分辨其层片状特征而呈黑色，只有在电子显微镜下才能区分出来。这种极细的珠光体又称为托氏体（屈氏体）（见图 3-8）。

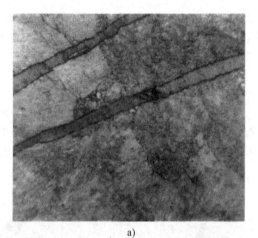
a)

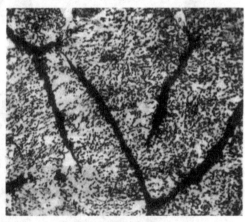
b)

图 3-7　灰铸铁中的索氏体形态　×500
a) 正火索氏体（渗碳体为片状）
b) 回火索氏体（渗碳体为粒状）

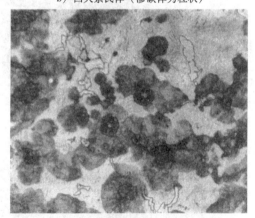

**图 3-8　球墨铸铁中的托氏体形态
（黑团状组织）　×500**

珠光体片间距的测量方法如图 3-9 所示。在垂直片层的方向，用显微镜、目镜刻度尺读出渗碳体和铁素体的片对数与垂直长度，以片对数除以垂直长度，即得一个珠光体团粒的片间距。将多个团粒片间距求和，取其平均值，即是试样中珠光体片间距。

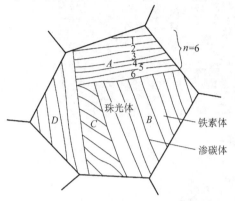

图 3-9　珠光体片间距的测量方法

A、B、C、D—团粒　n—渗碳体和铁素体的片对数

每个团粒中珠光体片间距为

$$\Delta L_A = \frac{L}{nM}$$

式中　ΔL_A——每个团粒珠光体片间距；

　　　L——n 对渗碳体和铁素体片的垂直长度；

　　　n——1 个团粒中珠光体（渗碳体和铁素体）片对数；

　　　M——放大倍数。

珠光体的平均片间距为

$$\overline{\Delta L} = \frac{\Delta L_A + \Delta L_B + \Delta L_C + \cdots + \Delta L_N}{N}$$

式中　　　$\overline{\Delta L}$——珠光体平均片间距；

$\Delta L_A \sim \Delta L_N$——团粒 $A \sim N$ 中珠光体的片间距；

　　　N——被测量的团粒数。

有关铸铁中珠光体数量或珠光体残余量分级的检验方法见相关铸铁金相检验标准（见表 3-19）。

3. 贝氏体

贝氏体是由含碳过饱和的铁素体和碳化物组成的机械混合物。按照贝氏体生成的温度和组织形态特征，将贝氏体分为上贝氏体和下贝氏体。在贝氏体区较高温度范围内形成的贝氏体称为上贝氏体；在贝氏体区较低温度范围内形成的贝氏体称为下贝氏体。在光学显微镜下，上贝氏体形态特征是羽毛状（见图 3-10a），下贝氏体形态特征是针状或杆状（见图 3-10b）。在电子显微镜下，上贝氏体由许多从奥氏体晶界向晶内平行生长的板条状铁素体和在相邻铁素体条间存在的不连续的、短杆状的渗碳体所组成（见图 3-10c）。下贝氏体是由粗针状铁素体及其内平行排列的碳化物所组成，碳化物与铁素体长轴呈 55°～65°取向（见图 3-10d）。此外，通过控制冷却过程，还可以获得粒状贝氏体，其组织特征是大块状或条状的铁素体内分布着一些颗粒状小岛（见图 3-10e）。

4. 马氏体

马氏体是碳在 α-Fe 中过饱和的间隙固溶体。铸铁中常见的马氏体主要是高碳马氏体。高碳马氏体具有针状或竹叶状外形，又像凸透镜，因此又被称为透镜马氏体或片状马氏体。针状马氏体的相互交角为 60°或 120°（见图 3-11a、图 3-12a），内部有孪晶，中间的一条亮线称为中脊线（见图 3-12b），所以高碳马氏体又被称为孪晶马氏体。当最大尺寸的马氏体片细小到光学显微镜下不能分辨时，便称为隐晶马氏体（见图 3-11b）。淬火马氏体是不稳定的非平衡组织，长期处于室温或在 180～220℃回火，在针状马氏体上能析出微小的碳化物粒子，初期析出的碳化物为 ε 型（六方晶系）。随着温度的升高，碳化物粒子长大，并转变为渗碳体型（正交晶系）。这种组织极易受腐蚀，光学显微镜下呈暗黑色针状组织（保持回火马氏体位向）（见图 3-11c）。

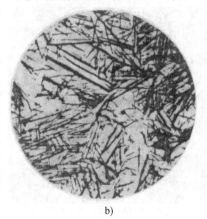

a)　　　　　　　　　　　　　　b)

图 3-10　贝氏体形态

a) 上贝氏体　×500　b) 下贝氏体　×500

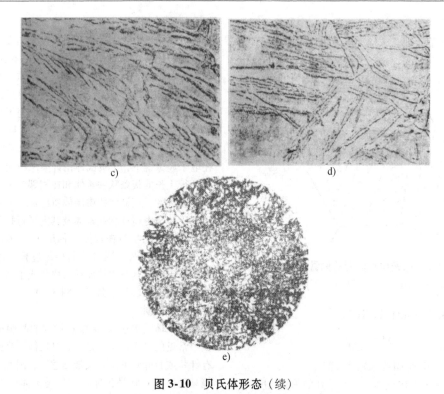

c)　　　　　　　　　　　　d)

e)

图 3-10　贝氏体形态（续）

c）上贝氏体　×5000　d）下贝氏体　×5000　e）粒状贝氏体　×500

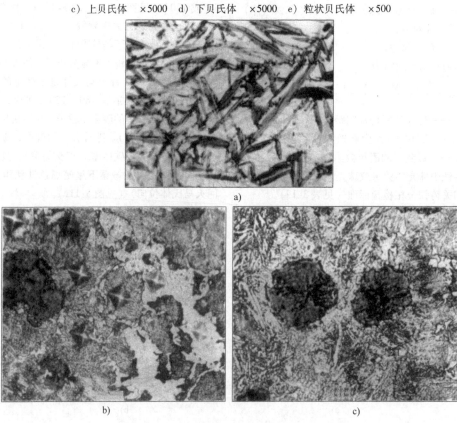

a)

b)　　　　　　　　　　　　c)

图 3-11　高碳马氏体形态　×500

a）淬火马氏体　b）隐晶马氏体　c）回火马氏体

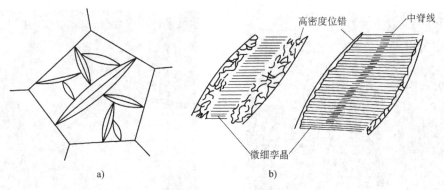

图 3-12　高碳马氏体组织

a）针状马氏体的排列　b）针状马氏体内亚结构

5. 奥氏体

奥氏体是碳与合金元素溶解在 γ-Fe 中的固溶体，为面心立方晶格。奥氏体晶界比较直，呈规则多边形（见图 3-13a）。铸铁淬火后，在组织中常保留部分未发生相变的奥氏体。残留奥氏体经常保留在针状马氏体之间，形成封闭三角区。贝氏体中残留奥氏体形成白块状组织（见图 3-13b）。

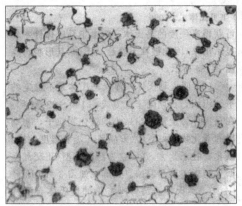

a）

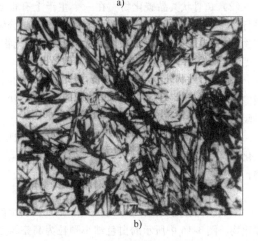

b）

图 3-13　奥氏体形态　×500

a）奥氏体球墨铸铁　b）有残留奥氏体的高温淬火组织

6. 铸铁基体组织的硬度

铸铁基体组织维氏硬度参考值见表 3-9。

表 3-9　铸铁中基体组织维氏硬度参考值

组织名称	维氏硬度　HV
铁素体	150～280
高硅铁素体	350～450
粗片珠光体	250～300
细片珠光体	300～350
索氏体	350～380
托氏体	400～450
上贝氏体	350～450
下贝氏体	400～500
淬火马氏体	550～700
回火马氏体	550～600
回火索氏体	350～400
奥氏体	300～350
隐晶马氏体	700～800

3.3.4　碳化物检验

铸铁中常见的碳化物有初晶碳化物、共晶碳化物、二次碳化物、共析碳化物和三次碳化物等，其特点如下所述。

1. 初晶碳化物

由铁液中直接析出的碳化物称为初晶碳化物，也称为一次碳化物（见图 3-14），相应的说明见表 3-10。

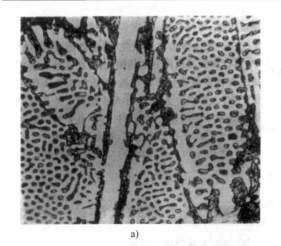

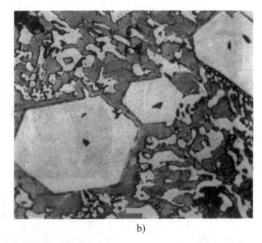

a)　　　　　　　　　　　　b)

c)

图 3-14　铸铁中的初晶碳化物形态　×500

a）板状　b）六角形　c）不定型分散块状

表 3-10　图 3-14 的说明

分图号	说　明
a	粗大的片状组织为初晶碳化物，过共晶白口铸铁中常见有该组织
b	六角形为初晶碳化物，这种碳化物的结构为 $M_{23}C_6$ 型，高铬铸铁中常见有该组织
c	不定型的块状是初晶碳化物，为高合金（多元高合金）铸铁中所特有。初晶碳化物受孕育作用变得分散而不定形

2. 共晶碳化物

因合金元素的种类、含量及冷却条件的差异，铸铁中的共晶碳化物有以下几种类型：

（1）莱氏体型共晶碳化物　在连续的碳化物上有许多分散分布的小岛（奥氏体或奥氏体转变产物）。在快冷条件下，小岛中组织可能是马氏体和残留奥氏体；在慢冷条件下，小岛中组织是珠光体型组织或贝氏体型组织。普通白口铸铁中的共晶碳化物即为莱氏体型，如图 3-15a 所示。

（2）鱼骨状共晶碳化物　在一个主干上有很多平行分布的分枝。在分枝之间是奥氏体或奥氏体分解产物。在高钨铸铁中，出现似鱼骨状的共晶碳化物，如图 3-15b 所示。

（3）葵花状共晶碳化物　共晶碳化物整体形态很像葵花。在铸铁中加入足量的硼时生成的葵花状共晶碳化物，如图 3-15c 所示。

（4）菊花状共晶碳化物　在高铬白口铸铁中，碳化物具有独特的菊花状形态，花心有聚集的小碳化物，向外辐射生长较大的花瓣，如图 3-15d 所示。

3. 二次碳化物

二次碳化物是奥氏体在降温过程中沿晶界析出的碳化物。图 3-16 中所示的白色细小颗粒为高铬铸铁 $[w(Cr)=20.74\%，w(C)=2.65\%]$ 经 980℃ 正火和低温回火获得的二次碳化物。

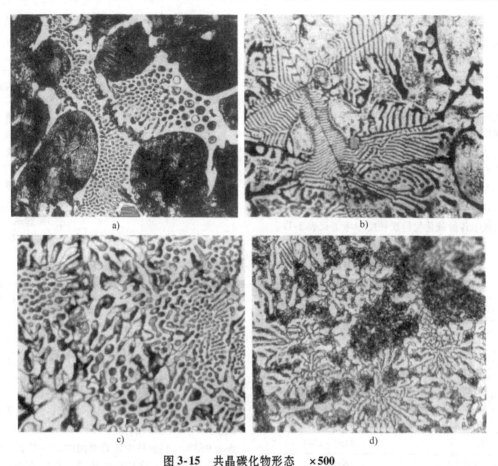

图 3-15　共晶碳化物形态　×500

a) 莱氏体型共晶碳化物　b) 鱼骨状共晶碳化物　c) 葵花状共晶碳化物　d) 菊花状共晶碳化物

图 3-16　高铬铸铁中二次碳化物形态（白色颗粒）（经 980℃正火和低温回火）　×550

4. 共析碳化物

奥氏体冷至共析转变温度将发生共析转变,形成珠光体。珠光体中的碳化物称为共析碳化物,详见本章3.3.3中的相关内容。

5. 三次碳化物

在铁素体中析出的碳化物称为三次碳化物,一般沿铁素体晶界呈片状分布。三次碳化物尺寸很小,用普通光学显微镜较难观察,可借助扫描和透射电子显微镜分析。在共析组织中,三次碳化物常与共析碳化物长在一起,分辨不出。

6. 碳化物硬度

铸铁中各种碳化物维氏硬度参考值见表3-11。

表3-11　铸铁中各种碳化物维氏硬度参考值

碳 化 物	维氏硬度 HV
M_3C	1000 ~ 1760
$M_{23}C_6$	1000 ~ 1800
M_7C_3	1800 ~ 3000
M_2C	1800 ~ 2300
M_6C	1600 ~ 3000
MC	2250 ~ 3200
Fe_3C	1150 ~ 1340
$(Cr,Fe)_{23}C_6$	1000 ~ 1520
$(Cr,Fe)_7C_3$	1820
Mo_2C	1800 ~ 2200
W_2C	3000
Fe_4Mo_2C	1620
MoC	2250
WC	2400 ~ 2700
VC	2500 ~ 2800
TiC	3000
ZrC	2600
NbC	2400

7. 碳化物数量

有关铸铁中碳化物数量的检验方法见相关铸铁金相检验标准(见表3-19)。

3.3.5　磷共晶检验

磷共晶是多相组成的机械混合物,混合物中各相具有独立的物理和化学性能。磷共晶按其组成分为4种:二元磷共晶、三元磷共晶、二元磷共晶-碳化物复合物及三元磷共晶-碳化物复合物。灰铸铁中的磷共晶类型及形态见表3-12和图3-17。

表3-12　磷共晶类型

图号	类　　型	组织与特征
3-17a	二元磷共晶	在磷化铁上均匀分布着奥氏体分解产物的颗粒
3-17b	三元磷共晶	在磷化铁上分布着奥氏体分解产物的颗粒及粒状、条状的碳化物
3-17c	二元磷共晶-碳化物复合物	二元磷共晶和大块状的碳化物
3-17d	三元磷共晶-碳化物复合物	三元磷共晶和大块状的碳化物

磷在铸铁中具有区域偏析的倾向。磷共晶的熔点比较低,二元磷共晶熔点为1005℃,三元磷共晶熔点为953℃,是铸铁中最后凝固的相,由于受到先生成相(如奥氏体枝晶)的约束,故生成如图3-17b所示的特殊形态。

用硝酸乙醇溶液浸蚀,二元磷共晶和三元磷共晶有时不易区分,因为碳化物和磷化铁都呈白色(见图3-18a);若用苦味酸钠水溶液热浸,则碳化物变黑,磷化铁不着色(见图3-18b),将碳化物的形状与表3-12对照,确定该磷共晶属三元磷共晶。用这种方法还可以区分磷共晶中奥氏体分解产物颗粒的性质,用碱性苦味酸钠水溶液热浸,碳化物变黑,铁素体不变色,仍为白色(见图3-19),将碳化物的形状与表3-12对照,不仅可确定该磷共晶属二元磷共晶,还可区分出铁素体颗粒和碳化物颗粒。

除了碱性苦味酸钠水溶液,还有一些浸蚀剂能区分磷共晶中的碳化物和磷化铁,如高锰酸钾水溶液和赤血盐水溶液等(见表3-4)。

有关铸铁中磷共晶数量的检验方法见相关铸铁金相检验标准(见表3-19)。

3.3.6　共晶团检验

铸铁件在凝固过程中,当达到共晶温度后,奥氏体和石墨同时结晶形成共晶团,随后共晶团成长,直至与相邻共晶团相连接而结束凝固过程。

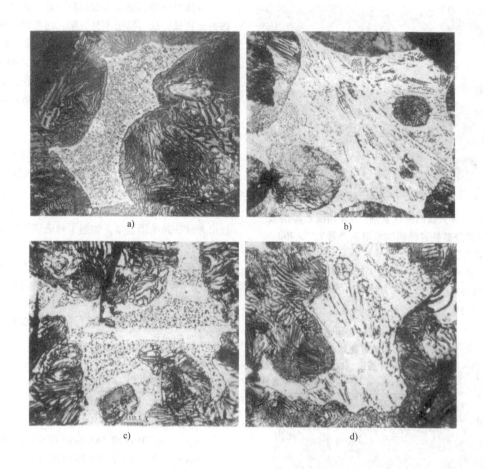

图 3-17　灰铸铁中各类磷共晶的形态（用体积分数为 2% ~ 5% 硝酸乙醇浸蚀）　×500
a）二元磷共晶　b）三元磷共晶　c）二元磷共晶-碳化物复合物　d）三元磷共晶-碳化物复合物

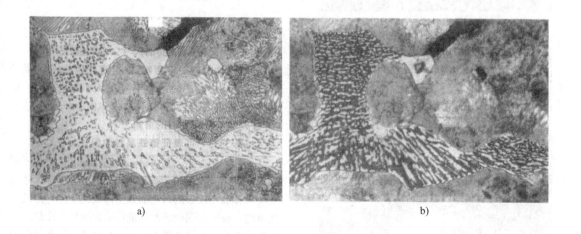

图 3-18　磷共晶的浸蚀鉴别　×500
a）硝酸乙醇溶液浸蚀　b）碱性苦味酸钠水溶液热浸

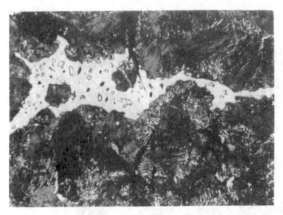

图 3-19　磷共晶的浸蚀鉴别（4%硝酸乙醇溶液浸蚀再经碱性苦味酸钠水溶液热浸）　×400

1. 共晶团的鉴别

将抛光试样用氯化铜 1g、氯化镁 4g、盐酸 2mL 和乙醇 100mL 的溶液或硫酸铜 4g、盐酸 20mL 和水 20mL 的溶液浸蚀，可清楚地看到共晶团的边界，如图 3-20 所示。

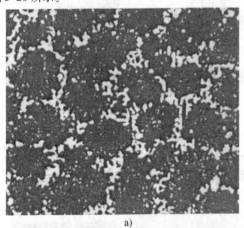

a)

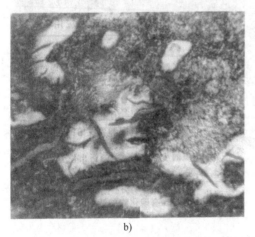

b)

图 3-20　灰铸铁共晶团

a) 共晶团组织　×50　b) 共晶团边界　×500

基体组织和石墨成为灰黑色一片，同时由于放大倍数比较低，故石墨已不易分辨，白色网格的共晶团边界明显可见（见图 3-20a）。图中共晶边界的白色相（见图 3-20b），既不同于碳化物，也不同于基体，是一种含有合金元素的中间相，富集有较多形成碳化物的合金元素，同时在结晶过程中的低熔点杂质被排挤到晶界上，如硫化物和磷化物等。

2. 共晶团数量检验

根据选择的放大倍数对照标准评级图评定。放大倍数为 10 倍或 50 倍。详细内容见相关铸铁金相检验标准（见表 3-19）。

通常共晶团数量只需以级别表示，从级别表中能查出大致的共晶团数量，如想了解确切的数量，可按以下方法测算。

方法一：拍摄 10 倍或 50 倍共晶团照片（ϕ70mm 或 ϕ87.5mm）。在被测量的照片中取相连接的 10 个共晶团，沿其边界剪下。用天平分别称出被剪下部分和全部照片的质量，按比例可计算出不考虑边界处影响的共晶团总数。

$$m_{总} : m_{10} = N : 10$$
$$N = 10 m_{总} / m_{10}$$

式中　N——ϕ70mm 或 ϕ87.5mm 照片内共晶团的总数；

　　　$m_{总}$——ϕ70mm 或 ϕ87.5mm 照片的总质量；

　　　m_{10}——含有 10 个共晶团部分照片的质量。

单位面积共晶团数量的计算公式为

$$\overline{X} = N M^2 / S$$

式中　$\overline{X}$——单位面积共晶团数量（个/cm²）；

　　　N——ϕ70mm 或 ϕ87.5mm 照片中共晶团总数；

　　　S——ϕ70mm 或 ϕ87.5mm 照片的面积（cm²）；

　　　M——ϕ70mm 或 ϕ87.5mm 照片放大倍数。

方法二：参照 GB/T 6394—2002《金属平均晶粒度测定方法》中用面积法计算单位面积内晶粒数 n_a 的方法（见 3.3.8）。

3.3.7　高温金相组织检验

1. 高温金相显微镜原理

高温金相显微镜是观察和研究在室温及以上不同温度下金属材料金相组织变化的仪器。将规定尺寸的金相试样放在仪器的真空加热室内或充惰性气体的加热室内，按照预先设定的规范将试样加热或冷却，在试样内放有微型热电偶用以测温和控温，因此可实现动态地研究铸铁组织随温度的变化情况。

2. 铸铁高温组织检验内容

铸铁高温金相组织检验内容见表 3-13。

表 3-13　铸铁高温金相组织检验内容

检验项目	技术说明
相变温度和固态相变过程	在缓慢加热或冷却条件下，通过组织形态观察和对应测定的温度，可测定铸铁的实际相变温度和观察固态相变过程。最高观测温度限制在固相范围内
淬火后的回火相变	通过组织观察和温度的测定，可说明铸铁淬火后在回火加热、保温过程中组织的变化，碳化物的析出位置、长大方式等
碳化物石墨化过程	将含有碳化物的铸铁在高温下长期保温，可观察到碳化物的石墨化过程
晶界迁移	可观察加热和保温过程中铸铁晶界是否稳定

3.3.8　晶粒尺寸检验

单相合金是由晶粒和晶界组成的。对多相合金，晶粒大小可以泛指组成相（如铁素体和珠光体混合组织中的铁素体）晶粒的尺寸，也可以是指组成组织（如共晶团）的尺寸。晶粒或组织的大小对铸铁性能具有重要影响。铸铁晶粒可按表 3-14 所列的特征进行选择。

表 3-14　可表征铸铁晶粒的组织特征

铸铁类型	可表征铸铁晶粒的组织特征
铁素体基体	铁素体晶粒
灰铸铁	共晶团
奥氏体基体	奥氏体晶粒
存在网状铁素体	铁素体网
珠光体基体	奥氏体晶粒、珠光体团粒或珠光体片间距
存在网状渗碳体	渗碳体网

晶粒大小一般用晶粒度度量。通常使用长度、面积、体积或晶粒度级别数来表示不同方法评定或测定的晶粒大小。铸铁晶粒度测定可参考 GB/T 6394—2017《金属平均晶粒度测定方法》，该标准规定了比较法、面积法和截点法三种平均晶粒度测定方法。

1. 比较法

比较法是通过与标准系列评级图对比来评定平均晶粒度。目前还没有铸铁专用的评级图，可参考钢和非铁合金的评级图。

2. 面积法

面积法是通过计数给定面积网格内的晶粒数 N 来测定晶粒度。测量视场的选择应是不带偏见地随机选择。

（1）晶粒数 N 的计算　将已知面积（通常使用 5000mm^2）的圆形或矩形测量网格置于晶粒图像上，

选用网格内至多能截获并不超过 100 个晶粒（建议 50 个晶粒为最佳）的放大倍数 M，然后计数完全落在测量网格内的晶粒数 $N_内$ 和被网格所切割的晶粒数 $N_交$，则该面积范围内的晶粒数 N 为

$$N = N_内 + \frac{1}{2}N_交 - 1$$

（2）每平方毫米内晶粒数 n_a 的计算　通过测量网格内晶粒数 N 和观测用的放大倍数 M，可计算出实际试样面上（×1）的每平方毫米内晶粒数 n_a：

$$n_a = \frac{M^2 N}{A}$$

式中　M——所使用的放大倍数；

N——放大为 M 倍时，使用面积为 A 的测量网格内晶粒计数；

A——所使用的测量网格面积（mm^2）。

（3）晶粒度级别数 G 的计算

$$G = 3.3219281 g n_a - 2.954$$

或

$$G = 3.3219281 g\left(\frac{M^2 N}{A}\right) - 2.954$$

3. 截点法

截点法是通过计数给定长度的测量线段（或网格）与晶粒边界相交截点数 P 来测定晶粒度。

截点法较面积法简捷，此方法建议使用手动计数器，以防止计数的正常误差和消除预先估计过高或过低的偏见。

对于非均匀等轴晶粒的各种组织应使用截点法，对于非等轴晶粒度，截点法既可用于分别测定三个相互垂直方向的晶粒度，也可计算总体平均晶粒度。

截点法有直线截点法和圆截点法。圆截点法可不必过多的附加视场数，便能自动补偿偏离等轴晶而引起的误差。圆截点法克服了试验线段端部截点法不明显的缺点。圆截点法作为质量检测评估晶粒度的方法是比较合适的。

截点法计算公式：

1）平均截距 $\bar{l}$。平均截距是试样检验面上晶粒截距的平均值，计算公式为

$$\bar{l} = \frac{L}{MP} = \frac{1}{p_1}$$

式中　L——所使用的测量线段（或网格）长度（mm）；

$\bar{l}$——试样检验面上（×1）晶粒截距的平均值（mm）；

M——观测用放大倍数；

P——测量网格上的截点数；

$\bar{p}_1$——试样检验面上每毫米内的平均截点数。

2）平均晶粒度级别数 G 的计算公式为

$$G = (-6.6438561 g\bar{l}) - 3.288$$

或

$$G = 6.6438561g\left(\frac{MP}{L}\right) - 3.288$$

推荐使用500mm测量网格，尺寸如图3-21所示。

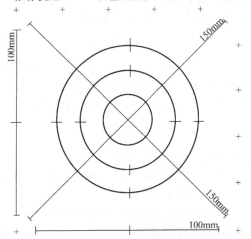

图3-21 截点法用500mm测量网格

注：直线总长：500mm；周长总和：250mm + 166.7mm + 83.3mm = 500.0mm；三个圆的直径分别为79.58mm、53.05mm、26.53mm。

截点法可以细分为直线截点法、单圆截点法和三圆截点法。

（1）直线截点法 在晶粒图像上，采用一条或数条直线组成测量网格，选择适当的测量网格长度和放大倍数，以保证最少能截获约50个截点。根据测量网格的所截获的截点数来确定晶粒度。

1）计算截点时，测量线段终点不是截点不予计算。终点正好接触到晶界时，计为0.5个截点。测量线段与晶界相切时，计为1个截点。明显地与三个晶粒汇合点重合时，计为1.5个截点。在不规则晶粒形状下，测量线在同一晶粒边界不同部位产生的两个截点后有伸入形成新的截点，计算截点时，应包括新的截点。

2）为了获得合理的平均值，应任意选择3~5个视场进行测量。如果这一平均值的精度不满足要求时，应增加足够的附加视场。视场的选择应尽量广地分布在试样的检测面上。

3）对于明显的非等轴晶组织，如经中度加工过的材料，通过对试样三个主轴方向的平行线束来分别测量尺寸，以获得更多数据。通常使用纵向和横向部分，必要时也可使用法向部分。图3-21中任一条100mm线段，可平行位移在同一图像中标记"＋"处五次来使用。

（2）单圆截点法 对于试样上不同位置晶粒度有明显差别的材料，应采用单圆截点法，在此情况下需要进行大量的视场测量。

1）使用的测量网格的圆可为任一周长，通常使用100mm，200mm和250mm，也可使用图3-21所示的各个圆。

2）选择适当的放大倍数，以满足每个圆周产生35个左右截点。测量网格通过三个晶粒汇合点时，计为2个截点。

3）将所需要的几个圆周任意分布在尽可能大的检验面上，视场数的增加直至获得足够的计算精度。

（3）三圆截点法 试验表明，每个试样截点计数达500时，常获得可靠的精确度，对测量数据进行X^2（Kai方）检验，结果表明截点计数服从正态分布，从而允许对测量值按正态分布的统计方法处理，对每次晶粒度测定结果可计算出置信区间（方法见GB/T 6394—2017的附录B）。

1）测量网格由三个同心等距、总周长为500mm的圆组成，如图3-21所示。将此网格用于测量任意选择的五个不同视场上，分别记录每次的截点数。然后计算出平均晶粒度和置信区间，如置信区间不合适，需增加视场数，直至置信区间满足要求为止。

2）选择适当的放大倍数，使三个圆的试验网格在每一视场上产生50~100个截点计数，目的是通过选择5个视场后可获得400~500个总截点计数，以满足合理的误差。

3）测量网格通过三个晶粒汇合点时截点计数为2个。

图3-22给出500mm测量网格在不同放大倍数下，截点计数与显微晶粒度级别数G的关系。

4. 晶粒度的数值表示

使用任何一种方法测量晶粒度，最初是以单位面积上的晶粒数（N_A）或单位长度上晶界截点数（P_L）来表示。这些数值使用往往不方便，因此常以平均晶粒平均直径（$\bar{d}$）、平均截距长度（$\bar{l}$）、平均晶粒平均截面积（$\bar{a}$）等量来表示。这些量的计算公式如下：

$$\bar{a} = \frac{1}{n_a}$$

式中 $\bar{a}$——晶粒平均截面面积（mm²）；

n_a——每平方毫米内的晶粒数。

$$\bar{d} = \sqrt{\bar{a}}$$

式中 $\bar{d}$——一晶粒的平均直径（mm）；

$\bar{a}$——晶粒平均截面面积（mm²）。

$$\bar{l} = \sqrt{\frac{\pi\bar{a}}{4}}$$

式中 $\bar{l}$——等效圆晶粒平均截距（mm）；

$\bar{a}$——平均晶粒截面面积（mm²）。

晶粒度各数值之间的关系见表3-15。

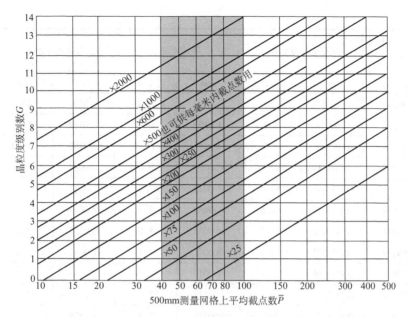

图 3-22　500mm 测量网格的截点计数与显微晶粒度级别数的关系

表 3-15　任意取向、均匀、等轴晶粒的显微晶粒度关系

显微晶粒度级别数 G	每平方毫米内晶粒数 n_a	晶粒平均截面积 $\bar{a}$		平均直径 $\bar{d}$		平均截距 $\bar{l}$		每毫米内截点数 p_1
	$1/mm^2(\times 1)$	mm^2	μm^2	mm	μm	mm	μm	$1/mm(\times 1)$
00	3.88	0.2581	258064	0.5080	508.0	0.4525	452.5	2.21
0	7.75	0.1290	129032	0.3592	359.2	0.3200	320.0	3.12
0.5	10.96	0.0912	91239	0.3021	302.1	0.2691	269.1	3.72
1.0	15.50	0.0645	64516	0.2540	254.0	0.2263	226.3	4.42
1.5	21.92	0.0456	45620	0.2136	213.6	0.1903	190.3	5.26
2.0	31.00	0.0323	32258	0.1796	179.6	0.1600	160.0	6.25
2.5	43.84	0.0228	22810	0.1510	151.0	0.1345	134.5	7.43
3.0	62.00	0.0161	16129	0.1270	127.0	0.1131	113.1	8.84
3.5	87.68	0.0114	11405	0.1068	106.8	0.0951	95.1	10.51
4.0	124.00	0.00806	8065	0.0898	89.8	0.0800	80.0	12.50
4.5	175.36	0.00570	5703	0.0755	75.5	0.0673	67.3	14.87
5.0	248.00	0.00403	4032	0.0635	63.5	0.0566	56.6	17.68
5.5	350.73	0.00285	2851	0.0534	53.4	0.0476	47.6	21.02
6.0	496.00	0.00202	2016	0.0449	44.9	0.0400	40.0	25.00
6.5	701.45	0.00143	1426	0.0378	37.8	0.0336	33.6	29.73
7.0	992.00	0.00101	1008	0.0318	31.8	0.0283	28.3	35.36
7.5	1402.9	0.00071	713	0.0267	26.7	0.0238	23.8	42.04
8.0	1984.0	0.00050	504	0.0225	22.5	0.0200	20.0	50.00
8.5	2805.8	0.00036	356	0.0189	18.9	0.0168	16.8	59.46

（续）

显微晶粒度级别数 G	每平方毫米内晶粒数 n_a	晶粒平均截面积 $\bar{a}$		平均直径 $\bar{d}$		平均截距 $\bar{l}$		每毫米内截点数 p_1
	$1/mm^2$（×1）	mm^2	μm^2	mm	μm	mm	μm	$1/mm$（×1）
9.0	3968.0	0.00025	252	0.0159	15.9	0.0141	14.1	70.71
9.5	5611.6	0.00018	178	0.0133	13.3	0.0119	11.9	84.09
10.0	7936.0	0.00013	126	0.0112	11.2	0.0100	10.0	100.0
10.5	11223.2	0.000089	89.1	0.0094	9.4	0.0084	8.4	118.9
11.0	15872.0	0.000063	63.0	0.0079	7.9	0.0071	7.1	141.4
11.5	22446.4	0.000045	44.6	0.0067	6.7	0.0060	5.9	168.2
12.0	31744.1	0.000032	31.5	0.0056	5.6	0.0050	5.0	200.0
12.5	44892.9	0.000022	22.3	0.0047	4.7	0.0042	4.2	237.8
13.0	63488.1	0.000016	15.8	0.0040	4.0	0.0035	3.5	282.8
13.5	89785.8	0.000011	11.1	0.0033	3.3	0.0030	3.0	336.4
14.0	126976.3	0.000008	7.9	0.0028	2.8	0.0025	2.5	400.0

3.3.9　彩色金相组织检验

传统的光学金相方法是通过化学试剂的蚀刻作用，使金属表面产生凹凸不平，产生反光能力的差别，通过黑白衬度来显示显微组织的形貌特征。彩色金相则利用化学的或物理的方法，在试样表面产生一层具有特殊性质的薄膜，然后利用光的薄膜干涉效应，使金属及合金显微组织出现不同颜色，从而通过颜色衬度去识别显微组织结构，比黑白衬度具有更高的鉴别率。用黑白金相的方法，铸铁组织中的细节往往显示不清楚，彩色金相可以帮助人们认识铸铁中各种复杂的组织状态。铸铁彩色金相组织检验主要包括形膜和组织鉴别。

1. 形膜方法

彩色金相技术的关键是形膜方法。形膜方法概括如下：

彩色金相形膜方法 ｛ 物理方法（均厚膜）｛ 真空度膜法 / 溅射形膜法 } / 化学方法（非均厚膜）｛ 化学蚀刻沉积法 / 恒电位蚀刻沉积法 / 热氧气法（热染法）} }

上述形膜方法分为物理方法和化学方法两大类。物理方法是把选定的物质蒸镀或溅射到金相试样表面，形成的干涉膜不受金属基体组织结构的影响，形成均厚膜，不同相产生的干涉色完全由各相本身的光学性质所决定。适用于化学稳定性极高的材料，化学性质相差悬殊的材料组合，试验条件可以严格控制，组织显示精确，图像分析比较单纯，但设备昂贵，在

某些情况下，颜色的变化不十分敏感。化学方法依赖于金属表面与试剂（或介质）之间的化学或电化学反应，不同相表面形成不同性质和不同厚度的薄膜（非均厚膜）。化学方法对不同组织结构因素更为敏感，显微组织色彩更为丰富和鲜艳。化学蚀刻沉积法无须复杂的设备条件，颜色衬度好，应用广泛，但不易控制；恒电位蚀刻沉积法能精确控制，重复性好，相的区别比较可靠，但试验方法较复杂；热染法的原理是金属试样在空气介质中热氧化，操作简便易行，颜色饱和度高，但对于组织不稳定的材料不能应用。表3-16列出常用铸铁化学染色试剂。热染工艺主要是确定热染温度和热染时间。

表 3-16　常用铸铁化学染色试剂

序号	配　　比
1	焦亚硫酸钾 1~3g，蒸馏水 100mL
2	焦亚硫酸钾 3g，氨基磺酸 1g，蒸馏水 1g
3	焦亚硫酸钾 0.5g，氟化氢铵 20g，蒸馏水 100mL
4	硫代硫酸钠 240g，氯化镉 20~25g，柠檬酸 30g，蒸馏水 1000mL
5	盐酸（体积分数，35%）2mL，硒酸 0.5mL，乙醇（体积分数，95%）300mL

2. 铸铁彩色组织鉴别

表3-17列出了一些铸铁组织的染色方法和组织鉴别。

表 3-17　铸铁组织的染色方法和组织鉴别

序号	铸铁类型和状态	染 色 方 法	组 织 鉴 别
1	亚共晶白口铸铁，铸态（放大 65 倍）	表 3-16 试剂 4，目测蓝紫色，体积分数为 4% 的硝酸乙醇预蚀	珠光体—深绿色 莱氏体—浅品色渗碳体基体上分布着绿色珠光体
2	亚共晶白口铸铁，铸态（放大 100 倍）	热染，铅浴加热，340 ~ 380℃，目测蓝紫色	珠光体—青蓝色 莱氏体—褐红色区
3	亚共晶麻口铸铁，铸态（激冷）（放大 105 倍）	真空镀膜，ZnSe，目测蓝紫色，体积分数为 4% 的硝酸乙醇预蚀	马氏体—蓝色针及紫色针 残留奥氏体—橙色 莱氏体—土黄色基体上分布着蓝色马氏体 石墨—黑色片
4	球墨铸铁，铸态（放大 105 倍）	表 3-16 试剂 4，目测蓝紫色	石墨—黑色球 铁素体—橘黄色 珠光体—蓝紫色，黄绿色区域
5	球墨铸铁，铸态（放大 100 倍）	溅射成膜，PtO，DIC[1]	石墨—黑色球 铁素体—粉红色 珠光体—青绿色，黄色，红色区域
6	蠕墨铸铁，铸态（放大 150 倍）	表 3-16 试剂 2，30℃，2min	石墨—黄灰色 铁素体—品红色，黄色晶粒
7	灰铸铁，铸态（放大 420 倍）	表 3-16 试剂 5，30℃，5 ~ 6min	石墨—蓝黑色片 珠光体—淡粉色基体上分布着蓝色层片
8	麻口铸铁，1300℃ 淬火（放大 420 倍）	表 3-16 试剂 1，30℃，3min	马氏体—土黄色针叶 残留奥氏体—淡蓝色 莱氏体—白色区域
9	高铬铸铁 [$w(Cr) = 20\%$，$w(C) = 2.8\% ~ 2.9\%$]，铸态，亚共晶（放大 52 倍）	表 3-16 试剂 4，目测蓝紫色，体积分数为 4% 的硝酸乙醇预蚀	奥氏体—淡青色枝晶，马氏体未显露 莱氏体—蓝色、黄色、淡品色三种相组成
10	高铬铸铁 [$w(Cr) = 20\%$，$w(C) = 3.14\%$]，铸态，过共晶（放大 52 倍）	表 3-16 试剂 4，目测蓝紫色，体积分数为 4% 的硝酸乙醇预蚀	Cr_7C_3 相—淡蓝色块 共析体—Cr_7C_3 附近贫铬区形成的紫色与黄色相间的花状共析组织 莱氏体—绿色、黄色、紫红色三相组成
11	高镍铸铁 [$w(Ni) = 14\%$]，铸态（放大 27 倍）	表 3-16 试剂 4，20℃，1.5min，体积分数为 4% 的硝酸乙醇预蚀	石墨—浅黄色条 奥氏体—枝干与枝间分别为紫色及蓝色
12	高镍铸铁 [$w(Ni) = 14\%$]，铸态（放大 27 倍）	真空镀膜，ZnSe，目测蓝紫色，体积分数为 4% 的硝酸乙醇预蚀	石墨—黑色条状 奥氏体—因成分偏析呈品色及青色

①　DIC 为显微镜上的微差干涉衬度装置。

3.3.10　金相组织定量分析

1. 金相组织定量分析基础知识

确定铸铁材料成分、金相组织和性能间的定量关系，对铸铁材料的研究、生产和使用具有很大的理论意义和实际意义。其中关键环节为图像的定量分析。图像定量分析主要包括三个方面：

1）基础理论。主要涉及体视学原理、几何学、拓扑学、概率论和数理统计等数学方面的理论。

2）测试方法和设备仪器研究。主要包括图像处理与测试技术、计算程序和误差分析等。

3）定量金相学的应用。图像定量分析的基本方程如下：

$$V_V = A_A = L_L = P_P$$

$$S_V = \frac{4}{\pi} L_A = 2P_L$$

$$L_V = 2P_A$$

$$P_V = \frac{1}{2} L_V S_V = \frac{2}{\pi} L_V L_A = 2P_A P_L$$

式中　V_V——被测组织体积分数（单位测量体积内被测组织所占体积）；

A_A——被测组织面积分数（单位测量面积内被测组织所占面积）；

L_L——被测组织线分数（单位测量线上被测组织的长度）；

P_P——点分数；

S_V——单位测量体积内的界面面积；

L_A——单位测量面积内被测组织的长度；

P_L——单位测量线上的点数；

L_V——单位测量体积内被测组织的长度；

P_A——单位测量面积内的点数；

P_V——单位测量体积内的点数。

2. 铸铁金相组织定量分析示例

（1）确定灰铸铁中片状石墨的体积分数　按图3-23所示的方法进行测量和计算。测量用网格为50mm × 50mm 的线框（用于线分析法和面分析法）或11mm × 11mm 的阵点（用于计点法），计算如下：

$$A_T = 50mm \times 50mm = 2500mm^2$$

$$L_T = 11 \times 50mm = 550mm$$

$$P_T = 11 \times 11 \, 点 = 121 \, 点$$

$$A_{石墨} = 5mm \times 67mm = 335mm^2$$

$$L_{石墨} = 67mm$$

$$P_{石墨} = 16 \, 点$$

$$A_A = A_{石墨}/A_T = 335mm^2/2500mm^2 = 0.134$$

$$L_L = L_{石墨}/L_T = 67mm/550mm = 0.122$$

$$P_P = P_{石墨}/P_T = 16 \, 点/121 \, 点 \approx 0.132$$

式中，下标 T 为网格。

上述结果与 $V_V = A_A = L_L = P_P$ 误差是测量次数不够造成的。

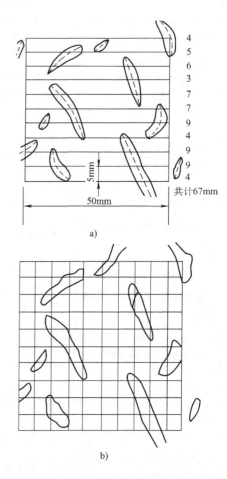

共计67mm

4
5
6
3
7
7
9
4
9
4
9
9
4

5mm

50mm

a)

b)

图3-23　片状石墨体积分数 V_V 的测量　×250

a）线分析　b）面积分析法和计点法

注：图 a 右纵坐标数字是横向所切石墨总长度。

（2）球墨铸铁石墨空间尺寸 $\overline{D}$ 及标准误差 $\sigma(D)$ 的测量和计算　相同直径的第二相球在金相磨面上被截出的截圆直径可能不同，不同直径的球在金相磨面上的截圆直径还可能相同（见图3-24），第二相球平均直径 $\overline{D}$ 统计规律如下：

$$\overline{D} = \frac{\pi}{2} (\overline{d^{-1}})^{-1} = \frac{\pi}{2} \left(\overline{\frac{1}{d}} \right)^{-1}$$

$$\sigma(D) = \sqrt{\frac{4}{\pi} \overline{d} \, \overline{D} - (\overline{D})^2}$$

式中　$\overline{D}$——石墨平均直径（mm）；

$\overline{d^{-1}}$——平面截圆直径倒数的平均值（mm^{-1}）；

$\overline{d}$——平面截圆直径的平均值（mm）；

$\sigma(D)$——石墨直径测量标准误差（mm）。

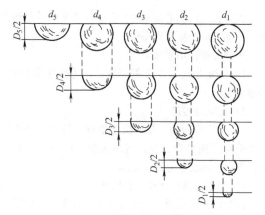

图 3-24　不同直径的球被截的情况

图 3-25 所示为球墨铸铁组织图，测量数据见表 3-18，计算过程如下：

$$\overline{d} = 0.58\,\text{mm}/7 = 0.083\,\text{mm}$$

$$\overline{d^{-1}} = 110.5\,\text{mm}^{-1}/7 = 15.8\,\text{mm}^{-1}$$

$$\overline{D} = \frac{\pi}{2}(\overline{d^{-1}})^{-1} = \pi/2/15.8\,\text{mm}^{-1} = 0.099\,\text{mm}$$

$$\sigma(D) = \sqrt{\frac{4}{\pi}\overline{d}\,\overline{D} - (\overline{D})^2}$$

$$= \sqrt{4/\pi \times 0.083\,\text{mm} \times 0.099\,\text{mm} - (0.099\,\text{mm})^2}$$

$$= 0.026\,\text{mm}$$

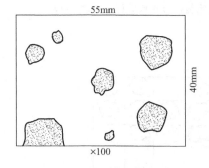

图 3-25　球墨铸铁组织图

表 3-18　图 3-25 的测量数据

N_i	d_i/mm	d_i^{-1}/mm^{-1}
1	0.14	7.7
2	0.12	8.3
3	0.10	10.0
4	0.08	12.5
5	0.07	14.3
6	0.04	25.0
7	0.03	33.3
总和	0.58	111.1

（3）铸铁中石墨形状因子的测量　石墨相的形状对于铸铁性能的影响最为重要，它的形状变化也最为复杂，评定石墨形状因子最常用的参数为长宽比或轴比 Q、形状因子 F_3 和形状因数 SF。

1）Q 值适用于片状石墨形状因子的评定。

　　$Q = $ 长度 L_H/宽度 L_W，即 L_H/L_W

或　$Q = $ 长度方向上外切平行线间距 F_V/宽度方向上外切平行线间距有 F_H，即 F_V/F_H

Q 的测量方法如图 3-26 所示。图中 $a = L_H$，$b = L_W$。

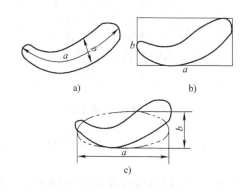

图 3-26　Q 的测量方法

a）周长法　b）四边形法　c）椭圆法

2）F_3 常用来评定粒状石墨的球化或粒状化程度（球化率参数），定义如下：

　　$F_3 = $ 实际截面积 A_r/最大外切圆面积 A_e，即 A_r/A_e

F_3 的测量方法如图 3-27 所示。$A_e = \dfrac{\pi d_{max}^2}{4}$

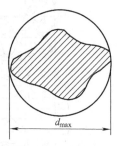

图 3-27　F_3 的测量方法

3）SF 也可用来表征石墨球化的程度，其定义为

$$SF = \frac{4\pi A}{L_P^2}$$

式中　A——截面面积；

　　　L_P——截圆周长。

形状越复杂，SF 值越小。圆形的 SF 为 1。

SF 的测量方法如图 3-28 所示。计算公式为

$$SF = \frac{64\pi Z}{P^2}$$

式中　Z——落入被测组织内的阵点数；
　　　P——测量网格线与被测组织边界线的交点数。

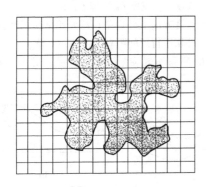

图 3-28　SF 的测量方法

图 3-29 用直观图形表示了铸铁 SF 与 Q 之间的关系。

3. 图像分析仪的功能及在铸铁检测和研究中的应用

用人的眼睛进行图像的测试工作既费时又费力，还会产生主观上的误差。图像分析仪根据定量金相学的基本方程，迅速准确地进行有统计意义的计数和测量，自动完成数据处理操作。

图像分析仪功能如下：

1）测定相或质点体积分数，如铸铁中的磷相、石墨含量。

2）测定晶粒度。

3）测定夹杂物、相或质点数量、形状、平均尺寸和平均间距分布，并进行最大值、最小值、平均值、方差、标准差等统计处理。

4）测定晶界总面积、总长度。

针对铸铁的检测，国内设计了一种铸铁金相组织识别系统，金相组织经显微摄像和图像采集输入到计算机，经图像处理后，可屏显或打印输出结果。对于球墨铸铁，可显示球化率。基体组织统计和分析按三步完成：首先是二值化处理得到二值化图像（分白色区和黑色区）；其次是统计所有黑色区（即石墨与珠光体面积）；最后得出白色区（铁素体）面积，至此实现了球墨铸铁的金相组织识别。

目前，销售的图像分析仪大多可根据用户要求按所需铸铁金相检验标准配备评级图，能自动进行铸铁各检测项目的评级。

3.3.11　常用铸铁金相检验标准

常用铸铁金相检验标准见表 3-19。

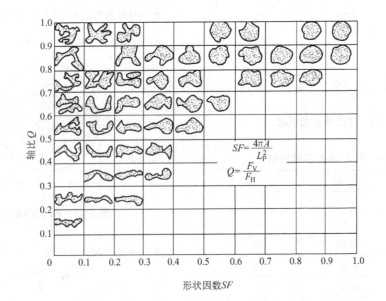

图 3-29　铸铁 SF 与 Q 之间的关系

表 3-19 常用铸铁金相检验标准

标 准 号	标 准 名 称
GB/T 13298—2015	金属显微组织检验方法
GB/T 7216—2009	灰铸铁金相检验
GB/T 9441—2009	球墨铸铁金相检验
GB/T 6394—2017	金属平均晶粒度测定方法
GB/T 26656—2011	蠕墨铸铁金相检验
GB/T 25746—2010	可锻铸铁金相检验
JB/T 5082.2—2011	内燃机 气缸套 第 2 部分:高磷铸铁金相检验
JB/T 10407—2015	内燃机 铝活塞奥氏体铸铁镶圈 金相检验
JB/T 6016.5—2011	内燃机 活塞环 金相检验 第 5 部分:硼铸铁单体铸造活塞环
JB/T 5082.1—2008	内燃机 气缸套 第 1 部分:硼铸铁金相检验
JB/T 6016.3—2008	内燃机 活塞环 金相检验 第 3 部分:球墨铸铁活塞环
JB/T 6016.4—2008	内燃机 活塞环 金相检验 第 4 部分:中高合金铸铁活塞环
JB/T 9205—2008	珠光体球墨铸铁零件感应淬火金相检验
TB/T 2448—1993	合金灰铸铁单体铸造活塞环金相检验
TB/T 2908—1998	内燃机车用球墨铸铁曲轴金相检验
QC/T 284—1999	汽车摩托车发动机球墨铸铁活塞环金相标准

3.4 铸铁电子显微分析

电子显微分析指利用电磁辐射及运动粒子与物质相互作用的关系(或检测信号及其与材料的特征关系)对材料进行测试分析的方法,如光谱分析、电子能谱分析、衍射分析与电子显微分析等。包括对材料(整体的)成分及结构分析,以及对材料表面与界面分析、微区分析、形貌分析等,广泛用于研究和测试分析,以解决材料理论研究和工程实际问题。这种分析、检测过程大体分为信号发生、信号检测、信号处理及信号读出等几个步骤。相应的分析仪器则由信号发生器、检测器、信号处理器与读出装置等几部分组成。信号发生器使样品产生(原始)分析信号,检测器则将原始分析信号转换为更易于测量的信号(如光电管将光信号转换为电信号)并加以检测,被检测信号经信号处理器放大、运算、比较等后由读出装置转变为可被人读出的信号并被记录或显示出来。依据检测信号与材料的特征关系,分析、处理读出信号,即可实现材料分析的目的。在此主要介绍几种电子显微分析方法和 X 射线衍射分析方法及其在铸铁检测中的应用。

3.4.1 扫描电子显微分析

1. 概述

扫描电子显微分析是借助于扫描电子显微镜(简称扫描电镜,缩写 SEM)进行的,扫描电镜的主要功能是通过入射电子束在样品表面扫描,样品上方的电子检测器检测不同能量的信号电子,经过一套系统在荧光屏上获得能反映样品表面各种特征的扫描图像。扫描电子显微镜具有样品制备简单、放大倍数连续调节、倍数大、景深大、分辨率比较高等优点,是进行样品表面分析研究的有效工具,尤其适用于比较粗糙的表面,如金属断口和显微组织等三维形态的观察研究。

从原理上看,任何信号都能在阴极射线管上调制成扫描图像,常用的信号电子有背散射电子、二次电子、吸收电子和俄歇电子等,其中二次电子像分辨率最高,在进行图像分析时一般都采用二次电子信号。不同扫描图像的衬度特点与适用范围见表 3-20。

表 3-20 不同扫描图像的衬度特点与适用范围

扫描图像类型	衬度特点与适用范围
二次电子像	图像立体感强,可较清晰地反映出样品背对检测器区域的细节,是扫描电镜最常用的一种工作方式,尤其适用于表面形貌观察
背散射电子像	对样品表面形貌的变化不灵敏,成分衬度较好,背散射电子像上的亮度随元素原子序数增加而提高,可用来显示表面形貌,尤其是显示元素分布状态以及不同相成分区域的轮廓

（续）

扫描图像类型	衬度特点与适用范围
吸收电子像	与二次电子像和背散射电子像等衬度相反，可用来显示样品表面元素分布状态和表面形貌，尤其是裂纹内部的微观形貌
俄歇电子像	俄歇电子产生的概率随原子序数增加而减少，特别适合显示超轻元素（氦和氢除外）。俄歇电子能量极低，只有表层约1nm范围内产生的俄歇电子对图像有贡献，因此特别适合表面分析

2. 扫描电镜试样的制备

扫描电子显微镜试样的制备方法见表3-21。

表3-21　扫描电子显微镜试样的制备方法

试样名称	制备方法
成分分布试样	为排除形貌干扰，突出成分衬度，采用抛光试样，可以用化学抛光或电解抛光等方法。如用背散射电子像显示原子序数排序
显微组织试样	浸蚀方法同光学显微镜金相试样
深浸蚀（深腐蚀）试样	将金相试样进行深浸蚀，突出某些相。深浸蚀剂通常用体积分数为10%～20%盐酸水溶液，通过电解方法进行选择性腐蚀，腐蚀后进行清洗
电解分离试样	将试样磨光，然后用电解方法将试样溶解，经过蒸馏水清洗和沉淀处理，最后将未溶解的石墨或夹杂物用滤纸过滤，烘干后通过导电胶固定到样品台上，或者烘干后直接放到样品台上，再覆盖一层金或碳
断口和表面试样	断口和表面应未污染，不受机械损伤。如果污染或锈蚀，可用体积分数为15%的高氯酸乙醇溶液擦拭，然后用丙酮清洗，还可以用丙酮或乙醇为溶剂，并一起放入超声波振荡器中涤荡

3. 扫描电子显微分析在铸铁检测中的应用

（1）成分分布分析　在铸铁断口较平、与基体原子序数差较大的第二相立体感不强的情况下，背散

射电子像或吸收电子像能提供相对较好的衬度；当铸铁中的合金元素原子序数相差较大，又没有其他微区成分分析设备时，背散射电子像或吸收电子像对分析元素分布有一定帮助。

图3-30所示为钨铬白口铸铁背散射和吸收电子像。

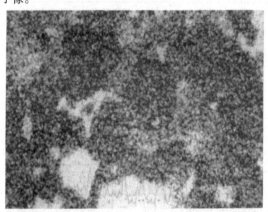

a)

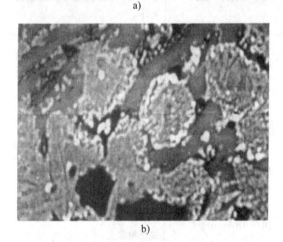

b)

**图3-30　钨铬白口铸铁的背散射和
吸收电子像　×1500**

a）背散射电子像（Cr比W原子序数小，对入射
电子背散射比W弱，图中白色区为W的分布）

b）吸收电子像（Cr对入射电子吸收弱，
图中浅黑色为Cr分布区，黑色为W分布区）

（2）显微组织分析　利用扫描电子显微镜研究铸铁中的微细组织，如石墨、碳化物、磷共晶、托氏体、马氏体、回火马氏体、贝氏体等形态特征。

图3-31所示为白口铸铁铸态组织的二次电子像。大块平整相是Fe_3C，片状组织是珠光体。

（3）深浸蚀组织形貌分析　用扫描电子显微镜观察深浸蚀试样中凸出相的立体形貌十分清晰。可利用这种方法研究铸铁中石墨及碳化物的立体形貌。

图3-32所示为铸态HT200深腐蚀后的二次电子

像。在片状石墨表面可见石墨结晶网络。

图 3-33 所示为铸态 QT500-7 深腐蚀后的二次电子像。大孔洞内为球状石墨，表面有隆起的旋转生长台阶，由内层及外层组成，具有多晶体特征。四周浅灰区域为基体组织，可看到铁素体及珠光体形态。

（4）电解分离产物形貌分析　铸铁中石墨、夹杂物和碳化物等，均可用电解分离制成扫描电镜试样，单独观察研究其立体形貌。

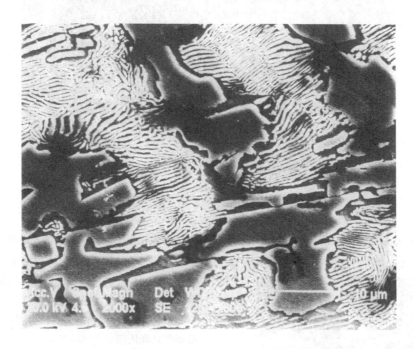

图 3-31　白口铸铁铸态组织的二次电子像（SEI）（三氯化铁盐酸水溶液浸蚀）

图 3-32　铸态 HT200 深腐蚀后的二次电子像（SEI）（用体积分数为 20％的盐酸乙醇溶液深腐蚀）

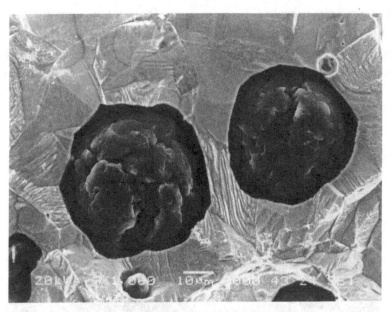

图 3-33　铸态 QT500-7 深腐蚀后的二次电子像（SEI）（用体积分数为 20% 的盐酸乙醇溶液深腐蚀）

图 3-34 所示为电解分离蠕虫状石墨的二次电子像。

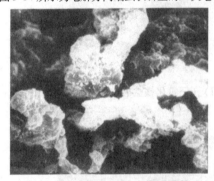

图 3-34　电解分离蠕虫状石墨的
二次电子像（SEI）　×600

（5）断口形貌分析　用 SEM 观察铸铁件断口，可获得断口显微缩松和奥氏体枝晶的形貌，裂纹源、扩展区和瞬时断裂区形貌特征以及石墨、夹杂等形貌与分布，为铸铁材料和工艺研究及失效原因分析提供重要信息和依据。

表 3-22 列出了断裂模式及其断口的微观特征。

铸铁件断口形貌 SEM 分析示例见表 3-23。

（6）表面形貌分析　扫描电镜在铸铁件表面研究方面的应用主要包括磨损表面与磨损产物形貌观察、腐蚀表面形貌观察等，根据表面形貌特征，确定相关磨损和腐蚀等的类型和机制。

铸铁件表面形貌 SEM 分析示例见表 3-24。

表 3-22　断裂模式及其断口的微观特征

断裂模式	断口微观特征	说　明
解理断裂	河流花样 ×3000	解理是金属或合金沿某些严格的结晶学平面发生开裂的现象。解理断裂常见于体心立方和密排六方金属及合金，体心立方的解理面是 {100}，有时也可能沿形变孪晶面 {112}；密排六方解理面是 {0001}。解理断裂属穿晶断裂，通常是宏观脆性断裂 断口上许多较小的支流处为河流的上游，支流汇合成大河，流向与裂纹扩展方向一致（沿箭头方向），可根据河流花样的流向判断解理裂纹在微观区域内的扩展方向

（续）

断裂模式	断口微观特征	说　　明
微孔聚集断裂	孔坑或微坑、韧窝形貌 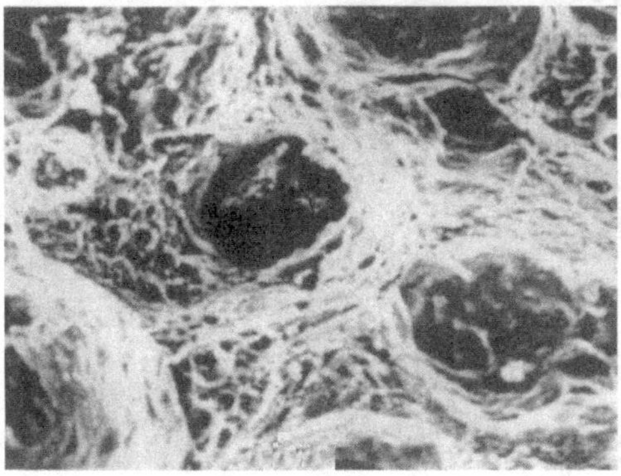 ×5000	在外力作用下，在某些夹杂物或第二相质点处形成显微孔洞，这些孔洞在力的作用下，不断扩大、连接，并同时产生一些新的孔洞，最终导致整个工件的断裂。微孔聚集断裂属穿晶断裂，在大多数情况下都是宏观塑性断裂 由于是由第二相质点连接而形成的，因此每个孔坑中都可以观察到异相颗粒或其留下的痕迹 左图为球墨铸铁断口上的韧窝形貌
沿晶断裂	冰糖状形貌 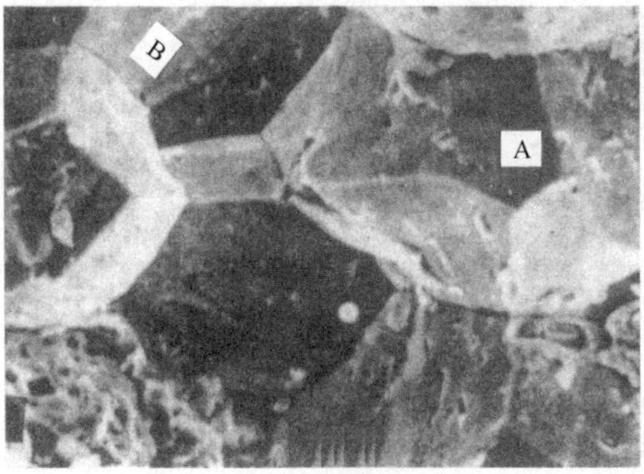 ×1000	沿晶断裂是宏观脆性断裂 左图为淬火马氏体铸铁冲击断口，光滑面是晶界界面
疲劳断裂	疲劳辉纹（或疲劳条带） 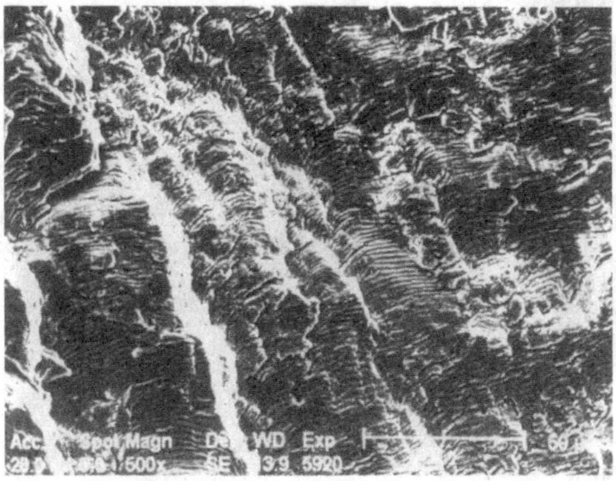	疲劳辉纹是一系列基本上相互平行的弯曲条纹，每一条纹是一次循环载荷所产生的，并与裂纹局部扩展方向垂直，其凸弧指向裂纹扩展方向 金属疲劳裂纹扩展时，裂纹顶端发生较大塑性变形，疲劳辉纹连续并呈弯曲波浪形，条带间存在滑移带，甚至伴有韧窝，这样的疲劳辉纹为韧性疲劳辉纹 疲劳裂纹沿解理面扩展，裂纹顶端没有或发生较少塑性变形，疲劳辉纹较直而不连续，河流走向与疲劳辉纹垂直，这样的疲劳辉纹为脆性疲劳辉纹

表 3-23　铸铁件断口形貌 SEM 分析示例

序　号	图　　像	说　　明
1	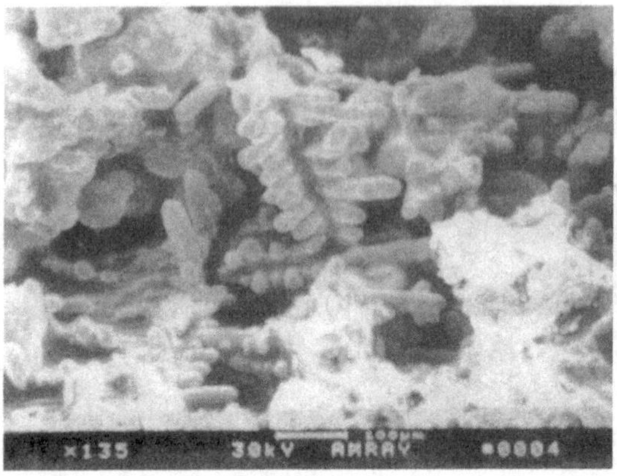 ×133	过共晶球墨铸铁件断口上的缩松形貌。通过发达的树枝晶末梢，可以明显地将缩孔、缩松与气孔区分开来
2	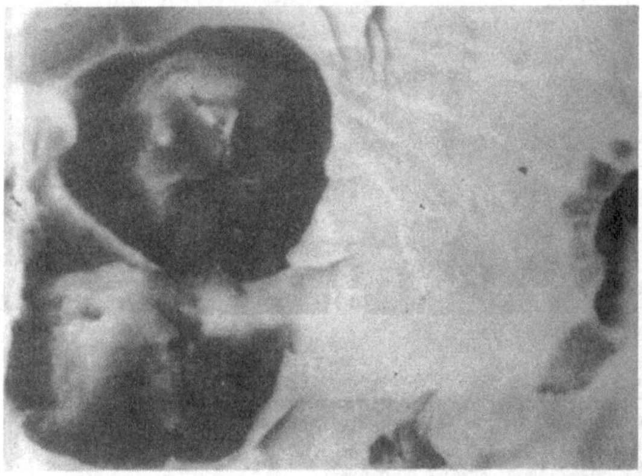 ×1600	球墨铸铁件断口上的石墨形态
3	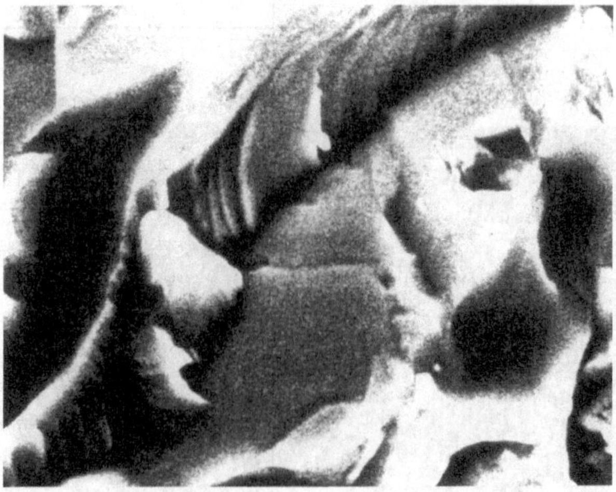 ×8000	白口铸铁件铸态断口形貌。图中类似疲劳辉纹的弧形平行线为瓦纳线，通常在极脆材料断口中出现，是裂纹快速扩展时裂纹顶端与弹性冲击波相互干涉所造成的 　图中瓦纳线是白口铸铁中渗碳体断裂时形成的

（续）

序　号	图　　像	说　　明
4	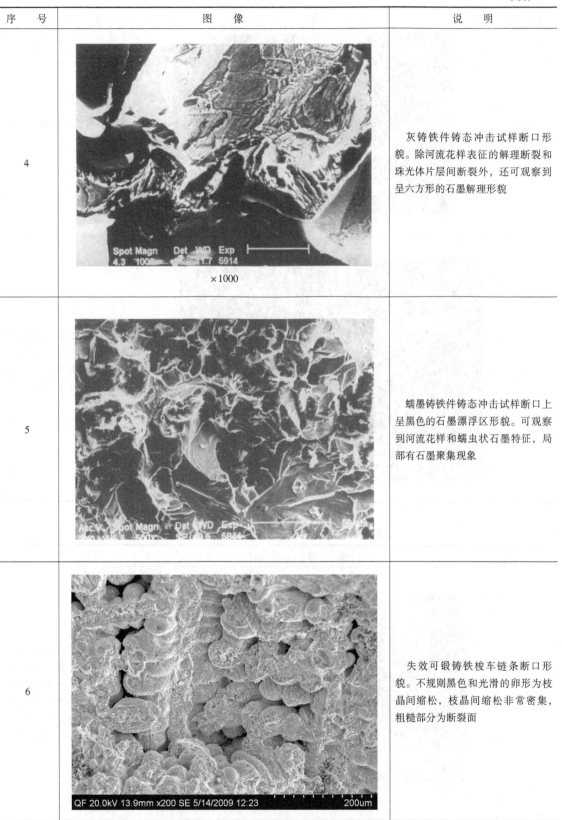 ×1000	灰铸铁件铸态冲击试样断口形貌。除河流花样表征的解理断裂和珠光体片层间断裂外，还可观察到呈六方形的石墨解理形貌
5		蠕墨铸铁件铸态冲击试样断口上呈黑色的石墨漂浮区形貌。可观察到河流花样和蠕虫状石墨特征，局部有石墨聚集现象
6		失效可锻铸铁梭车链条断口形貌。不规则黑色和光滑的卵形为枝晶间缩松，枝晶间缩松非常密集，粗糙部分为断裂面

（续）

序 号	图 像	说 明
7	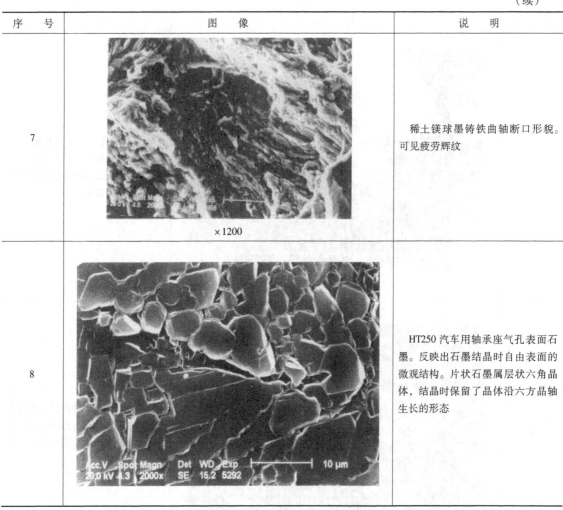 ×1200	稀土镁球墨铸铁曲轴断口形貌。可见疲劳辉纹
8		HT250 汽车用轴承座气孔表面石墨。反映出石墨结晶时自由表面的微观结构。片状石墨属层状六角晶体，结晶时保留了晶体沿六方晶轴生长的形态

表 3-24 铸铁件表面形貌 SEM 分析示例

序 号	图 像	说 明
1	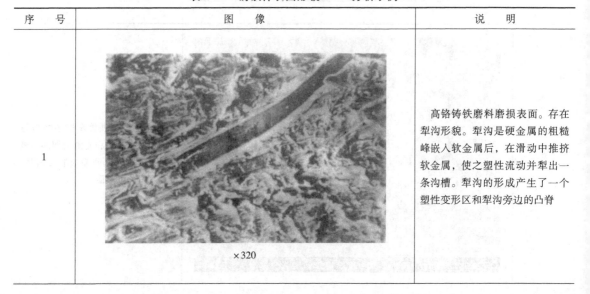 ×320	高铬铸铁磨料磨损表面。存在犁沟形貌。犁沟是硬金属的粗糙峰嵌入软金属后，在滑动中推挤软金属，使之塑性流动并犁出一条沟槽。犁沟的形成产生了一个塑性变形区和犁沟旁边的凸脊

（续）

序　号	图　　像	说　　明
2	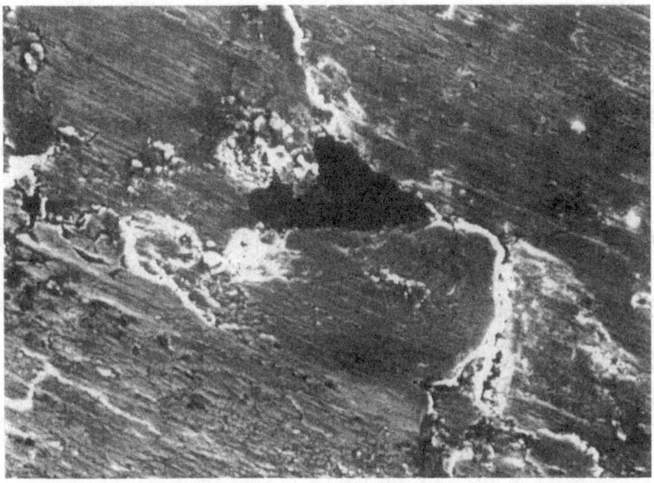 ×500	失效灰铸铁汽车制动盘表面形貌。平行的沟槽条纹，为磨粒磨损的典型特征。还可观察到显微裂纹的扩展，可导致表面剥落，图中三角形的黑洞为剥落坑。这种三角形的剥落坑类似接触疲劳中的麻点剥落
3	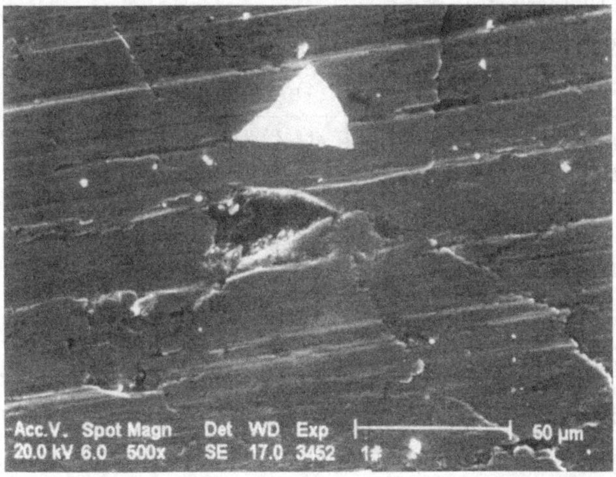	失效铸态灰铸铁汽车制动盘表面形貌。平行的沟槽条纹为磨粒磨损的典型特征。白色颗粒为黏附在表面上的磨粒，磨粒呈尖角形

3.4.2　透射电子显微分析

1. 概述

透射电子显微分析是借助于透射电子显微镜（简称透射电镜，缩写 TEM）进行的，透射电镜依据入射电子束经过复型或金属薄膜后的透射电子的"质量厚度衬度"或"衍射衬度"等原理成像。透射电镜的衬度特点和适用范围列于表 3-25。

2. 透射电镜试样的制备

透射电镜试样的特点、用途及制备方法见表 3-26。

表 3-25　透射电镜的衬度特点和适用范围

图像类型	衬度特点和适用范围	图像类型	衬度特点和适用范围
复型像（质厚衬度像）	复型像在成像过程中，衬度的来源主要是厚度差异，属质厚衬度像。适用于表面形貌的观察，如金相组织、断口、形变条纹、磨损面等	晶体像（衍衬像）	晶体像在成像过程中，起决定作用的是晶体对电子衍射强度的差异，属衍衬像。适用于晶体组织，相形态、分布和结构以及和基体的取向关系，晶体缺陷，如位错类型、分布和密度等的观察和分析

表3-26　透射电镜试样的特点、用途及制备方法

试样名称		特点和用途	制备方法
复型试样	一级复型	一级复型是直接从试样表面制得的复型，受复型材料粒子尺寸的限制，分辨本领只有2~5nm，透射电镜的高分辨本领不能充分发挥；制备复型时操作不当易造成畸变或假象；脱膜破坏试样，因此较少使用。用于观察试样表面组织、断口形貌等	1) 在样品表面滴一滴丙酮等，贴AC纸，待AC纸干透后撕下，反复3~4次 2) 在真空镀膜仪中喷碳，碳膜厚度为10nm左右。只有应急时才做成有机复型 3) 用电解法、化学法或明胶法分离碳膜
	二级复型	二级复型是经过中间复型制得的复型，分辨本领15nm，低于一级复型；假象相对一级复型多，但不破坏试样，使用较广泛。用途同一级复型	1) 同上"1)"，最后一片AC纸留做中间复型 2) 将中间复型复朝上用胶带纸贴在玻璃片上 3) 在真空镀膜仪中喷碳，碳膜厚度为10nm左右 4) 剪成2mm×2mm小片放入丙酮中溶解中间复型，若打卷再捞入蒸馏水中展开
	萃取复型	把夹杂物和析出相萃取下来，研究萃取物大小、形貌、分布和结构	1) 抛光、腐蚀 2) 将腐蚀后的试样在真空镀膜仪中喷碳 3) 二次腐蚀脱离基体
薄膜试样		能有效地发挥透射电镜的极限分辨能力，能进行静态和动态组织、结构和晶体缺陷分析	1) 从试样上线切割下0.3mm薄片 2) 将0.3mm薄片冲成ϕ3mm的薄片 3) 将ϕ3mm的薄片在水磨金相砂纸上磨薄至0.1~0.2mm（采用离子减薄时为30μm） 4) 电解抛光等方法穿孔
粉末试样	支持膜法	粉末边界清晰，膜厚均匀，观察效果好，但制备麻烦。用于形态观察、颗粒尺寸测定、结构分析等	1) 做火棉胶膜或AC（火棉胶）-碳支持膜 2) 往支持膜上分散粉末
	胶粉混合法	粉末周围胶膜较厚，边界不够清晰，但制备简单。用途同支持膜法	1) 在玻璃片上滴一滴火棉胶液，放入粉末，用镊子搅匀 2) 用另一玻璃片压上研磨后，将胶粉混合物平拉成薄膜 3) 喷碳

3. 透射电子显微分析在铸铁检测中的应用

透射电子显微分析在铸铁检测中应用较多的是复型像分析、衍衬像分析和电子衍射分析。

（1）复型像分析　在铸铁研究中，应用较多的是断口复型分析、金相复型分析和表面复型分析。

1）断口复型分析。与采用扫描电镜直接观察断口相比，采用透射电镜观察断口复型具有断口形貌清晰、不用搬运工件和不用切割样品等优点。

常见断口复型微观形貌特征如图3-35所示。

铸铁件断口复型TEM分析示例见表3-27。

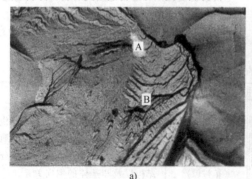
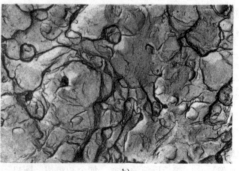

a)　　　　　　　　　　　　　　　b)

图3-35　常见断口复型微观形貌特征

a）解理断裂（以河流花样为主要特征）×10000　b）准解理断裂（河流短弯、支流少、有撕裂岭）×5800

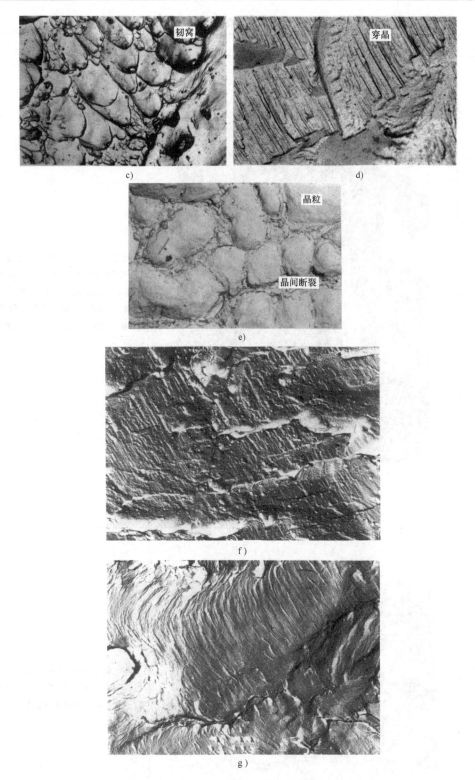

图 3-35　常见断口复型微观形貌特征（续）

c）微孔聚集断裂（以韧窝为主要特征）　×5800　d）解理（与基体组织相关，解理阶明晰）　×10000

e）沿晶断裂 ×1400　f）疲劳断裂（疲劳辉纹为主要特征，脆性疲劳辉纹平直或伴河流）　×5000

g）疲劳断裂（疲劳辉纹为主要特征，韧性疲劳辉纹弯曲连续或伴韧窝）　×5000

表 3-27　铸铁件断口复型 TEM 分析示例

序　号	图　　像	说　　明
1	 × 10000	铸态白口铸铁件断口复型像。鱼骨状花样是解理的另一种特征。由解理裂纹沿不同晶面和晶向扩展而形成。中间的鱼骨为 {100}〈100〉解理，两侧分别为 {100}〈110〉和 {112}〈110〉孪晶解理
2	 × 3500	铸态低镍铬冷硬铸铁件断口复型像。相同位向、不同层次的渗碳体解理开裂。此形貌出现在极脆的材料中

（续）

序　号	图　像	说　明
3	 ×8000	铸态球墨铸铁件旋转弯曲疲劳试样断口复型像。可见疲劳辉纹

2）金相复型分析。复型金相组织和光学金相组织之间具有相似性。与光学显微镜相比，透射电镜具有分辨本领高，能够显示金属组织的细节特征、不用搬运工件、不破坏工件和不用切割样品等优点。

铸铁件金相复型 TEM 分析示例见表 3-28。

3）表面复型分析。除了具有断口复型类似的特点外，表面复型法的突出优点是不破坏工件就能够跟踪分析工件在服役过程中表面的变化。

铸铁件表面复型 TEM 分析示例如图 3-36 所示。

表 3-28　铸铁件金相复型 TEM 分析示例

序　号	图　像	说　明
1	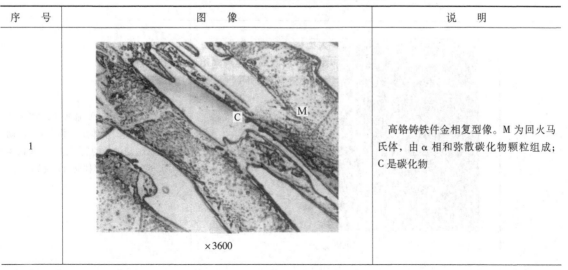 ×3600	高铬铸铁件金相复型像。M 为回火马氏体，由 α 相和弥散碳化物颗粒组成；C 是碳化物

（续）

序　号	图　像	说　明
2	×7200	二元磷共晶复型像。P 是共析体
3	×3000	球墨铸铁件抛光后复型像。球状石墨以六角形为核心长大
4	×5000	球墨铸铁件经 900℃加热 1h，400℃盐浴 25min 处理，用体积分数为 4% 的硝酸乙醇溶液浸蚀后的复型像。上贝氏体组织形貌，可见铁素体间有碳化物

（续）

序　号	图　像	说　明
5	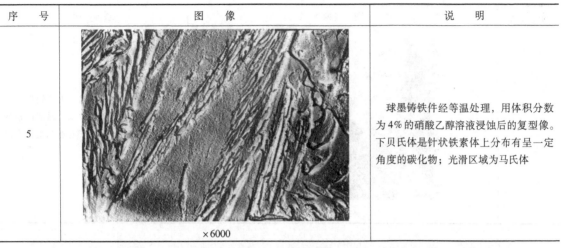 ×6000	球墨铸铁件经等温处理，用体积分数为4%的硝酸乙醇溶液浸蚀后的复型像。下贝氏体是针状铁素体上分布有呈一定角度的碳化物；光滑区域为马氏体

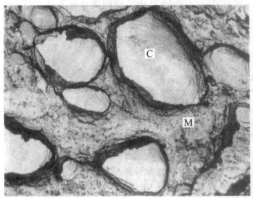

a)

b)

图 3-36　铸铁件表面复型 TEM 分析示例

a）合金白口铸铁件磨损表面（C—碳化物　M—基体）　×7200　b）铬镍合金铸铁件在高温浓碱中的腐蚀表面　×10000

（2）衍衬像分析　利用衍衬像能对铸铁中各种相的微观形貌进行观察，同时也可观察与分析铸铁中的晶体缺陷。

1）组织形貌分析。用复型只能观察试样表面的微观形貌，无法获取试样内部的信息，分辨率受复型材料限制。入射电子透射薄金属形成的衍衬像，能反映试样内部完整信息，并能充分发挥透射电镜高分辨的优势。

铸铁组织形貌衍衬像分析示例见表 3-29。

表 3-29　铸铁组织形貌衍衬像分析示例

序　号	图　像	说　明
1	×100000	CrMn 抗磨白口铸铁薄膜衍衬像。黑色组织（C）是 M_7C_3 型碳化物，A、B 为晶界

（续）

序　号	图　像	说　明
2	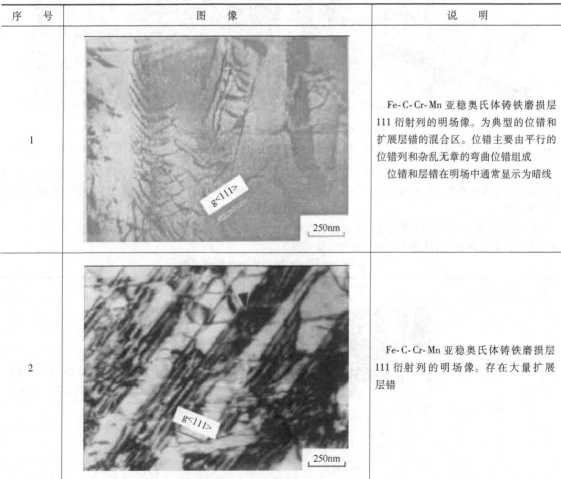 ×36000	经过高温淬火和中温回火热处理的高铬白口铸铁的薄膜衍衬像。黑灰色条状组织为碳化物（A），黑色粒状组织为回火析出碳化物（B）

2）晶体缺陷分析。晶体缺陷是被正常点阵周期破坏的结构，如空位、间隙原子、位错、堆垛层错、晶界、相界面和孪晶界等，其中位错属于线缺陷，晶粒间界、相界、堆垛层错和孪晶界属于面缺陷。这些破坏正常点阵周期的结构都将导致其所在区域的衍射条件发生变化，从而显示出相应的衬度。

铸铁晶体缺陷衍衬像分析示例见表3-30。

表3-30　铸铁晶体缺陷衍衬像分析示例

序　号	图　像	说　明
1	g<111> 250nm	Fe-C-Cr-Mn亚稳奥氏体铸铁磨损层111衍射列的明场像。为典型的位错和扩展层错的混合区。位错主要由平行的位错列和杂乱无章的弯曲位错组成 位错和层错在明场中通常显示为暗线
2	g<111> 250nm	Fe-C-Cr-Mn亚稳奥氏体铸铁磨损层111衍射列的明场像。存在大量扩展层错

（续）

序　号	图　像	说　明
3	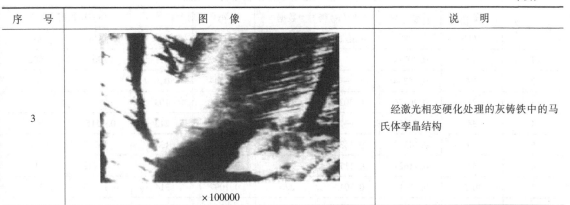 ×100000	经激光相变硬化处理的灰铸铁中的马氏体孪晶结构

（3）电子衍射分析　电子束穿过晶体试样时产生电子衍射，主要用于确定物相结构及其与基体的取向关系，以及沉淀惯习面、滑移面等。

电子衍射与 X 射线衍射一样，都满足布拉格方程和劳厄方程，衍射方向可以用厄瓦尔德球作图求出。电子衍射与 X 射线衍射相比，主要有 4 个突出特点：

1）电子衍射能在同一试样上把物相的形貌观察与结构分析结合起来，这是 X 射线衍射无法比拟的优点。

2）电子波波长短，一般只有千分之几纳米，比 X 射线衍射用波长 0.05~0.25nm 短很多，由布拉格方程 $2d\sin\theta = n\lambda$ 可知，电子衍射的 2θ 角很小（一般为几度），即入射电子束和衍射电子束都近乎平行于衍射面，单晶的电子衍射花样宛如晶体的倒易点阵的一个二维截面在底片上的放大投影，晶体几何关系的研究远比 X 射线衍射简单。

3）电子衍射不能像 X 射线那样将衍射强度作为确定结构的主要依据之一。

4）精度没有 X 射线衍射高。

电子衍射分析分为多晶电子衍射分析和单晶电子衍射分析。电子衍射分析的关键是电子衍射花样的标定。

1）多晶电子衍射分析。多晶电子衍射分析主要用于物相鉴定和仪器常数测定。多晶电子衍射花样由同心圆组成，称为衍射环。多晶电子衍射花样的标定即为多晶电子衍射花样的指数化，即确定花样中各衍射环对应衍射晶面的干涉指数（hkl）并以之标识（命名）各圆环。

多晶电子衍射花样的标定程序如下：

① 测定各衍射环半径 R。

② 按下式计算各衍射环对应的晶面间距 d。

$$d = K/R$$

式中　K——相机常数（仪器常数），通常用多晶金或多晶铝测定。

③ 将计算的 d 值与预测相的衍射卡片对照，确定被测定材料的相组成，同时也能从卡片上查出与各 d 值对应的晶面指数。为使分析结果更可靠，可测量各谱线的相对强度，同时还应考虑两相谱线重叠对强度的影响。

图 3-37 所示为加稀土铸铁衍衬像及选区多晶电子衍射图。与图 3-37b 对应的多晶衍射分析数据见表 3-31。

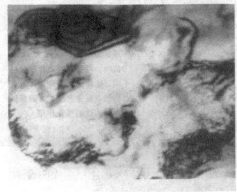

a)　　　　　　　　　　　　　b)

图 3-37　加稀土铸铁衍衬像及选区多晶电子衍射图
a）衍衬像　×100000　b）选区衍射图（相机常数 $K = 2.1125$mm·nm）

表 3-31　加稀土铸铁多晶衍射分析数据

环　序	2R值 /mm	计算 d 值 /nm	Fe(α)衍射卡数据		M_3C 衍射卡数据		Ce_2O_3 衍射卡数据	
			d 值/nm	hkl	d 值/nm	hkl	d 值/nm	hkl
1	14	0.30714	—	—	0.3022	111	0.303	002
2	17	0.25294			0.2544	020		
3	21	0.20476	0.2027	110	0.2031	103	—	—
4	28	0.15357	—		0.1521	213	0.1516	004
5	30	0.14333	0.1433	200	0.1437	132	0.14727	202
6	37	0.11621	0.1170	211	0.1162	233	0.11742	212
7	40.5	0.10617	0.1013	220	0.1097	314	0.10775	213
8	48.5	0.08958	0.0906	310	—	—	—	—
9	53	0.08113	0.0827	222	—	—	—	—
10	57	0.07543	0.0766	321	—	—	—	—
11	64	0.06718	0.0676	330	—	—	—	—

根据加稀土铸铁多晶衍射分析数据可以判定，多晶电子衍射位置的相组成为 Fe(α)、M_3C 及 Ce_2O_3。从衍射环的连续性可以判定衍射位置晶粒尺寸。晶粒越小，环的连续性越好。

2）单晶电子衍射分析。单晶电子衍射分析主要用于第二相鉴定、物相之间的取向关系分析等。单晶电子衍射花样由许多斑点构成，中心斑点是透射斑点，其他斑点是衍射斑点。衍射花样的标定方法可参考电子衍射分析书籍。现列举铸铁研究中单晶电子衍射分析示例如下：

示例 1　Fe-C-Cr-Mn 亚稳奥氏体铸铁磨损层的选区电子衍射分析

在摩擦磨损过程中，磨损表面亚稳奥氏体发生马氏体相变，使耐磨能力大大提高。研究 Fe-C-Cr-Mn 亚稳奥氏体铸铁磨损层微结构与取向关系，对于高耐磨性的亚稳奥氏体铸铁设计具有理论指导作用。Fe-C-Cr-Mn 亚稳奥氏体铸铁磨损层的选区衍衬像、电子衍射图及其标定如图 3-38 所示。

标定结果表明：Fe-C-Cr-Mn 亚稳奥氏体铸铁磨损层中同时存在奥氏体和 ϵ-马氏体，奥氏体和马氏体片的取向关系为：$(1\,\bar{1}\,\bar{1})_\gamma//(002)_\epsilon$，$[0\,1\,\bar{1}_\gamma]//[0\,1\,0]_\epsilon$。将图像和标定结果相结合可以看出，在 $(1\,\bar{1}\,\bar{1})_\gamma$ 面上生成较多 ϵ-马氏体，马氏体片厚约 25nm。

示例 2　加 Ti 铸铁中第二相电子衍射分析。

钛的碳化物有很高的硬度，如 TiC 的硬度高达 3200HV。钛的碳化物呈细小的质点分布于基体组织中，使铸铁耐磨性大大提高。为查明加 Ti 铸铁中是否生成了 TiC，制备了萃取复型（二次碳复型）。萃取颗粒形貌、选区电子衍射图及其标定如图 3-39 所示。结果表明，方形的颗粒是 TiC。

a)

$\bar{1}\,0\,1_\epsilon$

$1\,\bar{1}\,\bar{1}_\gamma$

$0\,0\,2_\epsilon$

$[0\,1\,1]_\gamma//[0\,1\,0]_\epsilon$

b)

图 3-38　Fe-C-Cr-Mn 亚稳奥氏体铸铁磨损层的选区衍衬像、电子衍射图及其标定

a）选区衍衬像　b）选区衍射图及其标定

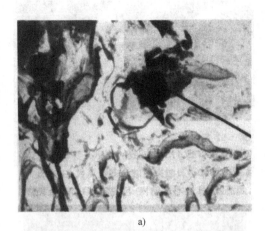

a)

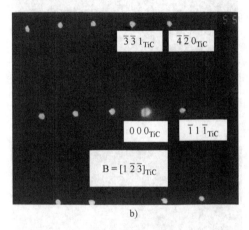

b)

图 3-39　加 Ti 铸铁中萃取颗粒形貌、
选区电子衍射图及其标定

a）TiC 形貌（箭头所指方块）

b）选区电子衍射图及其标定

3.4.3　电子探针 X 射线显微分析

1. 概述

电子探针 X 射线显微分析仪（简称电子探针仪，EPM 或 EPMA）是一种微区化学成分分析手段。根据高能电子与固体物质相互作用的原理，利用能量足够高的一束细聚焦电子束轰击样品表面，将在一个有限的深度和侧向扩展的微区体积内，激发产生特征 X 射线信号，它们的波长（或能量）和强度成为表征该微区内所含元素及其含量的重要信息。利用特征 X 射线的波长来确定元素的 X 射线谱仪通常称为波长色散谱仪（WDS），简称波谱仪。利用特征 X 射线的能量来区分元素的 X 射线谱仪通常称为能量色散谱仪（EDS），简称能谱仪。波谱仪与能谱仪的对比见表 3-32。

表 3-32　波谱仪（WDS）与能谱仪（EDS）的对比

对比项目	WDS	EDS
元素分析范围	$_4Be \sim _{92}U$	$_4Be \sim _{92}U$
元素分析方法	用分光晶体对元素进行逐个检测	用半导体检测器同时进行多元素检测
能量分辨率/eV	高（3 ~ 10）	低（135）
检测极限（%）	10^{-5}	10^{-1}
测量效率	低，随波长而变化	高，一定条件下是常数
定性分析速度/s	主量元素 30，次量元素 90，微量元素 300	主量元素 10，次量元素 数百，微量元素不可能定性
定量分析精度	高	低
分光焦点深度/μm	浅（5 ~ <1000）	深（>100 ~ 1000）
分光焦点广度/μm	狭（100）	广（>100 ~ <1000）

电子探针 X 射线显微分析分为定性分析和定量分析。有 3 种基本的工作方式：

（1）点分析　点分析是对样品表面选定微区做定点的全谱（波谱或能谱）扫描，进行定性或半定量分析，以及对其中所含元素的定量分析。

微区定点成分分析在第二相鉴定方面有着广泛的应用。被分析粒子或相区尺寸一般应大于 1 ~ 2μm。

（2）线分析　线分析是将 X 射线谱仪（波谱仪或能谱仪）设置在测量某一指定元素的波长或能量的位置，使电子束沿样品表面选定的直线轨迹与试样做相对运动，用记录仪或荧光屏记录选定元素的 X 射线强度，定性分析该元素沿选定直线的含量分布。将线扫描曲线与二次电子像或背散射电子像叠加，可直观显示元素含量不均匀性与组织之间的关系。

X 射线信号强度的线扫描分析，对于测定元素在材料内部相区或界面上的富集和贫化、分析扩散过程元素含量与距离的关系等是一种十分有效的手段。

（3）面分析　面分析是将 X 射线谱仪（波谱仪或能谱仪）设置在测量某一指定元素的波长或能量的位置，使电子束沿样品表面选定的区域做面扫描，在荧光屏上获得该元素在指定区域的 X 射线强度分布，定性分析该元素在指定区域的含量分布。在面扫描图像中，元素质量分数较高的区域应该是图中较亮的部分。将试样的二次电子像或背散射电子像与同视场相组成相关元素面扫描像联系起来，可对材料进行更全面的分析。

电子探针试样可用块料、粉料、断口或表面。制样方法与 SEM 类似。

2. 电子探针 X 射线显微分析在铸铁检测和研究中的应用

（1）线分析　图 3-40 所示为高铬铸铁二次电子像和 Cr 的 K_αX 射线线扫描图。通过线扫描可定性了解 Cr 的分布情况，从图 3-40 可以看出，碳化物中的 Cr 含量明显高于基体中的 Cr 含量。

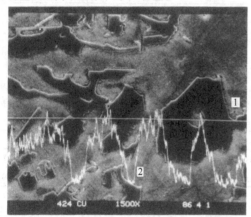

图 3-40　高铬铸铁二次电子像和 Cr 的 K_αX 射线
线扫描图　×1500
1—线分析位置　2—Cr 沿直线的分布曲线

图 3-41 所示为球墨铸铁深腐蚀金相试样的二次电子像和沿石墨核心直线的 S、Mn、Ca 和 Bi 的 K_αX 射线线扫描图。从图 3-41 可以看出，石墨核中的 S、Mn、Ca 和 Bi 元素的含量明显高于基体。

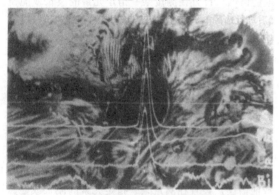

图 3-41　球墨铸铁深腐蚀金相试样的二次电子像
和沿石墨核心直线的 S、Mn、Ca 和 Bi 的
K_αX 射线线扫描图　×1950

有些电子探针仪具有在整个面上沿多条均匀分布的直线进行元素线扫描的功能，获得的图像既所谓的"鸟瞰图"，能更直观地将形貌与成分对应起来。图 3-42 所示为灰铸铁中的 C 鸟瞰图。

（2）面分析　图 3-43 所示为中锰球墨铸铁磷共晶区的二次电子像和 P、Mn 的 K_αX 射线面扫描图。

图 3-42　灰铸铁中的 C 鸟瞰图

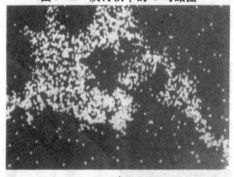

a)

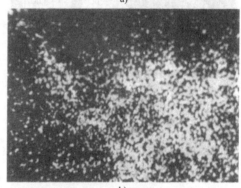

b)

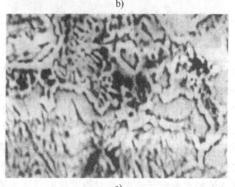

c)

图 3-43　中锰球墨铸铁磷共晶区的二次电子像
和 P、Mn 的 K_αX 射线面扫描图

a）与图 3-43c 同视场的 P 的面分布　×1000
b）与图 3-43c 同视场的 Mn 的面分布　×1000
c）磷共晶区的二次电子像　×1000

有些电子探针仪可以同时显示形貌、元素面分布和鸟瞰图，组成所谓的"相关图"，可以从更多的角度进行分析。

图 3-44 所示为灰铸铁深腐蚀金相试样的相关图。可见 C 面扫描像在与二次电子像中石墨对应的位置较亮，说明石墨富含碳；Fe 面扫描像在与二次电子像基体对应的位置较亮，说明基体中富含铁。

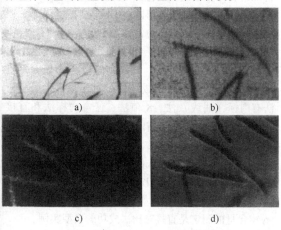

图 3-44　灰铸铁深腐蚀金相试样的相关图　×1020

a）二次电子像　b）Fe 的 K_αX 射线面扫描图

c）C 的 K_αX 射线面扫描图　d）Fe 鸟瞰图

3.4.4　X 射线衍射分析

1. 概述

X 射线衍射分析是以材料结构分析为基本目的的现代分析方法。X 射线照射晶体，晶体中的电子受迫振动产生相干散射，同一原子内各电子散射波相互干涉形成原子散射波，各原子散射波相互干涉，在某些方向上一致加强，即形成了晶体的衍射波（线）。衍射方向（衍射线在空间分布的方位）和衍射强度是实现材料结构分析等工作的两个基本特征。衍射方向以衍射角，即入射线与衍射线的夹角 2θ 表达，其与产生衍射晶面之晶面间距 $[d_{HKL}，(HKL)$ 为干涉指数表达之晶面] 及入射线波长（λ）的关系，即衍射产生的必要条件遵从布拉格方程。1912 年，英国物理学家布拉格父子从 X 射线被原子面"反射"的观点出发，推出了非常重要和实用的布拉格方程，即光程差为 $\delta = EB + BF = 2d\sin\theta$（见图 3-45），相邻原子面反射波干涉加强条件为

$$2d\sin\theta = n\lambda$$

式中　d——晶面间距；

　　　θ——入射线、反（衍）射线与反（衍）射晶面之间的夹角，称为掠射角。入射线与

衍射线之间的 2θ 称为衍射角；

　　　n——整数，称为反射级数；

　　　λ——入射 X 射线波长。

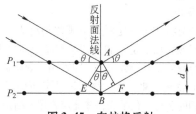

图 3-45　布拉格反射

布拉格定律是 X 射线在晶体中产生衍射必须满足的基本条件，它反映了衍射线方向与晶体结构之间的关系。

X 射线衍射分析分为多晶 X 射线衍射分析和单晶 X 射线衍射分析，相应的分析仪器和用途见表 3-33 和表 3-34。

表 3-33　多晶 X 射线衍射分析仪器和用途

分析仪器名称	用　　途
衍射仪	物相定性、定量分析；无机化合物的结构分析；晶体细化和点阵畸变的测定；点阵参数的测定；固溶体的成分比测定；薄膜厚度的测定；位错、层错及线形分析；相图的测定；热膨胀系数的测定
德拜相机	物相定性分析；点阵常数测定；相图测定；层错密度测定；热膨胀系数测定
纪尼叶聚焦相机	物相定性分析；点阵常数测定；固溶体成分比测定；薄膜厚度测定
极图测定衍射仪	择优取向测定
应力测定衍射仪	残余应力测定
小角散射装置	长周期结构测定；测定金属中缺陷的类型及尺寸；用于过饱和固溶体中沉淀相及塑性形变过程的研究

表 3-34　单晶 X 射线衍射分析仪器和用途

分析仪器名称	用　　途
衍射仪（四圆衍射仪及 Bond 型衍射仪）	晶体结构分析；晶体点阵参数的精确测定
劳厄相机	测定晶体取向和晶体对称性；研究塑性形变过程及重结晶
魏森堡相机	晶体结构分析
旋进相机	晶体结构分析
Lang 相机	晶体点阵畸变的测定；晶体点阵缺陷的观察
Kossel 相机	晶体点阵畸变的测定

在众多研究晶体结构的试验方法中，使用最广泛的是X射线衍射仪法。绝大部分衍射工作都可以在衍射仪上进行。物相分析是应用最广泛的分析项目。

2. 物相分析

物相分析用于确定材料由哪些相组成（即物相定性分析或物相鉴定）和确定各组成相的含量（常以体积分数或质量分数表示，即物相定量分析）。

（1）物相定性分析　物相定性分析的任务是鉴定出物相的名称、化学式，并确定物相的结构。分析步骤如下：

1）衍射花样的获得。可以用德拜照相法、透射聚焦照相法和衍射仪法获得被测试样的衍射花样。试样可制成粉末状，粒径为5～50μm较适合，衍射仪法也可采用平板试样。试验参数的选择原则上采用强的辐射功率。光阑系统狭缝大，有利入射线与衍射线强度增大；狭缝小，有利提高分辨率。因此，对分析物相少、衍射线不密集和衍射效率较低的试样，选用大狭缝，反之则选用小狭缝。

2）计算d值和测定相对强度I/I_0。这些数据是物相定性分析的依据，要有足够的精确度，2θ角和d值应分别精确到0.01°和0.001nm。

3）检索粉末衍射（PDF）卡片和查卡。根据试样成分和工艺处理制度，以及金属学与热处理等专业知识和实践经验，预估其可能产生的物相；然后通过该物相英文名称查阅文字索引，直接查出该物相名称所属条目与PDF卡片，将计算和测定的全部$d-I/I_0$数值与卡片的$d-I/I_1$数值进行核对，如数据符合，即可初步确认待测试样所属物相。

4）分析判定。有时初步检索和核对卡片不能给出唯一的卡片，可能给出数个候选卡片，从而给物相分析判定造成麻烦，此时必须根据相关知识和实践经验，借助多种分析手段，如化学分析、金相、能谱与波谱分析等，根据多方面资料进行综合分析判断。

上述人工检索PDF卡片和核对卡片数据物相鉴定方法是一项烦琐而费时的工作，电子计算机物相自动检索可极大地提高工作效率。现代X射线衍射仪都配备有计算机控制运行物相自动检索软件，如MDI Jade软件等。软件设计都以人工检索方法为基础，以晶面间距d值、衍射线的相对强度I/I_1和待测试样中的化学成分作为检索的三个判据。

（2）物相定量分析　物相定量分析的任务是确定物质（样品）中各组成相的相对含量。定量分析法有内标（曲线）法、K值法、任意内标法和直接对比法，前三种方法均需向待分析样品内加入标准物质，只适用于粉末状样品，而不适用于整体样品。直接对比法不向样品中加入任何物质而直接利用样品中各相的强度比值实现物相定量，适于对化学成分相近的两相混合物的分析，如淬火钢铁中残留奥氏体（γ）含量的测定是直接对比法成功的典型实例。

3. X射线衍射分析在铸铁检测和研究中的应用

（1）X射线衍射仪定性分析示例　球墨铸铁件在570℃经4h渗氮处理后，按衍射仪试样架尺寸切取试样，试验用Cr靶$K\alpha_1$波长为0.228962nm。球墨铸铁渗氮试样X射线衍射图如图3-46所示。

预估可能产生的物相：Fe_3O_4、$\varepsilon Fe_3N\text{-}Fe_2N$、$Fe_3N$、$\alpha Fe$和C。按照布拉格方程$2d\sin\theta = n\lambda$的关系，求出与各衍射峰（$2\theta$）对应的d值，并与预估物相的衍射卡片上的d值对照（见表3-35）。试验数据与Fe_3O_4、$\varepsilon Fe_3N\text{-}Fe_2N$、$Fe_3N$和$\alpha Fe$衍射卡的数据相符，即可确认这些物相。

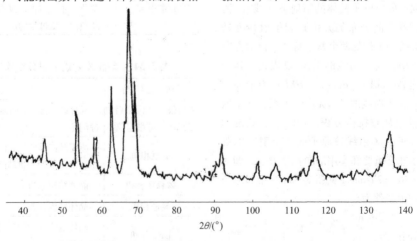

图3-46　球墨铸铁渗氮试样X射线衍射图

表 3-35　球墨铸铁渗氮层 X 射线衍射结果及分析

试 验 数 据			卡片数据							
			3-0925 εFe$_3$N-Fe$_2$N		1-1236 Fe$_3$N		6-0696 αFe		19-629 Fe$_3$O$_4$	
$2\theta/(°)$	d/nm	I/I_0	d/nm	I/I_1	d/nm	I/I_1	d/nm	I/I_1	d/nm	I/I_1
27.30	0.4856	2	—	—	—	—	—	—	0.485	8
45.43	0.2968	15	—	—	—	—	—	—	0.2967	30
53.89	0.2529	30	—	—	—	—	—	—	0.2532	100
57.35	0.2387	2	—	—	0.238	20	—	—	—	—
58.62	0.2338	20	0.234	100	—	—	—	—	—	—
63.11	0.2189	45	0.219	100	0.219	25	—	—	—	—
66.20	0.2098	20	—	—	0.209	100	—	—	0.2099	20
67.40	0.2065	100（标外）	0.206	100	—	—	—	—	—	—
68.80	0.20275	40	—	—	—	—	0.20268	100	—	—
90.30	0.16156	5	—	—	0.161	25	—	—	0.1616	30
91.54	0.15986	20	0.159	100	—	—	—	—	—	—
101.18	0.14829	5	—	—	—	—	—	—	0.1485	40
105.90	0.14350	5	—	—	—	—	0.14332	19	—	—
112.50	0.13776	5	—	—	0.137	25	—	—	—	—
116.10	0.13500	20	0.134	100	—	—	—	—	—	—
135.27	0.12385	40	0.123	100	0.124	25	—	—	—	—
—	0.1171[1]		0.117	60	0.116	20	0.11702	30	—	—
—	0.11485[2]		0.115	100	0.114	10	—	—	—	—
—	0.1128[3]		0.113	100	—	—	—	—	—	—

①、②、③是用 Co 靶照射获得的数据。

（2）X 射线衍射仪定量分析示例　用 X 射线衍射法测定铸铁中残留奥氏体含量。具体步骤如下：

1）用金相制样法制备试样，观察金相组织组成，如有图像仪可直接测出基体和残留奥氏体以外的其他相（石墨、碳化物等）。将第三种组织的含量从总量中减掉，用余下的含量作残留奥氏体计算的基数。

2）用 X 射线衍射仪对试样进行全扫描衍射，测出试样的全部衍射峰并选取一部分，如图 3-47 所示。

3）从全部衍射图中选取相邻 γ 相和 α 相的衍射峰，如图 3-47 所示。

4）用两种方法测定相对强度：其一是用面积积分法或面积质量称量法求出马氏体衍射峰和残留奥氏体峰的比值；其二是用马氏体衍射峰计数和残留奥氏体衍射峰计数，求出比值。

5）求出系数 R_α 和 R_γ 的数值（参照有关 X 射线定量分析书中直接比较法），并代入计算公式：

$$C_\gamma = \frac{1}{1 + (R_\gamma/R_\alpha)(I_\alpha/I_\gamma)} \times 100\%$$

式中　C_γ——残留奥氏体在扣除其他相时的体积分数（%）；

I_α——马氏体衍射峰强度；

I_γ——残留奥氏体峰衍射强度；

R_α——马氏体系数；

R_γ——残留奥氏体系数。

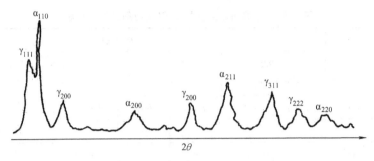

图 3-47　α 相和 γ 相的衍射峰

3.5　铸铁力学性能试验

3.5.1　拉伸试验

1. 概述

拉伸试验是最普通的一种力学性能试验方法，它具有简单、可靠、能清楚反映金属材料受力时表现出弹性、塑性、断裂三个过程的特性，拉伸试验历史悠久，积累了丰富的实践资料和数据。拉伸试验所获得的材料的强度和塑性数据，对工程设计或材料研制、材质的验收等都有很重要的价值。有些场合则直接以拉伸试验的结果为依据，它所获得的指标是评价材料性能优劣，改进生产工艺以及指导设计选材等的重要依据。

金属拉伸性能指标很多，铸铁常用的指标主要有：抗拉强度（R_m）和规定塑性延伸强度（R_p）等强度指标，断后伸长率（A）和断面收缩率（Z）等塑性性能指标，试验按 GB/T 228.1—2010《金属材料　拉伸试验　第 1 部：室温试验方法》执行。

2. 铸铁拉伸时的物理现象及拉伸指标

（1）应力和应变的概念　在直径为 d_0 的拉伸试样（杆件）两端施加大小相等、方向相反的拉力 F，轴向伸长 ΔL（见图 3-48）。

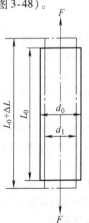

图 3-48　杆件轴向拉伸

通常用单位横截面上的内力来研究材料抵抗变形和破坏的能力，这个力学参量称为应力。由于杆件在拉伸过程中，横截面面积不断减小，计算瞬时面积比较麻烦，一般都用杆件原始横截面面积 S_0 来计算应力。这种应力称为工程应力，即

$$\sigma = F/S_0$$

同理，为了说明材料在拉伸过程中的变形程度，用杆件原始长度 L_0 来计算应变。这种应变称为工程应变，即

$$\varepsilon = \Delta L/L_0$$

应力 σ 和应变 ε 为铸铁拉伸时的两个基本力学参量。

（2）铸铁拉伸试验常用力学性能指标及意义　铸铁常见拉伸曲线类型如图 3-49 所示。图 3-49a 所示为在最大力下断裂，无明显缩颈，材料脆性大；图 3-49b 所示拉伸曲线没有明显屈服，但有缩颈。

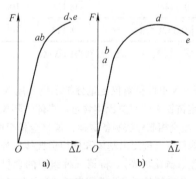

图 3-49　铸铁常见拉伸曲线类型

a）脆性大，无明显缩颈情况　b）有明显缩颈情况

图 3-49 通常是拉伸试验获得的拉伸曲线，纵坐标值（外力 F）与横坐标值（伸长量 ΔL）都与试样的几何尺寸有关，所以只反映了这一根试样在拉伸时的力学性能。若将图中的外力 F 除以试样原始截面

面积 S_o，并将伸长量 ΔL 除以试样的原始标距 L_o，则得到强度-延伸率曲线。由于 S_o 和 L_o 都是常数，所以同一种材料的应力-应变曲线与外力-变形曲线的形状完全相同（见图 3-50）。

铸铁常用拉伸性能指标及意义见表 3-36（对应图 3-50）。

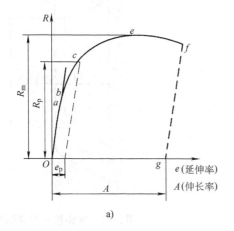

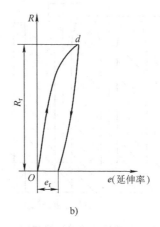

图 3-50　强度-延伸率曲线及其对应的拉伸性能指标

a）加载法　b）卸载法

e_p—规定的塑性延伸率　e_r—规定残余延伸率

注：1. 伸长率为原始标距的伸长与原始标距（L_o）之比的百分率。

　　2. 延伸率为引伸计的伸长与引伸计标距（L_e）之比的百分率。

表 3-36　铸铁常用拉伸性能指标及意义

拉伸过程中的特性点	物理名称	指标	意义
b	弹性极限	规定塑性延伸强度 R_p	在规定的塑性延伸率较小时，接近弹性变形和塑性变形交界的应力
c	条件屈服强度		通常用 $R_{p0.2}$ 表征材料开始产生微量塑性变形的抗力
d	条件屈服强度	规定残余延伸强度 R_r	卸除应力后残余延伸率等于规定的原始标距 L_o 或引伸计标距 L_e 百分率时对应的应力。通常用 $R_{r0.2}$ 表示规定残余延伸率 e_r 为 0.2% 时的应力
e	抗拉强度	抗拉强度 R_m	标志金属在断裂前所能承受的最大应力
f	断后伸长率	断后伸长率 A	试样断裂后的轴向塑性应变值，表征材料塑性变形能力
	断面收缩率	断面收缩率 Z	试样断裂后缩颈部分的最大横截面收缩百分比值，表征材料塑性变形能力

3. 铸铁拉伸试样

（1）灰铸铁件拉伸试样（GB/T 9439—2010）

1）单铸试棒（见图3-51）。

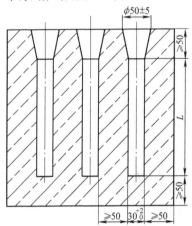

图3-51　灰铸铁件单铸试棒铸型

① 试棒须用浇注铸件的同一批铁液浇注。

② 试棒开箱温度不得高于500℃。

③ 铸件如需热处理，则试棒应与铸件同炉处理，但消除应力的时效处理除外。

2）附铸试棒、附铸试块。试棒、试块应附铸在铸件有代表性的部分。图3-52和图3-53分别适用于直径 ϕ50mm 的试棒和半径 R25mm 的试块。长度 L 应根据试样和试块夹持装置的长度确定。

3）铸件本体试棒。本体试样的取样位置由供需双方商定。

4）拉伸试样。灰铸铁件拉伸试样的类型有 A 型和 B 型两种（见图3-54和图3-55），尺寸见表3-37，也可以采用表3-38所列的其他规格的拉伸试样。

（2）可锻铸铁件拉伸试样（GB/T 9440—2010）

拉伸试样的形状及尺寸，应当符合图3-56及表3-39的规定，拉伸试样表面不经机械加工，但允许用砂轮或锉刀修磨毛刺。

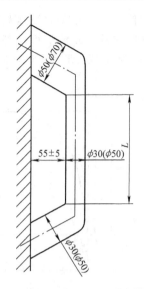

图3-52　灰铸铁件附铸试棒

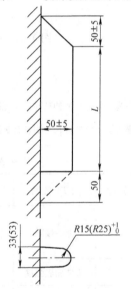

图3-53　灰铸铁件附铸试块

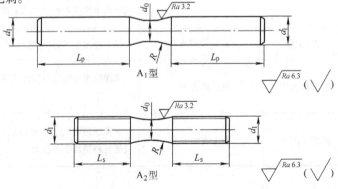

图3-54　灰铸铁件 A 型拉伸试样

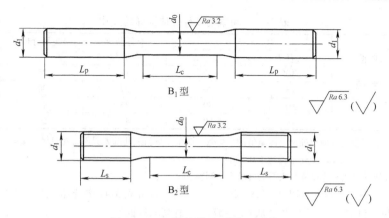

图 3-55　灰铸铁件 B 型拉伸试样

表 3-37　灰铸铁单铸试棒加工的试样尺寸　　　　　（单位：mm）

名　称			尺　寸	加工公差
最小的平行段长度 L_c			60	—
试样直径 d_0			20	±0.25
圆弧半径 R			25	+5 / 0
夹持端	圆柱状	最小直径 d_1	25	—
		最小长度 L_p	65	—
	螺纹状	螺纹直径与螺距（$d_2 \times P$）	M30×3.5	—
		最小长度 L_s	30	—

表 3-38　灰铸铁件拉伸试样的尺寸　　　　　（单位：mm）

试样直径 d_0	最小的平行段长度 L_c	圆弧半径 R	夹持端圆柱状		夹持端螺纹状	
			最小直径 d_1	最小长度 L_p	螺纹直径与螺距 $d_2 \times P$	最小长度 L_s
6±0.1	13	≥1.5d_0	10	30	M10×1.5	15
8±0.1	25	≥1.5d_0	12	30	M12×1.75	15
10±0.1	30	≥1.5d_0	16	40	M16×2.0	20
12.5±0.1	40	≥1.5d_0	18	48	M20×2.5	24
16±0.1	50	≥1.5d_0	24	55	M24×3.0	26
20±0.1	60	25	25	65	M28×3.5	30
25±0.1	75	≥1.5d_0	32	70	M36×4.0	35
32±0.1	90	≥1.5d_0	42	80	M45×4.5	50

注：1. 在铸件应力最大处或铸件最重要工作部位或在能制取最大试样尺寸的部位取样。

　　2. 加工试样时应尽可能选取大尺寸加工试样。

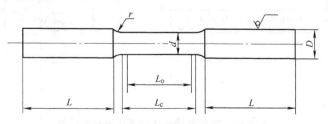

图 3-56　可锻铸铁件拉伸试样的形状

表 3-39   可锻铸铁件拉伸试样的尺寸   （单位：mm）

直 径		端部尺寸		标距长度	最短平行长度	肩部半径 r
d	极限偏差	直径 D	长度 L	$L_o = 3d$	L_c	
6	±0.5	10	30	18	25	4
9		13	40	27	30	6
12	±0.7	16	50	36	40	8
15		19	60	45	50	8

注：1. 直径 d 为相互垂直方向上的两个测量值的平均数。两个测量值之间的差异不得超过极限偏差。

2. 沿着平行段，直径 d 的变化不得超过 0.35mm。

3. 试样的端部尺寸可根据试验机夹具的要求进行调整。

（3）球墨铸铁件拉伸试样（GB/T 1348—2019）   表 3-40 和表 3-41 中选择。图 3-57 中的斜影线处为试

1）单铸试块。试块形状和尺寸从图 3-57、   样切取位置。

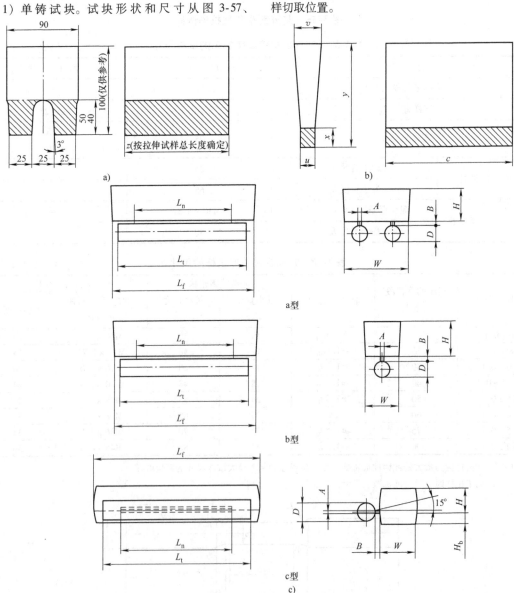

a) U 型   b) Y 型   c) 圆棒

图 3-57   球墨铸铁件单铸试块或并排试块

表 3-40　单铸试块或并排试块（Y 型）尺寸

试块类型	试块尺寸/mm					试块的最小吃砂量/mm
	u	v	x	y[①]	c[②]	
Ⅰ	12.5	40	25	135	根据图 3-59 所示不同规格拉伸试样的总长确定	40
Ⅱ	25	55	40	140		
Ⅲ	50	100	50	150		80
Ⅳ	75	125	65	175		

① "y"尺寸供参考。

② 对薄壁铸件或金属型铸件，经供需双方商定，拉伸试样也可以从壁厚"u"小于 12.5mm 的试块上加工。

表 3-41　单铸试块或并排试块（圆棒）尺寸　　　　　　（单位：mm）

类型	A	B	D	H	H_b	L_f	L_n	L_t	W
a	4.5	5.5	25	50	—	$L_t + 20$	$L_f - 50$	根据图 3-57 所示不同规格拉伸试样的总长度	100
b	4.5	5.5	25	50	—	$L_t + 20$	$L_f - 50$		50
c	4.0	5.0	25	35	15	$L_t + 20$	$L_f - 50$		50

注：试块最小吃砂量为 40mm。

2）附铸试块。当铸件重量等于或大于 2000kg，而且壁厚在 30~200mm 范围时，优先采用附铸试块；当铸件重量大于 2000kg 且壁厚大于 200mm 时，采用附铸试块。附铸试块的尺寸和位置由供需双方商定。

附铸试块在铸件上的位置应考虑到铸件形状和浇注系统的结构形式，以避免对邻近部位的各项性能产生不良影响，并以不影响铸件的结构性能、铸件外观质量以及试块致密性为原则。

球墨铸铁件附铸试块的形状如图 3-58 所示，其尺寸见表 3-42。

表 3-42　球墨铸铁件附铸试块尺寸

（单位：mm）

类型	铸件的主要壁厚	a	b（max）	c（min）	h	最小吃砂量	L_t
A	≤12.5	15	11	7.5	20~30	40	根据图 3-59 所示不同规格拉伸试样的总长确定
B	>12.5~30	25	19	12.5	30~40		
C	>30~60	40	30	20	40~65	80	
D	>60~200	70	52.5	35	65~105		

注：1. 在特殊情况下，表中 L_t 可以适当减少，但不得小于 125mm。

2. 如选用比 A 型更小尺寸的附铸试块时，应按下式规定：$b = 0.75a$，$c = 0.5a$。

如铸件需热处理，试块应在铸件热处理后再从铸件上切开。

3）拉伸试样。拉伸试样取自单铸试块（见图 3-57c）或试块的剖面线部位（见图 3-57a、b 和图 3-58）。拉伸试样的形状和尺寸如图 3-59 所示，相应的尺寸见表 3-43。

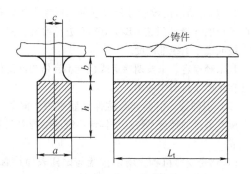

图 3-58　球墨铸铁件附铸试块的形状

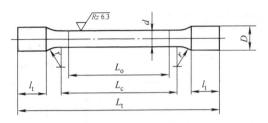

图 3-59　球墨铸铁件拉伸试样的形状

注：L_t—试样总长（取决于 L_c 和 l_t）；$r \approx 20mm$。

表 3-43　球墨铸铁件拉伸试样尺寸

（单位：mm）

d	L_o	L_c (min)
5 ± 0.1	25	30
7 ± 0.1	35	42
10 ± 0.1	50	60
14 ± 0.1	**70**	**84**
20 ± 0.1	100	120

注：1. 表中黑体字表示优先选用的尺寸。

2. 试样夹紧的方法及夹持端的长度 l_t，可由供方和需方商定。

3. L_o—原始标距长度；这里 $L_o = 5d$；

d—试样标距长度处的直径；

L_c—平行段长度；$L_c > L_o$（原则上，$L_c - L_o > d$）。

（4）蠕墨铸铁件拉伸试样　蠕墨铸铁件的试块和拉伸试样与球墨铸铁的试块和试样基本相同（见图 3-57a、b 和图 3-58、图 3-59、表 3-40、表 3-42 和表 3-43）。

（5）耐热铸铁件拉伸试样（GB/T 9437—2009）

1）单铸试块。QTRSi4、QTRSi5、QTRSi4Mo、QTRSi4Mo1、QTRAl4Si4、QTRAl5Si5 拉伸试验所用的 Y 型单铸试块同球墨铸铁（见图 3-57b），也可选用与球墨铸铁相同的 U 型试块。QTRAl22、HTRCr16 所用的单铸易割试块形状及尺寸如图 3-60 所示。

2）拉伸试样。各耐热球墨铸铁牌号及 HTRCr16 牌号所用的拉伸试样的形状和尺寸与球墨铸铁的基本相同（见图 3-59 和表 3-43），不同之处是增加了对 R 和 D 的说明：$R = 25mm \pm 5mm$，夹持端的直径（D）由供需双方商定。

（6）其他铸铁件拉伸试样　对于铸铁件标准中无明确规定的铸铁件拉伸试样，可供需双方协商或参照 GB/T 228.1—2010 中 6.2 及相应的附录，对于圆形横截面试样，机械加工试样的平行长度 $L_c \geq L_o + d/2$。仲裁试验：$L_c = L_o + 2d$，除非材料尺寸不够；

不经机械加工试样的平行长度，试验机两夹头间的自由长度应足够，以使试样原始标距的标记与最接近夹头间的距离不小于 $1.5d$。比例试样的原始标距（L_o）与原始横截面积（S_o）应有以下关系：

$$L_0 = k \sqrt{S_o}$$

式中　k——比例系数 k，通常取值 5.65，但如相关产品标准规定，k 可以采用 11.3。

圆形横截面比例试样采用 GB/T 228.1—2010 附录 D 中表 D.1 试样尺寸。

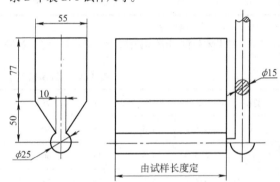

图 3-60　单铸易割试块的形状及尺寸

4. 拉伸试验设备和仪器

（1）拉伸试验机　拉伸试验机是金属拉伸试验的主要设备。拉伸试验机的种类很多，有机械传动式拉伸试验机和液压式万能试验机等。目前，电子万能试验机、微机控制电液伺服万能试验机也逐渐推广应用。

为了保证试验结果准确可靠，拉伸试验机应满足如下技术要求：

1）在试验时能进行应力速率或应变速率的控制。

2）具有能满足测定拉伸性能指标所要求的记录或显示装置。

3）试验机应由政府计量管理部门或经上级计量部门授权的计量部门按 GB/T 16825 进行检验，并应为 1 级或优于 1 级准确度。

凡未经检定、未按期检定或检定不合格的试验机严禁在生产及科研中使用。

（2）引伸计　引伸计是拉伸试验中用于测量试样微量变形量的计量系统。引伸计系统的结构由三部分组成：

1）感受变形机构。用来直接与试样表面接触，以感受试样的变形量并将其传递出去。

2）放大机构。用以将所感受到的试样变形量进行放大。

3）指示或记录机构。将试样的真实变形量指示或记录下来，便于测读。

引伸计根据其工作原理不同可分为机械式、光学式和电测式三种。目前使用最多的是电子引伸计（电测式）。

引伸计的准确度级别应符合 GB/T 12160—2019 的要求。测定规定塑性延伸强度应使用不低于 1 级准确度的引伸计。

5. 铸铁拉伸性能的测定

（1）抗拉强度（R_m）的测定　抗拉强度是试样拉断过程中最大力（F_m）对应的应力。抗拉强度（R_m）按下式计算：

$$R_m = F_m / S_o$$

式中　R_m——抗拉强度（MPa）；

F_m——最大力（N）；

S_o——试样平行部分的原始横截面面积（mm^2）。

只测量 R_m 时，在塑性范围内，平行长度的应变速率不应超过 0.008/s；在弹性范围内，如试验不包括规定强度的测定，试验机的速率可以达到塑性范围内允许的最大速率。

试样拉至断裂，从拉伸曲线图上确定试验过程中的最大力或从测力指示装置上读取最大力。

（2）规定塑性延伸强度（R_p）的测定　规定塑性延伸率等于规定的引伸计标距百分率时的应力（见图 3-50）。使用的符号应附以下脚注说明所规定的百分率，如 $R_{p0.2}$，表示规定塑性延伸率为 0.2% 时的应力。规定塑性延伸强度按下式计算：

$$R_p = 相应于 R_p 的力 / S_o$$

式中　R_p——规定塑性延伸强度（如 $R_{p0.2}$）（MPa）；

S_o——试样平行部分的原始横截面面积（mm^2）；

相应于 R_p 的力—规定塑性延伸率达到规定值时对应的力（N）。

在弹性范围内的应力速率应符合表 3-44 规定。在塑性范围和直至规定塑性延伸强度时的应变速率不应超过 $0.0025s^{-1}$。

表 3-44　应力速率范围

弹性模量/MPa	应力速率/(MPa/s)	
	最　小	最　大
<150000	2	20
≥150000	6	60

图解法是测定规定塑性延伸强度最常用的测定方

法。图解法的程序为用自动记录方法绘制力-延伸（引伸计标距的增量）曲线（见图 3-61）。日常一般试验允许采用绘制力-夹头位移曲线的方法测定规定塑性延伸率等于或大于 0.2% 的规定塑性延伸强度。仲裁试验不采用此方法。

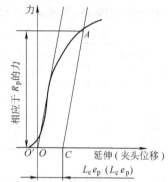

图 3-61　测定规定塑性延伸强度的图解法

L_e—引伸计标距　L_c—试样平行部分的长度（位移法）

e_p—规定塑性延伸率

图中 AC∥弹性直线段。其他方法详见 GB/T 228.1—2010。

（3）断后伸长率（A）的测定　断后伸长率是断后标距的残余伸长（$L_u - L_o$）与原始标距（L_o）之比的百分率（见图 3-50）。对于比例试样，若原始标距不为 $5.65\sqrt{S_o}$（S_o 为平行长度的原始横截面面积），符号 A 应附以下脚注说明所使用的比例系数，如 $A_{11.3}$ 表示原始标距（L_o）为 $11.3\sqrt{S_o}$ 的断后伸长率。对于非比例试样，符号 A 应附以下脚注说明所使用的原始标距，以毫米（mm）表示，如 A_{80mm} 表示原始标距（L_o）为 80mm 的断后伸长率。

断后伸长率按下式计算：

$$A = \frac{L_u - L_o}{L_o} \times 100$$

式中　A——断后伸长率（%）；

L_u——试样断后的标距（mm）；

L_o——试样原始标距（mm）。

（4）断面收缩率（Z）的测定　断面收缩率是断裂后试样横截面积的最大缩减量（$S_o - S_u$）与原始横截面面积（S_o）之比的百分率。断面收缩率按下式计算：

$$Z = \frac{S_o - S_u}{S_o} \times 100$$

式中　Z——断面收缩率（%）；

S_o——试样原始横截面面积（mm^2）；

S_u——试样断后最小横截面面积（mm^2）。

对于圆形横截面试样,在缩颈最小处相互垂直方向测量直径,取其算术平均值计算最小横截面面积。

(5) 试样尺寸的测量和面积的计算　试样原始横截面面积所用尺寸测量时建议按表3-45选用量具或测量装置。

表3-45　测量原始横截面面积的量具或测量装置的分辨力　(单位：mm)

试样横截面尺寸	分辨力不大于
0.1 ~ 0.5	0.001
>0.5 ~ 2.0	0.005
>2.0 ~ 10.0	0.01
>10.0	0.05

应根据测量的原始试样尺寸计算原始横截面面积,测量每个尺寸应准确到±0.5%。对于圆形横截面试样,应在标距的两端及中间三处两个相互垂直的方向测量直径,取其算术平均值,取用三处测得的最小直径,横截面面积按照下式计算：

$$S_o = \frac{1}{4}\pi d^2$$

式中　S_o——试样原始横截面面积（mm^2）;

d——圆形横截面试样平行长度的直径（mm）。

面积至少保留4位有效数字。

对于比例试样,应将原始标距的计算值修约至最接近5mm的倍数,中间数值向较大一方修约。原始标距的标记应准确到±1%。

(6) 拉伸性能测定结果数值的修约　试验测定的性能结果数值应按照相关产品标准的要求进行修约。如未规定具体要求,应按照表3-46的要求进行修约。修约的方法按照GB/T 8170—2008。

表3-46　拉伸性能测定结果数值的修约间隔

性　能	范　围	修约间隔
R_p、R_r、R_m/MPa	≤200	1
	>200 ~ 1000	5
	>1000	10
A	—	0.5%
Z	—	0.5%

3.5.2　楔压试验

1. 概述

目前铸造行业中,一般只把抗拉强度和硬度作为

灰铸铁材料的力学性能检验指标。灰铸铁的抗拉强度是通过对浇注的力学性能试棒进行拉力试验来实现的。一般力学性能试棒可采用浇注单铸试棒或附铸试棒两种方法来制取。所谓单铸试棒就是把浇注力学性能试棒与浇注铸件本身在时间和空间上分开进行,所谓附铸试棒指浇注力学性能试棒与浇注铸件在同一模板上进行。无论是单铸试棒还是附铸试棒,虽然尽量做到所浇注的力学性能试棒与所代表的铸件冷却条件相仿,但由于受到生产条件和工艺因素的限制,仍然存在或多或少的差异。

除此之外,用试棒检查抗拉强度不但昂贵,而且费时,它需要人工浇注试棒,需要消耗一定的能源和原材料。浇注附铸试棒时,对于大型的现代化铸造厂,还有可能涉及模板布置不开,影响产品质量和生产节拍等问题。

楔压试验避免了抗拉强度试验中试棒所反映的性能不能代表铸件性能的情况,比其他间接方法相对准确,试样尺寸小,一般从铸件上切取,详见GB/T 38440—2019《铸铁楔压强度试验方法》。主要用于灰铸铁材料和蠕墨铸铁材料RuT400 ~ RuT500的楔压强度试验。

GB/T 9439—2010《灰铸铁件》在附录D中也给出了楔压强度与抗拉强度的换算关系和计算方法。

2. 试验方法

楔压试验是在专用的装置上安装两块楔子,试样夹在两块楔子的中间,通过上、下楔块加载而截断楔压试样,最大楔压力与试样截面面积的比值称为楔压强度。

图3-62所示为楔压试验装置中上、下楔和试样的关系。根据经验,推荐使用90°楔角。按试样形式决定楔块刃的圆角半径,见表3-47。

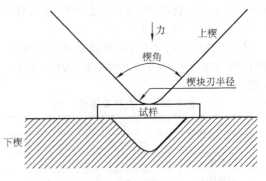

图3-62　楔压试验装置中上、下楔和试样的关系

表 3-47　试样形式与楔块刃圆角半径

试 样 形 式	楔块刃圆角半径/mm
圆形(ϕ30mm)	1
片状	0.3 ~ 0.4

GB/T 9439—2010《灰铸铁件》附录 D 中推荐楔压试样尺寸通常为 6mm × 20mm × 32mm（最低精度为 0.05mm）。

楔压强度按下式计算：

$$R_k = F/S$$

式中　R_k——楔压强度（MPa）；

　　　F——楔压力（N）；

　　　S——试样横截面面积（mm^2）。

3. 楔压强度与抗拉强度之间的关系

楔压强度与抗拉强度之间存在着明显的一次线性

关系，即 $R_m = aR_k + b$，可以通过一定数量试验的回归分析求出 a、b。

需要指出的是，无论是楔压强度还是上述换算关系均与楔压装置和试样形式有关。

3.5.3　硬度试验

1. 概述

硬度是材料抵抗局部变形，特别是抵抗塑性变形的能力，是衡量金属软硬程度的一种性能指标。其具体物理意义随试验方法而不同。

硬度试验设备简单，操作迅速方便，压痕小，能敏感地反映出材料的化学成分、组织结构的差异，在铸铁研究和铸铁件检测中得到广泛应用。

常用的硬度有布氏硬度、洛氏硬度、维氏硬度、肖氏硬度和里氏硬度等。常用金属硬度的试验方法标准见表 3-48。各种硬度试验的特点及用途见表 3-49。

表 3-48　常用金属硬度试验方法标准

标 准 名 称	标 准 编 号
金属材料　布氏硬度试验　第 1 部分：试验方法	GB/T 231.1—2018
金属材料　洛氏硬度试验　第 1 部分：试验方法（A、B、C、D、E、F、G、H、K、N、T 标尺）	GB/T 230.1—2018
金属材料　维氏硬度试验　第 1 部分：试验方法	GB/T 4340.1—2009
金属材料　肖氏硬度试验　第 1 部分：试验方法	GB/T 4341.1—2014
金属材料　里氏硬度试验　第 1 部分：试验方法	GB/T 17394.1—2014

表 3-49　各种硬度试验的特点及用途

硬度名称	试验的特点	用　途
布氏硬度 HBW	1）压痕大，所测硬度值具有代表性和重复性，但不宜在成品表面进行试验 2）对不同厚度的试样需要更换压头和试验力；试验操作及压痕测量较费时间	灰铸铁件、球墨铸铁件、可锻铸铁件、蠕墨铸铁件等
洛氏硬度 HRC 等	1）操作简便迅速，硬度值可在示值度盘或光学投影屏上直接读出 2）采用不同标尺可测定各种软硬不同的金属和厚薄不一的试样硬度 3）测量误差较大，不够精确；压痕较小，代表性差、重复性差，分散度大 4）不同标尺测得的硬度值彼此没有关系，也不能直接进行比较	1）各种铸铁件，尤其是耐磨铸铁件 2）批量产品检验
维氏硬度 HV	1）试验力可任意选择，可测厚薄不同的试样的硬度 2）可测软硬不同硬度并有可比性，压痕清晰，是最精确的一种试验方法 3）工作效率低。若存在偏析或组织不均时，重复性差，分散度大	1）渗层、镀层等（较薄时选小负荷或显微维氏硬度） 2）焊接件各区 3）薄件 4）同一种铸铁件由于处理条件不同，其硬度差异较大 5）显微维氏硬度可用于测量铸铁组成相的硬度

（续）

硬度名称	试验的特点	用　途
肖氏硬度 HS	1）操作简单、方便，测试效率高 2）压痕小，可在成品上进行试验，也可到现场测定大型工件硬度 3）测量精度较低，重复性差，受人为因素影响较大；对弹性系数相差较大的材料，所测硬度不能互相比较 4）肖氏硬度考察的是冲击体反弹的垂直高度，因此决定了肖氏硬度计（仪）要垂直向下使用，在实际使用中存在很大局限性	1）铸铁轧辊 2）大型铸铁件
里氏硬度 HL	1）设备小，操作简单、方便；测试效率高，适合批量测定 2）压痕小，可在成品上进行试验；也可到现场直接对工件（包括大型工件）进行各种方向的硬度检测 3）对操作者试验技术有较高要求 4）里氏硬度和其他硬度的换算关系只是近似的，准确的换算应使用专用换算表 5）不能测量小工件	各种铸铁件

2. 布氏硬度试验

布氏硬度试验是最常用的铸铁硬度试验方法之一。测量布氏硬度用设备主要有布氏硬度计和压痕测量装置。布氏硬度试验原理如图 3-63 所示，其试验方法见表 3-50。

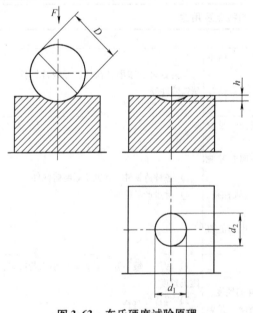

图 3-63　布氏硬度试验原理

h—压痕深度，$h = \dfrac{D - \sqrt{D^2 - d^2}}{2}$

注：其他物理量的含义见表 3-50。

表 3-50　铸铁布氏硬度试验方法

项　目	内　容
试验原理与硬度计	用符合 GB/T 231.2 的规定、能施加预定试验力 F 或 9.807～29.42kN 范围内的试验力的硬度计对一定直径 D 的碳化钨合金球施加试验力压入试样表面，经规定保持时间后，卸除试验力，测量试样表面压痕的直径（d_1 和 d_2），如图 3-63 所示
硬度值的计算	$$HBW = 常数 \times \frac{试验力}{压痕表面积}$$ $$= 0.102 \frac{2F}{\pi D \left(D - \sqrt{D^2 - d^2} \right)}$$ 式中　D—球直径（mm） 　　　F—试验力（N） 　　　d—压痕平均直径(mm)，$d = \dfrac{d_1 + d_2}{2}$ 　　　d_1、d_2 是在两相互垂直方向测量的压痕直径

(续)

项 目	内 容	项 目	内 容
布氏硬度值的表示方式和测量范围	符号 HBW 前面为布氏硬度值，符号后面是按如下顺序表示试验条件的指标： 1）球直径（mm） 2）施加的试验力对应的 kgf 值 3）与规定时间不同的试验力保持时间 硬度表示法示例： 例 1：350HBW5/750 表示用直径 5mm 的碳化钨合金球在 7355N（750 × 9.80665）试验力下保持 10 ~ 15s 测定的布氏硬度值为 350 例 2：600HBW1/30/20 表示用直径 1mm 的碳化钨合金球在 294.2N 试验下保持 20s 测定的布氏硬度值为 600 布氏硬度试验范围上限为 650HBW	压头要求及球直径 D 的选择	压头：硬质合金球压头应符合 GB/T 231.2—2012 的要求。对于铸铁，压头球直径一般为 2.5mm、5mm 和 10mm。当试样尺寸允许时，应优先选用直径 10mm 的球压头进行试验
		试验力 F（N）的选择	试验力的选择应保证压痕直径在（0.24 ~ 0.6）D 之间 当 HBW <140 时，取 $0.102F/D^2 =10N/mm^2$ 当 HBW ≥140 时，取 $0.102F/D^2 =30N/mm^2$
		试验力保持时间 t 的选择	10 ~ 15s
试样及制备	1）试样表面应光滑和平坦，并且不应有氧化皮及外界污物，尤其不应有油脂。试样表面应能保证压痕直径的精确测量，表面粗糙度 Ra 一般不大于 1.6μm 2）制备试样时，应使过热或冷加工等因素对表面性能的影响减至最小 3）试样厚度至少应为压痕深度的 8 倍。试验后，试样背后如出现可见变形，则表明试样太薄	试样的支承	必须保证试验力作用方向与试验面垂直，特殊形状试样的支承方法如图 3-64 所示
		压痕间距和压痕测量	1）任一压痕中心距试样边缘距离至少应为压痕平均直径的 2.5 倍，两相邻压痕中心距离至少应为压痕平均直径的 3 倍 2）应在两相互垂直方向测量压痕直径，取其算术平均值计算布氏硬度或查 GB/T 231.1—2018 的附录 B 3）压痕测量装置应符合 GB/T 231.2—2012 的规定

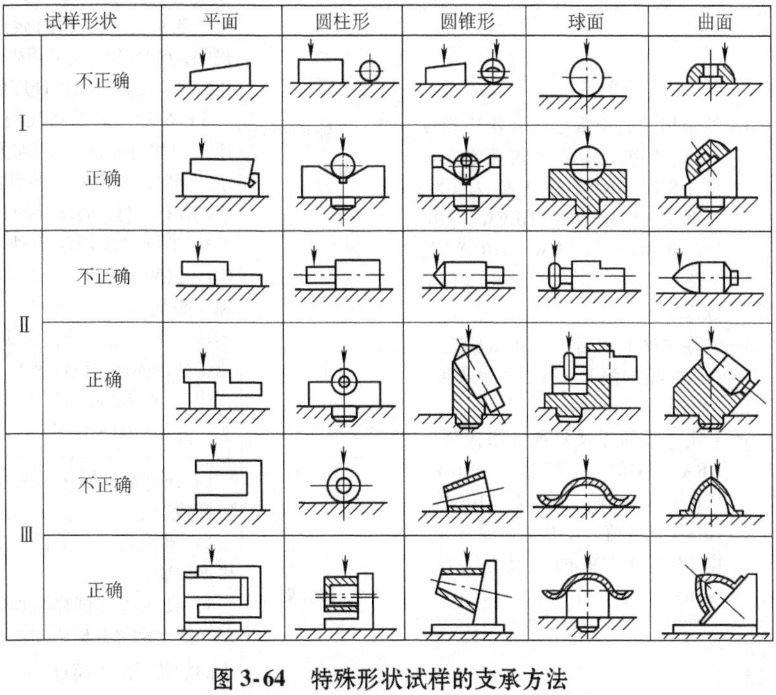

图 3-64 特殊形状试样的支承方法

注：图中介绍的支承方法也适用于其他硬度试验。

对于大型、不便移动及不可切割的铸铁件，无法采用常规的台式布氏硬度计检测布氏硬度，可以采用锤击式布氏硬度计检测布氏硬度。试验采用布氏硬度的原理，以一定直径的钢珠，在施以瞬时的冲击载荷后，使钢珠同时陷于被测试件与标准硬度试块中，从而获得在标准试块和被测试件上的压痕，通过对两个压痕直径的测量与查两压痕对应关系表即可迅速获得试件的布氏硬度值。

锤击式布氏硬度计具有体积小、携带方便、操作简单、对样品表面粗糙度要求低等特点，一般的锤击式布氏硬度计由于试条（标准硬度块）硬度的稳定性，两次测量压痕直径的误差等使得测量结果存在一定误差。新型的锤击式布氏硬度计采用剪切销钉的方法来控制硬度计施加的载荷，直接从工件的压痕上读取压痕直径，使得锤击式硬度计的稳定性和重复性得到了提高，在工业发达国家，锤击式硬度计被广泛应用于大型铸件的布氏硬度检测工作中。

3. 洛氏硬度试验

洛氏硬度试验原理及方法见表 3-51。

表 3-51　洛氏硬度试验原理及方法

项　目	内　容
试验原理	将特定尺寸、形状和材料（金刚石圆锥、或碳化钨合金球）的压头按图 3-65 所示分两级试验力压入试样表面，经规定保持时间后，卸除主试验力，测量在初试验力下的残余压痕深度 h（最终压痕深度和初始压痕深度的差值） 根据 h 值及常数 N 和 S，用下式计算洛氏硬度： （表面）洛氏硬度 $= N - \dfrac{h}{S}$ 式中　N—给定标尺的全量程数（洛氏硬度 HRA、HRC、HRD 和表面洛氏硬度 HRN、HRTW 的 N 值为 100，洛氏硬度 HRBW、HREW、HRFW、HRGW、HRHW、HRKW 的 N 值为 130），W 表示碳化钨合金球形压头 　　　　h—卸除主试验力后，在初试验力下压痕残留的深度（残余压痕深度）（mm） 　　　　S—给定标尺的标尺常数（洛氏硬度 HRA、HRC、HRD、HRBW、HREW、HRFW、HRGW、HRHW、HRKW 的 S 值为 0.002，表面洛氏硬度 HRN、HRTW 的 S 值为 0.001）（mm）
标尺、试验参数及适用范围	见表 3-52

（续）

项　目	内　容
硬度计	1）硬度计应能按表 3-52 施加预定的试验力，并符合 GB/T 230.2—2012 要求 2）金刚石圆锥压头锥角应为 120°，顶部曲率半径应为 0.2mm，并符合 GB/T 230.2—2012 的要求 3）碳化钨合金球形压头的直径为 1.5875mm 或 3.175mm，并符合 GB/T 230.2—2012 的要求；钢球压头仅在 HR30TSm 和 HR15TSm 时使用 4）压痕深度测量装置应符合 GB/T 230.2—2012 的要求
试样及制备	1）试验面尽可能为平面，表面粗糙度 Ra 不大于 0.8μm 2）试样的制备应使受热或冷加工等因素对表面硬度的影响减至最小 3）对于用金刚石圆锥压头进行的试验，试样或试验层厚度应不小于残余压痕深度的 10 倍；对于用球压头进行的试验，试样或试验层的厚度应不小于残余压痕深度的 15 倍。试验后试样背面不应出现可见变形
硬度值的表示	1）A、C 和 D 标尺洛氏硬度用硬度值、符号 HR 和使用的标尺字母表示，如 59HRC 表示用 C 标尺测得的洛氏硬度值为 59 2）B、E、F、G、H 和 K 标尺洛氏硬度用硬度值、符号 HR、使用的标尺和球压头代号（钢球为 S，碳化钨合金球为 W）表示。例如，60HRBW 表示用碳化钨合金球压头在 B 标尺上测得的洛氏硬度值为 60 3）N 标尺表面洛氏硬度用硬度值、符号 HR、试验力数值（总试验力）和使用的标尺表示。例如，70HR30N 表示用总试验力为 294.2N 的 30N 标尺测得的表面洛氏硬度值为 70 4）T 标尺表面洛氏硬度用硬度值、符号 HR、试验力数值（总试验力）、使用的标尺和压头代号表示。例如，40HR30TS 表示用钢球压头在总试验力为 294.2N 的 30T 标尺测得的表面洛氏硬度值为 40 注：GB/T 230 的以前版本允许使用钢球压头，并加后缀 S 表示
试验要点	1）按标准的附录 C 中方法对硬度计进行定期检查 2）试验面、支承面、试验力方向同布氏硬度试验 3）使压头与试样表面接触，无冲击、振动、摆动和过载地施加初试验力 F_0，初试验力的加载时间不超过 2s，保持时间不应超过 3^{+1}_{-2}s

（续）

项　目	内　容
试验要点	4）无冲击、振动、摆动和过载地将测量装置调整至基准位置，从初试验力 F_0 施加至总试验力 F 的时间为 $1 \sim 8s$ 5）总试验力 F 保持时间为 $5^{+3}_{-3}s$，然后卸除主试验力 F_1，保持初试验力 $F_0 4^{+1}_{-3}s$ 后，进行最终读数 6）对于在总试验力施加期间有压痕蠕变的试验材料，当要求总试验力保持时间超过 6s 时，实际的总试验保持时间应在试验结果中注明，如 65HRF/10s 7）两相邻压痕的中心距至少应为压痕直径的 3 倍，任一压痕中心距试样边缘的距离至少应为压痕直径的 2.5 倍 8）在试验过程中，硬度计应避免受到冲击或振动
试验结果处理	凸圆柱面和球面洛氏硬度值应按表 3-53 ~ 表 3-57 修正

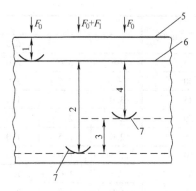

图 3-65　洛氏硬度试验原理图
1—在初试验力 F_0 下的压入深度
2—由主试验力 F_1 引起的压入深度
3—卸除主试验力 F_1 后的弹性回复深度
4—残余压痕深度 h　5—试样表面
6—测量基准面　7—压头位置

表 3-52　洛氏硬度标尺、试验参数及适用范围

洛氏硬度标尺	硬度符号单位	压 头 类 型	初试验力 F_0/N	主试验力 F_1/N	总试验力 F/N	适用范围（表面洛氏硬度标尺）
A	HRA	金刚石圆锥	98.07	490.3	588.4	20 ~ 88HRA
B	HRBW	直径 1.5875mm 球	98.07	882.6	980.7	20 ~ 100HRBW
C	HRC	金刚石圆锥	98.07	1373	1471	20[1] ~ 70HRC
D	HRD	金刚石圆锥	98.07	882.6	980.7	40 ~ 77HRD
E	HREW	直径 3.175mm 球	98.07	882.6	980.7	70 ~ 100HREW
F	HRFW	直径 1.5875mm 球	98.07	490.3	588.4	60 ~ 100HRFW
G	HRGW	直径 1.5875mm 球	98.07	1373	1471	30 ~ 94HRGW
H	HRHW	直径 3.175mm 球	98.07	490.3	588.4	80 ~ 100HRHW
K	HRKW	直径 3.175mm 球	98.07	1373	1471	40 ~ 100HRKW
15N	HR15N	金刚石圆锥	29.42	117.7	147.1	70 ~ 94HR15N
30N	HR30N	金刚石圆锥	29.42	264.8	294.2	42 ~ 86HR30N
45N	HR45N	金刚石圆锥	29.42	411.9	441.3	20 ~ 77HR45N
15T	HR15 TW	直径 1.5875mm 球	29.42	117.7	147.1	67 ~ 93HR15TW
30T	HR30 TW	直径 1.5875mm 球	29.42	264.8	294.2	29 ~ 82HR30TW
45T	HR45 TW	直径 1.5875mm 球	29.42	411.9	441.3	10 ~ 72HR45TW

①　当金刚石圆锥表面和顶端球面是经过抛光的且抛光至沿金刚石圆锥轴向距离尖端至少 0.4mm 时，试验适用范围可延伸至 10HRC。

表 3-53　用金刚石圆锥压头在凸圆柱面上试验的洛氏硬度修正值（A、C 和 D 标尺）

洛氏硬度读数	曲率半径/mm								
	3	5	6.5	8	9.5	11	12.5	16	19
20	—	—	—	2.5	2.0	1.5	1.5	1.0	1.0
25	—	—	3.0	2.5	2.0	1.5	1.0	1.0	1.0
30	—	—	—	2.0	1.5	1.5	1.0	1.0	0.5

（续）

洛氏硬度读数	曲率半径/mm								
	3	5	6.5	8	9.5	11	12.5	16	19
35	—	3.0	2.0	1.5	1.5	1.0	1.0	0.5	0.5
40	—	2.5	2.0	1.5	1.0	1.0	1.0	0.5	0.5
45	3.0	2.0	1.5	1.0	1.0	1.0	0.5	0.5	0.5
50	2.5	2.0	1.5	1.0	1.0	0.5	0.5	0.5	0.5
55	2.0	1.5	1.0	1.0	0.5	0.5	0.5	0.5	0
60	1.5	1.0	1.0	0.5	0.5	0.5	0.5	0	0
65	1.5	1.0	1.0	0.5	0.5	0.5	0.5	0	0
70	1.0	1.0	0.5	0.5	0.5	0.5	0.5	0	0
75	1.0	0.5	0.5	0.5	0.5	0.5	0	0	0
80	0.5	0.5	0.5	0.5	0.5	0	0	0	0
85	0.5	0.5	0.5	0	0	0	0	0	0
90	0.5	0	0	0	0	0	0	0	0

注：大于3HRA、3HRC 和3HRD 的修正值太大，不在表中规定。

表 3-54　用 1.5875mm 球压头在凸圆柱面上试验的洛氏硬度修正值（B、F 和 G 标尺）

洛氏硬度读数	曲率半径/mm						
	3	5	6.5	8	9.5	11	12.5
20	—	—	—	4.5	4.0	3.5	3.0
30	—	—	5.0	4.5	3.5	3.0	2.5
40	—	—	4.5	4.0	3.0	2.5	2.5
50	—	—	4.0	3.5	3.0	2.5	2.0
60	—	5.0	3.5	3.0	2.5	2.0	2.0
70	—	4.0	3.0	2.5	2.0	2.0	1.5
80	5.0	3.5	2.5	2.0	1.5	1.5	1.5
90	4.0	3.0	2.0	1.5	1.5	1.5	1.0
100	3.5	2.5	1.5	1.5	1.0	1.0	0.5

注：大于5HRB、5HRF 和5HRG 的修正值太大，不在表中规定。

表 3-55　在凸圆柱面上进行试验的表面洛氏硬度修正值（N 标尺）[1][2]

表面洛氏硬度读数	曲率半径[3]/mm					
	1.6	3.2	5	6.5	9.5	12.5
20	(6)[4]	3.0	2.0	1.5	1.5	1.5
25	(5.5)[4]	3.0	2.0	1.5	1.5	1.0
30	(5.5)[4]	3.0	2.0	1.5	1.0	1.0
35	(5)[4]	2.5	2.0	1.5	1.0	1.0
40	(4.5)[4]	2.5	1.5	1.5	1.0	1.0
45	(4)[4]	2.0	1.5	1.0	1.0	1.0
50	(3.5)[4]	2.0	1.5	1.0	1.0	1.0

（续）

表面洛氏硬度读数	曲率半径③/mm					
	1.6	3.2	5	6.5	9.5	12.5
55	(3.5)④	2.0	1.5	1.0	0.5	0.5
60	3.0	1.5	1.0	1.0	0.5	0.5
65	2.5	1.5	1.0	0.5	0.5	0.5
70	2.0	1.0	1.0	0.5	0.5	0.5
75	1.5	1.0	0.5	0.5	0.5	0
80	1.0	0.5	0.5	0.5	0	0
85	0.5	0.5	0.5	0.5	0	0
90	0	0	0	0	0	0

① 修正值仅为近似值，代表从表中给出曲面上实测平均值。精确至 0.5 个表面洛氏硬度单位。
② 圆柱面的试验结果受主轴及 V 型试样支座与压头同轴度、试样表面粗糙度及圆柱面平直度综合影响。
③ 对其他半径的修正值，可用线性内插法求得。
④ 括号中的修正值经协商后方可使用。

表 3-56　在凸圆柱面上进行试验的表面洛氏硬度修正值（15T、30T 和 45T 标尺）①②

表面洛氏硬度读数	曲率半径③/mm						
	1.6	3.2	5	6.5	8	9.5	12.5
20	(13)④	(9)④	(6)④	(4.5)④	(3.5)④	3.0	2.0
30	(11.5)④	(7.5)④	(5)④	(4)④	(3.5)④	2.5	2.0
40	(10)④	(6.5)④	(4.5)④	(3.5)④	3.0	2.5	2
50	(8.5)④	(5.5)④	(4)④	3.0	2.5	2.0	1.5
60	(6.5)④	(4.5)④	3.0	2.5	2.0	1.5	1.5
70	(5)④	(3.5)④	2.5	2.0	1.5	1.0	1.0
80	3.0	2.0	1.5	1.5	1.0	1.0	0.5
90	1.5	1.0	1.0	0.5	0.5	0.5	0.5

① 修正值仅为近似值，代表从表中给出曲面上实测平均值。精确至 0.5 个表面洛氏硬度单位。
② 圆柱面的试验结果受主轴及 V 型试台与压头同轴度、试样表面粗糙度及圆柱面平直度综合影响。
③ 对其他半径的修正值，可用线性内插法求得。
④ 括号中的修正值经协商后方可使用。

表 3-57　在凸球面上试验的洛氏硬度修正值（C 标尺）

洛氏硬度读数	凸球面直径/mm								
	4	6.5	8	9.5	11	12.5	15	20	25
55HRC	6.4	3.9	3.2	2.7	2.3	2.0	1.7	1.3	1.0
60HRC	5.8	3.6	2.9	2.4	2.1	1.8	1.5	1.2	0.9
65HRC	5.2	3.2	2.6	2.2	1.9	1.7	1.4	1.0	0.8

4. 维氏硬度试验

（1）维氏硬度试验原理和范围　将顶部两相对面具有规定角度的正四棱锥体金刚石压头用一定的试验力压入试样表面，保持规定时间后卸除试验力，测量试样表面压痕对角线长度（见图 3-66）。

维氏硬度按下式计算：

$$HV = \frac{常数 \times 试验力}{压痕表面积}$$

$$= 0.102 \frac{2F\sin\frac{136°}{2}}{d^2} \approx 0.1891 \frac{F}{d^2}$$

式中　HV——维氏硬度；

　　　　F——试验力（N）；

　　　　d——两压痕对角线长度 d_1 和 d_2 的算术平均值（mm）。

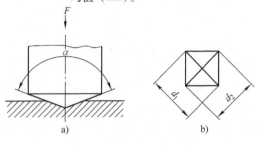

图 3-66　维氏硬度试验原理

a）压头（金刚石锥体）　b）维氏硬度压痕

GB/T 4340.1—2009 将金属维氏硬度试验方法、金属小力维氏硬度试验方法和金属显微维氏硬度试验方法合并在一起。按3个试验力范围规定了测定金属维氏硬度的方法（见表3-58）。

表 3-58　维氏硬度试验的划分

试验力范围/N	硬度符号	试验名称
$F \geqslant 49.03$	$\geqslant$ HV5	维氏硬度试验
$1.961 \leqslant F < 49.03$	HV0.2 ~ < HV5	小力值维氏硬度试验
$0.09807 \leqslant F$ < 1.961	HV0.01 ~ < HV0.2	显微维氏硬度试验

注：压痕对角线长度范围为 0.020 ~ 1.400mm。

维氏硬度的表示：HV 符号之前为硬度值，HV 符号之后依次为试验力值和试验力保持时间（10 ~ 15s 不标注）。例如，640HV30/20 表示在试验力为 294.2N 下保持 20s 测定的维氏硬度值为 640。

（2）试样要求（见表3-59）

表 3-59　维氏硬度试验试样要求

内容	要求
表面粗糙度 $Ra/\mu m$	维氏硬度试样：≤0.4 小力值维氏硬度试样：≤0.2 显微维氏硬度试样：≤0.1
显微维氏硬度试样表面处理	建议采用抛光/电解抛光工艺
试样或试验层厚度	至少为压痕对角线长度的1.5倍（见图3-67和图3-68）。试验后试样背面不应出现可见变形痕迹
曲面试样	试验结果按 GB/T 4340.1—2009 附录B表B.1 ~ 表B.6 进行修正
小截面或不规则试样	可将试样镶嵌或使用专用试台进行试验

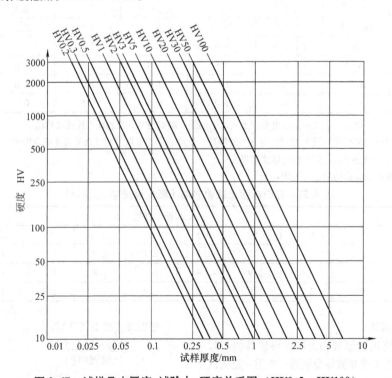

图 3-67　试样最小厚度-试验力-硬度关系图（HV0.2 ~ HV100）

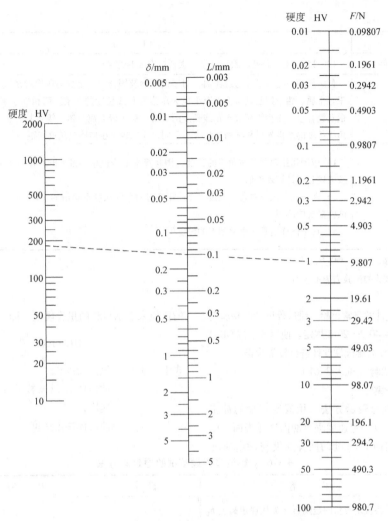

图 3-68　试样最小厚度图（HV0.01 ~ HV100）

HV—硬度值　δ—最小厚度　L—对角线长度　F—试验力

（3）试验要点（见表 3-60）

表 3-60　铸铁维氏硬度试验要点

项　目	内　容					
	维氏硬度试验①		小力值维氏硬度试验		显微维氏硬度试验②	
	硬度符号	试验力/N	硬度符号	试验力/N	硬度符号	试验力/N
试验力选择	HV5	49.03	HV0.2	1.961	HV0.01	0.09807
	HV10	98.07	HV0.3	2.942	HV0.015	1.1471
	HV20	196.1	HV0.5	4.903	HV0.02	0.1961
	HV30	294.2	HV1	9.807	HV0.025	0.2452
	HV50	490.3	HV2	19.61	HV0.05	0.4903
	HV100	980.7	HV3	29.42	HV0.1	0.9807
试样支承和试验力施加	试样支承同布氏硬度试验。在 2 ~ 10s 内试验力垂直试验面施加。对于小力值维氏硬度试验和显微维氏硬度试验，压头下降速度应不大于 0.2mm/s					

（续）

项　目	内　容
试验力保持时间	$10 \sim 15s$。对于特殊材料可延长，误差应在 $\pm 2s$ 之内
压痕间距	任一压痕中心距试样边缘距离，对于钢、铜及铜合金，至少为压痕对角线长度的 2.5 倍；对于轻金属、铅、锡及其合金，至少应为压痕对角线长度的 3 倍。两相邻压痕中心距，对于钢、铜及铜合金，至少为压痕对角线长度的 3 倍；对于轻金属、铅、锡及其合金，至少应为压痕对角线长度的 6 倍如果相邻两压痕大小不同，应以较大压痕确定压痕间距
数据处理	1）应测量压痕两条对角线的长度，用其算术平均值按标准 GB/T 4340.4 查出硬度值，也可按前述公式计算硬度值 2）在平面上压痕对角线长度之差应不超过对角线长度平均值的 5%；如果超过 5%，则应在试验报告中注明 3）每个试样出具 3 个检测点的硬度值

① 可使用 >980.7N 的试验力。
② 显微硬度试验的试验力为推荐值。

（4）维氏硬度计的日常检验　维氏硬度计的检验与校准应符合 GB/T 4340.2—2012 规定。使用者应按 GB/T 4340.1—2009 附录 C 对维氏硬度计进行日常检查。

5. 肖氏硬度试验（见表 3-61）

6. 里氏硬度试验

（1）试验原理与表示方法　用规定重量的冲击体在弹簧力作用下以一定速度垂直冲击试样表面，以冲击体在距试样表面 1mm 处的回弹速度与冲击速度的比值来表示材料的里氏硬度，即

$$HL = 1000 \frac{v_R}{v_A}$$

式中　HL——里氏硬度；

v_R——冲击体在距试样表面 1mm 处的回弹速度；

v_A——冲击体冲击速度。

表 3-61　铸铁肖氏硬度试验原理与方法

项　目	内　容	项　目	内　容
试验原理及范围	1）将规定形状的金刚石冲头从规定高度 h_0 自由落下冲击试样表面，冲头第一次回跳高度 h，则肖氏硬度为 $$HS = K \frac{h}{h_0}$$ 式中　HS—肖氏硬度 K—肖氏硬度系数（C 型仪器 $K = 10^4/65$，D 型仪器 $K = 140$） h—冲头第一次回跳高度（mm） h_0—冲头落下高度（mm） 2）试验范围 5 ~ 105HS	试验要点	1）试验前，用与试样硬度值接近的肖氏硬度标准块按 JJG 346 对硬度计进行检验 2）试验时，试样应稳固地放置在机架试验台上 3）测量筒应保持垂直状态。试验面与冲头作用方向垂直 4）对于 D 型肖氏硬度计，操作鼓轮回转时间约为 1s，复位时的操作以手动缓慢进行；对于 C 型肖氏硬度计，读数为冲头反弹最高位置时的瞬间读数，要求操作者熟练 5）两相邻压痕中心距不应小于 1mm，压痕中心至试样边缘距离不应小于 4mm 6）肖氏硬度值的读数应精确至 0.5HS，以连续 5 次有效读数的平均值作为一个肖氏硬度测量值，其平均值按 GB/T 8170 修约至整数
表示方法	HS 之前为硬度值，HS 之后为硬度计类型		
试样	1）试验面一般为平面，曲面试样的曲率半径 $\geqslant 32mm$ 2）质量 >0.1kg，厚度 >10mm 3）表面粗糙度参数：<50HS：$Ra \leqslant 1.6\mu m$ 　　　　　　　　>50HS：$Ra \leqslant 0.8\mu m$ 4）试样表面无氧化皮、污物、油脂 5）不应有磁性		

冲击装置有 D 型、DC 型、S 型、E 型、DL 型、D + 15 型、G 型和 C 型。里氏硬度表示方法为：HL 之前为里氏硬度值，HL 之后为一个或多个冲击类型的后缀字符。用里氏硬度换算的其他硬度，应在里氏硬度符号之前附以相应的硬度符号。

（2）试样要求　（见表 3-62）

（3）试验仪器　里氏硬度计的主要技术参数、误差及重复性见表 3-63。

1）示值误差按下式计算：

$$\delta = \overline{HL} - HL$$

式中　δ——示值误差；

$\overline{HL}$——在里氏标准硬度块上测定的五点硬度平均值；

HL——里氏标准硬度块上的标称值。

2）重复性按下式计算：

$$b = HL_{max} - HL_{min}$$

式中　b——重复性；

HL_{max}——五次硬度测定中的最大值；

HL_{min}——五次硬度测定中的最小值。

（4）试验要点　（见表 3-64）

表 3-62　里氏硬度试样要求

项　目	冲击体类型		
	D、DCDL、D + 15、S、E 型	G 型	C 型
表面粗糙度 $Ra/\mu m$	≤2.0	≤7.0	≤0.4
试样质量/kg	>5	>15	>1.5
最小厚度/mm	3（耦合）	10（耦合）	1（耦合）
硬化层深度/mm	≥0.8	—	≥0.2
表面曲率半径/mm	≥30	≥50	—

注：1. 对表面为曲面的试样，应使用适当的支承环。
　　2. 试样不应带有磁性。

表 3-63　里氏硬度计主要技术参数、误差及重复性要求

冲击体类型	主要参数				试验范围 HL	里氏硬度值	示值误差	重复性
	冲击体质量 /g	冲击能量 /J	冲击直径 /mm	冲头材料				
D 型	5.5	11.0	3	碳化钨	200 ~ 900	490 ~ 830HLD	±12HLD	12HLD
DC 型	5.5	11.0	3	碳化钨	200 ~ 900	490 ~ 830HLDC	±12HLDC	12HLDC
G 型	20.0	90.0	5	碳化钨	300 ~ 750	460 ~ 630HLG	±12HLG	12HLG
C 型	3.0	2.7	3	碳化钨	350 ~ 960	550 ~ 890HLC	±12HLC	12HLC

表 3-64　铸铁里氏硬度试验要点

项　目	内　容
硬度计检验和检定	1）每天首次试验前需要按 GB/T 17394.1—2014 附录 B 对所使用的里氏硬度计进行日常检查 2）里氏硬度计应符合 GB/T 17394.2 检定
硬度计操作	1）向下推动加载套或用其他方式锁住冲击体 2）将冲击装置支承环压紧在试样表面上，冲击方向应与试验面垂直 3）平稳地按动冲击装置释放钮 4）读取硬度示值 　　冲击装置尽可能垂直向下，对于其他方向所测定的硬度值，如果硬度计没有修正功能，应按表 3-65 进行修正
试样的耦合和固定	1）需耦合试样的试验面应与支承台面平行，试样背面和支承台面必须平坦光滑，建议用凡士林作为耦合剂。冲击方向必须垂直于耦合平面 2）对大面积板件、长杆、弯曲件等，应予适当支承及固定以保证冲击体冲击时不产生位移及颤动

（续）

项　目	内　容
试验次数与结果处理	1）为测定里氏硬度，试验应至少进行3次，并计算其算术平均值。如果硬度值相互之差超过20HL，应增加试验次数，并计算算术平均值 2）应尽量避免将里氏硬度换算成其他硬度，当必须进行换算时可参照表3-66

压痕间距	冲击体类型	两压痕中心间距离/mm	压痕中心距试样边缘距离/mm
	D、DC、DL、D+15、S、E型	≥3	≥5
	G型	≥4	≥10
	C型	≥2	≥5

表3-65　几种冲击体在不同试验方向的里氏硬度修正值

HL	D和DC型冲击体				G型冲击体				C型冲击体			
	↓	→	↗	↑	↓	→	↗	↑	↓	→	↗	↑
200~250	−7	−14	−23	−33	−2	−5	−13	−20	—	—	不规定	
250~300	−6	−13	−22	−31	−2	−5	−12	−19	—	—	不规定	
300~350	−6	−12	−20	−29	−2	−5	−12	−18	—	—	不规定	
350~400	−6	−12	−9	−27	−2	−5	−11	−17	−7	−15	不规定	
400~450	−5	−11	−18	−25	−2	−5	−11	−16	−7	−14	不规定	
450~500	−5	−10	−17	−24	−2	−5	−10	−15	−7	−13	不规定	
500~550	−5	−10	−16	−22	−2	−5	−9	−14	−6	−13	不规定	
550~600	−4	−9	−15	−20	−2	−5	−9	−13	−6	−12	不规定	
600~650	−4	−8	−14	−19	−2	−5	−8	−12	−6	−11	不规定	
650~700	−4	−8	−13	−18	−2	−5	−8	−11	−5	−10	不规定	
700~750	−3	−7	−12	−17	−2	−5	−7	−10	−5	−10	不规定	
750~800	−3	−6	−11	−16	−2	−5	—	—	−4	−9	不规定	
800~850	−3	−6	−10	−15	−2	−5	—	—	−4	−8	不规定	
850~900	−2	−5	−9	−14	−2	−5	—	—	−4	−7	不规定	
900~950	—	—	—	—	−2	−5	—	—	−3	−6	不规定	

表3-66　铸铁的D型冲击体里氏硬度换算表

HLD	GG HB $(F=30D^2)$	GGG HB $(F=30D^2)$	HLD	GG HB $(F=30D^2)$	GGG HB $(F=30D^2)$
416	—	140	430	—	149
418	—	142	432	—	150
—	—	—	434	—	152
420	—	143	436	—	153
422	—	144	438	—	154
424	—	145	—	—	—
426	—	146	440	140	156
428	—	148	442	141	157
—	—	—	444	143	158

（续）

HLD	GG HB ($F = 30D^2$)	GGG HB ($F = 30D^2$)	HLD	GG HB ($F = 30D^2$)	GGG HB ($F = 30D^2$)
446	144	160	526	210	227
448	146	161	528	212	229
—	—	—	—	—	—
450	147	162	530	214	230
452	149	164	532	216	232
454	150	165	534	217	234
456	152	167	536	219	236
458	153	168	538	221	239
—	—	—	—	—	—
460	155	170	540	223	241
462	156	171	542	225	243
464	158	173	544	227	245
466	160	174	546	228	247
468	161	176	548	230	249
—	—	—	—	—	—
470	163	177	550	232	251
472	164	179	552	234	253
474	166	181	554	236	255
476	168	182	556	238	257
478	169	184	558	240	260
—	—	—	—	—	—
480	171	185	560	241	262
482	172	187	562	243	264
484	174	189	564	245	266
486	176	190	566	247	268
488	177	192	568	249	271
—	—	—	—	—	—
490	179	194	570	251	273
492	181	195	572	253	275
494	182	197	574	255	277
496	184	199	576	257	280
498	186	201	578	259	282
—	—	—	—	—	—
500	188	202	580	261	284
502	189	204	582	263	286
504	191	205	584	265	289
506	193	208	586	266	291
508	194	210	588	268	293
—	—	—	—	—	—
510	196	211	590	270	296
512	198	213	592	272	298
514	200	215	594	274	301
516	201	217	596	276	303
518	203	219	598	278	305
—	—	—	—	—	—
520	205	221	600	280	308
522	207	223	602	283	310
524	208	225	604	285	313

（续）

HLD	GG HB ($F=30D^2$)	GGG HB ($F=30D^2$)	HLD	GG HB ($F=30D^2$)	GGG HB ($F=30D^2$)
606	287	315	634	316	351
608	289	318	636	318	354
—	—	—	638	321	357
610	291	320	—	—	—
612	293	323	640	323	359
614	295	325	642	325	362
616	297	328	644	327	365
618	299	330	646	330	368
—	—	—	648	332	370
620	301	333	650	334	373
622	303	336	652	—	376
624	305	338	654	—	379
626	308	341	656	—	381
628	310	343	658	—	384
—	—	—	660	—	387
630	312	346	—	—	—
632	314	349			

注：1. 本表适用于未经热处理的非合金及低合金灰铸铁（GG）和非合金及低合金球墨铸铁（GGG）。

2. F 为测定布氏硬度时的试验力（N），D 为试验时用的压球直径（mm）。

（5）对比曲线的建立　对于特定材料或为达到换算较精确的目的，可以通过对比试验对某种试验材料建立里氏硬度与其他硬度之间的换算关系。在进行对比之前，应对里氏硬度和相应的硬度计进行检定，确认硬度计处于良好的工作状态。首先打 3 个以上相应的硬度压痕，测定其硬度平均值；然后在这些压痕周围测试里氏硬度值，每个压痕周围的测试点应在 5 个以上。对于每个硬度水平，将所有硬度测试值进行平均，作为一对换算数据。以此类推，在不同硬度水平进行对比试验，取得足够多点的对比关系，则可做出对比曲线。这种对比曲线通常要比通用的换算表精确，因为它代表了材料具体的硬度特征。

3.5.4　冲击试验

1. 概述

金属材料在使用过程中除要求有足够的强度和塑性外，还要求有足够的韧性。所谓韧性，就是材料在塑性变形和断裂过程中吸收能量的能力。韧性好的材料在使用过程中不致突然产生脆性断裂，从而保证零件或构件的安全性。尤其是许多机器零件在工作时要受到冲击载荷的作用，还有一些机械本身就是利用冲击能量来工作的，因此评价材料在冲击载荷下的韧性更加重要。

材料的韧性除取决于材料本身的内在因素外，还与外界条件有很大关系。其中主要是加荷速度、应力状态及温度的影响。在有缺口（甚至裂纹）及低温下，随变形速度增加，金属材料的韧性一般下降的，将使材料变脆。因此，提高变形速度和降低温度，与开缺口的作用一样，都是促进材料变脆的原因。也正因为如此，为了能够敏感地显示出材料的化学成分、金相组织和加工工艺的微小变化对其韧性的影响，通常采用带有缺口的试样，使之在冲击负荷作用下折断，以试样在变形和折断过程中所吸收的能量来表征材料的韧性，即所谓的夏比冲击试验。

通过冲击试验获得的吸收能量对于评定材料在冲击负荷下的性能、鉴定冶炼及加工工艺质量或构件设计中的选材等方面有很大作用。因此，它与强度、塑性、硬度一样，也是一个重要的力学性能指标；同时，冲击试验方法简便易行、速度较快、费用低廉，也是工业生产及科学研究中常用的力学性能试验方法之一。

目前，金属材料的冲击试验方法通常为夏比冲击试验。夏比冲击试验是由法国工程师夏比（Charpy）建立起来的。它是一种简支梁式冲击弯曲试验，试验时试样处于三点弯曲受力状态。因此，凡是试样处于简支梁三点受力的冲击弯曲状态的冲击试验，均称夏比冲击试验，按其试样所带缺口形状，可分为夏比 V（V 型缺口）、夏比 U（U 型缺口）。冲击试验按 GB/T 229—2007《金属材料　夏比摆锤冲击试验方法》执行，仪器化冲击试验按 GB/T 19748—2019《金属材料　夏比 V 型缺口摆锤冲击试验　仪器化试验方法》执行，在此仅对前者进行简介。

2. 试验方法

金属夏比缺口冲击试验方法（室温部分）见表 3-67。

表 3-67　金属夏比缺口冲击试验方法（室温部分）

项　目	内　容
试验原理	将规定几何形状的缺口试样置于试验机两支座之间，缺口背向打击面放置，用摆锤一次打击试样，测定试样的吸收能量。试样与摆锤冲击试验机支座及砧座相对位置如图3-69所示。由指针或其他指示装置示出的能量值称为吸收能量，符号为 K。用字母 V 和 U 表示缺口几何形状，用下标数字 2 或 8 表示摆锤刀刃半径，如 KV_2 KU_2—U 型缺口试样在半径为 2mm 摆锤刀刃下的冲击吸收能量（J） KU_8—U 型缺口试样在半径为 8mm 摆锤刀刃下的冲击吸收能量（J） KV_2—V 型缺口试样在半径为 2mm 摆锤刀刃下的冲击吸收能量（J） KV_8—V 型缺口试样在半径为 8mm 摆锤刀刃下的冲击吸收能量（J）
设备	试验机按 GB/T 3808 或 JJG 145 进行安装及检验
试样	1）如图3-70所示，相应的尺寸见表3-68 2）球墨铸铁的冲击试样按 GB/T 1348—2019《球墨铸铁件》标准执行（见图3-71） 3）低塑性铸铁采用带缺口试样，冲击吸收能量小，成分或工艺之间的吸收能量差别不易体现，但是在 GB/T 229—2007《金属材料　夏比摆锤冲击试验方法》中没有规定无缺口试样，在铸铁科研和生产实践中有采用外形与标准试样相同的无缺口试样的例子，其他试验条件同冲击试验标准
试验要点	1）试样应紧贴试验机砧座，锤刃沿缺口对称面打击试样缺口的背面，试样缺口对称面偏离两砧座间的中点应不大于 0.5mm（见图3-69） 2）试验前应检查摆锤空打时的回零差或空载能耗 3）试验前应检查砧座跨距，砧座跨距应保证在 $40^{+0.2}_{0}$mm 以内 4）采用小尺寸试样时，对于低能量的冲击试验，因为摆锤要吸收额外能量，因此垫片的使用非常重要。应在支座上放置适当厚度的垫片，以使试样打击中心的高度为 5mm（相当于宽度 10mm 标准试样打击中心的高度）；对于高能量的冲击试验，垫片的使用并不十分重要 5）试样吸收能量 K 不应超过实际初始势能 K_p 的 80%，如果试样吸收能超过此值，在试验报告中应报告为近似值并注明超过试验机能力的 80%。建议试样吸收能量 K 的下限应不低于试验机最小分辨力的 25 倍
试验结果	1）读取每个试样的冲击吸收能量，应至少估读到 0.5J 或 0.5 个标度单位（取两者之间较小值） 2）试验结果至少应保留两位有效数字，修约方法按 GB/T 8170 执行

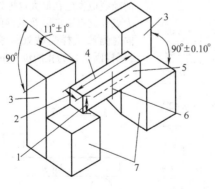

图 3-69　试样与摆锤冲击试验机支座及砧座相对位置

1—试样宽度　2—试样高度　3—砧座　4—试验长度　5—标准尺寸试样　6—打击点　7—试样支座

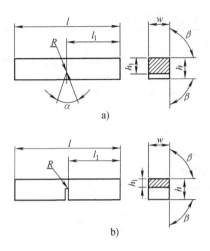

图 3-70　夏比冲击试样

a) V 型缺口　b) U 型缺口

注：符号 l、h、w 等的尺寸见表 3-68。

表 3-68　夏比冲击试样的尺寸与偏差

名　　　称	V 型缺口试样		U 型缺口试样	
	公称尺寸	机械加工偏差	公称尺寸	机械加工偏差
长度 l/mm	55	±0.60	55	±0.60
高度 h[①]/mm	10	±0.075	10	±0.11
宽度[①] w	—	—	—	—
标准试样尺寸/mm	10	±0.11	10	±0.11
小试样/mm	7.5	±0.11	7.5	±0.11
小试样/mm	5	±0.06	5	±0.60
小试样/mm	2.5	±0.04		
缺口角度 α/(°)	45	±2		
缺口底部高度 h_1/mm	8	±0.075	8[②]	±0.09
			5[②]	±0.09
缺口根部半径 R/mm	0.25	±0.025	1	±0.07
缺口对称面-端部距离[①] l_1/mm	27.5	±0.42[③]	27.5	±0.42[③]
缺口对称面-试样纵轴角度/(°)	90	±2	90	±2
试样纵向面间夹角 β/(°)	90	±2	90	±2

① 除端部外，试样表面粗糙度 Ra 值应小于 5μm。

② 如规定其他高度，应规定相应偏差。

③ 对自动定位试样的试验机，建议偏差用 ±0.165mm 代替 ±0.42mm。

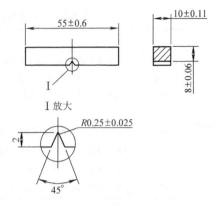

图 3-71　球墨铸铁冲击试样

（与拉伸试样取样位置相同）

3.5.5　弯曲试验

1. 概述

许多机件是在弯曲载荷下工作的，需要对这些机件的材料进行弯曲试验评定。通过弯曲试验，可以测定脆性和低塑性材料的塑性。所以，这种试验很适合评定脆性和低塑性铸铁的强度和塑性。虽然《灰铸铁件》标准中取消了对抗弯强度的要求，但有一些脆性和低塑性铸铁，如高硅耐蚀铸铁件有时仍需要进行弯曲试验。弯曲试验按 JB/T 7945.2—2018《灰铸铁　力学性能试验方法第 2 部分：弯曲试验》执行。相关的标准还有 GB/T 232—2010《金属材料　弯曲试验方法》和 YB/T 5349—2014《金属弯曲力学性能试验方法》。在此仅介绍 JB/T 7945.2—2018 标准的试验方法。

2. 试验原理

铸铁弯曲试验是将一长条试样的两端放于支点上，在试样支点的中间位置施加弯曲力，如图 3-72 所示。试样在力后，在加力处就产生最大弯矩，试样的断裂应发生在最大弯矩处，根据断裂时的载荷，加力点和支点距离以及试样的尺寸可计算出抗弯强度，同时测量试样受载处从承受初载荷增至最大载荷（试样断裂）为止的位移量，即断裂挠度 f_{bb}。

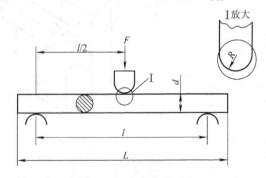

图 3-72　弯曲试验受力

F—弯曲力　R—压头半径　d—试棒直径

L—试样长度　l—跨距

3. 试样

（1）采用 JB/T 7945.2—2018 规定的试样　试样直径为 30mm ± 0.2mm，最短长度为 340mm，不经机械加工的单铸试棒。GB/T 7945.2—2018 附录 A 中给出了辅助的灰铸铁弯曲试样的形状、尺寸和抗弯系数。

（2）GB/T 8491—2009《高硅耐蚀铸铁件》规定的试样　试样直径为 30mm ± 1.5mm，长度为 330mm ± 1.5mm。单铸试棒应与铸件同一批铁液（不应用最初和最末包）浇注。同一铸型内，可同时浇注多根试棒，如图 3-73 所示，落砂前在铸型中冷却至 540℃，在做抗弯试验前要进行消除残余应力处理。

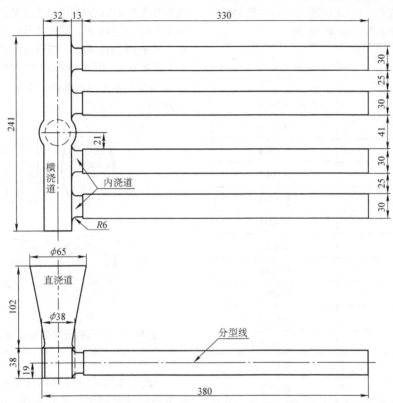

图 3-73　高硅耐蚀铸铁弯曲试样铸型

4. 弯曲试验条件及测量精度（见表 3-69）

表 3-69　弯曲试验条件及测量精度

支点距离 l/mm	初载荷 F_0/N	测量精度		压头半径 R/mm		试验时间 t/s
		F/N	f/mm	$d \leqslant$ 20mm	$d >$ 20mm	$d = 30$mm
300	400 ~ 600	200	0.2	< 15	15 ~ 25	> 30

5. 挠度测量装置

可用任何形式的挠度计测定挠度。最好将挠度仪置于平台和加力压头之间，也可将百分表装夹于磁性座上，百分表表头与施力的压头座相连，如图 3-74 所示。

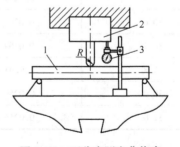

图 3-74　百分表测弯曲挠度

1—试样　2—上压头　3—百分表

6. 抗弯强度计算

抗弯强度 σ_{bb} 按下式计算：

$$\sigma_{bb} = \frac{8l}{\pi d^3} F_{bb} = K F_{bb}$$

式中　σ_{bb}——抗弯强度（MPa）；

d——弯曲试棒直径（mm）;

l——跨距（mm）;

K——抗弯系数（mm^{-2}）（见表3-70）;

F_{bb}——最大弯曲力（N）。

可于试验前在试样中段20mm范围内或断裂后在断面上测量相互垂直的两个方向的直径尺寸，取其算术平均值为计算直径。抗弯强度数值应修约至1MPa。

表3-70　抗弯系数

实际直径 d/mm	K
29.0	0.0313
29.1	0.0310
29.2	0.0307
29.3	0.0304
29.4	0.0301
29.5	0.0298
29.6	0.0295
29.7	0.0292
29.8	0.0289
29.9	0.0286
30.0	0.0283
30.1	0.0280
30.2	0.0277
30.3	0.0275
30.4	0.0272
30.5	0.0269
30.6	0.0267
30.7	0.0264
30.8	0.0261
30.9	0.0259
31.0	0.0256

3.5.6　压缩试验

1. 概述

虽然铸铁件标准中很少规定压缩性能指标，但由于许多铸铁件在压缩载荷下工作，压缩试验仍是铸铁材料研究和生产检验中评价压缩性能的一种手段。试验方法可参照 GB/T 7314—2017《金属材料　室温压缩试验方法》执行。

2. 试验原理

试样受轴向递增的单向压缩力，而且力和变形可连续地或按有限增量进行检测，测定一项或几项压缩力学性能。

3. 压缩试样状态对试验结果的影响

压缩时，端面存在摩擦力，影响试验结果。首先，这种摩擦力阻碍试样端面的横向变形，出现上下端面小而中间凸出的形状，即腰鼓形；其次，端面摩擦力提高了变形抗力，降低了变形度；第三是端面摩擦力影响破坏形式。图3-75所示脆性材料在有端面摩擦（图3-75a）和无端面摩擦（图3-75b）时对压缩破坏的影响。

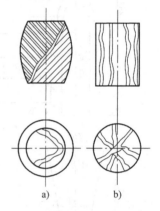

图3-75　有无端面摩擦对压缩破坏的影响

a）有端面摩擦　b）无端面摩擦

因此，压缩试验时要设法减小端面摩擦，以尽量稳定试验结果。通常采用一定高度的试样，因试样越长，摩擦力影响越小，但太长会引起纵向弯曲，所以对试样高度和截面尺寸之比均做出适当规定，并且要求试样压头和端面表面粗糙度要小。试验时，端面涂以润滑油脂，板状试样还需要在约束下进行试验。

4. 试样

GB/T 7314—2017《金属材料　室温压缩试验方法》规定的试样如图3-76和图3-77所示。$L = (2.5 \sim 3.5)d$ 和 $L = (2.5 \sim 3.5)b$ 的试样适合于测定规定塑性压缩强度 R_{pc}、R_{tc}、R_{eHc}、R_{eLc} 和脆性材料的抗压强度（或塑性材料的规定应变条件下的压缩应力）R_{mc} 等；$L = (5 \sim 8)d$ 和 $L = (5 \sim 8)b$ 的试样适合于测定 $R_{pc0.01}$、E_c；$L = (1 \sim 2)d$ 和 $L = (1 \sim 2)b$ 的试样仅适合于测定脆性材料的抗压强度（或塑性材料的规定应变条件下的压缩应力）R_{mc}。图3-78和图3-79所示为板状试样，需夹持在约束装置内进行试验。

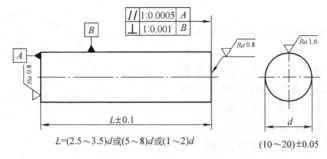

$L=(2.5\sim3.5)d$ 或 $(5\sim8)d$ 或 $(1\sim2)d$

$(10\sim20)\pm0.05$

图 3-76　圆柱体试样

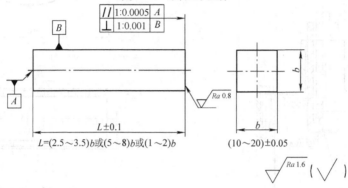

$L=(2.5\sim3.5)b$ 或 $(5\sim8)b$ 或 $(1\sim2)b$

$(10\sim20)\pm0.05$

图 3-77　正方形柱体试样

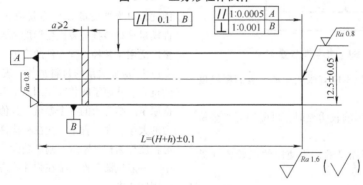

$L=(H+h)\pm0.1$

图 3-78　矩形板试样

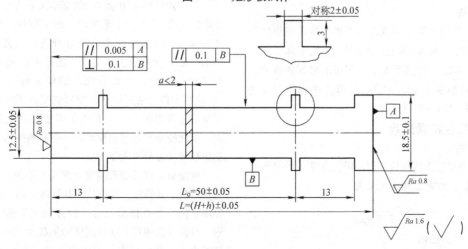

$L_{\text{o}}=50\pm0.05$

$L=(H+h)\pm0.05$

图 3-79　带凸耳板状试样

5. 试验要点

GB/T 7314—2017 规定的压缩试验要点如下所述。

1）试验机上、下压板的工作表面应平行，平行度不低于 1:0.0002mm/mm（安装试样区 100mm 范围内）。试验过程中，压头与压板间不应有侧向的相对位移和转动。压板的硬度应不低于 55HRC。不满足要求的试验机，应加配力导向装置（见图 3-80）。

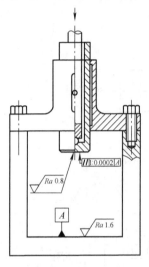

图 3-80　力导向装置

2）试验后，压板不应有永久变形。表面粗糙度 Ra 值应不大于 0.8μm。

3）偏心压缩的影响较明显时，可配用调平垫块（见图 3-81）。

4）板状试样压缩试验，应使用约束装置（见GB/T 7314—2017）。

试验方法见 GB/T 7314—2017。

6. 计算

GB/T 7314—2017 中规定的主要压缩性能指标有抗压强度 R_{mc}、规定塑性压缩强度 R_{pc}、规定总压缩强度 R_{tc}、上压缩屈服强度 R_{eHc}、下压缩屈服强度 R_{eLc} 和压缩弹性模量 E_c，其定义、计算方法和修约方法详见 GB/T 7314—2017。

3.5.7　弹性模量试验

1. 概述

弹性模量是正弹性模量 E、切变模量 G 等物理量的统称，各弹性常数间的关系为

$$G = \frac{E}{2(1+\mu)}$$

式中　μ——泊松比。

由于多数金属材料的泊松比在 1/4~1/3 之间，

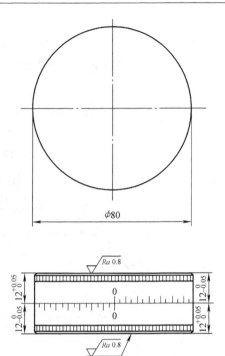

图 3-81　调平垫块

因此常以弹性模量 E 作为其他几个常数的代表。弹性模量是材料抵抗弹性变形能力大小的表征。这种测量广泛用于各种工程构件的应力计算。弹性模量是建立应力-应变关系的材料常数，表征金属对弹性变形的抗力。从原子间相互作用力来看，弹性模量也是表征原子间结合力的一个参量，其值反映了原子间结合力的大小。在工程上，往往将构件产生弹性变形的难易程度称为构件刚度，刚度越大，拉伸件弹性变形越小。一般机器零件大都在弹性状态下工作，均有一定的刚度要求。

所用弹性模量测量方法的基本关系均是依据胡克定律的应力-应变关系来确定。根据测量过程中试样变形速度的不同，测量方法分静态法（静力学法）和动态法（动力学法）两类。由前者测得的模量称为"静态模量"，由后者测得的模量称为"动态模量"。由于静态法所用试样变形速度近于零，故所测模量趋近等温模量；动态法所用变形速度趋近无穷大，所测模量趋近绝热模量。一般材料的等温模量与绝热模量的差异不大于 1%。

根据对试样的加载或支承方式的不同，静态法分为拉伸法、悬臂法、简支法和扭转法。前三种方法主要用于测定弹性模量，后一种方法用于测定切变模量。尽管这类测量方法对试样的加载和变形测量系统都提出了很高的要求，但仍难测知试样的初始模量

值。测量结果虽具有模拟使用状态的意义，但难以用于比例极限很低的或脆性较大的材料。由于蠕变的影响，其高温下的测量结果常是不可信的。基于上述原因，动态法成为测量试样弹性模量的准确方法。动态法依据测量原理的不同分为共振法和脉冲波法两种。

GB/T 22315—2008《金属材料　弹性模量和泊松比试验方法》推荐了拉伸法和共振法。

2. 静态法

静态法测量弹性模量又分为图解法和拟合法，其中图解法应用较多。图解法测定弹性模量的原理和试验要点见表 3-71。

表 3-71　图解法测定弹性模量的原理和试验要点

项　　目	内　　容
原理	试样施加轴向力，在其弹性范围内测定相应的轴向变形，根据力-轴向变形曲线计算弹性模量
试样与测量	拉伸弹性模量试样与拉伸试样类似，试样夹持端与平行段的过渡部分半径应尽量大，试样平行长度应至少超过标距长度加上两倍的试样直径或宽度。压缩试样按 GB/T 7314—2017 中 6.1 的规定。如果目的是为了揭示材料固有的性质，试样不应存在残余应力，材料需要在 $T_m/3$ 的温度退火处理 30min 以消除应力（T_m 是材料的热力学熔点温度）。如果试验目的是为了检验产品性能，则热处理过程可以省略
引伸计	引伸计应按 GB/T 12160—2019 进行检验，其准确度应为 0.5 级或优于 0.5 级。测量试样轴向变形时，使用能测量试样相对两侧平均变形的轴向均值引伸计，或者在试样相对两侧分别固定两个轴向引伸计
初试验力	对于大多数试验机和试样，由于间隙、试样弧度和原始夹头对中等影响，当对试样施加很小的试验力时，就会对引伸计的输出量产生较大的偏差。试验时，须对试样施加能够消除这些影响的初试验力，测量应从初试验力开始，到弹性范围内的更大的试验力为止
试验速度	拉伸弹性应力速率符合 GB/T 228.1—2010，取下限 压缩弹性应力速率符合 GB/T 7314—2017，取下限
轴向力-轴向变形 曲线绘制	用自动记录方法绘制轴向力-轴向变形曲线，如图 3-82 所示。推荐每个试样至少测试 3 次。必须特别注意，测定弹性模量时施加的应力不要超过试样的比例极限
弹性模量计算	在记录的轴向力-轴向变形曲线（见图 3-82）上，确定弹性直线段，在该直线段上读取相距尽量远的 A、B 两点之间的轴向力变化量和相应的轴向变形变化量，按下式计算弹性模量： $$E = \left(\frac{\Delta F}{S_o}\right)\bigg/\frac{\Delta l}{L_{el}}$$ 式中　E—弹性模量（MPa），E 可以是拉伸弹性模量 E_t 和压缩弹性模量 E_c 两种 　　　ΔF—轴向力变化量（N） 　　　S_o—试样平行长度部分的原始横截面面积（mm^2） 　　　Δl—轴向变形变化量（mm） 　　　L_{el}—轴向引伸计标距（mm）
数据处理	1）报告 3 次测定的平均值 2）保留 3 位有效数字。修约方法按 GB/T 8170—2008 执行

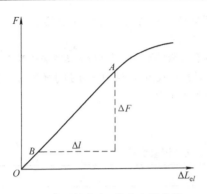

图 3-82 轴向力-轴向变形曲线

3. 动态法

（1）原理　通过声共振原理测定试样机械共振频率，计算动态弹性模量。推荐采用悬丝耦合共振测定方法，其优点是试样的振幅较大，共振易判别，支承的影响易排除，振动长度易精确判定且有较宽的温度适用范围。两端自由杆的弯曲基频共振（侧视图）如图 3-83 所示。

（2）计算　弹性模量的计算公式为

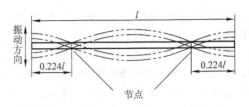

图 3-83 两端自由杆的弯曲基频共振（侧视图）

圆杆：$E_d = 1.6067 \times 10^{-3} \left(\dfrac{l}{d} \right)^3 \dfrac{m}{d} f_1^2 T_1$

矩形杆：$E_d = 0.9455 \times 10^{-3} \left(\dfrac{l}{h} \right)^3 \dfrac{m}{b} f_1^2 T_1$

式中　E_d——动态弹性模量（MPa）；

$\quad l$——试样长度（mm）；

$\quad d$——试样直径（mm）；

$\quad m$——试样质量（g）；

$\quad f_1$——基频共振频率（Hz）；

$\quad T_1$——基频共振时的修正系数（见表 3-72 和表 3-73）；

$\quad h$——试样厚度（mm）；

$\quad b$——试样宽度（mm）。

表 3-72　基频弯曲共振圆杆的修正系数 T_1

$\bar{r}/l$	泊松比 μ						
	0.15	0.20	0.25	0.30	0.35	0.40	0.45
0.0000	1.0000	1.0000	1.0000	1.0000	1.0000	1.0000	1.0000
0.0025	1.0005	1.0005	1.0005	1.0005	1.0005	1.0005	1.0005
0.0050	1.0020	1.0021	1.0021	1.0021	1.0021	1.0021	1.0022
0.0075	1.0046	1.0046	1.0047	1.0047	1.0048	1.0048	1.0049
0.0100	1.0081	1.0082	1.0083	1.0084	1.0085	1.0086	1.0087
0.0125	1.0127	1.0128	1.0130	1.0131	1.0133	1.0134	1.0136
0.0150	1.0183	1.0185	1.0187	1.0189	1.0191	1.0193	1.0195
0.0175	1.0249	1.0252	1.0255	1.0257	1.0260	1.0263	1.0266
0.0200	1.0325	1.0329	1.0332	1.0336	1.0340	1.0344	1.0347
0.0225	1.0411	1.0416	1.0421	1.0426	1.0430	1.0435	1.0440
0.0250	1.0507	1.0513	1.0519	1.0525	1.0531	1.0537	1.0543
0.0275	1.0614	1.0621	1.0628	1.0636	1.0643	1.0650	1.0657
0.0300	1.0731	1.0739	1.0748	1.0756	1.0765	1.0773	1.0782
0.0325	1.0857	1.0868	1.0878	1.0888	1.0898	1.0908	1.0917
0.0350	1.0994	1.1006	1.1018	1.1030	1.1041	1.1053	1.1054
0.0375	1.1142	1.1155	1.1169	1.1182	1.1195	1.1208	1.1221
0.0400	1.1299	1.1314	1.1330	1.1345	1.1360	1.1375	1.1389
0.0425	1.1466	1.1484	1.1501	1.1518	1.1535	1.1552	1.1569
0.0450	1.1644	1.1664	1.1683	1.1702	1.1721	1.1740	1.1759
0.0475	1.1832	1.1854	1.1875	1.1896	1.1918	1.1939	1.1959
0.0500	1.2030	1.2054	1.2078	1.2101	1.2125	1.2148	1.2171

注：圆杆 $\bar{r} = \dfrac{1}{4}d$。

表 3-73 基频弯曲共振矩形杆的修正系数 T_1

h/l	泊松比 μ						
	0.15	0.20	0.25	0.30	0.35	0.40	0.45
0.00	1.0000	1.0000	1.0000	1.0000	1.0000	1.0000	1.0000
0.01	1.0007	1.0007	1.0007	1.0007	1.0007	1.0008	1.0008
0.02	1.0027	1.0028	1.0028	1.0029	1.0030	1.0031	1.0032
0.03	1.0061	1.0062	1.0063	1.0065	1.0067	1.0069	1.0071
0.04	1.0108	1.0110	1.0112	1.0115	1.0118	1.0122	1.0126
0.05	1.0169	1.0172	1.0175	1.0180	1.0185	1.0190	1.0196
0.06	1.0243	1.0247	1.0252	1.0258	1.0265	1.0273	1.0282
0.07	1.0330	1.0336	1.0343	1.0351	1.0360	1.0371	1.0383
0.08	1.0430	1.0437	1.0446	1.0457	1.0470	1.0484	1.0500
0.09	1.0543	1.0552	1.0564	1.0577	1.0593	1.0611	1.0631
0.10	1.0669	1.0680	1.0694	1.0711	1.0730	1.0752	1.0776
0.11	1.0807	1.0821	1.0838	1.0858	1.0881	1.0907	1.0936
0.12	1.0957	1.0974	1.0994	1.1017	1.1045	1.1076	1.1111
0.13	1.1120	1.1139	1.1163	1.1190	1.1222	1.1258	1.1299
0.14	1.1295	1.1317	1.1344	1.1376	1.1412	1.1454	1.1501
0.15	1.1481	1.1506	1.1537	1.1573	1.1615	1.1663	1.1717
0.16	1.1679	1.1708	1.1742	1.1784	1.1831	1.1885	1.1946
0.17	1.1889	1.1921	1.1960	1.2006	1.2059	1.2120	1.2188
0.18	1.2110	1.2145	1.2188	1.2240	1.2299	1.2367	1.2442
0.19	1.2342	1.2381	1.2429	1.2485	1.2551	1.2626	1.2710
0.20	1.2584	1.2627	1.2680	1.2743	1.2815	1.2898	1.2990

（3）共振检测装置框图（见图3-84）

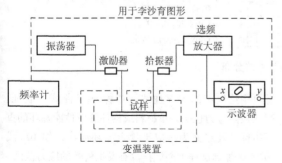

图 3-84 共振检测装置框图

用数字频率计来完成引致试样共振的振荡器输入频率的精准测量，测量误差不大于 0.01Hz，其晶振稳定度应不低于 $10^{-8}/d$ 量级。按功能的不同，换能器分为激励器与拾振器两种，依耦合方式和被测试样的质量、共振频率的不同而选择不同类型的换能器。在所检测的试样频率变化的范围内，激励的输出功率损失应不大于 3dB，拾振器应用尽可能好的频率响应。以选频放大器内附的交流电压表检测共振信号，其输入阻抗应与拾振器的阻抗匹配，频率范围应满足测试需要，对共振信号的测试灵敏度应不低于 $1\mu V$。推荐采用锁定放大器或配有带通滤波器的传声放大器。若需要以李沙育图形来判断虚假共振，应将振荡器与放大器的输出分别供给示波器的水平与垂直偏转板。

（4）测定要点（见表3-74）

表 3-74　悬丝耦合弯曲共振法测定弹性模量要点

项　目	内　容				
量具	1）游标卡尺：测量试样长度。最小分度不大于 0.05mm 2）千分尺：测量试样直径或宽度、厚度。最小分度不大于 0.002mm 3）天平：称量试样质量。感量不大于 0.001g 4）测温装置：在不同温度下试验中用来测量试样的环境温度，用校准后的热电偶测量，测温装置的准确度应达到 ±0.5℃，其位置应接近试样中部，注意与试样的距离应不大于 5mm，同时不要触及试样				
试样	试样	圆杆直径 d/mm 矩形杆（厚度 h）/mm × （宽度 b）/mm	长度 l	粗糙度 Ra /μm	横向尺寸的轴 向不均匀性 （%）	相对于表面 的平行度 /mm
	圆杆	4~8①	直径的 30 倍 或 120~180mm	≤1.6	≤0.7	<0.02
	矩形杆	(1~4)×(5~10)	120~180mm	≤1.6	≤0.7	<0.02
能量耦合方法	1）悬丝耦合，悬丝材料：棉线（<100℃） 2）两根悬线与试样的中轴线处于同一平面内				
测量过程	1）试样的长度取两次测量的均值；试样的直径或宽度、厚度取沿长度方向 10 等分后分别测量的平均值；质量测至 1mg 2）共振频率测定（鉴频方法）：可用粉纹法和阻尼法分别完成对矩形杆和圆杆、室温下振动模式和级次的鉴别。当利用粉纹法时，将硅胶粉末均匀地洒在试样的表面上，在疑为试样共振的频率位置增加振荡器的输出功率，试样共振时会看到这些粉末聚集到试样的节点（线）处。当利用阻尼法时，沿着试样的长度方向轻轻触及不同部位，试样共振时会发现共振示值有明显的不同反应：在波节（节点）处无反应，在波腹处有明显的衰减。两端自由杆弯曲共振节点的分布如图 3-85 所示				
数据处理	弹性模量取三位有效数字，可多次测量取平均值				

① 只检测弯曲共振频率时，直径可至 2mm。

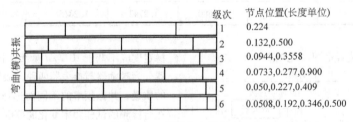

图 3-85　共振节点的分布

3.5.8　旋转弯曲疲劳试验

1. 概述

金属材料在交变应力或应变作用下产生裂纹或失效，材料性能的变化过程称为疲劳。许多铸铁件，如铸铁曲轴等均是在疲劳应力下工作，需要对其疲劳特性进行评价。金属疲劳破坏与应力大小及其承受应力的交变次数有关，这种关系可用构件所承受交变应力最大值 S 和构件断裂前所承受应力循环次数 N 确定，并可用绘制出的 S-N 曲线（或称 σ-N 曲线）表征。耐久极限应力也是评价材料或构件疲劳性能好坏的重要指标，其定义为对应于规定循环周次，如 10^7 或 10^8，施加到试样上而试样没有发生失效的应力范围。

目前，一般给出的材料疲劳性能数据，绝大多数是用标准试样得到的。标准试样的疲劳试验，一般采用旋转弯曲疲劳试验。旋转弯曲疲劳试验的应力循环属于对称应力循环，平均应力为零。该试验设备简单，应用广泛，这种试验方法除了直接为生产设计部门提供疲劳性能数据外，还可作为一些特殊疲劳试验的预备性试验。此外，还可以研究在不同内外因素作用下，疲劳抗力的变化规律；研究疲劳裂纹形成和扩展规律，结合断口分析，探索疲劳过程和机制，以便建立疲劳理论；预测旋转弯曲条件下服役结构的疲劳寿命，为选择材料、工艺提供依据。

铸铁的旋转弯曲疲劳试验按 GB/T 4337—2015

《金属材料　疲劳试验　旋转弯曲方法》执行。

2. 试验原理

试样旋转并承受一弯矩，产生弯矩的力恒定不变且不转动。试样可装成悬臂，在一点或两点加力；或者装成横梁，在四点加力。试验一直进行到试样失效或超过预定应力循环次数。

旋转弯曲疲劳试验机的原理图如图 3-86 所示。

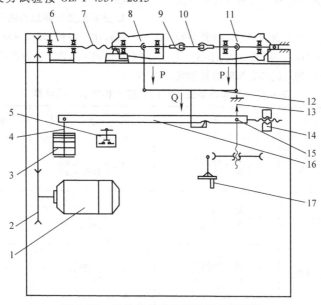

图 3-86　旋转弯曲疲劳试验机的原理图

1—电动机　2—V 带　3—砝码　4—吊杆　5—按钮　6—计数减速器　7—软轴　8—左主轴箱　9—弹簧夹头
10—试样　11—右主轴箱　12—吊钩　13—指针　14—平衡锤　15—计数器　16—杠杆　17—手轮

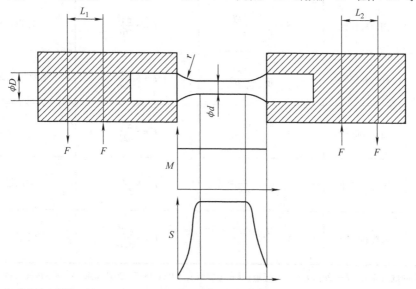

图 3-87　圆柱形试样（四点加力）

ϕD—试样夹持部分或试样加载端部直径　ϕd—应力最大处试样直径　F—外加力
L_1、L_2—力臂长度　M—弯矩　r—半径　S—应力

3. 试样

试样的试验部分可以是圆柱形、圆锥形和漏斗形，每种形状试验部分都应是圆形横截面。试验部分的形状应根据所用试验机的加力方式设计。对于圆柱形或漏斗形试样，可以简支梁或悬臂梁一点或两点加力，圆锥形试样只能采用悬臂梁单点加力方式。

在上述试样中，圆柱形试样在四点加力下处于纯弯曲状态，试样平行部分具有等应力和等弯矩（见图3-87），应用较多。

图3-88为圆柱形试样的形状和尺寸。推荐直径 d 为 6mm、7.5mm 和 9.5mm。直径 d 的偏差为 ±0.05mm。图3-89为推荐的高温疲劳试验圆弧形光

滑试样（危险截面）。

从理论上讲，旋转弯曲试样只有材料、尺寸、形状、表面状态、加工过程等完全一致，才能保证试验结果的准确可靠，尤其是试验结果对表面质量很敏感。因此，对试样形状、尺寸、表面状态均具有较高要求。应采用适当的加工工艺例如磨削工艺，减小残余应力，并在最终的磨削采用纵向机械抛光，避免环向划痕。

4. 试验应力和外加力的计算

杠杆比应按照 GB/T 4337—2015 的附录A进行标定。试验应力和外加力按表3-75计算。

表3-75　不同类型试验机试验应力和外加力的计算

试验机类型	加载系统	S	F	从 F 到所加砝码的转换
单点弯曲	直接加载	$S=\dfrac{M}{W}=\dfrac{16F(L-x)}{\pi d^3}$	$F=S\dfrac{\pi d^3}{16(L-x)}$	×1.0
单点弯曲	固定杠杆比	$S=\dfrac{M}{W}=\dfrac{16F(L-x)}{\pi d^3}$	$F=S\dfrac{\pi d^3}{16(L-x)}$	除以杠杆比 M_{1r}
单点弯曲	杠杆和游码	$S=\dfrac{M}{W}=\dfrac{16F(L-x)}{\pi d^3}$	$F=S\dfrac{\pi d^3}{16(L-x)}$	在杠杆上设定 F 力值
两点弯曲	直接加载	$S=\dfrac{M}{W}=\dfrac{16FL}{\pi d^3}$	$F=S\dfrac{\pi d^3}{16L}$	×1.0
两点弯曲	固定杠杆比	$S=\dfrac{M}{W}=\dfrac{16FL}{\pi d^3}$	$F=S\dfrac{\pi d^3}{16L}$	除以杠杆比 M_{1r}
两点弯曲	杠杆和游码	$S=\dfrac{M}{W}=\dfrac{16FL}{\pi d^3}$	$F=S\dfrac{\pi d^3}{16L}$	在杠杆上设定 F 力值
四点弯曲	直接加载	$S=\dfrac{M}{W}=\dfrac{32FL}{\pi d^3}$	$F=S\dfrac{\pi d^3}{32L}$	×1.0
四点弯曲	固定杠杆比	$S=\dfrac{M}{W}=\dfrac{32FL}{\pi d^3}$	$F=S\dfrac{\pi d^3}{32L}$	除以杠杆比 M_{1r}
四点弯曲	杠杆和游码	$S=\dfrac{M}{W}=\dfrac{32FL}{\pi d^3}$	$F=S\dfrac{\pi d^3}{32L}$	在杠杆上设定 F 力值

注：S—要求的试验应力；F—外加力；M—弯矩；L—力臂（见 GB/T 4337—2015A.4.2）；d—试样直径；W—截面模量；M_{1r}—试验机的杠杆比（见 GB/T 4337—2015A.4.3）；x—固定的承载面与应力测量平面之间的距离。

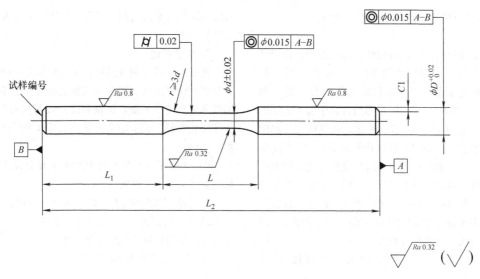

图 3-88 圆柱形光滑试样

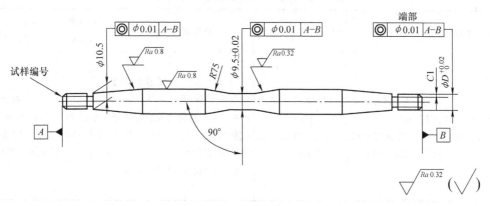

图 3-89 圆弧形光滑试样

5. 耐久极限应力的测定

可采用升降法测定铸铁的耐久极限应力，可采用 10^7 耐久寿命，试验参照 GB/T 24176—2009《金属材料 疲劳试验 数据统计方案与分析方法》进行。

6. S-N 曲线绘制

最普遍的疲劳试验数据的图形表达形式是 S-N 曲线，如图 3-90 所示。以横坐标表示疲劳寿命 N_f，以纵坐标表示最大应力，应力范围或应力幅一般使用线性尺度，也可用对数尺度。用直线或曲线拟合各数据点，即得 S-N 曲线图。当对数寿命呈正态分布时，上述过程描述的 S-N 图具有 50% 的存活率。然而类似过程也可用于其他存活率的 S-N 曲线图。

S-N 曲线图上至少应包括材料牌号，材料的级别及拉伸性能，试样的表面状态，缺口试样的应力集中系数（如有要求），疲劳试验的类型，试验频率、环境和试验温度。

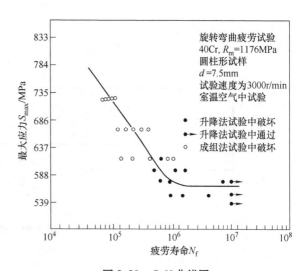

图 3-90 S-N 曲线图

3.5.9　平面应变断裂韧度 K_{IC} 试验

1. 概述

裂纹是金属材料低应力脆性破坏的根源。含裂纹构件在张开型（Ⅰ型）加载条件下，把裂纹尺寸的平方根与构件承受应力的乘积定义为应力（场）强度因子 K_I。当 $K_I \to K_{IC}$ 时，即当存在于裂纹尖端的应力（场）强度因子 K_I 值达到含该裂纹构件材料的一个特性参数 K_{IC} 值时，裂纹开始失稳扩展。K_{IC} 是实际存在的最大裂纹不发生脆断时金属所允许的最低韧度，表征材料抗裂纹失稳扩展的能力。作为重要结构材料之一的铸铁材料，由于不可避免地存在铸造缺陷，近年来也越来越多地用 K_{IC} 指标来进行评价，以保证铸铁件服役的安全可靠性。

铸铁的平面应变断裂韧度 K_{IC} 试验按 GB/T 4161—2007《金属材料　平面应变断裂韧度 K_{IC} 试验方法》执行。

2. 试验原理

使用预制疲劳裂纹试样，对试样加力，绘制力与缺口张开位移曲线。根据对试验记录的线性部分规定的偏离来确定2%最大表观裂纹扩展量所对应的力。经有效性判断，试验确实可靠，就可以根据这个力计算 K_{IC} 值。

K_{IC} 表征了在严格拉伸力约束下有尖裂纹存在时材料的断裂抗力。这时：

1）裂纹尖端附近的应力状态接近于平面应变状态。

2）裂纹尖端塑性区的尺寸比裂纹尺寸、试样厚度和裂纹前沿的韧带尺寸要足够小。

3. 试样（见表3-76）

表 3-76　平面应变断裂韧度试验试样

有效试样尺寸条件	推荐试样	疲劳裂纹起始缺口	疲劳裂纹预制	尺寸测量方法	安装引伸计的刀口
B、a 和 $W-a \geqslant$ $2.5\left(K_{IC}/R_{p0.2}\right)^2$	1）弯曲试样（见图3-91） 2）紧凑拉伸试样（见图3-92）	1）直通形缺口（见图3-93a） 2）山形缺口（见图3-93b）	1）最大应力强度因子不超过后面试验确定的 K_Q 值的80%。对疲劳裂纹的最后阶段（裂纹长度 a 的2.5%），应不超过 K_Q 值的60% 2）裂纹包迹（见图3-93c）	见 GB/T 4161—2007	1）整体刀口（见图3-94a） 2）附加刀口（见图3-94b）

注：a—裂纹长度（mm）；B—试样厚度（mm）；W—弯曲试样的宽度或紧凑拉伸试样的有效宽度（mm）；K_{IC}—平面应变断裂韧度（MPa·m$^{1/2}$）；$R_{p0.2}$—条件屈服强度（MPa）；K_Q—K_{IC} 的条件值（MPa·m$^{1/2}$）

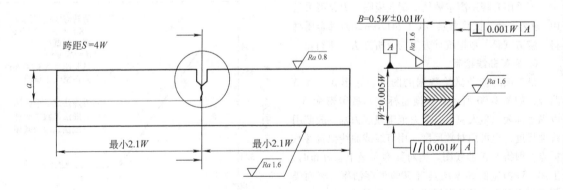

图 3-91　弯曲试样

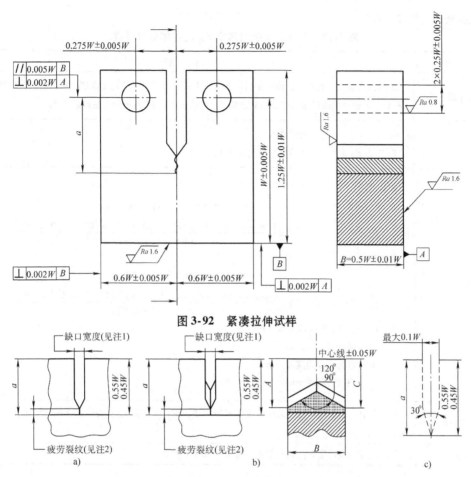

图 3-92　紧凑拉伸试样

图 3-93　裂纹起始缺口与最大允许缺口/裂纹包迹

a）直通形缺口　b）山形缺口　c）裂纹包迹

注：1. 裂纹起始缺口应垂直于试样表面，偏差在 ±2° 以内，缺口宽度应在 0.1W 以内，但不应小于 1.6mm。
　　2. 对于直通形缺口试样，建议缺口根部半径最大为 0.1mm，切口尖端角度最大为 90°。每个表面上的最大疲劳裂纹扩
　　　 展量至少应为 0.025W 或 1.3mm，取其较大者。
　　3. 对于山形缺口试样，建议缺口根部半径最大为 0.025mm，切口尖端角度最大为 90°，$A = C$，偏差在 ±0.01W 以内，
　　　 疲劳裂纹应在试样的两个表面上都出现。

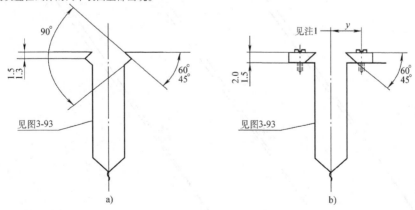

图 3-94　刀口

a）整体刀口　b）附加刀口

注：1. 2y 加上固紧螺钉的直径应不大于 W/2；如果将刀口紧贴在试样上，那么 2y 应与连接物端点间的距离一致。
　　2. 刀口应与试样表面成直角，且平行度偏差为 ±0.5°。

4. 数据处理（见表3-77）

表 3-77　平面应变断裂韧度 K_{IC} 的数据处理过程

步　　骤	内　　容
确定条件值 F_Q	在试验记录上，通过原点画一条斜率为 $(F/V)_5 = 0.95\,(F/V)_0$ 的割线 OF_S（见图3-95），其中 $(F/V)_0$ 是记录的线性部分切线 OA 的斜率；然后按图3-95所示的方法确定力 F_Q
计算 F_{max}/F_Q	若 $F_{max}/F_Q \leqslant 1.10$，则计算 K_Q 若 $F_{max}/F_Q > 1.10$，则该试验不是有效 K_{IC} 试验
计算 K_Q	弯曲试样： $$K_Q = (F_Q S/BW^{3/2}) \times f(a/W)$$ 式中　$f(a/W) = 3(a/W)^{1/2} \times \dfrac{1.99 - (a/W)(1-a/W)\,[\,2.15 - 3.93(a/W) + 2.70(a/W)^2\,]}{2(1+2a/W)(1-a/W)^{3/2}}$ 紧凑拉伸试样： $$K_Q = (F_Q/BW^{1/2}) \times f(a/W)$$ 式中　$f(a/W) = (2 + a/W) \times \dfrac{0.866 + 4.64(a/W) - 13.32(a/W)^2 + 14.72(a/W)^3 - 5.6(a/W)^4}{(1-a/W)^{3/2}}$ 式中　F_Q—与 K_Q 对应的力值（kN） 　　　　B—试样厚度（mm） 　　　　W—弯曲试样的宽度（mm） 　　　　a—裂纹长度（mm）
计算 $2.5\,(K_Q/R_{p0.2})^2$	若这个值小于试样厚度、裂纹长度和韧带尺寸，则 K_Q 等于 K_{IC}；否则，该项试验不是有效的 K_{IC} 试验
修约	平面应变断裂韧度 K_{IC} 试验结果应保留3位有效数字

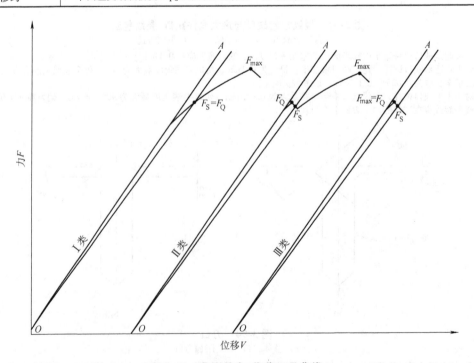

图 3-95　典型的力-位移记录曲线

3.5.10　疲劳裂纹扩展速率和疲劳裂纹扩展门槛值试验

1. 概述

由于构件中难免存在工艺缺陷与裂纹，因而采用断裂力学研究在交变载荷条件下裂纹的萌生与扩展规律，不仅必要，而且是对传统疲劳试验和分析方法的一个重要补充和发展。

疲劳条件下的疲劳裂纹扩展速率 da/dN（单位循环对应的疲劳裂纹长度的扩展量）是决定构件疲劳破坏寿命的特性指标之一，并已为"有限寿命设计"方法所采用，因此在各种条件下，用试验获得的各种材料的疲劳裂纹扩展速率数据，可以直接应用于选材和设计。

疲劳裂纹扩展门槛值 ΔK_{th} 是疲劳裂纹扩展速率接近于零或裂纹停止扩展时所对应的裂纹尖端应力强度因子范围。通常定义疲劳裂纹扩展速率等于 10^{-7} mm/周所对应的应力强度因子范围值为 ΔK_{th}。由于疲劳裂纹扩展寿命的主要部分消耗在低 ΔK 水平，因此 ΔK_{th} 也是决定构件疲劳破坏寿命的特性指标之一。

疲劳裂纹扩展速率和疲劳裂纹扩展门槛值试验按 GB/T 6398—2017《金属材料疲劳试验　疲劳裂纹扩展方法》执行。

2. 疲劳裂纹扩展速率试验

（1）试样　GB/T 6398—2017 给出了 6 种标准试样：CT（紧凑拉伸试样）、CCT（中心裂纹拉伸试样）、SENT（单边缺口拉伸试样）、SEN B3（三点弯曲试样）、SEN B4（四点弯曲试样）和 SEN B8（八点弯曲试样）。其中，SEN B3 试样（见图 3-96）形状简单、易加工。SEN B3 试样推荐厚度的范围为：$0.2W \leqslant B \leqslant W$，跨距 $S = 4W$。

（2）试验过程简述　疲劳裂纹扩展速率试验的目的是获得试样在最大力 F_{max} 和最小力 F_{min} 循环载荷作用下的疲劳裂纹扩展速率 da/dN 与应力强度因子范围 ΔK 之间的关系。

1）测定不同力循环次数 N 和相应的裂纹长度 a，绘制 a-N 曲线。

2）采用拟合 a-N 曲线求导的方法确定 da/dN。

3）对各 a 值试验点根据试样类型、a 值、试样尺寸和力值范围计算应力强度因子范围 ΔK。

4）绘制 da/dN-ΔK 曲线，通常采用双对数坐标。用线性回归的方法拟合 $\lg(da/dN)$-$\lg(\Delta K)$ 数据点：

$$\frac{da}{dN} = C_1 \Delta K^{n_1}$$

式中　C_1 和 n_1——最佳拟合直线的截距和斜率。

图 3-97 所示为高铬白口铸铁 da/dN-ΔK 曲线。可见，当 ΔK 在约 14MPa·$m^{1/2}$ 以下时，通过 1# 变质剂变质的高铬白口铸铁疲劳裂纹扩展速率最低；当 ΔK 在大约 14MPa·$m^{1/2}$ 以上时，经 2# 变质剂变质的高铬白口铸铁疲劳裂纹扩展速率最低，而未经变质的高铬白口铸铁的疲劳裂纹扩展速率始终较高。

由于试验过程比较复杂，在此不赘述，详见 GB/T 6398—2017《金属材料疲劳试验　疲劳裂纹扩展方法》。

3. 疲劳裂纹扩展门槛值试验

试样与测定疲劳裂纹扩展速率所用试样相同。试验过程是采用逐级降力法，取 10^{-7} mm/cycle $\leqslant da/dN \leqslant 10^{-6}$ mm/cycle 的 $(da/dN)_i$ 对 $(\Delta K)_i$ 一组数据（至少 5 对数据点），用线性回归的（方法拟合 $\lg(da/dN)$-$\lg(\Delta K)$ 数据点：

$$\frac{da}{dN} = C_1 \Delta K^{n_1}$$

式中　C_1 和 n_1——最佳拟合直线的截距和斜率。

由上式的拟合结果，取 $da/dN = 10^{-7}$ mm/cycle 计算对应的 ΔK 值，被定义为疲劳裂纹扩展门槛值 ΔK_{th}。

测试 ΔK_{th} 的细节详见 GB/T 6398—2017《金属材料 疲劳试验　疲劳裂纹扩展方法》。

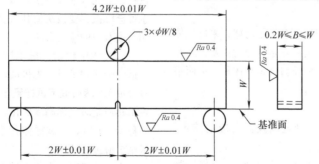

图 3-96　标准 SEN B3 试样

B—试样厚度　W—试样宽度，从基准面到试样边缘的距离

注：1. 机械加工缺口在中性线 ±0.005W 以内。

　　2. 表面平行度和垂直度在 0.002W 以内。

　　3. 裂纹长度以包含初始 V 型缺口的侧面为基准面进行测量。

　　4. 该试样类型仅适用于力值比 $R > 0$ 的试验。

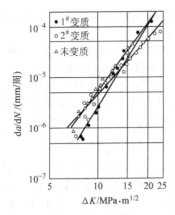

图 3-97　高铬白口铸铁 $\mathrm{d}a/\mathrm{d}N\text{-}\Delta K$ 曲线

3.6　铸铁物理性能测试

3.6.1　密度测试

1. 概述

单位体积物质的质量称为物质的密度，它是表征物质致密程度的物理量。密度通常用 ρ 表示，单位为 $\mathrm{kg/m^3}$ 或 $\mathrm{g/cm^3}$。若已知铸铁质量 m 和体积 V，则其密度为

$$\rho = \frac{m}{V}$$

因此，密度的测定就归结为质量和体积的测量。在大多数情况下，质量是采用各种天平或秤，如杠杆天平、扭力天平、弹簧秤、磁天平和电子天平来测量的。目前，质量测量的相对精度达 10^{-8}，如称量 1g 左右的质量，标准误差为 $0.1\mu\mathrm{g}$。密度测量的准确度主要取决于体积的测量。

目前尚无铸铁专用的密度测试方法，可参照 GB/T 1423—1996《贵金属及其合金密度的测试方法》。

2. 测试原理

测试密度的原理是根据阿基米德定律，采用流体静力称衡法，在空气中用天平测定试样的质量，通过测量试样浸于液体中所受的浮力确定其体积，进而根据定义可计算出试样的密度。

3. 测试仪器及装置

（1）天平　天平的称量范围及其对应的感量、吊丝直径见表 3-78。

（2）测量装置　可采用图 3-98 所示的测量装置。采用蒸馏水为测定的液体介质。

4. 试样

在测量前应将试样清洗干净。试样的体积不得低于 $0.1\mathrm{cm^3}$。若达不到，可用数个相同的试样组合而成。

表 3-78　天平的称量范围及其对应的感量、吊丝直径

称量范围/g	感量/mg	吊丝直径/mm	备　　注
<10	0.01	0.01～0.04	吊丝应选用不与水发生任何反应的材料制成
>10～50	0.1	0.04～0.05	
>50～100	0.5	0.05～0.1	
>100～500	1.0	0.1～0.2	
>500～5000	2.5	0.2～0.5	

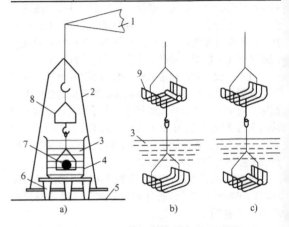

图 3-98　液体静力学法测量装置

a）装置示意图　b）在空气中称量　c）在液体中称量

1—天平臂　2—称盘　3—工作液体　4—容器
5—台面　6—托架　7—试样　8—吊具　9—吊篓

5. 测量步骤

（1）除气　对于体积较大、表面质量好而致密的试样，可在无水乙醇中浸泡润湿，然后用蒸馏水冲洗，并煮沸 3～5min 即可；对于体积较小、比表面大、表面粗糙或微裂缝多的试样，在清洗润湿后应将其放入盛有测量用蒸馏水的杯中进行抽空除气，直到试样表面无气泡或很少出现气泡为止。抽空除气后，水温会降低，要设法使其恢复到原来的温度，也可使用其他有效的除气方法。

（2）水中称量　根据试样的质量和大小，选择合适的天平和吊具。先将试样放在吊具上进入水中称量（m'），然后取下试样置于盛液容器底面，以防称量吊具质量时液面高度变化，最后单独进行吊具的水中称量（m''）。当试样体积小于 $0.3\mathrm{cm^3}$ 时，水中称量至少应进行两次。

水中称量时，由于水的表面张力和阻尼作用，不仅会使天平的感量降低，而且天平的平衡位置也会受到影响，故必须按水中称量时的感量修正读数。推荐采用轻微扰动液面的方法，使其达到正确的平衡位置。

（3）水温测定　水的温度可取水中称量前后两

次测量温度的平均值，也可取两次水中称量之间的测量温度作为水的温度（t）。

（4）质量测定　将试样取出烘干，冷却后用同一天平测定其质量（m），测量精度应不低于 0.001%。

6. 密度计算

忽略空气的浮力，试样密度按下式计算：

$$\rho = \frac{m\rho_t}{m - m' + m''}$$

式中　ρ——试样在温度 t 时的密度（g/cm^3）；

m——试样在空气中的质量（g）；

m'——试样放在吊具上的水中的称量值（g）；

m''——吊具在水中的称量值（g）；

ρ_t——水在温度 t 时的密度（g/cm^3）（见表 3-79）。

计算结果保留到小数点后第二位，数值修约按 GB/T 8170—2008 进行。

表 3-79　0～30℃水的密度　　　　　　（单位：g/cm^3）

温度/℃	0	0.1	0.2	0.3	0.4	0.5	0.6	0.7	0.8	0.9
0	0.999868	0.999875	0.999881	0.999888	0.999894	0.999900	0.999905	0.999911	0.999916	0.999922
1	0.999927	0.999932	0.999936	0.999941	0.999945	0.999949	0.999953	0.999957	0.999961	0.999964
2	0.999968	0.999971	0.999974	0.999977	0.999980	0.999982	0.999984	0.999987	0.999989	0.999990
3	0.999992	0.999994	0.999995	0.999996	0.999997	0.999998	0.999999	0.999999	1.000000	1.000000
4	1.000000	1.000000	1.000000	0.999999	0.999999	0.999998	0.999997	0.999996	0.999995	0.999993
5	0.999992	0.999990	0.999988	0.999986	0.999984	0.999982	0.999980	0.999977	0.999974	0.999971
6	0.999968	0.999965	0.999962	0.999958	0.999954	0.999951	0.999947	0.999943	0.999938	0.999934
7	0.999930	0.999925	0.999920	0.999915	0.999910	0.999905	0.999899	0.999894	0.999888	0.999882
8	0.999876	0.999870	0.999864	0.999858	0.999851	0.999844	0.999838	0.999831	0.999824	0.999816
9	0.999809	0.999802	0.999794	0.999786	0.999778	0.999770	0.999762	0.999754	0.999746	0.999737
10	0.999728	0.999719	0.999710	0.999701	0.999692	0.999683	0.999673	0.999663	0.999653	0.999643
11	0.999633	0.999623	0.999612	0.999602	0.999591	0.999580	0.999570	0.999559	0.999547	0.999536
12	0.999525	0.999513	0.999502	0.999490	0.999478	0.999466	0.999454	0.999442	0.999429	0.999417
13	0.999404	0.999391	0.999378	0.999365	0.999352	0.999339	0.999326	0.999312	0.999299	0.999285
14	0.999271	0.999257	0.999243	0.999229	0.999215	0.999200	0.999186	0.999171	0.999156	0.999142
15	0.999127	0.999111	0.999096	0.999081	0.999066	0.999050	0.999034	0.999018	0.999003	0.998986
16	0.998970	0.998954	0.998938	0.998921	0.998905	0.998888	0.998871	0.998854	0.998837	0.998820
17	0.998803	0.998786	0.998768	0.998750	0.998733	0.998715	0.998697	0.998679	0.998661	0.998643
18	0.998624	0.998606	0.998587	0.998569	0.998550	0.998531	0.998512	0.998493	0.998474	0.998454
19	0.998435	0.998415	0.998396	0.998376	0.998356	0.998336	0.998316	0.998296	0.998275	0.998255
20	0.998234	0.998214	0.998193	0.998172	0.998151	0.998130	0.998109	0.998088	0.998066	0.998045
21	0.998023	0.998002	0.997980	0.997958	0.997936	0.997914	0.997892	0.997869	0.997847	0.997824
22	0.997802	0.997779	0.997756	0.997733	0.997710	0.997687	0.997664	0.997641	0.997617	0.997594
23	0.997570	0.997547	0.997523	0.997499	0.997475	0.997451	0.997426	0.997402	0.997378	0.997353
24	0.997329	0.997304	0.997279	0.997254	0.997229	0.997204	0.997179	0.997154	0.997128	0.997103
25	0.997077	0.997051	0.997026	0.997000	0.996974	0.996948	0.996921	0.996895	0.996869	0.996942
26	0.996816	0.996789	0.996762	0.996736	0.996709	0.996682	0.996655	0.996627	0.996600	0.996573
27	0.996545	0.996518	0.996490	0.996462	0.996434	0.996406	0.996378	0.996350	0.996322	0.996294
28	0.996265	0.996237	0.996208	0.996179	0.996151	0.996122	0.996093	0.996064	0.996035	0.996005
29	0.995976	0.995947	0.995917	0.995888	0.995858	0.995828	0.995798	0.995768	0.995738	0.995708
30	0.995678	0.995648	0.995617	0.995587	0.995556	0.995526	0.995495	0.995464	0.995433	0.995402

3.6.2 线膨胀系数测试

1. 概述

金属及合金受热膨胀、冷却收缩是一种普遍现象，铸铁也不例外，因此会因为热效应而引起铸铁工件尺寸精密度的改变。

线膨胀系数是表征金属热膨胀性能的重要参数，主要包括平均线膨胀系数和瞬间线膨胀系数。

(1) 平均线膨胀系数 平均线膨胀系数是在温度 t_1 和 t_2 间，与温度变化 1℃ 相应的试样长度的相对变化，以 α_m 表示：

$$\alpha_m = \frac{L_2 - L_1}{L_0(t_2 - t_1)}$$
$$= (\Delta L / L_0) / \Delta t$$

式中 α_m——平均线膨胀系数（℃$^{-1}$，常用 10^{-6}℃$^{-1}$）；

L_0——环境温度 t_0 下试样的原始长度（mm）；

L_1——温度 t_1 下试样的试样长度（mm）；

L_2——温度 t_2 下试样的试样长度（mm）；

ΔL——温度 t_1 和 t_2 间试样长度的变化（μm）；

t_1、t_2——测量中选取的两个温度（$t_1 < t_2$）（℃）；

Δt——t_2 和 t_1 间的温度差（$t_1 < t_2$）（℃）。

可见，α_m 是线性热膨胀（$\Delta L / L_0$）除以温度变化（Δt）所得的商，单位名称为每摄氏度，它一般以 10^{-6}℃$^{-1}$ 为单位表达。

(2) 瞬间线膨胀系数 瞬间线膨胀系数是在温度 t 下，与温度变化 1℃ 相应的线性热膨胀值，以 α_t 表示，其定义为

$$\alpha_t = \frac{1}{L_i} \lim_{t_2 - t_1} \frac{L_2 - L_1}{t_2 - t_1} = (dL/dt)/L_i$$

式中 L_i——指定温度 t_i 下的试样长度（$t_1 < t_i < t_2$）。

瞬间线膨胀系数也被称为"热膨胀率"，一般以 10^{-6}℃$^{-1}$ 为单位表达。

线膨胀系数的测试在低膨胀铸铁的研究中占有重要地位。低膨胀铸铁中 C、Si 含量较高，使其具有良好的铸造性能、机械加工性能以及减振性能等。目前，高精度碳纤维复合材料天线的反射体模具、光学精密仪器、高速加工中心的主轴箱体等的制造中均采用了低膨胀铸铁材料，以保证机械零件的尺寸精密度。低膨胀铸铁的使用温度通常为 0 ~ 200℃，普通铸铁在 0 ~ 100℃ 时的线膨胀系数约为 11.6×10^{-6}℃$^{-1}$，而低膨胀铸铁在相同温度范围内的线膨胀系数为 $(3.6 ~ 5.8) \times 10^{-6}$℃$^{-1}$，约为普通铸铁的

$1/3 ~ 1/2$。对于不同线膨胀系数的铸铁，应采用适当的方法和仪器进行线膨胀系数测定。此外，铸铁在加热和冷却时，由于组织的变化还可能产生异常的膨胀效应，因此膨胀分析还是铸铁材料研究的一种重要手段。

铸铁线膨胀系数的测试按 GB/T 4339—2008《金属材料热膨胀特征参数的测定》执行。耐热铸铁的平均线膨胀系数按 GB/T 9437—2009《耐热铸铁件》附录 F 执行，在此仅概述 GB/T 4339—2008。

2. 测试原理

膨胀系数的测试方法很多，归纳起来可分为接触法和非接触法两类。接触法是将物体的膨胀量用一根传递杆以接触的方式传递出来，再配用不同的检测仪器（根据具体测量方法而定）测得；非接触法则不采用任何传递机构。

接触法主要有千分表法、光杠杆法、机械杠杆法、电感法（差动变压器法）和电容法等。选用何种方法，应根据测量的温度范围、试样的几何尺寸、膨胀系数的大小和所要求的测量精度等因素综合地来决定。例如，棒状试样可采用顶杆式测量法，细丝、薄片试样适于采用直接观测法或某种特定的方法，线膨胀系数各向异性的测试适于采用 X 射线法，线膨胀系数较小或测量精度要求较高的试样适于采用光干涉法。

GB/T 4339—2008《金属材料热膨胀特征参数的测定》正文推荐了如下膨胀系数测试方法：

1）采用步进式变温方式或缓慢恒速变温方式对温度进行控制，利用推杆式熔融石英膨胀仪检测作为温度函数的、固体材料试样相对于其载体的长度变化。

2）可采用各类变体，包括模拟测温的、被称为"示差膨胀仪"等测试装置。

3）可采用具有膨胀仪功能的热机械分析仪（TMA），它具有自动化程度高、试样尺寸较小的优点。

GB/T 4339—2008《金属材料热膨胀特征参数的测定》附录 D 推荐了金属材料超低膨胀系数测试方法，作为热膨胀特征参数的绝对测量法，其测量精度显著高于推杆式膨胀仪、热机械分析仪等比较测量法，主要用于测定和校正用参照材料的热膨胀特征参数。

3. 试样及其载体、推杆或管

按 GB/T 4339—2008《金属材料热膨胀特征参数的测定》，试样长度 l_0 应服从热膨胀 $\Delta L/l_0$ 检测精度的需要。依目前商品仪器的水平，推荐试样的最小长度应为 25mm ± 0.1mm，横向尺寸为 3 ~ 10mm。试样应轴向均匀，其端面（与载体、推杆间的接触面）的表面粗糙度 Ra 应不大于 10μm，端面间的不平行度应小于 25μm（见图 3-99）。

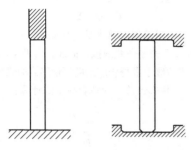

图 3-99 试样与推杆端部

试样的载体与推杆或管均由退火的熔融石英构成，它们将试样长度上的变化传输至传感器上；推杆的形状和尺寸应保证将载荷作用到试样上而又不至在需要的温度范围内在试样上产生压痕。图 3-100 所示为试样载体与推杆及试样接触面的典型形状。

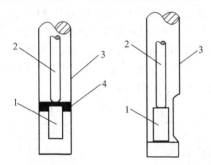

图 3-100 试样载体与推杆及试样接触面的典型形状
1—试样 2—透明石英推杆 3—透明石英外管
4—适宜的间隙

4. 膨胀系数计算

（1）线性热膨胀计算 计算试样线性热膨胀的公式为

$$\Delta L / L_0 = (\Delta L / L_0)_\alpha + A$$

式中 $\Delta L / L_0$——指定温度范围内试样的线性热膨胀；

（$\Delta L / L_0$）$_\alpha$——指定温度范围内膨胀仪的线性热膨胀测量值；

A——由下式确定的校正常数。

$$A = (\Delta L / L_0)_t - (\Delta L / L_0)_m$$

式中 （$\Delta L / L_0$）$_t$——标准参照材料真实的或被证实的热膨胀；

（$\Delta L / L_0$）$_m$——由膨胀仪测得的标准参照材料的热膨胀。

透明石英平均线膨胀系数：20 ~ 700℃ 间，$\alpha_m = (0.52 \pm 0.02) \times 10^{-6}℃^{-1}$，其他见表 3-80。

表 3-80 透明石英的平均线膨胀系数

温度范围/℃	α_m 数值/$10^{-6}℃^{-1}$
20 ~ 100	0.54
20 ~ 200	0.57
20 ~ 300	0.58
20 ~ 400	0.57

（2）平均线膨胀系数计算 将线性热膨胀的计算值代入线膨胀系数 α_m 的计算公式即可。

（3）瞬间膨胀系数（热膨胀系数）计算 先求指定温度 t 下试样长度变化与温度关系曲线上的斜率 dL / dt_t；这个斜率可根据作图法由标绘图确定，也可由数据的拟合方程算出，然后代入瞬间膨胀系数 α_t 的计算公式即可。

在相关量的计算中，应保持所有参与运算的参量的位数，测量的精度水平由最终结果体现，一般取 3 位有效数字。

3.6.3 比热容测试

1. 概述

单位质量的物体温度每升高一度所需的热量称为比热容 c，单位为 J/(kg · K)。

比热容是物质的重要固有性质之一，是化学热力学的基本参量。它与物质的内能、焓、熵等密切相关。

比热容与升温过程的条件有关，在定压条件下测量的比热容用 c_p 表示，在定容条件下测量的比热容用 c_V 表示。

比热容的测试方法很多，常用的有混合法、绝热法、示差扫描法、激光脉冲法和快速加热法等。

混合法又称滴落法，有冰卡计、铜卡计、水卡计和反向量热计等多种方法。

铸铁比热容的测试可参照国家军用标准 GJB 330A—2000《固体测量 60 ~ 2773K 比热容测试方法》，该标准规定了测定固体材料比热容的绝热量热法（以下简称绝热法）和铜卡计混合法（以下简称混合法）的设备和仪器、试样、测试程序和测试结果等要求。

2. 绝热法

（1）测试方法综述 将质量为 m 的试样装入量热器，并使其处在绝热环境中。当量热器稳定到所需试验温度后，通入直流电流加热量热体系，使之升高一定的温度。通过测量通入量热器的电能 Q_e 和由此引起的温升 ΔT，可求出试样的比热容。

（2）试样 去油污及氧化皮，加工成粉或屑。

（3）测试装置 60 ~ 373K 比热容测试装置如图 3-101 所示。

（4）热能计算 热能按下式计算：

$$Q_e = IUt$$

式中　Q_e——通入量热器的热能（J）；

　　　I——通入加热器电流的平均值（A）；

　　　U——加热器两端电压的平均值（V）；

　　　t——通电时间（s）。

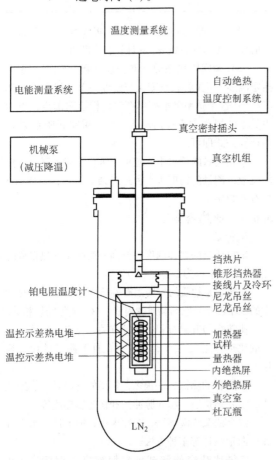

图 3-101　60～373K 比热容测试装置

（5）温度计算　根据试验初期和末期温度读数，求出各自平均值 T_c 和 T_n。量热器的温升按下式计算：

$$\Delta T = T_n - T_c$$

式中　ΔT——量热器的温升（K）；

　　　T_c——量热器的初温（K）；

　　　T_n——量热器的末温（K）。

量热器每次试验温升可按 $0.02T_c$ 取值。比热容测试结果所对应的平均测试温度按下式计算：

$$\overline{T} = (T_c + T_n)/2$$

式中　$\overline{T}$——平均测试温度（K）。

（6）量热器热容量　量热器热容量 C 是在空载情况下按 GJB 330A—2000《固体材料 60～2773K 比热容测试方法》中 5.1.4.2～5.1.4.6 条进行试验，并按 5.1.5.1～5.1.5.2 条进行计算，按下式求出各

试验点的 C 值：

$$C = Q_e/\Delta T$$

式中　C——量热器的热容量（J/K）。

绘制 C-T 舒平曲线或拟合曲线，由平均测试温度 $\overline{T}$，在 C-T 曲线上求得相应温度下量热器的热容量。

（7）比热容计算　比热容按下式计算：

$$c_p = \frac{\dfrac{Q_e}{\Delta T} - C}{m}$$

式中　c_p——试样的比热容［J/（kg·K）］；

　　　ΔT——通电后量热计的温升（K）；

　　　m——试样的质量（kg）；

　　　C——量热器的热容量（J/K）。

3. 混合法

（1）测试方法综述　将已知质量的试样悬挂于加热炉中进行加热，当试样的温度达到设定温度 T_1 且稳定后，使其落入置于自动绝热环境内、初温为 T_c 的铜块量热计中。试样放热使量热计温度升高到末温 T_n，通过测量热计的温升，可求出试样的平均比热容。

（2）试样　试样形状和尺寸可根据量热器阱的形状尺寸而定，如图 3-102 所示。

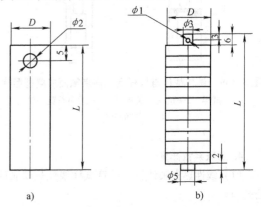

图 3-102　混合法试样尺寸

图中 D、L 值见表 3-81。对于板材，可叠加起来加工，用同类材料制作的圆棒贯穿固定。

表 3-81　混合法测试比热容试样的 D、L 值

温度/K	D/mm	L/mm
373～773	14	30
773～1073	14	20
1073～2773	11	30

试样数量根据所测材料及所测温度点来决定，单个温度点的测量不得少于两个试样。

（3）测量装置　平均比热容测量装置如图 3-103 和图 3-104 所示：

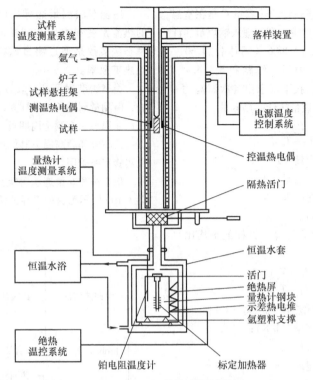

图 3-103　373～1073K 比热容测试装置（一）

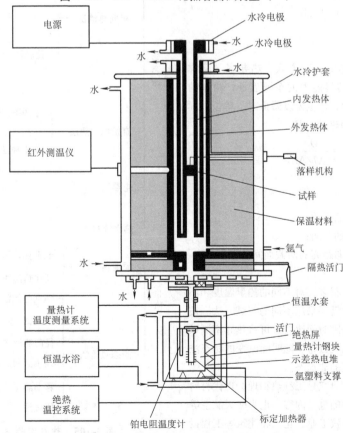

图 3-104　1073～2773K 比热容测试装置（二）

（4）比热容计算　量热计的热容量 C 是在室温情况下，并在自动绝热环境中，利用埋入铜块量热计中的加热器，按 GJB 330A—2000《固体材料 60 ~ 2773K 比热容测试方法》中图 2 线路和 5.1.4.4 ~ 5.1.4.6 条进行试验，然后按下式求出各次试验的 C 值，取其平均值，定义为该量热计的热容量。

$$C = \frac{IUt}{T_n - T_c}$$

式中　C——量热器的热容量（J/K）；

　　　　I——通入加热器的电流（A）；

　　　　U——加热器两端的电压（V）；

　　　　t——通电时间（s）。

（5）试样的平均比热容计算　试样的平均比热容按下式计算：

$$\bar{c}_p = \frac{C(T_n - T_c)}{m(T_1 - T_n)}$$

式中　$\bar{c}_p$——试样的平均比热容 [J/(kg·K)]；

　　　　C——量热器的热容量（J/K）；

　　　　m——试样的质量（kg）；

　　　　T_1——试样的试验温度（K）；

　　　　T_c——量热器的初温（K）；

　　　　T_n——量热器的末温（K）。

3.6.4　热导率测试

1. 概述

热传导是热能传递的一种方式。热导率（又称导热系数）是物质热传导能力的重要表征。物体的热导率等于单位时间内，单位温度降低时，单位温度梯度上通过单位面积的热量，即

$$\lambda = \frac{Q}{St(\Delta T / \Delta L)}$$

式中　λ——热导率；

　　　　Q——热量；

　　　　S——热流通过的面积；

　　　　t——热流通过的时间；

　　　　ΔT——沿试样轴向距离的两截面间的温度差；

　　　　$\Delta T / \Delta L$——温度梯度。

测量热导率的方法很多，对不同的测量温度和不同的热导率范围，往往需要采用不同的测试方法。按试样内的温度分布是否随时间改变，可将热导率测试方法分为两大类，即温度分布不随时间改变的稳态法和温度分布随时间改变的非稳态法。

物质的热导率测试研究是工程热物理、现代材料科学等基础学科研究中的重要内容，也为航天航空等国防工业、热能工业、核工业、化工和建筑等工程设计、研制、生产中提供必不可少的基础数据。

用稳态法测量热导率时，需要测出通过试样的热流密度和由此在试样内产生的温度梯度。非稳态法多数是通过测量试样内温度场的变化来求得热扩散率。

稳态法准确度高、装置简单，属经典的标准方法，但测量周期长、试样大，适用面有限。

非稳态法有测量周期短、试样小、适用面宽等优点。在高温和超高温下其优点尤为显著，越来越为广大实验室所采用。

稳态法和非稳态法种类繁多，分类的方法不一。图 3-105 所示为目前世界公认的分类及方法：

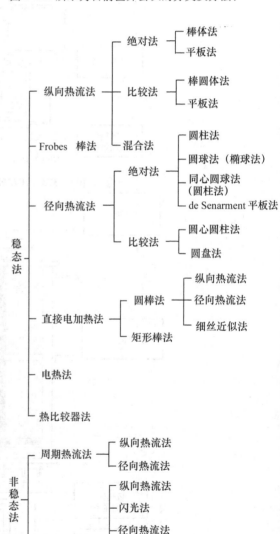

图 3-105　热导率测试方法的分类

在上述方法中，直接通电纵向热流法是 GB/T 3651—2008《金属高温导热系数测量方法》规定的标准测量方法。

2. 直接通电纵向热流法

（1）测试原理　测量方法如图 3-106 所示。棒状试样通以直流电流时，产生的焦耳热主要沿试样纵向向两端传导。达到热稳定状态后，认为试样上是一维纵向热流，根据测量不同位置的温度、电流、电压，并对试样和侧向环境间的热交换予以修正，计算热导率。直流通电纵向热流法适用于 80～900℃温度范围无相变温度下的热导率测定。

（2）试样　试样为棒状，其规格尺寸如图 3-107 所示。

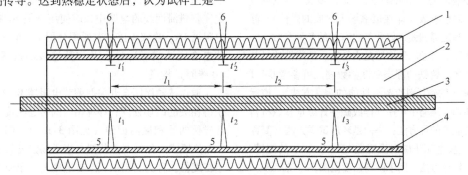

图 3-106　测量方法

1—防热炉　2—绝热材料　3—试样　4—均热管　5—测量试样温度热电偶
6—测量环境温度热电偶

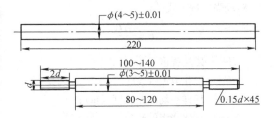

图 3-107　热导率试样的规格尺寸

（工作区段 l 为 20～45mm）

（3）计算　试样的热导率由下式确定：

$$\lambda = \frac{6.364 \times 10^{-3} lIU}{D^2(\Delta_1 - \varepsilon N)}$$

式中　λ——试样的热导率 $[W/(cm \cdot ℃)]$；

l——试样的工作区段平均长度 $\left(l = \dfrac{l_1 + l_2}{2}\right)$（mm）；

I——通入试样的直流电流（A）；

U——试样工作区段平均电压降 $\left(U = \dfrac{U_1 + U_2}{2}\right.$，

U_1、U_2 分别为 l_1、l_2 上的电压降 $\Big)$（mV）；

D——试样直径（mm）；

Δ_1——试样工作区段中点和端点间的温度差（℃）；

ε——反映侧向热交换大小的系数；

N——标志试样和侧向环境温度差的函数（℃）。

上式中 Δ_1、N、ε 由下列各式确定：

$$\Delta_1 = t_2 - \frac{t_1 + t_3}{2}$$

$$\Delta_2 = t_2' - \frac{t_1' + t_3'}{2}$$

$$N = t_2' - t_2 + \frac{\Delta_1 - \Delta_2}{6}$$

$$\Delta_1^0 = t_{02} - \frac{t_{01} + t_{03}}{2}$$

$$\Delta_2^0 = t_{02}' - \frac{t_{01}' + t_{03}'}{2}$$

$$N_0 = t_{02}' - t_{02} + \frac{\Delta_1^0 - \Delta_2^0}{6}$$

$$\varepsilon = \frac{\Delta_1^0}{N_0}$$

式中　t_1、t_2、t_3——试样通电时试样端点、中点、另一端点的温度（℃）；

t_1'、t_2'、t_3'——试样通电时侧向环境端点、中点、另一端点的温度（℃）；

t_{01}、t_{02}、t_{03}——试样不通电时试样端点、中点、另一端点的温度（℃）；

t_{01}'、t_{02}'、t_{03}'——试样不通电时侧向环境端点、中点、另一端点的温度（℃）；

Δ_1^0——试样不通电时试样端点和中点温度差（℃）；

Δ_2^0——试样不通电时侧向环境端点和中点温度差（℃）；

Δ_2——试样通电时侧向环境端点和中

点温度差（℃）；

N_0——试样不通电时标志试样和侧向

环境温度差的函数（℃）。

3.6.5 磁性参数测试

1. 概述

磁性是物质的一种固有属性。磁性参数包含的内容很多，静态磁性参数（即在恒磁场下物质的磁性）、静态磁化曲线和磁滞回线，以及与之有关的各种参数，如剩余磁通密度、矫顽场强度等是表征物质铁磁性的最基本曲线和参数。铸铁的静态磁性参数测试可参考 GB/T 13012—2008《软磁材料直流磁性能的测量方法》。该标准规定了在闭合磁路中使用环样或磁导计测量软磁材料的直流磁性能的两种方法：一种是环形试样方法（简称环样法），主要适用于磁场强度在 10kA/m 以下的测量；另一种是磁导计方法，用于磁场强度范围在 1～200kA/m 之间的测量。在此仅介绍环样法。

2. 环样法试样

试样是横截面为矩形或圆形的未经焊接的均质圆环。环样的横截面面积由产品尺寸、磁性能的均匀性、所用设备的灵敏度以及测试线圈所需要的空间确定。通常横截面面积在 100～500mm² 范围内。

环样尺寸应满足下式：

$$D \leqslant 1.1d$$

式中　　D——试样的外径（m）；

　　　　d——试样的内径（m）。

试样的平均磁路长度由下式计算，计算值对应的测量不确定度在 ±0.5% 范围内：

$$L = \pi \frac{D+d}{2}$$

式中　　D——试样的外径（m）；

　　　　L——试样的平均磁路长度（m）；

　　　　d——试样的内径（m）。

3. 环样法原理

环样法测量磁性能的电路原理图如图 3-108 所示。

直流电源 E（一个波动量小于 0.1% 的直流稳定电源或一个电池）的一端通过电流测量装置 A 和转换开关 S_1 连接到环样上的磁化绕组 N_1。如果使用双极电流源，则不需要转换开关 S_1。当开关 S_2 闭合时，磁化电路中的电流由电阻器 R_1 控制。如果使用输出连续可调的稳定电源，则不需要电阻器 R_1。此磁化电路用于测定正常磁化曲线和磁滞回线的顶点。在测定完整磁滞回线的电路中，应使用开关 S_2 和相连的电阻器 R_2。次级电路由磁通积分器 F（电子积分器、冲击检流计或磁通计）及与其连接的次级绕组 N_2（B 线圈）构成。

通过按顺序闭合开关并调节电阻器 R_1 和 R_2，以获得相关的磁场强度；计算相应的磁通密度，绘制正常磁化曲线和磁滞回线（见图 3-109）。图 3-109 中 Q 点位置或对称的 T 点位置是当磁场强度为零时的磁通密度值，称为材料的剩余磁通密度，单位为特斯拉（T）；R 点位置或对称的 U 点位置是当磁通密度为零时的磁场强度值，称为材料的矫顽场强度，单位为安培每米（A/m）。

磁场强度按下式计算：

$$H = \frac{N_1 I}{L}$$

式中　　H——磁场强度（A/m）；

　　　　I——磁化电流（A）；

　　　　L——环样平均磁路长度（m）；

　　　　N_1——磁化绕组的匝数。

磁通密度的变化按下式计算：

$$\Delta B = \frac{K_B \alpha_B}{N_2 A}$$

式中　　A——试样的横截面积（m²）；

　　　　N_2——次级绕组的匝数；

　　　　K_B——磁通积分器校准常数（V·s）；

　　　　ΔB——测得的磁通密度的变化（T）；

　　　　α_B——磁通积分器的示值。

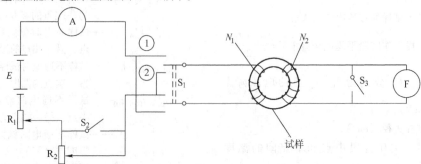

图 3-108　环样法测量磁性能的电路原理图

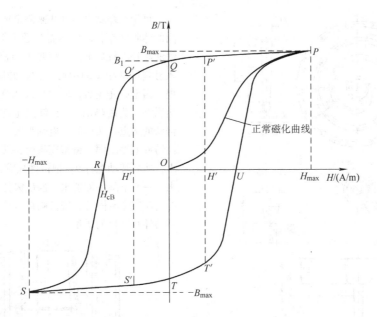

图 3-109　磁滞回线

P 和 S—与最大磁场强度 H_{max}、最大磁通密度 B_{max} 和 $-H_{max}$、$-B_{max}$ 对应的磁滞回线（正常磁化曲线）的顶点

P'、Q'、S' 和 T'—为 $H_{max} \to H=0$、$H=0 \to -H_{max}$、$-H_{max} \to H=0$ 和 $H=0 \to H_{max}$ 回线上的点

Q、T—磁场强度为零时回线上的点，对应的磁通密度值称为材料的剩余磁通密度（B_r），单位为 T

R、U—磁场强度为零时回线上的点，对应的磁场强度称为材料的矫顽场强度（H_{CB}），单位为 A/m

假设次级绕组紧密绕在试样上，在 0 ~ 4kA/m 的磁场强度范围内，次级绕组中的空气磁通不显著，不需要修正。当磁场强度值高于这个范围时，则应按下式修正空气磁通：

$$B_C = B - \mu_0 H \frac{A_C - A}{A}$$

式中　A——试样的横截面面积（m^2）；

B——测得的磁通密度值（T）；

H——磁场强度（A/m）；

A_C——磁通感应线圈的横截面面积（m^2）；

μ_0——磁性常数 $4\pi \times 10^{-7}$（H/m）。

3.7　铸铁铸造性能测定

铸铁的铸造性能通常包括流动性、体收缩、线收缩、裂纹倾向、铸造应力和凝固膨胀力等。

3.7.1　流动性测定

铸铁的流动性是铸铁液态下充填铸型的能力，主要与合金的性质、铸型工艺特点、浇注条件和铸件结构等因素有关，因此测定和比较铸铁的流动性必须在相同条件下进行。测定铸铁流动性的方法很多，按照试样形状来分有：螺旋试样、U 形试样、棒状试样、楔形试样和球形试样等；按照铸型材料来分有：砂型和金属型。螺旋试样法应用较普遍，其特点是接近生产条件，操作简便，测量的数值明显。

螺旋试样基本组成：外浇道、直浇道、内浇道和使合金液沿水平方向流动的具有倒梯形截面的螺旋线形沟槽。合金的流动性是以其充满螺旋形测量流槽的长度（cm）来确定的。图 3-110 所示为单螺旋线合金流动性试样法，其特点是简便、紧凑，但测试精度较低。图 3-111 所示为同心三螺旋线合金流动性试样法。同心三螺旋线试样法是通过同一浇口浇注，并由同一中心流出的均匀分布的三条螺旋线的合金液流动长度的平均值来测定合金的流动性，从而提高了测量精度。

3.7.2　体收缩测定

铸铁从浇注温度到常温的收缩，分为液态收缩、凝固收缩、固态收缩 3 个阶段。体积收缩是上述 3 种收缩的总和。

铸铁由高温 t_0 降低至室温 t 时的体收缩率 ε_V 一般可用下式表示：

$$\varepsilon_V = \frac{V_0 - V}{V_0} \times 100$$

式中　ε_V——体收缩率（%）；

V_0——被测试铸铁的试样在高温 t_0 时的体积；

V——被测试铸铁的试样在降至室温时的体积。

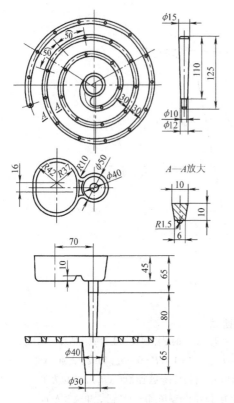

图 3-110　单螺旋线合金流动性试样法

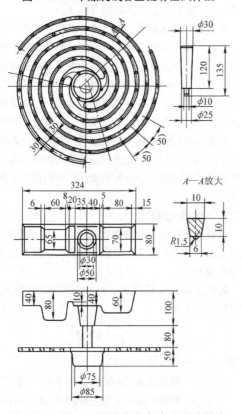

图 3-111　同心三螺旋线合金流动性试样法

可用补缩垂直铸件法来测定铸铁的液态及凝固期间的体收缩率,试验装置如图 3-112 所示。试验时,铁液经补缩冒口 1 浇入型腔 4,浇注时将浇注漏斗插入易割冒口片 2 的中心孔内,并随液面上升而往上提。当型腔充满后,向冒口浇入质量可测定的铁液。金属型(为耐热钢)3 在浇注前应加热到接近于所测铸铁的熔点,然后放入电热管式炉 5 中进行浇注。为使铸件顺序凝固,铸型充满后,就向铸型底部喷冷却水,然后转动螺杆 9,把铸件从管式炉中慢慢地拉出来,一面下降一面喷水,保证铸件所有收缩都由冒口补给。完全凝固后,按易割冒口片位置切除冒口,称量铸件及冒口的质量。

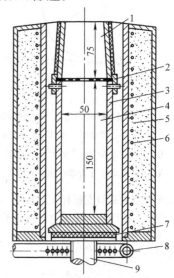

图 3-112　用补缩垂直铸件法测定合金体
收缩率的试验装置
1—补缩冒口　2—易割冒口片　3—金属型
4—型腔　5—电热管式炉　6—加热器
7—底板　8—冷却水管　9—螺杆

铸件的液态及凝固收缩量 ΔV 等于冒口消耗于补缩铸件的体积,即

$$\Delta V = \frac{m_{浇} - m_{冒}}{\rho} = \frac{\Delta m}{\rho}$$

式中　$m_{浇}$——浇入补缩冒口的合金质量;

　　　$m_{冒}$——铸件凝固后切下的冒口实际质量;

　　　ρ——合金的密度;

　　　Δm——补缩给铸件的合金质量。

铸件的液态及凝固期间体收缩率 ε_V(%)为

$$\varepsilon_V = \frac{\Delta V}{V_{铸件}} \times 100 = \frac{(\Delta m / \rho)}{(m_{铸件} / \rho)} \times 100$$

$$= \frac{\Delta m}{m_{铸件}} \times 100$$

式中　$V_{铸件}$——铸件体积;

$m_{铸件}$——铸件质量。

在铸造生产和科研中，还常用一种比较简单的方法来测定合金的体收缩率。体收缩试样的形状和尺寸如图 3-113 所示。测试方法：将试样的名义体积作为液态体积，凝固后常温下试样的实际体积为固态体积。为测定准确，将裸露气孔用蜡封死、修平，放入水中，测得固态体积，则体收缩率 $\varepsilon_V(\%)$ 为

$$\varepsilon_V = \frac{V_液 - V_固}{V_液} \times 100$$

式中　$V_液$——液态体积；
　　　$V_固$——固态体积。

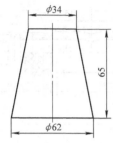

图 3-113　体收缩试样的形状和尺寸

3.7.3　线收缩测定

铁液凝固成铸件后，在继续冷却的过程中会产生尺寸的收缩，铸件长度方向上收缩的量与其原来尺寸比值的百分数称为线收缩率。当铸件在铸型中收缩不受铸型和型芯的阻碍时，这样的线收缩称为自由线收缩；当铸件在铸型中收缩受到铸型和型芯的阻碍时，这样的线收缩称为受阻线收缩。

在生产中，为弥补铸件尺寸的实际收缩量，在制作模样时采取相应的"缩尺"，即为铸造收缩率 $\varepsilon_铸$，并用下式表示：

$$\varepsilon_铸 = \frac{L_模 - L_件}{L_模} \times 100$$

式中　$\varepsilon_铸$——铸造收缩率（%）；
　　　$L_模$——模样尺寸（mm）；
　　　$L_件$——铸件尺寸（mm）。

试样尺寸为 $\phi20\text{mm} \times 200\text{mm}$，测定长度的仪器有百分表和位移传感器两种。自由线收缩测定方法符合 JB/T 4022—1999《合金铸造性能测定方法》（已废止，仅供参考）。自由线收缩率按下式计算：

$$\varepsilon_1 = \frac{\Delta L}{200} \times 100$$

式中　ε_1——自由线收缩率（%）；
　　　ΔL——百分表或位移传感器记录值（mm）；
　　　200——模样标距长度（mm）。

铸造合金线收缩率的测定装置很多，双试棒热裂线收缩仪是比较有代表性的测定仪，其结构原理如图 3-114 所示。

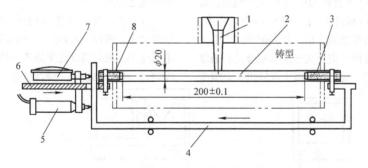

图 3-114　自由线收缩测定仪的结构原理
1—直浇道　2—试样　3、8—连接件　4—传递件　5—位移传感器　6—移动支架　7—百分表

工作原理：直浇道 1 设在试样 2 的中点上，试样两端呈自由收缩状态。当测定时，在金属液浇入试样型腔后，随着金属液的冷却凝固，试样右端的收缩通过石英管连接件 3 使传递件 4 向左移动，左端的收缩通过石英管连接件 8 使移动支架 6 向右移动。由于百分表 7 和位移传感器 5 安装在移动支架 6 上，并且动作示值是同步的，因此试样的自由收缩值利用上述动作原理会自动通过传递件 4 和移动支架 6 将两端的自由收缩值叠加到百分表 7 和位移传感器 5 上，从而达到测定合金线收缩的目的。

3.7.4　裂纹倾向测定

合金铸造裂纹包括热裂和冷裂（见表 3-82）。

测定铸铁热裂主要有试棒法（给试棒加载荷）和工艺试样法（造成有热节点的试样）两种，较常用的是试棒法。

热裂试棒的形状及尺寸如图 3-115 所示，合金热裂倾向测定仪的结构原理如图 3-116 所示，测定合金热裂倾向的铸型合型图如图 3-117 所示。

表 3-82　裂纹倾向分析

分类	定　义	特　征	分类	定　义	特　征
热裂	在铸件凝固过程中，因收缩受阻而形成的拉应力把尚处在高温阶段呈塑性状态的低强度部位拉裂，称为热裂	1）在高温塑性状态下形成 2）产生在热节处 3）裂口形状曲折而不规则 4）多沿晶界呈塑性撕裂 5）开裂时无响声 6）裂口表面有氧化色 7）应力较小	冷裂	在铸件凝固过程中，因收缩受阻而形成的拉应力把处于弹性变形阶段铸件的薄弱部位拉裂，称为冷裂	1）在低温弹性状态下形成 2）产生在薄壁应力集中处 3）裂口形状较平直 4）多为穿晶，呈脆性断裂 5）开裂时有响声 6）裂口表面无氧化色 7）应力较大

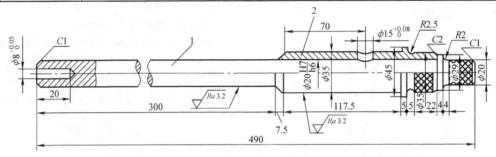

图 3-115　热裂试棒的形状及尺寸

1—试样模芯　2—试样模套

　　测试原理（见图 3-116）：当金属液从浇道 4 注满型腔后，试件冷却凝固收缩。由于右端静金属型 5 固定在底座 7 上，使得试件细端 9 线收缩右移。通过动金属型 10、插销 11 连接传力框 13 作用于固定在底座 7 上的载荷压力传感器 14 上，使试件受到拉力。其拉力大小由载荷传感器输出信号接到记录仪 1 上记录下来，当试件所受的拉应力大于该时刻合金的强度时，试件便发生热裂，在记录曲线上反映出拉力值变

化缓慢或出现平台，甚至下降。这时的拉应力的大小反映热裂时强度。一般说来，合金发生热裂时强度值越大，抵抗热裂的能力越强，说明该合金热裂倾向越小；反之亦然。

　　目前尚没有专门测定冷裂的方法，它实质是个强度的概念，即拉应力超过了薄弱截面的强度极限，只不过这个截面的温度比室温高一些（如铸铁为 400～500℃），但早已进入了弹性状态。

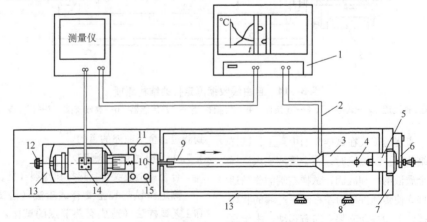

图 3-116　合金热裂倾向测定仪的结构原理

1—记录仪　2—测温热电偶　3—试件粗端　4—浇道　5—静金属型　6—锁紧销　7—底座　8—锁紧件
9—试件细端　10—动金属型　11—插销　12—预紧螺杆　13—传力框
14—载荷压力传感器　15—冷却管

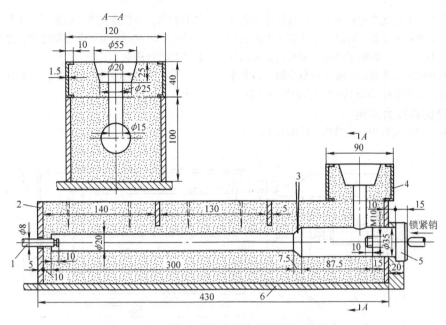

图 3-117　测定合金热裂倾向的铸型合型图
1—连接杆　2—砂箱　3—热电偶　4—浇道箱　5—堵头　6—底座

3.7.5　铸造应力测定

铸造应力指铸件冷却进入弹性区域后，由于收缩（或膨胀）受到阻碍而形成的内应力。根据应力产生的原因，可将铸造应力分为热应力、相变应力和阻碍应力。

测定铸造应力的方法较多，有应力框测定法、直测法和声测法等。测定残余应力还有 X 射线法和不通孔法。其中，直测法是对铸件进行破坏试验直接测量其残余应力的大小，有一定局限性；应力框法有不破坏铸件和测量简单等优点，缺点是测定值比较粗略，只能定性说明问题。

应力框如图 3-118 所示。在三根横杆中，中间是一根粗杆，受拉应力；两边是对称分布的两根细杆，受压应力。三根杆左右两端的纵向连接杆较粗，即可将三杆之间视为刚性的连接。

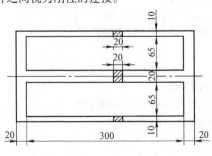

图 3-118　应力框

测量应力框中应力大小的方法如下：首先用游标

卡尺或读数显微镜测量粗杆中间两点的距离 L_1，然后在两点之间用锯将中间割断，测得两点距离 L_2（因杆中拉应力释放，故 $L_2 > L_1$）。中间杆残余拉应力由下式求得

$$\sigma = E\varepsilon = E \frac{L_2 - L_1}{L}$$

式中　σ——应力；

　　　ε——应变；

　　　E——弹性模量；

　　　L——横杆长度。

这样间接地求得了应力框的应力值。由于灰铸铁 σ 与 ε 关系不完全符合胡克定律，用上述关系求得的 σ 是近似值。更精确地测定铸造应力的方法是用拉压传感器的电测方法。基本原理是把待测应力的试件与测力元件连接在一起，在试件凝固冷却过程中，变化的应力和最终的残余应力都通过测力元件把信号送到显示记录仪表。可以测定合金铸造过程中的瞬时应力及残余应力大小。有代表性的测定仪为通用框形合金动态应力测定仪，如图 3-119 所示。

测定时，金属液通过浇道 6 浇入 E 字应力框 5，应力框试件两侧支（10mm × 20mm × 300mm）与中间支（20mm × 20mm × 300mm）的右端通过横杆（20mm × 20mm × 180mm）结合成一体，应力框左端由连接套 2、连接杆 8 连接到传感器 9 上，最后把力作用到受力框 1 左端。因为应力框侧支和中间支截面不等，所以它们凝固冷却时有先有后，存在温度差，在两侧支产生压应力,中间支产生拉应力。通过拉压力传感器把电信号输送到记录仪,同时记录侧支与中间支的温度和拉压力曲线。根据测试曲线整理数据,可以计算出被测试件的应力值与温度曲线在整个测试过程中的相互关系,从而分析不同合金热应力的形成特点。

3.7.6 凝固膨胀力测定

铸铁凝固冷却过程中,主要由于析出石墨而产生体积膨胀,并伴随着产生膨胀力。按其产生的阶段可分为凝固时共晶转变的共晶膨胀力,固态冷却时共析转变的共析膨胀力。

有代表性的铸铁共晶膨胀力测定仪如图3-120所示。

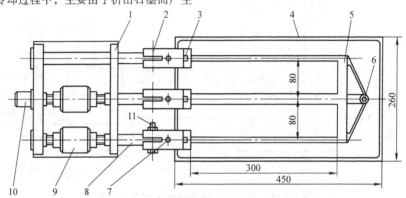

图 3-119　通用框形合金动态应力测定仪

1—受力框　2—连接套　3—联接螺钉　4—砂箱　5—应力框　6—浇道　7—脱模孔
8—连接杆　9—传感器　10—卸载螺母　11—联接螺栓

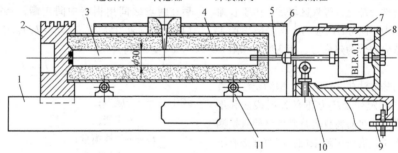

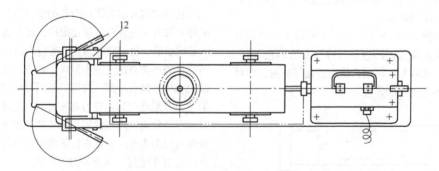

图 3-120　铸铁共晶膨胀力测定仪

1—底座　2—固定端支座　3—试样　4—砂箱　5—传力石英玻璃棒　6—防护罩
7—测力箱　8—拉压传感器 0.1t 级　9—调节螺钉　10—调节支座
11—砂箱支承　12—偏心卡紧机构

铸铁凝固共晶膨胀力的测定原理(见图3-120):铸铁在共晶凝固过程中,由于析出石墨所产生的膨胀力作用在传力石英玻璃棒5上,通过机械连杆传至电阻拉压传感器8,把机械量转换为电信号,通过二次仪表记录膨胀力的数值。

主要技术参数：试样尺寸 $\phi30mm \times 350mm$；传力棒为 $\phi8mm \times 70mm$ 的石英玻璃棒；测力元件测力值为 980N；铸型为湿型。

3.8　铸铁使用性能试验

铸铁具备不同的使用性能，从广义上讲，力学性能、物理性能、化学性能和工艺性能等都可以称为使用性能，本节主要讲的是与铸铁使用环境和工况相关的使用性能，包括耐热性能、抗磨耐磨性能、耐蚀性能和铸件实物试验等。

3.8.1　耐热性能试验

1. 概述

材料的耐热性能指在高温下抵抗物理性能、力学性能等恶化的能力。对于不同的材料和使用工况，测试的项目不同。氧化和生长是影响铸铁耐热性能的重要因素，石墨对氧化起重要作用，而氧化又是生长的主要原因，因此对于耐热铸铁，主要测定生长性和抗氧化性。耐热性能试验按 GB/T 9437—2009《耐热铸铁件》中附录 D "耐热铸铁的抗生长试验方法" 和附录 E "耐热铸铁的抗氧化试验方法" 执行。对于在温度周期性变化条件下服役的铸铁，可以进行热疲劳试验。目前尚无铸铁专用的热疲劳性测定方法，可参考 HB 6660—1992《金属板材热疲劳试验方法》和 GB/T 15824—2008《热作模具钢热疲劳试验方法》等。

2. 抗生长试验

测试条件：自动调节温度装置的精度为 ±5℃，炉内温差不超过 ±5℃。炉内有足够的氧化气氛。抗生长试验用的试样尺寸如图 3-121a 所示。

试样的表面粗糙度 $Ra < 12.5\mu m$，两端面应保持平行。试样两端可装入两个测量螺钉（见图 3-121b），如不用测量螺钉，可将试样端面镀铬或镀镍，此时试样两端无须打螺孔。测量螺钉的材料，在试验温度下的耐热性能应优于被测材料。试验前，将测量螺钉拧入试样两端，螺钉在试样上不能有松动。

试验的温度应根据铸件的使用条件来确定。测试时间为 150h。每种试样在一定温度、一定时间内的抗生长性能数据，应以 3 个平行试样的平均数确定。试样在试验前精度在 0.01mm 以内的千分卡测量试样长度及两螺钉之间的距离，然后放在炉中试验。经过规定试验时间后，把试样取出冷却，测量两螺钉间的距离。抗生长性或生长率的计算方法为

$$\lambda = \frac{L_2 - L_1}{L} \times 100$$

式中　L——试样长度（mm）；

L_1——试验前测量两螺钉间的距离（mm）；

L_2——试验后测量两螺钉间的距离（mm）；

λ——规定时间内的生长率（%）。

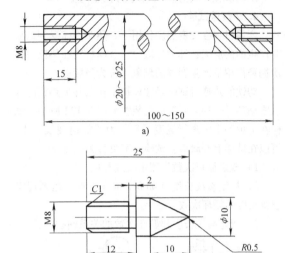

图 3-121　抗生长试验用试样及测量螺钉
a）抗生长试验用试样尺寸　b）测量螺钉尺寸

3. 抗氧化试验

试验条件：有自动控制温度装置，其精度为 ±5℃，炉内温差不超过 ±5℃，有足够的氧化气氛；称量天平的精度为 ±0.1mg。铸铁抗氧化性试验用试样尺寸见表 3-83。

表 3-83　铸铁抗氧化试验用试样尺寸

（单位：mm）

试样号	试样直径	试样高度
1	10 ± 0.2	20 ± 0.5
2	15 ± 0.3	30 ± 0.8
3	25 ± 0.5	50 ± 1.0

试样表面粗糙度 $Ra < 12.5\mu m$，测量试样的尺寸不少于 3 处，测量尺寸精度为 ±0.1mm。试验温度根据铸件的使用温度来确定，抗氧化时间为 250h。测量点为 50h、100h、150h、200h 和 250h。冷却后称量质量。按下式计算在规定温度和规定时间内的平均氧化速度：

$$v = \frac{g_2 - g_1}{St}$$

式中　v——平均氧化速度 $[g/(m^2 \cdot h)]$；

g_1——试验前的试样质量（g）；

g_2——试验后的试样质量（g）；

　　S——试样表面面积（m^2）；

　　t——试验时间（h）。

平均氧化速度为 3～5 个试样的平均值。

4. 热疲劳试验

金属材料在交变温度作用下，热胀冷缩受到约束时产生的内应力，称为热应力。金属材料在热应力多次循环作用下产生裂纹的现象，称为热疲劳。

铸铁的热疲劳试验经常模拟工作条件加热或冷却急剧循环，一种热疲劳试验装置如图 3-122 所示。试样在电炉和水中进行温度循环。为了加速裂纹产生，可以在试样上开缺口。试验方案可分为三种：

1）规定循环次数，测定裂纹长度。

2）规定裂纹长度（如 0.5mm），测定达到规定裂纹长度的循环次数。

3）测定裂纹长度和循环次数的关系曲线。

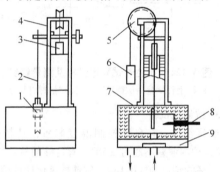

图 3-122　一种热疲劳试验装置
1—试样　2—夹具　3—升降机构　4—机架　5—滑轮
6—配重　7—电炉　8—控温热电偶　9—水槽

3.8.2　耐磨和抗磨性能试验

1. 概述

耐磨性是材料抵抗磨损的一个性能指标，可用磨损量来表示，可以是体积磨损，也可以是质量磨损。

磨损的类型按破坏机理可分为粘着磨损、磨粒磨损、表面疲劳磨损（接触疲劳）和腐蚀磨损，其中磨粒磨损又可按不以磨料为介质和以磨料为介质情况划分，对前者以其他类型磨损通常进行普通的磨损试验，测定摩擦因数和磨损量；对后者一般需采用专门的试验设备，只测定磨损量，并习惯上将以磨料为介质的材料耐磨性能称为抗磨性能。

磨损试验可分为 3 类：

（1）实验室试验　试验采用形状简单、尺寸较小的试样在专门试验机选择的工况下进行。此种试验最适合于磨损的基础研究工作。可对一种特定的磨损机理孤立地加以试验，找到材料成分和组织、环境因素以及各种参数与磨损的关系。实验室试验结果如要引用到生产实际中去要特别慎重，只有在参数相近时才有一定参考价值，多数场合不能直接引用。

（2）模拟试验　模拟实际运转状况，选用的试验条件往往是模拟实际生产中可能遇到的最恶劣的磨损条件。有时为缩短试验时间，采用强化试验方法，如载荷超过实际几倍进行试验。试验结果视模拟近似实际的程度，可以有直接参考价值，但有时也只能在有限范围内适用。模拟试验不适于做磨损基础研究工作。所谓台架试验即属这类试验。试验设备投资较大，试验机专用性强，缺乏通用性。

（3）使用试验　这是在现场实地进行的试验。试件及运转条件等可以完全与实际生产一致。试验结果可直接引用，比较可靠，因为不采用强化试验方法，试验时间比较长且成本很高。由于实际生产中影响因素复杂，难以对各项试验参数严格控制，得出的结果、数据重复性差，比较分散，而且难以分析问题产生的原因。

上列 3 类试验的选择按具体情况而定，可以单独选一种，也可结合进行，如先进行实验室试验，对一些方案进行初步筛选，然后进行模拟试验或直接进行使用试验。

对于实验室试验，最重要的试验条件就是试样的接触方式和运动形式。试样的接触方式和运动形式有多种，如销盘式、往复式、环-块式等。其中，环-块方式的块状试样平面与环状试样圆周面切线接触，试环容易切入试块，在试块上获得圆环弧状磨痕，应用较为普遍，已列为国家标准试验方法，即 GB/T 12444—2006《金属材料　磨损试验方法　试环-试块滑动磨损试验》；试样在静止平面上往复运动，是实际生产中常见的运动方式；销盘式试验速度快，试样小，加工方便，适合做基础研究，在国内外研究工作中广泛应用。

磨料介质下的磨损试验的设备设计大多考虑实际的工况。

2. 试环-试块滑动磨损试验

（1）试验原理与试验装置　试块与规定转速的试环相接触，并承受一定试验力，经规定转数后，用磨痕宽度计算试块的体积磨损，用称重法测定试环的质量磨损。试验中连续测量试块上的摩擦力和正压力，计算摩擦因数。

试环-试块型磨损试验装置如图 3-123 所示。

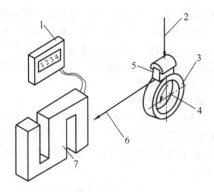

图 3-123　试环-试块型磨损试验装置

1—摩擦力指示器　2—试验力　3—试环
4—旋转方向　5—试块　6—摩擦力传感器
7—传到力传感器的摩擦力

试验设备及仪器精度见 GB/T 12444—2006。

（2）试样　试环和试块的形状和尺寸如图 3-124
和图 3-125 所示。

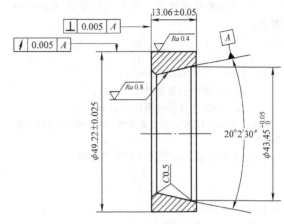

图 3-124　试环的形状和尺寸

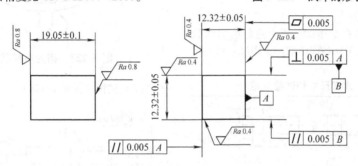

图 3-125　试块的形状和尺寸

（3）试验要点

1）试环的转速应接近实际工作条件，其转速一
般在 5～4000r/min 范围内。

2）测量试样尺寸的仪器误差应不大于
±0.005mm。磨痕尺寸测量仪器的误差应不大于
±0.005mm 或磨痕宽度的±1%，取较大值。

3）将试环及试块牢固地安装在试验机主轴及夹
具上，试块应处于试环中心，并应保证试块边缘与试
环边缘平行。

4）可以进行干摩擦，也可以加入适当润滑介质
以保证试样在规定状态下正常试验。对于润滑磨损试
验，试验前应对所有与润滑剂接触的零件进行清洗。

（4）数据处理

1）试块的体积磨损。在块形试样磨痕中部及两
端（据试样边缘 1mm 处）测量磨痕宽度，取 3 次测
量值的平均值作为一个试验数据。

若标准尺寸试样 3 个位置的磨痕宽度之差大于平
均宽度值 20% 时，试验数据无效。

用下式计算试块的体积磨损（见图 3-126）：

$$V_k = \frac{D^2}{8} t \left[2 \sin^{-1} \frac{b}{D} - \sin \left(2 \sin^{-1} \frac{b}{D} \right) \right]$$

式中　V_k——体积磨损（mm^3）；

　　　D——试环直径（mm）；

　　　b——磨痕平均宽度（mm）；

　　　t——试块宽度（mm）。

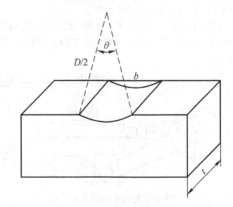

**图 3-126　用磨痕宽度计算体积
磨损**

也可以从 GB/T 12444—2006 的附录 A 表 A.1 中根据磨痕宽度查出磨痕体积。

2）试环的体积磨损。按下式计算试环的体积磨损：

$$V_h = \frac{m}{\rho}$$

式中　V_h——体积磨损（mm^3）；

　　　m——试环的质量磨损（mg）；

　　　ρ——试环材料的密度（g/mm^3）。

注：如果试验后试环的质量增加，则不能用称重法计算体积磨损。

3）摩擦因数。按下式计算摩擦因数：

$$\mu = \frac{F_m}{F}$$

式中　μ——摩擦因数；

　　　F_m——摩擦力（N）；

　　　F——标称正压力（N）。

3. 往复磨损试验

往复润滑磨损是在专用试验机上进行磨损试验的。试验载荷可根据工作条件施加。试样尺寸和试验规范见表 3-84。

表 3-84　试样尺寸和试验规范

试样尺寸	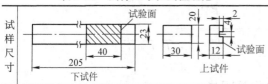
试验规范	1）行程：100mm，60 次/min；载荷：0.7MPa 2）润滑：L-AN32 全损耗系统用油，加入质量分数为 0.4% 的 Cr_2O_3（粒度：800～1000 号） 3）加油：每隔 5h 加油一次，加新油前揩净试验面 4）时间：每隔 10h 称量一次，一般称 2～4 次 5）称量：用万分之一的精密天平称量上试件 试验机可采用液压驱动或机械传动（下图），要求运转平稳，换向冲击小，试件不摆动 试件先在室温下油浸两天，预磨时间不定，可用深红丹检查试件是否均匀接触，试件磨削条纹去掉后，则开始计时 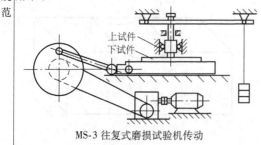 MS-3 往复式磨损试验机传动
结果	将试验结果折合成运行行程 15km 的上试件质量磨损毫克数，即 mg/15km

往复试验机已有定型产品。试验前，将试样用汽油和乙醇清洗干净，干燥后用天平称量质量。在一定载荷条件下，经过一定时间的磨损，取下试样重新称量，其质量减少值为质量磨损。另外，也可用称量磨屑的方式测定磨损量。

4. 销盘磨损试验

（1）原理　夹在圆盘上的砂纸绕轴心旋转，试样在载荷作用下压在砂纸上，并向圆心进给，试样在砂纸上走出螺旋线轨迹，完成磨损过程（见图 3-127）。

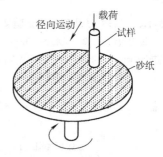

图 3-127　销盘磨损试验示意图

（2）试样（见图 3-128）

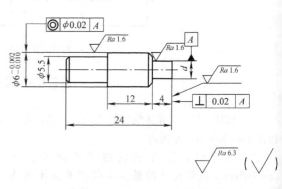

图 3-128　销盘磨损试验用试样

$d = 2 - 0.01$；$d = 3 - 0.01$；$d = 4 - 0.01$

5. 磨料介质磨损试验

铸铁的抗磨性能一般指以磨料为介质时抵抗磨损的能力。磨料磨损的标准试验方法目前还未统一，比较材料的抗磨性能只能用装在同一试验机中，在相同磨损条件下比较其磨损量。磨损前和磨损后称量被测试样的质量差，用于表示绝对磨损量。相对磨损量是用绝对磨损量与自身质量比值的百分数表示。也有用抗磨材料对被破碎材料的质量比表示抗磨性能，如水泥生产中磨球的消耗量与被破碎矿石的质量比作为抗磨性能。表 3-85 列出了几种磨料磨损的试验方法。

表 3-85　磨料磨损的试验方法

试验机名称及型号	试验机工作原理	试样尺寸及要求
MLG-23 型干砂橡胶轮磨料磨损试验机	1—漏斗　2—磨料　3—杠杆　4—砝码　5—试样　6—橡胶轮缘　7—轮毂　8—导管 旋转着的橡胶轮带着落下的磨料擦过试样表面，实现磨损过程	6 个面研磨，两个 $Ra=1.6\mu m$ 面为测试面
MLS-23 型湿砂橡胶轮磨料磨损试验机	1—砝码　2—夹具　3—试样　4—橡胶轮缘　5—钢轮芯　6—叶片　7—槽箱　8—砂浆 试验时，旋转的橡胶轮将砂浆中的砂粒带入橡胶轮与试样之间，使磨料擦过试样表面，实现磨损过程	试样同 MLG-23，也可采用如下试样：
MLD-10 型动载磨料磨损试验机	试验时，磨料落入上试样和下试样之间，下试样做旋转运动，上试样做上下往复运动或静压在下试样上，以实现动载或静载磨损方式	上试样　下试样
HLSH-1 型磨料磨损试验机	试样在夹具上绕轴做圆周运动，与泥浆槽中的泥砂作用形成磨损	

（续）

试验机 名称及 型号	试验机工作原理	试样尺寸及要求
JMM型 土壤磨 料磨损 试验机	 工作时，被压轮1压实的土壤，在回转盘的带动下与试样2做相对运动，试样在土壤中经受磨损，夹具上的4个试样定期换位。3为松土铲	

3.8.3 耐蚀性能试验

1. 概述

金属腐蚀按腐蚀的破坏形态分为全面腐蚀和局部腐蚀，前者包括均匀的全面腐蚀和不均匀的全面腐蚀，后者常见的类型有电偶腐蚀（异金属接触腐蚀）、点腐蚀和缝隙腐蚀、晶间腐蚀、应力腐蚀、腐蚀疲劳、冲蚀、磨蚀、选择性腐蚀、杂散电流腐蚀和空泡腐蚀等；按腐蚀产生的机理分为化学腐蚀和电化学腐蚀等；按试验场所和规模分为实验室试验和现场试验；还可以按腐蚀环境分类。

耐蚀性是金属材料在腐蚀环境中抗腐蚀的能力，通常用腐蚀速率来评价金属在某一定环境和条件下的耐蚀性，用单位时间内金属腐蚀深度来表示。均匀腐蚀和点蚀是全面腐蚀和局部腐蚀的典型代表，在实验室条件下，可分别按 JB/T 7901—2001《金属材料实验室均匀腐蚀全浸试验方法》和 GB/T 18590—2001《金属和合金的腐蚀 点蚀评定方法》进行试验。

2. 均匀腐蚀试验

（1）试样及其制备 试样尺寸见表 3-86。

表 3-86 均匀腐蚀试验用试样尺寸

板状试样 $(l/mm) \times (b/mm) \times$ (h/mm)	圆形试样 $(d/mm) \times (h/mm)$	挂孔直径 /mm	表面积 /mm^2
$50 \times 25 \times (2 \sim 5)$	$30 \times (2 \sim 5)$	$\leqslant 4$	$\geqslant 10$

试样制备和测量要点见表 3-87。

（2）试验装置 试验装置见表 3-88。

表 3-87 试样制备和测量要点

项 目	内 容
表面加工	1）可用砂纸研磨或其他机械方法去掉原始金属表面层 2）试样最终的表面应用符合 GB/T 2481.1—1998 规定的粒度号为 F120 的水砂纸进行研磨 3）在同一张砂纸（布）上只能研磨同一种材料的试样
研磨后处理	经过最终研磨处理的试样应及时用水、氧化镁粉糊等充分去油并洗涤，然后用丙酮、乙醇等不含氯离子的试剂脱脂洗净，迅速干燥后贮于干燥器内，放置到室温后再测量面积和称重
尺寸测量和称重	1）进行测量尺寸、称重等操作时，必须使用干净无油污的测量工具，并需带干净的工作手套 2）使用精度不小于 ±0.5mg 的分析天平

表 3-88 试验装置

名 称	内 容
容器	材质为玻璃、塑料、陶瓷等；室温下试验时可用适当密闭的容器
试样支持系统	试样支持系统应能把试样支持于试验溶液中间，支持系统的材质应对试验溶液和试样呈惰性，它与试样的接触面积应尽可能小
温度保持系统	根据不同的温度要求，选择能使试验溶液保持在规定温度范围的温度保持系统

（续）

名　称	内　容
试验溶液搅动或持续流动与补充装置	试验期间，试验溶液如需搅动或持续流动与补充，则需根据实际情况设计和添加相应的装置（见图3-129），以达到试验要求

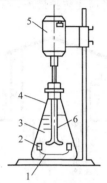

图 3-129　试验溶液搅动装置

1—试样架　2—试样　3—溶液　4—烧杯
5—电动机　6—搅拌棒

（3）试验条件　试验条件见表3-89。

表 3-89　试验条件

项　目	内　容		
试验溶液	试验溶液的用量为每平方厘米试样表面积不少于20mL		
试验时间	最常用试验周期是48～168h。具体选择时可参阅下表：		
	估算或预测[①]的腐蚀速率/（mm/a）	试验时间/h	更换溶液与否
	>1.0	24～72	不更换
	1.0～0.1	72～168	不更换
	0.1～0.01	168～336	约7天更换1次
	<0.01	336～720	约7天更换1次
试样数量	3		
试样摆放	试样应尽量放置在溶液中间位置，不允许与容器壁接触。一般情况下，每一容器内只能放置一个试样，如需放置两个以上试样时，试样间距要在1cm以上		
试验后试样清洗和称重	1）到达预定时间后取出试样，先用水冲洗，然后用毛刷、橡皮器具等擦去腐蚀产物，可用超声波等方法进行清洗 2）用丙酮、乙醇等不含氯离子的试剂脱脂洗净，迅速干燥后贮于干燥器内，放置到室温后再称重 3）使用精度不小于±0.5mg的分析天平		

① 预测试验时间为24h，溶液量为20mL/cm²。

（4）数据处理　腐蚀速率的计算如下：

$$R = \frac{8.76 \times 10^7 \times (M - M_1)}{St\rho}$$

式中　R——腐蚀速率（mm/a）；
　　　M——试验前的试样质量（g）；
　　　M_1——试验后的试样质量（g）；
　　　S——试样的总面积（cm²）（精确到1%）；
　　　t——试验时间（h）；
　　　ρ——材料的密度（kg/m³）。

腐蚀速率用所试验的全部平行试样的平均值，当某个平行试样的腐蚀速率与平均值相对偏差超过10%时，应取新的试样进行重复试验，用第二次试验结果进行报导。当还达不到要求时，则应同时报导两次试验全部试样的平均值和每个试样的腐蚀速率。但腐蚀速率小于0.1mm/a时不在此例，此时应报导全部试样的腐蚀速率。

3. 点蚀评定

（1）蚀坑识别和检查　可按GB/T 16545—2015清除腐蚀产物，然后采用目测、低倍、射线照相术或电磁法、声波法、渗液法、复形法等非破坏性方法观察，蚀坑的截面形状如图3-130所示。

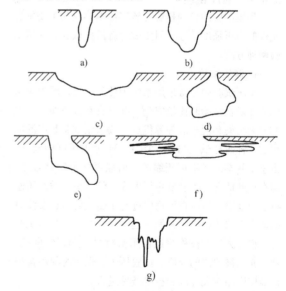

图 3-130　蚀坑的截面形状

a）窄深形　b）椭圆形　c）宽浅形　d）皮下形
e）底切形　f）水平形　g）垂直形

（2）点蚀程度　点蚀程度用失重和点蚀深度表征。可采用金相法、机械法、测深规或测微计测量法、显微法测量点蚀深度，其中金相法和机械法适合评估蚀坑的形状。

（3）点蚀数据处理　点蚀数据处理方法有标准

图表法、金属穿透法、统计法和力学性能的损失等，可根据蚀坑的最大深度或10个最深蚀坑的平均深度，或两者兼用，来测量最深的蚀坑以描述金属穿透。这种方法对金属用于封装气体或液体时，评价点蚀导致液体的渗漏的可能性具有特殊的意义。

4. 铸铁腐蚀试验参考标准（见表3-90）

表3-90　铸铁腐蚀试验参考标准

标　准　号	标　准　名　称
GB/T 19291—2003	金属和合金的腐蚀　腐蚀试验一般原则
JB/T 7901—2001	金属材料实验室均匀腐蚀全浸试验方法
GB/T 18590—2001	金属和合金的腐蚀　点蚀评定方法
GB/T 19746—2018	金属和合金的腐蚀　盐溶液周浸试验
GB/T 15748—2013	船用金属材料电偶腐蚀试验方法
GB/T 5776—2005	金属和合金的腐蚀　金属和合金在表层海水中暴露和评定的导则

3.8.4　耐压试验

耐压试验的目的是要考核容器本体及其主要承压元件的耐压强度。容器耐压试验有液压试验和气压试验两种方法。

1. 液压试验

耐压试验中经常采用水作为传力介质，因为用水作为介质在试验时比较安全，并且具有价格便宜、对容器无污染和便于清理等优点，故水压试验是广泛应用的一种耐压试验方法。图3-131为水压试验装置。由于水基本上是不可压缩的，所以爆炸危险性较小。但在意外情况下也会发生压力表、管接头等被高压水射出的危险，所以在厂房内进行水压试验时也要注意采取适当的防护措施并做好地面排水。进行耐压试验时，将压力源与被检测试件用密封材料和螺钉联接，然后充入被检测的介质，试验压力、保持时间和合格标准按产品相关标准和技术条件进行。

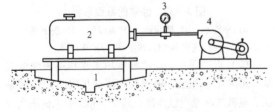

图3-131　水压试验装置

1—集水坑　2—试件　3—压力表　4—水泵系统

2. 气压试验

气压试验采用加压的气体介质。由于气体是可压缩的，在试验时有产生爆炸的危险，试验场应远离主厂房。爆炸的危险主要是产品或试验的零部件有缺陷，在强大气体膨胀压力的推动下发生破坏飞出伤人，因此房屋围护结构要求坚固并设置防护墙。若在地坑内试验，可简化防护措施。气压试验装置如图3-132所示。

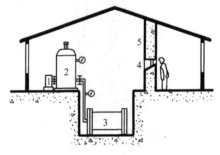

图3-132　气压试验装置

1—压缩机　2—压力罐　3—试件
4—观察窗　5—防护墙

3.8.5　致密性试验

对于剧毒介质、易燃介质和不允许有介质微量泄露的容器，除进行耐压试验外，还应在安全装置、阀门、仪表等安装齐全后进行容器的总体致密性试验，目的是检验低压容器、管道等的密封状况和有无穿透性缺陷。

铸铁件的渗漏往往是材质不够致密，有穿透性缺陷。研究铸铁材质的致密性对于查明致密性影响因素、提高致密性也是十分必要的。因此，除了铸件的致密性，有时还需要测试铸铁材质的致密性。

1. 铸铁材质的致密性试验

目前尚没有铸铁材质的致密性试验的标准方法，图3-133所示为一种铸铁材质的致密性试验装置。通常以煤油作为试验介质，以某一均匀速度加压。当压力增加到一定值时，试片表面出现渗漏（初渗），随压力增加，渗漏不断增多并扩大，进而扩展到整个试片，形成大面积渗漏。进一步加大压力，试片发生凸起变形，直至爆裂。可利用初渗压力大小作为评价致密性优劣的指标，其工程技术意义在于，它表明具有一定壁厚的铸件在承受液体压力介质作用时发生渗漏的临界压力。初渗压力越高，材质抵抗渗漏的能力越强，说明致密性越好。这种方法只能用于材质相对致密性的检测，不能直接反映出初渗压力和铸件承压能力之间的对应关系。

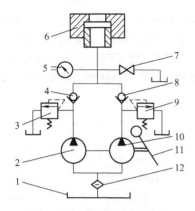

图 3-133　致密性试验装置

1—油箱　2—高压泵　3—高压安全阀　4—高压
单向阀　5—压力表　6—试片　7—卸荷阀
8—低压单向阀　9—低压安全阀　10—低压泵
11—压杆　12—滤油器

2. 铸铁件的致密性试验

测试铸件致密性的主要方法有气密性试验和煤油渗透检查。

（1）气密性试验　将压缩空气注入铸铁容器内，达到规定的试验压力后，保持一定时间，并同时在毛坯外侧表面涂抹肥皂水，仔细进行目视检查，并标记气泡的位置；小型容器也可浸入水中进行试验检查，以不出现气泡为合格，以此确定容器是否存在穿透性缺陷及其位置。

（2）煤油渗透检查　由于煤油的表面张力很小，具有穿透极细小孔隙的渗透能力，可发现直径只有几微米的气孔，因此用它来做致密性检查是一种简单、经济且有效的方法。具体做法是：在毛坯的一侧涂上石灰水，待其干后在另一侧涂刷煤油。如果毛坯有穿透性缺陷，煤油将渗透过去，在涂有石灰的一侧形成明显的油斑，由此可确定缺陷的位置。

3.8.6　铸造磨球冲击疲劳寿命试验

1. 概述

在球磨机中，磨球的抛落冲击作用对粉碎物料来说是必要的，但它也对磨球造成损伤，这种损伤的不断积累最终可能导致磨球的剥落掉块、磨损失圆、破裂，因而有必要评价球磨机中磨球的冲击破损规律。落球法磨球冲击疲劳寿命试验（以下简称落球试验）是使用落球冲击疲劳试验机（以下简称落球试验机），在实验室条件下，模拟铸造磨球在球磨机中的冲击过程。用规定失效球数的冲击疲劳失效的冲击次数反映铸造磨球在该种情况下的冲击疲劳寿命。落球试验按 GB/T 17445—2009《铸造磨球》附录 A "磨球冲击疲劳寿命试验方法"执行。

2. 试验设备与试样

落球机为 MQ 型，落程为 3.5m。

试样为 $\phi100mm$ 磨球。落球试验的试样应从所检查的批次中任取 16 个铸造磨球为试验球，另外取 3 个以上的铸造磨球作替换球，并在替换球表面标上记号。

3. 磨球失效判据

1）铸造磨球表面上单个剥落层（块）直径大于 20mm，同时中部厚度大于 5mm。

2）铸造磨球沿中部断裂。

4. 试验步骤

1）将试验球和替换球的棱边打磨或在清理滚筒中进行表面清理，检查试验机工作状态。

2）先将 12 个试验球放入弯管内，开动试验机，由下滑道逐步将余下的 4 个试验球放入循环输运系统。

3）打开计数器，将计数器清零、清警，数字拨盘拨至预定数（8000）（标准规定铸造磨球冲击疲劳寿命应不低于 8000 次）。

4）试验人员在现场应认真观察，当发现有 1 个试验球失效，取出失效球，并放入一个替换球，直到出现第三个失效球为止，分别记录 3 个试验球失效时在落球机系统中受到冲击的累计数。如果在试验失效球数未达到失效球数指标时，加入的替换球已发生破坏，应不计入失效球数。

5. 数据处理

磨球冲击疲劳试验寿命按下式计算：

$$N_f = \frac{2B_t}{B_s} \times \frac{N_1 + N_2 + N_3}{3}$$

式中　N_f——该批磨球冲击疲劳试验寿命（次数）；

　　　　B_t——弯管中的铸造磨球数；

　　　　B_s——试验系统内的铸造磨球总数；

　　　　N_1——第一个试验球失效时，计数器记录的次数；

　　　　N_2——第二个试验球失效时，计数器记录的次数；

　　　　N_3——第三个试验球失效时，计数器记录的次数。

小数部位按 GB/T 8170—2008 数值修约规则取整数。

3.9　铸铁无损检测

铸件浅表层缺陷和铸件内部缺陷主要依靠无损检测，如水（气）压测试、渗透检测（PT）、磁粉探伤

（MT）、超声探伤（UT）以及射线探伤（RT）等，常用无损检测方法的特点及应用见表3-91。

3.9.1　渗透检测

渗透检测是利用渗透剂渗入铸件表面显示缺陷图像痕迹的方法，又称着色探伤。其原理是加入液体渗透剂，并使其渗入到铸件表面缺陷中，再用水和清洁剂去除表面多余渗透剂；然后加入一层亲和力强的显像剂，吸附出残留在缺陷中的渗透剂，利用彩色和荧光与背景的反差作用显示缺陷形状和位置。根据渗透剂和显像剂的不同，渗透检测方法分为以下几类，见表3-92。

表3-91　常用无损检测方法的特点及应用

检测方法		渗透检测（PT）	磁粉探伤（MT）	超声波探伤（UT）	射线探伤（RT）
基本原理		渗透及吸附作用	磁性吸引作用	超声波脉冲反射	射线穿透感光
检测部位		铸件表层	铸件表层	表层及内部	表层及内部
适用类型		一般缺陷	磁性材料	组织粗大不易	厚度要求
检测结果		着色或荧光	磁粉堆积	波形突变	感光成像
灵敏度		微米级缺陷	毫米级缺陷	毫米级缺陷	X射线：1%-2% γ射线：≥3%
缺陷形态		宽深比较小且内壁较粗糙	与磁力线垂直的裂纹	与超声波束垂直的扩展缺陷	在射线方向厚度较大的缺陷
发现缺陷能力	裂纹	优	良	良	可
	缩孔	差	差	良	优
	疏松	可	良	良	良
	气孔	可	可	可	优
	渣眼	可	可	可	优
	砂眼	可	可	可	优
分析缺陷能力	定性	良	良	良	优
	定位	优	良	优	可
	定量	可	可	可	良
相对速度		较慢	快	快	慢
相对成本		较低	低	最低	高
安全性		易燃，低毒	安全	安全	辐射损伤

表3-92　渗透检测方法分类

方法	渗透剂种类	代号	方法	显像剂种类	代号
荧光渗透检测	水洗型荧光渗透剂	FA	干式显像法	干式显像剂	D
	后乳化型荧光渗透剂	FB	湿式显像法	湿式显像剂	W
	溶剂去除型荧光渗透剂	FC		快干式显像剂	S
着色渗透检测	水洗型着色渗透剂	VA	无显像剂显像法	不用显像剂	N
	后乳化型着色渗透剂	VB			
	溶剂去除型着色渗透剂	VC			

3.9.2　磁粉探伤

磁粉探伤是将待检测铸件置于强磁场中并通过大电流使之磁化，若铸件表面和表面附近有缺陷（裂纹、折叠、夹杂物等）存在。由于他们是非铁磁性的，对磁力线通过的阻力很大，磁力线在这些缺陷附近会产生漏磁。当将导磁性良好的磁粉施加在物体上时，缺陷附近的漏磁场就会吸住磁粉，堆积形成可见的磁粉痕迹，从而把缺陷显示出来。磁粉探伤分为干法和湿法两种，干法是使用气流均匀地将磁粉喷不在经过磁化的铸件表面；湿法是在经过磁化的铸件表面浇淋磁粉悬浮液。磁粉又分为荧光磁粉和非荧光磁粉，荧光磁粉在紫外线下观测，对比度强，适于检测细微缺陷。

3.9.3　超声波探伤

超声波探伤是利用穿透金属材料的超声电脉冲并从材料底面的反射信号来检查铸件质量的一种方法。利用金属材料及其缺陷的声学特征差异对超声波传播的影响，根据这些脉冲的反射波形来判断缺陷的位置和大小，检测铸件内部缺陷。目前广泛采用的是超声脉冲反射法，还有穿透法和谐振法，常用频率为0.5~5MHz。除了检测铸件中是否存在较大体积型缺陷和裂纹外，还根据超声波在铸件中的传播特征参数（衰减、纵波声速等）来判定铸铁件的铸造质量，如球墨铸铁的球化率和石墨形态（见3.9.5和3.9.6）。

3.9.4　射线探伤

射线探伤是利用射线穿透铸件来发现铸件内部缺陷的检测方法。射线穿透金属后使感光材料感光或激发某些材料发出荧光，根据它们的衰减规律来判断内部缺陷。

射线探伤通常用 X 射线、γ 射线、高能射线和中子射线。最常用的 X 射线是由 X 射线管加高压电激发而成，可通过电压、电流调节 X 射线强度。一般 X 射线装置的电压不超过 400kV，最大透照工件厚度为120mm；高射线装置用加速器将电子加速，能量可达MeV 级，最大透照工件厚度为 600mm；γ 射线由放射性元素（Ir-192、Cs-137、Co-60）最大透照工件厚度分别为 170mm、200mm 及 230mm。射线探伤通常采用透射照相法，在底片上或荧光屏或工业电视成像。

3.9.5　用超声波法测定球墨铸铁球化率

长期以来，一直用金相手段测定球墨铸铁球化率。金相法比较直观，测试结果准确，但测试范围小，大多在试样上测，无法对工件进行全面检测。因此，为了保证球墨铸铁球化质量，只用金相手段是不够的。热分析也只能预测样杯中铁液的球化质量。超声波法的优势在于在测定球墨铸铁件球化率的同时也对铸件的内部缺陷进行了探伤。国外许多企业已用超声波法对球墨铸铁件进行百分之百在线球化率测定和缺陷探伤，并已有超声波球化率仪等定型设备。国内近年来已研制成功超声波球化率测定仪，能自动测出球化率，已在国内一些企业得到应用。

超声波测定球化率的原理：超声纵波（或横波）声速的变化与石墨形状有关，即超声纵波（或横波）声速与球化率存在对应关系，球化程度越高，超声纵波（或横波）声速越高。超声波声速的检测参照 GB/T 23900—2009《无损检测　材料超声速度测量方法》和 JB/T 9219—2016《球墨铸铁　超声波声速测定方法》。

用普通的超声波探伤仪和超声波测厚仪测定球化率，关键的步骤是建立相应的超声纵波（或横波）速度-球化率关系，用得较多为超声纵波速度-球化率关系（见图3-134）。

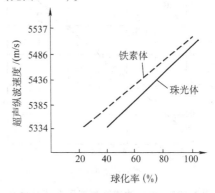

图 3-134　超声纵波速度-球化率的关系

球墨铸铁的声速可用下式计算：

$$C_球 = C_钢 H_球 / H_钢$$

式中　$C_球$——被测球墨铸铁声速（m/s）；

　　　$C_钢$——钢声速（按 5900m/s 计算）；

　　　$H_球$——球墨铸铁件实际（测）厚度（m）；

　　　$H_钢$——超声仪根据钢声速测出的工件厚度（m）。

根据 $C_球$，可在图 3-134 上查得球化率。

用该方法评价球化率，要求生产工艺相对稳定。有研究者用上述方法对球墨铸铁件进行大量试验结果表明，超声纵波测试的球化率与金相测试的球化率有较好的对应关系（见表3-93）。

表 3-93　超声纵波与金相测试球化率对比

试样号	1	2	3	4	5
超声纵波测试球化率(%)	60	65	70	80	100
金相测试球化率(%)	65	63	75	85	100

3.9.6　用超声波法鉴别铸铁石墨形态

用普通超声波法还可以鉴别铸铁石墨形状，其原理为：超声波纵波（或横波）的变化与石墨形状有关，即超声波纵波（或横波）速度与石墨形状存在对应关系。按石墨形状，铸铁声速由大到小的顺序依次为球状石墨铸铁、蠕虫状石墨铸铁和片状石墨铸铁。为了鉴别铸铁石墨形状，需建立超声波速度与石墨形状关系（见图3-135）。

从图3-135中可以看出，钢的纵、横波速度的关系是固定的，即相交于一点，而片状和球状石墨的铸铁纵、横波速度的关系，基本上呈线性关系，而且有一定的范围。蠕墨铸铁的超声纵波速度一般在5.2～5.4km/s范围内；对于非常大的蠕墨铸铁件（如钢锭模），则在4.85～5.10km/s之间，刚性处在片状石墨和球状石墨之间。

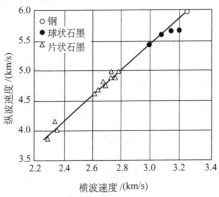

图3-135　超声波速度与石墨形状的关系

3.9.7　用电磁法进行铸铁分选

自1939年德国Forster博士等人首先将磁滞回线的分析应用于无损检测技术中以来，电磁无损检测技术发展很快，在缺陷探伤中发挥了重大作用。但对无损检测的另一个重要方面，即物理和力学性能测定、钢铁件混料分选、硬度和抗拉强度测定及分选，却很不足。20世纪80年代，我国成功地制造出几种电磁检测仪，并在铸铁材质分选中得到较好的应用，尤其是在铸铁件热处理质量的快速无损检测中发挥了较大作用。

（1）基本参数和铸铁材质检测的磁性原理　电磁法所用物理量主要有剩余磁感应强度（简称剩磁）B（图3-136c中Ob）、c点所代表的磁场强度——矫顽力H_c（见图3-136d中Oc）、初始磁导率μ_a和最大磁导率μ_m等。

铸铁材料与铸铁件的成分和组织对其磁性能和力学性能均有显著影响。三者之间的关系可用图3-137来说明。可见，铸铁成分和组织结构不同，必然导致磁性能和力学性能不同。由于μ_a、B和H_c皆为化学成分和组织敏感参数，因此只要事先获知或试验找出铸铁成分、组织和力学性能与其磁性能μ_a、B和H_c在相应范围内所具有的相关关系，则通过对μ_a、B和

H_c等磁性能参数的测量，便可根据事先测得的关系曲线而求得其成分或力学性能等指标。

（2）影响铸铁磁性能的因素

1）相的磁性。α-Fe是铁磁性，γ-Fe为顺磁性。铁素体、珠光体和马氏体的相对磁导率μ_r和饱和磁化强度M均依次降低，而矫顽力H_c和剩磁B依次增大。以铁磁性金属为基的固溶体中无论溶入的是抗磁性金属还是顺磁性物质，都会使μ_r和M下降。

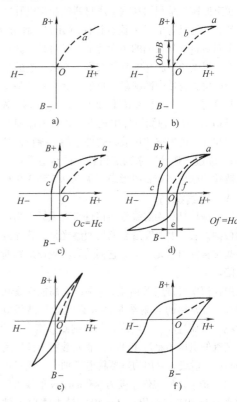

图3-136　铁磁材料的磁滞回线

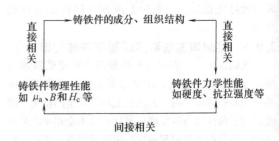

**图3-137　铸铁件的成分、组织与其
磁性能和力学性能之间的关系**

铸铁磁性除与铁磁相或组织种类和数量有关外，还与组织形态有关。例如，粒状渗碳体的矫顽力$H_c = 8 \times 10^2$ A/m，片状渗碳体$H_c = 16.2 \times 10^2$ A/m，

并且对于粒状渗碳体组织，矫顽力和 $1mm^3$ 中碳化物粒子的数量成正比。图 3-138 所示为珠光体体积分数和形态对矫顽力的影响。

铸铁中的石墨形态对初始磁导率的影响依片状石墨、50% 球状石墨和 100% 球状石墨的顺序依次增加。

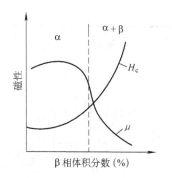

图 3-139 第二相析出对铸铁磁性能的影响

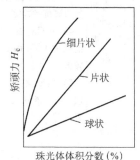

图 3-138 珠光体体积分数和形态对矫顽力的影响

第二相的析出会导致矫顽力增加、磁导率降低（见图 3-139）。

2）合金元素和杂质的影响。合金元素的质量分数对铁的磁性能有很大影响。除 Co 外，绝大多数合金元素都将降低铁的饱和磁化强度（见图 3-140）。

（3）电磁法测量原理和特点 电磁无损检测的方法有矫顽力法、剩磁法和磁导率法，其测量原理和特点见表 3-94。

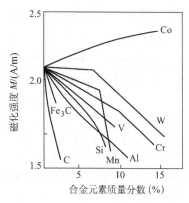

图 3-140 合金元素对铁的磁化强度的影响

表 3-94 电磁法无损检测的方法、测量原理和特点

方法	测量原理或装置	测量原理和操作要点	特 点
矫顽力法	 1—线圈 2—霍耳元件 3—Ⅱ型电磁铁 4—试样	测量磁路中的磁通量。测量时，先用饱和激磁电流 I_m 将工件在局部范围内磁化，电磁铁与被测工件成闭合磁路；然后切断激磁电流，通入与原激磁电流方向相反的退磁电流 I_c，逐渐增加 I_c，使闭合磁路的磁通一直减少到零。退磁电流 I_c 和电磁铁线圈匝数 N 之积称为磁势 F_m。F_m 等于闭合磁路中各部分的矫顽力与其磁路长之积	1）单件测量时间高达 30s 2）电磁铁（探头）易发热，增大测量误差 3）接触测量，对表面粗糙度要求高

（续）

方法	测量原理或装置	测量原理和操作要点	特 点
剩磁法	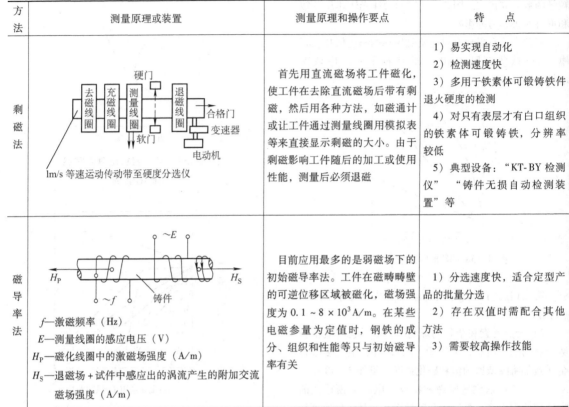 去磁线圈 充磁线圈 测量线圈 退磁线圈 硬门 软门 合格门 变速器 电动机 lm/s 等速运动传动带至硬度分选仪	首先用直流磁场将工件磁化，使工件在去除直流磁场后带有剩磁，然后用各种方法，如磁通计或让工件通过测量线圈用模拟表等来直接显示剩磁的大小。由于剩磁影响工件随后的加工或使用性能，测量后必须退磁	1）易实现自动化 2）检测速度快 3）多用于铁素体可锻铸铁件退火硬度的检测 4）对只有表层才有白口组织的铁素体可锻铸铁，分辨率较低 5）典型设备："KT-BY 检测仪""铸件无损自动检测装置"等
磁导率法	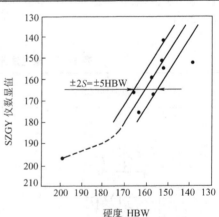 ~E H_P ~f 铸件 H_S f—激磁频率（Hz） E—测量线圈的感应电压（V） H_P—磁化线圈中的激磁场强度（A/m） H_S—退磁场 + 试件中感应出的涡流产生的附加交流磁场强度（A/m）	目前应用最多的是弱磁场下的初始磁导率法。工件在磁畴畴壁的可逆位移区域被磁化，磁场强度为 $0.1 \sim 8 \times 10^3 A/m$。在某些电磁参量为定值时，钢铁的成分、组织和性能等只与初始磁导率有关	1）分选速度快，适合定型产品的批量分选 2）存在双值时需配合其他方法 3）需要较高操作技能

（4）电磁无损检测技术在铸铁硬度分选中的应用 常用的铸铁有灰铸铁、可锻铸铁和球墨铸铁等，石墨形态可分为片状、团絮状和球状等，基体组织又可分为铁素体、珠光体、铁素体加珠光体等。对铁素体、珠光体和渗碳体，其初始磁导率依次降低，而矫顽力、剩磁依次增加。石墨是非铁磁相，石墨在基体中的形态不同，对基体的割裂程度不同，也对铸铁的初始磁导率等磁性能有一定影响。因此，根据铸铁在热处理过程中基体组织和石墨形态的变化而导致的初始磁导率等磁性能和硬度等力学性能的变化，便可用电磁法来进行铸铁件硬度和强度的无损检测与分选。

1）可锻铸铁件硬度分选。可锻铸铁件又分为铁素体基和珠光体基两种，以铁素体基居多。铁素体可锻铸铁件的机械加工性能主要是由硬度来决定的，其硬度要求一般为小于等于 150HBW。有许多可锻铸铁件除了要求单铸试棒的力学性能外，还要求对铸件进行百分之百硬度分选。

图 3-141 所示为铁素体可锻铸铁弯管硬度与 SZGY 仪数显值的关系。该产品硬度要求为小于等于 165HBW。由图 3-141 可见，在 140 ~ 170HBW 范围内符合线性关系。

**图 3-141 铁素体可锻铸铁弯管硬度与
SZGY 仪数显值的关系**

注：±2S 为概率计算中剩余标准离差。

图 3-142 所示为 KTH350-10 汽车差速器轴承盖硬度与 SGF-ⅡW 仪数显值的关系。该产品的硬度范围要求为 110 ~ 152HBW。结果表明，当硬度大于 110HBW 时，SGF-ⅡW 仪的显示值与其真实硬度值呈线性关系；当硬度小于 110HBW 时，SGF-ⅡW 仪数显值与真实硬度不对应。金相检验表明，由于存在枝晶状石墨，团絮状石墨又较小，石墨总体积分数低

于正常全为团絮状石墨情况，虽然实际硬度并不低，但也显示出较高的磁导率，即较低的硬度显示值。硬度偏高的试件金相研究表明，其组织为珠光体基体 + 团絮状石墨。根据分选仪工作原理，磁导率越低，仪器显示硬度越高，而珠光体的磁导率低于铁素体，所以在分选仪上显示出高硬度。该研究表明：对于非线性或双值现象需要用其他的检测方法配合，以对分选仪的分选结果进行判断。

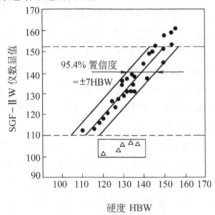

图 3-142　KTH350-10 汽车差速器轴承盖硬度与 SGF-ⅡW 仪数显值的关系

目前已实现了微机试验数字化检测，进一步提高了其检测铁素体可锻铸铁件和珠光体可锻铸铁件硬度的检测精度，在国内外均处于领先的水平。图 3-143 所示为珠光体可锻铸铁制摩托车凸轮轴硬度与 WGQ 仪数显值的关系。其检测精度在 HBW ±10 以内。

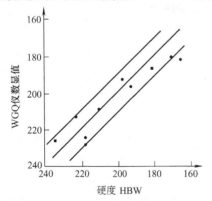

图 3-143　珠光体可锻铸铁制摩托车凸轮轴硬度与 WGQ 仪数显值的关系

实践表明，珠光体可锻铸铁件凸轮轴的硬度检测难度比铁素体可锻铸铁件的要大。因此，仪器的使用最好在生产单位指导下进行最为稳妥。

2）灰铸铁件和球墨铸铁件硬度分选。灰铸铁热

处理不当，也会出现白口组织，造成切削加工困难，而对承受较大应力的灰铸铁件，也会出现硬度不足等情况，故用电磁法进行检测是很必要的。检测方法与可锻铸铁件类似。用电磁分选仪也可以对球墨铸铁件硬度进行分选。图 3-144 所示为 QT600-2 凸轮轴等温淬火后硬度与 STGY 仪数显值的关系。硬度合格范围为 40 ~ 50HRC。STGY 仪数显小于 40 为过软，显示大于 50 为过硬。

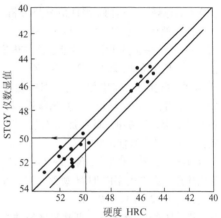

图 3-144　QT600-2 凸轮轴等温淬火后硬度与 STGY 仪数显值的关系

3.10　铸件表面粗糙度

铸件表面粗糙度的检测是采用比较样块的方法，按照 GB/T 15056—2017《铸造表面粗糙度　评级方法》执行。铸造表面粗糙度的参数值应符合 GB/T 6060.1 规定的铸造表面粗糙度比较样块，对被检铸件表面用视觉或触觉的方法进行对比，得出被检铸件的表面粗糙度值。

3.11　铸件尺寸精度

铸件尺寸精度是铸件质量的重要指标之一，铸件尺寸的检测根据不同的铸造工艺依照 GB/T 6414—2017 执行。该标准修订采用了国际标准 ISO 8062-3：2007《产品几何量技术规范（GPS）　模制尺寸和几何公差　第 3 部分：铸件一般尺寸、几何公差和机械加工余量》。铸造工艺包括砂型手工造型、砂型机器造型（包括高压造型、气动微振造型、震击造型等）、金属型、低压铸造、压力铸造和熔模铸造等，该标准规定了铸铁件各尺寸段公差等要求，给出了铸件尺寸公差等级、几何公差等级和机械加工余量等级。公差等级根据大批生产（5000 件以上）、成批生产（500 ~ 5000 件）以及小批和单件生产的铸件三个类别进行抽样检测。

参 考 文 献

[1] 机械工业理化检验人员技术培训和资格鉴定委员会. 化学分析 [M]. 北京：中国计量出版社，2008.

[2] 王毅，戴挺，张远明. 热分析法在铸铁成分检测及性能预测中的应用 [J]. 江苏冶金，2006，34 (4)：4-8.

[3] 张守魁，连峰，梁延德. 铸铁成分热分析 [J]. 中国现代教育装备，2004 (3)：28-31.

[4] 周小平. 灰铸铁成分检测及性能预测的热分析方法 [J]. 现代铸铁，2003 (3)：54-56.

[5] 任颂赞，张静江，陈质如，等. 钢铁金相图谱 [M]. 上海：上海科学技术文献出版社，2003.

[6] 黄天佑，都东，方刚. 材料加工工艺 [M]. 北京：清华大学出版社，2004.

[7] 齐育红，马永庆，张占平，等. Fe-C-Cr-Mn 亚稳奥氏体铸铁磨损表层的 TEM 观察 [J]. 摩擦学学报，2000，20 (3)：193-196.

[8] 罗俊祥，林明山，潘永宁. 低热膨胀铸铁之冶金性质研究 [J]. 铸造工程学刊，2004 (3)：32-45.

[9] 姜磊，杨弋涛，李晓辉，等. 低膨胀铸铁的线胀特性与工艺性能的试验研究 [J]. 铸造，2007，56 (9)：934-937.

[10] 何云斌，万静，樊景云，等. WGQ 型微机式电磁无损检测仪在可锻铸铁件硬度检测上的应用 [J]. 无损检测，2003，25 (3)：130-132，145.

[11] 杨善林，凌骥生，等. 金属液综合性能在线智能检测系统：CN101055261A [P]. 2007-10-17.

[12] 彭凡，原晓雷，等. 现代铸铁技术 [M]. 北京：机械工业出版社，2019.

[13] 全国钢标准化技术委员会. 金属材料　疲劳试验　疲劳裂纹扩展方法：GB/T 6398—2017 [S]. 北京：中国标准出版社，2017.

[14] 全国钢标准化技术委员会，金属平均晶粒度测定方法：GB/T 6394—2017 [S]. 北京：中国标准出版社，2017.

[15] 全国铸造标准化技术委员会，球墨铸铁件：GB/T 1348—2019 [S]. 北京：中国标准出版社，2019.

[16] 全国钢标准化技术委员会. 金属材料　布氏硬度试验　第1部分：试验方法：GB/T 231.1—2018 [S]. 北京：中国标准出版社，2018.

[17] 全国钢标准化技术委员会. 金属材料　洛氏硬度试验　第1部分：试验方法：GB/T 230.1—2018 [S]. 北京：中国标准出版社，2018.

[18] 全国钢标准化技术委员会. 金属材料　室温压缩试验方法：GB/T 7314—2017 [S]. 北京：中国标准出版社，2017.

[19] 全国铸造标准化技术委员会. 灰铸铁力学性能试验方法　第2部分：弯曲试验：GB/T 7945.2—2018 [S]. 北京：机械工业出版社，2018.

第4章 灰 铸 铁

灰铸铁是一种断面呈灰色，通过对成分和凝固过程的控制，碳主要以片状石墨形式出现的铁碳合金。

4.1 金相组织特点及其对性能的影响

灰铸铁的金相组织主要由片状石墨、金属基体和晶界共晶物组成。

4.1.1 石墨

1. 石墨的形状及分布

GB/T 7216—2009把灰铸铁中的片状石墨形状分为六种类型（见表4-1和图4-1）。国际标准和欧美标准则将其分为五种，没有F型片状石墨。图4-2所示为几种石墨在电子扫描电镜下的形态。

表4-1 石墨分布形状

石墨类型	说　　明	图　号
A	片状石墨呈无方向性均匀分布	图4-1a
B	片状及细小卷曲的片状石墨聚集成菊花状分布	图4-1b
C	初生的粗大直片状石墨	图4-1c
D	细小卷曲的片状石墨在枝晶间呈无方向性分布	图4-1d
E	片状石墨在枝晶二次分枝间呈方向性分布	图4-1e
F	初生的星状（或蜘蛛状）石墨	图4-1f

注：1. 图4-1c中只有那些粗大直片状石墨是C型石墨。

2. 图4-1e中只有在枝晶二次分枝间呈方向性分布的石墨是E型石墨。

3. 图4-1f中只有初生的星状（或蜘蛛状）石墨是F型石墨。

C型石墨是过共晶灰铸铁在凝固时形成的初生石墨。B型石墨是凝固开始时有过冷，共晶结晶时铁液温度上升而造成中心石墨细小、外层较大而成菊花状分布。F型石墨实质上仍然是过共晶灰铸铁的初生石墨，只是在单体铸造活塞环等细小截面件上出现的另一种形式的石墨。

2. 石墨长度分级

按GB/T 7216—2009，灰铸铁中的石墨长度分为八级，见表4-2和图4-3。

表4-2 石墨长度的分级

级别	在100×下观察石墨长度/mm	实际石墨长度/mm	图号
1	≥100	≥1	图4-3a
2	>50~100	>0.5~1	图4-3b
3	>25~50	>0.25~0.5	图4-3c
4	>12~25	>0.12~0.25	图4-3d
5	>6~12	>0.06~0.12	图4-3e
6	>3~6	>0.03~0.06	图4-3f
7	>1.5~3	>0.015~0.03	图4-3g
8	≤1.5	≤0.015	图4-3h

4.1.2 基体

按组织特征，铸态或经热处理后的灰铸铁基体可以是铁素体、片状珠光体、粒状珠光体、托氏体、粒状贝氏体、针状贝氏体、马氏体和奥铁体（见表4-3及图4-4）。

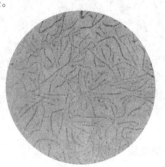
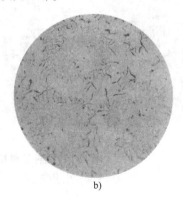

a)　　　　　　　　　　b)

图4-1 石墨分布形状　×100
a) A型　b) B型

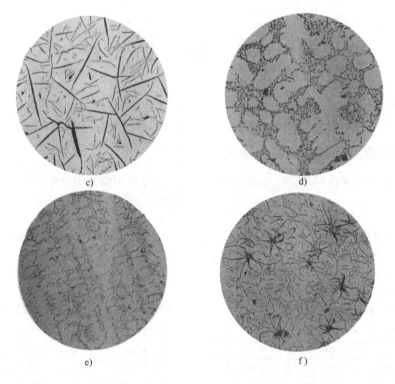

图4-1　石墨分布形状　×100（续）

c) C型　d) D型　e) E型　f) F型

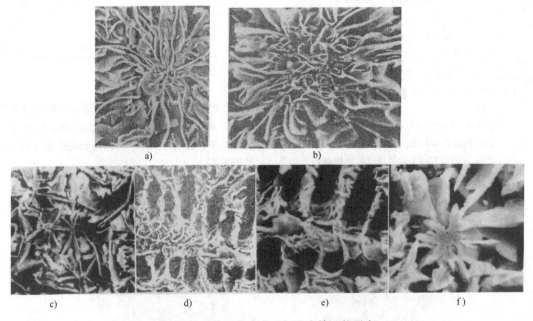

图4-2　几种石墨在电子扫描电镜下的形态

a) A型　b) B型　c) C型　d) D型　e) E型　f) F型

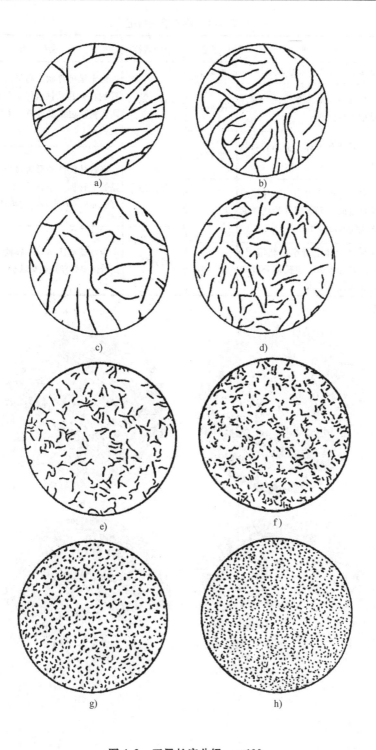

图 4-3　石墨长度分级　×100

a) 1 级　b) 2 级　c) 3 级　d) 4 级　e) 5 级　f) 6 级　g) 7 级　h) 8 级

表4-3　基体组织特征

组织名称	说　明	图号	组织名称	说　明	图号
铁素体	白色块状组织为α铁素体	图4-4a	针状贝氏体	形态呈针片状，高倍观察时，可看到在针片状铁素体上分布着点状碳化物，边缘多分枝，无明显夹角关系	图4-4f
片状珠光体	珠光体中碳化物和铁素体均成片状，近似平行排列	图4-4b			
粒状珠光体	在白色铁素体基体上分布着粒状碳化物	图4-4c	马氏体	高碳马氏体外形为透镜状，有明显的中脊面，不回火时针面明亮。有明显的60°或120°夹角特征	图4-4g
托氏体	在晶界呈黑团状组织，该种组织在高倍观察时，可看到针片状铁素体和碳化物的混合体	图4-4d			
粒状贝氏体	在大块铁素体上有小岛状组织，岛内可能是奥氏体，奥氏体分解产物（珠光体或马氏体）	图4-4e	奥铁体	由富碳奥氏体和低碳铁素体组成铁素体呈针状或条束状分布	图4-4h

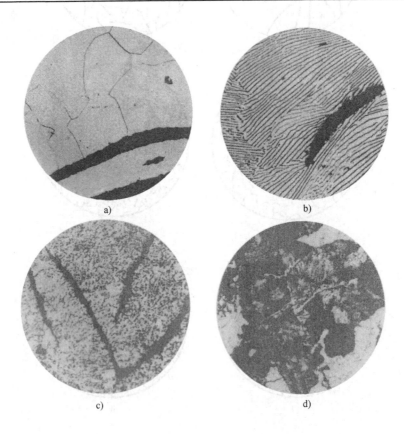

图4-4　基体组织特征　×500

a) 铁素体　b) 片状珠光体　c) 粒状珠光体　d) 托氏体

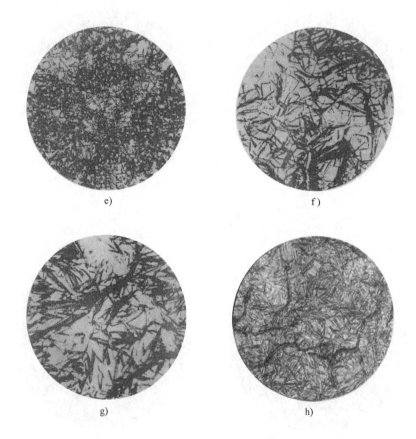

e) f)

g) h)

图 4-4 基体组织特征 ×500（续）

e）粒状贝氏体 f）针状贝氏体 g）马氏体 h）奥铁体

灰铸铁基体中最常见的是片状珠光体，它是铁素体和渗碳体片层相间、交替排列的组织，按其片层间距大小，老标准将其分为四级，现行标准则不再作规定。

珠光体数量（珠光体 + 铁素体 = 100%）直接影响灰铸铁的抗拉强度，它按 A（薄壁件）、B（厚壁件）两组分八级进行评定（见表 4-4 及图 4-5）。

4.1.3 碳化物

碳化物是碳与一种或多种元素间的化合物，按其

分布形状可分为针条状、网状、块状和莱氏体状（参见第 3 章）。按其在大多数视场中的百分比分六级进行评定（见表 4-5 及图 4-6）。

4.1.4 磷共晶

磷共晶按其组成可分为二元磷共晶、三元磷共晶、二元磷共晶-碳化物复合物及三元磷共晶-碳化物复合物四种类型（参见第 3 章）。其中含磷相主要是 Fe_2P 和 Fe_3P 两种。

表 4-4 珠光体数量分级

级别	名称	珠光体数量（体积分数，%）	图 号 薄壁铸件 A	图 号 厚壁铸件 B	级别	名称	珠光体数量（体积分数，%）	图 号 薄壁铸件 A	图 号 厚壁铸件 B
1	珠98	≥98	图 4-5a	图 4-5b	5	珠70	<75~65	图 4-5i	图 4-5j
2	珠95	<98~95	图 4-5c	图 4-5d	6	珠60	<65~55	图 4-5k	图 4-5l
3	珠90	<95~85	图 4-5e	图 4-5f	7	珠50	<55~45	图 4-5m	图 4-5n
4	珠80	<85~75	图 4-5g	图 4-5h	8	珠40	<45	图 4-5o	图 4-5p

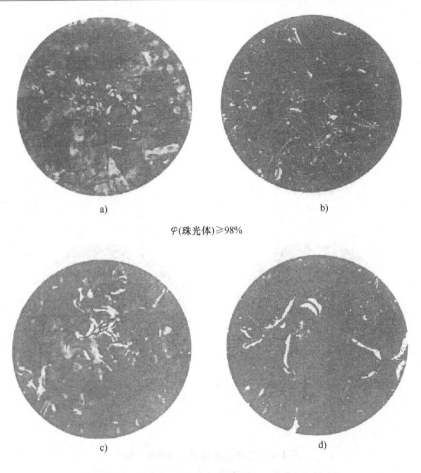

a)　　　　　　　　　　　　　　　　　　b)

φ(珠光体)≥98%

c)　　　　　　　　　　　　　　　　　　d)

φ(珠光体)=95%~98%

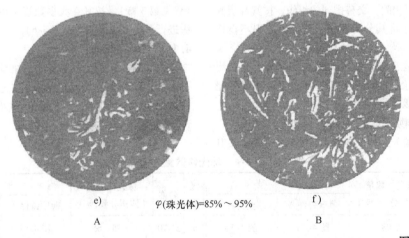

e)　　　　　φ(珠光体)=85%~95%　　　　　f)

A　　　　　　　　　　　　　　　　　　B

图 4-5　珠光体

a)、b) 珠98　c)、d) 珠95　e)、f) 珠90

A—薄壁铸件

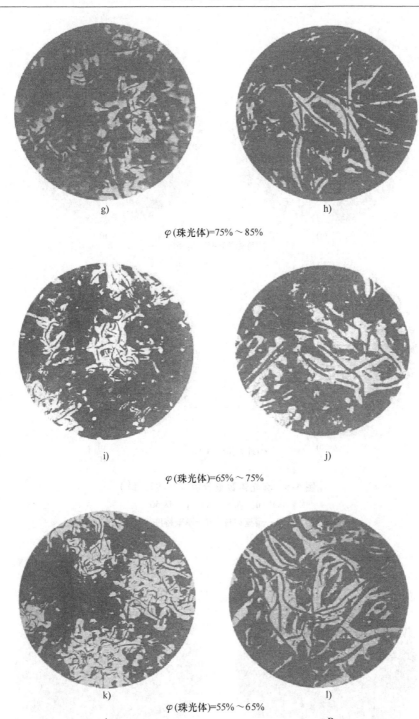

φ(珠光体)=75% ~ 85%

φ(珠光体)=65% ~ 75%

φ(珠光体)=55% ~ 65%

A　　　　　　　　　　　　　　B

数量分级　×100

g)、h) 珠80　i)、j) 珠70　k)、l) 珠60

B—厚壁铸件

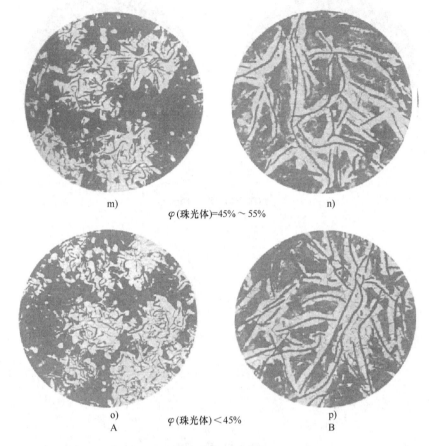

m)

n)

φ(珠光体)=45%～55%

o)

A

φ(珠光体)<45%

p)

B

图4-5　珠光体数量分级　×100（续）

m）、n）珠50　o）、p）珠40

A—薄壁铸件　B—厚壁铸件

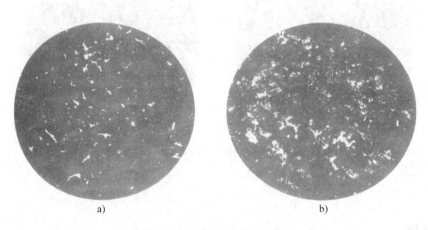

a)

b)

图4-6　碳化物数量分级　×100

a）碳1　b）碳3

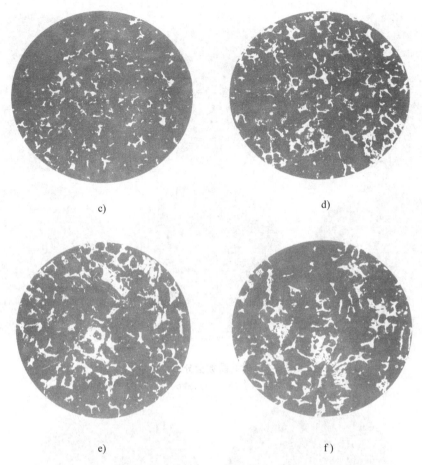

c)   d)

e)   f)

图 4-6 碳化物数量分级 ×100（续）

c）碳 5　d）碳 10　e）碳 15　f）碳 20

表 4-5　碳化物数量分级

级别	名称	碳化物数量（体积分数,%）	图号
1	碳 1	≈1	图 4-6a
2	碳 3	≈3	图 4-6b
3	碳 5	≈5	图 4-6c
4	碳 10	≈10	图 4-6d
5	碳 15	≈15	图 4-6e
6	碳 20	≈20	图 4-6f

磷共晶按其数量百分比分为六级，见表 4-6 和图 4-7。按其在共晶团晶界的分布形式可分为孤立块状、均匀分布、断续网状及连续网状四种（见图 4-8）。

表 4-6　磷共晶数量分级

级别	名称	磷共晶数量（体积分数,%）	图号
1	磷 1	≈1	图 4-7a
2	磷 2	≈2	图 4-7b
3	磷 4	≈4	图 4-7c
4	磷 6	≈6	图 4-7d
5	磷 8	≈8	图 4-7e
6	磷 10	≥10	图 4-7f

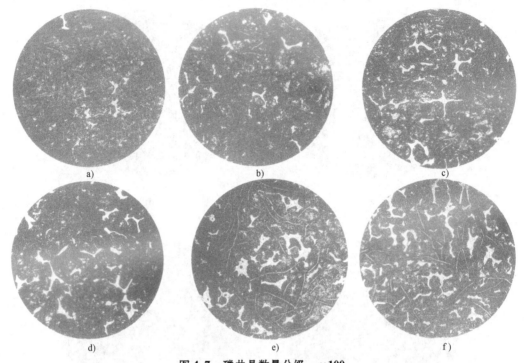

图4-7　磷共晶数量分级　×100

a）磷1　b）磷2　c）磷4　d）磷6　e）磷8　f）磷10

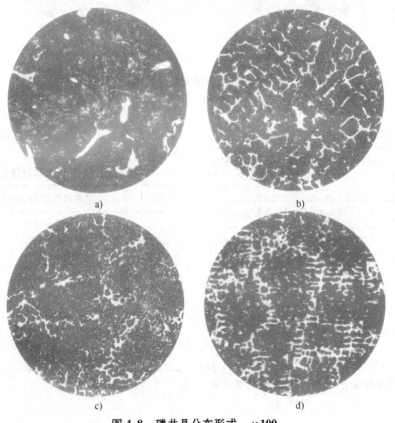

图4-8　磷共晶分布形式　×100

a）孤立块状　b）均匀分布　c）断续网状　d）连续网状

4.1.5 共晶团

按 GB/T 7216—2009 规定，灰铸铁共晶团数量根据选择的放大倍数，按 A、B 两级分八级进行评定（见表 4-7 和图 4-9）。

表 4-7 共晶团数量分级

级别	共晶团数量/个				实际共晶团数量/（个/cm²）
	直径 70mm 图片中放大 10 倍	图号	直径 87.5mm 图片中放大 50 倍	图号	
1	>400	4-9a	>25	4-9i	>1040
2	≈400	4-9b	≈25	4-9j	≈1040
3	≈300	4-9c	≈19	4-9k	≈780
4	≈200	4-9d	≈13	4-9l	≈520
5	≈150	4-9e	≈9	4-9m	≈390
6	≈100	4-9f	≈6	4-9n	≈260
7	≈50	4-9g	≈3	4-9o	≈130
8	<50	4-9h	<3	4-9p	<130

4.1.6 金相组织对性能的影响

金相组织决定了灰铸铁的各种性能。炉料构成、化学成分、熔炼方式、铁液过热与孕育处理、冷却速度、热处理等各种因素最终都是通过改变金相组织而影响灰铸铁性能的。

1. 石墨的影响

灰铸铁形成共晶石墨的碳量（EMG）可用下列公式计算：

$$EMG = w(C_总) - 1.3 + 0.1w(Si + P) \quad S_c \leqslant 1.0$$
$$EMG = 2.93 - 0.22w(Si + P) \quad S_c \geqslant 1.0$$

式中　$w(C_总)$——灰铸铁中总碳的质量分数（%）；

　　　$w(Si)$——硅的质量分数（%）；

　　　$w(P)$——磷的质量分数（%）；

　　　S_c——共晶度（计算法见第 2 章 2.2.6 节或本章第 4.3 节）。

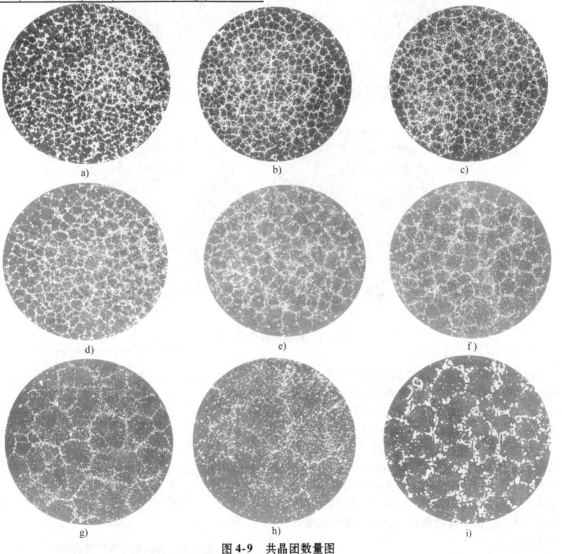

a)　　　　　　　　b)　　　　　　　　c)

d)　　　　　　　　e)　　　　　　　　f)

g)　　　　　　　　h)　　　　　　　　i)

图 4-9 共晶团数量图

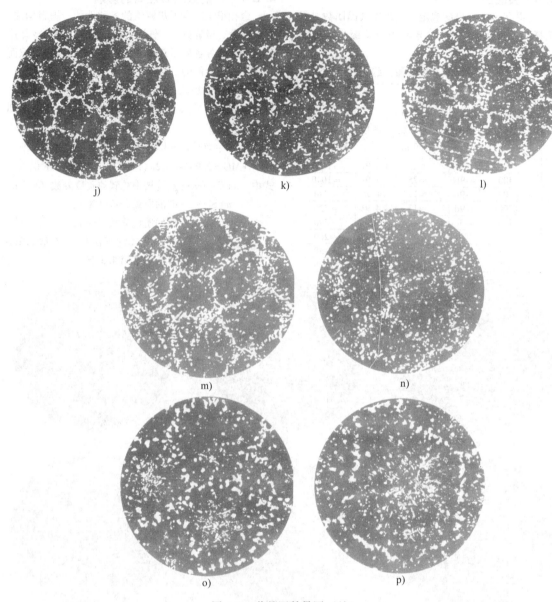

图 4-9　共晶团数量图（续）

形成石墨的碳量与总碳量之比称为墨化度。灰铸铁中共晶石墨的析出引起了体积的增加，在正常情况下能减少收缩和缩孔，但在型壁刚度不够和铁液补缩不足时，往往会造成铸件的缩松缺陷（见图4-10）。

石墨本身的力学性能很差，片状石墨的尖锐头部又易引起应力集中，因此石墨的数量、大小、形状及分布与灰铸铁的力学性能密切相关。由表4-8和图4-11～图4-13可知，石墨数量增加，石墨变粗，降低了抗拉强度、挠度、疲劳强度和弹性模量。

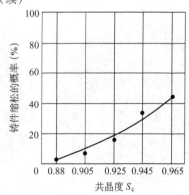

图 4-10　共晶度与铸件缩松概率

表 4-8　石墨对灰铸铁强度和挠度的影响

w(总碳量)(%)	w(化合碳量)(%)	w(石墨碳量)(%)	粗大石墨			细小石墨		
			抗拉强度/MPa	抗弯强度/MPa	挠度/mm	抗拉强度/MPa	抗弯强度/MPa	挠度/mm
3.69	0.38	3.31	136	255	7.2	—	—	—
	0.04	3.65	—	—	—	188	434	16.4
3.36	0.36	3.00	185	297	10.1	—	—	—
	0.09	3.27	—	—	—	233	510	22
3.27	0.43	2.84	205	345	10.2	—	—	—
	0.14	3.13	—	—	—	295	590	32
2.79	0.48	2.31①	325	442	3.4	—	—	—
	0.05	2.74	—	—	—	428	731	

① 石墨呈团絮状。

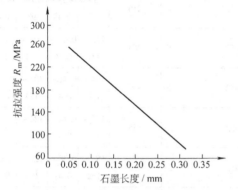

图 4-11　石墨长度与抗拉强度的关系

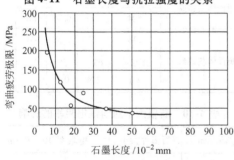

图 4-12　石墨长度与弯曲疲劳强度的关系

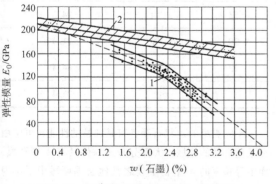

图 4-13　石墨量与弹性模量 E_0 的关系

1—片状石墨　2—蠕虫状石墨 + 球状石墨

片状石墨的存在破坏了灰铸铁基体的连续性，因此灰铸铁比蠕墨铸铁、球墨铸铁易产生渗漏（见图 4-14），而且片状石墨越大，灰铸铁致密性越低（见图 4-15）。基体相同时，灰铸铁的抗渗透压力与碳含量关系可用下式表示：

$$渗透压力\ p = 103.6 - 7.5w(C)$$

式中　p——渗透压力（P）；

　　w（C）——碳的质量分数（%）。

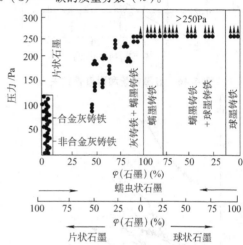

图 4-14　石墨形状对铸铁渗漏压力的影响

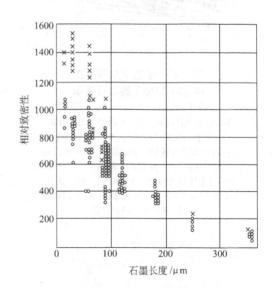

图 4-15　石墨长度对致密性的影响

×—合金灰铸铁　〇—非合金灰铸铁

图 4-16 表明，单位面积石墨数量增多加快了灰铸铁的磨损。片状石墨的优点是增加了灰铸铁的吸振能力（见图 4-17），减少了对外来缺口的敏感性（见表 4-9），提高了导热能力（见图 4-18），但片状石墨的变粗会降低导电能力（见表 4-10）。

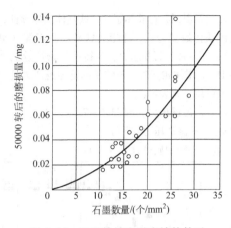

图 4-16　石墨数量和耐磨性的关系

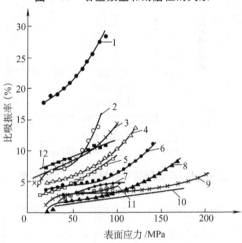

图 4-17　室温下灰铸铁在
10 次/s 扭振下的比吸振率

1—灰铸铁[$w(C) = 3.56\%$, $R_m = 171MPa$]
2—Ni 奥氏体铸铁　3—灰铸铁（252MPa）
4—灰铸铁（304MPa）　5—NiCu 奥氏体铸铁
6—过冷石墨灰铸铁（202MPa）　7—可锻铸
铁（554MPa）　8—珠光体球墨铸铁（729MPa）
9—铁素体球墨铸铁（355MPa）　10—碳钢
[$w(C) = 0.08\%$]　11—可锻铸铁（335MPa）
12—灰铸铁（212MPa）

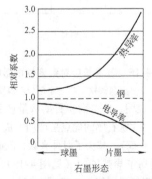

图 4-18　石墨形态对热导率和电导率的影响

表 4-9　缺口对灰铸铁疲劳性能的影响

铸铁牌号 （英国标准）		$\phi30mm$ 试棒最小抗拉强度/MPa	疲劳极限			
			无缺口		有缺口	
			极限应力/MPa	疲劳比	极限应力/MPa	疲劳比
低强度		138	64	0.47	64	0.47
BS1452Grade（级）	10	154	62 ~ 69	0.41 ~ 0.45	56 ~ 69	0.36 ~ 0.45
BS1452	12	185	83	0.45	66 ~ 97	0.34 ~ 0.44
BS1452	14	216	73 ~ 97	0.33 ~ 0.45	73 ~ 93	0.33 ~ 0.43
BS1452	17	263	119 ~ 131	0.45 ~ 0.46	108 ~ 131	0.41 ~ 0.45
BS1452	20	309	124 ~ 139	0.41 ~ 0.45	105 ~ 124	0.34 ~ 0.40
BS1452	23	355	147 ~ 151	0.44 ~ 0.45	124 ~ 130	0.36
BS1452	26	402	153 ~ 162	0.38 ~ 0.41	128 ~ 153	0.32 ~ 0.38
贝氏体灰铸铁		477	178	0.38	162	0.35
		524	178	0.34	131	0.32
奥氏体灰铸铁		218	83	0.38	48	0.22
		170 ~ 241	63 ~ 124	0.36 ~ 0.5	—	—

表 4-10　石墨大小对铸铁电阻率的影响

壁厚/mm	石墨片大小	电阻率/$10^{-8}\Omega \cdot m$
75	粗	103.6
53	较粗	94.6
30	中等	91.4
22	较细	84.4
15	细	77.4

不同类型的片状石墨各有其独特的性能，可应用在某些特殊的领域：大部分灰铸铁件具有 A 型石墨，而中等长度的 A 型石墨较之其他石墨更适用于如内燃机缸套（筒）类型的摩擦情况；C 型石墨由于增加热导率、降低弹性模量，降低了热应力，从而提高

了抗热冲击的能力；D 型石墨在不加合金情况下往往伴随着铁素体的产生，在铸件中产生软点，但切削加工后能获得较细的表面粗糙度；E 型石墨往往可在珠光体基体上获得，其耐磨性可像珠光体加 A 型石墨的组织一样好。

2. 基体的影响

灰铸铁各基体组分的性能有着很大的差异（见表 4-11）。铁素体强度和硬度低、塑性高，为了获得高强度灰铸铁，除了要注意石墨形状、分布和数量外，应力争获得百分之百的细小珠光体基体。图 4-19 和表 4-12 表明了基体与硬度的关系，从铁素体变成珠光体，灰铸铁的硬度可提高 50% 左右，随之抗拉强度和抗压强度也有提高（见图 4-20 和图 4-21）。

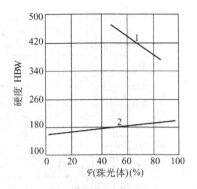

图 4-19　基体中珠光体数量对灰铸铁硬度的影响
1—白口铸铁　2—灰铸铁

表 4-11　灰铸铁各基体组分的性能

基体组分	抗拉强度/MPa	伸长率(%)	硬度		固态密度/ρ (g/cm³)	比热容/[10⁻³J/(kg·K)]				热导率/[W/(m·K)]			电阻率/10⁻⁶ Ω·m	居里点/℃	冲击韧度 a_K[1]/(J/cm²)
			HBW	HV		20℃	138℃	642℃	896℃	0~100℃	500℃	1000℃			
铁素体	250	61	90 (75~150)	—	7.86	—	—	—	—	71.1756 ~ 79.5492	41.868	29.3076	—		300
珠光体	700	10	200 (175~330)		7.78					50.2416	43.9614				30~40
索氏体	850	10	250	—	—		—								
渗碳体 Fe₃C	20	0	550	800~1080	7.66		150℃ 0.6238		850℃ 0.9211	71.1756				205~220	
石墨	<20	—	3	—	2.25	0.7118	1.0635	1.8631	1.9008	沿C轴 83.736 / 沿基面 293.076 ~ 418.68	83.736 ~ 125.604	41.868 ~ 62.808	100.0 / 0.300	—	
磷共晶	—	—	二元 900~950 三元	750~800	7.32										
奥氏体 w(C)=0.9%	—	—	—	—	7.84										
马氏体 w(C)=0.9%	—	—	—	—	7.63										

注：括号内数字表示溶有合金元素时的硬度值。

[1]　对于无缺口试样 $a_K \approx K$。

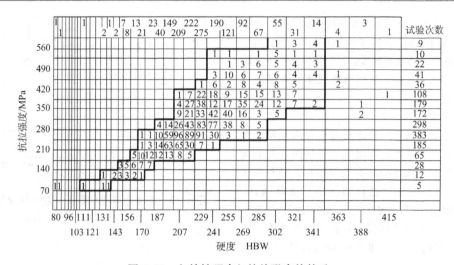

图4-20　灰铸铁硬度与抗拉强度的关系

表4-12　基体与灰铸铁硬度的关系

铸铁类别	布氏硬度 HBW
铁素体铸铁,退火	110～140
奥氏体铸铁	140～160①
铁素体、珠光体铸铁	140～180
珠光体铸铁	160～220
低合金化的珠光体铸铁	200～250
回火马氏体铸铁类	260～350
马氏体铸铁	350～450

① 可用铬提高到220HBW。

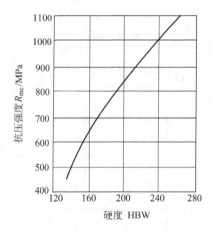

图4-21　灰铸铁硬度与抗压强度的关系

图4-22所示为基体中铁素体含量与灰铸铁断裂韧度 K_{IC} 之间的关系。灰铸铁的 K_{IC} 随铁素体含量减少、强度的提高而提高,并在铁素体体积分数为10%～20%处有一峰值。

图4-23和表4-13表明了不同基体对耐磨性的影响,珠光体基体比铁素体基体耐磨。

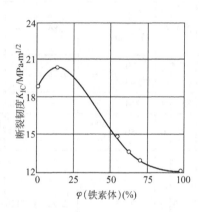

图4-22　铁素体含量与灰铸铁断裂韧度 K_{IC} 的关系

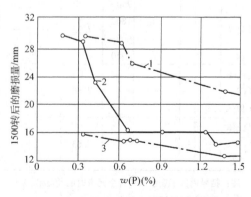

图4-23　基体组织与磷含量对耐磨性的影响

1—铁素体　2—铁素体＋珠光体　3—珠光体

表4-13 珠光体含量对铸铁耐磨性的影响

基体	珠光体(体积分数,%)	100	90	40	—
	铁素体(体积分数,%)	—	10	60	100
滑动磨损/(g/cm²)		2.39×10^{-7}	2.99×10^{-7}	2.01×10^{-6}	2.73×10^{-5}
相对磨损(%)		1.0	1.25	8.41	114.2

3. 共晶团的影响

共晶团的细化能明显提高灰铸铁的强度性能（见图4-24和图4-25）。按图4-25，灰铸铁的抗拉强度（单位：MPa）可按下式计算：

$$R_m = \left[8.8 + 5.52\ln\left(\frac{共晶团数量/(个/cm^2)}{10} \right) \right] \times 9.81$$

增加共晶团数量也可以减少白口倾向（见图4-26）。

灰铸铁共晶团数量受炉料、化学成分、熔化工艺、孕育剂与孕育方法、冷却速度等各种因素的影响。过多的共晶团数量不仅会增加缩孔（见图4-27和图4-28），而且由于结晶时"糊状凝固"造成的缩松倾向，以及共晶石墨膨胀引起的型壁移动都会增加铸件缩松渗漏的危险（见表4-14）。合适的共晶团数量只能按各自的生产条件和所生产铸件的要求来控制。

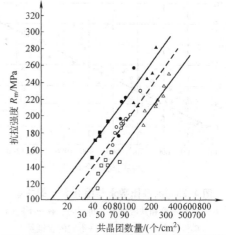

CE(%)	φ12.5mm	φ25mm	φ37.5mm
4.46	△	○	□
3.70	▲	●	■

图4-25 共晶团数量与抗拉强度的关系

表4-14 缩松程度与共晶团数量关系

缩松程度	微量	少量	较严重	严重
共晶团数量/(个/cm²)	236	320~400	590	700

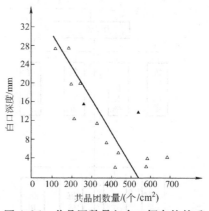

图4-26 共晶团数量与白口倾向的关系

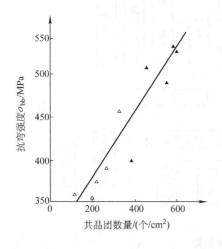

图4-24 共晶团数量与抗弯强度的关系

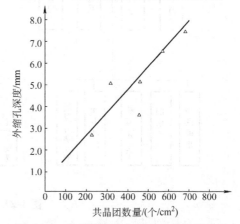

图4-27 共晶团数量与铸件外缩孔的关系

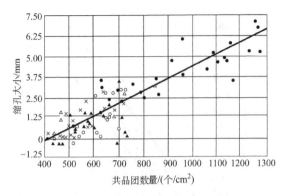

图 4-28　共晶团数量与缩孔大小的关系

△—出铁温度和铁液停留时间不同　●—不同的
硅铁孕育剂加入量　○—不同的含锰量
×—不同的硫含量

4.2　灰铸铁的性能

灰铸铁的性能可分为力学性能、物理性能、使用性能和工艺性能（见图4-29）。

4.2.1　力学性能

灰铸铁的力学性能数据一般都从单铸的 ϕ30mm 试棒上获得。由于灰铸铁的组织和力学性能受凝固区间和共析相变区间冷却速度的影响很大，故从试棒上测得的性能并不完全能代表形状、壁厚与试棒不同的实际铸件的性能。图 4-30 所示为用楔形试块表示铸件不同壁厚造成各部分冷却速度不同而引起的组织、性能变化，所以从试棒上获得的数据仅代表在约定的条件下所浇铸铁件的组织和力学性能。对于有特殊要求的铸件，可按其关键部位壁厚、选用冷却速度与其相近的单铸试棒或附铸试棒来测定性能。表 4-15 列出了英国标准推荐的试棒尺寸。对于内燃机轿车缸体，多用单铸的 ϕ15mm 试棒来测试其性能，测定方法参见第 3 章及本卷附录。

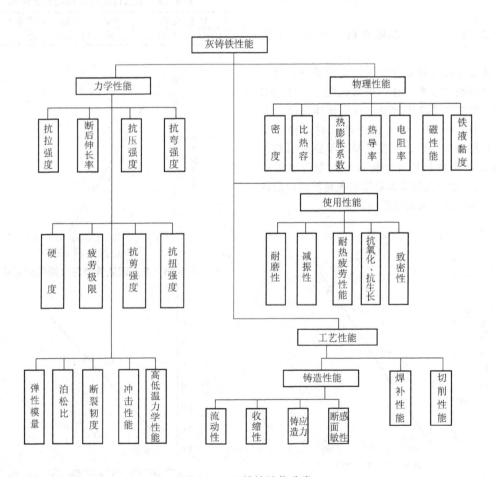

图 4-29　灰铸铁性能分类

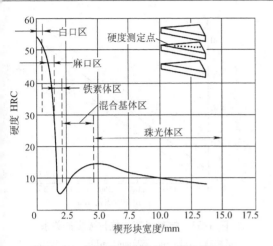

图 4-30　铸件壁厚对组织、性能的影响

试验用铁液成分的质量分数为：$C = 3.52\%$，
$Si = 2.55\%$，$Mn = 1.01\%$，
$P = 0.215\%$，$S = 0.086\%$

表 4-15　英国标准推荐的试棒尺寸

试棒直径/mm	代表铸件的平均壁厚/mm
15	≤10
22	11 ~ 19
30	20 ~ 29
41	30 ~ 41
53	>41

1. 抗拉强度

抗拉强度是评价灰铸铁的主要性能指标，各国都以抗拉强度大小来划分灰铸铁的等级。承受拉伸和弯曲负荷的灰铸铁件必须计算拉应力，计算时取用的安全因数在 2 ~ 12 之间。

图 4-31 所示为试棒直径对普通灰铸铁抗拉强度的影响。由于化学成分和浇注温度等的不同，实际情况可能会和曲线有 15 ~ 23MPa 的差别。曲线表明，试棒直径增大，同一级别铸铁的强度下降。曲线左端强度下降的原因是试棒中出现了 D 型石墨及其伴随着的铁素体或麻口组织所引起。灰铸铁的级别越高，产生强度下降的试棒直径也越大。

根据大量的试验数据，得到了一些计算抗拉强度的关系式，并在数字模拟及热分析仪中得到了应用。例如，基体为珠光体的 $\phi 30$mm 试棒的抗拉强度（单位：MPa）可按以下经验公式计算：

$$R_m = 786.5 - 150 \times w(C)\% - 47 \times w(Si)\% + 45 \times w(Mn)\% + 219 \times w(S)\%$$

式中　$w(C)\%$、$w(Si)\%$、$w(Mn)\%$、$w(S)\%$——试棒

中碳、硅、锰、硫的质量分数。

计算值和实测值的差值小于 25MPa。

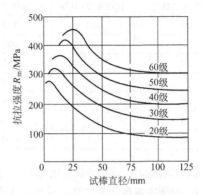

图 4-31　试棒直径对普通灰铸铁抗拉强度的影响

（20、30…60 级是美国灰铸铁牌号）

铸件上某部位的抗拉强度（单位：MPa）可用化学成分和该处的硬度按以下经验公式来计算：

$$R_{m件} = 258.3 + 1.275HBW - 67.3 \times w(C)\% - 25 \times w(Si)\% - 31 \times w(P)\%$$

计算值与实际值之差在 ±21MPa 之内，冷却速度已通过该处的硬度来反映。

合金元素对抗拉强度的影响因子可按以下经验公式计算：

$$X = 0.57 \times w(V)\% + 0.23 \times w(Cr)\% + 0.01 \times w(Mn)\% - 1.7 \times w(S)\% + 0.06 \times w(Cu)\% + 0.065 \times w(Ni)\% + 0.45 \times w(Mo)\%$$

此时试棒或铸件抗拉强度的计算式分别为

$$R'_m = R_m(1 + X) \text{ 或 } R'_{m件} = R_{m件}(1 + X)$$

2. 断后伸长率

灰铸铁的断后伸长率很低，从 HT150 ~ HT300 的灰铸铁，其拉伸断裂时的断后伸长率在 0.3% ~ 0.8% 之间，且随抗拉强度的提高而提高，随硅含量的提高而降低。断裂时灰铸铁的永久变形为 0.2% ~ 0.6%。

断后伸长率和疲劳极限有着一定的联系，因而结构设计师提出了生产抗拉强度大于 300MPa、断后伸长率大于 1% 的灰铸铁要求。国外某公司利用高碳 $[w(C) = 3.5\%]$ 低硅 $[w(Si) = 1.4\%]$ 合金铸铁，得到了抗拉强度大于 350MPa、断后伸长率大于 1.3% 的灰铸铁，而且高的碳量保证了高的导热能力，有好的耐热疲劳性能。

3. 抗压强度

灰铸铁用作机器底座、支承重量等构件时需计算抗压强度。灰铸铁的抗压强度非常高（见表 4-16），

一般是钢的 3 ~ 4 倍。

表 4-16　灰铸铁的抗压强度

美国灰铸铁牌号	抗拉强度/MPa	抗压强度/MPa
20	152	572
25	179	669
30	214	752
35	252	855
40	293	965
50	362	1130
60	431	1293

测定抗压强度时，试样的长径比为 2:1。若长径比为 1:1，则测得的抗压强度比长径比 2:1 时的高10% ~ 12%。

灰铸铁的抗压强度值（MPa）和硬度值（HBW）之间有一定关系：对未经孕育的灰铸铁，其比值为3.4 ~ 4.0；对孕育后的灰铸铁，硬度小于 175HBW 时比值小于 3.7，硬度大于 175HBW 时比值大于 3.7。

与钢、可锻铸铁等韧性材料不同，灰铸铁在压缩负载下破坏之前几乎没有塑性变形。在低应力下，压缩弹性模量要比拉伸弹性模量大 3% ~ 5%。

4. 抗弯强度

抗弯强度通常在未经加工的 $\phi30mm$ 标准试棒上测定。由于灰铸铁受力时不符合胡克定律，其截面中不受应力的轴线并不处在截面中心，而在靠近受压应力的一边，故按塑性材料弯曲应力计算公式算出的应力要大于实际表面所受的应力，一般在 1.3 ~ 2.1 倍之间，抗拉强度值越高，此值越低。

从直径 15 ~ 40mm 圆柱试棒上测出的抗弯强度、抗拉强度之间有很好的线性关系（见图 4-32），这也是过去把抗弯强度作为灰铸铁另一个分级指标的原因。但由于不加工试棒往往会带来更多不稳定因素，各国都不再以抗弯强度作为评定灰铸铁的力学性能指标。

抗弯强度（单位：MPa）可根据共晶度 S_c 近似计算：

$$\sigma_{bb} = 1365 - 971S_c$$

灰铸铁在弯曲断裂前有一挠度，此值取决于弹性模量和抗拉强度、抗弯强度。较低强度的灰铸铁其弹性模量也小，挠度值就高。实际上，挠度大小和灰铸铁中磷含量的关系要比强度的关系更密切。磷含量相近，抗拉强度相差 1 ~ 2 个牌号的灰铸铁其挠度也相近；磷的质量分数大于 1%，则其挠度只有磷的质量分数是 0.2% 时的 50% ~ 80%。

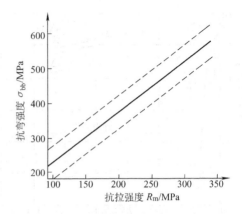

图 4-32　抗弯强度与抗拉强度的关系
试棒直径 $\phi15mm$、$\phi22mm$、$\phi30mm$、$\phi40mm$

5. 硬度

硬度在一定条件下可表示灰铸铁的强度大小、耐磨性高低以及切削性能的好坏。

灰铸铁的硬度值与石墨和基体两者硬度的值有关，它的大小很大程度上取决于石墨的形状、分布和数量。表 4-17 表明，尽管基体硬度相近，铸铁的硬度随总碳量的降低或石墨由 A 型转变为 D 型都有明显的提高。

表 4-17　石墨类型和分布对淬硬灰铸铁硬度的影响

石墨类别	w(总碳量)(%)	铸铁硬度 HRC	基体硬度 HRC
A	3.06	45.2[①]	61.5
A	3.53	43.1	61.0
A	4.00	32.0	62.0
D	3.33	54.0	62.5
D	3.60	48.7	60.5

① 此值对 w(C) = 3.06% 的硬度不典型，应为48 ~ 50HRC。

早期人们认为硬度和抗拉强度之间呈线性关系，但实际上并非如此，而是如图 4-20 和图 4-33 所示。也即由于石墨的存在，两者之间的关系和钢是不同的。

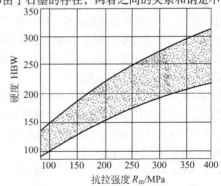

图 4-33　硬度和抗拉强度的关系

提高硬度有利于材质耐磨性的提高，但两者之间也没有明确的关系。

布氏硬度可根据试棒化学成分按以下经验公式计算：

$$HBW = 444 - 71.2 \times w(C)\% - 13.9 \times w(Si)\% + 21 \times w(Mn)\% + 170 \times w(S)\%$$

计算精度为 12.46HBW。

抗拉强度和布氏硬度之比

$$m = \frac{R_m}{HBW}$$

是评述灰铸铁切削性能的指标。m 值大，表明在较高强度时，硬度值相对较低，从而有良好的切削性能。有的工厂取 $m = 1 \sim 1.4$ 作为灰铸铁的内控指标，式中 R_m 单位为 MPa。

6. 抗剪强度

有关抗剪强度的研究不多，有些数据还互相矛盾。灰铸铁的抗剪强度一般为抗拉强度的 $1.1 \sim 1.6$ 倍，且抗拉强度高时此值也高。

7. 抗扭强度

承受纯扭的灰铸铁试棒最终因超过抗拉强度而断裂，且趋于产生螺旋形断裂面。

实心扭转棒的抗扭强度与抗拉强度之比在 $1.11 \sim 1.45$ 之间，抗拉强度高的此比值小。壁厚相对于外径很小的空心灰铸铁管，其抗扭强度与抗拉强度的比值与抗拉强度绝对值关系不大，基本上是一常数。试验也表明，试棒直径越大，其抗扭强度越小。

抗扭弹性模量通常是拉伸弹性模量的 $0.35 \sim 0.4$ 倍。

8. 拉伸弹性模量

石墨的存在使灰铸铁在很小的应力下就会发生塑性变形，这使灰铸铁在受拉伸或压缩负载时不服从胡克定律。其应力-应变曲线与钢不同，没有直线段和屈服点（见图 4-34），在卸载时应变曲线也不是直线。

图 4-35 所示为不断增加应力水平反复拉伸时的应力-应变曲线。试棒受到拉伸载荷越大，卸载后产生的残余变形也越大。这种现象在受压缩载荷时也存在。表明灰铸铁没有一个固定的弹性模量。

用切线法求得无应力下灰铸铁的弹性模量 E_0，用割线法求得任一应力处弹性模量，可得图 4-36 所示的弹性模量与应力的关系。可用下式表示：

$$E = E_0 - b\sigma$$

式中　E——应力为 σ 时的弹性模量（MPa）；

　　　σ——试件所受应力（MPa）；

　　　E_0——零应力时的弹性模量（MPa）；

　　　b——系数，与石墨形状、数量等有关。

灰铸铁的 E_0 也可按以下经验公式计算，精度可至 6760MPa。

$$E_0 = 313175 - 49014 \times w(C)\% - 14082 \times w(Si)\%$$

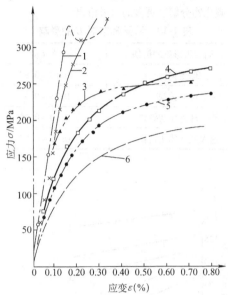

图 4-34　各种金属在拉伸时的典型应力-应变曲线

1—低碳钢　2—珠光体球墨铸铁　3—铁素体球墨铸铁　4—无磁性奥氏体球墨铸铁　5—耐蚀奥氏体球墨铸铁　6—英国标准 1425 中 14 级灰铸铁

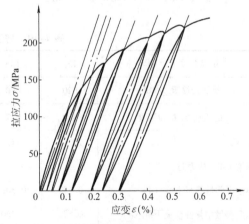

图 4-35　灰铸铁的拉伸应力-应变曲线

（试验用灰铸铁抗拉强度为 232MPa）

影响灰铸铁弹性模量的最重要因素是片状石墨的数量和形状。E_0 随石墨数量的增加而降低（见图 4-13）。石墨切割基体作用越大，弹性模量越小（见表 4-18）。D 型石墨比 A 型石墨有较高的 E_0，并且随应力的增加，下降速度比较小（见图4-37）。磷对 E_0 影响不大，但有增加 E 的趋势。石墨量一定时，基体对 E_0 影响不大，退火铁素体灰铸铁弹性模量低是由于碳化物分解、更多的石墨析出。

表4-18　石墨形态对 E 的影响

不同石墨形态的铸铁	$E/E_钢$
球墨铸铁	0.73~0.87
可锻铸铁	0.75~0.90
铸态珠光体灰铸铁	0.40~0.70
退火铁素体灰铸铁	0.35~0.65

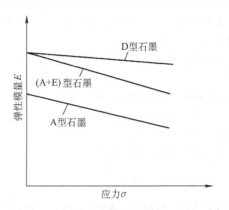

图4-37　不同石墨形态时弹性模量与应力的关系

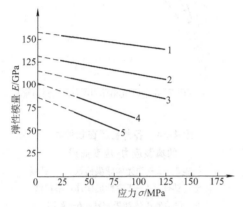

图4-36　灰铸铁的拉伸弹性模量与应力的关系

试验用灰铸铁抗拉强度分别为：1—371MPa　2—259MPa
3—176MPa　4—137MPa　5—117MPa

表4-19表明，随普通灰铸铁抗拉强度的提高弹性模量也提高。用添加少量合金元素的方法既可提高抗拉强度，又可提高弹性模量，但取决于元素的种类，两者提高的程度有明显差别。

精密机床等受载荷很小的构件，设计时可采用 E_0 来代表弹性模量。通常，在灰铸铁工程构件中使用应力很少超过抗拉极限的1/4，设计师们愿用应力为 $R_m/4$ 时的 $E_{R_m}/4$ 来代替该牌号灰铸铁的弹性模量。美国推荐的灰铸铁 $R_m/4$ 时的弹性模量见表4-20。

灰铸铁在同一应力下反复加载时，具有加载次数增加，应变曲线弯曲程度明显减小、卸载后残余塑性变形也减少的特性（见图4-38）。利用这种特性，可通过精加工前一定次数的预加载，获得高的构件尺寸稳定性。

表4-19　普通灰铸铁的弹性模量

抗拉强度 R_m/MPa	155	185	215	265	310	355	400
抗压强度 R_{mc}/MPa	620	690	765	875	985	1095	1205
抗压强度/抗拉强度	4.0	3.7	3.6	3.3	3.2	3.1	3.0
E_0/GPa	103.5	111.7	120.0	129.7	137.9	141.4	144.8
每增1MPa应力时：							
弹性区弹性模量下降/GPa	0.357	0.301	0.245	0.212	0.178	0.156	0.134
总变形量中弹性模量下降/GPa	0.536	0.460	0.404	0.320	0.246	0.198	0.161
布氏硬度 HBW	134~164	149~182	162~199	182~223	201~247	226~276	250~305

9. 泊松比

塑性材料的理论泊松比为0.25，实际上钢的泊松比为0.3。灰铸铁在应力下无单纯的弹性应变，它的泊松比不是常数，而是与应力有关的变数。

图4-39列出了利用直径为 $\phi44mm$、抗拉强度为213MPa的灰铸铁圆棒进行试验的应力和泊松比的关系。拉伸时，随拉应力的增加泊松比从0.25直线下

择。在压应力下，应力直至 185MPa 前，泊松比不变为 0.25），之后随应力的增加而近似直线上升。用声波和超声波测定的动态泊松比要比静态测定的小10% ~ 20%。

表 4-20　美国推荐的灰铸铁的弹性模量$\left(E = \dfrac{R_m}{4} \right)$

ASTM 分类	拉伸模量/GPa	剪切模量/GPa
20	66 ~ 97	27 ~ 39
25	79 ~ 102	32 ~ 41
30	90 ~ 113	36 ~ 45
35	100 ~ 119	40 ~ 48
40	110 ~ 138	44 ~ 54
50	130 ~ 157	50 ~ 55
60	141 ~ 162	54 ~ 59

注：ASTM—美国材料试验学会。

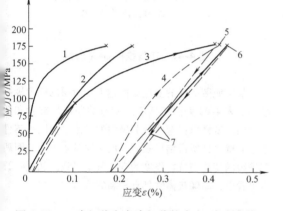

图 4-38　一次加载和多次加载的应力-应变曲线

1—第一次加载时的塑性变形量　2—第一次加载时的弹性变形量　3—第一次加载时的总变形量　4—第二次加载时的总变形量　5—第二次加载　6—第 10 次加载时稳定的弹性变形曲线　7—以后以小于 170MPa 应力加载时的变形曲线所在范围

注：试验铸铁性能：$R_m = 219$MPa，171 ~ 172HBW。

化学成分（均为质量分数）：C = 3.29%，Si = 2.02%，Mn = 0.47%，P = 0.072%，S = 0.089%。

10. 冲击性能

灰铸铁是一种脆性材料，不推荐使用在需要高冲击性能的场合。过去用于压力管道的灰铸铁等必须具有一定的抗冲击能力，以防在运输及安装中损坏。

如表 4-21 所示，珠光体灰铸铁的冲击吸收能量随其抗拉强度增加而提高，而铁素体基体具有较高的冲击吸收能量（见表 4-22）。灰铸铁的强度越高、硬度越低，则冲击性能越好（见图 4-40）。

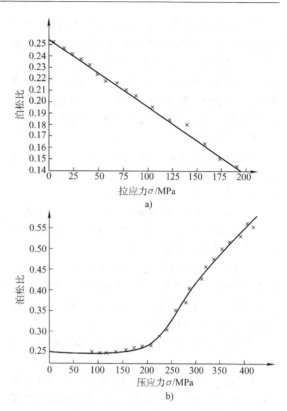

图 4-39　应力和泊松比的关系

a）拉应力与泊松比的关系　b）压应力与泊松比的关系

表 4-21　珠光体灰铸铁强度对冲击吸收能量的影响

抗拉强度/MPa	冲击吸收能量/J	备　注
154 ~ 216	9.8 ~ 15.68	按 ISO R946 标准，在 ϕ20mm 试棒上测得
216 ~ 309	14.7 ~ 27.44	
>309	21.56 ~ 29.4	

表 4-22　基体对冲击吸收能量的影响

基　体	抗拉强度/MPa	冲击吸收能量/J
珠光体	323	31.2
铁素体	175	115.3

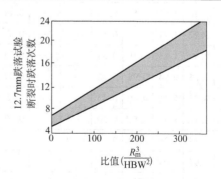

图 4-40　抗拉强度-硬度比值与断裂时跌落次数的关系

过冷石墨导致断裂时变形小，使冲击值降低。从不同截面切出的试样试验结果表明，截面厚度对冲击值影响不大。磷的质量分数高于0.2%后，随磷含量增加，冲击吸收能量明显下降。但用58.8~88.2J的小能量多次冲击试验表明，磷的质量分数低于1.4%时，冲击次数为$(5~6) \times 10^6$，磷含量对试样断裂无明显影响。

11. 疲劳极限

零件损坏的原因中，80%是疲劳失效。按应力分类，疲劳可分为弯曲疲劳、拉压疲劳、剪切疲劳和扭转疲劳。前两者在工程中使用较多。

图4-41所示为灰铸铁的应力σ-N曲线。与钢一样，灰铸铁试样在承受一定次数（10^7）应力循环后不断裂，将永不会断裂。

疲劳极限与抗拉强度之比称为疲劳比，见表4-9。灰铸铁弯曲疲劳比值在0.33~0.47之间。灰铸铁抗拉强度值越高，此比值越低。根据试验和经验，设计时推荐使用0.35的疲劳比。

灰铸铁的拉压疲劳比约为0.26，扭转疲劳比约为0.42。

采用合金化或热处理方法增加抗拉强度会导致疲劳比下降，即疲劳极限的增加并不与抗拉强度的增加成正比。贝氏体灰铸铁强度高，但其疲劳比却比珠光体基体灰铸铁低。

片状石墨是灰铸铁自身所带的缺口和应力集中源，这种特性使灰铸铁的缺口敏感性非常低（见表4-9）。因此，人为的缺口有时对灰铸铁疲劳极限值并无明显影响。一般情况下，抗拉强度高的灰铸铁，缺口敏感性也大。

表面滚压能增加灰铸铁的疲劳极限和在高于极限应力下工作的寿命，珠光体基体的疲劳极限可增加20%，铁素体基体的可提高100%。

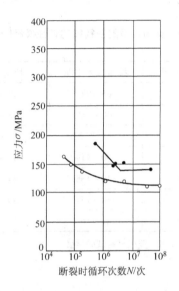

图4-41　灰铸铁的σ-N曲线

加工疲劳试样的毛坯截面越大，所得的疲劳极限越小。表4-23列出了从不同壁厚的柴油机缸套和活塞上切出试样所得弯曲疲劳极限的结果。但同一铸件上不同壁厚处所得结果表明，疲劳比基本不变，即疲劳极限的变化与抗拉强度的变化基本一致。从表4-23也可看出，高磷灰铸铁具有较高的疲劳比。

表4-23　壁厚对疲劳极限的影响

铸铁编号	化学成分（质量分数，%）								壁厚/mm	硬度HBW	抗拉强度/MPa	断裂时应变（%）	疲劳极限/MPa	疲劳比
	C	Si	Mn	P	Ni	Cr	V	Mo						
1	3.2	1.68	0.6	0.14	—	—	0.15	—	38~64	193	283	1.0~1.1	±108	0.38
2	3.18	1.51	0.62	0.18	—	—	0.14	—	38~64	193	343	1.1	±131	0.38
3	3.22	1.41	0.51	0.11	—	—	0.07	—	41	218	284	1.0~1.15	±108	0.38
4	2.98	1.13	0.9	0.34	—	—	0.23	—	51~64	149	176	—	±62	0.35
5	3.25	0.94	0.98	0.36	—	—	0.37	—	51~64	172	224	—	±85	0.38
6	3.25	1.11	0.66	0.43	—	—	0.2	—	38~64	203	258	0.57~0.60	±124	0.48
7	3.11	1.45	0.51	0.50	—	—	0.07	—	41	231	286	—	±124	0.43
8	3.15	1.26	0.68	0.15	1.39	—	—	0.36	35	224	264	—	±124	0.34
9	2.97	1.04	0.54	0.22	—	—	—	—	35	208	298	—	±116	0.39
10	3.05	1.4	0.91	0.11	1.54	0.3	0.49	—	57	—	324	—	±110	0.34

灰铸铁在压应力下承受交变应力的能力远大于拉伸状态下的能力（见图4-42）。图中点 a 表示初始平均应力为零，它能承受的疲劳应力为 ±59MPa。点 b 表明试样在交变应力作用中不受压应力，其平均应力为49MPa，疲劳应力为 0～99MPa。点 c 是试样在交变应力中不受拉应力，平均应力为 -148MPa，安全疲劳应力在 0～-303MPa 范围内。点 d 的平均应力为 -324MPa，而安全应力范围为 -49～-602MPa。在 d 点后石墨周围产生塑性变形，实际应力开始减小。

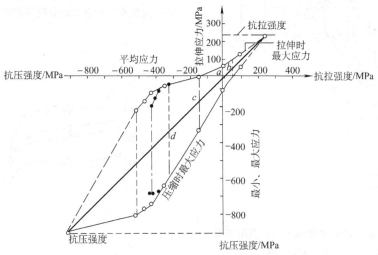

图 4-42　灰铸铁在拉伸、压缩状态下承受交变应力的能力

○—原始直径下应力　●—最终直径下应力

图 4-43 所示为用图示法确定交变应力下安全因数的方法。连接平均应力为零时的疲劳极限点（即弯曲疲劳极限）与抗拉强度点得疲劳极限线。在压应力区作疲劳极限值的水平线（灰铸铁抗压强度高，作平行线已留有余地），找出试样中的平均应力点 P（受拉）或 P′（压），连接 OP 或 OP′，并延长得出交点 F 或 F′，则相应安全因数为 $\frac{OF}{OP}$ 或 $\frac{OF'}{OP'}$。当拉应力为常数时，则安全因数为 $\frac{DK}{DP}$。

对于大批量生产件，如汽车件，则应对每种材质做出类似的图，从而使零件设计得更精确。

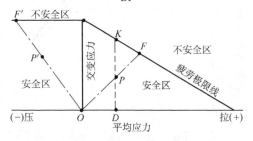

图 4-43　交变应力下安全因数的确定

图 4-44 和图 4-45 所示为弯曲疲劳极限和不同石墨形态时疲劳极限与应力的关系。根据强度和平均应力为零时的疲劳极限就可估计出其他平均应力时的疲劳应力。

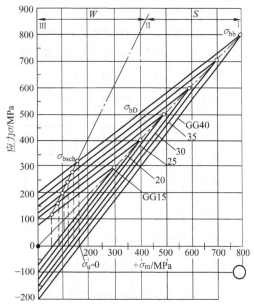

图 4-44　弯曲疲劳极限

σ_m—平均应力　σ_u—下应力　σ_{bb}—抗弯强度
σ_{bD}—弯曲疲劳度限　σ_{bsch}—脉动疲劳强度
W—交变应力区　S—脉动应力区，
GG15～GG40 是德国灰铸铁牌号

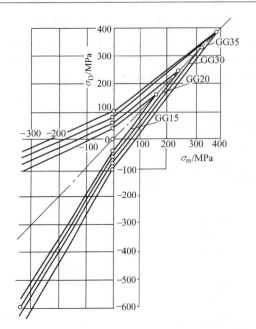

图 4-45　不同石墨形态时疲劳极限与应力的关系

σ_m—平均应力　　σ_D—疲劳极限

GG15 ~ GG35 是德国灰铸铁牌号

12. 断裂韧度

图 4-22 表明，灰铸铁的断裂韧度 K_{IC} 在 12 ~ 20MPa·$m^{1/2}$ 之间。$w(C) = 3.8\%$、$w(Si) = 2.5\%$ 的过共晶灰铸铁，K_{IC} 值为 4.7 ~ 5.6MPa·$m^{1/2}$。

13. 高温力学性能

在室温至 400℃ 范围内灰铸铁的力学性能变化不大，其抗拉强度、硬度在 400℃ 以上时显著下降（见

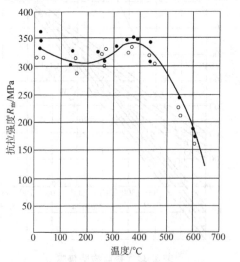

图 4-46　温度对抗拉强度的影响

注：灰铸铁的化学成分（均为质量分数）为：C = 2.84%，
Si = 1.52%，Mn = 1.05%，P = 0.07%，S = 0.12%，
Cr = 0.31%，Ni = 0.20%，Cu = 0.37%。

图 4-46 和图 4-47）。添加少量合金元素能提高室温和高温下的抗拉强度，但在高温下强度下降的百分比与不加合金的一样（见图 4-48）。抗拉强度为 248MPa、硬度为 213HBW，350℃ 下和 400℃ 下灰铸铁的蠕变试验结果如图 4-49 和图 4-50 所示无合金铸铁的蠕变比加合金的有明显的增加（见图 4-51）。

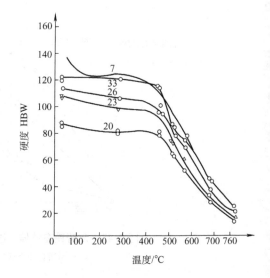

图 4-47　灰铸铁硬度与温度的关系

试验铸铁成分：

编号	20	23	26	33	7
CE（%）	4.27	3.95	3.55	3.42	4.19
其他元素	—	—	—	$w(Mo)=0.39\%$	$w(Ni)=0.69\%$

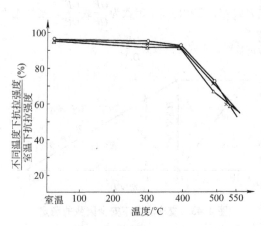

图 4-48　温度对抗拉强度下降百分比的影响

三种试验铸铁的碳当量 CE = 3.99% ~ 4.02%
以 FeSi75 孕育：○—无合金元素　×—$w(Cr) = 0.30\%$
△—$w(Cr) = 0.3\%$、$w(Cu) = 0.3\%$

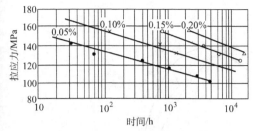

图 4-49　350℃下灰铸铁的蠕变试验结果

（图中 0.05% ~ 0.20% 是指蠕变变形率）

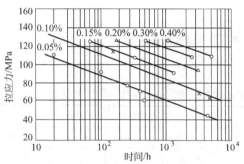

图 4-50　400℃下灰铸铁的蠕变试验结果

（图中 0.05% ~ 0.4% 是指蠕变变形率）

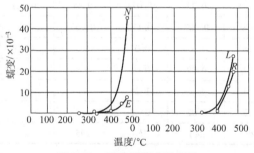

图 4-51　温度对蠕变的影响

注：试验铸铁代号 N、E、L、R 化学成分见表 4-26。

负载：230MPa，不同温度下保持时间：1000h。

灰铸铁的持久强度随着温度的升高而降低，见表 4-24。普通灰铸铁可以在 350℃下长期承受设计应力的载荷。大多数抗拉强度为 300 ~ 430MPa 的低合金灰铸铁，可以在 427℃以下长期承受设计应力的载荷。铸铁高温性能下降的原因之一是组织不稳定。钼对提高灰铸铁的高温力学性能有良好的作用（见表 4-25 和图 4-52）。低于室温时，灰铸铁的硬度和强度增加；从室温至 - 100℃，抗拉强度增加 10% ~ 15%。拉伸和压缩应力作用下的弹性模量随温度的升高几乎呈直线下降（见图 4-53 和图 4-54）。表 4-26 列出了图 4-51、图 4-53 ~ 图 4-55 及表 4-27 中试验用灰铸铁的化学成分和拉伸性能。

表 4-24　灰铸铁的持久强度

（单位：MPa）

20℃短时	425℃		500℃	
	短时	4000h	短时	4000h
223	220	130	163	70

表 4-25　钼铸铁的持久强度

（单位：MPa）

试验温度	425℃ (4000h)	535℃ (4000h)	650℃ (4000h)
普通灰铸铁	143	103	17
$w(Mo) = 0.5\%$ 铸铁	204	120	28
$w(Cr) = 0.6\%$、$w(Mo) = 0.5\%$ 铸铁	267	204	42

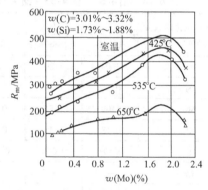

图 4-52　钼对灰铸铁高温强度的影响

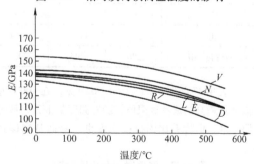

图 4-53　温度对拉伸弹性模量 E 的影响

注：试验铸铁代号 D、E、L、R、

N、V 的化学成分见表 4-26。

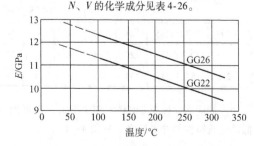

图 4-54　温度对压缩弹性模量 E 的影响

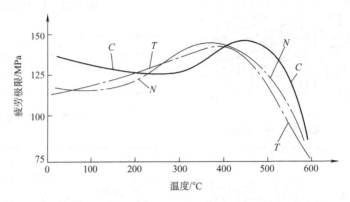

图 4-55　三种不同铸铁弯曲疲劳极限与温度的关系

注：试验铸铁代号 *C*、*T*、*M* 化学成分见表 4-26。

表 4-26　图 4-51、图 4-53～图 4-55 及表 4-27 中试验用灰铸铁的化学成分和拉伸性能

铸铁编号及化学成分（质量分数，%）	*N*	*L*	*E*	*R*	*D*	*V*	*C*	*T*
	无合金	无合金孕育	Ni-Mo	Ni-Cr	无合金	Cu-Mo	无合金	Cr-Ni
C	3.09	3.30	3.23	2.97	3.16	2.93	3.42	3.33
Si	0.55	1.18	1.30	2.08	0.99	1.11	1.12	1.02
Mn	1.09	1.56	0.81	0.86	0.78	0.70	1.26	0.77
P	0.18	0.35	0.16	0.14	0.28	0.073	0.44	0.121
S	0.103	0.069	0.114	0.139	0.097	0.112	0.055	0.09
Cr	—	—	—	0.15	—	0.01	—	0.23
Ni	—	0.05	1.43	0.92	0.09	0.05	—	0.16
Cu	—	—	—	0.13	—	1.25	—	—
Mo	—	0.02	0.44	0.02	0.02	0.42	—	—
抗拉强度/MPa	280	295	325	320	240	360	295	230

从表 4-27 及图 4-55、图 4-56 可见，在 400℃ 左右能获得最高的疲劳极限值，随着温度的上升，疲劳极限下降，但疲劳比因抗拉强度也下降而基本保持不变。

表 4-27　温度对疲劳极限影响

试样代号	抗拉强度	硬度	疲劳极限/MPa					
			20℃	250℃	400℃	475℃	550℃	600℃
C	293	222	135	124	140	143		66
N	266	201	115	126	138	132	—	73
T	229	187	111	134	145	131	91	—

冲击韧度在室温至 240℃ 内变化不大，但低温会降低铸态灰铸铁的冲击韧度（见图 4-57）。

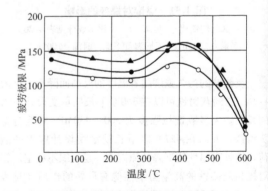

图 4-56　温度对疲劳极限的影响

○—有缺口　●—无缺口　▲—有缺口

注：灰铸铁化学成分（质量分数，%）：C=2.84，Si=1.52，
　　Mn=1.05，P=0.07，S=0.12，
　　Cr=0.31，Cu=0.20，Ni=0.37。

　　应力按净面积计算。

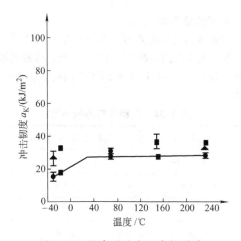

图 4-57 温度对冲击韧度的影响
●—铸态 ■—退火、体积分数为 90% 的珠光体
▲—退火、体积分数为 30% 的珠光体

4.2.2 物理性能

1. 密度（ρ）

灰铸铁的密度取决于其结构中各组成物的相对

量，尤其受碳含量、石墨含量的影响最大。不同牌号灰铸铁的密度在 $6.95 \sim 7.35 g/cm^3$ 之间。

对于实验室中的小试样，其密度（单位：g/cm^3）可用以下经验公式计算：

$$\rho = 8.11 - 0.223 \times w(C)\% - 0.091 \times w(Si)\% - 0.071 \times w(P)\%$$

式中 $w(C)\%$、$w(Si)\%$、$w(P)\%$——总碳、硅及磷的质量分数。

密度随碳当量的增加而降低，但碳当量一定时，密度随碳含量的增加而降低，随磷含量的增加而提高，硅含量的增加而提高。

实际铸件的密度与实验室小试样的密度往往有些差距（见表 4-28）。

珠光体在退火后分解、析出石墨使灰铸铁的密度减小 $0.1 \sim 0.2 g/cm^3$。

灰铸铁在拉伸时，石墨所占空间被拉大，密度会相应减小。

固态密度为 $7.17 g/cm^3$ 的灰铸铁，1200℃熔化时，密度为 $6.92 g/cm^3$。凝固线以上的铁液密度可按 $6.65 g/cm^3$ 估计。

表 4-28 铸件的密度

铸 铁 件	实验室小试样密度 $\rho/(g/cm^3)$	真 实 铸 件			
		质量/kg	截面尺寸/mm	$w(CE)(\%)$	密度/(g/cm^3)
厚截面低强度铸铁	6.8	508 ~ 1017	356 ~ 508	3.84 ~ 4.26	6.88 ~ 6.95
高磷铸铁，截面尺寸 32mm	7.06 ~ 7.14	0.38 ~ 0.59	51	4.39	7.14
高磷铸铁，截面尺寸 4mm	7.19 ~ 7.12	0.08 ~ 0.59	6 ~ 51	4.39 ~ 4.42	7.12 ~ 7.19
抗拉强度 201 ~ 216MPa，截面尺寸 6 ~ 32mm	7.2 ~ 7.3	7.7	83	4.18	7.1
抗拉强度 278MPa，截面尺寸 6 ~ 32mm	7.25 ~ 7.4	36.7	70	3.82	7.15
抗拉强度 309 ~ 355MPa，截面尺寸 19 ~ 32mm	7.4	386	610 × 203	3.63	7.18

2. 比热容

灰铸铁的比热容与其成分及加热温度有关。表 4-29 和表 4-30 列出了试验用灰铸铁的化学成分及不同温度范围内灰铸铁的平均比热容。表 4-31 列出了几种铸铁的熔解热。

表 4-29 试验用灰铸铁的化学成分

铸铁试样代号	化学成分（质量分数，%）					
	总碳	Si	Mn	S	P	Cu
A	4.22	1.48	0.73	0.03	0.12	0.22
B	4.31	1.11	0.53	0.2	0.12	0.21
C	3.71	1.50	0.63	0.069	0.147	—
D	3.72	1.41	0.88	0.078	0.540	—
E	3.61	2.02	0.8	0.08	0.88	—
F	2.8	1.48	0.73	0.023	0.12	—

表 4-30 不同温度范围内灰铸铁的平均比热容

温度范围 /℃	$0 \sim t$℃时的平均比热容 /$[J/(kg \cdot K)]$					
	试样 A	试样 B	试样 C	试样 D	试样 E	试样 F
0 ~ 100	548.47	—	—	—	—	—
0 ~ 200	516.03	—	460.55	376.81	288.89	—
0 ~ 300	573.59	—	494.04	435.43	376.81	556.84
0 ~ 400	586.15	—	506.60	464.73	422.87	565.22
0 ~ 500	594.53	—	514.98	481.48	447.99	586.15
0 ~ 600	619.55	—	535.91	502.42	468.92	607.09
0 ~ 700	644.77	—	602.90	552.76	510.79	640.58
0 ~ 800	703.38	—	665.70	636.39	592.59	690.82

（续）

温度范围/℃	0~t℃时的平均比热容/[J/(kg·K)]					
	试样A	试样B	试样C	试样D	试样E	试样F
0~900	720.13	—	678.26	657.14	632.21	711.76
0~1000	732.69	736.88	674.07	653.14	632.21	720.73
0~1100	745.25	749.44	669.89	648.95	628.02	732.69
0~1200	916.91	921.10	870.85	849.52	833.17	904.35
0~1250	—	921.10	—	—	—	—
0~1300	917.72	—	849.92	828.99	812.24	908.54
0~1350	—	—	841.55	816.43	799.68	—

表4-31　几种铸铁的熔解热

铸铁试样（成分含量均为质量分数）	熔解热/(J/g)
生铁	272.142;274.235[1]
高碳铸铁 C = 4.22%，Si = 1.48%，Mn = 0.73%，S = 0.03%，P = 0.12%	196.780
高碳白口铸铁 C = 4.31%，Si = 1.11%，Mn = 0.53%，S = 0.02%，P = 0.12%，Cu = 0.21%	195.105
高碳白口铸铁 C = 4.35%	247.02
灰铸铁 C = 2.5% ~ 3.5%，Si = 1.5% ~2.5%	209.34;230.274[1]
白心、黑心可锻铸铁	96.296

① 成分不同，熔解热不一样。

3. 热膨胀系数

灰铸铁的热膨胀系数主要与所在的温度范围有关，而在通常范围内的碳、硅、锰、硫、磷量则影响不大。表4-32 ~ 表4-34列出了不同铸铁的热膨胀系数。

表4-32　灰铸铁热膨胀系数

温度范围/℃	热膨胀系数/10⁻⁶℃⁻¹
–191 ~ +16	8.5
0 ~ +100	10.5
0 ~ +500	13.0
室温	10.0

表4-33　高磷铸铁[1]热膨胀系数
（单位：×10⁻⁶℃⁻¹）

铸铁基体	20~120℃	20~190℃	20~285℃	20~310℃	20~400℃	20~480℃	20~575℃
铁素体为主	10.9	11.7	12.2	12.2	12.8	13.1	13.2
铁素体为主	10.9	11.7	12.0	12.0	12.4	12.7	13.1
珠光体为主	11.2	11.8	12.1	12.2	12.8	13.1	13.3

① 高磷铸铁成分（质量分数，%）：C = 3.2 ~ 3.4，Si = 2.8 ~ 3.0，Mn = 0.4 ~ 0.6，S = 0.1 ~ 0.12，P = 0.8 ~ 1.0。

表4-34　几种铸铁的热膨胀系数

序号	说明	化学成分(质量分数,%)					热膨胀系数/10⁻⁶℃⁻¹					
		总碳量	硅	锰	硫	磷	0~100℃	0~200℃	0~300℃	0~400℃	0~500℃	0~600℃
1	电解铁	—	—	—	—	—	12.0	12.6	13.3	13.8	14.3	14.7
2	钢锭模（珠光体）	3.77	1.81	0.43	0.096	0.037	—	12.0	—	12.5	—	12.8
3	钢锭模	3.49	2.07	0.73	0.039	0.042	—	12.5	—	—	—	12.8
4	钢锭模	3.47	2.45	0.78	0.083	0.029	—	11.9	—	12.5	—	13.3
5	灰铸铁（低碳）	3.12	2.0	0.93	0.151	0.255	10.6	11.3	11.9	—	—	—
6	灰铸铁（高碳）	3.66	1.44	0.85	0.129	0.29	10.4	11.1	11.7	12.7	12.7	—
7	耐热铸铁	2.25	5.8	—	—	—	11.3	11.6	12.0	12.0	12.9	
8	高硅铸铁	0.41	14.7	0.75	0.015	0.023	12.2	12.9	13.7	14.6	15.4	16.3

4. 热导率

灰铸铁的室温热导率约为 46.05W/(m·K)，它随温度的提高而降低。在 100~450℃ 之间，每增加100℃，热导率下降 1.47~1.88W/(m·K)。

加入合金元素，如硅、锰、磷、铝、铬、铜、镍等会降低热导率，钼、钨则提高热导率，钒则无影响。图 4-58 所示为硅含量对热导率的影响。

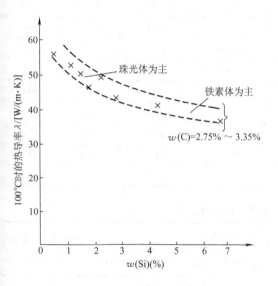

图 4-58　硅含量对热导率的影响

5. 电阻率

灰铸铁的电阻率因碳、硅含量和基体组织的不同有较大的变化，一般在 $0.20~0.80×10^{-6}Ω·m$ 之间。碳、硅含量对灰铸铁常温电阻率的影响如图 4-59 所示。石墨越粗大、越多，灰铸铁电阻率就越大（见表 4-10）。

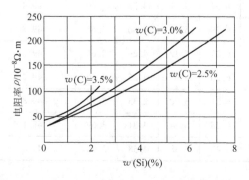

图 4-59　碳、硅含量对灰铸铁常温电阻率的影响

磷、镍、铝和硅一样都提高电阻率（见表4-35）。铜、钼、铬、钒等提高电阻率的作用较小。抗拉强度为 201~324MPa 的灰铸铁，在受80% 负载时，电阻率会增加 0.9%~1.6%。

表 4-35　合金元素对电阻率的影响

$w(P)$[①] (%)	电阻率 /10^{-6} Ω·m	$w(Ni)$[②] (%)	电阻率 /10^{-6} Ω·m	$w(Al)$[③] (%)	电阻率 /10^{-6} Ω·m
0.11	0.760	—	0.864	0.06	0.441
1.13	0.857	0.47	0.794	0.22	0.487
—	—	0.86	0.991	0.66	0.556
—	—	1.22	1.033	1.18	0.635
—	—	1.45	1.058	2.30	0.890
—	—	1.81	1.032	3.34	0.937

① 其他元素含量（质量分数,%）：C = 3.05，Si = 2.36，Mn = 0.77，S = 0.015~0.021。

② 其他元素含量（质量分数,%）：C = 3.52，Si = 1.63，Mn = 0.64，S = 0.041，P = 0.050。

③ 其他元素含量（质量分数,%）：C = 2.95~3.0，Si = 0.9~1.01，Mn = 0.64，S = 0.072，P = 0.041。

6. 磁性能

灰铸铁磁性能的变化范围很大，它可从低磁导率、高矫磁力一直变至高磁导率、低矫磁力。这些变化主要取决于灰铸铁的组织。添加合金元素来获得所需的磁性能，都是通过改变灰铸铁的组织来实现的。

铁素体磁导率高、磁滞损失小，珠光体则刚好相反。珠光体退火成铁素体，磁导率可提高 4 倍。增大铁素体晶粒能减小磁滞损失。渗碳体的存在降低磁感应强度、磁导率及剩磁，增加矫磁力和磁滞损失。粗大石墨存在会降低剩磁，A 型石墨变至 D 型石墨可明显增加磁感应强度和矫磁力。

在达到非磁性的临界温度前，温度升高使材料磁导率明显增加。纯铁的居里点即为 α-γ 转变的温度 770℃。$w(Si)$ 为 5% 时，居里点降至 730℃。无硅渗碳体的居里点温度为 205~220℃。

对常用牌号的灰铸铁，当基体以珠光体为主时，其最大磁导率在 309~400μH/m 之间。表 4-36 列出了三种灰铸铁的磁性能。

7. 黏度

不同碳含量、温度时铁液的黏度见表 4-37。

表 4-36　灰铸铁的磁性能

铸铁代号	化学成分(质量分数,%)						
	C	Si	Mn	S	P	Ni	Cr
A	3.12	2.22	0.67	0.067	0.13	<0.03	0.04
B	3.30	2.04	0.52	0.065	1.03	0.34	0.25
C	3.34	0.83~0.91	0.20~0.33	0.021~0.038	0.025~0.048	0.04	<0.02

磁性能	A		B		C	
	珠光体	铁素体	珠光体	铁素体	珠光体	铁素体
w(化合碳)(%)	0.70	0.06	0.77	0.11	0.88	—
剩磁/T	0.413	0.435	0.492	0.439	0.5215	0.6185
矫磁力/(A/m)	557	199	716	279	637	199
磁滞损失/[J/(m^3·Hz)](B=1T)	2696	-696	2729	1193	2645	938
磁场强度/(kA/m)(B=1T)	15.9	-5.9	8.7	8.0	6.2	4.4
最大磁导率/(μH/m)	396	1960	353	955	400	1703
最大磁导率时磁场强度/(A/m)	637	199	1035	318	1114	239
电阻率/$10^{-6}\Omega$·m	0.73	0.71	0.77	0.75	0.42	0.37

表 4-37　不同碳含量、温度时铁液的黏度

w(C)(%)	液相线温度/℃	共晶温度[1]/℃	黏度 η/×10^{-3}Pa·s							黏性流的活化能/(kJ/mol)
			熔点	1200℃	1300℃	1400℃	1500℃	1600℃	1700℃	
0	1536	—	5.03	—	—	—	5.32[2]	4.58	4.00	41.5
0.35	1504	—	5.04	—	—	—	5.06[2]	4.29	3.69	46.0
0.45	1497	—	5.07	—	—	—	5.02	4.27	3.66	46.9
0.52	1492	—	5.13	—	—	—	4.99	4.23	3.62	47.3
0.95	1469	—	4.94	—	—	—	4.72	4.08	3.58	40.2
2.07	1378	—	5.64	—	—	5.41	4.47	3.79	3.25	46.5
2.47	1343	—	5.64	—	—	5.16	4.48	3.94	3.52	35.2
3.18	1275	—	7.18	—	6.75	5.47	4.55	3.86	3.33	45.6
3.96	1182	1147	10.53	10.19	7.90	6.31	5.18	4.32	3.69	49.4
4.02	1180	1146.9	10.86	10.26	7.91	6.29	5.15	4.30	3.66	49.8
4.12	1170	1148	11.07	10.09	7.85	6.27	5.12	4.29	3.66	49.8
4.23	1155	1147	11.38	10.05	7.84	6.20	5.08	4.25	3.66	49.2
4.42	—	1147.3	—	10.25	7.95	6.31	5.20	2.35	3.72	49.8
4.45	—	1148.4	—	9.98	7.80	6.25	5.14	4.31	3.69	48.1
4.76	—	1147	—	—	—	6.43	5.38	4.58	3.98	44.0

①　w(C)=4.92%时,7次平均值为1147.5℃。

②　过冷。

4.2.3 使用性能

在不同条件下工作的机械对灰铸铁件提出了一些不是常规力学性能所能代表的使用性能要求，设计人员及工厂生产者必须对此重视。

1. 耐磨性

有耐磨要求的灰铸铁件大多在滑动条件下工作，如制动（蹄）片、制动鼓、离合器片、气缸套、活塞环、机床导轨、轴承、液压阀件等都是其典型件。按零件工作状态又可分为干摩擦和有润滑摩擦两种；按零件失效形式，又可分为磨料磨损、粘着磨损、接触疲劳磨损和腐蚀磨损。实际工况中往往几种磨损形式同时产生，而又以 1 ~ 2 种为主。不同工况下工作、以不同磨损形式失效的零件，对材质提出了不同的要求。

要是空气或润滑介质的清洁度好，则在滑动摩擦条件下使用的零件，往往首先以粘着磨损或咬合磨损失效。对于这些零件，就要求其摩擦表面有好的导热性能；好的摩擦性能；足够的强度，消除因相变引起的体积变化，低的弹性模量；减少热应力的影响。用试样和铸铁鼓对磨的试验模拟了此种磨损，得出的结论是：显微组织决定了磨损特性；片状石墨逐渐向 A 型石墨过渡，粘着磨损减少；D 型石墨及其伴生的铁素体增加磨损；珠光体、贝氏体、回火马氏体在硬度相同时，耐磨性一样；石墨类型相同时，基体珠光体量越多、越硬，耐磨性越好。表 4-38 ~ 表 4-40 列出了气缸套装车试验的结果。

表 4-38　石墨对气缸套粘着磨损的影响

试验序号	石墨类型[1]	w（总碳量）（%）	抗粘着磨损性能[2]
1	5150 钢, 无石墨	—	<1[3]
2	100%D 型石墨,离心铸造	平均 3.25	1.11
3	A 型 4 ~ 6 级 + 少量 B 型,离心铸造	3.28	1.33
4	A 型 4 ~ 6 级 + 少量 B 型,砂型铸造	平均 3.35	1.30
5	A 型 3 ~ 4 级 + 少量 C 型,砂型铸造	4.00	>1.45[4]

① 铸铁件的化学成分见表 4-39，基体都为回火马氏体。

② 以 $\dfrac{\text{产生粘着咬合时的功率数}}{\text{额定功率数}}$ 之比值表示。

③ 所有钢缸套在额定功率下就咬合。

④ 在发动机最大功率下也无咬合。

表 4-39　表 4-38 中各铸铁件的化学成分

序号	化学成分（质量分数,%）								
	TC	Mn	Si	Cr	Ni	Mo	Cu	P	S
D 型石墨[1]									
1[2]	3.20	0.65	2.20	0.25	0.30	0.15	0.30	0.15	0.04
2	3.08	0.68	2.34	0.45	0.56	0.22	—	0.11	0.033
3	3.43	0.73	2.28	0.44	0.09		1.29	0.143	0.068
细 A 型石墨[3]									
1	3.38	0.61	1.99	0.45	0.59		1.63	—	
2	3.28	0.70	2.46	0.24	0.27		0.94	0.23	0.068
3[2]	3.35	0.70	2.49	0.35	0.12		1.15	0.12	0.09
4	3.28	0.67	2.08	—			0.40	0.125	0.067
5	3.12	0.35	2.67	0.38	0.27	0.11	1.23	0.176	0.047
粗 A 型石墨[4]									
1	4.00	0.77	1.54	—	1.39	0.42	—	0.056	0.023

① 为表 4-38 中序号 2 的试验。

② 典型成分。

③ 为表 4-38 中序号 3 和 4 的试验。

④ 为表 4-38 中序号 5 的试验。

表 4-40　D 型石墨时，基体对抗粘着磨损性的影响

试验序号	基体组织	硬度	抗粘着磨损性[1]
1	珠光体 + 石墨区产生的铁素体	196 ~ 227HBW	<1[2]
2	205℃回火马氏体	53 ~ 56HRC	1.06
3	425℃回火马氏体	44 ~ 47HRC	1.22
4	510℃回火马氏体	39 ~ 41HRC	1.39

① 以产生粘着、咬合时的功率数/额定功率数之比值表示。

② 石墨区有铁素体的缸套产生粘着、咬合时的功率数低于额定功率。

没有咬合的摩擦副在很好磨合之后，零件就进入到正常磨损阶段。由于磨损磨屑以及空气、润滑油中不洁物的存在，此时易产生各种形式的磨料磨损——三体磨损。其磨损速率也为显微组织所影响，但和粘着磨损的结果不同。表 4-41 列出了缸套的石墨类型与镀铬压缩环对磨 1000h 后的情况。这时，D 型石墨在没有伴随产生的铁素体时，不但没有不良的影响，而且有减少活塞环磨损的倾向。

表4-41　缸套的石墨类型对正常磨损的影响

试验序号	石墨类型[1]	w(总碳量,%)	抗粘着磨损性[2]	气缸套磨损/(mm/kh)	活塞环磨损[3]/(mm/kh)
2	100% D 型	3.10 ~ 3.40	1.11	0.0762	0.0508
4	A4 ~ 6级 + 少量 B 型	3.25 ~ 3.50	1.30	0.0508	0.6858
5	A3 ~ 4级 + 少量 C 型	4.00	1.45	0.0762	2.159

[1] 成分见表4-39。

[2] 见表4-38。

[3] 1000h 后的开口间隙增大量。

表4-42 列出了铸铁成分、基体组织对正常磨损的影响。淬过火的第 7 号试样其耐磨性比第 4 号的高一倍,即正常磨损或以磨料磨损为主的磨损,基体硬度越高,抗磨性能越好。因此,高速柴油机缸套、凸轮轴、齿轮等零件可用表面硬化来获得高耐磨性,但对于大部分阀门、机床、大小功率内燃机等各种在有润滑条件下工作的、由减摩铸铁制造的滑动零件,如缸套、导轨,都可以在铸态下就能满足技术要求,此时总希望其铸铁为含有 $w(C) \approx 3.4\%$ 的 A 型石墨珠光体铸铁,并且在组织中有一些磷共晶或其他碳化物硬相组织。

表4-43 列出了几种机床用铸铁的相对耐磨性。

表4-42　铸铁成分、基体组织对正常磨损的影响

序号	化学成分(质量分数,%)							其他	石墨类型及尺寸	基体	磨损速度/(μm/kh)
	C	Mn	Si	Cr	Mo	P	S				
1	3.0 ~ 3.3	0.9 ~ 1.1	1.15 ~ 1.35	—	—	≤0.2	≤0.12	Cu0.8 ~ 1.1	A3 ~ 4	片状珠光体	140
2	≤3.4	≤0.90	≤1.5	—	—	0.35 ~ 0.50	≤0.13	—	A4	片状珠光体加磷共晶	30
3	2.85 ~ 3.3	≤1.0	1.25 ~ 1.75	0.3 ~ 0.4	0.25 ~ 0.35	≤0.2	≤0.12	Ni1.0 ~ 1.5	A5 ~ 6	细片状珠光体	22
4	2.8 ~ 3.1	≤0.8	4.6 ~ 5.0	1.9 ~ 2.2	—	≤0.2	≤0.12	—	A7 ~ 8	非常细的珠光体加一些第三相	25
5	3.1 ~ 3.4	0.8 ~ 1.0	3.3 ~ 3.7	1.2 ~ 1.5	—	≤0.4	≤0.12	—	A5 ~ 6	同4. 砂型铸造	16
6	3.3 ~ 3.4	0.9 ~ 1.1	1.75 ~ 2.0	—	0.4 ~ 0.5	≤0.2	≤0.12	—	A3 ~ 4	片状珠光体 + 铁素体	50
7	3.0 ~ 3.2	0.9 ~ 1.1	1.15 ~ 1.35	—	—	≤0.2	≤0.12	—	未标明	马氏体	12

表4-43　几种机床用铸铁的相对耐磨性

铸铁种类	化学成分(质量分数,%)								相对耐磨性
	C	Si	Mn	P	S	V	Ti	B	
HT200	3.20	1.60	1.02	0.10	0.071	—	—	—	1.0
高磷铸铁	2.89	1.89	0.85	0.427	0.102	—	—	—	1.42
硼铸铁	2.84	2.25	0.48	0.099	0.08	—	—	0.063	3.15
钒钛铸铁	3.36	1.90	0.85	0.04	0.102	0.32	0.09	—	4.16
锰铸铁	3.01	1.70	2.30	0.105	0.04	—	—	—	2.86

磷被广泛用于在灰铸铁中增加硬化相的元素,它 对耐磨性的影响如图 4-60 所示,同图也列出了碳当

量、铜、钛的影响。

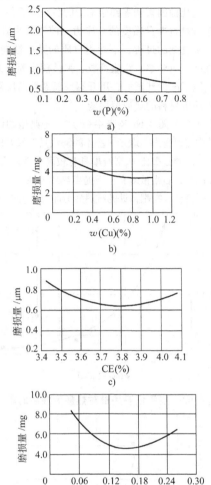

图4-60 磷、碳当量、铜、钛对灰铸铁耐磨性的影响
　　a）磷对铸铁耐磨性的影响　b）铜对铸铁
　　耐磨性的影响　c）碳当量对铸铁耐磨
　　性的影响　d）钛对铸铁耐磨性的影响

在以磨料磨损为主的正常磨损中，除材质外，磨粒的特性也起着重要的作用。图4-61所示为活塞环相对磨损量与尘粒尺寸的关系。对于此种情况，提高寿命的最佳措施是减少空气和润滑油中的磨粒。

2. 减振性

灰铸铁中的片状石墨促使在循环应力下铸铁易产生微观塑性变形和位错，使振动能量受到不可逆转的损耗，加速振动的衰减，因此灰铸铁具有良好的阻尼性能或减振性。这是灰铸铁具有的特殊性能之一，是它广泛用于制造内燃机和机床零件的一个原因。表4-44列出了各种金属材料的相对减振性。在灰铸铁

中，片状石墨越细小，石墨量越少，减振性越差，共晶过冷石墨最差。

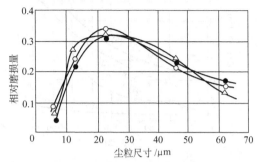

图4-61 活塞环相对磨损量与尘粒尺寸的关系
△—SAE10 润滑油 ○—SAE30 润滑油
●—SAE50 润滑油

表4-44 各种金属材料的相对减振性

材 料 名 称	相对减振性
粗片状石墨灰铸铁	100～500
细片状石墨灰铸铁	20～100
可锻铸铁	8～15
球墨铸铁	5～20
纯铁	5
共析钢	4
白口铸铁	2～4
铝	0.4

定量表示材料吸收振动能的方法非常复杂，因此往往采用根据外加应力所产生的应变量减少率求得比衰减率的方法来衡量。求振动比衰减率的公式为

$$\psi = \frac{\varepsilon_1 - \varepsilon_2}{\varepsilon_1} \times 100\%$$

式中　ψ——比衰减率；
　　　ε_1——第一次变形量；
　　　ε_2——第二次变形量。

图4-62所示为疲劳试验中表面切应力与比衰减率之间的关系。对数衰减率和由共振曲线求得的阻尼比可分别按下式计算：

$$\delta = \frac{1}{n} \log e \frac{A_0}{A_n}$$

式中　δ——对数衰减率；
　　　A_0、A_n——间隔为 n 个波的两个振幅。

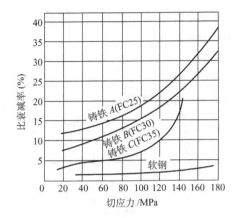

材料	$w(C)(\%)$	$w(Si)(\%)$	$w(Mn)(\%)$
灰铸铁 A	3.31	2.5	0.61
灰铸铁 B	3.28	2.25	0.61
灰铸铁 C	孕育铸铁		
软钢	0.08	0.06	0.34

图 4-62　切应力与比衰减率的关系

（FC25、FC30、FC35 为日本灰铸铁牌号）

$$\zeta = \frac{1}{2} \frac{\omega_1 - \omega_2}{\omega_0}$$

式中　ζ——阻尼比；

　　　ω_0——共振频率；

ω_1、ω_2——在共振频率两侧，振幅等于 $1/\sqrt{2}$ 共振振
　　　　　幅处的频率。

用试验测得两种机床灰铸铁试样的对数衰减率和固有频率及阻尼比见表 4-45 和表 4-46。从表中也可看出，灰铸铁牌号越高，减振能力越差。

表 4-45　铸铁试样的对数衰减率和固有频率

材质	固有频率/Hz	回归方程	对数衰减率 δ	回归方程的相关系数 n
HT200	60	$\lg A_w = 3.816 - 0.0442n$	0.0442	0.992
HT300	63	$\lg A_w = 3.090 - 0.0334n$	0.0336	0.989

表 4-46　铸铁试样的阻尼比

测试件	材质	共振频率 ω	共振峰两侧振幅为 $1/\sqrt{2}A_{max}$ 的频率/Hz		阻尼比 $\zeta = \frac{1}{2} \times \frac{\omega_1 - \omega_2}{\omega_0}$
			ω_1	ω_2	
试样	HT200	198.9	195.4	202.7	0.0184
	HT300	213.5	212.3	216.6	0.0101
模拟床身	HT300	296.7	294.0	300.0	0.0101

3. 耐热疲劳性能

铸铁被反复加热冷却时，由于温度差造成各部分热膨胀、热应变不同，从而产生了热应力。反复加热

也可能引起珠光体分解，造成体积变化以及局部产生氧化。这几种因素和零件原承受的负载一起往往造成一个超过材料本身强度的总应力，使零件失效开裂。这是一个复杂的过程，不能用材质的某一性能表示，而与强度、热导率、线胀系数、弹性模量等有关。通常可模拟工况设计试样，用开裂或断裂前的反复加热次数来评价材料的热疲劳性能。

图 4-63～图 4-66 及表 4-47 是一些典型的试验结果。从中可以看出，珠光体基体的铸铁具有较好的热疲劳性能；A 型石墨比 D 型石墨具有较高的热疲劳性能；强度相同时，石墨量多有利于提高热疲劳性能。一般说来，球墨铸铁、蠕墨铸铁的抗热疲劳能力比灰铸铁高。

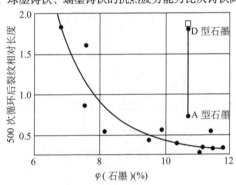

图 4-63　灰铸铁石墨量对热疲劳性能的影响

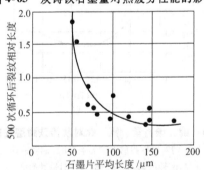

图 4-64　石墨片平均长度与热疲劳性能的关系

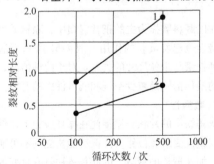

图 4-65　石墨类型与热疲劳性能的关系

（试验灰铸铁成分相同）

1—D 型石墨　2—A 型石墨（大小 3 级）

	C	Si	Mn	P	Mg	其他
珠光体灰铸铁 R_m>250MPa	2.96	2.90	0.78	0.066		Cr0.22
铁素体蠕墨铸铁 R_m>300MPa	3.52	2.61	0.25	0.051	0.015	—
珠光体蠕墨铸铁 R_m>400MPa	3.52	2.25	0.40	0.054	0.015	Cu1.47
铁素体球墨铸铁 60-40-18	3.67	2.55	0.13	0.060	0.030	—
珠光体球墨铸铁	3.60	2.34	0.50	0.053	0.030	Cu0.54
铁素体 5Si-1Mo 球墨铸铁	3.46	4.84	0.31	0.067	0.030	Mo1.02

20～650℃下循环次数/10^2次

图 4-66 几种铸铁的热疲劳性能

（图中元素含量均为质量分数,%）

表 4-47 铸铁的热疲劳性能

铸铁编号	化学成分（质量分数,%）								金相组织		力学性能		出现首条裂纹前的反复加热次数[1]	
	CE	C	Si	Mn	S	P	Cr	Cu	基体	石墨	R_m/MPa	HBW	650℃[2]/20℃	710℃[2]/20℃
1	3.97	3.17	2.33	0.88	0.089	0.080	0.33	0.40	P	片状 A	260	206	320	149
2	3.67	2.85	2.39	0.87	0.089	0.075	—	—	P	片状 A	270	221	290	81
3	3.92	3.13	2.30	0.74	0.102	0.080	—	—	P	片状 A	240	197	212	66
4	4.13	3.22	2.64	0.25	0.020	0.075	Mg0.05	RE0.04	f(F) 90%＋P	球状	412	163	—	568
5	4.13	3.22	2.64	0.25	0.020	0.075	Mg0.05	RE0.04	f(F) 80%＋P	球状	443	169	—	621
6	3.73	3.02	2.06	0.96	0.057	0.060	Ti0.10	—	P＋少量 F	片状 A＋D	297	227		43
7	3.97	3.17	2.33	0.88	0.089	0.080	0.33	0.40	φ(F)50%＋φ(P)50%	片状 A,较粗	190	138		92
8	3.97	3.17	2.33	0.88	0.089	0.080	0.33	0.40	φ(F)70%＋φ(P)30%	片状 A,较粗	200	146		125
9	3.73	3.02	2.06	0.90	0.041	0.057	Ti0.25	—	P＋少量 F	D	291	225		17

① 数据为 5 个试样的平均值。

② 指 20～650℃，20～710℃之间反复冷却。

合金元素，尤其是钼能明显改善热疲劳性能（见图 4-67 和图 4-68），它们作用的强弱可用以下经验公式来表示：

$$\ln N = 0.41 + 0.6226 \times R_m + 1.89 \times w(\text{V}) +$$
$$1.79 \times w(\text{Mo}) + 0.11 \times w(\text{Cr}) -$$
$$0.14[w(\text{Ni}) + w(\text{Cu})]$$

式中　　　　N——加热次数；

　　　　R_m——抗拉强度（MPa）；

　　$w(\text{V}),w(\text{Mo})$……——V、Mo 等合金元素的质量百分数。

设计需经受热循环的内燃机灰铸铁件时，可使用热品质系数来表达材质耐热疲劳性能的优劣：

$$热品质系数 \propto \frac{材质传热系数 \times 材质抗拉强度}{材质热膨胀系数 \times 材质弹性模量}$$

热循环次数是基体、石墨量及形状、合金元素等综合影响的结果。

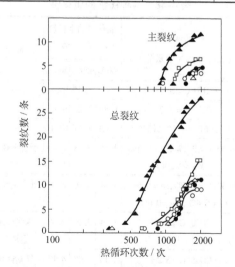

图 4-67 合金元素对灰铸铁热循环次数的影响

▲—铁 1（基铁）　□—铁 2（Cr＋Ni＋Cu）
△—铁 3（Cr＋Ni＋Cu＋Mo）　○—铁 4（Mo＋Sn）
●—铁 5（Cr＋Mo）

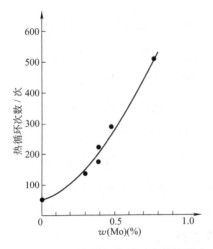

图 4-68　钼对灰铸铁热循环次数的影响

4. 抗氧化、抗生长性能

把铸铁置于高温下或将其反复加热冷却，铸铁会产生不可逆的膨胀，这种现象称为铸铁的生长。它取决于基体组织中碳化物和珠光体的分解，以及从铸铁表面开始向内进行的氧化。它们会影响铸铁在使用时的尺寸稳定性。变形量足够大时会使零件失效。

经 6 年的试验表明：普通灰铸铁在低于 350℃ 的大气中几乎不氧化和生长；在低于 700℃ 时氧化较少，但有生长，并会造成尺寸变化；高于 700℃ 时，氧化和生长两者都急剧增加。

表 4-48 和图 4-69 列出了铸铁在 400 ~ 500℃ 时的生长和氧化情况。

表 4-48　各种铸铁的氧化性

序号	种类[2]（百分数均为质量分数）	氧化皮的生长量 /(g/cm²)×10⁻³[1]			备注
		400℃	450℃	500℃	
1	FC15（C = 3.7%）	2.69	4.55	15.85	—
2	FC25（C = 3.2%）	1.86	3.24	9.93	—
3	FC25（C = 3.2%，厚壁）	2.63	4.11	10.10	—
4	FC30（C = 3.1%，Ni = 0.6%，Mo = 0.5%）	1.65	3.28	8.44	低合金铸铁
5	FC30（C = 3.1%，Ni = 0.6%，Cr = 0.4%，Mo = 0.6%）	1.81	3.56	8.12	低合金铸铁
6	FCD70（C = 3.5%，Si = 2%）	1.04	2.19	4.66	珠光体球墨铸铁
7	FCD45（C = 3.2%，Si = 2%）	1.15	2.08	4.17	铁素体球墨铸铁

① 大气中 64 周后的氧化皮生成量。

② FC、FCD 为日本的铸铁牌号。

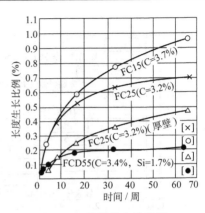

图 4-69　铸铁的生长情况

试验温度 500℃，[ ] 指示的数值
为 450℃ 的试验结果

注：1. 成分含量均为质量分数。
　　2. FC、FCD 为日本铸铁牌号。

为抑制生长，可采取表 4-49 的措施。

表 4-49　抑制灰铸铁生长的措施

序号	措　施	做　法
1	避免碳化物生成	严格控制成分，如 w(Si) > 2.8%
2	预先使珠光体分解	对铸件进行退火热处理
3	防止碳化物在使用时分解	成分中增加碳化物稳定元素；降低 w(Si) 至 1.6% 以下；适当提高锰量；增加铬、钼等碳化物稳定元素
4	控制氧化生长	减少碳当量，保证石墨片细小；增加铬、镍、钼、硅、铝的含量

灰铸铁成分不能按一种性能来选取，故日常生产中常用添加合金元素来控制氧化生长。其中铬用得最普遍，其作用见表 4-50。

表 4-50　铬防止灰铸铁生长的作用

铸铁种类	加热到 980℃，冷却到室温后的生长/(mm/m)
基铁	6
基铁 + w(Cr) = 0.54%	1
基铁 + w(Cr) = 1.00%	0

注：基铁化学成分（质量分数，%）：C = 3.35（其中石墨 2.88）；Si = 2.38；P = 0.178；S = 0.106；Mn = 0.64；Ni = 0.17；Cr = 0.15。

5. 致密性

石墨的存在破坏了基体的连续和致密性，为此灰铸铁的致密性在很大程度上取决于石墨的形状和数量。导致石墨数量增多、粗大以及缩孔、缩松、粗晶组织形成的因素都会降低致密性。图 4-70 所示为不同铸铁产生渗漏时的试验压力。添加少量合金元素的灰铸铁具有较高的渗漏压力。表 4-51 列出了影响灰铸铁致密性的各种因素。

表 4-51 影响灰铸铁致密性的各种因素

序号	因素	影 响 规 律
1	石墨	石墨越长,越易渗漏(见图 4-15) 石墨长度和宽度之比 L/D 增加,致密性下降 石墨数量增多,致密性下降
2	基体	珠光体基体不易渗漏
3	共晶团	孕育过度,共晶团数量过多(尤其是厚壁处)或晶粒过分粗大都易造成渗漏
4	化学成分	碳含量低,可导致宏观缩松引起渗漏;碳含量高,使石墨过多,尤其在型芯刚度不够时,会因石墨膨胀而引起显微缩松。$w(C)$ 控制在 3.3% ~3.4% 为宜;硅和碳以碳当量形式出现,作用规律和碳相似 磷形成磷共晶汇集于晶界和热节处造成粗晶和疏松而渗漏,应控制 $w(P)$ 在 0.06% 以下 锰与硫:锰增加抗渗透能力;硫高锰低会降低致密性 铜、铬、镍合金元素能减少共晶石墨,细化石墨,稳定珠光体,其含量合适有利于提高致密性 当磷含量高时会扩大磷共晶体积而促进渗漏
5	微量元素	锡提高致密性 铅对致密性不利;砷促进疏松
6	孕育	孕育铸铁比非孕育铸铁致密(见图 4-70),孕育过量造成疏松,提高共晶团数量过多的孕育剂易促进疏松形成
7	工艺	型、芯刚度不够,造成型壁移动而易形成微观缩松

4.2.4 工艺性能

1. 铸造性能

金属液能否很好地充满铸型的各个部分,在凝固时是否容易产生缺陷,冷却后能否得到完整、光洁的铸件,各部位性能是否均匀等均受制于金属的铸造性能。与其他铸造合金相比,灰铸铁由于凝固温度范围较窄,熔化温度较低,具有较好的铸造性能。

(1) 流动性 影响灰铸铁流动性的最大因素是铁液在液相线上的过热度。从图 4-71 可以看出,在同样的过热度下,不同碳当量的铁液具有类似的流动性。当浇注温度一定时,接近共晶成分 [$w(CE)$ = 4.23%] 的铁液因过热度大,凝固温度范围窄,具有较好的流动性 (见图 4-72)。高牌号灰铸铁的碳含量低,铁液过热度相对较小 (见表 4-52),往往充满铸型困难。

在实际生产中,灰铸铁的流动性受碳当量影响很大,而少量合金元素的加入对其影响并不大,见表 4-53。

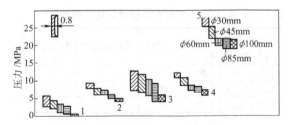

图 4-70 不同铸铁产生渗漏时的试验压力
1—非孕育灰铸铁 2—孕育灰铸铁 3—灰铸铁,
加 $w(SnSb10)$ = 0.3% 合金 4—灰铸铁,
$w(Cr)0.7\% + w(Ni)0.5\% + w(Mo)0.3\%$
5—蠕墨铸铁

磷能降低灰铸铁的凝固温度,并形成低熔点的磷共晶,因而能提高流动性,见表 4-54。薄壁且要求高表面光洁的铸件可使用含磷较高的铸铁。硫和氧,尤其是氧会降低铁液流动性。

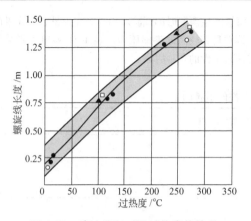

图 4-71　流动性与不同过热度的关系

$w(C)(\%)$	$w(Si)(\%)$	$w(CE)(\%)$
○—2.13	2.07	2.82
●—2.52	2.00	3.19
□—3.04	2.10	3.74
▲—3.60	2.08	4.29

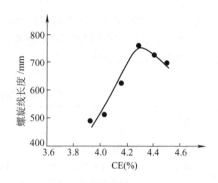

图 4-72　碳当量对流动性的影响

表 4-52　不同铸铁的过热度

$w(C)(\%)$	液相线温度/℃	过热温度/℃
2.52	1295	105
3.04	1245	155
3.60	1175	225

注：按铸铁中硅的质量分数为 2.0%、浇注温度为 1400℃计算。

表 4-53　不同碳当量（无合金元素和加少量合金元素）灰铸铁的铸造性能

序号	化学成分（质量分数，%）								抗拉强度/MPa	螺旋线长度/mm	残余应力/MPa	体收缩			体收缩率（%）
	CE	C	Si	Mn	P	S	Cr	Cu				致密块密度/（g/cm³）	缩孔相对容积（%）	缩松相对容积（%）	
1	3.76	3.15	1.76	0.96	0.060	0.063	—	—	275	703	70.7	7.282	2.57	0.76	3.33
2	4.02	3.35	1.94	0.94	0.064	0.068	—	—	246	947	50.0	7.225	2.34	0.64	2.98
3	4.08	3.39	2.00	0.94	0.064	0.068	0.34	—	256	965	52.0	7.220	2.58	0.64	3.22
4	4.05	3.34	2.06	0.96	0.064	0.068	0.34	0.43	253	995	51.0	7.204	2.23	0.57	2.80

注：浇注温度为 1400℃。

表 4-54　磷对灰铸铁流动性的影响

化学成分（质量分数，%）			浇注温度/℃	螺旋线长度/mm	对比百分数（%）
P	C	CE			
0.16	3.26	3.92	1340	630	100
0.52	3.26	3.95	1340	835	133

（2）收缩性　灰铸铁在凝固时，部分碳会以石墨形式析出，因此从浇注到冷却的全过程中，除了有液态收缩、凝固收缩、固态收缩外，在凝固期，尤其是在凝固后期共晶转变时有凝固膨胀，在共析转变时有比其他铁碳合金大的二次膨胀。

液态收缩除与浇注温度有关外，还与铁液成分，尤其与碳含量有关（见表 4-55）。

表 4-55　灰铸铁的液态收缩值（%）

$w(C)(\%)$	2.0	2.5	3.0	3.5	4.0
液态收缩（浇注温度1400℃）	0.7	1.5	2.4	3.5	4.7
液态收缩（$t_浇 - t_液 = 50℃$）	0.7	0.8	0.9	1.0	1.1

灰铸铁的凝固收缩比球墨铸铁、可锻铸铁的都小，普通灰铸铁的凝固收缩值约为 2%，合金高强度铸铁约为 4%。

液态收缩和凝固收缩决定了缩孔的大小。普通灰铸铁由于成分接近共晶，石墨化能力又强，所以其收缩孔总体积只在 -0.5% ~ 0.2%，通常可不用补缩冒口即可获得健全铸件。

灰铸铁线收缩指凝固后期、铸件内形成完整连续固相骨架后所发生的固态收缩。它不仅关系到尺寸大小、铸件变形，而且也会影响铸件内应力，甚至冷裂等铸造缺陷的产生。灰铸铁的线收缩率（砂型铸造）为 0.5% ~ 1.3%，一般采用 1%。

促进石墨化的因素都能减少灰铸铁的收缩，反之亦然。

（3）铸造应力　铸造应力由金属在凝固后的收缩引起。它来自两个方面：型芯妨碍收缩在铸件内引起拉应力；不同的冷却速度，使先冷的薄壁妨碍后冷的厚壁收缩，在厚处产生拉应力、薄处产生压应力。

这些应力一般在 400~600℃ 之间产生。有时过强的旭丸清理也会在铸件表层产生压应力。经实测,这些应力叠加可使铸件内应力达 220MPa,气缸体铸件内应力高达 130MPa。铸造应力过高会导致冷裂、减少铸件承载能力,同时往往会引起铸件变形、破坏尺寸稳定性。这种情况在机械加工后由于表层被去除,破坏了原先应力的平衡时更为严重。

铸造应力可用 480~600℃ 之间的时效热处理或振动时效来去除,但仅推荐用于单件小批、尺寸精度要求特别高的铸件。正确控制生产工艺就能使大批量生产的轿车缸体不用时效,曲轴瓦、凸轮轴瓦以及气缸筒的加工精度保持在 ±0.005mm。

凡是能促进石墨化、降低弹性模量、减少收缩量,以及减缓铸件冷却速度的因素都有利于减少铸件中的残余应力。为此应提高碳当量,尤其是碳含量。在相同碳当量下,硅过高 $[w(\mathrm{Si})>3\%]$ 会减少石墨量、降低热导率(见图 4-58)、增加收缩。锰和硫能阻碍石墨化,尤其是锰高硫低会增加应力,合金元素含量较高时使传热系数降低、弹性模量提高、线收缩增加,铸造应力加大。

(4) 断面敏感性 断面敏感性指铸件各部位(外层与内层、厚壁处与薄壁处)在结晶后所得组织和性能的差异程度。它取决于铸铁成分、处理工艺和冷却速度。由于冷却速度不同不仅影响到灰铸铁结晶晶粒的大小,而且影响到碳的存在形式和分布,因此灰铸铁的断面敏感性要比其他金属大:薄壁处易形成过冷石墨及白口,厚壁处石墨粗大,从而使铸件不同部位有不同的硬度、强度,影响到机械加工和最终的使用性能。

减少断面敏感性的主要措施是孕育处理和使用少量的合金元素(见表 4-56 和图 4-73~图 4-76)。

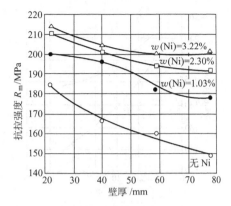

图 4-73 镍对不同壁厚处抗拉强度的影响
$w(\mathrm{C})=3.25\%\sim3.35\%$ $w(\mathrm{Si})=1.93\%\sim2.16\%$

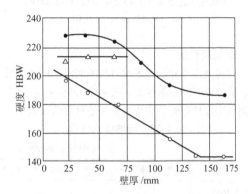

图 4-74 铬对不同壁厚处硬度的影响
●—$w(\mathrm{Cr})=0.79\%$ △—$w(\mathrm{Cr})=0.48\%$
○—$w(\mathrm{Cr})=0.01\%$
铸铁化学成分:$w(\mathrm{C})=2.85\%$,$w(\mathrm{Si})=2.55\%$,
$w(\mathrm{Mn})=0.75\%$,$w(\mathrm{P})=0.24\%$,
$w(\mathrm{S})=0.092\%$,Sc=0.84

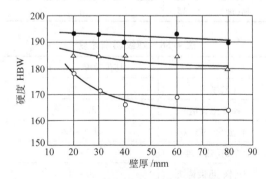

图 4-75 钼对不同壁厚处硬度的影响
○—$w(\mathrm{Mo})=0\%$ △—$w(\mathrm{Mo})=0.32\%$
●—$w(\mathrm{Mo})=0.64\%$
铸铁化学成分:$w(\mathrm{C})=3.3\%$,$w(\mathrm{Si})=1.2\%$,
$w(\mathrm{Mn})=0.85\%$,$w(\mathrm{P})=0.23\%$,
$w(\mathrm{S})=0.12\%$,Sc=0.87

表 4-56 孕育处理对断面敏感性的影响

孕育处理情况	CE (%)	不同壁厚处布氏硬度 HBW					布氏硬度差 HBW
		50mm	35mm	20mm	10mm	5mm	
未孕育	3.99	181	189	203	229	309	128
$w(\mathrm{FeSi75})$ =0.4% 孕育	4.00	180	181	194	223	224	44

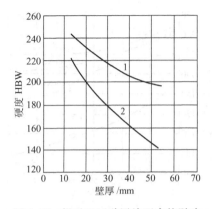

图 4-76 锡对不同壁厚处硬度的影响

1—$w(Sn) = 0.1\%$ 2—$w(Sn) = 0\%$

铸铁化学成分: $w(C) = 3.3\%$, $w(Si) = 2.15\%$,

$w(Mn) = 0.4\%$, $w(P) = 0.015\%$

2. 切削性能

灰铸铁由于片状石墨对刀具的润滑作用和断屑作用, 故有良好的切削性能。表 4-57 和表 4-58 列出了铣削和螺纹切削时, 灰铸铁和其他材料的比较。

表 4-57 标准铣削速度

(单位: m/min)

材料	高速钢	硬质合金(粗铣)	超硬合金(精铣)
灰铸铁 (HT150)	32	50~60	120~150
灰铸铁 (HT300)	24	30~60	75~100
可锻铸铁	24	30~75	50~100
钢(软)	27	50~75	150
钢(硬)	15	25	30

表 4-58 螺纹切削速度

材 料	切削速度/(m/min)
易削钢	7~15
碳素工具钢	3.5~7
合金钢(退火)	4.5~12
合金钢(热处理)	3~7
灰铸铁、可锻铸铁	10~18
铜合金	15~25

灰铸铁本身的切削性能取决于基体组织和硬度(见图 4-77 和图 4-78)。铁素体基体最好, 其次是珠光体基体。当有游离渗碳体存在时, 切削性能急剧下降。

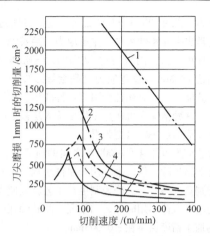

图 4-77 切削性能与基体、硬度关系

切削条件: 硬质合金车刀; 刃尖角: 轴向前角 3°, 径向前角 3°, 成形角 30°, 进刀角 0.015°, 切入角 0.187°

1—铁素体基体(121HBW) 2—珠光体基体(195HBW) 3—珠光体基体(217HBW) 4—细珠光体基体(217HBW) 5—珠光体基体 + 体积分数为 5% 的游离渗碳体(240HBW)

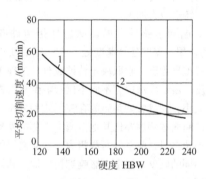

图 4-78 硬度与平均切削速度的关系

1—无合金 2—低合金灰铸铁, 含 w(Cu) 为 1.6%~2.0% (车削: 高速钢刀具, 无切削液, 背吃刀量 4mm, 进给量 0.4mm)

合金元素的加入使灰铸铁的基体强化, 硬度升高, 因此加入合金元素后的切削性能要比未加入前的差。但正如图 4-78 所示, 在同样硬度下, 由于合金元素使组织均匀化而提高了灰铸铁的切削性能(图中铜的加入量提高了 20%)。图 4-79 所示为通过两种合金化途径获得 HT350, 但由于硬度不同, 其呈现的切削性能不同。因此, 采用合金元素来提高灰铸铁性能时, 为保持良好的切削性能, 应尽量选取提高硬度不多的合金元素。某些合金元素, 如 V、Ti、B、Cr、P 的加入会使灰铸铁组织中产生硬质相(碳化物、氮化物、磷共晶), 在增加耐磨性的同时, 会严重降低灰铸铁的切削性能。

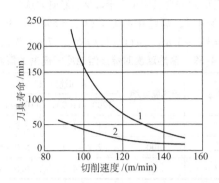

图 4-79　刀具寿命与切削速度的关系
1—$w(Cu)1.0\% + w(Mo)0.35\%$
2—$w(Cr)0.8\% + w(Ni)0.6\% + w(Cu)0.6\%$
灰铸铁化学成分：$w(C) = 3.25\%$，$w(Si) = 1.8\%$，
$w(Mn) = 0.8\%$，$w(P) = 0.04\%$，$w(S) = 0.07\%$

实际生产中，尤其是大批量流水生产用高精度、高速的加工中心加工时，灰铸铁具有均匀的良好切削性显得特别重要，为此常用抗拉强度与硬度之比来控制（参见 4.2.1 节"硬度"一段和第 4.3 节），在提高强度时，希望获得较低的硬度，以保持良好的切削性。

3. 焊补性能

铸铁的焊接主要应用于以下场合：一是铸造缺陷的焊接修复；二是已损坏的铸铁成品件的焊接修复；三是零部件的生产。据国外资料统计，在铸件焊接工作中，铸件缺陷焊接修复占 40%，旧铸铁件产品修复占 40%，铸铁焊接件占 20%。目前我国的铸铁焊接主要是毛坯件缺陷修复，其他方面的应用较少。

在铸铁焊接中，包括电弧焊和氧乙炔补焊两种方法。电弧焊所用铸铁焊接材料按其焊缝金属的类型可分为铁基、镍基和铜基三大类，如图 4-80 所示。

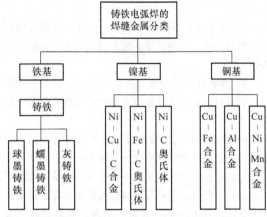

图 4-80　铸铁电弧焊的焊缝金属分类

在铸铁件缺陷的修补焊接中，焊缝材料通常采用同质金属。由于铸铁化学成分与组织的特点，铸铁焊接冷却过程中，不仅像钢一样会发生铁素体、珠光体、贝氏体及马氏体转变，而且因碳含量高，还会发生共晶转变。铸铁组织中的石墨像一个碳库，受高温作用后碳会向其附近基体迅速扩散，使基体碳含量迅速增大。因此，铸铁焊接热影响区的组织与性能变化就有其自身的特点，从而影响其焊接性。

焊接熔池形成后，其热影响区如图 4-81 所示。图中右侧为含 $w(Si) = 2.5\%$ 的 Fe-C-Si 三元垂直截面图。从中可以看出，灰铸铁的焊接热影响区被划分为半熔化区、奥氏体区、重结晶区与碳化物石墨化和球化区。

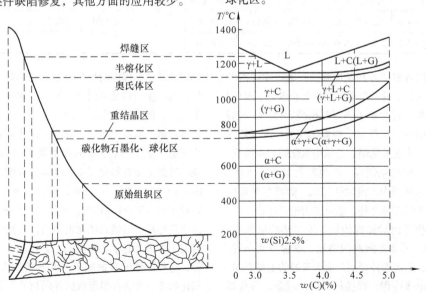

图 4-81　灰铸铁的焊接热影响区

在焊补灰铸铁件缺陷时，往往会遇到下列困难：

1）焊补处熔融铁液未能按稳定系结晶凝固，形成渗碳体，在铸件上产生硬点，增加随后切削加工的困难。

2）铸件只有在焊补处加热，焊补区又因母体存在而冷却过快，致使在焊补区和过渡区都有可能产生裂纹。

3）焊补区未清理干净的氧化物或焊补时氧化均可使焊补材料和母体不能有良好的结合或有新的渣孔和气孔。

4）焊后冷却过快或焊补金属与母材有不同的收缩率，会使铸件局部产生应力、甚至开裂。

为防止这些问题出现，一般在铸件预热的状态下进行焊补，预热温度的高低对焊接熔池的冷却速度有较大影响，见表4-59。为防止出现共晶渗碳体和裂纹，预热温度通常控制在 600 ~ 700℃（暗红色），但不能过高，否则会改变铸件本体的性能。焊接后还要进行缓冷，如采用保温材料覆盖，或者焊接后直接放到 600 ~ 650℃ 保温炉中保持一段时间，然后随炉冷却。这种焊补工艺称为热焊。

铸铁热焊时虽然采取了缓冷措施，但焊缝的冷却速度一般还是快于铸铁铁液在砂型中的冷却速度，为了保证焊缝石墨化，不产生白口组织且硬度合适，焊缝中总的碳硅含量应稍大于母材。经研究认为：采用电弧热焊时，焊缝中控制 $w(C) = 3\% ~ 3.8\%$，$w(Si) = 3\% ~ 3.8\%$，$w(C + Si) = 6\% ~ 7.6\%$ 为宜。

表 4-59　预热温度对焊接熔池冷却速度的影响

试件编号	预热温度/℃	冷却速度/(℃/s)	
		1200 ~ 1100℃	1100 ~ 1000℃
1	700	1.2 ~ 1.4	3.2 ~ 3.3
2	400	2.2 ~ 2.7	5.0 ~ 5.2
3	无	3.8 ~ 4.2	6.6 ~ 6.8

注：1. 试块尺寸（长×宽×高）为 300mm × 200mm × 100mm，焊缝尺寸（长×宽×高）为 100mm × 50mm × 20mm。

2. 电弧电压 28 ~ 30V，焊接电流 380 ~ 400A，连续焊接。

电弧热焊主要适用于焊件厚度大于10mm的缺陷焊补，对于小于10mm薄壁件的焊补容易烧穿。因此，对于薄壁铸件（气缸体、缸盖等）的缺陷焊补，宜采用气焊。氧乙炔火焰温度（<3400℃）比电弧温度（6000 ~ 8000℃）低很多，并且热量不集中，很适合于薄壁件的焊补。铸铁气焊填充焊丝的化学成分见表4-60。

表 4-60　铸铁气焊填充焊丝的化学成分（GB/T 10044—2006）

型号	C	Si	Mn	S	P	Fe	Ni	Ce	Mo	球化剂
RZC-1	3.2 ~ 3.5	2.7 ~ 3.0	0.60 ~ 0.75		0.50 ~ 0.75		—		—	
RZC-2	3.2 ~ 4.5	3.0 ~ 3.8	0.30 ~ 0.80	≤0.10	≤0.50	余量	—		—	
RZCH	3.2 ~ 3.5	2.0 ~ 2.5	0.50 ~ 0.70		0.20 ~ 0.40		1.2 ~ 1.6		0.25 ~ 0.45	
RZCQ-1	3.2 ~ 4.0	3.2 ~ 3.8	0.10 ~ 0.40	≤0.015	≤0.05		≤0.50	≤0.20		0.04 ~ 0.10
RZCQ-2	3.5 ~ 4.2	3.5 ~ 4.2	0.50 ~ 0.80	≤0.03	≤0.10					

一般气焊时焊缝的冷却速度较快，为提高焊缝的石墨化能力，保证焊缝有合适的组织及硬度，其RZC2焊丝中的碳含量及硅含量较热焊时稍高。另外，气焊过程中焊丝中的碳、硅都有一些氧化烧损，所以焊接时宜采用中性焰或弱碳化焰。若采用氧化焰焊接铸铁，会增大熔池碳、硅氧化烧损，产生酸性氧化物 SiO_2，使熔池中铁液黏度增大，流动性降低，焊缝容易造成夹渣缺陷。除了热焊补之外，也可采用电弧冷焊。

电弧冷焊指焊前对被焊铸铁件不预热的电弧焊。采用电弧冷焊，可节省能源的消耗，改善劳动条件，降低焊补成本，缩短焊补周期，成为发展的主要方向。焊缝为铸铁的电弧冷焊，焊接材料价格较低，而且焊缝颜色与铸铁母材一致，更有其特色。但电弧冷焊铸铁时，铸铁型焊缝的焊接熔池及其热影响区冷却速度快，易产生白口及马氏体。另外，焊件上的温度场很不均匀，使焊缝产生较高的拉应力，而灰铸铁的焊缝强度较低，基本无塑性，所以焊后很容易产生冷裂纹。为了解决这个问题，首先要提高焊缝石墨化的能力。碳、硅是主要石墨化元素，电弧冷焊时，焊缝中合适的 $w(C) = 4.0\% ~ 5.5\%$，$w(Si) = 3.5\% ~ 4.5\%$，$w(C + Si) = 7.5\% ~ 10\%$，比热焊、半热焊时高。为加强电弧冷焊时焊缝石墨化的能力，近期焊接工作者还研究了多种能起孕育作用的元素，如 Ca、Ba、Al、Bi 等，这些微量元素的加入，可形成高熔点的硫化物、氧化物等，成为石墨形核的异质核心，加速焊缝石墨化的过程。

焊缝中硅、铝、钙的含量对焊缝石墨化、基体组织及硬度的影响非常大,见表4-61～表4-63。

表4-61 硅含量对铸铁焊缝石墨化、基体组织及焊缝硬度的影响

焊缝中 $w(Si)(\%)$	1.50	1.80	2.24	2.85	3.45	3.86
析出的石墨体积分数(%)	7.76	7.96	8.36	9.09	9.44	9.49
其体组织及其体积分数(%)	P(47) Ld(53)	P(69) Ld(26) F(5)	P(78) F(22)	P(76) F(24)	P(74) F(26)	P(72) F(28)
焊缝硬度 HBW	350	337	231	230	221	228

表4-62 铝含量对铸铁焊缝石墨化、基体组织及焊缝硬度的影响

焊缝中 $w(Al)(\%)$	0.06	0.13	0.16	0.20	0.23	0.26
析出的石墨体积分数(%)	9.64	9.99	11.46	11.99	12.27	12.50
基体组织及其体积分数(%)	P(77) F(23)	P(75) F(25)	P(73) F(27)	P(70) F(30)	P(62) F(38)	P(50) F(50)
焊缝硬度 HBW	224	222	221	216	209	194

表4-63 钙含量对铸铁焊缝石墨化、基体组织及焊缝硬度的影响

焊缝中 $w(Ca)(\%)$	0.0027	0.0055	0.0084	0.0112	0.0168	0.0273
析出的石墨体积分数(%)	11.86	12.71	12.28	11.45	10.41	10.18
基体组织及其体积分数(%)	P(69) F(31)	P(60) F(40)	P(66) F(34)	P(64) F(36)	P(76) F(24)	P(79) F(21)
焊缝硬度 HBW	224	201	205	203	222	226

冷焊（电焊）适于焊补一些不重要的小件或焊后不再加工的表面缺陷。此时可用 Ni 系、Fe-Ni [$w(Ni)40\% \sim 60\%$]系和 Cu-Ni[$w(Ni)\geqslant 60\%$]系焊条。焊补应间断进行,使焊补处周围温度以不烫手为宜。

GB/T 10044—2006 对铸铁用焊条、焊丝有详细规定。

由于灰铸铁焊补性能差,重要件焊补后都应进行无损探伤检查,而且越来越多的零件规定不准焊补,即要求在铸造成形时获得无缺陷铸件。

利用金属熔融填补技术来修补缺陷能避免常用焊补法带来的困难。图4-82所示为该技术的操作顺序。

根据缺陷大小可选用不同直径的填充球,球的材料可以是炭、铁丸或钢丸。

对某些表面铸造缺陷,也可用特殊配制的冷敷料来修复。

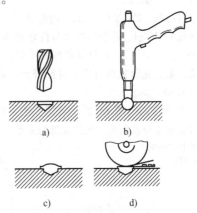

图 4-82 熔融填补技术的操作顺序
a) 用冲头或钻头将材料表面上的气孔或表面伤痕扩大
b) 放上填充小球,用二次电流发生器进行填充操作
c) 填充完毕 d) 用砂轮等修整

4.3 灰铸铁的冶金质量指标

实践表明,同样化学成分的铁液经不同的处理,便能获得不同性能的铸铁。因此,在生产灰铸铁件时,就需要对灰铸铁的冶金过程进行更为周密的考虑和采取必要的措施,使铸件既能得到必需的强度指标,又能保证铸铁有良好的工艺性能,尤其是切削性能。通过大量的研究与实践发现,对于具有正常成分的灰铸铁,当其抗拉强度在 200～400MPa 时,可以从化学成分预测出其应该具有的强度与硬度,这也是热分析仪测强度、硬度甚至金相组织的基础。如果实际结果与预期结果有差别,则表明生产中,尤其是铁液的处理上有问题,有值得改进的地方。为评定浇注铸件的铸铁铁液是否已处理得当,铸造工作者发展了一些衡量灰铸铁冶金质量的综合性指标,如成熟度、硬化度、品质系数等,这些指标对生产工程结构件（如汽车、农机、机床铸件等）的铸造厂十分重要,但它们不适用于要求耐磨、高硬度等特殊件。

4.3.1 成熟度及相对强度

在 $\phi30mm$ 试棒上测得的抗拉强度值同由共晶度算出的抗拉强度之比称之为成熟度,它可用以下经验公式来计算:

$$RG = \frac{R_{m测}}{981 - 785S_c} \times 100\% \text{ 或简化为}$$

$$RG = \frac{R_{m测}}{1000 - 800S_c} \times 100\%$$

式中　RG——成熟度（%）；

　　　$R_{m测}$——从 $\phi30mm$ 试棒测得的抗拉强度（MPa）；

　　　S_c——共晶度。

对于灰铸铁，RG 在 0.5～1.5 内波动。生产中应力求得到高的 RG 值。适当的过热与良好的孕育处理能提高 RG 值。$RG<1$，表明孕育效果不良，生产技术水平低，未能充分发挥材质本身的潜力。希望 RG 在 1.15～1.30 之间。

图 4-83 所示为计算 RG 的线解图。图 4-84 所示为灰铸铁成熟度与共晶度、抗拉强度的关系。

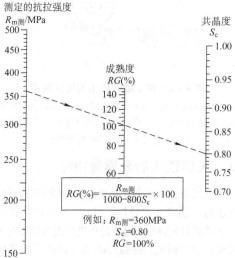

图 4-83　计算 RG 的线解图

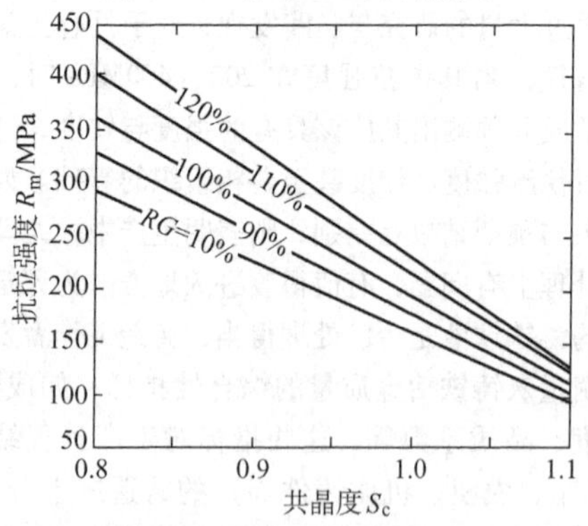

图 4-84　灰铸铁抗拉强度、共晶度与成熟度的关系

共晶度可按铸铁中碳、硅、磷的质量分数（%）来计算

$$S_c = \frac{w(C)}{4.26 - 0.31w(Si) - 0.27w(P)}$$

或简化为 $\dfrac{w(C)}{4.3 - \dfrac{1}{3}w(Si+P)}$

也可按图 4-85 求出。如果考虑其他元素的作用，则也可按下式计算共晶度（成分含量均为质量分数，%）：

$$S_c = \frac{w(C)}{4.26 - 0.31w(Si) - 0.27w(P) - 0.4w(S) - 0.74w(Cu) + 0.312w(Cr) + 0.027w(M}$$

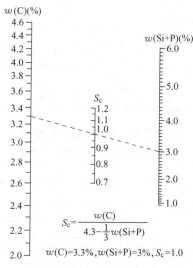

图 4-85　计算共晶度的线解图

碳、硅的质量分数既可以用化学分析法得出，也可用热分析仪测得。

RG 也可以用实测的抗拉强度和铁液凝固区间来计算：

$$RG = \frac{R_{m测}}{161 + 1.8(T_L - T_S)} \times 100\%$$

式中　T_L、T_S——分别为铸铁液相线和固相线温度。

知道 T_L、T_S，也可用线解图（见图 4-86）求 RG。

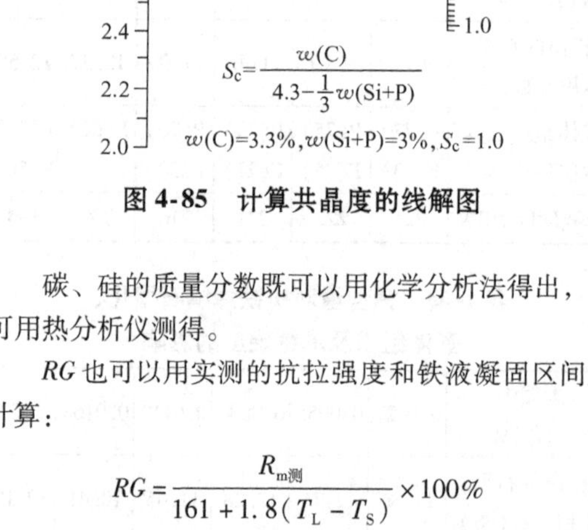

测出的抗拉强度 $R_{m测}$/MPa

凝固区间 $\Delta T(T_L - T_S)$/℃

成熟度 RG(%)

$$RG(\%) = \frac{R_{m测}}{161 + 1.8(T_L - T_S)} \times 100$$

例：$R_{m测} = 360MPa$

$(T_L - T_S) = 110℃$

$RG = 100\%$

图 4-86　从凝固区间计算 RG 的线解图

如果成熟度不由 S_c 计算的强度而用 $\phi30mm$ 试棒上测得的布氏硬度来计算，则称之为相对强度 RZ。

$$RZ = \frac{R_{m测}}{2.25HBW - 227} \times 100\%$$

式中 RZ——相对强度（%）；

$R_{m测}$——$\phi30mm$ 试棒上测得的抗拉强度（MPa）；

HBW——$\phi30mm$ 试棒上测得的布氏硬度值。

图 4-87 所示为计算 RZ 的线解图。

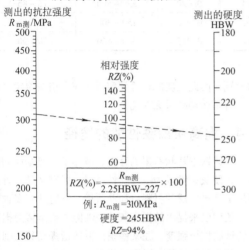

图 4-87　计算 **RZ** 的线解图

4.3.2　硬化度及相对硬度

从 $\phi30mm$ 灰铸铁试棒上测出的硬度与从抗拉强度计算出的正常硬度之比为相对硬度，可按下式计算

$$RH = \frac{HBW}{从强度计算出的布氏硬度}$$

$$= \frac{HBW}{100 + 0.44R_{m测}}$$

式中 RH——相对硬度；

HBW——从 $\phi30mm$ 试棒上测得的布氏硬度值；

$R_{m测}$——从 $\phi30mm$ 试棒上测得的抗拉强度（MPa）。

RH 在 0.6～1.2 之间，希望灰铸铁有较低的相对硬度。RH 值低，表明灰铸铁强度高硬度低，有良好的切削性能。良好的孕育能降低 RH 值。在形成新相之前，铬、铜的加入几乎不影响 RH 值。图 4-88 所示为计算 RH 的线解图。图 4-89 所示为实测抗拉强度、实测硬度与相对硬度的关系。

如果上式不由抗拉强度而用共晶度或凝固区间来计算理论正常硬度值，则称之为硬化度 HG：

$$HG = \frac{HBW_{测}}{530 - 344S_c} = \frac{HBW_{测}}{170.5 + 0.793(T_L - T_S)}$$

式中 HG——硬化度；

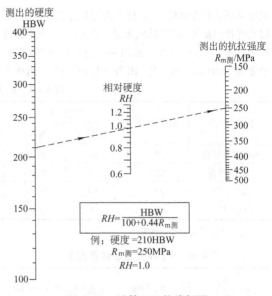

图 4-88　计算 **RH** 的线解图

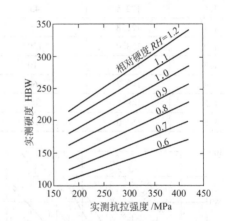

图 4-89　实测抗拉强度、实测硬度与相对硬度的关系

S_c——共晶度；

T_L、T_S——铸铁液相线和固相线温度；

$HBW_测$——从 $\phi30mm$ 试棒上测得的布氏硬度值。

表 4-64 列出了从工厂中实测的 RG 和 RH 值。

4.3.3　品质系数

灰铸铁成熟度与硬化度之比称为品质系数 Q_i，即

$$Q_i = \frac{RG}{HG}$$

此值在 0.7～1.5 之间，希望 Q_i 控制在 1 以上。可用品质系数来衡量各种工艺措施提高灰铸铁质量的程度，如良好的孕育可提高品质系数 15%～20%。

人们在生产实践中通过大量数据的收集和处理，制作了图 4-90 和表 4-65，根据热分析试验测得的液相线温度 T_L 和凝固温度回升值 ΔT（相对过冷），

就能从图表预测 $\phi 30mm$ 试棒上的抗拉强度和硬度值，以及弹性模量 E_0 和共晶团数量。例如，从热分析得 $T_L = 1210℃$ ，$\Delta T = 5℃$ ，从图 4-90 得 $R_m = 260MPa$ 、硬度为 210HBW ，$m = R_m/HBW = 1.24$ ；据 m 值从表 4-65 估计出，灰铸铁的 $E_0 = 135GPa$ ，共晶团数量为 160 个/cm^2 。

表4-64　实测的 RG 和 RH 值

铸铁牌号[①]	抽样数目	成熟度 RG		相对硬度 RH		共晶团数量 /(个/cm^2)	A 型石墨含量 （体积分数，%）
		平均值 X	离差 S	平均值 X	离差 S		
GG20 未孕育	25	1.06	0.07	1.02	0.025	200 ~ 400	35 ~ 55
GG20 孕育	25	1.22	0.08	0.94	0.020	350 ~ 500	75 ~ 85
GG25 未孕育	30	1.04	0.08	1.02	0.030	150 ~ 300	40 ~ 60
GG25 孕育	100	1.20	0.07	0.94	0.015	300 ~ 450	70 ~ 90

①　是德国灰铸铁的代号。

表4-65　E_0 和共晶团数量预测表

$m = \dfrac{R_m}{HBW}$	E_0/GPa	共晶团数量/(个/cm^2)
1.0	122.5	45
1.1	127.8	75
1.2	133.0	130
1.3	138.2	210
1.4	143.7	360
1.5	148.7	600
1.6	154.0	1000

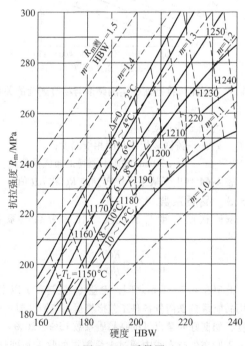

图 4-90　质量图

必须指出，用成熟度与硬化度求出的品质系数和用相对强度与相对硬度算出的相比，两者之间有很大的差别，因此在实际计算评定时，应严格按原定义进行，否则所得结果无可比性。

4.4　提高灰铸铁性能的途径

灰铸铁中片状石墨的存在，破坏了金属基体的连续性，使灰铸铁成为一种脆性材料，但它又是一种应用最早且最广泛的材料。如前所述，灰铸铁有多种性能，长期以来提出的提高灰铸铁性能主要指努力提高灰铸铁的抗拉强度，在某些条件下还指提高其切削性能、减摩耐磨性能、减振性能等。

绝大部分应用的灰铸铁都是亚共晶成分，所以要想提高其抗拉强度，应尽量使灰铸铁在凝固时有更多和更发达的初生奥氏体枝晶；减少共晶石墨量并应使其以细小的 A 型石墨均匀分布；增加共晶团数量；在奥氏体共析转变时全部转变成细小的珠光体基体。

在实际生产中常采用下列几种措施来达到上述目的：选择合理的化学成分、改变炉料成分、过热处理铁液、孕育处理、微量或低合金化、热处理以及加大共析转变时的冷却速度。采取何种措施取决于铸件类型、所要求的性能以及当时的生产条件，但往往是同时采取两种以上的措施。

4.4.1　化学成分的合理选配

1. 碳、硅及硅碳质量比

灰铸铁的主要成分是铁、碳和硅。碳的质量分数大多为 2.6% ~ 3.6% ，硅的质量分数在 1.2% ~ 3.0% 之间。碳和硅对灰铸铁的显微组织及最终的性能起着决定性的影响。图 4-91 所示为从 $\phi 30mm$ 试棒上得到的碳和硅，即结晶时的石墨化能力同灰铸铁基体组织的关系。因此，对于一般的灰铸铁结构件，生产上多是通过调整和控制碳硅含量来获得所需要的铸铁牌号和性能的。

碳是铸铁中产生石墨的基础。碳含量越高，亚共

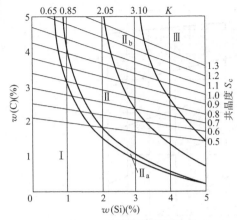

图 4-91 灰铸铁组织图

石墨化因素 $K = \frac{4}{3}w(\mathrm{Si})\left(1 - \frac{5}{3w(\mathrm{C}) + w(\mathrm{Si})}\right)$

区域 Ⅰ—珠光体 + 渗碳体组织的白口铸铁

Ⅱ$_a$—珠光体 + 渗碳体 + 石墨的麻口铸铁

Ⅱ—珠光体 + 石墨的灰铸铁

Ⅱ$_b$—珠光体 + 铁素体 + 石墨的灰铸铁

Ⅲ—铁素体 + 石墨灰铸铁

注:$w(\mathrm{Si})$、$w(\mathrm{C})$ 为硅和碳的质量分数（%）。

铸铁越接近共晶点，在按稳定结晶条件下，灰铸铁中石墨的数量就越多。碳含量增加容易形成较多的石墨自发晶核，并能增加碳原子之间的结合能力，因此碳能促进石墨化。随着碳含量的降低，铸铁成分远离共晶点，结晶间隔加大，能得到较多的初生奥氏体，使基体骨架更为坚强，在不产生枝晶间石墨的条件下，能使铸铁性能提高。

硅是强烈促进石墨化的元素，它的作用要比碳的作用大。硅能使铁碳合金的共晶点和共析点向上、向左移动，即向温度较高、碳含量较低的方向移动。因此，硅使铁碳合金能在比较高的温度下进行共晶转变和共析转变，有利于碳原子和铁原子的扩散，也利于渗碳体的分解而促进石墨化。另外，共晶点和共析点向左移动，表示硅降低了碳在液相和固相中的溶解度，增加了碳的活度，石墨就比较容易析出、长大，也促进石墨化过程的进行。由于硅能改变铁碳平衡图的临界点位置，硅的增加就相当于增加了一部分碳的作用。

碳和硅不仅改变了铸铁组织中石墨的数量，并且能改变石墨的大小和分布。随着碳含量的增加，形成细小枝晶间石墨所必需的冷却速度也提高了，产生枝晶间石墨的可能性减少了。

除了对共晶凝固时石墨化影响外，碳和硅也能促进共析石墨化，使基体中的珠光体数量减少，铁素体数量增加。硅溶于铁素体后，使铁素体的强度、硬度均有提高，而塑性相应会降低。

生产中采用碳当量（CE）来综合考虑碳和硅对铸铁组织和性能的影响。碳当量实际上表示铸铁实际成分离共晶点的远近，也反映了铸铁一次结晶时结晶间隔的大小。如碳当量的质量分数为 4.3% 时，表示这种含硅的铸铁成分是共晶成分，其结晶间隔最小。提高碳当量促使石墨片变粗、数量增多，抗拉强度、硬度和弹性模量下降，抗震能力增强。反之，降低碳当量能减少石墨数量、细化石墨、增加初析奥氏体枝晶量，从而提高灰铸铁的力学性能。但降低碳当量会导致铸造性能降低、铸件断面敏感性增大、铸件内应力增加、硬度增加，甚至有可能出现渗碳体，从而令加工困难。

生产中可根据所需要的组织和性能来选取合适的碳硅量或碳当量。图 4-92 所示为碳当量对灰铸铁力学性能的影响。实际的铸件具有不同的壁厚，而壁厚会影响到冷却速度，从而影响到最终铸件的金相组织和性能。因此，在生产中选择碳硅量时必须考虑铸件的壁厚。图 4-93 和图 4-94 所示为共晶度、铸件、壁厚对抗拉强度的影响。

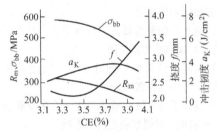

图 4-92 碳当量对灰铸铁力学性能的影响

$$CE = w(\mathrm{C}) + \frac{1}{3}w(\mathrm{Si} + \mathrm{P})$$

注:a_K 为 10mm × 10mm 试样上测得的冲击韧度

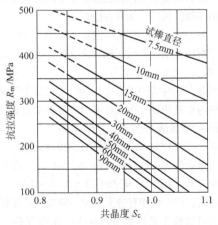

图 4-93 共晶度与抗拉强度的关系

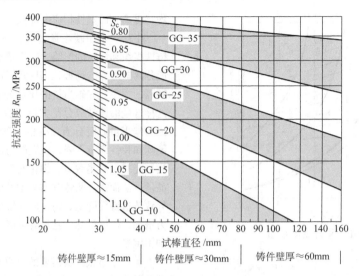

图 4-94　铸件壁厚对抗拉强度的影响

GG 为德国灰铸铁缩写

在碳当量保持不变的条件下，适当提高硅与碳的质量比（一般质量比由 0.5 左右提高至 0.8 左右），在凝固特性、组织结构与材质性能方面有以下变化：

1）组织中初析奥氏体数量增多（见第 2 章图 2-17），有加固基体作用。

2）由于总碳量的降低，石墨量相应减少，减轻了石墨片对基体的切割作用。

3）固溶于铁素体中的硅增多，强化了铁素体（包括珠光体中的铁素体）。

4）提高了共析转变温度，珠光体在较高温度下生成，易粗化，对强度会起负面影响。

5）降低了奥氏体中的碳含量，使奥氏体在共析转变时易生成铁素体。

6）硅高碳低情况下，易使铸件表层产生过冷石墨并伴随有大量铁素体，表面硬度下降有利于切削加工，但不加工面的性能有所削弱。

7）提高了液相线凝固温度，提高了共晶温度，扩大了凝固范围，降低了铁液流动性、增大了缩松渗漏倾向。

因此，硅与碳的质量比在铸铁中的变化以及产生的结果与铁液的处理情况及原始成分有很大的关系。

图 4-95 和表 4-66 ~ 表 4-68 表明，在不同碳当量条件下，$w(Si)/w(C)$ 变化对强度的影响是不一致的。当碳当量较低时，适当提高 $w(Si)/w(C)$，强度性能会有所提高，并在 $w(Si)/w(C) = 0.75 ~ 0.80$ 时出现强度峰值，切削性能有较大改善，但要注意缩松渗漏倾向的增加和珠光体数量的减少。而在较高碳当量（一般质量分数超过 3.9% ~ 4.1%）时提高 $w(Si)/w(C)$，由于片状石墨尺寸的增大和铁素体数量的增

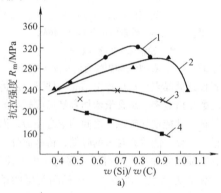

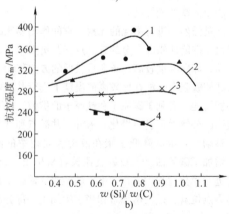

图 4-95　硅与碳质量比对抗拉强度的影响

a) 不加合金　b) 加 $w(Cr)0.3\%$ 和 $w(Cu)0.4\%$
1—CE = 3.42% ~ 3.70%　2—CE = 3.71% ~ 3.90%　3—CE = 3.91% ~ 4.05%　4—CE = 4.06% ~ 4.34%

注：本图的化学成分和 R_m 值参见表 4-66 和表 4-67。

加（特别是非合金灰铸铁），反而使抗拉强度下降，但此时提高 $w(Si)/w(C)$ 仍能有减少白口倾向的优点（见图 4-96），它适用于性能要求不高的薄壁铸件的

铸造。

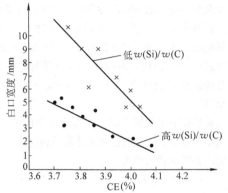

图 4-96 硅与碳质量比与白口倾向的关系

表 4-66 在不加合金元素条件下不同 CE、
w(Si)/w(C) 比的试验结果

编号	CE (%)	w(Si)/w(C)	w(Si) (%)	w(Mn) (%)	w(S) (%)	w(P) (%)	R_m /MPa	φ30 HBW
73	3.42	0.63	3.02	1.90	—	—	—	304	220
71	3.45	0.45	3.05	1.38	0.58	0.071	0.081	254	214

(续)

编号	CE (%)	w(Si)/w(C)	w(Si) (%)	w(Mn) (%)	w(S) (%)	w(P) (%)	R_m /MPa	φ30 HBW
91	3.52	0.77	2.80	2.15	0.59	0.081	0.081	322	238
93	3.63	0.84	2.85	2.39	—	—	—	301.5	221
75	3.75	0.76	2.93	2.28	—	0.053	—	282.5	219
95	3.78	0.92	2.87	2.88	—	—	—	302.5	219
101	3.79	0.36	2.38	1.23	0.70	0.089	0.075	244	210
97	3.80	1.02	2.83	2.90	—	—	—	289	193
81	3.91	0.45	3.32	1.80	0.68	0.077	0.075	254.5	201
83	4.02	0.68	3.28	2.22	—	—	—	240.5	203
103	4.03	0.5	2.45	1.73	—	—	—	222.5	198
77	4.04	0.9	3.08	2.78	—	0.042	—	224.5	200
105	4.08	0.54	3.44	1.86	—	—	—	218.5	192

表 4-67 在加入质量分数为 0.3%Cr、0.4%Cu 条件下不同 CE、w(Si)/w(C) 比的试验结果

编号	CE (%)	w(Si)/w(C)	w(C) (%)	w(Si) (%)	w(Mn) (%)	w(S) (%)	w(P) (%)	w(Cr) (%)	w(Cu) (%)	R_m /MPa	φ30 HBW
72	3.43	0.45	3.05	1.35	0.58	—	—	0.36	0.52	319.5	244
92	3.53	0.77	2.81	2.17	—	—	—	0.40	0.51	397	255
74	3.6	0.63	3.0	1.9	—	—	—	0.41	0.49	346	235
76	3.66	0.73	2.97	2.22	—	—	—	0.36	0.54	340.5	243
94	3.68	0.84	2.88	2.41	—	—	—	0.47	0.50	363.5	251
82	3.82	0.48	3.29	1.58	—	—	—	0.37	0.53	300.5	219
96	3.83	0.99	2.88	2.85	—	—	—	0.414	0.47	337	238
98	3.84	1.1	2.81	3.10	0.64	0.043	0.086	0.41	0.55	246.5	222
102	3.85	0.4	3.40	1.36	—	—	—	0.39	0.47	298.5	226
78	3.92	0.91	3.06	2.78	0.60	0.022	0.084	0.36	0.47	286	223
84	3.94	0.62	3.27	2.02	—	—	—	0.39	0.52	277	226
104	4.0	0.48	3.45	1.66	—	—	—	0.39	0.49	274.5	216
86	4.01	0.67	3.26	2.26	—	—	—	0.38	0.51	269	221
108	4.1	0.64	3.38	2.16	0.71	0.052	0.076	0.38	0.49	240	206
106	4.11	0.59	2.43	2.04	—	—	—	0.37	0.48	240	210
38	4.2	0.82	3.30	2.70	0.66	0.041	0.079	0.37	0.48	222.2	203

表 4-68 硅与碳质量比对抗拉强度的影响

CE (%)	$w(C)$ (%)	$w(Si)$ (%)	$w(Si)/w(C)$	相对机械加工性能	抗拉强度 R_m /MPa
3.80	3.0	2.4	0.80	75	255
3.80	3.1	2.1	0.68	70	269
4.30	3.4	2.7	0.79	100	193
4.30	3.6	2.1	0.58	95	207
4.30	3.8	1.5	0.39	90	221

注: 1. 试棒直径为 30mm。

2. 铁液经孕育,得到 A 型石墨 4~5 级。

2. 锰和硫

锰和硫本身都是稳定碳化物、阻碍石墨化的元素。锰在铸铁中能强烈地降低铸铁的共晶转变和共析转变温度,扩大奥氏体区,使等温曲线右移,降低马氏体开始转变点 Ms,当 $w(Mn)=3.78\%$ 时,快冷能使基体完全奥氏体化。锰之所以阻碍石墨化,是因为锰溶入渗碳体时形成 $(Fe、Mn)_3C$,增加了碳原子与铁原子的结合力,使渗碳体更加稳定。另外,锰降低了碳的活度,并使铸铁在较低的温度下进行共晶转变和共析转变。锰阻碍共晶凝固时石墨化的作用不很强烈,而阻碍共析转变石墨化的作用则比较明显,故锰较强烈地促进并稳定珠光体,使灰铸铁强度提高。一般灰铸铁中 $w(Mn)=0.4\%\sim1.2\%$。

当 $w(Mn)>1.5\%$,甚至超过硅的含量时,该灰铸铁已属合金化铸铁,它具有强度高、密度高、致密性高、耐磨的优点,过去曾经在机床铸件上应用过,但此时硅含量也应相应提高。

硫对石墨化有双重作用:

一方面,硫本身是一个阻碍石墨化较强烈的元素。硫阻碍石墨化的原因目前认为有:①硫属于表面活化物质,它能吸附在正生长着的石墨晶核表面,阻碍了碳原子由铁液中向其表面扩散;②硫能溶于渗碳体和铁素体中,加强了铁原子与碳原子之间的结合力,降低了碳的活度,使碳不能自由析出;③硫能降低稳定系共晶结晶温度 T_{s1},提高了亚稳定系共晶结晶温度 T_{s2},缩小了 T_{s1} 与 T_{s2} 之间的间隔;④当硫以富铁的硫化物 $(Fe、Mn)S$ 形式存在时,它位于晶界处,阻碍碳原子的扩散,阻碍凝固过程的石墨化。冷却速度越快,碳和硅的含量越低时,硫阻碍石墨化作用越显著。

另一方面,当铸铁中同时存在硫与锰时,两者在高温有比较大的亲和力,所以它们会结合成 MnS 及 $(Fe、Mn)S$ 化合物,以颗粒状弥散在铁液中。这些化合物的熔点在 1600℃ 以上,可作为石墨的非均质晶核,从而有利于石墨的析出。另外,S 与 Ba、Sr、Zr、Ce 等也形成硫化物,可作为石墨的均质核心。

生产实践证实,电炉熔化的铁液因硫含量太低硫化物晶核数少,故铁液的孕育效果很差,石墨片粗大,铁液收缩大,不及冲天炉铁液或冲天炉-电炉双联熔制的铁液。为了增加铁液的孕育效果,可对电炉铁液进行增硫处理。为确保常用孕育剂的孕育效果,灰铸铁原铁液中的硫的质量分数一般不应低于 0.06%。

灰铸铁铁液中的锰与硫会互相作用形成化合物,在互相中和以后,过量的锰或硫才能单独起作用。中和硫所必需的锰大约为

$$w(Mn)=1.73\times w(S) \quad w(S)\leqslant0.2\%$$
$$w(Mn)=3.3\times w(S) \quad w(S)>0.2\%$$

当铸铁中锰含量较低时,硫除与锰形成 MnS 外,还以 FeS 的形式与铁形成低熔点共晶 Fe-FeS(熔点为 985℃);当冷却速度较大时,还能形成 Fe-Fe_3C-FeS 三元共晶(熔点为 975℃)。低熔点的硫化物共晶体会在晶界上析出,影响灰铸铁的力学性能。

实践证明,只要防止铁液氧化,正确使用孕育剂,防白口能力,锰含量增加不仅能增加并细化珠光体,而且可以适当放宽对灰铸铁铁液的硫含量控制。欧洲许多工厂经常用 $w(S)=0.12\%\sim0.15\%$ 的铁液来生产汽车和拖拉机上 HT250 以上牌号的零件。

图 4-97 和图 4-98 所示为锰和硫对灰铸铁性能的影响。

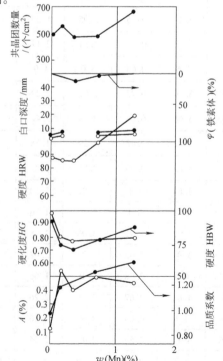

图 4-97 锰对灰铸铁性能的影响
$w(S)=0.005\%\sim0.10\%$

3. 磷

磷使铸铁的共晶点左移，作用程度与硅相似，故计算碳当量时，应计入磷的含量。

磷在铸铁中以低熔点二元或三元磷共晶存在于晶界，其硬度分别在 $750 \sim 800HV$ 和 $900 \sim 950HV$ 之间。故磷可以提高灰铸铁耐磨性（见图 4-60a），应用于机床、缸套和闸瓦，但必须避免三元磷共晶的出现；同时，随着磷含量的增加，力学性能，尤其是韧性（见图 4-99）和致密性降低。磷含量高往往是造成铸件冷裂的一个原因。

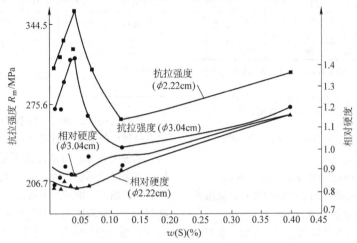

图 4-98　硫对灰铸铁性能的影响

$w(Mn) = 0.74\% \sim 0.78\%$

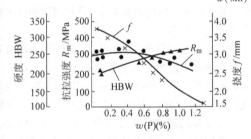

图 4-99　磷对灰铸铁力学性能的影响

灰铸铁件中磷的质量分数一般小于 0.20%，有耐磨和高流动性要求的铸件，可为 0.3% ~ 1.5%；有致密性要求的铸件，磷的质量分数需低于 0.06%。

4.4.2　优化炉料组成

灰铸铁的金属炉料一般由新生铁、废钢、回炉料和铁合金等组成。多年前，我国熔炼铸铁时，加入废钢的目的是降低铁液碳含量，以提高灰铸铁的力学性能。20 世纪 80 年代，国外工业发达国家推广普及了合成铸铁工艺。近年来，随着我国中频感应电炉的推广应用以及废钢存量的增加，许多企业采用"废钢＋增碳剂"的合成铸铁工艺生产铸件，废钢的加入量达到 50% ~70%（质量分数），个别企业废钢加入量比例甚至高达 95%（质量分数），减少了生铁加入量，降低了生产成本，改善了金相组织，提高了铸件综合性能。

表 4-69 列出了使用感应电炉冶炼的合成铸铁与普通灰铸铁的性能指标。前者的抗拉强度比后者提高 24.5MPa，硬度却下降 9HBW。

随着冲天炉熔炼技术的提高，也可以使用更多的废钢作为金属炉料。铸铁中的碳来自于冲天炉过热区底焦层的焦炭，其增碳量取决于熔炼温度、焦铁比以及炉气成分。其铸铁性能的改善与电炉熔炼相似，见表 4-70。

表 4-69　合成铸铁与普通灰铸铁的性能指标

指标名称	合成铸铁[1]	普通灰铸铁[2]
$w(C)(\%)$	3.30	3.31
$w(Si)(\%)$	2.17	2.16
CE(%)	4.02	4.03
抗拉强度 R_m/MPa	260.7	236.2
抗弯强度 σ_{bb}/MPa	476.3	471.4
硬度 HBW	197	206
成熟度 RG	1.04	0.94
硬化度 HG	0.94	0.98
品质系数 $Q_i = \dfrac{RG}{HG}$	1.11	0.96

[1]　炉料配比（质量分数,%）：08 打包废钢大于 40，废电极石墨 2~5，碳化硅 2~5，回炉料、铁合金。性能为 40 炉次的平均值。

[2]　炉料配比（质量分数,%）：生铁 40~50，回炉料 40，圆钢料 10~20。性能为 42 炉次的平均值。

表 4-70　冲天炉熔炼合成铸铁

铸铁	合成铸铁[①]			普通铸铁[②]		
	HBW	R_m /MPa	$\dfrac{R_m}{HBW}$	HBW	R_m /MPa	$\dfrac{R_m}{HBW}$
开炉次数 n	52	52	52	53	53	53
最小值 min	192	227	1.15	207	187	0.9
最大值 max	229	337	1.42	235	277	1.29
平均值 $\bar{x}$	211	272	1.29	214	242	1.13

注：数据摘自德国 John Deere Werke Mannheim 的生产记录。
　　要求铁液成分（质量分数，%）：C = 3.40 ~ 3.53；Si = 1.75 ~ 2.0；Mn = 0.65 ~ 0.85；P = 0.05 ~ 0.08；S = 0.10 ~ 0.12。
　　要求性能：173 ~ 255HBW，R_m > 200MPa，R_m/HBW = 1 ~ 1.4
① 炉料配比中无新生铁。
② 炉料配比中新生铁的质量分数占 8% ~ 16%。

两者都表明，合成铸铁的生产需要能将铁液温度过热到 1500℃ 以上的熔炼设备。

为节约能量和改善灰铸铁的组织与性能，还可在配料中采用合成生铁代替铸造生铁。这是因为高炉生产铸造生铁比之生产炼钢生铁需要更多的焦耗，并降低生产率。为此可用高碳低硅高炉铁液，倒进液态硅铁，制得合成生铁。用合成生铁生产的灰铸铁的力学性能和质量指标及金相组织得到了改善（见表 4-71 和表 4-72）。

表 4-71　HT200 力学性能和质量指标

性能	一般铸造生铁 $n = 49$		合成铸造生铁 $n = 103$		$1 - a_{\bar{x}}$ 置信度
	平均值 X	均差 S	平均值 X	均差 S	
HBW	206.9	8.8	206.3	7.8	—
R_m/MPa	239.2	14.8	238.9	17.2	—
成熟度 RG	1.075	0.098	1.113	0.088	0.95
相对硬度 RH	1.04	0.059	1.06	0.046	0.95
白口深度/mm	9.5	2.0	9.6	3.9	—

表 4-72　HT200 金相组织

项目(体积分数，%)	一般铸造生铁 $n = 49$		合成铸造生铁 $n = 103$		置信度 $1 - a_{\bar{x}}$
	平均值 X	均差 S	平均值 X	均差 S	
铁素体	7.5	4.21	4.3	2.40	0.999
珠光体	92.5	4.21	95.7	2.40	0.999
石墨	12.5	1.21	12.5	0.60	0.999
共晶团数量 /(个/cm²)	722	270	657	279	—

在合成铸铁的制备过程中，增碳剂自然成为铸造熔炼过程中的重要原材料之一。增碳剂是一种碳质材料，其种类很多，对灰铸铁的组织与性能的影响不同。依据增碳剂中碳的晶体结构分为两类：晶态和非晶态；根据碳在增碳剂中的存在形态，又分为石墨增碳剂和非石墨增碳剂。石墨增碳剂主要有石墨电极、天然石墨压粒、微晶石墨等。此外，碳化硅（SiC）具有与石墨相似的六方结构，也被列为石墨增碳剂的一种特殊形态。非石墨增碳剂主要有沥青焦、煅烧石油焦、焦炭压粒、煅烧无烟煤等。常用增碳剂的主要化学成分见表 4-73。

铸造常用的增碳剂主要以晶态的石墨增碳剂为主，晶态增碳剂的生产工艺是对石油焦经过 2200 ~ 2600℃ 高温石墨化，使得石油焦无定型的乱层结构碳转化成六方晶体结构，即达到石墨化状态。石墨化增碳剂和石油焦增碳剂的特性对比见表 4-74。熔化过程中，晶态增碳剂的溶解和吸收快，未熔的颗粒可增加共晶石墨核心，有利于获得细小 A 型石墨（见图 4-100），提高铸件致密度，降低铸件的渗漏率，还可降低白口倾向，改善铸件加工性能，减小加工表面的粗糙度值。

表 4-73　常用增碳剂的主要化学成分

晶体	增碳剂	固定碳(%)	灰分(%)	挥发分(%)	S(%)	N(10^{-4}%)	H(10^{-4}%)
结晶态 石墨晶体	石墨化增碳剂(石墨电极碎块)	98.5	0.4	0.1	0.05	300	150
	天然微晶石墨	60 ~ 80	—	1 ~ 2	—	—	—
	鳞片石墨(中碳)	85 ~ 90	13	0.5 ~ 1.5	—	—	—
非晶态 非石墨晶体	煅烧石油焦增碳剂	98.5	0.4	0.3 ~ 0.5	0.3 ~ 1.5	6000	1500
	煅烧无烟煤增碳剂	90	2.5	3.5	0.3	—	—
	冶金焦增碳剂	85	10	1	0.5 ~ 1.0	—	—
	沥青焦增碳剂	97	0.5	0.5	0.4	7000	2000
冶金碳化硅		30			0.07	300	150

注：表中的百分数为质量分数。

表 4-74 石墨化增碳剂和石油焦增碳剂的特性对比

石墨化增碳剂←	石油焦	→煅烧石油焦增碳剂
石墨化炉 2200 ~ 2600℃←	热加工方式	→煅烧炉 1200℃
结晶态←	碳晶体结构	→非晶态
98.5%、S: 0.05%、N: 300×10⁻⁴%←	C. S. N 含量	→C: 98.5%、S: 0.6%、N: 6000×10⁻⁴%
C: 2.1% 直溶←	溶入铁液方式	→扩散溶解
高←	增碳速度	→一般
好←	增碳效果	→一般
好←	提温效果	→一般

注: 表中的百分数为质量分数。

需要注意, 废钢和增碳剂中均含有一定数量的氮 (见表 4-75)。不同类型的增碳剂的氮含量也不尽相同。合成铸铁力学性能提高的原因: 废钢和增碳剂的加入导致铁液氮含量提高; 增碳剂增加铁液中的非均质石墨核心, 提高石墨化能力; 有利于消除生铁中的有害元素和遗传性; 增碳过程中, 由于碳的氧化和 CO_2 的还原, 使铁液沸腾、杂质上浮而净化铁液。

图 4-101 所示为废钢加入量和增碳剂对铁液氮含量的影响。在相同化学成分下, 废钢加入比例增加, 有利于细化石墨 (见图 4-102) 且奥氏体数量增加, 提高了灰铸铁强度, 但硬度变化不明显, 如图 4-103 所示。在炉料比例不变条件下, 改变增碳剂种类, 导致铁液氮含量不同, 性能也会发生变化, 见表 4-76。

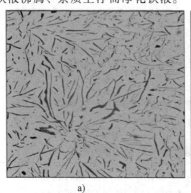 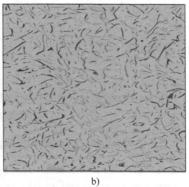

a) b)

图 4-100 增碳剂对石墨形态的影响 (×100)

a) 非石墨化增碳剂 b) 石墨化增碳剂

表 4-75 不同种类废钢的氮含量

冶炼工艺	碱性电弧炉	碱性转炉	碱性侧吹转炉	酸性电弧炉	一般废钢	碱性炉生铁
$w(N)(10^{-4}\%)$	60 ~ 140	100 ~ 200	20 ~ 60	80 ~ 100	76 ~ 120	20 ~ 80

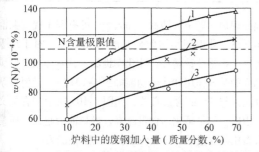

图 4-101 废钢加入量和增碳剂对铁液氮含量的影响

1—石油焦 + FeSi75 2—石墨 + FeSi75 3—石墨 + SiC

增碳剂的粒度和孔隙率对铸铁的增碳效果和吸收率有重要影响。对于 0.5 ~ 5t 的感应电炉, 选择增碳剂粒度为 1 ~ 7mm 较合适。试验表明, 粒度小于 1mm 时, 在感应电炉内氧化烧损速度快, 吸收率较低; 粒度过大 (>10mm), 比表面积减小, 影响了碳的溶解扩散速度, 也使得吸收率降低。多空的"松糕"结构的晶态石墨增碳剂比表面积大, 与铁液的浸润能力好, 可加快碳的溶解扩散。与致密的石墨电极碎屑相比, 其增碳效果和吸收率提高 5% ~ 15%。另外, 增碳剂溶解吸收快有利于节电。

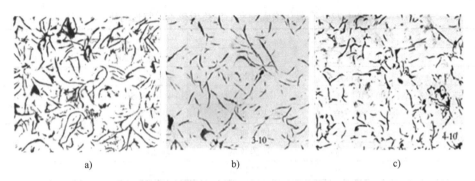

图 4-102　废钢加入量（质量分数）对石墨的影响（壁厚 10mm）

a) 1%　b) 16%　c) 30%

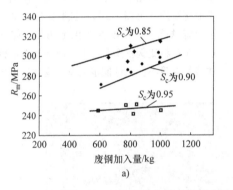

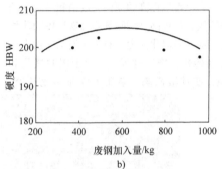

图 4-103　废钢加入量对抗拉强度和硬度的影响（1.5t 感应电炉）

a) 抗拉强度　b) 硬度

表 4-76　增碳剂中氮含量对铸件抗拉强度的影响

增碳剂类别	增碳剂 N 增加量（$10^{-4}\%$）	废钢 N 增加量（$10^{-4}\%$）	回炉料 N 增加量（$10^{-4}\%$）	铁液中 w（N）（理论值）（$10^{-4}\%$）	平均抗拉强度 /MPa
某进口增碳剂 X	0.45	54	24	78.45	219
石墨化低硫增碳剂	12	54	24	90	227
中硫增碳剂	90	54	24	168	261
石油焦	150	54	24	228	242

在合成铸铁的熔炼过程中，为获得优质铁液、改善其结晶条件，常常需要进行预处理。碳化硅既是特殊的增碳剂也是作为预处理剂。碳化硅是碳原子和硅原子以共价键结合的非金属化合物，分子式 SiC，具有与石墨相似的六方结构，可以列为石墨化增碳剂的特殊形态。在 SiC 在 2000~2600℃高温炉制作过程中，距离石墨炉芯较近的位置 SiC 含量高，反之其含量低。w(SiC) > 97% 的属于 α-SiC 晶型磨料级碳化硅，w(SiC) < 90% 的属于 β-SiC 晶型冶金碳化硅，分为二级和三级。冶金碳化硅才是铸造用的增碳剂或

预处理剂。对于灰铸铁，加入 SiC 可有利于提高共晶团数量，获得细小均匀分布的 A 型石墨；对于球墨铸铁，石墨球数增加，球化率提高，铁素体增多。碳化硅的孕育作用和伴生功能如图 4-104 所示，但其孕育能力与 SiC 的含量有关，如图 4-105 所示。有关文献指出，不是碳化硅含量越高，形核能力越强，而是低碳化硅含量的 SiC 表现出较好的形核能力。

图 4-106 所示为有无 SiC 灰铸铁石墨形态的对比。表 4-77 列出了 HT250 炉料中有无 SiC 的性能对比。

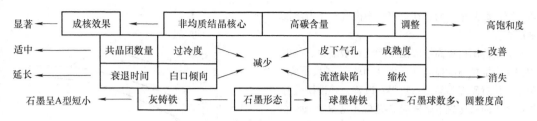

图 4-104 碳化硅的孕育作用和伴生功能

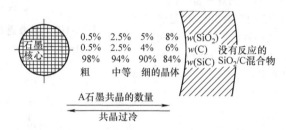

图 4-105 石墨电极周围 SiC 含量及其对孕育能力的影响

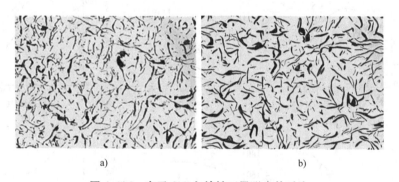

| a) | b) |

图 4-106 有无 SiC 灰铸铁石墨形态的对比

a) 无 SiC　b) $w(SiC) = 0.8\%$

表 4-77 HT250 炉料中有无 SiC 的性能对比

工艺	炉料/kg			合金增碳剂/kg				抗拉强度 R_m/MPa	硬度 HBW
	生铁	废钢	回炉铁	硅铁	锰铁	增碳剂	碳化硅		
原工艺	150	350	500	7	8	14	—	246	206
加 SiC 工艺	100	500	400	5	4	12	8	268	215

由于废钢加入量的不同，调整碳含量也不尽相同。通常增碳剂的用量（质量分数）为 2% ~ 3%，同时随增碳剂一起加入重量比为 40% ~ 55% 的冶金碳化硅进行预处理，效果较好。国外的铸造厂通常是在灰铸铁加入 10 ~ 15kg/t 的 SiC，而在蠕墨铸铁中的加入量为 5 ~ 10kg/t。

增碳剂和碳化硅的加入方法也很重要。早期增碳工艺是在清渣后的铁液表面增碳，增碳温度一般为 1420 ~ 1450℃，温度越高吸收率越高，但此法既降低熔化效率又增加电耗。目前，应用较多的增碳剂和碳化硅加入方法是随炉料分批加入到炉内，使得增碳剂

和碳化硅在 1150 ~ 1370℃ 的铁液中浸润、扩散、溶解，达到增碳和增硅的目的，增碳过程和熔化过程同步进行，既不延长熔炼时间也不增加耗电。

另外，在铁液中加入适量的氮可以细化和钝化片状石墨，促进和细化珠光体，提高力学性能（见表2-33）。但是，氮含量过高，铸件易产生氮气孔，特别是对呋喃树脂砂铸型铸件更是如此。

4.4.3 铁液的过热处理

温度、化学成分、纯净度是铁液的三项主要冶金指标，而铁液温度的高低又直接影响到成分和纯净度。较高的铁液温度有利于提高流动性，获得健全的

铸件，降低废品率，而且在一定范围内有利于力学性能的改善。

在一定范围内提高铁液温度能使石墨细化、基体组织细密、抗拉强度提高（见图4-107），硬度下降，成熟度、相对硬度和品质系数得到改善，弹性模量有少许提高，泊松比先下降随后又提高（见图4-108）。

过度过热不仅浪费能量，对力学性能也无好处，甚至有害。此临界温度与炉料组成、熔炼设备、化学成分等因素有关，不同研究者有不同的结论，但过热至1500℃以下的效果和结论是一致的。为此，工业发达国家的熔炼出铁温度保持在1520~1550℃，铁液保温炉的温度为1480~1500℃。

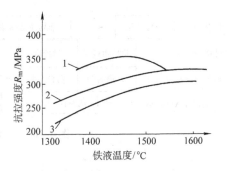

图4-107　铁液温度对抗拉强度的影响
1—$w(C) = 2.4\%$　2—$w(C) = 3.0\%$
3—$w(C) = 3.6\%$

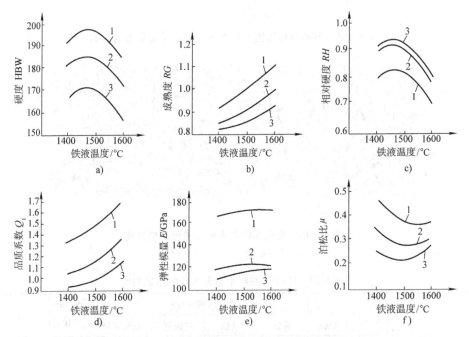

图4-108　铁液温度与力学性能及质量指标关系
（曲线上1、2、3分别代表$S_c = 0.83$、0.88、0.94的灰铸铁）
a）铁液温度对硬度的影响　b）铁液温度对成熟度的影响　c）铁液温度对相对硬度的影响　d）铁液温度对品质系数的影响　e）铁液温度对弹性模量的影响　f）铁液温度对泊松比的影响

随着过热温度的提高，铁液中的氮含量、氢含量略有上升，但1450℃以后的氧含量大幅度下降，铁液的纯净度有所提高（见图4-109）。较高的氮除了易引起针孔缺陷外，对铸铁的抗拉强度和硬度也有影响（见图4-110）。

按 $Si + O_2 = SiO_2$ 的反应计算，铸铁中的平衡溶氧量随温度的升高而提高，但铸铁中存在的碳，在一定的平衡温度之下发生了

$$SiO_2 + 2C \rightarrow Si + 2CO \uparrow$$

的反应，使铸铁中溶氧量开始下降。此平衡温度T_G可根据铁液中碳、硅含量按下式计算：

$$\lg \frac{w(Si)}{w(C)^2} = \frac{27486}{T_G} + 15.47$$

对于含$w(C) = 3.2\%$、$w(Si) = 1.6\%$的铸铁，其T_G为1415℃（见图4-111）。

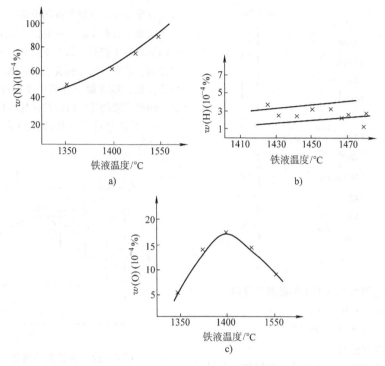

图 4-109　温度对氧、氮、氢含量的影响

a) 铁液温度与氮含量的关系（$S_c = 0.82\%$）　b) 铁液温度与氢含量的关系

（CE = 3.45% ~ 3.96%）　c) 铁液温度与氧含量的关系（$S_c = 0.82\%$）

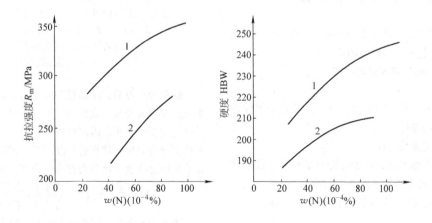

图 4-110　氮含量对力学性能的影响

1—$w(CE) = 3.60\%$　2—$w(CE) = 4.16\%$

当铁液温度低于 T_G 时，则氧留于铁液中，与硅等元素的化合物可作为部分结晶核心；当铁液温度高于 T_G 时，则铁液中的氧以 CO 形式逸出，减少了铁液的氧化。平衡温度 T_G 只是个理论值，实际反应温度要高于此值。由于 CO 的逸出，铁液开始沸腾，故实际反应温度（称为沸腾温度 T_H）可由下式计算：

$$T_H(\text{℃}) = 0.7866 \times T_G(\text{℃}) + 362$$

对于 $w(C) = 3.2\%$、$w(Si) = 1.6\%$ 的铁液，其 $T_H = 1475\text{℃}$。这也是工业发达国家把铁液出炉温度提高至高于 1480℃ 的另一重要原因。但是，超过沸腾温度后，铁液中氧含量和杂质的减少会引起结晶核心的减少，所以必须采取包括增硫、增加孕育效果在内的各种补救措施。

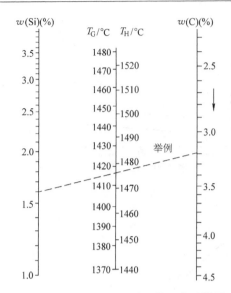

图 4-111　SiO₂ 开始还原的平衡温度计算图

例：$w(C) = 3.2\%$，$w(Si) = 1.6\%$

$T_G = 1415$　$T_H = 1475℃$

4.4.4　铁液的孕育处理

孕育处理就是在铁液进入型腔前，把称为孕育剂的附加物加到铁液中以改变铁液的冶金状态，从而改善铸铁的结晶特征、显微组织和性能，而这些性能的改善并不能用由于加入孕育剂后铁液化学成分的变化来解释。

随着孕育剂、孕育方法的改进，孕育处理已是现代铸造生产中提高铸铁性能的重要手段。

1. 孕育目的及其效果的评定

（1）目的

1）促进石墨化，减少白口倾向，尤其是消除铸件棱边的白口倾向。

2）改善截面均匀性。

3）控制石墨形态，减少过冷石墨和共生铁素体的形成，以获得中等大小的 A 型石墨。

4）适当增加共晶团数量和促进细片珠光体的形成。

5）改善铸铁的力学性能（如抗拉强度）和其他性能（如切削性能）。

（2）孕育效果的评定　孕育处理的目的不同，评定孕育效果的指标也不同，但常用减少白口倾向、增加共晶团数量及减少过冷度来评定。

1）减少白口倾向。常用三角试样的白口深度或宽度来评定孕育前后的白口倾向。不同铸件可使用不同形式的三角试样，其种类、形式和尺寸见本书第12章。

2）共晶团数量。在试样上测定共晶团数量，用

以衡量孕育前后成核程度的差别。共晶团检测方法见第3章第3.3.6节。应指出，共晶团数量的比较必须在相似条件下进行，因炉料、熔化条件、过热处理、孕育剂、孕育方法等都会引起共晶团数量的改变；有些孕育剂，如含锶孕育剂，并不过多增加共晶团数量，却有很强的降低白口倾向的作用。

3）共晶过冷度。灰铸铁的典型冷却曲线如图4-112所示。

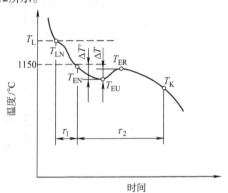

图 4-112　灰铸铁的典型冷却曲线

T_L—液相线温度　T_{LN}—初生奥氏体析出温度
T_{EN}—共晶开始生核温度（近似为1150℃）
T_{EU}—共晶团大量形成与生长温度　T_{ER}—共晶结晶温度回升最高值　T_K—共晶结晶全部结束
温度　$\Delta T' = 1150 - T_{EN}$（℃）为绝对过冷度
$\Delta T = T_{ER} - T_{EU}$（℃）为相对过冷度
τ_1—开始结晶至共晶凝固开始的
时间（s）　τ_2—共晶凝固时间（s）

铁液经孕育后，结晶核心大量增多，使共晶大量生核温度提前开始，也提前结束，绝对过冷度和相对过冷度均相应减小，因此可用孕育前后过冷度的变化来检测孕育效果。孕育后共晶结晶的过冷度减少。孕育前后的过冷度之比称为过冷度商数，即

$$过冷度商数\ UQ = \frac{孕育前过冷度}{孕育后过冷度}$$

图 4-113 表明，随着过冷度商数的提高，灰铸铁的共晶团数量增加。理想的孕育范围是尽量使过冷度商数处于 1.5 ~ 2.5 之间。过冷度商数小于 1.5，表明孕育不足；过冷度商数大于 2.5，表明孕育过度，可能出现共晶团数量增多而引起的显微缩松以及渗漏等问题。图 4-114 所示为绝对过冷度与灰铸铁白口深度的关系。孕育后绝对过冷度减小，从而也减少了白口倾向。铁液的过冷度可用热分析方法测定。原材料和熔炼方法都会影响过冷度商数的大小，所以工厂应根据自身的条件确定本单位最佳的过冷度商数。另外，应用热分析方法，也可根据绝对过冷度、相对过冷度

以及测定的共析转变温度正确预报出单铸试棒的抗拉强度，以及可能的金相组织。

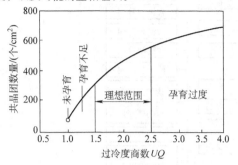

图 4-113　过冷度商数与共晶团数量的关系

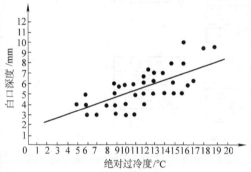

**图 4-114　绝对过冷度与灰铸铁
白口深度的关系**

孕育的作用有效性均随时间而衰退，因此在筛选孕育剂时也常把孕育效果保持长短作为一个评定指示。图 4-115 所示为晶核数随时间变化的曲线。在 AB 阶段，铁液中的晶核数取决于化学成分、熔炼条件和温度。在 BC 阶段，由于加入了孕育剂，开始形成了新的晶核，使晶核数增加，此时孕育剂逐渐熔解直至最终达到顶点 C，这时活化晶核数达到最大值。随后孕育剂的有效性便开始随着时间而衰退。晶核数逐渐减少直到 D 点，铁液又恢复到原有的晶核数，这时看来好像温度与成分均没有发生过什么变化，但孕育已衰退失效。好的孕育剂能缩短 BC 段的时间、延长 CD 段高效的时间区段，或者按生产所需来调整曲线与时间的相对位置。图 4-116 所示为孕育后性能（白口深度、共晶团数量和抗拉强度）随时间的变化曲线。

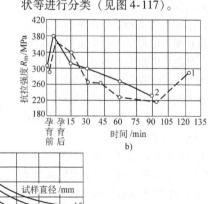

图 4-115　晶核数随时间变化的曲线

通常认为孕育剂能增加结晶核心，当这些外加的核心完全被铁液熔解时，则孕育也就失效，所以为保证孕育效果往往使用较低的铁液温度，型内孕育效果最好的原因之一也在于此。

2. 孕育剂的分类、成分及选用

（1）分类　孕育剂可以按功能、主要元素和形状等进行分类（见图 4-117）。

a)

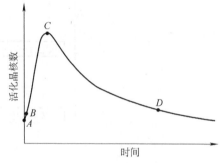

b)

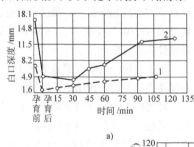

c)

图 4-116　孕育后性能随时间的变化关系

a）孕育后铁液保持时间和白口深度的关系　b）孕育后铁液保持时间和抗拉强度的关系（铁液与孕育条件同本图 a）
c）孕育后铁液保持时间和共晶团数量的关系
1—w(C) = 3.39%，w(Si) = 1.98%，CE = 4.05%　2—w(C) = 3.03%，w(Si) = 1.45%，CE = 3.51%
孕育剂：w(硅钙) = 0.25% ~ 0.30%

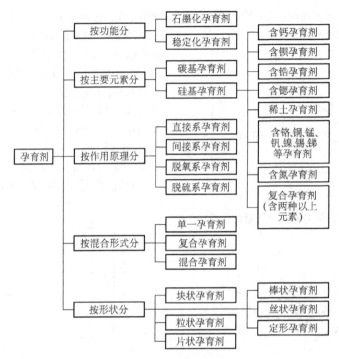

图 4-117　孕育剂的分类

（2）孕育剂的成分及选用　对于灰铸铁，真正能起孕育作用的元素是碳、铝、钙、锶、锆、钛、钡、镁和稀土元素，硅仅作为载体使这些孕育元素能迅速在铁液中熔解、分布而起孕育作用。有许多学者试图探讨孕育的机理，至今也存在有多种理论，但仍没有统一的认识。

碳能增加结晶核心、减少白口倾向，尤其能明显增加共晶团数量，但加入的碳必须是高结晶体石墨，它可以是天然结晶石墨，也可以是石墨电极的残块。冶金焦、石油焦以及碳质电极中的碳没有孕育作用。由于加入方法对碳质孕育剂的作用效果影响很大，故很少使用单一的碳作为孕育剂，而是和硅先配成中间合金来使用。同时，使用碳质孕育剂时，希望使用较高的孕育温度以保证其充分地熔解。

其他的金属类孕育元素都是预先和 FeSi50 或 Fe-Si75 按比例配成中间合金而使用的。为获得优良的综合性能，有时把几种孕育元素复合使用，它可以预先配制成中间合金，也可把两种不同的孕育剂按比例机械混合使用。

在冶炼硅铁时不可避免地伴有铝和钙，所以硅铁本身也可作为孕育剂，也是至今国内外用得最多、时间最长的孕育剂，原因是其价格便宜、易得，能满足绝大部分铸件的技术要求。它加入铁液后的 5～6min 内有很好的孕育效果。为确保孕育效果，对硅铁中铝和钙的含量要有要求，其质量分数分别在 0.8～1.6% 和 0.5～1.0% 范围内。至今对于铝的质量分数讨论较多，各孕育剂生产厂也有不同品种，原因就在于铝有很好的孕育效果，但也会引起砂型铸件的针孔缺陷。

1）硅锶孕育剂。具有最好的消除铸件白口的能力，抗衰退能力强，适合薄壁铸件的生产；不明显细化共晶团，因此与其他孕育剂相比，孕育后铸件产生缩孔、缩松的趋向最小；最适合于硫含量较高的灰铸铁 $[w(S) = 0.08\%$ 左右$]$；铝含量很低，减少了铸件形成针孔的可能性。

由于含锶硅铁没有明显细化共晶团的能力，所以在提高性能方面的作用不是最好的。

含锶硅铁的生产技术复杂，生产过程要严格控制锶的氧化，否则会削弱锶的作用。另外，含锶硅铁对铝、钙的含量要求极低，$w(Al) \leqslant 0.5\%$、$w(Ca) \leqslant 0.1\%$。由于技术上的原因，国内生产的含锶硅铁很难达到这样的要求。

2）硅锆孕育剂。锆可中和铁液中的氮，减少氮气孔的产生；抗孕育衰退能力强；低温下易于熔解，适宜于随流孕育，应用范围广。

3）硅锶锆孕育剂。最大程度降低灰铸铁件中的白口，使 A 型石墨分布更均匀；孕育剂中的锆可中和氮，减少气孔发生的可能性；对各种硫含量的灰铸铁均能有效孕育；铝含量很低，减少了铸件形成针孔的可能性；晶粒组织细化，孕育后的铸件机械加工性比好。

硅锶锆孕育剂是目前灰铸铁最好的孕育剂之一，国外应用广泛，主要用作随流孕育。

4）硅钙钡孕育剂。抗衰退时间长；对低硫灰铸铁的孕育也很有效；钙、钡的含量控制严格，从而使因孕育产生的夹杂物很少，适用范围广。对于厚大铸件及保温时间要求较长的铸件，更适合采用钡含量高的孕育剂。

5）硅稀土钙钡孕育剂。抗衰退能力较强；高碳当量时有较好的孕育效果；提高性能，改善截面均匀性。

孕育剂中含有铬、锰、铜等元素时被称为稳定化孕育剂。附带的元素必须易熔，同时又能促进凝固后细片状珠光体的形成，以提高力学性能。

一定条件下，每种孕育剂都有其最佳加入量。过多的使用孕育剂不会带来更好的孕育效果，反而浪费孕育剂、降低铁液温度、增加铸件的收缩及气孔和夹渣等缺陷。传统建议：孕育剂带进铁液中硅的质量分数不大于 0.3%，碳的质量分数不大于 0.1%。但近日的研究推荐，孕育剂使用量的质量分数为 0.1% ~ 0.3%。

表 4-78 列出了国内外市场上一些商品化孕育剂的化学成分。

表 4-79 和表 4-80 表明，每一种孕育剂的存在都有其 1~2 个特点，至今世界上数百种孕育剂中还没有一种孕育剂，其所有性能都胜过其他孕育剂的。不同孕育剂具有不同的特点，原因在于其组成中各元素都有各自的功能。因此，选择孕育剂或自己配制孕育剂时，必须根据孕育剂组成元素的特性，按照自己的生产条件和对铸件的要求来进行。

表 4-81 列出了孕育剂的选用原则。

表 4-78 国内外市场上一些商品化孕育剂的化学成分

编号	名称	化学组成（质量分数，%）										C（石墨）	Cr	Cu	N	Fe
		Si	Al	Ca	Sr	Ba	Zr	Ti	RE	Mn	Mg					
1	FeSi45	42~48	≤1.5	—	—	—	—	—	—	—	—	—	—	—	—	余
2	FeSi-1	74~79	0.8~1.6	0.5~1.0	—	—	—	—	—	—	—	—	—	—	—	余
3	FeSi-2	74~79	0.8~1.6	<0.5	—	—	—	—	—	—	—	—	—	—	—	余
4	FeSi90	87~95	1.5	0.5	—	—	—	—	—	—	—	—	—	—	—	余
5	SiFeAl	70	4	0.5	—	—	—	—	—	—	—	—	—	—	—	余
6	TenSil70	70~75	3~4	0.8~1.4	—	—	—	—	—	—	—	—	—	—	—	余
7	SrSiFe（Superseed75）	73~78	≤0.5	≤0.1	0.6~1.0	—	—	—	—	—	—	—	—	—	—	余
8	Superseed50	45~50	≤0.5	≤0.1	0.6~1.0	—	—	—	—	—	—	—	—	—	—	余
9	BaSiFe	60~68	1.0~2.0	0.8~2.2	—	4~6	—	—	—	8~10	—	—	—	—	—	余
10	Ba10G	60~65	1.3~1.7	1.0	—	9~11	—	—	—	—	—	≤0.1	—	—	—	余
11	Inocarb	30~33	0.6~0.8	0.3~0.6	—	4.0~6.0	—	—	≤0.5	—	—	45~50	—	—	—	余
12		55~65	0.5~4.0	0.5~10	—	25~35	—	—	—	—	—	—	—	—	—	余
13	TG-1	33~40	≤1.0	5.0~8.0	—	—	—	—	—	—	—	27~37	—	—	—	余

（续）

编号	名称	化学组成(质量分数,%)														
		Si	Al	Ca	Sr	Ba	Zr	Ti	RE	Mn	Mg	C(石墨)	Cr	Cu	N	Fe
14	RECaBa	46~54	≤3.0	1.0~3.0	—	1.5~4.0	—	—	3.0~5.0	—	—	—	—	—	—	余
15	REMnCr	35~40	3~4	5~6	—	—	—	—	6~8	6	—	—	15	—	—	余
16	CaSi	60~65	≤1.8	29~33	—	—	—	—	—	—	—	—	—	—	—	余
17	CaSi-Zr	50~60	—	15~20	—	—	15~20	—	—	—	—	—	—	—	—	余
18	SiFe-Ce	45	0.5	0.5	—	—	—	—	Ce10 SE3	—	—	—	—	—	—	余
19	SiFe-La	75	1.5	—	—	—	—	—	La:2.0~2.5	—	—	—	—	—	—	余
20	KM	35~40	4.0~6.0	2.0~4.0	—	—	—	—	26~30	—	—	—	—	15	—	余
21	SMZ	60~65	0.75~1.25	0.6~1.0	—	—	5.0~7.0	—	—	5.0~7.0	—	—	—	—	—	余
22	SiFe-Mn-Zr-Ba	58	1.1	3.0	—	3.9	4.9	—	—	5.8	—	—	—	—	—	余
23	ZL80	≈78	2.0~3.0	≈2.5	—	—	≈1.5	—	—	—	—	—	—	—	—	余
24	CaSiZr	50~55	≈1.0	15~20	—	—	15~20	—	—	—	—	—	—	—	—	余
25	Inoculin25	60~65	≤1.5	2.0	—	—	5.0	—	—	3.5	—	—	—	—	—	余
26	Graphidox	50~65	1.0~1.3	5.0~7.0	—	—	—	9~11	—	—	—	0.15~0.25	—	—	—	余
27	Graphidox（低Ca）	50~55	1.0~1.3	0.5~1.5	—	—	—	9~11	—	—	—	—	—	—	—	余
28	FeSi45-Mg	42~48	0.8	0.8	—	—	—	—	—	—	1.25	—	—	—	—	余
29	CчeMиш-3	52.6	4.6	3.7	—	—	—	—	21.8	—	1.3	—	—	—	—	余
30	DWF	25~50	—	<1.0	—	—	0~5.0	—	—	—	—	—	5.0~50	Bi:适量	2~10	余
31	石墨	—	—	—	—	—	—	—	—	—	—	98~99.9	—	—	—	—
32	SiFe-石墨	40~50	1.0	1.5	—	—	—	—	—	—	—	35~45	—	—	—	余
33	Cuprinoc	14	1	7	—	—	—	—	—	—	—	3	—	70	Sn:6	余
34	SiFe-Cr	6~11	≤0.5	≤0.5	—	—	—	—	—	—	—	—	48~52	—	—	余

表 4-79 试验用孕育剂的化学成分

代 号	化学成分(质量分数,%)										
	Si	Sr	Ba	Zr	Mn	Al	Ca	Cr	Cu	C	Fe
FeSi75	75.6	—	—	—	—	1.76	0.92	—	—	—	余
C-Si	50	—	—	—	—	—	—	—	—	35	余
Si-Zr	60~70	—	—	5~7	5~7	1.0~1.5	—	—	—	—	余
Sr-Ⅱ	73~78	0.6~1.0	—	—	—	<0.5	<0.1	—	—	—	余
CaBaCrCu-Ⅰ	55~60	—	3~4	—	—	—	5~8	2~4	2~4	—	余
Ba-Ⅰ	60~65	—	4~6	—	—	1.0~1.5	1.5~3.0	—	—	≤1.0	余
ZL80	78	—	—	1.5	—	1.5	2.5	—	—	—	余

表 4-80 表 4-79 中所列孕育剂的综合评价

孕育剂型号	孕 育 效 果							抗衰退能力						
	增 R_m 幅度[1]	减白口能力	减 ΔT	增加 A 型石墨数量	增加厚截面 HBW 值	减小 ΔHBW[2]	增加共晶团数量	保持 R_m 能力[1]	保持白口能力	保持减少 ΔT 能力	保持 A 型石墨数量	保持厚截面 HBW 值	保持减少 ΔHBW[2] 值	保持共晶团数量
FeSi75	强	中	强	最强	中	弱	强	弱	中	最弱	中	弱	最弱	最弱
C-Si	最弱	强	最强	强	最弱	中	强	最弱	最强	强	最强	最弱	中	中
Si-Zr	弱	最弱	中	最弱	弱	强	中	中	强	弱	最弱	最强	最强	弱
Sr-Ⅱ	中	最强	强	强	中	强	最弱	中	强	强	弱	中	弱	最强
CaBaCrCu-Ⅰ	最强	中	最弱	强	最强	强	最强	强	最弱	中	强	中	弱	强
Ba-Ⅰ	中	弱	弱	中	强	弱	最强	强	强	强	强	强	强	强
ZL80	—	—	—	—	—	—	—	弱	中	中	中	强	弱	—

注:FeSi75 硅铁[w(Si)为 75%]在本表所列 7 种孕育剂中增 R_m 幅度为强。

① R_m 为抗拉强度。

② ΔHBW 指阶梯试样上厚 50mm 和 10mm 处的布氏硬度差。

表 4-81 孕育剂的选用原则

序号	孕育目的及使用条件	孕育剂种类及用量
1	降低白口深度	低硫铁液时采用 RE、Ca、Sr 系孕育剂 高硫铁液时采用碳系或石墨化孕育剂
2	降低白口深度,提高抗拉强度	采用石墨化和稳定化(含珠光体稳定元素)复合孕育剂。采用石墨化孕育剂时,RE、Ca、Ba 系较好
3	提高抗拉强度	采用稳定化孕育剂,其次是氮系、稀土系
4	减少断面敏感性	采用稳定化系、Ba 系孕育剂
5	电炉熔炼铁液	适当增加孕育剂用量或采用稀土孕育剂;冲天炉-电炉双联熔炼时,采用含 Zr 孕育剂
6	使用带铁锈的炉料或铁液氧化(铁液不允许严重氧化)	采用脱氧能力强的孕育剂(如 RE、Mg),增加孕育剂加入量

（续）

序号	孕育目的及使用条件	孕育剂种类及用量
7	铁液成分	高牌号铁液需用较多的孕育剂；铁液硫含量低的需增加孕育剂量［尤其是 $w(S)$ <0.05%］或用稀土孕育剂
8	大件、厚件及衰退明显	采用"长效"孕育剂，如 Ba、Zr、Sr 系，采用高熔点、块大的孕育剂
9	薄壁件	防白口能力强的孕育剂，并适当加大用量
10	铸型条件	高压造型、铬矿石砂型等传热快的铸型需用较多的孕育剂
11	出铁温度和浇注温度	温度高，使用熔点高、衰退慢的孕育剂
12	浇注方法	大包浇注、气压浇包浇注、机械化自动化浇注应采用衰退慢的孕育剂，并加大用量
13	孕育方式	出铁槽孕育、包内孕育，孕育剂用量大；后孕育、铁液流孕育、型内孕育，孕育剂用量可少，熔点要低，粒度要小，FeSi75 较好
14	降低成本	使用 FeSi75 孕育剂，减少孕育剂用量（防铁液氧化，应用迟后孕育，采用最佳加入量少，使用成本与 FeSi-1、FeSi-2 相当的 BaSiFe、RECaBa 孕育剂）

3. 孕育方法

孕育方法对孕育效果有直接影响，因此孕育方法的改进，尤其是各种迟后孕育方法的出现，越来越引起广泛的重视和兴趣。

图 4-118 所示为孕育方法的分类。

表 4-82 列出了各孕育方法的原理及优缺点。包内孕育应用的历史最长，也最方便，至今使用的面也最广，但由于有孕育衰退的现象，故最好在 5～6min 内浇完，超过 15min 孕育将完全失效。使用包内孕育的最大缺点是所浇注铸件之间的性能差别大。为加强孕育，也常把包内孕育和另两类孕育方法结合使用。迟后孕育及型内孕育技术的应用不仅减少了孕育剂的用量，节省了开支，减少了针孔等缺陷的产生，而且由于在浇注的同时进行孕育或衰退很小，或者不存在衰退问题，因此铸件与铸件之间的性能差别较小，一致性较高。此时，不同孕育剂对孕育效果的影响比包内孕育方法大为减少，因此孕育效果好，但抗衰退能力差的 FeSi75 可作为主要孕育剂使用。

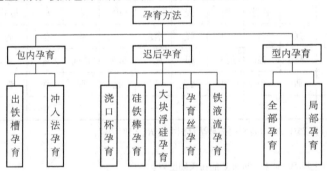

图 4-118　孕育方法的分类

表 4-82　各孕育方法的原理及优缺点

孕育方法		原理	优缺点
包内孕育	冲入法孕育	6～12mm 颗粒的孕育剂加入包中，然后冲入铁液	方法最简单，但孕育剂尤其是小颗粒或粉状的易氧化，烧损大；在包内易浮起并和渣混在一块，不起孕育作用；孕育剂用量多，孕育至浇注的间隔最长，衰退最严重
	出铁槽孕育	出铁时，用手工、孕育剂料斗或振动给料器把孕育剂加到出铁槽的铁液流中，或者倒包时加到倒包铁液流中	孕育剂氧化减轻；孕育剂浪费少，但用量仍偏多；浇注前停留时间长，衰退严重

（续）

孕育方法	原 理	优 缺 点
迟后孕育 浇口杯孕育	把孕育剂（粒或成形块）放入浇口杯中，铁液进入浇口杯，使孕育剂熔解后进入铸型 1—浇包　2—孕育剂（块）　3—拔塞　4—浇口杯 5—铸型　6—挡渣板	增加造型工作量；孕育剂颗粒易浮起、浪费；孕育后铁液立即进入铸型，基本无衰退；孕育剂用量比包内孕育、硅铁棒孕育、大块浮硅孕育要少
硅铁棒孕育	浇注时，通过铁液流对包嘴处硅铁棒的冲刷来达到孕育 	衰退少；孕育用量比包内孕育少；硅铁棒制造麻烦（见表4-83），孕育剂用量不易控制，对浇注工艺要求高
大 块 浮 硅 孕育	将大块孕育剂放在包底，冲入铁液使孕育剂块边熔边浮，铁液表面仍有1/4～1/5的硅铁块，或者在冲入法孕育后在液面撒一层硅铁	铁液液面处富硅，浇注的铁液似刚孕育，衰退小；操作简单；减少破碎工作量 　但块度要和温度、包容量相配；孕育剂用量大

（续）

孕育方法		原　理	优　缺　点
迟后孕育	孕育丝孕育	把孕育剂包在空心金属丝中，采用孕育丝给料机，将孕育丝均匀送入直浇道或浇口杯的铁液中 1—卷丝盘　2—送进装置　3—导向管　4—铸型　5—浇包	孕育剂用量可减少到 0.08%（质量分数）以下；孕育丝能自动均匀地进入铁液（见表4-84）；无衰退 孕育丝供应成本高，都为定点使用，要求控制系统可靠
	铁液流孕育	把孕育剂用重力或气力加到进入铸型的铁液流中 1—造型线控制盘　2—启闭塞杆信号　3—铸型　4—铁液光学探测器 5—压缩空气气路　6—给料器　7—给料器控制盘	孕育剂的用量能减少到 0.1% ~ 0.15%（质量分数）；孕育剂颗粒能均匀进入铁液流，无衰退，效果比包内孕育要好。最好定点使用，控制系统要可靠，孕育剂颗粒要均匀，应在 0.6 ~ 2.5mm 之间
型内孕育	全部孕育	把孕育块（一定块度或成形块）放在浇注系统内（过滤芯上，直浇道底部或横浇道内），铁液进入就被孕育 1—孕育块　2—过渡截面面积等于 $A_{横1}$ 1—直浇道　2—孕育块　3—过滤芯　4—横浇道　5—分型面	孕育均匀，无衰退，孕育剂的用量可降至 0.05% ~ 0.10%（质量分数） 要求孕育块能连续均匀熔化；易生渣孔；要修改浇注系统、降低成品率。已有成形块供应（见表4-85 ~ 表4-87）
	局部孕育	在铸型局部放置小孕育块或撒孕育剂粉	能明显减少铸件局部可能产生的白口，作辅助孕育用

表 4-83　硅铁棒尺寸与浇包容量

硅铁棒尺寸/mm	$\phi20\times480$
浇包容量/kg	<200
硅铁棒尺寸/mm	$\phi25\times700$
浇包容量/kg	200~450
硅铁棒尺寸/mm	$\phi50\times900$
浇包容量/kg	>450

注：1. 棒外皮可用 0.05mm 钢箔或 0.1mm 纯铜板卷成。
　　2. 硅铁粒度小于 2mm，用质量分数为 3%~5% 经
　　　预处理过的水玻璃作黏结剂，成棒后自然干燥
　　　1~2 天或 200℃烘干 2h。
　　3. 棒放在包嘴前 50~80mm 处，深入铁液 10~
　　　30mm，孕育剂用量为 0.05%~0.2%（质量分
　　　数）。

表 4-84　送丝速度与孕育剂用量、浇注速度及孕育丝直径的关系

孕育剂加入量（质量分数,%）	浇注速度/(kg/s)	孕育丝直径/mm		
		3.3	3.5	4.0
		孕育剂含量/(g/m)		
		10.0	12.0	20.0
		每千克铁液孕育丝加入量/cm		
0.02	—	2	1.7	1
0.04	—	4	3.3	2
0.06	—	6	5.0	3
0.08	—	8	6.7	4
		送丝速度/(cm/s)		
0.02	2	4	3.4	2
	4	8	6.8	4
	6	12	10.0	6
0.04	2	8	6.7	4
	4	16	13.3	8
	6	24	20.0	12
0.06	2	12	10.0	6
	4	24	20.0	12
	6	30	30.0	18
0.08	2	16	13.3	8
	4	32	26.6	16
	6	48	40.0	24

表 4-85　孕育块尺寸（一）

型号	级别	平均重/g	d_1/mm	d_2/mm	d_3/mm	d_4/mm	h_1/mm	h_2/mm	锥角 $\alpha/(°)$ >
K20	20	22	20.5	18.5	14	13	23	5	≈2.5
K40	40	42	26.5	23	16	15	29.5	5	≈3
K80	80	79	32	29	21	18	37	8	≈2
K150	150	155	39	35	21	18	46	8	≈2.5

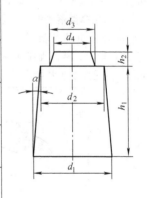

表 4-86　孕育块尺寸（二）

型 号	级 别	平均重/g
P300	300	295
P800	800	830

型 号	a	c	h	锥角 $\alpha/(°)$
P300	51	30	64	≈10
P800	79	35	87	≈14

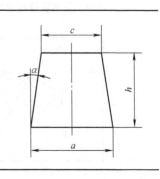

表 4-87　孕育块尺寸（三）

| 型号 | 平均重 | 尺寸/mm | | | | | 锥角 >α/(°) |
		a	b	c	d	h	
P2	2.0	165	74	132	44	85	≈12
P5	4.7	225	105	175	55	110	≈13
P15	18.3	310	170	260	115	165	≈10

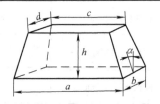

4.4.5　低合金化

在灰铸铁件的生产中，人们一直致力于能生产强度又高又无白口的铸件。要获得高的抗拉强度，首先是要选择适当的碳当量（共晶度），使铸件铁液在凝固时有发达的奥氏体初次技晶；然后是通过孕育等处理获得细小均匀的 A 型石墨，尽量保持基体的连续性；最后要确保在共析转变时奥氏体枝晶全部向珠光体转变。基体中珠光体的体积分数越高，珠光体越细，则铸件的强度就越高。要达到这一点，就要努力在冷却到 A_1 相线时仍有足够多的奥氏体存在。奥氏体的存在取决于它的碳含量，凡能妨碍碳从奥氏体向石墨扩散的措施都能提高奥氏体数量。对普通灰铸铁，要获得完全是珠光体的基体，就要在获得均匀分布的 A 型石墨的同时让铸件快冷（见图 4-119）。有些企业采用高温落砂的方法加快冷却以获得珠光体。少量的合金可使共析转变的时间推移和温度下降（见图 4-120），从而确保获得完全珠光体和细小的珠光体，这是添加少量合金提高强度的机理之一。

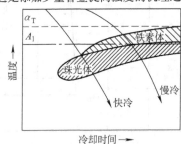

图 4-119　灰铸铁连续冷却时的共析转变

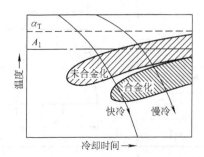

图 4-120　合金元素对共析转变的影响

灰铸铁的合金化是提高灰铸铁力学性能和使用性能、节省材料的重要途径。在生产实践中，也常常采用在炉前添加少量合金元素与孕育技术相配合的措施，使同一基铁（原铁液）生产出不同成分的铁液以满足不同牌号或同一牌号不同壁厚铸件的要求。这是生产中最常采用的提高灰铸铁性能的措施。

铸铁中常用合金对铁-碳相图及灰铸铁结晶的影响（见表 2-5）（第 2 章）。大部分常用合金能在合适的加入量范围内，促进珠光体生成并部分能细化珠光体、强化铁素体，从而提高灰铸铁的抗拉强度和硬度（见图 4-121 和图 4-122），但各元素的作用程度有别，可用合金对抗拉强度影响系数来表示（见图 4-123）。在灰铸铁中加入一种以上合金元素时，它们对抗拉强度的总影响可用各个合金元素影响系数相乘来估算，即

$$R_{m合金} = f_1、f_2 \cdots f_n R_{m普通}$$

式中　$R_{m合金}$——加入 n 种合金元素后的抗拉强度；

$f_1、f_2 \cdots f_n$——第一个，第二个……第 n 个合金元素的影响系数；

$R_{m普通}$——普通灰铸铁（未加合金元素）的抗拉强度。

计算值与实测值的差距小于 15%。

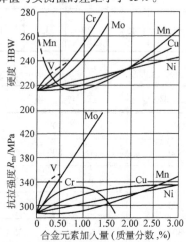

图 4-121　合金元素加入量与抗拉强度和硬度的关系

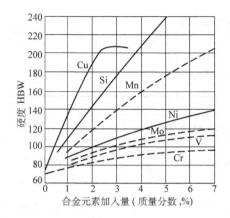

图 4-122　合金元素加入量对铁素体硬度的影响

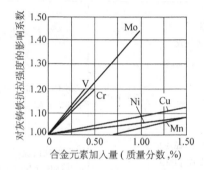

**图 4-123　合金元素加入量对灰
铸铁抗拉强度的影响系数**

图 4-73 ～图 4-76 表明，适当加入合金元素能明显提高铸件的截面均匀性，从而改善切削性能。

在灰铸铁中添加少量合金元素，不仅能使抗拉强度提高，而且可使获得高强度的区域扩大（见图4-124），即可使相对应的允许碳含量、硅含量范围扩大，方便于生产中的控制。

促进铸铁石墨化的元素可同时减少灰铸铁的白口倾向，如把硅的石墨化能力当作基准 1，则常用元素的石墨化能力见表 4-88。阻碍石墨化的次序为 W、Mn、Mo、Cr、Sn、V、S，依次递增。

通常加入合金元素的质量分数小于 3% 的灰铸铁称为低合金铸铁。合金元素不仅贵，而且某些元素，尤其是碳化物稳定性元素在超过一定量后不仅无益，反而会增大白口倾向，促使基体内有硬质点产生。表 4-89 列出了低合金化灰铸铁经常使用的合金元素的加入量及加入时的回收率。其中用得最普遍的是铬、铜、镍、钼、锡，近年来又逐渐使用钒。铬能促进珠光体基体的形成，能明显增加灰铸铁的强度与硬度，但也能促进碳化物的形成，所以使用铬时必须注意铸件薄截面处的白口倾向。一般采用高碳铬铁，此时

要确保它们完全熔化，以免在铸件中产生硬质点，影响切削性能和使用性能，所以铬经常用在壁厚较大的铸件上。铜也促进珠光体形成从而提高强度。一般加入铜的质量分数为 0.25% ～ 0.5%，再多效果就不十分明显。铜是很弱的石墨化元素，加铜不会引起薄截面的白口倾向。使用铜时必须采用高纯的铜，以免带进像铅一样的有害元素。镍增加强度的作用不明显，但它不会促进碳化物的形成，使用时也不会出现任何其他问题，故常和铬配合使用，镍和铬的质量比一般为 3:1。例如，加 $w(\text{Ni})$ 为 1%，则铬加 $w(\text{Cr})$ 为 0.3%，这时复合效果要比单独加 $w(\text{Ni})$ 为 2% 的还要好。钼的常用加入量为 $w(\text{Mo}) = 0.25\%$ ～ 0.75%，它对增加强度有明显作用，其原因是它能使片状石墨细化，促进基体强化。当灰铸铁基体中尚有游离铁素体时，加入锡能促进珠光体化而增加强度，但当基体已全是珠光体时，加锡就不会增加强度。锡的使用量通常为 $w(\text{Sn}) = 0.025\%$ ～ 0.1%。使用锡时必须注意铸件的脆性，同时要使用工业纯锡，避免带进锑、铋与铅。如图 4-123 所示，在常用附加合金元素中，钒对强度与硬度的影响最大，为此近年来得到了推广应用。尤其是它能增加退火后的铸件强度。使用钒时要注意铁液的孕育，以消除钒促进碳化物形成的影响。表 4-90 列出了常用铁合金的熔化温度范围和密度。

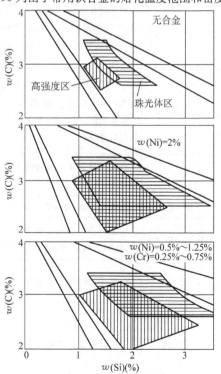

**图 4-124　合金元素对扩大珠光体区
和高强度区的影响**

表4-88　常用元素的石墨化能力

合金元素	Si	Al	Ni	Cu	Mn	Mo	Cr	V
石墨化能力	1	0.5	0.3~0.4	0.2~0.35	-0.25	-0.35	-1	-2

表4-89　合金元素的加入量及加入时的回收率

元素	加入量（质量分数,%）	对凝固的影响	对显微组织的影响	炉前加入时的回收率（%）	说　明
Al	0.10~0.50	强的石墨化能力,防止白口出现[$w(Al)=1\%$的作用相当于$w(Si)=0.5\%$]	稳定铁素体,增加石墨量,降低硬度	—	易产生氧化物夹渣和针孔,很少应用
Cr	0.15~1.00	强的碳化物稳定化元素,增加白口倾向[$w(Cr)=1\%$会抵销$w(Si)=1\%$的作用]	稳定渗碳体,减少并细化石墨,增加硬度	85~90	提高硬度,提高耐磨性
Cu	0.5~2.0	有弱的石墨化能力,减少白口倾向[$w(Cu)=1\%$的作用和$w(Si)=0.35\%$的相同]	稳定珠光体	97~100	与Cr或Mo一起获得全部珠光体基体
Mn	0.3~1.2	中和硫的影响,$w(Mn)=1\%$能中和$w(S)=0.25\%$。多余的锰会促进白口倾向	促进珠光体化,稳定奥氏体细化石墨和珠光体	—	增加铁液流动性,有脱氧和细化共晶团作用
Mo	0.25~1.0	弱的碳化物稳定化元素。$w(Mo)=1\%$的作用和$w(Cr)=0.33\%$作用相同,或者能有中和$w(Si)=0.33\%$的作用	强的促进珠光体化,能细化石墨与珠光体	95~100	主要用于高牌号灰铸铁的生产,与Cu、Ni和（或）Cr一起使用
Ni	0.10~3.0	石墨化元素,减少白口倾向,$w(Ni)=1\%$的作用和$w(Si)=0.33\%$相似,能中和$w(Cr)=0.33\%$的白口倾向	弱的珠光体形成作用,稳定奥氏体,能细化石墨与珠光体	97~100	提高铸件致密性和韧性,能使不同截面的硬度均匀
Si	0.5~3.5	强的石墨化元素,能有效地减少白口倾向	稳定铁素体,增加石墨的析出量	≈100	作为孕育剂的主要成分,消除白口倾向
Ti	0.05~0.10	石墨化元素,减少白口倾向	细化石墨		提高铁液流动性
V	0.15~0.50	很强的碳化物稳定的元素,$w(V)=1\%$能中和$w(Si)=1.7\%$的作用	稳定渗碳体,促进珠光体形成	74~82	提高硬度,提高铸件耐磨、耐热能力
Sn	0.02~0.1	强的碳化物稳定化元素	增加珠光体,消除铁素体	≈100	基体已全部是珠光体时,加Sn不会再有作用
Sb	<0.03	有少许减少白口倾向能力	增初次奥氏体晶,促进珠光体形成的能力是Sn的2倍,Cu的100倍	—	稳定珠光体
W	<0.3	很弱的碳化物稳定元素	—	—	—

表4-90 常用铁合金的熔化温度范围和密度

合金种类 （质量分数,%）	熔化温度范围 /℃	密度 /(g/cm³)	合金种类 （质量分数,%）	熔化温度范围 /℃	密度 /(g/cm³)
硅铁 Si15	1220~1250	—	铬铁		
Si20	—	6.7	C<5.5, Si=7, Cr=66	1250~1340	—
Si45	1215~1300	4.87	金属铬 Cr≈99	1830	7.1
Si75	1210~1315	3.031	金属镍 Ni99.5	1450	8.8
Si90	1210~1380	—	钼铁		
Si95	—	2.32	C<0.1, Mo≈70	≈2000	—
金属硅 Si98	1440	2.3	C<1.0, Mo≈70	≈1900	—
锰铁			钨铁		
C<1%, Mn=90	≈1270	7.25	C<1.0, W=80	<2000	—
Mn=80		7.50	C<0.76, W=83.4		15.35
镜铁 Mn=10		7.60	钒铁（低碳）		
金属锰 Mn95~96	≈1240	7.2	V≈60	1480~1530	—
铬铁			V≈80	1580~1620	6.3
C<0.2, Cr=68	1520~1600	7.1	V≈83.46		—
C<0.5, Cr=68	1500~1580	7.18	钛铁 Ti=20~25		5.94
C<0.7, Cr=60	1470~1530	7.33	36~40		5.11
C<1.0, Cr=62	1470~1530	7.27	硅钙及其他		
C<2.0, Cr=64	1460~1500	7.21	Ca=30~32, Si=60~65	980~1200	—
C<3.0, Cr=66	1470~1540	7.23	金属钴 Co=97~98	1490	≈8.5
C<4.0, Cr=68	1450	7.06	金属铋	270	9.78
C<6.0, Cr=70	1460~1470	6.98	—	（沸点1430）	—
C<8.0, Cr=72	1350~1480	6.50	金属镁	650	1.738
C<9.0, Cr=72	1150~1420	—		（沸点1107）	

锡、锑、铜、铬是一些强烈稳定珠光体的元素，它们对细化珠光体的作用甚微，而钼钒等是细化珠光体的元素，但不能消除基体中的铁素体。实践证明，基体中含30%（体积分数）的铁素体和完全是珠光体基体的抗拉强度能相差35MPa以上，粗细珠光体之间的强度差可达100MPa。因此，利用合金元素来改善灰铸铁性能，必须根据工厂生产现状及要求，选择合适的合金元素。根据合金元素的不同特性，实际生产中往往选用两种以上的合金元素，如 Mo + Cu，Mo + Sn，Cr + Mo，Cr + Cu，Cr + Mo + Ni 等。两种以上合金元素的配合使用，也提供了用一种元素和另一种元素配合，防止另一种元素易产生白口倾向，生成碳化物的可能。常用 Ni、Cu 来中和 Cr、V 的白口倾

向，其组成比例刚好与它们石墨化能力相适应。

氮可使石墨片长度缩短，弯曲程度增加，端部钝化，共晶团细化和珠光体数量增多，从而提高其力学性能。对于高碳当量的灰铸铁，加入适量的氮可得到100%的珠光体组织。

用于合金化处理的原铁液应有较高的碳当量，使其白口倾向小、铸造性能好，不易产生缩孔和缩松。而且在较高碳当量时，应是高碳低硅，这样在添加合金元素后能获得最好的强度和截面均匀性，防止硅增加铁素体、粗化珠光体、中和合金元素作用的有害倾向。

在灰铸铁中，除碳、硅、锰、磷、硫五元素及附加的合金外，往往从各种渠道带进一些伴生的微量元

素。有些对灰铸铁性能有极大的害处，故应检查并控制其含量。这些元素列入表 2-30 中（见第 2 章）。

4.5　灰铸铁件的热处理及其他处理

4.5.1　灰铸铁件热处理的特点

由于灰铸铁的硅含量高和金相组织中有石墨存在，使灰铸铁件在加热和冷却过程中的相变有其自己的特点：

1）共析转变是在一定宽度范围内进行的。

2）石墨的存在，使奥氏体的碳含量随温度升高和保温时间的改变而改变。

3）硅含量高及石墨的存在，易使渗碳体分解和珠光体向铁素体转变。

一般来说，热处理仅能改变基体组织，改变不了石墨形状，因此热处理不能明显改善灰铸铁件的力学性能。这个特点也使对有关灰铸铁件热处理的研究不多。

灰铸铁的低塑性，又使快速冷却的热处理方法难以实施。

4.5.2　灰铸铁件常用的热处理工艺

图 4-125 所示为灰铸铁件的几种热处理工艺。

1. 减应力处理

铸件在成形冷却过程中会产生各种应力，它与工作负载应力叠加往往会超过灰铸铁件的强度，从而使铸件开裂，或者使铸件变形丧失使用功能，为此对要求高的铸件都要进行减应力处理。

减应力处理指灰铸铁件的时效处理，旨在减少铸件内的残余应力。其原理是把铸件重新加热到 530 ~ 620℃，利用塑性变形降低残余应力，然后在炉内缓慢地冷却，得到残余应力小的铸件。这是灰铸铁件使用最多的热处理方法。图 4-126 所示为灰铸铁件典型的时效处理曲线。

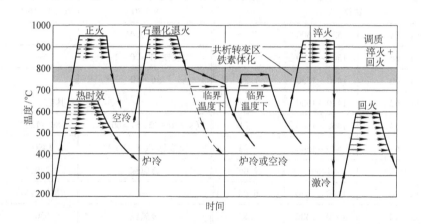

图 4-125　灰铸铁件的几种热处理工艺

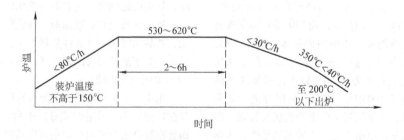

图 4-126　灰铸铁件典型的时效处理曲线

时效处理温度越高，铸件残余应力消除越显著，铸件尺寸稳定性也越好（见图 4-127 ~ 图 4-129）。但

正如表 4-91 所示，随着时效温度的升高，时效后铸件的力学性能有所下降。

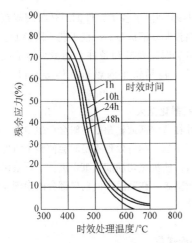

图 4-127　普通灰铸铁件残余应力与时效处理温度和时效时间的关系

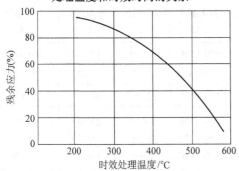

图 4-128　时效处理温度对铸件残余应力的影响

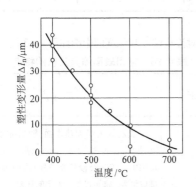

图 4-129　经不同温度处理的试样塑性变形量
（在 3 个月期间所产生的变形量）

铸件时效处理的最高温度可按下式选择：

$$t(℃) = 480 + 0.4R_m$$

式中　R_m——$\phi30mm$ 标准试棒的抗拉强度（MPa）。

普通灰铸铁件的时效处理温度一般为 500 ~ 600℃，合金灰铸铁为 550 ~ 650℃。

保温时间的影响要比时效处理温度的影响小，一般按每小时热透铸件 25mm 厚计算，至少保温 2h。

表 4-91　时效温度和保温时间对应力消除和性能的影响

退火温度/℃	保温时间/h	残余应力/MPa	应力消除/（%）	布氏硬度　HBW 表面	布氏硬度　HBW 距表面 25mm 深处	抗拉强度/MPa
铸态	—	23.0	0	229 ~ 265	178	264
450	3	22.0	10	217 ~ 241	170	256
450	6	20.4	12	217 ~ 238	170	256
450	9	17.0	26	217 ~ 235	—	—
500	3	17.1	25	217 ~ 241	—	—
500	6	15.3	40	217 ~ 241	178	258
500	9	10.3	53	217 ~ 241	162	—
550	3	11.9	48	217 ~ 225	178	262
550	6	8.7	62	217 ~ 228	170	233
550	9	8.2	64	179 ~ 187	162	217
600	1	12.0	48	—	170	247
600	3	8.2	64	196 ~ 207	170	233
600	6	4.7	73	—	170	—
600	9	4.1	83	139 ~ 179	156	209

加热速度一般为 50 ~ 100℃/h，复杂铸件应控制在 20℃/h 以下。随炉冷却速度应控制在 30℃/h 以下，在 200℃后再空冷。表 4-92 列出了冷却速度对铸件应力消除程度的影响。

表 4-92　冷却速度对铸件应力消除程度的影响

冷却速度/（℃/h）	残余应力消除程度（%）
130	6 ~ 27
50	42
30	85

要防止炉温不匀引起的应力消除不匀的现象。

铸件表面被切削加工后破坏了原已平衡的应力场，导致铸件应力的重新分布（见表 4-93），因此时效处理最好在粗加工后进行。对于要求特别高的精密仪表铸件，可在铸态和粗加工后各进行一次时效处理（见表 4-94）。从表 4-93 和表 4-94 可以看出，尽管进行多次时效处理，铸件仍有内应力存在，它只是减少到工作要求的允许范围内，所以不能称为去应力处理，而只能称为减应力处理。

表 4-93　铸件应力在机械加工后的变化

工序	铸造后	第一次时效后	粗加工后	第二次时效后	半精加工后	第三次时效（250℃）后
残余应力/MPa	32	6.9	23	6.0	18	7.1

表 4-94　二次时效处理的效果

时效次数	一次时效	二次时效
残余应力/MPa	18	12
尺寸精度稳定性/(μm/a)	5.0 ~ 7.5	1.8 ~ 3.0
加载 40MPa，经 300h 后的变化/μm	1.99	1.04
室温变化 5℃时精度变化量/μm	1.5 ~ 2.6	0.3 ~ 1.0

表4-95 列出了各类铸件的时效处理规范。应指出，严格控制铁液成分、浇注工艺、铸型工艺、落砂工艺（开箱时间及冷却条件）能减少铸造应力，对一般铸件（包括轿车内燃机缸体等）可不用时效处理。

2. 石墨化退火

铸件在薄壁部或转角处有时会产生白口，在化学成分控制不当、孕育处理不足时会使整个铸件变成白口、麻口，使机械切削加工难以进行。石墨化退火是一种补救措施，在高温下使白口部分的渗碳体分解达到石墨化。

表 4-95　各类铸件的时效处理规范

铸件种类	铸件质量/t	铸件厚度/mm	时效处理参数					
			装炉温度/℃	升温速度/(℃/h)	退火温度/℃	保温时间/h	冷却速度/(℃/h)	出炉温度/℃
较大的机床件	>2	20 ~ 80	<150	30 ~ 60	500 ~ 550	8 ~ 10	30 ~ 40	150 ~ 200
较小的机床铸件	<1	<60	≤200	<100	500 ~ 550	3 ~ 5	20 ~ 30	150 ~ 200
纺织机械小铸件	<0.05	<15	<150	50 ~ 70	500 ~ 550	1.5	30 ~ 40	150
结构复杂有较高精度要求的铸件	>1.5	>70	<200	<75	500 ~ 550	9 ~ 10	20 ~ 30	<200
		40 ~ 70	<200	<70	450 ~ 550	8 ~ 9	20 ~ 30	<200
		<40	<150	<60	420 ~ 450	5 ~ 6	30 ~ 40	<200
一般精度要求铸件	0.1 ~ 1.0	15 ~ 60	100 ~ 200	<75	500	8 ~ 10	40	<200
简单或圆筒状铸件	<0.3	10 ~ 40	100 ~ 300	100 ~ 150	550 ~ 600	2 ~ 3	40 ~ 50	<200

其处理工艺为：低于 200℃ 装炉，以 70 ~ 100℃/h 的速度升温至 900 ~ 960℃，保温 1 ~ 4h（取决于壁厚），然后炉冷至临界温度下空冷。若需得铁素体基体，则可在 720 ~ 760℃ 保温一段时间，炉冷至 250℃ 以下出炉。

高温保温时间还与成分有关，碳硅含量高可相应缩短，硫高、稳定碳化物的元素高应适当延长。

主要应从化学成分、孕育技术上进行严格控制，不让白口或自由渗碳体产生，不应依赖石墨化热处理去消除。

3. 表面热处理

需要耐磨的缸套、机床导轨经常采用表面淬火热处理。淬火后的表面能获得马氏体 + 石墨的组织，珠光体基体淬火后的表面硬度可达 50HRC 左右。

表 4-96 列出了常用表面淬火工艺的特点。图 4-130 所示为高频感应淬火温度对硬度和深度的影响。图 4-131 所示为原始组织对表面淬火硬度和深度的影响。普通灰铸铁硅含量高、淬透性差，添加少量镍、铬、钼对淬火硬度和深度的影响如图 4-132 所示。

表 4-96　常用表面淬火工艺的特点

类别	工艺特点
火焰淬火	用氧乙炔火焰加热表面，随后喷水冷却。淬硬厚度可达 2 ~ 8mm，硬度达 40 ~ 48HRC。工艺及设备简单易行，但加热温度难以控制，容易过热，淬后变形大
中频感应淬火	加热频率约 8000Hz，电流穿透层深，淬硬层可至 3 ~ 4mm，硬度可至 50HRC 以上，通过频率、阳极电流及时间可调节淬火温度和深度。淬火后铸铁导轨一般下凹 1 ~ 2mm，变形较小
高频感应淬火	采用高频（约 25 万 Hz），淬硬层为 1mm 左右，硬度可达 50HRC 以上。氧化脱碳少，变形小，淬火质量稳定，淬火后导轨下凹于 1mm（变形与床身结构、长度有关）

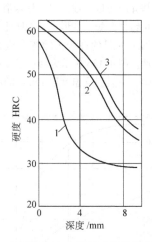

图4-130　高频感应淬火温度对硬度和深度的影响
1—850℃淬火　2—925℃淬火　3—1000℃淬火

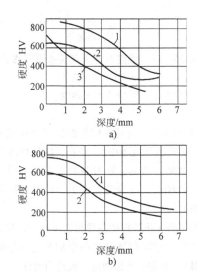

图4-131　原始组织对表面淬火硬度和深度的影响
a) 火焰淬火　b) 高频感应淬火
1—珠光体　2—珠光体+铁素体　3—铁素体

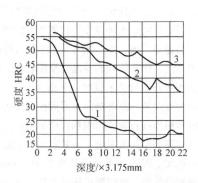

图4-132　合金元素对淬火硬度和深度的影响
1—灰铸铁　2—钼合金铸铁　3—铬镍钼合金铸铁

　　齿轮、缸套、凸轮和链轮常用高频感应淬火，机床导轨过去多用火焰淬火，现多用中频感应淬火。

　　电接触自冷淬火是另一种表面淬火工艺，具有设备、工艺操作简单，投资小的优点。图4-133和图4-134所示为碳棒电极手工操作和铜滚轮机动操作的原理，表4-97列出了电接触淬火工艺与淬火效果。图4-135所示为铜滚轮机动淬火的淬火条纹，适用于机床导轨。

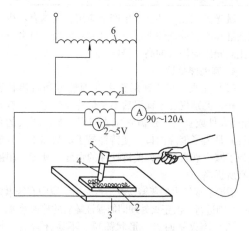

图4-133　碳棒电极手工操作原理
1—变压器（1kW，220V，2~5V）　2—待淬火工件
（工件表面涂透明油）　3—工作台电极
4—炭棒　5—炭棒装夹手柄　6—调压器
（1kW，220~110V/0~250V）

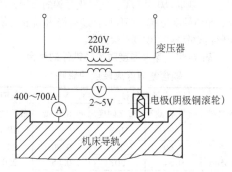

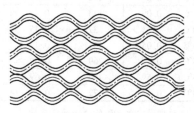

图4-134　铜滚轮机动操作原理

图4-135　铜滚轮机动淬火的淬火条纹（未打磨）

表4-97　电接触淬火工艺与淬火效果

比较项目	碳棒电极手工操作	铜滚轮机动操作
二次开路电压/V	2~3	<5
淬火短路电流/A	80~160	500~600
电极接触面积/mm²	1~2	—
滚轮压力/kg	—	2~3
速度	2~3圈/s, 每圈 直径3~5mm	2~3mm/min
淬后硬度 HRC	>50	>50
硬化层深/mm	0.07~0.13	0.20~0.25

激光淬火在国外已在生产上应用，国内有不少单位在缸套等灰铸铁件上进行了试验和应用，缸套寿命可比高频感应淬火的高一倍以上。

4. 其他热处理

（1）正火　灰铸铁的正火处理规范和石墨化退火一样，区别仅在于保温后不是炉冷而是空冷，有时（如厚大件或夏天）还需吹风或喷雾冷却。正火的目的有的是为了消除白口，使铸件易于切削加工，有的是为了减少铁素体量，使铸铁件的强度、硬度、耐磨性有所提高。

需要表面淬火的灰铸铁件，若原始组织中有铁素体存在，则进行一次正火处理即能保证随后的淬火效果。

（2）淬火＋回火　形状简单、不易开裂的灰铸铁件在需要时也可以进行淬火＋回火热处理。

碳的质量分数为3.0%~3.5%，硅的质量分数为1.8%~2.5%的普通灰铸铁，其共析转变温度范围在760~845℃之间。淬火加热温度不同，基体中化合碳含量及表面硬度也不同（见表4-98），故可按需要选择淬火温度，一般取860~870℃。此时化合碳的质量分数为0.7%，整体硬度为62~67HRC。过高淬火温度会使残留奥氏体数量增多，硬度不会提高。

表4-98　淬火温度对灰铸铁件的化合碳含量与淬火硬度的影响

试验条件		普通灰铸铁		Cr-Ni-Mo 合金灰铸铁	
		w(化合碳)(%)	布氏硬度 HBW	w(化合碳)(%)	布氏硬度 HBW
铸态		0.69	217	0.70	255
淬火温度	650℃	0.54	207	0.65	250
	675℃	0.38	187	0.63	241
	705℃	0.09	170	0.59	229
	730℃	0.09	143	0.47	217
	760℃	微量	137	0.45	197
	790℃	0.05	143	0.42	207
	815℃	0.47	269	0.60	444
	845℃	0.59	444	0.69	514
	870℃	0.67	477	0.76	601

注：1. 试样尺寸为 φ30.5×51mm。
　　2. 淬火冷却介质为油。

淬火冷却介质可以是油、水、热盐浴。一般常用油，既能防止铸件开裂、变形，又能防止淬不硬。

淬火后回火的目的在于去除淬火应力，调整硬度、提高韧性。图4-136所示为回火温度对淬火灰铸铁硬度的影响。一般回火温度取150~400℃。

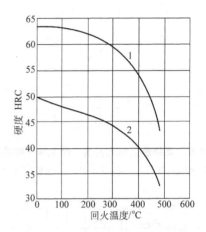

图4-136　回火温度对淬火灰铸铁硬度的影响
1—基体　2—整体
铸铁成分：w(C) = 3.30%，w(Si) = 2.35%

370℃回火后，灰铸铁的韧性能达到原先铸态的韧性，基体硬度仍在50HRC左右，抗拉强度比铸态高35%~40%。当韧性不是主要要求时，回火温度可取150~260℃，仅为消除应力，此时基体硬度为55~60HRC。

淬火＋回火热处理的主要目的不在于提高灰铸铁的强度性能（它可用更经济的添加合金或降碳硅含量来获得），而在于增加硬度、提高耐磨性。

（3）等温淬火（AGI）　灰铸铁通过等温淬火可以获得奥铁体组织，抗拉强度和硬度显著增加，耐磨性提高，同时具有一定的延伸率，它适用于制造大型气缸衬、齿轮、高载荷轴承支架及制动装置等零件。等温淬火灰铸铁的最大特点是铸铁的减振性随抗拉强度的增加而提高。镍、铬、钼等元素的加入可提高灰铸铁的淬透性，使灰铸铁的等温转变图右移，即推迟灰铸铁的相变开始与终了温度（见图4-137）。但是，灰铸铁硅含量较低，故等温淬火时间比球墨铸铁短。

影响等温淬火灰铸铁组织和性能的主要因素是等温淬火时间和等温淬火温度。一般奥氏体化温度控制在880~900℃，等温淬火时间控制在60~90min。等温淬火温度对组织、富碳奥氏体及其碳含量、抗拉强度和硬度影响如图4-138~图4-140所示。由图可见，随着等温淬火温度的升高，奥铁体组织由细变粗，奥氏体数量及其碳含量增加，硬度一直降低。但是，强度的变化规律与球墨铸铁不同，首先随着等温淬火温度的升高而抗拉强度提高，当等温淬火温度达到 300℃左右时，抗拉强度达到最大值，之后抗拉强度又降低。球墨铸铁的抗拉强度随着等温淬火温度的升高而降低。

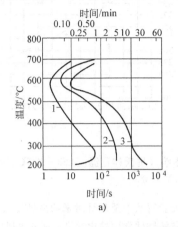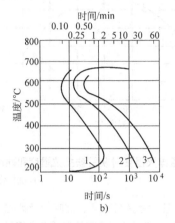

图 4-137 普通灰铸铁与合金铸铁的等温转变图

a) 普通灰铸铁：$w(C) = 3.60\%$，$w(Si) = 1.25\%$　b) 合金铸铁：$w(C) = 3.68\%$，$w(Si) = 1.20\%$，$w(Ni) = 2.03\%$

1—相变开始　2—50%相变　3—相变终了

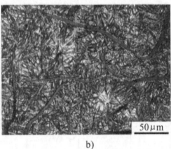

图 4-138 等温淬火温度对金相组织的影响

a) 260℃　b) 280℃　c) 310℃

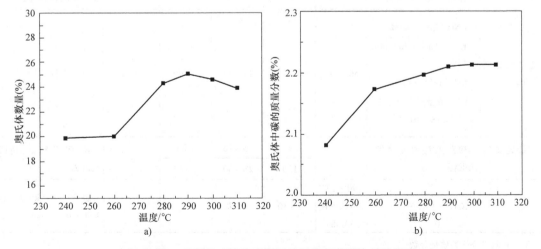

图 4-139 等温淬火温度对奥氏体数量及其碳含量的影响

a) 奥氏体数量　b) 奥氏体碳含量

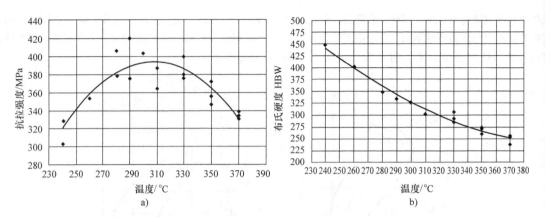

图 4-140　等温淬火温度对灰铸铁抗拉强度和硬度的影响（奥氏体化温度 880～900℃，等温时间 2h）

a）抗拉强度　b）硬度

（4）化学热处理　为提高减摩、抗咬合及耐磨性和疲劳性能，导轨、液压件、缸套等有滑动摩擦面的灰铸铁件可以采用各种化学热处理的方法，使其表面获得数十至几百微米的高硬度层。表 4-99 列出了灰铸铁件常用的化学热处理方法和参数。

表 4-99　灰铸铁件常用的化学热处理方法和参数

名称	介　质	工艺参数		共渗层厚度/μm		渗层化合物硬度 HV	处理零件举例
		温度/℃	时间/min	化合物层	主扩散层		
气体渗氮	无水氨气	520～590	1200～3000	15～400	—	≈900	导轨液压阀、活塞环
氮碳共渗（软氮化）（气体或液体）	NH_3 + 吸热式气体或以 KCNO 为主的盐浴	550～570	60～240	6～10	≈250	772～824	HT250 汽车凸轮轴、摇臂，疲劳极限提高 20%～60%
QPQ 处理	碳氮共渗（CNO 32%）+ 氧化处理	580 + 370	180 + 30	8～14	—	1245～1465	凸轮轴
辉光离子渗氮	N_2 + H_2 或 NH_3（100～1500V，70～1300Pa）	350～570	60～180	10～20	200～350	≥900	柴油机缸套、转子、发动机中间板和边套
熔盐硫氮碳氧[①]共渗	CNO^- 33%～41% K^+ + Na^+ + Li^+ 44%～46% CO_3^{2-} 14%～18% CN^- 痕量或 <0.1% S^{2-} ≥15×10⁻⁵	565±10	90～120	14～18	>100	≥900	缸套挺杆
熔盐硫氮碳共渗	尿素、碳酸钠、碳酸钾、碳酸锂	±	90	16～18	>500	≥	缸套、凸轮轴、阀门、气缸盖
			120	28～30	>340		
渗硫	NaCNS + KCNS	190～195（电流密度为 3A/dm²）	5～10	5～7	—	—	缸套（30 万 km 缸径大 0.06～0.08mm）

① 介质成分均为质量分数。

5.3　频波谐波时效

铸件在凝固冷却后都存在有不同程度的应力。减少残余内应力的方法有自然时效、热时效及振动时效。自然时效的效果是肯定的，但周期太长，从而要积压大量资金并占用大量面积。热时效即前述的减应力退火，也有费用高、耗能等问题，而且控制不好，铸件又会在冷却中产生新应力。振动时效有节能省时的优点，但它的使用也要注意使用方式。过去所提的振动时效是亚共振时效，要达到时效效果首先必须找到工件的固有频率，而机械制造的零件中，有 77% 以上的零件，其固有共振频率超出亚共振设备 0 ~ 166.7Hz 的频率范围，因此它的处理效果就十分有限，尤其是对于高刚性、高固有频率的铸件，很多企业反映无效，而且高频率下振动造成极大的噪声，形成新的环境污染源。

频波谐波时效也是一种振动时效，但它不需要寻找工件的固有频率，而是采用傅里叶分析法进行频谱分析，从中找出 5 个最佳谐振频率进行振动处理。这样的振动装置易与工件匹配，并且频率都在 6000r/min 以内，噪声小；在 5 个谐振频率上加载，使多种振形在多方向上叠加，能使工件的应力更均化减小，达到了较为理想的效果，几乎可处理所有铸件。广泛应用表明，与热时效相比，频波谐波时效能降低残余应力 30% ~ 80%，工件尺寸稳定性提高 30% ~ 50%，抗静载荷变形能力提高 30% 以上，节能 95%，成本下降 90%。

利用俄罗斯国家标准检测应力的金属磁记忆检测仪可测定内应力的大小与分布状况，纵坐标单位是漏磁场当量梯度，代表了应力大小。从图 4-141 可看出，处理后应力均化、减小的效果十分明显。

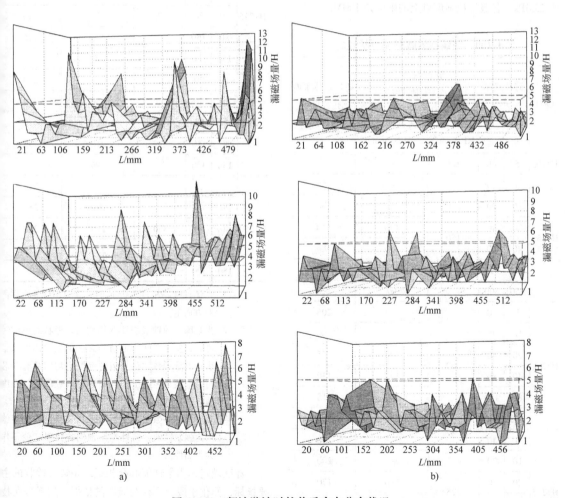

图 4-141　频波谐波时效前后应力分布状况

a）振动前　b）振动后

4.6　灰铸铁的力学性能及合理选用原则

由于灰铸铁历史悠久，与其他金属材料相比有极好的铸造性能、切削性能和一些如吸振等独特的性能，生产容易，制造成本低，所以至今它仍是世界上用得最多、最广泛的铸造合金。

4.6.1　灰铸铁的牌号与力学性能

根据 GB/T 9439—2010，我国灰铸铁件的牌号按单铸 $\phi30$mm 试棒的最小抗拉强度分为八个等级（见表4-100）。它等同采用了 ISO185：2005 的国际标准。与以往的我国旧标准的不同之处在于：继续保持了不以抗弯强度分级的原则；在 HT200 和 HT300 之间，插入了 HT225 和 HT275 两个牌号，即与美国 ASTM 和汽车材料标准一样，各牌号之间的抗拉强度差距仅为 25MPa；各级抗拉强度以上的限值是 100MPa。

表4-100　灰铸铁的牌号和力学性能

牌号	铸件壁厚 /mm >	铸件壁厚 /mm ≤	最小抗拉强度 R_m（强制性值） 单铸试棒/MPa(min)	附铸试棒或试块 /MPa(min)	铸件本体预期抗拉强度 R_m /MPa(min)
HT100	5	40	100	—	—
HT150	5	10	150	—	155
	10	20		—	130
	20	40		120	110
	40	80		110	95
	80	150		100	80
	150	300		*90*	—
HT200	5	10	200	—	205
	10	20		—	180
	20	40		170	155
	40	80		150	130
	80	150		140	115
	150	300		*130*	—
HT225	5	10	225	—	230
	10	20		—	200
	20	40		190	170
	40	80		170	150
	80	150		155	135
	150	300		*145*	—
HT250	5	10	250	—	250
	10	20		—	225
	20	40		210	195
	40	80		190	170
	80	150		170	155
	150	300		*160*	—
HT275	10	20	275	—	250
	20	40		230	220
	40	80		205	190
	80	150		190	175
	150	300		*175*	—
HT300	10	20	300	—	270
	20	40		250	240
	40	80		220	210
	80	150		210	195
	150	300		*190*	—
HT350	10	20	350	—	315
	20	40		290	280
	40	80		260	250
	80	150		230	225
	150	300		*210*	—

注：1. 当铸件壁厚超过 300mm 时，其力学性能由供需双方商定。

　　2. 当某牌号的铁液浇注壁厚均匀、形状简单的铸件时，壁厚变化引起抗拉强度的变化，可从本表查出参考数据；当铸件壁厚不均匀或有型芯时，本表只能给出不同壁厚处大致的抗拉强度值，铸件的设计应根据关键部位的实测值进行。

　　3. 表中斜体字数值表示指导值，其余抗拉强度值均为强制性值，铸件本体预期抗拉强度值不作为强制性值。

标准规定，力学性能和金相组织是铸件验收的主要指标，而化学成分不作为验收的依据。如需方在技术条件中对化学成分有要求时，需按需方规定执行，否则铸造企业可自行确定适合于力学性能的化学成分。

当铸件壁厚超过 20mm，而质量又超过 2000kg 时，也可采用与铸件冷却条件相似的附铸试棒或附铸试块加工成试样来测定抗拉强度，这样测定的结果比单铸试棒的抗拉强度低，但更接近铸件材质的性能。表 4-100 中也明确规定了附铸试棒或试块的抗拉强度值。

有时需方要求用硬度作为铸件验收的指标，故标准也规定灰铸铁按硬度分为六个等级（见表 4-101）。表中各硬度等级的硬度指主要壁厚 $\delta > 40mm$ 且 $\delta \leq 80mm$ 的上限硬度值。

表 4-102 列出了灰铸铁 ϕ30mm 单铸试棒和 ϕ30mm 附铸试棒的力学性能。

表 4-101　灰铸铁的硬度等级和铸件硬度

硬度等级	铸件主要壁厚/mm		铸件上的硬度范围 HBW		硬度等级	铸件主要壁厚/mm		铸件上的硬度范围 HBW	
	>	≤	min	max		>	≤	min	max
H155	5	10	—	185	H195	20	40	125	210
	10	20	—	170		**40**	**80**	**120**	**195**
	20	40	—	160	H215	5	10	200	275
	40	**80**	—	**155**		10	20	180	255
H175	5	10	140	225		20	40	160	235
	10	20	125	205		**40**	**80**	**145**	**215**
	20	40	110	185	H235	10	20	200	275
	40	**80**	**100**	**175**		20	40	180	255
H195	4	5	190	275		**40**	**80**	**165**	**235**
	5	10	170	260	H255	20	40	200	275
	10	20	150	230		**40**	**80**	**185**	**255**

注：1. 黑体数字表示与该硬度等级所对应的主要壁厚的最大和最小硬度值。

2. 在供需双方商定的铸件某位置上，铸件硬度差可以控制在 40HBW 硬度值范围内。

表 4-102　灰铸铁 ϕ30mm 单铸试棒和 ϕ30mm 附铸试棒的力学性能

力 学 性 能	材 料 牌 号						
	HT150	HT200	HT225	HT250	HT275	HT300	HT350
	基体组织						
	铁素体 + 珠光体	珠光体					
抗拉强度 R_m/MPa	150 ~ 250	200 ~ 300	225 ~ 325	250 ~ 350	275 ~ 375	300 ~ 400	350 ~ 450
规定塑性延伸强度 $R_{p0.1}$/MPa	98 ~ 165	130 ~ 195	150 ~ 210	165 ~ 228	180 ~ 245	195 ~ 260	228 ~ 285
伸长率 A(%)	0.3 ~ 0.8	0.3 ~ 0.8	0.3 ~ 0.8	0.3 ~ 0.8	0.3 ~ 0.8	0.3 ~ 0.8	0.3 ~ 0.8
抗压强度 R_{mc}/MPa	600	720	780	840	900	960	1080
抗压屈服强度 R_{mcp}/MPa	195	260	290	325	360	390	455
抗弯强度 σ_{bb}/MPa	250	290	315	340	365	390	490
抗剪强度 τ_b/MPa	170	230	260	290	320	345	400
抗扭强度 τ_m/MPa	170	230	260	290	320	345	400
弹性模量 E/MPa	78 ~ 103	88 ~ 113	95 ~ 115	103 ~ 118	105 ~ 28	108 ~ 137	123 ~ 143
泊松比 μ	0.26	0.26	0.26	0.26	0.26	0.26	0.26
弯曲疲劳强度 S_D/MPa	70	90	105	120	130	140	145
反压应力疲劳极限 σ_{zdW}/MPa	40	50	55	60	68	75	85
断裂韧性 K_{IC}/MPa$^{3/4}$	320	400	440	480	520	560	650

注：1. 当对材料的机械加工性能和抗磁性能有特殊要求时，可以选用 HT100。如果试图通过热处理的方式改变材料金相组织而获得所要求的性能时，不宜选用 HT100。

2. 扭转疲劳强度 S_m(MPa) $\approx 0.42R_m$。

3. 取决于石墨的数量及形态，以及加载量。

4. $S_D \approx (0.35 \sim 0.50)R_m$。

5. $\sigma_{zdW} = 0.53S_D \approx 0.26R_m$。

4.6.2　灰铸铁力学性能与铸件壁厚的关系

灰铸铁的力学性能取决于它最终的显微组织。而其组织不仅受化学成分、孕育处理的影响，而且也取决于冷却速度的大小。铸件壁越厚，冷却速度越慢，因此灰铸铁件不同壁厚处的石墨形状、尺寸，以及力学性能会有不同程度的差别。壁厚对铸件冷却速度的影响可通过折算厚度即模数 M 来计算：

$$M = 铸件体积/铸件的表面积$$

或

$$M = 铸件的截面积/截面的周长$$

图 4-142 所示为化学成分和铸件壁厚对金相组织的综合影响。随着碳当量的提高、壁厚的增加，石墨化程度就越高、铁素体量就越多。共晶度和铸件壁厚对抗拉强度的影响见图 4-93 和图 4-94。

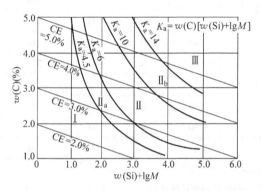

图 4-142　化学成分和铸件壁厚对金相组织的综合影响

Ⅰ—白口区　Ⅱ$_a$—麻口区　Ⅱ—珠光体区

Ⅱ$_b$—珠光体 + 铁素体区　Ⅲ—铁素体区

通过对大量生产数据的处理，总结出试棒直径（不同壁厚）情况下化学成分与抗拉强度的关系（见表 4-103）。借此可计算出相同成分、不同壁厚下的强度或固定壁厚时不同强度对化学成分的要求。

4.6.3　试棒与铸件本体性能

冷却条件不同，使铸件本体性能和试棒性能有（较）大的差别，当铸件质量远大于试棒质量时尤其如此。铸件本体强度比单铸试棒一般低 20 ~ 150MPa，布（氏）硬度值低 40 ~ 80HBW。表 4-104 列出了试棒与铸件本体的性能差异。

针对这种差异，自 20 世纪 70 年代以来，各工（业）发达国家逐渐提出了以铸件本体上的力学性能作为验收指标，铸造工作者为此也进行了努力，提供了大量数据和图表，以供设计人员和检验人员参考和正确（使）用。由于实际铸件的壁厚并不均匀，铸件结构也会影响散热条件，因此铸件不同部位的力学性能会有明显的区别。图 4-143 表明，缸盖薄壁部分由于处在内腔，冷却条件十分恶劣，尽管有较小的折算厚度 M，硬度值仍很低。为此，越来越多的重要铸件在图样上就规定，要以其关键部位上测定的性能作为验收的标准。

从试棒性能向铸件本体性能作为验收依据的转变，给铸造工作者带来了技术上的难度。过去生产同一牌号铸铁，采用同一化学成分而不管铸件种类和壁厚的做法必须改变。表 4-105 列出了考虑壁厚影响时化学成分的选取。同一铸件有不同的壁厚，其成分的选取应按供需双方商定的关键部位的壁厚来定。由于生产厂不可能只生产一种铸件，合理的做法是首先把铸件分类，然后选定一种基本成分进行高温熔炼，在炉前用干净废钢、碳系孕育剂、原生铁和微量合金元素来调整化学成分，满足同一牌号不同铸件或不同牌号不同铸件的性能要求。这也是工业发达国家专业铸造厂的习惯做法。

应当指出，凡能降低灰铸铁断面敏感性的措施，如孕育处理和低合金化，都有助于铸件性能的改善和生产方法的简化。

表 4-103　试棒直径（不同壁厚）情况下化学成分与抗拉强度的关系

试棒直径/mm	7.5	10	15	20	30	40	50	60	90
抗拉强度 R_m	84 ~ 41.5S_C	92.0 ~ 48.5S_C	99.0 ~ 70S_C	101.0 ~ 77.0S_C	102.0 ~ 82.5S_C	101.5 ~ 85.0S_C	100.5 ~ 85.0S_C	99.0 ~ 85.0S_C	95.0 ~ 85.0S_C

表 4-104　试棒与铸件本体的性能差异

编号	化学成分(质量分数,%)					抗拉强度 R_m/MPa		
	CE	C	Si	Cr	Cu	ϕ30mm 试棒	铸件	差值
771	3.95	3.29	1.89	—	—	249.9	176.4	73.6
772	3.92	3.29	1.81	0.29	—	282.4	225.4	57.0

（续）

编号	化学成分（质量分数，%）					抗拉强度 R_m/MPa		
	CE	C	Si	Cr	Cu	ϕ30mm 试棒	铸件	差值
781	3.97	3.30	1.92	0.23	0.42	249.9	200.9	49.0
782	3.93	3.31	1.78	0.25	0.27	264.6	225.4	39.2
791	4.08	3.43	1.86	—	—	249.9	176.4	73.5
792	4.10	3.43	1.92	0.26	—	256.8	215.6	41.2
801	4.12	3.48	1.81	0.32	0.44	240.1	205.8	34.3
802	4.14	3.50	1.81	0.27	0.28	245.0	196.0	49.0

注：1. 铸件为 R3100 缸盖。

2. $w(\text{Mn}) = 0.6\% \sim 0.8\%$，$w(\text{P,S}) \leqslant 0.1\%$。

3. 浇注前用 0.4% 的 FeSi75 孕育。

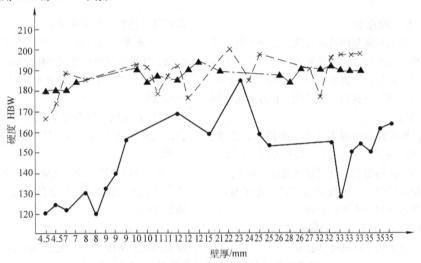

图 4-143　R3100 缸盖硬度变化对比

●—CE = 3.95%，无合金，FeSi75 0.4% 包内孕育　×—CE = 3.88%，$w(\text{Cr}) = 0.25\%$，$w(\text{Cu}) = 0.37\%$，
FeSi75 0.3% 包内孕育　▲—CE = 3.95%，$w(\text{Cr}) = 0.34\%$，$w(\text{Cu}) = 0.38\%$，FeSi75 0.2% 铁液流孕育

表 4-105　考虑壁厚影响时化学成分的选取

牌　号	铸件主要壁厚 /mm	化学成分（质量分数，%）				
		C	Si	Mn	P	S
HT100	所有尺寸	3.2 ~ 3.8	2.1 ~ 2.7	0.5 ~ 0.8	< 0.3	≤0.15
HT150	< 15	3.3 ~ 3.7	2.0 ~ 2.4	0.5 ~ 0.8	< 0.12	≤0.12
	15 ~ 30	3.2 ~ 3.6	2.0 ~ 2.3			
	30 ~ 50	3.1 ~ 3.5	1.9 ~ 2.2			
	> 50	3.0 ~ 3.4	1.8 ~ 2.1			
HT200	< 15	3.2 ~ 3.6	1.9 ~ 2.2	0.6 ~ 0.9	< 0.10	≤0.12
	15 ~ 30	3.1 ~ 3.5	1.8 ~ 2.1	0.7 ~ 0.9		
	30 ~ 50	3.0 ~ 3.4	1.5 ~ 1.8	0.8 ~ 1.0		
	> 50	3.0 ~ 3.2	1.4 ~ 1.7	0.8 ~ 1.0		

（续）

牌　　号	铸件主要壁厚 /mm	化学成分（质量分数，%）				
		C	Si	Mn	P	S
HT250	<15	3.2～3.5	1.8～2.1	0.7～0.9	<0.10	≤0.12
	15～30	3.1～3.4	1.6～1.9	0.8～1.0		
	30～50	3.0～3.3	1.5～1.8	0.8～1.0		
	>50	2.9～3.2	1.4～1.7	0.9～1.1		
HT300	<15	3.1～3.4	1.5～1.8	0.8～1.0	<0.10	≤0.12
	15～30	3.0～3.3	1.4～1.7	0.8～1.0		
	30～50	2.9～3.2	1.4～1.7	0.9～1.1		
	>50	2.8～3.1	1.3～1.6	1.0～1.2		

4.6.4　合理选用原则

由于灰铸铁具有优越的铸造性能、良好的切削性能和较为简单的生产方法，因此它被广泛地应用于各个领域。选用灰铸铁时，决不能只考虑强度一项，而应有效地综合利用灰铸铁的多种特性，获得适应不同用途的优良铸件。

1）由于灰铸铁的摩擦阻力小、磨损小，强度、耐磨性、耐蚀之间有很好的配合，吸振性好，铸造性能好，能铸造复杂的形状，灰铸铁又适应大量生产方式，铸件质量容易稳定，因此它被广泛应用于蒸汽、煤气以及石油系燃料的内燃机缸体。

2）减摩性好，并有一定的强度和弹性，铸造性能好，使它广泛应用于活塞环和缸套。

3）吸振性好，变形小，通过调整使灰铸铁具有均匀分布的石墨和一定的强度，保证良好的润滑性能和耐磨性，从而使它广泛应用于机床铸件、水压机、轧机、齿轮和飞轮。

4）由于灰铸铁耐磨性好、缩孔倾向小，铸造性能好，加工性能好，从而广泛用于要求承受低压的阀类铸件。

5）采用较高碳当量，能使灰铸铁有更好的流动性和防止白口能力，从而广泛应用于对强度要求不太高的薄壁铸件（见表 4-106）。

6）石墨片形态良好的灰铸铁导热性好、弹性模量低，能够很好吸收急剧加热冷却时产生的应力，因此可用于某些钢锭模（见表 4-107）和汽车、拖拉机排气管。

7）灰铸铁具有良好的抗大气和土壤的腐蚀性，曾广泛应用于低压上下水的铸铁管制造上（见表 4-108）。

8）利用灰铸铁缺口敏感性小及表面能局部激冷成白口组织的优点，低合金灰铸铁可用于小负载的曲轴和凸轮轴。

9）良好的耐磨性、强度、噪声吸收能力和摩擦制动能力，灰铸铁广泛应用于制动毂、制动片和闸瓦（见表 4-109）。

10）吸振和抑制噪声的作用，使灰铸铁广泛用于印刷机械、电动机壳和端盖，造纸机的机架、台面、齿轮、干燥器直至滚筒等。

11）对于空调器和冰箱用旋转压缩机气缸和曲轴等铸件，采用弹性模量高（$E = 110～140GPa$）、组织致密性好且均匀、耐渗漏的 D 型石墨灰铸铁。

表 4-110 列出了设计手册中所推荐的各级灰铸铁的应用场合。

表 4-106　薄壁铸件的应用实例

用途	名称	$w(C)(\%)$	$w(Si)(\%)$	$w(Mn)\%$	$w(P)(\%)$	$w(S)(\%)$	备　　注
纺织机	精编机	3.4～3.6	2.1～2.4	0.5～0.8	<0.3	<0.08	抗拉强度大于 150MPa，硬度小于 210HBW
	织机	3.41	2.26	0.77	0.192	0.037	抗拉强度大于 170MPa，硬度小于 187HBW
	锭子	3.21	2.28	0.72	0.659	0.039	抗拉强度大于 240MPa，硬度小于 202HBW
缝纫机	支架	3.5	2.4	0.5	0.3	<0.10	抗拉强度大于 150MPa，硬度小于 170HBW
	机头	3.4	2.2	0.6	0.3	<0.10	抗拉强度大于 180MPa，硬度小于 190HBW

（续）

用途	名称	w(C)(%)	w(Si)(%)	w(Mn)%	w(P)(%)	w(S)(%)	备　　注
薄壁器具	火炉	3.48	2.33	0.46	1.00	0.093	
	搪瓷铸件	3.45	2.67	0.50	0.88	0.060	——
	美术铸品	3.43	2.17	0.42	1.50	0.026	
	装饰铁柱	3.3~3.4	2.1~2.5	0.6~0.71	1.0~1.2	0.07~0.09	

表 4-107　钢锭模的应用实例

品　　名	w(C)(%)	w(Si)(%)	w(Mn)%	w(P)(%)	w(S)(%)
标准成分	>3.5	1.5~2.0	0.5~0.7	<0.3	<0.1
用于大型的标准成分	>3.6	1.4~1.8	<0.8	<0.3	<0.07
10t 扁平型（例）	3.54	1.66	0.51	0.26	0.063
5t 扁平型（例）	3.80	1.80	0.50	0.267	0.056
1t 卡斯马型（例）	3.80	1.22	1.27	0.113	0.045
高炉铁液直注型	4.0~4.3	0.6~0.9	0.5~1.0	<0.3	<0.03

表 4-108　铸铁管应用实例

品　　名	w(C)(%)	w(Si)(%)	w(Mn)%	w(P)(%)	w(S)(%)	备　　注
普通铸铁管	3.7~3.9	1.6~2.5	0.5~0.8	<0.5	<0.1	管壁厚度大时，w(Si)(%)取低值
高级铸铁管	3.1~3.5	1.2~1.7	0.7~1.0	<0.4	<0.09	
砂型离心铸铁管	3.1~3.5	1.1~2.0	0.6~0.8	0.3~1.0	<0.08	——
金属型离心铸铁管	3.5~3.8	1.8~3.0	0.5~0.8	0.3~1.0	0.04~0.07	
低稀土高强度铸铁管	3.6~4.2	2.4~3.0	1.0~1.4	≤0.1	≤0.05	w(RE) = 0.020%~0.045%

表 4-109　制动毂和闸瓦应用实例

品　　种		w(C)(%)	w(Si)(%)	w(Mn)%	w(P)(%)	w(S)(%)	备　　注
汽车制动毂	例1	3.40	2.10	0.5	<0.12	<0.09	抗拉强度 210MPa
	例2	3.25	2.20	0.85	<0.20	<0.12	布氏强度 220HBW
火车闸瓦		2.8~3.2	1.0~1.2	>0.50	<0.4	<0.10	——

表 4-110　各级灰铸铁的应用场合

牌号	应用范围	
	工作条件	用途举例
HT100	1）负荷极低 2）磨损无关紧要 3）变形很小	盖、外罩、油盘、手轮、手把、支架、座板、重锤等形状简单、不甚重要的零件，这些铸件通常不经试验即被采用，一般无须加工，或者只需经过简单的机械加工
HT150	1）承受中等负荷的零件 2）摩擦面间的单位面积压力不大于 490kPa	1）一般机械制造中的铸件，如支柱、底座、齿轮箱、刀架、轴承座、轴承滑座、工作台、齿面不加工的齿轮和链轮，汽车拖拉机的进气管、排气管、液压泵进油管等 2）薄壁（质量不大）零件，工作压力不大的管子配件以及壁厚小于等于 30mm 的耐磨轴套等 3）圆周速度大于 6~12m/s 的带轮，以及其他符合左列工作条件的零件

（续）

牌号	应用范围	
	工作条件	用途举例
HT200	1）承受较大负荷的零件 2）摩擦面间的单位面积压力大于490kPa者（大于10t的大型铸件大于1470kPa）或需经表面淬火的零件 3）要求保持气密性或要求抗胀性以及韧性的零件	1）一般机械制造中较为重要的铸件，如气缸、齿轮、链轮、棘轮、衬套、金属切削机床床身、飞轮等 2）汽车、拖拉机的气缸体、气缸盖、活塞、制动毂、联轴器盘、飞轮、齿轮、离合器外壳、分离器本体、左右半轴壳 3）承受7840kPa以下中等压力的液压缸、泵体、阀体等 4）汽油机和柴油机的活塞环 5）圆周速度大于12～20m/s的带轮，以及其他符合左列工作条件的零件
HT250		
HT275	1）承受高弯曲力及高拉力的零件 2）摩擦面间的单位面积压力≥1960kPa或需进行表面淬火的零件 3）要求保持高度气密性的零件	1）机械制造中重要的铸件，如剪床、压力机、自动车床和其他重型机床的床身、机座、机架及大而厚的衬套、齿轮、凸轮、大型发动机的气缸体、缸套、气缸盖等 2）高压的气液压缸、水缸、泵体、阀体等 3）圆周速度大于20～25m/s的带轮，以及符合左列工作条件的其他零件
HT300		
HT350		

4.7　典型灰铸铁件

4.7.1　高强度灰铸铁件

1. 中、厚壁铸件——机床铸件

机床铸件厚度一般为15～30mm。灰铸铁作为机床基础零件的主要结构材料，应具有良好的精度稳定性、抗压强度和减振性，高的弹性模量和耐磨性，良好的切削性能和铸造性能以及低的生产成本。机床导轨摩擦副是在边界润滑条件下工作的，要求灰铸铁具有较高的宏观硬度（200～240HBW），数量适当、长度小于250μm且分布良好的A型石墨，基体有较高的显微硬度，并有硬质点弥散分布，以保证机床导轨的耐磨性。JB/T 3997—2011对机床灰铸铁的质量提出了全面的要求，除要满足强度指标外，加工表面硬度应小于255HBW，对机床导轨表面硬度及硬度差也作了严格的规定，见表4-111。

目前，国外机床铸件大多采用 $R_m = 300$MPa 或350MPa高强度灰铸铁制造。在提高灰铸铁强度和刚度的基础上，国外机床铸件向轻量化方向发展，机床的主要壁厚已从过去的20～25mm减至近来的14～20mm，切削力小的小型精密机床床身主要壁厚仅为8～10mm。我国机床主要铸件（如床身、工作台、立柱和横梁等）一般采用HT200，HT250和HT300三种牌号的灰铸铁。为了延长机床的使用期限，尤其是

不再经热处理的机床导轨寿命，国内机床铸件曾广泛采用低合金高强度减摩铸铁（见表4-112）。对表中几种减摩铸铁的金相组织分析可知，在含磷铸铁中较高的磷质量分数［ $w(P) = 0.35\% \sim 0.65\%$ ］可开成断续网状的磷共晶；在磷铜钛铸铁中，铜促进细化珠光体，钛则与碳、氮形成高硬度的化合物质点；在钒钛铸铁中，钒钛两元素形成具有很高显微硬度（1000～1900HV）的钒钛碳氮化合物，并以细小的硬质点弥散分布于基体组织中，从而显著地提高了机床铸件的耐磨性。对于采用淬火硬化的机床导轨，铸铁牌号必须高于HT200，珠光体体积分数应不小于90%，珠光体片间距应不大于2μm。

表4-111　机床对导轨硬度的规定

导轨长度或铸件重量	导轨硬度 HBW		布氏硬度差 ΔHBW
	≥①	≤②	
≤2500mm	190	255	25
>2500mm或3～5t	180	241	35
>5t	175	241	—

① 滑动导轨工作面的最小设计厚度大于60mm时，可各下降5HBW。

② 刮研导轨面的硬度上限值应当降低，但不得低于下限值。

表 4-112 机床导轨用减摩铸铁

名称	牌号	化学成分(质量分数,%)						金相组织(铸件小于2t)	抗拉强度 R_m	布氏硬度 HBW				
										≥			≤	
		C	Si	Mn	S	P	其他			铸件≤2500mm	铸件>2500mm或3t	铸件>10t	铸件≤2500mm	铸件>2500mm
磷铜钛或磷铜钛减摩铸铁	MTP-CuTi20	3.20~3.50	1.8~2.5	0.5~0.9	=0.12	0.35~0.65	Cu=0.6~1.2 Ti=0.08~0.15	A型石墨,石墨长度为10~25μm,珠光体体积分数为95%;磷共晶在磷4至磷8呈断续网状分布,自由渗碳体小于碳3	200	180	170	164	255	241
	MTP-CuTi25	3.0~3.3	1.4~1.8	0.5~1.0					250	180	170	160		
	MTP-CuTi30	2.9~3.2	1.2~1.7	0.6~1.0					300	190	180	170		
高磷或磷减摩铸铁	MTP20	3.2~3.5	1.8~2.5	0.5~0.9		0.40~0.65			200	180	170	160		
	MTP25	3.0~3.3	1.4~1.8	0.5~1.0					250	180	170	160		
	MTP30	2.9~3.2	1.2~1.7	0.6~1.0					300	190	180	170		
钒钛减摩铸铁	MTV-Ti20	3.3~3.7	1.4~2.2		—	=0.12	=0.40	V=0.15~0.45 Ti=0.06~0.15	A型石墨,石墨长度为10~25μm或D、E型为主,珠光体数量为90%;磷共晶在磷4以下,自由渗碳体在碳3以下,V-Ti-C-V化合物弥散分布	200	170	160	—	241	241
	MTV-Ti25	3.1~3.5	1.3~2.0						250					
	MTV-Ti30	2.9~3.3	1.2~1.8						300					
铬钼铜减摩铸铁	MTCr-MoCu25	3.0~3.5	1.5~2.4	0.6~1.0	=0.12	=0.15	Cr=0.2~0.45 Mo=0.15~0.35 Cu=0.6~1.1	A型石墨,石墨长度为10~25μm,珠光体数量为95%,磷共晶在磷4以下,自由碳化物在碳3以下	250	185	180	175	255	255
	MTCr-MoCu30	2.9~3.3	1.4~2.1	0.7~1.1					300	190	185	180		
	MTCr-MoCu35	2.8~3.1	1.3~1.9	0.8~1.2					350	190	185	180		
铬铜减摩铸铁	MTCr-MoCu25	3.0~3.5	1.5~2.4	0.6~1.0		=0.25	Cr=0.2~0.5 Cu=0.6~1.0		250	185	180	175		
	MTCr-Cu30	2.9~3.3	1.4~2.1	0.7~1.1					300	190	185	180		
	MTCr-Cu35	2.8~3.1	1.3~1.9	0.8~1.2					350	190	185	180		

为了适应机床铸件材质向高强度、高刚性方向发展，并进一步提高机床的耐磨性和使用可靠性，国内曾开发应用了多项新材质：

（1）HT350 高强度孕育铸铁　将铁液出炉温度从1450℃以下提高到1470~1520℃，提高炉料组成中废钢比例（质量分数达到40%~50%），以及采用 C-Si、Ca-Ba 和 CaMnSiBi 系孕育剂等技术措施，在 $w(CE) \geqslant 3.5\%$ 条件下获得 HT350 牌号。

（2）高 $w(Si)/w(C)$ 灰铸铁　在碳当量 CE = 3.4%~3.8% 条件下，适当增加废钢加入量，将 Si/C 从 0.4~0.5 提高到 0.7~0.8，铁液出炉温度提高到1450℃以上，抗拉强度可提高 20~30MPa。E_0 值也有提高，铸件具有较小的变形倾向。但对于机床这类壁较厚的铸件，提高 $w(Si)/w(C)$ 会增加厚断面处的铁素体含量，反而使强度降低，此时应加入 Cr、Cu、Sb 和 Sn 等合金元素，提高机床厚截面处的珠光体含量，减少截面硬度差，增加机床的精度稳定性。

应该说，镶钢导轨、线性滚动导轨及中频感应淬火的应用，使铸态灰铸铁导轨的应用有所减少。

2. 薄壁铸件——内燃机气缸体、气缸盖

气缸体在内燃机工作时承受复杂的负荷，应采用具有足够刚度和强度的铸铁。气缸盖在工作中还承受很大的热负荷，应采用强度高、热疲劳性能好的铸铁。这两种铸件结构复杂、尺寸较大、壁厚较薄又很不均匀（最薄为3.0~5.0mm），砂芯多且复杂，毛坯铸造相当困难。因此，对此类大批量生产的复杂薄壁铸件不仅要求有良好的力学性能和物理性能，而且要求有良好的铸造性能和切削性能。由此看来，内燃机缸体、缸盖的铸造代表了世界上大批量生产的水平。

对于缸体、缸盖的材质，国内外经过几十年的生产实践，基本上已规范化。从表4-113和表4-114可见，国外缸体、缸盖与国内缸盖以及国内自带缸套的缸体和新开发的先进内燃机缸体一般采用相当于我国的 HT250 或更高牌号的低合金灰铸铁制造。在化学成分控制上，采用较高的碳当量 CE = 3.9%~4.1%，以保证铸铁有良好的铸造性能。化学成分中绝大部分含有 $w(Cr) = 0.13\%~0.4\%$ 和一定量的 $w(Cu) = 0.2\%~0.8\%$，有的则还含有 Mo、Ni 和 Sn 等元素，以提高铸件本体强度、硬度及其均匀性，以及薄截面处（缸盖的三角区）的珠光体体积分数（一般要求大于80%）；加入合金元素的另一个重要作用是可以使灰铸铁件的抗热疲劳能力增加（见表4-47）。化学成分中另一特点是不再把硫的含量控制在较低的范围，相反为确保综合性能与孕育效果都把硫的质量分数控制在0.1%左右，甚至更高。国外某大汽车厂对

气缸体材质的技术要求见表4-115。

与其他铸件一样，气缸体、气缸盖的化学成分通常不作为验收依据，重要的是铸件本体上的抗拉强度与硬度。表4-113~表4-115中所推荐的仅仅是参考成分。如果某铸造厂在如此大的波动范围里来生产同一种铸件，则不可能获得健全而又均匀一致的性能。所以，必须针对铸件的要求、自己的生产条件来确定最佳的成分。德国某公司根据表4-115的要求在生产42kg重的052四缸柴油机缸体时就严格规定并执行了如下成分：$w(C) = 3.5\%~3.55\%$，$w(Si) = 1.7\%~1.8\%$，$w(Mn) = 0.7\%~0.75\%$，$w(P) < 0.08\%$，$w(S) < 0.14\%$，$w(Cr) = 0.15\%~0.20\%$，$w(Cu) = 0.2\%~0.25\%$（即碳当量严格控制在4.063%~4.15%之间，相差不到0.1%）。出铁温度为1540℃±10℃。铁液中含 $w(Zr) = 0.5\%$ 的 ZL80 孕育剂孕育，孕育剂加入的质量分数为0.2%。浇注时使用质量分数不到0.1%的 SiFe 作随流孕育。图4-144所示为用这种工艺生产出的轿车缸体本体硬度分布。重要部位的硬度差仅为16HBW。在2、3缸之间切取抗拉试棒，每班检查5件，实测 R_m 值在244~268MPa之间。而在生产40kg重的049缸体时，缸体的化学成分就变为：$w(C) = 3.5\%~3.55\%$，$w(Si) = 1.7\%~1.8\%$，$w(Mn) = 0.6\%~0.7\%$，$w(P) < 0.08\%$，$w(S) < 0.14\%$，$w(Cr) = 0.15\%~0.20\%$，$w(Cu) = 0.2\%~0.25\%$，即结构相似，重量减轻2kg时，相应锰的质量分数就减少了0.05%~0.10%，以便获得更佳的性能。

为改善缸体、缸盖的截面均匀性，合适的孕育工艺是必不可少的技术措施。铸铁经孕育处理后，不仅可以提高强度，而且可以改善石墨形态，消除薄壁、边缘毛刺处的白口，从而改善铸件的切削性能。在孕育技术上，不仅要使用抗衰退性好、高效强效的孕育剂，而且国内外缸体生产企业中大多已采用各种迟后孕育处理方法，如铁液流、孕育丝和型内孕育等。

对要求高热疲劳性能的大功率缸盖，国内外已采用蠕墨铸铁制造。对于货车用柴油缸体，国外也已批量用蠕墨铸铁铸造，但从用量上说，缸体主要还是用灰铸铁制造。

在大批量流水线生产中，为保证材质的稳定性，现在都采用冲天炉-电炉双联熔炼工艺或电炉熔炼工艺。它可保证出炉铁液温度在1500℃以上，温度波动范围小于等于±10℃，化学成分精度达到 $\Delta C \leqslant \pm 0.05\%$，$\Delta Si \leqslant \pm 0.10\%$，并都采用一种基本铁液，在炉前加入废钢、生铁、合金元素来生产不同型号的缸体和缸盖。

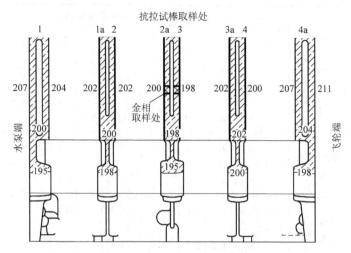

图 4-144 某公司生产轿车缸体硬度（HBW）分布

（图中 1 至 4a 是气缸壁的编号，数值为硬度 HBW 的值）

表 4-113 国外几个公司的内燃机缸体、缸盖的化学成分和性能

序号	国别	公司名	铸件	质量/kg	化学成分（质量分数，%）											力学性能	
					C	Si	Mn	P	S	Cr	Ni	Cu	Sn	Mo	CE	R_m/MPa	HBW
1	德国	M. A. N	单缸缸盖	—	3.4~3.5	1.9~2.0	0.6~0.7	≤0.1	≤0.13	0.15	—	0.2	—	0.25	4.0	≥250	—
2		M. A. N	双缸缸盖	22.0	3.5~3.55	1.7~1.8	0.6~0.65	≤0.1	≤0.13	0.3	0.75	—	—	—		≥250	—
3		M. A. N	六缸缸体	377.4	3.4~3.5	1.7~1.8	0.6	<0.1	<0.125	0.3	—	0.3	—	—	3.85~3.95	≥250	顶面>195
4		Motortex	柴油、双缸缸盖	121.0	3.4~3.45	1.8	0.65	—	—	0.3	1.0~1.1	—	—	0.35~0.45	—	≥280	197~235
5		M. W. M	单缸缸盖	47.0	3.25~3.45	1.7~1.9	0.6~0.8	<0.1	<0.1	0.2~0.3	0.4~0.6	—	<0.08	—	S_C0.80~0.92	≥250	—
6		Benz	缸体	—	3.1~3.4	1.7~2.1	0.6~0.9	≤0.15	≤0.12	0.25~0.35	—	0.5~0.7	—	—		≥260	—

（续）

序号	国别	公司名	铸件	质量/kg	化学成分(质量分数,%)											力学性能	
					C	Si	Mn	P	S	Cr	Ni	Cu	Sn	Mo	CE	R_m/MPa	HBW
7	德国	Benz	V-8 大缸体	—	3.15~3.45	1.8~2.2	0.6~0.9	≤0.15	≤0.12	0.15~0.25	0.6~0.9	—	—	—	—	≥240	—
8		V.W	四缸、汽油缸体	41.5	3.5~3.55	1.7~1.8	0.6~0.7	<0.08	<0.14	0.15~0.20	—	0.20~0.25	—	—	3.85~4.0	≥250	190~230
9		V.W	四缸、柴油缸体	41.4	3.45~3.50	1.7~1.8	0.6~0.7	<0.08	<0.14	0.30~0.35	—	0.4~0.5	—	—	3.85~3.95	≥250	195~235
10		Detilsche	四缸缸体	—	3.15~3.40	2.1~2.5	0.65~0.75	0.06	0.06	0.25~0.35	—	0.3~0.4	—	—	—	≥250	—
11	英国	Rolls-Royce	缸盖、六缸缸体	—	3.3~3.5	1.8~2.4	0.8	<0.1	<0.06	0.25~0.4	—	0.5	—	0.4	—	≥260	—
12	芬兰	Vaasa	缸盖	81.3	3.5~3.55	1.7~1.8	0.6	<0.1	<0.1	0.25	0.8	—	—	—	—	≥250	—
13	法国	C.A	缸盖 PA-4-200	—	3.3~3.45	1.8~2.2	0.6~0.7	<0.15	<0.15	0.2~0.3	0.5	—	—	—	—	≥250	—
14	美国	IHC	六缸缸体	500	3.3~3.35	1.7~1.8	0.75~0.8	0.08	0.125	0.35~0.4	0.4~0.5	—	—	—	—	≥250	—
15	美国、德国	John Deere	四缸缸体、缸盖	—	3.42~3.48	1.8~2.0	0.65~0.85	0.05~0.08	0.1~0.12	—	—	0.3~0.5	—	—	4.12~4.16	≥250	—
16	美国	John Deere	缸盖	—	3.0~3.4	1.75~2.25	0.6~0.9	<0.20	<0.12	0.2~0.4	1.0~1.2	0.75~1.0	—	0.3~0.5	—	≥300	223~264
17	德国	John Deere	缸盖	—	3.2~3.6	2.0~2.5	0.4~0.9	0.05~0.15	0.02~0.18	0.2~0.4	1.0~1.2	0.75~1.0	—	0.3~0.5	—	≥225	204~255

表 4-114　国内内燃机缸体、缸盖用合金灰铸铁的化学成分和硬度要求

序号	单位名称	零件名称	灰铸铁牌号	硬度要求 HBW	化学成分(质量分数,%)									
					C	Si	Mn	P	S	Cr	Cu	Mo	Sn	Ni
1	长春一汽集团	缸体、缸盖	HT300	—	3.25 ~ 3.35	2.10 ~ 2.40	≈0.50	<0.04	~0.10	0.25 ~ 0.30	0.50 ~ 0.60	0.2	0.02	—
2		1#系列卡车缸体	HT250	180 ~ 220	3.2 ~ 3.4	1.9 ~ 2.2	0.4 ~ 0.7	<0.1	0.08 ~ 0.12	<0.2	0.4 ~ 0.8	—	0.04 ~ 0.08	—
3		2#系列柴油机缸体	HT250	180 ~ 220	3.0 ~ 3.5	1.5 ~ 1.9	0.7 ~ 0.9	<0.1	<0.08	<0.2	0.4 ~ 0.6	—	0.06 ~ 0.08	—
4		3#系列柴油机缸体	HT225	180 ~ 220	3.1 ~ 3.5	1.8 ~ 2.4	0.6 ~ 1.0	≤0.1	≤0.1	<0.1	0.4 ~ 0.7	—	—	—
5		大众系列轿车缸体	HT225	195 ~ 235	3.1 ~ 3.5	1.8 ~ 2.7	0.3 ~ 1.0	≤0.2	≤0.12	0.15 ~ 0.45	≤0.8	Ti:0.03 ~ 0.1	≤0.1	—
6	东风汽车股份有限公司	康明斯 6BT 缸体	HT250	190 ~ 250	3.1 ~ 3.5	1.9 ~ 2.2	0.6 ~ 0.9	≤0.10	≤0.15	—	—	—	—	—
7		神龙 TU3F 缸体	HT250	197 ~ 241	CE3.9	3.9 ~ 4.1	0.75 ~ 0.85	≤0.07	0.1 ~ 0.12	—	0.5 ~ 0.6	—	0.08	—
8		EQ140 缸体	HT250	—	3.2 ~ 3.4	1.9 ~ 2.1	0.6 ~ 0.9	≤0.08	≤0.12	0.25 ~ 0.35	—	—	—	—
9	洛阳一拖集团	LR100 缸体	HT250	180 ~ 240	3.2 ~ 3.25	1.9 ~ 2.1	0.8 ~ 1.0	≤0.08	≤0.12	—	—	—	—	—
10		LR100 缸盖	HT250	180 ~ 240	3.2 ~ 3.25	1.9 ~ 2.1	0.8 ~ 1.0	≤0.08	≤0.12	0.2 ~ 0.3	0.35 ~ 0.5	—	—	—
11	玉林柴油机公司	缸体	HT250	180 ~ 220	3.15 ~ 3.35	1.9 ~ 2.1	0.6 ~ 1.0	<0.07	<0.10	0.25 ~ 0.35	0.4 ~ 0.7	—	—	—
12		缸盖	HT250	180 ~ 220	3.15 ~ 3.35	1.9 ~ 2.2	0.4 ~ 0.7	<0.1	0.08 ~ 0.12	0.25 ~ 0.4	0.4 ~ 0.7	0.1 ~ 0.15	—	—
13	潍坊动力股份有限公司	WD615 缸体	HT250	—	3.25 ~ 3.35	1.7 ~ 1.9	0.6 ~ 1.0	≤0.07	≤0.1	0.2 ~ 0.35	0.30 ~ 0.5	—	0.06 ~ 0.08	—
14		WD615 气缸盖	HT250	—	3.25 ~ 3.35	1.8 ~ 2.1	0.6 ~ 1.0	≤0.07	≤0.1	0.2 ~ 0.35	0.6 ~ 0.8	—	—	—
15		欧 4WP12 缸体	HT280	—	3.25 ~ 3.35	1.7 ~ 1.9	0.6 ~ 1.0	≤0.07	≤0.1	0.25 ~ 0.35	0.6 ~ 0.8	—	0.06 ~ 0.08	0.3 ~ 0.4

（续）

序号	单位名称	零件名称	灰铸铁牌号	硬度要求HBW	化学成分（质量分数,%）									
					C	Si	Mn	P	S	Cr	Cu	Mo	Sn	Ni
16	潍坊动力股份有限公司	欧4WP12缸体	HT280	—	3.25 ~ 3.35	1.8 ~ 2.0	0.6 ~ 1.0	≤0.07	≤0.1	0.25 ~ 0.35	0.6 ~ 0.8	—	—	0.3 ~ 0.4
17	四川某缸体缸盖专业厂	缸体	HT250	170 ~ 230	2.8 ~ 3.4	1.9 ~ 2.3	0.6 ~ 0.9	≤0.1	≤0.15	0.15 ~ 0.3	0.5 ~ 1.0	—	—	—
18		缸盖	HT250/300	170 ~ 240	2.8 ~ 3.4	1.9 ~ 2.3	0.6 ~ 0.9	≤0.1	≤0.15	0.15 ~ 0.3	0.5 ~ 1.0	0.2 ~ 0.5	—	—
19	扬州柴油机厂	缸体、缸盖	HT250	—	3.1 ~ 3.4	1.8 ~ 2.4	0.7 ~ 0.9	≤0.08	≤0.1	0.2 ~ 0.3	0.5 ~ 0.8	—	—	—
20		缸体、缸盖	HT275	—	3.05 ~ 3.25	1.8 ~ 2.0	0.7 ~ 0.9	≤0.08	≤0.1	0.2 ~ 0.3	0.5 ~ 0.8	—	—	—
21	常州柴油机集团公司	195 缸盖	HT250	—	3.19	1.58	1.10	0.073	0.095	0.33	0.90	—	—	—

表 4-115 国外某汽车厂对气缸体材质的技术要求

类别	I	II	类别	I	II
适用范围	高要求汽油机缸体和柴油机缸体	一般汽油机缸体	$w(Sn)$%	<0.1	
$w(C)$（%）	3.0 ~ 3.5	2.8 ~ 3.4	$w(Al)$%	<0.008	
$w(Mn)$（%）	0.3 ~ 1.0		基体	片状珠光体	
$w(P)$（%）	<0.2		其中铁素体量	≤3%	≤5%
$w(S)$（%）	<0.14		石墨类型	A 型	A 型
$w(Cr)$（%）	0.15 ~ 0.45	0.15 ~ 0.40	石墨大小（缸筒上取样）	3 ~ 5	4 ~ 7
$w(Cu)$（%）	<0.8		布氏硬度（HBW,5/750）[①]	195 ~ 235（逐个检查）	
$w(Ti)$（%）	0.03 ~ 0.10	≤0.10	抗拉强度	R_m≥220MPa	

① 5—球径为5mm，750—负载为7500N。

4.7.2 薄壁减摩灰铸铁件

气缸套和活塞环是一对典型的薄壁减摩铸铁摩擦副。它在高温、高压、润滑条件不良、有固体微粒和腐蚀介质条件下做高速相对运动，零件内部产生很大机械应力和热应力，同时承受强烈的磨损。

应用于气缸套和活塞环的减摩铸铁，最适宜的组织应是多相组织，即在柔韧的基体上牢固地嵌有坚硬的组分。在铸铁的各种基体组织中，较合适的是片状珠光体，其中铁素体作为软的基底，共析渗碳体作为坚硬的组分。铸铁中的石墨对减少磨损起着积极有利的作用，它能够吸附和保存润滑油，保持油膜的连续性。石墨一般应以中等数量（体积分数为 6% ~ %）、均匀分布的中小片状或球状为宜。

国内外常用的气缸套和活塞环，还要求组织中析出硬质相以提高零件的耐磨性，如高磷铸铁中断续网状磷共晶（斯氏体 600 ~ 800HV），硼铸铁中的块状含硼复合碳化物（900 ~ 1200HV），钒钛铸铁中弥散分布的钒钛碳氮化合物（1000 ~ 1900HV）。这些硬质相在摩擦面上会形成不均匀磨损，对油膜保持性极为有利，同时可有效地减少零件的磨损。

气缸套和活塞环铸件属于薄壁（壁厚大多小于 0mm，机械加工后小于 10mm）、小件（大多小于 0kg）。由于其需要量大，一般采用专业化生产。

1. 气缸套

国外一般采用 $R_m \geq 250\text{MPa}$ 的灰铸铁和合金铸铁制造，也有采用 QT500-7 球墨铸铁制造的。有的还采用高频感应表面淬火、整体淬火和等温淬火等工艺，以及经调质、渗氮或硬质镀铬等特殊处理，以减少磨损。GB/T 1150—2010 要求气缸套材料的抗拉强度应不低于 200MPa，JB/T 5082.4—2008 规定风冷缸套本体材料抗拉强度应大于 220MPa。对各类气缸套

的硬度要求见表 4-116。JB/T 2330—1993 对内燃机高磷铸铁气缸套金相组织的要求是：石墨应为片状、菊花状，允许有过冷石墨，但不允许有严重枝晶的过冷石墨，基体应为细片状或中等片状珠光体，允许有少量游离铁素体（小于 5%）和小块游离渗碳体（小于 3%）存在，磷共晶为均匀断续网状或分散分布，允许有枝晶状、聚集状及复合物磷共晶存在，但其数量和偏析程度应有一定的控制。JB/T5082.1 规定了硼铸铁缸套的金相组织。

表 4-116　GB/T 1150—2010 对气缸套硬度要求

类　型	硬度	其他要求
不经表面处理的汽油机气缸套	≥190HBW2.5/187.5（95HRB）	按产品图样规定
不经表面处理的柴油机气缸套	≥207HBW2.5/187.5（91HRB）	—
经表面淬火气缸套	符合产品图样规定	
经整体淬火气缸套	39 ~ 47HRC	按产品图样规定

注：不经表面处理的同一气缸套硬度差不得大于 30HBW。

GB/T 1150—2010 规定，在保证力学性能与金相组织的条件下，气缸套化学成分由制造厂决定。目前国内汽车气缸套用减摩铸铁的化学成分、性能及应用见表 4-117。表 4-118 列出了大型（柴油发动机）气缸套的化学成分和硬度。

表 4-117　国内汽车气缸套用减摩铸铁的化学成分、性能及应用

材质	化学成分（质量分数，%）									性能					应用
	C	Si	Mn	P	S	Cr	Mo	Cu	其他	R_m/MPa	σ_{bb}/MPa	f/mm	HBW	ΔHBW	
磷铬铸铁	3.0 ~ 3.4	2.1 ~ 2.4	0.8 ~ 1.2	0.55 ~ 0.75	< 0.10	0.35 ~ 0.55	—	—	—	>196	>392	—	220 ~ 280	<30	汽车、拖拉机缸套,金属型离心浇注、湿涂料
磷铸铁	2.9 ~ 3.4	2.2 ~ 2.6	0.8 ~ 1.2	0.6 ~ 0.8	<0.10	—	—	—	—	>196	>392	—	>220	<30	柴油机、拖拉机缸套
磷铬铜铸铁	3.2 ~ 3.4	2.4 ~ 2.6	0.6 ~ 0.7	0.25 ~ 0.4	≤0.12	0.2 ~ 0.3	—	0.4 ~ 0.7	—	245	460	—	190 ~ 240	<30	—

（续）

材质	化学成分(质量分数,%)									性能					应用
	C	Si	Mn	P	S	Cr	Mo	Cu	其他	R_m/MPa	σ_{bb}/MPa	f/mm	HBW	ΔHBW	
磷钒铸铁	3.2~3.6	2.1~2.4	0.6~0.8	0.4~0.5	≤0.10	—	—	—	V 0.15~0.25	>196	>392	—	>220	<30	汽车、拖拉机缸套
磷铬钼铸铁	3.1~3.4	2.2~2.6	0.5~0.8	0.55~0.8	≤0.10	0.35~0.55	0.15~0.35	—	—	245	460	—	240~280	<30	柴油机,金属型离心铸造
铬钼铜铸铁	3.2~3.9	1.8~2.0	0.5~0.7	≤0.15	≤0.12	0.3	0.4	0.6	—	245	460	—	—	—	砂型铸造
铬钼铜铸铁	2.7~3.2	1.5~2.0	0.8~1.1	≤0.15	≤0.10	0.2~0.4	0.8~1.2	0.8~1.2	—	294	529	≥1.2（支距100）	202~255	—	内燃机车、柴油机缸套,砂型铸造
磷锑铸铁	3.2~3.6	1.9~2.4	0.6~0.8	0.3~0.4	≤0.08	—	—	—	Sb 0.06~0.08	196	392	—	>190	—	汽车缸套
铬钼铜铸铁	2.9~3.3	1.3~1.9	0.7~1.0	0.2~0.4	≤0.12	0.25~0.45	0.3~0.5	0.7~1.3	—	≥274	≥470	—	190~248	—	大型船用柴油机缸套
稀土铌铸铁	3.0~3.3	2.0~2.5	1.3~1.8	0.2~0.25	≤0.08	0.2~0.3	Nb 0.2~0.3	0.3~0.5	RE 0.02~0.04	≥200	≥400	—	220~270	—	汽车、拖拉机缸套
硼铸铁	2.9~3.5	1.8~2.4	0.7~1.2	0.2~0.4	≤0.10	0.2~0.5	B 0.04~0.06	Sn 0.07~0.15	Sb 0.05~0.10	≥200	—	—	≥210	—	汽车、拖拉机缸套,金属型离心铸造或砂型铸造
超硼铸铁	2.9~3.5	1.8~2.4	0.7~1.2	0.2~0.4	≤0.10	0.2~0.5	B 0.06~0.10	Sn 0.07~0.15	—	≥200	—	—	≥210	—	
硼钒钛铸铁	3.0~3.6	1.8~2.5	0.7~1.2	0.2~0.4	≤0.10	—	B 0.04~0.06	V 0.10~0.25	Ti 0.07~0.15	≥200	—	—	≥210	—	

注: 硼铸铁气缸套中的 Cr、Sn、Sb 元素根据需要加入。

表 4-118 大型 (柴油发动机) 气缸套的化学成分和硬度

国别	公司或机型	化学成分(质量分数,%)											硬度HBW
		C	Si	Mn	P	S	V	Ti	B	Cu	Cr	Mo	
中国	炉东造船厂	2.9~3.3	1.4~2.2	0.7~1.0	≤0.5	≤0.12	—	—	—	0.70~1.50	0.25~0.45	0.30~0.50	190~240
	宁波渔轮修造厂	3.2~3.5	1.4~2.2	0.4~0.9	约0.1	≤0.1	—	—	0.025~0.06	—	—	—	210~230
日本	UE	3.1±0.2	1.2±0.2	1.0±0.2	0.12±0.03	<0.08	—	0.025±0.005	—	—	—	—	—
	川崎 MAN	2.9~3.2	1.0~1.2	0.8~1.0	0.4~0.6	—	0.15~0.25	0.05~0.1	—	—	—	—	220~230
瑞士	Sulzer	<3.2	0.7~0.9	0.7~0.9	0.4~0.5	—	约0.15	约0.15	—	—	—	—	—
丹麦	B&W	3.0~3.2	0.6~1.3	0.8~1.0	0.2~0.6	—	0.23~0.30	0.05~0.07	—	—	—	—	180~220
瑞典	Golaverken	3.0~3.2	1.0~1.6	0.7~0.9	>0.2	<0.1	>0.2	>0.08	—	—	0.15~0.3	—	—
法国	PC2-5	2.9~3.3	1.4~2.2	0.75~1.0	0.4~0.6	≤0.15	—	—	—	0.7~1.3	0.15~0.3	0.15~0.3	190~250
俄罗斯	—	3.1~3.3	1.4~1.7	0.8~1.10	约0.1	<0.1	—	—	—	—	0.3~0.4	0.6~0.8	200~250
原南斯拉夫	B&W6K45GF	3.0~3.2	1.2~1.5	0.7~0.9	0.1~0.2	0.1~0.2	0.20~0.25	0.05~0.07	—	—	—	—	160~200

气缸套生产工艺:国内汽缸套生产大部分采用冲天炉熔炼,要求 $T_出$≥1380℃, $T_浇$=1260~1330℃;部分工厂对质量要求高的低合金铸铁大型缸套采用感应电炉熔炼或双联熔炼:$T_出$≥1420℃, $T_浇$=1300~1350℃。中小型气缸套一般采用金属型单机离心铸造,部分工厂则应用多工位离心机。离心机转速常在 1000~1400r/min 之间,机头预热及浇注前金属型温度为 150~250℃。机头喷水冷却并控制每次浇注的间隔时间,以延长机头使用寿命。机头,即离心缸套生产用模具的厚度为缸套壁厚的 1~2 倍。缸套出型温度为 600~650℃(暗红色)。每次缸套出型后,涂刷涂料。干粉涂料按体积分数配比如下:70/140 号硅砂 92%~90%,100~120# 焦油沥青粉 8%~10%,用涂料斗撒入机头的涂料厚度为 1.0~1.5mm。大多工厂使用水基涂料,其主体是硅石粉和鳞片石墨粉或硅藻土,黏结剂为膨润土和树脂。小缸套涂层厚度为 1~2mm,大缸套为 2~4mm。离心机前后盖放置石棉垫以控制缸套端头的金相组织。大型缸套则采用砂型铸造,铸件经 500~650℃消除应力退火处理。

为提高效率、节省加工工时,有的企业使用离心铸造方法生产 2m 左右的长筒,然后切割加工成气缸套。

2. 活塞环

目前广泛应用的活塞环材料为灰铸铁、可锻铸铁、球墨铸铁。虽然灰铸铁力学性能较差,但它价格低、流动性好、收缩小、减振能力强,石墨的储油与润滑作用好,并具有良好的耐磨性和低的缺口敏感性。因此,用得最多的仍然是灰铸铁。

内燃机对活塞环的内在质量(包括化学成分、力学性能和金相组织)提出了十分严格的要求。GB/T 1149.3—2010 对灰铸铁活塞环的材料及其机械性能提出了要求,见表 4-119。JB/T 6016.1—2008 对活塞环的金相组织进行了规定:直径 ≤160mm 的单体铸造活塞环,石墨应为 F、A、B 型,允许有 ≤10% 的 E 型石墨;石墨长度按表 4-120 规定;基体应为索氏体型珠光体、细片状珠光体,允许有针状组织,但不允许有粒状珠光体、游离渗碳体和莱氏体存在;游离铁素体的体积分数 ≤5%;磷共晶应为单个细小块状或断续网状,磷共晶链长按断面系数 1.0 为界分别不大于 150μm 和 180μm。标准中还规定,活塞环应进行热稳定性试验，合金铸铁环的弹力保持系数应不少于88%。第一道气环及撑簧油环外圆面应镀铬，其他环应磷化、镀锡或进行其他表面处理。

我国目前生产中常用的活塞环铸铁的化学成分和力学性能见表4-121和表4-122。近年来研制的硼铁活塞环的化学成分和力学性能见表4-123。

表4-119　GB/T 1149.3—2010 对灰铸铁活塞环的材料及其机械性能的要求

级别	机械性能/MPa 或 N/mm²		材料						
	典型弹性模量	最低抗弯强度	类型	最低硬度值①			特殊要求	细级别	典型应用
				HV30	HRB	HRC			
10	90000	300	灰铸铁	200	93	—	不经热处理	MC11	压缩环，刮环及油环
	90000	350		205	95	—		MC12	
	100000	390		205	95	—		MC13	
20	115000	450	灰铸铁	255	—	23	热处理	MC21	压缩环，刮环
		450		290	—	28		MC22	
		450		390	—	40		MC23	
		500		320	—	32		MC24	
	130000	650		365	—	37		MC25	

① 硬度值是三个测量点（开口、离开口90°和180°处各一点）的平均值。HV30硬度试验按GB/T 4340.1—2009 的规定进行。HRB和HRC仅供参考，采用HRB和HRC硬度测量方法，受活塞环几何形状和材料的限制，所列硬度值仅适用于各个细级别规定的材料。其他硬度测量法及其相当值均由供需双方协商决定。所有的硬度值是指成品整体环和刮片环。

表4-120　石 墨 长 度

截面系数（截面面积与周长之比）ψ	石墨长度/μm	截面系数（截面面积与周长之比）ψ	石墨长度/μm
≤0.8	≤150	>1.0~1.2	≤200
>0.8~1.0	≤180	>1.2	≤220

表4-121　常用的活塞环铸铁的化学成分

| 序号 | 材质 | 化学成分（质量分数，%） | | | | | |
		C	Si	Mn	P	S	合金元素
				W 系列活塞环			
1	W 环	3.6~3.9	2.2~2.7	0.6~1.0	0.35~0.5	≤0.1	W:0.40~0.65
2	W-V-Ti 环	3.6~3.9	2.2~2.5	0.6~1.0	0.3~0.6	≤0.1	W:0.3~0.5、V:0.15~0.2、Ti:0.1~0.2
3	RW 环	3.7~3.9	2.3~2.6	0.7~0.9	0.3~0.5	≤0.1	RE:0.012~0.015、W:0.4~0.6
4	W-Cr 环	3.6~3.9	2.2~2.8	0.6~0.9	0.3~0.5	≤0.1	W:0.5~0.9、Cr:0.2~0.3
5	W-Cr-Mo 环	3.6~3.8	2.5~2.7	0.7~0.9	0.3~0.5	≤0.1	W:0.35~0.45、Cr:0.2~0.3、Mo:0.2~0.3
				Mo-Cr 系列活塞环			
6	M-Cr 环	3.7~3.9	2.0~2.5	0.6~0.9	0.3~0.5	≤0.1	Mo:0.25~0.45、Cr:0.25~0.35
7	Mo-Cr 环	2.9~3.3	2.0~2.4	0.7~1.0	0.35~0.6	≤0.1	Mo:0.6~0.8、Cr:0.4~0.6
8	Mo-Cr-Cu 环	3.0~3.3	1.9~2.4	0.8~1.2	0.35~0.7	≤0.1	Mo:0.3~0.6、Cr:0.2~0.4、Cu:0.7~1.0
9	Mo-Cr-Cu 环	2.8~3.2	1.6~2.0	0.9~1.2	0.25~0.4	≤0.1	Mo:0.6~0.8、Cr:0.4~0.6、Cu:0.9~1.4
10	Mo-Cr-Cu-Ti 环	2.9~3.3	2.0~2.4	0.9~1.0	0.35~0.7	≤0.1	Mo:0.3~0.6、Cr:0.25~0.5、Cu:0.7~1.0、Ti:0.05~0.15
11	Mo-Cr-W-Cu 环	2.9~3.1	1.7~2.1	0.8~0.9	0.5~0.6	0.06~0.10	Mo:0.2~0.3、Cr:0.4~0.45、W:0.35~0.45、Cu:0.8~0.9
				Ni-Cr 系列活塞环			
12	Ni-Cr-Mo 环	2.9~3.3	2.0~2.4	0.9~1.3	0.35~0.6	≤0.1	Ni:0.8~1.2、Cr:0.2~0.4、Mo:0.3~0.6

（续）

序号	材质	化学成分(质量分数，%)					
		C	Si	Mn	P	S	合金元素
Ni-Cr 系列活塞环							
13	Ni-Cr-Mo 环	3.5~3.75	1.5~1.9	0.5~0.8	0.3~0.5	≤0.1	Ni:0.5~1.5、Cr:0.25~0.6、Mo:0.25~0.6
14	Ni-Cr 环	3.0~3.3	2.0~2.4	0.8~1.2	0.4~0.6	≤0.1	Ni:0.6~1.0、Cr:0.3~0.5
其他系列活塞环							
15	Cu-V-Ti 环	3.6~3.9	2.5~2.7	0.6~0.9	0.4~0.6	≤0.1	Cu:0.4~0.6、V:0.15~0.25、Ti:0.1~0.2
16	Cr-Cu-Sb 环	3.6~3.9	2.3~2.6	0.6~0.8	0.3~0.5	≤0.1	Cr:0.32、Cu:0.46、Sb:0.03、V:0.05
17	磷环	3.6~3.8	2.4~2.6	0.8~1.1	0.5~0.8	≤0.1	—
18	磷稀土环	3.7~3.9	2.4~2.6	0.6~0.9	0.5~0.7	≤0.1	RE:0.013

注：本表以汽车、拖拉机活塞环为主。

表 4-122 活塞环减磨铸铁的力学性能

序号	材质	硬度 HRB	硬度差 ΔHRB≤	抗弯强度 σ_{bb} MPa	弹性模量 E MPa	E/σ_{bb}	残余变形 $C(\%)$	径向压力 F_2/kN	弹力消失率 $\psi(\%)$
W 系列活塞环									
1	W 环	101~103	3.0	469	88400	190	5.3	75	22.6
2	W-V-Ti 环	100~102	3.0	485	95000	196	4.2	80	25
3	RW 环	101~102	3.0	460	75000~95000	185	<10	45~70	—
4	W-Cr 环	98~105	3.0	500	96400~83400	190~168	7.7~10	54~80	25
5	W-Cr-Mo 环	98~102	3.0	500	76400~83400	150~168	6.6~10	54~70	25
Mo-Cr 系列活塞环									
6	Mo-Cr 环	99~102	3.0	448	74300	164	6.0	66	25
7	Mo-Cr 环	98~108	3.0	≥550	100000~140000	≤220	≤10		≤20
8	Mo-Cr-Cu 环	98~105	3.0	≥600	100000~130000	≤220	≤10		18
9	Mo-Cr-Cu 环	96~107	3.0	≥600	110000~140000	≤220	≤10		18
10	Mo-Cr-Cu-Ti 环	98~105	3.0	≥550	100000~140000	≤220	≤10		18
11	Mo-Cr-W-Cu 环	99~102	3.0	—	—	—	—	40~65	—
Ni-Cr 系列活塞环									
12	Ni-Cr-Mo 环	98~107	3.0	≥550	100000~130000	≤220	≤10		20
13	Ni-Cr-Mo 环	—		—	—	—	—	—	—
14	Ni-Cr 环	—	3.0	≥550	100000~140000	≤220	≤10		20
其他系列活塞环									
15	Cu-V-Ti 环	103~107	3.0	539	94300	176	4.5	83	21.6
16	Cr-Cu-Sb 环	99~106	3.0	408	68000	167	6.0	68	25
17	磷环	101~103	3.0	450	90000	201	5.5	81	25
18	磷稀土环	100~102	3.0	440	87000	199	6.6	80	25

表 4-123　硼铸铁活塞环的化学成分及力学性能

材料	化学成分（质量分数，%）							硬度 HRB	抗弯强度 σ_{bb}/MPa	弹性模量 E/MPa	弹力保持系数(%)	铸造方法
	C	Si	Mn	P	S	B	其他					
硼铸铁	3.5 ~ 3.7	2.4 ~ 2.6	0.8 ~ 1.0	0.2 ~ 0.3	<0.06	0.03 ~ 0.05	—	98 ~ 103	460 ~ 500	0.86×10^5 ~ 1.0×10^5	≥90	
硼钨铬铸铁	3.6 ~ 3.9	2.6 ~ 2.8	0.7 ~ 1.0	0.2 ~ 0.3	<0.06	0.03 ~ 0.05	W = 0.3 ~ 0.6 Cr = 0.2 ~ 0.4	100 ~ 106	480 ~ 540	0.90×10^5 ~ 1.08×10^5	≥92	单体砂型
硼钒钛铸铁	3.6 ~ 3.9	2.6 ~ 2.8	0.7 ~ 1.0	0.2 ~ 0.3	<0.06	0.03 ~ 0.05	V = 0.1 ~ 0.25 Ti = 0.05 ~ 0.15	100 ~ 108	500 ~ 590	0.96×10^5 ~ 1.1×10^5	≥94	
硼铬钼铜铸铁	2.9 ~ 3.3	1.8 ~ 2.2	0.9 ~ 1.2	0.2 ~ 0.3	<0.06	0.03 ~ 0.045	Cr0.2 ~ 0.3 Mo = 0.3 ~ 0.4 Cu = 0.8 ~ 1.2	100 ~ 108	570 ~ 620	1.2×10^5 ~ 1.34×10^5	≥94	筒体砂型

注：1. 表中数字用于中、小机型活塞环，大机型活塞环应当降低 C、Si 量。

　　2. 热稳定性试验规范为加温 300℃ ±10℃，保温 1h，弹力保持系数不低于 90% 为合格。

活塞环生产工艺：毛坯生产采用筒体和单体铸造两种方法。单体环又可分为正圆环和椭圆环两种，正圆环经热定形后使用。我国大多数工厂采用椭圆环单体铸造方法。这样铸造内应力小，弹力消失少，径向压力分布易达到设计要求。国内活塞环生产大部采用 0.5 ~ 1.5t 三相酸性电弧炉熔炼或中频感应电炉熔炼，将新生铁、废钢、铁合金和回炉料按配料要求熔化后，在 1400 ~ 1420℃ 取化学分析试样，浇注单箱环毛坯观察断口，并进行金相组织分析检查（如共晶石墨、铁素体和碳化物数量，以及磷共晶形态等）。结合快速分析碳、硅结果进行炉内增碳或调整碳、硅含量，升温至 1460 ~ 1480℃ 出炉，然后在炉外（包内）加结晶硅、电极粉等进行孕育处理，$t_浇 = 1350 ~ 1400℃$。对单体铸造的中小尺寸椭圆形环，国内工厂一般采用震压顶杆式造型机造型，叠箱（12 ~ 13 个单箱、每箱 4 ~ 8 只环）浇注。直浇道处在中间（以适应叠箱浇注），取决于环的尺寸周围均匀分布 4 ~ 8 环，直浇道和环之间只有内浇道，内浇道对面环内设有集铁块，把过冷的铁液收集，使环的整体性能均匀（见图 4-145）。对于尺寸较大的合金灰铸铁活塞环，则采用筒体离心浇注或砂型浇注。机械加工后的成品活塞环必须进行严格的性能和组织检查。

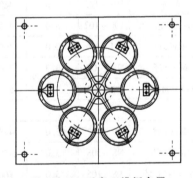

图 4-145　活塞环模板布置

4.7.3　D 型石墨铸铁件

目前，国内外大多采用重力金属型铸造方法生产小型、薄壁、复杂的 D 型石墨灰铸铁件。采用这种工艺方法生产的铸件，除具有优良的表面粗糙度和尺寸精度外，还具有无气孔和缩孔的致密组织，耐油、气渗漏，以及优良的切削性能等特点。

用重力金属型铸造的小型薄壁灰铸铁件由于铸型冷却速度快，铁液过冷度大，容易获得以 D 型石墨为主的金相组织。目前已应用于大批量生产空调器和冰箱旋转压缩机的气缸和曲轴铸件，年产量达几千万件。此外，还广泛应用于汽车制动鼓，液压和气动部件，机床主轴和齿轮，运输机械轴瓦、带轮，以及玻璃模具等，铸件重量一般为 250g ~ 15kg。有报道，D 型石墨铸铁已用于钢锭模、玻璃模具、机床床身，其缸体。

几个生产厂的 D 型石墨铸铁件的化学成分、力学性能和应用铸件见表 4-124。

表 4-124　几个生产厂 D 型石墨铸铁件的化学成分、力学性能和应用铸件

号	应用铸件	化学成分（质量分数，%）								力学性能	
		C	Si		Mn	P	S	Ti	Sb	R_m/MPa	硬度
			孕育前	孕育后							
1	空调器压缩机气缸和曲轴	3.50 ~ 3.60	2.2 ~ 2.3	2.45 ~ 2.55	0.9 ~ 1.0	0.06 ~ 0.10	—	0.09 ~ 0.11	0.02 ~ 0.04	—	—
2	带轮，液压泵体	3.55 ~ 3.65	2.4 ~ 2.6		0.45 ~ 0.55	0.2 ~ 0.3	—	0.06 ~ 0.09	—	—	—
3	空调器旋转压缩机气缸	3.1 ~ 3.7	2.3 ~ 3.0		0.5 ~ 1.1	≤0.40	≤0.015	≤0.12	—	≥250	84 ~ 96HRB
4	旋转压缩机气缸和曲轴	3.45 ~ 3.65	2.45 ~ 2.65		0.6 ~ 1.0	≤0.35	≤0.015	—	—	≥200	170 ~ 229HBW

对于采用重力金属型铸造的薄小灰铸铁件，为获得 D 型石墨，通常采用过共晶成分，碳当量 CE 为 4.45% ~ 4.50%。在灰铸铁中加入一定量的钛[w(Ti) = 0.02% ~ 0.10%]，由于其影响奥氏体形核能力和增加共晶过冷度，从而使灰铸铁凝固时促进 D 型石墨的形成。加入过量的钛，会使灰铸铁的组织产生变化，抗拉强度也会有相当大的变动。对于 CE 为 4.50% 铸铁，钛的质量分数由 0.05% 增加到 0.075%，而同样对于 CE 为 4.45% 铸铁，钛的质量分数增加到 0.085%，均会使抗拉强度相当快地提高。如继续提高钛含量，则抗拉强度的提高会相对地减缓。

灰铸铁中加入钛后，大部分的钛化合物存在于金属基体中，但仍有一部分钛的氮化物或碳氮化物存在铁素体/石墨界面层内。

硬度为 3200HV 或更高的钛化合物存在，将大大降低铸件的切削性能，影响刀具的使用寿命。另外，过高含量的钛[w(Ti) = 0.096%]会使车削铸件时产生热裂纹。在含磷较高的灰铸铁中，钛的碳化物会与磷共晶融合在一起，增加钛对切削性能的不良影响。为获得所需的显微组织，以及抗拉强度与良好的切削性能的最佳结合，在重力铸造的灰铸铁中，钛的质量分数最好不要超过 0.1%。

空调器和冰箱压缩机气缸和曲轴等铸件的金相组织应以 D 型石墨为主，在铸件心部允许有少量的 A 型、B 型或 C 型石墨，A 型石墨的长度为 0.04 ~ 0.06mm。由于孕育会促进不希望产生的 A 型石墨出现，原则上冲天炉熔制的铁液不需进行孕育处理，而由无芯感应电炉熔炼的铁液仍必须进行孕育处理，以恢复形核条件，控制铸件的白口和收缩。

在铸铁的重力金属型铸造中，通常获得的是混合金属基体，所有铸件都应进行热处理：退火或正火。在 843 ~ 927℃ 奥氏体化（保温）至少 1h，然后炉冷或空冷。退火后的金属基体全部为铁素体，正火后的金属基体中一般含有体积分数约为 30% 的珠光体。如果希望获得更多的珠光体，则应加入少量的锑[w(Sb) = 0.02% ~ 0.04%]。对空调器和冰箱压缩机的气缸和曲轴铸件，一般要求进行正火处理，获得体积分数为 10% ~20% 的珠光体。

在欧洲，采用重力金属型铸造工艺生产的铸件已占铸铁件总量的 6% ~ 8%。美国、加拿大、日本、比利时、中国和印度等国也采用该工艺专业化大批量生产旋转压缩机气缸和曲轴、汽车制动和液压部件等铸件，年产量达 0.6 万 ~1.8 万 t。

日本某专业化大批量生产空调器铸件的工艺为：采用 8t 无芯感应电炉熔炼铁液，再转入两台容量为 3t 的保温炉保温，铁液通过转运包倒入浇注包。铸造厂内有两条生产线，每条生产线上有 14 台半自动单工位造型机，铸型用内水套冷却。铸件的生产周期为 6.5min。生产工艺流程为：开型、推出铸件→压缩空气清理铸型内腔，铸型通水冷却→型内腔喷敷炭黑涂层（由乙炔气燃烧获得）→组装型芯→合型、浇注→铸件凝固、冷却。金属型正常使用温度为 204 ~316℃。

美国 "Grade" 铸造厂采用该工艺生产多种工业产品，如空调器压缩机、汽车防闭锁制动系统、带驱动器、汽车制动系统部件和家用燃料泵等铸件。该铸造厂有 12 台 12 工位的半自动化圆盘传送器，在一个设定的周期内自动地完成整个工艺过程，生产周期为 4~7min，采用两班制，每天生产 17.5h。

国内也试验采用 D 型石墨铸铁生产制瓶机玻璃模具。其化学成分为：$w(C) = 3.28\%$，$w(Si) = 1.95\%$，$w(Mn) = 0.56\%$，$w(P) = 0.079\%$，$w(S) = 0.047\%$，$w(Cr) = 0.5\%$，$w(Ti) = 0.2\%$，$w(Al) = 1.2\%$，$w(B) = 0.3\%$，$w(Sb) = 0.4\%$，$w(RE) = 0.5\%$。铁液在 1320~1340℃浇注成型后经高温石墨化退火，获得铁素体基体，硬度为 158~200HBW。研究表明，在模具频繁地与 1100℃以上的熔融玻璃液接触、模腔温度达 500~700℃的工况下，由于 D 型石墨铸铁具有良好的抗氧化、抗生长和抗热疲劳性能，它与常用的 CrMoCu 铸铁相比，使用寿命提高了 3 倍。

4.7.4 离心铸造灰铸铁排水管

与塑料管相比，由于灰铸铁具有噪声小、寿命长及阻燃的优点，一直用于建筑物的内外排水上。自国家建设部规定不能使用砂型铸造铸铁管后，从 20 世纪 90 年代开始应用离心铸造生产无法兰柔性接口下水灰铸铁管。它实际上就是一根壁厚均匀的 3m 长直管。GB/T 12772—2016 规定了排水用柔性接口铸铁直管、管件及附件的分类、尺寸、形状、重量及允许偏差、技术要求等，具体内容可参见该标准。至今国内已有几十家铸造厂生产灰铸铁管，年产量近百万吨，远销至欧美各国。

排水管在安装时要使用不同长度的管子来按房间尺寸配管，因此对材质的要求是表面不准有白口层以便手工锯动（260HBW 以下）。由于其不承压，只有埋在建筑物底下的总排水管承受一定的压力，故不需要很高的强度。GB/T 12772—2016 规定：W1 型直管、A 型 B 级直管和管件的抗拉强度应不低于 200MPa；A 型 A 级、W 型直管及管件、B 型、W1 型管件的抗拉强度应不低于 150MPa。

件长（3m）、壁薄（3~7mm），又在金属型内成形且外表面不准有白口，故生产时采用共晶或过共晶成分的灰铸铁。这样铁液又能有很好的流动性，提高了成形能力。表 4-125 列出了国内几个著名排水管

生产厂规定的灰铸铁成分。实际生产中应使用较高的 Si/C 比，Si/C 比一般为 0.65~0.7，这样能增加铁液防白口能力，同时可避免内腔出现龟纹以减少打磨量。从表 4-125 中也看出，生产排水管都使用较高的磷含量，主要考虑是使铁液有更好的流动性，这对于铁液温度不高时尤为重要。但太高的磷含量会使管子脆、易断裂，同时太多磷共晶会增加硬度值控制的难度。包括国际上许多标准都允许 $w(P) = 0.6\%$，但实际使用一般都在 $w(P) = 0.2\%$ 左右。生产中都提高浇注温度来提高铁液的流动性。

表 4-125　灰铸铁化学成分

单位编号	化学成分（质量分数，%）				
	C	Si	Mn	P	S
厂 1	3.5~3.6	2.2~2.4	0.2~0.4	0.2~0.3	≤1.0
厂 2	3.3~3.5	2.2~2.5	0.2~0.8	≤0.3	≤0.1
厂 3	3.4±0.1	2.5±0.2	0.5±0.1	≤0.3	≤0.1
厂 4	3.5~3.7	2.2~2.6	0.4~0.6	≤0.3	≤0.1
日本某厂	3.35~3.75	2.2~2.7	0.4~0.8	≤0.3	≤0.1

现在的排水管都用离心铸造的方法铸造。国外多采用多工位离心机铸造，效率高、用人少。国内多用单独的滚胎，一台机器一年能生产 1500~2000t 管子，每个企业都装有 15~20 台机器，用人多、效率低，但生产灵活性大，更换品种容易。离心铸造用的管模国外许多厂用灰铸铁制造，铸造时必须立浇以保证截面性能一致。我国则用调质过的 20CrMo 或 21CrMo10 钢制造。为防止管子出现白口，也为了延长管模寿命，生产中都在浇注前喷涂一层以硅藻土和膨润土为主要成分的涂料。喷涂料时管模的温度应在 220℃左右。过高的温度会使涂料凝固太快而不匀，易使铸管表面粗糙；温度过低，会因涂料未充分干透而引起针孔缺陷。铁液的浇注温度应控制在 1380℃以上，这样可确保使用短流槽浇注时铁液既能充分流过 3m 的距离，又能有一个缓冲的能力，使铸管壁厚更为均匀。铁液的熔炼，国内都用 3~7t 的冷风冲天炉，国外都为冲天炉-电炉双联。由于浇注温度的差别，我国生产的管子表面缺陷多，在精整时需大量使用修补腻子。管子出厂前必须进行涂漆或静电喷粉防腐处理。

参 考 文 献

[1] STEPHAN HASSE. Giesseri Lesikon [M]. Ber- lin: Fachverlag Schiele & Schoen GmbH, 2008.

[2] 沈宝罗, 等. QPQ 处理对合金灰铸铁凸轮轴耐磨性的影响 [J]. 现代铸铁, 2008（3）: 74-77.

[3] 姚俊娜. Sb 微合金化对灰铸铁组织和性能的影响 [J]. 现代铸铁, 2008, 28（6）: 42-45.

[4] 张伯明. 离心铸造 [M]. 北京: 机械工业出版社, 2004.

[5] 李子军. STD 活塞环材料及铸造工艺的研究 [J]. 现代铸铁, 2009, 29（3）: 22-27.

[6] 薛藏全. 铸铁活塞环的研究与应用 [J]. 现代铸铁, 2008, 28（2）: 50-51.

[7] 何毅, 等. A 型和 D 型石墨合金铸铁断口形貌对比研究 [J]. 现代铸铁, 2009（2）: 85-88.

[8] 肖莹, 等. 贝氏体灰铸铁有机介质淬火工艺研究 [J]. 现代铸铁, 2008, 29（1）: 24-27.

[9] 张银川, 等. 柴油机缸套离心铸造工艺改进 [J]. 现代铸铁, 2008, 28（6）: 51-52.

[10] 赵凤阳, 等. 493Q 气缸盖气孔缺陷的防止 [J]. 现代铸铁, 2008, 28（6）: 53-55.

[11] 陆文华. 大型灰铁及球铁件生产中的主要问题讨论 [J]. 现代铸铁, 2009, 29（2）24-28.

[12] 池震宇, 等. 合成铸铁熔炼过程中增碳剂与碳化硅的最佳配伍 [J]. 铸造技术, 2019, 40（9）: 915-921.

[13] 巩济民, 等. 中国合成铸铁的生产与发展 [J]. 铸造技术, 2020, 41（2）: 184-191.

[14] 胡晓东. 振动时效与热时效消除铸造应力工艺比较 [J]. 现代铸铁, 2009, 29（6）: 33-36.

[15] 张文和, 等. 灰铸铁与蠕墨铸铁缸体缸盖铁液处理技术 [J]. 2008, 28（1）: 21-26.

[16] 蔡启舟, 等. 灰铸铁缸体切削加工性能的影响因素分析 [J]. 现代铸铁, 2008, 28（1）: 33-37.

[17] 肖彬. 灰铸铁孕育的几个问题 [J]. 现代铸铁, 2008, 28（2）: 36-39.

[18] 现代铸铁编辑部. 铸铁熔炼及铁液处理技术论文集 [C]. 无锡: 现代铸铁编辑部, 2010.

[19] 邹荣剑. 锶硅孕育剂在高碳当量灰铸铁中的应用 [J]. 铸造, 2008, 57（4）: 401-403.

[20] 赵志康, 等. 孕育方法对灰铸铁性能的影响 [J]. 铸造, 2008, 57（9）: 971-973.

[21] 邹荣剑, 等. 合成铸铁在缸体中的应用 [J]. 铸造, 2009, 58（2）: 185-187.

[22] 臧金平, 等. Sn 含量对灰铸铁加工面硬度的影响 [J]. 铸造, 2009, 58（3）: 293-294.

[23] 衣庆军, 等. CE、Si/C 值和壁厚对高 Si/C 值灰铸铁性能及组织的影响 [J]. 铸造, 2009, 58（8）: 823-826.

[24] DIRK RADEBACH. Downsizing with Cast Iron Materials-Trends and Developments [J]. Casting Plant and Technology, 2010（1）: 6-19.

[25] 赵红, 等. 奥氏体等温淬火转变铸铁研究的新进展 [J]. 铸造, 2001（5）: 243-248.

[26] 刘治军, 等. 气缸套用灰铸铁等温淬火后的组织与性能 [J]. 河南科技大学学报: 自然科学版, 2013, 34（3）: 9-13.

第5章 球墨铸铁

球墨铸铁以铁、碳和硅为基本元素，在铁液加入球化剂后，碳主要以球状石墨形态析出进而凝固形成球墨铸铁。球墨铸铁的常规生产工艺是在低硫铁液中添加少量镁，由于镁会促进碳化物的形成，因此还需要添加硅，以抵消镁对碳化物的促进作用。这种对铁液处理的结果使石墨成球状。与灰铸铁不同，球墨铸铁凝固过程中不形成共晶团。一般而言，石墨球大小大约是孕育良好的灰铸铁共晶团大小的1.0%。

5.1 球墨铸铁的分类与牌号

5.1.1 球墨铸铁的分类

球墨铸铁的性能取决于其金相组织，球墨铸铁的分类主要在于含球状石墨的基体组织的不同。常规球墨铸铁可分为铁素体-珠光体球墨铸铁和固溶强化铁素体球墨铸铁。

1. 铁素体-珠光体球墨铸铁

按其不同的基体组织分类，铁素体-珠光体球墨铸铁分为5类：铁素体型球墨铸铁、铁素体加珠光体型球墨铸铁、珠光体加铁素体型球墨铸铁、珠光体型球墨铸铁和回火马氏体型球墨铸铁。铁素体-珠光体球墨铸铁的力学性能与分类见表5-1。

表5-1 铁素体-珠光体球墨铸铁的力学性能与分类

材料牌号	抗拉强度 R_m/MPa $\geqslant$	条件屈服强度 $R_{p0.2}$/MPa $\geqslant$	断后伸长率 A（%）$\geqslant$	布氏硬度 HBW	壁厚 /mm	主要基体组织
QT350-22	350	220	22	≤160	≤30	铁素体
QT400-18	400	250	18	130~175	≤30	铁素体
QT400-15	400	250	15	135~180	≤30	铁素体
QT450-10	450	310	10	160~210	≤30	铁素体
QT500-7	500	320	7	170~230	≤30	铁素体+珠光体
QT550-5	550	350	5	180~250	≤30	铁素体+珠光体
QT600-3	600	370	3	190~270	≤30	珠光体+铁素体
QT700-2	700	420	2	225~305	≤30	珠光体
QT800-2	800	480	2	245~335	≤30	珠光体或索氏体
QT900-2	900	600	2	280~360	≤30	回火马氏体或屈氏体+索氏体

2. 固溶强化铁素体球墨铸铁

欧盟在2012年修改了EN 1563球墨铸铁标准，在原有铁素体-珠光体球墨铸铁的基础上，增加了一种固溶强化铁素体球墨铸铁，它包括3个牌号（见表5-2）。最先开发硅固溶强化铁素体球墨铸铁材料的瑞典还在这基础上增加了550-12的牌号。

表5-2 固溶强化铁素体球墨铸铁的牌号和力学性能

材料牌号	材料号	抗拉强度 /MPa	屈服强度 /MPa	断后伸长率（%）	壁厚 /mm
EN-GJS-450-18	5.3108	≥450	≥350	≥18	≤30
EN-GJS-500-14	5.3109	≥500	≥400	≥14	≤30
EN-GJS-600-10	5.3110	≥600	≥470	≥10	≤30

先是瑞典，然后是德国、奥地利等国家做了大量的研究，发现增加硅含量可强化基体，在获得高强度的同时，还能保持较高的断后伸长率。这类球墨铸铁与铁素体-珠光体混合基体球墨铸铁相比有如下优点：

1）具有更好的力学性能组合（抗拉强度、屈服强度以及断后伸长率），屈服强度提高了20%，屈强比从0.6提高到0.8（见图5-1），可使零件设计减少壁厚，减轻铸件重量。

2）此类球墨铸铁是单相的铁素体基体，铸件硬度范围窄，硬度差由原先的50~80HBW可降低到30HBW，切削性能好，刀具寿命长，降低了机械加工成本。

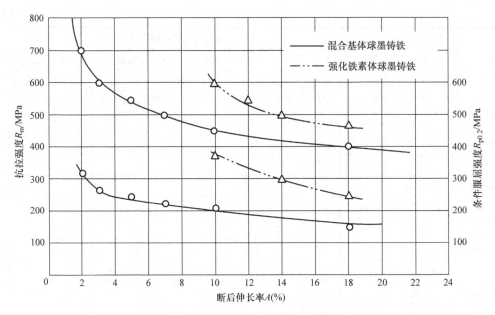

图 5-1　强化铁素体球墨铸铁与混合基体球墨铸铁性能的对比

3）由于是单相基体，放宽珠光体稳定元素、碳化物形成元素（Mn、Cr、Mo 等）影响断后伸长率的限制范围，可大量使用废钢并按合成铸铁的生产方法降低生产成本。

4）固溶强化铁素体球墨铸铁的流动性、补缩性能等铸造性能与混合基体球墨铸铁一样，可以互用原有模具装备。

3. 耐低温冲击球墨铸铁

低温球墨铸铁属于铁素体球墨铸铁，GB/T 1348

以及 GB/T 32247—2015《低温铁素体球墨铸铁件》规定了耐低温冲击球墨铸铁铸造试样的最低冲击吸收能量。这些规格的球墨铸铁主要用于 -20℃ 及 -40℃ 乃至 -50℃、-60℃ 条件下承受载荷的铸件。虽然球墨铸铁的耐低温冲击性能不能与铸钢相比，但是其应用日趋广泛，如用于需要在不同温度下使用的汽车转向节、风电零件和高铁零件等。表 5-3 列出了耐低温冲击球墨铸铁 V 型缺口铸造试样的冲击吸收能量。

表 5-3　耐低温冲击球墨铸铁 V 型缺口铸造试样的冲击吸收能量

材料牌号	铸件壁厚 t /mm	最小冲击吸收能量/J									
		室温（23±5）℃		低温（-20±2）℃		低温（-40±2）℃		低温（-50±2）℃		低温（-60±2）℃	
		三个试样平均值	单个试样	三个试样平均值	单个试样	三个试样平均值	单个试样	三个试样平均值	单个试样	三个试样平均值	单个试样
QT350-22R	≤30	17	14	—	—	—	—	—	—	—	—
	>30~60	17	14	—	—	—	—	—	—	—	—
	>60~200	15	12	—	—	—	—	—	—	—	—
QT350-22L	≤30	—	—	—	—	12	9	—	—	—	—
	>30~60	—	—	—	—	12	9	—	—	—	—
	>60~200	—	—	—	—	10	7	—	—	—	—
QT350-22L（-50℃）	≤30	—	—	—	—	—	—	12	9	—	—
	>30~60	—	—	—	—	—	—	12	9	—	—

（续）

材料牌号	铸件壁厚 t/mm	最小冲击吸收能量/J									
		室温（23±5）℃		低温（-20±2）℃		低温（-40±2）℃		低温（-50±2）℃		低温（-60±2）℃	
		三个试样平均值	单个试样	三个试样平均值	单个试样	三个试样平均值	单个试样	三个试样平均值	单个试样	三个试样平均值	单个试样
QT350-22L（-60℃）	≤30	—	—	—	—	—	—	—	—	12	9
	>30~60	—	—	—	—	—	—	—	—	12	9
QT400-18R	≤30	14	11	—	—	—	—	—	—	—	—
	>30~60	14	11	—	—	—	—	—	—	—	—
	>60~200	12	9	—	—	—	—	—	—	—	—
QT400-18L	≤30	—	—	12	9	—	—	—	—	—	—
	>30~60	—	—	12	9	—	—	—	—	—	—
	>60~200	—	—	10	7	—	—	—	—	—	—
QT400-18L（-40℃）	≤30	—	—	—	—	12	9	—	—	—	—
	>30~60	—	—	—	—	12	9	—	—	—	—
QT400-18L（-50℃）	≤30	—	—	—	—	—	—	12	9	—	—
	>30~60	—	—	—	—	—	—	12	9	—	—
QT400-18L（-60℃）	≤30	—	—	—	—	—	—	—	—	12	9
	>30~60	—	—	—	—	—	—	—	—	12	9

注：1. 牌号中"R"表示有室温下的冲击性能要求，"L"表示有低温冲击性能要求。

　　2. 牌号后面的温度表示该牌号的适用温度（GB/T 32247）。

除上述常规球墨铸铁外，还有合金球墨铸铁，包括奥氏体球墨铸铁、等温淬火球墨铸铁（奥铁体球墨铸铁）等，将在本章5.9节介绍。

5.1.2　球墨铸铁的牌号和标准

1）GB/T 1348—2019 规定了 14 种铁素体-珠光体球墨铸铁牌号，其力学性能见表 5-4。力学性能不仅与化学成分、基体组织有关，还与壁厚有关。对于质量大于 2000kg、主要壁厚超过 60mm 的铸件，优先采用附铸试样或并排试样验收力学性能。一般规定是按抗拉强度和断后伸长率验收力学性能。如有需要，冲击吸收能量、屈服强度和硬度也可作为验收依据，必要时，可检验金相组织。

表 5-4　铁素体-珠光体球墨铸铁铸造试样的力学性能（GB/T 1348—2019）

材料牌号	铸件壁厚 t/mm	抗拉强度 R_m/MPa ≥	条件屈服强度 $R_{p0.2}$/MPa ≥	断后伸长率 A（%）≥
QT350-22L	≤30	350	220	22
	>30~60	330	210	18
	>60~200	320	200	15

（续）

材料牌号	铸件壁厚 t/mm	抗拉强度 R_m/MPa ≥	条件屈服强度 $R_{p0.2}$/MPa ≥	断后伸长率 A（%）≥
QT350-22R	≤30	350	220	22
	>30~60	330	210	18
	>60~200	320	200	15
QT350-22	≤30	350	220	22
	>30~60	330	210	18
	>60~200	320	200	15
QT400-18L	≤30	400	240	18
	>30~60	380	230	15
	>60~200	360	220	12
QT400-18R	≤30	400	250	18
	>30~60	390	250	15
	>60~200	370	240	12
QT400-18	≤30	400	250	18
	>30~60	390	250	15
	>60~200	370	240	12

（续）

材料牌号	铸件壁厚 t /mm	抗拉强度 R_m/MPa ≥	条件屈服强度 $R_{p0.2}$/MPa ≥	断后伸长率 A（%） ≥
QT400-15	≤30	400	250	15
	>30～60	390	250	14
	>60～200	370	240	11
QT450-10	≤30	450	310	10
	>30～60	由供需双方商定		
	>60～200			
QT500-7	≤30	500	320	7
	>30～60	450	300	7
	>60～200	420	290	5
QT550-5	≤30	550	350	5
	>30～60	520	330	4
	>60～200	500	320	3
QT600-3	≤30	600	370	3
	>30～60	600	360	2
	>60～200	550	340	1
QT700-2	≤30	700	420	2
	>30～60	700	400	2
	>60～200	650	380	1
QT800-2	≤30	800	480	2
	>30～60	由供需双方商定		
	>60～200			
QT900-2	≤30	900	600	2
	>30～60	由供需双方商定		
	>60～200			

2）GB/T 1348—2019 规定了 3 种固溶强化铁素体球墨铸铁，其力学性能见表 5-5。这是一种通过硅固溶强化，以铁素体基体为主的球墨铸铁，珠光体体积分数不超过 5%。

表 5-5　固溶强化铁素体球墨铸铁铸造试样的力学性能（GB/T 1348—2019）

材料牌号	铸件壁厚 t /mm	抗拉强度 R_m/MPa ≥	条件屈服强度 $R_{p0.2}$/MPa ≥	断后伸长率 A（%） ≥
QT450-18	≤30	450	350	18
	>30～60	430	340	14
	>60～200	由供需双方商定		

（续）

材料牌号	铸件壁厚 t /mm	抗拉强度 R_m/MPa ≥	条件屈服强度 $R_{p0.2}$/MPa ≥	断后伸长率 A（%） ≥
QT500-14	≤30	500	400	14
	>30～60	480	390	12
	>60～200	由供需双方商定		
QT600-10	≤30	600	470	10
	>30～60	580	450	8
	>60～200	由供需双方商定		

3）球墨铸铁材料牌号是通过测定下列铸造试样的力学性能而确定的：

单铸试样：在单独制成的铸型中浇注的单铸试块，单铸试块必须采用与铸件相同的生产条件和铸铁材料。从单铸试块上截取加工而成的试样。

并排试样：和铸件共有浇注系统，与铸件并排浇注的并排试块。从并排试块上截取加工而成的试样。

附铸试样：试块附铸在铸件上。从附铸试块上截取加工而成的试样。

球墨铸铁材料牌号等级是依照厚度为 25mm 铸造试样测出的力学性能而定义的。

铸造试块的形状与尺寸参见 GB/T 1348—2019，可任选其中一种。铸造试块与所代表的铸件用同一批次的铁液，在每包铁液浇注后期浇注，试块的冷却条件与所代表的铸件相近，落砂温度不超过 500℃。采用型内球化时，试块与铸件用共同的浇注系统分别铸成。附铸试块的位置应不影响铸件的使用、性能和外观质量，并保证试块无缺陷。需要热处理时，铸造试块与所代表铸件同炉处理。必要时，经供需双方商定，也可从铸件本体取样以验收力学性能。

在生产工艺稳定的条件下，可以根据硬度值验收力学性能。球墨铸铁材料的硬度等级见表 5-6，它与按强度规定的牌号有对应关系。由于热处理工艺（等温淬火、调质正火、退火）及基体组织不同，当硬度相同时，球墨铸铁的强度和韧性可有不同。强度与硬度的对应关系是建立在球化合格、化学成分、孕育、铸造工艺合理并稳定的基础上的。为保证力学性能，规定按硬度验收时，必须检验金相组织，球化等级不得低于 4 级。即使硬度和球化合格，由于基体中存在渗碳体、磷共晶、高硅固溶强化或脆化铁素体等，也可使强度、韧性达不到要求。因此，不具备生产工艺稳定的条件，不能根据硬度值验收力学性能。

表5-6　球墨铸铁材料的硬度等级

材料牌号	布氏硬度范围 HBW	其他性能[①]	
		抗拉强度 R_m（min）/MPa	条件屈服强度 $R_{p0.2}$（min./MPa）
铁素体-珠光体球墨铸铁			
QT-HBW130	<160	350	220
QT-HBW150	130～175	400	250
QT-HBW155	135～180	400	250
QT-HBW185	160～210	450	310
QT-HBW200	170～230	500	320
QT-HBW215	180～250	550	350
QT-HBW230	190～270	600	370
QT-HBW265	225～305	700	420
QT-HBW300	245～335	800	480
QT-HBW330	270～360	900	600
固溶强化铁素体球墨铸铁			
QT-HBW175	160～190	450	350
QT-HBW195	180～210	500	400
QT-HBW210	195～225	600	470

注：HBW300 和 HBW330 不适用于厚壁铸件。

① 当硬度作为检验项目时，这些性能值供参考。

5.1.3　选用原则

选用球墨铸铁材料牌号时，应考虑铸件的各种性能要求、制造工艺和生产条件。

1. 根据铸件性能要求选择牌号

（1）力学性能　设计者按 GB/T 1348—2019《球墨铸铁件》规定的力学性能，并参照本章 5.3.1 节关于球墨铸铁各种力学性能数据，根据铸件服役时承载情况选择牌号。铸件的生产者和使用者应清楚地了解，铸铁的技术条件规定的是生产铸件的材料，还是用于铸件本身。铸铁材料各种性能都受冷却条件和凝固方式的影响，铸铁对壁厚特别敏感。注意铸件本体与试块的力学性能会有不同程度的差别。尽管标准中规定了不同尺寸的试块，并对厚大铸件规定了附铸试块，但仍不能忽视两者的差异。尤其是厚大断面或薄壁铸件，离心铸造、连续铸造等特种工艺制造的铸件，它们的差异更大。

球墨铸铁件生产厂的生产工艺稳定性对铸件的力学性能有重要影响，尤其是缩松、缩孔、夹渣、气孔、石墨漂浮、反白口和石墨畸变等缺陷、均会不同程度地降低铸件本体的力学性能。

考虑尺寸效应和工艺稳定性的因素，选用牌号

时，要有合适的安全因数；对于特殊重要的铸件，应通过试验选定牌号；对于要求具有特别良好的塑性和抗振动能力的铸件，可选用牌号为 QT350-22 或 QT400-18 的球墨铸铁；对要求高弹性模量的铸件可选用淬火＋低温回火的高强度牌号球墨铸铁。

（2）使用性能和物理性能　对于要求耐磨性铸件，可选用 QT900-2、QT800-2、QT700-2、QT600-3 基体为针状铁素体或回火马氏体、托氏体、索氏体珠光体的球墨铸铁。对于要求具有一定的耐蚀性、抗氧化、抗生长的铸件，则选用牌号为 QT350-22、QT400-18、QT400-15、QT450-10 具有单一铁素体基体的球墨铸铁。

在不很强烈的激冷激热条件下（如用于空冷的钢锭模），球墨铸铁热疲劳性能优于灰铸铁，但在强烈的激冷激热条件下（如用于水冷的钢锭模、大功率柴油机排气管），则球墨铸铁的热疲劳性能不如灰铸铁和蠕墨铸铁。

2. 制造工艺性

（1）铸造工艺性　各种牌号的球墨铸铁的碳当量都较高，其铸造工艺性大体相同，但添加某些高合金元素，则铸造工艺性变差。一般来说，球墨铸铁的铸造工艺性优于铸钢、可锻铸铁；流动性优于高牌号灰铸铁。因此，可以选用球墨铸铁制造形状复杂、质量从几克到数百吨的铸件。但是，球墨铸铁件具有较多的夹渣，在铸型刚度不足时，具有较大的生成缩松、缩孔倾向，与灰铸铁、可锻铸铁相比，球墨铸铁的力学性能对壁厚更加敏感。为此，球墨铸铁件的壁厚差不宜过大，要有适当的圆角和工艺补贴。

（2）热处理工艺性　可以采用非合金化方法生产铸态的 QT600-3、QT500-7、QT450-10 球墨铸铁件。采用高纯炉料和强化孕育工艺，或者采用型内球化工艺，可以生产铸态 QT400-15、QT400-18 及 QT350-22 的球墨铸铁件。此外，对于牌号为 QT900-2、QT800-2 的中小型球墨铸铁件，在没有合金元素的情况下，可采用淬火＋回火或盐浴等温淬火工艺生产。对于厚大断面铸件或形状复杂的铸件，则采用合金化和正火工艺生产。

（3）机械加工工艺性　球墨铸铁的切削性能优于铸钢，抗拉强度高的球墨铸铁，切削性能略差。采用等温淬火工艺生产的贝氏体球墨铸铁件，如牌号为 QT900-2 的球墨铸铁件，应在粗加工后再进行等温淬火。

3. 生产条件

生产 QT350-22L、QT350-22、QT400-18L、QT400-18 牌号时，应考虑具备低磷、低锰、适当含硅含量

为纯净炉料，以及必要的脱硫、球化孕育条件。生产QT900-2 及部分 QT800-2 牌号球墨铸铁件时，应具备热处理条件。此外，选择相应牌号的球墨铸铁时，还应考虑生产条件的经济性。

制造工艺性的问题越来越受到人们的重视，应该从产品的设计、铸造、热处理、切削加工及涂装等各个环节进行综合优化，以实现既保证优异的产品质量，又有高的性能价格比。

5.2 金相组织

球墨铸铁的凝固过程与灰铸铁截然不同，导致两种材料中的石墨形态完全不同，因此力学性能也不同，球墨铸铁的力学性能明显高于灰铸铁。灰铸铁中的片状石墨具有高的比表面积，片状石墨引起基体的应力集中，对铸铁基体的割裂作用显著，而球状石墨具有最小的比表面积，球状石墨对铸铁基体的损害较小。对球墨铸铁来说，还可以采用不同的原材料、合金元素和热处理工艺，获得不同的基体组织。因此，基体是球墨铸铁组织的重要组成部分，显著影响其力学性能。

5.2.1 石墨

1. 球状石墨的形态与结构

球状石墨的形态近似球形，呈多边形外轮廓，内部呈放射状，有明显的偏光效应。经深腐蚀显露出的球状石墨的立体形态，可在扫描电子显微镜下直接观察。透射电子显微镜观察表明，石墨球是由许多角锥体组成的多晶体，每个角锥体都由核心垂直于石墨球径向呈相互平行的石墨基面（0001）堆积向外辐射生长。关于球状石墨的形态与结构和金相照片，参见本卷第 2 章。

2. 球化分级

球墨铸铁中允许出现的石墨形态主要是球状石墨，还可以有少量的非球状石墨，如团状、团絮状。球墨铸铁的石墨形态一般采用球化率来评价。GB/T 9441—2009《球墨铸铁金相检验》以视场中球状和团状石墨个数占石墨总数的百分比作为球化率评定依据，将球化率分为 6 级，见表 5-7 及图 5-2。由于非球状石墨会降低球墨铸铁的力学性能，因此很多球墨铸铁标准中对球化率做出规定，一般要求球化率在 80% 甚至 90% 以上。

表 5-7 球化分级（GB/T 9441—2009）

球化级别	球化率（%）	图 号
1 级	≥95	图 5-2a
2 级	90	图 5-2b
3 级	80	图 5-2c
4 级	70	图 5-2d
5 级	60	图 5-2e
6 级	50	图 5-2f

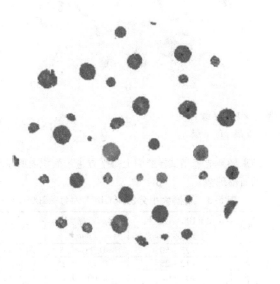

a)

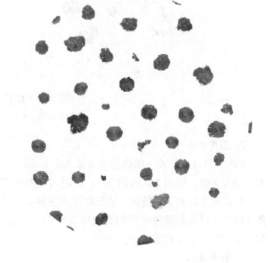

b)

图 5-2 球化分级 ×100

a) 1 级 b) 2 级

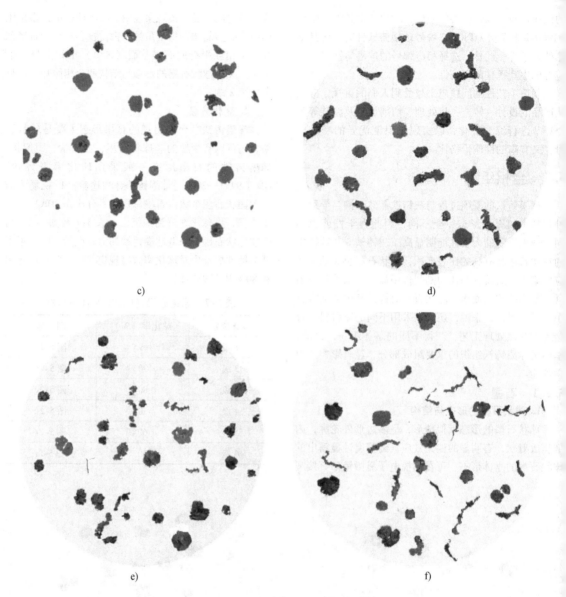

图 5-2　球化分级　×100（续）

c) 3级　d) 4级　e) 5级　f) 6级

3. 石墨大小

GB/T 9441—2009《球墨铸铁金相检验》将石墨大小分为6级，见表5-8和图5-3。石墨大小的评定方法是在放大倍数100倍时，选取有代表性视场，计算直径大于最大石墨球半径的石墨球直径的平均值，对照相应的分级图评定。

4. 石墨球数

石墨球数指金相试样磨面上每平方毫米面积内球状石墨的个数，包括球形石墨和非球形石墨。检测时，选用测量面积内至少有50个石墨球的放大倍数。被测量区域的边界切割的石墨以1/2个计数，将测定结果换算成金相试样磨面上每平方毫米面积内所显现的石墨球数。

表5-8　石墨大小分级（GB/T 9441—2009）

级别	在×100下观察， 石墨大小/mm	实际石墨大小 /mm	图号
3	>25～50	>0.25～0.5	图5-3a
4	>12～25	>0.12～0.25	图5-3b
5	>6～12	>0.06～0.12	图5-3c
6	>3～6	>0.03～0.06	图5-3d
7	>1.5～3	>0.015～0.03	图5-3e
8	≤1.5	≤0.015	图5-3f

注：石墨大小在6级～8级时，可使用×200或×500放大倍数。

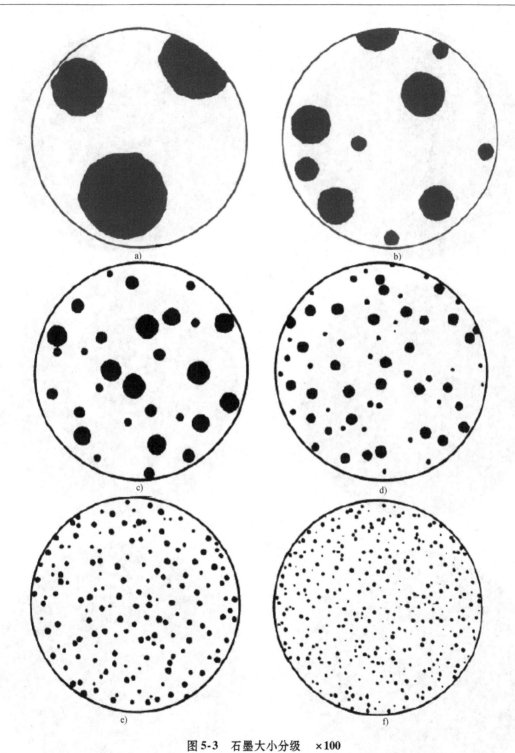

图 5-3　石墨大小分级　×100

a) 3 级　b) 4 级　c) 5 级　d) 6 级　e) 7 级　f) 8 级

5.2.2　基体组织

1. 铁素体

一般不检查牛眼状铁素体数量，仅检查与其共存的珠光体数量。分散分布块状及网状铁素体数量分级见图 5-4 和表 5-9。

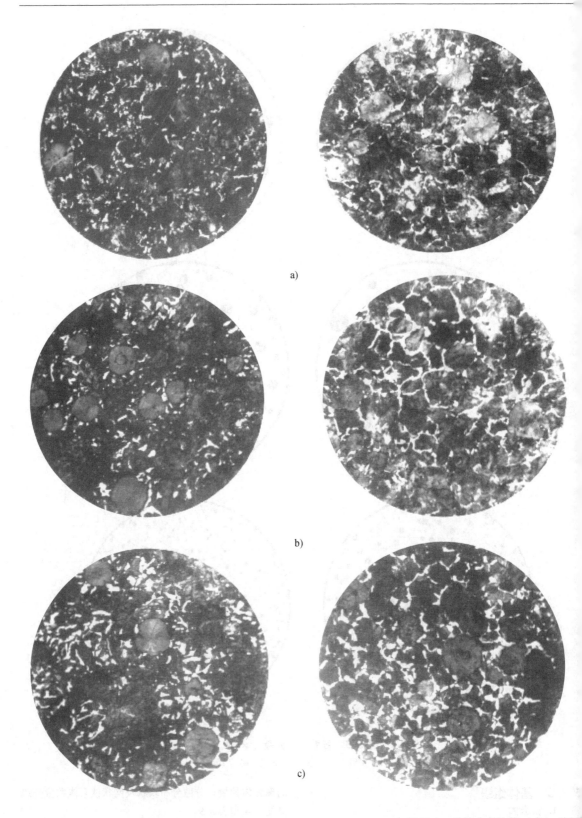

a)

b)

c)

图 5-4　分散分布块状（左）及网

a）铁 5　b）铁 10　c）铁 15

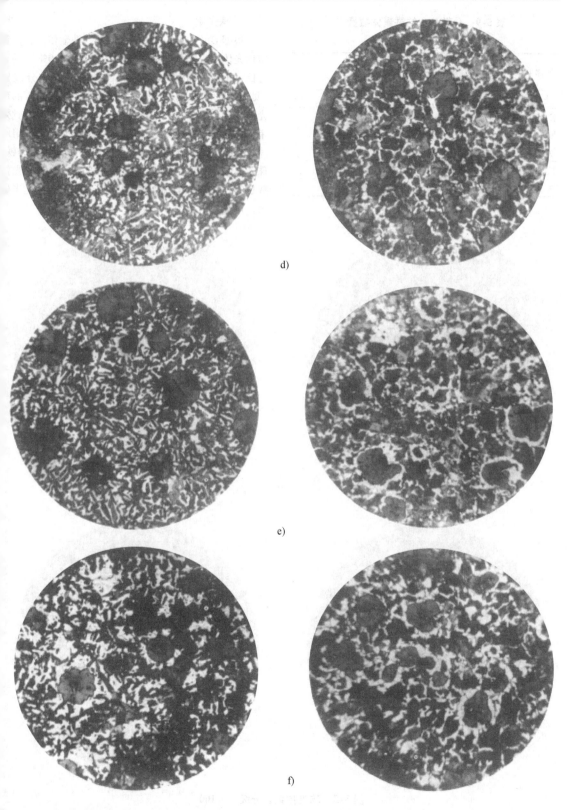

d)

e)

f)

状（右）铁素体数量分级　×100

d）铁 20　e）铁 25　f）铁 30

表 5-9　分散分布的铁素体数量
分级（GB/T 9441—2009）

名称	块状或网状铁素体数量（体积分数,%）	图号
铁 5	≈5	图 5-4a
铁 10	≈10	图 5-4b
铁 15	≈15	图 5-4c
铁 20	≈20	图 5-4d
铁 25	≈25	图 5-4e
铁 30	≈30	图 5-4f

2. 珠光体

根据 GB/T 9441—2009《球墨铸铁金相检验》评定珠光体体积数量（铁素体 + 珠光体 = 100%）的百分比，可选取有代表性的视场对照相应的分级图（见图 5-5）评定。按图 5-5 进行评定时，同样的珠光体数量，如果石墨球的大小不同会有不同的视觉效果，易引起误判。因此，图 5-5 中列出左、右两组图片，分别用于具有大石墨球及小石墨球的球墨铸铁。珠光体数量分级见表 5-10。有些国外标准对珠光体数量的评定是以珠光体占整个视场面积的百分比来确定，评定结果与我国标准是会有差别的。

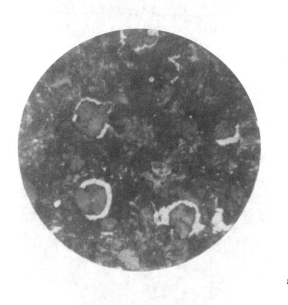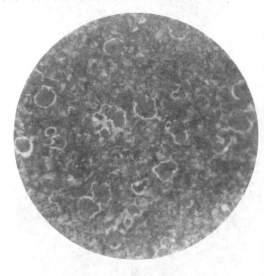

a)

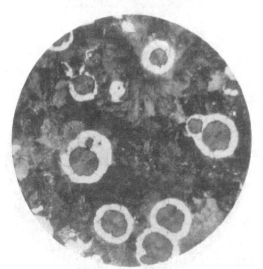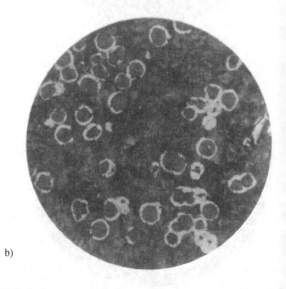

b)

图 5-5　珠光体数量分级　×100

a）珠 95　b）珠 85

注：左图用于石墨球尺寸大的球墨铸铁，右图用于石墨球尺寸小的球墨铸铁。

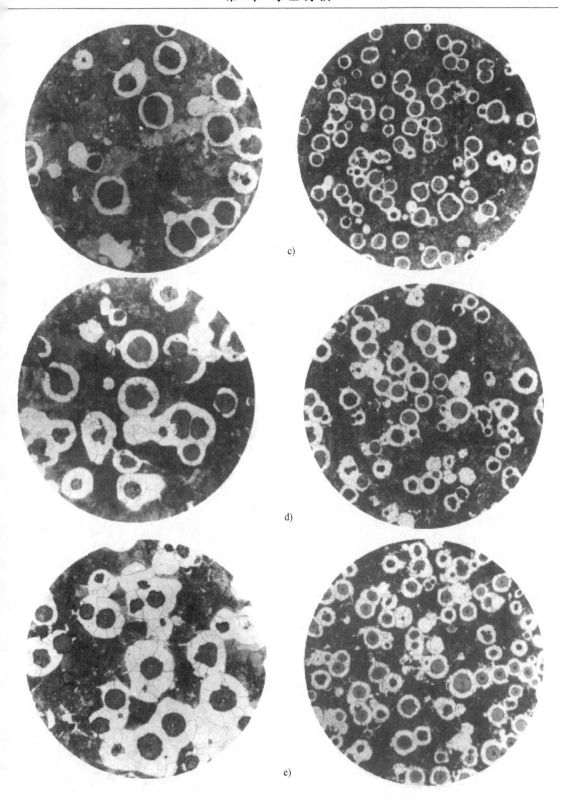

图 5-5 珠光体数量分级 ×100（续）

c）珠 75 d）珠 65 e）珠 55

注：左图用于石墨球尺寸大的球墨铸铁，右图用于石墨球尺寸小的球墨铸铁。

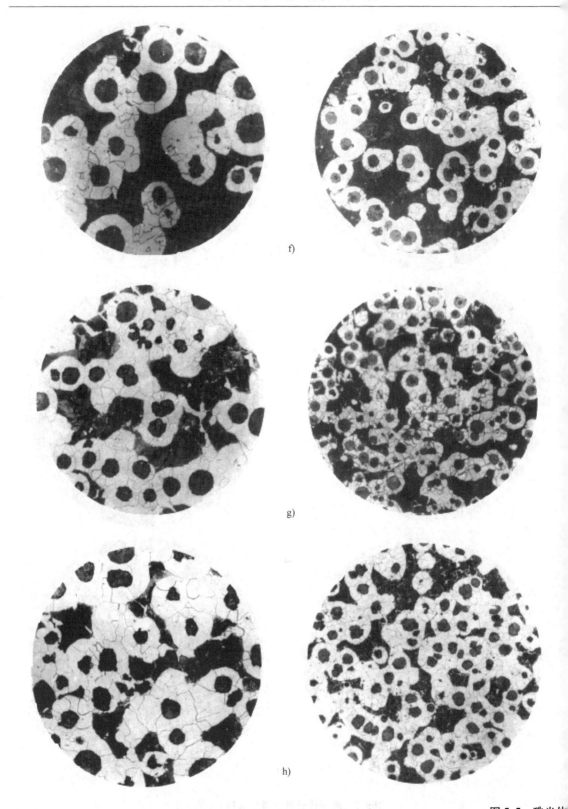

f)

g)

h)

图5-5　珠光体

f) 珠45　g) 珠35　h) 珠25

注：左图用于石墨球尺寸大的球墨铸铁

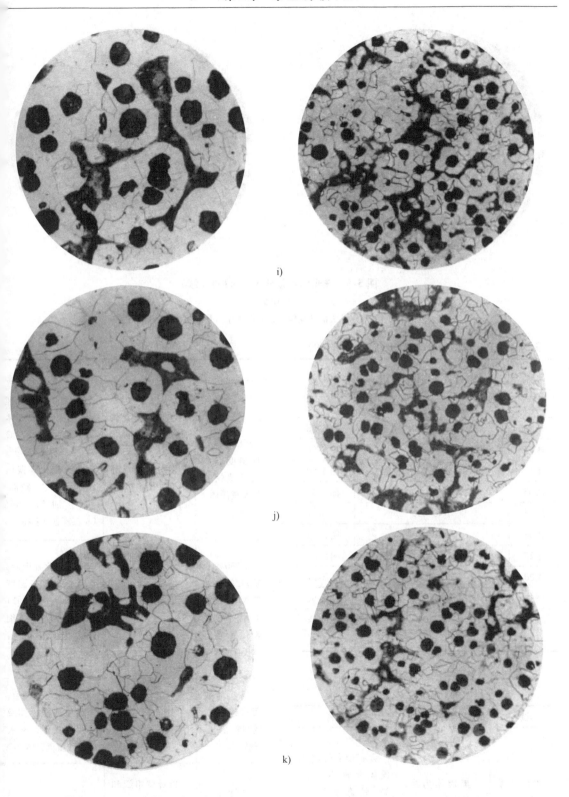

i)

j)

k)

数量分级　×100（续）

）珠 20　j）珠 15　k）珠 10

右图用于石墨球尺寸小的球墨铸铁。

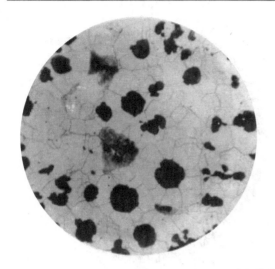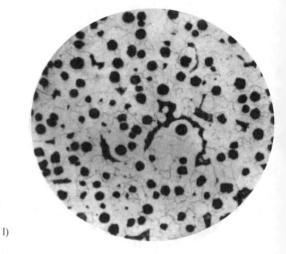

1)

图 5-5　珠光体数量分级　×100（续）

1）珠 5

注：左图用于石墨球尺寸大的球墨铸铁，右图用于石墨球尺寸小的球墨铸铁。

表 5-10　珠光体数量分级（GB/T 9441—2009）　　　　　　　（续）

名称	珠光体数量（体积分数，%）	图号
珠 95	>90	图 5-5a
珠 85	>80~90	图 5-5b
珠 75	>70~80	图 5-5c
珠 65	>60~70	图 5-5d
珠 55	>50~60	图 5-5e
珠 45	>40~50	图 5-5f
珠 35	>30~40	图 5-5g
珠 25	≈25	图 5-5h
珠 20	≈20	图 5-5i
珠 15	≈15	图 5-5j
珠 10	≈10	图 5-5k
珠 5	≈5	图 5-5l

3. 奥氏体形态及生成条件（见表 5-11）

表 5-11　奥氏体形态及生成条件

类别	形态及伴生组织	生成条件
奥氏体基体球墨铸铁	奥氏体为主，伴有碳化物	含有较多稳定奥氏体元素 Ni、Mn 等，铸态下获得，如 $w(\text{Ni}) = 18\% \sim 36\%$ 及适量 Cr
450 ~ 350℃等温处理温度形成的针状铁素体及奥氏体	含有一定比例的奥氏体及针状铁素体，奥氏体分散分布于晶界附近（图 5-6a 中白色区）	1）奥氏体化处理后，在针状铁素体转变温度（如 370℃左右）等温淬火，生成稳定化高碳奥氏体及针状铁素体　2）加 Ni、Mo、Cu 在铸态下获得
230 ~ 350℃等温处理温度形成的细针状铁素体和残留奥氏体	石墨周围以细针状铁素体为主，远离石墨在晶界附近分布少量奥氏体及马氏体（图 5-6c 中白色区）	奥氏体化处理后，在较低的转变温度（如 280 ~ 320℃）等温淬火，生成细针状铁素体，残留奥氏体及马氏体
马氏体或回火组织中的残留奥氏体	分布于晶界附近	奥氏体化处理后，淬火生成马氏体及残留奥氏体，回火后仍残留奥氏体
中锰球墨铸铁中的残留奥氏体	以针状组织和块状碳化物为主，在晶界分布有残留奥氏体	适当的硅锰比条件下铸态获得

4. 针状铁素体组织

球墨铸铁等温淬火形成的组织与钢等温淬火形成的组织并不相同，它并不形成贝氏体，而是形成没有碳化物析出的针状铁素体。不同温度条件下形成的针状铁素体的生成条件见表 5-12，金相组织如图 5-6 所示。在以往的文献中，常把针状铁素体称为贝氏体，将 350～450℃ 等温形成的针状铁素体称为上贝氏体，230～350℃ 等温形成的细针状铁素体称为下贝氏体，目前国外较为普遍使用奥铁体（Ausferrite）的名称。本章中按照奥氏体等温转变析出相的特征将其称为针状铁素体。针状铁素体一般存在于等温淬火球墨铸铁（austempered ductile iron，ADI）中。

表 5-12 针状铁素体类别及生成条件

类　别	形态特征	生成条件
350～450℃ 温度等温处理形成的针状铁素体	针状铁素体组织由晶界向晶内平行排列（图 5-6a、b）	奥氏体化加热后，在 350～450℃ 时等温淬火或连续冷却转变
230～350℃ 温度等温处理形成的细针状铁素体	交叉分布细针状铁素体，比淬火马氏体针且易受浸蚀（图 5-6c、d）	奥氏体化加热后，在 230～350℃ 时等温淬火或连续冷却转变

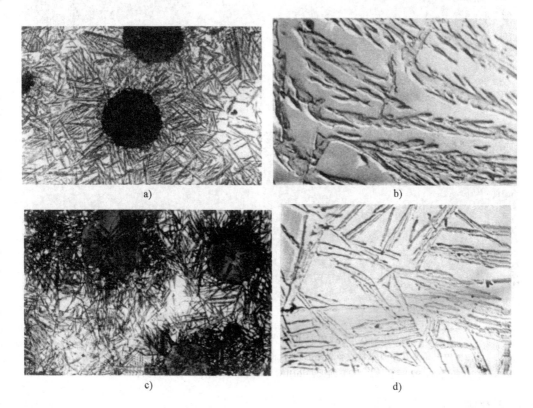

a) b) c) d)

图 5-6 针状铁素体的金相组织

a) 350～450℃ 等温处理针状铁素体光学金相照片 ×400　b) 350～450℃ 等温处理针状铁素体电子显微镜照片 ×5500
c) 230～350℃ 等温处理细针状铁素体光学金相照片 ×400　d) 230～350℃ 等温处理细针状铁素体电子显微镜照片 ×5500

5. 马氏体及回火组织

马氏体及其回火组织的特征和生成条件见表 5-13，金相组织如图 5-7 所示。

表 5-13 马氏体及其回火组织的特征和生成条件

类别	组织特征	生成条件
淬火马氏体	由奥氏体经共格式相变而成的碳在 α_{Fe} 中的过饱和间隙固溶体，呈白色针叶形状交叉或成排分布	奥氏体化加热后，快速冷却至 Ms 点（约 230℃）以下，如油淬或水淬

（续）

类别	组织特征	生成条件
回火马氏体	从淬火马氏体中析出的极细碳化物颗粒，使马氏体碳含量降低，易受浸蚀，呈墨色针叶状	马氏体淬火后，经150~250℃低温回火
回火托氏体	从淬火马氏体分解而形成的铁素体和细小弥散渗碳体质点的混合物	马氏体淬火后，经350~500℃中温回火
回火索氏体	从淬火马氏体分解而形成的铁素体和细小渗碳体的混合物	马氏体淬火后，经500~650℃高温回火，也称调质处理

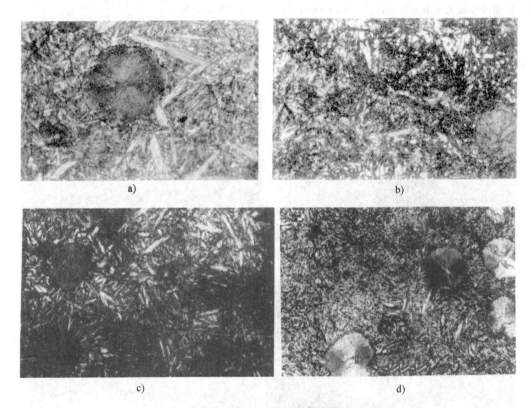

a)　　　　　　　　　　　　　　　　b)

c)　　　　　　　　　　　　　　　　d)

图 5-7　马氏体及其回火组织的金相组织　×400

a) 淬火马氏体，980℃淬火，56HRC　b) 回火马氏体，980℃淬火，200℃回火，54HRC

c) 回火托氏体，920℃淬火，350℃回火，46HRC　d) 回火索氏体，920℃淬火，600℃回火，27HRC

5.2.3　碳化物

碳化物数量分级见表5-14。评定时按数量最多的视场对照图5-8所示的碳化物数量分级图进行。

表 5-14　碳化物数量分级（GB/T 9441—2009）

（续）

名称	碳化物数量（体积分数,%）	图　号
碳1	≈1	图5-8a
碳2	≈2	图5-8b
碳3	≈3	图5-8c
碳5	≈5	图5-8d
碳10	≈10	图5-8e

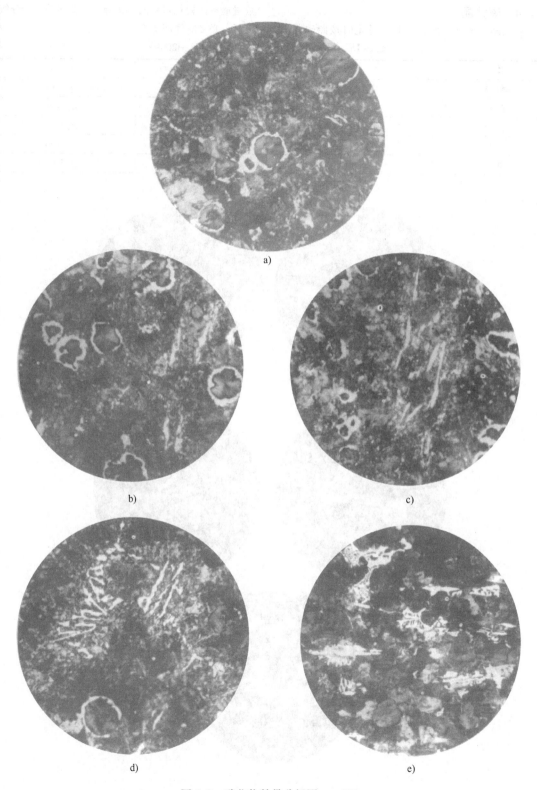

图 5-8　碳化物数量分级图　×100

a）碳1　b）碳2　c）碳3　d）碳5　e）碳10

5.2.4　磷共晶

磷共晶数量分级见表5-15。评定时按照磷共晶 数量最多的视场对照图5-9所示的磷共晶数量分级进行，必要时注明形态。

表5-15　磷共晶数量分级（GB/T 9441—2009）

名称	磷共晶数量（体积分数,%）	图　号
磷0.5	≈0.5	图5-9a
磷1	≈2	图5-9b
磷1.5	≈1.5	图5-9c
磷2	≈2	图5-9d
磷3	≈3	图5-9e

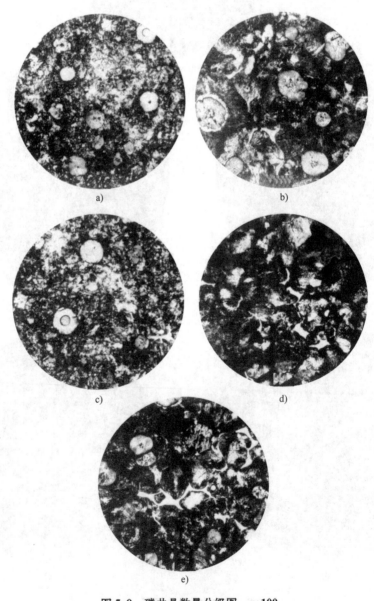

图5-9　磷共晶数量分级图　×100

a) 磷0.5　b) 磷1　c) 磷1.5　d) 磷2　e) 磷3

3　球墨铸铁的性能

3.1　力学性能

各种类型球墨铸铁的基体组织和抗拉强度如图

5-10 所示，由于球状石墨的存在，球墨铸铁的性能主要取决于基体组织。

基体组织							
铁素体	铁素体+珠光体	珠光体	马氏体（有残留奥氏体）	回火马氏体	ADI	ADI	奥氏体
抗拉强度/MPa							
400	550	700	N.A.①	800	1050	1600	310

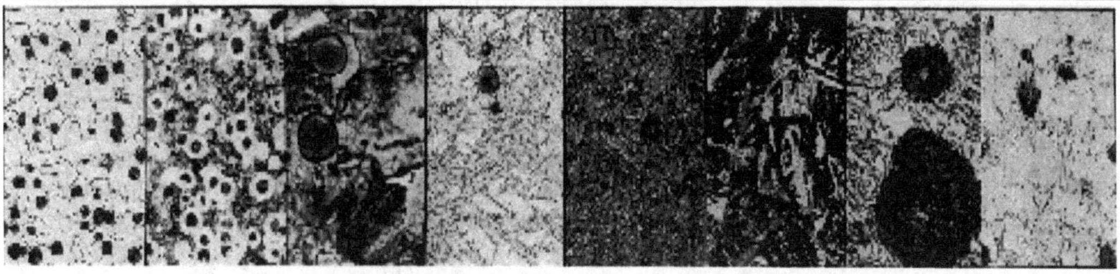

①抗拉强度约为 600MPa，硬、脆（注意各图的放大倍数不同）。

图 5-10　各种类型球墨铸铁的基体组织和抗拉强度

1. 常温性能

（1）硬度　在所有形态的石墨中，球状石墨对铸铁的力学性能影响最小，故球墨铸铁的硬度试验是非常有用的。对于常规球墨铸铁，硬度和力学性能之间有着可靠的关系，这种关系取决于基体组织。表5-16列出了各种基体组织球墨铸铁的硬度值。图 5-11 所示为铸态、退火或正火的铁素体和（或）珠光体基体球墨铸铁硬度与力学性能的关系，图 5-12 所示为经淬火 + 回火处理的回火马氏体基体球墨铸铁硬度与力学性能的关系，图 5-13 所示为经正火 + 回火处理的针状组织镍钼合金球墨铸铁硬度与力学性能的关系。

表 5-16　各种基体组织球墨铸铁的硬度值

基体组织	硬度 HBW
铁素体	149 ~ 187
铁素体 + 珠光体	170 ~ 207
珠光体 + 铁素体	187 ~ 248
珠光体	217 ~ 269
针状铁素体	269 ~ 350

（续）

基体组织	硬度 HBW
回火马氏体	350 ~ 550
奥氏体	140 ~ 160

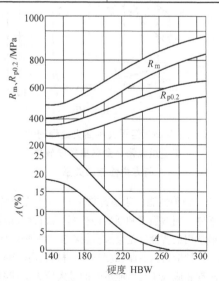

图 5-11　铸态、退火或正火的铁素体和（或）珠光体基体球墨铸铁硬度与力学性能的关系

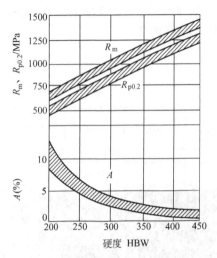

图 5-12　经淬火 + 回火处理的回火
马氏体基体球墨铸铁硬度
与力学性能的关系

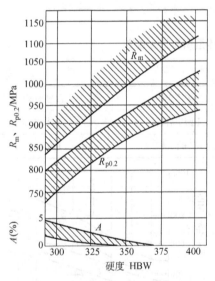

图 5-13　经正火 + 回火处理的针
状组织镍钼合金球墨铸铁硬度
与力学性能的关系

（2）拉伸性能　球墨铸铁的拉伸性能通常是指抗拉强度、屈服强度和断后伸长率。抗拉强度是金属材料最常用的特性，是金属材料在拉伸断裂前所能承受的最大拉应力；屈服强度是金属材料在拉伸应力作用下出现屈服现象时所能承受的最大应力。球墨铸铁在拉伸试验时无明显的屈服变形，通常以发生微量塑性变形（0.2%）时的应力作为屈服强度；断后伸长率是金属材料拉伸断裂后，伸长量与原始标距长度的

百分比，用来描述材料的塑性大小；弹性极限是金属材料能呈现弹性行为的最大应力，球墨铸铁从弹性到塑性是逐渐变化的，弹性极限定义为偏离弹性行为的应变 0.005% 时的应力。钢、灰铸铁和球墨铸铁的弹性与屈服行为如图 5-14 所示。

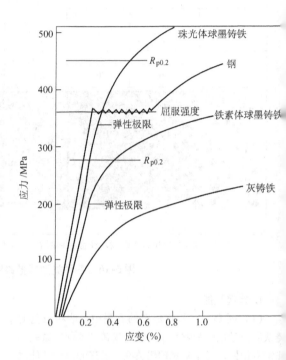

图 5-14　钢、灰铸铁和球墨铸铁的弹性与屈服行为

　　球墨铸铁的拉伸性能主要取决于基体组织，奥氏体或回火马氏体球墨铸铁的强度最高，其次是托氏体、索氏体和珠光体球墨铸铁，强度更低的是奥氏体球墨铸铁和铁素体球墨铸铁。在基体组织中，随着铁素体（或奥氏体）含量增多，抗拉强度降低，而塑性则相应增加。图 5-15 所示为铸态球墨铸铁拉伸性能与珠光体含量的关系。图 5-16 所示为不同的铜、锡含量时铸态球墨铸铁的拉伸性能。图中球墨铸铁的铸态拉伸性能随铜或锡的加入量增大产生显著的变化，这一变化显然是由珠光体含量的相应变化引起的。图 5-17 所示为不同铜、锡含量时退火态（铁素体）球墨铸铁的拉伸性能，图 5-18 所示为不同铜、锡含量时正火态（珠光体）球墨铸铁的拉伸性能。这两个图的结果表明，在正火或退火的状态下，当基体完全成为珠光体或铁素体后，铜或锡的加入量对球墨铸铁拉伸性能的影响就比较小了。

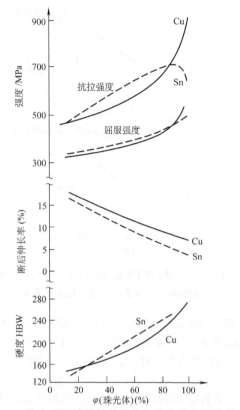

图 5-15 铸态球墨铸铁拉伸性能与珠光体含量的关系

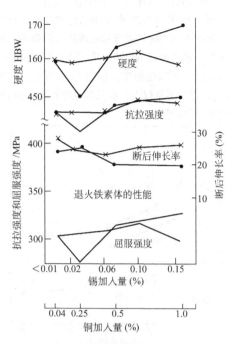

图 5-17 不同铜、锡含量时退火态（铁素体）
球墨铸铁的拉伸性能
（图中加入量均为质量分数）
·—·铜加入量的影响 ×—×锡加入量的影响

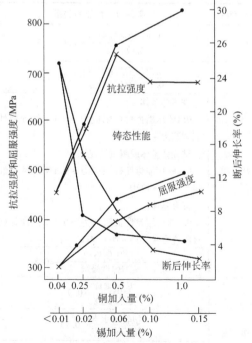

图 5-16 不同的铜、锡含量时铸态球墨铸铁的拉伸性能
（图中加入量均为质量分数）
·—·铜加入量的影响 ×—×锡加入量的影响

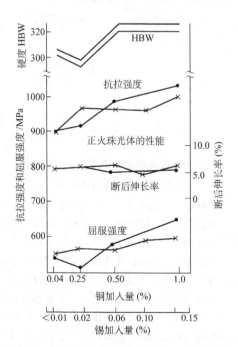

图 5-18 不同铜、锡含量时正火态（珠光体）
球墨铸铁的拉伸性能
（图中加入量均为质量分数）
·—·铜加入量的影响 ×—×锡加入量的影响

球化率必然会对球墨铸铁的抗拉强度产生显著的影响。图5-19及图5-20所示为球化率和碳化物含量对珠光体球墨铸铁抗拉强度和屈服强度的影响。值得注意的是,不同因素引起的球化率也会对抗拉强度和屈服强度产生不同的影响,如图5-21所示。原因是Mg球化作用的不足仅引起少量蠕虫状石墨,而Pb会促使畸变石墨的形成。

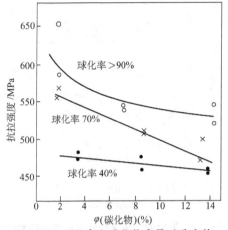

图5-19　球化率和碳化物含量对珠光体
球墨铸铁抗拉强度的影响

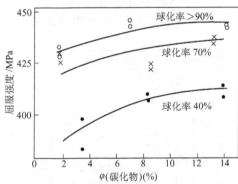

图5-20　球化率和碳化物含量对珠光体
球墨铸铁屈服强度的影响

石墨球数对球墨铸铁力学性能的影响:①石墨球数会影响铸态球墨铸铁的珠光体含量,增加石墨球数会降低珠光体含量,从而降低强度而增大断后伸长率;②石墨球数会影响碳化物的含量,增加石墨球数会降低各类碳化物的含量,因而对改善抗拉强度、断后伸长率和切削加工性能是有利的;③石墨球数也影响基体组织的均匀性,增加石墨球数有利于形成更为细小和均匀的显微组织,基体组织的细化可以减少会引起晶间碳化物、珠光体或促使畸变石墨形成的有害元素的偏析;④石墨球数同时也影响石墨的大小和形状,高的石墨球数往往意味着高的球化率,增加石墨球数减小石墨球的大小,一般会提高抗拉强度、屈

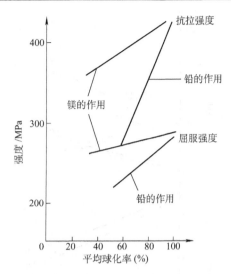

图5-21　由Mg和Pb引起的球化率变化对铁素体
球墨铸铁抗拉强度和屈服强度的影响

服强度和断裂韧性。通常,高的石墨球数标志着好的冶金质量,但是对各类截面尺寸的铸件都有一个最佳的石墨球数范围,超出这一范围都会对性能产生不利影响。

各种应力状态下的力学性能关系列于表5-17。

表5-17　各种应力状态下力学性能的关系

应力状态	各种力学性能的关系
拉　伸	$\dfrac{0.2\%拉伸屈服点}{抗拉强度}\approx0.6\sim0.7$
压　缩	$\dfrac{0.2\%压缩屈服点}{0.2\%拉伸屈服点}\approx1.1\sim1.2$
	铁素体基体 0.1%压缩弹性极限应力≈0.1%拉伸弹性极限应力+20MPa 珠光体基体或调质处理 0.1%压缩弹性极限应力≈0.1%拉伸弹性极限应力+12MPa 混合基体 0.1%压缩弹性极限应力≈0.1%拉伸弹性极限应力+(12~20)MPa
	$\dfrac{压缩比例极限}{0.1\%压缩弹性极限应力}\approx0.8$
扭　转 (剪切)	$\dfrac{抗扭强度}{抗拉强度}\approx0.9$
	$\dfrac{扭转屈服点}{拉伸屈服点}\approx0.75$
	$\dfrac{扭转比例极限}{拉伸比例极限}\approx0.75$
	$\dfrac{扭转比例极限}{拉伸屈服点}\approx0.5\sim0.55$

不同牌号球墨铸铁拉伸性能与硬度之间的关系如
图 5-22 所示。

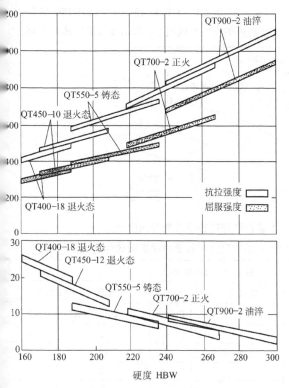

图 5-22 不同牌号球墨铸铁的拉伸性能与硬度之间的关系

(3) 弹性模量 弹性模量是材料在外力作用下
产生单位弹性变形所需要的应力，是反映材料抵抗弹
性变形能力的指标。其值越大，代表材料的刚性越
大，即在一定应力作用下，发生弹性变形越小。在低
载荷时，金属材料在弹性变形阶段的应力与应变呈线
性关系，此直线的斜率称为弹性模量。铸铁的应力-
应变曲线没有真正的直线段，其弹性模量，即曲线斜
变不能精确的用单一值来表示。在工程设计中，通常
采用从无载荷的原点到载荷为 25% 极限抗拉强度之
间的割线斜率来代表铸铁的弹性模量。

影响球墨铸铁弹性模量的重要因素是球化率。在
基体组织一定的情况下，球化率降低，则使弹性模量
降低（见图 5-23）。石墨球数增加，也可降低弹性模
量。球墨铸铁的拉伸弹性模量在 160~180GPa 范围内
变化，用共振法测定的动态弹性模量（DEM）为
162~186GPa，剪切模量（剪切应力与剪切应变的比
值）为 63~64GPa，泊松比（材料横向应变与纵向应
变比值的绝对值）为 0.27~0.29。

图 5-24 所示为抗拉强度、屈服强度与动态弹性
模量之间的关系。

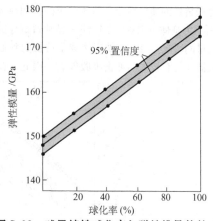

图 5-23 球墨铸铁球化率与弹性模量的关系

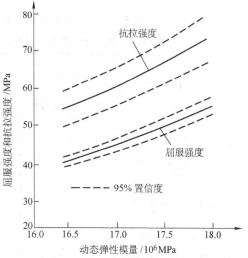

图 5-24 抗拉强度、屈服强度与动态弹性模量之间的关系

(4) 冲击韧度 金属材料的韧性是其在塑性变
形和断裂过程中吸收能量的能力，但测量金属的韧度
特性是复杂的。工程上通常用冲击韧度和断裂韧度来
表示材料的韧性，作为决定材料质量的常规判据。通
常用一次摆锤冲击弯曲试验来测定材料抵抗冲击载荷
的能力，即测定标准冲击试样被折断而消耗的冲击吸
收能量 K，单位为焦耳（J）。而用试样缺口处的截面
面积 F 去除 K，可得到材料的冲击韧度，即 $\alpha_K = K/F$，其单位为 J/cm^2。因此，冲击韧度 α_K 表示材料
在冲击载荷作用下抵抗变形和断裂的能力。α_K 值取
决于材料及其状态，同时与试样的形状、尺寸有很大
关系。α_K 值对材料的内部缺陷、显微组织的变化很
敏感，如夹杂物、偏析、气泡、内部裂纹、钢的回火
脆性、晶粒粗化等都会使 α_K 值明显降低；材料的 α_K
值随温度的降低而减小，并且在某一温度范围内，
α_K 值发生急剧降低，这种现象称为冷脆，此温度范
围称为脆性转变温度。

球墨铸铁的冲击性能受基体组织的影响显著。图5-25所示为基体组织对球墨铸铁 V 型缺口试样的冲击吸收能量的影响。可见，铁素体球墨铸铁的脆性转变温度最低并具有较高的冲击吸收能量。因此，在球墨

铸铁的标准中，一般仅对铁素体基体的球墨铸铁提出冲击韧度的要求。按 GB/T 1348 2019 规定，QT350-22L、Q350-22R、QT400-18L 及 QT400-18R 牌号的球墨铸铁的室温和低温下的冲击吸收能量见表 5-18。

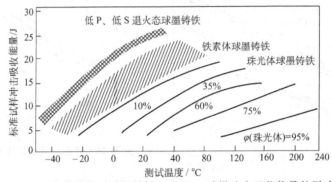

图 5-25　基体组织对球墨铸铁 V 型缺口试样冲击吸收能量的影响

表 5-18　铁素体球墨铸铁试样上加工的 V 型缺口试样的最小冲击吸收能量

牌号	铸件壁厚 t/mm	最小冲击吸取能量/J					
		室温 (23±5)℃		低温 (−20±2)℃		低温 (−40±2)℃	
		三个试样平均值	单个值	三个试样平均值	单个值	三个试样平均值	单个值
QT350-22L	≤30	—	—	—	—	12	9
	>30~60	—	—	—	—	12	9
	>60~200	—	—	—	—	10	7
QT350-22R	≤30	17	14	—	—	—	—
	>30~60	17	14	—	—	—	—
	>60~200	15	12	—	—	—	—
QT400-18L	≤30	—	—	12	9	—	—
	>30~60	—	—	12	9	—	—
	>60~200	—	—	10	7	—	—
QT400-18R	≤30	14	11	—	—	—	—
	>30~60	14	11	—	—	—	—
	>60~200	12	9	—	—	—	—

注：1. 这些材料牌号也可用于压力容器。

2. 从试样上测得的力学性能并不能准确地反映铸件本体的力学性能。

3. 该表数据适用于单铸试样、附铸试样和并排浇铸试样。

4. 字母 "L" 表示低温；字母 "R" 表示室温。

表 5-19 列出了各种基体组织球墨铸铁常温下无缺口试样冲击韧度。铁素体球墨铸铁由于硅含量的变化，等温淬火球墨铸铁由于奥铁体及奥氏体数量变化，其冲击韧度变化范围较大。

表 5-19　各种基体组织球墨铸铁常温冲击韧度
（无缺口试样）

基体组织	铁素体	珠光体	奥铁体	回火索氏体
冲击韧度 a_K/(J/cm^2)	50~150	15~35	30~100	20~60

球墨铸铁的化学成分、热处理情况、球化率及石墨球数等因素都会影响冲击性能，如图 5-26 ~ 图5-31所示。由图 5-26 可见，碳含量主要影响曲线稳定部分的数值，即曲线水平部分的数值。碳含量高，冲击吸收能量数值下降。因为断裂是从石墨孔洞开始的，碳含量高，增加了石墨孔洞的数量和尺寸，降低了孔洞产生和合并所需的塑性变形量，从而降低了冲击吸收能量。

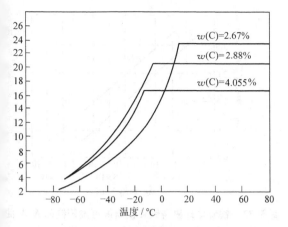

图 5-26　碳含量对铁素体球墨铸铁 V 型缺口试样冲击能量的影响

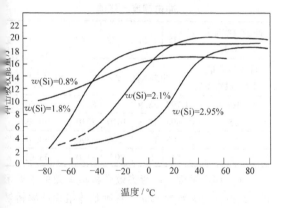

图 5-27　硅含量对铁素体球墨铸铁 V 型缺口试样冲击能量的影响

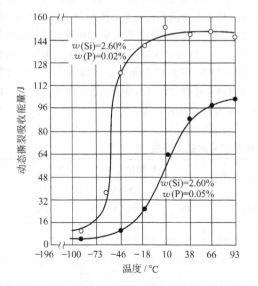

图 5-28　磷含量对球墨铸铁动态撕裂吸收能量的影响

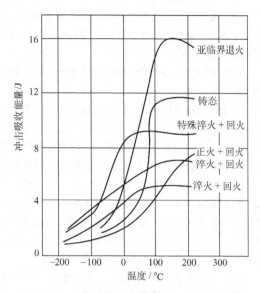

图 5-29　热处理对球墨铸铁 V 型缺口试样冲击能量的影响

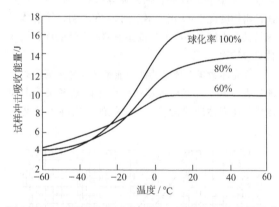

图 5-30　石墨球化率对 V 型缺口试样冲击能量的影响

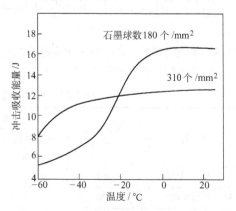

图 5-31　石墨数量对铁素体球墨铸铁 V 型缺口试样冲击能量的影响

硅对铁素体球墨铸铁的脆性转变温度有强烈的影响。为了使铁素体球墨铸铁获得最佳的冲击韧度，硅含量应该尽可能低。但是随着硅含量的降低，抗拉强度和屈服强度也随之下降。

图 5-28 表明，磷对球墨铸铁的脆性化有着强烈的影响。

对于铁素体球墨铸铁，锰的含量应尽可能低，以防止珠光体和碳化物的形成。用铜来强化低硅铁素体是不可行的，因为铜有强烈的提高脆性转变温度的作用。加入质量分数为 1% 的铜会使脆性转变温度提高 45℃，低温冲击韧度下降。质量分数为 1% 的镍仅提高脆性转变温度 10℃，所以对于要求高的低温冲击韧度的铁素体球墨铸铁件，镍是强化铁素体的有效元素，但一般铁素体球墨铸铁中也是不加镍的，因它能抑制铁素体，明显地增加珠光体数量。

（5）小能量多次冲击韧度　很多零件，如曲轴在工作时将承受小能量多次冲击载荷。珠光体球墨铸铁和 45 正火钢的 K-N 曲线如图 5-32 所示。当冲击吸收能量 K 小于 2.4J 时，珠光体球墨铸铁的小能量多次冲击韧度优于 45 正火钢。图 5-33 表明，铁素体球墨铸铁在小能量多次冲击试验中的冲击性能优于铁素体可锻铸铁。

珠光体数量对球墨铸铁小能量多次冲击韧度的影响见表 5-20。珠光体球墨铸铁的小能量多次冲击韧度优于铁素体球墨铸铁，但常规的一次冲击韧度则相反。

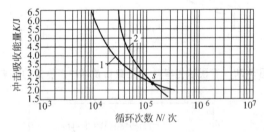

图 5-32　珠光体球墨铸铁和 45 正火钢的 K-N 曲线
1—珠光体球墨铸铁　2—45 正火钢

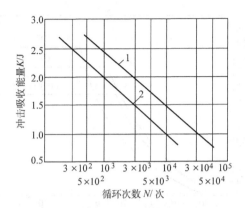

图 5-33　铁素体球墨铸铁和铁素体可锻铸铁的 K-N 曲线
1—铁素体球墨铸铁　2—铁素体可锻铸铁

表 5-20　珠光体数量对球墨铸铁小能量多次冲击韧度的影响

冲击吸收能量 K/J	2.35	1.57	0.78	0.49	一次冲击韧度（无缺口） $a_K/(\mathrm{J/cm^2})$
珠光体数量（体积分数，%）	冲击次数　N/10⁴				
100	0.797	38.9		8770	23.62
95	0.804	17.3	1610	7310	20.29
85	0.505	10.9	1260	5390	33.81
75	0.546	9.8	900	3140	33.61

（6）疲劳强度　疲劳失效是机械失效的主要形式，约占各类失效的 80%。各种基体组织球墨铸铁的弯曲疲劳强度见表 5-21，表中疲劳强度与抗拉强度的比值称为耐久比。铁素体球墨铸铁带缺口和无缺口的疲劳强度如图 5-34 所示。球墨铸铁的耐久比与抗拉强度及基体组织的关系如图 5-35 所示。球化率、石墨球大小及材质的纯净度都会影响球墨铸铁的疲劳强度。图 5-36 所示为球化率对珠光体球墨铸铁疲劳强度的影响。图 5-37 所示为石墨球大小和基体显微硬度对球墨铸铁旋转弯曲疲劳强度的影响。珠光体球墨铸铁汽车曲轴的疲劳强度 S 达 84MPa，与 45 正火钢曲轴相同。

表 5-21　各种基体组织球墨铸铁的弯曲疲劳强度

材　料	抗拉强度 /MPa	无缺口试样		有缺口试样（45°，V 型）		
		疲劳强度/ MPa	疲劳强度/抗拉强度	疲劳强度/ MPa	疲劳强度/抗拉强度	缺口敏感系数[①]
铁素体球墨铸铁	461	206	0.45	—	—	—
铁素体球墨铸铁	470	245	0.52	—	—	—
珠光体球墨铸铁	735	255	0.347	—	—	—
珠光体球墨铸铁	760	269	0.35	—	—	—

（续）

材　料	抗拉强度 /MPa	无缺口试样		有缺口试样（45°，V 型）		
		疲劳强度/ MPa	疲劳强度 /抗拉强度	疲劳强度/ MPa	疲劳强度 /抗拉强度	缺口敏感 系数①
珠光体球墨铸铁	710	262	0.37	—	—	—
等温淬火球墨铸铁	1176～1470	304～343	0.23～0.26	—	—	—
铁素体球墨铸铁	490	210	0.43	145	0.30	1.4
珠光体＋铁素体球墨铸铁	621	276	0.44	166	0.27	1.7
回火马氏体球墨铸铁	931	338	0.36	207	0.22	1.6
等温淬火球墨铸铁	1088	412	0.38	353	0.32	1.2

① 缺口敏感系数 $= \dfrac{无缺口疲劳强度}{有缺口疲劳强度}$。

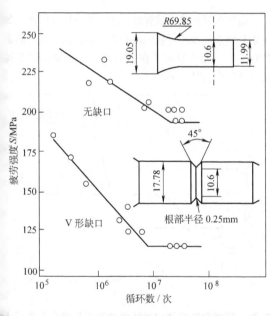

图 5-34　铁素体球墨铸铁带缺口和无缺口的疲劳强度

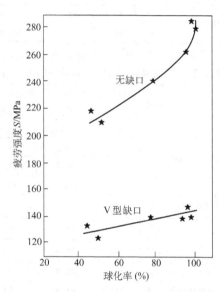

图 5-36　球化率对珠光体球墨铸铁疲劳强度的影响

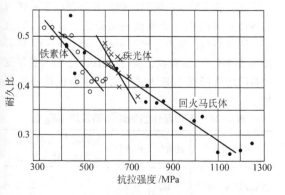

图 5-35　球墨铸铁的耐久比与抗拉强度及基体
组织的关系

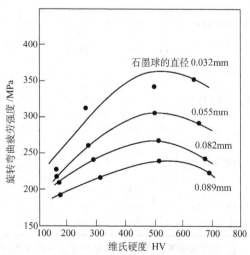

图 5-37　石墨球大小和基体显微硬度对球墨铸铁
旋转弯曲疲劳强度的影响

（7）断裂韧度　断裂韧度用于表征材料阻止裂纹扩展的能力，是度量材料韧性好坏的一个定量指标。各种基体组织球墨铸铁的平面应变断裂韧度（K_{IC}值）见表5-22。其中，铁素体球墨铸铁是由 J 积分换算而来，其余为测定值。试样为 15mm × 30mm × 130mm 三点弯曲试样。等温淬火处理的球墨铸铁在具有高强度的同时还具有很高的断裂韧度。

不同温度下各种球墨铸铁的 K_{IC} 值见表5-23。

石墨球数对 K_{IC} 值的影响如图5-38所示。

表5-22　各种基体组织球墨铸铁的 K_{IC} 值

基体组织	铁素体	珠光体	细针状铁素体	针状铁素体[①]
断裂韧度 K_{IC}/MPa·m$^{1/2}$	81.3	31.0	55.5	83.9
	74.8	37.5	55.7	85.3
	—	34.4	61.4	90.4

① 等温淬火工艺（890℃×30min, 360℃×120min）。

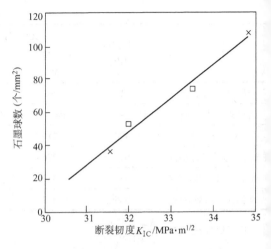

图5-38　石墨球数对 K_{IC} 值的影响

表5-23　不同温度下各种球墨铸铁的 K_{IC} 值

类　别	温度/℃	条件屈服强度 $R_{p0.2}$/MPa	断裂韧度 K_{IC}/MPa·m$^{1/2}$	断裂韧度 K_{IC} 试样厚度/mm
铁素体球墨铸铁 $w(Si)=3.1\%$	−40	—	35.2	21.1
	−107	—	30.3	21.1
	−107		46.0	31.8
铁素体球墨铸铁 $w(Si)=1.55\%$, $w(Ni)=1.5\%$, $w(Mn)=1.2\%$	24	269	42.8	25
	−55	310	48.3	35
	−73	324	59.3	25
铁素体球墨铸铁[①]	24	331	48.3	25
	−55	372	61.5	25
	−73	385	53.8	25
珠光体球墨铸铁[①] $w(Mo)=0.5\%$	24	483	48.3	25
	−12	493	50.5	25
	−55	503	22.0	25
珠光体+铁素体球墨铸铁 $R_m=800MPa$, $R_{p0.2}=600MPa$, $A=3\%$	24	432	27.1	25
	−19	458	25.4	25
	−48	476	26.2	25
珠光体球墨铸铁[②] D7003	24	717	51.7	25
	−19	727	47.9	25
	−59	740	50.5	25
高镍奥氏体耐蚀球墨铸铁	24	324	64.1	25
	−59	325	67.1	25

① 除另有说明者外，铸铁化学成分（质量分数,%）为 C=3.6, Si=2.5, Ni=0.38, Mo=0.35。

② 美国 SAE 标准 No.J434C（汽车铸件）。

应用改进的缺口试样法，用 J 积分计算所得到的铸钢和铁素体球墨铸铁的动态应力强度因子 K_{ID} 如图5-39所示。图中显示了在32℃以下，铁素体球墨铸铁具有优良的断裂韧度。

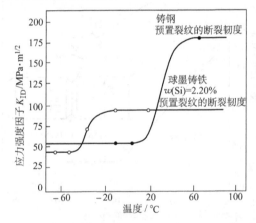

图5-39　铸钢和铁素体球墨铸铁的动态应力强度因子 K

（8）疲劳裂纹扩展门坎值和疲劳裂纹扩展速率各种基体组织球墨铸铁的疲劳裂纹扩展门坎值 ΔK_{th} 见表5-24，其应力比 $R=\sigma_{min}/\sigma_{max}=1/3$。铁素体球墨铸铁的疲劳裂纹扩展门坎值最高，随材料强度提高门坎值降低，细针状铁素体球墨铸铁门坎值最低。

表5-24　各种基体组织球墨铸铁的 ΔK_{th} 值

基体组织	铁素体	珠光体	细针状铁素体	针状铁素体+奥氏体
ΔK_{th}/MPa·m$^{1/2}$	8.62	6.82	3.41	5.21

各种基体组织球墨铸铁的疲劳裂纹扩展速率 da/

V 与应力强度因子范围 ΔK 的关系曲线如图 5-40 和图 5-41 所示。在相同的 ΔK 时，珠光体球墨铸铁的裂纹扩展速率最高，铁素体球墨铸铁的裂纹扩展速率最低，奥铁体球墨铸铁介于二者之间。在较高的应力强度因子范围时，奥铁体球墨铸铁的裂纹扩展速率最低。

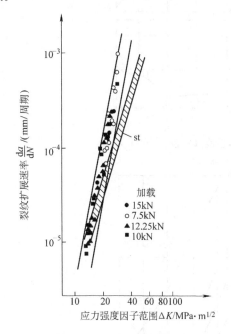

图 5-40　退火铁素体球墨铸铁的 $\dfrac{da}{dN}$ 与 ΔK 的关系

st—作为对比的铁素体、珠光体锻钢

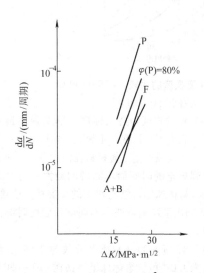

图 5-41　不同基体组织球墨铸铁的 $\dfrac{da}{dN}$ 与 ΔK 的关系

（加载制度 11760N/1960N）

P—珠光体球墨铸铁　F—铁素体球墨铸铁

A + B—针状铁素体球墨铸铁

2. 高温性能

（1）硬度　球墨铸铁件常在高温条件下使用。铸铁材料保持性能的热稳定性取决于其金相组织的稳定性。球墨铸铁在高于 430℃ 时，硬度和强度比常温下都低，并且随温度的升高而逐渐降低，如图 5-42 所示。珠光体球墨铸铁在温度高于 540℃ 时，珠光体开始粒状化；温度高于 650℃ 时，珠光体开始分解，因此硬度明显下降，并逐渐接近铁素体球墨铸铁的硬度。

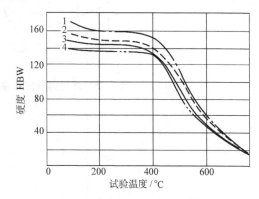

图 5-42　四种退火球墨铸铁的高温硬度

注：1、2、3、4 对应的化学成分见表 5-25。

表 5-25　图 5-42 中球墨铸铁的化学成分

编号	化学成分（质量分数，%）		
	Si	Ni	Mn
1	2.63	1.45	0.59
2	2.41	0.72	0.42
3	2.30	0.96	0.26
4	1.85	—	0.57

（2）高温短时力学性能　通常采用高温短时拉伸、蠕变和应力-断裂试验评定材料的高温性能。图 5-43 所示为铁素体球墨铸铁和珠光体球墨铸铁从室温升温至 760℃ 的高温短时力学性能。从图 5-43 可以看出，铁素体球墨铸铁在低于 315℃ 时强度没有明显变化，当高于此温度时，则强度明显降低，在 760℃ 时抗拉强度降低到 41MPa；断后伸长率从室温到 540℃ 时降低至 8%，从 540℃ 至 760℃ 时随温度上升断后伸长率急剧增加。珠光体球墨铸铁的抗拉强度随温度上升迅速降低，760℃ 时降至 52MPa；断后伸长率从室温上升至 425℃ 时逐渐降低至 3%，自 425℃ 上升至 760℃ 时则明显增加。图 5-44 所示为球墨铸铁在 425～650℃ 时的高温短时强度、持久强度、蠕变强度的比较。图 5-45 所示为温度对球墨铸铁和钢的弹性模量的影响。

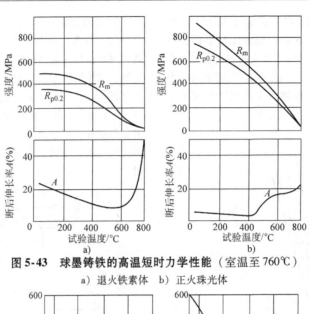

图 5-43　球墨铸铁的高温短时力学性能（室温至 760℃）

a）退火铁素体　b）正火珠光体

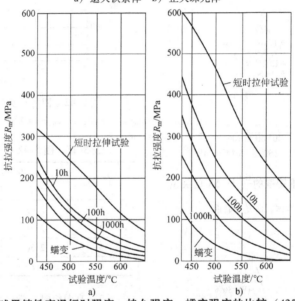

图 5-44　球墨铸铁高温短时强度、持久强度、蠕变强度的比较（425～650℃）

a）退火铁素体　b）正火珠光体（蠕变率为每小时 0.0001%）

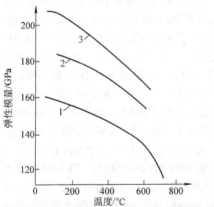

图 5-45　温度对球墨铸铁和钢的弹性模量的影响

1—铁素体＋珠光体铸铁　2—铁素体球墨铸铁　3—钢

（3）蠕变强度和持久强度　蠕变强度指金属材料在某一温度下，蠕变量不超过一定限度时的最大允许应力；持久强度指金属材料在恒定温度下进行拉伸试验达到规定的时间而不断裂的最大应力。图 5-46 所示为铁素体球墨铸铁与铸钢的高温持久强度比较。表 5-26 列出了球墨铸铁在不同试验温度时的高温持久强度。

图 5-47 所示为硅的质量分数为 2.5%、镍的质量分数为 1.0% 的铁素体球墨铸铁在 370～650℃ 时应力与最小蠕变率的关系曲线，图 5-48 所示为珠光体球墨铸铁的应力与最小蠕变率的关系曲线。由图 5-47 和图 5-48 比较可知，在较高的最小蠕变率情况下，珠光体球墨铸铁的蠕变强度高于铁素体球墨铸铁，但

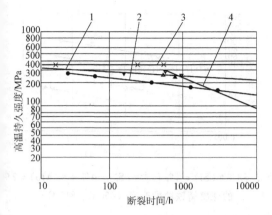

图 5-46　铁素体球墨铸铁与铸钢的高温持久强度比较

1—375℃，QT400-15 球墨铸铁　2—400℃，QT 400-15 球墨铸铁
3—375℃，ZG230-450 铸钢　4—400℃，ZG230-450 铸钢

表 5-26　球墨铸铁在不同试验温度时的高温持久强度

材料	常温力学性能，20℃		试验温度/℃	高温持久强度/MPa	
	抗拉强度 R_m/MPa	断后伸长率 A（%）		10^2h	10^3h
退火铁素体球墨铸铁	443.0	22	427	210.7	169.5
			538	68.3	51.5
			649	22.7	15.2
正火珠光体球墨铸铁	901.6	5	427	352.8	285.2
			538	115.2	62.2
			649	27.4	16.7
奥氏体球墨铸铁	429.2	35	427	277.3	236.2
			538	176.4	142.1
			649	81.8	60.8
			760	38.0	22.7

在较高温度时，珠光体分解，两者差别减小。添加质量分数为 0.8% Mo 的铁素体球墨铸铁在 425℃时的蠕变强度有明显改善。

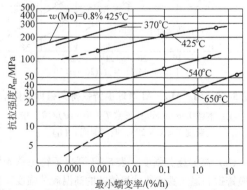

图 5-47　铁素体球墨铸铁的应力与最小蠕变率关系
370～650℃（对数坐标）

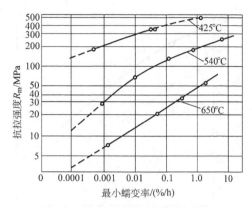

图 5-48　珠光体球墨铸铁的应力与最小蠕变率关系（对数坐标）

图 5-49 和图 5-50 所示为铁素体球墨铸铁和珠光体球墨铸铁的 Larson-Miller 图，它们表示高温蠕变、持久强度与温度、时间的函数关系。这些图表明，珠光体球墨铸铁在较低温度（小于 650℃）下比铁素体球墨铸铁具有更好的蠕变和持久强度。

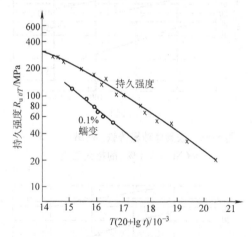

图 5-49　铁素体球墨铸铁在高温长时间条件下的蠕变和持久强度
Larson- Miller 图
T—热力学温度（K）　t—时间（h）（下同）

图中的 Larson- Miller 参数 T（$20+\lg t$）$\times 10^{-3}$ 是试验温度 T（单位为 K）与断裂时间 t（单位为 h）的函数，在基体组织不变的情况下，可根据短时高温持久强度推算出长时间持久强度，如图 5-55 所示。

图 5-51 和图 5-52 所示为铁素体和珠光体球墨铸铁的持久强度。珠光体球墨铸铁持久强度高于铁素体球墨铸铁，在 650℃珠光体呈粒状化以后，两者持久强度的差别减小。

在球墨铸铁中增加 Si 含量（质量分数达 4%）、

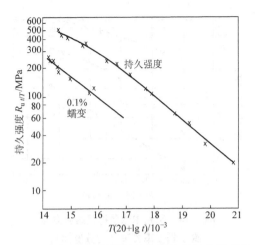

图 5-50　珠光体球墨铸铁在高温长时间条件下的
蠕变和持久强度 Larson-Miller 图

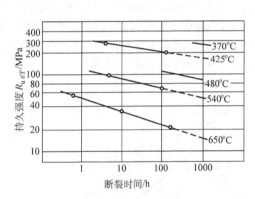

图 5-51　铁素体球墨铸铁[$w(Si)=2.5\%$；
$w(Ni)=1.0\%$]的持久强度

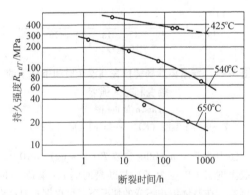

图 5-52　珠光体球墨铸铁的持久强度

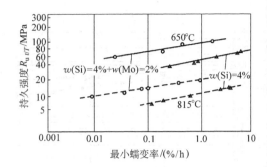

图 5-53　$w(Si)=4\%$和含$w(Si)=4\%+w(Mo)=2\%$
的球墨铸铁的蠕变率（650℃，815℃）

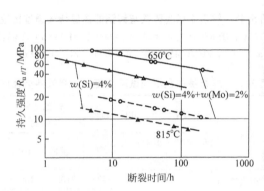

图 5-54　$w(Si)=4\%$和含$w(Si)=4\%+w(Mo)=2\%$
球墨铸铁的持久强度（650℃，815℃）

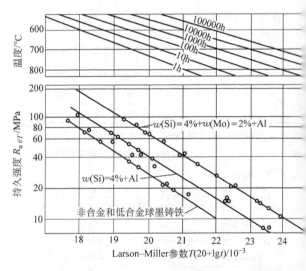

图 5-55　Si、Mo、Al 对球墨铸铁持久强度的影响

　注：本图 Larson-Miller 参数 $T(20+\lg t)/10^{-3}$ 中，
　　温度 $T=℃+273$，断裂时间 t（h）。

添加 Al、Mo 都可以提高蠕变强度和持久强度（见图
5-53～图5-55）。

　　图 5-55 用法举例：非合金和低合金球墨铸铁在
28MPa 应力情况下，在 590℃ 的持久时间可达
到1000h。

　　（4）高温疲劳强度　表5-27列出了铸态珠光体
球墨铸铁和退火铁素体球墨铸铁的高温疲劳强度，表
5-28列出了正火珠光体球墨铸铁的高温疲劳强度。

表 5-27　铸态珠光体球墨铸铁和退火铁素体球墨铸铁的高温疲劳强度

温度/℃	高温疲劳强度 S/MPa	
	铸态珠光体	退火铁素体
20	223.4	183.3
250	203.8	183.3
400	176.4	132.3
550	170.5	132.3

表 5-28　正火珠光体球墨铸铁的高温疲劳强度

温度/℃	20	100	200	300	400
高温疲劳强度 S/MPa	247.0	235.2	215.6	196	168.6

（5）热疲劳　图 5-56 所示为球墨铸铁与蠕墨铸铁、灰铸铁在 650℃ 和 20℃ 之间反复加热、冷却时，在平板试样两孔之间产生热疲劳性能（循环次数）的比较。试验表明，球墨铸铁，尤其是合金球墨铸铁具有较好的抗热疲劳性能。但由于球墨铸铁比灰铸铁具有较高的弹性模量和较低的热导率，所以在较激烈的急冷急热条件下，球墨铸铁的抗热疲劳性能将不如灰铸铁。热疲劳作用的严酷程度随温度的升高、温度间距的增大和加热及冷却速率的增大而增大。高的热导率、低的弹性模量、高的抗拉强度和断后伸长率有利于提高材料的热疲劳性能。

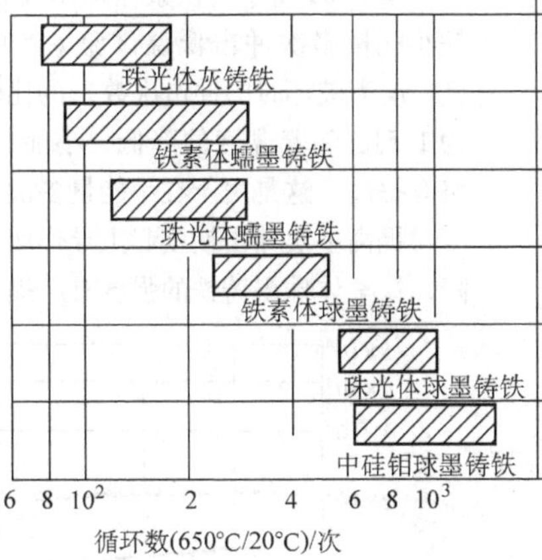

	化学成分(质量分数,%)					
	C	Si	Mn	P	Mg	其他
珠光体灰铸铁	2.96	2.90	0.78	0.066	—	Cr:0.12
铁素体蠕墨铸铁	3.52	2.61	0.25	0.051	0.015	—
珠光体蠕墨铸铁	3.52	2.25	0.40	0.054	0.015	Cu:1.47
铁素体球墨铸铁	3.67	2.55	0.13	0.060	0.030	—
珠光体球墨铸铁	3.60	2.34	0.50	0.053	0.030	Cu:0.54
中硅钼球墨铸铁	3.48	4.84	0.31	0.067	0.030	Mo:1.02

循环数(650℃/20℃)/次

图 5-56　球墨铸铁与蠕墨铸铁、灰铸铁热疲劳性能的比较

3. 低温性能

表 5-29 和图 5-57 是两组铁素体球墨铸铁和珠光体球墨铸铁的低温力学性能。随着温度的下降，球墨铸铁逐渐发生由韧性向脆性的转变，尤其是在脆性转变温度以下，冲击韧度急剧下降（见图 5-58 和图 5-59）。随着温度的降低，球墨铸铁的屈服强度提高，断后伸长率下降，对应力集中的敏感性明显增大，表现为屈服以后，变形量很小即断裂。因此，对于常温下断后伸长率较小的珠光体球墨铸铁，在低温下抗拉强度降低；对于常温下塑性与韧性良好的铁素体球墨铸铁，低温下抗拉强度提高。

表 5-29　$w(Si) = 2.1\%$、$w(P) = 0.09\%$ 球墨铸铁的低温力学性能

温度/℃	正火珠光体球墨铸铁		退火铁素体球墨铸铁	
	抗拉强度 R_m/MPa	断后伸长率 A（%）	抗拉强度 R_m/MPa	断后伸长率 A（%）
20	803.6	2	470.4	24

（续）

温度/℃	正火珠光体球墨铸铁		退火铁素体球墨铸铁	
	抗拉强度 R_m/MPa	断后伸长率 A（%）	抗拉强度 R_m/MPa	断后伸长率 A（%）
0	759.5	2	492.9	24
−25	744.8	1	515.5	24
−50	739.9	1	539.0	19
−75	744.8	1	554.7	13
−100	769.3	0.5	564.5	9
−125	784.0	0.5	548.8	5
−150	754.6	0.5	558.6	3
−196	700.7	0.5	627.2	0.5
−269	629.16	0	605.6	0

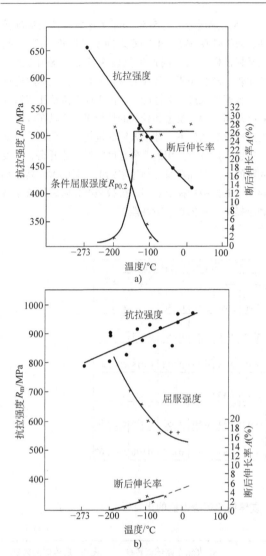

图 5-57　球墨铸铁低温力学性能

a）铁素体球墨铸铁　b）珠光体球墨铸铁

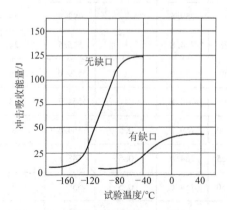

图 5-58　铁素体球墨铸铁有缺口及无缺口试样
冲击吸收能量-温度曲线

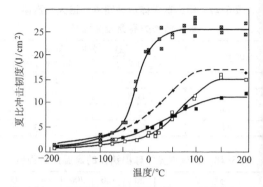

图 5-59　各种基体组织球墨铸铁的脆性转变温度

⊠—铁素体基体　◆—铁素体和珠光体基体

□—粒状珠光体基体　■—珠光体基体

图 5-60 所示为铁素体球墨铸铁与铁素体可锻铸铁小能量多次冲击低温试验 t-N 曲线（t 为试验温度，N 为破坏时的冲击次数）的比较，冲击吸收能量为 1.5J。随着温度的降低，小能量多次冲击韧度均略有提高，这是由于在小能量多次冲击的条件下，强度对提高多次冲击韧度起主导作用，而随着温度的下降，铁素体球墨铸铁的强度有所提高。

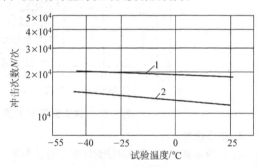

图 5-60　铁素体球墨铸铁与铁素体可锻铸铁小能量
多次冲击低温试验 t-N 曲线的比较

1—铁素体球墨铸铁　2—铁素体可锻铸铁

在低于 -40 ~ -253℃ 的极低温度下，推荐采用高镍奥氏体球墨铸铁。

4. 环境对拉伸性能的影响

在某些环境下经过一定的时间后，有些牌号的球墨铸铁的拉伸性能会有显著的下降。图 5-61 所示为不同硬度的球墨铸铁在水中浸泡 30 天后拉伸性能衰减的情况。

表 5-30 列出了表面喷涂锌或铝对珠光体球墨铸铁在水中及喷淋盐水的条件下屈服强度的影响。由表 5-30 可以看出，表面喷涂锌或铝对珠光体球墨铸铁在水和盐水喷淋的条件下的腐蚀疲劳有良好的保护作用。

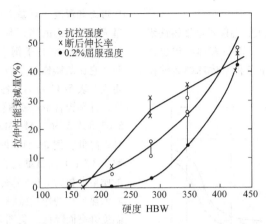

图 5-61 不同硬度的球墨铸铁在水中浸泡 30 天后拉伸性能衰减的情况

表 5-30 表面喷涂锌或铝对珠光体球墨铸铁在水中及喷淋盐水的条件下屈服强度的影响

表面处理	切削加工		喷涂锌		喷涂铝	
环境	屈服强度/MPa	屈服强度降低因子	屈服强度/MPa	屈服强度降低因子	屈服强度/MPa	屈服强度降低因子
空气	270	N/A	286	0.96	293	0.92
水	224	1.21	270	1	278	0.97
$w(NaCl)=3\%$盐水喷淋	46	5.83	278	0.97	270	1

5.3.2 物理性能

1. 密度

球墨铸铁的密度取决于含有的石墨量,其密度比钢低 8% ~ 12%。常温下,不同基体和成分的球墨铸铁密度见表 5-31。熔融状态下球墨铸铁的密度见表 5-32。增加石墨化元素,则促使密度减小;增加阻碍石墨化元素,则促使密度增加。镁、碳、硅含量对球墨铸铁密度的影响见表 5-33。

表 5-31 球墨铸铁的常温密度

材 料	密度/(g/cm³)
铁素体球墨铸铁	6.9 ~ 7.2
珠光体球墨铸铁	7.1 ~ 7.5
中硅耐热球墨铸铁[①]	7.10

① $w(Si)=4.5\% ~ 5.5\%$。

表 5-32 熔融状态下球墨铸铁的密度

温度/℃	1225	1250	1300	1335	1350	1375	1400	1415	注
密度/(g/cm³)	7.05	—	6.94	6.91	6.85	6.78	—	6.75	①
	—	6.90	6.87	—	6.83	—	6.80	—	②

① 化学成分(质量分数,%):C=3.44,Si=2.56,Mn=0.22,P=0.11。

② 化学成分(质量分数,%):C=3.3 ~ 3.6,Si=1.6 ~ 2.6,Mn=0.4 ~ 0.5。

表 5-33 镁、碳、硅含量对球墨铸铁密度的影响(质量分数) (%)

镁的影响			碳的影响					硅的影响				
Mg	C+1/3(Si+P)	密度/(g/cm³)	C	Si	C+1/3(Si+P)	Mg	密度/(g/cm³)	C	Si	C+1/3(Si+P)	Mg	密度/(g/cm³)
—	4.16	6.801	1.94	3.27	3.03	0.074	7.381	1.21	3.16	3.56	0.045	7.441
0.034	4.08	7.214	2.70	3.37	3.82	0.055	7.351	2.00	3.12	3.78	0.050	7.411
0.075	4.13	7.371	2.96	3.28	4.05	0.066	7.349	2.57	3.23	4.09	0.058	7.353
0.085	4.16	7.392	3.35	3.35	4.45	0.067	7.200	2.89	3.16	4.12	0.068	7.344
0.117	4.19	7.452	3.60	3.35	4.69	0.060	7.061	4.40	2.96	4.30	0.064	7.071

2. 线胀系数

线胀系数受温度的影响较大，温度对球墨铸铁线胀系数的影响如图5-62所示。此外，基体组织也会影响线胀系数，表5-34列出了各种基体球墨铸铁在各温度范围的线胀系数。

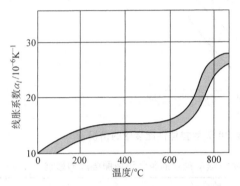

图5-62　温度对球墨铸铁线胀系数的影响

化学成分（质量分数，%）：C = 2.65 ~ 3.72，Si = 2.59 ~ 3.47，Mn = 0.24 ~ 0.59

表5-34　球墨铸铁线胀系数

（单位：$10^{-6} K^{-1}$）

温度范围 /℃	铁素体 球墨铸铁	珠光体 球墨铸铁	奥氏体 球墨铸铁[①]
20 ~ 100	11.5	11.5	—
20 ~ 200	11.7 ~ 11.8	11.8 ~ 12.6	4.19
20 ~ 300	—	12.6	
20 ~ 400	—	13.2	
20 ~ 500	—	13.4	
20 ~ 600	13.5	13.5	
20 ~ 700	—	13.8	

① $w(Ni) = 20\% ~ 26\%$。

3. 热导率

热导率取决于球墨铸铁的化学成分、组织、石墨形态和温度。石墨比基体组织的热导率大；石墨沿基面比沿棱面的热导率要大2个数量级。因此，球墨铸铁的热导率高于钢，但却低于灰铸铁。在100℃时，它比灰铸铁小20% ~ 30%；在高温时，则差别更大。表5-35列出了各种基体组织球墨铸铁的热导率。硅和镍含量对铁素体球墨铸铁热导率的影响见图5-63和表5-36。Al、Mn、P、Cu均使球墨铸铁的热导率降低。例如，Mn的质量分数为1.5%降低热导率3.3%；P的质量分数为1.0%降低热导率6%；Cu的质量分数为1.0%降低热导率5%。Cr、Mo、W、降低热导率的作用微弱。碳增加热导率，但热导率随温度升高而降低（见图5-64）。球化率降低，热导率提高（见图5-65）。在1300℃时，熔融态球墨铸铁的热导率为37.26W/(m·K)。

表5-35　球墨铸铁的热导率

材料	化学成分（质量分数，%）				热导率 /[W/(m·K)]	
	C	Si	Ni	Mg	100℃	400℃
铁素体球墨铸铁	3.52	2.05	0.05	0.066	38.89	38.14
珠光体球墨铸铁	3.22	2.44	1.35	0.056	31.06	30.06
奥氏体球墨铸铁	2.95	1.85	20.7	0.12	19.05	18.29

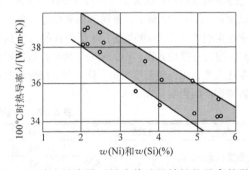

图5-63　硅和镍含量对铁素体球墨铸铁热导率的影响

表5-36　硅含量对球墨铸铁的热导率的影响

编号	化学成分（质量分数，%）							基体组织（体积分数，%）			石墨尺寸 /10^{-2}mm	热导率 /[W/(m·K)]
	Si	C	Mn	S	P	Mg	Ni	珠光体	铁素体	石墨		
1	1.12	3.57	0.33	0.004	0.035	0.06	1.33	61	30	9	4.71	37.67
2	2.27	3.56	0.33	0.010	0.025	0.06	1.30	40	50	10	3.07	37.17
3	3.52	3.47	0.29	0.012	0.030	0.06	1.30	35	55	9	2.44	36.21
4	4.34	3.36	0.40	0.010	0.030	0.06	1.23	5	85	10	2.06	35.16
5	2.28	3.33	0.50	0.010	0.055	0.06	1.12	85	5	10	4.44	35.67

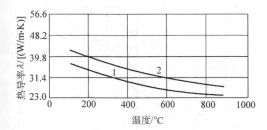

图 5-64　温度和碳含量对球墨铸铁热导率的影响
1—$w(C) = 2.52\%$　2—$w(C) = 4.12\%$

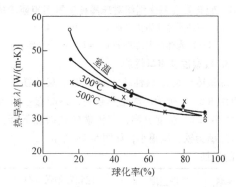

图 5-65　球化率对铁素体球墨铸铁热导率的影响
注：化学成分（质量分数，%）为 C = 3.35 ~ 3.65，
Si = 1.81 ~ 2.20。

4. 比热容

球墨铸铁的比热容与灰铸铁大体相同，常温下为 500 ~ 700J/(kg·K)，一般取 544J/(kg·K)。温度升高使比热容增大，碳含量增加也使比热容增大，如图 5-66 所示。图中对应的化学成分和基体组织见表 5-37。液态球墨铸铁的比热容列于表 5-38。非合金化的球墨铸铁比热容与温度的关系见表 5-39。

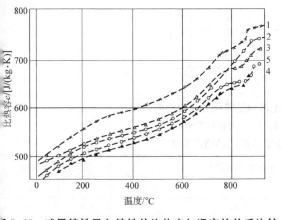

图 5-66　球墨铸铁及灰铸铁的比热容与温度的关系比较
（化学成分和基体组织见表 5-36）

表 5-37　图 5-66 中的铸铁的化学成分和基体组织

编号	石墨形态	基体组织（体积分数，%）		化学成分（质量分数，%）		
		珠光体	铁素体	C	Si	Mn
1	球状 + 片状	50	50	3.72	2.60	0.24
2	球状 + φ（片状）5%	10	90	3.05	3.47	0.59
3	球状	25	75	2.65	2.59	0.28
4	片状	20	80	3.45	2.65	0.29
5	片状	20	80	3.30	2.63	0.26

表 5-38　液态球墨铸铁的比热容

温度/℃	1200	1300	1350
比热容 c/[J/(kg·K)]	917	913	963

表 5-39　非合金化的球墨铸铁比热容与温度的关系

温度/℃	比热容/[J/(kg·K)]
20 ~ 200	461
20 ~ 300	494
20 ~ 400	507
20 ~ 500	515
20 ~ 600	536
20 ~ 700	603

5. 熔化潜热

球墨铸铁的熔化潜热与普通灰铸铁相当，一般为 209 ~ 230J/g。

6. 电阻率

球墨铸铁的电阻率低于灰铸铁，高于可锻铸铁。铁素体球墨铸铁的电阻率略低于珠光体球墨铸铁，见表 5-40。

表 5-40　球墨铸铁的电阻率

材料	化学成分（质量分数，%）				电阻率 /$10^{-8}\Omega \cdot m$
	C	Si	Mn	P	
铁素体球墨铸铁	3.60	2.40	0.50	0.087	55
珠光体球墨铸铁	3.62	2.40	0.50	0.087	59

温度升高使电阻率增加（见图 5-67）。碳、硅含量增加，电阻率增大。硅含量及基体组织对球墨铸铁室温（电阻率的影响如图 5-68 所示。质量分数为 0.5% ~ 1.0% 的 Al、Mn、Ni 略降低电阻率；Al、Mn 的质量分数超过 1% 或 Ni 的质量分数超过 3% 时使电阻率增大。

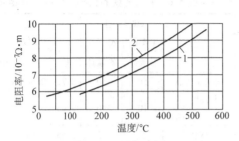

图 5-67　温度对球墨铸铁电阻率的影响

1—铁素体球墨铸铁　2—珠光体球墨铸铁

7. 磁性

球墨铸铁的磁性见表 5-41。图 5-69 和表 5-42 显示的是 5 种铁素体球墨铸铁和两种珠光体球墨铸铁的磁化曲线、化学成分和磁滞损失。从图表中可见，与珠光体球墨铸铁相比，铁素体球墨铸铁的磁导率和磁感应强度较大，矫顽力和磁滞损失较小。表 5-43 列出了某些元素对球墨铸铁磁性的影响。

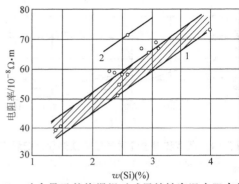

图 5-68　硅含量及基体组织对球墨铸铁室温电阻率的影响

1—铁素体球墨铸铁 $w(C) = 2.9\% \sim 4.1\%$
2—珠光体球墨铸铁 $w(C) = 2.8\% \sim 3.6\%$

8. 减振性及声学性能

球墨铸铁的减振性优于钢，劣于灰铸铁，如图 5-70 和图 5-71 所示。球化率越高，则减振性越不好（见图 5-72）。温度升高，灰铸铁的减振性下降，但是对球墨铸铁影响很小，如图 5-73 所示。

表 5-41　球墨铸铁的磁性

材　料	矫顽力 $H_c/(A/m)$	剩磁 B_r/T	最大磁导率 $\mu/(\mu H/m)$	磁场强度 $H/(A/m)$	饱和磁感强度/T	
					$H = 5968A/m$	$H = 7162A/m$
铁素体球墨铸铁	191	0.51	1.76	437.3	1.61	1.91
珠光体球墨铸铁[①]	716	0.80	0.69	1114	1.85	4.93

① 化学成分（质量分数，%）：C = 3.6，Si = 2.5，Mn = 0.6，P = 0.08，S = 0.009。

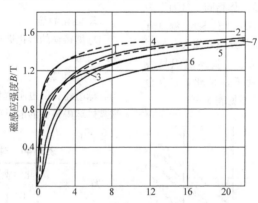

图 5-69　铁素体球墨铸铁与珠光体球墨铸铁磁化曲线的比较

1~5—铁素体球墨铸铁　6、7—珠光体球墨铸铁

表 5-42　图 5-69 的球墨铸铁成分和磁滞损失

材　料		铁素体球墨铸铁					珠光体球墨铸铁	
图中件号		1	2	3	4	5	6	7
化学成分（质量分数，%）	总碳量	3.64	3.3	2.84	—	3.3	2.90	—
	化合碳量	0.06	0	0.19	—	—	0.7	0.72
	Si	1.41	2.4	2.61	3.1	2.4	2.61	3.1
	Ni	0.03	0.7	2.23	—	0.7	2.18	—

（续）

材　料			铁素体球墨铸铁					珠光体球墨铸铁	
图中件号			1	2	3	4	5	6	7
磁滞损耗 $[J/(m^3 \cdot Hz)]$	磁感应强度为下列值时	1.00T	448	—	729	544.6	—	3250.7	1985.6
		1.21T	—	—	—	—	2974.2	—	—
		1.31T	—	735.6	—	—	—	—	—
		1.50T	—	—	—	687.3	—	—	3233.2

表 5-43　某些元素对球墨铸铁磁性的影响

磁性	C	Si	Mn	Cr	Ni	Cu
饱和磁感	−	−	−	−	○	○
磁导率	−	+	−	−	−	−
矫顽力	+	○	+	+	○	○
剩磁	+	○	−	−	○	○
磁滞损耗	+	−	+	+	+	+

注：+增加，−减少，○无影响。

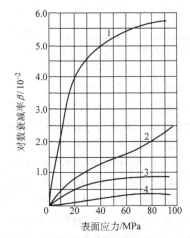

图 5-70　珠光体球墨铸铁的减振性及其与其他钢铁材料的比较

灰铸铁　2—合金灰铸铁　3—珠光体球墨铸铁　4—45 正火钢

注：纵坐标为对数衰减率，即相邻振幅比值的对数。

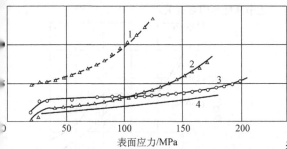

图 5-71　铁素体和珠光体球墨铸铁的减振性及其与其他钢铁材料的比较

1—灰铸铁　2—珠光体球墨铸铁　3—铁素体球墨铸铁
4—低碳钢 $v(C) = 0.08\%$

注：纵坐标为振动一个周期所吸收的能量与原有能量的比值。

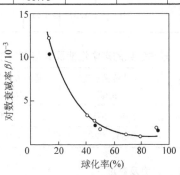

图 5-72　铁素体球墨铸铁减振性与球化率的关系

○—应变振幅 10^{-5}　●—应变振幅 10^{-6}

注：$w(C) = 3.35\% \sim 3.65\%$，$w(Si) = 1.84\% \sim 2.20\%$。

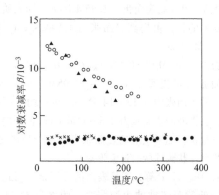

图 5-73　铁素体球墨铸铁减振性与温度的关系

○—灰铸铁 $w(C) = 3.51\%$　$w(Si) = 1.94\%$

▲—细共晶石墨铸铁　●—球墨铸铁
$w(C) = 3.65\%$　$w(Si) = 2.20\%$

×—蠕墨铸铁 $w(C) = 3.54\%$　$w(Si) = 1.84\%$

　　表 5-44 列出了球墨铸铁的弹性性能及其与钢、灰铸铁的比较。球墨铸铁的弹性模量高于灰铸铁，因此它的声波和超声波传播速度、固有频率都高于灰铸铁（见表 5-45）。

表 5-44　球墨铸铁的弹性性能及其与钢、灰铸铁的比较

材　料	球墨铸铁 156~241HBW	冷轧钢 纵向	冷轧钢 横向	灰铸铁 $R_m \approx 210MPa$
弹性模量 /GPa	172.38	210.63	211.79	122.11

（续）

材　料	球墨铸铁 156~241HBW	冷轧钢 纵向	冷轧钢 横向	灰铸铁 $R_m \approx 210MPa$
切变模量 /GPa	67.18	82.06	81.54	48.67
泊松比	0.283	0.283	0.299	0.254
对数衰减率 $\beta/10^{-4}$	8.316	1.31	1.23	68.67

表 5-45　球墨铸铁的声学性能及其与灰铸铁的比较

材　料	声波传播速度 /(m/s)	超声波传播速度 /(m/s)
球墨铸铁	5640~5735	5700
灰铸铁	3660~4800	<5000

9. 表面张力及黏度

铁液的表面张力为 9.5~9.9MN/cm，碳与铁的界面张力为 9.0MN/cm。在硫的质量分数为 0.1% 时，铁液的表面张力降至 8.0MN/cm；加入质量分数为 0.1 的钙，可提高表面张力 1.45MN/cm；加入质量分数为 0.1 的钛，可提高表面张力 1.54MN/cm；硅可提高 2.7MN/cm。

加入镁 [$w(Mg)=0.5\%$] 进行球化处理后，铁液的表面张力可提高至 12.95~13.95MN/cm。因此，当铁液的表面张力在 13~14MN/cm 范围内，石墨呈球状；当铁液的表面张力在 8~11MN/cm 范围内，则石墨呈片状；如果铁液的表面张力在两个范围之间，则石墨呈片状到球状的过渡形态。

S、Te、T、P 等元素是表面活性元素，因此它们都能降低球墨铸铁的表面张力。脱氧元素 Al、Si、Mg、Ca、V 等，均能在一定范围内提高球墨铸铁的表面张力。

黏度是流动性的倒数。金属液的黏度越大，则其流动性就越差。球墨铸铁在 1500℃ 时的黏度为 4.5~5.2mPa·s。

表面张力与黏度均是温度的函数，温度升高，则球墨铸铁的表面张力与黏度均相应降低。

5.3.3　工艺性能

1. 铸造性能

（1）流动性　球墨铸铁的流动性优于高牌号的灰铸铁，但低于相同碳当量的灰铸铁；添加稀土可改善流动性，见表 5-46 和表 5-47。球化元素使球墨铸铁的共晶点右移，因而，球墨铸铁碳当量质量分数为 4.6%~4.7% 时，流动性最好。

表 5-46　球墨铸铁的流动性及其与灰铸铁的比较

材　料	灰铸铁	稀土镁球墨铸铁	镁球墨铸铁
碳当量 （质量分数,%）	4.0	4.6~4.7	
浇注温度/℃	1295	1270	1260	1250
螺旋试样长度/mm	380	1107	1106	750

表 5-47　相同碳当量的灰铸铁与球墨铸铁流动性比

材料	化学成分（质量分数,%） C	Si	Mn	P	S	浇注温度/℃	螺旋试样长度/mm
灰铸铁	3.62	1.85	0.27	0.064	0.035	1296	978
						1247	684
球墨铸铁[1]	3.62	1.91	0.27	0.064	0.027	1338	980
						1296	660
						1280	410

[1] 球墨铸铁中，$w(Cu)=0.4\%$，$w(Mg)=0.052\%$，$w(RE)=0.043\%$。

（2）收缩倾向　与灰铸铁相比，球墨铸铁过冷度大，共晶凝固时间长（见图 5-74），共晶团数量多（是灰铸铁的 50~200 倍），趋向于呈固-液共存的粥状凝固。在凝固初始的一段时间内，凝固层增长慢（见图 5-75）。石墨析出引起的体积膨胀向铸型壁传递，表现为凝固膨胀压力较大，湿砂型时为 0.29~0.69MPa，刚性铸型时为 3.95~4.93MPa。球墨铸铁的凝固膨胀量大于灰铸铁，如图 5-76 所示。灰铸铁在共晶度 $S_c=1$（碳当量的质量分数为 4.3%）时凝固膨胀量最大；球墨铸铁在共晶度 $S_c \approx 1.1$（碳当量的质量分数为 4.6%）时凝固膨胀量最大。由此可知，球墨铸铁件易产生缩孔、缩松和尺寸增大。缩孔、缩松的体积与碳当量、铸型刚度、浇注温度和球化率高低等因素有关。

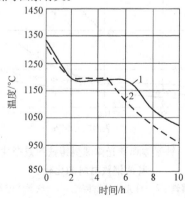

图 5-74　相同成分球墨铸铁和灰铸铁的冷却曲线
1—球墨铸铁　2—灰铸铁

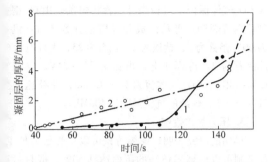

图 5-75　球墨铸铁与灰铸铁的凝固层增长速度
（自 ϕ80mm/ϕ40mm 圆筒内表面测定）
1—球墨铸铁　2—灰铸铁

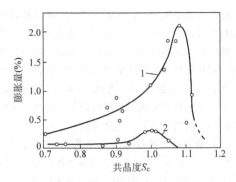

图 5-76　球墨铸铁的共晶度对凝固膨胀量的
影响及其与灰铸铁的比较
1—球墨铸铁　2—灰铸铁

球墨铸铁的自由线收缩及其与灰铸铁、铸钢的比较见表 5-48 和图 5-77。

表 5-48　球墨铸铁的自由线收缩及其与灰铸铁、铸钢的比较

合金种类	自由线收缩（%）					受阻收缩（%）
	收缩前膨胀	珠光体前收缩	共析膨胀	珠光体后收缩	总收缩	
灰铸铁	0～0.3	0～0.4	0.1	0.94～1.06	0.7～1.3	0.8～1.0
球墨铸铁	0.4～0.94	0.3～0.6	0～0.03	0.14～1.00	0.6～1.2	0.7～1.0
未孕育球墨铸铁	0	0.7～1.35	0	0.92～1.01	1.6～2.3	1.5～1.8
碳钢	0	1.06～1.47	0～0.011	1.9～1.07	2.03～2.4	1.8～2.0

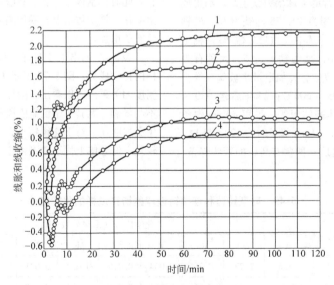

图 5-77　自由线收缩曲线
正值—收缩　负值—膨胀
1—碳钢　2—未孕育球墨铸铁　3—灰铸铁　4—孕育后球墨铸铁

（3）裂纹倾向

球墨铸铁的铸造应力是灰铸铁的 2～3 倍，与铸钢相近。在一定条件下分别测得的铸造应力为：球墨铸铁 39.2～108MPa，灰铸铁 19.6～49MPa，铸钢 49～108MPa。因此，球墨铸铁具有冷裂倾向。

2. 焊补性能

球墨铸铁不能焊接,只能焊补。当球墨铸铁中的镁和稀土含量较高时,在焊缝和近缝区易产生白口或马氏体组织,形成内应力和裂纹;当镁和稀土含量不足时,则在焊缝和近缝区呈现灰铸铁组织,石墨呈片状,致使力学性能降低。为此,GB/T 10044—2006规定了适用于球墨铸铁焊补用的焊条。此外,可根据铸件焊补要求选择下列焊条及焊接工艺:

(1) 普通球墨铸铁焊条及工艺　焊芯成分(质量分数,%):C = 3.0 ~ 3.6, Si = 2.0 ~ 3.0, Mn = 0.4 ~ 0.8, P≤0.1, S≤0.03, Mg = 0.10 ~ 0.14。

药皮成分(质量分数,%):石墨为85,硅铁粉为15,外加水玻璃为30 ~ 35。水玻璃成分(质量分数,%):SiO_2为30.5 ~ 32.5, K_2O为13.5 ~ 15.5, Na_2O为3.2 ~ 4.5, S≤0.04, P≤0.04。水玻璃的密度为1.56 ~ 1.59g/cm^3,模数为2.4 ~ 2.6。

焊补工艺:将铸件预热至600 ~ 700℃,清除氧化皮后用交流或直流电焊机,电流为150 ~ 230A。铸件温度为350 ~ 700℃时进行焊补。焊补后,在900 ~ 920℃保温2.5h后炉冷至730 ~ 750℃空冷。由此,可获得高强度珠光体基体球墨铸铁焊缝。

(2) 低碳钢芯球墨铸铁用焊条　药皮中含有球化剂和孕育剂,以保证焊缝为球墨铸铁组织。药皮成分(质量分数,%):石墨为30,75硅铁为10,硅钙为10,稀土镁硅铁合金〔其中(质量分数,%)稀土为8,镁为19,硅为40,余为铁〕为5,大理石为23,氟石为15,碳酸钡为7,另加适量水玻璃。焊补前,将铸件预热至505 ~ 600℃;焊补后经920 ~ 950℃退火,得到铁素体基体组织。采用φ5mm焊条时的电流为180 ~ 220A;φ4mm焊条时为120 ~ 150A。

(3) 含钒焊条　这是一种含有高钒的管状焊条,在CO_2气体保护下进行焊补。管状焊条是由08钢制后内装焊药。焊药的成分(质量分数,%):钒铁为60,铝铁为7,钛铁为2,氟石为23,大理石为冰晶石为2。冷焊工艺:电压为22 ~ 24V,电流120 ~ 140A,CO_2气体流量为12L/min,焊补速度11 ~ 13m/h,焊缝的抗拉强度达400MPa。

3. 压力加工性能

早期的研究表明,球墨铸铁可以承受压力加工如轧制可以使球墨铸铁的压缩达到50%,锻打可到60%。对球墨铸铁压力加工性能的进一步研究果表明,球墨铸铁的最大变形量与压力加工的速度有关。

随着水平连续铸造铸铁型材技术的发展,可以得具有石墨细小圆整、组织致密、成分偏析小的球墨铸铁棒材,它有利于高温塑性变形,因而可得到高78%的压缩变形率。

连续铸造球墨铸铁棒材,在900 ~ 1050℃范围内可以经受多方向反复自由锻造,可以模锻成球,并在一定的工艺条件下(如棒材直径在60mm以下)也可轧制成球。

但要注意的是,球墨铸铁经压力加工后,石墨变成细条状,并且变形量越大,则石墨就被压缩得越扁长。此时,基体组织随着石墨形状的变化也会相应发生变化,铁素体沿着石墨周围分布变成条状,并且数量有所增加。

表5-49列出了砂型铸造和连续铸造球墨铸铁试样的化学成分,图5-78所示为它们各自的变形率与温度的关系。可以看出,附加合金元素对锻造性能有不利影响,尤其对于低温阶段和砂型铸造,其不利作用更加明显。对于连续铸造,当低于900℃时,塑性较差,但总体上优于砂型铸造。

表 5-49　砂型铸造和连续铸造球墨铸铁试样的化学成分

试样编号	工艺	化学成分(质量分数,%)									
		C	Si	Mn	P	S	Mg	Re	Mo	Cu	Ni
A	连续铸造	3.6	2.77	0.78	0.054	0.019	0.032	0.021	—	—	—
C		3.36	2.89	0.61	0.051	0.015	0.041	0.007	0.53	1.05	—
D		3.32	4.28	0.61	0.057	0.009	0.041	0.019	0.49	0.96	—
R_2	砂型铸造	3.74	2.92	0.44	0.053	0.010	0.053	0.053	0.38	0.87	—
R_3		3.75	2.79	0.27	0.041	0.007	0.052	0.050			
R_5		3.75	3.05	0.26	0.054	0.012	0.056	0.093	0.71	0.96	0.63

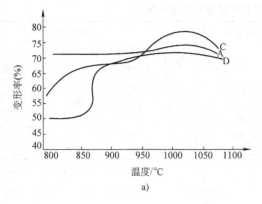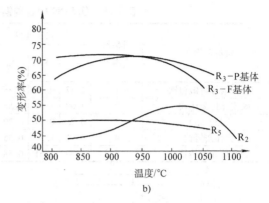

图 5-78　变形率与温度的关系

a）水平连续铸造试样　b）砂型铸造试样

图 5-79 所示为不同铸造工艺生产的球墨铸铁试样的高温力学性能。由图 5-79 可知，随着温度升高，~~强~~度降低，即变形抗力减小；断后伸长率则随温度的~~升~~高呈增加趋势，而温度过高，塑性将会降低，对比~~成~~分相当的 C 试样和 R 试样，连续铸造试样的变形~~抗~~力比砂型铸造小，而断后伸长率则高于砂型铸造试~~样~~。由此表明，连续铸造的材质更有利于进行塑性变~~形~~，进行压力加工。

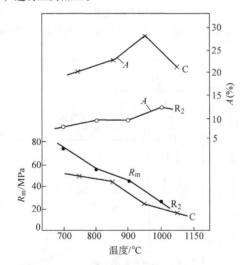

**图 5-79　不同铸造工艺生产的球墨铸铁试样的
高温力学性能**

4. 切削性能

切削加工性能并不是材料的固有性能。它是工件与在不同的条件下（切削速度）及不同的润滑情况的切削装置之间复杂的相互作用的结果。因此，切削加工性能是用试验来确定的，而且其结果只能适用于类似的条件下。通常，切削加工性能侧重于确定切削速度与刀具寿命之间的关系，因为这一关系直接影响切削工具的生产率和切削加工的成本。

球墨铸铁含有体积分数约为 10% 的球状石墨，起切削润滑作用，因而切削阻力低于钢，切削速度较高，见图 5-80 和表 5-50。球墨铸铁的切削速度与切削温度的关系如图 5-81 所示，珠光体增多使切削性能下降见图 5-82，铁素体球墨铸铁的切削速度与切削力的关系如图 5-83 所示。用硬质合金刀具切削铁素体球墨铸铁，当切削速度达到某一临界速度时，刀具后面产生黏着现象。黏着物中含有高硬度的碳化物和马氏体组织，致使切削力增大并发生振动，加工表面质量恶化。为防止此现象的发生，可采用含钛硬质合金刀具或陶瓷刀具，适当增大刀具后角或使用切削液。球墨铸铁中的自由碳化物对切削加工性能的影响如图 5-84 所示。

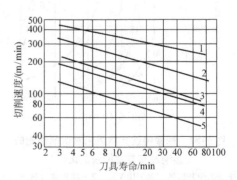

**图 5-80　球墨铸铁的切削速度与刀具寿命的关系
及其与其他钢铁材料的比较**

1—黑心铁素体可锻铸铁　2—铁素体球墨铸铁
3—ZG230-450　4—珠光体灰铸铁
5—珠光体球墨铸铁

表 5-50　图 5-80 中各种钢铁材料的成分和力学性能

材料名称	图 5-80 中编号	化学成分（质量分数，%）						力学性能		
		C	Si	Mn	S	Cr	Mg	抗拉强度 R_m/MPa	断后伸长率 A（%）	硬度 HBW
黑心铁素体可锻铸铁	1	2.47	0.98	0.36	0.107	0.029	—	345	15.1	116
铁素体球墨铸铁	2	4.00	2.51	0.58	0.017	—	0.053	479	20.3	143
ZG 230-450	3	0.25	0.45	0.72	0.02	—	—	467	23.7	128
珠光体灰铸铁	4	3.91	1.80	0.55	0.028	—	—	286	—	149
珠光体球墨铸铁	5	4.00	2.51	0.58	0.017	—	0.053	581	2.5	241

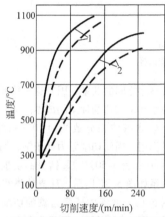

图 5-81　球墨铸铁的切削速度与切削温度的关系

1—珠光体球墨铸铁 $[w(Cr)=2.41\%，35HBW]$

2—铁素体球墨铸铁（187HBW）

——背吃刀量为 2mm，进给量为 0.4mm/r

----背吃刀量为 2mm，进给量为 0.2mm/r

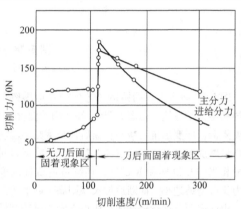

图 5-83　铁素体球墨铸铁的切削速度与切削力的关系

注：硬质合金刀，背吃刀量为 2.54mm，进给量为 0.254mm/r

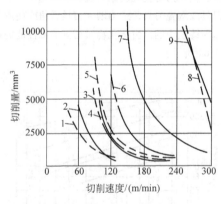

图 5-82　球墨铸铁基体组织对切削性能的影响及其与灰铸铁的比较

1—针状组织灰铸铁（263HBW）　2—珠光体（体积分数为 80%）球墨铸铁（265HBW）

3—珠光体灰铸铁（225HBW）　4—珠光体（体积分数为 50%）+铁素体球墨铸铁（215HBW）

5—粗片珠光体灰铸铁（195HBW）　6—铁素体+珠光体（体积分数为 40%）球墨铸铁（207HBW）

7—铁素体球墨铸铁（183HBW）　8—铁素体灰铸铁（100HBW）　9—铁素体球墨铸铁（170HBW）

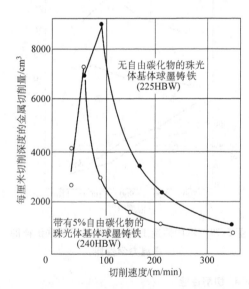

图 5-84　球墨铸铁中的自由碳化物对切削加工性能的影响

5.3.4　使用性能

1. 耐热性

球墨铸铁中的球状石墨彼此分隔，与片状石墨的铸铁相比，阻碍了氧在高温下的扩散。因此，球墨铸铁的抗氧化性和抗生长性优于灰铸铁。表5-51 列了球墨铸铁的抗氧化性、抗生长性及其与灰铸铁的较。

表5-51　球墨铸铁的抗氧化性、抗生长性及其与灰铸铁的比较

材　料	氧化速度 /[g/(m²·h)]		生长率（%）	
	300℃	600℃	300℃	600℃
孕育灰铸铁	0.038	3.91	0.13	0.69
合金灰铸铁	0.023	3.28	1.05	0.39
球墨铸铁	0.015	2.41	0.03	0.31

球墨铸铁在815℃流动空气中500h 的高温氧化验结果见表5-52。

表5-52　球墨铸铁在815℃流动空气中500h 的高温氧化试验结果

材料	合金元素（质量分数，%）					氧化净增重① /(mg/cm²)	氧化层深度 /mm
	Si	Al	Ni	Cr	Mo		
铁素体球墨铸铁	2.8					119.9	0.47
	4.0	0.8				6.3	0.09
	4.2	0.6			1.9	22.8	0.15
	3.8	1.0			2.0	15.2	0.15
	4.0	0.9			2.0	6.2	0.07
奥氏体球墨铸铁	2.5	—	22.5	0.4		81.6	0.61
	5.5	—	30.0	5.0		7.2	0.04
	2.2	—	35.0	2.5		30.0	0.24
灰铸铁	2.0	—		0.14		217.2	0.90

①　氧化净增重：氧化增重减去脱碳损失。

图5-85 所示为球墨铸铁与灰铸铁高温生长性的比较及铬钼含量对生长性的影响。图5-86 所示为球墨铸铁在250~500℃的氧化增重情况。

铁素体球墨铸铁的高温抗生长性优于珠光体球墨铸铁。在低于450℃时，球墨铸铁中的珠光体稳定存在；高于450℃时，珠光体粒状化，温度继续升高，则因石墨化引起体积膨胀。

提高硅含量或铝含量可改善球墨铸铁的抗氧化性及耐热性（见图5-87 和图5-88）；反复加热时，提高硅含量将改善共析温度以下的抗生长率（见图5-89）。

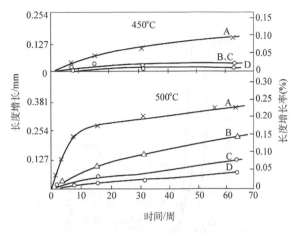

图5-85　球墨铸铁与灰铸铁高温生长性的比较及铬钼含量对生长性的影响

A—未处理的灰铸铁　B—灰铸铁 A 加 $w(Cr)=0.3\%$
C—与灰铸铁 B 成分相同的球墨铸铁含 $w(Cr)=0.3\%$
D—球墨铸铁 C 中再加 $w(Mo)=0.45\%$

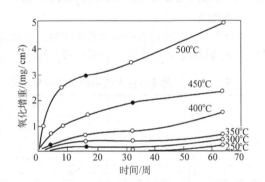

图5-86　球墨铸铁在250~500℃的氧化增重情况

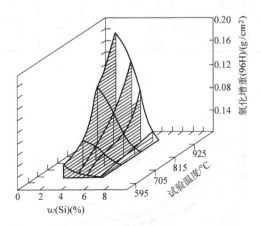

图5-87　硅含量对球墨铸铁高温（650~950℃）抗氧化性（增量）的影响

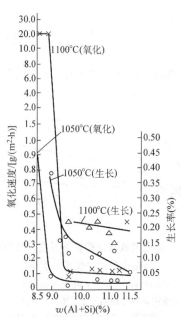

图 5-88　硅铝总含量对稀土镁球墨铸铁耐热性的影响

2. 耐蚀性

在大气中，球墨铸铁的耐蚀性优于钢，与灰铸铁、可锻铸铁相近，见表 5-53 和图 5-90。图 5-91 所

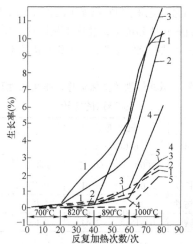

图 5-89　硅含量对反复加热球墨铸铁和灰铸铁抗生长率的影响（每次加热 30min）

实线—灰铸铁　虚线—球墨铸铁

曲线号	1	2	3	4	5
w（C）（%）	3.51	3.29	3.16	2.93	2.44
w（Si）（%）	2.61	3.22	4.01	4.95	5.94

示为球墨铸铁海滨大气腐蚀试验的结果，其耐蚀性优于含铜（质量分数为 0.2%）的钢。

表 5-53　球墨铸铁在大气中的腐蚀速度及其与其他钢铁材料的比较　　　　［单位：mg/（dm^2·d）］

材料		郊区	城　市			工　业　区				矿　区	
			1	2	3	1	2	3	4	1	2
熟　铁		—	25	—	—	—	15~19	—	—	—	—
钢		10	—	12	—	34	24~32	—	—	36	27
灰铸铁		—	14~21	—	—	32	11~12	—	—	6	—
白口铸铁		—	1~3	—	—	13	—	—	—	—	—
可锻铸铁	铁素体	6~7	—	21	49	10~19	—	33~56	—	—	9~12
	珠光体	5	—	—	—	11	—	—	—	—	10
球墨铸铁	铁素体	9	—	—	—	12	—	—	—	—	16
	珠光体	6	—	—	—	13	—	—	—	9	10

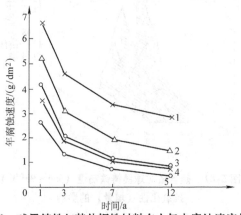

图 5-90　球墨铸铁与其他钢铁材料在大气中腐蚀速度的比较

1—AlSi1020 钢　2—含铜轧钢板　3—球墨铸铁
4—可锻铸铁　5—含铜可锻铸铁

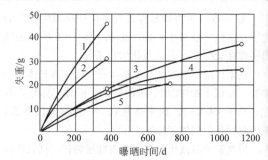

图 5-91　球墨铸铁海滨大气腐蚀试验结果及其与其他钢铁材料的比较

试样（100mm×150mm）离海洋 24m 的海滩上
1—Cu 的质量分数为 0.02% 的钢　2—Cu 的质量分数为 0.2% 的钢　3—球墨铸铁　4—灰铸铁　5—低合金高强度钢

球墨铸铁在海水或淡水中,尤其是在流动水中的蚀性优于低碳钢,与灰铸铁相近,见表 5-54 和表 55。在高流速(80m/s)和高温(90℃)水中,球铸铁的耐蚀性优于灰铸铁。

表 5-54 球墨铸铁在海水中的腐蚀速度及其与其他钢铁材料的比较

[单位:g/(m² · d)]

地 点	英国	德国	法国	美国	人造海水
试验周期	2a	0.5a	380d	3a	220d
珠光体球墨铸铁	—	1.0		5.5	1.4
铁素体球墨铸铁	—	2.1	1.6		0.5
钢		4.4	2.4		1.6
灰铸铁	1.2	1.7	1.7	1.6	0.6
白口铸铁	—				0.65
可锻铸铁	1.6				0.9

表 5-55 球墨铸铁在各种水中的腐蚀速度及其与灰铸铁、钢的比较

[单位:mg/(cm² · d)]

材 料	通入气体的水			平静的蒸馏水
	天然海水	人造海水	蒸馏水	
球墨铸铁	15.3	15.8	19.1	6.1
Ni 质量分数为 1.5% 的球墨铸铁	15.6	15.6	18.9	5.9
灰铸铁	17.0	19.4	19.3	6.2
低碳钢	23.5	25.4	24.5	7.5

注:腐蚀周期为 380d。

球墨铸铁在土壤中的耐蚀性远优于钢,与灰铸铁相近。表 5-56 列出了 ϕ150mm 球墨铸铁管的土壤腐蚀及其与灰铸铁管的比较。由表 5-56 可知,两者的平均质量损失相近,球墨铸铁抗点蚀能力略强,但球墨铸铁管经腐蚀后的强度损失则远远小于灰铸铁管。

表 5-56 ϕ150mm 球墨铸铁管的土壤腐蚀及其与灰铸铁管的比较

土 壤	埋入年限 /a	平均质量损失/[mg/(dm² · d)]		平均最深点蚀/(mm/a)		平均破裂强度损失(%)	
		球墨铸铁管	灰铸铁管	球墨铸铁管	灰铸铁管	球墨铸铁管	灰铸铁管
炉渣土	3.7	12.2	10.6	0.889	0.889	<10	20
	5.9	15.9	16.0	0.813	0.813	<10	30
	7.9	12.5	13.8	0.686	0.711	<10	31
	9.4	10.6	11.7	0.457	0.559	<10	27
	13.5	9.3	11.3	0.279	0.508	<15	40
碱性土	3.7	7.2	5.4	0.559	0.406	<10	10
	6.0	4.3	3.2	0.330	0.254	<10	10
	8.0	3.2	2.3	0.254	0.356	<10	24
	9.9	2.3	1.6	0.254	0.229	<15	42
	12.0	2.6	2.2	0.203	0.254	<15	41
	14.0	2.4	1.9	0.229	0.330	<9	39

注:铸铁管成分(质量分数,%)   C   Si   Mn   P   S   Mg
球墨铸铁   3.40 2.40 0.30 0.05 0.01 0.04
灰铸铁   3.40 1.50 0.50 0.60 0.08 —

球墨铸铁在室温体积分数为 0.5% 的硫酸溶液中的耐蚀性与灰铸铁基本相同。在开始阶段,球墨铸铁的腐蚀速度低于灰铸铁,但在灰铸铁表面形成石墨化层后腐蚀速度下降,而球墨铸铁则无这种下降倾向,因而在后期高于灰铸铁,如图 5-92 所示。

球墨铸铁和灰铸铁在碱性溶液中的耐蚀性良好,与钢近似。在稀释的碱性溶液中无明显腐蚀,在体积分数大于 30% 的热碱溶液中被腐蚀。在温度低于 30℃、体积分数不超过 70% 的碱性溶液中,其腐蚀速

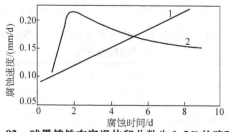

图 5-92 球墨铸铁在室温体积分数为 0.5% 的硫酸溶液中的腐蚀速度与腐蚀时间的关系及其与灰铸铁的比较

1—球墨铸铁 2—灰铸铁

度低于0.2mm/a。在体积分数大于50%的沸腾碱溶液中，球墨铸铁的腐蚀速度达20mm/a，而且腐蚀速度逐渐提高。在高浓度碱性溶液中，球墨铸铁对应力腐蚀裂纹的敏感性高于灰铸铁。

球墨铸铁（Ni的质量分数为1.5%或不含Ni）在流速为5m/min的饱和空气的质量分数为1.5%和食盐质量分数为3%的食盐水溶液中的腐蚀速度分别为0.9mm/a和0.7mm/a。碱金属的氯化物或硫化物对其腐蚀很弱。在氨盐溶液中，由于游离氨的存在将降低球墨铸铁腐蚀速度。

球墨铸铁对有机物、硫化物和低熔点的金属液的耐蚀性与灰铸铁近似。

3. 耐磨性

磨损现象是十分复杂的，它既取决于材料的性能也受摩擦条件（环境）的影响。没有一种通用的方法可以用来测定和比较不同的材料在不同的摩擦磨损条件下的耐磨性。因此，有很多种不同的磨损试验方法，每一种方法只能适用于一种特定的摩擦磨损条件。通常耐磨性只能是比较性的，以及在一定程度上评价球墨铸铁组织对耐磨性的影响。

球墨铸铁是良好的耐磨和减摩材料，其耐磨性优于相同基体的灰铸铁、碳钢以至低合金钢。

（1）润滑磨损　表5-57列出了球墨铸铁柴油机曲轴与45锻钢曲轴的运转磨耗量比较。由表5-57可见，球墨铸铁具有优良的抗润滑磨损（减摩）性能。球墨铸铁的润滑磨损也优于灰铸铁，两者分别与GCr15钢对磨时的润滑磨耗量对比见表5-58。

表5-57　柴油机曲轴运转磨耗量比较

曲轴材质	运转时间/h	主轴颈磨耗量/mm	曲轴销颈磨耗量/mm	热处理状态
45锻钢	1000	0.020 ~ 0.064	0.030 ~ 0.110	正火 + 表面淬火
稀土镁球墨铸铁	1500	0.002 ~ 0.006	0.001 ~ 0.004	正火

表5-58　球墨铸铁、灰铸铁与GCr15钢对磨时的润滑磨耗量对比

材　料	热处理状态	硬度HBW	运转50万次磨耗量/mg
HT300灰铸铁	铸态	229	34.0
珠光体球墨铸铁	正火	277	5.5

（2）磨料磨损　球墨铸铁在磨料磨损条件下有一定的应用，与白口铸铁、低合金钢相比，普通墨铸铁的抗磨性能要低。但是，合金化后的针状铁体球墨铸铁，其抗磨性能将有明显提高，见表5-59。

表5-59　不同材质抗磨试验结果

材　质	磨前硬度HRC	磨后硬度HRC	平均失重/mg	相对磨系数（%）
45号热轧钢	13.7	14.4	192.6	100
普通球墨铸铁正火、回火	30	—	196.0	98
普通球墨铸铁280℃等温淬火	41	—	131.0	147
中锰球墨铸铁	45.9	47.4	127.03	152
合金针状铁素体球墨铸铁	52.0	52.2	106.0	182
65Mn钢油淬，200℃回火	57.8	—	55.5	347

注：表中数据是用MLS23湿砂橡胶轮磨损试验机进行试验的结果，试验机转速为210/min，新会砂40～70号筛，载荷为69N。

（3）干磨损　图5-93所示为球墨铸铁及五种材料与淬火SAE52100钢在无润滑滑动摩擦（干磨损时的耐磨性比较（相对滑动速度为25.4m/s，摩擦温度达315℃）。可见，高强度球墨铸铁的干滑动磨损和用于特种活塞环的灰铸铁相近，而优于ZCuSn6Zn6Pb3铸造青铜、铝合金、铍青铜和冷拉黄铜。

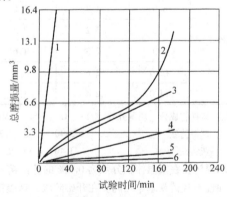

图5-93　球墨铸铁及五种材料与淬火SAE52100钢干磨损时的耐磨性比较

（相对滑动速度为25.4m/s）

1—冷拉黄铜　2—铍青铜　3—铝合金
4—铸造青铜ZCuSn6Zn6Pb3　5—高强度球墨铸铁
（R_m = 550MPa，A = 3%）
6—特种活塞环灰铸铁［$w(C)$ = 3.95%，
$w(Si)$ = 2.95%，$w(Mn)$ = 0.60%，$w(P)$ = 0.60%，240HBW

4　球墨铸铁的化学成分

球墨铸铁的组织和性能受以下因素的影响和控制：

1）化学成分。
2）金属熔炼工艺。
3）金属液的凝固速度和固态的冷却速度。

化学成分是影响石墨形状的主要因素，对金属基体组织以及热处理具有重要影响。控制化学成分是获得高质量球墨铸铁件的基础。

根据元素对金相组织的影响进行分类如下：

1）基本元素：Fe、C、Si、Mn、S、P。
2）球化元素：Mg、稀土元素（Ce、La 等）。
3）合金元素：Cu、Ni、Mo、Cr、V 等。
4）微量干扰元素：Sb、Sn、Bi、Te、Pb、As 等。

4.1　基本元素

球墨铸铁基本元素中最主要的是碳和硅。各种铸铁和钢的碳、硅含量范围如图 5-94 所示。

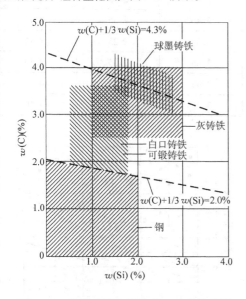

图 5-94　各种铸铁和钢的碳、硅含量范围

1. 碳和硅

碳和硅元素的选定对铸态获得无碳化物球墨铸铁件组织具有重大影响。图 5-95 中所示的可用于选定最佳碳和硅的控制范围。

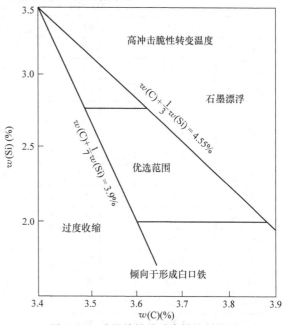

图 5-95　球墨铸铁碳硅含量控制范围

由于球墨铸铁的力学性能主要取决于其基体组织，因此球墨铸铁不用像灰铸铁那样大幅度调整碳当量。一般情况下，不同牌号球墨铸铁的碳、硅含量控制范围都很窄。球墨铸铁件中碳的质量分数通常在 3.40% ~ 3.90% 的范围内，薄壁（<10mm）铸件选择较高值，而厚断面（50mm 以上）铸件选择较低的碳含量。对于需要热处理的球墨铸铁，其碳含量通常保持不变，而硅的质量分数为 2.0% ~ 2.25%。对于在低温条件下承受动载荷的球墨铸铁，硅的质量分数应该为 1.9% ~ 2.1%。

表 5-60 列出了铸态珠光体及铁素体球墨铸铁件与壁厚相关的碳、硅含量（以及相应的碳当量 CE）的推荐值。

表 5-60　不同壁厚球墨铸铁件碳、硅含量的推荐值

壁厚/mm	预期基体组织					
	珠光体			铁素体		
	$w(C)(\%)$	$w(Si)(\%)$	CE(%)	$w(C)(\%)$	$w(Si)(\%)$	CE(%)
≤3	3.90	2.90	4.87	3.90	2.95	4.88
>3 ~6	3.85	2.85	4.80	3.85	2.95	4.83
>6 ~12	3.80	2.80	4.73	3.80	2.90	4.77
>12 ~18	3.75	2.70	4.65	3.75	2.85	4.70

（续）

壁厚/mm	预期基体组织					
	珠光体			铁素体		
	$w(C)(\%)$	$w(Si)(\%)$	CE(%)	$w(C)(\%)$	$w(Si)(\%)$	CE(%)
≤6	3.85	2.62	4.73	3.85	2.85	4.80
>6~12	3.75	2.60	4.62	3.75	2.75	4.67
>12~25	3.65	2.55	4.50	3.65	2.70	4.55
>25~37	3.55	2.45	4.32	3.60	2.65	4.48
≤12	3.70	2.45	4.52	3.70	2.60	4.57
>12~25	3.60	2.40	4.40	3.60	2.55	4.45
>25~50	3.50	2.40	4.30	3.50	2.50	4.33
>50~62	3.50	2.35	4.28	3.45	2.50	4.28
≤25	3.60	2.35	4.28	3.55	2.50	4.38
>25~50	3.50	2.35	4.28	3.45	2.50	4.28
>50~75	3.50	2.25	4.25	3.45	2.40	4.25
≤50	3.45	2.20	4.18	3.40	2.35	4.18
>50~75	3.40	2.20	4.13	3.40	2.35	4.18
>75~100	3.40	2.15	4.12	3.35	2.25	4.10
≤75	3.40	2.20	4.13	3.35	2.35	4.13
>75~100	3.40	2.15	4.13	3.35	2.25	4.10
>100	3.40	2.15	4.12	3.35	2.25	4.10

（1）碳对球墨铸铁铸造性能和球化效果的影响　碳含量高，则析出的石墨数量多，石墨球数多，球径尺寸小，圆整度增加。提高碳含量，可以减小缩孔体积，减少缩松面积，可使铸件致密。碳含量过高，降低缩松的作用不明显，反而会出现严重的石墨漂浮。

碳含量在一定程度上影响球化效果，图5-96所示为球墨铸铁的碳含量、残余镁含量与石墨形状的关系。图中曲线2表示保证球化所需镁的临界值，此线以下出现蠕虫状石墨；曲线1以下出现片状石墨；曲线2以上为球化区；超过曲线3，即出现白口。图中表明，碳含量高，则为保证球化所需的残余镁含量要增多。例如，碳的质量分数由3.0%增加到4.0%时，则残余镁含量要由质量分数为0.028%增加到0.044%，这样才能保证球化。

（2）碳对球墨铸铁力学性能的影响　碳含量高，则析出石墨的量随之增加。因石墨呈球状，则碳含量对力学性能的影响就不如片状石墨的显著。因此，碳含量对球墨铸铁力学性能的影响主要是通过其对金属基体的影响起作用。对铸态球墨铸铁来说，增加碳含

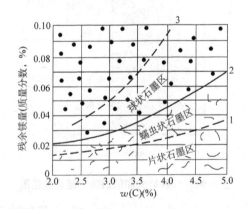

图5-96　球墨铸铁的碳含量、残余镁含量与
石墨形状的关系

注：$w(Si)=2.5\%$，试棒直径为30mm。

量可以减少游离渗碳体。由图5-97可知，对于铸态球墨铸铁，碳的质量分数接近3%时，渗碳体消失；大于3.0%时，开始出现铁素体，此时力学性能相应发生变化。增加碳含量，导致硬度下降，断后伸长率上升；当碳的质量分数接近3.0%时，则出现最高的抗拉强度。

球墨铸铁退火后，游离渗碳体分解，基体组织为[铁]素体。此时，碳含量是通过对石墨球数、球径大小[及]其圆整度的变化来影响力学性能的。随着碳含量的[增]加，硬度和抗拉强度相应下降，屈服强度也有稍许[下]降。这是因为，随着碳含量增加，石墨球数增多，[以]致金属基体抵抗外力的有效面积减少所致。

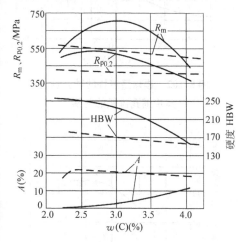

图 5-97　碳含量对铸态和退火态镁球墨铸铁力学性能的影响

实线—铸态　虚线—退火态

提高碳含量（碳的质量分数大于 3.2%），可以[提]高冲击韧度（见图 5-98）。

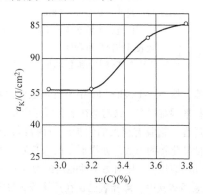

图 5-98　碳含量对球墨铸铁冲击韧度的影响

注：试样中硅的质量分数为 2.61% ~ 2.76%。

综合上述，碳含量的选择应从保证球墨铸铁具有[良]好的力学性能和铸造性能两方面考虑，选择高碳含[量]有助于获得健全铸件。对于退火铸件来说，碳含量[对]力学性能的影响不显著；对于铸态球墨铸铁件来[说]，则应采用高碳含量。但是，在球墨铸铁生产中，[需]要加入较多的硅而引起碳当量增加，因此球墨铸铁[的]力学性能更应该考虑碳当量的影响。

（3）硅对球墨铸铁基体组织的影响　硅是 Fe-C

合金中能够封闭 γ 区的元素。硅降低碳在 γ-Fe 中的溶解度，使共析点的碳含量降低并提高共析转变温度。

硅是促进石墨化元素，能使共晶温度升高，使共晶碳含量降低。

硅含量与铸件壁厚对球墨铸铁与灰铸铁基体组织的影响如图 5-99 所示。为了对比，图中虚线表示普通灰铸铁的基体组织。可以看出，球墨铸铁的碳化物 + 珠光体、珠光体 + 铁素体的组织区域均扩大，而珠光体区域和铁素体区域则缩小，随着硅含量增加，珠光体区域实际上几乎已经消失。

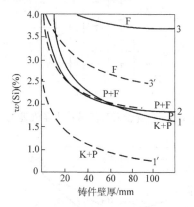

图 5-99　硅含量与铸件壁厚对球墨铸铁与灰铸铁基体组织的影响

F—铁素体　P—珠光体　K—渗碳体

实线—球墨铸铁　虚线—灰铸铁

注：1′~1 为 K + P 区域；1~2 为 P 区域；

2~3′为 P + F 区域；3′~3 为 F 区域。

（4）硅对球墨铸铁力学性能的影响　硅使球墨铸铁的抗拉强度 R_m、条件屈服强度 $R_{p0.2}$ 和硬度 HBW 提高，同时也使塑性指标降低。图 5-100 所示为硅含量（质量分数在 5% 以下）对球墨铸铁力学性能的影响。当硅的质量分数超过 5% 时，虽然硬度值继续增加，但抗拉强度则急剧下降；同时，冲击韧度 a_K 和断后伸长率 A 也继续下降，以至冲击韧度 a_K 降至普通灰铸铁所具有的水平。图 5-101 所示为硅含量对球墨铸铁和灰铸铁力学性能影响的对比。

对低锰铸态铁素体球墨铸铁来说，增加硅含量会使冲击韧度 a_K 明显下降。当硅的质量分数超过 3% 时，冲击韧度急剧降低。硅使球墨铸铁的脆性转变温度升高。

（5）碳当量

1）对流动性的影响。碳当量对球墨铸铁的流动性影响很大。增加碳当量，可以提高球墨铸铁的流动性。当碳当量的质量分数为 4.6% ~ 4.8% 时，流动性最好，有利于浇注成形、补缩；碳当量继续增加，

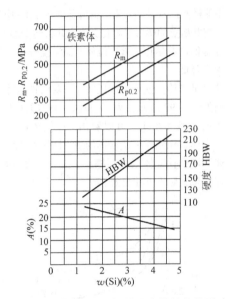

图 5-100　硅含量对球墨铸铁力学性能的影响

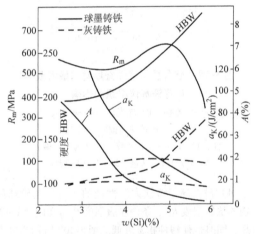

图 5-101　硅含量对球墨铸铁和灰铸铁
力学性能影响的对比

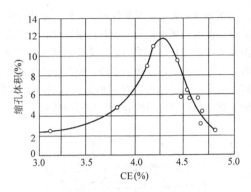

图 5-102　镁球墨铸铁的碳当量与
集中缩孔体积的关系

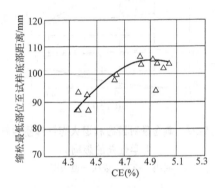

图 5-103　镁球墨铸铁的碳当量
与缩松范围的关系

注：1. 试样尺寸：ϕ90mm×140mm。

2. 用缩松范围最低部位至试样底部位
置表示缩松严重程度。

3. 图中距离越大，缩松越小。

则流动性反而下降。

2）对缩孔、缩松的影响。图 5-102 所示为镁球墨铸铁的碳当量与集中缩孔体积的关系。随着碳当量的增加，当缩孔体积不断增加；当碳当量的质量分数为 4.2% 左右时，缩孔体积最大；碳当量继续增加，缩孔体积反而减小。

镁球墨铸铁的碳当量与缩松范围的关系如图 5-103 所示。当碳当量的质量分数为 4.8% 时，缩松倾向最小碳当量的质量分数大于或小于 4.8% 时，缩松倾向均增加。把碳当量的质量分数控制在 4.2% ~ 4.8% 之间，则缩孔小、缩松少，可以获得健全铸件。

2. 锰

（1）锰对球墨铸铁基体组织的影响　锰是扩大 γ 区的元素。锰在 α-Fe 和 γ-Fe 中进行扩散要比碳在其中进行扩散困难得多。铁与锰在液态可完全互相溶解在凝固过程中锰具有很大的偏析倾向而富集于晶界易于促使碳化物的形成。如果形成的碳化物呈网状分布在共晶团边界上，则对力学性能是极为有害的。

在球墨铸铁中，硫和氧已经在用镁或铈处理铁液时被去除，或者结合成稳定的化合物，因此少量的锰就可以作为合金元素而发挥作用。此时，锰的作用就是形成碳化物和珠光体。

在球墨铸铁凝固时，锰使白口倾向增加。由于球墨铸铁具有粥样的凝固方式以及含有残余镁含量，所以它本身就具有很大的白口倾向。为此，要尽量把球墨铸铁的锰含量保持在最低的水平。这在制作薄壁铸件时，更要特别注意。例如，对于壁厚小于 6mm 的铸件，要求锰的质量分数小于 0.3%，只有这样才能得到没有游离渗碳体的基体组织。

锰是强烈稳定奥氏体的元素，它延迟奥氏体转变，并将其转变温度推移向更低的温度，每加入质量分数为 1% 的 Mn，可使转变开始温度大约下降 20℃。图 5-104 所示为不同锰含量的球墨铸铁的奥氏体等温转变图。

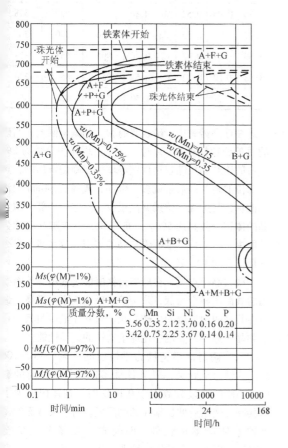

图 5-104 不同锰含量的球墨铸铁的奥氏体等温转变图
925℃ ×50h 均匀化，900℃ ×3h 奥氏体化
A—奥氏体 F—铁素体 P—珠光体 B—奥氏体
M—马氏体 G—石墨 Ms—马氏体转变开始
温度（此时马氏体的体积分数为 1%）
Mf—马氏体转变终了温度（此时马氏体的体积分数为 97%）

锰对稳定珠光体的作用也很明显。在生产珠光体球墨铸铁时，可以利用锰的稳定珠光体作用，消除铁素体组织，特别是消除石墨球周围的铁素体（牛眼）组织。但是，锰促进珠光体的作用毕竟是有限的。例如，对于壁厚为 20mm 的试件，碳的质量分数为 3.85%、硅的质量分数为 2.0% 的球墨铸铁来说，为了消除石墨球周围的铁素体圈，需加入锰的质量分数为 1.3%，但这样高的锰含量会在基体中形成碳化物、白口层，或者在共晶团边界形成网状碳化物。为

此，即使是对于珠光体球墨铸铁来说，锰的质量分数也不应超过 0.5%。要得到所期望的珠光体组织，准确和可靠的方法就是添加铜。对于铁素体球墨铸铁来说，锰的质量分数应控制在 0.3% 以下。

（2）锰含量对球墨铸铁力学性能的影响 无论是铁素体基体还是珠光体基体的球墨铸铁，锰都能提高抗拉强度和屈服极限，也能提高硬度，如图 5-105 所示。从图 5-105 可以看出，对于珠光体球墨铸铁来说，提高锰含量对力学性能的影响更为明显，此时珠光体随着锰含量的增加而细化成为索氏体。对于铁素体球墨铸铁来说，锰的质量分数从 0.6% ~ 0.8% 开始，对强度有明显的提高，这要归结于锰对铁素体的固溶强化。但是，断后伸长率将随锰含量的增加而显著下降。

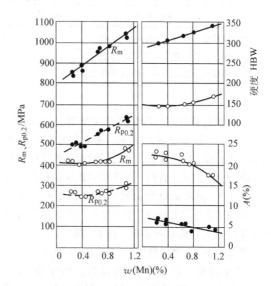

图 5-105 锰含量对球墨铸铁力学性能的影响
○—铁素体 ●—索氏体 + 珠光体
注：球墨铸铁的化学成分：$w(C) = 4.0\%$，
$w(Si) = 2.2\%$，$w(Mg) = 0.08\%$。

锰对球墨铸铁的冲击韧度和脆性转变温度都有特别不利的影响。锰与其他合金元素以及微量元素对冲击韧度的影响，可用以下经验公式表示 [各元素均以质量分数（%）表示]：

$$a_K = 3.55 \sim 2.96\% \, Mn - 7.98\% \, Cu - 468\% \, Pb - 77.5\% \, Sb - 24.8\% \, P$$

式中 a_K—冲击韧度，以 $10 \times J/cm^2$ 表示。

此公式表明，锰的作用要比其他元素，特别是与微量元素（Pb、Sb）相比微弱得多。但要指出的是，锰的含量是千分之几，而铅、锑等元素的含量则是微量。

锰与其他合金元素对铁素体球墨铸铁脆性转变温度的影响，对比见表5-61。由表5-61可以看出，添加锰使脆性转变温度的上下限变化很大。

表5-61　锰与其他合金元素对铁素体球墨铸铁脆性转变温度影响的对比

合金元素	加入量（质量分数，%）	脆性转变温度/℃
P	±0.01	±4~4.5
Si	±0.1	±5.5~6.0
C①	±0.1	±2.0~2.5
Mn	±0.1	±10~12
Ni	±0.1	±3.5~4.0
Cu②	±0.1	±0.8~1.0
Sn③	±0.01	≈±6.0

① 碳质量分数在3.4%~4.0%之间。
② 铜质量分数在0.1%~1.0%之间。
③ 锡质量分数在0.01%~0.06%之间。

3. 磷

（1）磷与磷共晶　磷是随金属炉料（生铁、废钢、回炉料、铁合金等）进入球墨铸铁中的，磷不影响球化，却是有害元素，它可以溶解在铁液中，降低铁碳合金的共晶碳含量，其降低的碳含量相当于它含量的1/3。磷可降低共晶转变温度和凝固开始温度，磷的质量分数大约每增加0.1%，则凝固开始温度下降4~5℃。磷有微弱的石墨化作用。

磷在固态α_{Fe}中的最大溶解度为$w(P)=2.6\%$；随着温度降低，其溶解度也降低，到室温时为$w(P)=1.2\%$。磷在铁中的溶解度随碳含量的增加而降低，对于$w(C)=3.5\%$铸铁来说，磷的溶解度只有$w(P)=0.3\%$。

当磷含量超过其溶解度，就会出现新相$Fe_3P[w(P)=15.6\%，w(Fe)=84.4\%，$熔点为1166℃]。$Fe_3P$可以和$Fe_3C$，以及含碳、磷的$\gamma$-Fe共同结晶组成三元磷共晶。在常温下，奥氏体分解成铁素体或珠光体，所以在常温下三元磷共晶是由$Fe_3P+Fe_3C+\alpha$-Fe组成的。三元磷共晶中化学成分为$w(P)=6.89\%$、$w(C)=1.96\%$和$w(Fe)=9.15\%$，熔点为953℃。三元磷共晶也称作斯氏体（Steadit）。有时，铸铁具有较强的石墨化能力，如硅含量高、孕育充分、冷却速度缓慢等，没有Fe_3C存在。此时，Fe_3P、石墨与α-Fe组成三元磷共晶。

磷共晶硬而脆，其显微硬度为600HV左右，见表5-62。

表5-62　不同化学成分的镁球墨铸铁的磷共晶显微硬度

化学成分（质量分数，%）				显微硬度　HV		
C	Si	P	其他	块状渗碳体	磷共晶	珠光体
3.89	0.93	0.40	—	—	596	243
3.76	0.96	0.52	Mn：1.03	—	639	358
3.72	0.99	0.55	Mn：1.75	956	650	367
3.60	1.01	0.42	Cr：0.46	996	651	321
3.48	1.12	0.43	Ba：0.52	964	650	274
3.55	1.21	0.52	W：1.50	857	628	358

在球墨铸铁中，磷也具有很大的偏析倾向，当磷的质量分数接近0.1%时，就会出现体积分数为2%左右的磷共晶。随着铸件壁厚增加，则偏析加剧，厚大节部位的磷共晶数量就多。例如，直径为84mm的汽车曲轴，其边缘部位磷共晶很少，而在中心部位磷共晶的体积分数高达5%。一般来说，形成磷共晶的数量取决于磷含量，形成磷共晶的体积分数大体上是纯磷量体积的10~20倍。

磷共晶熔点低，在球墨铸铁凝固过程中，不断凝固的共晶团磷含量低，剩余铁液磷浓度不断提高，最后在共晶团边界凝固成磷共晶。磷共晶呈多角状分布于共晶团边界，急剧恶化球墨铸铁的力学性能。

（2）磷对球墨铸铁力学性能的影响　图5-106所示为磷对低锰铸态铁素体球墨铸铁力学性能的影响。当磷的质量分数大于0.07%时，基体内出现了磷共晶，使断后伸长率A急剧降低。对于大截面的铸态铁素体球墨铸铁件，即使磷的质量分数低至0.04%，仍然会在基体内发现磷共晶。

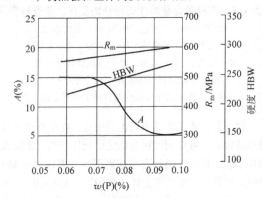

图5-106　磷对低锰铸态铁素体球墨铸铁力学性能的影响

铸态球墨铸铁退火后磷的有害作用有所减弱。如图5-107所示，对于铸态镁球墨铸铁，当磷的质量分大于0.02%时，塑性和冲击韧度a_K开始下降，并随着磷含量的增加，塑性和冲击韧度急剧下降，但此时抗拉强度R_m却下降不多，条件屈服强度$R_{p0.2}$甚至有些上升。当球墨铸铁退火后，磷的质量分数为1%时，断后伸长率A才开始下降，并且冲击韧度的下降也减缓。这是因为，此时磷共晶有一定的钝化，应力集中作用有所减弱所致，但这种退火并不能取得实质性的改善。

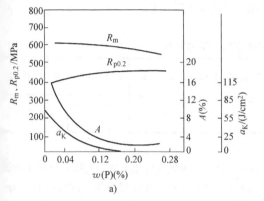

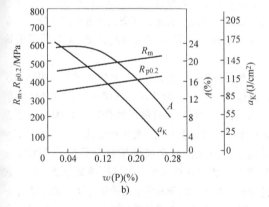

图5-107　磷对镁球墨铸铁退火前后力学性能的影响

a）铸态　b）退火态

磷能显著提高脆性转变温度，磷的质量分数每增加0.01%时，脆性转变温度升高4.0~4.5℃。当磷的质量分数大于0.16%时，脆性转变温度已在室温以上，因此具有明显的冷脆现象，容易冷裂。磷含量高，铸件中还容易出现缩松。

在铸铁生产中是不容易脱磷的，生产球墨铸铁就必须采用低磷生铁。采取强化孕育（增加石墨球数）或各种热处理（高温退火或部分奥氏体化）只能减轻但不能从根本上消除磷的有害作用。

4. 硫

（1）硫在球墨铸铁中的存在形态　硫是反石墨球化元素，属于有害杂质。它随金属炉料、燃料带入球墨铸铁原铁液中，因而在球墨铸铁的原铁液中总有些硫。在Fe-S系中，硫溶解在铁液中，而几乎不溶解在α-Fe和γ-Fe中。铁与硫可以组成各种硫化物，其中Fe-S中硫的质量分数是36.5%，熔点为1193℃。FeS和Fe可以组成共晶体，其中硫的质量分数为30.9%，熔点为985℃。在Fe-C-S系中，硫几乎不溶于铁素体、奥氏体和渗碳体。Fe和FeS、Fe₃C可以组成三元共晶体，其中Fe₃C数量很少，硫的质量分数为31.7%，碳的质量分数为0.17%，熔点为975℃。三元共晶体凝固后分布在共晶团边界。

在1000~1900℃范围内，铈、钙、镁、锰几个元素与硫的亲和力依次下降。用稀土镁球化剂处理铁液，硫首先应该和稀土元素起作用，生成稀土硫化物。实际上，由于动力学因素，总有一部分硫与镁、锰起作用，生成硫化镁和硫化锰。因此，加入铁液中的稀土和镁，其中有相当部分与硫化合，剩下来的稀土和镁才能起球化作用。

生成的各种硫化物根据它们的密度、熔点和铁液温度不同，可以上升至铁液表面进入浮渣中，或者浮到铸件上表面，有的则残留在铸件内部。表5-63列出了几种硫化物的熔点和密度。可以看出，稀土硫化物和硫化镁都有很高的熔点，超过铁液温度；稀土硫化物的密度比硫化镁大得多，几乎接近铁液密度。因此，稀土硫化物上浮至铁液表面进入浮渣中要比硫化镁困难得多，它们将残留在铸件中，破坏基体强度，或者形成夹渣。

表5-63　几种硫化物的熔点和密度

化学式	熔点/℃	密度/(g/cm³)
CeS	2450±100	5.88
Ce₂S	1930	5.02
LaS	1970	5.75
La₂S₃	2100~2150	6.51
Mo₂S₃	2200	5.18
MgS	>2000	2.6~2.8
MnS	1530~1620	3.6~4.0
FeS	1173~1197	4.8

（2）硫对球化效果的影响　生产实践表明，加入球化剂后，只有当铁液中硫的质量分数降到0.01%（对于镁球墨铸铁）或0.03%（对于稀土镁球墨铸铁）以下，又有一定的残余镁含量和稀土量时，才能保证球化良好。原铁液硫含量过高，如硫的

质量分数达0.1%以上，球化处理时又不能保证必要的脱硫，则不能获得球化良好的铸件。相反，如果硫含量很低（如硫的质量分数在0.005%以下），即使不添加任何球化剂，在快速凝固条件下，也可得到球墨铸铁。因此，硫是反球化元素，它的含量对球化效果影响很大。

生产上根据原铁液中的硫含量决定球化剂的加入量，原铁液硫含量越高，则球化剂加入量越多。研究表明，当原铁液中硫的质量分数为0.02% ~ 0.03%时，需加入球化剂的质量分数为0.8% ~ 1.0%；若把原铁液中的硫含量降至质量分数0.02%以下，只要加入球化剂的质量分数为0.6% ~ 0.8%，就能获得球化良好的效果。表5-64列出了原铁液硫含量与球化剂加入量的关系。

实际上，球化剂的加入量不仅取决于原铁液的硫含量，而且还与所要生产铸件的壁厚、铁液处理温度、球化剂组成以及球化处理工艺有关。

需要强调的是，原铁液硫含量一般应控制在0.06%（质量分数）以下。

表5-64　原铁液硫含量与球化剂加入量的关系

原铁液硫含量（质量分数,%）	0.11 ~ 0.10	0.10 ~ 0.085	0.085 ~ 0.07	0.07 ~ 0.06	0.06 ~ 0.05	0.05 ~ 0.04	0.04 ~ 0.03
球化剂加入量（质量分数,%）	1.9	1.8	1.7	1.6	1.5	1.4	1.3

注：球化剂成分（质量分数,%）：$Mg = 8 ~ 10$，$RE = 8 ~ 12$，$Si = 38 ~ 42$。

（3）降低原铁液硫含量　降低原铁液硫含量是确保球化处理成功的前提，也是获得优质铸件的基础。为此，可在生产中采取如下措施：

1）采用低硫的金属炉料。

2）采用硫含量低的燃料。

3）提高铁液温度使之超过1450℃。

4）采用碱性炉衬熔化铁液。

5）采取炉外脱硫，主要方法有多孔塞法、摇动包法、喷射法等。其中多孔塞法应用最广、效果最好。

5.4.2　球化元素

1. 镁

镁是球化能力最强的元素，镁添加到铁液中首先脱氧，然后脱硫，再创造必要的条件使石墨球化，但过量镁也会促进形成共晶碳化物。由于镁的沸点低（1107℃），比铁液的温度低得多，加入铁液中存在明显的困难。

镁是一种强脱氧剂，高度氧化的原铁液（由于高温熔炼/高温保温、高配比废钢料，炉料中的水分等）在处理过程中大量消耗镁，从而降低镁的吸收率。球化处理后，镁仍在保温、浇注及充型紊流过程中氧化消耗。

镁脱氧的产物是白色的氧化镁（MgO），化学性质非常稳定，具有很高的熔化温度。氧化镁浮渣倾向于漂浮到浇包中的铁液表面，如果浇入铸型中，浮渣会漂浮在铸件的上表面，并可能以有害杂质的形式夹带在铸件体内。

镁还是一种强脱氧元素，脱硫形成硫化镁（MgS），这是一种低密度化合物，也倾向于漂浮到铁液表面并进入浮渣中。在相对不稳定的情况下，MgS与氧结合形成MgO并释放硫使其返回到铁液中，再与镁复合：脱氧和脱硫的这一循环机制降低了石墨球化所需的有效镁。因此，在浇包中进行镁处理后，孕育和浇注前，应尽一切努力将MgS从金属液表面去除。

根据原铁液的硫含量，生产完全球状石墨结构所需的镁的质量分数为0.02 ~ 0.06%。当原铁液中的硫和氧含量较低时，只需质量分数为0.02%的镁就足以形成球状石墨组织。在生产实践中，为确保完全球化组织而定的残余镁的质量分数为0.0355% ~ 0.050%。需要注意的是，这里的镁是总镁，即它包括MgO、MgS、$MgSiO_3$等形式的化合镁和游离镁。

如果残余镁的质量分数过高（高于0.06%），会促进形成碳化物、产生疏松和浮渣的风险。这种风险随着凝固速度的增加（较薄的铸件更容易形成碳化物）和石墨颗粒数的降低而增加。为减少这种危险，需要良好的孕育处理，提高石墨颗粒数量。

2. 铈和稀土（RE）元素

铈也是一种强脱氧和脱硫元素，但与镁不同，铈不易挥发（沸点为2406℃），加入到铁液中时，它不会像镁处理那样反应激烈和产生烟雾。铈处理形成了更稳定的氧化物和硫化物，因此球化衰退趋势较小，并且形成浮渣的风险减少。

当铈作为主要球化元素时，质量分数为0.035%的铈足以在过共晶铸铁中形成球墨组织。由于铈是强碳化物形成元素，因此原铁液必须具有较高的碳含量

$w(C) > 3.8\%$]，并须用硅铁孕育剂进行良好的孕育处理。铈处理球墨铸铁对断面更敏感，很难在薄壁铸件中的铸态获得无碳化物组织。应避免薄或厚壁球墨铸铁件中铈浓度过高。在薄壁中存在产生碳化物的风险；在厚壁中存在增加产生石墨漂浮、开花状石墨的风险，特别是在厚壁铸件热节中心会产生碎块石墨（chunky graphite）。

铈是镁硅球化剂中最常用的稀土元素。在大多数商用的 FeSiMg 球化处理合金中常常还有质量分数为 0.5% ~ 1.0% 的稀土，铈和其他稀土元素能够显著增加石墨球数，见表 5-65。与其他稀土元素一样，铈有助于控制干扰元素（铅、砷、钛、锑等）的影响。

其他稀土元素包括镧（La）、钕（Nd）、镨（Pr）和重稀土（以钇为主）。

表 5-65 稀土含量对镁球墨铸铁石墨球数的影响

残余 Mg （质量分数,%）	残余 RE （质量分数,%）	石墨球数 /（个/mm²）
0.015	0	226
0.015	0.003	342
0.016	0.008	292
0.025	0	225
0.027	0.004	275
0.025	0.012	250
0.043	0	150-175
0.032	0.010	200-225

5.4.3 合金元素

1. 铜

（1）铜对石墨形状的影响 美国福特汽车公司早期用球墨铸铁生产汽车曲轴时，采用铜-镁合金作球化剂，因而使铸件中带入了铜。一段时间总认为铜对石墨形状有干扰破坏作用。其实铜对石墨球形并不是有害的，而是铜带入的 Ti、Pb、Bi、Sb、Sn、As、Te 等元素的干扰起破坏作用，导致曲轴中出现畸变石墨。工业纯铜实际上是不纯的，如工业纯铜中含有质量分数为 0.028% 的 Pb，电解铜中也含有质量分数为 0.018% 的 Pb。因此，在生产含铜球墨铸铁时，不管加铜量是多少，必须考虑其中含有的干扰元素的作用。

当原铁液中含有的干扰元素很少，而且是用纯镁处理时，则加入质量分数为 2% ~ 3% 的 Cu 并不会阻碍石墨球的形成。但是，如果原铁液中含有较多的干扰元素时，则加入质量分数为 1% ~ 2% 的 Cu 就会使石墨球有明显的畸变。原铁液中的干扰元素越多，允许加入的铜量也就越少。在含铜球墨铸铁中所允许的干扰元素临界含量一般要比不含铜的球墨铸铁要低。

当采用稀土镁球化剂处理时，可抑制含铜球墨铸铁中干扰元素对石墨球畸变的影响。此时，如果铁液非常纯净，加铜可改善石墨球的形状和增加石墨球数，铜的这种作用在厚大截面球墨铸铁中显得特别突出。

铜作为合金元素，通常以质量分数为 1.2% 定为加入量的上限。

（2）铜对球墨铸铁基体组织的影响 铜对球墨铸铁基体组织的影响可以归结为如下几方面：

1）在共晶转变时促进石墨化，可减少或消除游离渗碳体的形成。

2）在共析转变时促进珠光体的形成，可减少或完全抑制铁素体的形成。

3）提高淬透性。

4）改善铸件截面组织与性能的均匀性。

5）对基体固溶强化。

6）对基体沉淀硬化。

7）不形成游离渗碳体，不与碳形成碳化物。

8）呈负偏析，铜元素富集在共晶团内部。

（3）铜对球墨铸铁力学性能的影响 图 5-108 所示为球墨铸铁分别经退火和正火处理后相应得到铁素体基体和珠光体基体时，铜含量对其力学性能的影响。图 5-108 表明，无论是对于铁素体基体，还是对于珠光体基体，随铜含量的增加，其强度和硬度均相应增加，但断后伸长率 A 的变化则不同，铁素体球墨铸铁随铜含量的增加，断后伸长率明显下降，而珠光体球墨铸铁则变化不大。

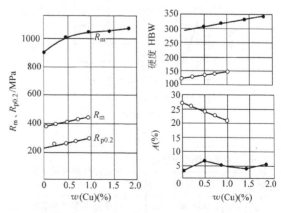

图 5-108 铜含量对球墨铸铁退火和正火后力学性能的影响
—○—铁素体 —●—珠光体

图 5-109 所示为铜含量对铸态球墨铸铁力学性能的影响。图 5-109 中的一组数据是铸态大部分（体积

分数占70%）为铁素体基体组织；另外两组数据是铸态时，几乎全部（分别含有体积分数为5%和体积分数为10%的铁素体）为珠光体基体组织。对于铸态为铁素体基体来说，加铜使抗拉强度R_m有明显的提高，而断后伸长率A则有明显的下降；对于铸态是珠光体基体的球墨铸铁来说，附加质量分数为0.5%～2.0%的铜，对抗拉强度提高不多，对断后伸长率实际上也没有影响。

图5-110所示为铜含量对铁素体球墨铸铁脆性转变温度的影响。随着铜含量的增加，球墨铸铁的冷脆转变温度升高，并且冲击韧度a_K值下降。

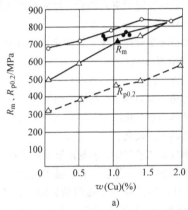

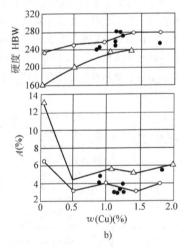

图中试验数据	化学成分(质量分数，%)					基体组织(体积分数)
	C	Si	Mn	P	Mg	
○	3.37	2.18	0.40	0.017	0.081	珠光体5% + 铁素体
●	3.50	2.50	0.62	0.08	0.04	珠光体10% + 铁素体
△	3.67	2.45	0.10	0.013	0.023	珠光体70% + 铁素体

图5-109　铜含量对铸态球墨铸铁力学性能的影响

a) 铜对抗拉强度的影响　b) 铜对硬度及断后伸长率的影响

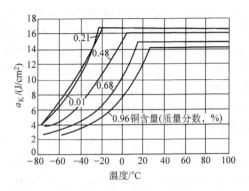

图5-110　铜含量对铁素体球墨铸铁脆性转变温度的影响

2. 钼

（1）钼对球墨铸铁基体组织的影响　由 Fe-Mo 相图得知，当钼的质量分数为2.5%～3.0%时，封闭 γ-Fe 区，因而钼在很宽的区域中溶解在 α-Fe 区。在 Fe-C-Mo 系中，钼提高 Ac_3 点，降低 Ar_1 点。因为钼能减小 Fe-C 合金的临界冷却速度，因而可改善淬透性。

钼是形成碳化物能力较弱的元素。如果硅的石墨化系数是1，则钼的石墨化系数是 -0.3。

在钼含量较高时，会出现复杂的铁碳化钼。当 $w(Mo) > 2.5\%$ 时，会出现特殊的碳化物。钼呈正偏析，在球墨铸铁凝固过程中，即使在 $w(Mo) < 1\%$ 的情况下，也会在共晶团边界出现含钼的碳化物。这种碳化物常与莱氏体共存，其外形有如鱼骨状，并且它往往与磷相伴随，形成含钼的四元磷共晶。这种含钼碳化物一般是 M_6C 型碳化物，它很稳定，以致长时间高温退火也不可能将其分解。

钼对石墨形态没有影响，加钼可使共晶团细化。

钼是缩小奥氏体区、同时又是强烈延缓奥氏体转变的元素。这种延缓作用涉及的是珠光体转变，而对于铁素体的形成，则相对影响较小。因此，在球墨铸铁中钼的质量分数为0.1%～0.3%时，钼有促使形成铁素体的作用，它使铁素体圈（牛眼组织）增厚，并使铁素体基体为主的球墨铸铁中的珠光体数量减少。当钼含量增高时，钼的铁素体化作用便与钼延缓奥氏体转变的作用抵消。再进一步增加钼含量，则将抑制珠光体的形成，得到针状铁素体或马氏体组织。因此，在单独加钼的球墨铸铁中，可以同时出现铁素体、珠光体、针状铁素体和马氏体的混合基体组织。

图5-111所示为钼含量对不同壁厚球墨铸铁基体组织的影响。从图5-111可以看出，要得到完全是针状铁素体的基体组织，单靠加钼几乎是不可能的，必

顺采用钼与铜或钼与镍复合加入。图 5-112 所示为钼与镍复合加入后球墨铸铁奥氏体等温转变图。由于钼的铁素体化作用，使原来的 C 形曲线变成了 S 形曲线，其下方区域是针状铁素体转变区域，在此区域保持足够的时间，就能得到针状铁素体组织。

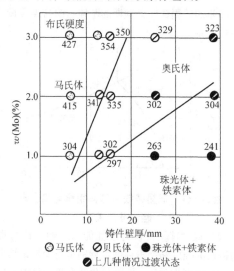

图 5-111　钼含量对不同壁厚球墨铸铁基体组织的影响

注：1. 化学成分（质量分数，%）：C = 3.4，Si = 2.2，Mn = 0.6，Mg = 0.03。

2. 图中标注的数字是各种组织测得的布氏硬度值。

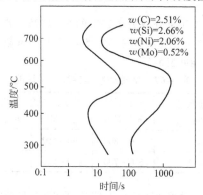

图 5-112　钼与镍复合加入后球墨铸铁的奥氏体等温转变图

（2）钼对球墨铸铁力学性能的影响　钼含量对铸态铁素体和铸态珠光体球墨铸铁力学性能的影响如图 5-113 所示。钼提高强度的作用要比锰、铜明显得多，但断后伸长率和冲击韧度则随着强度的提高而降低。对于铸态珠光体球墨铸铁来说，断后伸长率和冲击韧度下降的幅度较小，而屈服强度提高的幅度却比抗拉强度提高的幅度要大，因而改善了屈强比。

表 5-66 列出了钼含量对正火、回火后球墨铸铁

力学性能的影响（正火温度为 900℃、回火温度为 595℃；不含钼的回火时间为 8h，含钼的回火时间为 13h）。由表 5-66 可以看出，加钼可使屈服强度有显著提高，断后伸长率下降，特别是对于壁厚为 25mm 的 Y 型试样，断后伸长率几乎下降了 1 倍。

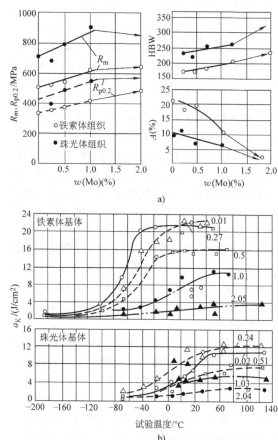

a)

b)

图 5-113　钼含量对铸态铁素体和铸态珠光体球墨铸铁力学性能的影响

a）钼含量对球墨铸铁力学性能影响

b）试验温度对不同钼含量球墨铸铁的冲击韧度影响

注：1. 冲击韧度试样尺寸为 10mm × 10mm × 55mm，无缺口。

2. 图中的数字表示钼含量（质量分数，%）。

表 5-66　钼含量对正火、回火后球墨铸铁力学性能的影响

试样状态	抗拉强度/MPa	屈服强度/MPa	断后伸长率（%）（标距50mm）
壁厚为 25mmY 型试样（不含钼）	795	475	8.25
壁厚为 25mmY 型试样 [w(Mo)=0.3%]	784	637	4.75

（续）

试样状态	抗拉强度/MPa	屈服强度/MPa	断后伸长率（%）（标距50mm）
壁厚为75mmY型试样（不含钼）	770	498	4.80
壁厚为75mmY型试样［$w(Mo)=0.3\%$］	754	627	3.75

单独加钼的质量分数小于0.3%时，并不会使球墨铸铁的强度有明显提高，这是因为钼能轻度增加铁素体的数量。

当$w(Mo)=0.8\%\sim1.0\%$时，会形成针状铁素体与马氏体的混合组织，对力学性能不利。

钼可以防止回火脆性。只要在350~500℃范围内缓慢冷却，或者在此温度长时间保温，铁素体、珠光体基体或经调质处理的球墨铸铁中均会出现回火脆性。这种回火脆性表现的形式就是脆性转变温度急剧升高，远远超过室温，呈脆性断口。硅的质量分数大于2.3%和磷的质量分数大于0.05%都会加剧回火脆性。为此，除了尽量降低硅含量与磷含量以外，通常采取的措施就是在500℃以上使铸件快速冷却，最有效的措施就是附加质量分数为0.1%~0.3%的钼。

3. 镍

（1）镍对球墨铸铁基体组织的影响　镍在铁液中和固态球墨铸铁中均能无限溶解。镍具有排碳作用，这在高镍球墨铸铁中必须给予特别的注意。镍不与碳形成碳化物，它作为石墨化元素，可使白口倾向降低，镍降低白口倾向的能力只是硅的$1/4\sim1/3$，并且它还随着镍含量的增加而减弱。因此，对于高镍球墨铸铁来说，必须含有一定量的硅，以确保呈灰口凝固。

镍对石墨形态没有影响，对共晶团数量也没有影响。与铜相似，镍在球墨铸铁凝固时呈负偏析，即它在初生奥氏体和共晶团内部富集，而在残余铁液中贫化。

镍是稳定奥氏体元素，它使奥氏体转变温度降低，在$w(Ni)=1\%\sim5\%$的范围内，每增加质量分数为1%的镍奥氏体转变温度大约降低30℃。每加入质量分数为1%的镍，共析碳含量大约减少0.05%（质量分数）。加镍使奥氏体等温转变的开始时间延迟，并把珠光体转变温度推移至较低的温度。

镍比铜的作用强烈，加入少量的镍就可使球墨铸铁中的铁素体受到抑制。镍可减小球墨铸铁的断面敏感性。由于镍使奥氏体转变温度降低，因而使珠光体细化，并使珠光体数量增多。

较多的镍与钼结合，可使球墨铸铁具有针状铁素体组织，更多的镍会使球墨铸铁具有马氏体组织，当$w(Ni)>18\%$时，得到奥氏体组织。它的稳定程度取决于铸件壁厚和其他元素（如硅、锰等）的含量。图5-114所示为对于壁厚为25mm、碳的质量分数为2%~3%的球墨铸铁，预期的基体组织与镍含量、硅含量的关系。

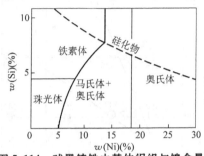

图5-114　球墨铸铁中基体组织与镍含量、硅含量的关系

（2）镍对球墨铸铁力学性能的影响　镍可提高球墨铸铁的强度和冲击韧度，特别是与少量钼结合使用时，效果更为明显。镍可强化铁素体，每加入质量分数为0.5%的镍，可使铁素体基体的球墨铸铁屈服强度提高18MPa。当$w(Si)=2\%\sim3\%$时，镍可降低脆性转变温度，即含镍球墨铸铁在低温具有更高的冲击韧度。

含有质量分数为2.25%的Si、0.75%的Mn和2.0%的Ni的球墨铸铁，在25mm和100mm截面上的力学性能见表5-67。

表5-67　加镍球墨铸铁的力学性能

截面尺寸/mm	抗拉强度R_m/MPa	条件屈服强度$R_{p0.2}$/MPa	断后伸长率A（%）
25	720~800	540~580	3~7
100	610~700	450~510	3~6

含镍球墨铸铁经正火处理后的硬度随壁厚的变化如图5-115所示。可以看出，随着镍含量的增加，硬度增加，在与钼或钒的复合作用下，硬度增加更为明显。对于壁厚为25mm截面来说，$w(Ni)=1\%\sim2\%$的球墨铸铁经正火处理后具有珠光体基体组织；当$w(Ni)$增加至3.75%、并附加$w(Mo)=0.25\%$时，基体组织为针状铁素体；含$w(Ni)=3.75\%$和$w(Mo)=0.55\%$的球墨铸铁则具有最高的硬度，基体组织是马氏体和少量残留奥氏体。

4. 铬

（1）铬对球墨铸铁基体组织的影响　由Fe-Cr相图得知，铬与铁可以彼此无限制地互相溶解。最大

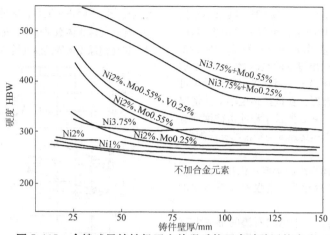

图 5-115　含镍球墨铸铁经正火处理后的硬度随壁厚的变化

注：图中的百分号为合金元素的质量分数。

铬含量 $[w(Cr)=17\%]$ 时，将 γ 区封闭。在 Fe-Cr-C 三元合金中，铬有两个重要作用：缩小 γ 区和形成特殊的碳化物。铬与碳的亲和力比铬与铁的亲和力要大得多，因而形成很稳定的碳化物。

铬可提高 Fe-C 合金的共析转变温度，大约质量分数为 1% 的铬，可使共析转变温度提高 10 ~ 15℃。

铬与碳对 Fe-Cr-C 系合金的液相线温度 T_L 和固相线温度 t_S 的影响有如下关系 [式中 C、Cr 是以质量分数（%）表示]：

$$T_L = 2600.7 - 534.8C - 43.5Cr + 18.16C \cdot Cr$$

$$T_S = 2454.1 - 459.3C - 40.68Cr + 16.12C \cdot Cr$$

在球墨铸铁中，含有很少量的铬 [如 $w(Cr)=0.1\%$] 就会形成碳化物。由于这种碳化物偏析在共晶团边界，会形成网状分布的碳化物，而且即使热处理也难以消除。为此，把铬的质量分数一般控制在0.05% 以下，以防止形成这种碳化物。铬主要分布在碳化物中。例如，对于含铬的质量分数为 0.45%、含硅的质量分数为 2.7% 的球墨铸铁来说，碳化物中的铬含量与铁素体中的铬含量的质量比是 2.84:1。

这种含铬渗碳体在退火处理时十分稳定。

加铬可得到完全是珠光体的基体组织，但在大多数情况下得到的是莱氏体与铁素体牛眼组织（共存）。球墨铸铁中的莱氏体是可以通过热处理分解的，但由于铬使这种莱氏体变得更加稳定，所以需要更长的退火时间。

加铬可使珠光体粒状化，为此须在 680 ~ 750℃ 的温度进行保温，然后空冷。加铬可改善球墨铸铁的淬透性。

（2）铬对球墨铸铁力学性能的影响　当铬含量较高时，铬含量对铸态和正火后球墨铸铁力学性能的影响如图 5-116 所示。在含有质量分数为 0.08% Cr 的铸态球墨铸铁中，大约有体积分数为 60% 的铁素体。随着铬含量的增加，会出现更多的珠光体乃至莱氏体。在铬的质量分数约为 0.6% 时，屈服强度有明显提高。加铬对断后伸长率和冲击韧度均有不良影响，同时也使抗拉强度下降；当铬的质量分数大于 0.6% 时，则屈服强度也下降，此时它与抗拉强度彼此接近而重合。

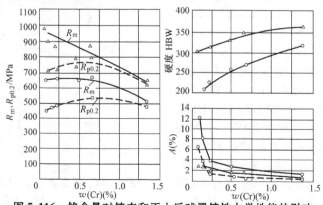

图 5-116　铬含量对铸态和正火后球墨铸铁力学性能的影响

○—铸态　△—正火处理

注：化学成分（质量分数，%）为 C=2.9 ~ 3.14，Si=2.95 ~ 3.13，Mn=0.5，P=0.1 ~ 0.12。

当铬含量较少[$w(Cr) < 0.18\%$]时，则铬不会增加球墨铸铁的初生渗碳体数量，也就不会增大脆性。但是，如果此时含有微量锡[$w(Sn) = 0.07\%$]时，则这样低的铬含量也会使球墨铸铁的脆性增大。由于加铬可使珠光体中的渗碳体稳定，因此采用退火处理可得到粒状珠光体组织。此时，在抗拉强度不变的情况下，除硬度有所下降外，断后伸长率和冲击韧度均有增加。采用这种措施可以达到强度与塑性的良好配合。

5. 钒

（1）钒对球墨铸基体组织的影响　钒在共晶转变和共析转变时形成钒的碳化物，是强烈反石墨化的元素。

当 $w(V) < 0.5\%$ 时，对于球状石墨的形成没有不利的影响；当 $w(V)$ 为 0.5% 时，可明显增加珠光体数量。对于质量分数为 $3.44\% \sim 3.55\%$ 的 C、$2.01\% \sim 2.13\%$ 的 Si、$\leqslant 0.04\%$ 的 Mn、$\leqslant 0.014\%$ 的 P、$0.004\% \sim 0.008\%$ 的 S 和 $0.043\% \sim 0.057\%$ 的 Mg 的球墨铸铁来说，加入质量分数为 0.5% 的 V，会使珠光体量由原来的体积分数为 5% 增加至 40%；当 $w(V) > 0.3\%$ 时，就会在壁厚为 25mm 的 Y 型试样中出现游离渗碳体。在球墨铸铁中加入钒后，就会出现含钒的碳化物，其数量随钒含量增加而增加。采用高温退火热处理后，基体中不再有游离渗碳体，但原有的含钒碳化物并不因为进行了高温退火热处理而改变其形状和大小。

测量含钒球墨铸铁中铁素体显微硬度的结果表明：钒并不强化铸态铁素体，但在退火热处理后，铁素体的硬度有所提高（见表5-68），这可能是由于弥散析出含钒碳化物所造成的。

表5-68　含钒与不含钒铁素体退火热处理前后的显微硬度对比

类　　别	铸态显微硬度 HV	退火热处理后的显微硬度　HV
不含钒的铁素体	238	257
含钒的铁素体	241	278

注：均为10点测量的平均值。

（2）钒对球墨铸铁力学性能的影响　当 $w(V) < 0.5\%$ 时，铸态球墨铸铁的抗拉强度和屈服强度随着钒含量的增加呈直线上升。由图 5-117 可以看出，每增加质量分数为 0.1% 的 V，抗拉强度约增加 35MPa，即增加 8.5%；屈服强度约增加 25MPa，即增加 10%。断后伸长率随钒含量的增加而下降，硬度则升高。当 $w(V) > 0.3\%$ 时，会出现游离渗碳体，因而使硬度急剧升高和断后伸长率急剧下降。通过强化孕育和提高硅含量，也可使钒的质量分数在 0.3% 以上时不会出现游离渗碳体。

冲击韧度 a_K 随钒含量的增加而下降（见图5-118），

并且铸态时下降得更明显，这是因为无论是形成钒碳化物，还是使珠光体数量增多，都会使冲击韧度降低。此外，钒还使球墨铸铁的脆性转变温度升高。

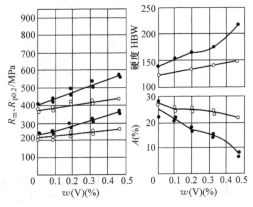

图5-117　钒含量对铸态和退火热处理后球墨铸铁力学性能的影响

●—铸态　○—退火

注：1. 退火规范：940℃，2h，730℃，11h。

　　2. 化学成分（质量分数，%）：C = 3.4 ~ 3.55，Si = 2.01 ~ 2.13，Mn = 0.04，P = 0.014。

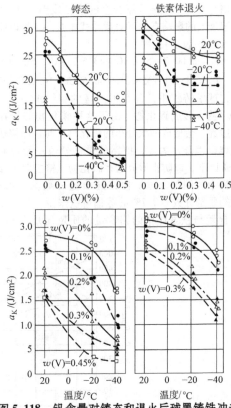

图5-118　钒含量对铸态和退火后球墨铸铁冲击韧度的影响

●—铸态　○—退火

注：退火规范及成分与图5-117的相同。

钒对不同壁厚 Y 型试块球墨铸铁力学性能的影响如图 5-119 所示。当壁厚大于 50mm 时，质量分数为 0.5% 的 V 并不会出现游离渗碳体。此时，铸态达到的力学性能是：抗拉强度 R_m = 510 ~ 530MPa，条件屈服强度 $R_{p0.2}$ = 310 ~ 330MPa，断后伸长率 A = 14% ~ 15%，硬度为 180HBW。但是，对壁厚为 25mm 的 Y 型试样来说，当 $w(V) > 0.3\%$ 时，就会出现游离渗碳体。

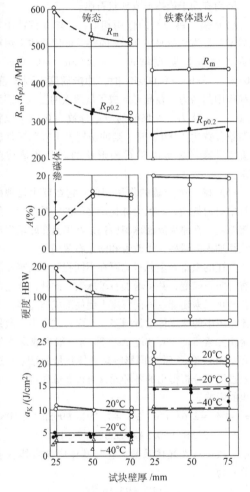

图 5-119　钒对不同壁厚 Y 型试块球墨铸铁力学性能的影响

注：退火规范及化学成分均与图 5-117 的相同。

因此，钒可用于制作厚大截面的球墨铸铁。此时，不会出现游离渗碳体，而其优点就是在铸态具有很高断后伸长率的情况下，还具有很高的抗拉强度和屈服强度。

5.4.4　微量元素

1. 微量干扰球化元素

在用镁处理球墨铸铁的最初专利中，国际镍金属公司的发明者 Mlis，Gagnebin 和 Pilling 三人曾发出警告说，当采用镁处理时，如果在铁液中含有某种杂质元素，哪怕仅仅是微量的（质量分数为万分之几或十万分之几）存在，也会起破坏作用，得到的将是片状石墨而不是所期望的球状石墨。这些不希望存在的微量元素称为干扰球化元素。这些干扰球化元素的共同特点是：只要它们各自的质量分数只有万分之几到十万分之几就可显示其作用，这种干扰球化的作用与铁液中的镁含量、冷却速度有关，并且各种元素的干扰作用是叠加发生作用的。

关于锑（Sb）、锡（Sn）、铋（Bi）、碲（Te）、铅（Pb）、钛（Ti）、砷（As）、硒（Se）等这些干扰球化元素对石墨球化的干扰作用，已进行了大量研究工作。结果表明，在用镁处理的铁液中，各种微量干扰球化元素的最大允许含量见表 5-69。值得注意的是，该表中的数值在不同的文献上由于受各研究工作的方法和测试手段的限制有较大的差别，因而在大截面球墨铸铁的生产中，对于这一数据的引用需要引起足够的注意与对比。

表 5-69　各种微量干扰球化元素的最大允许含量

元素	用纯镁处理时的反球化元素最大允许含量（质量分数，%）	
Sb	0.026[①]	0.01[①]
Sn	0.13	—
Bi	0.003	0.005
Te	—	0.05
Pb	0.009	0.010
Ti	0.04	0.08

①　指取自不同资料的试验数据。

关于干扰球化元素对球状石墨的影响进行的回归分析表明，存在着如下的关系式：

$$SB = 4.4Ti + 2.0As + 2.3Sn + 5.0Sb + 290Pb + 370Bi + 1.6Al$$

式中　　　　　　　SB——球化指数；
Ti、As、Sn、Sb、Pb、Bi、Al——各元素含量（质量分数，%）。

如果 SB 值 >1，则在用纯镁处理的、壁厚为 20mm 的 Y 型试样上出现畸变石墨。

可把微量干扰球化元素进行如下分类：

1）消耗镁型：Te、Se、S。

2）晶界偏析型：Sb、Sn、As、Ti。

3）混合型：Pb、Bi。

随着含量的增加，Te、Se、S 等元素由于消耗了镁（与镁形成化合物）而促使形成蠕虫状石墨、过冷石墨和片状石墨。Sb、Sn、As、Ti 等元素由于富集在共晶团边界而形成畸变石墨。在含量较少时，Pb、Bi 元素形成畸变石墨；当含量增多时，则形成过冷石墨和片状石墨。

添加稀土元素可以抑制微量干扰球化元素的反球化作用，或者允许放宽其最大允许含量。稀土元素的加入量取决于铁液的纯净度，通常使残余铈的质量分数达到 0.003% 即可。另外，为了使 w（Pb）= 0.001% ~ 0.005% 的铁液达到 85% 以上的球化率，必须使残余镁的质量分数为 0.06%，同时必须使铈的质量分数达到 0.005%。由于我国生铁中含有的干扰球化元素较多，原铁液硫含量也高，因此要求残余稀土量比国外要高。

2. 微量合金化元素

进入 20 世纪 70 年代，将干扰球化元素以微量添加到厚大断面球墨铸铁中可以取得良好的效果，特别是在有稀土作用的情况下，可使其干扰球化的作用得到中和。因此，把这些元素有意加入到球墨铸铁中就称为微量合金化。

（1）锑　在球墨铸铁中，如果锑的质量分数为 0.002% ~ 0.01%，则会使石墨圆整度提高，石墨球数增加，尤其对于大断面球墨更为明显。美国汽车工程师学会制定了加锑球墨铸铁的标准。

生产实践表明，只要加入质量分数为 0.002% 的锑，就可使石墨球数增多。对于壁厚为 200mm 的铸件，加入质量分数为 0.005% 的锑，经过孕育处理后，可得到十分圆整的石墨球，并且石墨球数与不加锑相比增加了 1 倍。

锑可使球墨铸铁基体组织中的珠光体数量增加，一般加入的质量分数在 0.006% ~ 0.01% 范围内。为了改善大截面球墨铸铁件的性能，除了控制锑的加入量以外，还要加入一定数量的稀土，一般在球墨铸铁中的残余稀土的质量分数为 0.01% ~ 0.03%。

（2）铋　在球墨铸铁中加入微量铋 [w（Bi）≤ 0.01%]，当含有稀土铈时，在直径为 300mm 的试样中可以得到是原来相同条件（但不含铋）下 6 倍数量的石墨球。当加铋量在一定的范围以内时，它对消除畸变石墨、形成球状石墨是有利的。但是，由于其他因素的影响，在球墨铸铁中单独加铋的效果往往时好时坏。

（3）钛　在球墨铸铁中，即使有少量的钛也会导致形成畸变石墨，并且还使镁处理后对截面的敏感性增高。当 w（Ti）> 0.1% 时，由于石墨畸变，导致断后伸长率和冲击韧度降低，抗拉强度和屈服极限也急剧下降。

钛的干扰球化作用可能是间接的，钛具有很强的还原能力，钛在铁液中可把锑、铋、铅等微量元素还原出来，从而破坏石墨的球化。

（4）铅　铅是强烈干扰球化的元素，只要球墨铸铁中含有质量分数为 0.01% 的铅，就会使石墨球严重畸变。但是，在厚大断面的球墨铸铁中，加入微量铅（质量分数为十万分之几），并在有适量稀土的情况下，可以改善石墨畸变。研究表明，此时铅可使奥氏体的导热能力降低，防止铁液中奥氏体壳的崩解，因而有助于最终形成球状石墨。

（5）锡　锡与锑的作用相似，在球墨铸铁中加入质量分数为 0.06% ~ 0.1% 的锡，可使基体组织中的珠光体数量明显增加。当 w（Sn）= 0.02% ~ 0.03%、w（Pb）= 0.0005% 时，冲击韧度得到改善。这种作用归结为，在晶界形成了低熔点的区域，因而改善了变形能力。如果锡的质量分数为 0.08% 或铅的质量分数达 0.001% 时，则冲击韧度下降和脆性转变温度升高，这是由于石墨形状的恶化所造成的结果。

（6）碲　碲与硫的作用相似，它在球化处理的过程中要消耗镁，导致为球化所必需的镁量减少，使石墨畸变。在厚大断面球墨铸铁，特别是在轧辊生产中往往加入微量碲，以改善和防止石墨畸变。

上述的微量合金元素均可在不同程度上改善石墨形态、防止畸变，并可增加石墨球数。此外，这些微量合金化元素还能在不同程度上促使形成珠光体，使基体组织中的珠光体数量增多。下面公式列出了微量合金化元素 Sn、Pb、Bi、As、Sb 与一般形成珠光体的元素 Mn、Cu、Cr 共同影响珠光体数量的结果。这是通过回归分析得出的各种元素对铸态球墨铸铁基体组织的影响。

$$P_x = 3.0Mn - 2.65（Si - 2）+ 7.75Cu + 90Sn + 357Pb + 333Bi + 20.1As + 9.6Cr + 71.1Sb$$

式中　P_x——珠光体系数，它与基体中铁素体含量的关系为

$$\varphi(F) = 96.1e^{-P_x}$$

式中　$\varphi(F)$——铁素体体积分数（%）；
　　　　e——自然对数的底。

在 P_x 表达式中，各元素含量（质量分数,%）的临界范围分别是：

As ≤ 0.02　Pb ≤ 0.005　Mn ≤ 1.0
Sb ≤ 0.005　Bi ≤ 0.005
Mg = 0.05 ~ 0.09　Sn ≤ 0.02
Cr ≤ 0.15　Cu ≤ 0.2　Si = 2.1 ~ 3.1

尽管上述微量合金化元素对球墨铸铁，特别是对厚大断面球墨铸铁具有一定良好的作用，但这一定要

时加入相应数量的稀土元素。这些微量合金化元素对于防止石墨畸变的效果是显著的，但在提高力学性能方面，既要遵循严格的定量关系，还要防止因这些元素在共晶团边界的富集导致材质脆性的增加。

成分。其中，退火铁素体球墨铸铁指必须经退火热处理才能达到铁素体化的球墨铸铁；铸态铁素体球墨铸铁指不经热处理达到铁素体化的球墨铸铁；低温用铁素体球墨铸铁指在 −20℃ 或 −40℃ 仍保持足够冲击韧度的球墨铸铁。

4.5 各种基体组织球墨铸铁的化学成分

1. 铁素体球墨铸铁

表5-70列出了各类铁素体球墨铸铁推荐的化学成分。

表5-70 各类铁素体球墨铸铁推荐的化学成分

类 别	化学成分（质量分数,%）						
	C	Si	Mn	P	S	Mg	RE
退火铁素体球墨铸铁	3.5 ~ 3.9	2.0 ~ 2.7	≤0.6	≤0.07	≤0.02	0.03 ~ 0.06	0.02 ~ 0.04
铸态铁素体球墨铸铁	3.5 ~ 3.9	2.5 ~ 3.0	≤0.3	≤0.07	≤0.02	0.03 ~ 0.06	0.02 ~ 0.04
低温用铁素体球墨铸铁	3.5 ~ 3.9	1.4 ~ 2.0	≤0.2	≤0.04	≤0.01	0.04 ~ 0.06	—

对于退火铁素体球墨铸铁，允许的Si、Mn含量范围较宽，Si的质量分数为2.0% ~ 2.7%，对原材料的纯净度（干扰球化元素含量）要求可适当放宽。

对于铸态铁素体球墨铸铁，允许的硅的质量分数可提高至2.5% ~ 3.0%，必须使用低锰生铁（锰含量越低越好），还要求生铁中的磷含量低，形成珠光体的元素（Cu、Cr、Sn、Sb等）含量要尽量低，生铁的纯净度（干扰元素含量）和废钢的纯净度足够高，采取强化孕育措施，如型内孕育、浇口杯孕育等，及后孕育工艺，采用高效孕育剂以及增加冷却速度等，以增加石墨球数。在保证球化前提下，降低残余Mg量和RE量。

对于低温用铁素体球墨铸铁，除了必须采取上述

适用于铸态铁素体球墨铸铁的措施外，还必须严格限制Si、Mn、P含量的上限。

2. 珠光体球墨铸铁

表5-71列出了珠光体球墨铸铁推荐的化学成分。

对于硅含量，小件取上限，大件取下限，只要不出现游离渗碳体，硅含量应尽量低。由于锰易呈正偏析和形成碳化物，故不宜通过添加锰获得珠光体组织，尤其是对于厚大断面或薄壁小铸件，锰含量应按下限控制。对于韧度要求较低的铸件，可放宽磷含量 $[w(P)≤0.1\%]$。对于厚大截面铸件，应添加铜或同时添加钼，也可以添加镍 $w(Ni)<2\%$，钒 $w(V)≤0.3\%$ 或锡 $w(Sn)=0.05 ~ 0.08\%$ 等，以稳定珠光体。

表5-71 珠光体球墨铸铁推荐的化学成分

状 态	化学成分（质量分数,%）						
	C	Si	Mn	P	S	Cu	Mo
铸 态	3.6 ~ 3.8	2.1 ~ 2.5	0.3 ~ 0.5	≤0.07	≤0.02	0.5 ~ 1.0	0 ~ 0.2
热处理	3.5 ~ 3.7	2.0 ~ 2.4	0.4 ~ 0.8	≤0.07	≤0.02	0 ~ 1.0	0 ~ 0.2

生产铸态珠光体球墨铸铁要遵循以下原则：

1) 严格控制炉料（生铁与废钢），避免含有强烈形成碳化物元素，如Cr、V、Mo、Te等，锰含量取下限，以防止铸态下形成游离渗碳体。

2) 适量孕育。一方面防止形成碳化物；另一方面还要防止因强化孕育导致出现大量的铁素体。

3) 根据铸铁壁厚和性能要求，添加稳定珠光体但又不形成碳化物的元素，如Cu、Ni、Sn等。其中，添加铜的效果显著，成本较低（与添加镍相比），而且也无副作用（与添加锡相比）。

在生产高强度珠光体球墨铸铁（抗拉强度要求

大于700MPa）时，应采用纯净炉料，严格控制形成碳化物元素、干扰元素以及P、S等有害杂质元素的含量，必要时还应添加适量的铜和钼。

3. 铁素体 + 珠光体球墨铸铁

在生产Q500-7这种典型的、含有铁素体和珠光体混合基体的球墨铸铁时，可参考铁素体、珠光体球墨铸铁的生产所必须遵循的原则。

1) 采用热处理生产铁素体 + 珠光体球墨铸铁时，参考生产退火铁素体球墨铸铁所要求的化学成分，此时可不必添加铜，只是在石墨化退火第二阶段缩短保温时间，使其中的部分珠光体转变成铁素体，

其余部分则保留下来，组成混合基体。视所要求的铁素体与珠光体的相对含量，决定缩短第二阶段的保温时间，要求的铁素体数量越多，则要缩短的保温时间就越短。

2) 采用铸态生产铁素体+珠光体球墨铸铁时参考生产铸态铁素体球墨铸铁要遵循的原则。在此基础上，通过控制添加铜的数量，以获得铁素体与珠光体的混合基体组织，随着加铜量的增多，珠光体数量增加。

4. 等温淬火球墨铸铁

等温淬火球墨铸铁一般是将球墨铸铁经奥氏体化（850~950℃保温）处理后快速置入（230~450℃）盐浴中进行等温转变而成。国际上称之为 ADI（austempered ductile iron），即奥氏体等温淬火球墨铸铁。此外，在添加足够量的 Cu、Ni、Mo 元素的情况下，也可在连续冷却条件下获得等温淬火球墨铸铁的组织。

等温淬火球墨铸铁具有优良的力学性能，图5-120所示为几种金属材料单位屈服强度的质量比较。可见，等温淬火球墨铸铁单位屈服强度的质量最小，其单位屈服强度的成本也最低。

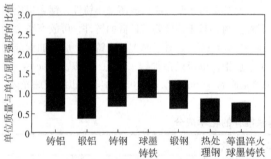

图5-120　几种金属材料单位屈服强度的质量比较

图5-121 所示为等温淬火球墨铸铁的典型热处理规范。

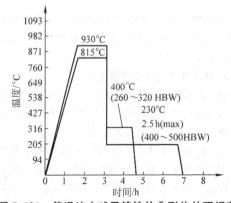

图5-121　等温淬火球墨铸铁的典型热处理规范

等温处理温度对等温淬火球墨铸铁屈服强度和断后伸长率的影响如图5-122 和图5-123 所示。

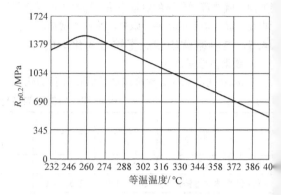

图5-122　等温处理温度对屈服强度的影响

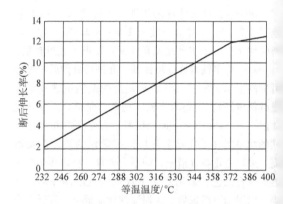

图5-123　等温处理温度对断后伸长率的影响

过冷奥氏体在 320~450℃ 的较高温度区间等温处理并不能完全转变为针状铁素体，一般残留有体积分数为 20%~40% 的呈稳定的奥氏体。这种材质具有良好的强韧性。

过冷奥氏体在 230~300℃ 的较低温度区间等温处理也不能完全转变为细针状铁素体，一般也有残留奥氏体，其体积分数在 20% 以下。它的强度高，但塑性较低。

不同牌号等温淬火球墨铸铁的获得取决于等温淬火温度，表5-72 列出的等温淬火球墨铸铁基本化学成分和表5-73 列出的等温淬火球墨铸铁合金元素推荐含量，适用于各类等温淬火球墨铸铁的生产。

表5-72　等温淬火球墨铸铁基本化学成分

化学成分（质量分数,%）				
C	Si	Mn	P	S
3.5~3.8	2.4~3.0	<0.30	<0.07	<0.02

表 5-73　等温淬火球墨铸铁合金元素推荐含量

铸件壁厚/mm		含量（质量分数,%）
	<10	—
	10 ~ 25	Mo: 0.1 ~ 0.2 + Cu: 0.5 ~ 0.8
	26 ~ 37	Mo: 0.1 ~ 0.2 + Cu: 0.8 ~ 1.2
	38 ~ 50	Mo: 0.15 ~ 0.3 + Cu: 0.8 ~ 1.2

硅是等温淬火球墨铸铁最重要的元素之一。正是由于硅阻止贝氏体碳化物从而形成了针状铁素体。增加硅含量可以增加等温淬火球墨铸铁的冲击韧度、降低断后伸长率和提高脆性转变温度。锰的作用有两面性，它能很强地提高淬透性，但在凝固过程中它又会偏析在晶界，促使碳化物的形成并阻碍等温转变。因此，在石墨球数低和壁厚较大的情况下，锰在晶界的偏析会大到足以产生缩松、碳化物和不稳定的奥氏体。这些显微组织缺陷和不均匀性会降低切削加工性能和力学性能。为了改善性能、降低等温淬火球墨铸铁对壁厚及石墨球数的敏感性，锰的质量分数应该控制在低于 0.3%。

铜加入的质量分数可达 0.8%，以增加淬透性。铜对于拉伸性能没有显著的影响，但可以提高等温处理温度低于 350℃ 的等温淬火球墨铸铁的延伸性。

镍加入的质量分数可达 2%，以提高等温淬火球墨铸铁的淬透性。当等温处理温度低于 350℃ 时，镍会使抗拉强度稍有降低，但会提高延伸性和断裂韧性。

钼是等温淬火球墨铸铁最强的提高淬透性的元素，为防止厚大断面的等温淬火球墨铸铁件产生珠光体时需要加入一定量的钼，但当钼的加入量超过了淬透性的需求量时，会引起抗拉强度和断后伸长率的下降。原因可能是由于钼在晶界的偏析形成了碳化物所致。对厚大断面铸件，钼的质量分数应该不大于 0.2%。

由于经济上的原因或为了防止一些冶金学上的问题，常常采用复合合金化的方法以获得所需的淬透性。等温淬火球墨铸铁中加入合金元素主要是为了提高淬透性，它们对于力学性能只有有限的影响，因此超过淬透性所需而过多的加入合金元素除了提高成本外，还不利于优质的等温淬火球墨铸铁铸件的生产。

采用等温淬火工艺生产薄壁小件（壁厚小于 10mm）时不必添加合金元素。当铸件壁厚大于 10m 时，则必须添加合金元素，一般是添加铜与钼，而不是单独添加铜或钼。在生产等温淬火球墨铸铁时，铜与镍的作用原则上是可以互相取代的，但镍的纯洁度高，也不会发生像铜那样产生沉淀硬化及大量富集（形成富铜相）现象。镍的缺点是价格贵。

等温淬火球墨铸铁的锰含量应尽量低，原因是随着锰含量的增加，冲击韧度会急剧恶化，如当锰的质量分数由 0.3% 增加至 0.6% 时，冲击韧度则下降50%。

等温淬火球墨铸铁中硅的质量分数可以高达3%，这是为抑制碳化物的析出所必需的。为生产优质的等温淬火球墨铸铁件，显然有两个环节是同等重要的：

（1）等温处理前的铸态球墨铸铁的组织控制　要求球墨铸铁的铸态组织达到：

1）高的球化率，球化率 >80%。

2）石墨球数至少 100 个/mm² 或以上。

3）稳定的化学成分。

4）铸件基本上没有碳化物、疏松和夹杂物。

5）稳定的珠光体/铁素体含量比。

（2）依据球墨铸铁的成分和铸态组织确定合适的热处理规范，并进行严格和稳定的等温淬火热处理过程　生产具有铸态等温淬火球墨铸铁组织的铸铁需要添加更多的 Cu、Ni、Mo 等合金元素。表 5-74 列出了含镍钼铸态等温淬火球墨铸铁经 315℃ 回火后的力学性能。

表 5-75 列出了等温淬火球墨铸铁件的化学成分实例；表 5-76 列出了较低温度等温淬火处理的球墨铸铁件的化学成分实例。

表 5-74　含镍钼铸态等温淬火球墨铸铁的力学性能（315℃回火）

Y 型试块壁厚/mm	合金元素（质量分数,%）		力学性能					
	Ni	Mo	抗拉强度/MPa	屈服强度/MPa	断后伸长率（%）	疲劳强度/MPa	硬度 HBW	冲击吸收能量 KV/J
25	2.7	0.50	955	714	5	357	320	5
	3.3	0.25	996	721	5	357	320	4
75	3.7	0.50	879	694	4	316	290	6
	4.4	0.25	955	762	2.5	316	335	6
150	4.5	0.50	900	769	1.5	302	340	7
	5.0	0.25	927	755	2	286	335	7

表 5-75　等温淬火球墨铸铁件的化学成分实例

铸件名称	化学成分（质量分数,%）								热处理工艺	力学性能	
	C	Si	Mn	P	S	Cu	Mo	Ni		R_m/MPa	A（%）
4102 柴油机曲轴	3.5 ~ 3.8	2.76 ~ 2.84	0.27 ~ 0.33	<0.07	≤0.02	0.45 ~ 0.58	0.28 ~ 0.31	0.50 ~ 0.53	930℃，2.5h；360~380℃，2h	≥1000	≥5
冷轧管轧辊	3.42	2.62	0.47	0.063	0.022	0.4 ~ 0.8	0.15 ~ 0.3	—	940℃1h，360℃1.5h	920	6
塔式起重机升降螺母	3.94	2.54	0.15	0.043	0.025	1.29	0.304	1.71	铸态	826 ~ 830	2 ~ 3

表 5-76　较低温度等温淬火处理的球墨铸铁件的化学成分实例

铸件名称	化学成分（质量分数,%）					热处理工艺	力学性能	
	C	Si	Mn	P	S		R_m/MPa	HRC
凸轮轴	3.81 ~ 3.9	2.37 ~ 2.42	0.67	<0.06	<0.018	860℃，30min 300℃，45min	≥1100	38 ~ 48

5. 马氏体球墨铸铁

马氏体球墨铸铁具有最高的强度和硬度，马氏体经高温回火后具有优良的综合力学性能。可以采取淬火（油淬）、空冷、奥氏体等温淬火、铸态获得马氏体基体组织：

1）淬火。采用表 5-70 中给出的适用于热处理的珠光体球墨铸铁推荐的化学成分，通过油淬可以获得马氏体基体组织。

2）空冷。采用化学成分（质量分数,%）：C = 3.5 ~ 3.6、Si ≤ 2.0、Mn = 3.4 ~ 3.6、P ≤ 0.1、S≤0.03、Mo = 0.4 ~ 0.6，在850℃ ± 10℃ 保温后空冷，得到的基体组织是马氏体和少量残留奥氏体组织。它具有很优良的耐磨性。为了进一步提高冲击韧度，可采用如下的化学成分（质量分数,%）：C = 3.5 ~ 3.6、Si≤2.0、Mn = 2.4 ~ 2.6、P≤0.1、S≤0.03、Mo = 0.8 ~ 1.0，采取同样的空冷工艺，可以获得马氏体和少量残留奥氏体组织。

3）奥氏体等温淬火。采用表 5-71 和表 5-72 分别给出的等温淬火球墨铸铁的基本化学成分和合金元素推荐含量，通过奥氏体化后在盐浴中进行等温淬火。采取的等温淬火温度低于230℃，即在 200 ~ 220℃温度范围内进行等温处理，即可得到全马氏体的基体组织。

4）铸态。采用化学成分（质量分数,%）：C = 3.3 ~ 3.8，Si = 3.3 ~ 4.6，Mn = 5.0 ~ 6.5，S<0.03，P<0.1，可以在铸态获得兼有马氏体、针状铁素体和残留奥氏体以及一定数量碳化物的基体组织。

另外，通过 Ni、Cr、Mo 元素合金化，可以在铸态获得具有马氏体基体组织的大型铸件，如轧辊、辊环等。

6. 奥氏体球墨铸铁

（1）高镍奥氏体球墨铸铁　高镍奥氏体球墨铸铁具有诸多方面的优越性，有的是现在可供利用的，有的则是未来可供利用的。高镍奥氏体球墨铸铁各种性能利用的百分比见表 5-77。

表 5-77　高镍奥氏体球墨铸铁各种性能利用的百分比

奥氏体球墨铸铁性能与成本	现在的应用（%）	未来的应用（%）
耐蚀性	43	35
耐热性	17	15
耐冲蚀性能	23	7
低温性能	5	2
电磁性能	2	2
可控制的膨胀	10	3
耐磨性	—	13
力学性能	—	7
铸件质量	—	5
易切削性能	—	5
成本	—	4
焊接性能	—	2

所有高镍奥氏体球墨铸铁的镍质量分数为18% ~ 36%，高镍奥氏体球墨铸铁的抗拉强度为385 ~ 550MPa，断后伸长率为4% ~ 40%。已有国际标准规定了这种铸铁的化学成分和力学性能（见本卷附录）。

（2）无磁锰奥氏体球墨铸铁　由于锰能稳定奥氏体，因而加锰可制成奥氏体无磁球墨铸铁。例如，已有锰的质量分数为 6% ~ 7%、镍的质量分数为12% ~ 14% 的锰镍合金奥氏体球墨铸铁的牌号。

本来是通过添加一定量的镍来制成无磁奥氏体球墨铸铁，但由于镍的资源不如锰丰富，并且价格昂贵，因而可采用较高的锰含量来取代一部分镍。图5-124 所示为 Ni-Mn-Cu 无磁铸铁的组织。表 5-78 列出了 Ni-Mn-Cu 无磁锰奥氏体球墨铸铁的性能。

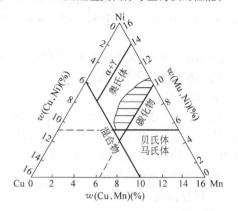

图 5-124　Ni-Mn-Cu 无磁铸铁的组织

注：化学成分为 $w(C)=2.9\%$、$w(Si)=2.5\%$、
$w(P)\leqslant0.1\%$、$w(S)\leqslant0.05\%$、
$w(Ni+Cu+Mn)=16\%$。

表 5-78　无磁锰奥氏体球墨铸铁的性能

抗拉强度/MPa	350~400
断后伸长率（%）	2~5
冲击韧度/（J/cm²）	60~180
布氏硬度　HBW	165~175
磁场强度为 15915.5A/m[①]时的磁导率/（μH/m）	1.307~1.332

① 按旧单位，15915.5A/m=200Oe。

此外，含有 Mn-Cu-Ni-Al 合金的球墨铸铁也可达到类似的性能，其化学成分（质量分数，%）：Mn=7~16，Cu=1.5~3.5，Ni=3.5~4.5，Al=2.0~4.5，C=2.8~3.7。这种铸铁具有的磁导率为1.307~1.332μH/m。这说明，采用高锰低镍也可制成无磁球墨铸铁。不过，需要特别注意的是，要控制碳化物的数量与分布。

5.5　球墨铸铁的冶金处理

严格控制铁液纯净度和化学成分精确度是稳定生产优质球墨铸铁的基础。为了获得良好性能的球墨铸铁，必须对铁液进行冶金处理。冶金处理包括：

1）预处理和脱硫处理。

2）球化处理。

3）孕育处理。

5.5.1　预处理和脱硫处理

1. 预处理

冶金预处理的目的是控制、保持铁液金属稳定的质量状态，调控球化、孕育数量和效果。铸铁，特别是球墨铸铁熔炼应进行预处理，使铁液尽早具有数量稳定的氧含量和形核核心。适当有效的预处理能够增加 20%~25% 的核心数量。炉内预处理增加铁液的核心需要根据试验结果实施，试验主要是白口试片试验或采用 CE 热分析仪进行曲线测试。当炉料中含有高比例废钢时，预处理更具重要意义（钢料不能提供核心）。

冶金预处理通常采用：

1）后期加入生铁。

2）加入质量分数为 0.2%~0.4% 的碳化硅（SiC），特别是大量加入钢料时。

3）第一次孕育时加入额外的孕育剂。

预处理时加入碳化硅的作用如下：碳与氧反应形成 CO；硅进入金属，增加硅含量。

最新的预处理工艺是在球化处理前，通过加入预处理剂，将铁液中的 O、S 含量稳定地控制在较低水平，为球化反应提供良好条件，同时反应产物能够形成稳定的形核核心。预处理元素应具有特点：与铁液中的 O、S 反应活性强，其氧化物、硫化物的标准生成自由能低；形成的氧化物、硫化物密度最好接近铁液，熔点要高，质点尺寸适合作为形核核心。目前采用的含 La、Ba 的处理剂能较好地满足这些要求。具体工艺是在出铁前 5~10min 向炉内加入质量分数为0.1~0.2% 的处理剂，待其搅拌溶解后迅速出铁进行球化处理，这一工艺正在开发应用之中。

2. 脱硫处理

球墨铸铁的终硫质量分数应为 0.008%~0.012%，以利于自由石墨的析出。对于硫含量较高的铁液，采用 FeSiMg（RE）合金进行球化处理，会产生大量的残渣和残余 Mg，残渣会导致产生夹渣缺陷。因此，铁液在球化处理前的初始硫的质量分数的上限通常为 0.020%~0.025%，若原铁液在球化处理前含硫量超出上限就需要单独进行脱硫处理。脱硫处理工艺可促使硫的质量分数低于 0.020%，最好到 0.015%。降低硫含量可减少球化处理时镁的加入量。

脱硫处理可以采用包处理，用惰性气体（氮气）搅动或机械搅拌可获得良好的结果。处理需耗费能源和时间，它不会改变铁液与相关核心的冶金质量。

碳化钙是最有效的脱硫剂，碳化钙的密度为 $1.1 \sim 1.3 \mathrm{g/cm^3}$，也可加入氧化钙（石灰），但加入量需多些，甚至可以加入氟石和盐，主要产生如下化学反应：

$$CaC_2 \rightarrow Ca + 2C$$
$$Ca + S \rightarrow CaS$$
$$CaC_2 + S \rightarrow CaS + 2C$$
$$CaO + S \rightarrow CaS + O$$
$$Si + 2O \rightarrow SiO_2$$
$$2CaO + 2S + Si \rightarrow 2CaS + SiO_2$$

脱硫时应考虑以下几点：较高的初始硫含量会导致较多脱硫量；延长脱硫处理时间会提高脱硫率；增加脱硫剂的 CaC_2 含量，会提高脱硫量；充分的搅拌也是非常重要的因素，如果没有搅拌和氮气注入，处理效率将下降许多。通常添加 $w(CaC_2) = 0.50\% \sim 1.0\%$（取决于初始的硫含量），可达到 50% 的处理效率。

处理时间为 $5 \sim 10\mathrm{min}$，处理会造成 $30 \sim 60\,^{\circ}\!C$ 的温度降低。脱硫率随硫含量下降而降低。如果进行脱硫处理，硫的质量分数应降到 0.020% 以下，以利于球化处理时尽可能地降低镁加入量。处理后必须进行化学分析复检，用以计算球化处理时镁的加入量。

常用的脱硫处理工艺如下：

1）包底气塞法。这种方法最常用，通过设置在包底部耐火透气塞注入氮气或其他惰性气体，气泡搅动金属，使得反应剂和铁液充分混合，形成高含硫渣。这种工艺可以批次或连续进行。连续工艺采用在出铁槽和浇包之间设置处理包，通过气体搅拌促使反应剂和铁液有力混合以保证铁液连续脱硫。典型的脱硫剂加入比例是 1% ~2%（质量分数）。

2）搅拌工艺。这一技术采用翻转的陶瓷桨叶搅拌混合铁液和反应剂，耐火材料和造渣成本较高，适用于大吨位生产车间。

3）摇包工艺。这种工艺适用于批次作业。冲天炉出铁与反应剂一同混入放在偏心托盘上的浇包里，驱动托盘摇动包内的铁液和反应剂混合，撇去浮上的高硫浮渣，完成铸铁脱硫工艺。

4）惰性气体喷枪注入工艺。在这个工艺中，反应剂被加入到浇包内铁液中，将用石墨或陶瓷制成的喷嘴浸入铁液并导入惰性气体（氮气），形成气泡搅动产生脱硫作用。这种工艺也可以用于感应电炉或电弧炉高硫铸铁加热时脱硫。

5）芯线注入工艺。它由炼钢脱气工艺发展而来。现在这一工艺已经转化到铸铁熔炼的脱硫和球化处理中。应注意避免硫含量过低，硫还扮演着必要的石墨化角色。

冲天炉熔炼时，硫含量较高，几乎是必须要进行脱硫 $[w(S) < 0.025\%$，最好是 $w(S) \leqslant 0.020\%$ 处理。

电炉熔炼、特别是采用高纯净生铁和电极增碳剂时可能造成硫含量非常低，而在镁处理之前，$w(S)$ 应该 $> 0.015\%$。

如果硫含量太低，必须降低镁添加量，以避免镁和氧起化学反应，减少氧形成 SiO_2 的孕育浓度起作用的能力。镁和硫反应生成 MgS，其尺寸 $\leqslant 50\mu m$，也起核心作用（可增加核心数量）。

5.5.2　球化处理

1. 球化剂

球化剂是加入铁液中使铸铁结晶成为球状石墨的添加剂。当今工业生产应用的主要球化剂是镁、稀土合金（以铈、镧为主的轻稀土和以钇为主的重稀土）和钙。

镁是球化能力最强的元素，也是应用最广泛的球化剂。但是，它的沸点低（比铁液的温度低得多），用纯镁作球化剂时，镁强烈汽化，既不安全，又不经济，也会恶化环境，须采用特殊的球化装置。现在一般都采用镁的质量分数不超过 10% 的硅铁镁合金或稀土硅铁镁合金作为球化剂，以减缓镁的汽化作用。

稀土中铈的沸点为 $1400\,^{\circ}\!C$，反应比较平稳，而且可以不受其他反球化元素的影响，但稀土铈的价格贵，用铈处理后得到的石墨球圆整度比镁要差，所以它的使用范围受到限制。重稀土（以钇为主）合金主要用于厚大截面的球墨铸铁件，以延缓球化衰退。

钙的沸点为 $1487\,^{\circ}\!C$，反应平稳，但球化能力弱，需加入的数量大。金属钙很容易氧化，不便贮存，故一般不单独用钙作为球化剂。

镁、稀土元素和钙作为球化剂，在铁液中均具有强烈的脱氧与脱硫作用。图 5-125 和图 5-126 所示为各种氧化物和硫化物的生成自由能与温度的关系。由该图可以看出，镁、铈、钙等元素在铁液中首先是脱氧，其次是脱硫。这是由它们分别形成氧化物、硫化物的生成自由能所决定的。

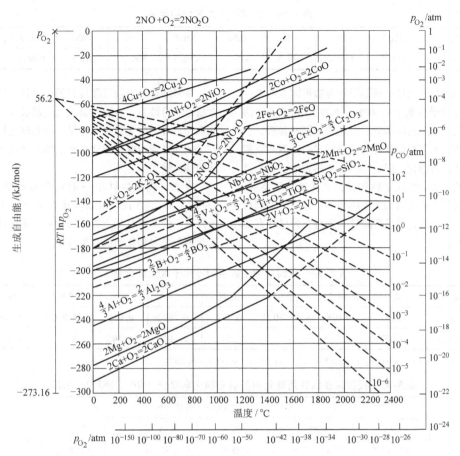

图5-125 各种氧化物的生成自由能与温度的关系

注: 1. 1atm = 101.325kPa。

2. 纵坐标中的 RT,R 为摩尔气体常数,T 为热力学温度。

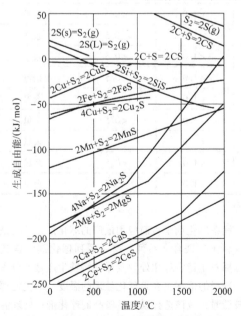

热力学计算结果表明,形成 MgO 的自由能(ΔF)远比形成 MgS 的自由能(ΔF)要低。

$$[Mg]_{液} + [O]_{液} \rightarrow [MgO]_{固}$$

$$\Delta F_{MgO} = (-121200 + 35T \pm 10000)kJ/mol$$

$$[Mg]_{液} + [S]_{液} \rightarrow [MgS]_{固}$$

$$\Delta F_{MgS} = (-70330 + 27.4T \pm 10000)kJ/mol$$

(1)镁系球化剂 镁的蕴藏量约占地壳质量分数的2.1%,主要矿石有菱镁矿(MgCO₃)和白云石(CaCO₃·MgCO₃)。镁的相对原子质量为24.32,属于紧密六方晶格排列。它的密度为1.74g/cm³,熔点为651℃,沸点为1107℃,比热容为2.5μJ/(g·K),熔化潜热为 8.63μ/g,汽化潜热为 12540μJ/g ± 6.18μJ/g。随温度升高,镁蒸气压急剧升高,见表5-79。

图5-126 各种硫化物的生成自由能与温度的关系

s—固态 g—气态 L—液态

表5-79　镁蒸气压与温度的关系

温度/℃	1107	1150	1200	1250	1300	1350	1400	1450	1500
蒸气压/MPa	101.3	146.4	220.3	312.4	440.3	606.3	819.8	1086.2	1421.6

加镁处理后，铁液中硫的质量分数可减少80% ~ 90%，氧的质量分数下降40% ~ 50%。由于镁的沸点低，加入铁液后迅速蒸发，引起铁液剧烈翻腾，铁液中的气体、夹杂物向着镁蒸气泡的方向扩散和吸附并排出，使铁液净化。因此，尽管从热力学上看，镁与氧、硫的亲和力要次于钙和铈，但从动力学角度，镁的实际脱氧去硫能力却大于钙和铈。在经镁处理后的铁液中，氧、硫含量显著降低，这对获得球状石墨有重要作用。

镁系球化剂可使石墨球圆整，对铁液处理前的硫含量范围可放宽，在亚共晶或过共晶成分的铁液中也能取得良好的球化效果。但是，镁系球化剂的缺点是抗干扰元素能力差，形成夹渣、缩松和皮下气孔等缺陷的倾向较大。

考虑到我国生铁中一般均含有球化干扰元素（见表5-80），因此在镁系球化剂中均附加一定量稀土元素，最常用是稀土硅铁镁合金。我国球墨铸铁用球化剂的牌号和化学成分见表5-81。

表5-80　我国几种生铁中的球化干扰元素含量

产　地	本钢一厂	本钢二厂	安阳钢厂	湘钢	太钢	首钢	武钢	包钢	鞍钢
$w(Ti)(\%)$	0.052	0.059	0.08 ~ 0.09	0.071	0.084	0.086	0.091	0.138	0.193
$w(\Sigma T)(\%)$	0.062	0.0715	0.12	0.0965	0.101	0.1075	0.127	0.181	0.223

注：$w(\Sigma T) = w(Ti) + w(Cr) + w(Sn) + w(V) + w(Sb) + w(Pb) + w(Zn)$。

表5-81　我国球墨铸铁用球化剂的牌号和化学成分 （GB/T 28702—2012）

牌号	化学成分（质量分数，%）					
	Mg	RE	Si	Al	Ti	其他
Mg4RE	3.5 ~ 4.5	>0 ~ 1.5	≤48.0	<1.0	<0.5	余量
Mg4RE2	3.5 ~ 4.5	>1.5 ~ 2.5	≤48.0	<1.0	<0.5	余量
Mg5RE	>4.5 ~ 5.5	>0 ~ 1.5	≤48.0	<1.0	<0.5	余量
Mg5RE2	>4.5 ~ 5.5	>1.5 ~ 2.5	≤48.0	<1.0	<0.5	余量
Mg6RE	>5.5 ~ 6.5	>0 ~ 1.5	≤48.0	<1.0	<0.5	余量
Mg6RE2	>5.5 ~ 6.5	>1.5 ~ 2.5	≤48.0	<1.0	<0.5	余量
Mg6RE3	>5.5 ~ 6.5	>2.5 ~ 3.5	≤48.0	<1.0	<0.5	余量
Mg7RE	>6.5 ~ 7.5	>0 ~ 1.5	≤48.0	<1.0	<0.5	余量
Mg7RE2	>6.5 ~ 7.5	>1.5 ~ 2.5	≤48.0	<1.0	<0.5	余量
Mg8RE3	>7.5 ~ 8.5	>2.5 ~ 3.5	≤48.0	<1.0	<0.5	余量
Mg8RE5	>7.5 ~ 8.5	4.5 ~ 5.5	≤48.0	<1.0	<0.5	余量
Mg8RE7	>7.5 ~ 8.5	>6.5 ~ 7.5	≤48.0	<1.0	<0.5	余量

注：其中 Mg 表示有效镁量，$w(Mg) =$ 总镁量 - 氧化镁中的镁量。

当炉料中球化干扰元素含量较高时，则选用稀土含量较高的稀土硅铁镁合金。如果生铁的纯净度高，即主要球化干扰元素和杂质元素总含量 $w(\Sigma T) = w(Ti) + w(Cr) + w(Sn) + w(V) + w(Sb) + w(Pb) + w(Zn) < 0.1\%$ 时，则可用不含稀土的纯镁或硅铁镁合金作为球化剂。

镁系球化剂是目前应用最广的球化剂，尤其是硅铁（稀土）镁合金系列。这一系列球化剂中含镁量的选择对于稳定球化处理及球墨铸铁生产是十分重要的，选择的依据主要是球化处理的温度。球化处理温度较低时，应该选择镁含量较高的球化剂；处理温度较高时，则应该选择镁含量较低的球化剂。一般情，球化剂成分中包含镁的总量，其中包含能被铁液吸收并起球化作用的"有效"镁量，也有一部分是氧化镁，显然这一部分镁对石墨球化是不会起作用，反而增加了氧化渣的数量。镁系球化剂中氧化镁的含量也是衡量球化剂品质的重要指标，一般要求球化剂中氧化镁的质量分数在 1% 以下，品质好的球化剂氧化镁的质量分数能控制在 0.5% 以下。

（2）稀土系球化剂 稀土元素指化学元素周期表第ⅢB 族中的 17 个元素，其特点是外层电子结构为 $5d^16s^2$。稀土元素包括原子序数 57（镧）到 71（镥）的镧系元素，以及与镧系元素化学性质十分相近的钪（原子序数 21）和钇（原子序数 39）。根据原子结构、物理性质、化学性质和矿石中共存的相似程度，把稀土金属分为两类：轻稀土（又称铈组）和重稀土（又称钇组）。轻稀土包括镧、铈、镨、钕、钷、钐、铕、钆；重稀土包括铽、镝、钬、铒、铥、镱、镥、钪、钇。

稀土元素在地壳中的质量分数约为 0.015%。其中，在地壳中含有质量分数较多的为铈（0.0044%）、钇（0.0031%）、镧（0.0019%）。稀土元素并不稀少，地壳中稀土含有的质量分数比锌、镉、锡、钼、钨及金、银、铂多几十倍或几百倍，比常见的铜（0.00454%）、铅（0.000454%）还要多。表 5-82 列出了稀土金属的熔点、沸点及密度。

表 5-82 稀土金属的熔点、沸点及密度

名称	元素符号	原子序数	相对原子质量	密度 /(g/cm³)	熔点 /℃	沸点 /℃
钪	Sc	21	44.956	2.989	1539	2832
钇	Y	39	88.905	4.457	1526 ± 5	3337
镧	La	57	138.91	6.166	920 ± 1	3454
铈	Ce	58	140.12	6.771	798 ± 3	3257
镨	Pr	59	140.907	6.772	931 ± 5	3212
钕	Nd	60	144.24	7.003	1016 ± 5	3127
钷	Pm	61	147	—	1080 ± 10	(2460)
钐	Sm	62	150.35	7.537	1073 ± 1	1778
铕	Eu	63	151.96	5.253	822 ± 5	1597
钆	Gd	64	157.25	7.898	1312 ± 2	3233
铽	Tb	65	158.924	8.234	1353 ± 6	3041
镝	Dy	66	162.50	8.540	1409	2335
钬	Ho	67	164.930	8.781	1470	2720
铒	Er	68	167.26	9.045	1522	2510
铥	Tm	69	168.934	9.314	1545 ± 15	1727
镱	Yb	70	173.04	6.972	816 ± 2	1193
镥	Lu	71	174.97	9.835	1663 ± 12	3315

从表 5-83 可见，稀土元素的脱氧与脱硫能力均比镁强。各种稀土元素的球化能力各不相同，并且还

与铁液成分有关。铈对于过共晶成分的铁液具有稳定的球化作用；对于含硫质量分数小于 0.06% 的过共晶成分的铁液，在残余铈的质量分数为 0.04% 以上时，就能得到球墨铸铁。但是，对于亚共晶成分的铁液，则要求硫含量极低（质量分数为 0.006%），并且要加入更多的铈才能球化。在以铈为主的轻稀土作球化剂时（与镁复合时也如此），常出现团状及团片状石墨，在大断面球墨铸铁件及热节部位易产生石墨畸变、白口倾向及石墨漂浮，这些都比镁球墨铸铁严重。铈能中和反球化元素，抗干扰的能力较强，铈和其他稀土元素相比，密度大，沸点高，熔点与铁液温度相近，球化处理比较方便，处理时无沸腾及火光烟尘，劳动条件较好，但球化反应的动力学条件不好。在生产中不宜单独使用铈及其他轻稀土元素作球化剂，最好与镁复合使用。

表 5-83 镁、铈与钙的氧化物与硫化物的生成热

氧化物	25℃的生成热 /(kJ·mol)	硫化物	25℃的生成热 /(kJ·mol)
MgO	602.06	MgS	375.97
CeO₂	1089.41	CeS	494.04
CaO	635.97	CaO	475.20

镨、钕的球化作用比铈差，镧的作用最弱，只有在激冷区有一定的球化能力。轻稀土元素起球化作用的含量范围较窄，加入量不足，难以球化；加入量过多，白口倾向严重并出现异形石墨。

钇对高碳过共晶铁液有很好的球化作用。碳含量较低时，冷却快则成白口，冷却慢则不球化。在高碳过共晶铁液中，钇的球化能力比铈强，略逊于镁。镁球墨铸铁中石墨圆整度好，一般为球状和点状石墨。球化衰退后出现枝晶状石墨，最后成为片状石墨。与镁、铈不同之处，钇可以过量加入，在碳当量和冷却速度适当时，加入量达到正常球化需要量的 3.5 倍，也不出现白口。因此，可以采用增加钇残余量的办法延长其衰退时间。钇的脱硫能力极强，经钇球化处理的铁液中硫的质量分数在 0.008% 以下，而且不回硫。钇球墨铸铁在液态下保温时，钇的含量衰减速度比镁略慢，主要因氧化而损耗。钇球墨铸铁抗衰退能力较强，除允许增大残余量外，可能与不回硫有关。钇可以在高温（1450℃ 以上）进行球化处理，反应很平稳，为提高球墨铸铁浇注温度创造了有利条件。钇处理时的反应动力学条件较差。生产中不宜单独用钇或钇基重稀土合金作球化剂，最好与镁复合使用。

表 5-84 列出了我国按 GB/T 4137—2015 生产的

稀土硅铁合金的牌号和化学成分，表5-85列出了镁　　　常用球化剂的类别及适用范围。
锭的品名、代号与化学成分，表5-86列出了国内外

表5-84　稀土硅铁合金的牌号和化学成分（GB/T 4137—2015）

产品牌号		化学成分（质量分数,%）							
					Mn	Ca	Ti	Al	
字符牌号	对应原数字牌号	RE	Ce/RE	Si	≤				Fe
RESiFe-23Ce	195023	21.0≤RE<24.0	≥46.0	≤44.0	2.5	5.0	1.5	1.0	余量
RESiFe-26Ce	195026	24.0≤RE<27.0	≥46.0	≤43.0	2.5	5.0	1.5	1.0	余量
RESiFe-29Ce	195029	27.0≤RE<30.0	≥46.0	≤42.0	2.0	5.0	1.5	1.0	余量
RESiFe-32Ce	195032	30.0≤RE<33.0	≥46.0	≤40.0	2.0	4.0	1.0	1.0	余量
RESiFe-35Ce	195035	33.0≤RE<36.0	≥46.0	≤39.0	2.0	4.0	1.0	1.0	余量
RESiFe-38Ce	195038	36.0≤RE<39.0	≥46.0	≤38.0	2.0	4.0	1.0	1.0	余量
RESiFe-41Ce	195041	39.0≤RE<42.0	≥46.0	≤37.0	2.0	4.0	1.0	1.0	余量
RESiFe-13Y	195213	10.0≤RE<15.0	≥45.0	48.0≤Si<50.0	6.0	2.5	1.5	1.0	余量
RESiFe-18Y	195218	15.0≤RE<20.0	≥45.0	48.0≤Si<50.0	6.0	2.5	1.5	1.0	余量
RESiFe-23Y	195223	20.0≤RE<25.0	≥45.0	43.0≤Si<48.0	6.0	2.5	1.5	1.0	余量
RESiFe-28Y	195228	25.0≤RE<30.0	≥45.0	43.0≤Si<48.0	6.0	2.0	1.0	1.0	余量
RESiFe-33Y	195233	30.0≤RE<35.0	≥45.0	40.0≤Si<45.0	6.0	2.0	1.0	1.0	余量
RESiFe-38Y	195238	35.0≤RE<40.0	≥45.0	40.0≤Si<45.0	6.0	2.0	1.0	1.0	余量

表5-85　镁锭的品名、代号与化学成分

品名	代号	Mg ≥	化学成分（质量分数,%）						
			杂质元素≤						
			Fe	Si	Ni	Cu	Al	Ca	总和
一号镁	Mg-1	99.95	0.02	0.01	—	0.005	0.01	0.003	0.05
二号镁	Mg-2	99.92	0.04	0.01	0.001	0.01	0.02	0.005	0.08
三号镁	Mg-3	99.85	0.05	0.02	0.002	0.02	0.05	0.005	0.15

表5-86　国内外常用球化剂的类别及适用范围

序号	名　称	主要成分（质量分数,%）	密度 /（g/cm³）	熔点 /℃	沸点 /℃	球化处理工艺	适用范围
1	纯镁	Mg≥99.85	1.74	651	1105	压力加镁法 转包法 钟罩压入法 镁丝法 镁蒸气法	用于球化干扰元素含量少的炉料，生产大型厚壁铸件、离心铸管、高韧性铁素体基体的铸件
2	稀土硅铁镁合金	RE=0.5~20 Mg=5~12 Si=35~45 Ca<5 Ti<0.5 Al<0.5 Mn<4 Fe余量	4.5~4.6	≈1100	—	冲入法 型内球化法 密封流动法 型上法 盖包法 覆包法	用于含有球化干扰元素的炉料生产各种铸件，有良好的抗干扰脱硫、减少黑渣、缩松的作用

（续）

序号	名　称	主要成分（质量分数，%）	密度/（g/cm³）	熔点/℃	沸点/℃	球化处理工艺	适用范围
3	镁焦	Mg43 浸入焦炭	—	651	1105	转包法钟罩压入法	用于大量生产（用转包法球化时）大中型铸件、高韧性铁素体基体铸件
4	钇基重稀土硅铁镁合金	RE = 16 ~ 28（重稀土）Si = 40 ~ 45 Ca = 5 ~ 8	4.4 ~ 4.5	—	—	冲入法	用于生产大截面重型铸件，抗球化衰退能力强
5	铜镁合金	Cu = 80 Mg = 20	7.5	800	—	冲入法	用于生产大型珠光体基体铸件
6	镍镁合金	Ni = 80, Mg = 20 Ni = 85, Mg = 15	—			冲入法	用于生产珠光体基体铸件、奥氏体基体铸件、贝氏体基体铸件
7	镁硅铁合金	Mg = 5 ~ 20 Si = 45 ~ 50 Ca = 0.5 RE = 0 ~ 0.6				冲入法	干扰元素含量少的炉料
8	镁铁屑压块	Mg = 6 ~ 10 RE = 0 ~ 7 Si ≤ 10				冲入法	可大量使用回炉料，使用它可减少增硅，与稀土硅铁镁混用
9	稀土硅铁	RE = 17 ~ 37 Si = 35 ~ 46 Mn = 5 ~ 8 Ca = 5 ~ 8 Ti ≤ 6 Fe 余量	4.57 ~ 4.8	1082 ~ 1089	—	—	与纯镁联合使用，以抵消球化干扰元素的作用
10	含钡稀土硅铁镁合金	Ba = 1 ~ 3 Mg = 6 ~ 9 RE = 1 ~ 3 Si = 40 ~ 45 Ca = 2.5 ~ 4 Ti < 0.5 Al < 1	—		—	冲入法	铸态铁素体球墨铸铁，电炉用：Mg、RE 含量较低，Ba 含量较高。冲天炉用：Mg、RE 含量较高，Ba 含量较低

（3）钙系球化剂　钙是自然界中分布非常广泛的金属元素，它的含量占第五位。地壳中钙的质量分数达 3.25%。自然界中大部分钙以石灰石（CaCO₃）、石膏（CaO₄·2H₂O）和白云石 [（Ca·Mg）CO₃] 的形式存在。

钙的相对分子质量为 40.8，20℃ 时的密度为 1.55g/cm³，熔点为 850℃、沸点为 1439℃，在 0 ~ 300℃ 之间的线胀系数为 $22 \times 10^{-6} K^{-1}$，在 0 ~ 100℃ 之间的比热容为 $0.62kJ/(kg \cdot K)$，热导率为 $126W/(m \cdot K)$。

加钙处理的球墨铸铁的白口倾向比加镁处理的要小，而且随着壁厚的减小，白口倾向加大。图 5-127 所示为硅含量不同时加钙处理与加镁处理球墨铸铁的白口倾向对比，图 5-128 所示为锰含量不同时加钙处理与加镁处理球墨铸铁的白口倾向对比。由以上两图中可以看出，加钙处理的球墨铸铁白口倾向比加镁处理的要小。即加钙处理的球墨铸铁对硅、锰含量的敏感性较小。

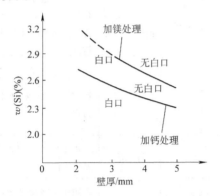

图 5-127　硅含量不同时加钙处理与加镁处理球墨铸铁的白口倾向对比

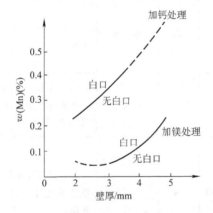

图 5-128　锰含量不同时加钙处理与加镁处理球墨铸铁的白口倾向对比

加钙处理球墨铸铁采用的铁液化学成分（质量分数，%）为 C = 3.4 ~ 3.9、Si = 1.7 ~ 2.2、Mn < 0.6、P < 0.08、S < 0.025、Cr < 0.025。如果采用铁液的化学成分（质量分数，%）为 C = 3.77、Si = 2.71、Mn = 0.28、P = 0.07、S = 0.007，则可在 2mm 截面上得到没有游离渗碳体的铁素体基体的铸态球墨铸铁。

加钙处理球墨铸铁时，如果铸件壁厚大于 15mm，则不必采用孕育处理；如果铸件壁厚小于 15mm，则需加质量分数为 0.3% ~ 0.5% 的 FeSi75 进行孕育处理。

加钙处理的球墨铸铁很容易在铸态得到铁素体基体，而对于相同化学成分的铁液来说，加镁处理，除非采用多次瞬时孕育，或者采用低锰生铁，否则就要

困难得多。

对于 Fe-C 合金，单纯使用 Ca-Si。合金处理球墨铸铁的缺点是其加入量要比镁系球化剂多（采用液面加入法，须加入 Ca-Si 合金的质量分数达 5%），并且还时常出现片状或类似片状石墨。为此，在采用钙系球化剂时，发展了几种钙系球化剂处理方法，如 OZ 剂处理法、KC 剂处理法和电解法，这几种方法现已应用不多。

需要特别指出的是，在当今国内外使用的球化剂中，镁是主导元素，并加入少量稀土元素，以克服球化干扰元素的作用。由于国外的生铁比较纯净，球化剂中稀土的质量分数低于 1%。以往由于国内生铁中含有较多的球化干扰元素，以及原铁液中的硫含量较高，因此应用的球化剂中稀土的含量较多。随着我国球墨铸铁生产技术的进步及铸造生铁纯净度的提高，也广泛采用稀土含量少的球化剂，如采用稀土质量分数为 3% 或更少稀土含量的硅铁镁合金。

另外，对于需要高温球化处理（高于 1500℃）的球墨铸铁来说，除了采用低镁低稀土的成分外，还可在球化剂中添加质量分数为 1% ~ 3% 的钙，由此可减缓铁液与球化剂反应的剧烈程度。

2. 球化处理工艺

（1）冲入法　这是最简单的，也是一直以来最广泛使用的球化处理工艺。将镁合金放入处理包底，将铁液冲入包中。原铁液温度要求大于或等于 1450℃，硫的质量分数应小于 0.1%。一般采用稀土硅铁镁球化剂，铁液温度与稀土硅铁镁球化剂中镁含量的关系见表 5-87。球化剂中稀土含量应低于镁含量。例如，冲天炉铁液处理温度为 1450℃，当硫的质量分数为 0.06% ~ 0.10% 时，可选用镁的质量分数为 8%、稀土的质量分数为 3% ~ 5% 的球化剂。

表 5-87　铁液温度与稀土硅铁镁球化剂中镁含量的关系

铁液温度/℃	1400 ~ 1450	1450 ~ 1500	1500 ~ 1550
稀土硅铁镁球化剂中的镁含量（质量分数，%）	8 ~ 10	6 ~ 8	5 ~ 6

球化处理包的结构对于球化处理效率和镁吸收率非常重要，球化处理包的深度与内径之比应大于 1.5，处理包的凹坑面积占包底面积的 2/5 ~ 1/2，如图 5-129 所示。

在处理包底部构筑一个凹坑，将球化剂精确定位放置在凹坑中，再用球墨铸铁屑、钢屑和/或 Fe-Si 孕育剂颗粒覆盖，以有效延迟球化剂合金与最初冲入的铁液接触。正确应用这种覆盖技术，镁与金属反应

图 5-129 冲入法球化处理包

开始时间会被延迟数秒钟，这足以在球化合金上方建立合理的铁液压头，显著提高镁的吸收率。铸造实践中采用了多种不同的覆盖材料：预制球墨铸铁板，孕育硅铁与废钢混合，碳化钙颗粒与硅铁混合并压实形成紧实的覆盖层，小块废钢屑和高纯生铁的混合料等。

球化合金凹坑也可通过在包底部构筑耐火坝，将其有效地分成两个凹坑。每个凹坑交替使用，以进行连续处理，从而保持处理包减少炉渣积聚而处于较清洁状态，并减少凹坑的维护。

当处理铁液量为 0.5 ～ 3.0t、温度为 1420 ～ 1450℃时，球化剂的粒度为 10 ～ 30mm。先把球化剂放在处理包底，在其上覆盖孕育剂，其粒度可略大于或等于所用球化剂粒度。球化处理时，将铁液冲向处理包中未放置球化剂的一侧。当球化剂反应完毕，在铁液表面覆盖集渣剂后扒渣，再反复扒渣 2 ～ 3 次。球化处理后，0.5 ～ 3.0t 铁液降温 50 ～ 100℃。

球化剂加入量取决于原铁液中的硫含量、球化剂中的镁含量、铁液的纯净度、铁液的处理温度以及工艺措施等，冲入法处理时，球化剂的加入量一般是处理铁液质量的 1.0% ～ 1.6%。

冲入法的镁吸收率为 25% ～ 50%。这种工艺的优点是操作简便，在严格监控的情况下，可以实现稳定生产。缺点是镁的吸收率偏低，由于镁在空气中的大量燃烧，导致闪光与烟雾，使劳动条件恶化。尽管它是一直广泛应用的球化处理方法，但已被列入淘汰工艺。

为克服上述缺点，出现了盖包法球化处理（见图 5-130）。在冲入法处理包上安装盖式中间包来接收铁液，通过中间包底部浇口直径 D 控制注入处理包中的铁液流量，从而减少镁在反应过程中的闪光与烟雾以及镁烧损，镁的吸收率一般可提高 10% ～

20%。盖式中间包的浇口直径按下式计算：

$$D = 2.2\sqrt{\dfrac{W}{t\sqrt{h}}}$$

式中　　D——浇口直径（cm）；

　　　　W——处理铁液量（kg）；

　　　　t——浇注时间（s）；

　　　　h——盖式中间包中的铁液高度（cm）。

合金投料斗 4 中的合金通过合金投入孔 2 将球化剂装入处理包底部，然后将合金投入孔 2 盖上。通过负荷传感器测量，控制所处理的铁液量，以使其与加入的球化剂量呈相应的比例。

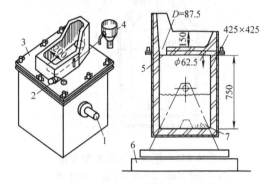

图 5-130 盖包法球化处理
1—倾动机构　2—合金投入孔和塞　3—中间包
4—合金投料斗　5—浇口　6—铁液称重负荷传感器
7—球化剂

围绕基本的盖包设计进行了一些改变和改进，一种常用的盖包是盖子和包不是一体的，球化处理后可以把盖子移掉，再去浇注；还有一种是"茶壶式盖包"，包盖是可移动的，而充入和浇出铁液均通过"茶壶嘴"实现。

盖包法球化处理工艺具有以下相关联的优点：

1）由于处理包中的氧气体积被有效地限制，镁氧化损失减少，镁吸收率比冲入法显著提高。

2）镁吸收率提高、球化剂加入量减少，节约铸造成本。

3）氧化镁烟雾量大大减少，并且主要控制在处理包内，从而显著改善了铸造生产的大气环境。

4）在处理包上使用盖子可以增加保温效果，减少镁处理过程中的温度损失。

盖包法球化工艺正得到较广的应用，该法多用于批量生产中型铸件（球化处理铁液质量在 250 ～ 3000kg 之间）。

（2）自建压力包法（压力加镁法）　原铁液温度高于 1400℃，原铁液硫含量尽量低 [$w(S) \leqslant$ 0.10%]。这种工艺适用于处理大量铁液，一般每次铁液处理量大于3t。图5-131所示为瓶状自建压力加镁包。

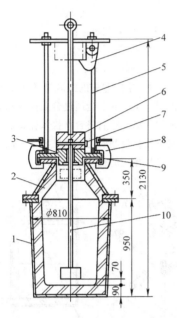

图 5-131　瓶状自建压力加镁包

1—包体下部　2—包体上部　3—包盖
4—重锤悬挂锁　5—导架　6—重锤
7—钟罩销　8—紧固螺栓　9—垫圈
10—钟罩镁蒸气压力与温度的关系

注：下表列出了镁蒸气压力与温度的关系。

温度/℃	1107	1150	1200	1250	1300
压力/kPa	101.3	146.4	220.2	312.4	440.3
温度/℃	1350		1400	1450	1500
压力/kPa	606.3		819.8	1086.2	1421.6

根据铁液中球化干扰元素含量和铸件要求，选用纯镁或纯镁附加稀土硅铁合金。压力加镁法加镁量与原铁液硫含量的关系见表5-88。对于厚大铸件，应增大加镁量。

表 5-88　压力加镁法加镁量与原铁液硫含量的关系

原铁液硫含量（质量分数，%）	<0.02	0.02 ~ 0.04	0.04 ~ 0.06	0.06 ~ 0.08	0.08 ~ 0.12
加镁量（质量分数，%）	0.10	0.10 ~ 0.12	0.12 ~ 0.15	0.15 ~ 0.18	0.18 ~ 0.22

压力加镁用的包盖与包体间必须严密贴合并有密封衬垫，还应装有防止铁液喷出的安全罩；必须采用梯形螺纹或多线粗牙螺纹制作包盖紧固螺栓，而且具有防止脱出装置。

一般采用钢板制作加镁钟罩，其壁厚和压杆直径

要足够大；钟罩涂有耐火涂料，以确保在加镁处理过程中不早熔化而引起镁块的上浮；在钟罩的侧壁和顶部开有若干个 φ10 ~ φ20mm 的孔。

压力加镁包内处理的铁液量是浇注铁液量的 1/3 ~ 1/2。注入压力加镁包的铁液量占其总容量的90%。处理前铁液温度最好是 1350 ~ 1400℃。密封和紧固包盖后，尽快将钟罩压入铁液中，处理时间为4 ~ 6min。由于铁液沸腾引起的钟罩振动停止后提起钟罩，开启包盖，扒渣，转入浇包。处理后降温80 ~ 150℃，此时应补加高温铁液，同时添加孕育剂。补加的铁液量一般是处理铁液量的 1 倍左右。搅拌、扒渣后覆盖覆盖剂，即可浇注。

压力加镁法对铁液处理温度十分敏感，这是因为镁蒸气压力与温度呈超越函数关系，见图5-131中的附表。这种方法还要求十分严格的操作规程和严密的安全措施，否则将会出现严重的安全事故。虽然压力加镁法的镁吸收率高达80%以上，但生产应用的厂家在逐渐减少。

（3）型内球化处理　型内球化处理就是把球化剂（低镁合金）放置在浇注系统内的反应室内，经与浇注的铁液作用得到球墨铸铁。

实践表明，型内球化处理具有以下特点。

1）提高力学性能。从铸件上切取试棒所进行的力学性能对比表明，型内球化处理比普通球化处理具有更高的力学性能，见表5-89。

表 5-89　型内球化处理与普通球化处理铸件力学性能比较

球化处理	抗拉强度/MPa	断后伸长率（%）	布氏硬度HBW
普通球化处理	520	2	210
型内球化处理	720	4	220

2）提高镁的吸收率。采用普通球化处理，一般低镁合金球化剂的加入量（质量分数）为 1.0% ~ 1.6%，而采用型内球化处理，球化剂的加入量为 0.5% ~ 0.8%。采用冲入法，镁的吸收率为 25% ~ 50%，而型内球化处理则达到 80% 以上。由此可大量节约球化剂用量，降低成本。

3）改善孕育衰退和球化衰退。通过型内球化处理的铁液可立即在铸型中结晶凝固，孕育衰退和球化衰退均可得到有效的防止。

4）可以取消热处理，在铸态使用。采用型内球化处理，由于缩短了结晶凝固时间，使得到的石墨球细小、圆整，并且数量增多，由此可保证壁厚为5mm 的铸件不出现游离渗碳体，因而可在铸态直接

5）改善劳动条件。采用型内球化处理，可以消除镁与铁液作用时出现的烟雾和闪光，去除了普通球化处理后的扒渣操作。

6）适用于大批量流水线生产。采用型内球化处理，简化了球化处理的操作过程，质量稳定，因而它特别适用于大批量流水线生产。

对型内球化处理，要取得满意的效果，必须具备如下的条件：

1）浇注温度要高于1450℃。

2）铁液化学成分应严格，铁液纯净。

3）硫含量力求最低。生产表明，原铁液硫的质量分数为0.008%，型内球化处理后硫的质量分数仍为0.008%，由此可使镁的吸收率达到最高，也没有熔渣出现。

4）采用低镁（质量分数为5%～8%）硅铁合金，其中可含一定量的稀土和钙。

5）球化剂的粒度在3～6mm之间。

6）合理的反应室。下面的公式表达了浇注速度、球化剂溶解系数（速度）与反应室尺寸之间的关系。

$$球化剂溶解系数 f = \frac{浇注速度}{反应室尺寸}$$

f值一般选用2.2～2.4。如果选用$f=3$，表明球化剂溶解速度低，在这种条件下进行球化处理，将使铁液中的残余镁含量降低，结果是球化不良；如果选用较低的f值，如$f=1.6$，则球化剂的溶解速度过快，结果是铁液尚未充满型腔，球化剂提前溶解完毕，因此可能出现铸件中某一部分完全球化，其余部分则球化不良或完全不球化。

此外，也可根据流量强度来计算反应室的体积。反应室处理铁液的质量一般占一箱铸件总质量的7%～10%。根据一箱铸件和浇冒口总质量G_0（kg），可以计算出一箱所需铁液总质量$G=(1.07～1.10)G_0$。浇注时间$t(s)$可根据流水线生产率的要求而定，一般为20～30s。采用含镁质量分数为8%和稀土质量分数为5%的硅铁合金作球化剂，流量强度取$3.5kg/(s \cdot dm)^3$。由此可计算出反应室体积$V(dm^3)$：

$$V = \frac{G_0}{3.5t}$$

7）采用封闭式浇注系统。可采用陶瓷过滤片（如直径为80mm、厚度为15mm、孔径为3mm）进行挡渣和控制铁液流量。把过滤片覆盖在浇注系统内，靠近铸件的堤坝入口处，以便控制铁液流量，这样就可在浇注的初始阶段使形成的熔渣漂浮到堤坝入口的上部。

意大利FAT工厂采用的型内球化处理浇注系统如图5-132所示。

型内球化仅适用于大批量生产，生产过程控制的要求也较高，对所生产的铸件，每一件都需要进行球化率的检测，所以国内实际使用它的厂家很少。

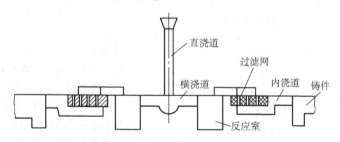

图5-132 型内球化处理浇注系统

（4）镁团块球化剂　这种球化剂与工艺已经在美国和日本许多铸造厂家采用。镁团块一般是由质量分数为5%～10%的Mg+铁粉+CaSi等组成。这种镁团块球化剂具有如下的特点：

1）可允许采用更多的回炉料，而终硅含量不高。

2）它比其他含硅球化剂便宜。

3）可使厚大截面球墨铸铁中的碎块状石墨减少。

4）可使石墨漂浮造成的废品率降低。

5）可适用于冲入法、密封流动法等工艺。

6）可用粉末冶金法制得，成本低，污染少。

7）球化剂的成分易于调整和控制。

8）与铁液反应激烈，最好是与硅铁镁合金混合使用。

这种球化剂与工艺已在我国生产珠光体球墨铸铁的厂家，以及许多生产各种球墨铸铁轧辊的厂家和离心铸造球墨铸铁管的厂家得到应用。

（5）转包法　1971年，瑞士的George Fisher公司公布了用纯镁在转包的反应室中进行球化处理的方法。反应室采用特殊的石墨-耐火黏土制成，它被砌筑在转包的一角（见图 5-133）。在转包处于位置 A 时，以接收铁液，此时反应室的位置是在铁液液面上；然后将转包转到垂直位置 B，此时铁液通过反应室的许多小孔进入反应室中，与镁发生反应。利用反应室内镁蒸气压的变化来控制铁液与镁的接触，并根据反应室孔眼的大小和数目来控制反应的时间。待球化处理完毕后，将转包转到位置 C，打开包盖，将球化处理好的铁液放出浇注。

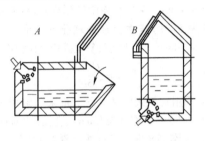

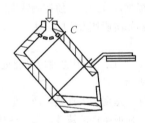

图 5-133　球化处理转包

转包法的镁吸收率为 40%，球化处理温度为 1500℃，反应时间为 60~120s，转包的使用寿命可达 3000 次，此时要求采用 Al_2O_3 包衬，否则其使用寿命将明显缩短。转包中的反应室使用寿命为 300~500 次。

转包法已在世界各国许多工厂，包括我国的铸管公司采用，特别是要求生产硅含量偏低的铸件时，更显示其优越性。该法仅适用于连续生产的工厂，要求每小时处理 6 包以上铁液，以确保球化处理后的铁液温降小于 50℃。此外，转包法适用于处理硫含量偏高的原铁液，最高硫的质量分数可允许达 0.3%。由于转包法处理铁液采用的球化剂是纯镁，它的价格要比冲入法采用的镁合金球化剂便宜，所以转包法的生产成本低。

（6）密封流动法　图 5-134 所示为密封流动法球化处理工艺，其原理与型内球化处理相同。将反应器置于出铁槽和铁液包之间，在反应室内加入球化剂后，铁液在密封条件下流过反应室吸收球化元素。使用的球化剂成分（质量分数，%）：Mg = 7~9、RE = 4~6、Si = 38~42、Ca = 0.5~1.5，其余为铁。球化

剂的添加量（质量分数）为 1.0%~1.1%。处理温度约为 1500℃，可保证球化。处理后反应器内不会残留铁液和球化剂，反应室内可再加球化剂多次使用。

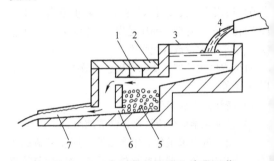

图 5-134　密封流动法球化处理工艺
1—球化剂装入口　2—压盖　3—反应器承接入口
4—原铁液　5—球化剂　6—残余铁液泄流通道
7—经球化处理的铁液流出槽

（7）喂丝法　1976 年，日本开发出喂丝法，即 FW 法（feeder wire process），又称芯线注入法（简称芯线法），即 CWIP 法（core wire injection process）。该方法最初的目的是能够有效地向钢液中加入某些难以加入的合金元素（如 Ca、Ti 等），可以准确地调整钢液成分，实现微合金化。它是一种加入低熔点、低密度、与氧亲和力强、低蒸气压元素的极佳方法，受到广泛应用。以后，人们把这一方法推广应用到球墨铸铁的球化处理上。

芯线法工艺需要的装备主要由芯线、喂丝机和导管构成。

芯线是用厚度为 0.2~0.4mm 的铁皮将合金粉末或微粒包裹起来形成的，通常喂丝机将芯线以一定的速度插入金属液中，使冶金反应在包底进行。这样可使合金元素的收得率提高，喷溅小，温度损失少。对芯线的要求是在使用过程中不开裂，包裹的合金密度尽量大，单位长度成分相同。芯线的截面形状有圆形、矩形。目前出售的芯线有两类包装：一种是将芯线缠绕在卷线盘上，拉出芯线时卷线盘转动，称为外放式；另一种是将芯线卷成捆，芯线由线捆的中央拉出，线捆不转动，称为抽式。

喂丝机的驱动一般是用调速电动机来实现的。它由几对齿轮带动咬线轮、导向校直轮、计数轮以及显示有关参数（速度、时间、长度、加入量等）的系统构成，如图 5-135 所示。导管的作用是改变芯线的运动方向，保证芯线通畅地注入铁液深处。导管水平段与竖直段的夹角大于 90°，导管内径大于 38mm，总长约为 4m，其末端与液面距离为 500~600mm。

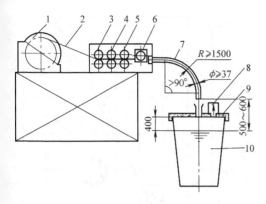

图 5-135　喂丝机构造

1—放线盘　2—芯线　3—咬线轮　4—导向校直轮
5—压下轮　6—计数轮　7—导管　8—抽烟装置
9—包盖　10—铁液包（或钢包）

喂丝法球化处理技术已得到广泛应用。采用的球化剂成分（质量分数,%）为 Mg = 20 ~ 30、Ca = ~ 2、Si = 40，其余为铁，芯线的直径为 13mm，芯线合金质量为 200 ~ 250g/m，处理 1t 铁液需用 20 ~ 30m 长的芯线。喂丝法球化处理技术的特点如下：

1) 提高镁的吸收率，可达 40% ~ 50%。

2) 减少二次氧化渣量，由此降低了铸件缺陷，使铸造废品率降低。

3) 减少了球化处理时的闪光和烟雾，由此改善了劳动条件。

4) 可实现在线控制，可根据原铁液中的硫含量快定芯线的长度，从而保证球化质量稳定。

5) 既可适用于小批量的球墨铸铁生产，也可适应大批量、流水线生产。

（8）喷镁法　新兴铸管公司从 2008 年开始使用喷镁法处理球墨铸铁。利用压力为 0.4MPa 的氮气把钝化过的镁粒（直径小于 2mm）吹入铁液中。在原铁液含硫的质量分数为 0.03% 时，吹入质量分数为 1.2% ~ 1.5% 镁粒，可使铁液的残余镁含量达到 0.05%，而铁液的残余硫含量仅为 0.005%，处理成本比喂丝法降低 20% 左右。此法既可适用于小批量的球墨铸铁生产，也可适应大批量、流水线生产。

3. 球化检测

（1）炉前三角试样检验　球化、孕育处理搅拌、扒渣后，从表面下取铁液浇入图 5-136 所示试样的砂型中，待中心全部凝固后取出，表面呈暗红色。底面向下淬入水中冷却，打断观察断口。炉前三角试样球化判断法见表 5-90。要注意的是，因淬水时间过早，会导致误判。后期浇注的铸件，因球化衰退致使其球化等级低于炉前试样。因此，炉前三角试样是控制球

化工艺质量的手段，但不作为检验产品质量的依据。

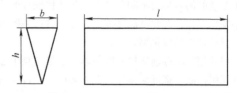

图 5-136　炉前三角试样

注：推荐尺寸为 b = 25mm，h = 50mm，l = 150mm。

表 5-90　炉前三角试样球化判断法

项目	球化良好	球化不良
外形	试样边缘呈较大圆角	试样棱角清晰
表面缩陷	浇注位置上表面及侧面明显缩陷	无缩陷
断口形态	断口细密如绒或银白色细密断口	断口暗灰粗晶粒或银白色分布细小黑点
缩松	断口中心有缩松	无缩松
白口	断口尖角白口清晰	完全无白口且断口暗灰
敲击声	清脆金属声，音频较高	低哑如击木声
气味	遇水有类似 H_2S 气味	遇水无臭味

（2）炉前快速金相检验　为判断球化处理是否成功，在球化、孕育处理搅拌、扒渣后，深入铁液面下取样浇注 $\phi10 ~ \phi30mm$ 试样，中心凝固后淬火冷却；在抛光盘上制取抛光试样，将其放在金相显微镜下观察球化等级。通常检验铸铁中的石墨应该是在放大 100 倍下进行观察，但在炉前快速金相检验时，由于试样冷却快，石墨细小，所以可放大 200 倍进行观察。炉前试样的球化级别应高于铸件的球化级别。此项检验可在 3 ~ 5min 内完成。炉前快速金相检验只作为控制球化工艺质量的手段，不作为检验产品质量的依据。

（3）超声声速法　超声波在铸铁中的传播速度随球化率提高而加快（见图 5-137），由此可判断球化率。

可用炉前试样或铸件检测，检测部位的试样厚度应能准确测量，测量误差应小于 0.5%。被检测表面应平直、光洁，相对平面平行度误差小于 3°。

采用的超声声速测量仪的工作频率为 1 ~ 5MHz，测时分辨率大于 0.01μs 或测厚分辨率大于 0.01mm，不稳定度小于 0.2%，测量非线性小于 0.2%。

详细情况可参见球墨铸铁的超声声速测定方法（JB/T 9219—2016）。

（4）共振频率振动法检测　它的原理是凡使球化率改变的因素都会不同程度地使球墨铸铁件的共振频率发生变化，由此可通过测定铸件的共振频率来评定球墨铸铁件的球化率。

用共振频率振动法检测铸件球化质量的整个过程由计算机控制。将待检铸件装上支架后，运行检测程序，计算机发出扫频信号，经功率放大器放大后，由激振器对铸件进行频率自动扫描，使铸件产生不同频率的振动，计算机可将采集到的共振频率及幅度信号进行处理，然后在显示器上显示出共振频率和振幅的幅频特性曲线。振动法检测系统组成框图如图5-138所示。

用共振频率振动法不仅可以检测六缸曲轴，也可检测质量只有90g的小型铸件。对同一铸件进行重复检测时，其频率显示值的最大绝对误差只有0.09 ~ 0.10Hz，即小于±1Hz。系统工作快捷，检测一个铸件所需时间为几秒钟到十几秒钟。

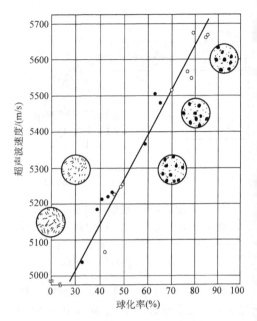

图5-137　球化率与超声声速的关系

试样厚度：○—27mm　●—17mm
试样珠光体量（体积分数）：80% ~ 90%

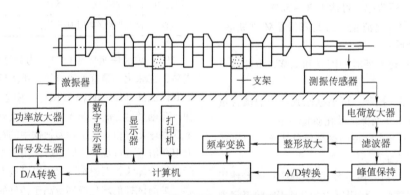

图5-138　振动法检测系统组成框图

5.5.3　孕育处理

1. 孕育剂

在浇注前将少量材料加入金属液，促使形成结晶核心以改善金属组织和物理、力学性能的方法称为孕育处理。孕育处理时加入的材料称为孕育剂。

关于铸铁孕育剂的研究已达100年。对于球墨铸铁孕育剂来说，自1948年出现镁球墨铸铁以来，就开始了孕育剂的研究，用作孕育剂的FeSi75硅铁中含有质量分数为1% ~ 1.5%的Al和0.5% ~ 1.0%的Ca，其孕育效果最好。20世纪60年代开始广泛采用电炉来熔炼铸铁，由此改变了炉料配比，增大了废钢用量，提高了熔炼过热温度，进而提出要采用新型复合孕育，以改善形核过程和孕育效果，或者延缓孕育

衰退。生产实践表明，$w(Si) = 75\%$的硅铁中，附加Ba、Sr、Mg、Mn及稀土元素等组成复合孕育剂，无论对于球墨铸铁或灰铸铁，都能改善组织和性能。尽管如此，FeSi75合金至今仍是应用量最多、应用范围最普遍的孕育剂。目前商品孕育剂很多，每种孕育剂都有其适用的工艺条件，孕育剂的工艺参数可以归结为：

铁液类别——球墨铸铁比灰铸铁需要更多数量的孕育剂。

熔炼方式——电炉熔炼比冲天炉熔炼需要更多数量的孕育剂。

化学成分——低碳、低硅、低硫的原铁液需要更多数量的孕育剂。

炉料状况——采用带锈的废钢需要更多数量的孕育剂。

铸型条件——高压造型导致铸型传热快，需要更多数量的孕育剂。

铸件因素——薄壁铸件需要更多数量的孕育剂。

温度条件——浇注温度高时，需要更多数量的孕育剂。

衰退时间——孕育效果随时间而减弱。

总的来说，在 FeSi75 合金基础上，附加石墨化元素和稳定珠光体的元素所制得的复合孕育剂，具有显著的孕育效果。这种孕育效果是 FeSi75 合金的 2～5 倍，其中白口倾向可降低 50%～90%，抗拉强度可提高 20～80MPa。当进行球化处理时，在一般情况下，采用 FeSi75 合金作孕育剂，加入量（质量分数）在 0.8%～1.5% 的范围内。采用复合孕育剂时，其加入量可减少。钡已被证明可以改善大多数孕育剂抗衰退效果，铋与含 Ce 稀土结合可促进增加石墨球数。新近市场推出的硫氧孕育剂据称具有降低衰退的效果。表 5-91 列出了国内外常用复合孕育剂的化学成分，表 5-92 列出了球墨铸铁常用的孕育剂。

表 5-91　国内外常用的复合孕育剂化学成分

序号	化学成分（质量分数,%）				
	Si	Al	Ca	其他	Fe
1	74～79	0.6～1.25	0.5～1.0	—	其余
2	74～79	0.4～0.5	0.1～0.2	—	其余
3	74～79	0.6～1.1	1.0～2.0	—	其余
4	46～50	<1.2	0.6～0.9	—	其余
5	46～50	<1.5	0.6～0.9	Mg = 1.0～1.5	其余
6	58～61	0.9～1.2	0.5～0.7	Mg = 2.0～2.5	其余
7	60～65	0.9～1.1	28～32	—	其余
8	50～65	1.0～1.3	5.0～7.0	Ti = 9～11	其余
9	60～65	1.0～1.5	1.5～3.0	Mn = 9.0～11.0　Ba = 4.0～6.0	其余
10	60～65	0.75～1.25	0.6～0.9	Zr = 5.0～7.0　Mn = 5.0～7.0　Ba = 0.6～0.9	其余
11	36～40	<0.5	<0.5	Ce = 9.0～11.0　总稀土量 = 11～15	其余
12	73～78	<0.5	<0.1	Sr = 0.6～1.0	其余
13	46～50	<0.5	<0.1	—	其余
14	78～82	1.0～3.0	2.25～2.50	Zr = 1.25～1.75	其余
15	74～79	3.0～4.0	0.5～0.8	Mg = 0.5～1.0	其余

表 5-92　球墨铸铁常用的孕育剂

名称	化学成分（质量分数,%）								用途特点
	Si	Ca	Al	Ba	Mn	Sr	Bi	Fe	
硅铁	74～79	0.5～1	0.8～1.6	—	—	—	—	其余	常规
硅铁	74～79	<0.5	0.8～1.6	—	—	—	—		常规
钡硅铁	60～65	0.8～2.2	1.0～2.0	4～6	8～10	—	—		长效、大件、熔点低
钡硅铁	63～68	0.8～2.2	1.0～2.0	4～6	—	—	—		长效、大件
锶硅铁	73～78	≤0.1	≤0.5	—	—	0.6～1.2	—		薄壁件、高镍耐蚀铸件[①]
硅钙	60～65	25～30	—	—	—	—	—		高温铁液
铋	—	—	—	—	—	—	≥99.5	—	与硅铁复合、薄壁件

①　如质量分数为 Ni = 14%、Cu = 6%、Cr = 2%、Si = 15% 的耐蚀球墨铸铁。

铋与稀土或钙复合添加可显著增加石墨球数，适用于铸态薄壁铁素体球墨铸铁件。添加含 RE 和 Bi 的硅铁 [w (Si) = 70% ~ 72%，w (Al) = 0.2% ~ 0.25%，w (Ca) = 0.55% ~ 0.60%，w (RE) = 0.40% ~ 0.45%，w (Bi) = 0.50%]，可使 6mm 试样的石墨球数达到 1300 个/mm²，比 FeSi75 硅铁孕育剂增加 50% ~ 150%。在稀土镁球墨铸铁中加入 Bi 的质量分数由 0 增加到 0.002%，10mm 截面石墨球数从 652 个/mm² 增加到 992 个/mm²。由于原铁液条件不同，Bi 适宜添加的质量分数为 0.002% ~ 0.01%，过量添加 Bi 将使石墨形态恶化。

用稀土镁硅铁球化剂和硅钙孕育处理，当添加 w (RE) = 0.06%、w (Ca) = 0.04% ~ 0.06% 时，可获得最高石墨球数（3mm 截面，950 个/mm²），这表明稀土与钙有良好的复合孕育作用。但硅钙溶解性较差，易生成夹渣。为获得最佳孕育效果，RE 或 Ce 有个最佳添加量范围，过多效果不好，最适宜范围与原铁液中的 S、Ca 及球化干扰元素含量有关。如含 w (S) = 0.021% 的纯净炉料，RE 添加的质量分数为 0.02% ~ 0.06% 最好。在 w (S) = 0.01% ~ 0.04% 时，最适宜的 Ce 的质量分数为 0.006% ~ 0.009%。

孕育剂中含 Al 的质量分数不宜超过 2%，过多可能产生气孔缺陷。

2. 孕育处理工艺

（1）一次孕育　在采用冲入法球化处理时，可把孕育剂全部覆盖在处理包内的球化剂上，待冲入铁液进行球化处理时，同时发生孕育作用。也可把孕育剂的一部分覆盖在处理包内的球化剂上，其余部分的孕育剂则放在出铁槽上，靠铁液冲入包内。采用压力加镁或转包法球化处理时，把孕育剂放在出铁槽上，靠铁液冲入包内，或者在倒包时加入。根据浇包的铁液容量选用孕育剂粒度，见表5-93。

表5-93　孕育剂粒度的选用

铁液包容量/kg	≤20	>20 ~ 200	>200 ~ 1000	>500 ~ 2000	>2000 ~ 10000
粒度尺寸/mm	0.2 ~ 1	0.5 ~ 2	1.5 ~ 6	3 ~ 12	8 ~ 32

（2）二次孕育　为了克服因孕育衰退导致的孕育效果随时间的减弱，采取二次孕育（或称瞬时孕育、迟后孕育）是十分有效的。在生产中常采取如下的工艺：

1）倒包孕育。在炉前一次孕育的基础上，当浇注前从运转包倒入浇注包时，再次添加孕育剂，可随

铁流添加，也可包底添加。添加时间越接近浇注效果越好。孕育剂添加质量分数一般为 0.1%，粒度见表5-92。它广泛应用于各种铸件，尤其是薄壁铸态铁素体铸件，效果特别显著。

2）浇口杯孕育。将粒度为 0.2 ~ 2mm 的孕育剂放入带塞杆的定量浇口杯内，当铁液在浇口杯中有一定量后拔塞杆充型。孕育剂添加的质量分数为 0.1% ~ 0.2%，适用于大型铸件，如图 5-139 所示。

3）浇包漏斗随流孕育。采用茶壶式浇包或气压浇注包，在其侧面装有可控制孕育剂流量的漏斗，通过机械或光电管控制，使漏斗内的孕育剂在浇注期间均匀地随铁液进入铸型，如图 5-140 所示。孕育剂添加的质量分数为 0.1% ~ 0.15%，粒度为 20 ~ 40 目筛，适用的铸件壁厚小于 100mm。此法适用于中小铸件在流水线和批量生产或用于离心铸造球墨铸铁管的大批量生产。

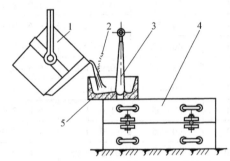

图 5-139　浇口杯孕育
1—浇包　2—孕育剂　3—浇口杯塞杆
4—铸型　5—浇口杯

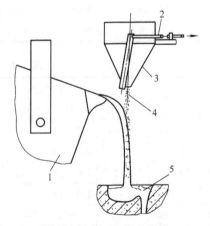

图 5-140　浇包漏斗随流孕育
1—浇包　2—漏斗开关　3—漏斗
4—孕育剂　5—铸型浇口杯

4）型内孕育块。把孕育剂用水玻璃、石蜡或酚

树脂黏结成团块，或者在孕育剂生产时浇注成成形块。孕育块放在直浇道底部，其加入的质量分数只有铁液的 0.02% ~ 0.05%，就可达到瞬时孕育的效果，球化率有明显的改善，渗碳体消除，铁素体数量增加。它适用于批量和流水线生产，也可用于单件生产。

孕育剂的主要成分是硅铁，也可附加少量其他元素，如稀土、锰等。最好是把孕育剂破碎成 100 号筛以下粒度，用黏结剂黏结成固定的形状，也可用铸造方法浇注成孕育块。

孕育块的成分与制作工艺对型内孕育块能否在浇注过程中充分熔化及其分布均匀性有着直接关系。推荐采用如下化成分的孕育块（质量分数，%）：Si = 72 ~ 75，Al = 1.2 ~ 1.5，Ca = 1 ~ 1.5，Mn = 4 ~ 4.5。这种孕育块的特点是熔点较低。

当前使用孕育块的最大铸件质量达 15t，最小的铸件质量为 2kg，用于质量为 2 ~ 200kg、壁厚为 3 ~ 5mm 的铸件，其浇注温度为 1300 ~ 1350℃，铁液流量为 0.7 ~ 1.2kg/s。为了避免有未熔的孕育块部分进入型腔，最好是在内浇道处安放过滤网。图 5-141 所示为孕育块工艺。

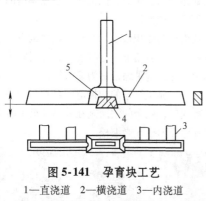

图 5-141 孕育块工艺
1—直浇道 2—横浇道 3—内浇道
4—孕育块 5—孕育反应室

5）喂丝孕育。喂丝孕育方法与喂丝法球化处理相同。采用孕育丝对球墨铸铁进行二次孕育处理时，是在将铁液浇入铸型的过程中，使装满孕育剂的钢管与铁液流不断接触，从而达到瞬时孕育的目的。把孕育剂粉碎成 40 ~ 140 号筛粒度，装在薄钢管中捣实，在 1cm 长的钢管中装入大约 0.06g 的孕育剂。

孕育丝的送给速度折合成孕育剂的加入量，一般是铁液质量的 0.02% ~ 0.05%，即可满足二次孕育的需要。孕育过程可用计算机控制。由于孕育丝的熔化速度为一定值，所以要求铁液流量应与之相适应。对于球墨铸铁，在浇注温度为 1300 ~ 1350℃的情况下，铁液流量为 2.25kg/s。喂丝孕育工艺适合用于流水线生产。

3. 孕育检测

球墨铸铁必须进行球化处理，也必须进行孕育处理。孕育处理的效果取决于原铁液的化学成分、冶金状态，也取决于所采取的孕育技术（采用的孕育剂和孕育处理工艺）。孕育处理的质量是由下列三项指标来评价：

1）游离渗碳体的消除。
2）球化等级的提高。
3）单位面积上石墨球数的增多。

采取一次孕育，可以实现上述三项指标的明显改善。采取一次孕育附加二次孕育处理后，可以实现在壁厚为 10mm 的铸件上没有游离渗碳体，在壁厚为 30mm 的铸件上球化等级为 1 级，在每平方毫米面积上的石墨球数超过 200 个。

对球墨铸铁孕育效果做出评价，最有效、最可靠的方法是金相检验，可根据 GB/T 9441，对所检测的球墨铸铁件进行评估，同时也是对所采取的孕育技术进行评估。此外，作为控制孕育工艺质量的手段，通过炉前三角试样断口的白口宽度、缩松程度也可间接对孕育效果做出定性的初步评价。

5.6 典型铸造缺陷及其防止

5.6.1 球化不良与球化衰退

1. 球化不良

球化不良指球化处理没有达到预期的球化效果。球化不良的金相组织为集中分布的厚片状石墨和少量球状、团状石墨，有时还有水草状石墨。随着球化不良程度的加剧，集中分布的厚片状石墨的数量逐渐增多，面积增大；球化不良将使球墨铸铁的力学性能达不到相应牌号要求的指标。

球化不良产生的原因及其防止措施如下：

（1）原铁液硫含量高 硫是主要的反球化元素，硫含量高会严重影响球化，一般原铁液硫的质量分数要小于或等于 0.06%。为保证球化，当原铁液硫含量偏高时，必须相应提高球化剂的加入量，硫含量越高，则球化剂的消耗量也越多。

（2）球化元素残余量低 为使石墨球化良好，球墨铸铁中必须含有一定量的残余镁和稀土，在我国现有生产条件下，残余镁的质量分数不得小于 0.03%，残余稀土的质量分数不得小于 0.02%。

（3）铁液氧化 原材料中铁锈、污染物，以及铁液在熔化与过热中的氧化，导致铁液中的 FeO 含量增多，因而在球化过程中要消耗更多的镁，致使残余镁含量过低。

（4）炉料中含有反球化元素　当炉料中的反球化元素超出允许范围时，就会影响球化效果。要注意废钢中可能含有钛，还要注意电镀材料、铝屑、铅系炉料进入炉料中。稀土有中和反球化元素的能力。根据我国原生铁中含有较多的反球化元素的情况，我国球墨铸铁中的残余稀土量比国外的要多。

（5）孕育效果差　由于孕育效果差，或者孕育衰退，均会造成石墨球数减少，使得石墨球不圆整。

（6）型砂水分高、硫含量高　由于界面反应，铁液中的镁与铸型表面中的氧、硫发生反应，致使铸件表面的残余镁含量不足，形成一薄层的片状石墨。解决的措施就是提高残余镁含量，减少型砂含水量；型砂中硫的质量分数应小于 0.1%，或者采用能获得还原性气氛的涂料。在使用含硫固化剂的树脂砂铸型时，可采用含有 MgO、CaO 的涂料。

2. 球化衰退

球化衰退的特征：炉前球化良好，在铸件上球化不好；或者同一浇包的铁液，先浇注的铸件球化良好，后浇注的铸件球化不好。

球化衰退的原因是镁量和稀土量随着铁液停置时间的延长而发生衰减。镁、稀土与氧的亲和力大于氧与硫的亲和力，所以浮在铁液表面的 MgS、Ce_2S_3 夹杂物与空气中的氧要发生下列反应：

$$2MgS + O_2 = 2MgO + 2S$$

$$2Ce_2S_3 + 3O_2 = 2Ce_2O_3 + 6S$$

此时，所生成的硫又进入铁液中，与镁、稀土发生反应：

$$Mg + S = MgS$$

$$2Ce + 3S = Ce_2S_3$$

这样，随铁液停置时间的延长，硫不断与镁和稀土反应，持续生成 MgS、Ce_2S_3，它们又不断地被空气中的氧所氧化，循环进行。结果，消耗了铁液中的镁和稀土，硫又重新从浮渣进入铁液中，出现"回硫现象"。

稀土铈、钇的沸点比镁高，在一般的铁液温度下它们不会发生汽化逸出。此外，稀土铈、钇的硫化物、氧化物的熔点高，密度大，上浮速度慢，所以铈、钇的衰减速度比镁要小。在 1350～1400℃，镁的质量分数的衰减速度是 0.001%～0.004%/min，轻稀土铈的质量分数的衰减速度是 0.0006%～0.002%/min，重稀土钇的质量分数的衰减速度是 0.0008%/min。各种球化元素的衰减速度与铁液中的硫含量有密切关系，硫含量越高，则衰减速度越快。

减缓球化衰退的措施如下：

（1）缩短铁液的停置时间　从球化处理完成到浇注完毕，应在 15min 以内结束。

（2）降低原铁液硫含量　原铁液中硫含量高，则需要消耗更多的球化元素。另外，也使渣中的硫化物含量增大，促使"回硫现象"加剧，加速球化衰退。

（3）加强覆盖与扒渣　球化处理后可添加集渣剂覆盖，并采取多次扒渣措施，可减少"回硫现象"。

（4）适当增加球化剂用量　根据铁液中的硫含量，采取相应的增加球化剂用量的措施是有效的，但不是最佳的。治本的措施是力求把铁液中的硫含量降至最低。另外，过多地加入球化剂，不仅增加成本，而且还会导致石墨球化程度的恶化。

5.6.2 缩孔和缩松

1. 特点

能够明显看出的、尺寸较大而又集中的孔洞为缩孔，不易看清的、细小分散的孔洞为缩松。缩孔和缩松在球墨铸铁中要比在普通灰铸铁中更为普遍。

大多在铸件热节的上部产生缩孔。在铸件热节处、在缩孔的下方往往有比较分散的缩松。但是，对于一些壁厚均匀的中心部位，或者是在厚壁的中心部位，也可能出现缩松。

有些缩松的体积很小，只有在显微镜下才能被发现。这种缩松呈多角形，有时连续，有时断续，分布在共晶团边界，这种缩松称为显微缩松。图 5-142 所示为球墨铸铁显微缩松的扫描电镜照片。图中，奥氏体枝晶凝固后，残余的铁液则在枝晶间最后凝固，因得不到补缩而形成显微缩松。

图 5-142　球墨铸铁显微缩松的扫描电镜照片 ×600

球墨铸铁的缩孔与缩松体积比普通灰铸铁、白口铸铁和碳钢的都要大，表 5-94 列出了它们的对比数据。从该表中可以看出，球墨铸铁的缩孔与缩松体积有可能是普通灰铸铁的 3～4 倍，或者更多。但在生产中，也可采用无冒口工艺得到健全的球墨铸铁件。

表 5-94　球墨铸铁的缩孔和缩松与灰铸铁、白口铸铁和碳钢的对比

序号	材　　质	缩孔和缩松的体积分数（%）
1	普通灰铸铁	2.0
2	白口铸铁	5.0
3	碳钢（碳的质量分数为 0.7%～0.9%）	6.0
4	球墨铸铁（灰口）	6.7～8.65
5	球墨铸铁（白口）	10.35～11.0

2. 球墨铸铁缩孔和缩松增大的原因

（1）球状石墨在铁液中析出　随着温度的逐步降低，铁液中的石墨球逐渐长大，石墨析出和长大的过程伴随有铁液的膨胀。

（2）离异共晶转变　球墨铸铁以离异共晶的方式进行共晶转变。其凝固方式是内外几乎同时进行的糊样凝固，因而容易形成显微缩松。

（3）共晶凝固膨胀量大　由于呈粥样凝固，铸件在共晶转变期间要持续很长时间，球墨铸铁的共晶凝固时间可比普通灰铸铁延长 1 倍还要多，由此导致共晶转变的石墨化膨胀增大。

（4）型壁移动　在共晶凝固期间，由于粥样凝固决定了铸件表面的凝固层很薄，以致不能建立起足够强度的凝固外壳，以抑制共晶凝固期间产生的石墨化膨胀，致使铸型内壁向外移动。在铸型刚度不够的情况下，使型腔尺寸增大，由此导致缩孔和缩松体积进步增大。

（5）球化处理使铁液的过冷度加大　铁液经过球化处理后，原有的氢、氧、氮和一氧化碳气体含量减少，铁液得到了净化，致使外来核心减少；并且，铁液的过热温度越高，净化程度也越高，由此导致的过冷倾向也更加剧。此外，球化元素镁和稀土均能与碳形成碳化物，由此减小了石墨化程度，加大了收缩倾向。

3. 防止产生缩孔和缩松的措施

（1）铁液成分　碳、硅、锰、稀土、镁的含量必须适当。碳含量高，可使产生缩孔和缩松的倾向减小，但碳含量过高，会产生石墨漂浮。对于薄壁铸件，碳、硅含量低时，易产生游离碳化物；对于厚壁铸件，可采用较低碳含量，并适当增加硅含量。锰易形成碳化物，容易促使形成缩孔和缩松，为此应力求降低锰含量，尤其是对于铸态铁素体球墨铸铁，更是如此。

在保证球化的前提下，不使残余镁和稀土量过高。

（2）铁液状态　缩孔与缩松倾向小的铁液，所具有的冷却曲线的斜率应较小，过冷度要小，共晶凝固时的膨胀要小。图 5-143 所示为不同球墨铸铁冷却过程中的比体积变化。希望如曲线 A，即铁液的凝固收缩小，膨胀小，二次收缩也小，要使曲线 C 转变成曲线 A 需要满足的条件是：

1）冷却速度慢。
2）碳当量高，析出石墨的倾向大。
3）铁液中有效石墨核心数量多。
4）良好的孕育效果。

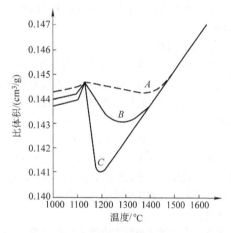

图 5-143　不同球墨铸铁冷却程中的比体积变化

（3）铸型刚度　对于湿砂型来说，铸型硬度要在 90 以上（B 型硬度计），希望能达到 40MPa 的抗压强度。此外，砂箱的紧固也是十分重要的。对于金属型覆砂（覆砂厚度 8mm 左右）以及用自硬砂制作大型铸件，可以实现无冒口铸造，此时要满足的条件是：

$$G \geqslant \alpha_1 + \alpha_2 + \beta$$

式中　G——由碳的石墨化而引起的铁液膨胀量；

α_1——铁液的液态收缩；

α_2——凝固收缩；

β——铸型膨胀量。

（4）浇注温度　为了防止产生缩孔和缩松，就要使金属液收缩量减小，浇注温度低是有利的。但是，对于薄壁（10mm）铸件来说，浇注温度低，容易出现碳化物，此时采用冒口补缩也难以发挥作用。适宜的浇注温度还取决于铸件结构与铸件壁厚。浇注系统采取顺序凝固方式，对于铸件冒口、冒口颈、内浇道和横浇道的合理设计与安放，以及设置外冷铁和在必要时采取金属型等，均是行之有效的防止缩孔和缩松的措施。

5.6.3　皮下气孔

1. 现象

在球墨铸铁薄壁铸件的生产中，最常见的缺陷之一就是皮下气孔。在湿砂铸型，特别是比表面积大的小型铸件中最易发生皮下气孔。皮下气孔往往位于铸件表面以下 $0.5 \sim 1 mm$ 处，孔径多为 $0.5 \sim 2 mm$ 的针孔，内壁光滑（内表面有时附有石墨膜），呈均匀分布在铸件上表面或远离内浇道的部位，但在铸件侧面和底部也偶尔存在。在铸态时，皮下气孔不易被发现，但铸件经热处理后，或者经机械加工后则显露。皮下气孔影响铸件的表面质量，并且在出现皮下气孔的部位往往伴随有片状石墨，因而恶化了该部位的力学性能，

2. 产生的原因

在把铸件表层去除后，就会发现有许多小针孔，其中充满了硫化氢气体。由此可以推断发生的化学反应是，当铁液中的硫化镁与铸型中的水相遇时，则形成 H_2S，即

$$MgS + H_2O \rightleftharpoons MgO + H_2S$$

结果是，形成的 H_2S 气体在铸件快速凝固时来不及上浮，就停留在靠近铸件表面上。因此，这些气泡不仅呈球形，有的还呈雨滴状，而且雨滴的尖端伸向铸件内。

皮下气孔也可能是由生成的氢气造成的。在经球化处理后的铁液中会发生如下的反应：

$$(Fe、Mg)C + H_2O(铸型中) \rightarrow (Fe、Mg)O + H_2 \uparrow +$$

$$C(石墨膜)Mg + H_2O(铸型中) \rightarrow MgO + H_2 \uparrow (气泡)$$

此外，在皮下气孔内有时会发现渣状夹杂物，其中 Al_2O_3、CaO、MgO、SiO_2、MnO 等夹渣可为气泡的异质形核提供结晶条件。

在温度高于1530℃时会发生如下反应：

$$SiO_2 + 2C \rightarrow Si + 2CO \uparrow$$

在温度高于1400℃时会发生如下反应：

$$MnO + C \rightarrow Mn + CO \uparrow$$

在温度高于720℃时会发生反应：

$$FeO + C \rightarrow Fe + CO \uparrow$$

上述三个反应均会形成 CO 气体，导致铁液中 CO 气体呈过饱和，产生过大的析出压力，因而加剧了皮下气孔的形成。

3. 皮下气孔的防止

1）采用湿砂型铸造时，必须严格控制型砂中的水分，其水的质量分数不得超过 5.5%。

2）提高浇注温度，特别是对于薄壁铸件，浇注温度不得低于1300℃。

3）球化处理后扒渣，浇注前挡渣，以防止更多的 MgS 随铁液进入铸型。

4）球化处理后，使铁液静置片刻，这对 MgS 颗粒上浮进入渣中排除有利。

5）提高铸型的透气性有助于减轻皮下气孔。

6）采用冰晶石粉可有效减轻皮下气孔。冰晶石遇水发生如下反应：

$$Na_3AlF_6 + 2H_2O \rightarrow NaAlO_2 + 2NaF + 4HF$$

由于冰晶石与水发生反应，就避免了水与铁液中 MgS 的作用。

7）避免铁液中含有铝，因为它易与水蒸气发生反应，而产生氢气孔：

$$3H_2O + 2Al \rightarrow Al_2O_3 + 3H_2 \uparrow$$

为此，铁液中铝的质量分数限制在 0.5% ~ 1.0% 范围内。如果铝的质量分数大于2%，则容易形成氢气孔。

8）在型砂中附加还原性的碳质添加物，可防止皮下气孔的产生。

9）改进浇注系统设计。

5.6.4　夹渣

夹渣有三种类型：1型粗大渣是 $2Mg \cdot SiO_2 + MgS$ 或 FeS，还混有 Al_2O_3；2型条状渣是 MgO；3型细小渣是 $MgO + MgS$，它们是单独或复合析出的。

预防措施：在保证球化的前提下，尽量减少残余镁含量；原铁液中的氧、硫含量必须减至最低；在球化剂中含有稀土和钙，可减少加镁含量和残余镁含量。

采用茶壶式前炉和铁液包，使所产生的熔渣完全分离开。

浇注温度低，易产生 MgO 和 SiO_2，它们相结合而形成镁橄榄石，MgO 和 SiO_2、Al_2O_3 也能结合，由此形成夹渣，在1350℃以下时会急剧产生镁橄榄石。另外，铁液湍流易氧化，促进了这些反应。因此，必须在浇注系统、浇注方法上注意避免发生铁液湍流。

球化处理时，在球化剂表面添加质量分数为 0.02% ~ 0.1% 的冰晶石粉和氟碳酸钠粉，能减少夹渣的形成。

在直浇道底部或在横浇道连接部位设置过滤网，或者在浇注系统中设置阻流挡渣。浇注时的压头必须尽可能降低。必要时，把横浇道分成上下型，以减小

力；也可在横浇道中设置集渣冒口，使铁液旋转，使渣子上浮；在型内孕育时，要使铁液与 FeSi 反应充分，以防未溶解的 FeSi 上浮至表面而形成异常的组织，造成机械加工性能恶化；还可以在横浇道的顶端延伸一段用作集渣段，但在此处不得开设内浇道。

5.6.5　石墨漂浮

石墨漂浮指在铸件的上表面有大量的石墨球聚集，并且此时的石墨球形态，由原来致密的球形转变成开花形（见图 5-144），恶化了铸件的表面质量和力学性能。

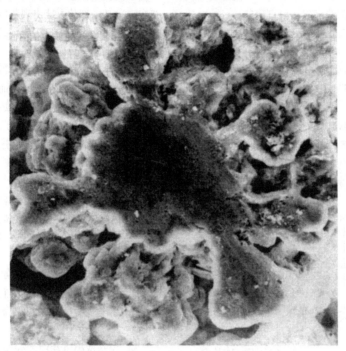

图 5-144　开花形石墨的扫描电镜照片　×500

产生石墨漂浮与铁液的碳当量有关，也与铸件的几何形状和冷却速度有关。另外，它还可能与铁液的形核程度有关，其中冷却速度的影响要明显得多。对于一般的球墨铸铁，大多采用的碳当量的质量分数为 4.3% ~4.7%，这对于中小型铸件是适用的，但对于厚大断面的球墨铸铁件，则要把碳当量的质量分数范围降至 4.3% ~4.4%，否则就会出现石墨漂浮现象。对于厚大断面的球墨铸铁件，如果采用金属型以加速冷却，即使把碳当量的质量分数提高到 4.6% ~ 4.7%，也不会出现石墨漂浮。

石墨漂浮现象的出现还与浇注温度有关，随着浇注温度的提高，出现石墨漂浮的可能性增大。石墨漂浮现象的出现与铸件壁厚、铁液成分［液相共晶成分 CEL（质量分数，%）＝ $w(C) + 1/4w(Si) + 1/2w(P)$］和浇注温度的关系见表 5-95。从表中可以看出，随着铸件壁厚的增加以及浇注温度的提高，临界最大液相共晶成分降低，也就是允许的碳当量降低。

表 5-95　出现石墨漂浮的临界最大液相共晶成分与铸件壁厚、浇注温度的关系

浇注温度/℃	铸件壁厚/mm			
	20	30	50	80
	CEL（质量分数，%）			
1315	4.56	4.52	4.44	4.31
1340	4.53	4.49	4.41	4.27
1370	4.50	4.46	4.38	4.24
1400	4.47	4.43	4.35	4.21
1425	4.45	4.40	4.32	4.19
1455	4.42	4.37	4.29	4.15

5.6.6　反白口

1. 反白口现象

在铸铁件的断面上出现与正常的断面相反的现象，即在铸铁件的中心部位或缓慢冷却（热节）的部位，本来应该是出现灰口组织，但却出现的是白口组织或麻口组织，而在铸铁件的外表层或冷却较快的部位，本来有可能出现白口组织或麻口组织，但却出现的是灰口组织。

广义来说，灰铸铁件和球墨铸铁件都会出现反白口现象，灰铸铁一般是在生产过共晶成分的活塞环时出现；球墨铸铁特别是在我国在生产球墨铸铁件时，往往加入了更多的稀土和硅，因而会在缓慢冷却的大截面球墨铸件和热节部位出现反白口现象。

在铸铁件中出现反白口现象，使机械加工困难、刀具磨损加剧。另外，在产生反白口现象的部位，往往出现缩松，基体组织中含有较多的碳化物，因而导致该部位的力学性能降低，特别是使塑性指标降低。

2. 产生的原因

对球墨铸铁件的微区成分分析表明，的确存在化学成分偏析，尤其是慢冷的大截面球墨铸铁件，其偏析现象更为严重。用电子探针对球墨铸铁中石墨球周围及其共晶团边界元素分布所进行的分析结果如图5-145所示。

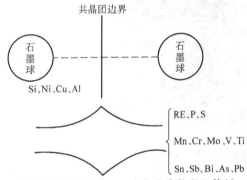

图5-145　球墨铸铁件中各元素的微区偏析

由图5-145可以看出，在共晶团边界常富集的有锰、铬、钼、钒、钛、稀土等形成碳化物的元素，以及磷、硫、锡、锑、铋、砷、铅等低熔点元素，这些元素富集在共晶团边界称作正偏析，而在共晶团内部、沿石墨球周围，则富集硅、铜、镍、铝等促进石墨化的元素，这种富集称作负偏析。例如，试样的平均化学成分为 $w(C) = 4.0\%$、$w(Si) = 2.52\%$、$w(Mn) = 0.71\%$、$w(P) = 0.041\%$、$w(S) = 0.015\%$、$w(Cr) = 0.086\%$、$w(Mg) = 0.113\%$。经测定，在呈正偏析的区域中，化学成分为 $w(C) = 5.09\%$、$w(Si) = 0.09\%$、$w(Mn) = 1.72\%$、$w(Cr) = 0.44\%$、$w(Mg) = 0.069\%$，而在呈负偏析的区域中，化学成分则为 $w(C) = 0.93\%$、$w(S) = 2.55\%$、$w(Mn) = 0.65\%$、$w(Cr) = 0.08\%$、$w(Mg) = 0.058\%$。

另外，在没有合金元素的情况下，也会在球墨铸铁中发现硅呈负偏析和锰呈正偏析的情况。例如，在大型球墨铸铁轧辊中，冒口部位锰的质量分数是2.01%，而在冷却速度较快的辊身部位，其锰的质量

分数则只有0.6%。

球墨铸铁中的硅含量越多，则硅的偏析也就越严重。根据Fe-C-Si相图分析，在接近平衡的条件下，先结晶凝固的是高硅相，因而容易出现灰口组织；后结晶凝固的是低硅相，因而易形成白口组织；因此，在快速冷却的部位可能出现灰口组织，而缓慢冷却的部位则反而会出现白口组织（或麻口组织）。

在出现硅呈负偏析的同时，还会出现碳化物形成元素在共晶团边界的正偏析，特别是球化剂中的稀土元素，它们易形成碳化物，因而在铸件缓慢冷却的部位出现稀土元素的富集，并形成碳化物，导致白口倾向加大，使反白口现象加剧。此外，在慢冷的中心部位，也会出现孕育衰退现象，这也导致了反白口的程度加剧。

3. 反白口现象的防止

1）控制球墨铸铁中的硅含量，使其不要过高。对于铁素体球墨铸铁，其硅的最高质量分数不宜超过2.8%；对于珠光体球墨铸铁，其硅的最高质量分数不宜超过2.4%。

2）控制球墨铸铁中的锰含量。对于珠光体球墨铸铁，其锰的最高质量分数不宜超过0.8%；对于铁素体球墨铸铁，其锰的最高质量分数不宜超过0.3%。

3）控制球墨铸铁中的残余稀土量。使用含稀土较低的球化剂，使稀土的质量分数控制在3%以下。

4）改善孕育技术，提高孕育效果。采取迟后孕育，使球墨铸铁在一次结晶时出现尽可能多的石墨球。

5）在设计铸造工艺时，尽量使铸件各部位冷却速度的差别不要过大，厚大部位采用冷铁工艺。

6）在熔炼工艺方面，对于冲天炉，要防止底焦过低和送风量过大，防止由此导致元素烧损严重和铁液中FeO含量过高。

7）采取高温退火工艺，可局部消除反白口现象。但是，要完全消除硅、锰、稀土以及各种合金元素的微区偏析，采取高温均匀化退火是不可能完成的。

5.6.7　碎块状石墨

1. 现象

碎块状石墨是大断面（壁厚≥100mm）球墨铸铁件中或热节部位经常出现的畸变石墨。在宏观断口上，可看到1～3mm大小的墨色斑点密布在铸件缓慢冷却的中心区域。出现碎块状石墨的部位，质地疏松，恶化了力学性能，特别是塑性指标明显降低。图5-146所示为碎块状石墨的光学显微镜照片。试样取自直径为200mm的大断面球墨铸铁件的热中心处。

E光学显微镜下可以看到，碎块状石墨是彼此孤立的，并且往往伴随有圆整的球状石墨。但是，把试样进行深腐蚀并在扫描电镜下观察发现，碎块状石墨有其自己的共晶团。在一个共晶团内部，碎块状石墨是互相联系在一起的，并且由于它是在缓慢凝固时形成的，因而共晶团得以发展长大，所以它比球状石墨共晶团要大得多，其几何形状也大体上呈球形。图5-147所示为碎块状石墨共晶团经深腐蚀后的扫描电镜照片，图5-148所示为经深腐蚀后，在高倍下揭示的碎块状石墨互相联系在一起的情况。从图5-148中可以看出，碎块状石墨是沿（0001）向外长大的，由于这些石墨很细小而且分枝多，所以碎块状石墨共晶团内往往伴随的金属基体是铁素体。

图 5-148　经深腐蚀后扫描电镜下的
碎块状石墨（高倍）　×3000

图 5-146　碎块状石墨的光学显微镜照片　×300

2. 产生的原因

关于碎块状石墨形成的机制，至今尚不完全清楚。

由扫描电镜观察可知，铁液对碎块状石墨有冲蚀作用。首先生成的是碎块状石墨共晶团；然后由于凝固过程十分缓慢，形成的共晶团尺寸粗大，加上这种碎块状石墨分枝频繁和细小，因而在其端部的联系松散，在铁液热对流的作用下，有可能使靠近共晶团边界的石墨被冲蚀而形成游离的碎块。另外，较大尺寸的碎块状石墨在热对流的作用下，分裂成尺寸更小的碎块状石墨，因而从共晶团内游离出来，漂浮在共晶团边界处。

其次，由于凝固缓慢，析出的石墨球比一般的初生石墨球要大得多。当超过某一尺寸时，这些石墨球中的铁包含物增多。随着这些石墨球在铁液中的进一步长大，因尺寸变化会形成内应力。由于在长大过程中所引起的内应力的不断增加，当超过一定值时，致使石墨球开始破裂形成碎块。在凝固过程中，铁液对流可使这些碎块变得更小，并且它们被铁液的热湍流作用冲入树枝晶间，形成碎块状石墨的结晶核心。

3. 防止措施

（1）化学成分　在化学成分中，碳当量的影响是最大的。在厚大断面球墨铸铁件中，在不产生石墨漂浮的前提下，应尽量提高碳当量。用镁处理的研究表明，碳当量的变化会明显影响石墨形状，随着碳当量增加，石墨球数增多，非球状石墨减少。因此，对于亚共晶成分的球墨铸铁，冷却速度缓慢使球状石墨

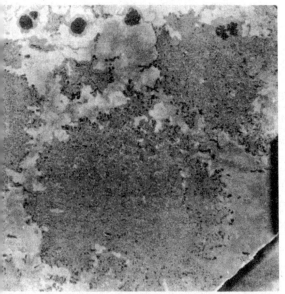

图 5-147　碎块状石墨共晶团的扫描电镜照片　×50

畸变;对于共晶成分的球墨铸铁,即使冷却速度缓慢,石墨也仍然保持球状;对于过共晶成分的球墨铸铁,则石墨不仅圆整,而且细小。但是,在球化剂中含有稀土的情况下,则容易形成碎块状石墨。为此,建议碳当量的质量分数在4.2%~4.4%之间。另外,碎块状石墨与硅含量关系密切,增加硅含量,将促使碎块状石墨的形成。为此,在厚大断面球墨铸铁件中,应尽量采取较低的硅含量。例如,对于珠光体球墨铸铁,其最高硅含量(质量分数)不超过2.4%。

过量的稀土将导致碎块状石墨的增多。生产实践表明,如果残余稀土量超过残余镁含量,在厚大断面球墨铸铁件中必然会出现碎块状石墨。为此,残余稀土的质量分数不得超过0.03%。此外,在厚大截面球墨铸铁件中,由于凝固过程缓慢,导致镁的蒸发损失,为此要把残余镁含量控制在更高的水平,残余镁的质量分数不小于0.05%。

对于镍的质量分数超过20%的奥氏体球墨铸铁,也会出现碎块状石墨。对此,可采取加锑(其质量分数为0.002%~0.008%)的方法,以克服碎块状石墨的出现。

(2)孕育　对于厚大截面球墨铸铁件,当石墨球数达60个/mm²以上时,可不出现碎块状石墨。

采取迟后孕育,对于增加厚大断面球墨铸铁件的石墨球数也同样是有效的。采用型内孕育,可使石墨球数加2倍。

采用长效、高效孕育剂,如含钡和锆的孕育剂,可使凝固时间长达3h的厚大断面球墨铸铁件中仍保持有细小、均匀的球状石墨。采用钡的质量分数为1%~2%的FeSi75,可具有长效孕育的作用。

对于厚大断面球墨铸铁件,采用粗颗粒的(如粒径为3~5mm)或团块状的孕育剂进行孕育处理,对防止产生碎块状石墨是有利的。但是,孕育过量也将导致形成碎块状石墨,为此迟后孕育用的孕育剂加

入量(质量分数)不得超过0.1%。

(3)微量元素　在厚大截面球墨铸铁件中,与铈一起加入适量的锑、铋等微量元素(锑和铋本身是干扰球化的微量元素),这时不但不会干扰石墨球化,反而能消除碎块状石墨。

在没有铈和其他微量元素的情况下,加入质量分数为0.002%的锑,可使截面尺寸为200mm的球墨铸铁件的中心部位的石墨非常圆整。锑的回收率为80%~85%,而且回炉料中的锑也大部分可以回收。在用回炉料和其他化学成分不明的炉料时,易使锑的质量分数超过0.005%。因此,在加锑的同时,要加入质量分数为0.01%~0.03%的铈,以抵消锑和其他干扰元素的破坏作用。

(4)工艺措施　最有效的工艺措施是采用金属型或冷铁。实践表明,采用金属型可显著缩短凝固时间,因而减少碎块状石墨出现的概率。对于直径为300mm的圆柱形铸件,在砂型中的凝固时间为120min,而在金属型中的凝固时间可缩短为60min。对于直径为200mm的圆柱形铸件,在砂型中的凝固时间为60min,而在金属型中的凝固时间则缩短为30min,此时,就不会有碎块状石墨的出现。

5.7　球墨铸铁件的热处理

5.7.1　球墨铸铁二次结晶

1. 共析转变的温度范围

球墨铸铁硅含量较高,因此其共析转变发生在个相当宽的温度范围内,并受化学成分、加热与冷却速度的影响。化学成分对共析转变温度范围的影响见表5-96。加热速度快,共析转变临界温度升高,如盐浴加热比箱式电炉加热共析转变临界温度提高10~15℃。冷却速度加快,则共析转变临界温度降低。当温度变化速度相同时,加热比冷却时的共析转变临界温度约高出30℃。

表5-96　化学成分对共析转变温度范围的影响

元素	影响趋势	质量分数为1%合金含量对共析转变临界温度的影响			
		加热时		冷却时	
		上　限	下　限	上　限	下　限
Si	提高,扩大	提高40℃	提高30℃	提高37℃	提高29℃
Mn	降低,缩小	降低15~18℃		降低40~45℃	
P	提高	$w(P)$ <0.2%时,质量分数每增加0.01%提高2.2℃			
Ni	降低	降低17℃	降低14~23℃	—	—
Cu	$w(Cu)$ <0.8%时降低	降低53℃	降低76℃	—	—
	$w(Cu)$ =1.45%时提高	提高5℃	提高8℃		
Cr	提高	提高40℃			

在共析转变温度范围内，奥氏体、铁素体和石墨三相共存。改变加热温度、保温时间和冷却速度，可获得不同数量和形态的铁素体、珠光体或其他奥氏体转变产物以及残留奥氏体，从而可在很大范围内调节和改变球墨铸铁的力学性能。硅对共析转变临界温度的影响如图 5-149 所示。各种化学成分球墨铸铁的共析转变临界温度见表 5-97。一般在球墨铸铁中，除硅以外，其他元素的含量都很低，因此硅是影响球墨铸铁共析转变温度范围最主要的元素。

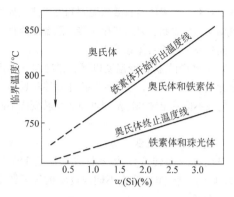

图 5-149　硅对共析转变临界温度的影响

表 5-97　各种化学成分球墨铸铁的共析转变临界温度

序号	主要成分（质量分数,%）					共析转变临界温度/℃			
	C	Si	Mn	Cu	Mo	加热时		冷却时	
						上限	下限	上限	下限
1	一般球墨铸铁					≈850	780	810	≈730
2	—	2.66	0.30	—	—	870~880	798~805	—	—
3	3.95	2.6	0.719	0.92	0.41	835	770	—	670

2. 奥氏体碳含量的可控性

与钢不同的是，铸铁中的石墨是一个现成的基体外的碳库。加热到共析转变温度范围以上时，球状石墨中的碳可以向奥氏体中溶解扩散。温度越高，保温时间越长，则奥氏体碳含量越高，直至达到奥氏体的饱和碳含量，见表 5-98。在冷却过程中，碳可从奥氏体以石墨形态析出或保留于奥氏体转变产物中，因此可以调节奥氏体化温度和保持时间以控制奥氏体的碳含量，调节加热、冷却速度，可控制奥氏体转变产物的类型、数量、分布形态和性能。

表 5-98　奥氏体化温度与奥氏体饱和碳含量的关系

奥氏体化温度/℃	850	900	950	1050
奥氏体饱和碳含量（质量分数,%）	0.73	0.93	1.10	1.20

注：球墨铸铁化学成分（质量分数,%）：C = 3.32，
　　Si = 2.52，Mn = 0.29，P = 0.037，S = 0.015，Mg =
　　0.054，Al = 0.012。

3. 加热、冷却时的组织转变

（1）加热时的组织转变

1）加热到共析温度以下附近保温或在接近共析温度长时间保温，将使珠光体分解为铁素体和石墨。硅促进这种转变，铬、锰则阻碍这种转变。在低硅（质量分数 <1%）、高锰（质量分数为 1%~1.5%）时，片状珠光体可转变成粒状珠光体。

2）加热到共析转变温度范围内保温。根据基体组织不同，可发生以下三种转变，但最终结果相同。

铁素体 + 石墨
珠光体 + 石墨 } 奥氏体 + 铁素体 + 石墨
珠光体 + 铁素体 + 石墨

如含有共晶渗碳体，则它不发生转变。奥氏体在共晶团边界形核向晶内扩散。温度高、时间长，则铁素体比例降低，达到上限温度并保持足够时间，则铁素体消失。

3）加热到共析转变温度以上保温。根据基体组织不同，可发生以下四种转变，但最终结果相同。

铁素体 + 石墨
珠光体 + 石墨 } 奥氏体 + 石墨
珠光体 + 铁素体 + 石墨
共晶渗碳体 → 奥氏体 + 石墨

温度高，保持时间长，则奥氏体碳含量高。硅含量高，温度高，保持时间长，则将促进渗碳体分解。铬、锰、钼阻碍渗碳体分解。

（2）冷却时的组织转变

1）冷却到共析转变温度以上，冷却过程中奥氏体碳含量降低，析出石墨使原有石墨球长大。如果冷却速度较快或因成分偏析，可能从奥氏体析出网状二次渗碳体。

2）冷却到共析转变温度范围，奥氏体转变为铁

素体+石墨。铁素体沿石墨球周围和奥氏体晶界生长并呈网状、牛眼状，以致互相连接。随温度降低，保持时间延长，则铁素体数量增多。

3）冷却到共析转变温度以下，慢冷时，奥氏体转变为铁素体+石墨；快冷时将产生过冷奥氏体。因此，它在不同的温度和冷却速度时，将转变成不同的组织。

4. 奥氏体等温转变

奥氏体等温转变动力学曲线如图5-150和图5-151所示。过冷奥氏体在不同温度下的等温转变产物见表5-99。

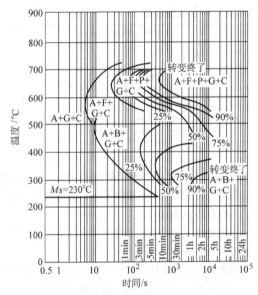

图5-150 Cu-Mo合金球墨铸铁奥氏体等温转变动力学曲线

球墨铸铁化学成分：$w(C) = 3.95\%$ $w(Si) = 2.6\%$
$w(Mn) = 0.71\%$ $w(Mo) = 0.41\%$ $w(Cu) = 0.92\%$
$w(S) = 0.018\%$ $w(P) = 0.08\%$

原始状态：铸态，奥氏体化840℃，30min加热，冷却速度2~3℃/min 加热时共析转变临界温度Ac_1的下限为770℃，上限为880℃

冷却时共析转变临界温度Ar_1的下限为670℃

A—奥氏体 B—针状铁素体 C—渗碳体 F—铁素体
P—珠光体 G—石墨 Ms—马氏体转变开始温度

注：图中百分数为转变产物的体积百分数（图5-151同）。

提高奥氏体化温度，延长保温时间，则奥氏体碳含量增加，晶粒尺寸变大，成分均匀化，这都使奥氏体稳定性提高，即促使转变曲线右移。增加硅含量使转变开始曲线左移，使转变终了曲线右移，并使珠光体转变区域上移。增加锰含量使转变曲线右移，并使

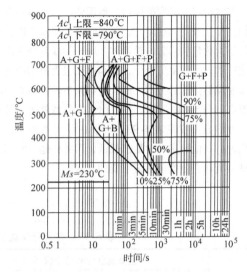

图5-151 低Cu-Mn-Mo球墨铸铁奥氏体等温转变动力学曲线

球墨铸铁化学成分：$w(C) = 3.5\%$ $w(Si) = 2.9\%$
$w(Mn) = 0.265\%$ $w(P) = 0.08\%$ $w(Mo) = 0.194\%$
$w(Cu) = 0.62\%$ 奥氏体化880℃，20min

A—奥氏体 B—针状铁素体 F—铁素体 P—珠光体
G—石墨 Ms—马氏体转变开始温度

表5-99 不同温度下奥氏体等温转变产物

相变类型	转变温度 /℃	主要等温转变产物
高温珠光体转变	≈700	珠光体+铁素体
	650~600	索氏体+铁素体
	600~550	托氏体+铁素体
中温针状铁素体转变	450~350	针状铁素体+奥氏体
	350~230	细针状铁素体+残留奥氏体
低温马氏体转变	<230	马氏体+残留奥氏体

珠光体转变区与针状铁素体转变区分离，针状铁素体、细针状铁素体转变区明显分离，马氏体转变开始温度Ms降低。添加钼、铜、镍，使转变曲线明显右移，使珠光体转变区与针状铁素体转变区分离，马氏体转变开始温度Ms下降。通常的奥氏体化温度为900~940℃，等温保温时间取决于铸件壁厚，保温时间一般为1~3h。

5. 奥氏体连续冷却转变

图5-152~图5-154所示为三种化学成分球墨铸铁的过冷奥氏体连续冷却组织转变图和半冷时间-硬度曲线。三种曲线的测试条件相同：加热速度为2℃/min，奥氏体化温度$t_A = 900℃$，保温时间为20min，Ac_1表示加热时的下临界点温度，t_A表示加热时的上临界温度。图中各连续冷却转变曲线下端圈内数字是硬度值（HV10）。

半冷时间 τ_{HC} 指从奥氏体化温度 t_A 冷却到 t_A 与室温之 间的中值—半冷温度 t_{HC} 所需的时间。

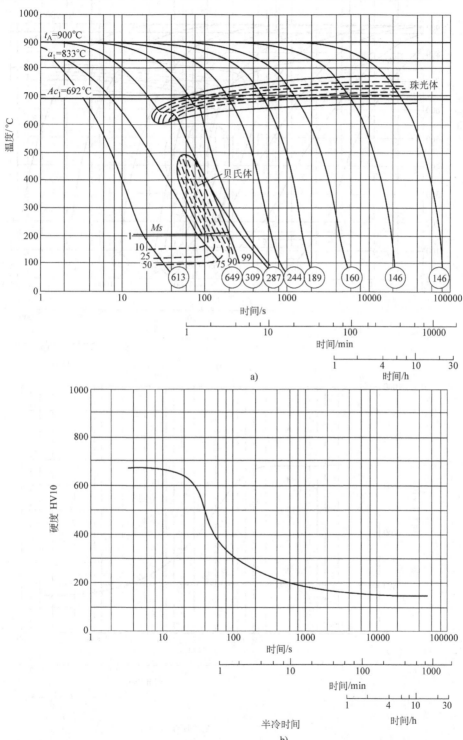

a)

b)

图 5-152 硅 [$w(Si)=2.71\%$] 非合金化球墨铸铁连续冷却组织转变图（a）和半冷时间-硬度曲线（b）

注：球墨铸铁化学成分：$w(C)=3.59\%$、$w(Si)=2.71\%$、$w(Mn)=0.29\%$、$w(P)=0.024\%$、$w(S)=0.007\%$、$w(Cr)=0.04\%$、$w(Ni)=0.03\%$、$w(Mo)=0.022\%$、$w(Mg)=0.024\%$。

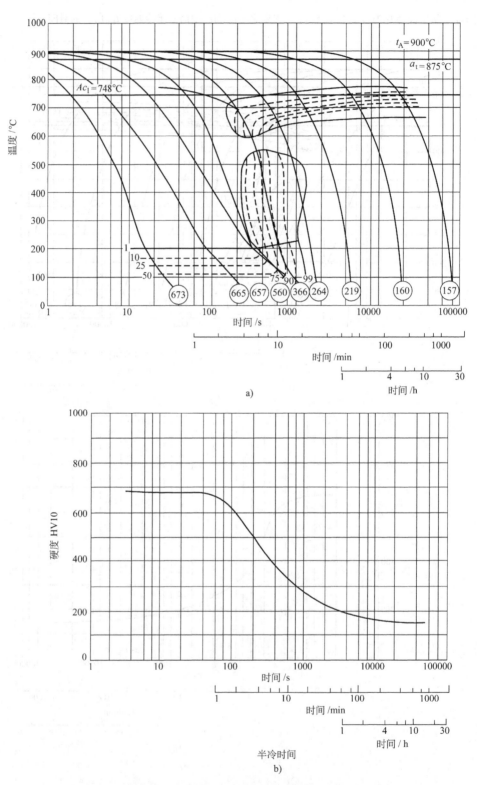

图5-153　钼 [$w(\mathrm{Mo})=0.75\%$] 球墨铸铁连续冷却组织转变图（a）

和半冷时间-硬度曲线（b）

注：球墨铸铁化学成分：$w(\mathrm{C})=3.33\%$、$w(\mathrm{Si})=2.57\%$、$w(\mathrm{Mn})=0.31\%$、

$w(\mathrm{P})=0.024\%$、$w(\mathrm{S})=0.008\%$、$w(\mathrm{Mo})=0.75\%$。

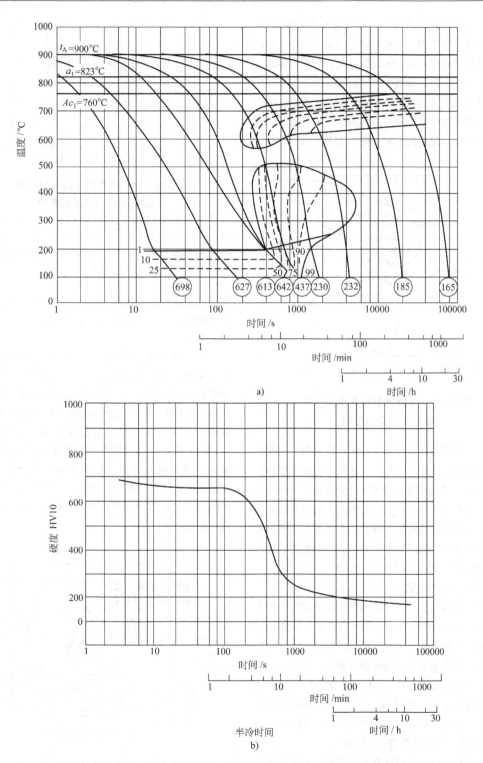

图 5-154 镍钼[$w(Mo)=0.5\%$、$w(Ni)=0.61\%$]球墨铸铁
连续冷却组织转变图（a）和半冷时间-硬度曲线（b）

注：球墨铸铁化学成分：$w(C)=3.39\%$、$w(Si)=2.45\%$、$w(Mn)=0.32\%$、
$w(P)=0.023\%$、$w(S)=0.011\%$、$w(Ni)=0.61\%$、$w(Mo)=0.50\%$。

在连续冷却转变过程中，硅提高共析转变温度，降低淬透性；钼、铜、镍可有效地提高淬透性；硼提高贝氏体转变时过冷奥氏体的稳定性，对珠光体转变没有影响。钼、铜、镍利于大截面球墨铸铁件在连续冷却时转变成针状铁素体＋奥氏体、索氏体、珠光体，并改善针状铁素体转变的淬透性。各种元素对连续冷却中奥氏体转变的影响如图5-155所示。

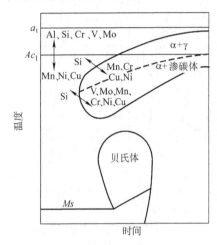

**图5-155　各种元素对连续冷却中
奥氏体转变的影响**

由于热处理的冷却大多是连续冷却过程，因此使用过冷奥氏体连续冷却组织转变图可以更准确地预测组织和硬度。可以根据一定尺寸的铸件在不同介质中冷却时，其截面上各部位的冷却曲线，将其叠绘在相应化学成分的连续冷却组织转变图上，即可预测该铸件的组织和硬度，也可根据半冷时间预测硬度，这对于厚大截面铸件更有实用价值。

6. 淬硬性与淬透性

提高奥氏体化温度，可增加奥氏体碳含量，增大晶粒，使碳和合金元素均匀固溶，提高奥氏体稳定性，因而提高淬透性。但是，奥氏体化温度高，则淬火后残留奥氏体量增加，也使硬度降低。图5-156所示为奥氏体化温度对边长为12.7mm立方体球墨铸铁件淬火硬度的影响（加热1h，水淬）。奥氏体化温度845～870℃淬火，得到最高硬度（55～57HRC），而在925℃淬火，则硬度下降至47HRC。

奥氏体化时间对淬硬性有重要影响，奥氏体化时间不足，可能保留部分铁素体，使硬度降低。根据铸件厚度，每25mm应保温1h。

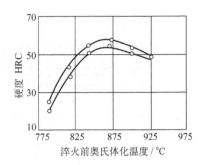

**图5-156　奥氏体化温度对球墨
铸铁件淬火硬度的影响**

注：球墨铸铁件化学成分：$w(C) = 3.52\% \sim 3.65\%$、$w(Si) = 2.22\% \sim 2.35\%$、$w(Mn) = 0.22\% \sim 0.40\%$、$w(P) = 0.02\% \sim 0.04\%$、$w(Ni) = 0.72\% \sim 0.99\%$、$w(Mg) = 0.045\% \sim 0.065\%$。

珠光体球墨铸铁的淬透性高于铁素体球墨铸铁。共晶团细小、偏析程度小的球墨铸铁，淬火后的硬度分布均匀。

当碳的质量分数大于3.5%时，若再增加碳含量，则会明显降低淬透性（见图5-157）；当硅含量较低时，增加硅含量，可略微提高淬透性。但是，当硅含量较高时，硅含量的增加将使过冷奥氏体的稳定性降低，析出铁素体，从而使淬透性降低（见图5-158）。锰能提高淬透性，由于锰增加残留奥氏体，故表面硬度稍有降低（见图5-159）。锰含量增加，对组织和力学性能有不利影响，所以利用锰提高淬透性的作用是有限的。磷能降低淬透性，因其含量低，作用很微弱。

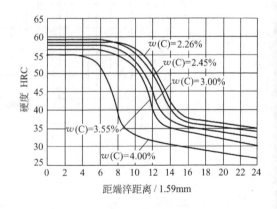

图5-157　碳含量对淬透性的影响

注：球墨铸铁件化学成分：$w(Si) = 3.16\%$、$w(Mn) = 0.42\%$、$w(P) = 0.036\%$。

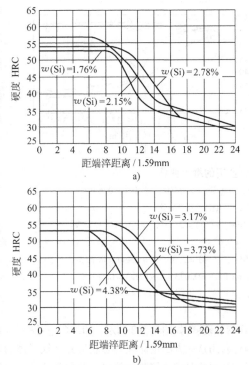

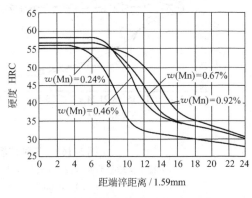

图 5-159 锰含量对淬透性的影响

注:球墨铸铁件化学成分:$w(C) = 3.33\%$、$w(Si) = 3.19\%$、$w(P) = 0.040\%$。

钼能显著提高淬透性,铜、镍都能提高淬透性,它们常分别或共同与钼复合(在厚大断面时,它们共同与铝复合),以加强对淬透性的作用。合金元素对淬透性的影响如图 5-160 所示。图 5-161 所示为非合金化稀土镁球墨铸铁、稀土镁锰钼合金化和稀土镁铜钼合金化球墨铸铁以及 42CrMo 钢的端淬曲线。从图 5-161 中可以看出,这些元素能明显提高淬透性,而且球墨铸铁的淬硬性和淬透性均优于低合金钢。

图 5-158 硅含量对淬透性的影响

:球墨铸铁件化学成分:a)$w(C) = 3.43\%$、$w(Mn) = 0.27\%$、$w(P) = 0.036\%$、$w(Ni) = 0.72\%$;b)$w(C) = 3.28\%$、$w(Mn) = 0.28\%$、$w(P) = 0.032\%$、$w(Ni) = 0.85\%$。

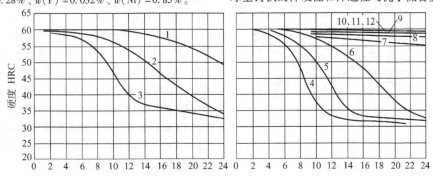

图中序号	球墨铸铁的化学成分(质量分数,%)						
	总碳量	Si	Mn	Cr	Ni	Mo	其他
1	3.52	2.74	0.37	0.10	—	0.41	Mg:0.061
2	3.47	2.69	0.37	0.10	—	0.23	Mg:0.050
3	3.54	2.55	0.37	0.09	—	0.22	Mg:0.049
4	3.4	2.6	0.26	—	—	—	—
5	3.4	2.6	0.26	—	1.0	—	—
6	3.4	2.6	0.26	—	2.0	—	—
7	3.4	2.6	0.26	—	4.0	—	—
8	3.4	2.6	0.26	—	2.0	0.25	—
9	3.4	2.6	0.26	—	2.0	0.55	—
10	3.4	2.6	0.26	—	3.75	0.25	—
11	3.4	2.6	0.26	—	3.75	0.55	—
12	3.4	2.6	0.26	—	2.0	0.55	V:0.25

图 5-160 合金元素对球墨铸铁淬透性的影响

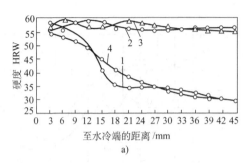 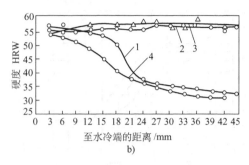

a)　　　　　　　　　　　　　　　　b)

图 5-161　三种球墨铸铁和合金钢的端淬曲线

1—稀土镁球墨铸铁(铸态):$w(C) = 3.8\% \sim 3.9\%$, $w(Si) = 2.24\%$, $w(Mn) = 0.69\%$

$w(P) = 0.06\%$, $w(S) = 0.018\%$, $w(RE) = 0.021\%$

2—稀土镁锰钼球墨铸铁(铸态):$w(C) = 3.8\% \sim 3.9\%$, $w(Si) = 2.53\%$, $w(Mn) = 1.14\%$

$w(Mo) = 0.45\%$, $w(P) = 0.018\%$

3—稀土镁铜钼球墨铸铁(调质):$w(C) = 3.8\% \sim 3.9\%$, $w(Si) = 2.39\%$, $w(Mn) = 0.72\%$,

$w(Cu) = 0.93\%$, $w(Mo) = 0.4\%$, $w(P) = 0.08\%$, $w(RE) = 0.073\%$, $w(Mg) = 0.074\%$

4—42CrMo 钢(正火)

7. 控制开箱温度

最简单和最经济的热处理是控制铸件的开箱温度。如果将铸件从临界温度以上的铸型中取出,就会加快冷却速度而有利于珠光体的形成,从而提高铸件的强度和硬度,如图 5-162 所示。如果合金元素的含量足够高,用这一方法也能在铸态获得针状铁素体的基体组织,但此时应该控制开箱温度及化学成分。对复杂铸件,应立即进行消除内应力的热处理,以防止铸件由于内应力过大而开裂。因此,采用这种工艺一定要谨慎,严格操作。

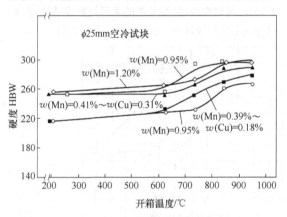

图 5-162　开箱温度和化学成分对直径为 25mm 的球墨铸铁试块硬度的影响

5.7.2　退火

退火的目的是获得高韧性的铁素体球墨铸铁。当铸态球墨铸铁组织中渗碳体的体积分数大于或等于3%、磷共晶的体积分数大于或等于1%或出现亚稳定系三元及复合磷共晶时,均要进行高温石墨化退火。球墨铸铁的退火工艺规范可参照表 5-100 制订,通常采用两阶段退火工艺。高温阶段消除渗碳体、亚稳定系三元或复合磷共晶,低温阶段是由奥氏体转变成铁素体,最终获得以铁素体为主的基体组织,如图 5-163所示;也可在高温保温后随炉缓冷完成第二阶段退火,如图 5-164 所示,但这种工艺难以保证得到全铁素体的基体组织,其中将有部分是珠光体组织。

表 5-100　球墨铸铁的退火工艺规范

退火类型	目的	温度/℃[①]	时间	冷却条件[②]
低温退火(铁素体化)	没有碳化物的条件下获得 QT400-18	720 ~ 730	每25mm 截面 1h	炉冷到 350℃ (50℃/h),空冷
完全退火(用于低硅含量的球铁)	在没有碳化物的情况下,为获得具有最大冲击吸收能量的 QT400-18	870 ~ 900	达到温度均匀化即可	炉冷到 350℃ (50℃/h),空冷

（续）

退火类型	目的	温度/℃①	时间	冷却条件②
高温退火（石墨化）	存在碳化物时为获得 QT400-18	900~925	至少 2h	炉冷（100℃/h）到700℃ 炉冷（50℃/h）到350℃，空冷
两阶段退火 石墨化和铁素体化	存在碳化物时为获得 QT400-18 而又允许快冷的情况下	870~900	每25mm截面 1h	快冷至675~700℃。再加热到730℃，每25mm截面保温2h，空冷

① 铸件温度。

② 从540℃缓慢冷却到315℃以减小残余应力。

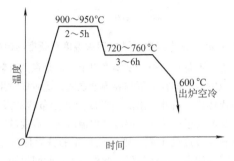

图 5-163　高温石墨化两阶段退火工艺

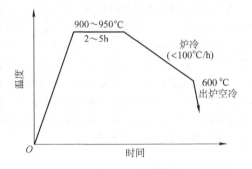

图 5-164　高温石墨化随炉缓冷退火工艺

当铸态组织中渗碳体的体积分数小于3%、无亚稳定系三元或复合磷共晶、铁素体的体积分数小于85%（QT450-10）或小于90%（QT400-18）或低于规范规定值时，可采取低温石墨化退火工艺，以使珠光体分解，改善塑性和韧性，如图5-165所示。

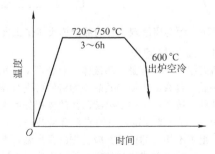

图 5-165　低温石墨化退火工艺

当硅含量较高时，应适当提高低温阶段的退火温度，由此可缩短保温时间；当锰含量较高时，应适当延长低温阶段的退火时间；当磷含量较高时，应适当延长低温阶段退火时间，适当提高高温退火温度；当含有钒、铬、钼时，应提高高温阶段的退火温度，延长保温时间。对于含铜球墨铸铁，应延长低温阶段的退火时间；对于复杂铸件或厚大铸件，要减缓退火时的升温速度。根据铸件壁厚及其中游离渗碳体的含量，确定高温阶段的退火保温时间；根据铸件壁厚和其中珠光体的数量，确定低温阶段的退火保温时间。

当出炉温度低于600℃时，会出现回火脆性。此时，把铸件再重新加热到600~700℃保温后，在大于或等于600℃出炉快冷，则可消除回火脆性。添加质量分数为0.1%~0.2%的钼，降低硅、磷含量，也可以避免回火脆性。

5.7.3　正火

1. 普通正火

普通正火的目的是获得珠光体或索氏体球墨铸铁，如QT800-2、QT700-2和QT600-3。

当铸态组织中没有游离渗碳体、亚稳定系三元或复合磷共晶时，可采用图5-166所示的正火工艺；当铸态组织中游离渗碳体的体积分数大于或等于3%、有亚稳定系三元或复合磷共晶时，则应采用高温分解游离渗碳体后，炉冷至较低的奥氏体化温度保温的正火工艺，如图5-167所示。

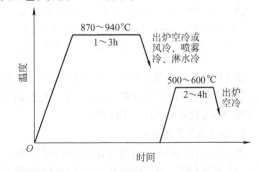

图 5-166　无游离渗碳体时的正火工艺

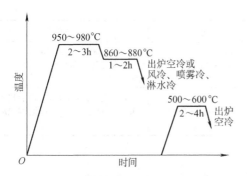

图 5-167　有游离渗碳体时的正火工艺

当非合金化球墨铸铁中没有游离渗碳体时，推荐采用表 5-101 所列的正火温度、最少保温时间。

表 5-101　非合金化球墨铸铁的正火温度、最少保温时间

铸件壁厚/mm	正火温度/℃	最少保温时间/h
≤13	≥870	1
>13 ~25	940	1
>25	940	2

要使厚大截面铸件经正火后获得完全是珠光体的基体组织，可以添加铜、钼、镍、钒等稳定珠光体元素，由此可提高厚大截面铸件的硬度，如图 5-168 所示。

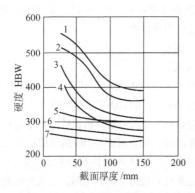

图 5-168　合金元素对厚大截面铸件正火后硬度的影响

1—$w(Ni)$ = 3.75%　　$w(Mo)$ = 0.55%　　2—$w(Ni)$ = 3.75%
$w(Mo)$ = 0.25%　　3—$w(Ni)$ = 2%　　$w(Mo)$ = 0.55%
$w(V)$ = 0.25%　　4—$w(Ni)$ = 2%　　$w(Mo)$ = 0.55%
5—$w(Ni)$ = 3.75%　　6—$w(Ni)$ = 2%　　7—非合金化

球墨铸铁正火后要进行回火，以改善韧性和消除应力，回火温度为 550 ~600℃。正火球墨铸铁的回火温度对硬度的影响如图 5-169 所示。

2. 部分奥氏体化正火

部分奥氏体化正火的目的与普通正火相似，即获得珠光体基体组织。但不同的是，此时通过控制分散分布铁素体的数量以改善韧性。为此，采用的奥氏体

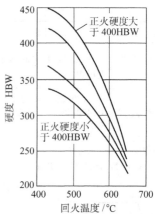

图 5-169　正火球墨铸铁的回火温度对硬度的影响

化温度，不是在共析转变温度以上，而是在共析转变温度范围内，即在上下临界温度之间，此时仅发生部分奥氏体化。由此，沿晶界形成分散分布的铁素体，其数量取决于奥氏体化温度和保温时间。温度越靠近共析转变温度的上限，则分散分布的铁素体数量越少，强度偏高，韧性偏低。此外，保温时间过短，也会产生同样的效果。

当铸态组织中没有游离渗碳体、亚稳定系三元或复合磷共晶时，可采用图 5-170 所示的工艺。当铸态组织中游离渗碳体的体积分数大于或等于 3%，并有亚稳定系三元或复合磷共晶时，应首先采用高温使其分解，再炉冷至共析转变温度范围内，进行部分奥氏体化正火，如图 5-171 所示。需要指出的是，部分奥氏体化温度与硅含量密切相关，所给出的工艺适用于硅的质量分数为 2% ~3% 的球墨铸铁。

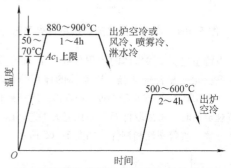

图 5-170　无游离渗碳体时的部分奥氏体化正火工艺

5.7.4　淬火与回火

铸态组织中没有游离渗碳体、亚稳定系三元或复合磷共晶，具有细小均匀共晶团的铸件可进行淬火 + 回火处理。铸态组织中游离渗碳体的体积分数大于或等于 3%、存在亚稳定系三元或复合磷共晶、共晶团粗大、组织不均匀的铸件，应首先进行高温石墨化退火及正火，使其形成均匀的珠光体组织后，再进行淬火 + 回火处理。

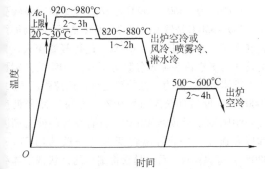

图 5-171　有游离渗碳体时的部分奥氏体化正火工艺

采用淬火 + 回火处理旨在获得强度、塑性与韧性配合良好的综合力学性能。

1. 淬火工艺

采用 860 ~ 880℃保温（保温时间视铸件壁厚而定，一般每 25mm 保温 1h），进行奥氏体化以后，在淬火冷却介质中淬火，以获得马氏体基体组织。

由于球墨铸铁的淬透性好，所以可使用较缓和的淬火冷却介质，如 10 号或 20 号锭子油或柴油。当采用水或盐水作淬火冷却介质时，一定要慎重，以防铸件产生裂纹。各种淬火冷却介质及其循环程度对淬冷烈度 H 值的影响见表 5-102。淬冷烈度 H 表示在淬火后中心获得马氏体的圆棒直径与标准试样直径的比值。H 值越大，则淬火速度越快。

表 5-102　淬火冷却介质和循环程度对淬冷烈度
H 值的影响

循环程度	H 值			
	空气	油	水	盐水
介质不循环，试样不搅拌	0.02	0.25 ~ 0.30	0.9 ~ 1.0	2.0
轻微循环	—	0.30 ~ 0.35	1.0 ~ 1.1	2.0 ~ 2.2
中度循环	—	0.35 ~ 0.40	1.2 ~ 1.3	—
良好循环	—	0.40 ~ 0.50	1.4 ~ 1.5	—
强循环	—	0.50 ~ 0.80	1.6 ~ 2.0	—
激烈循环	—	0.80 ~ 1.10	4.0	5.0

2. 回火工艺

（1）低温回火　140 ~ 250℃回火，2 ~ 4h 后空冷或风冷、油冷、水冷，对于厚大铸件，可延长回火时间，获得回火马氏体和残留奥氏体组织，硬度达46 ~ 50HRC，具有良好的强度和耐磨性。经低温回火后，可消除淬火应力，减少脆性。回火温度不应超过 250℃。在 250 ~ 300℃回火将出现低温回火脆性。

（2）中温回火　350 ~ 450℃回火，2 ~ 4h 后空冷或风冷、油冷、水冷，获得回火托氏体和残留奥氏体组织，硬度为 42 ~ 46HRC，具有较好的耐磨性，并保持一定韧性。在 450 ~ 510℃回火或慢冷有可能出现高温回火脆性，而再加热至此温度范围以上保温后快冷，可消除高温回火脆性。

（3）高温回火（淬火 + 高温回火也称作调质处理）　550 ~ 600℃回火，2 ~ 4h 后空冷或风冷、油冷、水冷，获得回火索氏体和残留奥氏体组织，硬度为 250 ~ 330HBW，具有高强度和良好韧性相结合的综合力学性能。球墨铸铁 880℃油淬后回火温度对力学性能的影响如图 5-172 所示。球墨铸铁调质处理比正火处理可获得更好的综合力学性能，见表 5-103。

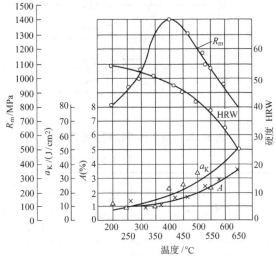

图 5-172　球墨铸铁 880℃油淬后回火温度对
力学性能的影响

铸件化学成分（质量分数，%）：C = 3.53　Si = 2.05
Mn = 0.75　P = 0.059　S = 0.023　Mg = 0.017　RE = 0.03

表 5-103　球墨铸铁调质处理与正火处理的力学性能比较

热处理工艺	金相组织	抗拉强度 R_m/MPa	断后伸长率 A（%）	冲击韧度 a_K/(J/cm²)	硬度 HBW
调质 980℃退火 900℃油淬 580℃回火	回火索氏体	784 ~ 981	1.7 ~ 2.7	25.5 ~ 31.4	240 ~ 340
正火 980℃退火 900℃正火 580℃去应力	索氏体 + 体积分数小于 5% 铁素体	686	2.5	9.8	317 ~ 321

5.7.5 等温淬火

等温淬火的全称是奥氏体等温淬火。图 5-173 所示为奥氏体等温转变原理图。由图 5-173 可以看出，在 230~450℃的中温区，是贝氏体或奥铁体转变区；在 Ms 点（230℃）至 Mf 的温度范围是马氏体转变区。如果球墨铸铁高温奥氏体化后，在 230~450℃淬火并保温一定时间，将形成一种不含碳化物的针状组织，即奥铁体；如果球墨铸铁高温奥氏体化后，在 230~450℃淬火并保温，将形成针状铁素体 + 碳化物组织，即贝氏体；如果经过奥氏体化后，淬火至马氏体转变区内保温，则得到马氏体基体组织。对于等温淬火球墨铸铁，通常是 230~450℃淬火并保温一定时间，形成奥铁体组织。

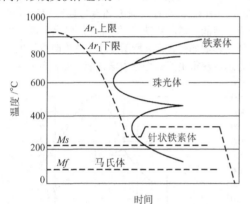

图 5-173　奥氏体等温转变原理图

一般认为，350~450℃是较高温度的等温转变区，230~350℃是较低温度的等温转变区。在高等温转变区（一般选用 350~380℃）进行等温淬火，目的是获得奥铁体和体积分数为 25%~40%的高碳稳定奥氏体组织。其力学性能可达到：抗拉强度 $R_m \geq$ 1000MPa，断后伸长率 $A \geq 10\%$，无缺口冲击韧度 $a_K \geq 80 J/cm^2$，硬度 ≥ 30HRC，具有良好的冲击韧度和疲劳强度。在低等温转变区（一般选用 270~330℃）等温淬火，目的是获得细小的针状铁素体组织（常伴有少量的残留奥氏体和马氏体组织）。其力学性能可达到：抗拉强度 $R_m \geq 1200$MPa，断后伸长率 $A \geq 2\%$，无缺口冲击韧度 $a_K \geq 30 J/cm^2$，硬度 $\geq$ 38HRC，具有良好的耐磨性和较高的疲劳强度。表 5-104 列出了不同盐浴温度（等温温度）对基体组织和力学性能的影响。

在进行等温淬火前，要求铸件的铸态组织球化良好（球化等级为 1~2 级），共晶团细小（石墨尺寸小于或等于 6 级），无游离渗碳体。如果铸态组织中游离渗碳体的体积分数大于 1%，则要预先进行高温石墨化退火。

也可以在较低的奥氏体化温度（≤850℃）进行处理，以保留少量分散的铁素体。采取这种部分奥氏体化等温淬火，可改善韧性。

表 5-104　不同盐浴温度对基体组织和力学性能的影响

特　征	硬度 HBW	最　小　值			盐浴温度 /℃	基体组织
		抗拉强度 /MPa	屈服强度 /MPa	断后伸长率（%）		
马氏体高硬度	430~550	1300	1000	0.5	<250	马氏体 残留奥氏体
细针状铁素体半硬的	350~480	1200	800	2	272~330	细针状铁素体 少量马氏体和残留奥氏体
针状铁素体和奥氏体高强度韧性	280~350	1000	680	5	>350	针状铁素体和奥氏体
		850	550	10		

奥氏体化温度和等温淬火温度对力学性能的影响如图 5-174 所示。

一般采用盐浴等温淬火。表 5-105 列出等温淬火盐浴用硝酸盐组成和使用温度。为了缩短等温时间，也可采用两段等温淬火，即先在 200℃低温盐浴或温水浴中短时间冷却后，再进入预定温度的等温盐浴中（见图 5-175），这可使断面较大的铸件心部获得针状铁素体组织。必须注意的是，不可冷却过分，如 d 线所示，否则表层可能生成马氏体。b、c 线是正常的两段等温淬火；a 线为冷却速度过慢，出现珠光体组织。

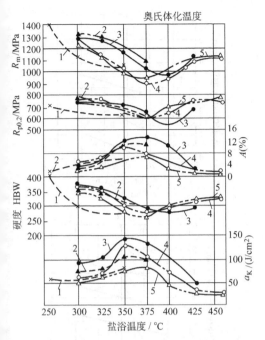

图 5-174　奥氏体化温度和等温淬火温度对力学性能的影响

1—850℃　2—870℃　3—900℃　4—950℃　5—1000℃

注：φ25mm 圆棒，保温 1h，QT450-10。

表 5-105　等温淬火盐浴用硝酸盐组成和使用温度

序号	盐浴组成（质量分数,%)			使用温度/℃
	NaNO₃	NaNO₂	KNO₃	
1	55	45	—	260~310
2	50	50	—	280~310
3	25	25	50	260~280
4	—	46	54	350
5	—	50	50	260~280

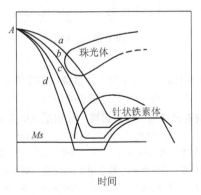

图 5-175　两阶段等温淬火

A—奥氏体　Ms—马氏体转变温度

1. 350~450℃较高温度区间的等温淬火

在盐浴温度 350~450℃ 区间下的等温淬火典型

工艺如图 5-176 所示。奥氏体化温度为 Ac_1 上限 + (70~80)℃，根据硅含量选定，硅含量较高时取上限。奥氏体化时间取决于铸件壁厚，每 25mm 保温 1h。为提高奥氏体稳定性以保持一定数量的残留奥氏体，改善韧性，可适当延长奥氏体化时间。等温淬火温度为 350~380℃，最佳的温度为 370℃。等温淬火保持时间过短，则针状铁素体数量不足；保持时间过长，则析出碳化物，均使力学性能下降。添加 Mo、Cu、Ni 可提高淬透性，减少对等温淬火保持时间的敏感性。

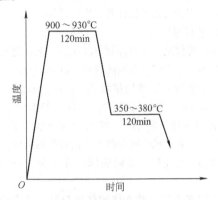

图 5-176　在盐浴温度 350~450℃区间下的等温淬火典型工艺

2. 230~350℃较低温度区间的等温淬火

在盐浴温度 230~350℃ 区间下的等温淬火典型工艺如图 5-177 所示。奥氏体化温度为 Ac_1 上限 + (30~50)℃。采用部分奥氏体化等温淬火时，奥氏体化温度略低于 Ac_1 上限。奥氏体化时间也是取决于铸件壁厚。等温淬火温度视性能要求而定，一般为 280~320℃。延长等温淬火保持时间，可减少残留奥氏体和马氏体数量，改善性能。等温淬火后进行回火，可以促使残留奥氏体转变为针状铁素体，马氏体转变为回火马氏体。

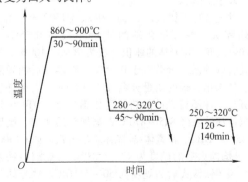

图 5-177　在盐浴温度 230~350℃区间下的等温淬火典型工艺

5.8　球墨铸铁件的表面强化

5.8.1　表面淬火

表面淬火的目的是在铸件表面得到马氏体组织，提高铸件表面的耐磨性，同时还能保留铸件心部具有良好的塑性与韧性。

在表面淬火前，铸件中的珠光体的体积分数不应低于50%，最好是大于70%。为此，可预先对铸件进行正火+回火处理，以增加珠光体数量。珠光体数量过低，通过提高淬火温度也可使铸件淬硬，但此时会出现较多的残留奥氏体及二次渗碳体。

1. 感应淬火

根据铸件尺寸和对淬硬层深度的要求，确定感应电源功率、功率密度和加热时间。例如，对用于中等载荷的耐磨铸件，淬硬层较浅，淬硬层深度一般为0.25~1.5mm，可采用频率为10kHz~2MHz，功率密度为10.9~18.6W/mm²。淬火冷却介质可以是水、油或风冷。对于承受重载荷或冲击载荷的铸件，如齿轮、曲轴、凸轮轴，淬硬层深度在1.5~6.4mm范围内。

当铸态组织中珠光体的体积分数大于70%时，采用淬火温度为900~925℃；当铸态组织中珠光体的体积分数大于等于50%而小于70%时，采用淬火温度为955~980℃。

预先经900℃正火+回火的球墨铸铁，感应淬火淬硬层深度（至50HRC）与石墨球数、加热周期、原始组织的关系如图5-178所示。石墨球数增加，则加热周期延长；原始织中珠光体量增加，则淬硬层深度增加。

感应加热适用于铸件的内外圆柱面以及平面、齿面的淬火，感应圈与工件之间间隙要尽可能均匀。对于形状不规则的铸件，淬火硬度往往不均匀，并且在尖角处容易产生过热。

2. 火焰淬火

珠光体球墨铸铁，如QT700-2、QT600-3适用于火焰淬火。要求化合碳的质量分数在0.35%~0.80%之间，珠光体的体积分数为70%~100%。如果化合碳的质量分数低于0.35%，则淬火后的硬度低；如果化合碳的质量分数大于0.80%，则铸件容易开裂。球墨铸铁的加热速度比钢要慢。QT400-15铁素体墨铸铁经845~870℃火焰加热后水淬，硬度为35~45HRC。铁素体-珠光体球墨铸铁，如QT500-7，火焰淬火后的硬度为40~45HRC，珠光体-铁素体球墨铸铁淬火后的硬度为50~55HRC。珠光体球墨铸铁火焰加热后水淬的硬度为55~60HRC，油淬后的硬度为56~59HRC。

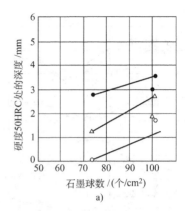

a)

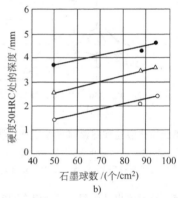

b)

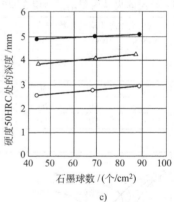

c)

图 5-178　正火+回火球墨铸铁感应淬火淬硬层深度（至50HRC）与石墨球数、加热周期、原始组织的关系

a) 铁素体的体积分数为50%，217HBW

b) 铁素体的体积分数为5%~10%，235~241HBW

c) 铁素体的体积分数小于5%，293~302HBW

输入10kW 时间：○—2.5s　△—3.5s　●—4.5s

火焰淬火深度可达0.8~6.4mm，可以用氧乙炔焰或燃烧强度较弱的丙烷、甲烷的氧焰。采用中性或轻度渗碳的还原性火焰，氧化焰可能引起脱碳和过热。火焰移动速度比钢要慢，要控制火焰高温区与铸的距离，以防止过烧和局部熔化。

火焰淬火适用于需要局部淬火的铸件，如凸轮、轧辊以及结构复杂的齿轮等。火焰淬火所需设备费用低，但对操作技术要求较高。

3. 激光淬火

采用激光淬火的优点是可实现输入功率的精确控制，可提供高功率密度，使铸件变形最小。通过光学系统可使激光达到一般方法不易达到的铸件内腔表面，因而可对形状复杂的铸件或大型铸件的局部进行淬火。图 5-179 所示为激光淬火球墨铸铁凸轮轴的硬度分布。采用 15kWCO₂ 激光器，通过光学系统产生直

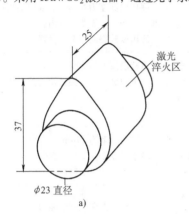

a)

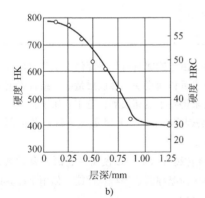

b)

图 5-179 激光淬火球墨铸铁凸轮轴的硬度分布

a）凸轮 b）硬度分布（HK 为努氏硬度）

径为 10mm 的聚焦光斑，沿处理方向扫描范围为 25mm，扫描频率为 700Hz，沿垂直于处理方向的扫描频率为 125Hz，形成 22mm×25mm 的矩形光斑加热凸轮表面。为形成均匀的淬硬层，要使凸轮轴旋转；为了增加吸收激光能量，在凸轮表面上涂覆磷酸锰等涂层。输入功率为 9kW，功率密度为 160W/cm²，圆柱部分处理线速度为 7600mm/min，平面部分为 180mm/min。硬化层深度（≥50HRC）为 0.55mm。凸角部分的表面层硬度分布如图 5-179b 所示。

采用 400～450W 激光器对 10mm×10mm×55mm 铁素体球墨铸铁冲击试样进行扫描，其参数为：光斑直径 2mm，功率密度 $1.3×10^4$ W/cm²，扫描速度 210mm/s，硬化层深度 0.2～0.5mm，表面硬度 600～800HV。激光淬火层自表面向心部分为四层：微细纤维状莱氏体层、马氏体 + 球状石墨层、马氏体 + 铁素体 + 球状石墨（被马氏体包围）层，以及马氏体 + 铁素体 + 珠光体 + 球状石墨层。

5.8.2 化学处理

为提高球墨铸铁件最终机械加工成品零件的表面硬度，改善耐磨性、抗擦伤能力、耐蚀性以及提高疲劳寿命，可对其进行各种化学处理。与淬火相比，采用化学处理所需的温度要低得多，有的甚至可在室温下进行，如刷镀。因此，化学处理后的铸件很少或不会发生尺寸变化与形状变形，可以保证尺寸稳定。但是，化学处理后得到的处理层很薄，仅为微米级。

1. 渗氮与氮碳共渗

气体氮碳共渗是球墨铸铁件应用富有成效的表面强化技术，铁素体球墨铸铁齿轮经氮碳共渗表面强化后，接触疲劳强度达到 1060MPa，与未经处理前相比，提高了 1.73 倍。为此，采用的氮碳共渗工艺是：氮碳共渗温度为 570℃，CO_2 与 NH_3 体积比为 5/100，氨的分解率为 62%，随炉冷却，保温 4h。含有化合物的表面层深度达 7μm，平均硬度为 64HRC，扩散层深度达 143μm。

表 5-106 列出了化学处理典型工艺参数及效果。其中，为了对比，还列举了渗硫、渗铬与渗硼的工艺参数及效果。

表 5-106 化学处理典型工艺参数及效果

名　称	工艺参数	效　果
气体渗氮	1）预处理：小于 700℃均匀化退火或铁素体化退火 2）渗氮介质为氨气流，分解率为 30%～45%，渗氮温度为 650℃，渗氮时间为 3～4h 3）渗氮介质为氨气流，渗氮温度为 600～650℃，渗氮时间为 1～2h 4）注意：球墨铸铁硅含量高，不利于渗氮；球墨铸铁比碳素钢的渗氮层深度大、硬度高，显微硬度均匀性差	改善渗氮层硬度均匀性 渗氮层深度为 0.35mm 表面硬度为 800HV 改善耐磨性，提高疲劳寿命 提高耐蚀性，用于防锈处理

（续）

名　称	工艺参数	效　果
氮碳共渗	1）铁素体球墨铸铁齿轮的氮碳共渗介质（体积比）：CO_2：NH_3＝5：100，氮的分解率为62%～63%，处理温度为570℃，处理时间为4h，然后随炉冷却 2）185柴油机曲轴的氮碳共渗 预处理：低碳奥氏体化正火和部分粒状化回火，氮碳共渗介质：氨气流量为0.65～0.75m^3/h，压力为2350Pa，滴入乙醇量为65～75滴/min，加入催渗剂NH_4Cl为22～25g，处理温度为570℃，处理时间为4～5h	硬度为64HRC 白亮层深度为$7\mu m$ 扩散层深度为$143\mu m$ 接触疲劳强度提高73%（处理前为569MPa，处理后为1060MPa） 氮碳共渗层深度为190～$220\mu m$ 曲轴疲劳强度提高71%
离子渗氮	195柴油机齿轮的离子渗氮 温度为540～550℃，时间为6～8h，电压为750～850V，电流为25A，氨气压为133～266Pa，真空度为13.3Pa	硬化层深度为0.2mm，渗氮后内孔尺寸基本不变，不需要再磨内孔 使用试验表明耐磨性良好
渗硫	盐浴渗硫介质（质量分数）：KOH5.8%，$FeS_2$5%，NaCl0.85%，$Na_2CO_3$0.35%，其余$K_4Fe(CN)_6$ 处理温度为540～560℃，处理时间为2.5～3h，也可用气体介质（H_2S）或固体介质（FeS、Fe_2S）渗硫	渗硫层深度为200～$300\mu m$ 改善耐磨性、耐蚀性及抗擦伤能力
渗铬	1）在介质氯化铬中处理温度为1000℃，处理时间为5h 2）在含Cr_2O_3和硫酸的电解质中，电解温度为50～55℃，处理时间为5～6h	渗铬层深度为$14\mu m$ 渗铬层深度为110～$150\mu m$ 改善耐蚀性、耐磨性
渗硼	1）$Na_2B_4O_7$熔融介质中电解渗硼，电流密度为0.3～0.4A/cm^2，温度为900℃，处理时间小于8h或温度为950℃，处理时间小于4h 2）$Na_2B_4O_7$质量分数为60%＋B_4C的质量分数为40%介质中液态渗硼，处理温度为900～950℃，处理时间小于6h	提高耐磨性和抗磨蚀能力

2. 刷镀

刷镀（也称作电刷镀）是利用电沉积原理在金属表面制造各种镀层的有效方法。它与电镀的原理相同，区别是不再使用电镀槽。因此，刷镀是适应大型铸件以及不同部位的要求而形成的一种新的电镀工艺。其基本原理如图5-180所示。

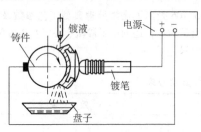

图5-180　刷镀的基本原理

刷镀正极为镀笔，镀笔通常由高纯石墨制成，外面包有耐磨的衬套。进行刷镀时，浸满镀液的镀笔以一定的压力和速度在铸件表面移动，铸件与镀笔之间的镀液中的金属离子在电场作用下移到铸件表面，获得电子后还原成金属原子，并在铸件表面沉积结晶，

形成镀层。由于刷镀具有设备简便、工艺灵活、适应性强、镀层沉积速度快、镀层质量好、结合强度高等优点，近来得到了迅速发展，它主要用于：

1）磨损零件、加工尺寸超差零件以及局部损伤零件的修复。

2）强化铸件表面，以使铸件表面具有耐磨、耐蚀和减小表面摩擦因数等特殊性能，如用于模具的修理和表面强化。

3）完成槽镀难以完成的铸件，如一些大型和一些只需局部电镀的铸件。

5.8.3　机械强化

采用滚压、喷丸等机械方法使铸件表面变形强化，能使晶格畸变加剧，提高表面残余压应力和表面硬度，可明显提高铸件的疲劳强度。

1. 滚压

对铸件圆角滚压，是球墨铸铁件表面强化技术中最富有成效的，它能最大限度地提高铸件的疲劳强度。表5-107列出了球墨铸铁不同状态下的疲劳强度与铸钢、锻钢的对比。由表5-107可以看出，珠光体墨铸铁经圆角滚压后的疲劳强度，与经渗氮处理的钢相同。还可以看出，与未经圆角滚压相比，珠光球墨铸铁经圆角滚压后，疲劳强度可提高 1 倍。

表 5-107　球墨铸铁不同状态下的疲劳强度与铸钢、锻钢的对比

材质	状态	疲劳强度对比（%）
球墨铸铁	珠光体基体	100
	索氏体基体	115
	珠光体基体，氮化处理	150
	珠光体基体，圆角滚压	200
铸钢	共析成分	110
	共析成分，渗氮处理	150
锻钢	热处理后抗拉强度为 800MPa	150
	在此基础上渗氮处理	190

此外，对正火或正火后氮碳共渗的球墨铸铁件进行滚压形变强化，滚压速度为 45r/min，滚压力为 500N，对于正火的，滚压后的缺口疲劳极限与不经滚压的相比提高 187.5%，达到 451MPa。正火后氮碳共渗再加滚压的与不经滚压的相比，其缺口疲劳极限提高了 71%，达到 470MPa。表面残余压应力值：正火态为 390MPa，正火后滚压为 844MPa；正火后氮碳共渗为 578MPa，正火后氮碳共渗再加滚压为 1099MPa。

2. 喷丸

为提高球墨铸铁件的疲劳强度，特别是提高球墨铸铁齿轮的疲劳强度，可采取喷丸处理使齿面强化。经喷丸处理后，各种合金球墨铸铁件的弯曲疲劳强度可提高 7%～40%。经喷丸处理的齿轮台架试验寿命可提高 47%～170%。实际使用结果表明，没有经喷丸处理的齿轮的使用寿命约为 2000h，经喷丸处理后的齿轮使用寿命则超过 3000h。表 5-108 列出了喷丸对各种合金针状铁素体球墨铸铁件弯曲疲劳强度的影响。

表 5-108　喷丸对各种合金针状铁素体球墨铸铁件弯曲疲劳强度的影响

球墨铸铁件类型	合金加入量（质量分数，%）	弯曲疲劳强度/MPa	
		未喷丸	喷丸
CuMo 球墨铸铁	Cu：0.5，Mo：0.2	28	32
CuMoV 球墨铸铁	Cu：0.5，Mo：0.2，V：0.1	32	34
CuV 球墨铸铁	Cu：0.5，V：0.1	22	28
V 球墨铸铁	V：0.1	24	33
Mo 球墨铸铁	Mo：0.2	25	29

5.8.4　激光表面熔凝处理

激光表面熔凝处理的特点是表面有一层达到熔化状态。根据处理条件的不同，球墨铸铁件的激光表面熔凝处理有以下三种：激光熔化淬火、激光合金化和激光熔覆处理。

1. 激光熔化淬火

这种表面处理是用激光束将铸件表面熔化而不添加任何合金元素，以达到表面组织硬化的目的。

汽车工业中许多铸铁件（曲轴、凸轮轴和变速器外壳等）都需要提高耐磨性。采用激冷工艺难以实现自动化；采用电子束淬火、高频感应淬火等，不是成本过高，就是质量难以保证。为此，可考虑采用激光熔化淬火工艺。下面是试验研究的结果。

采用 2.5kW CO$_2$ 激光器，对比了两种铸铁材质，它们的化学成分见表 5-109。激光熔化淬火后的金相组织：熔化区为白口，包括渗碳体、莱氏体和初生奥氏体；过渡区为马氏体和残留奥氏体。通过预热，可以防止裂纹，并且过渡区中的马氏体数量减少，出现贝氏体和珠光体。预热温度为 450℃。

表 5-109　采用激光熔化淬火的两种铸铁的化学成分（质量分数）　（%）

材质	C	Si	Mn	Cr	Ni	Mg	S	P
灰铸铁	3.10	2.16	0.50	0.19	0.08	—	0.041	0.028
球墨铸铁	3.70	2.65	0.41	0.72	1.30	0.03	0.015	0.012

激光器作用时间为 1～4s，光斑直径为 6mm。用惰性气体保护，防止气孔。

球墨铸铁试样经激光熔化淬火后的硬度分布如图 5-181 所示。图中 F_0 为功率密度；τ 为作用时间，$\tau = d/v$，d 为行进方向上的光束尺寸，v 为扫描速度。

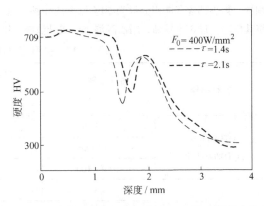

图 5-181　球墨铸铁试样经激光熔化淬火后的硬度分布

结果表明，球墨铸铁的激光熔化淬火比灰铸铁要好。淬硬层深度为 1~2mm，硬度约为 800HV。

2. 激光合金化

激光合金化是在铸件表面被激光熔化的同时，加入合金元素（可事先放置或熔化时吹入），经过短暂的液态对流扩散而形成一层均匀的高合金表面，从而具有耐磨、耐蚀或耐热的特殊性能。

发动机摇臂是小型球墨铸铁薄壁铸件（最小壁厚为 5mm，质量为 0.21kg），表面承受磨损，本体应具有优良的综合力学性能。采用以石墨增碳为主，并加入 Si、B、Ni、Mo 等元素合金化，对摇臂表面进行合金化处理。经过 200h 发动机台架强化试验（3000r/min，全速全负荷）表明，采用激光合金化处理的摇臂工作表面光滑完整，磨损量比同一材质高频感应淬火的摇臂下降 55%。

3. 激光熔覆

激光熔覆是加入事先配制好的、具有一定组元成分的粉末，以获得所需的高性能的工艺。加入的粉末可以是合金元素，也可以是 TiC、WC 或 Al_2O_3 等陶瓷粉末。在激光作用下，这些粉末与铸件基体金属的表面薄层共同熔合，形成冶金结合。为此，加入的粉末应具有所需要的使用性能，如耐磨、耐蚀、耐高温、抗氧化等特殊性能。

在球墨铸件表面加入碳纳米管进行激光熔覆，可使表面硬度达到 65HRC。

采用珠光体球墨铸铁，其化学成分（质量分数，%）为：C = 3.3~3.6，Si = 1.9~2.4，Mn < 0.3，P < 0.07，S < 0.02，Cu = 0.62~0.77。碳纳米管用石墨-电弧法获得。电弧由 50~100A、10~30V 的直流电源产生，采用直径为 12mm 的石墨棒作阳极，直径为 25mm 的石墨棒作阴极，在 66.7kPa 氮气压力下打弧 1h 后，便在阴极上生长出 10~20mm 长的碳质沉积物，其心部含有体积分数为 50% 以上的碳纳米管。将其粉碎，过 325 号筛，用乙醇混合形成悬浊液，用

滴管涂覆在试样表面，乙醇挥发后便形成厚度为 0.1~0.3mm 的碳纳米管涂层。

用 3kWCO₂ 激光器，功率密度为 368W/mm²，扫描速度为 500~1500mm/min，搭接率为 30%。经激光熔覆后，于不同温度条件下保温 10min，进行淬火，得到硬度的变化如图 5-182 所示。

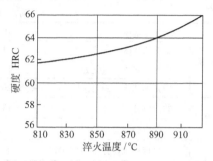

图 5-182　不同淬火温度下球墨铸铁件经激光熔覆后的硬度变化

球墨铸铁件经激光熔覆碳纳米管后，石墨球数减少，石墨球周围出现了由马氏体以及马氏体+渗碳体组成的环状组织，并且在马氏体区还有规则几何形状的贫铁相。

5.9　球墨铸铁的发展与应用

5.9.1　等温淬火球墨铸铁

等温淬火球墨铸铁是 20 世纪 70 年代开始大量研发的主要应用于制造齿轮的材料。在最初阶段，认为等温淬火球墨铸铁的基体组织为贝氏体，这种概念至今还被偶尔使用。目前人们更倾向于将等温淬火球墨铸铁的基体组织定义为奥铁体，因为它实际上是由铁素体和高碳奥氏体组成的混合物。

1. 牌号与性能

GB/T 24733—2009《等温淬火球墨铸铁件》规定的牌号与力学性能见表 5-110。

表 5-110　等温淬火球墨铸铁的牌号与力学性能

材料牌号	铸件主要壁厚 /mm	抗拉强度 R_m /MPa ≥	条件屈服强度 $R_{p0.2}$ /MPa ≥	断后伸长率 A （%） ≥
QTD800-10 （QTD800-10R）	≤30	800	500	10
	>30~60	750		6
	>60~100	720		5
QTD900-8	≤30	900	600	8
	>30~60	850		5
	>60~00	820		4

（续）

材料牌号	铸件主要壁厚 /mm	抗拉强度 R_m /MPa ≥	条件屈服强度 $R_{p0.2}$ /MPa ≥	断后伸长率 A （%） ≥
QTD1050-6	≤30	1050		6
	>30 ~ 60	1000	700	4
	>60 ~ 100	970		3
QTD1200-3	≤30	1200		3
	>30 ~ 60	1170	850	2
	>60 ~ 100	1140		1
QTD1400-1	≤30	1200	1100	1
	>30 ~ 60	1170	供需双方商定	
	>60 ~ 100	1140		

注：1. 由于铸件复杂程度和各部分壁厚不同，其性能是不均匀的。

2. 经过合适的热处理，条件屈服强度最小值可按本表规定，而随铸件壁厚增大，抗拉强度和断后伸长率会降低。

3. 字母 R 表示该牌号有室温（23℃）冲击性能值的要求。

4. 如需规定附铸试块形式，牌号后加"A"标记，如 QTD 900-8A。

5. 材料牌号是按壁厚≤30mm 试样测得的力学性能而确定的。

GB/T 24733—2009 中规定了一种抗冲击等温淬火球墨铸铁，其牌号为 QTD800-10R，表 5-111 列出了该牌号的耐冲击性能要求。需要注意的是，抗冲击性能与铸件壁厚有关，当铸件壁厚增加时，材料的冲击韧性降低。QTD800-10R 等温淬火球墨铸铁的拉伸性能与 QTD800-10 等温淬火球墨铸铁相同，这两种牌号的球墨铸铁基本上是相同的材料，"R"仅表示该材料还有冲击性能的要求，QTD800-10R 适用于对冲击性能有一定要求的铸件。

为适应高耐磨性的需要，GB/T 24733—2009 还规定了两种抗磨等温淬火球墨铸铁的牌号，其力学性能见表 5-112。这两种牌号的材料具有优良的耐磨性，是通过在 Ms 以下温度进行等温淬火得到的，这种热处理工艺可以使球墨铸铁获得更高的抗拉强度和屈服强度，但是几乎没有塑性。

表 5-111　QTD800-10R 等温淬火球墨铸铁的冲击吸收能量 KV/J（V 型缺口）

材料牌号	铸铁主要壁厚 /mm	室温（23℃ ±5℃）冲击吸收能量 KV/J, ≥	
		三个试样平均值	单个值
QTD800-10R	≤30	10	9
	>30 ~ 60	9	8
	>60 ~ 100	8	7

表 5-112　抗磨等温淬火球墨铸铁的牌号与力学性能

材料牌号	布氏硬度 HBW ≥	抗拉强度 R_m /MPa ≥	条件屈服强度 $R_{p0.2}$ /MPa ≥	断后伸长率 A （%）　≥
QTD HBW400	400	1400	1100	1
QTD HBW450	450	1600	1300	—

注：1. 最大布氏硬度可由供需双方商定。

2. 400HBW 和 450HBW 如换算成洛氏硬度分别约为 43HRC 和 48HRC。

2. 金相组织及其性能

等温淬火球墨铸铁的金相组织主要由奥铁体基体以及包围在其中的石墨球组成。图 5-183 所示为典型的等温淬火球墨铸铁的金相组织。等温淬火球墨铸铁与普通球墨铸铁的凝固机理完全相同，因此等温淬火球墨铸铁的石墨形状和尺寸与普通球墨铸铁没有区别，可参考本章的相关内容。

等温淬火球墨铸件的基体组织主要是奥铁体，也包括少量的马氏体和铁素体，基体组织决定了它的性能。马氏体只有在较低的温度下进行等温淬火处理时才有可能形成。热处理工艺参数决定了等温淬火球墨铸铁基体的相组成及其细化程度，从而决定了材料性能。一般只需要对等温淬火球墨铸铁的性能及基体组织主要为奥铁体做出相应的要求即可，没有必要对其基体组织的细节做出规定。

图 5-183　典型的等温淬火球墨铸铁的金相组织　×200

3. 热处理工艺

等温淬火球墨铸铁的热处理十分关键，等温淬火热处理工艺远比一般的热处理工艺复杂。等温淬火必须在马氏体相变开始温度以上，这种热处理可以使球墨铸铁获得的力学性能高于普通正火或淬火＋回火处理。图 5-184 所示为普通球墨铸铁与等温淬火球墨铸铁的性能对比。从图 5-184 中可以看出，等温淬火球墨铸铁具有十分显著的性能优势。图 5-185 所示为普通淬火＋回火热处理和等温淬火热处理工艺的等温转变图。

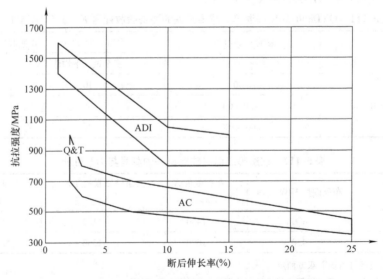

图 5-184　普通球墨铸铁与等温淬火球墨铸铁的性能对比
ADI—等温淬火球墨铸铁　Q&T—淬火＋回火球墨铸铁　AC—铸态球墨铸铁

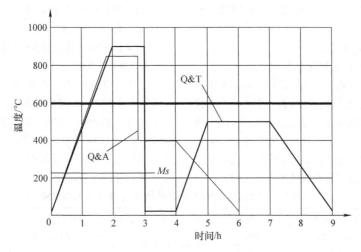

图 5-185 普通淬火＋回火热处理和等温淬火热处理工艺的等温转变图

Q&T—淬火＋回火　Q&A—等温淬火　Ms—马氏体相变开始温度

普通淬火＋回火热处理是先将铸件加热至 0℃，使其基体组织转变为奥氏体；然后迅速淬火 却至马氏体相变开始温度 Ms 以下，使基体组织转 为马氏体；最后在 250～450℃下对铸件进行回火 理。具体回火处理温度则要根据铸件的性能来 定。

等温淬火热处理是先将铸件加热至奥氏体化温度 0～920℃，随后迅速淬火，为防止材料中形成马氏 ，淬火冷却介质一般使用温度高于 Ms 的盐浴。在 温度下保温，基体组织由奥氏体转变为奥铁体。一 盐浴温度范围为 250～425℃，具体的温度要根据 温淬火球墨铸铁性能要求来选择。如采用 250～ 25℃的盐浴温度时，可以得到具有较高强度而塑性 对较低的等温淬火球墨铸铁；采用 325℃以上的高 盐浴淬火时，可以得到具有较高塑性而强度相对较 的等温淬火球墨铸铁。

4. 合金元素的影响

薄壁铸件很容易通过等温淬火获得奥铁体组织， 且随着铸件壁厚的增加，铸件中形成珠光体的倾向升 ，因此需要加入某些合金元素来抑制珠光体的形 。在铸件局部壁厚较大的部位很容易形成珠光体。 然铸件截面中心部位存在少量的珠光体可能不会对 其使用性能产生多大的不利影响，还是应尽量避免。 一般通过添加合金元素，可避免珠光体的形成，确保 形成奥铁体。常用的合金元素有铜、锰、钼和镍。

5. 加工性能

等温淬火球墨铸铁件存在一个很重要的问题是， 机械加工应该在等温淬火之前还是之后。经过等温淬 火处理后，铸件的机械加工性能会大大降低。此外，

等温淬火处理后，铸件体积会膨胀，导致铸件尺寸发 生变化，一旦尺寸变化超出铸件的公差范围，就有造 成铸件报废的风险。对于复杂铸件，各部位的变化量 很不均匀，其变化范围从轻微的收缩至体积膨胀 0.4% 不等，这种体积膨胀导致的尺寸变化很难预测。 在生产一些尺寸公差要求高的等温淬火球墨铸铁件 时，应特别考虑上述问题。如果先进行热处理，后进 行机械加工，可以避免尺寸变化引起的超差现象，但 经热处理后材料的机械加工难度和成本会大大提高。

6. 选择牌号

等温淬火球墨铸铁材料的应用领域变得更加广 泛。它具有显著优于普通球墨铸铁的综合力学性能。 普通球墨铸铁的最高牌号是 QT900-2，而等温淬火球 墨铸铁的最低牌号为 QTD800-10，抗拉强度可达 1000MPa 以上，并且还保持较高的断后伸长率。

对于强度要求很高的零件，等温淬火球墨铸铁件 是理想的材料，因为其具有高强度的特点。相比传统 铸钢，等温淬火球墨铸铁更加经济，材料稳定性高， 因此在很多应用领域，等温淬火球墨铸铁已经取代了 钢。常用的等温淬火球墨铸铁件包括齿轮、传动轮、 曲轴、差速器十字轴、主轴箱和弹簧元件等。具体的 牌号选择应根据设计零件的强度要求进行。对于壁厚 小于 30mm 的铸件，选用等温淬火球墨铸铁可满足强 度从 800MPa 到 1400MPa 的需求。

两种抗磨等温淬火球墨铸铁都具有较高的硬度 （硬度值很接近，其中硬度稍低的牌号的耐冲击性能 优于硬度较高的牌号）。与普通耐磨铸铁一样，抗磨 等温淬火球墨铸铁的选用需要根据零件的实际使用环 境选择合适的牌号。目前，抗磨等温淬火球墨铸铁常

用于挖掘机、破碎机的斗齿和履带，比铸钢材料更经济。

5.9.2 奥氏体球墨铸铁

奥氏体铸铁中的石墨有片状石墨，也有球状石墨。最早研究的是片状石墨奥氏体铸铁，随着球墨铸铁的发明，球状石墨奥氏体铸铁也被开发出来，克服了片状石墨奥氏体铸铁抗拉强度低的缺点。奥氏体铸铁具有较好的耐热性和耐蚀性以及一些其他的优良性能，如良好的耐低温冲击性能、抗氧化性、低热膨胀系数以及无磁性等。通常将奥氏体铸铁分为两类：一

般工程用奥氏体铸铁和特殊用途奥氏体铸铁。由于氏体铸铁的镍含量均在12%（质量分数）以上，常也将奥氏体铸铁称为耐蚀高镍铸铁。

1. 牌号与性能

表5-113和表5-114列出了 GB/T 26648—20《奥氏体铸铁件》中规定的奥氏体球墨铸铁的牌号力学性能。奥氏体铸铁的拉伸性能并不十分突出，高牌号的奥氏体球墨铸铁的抗拉强度为 390MPa上，实际最高强度一般低于 420MPa，奥氏体铸铁般不适用于高强度场合。

表 5-113　一般工程用奥氏体球墨铸铁的牌号与力学性能

材料牌号	抗拉强度 R_m MPa ≥	条件屈服强度 $R_{p0.2}$ MPa ≥	断后伸长率 A （%） ≥	冲击吸收能量 （V型缺口）/J ≥	布氏硬度 HBW
QTANi20Cr2	370	210	7	13	140 ~ 255
QTANi20Cr2Nb	370	210	7	13	140 ~ 200
QTANi22	370	170	20	20	130 ~ 170
QTANi23Mn4	440	210	25	24	150 ~ 180
QTANi35	370	210	20	—	130 ~ 180
QTANi35SiCr2	370	200	10	—	130 ~ 170

表 5-114　特殊用途奥氏体球墨铸铁的牌号与力学性能

材料牌号	抗拉强度 R_m/ MPa ≥	条件屈服强度 $R_{p0.2}$ /MPa ≥	断后伸长率 A （%） ≥	冲击吸收能量 （V型缺口）/J ≥	布氏硬度 HBW
QTANi13Mn7	390	210	15	16	120 ~ 150
QTANi30Cr3	370	210	7	—	140 ~ 200
QTANi30Si5Cr5	390	240	—	—	170 ~ 250
QTANi35Cr3	370	210	7	—	140 ~ 190

2. 金相组织

奥氏体球墨铸铁的金相组织主要由奥氏体 + 少量晶界碳化物 + 球状石墨组成。图5-186所示为奥氏体球墨铸铁的典型金相组织。奥氏体球墨铸铁基体组织由奥氏体和富铬碳化物组成。铬含量较低的奥氏体基体组织中不出现碳化物。在铬含量较高的还含有一些富铬碳化物。奥氏体球墨铸铁中的石墨球与普通球墨铸铁中的石墨球相比，其圆整度要差一些，而且铸件的壁厚越厚，冷却速度越慢，石墨球的圆整度越差。对奥氏体铸铁石墨颗粒形态制定规范时，需要进行调整，并考虑铸件壁厚的影响。奥氏体铸铁中石墨球的大小与普通球墨铸铁中的石墨球差不多，但石墨球数会有差异。在规定奥氏体铸铁石墨球数时，应该知道奥氏体球墨铸铁中石墨球数明显低于普通球墨铸铁，因为奥氏体球墨铸铁中碳的质量分数小于3%（低于普通铸铁的3.5%左右）。

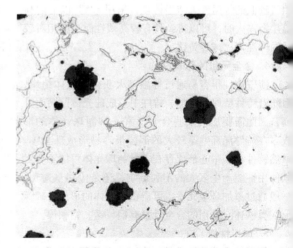

图 5-186　奥氏体球墨铸铁的典型金相组织　×300

奥氏体球墨铸铁的断面敏感性也与普通球墨铸铁

近，但断面敏感性相对更小一些。对于奥氏体球墨铸铁，随着铸件壁厚的增加，石墨球的圆整度变差，力学性能下降。在规定不同壁厚铸件力学性能和显微组织时，应该考虑断面敏感性，并就试样检测位置达成一致。

3. 化学成分的影响

一般铸铁材料标准中都没有规定铸铁材料的化学成分。GB/T 26648—2011 规定了不同牌号奥氏体铸铁的化学成分范围，但在不降低材料性能的情况下，奥氏体铸铁中也可存在标准规定化学成分以外的其他元素。

GB/T 26648—2011 规定，奥氏体铸铁的最高碳含量为 3%（质量分数），镍含量很高的奥氏体铸铁的最高碳含量一般不超过 2.4% ~ 2.6%（质量分数）。控制较低碳含量的主要目的是使奥氏体铸铁的性能满足标准规定要求，同时减少铸造缺陷。

奥氏体铸铁的硅含量范围都比较宽，这主要是为了保证在不同壁厚的铸件中不产生过量的碳化物。薄壁铸件将硅含量控制在较高的水平，厚壁铸件要适当降低硅含量。对于特殊牌号的奥氏体铸铁，其硅含量控制在 4% ~ 6%（质量分数），以提高其高温抗蠕变性能和抗氧化性。

镍元素是稳定奥氏体基体的关键元素。在 Fe-Ni二元合金中，为了保证获得奥氏体基体，镍含量需要在 30%（质量分数）以上。但在奥氏体铸铁中，由于碳、铜、锰和铬等元素的存在，所需的镍含量较低，同样可以获得奥氏体基体。

铜元素是一种有效促进奥氏体化的元素，但是铜只有与镍共同加入才有效，因为铜会提高镍元素在铸铁基体中的固溶度。另外，铜在奥氏体球墨铸铁中的固溶度要低于其在片状石墨奥氏体铸铁中的固溶度。因此，用铜取代镍降低奥氏体铸铁的成本是不可行。一般奥氏体铸铁中的铜含量都低于 0.5%（质量分数）。

锰元素也是一种稳定奥氏体化元素，并且具有较高的固溶度。锰元素可用于奥氏体球墨铸铁，以减少镍用量，生产完全无磁性的奥氏体铸铁。

铬元素能够改善奥氏体铸铁的耐热性和耐蚀性，其含量越高，改善效果越显著。铬含量应严格控制，铬元素在奥氏体中的固溶度仅为 0.5%，过量的铬将形成碳化物，降低材料的力学性能。此外，铬元素还

会提高材料的缺口敏感性，从而降低奥氏体铸铁的塑性和冲击性能。因此，为了获得高的塑性和冲击性能，铬含量应控制在较低水平。

加入钼元素有助于改善铸铁的力学性能，尤其是耐热性和抗蠕变性能。奥氏体铸铁中钼的添加量一般为 1%（质量分数）左右。

在不添加合金元素的铸铁中，碳、硅、磷以外的其他元素对碳当量的影响很小，碳当量计算公式是一个简易公式。对于奥氏体铸铁，由于镍、锰等合金元素含量较高，不能忽视这些合金元素对碳当量的影响。奥氏体铸铁的碳当量应该采用下列公式来计算。

$$CEL = w(C) + \frac{w(Si)}{4} + \frac{w(P)}{2} + \frac{w(Mn)}{6} +$$
$$\frac{w(Gr + Mo + V)}{5} + \frac{w(Ni + Cu)}{15}$$

从公式中可以看出，如果奥氏体铸铁中的碳含量与普通球墨铸铁中的碳含量相近，那么奥氏体铸铁的碳当量会远远超过共晶碳当量（4.25%）。过共晶成分会导致铸铁中产生很多缺陷，为了减少奥氏体铸件中的冶金和铸造缺陷，需要将其碳含量控制在较低的水平。

4. 热处理

奥氏体球墨铸铁的基体组织为稳定的奥氏体，不能通过热处理来改善其力学性能。奥氏体球墨铸铁常用的热处理工艺主要包括消除应力热处理和高温稳定化热处理。消除应力热处理可以消除复杂铸件在凝固过程中由于各部分冷却速度不一致而产生的内应力，高温稳定化热处理的目的是保证奥氏体球墨铸铁件在 500℃ 及以上高温条件下使用时能保持尺寸稳定。

5. 牌号选择

选用奥氏体球墨铸铁主要考虑其耐热性、耐蚀性、磁性能、塑性和冲击性能，而不是拉伸性能，当然，拉伸性能也是很重要的指标。需要注意的是，任何牌号的奥氏体铸铁都不可能在所有性能方面都具有优势，一种材料不可能在具有很好的耐热性和耐蚀性的同时还具有好的耐低温冲击性能；又如，有些使用工况要求在奥氏体铸铁中加入铬元素，而有的工况则不需要。

表 5-115 列出了奥氏体球墨铸铁的特性和主要用途，这些信息有助于设计人员根据不同的使用工况选择合适的奥氏体球墨铸铁牌号。

表 5-115　奥氏体球墨铸铁的特性和主要用途

牌号	特性	主要用途
一般工程用牌号		
QTANi20Cr2	良好的耐蚀性和耐热性，较强的承载性，较高的热膨胀系数，含低铬时无磁性。若增加 1% Mo（质量分数）可提高高温力学性能	泵、阀、压缩机、衬套、涡轮增压器外壳、排气歧管、无磁性铸件
QTANi20Cr2Nb	适用于焊接产品，其他性能同 QTANi20Cr2	同 QTANi20Cr2
QTANi22	伸长率较高，比 QTANi20Cr2 的耐蚀性和耐热性低，高的热膨胀系数。-100℃ 仍具韧性，无磁性	泵、阀、压缩机、衬套、涡轮增压器外壳、排气歧管、无磁性铸件
QTANi23Mn4	伸长率特别高，-196℃ 仍具韧性，无磁性	适用于 -196℃ 的制冷工程用铸件
QTANi35	热膨胀系数最低，耐热冲击	要求尺寸稳定性好的机床零件、科研仪器、玻璃模具
QTANi35Si5Cr2	抗热性好，其伸长率和抗蠕变能力高于 QTANi35Cr3。若增加 1% Mo（质量分数）抗蠕变能力会更强	燃气涡轮壳体铸件、排气歧管、涡轮增压器外壳
特殊用途牌号		
QTANi13Mn7	无磁性，与 HTANi13Mn7 性能相似，力学性能有所改善	无磁性铸件，如涡轮发电机端盖、开关设备外壳绝缘体法兰、终端设备、管道
QTANi30Cr3	力学性能与 QTANi20Cr2Nb 相似，但耐蚀性和耐热性较好，中等热膨胀系数，优良的耐热冲击性，增加 1% Mo（质量分数），具有良好的耐高温性	泵、锅炉、阀门、过滤器零件、排气歧管、涡轮增压器外壳
QTANi30Si5Cr5	优良的耐蚀性和耐热性，中等热膨胀系数	泵、排气歧管、涡轮增压器外壳、工业熔炉铸件
QTANi35Cr3	与 QTANi35 相似，增加 1% Mo（质量分数），具有良好的耐高温性	燃气轮机外壳，玻璃模具

5.9.3　固溶强化铁素体球墨铸铁

硅是铸铁中最常见的元素，但过去一直认为硅使球墨铸铁变脆。Millis 在 1949 年申请的美国第一个球墨铸铁专利中就认为，增加 Si 含量（质量分数 > 2.5%）可明显降低力学性能，特别是韧性、抗拉强度和（或）延展性。随着对球墨铸铁认识的逐渐深化，人们开始注意到硅在球墨铸铁中强化铁素体的作用。1998 年，瑞典的研究工作发现：用 (w) Si = 3.2%、(w) Si = 3.7% 分别来生产 450MPa、500MPa 牌号的球墨铸铁，对于抗拉强度 500MPa 级别，硅固溶强化铁素体球墨铸铁的断后伸长率是常规铁素体珠光体球墨铸铁的两倍，同时屈服强度增加，屈强比 $R_{p0.2}/R_m$ 从 0.6 增加到 0.8，冲击性能与常规铁素体珠光体球墨铸铁相同，而疲劳性能稍优，并且铸件硬度均匀，可加工性显著改善。

在此基础上，ISO 1083：2004《球墨铸铁　分类》修订时补充了一项高硅球墨铸铁的牌号 JS500-10。把断后伸长率从原先的 7% 提高到 10%。2011 年，EN 1563《球墨铸铁件》修订时，又补充了三个"固溶强化铁素体球墨铸铁"牌号（见表 5-2），大幅提高了同强度级别球墨铸铁的屈服强度和断后伸长率；而且这些级别都可在铸态获得，不需要任何热处理，其技术路线是提高硅含量，固溶强化铁素体基体。

为方便普及和推广，德国铸造研究者对高硅球墨铸铁进行了深入的研究。

试验方法：在常规 GJS-400-18 [化学成分（质量分数，%）：C = 3.5 ~ 3.6、Si = 2.4 ~ 2.5、Mn = 0.15 ~ 0.2、P≈0.02、S<0.009、Mg≈0.04] 的基础上利用增硅来进行试验。高纯生铁的质量分数为 60%，废钢的质量分数为 40%，出铁温度为 1520 ~ 1550℃，采用盖包法进行球化处理，球化剂为 FeSiMg5 ~ 6，孕育剂的加入量（质量分数）0.3%，浇注温度为 1380 ~ 1390℃。增 Si 时，保持 Mn、P、S、

g 不变，而 C 含量则随 S 含量的增加而减低，使共
饱和度 S_c 接近 1

$$S_c = \frac{w(C)}{4.26 - 0.31w(Si) - 0.33w(P) - 0.4w(S) + 0.027w(Mn)}$$。

试验用铸造试块如图 5-187 所示。

试验结果：

1）图 5-188 所示为硅含量对抗拉强度的影响。
当 $w(Si) = 4.3\%$ 时，抗拉强度达到了最大值。

2）硅含量对条件屈服强度的影响如图 5-189 所
示。最高条件屈服强度值时，$w(Si)$ 为 4.7% 左右。

3）图 5-190 所示为硅含量对断后伸长率的影响。
当 $w(Si) > 4.3\%$ 后，断后伸长率急剧降低。

4）图 5-191 所示为几种牌号球墨铸铁在不同温
度下的冲击性能对比。从图 5-191 可以看出，它们的
变化趋势，尤其是室温以下的变化趋势是一样的，新
增的三种牌号与 GJS-500-7 无特殊变化的规律出现。

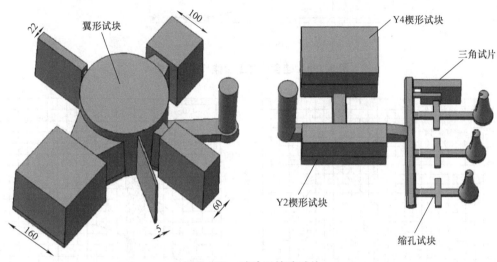

图 5-187　试验用铸造试块

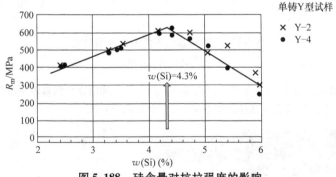

图 5-188　硅含量对抗拉强度的影响

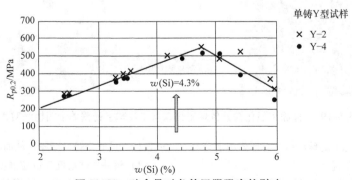

图 5-189　硅含量对条件屈服强度的影响

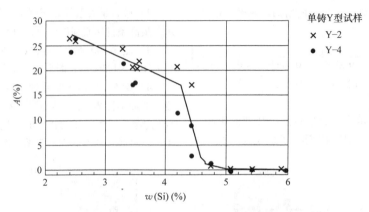

图 5-190　硅含量对断后伸长率的影响

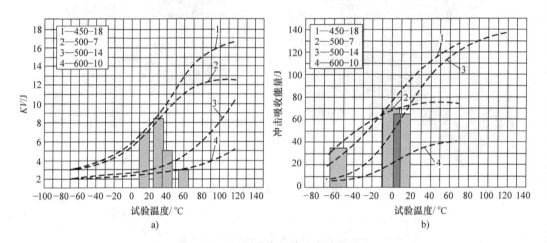

图 5-191　不同温度下的冲击性能对比

a）有缺口　b）无缺口

5）由于硅的强化作用，新增的三个牌号，直至 GJS-600-10 的牌号基本上都是铁素体基体。图 5-192 所示为硅固溶强化铁素体球墨铸铁与常规球墨铸铁的金相组织对比。

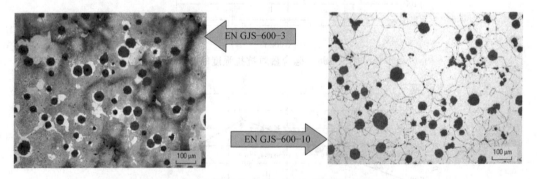

图 5-192　硅固溶强化铁素体球墨铸铁与常规球墨铸铁的金相组织对比

总结：用硅合金化了的球墨铸铁与原先的混合基体球墨铸铁相比有如下优点：

1）高硅固溶强化铁素体球墨铸铁有更好的力学性能组合（抗拉强度、屈服强度及高的伸长率），可使设计人员减小铸件壁厚，从而减轻铸件重量。

2）铸件本体硬度与抗拉强度分布均匀。

3）基体基本上都是铁素体，铸件的硬度范围窄，切削性能好，刀具寿命长，加工成本低。

4）铸件模样不需要任何变动，但因韧性的提高，必须在内浇口及冒口颈处进行相应修改，以免落砂时造成铸件缺肉。

5）可以放宽化学成分中珠光体稳定元素和碳化物形成元素的含量，可以大量使用废钢，降低生产成本。

高硅固溶强化铁素体球墨铸铁也存在有一些缺点：生产 GJS-600-10 的窗口比较小，即又进行了许多基础和应用的研究，取得了明显的效果。中国和日本等非欧洲国家也开始了研究与应用。每一种材料都有适合于它的应用场合。这种新材料处在被认识与扩大应用的阶段。在这个过程中又特别对其"脆性"给予了注意。

K. Vollrath 对两种球墨铸铁进行了力学性能的比较（见表 5-116）。硅强化铁素体球墨铸铁三个牌号的硬度差都是 30HBW，而 GJS-500-7 的硬度差为 60HBW，GJS-700-2 达到了 80HBW，GJS-800-2 更是到了 90HBW。试验数据表明，硅强化铁素体球墨铸铁的断裂韧性 K_{IC} 都比相应的常规球墨铸铁的要高。

表 5-116　两种球墨铸铁的力学性能对比

性能	GJS-450-18	GJS-500-7	GJS-500-14	GJS-700-2	GJS-600-10	GJS-800-2
屈服强度/MPa	350	320	400	420	470	480
抗拉强度/MPa	450	500	500	700	600	800
断后伸长率（%）	18	7	14	2	10	2
硬度　HBW	170～200	170～230	185～215	225～305	200～230	245～335
断裂韧度 K_{IC}/MPa·$m^{1/2}$	30	22～25	28	15	23	14
密度/(kg/dm^3)	7.1	7.1	7.0	7.2	7.0	7.2
基体组织	F	F+P	F	P	F	P

在已发布的标准新增的硅强化铁素体球墨铸铁牌号中，没有铸件壁厚大于 60mm 的性能数据，可由供需双方商定。为此，德国蔡业茨铸件公司为生产大铸件进行了系列试验研究。他们的试验采用 300mm×300mm 的铸造试块，每个试块上又附带 Y4 型附铸试样及缩孔检验试样（见图 5-193）。表 5-117 列出了试验用球墨铸铁的化学成分。表 5-118 列出了他们试验的结果，添加了铸件壁厚大于 60mm 的力学性能测试数据。图 5-194 所示为壁厚为 200mm、重量为 20t 的风电件本体检验取样部位，表 5-119 列出了铸件本体上的检测结果。通过试验，确认可以用 GJS-500-14 来替代原先的 GJS-400-18-LT 生产 14.5t 重的风电铸件。

图 5-193　铸造试验

表 5-117　试验用球墨铸铁的化学成分

牌号	化学成分（质量分数,%）						
	C	Si	Mn	P	S	Mg	S_c
GJS-450-18	3.28±0.02	3.4±0.1	0.50	0.05	0.012	0.045±0.01	1.04±0.01
GJS-500-14	3.15±0.05	3.8±0.05					

表 5-118　铸件壁厚大于 60mm 的力学性能

牌号	壁厚 t/mm	$R_{p0.2}$/MPa	R_m/MPa	A(%)
GJS-450-18	≤30	350	450	18
	>30～60	340	430	14
	>60～200	330	410	10

（续）

牌号	壁厚 t/mm	$R_{p0.2}/MPa$	R_m/MPa	$A(\%)$
GJS-500-14	≤30	400	500	14
	>30~60	390	480	12
	>60~200	380	460	10

表5-119　铸件本体上的检测结果

指标		$R_{p0.2}$ /MPa	R_m /MPa	A (%)	V + VI 型石墨的比例 (体积分数,%)	珠光体数量 (体积分数,%)
规范要求		380	440	8	≥80	≤5
实测	外部	423	544	18	95	<1
	中间	415	532	15	95	<1
	内部	414	528	11	95	<1

图5-194　风电件本体检验取样部位

5.9.4　球墨铸铁的应用领域

球墨铸铁已经广泛用于工业各个领域。由于球墨铸铁具备的许多优良性能和经济性，已经取代了并且还在不断扩大所要取代的其他材料。球墨铸铁件自其被发现以来，主要是与锻钢件、冲压钢件的竞争。例如，美国有40%的球墨铸铁件是代替锻钢件、冲压钢件和焊接件，并代替了25%的可锻铸铁件、20%的灰铸铁件和15%的铸钢件。

在球墨铸铁的生产中，铁素体基体的球墨铸铁占质量分数的60%，珠光体基体的占质量分数的15%，铁素体与珠光体混合基体的占质量分数的20%，其他基体的占质量分数的5%。也就是说，铁素体、珠光体球墨铸铁占全部球墨铸铁质量分数的95%。

球墨铸铁的性能优良主要表现在它具有优良的力学性能。球墨铸铁没有屈服点，在比例极限以上的应力-应变曲线呈连续的渐变。这是因为，当应力超过弹性极限以上时，石墨球不再能变形，虽然看来它是基体的一部分，但在拉应力作用下，在纵向形成了空隙，使体积增大，而这种体积增大又不能靠横向的压缩以补偿。图5-195所示为低碳钢与铁素体球墨铸铁的应力-应变曲线对比。这两条曲线表明，虽然低碳钢的最终断后伸长率比球墨铸铁明显要大，但其主要的区别则是在萌生裂纹后产生局部的拉长。

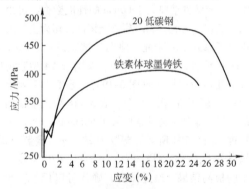

图5-195　低碳钢与铁素体球墨铸铁的应力-应变曲线对比

GB/T 1348中各种牌号的球墨铸铁具有不同的抗拉强度和断后伸长率，并且具有与之相应的基体组织。图5-196所示为铁素体数量对球墨铸铁拉伸性能的影响。

对国家标准中规定的球墨铸铁、灰铸铁和可锻铸铁的性能进行对比后可以看出，球墨铸铁的力学性能在强度和塑性方面均具有如下优越性：

1）灰铸铁力学性能仅以抗拉强度作为性能指标，并且其最高牌号的抗拉强度只有350MPa。

2）黑心可锻铸铁、珠光体可锻铸铁、白心可锻铸铁虽然具有塑性指标，但它们的综合力学性能不如球墨铸铁。

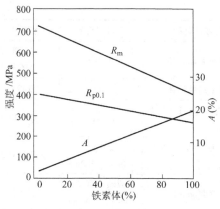

图 5-196 铁素体数量对球墨铸铁拉伸性能的影响

3）虽然铸钢与结构钢的断后伸长率和冲击韧度很高，但它们的屈服强度比球墨铸铁要低。

表 5-120 列出了球墨铸铁与其他钢铁材料力学性能的对比。从表 5-120 中可以看出，球墨铸铁不仅比灰铸铁和可锻铸铁性能优良，而且在强度性能方面还可以与铸钢、结构钢相比。表 5-121 列出了球墨铸铁的应用范围。

在全世界范围里，球墨铸铁在各个领域中的应用分配的质量分数（%）为：铸管及管件占 50，汽车铸件 20~25，其他部分占 15~30。

表 5-120 球墨铸铁与其他钢铁材料力学性能的对比

	材料	最小抗拉强度/MPa	最小断后伸长率（%）	最小屈服强度/MPa	冲击韧度/（J/cm²）
球墨铸铁	珠光体基体	600	3	370	—
	正火珠光体基体	700	2	420	—
	珠光体 + 铁素体基体	500	7	320	—
	铁素体基体	400	15	250	—
	高韧性铁素体基体	400	18	250	13
灰铸铁	高强度珠光体基体	350	—	—	—
可锻铸铁	珠光体基体	700	530	2	—
	铁素体基体	370	—	12	—
钢	铸钢	450	220	220	34
	结构钢	450	230	160	41

表 5-121 球墨铸铁的应用范围 （续）

应用部门	典型铸件	性能特点	牌 号	应用部门	典型铸件	性能特点	牌 号
水、气、油输送管道	离心铸管、管件，直径小于或等于 2600mm	耐压、耐蚀、抗震及抗土层力	本体抗拉强度大于或等于 420MPa 断后伸长率大于或等于 7% 或 10%	农业机械	机引犁柱、机引耙、轴盖、收割机、护刃器、齿轮	高韧性、抗冲击载荷	QT400-15 QT450-10 QT500-7
汽车、拖拉机	曲轴、凸轮轴、连杆、齿轮、驱动桥壳、平衡轴支架、差速壳等	耐磨、抗疲劳、高强度和韧性，-40℃下承受冲击载荷	QT900-2 QT800-2 QT700-2 QT600-3 QT400-8 QT450-10	中低压阀门	水、蒸汽、油用阀体等	耐压，工作温度 -20~350℃，公称压力为 1.6~4MPa，通径小于或等于 1800mm	QT400-18 QT400-15 QT450-10
船舶、机车、柴油机	曲轴、连杆、凸轮轴、齿轮、缸套	耐磨、抗疲劳、高强度	QT900-2 QT800-2 QT700-2 QT600-3	冶金机械	轧辊	耐磨、抗热疲劳、高强度	合金球墨铸铁 QT900-2 QT800-2 QT700-2 QT600-3

（续）

应用部门	典型铸件	性能特点	牌　　号
冶金机械	钢锭模、渣罐	在不喷水条件下有较好的抗热疲劳性	QT500-7 φ（珠光体）= 35% ~ 45%
机床	齿轮、轴类	耐磨、抗疲劳、低噪声	QT900-2 QT800-2 QT700-2 QT600-3
液压件	阀体、泵体	耐油压、耐磨	QT400-15 QT450-10
起重运输机	齿轮、轴类、起重机车轮	耐磨、高强度	QT900-2 QT800-2 QT700-2 QT600-3
通用机械	水泵壳体、底座、机架、齿轮、轴类	耐水压、耐蚀、高强度和刚度、耐磨	QT400-15 QT450-10 QT600-3 QT700-2 QT800-2 QT900-2
	球磨机衬板、球磨粉碎机颚板	抗磨	马氏体、等温淬火抗磨球墨铸铁

1. 汽车领域

随着汽车工业的发展，球墨铸铁在汽车领域中的应用也迅速发展。据统计，美国有三个部门消耗了球墨铸铁的大部分，汽车占质量分数的40%，铸管及管件占质量分数的26%，农业机械占质量分数的5%。表5-122列出了汽车上各种球墨铸铁件的应用实例。

表5-122　汽车上各种球墨铸铁件的应用实例

零件名称	质量和尺寸	材质牌号
四缸轿车曲轴	16 ~ 18kg	QT600-3
轿车的缸体支撑	6.9kg	QT400-18L
轿车安全系统结构件	1.42kg，最大200mm	QT400-18L
轿车发动机排气管	14.7kg，长度为900mm	SiMo合金球墨铸铁
中型轿车前轮毂	19.7kg	QT600-3
载重汽车后桥	125kg	QT400-18L

（续）

零件名称	质量和尺寸	材质牌号
轿车制动壳体	3.1kg	QT500-7 QT600-3
轿车后轴箱体	8kg	QT400-18
载重汽车制动支撑	13.1kg	QT500-7
载重汽车气动弹簧轴承座	20kg，470mm×200mm	QT600-3
平衡驱动壳体	37kg，直径100mm×200mm	QT500-7
平衡驱动壳体	28.5kg，380mm×310mm×200mm	QT500-7
圆盘轮	42kg	QT400-15
前轴制动片的制动鞍	3.4kg	QT400-15
摆动弹簧支架	4kg	QT400-18L
载重汽车后轴箱盖	21kg	QT400-15

2. 铸管及管件

20世纪50年代初，一些国家就开始生产球墨铸铁管。当前，世界上年产量能力超过40万t球墨铸铁管的厂家有我国的新兴铸管集团公司、法国的Pont a Mousson公司、日本的久保田公司、美国的U.S. Pipe Co公司等。目前，球墨铸铁管的产量仍在逐年增长，我国球墨铸铁铸管及管件的年产量已超过700万t，是世界球墨铸铁铸管及管件产量最大的国家。与铸管配套的球墨铸铁管件取决于规格、尺寸，一般是球墨铸铁管价格的3~5倍。管件产量占球墨铸铁管产量质量分数的7%~10%。管件有等直径的，也有变直径的；有直通式的，也有弯头；有单向的，也有多向的。因此，对管件的生产也有很高的要求。全世界离心球墨铸铁管的年产量约占球墨铸铁总产量的43%，是球墨铸铁中产量最大的铸件品种。离心球墨铸铁管的耐蚀寿命是钢管的30倍，耐压能力是灰铸铁管的6~7倍；实际应用表明，它的抗地震能力较强。离心球墨铸铁管的安装费用低于钢管、塑料管和灰铸铁管。它可敷设于严寒、干燥或潮湿地区，适用于高压上水管和煤气管道，管内可衬水泥。

ISO 2531：2009规定，离心球墨铸铁管本体取样的力学性能是，管径为40~1000mm铸管的抗拉强度≥420MPa，屈服强度≥300MPa，断后伸长率≥10%；管径≥1000mm铸管的抗拉强度≥420MPa，屈服强

≥300MPa，断后伸长率≥7% 。压环试验：变形量
≥25%D （D 为铸管的公称直径）时不出现裂纹。水
压试验：公称压力 20MPa 以上（取决于管径大小）。

离心铸造工艺有水冷金属型（De-Lavaud）工
艺、金属型工艺（涂料、覆砂）。国内外普遍采用水
冷金属型工艺（适用于管径小于 1000mm）。用这种
工艺可得到力学性能好的铸件，而且生产率高，工艺
稳定，但需要长时间的高温退火。当管径大于
1000mm 时，则可采用金属型覆砂或涂料工艺，这种

工艺的生产率较低，铸件的力学性能稍差，但只需低
温退火。关于铸态离心球墨铸管的研究报道很多，但
它的工艺难度大，至今未能在生产中稳定地应用。

由于离心球墨铸铁管要求具有铁素体基体组织，
所以它对原材料的纯净度、化学成分、球化及孕育、
热处理工艺等都有极其严格的要求，适合于大批量流
水生产。图 5-197 所示为水冷金属型工艺离心铸
管机。

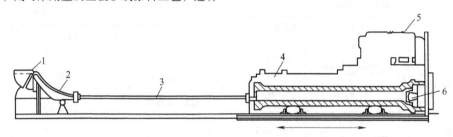

图 5-197 水冷金属型工艺离心铸管机
1—定量包 2—浇勺 3—浇注流槽 4—水套 5—驱动机构 6—承口砂芯

3. 机床领域

作为结构件，球墨铸铁在机床领域得到了广泛应
用。表 5-123 列出了球墨铸铁在机床领域的应用
实例。

表 5-123 球墨铸铁在机床领域的应用实例

零件名称	质量和尺寸	材质牌号
大型机床滑板	9.4t，800mm × 800mm ×5200mm	QT700-2
卧式镗床和铣床工作台	32.7t，9m × 1m ×1.73m	QT600-3
5 轴 CNC 型铣床刀具支架	540kg，850mm × 650mm ×500mm	QT600-3
龙门铣床横梁	45t，9.5m × 1.1m ×1.7m	QT600-3
大型机床工作台	33t，7.5m × 1m ×0.45m	QT600-3
立车的平面隔板	42.5t，6m ×1.1m	QT600-3
自动卡盘	13t，直径 3.3m	QT400-15
薄板压力机主机体	16.5t，2m × 2m ×1.57m	QT500-7
压力机偏心轮	4.9t，直径 2.02m ×1.5m	QT600-3
25MN 压力机立柱	96.7t，5.1m × 4.7m ×2.8m	QT400-15

（续）

零件名称	质量和尺寸	材质牌号
压力机模具	22.2t，2.35m × 1.36m ×2.75m	QT400-15
压力机座	39.5t，4.5m × 3.05m ×1.45m	QT400-15
40MN 压力机立柱	165t，11.3m × 3.8m ×3m	QT400-18
用于转盘结构的冲模	1.2t，2.2m × 1.8m ×0.28m	QT500-7
转轴压力机立柱	51.8t，4.78 × 3m ×1.32m	QT400-18
水压机横梁	13t	QT400-18

4. 农业机械领域

球墨铸铁在农业机械中也有广泛的应用，见
表 5-124。

表 5-124 球墨铸铁在农业机械中的应用实例

零件名称	质量和尺寸	材质牌号
联合收割机螺旋输送器	$\phi350mm \times 230mm$	QT500-7
农业机械用曲线齿锥齿轮和蜗杆	660 ~730g，$\phi80mm \times 40mm$	QT600-3
稻草机刀架	34.3kg，$\phi625mm \times 120mm$	QT400-15

（续）

零件名称	质量和尺寸	材质牌号
农业机械链轮	7.5kg，ϕ320mm×65mm	QT600-3
农机驱动轴上的拨叉	3~4.6kg	QT500-7
制动片	外径698mm	QT600-3
森林起重机支撑	290kg，1100mm×600mm×750mm	QT500-7
农机离合器杠杆	200g	QT400-15
农机离合器壳体	16.4kg，ϕ440mm×85mm	QT500-7
DN50型抽水泵壳体	2.3kg	QT400-15
柴油机活塞	68kg，ϕ290mm×400mm	QT600-3
拖拉机轴箱	31.5kg	QT500-7
农用牵引车的分度盘	14.1kg	QT500-7
拖拉机导向壳体	17.8kg	QT500-7
牵曳轴套	30~60kg	QT400-15
拖拉机驱动箱体	48kg，600mm×360mm×200mm	QT500-7

5. 建筑及其他领域

球墨铸铁在建筑及其他领域取得了越来越多的应用，表5-125列出了球墨铸铁在建筑及其他领域中的应用实例。

表5-125　球墨铸铁在建筑及其他领域中的应用实例

零件名称	质量和尺寸	材质牌号
建筑机械的轴壳体	75kg	QT500-7
液压挖掘机摆动立柱	142.5kg	QT500-7
地下铁道圆拱	400kg，直径5800mm	QT500-7
矿井圆环组件	2.3t，直径4.8m，高度1.5m	QT500-7
宏伟建筑大门	1000kg	QT400-15
注塑机端板	12.5t，2.2m×2m×1.425m	QT400-15
注塑机动板	14.5t，2m×1m×1.04m	QT400-15

（续）

零件名称	质量和尺寸	材质牌号
水泵外壳	23.5t，4.05m×4.2m×1.17m	QT400-15
射线防护门	37t，门框35t	QT400-15
钍高温反应堆防护盖板	80t	QT400-15
矿石球磨机轴颈	46t，ϕ4.7m×1.94m	QT600-3
球磨机端盖	19.3t，ϕ3.6m×1.52m	QT500-7
钢丝绳滚筒	720kg	QT500-7
造纸用高压轴承支架	1.1~1.62t	QT600-3
制鞋机旋转工作台	1.7t，ϕ2650mm×230mm	QT440-15
燃汽轮压缩机进气壳体	10.7t，3.23m×1.61m×1.85m	QT400-15
大型柴油机气缸盖	1.8t	QT400-15
蒸汽轮机入口壳体	21t，6m×1.68m×2.12m	QT400-15
水轮机壳体和导向装置	落差8m	QT400-15
通风机轮毂	3245kg，ϕ2.01m×0.46m	QT600-3
核废料储运器	76t，ϕ2.5m×5m	QT400-15
轧辊与辊环	直径最大达850mm	合金球墨铸铁
钢锭模与配件	最重的达30.6t	QT500-7

5.9.5　典型球墨铸铁件

1. 曲轴

球墨铸铁曲轴比锻钢曲轴成本低50%~80%，机械加工工时缩短30%~50%，重量减轻8%~12%，耐磨性改善，见表5-126。结构设计合理的球墨铸铁曲轴具有良好的承载能力。许多汽车、拖拉机、陆用及船用柴油机均采用了球墨铸铁曲轴［从小型195柴油机曲轴到4000马力（1马力＝735.499W）柴油机曲轴］。大型曲轴常用空心结构的铜钼合金球墨铸铁（一般选用 QT700-2、QT600-3）；高速或大马力曲轴则采用 QT800-2、QT900-2 以及等温淬火球墨铸铁（抗拉强度 $R_m \geq 1000$MPa，断后伸长率 $A \geq 5\%$）。表 5-127 列出了各种球墨铸铁曲轴的牌号、化学成分和热处理工艺。

表 5-126　球墨铸铁与锻钢曲轴磨损对比

曲轴生产厂	曲轴材料	热处理工艺	转动时间或千米数	主轴颈磨损 /μm	曲柄轴颈磨损 /μm
一汽集团无锡柴油机厂	锻钢（42CrMoA）	表面感应淬火	1000h	20 ~ 60	30 ~ 110
	稀土镁球墨铸铁（CuMo 合金）	正火、回火	1000h	20 ~ 24	1 ~ 33
英山柴油机厂	稀土镁球墨铸铁	正火、回火	1000h	25	—
	稀土镁球墨铸铁	等温淬火	1000h	15	—
杭州汽车发动机厂	35CrMo 锻钢	调质	1000h	138	
	稀土镁铜钼球墨铸铁	正火	1000h	18	
南京汽车厂	稀土镁铜钼球墨铸铁	表面中频感应淬火	35975km	14 ~ 36	1 ~ 47
东风汽车集团公司	稀土镁铜铝球墨铸铁	铸态	55076km	34 ~ 83	25 ~ 135

表 5-127　各种球墨铸铁曲轴的牌号、化学成分和热处理工艺

类别	型号	主要化学成分（质量分数,%）							热处理工艺	牌号
		C	Si	Mn	P	S	Cu	Mo		
小型	195 柴油机	3.6 ~ 3.9	2.0 ~ 2.5	0.5 ~ 0.8	<0.10	<0.02	—	—	正火	QT600-3
	A195 柴油机	3.6 ~ 3.9	1.8 ~ 2.3	0.7 ~ 1.0	≤0.10	≤0.02	—	—	铸态	QT700-2
中型	6100 柴油机	3.75 ~ 3.95	1.8 ~ 2.1	≤0.5	≤0.07	≤0.02	0.45 ~ 0.60	—	铸态	QT600-3
	汽车汽油机	3.7 ~ 3.9	2.5	<0.5	≤0.07	≤0.03	0.82	0.39	正火	QT800-2
大型	6120 柴油机	3.6 ~ 3.8	2.1 ~ 2.5	0.3 ~ 0.4	<0.03	≤0.03	0.45 ~ 0.85	0.40	淬火、回火	QT900-2
	6300 柴油机	3.6 ~ 3.8	2.0 ~ 2.4	0.5 ~ 0.7	≤0.08	≤0.015	0.8 ~ 1.0	0.30	正火、回火	QT600-3
	4000 马力柴油机	3.5 ~ 3.8	2.4 ~ 2.5	0.74 ~ 0.96	0.046 ~ 0.061	0.01	0.42 ~ 0.53	0.15 ~ 0.20	淬火、回火	QT800-2

2. 齿轮

20 世纪 70 年代，我国、美国和芬兰几乎是同时公布了采用奥氏体等温淬火工艺生产了球墨铸铁齿轮，用在汽车上。不过，我国制成的是细针状铁素体球墨铸铁锥齿轮，美国制成的是马氏体球墨铸铁锥齿轮，芬兰制成的则是针状铁素体球墨铸铁齿轮。当今，采用针状铁素体球墨铸铁制作齿轮在生产中取得了最大成功。与锻钢相比，用在汽车后桥上的锥齿轮具有如下的优越性：

1）原材料成本下降。

2）优良的可加工性，可延长工具使用寿命，提高加工速度，见表 5-128。

表 5-128　等温淬火球墨铸铁（ADI）替代锻钢工具的使用寿命

机械加工工艺	工具使用寿命提高率（%）
主动齿轮毛坯	
普通压力机	30
钻床	35
粗加工车床	70
精加工车床	50
磨床	20
从动齿轮毛坯	
车削	2000
钻床	20
铰孔	20

（续）

机械加工工艺	工具使用寿命提高率（%）
格里森机床	
主动齿轮粗加工车床	900
主动齿轮精加工车床	233
从动齿轮粗加工车床	962
从动齿轮精加工车床	100

3）节能约50%，见表5-129。

表5-129　等温淬火球墨铸铁（ADI）替代锻钢制造齿轮过程中的能量消耗

工　艺	消耗能量/kW·h	
	等温淬火球墨铸铁	锻钢
毛坯生产	2500	4500
退火	—	500
奥氏体化	600	—
表面硬化	—	800 ~ 1200
总计	3100	5800 ~ 6200

4）机械加工量少。

5）优良的抗磨损和抗擦伤能力。

6）缩短了热处理环节，减少了热处理过程中的变形。

7）铸件重量减轻了约10%。

8）由于石墨球的存在，改善了减振性，噪声减小，接触疲劳强度高和抗点蚀能力强。

一般采用铜钼合金球墨铸铁，含有较多的硅，含有最低的锰、磷、硫。

对铸造齿轮毛坯有较高的要求：球化等级达到1~2级，球状石墨细小（5级以上），没有游离渗碳体，基体组织细小致密。

如果在铸态组织中出现游离渗碳体，应采取预先退火。等温淬火工艺是在870~890℃保温进行奥氏体化，在370~380℃盐浴等温淬火，得到的是针状铁素体基体和奥氏体组织（体积分数占20%~40%）。如果要得到细针状铁素体组织，则在270~280℃进行等温淬火。

经等温淬火后，齿轮轴颈及内孔尺寸都略有增大，应预先考虑留有机械加工余量，在粗加工后，再进行等温淬火。

经等温淬火后，对齿轮的齿面和根部进行喷丸强化，可使硬度值提高20%~40%，残余压应力可达400~800MPa，硬化层深度达0.4~1.0mm，尺寸精度不变。喷丸形成的预压力可改善齿根工作时的拉应力状态，形成的凹坑可减小齿根的应力集中，硬化层则阻碍裂纹萌生和扩展。因此，可使后桥弧齿锥齿轮的弯曲疲劳寿命提高3~4倍，并且抗接触疲劳（点蚀）能力也有所提高。

3. 大断面球墨铸铁件

1972年，国际铸造学会所属的技术委员会，曾把大截面球墨铸铁件列为当时急待解决的重大课题。

（1）曲轴　大功率柴油机球墨铸铁曲轴的毛坯直径超过200mm，由于冷却速度缓慢，凝固时间长，这就使得在铸件中，尤其是厚壁中心或热节处经常出现石墨畸变、石墨球数减少、组织粗大、晶间碳化物，还易产生石墨漂浮、夹渣、缩松等铸造缺陷，力学性能低，废品率高，给生产带来很大的困难。经过几十年的铸造生产经验积累，我国已经总结出一整套大功率柴油机球墨铸铁曲轴的生产工艺，使力学性能大大提高，废品率明显降低。

实例1　宁波日月铸造有限公司生产的G6300、G8300柴油机球墨铸铁曲轴，其主轴颈为 $\phi280mm$，连杆轴为 $\phi280mm$，长度分别为3815mm和4756mm，铸件净重分别为2.47t和3.30t。

技术要求本体取样。力学性能要求：$R_m \geq 800MPa$，$A \geq 2\%$，硬度为250~306HBW；金相组织要求：球化级别为1~4级，石墨大小为5级或5级以上，珠光体数量大于80%~90%（体积分数），磷共晶和渗碳体的体积分数分别为小于或等于2%。

生产工艺：树脂砂造型，热节处放大量冷铁；合型后，型腔吹热风去湿，水平浇注、水平冷却。化学成分：$w(C) = 3.8\% ~ 3.85\%$（原铁液），$w(Si) = 2.0\% ~ 2.4\%$，$w(Mn) = 0.3\% ~ 0.4\%$，$w(P) \leq 0.08\%$，$w(S) \leq 0.02\%$，$w(Mg) = 0.04\% ~ 0.06\%$，$w(RE) = 0.02\% ~ 0.04\%$，$w(Cu) = 0.4\% ~ 0.8\%$，$w(Mo) = 0.2\% ~ 0.4\%$。铁液采用冲天炉-中频电炉双联熔炼，原铁液脱硫处理。采用冲入法球化处理。球化剂成分：$w(Mg) = 10\% \pm 5\%$，$w(RE) = 3\% \pm 0.5\%$，$w(Si) = 38\% ~ 40\%$，$w(Cu) = 22\% \pm 1\%$，$w(Al) \leq 1.2\%$，$w(Ti) \leq 1.0\%$；FeSi75-C孕育，孕育剂的质量分数为0.6%~0.8%。为防止夹渣，经球化处理后的铁液在扒渣时加入质量分数为0.15%冰晶石粉（Na_3AlF_6），扒完渣后在铁液表面覆盖质量分数为0.3%冰晶石粉。曲轴应经正火+回火热处理，具体热处理工艺：880~920℃保温2h，出炉风冷，550℃保温4h随炉冷却。G6300曲轴废品率为2.8%，G8300曲轴废品率为3.9%，主要缺陷是铸件表面夹渣和油道缩松。

江苏一汽铸造股份有限公司生产的 G8300 球墨铸铁曲轴造型工艺、铁液熔炼、球化孕育处理等基本类同，仅球化剂有些差别，其化学成分为：$w(Mg) = 9.5\% \sim 10.5\%$，$w(RE) = 0.8\% \sim 1.6\%$，$w(Ca) = 1.0\% \sim 1.5\%$，$w(Si) = 30\% \sim 35\%$，$w(Cu) = 27\% \sim 31\%$。废品率为 $3\% \sim 5\%$。

实例 2 中车集团戚墅堰机车有限公司和大连机车车辆有限公司生产的 16V240 柴油机球墨铸铁曲轴，其铸件最大尺寸（长）3800mm，主轴颈直径为 ϕ250mm，连杆颈直径为 ϕ225mm，铸件净重为 2100kg。材质为 QT800-2，力学性能及金相要求见表 5-130 和表 5-131。各个轴颈粗加工后均应经超声检测，以检查内部有无缩松缺陷。

表 5-130　QT800-2 的力学性能

抗拉强度 /MPa	断后伸长率 (%)	冲击韧度 /(J/cm²)	硬度 HBW
≥800	≥2.0	≥15	269 ~ 331

表 5-131　QT800-2 的金相组织

石墨球化率/级	珠光体数量（体积分数，%）	渗碳体数量（体积分数，%）	磷共晶数量（体积分数，%）
≤3	≥85	≤4	≤2

为了充分利用球墨铸铁凝固过程中的石墨化膨胀进行自补缩，获取组织致密、性能良好的优质铸件，采用刚度大、激冷能力强的金属型覆砂铸型生产大截面球墨铸铁曲轴。大型球墨铸铁曲轴的覆砂层采用流态压制成形。采用平（斜）浇注、竖冷却方案，以有利于浇注时充型平稳、减少铁液的二次氧化，有利于型内气体的顺利排出，同时也可在冷却凝固时对铸件进行必要的液态补缩。

铁液采用中频感应电炉熔炼，化学成分按表 5-132 要求控制。

表 5-132　化学成分（质量分数）（%）

元素	C	Si	Mn	P
含量	3.5 ~ 4.0	2.0 ~ 2.5	0.3 ~ 0.6	≤0.06
元素	S	Mo	Cu	Mg
含量	≤0.025	0.2 ~ 0.4	0.7 ~ 1.0	0.04 ~ 0.10

铁液温度为 1520℃ ±10℃；球化处理采用压力加镁法，加入球化剂的质量分数为 $0.25\% \sim 0.3\%$；孕育剂采用 FeSi75，加入质量分数为 $0.8\% \sim 1.0\%$。经球化处理后的铁液，在扒渣时加入质量分数为 0.15% 的冰晶石粉稀渣，扒完渣后加盖质量分数为

0.3% 冰晶石粉，防止二次氧化渣。大截面曲轴的热处理则采用正火 + 回火工艺（见图 5-198）。

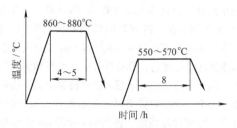

图 5-198　大截面曲轴的热处理工艺

应用这种工艺生产的曲轴的力学性能完全满足了技术条件的要求，抗拉强度达 800 ~ 910MPa，断后伸长率为 1.5% ~ 4.0%，冲击韧度为 15 ~ 32J/cm²，硬度为 285 ~ 331HBW。经超声检测，各轴颈内部的缺陷一般只有 3 ~ 5cm²，深度仅为 2 ~ 4mm，大大优于技术条件的规定。这充分说明金属型覆砂工艺生产大截面球墨铸铁曲轴具有良好的效果。大连机车车辆厂球化、孕育处理工艺基本类同，其造型工艺采用树脂砂，用水冷冷铁，低压浇注。采用此工艺生产的曲轴，其力学性能、内部缺陷等完全能满足技术条件的要求。

（2）核燃料储运容器　地球上能源日趋紧张，核电站提供的能源将在能源结构中占有越来越大的比例。为了把核电站的废燃料 U^{235} 进行再加工，以利用剩余的 50% 核能，球墨铸铁核燃料储运容器在保证安全性和操作性的基础上，具有明显的经济性，并且制造周期短，是目前国际上核燃料运输、储存容器的重要技术方案。各种球墨铸铁核燃料储运容器都是采用低温铁素体球墨铸铁整体铸造，质量都在百万吨级，壁厚大（500mm），可容纳约 20t 核燃料。球墨铸铁核燃料储运容器本体的技术指标要求是：

1）室温拉伸试验，抗拉强度≥300MPa，屈服强度≥200MPa，断后伸长率≥12%。

2）100℃拉伸试验，抗拉强度≥280MPa，屈服强度≥180MPa，断后伸长率≥12%。

3）室温冲击韧度 ≥ 12J/cm²，- 40℃冲击韧度≥4J/cm²。

4）- 40℃断裂韧度≥50MPa·$m^{1/2}$。

5）金相组织（体积分数）：石墨Ⅴ ~ Ⅵ级数量≥80%，石墨 3 ~ 7 级数量≥90%，铁素体数量≥80%。

6）超声检测（UT）、磁粉检测（MT）分别达到 EN 12680-3、EN 1369 中的 2 级标准，容器通过 9m 跌落、800℃高温试验等验证试验。

德国首先研制出世界上最大的百万级球墨铸铁核燃料储运容器，满足核燃料运输、储存的严格要求，研制出的型号分别为 CASTOR 和 TN1300，其重量在 8～160t 之间，这两种容器的结构和构造有所不同，但其本体都采用 EN-GJS-400-18-LT 牌号的低温铁素体球墨铸铁整体铸造，具有良好的完整性和射线屏蔽能力。基本铸造工艺：采用无冒口铸造工艺，铬矿砂造型；为进一步缩短重型厚大截面铸件的凝固时间，开发了专属的冷却系统，使得铸件 500mm 壁厚热节中心的断后伸长率提升至 15% 左右；通过加入稀土以中和铅、砷、钛和锑等影响，减少粗大石墨的形成；严格控制厚壁球墨铸铁的氮含量水平，如果 $w(N) > 0.012\%$，在厚壁铸件中将产生缺陷；如果 $w(N) < 0.008\%$，将降低铸件的力学性能。核燃料储运容器要承受在 800℃ 保持 30min 的高温试验，这是考虑该容器在运输和储存核燃料过程中，由于其中燃料燃烧所造成的温升。最后，该容器还要经受仔细的无损检测。德国材料试验协会和物理技术协会对这种球墨铸铁容器给予了最高评价，颁发了最高级的安全证书 T_{YP}-B（U）。图 5-199 所示为 CASTOR（$T_{YP}l_C$）型核燃料储运容器的结构。

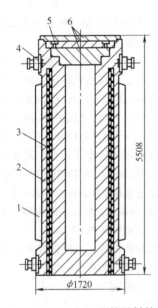

图 5-199　CASTOR（$T_{YP}l_C$）型核燃料储运容器的结构

1—冷却肋　2—容器本体　3—深孔中装入的减速棒
4—吊耳　5—装有监测仪的控制盖板
6—三层盖板（采用金属和人造橡胶密封）

（3）球墨铸铁轧辊　球墨铸铁轧辊中心部位具有较高的抗拉强度（$R_m = 300～400MPa$），表面部位具有良好的耐磨性，因此它广泛应用于冶金工业。对

于非冶金用轧辊，因其表面质量要求很高，所以不宜采用球墨铸铁轧辊。不过，这种轧辊只占全部轧辊用量的 10% 以下。

球墨铸铁轧辊又分冷硬球墨铸铁轧辊、半冷硬球墨铸铁轧辊和无限冷硬球墨铸铁轧辊，它们之间在化学成分上有所区别。各种球墨铸铁轧辊的化学成分可参阅本手册第 9 章。

采用钇基重稀土制作球墨铸铁薄板轧辊，可以使其使用寿命提高 50%。这是由于加入钇基重稀土改善了轧辊心部的组织，石墨变得细小、均匀分布，球化级别得到了提高，因而使轧辊的综合力学性能得到提高，轧辊的折断率显著降低。

钇基重稀土的球化衰退时间长，与镁相比，其球化衰退时间可延长 1 倍。钇基重稀土的脱硫能力强，轧辊凝固后辊心中硫的质量分数只有 0.004%，并且不出现回硫现象。把经钇基重稀土处理的球墨铸铁辊面上的硅的质量分数提高到 1.0%～1.25%（一般情况下，其质量分数不得大于 0.8%），仍能保证与镁球墨铸铁同等的白口深度和硬度。但是，在缓慢冷却的轧辊心部则很少出现碳化物，因而改善了轧辊心部的力学性能。

（4）大型风力发电铸件　随着低碳经济及清洁能源的快速发展，风力发电及超临界、超超临界火力发电机组的迅速增长，使用于新能源的大型球墨铸铁件的生产得到了快速的发展。截至 2018 年底，全球当年新增风电装机容量 58000MW，中期预计（2020 年—2023 年）风电年新增装机容量在 70000MW 以上，相当于全球年度新增风电装机对风电铸件的需求超过 154 万 t。

风电铸件所用球墨铸铁多数是 QT400-18L 及 QT350-22L。大型、特大型风力发电机铸件都应用在机舱，机舱安装在塔筒上部的高度已达 100m，吊装及检修极为困难，因此要求这类铸件能稳定可靠地使用 20 年以上，从而对铸件的材料性能、外观及内在质量都提出了严格的要求。风电铸件的技术要求和生产难点：

1）铸件需要进行超声检测（重要区域 2 级、非重要区域 3 级）和磁粉检测（重要区域 2 级、非重要区域 3 级），有的还要进行射线检测。

2）保证基体组织无石墨畸变，球墨铸铁件心部套钻球化率在 80% 以上。

3）以附铸试样验收，达到力学性能要求。对部分部件性能又提出更高的要求：在同等抗拉强度下要求达到更低温度时的冲击吸收能量，Y70 附铸试样要求 -30℃/-40 低温冲击吸收能量平均值达到 10J 和单个值为 7J；在更低温度冲击吸收能量时达到更高强度。在 Y70 附铸试样要求 -30℃／-40 低温冲击吸收能量平均值达到 10J 和单个为 7J 条件下，抗拉强度达到 380MPa，屈服强度达到 250MPa 以上。

风电铸件的生产需要在原材料的选择、炉前处理与化学成分的控制、铸型的制作、浇注系统的设计，以及从浇注到开箱的全过程都要进行严格的控制。

风电铸件生产工艺现状：

1）中频感应电炉熔炼，铁液管理及净化技术，炉料采用高纯废钢、车间回炉料和低干扰元素含量优质生铁。

2）计算干扰球化元素因子 K：

$$K = \frac{4.4w(Ti) + 1.6w(Al)}{w(Mg_{残余})}$$

$K = 12$，球化剂不加稀土 RE；$K = 15$，球化剂加稀土 RE。

3）风电铸件的化学成分见表 5-133。

表 5-133　风电铸件的化学成分

材料牌号	化学成分（质量分数,%）							
	C	Si	Mn	P	S	Mg	RE	Ni
QT350-22AL	3.50 ~ 3.80	1.80 ~ 2.20	≤0.25	≤0.04	≤0.015	0.03 ~ 0.06	≤0.020	—
QT400-18AL	3.50 ~ 3.80	1.90 ~ 2.30	≤0.25	≤0.04	≤0.015	0.03 ~ 0.06	≤0.020	—
QT400-18AL（超低温）	3.50 ~ 3.80	1.90 ~ 2.30	≤0.20	≤0.03	≤0.012	0.03 ~ 0.06	≤0.015	0.3 ~ 0.5
QT400-18AL（强化型）	3.50 ~ 3.80	1.90 ~ 2.30	≤0.20	≤0.03	≤0.012	0.03 ~ 0.06	≤0.015	

4）球化处理。喂线球化处理［球化剂：$w(Mg) = 5\% \sim 7\%$，$w(Ce) = 0.5\% \sim 1.0\%$］精确控制球化反应，提高球化处理效果，$w(Mg_{残余}) = 0.04\% \sim 0.05\%$。

5）二次孕育。浇注前，随铁液加入质量分数为 0.15%、粒度为 0.4 ~ 1.0mm 的 BaSi 孕育剂，对铁液进行二次孕育，增加孕育效果。

（5）大型蒸汽轮机中压外缸　在经济全球化和应对全球气候变化的背景下，全球能源生产和利用正在向更高效、更方便、更清洁、更安全、更可持续的方向发展。为应对能源发展前景的挑战，国内外能源设备制造商相继进行了战略重组、技术升级和设备改造，如蒸汽轮机发电设备的设计制造和技术进步等各方面都呈现出一些新的特点。在技术方面，汽轮机在经历了亚临界、600MW 超临界和 660MW 超超临界等级后，已发展至超超临界 1000MW 等级并使用二次再热技术。超超临界蒸汽轮机火电机组的关键大型部件，如高压缸、中压缸等是制约其发展的瓶颈，传统设计采用低合金钢铸造，其生产成本高，研发周期长。现在，先进制造商都逐步采用高性能球墨铸铁。

中压外缸目前所用球墨铸铁的牌号多数是 QT400-18AR 及 QT Si3Mo。中压外缸作为蒸汽轮机的关键零部件，热蒸汽经过中压主气门、调节气门进入中压缸，虽然此时蒸汽压力不高，但在中压缸进气部分的温度却很高，从而对铸件的材料性能、外观及内在质量都提出了严格的要求，尤其是应具有较高的高温拉伸性能和冲击性能。中压外缸的技术要求和生产难点：

1）因为该产品配套机组工作环境温度更高，因此对产品的高温性能提出了较高要求，并且应同时具备高温冲击性能和高温拉伸性能，而这两种性能要求在一定程度存在矛盾关系。

2）中压外缸属于厚壁、特大型高硅钼球墨铸铁件，凝固时间长，厚壁及最后凝固的冒口处易产生石墨漂浮及畸变。

3）对于 QT Si3Mo，钼的加入导致铸件收缩倾向加大，而且由于壁厚相差悬殊（单件壁厚从 60mm 到 350mm 不等），对于材料的致密性控制有较高的要求。

4）以附铸试样验收，达到力学性能要求，同时对部分性能又提出了更高的要求：在同等抗拉强度下要求达到更高温度时的冲击吸收能量，120mm 厚附铸试样要求 20℃／120℃ 的高温冲击吸收能量平均值达到 5J 和 16J，见表 5-134；更高的高温拉伸要求，500℃ 高温抗拉强度达到 280MPa，屈服强度达到 230MPa 以上，见表 5-135。

表 5-134　材料的力学性能要求

条件屈服强度 $R_{p0.2}$/MPa	抗拉强度 R_m/MPa	断后伸长率 A（%）	断面收缩率 Z（%）	硬度 HBW	冲击吸收能量 KV/J	
					20℃	120℃
≥290	≥420	≥9	实测值	≥170	≥5[①]	≥16[①]

① 三个夏比 V 型冲击试样的平均值。

表 5-135 不同温度下的力学性能要求

试验温度 /℃	条件屈服强度 $R_{p0.2}$/MPa	抗拉强度 R_m/MPa	断后伸长率 A（%）	断面收缩率 Z（%）
200	≥290	≥420	≥8	
350	≥270	≥370	≥8	实测值
450	≥250	≥320	≥8	
500	≥230	≥280	≥8	

5）铸件浇注重量大，须对浇注方案进行细致的策划和演练，并保证多炉、多包浇注铁液熔炼质量的一致性。

中压外缸的生产需要在原材料的选择、炉前处理与化学成分的控制、铸型的制作、浇注系统的设计，以及从浇注到开箱的全过程都要进行严格的控制。

宁夏共享装备公司中压外缸的生产工艺现状：

1）中频感应电炉熔炼。由于铸件有常温冲击、高温冲击及高温拉伸等性能要求，在保证球化的基础上必须使铁液纯净，晶界处不能存在微观缺陷，特别是夹渣等缺陷。

2）铸件壁厚大，碳当量选择按亚共晶铁液熔炼，以免发生石墨聚集；球化剂采用加入一定量的重稀土球化剂以防止球化衰退。

3）铸件壁厚大，如何保证石墨球数与形态是保证铸件性能的基础。

4）中压外缸的化学成分见表 5-136。

表 5-136 中压外缸的化学成分

材料牌号	C	Si	Mn	P	S	Mg	Mo	Sb
QT400-18AR	3.5~3.6	2.3~2.4	≤0.2	≤0.04	0.008~0.012	0.04~0.05	—	—
QT Si3Mo	3.2~3.3	3.1~3.2	≤0.15	≤0.04	0.008~0.012	0.04~0.05	0.5~0.6	0.005

5）球化处理。冲入法，埋入质量分数为1%的硅镁合金+0.2%的钇基重稀土球化剂，在球化剂上覆盖质量分数为0.1%的碳化硅，既能防止球化提前反应，又可作为一定的预处理剂；压实后再覆盖上硅钢片。

6）出铁时，控制铁液流向，不要提前冲入球化反应室；出铁至40%时，打开炉台随流孕育斗，使用质量分数为0.8%的硅钡孕育剂对铁液进行孕育。

7）二次孕育。浇注前，随铁液加入质量分数为0.15%、粒度为0.4~1.0mm的硫氧孕育剂，对铁液进行二次孕育，以加强孕育效果。

参 考 文 献

[1] 张伯明，王继祥. 高Si球墨铸铁的新发展 [J]. 现代铸铁，2013 (5)：49-58.
[2] 丁建中，马敬仲，曾艺成，等. 低温铁素体球墨铸铁的特性及质量稳定性研究 [J]. 铸造，2015 (3)：193-201.
[3] 彭凡，原晓雷，薛蕊莉. 现代铸铁技术 [M]. 北京：机械工业出版社，2018.
[4] 全国铸造标准化技术委员会. 球墨铸铁件：GB/T 1348—2019 [S]. 北京：中国标准出版社，2019.

第6章　蠕墨铸铁

蠕墨铸铁指石墨大部分呈蠕虫状，部分呈球状的一种铸铁。其力学性能与球墨铸铁接近，又有与灰铸铁类似的减振性、导热性和良好的铸造性能，同时比灰铸铁具有更好的塑性和疲劳性能。因此，作为一种新颖的铸铁材料，蠕墨铸铁引起了国内外铸造工作者和产品设计人员的极大关注和重视。近年来，这种材料得到了迅猛的发展和广泛的应用。

6.1　蠕墨铸铁的金相组织特点

6.1.1　石墨

1. 形态特征

蠕墨铸铁的石墨形态是蠕虫状石墨和球状石墨共存的混合形态。蠕虫状石墨是介于片状石墨和球状石墨之间的中间石墨形态，在光学显微镜和电子显微镜下观察到的蠕虫状石墨二维形态和三维形态特征见表6-1。

表6-1　蠕虫状石墨形态特征

形态	特征
二维形态	蠕虫状石墨大部分为彼此孤立、弯曲、两侧不甚平整、长度与宽度比值为 2～10、端部圆钝的石墨（见图6-1）
三维形态	1）在每个共晶团内蠕虫状石墨分枝生长而又联系在一起（见图6-2） 2）光学显微镜下观察到的部分圆形石墨与蠕虫状石墨联系在一起，是蠕虫状石墨的一部分（见图6-3） 3）端部圆钝，通常呈螺旋生长形态（见图6-4） 4）侧面呈层叠状形态（见图6-5）

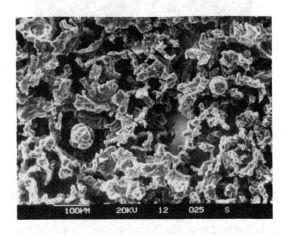

图 6-2　共晶团的蠕虫状石墨相连

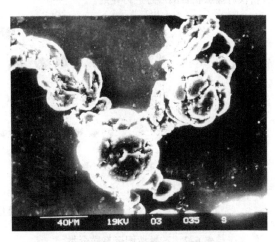

图 6-3　与球状石墨相连的蠕虫状石墨

图 6-1　蠕虫状石墨　×100

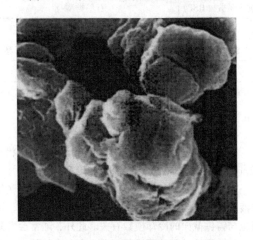

图 6-4　蠕虫状石墨分枝端部　×2600

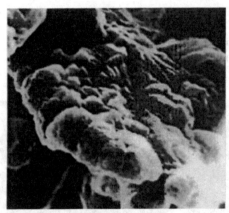

图 6-5　蠕虫状石墨分枝侧面　×1000

2. 蠕虫状石墨形态的评定

具有上述特征的蠕虫状石墨，经过蠕化处理工艺和凝固过程，具有不同的形态，如有些蠕虫状石墨细长，有些较短粗，有些则呈团状。蠕虫状石墨的形态可利用圆形系数来表征。目前常用的方法是利用图像分析仪对蠕虫状石墨形态进行评定。

圆形系数 RSF 由式（6-1）确定（见图6-6）。

$$圆形系数 = \frac{A}{A_m} = \frac{4A}{\pi l_m^2} \qquad (6-1$$

式中　A_m——直径为 l_m 的圆的面积；

　　　　A——分析研究的石墨颗粒面积；

　　　　l_m——分析研究的石墨颗粒最大中心线长度等于石墨颗粒周界两点之间的最大距离。

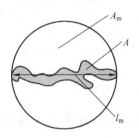

图 6-6　圆形系数的确定

不同圆形系数的石墨形态、分类如图 6-7 和表 6-2所示。

图 6-7　不同圆形系数的石墨形态

表 6-2　石墨按圆形系数分类

圆形系数（RSF）	石墨类型
>0.625 ~ 1.0	球状（ISO 945 中的Ⅵ型）
0.525 ~ 0.625	团状、团絮状（ISO 945 中的Ⅳ和Ⅴ型）
<0.525	蠕虫状（ISO 945 中的Ⅲ型）

注：片状石墨和中心线最大长度小于10μm的石墨不包括在内。

3. 蠕化率的评定及分级

蠕化率可以用蠕虫状石墨和部分团状、团絮状石墨占石墨总面积的百分比来表示和确定。

蠕化率的级别不仅取决于铸铁的处理过程（原铁液、残余镁含量、残余稀土量、孕育程度等），而且也与铸件截面的冷却模数有关。此外，通常会看到一些与铸型接触面处石墨的衰退，由此在铸件表面边缘地带出现极少数的片状（细片状）石墨。测定蠕化率时，不选择该铸件表面边缘区域。

蠕化率通常是在放大 100 倍的试样抛光面上测定的。精确的分析要求试样抛光面上有足够数量的被用来评定的尺寸、形状准确的石墨颗粒。蠕化率可以用图像分析仪等方法来测定。

为了保证得到图像分析的精确测量结果，应当调节均匀一致的光线亮度。灰度标临界点值（阈值）应被调节到所有的石墨研究对象都能清楚地呈现。取最小视界面积为 $4mm^2$。用于分析的图像像素大小应当小于 $1μm$。图像分辨率随石墨粒度（粗细程度）和碳当量不同而变，因此要求测试的视场不低于5个。

蠕化率百分比按面积法利用式（6-2）进行计算。

$$化率 = \frac{\sum A_{蠕虫状石墨} + 0.5 \sum A_{团状、团絮状石墨}}{\sum A_{每个石墨}} \times 100\%$$

$$(6-2)$$

式中 $A_{蠕虫状石墨}$——蠕虫状石墨颗粒的面积（圆形系数 RSF < 0.525）；

$A_{团状、团絮状石墨}$——团状、团絮状石墨颗粒的面积（圆形系数 RSF 为 0.525 ~ 0.625）；

$A_{每个石墨}$——每个石墨颗粒（最大中心长度 ≥10μm）的面积。

我国在生产上通常都采用对比方法进行评定，在一般光学显微镜下对未浸蚀的试样放大 100 倍进行观察，按大多数视场与 GB/T 26656—2011 中所列的标准蠕化率的分级图进行比较而评定（见表6-3 及图6-8）。这种方法比较简单实用，但有一定的人为因素影响，蠕化率数值判别会因人而异。用定量金相图像分析仪以面积法对多个视场平均来评定比较接近实际。

在评定蠕化率时，不允许出现片状石墨。

表6-3　蠕化率分级

蠕化率级别		蠕虫状石墨数量（体积分数）	图 号
蠕	95	≥95%	图 6-8a
蠕	90	90%	图 6-8b
蠕	85	85%	图 6-8c
蠕	80	80%	图 6-8d
蠕	70	70%	图 6-8e
蠕	60	60%	图 6-8f
蠕	50	50%	图 6-8g
蠕	40	40%	图 6-8h

6.1.2　基体组织

一般铸态蠕墨铸铁基体组织具有强烈形成铁素体的倾向，这导致其强度和耐磨性有所降低。蠕墨铸铁中铁素体的形成主要取决于碳的扩散条件、基体中某些元素的显微偏析程度以及冷却速度等（见表6-4）。

珠光体数量的评定

按有代表性的视场对照 GB/T 26656—2011 《蠕墨铸铁金相检验》中相应的分级图进行评定（见表6-5 及图6-9）。抛光后的试样用体积分数为 2% ~ 5% 的硝酸乙醇溶液浸蚀，放大倍数为 100 倍。

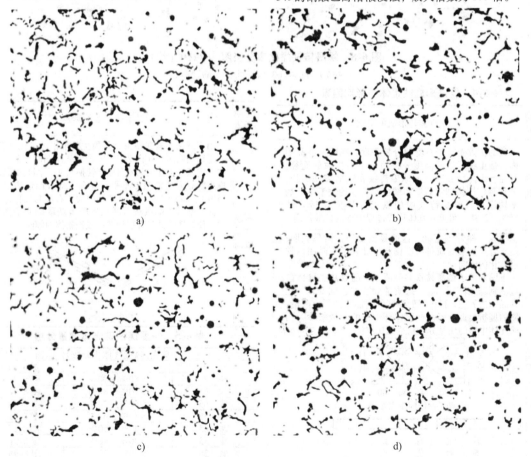

a)　　　　　　　　　　　b)

c)　　　　　　　　　　　d)

图6-8　蠕墨铸铁蠕化率分级图　×100

a) 蠕95　b) 蠕90　c) 蠕85　d) 蠕80

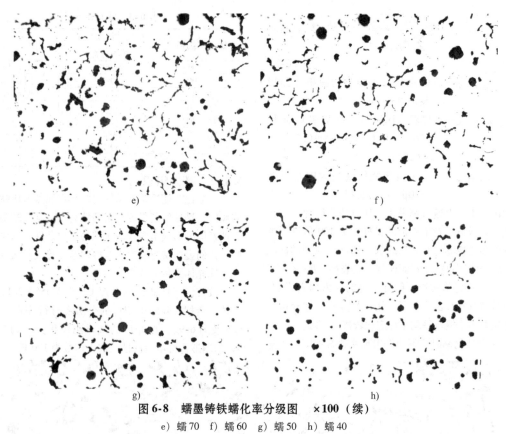

图 6-8　蠕墨铸铁蠕化率分级图　×100（续）
e）蠕 70　f）蠕 60　g）蠕 50　h）蠕 40

表 6-4　促进形成铁素体的影响因素　　　　　　　　　　　　　　　　　　　　（续）

影响因素	对铁素体形成的影响	影响因素	对铁素体形成的影响
碳的扩散	碳的扩散受制于石墨的分枝程度，在同一共晶团内，蠕虫状石墨的高度分枝缩短了碳扩散的途径。对在型内冷却到室温的球墨铸铁和蠕墨铸铁试样，分别测定围绕球状石墨和蠕虫状石墨的铁素体环的平均厚度。球墨铸铁中的铁素体环要比后者薄 15%～20%，可见在基体形成过程中碳的扩散作用	石墨结晶取向	由于球化元素在蠕虫状石墨生长前沿浓度的变化，石墨结晶取向以 a 向为主；a 向和 c 向同时结晶，并在一定条件下 a 向与 c 向相互转换（见下图）。所以，蠕虫状石墨表面粗糙不平，且有一部分凸起表面由（1010）晶面组成，因而显著增大了石墨与奥氏体的界面，增强了蠕虫状石墨从奥氏体获取碳原子的能力，使蠕墨铸铁具有强烈的形成铁素体的倾向
元素偏析	用电子探针测定硅、锰的显微分布，结果表明：由于合金元素的质量浓度偏析，导致了共晶团内铁素体化的倾向 下图表示了蠕墨铸铁共晶团中，随着从铁素体区过渡到珠光体区，硅、锰质量分数的急剧变化：在共晶团边界上，硅的降低和锰的增加达到了极限值；铬的偏析类似于锰。铁素体环中铬的含量极少，而珠光体中铬的质量分数竟达到 0.4%		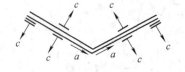 石墨结晶取向

蠕墨铸铁中硅、锰的分布

表 6-5　蠕墨铸铁珠光体数量分级

名　称	珠光体数量（体积分数）	图　号
珠 95	>90%	图 6-9a
珠 85	>80%～90%	图 6-9b
珠 75	>70%～80%	图 6-9c
珠 65	>60%～70%	图 6-9d
珠 55	>50%～60%	图 6-9e
珠 45	>40%～50%	图 6-9f
珠 35	>30%～40%	图 6-9g
珠 25	>20%～30%	图 6-9h
珠 15	>10%～20%	图 6-9i
珠 5	≤10%	图 6-9j

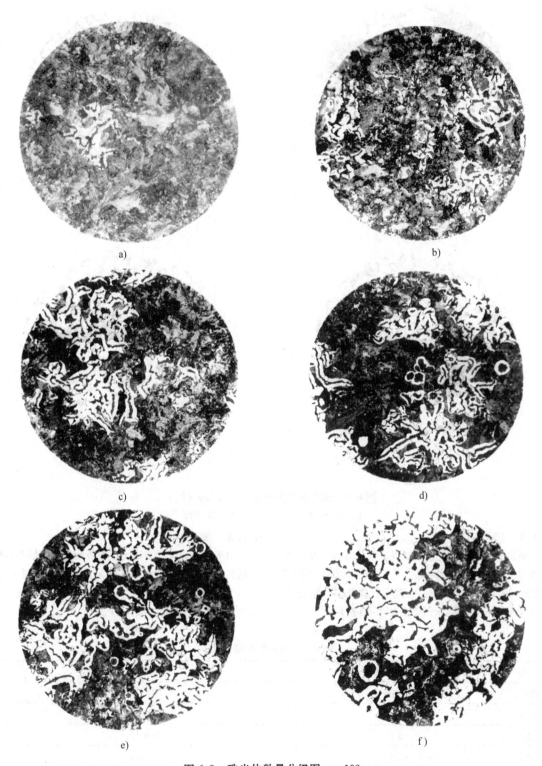

图 6-9　珠光体数量分级图　×100

a) 珠 95　b) 珠 85　c) 珠 75　d) 珠 65　e) 珠 55　f) 珠 45

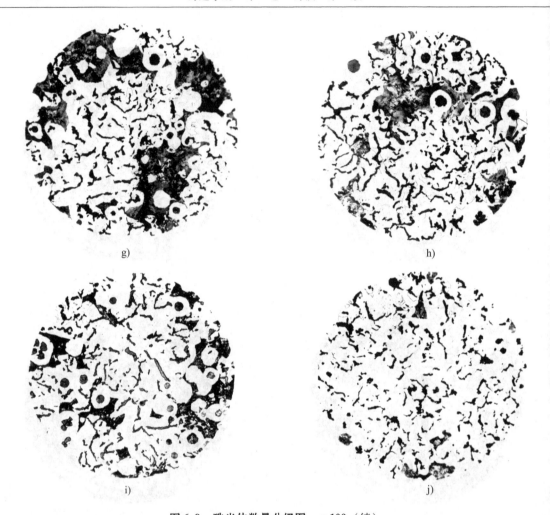

图 6-9　珠光体数量分级图　×100（续）

g）珠 35　h）珠 25　i）珠 15　j）珠 5

6.1.3　磷共晶

磷是一个正偏析元素，如果磷含量较高，在蠕墨铸铁中也会产生磷共晶。评定方法参照 GB/T 26656—2011 进行。根据标准规定，磷共晶数量分为五级（见表6-6），其分级图如图6-10所示。

6.1.4　碳化物

由于反石墨化元素都为正偏析元素，在蠕墨铸铁共晶的 LTF 区域含量较高，如果化学成分控制不当，再加上孕育衰退，极易产生碳化物。碳化物数量分级见表6-7，其分级图如图6-11所示。

表 6-6　磷共晶数量分级

名称	磷共晶数量（体积分数）	图　号
磷 0.5	≈0.5%	图 6-10a
磷 1	≈1%	图 6-10b
磷 2	≈2%	图 6-10c
磷 3	≈3%	图 6-10d
磷 5	≈5%	图 6-10e

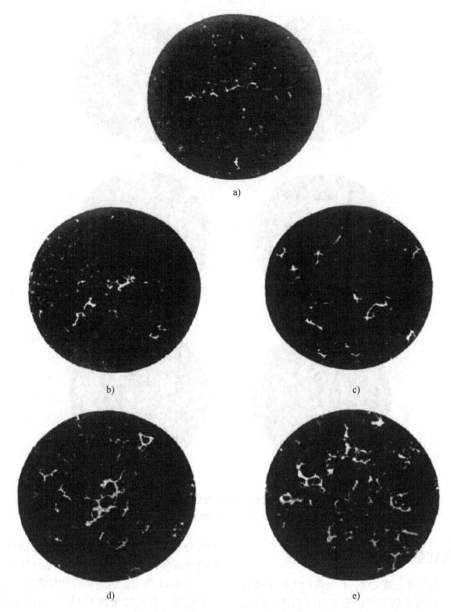

a)

b)　　　　　　　　c)

d)　　　　　　　　e)

图 6-10　磷共晶数量分级图　×100

a) 磷 0.5　b) 磷 1　c) 磷 2　d) 磷 3　e) 磷 5

表 6-7　碳化物数量分级

名称	碳化物数量（体积分数）	图　号
碳 1	≈1%	图 6-11a
碳 2	≈2%	图 6-11b
碳 3	≈3%	图 6-11c
碳 5	≈5%	图 6-11d
碳 7	≈7%	图 6-11e
碳 10	≈10%	图 6-11f

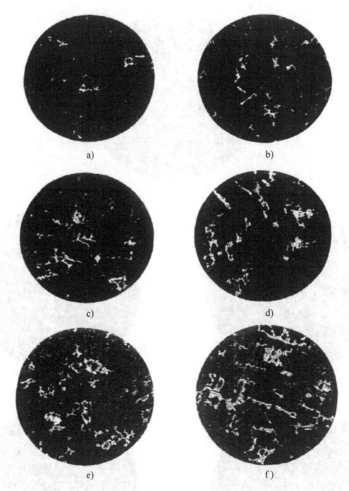

图 6-11　碳化物数量分级图　×100

a）碳1　b）碳2　c）碳3　d）碳5　e）碳7　f）碳10

6.2　蠕墨铸铁的性能

蠕墨铸铁的石墨是蠕虫状，长与宽的比值明显比片状石墨小，侧面高低不平，端部变圆变钝呈圆弧状；其三维形态共晶团内部蠕虫状石墨互相连接，头部变圆，位相特点与球状石墨相似。蠕虫状石墨的这些特征，决定了蠕墨铸铁材料具有与灰铸铁类似的导热性、减振性和铸造性能；与球墨铸铁相似的强度和硬度，在交变温度条件下产生的热应力较小且强度较高；石墨端部较圆较钝，不易产生应力集中，其抗热疲劳性能比球墨铸铁和灰铸铁都好。

6.2.1　力学性能

1. 常温力学性能

表6-8列出了蠕墨铸铁不同基体类型的力学性能。表6-9列出了我国普遍应用的以铸态铁素体为主

的混合基体蠕墨铸铁的力学性能。表6-10列出了不同化学成分的试棒铸态组织与力学性能。

表6-11列出了蠕墨铸铁和球墨铸铁铸态试样性能的比较。图6-12和图6-13所示为不同珠光体数量的蠕墨铸铁的硬度、抗拉强度和屈服强度。

表 6-8　蠕墨铸铁不同基体类型的力学性能

力学性能 （φ30mm 试棒）	基 体 类 型		
	珠光体型	混合型	铁素体型
珠光体含量（体积分数，%）	>90	10～90	<10
抗拉强度 R_m/MPa　　≥	448	345	276
条件屈服强度 $R_{p0.2}$/MPa　≥	379	276	193
断后伸长率 A（%）　　≥	1	1	3～5
布氏硬度　HBW	217～270	163～241	130～179

表6-9　以铸态铁素体为主的混合基体蠕墨铸铁的力学性能

生 产 厂	蠕化率 (%)	R_m/MPa				A(%)			
		样本容量 n	样本均值 $\overline{X}$	样本标准差 S	$\overline{X} \pm 2S$	样本容量 n	样本均值 $\overline{X}$	样本标准差 S	$\overline{X} \pm 2S$
东风汽车公司 铸造一厂	≥80	42	372.07	22.245	327.58 ~ 416.56	42	3.10	0.585	1.93 ~ 4.27
	≥50	109	400.68	35.657	329.37 ~ 417.99	109	3.54	0.969	1.60 ~ 5.48
一汽无锡 柴油机厂	≥80	21	353.39	21.952	309.97 ~ 397.78	20	2.89	0.881	1.09 ~ 4.61
	≥50	63	408.95	48.471	312.01 ~ 505.89	61	4.15	1.471	1.21 ~ 7.09
中国纺织机械 股份有限公司	≥80	76	371.74	27.295	317.15 ~ 426.33	71	4.59	1.030	2.53 ~ 6.65
	≥50	118	391.73	40.595	310.54 ~ 472.92	113	4.98	1.546	1.89 ~ 8.07

表6-10　不同化学成分的试棒铸态组织与力学性能

化学成分（质量分数,%）					力学性能及金相组织				
Si	Mn	Cu	Sn	Ce	抗拉强度 /MPa	伸长率 (%)	蠕化率 (%)	珠光体数量 （体积分数,%）	硬度 HBW
1.9	0.3 ~ 0.4	1	0.07	0.0256	395	3.0	95	85	210
2.151	0.429	1.142	0.0874	0.0258	465	3.5	95	98	229
2.43	0.349	1.115	0.0929	0.0286	435	3.5	90	95	219
2.133	0.452	1.189	0.096	0.0274	460	标外	95	95	241
2.126	0.45	1.172	0.115	0.0264	545	3.5	90	95	293
2.189	0.152	未添加	未添加	0.0222	345	8	95	10	137
2.209	0.427	0.962	0.0705	0.0232	535	标外	95	95	265
2.090	0.285	1.133	0.091	0.0266	515	3.5	90	97	232

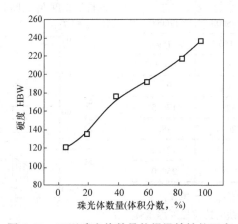

图6-12　不同珠光体数量的蠕墨铸铁的硬度

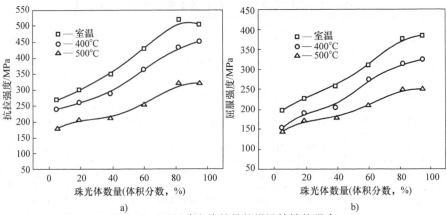

a)　　　　　　　　　　　　　　b)

图 6-13　不同珠光体数量的蠕墨铸铁的强度

a) 抗拉强度　b) 屈服强度

表 6-11　蠕墨铸铁和球墨铸铁铸态试样性能的比较

材　　料		蠕墨铸铁	球墨铸铁
化学成分（质量分数，%）	C	3.61	3.56
	Si	2.54	2.72
	Mn	0.05[①]	0.05[①]
共晶度	S_C	1.04	1.05
石墨形状（体积分数，%）	球状	<5	80
	团状	<5	20
	蠕虫状	95	0
	片状	0	0
基体（体积分数，%）	铁素体	>95	100
	珠光体	<5	0
抗拉强度 R_m/MPa		336	438
条件屈服强度 $R_{p0.2}$/MPa		257	285
断后伸长率 A（%）		6.7	25.3
弹性模量 E/MPa		158000	176000
硬度 HBW		150	159
冲击韧度/(J/cm²)	有缺口试样	20℃	9.3	24.5
		-20℃	6.6	9.8
	无缺口试样	20℃	32.1	176.5
		-20℃	26.5	148.1
		-40℃	26.7	121.6
弯曲疲劳极限/MPa		210.8	250.0

① Mn 含量比实际低，恐原文有误。——编者

　　由表 6-8 可以看出，蠕墨铸铁的抗拉强度因基体不同而异。同样的蠕化率，珠光体基体的抗拉强度大于混合基体的，更大于铁素体基体的抗拉强度。

　　表 6-9 是日常生产数据的统计，蠕化率较高的蠕墨铸铁，其抗拉强度较低。生产中不应对蠕墨铸铁要求过高的强度。蠕化率低时抗拉强度高，但会妨碍其他性能，如降低热导率等，从而失去它综合性能好的特点。

　　（1）$R_{p0.2}/R_m$ 值　对产品设计来说，特别注重材料的屈服强度，蠕墨铸铁的屈强比，即 $R_{p0.2}/R_m$ 值，在常用铸造工程材料中最高（见表 6-12）。

表 6-12　蠕墨铸铁、球墨铸铁和铸钢的 $R_{p0.2}/R_m$ 值

材料	蠕墨铸铁	球墨铸铁	铸钢
$R_{p0.2}/R_m$ 值	0.72~0.82	0.6~0.65	0.5~0.55

　　（2）断后伸长率　蠕墨铸铁的断后伸长率比球墨铸铁小，其断后伸长率大小随蠕化率和基体的不同而有差异。蠕化率低或基体中铁素体数量多，则断后伸长率相对较大。

　　（3）硬度　由表 6-8 可以看出，蠕墨铸铁的硬度首先取决于基体，其次取决于石墨形态。蠕墨铸铁的抗拉强度 R_m、断后伸长率 A 和硬度间的关系如图 6-14 所示。

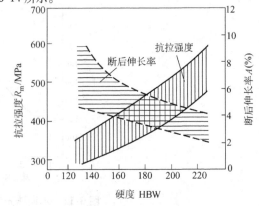

图 6-14　蠕墨铸铁的抗拉强度 R_m、断后伸长率 A 和硬度间的关系

（4）疲劳性能　蠕墨铸铁的疲劳强度 S 受蠕化率、基体及试样有无缺口的影响。

表 6-13 和图 6-15 是无缺口及有缺口的蠕墨铸铁试样在悬臂式旋转弯曲疲劳试验机上的试验结果。可见，降低蠕化率或增加基体中珠光体比例会提高疲劳强度，但基体对疲劳强度的影响不是很明显，而当存在缺口时，疲劳强度则明显降低。

表 6-13　蠕墨铸铁的弯曲疲劳性能

材　料	抗拉强度 R_m/MPa	无缺口疲劳强度/MPa	持久比[①]	V 型缺口疲劳强度/MPa	缺口敏感系数[②]
铁素体	388	178	0.46	100	1.78
珠光体	414	185	0.45	108	1.71
珠光体（球状石墨较多）	473	208	0.44	116	1.8

① 持久比 = 无缺口疲劳强度/R_m。
② 缺口敏感系数 = 无缺口疲劳强度/V 型缺口疲劳强度。

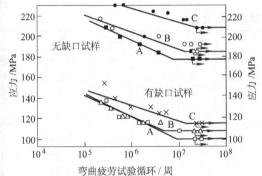

弯曲疲劳试验循环 / 周

图 6-15　不同基体及球状石墨数量的蠕墨铸铁的弯曲疲劳性能

A—铁素体　B—珠光体　C—含较多球状石墨的珠光体

（5）弹性模量　蠕墨铸铁在一定应力下呈弹性变形，但其比例极限低于球墨铸铁。图 6-16 所示为蠕墨铸铁在拉伸及压缩时的应力-应变曲线。

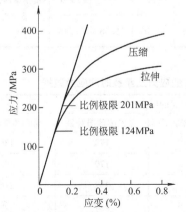

图 6-16　蠕墨铸铁在拉伸及压缩时的应力-应变曲线
$[w(CE) = 4.35\%]$

蠕墨铸铁因蠕化率、截面尺寸及基体组织不同，其弹性模量在 138~165GPa 范围内变化。蠕化率低、壁薄、基体中珠光体数量多，则弹性模量值较高（见图 6-53）。

蠕墨铸铁的泊松比为 0.27~0.28。

（6）冲击韧度 a_K　蠕墨铸铁及球墨铸铁的冲击韧度值见表 6-11。

蠕墨铸铁与球墨铸铁相似，当温度降低时，有从韧性到脆性的转变点。蠕墨铸铁退火后的冲击吸收能量随温度变化的转变曲线如图 6-17 所示。

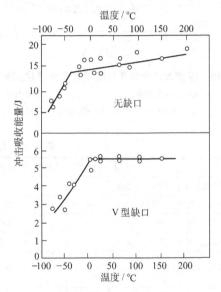

图 6-17　蠕墨铸铁退火后的冲击吸收能量随温度变化的转变曲线

蠕墨铸铁的冲击吸收能量随珠光体数量的增加而下降，随碳当量的增加而升高，随磷含量的增加而降低。图 6-18 所示为铸态蠕墨铸铁室温下珠光体数量对 V 型缺口试样的冲击吸收能量的影响。

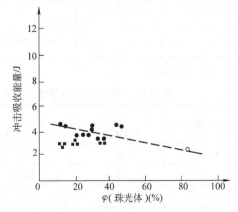

图 6-18　铸态蠕墨铸铁室温下珠光体数量对 V 型缺口试样的冲击吸收能量的影响

2. 高温力学性能

（1）高温下的力学性能　温度对退火铁素体蠕墨铸铁力学性能的影响见图6-19和表6-14，随着温度上升，其强度下降，断后伸长率有所提高。

（2）蠕变　珠光体蠕墨铸铁试样在350℃时的蠕变特性及断裂时的应力数据见图6-20和表6-15。

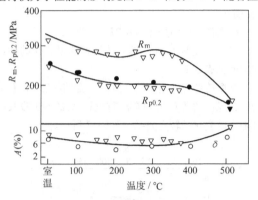

图6-19　温度对退火铁素体蠕墨铸铁力学性能的影响
$\triangledown$—w(C)=3.46%，w(Si)=2.55%，140HBW
$\bigcirc$—w(C)=3.40%，w(Si)=2.67%，148HBW

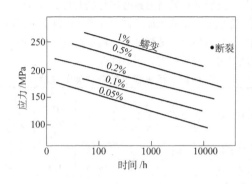

图6-20　珠光体蠕墨铸铁试样在350℃时的蠕变特性

表6-14　蠕墨铸铁的高温力学性能

性　　能	室温	100℃	200℃	300℃	400℃	500℃	600℃	700℃	800℃	备　注[①]
抗拉强度 R_m/MPa	363	—	—	332	303	212	—	—	—	稀土硅铁合金处理，蠕虫状石墨大于90%，球状石墨小于10%
条件屈服强度 $R_{p0.2}$/MPa	—	—	—	267	257	192	—	—	—	
断后伸长率 A（%）	3.3	—	—	3.5	2.7	6.5	—	—	—	
断面收缩率 Z（%）	3.5	—	—	5.5	3.0	10.2	—	—	—	
抗拉强度 R_m/MPa	365	—	300	298	290	248	—	—	—	稀土镁钛合金复合变质剂处理，蠕虫状石墨85%~90%，球状石墨10%~15%，铁素体70%~75%（余珠光体）
断后伸长率 A（%）	4.0	—	3.8	3.3	4.0	4.3	—	—	—	
断面收缩率 Z（%）	2.0	—	1.3	3.0	4.0	4.0	—	—	—	
抗拉强度 R_m/MPa	—	277	—	269	269	211	133	—	52	稀土镁钛合金处理试样取自4.5t钢锭模本体，蠕虫状石墨70%（余球状石墨）
断后伸长率 A（%）	—	3.4	—	3.6	3.4	5.0	9.2	—	19.6	
冲击韧度/(J/mm²)	—	18.62	23.03	30.28	24.70	16.56	11.76	15.48	35.18	

① 百分数为体积分数。

表6-15　350℃时各种铸铁在不同应变下经1000h的应力及断裂时的应力数据

应变(%)或断裂	1000h的应力及断裂时的应力/MPa				
	灰铸铁	可锻铸铁	铁素体球墨铸铁	珠光体球墨铸铁	珠光体蠕墨铸铁
0.1	100	114	159	178	136
0.5	165	222	195	170	193
1	—	247	210	297	216
断裂	182	292	264	370	259

2.2　物理性能

1. 密度

蠕墨铸铁的密度与碳含量和基体组织有关。碳含量越高，密度越低。铁素体基体的密度最低，随着珠光体数量的增加而密度提高。表6-16 列出了 $w(C) = 6\% \sim 3.8\%$、$w(Si) = 1.8\% \sim 2.1\%$、蠕化率为 50% ~90% 的蠕墨铸铁的密度。

表 6-16　不同珠光体数量的蠕墨铸铁的密度

珠光体数量（体积分数,%）	5	20	40	60	80	95
密度/(g/cm³)	6.992	7.028	7.035	7.060	7.078	7.098

2. 线胀系数

在同一条件下测定的各种铸铁在不同温度下的线胀系数如图6-21 所示。线胀系数与石墨形态关系不大（见表6-17），主要取决于基体组织。

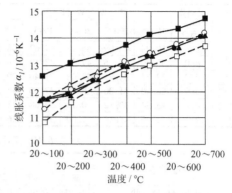

图 6-21　蠕墨铸铁在不同温度下的线胀系数

□—HT250 灰铸铁　　■—HT300 灰铸铁
○—蠕墨铸铁（铁素体）　●—蠕墨铸铁（珠光体）
△—球墨铸铁（铁素体）　▲—球墨铸铁（珠光体）

表 6-17　不同石墨形态的铸态铸铁和温度对线胀系数的影响　（单位：$10^{-6}\mathrm{K}^{-1}$）

不同石墨形态的铸态铸铁		20 ~100℃	20 ~400℃	20 ~600℃
普通灰铸铁		11.2	12.9	13.7
蠕化处理失败的灰铸铁（细片状 + 菊花状）		11.5	12.8	13.5
不同蠕化率的蠕墨铸铁	85% ~100%	12.1	13.2	13.7
	70% ~85%	12.1	13.1	13.8
	50% ~70%	12.3	13.3	13.9
	10% ~50%	12.0	13.1	13.7
球墨铸铁		12.2	13.2	13.7

3. 热导率

蠕墨铸铁的热导率在灰铸铁和球墨铸铁之间。不同温度下，不同蠕化率的蠕墨铸铁的热导率如图6-22 和图 6-23 所示。可见，蠕化率下降，热导率下降，当蠕化率小于 70% 时尤为明显。

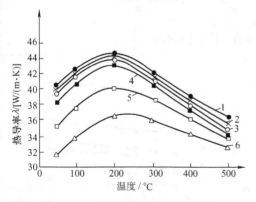

图 6-22　不同蠕化率的蠕墨铸铁在不同温度下的热导率

1—片状石墨和蠕虫状石墨混合的铸铁　2—蠕化率为95%的蠕墨铸铁　3—蠕化率为86%的蠕墨铸铁　4—蠕化率为70%的蠕墨铸铁　5—蠕化率为40%的蠕墨铸铁　6—蠕化率为0，即球墨铸铁

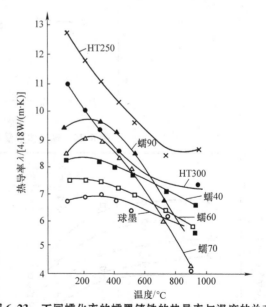

图 6-23　不同蠕化率的蠕墨铸铁的热导率与温度的关系

表6-18 列出了不同碳当量（CE）和不同石墨形态的三种铸铁（珠光体基体）在 100 ~500℃ 的热导率。

表6-18　不同石墨形态的铸铁的热导率

石墨形态	碳当量 $w(CE)$ (%)	热导率/[W/(K·m)]				
		100℃	200℃	300℃	400℃	500℃
片状	3.8	50.24	48.99	45.22	41.87	38.52
片状	4.0	53.59	50.66	47.31	43.12	38.94
球状	4.2	32.34	34.75	33.08	31.40	29.31
蠕虫状	3.9	28.10	41.00	39.4	37.30	35.20
蠕虫状	4.1	43.54	43.12	40.19	37.68	35.17
蠕虫状	4.2	41.00	43.50	41.00	38.50	36.00

由于石墨的热导率比基体高得多，基体中铁素〔又比珠光体和渗碳体的热导率高。因此，增加碳当〔和铁素体数量会增加蠕墨铸铁的热导率。

表6-19列出了不同石墨形态铸铁的热导率。6-24～图6-26所示为珠光体数量对蠕墨铸铁热扩〔率、热导率和比热容的影响。在100～500℃范围内〔随着珠光体数量的增加，蠕墨铸铁的热扩散率、热〔率降低，但比热容逐渐升高。

表6-19　不同石墨形态铸铁的热导率　　　　　　〔单位:418W/(m·K)〕

石墨形态		温度/℃									
		室温	100	200	300	400	500	600	700	800	900	1000
球状＋少量蠕虫状		0.055	0.059	0.063	0.064	0.064	0.063	0.062	0.059	0.055	0.054	0.060
蠕虫状 (体积分数,%)	30～45	0.066	0.068	0.069	0.070	0.070	0.069	0.067	0.068	0.069	0.070	0.067
	70～80	0.096	0.099	0.102	0.101	0.096	0.091	0.088	0.083	0.079	0.074	0.068
	80～90	0.113	0.110	0.106	0.101	0.097	0.092	0.088	0.084	0.079	0.075	0.074
片状＋卷曲状（突变点）		0.120	0.110	0.102	0.096	0.090	0.084	0.078	0.071	0.064	0.059	0.055
片状		0.133	0.124	0.110	0.099	0.091	0.085	0.080	0.076	0.073	0.070	0.069

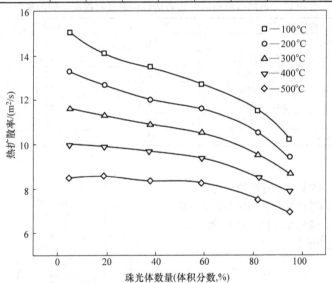

图6-24　珠光体数量对蠕墨铸铁热扩散率的影响

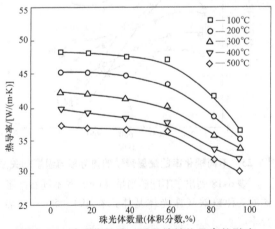

图6-25　珠光体数量对蠕墨铸铁热导率的影响

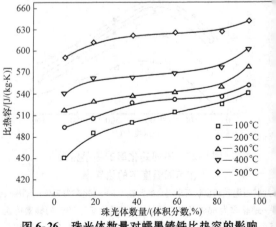

图6-26　珠光体数量对蠕墨铸铁比热容的影响

4. 电阻率

蠕墨铸铁电阻率与热导率不同, 铬钼铜合金铸铁最高, 球墨铸铁最低, 蠕墨铸铁居中 (见表6-20)。蠕墨铸铁的洛伦兹力在400℃时最高 (见表6-21)。

表6-20 蠕墨铸铁、球墨铸铁、铬钼铜合金铸铁的高温电阻率

(单位: $10^{-8}\Omega \cdot m$)

材质名称	金相组织		200℃	300℃	400℃	500℃
	蠕化率 (%)	基体 (珠光体体积分数,%)				
蠕墨铸铁的蠕化率	95	≈20 + 余量为铁素体	64.6	72.3	81.8	92.7
	85		63.4	71.2	81.0	91.7
	80		64.0	71.7	81.1	91.9
	60		62.1	89.7	79.3	89.8
	35		64.2	71.4	80.5	91.0
	15		61.6	69.5	79.1	89.7
不同基体的蠕墨铸铁	90	5.0	64.4	71.7	81.3	92.1
	90	10.0	65.9	73.6	83.2	93.9
	90	35.0	68.4	76.1	85.8	96.4
	90	70	69.5	77.2	86.7	97.2
球墨铸铁	球化 2 级	10 + 铁素体	59.2	66.9	76.2	87.2
铬钼铜合金铸铁	片状石墨 A、E2 ~ 3 级	贝氏体 + 屈氏体 + 马氏体 + 碳化物	85.1	92.3	101.2	106.5

注: 1. 碳当量: 蠕墨铸铁与球墨铸铁的均为4.4% ~ 4.6%, 铬钼铜合金铸铁为3.43% (大功率内燃机气缸盖成分)。

2. 珠光体数量由热处理获得。

表6-21 蠕墨铸铁、球墨铸铁、铬钼铜合金铸铁的洛伦兹数

(单位: $10^{-3}W \cdot \Omega/K^2$)

温度/℃	铬钼铜合金铸铁	蠕墨铸铁	球墨铸铁
200	6.21	5.95	4.77
300	5.50	4.29	4.53
400	5.11	5.14	4.29
500	4.75	4.28	4.09

6.2.3 工艺性能

1. 铸造性能

(1) 流动性 蠕墨铸铁碳当量高, 接近共晶成分, 又经蠕化剂去硫、去氧, 因此具有良好的流动性。图6-27 和表6-22 所示为不同铸铁在不同浇注温度下的流动性。

在浇注温度基本相同条件下, 蠕墨铸铁的流动性远优于孕育灰铸铁 (见表6-23)。但是, 在碳当量相近的情况下, 普通灰铸铁蠕墨铸铁和球墨铸铁的流动性则相差不多 (见表6-24)。

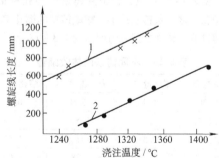

图 6-27 蠕墨铸铁和灰铸铁在不同浇注温度下的流动性

1—蠕墨铸铁 2—HT300 灰铸铁

表6-22 蠕墨铸铁、球墨铸铁和合金灰铸铁在不同浇注温度下的流动性

材料	化学成分 (质量分数,%)											浇注温度 /℃	螺旋线长度/mm
	C	Si	Mn	P	S	RE	Mg	Ti	Cr	Cu	Mo		
蠕墨铸铁	3.66	2.43	0.60	0.06	0.028	0.024	0.014	0.13	—	—	—	1330	960
球墨铸铁	3.45	2.62	0.51	0.07	0.027	0.024	0.040	—	—	—	—	1315	870
合金灰铸铁	2.95	1.85	0.89	0.07	0.044	—	—	—	0.35	0.95	0.92	1340	445

表 6-23　浇注温度相同的蠕墨铸铁和孕育灰铸铁的流动性对比

HT200		HT300		蠕墨铸铁	
浇注温度/℃	螺旋线长度/mm	浇注温度/℃	螺旋线长度/mm	浇注温度/℃	螺旋线长度/mm
1280	710	1270	105	1270	980

表 6-24　碳当量相近的普通灰铸铁、蠕墨铸铁和球墨铸铁的流动性对比

铸铁种类	碳当量（%）	浇注温度/℃	残留应力/MPa	流动性/mm		体收缩	
				螺旋线总长	未充满端	集中缩孔率（%）	集中缩孔体积/cm³
普通灰铸铁	4.43	1300	5.64	556	65	0.91	6
蠕墨铸铁	4.51	1310	10.00	689	73	1.52	9.9
球墨铸铁	4.34	1238	19.18	678	86	3.05	19.8

（2）收缩性　凝固期间，铸铁的收缩前膨胀和体收缩与铸件缩孔、缩松的形成是密切相关的。各种铸铁线收缩特性试验结果表明，灰铸铁收缩前的线收缩率为 0.15% ~ 0.25%，蠕墨铸铁为 0.3% ~ 0.5%，球墨铸铁为 0.5% ~ 0.7%。蠕墨铸铁收缩前的线收缩率值大于灰铸铁，在共晶转变过程中会产生较大的膨胀力，因此对铸型刚度要求较高。

各种铸铁共析转变后的线收缩率基本相同，均为 0.8% ~ 1.0%。灰铸铁总的线收缩率为 1.0% ~ 1.2%，蠕墨铸铁为 0.8% ~ 1.0%。

采用球形试样测定的不同铸铁的体收缩值见表 6-25。由表 6-25 可见，合金灰铸铁的缩孔率最大，球墨铸铁次之，灰铸铁最小，蠕墨铸铁的缩孔率介于球墨铸铁和灰铸铁之间，为前者的 1/3 ~ 1/2。

表 6-25　不同铸铁的体收缩值

铸铁类型	碳当量（%）	浇注温度/℃	缩孔率（%）
灰铸铁	4.43	1300	0.91
合金灰铸铁	3.62	1250	3.94
蠕墨铸铁	4.51	1310	1.52
球墨铸铁	4.34	1238	3.05

表 6-26　蠕化率对体收缩率的影响

蠕化率（%）	90	80	70	60	50	40	30
体收缩率（%）	3.61	4.24	4.45	4.19	4.49	5.18	7.1

表 6-27　蠕墨铸铁在不同浇注温度下的缩孔体积

浇注温度/℃	1240	1313	1323	1340
缩孔体积/cm³	0	2.8	2.85	3.5

蠕墨铸铁的体收缩率与蠕化率有关。蠕化率越高，体收缩率越小，最终接近于灰铸铁；反之，蠕化率越低，体收缩率越大，最终接近于球墨铸铁。蠕墨铸铁的体收缩率受蠕化率和浇注温度的影响分别见表 6-26 与表 6-27。在亚共晶范围内，提高碳当量，减少体收缩率；在过共晶范围内，过高增加碳当量，体收缩率增大；在近共晶范围内，蠕墨铸铁的体收缩率最小，如图 6-28 所示。

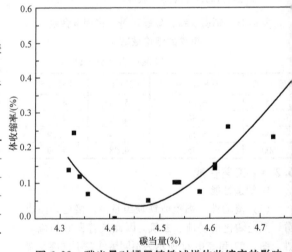

图 6-28　碳当量对蠕墨铸铁试样体收缩率的影响

蠕墨铸铁共晶石墨化膨胀引起的型壁移动倾向也介于灰铸铁和球墨铸铁之间，因而其获得无内外缩孔的致密铸件比球墨铸铁容易，比合金高强度灰铸铁也容易，但比中低牌号灰铸铁仍然困难些。采用共晶成分而不必用高的浇注温度也能改善铸件的致密性。

实际上，由于非平衡凝固条件下，平衡相图的共晶点碳当量与冷却速度、孕育处理、变质元素含量、熔炼过程等因素有关，致使共晶点发生移动。如果计碳当量为4.3%，当冷却速度较快时，可能变成亚晶凝固。一般来讲，当铸件壁厚较小时，冷却速度非常快，应该选择较高的碳当量，才能获得共晶凝固形式。

（3）铸造应力　采用圆形截面的应力框测定铸造应力，不同铸铁的铸造应力见表6-28。

表6-28　不同铸铁的铸造应力

材　　质	弹性模量 E/MPa	ΔL[①]/mm	铸造应力/MPa
灰铸铁	76940	0.26	51.25
合金灰铸铁	119433	0.34	104.2
蠕墨铸铁	145765	0.32~0.36	119.6~134.6
球墨铸铁	171990	0.40	176.4

① ΔL 为应力框粗杆锯开后的伸长量。

由表6-28可以看出，蠕墨铸铁的铸造应力比合金灰铸铁稍大，但比球墨铸铁小。用蠕墨铸铁生产气缸盖等复杂铸件时，应与合金灰铸铁一样，要重视减小应力。

当蠕化率较高时，其内应力趋向于灰铸铁，甚至小于HT300；当蠕化率较低时，其内应力趋向于球墨铸铁，若蠕化率小于20%，其内应力与球墨铸铁相当（见表6-29）。因此，对于形状较复杂或壁厚相差很大的铸铁件，是否需要进行消除应力热处理，可依据其蠕化率而定。

表6-29　蠕墨铸铁、球墨铸铁、孕育灰铸铁的铸造内应力对比　（单位：MPa）

铸铁种类		应力框长度/mm	
		240	130
原铁液（HT150）		47.6	35.1~54.6（平均44.85）
近蠕化突变的高碳灰铸铁		49.5~63.2（平均55）	42.3~50（平均46.5）
蠕墨铸铁	蠕化率（%） >50	80.5~130（平均111.7）	89.0~109（平均101.7）
	<50	131~135（平均133）	127~140（平均133.5）
	<20	147	142~179（平均159.7）
球墨铸铁		185	153
孕育灰铸铁		131	100

（4）白口倾向　蠕墨铸铁在薄壁及尖角处的白口倾向比灰铸铁大，比球墨铸铁小（见图6-29）。表6-30列出了壁厚为3mm、6mm、9mm长条状试样在不同条件下得到的白口＋麻口的深度。

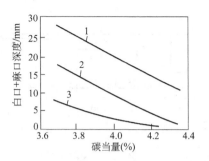

图6-29　蠕墨铸铁、球墨铸铁和灰铸铁的白口倾向

1—球墨铸铁　2—蠕墨铸铁　3—灰铸铁

表6-30　片状、蠕虫状和球状石墨铸铁试样的白口＋麻口的深度

碳当量（%）	组织和断面厚度/mm								
	片状			蠕虫状			球状		
	3	6	9	3	6	9	3	6	9
	固定浇注温度1340℃								
4.3	灰口	灰口	灰口	18	3	灰口	白口[①]	14	3
4.1	灰口	灰口	灰口	21	8	灰口	22	16	灰口[①]
3.8	灰口	灰口	灰口	白口	15	灰口	白口	白口	3[①]
	在液相线上150℃浇注								
4.3	灰口	灰口	灰口	18	3	灰口	白口	14	3
4.1	灰口	灰口	灰口	21	8	灰口	白口	白口	4
3.8	灰口	灰口	灰口	白口	15	灰口	白口	白口	6

① 个别数据不符合规律，可能为试验误差——编者。

增加碳当量和加强孕育可减轻白口倾向。蠕墨铸铁的白口倾向还与所用蠕化剂有密切关系。以稀土为主的蠕化剂，白口倾向较大，镁系蠕化剂的白口倾向较小。在生产薄壁蠕墨铸铁件时，应注意选用适当的白口倾向小的蠕化剂。

（5）断面敏感性　铸件壁厚对蠕墨铸铁蠕化率的敏感性是用图6-30a所示的阶梯试样在不同厚度处测定的。试验表明（见图6-30b）：当30mm厚度处的蠕化率大于70%时，10mm与75mm厚度处的蠕化率相差不大于10%；当30mm厚度处的蠕化率较低（30%~40%）时，10mm与75mm厚度处的蠕化率差达30%。即蠕墨铸铁的蠕化率越高，截面厚度对蠕化率的敏感性越小。铸件壁厚对蠕墨铸铁抗拉强度的影响如图6-31所示。由图6-31可以看出，蠕墨铸铁抗拉强度的断面敏感性小于灰铸铁。

2. 切削性能

（1）蠕墨铸铁加工性能差　在灰铸铁、蠕墨铸

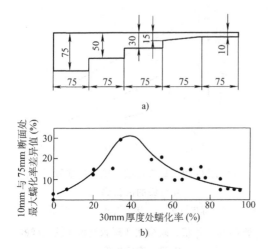

图 6-30　铸件壁厚对蠕墨铸铁蠕化率的影响

a) 阶梯试块尺寸　b) 10mm 与 75mm 厚度处的
蠕化率差异值与 30mm 处蠕化率的关系

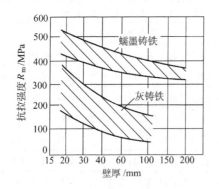

图 6-31　铸件壁厚对蠕墨铸铁抗拉强度的影响

铁和球墨铸铁中的基体组织大体相同的情况下，蠕墨铸铁的切削加工性能介于灰铸铁和球墨铸铁之间。但事实上，普通蠕墨铸铁的铁素体数量往往比灰铸铁和球墨铸铁多（30%~70%），其延展性较好，所以加工性能最差。

用不同切削线速度下车刀寿命长短来比较各种铸铁的切削性能（见图 6-32），该试验条件如下：

镶刀片材料：碳化钨 SPG-422，C-2 级。

进给量：0.28mm/r。

背吃刀量：1.5mm。

切削液：无。

刀具寿命：刃口侧面的磨损达 0.25mm 时为止。

由图 6-32 可以看出，加工蠕墨铸铁时的刀具寿命介于灰铸铁和球墨铸铁之间。

各种铸铁在钻削时的钻头磨损量如图 6-33 所示。蠕墨铸铁的钻削性能与球墨铸铁相似，但钻头磨损比灰铸铁大，铁素体数量越多钻头磨损量越小。

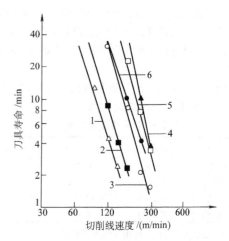

图 6-32　不同切削线速度下的刀具寿命

1—珠光体球墨铸铁　2—珠光体蠕墨铸铁　3—珠光体灰铸铁
4—铁素体灰铸铁　5—铁素体蠕墨铸铁　6—铁素体球墨铸铁

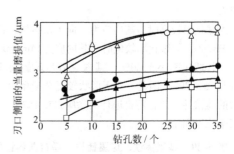

图 6-33　各种铸铁在钻削时的钻头磨损量

●—蠕墨铸铁，铁素体体积分数为 25%

○—蠕墨铸铁，铁素体体积分数为 5%

▲—球墨铸铁，铁素体体积分数为 25%

△—球墨铸铁，铁素体体积分数为 5%

□—灰铸铁

试验条件：转速为 780r/min，进给速度为 72mm/min，
孔径 φ8mm，孔深为 16mm（不通孔）。

蠕墨铸铁切削加工性能差的表现：加工时，多数刀具的刃口黏结比灰铸铁严重，热黏结尤为严重，刀具很快钝化；大量磨削/研磨时，砂轮/砂条的空隙不多久就被"糊平"、打滑而不能继续使用；手工刮研后，铸件表面会留下比孕育灰铸铁更明显的刀痕，更容易产生毛刺；钻深孔和不通孔及攻螺纹时，刀具寿命短，且容易卡住、折断；单刃镶刀片的刃口使用寿命比加工灰铸铁短；拉床的拉杆力显著加大；加工表面的表面粗糙度值通常比灰铸铁大。

虽然常规刀具也能对蠕墨铸铁进行切削加工，但只能采用低转速、高进给的切削方式，而且刀具寿命很短，这对于小批量、一次性生产是可行的；然而对于大批量蠕墨铸铁件的高效制造，这种切削方式显然以满足切削加工要求。

实践表明，蠕墨铸铁的切削性能和蠕化剂的种类有关。采用含钛蠕化剂处理的蠕墨铸铁加工性能比其他种类的蠕化剂差，如图 6-34 所示。当钛的质量分数超过 0.05% 时，刀具磨损很快，寿命显著缩短。

蠕化率和基体组织对蠕墨铸铁的加工性能影响比较大，如图 6-35 所示。蠕化率和铁素体数量越高，蠕墨铸铁的加工性能越好，甚至优于珠光体灰铸铁。若蠕化率相当，珠光体数量增加将降低加工性能。

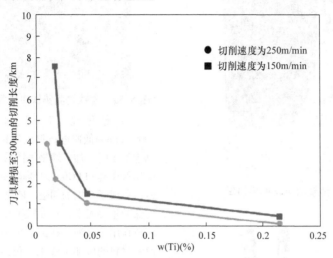

图 6-34　钛含量对蠕墨铸铁旋转加工碳化物刀具寿命的影响（珠光体基体）

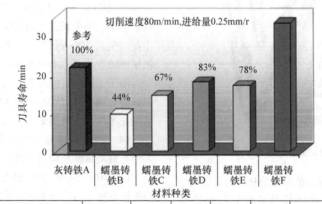

性能	灰铸铁A	蠕墨铸铁B	蠕墨铸铁C	蠕墨铸铁D	蠕墨铸铁E	蠕墨铸铁F
蠕化率(%)	片状	64	92	91	86	89
珠光体(体积分数，%)	>97	99	84	89	90	39
硬度 BHN	220	229	237	229	229	173
抗拉强度/MPa	250	550	450	450	450	350

图 6-35　不同蠕化率和基体组织对蠕墨铸铁加工性能的影响

（2）蠕墨铸铁切屑的形成　蠕墨铸铁中的石墨结构的外形是长条虫状，边沿圆钝，石墨端部近似球形。这种显微结构使蠕墨铸铁具有比灰铸铁好得多的延展性和力学强度，较高的力学强度将转化为较大的切削力，因此加工蠕墨铸铁所需机床功率要比加工灰铸铁增大 10%～30%。好的延展性使之切削加工时容易产生毛刺。它不像灰铸铁那样，会在加工中使应力增大并产生断裂线，也不会造成像球墨铸铁那样大的热导率的损失。软质石墨之间的基材的剪切极似球墨铸铁的切屑形成过程，其切屑为部分断裂（见图

6-36 和图 6-37）。蠕墨铸铁的热导率为灰铸铁的 78%，这会加大刀具的热磨损效应，但不会达到切削球墨铸铁时的程度。

图 6-36　蠕墨铸铁的半连续形切屑

图 6-37　铁素体蠕墨铸铁的切屑

（3）蠕墨铸铁加工性差的原因分析

1）热传导性方面。灰铸铁具有较好的热传导性，加工时切削热容易被切屑带走；与此相反，蠕墨铸铁的导热性比灰铸铁差，加工时产生的切削热积聚在切削加工时，加大刀具磨损，使刀具寿命缩短。

2）显微组织方面。由于蠕墨铸铁通常有较多的铁素体，容易与刀具切削刃发生黏结作用。而灰铸铁通常有较多的珠光体，加之灰铸铁的切屑为碎屑，其脱落的石墨对切削有着润滑作用，因此不易发生黏结。

3）合金元素方面。蠕墨铸铁中的钛和某些合金元素含量对其切削加工性以及刀具寿命具有很大影响。钛在整个蠕墨铸铁件中往往会形成具有磨蚀性的游离碳化物，如图 6-38 所示。

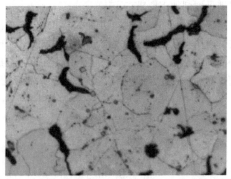

图 6-38　含钛蠕墨铸铁中的氮化钛和碳化钛硬质点

4）硫化锰（MnS）保护层的影响。在以 100m/min 的低速进行铣削和以 80m/min 的速度进行钻削加工时，加工蠕墨铸铁的刀具磨损较小，但当连续用氮化硅和 PCBN 刀具高速加工蠕墨铸铁时，刀具寿命就成了严重的问题。硫化锰（MnS）是影响刀具寿命的重要因素，它沉积到刀具切削刃上，可以起到润滑作用，有利于延长刀具寿命。MnS 已广泛应用于改善材料的可加工性上，包括应用 MnS 生产易切削钢材。基于以前的加工经验，将 MnS 掺入粉末冶金连杆中，可使切削加工性能提高 10 倍。然而，加入蠕墨铸铁中的石墨蠕化的元素中，稀土、镁、钙和硫具有很强的亲和力，优先于锰形成稀土和镁的硫化物。因此，蠕墨铸铁中硫的含量只有灰铸铁的 1/10，不足以生成 MnS 保护层。没有 MnS 层的润滑作用，机械摩擦生成的热会迅速使刀刃失效。

由于上述因素的综合作用，用于切削蠕墨铸铁的刀具寿命通常只有切削灰铸铁刀具寿命的一半；而在钻削加工中，刀具的寿命仅为原来的 10%。

（4）改进蠕墨铸铁加工技术　针对上述问题，人们在蠕墨铸铁切削加工技术方面做了许多改进。

1）切削工艺和刀具参数的改进。针对如何使蠕墨铸铁在加工后符合表面质量要求，且使加工条件优化的问题，对车削加工的诸因素采用了正交设计试验研究分析。结果表明，在确定影响切削蠕墨铸铁表面粗糙度的因素及选择切削参数时，要使切屑的形状向针状或片状方面转化，应选用小的进给量和高的切削速度；在精加工时，对表面粗糙度影响最大的是进给量，其次是切削深度与切削速度。当采用硬质合金车刀进行精加工时，切削深度和进给量都比较小。为了抑制积屑瘤的产生，一般切削速度较高。对刀具的几何参数做如下考虑。

① 前角。大小要适当，前角增大，虽然切削力可减小，但刀尖体积减小后，散热性能差，切削温度升高，刀具磨损加快，影响加工表面质量的提高。铸

是脆性材料，一般前角较小。

② 后角。后角越小，已加工表面上的弹性恢复量与后刀面的摩擦接触长度越大，后刀面的磨损越严重。因此，增大后角能提高加工表面质量。但当加工铸铁的切屑较易集中在刀尖区附近时，为了提高刀尖温度应取较小的后角。

③ 副后角。车刀的副后角通常等于后角。

④ 主偏角。影响切削加工残留面积高度，因此应减小主偏角。但从减少振动，提高刀具耐用度因素来看，在半精加工与精加工时应采用较大的主偏角。

⑤ 副偏角。影响切削加工残留面积高度，因此应减小副偏角。由主偏角及一定的刀片型号决定。

⑥ 刃倾角。影响切屑的流出方向、刀尖强度和刀尖散热条件，一般铸件在精车时取 $0° \sim 45°$。

采用 YA6 硬质合金方型刀片获得低表面粗糙度的加工方案见表 6-31。

表 6-31 加工方案

刀具牌号	切削速度 $v/(\mathrm{m/min})$	进给量 $f/(\mathrm{mm/r})$	背吃刀量 a_p/mm	刀具前角 $\gamma/(°)$	刀具主偏角 $K_r/(°)$
YA6	85.1	0.084	1.0	0	90

2) 新型涂层刀具的应用。针对蠕墨铸铁等延展性较好的铸铁切削难度较大的问题，开发了铸铁车削用新型涂层"AceCoat AC410K"。它采用通过沉积微细且平滑的氮碳化钛（TiCN）和氧化铝（Al_2O_3）膜来提高耐磨性及耐剥离性的 CVD（化学沉积法）涂层。通过优化成膜条件，在保持晶粒度及附着力不变的情况下，增加了涂层厚度。这样，便可应用于蠕墨铸铁的高速及高效加工。

另外，通过使涂层表面及构成涂层的各层界面变得平滑，提高涂层的附着强度及耐熔敷性，可抑制铸件加工中的问题——加工黑皮（铸铁表面氧化皮）时的涂层破裂以及刀尖破损，实现稳定的加工。

刀具基材使用高硬度的专用超硬材料。该材料能够抑制刀具的磨损，因此刀具寿命可提高 2 倍以上，降低了加工成本。

对于蠕墨铸铁的车削加工和镗削加工，推荐采用具有高耐磨性的硬质合金基体，加上采用中温化学气相沉积（CVD）工艺制备的耐磨厚涂层。

有一种涂层铣削刀片能在干或湿的条件下用中速至高速进行铣削，并且其加工周期和成本与合金灰铸铁的相似工艺相当。刀片具有通过修光刃技术所获得的平滑切削刃。铣削速度为 $80 \sim 280 \mathrm{m/min}$，并且根据铣削速度和刀片几何形状，进给量为 $0.1 \sim 0.35 \mathrm{mm/齿}$。

3) 自旋转刀具的应用。自旋转刀具的应用为蠕墨铸铁的高速加工提供了一种有效途径。它是一种采用双负切削角的圆形旋转刀具，可有效减轻加工中的摩擦与发热。自旋转刀具的刀座上设置有多个旋转刀夹，每个刀夹上安装一个直径约27mm的圆形刀片。每把刀具的刀夹/刀片数量取决于刀具直径，如直径为76.2mm的镗刀上通常设置 4 个刀片，直径为305mm的铣刀上可设置 16 个刀片（见图6-39）。自旋转刀片的材料一般为氮化硅陶瓷，高速加工蠕墨铸铁时也可采用硬质合金牌号刀片。采用倒棱宽度为

0.254mm、倒棱角为 $10°$ 的 Si_3N_4 陶瓷刀片，可获得较好的切削效果。

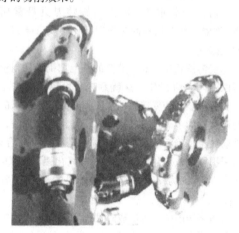

图 6-39 自旋转刀具

研究结果表明，采用常规刀具加工时，刀具与蠕墨铸铁工件表面接触部位，以及切屑沿刀具前刀面发生摩擦处磨损剧烈，其温度分别比剪切面温度高出约480℃和150℃，高温使涂层或未涂层的常规刀具表面迅速软化，造成刀具早期失效。而采用自旋转刀具加工时，旋转刀片可将切屑从切削区推出，避免刀具与切屑剧烈摩擦而产生大量切削热，虽然刀具与切屑之间仍需一定的摩擦力以推动刀片旋转，但这种摩擦及发热与使用常规刀具相比几乎可忽略不计。德国汽车制造商奥迪集团用常规刀具和加工蠕墨铸铁发动机壳体时（切削速度为800m/min，切削速度为1.5mm，进给量为0.2mm/齿），刀具迅速失效；而采用自旋转刀具以相同切削用量进行加工时，切削15min后，刀片切削刃的最大磨损量仅为0.15mm。美国某发动机工厂虽然不生产蠕墨铸铁发动机壳体，但他们采用自旋转刀具加工灰铸铁发动机壳体，切削速度约为625m/min，进给速度为3073mm/min，换刀次数由以前每年697次减少到46次。每把刀具的加工寿命已由原来的500件左右提高到5000 ~ 7000件。

在加工蠕墨铸铁时也存在少量的刀夹发热现象，采用逆铣法则可较好地解决这一问题。逆铣加工时，刀具以较小的切入角（如15°）进入切削，切削过程中，切屑厚度由零逐渐增至最大，这与加工发动机壳体通常采用的顺铣法正好相反。顺铣的切入角较大（如90°），切入时的切深最大，切削过程中切屑厚度逐渐减小直至为零。对于常规刀具而言，逆铣法对刀具寿命不利，由于刀具向前移动和旋转，刀片底部始终与工件发生摩擦，易造成发热和磨损。但是，逆铣法对于自旋转刀具加工则比较有利，因为它可以延长刀夹轴承的寿命。此外，逆铣法对于加工复杂型面（包括薄壁截面）也很有好处，有助于减轻对工件的冲击振动，从而获得较小的加工表面粗糙度值。较小的切入角也十分重要，因为自旋转刀具最常用的 Si_3N_4 陶瓷刀片在切削冲击作用下比硬质合金刀片更易发生破损。

与灰铸铁相比，蠕墨铸铁的铣削加工表面粗糙度值可以降低大约50%，这就意味着可以减少加工工序，或者可能不需要使用精加工刀具来获得要求的表面粗糙度。为了确定更高效的蠕墨铸铁加工方法，对于铣削加工，确定的最佳刀具材料是涂层硬质合金，涂层采用厚层氮碳化钛（TiCN）和氧化铝（Al_2O_3）。厚涂层的厚度为 $7 \sim 10\mu m$，薄涂层的厚度一般为 $2 \sim 3\mu m$。

在高速切削中，每次故障使回转运动暂停，由于机床刚度不够会在已加工表面上留下刀具痕迹。所以，要成功地应用自旋转刀具，需要高刚度的机床来解决蠕墨铸铁切削加工的问题。应用提高速度和减小进给量的方法可使自旋转刀具加工蠕墨铸铁时的负荷接近灰铸铁零件加工负荷。改装的旋转刀具能以 800m/min 的速度进行镗、铣加工并具有较长的刀具寿命，它具有在旋转运动中强化剪切力和切屑流的优点。与低速切削其他碳素材料应用相比，刀具寿命可提高 10 ~ 20 倍。这种结合高刚度机床和独特自旋转切削刀具是解决蠕墨铸铁高速加工的方法之一。

有研究表明，进行蠕墨铸铁铣削时所用的刀片有 12°正前角，但它安装在负角度的刀座上，从而形成了较小的有效正前角。也可采用刀片密齿排列方式以获得尽可能高的生产率。

4）长刃刀具镗削工艺的开发。这是新开发的一种镗削工艺，能够通过一次走刀完成缸孔的粗、精镗加工。为此而开发的多刀片刀具称为长刃刀具（long-edge tool）。该刀具按螺旋路径向下进给切入缸孔，镗一个蠕墨铸铁缸孔所用的时间与加工灰铸铁缸孔大致相当。当应用这种新的镗削工艺时，刀片最好采用 Si_3Ni_4 涂层和专为镗削蠕墨铸铁而优化的几何形状。

镗削时，通常以低切削速度（100 ~ 150m/min）和大进给量切削，以弥补生产率的损失。但通常在低速加工时，需要大的机床功率，主轴和工装的刚性要好。而当前普通加工机床和刀具尚未达到某些蠕墨铸铁加工所要求的大进给推力的水平。

3. 焊补性能

蠕墨铸铁的焊补性能比球墨铸铁好，在其焊补区附近形成白口和淬火组织的倾向小。

采用含 $w(RE) = 0.08\%$ 左右的蠕墨铸铁焊条，最好用预热焊补法。焊补处金属冷却较快，石墨与基体晶粒均比母体处细小，因此力学性能稍高（见表 6-32）。

焊补后视情况再经热处理以降低应力。

表 6-32　试样焊接部位的化学成分与力学性能

试样部位	化学成分（质量分数,%）						石墨形状	力学性能		
	C	Si	Mn	P	S	RE		R_m/MPa	A（%）	硬度 HBW
母体金属	3.58	2.60	0.94	0.051	0.007	0.09	蠕虫状	397	4.0	170
焊补金属	3.67	2.44	1.00	0.032	0.008	0.08	蠕虫状	431	4.5	176

6.2.4　使用性能

1. 致密性

用蠕墨铸铁制造无缩孔、无缩松的致密铸件比球墨铸铁容易，比普通灰铸铁困难些。这是由于蠕墨铸铁的体收缩率和铸型型壁移动介于灰铸铁和球墨铸铁之间。但较高牌号合金灰铸铁，用蠕墨铸铁获得致密件反显得较容易，这是由于合金灰铸铁的体收缩率比蠕墨铸铁还大。

国内外有许多用蠕墨铸铁代替合金灰铸铁制作耐压件，如大功率柴油机缸盖、液压阀体和集成块等实例，显著提高了铸件的致密性，提高了铸件成品率，减少了耐压试验中泄漏的废品，取得了良好的效果。

2. 耐磨性

（1）滚动和滑动摩擦磨损　蠕墨铸铁具有良好的耐磨性。在 MM-1M 试验机上进行了蠕墨铸铁和灰铸铁滚动摩擦的耐磨性对比试验（试样直径为

50mm，与淬火后硬度为 56HRC 的钢轮配对，轮上 [力为 1000N 和 1500N]，两种材质的磨损特征相同，[片状石墨铸铁的磨损量比蠕墨铸铁的大 50% ~]% （见图 6-40）。

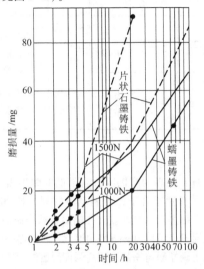

图 6-40　滚动摩擦时（用柴油机油润滑），铸铁的磨损曲线（与钢轮配对）

滑动摩擦时的特征也相似，当灰铸铁磨损量为 [.]3mg/h，蠕墨铸铁仅为 0.6mg/h。

长期实际使用也证明蠕墨铸铁比灰铸铁具有较高的耐磨性。用蠕墨铸铁制作 B2151 和 B2152 型龙门刨床床身，测量其机床导轨面刻痕的结果表明，蠕墨铸铁的耐磨性比灰铸铁（HT300）的耐磨性提高了 1 ~ 1.8 倍（见表 6-33）。

表 6-33　1975—1982 年 B2152 型龙门刨床床身磨损量

导轨名称	床身材料	最大磨损量/μm	平均磨损量/μm	耐磨性系数[①]
平导轨	蠕墨铸铁	8.0	5.0	2.0
	灰铸铁	40.9	10.0	1.0
V 形导轨	蠕墨铸铁	9.0	5.0	2.8
	灰铸铁	16.0	14.0	1.0

① 耐磨性系数 = 灰铸铁平均磨损量/同组对比的蠕墨铸铁的平均磨损量。

稀土蠕墨铸铁的滚动磨损和滑动摩擦磨损试验结果表明，其耐磨性优于灰铸铁（见表 6-34 和表 6-35），其滚动磨损耐磨性分别是 HT300 的 2.55 倍，是 HT200 的 3.27 倍。

表 6-36 列出了稀土蠕墨铸铁在 C616 车床导轨刻痕的耐磨性试验结果。

表 6-34　稀土蠕墨铸铁与几种灰铸铁的滚动磨损试验结果

铸铁种类	HT200	HT300	锑铸铁	高磷铸铁	稀土蠕墨铸铁
40 万转平均磨损量/mg	6.05	4.725	2.15	1.975	1.7 ~ 2.0
相对磨耗比	3.27	2.55	1.16	1.06	1.0

注：蠕墨铸铁金相组织——蠕化率 >60%；珠光体数量（体积分数）为 40% ~ 80%。

表 6-35　稀土蠕墨铸铁与几种灰铸铁的滑动摩擦磨损试验结果

铸铁种类	磷铜钛铸铁	锑铸铁	高磷铸铁	稀土蠕墨铸铁	备　注
平均磨损量/mg	1.25	2.82	3.65	0.98	每次磨 20h，共 11 次，取平均值
相对磨耗比	1.28	2.88	3.72	1.0	

表 6-36　C616 车床导轨刻痕的耐磨性试验结果

机床编号	导轨材质	导轨平均硬度HBW	导轨刻痕部位	半年刻痕平均增大/μm					耐磨性倍比[②]	导轨金相组织（体积分数）	
				第一次测量[①]	三轨总平均	七个月后测量[①]	三轨总平均	两次测量总平均		石墨	基体
13	HT300	198	平轨内 V 轨外 V 轨	8.246 11.062 8.614	9.307	1.085 7.271 7.339	5.23	7.27	1	细片状	>95% 珠光体
16	HT300	185	平轨内 V 轨外 V 轨	9.883 6.903	8.393	1.925 7.030 7.054	5.33	6.862	1.06 (1)	细片状	>95% 珠光体

（续）

机床编号	导轨材质	导轨平均硬度HBW	导轨刻痕部位	半年刻痕平均增大/μm					耐磨性倍比②	导轨金相组织（体积分数）	
				第一次测量①	三轨总平均	七个月后测量①	三轨总平均	两次测量总平均		石墨	基体
35	稀土蠕墨铸铁	197	平轨	2.751	5.030	1.184	3.426	4.228	1.72 (1.62)	80%蠕虫状+团状	60%~70%铁素体
			内V轨	6.524		5.194					
			外V轨	5.825		3.900					
38	稀土蠕墨铸铁	175	平轨	3.867	7.574	2.082	5.378	6.476	1.12 (1.06)	全为蠕虫状	90%~95%铁素体
			内V轨	10.086		5.421					
			外V轨	8.770		8.630					

① 每个数值为测量导轨六个部位的平均值。

② 括号中的数字是以16号床身的刻痕增大值为1来比较的。

（2）干滑动摩擦磨损　在干摩擦条件下，各种铸铁的耐磨性试验结果见表6-37。

表6-37　干摩擦条件下各种铸铁的耐磨性试验结果

材质	灰铸铁	蠕墨铸铁	球墨铸铁
重量损失(%)	35~40	18~33	12~15

注：试样尺寸：直径为10mm，长度为10mm；压力为80N；磨盘速度为5.4m/s；磨程为6.5km。

有文献报道了蠕墨铸铁的干摩擦特性。图6-41所示为与铬钢配副的不同石墨形态铸铁销试样的摩擦磨损特性（平均摩擦因数、平均磨损率、摩擦因数的衰减量与磨损率的增加量）。由图6-41可见，蠕墨铸铁具有最低磨损率与最低的磨损率增加量，而且蠕

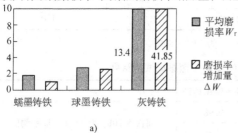

a)

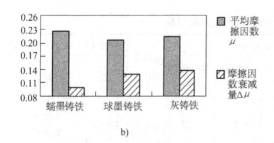

b)

图6-41　与铬钢配副的不同石墨形态铸铁销试样的摩擦磨损特性

a）磨损率状况　b）摩擦因数状况

墨铸铁具有最高的摩擦因数与最低的摩擦因数衰减量。上述特性适合于作为制动器材料，如200km/h高速客车蠕墨铸铁制动盘。在蠕墨铸铁中添加P、Cr等合金元素，可以显著提高耐磨性，增加摩擦因数。

稀土硼蠕墨铸铁是制取高强度耐磨缸套的一种新材质。图6-42和图6-43所示为稀土蠕墨铸铁、硼灰铸铁、稀土硼蠕墨铸铁和高磷铬灰铸铁、铬钼铜合金铸铁分别在测定干摩擦条件下硬相磨损的SKODA试验机上和润滑条件下，有磨粒磨损的MS-3试验机上测得的磨损相对值。在硼灰铸铁生产工艺基础上，用稀土处理获得稀土硼蠕墨铸铁气缸套比普通硼灰铸铁气缸套使用寿命提高25%~55%。

图6-42　SKODA试验机测得的磨损相对值

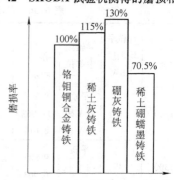

图6-43　MS-3试验机测得的磨损相对值

添加磷，可以提高蠕墨铸铁的摩擦因数，降低其磨损量（见图 6-44）。

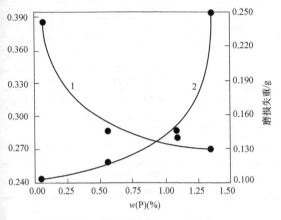

图 6-44　磷含量对蠕墨铸铁摩擦磨损性能影响的试验研究结果

1—磨损失重-磷含量曲线　2—摩擦因数-磷含量曲线

3. 耐热疲劳性能

铸铁件在反复加热冷却引起交变热应力的条件下工作时，失效的形式一般有开裂、龟裂和变形。

测定耐开裂性的方法不一，一般是将测试材料加工成一定尺寸的试样，在特定的加热装置中加热至指定温度，然后激冷，如此反复循环，直至试样边角出现可见的裂纹，根据当时冷热循环次数来衡量耐开裂的能力。几种铸铁的耐开裂性见表 6-38 和表 6-39。由表可见，比较灰铸铁、蠕墨铸铁和球墨铸铁的热疲劳性能，以球墨铸铁的为最好，蠕墨铸铁次之（接近球墨铸铁），灰铸铁最差。循环温度的最高温度越高，材质的热疲劳性能差别越大。蠕化率高的蠕墨铸铁的热疲劳性能较蠕化率低的差。蠕化率降低到 50% 时，热疲劳性能接近球墨铸铁。蠕化剂的种类对蠕墨铸铁的力学性能影响不大，但对热疲劳性能影响较大。稀土系较镁钛系蠕化剂的蠕墨铸铁的热疲劳性能好。这与稀土系蠕虫状石墨短粗、端部圆钝，使蠕墨铸铁应力集中系数小有关。

另一种方法是将不同试样在相同加热冷却制度下，经过固定的循环次数，通过测量裂纹长度来比较各种铸铁的耐开裂性。

材料的耐龟裂性的测定和上述相似，只是在较大的试样平面上来比较和观察龟裂的严重程度。

表 6-38　几种铸铁的耐开裂性

材料	化学成分（质量分数，%）					珠光体（体积分数，%）	出现首次裂纹循环数/次		
	C	Si	S	RE	Ca		250～500℃	250～700℃	250～950℃
灰铸铁 HT200	3.30	1.52	0.04	—	—	100	7900	340 350 460	80 100 180
蠕墨铸铁（蠕90）	3.80	2.67	0.018	0.070	0.0013	30	11250	1200 1300 1650	460 640 450
蠕墨铸铁（蠕50）	3.65	2.72	0.014	0.099	0.0024	50	15760	1250 1900 1800	680 660 640
球墨铸铁	3.67	2.51	0.005	0.085	0.034①	75	18000	1100 1400 1800	620 550 640

① 为 Mg 含量。

有研究者研究了 V-Ti 灰铸铁、V-Mo 灰铸铁以及球墨铸铁、蠕墨铸铁的耐热疲劳性能。试样化学成分见表 6-40。试验加热冷却制度分别为 700℃和 800℃保持 10min 后水冷，反复加热冷却到 50 次和 100 次后测量试样表面龟裂纹的宽度，以此来比较各种铸铁的耐热疲劳性能。试验结果（见图 6-45）表明，蠕墨铸铁的耐热疲劳性能优于球墨铸铁、V-Mo 灰铸铁和 V-Ti 灰铸铁。

表 6-39 灰铸铁采用不同蠕化剂的蠕墨铸铁的耐开裂性比较

铸铁材料牌号及蠕化剂种类		蠕化率(%)	热循环温度和产生首次裂纹的循环次数/次		
			250~500℃	250~700℃	250~950℃
灰铸铁	HT200	—	7900	350~460	80~180
	HT250	—		350	
蠕墨铸铁	RE-Si-Fe 合金	90	—	1000~1200	—
	RE-Si-Ca-Fe 合金	90	11250	1000~1200	450~640
		50	14500	1250~1900	640~680
	Mg-Ti-Si-Fe 合金	90	8000	280~420	
		50	19000	900	—
	RE-Mg-Ti-Si-Fe 合金	≥80	—	630~920	
		≥50		1300~1660	
	球墨铸铁	—	18000	1100~1800	620~640

表 6-40 试样化学成分（质量分数）
（%）

材质	C	Si	Mn	P	S	V	Ti	Mo	Mg
V-Ti 灰铸铁	3.10	1.66	0.75	0.020	0.020	0.24	0.07	—	—
V-Mo 灰铸铁	3.09	1.65	0.78	0.020	0.020	0.20	—	0.52	—
球墨铸铁	3.22	2.20	0.74	0.025	0.012	—	—	—	0.040
蠕墨铸铁	3.20	2.20	0.84	0.025	0.012	—	—	—	0.025

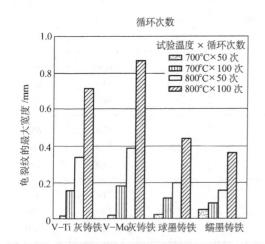

图 6-45 各种铸铁试样表面龟裂纹的最大宽度

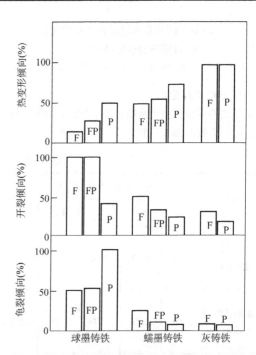

图 6-46 英国铸铁研究协会对各种大断面铸铁
耐开裂、耐龟裂和耐热变形性能的比较
基体组织：F—铁素体，P—珠光体，
FP—铁素体+珠光体

英国铸铁研究协会测定了大断面的铁素体、珠光体和混合基体的灰铸铁、蠕墨铸铁及球墨铸铁的耐开裂、耐龟裂和耐热变形的性能，如图 6-46 所示。

结果表明，材料由灰铸铁到蠕墨铸铁到球墨铸铁，铸件的变形增加，而龟裂和开裂减轻。球墨铸铁的热疲劳性能虽然很好，但抗蠕变能力差，变形倾向大。在有约束的条件下，将导致较大的内应力，促使裂纹的产生和扩展。

对于蠕墨铸铁和球墨铸铁，基体组织中铁素体数量增加，会使铸件变形增加，而开裂则减轻。

应当指出，由于测试方法的不同，试样所受的应力状况不一样，因而各自的试验结果往往不尽相同。一般说来，蠕墨铸铁比球墨铸铁和灰铸铁有更优的综合热疲劳性能，因此特别适宜于制造柴油机缸盖、排管、钢锭模以及玻璃模具等耐热件。

4. 抗氧化、抗生长性能

经测定，几种铸铁在 850℃保温 150h 的氧化增重见表 6-41。

表 6-41　几种铸铁在 850℃保温 150h 的氧化增重

材　　质	灰铸铁	蠕墨铸铁	球墨铸铁
氧化增重/[g/(m²·h)]	13.6	11.8	6.2

在上述条件下，蠕墨铸铁的生长率为 0.46%，灰铸铁为 1.59%。

有试验表明，大截面蠕墨铸铁和灰铸铁试样在空气中连续加热 32 周，在 500℃时两者的生长和氧化无显著差别；而在 600℃时，蠕墨铸铁的氧化和生长比灰铸铁小得多（见图 6-47）。

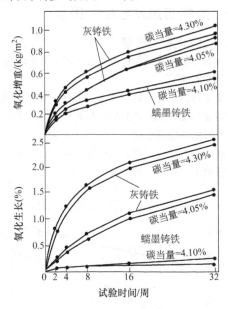

图 6-47　大截面铸铁试样在 600℃时不同保温时间的氧化和生长

当达到蠕化率较高时，其抗氧化性能低于 D 型石墨灰铸铁（见图 6-48 和图 6-49）。因此，在抗氧化条件下工作的蠕墨铸铁件，应该控制蠕化率在较低的范围。

5. 减振性

减振性是物体在受外力或其他振动源的影响下引起振动，在较短时间内衰减而使振动逐渐消失的一种阻尼性能，它主要影响铸件的动刚度。铸铁的阻尼性能主要取决于石墨的形态。其作用机理是由于石墨片尖端处的基体中，在应力作用下产生微塑性变形，消

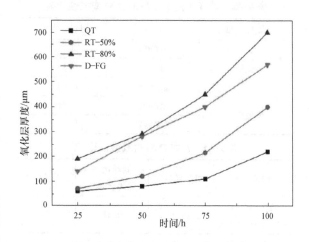

图 6-48　氧化层厚度变化曲线

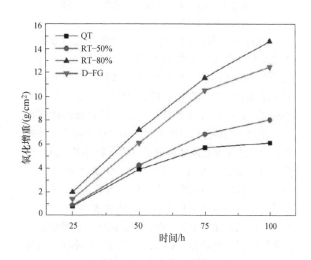

图 6-49　氧化增重曲线

耗了振动能量；同时，石墨片在应力作用下，在层间产生相对滑移，也消耗了振动能量，因而起着阻尼作用。蠕墨铸铁的石墨形态介于片状石墨和球状石墨之间，因此其减振性也是介于灰铸铁和球墨铸铁之间，蠕化率越高，其减振性越接近灰铸铁，甚至优于石墨量少而细的高牌号孕育灰铸铁；反之，越接近球墨铸铁。

采用电磁式激振器使试样和模拟床身产生共振，测试其减振性能。测试结果表明，蠕墨铸铁的减振性（阻尼性能）优于 HT300 高强度灰铸铁而低于 HT200 灰铸铁（见表 6-42）。此外，蠕墨铸铁的减振性不仅远优于 45 钢，而且明显优于球墨铸铁（见表 6-43）。也就是说，蠕墨铸铁在力学性能优于高强度灰铸铁的同时具有优良的动刚度。

表 6-42　试样和模拟床身的相对减振性比较

试件类型	铸铁种类	相对减振性
试样	HT200	1.00
	HT300	0.549
	蠕墨铸铁	0.647
模拟床身	HT300	0.549
	蠕墨铸铁	0.674

表 6-43　几种材料的减振性比较

材质种类	蠕墨铸铁①	低球化率球墨铸铁②	45钢
减振性（%）（应力为20MPa）	0.76	0.51	0.24

① 蠕化率 >50%，珠光体数量（体积分数）>80%。

② 石墨多数是团球状、团片状，余为蠕虫状和球状，珠光体数量（体积分数）>80%。本书视其为低球化率球墨铸铁。

由表 6-44 可见，蠕墨铸铁碳当量变化对减振性变化影响不明显，就像低牌号灰铸铁与蠕化（球化）处理前的蠕墨铸铁（球墨铸铁）那样，它们的碳当量原来都差不多，都是片状石墨铸铁，一旦后者的石墨变成了蠕虫状（或球状）时，它们的减振性就拉开了差距；当铸件壁厚增大时，消振能力提高，减振性改善。这主要是厚断面中蠕虫状石墨较多，而且石墨较粗大之故。此外，碳当量 4.0% 属于亚共晶成分，树枝状的初晶奥氏体使它比碳当量 4.3% 的过共晶成分更容易形成蠕虫状石墨，造成表 6-44 中上一行所列的减振性优于下一行。这也说明，石墨形态对减振性的影响更敏感。所以，为了使蠕墨铸铁在保持较高弹性模量的同时又具有良好的减振性，蠕化处理时应避免"过处理"。

由上述耐磨性、刚性和减振性的叙述来看，蠕墨铸铁这三种性能的综合，可使机床具有最好的精度保持性，对于数控机床蠕墨铸铁铸件更是首选材料，也为铸件减薄壁厚、减轻重量的设计改革提供了优良的材质保证。

表 6-44　珠光体蠕墨铸铁的碳当量、铸件壁厚与减振性的关系

碳当量（%）	铸件壁厚/mm				
	15	30	53	44.5	200
	消振能力/10^{-4}				
4.0	4.0	4.0	4.6	5.0	5.0	7.3
4.3	4.0	4.3	4.3	5.0	6.3

6. 耐蚀性

在体积分数为 5% 硫酸溶液中的试验表明，蠕墨铸铁的耐蚀性介于灰铸铁和球墨铸铁之间，球墨铸铁的耐蚀性比灰铸铁好 3~4 倍；这三种铸铁抗海水腐蚀能力也表现出类似的结果。

将蠕墨铸铁、HT300 和 HT200 孕育灰铸铁切削成尺寸为 40mm×24mm×5mm 的试样，每种 6 个分别置于体积分数为 1% HCl 水溶液、10% NaOH 水溶液和 25℃的饱和水蒸气中，每隔 3 天测量一次试样重量的变化，共测量了 9 次。初步结果表明，蠕墨铸铁耐碱腐蚀性较好，耐酸腐蚀性不及孕育灰铸铁，耐水腐蚀性未见有规律变化。这与国外报道的结果基本一致：在常温下，铈铸铁在弱碱性溶液中和海水中是稳定的。在 100℃的体积分数为 50% 苛性钠溶液中也是比较稳定的；在常温下，铈铸铁在酸性溶液中的耐蚀能力是很差的。

6.3　影响组织及性能的因素

6.3.1　蠕化率与性能

在基体组织相同条件下，蠕化率对蠕墨铸铁的性能有很大影响。

蠕墨铸铁中的球状石墨数量增加，蠕化率降低，抗拉强度和延伸率随之提高。与此同时，热导率、减振性和收缩性能将恶化。

蠕化率对抗拉强度、断后伸长率、硬度和弹性模量的影响如图 6-50~图 6-53 所示。

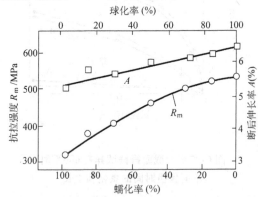

图 6-50　蠕化率对蠕墨铸铁抗拉强度 R_m 和断后伸长率 A 的影响

蠕化率的高低也影响到蠕墨铸铁的热导率，随着蠕化率的提高而提高，最终逐渐接近于灰铸铁的热导率（见图 6-22 和图 6-23）。

同样蠕化率下，蠕墨铸铁的抗拉强度和断后伸长率还受石墨形态（即石墨的长与宽的比值）的影响。石墨形态细长，其强度和断后伸长率都较粗短的为低，对耐热疲劳性能的影响更大。而石墨形态则因蠕化剂的不同有所变化。稀土系蠕化剂较镁钛系石墨形态的粗短。

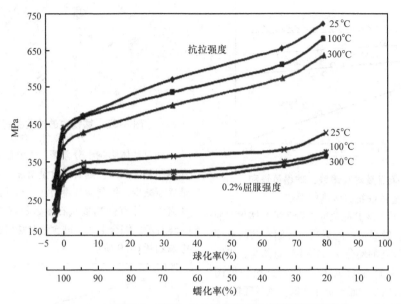

图 6-51　不同温度下蠕化率对抗拉强度和屈服强度的影响

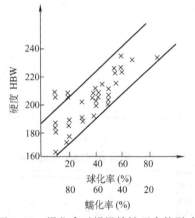

图 6-52　蠕化率对蠕墨铸铁硬度的影响

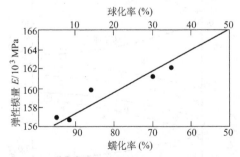

图 6-53　蠕化率对蠕墨铸铁弹性模量的影响

综上所述，在蠕墨铸铁生产中，控制蠕化率是非常重要的，同时为满足蠕墨铸铁件不同的使用性能要求，选用适当的蠕化剂也应该受到重视。

6.3.2　基体组织与性能

同样蠕化率时，珠光体基体的蠕墨铸铁的抗拉强度、屈服强度和硬度大于混合基体（珠光体 + 铁素体）的，混合基体的又大于铁素体基体的。而铁素体基体的蠕墨铸铁的断后伸长率大于混合基体和珠光体基体的蠕墨铸铁（见表6-8）。

珠光体数量增加，蠕墨铸铁的热导率降低，但比热容提高（见图6-25和图6-26）。

在化学成分和基体组织基本相同的条件下，球墨铸铁的性能大于蠕墨铸铁，蠕墨铸铁的性能又大于灰铸铁。

6.3.3　常规化学成分

化学成分对蠕墨铸铁的影响包括对获得蠕虫状石墨和对基体的影响，这两者进而影响蠕墨铸铁的力学性能和其他性能。化学成分还影响蠕墨铸铁的铸造性能，应根据这些影响选择蠕墨铸铁的化学成分。

1. 碳、硅及碳当量

蠕墨铸铁生产中一般采用共晶附近的化学成分以有利于改善铸造性能。常用的碳当量（CE）为 4.3% ~ 4.6%。

碳当量对蠕墨铸铁抗拉强度的影响与灰铸铁和球墨铸铁类似（见图6-54）。随着碳当量的增加，石墨数量和体积分数提高，珠光体数量有所减少，蠕墨铸铁的抗拉强度下降，但其降低幅度比灰铸铁小得多。

碳当量对蠕化率的影响规律取决于共晶度。当共晶度大于1时，即在过共晶范围内，碳当量增加，蠕化率降低，这就是传统所说的"高碳促球"，如图6-55所示。当共晶度小于1时，碳当量增加，蠕化率提高，即在亚共晶范围内，提高碳当量有利于提高蠕

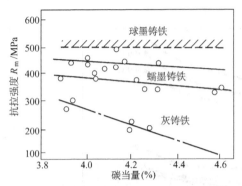

图 6-54　碳当量对灰铸铁、球墨铸铁和蠕墨铸铁抗拉强度的影响

化率。图 6-56 所示为亚共晶范围内碳含量对蠕化率的影响。由此可见，蠕墨铸铁的碳当量控制在共晶范围内，有利于获得较高的蠕化率。需要注意的是，当碳当量过高时，容易产生过共晶开花状石墨（见图 6-57a）。但是，若残余的硫含量非常低，氧活度较小，冷却速度较快，则过共晶石墨为球状（见图 6-57b）。

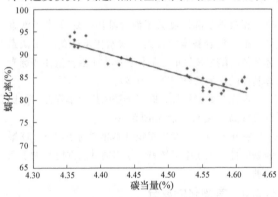

图 6-55　碳当量对蠕化率的影响

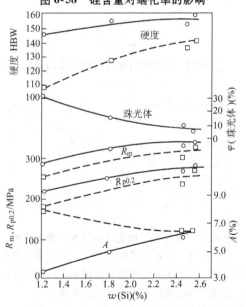

图 6-56　碳含量对蠕化率的影响

$$[w(\mathrm{Si})=2.4\%]$$

碳的质量分数一般取 3.0% ~ 4.0%（较常用 3.6% ~ 3.8%），薄件取上限值，以免产生白口；厚大件则取下限值，以免产生石墨漂浮。

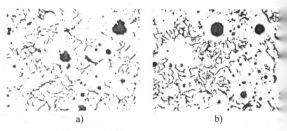

图 6-57　蠕铁中的过共晶石墨形态
a）开花状　b）球状

硅对基体影响十分显著，主要用来防止产生白口和控制基体组织。随着硅含量增加，基体中珠光体数量逐渐减少，铁素体数量增加。与此同时，硅强化了铁素体，并有使蠕虫状石墨数量降低的趋势，如图 6-58 所示。综合上述，硅含量对蠕墨铸铁力学性能的影响如图 6-59 所示。

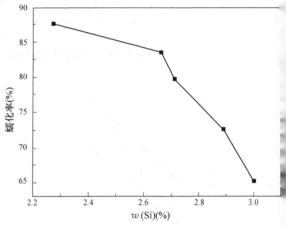

图 6-58　硅含量对蠕化率的影响

图 6-59　硅含量对蠕墨铸铁力学性能的影响
○—铸态　□—退火

为了获得以珠光体为基体的蠕墨铸铁，仅仅靠降低硅含量仍不足以防止蠕虫状石墨周围析出铁素体，而且硅含量过低，会产生渗碳体。一般珠光体基体蠕墨铸铁硅的质量分数控制在 1.9% ~ 2.2% 范围。另外，还需要加入合金元素 Cu、Sn、Sb 等，也可以采用正火热处理。

适当提高硅含量可有效提高蠕墨铸铁的高温力学性能、抗氧化性能和热疲劳性能。中硅耐热蠕墨铸铁的高温强度比普通蠕墨铸铁高 30%，与中硅球墨铸铁相当；抗氧化性能比普通蠕墨铸铁提高 5 倍以上，接近于球墨铸铁，远优于灰铸铁。在急冷急热条件下，其热疲劳性能远优于球墨铸铁和灰铸铁。

2. 锰

锰在常规含量范围内对石墨蠕化无影响，但锰在蠕墨铸铁中起稳定珠光体的作用，因蠕虫状石墨分枝繁多而减弱。锰的质量分数小于 1% 时对蠕墨铸铁的强度、硬度和石墨形态都无明显作用，生产混合基体的蠕墨铸铁可以对锰做某些调整。如果要求铸态下获得韧性较高的铁素体基体蠕墨铸铁，则锰的质量分数应小于 0.4%；如果希望获得强度、硬度较高且耐磨的珠光体基体的蠕墨铸铁件，则须将锰的质量分数适当增加，但这时易产生较多的渗碳体。为此，不能单凭调整锰含量，而须采取降低硅含量和附加合金元素来达到。

3. 磷

磷对石墨蠕化无显著影响。

磷含量过高会形成磷共晶体，降低冲击韧度，提高脆性转变温度，使铸件易出现缩松和冷裂，它对蠕墨铸铁力学性能的影响如图 6-60 所示。

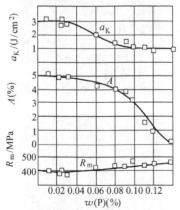

图 6-60 磷含量对蠕墨铸铁力学性能的影响

一般情况下，磷的质量分数控制在 0.08% 以下，但对于有耐磨性要求的工况（如甘蔗轧辊），可将磷的质量分数提高到 0.20% ~ 0.35%。磷含量增加，摩擦因数提高，改善耐磨性。

4. 硫与氧

硫在蠕墨铸铁中是一个有害的元素。它消耗蠕化变质元素，硫含量高，蠕化剂加入量越多，且容易造成蠕化衰退，并易产生夹渣缺陷。

在我国目前电炉熔炼条件下，控制原铁液硫含量在 0.01% ~ 0.02% 范围内，采用稀土镁合金蠕化剂，冲入法处理，将硫量降低到 0.009% ~ 0.012%，生产蠕化率大于 70% 的蠕墨铸铁，控制相对比较容易。但对于控制范围比较窄的高蠕化率（80% ~ 95%）蠕墨铸铁，稳定性差一些。

对于冲天炉熔炼，原铁液硫含量控制在 0.05% ~ 0.07% 范围内比较合适。在此情况下，宜采用稀土基的蠕化剂，但是残留的硫含量高于镁处理的蠕墨铸铁。

另一方面，硫在一定范围内有扩大合适的蠕化剂加入量的作用，即在较宽的蠕化剂加入量范围内均可获得蠕墨铸铁。因此，从方便生产蠕墨铸铁的角度看，不宜追求硫含量过低的原铁液。此外，原铁液中硫含量增加时，稀土蠕墨铸铁的白口倾向减小。这是适量的硫对蠕墨铸铁的有利影响。

蠕墨铸铁生产中最关键的是原铁液中硫含量低而且保持稳定，或者在处理前能迅速准确地测定铁液中硫含量，以保证稳定地获得蠕墨铸铁。

氧对蠕墨铸铁是有害无益的元素。当原铁液氧化严重时，则消耗较多的蠕化剂。处理完毕浇注时，液面如无覆盖或倒包时的吸氧都会加速蠕化衰退。

从蠕墨形成的动力学机制角度讲，实际上，当蠕化处理后残留的硫含量稳定在 0.008% ~ 0.012% 范围内，决定蠕化率的关键因素是铁液中的氧活度，这是影响蠕化率的隐形关键因素。研究表明，正常蠕化处理后铁液的氧活度控制在 200 ~ 400ppb 范围内，才能获得稳定的高蠕化率蠕墨铸铁。

6.3.4 合金元素

蠕墨铸铁基体在铸态下一般含较多铁素体。为提高铸态蠕墨铸铁的珠光体数量及其硬度和强度，可加入适当的合金元素。

作为可使用的合金元素有 Cu、Mn、Sb、Sn、Ni、Cr、Mo、V、Ti、B 等。

铜、锰、锑、锡元素加入量对蠕墨铸铁珠光体数量的影响如图 6-61 所示，对硬度的影响如图 6-62 所示，对抗拉强度的影响如图 6-63 所示。

加入合金后珠光体数量对抗拉强度的影响如图 6-64 所示。

当蠕化率小于 90% 时，加入锡后蠕化率有增加

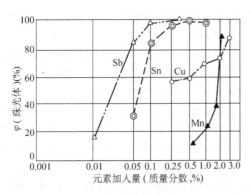

图 6-61　铜、锰、锑、锡元素加入量对蠕墨铸铁珠光体数量的影响

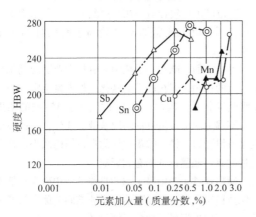

图 6-62　铜、锰、锑、锡元素加入量对蠕墨铸铁硬度的影响

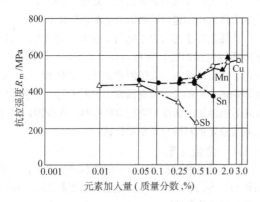

图 6-63　铜、锰、锑、锡元素加入量对蠕墨铸铁抗拉强度的影响

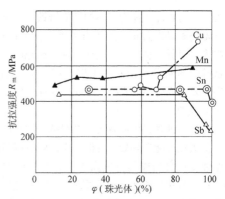

图 6-64　合金元素加入后其珠光体数量对抗拉强度的影响

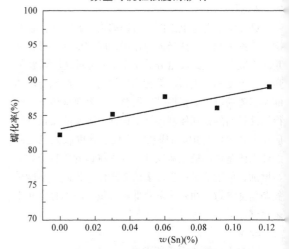

图 6-65　锡对蠕化率的影响

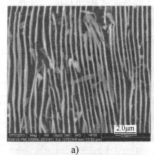

a)

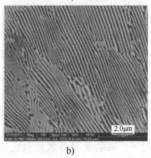

b)

图 6-66　锡细化珠光体片间距

a) $w(Sn) = 0.003\%$　b) $w(Sn) = 0.057\%$

趋势（见图 6-65），但当蠕化率超过 90% 时，锡的加入量对蠕化率影响不大。另外，加入锡细化珠光体片间距（见图 6-66），能够提高抗拉强度（见图 6-67），但当锡含量大于 0.1% 时，易产生渗碳体，强度和断后伸长率降低。锑的加入量对蠕墨铸铁蠕化率和基体组织的影响见表 6-45。

此外，也可加入常用的 Ni、Cr、Mo、V 等合金元素来增加珠光体数量，并细化和稳定珠光体。

蠕量铸铁常用合金元素及其作用和特点见表6-46。

单一合金元素对基体的强化作用不如两种或两种以上合金元素的作用强烈，因此生产中有时采用加入多种合金元素的方法。

6.3.5 蠕化元素

1. 稀土

稀土是一个弱球化元素，曾经作为主蠕化元素单独使用。稀土加入铁液中首先起净化作用，去除氧、硫、氢、氮，其中消耗去除硫居多。

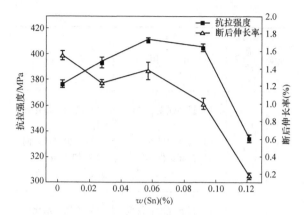

图 6-67　锡对抗拉强度和断后伸长率的影响

表 6-45　锑的加入量对蠕墨铸铁蠕化率和基体组织的影响

序号	锑加入量（质量分数,%）	蠕化率[1]（%）					基体组织（珠光体 + 铁素体 + 渗碳体）[2]				
		3mm	6mm	12mm	25mm	50mm	3mm	6mm	12mm	25mm	50mm
1	0.000	球	40	70	85	85	75 + 0 + 25	80 + 20	30 + 70	25 + 75	25 + 75
2	0.005	10	60	80	90	85	70 + 0 + 30	80 + 20	70 + 30	60 + 40	50 + 50
3	0.008	5	70	80	85	80	70 + 0 + 30	75 + 25	70 + 30	60 + 40	50 + 50
4	0.011	15	75	85	90	90	75 + 0 + 25	80 + 20	70 + 30	70 + 30	60 + 40
5	0.017	30	80	90	95	95	75 + 0 + 25	85 + 15	80 + 20	80 + 20	70 + 30
6	0.023	80	90	95	95	95	80 + 0 + 20	90 + 10	85 + 15	90 + 10	85 + 15
7	0.029	90	95	95	100	100	80 + 0 + 20	100 + 0	100 + 0	95 + 5	95 + 5
8	0.035	90	95	95	100	100	85 + 0 + 15	100 + 0	100 + 0	100 + 0	95 + 5
9	0.010	50	70	80	85	80	80 + 0 + 20	100 + 0	100 + 0	100 + 0	100 + 0

① 采用标准牌号 195105A 的稀土硅铁镁合金蠕化处理，其化学成分（质量分数,%）为 RE = 4.0 ~ 6.0，Mg = 7.0 ~ 9.0。

② 截面尺寸为 6 ~ 50mm 的试样，无渗碳体。

表 6-46　蠕墨铸铁常用合金元素及其作用和特点 （续）

元素	常用量（质量分数,%）	作　用	特　点	元素	常用量（质量分数,%）	作　用	特　点
Cu	0.4 ~ 1.0	1）提高强度、硬度 2）提高耐磨性 3）提高铸件均匀性	1）增加并细化珠光体 2）降低白口倾向 3）加入量较多	Sb	0.03 ~ 0.06	1）提高强度 2）提高耐磨性	1）增加珠光体作用强烈 2）加入量宜少。过量会危害石墨形态而变脆
Mn	0.5 ~ 1.2	1）提高强度、硬度 2）提高耐磨性	1）增加并细化珠光体 2）易偏析、白口倾向大 3）加入量较多	Sn	0.03 ~ 0.1	1）提高硬度 2）提高耐磨性	1）增加并细化珠光体 2）加入量少，作用大 3）较贵

（续）

元素	常用量（质量分数,%）	作　用	特　点
Ni	0.5 ~ 1.0	1) 提高强度、硬度 2) 提高耐磨性 3) 提高铸件均匀性	1) 增加并细化珠光体 2) 减少白口倾向 3) 加入量较多，但较贵
Cr	0.2 ~ 0.35	1) 提高强度、硬度 2) 提高耐磨性 3) 提高耐热性	1) 增加并细化稳定珠光体 2) 增加白口倾向
Mo	0.2 ~ 0.3	1) 提高强度、硬度 2) 提高耐磨性 3) 有效提高耐热性	1) 有效地增加、细化、稳定珠光体 2) 过量则增加白口倾向 3) 较贵，必要时使用
V	0.2 ~ 0.4	同 Mo	1) 增加、细化、稳定珠光体 2) 增大白口倾向 3) 常用 V-Ti 生铁带入
Ti	0.1 ~ 0.2	提高耐磨性	1) 与碳氮形成化合物，呈硬质点弥散分布 2) 常用 V-Ti 生铁或含 Ti 蠕化剂带入 3) 属于干扰元素
B	0.02 ~ 0.04	提高硬度、耐磨性	形成硼碳化合物，呈硬质点分布

用于脱硫所消耗的稀土量为

$$w(轻稀土) = 3[w(S_原) - w(S_残)] \quad (6-3)$$

$$w(重稀土) = 2.2[w(S_原) - w(S_残)]$$

式中　$w(轻稀土)$——轻稀土的质量分数（%），其他含义同此。

净化铁液后，剩余的稀土才能起石墨变质作用。要使石墨变质为蠕虫状，铁液中应含残余稀土的质量分数大致在 0.045% ~ 0.075% 之间。此值因铸件壁厚等因素不同而稍有差异。

如果残余稀土含量低于临界量的下限，石墨仍为片状；在上下临界量范围内，则为不同蠕化率的蠕虫

状石墨（蠕化率 >50%）；超出临界量的上限，则团球状石墨数量过半，超出蠕墨铸铁的范围，逐渐趋向球墨铸铁。

在此临界量的范围内，随着残余稀土含量的增加，蠕墨铸铁的蠕化率逐渐下降，如图 6-68 所示。

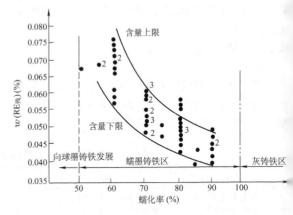

图 6-68　残余稀土含量 RE$_残$ 与蠕化率的关系（曲线中数字表示重合次数）

生产中希望残余稀土上下临界量范围宽些，以便较易获得蠕墨铸铁。

用稀土蠕化的质量分数范围为 0.075% - 0.045% = 0.03%，较用镁蠕化的含量范围宽，而且稀土不易导致较圆整的球状石墨产生，特别是在厚大件中。因此，它是较常用的蠕化元素。

稀土硅铁合金或混合稀土中含有多种稀土元素。研究表明，La、Ce、Pr、Nd 四种单一稀土元素获得蠕墨铸铁的适宜含量范围大小次序是 La > Pr > Nd > Ce，所以作为单一稀土元素，镧是较好的蠕化元素。

虽然稀土的蠕化范围较宽，但是具有强烈增加铸铁白口倾向的作用。硫含量不同，其白口倾向也不同（见图 6-69）。首先，随着稀土加入量增大，铸件断

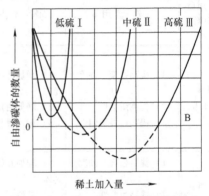

图 6-69　低碳当量白口铸铁加稀土后，不同硫含量铸铁白口变化情况

面逐渐由白口变为灰口，再由灰口转变为白口，铁液的硫含量越高，则需要越多的稀土来完成这种"白-灰-白"的变化过程。

另外，无论哪种蠕化剂，稀土含量越高，则白口顷向越大，如图 6-70 所示。除此之外，利用稀土元素为主的蠕化剂（稀土硅铁、稀土硅钙等）没有"沸腾效应"，会在铁液表面形成大量的浮渣，并且由于形成的稀土氧化物、硫化物和硫氧化合物的密度较大，上浮速度慢，铸件凝固后有很大一部分残留在铸件中。

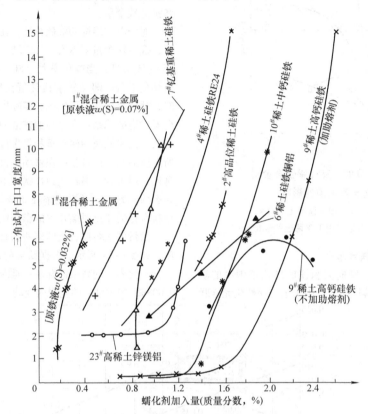

图 6-70　蠕化剂加入量与三角试片白口宽度的关系

注：1. 三角试片尺寸：宽 15mm × 高 40mm。

　　2. 浇前均孕育 0.3%（质量分数）75 硅铁。

　　3. 原铁液硫含量在曲线中未注明者，均 <0.035%（质量分数）

2. 镁

镁加入铁液中，首先起脱氧去硫作用，它所消耗的镁含量为

$$w(Mg_{硫}) = \frac{24.321}{32.04}[w(S_{原}) - w(S_{残})]$$
$$\approx 0.76[w(S_{原}) - w(S_{残})] \quad (6-4)$$

式中　$w(Mg_{硫})$——去硫所消耗镁的质量分数（%），其他含义同此。

处理中镁沸腾烧损的损耗量为 $w(Mg_{损})$，残余在铁液中的镁含量为 $w(Mg_{残})$，则

$$w(Mg_{总}) = w(Mg_{损}) + w(Mg_{硫}) + w(Mg_{残})$$
$$(6-5)$$

生产中常用镁的吸收率 A（%）来表示镁被吸收利用的程度：

$$吸收率 A = \frac{w(Mg_{硫}) + w(Mg_{残})}{w(Mg_{总})} \times 100\%$$
$$= \frac{0.76[w(S_{原}) + w(S_{残})] + w(Mg_{残})}{w(Mg_{总})} \times 100\%$$
$$(6-6)$$

镁的吸收率视镁的加入形式（纯镁还是合金镁等）、加入方法和铁液温度而异，生产中镁的吸收率为 30% ~ 50%（冲入法）。

在所有元素中，镁的球化变质能力最强，但单用镁作蠕化剂却十分困难，因镁的蠕化含量范围很窄，质量分数仅在 0.005% 以下（见图 6-71 中曲线 1），故在生产中难于实现。但若外加干扰元素钛和微量稀土，则镁的蠕化含量范围可扩大到 0.015%，甚至更宽（见图 6-71 中曲线 2），因此此法得到生产应用。

图中曲线 3 为不适当成分的蠕化剂。

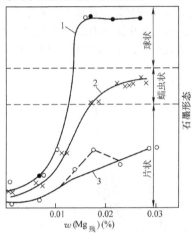

图 6-71　单加镁及加镁钛合金对
蠕化含量范围的影响

1—单加镁　2—加镁钛稀土的合金
3—含干扰元素但采用不含稀土的镁合金

3. 稀土和镁的联合作用

为克服稀土白口倾向大和镁的蠕化范围窄的缺点，目前生产蠕墨铸铁通常采用稀土与镁蠕化元素联

合作用进行蠕化处理。可以利用稀土硅铁合金与稀土镁硅合金机械混合后作为蠕化剂，或者熔炼成稀土含量较高的稀土镁硅铁合金蠕化剂。其中，稀土主要起脱氧去硫的作用，镁起引爆、搅拌和蠕化的作用。对于冲天炉熔炼的高硫铁液，可参考图 6-72 控制稀土和镁的残余量。

对于电炉熔炼的低硫铁液，在适量残余稀土条件下，残余镁含量对蠕化率的影响如图 6-73 所示。由图 6-73 可见，当蠕化率大于 80% 时，存在一个平缓的蠕化平台，即当残余镁含量在较低的范围内变化时，蠕化率的变化不敏感。实际生产中，这个蠕化平台所对应的残余镁含量与原铁液中的硫含量和氧含量有关。当原铁液的硫含量和氧含量较低时，蠕化平台所对应的残余镁含量向左移动，否则向右移动。也就是说，蠕虫状石墨转变为片状石墨的残余镁临界值是动态的。另外，当蠕化率在 30% ~ 80% 之间时，残余镁含量的变化对蠕化率的影响比较敏感。

微量的残余镁就能够将片状石墨转变为蠕虫状石墨，如图 6-74 所示。根据铁液的活性硫和活性氧的含量，交界处的残余镁含量不是固定不变的，大约在 0.008% ~ 0.011% 的范围内变动。

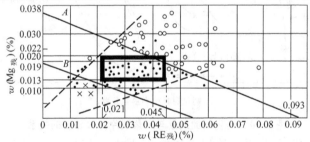

图 6-72　石墨形态与残余镁、稀土含量的关系

●—蠕虫状石墨 >50%，余为团球状　○—团球状石墨 >50%，余为蠕虫状　×—片状石墨

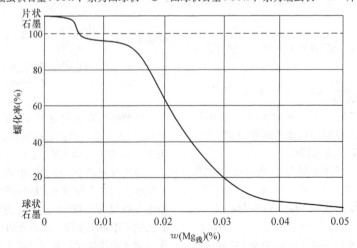

图 6-73　残余镁含量对蠕化率的影响

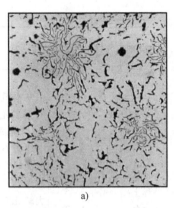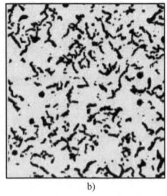

a)　　　　　　　　　　　　　　b)

图 6-74　质量分数为 0.001%的活性残余镁足以使片状石墨转变为蠕虫状石墨

a）片状石墨与蠕虫状石墨转变交界处（R_m 300MPa）

b）质量分数为 0.001%的 Mg 完全变成蠕虫状石墨（蠕化率 97%，R_m 450MPa）

蠕墨铸铁生产中最困难的是蠕化平台并不是固定不变的。如果活性硫和活性氧含量高，消耗的镁多，那么蠕化平台右移，蠕化需要较高的总镁含量。相反，如果活性硫和活性氧含量低，消耗的镁少，蠕化平台左移，相同蠕化率需要较低的总镁含量。同时，活性氧影响孕育效果。较高的氧活度意味着共晶石墨核心多，有利于形成石墨球，使得蠕化平台下移。相反，较低的氧活度使得石墨核心少，有利于形成蠕虫状石墨，导致蠕化平台上移。由于稳定蠕化平台位置的移动，蠕墨铸铁不可能仅仅通过控制铁液的化学成分可靠地生产。对于大批量生产蠕墨铸铁，必须采纳化学成分服从显微组织的观念。

生产实践表明，若控制蠕化率大于 80%，一般控制 $w(RE) = 0.01\% \sim 0.015\%$，$w(Mg) = 0.01\% \sim 0.016\%$。

4. 钙

钙加入铁液中首先脱硫、脱氧。脱氧能力的顺序为 Ca > Ce > Mg，脱硫能力的顺序为 Ce > Ca > Mg，而使石墨变质能力的顺序为 Mg > Ce > Ca。由于钙的原子半径与铁的相差较大，钙在铁液中的溶解度很低，铁液中加入含钙合金时，钙的吸收率仅为 3%，所以钙的变质能力最低。生产中很少单独用钙作蠕化元素，一般都与其他蠕化元素配合使用。正因为钙的吸收率很低，因此按合金元素加入量计，钙的蠕化临界范围较宽。钙是石墨化元素，用含钙蠕化剂处理的铁液，白口倾向较小。

6.3.6　干扰元素

干扰元素即反球化元素，分为消耗型、晶界偏析型和混合型三种。它们在蠕墨铸铁中的控制与在球墨铸铁中有所不同，见表 6-47。一定注意，加钛蠕化剂处理的蠕墨铸铁加工性能差，蠕虫状石墨细长，铁液中钛含量不断累积，并且炉料管理困难。

表 6-47　蠕墨铸铁中干扰元素的控制

类型	代表元素	控制
消耗型	S、O、Se、Te	控制质量分类范围严格，出入过大会导致蠕化失败
晶界偏析型	Ti、Al	有利于放宽蠕化范围，有时故意保留或加入（见图 6-71）
混合型	Sb、Sn、Cu、B	蠕墨铸铁中不求石墨圆整，故可放宽限制，有时为强化基体故意以合金元素加入

6.3.7　冷却速度

在相同的化学成分下，随着铸件壁厚的增大，冷却速度减小，则得到的蠕墨铸铁件的蠕化率大（见图 6-75），同时铁素体数量也增加。这两者都将导致

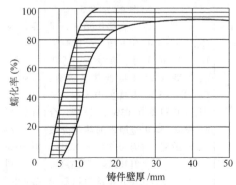

图 6-75　阶梯试样中铸件壁厚对蠕化率的影响（用不同蠕化剂进行型内处理）

材料的抗拉强度和硬度略有下降（见图 6-50 和图 6-52）。反之，铸件减薄，珠光体数量略有增加，蠕化率降低，强度和硬度提高。这种差异的大小，也随所用蠕化剂的不同而不同。

当铸件壁厚过小，冷却速度很快时，则会出现游离渗碳体。

在高蠕化率范围内（90% 以上），冷却速度对蠕化率影响程度小于低蠕化率范围（60% ~ 80%）。

6.4 蠕化处理工艺和控制

6.4.1 蠕化剂

蠕化剂的种类较多，为在生产中稳定地获得合格的蠕墨铸铁件，必须根据生产条件（如熔炼设备、铁液化学成分和温度，以及蠕墨铸铁件的生产批量）和铸件特征（如重量、壁厚）来选定蠕化剂品质、加入量及处理方法。

1. 镁钛系蠕化剂

单用镁作为蠕化剂的处理范围极窄，所以镁系蠕化剂中都加钛和微量稀土，使之成为处理范围较宽、白口倾向小、在铁液中能自沸腾的蠕化剂。蠕化处理时无须搅拌铁液，操作简便。

镁系蠕化剂中镁和稀土为蠕化元素，钛为干扰元素有利于放宽蠕化范围。如果所用生铁本身含有较高的干扰元素钛，则可酌量减少蠕化剂中的钛含量。几种典型的镁钛系蠕化剂的特点及应用见表 6-48。

表 6-48 镁钛系蠕化剂的特点及应用

蠕化剂	化学成分（质量分数,%）	特 点	应 用
镁钛合金	Mg: 4.0 ~ 5.0 Ti: 8.5 ~ 10.5 Ce: 0.25 ~ 0.35 Ca: 4.0 ~ 5.5 Al: 1.0 ~ 1.5 Si: 48.0 ~ 52.0 Fe: 余量	熔点约为 1100℃，密度为 3.5g/cm³，合金沸腾适中，操作方便，白口倾向小，渣量少；适用于接近共晶成分、大量生产 w(S) = 0.03% 的铁液，合金加入的质量分数为 0.7% ~ 1.3%，但其回炉料残存钛，会引起钛的积累和污染问题	英、美等国应用较多，商品名为 FooteCG 合金（英国铸铁研究协会和美国 Foote 矿业公司研制并生产）
镁钛稀土合金	Mg: 4 ~ 6 Ti: 3 ~ 5 RE: 1 ~ 3 Ca: 3 ~ 5 Al: 1 ~ 2 Si: 45 ~ 50 Fe: 余量	基本同镁钛合金。与镁钛合金相比，RE 含量提高后有利于改善石墨形貌及提高耐热疲劳性能，延缓蠕化衰退，扩大蠕化范围；由于生铁本身已含一些钛，因此酌量减少蠕化剂中的钛含量和减少外界带入的钛的污染和累积	东风汽车集团公司采用该合金在流水线上生产薄壁铸件
镁钛铝合金	Mg: 4 ~ 5 Ti: 4 ~ 5 Al: 2 ~ 3 Ca: 2.0 ~ 2.5 RE: 0.3 Si: 48 ~ 52 Fe: 余量	利用镁作为蠕化元素，以钛、铝作为干扰元素以增加生产稳定性	罗马尼亚应用于试生产大型钢锭模和液压阀体

试验表明，加入 $w(Ti) = 0.05\%$，虽能提高蠕墨铸铁的耐磨性，但恶化了加工性能。只有在那些加工量不大的零件（如排气管）中推荐使用镁钛合金。

2. 稀土系蠕化剂

以稀土为主的蠕化剂大致可分为四类：稀土硅铁合金、稀土钙硅铁合金、稀土镁硅铁合金和混合稀土金属。它们都有较强的蠕化能力，其中稀土硅铁合金在我国蠕墨铸铁生产中应用最多，几种典型的稀土系蠕化剂的特点及应用见表 6-49。稀土系蠕化剂多用于高硫铁液。

由于稀土冶炼技术的进步，开发出了一种稀土硅化物，这种中间合金具有与稀土硅铁类似的成分。通常 RE 的质量分数为 29% ~ 33%，Si 的质量分数为 45% ~ 55%，其蠕化处理的方法与稀土硅铁相同，但是其蠕化范围明显较宽，白口倾向明显较小。据资料介绍，这主要是因为该稀土硅化物的稀土中 La 的质量分数高达 35% ~ 38%，与稀土硅铁相比高 10% 以上。另外，其硅的质量分数也较高，而且其中含有较多的自由硅相，具有一定的自孕育作用。

表 6-49　稀土系蠕化剂的特点及应用

蠕化剂	化学成分 （质量分数，%）	特　点	应　用
稀土硅铁合金： FeSiRE27 FeSiRE30 稀土硅化物	RE：26 ~ 32 Mn < 1 Ca < 5 Si < 45 Fe：余量	蠕化处理反应平稳，铁液无沸腾，稀土元素自扩散能力弱，需搅拌。回炉料无钛的污染，但白口倾向较大 合金加入量主要取决于合金中稀土的质量分数、原铁液的硫含量 稀土硅铁合金[$w(RE)=30\%$]临界加入量 | $w(S)(\%)$	0.03	0.05	0.07	0.09	0.11 | |---|---|---|---|---|---| | 加入的质量分数（%） | 0.60 | 0.82 | 1.05 | 1.28 | 1.54 | 一般稀土残余质量分数约为 0.045% ~ 0.075%	在我国应用广泛，适于冲天炉和电炉熔炼条件，生产中等和厚大铸件。目前，国内应用此类蠕化剂较少
稀土钙硅铁合金： RECa 13 ~ 13	RE：12 ~ 15 Ca：12 ~ 15 Mg < 2 Si：40 ~ 50 Fe：余量	克服了稀土硅铁合金白口倾向大的缺点，但蠕化处理时合金表面易生成 CaO 薄膜，阻碍合金充分反应，剩余的往往漂浮到铁液表面卷入渣中。处理时需加氟石等助熔剂并搅拌铁液。目前应用较少	最适于用电炉熔炼的高温低硫铁液制取薄、小蠕墨铸铁件；也有个别厂用冲天炉铁液生产大中型铸件的
稀土硅铁镁合金	FeSiMg4RE12 合金 RE：11 ~ 13 Mg：3.5 ~ 4.5 Ca：2 ~ 3 Si：38 ~ 45 Fe：余量	有搅拌作用，白口倾向小。但合金适宜加入量范围窄，处理的铁液温度应大于等于 1480℃	适用于冲天炉和电炉双联熔炼的铁液。一汽集团公司无锡柴油机厂曾采用该合金生产柴油机蠕墨铸铁飞轮和缸盖
	FeSiMg8RE18 合金 RE：17 ~ 19 Mg：7 ~ 9 Ca：3 ~ 4 Si：40 ~ 44 Fe：余量	有搅拌作用，蠕化效果稳定	适于冲天炉高硫铁液
	FeSiMg3RE8 合金 RE：7.5 ~ 8.5 Mg：3 ~ 4 Ca：1.5 ~ 2.5 Si：43 ~ 47 Fe：余量	有搅拌作用，蠕化效果稳定	—
稀土硅铁镁合金	FeSi：Mg4RE9 合金 RE：9.0 ~ 10.0 Mg：4.0 ~ 5.0 Ca：1.5 ~ 2.5 Si：40 ~ 46 Al < 1.0	粒度为 5 ~ 25mm 适用于中厚或较厚铸件 高硫铁液也可使用 反应平稳 回炉料应无钛或其他杂质元素	ZFCV2#

（续）

蠕化剂	化学成分 （质量分数,%）	特　点	应　用
稀土镁锌合金	14REMgZn3~3合金 RE: 13~15 Mg: 3~4 Zn: 3~4 Ca<5 Al: 1~2 Si: 40~44 Fe: 余量	浮渣最少，有自沸腾能力，并且石墨球化倾向小，但适宜加入量范围比稀土硅铁稍窄，而且制备合金时烟雾大，化学成分难以控制，目前应用很少	适于冲天炉铁液，山东省淄博蠕墨铸铁股份公司等曾使用
混合稀土金属	大多采用混合稀土金属，稀土金属中稀土的质量分数大于99%，其中铈的质量分数约为50%	较容易获得蠕墨铸铁，加入量决定于铁液中氧含量及硫含量 如冲天炉铁液，经 CaC_2 脱S后，$w(S)$ 为0.03%，则加入的质量分数为0.25%；感应炉铁液，$w(S)$ 为0.012%；加入的质量分数为0.10% 混合稀土金属价格贵，白口倾向较大。在原铁液硫含量很低时使用才合理	德国、奥地利等国使用，我国生产上尚未使用

3. 稀土镁系蠕化剂

稀土系蠕化剂的蠕化范围较宽，但其白口倾向较大，铸件易产生缩松，而且稀土是不可再生的稀缺战略资源，价格高。为防止产生碳化物，通常需加强孕育处理，这又带来了"孕育促球"问题。因此，以镁为基作为石墨主蠕化元素加以稀土为辅脱硫去氧、降低铁液中硫、氧活度的蠕化处理工艺是当今蠕化处理的发展趋势。其优点是白口倾向和铁液收缩小，铸件不易产生碳化物和缩松，孕育量少，或者不孕育，而且加工性能优于镁钛系和稀土系蠕化剂处理的蠕墨铸铁。表6-50列出了稀土镁系蠕化剂的化学成分及其特点。通常根据原铁液硫含量高低对蠕化剂的稀土含量进行调整。

表6-50　稀土镁系蠕化剂

蠕化剂	化学成分 （质量分数,%）	特点	备注
FeSiMg8RE7	RE: 6~8 Mg: 7~9 Ca<4 Si: 40~50 Fe: 余量	有搅拌作用，但合金适宜加入量范围窄，若处理工艺不稳定，易引起残余Mg、RE量超过临界质量分数，影响蠕化效果的稳定性	国内有部分厂使用，也有的厂将该合金与稀土硅铁、稀土钙复合应用，作引爆剂
FeSiMg6RE6	RE: 5.0~6.0 Mg: 5.0~6.0 Ca: 1.5~2.5 Si: 40~46 Al<1.0	粒度为5~25mm 适用于薄壁或中厚铸件 反应较强 回炉料应无钛或其他杂质元素 适用于 $w(S_原)<0.025\%$	
FeSiMg6RE2	Mg: 5.0~6.0 RE: 1.0~2.0 Ca: 1.5~2.5 Si: 40~46 Al<1.0	粒度为5~25mm 适用于薄壁铸件 反应较强 适用于 $w(S_原)<0.020\%$ 回炉料应无钛或其他杂质元素	ZFCV4# Compactmag5503 如果采用此类蠕化剂，使用"两步法"蠕化处理工艺比较合适
FeSiMg5RE2	Mg: 4.0~5.0 RE: 1.0~2.0 Ca: 1.5~2.5 Si: 40~46 Al<1.0	粒度为5~25mm 适用于薄壁铸件 反应平稳 适用于 $w(S_原)<0.015\%$ 回炉料应无钛或其他杂质元素	

6.4.2 常用蠕化与孕育处理工艺

1. 蠕化处理工艺

蠕墨铸铁生产工艺与球墨铸铁相似，但工艺控制要求更为严格。若"过处理"（蠕化剂加入量或变质元素残余含量过多），则易出现过多球状石墨；若"处理不足"（蠕化剂加入量或变质元素残余含量过少），则易产生片状石墨。为确保蠕墨铸铁生产稳定，合理选择蠕化剂及其处理工艺，以及尽量保持蠕化处理中各项工艺因素的稳定（尤其是原铁液硫含量、处理温度和处理铁液量），是不可忽视的重要环节。常用的蠕化处理方法见表6-51。

表 6-51 常用的蠕化处理方法

处理方法	适当蠕化剂	优 缺 点
包底冲入法	有自沸腾能力的合金，如Mg-Ti合金、FeSiMgRE合金、REMgZn合金	操作简便，但有烟尘。一般采用堤坝式包底冲入法（见图1）。为减少烟尘，提高吸收率，也有采用加盖处理包进行蠕化处理，收效明显。但此法必须与铁液定量装置配合使用，否则铁液量难以控制（见图2） 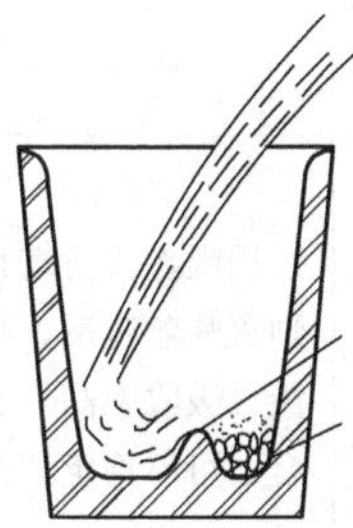 图1 包底冲入法处理 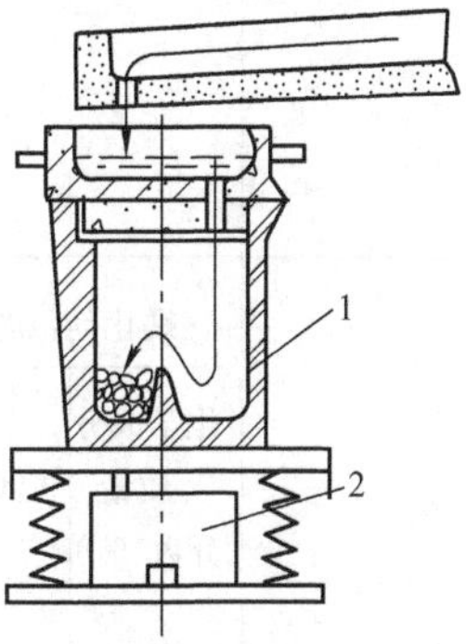　　图2 加盖包处理 1—加盖处理包 2—铁液定量电子秤
	无自沸腾能力的合金，如FeSiRE合金	合金底部须放少量的FeSiMgRE或REMgZn合金起引爆作用，操作较简便，处理效果稳定，生产中被广泛使用
炉内加入	FeSiRE合金	适用于感应电炉铁液生产。出铁前（铁液温度大于1480℃），将合金加入炉内，使其呈熔融状态；出铁时，利用铁液在包中的翻动可得到充分搅拌。此法简便稳定，但一炉只处理一包铁液
出铁槽随流加入	无自沸腾能力的合金，如FeSiRE合金和RECa合金	适于冲天炉熔炼条件，出铁时将粒状合金均匀缓慢撒在铁液流中并进行充分搅拌，操作简便（见图3） 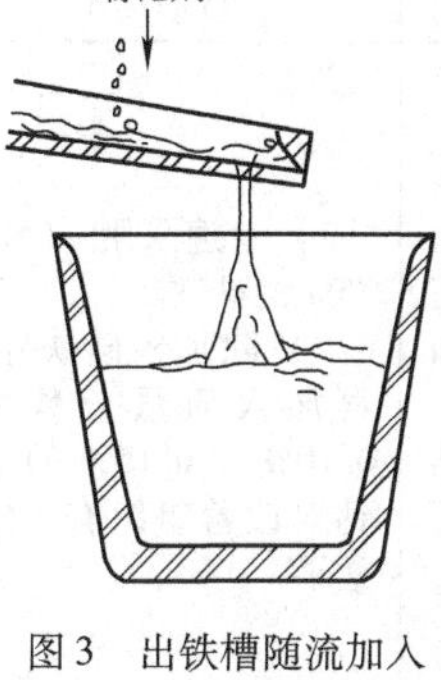 图3 出铁槽随流加入

（续）

处理方法	适当蠕化剂	优 缺 点
中间包处理	无自沸腾能力的合金，如 FeSiRE 合金和 RECa 合金	铁液在流入包内前先与蠕化剂在中间包内混合。此法吸收率高，处理效果稳定，但须增添一个中间包，操作较麻烦（见图4） 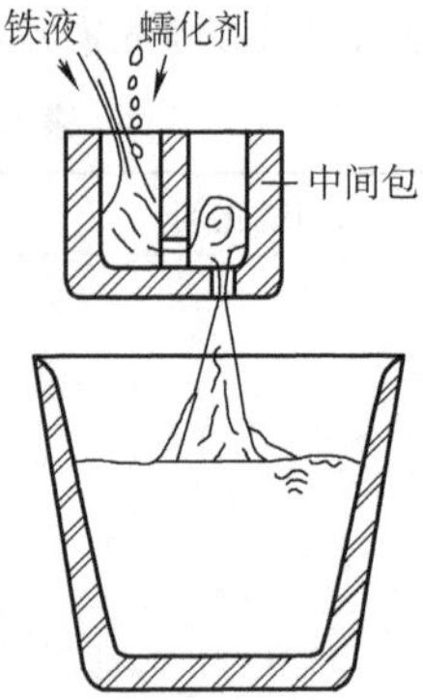 图4 中间包处理

图4 中间包处理

处理方法	适当蠕化剂			优 缺 点
喂丝法处理	蠕化剂包芯线的化学成分			用喂丝机将蠕化剂包芯线以一定速度不间断地连续插入铁液中，通过预置喂丝速度、喂丝长度等参数，可以十分精确地控制蠕化剂的加入量，吸收率高、成本低、烟尘少，与先进的检测方法和计算机控制相结合，可以稳定地获得蠕化率在80%以上的蠕墨铸铁（见图5）

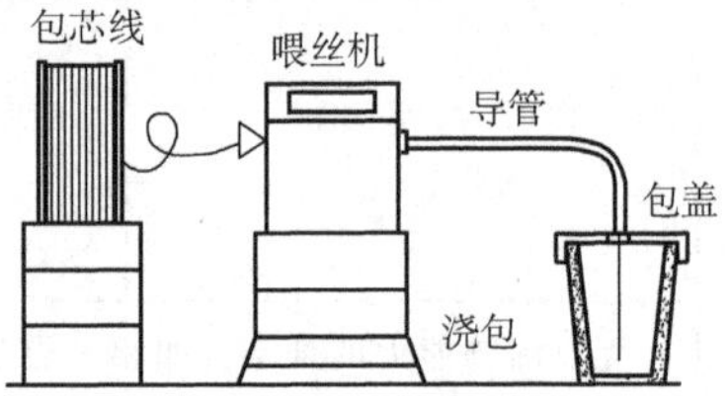

化学成分（质量分数,%）	电炉用	冲天炉用
RE	19 ~ 24	19 ~ 24
Mg	2 ~ 4	3 ~ 5
Ca	3.0 ~ 4.0	2.0 ~ 3.0
Ba	0.5 ~ 2.5	1.5 ~ 3.5
Si	40 ~ 45	40 ~ 55
Fe	余量	余量

图5 喂丝法处理

2. 蠕墨铸铁的孕育处理

虽然一般蠕化剂中含有较多的硅，但孕育处理仍是一项必不可少的工艺操作。根据蠕化处理方法不同，孕育处理方法也不尽相同。孕育处理的要点见表6-52。

表6-52 孕育处理的要点

处 理 效 果	孕育剂选用	工 艺 因 素
1）消除或减少由于镁和稀土元素的加入引起的白口倾向，防止在基体组织中出现莱氏体和自由渗碳体 2）提供足够的石墨结晶核心，增加共晶团数，使石墨细小并分布均匀，提高力学性能	1）普遍采用 $w(\mathrm{Si})$ 75% 的硅铁 2）除加入硅铁外，再加入质量分数为 0.10% ~ 0.15% 的硅钙对改善组织有一定效果	1）根据原铁液的碳硅质量分数，确定孕育剂的加入量，一般为铁液质量的0.3% ~ 0.8%（质量分数） 2）冲入法处理工艺一般采用孕育剂覆盖在蠕化剂上面，必要时（如薄壁铸件）可采用倒包二次孕育工艺 3）稀土蠕墨铸铁对孕育较敏感，当稀土残余含量足以形成蠕虫状石墨组织时，若孕育不足，则白口倾向大，难以消除碳化物；若孕育过量，又易促成球状石墨的形成，降低蠕化率 4）对于未出现碳化物的厚大断面铸件，也可不进行孕育处理 5）用高硫铁液制取蠕墨铸铁时，也可不进行孕育处理，这是由于铁液中生成大量的 CeS、MgS 等颗粒，它们可成为析出石墨核心的基底，可使铸件薄壁处的过冷度减少到很小，从而减少或消除碳化物 6）喂丝蠕化处理可采用同时孕育线处理

但需要注意：孕育处理时会在高温液相中形成许多细小的石墨球核心，部分较大尺寸的石墨球核心生存下来，共晶时被奥氏体壳包围，继续得以球状形式长大，因而孕育处理具有促进石墨球化的效果，如图 6-76 所示。如果孕育剂加入量增加的同时，终硅含量也增加，对蠕化率的影响更显著（见表 6-53）。特别强调的是，微量的随流孕育促球效果更加明显（见图 6-77）。一般情况下，不建议蠕墨铸铁件生产采用随流孕育处理。

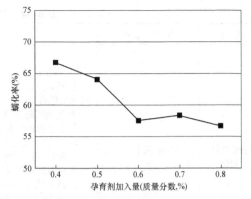

图 6-76　孕育剂加入量对蠕化率的影响

（终硅量为 2.5%）

表 6-53　孕育剂加入量和终硅含量对蠕化率的影响

序号	硅钙孕育剂（质量分数，%）		蠕化率（%）	序号	硅钙孕育剂（质量分数，%）		蠕化率（%）
	加入量	终硅含量			加入量	终硅含量	
1	0.6	2.34	80 ~ 90	5	0.3	2.10	80 ~ 90
2	0.9	2.52	70 ~ 80	6	0.5	2.23	70 ~ 80
3	1.2	2.60	50 ~ 60	7	0.7	2.33	50 ~ 60
4	1.5	2.87	30 ~ 40	8	0.9	2.38	30 ~ 40

注：原铁液硫含量 0.074%（质量分数）；蠕化剂加入量（质量分数）1.6% 稀土硅铁合金 +0.2% 稀土镁硅铁合金；蠕化处理温度为 1450 ~ 1500℃。

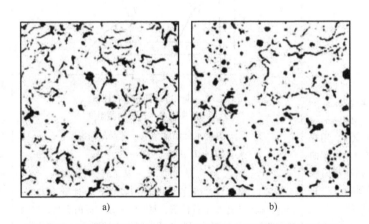

　　　　　a)　　　　　　　　　　　　　b)

图 6-77　微量随流孕育对蠕化率的影响（直径为 5mm 的试棒）

a）孕育前蠕化率为 97%　　b）加入量（质量分数）为 0.08% 孕育后蠕化率为 79%

6.4.3　蠕化率检验

炉前要能快速而准确地判断蠕化处理效果，当处理不足或过处理时，能及时采取调整和补救措施，这是蠕墨铸铁生产中十分重要的环节。此外，在炉后还应进行必要的组织和性能检测，保证蠕墨铸铁件的质量。目前，关于蠕化率的检验方法，除了常用的炉前三角试样判断和快速金相检验方法外，还有热分析法、氧电势法，以及音频检测法和超声波检测法等。这些方法虽然至今仍不很完善，但它们各有特点，有的已在生产上获得应用，并取得了较好的效果。表 6-54 和表 6-55 列出了几种典型的炉前和炉后蠕化率的检验方法，表 6-56 列出了炉前调整及补救措施。

表 6-54　炉前蠕化率检验方法

名　称	方法简述	蠕化鉴别	优　缺　点
三角试样判断	炉前浇注三角试块	1) 蠕化良好 ① 断口呈银白色，有均匀分布的小黑点，黑点占比越大，蠕化率越高 ② 两侧凹陷轻微 ③ 悬空敲击试样，声音清脆 2) 球状石墨过多 ① 断口呈银白色 ② 两侧凹陷严重 ③ 敲击试样，声音清脆 3) 处理不成，石墨为片状 ① 断口呈灰色 ② 两侧无凹陷 ③ 敲击试样，声音闷哑	操作简易，速度快，但不能区分蠕化等级，且易判断失误
快速金相检查	用显微镜观察蠕化等级	1) 参照 GB/T 26656—2011 评定石墨等级 2) 由于铸件一般比试样大，金相试样上观察到的蠕化率与铸件本体有差异，应根据经验找出两者的对应关系	此法直观准确，但需配备专人检查。一般需 3～5min 才能测得结果
热分析法	浇注 $\phi30mm \times 50mm$（$\phi40mm \times 60mm$）试样，用热分析仪记录冷却曲线，根据冷却曲线上各特征点算出石墨的蠕化率	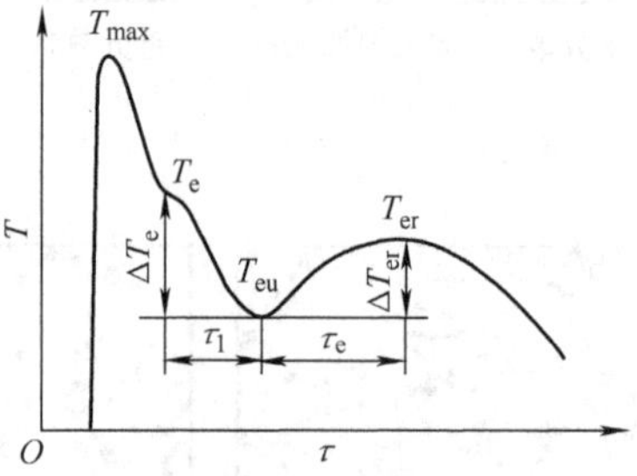 图 1　典型冷却曲线及特性值 T_{max}—最高温度　T_e—初晶温度 T_{eu}—共晶最低温度　T_{er}—共晶最高温度 $\Delta T_e = T_e - T_{eu}$　$\Delta T_{er} = T_{er} - T_{eu}$ τ_1—从 T_e 到 T_{eu} 的时间　τ_e—从 T_{eu} 到 T_{er} 的时间 判据 1：试样浇注温度为 1360～1420℃，浇注量为 220～250g，根据上述 8 个特性值、原铁液中碳和硅的含量，以及冷却曲线所属类型的回归方程，利用微处理机测出蠕化率。精度为 ±5% 判据 2：$T_{er} - T_{eu}$ 为区分灰铸铁和球墨铸铁的判据，ΔT_{er} 和 T_{eu} 至 T_{er} 段温度回升速度 $dT/d\tau$ 为蠕化率判据 蠕化率为 50%～70% 时，$dT/d\tau = 6～24℃/min$，$\Delta T_{er} = 4～10℃$ 蠕化率大于 70% 时，$dT/d\tau = 24～60℃/min$。$\Delta T_{er} = 10～35℃$（稀土硅铁合金处理，样杯尺寸为 $\phi40mm \times 70mm$）	1) 利用微处理机可以简便迅速地自动测定 2) 由于影响冷却曲线形状特征的因素较多（特别是浇注温度、铁液量和原铁液的化学成分），给实际应用带来一定困难，目前应用较少 3) 当碳当量为过共晶时，ΔT_e 与蠕化率的相关性不大

（续）

名　称	方法简述	蠕化鉴别	优缺点
氧电势法	采用改进后的氧浓差电池测氧技术进行检测，将测头插入铁液后10s内即可测得铁液和参比极之间氧浓度差电动势 E_0（简称氧电势）。E_0 反映了铁液与氧的亲和力大小和变质状态。根据 E_0 与蠕化率之间的良好对应关系，可以较精确地测报出蠕化等级。氧电势测头结构简图见图2	在生产条件（铁液化学成分、蠕化剂化学成分）基本稳定的情况下，随着测得的氧电势 E_0 值的增加（表明铁液溶氧能力降低），对应的石墨组织蠕化率下降，球化率上升 如用稀土镁锌合金蠕化剂处理铁液，生产上的判据为： 表格见下 图2　氧电势测头结构 1—绝缘耐火填料　2—回路极　3—防渣帽　4—参比极 5—引线　6—外保护套　7—插接件	快速、简便、精确度高（误差为±10%），适用于批量生产时自动测报，但对测氧探头质量和测试操作工艺要求严格。例如，本方法实施前，须针对具体生产条件（蠕化剂种类和铁液中硅、硫含量波动范围）先进行工艺试验，以确定 E_0 值与蠕化率的对应关系

蠕化率（%）	氧电势/mV
片状石墨	<455
95	455～460
85	461～468
75	469～475
65	476～479
55	480～483
45	484～486
35	487～489
25	490～492
15	493～495
<5	≥496

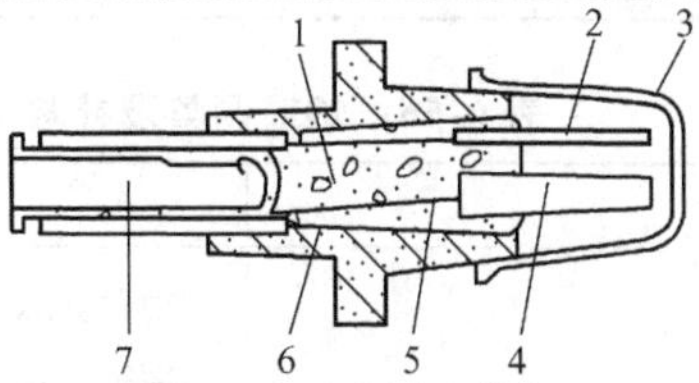

表6-55　炉后蠕化率检测方法

名　称	方法简述	蠕化鉴别	优缺点
断口分析法	待铸件自然冷却后，根据浇冒口的断口特征判断是否处理成功	1）蠕化良好：断口在呈银白色的基础上有均匀分布的小黑点；蠕化率越高，则黑点细而密，断口呈黑白相间的网目状；蠕化率越低则黑点越少 2）处理不成功：断口呈灰色，表明石墨为片状，黑色则为过冷石墨 3）处理过头：断口呈银白色，无黑点，表明球状石墨过多	简便易行，能正确区分处理成功与否，但难以评定蠕化率等级
音频检测法	将被测铸件置于支撑架上，敲击一端，利用音频检测仪，根据因振动而发出的声音测出该铸件的固有频率，从而间接反映其组织特征	每一种有固定结构的铸件的固有频率主要取决于材质的弹性模量及其密度，它与蠕化率大小有良好的对应关系。根据生产要求，通过试验确定蠕化率合格时的频率范围。例如，某厂排气管的固有频率为： 蠕化率>50%，510～580Hz 蠕化率<50%，>580Hz 片状石墨，<510Hz	操作简便，不带主观性，适用于大批量生产，但此法目前尚不能对蠕化率进行评级

（续）

名　称	方法简述	蠕化鉴别	优缺点
超声波速度检测法	浇注一定尺寸的试样，测出其超声波速度，根据超声波速度与石墨形态、抗拉强度有良好的对应关系确定蠕化率；有时也可使用专用胎具，将铸件固定，逐个进行超声波速度的测定	试样直径为 $\phi30mm$ 的超声波速度与石墨形态、抗拉强度的关系如下图所示。蠕墨铸铁的超声波速度与铸件的形状无关（但应校准截面厚度），超声波速度在 5.2~5.4km/s 范围内；对于非常大的铸件（如钢锭模），则在 4.85~5.10km/s 之间 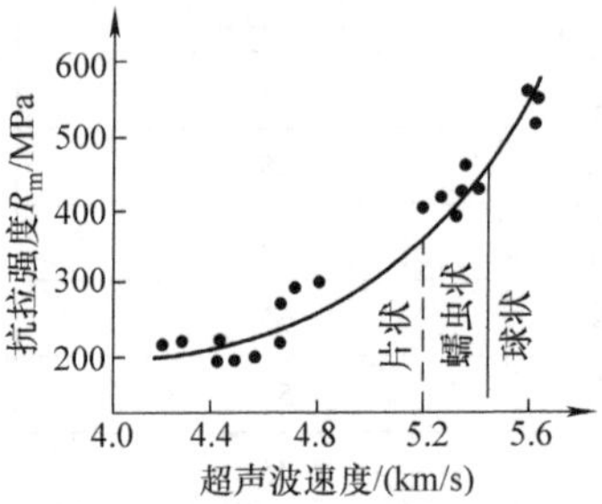 超声波速度与石墨形态、抗拉强度的关系	简便易行，适用于批量生产，但因受基体组织的影响，要精确测定蠕化率等级尚有困难
金相检测法	金相试样从试棒上或本体上切取，使用光学显微镜观察	根据铸件的技术条件，订出金相试样上蠕化率等级要求，按 GB/T 26656—2011 进行评级	准确可靠，直接反映力学性能试棒的组织特征，应用最普遍

表6-56　炉前调整及补救措施

处　理　不　足	过　处　理
现象：出现片状石墨 措施：补加少量蠕化剂或调整剂 Fe-Si-Mg[$w(Mg)$=1%~2%]合金	现象：球状石墨过多 措施：补加适量铁液（最常使用）或添加调整剂 Fe-Si-Ti[$w(Ti)$=4.5%]合金，有时也可加入少量 FeS

6.4.4 蠕墨铸铁"两步法"处理新工艺

1. 传统蠕墨铸铁处理方法存在的问题

大批量稳定生产蠕墨铸铁质量的难度比灰铸铁和球墨铸铁都大得多。蠕化率是影响蠕墨铸铁件力学性能、物理性能和铸造性能的关键因素，而影响蠕化率的冶金因素和人为操作因素非常多（见图6-78）。

目前，我国铸造行业处理蠕墨铸铁的传统工艺有冲入法和喂丝法，可称为"一步法"蠕化处理工艺。这种蠕化处理工艺主要是控制原铁液的化学成分、蠕化剂成分及加入量、出铁温度和重量等，通过不同的加入或处理方法，使蠕化剂与铁液混合反应，检验后浇注；然后，根据浇注铸件的化学成分和显微组织结果，再调整下一炉次或包次的工艺参数，进而形成一套认为合理的蠕化处理工艺。

实际上，传统工艺的问题是无论采用哪种处理方法，不管怎样精细管理，如何严格工艺操作，还是原铁液控制到何等程度，在出铁、镁和孕育剂的加入、反应过程中出现一些波动和变化是不可能避免的。例如，炉料是否生锈和潮湿，程度如何，有无合金元素和微量元素；加料速度和频率，保温温度和时间，熔炼和保温期间的氧、硫和碳的变化；出铁快慢和时间长短，铁液流的冲击力和位置，铁液温度和重量，覆盖层及重量，处理包预热情况、凹坑或堤坝尺寸形状，浇包形状，铁液形核程度、铁液运输过程中温度变化、氧化程度，浇包内停留时间、浇注时间，浇注工的习惯等都对铁液和铸件的蠕化结果产生影响。最终导致铸件蠕化率偏高，甚至出现片状石墨；或者偏低，铸件产生缩松缺陷，加工性能降低，力学性能和物理性能都会发生波动。

根据蠕虫状墨的形成机制，铁液的氧活度才是影响蠕虫状石墨生长的关键冶金因素，而目前蠕墨铸铁生产过程中，无论多么严格的精准管理和操作，铁液状态的不稳定性总是无法避免的，而目前的技术还不能测量每包铁液的氧活度。所以，如此诸多的生产变数唯有靠新的技术和工艺才能保证蠕墨铸铁的稳定生产。

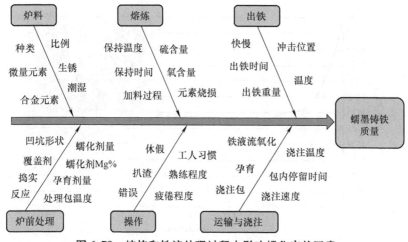

图 6-78　熔炼和铁液处理过程中影响蠕化率的因素

2. 基于热分析的"两步法"蠕化处理工艺

（1）基本原理　蠕墨铸铁热分析曲线记录的是铁液冷却和凝固过程中的温度变化规律，它是蠕墨铸铁结晶热效应与传热的综合反映。在凝固散热速度（样杯）一定的条件下，曲线的特征点表征的是蠕墨铸铁凝固时相的析出与生长规律，如图 2-13 所示。表 2-8 列出了特征值的物理意义。热分析曲线的特征值可表征出蠕化铁液的碳当量、核心生成、过冷、石墨生长形态、长大速度等规律。

图 6-79 所示为不同镁含量的蠕墨铸铁热分析曲线，图 6-80 所示为正常蠕化率的蠕墨铸铁热分析曲线，图 6-81 所示为含有片状石墨的蠕墨铸铁热分析曲线，图 6-82 所示为热分析曲线的再辉温度与蠕化率的关系。由此可见，热分析曲线与蠕化率具有非常好的内在相关性，完全可以利用热分析对蠕化铁液的蠕化状态进行检测。蠕化率的预测值与实测值的误差较小

（见图 6-83），可以满足实际生产的在线控制要求。

基于热分析可以预测蠕化铁液的状态，人们开发了"两步法"蠕化处理工艺。其工作原理是：首先，将原铁液碳、硅含量调整到要求范围，控制出炉温度，进行预蠕化处理（也称蠕化欠处理）；然后，利用热分析对预蠕化处理后铁液的蠕化率和孕育状态进行评估，计算机系统根据评估结果和所生产蠕墨铸铁产品要求的蠕化率和孕育指数目标值，自动计算出对预处理铁液的第二步喂镁线和孕育线长度；其次，依据系统给出的信息控制喂丝机，对预处理后的铁液进行喂镁线和孕育线，修正蠕化率和孕育效果，以获得满足铸件要求的铁液质量；最后，扒渣，浇注蠕墨铸铁铸件。这样，完全可以避免"一步法"蠕化处理的铁液冶金质量的波动性，从而保证铸件的蠕化率等冶金质量参数控制在要求范围内，稳定蠕墨铸铁件的性能和内在质量。

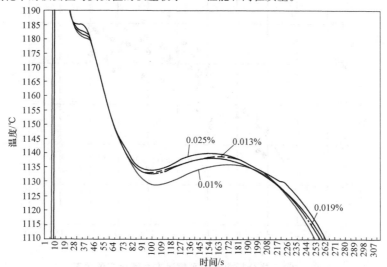

图 6-79　不同镁含量的蠕墨铸铁热分析曲线

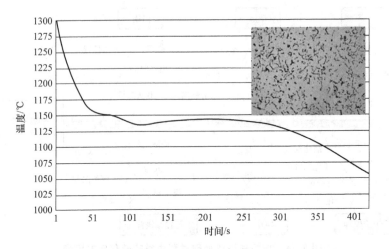

图 6-80　蠕化率正常的蠕墨铸铁热分析曲线[$w(\text{Mg}) = 0.017\%$]

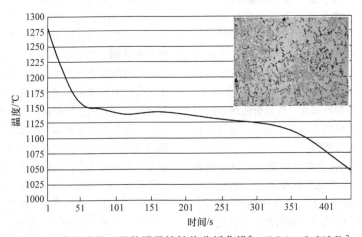

图 6-81　含有片状石墨的蠕墨铸铁热分析曲线[$w(\text{Mg}) = 0.012\%$]

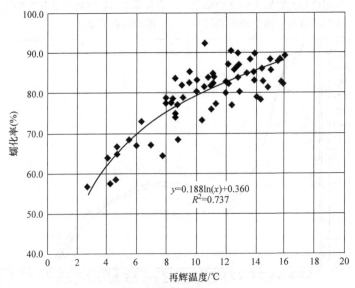

图 6-82　热分析曲线的再辉温度与蠕化率的关系

y—蠕化　x—再辉温度　R—相关系数

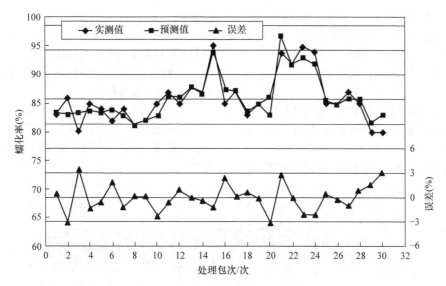

图 6-83 蠕化率的预测值与实测值的比较

（2）工艺流程 根据"两步法"蠕化处理工艺的原理，国内开发出了具有独立知识产权的"蠕化处理在线智能测控系统"。该系统由测控主机、取样器、温度和重量无线传输系统、喂丝控制系统、喂丝装置、远程维护与调控系统六部分组成。本系统的"两步法"蠕化处理工艺流程如图 6-84 所示。通过该系统，可实现对熔炼和蠕化处理过程质量的全过程在线控制。

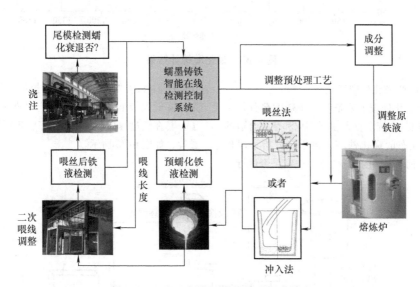

图 6-84 "两步法"蠕化处理工艺流程

（3）蠕化处理智能在线测控系统的功能与特点
1）功能。
① 该系统具备目前常规的原铁液的碳、硅含量测定，并可计算废钢、增碳剂和硅铁的调整量。
② 可准确预测"两步法"蠕化处理铁液的蠕化率、孕育指数、共晶指数、缩松指数及共晶点活性碳当量、碳硅含量等冶金质量参数。能够准确地控制蠕墨铸铁碳当量，使其处在动态共晶范围之内，石墨化倾向大，蠕化率高，非常有利于消除铸造工艺不易解决的蠕墨铸铁铸件缩松问题。
③ 也可用于对"一步法"蠕化处理铁液的冶金质量参数预测，进一步优化蠕化工艺。
④ 可实现出铁温度、包内喂线温度、出铁重量和炉前光谱化学成分的无线传输、存储。

⑤ 可实现蠕墨铸铁生产过程中工艺参数的储存、科学管理与数据的追溯，并随时查看生产过程中技术指标分布情况，也可生成表格打印或保存。

⑥ 具有远程控制和软件维护功能。

2）特点。

① 系统具有集成化、智能化、仪表化等特点。

② 系统可适用于各种牌号的蠕墨铸铁（中硅钼蠕墨铸铁）。

③ 适用于亚共晶、共晶和过共晶蠕墨铸铁的质量控制。

④ 系统设备价格低，运行耗材成本小，有益于降低蠕墨铸铁生产成本，提高经济效益。

⑤ 检测时间短，仅需要2min即可给出蠕化铁液的主要冶金质量参数。

⑥ 界面友好，操作简单。

图6-85所示为某公司采用"两步法"工艺生产蠕墨铸铁玻璃模具约1600包蠕化铁液的蠕化率统计结果。

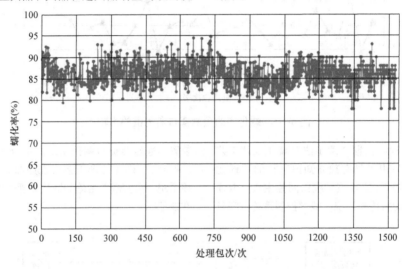

图 6-85　蠕化率统计结果

3. Sinter Cast 蠕化处理工艺

Sinter Cast 蠕化处理工艺是基于特殊的热分析手段的在线过程控制系统。首先获得蠕化和孕育合适的或"欠处理"状态的蠕化铁液，再用热分析手段检测，看其是否可获得预定的蠕化率，决定是否进行二次喂线调整的"两步法"过程控制，使生产的不稳定性降低到最小。经过多年的应用研究，已经开发出了一套在线过程控制系统，用来管理蠕墨铸铁的生产过程，如图6-86所示。

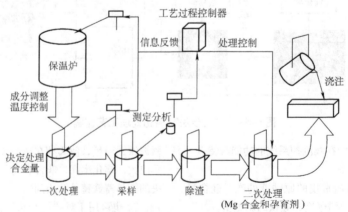

图 6-86　Sinter Cast 蠕化处理工艺流程

该工艺测量分析铁液状态的核心技术就是辛特探头。它的工作原理大体是：将探头插入经蠕化处理和孕育处理后的铁液中，取出200g的热分析样品，在3s内的插入过程中，探头壁达到热平衡状态。与常热分析样杯不同，此薄壁取样器既能保证每次取样体积相同，还避免了在铁液浇入样杯中发生氧化。因为没有常规热分析中的激冷凝固现象，过热度的测量就更加精确。

图 6-87a 所示为辛特探头，它是由拉伸的薄钢板压制而成，试样的下部测试位置基本上是个半球状体，容纳铁液的薄钢壁有一个真空瓶式的保温层。保温层的厚度是沿高度方向对称变大的，以保证向周围均匀散热、冷却。其中的铁液接近于探头的球状体部位凝固。在探头中有两个 N 形热电偶处于保护管中。每次测量后热电偶可拔出，重复使用 100 次以上，其中一个热电偶位于容器底部，另一个位于容器的热中心。由于容器是球形的，而且是自由悬挂的（这不同于常规热分析样杯依托在一个吸热的托架上），因此铁液在容器中产生匀称的热流。如图 6-87b 所示。这种热流使铁液在容器中不断对流，在探头底部形成流动分隔区。

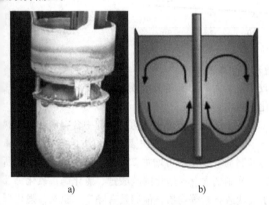

图 6-87　浸入式铁制热分析探头（样杯）

a）探头　b）铁液对流

为了模仿铁液浇注过程中镁的自然损耗，在探头壁上有一层与活性镁发生反应的涂层。铁液在热流推动下沿着有涂层的器壁流动，反应后的铁液镁含量下降，并聚集在容器底部的分隔区。即探头中心热电偶测量的是没有发生反应的铁液，也就是浇注的初始状态，而在底部的热电偶测量的是与涂层反应后铁液的状态。反应涂层的配方十分讲究，必须精确地保证铁液的活性镁（有效镁）在分隔区聚集的比中心的少 0.003%。因此，如果初始镁含量离蠕-灰转折点太近，分隔区的铁液将变成灰铸铁，并被在该区的热电偶测出。这样，在浇注前，车间可补加些镁和孕育剂，以抵消不可避免的镁损耗和孕育衰退。如果在底部的热电偶测出的蠕墨铸铁曲线说明初始镁含量足够高，在浇注结束后就不会出现片状石墨。

图 6-88 所示为辛特探头在测样后的截面浸蚀图。从图 6-88 中可以清楚地看到分隔区、主样区和热电偶保护管。由于活性镁的质量分数减少了 0.003%，在分隔区形成 D 型石墨和铁素体基体。底部片状石墨区的大小直接反映了在主样区的初始镁含量。初始活性镁含量越低，分隔区面积越大，这个区的大小可通过底部热电偶和中心热电偶冷却曲线来表征。释放热由冷却曲线的时间积分获得。这种同时测量当前的和蠕化衰退后铁液状态的方法，保障了在浇注前镁和孕育剂的含量准确无误，从而不会导致片状石墨和碳化物出现。

实际上，在蠕墨铸铁中可控制的适宜残余镁含量比预知的还要小。因为，每 5min 活性镁就会损失 0.001%（质量分数）。从蠕虫状石墨到片状石墨的突变只需要降低 0.001%（质量分数）的活性镁。对于 1t 铁液来讲，仅仅加入 10g 镁，就能将 ϕ25mm 试样中的石墨由片状转变成蠕虫状。因此，开始浇注时，残余镁的含量必须远离片状-蠕虫状石墨的转变点，以保证尾模铸件不出现片状石墨。

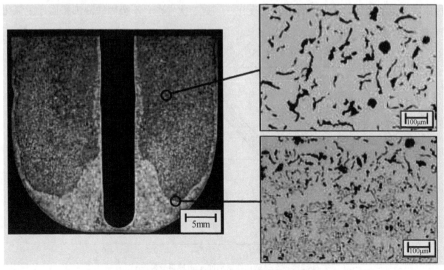

图 6-88　辛特探头在测样后的截面浸蚀图

4."过球化"铁液再硫化处理工艺

人们已经熟练掌握了球墨铸铁的处理工艺，因此有的企业采用先将铁液处理成"过球化"的铁液，然后在包内进行再硫化处理，将"过球化"的铁液衰退成蠕墨铁液。具体做法是：在已知铁液化学成分的条件下，先对铁液进行完全球化或蠕化过球处理和孕育处理，然后再往已经球化或"过球化"的铁液

中加硫（黄铁矿压块）或含硫的抑制剂，或者补加高硫的原铁液，降低铁液中的有效活性镁含量，从而把"球墨铸铁"转变为"蠕墨铸铁"。据报道，蠕化率也可控制在80%以上。

随着补加原铁液量的增加，蠕化率逐渐升高，如图6-89所示。

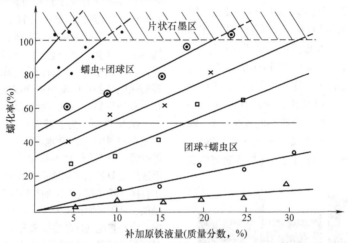

图6-89　补加原铁液量对蠕化率的影响

如果铁液已经"过处理"完全成为球墨铸铁，这时要将其调整到预定的蠕化率，需要补加的原铁液较多。另外，同处于球化状态，但残余的稀土、镁可能相差较大。若残余稀土、镁含量高，要调整到一定的蠕化率就需要补加更多的原铁液。

若"过处理"的铁液蠕化率较高（>50%），对补加铁液越敏感，即加入同样的原铁液，蠕化率升高幅度大。很容易变成灰铸铁。

若"过处理"的蠕化率较低（20%～50%），这时，随着补加原铁液量的增加，蠕化率增加的幅度比

较平稳。大约每补加质量分数为10%的原铁液，蠕化率将增加20%。

防止蠕墨铸铁过球化的抑制剂中含有硫，有资料显示，在"过处理"的铁液中加入质量分数为0.1%的抑制剂，蠕化率可增加25%～30%，如图6-90所示。抑制剂含有易熔化的碳酸锶、氯化锶、氧化钙及水玻璃或石蜡等物质，他们具有除气、脱氧，强化形核、弱化白口倾向的作用，可以比较容易地将"过处理"的铁液抑制为合格的蠕墨铸铁铁液，不会形成二次夹杂，不会因铁液沸腾而发生氧化。

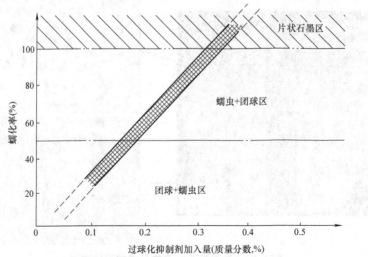

图6-90　过球化抑制剂加入量与蠕化率的关系

总之，对"过球化"的铁液进行调整之前，必须快速准确地预测"过球化"铁液的状态，才能准确有效地进行蠕化率的调整。

6.5　蠕墨铸铁件的缺陷及防止方法

蠕墨铸铁件的缺陷、特征，原因分析、防止方法及补救措施，见表6-57。

表 6-57　蠕墨铸铁件的缺陷、特征、原因分析、防止方法及补救措施

缺　陷	特　征	原因分析	防止方法及补救措施
蠕化不成功	1）炉前三角试样断口暗灰，两侧无缩凹，中心无缩松 2）铸件断口粗，暗灰色 3）金相组织：片状石墨的体积分数大于等于10% 4）性能：$R_m < 300MPa$，甚至低于HT150灰铸铁 5）敲击声哑，如灰铸铁	1）原铁液硫含量高 2）铁液氧化严重 3）铁液量过多 4）蠕化剂加入量少或质差 5）出铁温度过高 6）蠕化剂未发挥作用（包底冲入法蠕化剂熔于包底；出铁槽冲入法处理时，蠕化剂块度大或加入过快，不均匀或铁液温度低，或者操作时搅拌不充分） 7）含镁蠕化剂烧损大，吸收率低 8）干扰元素过多	1）严格掌握原铁液硫含量，使之稳定，用低硫生铁或进行脱硫处理 2）调整冲天炉送风制度；严格精细操作，防止铁液氧化 3）铁液及蠕化剂准确定量 4）蠕化剂分类存放，化学成分清楚，按原铁液硫含量计算蠕化剂加入量 5）包底冲入法处理时有足够的镁、锌等搅拌元素，并不熔粘包底；出铁槽冲入处理时蠕化剂块度适当，加入时均匀、缓慢，铁液温度不应过低，处理时进行充分搅拌 6）含镁蠕化剂在包底压实、覆盖；铁液温度适当 7）防止或减少干扰元素混入 补救措施：若发现炉前三角试样异常，判断为蠕化不成功，应立即扒渣，补加蠕化剂或调整剂（见表6-56）及孕育剂，搅拌、取样，正常后浇注
蠕化率低（球化率高）	1）炉前三角试样断口细，呈银灰色 2）两侧缩凹或中心缩松严重（特点与球墨铸铁相同或接近） 3）铸件金相组织：球状石墨的体积分数大于等于60% 4）铸件缩松、缩孔多	处理过头，蠕化剂过多或铁液量少	1）蠕化剂及铁液定量要准确 2）掌握并稳定原铁液硫含量，并根据硫含量精确计算蠕化剂加入量 3）严格掌握蠕化剂化学成分并妥善管理 补救措施：若炉前判断为处理过头，可补加原铁液或添加调整剂，或者加入少量FeS（见表6-56），根据三角试样白口宽度决定孕育与否及孕育剂加入量
蠕化衰退	1）处理后炉前三角试样较正常，浇注中后期三角试样有蠕化不良的现象 2）铸件断口暗灰 3）金相组织：片状石墨的体积分数大于10% 4）敲击声哑，如灰铸铁 5）性能：$R_m < 300MPa$，甚至低于HT150灰铸铁	蠕化剂中镁、稀土等元素在高温铁液中与硫、氧不断反应，会逐步损耗 1）处理后蠕化剂残余量较低 2）浇注时间过长 3）铸件壁厚大，凝固时间长	1）要有足够蠕化剂残余量，厚大件并要适当过量蠕化 2）操作迅速准确，处理后及时浇注 补救措施：浇注后期再取三角试样复检，若发现衰退，如铁液量较多，温度较高，可补加蠕化剂及孕育剂，按常规炉前三角试样检验合格后浇注。如温度低，铁液量不多，则停止浇注并倾出

（续）

缺　陷	特　征	原因分析	防止方法及补救措施
白口过大、铸件局部白口、反白口	1）三角试样白口宽度过大，甚至全白口 2）铸件边角，甚至心部存在莱氏体 3）机械加工困难 4）强度低	1）蠕化剂过量 2）原铁液化学成分不合适，如碳、硅含量低，锰或反石墨化元素含量过高、产生偏析 3）孕育量不足 4）加孕育剂后搅拌不充分 5）选用了硅含量过低并含有较多碳化物的新生铁	1）蠕化处理过量 2）严格控制原铁液的化学成分 3）孕育足够；采用瞬时孕育（特别是薄铸件） 4）搅拌充分 5）用硅含量较高的新生铁 补救措施： 1）若发现白口宽度过大，可补加孕育剂，充分搅拌 2）如发现为全白口，大部分因蠕化剂过量，要补加铁液及孕育剂，搅拌、取样，合格后浇注 3）对已铸成的白口件进行高温退火
孕育衰退	1）炉前三角试样正常，随着时间延长，白口宽度加大 2）铸件边角有渗碳体并随浇注时间延长，白口增厚	1）孕育不够充分 2）孕育剂吸收差 3）孕育后停留时间长	1）充分孕育 2）孕育剂块度适当，并有足够高的铁液温度 3）采取随流孕育浮硅孕育等瞬时孕育方法
石墨漂浮 （见图6-91）	1）多发生在蠕墨铸铁件上表面 2）宏观断口有黑斑 3）金相组织：有开花状石墨或石墨集聚 4）局部强度低	1）碳当量高 2）铸件壁厚，冷却速度低 3）浇注温度高	1）控制碳当量 2）提高铸件冷却速度 3）适当降低浇注温度
表面片状石墨层 （见图6-92）	1）铸件表层断口有黑边 2）金相显微镜下观察有片状石墨 3）与型芯接触的铸件表层易出现片状石墨	有以下不同解释： 1）铸型表面的硫化物与铁液接触时，部分镁、稀土被消耗掉 2）铸型表面气相，如 O_2、N_2、CO、H_2 等作用于镁、稀土，使之消耗 3）铸型材料 SiO_2 与镁及稀土发生反应 4）铁液中残余镁含量及残余稀土含量居下限 5）镁-钛合金处理比稀土硅铁合金处理更易出现片状石墨层 6）浇注温度高、冷却速度低易出片状石墨层 7）浇注系统过于集中处易出现片状石墨层 8）树脂砂芯或涂料中含硫	1）刷防渗硫涂料，使铸型表面硫含量低 2）铁液中有足够的残余 Mg 含量及稀土含量 3）对表面层要求强度高或不加工表面多的铸件，尽量少用或不用含镁的蠕化剂 4）控制浇注温度 5）工艺上合理安排浇注系统及加快冷却速度

（续）

缺　陷	特　征	原　因　分　析	防止方法及补救措施
夹渣	1）铸件上表面处有熔渣层，其周围石墨为片状 2）铸件中有夹渣	1）渣中硫、氧等与蠕化剂作用，降低了蠕化剂残余含量 2）铁液温度低，杂质不易上浮，并流入铸型 3）铁液中裹入氧等气体与稀土、镁等作用形成微粒状夹渣	1）降低原铁液中硫、氧含量 2）提高铁液浇注温度 3）浇注系统合理，采取挡渣过滤措施

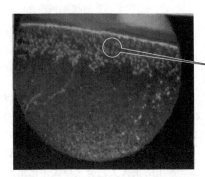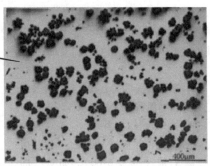

图 6-91　蠕墨铸铁石墨漂浮　×300

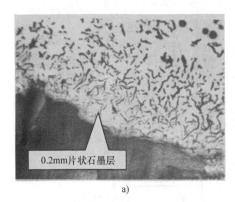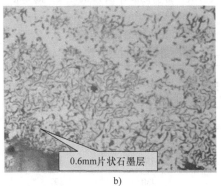

a)　　　　　　　　　　　　　　　　b)

图 6-92　表面片状石墨层

a）×50/2　b）×300/2

6.6　蠕墨铸铁件的热处理

蠕墨铸铁件通过淬火、淬火＋回火、等温淬火、正火、退火等热处理，可改变基体组织，从而提高铸态蠕墨铸铁件的性能，也可通过高频感应淬火、氮碳共渗等改变铸件表面组织，从而提高其使用性能。但是，由于蠕虫状石墨限制了力学性能的提高，以及目前蠕墨铸铁的应用尚不广泛，各种热处理方法的实际应用还不多。

除了铸件相当复杂或有特殊要求外，一般蠕墨铸铁件可不进行消除铸造应力的热处理。目前应用较多的是当铸态铸件在薄断面处有游离渗碳体或莱氏体时，可通过退火热处理予以消除；也有的为了提高强度、硬度和耐磨性，采用正火热处理。近年来对蠕墨铸铁等温淬火的试验研究也有所报道。

蠕墨铸铁硅含量较高，因此其共析相变点在一个较宽的范围内变化，奥氏体转变为珠光体的速度减慢。用金相法和硬度法对不同硅含量的蠕墨铸铁测得的共析相变临界温度见表 6-58。

表6-58 蠕墨铸铁的共析相变临界温度

w(Si)(%)	Ac_1 下限	Ac_1 上限	Ar_1 上限	Ar_1 下限
3.02	805℃	860℃	805℃	720℃
2.64	800~810℃	870~880℃	800~810℃	720~730℃
2.38	780~790℃	860~870℃	790~800℃	710~720℃

6.6.1 正火

1. 正火目的

普通蠕墨铸铁件在铸态时的基体具有大量铁素体，通过正火热处理可以增加珠光体数量，以提高强度和耐磨性。

受蠕虫状石墨形态所限，再加上其化学成分及组织的特点，经正火后的蠕墨铸铁件，其基体较难获得体积分数为90%以上的珠光体。因此，经普通正火后，它的强度提高的幅度不会很大（见表6-59），但耐磨性能约可提高1倍（见表6-60）。如某厂的ϕ10cm口杯模具，改用蠕墨铸铁正火材质后，冲压25000个修模一次，寿命比原用灰铸铁材质提高4倍以上。

表6-59 正火蠕墨铸铁与铸态蠕墨铸铁的抗拉强度

试样编号	抗拉强度/MPa	
	正火蠕墨铸铁[①]	铸态蠕墨铸铁
1	424	397
2	402	393
3	430	373
4	430	397
5	447	399

[①]正火工艺：加热至880℃，保温1h，空冷。

表6-60 正火蠕墨铸铁与铸态蠕墨铸铁的磨损量

磨损试验时间/h	磨损量/g	
	正火蠕墨铸铁	铸态蠕墨铸铁
10	0.0224	0.0516
20	0.0274	0.0570
30	—	0.0574

2. 正火工艺

由于蠕墨铸铁的共析转变临界温度较高，并且随硅含量的增加及偏析加重，共析转变时间延长，因此蠕墨铸铁正火时要提高加热温度且保温时间须适当延长，如图6-93所示。

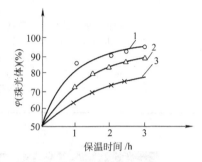

图6-93 不同正火温度、保温时间和基体组织的关系

1—1000℃ 2—880~900℃ 3—840℃

所用试样化学成分：w(C)=3.69%，w(Si)=2.89%，w(Mn)=1.02%，w(S)=0.036%，w(P)=0.098%，w(RE)=0.058%。

试样尺寸：ϕ20mm×20mm圆形试块。

常用的正火工艺有全奥氏体化正火（见图6-94）和两阶段低碳奥氏体正火（见图6-95）。

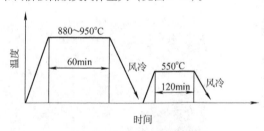

图6-94 全奥氏体化正火

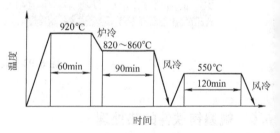

图6-95 两阶段低碳奥氏体化正火

经两阶段低碳奥氏体化正火后，蠕墨铸铁件的强度、塑性都比全奥氏体化正火的高。

6.6.2 退火

1. 退火目的

蠕墨铸铁件退火热处理目的是为了获得体积分数为85%以上的铁素体基体或消除薄壁处的游离渗碳体。

2. 退火工艺

铁素体化退火工艺如图 6-96 所示。消除渗碳体退火工艺如图 6-97 所示。

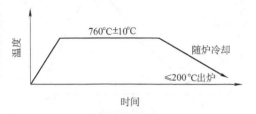

图 6-96　铁素体化退火工艺

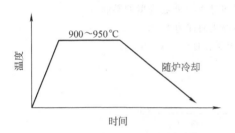

图 6-97　消除渗碳体退火工艺

6.6.3　等温淬火

鉴于蠕墨铸铁具有高的力学性能及良好的导热性，在许多领域有很好的应用前景，如果能通过热处理进一步提高性能，将会使其应用范围进一步扩大。在等温淬火球墨铸铁日益发展的带动下，国内外开始了对等温淬火蠕墨铸铁（ACI）的研究和探索。图 6-98 所示为经 890℃和 920℃奥氏体化的 ACI 的热

处理窗口。研究表明，蠕墨铸铁具有比球墨铸铁和灰铸铁更快的奥氏体等温反应速度。

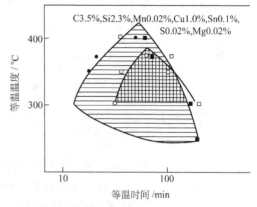

图 6-98　经 890℃和 920℃奥氏体化的
ACI 的热处理窗口

第 I 阶段结束：●—890℃，○—920℃
第 II 阶段开始：■—890℃，□—920℃
热处理窗口：890℃（图中横线），920℃（图中竖线）
图中化学成分均为质量分数

当蠕墨铸铁的化学成分和铸态组织一定时，影响 ACI 的组织和力学性能的主要因素是奥氏体化的温度和奥氏体化的时间，以及等温淬火温度和等温淬火时间。

图 6-99 所示为等温淬火温度对奥铁体组织的影响。由图 6-99 可见，等温淬化温度升高，奥铁体针状组织变得比较粗大。图 6-100 所示为奥氏体化温度和奥氏体化时间对 ACI 抗拉强度的影响。

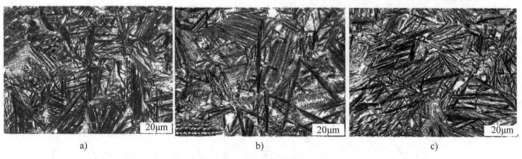

图 6-99　等温淬火温度对奥铁体组织的影响（等温淬火时间为 30min）
a）275℃　b）325℃　c）375℃

图 6-101 ~ 图 6-103 和表 6-61 为不同等温淬火工艺条件对 ACI 力学性能的影响。等温淬火温度对 ACI 抗拉强度的影响与等温淬火球墨铸铁（ADI）不同，即首先抗拉强度随着等温淬火温度的升高而提高，当等温淬火温度在 290 ~ 300℃范围时，抗拉强度达到最大值，然后随着等温淬火温度的进一步升高而降低。等温淬火时间在 1.5h 左右，抗拉强度达到最高

值。ACI 的这种力学性能变化规律可能与拉伸过程中的奥氏体应变强化机制有关，当然也与奥铁体中富碳奥氏体数量有关。图 6-104 所示为等温淬火温度和等温淬火时间对 ACI 组织中富碳奥氏体数量的影响。奥氏体数量随着等温淬火温度的升高而增加，但当等温淬火温度较高（如 375℃）时，等温淬火时间过长（2h）将导致奥氏体数量降低。

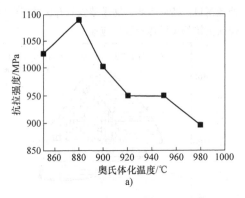
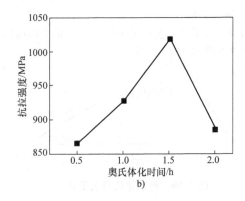

图 6-100　奥氏体化温度和奥氏体化时间对 ACI 抗拉强度的影响
（等温淬火温度为 290℃，等温淬火时间为 1.5h）

a）奥氏体化温度（$At = 1.5h$）　　b）奥氏体化时间（$AT = 915℃$）

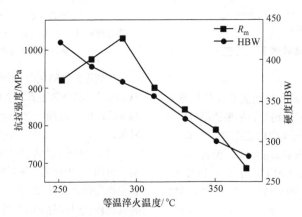

图 6-101　等温淬火温度对蠕墨铸铁力学性能的影响
（$AT = 915℃$，$At = 1.5h$，$DT = 1.5h$）

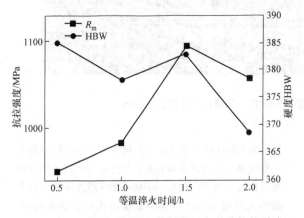

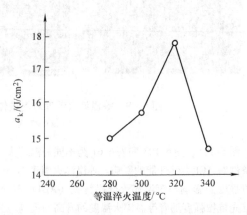

图 6-102　等温淬火时间对蠕墨铸铁力学性能的影响
（$AT = 915℃$，$At = 1.5h$，$DT = 290℃$）

图 6-103　等温淬火温度对 ACI 冲击韧度的影响

表 6-61　奥氏体化温度和奥氏体化时间对 ACI 力学性能的影响

材料		硬度			拉伸性能			
奥氏体化温度/℃	奥氏体化时间/min	HV 0.05	HRC 150kgf	HBW 5/750	R_m MPa	$R_{p0.2}$ MPa	E GPa	ε_F（%）
铸态铁素体蠕墨铸铁		181 ±3.58	—	138 ±2.12	338 ±6.03	261 ±7.55	132 ±8.52	5.50 ±0.72
275	30	649 ±26.11	41 ±1.66	404 ±3.54	971 ±12.96	860 ±6.59	136 ±8.64	0.83 ±0.13
	60	607 ±33.86	42 ±1.41	395 ±3.79	992 ±11.06	812 ±43.75	139 ±8.16	0.94 ±0.10
	90	644 ±7.35	41 ±1.16	403 ±2.61	1015 ±12.81	829 ±31.84	138 ±6.08	1.02 ±0.13
	120	531 ±16.15	41 ±1.62	397 ±5.62	997 ±19.20	859 ±8.02	139 ±4.22	0.88 ±0.06
325	30	486 ±15.21	31 ±1.24	295 ±3.02	845 ±29.39	705 ±25.28	144 ±1.56	1.5 ±0.45
	60	459 ±30.34	30 ±0.49	294 ±3.31	744 ±18.52	660 ±7.06	148 ±1.66	1.86 ±0.36
	90	535 ±21.89	30 ±0.98	286 ±3.01	729 ±7.12	663 ±18.26	143 ±6.12	1.19 ±0.34
	120	496 ±29.89	30 ±0.63	299 ±3.42	747 ±20.59	701 ±8.06	144 ±1.16	1.22 ±0.10
375	30	458 ±18.86	28 ±0.81	278 ±3.38	727 ±19.18	599 ±13.41	147 ±4.76	1.09 ±0.17
	60	339 ±51.83	27 ±0.43	287 ±1.35	650 ±19.92	561 ±23.83	140 ±1.83	1.29 ±0.15
	90	430 ±33.35	28 ±0.45	277 ±2.93	804 ±17.49	687 ±14.45	141 ±8.39	1.84 ±0.07
	120	320 ±24.35	27 ±0.83	281 ±0.82	715 ±9.31	599 ±3.24	139 ±6.75	2.00 ±0.23

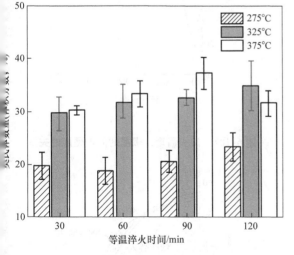

图 6-104　等温淬火温度和等温淬火时间对 ACI 组织中富碳奥氏体数量的影响

表 6-62　等温淬火蠕墨铸铁的高温力学性能

试样	加热温度/℃	抗拉强度/MPa	伸长率（%）
1#	300	956	1
	400	786	1.5
	500	601	3
	600	263	4
2#	300	1015	2
	400	857	2.5
	500	582	3
	600	278	4
3#	300	959	1.5
	400	828	3
	500	538	4
	600	281	5

等温淬火蠕墨铸铁（ACI）在高温条件下也具有较好的力学性能，见表 6-62。同时研究表明，ACI 在 300～400℃温度范围内的金相组织和硬度变化不大，说明在 400℃下 ACI 具有较好的组织稳定性。

在相同的等温淬火工艺条件下，化学成分对 ACI 的力学性能也有影响。图 6-105 和图 6-106 所示为奥氏体化温度 900℃保温 1h、260℃保温 1h 条件下，碳含量和硅含量对 ACI 抗拉强度和断后伸长率的影响。由图可见，在等温淬火工艺一定的条件下，碳含量增加，抗拉强度和断后伸长率下降；硅含量增加，抗拉强度和断后伸长率均提高。另外，ACI 的抗拉强度大约是铸态蠕墨铸铁的 2 倍以上，而断后伸长率比铸态组织有所降低。

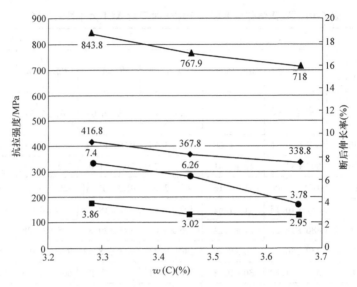

图 6-105　碳含量对 ACI 抗拉强度和断后伸长率的影响

　─◆─铸态抗拉强度　─▲─等温淬火的抗拉强度　─●─铸态断后伸长率　─■─等温淬火的断后伸长率

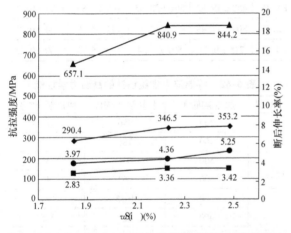

图 6-106　硅含量对 ACI 抗拉强度和断后伸长率的影响
　─◆─铸态抗拉强度　─▲─等温淬火的抗拉强度
　─●─铸态断后伸长率　─■─等温淬火的断后伸长率

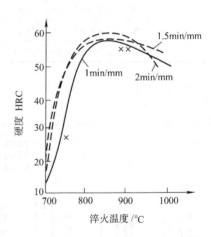

图 6-107　淬火温度、保温时间与硬度的关系

6.6.4　淬火与回火

蠕墨铸铁件通过淬火、淬火＋回火可以得到马氏体、回火马氏体、回火屈氏体、回火索氏体。淬火温度、保温时间、回火温度与硬度、抗拉强度的关系如图 6-107～图 6-109 所示。

淬火蠕墨铸铁在稀土钛光球板上得到应用，光球工艺对光球板材质的重要要求是在使用过程中原有的马氏体不断剥落，新的马氏体不断出现。蠕墨铸铁淬火后可满足这一要求。某自行车钢球厂进行了 φ6mm 的 GCr15 钢球的加工试验，得到了第一周期的使用时间为 75h，磨球效率为 2.68μm/h；第二周期使用时间为 82.5h，磨球效率为 2.69μm/h。原 Cr-Mo-Cu 合

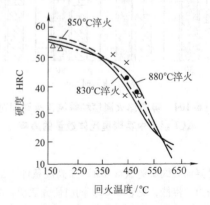

图 6-108　淬火温度、回火温度与硬度的关系

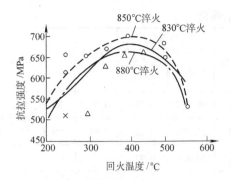

图 6-109　淬火温度、回火温度与
抗拉强度的关系

金灰铸铁光球板的平均寿命为 56～80h，而磨球效率
与蠕墨铸铁相近。

6.6.5　硼铬共渗

蠕墨铸铁的硼铬共渗是为了提高其制造零部件
（如玻璃模具等）的表面硬度、耐磨性、抗氧化性和
热硬性，达到提高质量和延长寿命的目的。

1. 硼铬共渗工艺

采用膏剂法保护层进行硼铬共渗，渗剂的化学成
分见表 6-63。其工艺为：把水、黏结剂和渗剂调成
膏，均匀包覆试样，涂层厚度为 4～5mm，涂层烘干
或阴干后再在表面撒蘸一层 SiC 粉末，重复三次。
SiC 覆层干燥后可装罐并密封。在 940℃经 4～5h
共渗。

表 6-63　渗剂的化学成分（质量分数）

（%）

成分	B_4C	Cr-Fe	NaF	Fe_2O_3
含量	35	15	15	45

2. 金相组织

经硼铬共渗后，显微组织外层为富集一定量铬的
渗硼层，渗层与基体之间为 α 相和硼渗碳体及铁的
硅硼化合物过渡区。

3. 渗层深度

共渗温度与渗层深度、共渗时间与渗层深度、共
渗层硬度分布曲线如图 6-110～图 6-112 所示。

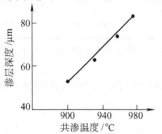

图 6-110　共渗温度与渗层深度的关系

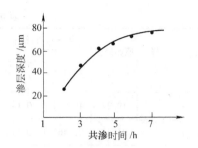

图 6-111　共渗时间与渗层深度的关系

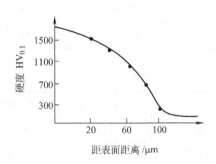

图 6-112　共渗层硬度分布曲线
深度（940℃，5h）

4. 高温性能

蠕墨铸铁硼铬共渗后的热硬性试验结果如
图 6-113 所示。从图 6-113 中可以看出，在 500～
800℃区间加热后，表面硬度呈下降趋势，但下降幅
度不大，这是由于在此温度范围内渗层组织的热稳定
性较好，组织结构变化不显著，故仍能保持较高的
硬度。

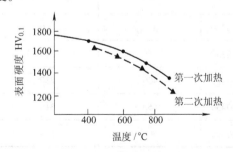

图 6-113　热硬性试验结果

硼铬共渗后的抗氧化试验和耐磨性试验结果见
表 6-64 和表 6-65。可见，与未渗的蠕墨铸铁件相比，
抗氧化性可提高近 3 倍以上，耐磨性提高 8 倍多。

表6-64　抗氧化试验结果

加热温度 /℃	试样 类别	原始质量 /g	第一次加热后		第二次加热后		第三次加热后		提高 倍数	备　注
			质量/g	增重率 (%)	质量/g	增重率 (%)	质量/g	增重率 (%)		
700	B-Cr 共渗	19.27	19.954	0.14	19.964	0.19	19.967	0.20	4.95	940℃，5h 共渗
		23.43	23.467	0.14	23.473	0.17	23.480	0.20	4.95	960℃，5h 共渗
	未渗	20.652	20.746	0.46	20.823	0.83	20.856	0.99		
800	B-Cr 共渗	24.230	24.356	0.52	24.390	0.66	24.409	0.74	2.97	940℃，5h 共渗
		20.044	20.136	0.49	20.164	0.60	20.181	0.68	3.24	960℃，5h 共渗
	未渗	23.816	24.079	1.10	24.209	1.65	24.340	2.20		

表6-65　耐磨性试验结果

试　样	原始质量/g	磨后质量/g	相对磨损量（%）	提高倍数	备　注
未渗	19.282	19.704	0.625		铸态
B-Cr 共渗	21.418	21.402	0.075	8.3	940℃，5h 共渗

注：原始质量，磨后质量均为各6组共18个试样的平均值。

6.7　蠕墨铸铁的牌号及选用原则

6.7.1　蠕墨铸铁的牌号

参照国际标准（参见本卷附录），我国也制定了蠕墨铸铁标准。按 GB/T 26655—2011，根据单铸试块或附铸试块经加工的试样测定的力学性能分级，分为5种牌号，见表6-66和表6-67。

表6-66　蠕墨铸铁单铸试样的力学性能

牌号	抗拉强度 R_m/MPa　≥	条件屈服强度 $R_{p0.2}$/MPa　≥	断后伸长率 A(%)　≥	典型的布氏硬度 HBW	主要基体组织
RuT300	300	210	2.0	140～210	铁素体
RuT350	350	245	1.5	160～220	铁素体＋珠光体
RuT400	400	280	1.0	180～240	珠光体＋铁素体
RuT450	450	315	1.0	200～250	珠光体
RuT500	500	350	0.5	220～260	珠光体

注：1. 以上数值适用于砂型或导热性与砂型相当的铸型铸造的材料。经需方同意，经修正的数值可用于其他铸造方法生产的铸件。

　　2. 无论是采用什么方法生产的铸件，它们的牌号都是根据取自砂型铸造或导热性相当的铸型铸造的单铸试块经加工的试样测定的力学性能来确定的。

　　3. 布氏硬度（指导值）仅供参考。

表 6-67 蠕墨铸铁附铸试样的力学性能

牌号	主要壁厚 δ/mm	抗拉强度 R_m/MPa ≥	条件屈服强度 $R_{p0.2}$/MPa ≥	断后伸长率 A(%) ≥	典型的布氏硬度 HBW	主要基体组织
RuT300A	≤12.5	300	210	2.0	140~210	铁素体
	>12.5~30	300	210	2.0	140~210	
	>30~60	275	195	2.0	140~210	
	>60~120	250	175	2.0	140~210	
RuT350A	≤12.5	350	245	1.5	160~220	铁素体+珠光体
	>12.5~30	350	245	1.5	160~220	
	>30~60	325	230	1.5	160~220	
	>60~120	300	210	1.5	160~220	
RuT400A	≤12.5	400	280	1.0	180~240	珠光体+铁素体
	>12.5~30	400	280	1.0	180~240	
	>30~60	375	260	1.0	180~240	
	>60~120	325	230	1.0	180~240	
RuT450A	≤12.5	450	315	1.0	200~250	珠光体
	>12.5~30	450	315	1.0	200~250	
	>30~60	400	280	1.0	200~250	
	>60~120	375	260	1.0	200~250	
RuT500A	≤12.5	500	350	0.5	220~260	珠光体
	>12.5~30	500	350	0.5	220~260	
	>30~60	450	315	0.5	220~260	
	>60~120	400	280	0.5	220~260	

注: 1. 采用附铸试块时, 牌号后加字母"A"。

2. 从附铸试块上加工的试样的力学性能不能精确地反映铸件本体的性能, 但比单铸试块要更接近一些。

3. 力学性能随铸件断面厚度增加而成比例地降低, 随铸件结构(形状)和冷却条件而变化。

4. 布氏硬度值仅供参考。

蠕墨铸铁的生产方法和它的化学成分在确保达到订货要求的材料牌号和符合 GB/T 26655—2011 规定的情况下, 由供方自行决定。

当对蠕墨铸铁有特殊用途和要求时, 化学成分和热处理可由供需双方商定。

硬度仅在供需双方有协议时测定铸件的硬度, 表 6-66 和表 6-67 中的布氏硬度值(指导值)仅供参考。

石墨组织应在其二维抛光平面上观察到至少有 80%(体积分数)蠕虫状石墨, 其余的 20%(体积分数)应该是球团状石墨, 不允许出现片状(薄片状)石墨。由供需双方商定金相检验的部位。具体铸件的蠕化率范围由供需双方商定, 包括对结构复杂的铸件商定主要壁厚处和其他部位要求的不同蠕化率。

铸件本体的力学性能可按表 6-66 和表 6-67 中规定的验收。根据铸件不同的用途和特点, 也可另行协商确定。

在表 6-66 和表 6-67 中, 蠕墨铸铁件的力学性能和基体组织可经热处理达到, 对热处理有特殊要求的蠕墨铸铁件, 可由供需双方商定。

6.7.2 关于蠕墨铸铁的蠕化率

美国、德国、瑞士、罗马尼亚以及国际铸造技术协会 7.6 蠕墨铸铁委员会都曾规定蠕墨铸铁的蠕化率应大于或等于 80%。

一般来说, 蠕化率高, 能充分体现蠕墨铸铁既具有较高的力学性能, 又有与普通灰铸铁相似的铸造性能, 缩松和缩孔缺陷倾向小等独特性能。这些特性对于生产诸如结构复杂, 壁厚悬殊的缸体、缸盖、增压器件显得尤为重要。因此, 蠕墨铸铁标准规定蠕化率大于或等于80%是有道理的。此外，工业发达国家原辅材料质量稳定，采用电炉熔炼，铁液成分、温度、质量均可严格控制，加上近年来发展起来的Sinter Cast喂线法处理、计算机控制等，基本实现了蠕化率的精确控制和稳定生产。

探讨我国蠕墨铸铁的研究与生产可以发现，我国生产的蠕墨铸铁件中有一部分是用来代替高强度灰铸铁件的，它们对蠕化率并没有过高的要求。另一方面，部分承受热冲击的零件，如排气管、钢锭模、气缸盖、玻璃模具等，往往由工作循环温度、冷却方式、铸件大小、壁厚以及零件本身复杂程度，服役的工况决定各自应有最合适的蠕化率。以钢锭模为例，在4.5t水冷钢锭模上试验结果，认为蠕化率以20%～40%为最佳；28cm开口钢锭模和50.8cm带帽钢锭模，喷水雨淋冷却下，蠕化率以10%～50%为最佳；空冷下球墨铸铁最佳；冷水冷却下灰铸铁最佳。东风汽车公司蠕墨铸铁排气管生产中，综合考虑各种因素，确定蠕化率大于或等于50%。对轿车内燃机排气歧管，蠕化率控制在50%左右可以获得最佳的抗热疲劳性能。上海新中动力机厂引进的VTR系列大型增压涡轮废气进气壳因要求热导率高，规定该铸件的蠕化率大于80%。

根据国内54个生产蠕墨铸铁件单位的调查统计，有51个单位生产的蠕墨铸铁件的蠕化率大于或等于50%，占94.6%；有3个单位的蠕化率小于50%。

7.6国际蠕墨铸铁委员会在1981年伦敦会议上也规定了对某些蠕墨铸铁件允许蠕化率大于或等于50%。

综上所述，我国标准规定蠕墨铸铁蠕化率应大于等于80%的同时，也规定了具体铸件及铸件某部位的蠕化率可由供需双方自行商定。这样可按铸件服役工况的不同来选择最佳的蠕化率。

随着蠕墨铸铁生产应用的发展，特别是当今世界蠕墨铸铁应用领域的拓展，如内燃机缸体、缸盖、增压器、活塞环等方面蠕墨铸铁的大量应用，要求蠕化率大于或等于80%。因此，必须从蠕墨铸铁件的要求来考虑蠕化率，该高的高，不该高的也不必追求过高蠕化率。但是应该承认，我国蠕墨铸铁生产技术、质量控制水平与欧美先进国家相比存在一定的差距，为适应21世纪蠕墨铸铁迅速扩大应用的需要，急待提高我国蠕墨铸铁生产技术水平。近年来，我国开发了"两步法"蠕化处理工艺及其在线智能控制系统，这将有助于我国蠕墨铸铁制造水平的提升。

6.7.3　选用原则

对于要求强度、硬度和耐磨性较高的零件，宜用珠光体基体的蠕墨铸铁。

对于要求塑韧性、热导率和耐热疲劳性能较高的铸件，宜用铁素体基体的蠕墨铸铁。

介于两者之间的则用混合基体。具体参见表6-68。

表6-68　蠕墨铸铁的性能特点和典型应用

材料牌号	性能特点	典型应用例子
RuT300	强度低，塑韧性高高的热导率和低的弹性模量　热应力积聚小　铁素体基体为主，长时间置于高温之中引起的生长小　与HT300相比，有很好的铸造性能，不需加入合金元素	排气歧管等薄壁汽车用铸件　大功率船用、机车、汽车和固定式发动机缸盖　增压器壳体　纺织机、农机零件
RuT350	与合金灰铸铁比较，有较高强度并有一定的塑韧性　与球墨铸铁比较，有较好的铸造性能和机械加工性能	机床底座　托架和联轴器　大功率船用、机车、汽车和固定式柴油机缸盖　钢锭模、铝锭模　焦化炉炉门、门框、保护板　变速箱体　液压件
RuT400	有综合的强度、刚性和热导率性能较好的耐磨性	汽车的缸体和缸盖　机床底座、托架和联轴器　载重卡车制动鼓、机车车辆制动盘　泵壳和液压件　钢锭模、铝锭模、玻璃模具
RuT450	比RT400有更高的强度、刚性和耐磨性，不过切削性能稍差	汽车的缸体和缸盖　气缸套　载重卡车制动盘　泵壳和液压件　玻璃模具　活塞环
RuT500	强度高，塑韧性低耐磨性最好，切削性差	受高应力作用的汽车缸体　气缸套

6.8 典型蠕墨铸铁件

6.8.1 柴油机缸盖

柴油机缸盖采用蠕墨铸铁材质，质量好、寿命长，在我国已经形成共识。

某柴油机厂采用蠕墨铸铁大批量生产中功率柴油机缸盖，代替原设计的低合金灰铸铁缸盖收到明显成效，其技术经济效果和简要工艺见表6-69和表6-70。

表6-69 用蠕墨铸铁制作柴油机缸盖的技术经济效果

铸件名称	6110 柴油机（104kW）缸盖		
毛坯质量	80kg	尺寸	897mm×249mm×110mm，主要壁厚为5.5mm，最大壁厚为40mm
技术要求	该铸件结构复杂，系六缸一盖连体铸件，工作时承受较高机械热应力，要求材质具有良好的力学性能、抗热疲劳性能、铸造性能和气密性		
原设计材质存在问题	原设计材质为HT250（CuMo合金灰铸铁），主要问题：①缸盖上喷油嘴座旁的气道壁因热疲劳最易开裂，该部位加工后壁厚仅3~4mm，工作温度为250~370℃；②缸盖渗漏严重，在导杆孔、螺栓孔等热节处（均为非铸出孔）易产生缩松（孔）缺陷，经钻孔后铸壁有微孔穿透成渗漏；③因铸件热节多达50处，尺寸精度高，内腔结构复杂，难以采用冒口补缩和内外冷铁工艺		
改用蠕墨铸铁后技术经济效果	1）由于蠕墨铸铁的抗拉强度、抗蠕变能力和塑性均明显优于原材质，故采用蠕墨铸铁缸盖，开裂倾向大为降低，使用寿命显著提高 2）缸盖渗漏率下降15%，当蠕化率大于50%时，其体收缩率小于HT250低合金灰铸铁，其气密性又与球墨铸铁相近 3）低合金灰铸铁的抗热疲劳性能、气密性和铸造性能、切削加工性能等对碳当量和合金元素的敏感性大，尤其对薄壁复杂件更为突出，而蠕墨铸铁的上述性能对碳当量敏感性小，加之采用稀土蠕化剂又有较宽的蠕化范围，冲天炉生产条件下缸盖质量也易于控制 4）节省贵重合金元素，定额成本下降21%		

表6-70 蠕墨铸铁柴油机缸盖的简要工艺

熔化炉	原铁液化学成分（质量分数,%）					处理温度/℃	蠕化剂加入量（质量分数,%）	蠕化处理方法	孕育
	C	Si	Mn	P	S				
蠕化处理工艺 6.5t/h酸性冲天炉	3.6~3.9	1.5~1.8	0.5~0.8	<0.1	0.06~0.07	1420~1460	稀土硅铁合金（RE30）为1.6~1.7	出铁槽随流加入，每包处理0.8~1t	出铁槽随流加入质量分数为0.8%~0.6%的FeSi75，液面加入质量分数为0.3% FeSi75浮硅孕育
10t/h酸性冲天炉，10t保温电炉	3.6~3.9	1.5~1.8	0.5~0.8	<0.1	0.06~0.07	1480~1500	稀土硅化物（RE30）为0.8~1.0和6号合金0.3	引爆法	质量分数为0.6%的FeSi75包内孕育

（续）

铸造工艺	湿砂静压造型，一箱两件，热芯组芯装配工艺，铸件收缩率为0.8%，中间分型，半封闭浇注系统，顶部各有3个压边冒口，导杆孔顶部放置冷铁，如下图所示 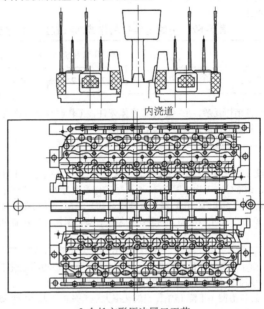 内浇道 3个长方形压边冒口工艺

蠕墨铸铁牌号	要求金相组织	
	蠕化率[1]	基体
RuT300	≥50%	铁素体 + 珠光体

[1]　蠕化处理成功率为99.5%，其中蠕化率大于或等于70%占80%，综合废品率为6%左右。

此外，某车辆工厂采用1.5t工频感应电炉生产12V240型2248kW大功率蠕墨铸铁柴油机缸盖（毛坯单重124kg，壁厚为8～45mm），以取代CrMoCu合金灰铸铁（HT300）缸盖也收到了明显效果。采用蠕墨铸铁制造后，缸盖耐水压试验合格率从73%提高到95%，改善了切削加工性能，冒口质量减少20%，并且延长了使用寿命。其蠕墨铸铁牌号为RT300dr，蠕化率大于或等于60%，使用稀土硅铁合金作蠕化剂；当原铁液 $w(S) \leq 0.04\%$ 时，蠕化剂加入的质量分数为0.75%～1.0%。当铁液温度为1510℃时，将稀土硅铁合金置于炉内铁液表面，约过1min，稀土硅铁合金呈熔融状态后即可倒入浇注包内。采用FeSi75大孕育量二次孕育和浮硅孕育，以消除稀土合金的白口倾向和孕育衰退的问题。

有文献报道，用蠕墨铸铁代替镍铬合金铸铁制造6300缸盖，也取得了相同的效果。渗漏率由镍铬合金灰铸铁的24%降到蠕墨铸铁的4%。合金灰铸铁缸盖最高寿命只有5500h，最低寿命才1000h，因变形开裂而报废；蠕墨铸铁缸盖最长使用时间超过14100h，仍在继续使用，调查时无一损坏。

某车辆工厂为美国某公司生产机车内燃机蠕墨铸铁缸盖。其技术要求为本体试样（取自燃烧室平面、螺栓孔台处）抗拉强度大于或等于400MPa，屈服强度大于或等于280MPa，断后伸长率（单铸试样）大于或等于1.0%，硬度HBW为197～255，金相组织蠕化率大于或等于80%，无片状石墨（表面0.5mm铸皮除外），基体组织为体积分数大于或等于90%珠光体。简要生产工艺为化学成分（质量分数）：C = 3.65%～3.85%，Si = 2.0%～2.1%，Mn = 0.4%～0.6%，Cu = 0.5%～0.8%；蠕化处理采用稀土硅铁 $[w(RE)\,30\%]$ 和稀土镁合金 $[w(Mg)\,7\%～8\%$，$w(RE)\,3\%]$ 引爆法处理，蠕化剂加入总量是原铁液硫含量的20倍，其中2/3是稀土硅铁，1/3为稀土镁合金。处理铁液温度为1470～1480℃。孕育剂是含锑的硅铁合金。采用该工艺生产的蠕墨铸铁缸盖，单铸试样（φ30）及铸件本体蠕化率可稳定在85%以上，最高可达 95%，基体组织中珠光体体积分数达95% 以上（见图 6-114 和图 6-115），抗拉强度为450 ~ 550MPa，屈服强度为 380 ~ 450MPa，断后伸长率为 1.0% ~ 4.0%。

图 6-115　基体组织　×100

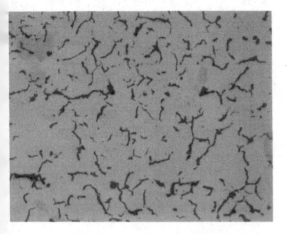

图 6-114　蠕化率　×100

6.8.2　汽车排气管

1. 蠕墨铸铁排气管

某汽车制造厂年产蠕墨铸铁排气管十余万支，与原使用的 HT150 牌号的铸铁排气管相比，大幅度提高了使用寿命，从根本上解决了排气管开裂的问题。其技术经济效果和简要工艺见表 6-71 和表 6-72。

表 6-71　用蠕墨铸铁制作汽车发动机排气管的技术经济效果

铸件名称	EQ140 汽车发动机排气管		
毛坯质量	14.2kg	尺寸	总长为 676.5mm，主要管壁为 5mm，局部最大壁厚为 22mm
技术要求	该零件服役温度差别大（室温 ~ 1000℃），承受较大的热循环载荷，要求材质有良好的抗热疲劳性能		
原设计材质存在问题	原设计材质为 HT150，主要问题是寿命短，汽车行驶不到 10000km，排气管管壁开裂严重；若改用球墨铸铁排气管，虽不发生开裂，但变形严重，通道口错开漏气		
改用蠕墨铸铁后技术经济效果	1）提高寿命 3 ~ 5 倍以上，根本上解决了排气管开裂问题 2）取消了加强筋，铸件自重减轻了 10%		

表 6-72　蠕墨铸铁排气管的简要工艺

熔化炉	原铁液化学成分（质量分数，%）					处理温度/℃	蠕化剂加入量（质量分数，%）	蠕化处理方法	孕育	铸造工艺
	C	Si	Mn	P	S					
10t 无芯工频电炉	3.6 ~ 3.9	1.7 ~ 2.0	≤0.5	<0.1	≤0.04	1520 ± 20	低稀土镁钛（2RETiMg3 ~ 5），加 1.1 ~ 1.4	包底凹坑冲入法，每次处理 500kg ± 50kg	FeSi75 孕育，随流冲入	基本同 HT150 工艺

注：排气管用蠕墨铸铁的技术要求，牌号 RuT300，蠕化率大于或等于 50%，基体组织中铁素体的体积分数大于 50%。

2. 中硅钼耐热蠕墨铸铁排气歧管

排气歧管是内燃机排出废气的通道，是多管口的薄壁异形管件，排出的废气温度很高。早先用灰铸铁，但在承受反复升温和速冷的工况负荷时，因热疲劳很快就被破坏开裂。球墨铸铁虽然热疲劳性能好，但容易变形。蠕墨铸铁抗热疲劳能力比灰铸铁好，抗热变形能力比球墨铸铁强，所以对于受激冷激热热冲击负荷的排气歧管来说，采用蠕墨铸铁优于灰铸铁和球墨铸铁。

为了提高排气歧管抗热疲劳能力，在普通蠕墨铸铁的基础上，将 $w(\mathrm{Si})$ 增至4%，并加入 $w(\mathrm{Mo})=0.4\%\sim0.7\%$。中硅钼蠕墨铸铁的热疲劳性能比普通蠕墨铸铁提高近3倍，在800℃温度下可长期可靠工作。

某汽车铸造厂为上海大众桑塔纳生产中硅钼耐热蠕墨铸铁排气歧管，其技术要求见表6-73。

**表 6-73　中硅钼耐热蠕墨铸铁
排气歧管的技术要求**

项目名称		要求控制范围
化学成分（质量分数,%）	C	3.0～3.6
	Si	3.9～4.3
	Mo	0.4～0.7
	S_c（共晶度）	≤1.25
金相组织	石墨形态	Ⅲ型石墨4～8级≥50%，其余Ⅵ型石墨5～8级
	基体组织	φ（铁素体）≥90%，其余为珠光体
力学性能	抗拉强度	≥400MPa
	断后伸长率	3%～8%
	硬度	220HBW±25HBW

排气歧管在垂直挤压造型线上生产，用应达公司5t自动塞杆气压保温浇注炉浇注。蠕化处理以包内蠕化法为主，辅以槽内喂丝法，即将包内经包底冲入法处理的铁液倒入保温炉内，并用氮气保护，生产正常采用包内蠕化法处理。当气压浇注炉内铁液发生衰退时，通过槽内喂丝补充蠕化剂来加以调整。槽内喂丝蠕化工艺如图6-116所示，蠕化剂（REMgSiFe合金）的粒度和化学成分见表6-74，顶注式浇注系统工艺如图6-117所示。

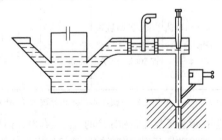

图 6-116　槽内喂丝蠕化工艺

表 6-74　REMgSiFe 合金的粒度和化学成分

粒度/mm	化学成分（质量分数,%）					用途
	Mg	RE	Ca	Si	MgO	
8～18	3.5～4.5	7～9	4～6	40～45	<1.0	包内蠕化剂
0.43～1.70	5.5～6.5	0.6～1.0	<2	44～48	<1.0	喂丝用包芯丝

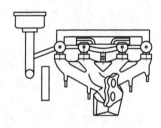

图 6-117　顶注式浇注系统工艺

6.8.3　液压件

某液压件厂用冲天炉熔炼稳定生产蠕墨铸铁液压件，与原使用的HT300灰铸铁相比，成品率高，成本低，为液压件向小型、高压方向发展提供了优质毛坯。其技术经济效果和简要工艺见表6-75～表6-77。

**表 6-75　用蠕墨铸铁制作液压
件的技术经济效果**

铸件名称	集　成　块
毛坯质量	最小为12kg（壁厚为92mm），最大136kg（壁厚为280mm）
技术要求	要求铸件致密、耐高压（7～32MPa）、耐磨，表面粗糙度值小，加工性能好
原设计材质存在问题	1）由于HT300高牌号灰铸铁的碳硅含量低，所以铸造性能差，铸件易产生缩裂或晶间缩松而报废，废品率高达60% 2）铸件成品率低，只55%左右，压边冒口的质量是铸件质量的80%以上
改用蠕墨铸铁后技术经济效果	1）废品率大幅度下降，总废品率约16.9%（其中夹砂、夹杂物、气孔占9%） 2）铸件成品率提高到75%，压边浇冒口质量比原来的减轻2/5 3）经济效益明显。蠕墨铸铁生产成本比HT300灰铸铁增加约8%，但从废品率下降、铸件成品率提高两项，使蠕墨铸铁件总成本降低1/3以上

表 6-76　蠕墨铸铁液压件的简要工艺

熔化炉	原铁液成分	处理温度/℃	蠕化剂加入量	蠕化处理方法	孕　育	铸造工艺
热风三排小风口冲天炉	高 C、低 Si、低 P、低 S、低 Mn 为基体要求确定	1380～1410	稀土硅铁合金，加入的质量分数约 2.4%	随流冲入法	因铸件壁厚而不进行孕育	同 HT300 工艺，采用压边浇冒口

表 6-77　蠕墨铸铁液压件的组织与性能

金相组织		力学性能			耐压性能	耐磨性能
蠕化率	基　体	抗拉强度/MPa	断后伸长率（%）	硬度 HBW		
>80%	铁素体的体积分数为 50%～60%，适当加入微量 Sn 或 Sb 可增加铸态珠光体数量（体积分数大于 70%）	360～480	1.3～2.4	200	蠕墨铸铁爆破压力为 198～262.4MPa，比 HT300 高 60%。渗漏压力：两者均接近爆破压力，小于爆破压力 10MPa 时均未发现渗漏	在 M-200 磨损试验机上与环形 40Cr 钢对磨 40min，加载 1500N，转速为 200r/min，磨痕宽度比 HT300 减少 29%

6.8.4　钢锭模

目前一般采用普通灰铸铁和球墨铸铁制作钢锭模。由于它是在反复受热、冷却的恶劣条件下工作，所以其材质的特性直接影响使用寿命。在热应力的作用下，脆性材质可能发生断裂，塑性材料则会发生永久变形。热应力的大小与温度梯度、热膨胀系数和弹性模量有关。材质的导热性好（可降低温度梯度）、弹性模量低、强度高（特别是高温强度）、韧性好都有利于承受热循环载荷。在非常快的热循环条件下，导热性是主要影响因素；在缓慢热循环的条件下，高强度则更为重要。由于蠕墨铸铁的力学性能比灰铸铁高，导热性能比球墨铸铁好，所以它也是一种生产钢锭模的良好材质。

1. 钢锭模模耗

对于不同结构和冷却方式的钢锭模，其材质的要求也不尽相同。某钢铁厂采用蠕虫状石墨的体积分数为 10%～55% 的蠕墨铸铁制作中小型钢锭模（用冲天炉熔炼），在雨淋及空冷的冷却条件下，可得到最佳的使用效果，使炼钢车间的钢锭模消耗量明显下降。图 6-118 所示为该厂生产的钢锭模（50.8cm 带

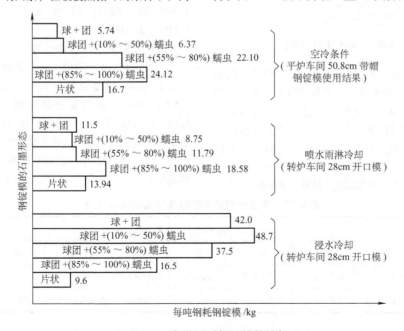

图 6-118　各种材质钢锭模的模耗

帽钢锭模和28cm开口钢锭模）在不同使用条件下，各种材质钢锭模的模耗。其中，平炉车间的50.8cm带帽钢锭模质量为3.4t（见图6-119），浇注优质碳素钢；转炉车间的雨淋冷却28cm开口钢锭模质量为890kg（见图6-120），主要浇注普通碳素钢，浸水冷却的28cm开口钢锭模用于浇注普通钢和硅钢。

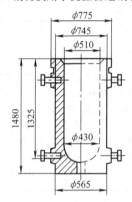

图 6-119　50.8cm 带帽钢锭模

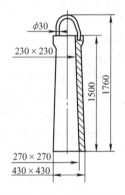

图 6-120　28cm 开口钢锭模

图6-118示出了5种材质对比试验的结果。由图6-118可见，在空冷条件下，球墨铸铁寿命最长、消耗最少，次之为10%～50%（体积分数）的蠕虫状石墨铸铁；在喷水雨淋条件下10%～50%（体积分数）蠕虫状石墨铸铁最佳；浸水冷却条件下，灰铸铁最好。此外，生产中发现，空冷的50.8cm钢锭模因断面厚，石墨难以全部球化。即使石墨全部球化时，

锭模底部圆角处出现缩孔，其上部石墨漂浮也严重而含10%～50%（体积分数）蠕虫状石墨，可以避免这些缺陷，给铸造工艺带来方便，其使用寿命与球墨铸铁相差不大。因此，该厂采用含10%～50%（体积分数）蠕虫状石墨的蠕墨铸铁生产空冷50.8cm和喷水雨淋28cm钢锭模，经过一年左右的实际使用，其模耗与原使用的灰铸铁锭模相比明显降低（见表6-78），每年节约钢锭模数千吨，价值百万元以上。

表 6-78　蠕墨铸铁钢锭模降低模耗情况

车间	钢锭模类型	吨钢消耗量/kg	每吨钢消耗降低/kg	备注
平炉	50.8cm空冷锭模	8.06	11.9	包括55%~80%（体积分数）蠕虫状石墨铸铁锭模
转炉	28cm喷水雨淋开口模	11.32	3.62	

2. 蠕墨铸铁钢锭模生产工艺

铁液在8t/h酸性冷风冲天炉内熔化，批料重1000kg。炉料配比（质量分数）为P10生铁80%～85%、废钢10%、废锭模5%～10%，铁液温度为1360～1380℃。

蠕化处理用稀土镁硅铁蠕化剂：$w(Mg)=11\%\sim13\%$，$w(RE)=2.2\%\sim3.8\%$，$w(Si)=42\%\sim52\%$，$w(Al)=1\%$，余为Fe。当原铁液$w(S)$为0.07%～0.09%时，蠕化剂加入的质量分数为1.15%～1.30%。

蠕化处理采用复包法处理，每包处理5t铁液，二次出铁。第二次出铁时，在出铁槽中随流冲入质量分数为0.8%的复合孕育剂（FeSi75的质量分数0.5%，FeMn62的质量分数0.3%），浇注温度为1280～1310℃。采用ϕ30mm炉前试样，按自订的蠕墨铸铁钢锭模石墨评级金相图进行蠕虫状石墨数量的控制。表6-79列出了原铁液和蠕墨铸铁钢锭模的化学成分。

表 6-79　原铁液和蠕墨铸铁钢锭模的化学成分

材　质	化学成分（质量分数,%）							
	C	Si	Mn	P	S	Mg	RE	Al
原铁液	3.6~3.8	1.5~1.8	0.5~0.8	≤0.06	0.07~0.09	—	—	—
蠕墨铸铁	3.5~3.8	2.5~2.8	0.5~0.8	≤0.06	≤0.03	0.015~0.040	0.008~0.018	0.02~0.04

此外，用蠕墨铸铁代替灰铸铁制造铝锭模，寿命长，表面质量优异。山东某铝厂使用蠕化率为 50% 左右的蠕墨铸铁模代替灰铸铁生产铝锭，在喷水冷却条件下使用寿命可提高 60% ~ 100%。

6.8.5　缸体

近年来，蠕墨铸铁的应用在欧美得到了长足的进展，在汽车内燃机缸体上也得到了广泛的应用。例如，宝马汽车公司 V8 柴油内燃机缸体，戴姆勒—克莱斯勒汽车公司 12L 排量的 8 缸内燃机缸体，达夫公司 12.6L 排量、功率为 390kW 的六缸内燃机缸体都用蠕墨铸铁铸造。奥迪汽车公司从 1999 年开始在 3.3L V8TDI 内燃机、2.7L 和 3L 柴油内燃机（用于 A4、A6、A8 型汽车）上，均采用蠕墨铸铁生产缸体。福特汽车公司 60°V6 2.7L Lion 柴油机用于捷豹型轿车以及最新的越野路虎运动型多用途汽车也采用蠕墨铸铁生产缸体，该发动机还在马自达公司一种新型的"Cross Port"运动多用途汽车上应用。一个 90° V8 发动机也将用于越野陆虎机和陆虎揽胜（Range Rover）运动型多用途汽车，且可用于福特在美国的轻型载重汽车。德国 Fritz Winter 每年将生产 3 万 t 内燃机薄壁缸体，Eisen Bruehl 公司已开始在轿车内燃机上使用蠕墨铸铁缸体。美国福特（Ford）与巴西辛特（Sinter）合作，在 1999 年就在巴西生产出 10 万个蠕墨铸铁 V6 缸体。

欧美在汽车行业中会如此强劲地发展蠕墨铸铁的应用，与当今世界经济对汽车要求越来越高有关。20 世纪 80 年代以来，对汽车提出了轻量化要求，铝、镁铸件取代密度较大的铸铁件、铸钢件成果显赫。至今轿车不仅变速箱壳，进气管等普遍采用铝铸件，而且 90% 以上缸盖和近 40% 的缸体也都采用铝铸件。随着发动机比功率（kW/L）的提高和比质量（kg/kW）的降低，导致缸体和缸盖工作温度越来越高，两零件的很多部位工作温度已超过 200℃，这时铝合金强度迅速下降，难以承受所受的机械负荷，而这样的工作温度对铸铁则毫无影响。此外，铝合金的耐磨性不如铸铁件，因此铝缸体通常要镶入铸铁缸套，由于铸铝与铸铁的热膨胀系数不一样，工作一段时间后（尤其是在高比功率情况下），缸筒会发生变形甚至产生间隙，变形导致磨损加剧，间隙则使内燃机噪声增大。再有，从节能来看，从矿石到成品，铝合金的耗能要高于铸铁件，熔炼 1t 原生金属，铝锭要比生铁消耗近 9 倍的能量，并且排放出更多的气体、液体和固体废物。因此，只要生产 2 ~ 5mm 薄壁高强度的铸铁件的技术提高，就完全有可能再次夺回被铝合金所占领的部分市场。蠕墨铸铁具有近似球墨铸铁的强度，又有类似灰铸铁的减振、导热能力及良好的铸造性能，又比灰铸铁有更好的塑性和耐疲劳性能，因此，蠕墨铸铁是能够同时满足技术、环境和能量要求的最先进的汽车内燃机缸体材料。欧美在生产条件和技术上又能确保得到较高的蠕化率，在缸体上的应用又无技术障碍，这就促使了蠕墨铸铁的应用和发展。

我国汽车工业发展迅速，汽车年产量已突破 2500 万辆。与国外一样也面临节能、减排、减重、降噪等问题，内燃机要进一步强化，提高比功率，同样也会遇到铝合金缸体、缸盖满足不了技术要求的问题。目前，蠕墨铸铁缸盖已在我国得到了成功的应用，还在进一步扩大应用。蠕墨铸铁缸体正在积极试制。

1）某拖拉机集团公司由于工程机械、农业机械对相配套的柴油机功率、可靠性、减振性等性能提出更高的要求，柴油机缸径从 $\phi100mm$ 扩缸到 $\phi105mm$，又扩缸到 $\phi108mm$，缸体材料原为 HT250。为了提高缸体的可靠性，进行用蠕墨铸铁制作 LR4108 缸体的试验研究。LR4108 缸体铸件质量为 140kg，一箱二件，每型铁液质量为 320kg，KW 公司高压造型，兰佩公司 130L 三乙胺冷芯盒制芯；12t 冷风冲天炉与两台 10t 变频保温炉双联熔炼，1.5t 包自动浇注机浇注。采用引爆法进行蠕化处理，蠕化剂总加入量为铁液质量的 1.0% ~ 1.2%，其中 RESiFe 占 2/3，REMgSiFe 占 1/3，铁液出炉温度为 1480 ~ 1500℃；包内孕育 $w(FeSi75) = 0.6\% ~ 0.8\%$，当处理包铁液倒入浇注包时，随流加入 $w(FeSi75) = 0.1\% ~ 0.2\%$。浇注温度为 1370 ~ 1400℃。造型工艺与原 HT250 材质相同。结果如图 6-121 和表 6-80 ~ 表 6-82。对蠕墨铸铁缸体在现有机械加工线进行全面的加工（与 HT250 灰铸铁现同时加工），对关键尺寸逐一进行检测，精度均在控制范围内。对每件加工后的缸体均进行了气密性试验，未检验出漏水现象，也没有出现缩松缺陷。

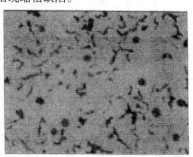

图 6-121　蠕墨铸铁缸体金相组织
（蠕化率为 75%）

表 6-80　铁液化学成分（质量分数）

（%）

试样编号	C	Si	Mn	S	P	Mg	RE
原铁液	3.96	1.29	0.49	0.033	0.051	—	—
1	3.84	2.71	0.49	0.016	0.056	0.022	0.117
2	3.83	2.68	0.48	0.013	0.055	0.011	0.110
3	3.82	2.63	0.48	0.014	0.054	0.017	0.054
4	3.84	2.61	0.49	0.013	0.054	0.015	0.053
5	3.85	2.63	0.48	0.013	0.055	0.008	0.056

表 6-81　铸件本体试样的硬度和金相组织

试样编号	硬度 HBW	金相组织（体积分数,%）			
		蠕化率	珠光体	磷共晶	渗碳体
1	173	60~70	30	无	无
2	167	70~80	20	无	无
3	177	60~70	40	无	无
4	185	60~70	40	无	无
5	167	60~70	30	无	<1

表 6-82　单铸试样的力学性能及金相组织

试样编号	金相组织（体积分数,%）				抗拉强度 /MPa	断后伸长率（%）
	蠕化率	珠光体	磷共晶	渗碳体		
1	60~70	40	无	无	400	4.26
2	60~70	30	无	无	380	2.6

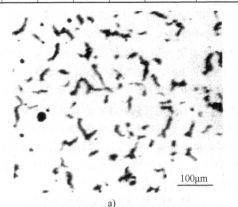

2）有文献报道，采用蠕墨铸铁代替合金灰铸铁制造天然气压缩机气缸体，性能和致密性均大幅度提高。

气缸体的缸径为 152.4~520.7mm(6~20.5in)，主要壁厚为 20~60mm，单体浇注质量为 0.5~1.5t；原材质为合金灰铸铁，性能要求 φ50mm，单铸试样的 $R_m \geqslant 280MPa$，气道最大水压试验压力为 27MPa，不得有渗漏。在采用高强度灰铸铁制造时，由于铁液的碳当量低，气缸体材质强度不稳定，缩孔、缩松倾向大，水压试验时渗漏严重。由于蠕墨铸铁力学性能优于高强度合金灰铸铁，而热传导性能又接近合金灰铸铁，铸造性能比合金灰铸铁好，缩孔、缩松倾向也较小，致密性好，因此气缸体采用蠕墨铸铁制造。

铁液在 5t/h 冲天炉内熔炼，铁液出炉温度为 1450~1480℃，CrFe、MoFe、MnFe 均在炉后与批料同时加入，Cu 和 Sn 在浇注包内加入。将自制的 REMg 蠕化剂置于浇包内，采用冲入法蠕化处理，出铁槽用质量分数为 0.6% 的 FeSi75 一次孕育处理，浇注时用质量分数为 0.15% 的 CaSi 进行二次随流孕育。结果如图 6-122 和表 6-83。所生产的缸径 520.7mm (20.5in) 的气缸体经粗加工，水压试验后，均未发现渗漏现象，气缸体的致密性大大提高。

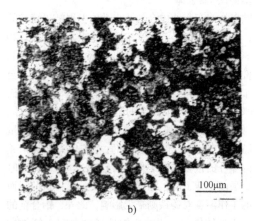

图 6-122　气缸体铸件的金相组织

a）石墨　b）基体组织

表 6-83　蠕墨铸铁缸体的力学性能

编号	化学成分（质量分数,%）	抗拉强度/MPa	断后伸长率（%）	硬度 HBW
1	C：3.60，Si$_终$：1.95，S$_原$：0.054，RE：0.047，Mg：0.017，Cr：0.23，Mo：0.74，Cu：0.80	542	2.0	207
2	C：3.84，Si$_终$：2.24，S$_原$：0.068，RE：0.05，Mg：0.018，Cr：0.18，Mo：0.23，Cu：0.63	509	1.0	229
3	C：3.76，Si$_终$：2.24，S$_原$：0.063，RE：0.043，Mg：0.020，Cr：0.25，Mo：0.28，Cu：0.636	476	2.8	207

参 考 文 献

［1］张忠仇，等. 我国蠕墨铸铁的现状及展望［J］. 铸造，2012，16（11）：1303-1307.

［2］张伯明. 蠕墨铸铁的最新发展［J］. 现代铸铁，2006（1）：12＋14＋16-18.

［3］邱汉泉. 蠕墨铸铁及其生产技术［M］. 北京：化学工业出版社，2010.

［4］LIU J H，et al. Influence of fading on characteristics of thermal analysis curve of compacted graphite iron［J］. China Foundry，2011，8（03）：295-299.

［5］史蒂夫·道森. 蠕墨铸铁——现代柴油发动机缸体和缸盖的材料［J］. 铸造技术，2009，30（04）：455-460.

［6］赵靖宇，等. 锡对蠕墨铸铁显微组织和力学性能的影响［J］. 铸造，2013，62（10）：948-952.

［7］杨忠，等. Cr、Mo、Cu 复合合金化蠕墨铸铁的组织和性能［J］. 铸造技术，2015，36（6）：1518-1521.

［8］刘金海. 蠕墨铸铁智能化在线测控系统的研制及应用［C］. 北京：第十二届中国铸造年会摘要集，2016.

［9］乾坤才，等. 200km/h 高速客车蠕铁制动盘及合成闸片的研究［J］. 现代铸铁，2006（1）：54＋56-58.

［10］喻光远，等. 蠕墨铸铁等温淬火工艺及性能的试验研究［J］. 铸造，2019，68（5）：435-442.

［11］王成刚，等. 蠕墨铸铁缸体缸盖的铸造技术开发［J］. 铸造，2012，61（2）：136-142.

［12］陶栋，等. 珠光体含量对蠕墨铸铁高温力学性能和热物理性能的影响［J］. 材料热处理学报，2018，39（6）：83-90.

［13］吴进钱，等. V、Ti 合金化对玻璃模具材料抗氧化及耐热疲劳性能的影响［J］. 铸造，2011，60（7）：697-699.

［14］张永振，等. 蠕墨铸铁在铁道车辆制动系统中的应用研究［J］. 铸造技术，2002，23（1）：45-47.

［15］朱正宇，等. 喂线蠕化用蠕化剂的研制及应用效果［J］. 铸造，2005（1）：61-64.

［16］ROHOLLAH GHASEMI，et al. Austempered Compacted Graphite Iron-Influence of Austempering Temperature and Time on Microstructure and Mechanical Properites［J］. Materials Science and Engineering A. 2019，767：1-7.

［17］徐锦锋，等. 低镧镁硅铁蠕化剂的蠕化作用特性研究［J］. 铸造，2018，67（9）：772-777.

［18］金永锡. 中硅钼耐热蠕墨铸铁排气歧管材料和工艺探讨［J］. 现代铸铁，2006（1）：32-33＋36－38＋40－41.

［19］尚平，等. 蠕墨铸铁硼铬共渗的研究［J］. 哈尔滨科学技术大学学报，1994，18（1）：32-35.

第7章 可锻铸铁

可锻铸铁是由一定化学成分的铁液浇注成白口坯件，再经退火，石墨主要呈团絮状、絮状，有时呈少量团球状的铸铁。

由于退火工艺不同，各可锻铸铁有不同的断口特征。对石墨化退火可锻铸铁，当基体为铁素体时，断口呈黑绒色；当基体为珠光体时，断口呈银灰色。过去曾将石墨化退火可锻铸铁一律称作黑心可锻铸铁是不妥当的。为了不混淆视听，标准中已将具有珠光体基体的石墨化退火可锻铸铁，称作珠光体可锻铸铁；脱碳退火可锻铸铁，断口呈银白色，称作白心可锻铸铁。

7.1 可锻铸铁的分类和金相组织特点

7.1.1 分类

可锻铸铁按照热处理条件的不同，可分为石墨化退火可锻铸铁和脱碳退火可锻铸铁两大类，见表7-1。

表7-1 可锻铸铁的分类

分 类		退火特点	主要基体组织	断口颜色
石墨化退火可锻铸铁	铁素体可锻铸铁（黑心可锻铸铁）	白口坯件在中性介质中进行石墨化退火，使自由渗碳体和珠光体分解	铁素体	黑绒色
	珠光体可锻铸铁	白口坯件在中性介质中进行石墨化退火，使自由渗碳体分解，珠光体部分分解	珠光体	银灰色
脱碳退火可锻铸铁	白心可锻铸铁	白口坯件在氧化性介质中进行脱碳退火，在渗碳体分解的同时发生氧化脱碳	外缘为铁素体，向内由于脱碳不完全，珠光体数量逐渐增加	银白色

7.1.2 牌号与应用

按 GB/T 9440—2010《可锻铸铁件》规定，可锻铸铁的牌号和力学性能见表7-2和表7-3。标准规定，可锻铸铁的拉伸试样直接铸出，试样表面不作切削加工，但允许用砂轮或锉刀修磨毛刺，试样应与铸件同炉进行热处理。要求有冲击性能时，可按标准附件的指标进行测试。

表7-2 黑心可锻铸铁和珠光体可锻铸铁的力学性能

牌 号	试样直径 d [①②] /mm	抗拉强度 R_m /MPa ≥	条件屈服强度 $R_{p0.2}$ /MPa ≥	断后伸长率 A ($L_0 = 3d$) (%) ≥	布氏硬度 HBW
KTH 275-05 [③]	12 或 15	275	—	5	
KTH 300-06 [③]	12 或 15	300	—	6	
KTH 330-08	12 或 15	330	—	8	≤150
KTH 350-10	12 或 15	350	200	10	
KTH 370-12	12 或 15	370	—	12	

（续）

牌 号	试样直径 d [①②] /mm	抗拉强度 R_m /MPa ≥	条件屈服强度 $R_{p0.2}$ /MPa ≥	断后伸长率 A ($L_0 = 3d$) (%) ≥	布氏硬度 HBW
KTZ 450-06	12 或 15	450	270	6	150 ~ 200
KTZ 500-05	12 或 15	500	300	5	165 ~ 215
KTZ 550-04	12 或 15	550	340	4	180 ~ 230
KTZ 600-03	12 或 15	600	390	3	195 ~ 245
KTZ 650-02 [④⑤]	12 或 15	650	430	2	210 ~ 260
KTZ 700-02	12 或 15	700	530	2	240 ~ 290
KTZ 800-01 [④]	12 或 15	800	600	1	270 ~ 320

① 如果需方没有明确要求，供方可以任意选取两种试样直径中的一种。
② 试样直径代表同样壁厚的铸件，如果铸件为薄壁件时，供需双方可以协商选取直径 6mm 或 9mm 试样。
③ KTH 275-05 和 KTH 300-06 为专门用于保证压力密封性能，而不要求高强度或高延展性的工作条件的。
④ 油淬加回火。
⑤ 空冷加回火。

表 7-3 白心可锻铸铁的力学性能

牌号	试样直径 $d^{①②}$ /mm	抗拉强度 R_m /MPa ≥	条件屈服强度 $R_{p0.2}$ /MPa ≥	伸长率 A ($L_0=3d$) (%) ≥	布氏硬度 HBW ≤
KTB 350-04	6	270	—	10	230
	9	310	—	5	
	12	350	—	4	
	15	360	—	3	
KTB 360-12	6	280	—	16	200
	9	320	170	15	
	12	360	190	12	
	15	370	200	7	
KTB 400-05	6	300	—	12	220
	9	360	200	8	
	12	400	220	5	
	15	420	230	4	
KTB 450-07	6	330	—	12	220
	9	400	230	10	
	12	450	260	7	
	15	480	280	4	
KTB 550-04	6	—	—	—	250
	9	490	310	5	
	12	550	340	4	
	15	570	350	3	

注: 1. 所有级别的白心可锻铸铁均可以焊接。
　　2. 对于小尺寸的试样,很难判断其屈服强度,屈服强度的检测方法和值由供需双方在签订订单时商定。
　　3. ①②同表 7-2 注。

可锻铸铁的常温力学性能接近于相同基体的球墨铸铁,而低温冲击韧性和切削性能优于球墨铸铁。可锻铸铁广泛应用于电力线路金具、管路连接件、建筑扣件和汽车、拖拉机、农机具等批量生产的薄壁中小件。白心可锻铸铁表层为低碳钢组织,焊接性能优良,国外多用于焊接管件。可锻铸铁的应用见表 7-4。

GB/T 9440—2010《可锻铸铁件》等效采用了 ISO 5922:2005《可锻铸铁件》标准。比 GB/T 9400—1988 增加了 5 个牌号,以便满足不同铸件的要求。

表 7-4 可锻铸铁的应用

名　称		应 用 举 例
黑心可锻铸铁	KTH 300-06 KTH 330-08	管路连接件:弯头、三通、管接头、管堵 中压阀门:阀体 纺织机械:盘头、龙筋、平衡锤、轧头 手工具:扳手、推把 其他:锅炉炉排、千斤顶体、索具卡头、氧气瓶帽
	KTH 350-10 KTH 370-12	线路金具:楔子、卡子、线夹体、铁帽、避雷器法兰盘 建筑脚手架:扣件 农机:犁刀、犁柱、车轮壳、播种机件 车辆:转向节壳、板簧支座、支架、小桥壳
珠光体可锻铸铁	KTZ 450-06 KTZ 550-04	游艇:工具用具 线路金具:高吨位铁帽
	KTZ 650-02 KTZ 700-02	动力机:发动机连杆、小曲轴、摇臂 传动:耙片、棘轮、传动链 其他:耙片、榴弹体
白心可锻铸铁	各牌号	需施焊的管路连接件、渔具

7.1.3 金相组织特点

1. 石墨

GB/T 25746—2010《可锻铸铁金相检验》规定,可锻铸铁中的石墨形状有球状、团絮状、絮状、聚虫状及枝晶状等五种,见表 7-5 和图 7-1。

表 7-5 石墨形状分类及特征

名称	图号	说　明
球状	图 7-1a	石墨较致密,外形近似圆形,周界凹凸
团絮状	图 7-1b	类似棉絮团,外形较不规则
絮状	图 7-1c	较团絮状石墨松散
聚虫状	图 7-1d	石墨松散,类似蠕虫状石墨聚集而成
枝晶状	图 7-1e	由颇多细小的短片状、点状石墨聚集呈树枝状分布

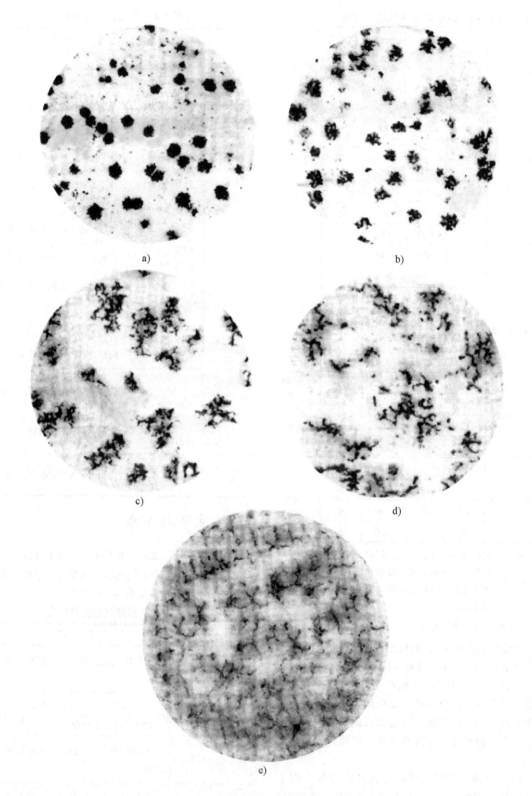

图 7-1　可锻铸铁的石墨形状　×100
a) 球状　b) 团絮状　c) 絮状　d) 聚虫状　e) 枝晶状

可锻铸铁中，石墨通常不以单一形状出现。鉴于石墨形状对力学性能的影响，石墨形状需分级评定，见表 7-6 和图 7-2。可锻铸铁件一般应为 1 级或 2 级，不重要件可为 3 级。有时还需对石墨分布和石墨颗数进行分级考核，见表 7-7、图 7-3 和表 7-8。

表 7-6 石墨形状分级

级 别	图 号	说 明
1 级	图 7-2a	石墨大部分呈团球状，允许有体积分数不大于 15% 的团絮状、絮状、聚虫状石墨存在，但不允许有枝晶状石墨
2 级	图 7-2b	石墨大部分呈团球状、团絮状，允许有体积分数不大于 15% 的絮状、聚虫状石墨存在，但不允许有枝晶状石墨
3 级	图 7-2c	石墨大部分呈团絮状、絮状，允许有体积分数不大于 15% 的聚虫状及小于试样截面面积 1% 的枝晶状石墨存在
4 级	图 7-2d	聚虫状石墨体积分数大于 15%，枝晶状石墨小于试样截面面积的 1%
5 级	图 7-2e	枝晶状石墨的体积分数大于或等于试样截面面积的 1%

注：在未浸蚀的金相试样上评定，放大倍数为 100 倍。

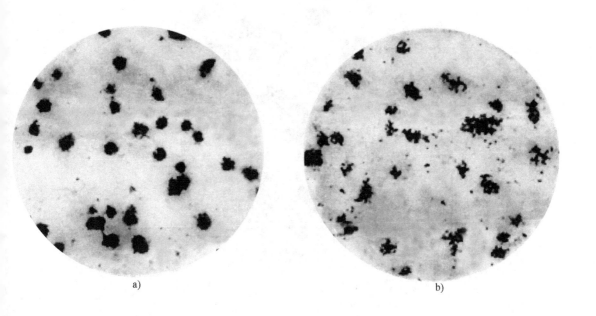

a)   b)

图 7-2 石墨形状分级 ×100

a) 1 级 b) 2 级

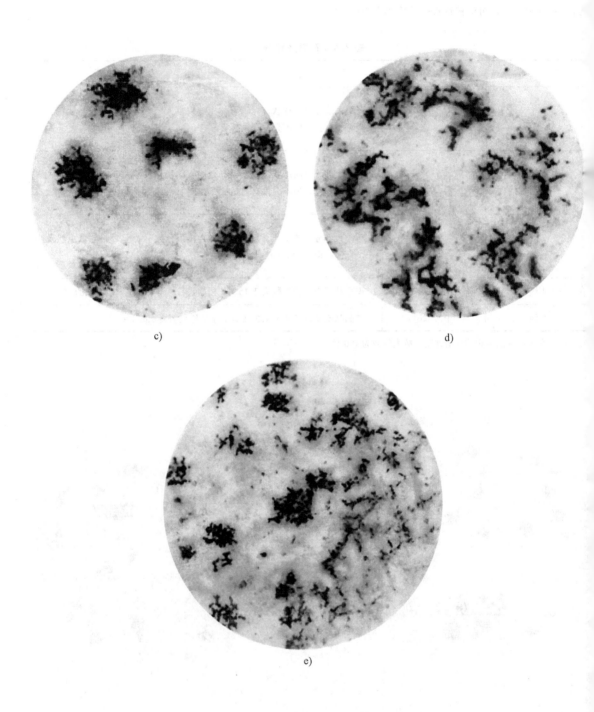

图 7-2　石墨形状分级　×100（续）

c）3 级　d）4 级　e）5 级

表7-7 石墨分布分级

级 别	图 号	说 明
1级	图7-3a	分布均匀或较均匀
2级	图7-3b	分布不均匀,但无方向性
3级	图7-3c	石墨呈方向性分布

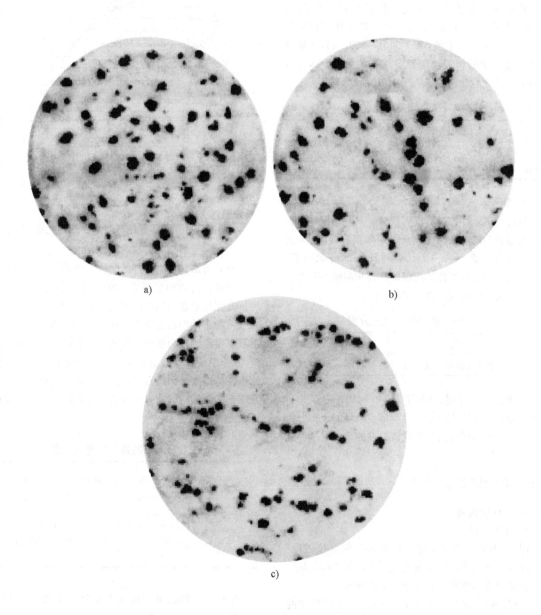

a)   b)

c)

图7-3 石墨分布分级
a) 1级 b) 2级 c) 3级

表7-8　石墨颗数分级

级　别	1级	2级	3级	4级	5级
石墨颗数/（颗/mm²）	>150	>110~150	>70~110	>30~70	≤30

注：对石墨颗数级别的评定，应在未浸蚀的金相试样上进行，放大倍数为100倍。

2. 基体

通常可锻铸铁的基体组织为铁素体和珠光体，由淬火或等温淬火获得马氏体或贝氏体基体的零件很少。铁素体可锻铸铁中珠光体的残余量，按 GB/T 25746—2010 分为5级，见表7-9。珠光体可锻铸铁尚无金相标准，可参照 GB/T 9441—2009《球墨铸铁金相检验》中的相关规定评定珠光体数量。珠光体形状有片状和粒状两种，生产中以片状为常见。

表7-9　珠光体残余量分级

级　别	1级	2级	3级	4级	5级
珠光体残余量（体积分数，%）	≤10	>10~20	>20~30	>30~40	>40

3. 渗碳体

可锻铸铁坯件经过高温石墨化，共晶渗碳体已全部或大部分分解。渗碳体残余量的体积分数以2%为界，可分为两级，见表7-10。对铁素体可锻铸铁，为清晰显现残余渗碳体，应以碱性苦味酸钠溶液进行热蚀，评定时的放大倍数为100倍。

表7-10　渗碳体残余量分级

级　别	1级	2级
渗碳体残余量（体积分数，%）	≤2	>2

为便于工厂评定，GB/T 25746—2010 中都有石墨颗粒数、珠光体残余量、渗碳体残余量的金相分级照片以供对照，同时也对可锻铸铁件的表皮层厚度规定了4个等级。

7.2　可锻铸铁的性能

7.2.1　力学性能

1. 常温性能

GB/T 9440—2010 规定了可锻铸铁的抗拉强度、屈服强度、断后伸长率和硬度已列于表7-2和表7-3。试样直径与力学性能的关系如图7-4所示。

可锻铸铁屈服强度与抗拉强度的比值比碳素钢的高62%~80%，与球墨铸铁相近。屈强比随珠光体数量的增加而增大，因此黑心可锻铸铁偏于下限，珠光体可锻铸铁偏于上限。白心可锻铸铁的屈强比比碳素钢约高70%左右。

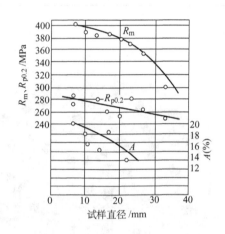

图7-4　试样直径与力学性能的关系

黑心可锻铸铁有良好的塑性，能承受一定的弯曲而不破坏，打弯角度可在120°以上。黑心可锻铸铁的抗弯强度通常为抗拉强度的1.4~1.7倍。

可锻铸铁中石墨呈团絮状，大大缓和了受力状态下石墨尖端的应力集中。因此，可锻铸铁在拉伸时的应力-应变曲线遵循胡克定律。弹性模量随抗拉强度的提高而提高，因此石墨的数量和紧密圆整程度，以及珠光体数量将影响弹性模量。可锻铸铁的弹性模量可参阅表7-11。

表7-11　可锻铸铁的弹性模量

名　称	黑心可锻铸铁	珠光体可锻铸铁	白心可锻铸铁
弹性模量/GPa	155~170	163~180	150~165

泊桑比：黑心可锻铸铁为 0.25~0.28，珠光体可锻铸铁为 0.26~0.28。

为保证可锻铸铁的抗拉强度及断后伸长率，对金相组织提出的要求见表7-12。化学元素对力学性能的影响，见表7-15。

表 7-12　抗拉强度、断后伸长率对金相组织的要求

金相组织		要　求	保证措施
基体	铁素体	硅的固溶使铁素体可锻铸铁的抗拉强度较易保证，牌号达标的关键是断后伸长率。提高断后伸长率，应限制珠光体残余量（见表7-13），确保铁素体的主导地位	使第二阶段石墨化充分完成
	珠光体	要求 $R_m > 400MPa$ 时，基体需以珠光体为主，粒状珠光体较片状珠光体的抗拉强度略低，但断后伸长率和冲击韧度高，综合力学性能好（见表7-14），并且易于切削	退火时第二阶段石墨化不进行或部分进行，也可添加珠光体稳定元素
石墨	形状	最影响抗拉强度、断后伸长率和动载荷性能。以球状、团球状最好，团絮状次之，聚虫状和枝晶状最差	复合孕育，镁变质处理，避免 C + Si 过高，避免坯件粗晶，防止第一阶段退火温度过高
	颗数	石墨颗数对抗拉强度和断后伸长率的影响如图7-5和图7-6所示。石墨颗数对断后伸长率影响较大，而对抗拉强度影响不明显。综合兼顾抗拉强度和断后伸长率，以 100 ~ 150 颗/mm² 为合适	硅高、壁薄，采用金属型铸造，孕育处理，退火时进行低温预处理等可增加石墨颗数
	分布	以均匀无方向性分布最好，少量有网状和不均匀分布对抗拉强度和断后伸长率影响不大，但定向串状分布十分有害	孕育剂加入方法适当，铝的加入量尤需控制，使其质量分数不超过 0.01%
	大小	一般直径以 0.03 ~ 0.07mm 为好：过大则石墨形状不好，过小则大大增加了石墨与基体的界面，也不好	一般生产工艺下容易达到要求。要防止 Bi 孕育过量

表 7-13　铁素体可锻铸铁中珠光体允许残余量（体积分数）　　　　（%）

牌　号		KTH 300-06	KTH 330-08	KTH 350-10	KTH 370-12
允许残余量	片状珠光体	<30	<20	<15	<10
	粒状珠光体	<50	<40	<30	<20

表 7-14　两种珠光体可锻铸铁的力学性能比较

名　称	抗拉强度 /MPa	屈服强度 /MPa	断后伸长率 （%）	冲击韧度 a_K/(J/cm²) （V 型缺口试样）	硬度 HBW
片状珠光体可锻铸铁	450 ~ 700	270 ~ 530	2 ~ 6	5 ~ 10	150 ~ 290
粒状珠光体可锻铸铁	400 ~ 700	280 ~ 550	3 ~ 9	6 ~ 13	140 ~ 300

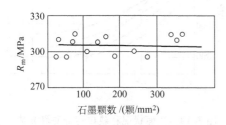

图 7-5　石墨颗数对抗拉强度的影响

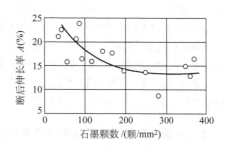

图 7-6　石墨颗数对断后伸长率的影响

表7-15　化学元素对力学性能的影响

元　　素	对力学性能的影响
碳	增高碳含量，能使石墨颗数及尺寸增加，使强度、断后伸长率下降（见图7-7）
硅	硅能增高可锻铸铁的强度及断后伸长率，但$w(Si) > 1.8\%$后有可能恶化石墨形态，导致力学性能下降。当硅、磷两元素同时处于高含量时，则易引起回火脆性及低温脆性，并使脆性转变温度上升
磷	$w(P) > 0.1\%$时，可能因偏析而出现磷共晶，导致断后伸长率下降，脆性倾向也增高
锰、硫	锰、硫应有适当配合，当锰、硫超过规定值时，会因退火时间不足而残留渗碳体及珠光体，从而使断后伸长率不合格
铬	$w(Cr) \leqslant 0.06\%$，否则易使残留渗碳体超标，导致断后伸长率下降
铜、锑	有利于获得珠光体基体，提高强度

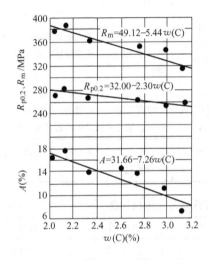

图7-7　碳含量对铁素体可锻铸铁力学性能的影响

可锻铸铁的冲击韧度a_K（带缺口），铁素体基体的为$20 \sim 25 J/cm^2$，珠光体基体的为$5 \sim 13 J/cm^2$。

可锻铸铁光滑试样对称弯曲疲劳强度见表7-16。铁素体可锻铸铁的疲强比S/R_m约为0.5，高于钢和球墨铸铁（见图7-8）。珠光体可锻铸铁的疲强比为$0.35 \sim 0.40$，与相同基体的球墨铸铁相当。缺口深度及半径对铁素体可锻铸铁疲劳强度的影响如图7-9所示。图7-10所示为表面状况和缺口特征对珠光体可锻铸铁弯曲疲劳性能的影响。显然，任何粗糙表面和缺口的存在，均会降低疲劳强度。铁素体可锻铸铁和珠光体可锻铸铁的缺口敏感系数（无缺口与有缺口疲劳强度之比）分别为$1.30 \sim 1.67$和$1.20 \sim 2.00$。

表7-16　可锻铸铁光滑试样对称弯曲疲劳强度

名　　称	铁素体可锻铸铁	珠光体可锻铸铁
疲劳强度S/MPa	$175 \sim 210$	$220 \sim 270$

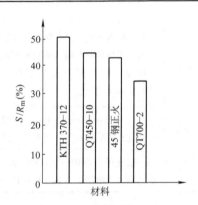

图7-8　几种材料的S/R_m

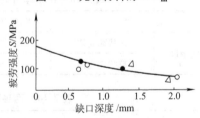

图7-9　缺口深度及半径对铁素体可锻铸铁疲劳强度的影响

缺口半径　●—0.127mm　○—0.254mm
△—0.762mm

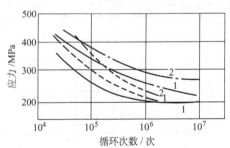

图7-10　表面状况和缺口特征对珠光体可锻铸铁弯曲疲劳性能的影响

1—相当于KTZ 550-04　2—相当于KTZ 650-02

－－－铸态表面　－·－加工表面　——有$1.25 \times 60°$缺口

图 7-11 所示为不同基体可锻铸铁的冲击疲劳性能。图中虚线表示开始产生裂纹的冲击次数。

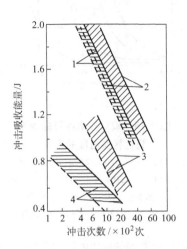

图 7-11　不同基体可锻铸铁的冲击疲劳性能

1—片状珠光体　2—粒状珠光体

3—铁素体+珠光体　4—铁素体

可锻铸铁常温（24℃）的断裂韧度 K_{IC} 见表 7-17。铁素体可锻铸铁由于铁素体韧性撕裂而发生塑性变形，使毗邻石墨处的应力集中得以松弛和减弱，因此就有一定的屈服强度值，铁素体基体的 K_{IC} 较高。必须指出，断裂韧度受非金属夹杂物（如硫化物、氧化物）和脆性相（如 Fe_3C、磷共晶）以及缩松、晶界偏析的影响很大，应严加控制。此外，要防范石墨的过于密集和形态的变异，否则此处形成的高应力区作为断裂源将穿过晶粒、切断基体，降低断裂韧度。

表 7-17　可锻铸铁的断裂韧度

可锻铸铁种类	屈服强度 /MPa	测试温度 /℃	K_{IC} /MPa·m^½
铁素体可锻铸铁 （充分退火）	230	24	44.3
	241	-19	41.4
	251	-59	43.5
珠光体可锻铸铁 （空淬+回火）	359	24	54.9
	377	-19	48.1
	392	-57	29.7
珠光体可锻铸铁 （液淬+回火）	410	24	44.6
	431	-19	51.7
	542	-58	29.8

（续）

可锻铸铁种类	屈服强度 /MPa	测试温度 /℃	K_{IC} /MPa·m^½
珠光体可锻铸铁 （液淬+回火）	516	24	54.0
	552	-19	38.9
	574	-58	39.3

2. 高、低温性能

可锻铸铁高温及低温下的力学性能如图 7-12 所示。由图 7-12 可见，在室温至 350℃ 间，抗拉强度、屈服强度和断后伸长率变化不大；高于 350℃，抗拉强度和屈服强度迅速下降（尤以珠光体可锻铸铁为明显），而断后伸长率迅速上升（尤以铁素体可锻铸铁为明显）；低温时，抗拉强度和屈服强度随温度下降而提高，断后伸长率则下降。

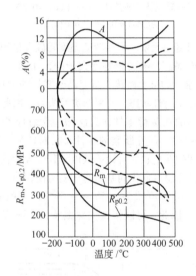

图 7-12　可锻铸铁高温及低温下的力学性能

——铁素体可锻铸铁　－－－珠光体可锻铸铁

可锻铸铁的硬度随温度的升高而有所变化，当温度高于 400℃ 后，硬度明显下降，如图 7-13 所示。

可锻铸铁的弹性模量随温度升高而降低，但在 -50~50℃ 之间变化很小；在 100~300℃ 之间，每升高 100℃，弹性模量降低 3%~4%。

可锻铸铁的冲击韧度，从室温至 250℃ 变化不大，低温下冲击韧度则下降，出现由韧性到脆性的转变。当铁素体可锻铸铁被用作户外零件时，零件的低温脆性现象需引起特别的关注。硅和磷是两个影响脆

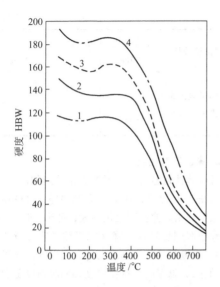

图 7-13　温度对可锻铸铁硬度的影响

1—铁素体可锻铸铁　2—$w(Cu)=0.12\%$ 的可锻铸铁
3—珠光体可锻铸铁　4—$w(Cu)=0.8\%$、
$w(Mo)=0.4\%$ 的可锻铸铁

性转变温度的元素。脆性转变温度随硅含量和磷含量的增加而提高，磷的影响远大于硅，如图 7-14 和图 7-15 所示。如果脆性转变温度高于零件的使用温度，零件便处于脆性状态，会引起突然失效。因此，在低温下工作的动载荷零件，其硅和磷含量应严加限制（见图 7-18）。脆性断裂的零件，其断口呈白亮色或黑白相间的花碴状。可锻铸铁由于其硅含量较低，故其脆性转变温度低于同基体的球墨铸铁，如同为铁素体基体，球墨铸铁为 $-50\sim-60℃$，可锻铸铁为 $-100℃$。因此，可锻铸铁比球墨铸铁更适宜于低温下工作。

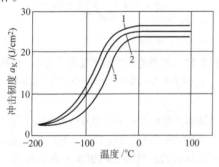

图 7-14　硅对铁素体可锻铸铁
脆性转变温度的影响

1—$w(Si)=1.21\%$　2—$w(Si)=1.34\%$
3—$w(Si)=1.60\%$

可锻铸铁化学成分：$w(C)=2.54\%$、$w(Mn)=0.42\%$、
$w(S)=0.103\%$、$w(P)=0.064\%$

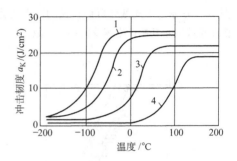

图 7-15　磷对铁素体可锻铸铁
脆性转变温度的影响

1—$w(P)=0.064\%$　2—$w(P)=0.098\%$
3—$w(P)=0.216\%$　4—$w(P)=0.318\%$
可锻铸铁化学成分：$w(C)=2.50\%$、$w(Si)=1.20\%$、
$w(Mn)=0.42\%$、$w(S)=0.103\%$

高温时，可锻铸铁的持久强度随温度的升高而下降，如图 7-16 和图 7-17 所示。加入镍、钼、磷和稀土可以提高持久强度。

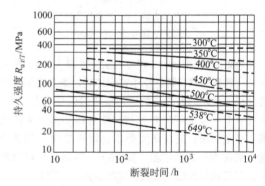

图 7-16　铁素体可锻铸铁的持久强度

t—时间　T—温度（后同）

$300℃\sim500℃$试样化学成分：$w(C)=2.50\%\sim2.70\%$、
$w(Si)=1.39\%\sim1.58\%$、$w(Mn)=0.40\%\sim0.46\%$、
$w(S)=0.100\%\sim0.126\%$、$w(P)=0.046\%\sim0.058\%$、
$w(Cr)=0.032\%\sim0.040\%$

$538℃\sim649℃$试样化学成分：$w(C)=2.19\%\sim2.50\%$、
$w(Si)=1.01\%\sim1.32\%$、$w(Mn)=0.29\%\sim0.43\%$、
$w(S)=0.074\%\sim0.159\%$、$w(P)=0.024\%\sim0.148\%$、
$w(Cr)=0.017\%\sim0.029\%$

7.2.2　物理性能

可锻铸铁的物理性能见表 7-18。其中除密度外，其余各项均与温度有明显的关系。例如，在 427℃时，热导率仅为室温时的一半，电阻率约为室温时的两倍，线胀系数较室温时的增加 52%，比热容约增加 10%。铁素体可锻铸铁的磁导率很高，矫顽力和磁滞损耗小；当化合碳增加时，磁导率降低，矫顽力

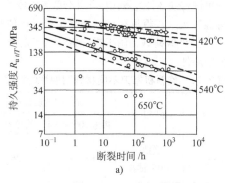

a)

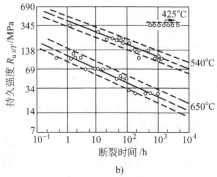

b)

图 7-17 珠光体可锻铸铁的持久强度

a) 无合金 b) 加 $w(Mn)=0.39\%$、$w(Ni)=0.65\%$

和磁滞损耗增加。利用铁素体磁导率高的特点，可对退火质量进行检查。当退火不完全时，由于珠光体和自由渗碳体的存在，磁导率有明显的降低，据此可检出退火不合格的零件。

表 7-18 可锻铸铁的物理性能

项 目	铁素体可锻铸铁	珠光体可锻铸铁
密度 $\rho/(g/cm^3)$	7.2 ~ 7.4	7.2 ~ 7.4
比热容 $C(0~100℃)/[J/(kg \cdot K)]$	510.8	510.8
热导率 $\lambda(26.7℃)/[W/(m \cdot K)]$	50.8	50.8
线胀系数 $\alpha_1(20~200℃)$ $/10^{-6} \cdot K^{-1}$	10.6	13.5
电阻率(室温)$\rho/10^{-8}\Omega \cdot m$	28 ~ 34	37 ~ 41
最大磁导率 $\mu_{max}/(\mu H/m)$	2890	540
饱和磁感强度 B/T	1.8	<1.8
磁滞损耗 $P_H/[J/(m^3 \cdot Hz)]$	690	1000 ~ 1650
剩余磁感应强度 B_γ/T	0.54	0.65 ~ 0.85
矫顽力 $H_c/(A/m)$	183.1	597 ~ 1194

7.2.3 工艺性能

1. 铸造性能

可锻铸铁的碳、硅含量低，共晶度小，铸坯又按亚稳定系结晶，因此铸造性能差，铸件容易产生浇不足、缩孔、缩松和裂纹等缺陷。为此，工艺上须采取提高浇注温度、放大浇道、增高压头、加冒口、设置冷铁以及改善型砂、芯砂溃散性等措施，铸件设计上应尽量避免热节。

可锻铸铁的铸造性能及其特点见表 7-19。

表 7-19 可锻铸铁的铸造性能及其特点

性能	特 点
流动性	碳、硅含量低，液相线温度高，凝固温度范围较宽，故流动性较差。要求较高的浇注温度，薄壁件 1380℃以上，中厚件 1350℃以上。但也不宜过高，以免增大收缩和产生开裂
线收缩	铸态组织为白口，线收缩较大，线收缩率为 1.8% ~ 2.0%。白口坯件退火时，产生石墨化膨胀，其值因碳含量而异。铁素体可锻铸铁退火时，如 $w(C)=2.2\%$，长度增加 1.4%；$w(C)=2.8\%$，长度增加 1.8%。考虑到铸造时的收缩和退火时的膨胀，铁素体可锻铸铁模样的缩尺采用 0 ~ 0.6%，具体数值应根据铸件结构、铸型硬度、铁液碳含量等决定
缩孔和缩松倾向性	可锻铸铁浇注温度较高，液态和凝固收缩高达 5.3% ~ 6.0%，结晶温度范围又宽，故易产生缩孔和缩松。当结晶过程中形成树枝状结晶和板条状共晶组织时，缩松倾向尤为突出
应力和裂纹倾向性	可锻铸铁线收缩大，弹性模量大，故产生应力的倾向也较大。由于对形成裂纹影响很大的珠光体前收缩达 1.0% ~ 1.2%，相当于灰铸铁的 5~6 倍，所以产生裂纹的倾向大。凝固时树枝晶发达、气体的析出、补缩困难，均助长热裂的产生

2. 切削加工性能

铁素体可锻铸铁硬度低，其切削加工性能优于灰铸铁和易切削钢，是铁碳合金中加工性能最好的一种材料。珠光体可锻铸铁硬度较高，切削加工性能较差些，粒状珠光体基体较片状珠光体基体的切削加工性提高 15% ~ 20%，从而使刀具磨损减少。

对于白心可锻铸铁，壁厚小于 6mm 的铸件可完全脱碳，切削加工性能好；壁厚小于 12mm 铸件的心部也可进行切削加工。

必须指出，可锻铸铁退火产生的表皮层，由于组织不匀，常有珠光体存在，对切削加工性能是十分不利的。

几种金属材料的切削加工性能指数见表7-20。

表7-20　几种金属材料的切削加工性能指数

材　料	切削加工性能指数[①]（%）	硬度 HBW
铁素体可锻铸铁	120	110 ~ 145
珠光体可锻铸铁	90	170 ~ 240
灰铸铁（软）	80	160 ~ 193
$w(C) = 0.35\%$ 的铸钢	70	170 ~ 212
灰铸铁（中等硬度）	65	193 ~ 220
灰铸铁（硬）	50	220 ~ 240
美国钢铁学会 BI112 钢	100	179 ~ 229

① 用高速钢刀具，适当的冷却液冷却，以 180m/min 的切削速度切削美国钢铁学会 BI112 酸性转炉冷拔螺纹钢作为 100% 的指数为基准，以 5% 为一个档级。

3. 焊接性能

黑心可锻铸铁件和珠光体可锻铸铁件一般不宜焊接。因为，施焊区会产生白口，性脆，在焊接应力作用下会产生开裂。承受拉伸、弯曲、冲击载荷较小，或者主要用于承受压缩及小转矩的铸件，如需焊接，焊前需预热铸件，焊后需保温缓冷，必要时应重新退火处理，以消除焊缝周围的渗碳体和应力。必须焊补时，可采用 GB/T 10044—2006 推荐的焊丝和焊接工艺。

白心可锻铸铁，由于表面深度脱碳为低碳钢组织，因而具有良好的焊接性能，习称可焊可锻铸铁。当焊接部分要求达到较好的拉伸性能时，建议采用 KTB 380-12 牌号的白心可锻铸铁。

白心可锻铸铁件与钢件焊接，疲劳试验时裂纹产生在钢的部分。因此，用白心可锻铸铁与钢件组合成薄小复杂结构时，无论从工艺、成本，还是从使用效果看，都是合理的。

7.2.4　使用性能

1. 耐磨性

珠光体可锻铸铁的耐磨性优于普通碳素钢，适于制作要求强度高和有一定耐磨性的零件，如农机具、车轮、汽车拖拉机件、鞋钉等。在淬火状态，可锻铸铁的硬度可达 60HRC，其耐磨性可与低合金钢相媲美，见表7-21。

铁素体可锻铸铁不适于制作耐磨件。偶有工厂将

铁素体可锻铸铁坯件经奥氏体化并分解渗碳体后，再进行等温淬火，获得贝氏体（还含少量马氏体和残留奥氏体）可锻铸铁，用于在一定冲击工况条件下使用的耐磨件。

表7-21　旋耕机犁刀不同材料耐磨性的对比

材　料	处理工艺	犁刀平均磨损/g 耕地100亩[①]	犁刀平均磨损/g 耕地85h
65Mn	锻造，840℃油淬	87.23	36
珠光体可锻铸铁	刃部高频感应淬火	78.67	31.2

① 100 亩 = 66.7km²。

2. 耐蚀性

可锻铸铁在大气、水和盐水中的耐蚀性均优于碳素钢。铁素体可锻铸铁的耐蚀性比珠光体可锻铸铁好。加入 $w(Cu) = 0.25\% ~ 0.75\%$，可进一步提高对大气腐蚀的抗力，改善在含 SO_2 气氛中的耐蚀性。表7-22 列出了可锻铸铁与低碳钢在大气中的腐蚀量。

腐蚀介质和粒子辐射，将降低 K_{IC}。

表7-22　可锻铸铁与低碳钢在大气中的腐蚀量

材　料（未切削加工试样）	3 年的腐蚀量/(g/cm²) 耕作地区	3 年的腐蚀量/(g/cm²) 海岸地区	3 年的腐蚀量/(g/cm²) 工业地区
可锻铸铁	3.44	6.04 ~ 7.68	5.17 ~ 6.63
$w(C) = 0.2\%$ 的低碳钢	5.70	22.01 ~ 24.75	8.18 ~ 8.85

3. 耐热性

铁素体可锻铸铁和珠光体可锻铸铁的耐热性均优于灰铸铁和碳素钢；铁素体可锻铸铁的耐热性比珠光体可锻铸铁更好些。由于石墨呈团絮状、互不相连，氧不易沿石墨向内部深入，故抗氧化生长性优于灰铸铁。铁素体可锻铸铁在 480℃ 以下反复加热冷却，并无明显的氧化生长。

4. 减振性

由于石墨形状的影响，可锻铸铁的减振性低于灰铸铁（为灰铸铁的 $1/3 ~ 1/2$），而优于球墨铸铁及铸钢。在较低应力下，铁素体可锻铸铁的减振性与球墨铸铁大致相同，但在应力高的情况下，可锻铸铁的减振性较好。由表7-23 可见，在 108MPa 及 207MPa 的应力作用下，铁素体可锻铸铁的减振能力约为铸钢的 3 倍、球墨铸铁的 2 倍。

表 7-23 几种材料的减振性 （%）

材 料	载荷 108MPa	载荷 207MPa
铁素体可锻铸铁	4.20	6.30
珠光体可锻铸铁	3.30	4.55
铁素体球墨铸铁	2.50	3.30
珠光体球墨铸铁	2.20	2.95
铸钢	1.45	1.90

7.3 可锻铸铁的坯件生产

7.3.1 化学成分的选择原则

选择可锻铸铁化学成分时，应充分考虑以下因素：

1）保证铸态宏观断口为白口，不得有麻口和灰点，否则业已存在的片状石墨将严重恶化退火碳的形态。

2）有利于石墨化退火，缩短退火周期。

3）有利于提高力学性能，并满足金相组织的要求。

4）保证有必要的铸造性能。

7.3.2 元素的作用与化学成分范围

（1）碳、硅 碳、硅的作用和含量范围见表7-24、表7-25。碳和硅是可锻铸铁中两个主要元素，它们对铸造性能、退火周期和力学性能影响很大，而且彼此相关，通常应综合加以考虑。一般先从力学性能要求出发，决定碳含量：牌号越高，碳含量应越低。再参照碳、硅总量（C + Si）确定硅含量。以铁素体可锻铸铁为例，有关的碳含量和碳硅总量见表7-26、表7-27。必须指出，由于团絮状石墨对基体的削弱作用远小于片状石墨，碳含量对力学性能的影响已变为次要，重要的是由热处理控制基体。表7-26和表7-27中数据的取值应视零件使用要求和生产条件而定。

表 7-24 碳的作用和含量范围

作 用	碳含量范围 （质量分数，%）
1）促进凝固时石墨化，碳越少越容易得到白口坯件 2）碳增加退火时石墨核心数，但碳多时需分解的渗碳体也多，因而对第一阶段石墨化时间影响不大，但碳能缩短第二阶段石墨化时间 3）碳高，可改善铸造性能 4）碳低，有利于提高力学性能 5）碳过低，冲天炉熔炼有困难 6）$w(C) < 2.3\%$，铸件产生裂纹和缩松的概率增加	2.3 ~ 2.9 （白心可锻铸铁为2.8~3.4）

表 7-25 硅的作用和含量范围

作 用	硅含量范围 （质量分数，%）
1）硅能促进第一阶段和第二阶段石墨化，对第二阶段石墨化作用尤为突出。在脱碳退火时，硅对脱碳速度影响较小 2）硅高，改善铸造性能 3）硅溶于铁素体起固溶强化作用 4）硅高，可减少退火时的氧化 5）硅过高，会引起低温脆性 6）硅高，会使铸坯中产生灰点 7）$w(Si) > 1.8\%$，退火碳容易松散，出现分叉	1.2 ~ 1.8 （白心可锻铸铁为0.4~1.1）

表 7-26 铁素体可锻铸铁的牌号与碳含量

牌号	KTH 300 -06	KTH 330 -08	KTH 350 -10	KTH 370 -12
碳的质量分数(%)	2.7 ~ 3.1	2.6 ~ 2.9	2.5 ~ 2.8	2.3 ~ 2.6

表 7-27 铁素体可锻铸铁的碳硅总量

铸件主要壁厚/mm	<10	10 ~ 20	20 ~ 40	40 ~ 60
碳硅总量（质量分数，%）①	4.1 ~ 4.4	4.0 ~ 4.3	3.9 ~ 4.2	3.7 ~ 4.0

① 炉前加铋处理。

对于珠光体可锻铸铁，除锰含量等有所不同外（下叙），碳、硅含量可照铁素体可锻铸铁选取。

白心可锻铸铁由于脱碳退火时间很长、退火温度高，各元素对脱碳速度的影响较为次要，因而与石墨化退火可锻铸铁相比，可取较高的碳含量和相当低的硅含量，见表7-24和表7-25。

（2）锰、硫 锰、硫的作用和含量范围见表7-28和表7-29。锰硫比与石墨形态有关。例如，Mn/S 值为4~5时石墨比较松散，Mn/S 值为2~3时石墨比较紧凑。当硫含量不同时，有利于石墨形态的Mn/S 值需在生产中加以摸索。

Mn/S 值不同时，改变了铸铁中 FeS 及 MnS 的相对数量：Mn/S 值高时，MnS 多。MnS 熔点高（1650℃），存在于晶内，有利于退火。

在硫含量高的情况下，为了方便退火可适当提高硅含量，即表7-27中碳硅总量之上限。

表7-28　锰的作用和含量范围

作　　用	锰含量范围 （质量分数，%）
1）锰与硫共存时，生成 MnS，可中和硫的反石墨化作用。此时抵消硫所应有的锰含量为 $w(\mathrm{Mn}) = 1.7w(\mathrm{S}) + 0.15\% \sim 0.25\%$ 或 $w(\mathrm{Mn}) = (3.3 \sim 3.7)w(\mathrm{S})$ 左右	铁素体可锻铸铁为 0.4 ~ 0.6
2）锰溶于奥氏体，显著降低共析转变温度，稳定了珠光体，故阻碍了第二阶段石墨化。因此，锰是铁素体可锻铸铁的限量元素，是珠光体可锻铸铁的利用元素	珠光体可锻铸铁为 0.7 ~ 1.2
3）略可细化退火碳	白心可锻铸铁为 0.4 ~ 0.7

表7-29　硫的作用和含量范围

作　　用	硫含量范围 （质量分数，%）
1）硫强烈阻碍第一阶段和第二阶段石墨化 2）硫降低流动性，提高热裂倾向 3）硫高时，退火碳形态圆整紧密	小于 0.15（白心可锻铸铁小于 0.20），越低越好

（3）磷　磷的作用和含量范围见表7-30。可锻铸铁的硅含量较低，因此磷在基体中的固溶度较大，加之铸件冷却快，故分散细小的磷共晶在光学显微镜下不易觉察，但磷对可锻铸铁仍然是不利的。

表7-30　磷的作用和含量范围

作　　用	磷含量范围 （质量分数，%）
1）磷不影响石墨化 2）磷过多时，石墨形态分枝，对塑性、韧性大为不利 3）退火过程末期，若在 550 ~ 400℃ 缓慢冷却时，磷会引起回火脆性 4）磷使脆性转变温度提高	白心可锻铸铁小于 0.2 石墨化可锻铸铁小于 0.12 低温工作零件，参照图7-15 和图7-18

磷和硅是引起可锻铸铁低温脆性的元素，当零件在低温工作时，应综合控制磷含量和硅含量。图7-18 所示为 -40℃ 下工作的铁素体可锻铸铁件，其磷、硅含量与断口特征的关系。磷、硅含量应控制在黑断口区（韧区）。斜线以上的白断口区为脆区。

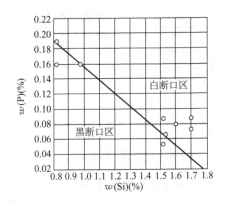

图7-18　磷、硅含量与断口特征的关系

（4）其他元素　与球墨铸铁和灰铸铁不同，可锻铸铁的化学成分通常控制的是五大元素和铬。在一些生产珠光体可锻铸铁的工厂，有时配加一些稳定珠光体的元素，以满足基体要求。

铬来自废钢，它在铸铁中形成的含铬合金渗碳体和铬碳化物的稳定性很强，退火时难于分解。因此，铬的质量分数一般应低于 0.06%。

生产珠光体可锻铸铁时，为了细化珠光体和增加珠光体数量，可在炉前加入铜、锡、锑等合金元素。一般加入量为：$w(\mathrm{Cu}) = 0.3\% \sim 0.8\%$、$w(\mathrm{Sn}) = 0.03\% \sim 0.10\%$、$w(\mathrm{Sb}) = 0.03\% \sim 0.08\%$。有时加钼和锰，但这些合金元素对第一阶段石墨化有明显的阻碍作用。

7.3.3　熔炉与熔炼特点

冲天炉占地少、投资小、熔化连续，在可锻铸铁生产中占主导地位。感应电炉熔炼没有焦炭对铁液的污染，铁液温度高、元素烧损少、成分掌握准确，但耗电高、铁液成本高、生产率低又不能连续熔炼，因此难以满足可锻铸铁批量生产的条件。冲天炉与感应电炉双联熔炼，兼容了冲天炉熔化快、成本低和感应电炉过热效率高、铁液冶金质量好的优点，在多品种流水生产车间能灵活地调节生产，是规模经济生产条件下的发展方向。

冲天炉熔炼要加强炉料管理，严格操作工艺，尽可能减少化学成分的波动，以利退火后可锻铸铁有较为稳定的力学性能。熔炼过程应以获得低碳、少硫、高温铁液为目标。虽然可锻铸铁采用大比例废钢配料，但并不一定总是能达到预期的碳含量。如果发现碳含量偏高，可参照表7-31采取对策。两排大间距冲天炉较一般冲天炉增碳率高，应适当调小排距和底焦高度。

感应电炉熔炼时，铁液不宜过度过热，否则共晶组织中有形成板条状渗碳体的倾向。熔炼后期铁液有降碳增硅现象，配料时要谨防碳含量过低，以免铸坯裂纹倾向的增加。

（续）

表 7-31　冲天炉铁液碳高的对策

对　　策	说　　明
增加废钢用量	
实现强化快速熔炼、抑制铁流过程中的增碳	适当增加风量；适当增加铁焦比；增加有效高度，加强炉料预热
适当的底焦高度，不要过高	每降低底焦 100mm，可减少 $w(C) = 0.07\% \sim 0.10\%$
设前炉	与无前炉相比，可减少 $w(C) = 0.2\% \sim 0.3\%$
铁液硅含量不要太低	硅低时铁液容易增碳
检查炉料中是否混入含铬、锰多的废钢	用含铬、锰的废钢，铁液容易增碳
如单排风口增碳多时可考虑改为两排	排数增加，增碳减少

7.3.4　孕育剂与孕育处理

可锻铸铁常用孕育元素的作用见表 7-32。表中 Bi、Te、Sb 等元素在铸件凝固时强烈阻碍石墨化，保证铸态得到白口组织；Al、B、Si、RE、Ba、Sr、Ti、Zr 等元素可加速石墨化退火，缩短退火时间。可锻铸铁通常采用复合孕育剂，常用的复合方式见表 7-33。

表 7-32　可锻铸铁常用孕育元素的作用

元素名称	作　　用	加入形式
铋	1）铸件凝固时强烈阻碍石墨化。加铋后可扩大铸件的壁厚范围，或者可允许提高铁液的硅含量，从而有利于退火 2）对退火的影响甚少 3）易挥发，处理后应在 6~8min 内浇完	铋
铝	1）脱氧固氮，解除了氧、氮反石墨化退火作用 2）Al_2O_3 细化奥氏体晶粒，增加了奥氏体与碳化物的比表面，有利于石墨形核 3）AlN 等能在退火时起石墨化核心作用 4）退火升温阶段，在 300~450℃ 低温保温，可增加石墨化核心 5）增强铋的白口化作用 6）铝加入过多，铸坯发生氢致针孔，并在退火组织中出现石墨的串状密集分布，降低力学性能	铝
硼	1）微量的硼对凝固结晶无影响 2）固氮能力强，生成的 BN 是石墨化核心。硼促进退火石墨化，对第二阶段石墨化尤为明显 3）硼的核心作用比铝强，退火碳形态优于加铝的情况	硼铁
硅	1）引起硅的质量浓度起伏，降低退火时渗碳体稳定性，加速第一阶段石墨化。对第二阶段石墨化也有一定好处 2）加入量过多，会出现灰点	硅铁
稀土	1）脱氧、脱硫及除气，消除了它们不利于石墨化退火的作用 2）稀土的硫氧化物作为石墨化核心，可加速第一阶段和第二阶段石墨化退火 3）显著提高铁液流动性，减少缩松倾向 4）细化铸坯晶粒，并使退火碳趋于紧密	稀土硅铁
钡	1）有一定的脱氧能力 2）依靠组织中高度分散的 BaC_2，促进退火碳的形成。第一阶段石墨化完成后取样观察，除石墨外即有相当多的铁素体环，因而对于铁素体可锻铸铁的第二阶段退火有利	钡硅铁
钛	1）固氮能力极强，依靠 TiN 和 TiC 质点，可促进石墨化进程 2）钛需与铋同用，以防止产生灰点	钛铁
锆	1）生成的 ZrS 和 ZrC 质点，有利于退火 2）锆需与铋同时加入，以防止产生灰点	锆铁

表 7-33　可锻铸铁孕育剂常用的复合方式

孕育剂复合方式	加入量（质量分数,%）	说　　明
铝-铋	铝：0.010~0.015 铋：0.006~0.015	结合慢升温或低温保温处理，使用效果更为明显。对于铁液成分波动、退火炉温差较大的工厂，往往用本孕育剂可以减少可锻铸铁力学性能的波动

（续）

孕育剂 复合方式	加入量 （质量分数，%）	说　明
硼-铋	硼：0.0015 ~ 0.0030 铋：0.006 ~ 0.020	无须低温保温处理，实现快速升温。推荐 KTH 350-10 以上牌号使用
硼-铝-铋	硼：0.0010 ~ 0.0025 铝：0.008 ~ 0.012 铋：0.006 ~ 0.020	特别适用于壁厚较大或有壁厚差的铸件。多用于高牌号可锻铸铁
硅铁-铝-铋	硅铁：0.1 ~ 0.3 铝：0.008 ~ 0.012 铋：0.01 ~ 0.02	退火件综合力学性能较好
稀土硅铁-铝-铋	稀土硅铁：0.2 ~ 0.4 铝：0.008 ~ 0.012 铋：0.006 ~ 0.010	特别适用于珠光体可锻铸铁或硫、铬较高的情况

锑促进白口化的作用比铋强，其加入质量分数为 0.003% ~ 0.005% 即够，但锑稀缺，价格昂贵，我国工厂没有采用。在元素周期表中，锑与铋同属第五族，有一定的促进白口化作用，但退火碳形态较差，当锑加入量偏高时，铁素体可锻铸铁中残余珠光体较多，故也不推荐使用。

镁有强烈阻碍凝固石墨化的作用，加镁可锻铸铁可不必加镁。若调整铁液化学成分，还可利用镁的变质作用，使铸坯获得有少量微米级球状石墨的麻口组织。该石墨的存在有利于石墨化退火，也并不像片状石墨那样会恶化退火碳形态。球墨可锻铸铁即是用稀土镁硅铁对碳当量较高的铁液进行处理，获得上述麻口铸坯后，用较短的退火周期所生产的一种铸铁。这种铸铁有较好的铸造性能和较高的力学性能。鉴于该铸铁的化学成分、生产工艺和性能，属于球墨铸铁范畴，其相关理论与实践本章不再赘述。应用实例见本章第 7.7 节。

可锻铸铁多采用包内孕育，为防止孕育衰退，少数铸件才采用型内孕育。铋、铝等熔点低，加入量又很少，熔化吸收容易。对熔点较高的铁合金，如硅铁、稀土硅铁和硼铁等有粒度要求：50 ~ 100kg 浇包，粒度为 3 ~ 5mm；25kg 以下端包，粒度为 2 ~ 3mm。硅铁使用前最好烘烤，以免铸件产生气孔。硼铁应加于包底或铁液表面，如被熔渣夹带，会影响硼的实际加入量。加铋时有黄色烟尘，应在出铁液过半后再投入包内。

炉前质量控制一般有以下两种方法：

（1）试样断口检验　将铁液浇成 $\phi 40mm \times 150mm$ 试样，待冷至暗红色，入水激冷。若断口全白，可浇注各种铸件；若有轻微灰点，可浇注薄小铸件；若灰点多或呈灰口，则不能浇注。

除圆棒试样外，也可根据铸件壁厚分档，做成相应的圆棒台阶试样或矩形台阶试样。

（2）热分析法检测　由炉前热分析仪测定铁液的碳含量、硅含量，及时指导浇注作业和炉后配料的调节。

7.4　可锻铸铁的石墨化退火

7.4.1　固态石墨化原理

白口坯件中的渗碳体在热力学上是不稳定的，只要条件具备便可分解成稳定相——奥氏体加石墨或铁素体加石墨，这就是固态石墨化原理。

1. 固态石墨化的必要条件

白口铸铁固态石墨化能否进行取决于渗碳体分解和石墨形核、长大的热力学条件和动力学条件。根据实际系统中渗碳体自由能变化的计算，渗碳体从室温到高温都是不稳定的，在 900 ~ 950℃ 时，渗碳体的稳定性随着温度的升高而增加，即从热力学观点看，渗碳体在低温时分解的可能性较高温时更大。试验也证明，在低于 A_1 的温度条件下保温，也可发生固态石墨化过程。但渗碳体的分解能否不断进行，石墨化过程能否最终完成，则在很大程度上取决于渗碳体分解后碳原子的扩散能力和可能性、旧相消失和新相形成的各种阻力因素等动力学条件。

在 α 及 γ 固溶体内，存在着较大的能量及成分起伏，这有可能成为形成石墨晶核的条件。但渗碳体内部不可能形成石墨核心，因为石墨的形核过程将引起体积急剧膨胀，由此产生的巨大应力将阻碍转变的进行。因此，在有渗碳体及基体多相存在的情况下，石墨晶核最容易在渗碳体与周围固溶体的界面上产生。因为周围固溶体的可塑性较大，而且在界面上可能存在较多的空位、扭曲和缺陷，显微裂纹、空洞，也可以为石墨的形核提供便利。

当有石墨"基底"存在时，石墨晶核的形成比较容易。铸铁内某些硫化物、氧化物、氮化物等微粒，以及石墨微粒都可能成为石墨晶核的"基底"。

要使白口铸铁中存在的石墨晶核继续长大，必须具备碳原子能强烈扩散的条件。

纯的铁碳合金较难于石墨化，有硅、铝、铜、镍等促进石墨化的元素存在时，能加速石墨化进程。促进石墨化的元素，如硅，能削弱铁碳联系，强化扩敌，因而加强了碳原子互相接触的可能性。铸铁内硅含量增加，增加了与碳化物及石墨处于平衡状态的奥氏体内的碳浓度差，从而可促进石墨晶核形成，增加继续长大的动力。当存在阻碍石墨化的元素，如铬时，则石墨化困难。因为 Fe_3C 中的铁原子能被铬置换，其结果是增强了 $Fe(Cr)$-C 间的结合力，因而使渗碳体变得更加稳定，难于分解。另外，铬在渗碳体中是一个负偏析元素，偏析系数 $x_c/x_E = 1.5$（x_c、x_E 分别表示渗碳体中心及边缘部分的铬含量），在退火过程中，奥氏体中的铬将通过 γ/Fe_3C 界面向 Fe_3C 迁移。因此，在石墨化初期，渗碳体的分解速度还是较快的，但当铬的偏聚（即向 Fe_3C 中心迁移）达一定值时，渗碳体可达到相当的稳定程度而难于分解。

关于铸铁固态石墨化机理的许多观点，大多是根据传统的两阶段退火工艺提出的。近年来，由于低温石墨化退火工艺的问世，固态石墨化机理必将随之而有所发展。

2. 高低温两阶级石墨化退火时的转变机制

关于固态石墨化机理，有渗碳体直接分解说和渗碳体溶解分解说两种。渗碳体直接分解为一级反应，即使在高温高硅情况下渗碳体直接分解，就地产生石墨也难以察观。如前所述，石墨形核、长大因膨胀所产生的巨大应力将阻碍转变的进行。因此，渗碳体的直接分解仅可能发生在高温石墨化之初。目前多数认为，固态石墨化过程是通过渗碳体向固溶体逐渐溶解而完成分解的。

白口组织按亚稳定系共晶凝固而成，当加热到奥氏体温度区域时，奥氏体中的碳含量相对稳定系呈过饱和状态，因此有向稳定系转化的倾向。在一定温度下，奥氏体的碳质量浓度差 $C_a - C_b$ 即成为碳原子由奥氏体-渗碳体界面向奥氏体-石墨界面扩散的驱动力（见图7-19）。在此条件下，渗碳体周围的碳质量浓度降低而使渗碳体不断向奥氏体中溶解，在奥氏体-石墨的界面上则有石墨的不断长大。因此，这一固态石墨化过程由 4 个环节组成：①在奥氏体晶界上形成石墨晶核；②渗碳体溶解于周围的奥氏体中；③碳原子在奥氏体中由奥氏体-渗碳体界面向奥氏体-石墨界面扩散；④碳原子在石墨核心上沉积导致石墨长大。这些过程可由图7-20示意地说明。在退火过程中，渗碳体不断地溶解，石墨不断地长大，直至渗碳体全部溶解完毕，第一阶段石墨化过程便告结束，此时铸铁的平衡组织为奥氏体加石墨。进入第二阶段后，同样通过碳在固溶体中的扩散来完成共析石墨化，最后形成铁素体加石墨的平衡组织。

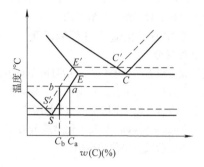

图 7-19　局部铁-碳相图

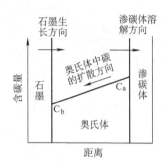

图 7-20　石墨化过程中碳在奥氏体中的扩散

3. 低温一阶段石墨化退火时的转变机制

低温石墨化退火过程的特点主要在于退火的加热温度不高于 A_1 温度，而仅为 $720 \sim 750℃$ 的阶段保温，渗碳体的分解和石墨的长大在没有奥氏体形成的情况下进行，铸铁组织由原来的珠光体+莱氏体直接转变为铁素体+石墨。

从热力学条件看，渗碳体在较低温度下分解，即石墨化是可能的，关键是要改善较低温度下的石墨化动力学条件，以及加强铸铁内在的石墨化因素。

在临界温度 A_1 附近保温，共晶渗碳体和珠光体几乎同时分解；碳原子通过 α 固溶体、晶粒边界、晶内缺陷（主要是位错）进行扩散；碳原子沉积在石墨晶核上导致石墨长大。

虽然碳原子在较低温度下通过 α 相的扩散速度比通过 γ 相的扩散速度大得多（$4 \sim 5$ 倍），但应注意温度对碳扩散系数的影响更大：低温时原子振动能降低，金属内部的空位浓度减少，因而碳的扩散能力大为减弱。此外，由于 α 相中碳原子的溶解能力很小，因而碳原子的扩散主要依靠通过晶粒边界和晶内缺陷进行。

因此实现低温石墨化退火的重要条件，是细化渗碳体、细化晶粒以增加界面，增加位错密度，从而增加初始石墨核心数以缩短扩散距离。

7.4.2　影响石墨化退火过程的因素

1. 化学成分

化学成分对石墨化的影响包括对铸态石墨化的影响和对退火过程中石墨化的影响两个方面。前者见本卷第2章，后者见表7-34。图7-22和图7-23所示为早年日本 Yutaka Kawono 等关于化学成分对第一阶段石墨化和第二阶段石墨化的影响。

表7-34　化学成分对退火过程中石墨化的影响

化学成分		对退火过程中石墨化的影响	
		第一阶段	第二阶段
六元素	碳	影响不大	促进
	硅	强烈促进	强烈促进。炉前加硅系复合孕育剂，有利于实现低温一阶段退火
	锰	中和硫时，表现为促进。过量时，轻微阻碍（见图7-21a）	中和硫时，表现为促进。过量时，中等阻碍（见图7-21b）
	硫	强烈阻碍	强烈阻碍
	磷	无影响	无影响
	铬	强烈阻碍	强烈阻碍
微量元素	氢、氧、氮	阻碍	阻碍
	铋	无影响	无影响
	镁、稀土	适量时，脱氧去硫生成相应化合物，为促进。过量时，阻碍	
	钛	适量时，与氮、碳化合，为促进。过量时，阻碍	
	铝、硼	强烈促进	强烈促进
	铜	有促进	中等阻碍
	锡、锑	无影响	中等阻碍
	钒	强烈阻碍	强烈阻碍

注：加入微量元素的质量分数的数量级，除氢为百万分之一级、硼为十万分之一级外，其余均为万分之一级。

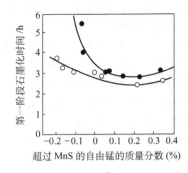

a)

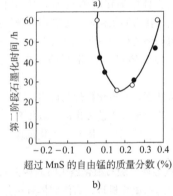

b)

图7-21　锰对石墨化的影响

○—低硫　●—高硫

a）锰对第一阶段石墨化的影响

b）锰对第二阶段石墨化的影响

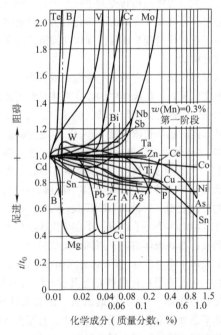

图7-22　化学成分对第一阶段石墨化的影响

t_0—不添加元素时试棒石墨化完成时间

t—添加元素时试棒石墨化完成时间

$w(Mn) = 0.3\%$，$w(S) = 0.015\%$

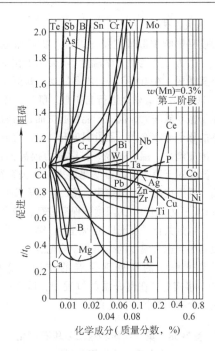

图 7-23 化学成分对第二阶段石墨化的影响

t_0—不添加元素时试棒石墨化完成时间

t—添加元素时试棒石墨化完成时间

$w(Mn) = 0.3\%$、$w(S) = 0.015\%$

2. 铸态组织

可锻铸铁铸坯为亚共晶白口组织,其中初生奥氏体晶粒的大小,共晶组织的类型,以及组织中潜在石墨化核心的多寡将影响石墨化退火的难易。为了缩短退火时间,必须创造良好的组织条件。表 7-35 为可锻铸铁石墨化退火对铸态组织的要求。

表 7-35 可锻铸铁石墨化退火对铸态组织的要求

要求	说 明	控制方法
细的晶粒	渗碳体与奥氏体相界面是适宜石墨晶核形成的地方,而且相界面扩散速度比晶内扩散速度大 $10^4 \sim 10^6$ 倍,因此细化晶粒,尤其是细化初生奥氏体将有利于石墨化退火	1)防止铁液温度过高,感应电炉熔炼尤应注意 2)浇包中加铝脱氧,生成 Al_2O_3 3)金属型铸造
莱氏体型共晶	共晶组织分为莱氏体型共晶(见图7-24)和板状渗碳体共晶(见图7-25)。有后种组织的铸坯,裂纹倾向性大,退火较困难	1)碳、硅含量不宜过低 2)冲天炉熔炼防止高湿鼓风,勿用锈蚀废钢 3)感应电炉熔炼防止过分过热和长期保温

要求	说 明	控制方法
有微米级的石墨或其他潜在的石墨化核心	微米级的石墨不会使退火碳形态恶化,可促进退火,细微石墨如为球状最好。存在的一些硫化物、氮化物、氧化物、碳化物可能成为潜在的石墨化晶核	1)孕育处理 2)加钛固氮处理 3)镁、稀土变质处理

图 7-24 莱氏体型共晶白口组织

图 7-25 具有板状渗碳体共晶白口组织

3. 石墨核心数

在固态石墨化过程的石墨形核→渗碳体溶解→碳原子扩散→石墨长大这四个环节中,起主导作用的是石墨核心数和碳原子的扩散能力。

表 7-36 列出了石墨核心数与退火时间的关系。石墨核心数越多,碳原子扩散距离越短,退火所需时间越短。

表 7-36 石墨核心数与退火时间的关系

石墨核心数/(个/mm²)	10	20	40	100	200
第一阶段所需时间/h	6 ~ 7	3.5 ~ 5	2 ~ 3.5	1 ~ 2.5	0.5 ~ 1.5
第二阶段所需时间/h	16 ~ 22	9 ~ 14	5 ~ 9	2 ~ 5	1 ~ 3

图 7-26、图 7-27 所示为采用两种退火工艺时,第一阶段和第二阶段石墨化所需时间与石墨核心数的

关系。表 7-37 列出了复合孕育时石墨核心数与铸件壁厚的关系。

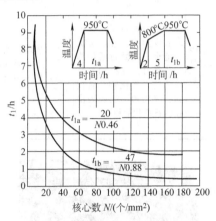

图 7-26　第一阶段与石墨核心数石墨化
所需时间的关系

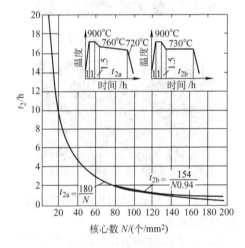

图 7-27　第二阶段与石墨核心数石墨化
所需时间的关系

表 7-37　复合孕育时石墨核心数
与铸件壁厚的关系

孕育剂及其加入量（质量分数,%）	铸件壁厚/mm			
	5	15	30	65
	石墨核心数/（个/mm²）			
铋：0.01，铝：0.02	840	70	40	13
铋：0.01，硼：0.002	500	280	77	90
铋：0.01，铝：0.01，硼：0.001	660	82	74	—
铋：0.01，铝：0.01，硼：0.002	680	130	90	60

4. 退火工艺

温度是影响扩散最主要的因素［扩散系数正比于 $\exp(-1/T)$，T 为热力学温度］。碳原子在室温下扩散极其微弱，在 100℃ 以上才有显现；铁原子必须在 500℃ 以上才能有效地进行自扩散。随着温度的升高，原子振动能增大，借助于能量起伏而越过势垒进行迁移的原子概率增大，而且温度升高时，金属内部的空位浓度增加。温度越高，扩散能力提高得越快。因此，温度对于第一阶段石墨化退火时间关系很大：温度高，则退火时间明显缩短。第二阶段石墨化应该在 A_1 以下，又临近 A_1 的温度下保温进行，或者缓慢地冷却，通过共析转变温度范围进行。第一阶段和第二阶段石墨化退火温度的作用及影响见表 7-38。

升温过程中的预处理保温的作用及影响见表 7-39。事实上，在慢升温的过程中，铸坯中总是或多或少会有石墨核心产生的。

表 7-38　第一阶段和第二阶段石墨化
退火温度的作用及影响

第一阶段石墨化	
常用温度	920～980℃ 保温（奥氏体温度区）
作用	使莱氏体中的共晶渗碳体不断溶入奥氏体而逐渐消失，团絮状石墨逐渐形成
温度过高或过低的影响	温度越低，碳原子扩散速度越小，石墨化时间越长。温度越高，石墨化速度越快，但温度过高时，石墨形状趋于松散，严重时石墨分枝分叉，使铸铁的力学性能下降；温度过高，还会引起铸件氧化、过烧，故不宜采用 1000℃ 以上的温度
第二阶段石墨化	
常用温度	720～760℃ 保温，或者由 780℃ 缓慢（3～5℃/h）降温至 700℃
作用	使珠光体转变为铁素体与团絮状石墨，或者使奥氏体在缓冷过程中直接转变为铁素体与石墨
温度过低或过高的影响	温度低则转变慢，需要的时间长，温度过低，则可能长时间不能完成石墨化。温度高，使奥氏体长时间保留，不但浪费时间、浪费能源，而且可能最终难于转变为铁素体

表 7-39　预处理保温的作用及影响　　　　　　　　　　　　　　（续）

常用温度	低温预处理（低温时效），在 300 ~ 450℃保温 3 ~ 5h 中温预处理，在 750℃左右保温 1 ~ 2h						
作用	增加石墨颗粒数，减少碳原子扩散距离，缩短退火周期，改善石墨形态						
特点	预处理与孕育处理两者有重要联系。例如，采用铝-铋孕育与低温预处理联合措施可得到较佳效果，也可同时采用低温预处理与中温预处理，但当低温预处理时间足够时，中温预处理的作用不明显						
低温预处理与石墨核心数的关系	在 400℃保温时间/h	0	1	2	3	4	5
	退火后石墨核心数 /（个/mm²）	34	154	209	226	251	278
	为未经低温处理核心数的倍数	—	4.5	6.1	6.6	7.4	8.2

7.4.3　加速石墨化退火的措施

为了缩短退火周期，可采取表 7-40 中所列的加速石墨化退火过程的一些措施。

表 7-40　加速石墨化退火的措施

措　施	说　　明
合理选择铁液化学成分	在保证获得白口组织的前提下，适当提高硅含量和碳含量，尤其要提高硅含量 硫的质量分数应控制在 0.12% 以下为宜，并且应正确掌握硫、锰含量关系 铬的质量分数应控制在 0.08% 以下
控制铁液中的气体含量	溶氢量应低于 2 × 10⁻⁶。为此冲天炉应加强烘炉，并注意鼓风湿度的控制 溶氧量应为 10 × 10⁻⁶ ~ 20 × 10⁻⁶，应尽量减少 FeO 含量。为此应避免过量送风，保持风、焦量平衡。此外，送热风有利于 FeO 含量的降低 溶氮量应低于 100 × 10⁻⁶。冲天炉快速强化熔炼及采用感应电炉熔炼，有利于减少溶氮量。炉前加铝、硼、钛、镁等可使溶氮转为氮化物，从而有利于石墨化退火

措　施	说　　明
进行有效的孕育处理	通常采用铝-铋、硼-铋、硼-铋-铝和硅铁-铝-铋等复合孕育，以增加退火时的石墨化核心，并缩短碳原子扩散距离
采用金属型铸造	采用金属型铸造，可细化晶粒，并且可提高铁液的硅、碳含量，有利于退火
采用有预处理的石墨化退火	采用低温（300 ~ 450℃）预处理或中温（750℃）预处理，见表 7-39
适当提高第一阶段石墨化退火温度	900℃ 以上，每提高 50℃，第一阶段石墨化时间约可缩短一半。通常退火温度取（960 ± 20）℃，不得超过 1000℃
其他措施	在盐浴中退火，可减少氧化，降低热阻，大大加速第一、第二阶段石墨化过程 在铝浴中退火，与镀铝相结合生产珠光体可锻铸铁，可大大地缩短退火时间 锌气氛下退火可明显缩短第一阶段退火时间 退火前的预淬火，可细化晶粒、增加显微应力和显微裂纹，有利于增多石墨化核心

7.4.4　石墨化退火工艺

1. 退火炉

可锻铸铁退火炉的种类很多。按使用热能的不同，可分为电炉、油炉、气炉和煤炉（煤块炉、煤粉炉）；按生产性质又可分为间断式炉与连续式炉。电炉温度容易调控，炉温均匀，没有氧化性燃烧气体，退火质量高，但造价大、退火成本高。目前生产中多采用煤炉，容量为 5 ~ 25t，小容量的为煤块炉，大容量的为煤粉炉。退火炉应符合升温快、炉温均匀温差小、保温性好、燃耗低的基本要求。上层喷燃煤粉的退火炉，由于上下温差大，现已被高低位双层燃烧退火炉所替代。后者燃烧室分上下两层，先在低位喷粉燃烧，利用热气流上升加热上部，以后再启用高位燃烧室，高低位双层燃烧退火炉的结构特点见表 7-41。该炉每吨铸件的煤耗量为 200 ~ 280kg。

表 7-41　高低位双层燃烧退火炉的结构特点

部位	特　点	目　的
燃烧室	设高位燃烧室和低位燃烧室	通过掌握高、低位燃烧的时机和调节它们的供煤粉量,以均匀上下温差
炉墙	炉墙厚。在内层耐火砖与外层红砖间设一层膨胀珍珠岩保温砖层或夹一层硅酸铝纤维毡	提高蓄热和保温性能,以加快升温,减缓第二阶段石墨化的降温速度,达到第二阶段不喷煤粉的目的
侧墙	设多个观察孔	借此判断炉温的均匀程度,以指示调温与否
侧墙	设多个冷却孔(或门)	通过与火口、闸门的配合,加速中间阶段冷却速度
分烟道口	在两侧分烟道口上设可调闸板	调节温差及升温速度和中间阶段冷却速度
炉前	设过渡车、装箱工位、冷却和卸料工位	使装箱、冷却与卸料工序与退火平行作业,缩短生产周期。实现热进热出,节约能源

20 世纪 90 年代后,新型的硅酸铝耐火纤维在退火炉上的应用得到普遍认同。它的使用温度可达 1050℃,具有体积质量轻(纤维毡密度为 201 ~ 205kg/m³),蓄热量小,隔热和耐火等特点。用它筑炉可大大减小炉体质量,显著提高升温速度,减少炉内温差,提高退火件的质量可靠性,该炉第二阶段退火温降慢,可节能 25% 以上。

连续式隧道炉,沿长度方向分为升温区、第一阶段石墨化区、中间阶段冷却区和第二阶段石墨化区。在第一阶段石墨化区炉侧有燃烧室,可喷煤粉、油或天然气燃烧,也可采用燃煤机。热气流逆台车前进方向而行,在台车入炉端经烟道排出。连续式隧道炉具有生产率高、炉内温差小、能耗低的特点,适于年产铸件在 5000t 以上,铸件类别相近的工厂使用。

2. 装箱要点

退火箱成叠按行按列放置于台车上。

每叠由若干箱组成,箱高一般为 150 ~ 250mm,每隔 2 ~ 3 箱用中间隔板分成几层,以免铸件相压发生挠曲变形。箱内铸件应放平稳,整齐排列,留有膨胀间隙。除个别情况下易变形的铸件要填砂支撑外,一般不必填砂。每层中,长、大的铸件放下部,轻薄的铸件放上部,为了提高装载量,可尽量套装。此外,应根据炉内各处温度的不同安排不同铸件:在高温区,箱内装厚大件;在低温区,箱内装薄小件。

为了使退火箱四周能均衡受热,每叠之间应有 150 ~ 200mm 的火道,箱与炉墙间留有 200 ~ 250mm 距离,底箱四角用耐火砖垫起 200mm 高度。低位火口对准火道,绝不能直冲退火箱;高位火口应高于退火箱,以利于火力畅通,直抵炉门。

炉内应设置必要的测温点,并在炉温较低部位放取样盒。拉力试棒一般放在中温区的退火箱内。

退火箱如用白口铁液浇注,极易氧化掉皮而减薄变形,使用寿命很短。采用高铬 [w(Cr) = 20% ~ 23%] 耐热铸钢退火箱,使用寿命可提高 20 ~ 30 倍。为了防止透火,退火箱间应以旧砂和黄泥混合物封严。

3. 退火工艺要点

(1) 铁素体可锻铸铁的退火工艺要点　铁素体可锻铸铁的退火一般分为升温、第一阶段石墨化、中间阶段冷却、第二阶段石墨化和最后阶段冷却五个阶段,各阶段的组织变化和工艺要点见表 7-42。

表 7-42　铁素体可锻铸铁退火各阶段的组织变化和工艺要点

阶段名称	组 织 变 化	工 艺 要 点
升温	铸坯组织为珠光体 + 莱氏体。当温度超过共析转变温度后,珠光体转变为奥氏体,即实现奥氏体化。此时组织为奥氏体 + 共晶渗碳体,其中共晶渗碳体仍保持原铸态莱氏体中的形态。但当温度在 850℃ 以后,渗碳体已有少量分解(破碎),并可见有较多的细小石墨出现	1)铸坯不许有灰点 2)300℃ 以前应缓慢升温,以利排除炉内潮气和烘干封箱泥口 3)300℃ 后可加速升温,升温速度取决于退火炉的升温能力,一般升温速度为 60 ~ 150℃/h。结构复杂的铸坯在过快的升温速度下,会因产生应力而开裂 4)升温阶段,要把退火炉前部的烟道小闸拉开,以减小前后温差 5)升温阶段可进行 300 ~ 450℃ 或 750℃ 的预处理,以增加石墨核心数(见表 7-39) 6)烧煤炉难以实现低温保温的预处理,但当升温通过 300 ~ 450℃ 有若干小时时,也可起到增加石墨核心数的作用

（续）

阶段名称	组 织 变 化	工 艺 要 点
第一阶段石墨化	共晶渗碳体不断溶入奥氏体而逐渐消失，团絮状石墨相应而生。本阶段完成时，组织为奥氏体＋团絮状石墨	1）一般采取烧烧停停的高温保温方式，温度多取 920～980℃。当炉温均匀性差时，最好不超过 960℃。否则高温区箱内，铸件晶粒粗大，石墨形态恶化 2）第一阶段石墨化后期，停止加热，烟道闸板全部关死，保温 1～2h 3）本阶段退火时间由取样观察断口或金相检验共晶渗碳体全部分解与否而定。时间过长有害无益
中间阶段冷却	冷却降温时，因奥氏体中碳溶解度降低而析出过饱和的碳，沉积于已有的石墨上，使之略有长大。若冷却至共析转变温度以上，组织仍为奥氏体＋团絮状石墨；若冷却至共析转变温度以下，则组织为珠光体＋团絮状石墨	1）第一阶段石墨化结束，立即打开冷却孔和开启大小闸门降温。必要时吹风冷却。冷却时间一般为 3～4h 2）炉内冷却速度一般不会超过 90℃/h，因此不会出现二次渗碳体
第二阶段石墨化	中间阶段冷却至共析转变温度以下实行低温保温，使珠光体分解，得到铁素体＋团絮状石墨的组织，也可中间阶段冷却至共析转变温度以上，缓慢冷却通过共析转变温度区域，使奥氏体按稳定系统转变，最终也得到铁素体＋团絮状石墨组织	1）电炉可由温度自动控制系统实现 710～730℃ 的低温保温方式进行第二阶段石墨化 2）煤炉一般则是中间阶段冷却到 760℃，封炉缓慢炉冷到 700℃，实行所谓缓慢滑降方式进行第二阶段石墨化。一个保温性能好的退火炉，完全不必再供热，可使冷却速度控制在 2～6℃/h，保证第二阶段石墨化所需的时间 3）如本阶段需再加热才能保证缓慢的冷却速度，不但增加燃料消耗，而且会延长第二阶段石墨化的时间。生产中应予避免
最后阶段冷却	无变化	1）第二阶段石墨化完成后，炉冷至 650℃，再出炉空冷 2）如出炉过晚，在通过 550～400℃ 时冷却缓慢，会产生回火脆性（见表 7-54） 3）在夏季，散热条件差的车间，为防止出炉冷却中出现回火脆性，可采取风机吹风，强迫降温的办法

铁素体可锻铸铁常见的几种退火曲线见表 7-43。必须指出，表中只是示意的几种退火曲线，至于退火规范的确定，不仅取决于铸件的化学成分和铸态组织特征，而且与退火炉的结构、容量密切相关。因此，生产厂只有通过司炉操作和炉前取样检验，才能制订出切合实际的退火规范。表 7-44 列出了炉前退火质量检测方法。检查断口时，可以用各种形状（矩形、楔形、阶梯形等）的专用试样，也可以用非化学成分因素（如缺肉、砂眼）造成的废件，对于重要件也可采用附铸试样。

表 7-43 铁素体可锻铸铁常见的几种退火曲线

序　号	退火曲线示意	说　明
1	 710～730℃　　650℃出炉	用电炉退火 硼-铋或硼-铝-铋孕育 快速升温 第二阶段石墨化采取保温方式
2	 710～730℃　　650℃出炉	用电炉退火 铝-铋或硼-铝-铋孕育 升温阶段有低温预处理 第二阶段石墨化采取保温方式

（续）

序号	退火曲线示意	说　　　明
3	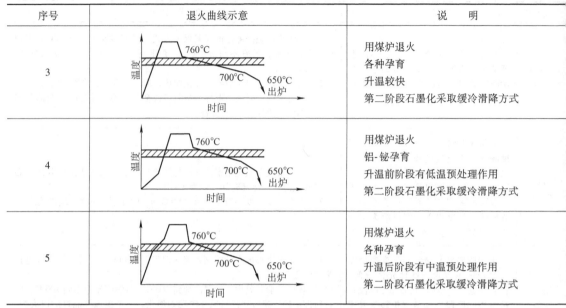	用煤炉退火 各种孕育 升温较快 第二阶段石墨化采取缓冷滑降方式
4		用煤炉退火 铝-铋孕育 升温前阶段有低温预处理作用 第二阶段石墨化采取缓冷滑降方式
5		用煤炉退火 各种孕育 升温后阶段有中温预处理作用 第二阶段石墨化采取缓冷滑降方式

注：表图中阴影线部分为共析转变温度区间。

表7-44　炉前退火质量检测方法

退火阶段	合格与否	断　口　特　征
第一阶段石墨化	合格	断口为暗银灰色、细颗粒状、均匀分布小黑点，表示第一阶段石墨化已完成
	不合格	断口上黑点不多，有白亮点，表示共晶渗碳体尚未分解完毕。若白亮部位呈方向性，则表示共晶渗碳体还相当多，需继续保温
第二阶段石墨化	合格	断口为黑绒色、边缘有一薄层灰白色的脱碳层，表示第二阶段石墨化已完成
	不合格	黑绒断口上夹杂有小白亮点，表示尚有珠光体未分解，需继续退火

除了断口检查外，有时还进行打弯试验或压扁试验。有的管路连接件及农用车轮毂生产厂还用磁性硬品检验机对产品逐个进行分选。

应该指出，在击断试样后，有时会出现断口大半为黑绒色，试样边缘为银白色的现象。这并非是不合格的反映，而是打击方法不准确，由切应力造成了银白色断口的缘故。

炉后进行金相检验可进一步起指导生产、改进工艺和提高质量的作用。铁素体可锻铸铁的金相组织如图7-28所示。铁素体可锻铸铁的金相组织与牌号的关系见表7-45。

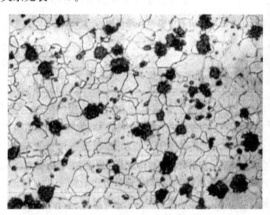

图7-28　铁素体可锻铸铁的金相组织　×100

表7-45　铁素体可锻铸铁的金相组织与牌号的关系

项　　目	级　　别	对应的牌号
石墨形状	1（图7-2a）	KTH 370-12
	2（图7-2b）	KTH 350-10
	3（图7-2c）	KTH 330-08
	4（图7-2d）	KTH 300-06
	5（图7-2e）	不合格
珠光体残余量（体积分数，%）	1（≤10）	KTH 370-12，KTH 350-10
	2（>10~20）	KTH 350-10，KTH 330-08

（续）

项 目	级 别	对应的牌号
珠光体残余量（体积分数，%）	3（>20~30）	KTH 300-06
	4（>30~40）	不合格
	5（>40）	不合格
渗碳体残余量（体积分数，%）	1（≤2）	合格
	2（>2）	不合格
表皮层厚度/mm	1（≤1.0）	合格
	2（>1.0~1.5）	尚可
	3（>1.5~2.0）	不合格
	4（>2.0）	不合格
其他	石墨分布力求均匀，无方向性。石墨颗数一般在 100 颗/mm² 以上为好	

注：第2列级别后括号中数字为第1列项目的内容。

由于退火过程中受炉气的氧化作用，铸件表面常有一脱碳层，称为表皮层。宏观断口上表皮层为一灰白色外圈，显微观察表皮层中无石墨。表皮层中，基体大多数情况下为珠光体，有时为珠光体加铁素体，少量情况为铁素体。当表皮层中有珠光体时，影响切削效率，增加刀具磨损，甚至降低拉伸时的伸长率。当表皮层为铁素体时，因为没有石墨存在，在切削时切屑不易断裂，而产生粘刀现象，也影响切削加工性能。因此，应尽量减少表皮层厚度。测量表皮层厚度时，试样不允许倒角。据生产统计，退火温度在920℃以下，表皮层不太明显；超过940℃，表皮层将逐渐增厚。

（2）珠光体可锻铸铁的退火工艺要点 珠光体可锻铸铁按珠光体中渗碳体形态的不同，可分为片状珠光体和粒状珠光体两种（见图7-29和图7-30）。

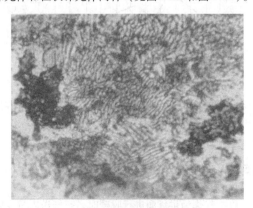

图 7-29 片状珠光体可锻铸铁的金相组织 ×640

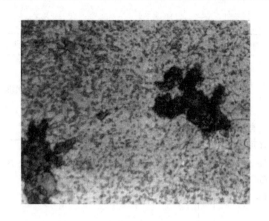

图 7-30 粒状珠光体可锻铸铁的金相组织 ×640

根据铸坯化学成分、生产批量和热处理目的不同，珠光体可锻铸铁有多种退火工艺，其前提条件和退火要点见表7-46。由于珠光体转变需较快的冷却速度，因此与铁素体可锻铸铁相比，最好以回火为终处理，以消除内应力。

表 7-46 珠光体可锻铸铁退火工艺的前提条件和退火要点

前提条件		退 火 要 点	基体组织
少量生产。用铁素体可锻铸铁坯件	1	先随铁素体可锻铸铁一起处理成铁素体基体，再重新加热至临界温度以上保温，使奥氏体均匀化后出炉空冷，再回火消除内应力	粗片状珠光体
	2	获得铁素体基体后，重新加热奥氏体化，再油淬 + 高温回火	细粒状回火索氏体
普通珠光体可锻铸铁坯件 [w(Mn) = 0.7% ~ 1.2%]	1	在完成第一阶段石墨化后炉冷至840℃，出炉空冷或风冷或雾冷，再回火消除内应力	细片状珠光体
	2	在完成第一阶段石墨化后炉冷至840℃，出炉空冷，再在670~700℃回火	粒状珠光体
	3	在完成第一阶段石墨化后，再油淬，高温回火	细粒状回火索氏体

（续）

前提条件		退火要点	基体组织
合金珠光体可锻铸铁坯件（含Cu、Sn、Sb、Cr、Mo等）	1	在完成第一阶段石墨化后炉冷至840℃，出炉空冷或风冷或雾冷，再回火消除内应力	细片状珠光体
	2	在完成第一阶段石墨化后炉冷至840℃，出炉空冷，再在670～700℃回火	粒状珠光体
	3	在完成第一阶段石墨化后再油淬，高温回火	细粒状回火索氏体

由空冷+（670～700）℃回火或油淬+高温回火得到粒状珠光体或回火索氏体的可锻铸铁，有较高的屈服强度和冲击韧度，较好的综合力学性能和切削加工性能。油淬加热不适于使用火焰炉，也不能有退火箱。此外，铸件壁厚不宜大，形状不可复杂，以免产生淬火废品。淬火后的铸件，如果采用较低的温度回火，可以得到从回火马氏体到回火索氏体之间的各种基体，因此可在宽广的范围内改变可锻铸铁的力学性能和耐磨性。不用淬火+高温回火工艺所得的珠光体可锻铸铁中常有部分铁素体存在。珠光体可锻铸铁的牌号与珠光体数量的大致关系见表7-47。

表7-47　珠光体可锻铸铁的牌号与珠光体数量的关系

牌　　号	KTZ 450-06	KTZ 550-04	KTZ 650-02	KTZ 700-02
珠光体数量（体积分数，%）	>70	>80	>90	>95

珠光体可锻铸铁炉前检验的方法与铁素体可锻铸铁类同。断口呈银灰色细粒状，有无方向性闪亮物及小黑点分布，为合格。

7.5　可锻铸铁的脱碳退火

7.5.1　脱碳退火原理

白口坯件在氧化性气氛中进行退火处理，高温时Fe_3C分解出碳，被炉气氧化成CO及CO_2，表层碳氧化去除后，在铸件截面上形成碳的质量浓度梯度，使碳不断由里及表地扩散，不断地被氧化，这就是脱碳退火的原理。

1. 脱碳过程的基本反应

炉气中的氧与炽热的白口坯件表面的碳反应生成CO_2。

$$C + O_2 \Longrightarrow CO_2$$

高温下部分CO_2与白口坯件表面的碳进一步反应，CO_2被还原，白口坯件进一步脱碳，一定条件下达到平衡。

$$C + CO_2 \Longrightarrow 2CO$$

通过供氧源使炉气及铸件周围的一氧化碳氧化成二氧化碳，从而保证脱碳过程中二氧化碳的供应，使脱碳反应不断地进行下去。供氧源：矿石脱碳法时为Fe_2O_3、FeO；气体脱碳法时为O_2、水蒸气。

$$\begin{cases} CO + FeO \Longrightarrow CO_2 + Fe \\ CO + Fe_2O_3 \Longrightarrow CO_2 + 2FeO \end{cases} \text{（矿石脱碳法）}$$

$$\begin{cases} 2CO + O_2 \Longrightarrow 2CO_2 \\ CO + H_2O\text{（汽）} \Longrightarrow CO_2 + H_2 \end{cases} \text{（气体脱碳法）}$$

2. 碳的扩散

脱碳反应仅能作用于二氧化碳所能渗入的铸件表面层很浅的区域。铸件内部的脱碳是通过碳由内部向表面扩散而后被氧化完成的。脱碳的同时也发生石墨化过程。由于表面脱碳和碳自里向外扩散的结果，使奥氏体内形成外低内高的碳质量浓度梯度，这一过程又促使白口坯件中的渗碳体不断地向周围的奥氏体中溶解。这样不断地溶解、扩散，使脱碳过程在整个铸件内得以延续。

图7-31所示为白心可锻铸铁脱碳退火时的碳含量变化。

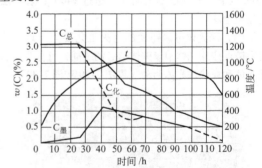

图7-31　白心可锻铸铁脱碳退火时的碳含量变化
$w(C_总)$—总碳量　$w(C_化)$—化合碳量
$w(C_墨)$—石墨数量　t—脱碳退火温度

7.5.2　影响脱碳过程的因素

1. 脱碳气相的组成

以空气作为供氧源进行脱碳时，空气送入量少则脱碳缓慢，过多则会使铸件氧化。只用空气作为供氧源，因带入大量氮气而降低了炉内CO、CO_2的体积浓度，影响脱碳过程。因此，与空气同时送入水蒸气进行脱碳。水蒸气也应控制适宜的体积浓度，否则不仅碳而且铁也将发生氧化。

脱碳过程实质是一个氧化过程，并都存在着氧化—还原和脱碳—再渗碳的可逆反应：

$$\begin{cases} Fe + CO_2 = FeO + CO \\ Fe + H_2O_{(汽)} = FeO + H_2 \end{cases} \quad (氧化—还原)$$

$$\begin{cases} Fe_3C + CO_2 = 2CO + 3Fe \\ Fe_3C + H_2O_{(汽)} = CO + 3Fe + H_2 \end{cases} \quad (脱碳—再渗碳)$$

为使铸件既不氧化又能迅速脱碳，控制退火炉内的气相组成极为重要。对矿石法和不输入水蒸气的气体脱碳退火，应控制 $CO/(CO_2 + CO)$ 的比值。对输入水蒸气的气体法脱碳，还应控制 $H_2/(H_2 + H_2O)$ 的比值。由图 7-32 可知，二者比值应分别控制在曲线 a 或曲线 b 的上方，并与各自的曲线相接近的范围内，若比值在各自的曲线下方，铸件将被氧化；若在曲线上方较远的范围内，虽不会发生氧化，但脱碳作用将大为降低，甚至发生渗碳。

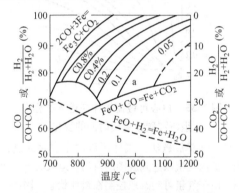

图 7-32　脱碳过程物理化学平衡条件

注：图中有%的数字均为质量分数

2. 碳的溶入及碳在奥氏体中的扩散速度

碳的溶入过程主要受温度、坯件表面脱碳速度以及碳在奥氏体中扩散速度等三个因素的制约和影响，尤以碳在奥氏体中的扩散速度影响较大。

奥氏体中的碳由坯件内部向其外表面的扩散速度对脱碳退火过程有重要影响。以此为基础确定的退火高温保温时间为

$$t = \frac{(C_o - C_t)^2}{DC_o^2} L^2$$

式中　t——保温时间（h）；

C_o 和 C_t——脱碳前后铸件的碳含量（质量分数），
　　　　　　×100%；

　　　L——铸件壁厚的一半（mm）；

　　　D——碳在奥氏体中的扩散系数（mm/s），见
　　　　　　表 7-48 及图 7-33。

表 7-48　奥氏体中碳的扩散系数 D

（单位：mm/s）

平均残余碳含量（质量分数，%）		1.0	1.5
温度/℃	1000	2.84×10^{-7}	2.88×10^{-7}
	1050	4.54×10^{-7}	5.27×10^{-7}

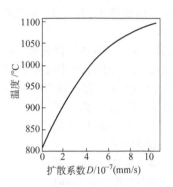

图 7-33　碳在奥氏体中的扩散系数与温度的关系

由此可见，铸件越厚，扩散系数越小，脱碳程度越大，则脱碳所需时间越长。

由图 7-33 可知，温度越高，扩散系数 D 越大。

7.5.3　白心可锻铸铁的生产

1. 化学成分特点

化学成分与石墨化退火的关系，在 7.3.2 节中已有叙述。就白心可锻铸铁而言，脱碳过程是至关重要的，化学成分对脱碳速度的影响远比对石墨化的影响为小，脱碳过程需有更高的退火温度和冗长的时间来完成，无须像石墨化可锻铸铁那样依赖于硅含量。因此，与石墨化可锻铸铁相比，白心可锻铸铁对化学成分的要求较宽，我国很少生产此类铸件，德国推荐的化学成分为：$w(C) = 3.0\% \sim 3.4\%$、$w(Si) = 0.4\% \sim 0.8\%$、$w(Mn) = 0.4\% \sim 0.6\%$、$w(P) < 0.2\%$、$w(S) = 0.12 \sim 0.25\%$，即具有高碳、低硅、宽硫的特点。铁液化学成分的波动，对白心可锻铸铁的性能不会产生太大的影响。

焊接性对白心可锻铸铁件十分重要。因脱碳时间随铸件壁厚的增大而增加，故铸件壁厚一般小于 4mm。为满足增加铸件壁厚的要求，欧洲开发出材料牌号为 EN-JM-1026 的白心可锻铸铁，它的铸件壁厚可到 8mm，气体脱碳后的 $w(C) \leq 3.0\%$，推荐的化学成分为 $w(C) = 2.9\% \sim 3.1\%$、$w(Si) = 0.25\% \sim$

0.4%、$w(Mn) = 0.6\% \sim 0.8\%$、$w(S) \leqslant 0.1\%$。

2. 脱碳退火工艺

（1）固体脱碳法　固体脱碳法是一种老式退火方法，能耗大、退火周期长、铸件表面容易黏附脱碳剂，仅在少量生产时使用。

1）脱碳剂。脱碳剂采用赤铁矿，轧钢或锻钢的氧化铁皮（铁鳞）。要求 Fe_2O_3 的质量分数高、杂质少、$w(S) < 0.2\%$、粒度一般为 $3 \sim 9mm$，厚壁件可用 $9 \sim 12mm$。脱碳剂可复用，新、旧脱碳剂的比例为 $1 : (2 \sim 5)$。

2）装箱。脱碳剂占铸件重量的 $70\% \sim 120\%$，与铸件分层装箱，使用高铬钢退火箱并严加密封。

3）退火工艺。退火温度取 $980 \sim 1050\,^{\circ}\mathrm{C}$，脱碳时间可由以下经验公式计算：

$$t = AL(C_o - C_t)^m$$

式中　t——脱碳时间（h）；

A 和 m——温度系数，见表 7-49；

　　L——铸件壁厚一半（mm）；

　　C_o——铸件脱碳前的碳含量（质量分数），$\times 100\%$；

　　C_t——铸件脱碳后的平均碳含量（质量分数），$\times 100\%$。

表 7-49　系数 A 和 m 值

温度/℃	975	1000	1025	1050
A	1.12	0.88	0.64	0.48
m	2.50	2.75	3.0	3.25

脱碳退火时间可参考图 7-34。图 7-35 所示为白心可锻铸铁件在退火过程中组织和碳含量在铸件不同部位随时间（$t_1 \sim t_8$）而变化的情况。

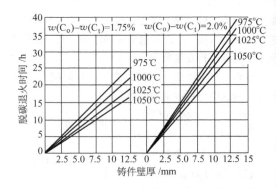

图 7-34　白心可锻铸铁脱碳退火时间与脱碳程度、温度及铸件壁厚的关系

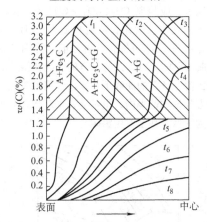

图 7-35　白心可锻铸铁件在退火过程中组织和碳含量随时间的变化

（2）气体脱碳法　气体脱碳法主要是通过控制和调节炉内气氛以达到脱碳的目的，退火时不需要退火箱。由于气氛可动态地控制在最佳状态，因而既节约能源，又保证了可锻铸铁的质量。如今，可控气氛气体脱碳法已为工业发达国家生产白心可锻铸铁所广泛采用，但对退火炉、供气系统及其控制要求较高，投资较大。

1）炉内气相组成。气体脱碳法气相组成实例见表 7-50。

表 7-50　气体脱碳法气相组成实例

序号	$\varphi(CO)$ (%)	$\varphi(CO_2)$ (%)	$\varphi(H_2)$ (%)	$\varphi(H_2O)$ (%)	$\varphi(N_2)$ (%)	$\varphi(CO)/\varphi(CO_2)$	$\varphi(H_2)/\varphi(H_2O)$	退火温度 /℃	备　注
1	$14 \sim 19$	$7 \sim 8$	—		其余	$2.0 \sim 2.5$		1000	空气送入箱式炉
2	$25 \sim 28$	$7 \sim 9$	$20 \sim 30$	$12 \sim 18$	其余	$3.1 \sim 3.5$	≈ 1.7	1050	空气、水蒸气连续式退火炉

（续）

序号	$\varphi(CO)$ (%)	$\varphi(CO_2)$ (%)	$\varphi(H_2)$ (%)	$\varphi(H_2O)$ (%)	$\varphi(N_2)$ (%)	$\varphi(CO)/$ $\varphi(CO_2)$	$\varphi(H_2)/$ $\varphi(H_2O)$	退火温度 /℃	备 注
3	26～28	8	24～26	10～12	其余	3.2～3.5	2.2～2.4	1030～1050	同2
4	10～12	4～5	8	5～6	其余	2.4～2.5	1.3～1.6	1050	—

2）空气和水蒸气的送入。采用箱式炉时，根据铸件质量、白口坯件碳含量和铸件欲达到的碳含量，把一定量空气通过温度为90℃左右的水槽，将饱和水蒸气带入炉内。可通过调节水槽水温来调节水蒸气的体积浓度。

采用连续式退火炉时，根据单位时间白口坯件的装入量，相应将一定量空气和水蒸气送入炉内。

3）白心可锻铸铁的退火温度和时间。一般选择1000～1050℃的脱碳退火温度，厚壁件选上限。白心可锻铸铁气体脱碳退火时间实例见表7-51。

表7-51 白心可锻铸铁气体脱碳退火时间实例

壁厚/mm	1.6	3.2	4.8	6.4	9.5	≥12.7
高温保温时间/h	10	16	24	36	40	48
退火时间/h	23	29	36	51	56	60

4）残余碳含量。白心可锻铸铁经脱碳退火后，碳含量有大幅度的降低，其残余量主要与铸件壁厚有关，铸件壁越大则残余碳含量越高（见表7-52）。

表7-52 白心可锻铸铁中残余碳含量与铸件壁厚的关系

壁厚/mm	残余碳含量 （质量分数，%）	游离石墨量
1.6～3.2	0.08～0.2	无游离石墨
3.2～6.4	0.2～0.5	无游离石墨
6.4～12.7	0.6～0.9	心部有少量游离石墨
12.7 以上	>1.8	约质量分数的0.9%以上的碳以游离石墨形式存在

对于白心可锻铸铁件，由于坯件在氧化介质中进行脱碳退火，组织是极不均匀的。表层因脱碳完全，组织为铁素体而无石墨，由表层向内，则退火碳（石墨）逐渐增加，如图7-36所示。白心可锻铸铁件截面组织不均匀的程度与其壁厚有关，一般情况下，6mm以下的薄壁件外层为铁素体，心部有珠光体，没有石墨；壁厚为6～15mm的铸件外层为铁素体，心部有珠光体，并有石墨，有时甚至还残余着少量的渗碳体。

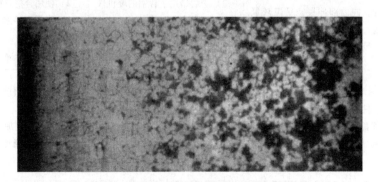

图7-36 白心可锻铸铁由表及里的金相组织

7.6 可锻铸铁的缺陷及防止方法

7.6.1 铸造缺陷

可锻铸铁坯件为亚共晶白口铁，它的碳、硅含量低，浇注温度高，因而容易产生铸造缺陷。与可锻铸铁材质有关的铸造缺陷及防止方法见表7-53。

7.6.2 退火缺陷

可锻铸铁的退火缺陷及防止方法见表7-54。

表 7-53　与可锻铸铁材质有关的铸造缺陷及防止方法

缺陷名称	特　征	产　生　原　因	防　止　方　法
浇不到	铸件外形残缺，边角圆滑，多见于薄壁部位	1）铁液氧化严重，碳、硅含量低、硫含量偏高 2）浇注温度低，浇注速度慢或断续浇注	1）检查风量是否过大 2）加接力焦，调整底焦高度 3）提高浇注温度和浇注速度，浇注中不得断流
缩孔、缩松	孔穴表面粗糙不平，带有树枝状结晶，孔洞集中的为缩孔，细小分散的为缩松，多见于热节部位	1）碳、硅含量过低、收缩大，冒口补缩不足 2）浇注温度过高，收缩大 3）冒口颈过长，截面过小 4）浇注温度过低，铁液流动性差，影响补缩 5）孕育不当，凝固为板条状白口组织，不易补缩	1）控制铁液化学成分，防止碳、硅含量偏低 2）严格掌握浇注温度 3）合理设计冒口，必要时辅以冷铁，确保顺序凝固 4）适当增加铋的加入量
热裂、冷裂	热裂为高温沿晶界断裂，形状曲折，呈氧化色，内部热裂纹常与缩孔并存 冷裂在较低温时产生，穿晶断裂，形状平直，表面有金属光泽或有轻微氧化色	1）凝固过程收缩受阻 2）铁液中碳含量过低、硫含量高，浇注温度过高 3）铁液含气量大 4）复杂件打箱过早	1）改善型、芯的退让性 2）碳的质量分数不宜低于2.3% 3）控制铁液中硫含量 4）冲天炉要充分烘炉，风量不能过大 5）避免浇注温度过高，并提高冷却速度，以细化晶粒 6）控制打箱温度
枝状疏松、针孔	铸件断口表面有针形树枝状疏松，向内部伸展，呈黑灰氧化色，多见于皮下、缓冷部位和两壁交接处	1）炉前加铝过量 2）炉后错用了含铝的废机件 3）型砂水分过多 4）补缩不足	1）控制加铝量，厚壁铸件可不加铝 2）使用合格炉料 3）降低型砂水分，防止反应性氢致针孔 4）提高浇注温度，并加强补缩
灰点、灰口	铸件断口上有小黑点或断口呈灰黑色。金相观察有片状石墨	1）铁液碳、硅含量过高 2）铋含量不足或包内投铋过早，造成铋的过多烧损 3）较大铸件，浇口过于集中	1）根据铸件壁厚，调整碳、硅含量 2）严格控制加铋工艺 3）分散内浇道，防止浇道处因过热而产生灰点
反白口	铸件边缘部位出现灰口，而中心部位为白口	1）铁液碳、硅含量过高，导致氢含量偏高 2）铬等碳化物形成元素的偏析	1）控制碳、硅含量在规定范围之内，并注意烘炉、烘包 2）认真挑拣废钢，并控制废钢尺寸

表 7-54　可锻铸铁的退火缺陷及防止方法

缺陷名称	特　　征	产　生　原　因	防　止　方　法
退火不足（硬品）	力学性能不合要求：断后伸长率低，硬而脆。金相组织中有过量珠光体和渗碳体。黑心可锻铸铁断口出现亮白点	1）铁液硅低或硫高，锰硫比不当 2）铁液铬高或氧、氢、氮量超限 3）第一阶段退火温度低、时间不足；第二阶段退火时间短或保温温度偏高 4）脱碳退火温度过低或退火气氛控制不当 5）退火炉温差大 6）测温仪不准，不能指导生产 7）退火箱上煤粉过度堆积，影响传热	1）调整和控制好铁液化学成分 2）当发现化学成分不当时，应提高第一阶段退火温度，延长退火时间 3）改进退火炉、减少温差 4）提高退火炉保温能力，以避免第二阶段退火时重新添加燃料的烧火操作，同时保证第二阶段退火能有足够缓慢的降温速度 5）注意煤粉粒度和加煤量，以免煤粉在炉内堆积 6）定期检修测温仪 7）厚壁铸件应装在炉内高温部位
变形	铸件翘曲、不圆，尺寸、形位不准	1）铸件装箱不当，受压受挤，或者长件缺少依托 2）铸坯缩尺不准，未确切考虑到铸件在退火过程中的石墨化膨胀 3）第一阶段退火温度过高	1）合理装箱，长、大件应放在隔板上，注意隔板间距，必要时要加填料或撑杆 2）退火温度不宜过高 3）已发生变形的铸件可整形矫正
表面严重氧化	表面有紫黑色氧化皮层，白心可锻铸铁甚至易出现起壳掉皮	1）退火箱密封不严或泥封脱落 2）第一阶段退火温度过高、时间过长 3）炉气氧化性过强 4）煤粉喷火口不是正对火道，而是直喷退火箱，烧毁退火箱导致铸件氧化	1）重视泥封工序，封箱泥不能过稀，否则容易受热开裂 2）控制第一阶段温度不要过高 3）煤粉炉过剩空气不能太大 4）必要时，在白心可锻铸铁氧化填料中掺加黄砂 5）合箱时，要使喷火口对着火道 6）采用高铬钢退火箱
过烧	铸件表面粗糙，边缘熔化，晶粒粗，石墨粗大呈鸡爪状。表层有白亮珠光体区，硬度高，影响切削加工，严重时有铸件粘结现象	1）第一阶段退火温度过高，时间过长 2）退火炉温差大，致使局部区域炉温太高 3）测温仪失灵，指示温度偏低 4）退火箱漏火	1）第一阶段退火温度不要超过 980℃ 2）改进退火炉，均匀炉温 3）定期校验测温仪 4）做好封箱工作
石墨形态分布不良	石墨松散、分叉，甚至有鸡爪状，或有枝晶状石墨，或石墨成串分布	1）铁液硅含量过高 2）碳、硅含量与壁厚配合不当，铸坯中有 D 型石墨 3）晶界低熔点磷、硫共晶数量多 4）第一阶段退火温度高 5）孕育不当	1）硅的质量分数不宜超过 2.1% 2）正确控制碳、硅含量 3）控制磷、硫含量 4）严加控制第一阶段退火温度 5）孕育加硼的质量分数不超过 0.004%，加铝的质量分数不超过 0.02%

（续）

缺陷名称	特　　征	产生原因	防止方法
表皮层过厚	观察断口，边缘白色圈深度超过1.5mm。影响切削加工	1）第一阶段退火温度偏高，时间过长 2）退火箱泥未封严 3）炉气氧化性较强	1）控制第一阶段退火温度，一般在950℃以下时表皮层不大 2）认真封箱 3）不得把潮湿铸件装箱 4）控制退火炉供风量
回火脆性（白脆）	冲击韧度和断后伸长率很低、断口呈白色，沿晶界断裂，但光学显微镜下观察，无异常，仍为铁素体＋团絮状石墨	1）出炉温度偏低，因而通过550～400℃时冷却太慢，在铁素体晶界析出了碳化物、磷化物、氮化物 2）铸铁磷含量高，遇到硅含量高时，更易发生回火脆性	1）应在650～600℃出炉快冷 2）控制铁液中磷、硅、氮含量 3）铁液中加稀土硅铁，在一定程度上有利于防范回火脆性 4）已发生回火脆性时，可重新加热到650～700℃保温后随即出炉快冷，脆性即可消失

7.6.3　热镀锌缺陷

可锻铸铁产品中的电力线路金具和管路连接件等都要进行热镀锌，以提高耐腐蚀能力和增加美感。热镀锌工艺多采用烘干熔剂法。热镀锌包括前处理和后处理，其工艺过程如下：

退火件先进行抛丸清理和酸洗处理，清除表面黏附物和氧化皮；然后浸入氯化锌熔剂或氯化锌、氯化铵混合熔剂中进行助镀处理，在铸件表面形成一层熔剂膜，既防止再氧化，又活化表面，以提高表面对锌液的润湿能力，增加镀层对铸件的结合力；最后进行烘干预热，随即浸入锌池热镀，锌液中加有少量铝以减少锌的氧化（即减少锌灰），并使镀层光亮。镀温度多为580～620℃，若能实现450～470℃低温镀锌，则镀层结构、性能更好，生产更为经济。镀后，应迅速甩去铸件上的余锌，浸入氯化铵溶液中进行钝化处理，再转到流动的热水中浸抖，趁热取出在空气中干燥，完成全部操作。

可锻铸铁的热镀锌缺陷及防止方法见表7-55。

表7-55　可锻铸铁的热镀锌缺陷及防止方法

缺陷名称	特　　性	产生原因	防止方法
漏镀（漏铁）	表面局部露铁，或有焦斑，或粘有黄色锌灰及砂粒、杂物等	1）铸件在熔剂中未浸均匀 2）铸件相互碰撞黏附 3）烘干时间过长、温度过高，造成表面烘焦 4）烘板不干净或有漏火 5）铸件出入锌液时，被锌灰、浮渣污染。浸镀时，铸件翻动不够 6）铸件原有粘砂、毛刺、气孔、氧化皮未清理干净 7）熔剂内有积污，或熔剂浓度过高或已经失效 8）退火后的铸件上漏出皮下气孔或缩松，酸洗时渗酸渗氢，致使漏镀	1）浸透熔剂 2）铸件出锌液后，趁热使彼此分离不碰撞黏附 3）烘件时勤翻动，使受热均匀 4）清扫烘板，检查有无漏火 5）铸件出入锌液前要将锌灰、浮渣刮净，浸镀时要勤翻动 6）抛丸清理后应认真检查表面质量 7）定时清除熔剂内积污，保持熔剂浓度 8）烘板温度不超过300℃，铸件表面温度为80～100℃ 9）漏镀件可作回镀处理

（续）

缺陷名称	特　性	产生原因	防止方法
皱皮	表面有高低不平的条形皱纹	1）熔剂温度过低 2）浸水时，入水速度过快 3）锌液温度偏高，冷却水温度偏低	1）熔剂温度应在80℃左右 2）接触水面时，入水速度要放慢 3）调整锌液温度与水流量
锌疙瘩	表面有米粒状疙瘩	1）锌液加铝过多 2）锌液温度过低，流动性差 3）冷却水温度过高 4）铸件下水速度过快	1）当多余铝液浮于锌液表面时，可加锌灰，一起将其与浮铝刮除；加入锌锭 2）调整锌液温度 3）调整冷却水流量，放慢下水速度 4）有疙瘩件可进行回镀处理
表面粗糙（硬锌粒）	有粒状粗糙面，有锌刺，无光泽	1）锌液温度过高，锌渣泛起，铁含量增高 2）氯化铵溶液浓度、温度不够 3）镀池底锌渣受到搅动	1）降温后捞锌渣。补锌锭，降低铁含量，控制锌液含铁量 < 0.4%（质量分数） 2）提高氯化铵溶液浓度、温度 3）镀池底放架子板，减少底部锌渣搅动 4）采用矾土水泥为镀锌池
表面发黑	表面全部呈黑色	接触氯化铵溶液的时间过长	1）控制接触氯化铵溶液的时间 2）水冷时洗净氯化铵残液
表面发白、发黄	表面全部或局部发白、发黄，无光泽	1）铸件出锌液后停放时间过长，或者浸水后出水温度高，表面会发白 2）锌液温度过高 3）锌液铝含量过低，冷却水中含有过量氯化铵或杂质，表面会发黄	1）铸件从锌液取出后应立即进入后继工序 2）调整锌液温度 3）适当加铝 4）流动的冷却水不应含有泥土、杂物、有机物等 5）铸件出水温度控制在80~100℃
白斑、灰斑	表面有白斑、灰斑。有时当日出现，有时次日才出现	1）铸件表面氯化铵残余未清洗干净，又受水气侵蚀，出现白斑 2）使用了含铅、镉多的低质锌锭，使镀层富含铅、镉，在水气作用下因电化学腐蚀而产生灰斑 3）镀层上有凝结水，在氧、二氧化碳、硫化氢、烟灰、尘土等作用下，腐蚀产生粉状白斑，俗称白锈	1）氯化铵质量浓度不宜过高，以10%~15%为宜 2）铸件在冷却水中清洗要晃动，要浸没在水中 3）出水温度应为80~100℃，以使铸件能借自身热量干燥 4）锌锭含铅、镉的质量分数均应小于0.05% 5）镀件应存放于干燥处 6）白锈处可先水洗擦干，再蘸滑石粉加苛性钠浆液刷除；对灰暗的白锈用醋酸、草酸等弱酸清洗，再用热水浸泡后自干

（续）

缺陷名称	特　性	产 生 原 因	防 止 方 法
过酸洗	表面有凹凸不平的斑点或局部穿透。常发生在硫酸酸洗条件时	1）酸洗液中硫酸浓度过高 2）酸洗时间过长	1）控制硫酸质量浓度 2）酸洗液中加缓蚀剂 3）控制酸洗时间 4）切勿将铸件遗忘在酸洗槽中
镀锌回脆	镀件发脆，断口呈白色	镀锌温度不当，正好在 400 ~ 550℃ 的白脆形成区，而且铸件又掉在镀池底时间长。若浸镀时间正常，一般不会出现镀锌回脆现象	1）按规定的浸镀温度和浸镀时间操作 2）已发生白脆现象，可在 580 ~ 620℃ 下进行回镀处理

镀层厚度、表面色泽及镀锌缺陷与锌液中的铁含量密切相关。在高温镀锌（580 ~ 620℃）条件下，锌、铁反应较为活跃，锌液中的铁含量会随着工作时间的延长而逐渐增加，致使锌液黏度提高。生产中为了保证浸镀性，不得不逐步提高镀锌温度来改善锌液的流动性，这样又加剧了锌、铁反应。锌、铁化合物下沉至镀池底部成为锌渣。如果受到机械搅动或热对流作用，锌渣泛起，便危及镀件表面质量。因此，为了减少铁损、减少锌耗、确保镀件质量，应采取以下措施：

1）以铸铁为镀池时，应采用较耐锌、铁反应的专用铸铁锅，并废除底加热方式，另设燃烧室，利用热气流对锅的侧壁供热（少部分热气流加热镀锌池底）。

2）用矾土水泥作镀池，采取反射式上加热法或插入电热器的内加热法，杜绝来自锌池的增铁问题。

7.7　典型可锻铸铁件

7.7.1　管路连接件

我国可锻铸铁管路连接件产量占可锻铸铁件总产量的 60% 以上。按 GB/T 3287—2011 规定，可锻铸铁管路连接件规格与公称尺寸见表 7-56。管件的特点是壁薄、外形尺寸小、质量小。基本采用冲天炉熔炼，一律湿型铸造，退火多采用室式炉，少数用隧道炉。

表 7-56　可锻铸铁管路连接件规格与公称尺寸

规格/in[①]	1/8	1/4	3/8	1/2	3/4	1	1¼	1½	2	2½	3	4	5	6
公称尺寸/mm	6	8	10	15	20	25	32	40	50	65	80	100	125	150

① 1in = 25.4mm。

（1）牌号　牌号为 KTH 300-06，内控为 KTH 350-10。铸件平均壁厚小于或等于 10mm。

（2）化学成分（质量分数，%）　C = 2.6 ~ 2.9、Si = 1.4 ~ 1.9、Mn = 1.7S + 0.2、P≤0.1、S≤0.2、Cr≤0.06，冲天炉熔炼。

（3）孕育工艺　[$w(Bi) = 0.006\% ~ 0.012\%$] + [$w(Al) = 0.01\%$]，包内孕育。

（4）退火工艺　25t 室式煤粉炉：升温 22 ~ 28h，第一阶段石墨化（940 ± 20）℃，7 ~ 9h，中间冷却 4 ~ 6h；第二阶段石墨化 750 ~ 700℃ 平稳下降 18 ~ 24h，退火周期 55 ~ 63h。隧道式煤粉退火炉：长 40m，2h 进出一台车，升温 19.5h，第一阶段石墨化 950 ~

970℃，10.5h，中间冷却 5.3h；第二阶段石墨化 750 ~ 650℃，17.7h，退火周期 53h。

（5）金相组织　铁素体 + 团絮状石墨。

（6）力学性能　台车式室式炉内退火后 KTH 350-10 性能的占 60%，KTH 300-06 性能的占 40%。隧道式炉内退火后 KTH 350-10 性能的在 80% 以上，KTH 300-06 性能的少于 20%。

7.7.2　线路金具

线路金具品种较多，包括线夹体、卡子、楔子和铁帽等，在户外输电线路上使用，要求安全可靠。冲天炉熔炼时化学成分应严格控制，有条件的应采用冲天炉—感应电炉双联或感应电炉熔炼。

（1）牌号 牌号为 KTH 350-10。

（2）化学成分（质量分数，%） 根据硅、碳高低的不同，有两种配合：①C = 2.5 ~ 2.9、Si = 1.4 ~ .8、Mn = 1.7S + 0.25、P≤0.1、S≤0.2、Cr≤0.05；②C = 2.40 ~ 2.65、Si = 1.7 ~ 2.0、Mn = 1.7S + 0.25、P≤0.08、S≤0.2、Cr≤0.05。冲天炉熔炼。

（3）孕育工艺 [w(Bi) = 0.008% ~ 0.012%] + w(Al)0.008% ~ 0.015%]，包内孕育。

（4）退火工艺 15t 室式煤粉炉：升温 17 ~ 20h，第一阶段石墨化(940 ± 20)℃，6 ~ 8h，中间冷却 4 ~ h；第二阶段石墨化 750 ~ 700℃平稳下降 20 ~ 24h，退火周期 50 ~ 58h。盐浴炉：400℃，5h；（970 ± 0)℃，0.5h；720℃，0.7h，退火周期约 7h。

（5）金相组织 铁素体 + 团絮状石墨。

（6）力学性能 第一种化学成分，退火后 KTH 350-10 性能的占 80% 以上，其余 KTH 370-12。第二种化学成分，退火后 KTH 350-10 性能的占 70% 以上，其余 KTH 370-12。

7.7.3 高吨位铁帽

（1）牌号 牌号要求为 KTZ 550-04。

（2）化学成分（质量分数，%） C = 2.2 ~ 2.4、Si = 1.65 ~ 1.85、Mn = 0.40 ~ 0.48、P≤0.06、S≤0.15、Cr≤0.045。宜采取感应电炉熔炼。

（3）孕育工艺 [w(Bi) = 0.01% ~ 0.015%] + [w(B) = 0.002% ~ 0.003%]，包内孕育。

（4）退火工艺 两次热处理，先在室式炉内于(930 ± 20)℃退火 8 ~ 12h，出炉后再在另一炉内进行 670 ~ 690℃退火 12 ~ 15h。

（5）金相组织（体积分数，%） 珠光体 + (30 ~ 40)% 的铁素体 + 团絮状石墨。

（6）力学性能 90% 以上达到 KTZ 550-04，少部分为 KTZ 650-02。

7.7.4 管件

白心可锻铸铁管件多由欧洲和日本供货，我国、美国和俄国都不生产。

（1）牌号 牌号为 KTB 350-04，铸件壁厚为 6mm。

（2）化学成分（质量分数，%） C = 2.8 ~ 3.3、Si = 0.4 ~ 1.0、Mn = 0.5 ~ 0.7、P≤0.2、S≤0.2、Cr≤0.1。冲天炉熔炼，炉前不进行孕育。

（3）退火工艺 固体脱碳法：以铁鳞或赤铁矿为脱碳剂，并配质量分数为 30% 的建筑砂为填料。20t 室式炉升温 20 ~ 25h，1000 ~ 1070℃保温 40h，炉冷至 650℃出炉，退火周期 65 ~ 75h。气体脱碳法：控制炉气成分（体积分数，%）为 CO_2 = 4、CO = 11.2、H_2 = 8、H_2O = 5.5、N_2 余量。15t 室式炉，升温 15 ~ 20h，980 ~ 1050℃保温 28h，炉冷至 650℃出炉，退火周期约 53h。

（4）金相组织 外层为低碳钢组织（纯铁素体），向内逐渐出现珠光体组织，中心为铁素体 + 体积分数为 20% 的珠光体 + 团絮状石墨。

（5）力学性能 90% 以上达到 KTB 350-04 标准，余为标准外。

7.7.5 玻璃模具

玻璃模具材料大多采用普通灰铸铁、低合金（Cr、Mo、Cu 等）灰铸铁和蠕墨铸铁，使用寿命分别为 20 万次、30 万次和 40 万次左右。失效形式为模具内表面的龟裂和剥落。模具工作时，玻璃液的浇入温度为 1000℃左右，模具内表面温度约为 700℃，因而内表面易于氧化。在反复使用过程中，模具受交变热应力作用，产生热疲劳裂纹，又加剧了氧化过程的深入，凡此种种是构成模具损坏的根本原因。如果能获得具有球状、球絮状石墨的铸铁，对提高铸铁的抗氧化性、强度和韧性无疑是有益的。于是便有了球墨可锻铸铁的应用。

玻璃模具壁厚较大，显然按可锻铸铁的化学成分来生产是不可能的。球墨可锻铸铁是将碳、硅含量较可锻铸铁为高，锰、硫含量较球墨铸铁要求放宽的铁液进行球化处理（不进行孕育处理），浇注成铸态有少量球状石墨的麻口组织，然后进行石墨化退火得到具有球状、球絮状石墨的铸铁。这种铸铁的碳、硅含量较高，铁液的铸造性能较可锻铸铁为优，退火周期较可锻铸铁要短。从化学成分、生产工艺、金相组织和力学性能来看，球墨可锻铸铁属球墨铸铁的范畴，但由于习惯原因，目前仍在一定范围内称为球墨可锻铸铁。在个别可锻铸铁工厂还用该工艺生产着一些铸件，因此将相关材质的玻璃模具列举如下：

（1）零件名称 640mL 啤酒瓶玻璃模具。高为 267.8mm，直径为 152mm，最大壁厚为 64mm，最小壁厚为 30mm。

（2）化学成分（质量分数，%） C = 2.8 ~ 3.2、Si = 1.8 ~ 2.0、Mn = 0.3 ~ 0.5、P < 0.08、S 0.02、Mg = 0.03 ~ 0.05、RE = 0.02 ~ 0.04。

（3）铸造工艺 内腔为成型冷铁，外壁为砂型。

（4）炉前处理工艺 FeSiMg8RE7 加入量为处理铁液质量的 1.4%。用坑底包，冲入法处理。

（5）退火工艺 950℃，4h；720℃，4h，炉冷至 600℃出炉。

（6）金相组织 内壁为球状石墨 + 球絮状石墨 + 铁素体，外壁为球状石墨 + 畸变石墨 + 铁素体。

（7）力学性能　$R_m = 440MPa$，$A = 13\%$，硬度为130HBW。

（8）使用效果　每副模具平均使用 40 ~ 60 万次。

7.7.6　等温淬火可锻铸铁

随着对等温淬火球墨铸铁的研究，也有人对可锻铸铁进行等温淬火研究，并称它为 AMI。可锻铸铁由于模数和低温韧性较高，以及单位体积内较少的石墨数和较多的基体，因而相对于球墨铸铁具有某些特殊的优异性能。此外，由于可锻铸铁截面上石墨团及基体的分布更均匀，所以在 AMI 显微组织中没有任何晶间碳化物。对用作齿轮的 AMI 的研究显示，AMI 具有良好的抗接触疲劳性能，可与 ADI 和渗碳钢相媲美。

参 考 文 献

[1]　严国粹. 可锻铸铁件缺陷分析 [J]. 可锻铸铁，1998（48）：14-22.

[2]　STEPHAN HASSE. Giesseri Lexikon [M]. Berlin.：Fachverlage Schiele & Schoen GmbH. 2008.

[3]　赵红，等. 奥氏体等温转变铸铁研究的新进展 [J]. 铸造，2001（5）：243-248.

第8章 耐 磨 铸 铁

耐磨铸铁包括抗磨铸铁、减摩耐磨铸铁和增摩耐磨铸铁。抗磨铸铁通常指用于磨料磨损工况的耐磨铸铁，如轧机轧辊和筒式磨机衬板，其量大面广；减摩耐磨铸铁通常指用于润滑条件下保持较低摩擦因数的耐磨铸铁，如机床导轨用铸铁；增摩耐磨铸铁通常指用于干摩擦条件下保持较高摩擦因数的耐磨铸铁，如铁道车辆闸瓦等制动器用耐磨铸铁。

本章主要介绍耐（抗）磨白口铸铁、耐磨球墨铸铁以及复合铸造耐磨材料。

8.1 铸铁的耐磨性

8.1.1 耐磨性与工况的关系

材料的耐磨性不是材料的固有性能，而是材料在一个磨损系统中的性能，它既受材料固有性能，如硬度、韧性和强度的影响，又受磨损工况的影响。例如，在强烈冲击磨损工况，高锰钢表层加工硬化明显，有较好的耐磨性，但在冲击较小或无冲击的磨损工况，高锰钢表层得不到足够硬化，则耐磨性较差。

系统中的工况是十分复杂的。例如，磨料的硬度、粒度、温度、速度及运动方向；工况的干、湿状态；湿态工况中的酸、碱性及浓度；工况中零部件所承受的载荷等。工况中各因素均影响材料的耐磨性。因此，要获得良好的耐磨性，必须了解磨损工况，然后利用现有的科学知识，选用耐磨材料。

由于磨损机制复杂，因而也就"没有万能的磨损试验"。实践表明，实验室或实际工况下测得的耐磨性数据都是特定条件下的，只要条件稍有改变，其磨损结果便会有较大的差异。所以，在选用材料的耐磨性数据时必须注意使用条件。

8.1.2 耐磨铸铁件的失效

1. 磨损失效

磨损，是耐磨铸铁的主要失效方式。

物体相对运动时，相对运动表面的物质不断损失或产生残余变形称为磨损。

人们习惯将磨损分为以下几种类型：

（1）磨料磨损 因物料或硬突起物与材料表面相互作用使材料产生迁移的磨损。

1）凿削磨料磨损。指物体因磨料作用而留有凿削痕迹的磨损形式。通常有较严重的冲击，如颚式破碎机颚板的磨损。

2）研磨磨料磨损。指磨料能被碾碎的三体磨料磨损形式，又称高应力碾碎磨料磨损，如球磨机磨球和衬板的磨损、中速磨磨辊和磨盘的磨损。

3）刮伤磨料磨损。指磨料直接冲击物体的两体磨料磨损形式，又称低应力磨料磨损，或称冲蚀或冲刷，如渣浆泵叶轮和护套的磨损、管道的磨损、犁铧的磨损等。

磨料磨损中有两种主要失效机制，即显微切削机制和塑变疲劳剥落机制。前者指磨料刺入耐磨件表面切削掉材料；后者指磨料使耐磨件表面材料产生较大应力或反复塑变，而萌生显微裂纹并扩展，终至疲劳剥落。

（2）腐蚀磨损 腐蚀磨损指伴随有化学及电化学反应的磨损。

（3）黏着磨损 黏着磨损指因黏着作用，使材料由物体表面转移到另一物体表面的磨损。

（4）疲劳磨损 疲劳磨损指因循环交变应力引起物体表面疲劳，使材料脱落的磨损。

在生产实际中遇到的磨损，往往是几种磨损类型同时存在且相互影响，但总有一种磨损类型及磨损机制起主导作用。因此，在分析耐磨铸铁件的磨损失效及耐磨铸铁选材时，首先要弄清具体的使用条件及起主要作用的磨损类型和磨损机制。

耐磨铸铁件的硬度是影响其磨损的重要因素。一般而言，希望耐磨件的硬度高于磨料硬度的0.8倍以上，以获得较好的耐磨性。特别说明，此耐磨件硬度是指耐磨件工作面在磨损后的硬度，而非磨损前的初始硬度。但是，耐磨件的硬度并非越高越好，某些场合下，过高的硬度易导致显微裂纹的萌生。表8-1列出了各种物料（磨料）、钢铁材料显微组织组成相的硬度。

对显微切削机制的磨料磨损而言，提高耐磨铸铁件的硬度有利于耐磨性的提高。

对塑变疲劳剥落机制的磨料磨损而言，耐磨铸铁件较高的硬度与良好的延性和韧性配合，特别是与好的断裂韧度、低的裂纹扩展速率及高的冲击疲劳抗力相配合，有利于耐磨性的提高。

如果耐磨件在高温或湿态磨料磨损工况应用，因高温氧化腐蚀或电化学腐蚀，耐磨件既受磨料磨损又受腐蚀磨损，即为腐蚀磨料磨损。除了上述针对磨料磨损的一些力学性能要求之外，对高温磨损而言，提

高耐磨铸铁件的钝化能力、如提高铬含量，将有利于耐磨性的提高；对湿态磨损而言，提高耐磨铸铁件的

电极电位，特别是减少相界腐蚀，将有利于耐磨性的提高。

表 8-1　各种物料（磨料）、钢铁材料显微组织组成相的硬度

矿物	硬度		材料或相	硬度	
	HK	HV		HK	HV
滑石	20	—	铁素体	235	70 ~ 200
炭	35	—	珠光体（无合金）	—	250 ~ 320
石膏	40	36	珠光体（合金的）	—	300 ~ 460
方解石	130	140	奥氏体，$w(Mn) = 12\%$	305	170 ~ 230
氟石	175	190	奥氏体（低合金）	—	250 ~ 350
磷灰石	335	540	奥氏体（高铬铁）	—	300 ~ 600
玻璃	455	500	马氏体	500 ~ 800	500 ~ 1010
长石	550	600 ~ 750	渗碳体	1025	840 ~ 1100
磁铁矿	575	—	$(FeCr)_7C_3$	1735	1200 ~ 1800
正长石	620	—	Mo_2C	1800	1500
燧石	820	950	WC	1800	2400
石英	840	900 ~ 1280	VC	2660	2800
黄玉	1330	1430	TiC	2470	3200
石榴石	1360	—	B_4C	2800	3700
金刚砂	1400	—	NbC	—	2400
刚玉	2020	1800	—	—	—
碳化硅	2585	2600	—	—	—
金刚钻	7575	10000	—	—	—

2. 断裂失效

断裂，是耐磨铸铁件的又一主要失效方式。

耐磨铸铁件的断裂往往是其使用过程中受到了较大的冲击载荷，此时耐磨铸铁件的安装不当，如球磨机衬板安装中背部与筒体不是面接触而是局部接触，则更易断裂。

提高耐磨铸铁件的冲击韧度、断裂韧度，降低其裂纹扩展速率将有利于抗断裂，而提高铸件内部质量，即减少内部缺陷，选择适宜的铸件结构，不设或减少螺栓孔等，也是抗断裂的必要条件。

3. 变形失效

变形失效是因耐磨件屈服强度较低，以致使用过程中受外力而发生严重的宏观塑性变形，因铸件形状改变而失效。

耐磨铸铁件的变形失效较少见，多见于屈服强度较低的耐磨锰钢件。例如，大冲击的筒式磨机，锰钢衬板严重的反弓变形可拉断螺栓或使衬板间移位而脱落。

了解耐磨铸铁件的失效原因，将对选材，即选择适合于工况的耐磨铸铁有指导意义。以下将分类介绍各种耐磨铸铁的特点。应该说明，选择耐磨铸铁材料不仅要依据其化学成分、组织、性能等特点，同时也要考虑其价格因素，以真正达到节材降耗的目的。

8.2　耐（抗）磨白口铸铁

耐（抗）磨白口铸铁是常用的一大类金属耐磨材料，其主要特点是硬度较高，组织为强韧的金属基体支撑着高硬度的碳化物。根据使用情况，可用普通耐磨白口铸铁，也可用低、中、高合金耐磨白口铸铁。

我国制定了抗磨白口铸铁件国家标准（GB/T 8263—2010），其牌号及化学成分和硬度见表8-2、表8-3。标准附录中，抗磨白口铸铁件的热处理规范、金相组织见表8-4、表8-5。

美国 ASTM 耐磨铸铁标准（A532/A532M）、ISO 和欧盟耐磨铸铁标准的化学成分与硬度分别见附录。

表 8-2　抗磨白口铸铁的牌号及其化学成分（GB/T 8263—2010）

牌　号	化学成分（质量分数，%）								
	C	Si	Mn	Cr	Mo	Ni	Cu	S	P
BTMNi4Cr2-DT	2.4 ~ 3.0	≤0.8	≤2.0	1.5 ~ 3.0	≤1.0	3.3 ~ 5.0	—	≤0.10	≤0.10
BTMNi4Cr2-GT	3.0 ~ 3.6	≤0.8	≤2.0	1.5 ~ 3.0	≤1.0	3.3 ~ 5.0	—	≤0.10	≤0.10

（续）

牌　号	化学成分（质量分数，%）								
	C	Si	Mn	Cr	Mo	Ni	Cu	S	P
BTMCr9Ni5	2.5~3.6	1.5~2.2	≤2.0	8.0~10.0	≤1.0	4.5~7.0	—	≤0.06	≤0.06
BTMCr2	2.1~3.6	≤1.5	≤2.0	1.0~3.0	—	—	—	≤0.10	≤0.10
BTMCr8	2.1~3.6	1.5~2.2	≤2.0	7.0~10.0	≤3.0	≤1.0	≤1.2	≤0.06	≤0.06
BTMCr12-DT	1.1~2.0	≤1.5	≤2.0	11.0~14.0	≤3.0	≤2.5	≤1.2	≤0.06	≤0.06
BTMCr12-GT	2.0~3.6	≤1.5	≤2.0	11.0~14.0	≤3.0	≤2.5	≤1.2	≤0.06	≤0.06
BTMCr15	2.0~3.6	≤1.2	≤2.0	14.0~18.0	≤3.0	≤2.5	≤1.2	≤0.06	≤0.06
BTMCr20	2.0~3.3	≤1.2	≤2.0	18.0~23.0	≤3.0	≤2.5	≤1.2	≤0.06	≤0.06
BTMCr26	2.0~3.3	≤1.2	≤2.0	23.0~30.0	≤3.0	≤2.5	≤1.2	≤0.06	≤0.06

注：1. 牌号中，"DT"和"GT"分别是"低碳"和"高碳"的汉语拼音大写字母，表示该牌号碳含量的高低。

　　2. 允许加入微量 V、Ti、Nb、B 和 RE 等元素。

表 8-3　抗磨白口铸铁件的硬度（GB/T 8263—2010）

牌　号	表 面 硬 度					
	铸态或铸态去应力处理		硬化态或硬化态去应力处理		软化退火态	
	HRC	HBW	HRC	HBW	HRC	HBW
BTMNi4Cr2-DT	≥53	≥550	≥56	≥600	—	—
BTMNi4Cr2-GT	≥53	≥550	≥56	≥600	—	—
BTMCr9Ni5	≥50	≥500	≥56	≥600	—	—
BTMCr2	≥45	≥435	—	—	—	—
BTMCr8	≥46	≥450	≥56	≥600	≤41	≤400
BTMCr12-DT	—	—	≥50	≥500	≤41	≤400
BTMCr12-GT	≥46	≥450	≥58	≥650	≤41	≤400
BTMCr15	≥46	≥450	≥58	≥650	≤41	≤400
BTMCr20	≥46	≥450	≥58	≥650	≤41	≤400
BTMCr26	≥46	≥450	≥58	≥650	≤41	≤400

注：1. 洛氏硬度值（HRC）和布氏硬度值（HBW）之间没有精确的对应值，因此这两种硬度值应独立使用。

　　2. 铸件断面深度 40% 处的硬度值应不低于表面硬度值的 92%。

表 8-4　抗磨白口铸铁件的热处理规范（GB/T 8263—2010）

牌　号	软化退火处理	硬 化 处 理	回 火 处 理
BTMNi4Cr2-DT	—	430~470℃保温 4~6h，出炉空冷或炉冷	在 250~300℃保温 8~16h，出炉空冷或炉冷
BTMNi4Cr2-GT	—	430~470℃保温 4~6h，出炉空冷或炉冷	
BTMCr9Ni5	—	800~850℃保温 6~16h，出炉空冷或炉冷	

（续）

牌　　号	软化退火处理	硬 化 处 理	回 火 处 理
BTMCr8		940～980℃保温,出炉后以合适的方式快速冷却	
BTMCr12-DT	920～960℃保温,缓冷至700～750℃保温,缓冷至600℃以下出炉空冷或炉冷	900～980℃保温,出炉后以合适的方式快速冷却	
BTMCr12-GT		900～980℃保温,出炉后以合适的方式快速冷却	在200～550℃保温,出炉空冷或炉冷
BTMCr15		920～1000℃保温,出炉后以合适的方式快速冷却	
BTMCr20	960～1060℃保温,缓冷至700～750℃保温,缓冷至600℃以下出炉空冷或炉冷	950～1050℃保温,出炉后以合适的方式快速冷却	
BTMCr26		960～1060℃保温,出炉后以合适的方式快速冷却	

注:1. 热处理规范中保温时间主要由铸件壁厚决定。
　　2. BTMCr2经200～650℃去应力处理。

表8-5　抗磨白口铸铁件的金相组织 （GB/T 8263—2010）

牌　　号	金 相 组 织	
	铸态或铸态去应力处理	硬化态或硬化态去应力处理
BTMNi4Cr2-DT	共晶碳化物 M_3C + 马氏体 + 贝氏体 + 奥氏体	共晶碳化物 M_3C + 马氏体 + 贝氏体 + 残留奥氏体
BTMNi4Cr2-GT		
BTMCr9Ni5	共晶碳化物(M_7C_3 + 少量 M_3C) + 马氏体 + 奥氏体	共晶碳化物(M_7C_3 + 少量 M_3C) + 二次碳化物 + 马氏体 + 残留奥氏体
BTMCr2	共晶碳化物 M_3C + 珠光体	—
BTMCr8	共晶碳化物(M_7C_3 + 少量 M_3C) + 细珠光体	共晶碳化物(M_7C_3 + 少量 M_3C) + 二次碳化物 + 马氏体 + 残留奥氏体
BTMCr12-DT	—	碳化物 + 马氏体 + 残留奥氏体
BTMCr12-GT		
BTMCr15	碳化物 + 奥氏体及其转变产物	
BTMCr20		
BTMCr26		

注:金相组织中 M 代表 Fe、Cr 等金属原子,C 代表碳原子。

8.2.1 普通白口铸铁

普通白口铸铁即不加特殊合金元素的白口铸铁,其生产工艺简单,成本低廉,既可用电炉熔炼,也可用冲天炉熔炼。

普通白口铸铁的化学成分和金相组织见表8-6。

这种铸铁的铸态组织是渗碳体 + 珠光体。渗碳体硬度低于其他类型的碳化物,并且呈连续网状分布。

该铸铁韧性较差,耐磨性也不如其他类型的耐磨白口铸铁。

该铸铁具有高碳低硅的特点。碳的作用最大,它能增加渗碳体数量,从而提高耐磨性,但降低韧性。为了避免出现石墨而降低耐磨性,应限制硅含量。普通白口铸铁只适用于较低载荷且磨损不强烈的工况,如农具犁铧等。

表 8-6 普通白口铸铁的化学成分及金相组织

序号	化学成分(质量分数,%)					金相组织	硬度 HRC	应用	热处理
	C	Si	Mn	P	S				
1	3.5~3.8	<0.6	0.15~0.20	<0.3	0.2~0.4	渗碳体 + 珠光体	—	磨粉机磨片,导板	铸态
2	2.6~2.8	0.7~0.9	0.6~0.8	<0.3	<0.1	渗碳体 + 珠光体		犁铧[1]	铸态
3	4.0~4.5	0.4~1.2	0.6~1.0	0.14~0.40	<0.1	莱氏体或莱氏体 + 渗碳体	50~55	犁铧[1]	铸态
4	2.2~2.5	<1.0	0.5~1.0	<0.1	<0.1	贝氏体 + 托氏体 + 渗碳体	55~59	犁铧[1]	900℃,1h,淬入 230~300℃ 盐浴,保温 1.5h,空冷

① 用于沙性土壤的犁铧。

8.2.2 低合金白口铸铁

在普通白口铸铁的基础上添加少量合金元素,即为低合金白口铸铁。少量的合金元素可以提高碳化物的硬度,强化金属基体,从而可以提高铸铁件的耐磨性。

1. 低铬白口铸铁

低铬白口铸铁中的铬为主要合金元素,其特点是生产成本较低。

(1)化学成分、组织与力学性能 低铬白口铸铁的化学成分见表 8-7,金相组织和力学性能见表 8-8。低铬的铸铁中的碳化物仍为连续网状,因而脆性较大,耐磨性也低于中、高合金白口铸铁。适用于对耐磨性和韧性要求不高的工况。

1)碳。随着碳含量的增加,低铬白口铸铁的碳化物数量增多,硬度提高,冲击韧度降低。当碳的质量分数为 2.37%~2.69% 时,珠光体低铬白口铸铁可获得较高的冲击疲劳抗力、相对韧度($\sigma_{bb} \cdot f$),以及在硅砂为磨料时有较好的冲击磨损耐磨性(β)(见图 8-1)。

表 8-7 低铬白口铸铁的化学成分(质量分数) (%)

序号	名 称	C	Si	Mn	Cr	Mo	Cu	Ni	S	P
1	Cr-Mo-Cu 马氏体白口铸铁	2.4~3.2	≤1.0	1.0~2.5	2.0~3.0	≤3.0	≤3.0	—	≤0.10	≤0.10
2	低 Cr 白口铸铁	2.1~3.6	≤1.5	≤2.0	1.0~3.0	—	—	—	≤0.10	≤0.10

注:低铬白口铸铁相当于 BTMCr2 牌号(见国标 GB/T 8263),见表 8-2。

表 8-8 低铬白口铸铁的金相组织和力学性能

序号	状 态	金相组织	力学性能			
			硬度 HRC	冲击韧度 a_K/(J/cm²)	抗弯强度 σ_{bb}/MPa	挠度 f/mm
1	980℃ ×4h 空淬 +300℃ ×2h 空冷	$(Fe,Cr)_3C + C_{II} + M + Ar$	55~62	5.0~8.0	600~660	2.1~2.3
2	铸态或铸态去应力处理	$(Fe,Cr)_3C + P$	≥45	≥2.0	—	—

注:1. M—马氏体,Ar—残留奥氏体,P—珠光体,C_{II}—二次碳化物,后同。

2. 表 8-8 中的序号与表 8-7 中铸铁材料序号对应。

3. Cr-Mo-Cu 马氏体白口铸铁的冲击试样尺寸为 20mm×20mm×110mm,无缺口;低 Cr 白口铸铁的冲击试样尺寸为 10mm×10mm×55mm,无缺口。

4. Cr-Mo-Cu 马氏体白口铸铁经过炉前稀土硅铁孕育变质处理。

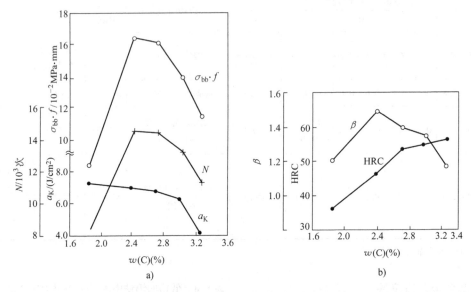

图 8-1 碳含量与低铬白口铸铁性能的关系

a) 冲击疲劳抗力、冲击韧度及相对韧度与碳含量的关系 b) 冲击磨损耐磨性及硬度与碳含量的关系

2) 硅。较高的硅含量，改善了碳化物的形态，可提高低铬白口铸铁的冲击韧度、冲击疲劳抗力及硅砂为磨料时的耐冲击磨损性能。

3) 铬。形成合金碳化物 $(Fe, Cr)_3C$。增加铬含量，可改善碳化物的分布形态，不仅使珠光体低铬白口铸铁冲击韧度和硬度增加，还使冲击疲劳抗力和冲击磨损耐磨性有较大的提高（见图 8-2）。

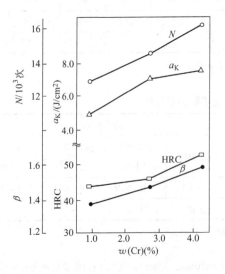

图 8-2 铬含量对低铬白口铸铁性能的影响

4) 钼和铜。在低铬白口铸铁中加入钼和铜，除了固溶强化作用之外，主要是提高空淬热处理的淬透性和淬硬性。需空淬热处理的低铬白口铸铁，根据铸件壁厚选择钼、铜、锰等合金元素含量。

5) 稀土。稀土元素有改善碳化物形态，细化晶粒，脱氧、脱硫净化铁液的作用。低铬白口铸铁炉前加入质量分数为1%左右的稀土硅铁合金 $[w(RE) = 25\% \sim 31\%，w(Si) = 40\% \sim 45\%]$，将获得较高的冲击韧度和三体磨料磨损耐磨性。

也可在低铬白口铸铁中加入少量钒 $[$ 如 $w(V)$ 为 $0.1\% \sim 0.3\%]$、钛 $[$ 如 $w(Ti)$ 为 $0.05\% \sim 0.2\%]$、硼 $[$ 如 $w(B)$ 为 $0.05\% \sim 0.25\%]$ 等元素，提高碳化物硬度，以提高铸件的耐磨性。

基体组织对低铬白口铸铁的断裂韧度 K_{IC} 也有影响，K_{IC} 的排列顺序从高到低为珠光体→贝氏体→马氏体。

基体组织对低铬白口铸铁冲击磨料磨损也有影响。在较大冲击载荷并以塑变疲劳剥落机制为主的磨料磨损条件下，低铬白口铸铁耐磨性的排列顺序与 K_{IC} 顺序相同，从高到低为珠光体→贝氏体→马氏体；在较小冲击载荷并以显微切削机制为主的磨料磨损条件下，低铬白口铸铁耐磨性的排列顺序与基体显微硬度顺序相同，从高到低为马氏体→贝氏体→珠光体。

（2）铸造 低铬白口铸铁既可用冲天炉熔炼，也可用电炉熔炼，还可用冲天炉与电炉双联熔炼。冲天炉熔炼的低铬白口铸铁中碳含量较高，一般 $w(C)$ ≥2.8%。

通常，低铬白口铸铁铁液在炉前采用稀土硅铁等含稀土物质进行孕育变质处理，以提高铸铁件的综合性能。

金属型生产的低铬白口铸铁件成品率高，内部致密且晶粒细化，表层顺序凝固使碳化物呈排列状而利于耐磨损，综合性能较好。低铬白口铸铁磨球大多采用金属型或覆砂金属型，但须防止由于金属型铸造造成的穿晶而恶化性能。

（3）热处理 $w(Cr)=2\%$ 的 Fe-Cr-C 相图如图8-3所示。低铬白口铸铁在铸态冷却很慢时，则此图对显微组织分析有一定参考价值。从图8-3中可以看到，1100℃以下奥氏体中碳的溶解度随温度的降低而减少，这是热处理的重要基础。

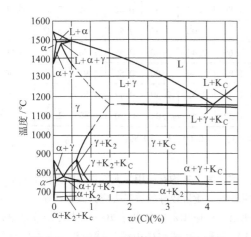

图8-3 $w(Cr)=2\%$ 的 Fe-Cr-C 相图
L—液体 α—铁素体 γ—奥氏体
K_C—$(Fe,Cr)_3C$ K_2—$(Fe,Cr)_7C_3$

低铬白口铸铁磨球大多采用铸态去应力处理，即将铸态磨球在中、低温度保温适当时间以减少应力（见表8-3～表8-5和表8-8），其金相组织为珠光体和 $(Fe,Cr)_3C$（见图8-4和图8-5）。

为进一步提高低铬白口铸铁的硬度，也可进行高温空淬并低温回火的热处理（见表8-8），但须有足够的钼、铜等合金元素以提高淬透性。也可以采用高温正火+低温回火处理，低铬白口铸铁的金相组织为珠光体+$(Fe,Cr)_3C$+二次碳化物。基体组织虽然仍为珠光体，但经过高温热处理后使成分更均匀，碳

化物形态也有所改善。

（4）耐磨性 低铬白口铸铁在我国的研究与应用较多，其耐磨性优于普通白口铸铁、碳素钢及大多数低合金钢，与 Ni-Hard1 型、2 型铸铁相近，但不如中、高铬白口铸铁。低铬白口铸铁的耐磨性见表8-9～表8-11。

图8-4 低铬白口铸铁铸态去应力处理后的金相组织 ×100

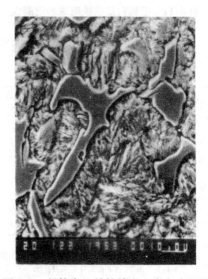

图8-5 低铬白口铸铁铸态去应力处理后的高倍金相组织 ×1200

表 8-9　低铬白口铸铁与高铬白口铸铁、镍硬白口铸铁在三体磨料磨损工况下的耐磨性比较

材　　料		热处理	磨损前硬度 HRC	平均磨损失重/g①
高铬白口铸铁		980℃×2h 空淬	64.7	0.384
低铬白口铸铁	$w(C)=3.23\%$,$w(Cr)=3.01\%$,$w(Mo)=2.25\%$,$w(Mn)=0.96\%$		62.9	0.518
	$w(C)=3.15\%$,$w(Cr)=2.95\%$,$w(Mo)=3.32\%$,$w(Mn)=0.90\%$	980℃×2h 空淬	63.3	0.639
	$w(C)=2.72\%$,$w(Cr)=2.49\%$,$w(Mo)=2.52\%$,$w(Mn)=2.39\%$		60.1	0.619
镍硬白口铸铁		260℃回火	58.4	0.836

① 磨损时间为 0.5h。

表 8-10　低铬白口铸铁的冲蚀率

磨　粒		玻璃砂				硅　砂				碳化硅			
冲蚀速度 v/(m/s)		30	50	60	70	30	50	60	70	30	50	60	70
	冲蚀角 α	E/(1×10^{-4}g/g)											
马氏体	30°	—	0.14	0.24	0.34	0.46	1.90	2.76	3.85	0.46	2.05	3.46	5.02
	90°	0.02	0.40	0.55	0.80	0.50	2.34	3.60	5.23	0.64	3.04	4.83	7.00
下贝氏体	30°	0.22	0.48	0.60	0.80	0.40	1.86	2.41	3.54	0.48	2.00	3.08	4.70
	90°	0.28	0.69	1.30	1.20	—	2.11	3.07	4.46	0.56	2.40	3.93	5.60
上贝氏体	30°	0.37	0.94	1.05	1.44	0.45	1.60	2.44	3.40	0.48	1.78	2.86	4.00
	90°	0.33	1.22	1.22	1.66	0.50	1.86	2.69	3.80	0.52	1.92	3.23	1.56
珠光体	30°	0.40	0.98	1.30	1.64	0.47	1.34	2.32	2.80	0.47	1.54	2.28	3.04
	90°	0.40	0.93	1.33	1.76	0.48	1.52	2.44	3.04	0.52	1.82	2.81	3.68

注：1. 低铬白口铸铁化学成分（质量分数,%）：C=2.2, Cr=4.25, Si=0.69, Mn=0.50。

　　2. 冲蚀率 E 为冲蚀失重/磨料量。

表 8-11　低铬白口铸铁磨球的耐磨性

使用单位	球磨机规格	普通锻钢球磨耗/(g/h)	低铬球磨耗/(g/h)	耐磨倍率
上海水泥厂有限公司	水泥磨	424.3	79.4	5.34
中国水泥厂有限公司	水泥磨	400	95.2	4.2
云南大姚铜矿	ϕ3.2m×3.1m	2351	893	2.63
陕西金堆城钼矿	ϕ3.6m×4.0m	2290	788	2.91
白银有色集团股份有限公司	ϕ2.7m×3.6m	1990	730	2.73
宝钢梅山矿业有限公司	ϕ2.7m×3.6m	1912	735	2.61

注：1. 低铬白口铸铁球为铸态去应力处理。

　　2. 低铬白口铸铁磨球化学成分（质量分数,%）：C=1.5~3.5, Cr=2.0~4.0, Si=0.5~1.0, Mn=0.4~1.5。

（5）应用

1）磨球。低铬白口铸件应用最广泛的是球磨机磨球，国内外均有应用，尤其在我国因价廉而应用范围较广。质量较好的铸态去应力低铬磨球在水泥球磨机第一仓应用的球耗低于 100g/t 水泥，破碎率低于 1%。低铬磨球在矿山湿态球磨机、水泥厂球磨机、电厂磨煤机均有应用。

2）辊套。Cr-Mo-Cu 马氏体白口铸铁在炉前用质量分数为 1% 的 1#稀土硅铁孕育变质处理可进一步提高韧性和耐磨性。经热处理后，其力学性能与镍硬 1 型铸铁接近。用于平盘磨煤机辊套，寿命可达 6000~7000h。

3）衬板。Cr-Mo-Cu 马氏体白口铸铁可用于中小型水泥球磨机（直径≤ϕ2.4m）细粉仓衬板，其寿命为普通高锰钢的 4 倍以上。因低铬白口铸铁韧性较差，所以采用低铬白口铸铁衬板必须慎重，主要用于冲击不大的工况。

2. 硼白口铸铁

硼白口铸铁是以硼为主要合金元素的一种低合金

白口铸铁。硼主要进入碳化物中，形成 $Fe_3(C,B)$ 或 $Fe_{23}(C,B)_6$，从而提高碳化物的硬度，提高耐磨性。硼白口铸铁的化学成分、金相组织和力学性能见表 8-12 及表 8-13，适量的钼和铜可以提高该铸铁热处理的淬透性。硼白口铸铁的碳化物仍为连续网状，通过变质处理或热处理，可使碳化物成为断续网状。

硼白口铸铁在 MLD-10 型动载磨料磨损试验机上的冲击磨损试验结果见表 8-14。磨料直径为 2.0 ~ 3.5mm 的硅砂，冲击次数为 4000 次。硼白口铸铁在钻床改装的湿态冲蚀磨损试验机上的冲蚀试验结果见表 8-15。试验浆料为筛号 10 ~ 20 的硅砂与水，其质量比为 1:1，转速为 800r/min，试验 16h。

硼白口铸铁硬度高，较适用于低应力磨料磨损工况，如用于电厂灰渣泵的过流件。

表 8-12 硼白口铸铁的化学成分（质量分数）　　　　（%）

序号	名称	C	Si	Mn	B	Mo	Cu	Ti	RE	S	P
1	高碳低硼	2.9 ~ 3.2	0.9 ~ 1.6	0.5 ~ 1.0	0.14 ~ 0.25	0.5 ~ 0.7	0.8 ~ 1.2	≤0.18	0.02 ~ 0.08	≤0.05	≤0.1
2	低碳高硼	2.2 ~ 2.4	0.9 ~ 1.6	0.5 ~ 1.0	0.4 ~ 0.55	0.5 ~ 0.7	0.8 ~ 1.2	≤0.18	0.02 ~ 0.08	≤0.05	≤0.1

表 8-13 硼白口铸铁的金相组织和力学性能

序号	状 态	金 相 组 织	力 学 性 能		
			硬度 HRC	冲击韧度 $a_K/(J/cm^2)$	抗弯强度 σ_{bb}/MPa
1	铸态	$Fe_3(C,B)$ + 少量 $Fe_{23}(C,B)_6$ + P + M + A	52 ~ 58	3.5 ~ 4.2	440 ~ 560
	940℃ ×1h,油淬 250℃ ×2h,回火	$Fe_3(C,B)$ + 少量 $Fe_{23}(C,B)_6$ + 二次碳化物 + M + Ar	62 ~ 65	4.4 ~ 8.1	—
2	铸态	$Fe_3(C,B)$ + 少量 $Fe_{23}(C,B)_6$ + P + M + A	49 ~ 54	2.5 ~ 3.4	450 ~ 540
	980℃ ×1h,油淬 250℃ ×2h,回火	$Fe_3(C,B)$ + 少量 $Fe_{23}(C,B)_6$ + 二次碳化物 + M + Ar	63 ~ 65	3.3 ~ 4.1	—

注：1. 表 8-13 中的序号与表 8-12 中铸铁材料序号对应。

2. 冲击试样尺寸为 20mm × 20mm × 110mm，无缺口。

3. A 为奥氏体，后同。

表 8-14 硼白口铸铁冲击磨损试验结果（相对耐磨性）

冲击吸收能量/J	0.49	0.97	2.01	2.96	3.92
普通白口铸铁（铸态）	1.0	1.0	1.0	1.0	—
镍硬白口铸铁（回火）	1.60	1.55	1.78	1.90	1.0
硼白口铸铁（油冷 + 回火）	6.85	5.13	3.40	3.18	1.56
硼白口铸铁（风冷 + 回火）	2.78	3.29	3.79	4.11	2.08

表 8-15 硼白口铸铁冲蚀磨损试验结果（相对耐磨性）

pH	2.98	5.01	6.99	9.03	10.95
普通白口铸铁（铸态）	1.0	1.0	1.0	1.0	1.0
镍硬铸铁（回火）	1.36	1.33	1.33	1.20	1.29
硼白口铸铁（油冷 + 回火）	1.58	1.64	1.56	1.59	1.70

8.2.3 中合金白口铸铁

中合金白口铸铁中多以 Cr, Mn, W, Mo, Ni 为主要合金元素

1. 镍硬白口铸铁

镍硬铸铁是含镍铬的白口铸铁，国际上通常称 Ni-Hard，按铬含量可分为 $w(Cr)$ 为 2% 和 $w(Cr)$ 为 9% 两类。

在 $w(Cr)$ 为 2% 的镍硬白口铸铁中，碳化物为 $(Fe,Cr)_3C$，硬度为 1100 ~ 1150HV，高于普通碳化物 Fe_3C 的硬度（900 ~ 1000HV）。在 $w(Cr)$ 为 9% 的镍硬白口铸铁中，大部分碳化物为 $(Cr,Fe)_7C_3$，硬度更高。从图 8-6 中可以看出加入 Cr 对形成碳化物的作用。

镍硬白口铸铁中加入较多的镍是为了提高铸铁件的淬透性，有助于获得以马氏体为主的金属基体，但总伴随有大量的残留奥氏体。镍含量的多少依铸件壁厚而定，厚壁铸件的镍含量应取高限。

（1）化学成分　镍硬白口铸铁在我国已纳入国家标准（见表8-2）。在美国已纳入美国材料试验协会标准（ASTM），分为A、B、C、D四种型号（见附录E.2）。在英国、德国也纳入国家标准。国际镍公司也列有镍硬白口铸铁的化学成分（见表8-16）。

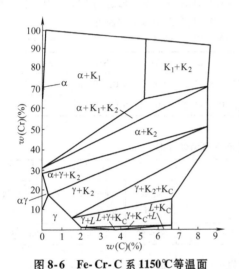

图 8-6　Fe- Cr- C 系 1150℃等温面

K_1—$(Fe,Cr)_{23}C_6$　K_2—$(Fe,Cr)_7C_3$　K_C—$(Fe,Cr)_3C$

1）碳。高碳的铸铁硬度高，耐磨性好而韧性差，低碳的则反之。视不同应用场合进行选用。

2）硅。Ni-Hard 1 和 Ni-Hard 2 的硅含量较低，因硅促使石墨化；Ni-Hard 4 中铬含量高，可允许较高的硅，硅的质量分数达 1.8% ~ 2.0%。较高的硅促使形成 $(Fe,Cr)_7C_3$ 型碳化物，而且使马氏体转变温度 Ms 上升，促使获得马氏体基体，但硅高则降低淬透性。

3）铬。铬促使形成碳化物，并提高碳化物硬度。Ni-Hard 4 中铬与碳、硅配合使共晶碳化物大多成为 $(Fe,Cr)_7C_3$，提高了耐磨性和冲击韧度。

4）镍。镍主要溶于金属基体中，能有效地提高淬透性，促使形成马氏体或贝氏体基体。Ni-Hard 4 的淬透性明显高于 Ni-Hard 1，可以制造断面尺寸大于 200mm 的铸件。镍促使石墨化，为此镍硬白口铸铁须有一定数量的铬元素以免生成石墨。镍稳定奥氏体，高镍含量会产生较多的残留奥氏体。

5）锰。锰能稳定奥氏体，故锰含量较低。

6）钼。钼能提高淬透性，必要时可应用于厚壁铸件。

镍硬白口铸铁中不应有石墨析出，C、Si、Cr 与铸件壁厚之间应有合适配合（见表8-17）。

表 8-16　国际镍公司的镍硬白口铸铁的化学成分（质量分数）　　　　（%）

牌　号	C	Si	Mn	S	P	Ni	Cr	Mo[①]
Ni- Hard 1	3.0 ~ 3.6	0.3 ~ 0.5	0.3 ~ 0.7	≤0.15	≤0.30	3.3 ~ 4.8	1.5 ~ 2.6	0 ~ 0.4
Ni- Hard 2	≤2.9	0.3 ~ 0.5	0.3 ~ 0.7	≤0.15	≤0.30	3.3 ~ 5.0	1.4 ~ 2.4	0 ~ 0.4
Ni- Hard 3	1.0 ~ 1.6	0.4 ~ 0.7	0.4 ~ 0.7	≤0.05	≤0.05	4.0 ~ 4.75	1.4 ~ 1.8	—
Ni- Hard 4	2.6 ~ 3.2	1.8 ~ 2.0	0.4 ~ 0.6	≤0.1	≤0.06	5.0 ~ 6.5	8.0 ~ 9.0	0 ~ 0.4

注：1. Ni-Hard 1 相当于 BTMNi4Cr2-GT（中国）和 Ni-Cr-Hc（美国），见表8-2和附录D。

　　2. Ni-Hard 2 相当于 BTMNi4Cr2-DT（中国）和 Ni-Cr-Lc（美国），见表8-2和附录D。

　　3. Ni-Hard 4 相当于 BTMCr9Ni5（中国）和 Ni-HiCr（美国），见表8-2和附录D。

① 特殊情况下采用。

表 8-17　镍硬白口铸铁中 C、Si、Cr 与铸件壁厚的关系

$w(C)(\%)$	$w(Si)(\%)$ $w(Cr)(\%)$	铸件壁厚/mm			
		12	25	50	100
2.75	Si	0.8 ~ 1.0	0.6 ~ 0.8	0.50 ~ 0.70	0.40 ~ 0.60
	Cr	1.4 ~ 1.6	1.40 ~ 1.60	1.40 ~ 1.60	1.80 ~ 2.00
3.00	Si	0.7 ~ 0.9	0.50 ~ 0.70	0.40 ~ 0.60	0.40 ~ 0.60
	Cr	1.4 ~ 1.6	1.50 ~ 1.70	1.60 ~ 1.80	2.20 ~ 2.50
3.25	Si	0.6 ~ 0.8	0.40 ~ 0.60	0.40 ~ 0.60	0.40 ~ 0.50
	Cr	1.4 ~ 1.6	1.60 ~ 1.80	1.80 ~ 2.10	2.50 ~ 3.00
3.50	Si	0.4 ~ 0.6	0.40 ~ 0.50	0.40 ~ 0.50	0.40 ~ 0.50
	Cr	1.5 ~ 1.7	1.80 ~ 2.00	2.10 ~ 2.40	3.00 ~ 3.50

注：$w(Ni)$ 为 4.00% ~ 4.75%。

为了保证铸件中不出现珠光体，镍硬白口铸铁应根据铸件壁厚确定 Ni、Cr 含量（见表 8-18）。

Ni-Hard 4 的化学成分几乎与铸铁壁厚没有关系，正常情况下的化学成分按表 8-19 选择。

表 8-18 Ni-Hard 1、Ni-Hard 2 中 Ni、Cr 含量（质量分数,%）与铸件壁厚的关系

铸件壁厚/mm	Ni-Hard 1				Ni-Hard 2			
	砂 型		金属型		砂 型		金属型	
	Ni	Cr	Ni	Cr	Ni	Cr	Ni	Cr
<12	3.8	1.6	3.3	1.5	4.0	1.5	3.5	1.4
12~25	4.0	1.8	3.6	1.7	4.2	1.7	3.8	1.5
25~50	4.2	2.0	3.9	1.9	4.4	1.8	4.1	1.6
50~75	4.4	2.2	4.2	2.1	4.6	2.0	4.4	1.8
75~100	4.6	2.4	4.5	2.3	4.8	2.2	4.7	2.0
>100	4.8	2.6	4.8	2.5	5.0	2.4	5.0	2.2

表 8-19 Ni-Hard 4 应当选择的化学成分（质量分数）　（%）

C	Si	Mn	Ni	Cr	S	P
2.8~3.0	1.9	0.5	5.5	8.5	≤0.05	≤0.07

Ni-Hard 1 碳含量较高，有较高的硬度和耐磨性，适用于小冲击载荷的磨料磨损工况。

Ni-Hard 2 碳含量和硬度低于 Ni-Hard 1，但耐磨性和冲击疲劳抗力较好，适用于中、小冲击载荷的研磨工况。

Ni-Hard 3 碳含量很低，过去用于生产磨球，现已少有。我国标准中无此牌号。

Ni-Herd 4 合金元素含量高于前者，具备高硬度及良好的耐磨性，并有较高的冲击疲劳抗力，以及较好的耐蚀性。

国际镍公司还有两个特殊品种，即高碳 Ni-Hard 4 和含硼 Ni-Hard 1。高碳 Ni-Hard 4 中 C 的质量分数量可高至 3.2%~3.6%，Si 的质量分数约为 1.5%，Cr 的质量分数仍为 9%，S 的质量分数不大于 0.12%，P 的质量分数不大于 0.25%，这种材料的耐磨性高而冲击疲劳寿命并不高；含硼 Ni-Hard 1 中 C 的质量分数为 3.3%~3.6%，Cr 的质量分数为 2.4%~2.7%，B 的质量分数为 0.25%~1.0%。成分中的 Cr 使碳化物的硬度提高，而 B 可使马氏体基体的硬度高达 1000HV。这种材料非常硬而耐磨，但韧性很差，用于生产承受冲击载荷较小的简单铸件。

（2）物理性能　镍硬白口铸铁的物理性能见表 8-20。Ni-Hard 4 的磁导率见表 8-21。

（3）力学性能　镍硬白口铸铁的力学性能见表 8-22，金属型铸造的镍硬铸铁的力学性能高于砂型铸造的。Ni-Hard 4 的弹性模量见表 8-23。

表 8-20 镍硬白口铸铁的物理性能

物理性能	Ni-Hard 1	Ni-Hard 2	Ni-Hard 4
20℃密度/(g/cm³)	7.6~7.8	7.6~7.8	7.6~7.8
线胀系数 α_l/$10^{-6}K^{-1}$			
10~93℃	8.1~9	8.1~9	14.6
10~260℃	11.3~11.9	11.3~11.9	17.1
10~430℃	12.2~12.8	12.2~12.8	18.2
25℃电阻率/$10^{-8}\Omega\cdot m$	80	80	80
热导率 λ/[W/(m·K)]			
20℃	2.98	—	12.14~13.40
200℃	17.17	—	15.49~17.58
400℃	19.68	—	18.84~20.52
600℃	22.19	—	21.35~23.03
800℃	23.86	—	23.45~24.70
比热容 c/[J/(kg·K)]	—	—	502.4

表 8-21 Ni-Hard 4 的磁导率

磁场强度/(A/m)	20℃	200℃	400℃
3979	23.7	20.2	19.3
7958	25.4	22.1	21.8
15915	22.8	21.8	21.0
23873	19.0	18.1	17.1
31830	16.2	15.0	14.1
39789	14.0	13.0	12.2

表 8-22　镍硬白口铸铁的力学性能

| 种　　类 | | 硬　　　度 | | 抗弯强度① | 挠度① | 抗拉强度② | 弹性模量 | 艾氏冲击吸收 |
		HBW	HRC	/MPa	/mm	/MPa	/MPa	能量③/J
Ni-Hard 1	砂型	550 ~ 650	53 ~ 61	500 ~ 620	2.0 ~ 2.8	280 ~ 350	169000 ~ 183000	28 ~ 41
	金属型	600 ~ 725	56 ~ 64	560 ~ 850	2.0 ~ 3.0	350 ~ 420	169000 ~ 183000	35 ~ 55
Ni-Hard 2	砂型	525 ~ 625	52 ~ 59	560 ~ 680	2.5 ~ 3.0	320 ~ 390	169000 ~ 183000	35 ~ 48
	金属型	575 ~ 675	55 ~ 62	680 ~ 870	2.5 ~ 3.0	420 ~ 530	169000 ~ 183000	48 ~ 76
Ni-Hard 4	砂型	550 ~ 700	53 ~ 63	620 ~ 750	2.0 ~ 2.8	500 ~ 600	196000	35 ~ 42
	金属型	600 ~ 725	56 ~ 64	680 ~ 870	2.5 ~ 2.8	—	—	48 ~ 76

① 试棒 ϕ30mm，支点距离 300mm。

② 试棒 ϕ30mm。

③ 试棒 ϕ30mm 无缺口，在夹紧部位以上 76mm 处施加冲击力。

表 8-23　Ni-Hard 4 的弹性模量

温度/℃	20	100	200	300	400	500	600	700	800
E/MPa	196000	192000	185000	173000	173000	170000	162000	144000	130000

　　(4) 铸造　Ni-Hard 1、Ni-Hard 2 既可用冲天炉熔炼，也可用电炉熔炼，但为了化学成分稳定并得到希望的铁液温度，最好是采用电炉或双联熔炼。Ni-Hard 4 合金元素含量高，冲天炉熔炼时合金元素烧损严重，且成分不能准确控制，所以 Ni-Hard 4 必须用电炉熔炼。

　　对 Ni-Hard 4 而言，熔炼时可大量选用 12Cr18iNi9Ti 废不锈钢为原材料，这不失为降低成本的一个有力措施。理由是 12Cr18Ni9Ti 钢的 Cr/Ni 值与 Ni-Hard 4 是相似的。

　　镍硬白口铸铁件既可以砂型铸造也可以金属型铸造。线收缩率为 1.6% ~ 2%，一般情况下可取 1.8%。

　　铸造工艺设计应考虑顺序凝固。冒口最好配有缩颈的易割片，易去除冒口；冒口不可采用火焰切割，以免引起热裂。

　　镍硬白口铸铁的流动性比灰铸铁差，浇注温度在 1350℃以上，随铸件大小而异，一般为 1400℃。

　　Ni-Hard 2 [w(C) = 2.83%，w(Ni) = 4.15%，w(Cr) = 2.05%，w(Si) = 0.6%，w(Mn) = 0.53%] 的液相线温度和固相线温度为 1290℃和 1150℃。

　　经验表明，Ni-Hard 4 的铸造性能优于 Ni-Hard 1、Ni-Hard 2。Ni-Hard 4 的熔化温度不宜超过 1500℃，浇注温度不高于 1450℃，因过热熔化和过热浇注不利于断开的 (Fe，Cr)$_7$C$_3$ 形成。

　　(5) 热处理　铸态镍硬白口铸铁虽有足够的硬度，但其奥氏体较多而冲击疲劳寿命不高。因此，要进行热处理。Ni-Hard 1、Ni-Hard 2 只经中、低温热处理即可，Ni-Hard 4 则必须经较高温度或中温热处理。

　　热处理的目的：提高冲击疲劳抗力，提高硬度，消除或大幅度降低内应力。

　　热处理的基础是等温转变图，图 8-7 所示为化学成分为 w(C) = 3.4%、w(Ni) = 4.4%、w(Cr) = 1.85%、w(Si) = 0.35% 的 Ni-Hard 1 的等温转变图。

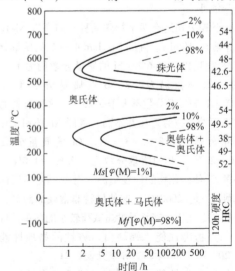

图 8-7　Ni-Hard 1 的等温转变图

注：图中有%的数字均为体积分数。

Ni-Hard 1、Ni-Hard 2 的两种热处理工艺:

1) 275℃ × (12 ~ 24) h, 空冷, 使奥氏体转变成贝氏体, 铸态的马氏体得到回火, 从而提高硬度和冲击疲劳寿命。

2) 450℃ × 4h, 空冷或炉冷至室温; 或冷至275℃继之以 275℃ × (4 ~ 16) h, 空冷。此双重热处理可以降低奥氏体中的碳含量, 经过后续的275℃热处理, 奥氏体相变出现新的贝氏体和马氏体。双重热处理比一次热处理可得更高的冲击疲劳寿命。

Ni-Hard 4 的两种热处理工艺:

1) 750 ~ 800℃ × (4 ~ 8) h, 空冷或炉冷, 可提高其硬度和冲击抗力。炉冷提高冲击疲劳寿命的效果优于空冷。

2) 对磨辊、磨盘这类大型耐磨铸件, Ni-Hard 4 可选低一些的易操作的热处理温度, 550℃ × 4h, 空冷, 继之以 450℃ × 16h, 空冷。但这一工艺难以达到前一工艺时的冲击疲劳寿命。

热处理对镍硬白口铸铁冲击吸收能量、冲击疲劳寿命和硬度的影响见表8-24。碳含量对 Ni-Hard 4 落球试验的冲击疲劳寿命和硬度的影响见表8-25, 低碳对提高冲击疲劳寿命是有利的。

表 8-24　热处理对镍硬白口铸铁冲击吸收能量、冲击疲劳寿命和硬度[1]的影响

材料	球径/mm	热处理	艾氏冲击吸收能量[2]/J	冲击疲劳寿命[3]	维氏硬度 HV
Ni-Hard 4	60	铸态	35 ~ 55	350	550
	60	750℃ × 8h, 空冷	32 ~ 48	2500	750
	60	750℃ × 4h, 空冷	—	2000	730
	60	550℃ × 4h, 空冷 + 450℃ × 16h, 空冷	23 ~ 32	1500	680
Ni-Hard 2	60	铸态	23 ~ 35	150	570
	60	275℃ × 16h, 空冷	23 ~ 35	240	670
	60	450℃ × 4h, 空冷 + 275℃ × 16h, 空冷	14 ~ 21	300	670
Ni-Hard 4	100	750℃ × 8h, 空冷	—	5140	720
Ni-Hard 2	100	550℃ × 4h, 空冷 + 450℃ × 16h, 空冷	—	800	650

① 试验是在磨球上进行的。
② 试样直径为 20mm。
③ 落球试验破裂前的冲击次数。

表 8-25　碳含量对 Ni-Hard 4 落球试验的冲击疲劳寿命和硬度的影响

$w(C)$ (%)	热处理	冲击疲劳寿命[1]	维氏硬度 HV
3.48	750℃ × 8h, 空冷	684	821
3.01	750℃ × 8h, 空冷	1670	807
2.90	750℃ × 8h, 空冷	3728	737
2.60	750℃ × 8h, 空冷	4590	710

① 破坏前的冲击次数。

(6) 金相组织　镍硬白口铸铁铸态及热处理金相组织见表8-5。

Ni-Hard 1 的铸态金相组织如图8-8所示。Ni-Hard 4 的热处理金相组织如图8-9所示。

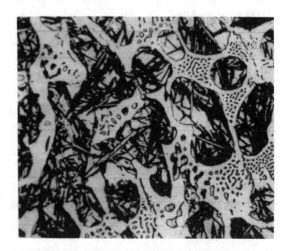

图 8-8　Ni-Hard 1 的铸态金相组织　×200
(用体积分数为 2% 硝酸乙醇浸蚀)

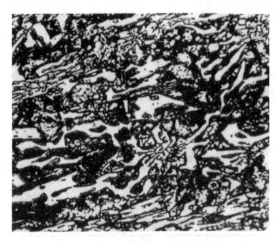

图 8-9　Ni-Hard 4 经 750℃×8h 空冷
的金相组织　×300

（用体积分数为 2% 硝酸乙醇浸蚀）

（7）机械加工与焊接　镍硬白口铸铁硬度较高，

机械加工较难，可采用磨削加工、陶瓷刀具切削加工、线切割及电火花加工，也可在铸件需加工的部位铸入易加工的预埋件，以解决机械加工难的问题。

镍硬白口铸铁不宜焊接，因焊接部位总是产生裂纹。个别情况下，如铸件焊缝周围出现细小裂纹而不影响使用时，才可用焊接方法进行修复，但焊前需对铸件进行 300℃ 以上预热，焊后需将铸件进行200℃×4h 以上保温，以消除应力。

（8）耐磨性　镍硬白口铸铁的使用已有数十年的历史，积累了许多有参考价值的磨损数据，见表 8-26～表 8-32。

（9）应用　镍硬白口铸铁可在许多磨损工况下应用，这主要取决于性能价格比。通常可与其他白口铸铁、合金钢或高锰钢相竞争。镍硬白口铸铁比普通白口铸铁优越得多，但在许多情况下不如高铬钼白口铸铁；当代替钢时，必须保证在使用条件下不碎裂。

表 8-26　各种矿物磨料对金属材料三体磨损的影响

矿物磨料		硅砂		燧石		长石		白云石	
莫氏硬度		7		7		6		3～4	
颗粒形状		圆形		角形		角形		角形	
金属材料	硬度 HBW	磨损因数	排序	磨损因数	排序	磨损因数	排序	磨损因数	排序
硬质合金（WC 基）	700	0.1	1	0.01	1	0.10	1	0.1	1
镍硬白口铸铁	555	0.3	2	0.45	2	0.25	2	0.1	1
高锰钢	207	0.8	4	1.0	4	1.0	6	0.1	1
珠光体冷硬铸铁	477	0.9	5	—		0.4	3		
Amsco 磨球材料	387	0.7	3	0.75	3	0.8	4	0.2	2
铸钢［$w(C)=0.85\%$］	241	—		—		0.9	5		
碳钢［$w(C)=0.2\%$］	103	1.0	6	1.0	5	1.0	6	1.0	3
工业纯铁	90	1.5	7	1.2	6	1.2	7	1.4	4

注：标样为 $w(C)=0.2\%$ 钢，其磨损因数定为 1.0。

表 8-27　各种材料在湿硅砂为磨料时的磨损特性

材　料	硬度 HBW	磨损因数	材　料	硬度 HBW	磨损因数
工业纯铁	90	1.40	珠光体钢	200～350	0.75～0.85
$w(C)=0.2\%$ 钢，退火	107	1.00（标样）	高锰钢［$w(Mn)=12\%$］	200	0.75～0.85
灰铸铁	≈200	1.0～1.5	贝氏体钢	512	≈0.75
			马氏体钢	715	≈0.60
冷硬铸铁	≈400	0.9～1.0	镍硬白口铸铁	550～750	0.25～0.60

表 8-28 用各种材料制造的球磨机磨球处理各种矿石时的磨损比

矿石	磨球直径/mm	材 料	金相组织	硬度 HBW	磨损比[①]
镍、铜	38	锻钢[$w(C) = 0.6\%$]	马氏体	650	100（标准）
		镍硬白口铸铁（砂型）	马氏体	575	81
		镍硬白口铸铁（金属型）	马氏体	625	74
铁	38	淬火钢	马氏体	700	100（标准）
		镍硬白口铸铁（砂型）	马氏体	575	92
		镍硬白口铸铁（金属型）	马氏体	650	88

① 数值越小，耐磨性越好。

表 8-29 湿式球磨机磨球的磨损比

材 料	铸 型	粉 料		球磨机直径/m	磨损比[①]
		矿 石	硬质成分		
镍硬白口铸铁	金属型	钼	石英、长石	1.8	64 ~ 68
	砂 型	钼	石英、长石	1.8	58 ~ 68
	砂 型	水泥		2.1	71
	砂 型	金	铁,硅酸镁	1.5	68
	金属型	铜	石英	2.1	68 ~ 70
	砂 型	铜	石英	2.1	65 ~ 66
	金属型	铜	石英	2.1	65
	金属型	铜	石英、长石	2.4	59
	砂 型	铜	长石、石英	2	45 ~ 50
	金属型	铁	赤铁矿	1.5	41
	砂 型	铁	赤铁矿	1.5	39
	砂 型	长石	长石	1	29 ~ 34
高铬钼白口铸铁	金属型	钼	石英、长石	2.7	54 ~ 59
	金属型	铜	石英	2.1	55 ~ 57
	金属型	铁	赤铁矿	1.5	34

① 以珠光体白口铸铁的磨损量为100，磨损比数值越小，耐磨性越好。

表 8-30 ϕ75mm 磨球磨铜矿和钼矿时的磨损比

材 料	硬度 HBW	化学成分（质量分数,%）						磨损比	
		C	Si	Mn	Cr	Ni	Mo	钼矿	铜矿
锻钢	650	0.80	0.26	0.60	—	—	0.29	100	100
珠光体白口铸铁	460	2.75	0.30	0.75	—	—	—	153	168
镍硬白口铸铁	600	3.23	0.62	0.64	1.89	4.26	—	95	87

表 8-31 水泥球磨机中磨球的磨损率（美国）

球径/mm	球磨机直径/m	磨损率（%）		试验时间/年
		淬火锻钢磨球	镍硬白口铸铁磨球	
22	1.5	100	22	1.8
19	2.4	100	18	0.9
22	1.8	100	20	1.7
16、19、22 三种球混用	1.8	100	33	2.9
19	1.8	100	25	3.0

表 8-32　湿态矿石筒式磨机中衬板磨损对比

衬板材料	磨机规格	衬板硬度 HBW	磨损时间/h	使用寿命	相对磨损比	磨耗/(g/t)	矿石(国家)
镍硬白口铸铁		610		—	41	—	
镍硬白口铸铁		560		—	35	—	
高锰钢	ϕ2.75m×3.2m	200		—	100	—	
高锰钢	(球磨机)	220	2316	—	85	—	铁矿 (芬兰)
$w(Cr)=12\%$ 钢		590		—	37	—	
Cr-Mo 钢		370		—	156	—	
Cr-Ni-Mo 钢		560		—	81	—	
镍硬 1 白口铸铁	ϕ2.0m×4.6m	—	—	12921(h)	45		铜矿 (加拿大)
高锰钢	(棒磨机)	—	—	7061(h)	79		
镍硬 1 白口铸铁	ϕ3.2m×3.3m	—	—	348(d)	36		铜矿 (美国)
高锰钢	(球磨机)[1]	—	—	240(d)	58		

① 球磨机中 ϕ70mm、ϕ50mm 磨球，矿浆浓度（质量分数）为 72% ~75%。

1) 磨辊和磨环。MPS 和 RP 型中速磨煤机的磨辊、磨盘及 E 型磨煤机的磨环均有使用镍硬白口铸铁的实例。其主要特点是可以不经高温热处理，并且铸件可以炉冷，不易造成热处理开裂。

2) 渣浆泵过流件。镍硬白口铸铁在渣浆泵叶轮或护套上得到广泛应用，因其耐腐蚀磨损性能较优，常能取得较好的使用效果。

3) 输送管道。镍硬白口铸铁也因其高硬度而应用于输送固体物料或矿浆的管道，特别适用于弯管。

4) 轧辊。镍硬白口铸铁轧辊很早就用于金属的压力加工，包括双金属浇注的轧辊，即心部为灰铸铁或球墨铸铁，外部为镍硬白口铸铁的轧辊，表面硬度可达 90HS 以上，心部和颈部却具有高的强度和韧性。

5) 衬板。用于水泥、冶金等行业中各式球磨机冲击不大的衬板。镍硬白口铸铁在湿磨金属矿时的优越性没有在干磨时那样大，其寿命为高锰钢的 1.3 ~2 倍。

6) 磨球。以前，镍硬白口铸铁磨球用于磨水泥及煤效果较好，也用于湿磨矿石，较多地用于制造 ϕ50mm 以下的磨球。实践表明，镍硬白口铸铁残留奥氏体含量较多、冲击疲劳抗力不高，因而用镍硬白口铸铁磨球须慎重。

2. 中铬白口铸铁

中铬白口铸铁[$w(Cr)$ 为 5% ~10%] 的共晶碳化物既有 M_7C_3，又有 M_3C。随着 $w(Cr)/w(C)$ 的提高，M_7C_3 的数量增多，M_3C 数量减少，一般情况下选 $w(Cr)$ 为 8% ~ 10%。

中铬白口铸铁通常经高温空淬 + 低温回火处理，金相组织为马氏体 + M_7C_3 + M_3C + 二次碳化物 + 残留奥氏体。

典型中铬白口铸铁的力学性能和耐磨性与 Ni-Hard 4 相当，但其淬透性不如 Ni-Hard 4 高（见表 8-33）。

表 8-33　典型中铬白口铸铁与 Ni-Hard 4 的力学性能对比

项目	指标	Ni-Hard 4	中铬白口铸铁
化学成分 (质量分数, %)	C	2.9 ~ 3.3	2.6 ~ 3.2
	Si	1.5 ~ 2.2	<0.8
	Mn	0.3 ~ 0.8	1.5 ~ 2.0
	Cr	8.0 ~ 10.0	8.0 ~ 10.0
	Ni	4.5 ~ 6.0	—
	Mo	—	0.3 ~ 0.5
	Cu	—	2.0 ~ 3.0
	V	0.2 ~ 0.3	—
	Al	—	0.2 ~ 0.3
	P	<0.12	≤0.10
	S	<0.10	≤0.10
力学性能	硬度 HRC	55 ~ 65	55 ~ 65
	抗弯强度 σ_{bb}/MPa	716 ~ 784	784 ~ 931
	挠度 f/mm	2.20 ~ 2.60	2.20 ~ 2.80
	冲击韧度 a_K/(J/cm²)[1]	7.64 ~ 8.62	6.86 ~ 9.31

（续）

项 目	指 标	Ni-Hard 4	中铬白口铸铁
热处理	—	780~820℃ 空冷 400~450℃ 回火	880~920℃ 空冷 280~350℃ 回火
三体磨损相对耐磨性	磨料：硅砂	1.28	1.30~1.47
	磨料：石榴石	1.74	1.83~1.96
	磨料：碳化硅	1.51	1.42~1.55

① 冲击试样尺寸为 20mm×20mm×110mm，无缺口。

中铬白口铸铁淬透性有限，为提高其空淬热处理的淬透性，须加入相当数量的 Mo、Cu、Mn 及 Ni 元素。Mo 对中铬白口铸铁淬透性的影响如图 8-10 所示，Mo、Cu 和 Mn 对中铬白口铸铁淬透性的影响见表 8-34。

马氏体中铬白口铸铁已用于制造磨球，在水泥球磨机及电厂磨煤机中应用，取得了较好的效果。

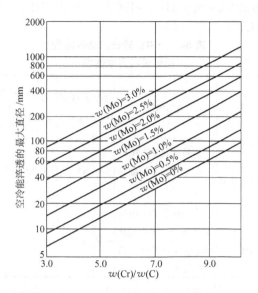

图 8-10 Mo 对中铬白口铸铁淬透性的影响

表 8-34 Mo、Cu 和 Mn 对中铬白口铸铁淬透性的影响

铸件直径/mm	$w(C)(\%)$	$w(Mo)(\%)$	$w(Cu)(\%)$	$w(Mn)(\%)$	空淬温度/℃	硬度 HRC
30	3.5	1.2	1	0.4~0.9	960	≥60
75	2.6~3.2	0.3~0.5	2.5	1.5~2.0	880~920	≥60
90	3.0	1.7	1	0.4~0.9	1000	≥60
170	2.5	1.7	1	0.4~0.9	1000	≥60

注：$w(Cr)=8.4\%~9.5\%$，$w(Si)=0.6\%~0.9\%$

3. 中铬硅白口铸铁

中铬硅白口铸铁含 $w(Cr)=7\%~10\%$，$w(Si)=1.5\%~2.2\%$。其主要特点是绝大多数共晶碳化物为 M_7C_3。

（1）化学成分 中铬硅白口铸铁的化学成分见表 8-35。

1）碳。影响碳化物数量、硬度和韧性。

2）铬。影响碳化物数量，$w(Cr)/w(C)$ 决定碳化物类型，中铬硅白口铸铁中 $w(Cr)/w(C)=3~4$。

3）硅。较高的硅含量 [$w(Si)=1.5\%~2.2\%$] 促使中铬硅白口铸铁绝大多数共晶碳化物为 M_7C_3，改善了碳化物形态，缩短了中铬硅白口铸铁过冷奥氏体等温转变的孕育期，提高了等温淬火后奥氏体的稳定性，易于获得硬度和韧性配合良好的马氏体+贝氏体+奥氏体基体。

4）钼、锰、铜。既有固溶强化的作用，又有提高淬火淬透性的作用。

表 8-35 中铬硅白口铸铁的化学成分（质量分数） （%）

C	Cr	Si	Mn	Mo	Cu	S	P
2.1~3.2	7.0~10	1.5~2.2	≤2.0	≤1.5	≤1.2	≤0.06	≤0.06

注：中铬硅白口铸铁相当于 BTMCr8，见表 8-2。

（2）金相组织和力学性能 中铬硅白口铸铁的金相组织和力学性能见表 8-36。铸态去应力处理的中铬硅白口铸铁的金相组织如图 8-11 和图 8-12 所示。它具有良好的抗冲击疲劳剥落性能，见表 8-37。

等温淬火＋回火处理的中铬硅白口铸铁具有良好的硬韧配合。

表 8-36　中铬硅白口铸铁的金相组织和力学性能

状态	金相组织	硬度 HRC	a_K/(J/cm²)	σ_{bb}/MPa	挠度 f/mm
铸态去应力处理	共晶碳化物(M_7C_3+少量 M_3C)+细珠光体	≥49	≥3.5[①]	≥800	≥3.5
淬火+回火	共晶碳化物(M_7C_3+少量 M_3C)+二次碳化物+马氏体+残留奥氏体	≥56	≥9[②]	—	—

① 冲击试样尺寸为 10mm×10mm×55mm，无缺口。
② 冲击试样尺寸为 20mm×20mm×110mm，无缺口。

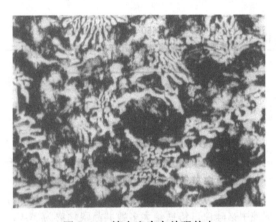

图 8-11　铸态去应力处理的中铬硅白口铸铁的金相组织　×500

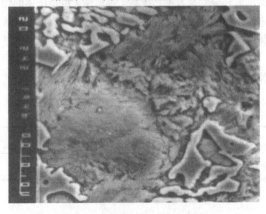

图 8-12　铸态去应力处理的中铬硅白口铸铁的金相组织　×2400

表 8-37　φ60mm 磨球跌落试验冲击疲劳剥落性能

材　料	相对失重率
马氏体高铬白口铸铁	3.0
中铬硅白口铸铁(铸态去应力处理)	1.0

注：1. 采用 MQ-3 型磨球跌落试验机，垂直落球高度为 3.5m。每组球 22 个，落球 50000 次。
　　2. 高铬白口铸铁的化学成分：$w(C)=2.85\%$，$w(Cr)=14.51\%$，$w(Mo)=0.65\%$，$w(Cu)=0.48\%$。

(3) 铸造　中铬硅白口铸铁需电炉熔炼。固相线温度约为 1150℃。对铸态去应力处理的中铬硅白口铸铁磨球而言，金属型铸造优于砂型铸造。

(4) 热处理　铸态去应力处理，即在中、低温度保温一定时间以减少铸造应力。铸态去应力处理中铬硅白口铸铁的硬度分布均匀，金属型 φ100mm 磨球内外硬度差小于或等于 1HRC。

等温淬火＋回火处理，即 940~980℃保温，出炉后以合适的方式快速冷却，再低温回火(见表 8-4)，但须有一定量的钼、铜、锰等合金元素提高淬透性。等温淬火＋回火处理的中铬硅白口铸铁的硬度高、冲击韧度高，综合力学性能良好。

(5) 耐磨性　在改装的 MLD-10 型动载磨料磨损试验机上进行的等温淬火＋回火处理(马氏体＋贝氏体＋奥氏体基体)的中铬硅白口铸铁的冲击磨损速度对比如图 8-13 所示。铸态去应力处理的中铬硅白口铸铁中 M_7C_3 硬度较高，碳化物形态较好且细珠光体塑性、韧性较优，因而也具有优良的抗冲击磨料磨损性能。

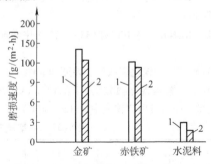

图 8-13　材料的磨损速度对比
1—马氏体[$w(Cr)=15\%$]高铬白口铸铁
2—马氏体＋贝氏体＋奥氏体中铬硅白口铸铁

(6) 应用　铸态去应力处理的中铬硅白口铸铁磨球，广泛用于电力、冶金、水泥行业的球磨机，取得了良好的效果。等温淬火＋回火处理的中铬硅铸铁，用于制造衬板和磨球等。

4. 锰白口铸铁

锰白口铸铁是以锰为主要合金元素，辅之以其他合金元素的抗磨白口铸铁。

（1）化学成分、组织与力学性能　锰白口铸铁的化学成分、金相组织、力学性能及用途见表8-38和表8-39。$w(Mn)=8\%$ 的 Fe-C-Mn 相图如图8-14所示。

表8-38　锰白口铸铁的化学成分（质量分数）　（%）

序号	名称	C	Si	Mn	Cr	Mo	Cu	S	P
1	中锰白口铸铁	2.5~3.7	0.6~1.5	5.0~6.5	0~1.0	0~0.6	0~1.0	—	—
2	奥氏体锰铸铁	1.7~2.0	≤0.8	7.0~8.5	—	—	—	≤0.1	≤0.1

表8-39　锰白口铸铁的金相组织、力学性能及用途

序号	状态	金相组织	力学性能				用　途
			硬度 HRC	冲击韧度 /(J/cm²)	抗弯强度 /MPa	挠度f /mm	
1	铸态	(Fe,Mn,Cr)₃C+M+A	57~62	4.0~10①	—	—	泵体,磨球,衬板
	950℃正火	(Fe,Mn,Cr)₃C+S+Ar③	43~47				
2	铸态	(Fe,Mn)₃C+A	36~37	6.8~7.9②	650~720	3.2~3.6	磨辊,齿板
	980℃,空冷	(Fe,Mn)₃C+M+Ar③	33~35	17~18②	800~850	4.2~4.6	

① 冲击试样尺寸为 10mm×10mm×55mm，无缺口。

② 为 φ15mm 试样艾氏冲击值。

③ Ar 为残留奥氏体。

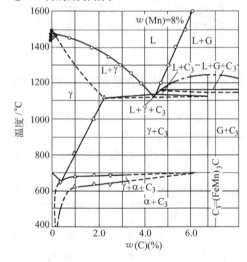

图8-14　$w(Mn)=8\%$ 的 Fe-C-Mn 相图

较高的锰含量提高了淬透性，并显著地降低马氏体开始转变温度 Ms，易获得奥氏体。当 $w(Mn)=5.6\%\sim6.5\%$ 时，铸态基体组织是奥氏体+马氏体；当 $w(Mn)>7.0\%$ 时，铸态基体组织是奥氏体。

锰不能改变碳化物的类型及形态，碳化物仍是 M₃C 型，即（Fe，Mn）₃C，并呈网状分布，但（Fe，Mn）₃C 的硬度高于 Fe₃C。

（2）耐磨性　图8-15 和表8-40 为锰白口铸铁在低应力冲蚀磨损条件下基体组织、碳化物数量、硬度与耐磨性的关系。试验是在盘式磨损试验机上进行的，转速 35.8r/min，线速度 41.4m/min，干磨或湿磨磨料为 8 筛号（相当于旧标准中目数，后同），硅砂，磨损时间为 100h。

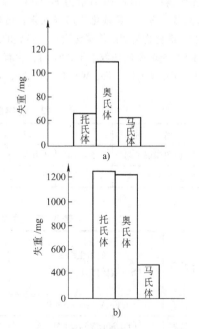

图8-15　锰白口铸铁基体组织与耐磨性的关系

a）干磨损　b）湿磨损

表8-40　锰白口铸铁碳化物数量、
硬度与耐磨性的关系

碳化物数量(体积分数,%)	23.55	28.31	37.66	43.20	48.67
硬度 HRC	43.53	44.3	45.2	44.2	45.87
干磨损失重/mg	66	41	55	50	72
湿磨损失重/mg	1258	1074	1334	1341	1480

锰白口铸铁在砂泵等冲刷磨损情况下应用,比普通白口铸铁优异(见表8-41),但在较大冲击载荷下,如较大的磨球及衬板时易发生表层剥落或断裂。

表8-41　中锰白口铸铁4in[①]砂泵耐磨性

材　　料	HRC	使用寿命/h
中锰白口铸铁[$w(C)$ = 3.3% ~ 3.8%, $w(Mn)$ = 8% ~ 9%, $w(Mo)$ = 1.5% ~ 2.0%, $w(Cu)$ = 0.6% ~ 1.0%]	55 ~ 61	500
普通白口铸铁[$w(C)$ = 2.6% ~ 3.0%, $w(Mn)$ = 1.0% ~ 1.2%, $w(Mo)$ = 0.7% ~ 1.2%]	43 ~ 48	336

①　4in = 101.6mm。

5. 钨白口铸铁

钨白口铸铁是以我国丰富资源钨为主要合金元素的一种耐磨铸铁。图8-16所示为 Fe-C-W 三元合金700℃等温截面图。钨是碳化物形成元素,可形成多种碳化物,碳化物类型由钨碳比决定,当碳的质量分数小于4%、钨的质量分数小于30%时,含有三种碳化物,即 $(Fe,W)_3C$、$(Fe,W)_{23}C_6$ 和 $(Fe,W)_6C$。

碳化物的形态因碳化物类型不同而变化。$(Fe,W)_3C$ 的马氏硬度为 1000 ~ 1200HM,呈网状或断网状分布;$(Fe,W)_6C$ 的马氏硬度为 1800 ~ 2250HM,呈孤立块状分布。

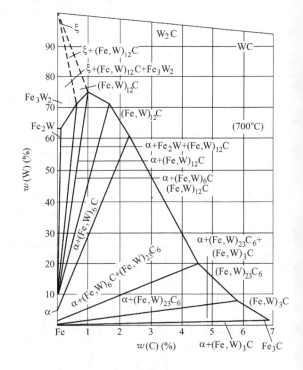

图8-16　Fe-C-W 三元合金700℃等温截面图

(1) 锰钨白口铸铁　锰钨白口铸铁可铸态应用,多用于低应力冲蚀磨损工况,如渣浆泵过流件。其化学成分、金相组织和力学性能见表8-42和表8-43。

表8-42　锰钨白口铸铁的化学成分（质量分数）　　　　　　　　（%）

序号	名　　称	C	Si	Mn	W	V	Ti	P	S
1	锰钨耐磨1号	2.5 ~ 3.0	1.0 ~ 1.5	1.2 ~ 1.6	1.2 ~ 1.8	0 ~ 0.3	0 ~ 0.3	≤0.12	≤0.15
2	锰钨耐磨2号	3.0 ~ 3.5	0.8 ~ 1.2	4.0 ~ 6.0	2.5 ~ 3.5	0 ~ 0.3	0 ~ 0.3	≤0.12	≤0.15

表8-43　锰钨白口铸铁的金相组织和力学性能

序号	状态	金相组织 (S—索氏体,P—珠光体)	力学性能			
			硬度 HRC	冲击韧度[①] a_K/(J/cm^2)	抗弯强度 σ_{bb}/MPa	挠度 f/mm
1	铸态	$(Fe,W)_3C + S + P$	40 ~ 46	3.0 ~ 5.0	520 ~ 600	—
2	铸态	$(Fe,Mn,W)_3C + M + A$	54 ~ 65	3.0 ~ 6.0	420 ~ 570	1.8 ~ 2.5

①　冲击试样尺寸为20mm×20mm×110mm,无缺口。

(2) 钨铬白口铸铁　钨铬白口铸铁主要用于冲击载荷不大的低应力冲蚀磨料磨损和高应力碾磨磨料

磨损的工况，其干态抗磨料磨损性能接近 Cr15Mo3。但由于钨价格较高，使这种白口铸铁的应用受到一定限制。

1）化学成分、组织和力学性能。钨铬白口铸铁的化学成分、金相组织和力学性能见表 8-44 和表 8-45。

表 8-44　钨铬白口铸铁的化学成分（质量分数）　　（%）

序号	材料牌号	C	Si	Mn	W	Cr	Cu	S	P
1	W5Cr4	2.0~3.5	0.5~1.0	0.5~3.0	4.5~5.5	3.5~4.5	—	≤0.12	≤0.15
2	W9Cr6	2.0~3.5	0.5~1.0	0.5~3.0	8.5~9.5	5.5~6.5	—	≤0.12	≤0.15
3	W16Cr2	2.4~3.0	0.3~0.5	1.5~3.0	15.0~18.0	2.0~3.0	1.0~2.0	≤0.05	≤0.10

表 8-45　钨铬白口铸铁的金相组织和力学性能

序号	状　态	金相组织	力学性能			
			硬度 HRC	冲击韧度[1] $a_K/(J/cm^2)$	抗弯强度 σ_{bb}/MPa	挠度 f/mm
1	铸态	$(Fe,W)_3C + M + A$	53~64	4.5	500	1.6~2.0
	900℃×1.5h，空冷 250℃×1h，空冷	$(Fe,Cr,W)_3C + 二次碳化物 + M + Ar$[2]	58	4.6	—	—
2	铸态	$(Fe,W)_3C + (Fe,W)_6C + M + A$	53~62	5.5	540	2.0~2.2
3	铸态	$(Fe,W,Cr)_6C + A$	55~60	5.0~8.0	530~550	1.8~2.2
	920℃，空冷	$(Fe,W,Cr)_6C + (Fe,W,Cr)_{23}C_6 + M + Ar$[2]	63~65	4.5~5.5	630~650	1.8~2.0

①　冲击试样尺寸 20mm×20mm×110mm，无缺口。

②　Ar 为残留奥氏体。

2）耐磨性。几种铸铁和铸钢磨球（φ22mm）在小型球磨机中的三体磨损试验结果如图 8-17 所示。磨料为硅砂时，钨含量对三体磨损耐磨性的影响如图 8-18 所示。

不同材料铸件在模拟渣浆泵装置上进行的冲蚀磨损试验结果如图 8-19 所示。转速 830r/min，介质是质量比为 1:1 的水和砂，pH 为 7，磨损时间为 8h，此时钨含量对冲蚀磨损的影响如图 8-20 所示。

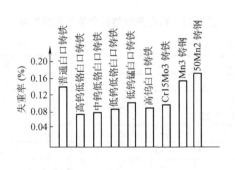

图 8-17　几种铸铁和铸钢
磨球磨损试验结果

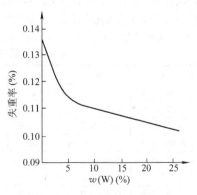

图 8-18　钨含量对三体磨
损耐磨性的影响

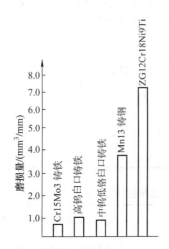

图 8-19　不同材料铸件的冲蚀磨损试验结果

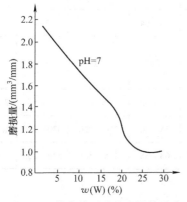

图 8-20　钨含量对冲蚀磨损的影响

6. 钒白口铸铁

钒白口铸铁是以钒为主要合金元素的耐磨铸铁。

Fe-C-V 三元合金共晶截面图如图 8-21 所示。随钒含量的增加，共晶组织从奥氏体 + 石墨→奥氏体 + 石墨 + 渗碳体→奥氏体 + 渗碳体→奥氏体 + 渗碳体 + 钒碳化物→奥氏体 + 钒碳化物转变。当钒的质量分数大于 6.5%，碳的质量分数为 2.6% ~ 2.8% 时，能形

成奥氏体 + 钒碳化物（VC）。为了得到钒碳化物，碳含量和钒含量应满足这样一个关系式：$w(V) \geq 4.5w(C) - 5.3\%$。其中，$w(V)$、$w(C)$ 是 V 和 C 的质量分数（%）。

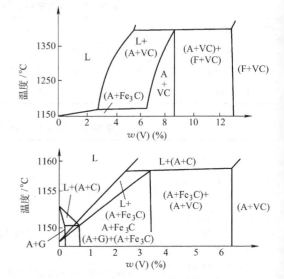

图 8-21　Fe-C-V 三元合金共晶截面图

钒碳化物的硬度高，且呈孤立状，所以钒白口铸铁的硬度和冲击韧度均较高。

（1）化学成分与力学性能　钒白口铸铁的化学成分见表 8-46。钒含量对铸铁力学性能的影响如图 8-22 所示。

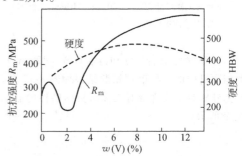

图 8-22　钒含量对铸铁力学性能的影响

表 8-46　钒白口铸铁的化学成分（质量分数）　　　　　　　　（%）

序号	C	Si	Mn	V	Cu	Mo	Cr	W	Ti
1	1.96 ~ 2.38		4.53 ~ 17.34	5.91 ~ 7.01	—	—	—	—	—
2	1.7 ~ 3.0	0.5 ~ 2.5	<0.7	3.0 ~ 10.0	<1.5	—	—	—	—
3	2.2 ~ 2.8	0.6 ~ 0.7	0.4 ~ 0.6	6.7	1.12 ~ 1.26	—	—	—	—
4	2.46 ~ 3.74	0.65	0.72	9.85 ~ 10.40	—	—	0.1 ~ 1.2	—	—
5	2.85	0.73	1.02	5.8	—	0.12	1.8	—	0.02
6	2.5 ~ 4.5	0.5 ~ 2.5	0.4 ~ 1.5	<6.0	—	—	—	<10	<2.0
7	2.2 ~ 2.8	0.4 ~ 0.7	0.7 ~ 0.8	6.0	—	0.5 ~ 1.5	2.0 ~ 4.0	—	—
8	2.24 ~ 2.46	0.3 ~ 0.34	0.42 ~ 0.44	3.3 ~ 4.25	—	—	—	—	—
9	2.48 ~ 2.51	0.33 ~ 0.37	0.29	4.2	1.0	1.0	—	—	—

（2）铸造与热处理　钒白口铸铁（V 的质量分数为 4% ~ 5%）的流动性较好，1450℃浇注时能充满螺旋试样的全长（1100mm）。其线收缩率为 1.8% ~ 2.2%，热裂倾向远远小于铬白口铸铁。

钒白口铸铁经 950℃淬火，200 ~ 250℃回火，抗

弯强度和硬度分别可达 1100MPa 和 60 ~ 62HRC。

（3）耐磨性　钒白口铸铁在 AKN-2 型冲蚀磨料磨损试验机上的试验结果见表 8-47。钒白口铸铁可用于制造锤头、发动机气门座等。

表 8-47　钒白口铸铁冲蚀磨料磨损试验结果

铸铁化学成分（质量分数,%）	碳化物数量（体积分数,%）		碳化物总量（体积分数,%）	淬火态硬度 HRC	相对耐磨性
	VC	Fe₃C			
C = 2.17、V = 6.1	7.43	3.6	11.03	60 ~ 62	6.24
C = 1.95、V = 3.1	3.8	10.7	14.5	60 ~ 62	5.5
C = 1.90、V = 1.7	2.0	15.4	17.0	61 ~ 62	2.93

8.2.4　高合金白口铸铁——高铬白口铸铁

目前，在高合金抗磨白口铸铁中使用广泛的是 $w(Cr) = 10\% ~ 30\%$ 的高铬白口铸铁。在这类铸铁的金相组织中，Cr 与 C 形成 M_7C_3 或 $M_{23}C_6$ 型碳化物。M_7C_3 的硬度达 1200 ~ 1800HV，可以抵抗石英（900 ~ 1280HV）的磨损。另外，这种碳化物相对孤立分布，呈杆状和片状，对基体的割裂作用较小，使铸铁的韧性较好。在 Fe-Cr-C 液相图（见图 8-23）和 1000℃等温截面图（见图 8-24）上选定化学成分后，可预计到刚凝固后铸件中应有的组成相。由图 8-23 和图 8-24 可以看到：高碳低铬时，容易出现 M_3C；低碳高铬时，容易出现 $M_{23}C_6$；碳与铬适当配

合，则可得 M_7C_3。

随铬含量的增加，共晶碳含量下降。共晶碳含量有以下经验公式可作为参考。

$$CE = 4.40 - 0.054Cr$$

式中　CE——共晶碳含量（质量分数,%）；
　　　　Cr——铬含量（质量分数,%）。

高铬铸铁组织中除 M_7C_3 以外，还有金属基体。刚凝固的铸铁中的金属基体是奥氏体，此奥氏体在高温下是稳定的，而且被碳、铬、钼等合金元素所过饱和。当温度降低时，奥氏体将发生转变或保留到室温。

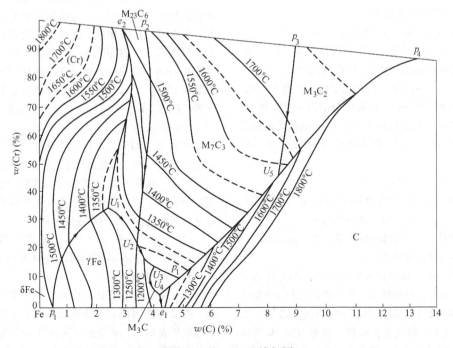

图 8-23　Fe-Cr-C 液相图

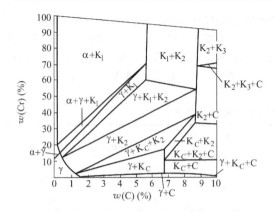

图 8-24　Fe-Cr-C 1000℃等温截面图

K_1—$M_{23}C_6$　K_2—M_7C_3

K_3—M_3C_2　K_C—M_3C　C—石墨

1. 高铬白口铸铁的国家标准

高铬白口铸铁已被各主要国家列入国家标准。表8-2~表8-5是我国的标准。美国 ASTM 标准、国际 ISO 标准以及欧盟标准等见附录 A.5。这些标准中除了俄罗斯的标准是钼含量少而锰含量较高之外，其他标准都将锰含量规定得较低。

各类型或各牌号的总体趋势是低碳的韧性好而硬度低，一般适合用于冲击比较大的工况；高碳的则用于冲击比较小的工况，有较好的耐磨性。

2. 高铬白口铸铁中主要合金元素的作用

（1）碳　增加碳含量，则增加碳化物数量，其效果比增加铬含量更为显著。碳化物的体积分数 $\varphi(K)(\%)$ 可以用下式估算。

$$\varphi(K) = 11.3w(C) + 0.5w(Cr) - 13.4\%$$

其中，$w(C)$、$w(Cr)$ 是 C、Cr 的质量分数（%）。增加碳化物数量能提高耐磨性，但降低韧性。

（2）铬　铬是高铬白口铸铁中的主要合金元素。铬除与碳形成碳化物外，还有部分溶解于奥氏体中，可提高淬透性。淬透性随 $w(Cr)/w(C)$ 值的增加而提高（见图 8-10）。基体中铬的质量分数可以下式估算。

$$w(Cr) = [1.95w(Cr)/w(C) - 2.47]\%$$

高铬白口铸铁中常用的 $w(Cr)/w(C)$ 为 4~10。在无其他合金元素时，空冷淬透性有限。

铬含量对合金奥氏体区域影响较大，随着铬含量的增加，奥氏体区域减小。

（3）钼　钼一部分进入碳化物，一部分溶入奥氏体。在亚共晶高铬铸铁中，基体钼含量为合金总钼含量的 10%~25%。基体中的钼可提高淬透性（见图 8-10），而且钼降低马氏体转变开始温度 M_s 的作用不太大。当钼和铜联合使用时，提高淬透性的作用

更大，如 Cr20Mo2Cu1。

（4）镍　镍不溶于碳化物，全部进入基体，可提高淬透性，但镍与钼联合使用效果更好。镍降低 M_s 的作用比钼大，是稳定奥氏体元素。大多数合金元素均降低 M_s，当加入合金元素的质量分数为 1% 时，各元素对 M_s 点的温度影响如下：

Si：22℃；Cr：5℃；Mo：-7℃；Cu：-17℃；Ni：-41℃ [$w(Ni) < 2\%$ 时]；Ni：-14℃ [$w(Ni) > 2\%$ 时]；Mn：-40℃。

（5）铜　铜能提高淬透性，但作用小于镍，常与钼联合使用。铜在奥氏体中的溶解度有限，其质量分数常在 1.5% 以下。

（6）锰　锰能扩大 γ 相区，是稳定奥氏体元素。锰剧烈降低 M_s 点温度，使高铬白口铸铁淬火后有较多的残留奥氏体。锰降低了碳化物的硬度，不利于耐磨性。但锰、钼联合作用可以有效地提高淬透性，如 $w(C) = 2.8\% \sim 3.1\%$、$w(Cr) = 12\% \sim 14\%$ 的高铬白口铸铁中，Mo 的质量分数为 0.6% 和 Mn 的质量分数为 3.6% 时能淬透150mm。

（7）硅　硅与氧的亲和力大于锰和铬，是熔炼过程中不可少的脱氧元素。硅的固溶强化作用大于锰、铬、镍、钼、钨、钒，硅能改善共晶碳化物的形态，提高 M_s 点，减少残留奥氏体数量，但硅降低了高铬白口铸铁的淬透性。

（8）钒　钒使碳化物球状化。当 $w(V) = 0.1\% \sim 0.5\%$ 时，可细化白口铸铁的组织，也能减少粗大的柱状晶组织。铸态时，钒与碳结合既生成初生碳化物，又生成二次碳化物，使基体中的碳含量有所降低，提高 M_s 点，可获得铸态马氏体。在 C2.5-Si1.5-Mn0.5-Cr15 铸铁中加入质量分数为 1% 的 Mo 及质量分数为 4% 的 V，即可在 ϕ22~ϕ152mm 直径范围内得到马氏体基体。由于钒价格昂贵，此方法只用于不宜热处理的铸件。

（9）硼　硼能提高碳化物硬度，并且生成很硬的化合物。硼溶入金属基体中能有效地提高基体的显微硬度。硼对 M_s 的影响很小，薄壁件在铸态也能得到马氏体。硼的这些作用可从表 8-48 中看出。但硼使断裂韧度和一次冲击韧度降低。

（10）铌　铌能形成 NbC，硬度为 2400HV。高铬白口铸铁中加铌的质量分数一般不超过 1%。

3. Cr12 铸铁

（1）Cr12 铸铁的化学成分、金相组织和力学性能　Cr12 铸铁的化学成分见表 8-49，金相组织和力学性能见表 8-50，碳含量对高铬白口铸铁抗弯强度，抗拉强度和挠度的影响见图 8-25。$w(C)$ 为 1.2%~

1.5% 的 Cr12 铸铁在一些厂矿被俗称为高铬钢。但严格说，因为显微组织中有共晶碳化物，称之为铸铁是合适的。

表 8-48 硼对铸态高铬白口铸铁中各组成体硬度的影响

组织	显微硬度 HV50				
	$w(B)=0.11\%$	$w(B)=0.35\%$	$w(B)=0.57\%$	$w(B)=0.89\%$	$w(B)=1.26\%$
奥氏体	478	481	467	—	—
马氏体	—	—	751	862	950
共晶碳化物	1565	1570	1788～2135	1600～2200	1891～2688
初生碳化物	—	—	—	—	1953

注：铸铁化学成分（质量分数）为：C = 2.6%～2.8%，Cr = 16%～18%，Mo = 0.70%，Si < 1.0%，Mn < 0.8%，S < 0.15%，P < 0.30%。

表 8-49 Cr12 铸铁的化学成分（质量分数,%）

名 称	C	Si	Mn	Cr	Mo	Ni	Cu	S	P
低碳 Cr12 铸铁	1.2～1.5	≤1.0	≤1.0	11.0～14.0	≤2.0	≤2.0	—	≤0.06	≤0.10
高碳 Cr12 铸铁	2.0～3.6	≤2.0	≤2.0	11.0～14.0	≤3.0	≤2.5	≤1.2	≤0.06	≤0.10

注：Cr12 铸铁相当于 BTMCr12-DT 和 BTMCr12-GT（见表 8-2）。

表 8-50 Cr12 铸铁的金相组织和力学性能

名 称	状 态	金相组织	HRC	冲击韧度 $a_K/(J/cm^2)$ [2]
低碳 Cr12 铸铁	淬火 + 回火	马氏体 + M_7C_3 + 二次碳化物 + 残余奥氏体	≥50	≥4.5
高碳 Cr12 铸铁	铸态去应力处理 [1]	细珠光体 + M_7C_3	≥49	≥3
	淬火 + 回火	马氏体 + M_7C_3 + 二次碳化物 + 残余奥氏体	≥58	≥3

[1] 特指合金元素含量较少的铸态去应力处理的高碳 Cr12 铸铁。

[2] 冲击试样尺寸为 10mm×10mm×55mm，无缺口。

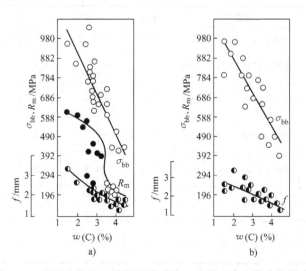

图 8-25 碳对高铬白口铸铁抗弯强度、抗拉强度和挠度的影响

a）200℃回火　b）淬火及 200℃回火

注：铸件化学成分（质量分数,%）：Si = 0.6，Mn = 0.8，Cr = 12～14，Mo = 1.5。

（2）Cr12 铸铁的铸造 高铬白口铸铁不能用冲天炉熔炼，因为铬的烧损太大，而且铬极易与碳化合，使白口铸铁的碳含量不易控制。高铬白口铸铁可以在任何电炉中熔化，炉衬可以是碱性、酸性或中性。

炉料用废钢、生铁、回炉料、铬铁。钼以钼铁或氧化钼加入，铜以电解铜加入，铜和钼的烧损小。铬的烧损大（质量分数为 5% ~ 15%），故应在最后加入。炉料通常在全装料后熔化，一般用不氧化法。在感应电炉中熔化温度不必太高，1480℃已经足够，因为熔池本身有搅拌使用。电弧炉中要熔化到 1560℃，成分得以均匀化，也容易增碳。

为准确控制化学成分，应配备炉前化学分析。

炉前常采用 V、Ti、Nb 孕育处理或 RE-Si-Fe 合金孕育变质处理，以提高高铬白口铸铁的力学性能。

高铬白口铸铁件的成品率一般在 55% ~ 75% 之间，用金属型时铸件成品率较高。

高铬白口铸铁件的线收缩率为 1.8% ~ 2.0%。按顺序凝固原则设计铸造工艺，铸件的补缩可按铸钢件一样采用冒口，除冒口外经常使用外冷铁。

高铬白口铸铁件一般应采用侧冒口进行补缩，冒口颈直径或厚度可取 (0.65 ~ 0.8) × 铸件壁厚。必须使用顶冒口时，可在冒口颈部放置易割片，便于去除冒口。

浇注系统可按灰铸铁计算，但截面面积要增加 20% ~ 30%。

低温浇注有利于减少收缩和粘砂并细化铸件晶粒。浇注温度一般高于液相线以上55℃。

工艺上须注意，不要让铸件的收缩受到较大阻碍，如砂芯要有一定的退让性，以免造成铸件热裂。砂型铸造时的开箱温度不宜过高，以免铸件内外温差太大而冷裂。

采用金属型铸造时，浇注前，金属型温度应保持在 150 ~ 200℃，以免铸件激冷太快而开裂。与砂型铸造不同，金属型铸造时，铸件不宜在型内停留太久，因铸件冷却速度过快导致内应力较高，在冷至室温过程中或之后的热处理过程中可能开裂。应采取较高开箱温度，将铸件移入干砂中使之缓冷的方法以减少内应力。

高铬白口铸铁件一般应采用敲击法去除浇冒口。如果采用气割法切除浇冒口，则容易在气割后产生热裂纹。

高铬白口铸铁的铸造性能较差。由于热导率低、塑性差、收缩大，白口铸铁的热裂和冷裂倾向大。几种白口铸铁的铸造性能列于表 8-51。

碳、铬含量对白口铸铁的铸造性能有较大影响，见表 8-52，表中铸铁碳的质量分数为 1.53% ~ 4.15%，铬的质量分数为 12.84% ~ 31.5%，其余成分的质量分数不变 [$w(Mo) = 1.4\%$ ~ 1.6%，$w(Si) = 0.4\%$ ~ 0.7%]。

碳、铬含量对与冷裂有密切关系的残余应力也有影响，见表 8-53 所示。表 8-53 中数据与 $w(C) = 0.3\%$ 钢作了对比。

表 8-51 几种白口铸铁的铸造性能

铸　　铁	温度/℃		密度 /(g/cm³)	收缩（%）		流动性 (1400℃)/mm	热裂倾向等级
	液相线	固相线		线收缩	体收缩		
Ni-Hard 2	1278 ~ 1235	1145 ~ 1150	7.72	$\dfrac{2.0}{1.9 \sim 2.2}$	8.9	$\dfrac{400}{310 \sim 500}$	$\dfrac{1}{1 \sim 2}$
高铬白口铸铁 (C2.8,Cr28,Ni2)	1290 ~ 1300	1255 ~ 1275	7.46	$\dfrac{1.94}{1.65 \sim 2.2}$	7.5	$\dfrac{400}{300 \sim 400}$	$\dfrac{3}{3 \sim 4}$
高铬白口铸铁 (C2.8,Cr17,Ni3,Mn3)	1280 ~ 1300	1240 ~ 1265	7.55 ~ 7.63	$\dfrac{2.0}{1.9 \sim 2.2}$	7.5	$\dfrac{400}{370 \sim 500}$	$\dfrac{3}{3 \sim 4}$
珠光体白口铸铁	1340 ~ 1290	1145 ~ 1150	7.66	1.8	7.75	$\dfrac{240}{230 \sim 260}$	<1
高铬白口铸铁 (C2.8,Cr28,Mo1)	1280 ~ 1295	1220 ~ 1225	7.63	$\dfrac{1.83}{1.8 \sim 1.85}$	7.8	$\dfrac{530}{500 \sim 560}$	$\dfrac{2}{2 \sim 3}$
高铬白口铸铁 (C2.3,Cr30,Mn3)	1290 ~ 1300	1270 ~ 1280	—	1.7 ~ 1.9	—	375 ~ 400	—

注：1. 表中分数的分子为平均值。

2. 热裂倾向值越小，热裂倾向越大。

3. 铸铁化学成分为质量分数（%）。

表 8-52　碳、铬含量对白口铸铁铸造性能的影响

C、Cr 含量(质量分数,%)		温度/℃			线收缩 (%)	流动性/mm
C	Cr	液相线	固相线	试样浇注		
1.53	12.6	1410	—	1490 ~ 1500	—	410 ~ 415
1.53	13.0				2.18	
1.80	12.2	—	—	1440 ~ 1460	1.91	420 ~ 470
2.19	13.5	1335	1220	1440 ~ 1460	—	
1.96	13.1	1370	—	1440 ~ 1460	1.8	520 ~ 550
1.98	13.6	1340		1440 ~ 1460		
3.02	12.84	1265	1220	1370 ~ 1380	—	—
3.03	13.2	1285	1220	1370 ~ 1380		
3.10	13.7	1280	—	1370 ~ 1380	1.74	610 ~ 650
3.6	13.1	1210	1210	1310 ~ 1330	—	
3.55	12.9	—	—	1310 ~ 1330	—	610 ~ 660
3.57	14.2	1230		1310 ~ 1330	1.64	800 ~ 820
3.67	13.5	1225		1310 ~ 1330		
3.94	12.1	1230		1320 ~ 1330		900 ~ 1050
4.15	13.8			1320 ~ 1330	1.78	880 ~ 900
4.0	12.3	1220	1180	1320 ~ 1330		
2.86	18.1	1280		1390 ~ 1400		610 ~ 765
2.78	18.8	1290	1230	1390 ~ 1400		
2.84	17.9	1275	1250	1390 ~ 1400		
2.85	16.4	—	—	1290 ~ 1400	2.13	500 ~ 520
2.72	24.5	1280		1380 ~ 1400	1.99	700 ~ 850
2.79	13.8	1280		1380 ~ 1400	2.0	
2.84	24.3	—	—	1380 ~ 1400	1.98	850 ~ 930
2.80	29.3	1300	—	1390 ~ 1400	—	1000 ~ 1100
2.84	31.5	1260	1260	1390 ~ 1400	2.12	
2.92	29.0	—	—	1390 ~ 1400	2.08	1000 ~ 1050

表 8-53　碳、铬含量对白口铸铁残余应力的影响

钢或铸铁	$w(C)$ (%)	$w(Cr)$ (%)	残余应力 /MPa	钢或铸铁	$w(C)$ (%)	$w(Cr)$ (%)	残余应力 /MPa
$w(C)=0.3\%$ 钢	0.26	0.27	33	白口铸铁 (C2.2,Cr28,Ni2)	2.42	32.0	101
白口铸铁 (C2.2,Cr12,Mn3,Mo1)	2.15	12.8	360	白口铸铁 (C2.5,Cr30,Mn3)	2.52	33.5	70
白口铸铁 (C2.1,Cr12,Mn4)	2.10	13.0	330	白口铸铁 (C2.1,Cr30,Mn3)	2.16	30.2	6

（续）

钢或铸铁	$w(C)$ (%)	$w(Cr)$ (%)	残余应力 /MPa	钢或铸铁	$w(C)$ (%)	$w(Cr)$ (%)	残余应力 /MPa
白口铸铁 (C2.8,Cr12,Mn5)	2.61	13.0	238	白口铸铁 (C3.0,Cr28,Ni2)	2.71	25.5	28
白口铸铁 (C2.9,Cr12,Mn3,Mo1)	3.04	11.9	158				

（3）Cr12 铸铁的热处理 $w(Cr)=13\%$ 的 Fe-Cr-C 相图如图 8-26 所示。在铸件铸态时冷却很慢，此图对显微组织分析有一定参考价值。从图 8-26 可见，碳在奥氏体中的极限溶解度随温度的下降而降低，这是热处理的重要基础。

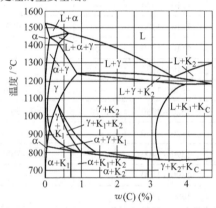

图 8-26 $w(Cr)=13\%$ 的 Fe-Cr-C 相图

L—液体　α—铁素体　γ—奥氏体　K_C—$(FeCr)_3C$

K_1—$(FeCr)_{23}C_6$　K_2—$(FeCr)_7C_3$

高铬白口铸铁在进行等温处理时就需要等温转变图（见图 8-27），图注中的去稳定处理指升温至奥氏体温度，析出二次碳化物，使奥氏体中的碳及其他合金元素含量有所降低，从而使奥氏体稳定性有所降低的处理过程。

从图 8-27 得出回归方程是

lg10% 珠光体时间（s）= $-4.12+0.40w(Cr)+0.35w(Mn)+0.47w(Mo)+0.82w(Ni)+0.32w(Cu)$

式中　lg10% 珠光体时间（s）——珠光体转变 10% 曲线在时间轴上的位置；

$w(x)$——x 的质量分数（%），x 代表相应的合金元素，如 Cr、Mn、Mo 等。

适用范围（质量分数）为：C = 2.57% ~ 3.39%，Cr = 12.1% ~ 13.5%，Si = 0.48% ~ 0.62%，Mn = 0.63% ~ 3.10%，Mo = 0 ~ 3.11%，Ni = 0 ~ 3.02%，Cu = 0 ~ 2.40%。

合金元素含量较少的高碳 Cr12 磨球可采用铸态

去应力处理，即将铸态磨球在中、低温度保温一定时间以减少应力，其金相组织为细珠光体和 $(Fe,Cr)_7C_3$。

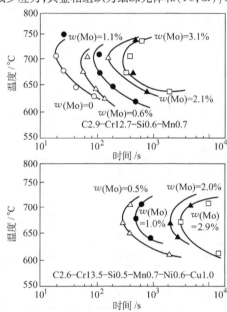

图 8-27 钼含量对两种高铬白口铸铁等温转变图 （珠光体体积分数为 10%）的影响

注：铸铁已经 955℃ ×1h 去稳定处理。

为进一步提高 Cr12 高铬白口铸铁件的硬度，可进行高温淬火并及时进行中、低温回火热处理（见表 8-3 ~ 8-5 和表 8-50）。需要注意的是，Cr12 铸铁中铬含量不高，淬透性有限，对中、大铸件须添加一定量的钼、铜等合金元素以提高铸件淬透性。Cr12 铸铁的其他有关情况，可参阅 Cr15 铸铁的热处理。

（4）Cr12 铸铁的焊接及机械加工　高铬白口铸铁件的焊接易产生开裂，应尽量避免对高铬白口铸铁件进行焊接。

高铬白口铸铁件硬度高，切削加工性能很差。可采用陶瓷刀具进行机械加工；也可将高铬白口铸铁件退火后（硬度 ≤41HRC）用硬质合金刀具进行切削加工；为减轻加工困难，还可采用碳素钢或灰铸铁作预埋件。预埋件先放入铸型,然后浇入高铬白口铸铁铁液。如加工叶轮的螺孔,往往采用预埋件解决加工的困难问题。

(5)Cr12铸铁的耐磨性 表8-54列出了湿磨钼矿石用 $\phi65mm$ 磨球的磨损比。图8-28所示为磨煤机辊套磨损对比。表8-55列出了铸态去应力处理高铬白口铸铁磨球的球耗与破碎率。

表8-54 湿磨钼矿石用 $\phi65mm$ 磨球的磨损比

磨球材料	硬度 HBW	铸件化学成分(质量分数,%)						磨损比
		C	Si	Mn	Cr	Mo	Cu	
锻钢	690	1.0	0.4	0.7	0.3	—	—	100
高铬白口铸铁	710	3.1	0.5	0.8	12.0	0.35	—	90
马氏体白口铸铁	650	3.2	0.4	3.3	—	0.3	0.9	108

表8-55 铸态去应力处理高铬白口铸铁磨球的球耗与破碎率

试验地	球磨机规格 (直径/m)×(长/m)	运转时间 /h	磨损量/kg	磨水泥、 矿石量/t	球耗(水泥、矿石) /(g/t)	破碎率 (%)
水泥厂	$\phi3\times11$	1728	3872	106383	36.4	0.04
水泥厂	$\phi2.4\times12$	1041	765	22562	33.9	0.033
水泥厂	$\phi2.2\times6.5$	1104	399	10890	36.6	0.012
水泥厂	$\phi1.83\times6.4$	1903	322	8473	38.0	0.18
铝厂	$\phi2.7\times3.6$	1630	19861	57334.4	346	0.012
铜矿	$\phi2.7\times3.6$	1776	15840	57116.3	277	0.166
铁矿	$\phi1.5\times3$	12757	5212	10616.2	491	0
金矿	$\phi1.0\times1.5$	768	1786	2394.4	746	0

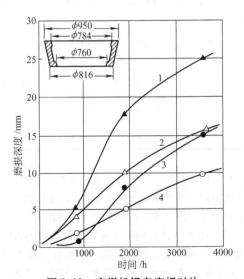

图8-28 磨煤机辊套磨损对比

1—镍硬白口铸铁最大磨损量 2—Cr13铸铁最大磨损量
3—镍硬白口铸铁平均磨损量 4—Cr13铸铁平均磨损量

(6)Cr12铸铁的应用 低碳Cr12铸铁衬板因韧性较好,硬度适宜,故可较好地用于较大冲击载荷的大型水泥球磨机。

高碳Cr12铸铁磨球(铸态去应力处理或淬火+回火处理)应用广泛。淬火+回火处理的该铸铁还用于制造小型锤式破碎机锤头。

4. Cr15铸铁

(1)Cr15铸铁的化学成分 Cr15铸铁的化学成分见表8-56,对应的金相组织和力学性能见表8-57。

关于高铬白口铸铁的牌号,以美国 Climax 钼公司的规定比较详细,见表8-58。表中 15-3 是指含 $w(Cr)15\% - w(Mo)3\%$,而 15-2-1 是指含 $w(Cr)15\% - w(Mo)2\% - w(Cu)1\%$ 的铸铁。同一牌号高铬白口铸铁中又以碳含量的高低来区分。低碳的冲击韧度高而硬度低,适用于冲击载荷比较大的场合;高碳的则用于冲击载荷较小的场合,有良好的耐磨性。

表 8-56　Cr15 铸铁的化学成分（质量分数）　　　　　（%）

C	Si	Mn	Cr	Mo	Ni	Cu	S	P
2.0~3.6	≤1.2	≤2.0	14.0~18.0	≤3.0	≤2.5	≤1.2	≤0.06	≤0.10

注：该铸铁相当于 BTMCr15 牌号（见表 8-2）。

表 8-57　Cr15 铸铁的金相组织和力学性能

状　　态	金相组织	HRC	$a_K/(\text{J/cm}^2)$
空淬 + 回火	马氏体 + M₇C₃ + 二次碳化物 + 残余奥氏体	≥58	≥3

注：冲击试样尺寸为 10mm×10mm×55mm，无缺口。

表 8-58　美国 Climax 钼公司的高铬白口铸铁

化学成分（质量分数,%）	12-1	15-3				15-2-1	20-2-1
		超高碳	高碳	中碳	低碳		
C	3.0~3.5	3.6~4.3	3.2~3.6	2.8~3.2	2.4~2.8	2.8~3.5	2.6~2.9
Cr	11~14	14~16	14~16	14~16	14~16	14~16	18~21
Mo	0.5~1.0	2.5~3	2.5~3	2.5~3	2.4~2.8	1.9~2.2	1.4~2.0
Cu	<1.0					0.5~1.2	0.5~1.2
Mn	0.5~0.8	0.7~1.0	0.7~1.0	0.5~0.8	0.5~0.8	0.6~0.9	0.6~0.9
Si	0.5~0.8	0.3~0.8	0.3~0.8	0.3~0.8	0.3~0.8	0.4~0.8	0.4~0.9
S	<0.05	<0.05	<0.05	<0.05	<0.05	<0.05	<0.05
P	<0.10	<0.10	<0.10	<0.10	<0.10	<0.06	<0.06
空冷时不析出珠光体的最大截面尺寸/mm	—	70	90	120	200[①]	>200	
硬度 HRC　铸态	—	51~56	50~54	44~48	50~55	50~54	
硬度 HRC　淬火	60~67	62~67	60~65	58~63	60~67	60~67	
硬度 HRC　退火		40~44	37~42	35~40	40~44	38~43	

① 碳为下限时，大截面中可能出现贝氏体。

（2）Cr15 铸铁的金相组织　高铬白口铸铁件的金相组织随化学成分和冷却速度的不同而有所变化。

若铸件淬透性较好或铸件壁厚较小时，其铸态可能得到奥氏体组织（见图 8-29），但若淬透性不足或铸件壁厚较大，则铸态基体可能是奥氏体、马氏体、珠光体的混合物。

经高温热处理后，由于二次碳化物析出，降低了基体中的碳和铬含量，提高了 Ms 点，这样才能获得马氏体组织，但往往伴随有数量不等的残留奥氏体。由于弥散的二次碳化物分布在基体中，使在光学显微镜下很难分辨出基体的真正面貌（见图 8-30）。

（3）Cr15 铸铁的物理性能　高铬白口铸铁的密度为 7.7g/cm³。高铬白口铸铁物理性能（弹性模量 E、比热容 c、热导率 λ 和电阻率 ρ）与碳、铬含量的关系如图 8-31 所示。

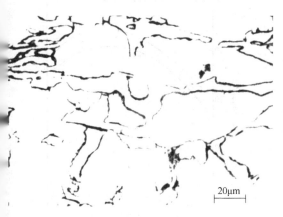

图 8-29 高铬白口铸铁的铸态金相组织 ×500

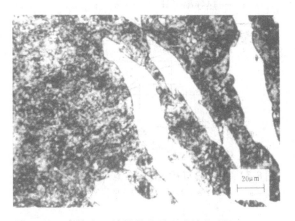

图 8-30 高铬白口铸铁的热处理态金相组织 ×500

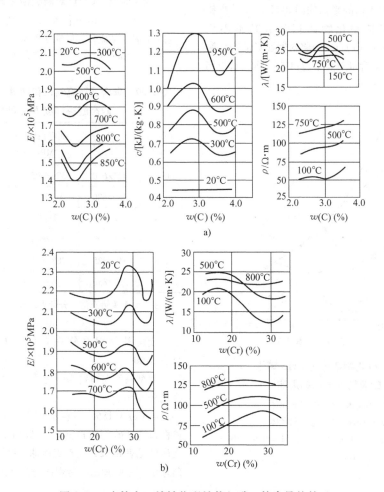

图 8-31 高铬白口铸铁物理性能与碳、铬含量的关系

a) 与碳含量的关系 b) 与铬含量的关系

高铬白口铸铁的热膨胀系数为 $(11 \sim 15) \times 10^{-6}$ $(20 \sim 100℃) K^{-1}$, $(13 \sim 18) \times 10^{-6} (20 \sim 425℃) K^{-1}$。

高铬白口铸铁的碳含量与热扩散率的关系如图 8-32 所示。

热扩散率 α (m^2/s) 按下式计算。

$$\alpha = \frac{\lambda}{\rho c}$$

式中 ρ ——密度（kg/cm^3）；

λ——热导率［W/（m·K）］；

c——比热容（J/kg·K）。

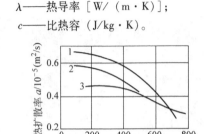

图 8-32　高铬白口铸铁的碳含量与热扩散率的关系

1—$w(C)=2.2\%$　2—$w(C)=2.9\%$　3—$w(C)=3.6\%$

（4）Cr15 铸铁的力学性能　碳化物数量对 Cr15 铸铁动态断裂韧度 K_{Id} 的影响如图 8-33 所示。高铬白口铸铁中如保持碳化物体积分数基本不变（20%～25%），其 $w(Cr)/w(C)$ 将对断裂韧度产生影响（见图 8-34）。碳含量对高铬白口铸铁静态断裂韧度 K_{IC} 的影响见表 8-59。

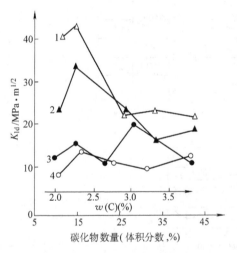

图 8-33　碳化物数量对 Cr15 铸铁

动态断裂韧度 K_{Id} 的影响

1—淬火奥氏体　2—铸态奥氏体

3—淬火马氏体　4—退火珠光体

注：铸件化学成分（质量分数,%）：Si = 0.6，Mn = 0.8，Cr = 15，Mo = 1.8。

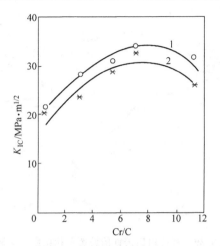

图 8-34　Cr/C 对断裂韧度 K_{IC} 的影响

1—奥氏体　2—马氏体

注：铸件化学成分（质量分数,%）：C = 2.4～3，Si = 0.6，Mn = 0.7，Cr = 2～27，Mo = 0.8，Cu = 1。

表 8-59　碳含量对高铬白口铸铁［$w(Cr)=15\%$］静态断裂韧度 K_{IC} 的影响

$w(C)$ （%）	硬度 HV	抗弯强度 /MPa	静态断裂韧性 K_{IC} /MPa·m$^{1/2}$
0.8	425/630	584/995	41.8/29.2
1.1	320/680	510/1055	35.2/29.9
1.4	350/750	670/1117	29.8/29.9
2.1	485/790	760/865	27.3/26.1
2.8	510/825	788/843	23.9/22.8
3.4	530/850	—	17.7/17.9

注：分子为铸态值，分母为淬火态值。

金属基体对高铬白口铸铁抗弯性能的影响见表 8-60。

典型高铬白口铸铁的化学成分及其硬度和断裂韧度见表 8-61。

$w(Cr)$ 为 18%、$w(C)$ 为 3%、$w(Mo)$ 为 1% 的高铬白口铸铁砂型铸造磨球（$\phi75mm$）的热处理工艺及硬度见表 8-62，在垂直落球、高度为 3.5m 的循环落球试验中的冲击疲劳剥落寿命如图 8-35 所示。

表 8-60　金属基体对高铬白口铸铁抗弯性能的影响

回火温度/℃	硬度 HRC	抗弯强度/MPa	挠度 f/mm	金属基体组织
930℃空淬 + 2h 回火				
无回火	63～65	775	1.16	淬火马氏体 + 残留奥氏体
200	63～65	960	1.16	回火马氏体 + 残留奥氏体

（续）

回火温度/℃	硬度 HRC	抗弯强度/MPa	挠度 f/mm	金属基体组织
930℃空淬 +2h 回火				
300	62 ~ 64	971	1.1	回火马氏体 + 残留奥氏体
400	62 ~ 64	974	1.04	回火马氏体 + 残留奥氏体
500	60 ~ 62	1082	0.94	马氏体和奥氏体开始分解
600	49 ~ 52	1005	1.98	马氏体和奥氏体的分解产物
1100℃空淬 +2h 回火				
200	43 ~ 46	578	1.10	奥氏体
500	47 ~ 50	656	1.09	奥氏体 + 二次碳化物
600	55 ~ 57	899	2.0	马氏体 + 奥氏体
860℃/2h 退火,随炉冷却(40℃/h)				
—	32 ~ 34	913	1.3	

注：1. 铸件化学成分（质量分数,%）：C = 3, Si = 0.7, Mn = 0.8, Cr = 14, Mo = 1.5。
　　2. 试样直径为 12mm，切自经 860℃ ×2h 退火的尺寸为 250mm ×160mm ×135mm 毛坯，支距为 120mm。

表 8-61　典型高铬白口铸铁的化学成分及其硬度和断裂韧度

化学成分(质量分数,%)					硬度		断裂韧度 K_{IC}
C	Mn	Ni	Cr	Mo	HV	HRC	/MPa · m$^{1/2}$
2.0	0.5	—	12	—	650	55	25
3.0	0.5	—	12	—	800	62	20
1.8	0.5	—	15	0.7	750	60	30
1.3	0.8	—	13	—	525	49	32
3.0	0.8	—	15	2.5	800	62	25
2.0	0.8	0.5	20	1.7	700	58	28
3.0	0.8	0.5	20	1.7	750	60	28
2.8	1.0	—	25	—	600	53	22
2.8	1.0	—	25	—	750	60	22
2.8	1.0	—	25	—	400	38	22
3.6	1.0	—	25	—	850	65	22
2.5	0.6	—	30	0.5	600	53	25
2.5	0.6	—	30	0.5	750	60	25
2.9	0.5	—	25	2.0	800	62	28
2.4	0.8	—	15	2.2	400	38	40
3.0	0.5	4.0	2.0	—	600	53	18
3.0	0.5	6.0	8.0	—	650	55	20
0.5	1.2	2.0	11	0.5	400	38	50
0.2	1.2	—	7.0	—	450	43	60
1.0	0.7	1.5	3.0	0.3	500	50	45

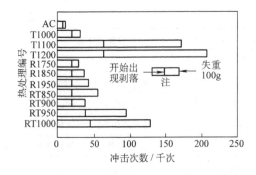

图 8-35　高铬白口铸铁磨球的冲击疲劳剥落寿命

注：图中中线为开始剥落时的冲击次数，末端线为
剥落 100g 时的冲击次数。

**表 8-62　高铬白口铸铁磨球的热处
理工艺和硬度**

编号	热处理工艺	硬度 HBW
AC	铸态	415
T1000	铸态经 540℃回火 12h	440
T1100	铸态经 595℃回火 12h	537
T1200	铸态经 650℃回火 12h	486
R1750	955℃保温 4h,空淬	775

（续）

编号	热处理工艺	硬度 HBW
R1850	1010℃保温 4h,空淬	785
R1950	1065℃保温 4h,空淬	647
RT850	1010℃保温 4h,空淬,455℃回火	713
RT900	1010℃保温 4h,空淬,480℃回火	737
RT950	1010℃保温 4h,空淬,510℃回火	655
RT1000	1010℃保温 4h,空淬,540℃回火	618

（5）Cr15 铸铁的铸造　参阅 Cr12 铸铁的铸造。

（6）Cr15 铸铁的热处理　Cr15 铸铁件一般都经
过热处理，常常采用高温空淬并中、低温回火的热处
理工艺，以获得高硬度的马氏体基体。

图 8-36 ~ 图 8-38 所示为几种典型的 Cr15 铸铁的
连续冷却组织转变图。测定某一铸件的冷却曲线，并
将它覆盖到相应化学成分高铬白口铸铁的连续冷却组
织转变图上，即可预计该铸件将获得的组织以及相应
的维氏硬度 HV。另一方面，将某一铸件的冷却曲线
覆盖到不同化学成分高铬白口铸铁的连续冷却组织转
变图上，则可以估计出应该采用何种化学成分的高铬
白口铸铁，才能使该铸件避免出现珠光体而得以
淬透。

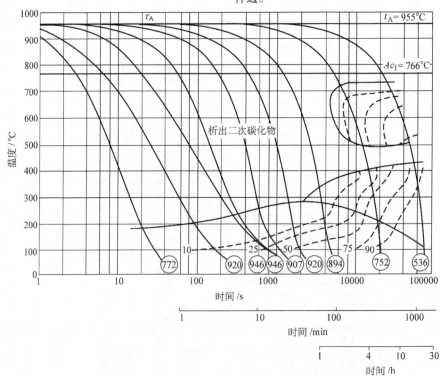

图 8-36　15-3 高铬白口铸铁的连续冷却组织转变图

t_A—奥氏体化温度　τ_A—奥氏体化时间，20min　Ac_1—加热时下临界点温度

注：1. 铸铁化学成分（质量分数,%）：C = 2.51, Cr = 14.70, Mo = 2.62, Si = 0.47, Mn = 0.80。
　　2. ○中数字为 HV 硬度值；图 8-37 与此类同。

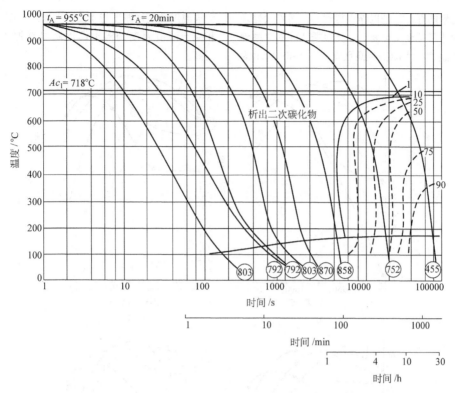

图 8-37　15-2-1 高铬白口铸铁的连续冷却组织转变图

τ_A—奥氏体化时间

注：铸铁化学成分（质量分数，%）为 C = 3.32，Cr = 14.63，Mo = 2.08，Cu = 1.02，Si = 0.58，Mn = 0.72。

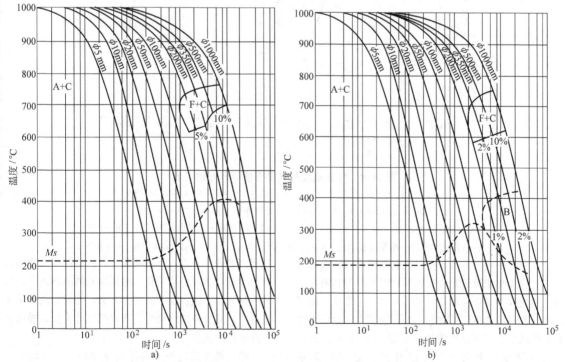

图 8-38　高铬白口铸铁的连续冷却组织转变图

a）铸铁化学成分（质量分数，%）：C = 2.67，Cr = 15.20，Mo = 1.09，$w(Cr)/w(C)$ = 5.69
b）铸铁化学成分（质量分数，%）：C = 2.60，Cr = 15.20，Mo = 1.95，$w(Cr)/w(C)$ = 5.85

良好的耐磨性往往是以淬火得到的，而淬火处理加热温度的选择是至关重要的。要根据铸件的壁厚确定淬火加热温度，才能得到高硬度。图 8-39 所示为

淬火温度和试样厚度与硬度的关系。由图 8-39 可见，相应于峰值硬度的淬火温度随试样厚度的增加而提高。

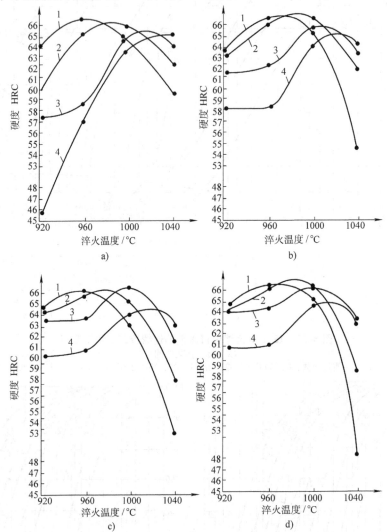

图 8-39　淬火温度和试样厚度与硬度的关系

a）不含铜　b）w(Cu)=0.5%　c）w(Cu)=1.0%　d）w(Cu)=1.5%

1—ϕ20mm 试样空冷　2—25mm 试样砂型冷却（相当于 160mm 空冷）

3—50mm 试样砂型冷却（相当于 330mm 空冷）　4—75mm 试样砂型冷却（相当于 570mm 空冷）

注：铸铁化学成分（质量分数,%）：C=2.54，Cr=15.1，Mo=1.99，Si=0.35，Mn=0.97。

在空气中淬火的高铬白口铸铁件存在着较大的内应力，应该尽快地进行回火处理。回火温度从消除内应力角度应不低于 400℃（见图 8-40）。此外，回火处理在使马氏体得到回火的同时，还使残留奥氏体含量有所减少。不同淬火温度（保温 3h）下高铬白口铸铁的硬度与回火温度（保温 3h）之间的关系如图 8-41。

高铬白口铸铁件退火处理的目的有两个：一是降

低铸件的硬度，以利于切削加工；二是淬火前的退火处理，使化学成分均匀化，得到珠光体基体组织，可减少淬火时升温过程中的铸件开裂，缩短奥氏体化保留时间，减少铸件淬火后的残留奥氏体含量，提高铸件淬火后的硬度。

热处理升温过程中铸件极易开裂，必须谨慎从事。对形状不规则，壁厚相差悬殊的复杂铸件（如叶轮和护套）升温速度不超过 50℃/h。有时用阶梯

式升温更为安全，在 200℃、400℃、600℃ 停留 2 ~ 3h 使铸件温度均匀化。在 700℃ 以上，升温可以加速，但升温速度不超过 150℃/h。经过退火的铸件内应力小，升温速度可以加快。

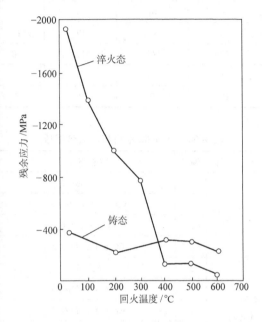

图 8-40　回火温度与高铬白口铸铁
试样表面应力的关系

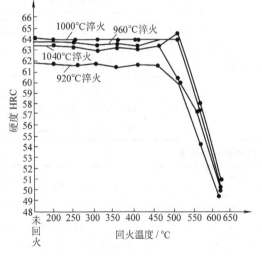

图 8-41　不同淬火温度下高铬白口铸铁的
硬度与回火温度之间的关系

注：1. 铸铁化学成分（质量分数，%）：C = 2.44，Cr = 15.5，Mo = 1.46，Cu = 0.50，Si = 0.28，Mn = 0.88。

2. 试样截面尺寸为 22mm × 22mm。

Cr15 铸铁的淬火、回火和退火工艺见表 8-4。

（7）Cr15 铸铁的焊接及机械加工　参阅 Cr12 铸铁的焊接及机械加工。

（8）Cr15 铸铁的耐磨性　金属耐磨材料的耐磨性因工作条件的不同而有巨大的差别，实验室的磨损数据有时因试验条件与工作条件不尽相同而不能完全地反映实际情况。因此，在比较不同材料的耐磨性时，必须尽可能知道其工作条件。实际运行中积累的磨损数据比实验室数据更有价值。下面所列为不同条件下各种耐磨材料的耐磨性对比，可供参考。

表 8-63 列出了各种耐磨材料在矿石浆中的耐磨性。

表 8-63　各种耐磨材料在矿
石浆中的耐磨性

材　料	基体组织	$w(C)$ (%)	硬度 HRC	磨损比
高铬白口铸铁 [$w(Cr)$ = 15%、$w(Mo)$ = 3%]	马氏体	3.3	58	28
高铬白口铸铁 [$w(Cr)$ = 27%]	马氏体	3.1	57	48
镍硬白口铸铁 [$w(Ni)$ = 4%、$w(Cr)$ = 2%]	马氏体	3.3	57	80
白口铸铁 [$w(Cr)$ = 1%]	珠光体	3.3	47	100
Cr-Mo 低碳合金钢	马氏体	1.5	57	180

表 8-64 列出了辊式磨机磨水泥灰渣时的磨损时间。

表 8-64　辊式磨机磨水泥
灰渣时的磨损时间

材　料	磨损 25mm 的时间/h	备　注
15-3 高铬白口铸铁	2146	多于 10 次试验平均值
奥氏体锰钢	1606	—
马氏体 Ni-Cr 白口铸铁	1501	4 次试验平均值
Cr-Mo-V 铸钢	1020	2 次试验平均值

表 8-65 列出了高铬白口铸铁磨球在水泥球磨机中的磨损率。

各种材料在水砂磨损中的磨损抗力对比如图 8-42 所示。试样为圆盘形，直径为 330mm，质量为 15kg。图中 3 条曲线分别代表 A、B、C 三组共 19 种材料，其成分组成见表8-66。

球磨机湿磨矿石的衬板材料有10种，将它们制

成磨球，做上记号，放入球磨机中磨高石英含量的矿石，所得的相对磨损率见表8-67。

表8-65　高铬白口铸铁磨球在水泥球磨机中的磨损率

制造者	A	B		C			D
级别	a	a	b	a	b_1	b_2	a
$w(Cr)(\%)$	12	12	18	12	17	17	12
试验时间/h	3933	3410	4194	5400	4862	5190	4480
磨损率/(g/t)	65	77	35	45	28	15	110
碎裂(%)	10.5	1.7	0	0	0	0	6.2

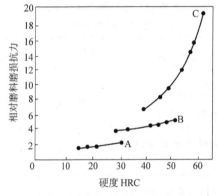

图8-42　各种材料在水砂磨损中的磨损抗力对比

A—磨损抗力一般，高韧性，可切削，可焊接

B—磨损抗力稍好，中等韧性，可切削，有时可焊接

C—磨损抗力最高，韧性差，有时可切削，但不可焊接

各种材料销盘试验的磨损量对比见表8-68。

表8-69列出了矿山破碎、研磨机中的磨损数据。

图8-43所示为不同碳化物体积分数高铬白口铸铁在硅砂橡胶轮磨损时的磨损失重。该组材料的化学成分：$w(C) = 1.38\% \sim 3.39\%$，$w(Cr) = 12.8\% \sim 25.7\%$，$w(Mo) = 2.5\%$，$w(Cu) = 0.76\% \sim 1.24\%$。

表8-66　图8-42中材料的成分组成

组　别	编号	材料组成
A（淬火 +回火钢）	1	C0.3-Mo1.2
	2	C0.46-Mn1-Si0.8
	3	C0.75-Cr1.6
	4	C0.5-Cr3-Mo0.5
B（高碳 钢及低碳白 口铸铁）	5	石墨钢
	6	C1-Cr1.6-Mo0.3
	7	C2-Cr1.5-Mo0.3
	8～11	同编号4，具有不同回火温度
C（高铬 白口铸铁）	12	Cr12-C3，软化退火
	13	15-3，软化退火
	14	同编号12，热处理使析出二次碳化物
	15	Ni6-Cr9，铸态
	16	Cr25-C2-Mo0.5
	17	同编号15，淬火
	18	Cr20-Mo2-Ni，淬火+回火
	19	Cr15-Mo3，淬火+回火

表8-67　球磨机衬板材料的相对磨损率

材料号	材　料	化学成分（质量分数，%）							硬度 HBW	相对磨损率[①]
		C	Mn	Si	Cr	Mo	Ni	Cu		
1	马氏体Cr-Mo 白口铸铁	2.4～3.2	0.5～1	0.5～1.0	14～23	1～3	0～1.5	0～1.2	620～740	88～90
2	马氏体高碳 Cr-Mo钢	0.7～1.2	0.3～1	0.4～0.9	0.7～1.3	0～1.5	0～1.5	—	500～630	100～111
3	马氏体高铬 白口铸铁	2.3～2.8	0.5～1.5	0.8～1.2	23～28	0～1.5	0～1.2	—	550～650	98～100
4	马氏体Ni-Cr 白口铸铁	2.5～3.6	0.3～0.8	0.3～0.8	1.4～2.5	3～5	3～5	—	520～650	105～109

（续）

材料号	材料	化学成分（质量分数,%）							硬度 HBW	相对磨损率[1]
		C	Mn	Si	Cr	Mo	Ni	Cu		
5	马氏体中碳 Cr-Mo 钢	0.4~0.7	0.6~1.5	0.6~1.5	0.9~2.2	0~1.5	0~1.5	—	500~620	110~120
6	奥氏体 6-1 合金	1.1~1.3	5.5~6.7	0.4~0.7	≤0.5	—	—	—	190~230	114~120
7	珠光体高碳 Cr-Mo 钢	0.5~1.0	0.6~0.9	0.3~0.8	1.5~2.5	0~1.0	0~1.0	—	250~420	126~130
8	奥氏体 Q295 （12Mn）钢	1.1~1.4	11~14	0.4~1.0	0~2.0	—	—	—	180~220	136~142
9	珠光体高碳钢	0.6~1.0	0.3~1.0	0.2~0.4	—	—	—	—	240~300	145~160
10	珠光体白 口铸铁	2.8~3.5	0.3~1.0	0.3~0.8	0~3.0	—	—	—	370~530	未测

注：化学成分范围列得很宽，因为具体化学成分涉及专利。

① 磨损条件：湿磨，进料 -10mm 出料 -48 筛号（筛号等同于旧标准的目，后同），矿石（体积分数）含石英65%，长石25%~30%，黄铁矿3%。以1Cr-5~6Cr-1Mo 钢为标准，其磨损率定为100。

表8-68　各种材料销盘试验的磨损量对比

材料	名义化学成分	状态	硬度 HV30	销盘试验 失重[1]/mg
碳素钢[2]	AISI 1020	冷轧	224	136
	AISI 1090	淬火 + 回火	735	66
奥氏体锰钢	Mn6-Mo1 [w(C)=0.8%~0.9%]	铸态，75mm 厚	214~253	48~49
	Mn7-Mo1 [w(C)=1.0%~1.2%]	固溶处理和淬火	195~205	56~60
	Mn8-Mo1 [w(C)=0.9%~1.1%]	铸态，75mm 厚	190~221	69~77
	Mn12 [w(C)=1.0%]	固溶处理和淬火	212~217	70~74
珠光体高铬 白口铸铁	C3.2-Cr15	铸态，50mm 厚，205℃回火	482	56
	C2.6-Cr20		398	77
奥氏体高铬钼 白口铸铁	C2.9-Cr17.5-Mo1.5 （不同的 Cu、Ni 和 Mn 量）	铸态，50mm 厚，205℃回火	470~530	16~23
奥氏体-马氏体 高铬白口铸铁	C2.6-Cr20-Mo2.5	铸态，50mm 厚，205℃回火	593~621	18~22
		铸态，150mm 厚，475~525℃ 亚临界热处理	665~718	16~17
马氏体高铬钼 白口铸铁	C2.9-Cr17.5-Mo1.5 （不同的 Cu、Ni 和 Mn 量）	955℃空冷，205℃（50~100mm 厚） 回火	652~786	13~18
镍-铬白口铸铁	C3.43-Ni3.9-Cr2	铸态，25mm 厚，275℃回火	700	34
	C3.2-Ni5.8-Cr8.9	铸态，25mm 厚，-195℃低温处理	820	29

注：化学成分均为质量分数（%）。

① 用100μm 粒度的石榴石砂纸。

② AISI 1020 和 AISI 1090 为美国碳素钢牌号，相当于我国优质碳素结构钢20 钢和85 钢。

表 8-69　矿山破碎、研磨机中的磨损数据

材　料	材料化学成分（质量分数，%）									硬度 HBW	与珠光体白口铸铁相比的磨损率			
	C	Si	Mn	Cr	Ni	Mo	S	P			破碎机衬板	球磨机衬板	分级机耐磨片	浮选机叶轮
珠光体白口铸铁	3.20	0.5	0.5	1	—	—	0.12	0.20	444	100	100	100	100
马氏体 Ni-Cr 白口铸铁	3.20	0.5	0.6	2	4.5	—	0.12	0.20	601	—	55	80	—
马氏体 Cr27 白口铸铁	2.75	0.7	0.7	27	—	0.5	0.03	0.06	653	70	49	48	27
马氏体 Cr15-Mo3 白口铸铁	2.75	0.7	0.7	15	—	3	0.03	0.06	712	51	44	44	—

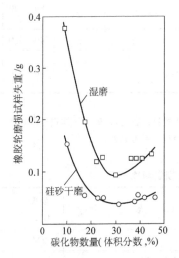

图 8-43　不同碳化物数量的高铬白口铸铁
在硅砂橡胶轮磨损时的磨损失重

图 8-44 所示为 $w(Cr) = 2\% \sim 27\%$、$w(C) = 2.40\% \sim 3.06\%$ 的高铬白口铸铁橡胶轮磨损时的相对耐磨性 β 与铬碳质量比的关系。

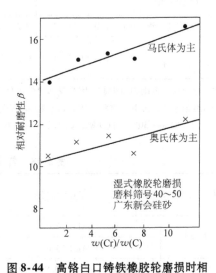

图 8-44　高铬白口铸铁橡胶轮磨损时相
对耐磨性 β 与铬碳质量比的关系

表 8-70 列出了各种耐磨铸铁和钢在韧性和耐磨性方面的比较。

表 8-70　各种耐磨铸铁和钢在韧性和耐磨性方面的比较

材　料	韧性次序	相对磨损失重	
		凿削磨损	高应力（碾磨）磨损
高锰钢，$w(Mn) = 12\%$	1	0.34 ~ 0.19	138 ~ 142
马氏体低合金钢，$w(C) = 0.3\% \sim 0.6\%$	2	0.28 ~ 0.15	126 ~ 114
奥氏体锰钢，$w(Mn) = 6\%$，$w(Mo) = 1\%$	3	0.25 ~ 0.17	114 ~ 120
淬火 + 回火的铬-钼钢，$w(C) = 0.5\% \sim 0.9\%$	4	—	126 ~ 130
马氏体 Cr6Mo1 钢，$w(C) = 0.8\% \sim 1.2\%$	5	0.1	102 ~ 97
马氏体高铬-钼铸铁，$w(Cr) = 14\% \sim 20\%$	6	0.08 ~ 0.035	85 ~ 90
马氏体 Cr26 铸铁	7	0.17 ~ 0.09	96 ~ 100
马氏体低合金 Cr-Ni 铸铁	8	—	105 ~ 116
珠光体激冷铁（砂型铸造）	9	约 0.4	185 ~ 200

注：凿削磨损是在颚式破碎机上试验的，对应着一个标准材料加工出来的颚板，破碎一定量的石头，对比试验颚板和标准颚板的失重。碾磨磨损是根据 $\phi125mm$ 磨球磨石英铁矿测定的。

表 8-71 列出了 Cr15-Mo3 铸铁基体组织对磨损失重的影响。

表 8-71　Cr15-Mo3 铸铁基体组织对磨损失重的影响

基体组织	凿削磨料磨损比[①]（实验室颚式破碎机）	磨损失重/g（橡胶轮试验）	布氏硬度 HBW
珠光体	0.41	0.14	406
奥氏体	0.09	0.08	564
马氏体	0.04	0.04	840

① 磨损比 = 试板失重/标准板的失重。

图 8-45 ~ 图 8-47 所示为 Cr15Mo2 铸铁干式冲蚀时的耐磨性。

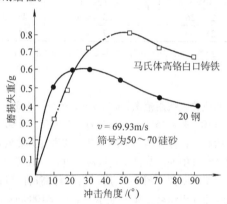

图 8-45　Cr15Mo2 不同冲击角时，马氏体高铬白口铸铁 [$w(C)$ 为 3.5%] 与 20 钢的磨损失重

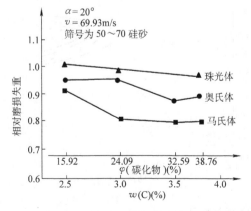

图 8-46　Cr15Mo2 冲击角较小时，金属基体对耐磨性的影响

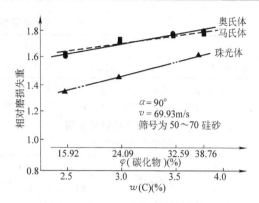

图 8-47　Cr15Mo2 冲击角较大时，金属基体对耐磨性的影响

表 8-72 列出了高铬白口铸铁锤头与 Mn12 钢锤头的寿命对比。

表 8-72　高铬白口铸铁锤头与 Mn12 钢锤头的寿命对比

锤头化学成分		锤头寿命/h		
		最大	最小	平均
Mn12 钢锤头	$w(Mn) = 12\%$，$w(C) = 1.2\% \sim 1.4\%$	381	290	322
高铬白口铸铁锤头	$w(Cr) = 14\%$，$w(Mo) = 1.2\%$，$w(C) = 2.6\%$	675	622	640

（9）Cr15 铸铁的应用　马氏体高铬白口铸铁广泛用作水泥厂球磨机的磨球和衬板，火力发电厂磨煤机的磨球。在此工况下，磨球的磨耗明显低于高碳低合金钢锻钢磨球及低铬白口铸铁磨球，单仓球耗大约在 50g/t 水泥之内。衬板的使用寿命是 Mn13 铸钢衬板的 3 倍以上。但在湿磨矿石的情况下，马氏体高铬白口铸铁磨球的经济效果不如干磨。

马氏体高铬白口铸铁常用作渣浆泵护套、叶轮、盖板等过流件，特别是较高碳含量的高铬白口铸铁，适用于矿浆和泥砂酸碱性不很明显的工况。

高铬白口铸铁用作冶金轧辊，使用寿命高于激冷铸铁轧辊。

马氏体高铬白口铸铁用作小型锤式破碎机锤头，其使用寿命比 Mn12 钢锤头提高了一倍，见表 8-72。

马氏体高铬白口铸铁适用于物料输送中的耐磨部件，如输粉管道的弯管、溜槽衬板等。

5. Cr20 铸铁

（1）Cr20 铸铁的化学成分、金相组织和力学性能　Cr20 铸铁的化学成分见表 8-73，对应的金相组织与力学性能见表 8-74。

表 8-73　Cr20 铸铁的化学成分（质量分数）　　　　（%）

C	Si	Mn	Cr	Mo	Ni	Cu	S	P
2.0 ~ 3.3	≤1.2	≤2.0	18.0 ~ 23.0	≤3.0	≤2.5	≤1.2	≤0.06	≤0.10

注：1. 该铸铁相当于 BTMCr20 牌号（见表 8-2）。

2. 用于高温磨损时常加入 W、V、Nb 等合金元素。

表 8-74　Cr20 铸铁的金相组织和力学性能

状态	金相组织	硬度 HRC	冲击韧度 $a_K/(J/cm^2)$
空淬 + 回火	马氏体 + M_7C_3 + 残留奥氏体 + 二次碳化物	≥58	≥3

注：冲击试样尺寸为 10mm × 10mm × 55mm，无缺口。

美国 Climax 钼公司规定的 20-2-1 牌号，即 $w(Cr) = 20\%$，$w(Mo) = 2\%$，$w(Cu) = 1\%$ 的具体数据，见表 8-58。

碳化物体积分数为 20% ~ 25% 的高铬白口铸铁，Cr/C 与断裂韧度的关系见图 8-34。

高铬铸铁的成分及其硬度、断裂韧度和抗拉强度的关系见表 8-61。

Cr20 铸铁的力学性能见表 8-75。

表 8-75　Cr20 铸铁的力学性能

状　态	抗弯强度 σ_{bb}/MPa	挠度 f/mm	断裂韧度 $K_{IC}/MPa \cdot m^{1/2}$	冲击韧度 $a_K/(J/cm^2)$	硬度 HRC
铸态	500 ~ 700	—	24 ~ 26	6.5 ~ 8.5	46 ~ 52
淬回火态	700 ~ 950	2 ~ 2.8	25 ~ 30	7 ~ 9	61 ~ 64

注：1. 铸铁化学成分：$w(C) = 2.3\% ~ 2.9\%$，$w(Cr) = 18\% ~ 22\%$，$w(Mo) = 1.4\% ~ 2.0\%$，$w(Cu) = 0.5\% ~ 0.8\%$，$w(Ni) = 0.5\% ~ 0.8\%$。

2. 冲击试样 20mm × 20mm × 120mm 无缺口。

（2）Cr20 铸铁的铸造　参阅 Cr12 铸铁的铸造。

（3）Cr20 铸铁的热处理　Cr20 铸铁件一般都经过热处理。常采用高温空淬并中低温回火的热处理工艺，以获得高硬度的马氏体基体。也有用亚临界热处理的。

图 8-48 所示为 Cr20 铸铁的等温转变图。

包括图 8-48 在内所得回归方程为

$$lg 珠光体时间(s) = 2.61 - 0.51w(C) + 0.05w(Cr) + 0.37w(Mo)$$

式中　珠光体时间（s）——珠光体转变鼻子在时间

轴上的位置。适用范围：$w(C) = 1.95\% ~ 4.31\%$，$w(Cr) = 10.8\% ~ 25.8\%$，$w(Mo) = 0.02\% ~ 3.80\%$。

然而，铸件在铸型中的冷却，或者淬火热处理时铸件在空气中的冷却都是连续冷却过程，故需用连续冷却组织转变图。图 8-49 所示为一种高铬白口铸铁的连续冷却组织转变图，显示了 $\phi5 ~ \phi1000mm$ 圆棒在空气中冷却的情况。由图 8-49 可以预测不出现珠光体的临界圆棒直径。下式可用以估计空冷时不出现珠光体的最大直径 D（mm）。

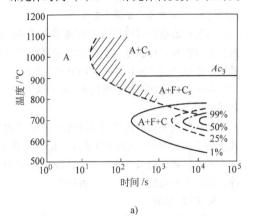
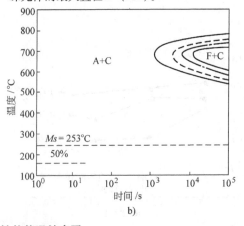

a)　　　　　　　　　　　　　b)

图 8-48　Cr20 铸铁的等温转变图

a) 未去稳定处理　b) 经去稳定处理 1000℃ × 20min

注：铸铁化学成分（质量分数,%）：C = 2.45，Cr = 20.2，Mo = 1.52。

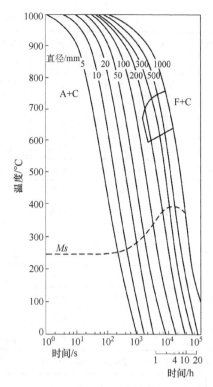

图 8-49　高铬白口铸铁的连续冷却组织转变图
（奥氏体化处理 1000℃ ×20min）
注：铸铁化学成分（质量分数,%）：C = 2.45, Cr = 20.2, Mo = 1.52。

$$\lg D = 0.32 + 0.158 Cr/C + 0.385w(Mo)$$

图 8-50 所示为 20-2-1 高铬白口铸铁的连续冷却组织转变图。

图 8-51 和图 8-52 所示为高铬白口铸铁 $[w(C) = 2.74\%, w(Cr) = 19.4\%, w(Mo) = 1.85\%, w(Cu) = 1.12\%]$ 淬火温度与硬度关系及 1000℃ 空淬后回火温度与硬度的关系。

表 8-76 列出了高铬白口铸铁 $[w(C) = 2.3\% \sim 2.9\%, w(Cr) = 18\% \sim 22\%, w(Mo) = 1.4\% \sim 2.0\%, w(Cu) = 0.5\% \sim 0.8\%, w(Ni) = 0.5\% \sim 0.8\%]$ 热处理温度对力学性能的影响。

图 8-53 为高铬白口铸铁 $[w(C) = 2.9\%, w(Cr) = 19\%, w(Mo) = 2.4\%, w(Cu) = 0.9\%]$ 经过表 8-77 中不同热处理工艺后,试样的硬度、基体组织与动态断裂韧度的关系。

对铸态为马氏体 + 奥氏体混合基体的高铬白口铸铁,可以不进行高温热处理而采用 500℃ ±20℃ 的亚临界热处理。亚临界处理可以消除内应力及减少残留奥氏体含量（见表 8-78）。

Cr20 铸铁的淬火、回火和退火工艺见表 8-4。

其他 Cr20 铸铁热处理的有关情况,可参阅 Cr15 铸铁的热处理。

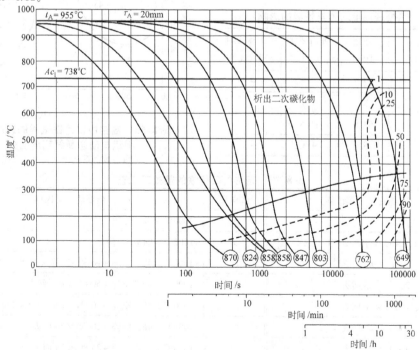

图 8-50　20-2-1 高铬白口铸铁的连续冷却组织转变图
t_A—奥氏体化温度　τ_A—奥氏体化时间 20min　Ac_1—加热时下临界点温度
注：1. 铸铁化学成分（质量分数,%）：C = 2.89, Cr = 19.35, Mo = 2.08, Cu = 1.02, Si = 0.55, Mn = 0.73。
2. ○中数字为 HV 硬度值。

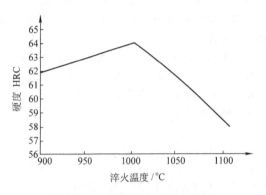

图 8-51　淬火温度与硬度的关系

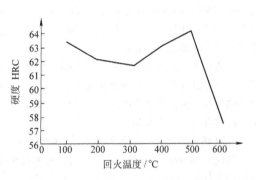

图 8-52　空淬后回火温度与硬度的关系

表 8-76　热处理温度对力学性能的影响

热处理温度/℃		硬度 HRC	冲击韧度 a_K/(J/cm²)	碳化物体积分数(%)
淬火	回火			
975	未回火	62.7	9	—
1000		64	8.6	—
1025		63.8	11.6	—
1050		62	9.3	—

(续)

热处理温度/℃		硬度 HRC	冲击韧度 a_K/(J/cm²)	碳化物体积分数(%)
淬火	回火			
975	200	59.8	6.2	28.796
	250	60.1	9.4	—
	300	59	7.5	—
1000	200	57.6	7.4	31.234
	250	60.5	8.6	30.589
	300	60.3	7.2	—
1025	200	56	10.6	28.951
	250	60	10.1	—
	300	59.7	8.6	27.504
1050	200	58	7.8	—
	250	58.7	8.0	—
	300	57.8	8.3	—
铸态		47	10.3	17.128

注：冲击试样尺寸为 20mm×20mm×120mm，无缺口。

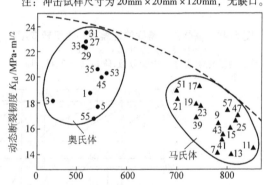

图 8-53　高铬白口铸铁试样的硬度、基体
组织与动态断裂韧度的关系
(图中数字系试样号，见表 8-77)

表 8-77　高铬白口铸铁的热处理工艺

试样号	热处理（奥氏体）	试样号	热处理（马氏体）
1	铸态	7	1000℃×4h，空淬
3	1120℃×4h，空淬 +200℃×2h 回火	9	1000℃×24h，空淬
5	550℃×10h 回火	11	1000℃×4h，空淬 + 两次 -78℃×0.25 h 冷处理
27	铸态，200℃×2h 回火	13	1000℃×4h，空淬 +500℃×10h 回火
29	铸态，250℃×2h 回火	15	1000℃×4h，空淬 +500℃×10h 回火 +250℃×2h 回火
31	铸态，330℃×2h 回火	17	1000℃×4h，空淬 +200℃×2h 回火
33	铸态，400℃×2h 回火	19	1000℃×4h，空淬 +250℃×2h 回火
35	550℃×2h 回火	21	1000℃×4h，空淬 +330℃×2h 回火
45	550℃×2h 回火	23	1000℃×4h，空淬 +400℃×2h 回火

（续）

试样号	热处理（奥氏体）	试样号	热处理（马氏体）
53	620℃ ×2h 回火	25	1000℃ ×4h，空淬 +550℃ ×2h 回火
55	700℃ ×2h 回火	39	1000℃ ×4h，空淬 +500℃ ×3h 回火
		41	1000℃ ×4h，空淬 +500℃ ×20h 回火
		43	950℃ ×4h，空淬
		51	1035℃ ×4h，空淬 +200℃ ×2h 回火

表 8-78　亚临界热处理对硬度和残留奥氏体含量的影响[①]

亚临界热处理温度/℃	$w(Si) = 0.54\%$		$w(Si) = 1.13\%$	
	硬度 HV30	残留奥氏体含量（体积分数,%）	硬度 HV30	残留奥氏体含量（体积分数,%）
铸态[②]	630	46	640	30
450	604	—	721	33
475	633	45	728	23
500	670	—	670	15
525	688	38	639	—
550	665	25	611	—
铸铁成分（质量分数）：C = 2.6%，Cr = 20%，Mo = 2.5%				

① 以 12℃/min 速度升温至亚临界热处理温度，再以 12℃/min 速度冷却。
② 模拟 150mm 试块冷却所得。

（4）Cr20 铸铁的焊接及机械加工　参阅 Cr12 铸铁的焊接及机械加工。

（5）Cr20 铸铁的耐磨性　对不同基体组织的高铬白口铸铁 [$w(C) = 2.92\%$，$w(Cr) = 19.0\%$，$w(Mo) = 2.35\%$，$w(Cu) = 0.94\%$，$w(Mn) = 1.55\%$，碳化物体积分数为 28%]，低应力磨损耐磨性与动态断裂韧度（K_{Id}）的关系如图 8-54 所示。试样号的热处理工艺见表 8-77 所示。

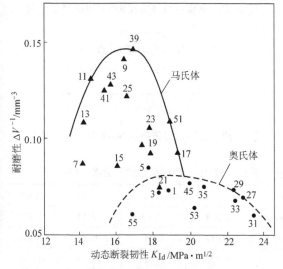

图 8-54　不同基体组织的高铬白口铸铁
耐磨性与动态断裂韧度的关系
（图中数字系试样号，见表 8-77）

Cr20 铸铁用作小型 MPS 中速磨煤机磨辊时，试样的相对耐磨性 ε、碳化物体积分数及硬度如图 8-55 所示。磨辊磨损试验中材料的化学成分见表 8-79。

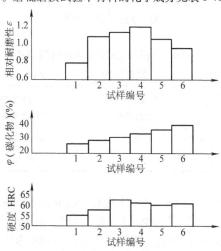

图 8-55　磨辊试样的相对耐磨性、
碳化物体积分数及硬度

以金矿石为磨料（莫氏硬度 6.95）的冲击载荷高应力三体磨损时，高铬白口铸铁的磨损速度如图 8-56 所示。马氏体 Cr20 铸铁湿磨时的磨损速度明显低于马氏体 Cr15 铸铁，而干磨时相差不大。

马氏体 Cr20 铸铁中速磨煤机磨辊抗磨寿命见表 8-80。由表 8-80 可见，其耐磨寿命明显高于镍硬 4 号铸铁磨辊。

表 8-79　磨辊磨损试验中材料的化学成分（质量分数）　　　　（%）

试样编号	C	Cr	Mn	Si	Mo	Cu	P	S
1	2.0	23.0	<1.0	<0.8	0.9~1.2	0.8~1.2	<0.06	<0.05
2	2.6	20.8	<1.0	<0.8	0.9~1.2	0.8~1.2	<0.06	<0.05
3	3.0	16.8	<1.0	<0.8	0.9~1.2	0.8~1.2	<0.06	<0.05
4	2.91	19.4	<1.0	<0.8	0.9~1.2	0.8~1.2	<0.06	<0.05
5	3.25	25.4	<1.0	<0.8	0.9~1.2	0.8~1.2	<0.06	<0.05
6	3.50	25.0	<1.0	<0.8	0.9~1.2	0.8~1.2	<0.06	<0.05

注：试样 980℃ ×2h 空淬 +250℃ ×4h 回火。

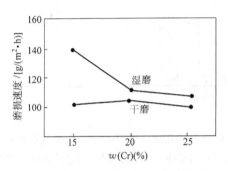

图 8-56　高铬白口铸铁冲击载荷
高应力三体磨损速度

表 8-80　马氏体 Cr20 铸铁中速磨煤机
磨辊耐磨寿命　　（单位：h）

磨辊材料	MBF22.5 型磨煤机磨辊	MPS-190 型磨煤机磨辊
镍硬 4 号铸铁	13154	3000~5000
Cr20 铸铁	16199	>8000

（6）Cr20 铸铁的抗氧化性　Cr20 铸铁因铬含量较高而具有较高的抗氧化性能，从而为其用于高温磨损工况创造了条件。图 8-57 和图 8-58 所示为高铬白口铸铁在 950℃ 和 800℃ 时的氧化增重。表 8-81 列出了抗氧化试验用高铬白口铸铁的化学成分和碳化物的体积分数 φ（K）。

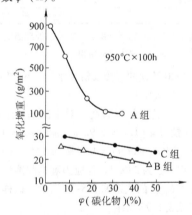

图 8-57　高铬白口铸铁在 950℃ 时的氧化增重

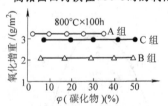

图 8-58　高铬白口铸铁在 800℃ 时的氧化增重

表 8-81　抗氧化试验用高铬白口铸铁的化学成分（质量分数,%）和碳化物体积分数 φ（K）

编号	C	Cr	Si	Mn	S	$w(Cr)/w(C)$	Crm	φ(K)
A1	0.91	10.6	1.2	0.68	0.014	11.65	10.11	2.02
A2	1.41	11.9	1.14	0.61	0.017	8.44	10.97	10.09
A3	2.02	13.5	1.23	0.82	0.023	6.68	10.79	19.26
A4	2.50	15.4	0.91	0.80	0.016	6.16	10.79	26.82
A5	3.16	17.6	1.07	0.68	0.028	5.57	10.62	35.62

（续）

编号	C	Cr	Si	Mn	S	$w(\mathrm{Cr})/w(\mathrm{C})$	Crm	$\varphi(\mathrm{K})$
B1	0.91	18.3	1.24	0.83	0.017	20.11	15.20	6.51
B2	1.42	20.2	0.92	0.50	0.010	14.23	15.56	17.47
B3	1.98	22.1	1.25	0.57	0.010	11.16	15.14	29.68
B4	2.54	34.6	0.91	0.61	0.026	9.69	15.91	40.20
B5	3.25	25.8	0.89	0.61	0.014	7.94	15.43	47.99
C1	0.88	23.8	1.14	0.90	0.018	27.05	20.49	8.40
C2	1.50	25.1	0.97	0.80	0.016	16.73	20.54	20.30
C3	1.94	26.7	1.06	0.59	0.027	13.76	20.06	31.62
C4	2.54	28.5	0.86	0.80	0.015	11.22	20.28	42.44
C5	3.16	32.1	0.80	0.59	0.025	10.16	20.44	50.49

注：$w(\mathrm{Cr})/w(\mathrm{C})$—铬碳质量比（无量纲）；Crm—基体铬含量。

（7）Cr20 铸铁的应用　Cr20 铸铁因其淬透性较好、硬度和冲击韧度较高，而广泛用于厚壁耐磨件，如立式磨机和中速磨煤机的磨辊和磨盘衬板，使用寿命高于 Cr15 铸铁和镍硬白口铸铁。再如大型反击式破碎机的板锤，使用寿命也高于 Cr15 铸铁，还用于破碎焦炭的辊式破碎机的磨辊。

Cr20 铸铁因其铬含量较高，而用于湿态腐蚀磨损和高温磨损工况，如矿山球磨机磨球、渣浆泵过流件、冶金轧管机顶头和穿孔机导板等。

6. Cr26 铸铁

含有大量铬合金元素的 Cr26 铸铁具有良好的耐热性和耐蚀性，同时由于其具有大量高硬度的碳化物而有优异的耐磨性。因此，Cr26 铸铁既适用于磨料磨损工况，又适用于高温磨损及湿态腐蚀磨损工况。

（1）Cr26 铸铁的化学成分、金相组织和力学性能　Cr26 铸铁的化学成分见表 8-82，对应的金相组织与力学性能见表 8-83。

表 8-82　Cr26 铸铁的化学成分（质量分数）　（%）

C	Si	Mn	Cr	Mo	Ni	Cu	S	P
2.0 ~ 3.3	≤1.2	≤2.0	23.0 ~ 30.0	≤3.0	≤2.5	≤2.0	≤0.06	≤0.10

注：1. 该铸铁相当于 BTMCr26 牌号（见表 8-2）。
　　2. $w(\mathrm{C})$ 为 1.4% ~ 2% 及其他合金元素不变的低碳 Cr26 铸铁可用于高温磨损工况。

表 8-83　Cr26 铸铁的金相组织与力学性能

状　态	金相组织	硬度 HRC	冲击韧度 $a_{\mathrm{K}}/(\mathrm{J/cm^2})$
铸态	奥氏体 + M_7C_3（或奥氏体 + 马氏体 + M_7C_3）	≥46	≥3.5
空淬 + 回火	马氏体 + M_7C_3 + 残余奥氏体 + 二次碳化物	≥58	≥3

注：冲击试样尺寸为 10mm × 10mm × 55mm，无缺口。

高铬白口铸铁的化学成分及其硬度、断裂韧度和抗拉强度见表 8-61。

高铬白口铸铁（碳化物体积分数为 20% ~ 25%）的 Cr/C 对断裂韧度的影响见图 8-34 所示。

钼含量对高铬白口铸铁抗拉强度和冲击吸收能量的影响如图 8-59 所示。钼提高淬透性，但钼使 $w(\mathrm{Cr})$ 为 30% 的铸铁共晶组织粗大，从而降低了力学性能。

$w(\mathrm{Cr})$ 为 28% 和 30% 的高铬白口铸铁的力学性能见表 8-84 和表 8-85。

铬系铸铁的扭转试验性能数据见表 8-86。

高铬白口铸铁中的 M_7C_3 型碳化物不但在室温下硬度高，当温度升高时，硬度降低也很少（见图 8-60），所以在高温下能抵抗磨料磨损。高温条件下，M_7C_3、$M_{23}C_6$ 和 M_3C 型碳化物的硬度依次降低。高铬白口铸铁高温下的抗拉强度也较高（见图 8-61）。

加入 W、B 可以进一步提高 Cr24 铸铁的硬度，而加入 Ni 和 Mo 无什么效果（见表 8-87 和图 8-62）。

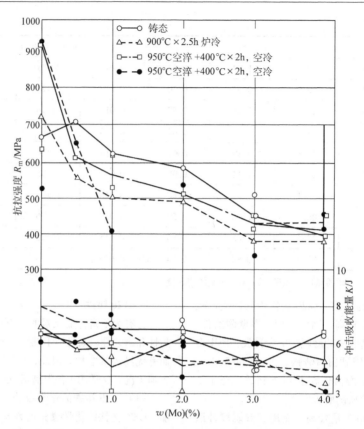

图 8-59　钼含量对 $w(Cr) = 30\%$ 高铬白口铸铁抗拉强度和冲击吸收能量的影响

注：拉伸试样为 $\phi 10mm$；冲击试样尺寸为 $10mm \times 10mm \times 55mm$，无缺口。

表 8-84　Cr28 高铬白口铸铁的力学性能

试样[①]编号及材料	化学成分(质量分数,%)						状态	硬度 HRC	基体硬度 HV50	碳化物硬度 HV50	抗弯强度 /MPa	挠度 /mm	冲击韧度 /(J/cm²)	断裂韧度 K_{IC} /MPa·m$^{1/2}$
	C	Si	Mn	Cr	Mo	Cu								
1A	2.09	0.63	0.83	28.5	—	—	铸态 + 250℃× 2h,空冷	30.2	200(α) 350(γ)	1313	904	3.79	6.6	31.9
2A	2.52	0.65	0.34	28.5	—	—		50.5	372	1409	1100	3.53	10.1	34.8
3A	2.82	0.71	0.26	28.1	—	—		54.3	499	1744	926	3.04	10.3	34.1
4A	3.28	0.84	0.31	28.1	—	—		55.5	530	1858	828	2.41	8.7	34.6
1B	2.09	0.63	0.83	28.5	—	—	1160℃×2h, 空冷 + 250℃× 2h,空冷	56.4	510	—	944	3.61	7.5	29.7
2B	2.52	0.65	0.34	28.5	—	—		51.5	462	—	1083	3.20	12.5	38.7
3B	2.82	0.71	0.26	28.1	—	—		53.1	569	—	1141	3.01	11.1	32.3
4B	3.28	0.84	0.31	28.1	—	—		53.5	575	—	932	2.52	8.9	33.1
1C	2.09	0.63	0.83	28.5	—	—	1040℃×2h, 空冷 + 250℃× 2h,空冷	62.1	716	—	—	—	—	25.2
2C	2.52	0.65	0.34	28.5	—	—		62.3	722	—	893	2.04	6.0	29.1
3C	2.82	0.71	0.26	28.1	—	—		63.8	782	—	952	2.17	7.7	28.6
4C	3.28	0.84	0.31	28.1	—	—		64.8	802	—	908	2.23	6.1	26.8

（续）

试样[1]编号及材料	化学成分（质量分数，%）						状态	硬度HRC	基体硬度HV50	碳化物硬度HV50	抗弯强度/MPa	挠度/mm	冲击韧度/(J/cm²)	断裂韧度K_{IC}/MPa·m$^{1/2}$
	C	Si	Mn	Cr	Mo	Cu								
28Mn15A	2.82	0.66	1.42	28.6	—	—	铸态+250℃×2h,空冷	54.8	—	—	936	3.07	10.3	
28Mn30A	2.82	0.66	3.21	28.6	—	—		51	459	—	864	2.84	12.5	
28Cu10A	2.86	0.66	0.77	27.4	—	1.09		53.3	—	—	1017	3.44	10.5	
28Cu20A	2.80	0.66	0.97	29.9	—	1.99		50.1	449	—	1046	3.47	11.7	
28Mo05A	2.76	0.66	0.74	28.6	0.40	—		55.4	—	—	992	3.28	10.7	
28Mo10A	2.96	0.69	0.71	28.0	1.06	—		51.1	468	—	929	3.17	11.5	

① 冲击试样尺寸为 20mm×20mm×110mm，无缺口，不加工，跨距为70mm。

表8-85 Cr30-Mn2.8-Si0.7 高铬白口铸铁的力学性能

状态	毛坯尺寸[1]（直径/mm）×（长/mm）	试样直径/mm	硬度HRC	试样表面	抗弯强度[2]σ_{bb}/MPa
		$w(C)=1.76\%$			
铸态	φ30×340	30	24.5~26	铸态	500~760(610)
	25×160×135	12	22~24	车削	1110~1340(1210)
1100℃淬火[3]	φ30×340	30	31~34	铸态	630~830(750)
	25×160×135	12	—	车削	1030~1270(1090)
		$w(C)=2.37\%$			
铸态	φ30×340	30	46~47	铸态	580~690(680)
	25×160×135	12	46~48	车削	1040~1270(1150)
1100℃淬火	φ30×340	30	52	铸态	560~660(590)
	25×160×135	12	—	车削	700~1130(920)
	φ30×340	27	52	车削	590~760(690)

① 3个数字的为（高/mm）×（长/mm）×（宽/mm）。
② 括号中为平均值。
③ 冷却按 350mm×1400mm×1400mm 平板冷却。

表8-86 铬系铸铁的扭转试验性能数据

铸铁碳含量	化学成分（质量分量，%）				扭转试验					
					铸 态			950℃×50h,炉冷		
	C	Si	Mn	Cr	最大剪切强度/MPa	最大剪断扭转度/10^{-4}rad	硬度HV	最大剪切强度/MPa	最大剪断扭转度/10^{-4}rad	维氏硬度HV
低碳	1.83	0.72	0.79	1.68	714	183	360	—	—	—
	1.87	0.42	<0.5	5.41	1007	461	435	816	1730	275
	1.72	0.19	<0.5	14.13	1041	283	490	707	2760	225
	1.46	0.22	<0.5	25.65	602	342	375	590	78	350

（续）

铸铁碳含量	化学成分（质量分量，%）				扭转试验					
					铸　态			950℃×50h，炉冷		
	C	Si	Mn	Cr	最大剪切强度/MPa	最大剪断扭转度/10^{-4}rad	硬度HV	最大剪切强度/MPa	最大剪断扭转度/10^{-4}rad	维氏硬度HV
高碳	2.78	1.18	0.33	0.03	477	138	516	—	—	—
	2.79	0.50	<0.5	5.38	674	154	500	689	348	395
	2.74	0.36	<0.5	13.81	878	206	500	727	635	325
	2.93	0.50	<0.5	26.45	367	106	565	583	273	515

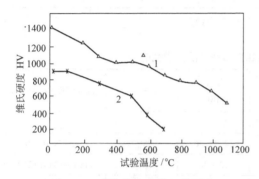

图 8-60　碳化物在高温下的硬度

1—高铬白口铸铁中的（Cr，Fe）$_7$C$_3$
2—普通白口铸铁中的 Fe$_3$C

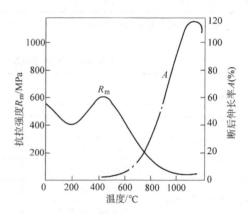

图 8-61　高铬白口铸铁 [w（Cr）=30%]
的高温力学性能

表 8-87　试验材料的化学成分（质量分数，%）

试样号	C	Si	Mn	Cr	Ni	Mo	W	B	备注
1	2.75	0.80	0.85	24.9	0.18	—	—	—	P≤0.10
2	2.70	0.78	0.74	23.5	1.28	0.64	—	—	
3	2.68	1.00	1.06	24.12	—	—	—	0.162	S≤0.06
4	2.70	0.98	1.02	23.72	—	—	1.0	—	
5	2.62	0.84	0.89	24.90	—	—	1.55	0.15	

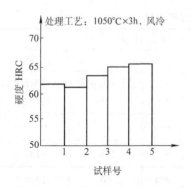

图 8-62　B、W、Ni、Mo 对 Cr24
铸铁硬度的影响

（2）Cr26 铸铁的铸造　参阅 Cr12 铸铁的铸造。

（3）Cr26 铸铁的热处理　Cr26 铸铁可以铸态应用，但大多数 Cr26 铸铁还是采用高温空淬并中低温回火的热处理工艺，以获得高硬度的马氏体基体。

w（Cr）=25% 的 Fe-Cr-C 相图如图 8-63 所示，w（C）=2% 的 Fe-Cr-C 相图如图 8-64 所示。根据相图，调整碳和铬含量，可以得到不同的碳化物和基体组织。

图 8-65 所示为几种 Cr26 铸铁的连续冷却组织转变图。

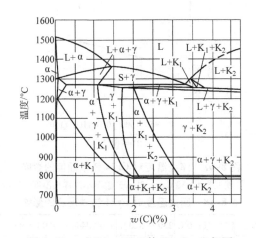

图 8-63 w(Cr) =25% 的 Fe-Cr-C 相图

L—液体 α—铁素体 γ—奥氏体

K_1— $(FeCr)_{23}C_6$ K_2— $(FeCr)_7C_3$

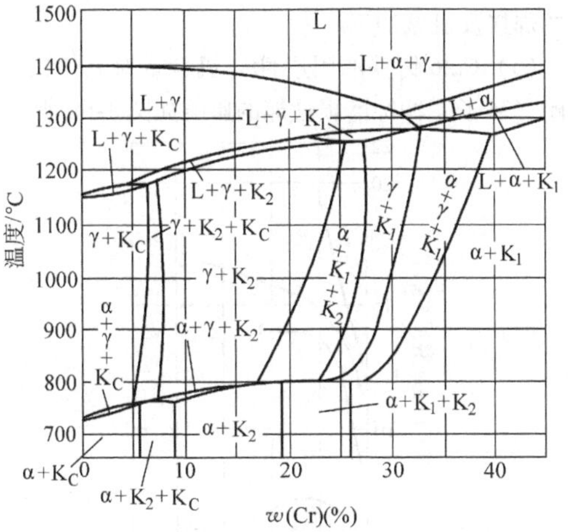

图 8-64 w(C) =2% 的 Fe-Cr-C 相图

L—液体 α—铁素体 γ—奥氏体

K_C— $(FeCr)_3C$ K_1— $(FeCr)_{23}C_6$ K_2— $(FeCr)_7C_3$

不同碳、铬含量高铬白口铸铁热处理的硬度如图 8-66 所示。淬火态得到了较高硬度,在 400℃ 以下的温度回火后硬度无太大改变。淬火使基体转变为马氏体,并且有二次碳化物析出,因此使硬度增高。

淬火温度对 Cr24 铸铁 [w(W) = 1.55%、w(B) = 0.15%、w(C) = 2.62%、w(Cr) = 24.90%] 硬度的影响如图 8-67 所示;经 1050℃ ×3h 风淬,在不同温度进行回火 6h,回火温度对 Cr24 铸铁硬度的影响见表 8-88。

热处理对 Cr28 高铬白口铸铁力学性能的影响见表 8-84。

Cr26 铸铁的淬火、回火和退火工艺见表 8-4。

其他有关 Cr26 铸铁热处理的情况,可参阅 Cr15 铸铁的热处理。

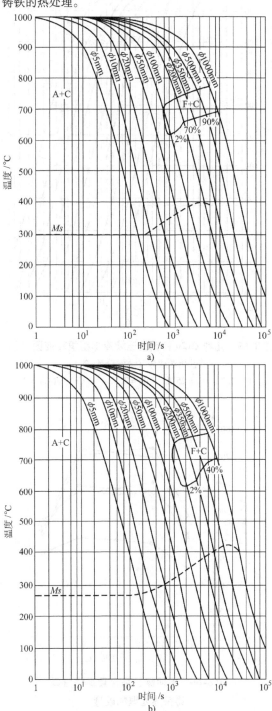

图 8-65 几种 Cr26 铸铁的连续冷却组织转变图

铸铁化学成分 (质量分数,%):

a) C = 2.95,Cr = 25.82,Mo = 0.02,w(Cr)/w(C) = 8.75

b) C = 2.87,Cr = 25.50,Mo = 1.22,w(Cr)/w(C) = 8.88

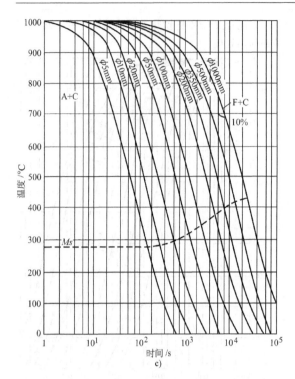

图 8-65　几种 Cr26 铸铁的连续冷却组织转变图（续）

铸铁化学成分（质量分数，%）：

c）C = 2.72，Cr = 25.15，Mo = 2.52，$w(Cr)/w(C) = 9.21$

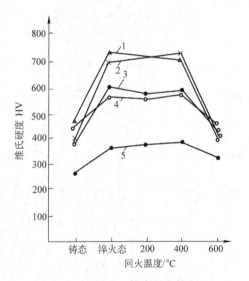

**图 8-66　不同碳、铬含量高铬白口
铸铁热处理的硬度**

1—$w(C) = 2.90\%$，$w(Cr) = 14.21\%$

2—$w(C) = 3.45\%$，$w(Cr) = 16.8\%$

3—$w(C) = 1.97\%$，$w(Cr) = 24.54\%$

4—$w(C) = 2.68\%$，$w(Cr) = 24.53\%$

5—$w(C) = 1.15\%$，$w(Cr) = 26.41\%$

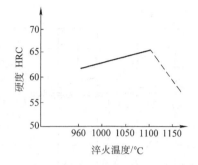

图 8-67　淬火温度对 Cr24 铸铁硬度的影响

注：处理工艺为650℃×1.5h—升温至不同淬火温度—风冷。

表 8-88　回火温度对 Cr24 铸铁硬度的影响

状态	淬火态	150℃	230℃	320℃	420℃	440℃	460℃	500℃
HRC	65.0	64.5	62.0	62.5	63.2	63.4	64.5	58.0

（4）Cr26 铸铁的焊接及机械加工　参阅 Cr12 铸铁的焊接及机械加工。

（5）Cr26 铸铁的耐磨性　钒含量对高铬白口铸铁耐（砂子）冲蚀磨损性能的影响如图 8-68 所示。

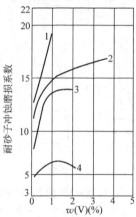

**图 8-68　钒含量对高铬白口铸铁耐（砂子）
冲蚀磨损性能的影响**

1—$w(C) = 3\%$，$w(Cr) = 26\%$

2—$w(C) = 3\%$，$w(Cr) = 15\%$

3—$w(C) = 2.8\%$，$w(Cr) = 13\%$

4—$w(C) = 3.2\%$，$w(Cr) = 10\%$

Cr25 铸铁在冲击载荷高应力三体磨料磨损时的磨损速度如图 8-56 所示。Cr25 铸铁在干湿态条件下的磨损均低于 Cr20 铸铁。

Cr26 铸铁的耐磨性数据见表 8-63、表 8-67、表 8-69、表 8-70 和图 8-42、图 8-44。

各种钢铁材料在砂-水混合料中不同酸度（pH）对磨损的影响如图 8-69 所示。其中以 Cr30 铸铁的抗力最大，这是由于（Cr,Fe）$_{23}$C$_6$ 型碳化物和基体组织有几乎相同的电位。铬低时，出现的（Cr, Fe)$_7$C$_3$型碳化物电位和基体组织不同，有微电池作用，腐蚀加速。

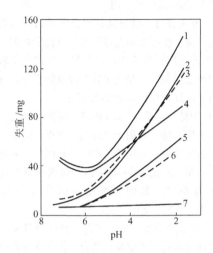

图 8-69 各种钢铁材料在砂-水混合料中不同酸度（pH）对磨损的影响

1—Mn13 钢 2—C2.8-Cr12-Mn5

3—C2.1-Cr12-Mn5 4—20 钢

5—C2.8-Cr28-Ni2 6—C2.5-Cr30-Mn2

7—C2.1-Cr30-Mn3（元素含量均为质量分数,%）

矿山用高铬白口铸铁和碳素钢柱塞泵衬套的寿命比较见表 8-89。

表 8-89 矿山用高铬白口铸铁和碳素钢柱塞泵衬套的寿命比较

衬套材料	衬套直径/mm	每个衬套寿命/h
C2.6Cr28	150	312
C3Cr10	150	241
$w(C)=0.7\%$碳素钢	150	128
C2.6Cr28	130	273
C3Cr28	130	132
$w(C)=0.7\%$碳素钢	130	96

铸态 Cr28 铸铁在罐式两体不同介质磨料磨损试验时腐蚀磨损特性如图 8-70 ~ 图 8-72 所示。从中可见，酸介质条件下，铸态 Cr28 铸铁的耐磨性明显优于 Cr15 铸铁 [$w(C)=3.37\%$，$w(Cr)=16.4\%$，$w(Mo)=1.04\%$，$w(Cu)=0.99\%$]，而在中性和碱性介质中则无耐磨优势。在酸性介质中，加入铜可以提高铸态 Cr28 铸铁的耐磨性。

铬系白口铸铁在罐式两体不同介质磨料磨损试验时腐蚀磨损失重如图 8-73 所示。从图 8-72 中可见，

强酸性介质条件下，Cr24Cu 铸态铸铁失重最少，其次是 Cr24Cu 淬火态铸铁，说明化学成分和基体组织均对腐蚀磨损有较大的影响。

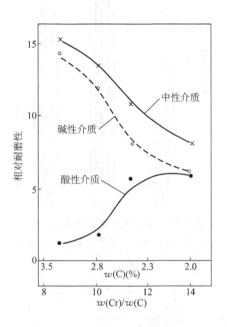

图 8-70 铸态 Cr28 铸铁在不同介质中相对耐磨性与 $w(Cr)/w(C)$ 的关系

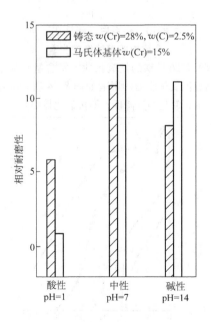

图 8-71 Cr28 铸铁与 Cr15 铸铁腐蚀磨损性能比较

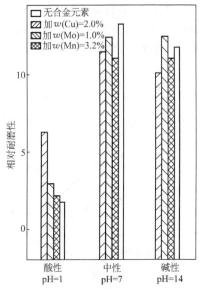

图 8-72　合金元素对铸态 Cr28 铸铁
[w (C) 为 2.8%] 腐蚀磨损性能的影响

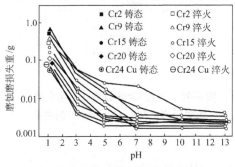

图 8-73　铬系白口铸铁在不同
介质中的腐蚀磨损失重

（6）Cr26 铸铁的抗氧化性　铬含量对高铬白口铸铁高温抗氧化能力的影响如图 8-74 所示。随铬含量的增加，氧化损失降低，即抗氧化性提高。

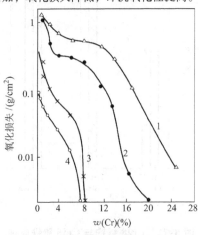

图 8-74　铬含量对高铬白口铸铁
高温抗氧化能力的影响

碳含量对 Cr26 铸铁高温抗氧化能力也有较大的影响，已有的生产实践证明，较低碳含量对抗氧化是有利的。

（7）Cr26 铸铁的应用

1）厚大铸件。Cr26 铸铁因铬含量高而具有优异的淬透性能，使厚大耐磨件内外硬度比较均匀。马氏体 Cr26 铸铁广泛用于中速磨煤机、立式水泥磨机的磨辊和磨盘衬板，大型反击式破碎机的板锤，其使用寿命高于镍硬白口铸铁和 Cr15 铸铁。

2）磨球。马氏体 Cr26 铸铁硬度高，硬度分布均匀，可用作磨球，如用于双进双出磨煤机的磨球。加之一定的耐蚀性，而用于矿山湿式球磨机，如比利时马格托公司生产的 Cr24 高铬白口铸铁磨球专用于矿山湿式球磨机，其耐磨性是高碳合金锻钢磨球（700HBW）的 2～3 倍。

3）腐蚀磨损渣浆泵过流件。高铬白口铸铁良好的耐蚀性和其良好的耐磨性结合，使其在含矿砂的水流中用作渣浆泵的过流部件，能表现出优越的抗腐蚀磨损性能。

在磷酸盐采矿工业中，泵件的 80% 为镍硬 4 号铸铁，15% 为高铬白口铸铁，寿命为 1～2 年。当磷酸或硫酸积累使 pH 降至 2 或更低，此时镍硬 4 号铸铁的寿命降至 6 个月，而高铬白口铸铁仍能坚持一年。美国新墨西哥州用镍硬白口铸铁于硫酸镁矿，发生点蚀。改用高铬白口铸铁后，点蚀消失。含硫高的煤可能积累亚硫酸，pH 可达 3，则镍硬 4 号铸铁的寿命降低一半，但高铬白口铸铁效果却很好。

Cr26 铸铁不仅是用于强酸性工况，马氏体 Cr26 铸铁已普遍用于各种工况的渣浆泵过流件。

4）高温磨损工况。Cr26 铸铁优越的抗氧化性能和良好的高温强度和硬度，使其普遍用于炉用零件，如 w (C) 为 1.4% ～2.0% 的 Cr26 铸铁篦条用于冶金烧结机，效果良好。

小型轧钢机导板用高铬白口铸铁的化学成分为（质量分数，%）：C = 2，Cr = 30，Ni = 6，Si = 0.5，Mn = 0.5，V = 0.3，RE = 0.15。

高炉小料钟已改用高铬白口铸铁，可经受整炉工作不需更换。长时间工作温度为 350～500℃，短时工作温度为 800℃。其化学成分为（质量分数，%）：C = 2.2～2.8，Si < 1.5，Mn = 0.5～1.5，Cr = 22～28，Ni = 1.5～3.0，Mo = 0.3～1，V = 0.1～0.4，Ti = 0.08～0.1，W = 0.2～1.0。铸态为奥氏体基体，硬度为 40～50HRC。由于在 800℃ 以下，无奥氏体相变，故耐热冲击性好，在反复加热和冷却下无相变应力，不致开裂。

5）铸态应用衬板。高铬白口铸铁在铸态使用，韧性较好，也具有相当的耐磨性。例如，在直径为 5m 的水泥球磨机第二仓中用作衬板，其化学成分为 $w(C)=3\%$、$w(Cr)=25\%$，铸态硬度为 550HV，在使用中能加工硬化到 900HV，寿命约 20000~30000h。

8.3 耐磨球墨铸铁

耐磨球墨铸铁通常指以马氏体、贝氏体（或称奥铁体）为主要基体的高硬度的球墨铸铁。

我国制定了等温淬火球墨铸铁国家标准（GB/T 24733—2009），其中规定了两种耐磨等温淬火球墨铸铁牌号，见表 8-90。我国制定了耐磨损球墨铸铁件机械行业标准（JB/T 11843—2014），其牌号和化学成分见表 8-91，硬度见表 8-92。

表 8-90 耐磨等温淬火球墨铸铁的力学性能（GB/T 24733—2009）

材料牌号	布氏硬度 HBW ≥	其他性能（仅供参考）		
		抗拉强度 R_m/ MPa ≥	条件屈服强度 $R_{p0.2}$/ MPa ≥	断后伸长率 A （%） ≥
QTD HBW400	400	1400	1100	1
QTD HBW450	450	1600	1300	—

注：1. 最大布氏硬度可由供需双方商定。
2. 400HBW 和 450HBW 如换算成洛氏硬度分别约为 HRC43 和 HRC48。

表 8-91 耐磨损球墨铸铁件的牌号与化学成分（JB/T 11843—2014）

名称	牌号	化学成分（质量分数,%）					
		C	Si	Mn	Cr	P	S
奥铁体连续冷却淬火球墨铸铁件	QTML-1	3.2~3.8	2.0~3.0	2.0~3.0	–	≤0.05	≤0.03
马氏体连续冷却淬火球墨铸铁件	QTML-2	3.2~3.8	2.0~3.0	0.5~1.5	–	≤0.05	≤0.03
奥铁体等温淬火球墨铸铁件	QTMD-1	3.2~3.8	2.0~3.0	0.5~1.5	–	≤0.05	≤0.03
奥铁体低温等温淬火球墨铸铁件	QTMD-2	3.2~3.8	2.0~3.0	0.5~1.5	–	≤0.05	≤0.03
含碳化物奥铁体等温淬火球墨铸铁件	QTMCD	3.2~3.8	2.0~3.0	1.0~3.5	≤1.5	≤0.05	≤0.03

注：允许加入适量 Mo、Cu、Ni 等元素和微量 V、Ti、B、RE、Mg 等元素。

表 8-92 耐磨损球墨铸铁件的硬度（JB/T 11843—2014）

名称	牌号	表面硬度 HRC
奥铁体连续冷却淬火球墨铸铁件	QTML-1	≥50
马氏体连续冷却淬火球墨铸铁件	QTML-2	≥52
奥铁体等温淬火球墨铸铁件	QTMD-1	≥43
奥铁体低温等温淬火球墨铸铁件	QTMD-2	≥48
含碳化物奥铁体等温淬火球墨铸铁件	QTMCD	≥56

注：铸件断面深度 40% 处的硬度应不低于表面硬度值的 90%。

8.3.1 马氏体耐磨球墨铸铁

（1）马氏体耐磨球墨铸铁的化学成分、金相组织与力学性能 马氏体耐磨球墨铸铁的化学成分见表 8-93，对应的金相组织和力学性能见表 8-94。

对 ϕ60mm 马氏体球墨铸铁磨球在自由落程 4.2m、最大冲击吸收能量为 35J 的落球式冲击疲劳试验机上进行磨球冲击疲劳抗力的试验。磨球跌落冲击疲劳抗力试验结果见表 8-95。马氏体球墨铸铁磨球疲劳剥落失重与高铬白口铸铁磨球相近，而远少于中锰球墨铸铁磨球。

表 8-93 马氏体耐磨球墨铸铁的化学成分（质量分数）（%）

C	Si	Mn	S	P	Mg残	RE残
3.4~ 3.8	2.2~ 2.5	0.8~ 1.2	≤0.03	≤0.15	0.03~ 0.05	0.03~ 0.04

注：马氏体球墨铸铁相当于 QTML-2（见表 8-91）。

表 8-94 马氏体耐磨球墨铸铁的金相组织和力学性能

状态	金相组织	硬度 HRC	冲击韧度 $a_K/(\text{J/cm}^2)$
淬火 + 低温回火	马氏体 + 球状石墨 + 残留奥氏体	≥52	≥8

注：冲击试样尺寸为 10mm×10mm×55mm，无缺口。

表 8-95 磨球跌落冲击疲劳抗力试验结果

磨球种类	每万次冲击平均 单球剥落失重/g	跌落后磨球 表面硬度 HRC
马氏体耐磨球墨铸铁	2.33	54～57
高铬白口铸铁	3.82	60～63
中锰球墨铸铁	110.0	50～55

（2）马氏体耐磨球墨铸铁的铸造与热处理　马氏体耐磨球墨铸铁的铸造参阅本手册第5章球墨铸铁。

欲获得高硬度的马氏体基体的球墨铸铁，应进行淬火处理，通常是在水玻璃水溶液或淬火油中淬火。淬火温度为 830～880℃。

淬火后应及时进行回火，使淬火马氏体转变为回火马氏体，以消除淬火应力。由于马氏体球墨铸铁不含其他合金元素，为使马氏体硬度不下降很多，回火温度宜选择在 250℃左右。

（3）马氏体耐磨球墨铸铁的耐磨性与应用　马氏体耐磨球墨铸铁常用于冲击磨料磨损工况。马氏体耐磨球墨铸铁冲击磨损耐磨性如图 8-75 所示，马氏体耐磨球墨铸铁中残留奥氏体数量对冲击磨损的失重影响如图 8-76 所示。从中可见，低残留奥氏体数量的马氏体耐磨球墨铸铁具有良好的耐磨性。

马氏体耐磨球墨铸铁用作球磨机磨球和中小型水泥球磨机衬板，物美价廉，取得了较好的应用效果。马氏体耐磨球墨铸铁磨球在水泥厂 φ1.5m×5.7m 生料磨机第一仓试验结果见表 8-96，磨球破碎率（质量分数）为 0.102%。在 φ1.87m×7.1m 水泥球磨机中每吨水泥球耗 82.5g，破碎率（质量分数）为 1.26%。

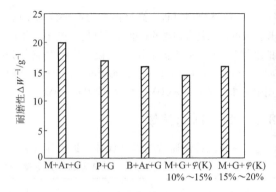

图 8-75 马氏体耐磨球墨铸铁的冲击磨损耐磨性

M—马氏体　Ar—残留奥氏体　G—球状石墨
P—珠光体　B—贝氏体　K—碳化物　ΔW—磨损失重

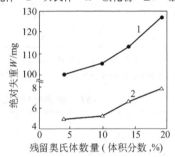

图 8-76 马氏体耐磨球墨铸铁中残留奥氏体数量对冲击磨损失重的影响

1—30～70 号筛硅砂　2—60 号筛精制玻璃砂

表 8-96 马氏体耐磨球墨铸铁磨球在水泥厂生料磨机试验结果

磨球材质	普通锻 钢球	高铬铸 铁球	马氏体球墨铸铁球
每吨生料磨耗/g	700	82	106.3

8.3.2 贝氏体耐磨球墨铸铁

（1）贝氏体耐磨球墨铸铁的化学成分、金相组织与力学性能　贝氏体耐磨球墨铸铁的化学成分见表 8-97，对应的金相组织和力学性能见表 8-98。

表 8-97 贝氏体耐磨球墨铸铁的化学成分（质量分数）　　（%）

C	Si	Mn	P	S	$\text{Mg}_残$	$\text{RE}_残$	B
3.4～3.8	2.5～3.5	2.0～3.5	≤0.1	≤0.05	0.03～0.05	0.03～0.05	适量

注：贝氏体球墨铸铁相当于 QTML-1（见表 8-91）。

表 8-98 贝氏体耐磨球墨铸铁的金相组织和力学性能

状态	金相组织	硬度 HRC	冲击韧度 $a_K/(\text{J/cm}^2)$
淬火 + 回火	贝氏体 + 马氏体 + 残留奥氏体 + 球状石墨	≥50	≥10

注：冲击试样尺寸为 20mm×20mm×110mm，无缺口。

合金元素锰的作用在于推迟奥氏体向珠光体的转变，抑制珠光体的形成，从而为得到更多的贝氏体创造了条件，并且它使高温相变区和中温相变区分离，显著降低了马氏体相变开始温度。

合金元素硅对锰碳化物的形成有较好的抑制作用。当硅的质量分数为 2.8% 时，锰的质量分数为 2.0% 时即出现了碳化物；当硅的质量分数为 3.1% 时，锰的质量分数为 3.0% 时才有少量碳化物出现；当硅的质量分数增加到 3.4% 时，锰的质量分数为 3.5% 时才能有部分碳化物析出。

加入少量的硼元素，对获得贝氏体基体是有益的。

图 8-77 所示为当硅的质量分数为 3.1% 时，锰含量对球墨铸铁力学性能的影响。抗拉强度和冲击韧度随锰含量的增加而下降，特别是在锰的质量分数大于 2.5% 以后，下降幅度较大。当锰的质量分数为 1.5% ~ 2.5% 时，强度值处于高的水平。硬度值则在锰的质量分数为 2.0% ~ 3.0% 时得到最大值。

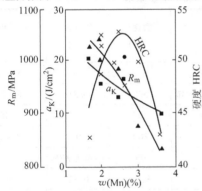

图 8-77　当硅的质量分数为 3.1% 时，锰含量对球墨铸铁力学性能的影响

在高度为 3.4m 的落球试验机，以剥落层平均直径大于 30mm 时为失效判据，各类磨球的冲击疲劳试验结果见表 8-99。试验结果表明，贝氏体耐磨球墨铸铁磨球冲击疲劳性能远远高于中锰球墨铸铁磨球，也优于高铬白口铸铁磨球。相当于中锰球墨铸铁磨球寿命的 8 倍及高铬白口铸铁磨球的 1.5 ~ 2 倍。

表 8-99　各类磨球的冲击疲劳试验结果

磨球种类	落球次数/次	剥落尺寸/mm
中锰球墨铸铁磨球	3266	48
高铬白口铸铁磨球	10000 ~ 20000	33
贝氏体耐磨球墨铸铁磨球	25933	35

（2）贝氏体耐磨球墨铸铁的铸造与热处理　贝氏体耐磨球墨铸铁的铸造参阅本手册第 5 章球墨铸铁。

欲获得硬度与韧性配合较好的贝氏体耐磨球墨铸铁，须进行特殊介质的淬火，通常是在水玻璃水溶液中淬火并及时回火。奥氏体化温度对贝氏体-马氏体耐磨球墨铸铁硬度值的影响如图 8-78 所示。温度在 820 ~ 900℃ 之间时，硬度值均在 50HRC 以上。金相组织表明，随着奥氏体化温度的升高，贝氏体逐渐减少，奥氏体数量逐渐增多。

淬火温度对耐磨球墨铸铁力学性能的影响如图 8-79 所示。由图 8-79 可知，在 875℃ 时，硬度和冲击韧度的配合较好。

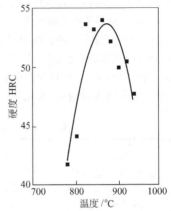

图 8-78　奥氏体化温度对贝氏体-马氏体耐磨球墨铸铁硬度值的影响

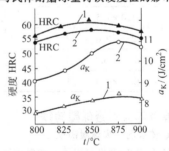

图 8-79　淬火温度对耐磨球墨铸铁力学性能的影响
1— 马氏体耐磨球墨铸铁　2—马氏体-贝氏体耐磨球墨铸铁
注：冲击试样尺寸为 20mm×20mm×110mm，无缺口。

回火温度对组织和性能有较大影响。对 $w(Si)/w(Mn)$ 值不同的两组试样进行回火处理，结果如图 8-80 所示。当回火温度高于 500℃ 时，硬度下降幅度较大。低温回火后，冲击吸收能量比淬火时显著提高。当回火温度为 400 ~ 500℃ 时，冲击吸收能量下降到最低点。$w(Si)/w(Mn)$ 值为 1.05 的冲击吸收能量在 400℃ 时达到最低点，而 $w(Si)/w(Mn)$ 为 1.30 时的最低点在 500℃。由此表明，不同的 $w(Si)/w(Mn)$ 值，它们的回火脆性区是不同的。图 8-

81 所示为回火温度对残留奥氏体数量的影响。随着回火温度的升高，残留奥氏体数量逐渐减少。

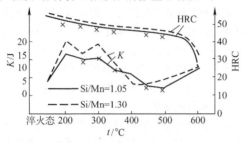

图 8-80　回火温度对力学性能的影响

注：冲击试样尺寸为 20mm×20mm×110mm，无缺口。

（3）贝氏体耐磨球墨铸铁的耐磨性与应用　贝氏体耐磨球墨铸铁硅砂冲击磨损时的磨损速度见表 8-100。

贝氏体耐磨球墨铸铁因硬度较高，韧性和抗冲击疲劳性能较好，通常用作球磨机磨球和中小型球磨机衬板。贝氏体耐磨球墨铸铁磨球装机试验结果见表 8-101。

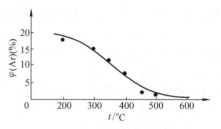

图 8-81　回火温度对残留
奥氏体数量 Ar 的影响

表 8-100　贝氏体耐磨球墨铸铁硅砂冲击
磨损时的磨损速度

材　料	磨损速度/(g/h)	硬度
正火 45 钢	0.1477	190HBW
马氏体耐磨球墨铸铁	0.0941	54HRC
贝氏体耐磨球墨铸铁	0.0730	52HRC

表 8-101　贝氏体耐磨球墨铸铁磨球装机试验结果

粉碎物料	磨机尺寸（直径/m）×（长/m）	考核/月	考核地点	磨耗/(g/t)	碎球率（%）	矿石普氏硬度 f
铜矿	φ2.7×2.8	3	河北承德寿王坟铜矿	550	—	8~12
铜矿	φ2.7×3.6	6.5	江西铜业股份有限公司武山铜矿	500	0.81	8~12
铁矿	φ2.7×2.1	2	辽宁省本溪草北铁矿	285	0.7	>10
金矿	φ1.0×1.5	3	山东招远金矿	800	0	16~18
水泥	φ2.4×9.0		辽宁省本溪水泥厂	95	基本无破碎	—
水泥	φ1.83×6.1	1	湖南省祁东水泥厂	83.4	0.32	—
煤	φ2.5×4.0	3	本溪发电厂	79		—

8.3.3　等温淬火耐磨球墨铸铁

1. 奥铁体等温淬火球墨铸铁

表 8-91 和表 8-92 中列出了两种奥铁体等温淬火球墨铸件的牌号、成分与硬度，其中奥铁体等温淬火球墨铸铁（牌号 QTMD-1）相当于 QTD HBW400 牌号，奥铁体低温等温淬火球墨铸铁（牌号 QTMD-2）相当于 QTD HBW450 牌号（见表 8-90）。

这两种牌号的材料是通过在较低温度进行等温淬火得到奥铁体显微基体组织，具有较高的硬度和较好的耐磨性，同时热处理工艺可以使之获得更高的抗拉强度和屈服强度，但塑性很低。

表 8-91 和表 8-92 中的奥铁体或马氏体表示该牌号球墨铸件基体组织以奥铁体或马氏体为主；耐磨损球墨铸铁件石墨以球状为主，石墨球化级别应符合 GB/T 9441 中的球化级别 1 级或 2 级，不低于 3 级。

石墨球数不低于 100 个/mm²。

两种奥铁体等温淬火球墨铸铁可用于制造凸轮轴、齿轮等易黏着磨损的耐磨件。

2. 含碳化物等温淬火耐磨球墨铸铁

含碳化物等温淬火耐磨球墨铸铁在工业界常被简称 CADI，表 8-91 和表 8-92 列出了含碳化物奥铁体等温淬火球墨铸件，牌号为 QTMCD。该铸铁化学成分的特点是含有一定量的 Cr 和 Mn 元素，使之凝固结晶过程中形成一定体积分数的碳化物，从而使铸铁含有高硬度碳化物相，使铸铁件硬度和耐磨性提高。

含碳化物等温淬火耐磨球墨铸件常采用盐浴等温淬火热处理，以获得奥铁体显微组织。CADI 磨球的显微组织如图 8-82 所示。为简化等温淬火热处理工艺，也可采用"液淬激冷 + 中低温等温"热处理工艺。

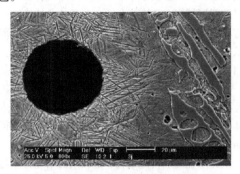

图 8-82 CADI 磨球的显微组织

含碳化物等温淬火耐磨球墨铸铁具有较高的硬度（56~61HRC）、一定的冲击韧性（KV_2 为 5~12J，冲击试样尺寸为 10mm×10mm×55mm，无缺口）和良好冲击磨损硬化特性，硬度和韧性匹配良好。CADI 磨球在铁矿润磨机中使用前后的磨损硬化情况见表 8-102。

含碳化物等温淬火耐磨球墨铸铁（CADI）常用作大型半自磨机和球磨机磨球，因其具有高硬韧性及一定的耐蚀性，在金属矿山大型磨机中的磨球球耗明显低于低铬白口铸铁磨球和低合金钢锻轧磨球。该铸铁也可用于球磨机衬板等耐磨件。

表 8-102 CADI 磨球在铁矿润磨机中使用前后的磨损硬化情况

磨球种类	磨球直径/mm	使用前硬度HRC	应用天数/天	使用后硬度HRC	硬度提高值HRC
CADI磨球	100	57.6	7	68.6	11.0
	80	58.3	7	66.7	8.4
	60	58.7	7	63.3	4.6
	60	58.7	30	65.0	6.3
低铬白口铸铁磨球	—	43.1	—	47.6	4.5
	—	46.6	—	49.7	3.1

8.4 复合铸造耐磨材料

复合铸造耐磨材料，即采用复合铸造方式制造的耐磨材料，通常采用"硬"和"软"两种或多种材料复合铸造制备成形。

我国制定了耐磨损复合材料铸件国家标准（GB/T 26652—2011），其牌号的耐磨损复合材料铸件组成及耐磨损增强体材料见表 8-103，耐磨损复合材料铸件须保证复合材料组成之间为冶金结合。耐磨损复合材料铸件硬度见表 8-104。

表 8-103 耐磨损复合材料铸件的牌号及组成（GB/T 26652—2011）

名称	牌号	复合材料组成	铸件耐磨损增强体材料
镶铸合金复合材料 I 铸件	ZF-1	硬质合金块/铸钢或铸铁	硬质合金
镶铸合金复合材料 II 铸件	ZF-2	抗磨白口铸铁块/铸钢或铸铁	抗磨白口铸铁
双液铸造双金属复合材料铸件	ZF-3	抗磨白口铸铁层/铸钢或铸铁层	抗磨白口铸铁
铸渗合金复合材料铸件	ZF-4	硬质相颗粒/铸钢或铸铁	硬质合金；抗磨白口铸铁；WC 和（或）TiC 等金属陶瓷

表 8-104 耐磨损复合材料铸件硬度（GB/T 26652—2011）

名称	牌号	铸件耐磨损增强体硬度 HRC	铸件耐磨损增强体硬度 HRA
镶铸合金复合材料 I 铸件	ZF-1	≥56（硬质合金）	≥79（硬质合金）
镶铸合金复合材料 II 铸件	ZF-2	≥56（抗磨白口铸铁）	—
双液铸造双金属复合材料铸件	ZF-3	≥56（抗磨白口铸铁）	—
铸渗合金复合材料铸件	ZF-4	≥62（硬质合金）	≥82（硬质合金）
		≥56（抗磨白口铸铁）	—
		≥62［WC 和（或）TiC 等金属陶瓷］	≥82［WC 和（或）TiC 等金属陶瓷］

注：洛氏硬度 HRC 和洛氏硬度 HRA 中任选一项。

复合铸造耐磨材料可通过双金属铸造工艺（包括双液复合铸造工艺和镶铸工艺）制造，也可通过铸渗工艺制造。

双金属铸造是把两种具有不同特征的金属材料铸造成为完整的铸件，使铸件的不同部位具有不同的性能，以满足使用要求。通常一种合金具有较高的力学性能，另一种合金则具有耐磨等特殊使用性能。

双金属铸造工艺常见的有双液复合铸造工艺（包括重力铸造和离心铸造等）、镶铸工艺。将两种不同成分、性能的铸造合金分别熔化后，按特定的浇注方式或浇注系统，先后浇入同一铸型内，即为双液复合铸造工艺。将一种合金预制成一定形状的镶块，镶铸到另一种合金内，得到兼有两种或多种特性的双金属铸件，即为镶铸工艺。

双金属铸件的使用效果除取决于铸造合金本身的性能外，更主要地取决于两种合金材料结合质量。在双金属复合铸造过程中，两种金属中的主要元素在一定温度场内可以互相扩散、互相熔融，形成一层成分与组织介于两种金属之间的过渡合金层。通过控制各工艺因素以获得理想的过渡层的成分、组织、性能和厚度，是制成优质双金属铸件的技术关键。

以碳素钢-高铬白口铸铁双液复合铸造为例，向铸型内先入钢液，间隔一定时间后再注入铁液。过渡层的液体在碳素钢层已存在的奥氏体晶体的结晶前沿或在悬浮的夹渣物、氧化膜的界面上成核并长大。在过渡层区域内，正在生长着的奥氏体晶体边缘的前方富聚着各种杂质元素，引起成分过冷，促使凸部加速长大，呈树枝状连续生长。当结晶即将终了时，高铬白口铸铁的液体以过渡金属的结晶前沿为结晶基面，生核长大。这种生长方式将使碳素钢中的奥氏体与过渡层中的奥氏体，以及高铬白口铸铁中的初生奥氏体连接起来，构成了连续的奥氏体晶体骨架，得到了结合紧密的双金属铸件。

镶铸双金属的铸造过程，过渡层的结晶特点与双液复合铸造工艺相似，只是凝固次序不同，在固体镶块表层熔融金属的晶体前沿处形核长大，形成过渡层和母材（如钢材）的晶体。

8.4.1 双液双金属复合铸造耐磨材料

1. 选材

双液双金属铸件由衬垫层、过渡层和耐磨层组成。衬垫层由塑性和韧性好的金属材料形成，常用中低碳铸钢以使铸件能承受较大的冲击载荷，或者用球墨铸铁、灰铸铁以使铸件具备较高的强度并节约贵重的耐磨层材料。耐磨层多用高铬白口铸铁，过渡层为两种金属的熔融体。

双液双金属复合铸造用材料的化学成分见表8-105。

表8-105 双液双金属复合铸造用材料的化学成分

复合铸造用材料		化学成分(质量分数,%)								备注
名称	牌号	C	Si	Mn	P	S	Cr	Mo	Cu	
碳钢	ZG230-450	0.20	0.50	0.80	0.04	0.04	—	—	—	衬垫层
	ZG270-500	0.40	0.50	0.80	0.05	0.05	—	—	—	(母材)
高铬白口铸铁		2.2~3.3	0.6~1.2	0.5~1.5	0.06	0.06	14~30	≤3.0	≤1.2	耐磨层

注：双液双金属复合铸造耐磨材料相当于ZF-3（见表8-103）。

2. 铸造工艺

（1）双液平浇工艺 将两种不同的铸造金属液按先后次序通过各自的浇道注入同一个铸型内。两种金属液的浇注时间需保持一定的时间间隔。熔点高、密度大的钢液先浇注，熔点低、密度小些的铁液后浇注。浇注工艺的关键是严格控制两种金属液的浇注时间间隔。一般当钢层的表面温度达900~1400℃时，可浇注铁液。钢层的表面温度与钢液的浇注温度，钢层厚度、铸型散热条件等因素有关。两层合金液的浇注时间间隔，除取决于钢层表面温度，还与铁液的浇注温度、铁层厚度有关。浇注温度高，铁层厚度较厚，钢液与铁液浇注间隔时间可以适当长些。

浇注速度以快浇为宜。

实际生产中，通过冒口或铸型专设的窥测孔可目测判断钢层表面温度，也可用测温仪测定钢层表面温度，以便确定铁液注入型腔的最佳时间间隔。

一般来说，铸型均水平放置，以得到厚度均匀的钢层、铁层。如欲得到不同厚度的合金层，也可按需要以不同的倾斜角放置铸型。

在铸型上分别开设钢液和铁液的浇注系统。由于钢液先浇，铁液后浇，所以钢液中的浇注系统按一般铸钢的浇注系统参数设计，而铁液浇注系统则应保证有充分的补缩能力和较快的浇注速度，以免出现缩孔和冷隔缺陷。

先浇注金属液的定量方法可以采用定量浇包，或者在铸型上设液面定位窥测孔。

风扇磨煤机冲击板的铸型工艺如图 8-83 所示。

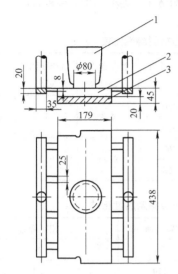

图 8-83 风扇磨煤机冲击板的铸型工艺
1—冒口兼窥测孔 2—高铬白口铸铁 3—碳素钢

（2）双液隔板立浇工艺 采用平造立浇方式。在铸型中间设一薄的碳素钢隔板，将铸型分为两部分。浇注时，两种金属，即中低碳钢和高铬白口铸铁同时浇注，分别浇入各自的型腔，应尽量使钢铁液面同时上升，防止隔板在浇注过程中变形或烧穿。

碳素钢隔板须除锈处理。隔板过厚则成为内冷铁而易产生冷隔，太薄则易在浇道附近被烧穿或严重变形。对质量在 50～150kg 之间的磨煤机衬板铸件，碳素钢隔板厚度 δ（mm）可用下式计算：

$$\delta = ah + b$$

式中 h——铸件壁厚（mm），a 取 0.03，b 取 -0.15mm。

（3）双液离心铸造工艺 离心铸造工艺适于回转体形状的耐磨件铸造。

采用离心铸造工艺，可铸造合金白口铸铁-灰铸铁双金属中速磨煤机辊套，高铬白口铸铁-球墨铸铁复合冷轧轧辊，高铬白口铸铁-碳素钢泥浆泵缸套。

工艺关键仍然是双金属的浇注温度和浇注时间间隔。

以内径 ϕ180mm、外径 ϕ220mm 的泥浆泵缸套为例，铸型转速，外层为 690～750r/min、内层为890～950r/min；金属模具预热温度为 250～300℃；外层用 ZG200-400，浇注温度为 1520～1550℃，内层用高铬白口铸铁，浇注温度为 1380～1420℃；双金属浇注间隔为 20～35s。

3. 双液双金属铸件的热处理

除非双金属铸件耐磨层铸态已达到所需的硬度，一般情况下，双金属铸件需热处理。目的是提高耐磨层合金白口铸铁的硬度及衬垫层碳素钢（或球墨铸铁、灰铸铁）的综合力学性能，消除铸态组织。

由于两种金属的最佳热处理工艺有别，奥氏体化温度等工艺参数应尽可能两者兼顾。以高铬白口铸铁-碳素钢双金属衬板为例，高温奥氏体化后出炉空冷并回火，对高铬白口铸铁层是淬火和回火，对碳素钢层是正火和回火，达到了上述两个热处理目的。

4. 双液双金属铸件的力学性能

抗弯试验：试样取自小型冲击板，试样尺寸为 30mm×20mm×250mm，跨距为 220mm，高铬白口铸铁面上受载，试验结果见表 8-106。通过双液复合铸造工艺，提高了材料的抗弯强度，对挠度值提高得更为显著，使高铬白口铸铁-钢复合材料具有塑性材料的特征，从而使运行安全得到保证。

冲击试验：冲击试样尺寸为 20mm×20mm×110mm，无缺口。双金属复合材料的一次冲击韧度比单一高铬白口铸铁的高得多。在打击铸铁面的冲击试验条件下，冲击韧度随钢层厚度的增加而提高，见表8-107。

表 8-106 双金属复合材料与单一高铬白口铸铁的抗弯试验结果

材 料		挠度 f/mm		抗弯强度 σ_{bb}/MPa		备 注
		铁断裂	钢开始裂	铁断裂	钢开始裂	
单一高铬白口铸铁		1.4	—	675	—	
复合材料	钢层占试样总厚的30%	1.6	5	689	852	高铬白口铸铁有缺陷
	钢层占试样总厚的36%	1.9	6.5	783	927	

表 8-107 双金属复合材料与单一高铬铸铁的冲击试验

材 料	高铬铸铁	双金属（钢层 5.4mm）	双金属（钢层 6.7mm）
$a_K/(\text{J/cm}^2)$	6～8	48	76.5～79.3

5. 双液双金属耐磨材料的耐磨性与应用

双液双金属耐磨材料用作风扇式磨煤机冲击板、反击式破碎机板锤、大型锤式破碎机锤头、球磨机衬板及中速磨煤机辊套，在保证不断裂的前提下，大幅度提高了耐磨性，见表8-108～表8-111。

表8-108　两种材料的风扇式磨煤机冲击板耐磨性比较

冲击板材料	运行前质量/kg	运行后质量/kg	磨损量/kg		运行时间/h	磨损速率/(g/h)	磨损速率对比	状态
			本身	平均				
双金属	12.2	9.1	1.1	1.55	360	4.3	1	未磨穿
	12.2	8.2	2		360			
高锰钢	10.5	7.5	3	3.4	360	9.44	2.2	磨穿
	10.5	6.7	3.8		360			

表8-109　两种材料的水泥厂反击式破碎机板锤耐磨性比较

板锤材料	反击式破碎机型号	使用前质量/kg	使用后质量/kg	实际寿命/d	相对寿命
高锰钢	φ1250mm×1000mm	47	42.1	28	1
双金属		47	42.6	114	4.1

表8-110　两种材料的水泥厂球磨机衬板耐磨性比较

衬板材料	球磨机型号	运行时间/h	备　注
高锰钢	φ3m×14m	5760	已报废
双金属		10860	继续使用

表8-111　两种材料的火电厂中速磨煤机辊套和球磨机衬板耐磨性比较

辊套材料	中速磨煤机型号	使用寿命/h	衬板材料	球磨机型号	相对寿命
镍硬白口铸铁	RP1003	3500～4000	高锰钢	DTM	1
钨铬钒白口铸铁-灰铸铁		>7000	高铬白口铸铁-碳素钢	287/410	4.7

8.4.2　镶铸双金属复合铸造耐磨材料

1. 镶铸用材的选用

双金属镶铸用材由镶块（条）和母材组成，见表8-103和表8-104中的牌号ZF-1和ZF-2。

镶块（条）的材质要具有高的硬度和耐磨性，对其综合性能要求不高，常选用高铬白口铸铁和硬质合金。母材的金属应有好的韧性，良好的耐磨性，良好的流动性，与镶块的热胀系数接近，与镶块的热处理工艺相匹配，常选用30CrMnSiTi等中低合金耐磨铸钢和高锰铸钢。

2. 镶块的几何尺寸与布置

应根据镶块部位的铸件形态来设计镶块的几何尺寸，同时还应考虑使其与母材能牢固地结合而又不造成母液太大的流动阻力和形成较大的应力集中现象。一般镶块的横截面多呈方形、圆形或椭圆形。镶块应致密，表面应除锈洁净。

镶块应布置在铸件磨损最严重的部位，同时又要避免使母液流动过度受阻，以免在镶块之间出现冷隔或浇不到等缺陷。

镶块（条）总重占母材总重的比例视镶铸部位的耐磨性和韧性而定。母材重量与镶块重量之比一般为10:1～5:1，要求镶铸部位有更好的耐磨性时，此比值可小于10；对韧性要求更高时，此比值可大于5。镶块的固定可采用固定内冷铁的固定方法或泡沫塑料的固定方法等。

3. 造型工艺

铸型：干砂型或金属型。

浇注系统：采取母液（如铸钢等）的浇注系统。可在铸件最冷端开设溢流槽、排除最冷的母液。利用最先进入型腔的高温母液加热镶块是得到结合牢固的镶铸件的有效工艺措施。

4. 热处理工艺

应根据所用母材来确定最合适的热处理工艺。母材选用30CrMnSiTi钢时，热处理可采用图8-84所示的工艺，淬火冷却介质为水或油。选用哪一种淬火冷却介质主要应视母材的碳含量而定。碳含量高 $[w(C) > 0.3\%]$ 的合金钢采用油淬，碳低采用水淬。经热处理后母材 30CrMnSiTi 钢和高铬白口铸铁镶块达到的力学性能见表 8-112 和表 8-113。

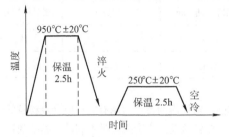

图 8-84　镶铸件的热处理工艺

表 8-112　热处理后镶块
（高铬白口铸铁）和母材的硬度

材　质	硬度 HRC
镶块（高铬白口铸铁）	≥58
母材（30CrMnSiTi）	44~50

表 8-113　热处理后母材的性能

母材	抗拉强度 /MPa	抗弯强度 /MPa	冲击韧度 /(J/cm²)
母材（30CrMnSiTi）	1000	>2190	>17.6

5. 镶铸工艺实例

（1）破碎机锤头

铸件重：7.2~12.7kg。

镶块材质：Cr15 铸铁，为长方体。

母材材质：ZG270-500 铸钢。

锤头镶铸工艺如图 8-85 所示。

（2）风扇磨煤机冲击板

铸件重：55kg。

镶条：高铬白口铸铁，呈梯形长条状，以利于牢固地镶嵌，减少母液流动阻力，如图 8-86 所示。

母材：30CrMnSiTi 钢。

镶铸工艺：在冲击板中加入约 20% 镶条，这不仅阻碍钢液流动，而且起着冷铁的作用。为消除气孔、冷隔缺陷，采取平造斜浇工艺，将浇道开在铸件的低处，两个出气冒口放在高处，采取多条内浇道同时注入钢液，并顺着镶条方向浇入，使型腔内温度均匀，保证铸件各部镶铸质量良好。

镶铸工艺还可以采取电渣重熔方式，如 4m³ 挖掘机斗齿件，将高锰钢电渣重熔并将耐磨镶块铸于冲

击磨损的主要位置。

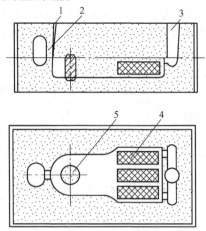

图 8-85　锤头镶铸工艺
1—排气孔　2—溢出槽　3—直浇道
4—镶块　5—砂芯

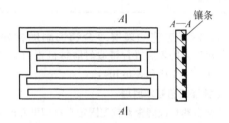

图 8-86　耐磨镶条在冲击板中的位置

还有一种类似于镶铸的熔铸工艺，即在固态的金属表面浇注另一金属，使两种金属熔铸结合。例如，用消失模方法熔铸弯管，先制好外层低碳钢弯管并进行内壁除锈，然后在钢管内装入消失模，浇注 BTM-Cr26 铸铁铁液，浇注后铸件在砂中保温缓慢冷却，以免产生裂纹。此工艺的弯管是铸态应用。消失模真空吸铸法双金属复合弯管的浇注工艺如图 8-87 所示。

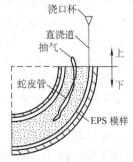

图 8-87　双金属复合弯管的浇注工艺

6. 镶铸双金属复合铸造耐磨材料的耐磨性与应用

镶铸双金属耐磨材料用作大型锤式破碎机锤头、

4m³ 挖掘机斗齿，在安全运行的前提下，较大幅度地提高了耐磨性能，见表 8-114 和表 8-115。前述消失模复合铸造双金属弯管，因内层为高硬度的高铬铸铁

而大幅度提高了耐磨性；同时因外层为可焊接的低碳钢，又解决了单一高铬铸铁不能焊接这一难题。镶铸双金属颚式破碎机颚板国内外也有应用。

表 8-114　镶铸双金属锤头应用效果

材　　料	锤破机型号	使用前质量/kg	使用后质量/kg	寿命/h	相对使用寿命
高锰钢	PCL1000-3	13.5	8.6	232	1
双金属		13.2	8.8	712	3.1

表 8-115　镶铸双金属斗齿应用效果

材料	矿石硬度/f	电铲型号	铲矿量/t	相对使用寿命
高锰钢	16~18	4m³	30000	1
高铬白口铸铁-高锰钢			73320	2.44

8.4.3　铸渗工艺的表层复合铸造耐磨材料

铸渗工艺的表层复合铸造耐磨材料相当于 ZF-4 牌号（见表 8-103 和表 8-104）。

1. 铸渗工艺基本原理

将合金粉粒或陶瓷颗粒先固定在铸型型腔的特定位置，然后注入铁液。铁液渗透、合金粉粒熔化并伴随着元素的扩散，或者铁液浸润和渗透，并存在一定程度的界面反应，最终在铸件表面形成一层铸渗合金层。但是，如对黏结剂、熔剂和生产工艺控制不当，易导致合金层存在气孔、夹渣等疵病。近些年来，应用重力铸造法、真空吸铸法等，可不用黏结剂而将耐磨合金粉粒铸渗在铸铁件的表面，或者用离心力方法得到少无缺陷的铸渗铸铁件。

铸渗合金层与母材之间存在着一个过渡层，过渡层显示出母材与合金层的结合具有明显的熔焊特征。铸渗的质量指合金化程度、厚度、过渡层的熔焊质量，它取决于高温铁液在合金涂料（涂膏、粉粒）或陶瓷颗粒毛细孔通道中的渗透速度、深度、均匀程度，以及铁液与合金层相互作用的时间、合金粉粒的熔解速度等。

提高铁液的温度可降低其黏度，增加相互作用时间，有利于提高铁液的渗透能力。但过高的浇注温度有冲散涂层或预制块的危险，并易使合金粉粒高温氧化，形成新的夹渣。铁液在涂层或预制块中的渗透能力还取决于合金粉粒的粒度，黏结剂和熔剂的种类、数量。合金粉粒的粒度越细、孔隙度越小，毛细管吸

力越强，对铁液的渗透力越有利；但合金粉粒的粒度过细，铁液流动阻力变大，是不利的。黏结剂种类的选择应以能湿润合金粉粒，提高涂层或预制块强度，不产生熔渣为准。加入的黏结剂数量不宜过多，以能使涂层或预制块具有一定强度和涂层涂挂性为宜。熔剂的作用在于改善铁液对合金粉粒的浸润能力。

为获得一定厚度的合金渗层，应控制合适的涂层或预制块厚度，并应使化学成分均匀。涂层或预制块厚度太薄，需渗入的合金来源太少，不足以形成一定厚度的渗层；涂层或预制块过厚，浇注时易开裂，反应不完全。在涂层或预制块化学成分合适的条件下，涂层或预制块厚度与铁液温度、铸件壁厚、铸型导热性配合恰当，可获得质量稳定、厚度适中的铸渗合金层。

采用真空吸铸法的铸渗工艺，由于不需黏结剂和熔剂，所以工艺控制较方便，质量较稳定。

采用高压成型技术制备合金粉粒预制块的铸渗工艺，也不需要黏结剂，可避免气孔、夹渣等缺陷，质量较好。

铸铁件常采用的铸渗工艺有铸渗碳化钨等陶瓷颗粒。

2. 合金涂层及预制块的制备

涂层及预制块是由一种或几种合金粉粒或陶瓷颗粒与一定比例的黏结剂、熔剂混合而成，可以呈涂层状、膏状或做成随形预制块。涂层是由一定粒度的一种或几种合金粉粒组成，靠真空吸附于铸型上。涂层及预制块厚度由所要求的渗层厚度来确定。

（1）涂层及预制块用合金材料的选用原则

1）能被铁液熔化（或扩散熔解）。

2）颗粒表面无氧化，以免出现气孔。

3）合金粉粒粒度均匀，粒度大小依铸件的热容量和浇注温度而定。

铸渗涂层常用的合金材料和粒度见表 8-116。

表8-116 铸渗涂层常用的合金材料和粒度

铸渗类型	合金组成（质量分数,%）	合金粒度（筛号）[1]	涂层深度/mm	备 注
渗铬	Cr = 66.98、Si = 0.48、C = 5.45、其余 Fe	100	3~5	—
	Cr = 28~30、Ni = 4、B = 1.5~2.5、C = 3.5~4.5、Si = 2、其余 Fe	40/100	3~5	
渗碳化钨	铸造 WC 颗粒 100	40/70	2.0	铸渗层耐磨性与 WC 粒度有关，粗粒度的 WC 渗层比细粒度的更耐磨，含 WC 铸渗层比铬合金化渗层更耐磨
渗 WC + 高铬白口铸铁	铸造 WC 颗粒 80，余为高铬白口铸铁	40/70	3.0	
	铸造 WC 颗粒 20，余为高铬白口铸铁	40/70	5.0	
渗硼	BFe100	20/100	3~5	成本低，杂质元素含量多，活性大，质量稳定
	B_4C100	20/100	3~5	
渗硅铁	FeSi45	40/70	3~5	—

① 筛号数相当旧标准的目数。

（2）涂层用黏结剂选用原则

1）具有足够的粘接强度。

2）黏结剂受高温作用能气化，应具有低的渣化倾向，以增加涂层或预制块的空隙率。

几种铸渗涂层常用的黏结剂见表8-117。

表8-117 几种铸渗涂层常用的黏结剂

黏结剂	加入量（质量分数,%）	使 用 效 果
水玻璃	<3	膏块制作时易破损，浇注过程中易被铁液冲散
	3~7	能较好地形成合金层，强度适中，发气量少
	>7	不能形成合金层或合金层中存在大量孔洞
聚乙烯醇缩合物	2~5	能形成合金层
呋喃树脂	2~5	能形成合金层，发气量中等，渣量少
酚醛树脂	2~4	能形成合金层
桐油	3~10	能形成合金层

（3）涂层用熔剂选用的原则

1）提高合金渗剂的活性，易气化。

2）提高涂层在铁液中的润湿能力。

（4）涂层的烘干工艺 不同的黏结剂需采取不同的烘干温度。图8-88所示为铸渗涂层的烘干工艺。

3. 铸渗件的铸造工艺及控制

（1）砂型铸渗工艺 砂型铸渗工艺的主要参数见表8-118。

（2）真空（V法造型）负压铸渗工艺 采用松散的合金粉粒或黏结的合金材料吸附在铸型的特定部位上。真空铸渗可以克服传统砂型铸渗工艺在渗层和过渡层内产生的气孔、夹渣缺陷，而且渗层质量稳定可靠。

在模样上覆盖塑料薄膜，将钢丝沿需铸渗区域的轮廓圈成相应的环形，将合金粉粒填充入环内，使合金粉粒的高度达到环的高度，往砂箱内填入硅砂，然后抽真空，移去模样。这样就可在上、下箱铸型壁上靠真空吸附住合金粉粒，如图8-89所示。

如果仅仅底面需铸渗，可以采用 V 法造型的下箱和湿型上箱组成型腔。

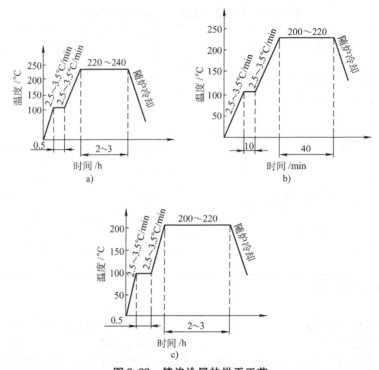

图 8-88　铸渗涂层的烘干工艺

a) 水玻璃涂层　b) 桐油涂层　c) 呋喃树脂涂层

表 8-118　砂型铸渗工艺的主要参数

工艺参数	指　标	备　注
涂层厚度	$S = (1.2 \sim 2)\ B$ 式中　B—合金铸渗层厚度（mm） 　　　S—合金涂料层（膏）厚度（mm）	涂层（膏）厚度应与铸件壁厚相适应
砂型涂层的烘干温度	$200 \sim 240℃$	脱水，提高贴固温度
涂层（膏）的安放位置	在砂型的上、下面均可，最好置于砂型的侧壁或底部	—
浇注温度[①]	$1350 \sim 1490℃$	用干型时，壁厚大于20mm
浇注系统	铁液应平稳地流入型腔，内浇道的布置应有利于铸件各部分均衡冷却，并且不直接冲刷涂层	—
冷却速度	冷却速度低，凝固慢的部位渗层厚；反之，则渗层薄	—

① 浇注温度应依渗层（膏）中合金的种类和要求的渗层厚度而定，如渗层由 CrFe 粉、水玻璃（质量分数为15%）、硼砂（质量分数为4%）组成时，浇注温度应取1390℃。需渗层厚度越厚，浇注温度应越高，但过高的浇注温度有冲散涂层的危险。

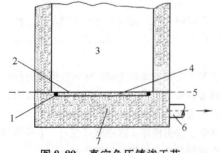

图 8-89　真空负压铸渗工艺

1—钢丝环　2—塑料薄膜　3—型腔
4—合金粉粒　5—分型面　6—抽真空口　7—干砂

4. 铸渗层的性能及生产应用

（1）铸渗层的力学性能　渗层的力学性能见表8-119。渗层深度与铸渗合金层的硬度见表8-120。

（2）铸渗层的耐磨性　从铸渗层的耐磨性考虑，采用复合合金涂层（膏剂或覆层）比单元素合金敷层能得到更高的耐磨性。表8-121列出了不同合金涂料配比对砂型铸渗合金层相对耐磨性的影响。显然，覆层的复合合金化达到较高的耐磨性。

铸铁件的钨系表面合金渗层，铸态的基体组织基本上是马氏体，对 WC 颗粒有较强的镶嵌能力，有利于发挥 WC 磨损抗力的骨干作用，三体磨损的抗磨相对值为 1.05 ~ 6.4；随着 WC 粒度的增大，其抗磨性提高。当合金涂层（或覆层）中复合一部分铬铁合金时，加强了马氏体基体，在 WC 颗粒周围生成合金碳化物，其中含 $w(Cr)$ 为 20%，$w(W)$ 为 10%，显微硬度达 1480 ~ 1800HV。表 8-122 列出了铸铁件真空铸渗不同粒度 WC 合金层的相对耐磨性。

表 8-119　铸渗层的力学性能

母　材	合金粉粒	母材厚度(mm)/粉厚(mm)	抗剪强度[1]/MPa	抗弯强度[2]σ_{bb}/MPa
HT250 灰铸铁	CrFe + WC	30/4	598	—
$w(C) = 0.2\%$ 钢	CrFe	30/5	—	789
$w(C) = 0.2\%$ 钢	Cr、Mo 合金	30/5	—	775

① 沿铸铁母材和合金层结合方向取剪切试样。

② 整个试样在合金层内切取。

表 8-120　铸渗深度与合金层的硬度

浇注温度/℃	母液	铸渗深度 mm/合金的硬度 HRC												母材硬度 HRC
		WC	TiC	WC-W_2C	ZrC	Cr_3C_2	CrB	WC80%+TiC20%	TiN	TiC50%+TiN50%	$Cr_3C_2$90%+TiC10%	$Cr_3C_2$70%+TiC30%	$Cr_3C_2$50%+TiC50%	$Cr_3C_2$50%+CrB50%	
1350	白口铸铁	14/60.5	2/64	15/62.5	0	11/55	10/55	9/61	2/59	2/61	10.5/59	4/61.5	3/63	13/56	42
1335	灰铸铁	14/53	2/58	16/57	0	12/50.5	11/51.0	9/56	1.5/54	1.5/55	11/53	8/59	4/58	12/52	26

注：表中百分数为质量分数。

表 8-121　不同合金涂料配比对砂型铸渗合金层相对耐磨性的影响

合金涂料配比(质量分数)	长度磨损/mm	体积磨损/mm³	相对耐磨性
铬铁(含 Cr63.2%)	4.7	0.66	1.92
锰铁(含 Mn70.4%)	5.0	0.80	1.58
钼铁(含 Mo61.3%)	4.9	0.75	1.68
钒铁(含 V46.7%)	5.1	0.75	1.49
CrFe90% + B_4C10%	4.75	0.68	1.86
CrFe90% + VFe10%	4.75	0.68	1.86
CrFe80% + MnFe16% + MoFe4%	4.6	0.62	2.04
CrFe82% + MoFe15% + B_4C3%	4.6	0.62	2.04
CrFe78.15% + VFe13.5% + TiFe0.9% + MnFe7.2% + SiFe0.25%	—	0.4	2.18

注：1. 工艺参数：浇注温度为 1300℃，铸型温度为 100℃，涂料厚度为 2mm，熔剂成分的质量分数为 NaCl10% + $Na_2B_4O_7$3% + $B_2O_3$3%，灰铸铁件尺寸为 120mm × 75mm × 20mm。

2. 磨损试验时间为 30min，使用动载磨料磨损试验机，以圆轮形成的月牙痕长度、体积来比较。

3. 比较标准用淬火 45 钢，抗磨性定为 1（线磨损 5.8mm，体积磨损 1.27mm³）。

表 8-122　铸铁件真空铸渗不同粒度 WC 合金层的相对耐磨性

编号	木材/合金粉粒	母材厚度/涂层厚/mm	三体磨损时的相对耐磨性	二体磨损时的相对耐磨性	
				200 筛号[1]，SiC	180 筛号[1]，Al_2O_3
1	HT250/WC	30/4	6.4	63.7	58.03
2	HT250/WC	30/4	3.8	46	40.5
3	HT250/WC	30/4	2.1	34.8	30.3
4	HT250/WC	30/4	1.05	27.5	22.1

（续）

编号	木材/合金粉粒	母材厚度/涂层厚/mm	三体磨损时的相对耐磨性	二体磨损时的相对耐磨性	
				200 筛号[①]，SiC	180 筛号[①]，Al_2O_3
5	HT250/WC，CrFe	30/4	5.5（8.81）	64.9	44（55.6）
6	球墨铸铁/Cr、V	30/3	（2.2）	—	—

注：1. 编号1至4采用的 WC 粉从粗（796μm）到细（90μm）。

2. 括号内数据为淬火态，其余为铸态。

3. 表中，相对耐磨性＝母材磨损量/合金层磨损量。

4. 三体磨损试验在改装的小型混砂机上进行，加载 0.05MPa，磨料是 300 筛号硅砂。

5. 二体磨损在销盘式磨损试验机上进行，加载 2.38MPa。

① 筛号相当于旧标准中目。

（3）铸铁铸渗件工艺实例

1）砂型铸渗件的工艺实例

铸件名称：焦炭火架车铸铁板。

净重：9kg。

原用材质及使用寿命：球墨铸铁，使用寿命 1个月。

铸渗涂层：以 CrFe 为主，含少量 WFe。粒度均为 40～60 筛号。

铸渗件使用寿命：9 个月。

焦炭火架车球墨铸铁板铸渗工艺如图 8-90 所示。

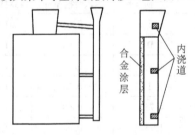

图 8-90　焦炭火架车球墨铸铁板铸渗工艺

2）真空铸渗工艺实例

铸件名称：气缸套铸件

铸件壁厚：18～25mm。

铸渗工艺：气缸套内表面铸渗。铸渗涂层由松散的 CrC 合金组成。由于浇注后真空型芯不能从铸件上移走，所以不能用石墨和铸铁制造真空型芯，而改用水玻璃砂制造，型芯表面涂刷防漏气的涂料。气缸套内表面铸渗工艺如图 8-91 所示。

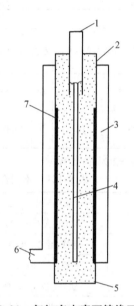

图 8-91　气缸套内表面铸渗工艺

1—抽真空口　2—防漏气涂层　3—型腔
4—中心孔　5—涂层　6—内浇道　7—合金粉粒

8.5　典型耐磨铸铁件

8.5.1　磨球

GB/T 17445—2009 规定的铸造磨球的牌号和化学成分及其表面硬度见表 8-123 和表 8-124。标准还规定，铸造磨球通过浇口中心和球心的直径上的硬度差不得超过 3HRC，公称直径大于 90mm 的 ZQCr2 球硬度差以及特殊情况下磨球硬度差由供需双方商定。

表 8-123　铸造磨球的牌号和化学成分

名　称	牌号	化学成分（质量分数，%）								
		C	Si	Mn	Cr	Mo	Cu	Ni	P	S
铬合金铸铁磨球	ZQCr26	2.0～3.3	≤1.2	0.3～1.5	>23.0 ～30.0	0～3.0	0～1.2	0～1.5	≤0.10	≤0.06
铬合金铸铁磨球	ZQCr20	2.0～3.3	≤1.2	0.3～1.5	>18.0 ～23.0	0～3.0	0～1.2	0～1.5	≤0.10	≤0.06

（续）

名 称	牌号	化学成分（质量分数，%）								
		C	Si	Mn	Cr	Mo	Cu	Ni	P	S
铬合金铸铁磨球	ZQCr15	2.0~3.3	≤1.2	0.3~1.5	>14.0 ~18.0	0~3.0	0~1.2	0~1.5	≤0.10	≤0.06
铬合金铸铁磨球	ZQCr12	2.0~3.3	≤1.2	0.3~1.5	>10.0 ~14.0	0~3.0	0~1.2	0~1.5	≤0.10	≤0.06
铬合金铸铁磨球	ZQCr8	2.1~3.3	≤2.2	0.3~1.5	7.0~10.0	0~1.0	0~0.8	—	≤0.10	≤0.06
铬合金铸铁磨球	ZQCr5	2.1~3.3	≤1.5	0.3~1.5	4.0~6.0	0~1.0	0~0.8	—	≤0.10	≤0.10
铬合金铸铁磨球	ZQCr2	2.1~3.6	≤1.5	0.3~1.5	1.0~3.0	0~1.0	0~0.8	—	≤0.10	≤0.10
球墨铸铁磨球	ZQQTB	3.2~3.8	2.0~3.5	2.0~3.0	—	—	—	—	≤0.10	≤0.03
球墨铸铁磨球	ZQQTM	3.2~3.8	2.0~3.5	0.5~1.5	—	—	—	—	≤0.10	≤0.03

ZQCr26、ZQCr20、ZQCr15 和 ZQCr12 磨球碎球率应小于或等于1%，其他牌号磨球碎球率应小于或等于2%。特殊情况下的具体指标由供需双方商定。GB/T 17445—2009 中的附录介绍了落球冲击疲劳寿命试验方法，采用垂直落程 3.5m 的 MQ 型落球试验机，试样为 φ100mm 磨球，以磨球表面剥落层平均直径大于20mm、中部厚度大于5mm，或者磨球沿中部断裂为磨球的失效判据。

表8-124 铸造磨球的表面硬度

名 称	牌号	表面硬度 HRC
铬合金铸铁磨球	ZQCr26	≥58
铬合金铸铁磨球	ZQCr20	≥58
铬合金铸铁磨球	ZQCr15	≥58
铬合金铸铁磨球	ZQCr12	≥58
铬合金铸铁磨球	ZQCr8	≥48
铬合金铸铁磨球	ZQCr5	≥47
铬合金铸铁磨球	ZQCr2	≥45
球墨铸铁磨球	ZQQTB	≥50
球墨铸铁磨球	ZQQTM	≥52

磨球主要用于冲击碾磨金属矿石、煤、耐火材料和水泥等。在冲击碾磨这些材料时，包含了许多不同的环境条件，如有湿的和干的磨料磨损、腐蚀、冲击疲劳等。条件虽然各异，但共同的要求是磨球要有足够的耐磨性和抗冲击破碎能力。

磨球直径为 φ10~φ150mm。一般来说，球磨机和半自磨机内被磨材料粒度越大、材质越硬，磨球尺寸要选得越大。相反，最后出口的被磨材料要求越细，磨球尺寸则用得越小，以利碾磨。通常是大小球按一定比例混合使用，运行中经常添加大球，使磨机工作时保持有大小球固定的混合比例。

镍硬马氏体白口铸铁的磨球因脆性而应用受到限制。目前，国内有多种耐磨材料用来制造磨球，如各

种高、中、低合金白口铸铁，含碳化物等温淬火球墨铸铁等。其中，高铬白口铸铁的磨球应用较广，工况不同时，可选择不同的化学成分，如碳较高的高铬白口铸铁适用于制造小磨球，碳较低又经热处理的高铬白口铸铁则可制造大磨球。

磨球运行中不应碎裂，也不应失圆，铸造质量至关重要。磨球的砂型铸造工艺如图8-92所示。铁液由分型面引入，首先进入冒口，流动平稳，不致卷入气泡。冒口的尺寸以及冒口的大小和形状均应精心设计，以使磨球能得到充分补缩，而冒口大小又能恰到好处。磨球取下后冒口颈留下的残根尽可能小。目前，大、中直径铸造磨球常采用覆砂金属型或金属型铸造，小直径铸造磨球常采用垂直分型（迪砂线）砂型铸造。

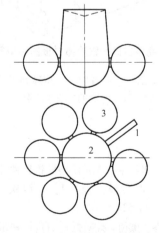

图8-92 磨球的砂型铸造工艺
1—内浇道 2—冒口 3—磨球

高铬白口铸铁磨球通常经高温淬火并中低温回火热处理，以得到高硬度的马氏体基体组织。对高铬白口铸铁淬火回火态磨球而言，应尽量减少残留奥氏体

数量并力求硬度高于60HRC。中、低铬白口铸铁磨球一般采用铸态去应力处理，以得到抗冲击疲劳性能优异的珠光体类型的基体组织。

对水泥厂和火力发电厂的干磨工况，耐磨合金白口铸铁磨球及耐磨球墨铸铁磨球应用比较广泛。

对湿磨工况，合金耐磨白口铸铁磨球的性能价格比不如干磨工况，但仍表现出优良的耐磨性能。但湿磨工况常常是物料（如矿石）硬，又伴随有腐蚀，特别是半自磨机和大型球磨机磨球球径较大且冲击大，因而含碳化物等温淬火球墨铸铁磨球及高碳低合金锻轧钢磨球也占有一定的市场份额。

8.5.2　衬板

球磨机衬板与磨球配副使用，工况一致。对衬板的基本要求是耐磨损、不断裂、不变形，为此衬板须有较高的硬度和屈强比，须具有良好的硬韧性和强韧性。

高铬白口铸铁阶梯衬板的砂型铸造工艺如图8-93所示。铁液通过冒口进入型腔，可使冒口与铸件的温差增大，延长冒口的补缩时间，提高冒口的补缩能力。对衬板的耐磨工作表面，铸造时还可用外冷铁，以提高表层的质量，特别是硬度，进而提高耐磨性能。

高铬白口铸铁衬板通常经高温空淬并中低温回火热处理，热处理后的硬度最好高于60HRC。

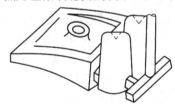

图 8-93　高铬白口铸铁阶梯衬板的砂型铸造工艺

在小型球磨机，或者中、大型球磨机而又磨球尺寸较小时（如大型水泥磨的二仓），中、高合金耐磨

铸铁衬板运行良好。但当冲击量增大，如在较大的球磨机中（水泥磨机二仓除外），或者使用了较大的磨球时，就需改用韧性较好的材料，如耐磨合金铸钢，以避免衬板断裂而早期失效。

8.5.3　渣浆泵护套与叶轮

护套与叶轮形状比较复杂，对铸造工艺要求较高。渣浆泵护套与叶轮常用高铬白口铸铁铸造，对矿（砂）浆冲刷严重的工况应选择较高的碳含量，以提高其硬度；对腐蚀较严重的工况，如酸性介质则应选择较高的铬含量。Cr15，Cr20，Cr26，Cr30耐磨高铬铸铁都可以用作铸造护套和叶轮等渣浆泵过流件。

图8-94所示为护套的铸造工艺。采用侧压冒口对护套底部法兰及热节部位进行补缩，内浇道由侧压冒口和出口法兰两个部位引入，增强了侧压冒口及出口法兰顶部冒口的补缩。非冒口热节部位应安放外冷铁，必要时可采用覆砂外冷铁，以避免产生缩孔和缩松缺陷。

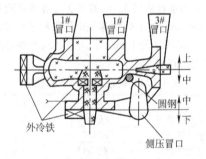

图 8-94　护套的铸造工艺

高铬白口铸铁护套与叶轮的热处理须谨慎操作，尤其升温速度须慢，以防热处理过程中护套与叶轮开裂。一般情况下，高铬白口铸铁护套与叶轮经高温空淬并中低温回火热处理，热处理后显微组织为马氏体＋共晶碳化物＋二次碳化物＋残余奥氏体，硬度高于58HRC。

参 考 文 献

[1] 贺林，张长军. 珠光体型低铬铸铁冲击疲劳抗力及冲击磨损性能 [J]. 钢铁，1996，31（11）：48-52.

[2] 吴晓春，戴衡. 硅对低铬白口铸铁组织和性能的影响 [J]. 机械工程材料，1995，19（5）：17-19.

[3] 李卫，涂小慧，林怀涛，等. 低铬硅耐磨铸铁的抗冲击磨料磨损性能 [J]. 机械科学技术（摩擦学专辑），1997：12-14.

[4] 李卫，涂小慧，伍国仪，等，低铬铸铁的抗冲击疲劳性能和耐磨性 [C]. 中西南九省区铸造学术会议论文集，1995：78-80.

[5] 郭大展，王良建，李锦章. 低铬白口铸铁的冲蚀磨损与断裂韧性 [J]. 西安交通大学学报，1993，27（4）：73～80.

[6] 梁工英，李锦章. 低铬白口铸铁冲击磨损耐磨性和断裂韧性的关系 [C]. 北京：中国金属学会耐磨材料学术委员会等编. 第六届全国金

属耐磨材料学术会议论文选集，1992：126-130.

[7] 陈宗明，朱定武. 低铬合金铸铁的研究与应用 [C]. 北京：中国选矿科技情报网等编. 首届全国粉末介质与耐磨材料技术研讨会论文集，1992：55-62.

[8] 张清. 金属磨损和金属耐磨材料手册 [M]. 北京：冶金工业出版社，1991.

[9] 于春田，关鲁南，肖耀新. 中铬强韧抗磨铸铁的研究 [J]. 铸造，1997（4）：19-22.

[10] 张长军，贺林. 水泥球磨机用中铬铸铁磨球的研究 [J]. 铸造技术，1994（2）：6-10.

[11] LI W，PIAO D X，Li H Y，et，al. Structures and Wear Resistance of High Si/C and Medium Chromium Whtite Cast Iron [C]. 60th World Foundry Congress，1993.

[12] LI W，TU X H，Lin H T，et，al. Impact Fatigue Resistance of Medium Cr-Si Cast Iron [C]，64th World Foundry Congress，2000.

[13] 李卫，朴东学，姜炳焕. 马氏体-贝氏体-奥氏体复相基体高硅碳比中铬铸铁及马氏体基体高铬铸铁磨损特性的研究 [J]. 铸造，1992（9）：16-21.

[14] 李绍雄，何镇明，王守实，等. 铁碳锰合金相图及组织图的研究 [C]. 北京：中国金属学会耐磨材料学术委员会等编. 第五届全国金属耐磨材料学术会议论文选集，1990：38-41.

[15] 李邦璜. 中锰球铁与中锰白口铸铁在有色矿山的生产应用 [C]. 北京：中国选矿科技情报网等编. 首届全国粉末介质与耐磨材料技术讨论会论文集. 1992：100-106.

[16] 郝石坚. 高铬耐磨铸铁 [M]. 北京：煤炭工业出版社，1993.

[17] 王定祥，田毓琴. 球磨机衬板材料概论[C]. 北京：中国机械工程学会磨损失效分析及预防专业委员会等编. 第七届全国磨损学术会议论文集，1996：86-95.

[18] 李卫，涂小慧，苏俊义，等. 高铬硅耐磨铸铁的研制 [J]. 现代铸铁，2000（3）：6-8.

[19] 王文才，刘根生. 铸态高铬铸铁磨球的组织和应用 [J]. 铸造，1997（9）：28-32.

[20] 周平安，国外磨损研究概况及耐磨件的质量控制 [C]. 北京：中国农机院研究报告，1992.

[21] 冯健全，王金新. MPS、MBF型中速磨煤机耐磨件国产化工作初步探讨 [C]. 北京：第六届全国金属耐磨材料学术会议论文，1991.

[22] 安江英，杨企泰，齐纪渝，等. 热处理对Cr20高铬铸铁组织和性能的影响 [C]. 北京：中国金属学会耐磨材料学术委员会，等. 第七届全国耐磨材料学术会议论文集，1994：122-127.

[23] 齐纪渝，杨企泰，贾建民，等. 中速磨煤机Cr20系列高铬铸铁易磨损件的研究与试制 [C]. 北京：中国金属学会耐磨材料学术委员会等编. 第七届全国耐磨材料学术会议论文集，1994：117-121.

[24] 孙超英，朴东学. 冲击载荷、高应力条件下高铬铸铁湿态腐蚀磨损特性的研究 [C]. 北京：中国金属学会耐磨材料学术委员会等编. 第五届全国耐磨材料学术会议论文集，1990：52-57.

[25] 张安峰，王恩泽，邢建东. 氧化皮类型、形貌特征对高铬铸铁抗氧化性能的影响 [C]. 北京：中国机械工程学会磨损失效分析及预防专业委员会等编. 第七届全国磨损学术会议论文集，1996：46-49.

[26] 鑄造技術講座編輯委員會. 特殊合金鑄物 [M]. 4版. 东京：日刊工业新闻社发行，1996.

[27] 周元行，汪国清，黄思亮. 对含W、B、Cr23-28%高铬铸铁的研究 [J]. 中国建材装备，1997增刊：140-145.

[28] 饶启昌，高峰，刘福玲，等. 铬系白口铸铁腐蚀磨损特性的研究 [C]. 北京：中国金属学会耐磨材料学术委员会等编. 第五届全国耐磨材料学术会议论文集，1990：48-51.

[29] 贺柏龄，饶启昌，周庆德，等. 马氏体球墨铸铁磨球的研制与应用 [C]. 北京：中国金属学会耐磨材料学术委员会等编. 第五届全国耐磨材料学术会议论文集，1990：111-113.

[30] 徐晓峰，沈百令，陈跃. 马氏体球墨铸铁磨球组织与性能研究 [J]. 机械科学与技术，1995年增刊：135-138.

[31] 吕振林，邓月声，饶启昌，等. 基体组织状态对球墨铸铁抗磨料磨损性能的影响 [J]. 铸造，1995（11）：25-29.

[32] 李传贵，周庆德，宋光顺，等. 残余奥氏体对马氏体球铁耐磨性的影响 [J]. 机械工程

材料，1995（1）：47-50.

[33] 吴德海，梁吉，魏秉庆，等. 贝氏体球墨铸铁磨球 [C]. 沈阳：全国铸造标准化技术委员会等编. 特种合金铸件生产技术文集，1997：1-14.

[34] 梁吉，高志栋，柳葆铠，等. 新型贝氏体球墨铸铁磨球的研究 [J]. 铸造，1990（6）：1-5.

[35] 张金山，董寅生，宋伟. 水泥磨机用抗磨铸铁新材质 [J]. 水泥，1994（8）：18-21.

[36] 齐纪渝，杨企泰，谢敬学，等. 立浇双金属复合耐磨材料的研制 [C]. 北京：中国金属学会耐磨材料学术委员会等编. 第五届全国金属耐磨材料学术会议论文选集，1990：85-89.

[37] 何奖爱，王玉玮，佟铭铎，等. 碳钢——含硼高铬铸铁双金属离心复合铸造 [J]. 铸造，1999（4）：34-35.

[38] 朱海峰，张勇刚，任善之. RP1003 型中速磨煤机离心复合辊套生产工艺要求 [J]. 铸造，1999（12）：34-36.

[39] 贺振球. 高铬铸铁——碳钢双金属复合衬板的耐磨分析 [C]. 北京：中国金属学会耐磨材料学术委员会等编. 第八届全国耐磨材料学术会议论文集，1997：180-184.

[40] 许云华，王发展，付永宏，等. 双金属复合弯管的研制和应用 [J]. 铸造技术，1999（1）：3-5.

[41] 刘建立. 泵体类铸件铸造工艺方案的确定 [J]. 机械工艺师，1997（1）：30-31.

[42] 李卫. 中国铸造耐磨材料产业技术路线图 [M]. 北京：机械工业出版社，2013.

[43] 李卫. 钢铁耐磨材料技术进展及其标准化体系建设 [R]. 第十届中国耐磨材料与铸件年会，洛阳，2019.

[44] 李卫. 中国耐磨材料与铸件行业技术发展40年回顾与展望 [R]. 第九届中国耐磨材料与铸件年会，南京，2018.

第9章 冷硬铸铁

9.1 概述

铁液浇入铸型（金属型或金属挂砂型）后，在激冷作用下，使铸件表面形成硬度高、耐磨性好的冷硬层，其断口呈白色，组织中碳主要以渗碳体的形式存在。随着后续传热速度的降低，铸件内部石墨析出量增多，断口由白口向麻口过渡进一步到灰口，相应中心硬度降低，强韧性提高，断口组织呈现三区（白口区、麻口区、灰口区）结构特点。这种现象称为冷硬现象，具有以上特征的铸铁称为冷硬铸铁。

由于冷硬铸铁内韧外硬的结构特点，在工农业生产中得到了广泛应用，主要产品有冶金及其他轧辊、凸轮轴、耐磨衬板等。

冷硬铸铁冷硬层硬度高，耐磨性好，但脆性大。因此，实际生产中应对冷硬层深度进行有效控制，保证工件内部组织的强韧性。为改善冷硬铸铁的使用性能，采用必要的孕育、冲洗、复合等工艺手段，可有效地控制各区宽度和组织特征，以适应不同的使用要求。根据断口宏观形态和金相组织中石墨分布的差异，人们把冷硬铸铁分为了白口冷硬铸铁与麻口冷硬铸铁两大类，其中麻口冷硬铸铁中又包括无限冷硬铸铁和半冷硬铸铁两种。

9.2 冷硬铸铁的一般特征

9.2.1 宏观断口

普通白口冷硬铸铁的宏观断口组织有明显的白口冷硬层界面，断口呈典型的三区结构特点，如图9-1a所示。无限冷硬铸铁的断口组织由表及里转变时，白口、麻口区无明显的区分界限，有时表层也会出现少量石墨，如图9-1b所示。半冷硬铸铁石墨量相对较多，断口组织呈麻口，既无明显白口区，又无明显灰口区和各区界限，人们把这种冷硬铸铁称为半冷硬铸铁，如图9-1c所示。无限冷硬铸铁与半冷硬铸铁是冷硬铸铁的两个特例。以上三种类型的冷硬铸铁在轧辊生产中均得到了广泛应用。

9.2.2 金相组织

普通冷硬铸铁的白口、麻口、灰口各区的金相组织如图9-2所示。因普通冷硬铸铁未进行合金化，其碳化物类型为普通的 Fe_3C 型，基体为珠光体，其硬度很大程度上取决于碳的含量。进行合金化以后，冷硬铸铁的基体组织发生了很大变化，其特性不仅与碳化物有关，同时基体组织的变化对铸件性能也带来

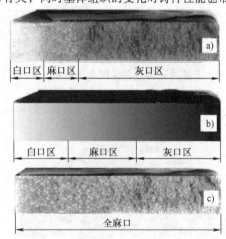

图 9-1 不同类型冷硬铸铁的宏观断口

a）白口冷硬铸铁 b）无限冷硬铸铁 c）半冷硬铸铁

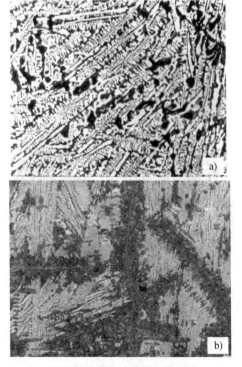

图 9-2 普通冷硬铸铁各区的金相组织 ×100

a）白口区（珠光体+莱氏体）

b）麻口区（珠光体+渗碳体+石墨）

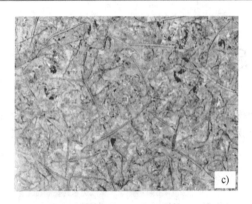

图 9-2　普通冷硬铸铁各区的金相组织　×100（续）

c）灰口区（珠光体＋石墨）

了重要影响，图 9-3 所示为低合金球墨无限冷硬铸铁各区金相组织。

**图 9-3　低合金球墨无限冷硬
铸铁各区的金相组织　×100（续）**

c）灰口区（细珠光体＋石墨＋少量合金渗碳体）

9.3　化学成分对组织和性能的影响

9.3.1　各元素对白口倾向和石墨化的影响

增大白口化倾向、减小石墨化能力的元素称为反石墨化元素。反之，增加石墨化能力的元素称为石墨化元素。各元素的白口倾向和石墨化能力强弱排列，如下所列：

$$\overset{\text{提高石墨化能力}}{\text{强}\xleftarrow{\hspace{3cm}}\text{弱}}\quad\overset{\text{中性}}{}$$
Al、C、Si、Ti、Ni、Cu、P、Co　　Zr、Nb、W

$$\overset{\text{增加白口化倾向}}{\text{弱}\xrightarrow{\hspace{3cm}}\text{强}}$$
Mn、Mo、S、Cr、V、Mg、Ce、B、Te

各元素在铸造过程的不同阶段对石墨化的作用见表 9-1。

**表 9-1　合金元素在铸造过程的不同阶段对
石墨化的作用**

石墨化作用类别		元素名称	液态	共晶	中间	共析
I 类，全促进		C、Si、Al[w(Al)<9%]	+	+	+	+
II 类，全反对		Mn、S、Cr、Mo、V、Te、Sb、N、H	−	−	−	−
III 类，先促后反		P、Ni、Cu、Co、Sn、As	+弱	+弱	+弱	−
IV 类	先促—反—无	Mg、Ce	+	−	0	0
	先反—无	Bi	−	−	0	0
V 特殊		Ti、B	少量或微量时		+	否则 —

注："＋"—促进石墨化；"−"—反石墨化；"0"—无影响；"弱"—作用弱。

I 类合金元素从液态—凝固—固态相变全过程均促进石墨析出，在共析转变过程中有利于增加基体中

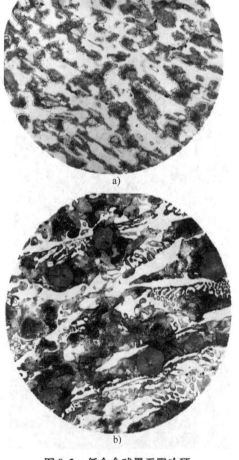

a）

b）

**图 9-3　低合金球墨无限冷硬
铸铁各区的金相组织　×100**

a）白口区（细珠光体＋合金渗碳体）
b）麻口区（细珠光体＋合金渗碳体＋石墨）

铁素体的体积。Ⅱ类合金元素从液态—凝固—固态相变全过程均促进碳化物形成。Ⅲ类合金元素在共析转变前均有较弱的石墨化作用，但在共析转变时，Ⅱ、Ⅲ类合金元素有利于碳化物的形成，有增加基体中珠光体体积的作用。

在进行材质设计时，可根据各元素的不同特点，有目的地调整各元素比例，以控制白口倾向和石墨数量。各元素石墨化能力对比：以合金元素 Si 为参照，取 Si 石墨化能力指数为 1，相应其他元素在共晶转变、共析转变阶段的石墨化能力指数见表 9-2、表 9-3。以元素 B 为例，其石墨化能力是元素 Si 的负 10 倍。

表 9-2　石墨化元素的石墨化能力指数

阶　段	Si	Al	Ni	Ti	Cu	P
共晶转变	+1	+1.5 ~ +3	+0.4	+0.4 少量	+0.2	+0.1
共析转变	+1		-0.25	-0.3 通常	-0.8	-0.2

表 9-3　反墨化元素的石墨化能力指数

阶　段	Te	B	Sn	Mg	V	Cr	S	Mo	Mn
共晶转变	-180	-10	—	-8	-2	-1.2	-1 ~ -2	-0.4	-0.2
共析转变			-8	—	-1	-1.2		-1.2	-0.2

注：表 9-2 和表 9-3 中数据，因试验条件不同有些资料数据会稍有差异。

9.3.2　各元素对冷硬铸铁白口层深度的影响

在相同的冷却速度条件下，化学成分中各元素由于石墨化能力及白口化倾向上的差异，反映在对冷硬铸铁白口层深度的影响上也不同。常见元素对白口层深度的影响大小排列如下：

$$\underset{\text{C、Si、Ti、Ni、Cu、Co、P}}{\overset{\text{减少白口层深度}}{强\longleftarrow弱}}$$

$$\underset{\text{W、Mn、Mo、Cr、Sn、V、S、B、Te}}{\overset{\text{增加白口层深度}}{弱\longrightarrow强}}$$

元素 Te、C、S、P 能减少麻口层深度，而 Cr、Al、Mn、Mo、V 可增加麻口层深度。

特定条件下各元素对冷硬铸铁白口层深度的影响如图 9-4 所示。

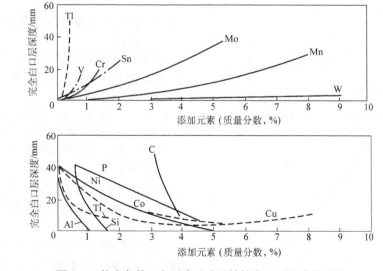

图 9-4　特定条件下各元素对冷硬铸铁白口层深度的影响

注：1. 试样尺寸为 26mm×70mm×100mm，浇注温度为 1280℃。

　　2. 元素添加前原铁液的化学成分（质量分数，%）为 C = 3.11、Si = 0.58、Mn = 0.57、P = 0.529、S = 0.038。

人们利用化学成分对白口倾向的影响，在生产时通过加入一定数量的合金元素，如硅、锰、铬来调整白口深度, 而加入合金元素的影响又随加入前原材质的白口倾向的强弱而效果不同。一般可用下列公式阐明白口深度与化学成分的关系。

$$a_1 = a(1 \pm x/100)^n \qquad (9-1)$$

式中　a_1——化学成分变化后的白口深度;

　　　a——化学成分变化前的白口深度;

　　　x——白口层深度的变化;

　　　n——合金元素加入量指数, 当加入合金元素的质量分数为 0.1% 时 $n=1$, 0.2% 时 $n=2$, …;

　　　$+$——用于增加白口深度的元素;

　　　$-$——用于减少白口深度的元素。

常用合金元素加入量对白口层深度的影响见表 9-4。

所有激冷试验表明, 增加碳含量会减少白口层和麻口层深度 (见图 9-5 和图 9-6)。增加硅含量会减少白口层深度, 但对表层硬度的变化影响不大 (见图 9-7), 因此硅被广泛用来控制白口层深度。

表 9-4　合金元素加入量对白口层深度的影响

合金元素 ($n=1$)	白口层深度变化 (%)[①]	白口层 + 麻口层 的变化 (%)
Al	-55	-55
Si	-18	-18
Mn (有过量 S 存在时)[②]	-10	-5
P	-7	-7
B	60	—
S (过量)[②]	28	14
Cr	16	16
Mn (过量时)[②]	6	6

① 此数据即是公式 (9-1) 中 $a_1 = a(1 \pm x/100)^n$ 的 x 值。

② 系指超过 Mn + S = MnS 时的 Mn 或 S 含量。

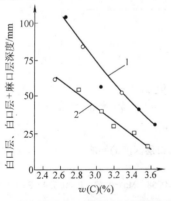

图 9-5　碳含量对白口层和麻口层深度的影响

1—白口层 + 麻口层　2—白口层

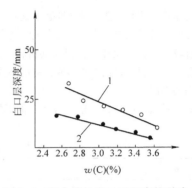

图 9-6　碳含量对白口层深度的影响

1—$w(C) = 0.8\%$　2—$w(Si) = 1.2\%$

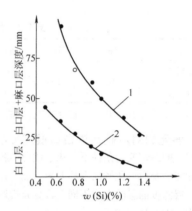

图 9-7　硅对白口层和麻口层深度的影响

1—白口层 + 麻口层　2—白口层

9.3.3　各元素对冷硬铸铁显微组织和性能的影响

能增加白口层深度的元素不一定能提高白口硬度, 反之亦然。在一定加入范围内, 各元素对白口层硬度的影响大小如下所列:

$$\underrightarrow{C \text{、} Ni \text{、} P \text{、} Mn \text{、} Cr \text{、} Mo \text{、} V \text{、} Si \text{、} Al \text{、} Cu \text{、} Ti \text{、} S}$$

依次降低白口层硬度方向

碳含量对白口层的硬度影响如下:

肖氏硬度 $HS = (14 \sim 16.7) \times w(C)(\%) + 13$, 当化学成分中 $w(Cr)$ 高时用高值, 反之用低值。如果化学成分中除 Cr 外还有其他碳化物元素时 $HS = 17.3 \times w(C)(\%) + 10$。

布氏硬度 $HBW = 112.3 \times w(C)(\%) + 55$

式中　$w(C)(\%)$——铁液中的总碳量。

不同合金元素含量对冷硬铸铁硬度的影响如图 9-8 所示, 图中添加合金元素前的原铁液化学成分同图 9-4。

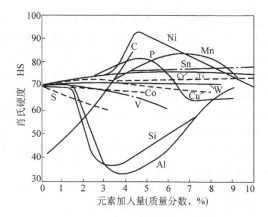

**图 9-8　不同合金元素含量对
冷硬铸铁硬度的影响**

通过对冷硬铸铁合理的化学成分匹配,一方面可以获得合适的冷硬层深度,同时可以控制最佳的冷硬层微观组织,这一点对于不同使用工况的冷硬铸铁非常重要。

图 9-9 所示为三种不同合金元素含量的冷硬铸铁白口层的微观组织。

图 9-9a 所示为普通低合金冷硬铸铁 [$w(Ni) = 1.0\%$、$w(Cr) = 0.30\%$、$w(Mo) = 0.25\%$],其白口层由细珠光体和 (Fe、M)$_3$C 型共晶合金渗碳体组成。该材质具有较好的耐磨性。

图 9-9b 所示为中合金冷硬铸铁 [$w(Ni) = 4.5\%$、$w(Cr) = 1.8\%$、$w(Mo) = 0.8\%$],其白口层由贝氏体和 (Fe、M)$_3$C 型共晶合金渗碳体组成。该材质具有细密的组织结构、较好的耐磨性和抗热裂性。

图 9-9c 所示为高合金冷硬铸铁 [$w(Cr) = 18\%$、$w(Ni) = 1.5\%$、$w(Mo) = 1.3\%$],其白口层由马氏体 + 回火索氏体和共晶 M$_7$C$_3$ 型碳化物组成。该材质具有极好的耐磨性、抗热裂性,在 20 世纪八九十年代在轧辊制造业得到了广泛应用。

冷硬铸铁合金化后,基体和碳化物的形态得到了优化,可以满足更大范围工况条件的使用要求。下面是一些常见元素对冷硬铸铁显微组织和性能的影响:

碳(C):在冷硬铸铁化学成分范围内,采用金属型,冷硬层内的碳主要以碳化物形式存在,因此冷硬层内的硬度与材质自身碳含量成正比。采用金属型,CrMo 低合金冷硬铸铁 [$w(C) = 3.2\% \sim 3.4\%$、$w(Si) = 0.4\% \sim 0.6\%$] 中碳化物的体积分数为 30% ~ 40%,硬度值为 55 ~ 70HS。采用半金属型(金属挂砂型),由于冷却速度的降低,石墨析出量的增加。CrMo 低合金半冷硬球墨铸铁 [$w(C) = 3.2\% \sim 3.4\%$、$w(Si) = 1.0\% \sim 1.3\%$] 中碳化物的体积分数

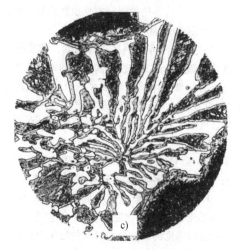

**图 9-9　三种不同合金元素含量的
冷硬铸铁白口层的微观组织　×500**

a)普通低合金冷硬铸铁　b)中合金冷硬铸铁
c)高合金冷硬铸铁

为 10% ~ 20% 、硬度为 40 ~ 50HS。但在冷硬层面里的麻口区，随着碳含量的提高，石墨化能力提高，硬度反而下降。

硅（Si）：硅在铁液中有控制铁液氧化、调整铸件白口化倾向、凝固时充当石墨形核核心的作用。在金属型激冷作用下，硅的质量分数为 0.1% ~ 0.2% 时，可获得无石墨的纯白口冷硬层。实际生产时，一方面控制如此低的含量比较困难，另一方面即使硅含量稍高，在铸件中析出少量石墨（体积分数为 0.5% ~ 1.5%）也不会产生较大的副作用，在一定场合反而有提高导热能力和抗裂纹扩展能力，故生产时一般控制 $w(Si) = 0.25\% \sim 0.75\%$。

硅有调整白口深度作用。冷硬铸铁中硅的质量分数每增加 0.02%，其纯白口深度减少 1mm，麻口区减少 2mm。另外，由于调整硅的含量可以改变材质的石墨化能力，使石墨数量发生变化，因此硅还有调整硬度作用。

锰（Mn）：锰在冷硬铸铁中通常使用的质量分数范围为 0.2% ~ 1.6%，在特种锰合金铸铁材质中有时质量分数增加到 3.5% ~ 3.8%。锰可使铁液去硫（FeS + Mn = Fe + MnS）、脱氧（Mn + FeO = Fe + MnO）、去除浮渣（FeO · SiO₂ + Mn = Fe + Mn · SiO₂）。

锰对冷硬铸铁过渡区（麻口区）有较大影响。过渡区随锰含量的增加而变宽，特别当激冷条件较弱时更加明显。通常在生产较窄过渡区的冷硬铸铁时，锰必须低，一般 $w(Mn)$ 为 0.2% ~ 0.4%。在生产无限冷硬铸铁、半冷硬铸铁时，有意识制造较宽的过渡区，锰可控制在 $w(Mn) = 0.6\% \sim 1.2\%$。

硫（S）：硫在铸铁中是有害元素，其在铸铁中多以低熔点硫化物形式存在，使铸件的力学性能，特别是高温力学性能下降，通常硫的质量分数控制在 0.05% ~ 0.09%。对质量要求较高的、使用负荷较大的铸件，可通过对石墨的球化处理，使硫的质量分数降到 0.002% ~ 0.02%。

碲（Te）：碲是非常强烈阻碍石墨化的元素，其具有极强的白口化倾向（是硅的 400 倍），加入 $w(Te) = 0.0001\%$ 相当于硅的质量分数降低 0.04%，但由于碲的熔点低（熔化温度为 452℃左右）、易汽化，其对白口深度的影响会因时间的延长而减弱，一般加入 $w(Te) = 0.0002\% \sim 0.0006\%$。

磷（P）：磷在铸铁中多以脆性的磷共晶形式存在，在合金元素含量较低的材质中，磷共晶的存在有提高硬度和耐磨性的作用，但在高合金材料中，其低温脆性特点不能使合金的作用充分发挥，因此特别在

使用层内应加以控制，通常质量分数控制在 0.10% ~ 0.15% 之间。对半冲洗生产的复合轧辊，由于磷共晶熔点低，常出现在结晶后期，有利于缓解中心石墨膨胀对外表面施加的应力，有减少铸造裂纹的作用，对该类轧辊，磷的质量分数通常控制在 0.2% ~ 0.4% 内。对面粉加工光面轧辊，磷的质量分数可控制在 0.5% ~ 0.6% 内。

镍（Ni）：镍是有效和强化基体组织、提高综合力学性能的元素，其加入量为 $w(Ni) = 0.5\% \sim 4.5\%$。

当 $w(Ni) \leqslant 0.3\%$ 时，对基体影响不大，主要以固溶强化为主，兼有一定石墨化作用。

当 $w(Ni) = 1.5\% \sim 2.0\%$ 时，细化奥氏体共析分解产物，可得到索氏体、屈氏体组织。

当 $w(Ni) = 2.2\% \sim 2.6\%$ 时，可使共析分解产物以屈氏体为主。

当 $w(Ni) = 3.0\% \sim 4.5\%$ 时，随着加入量的增加，分解产物由屈氏体 + 贝氏体过渡到贝氏体 + 马氏体 + 残留奥氏体。为控制较低的残留奥氏体数量，通常镍的质量分数控制在 4.5% 以下。

铬（Cr）：在冷硬铸铁中，铬的质量分数通常控制在 0.15% ~ 2.0%。在高铬白口铸铁中，铬的质量分数可控制在 13% ~ 24%，最高可达 $w(Cr)$ 为 34%。

当铬含量较低时，有显著强化基体、提高强度和硬度的作用，有减少铸件硬度梯度、增加白口深度、提高白口纯度、强烈增加过渡区宽度的作用。

铬的加入量对白口层深度及麻口层深度的影响见表 9-5。

表 9-5　铬的加入量对白口层深度及麻口层深度的影响

原始组成(质量分数,%)		加入铬量(质量分数,%)	白口层深度/mm	麻口层深度/mm
C	Si			
2.89	0.58	—	11	42
2.92	0.54	0.10	16	74
2.96	0.52	0.15	18	87

当 $w(Cr) \leqslant 0.5\%$ 时，以固溶强化为主，能提高硬度、强度和耐磨性，增加白口倾向。

当 $w(Cr)$ 为 0.5% ~ 1.0% 时，可形成以 (Fe, Cr)₃C 为主的合金渗碳体。随着铬含量的进一步增加，开始有 M₇C₃ 型、M₂₃C₆ 型碳化物出现。

当 $w(Cr)$ 为 12% ~ 34% 时，以 M₇C₃、M₂₃C₆ 型碳化物为主。碳化物类型及所占比例与碳、铬含量有

关，如图 9-10 所示。

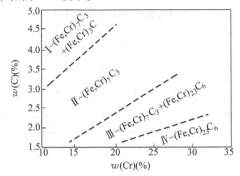

图 9-10　碳化物类型与碳、铬含量的关系

用经验公式描述如下：

$$KM_xC_y = 11.3w(C) + 0.5w(Cr) - 13.4\% \quad (9-2)$$

式中　　KM_xC_y——M_xC_y 型碳化物所占体积分数（%）；

　　　　$w(C)$、$w(Cr)$——金属液中 C、Cr 质量分数（%）；

　　　　13.4%——修正系数。

硼（B）：硼在铸铁轧辊中可以使硬面轧辊工作层得到改善，有很强的脱氧能力，借助于硼可调节轧辊白口层深度及工作层硬度。加入质量分数从 0.0003% ~ 0.0006% 开始，每增加 $w(B) = 0.0015\%$，可使白口层深度增加 1mm。

钒（V）：钒可以极大改善硬面轧辊质量，当加入质量分数 0.05% 的钒时，可出色地清除白口层中的细小灰口组织物，同时使灰口区石墨细化。加入质量分数从 0.01% ~ 0.04% 开始，最高可加到 0.3%。每增加 $w(V) = 0.025\%$，可增加白口层深度 1mm。

钛（Ti）：加入质量分数为 0.03% ~ 0.30% 的钛，可使硬面轧辊灰口区与白口区使用性能得到很大的改善，从 $w(Ti) = 0.05\% ~ 0.10\%$ 开始，每增加 $w(Ti) = 0.04\%$，可增加白口层深度 1mm。

钼（Mo）：根据不同用途，钼加入的质量分数为 0.2% ~ 1.5%，加入少量钼，可以使组织细化，改善力学性能，提高白口层抗磨损与抗破断性能，一般加入 $w(Mo) = 0.2\% ~ 0.5\%$。当 $w(Mo) = 0.6\% ~ 1.0\%$ 时，可使奥氏体析出物中出现贝氏体、马氏体针状组织，因此可大大提高铸件耐磨性。当加入量为 $w(Mo) = 1.0\% ~ 1.5\%$ 时，可以使组织中形成稳定的钼的合金碳化物 $(Fe, Mo)_6C$，该合金碳化物比单一的 MoO_2、Cr_2O_3 氧化物稳定的多，因此提高了钼合金铸铁的耐蚀性和抗氧化能力。

镁（Mg）：镁在铁液中主要起脱氧、去硫作用，

残镁可以改变铁液石墨析出物的表面张力，有促使铁液中石墨生成球状的能力。加入镁可以使铁液中硫的质量分数降到 0.002% ~ 0.04%，当残镁质量分数达到 0.04% ~ 0.08% 时可得到较为完美的球状石墨。

镁具有极强的白口化倾向，残镁的质量分数每增加 0.0025%，则提高纯白口层深度 1mm。加入 $w(Si) = 0.07\% ~ 0.14\%$ 则可以抵消质量分数为 0.01% 残镁对白口层的影响。

9.4　制造工艺对组织和性能的影响

9.4.1　工艺条件的影响

形成冷硬铸铁的必要条件是铁液在冷凝过程中要有足够的冷却强度，其大小取决于铸件截面、铸型冷却能力（材料、壁厚）、铁液过热温度等。在化学成分、冷却条件一定的情况下，冷硬铸铁的性能则取决于炉料的配比、熔炼温度、孕育处理、浇注温度等铸造工艺参数。

1. 冷却条件

根据钢中奥氏体转变的 S 曲线，有人提出了铸铁共晶转变阶段的结晶动力学曲线，如图 9-11 所示。

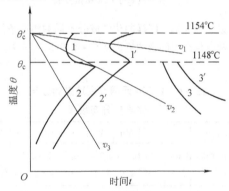

图 9-11　铸铁共晶转变阶段的结晶动力学曲线

1-1'—石墨析出开始线和终止线

1-2'—Fe_3C 析出开始线和终止线

1-3'—Fe_3C 慢冷时分解开始线和终止线

当冷却速度很小时（v_1），石墨析出开始时间较晚，但能充分长大，石墨化较充分，可获得粗大片状石墨组织。当以 v_3 速度冷却结晶时，不经过石墨析出线，而形成渗碳体，可获得白口组织。当冷却速度在两者之间时，得到的组织为具有石墨和渗碳体及珠光体基体的麻口组织。冷却速度的大小取决于铸型特性（冷铁壁厚、涂料厚度及热导率）、铸件壁厚。但由于铸件形状复杂，壁厚差别也大，也可引入铸件模数 M 的概念，M 的数值一般用体积与表面积之比来

计算（计算办法参见第2章）。

当采用金属型铸造时，控制组织中碳化物与石墨的分配可借助于金属型铸造铸铁定性组织图（见图9-12）。

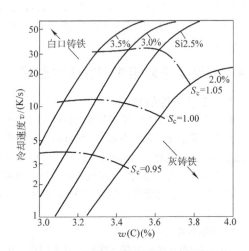

图 9-12　金属型铸造铸铁定性组织图

注：有%的数字均为质量分数。

以轧辊为例，同样的化学成分不同的铸造条件对硬度和金相组织的影响见表9-6～表9-8和图9-13～图9-18。

表 9-6　CrMo 无限冷硬球墨铸铁轧辊的化学成分与硬度

化学成分（质量分数，%）	C	Si	Mn	P	S	Cr	Mo	Mg
	3.0 ~ 3.5	1.5 ~ 1.9	0.5 ~ 1.0	0.2 ~ 0.4	≤ 0.10	0.2 ~ 0.5	0.2 ~ 0.3	≥ 0.04
硬度 HS	金属型部位				砂型部位			
	58 ~ 65				35 ~ 45			

注：表中数据取自邢台机械轧辊（集团）有限公司生产数据，表9-7、表9-8同。

表 9-7　NiCrMo 无限冷硬铸铁轧辊的化学成分与硬度

化学成分（质量分数，%）	C	Si	Mn	P	S	Ni	Cr	Mo
	3.0 ~ 3.5	0.6 ~ 1.2	0.4 ~ 1.2	≤ 0.2	≤ 0.10	1.0 ~ 2.0	0.5 ~ 1.2	0.2 ~ 0.4
硬度 HS	金属型部位				砂型部位			
	58 ~ 70				32 ~ 48			

表 9-8　CrMo 半冷硬球墨铸铁轧辊的化学成分与硬度

化学成分（质量分数，%）	C	Si	Mn	P	S	Cr	Mo	Mg
	3.0 ~ 3.6	0.8 ~ 1.3	0.5 ~ 1.0	≤ 0.2	≤ 0.04	0.3 ~ 0.5	0.2 ~ 0.4	≥ 0.04
肖氏硬度 HS	金属型挂砂部位				砂型部位			
	40 ~ 50				30 ~ 40			

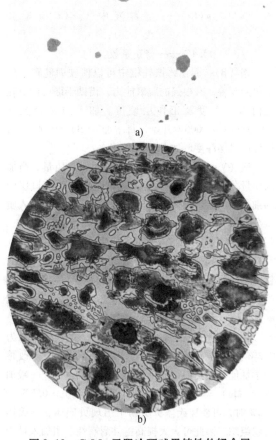

a)

b)

图 9-13　CrMo 无限冷硬球墨铸铁轧辊金属型条件下的金相组织　×100

a) 轧辊辊身表面石墨　b) 轧辊辊身表面组织

注：照片源于邢台机械轧辊（集团）有限公司产品实物（图9-14～图9-18同）。

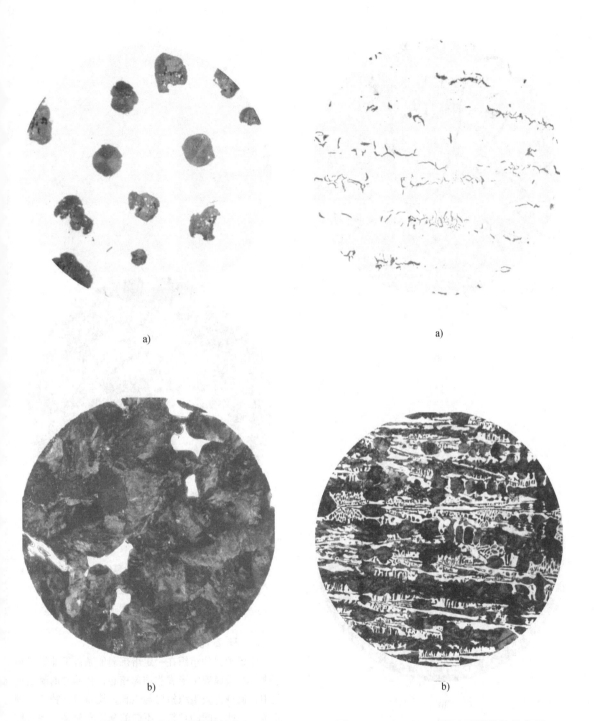

a)

a)

b)

b)

图 9-14　CrMo 无限冷硬球墨铸铁轧
辊砂型条件下的金相组织　×100

a) 轧辊辊颈石墨　b) 轧辊辊颈组织

图 9-15　NiCrMo 无限冷硬铸铁轧辊金属
型条件下的金相组织　×100

a) 轧辊辊身表面石墨　b) 轧辊辊身表面组织

a)

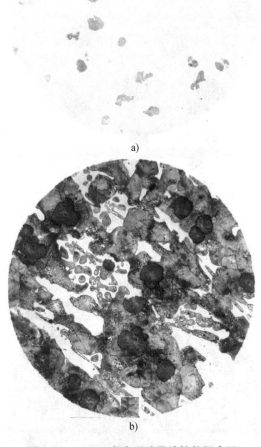

a)

b)

图 9-17　CrMo 半冷硬球墨铸铁轧辊金属
挂砂型条件下的金相组织　×100
a）轧辊辊身表面石墨　b）轧辊辊身表面组织

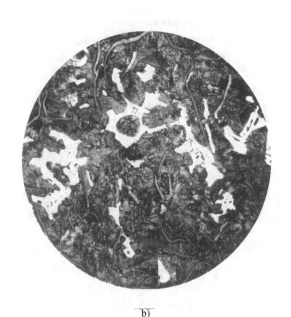

b)

图 9-16　NiCrMo 无限冷硬铸铁轧辊砂型
条件下的金相组织　×100
a）轧辊辊颈石墨　b）轧辊辊颈组织

2. 原料配比

原始炉料的组织在一定熔炼温度条件下能够遗传下来。在金属液中形成非均匀核心，在铸件的凝固过程中，促进该类组织析出与生长，使该组织特性得到延续，因此不同的炉料、不同的配比有时会影响铸件的组织。例如，生铁的原始断口组织不同，对铸件遗传性可能会带来影响。断口为白口的生铁，组织以碳化物为主；断口为灰口的生铁，组织中以粗大片状石墨为主。表 9-9 列出了炉料总重中白口铸铁的比例对白口层深度的影响。

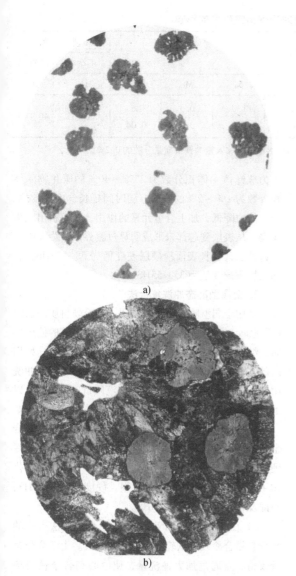

a)

b)

图 9-18　CrMo 半冷硬球墨铸铁轧辊砂型条件下金相组织　×100

a) 轧辊辊颈石墨　b) 轧辊辊颈组织

表 9-9　炉料总重中白口铸铁的比例对白口层深度的影响

灰铸铁 （质量分数,%）	白口铸铁 （质量分数,%）	铸件白口层深度 /mm
100	0	12
50	50	16
0	100	20

3. 熔炼过热温度

铁液中原始核心数量的多少,随铁液过热温度的

差异而有不同变化,过热温度高,保持时间长,使铁液中石墨核心减少,白口化倾向显著增加。白口层深度与铁液过热温度及高温保持时间的关系见图 9-19、图 9-20 和表 9-10、表 9-11。

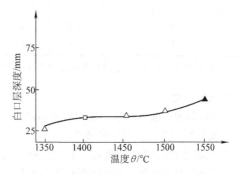

图 9-19　白口层深度与铁液过热温度的关系

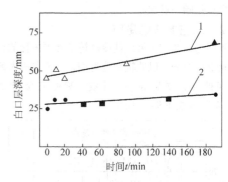

图 9-20　白口层深度与铁液温度和高温保持时间的关系

1—铁液温度 1550℃　2—铁液温度 1350℃

表 9-10　白口层深度与铁液过热温度关系

铁液过热温度 θ/℃	白口层深度 δ/mm
1220	18
1355	31
1465	46

表 9-11　白口层深度与高温保持时间关系

铁液高温保持时间 t/h	白口层深度 δ/mm
0.5	麻口
1.0	8
1.5	12

4. 孕育处理

冷硬铸铁的孕育,即向铁液中加入一种或几种石墨化元素及合金元素构成的中间合金,用以细化组织、改变石墨化的过程。以质量分数为 75% 的 SiFe 型内孕育为例,孕育使白口化倾向和硬度显著降低,见表 9-12。

表 9-12　型内瞬时孕育对冷硬铸铁硬度的影响

原始化学成分范围(质量分数,%)									硬　度	
									不孕育	孕育后
C	Si	Mn	P	S	Cr	Ni	Mo	Mg	HS	HS
3.0 3.5	1.5 1.8	0.5 1.0	0.2 0.4	≤ 0.04	0.2 0.4	1.0 2.0	0.3 0.8	≥ 0.04	58～65	40～45

注: 采用金属型石墨涂料, 厚度为 0.3～0.7mm; 采用 FeSi75 孕育剂, 加入量为铁液质量分数的 0.2%。

5. 浇注温度

铸件的凝固(包括形核、长大以及结晶前沿的延伸)需要结晶前沿液相有足够的过冷度, 由于石墨析出所需的过冷度小于碳化物, 在铸型条件一定的前提下, 浇注温度越低, 相对铸型的激冷能力越大, 过冷区越宽, 凝固速度越快, 析出的石墨数量越少, 相对白口化倾向增加。

9.4.2　工艺方法的影响

不同的工艺方法可以使冷硬铸铁外硬内韧的特征发挥得更加充分。以轧辊制造为例, 工艺方法大致可分为四种(金属型静态、冲洗、离心和金属型挂砂), 其效果如图9-21所示。

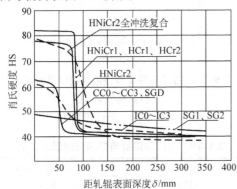

图 9-21　不同工艺方法生产的轧辊硬度梯度

1. 金属型静态一次浇注成形工艺方法

采用金属型喷涂料后, 直接向金属型内浇注, 凝固成形。

1) 图9-21中的 CC0～CC3 是生产普通低合金冷硬铸铁轧辊时的硬度变化曲线。辊身表面冷硬层组织为珠光体+体积分数为30%～40%的碳化物, 石墨的体积分数小于0.5%。冷硬层厚度为20～40mm、硬度为58～68HS, 心部及辊颈硬度为35～45HS。

2) 图9-21中的 IC0～IC3 是生产普通低合金无限冷硬铸铁轧辊的硬度变化曲线。辊身表面冷硬层组织为珠光体+体积分数为25%～40%的碳化物+体积分数为1%～2%的石墨。随时间延长, 冷型蓄热、冷却能力降低, 加上合金元素的作用, 石墨析出较为缓慢, 从表层到芯部未形成明显过渡界限, 为无限冷硬铸铁。其辊身表面冷硬层硬度值为58～75HS, 心部及辊颈硬度值为35～55HS。

2. 金属型静态冲洗复合法

采用金属型喷涂料后, 先用一种冷硬材质的铁液(重量 w_1)浇入铸型, 待其表面凝固出足够的使用层后, 继续将原铁液用 FeSi75 孕育随浇注冲入或另用高硅铁液冲入, 从而改进心部石墨化特性, 根据冲洗用铁液所占比例, 超过第一次铁液质量 w_1 的80%以上的称为全冲洗, 80%以下的为半冲洗。

1) 图9-21中的 SGD 是采用半冲洗法生产低合金复合冷硬铸铁轧辊的硬度变化曲线。该轧辊辊身冷硬层组织为珠光体+体积分数为35%～45%的碳化物+体积分数小于0.5%的石墨, 硬度为58～70HS, 心部及辊颈硬度为35～48HS。

2) 图9-21中的 HNiCr2 是采用全冲洗法生产的高合金复合冷硬铸铁轧辊硬度变化曲线。由于合金含量较高, 需通过加大冲洗量, 使中心高合金铁液稀释。其表面硬度为68～85HS, 辊颈硬度为35～55HS, 该轧辊辊身冷硬层组织为回火索氏体或贝氏体+体积分数为25%～30%的碳化物+体积分数为2%～3%的石墨。

3. 金属型离心复合浇注

采用金属型喷涂料, 在离心旋转状态下, 浇注高合金外层铁液, 待凝固后低于固相线温度某一过冷度 ΔT 时, 向型内浇入另一种材质的铁液。

用此方法生产的高合金冷硬复合铸铁轧辊包括:

1) 高镍铬无限冷硬铸铁轧辊。其辊身冷硬层采用不同的热处理温度, 金相组织、硬度不同, 见表9-13。

2) 高铬铸铁轧辊。其辊身冷硬层采用不同的热处理温度, 金相组织、硬度不同, 见表9-14。

表9-13 高镍铬无限冷硬铸铁轧辊辊身的金相组织、硬度与热处理温度的关系

退火温度/℃	380 ~ 440	460 ~ 500	500 ~ 540
金相组织（体积分数）	贝氏体 + 少量回火马氏体及残留奥氏体 + 25% ~ 40%碳化物 + 1% ~ 5%石墨	贝氏体 + 索氏体 + 25% ~ 40%碳化物 + 1% ~ 5%石墨	索氏体 + 25% ~ 40%碳化物 + 1% ~ 5%石墨
硬度 HSD	75 ~ 85	70 ~ 75	65 ~ 70

表9-14 高铬铸铁轧辊辊身的金相组织、硬度与热处理温度的关系

退火温度/℃	560 ~ 600	480 ~ 550	1000 ± 30 淬火 + 500 ± 20 回火
金相组织（体积分数）	屈氏体 + 15% ~ 30%碳化物	回火马氏体 + 残留奥氏体 + 15% ~ 30%碳化物	回火马氏体 + 小于3%残留奥氏体 + 15% ~ 30%碳化物
硬度 HSD	58 ~ 70	70 ~ 82	75 ~ 88

4. 金属挂砂型静态一次浇注成形

采用金属型挂砂，挂砂厚度为 7 ~ 30mm，干燥后向铸型内浇注铁液，一次成形。由于其激冷能力较差，冷却速度介于砂型与金属型之间，因此其表层组织也为麻口组织，即所谓半冷硬铸铁轧辊。其组织为珠光体 + 体积分数为 15% ~ 25%的碳化物 + 体积分数为 3% ~ 5%的石墨，辊身硬度为 40 ~ 50HS，辊颈硬度为 30 ~ 40HS，其硬度梯度曲线如图 9-21 中 SG1、SG2 所示。

9.5 冷硬铸铁的性能优化

9.5.1 微合金化

微合金化是提高冷硬铸铁性能的有效途径和方法。常用的微合金化元素有 W、V、Nb 等。在铸铁中 W 与 Mo 的作用相似，可以起到稳定碳化物、提高淬透性的作用，并可以促进奥氏体转变为贝氏体或马氏体，以增加硬度，提高耐磨性。V、Nb 在奥氏体中溶解度很小，与碳元素有着较强的亲和力、都能在高温条件下与碳形成呈弥散分布且硬度很高的 MC 型碳化物，从而起到改善铸件性能的作用。各种微合金化元素可形成的不同碳化物的显微硬度见表9-15。

表9-15 不同碳化物的显微硬度

碳化物形态	形成碳化物元素	硬度 HV
M_3C	Fe（Cr、Mo）	1100 ~ 1350
M_7C_3	Cr（Fe、Mo）	1400 ~ 1800
MC	Ti	3000 ~ 3400
	V	2800 ~ 3000
	Nb	2300 ~ 2500
	Ta	1800 ~ 2000
M_2C	Mo（W、V、Cr、Fe）	1600 ~ 2200
M_6C	W（Mo、Fe、Cr）	1200 ~ 1800

有资料介绍，用质量分数为 0.5% 的铌代替质量分数 1.5% 的钼，添加到合金中后提高了材料的耐磨性，说明这种替代方法是可行的。

9.5.2 微合金化对组织和性能的优化

微合金化可以优化冷硬铸铁的金相组织并提高其综合性能。

微合金化对冷硬铸铁组织的优化如图 9-22 ~ 图 9-24 所示（金相照片源于无限冷硬轧辊实物）。金相组织显示：加入 V、Nb 等合金元素后，使冷硬层中的石墨形态更加细小、弥散，并且随合金元素加入量的增加石墨数量有所减少，同时使组织中的碳化物在形态上和分布上也得到进一步的优化。

组织的优化使材料的性能也随之优化，图 9-25 所示为微合金化后 ICDP 轧辊工作层硬度的变化。

化学成分（质量分数，%）	C	Si	Mn	P	S	Cr	Ni	Mo
	3.0~3.5	0.7~1.3	0.6~1.1	≤0.1	≤0.15	1.4~1.8	3.8~4.5	0.2~0.6

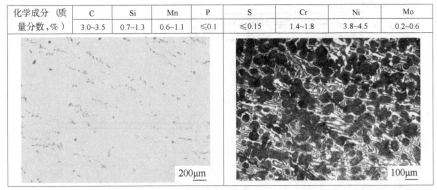

图 9-22 传统型 ICDP（indefinite chill double poured）轧辊外层组织

化学成分（质量分数，%）	C	Si	Mn	P	S	Cr	Ni	Mo	V
	3.0~3.5	0.8~1.5	0.8~1.1	≤0.1	≤0.1	1.4~1.8	3.8~4.5	0.3~0.6	0.8~1.5

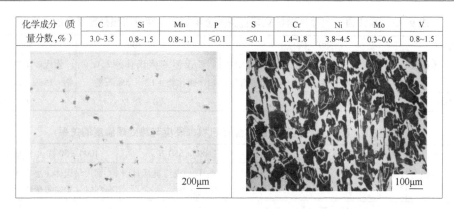

图9-23 加入钒合金（V）后的ICDP轧辊外层组织

化学成分（质量分数，%）	C	Si	Mn	P	S	Cr	Ni	Mo	Nb
	3.0~3.5	0.9~1.3	0.7~1.1	≤0.1	≤0.15	1.4~1.9	3.8~4.5	0.2~0.6	0.5~1.0

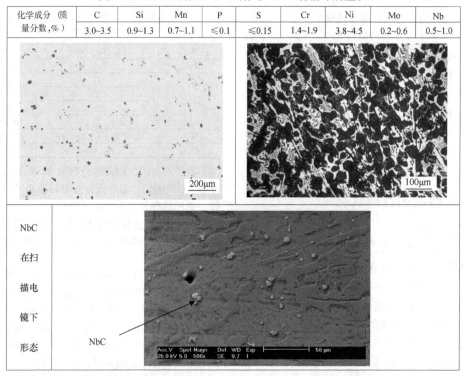

图9-24 加入铌合金（Nb）后的ICDP轧辊外层组织

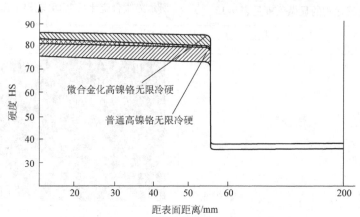

图9-25 微合金化后ICDP轧辊工作层硬度的变化

9.5.3　热处理对组织和性能的优化

高铬铸铁是一种特殊的冷硬铸铁，正常情况下断口为白口，无石墨存在。材料的使用条件不同，对组织的要求也不同，因此对于高铬铸铁，需要通过不同的热处理来实现不同的组织和性能要求。下面以高铬铸铁轧辊为例，说明热处理对铸铁的组织和性能的影响。

轧辊在使用过程中既受热应力作用，又受压应力和冲击载荷的作用，要求组织有很强的稳定性。正常冷却条件下，铸态高铬铸铁含有大量的奥氏体，即使经过低温退火，也仍有较多的残留奥氏体（见图 9-26）。奥氏体是不稳定相，减少或消除奥氏体对轧辊使用的稳定性非常重要；同时，轧辊要求具有很好的耐磨性，所以基体中应具有一定数量的马氏体（马氏体基体硬度高，具有优良的耐磨性），因此对高铬铸铁轧辊进行高温淬火显得非常必要。铸态的高铬铸铁轧辊经过高温淬火 + 回火可以得到回火马氏体 + Fe_7C_3 碳化物 + 体积分数小于 1% 的残留奥氏体（见图 9-27），应力状态较低温退火明显改善，使用效果和抗事故能力较低温退火轧辊大幅提高。图 9-28 所示为 $\phi500mm$ 高铬铸铁轧辊的淬火 + 回火工艺。

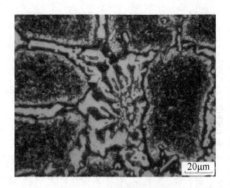

图 9-26　低温退火组织

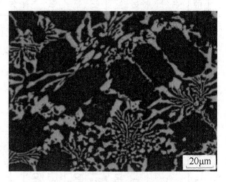

图 9-27　高温淬火 + 回火组织

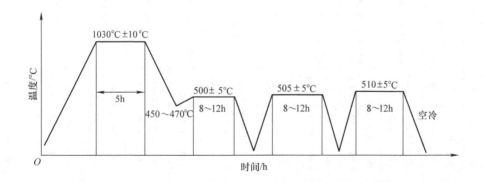

图 9-28　$\phi500mm$ 高铬铸铁轧辊的淬火 + 回火工艺

9.6　冷硬铸铁的生产应用

冷硬铸铁主要用于以磨损为主的工况，特别是生产各种冶金轧辊和造纸、塑胶等其他用辊，还用于内燃机凸轮轴、柱塞泵、活塞及内燃发动机的气门挺柱等抗磨零部件。

根据 GB/T 1504—2008《铸铁轧辊》，冶金铸铁轧辊的材质、工作层化学成分、性能和用途见表 9-16。

非冶金用冷硬铸铁轧辊的化学成分、性能与用途见表 9-17。

一般冷硬铸铁件、内燃机气门挺柱、内燃机凸轮轴用冷硬铸铁的化学成分、用途及特点见表 9-18 ~ 表 9-20。

表9-16　冶金铸铁轧辊的材质、工作层化学成分、性能和用途

分类	材质类别	材质代码	化学成分（质量分数，%）											硬度 HS		抗拉强度 R_m/MPa	推荐用途
			C	Si	Mn	P	S	Cr	Ni	Mo	V	Cu	Mg	辊身	辊颈		
冷硬铸铁	铬钼冷硬	CC	2.90~3.60	0.25~0.80	0.20~1.00	≤0.40	≤0.08	0.20~0.60	—	0.20~0.60	—	—	—	58~70	32~48	≥150	
	镍铬钼冷硬I	CCI	2.90~3.60	0.25~0.80	0.20~1.00	≤0.40	≤0.08	0.20~0.60	0.50~1.00	0.20~0.60	—	—	—	60~70	32~50		小型型钢、线材、热轧薄板平整轧机
	镍铬钼冷硬II	CCII	2.90~3.60	0.25~0.80	0.20~1.00	≤0.40	≤0.08	0.30~1.20	1.01~2.00	0.20~0.60	—	—	—	62~75	35~52		
	镍铬钼冷硬离心复合III	CCIII	2.90~3.60	0.25~0.80	0.20~1.00	≤0.40	≤0.08	0.50~1.50	2.01~3.00	0.20~0.60	—	—	—	65~80	32~45	≥350	
	镍铬钼冷硬离心复合IV	CCIV	2.90~3.60	0.25~0.80	0.20~1.00	≤0.40	≤0.08	0.50~1.70	3.01~4.50	0.20~0.60	—	—	—	70~85	32~45		
无限冷硬铸铁	铬钼无限冷硬	IC	2.90~3.60	0.60~1.20	0.40~1.20	≤0.25	≤0.08	0.60~1.20	—	0.20~0.60	—	—	—	50~70	35~55	≥160	
	镍铬钼无限冷硬I	ICI	2.90~3.60	0.60~1.20	0.40~1.20	≤0.25	≤0.08	0.70~1.20	0.50~1.00	0.20~0.60	—	—	—	55~72	35~55		小型型钢、窄带钢轧机
	镍铬钼无限冷硬II	ICII	2.90~3.60	0.60~1.20	0.40~1.20	≤0.25	≤0.08	0.70~1.20	1.01~2.00	0.20~0.60	—	—	—	55~72	35~55		
	镍铬钼无限冷硬离心复合III	ICIII	2.90~3.60	0.60~1.20	0.40~1.20	≤0.25	≤0.05	0.70~1.20	2.01~3.00	0.20~1.00	—	—	—	65~78	32~45		
	高镍铬钼冷硬离心复合IV	ICIV	2.90~3.60	0.60~1.50	0.40~1.20	≤0.10	≤0.05	1.00~2.00	3.01~4.80	0.20~1.00	—	—	—	70~83	32~45	≥350	中厚板、平整、热轧带钢轧机
	高镍铬钼无限冷硬离心复合V	ICV	2.90~3.60	0.60~1.50	0.40~1.20	≤0.10	≤0.05	1.00~2.00	3.01~4.80	0.20~2.00	0.20~2.00	W 0.00~2.00	Nb 0.00~2.00	77~85	32~45		

类别	名称	牌号	C	Si	Mn	P	S	Cr	Ni	Mo	Cu	残Mg	硬度(辊身)	硬度(辊颈)	芯部抗弯强度	型轧机
球墨铸铁	铬钼球墨半冷硬	SG I	2.90~3.60	0.80~2.50	0.40~1.20	≤0.25	≤0.03	0.20~0.60	—	0.20~0.60	—	≥0.04	40~55	32~50	≥320	线材、型钢、窄带钢轧机
	铬钼球墨无限冷硬	SG II	2.90~3.60	0.80~2.50	0.40~1.20	≤0.25	≤0.03	0.20~0.60	—	0.20~0.60	—	≥0.04	50~70	35~55		
	铬钼铜球墨无限冷硬	SG III	2.90~3.60	0.80~2.50	0.40~1.20	≤0.25	≤0.03	0.20~0.60	—	0.20~0.60	0.40~1.00	≥0.04	55~70	35~55		
	镍铬钼球墨无限冷硬 I	SG IV	2.90~3.60	0.80~2.50	0.40~1.20	≤0.25	≤0.03	0.20~0.60	0.50~1.00	0.20~0.60	—	≥0.04	55~70	35~55		
	镍铬钼球墨无限冷硬 II	SG V	2.90~3.60	0.80~2.50	0.40~1.20	≤0.20	≤0.03	0.30~1.20	1.01~2.00	0.20~0.80	—	≥0.04	60~70	35~55		
	珠光体球墨 I	SGP I	2.90~3.60	1.40~2.20	0.40~1.00	≤0.15	≤0.03	0.10~0.60	1.50~2.00	0.20~0.80	—	≥0.04	40~55	35~55	≥450	方板坯初轧机，大中型型钢、线材、窄带钢轧机
	珠光体球墨 II	SGP II	2.90~3.60	1.20~2.00	0.40~1.00	≤0.15	≤0.03	0.20~1.00	2.01~2.50	0.20~0.80	—	≥0.04	55~65	35~55		
	珠光体球墨 III	SGP III	2.90~3.60	1.00~2.00	0.40~1.00	≤0.15	≤0.03	0.20~1.20	2.51~3.00	0.20~0.80	—	≥0.04	62~72	35~55		
	贝氏体球墨离心复合 I	SGA I	2.90~3.60	1.20~2.20	0.20~0.80	≤0.10	≤0.03	0.20~1.00	3.01~3.50	0.50~1.00	—	≥0.04	55~78	32~45	≥350	
	贝氏体球墨离心复合 II	SGA II	2.90~3.60	1.00~2.00	0.20~0.80	≤0.10	≤0.03	0.30~1.50	3.51~4.50	0.50~1.00	—	≥0.04	60~80	32~45		
高铬铸铁	高铬离心复合 I	HCr I	2.30~3.30	0.30~1.00	0.50~1.20	≤0.10	≤0.05	12.00~15.00	0.70~1.70	0.70~1.50	0.00~0.60	—	60~75	32~45	≥350	热带钢轧机、立辊、平整辊、中厚板轧机、冷带钢轧机、型钢万能轧机辊环
	高铬离心复合 II	HCr II	2.30~3.30	0.30~1.00	0.50~1.20	≤0.10	≤0.05	15.01~18.00	0.70~1.70	0.70~1.50	0.00~0.60	—	65~80	32~45		
	高铬离心复合 III	HCr III	2.30~3.30	0.30~1.00	0.50~1.20	≤0.10	≤0.05	18.01~22.00	0.70~1.70	1.51~3.00	0.00~0.60	—	75~90	32~45		

注：1. 球墨铸铁轧辊中含有稀土元素时，残Mg质量分数不得小于0.03%。
2. 在满足轧机使用条件下，复合轧辊或辊环芯部可采用球墨铸铁材质。

表9-17　非冶金用冷硬铸铁轧辊的化学成分、性能与用途

用途	化学成分（质量分数，%）								硬度 HS		白口深度 /mm	用途
	C	Si	Mn	P	S	Cr	Ni	Mo	辊面	辊颈		
普通冷硬铸铁	3.3~3.8	0.4~0.8	0.3~0.5	0.45~0.55	≤0.12	—	—	—	63~72	≤48	5~40	橡胶、塑料轧辊
铬钼合金铸铁	3.3~3.8	0.4~0.8	0.3~0.5	≤0.55	≤0.12	0.2~0.3	—	0.2~0.4	≥68	≤48	6~25	橡胶、塑料、油墨、烟草轧辊
镍铬合金铸铁	3.3~3.8	0.4~0.8	0.3~0.5	≤0.55	≤0.12	0.2~0.3	0.4~0.8	—	≥68	≤48	6~25	橡胶、塑料轧辊
镍铬钼铸铁	3.5~3.8	0.3~0.8	0.3~0.6	0.40~0.55	≤0.12	0.2~0.5	0.5~1.5	0.2~0.4	68~74	≤50	20~50	面粉、油脂、造纸
铬铜铸铁	3.1~3.7	0.4~0.8	0.3~0.45	0.45~0.60	≤0.12	0.3~0.5	—	Cu 0.8~1.0	≥70	—	10~40	造纸
铬钒铸铁	3.5~3.8	0.7~0.9	0.5~0.6	0.4~0.5	≤0.12	0.6~0.8	—	V0.1~0.2	68~72	—	0.1D辊径	面粉

表9-18　一般冷硬铸铁件的化学成分及用途

用途	化学成分（质量分数，%）				
	C	Si	Mn	P	S
冷硬车轮	3.49	0.84	0.70	0.134	0.069
冷硬车轮	3.80	0.79	0.59	0.16	0.079
冷硬车轮	>3.25	0.45~0.75	0.50~0.75	<0.4	<0.14
犁铧	3.50	1.0	0.6	0.3	0.06
破碎机用冷硬衬板	3.5	1.0	1.0	0.2	0.04
	3.25	0.8	1.25	0.2	0.06

表9-19　内燃机气门挺柱的化学成分及特点

种类	与凸轮接触面硬度 HRC	化学成分（质量分数，%）								用途及特点
		C	Si	Mn	P	S	Cr	Ni	Mo	
RIK-T1	>45	2.9~3.8	1.4~2.7	0.5~1.0	<0.5	<0.15	<0.5	—	—	可与各类材质的凸轮轴配合使用
RIK-T2	>50	2.9~3.8	1.4~2.7	0.5~1.0	<0.5	<0.15	0.3~1.0	0.2~1.0	—	
RIK-T3	>55	3.0~3.9	1.4~2.7	0.5~1.0	<0.5	<0.15	0.3~1.3	0.2~1.0	0.10	耐点蚀及不易粘着，与冷硬铸铁轴配合使用
RIK-T4	>55	2.9~3.8	1.4~2.7	0.5~1.0	<0.5	<0.15	0.3~1.3	0.2~1.0	0.3~1.0	

表9-20　内燃机凸轮轴冷硬铸铁的化学成分、用途及特点

种类	凸轮面硬度 HRC	化学成分（质量分数，%）								用途及特点
		C	Si	Mn	P	S	Cr	Ni	Mo	
RIK-C1	>45	3.0~3.6	1.8~2.4	0.5~1.0	<0.3	<0.15	<0.1	—	—	可与各种材质的凸轮摇臂配合使用
RIK-C2	>40	3.2~4.0	2.0~3.2	0.2~0.8	<0.2	<0.05	<0.1	Cu<1.0	<1.0	用于高强度凸轮轴
RIK-C3	>45	3.0~3.7	1.8~2.4	0.5~1.0	<0.3	<0.15	0.1~1.0	0.2~1.0	<0.5	耐点蚀、不易粘着

9.6.1 冷硬铸铁轧辊

1）普通冷硬铸铁轧辊如图9-29所示。不同材质轧辊的辊身缩尺见表9-21。

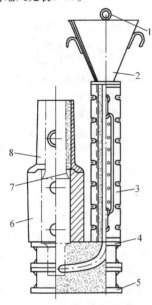

图 9-29 普通冷硬铸铁轧辊

1—浇口塞 2—浇口箱 3—直浇道箱
4—底上箱 5—底下箱 6—冷型
7—辊颈砂芯 8—冒口箱

表 9-21 不同材质轧辊的辊身缩尺（%）

轧 辊	辊身缩尺	
	Δd_1	ΔL_1
冷硬铸铁轧辊	$D \times (1.7 \sim 2.4)$	$L \times (1.5 \sim 2.2)$
无限冷硬球墨铸铁轧辊	$D \times (1.5 \sim 2.2)$	$L \times (1.4 \sim 2.0)$
半冷硬球墨铸铁轧辊	$D \times (1.5 \sim 1.8)$	$L \times (1.5 \sim 1.8)$
高镍铬无限冷硬铸铁轧辊	$D \times (1.7 \sim 2.2)$	$L \times (1.5 \sim 2.0)$
高铬铸铁轧辊	$D \times (1.8 \sim 2.2)$	$L \times (1.7 \sim 2.1)$

注：D—辊身直径，L—辊身长度；Δd_1—辊身直径缩尺，ΔL_1—辊身长度缩尺。

2）离心复合铸造轧辊。图9-30所示为卧式离心复合铸造轧辊，图9-31所示为立式离心复合铸造轧辊。

3）离心复合铸造轧辊转速的确定。离心铸造工艺除保证铸件成形外，还能够充分利用离心力的作用消除铸件夹渣、气孔、缩孔、疏松，尽可能提高铸件密度，因此在离心浇注过程中，离心机必须达到足够的转速。

为保证铸件的致密度，在离心铸造时，离心机的转速通常利用铸件内表面的有效重度 γ' 或重力因数 G 值来计算。其经验公式如下：

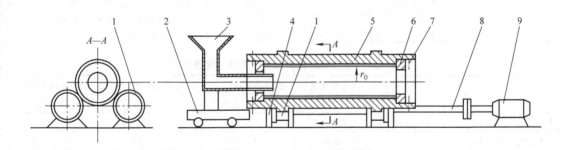

图 9-30 卧式离心复合铸造轧辊

1—托轮 2—浇注小车 3—浇注流槽 4—托轮支架 5—铸型 6—端盖 7—销子 8—传动轴 9—电动机

$$\begin{cases} \gamma' = \rho\omega^2 r_0 = \dfrac{\gamma}{g}\left(\dfrac{\pi v}{30}\right)^2 r_0 \\ v = 29.9\sqrt{\dfrac{\gamma'}{r_0\gamma}} = 29.9\sqrt{\dfrac{G}{r_0}} \\ \qquad\qquad G = \dfrac{\gamma'}{\gamma} \end{cases} \tag{9-3}$$

式中 γ'——金属液的有效重度（N/m³）；
γ——金属液的重度（N/m³）；
ρ——铁液密度（kg/m³）；

g——重力加速度（9.81m/s²）；
r_0——铸件的内表面半径（m）；
v——铸型转速（r/min），$v = \dfrac{30\omega}{\pi}$；
ω——角速度（rad/s）；
G——重力因数。

常见材质离心铸造有效重度 γ' 与重力因数 G 见表9-22。

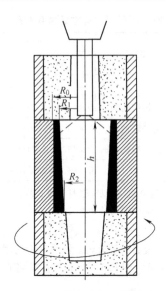

图 9-31　立式离心复合铸造轧辊

4）立式离心复合铸造轧辊转速的确定。对于立式离心铸造，除了要考虑重力因数外，还要注意其内表面上下壁厚差，以及液面对上型面的浮力，如图 9-31 所示。

上、下壁厚差按式（9-4）计算：

$$R_1^2 - R_2^2 = 2gh\left(\frac{30}{v\pi}\right)^2 \tag{9-4}$$

式中　R_1、R_2——上、下内表面半径（m）；

　　　　h——液面高度（m）；

　　　　g——重力加速度（9.81m/s²）；

　　　　v——铸型转速（r/min）。

液面对上型面动态浮力按式（9-5）计算：

$$\begin{cases} p_r = \dfrac{\rho\omega^2}{2}(r^2 - r_0^2) = \dfrac{\gamma\omega^2}{2g}(r^2 - r_0^2) \\[2mm] F_{浮} = \rho\pi\dfrac{\omega^2}{4}(R_0^2 - R_1^2)^2 \end{cases} \tag{9-5}$$

式中　p_r——半径为 r 处的离心压力（N/m²）；

　　　$F_{浮}$——R_1 与 R_0 间的铸型平面上承受的离心动态浮力（N）；

　　r_0、r——内表面半径和同断面计算处半径（m）；

　　　　ρ——金属液密度（kg/m³）；

　　　　γ——金属液的重度（N/m³）；

　　　　g——重力加速度（9.8m/s²）；

　　　　ω——角速度（rad/s）；

　　R_1、R_0——上部液面内、外半径（m）。

5）冷硬铸铁轧辊的力学、物理性能。白口冷硬铸铁轧辊的力学、物理性能见表 9-23；麻口冷硬铸铁轧辊的力学、物理性能见表 9-24。

表 9-22　常见材质离心铸造有
效重度 r' 与重力因数 G

合金种类	$\gamma/(\text{N/m}^3)$	$\gamma'/(\text{N/m}^3)$	G
锡青铜	8.5×10^4	$(4.5 \sim 10) \times 10^6$	53 ~ 117
其他铜合金（高铅铜除外）	8.0×10^4	$(4.0 \sim 8) \times 10^6$	50 ~ 100
铸铁	6.9×10^4	$(4.0 \sim 6) \times 10^6$	58 ~ 115
铸钢	7.7×10^4	$(3.5 \sim 6) \times 10^6$	45 ~ 78
铝合金	2.6×10^4	$(2.0 \sim 4) \times 10^6$	78 ~ 153

表 9-23　白口冷硬铸铁轧辊的力学、物理性能

性　　能		普通冷硬铸铁轧辊（$\phi760\text{mm}$）		溢流铸造合金冷硬铸铁轧辊（$\phi650\text{mm}$）	
		白口层（表面）	灰口层（芯部）	白口层（表面）	灰口层（芯部）
硬度 HS		60	42	75	40
抗拉强度[1] R_m/MPa		200 ~ 220	170 ~ 220	180 ~ 230	180 ~ 230
断后伸长率[1] A(%)		0.10 ~ 0.13	0.20 ~ 0.35	0.10 ~ 0.13	0.30 ~ 0.45
弹性模量[1] $E/10^5$MPa		1.70	1.00 ~ 1.20	1.75 ~ 1.80	1.00 ~ 1.10
回转疲劳强度/抗拉强度		0.5	0.5	0.5	0.5
冲击韧度 a_K/(J/cm²)		1.0 ~ 1.5	1.5 ~ 2.0	1.0 ~ 1.5	1.5 ~ 2.0
抗压强度/MPa		2000 ~ 2400	1000 ~ 1400	2200 ~ 2600	1000 ~ 1400
比热容 c/[J/(kg·K)]	0 ~ 100℃	540	540	540	540
	0 ~ 500℃	580	580	—	580
线胀系数 $\alpha_1/10^5\text{K}^{-1}$	20 ~ 200℃	0.89	1.05	0.9 ~ 1.0	1.0 ~ 1.1
	200 ~ 400℃	1.28	1.26	—	1.26
	400 ~ 550℃	1.43	1.41	—	1.41
热导率 λ(20 ~ 200℃)/[W/(m·K)]		16.7 ~ 25.1	37.7 ~ 41.8	16.7 ~ 20.9	37.7 ~ 41.8
密度 ρ/(t/m³)		7.75	7.30	7.80	7.30

①　试样沿轧辊轴向方向制取。

表 9-24 麻口冷硬铸铁轧辊的
力学、物理性能

性 能	溢流铸造合金冷硬铸铁轧辊(ϕ650mm)	
	复合层	芯部
硬度 HS	75 ~ 80	35 ~ 45
抗拉强度[①]R_m/MPa	430 ~ 480	180 ~ 250
断后伸长率[①]A/(%)	0.30 ~ 0.35	0.35 ~ 0.5
弹性模量[①]E/10^5MPa	1.65 ~ 1.70	0.9 ~ 1.1
冲击韧度 a_K/J·cm^{-2}	2.5 ~ 3.0	1.5 ~ 2.0
抗压强度/MPa	2500 ~ 3000	1000 ~ 1500
线胀系数 α_1(30~200℃)/10^5K^{-1}	1.0 ~ 1.1	1.0 ~ 1.1
热导率 λ(30~200℃)/[W/(m·K)]	18.8 ~ 23.0	37.7 ~ 41.8

① 试样沿轧辊轴向方向制取。

9.6.2 凸轮轴

凸轮轴是内燃机上的易磨损零件，常用的凸轮轴材质有以下几种：低碳钢渗碳淬火或中低碳合金钢表面淬火；合金铸铁表面淬火；氩弧重熔或表面渗氮处理；低合金冷硬铸铁。

采用铸铁的优点是价廉，刚性好。采用冷硬铸铁凸轮轴的必要性，在于它可减少加工量，有较好的可靠性，在磨合情况下有优异的耐磨性。凸轮轴材质应满足的要求是：在激冷部位具有较高的硬度和耐磨性；在心部具有一定的强度和韧性。低合金冷硬铸铁凸轮轴化学成分为：$w(C)=3.4\%\sim3.6\%$、$w(Si)=1.6\%\sim2.0\%$、$w(Mn)=0.5\%\sim0.7\%$、$w(P)\leqslant0.08\%$、$w(S)\leqslant0.1\%$、$w(Cr)=0.3\%\sim0.5\%$、$w(Mo)=0.2\%\sim0.5\%$、$w(Cu)=0.9\%\sim1.1\%$。

凸轮轴心部灰铸铁的抗拉强度 $R_m\geqslant200$MPa；抗弯强度 $\sigma_{bb}\geqslant400$MPa；硬度为 200 ~ 280HBW。激冷层的硬度值对耐磨性和使用寿命起着重要作用，硬度值一般在 47 ~ 52HRC 范围内。

冷硬层的金相组织为莱氏体 + 珠光体（索氏体）；心部金相组织为珠光体（索氏体）+ 游离碳化物（少量）+ D、E 型石墨。

冷硬层的白口层深度对凸轮轴的寿命至关重要。影响白口层深度的因素是化学成分和凸轮位置处的外冷铁厚度。冷铁厚度选用 10 ~ 15mm。凸轮轴的白口层深度选用 3 ~ 5mm 之间，过大会影响凸轮轴的强度和切削加工性能；过小的白口层深度寿命较短。

9.6.3 气门挺柱

气门挺柱是内燃机重要耐磨零部件之一，铸造时通过对磨损面激冷使其表面形成 3 ~ 5mm 的冷硬层，冷硬层金相组织为渗碳体及莱氏体 + 少量磷共晶 + 体积分数小于等于 3% 的石墨。铸态硬度大于或等于

52HRC，其他部位金相组织为：索氏体（珠光体）+ 菊花状、片状石墨 + 少量分散分布的磷共晶及渗碳体，允许有少量铁素体，硬度为 248 ~ 321HBW。成品采用 800 ~ 850℃淬火并回火，成品硬度控制在 58 ~ 65HRC。化学成分控制范围：$w(C)=3.0\%\sim3.5\%$、$w(Si)=2.0\sim2.5\%$、$w(Mn)=0.5\%\sim1.0\%$、$w(P)=0.4\%\sim0.9\%$、$w(S)\leqslant0.05\%$、$w(Cr)=0.3\%\sim0.8\%$、$w(Mo)=0.2\%\sim0.7\%$、$w(Cu)=0.6\%\sim1.0\%$、$w(Ti)=0.06\%\sim0.20\%$。

气门挺柱激冷层的金相组织如图 9-32、图 9-33 所示。

表 9-25 列出了凸轮轴与气门挺柱的相关标准号。

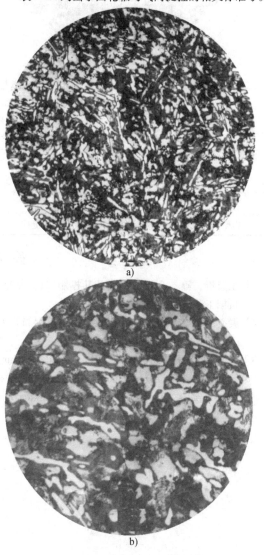

a)

b)

图 9-32 气门挺柱激冷层的金相组织
a) 气门挺柱激冷层组织 ×200
b) 气门挺柱激冷层组织 ×500
注：照片源于中国一汽集团公司实物。

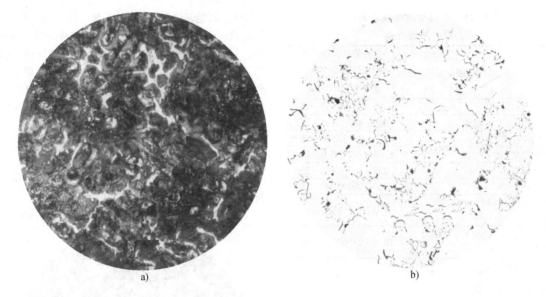

a)　　　　　　　　　　　　　　　　　　b)

图 9-33　气门挺柱心部的金相组织　×200

a）气门挺柱芯部组织　b）气门挺柱芯部石墨

注：照片源于中国一汽集团公司实物。

表 9-25　汽车发动机凸轮轴、内燃机气门挺柱的技术标准

新标准名称	标准编号	
	旧标准	现行标准
汽车发动机凸轮轴技术条件	QC/T 544—1999	QC/T 544—2000
内燃机　气门挺柱技术条件第1部分:机械式挺柱	NJ26—1986	JB/T 9741.1—2011

参 考 文 献

[1] 王家炘，等．金属的凝固及其控制[M]．北京：机械工业出版社，1993.

[2] 梁义田，等．合金元素在铸铁中的应用[M]．西安：西安交通大学出版社，1992.

[3] MARTINY F, SINNAEVE M. Improved Roughing work rolls for the Hot of low Carbon and Stainless Steel Grades [C]. 43rd Mechanical working and steel procesing conference proceedings. North Carolina: Volume XXXIX charlotte. 2001: 28-31.

[4] 文铁铮，郭玉珍．轧辊制造技术新论 [M]．石家庄：河北科学技术出版社，2014.

[5] 陈维平，李元元．特种铸造 [M]．北京：机械工业出版社，2018.

第10章 耐热铸铁

铸铁在高温下长时间使用，表面会氧化形成氧化膜，而且氧化膜随着时间的延长而增厚。铸铁在高温的条件下长时间使用，还会产生另一个独特的现象，铸件的体积（或尺寸）会产生不可逆的增大，称为铸铁的生长。生长的过程还伴随力学性能的急剧下降。氧化和生长最终导致铸件的失效。球墨铸铁在600℃以上，抗拉强度已较低，断后伸长率则有显著提高。一般的球墨铸铁并无热强性。因此，铸铁的耐热性主要指其抗氧化和抗生长的能力。耐热铸铁主要指在高温下具有抗氧化和抗生长的能力，能在高温下长期使用的铸铁。奥氏体球墨铸铁还具有一定的热强性。

铸铁耐热温度指铸铁经 150h 加热后的生长小于 0.2%，平均氧化速度小于 $0.5g/(m^2 \cdot h)$ 的温度。

耐热铸铁与其他耐热合金相比，具有成本低廉、熔制较易等优点，所以在工业中得到广泛应用。耐热铸铁必须有良好的耐热性能及一定的室温和高温力学性能。

10.1 铸铁的高温氧化

10.1.1 铸铁高温氧化特点

同许多金属材料一样，铸铁的金属基体在高温氧化性气氛下会发生氧化。铸铁组织中除金属基体外通常还含有石墨，铸铁的氧化是金属基体（类似于钢）的氧化和石墨的氧化烧损的综合结果，且两种氧化是相互影响的。它不仅取决于化学成分，而且与石墨形态和石墨数量等密切相关。

10.1.2 铸铁氧化膜结构

当铸铁氧化时，表面形成一层或多层氧化膜。它的致密性、稳定性及与铸铁本体的黏附性等决定了其是否具有保护作用，从而决定了这种铸铁在高温下是否具有抗氧化能力。氧化膜的结构与铸铁的化学成分及石墨形态有关。

非合金灰铸铁的氧化膜结构如图 10-1 所示，其放大照片如图 10-2 所示。由表面向内的氧化物依次是：Fe_2O_3、Fe_3O_4、$FeO + (FeO)_2SiO_2$，它们称为外氧化层；紧接外氧化层有一内氧化层，它是由于氧通过氧化膜及石墨片进入内部而形成的。其中，石墨片中的碳已被烧掉，为 $FeO + SiO_2 + MnO$ 所填充，其周围也被这些氧化物所包围。内氧化层由于强烈脱碳而变成铁素体，故也称为脱碳层。再向中心为完全没有氧化的完好层。$FeO + (FeO)_2SiO_2$ 内有硅的富集，大约比基体中 Si 的含量高出一倍，内氧化层石墨片内及其外部边缘硅可富集到 $w(Si) = 4\% \sim 7\%$。普通铸铁氧化膜以铁的氧化物为主，其特点是氧化物的容积（V_{MeO}）与合金元素的容积（V_{me}）的比值小于 1，所形成的氧化膜不致密，不能起保护内部金属不进一步氧化的作用。因而，氧化过程得以持续进行，所形成的氧化膜会不断增厚。

非合金球墨铸铁的氧化膜结构类似于灰铸铁（见图 10-3），但在同样的氧化条件下，氧化膜较灰铸铁的薄，特别是内氧化层薄得更多，只有邻近铸件表面的石墨球才发生氧化，其内部为 FeO 所填充。硅、锰在石墨球边缘富集，硅的质量分数可达 6.8%。远离铸件表面的石墨球未被氧化，但靠近表面有一层较薄的脱碳层，基体也变成铁素体。

蠕墨铸铁的氧化膜结构与球墨铸铁类似，只是内氧化层较球墨铸铁的厚，但远比灰铸铁的薄。

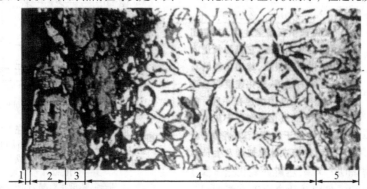

图 10-1 非合金灰铸铁的氧化膜结构（用体积分数为 3% 的硝酸乙醇浸蚀） ×75

1—Fe_2O_3 层 2—Fe_3O_4 层 3—$FeO + (FeO)_2SiO_2$ 层 4—内氧化层 5—完好层

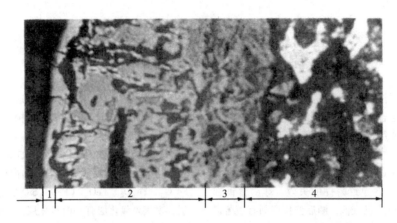

图 10-2　非合金灰铸铁的氧化膜结构（用体积分数为 3% 的硝酸乙醇浸蚀）　×250
1—Fe_2O_3 层　2—Fe_3O_4 层　3—$FeO+(FeO)_2SiO_2$ 层　4—内氧化层

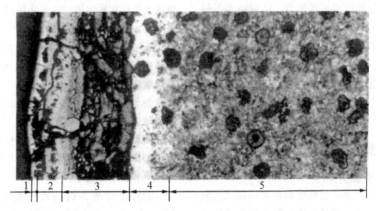

图 10-3　非合金球墨铸铁的氧化膜结构（用体积分数为 3% 的硝酸乙醇浸蚀）　×250
1—Fe_2O_3 层　2—Fe_3O_4 层　3—$FeO+(FeO)_2SiO_2$ 层　4—内氧化层　5—完好层

10.1.3　影响铸铁抗氧化性的主要因素

铸铁的抗氧化性与化学成分、石墨形态、石墨数量、基体组织等密切相关。其中，前两者影响最为显著。

1. 石墨形态

灰铸铁中的石墨呈片状，共晶团内连在一起，共晶团间也基本相连，它成为氧进入金属内部的通道，故氧化速度很快，特别是内氧化发展迅速；球墨铸铁中的石墨是孤立的，没有这样的通道，内氧化速度明显降低；蠕墨铸铁中的石墨在共晶团内连在一起，但共晶团间互不相连，它的氧化速度介于灰铸铁和球墨铸铁之间，且更接近于后者。图 10-4 所示为几种铸铁在 800℃时的氧化增重率与保温时间的关系。石墨形态（此处用球化率说明）对耐热铸铁氧化速度及生长率的影响见表 10-1，表内球化率小于 70% 时已接近蠕墨铸铁范围。

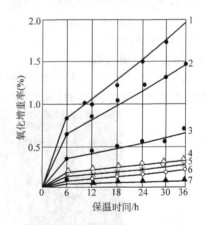

图 10-4　几种铸铁在 800℃时的氧化增重率与保温时间的关系
1—灰铸铁（蠕化处理未成）　2—灰铸铁
3—HTRCr2（参见表 10-8）
4—以蠕虫状石墨为主的蠕墨铸铁
5—以团状+蠕虫状石墨为主的蠕墨铸铁
6—球墨铸铁　7—中硅蠕墨铸铁

表 10-1　球化率对耐热铸铁氧化速度及生长率影响

化学成分(质量分数,%)		球化率(%)	φ(珠光体)(%)	状态	氧化速度[①]/[g/(m²·h)]	生长率[②](%)
C	Si					
3.36	4.50	87	0	退火	0.4682	—
3.30	4.20	78	0	退火	0.6537	0.04
3.00	4.00	66	0	退火	0.6690	0.05
2.70	4.00	53	0	退火	0.7076	0.07

① 试验温度 700℃,试验时间 500h。

② 试验温度 700℃,试验时间 150h。

2. 基体组织

不同珠光体含量的基体组织对耐热铸铁的氧化速度及生长率的影响见表 10-2。由表可知:珠光体含量对铸铁抗氧化性能影响不显著,但对生长率有明显影响。

表 10-2　不同珠光体含量的基体组织对耐热铸铁的氧化速度及生长率的影响

化学成分(质量分数,%)		球化率(%)	φ(珠光体)(%)	状态	氧化速度[①]/[g/(m²·h)]	生长率[②](%)
C	Si					
3.00	4.00	55	5	铸态	0.7843	—
2.80	4.15	68	5	铸态	0.7384	0.09
3.00	4.00	66	20	铸态	0.7305	0.10
3.00	4.00	66	55	正火	0.7230	0.27

① 试验温度 700℃,试验时间 500h。

② 试验温度 700℃,试验时间 150h。

3. 合金元素

如前所述,非合金铸铁的氧化膜不具有保护作用,通过加入合金元素,可改变氧化膜的结构、改善其致密性、增强氧化膜的保护作用,以提高铸铁的抗氧化性能。

在铸铁中加入某些合金元素时,铸铁的氧化膜组成及结构发生变化,即在原来的 FeO 层内形成富合金元素的、致密的尖晶石(如 $FeOAl_2O_3$)或橄榄石[如 $(FeO)_2SiO_2$]等复杂化合物(见表 10-3、图 10-5 和图 10-6)。如果加入的合金元素足够,这些复杂化合物会呈连续分布,金属离子及氧离子难以通过它们进行扩散,此时氧化膜即具有良好的保护作用,铸铁的抗氧化能力就显著加强。这时氧化膜很薄,一般分为两层,

即内部的 $FeO + Fe_yM_xO$ 层及外部的 FeO 层,称为双层氧化膜,其中 M 是合金元素。

表 10-3　硅系球铁氧化膜 X 射线衍射结果

试样代号	w(Si)(%)	衍射位置	主要相	次要相
S1	2.85	外表面	Fe_2O_3	Fe_3O_4
		磨去 100μm	Fe_3O_4	Fe_2O_3,FeO
		磨去 300μm	FeO	Fe_3O_4,Fe_2SiO_4
		磨去 500μm	FeO	Fe_2SiO_4
S2	3.29	外表面	Fe_2O_3	Fe_3O_4
		磨去 100μm	Fe_3O_4	FeO,Fe_2O_3
		磨去 200μm	FeO	Fe_3O_4,Fe_2SiO_4
S5	5.02	外表面	Fe_2O_3	Fe_3O_4
		磨去 100μm	Fe_3O_4	FeO,Fe_2O_3,Fe_2SiO_4
		磨去 150μm	Fe_3O_4	FeO,Fe_2SiO_4
S6	7.20	外表面	Fe_2SiO_4	Fe_2O_3
		磨去 80μm	Fe_2SiO_4	αFe

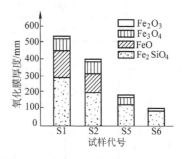

图 10-5　硅系球墨铸铁的氧化膜结构

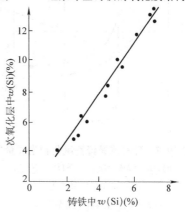

图 10-6　次氧化层中的硅含量与铸铁硅含量的关系

合金元素具有保护作用,必须具备下列条件:

1) 合金元素氧化物的容积(V_{MeO})与合金元素

的容积（V_{me}）的比值大于1，以形成连续的氧化膜。但比值不能太大，否则会引起氧化膜层内应力过大，导致裂纹的产生甚至脱落。

2）合金元素的氧化膜结构致密、电阻率大，金属离子及氧离子不易通过它扩散。

3）合金元素在铁内有较大的溶解度，以便形成足够的致密复杂氧化物。

4）合金元素具有较小的离子半径，较大的扩散速度，以优先扩散至表面形成氧化膜。

5）合金元素比铁更容易氧化，优先形成氧化物。生成的合金氧化物高温稳定性好，熔点高。

有关金属氧化物的性质见表10-4。符合上述条件的合金元素有硅、铬、铝，它们是常用的抗氧化元素。锰的氧化物可与FeO形成固溶体，能稳定FeO，但MnO在FeO中并不能使金属离子扩散减慢，所以加入锰不利于铸铁的抗氧化性能。硅、铬、铝对铸铁的抗氧化性能影响如图10-7～图10-9所示。

表 10-4　有关金属氧化物的性质

氧化物	K_2O	Na_2O	CaO	BaO	MgO	CeO_2	Al_2O_3	PbO	SnO_2
密度/(g/cm³)	2.32	2.27	3.32	5.72	3.58	7.13	3.97	9.53	6.45
V_{MeO}/V_{Me}	0.41	0.57	0.64	0.74	0.79	1.15	1.24	1.29	1.34
熔点/℃	350 分解	1275 升华	2614	1918	2852	2600	2072	886	1080 分解
氧化物	ZnO	NiO	CuO	MnO	TiO_2	Cr_2O_3	FeO	Fe_2O_3	SiO_2
密度/(g/cm³)	5.61	6.67	6.40	5.43	4.17	5.21	5.70	5.24	2.32
V_{MeO}/V_{Me}	1.57	1.60	1.71	1.77	1.80	2.03	1.77	2.16	1.88
熔点/℃	1975	1984	1326	1650	1825	2265	1369	1590	1723

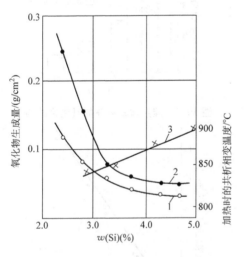

图 10-7　硅对球墨铸铁氧化物生成量的
影响（保温100h，介质：空气）
1—700℃　2—850℃
3—加热时共析相变温度℃

10.1.4　铸铁的氧化脱碳

铸铁在高温工作时，会产生不同程度的脱碳，在金相磨片上可看到一脱碳层（见图10-1～图10-3）。在这一层中的石墨被烧掉，基体中的碳也被氧化，变

成铁素体。

铸铁的脱碳与氧化膜结构、石墨形态、石墨数量、温度和保温时间等因素有关。随着温度的升高、保温时间的延长、石墨尺寸及数量的增加，脱碳加剧。当铸铁中的抗氧化元素含量高、氧化膜结构致密及石墨呈球状时，脱碳减少。脱碳速度与石墨形态、加热温度、保温时间的关系如图10-10所示。

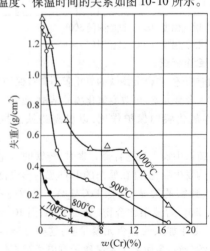

图 10-8　铬对铸铁抗氧化性能的影响
（保温36h，介质：空气）

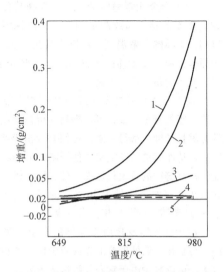

图 10-9　铝对灰铸铁抗氧化性能的影响

（保温时间 200h，介质：空气）

1—$w(Al)=2.42\%$　2—$w(Al)=4.28\%$

3—$w(Al)=5.99\%$　4—$w(Al)=20.79\%$

5—$w(Al)=24.40\%$

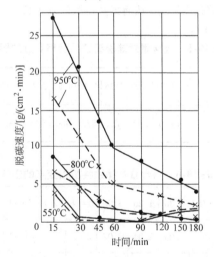

图 10-10　脱碳速度与石墨形态、加热温度、保温时间的关系

（介质：纯氧）

——— 片状石墨　　- - - 球状石墨

10.1.5　提高铸铁抗氧化性的途径

（1）加入合金元素　加入硅、铬、铝等合金元素，形成致密的氧化膜，阻止氧化的继续进行，从而提高铸铁的抗氧化性。

（2）降低碳含量　减少石墨数量，以减少氧化通道，且降低脱碳速度，避免因脱碳过快生成的气体过多造成保护膜的开裂。

（3）改变石墨形态　使石墨呈球形，减少氧化通道，减少内氧化，降低脱碳速度。

（4）表面复合处理　如表面渗铝、铸渗铝硅等可在铸铁表面形成富抗氧化元素的合金层，在高温下优先形成致密的保护膜，从而显著提高铸铁的抗氧化性。

10.1.6　铸铁抗氧化性的评定方法

铸铁的抗氧化性通常用氧化增重法评定，但由于在金属基体氧化增重的同时还存在碳的氧化烧损，所得结果实际是该两部分的代数和。一般情况下，氧化速度大于脱碳速度，但有时脱碳速度也会大于氧化速度，此时测得的增重值即为负值。

在石墨形态及石墨数量相近的情况下，比较合金元素种类及其含量对铸铁抗氧化性的影响是准确的。但当石墨形态及石墨数量相差较大时，应用此评定方法需要慎重，有时甚至会得出相反的结论，这时可采用减重法、测氧化层厚度法等。若仍要用增重法，可采用较长时间保温并去掉开始阶段（150~200h）因脱碳显著差异而引起的差值，或者考虑因石墨形态或数量不同引起的脱碳差异并进行相应的校正。

10.2　铸铁的生长

10.2.1　生长机理

在高温下工作的铸铁件，其尺寸发生的不可逆膨胀现象即所谓生长。生长不仅使铸铁失去强度，甚至还会破坏与之接触的其他构件。铸铁的生长在 CO/CO$_2$ 气氛中最严重，其次是在空气中。在真空及氢气氛中也会发生少量生长。

引起铸铁生长的原因：

（1）内氧化　氧渗入金属内部，发生内氧化。由于氧化物的体积大于金属本身，故引起铸件体积的不可逆膨胀。氧渗入的通道是氧化膜中金属与石墨边界的微裂纹、金属中的微孔隙、石墨烧去后留下的孔洞等。故内氧化是生长的主要原因。当反复加热与冷却时特别是通过相变点时，由于相变应力使石墨与金属之间产生微裂纹，内氧化加剧，此时生长特别剧烈。

（2）渗碳体分解　高温下渗碳体分解形成石墨，体积增大。

（3）循环相变　加热时石墨溶于奥氏体中，冷却时石墨又从奥氏体中析出，但不在原地析出，因此每加热—冷却一次就留下许多空洞，使铸铁体积增加。另外，相变应力也促使铸铁生长增加。

（4）气氛中碳沉积　在 CO/CO$_2$ 气氛下工作的铸铁件，生长特别剧烈。这主要是由于 $2CO \rightarrow CO_2 +$

C反应分解出的碳沉积于石墨上，使体积增大，基体产生微裂纹，氧更容易深入内部氧化所致。

10.2.2 防止生长的措施

鉴于铸铁的生长原因，为防止或减少铸铁的生长，可采用如下措施：

（1）加入硅、铬、铝等合金元素，提高铸铁的抗氧化性 因内氧化是铸铁生长的主要原因，故提高铸铁的抗氧化性是防止生长的主要措施之一。硅含量对铸铁生长的影响如图10-11所示。

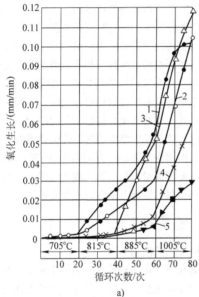

a)

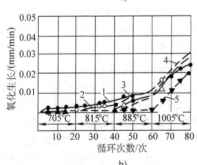

b)

曲线	图a		图b	
	$w(C)$ (%)	$w(Si)$ (%)	$w(C)$ (%)	$w(Si)$ (%)
1	3.42	2.61	3.51	2.61
2	3.36	3.22	3.29	3.22
3	3.16	4.01	3.16	4.01
4	2.91	4.95	2.93	4.95
5	2.45	5.94	2.44	5.94

图 10-11 硅含量对灰铸铁和球墨铸铁生长的影响

（每一循环保温30min，空冷到150~200℃）

a）灰铸铁 b）球墨铸铁

（2）加入合金元素稳定珠光体，提高其分解温度 加入少量的铬、锰或微量的锡、锑以稳定珠光体，提高渗碳体的分解温度，可以提高抗生长性能。但对于原来为单一铁素体的铸铁，加入这些元素后，提高了珠光体含量，反而不利。

（3）加入合金元素提高或降低共析相变点 加入硅、铬、铝等合金元素，可以提高共析相变点，而加入量足够量的镍、锰等元素，可使共析相变点降到室温以下，从而使铸铁在室温和使用温度范围内不发生相变，提高铸铁的抗生长性能。硅、铬、铝含量对铸铁共析相变点的影响见表10-5、表10-6和图10-12。铝-硅球墨铸铁的共析相变点见表10-7。

（4）减少珠光体及自由渗碳体的含量 采用孕育处理、合金化、热处理等消除或减少珠光体和渗碳体的含量，可以减少由于它们分解造成的生长。从表10-2可以看出，珠光体含量对耐热铸铁生长率有显著影响。

（5）减少石墨含量及改善石墨形态 减少石墨含量及改善石墨形态，使之成球状，可以减少氧的渗入，降低内氧化，从而提高铸铁的抗生长性能（见表10-1）。

表 10-5 硅含量对球墨铸铁共析相变点的影响

$w(Si)$ (%)	3.57	3.98	4.25	4.44	4.88	5.26	5.55	5.96
Ac_1/℃	840	860	875	878	900	915	930	940

表 10-6 铬含量对铸铁共析相变点的影响

$w(Cr)$ (%)	0.80	1.26	3.90	14.4	22.10	26.48	34.70
$w(C)$ (%)	2.03	2.04	2.07	2.63	2.67	2.82	2.71
Ac_1/℃	810	830	850	890	900	950	960

表 10-7 铝-硅球墨铸铁的共析相变点

$w(Al)$ (%)	4.24	5.54	3.98
$w(Si)$ (%)	3.79	3.63	3.82
$w(Mo)$ (%)	—	—	0.27
Ac_1/℃	930	972	940
Ar_1/℃	900	—	909

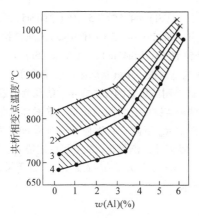

图 10-12 铝含量对铸铁共析相变点的影响

1—Ac_3 2—Ac_1 3—Ar_1 4—Ar_3

注：其他化学成分为 $w(C) = 2.8\%$、$w(Si) = 0.8\% \sim 1.2\%$、$w(Mn) = 0.4\% \sim 0.6\%$、$w(P) < 0.1\%$、$w(S) < 0.05\%$。

10.3 耐热铸铁的化学成分、组织及性能

10.3.1 耐热铸铁的分类

按照铸铁中抗氧化元素的种类、数量及石墨形态，耐热铸铁可分为如下几类：

（1）硅系耐热铸铁 中硅灰铸铁、中硅球墨铸铁、中硅蠕墨铸铁。

（2）铝系耐热铸铁 低铝铸铁[$w(Al) = 2\% \sim 4\%$，包括低铝灰铸铁、低铝球墨铸铁和低铝蠕墨铸铁]、中铝铸铁[$w(Al) = 5\% \sim 9\%$]和高铝铸铁[$w(Al) = 20\% \sim 24\%$，包括高铝灰铸铁和高铝球墨铸铁]。

（3）铬系耐热铸铁 低铬铸铁[$w(Cr) = 0.5\% \sim 2.0\%$]、高铬铸铁[包括 $w(Cr) = 16\% \sim 20\%$ 和 $w(Cr) = 28\% \sim 32\%$ 两种]。

（4）其他耐热铸铁 中硅钼球墨铸铁、中硅铬球墨铸铁、中硅铬钼球墨铸铁、铝硅球墨铸铁、铝硅蠕墨铸铁、铝铬铸铁、铝钼球墨铸铁、中硅铬球墨可锻铸铁和高镍奥氏体球墨铸铁等。

10.3.2 耐热铸铁件标准

耐热铸铁件国家标准（GB/T 9437—2009）中规定了各类耐热铸铁的化学成分以及室温力学性能，见表 10-8 和表 10-9（允许用热处理方法达到表中所规定的性能）。表 10-10 列出了耐热铸铁的高温短时抗拉强度。

表 10-8 耐热铸铁牌号与化学成分（GB/T 9437—2009）

铸铁牌号	化学成分(质量分数,%)						
	C	Si	Mn	P	S	Cr	Al
			不大于				
HTRCr	3.0 ~ 3.8	1.5 ~ 2.5	1.0	0.10	0.08	0.50 ~ 1.00	—
HTRCr2	3.0 ~ 3.8	2.0 ~ 3.0	1.0	0.10	0.08	>1.00 ~ 2.00	—
HTRCr16	1.6 ~ 2.4	1.5 ~ 2.2	1.0	0.10	0.05	15.00 ~ 18.00	—
HTRSi5	2.4 ~ 3.2	4.5 ~ 5.5	0.8	0.10	0.08	0.5 ~ 1.00	—
QTRSi4	2.4 ~ 3.2	3.5 ~ 4.5	0.7	0.07	0.015	—	—
QTRSi4Mo	2.7 ~ 3.5	3.5 ~ 4.5	0.5	0.07	0.015	Mo:0.3 ~ 0.7	—
QTRSi4Mo1	2.7 ~ 3.5	4.0 ~ 4.5	0.3	0.05	0.015	Mo:1.0 ~ 1.5	—
QTRSi5	2.4 ~ 3.2	>4.5 ~ 5.5	0.7	0.07	0.015	—	—
QTRAl4Si4	2.5 ~ 3.0	3.5 ~ 4.5	0.5	0.07	0.015	—	4.0 ~ 5.0
QTRAl5Si5	2.3 ~ 2.8	>4.5 ~ 5.2	0.5	0.07	0.015	—	>5.0 ~ 5.8
QTRAl22	1.6 ~ 2.2	1.0 ~ 2.0	0.7	0.07	0.015	—	20.0 ~ 24.0

表 10-9　耐热铸铁的室温力学性能

（GB/T 9437—2009）

铸铁牌号	最小抗拉强度 R_m/MPa	硬度 HBW
HTRCr	200	189 ~ 288
HTRCr2	150	207 ~ 288
HTRCr16	340	400 ~ 450
HTRSi5	140	160 ~ 270
QTRSi4	420	143 ~ 187
QTRSi4Mo	520	188 ~ 241
QTRSi4Mo1	550	200 ~ 240
QTRSi5	370	228 ~ 302
QTRAl4Si4	250	285 ~ 341
QTRAl5Si5	200	302 ~ 363
QTRAl22	300	241 ~ 364

表 10-10　耐热铸铁的高温短时抗拉强度

（GB/T 9437—2009）

铸铁牌号	在下列温度时的最小抗拉强度 R_m/MPa				
	500℃	600℃	700℃	800℃	900℃
HTRCr	225	144	—	—	—
HTRCr2	243	166	—	—	—
HTRCr16	—	—	—	144	88
HTRSi5	—	—	41	27	—
QTRSi4	—	—	75	35	—
QTRSi4Mo	—	—	101	46	—
QTRSi4Mo1	—	—	101	46	—
QTRSi5	—	—	67	30	—
QTRAl4Si4	—	—	—	82	32
QTRAl5Si5	—	—	—	167	75
QTRAl22	—	—	—	130	77

HTRCr、HTRCr16、HTRSi5、QTRSi4、QTR-Si4Mo、QTRSi5、QTRAl22、QTRAl5Si5 的金相组织如图 10-13 ~ 图 10-17 所示。

10.3.3　硅系耐热铸铁的化学成分、组织及性能

硅系耐热铸铁在使用温度下基本上是单一的铁素体组织，其成本低、综合性能及铸造性能较好，所以得到广泛的应用。常用的有 $w(Si) = 3.5\% \sim 4.5\%$

（QTRSi4）、$w(Si) > 4.5\% \sim 5.5\%$（QTRSi5）的球墨铸铁，$w(Si) = 4.5\% \sim 5.5\%$（HTRSi5）的灰铸铁，中硅钼球墨铸铁（QTRSi4Mo），以及 $w(Si) = 4.5\% \sim 5.5\%$ 的蠕墨铸铁、中硅铬球墨可锻铸铁等。

1. 硅系耐热铸铁的室温力学性能及金相组织

随球墨铸铁中硅含量的增加，铁素体含量增多，故抗拉强度 R_m 下降、断后伸长率 A 及冲击韧度 a_K 提高。但铁素体逐渐脆化，故升到一定值后，断后伸长率 A、冲击韧度 a_K、抗拉强度 R_m 都下降，如图 10-18 所示。

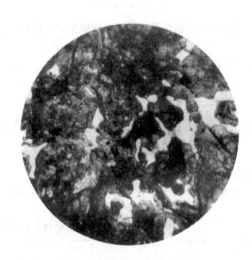

图 10-13　HTRCr 的金相组织　×200

注：白色为渗碳体、二元磷共晶，黑色基体为珠光体，黑色长条为石墨。

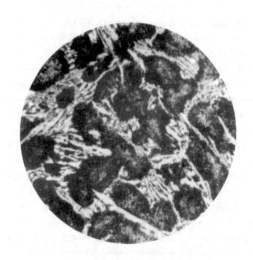

图 10-14　HTRCr16 的金相组织　×200

注：白色断续网状为 $(FeCr)_7C_3$ 碳化物，黑色基体为珠光体。

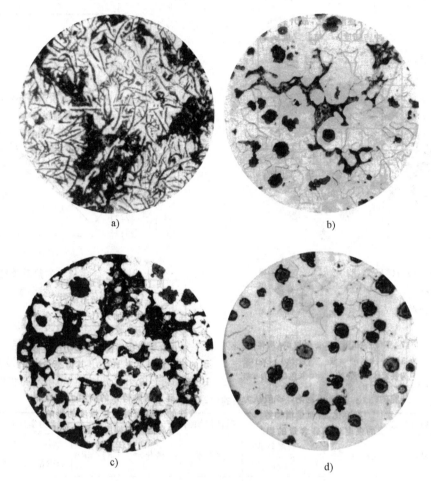

图 10-15　硅系耐热铸铁的金相组织　×100

a）HTRSi5　b）QTRSi4　c）QTRSi4Mo　d）QTRSi5

注：白色为铁素体，黑色为珠光体，灰色长条或球为石墨。

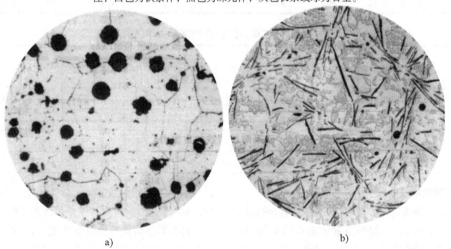

图 10-16　QTRAl22 的金相组织（用体积分数为 12% 的硝酸乙醇浸蚀）　×100

a）正常组织　b）反常组织

注：白色为铁素体，黑色球状为石墨，黑色针状为 Al_4C_3，灰色岛状为 ε 相。

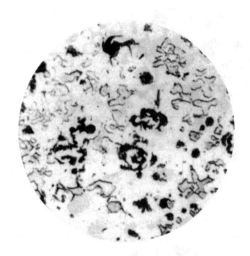

图 10-17　QTRAl5Si5 的金相组织　×100
（用体积分数为 5%～10% 的硝酸乙醇浸蚀）
注：白色为铁素体，黑色为石墨，灰色岛状为 ε 相。

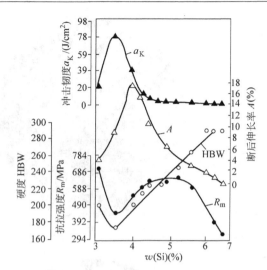

**图 10-18　硅含量对耐热球墨铸铁
常温力学性能的影响**

一般认为，导致硅脆的原因与硅的偏析、铁素体的有序化、氢含量的增加等因素有关。灰铸铁的强度也随着硅含量的增加而下降。

在中硅系耐热球墨铸铁中加入 Cr、Mo 等合金元素，可改善中硅系耐热铸铁的力学性能，见表 10-11。

常用硅系耐热铸铁的室温力学性能及金相组织的统计资料见表 10-12。其铸态的金相组织如图 10-15 所示。

表 10-11　中硅耐热球墨铸铁的化学成分、金相组织及力学性能

化学成分（质量分数，%）			石墨形态		基体组织（体积分数，%）		力学性能			
Si	Mo	Cr	球化率（%）	石墨球数/（个/mm²）	铁素体	磷化物	R_m/MPa	硬度 HBW	A（%）	KU_2/J
5.02	—	—	80	250	100	0	549.6	222	0.97	7.10
5.03	0.51	—	80	250	80～85	1～2	631.4	233	2.74	14.70
5.02	0.50	0.82	90	300	80～85	1～2	658.7	272	1.88	8.20

表 10-12　硅系耐热铸铁的室温力学性能

类　型	化学成分（质量分数，%）				R_m/MPa	硬度　HBW	A（%）	KU_2/J
	C	Si	Mn	合金元素				
HTRSi5	2.30～2.89	4.5～5.5	0.50～0.77	Cr0.38～0.49	140～220	160～270	—	0.98～2.94
QTRSi4	2.32～3.35	3.5～4.5	0.17～0.69	—	510～755	187～269	6～18	—
QTRSi5	2.20～3.40	4.5～5.5	0.20～0.72	—	431～794	228～302	1～5	—
QTRSi4Mo	2.70～3.50	3.5～4.5	0.24～0.56	Mo0.29～0.61	578～695	197～280	5～15	3.92～4.9

2. 硅系耐热铸铁的高温力学性能

硅含量对球墨铸铁高温短时抗拉强度的影响如图 10-19 所示，对灰铸铁高温冲击韧度的影响如图 10-20 所示。变质处理使石墨变成球状或蠕虫状，有利于提高中硅增加铸铁的高温强度和塑性（见表 10-13）。Cr、Mo 合金元素可提高中硅耐热球墨铸铁高温短时抗拉强度，但使高温塑性降低（见图 10-21）。

硅系耐热铸铁的高温短时力学性能见表 10-14，高温冲击韧度见表 10-15，高温持久性能见表 10-16。

硅系耐热铸铁的热疲劳性能见表 10-17。随硅含量的增加，热疲劳性能下降；增加钼含量，热疲劳性能提高。表 10-18 和表 10-19 列出了石墨形态和基体组织对中硅耐热铸铁的热疲劳性能的影响。在 800～100℃ 循环条件下，球墨铸铁的抗热疲劳性能最好、蠕墨铸铁次之、灰铸铁最差，而在 900 ~ 20℃ 循环，即温度变化幅度和变化速度较大的条件下，蠕墨铸铁的抗热疲劳性能优于灰铸铁和球墨铸铁。基体为铁素体时抗热疲劳性能较好。

表 10-13　中硅耐热球墨铸铁、蠕墨铸铁、灰铸铁的高温性能

类型	球化率（%）	温度/℃	力学性能		
			R_m/MPa	R_{eL}/MPa	A(%)
球墨铸铁	90	700	73.8	65.9	43.0
蠕墨铸铁	60	700	71.6	63.9	32.0
	40	700	69.2	65.8	22
	25	700	68.7	62.4	18.9
	65	850	47.1	34.0	40.0
	40	850	40.6	38.0	39.4
	30	850	38.7	32.5	40.6
	20	850	34.1	31.4	38.0
灰铸铁	A 型	700	27.1	24.4	3.0
	石墨	850	14.0	—	3.8

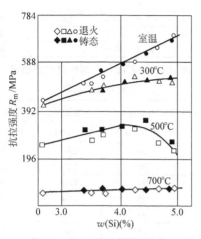

图 10-19　硅含量对球墨铸铁高温短时抗拉强度的影响

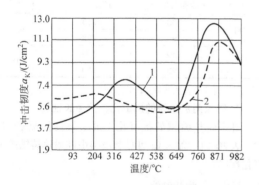

图 10-20　硅含量对灰铸铁高温冲击韧度的影响

1—$w(C)$ = 2.29% , $w(Si)$ = 5.91
2—$w(C)$ = 3.25% , $w(Si)$ = 1.75

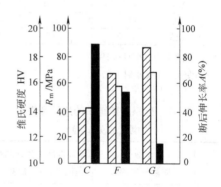

图 10-21　含 $w(Si)$ = 5% 的耐热球墨铸铁 800℃ 的力学性能

▨—HV　■—A
□—R_m　C—QTRSi5
F—QTRSi5 + $w(Mo)$0.51%
G—QTRSi5 + $w(Mo)$0.5% + $w(Cr)$0.82%

表 10-14　硅系耐热铸铁的高温短时力学性能

牌号	化学成分（质量分数,%）			力学性能					
				600℃		700℃		800℃	
	C	Si	Mo	R_m/MPa	A(%)	R_m/MPa	A(%)	R_m/MPa	A(%)
HTRSi5	2.41	5.15	—	—	—	41	2.6	27	2.9
QTRSi5	2.65	4.94	—	—	—	67	74.0	30	98.9
QTRSi4	2.25	4.50	—	—	—	75	52.2	35	67.0
QTRSi4Mo	3.50	4.00	0.59	225.4	12.4	101	53.0	46	58.5

表 10-15　中硅钼耐热球墨铸铁的高温冲击韧度

牌　号	化学成分 （质量分数，%）			冲击韧度 $a_K/(J/cm^2)$		
	C	Si	Mo	600℃	700℃	800℃
QTRSi4Mo	3.27	4.28	0.42	19.1	109.7	125.4

表 10-16　硅系耐热球墨铸铁的高温
持久性能

铸铁中的 合金元素 （质量分 数，%）	试验温度 /℃	持久强度 /MPa		在下列蠕变速率 下的应力/MPa	
		100h	1000h	$10^{-3}h^{-1}$①	$10^{-2}h^{-1}$②
Si2.2	540	75	57	—	—
	650	40	20	8	16
Si4.0	650	28	—	—	11
	705	19	12	—	—
	815	7	—	—	—
Si4.0 Mo1.0	650	43	—	20	28
	705	33	23	—	—
	815	9	—	5	7

①　蠕变速率为每小时 0.1%。

②　蠕变速率为每小时 1%。

表 10-17　硅系耐热铸铁的热疲劳性能
（约束式疲劳试验）

牌　号	化学成分 （质量分数，%）	循环温度 范围/℃	失效的循环 次数/次
蠕墨铸铁	非合金珠光体	200～650	80
	Si3.6,Mo0.5 铁素体		248

（续）

牌　号	化学成分 （质量分数，%）	循环温度 范围/℃	失效的循环 次数/次
球墨铸铁 （铁素体）	非合金		80
	Si3.6		173
	Si3.6,Mo0.4	200～650	375
	Si4.4,Mo0.2		209
	Si4.4,Mo0.5		493

表 10-18　石墨形态对中硅耐热铸铁
热疲劳性能影响

球化率 （%）	铁素体 （体积分数，%）	首次裂纹循环次数/次	
		880～100℃	900～20℃
90	95	298	6
80	95	180	6
40	95	160	14
25	95	150	17
D 型	95	40	3
A 型	95	42	9

表 10-19　基体组织对中硅耐热铸铁热
疲劳性能影响

球化率 （%）	铁素体 （体积分数，%）	首次裂纹循 环次数/次	相对提高 率（%）
90	30	214	39
	95	298	
25	30	100	50
	95	150	

注：循环条件为 800～100℃。

3. 硅系耐热铸铁的抗氧化、抗生长性能

硅系耐热铸铁的抗氧化、抗生长性能见表 10-20、表 10-21。加入 Cr 可显著改善中硅耐热铸铁的抗氧化性能。

表 10-20　硅系耐热灰铸铁的抗氧化、抗生长性能

牌　号	化学成分 （质量分数，%）						平均氧化速度 /[g/(m²·h)]			生长率 （%）		
	C	Si	Mn	P	S	Cr	温度/℃	时间/h	数值	温度/℃	时间/h	数值
HTRSi5	2.84	4.62	0.44	0.058	0.037	0.64	700	500	0.619	700	150	0.31
							800	1000	1.568	800	150	0.63
	2.61	5.09	0.54	0.14	0.083	0.16	900	150	3.56	900	150	0.84

表 10-21　硅系耐热球墨铸铁的抗氧化、抗生长性能

牌　号	化学成分 （质量分数，%）						平均氧化速度 /[g/(m²·h)]			生长率 （%）		
	C	Si	Mn	Mg	RE	Mo	温度/℃	时间/h	数值	温度/℃	时间/h	数值
QTRSi4	3.32	3.55	0.38	0.035	0.025	—	700	500	0.7081	700	150	0.087
										800	150	0.17

（续）

牌　号	化学成分 （质量分数，%）						平均氧化速度 /[g/(m²·h)]			生长率 （%）		
	C	Si	Mn	Mg	RE	Mo	温度/℃	时间/h	数值	温度/℃	时间/h	数值
QTRSi5	2.34	4.40	0.27	0.055	0.070	—	700	500	0.4480	700	150	0.05
							800	500	0.4054	800	150	0.16
	2.65	4.94	0.20	0.041	0.055	—	900	500	1.7080	800	150	0.10
									—	900	150	0.44
	2.09	5.40	0.30	0.064	0.066	—	800	500	0.0352	—	—	—
							900	500	0.4872	—	—	—
QTRSi4Mo	3.41	3.57	0.52	0.039	0.037	0.61	700	500	0.5623	700	150	0.07

中硅钼耐热球墨铸铁的应用近年来有较快的增长。钼可以提高钢的持久强度及蠕变性能是众所周知的。对于球墨铸铁，钼也有类似的作用。表 10-22 ~ 表 10-24 列出了硅和钼含量对铁素体球墨铸铁高温强度、持久强度、蠕变强度及热循环性能的影响。

表 10-22　硅和钼含量对铸铁高温强度和持久强度的影响

材料	抗拉强度/MPa			持久强度/MPa
	425℃	540℃	650℃	1000h,540℃
灰铸铁	255	173	83	41
QT400-18L	276	173	90	57
Si4%球墨铸铁	386	248	90	69
球墨铸铁 $w(Si)=4\%$, $w(Mo)=1\%$	421	304	131	97
球墨铸铁 $w(Si)=4\%$, $w(Mo)=2\%$	449	317	138	117

表 10-23　硅和钼含量对铁素体球墨铸铁持久强度的影响

Si、Mo 的 质量分数	温度/℃	持久强度/MPa	
		100h	1000h
Si2.2%	650	40	20
Si4%	650	28	—
Si4% + Mo1%	650	43	—
Si4%	705	19	12
Si4% + Mo1%	705	33	23
Si4%	815	7	—
Si4% + Mo1%	815	9	—

表 10-24　硅和钼含量对铁素体球墨铸铁热循环性能的影响

Si、Mo 的质量分数	循环温度区间 /℃	失效时的循环 次数/次
Si2.1%	200 ~ 650	80
Si3.6%	200 ~ 650	173
Si3.6% Mo0.4%	200 ~ 650	375
Si4.4% Mo0.2%	200 ~ 650	209
Si4.4% Mo0.5%	200 ~ 650	493

中硅钼耐热球墨铸铁提供了综合低成本与优良的高温强度，抗氧化、抗生长性能，以及在热循环条件下的优良性能，受到了设计人员和使用者的重视。这一材料用于制作在 650℃ ~ 820℃ 温度范围内的热循环条件下使用的铸件具有很高的性价比。硅的质量分数为 4% 及钼的质量分数为 0.6% ~ 0.8% 耐热铸铁是很多汽车排气管和涡轮增压器铸件的材料。钼的质量分数为 1% 的中硅耐热球墨铸铁用于要求更高温度的排气管，也有应用钼的质量分数达 2% 的中硅耐热球墨铸铁。随着钼含量的增加，会提高高温强度，改善切削加工性能，但是韧性有所降低，并可能由偏析引起晶界的碳化物。为了获得无碳化物的铁素体基体，用于稳定珠光体和碳化物的元素应尽可能低。铸件应进行 790℃ 保温 4h 后炉冷到 200℃ 的热处理，如果基体组织中含有较多的碳化物和珠光体，则应该进行通常的高温退火。

10.3.4　铝系耐热铸铁的化学成分、组织及性能

随着铸铁中铝含量的提高，铝系耐热铸铁出现两个石墨化区及两个白口区和相应的过渡区，如图 10-22 所示。图中还表示出铁中碳的饱和曲线，随着铝含量的增加，铁液中的总碳含量 $w(C_总)$ 明显下降。图 10-22 中的组织见表 10-25。

在第一个石墨化区内（图10-22中Ⅰ～Ⅲ区），有两种铸铁：即铝质量分数为2%～3%的低铝铸铁，已少量用于玻璃模具、内燃机排气管及其他薄壁件；铝质量分数为7%～9%的中铝耐热铸铁，可用于750～900℃下的某些耐热铸件。在第二个石墨化区内（图10-22中Ⅴ～Ⅷ区），有铝质量分数为20%～24%的高铝耐热铸铁，可用于1000～1100℃下的某些耐热铸件。此外，铝与硅、铝与铬组成的多元合金化耐热铸铁，可以减少合金元素的总使用量，降低成本，明显提高铸铁的抗氧化性能。

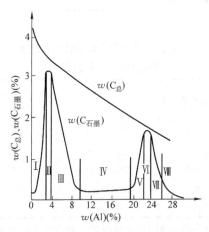

图10-22 铝系耐热铸铁的组织图

（1）铝系耐热铸铁的金相组织 低铝耐热铸铁的基体组织为铁素体加珠光体；中铝耐热铸铁的基体组织为共析体（ε+F）及少量铁素体；高铝耐热铸铁的基体组织是铁素体。它们的石墨都有片状、球状或蠕虫状。高铝耐热球墨铸铁的正常组织如图10-16a所示，反常组织如图10-16b所示。反常组织是由于稀土元素含量过高所致。

表10-25 铝系耐热铸铁的组织

区域	组织	铝质量分数(%)
Ⅰ	石墨(Fe_3C) + F + P	0 ~ 3.2
Ⅱ	石墨 + F	3.2 ~ 3.8
Ⅲ	石墨 + 共析体(ε + F) + F	3.8 ~ 9.8
Ⅳ	ε + F	9.8 ~ 19.7
Ⅴ	石墨(ε) + F	19.7 ~ 22.7
Ⅵ	石墨 + F	22.7 ~ 24.0
Ⅶ	石墨(Al_4C_3) + F	24.0 ~ 26.0
Ⅷ	Al_4C_3 + F	>26.0

注：F—铁素体 P—珠光体 ε—Fe_3AlC_x($x \approx 0.65$)。

（2）铝系耐热铸铁的室温和高温性能 低铝及高铝耐热球墨铸铁有较好的综合力学性能，中铝及铝硅耐热铸铁脆性较大。铝系耐热铸铁的室温力学性能见表10-26和表10-27；高温力学性能及持久强度见表10-28、表10-29。

（3）铝系耐热铸铁的抗氧化、抗生长性能 铝系耐热铸铁有优良的抗氧化、抗生长性能，如果铝的质量分数大于10%，在900～950℃下很少氧化。铝的质量分数大于20%的球墨铸铁，在1100℃时也很少氧化，甚至加热到接近熔点也不掉皮。如果铝与硅或铝与铬合用，则抗氧化性能更好，如铸铁中$w(Al+Si)>10\%$，则耐热温度可提高到1000℃。铝系耐热铸铁的抗氧化、抗生长性能见表10-30。

表10-26 铝系低硅稀土耐热蠕墨铸铁的室温力学性能

炉号	化学成分（质量分数,%）				白口宽度 /mm	金相组织（体积分数,%）		室温力学性能			
	C	Si	Al	RE		蠕虫状石墨	铁素体	R_m /MPa	A(%)	a_K /(J/cm²)	HBW
33	3.47	1.20	0.89	0.0682	6	70	10	487.2	0.75	4.90	306
34	3.54	1.13	1.94	0.0618	3	90	40	436.1	1.10	7.64	208
37	3.59	0.77	2.64	0.0690	1	95	50	444.2	1.30	8.00	210
38	3.57	1.27	3.20	0.0420	0	95	60	455.2	—	8.33	213
35	3.63	1.15	4.26	0.0700	0	95	40	442.7	1.05	8.53	231
36	3.33	1.32	5.25	0.0610	0	80	10	296.9	0.80	2.87	300

表 10-27　铝系耐热铸铁的室温力学性能

类型	化学成分（质量分数,%）							抗拉强度 R_m/MPa	断后伸长率 A(%)	硬度 HBW
	C	Si	Mn	P	S	Al	Mo			
低铝灰铸铁	3.70	0.34	0.49	—	0.015	3.26	—	180	—	225
低铝球墨铸铁	3.32	2.11	0.03	0.001	0.003	3.80	—	563	0.30	222
中铝灰铸铁	2.53	1.60	0.45	0.051	0.020	5.90	—	174	0.40	—
高铝灰铸铁	2.08	1.55	0.60	0.10	0.032	20.8	—	119	—	—
高铝球墨铸铁	2.00	1.32	0.52	0.05	0.006	23.9	—	353	0.86	360
铝硅球墨铸铁	2.67	4.03	0.29	—	—	4.29	—	3.83	—	341
铝钼球墨铸铁	3.26	3.94	0.36	—	—	2.01	0.63	699	0.50	296
铝铬铸铁	2.75	1.70	0.80	—	—	6.5	Cr2.3	156	—	290

表 10-28　铝系耐热铸铁的短时高温力学性能

类型	化学成分（质量分数,%）				试验温度/℃	抗拉强度 R_m/MPa	断后伸长率 A(%)
	C	Si	Mn	Al			
低铝球墨铸铁	3.32	2.11	0.03	3.80	649	112	18.8
					760	43	28.8
					871	19	48.5
					982	22	20.2
中铝灰铸铁	2.53	1.60	0.45	5.90	649	54	2.5
					760	25	5.4
					871	19	3.5
					982	13	3.1
高铝灰铸铁	1.30	1.03	0.45	21.80	800	49	2.9
					900	25	5.0
高铝球墨铸铁	1.93	0.63	0.37	22.01	800	130	16.2
					900	77	22.0
铝硅球墨铸铁	2.58	4.22	0.45	4.21	800	82	68.3
					900	32	68.0
铝钼球墨铸铁	2.83	2.92	0.35	5.50 Mo 2.11	925	30	65.0
铝铬铸铁	2.75	1.70	0.80	6.50 Cr2.30	500	294	—
					700	157	—
					800	29	—

表 10-29　铝系耐热铸铁的高温持久强度

类型	化学成分（质量分数,%）					试验温度 /℃	试验时间 /h	持久强度 /MPa
	C	Si	Mn	Al	Mo			
中铝灰铸铁	2.53	1.60	0.45	5.90	—	760	2496.8	6.9
						871	2090.2	2.8
						982	1221.9	1.0
高铝灰铸铁	2.10	1.06	0.40	20.45	—	871	3818.1	6.8
						982	1186.0	2.8

（续）

类 型	化学成分（质量分数,%）					试验温度/℃	试验时间/h	持久强度/MPa
	C	Si	Mn	Al	Mo			
铝钼球墨铸铁	2.83	2.92	0.35	5.50	2.01	925	1000	3.1
高铝球墨铸铁	1.66	0.16	0.16	25.30	—	500	1000	125.4
						500	10000	72.5
低铝球墨铸铁	3.32	2.11	0.03	3.80	—	649	1654.8	26
						760	1605.1	9.7
						871	1205.5	4.6

表 10-30　铝系耐热铸铁的抗氧化、抗生长性能

类　型	化学成分（质量分数,%）					平均氧化速度/[g/(m²·h)]			生长率（%）		
	C	Si	Mn	Al	Cr	温度/℃	时间/h	数值	温度/℃	时间/h	数值
低铝灰铸铁	3.7	0.34	—	3.26	—	700	500	0.2643	—	—	—
	3.0	0.80	0.80	1.80	Cu0.5	900	50	10.80	—	—	—
低铝蠕墨铸铁	3.54	1.13	—	1.94	—	700	500	0.9720	—	—	—
	3.59	0.77	—	2.64	—	700	500	0.8020	—	—	—
	3.63	1.15	—	4.26	—	700	500	0.1150	—	—	—
中铝铸铁	2.75	1.0	—	7.00	0.8	950	100	2.600	950	7×3h	0.43
	1.48	3.12	0.45	12.3	—	950（炉气）	500	0.025	—	+20h	—
高铝灰铸铁	1.20	1.47	0.27	21.49	—	900	700	0.022	900	150	0.05
						1000	150	0.120	1000	150	0.32
高铝球墨铸铁	1.73	1.37	0.36	21.71	—	1000	500	0.014	1000	150	0.02
铝硅灰铸铁	2.70	3.99	—	4.99	—	1000	60	11.70	—	—	—
	2.28	4.49	—	5.07	—	1000	60	10.06	—	—	—
	2.07	6.15	—	7.05	—	1000	60	0.96	—	—	—
铝硅球墨铸铁	2.58	4.22	0.45	4.21	—	800	500	0.005	800	150	0.03
						900	500	0.021	900	150	0.10
						1000	500	0.135	—	—	—
	2.83	4.78	0.59	5.38	—	900	500	0.006	900	150	0.08
						1000	500	0.027	—	—	—
	2.76	5.28	0.34	5.17	—	1050	250	0.030	—	—	—
	2.52	5.10	—	5.52	—	—	—	—	1050	150	0.12
									1100	150	0.22

10.3.5　铬系耐热铸铁的化学成分、组织及性能

铬系耐热铸铁也是一种常用的耐热铸铁。含铬较高的品种比同类的铝硅系强度高。它的使用温度随铬含量的增加而提高。实际应用的铬系耐热铸铁有三个品种，即铬的质量分数为 0.5%～2% 的低铬耐热铸

铁；铬的质量分数为 16% ~ 20% 和铬的质量分数为 28% ~ 35% 的高铬耐热铸铁。

(1) 铬系耐热铸铁的组织　低铬耐热铸铁的组织为片状石墨 + 珠光体基体及自由渗碳体。低铬耐热铸铁的金相组织如图 10-13 所示。铬是缩小 γ 区的元素。当铸铁中的铬含量增加时，碳化物量增加。当铸铁中铬的质量分数大于 12% ~ 15% 时，渗碳体变成 (Fe, Cr)$_7$C$_3$ 型碳化物，韧性及耐磨性提高。当铸铁中铬的质量分数小于 25% 时，随铸铁中碳、硅含量不同，基体是珠光体或马氏体 + 奥氏体组织。铬的质量分数为 16% 的耐热铸铁金相组织如图 10-14 所示。当铬的质量分数大于 25% 时，则形成稳定的铁素体组织，无相变产生，对耐热是有利的。因此，铬的质量分数为 28% ~ 35% 的耐热铸铁使用较多。如果在铬的质量分数为 28% ~ 35% 的耐热铸铁中加入质量分数为 10% ~ 15% 的镍，可以形成稳定的奥氏体组织。

(2) 铬系耐热铸铁的室温及高温力学性能　低铬耐热铸铁的力学性能比普通灰铸铁高，因加入质量分数为 1% ~ 2% 的铬可以细化珠光体及石墨。加入质量分数为 0.5% ~ 1.0% 的铜以及孕育处理，可提高低铬耐热铸铁的室温力学性能。所有高铬耐热铸铁的强度较高，但都很脆，而脆性随温度的提高而减弱。薄壁且均匀、尺寸较小的铸件有较好的抗热冲击性能。提高碳、硅含量会降低抗热冲击性能。铬系耐热铸铁的室温力学性能见表 10-31，低铬耐热铸铁 600℃时瞬时拉伸性能见表 10-32，高温力学性能见表 10-33。

(3) 铬系耐热铸铁的抗氧化、抗生长性能　在耐热铸铁中加入少量铬，可以细化石墨、提高珠光体的稳定性，所以能改善耐热铸铁的抗氧化性能和抗生长性能。当加入多量的铬时，能生成连续的 FeOCr$_2$O$_3$ 保护膜，耐热性能可以明显提高。铬系耐热铸铁的抗氧化、抗生长性能见表 10-34。

表 10-31　铬系耐热铸铁的室温力学性能

类　型	化学成分（质量分数，%）			抗拉强度 R_m/MPa	硬度 HBW
	C	Si	Cr		
低铬铸铁	3.23 ~ 3.86	1.92 ~ 2.64	0.60 ~ 0.99	203 ~ 295	175 ~ 265
	3.31 ~ 3.48	1.63 ~ 2.19	1.34 ~ 1.71	221 ~ 329	207 ~ 288
高铬铸铁	1.54 ~ 2.40	1.47 ~ 2.25	16.05 ~ 18.18	349 ~ 514	400 ~ 450
	1.00	1.00	24.30	502	—
	2.10	1.20	34.10	560	—
奥氏体铸铁	1.05	—	30.2, Ni:12.3	458	—

表 10-32　低铬耐热铸铁 600℃时瞬时拉伸性能

化学成分（质量分数，%）			室温抗拉强度 R_m/MPa	高温瞬时拉伸		600℃×150h 预处理后高温瞬时拉伸	
C	Si	Cr		R_m/MPa	A(%)	R_m/MPa	A(%)
3.33	2.10	1.37	350.8	241.1	2.0	—	—
3.23	1.90	1.25	368.5	237.2	1.7	193.1	4.0
3.28	2.48	1.22	323.4	176.4	2.2	156.8	4.7
3.23	2.16	1.30	370.4	211.7	2.4	182.3	4.0
3.28	2.06	0.82	—	157.8	4.5	133.3	4.0
3.53	1.55	—	—	126.4	—	77.80	—

表 10-33　铬系耐热铸铁的高温力学性能

类型	化学成分（质量分数，%）				短时拉伸性能			持久性能		
	C	Si	Cr	Ni	温度/℃	抗拉强度/MPa	断后伸长率(%)	温度/℃	时间/h	R_m/MPa
低铬铸铁	3.34	2.05	0.70	—	500	225	1.9	—	—	—
					600	143	2.1			

（续）

类型	化学成分（质量分数，%）				短时拉伸性能			持久性能		
	C	Si	Cr	Ni	温度/℃	抗拉强度/MPa	断后伸长率（%）	温度/℃	时间/h	R_m/MPa
低铬铸铁	3.48	2.38	1.61	—	500	243	2.4	—	—	—
					600	166	1.3	—	—	—
高铬铸铁	2.06	2.27	17.8	—	800	144	4.9	—	—	—
					900	88	22.3	—	—	—
	1.88	0.39	34.8	—	—	—	—	600	1000	107
								700	1000	62
	2.10	1.20	34.1	—	700	251	—			
					800	163	—			
					900	113	—			
奥氏体铸铁	0.95	2.55	31.4	15.2				600	1000	205
								700	1000	92

表 10-34　铬系耐热铸铁的抗氧化、抗生长性能

类型	化学成分（质量分数，%）			平均氧化速度/[g/(m²·h)]			生长率（%）		
	C	Si	Cr	温度/℃	时间/h	数值	温度/℃	时间/h	数值
低铬铸铁	2.39	1.70	0.85	500	500	0.0652	500	150	0.05
				600	500	0.3575	600	150	0.22
	3.27	2.10	1.38	500	500	0.0582	500	150	0.02
				600	500	0.2934	600	150	0.13
	2.94	2.69	1.60	650	150	0.88	650	150	0.20
	3.28	2.00	0.85	650	150	1.00	650	150	0.23
高铬铸铁	1.98	2.07	15.9	900	500	0.0169	900	150	0.05
				1000	500	0.6227	1000	150	0.15
	2.94	—	25.2	1000	360	0.305			

10.3.6　高镍奥氏体耐热铸铁的化学成分、组织及性能

高镍奥氏体耐热铸铁是具有一定的热强性的铸铁，其抗氧化、抗生长性能虽然较高铬、高铝耐热铸铁差，但其高温蠕变极限高、抗热冲击性能好。随着石油工业的发展及在汽车工业上应用的增长，高镍奥氏体耐热铸铁的应用在日益扩大。

高镍奥氏体耐热铸铁的基体组织为奥氏体，石墨形态有片状和球状两种，另外有少量的合金碳化物。为得到奥氏体，至少加入质量分数为20%的镍。为既确保奥氏体基体又能减少镍的加入量，可在铸铁中附加一些能扩大或稳定γ区的铜和铬，铬元素也可

提高铸铁的耐热性。在高镍奥氏体耐热铸铁中加入硅可提高其耐热性，但硅的质量分数大于4.5%时将降低蠕变极限。加入钼可显著提高其蠕变极限。镍的质量分数由20%增加到30%或铬的质量分数由2.8%增加到3.6%对持久强度无显著影响。

高镍奥氏体耐热铸铁的室温力学性能见表10-35，高温力学性能见表10-36，高温抗氧化性能见表10-37。

高镍奥氏体耐热铸铁已经过长期的研究与应用，形成了一个系列，相应的规范及应用示例见本书附录F中的有关内容。

表 10-35　高镍奥氏体耐热铸铁的室温力学性能

类型	化学成分(质量分数,%)							抗拉强度 R_m/MPa	断后伸长率 A(%)	硬度 HBW
	C	Si	Mn	S	Ni	Cr	Cu			
高镍奥氏体灰铸铁	1.5 ~ 2.0	4.5 ~ 5.5	0.6 ~ 1.0	0.1	18.0 ~ 23.0	2.0 ~ 2.4	—	139 ~ 247	—	150 ~ 200
	2.4 ~ 3.1	1.0 ~ 2.0	0.8 ~ 1.4	0.1	12.0 ~ 17.0	2.6 ~ 3.6	5.5 ~ 8.0	124 ~ 247	—	120 ~ 170
高镍奥氏体球墨铸铁	2.5 ~ 3.0	1.4 ~ 3.0	1.3 ~ 1.8	0.08	14.0 ~ 16.0	0.6 ~ 1.0	3.0 ~ 3.5	≥340	≥4	—
	2.3 ~ 3.0	1.8 ~ 2.5	1.3 ~ 1.8	0.10	18.0 ~ 20.0	1.5 ~ 3.0	—	≥340	≥4	—
	1.8 ~ 2.5	3.0 ~ 3.5	1.5 ~ 2.0	0.03	19 ~ 21	0.5 ~ 1.0	1.5 ~ 2.0	≥500	≥25	—
	≤3.0	1.5 ~ 2.8	0.5 ~ 1.5	—	18.0 ~ 22.0	2.5 ~ 3.5	≤0.5	≥370	≥7	—

表 10-36　高镍奥氏体耐热铸铁的高温力学性能

类型	化学成分(质量分数,%)					短时拉伸性能			持久性能		
	C	Si	Ni	Cr	Cu	温度 /℃	抗拉强度 R_m/MPa	断后伸长率 A(%)	温度 /℃	时间 /h	抗拉强度 R_m/MPa
高镍奥氏体灰铸铁	1.5 ~ 2.0	4.5 ~ 5.5	18 ~ 23	2.0 ~ 2.4	—	—	—	—	350	1000	108 ~ 185
									500	1000	62 ~ 93
									700	1000	< 15
	2.4 ~ 3.1	1.0 ~ 2.0	12 ~ 17	2.6 ~ 3.6	5.5 ~ 8.0	—	—	—	350	1000	108 ~ 185
									500	1000	62 ~ 93
									700	1000	< 15
	1.7 ~ 2.0	4.5 ~ 5.5	18 ~ 20	2.0 ~ 4.0	—	500	192	—	—	—	
						600	185				
						700	167				
高镍奥氏体球墨铸铁	2.3 ~ 3.0	1.8 ~ 2.5	18 ~ 20	1.5 ~ 3.0	—	500	250	2.0	500	1000	120

表 10-37　高镍奥氏体耐热铸铁的高温抗氧化性能

化学成分(质量分数,%)					氧化失重/(kg/m²)			
C	Si	Ni	Cr	Cu	750℃ ×300h	850℃ ×300h	950℃ ×300h	1050℃ ×200h
2.8	2.54	15.05	1.41	7.37	0.44	—	—	—
2.74	1.93	14.62	2.11	7.16	0.4	0.9	1.6	3 ~ 3.2
2.85	1.85	14.38	4.84	7.36	0.3	0.6	0.9	1.6 ~ 2.0
1.78	4.63	22.46	2.52	—	0.13	0.35	—	—
2.1	4.9	22.79	4.63	—	< 0.05	0.05 ~ 0.1	0.13	1.4 ~ 1.6

在一些要求特殊的化学、力学、物理性能的情况下，高镍耐热球墨铸铁由于经济及生产方便得到了广泛的应用。高镍奥氏体耐热球墨铸铁具有良好的耐蚀性，耐磨性，在高温下有好的强度、断后伸长率和抗氧化性，良好的韧性和低温稳定性，可控的热膨胀率，可控的磁、电性能及良好的铸造性能和切削加工性能。

大型的复杂高镍耐热球墨铸铁件应该在铸型内冷却到320℃以下开箱以消除内应力。必要时应在620～675℃进行消除内应力的热处理。如果要求最小的硬度和最大的耐热伸长率而需要分解碳化物和使碳化物球状化使球墨铸铁软化、改善断后伸长率，则应依据截面尺寸和所需要分解的碳化物的量，在960～1035℃保温1～5h后空冷或炉冷。如果高镍奥氏体耐

热球墨铸铁应用于480℃以上，铸件可以在870℃保温2h炉冷到540℃，然后空冷到室温使组织稳定化，以减小高镍耐热球墨铸铁件的氧化生长和翘曲。对各种类型的奥氏体耐热球墨铸铁，为保证铸件尺寸的稳定性，应在870℃保温2h，并且每25mm壁厚再增加1h，炉冷到540℃保温，每25mm壁厚保温1h，缓慢冷却到室温。在粗加工后再加热到450～460℃，每25mm壁厚保温1h，以消除加工应力，然后炉冷到低于250℃出炉。

10.3.7　耐热铸铁的物理性能

耐热铸铁的热导率、线胀系数与热疲劳性能有很大关系。当热导率提高、线胀系数减小时，铸铁的抗热疲劳性能提高。耐热铸铁的热物理性能见表10-38。

表 10-38　耐热铸铁的热物理性能

类型	化学成分（质量分数，%）					线胀系数 $\alpha_l/10^{-6}K^{-1}$		热导率/[W/(m·K)]	
	C	Si	Al	Cr	Mo	温度/℃	数值	温度/℃	数值
硅系灰铸铁	1.8～2.0	5.0～7.0	—	≤2	—	≤500	13	—	—
硅系球墨铸铁	—	0.65	—	—	—	—	—	—	52.8
	—	2.0	—	—	—	—	—	—	35.6
	—	4.8	—	—	—	—	—	—	20.5
	3.07	4.15	—	—	—	20～540	12.2	—	—
						20～815	13.9	—	—
	3.04	4.18	—	—	0.98	20～540	12.1	—	—
						20～815	13.3	—	—
	3.36	4.06	—	—	1.98	20～540	12.9	95	25.1
						20～815	14.3	425	28.9
						—	—	760	26.4
						—	—	870	25.1
铝系灰铸铁	2.8	0.6	3.0	—	—	20～760	14.3	—	—
	3.0	2.0	2.0	—	—	20～760	14.8	—	—
	2.86	0.83	5.99	—	—	20～200	10.9	—	—
						20～400	13.5	—	—
						20～500	17.7	—	—
	2.0	1.5	20.0	—	—	20～200	17.7	—	—
						20～400	19.9	—	—
	1.5	0.36	24.2	—	—	20～300	18.3	150	19.7
						20～700	20.9	360	21.4
	2.0	5.35	6.5	—	—	25～100	10.9	350	27.2
						25～700	15.4	500	23.0
						25～900	17.2		

（续）

类　型	化学成分（质量分数，%）					线胀系数 $\alpha_l/10^{-6}\mathrm{K}^{-1}$		热导率/[W/(m·K)]	
	C	Si	Al	Cr	Mo	温度/℃	数值	温度/℃	数值
铝系球墨铸铁	2.87	3.79	4.24	—	—	15～100	12.0	250	20.5
						15～500	14.7	400	25.1
						15～900	16.8	900	33.2
	2.30	5.50	7.33	—	—	25～100	10.5	150	22.2
						25～700	15.9	350	21.4
						25～900	17.7	500	19.3
	1.54	0.26	24.3	—	—	—	—	173	14.2
						—	—	315	15.5
铬系铸铁	2.8～3.4	1.5～3.6	—	0.5～2	—	≤600	11～14	—	—
	2.54	0.95	—	14.8	—	20～600	12.4	—	—
	2.56	1.17	—	24.6	—	300～700	12.5	—	—
	1.70	1.50	—	30.0	—	—	—	87	20.9
						—	—	453	20.9

10.3.8　耐热铸铁的铸造性能

由于耐热铸铁含有耐热合金元素硅、铝、铬等，它们对铸造性能有一定影响，其影响程度不仅取决于合金元素的种类，而且与其含量以及其他合金元素的种类和数量有关。

铝系耐热铸铁极易形成含铝氧化膜，增加夹杂、冷隔倾向。夹杂倾向随铝含量的增加而增大（加入稀土更为严重），因此在熔炼、浇注、工艺设计时都要注意排除夹杂物，使铁液平稳流动并快速充型。

高铬耐热铸铁的流动性较差，而且也有较大的形成氧化膜及冷隔倾向，必须适当提高浇注温度。由于无石墨化膨胀、凝固收缩较大，形成缩孔倾向较大，工艺设计时必须考虑补缩问题如设计冒口等。

中硅耐热铸铁的流动性较好、铸件成形性较好，其最大的问题是冷裂，且随硅含量的增加，冷裂倾向急剧增大。形成原因主要是"硅脆"。关于硅脆的机理目前尚不清楚，一般认为与有序相的形成、硅吸氢、硅偏析等有关。通常采用在保证耐热性要求的前提下，尽量降低硅含量，以其他元素如铬替代部分硅，硅铁预热，增加型芯的退让型，浇注后早松箱卡或去除压铁、晚打箱等措施予以解决。

耐热铸铁的铸造性能见表 10-39。

表 10-39　耐热铸铁的铸造性能

类型	流动性	自由线收缩率	缩孔倾向	热裂倾向	冷裂倾向
中硅灰铸铁	与普通灰铸铁相似，在1280～1300℃时，普通灰铸铁的螺旋长度为320mm，中硅灰铸铁为380mm，加Cr后下降	1.0%～1.25%，加Cr后为1.4%～1.45%	比普通灰铸铁略大	较小	较大，随硅含量的增加而增大
中硅蠕墨铸铁、球墨铸铁	与普通灰铸铁相似	1.0%～1.3%	较大，厚壁铸件加冒口，其为铸件质量的20%～25%	较小	较大，当 w(Si)>5.3%时更为严重
低铝铸铁	与普通铸铁基本相同	1.3%～1.8%	较小	较小	较小
高铝铸铁	铁液黏度大，但由于结晶间隔小，流动性较好	2.5%～3.0%	高铝灰铸铁缩孔容积为2%～6.3%，高铝球墨铸铁缩孔容积4.5%～8.0%。冒口为铸件质量的20%～25%	较小	很大

（续）

类型	流动性	自由线收缩率	缩孔倾向	热裂倾向	冷裂倾向
低铬铸铁	$w(Cr)$ <1%时与普通灰铸铁相似，$w(Cr)$ =2%时螺旋线长度由1350mm减至1000mm	$w(Cr)$ =1.2%时为1.2%，$w(Cr)$ =2%～2.7%时为1.35%～1.5%	$w(Cr)$ 为1%时比灰铸铁大10%	不大	$w(Cr)$ <1%时不明显，随Cr含量增加而增大
中、高铬铸铁	良好	$w(Cr)$ =25%～30%时为1.6%～2.0%	缩孔及缩松倾向较大	较大	较大

10.4　耐热铸铁的选用

耐热铸铁的工作温度一般是按其抗氧化、抗生长指标来选择的，这个指标通常指在该温度保持250h后，其平均氧化速度不大于0.5g/(m² · h)及该温度保持后，生长率不大于0.2%。耐热铸铁的使用条件及应用示例见表10-40。

表10-40　耐热铸铁的使用条件及应用示例（GB/T 9437—2009 附录表 B1）

铸铁牌号	使 用 条 件	应 用 示 例
HTRCr	在空气炉气中耐热温度到550℃。具有高的抗氧化性和体积稳定性	适用于急冷急热的、薄壁、细长件。用于炉条、高炉支梁式水箱、金属型、玻璃模等
HTRCr2	在空气炉气中耐热温度到600℃。具有高的抗氧化性和体积稳定性	适用于急冷急热的、薄壁、细长件。用于煤气炉内灰盆、矿山烧结车挡板等
HTRCr16	在空气炉气中耐热温度到900℃。具有高的室温及高温强度,高的抗氧化性,但常温脆性较大。耐硝酸的腐蚀	可在室温及高温下作抗磨件使用。用于退火罐、煤粉烧嘴、炉栅、水泥焙烧炉零件、化工机械等零件
HTRSi5	在空气炉气中耐热温度到700℃。耐热性较好,承受机械和热冲击能力较差	用于炉条、煤粉烧嘴、锅炉用梳形定位析、换热器针状管、二硫化碳反应瓶等
QTRSi4	在空气炉气中耐热温度到650℃,其含硅上限时到750℃。力学性能、抗裂性较 QTRSi5 好	用于玻璃窑烟道闸门、玻璃引上机墙板、加热炉两端管架等
QTRSi4Mo	在空气炉气中耐热温度到680℃,其含硅上限时到780℃。高温力学性能较好	用于内燃气排气歧管、罩式退火炉导向器、烧结机中后热筛板、加热炉吊梁
QTRSi4Mo1	在空气炉气中耐热温度到800℃,其含硅上限时到900℃。高温力学性能好	用于内燃气排气歧管、罩式退火炉导向器、烧结机中后热筛板、加热炉吊梁等
QTRSi5	在空气炉气中耐热温度到800℃。常温及高温性能显著优于 HTRSi5	用于煤粉烧嘴、炉条、辐射管、烟道闸门、加热炉中间管架等
QTRAl4Si4	在空气炉气中耐热温度到900℃。耐热性良好	适用于高温轻载荷下工作的耐热件。用于烧结机箅条、炉用件等
QTRAl5Si5	在空气炉气中耐热温度到1050℃。耐热性良好	
QTRAl22	在空气炉气中耐热温度到1100℃。具有优良的抗氧化能力,较高的室温和高温强度,韧性好,抗高温硫蚀性好	适用于高温(1100℃)、载荷较小、温度变化较缓的工件。用于锅炉侧密封块、链式加热炉炉爪、黄铁矿焙烧炉零件等

10.5　耐热铸铁的生产工艺

10.5.1　硅系耐热铸铁的生产工艺

中硅耐热灰铸铁一般用冲天炉熔炼。炉料组成（质量分数）一般为：铸造生铁 40% ~ 50%；废钢15% ~ 20%；其余为回炉料。在炉内加入 45 硅铁以增硅，铬在包内或炉内加入。

中硅耐热球墨铸铁一般用冲天炉熔炼。炉料组成（质量分数）一般为：生铁 50% ~ 90%，废钢 10% ~ 20%，其余为回炉料。用 45 硅铁增硅，用稀土镁合金球化处理，并用 75 硅铁孕育处理。稀土镁合金加入量根据原铁液中的硫含量及合金中稀土和镁的含量确定，孕育硅铁加入量一般为 0.8% ~ 1.0%（质量分数）。为保证球化，残余稀土质量分数为 0.02% ~ 0.04%，残余镁质量分数为 0.03% ~ 0.05%。

中硅耐热蠕墨铸铁的生产工艺与中硅耐热球墨铸铁相似，只是变质剂改为球化作用较弱的稀土硅铁合金或稀土镁合金 + 钛等蠕化剂炉前处理。为消除稀土硅铁合金的白口倾向，应适当降低原铁液中的硅含量而增加炉前孕育的硅铁量，并最好进行二次孕育或瞬时孕育。

中硅耐热铸铁的造型材料、工艺设计及操作要注意防止冷裂。铸型、型芯的退让性要好，铸件凝固后要及时松开箱并在箱中的冷却时间要足够长。为避免夹杂，浇注系统的开设要使铁液流速平稳、快速充型。

10.5.2　铝系耐热铸铁的生产工艺

低铝、中铝、高铝耐热铸铁都可以用冲天炉熔炼。一般将铝锭加入铁液包内。但铝含量多时，要预先用坩埚炉或电炉将铝熔化，然后用冲天炉铁液冲混。高铝耐热铸铁加铝量多，容易发生石墨漂浮。为避免这一缺陷，除尽量降低原铁液中的碳含量外，当铁液冲混后必须搅拌、镇静足够的时间，让石墨充分上浮，除渣后才能浇注。此时铝的烧损为 15% ~ 20%，或者加入适量的稀土合金，可以防止石墨漂浮。高铝耐热铸铁最好在感应炉中熔炼。当铁料熔化后，过热至 1450 ~ 1520℃，然后加铝，铝的烧损为 6% ~ 10%。铝可用铝锭或铝液加入。高铝耐热铸铁表面极易产生氧化膜，用感应炉熔炼的优点在于铁液的搅拌是在氧化膜下进行，不用人工搅拌，因而可避免使铝在搅拌中更多地氧化。用稀土硅铁合金处理高铝球墨铸铁，加入稀土的质量分数为 1% ~ 1.5%。稀土合金可以炉内加入或包内加入，并用硅铁孕育处理。高铝耐热铸铁的共晶温度比普通灰铸铁高 80 ~ 120℃，为 1230 ~ 1280℃，浇注温度应为 1380 ~ 1400℃。为使铁液快速平稳地流入型腔，避免冷隔，可采用开放式浇注系统及扁平内浇道，并采取集渣措施。浇道面积要比灰铸铁大 10% ~ 15%。最好用底注或倾斜浇注以避免冷隔，还要注意型腔的排气。

10.5.3　铬系耐热铸铁的生产工艺

低铬耐热铸铁可用冲天炉或电炉熔炼，铬铁可炉内或包内加入。其熔炼和铸造工艺基本与普通灰铸铁相同。高铬及中铬耐热铸铁应在电炉内熔炼，一般使用感应电炉，碱性或酸性炉衬均可。铬可提高铸铁的熔点，而碳可使之明显降低，高铬耐热铸铁的浇注温度应高于 1400℃，有时甚至高达 1550℃。型砂应采用铸钢用砂，小件可用湿型。高铬耐热铸铁的冒口与可锻铸铁相似。

浇注时应注意扒渣、挡渣。开设浇注系统应保证液流平稳无漩涡，不卷入气体和氧化物。高铬和中铬耐热铸铁因容易产生氧化膜，所以薄壁铸件浇道面积应比灰铸铁扩大 20% ~ 30%，并且要求液流平稳。由于其冷裂倾向较大，故对于复杂铸件，浇注后要晚开箱。

10.6　耐热铸铁的常见缺陷及防止方法

各种耐热铸铁的常见缺陷及防止方法见表10-41。

表 10-41　各种耐热铸铁的常见缺陷及防止方法

类型	主要缺陷	产生原因	防止方法
硅系耐热铸铁	冷裂	1）硅提高了铸铁脆性转变温度，硅易产生偏析，因此铸铁脆性很大 2）铸铁导热性不良（球墨铸铁更甚），热应力较大	1）严格控制化学成分：在满足耐热性要求的前提下，硅、磷尽量低。球墨铸铁中 Mn 的质量分数最好小于 0.4%，一般不大于 0.7%。硅铁合金预热。中硅耐热灰铸铁中加入少量 Cr 或稀土，以细化石墨可降低硅脆 2）提高型（芯）砂的退让性，消除飞翅及毛刺对铸件收缩的阻碍 3）延缓开箱时间，脆裂敏感的铸件要 12 ~ 24h 后开箱 4）铸件设计要加大圆角半径，避免壁厚突变 5）去应力或铁素体化退火

（续）

类型	主要缺陷	产生原因	防止方法
铝系耐热铸铁	冷裂	中铝耐热铸铁特别是高铝耐热铸铁易发生 1）因高、中铝耐热铸铁的线收缩较大、导热性较差，铸造应力很大 2）高铝耐热铸铁高、中温时脆性大	1）严格控制化学成分：高铝耐热铸铁中的铝含量不能过高或过低，高铝耐热球墨铸铁中的稀土残余量不能过高 2）金相组织中要避免自由碳化物 3）早松箱卡、晚打箱 4）改进铸件结构，适当加大圆角，避免壁厚急变 5）增加型（芯）砂的退让性 6）浇道分布要有利于温度的均匀分布
	夹杂及冷隔	铝极易被氧化形成 Al_2O_3（在熔炼、浇注、凝固过程中均会产生），当氧化膜卷入铁液中时即形成夹渣 当氧化膜在表面形成时则可能造成冷隔	1）浇注系统设计应注意挡渣、集渣，且保证充型平稳快速，避免飞溅和几个流股对冲，易采用底注或倾斜浇注方式、扁平内浇道，且尺寸比普通灰铸铁增加10%～15% 2）注意型腔的排气 3）避免浇注时断流
	石墨漂浮	铝使碳在铁中的溶解度降低	1）严格控制碳含量，铝的质量分数为20%～24%的高铝耐热灰铸铁，碳的质量分数应小于2.0%；高铝耐热球墨铸铁的碳含量可适当提高 2）加铝后充分保温静置，让石墨充分上浮 3）加入稀土合金
铬系耐热铸铁	冷裂	高、中铬耐热铸铁脆性较大且线收缩较大，故较易产生冷裂，但其冷裂倾向比高铝和高硅耐热铸铁小	1）控制碳、硅含量 2）其他工艺措施与硅、铝系耐热铸铁基本相同
	缩孔缩松	高、中铬耐热铸铁体积收缩较大、无石墨化膨胀	合理设计浇冒口及冷铁，小铸件应采用同时凝固，而厚大铸件应采用顺序凝固
	冷隔	熔点高、易氧化、流动性较差	1）提高浇注温度、加快浇注速度、避免断流 2）充型平稳快速

10.7　典型耐热铸铁件

10.7.1　针状预热器

针状预热器装于加热炉的烟道内，针状管内通冷空气，烟气进入温度约为800℃，而排出温度约为400℃，内外温差较大，故要求材料有较好的抗氧化、抗生长及抗热疲劳性能。

铸件材质为中硅耐热灰铸铁，其化学成分（质量分数）：C = 2.6%～3.0%，Si = 5%～6.5%，Mn = 0.7%～1.2%，P < 0.4%，S < 0.1%，Cr = 0.5%～1.1%；金相组织为片状石墨，铁素体加少量珠光体。

造型工艺如图10-23所示，浇注系统为底注缝隙内浇道，内浇道总截面积为2100mm²。浇道各部分截面积比 $A_直 : A_横 : A_内 = 1.26 : 1.20 : 1.05$，铸型为黏土

砂干型，芯砂用合脂砂。

用小型冲天炉熔化。为防止石墨漂浮，碳、硅含量取下限，而铬含量取偏上限。硅铁加入前经充分预热以减少气体含量。浇注温度为1370～1400℃。为防止冷裂，浇注8h后开箱。因脆性较大，去除浇冒口时应小心锤击，以免损伤铸件。

10.7.2　二硫化碳反应甑

该铸件是生产二硫化碳的关键设备，分上下甑体两部分，上甑体的结构如图10-24所示。外部承受煤气燃烧火焰的高温氧化腐蚀，工作温度为900℃，内部温度约为800℃，并受硫蒸汽及二硫化碳的高温化学腐蚀。

材质为中硅耐热球墨铸铁，化学成分（质量分数）为 C = 3.1%、Si = 4.8%～5.3%、Mn < 0.3%。金相组织为球状石墨＋铁素体基体。

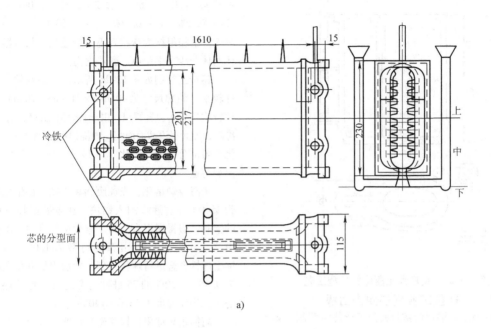

a)

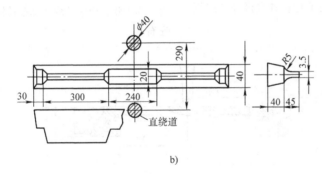

b)

图 10-23 针状预热器的造型工艺

a) 工艺图 b) 浇注系统

造型工艺如图 10-25 所示。应用阶梯式扁平内浇道, 黏土砂干型, 以借助石墨化膨胀抵消收缩; 在甑体上只采用薄片冒口。硅含量过高则易开裂。为减少应力开裂, 必须晚开箱并尽量降低硅含量。

用 4.5t/h 冲天炉熔化。由于硅含量范围很窄, 必须严格管理炉料, 控制熔化时硅的烧损。用堤坝式浇包冲入法进行球化处理。出铁温度为 1445 ~ 1500℃。球化剂采用稀土镁合金, 孕育剂采用 75 硅铁。为提高球化剂吸收率, 在球化剂上覆盖硅铁和 5 ~ 8mm 的钢板。浇注温度控制在 1330 ~ 1350℃。

中硅耐热球墨铸铁反应甑的使用寿命为 6 个月以上, 比中硅耐热灰铸铁的提高 40%。

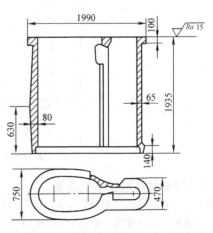

图 10-24 二硫化碳反应甑上甑体的结构

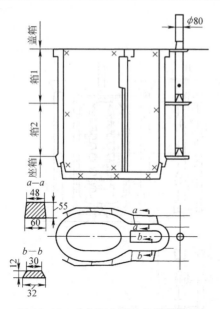

图 10-25　反应甑上甑体的造型工艺

材质采用高铝耐热球墨铸铁,其化学成分(质量分数):C = 1.6% ~ 2.2%,Si = 1.0% ~ 2.0%,Mn < 0.8%,P < 0.1%,S < 0.03%,Al = 20% ~ 24%。金相组织为球状石墨 + 少量短片状石墨,铁素体基体及少量 Fe_3AlC_x 型碳化物。

铸造工艺图如图 10-26 所示,一箱两件。由于铸件较小(轮廓尺寸为 404mm × 210mm × 70mm)、壁厚比较均匀,不设置冒口。由于合金流动性较差,为防止冷隔,加大浇道截面面积。内浇道截面面积为 960mm²,浇道各部分截面面积比 $A_内 : A_横 : A_直 = 1 : 1.1 : 1$。使用湿型铸造。

用感应炉熔化,先加废钢和生铁,待熔化后过热到 1500℃ 左右逐步加入铝块,在电磁搅拌下使熔化的铝和铁液慢慢混合。为了减少铝的烧损,不要人工搅拌,当混合均匀后用质量分数为 1.0% ~ 1.5% 的稀土硅铁合金进行球化处理,然后出炉并用质量分数为 0.8% ~ 1.2% 的 75 硅铁合金进行孕育处理,最后浇注。浇注温度为 1380 ~ 1400℃。

高铝耐热球墨铸铁侧密封板使用效果良好,平均寿命为 1 年,而中硅耐热球墨铸铁的寿命仅为 3 个月左右。

10.7.3　SZD 型工业锅炉侧密封板

SZD 型工业锅炉侧密封板位于燃烧室两侧,其工作温度为 1000 ~ 1100℃,要求材料具有很好的抗氧化和抗生长性能。

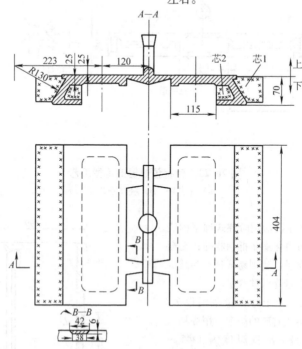

图 10-26　侧密封板的铸造工艺图

10.7.4　耐热材质高镍排气歧管

排气歧管是汽油或气体涡轮增压发动机的耐热零部件,其涡前工作温度为 910℃,要求材料具有较高的高温力学性能;在发动机工作条件反复冷热冲击交

变载荷下,不开裂失效。

材质采用高镍球墨铸铁,牌号 QTANi35Si5Cr2,化学成分(质量分数)为:C ≤ 2.3%,Si = 4.0% ~ 6.0%,Mn = 0.5% ~ 1.5%,P ≤ 0.05%,S ≤

0.03%，Cr = 1.5% ~ 2.5%，Ni = 34.0% ~ 36.0%；球化级别≥4 级，石墨大小 5 ~ 7 级；基体组织为奥氏体 + 少量晶界碳化物 + 球状石墨；力学性能：抗拉强度≥370MPa，屈服强度≥200MPa，伸长率≥10%，硬度为 130 ~ 170HBW。

排气歧管的铸造工艺如图 10-27 所示。排气歧管铸件外形尺寸（长 × 宽 × 高）为 305mm × 53mm × 82mm（高度，上下箱），重量为 2.4kg，壁厚为 4.5mm ± 0.5mm；2 件/型，潮模砂脱箱造型，砂型尺寸（长 × 宽 × 高）为 700mm × 600mm × 230mm；浇注时间 $t_{浇}$ = 6s，22.8kg/型，球化处理温度为 1630℃，首箱浇注温度为 1520℃。高镍球墨铸铁比普通球墨铸铁氧化倾向大，排气歧管壁厚薄，需要快浇注（大流量低流速），需要大内浇道，故浇道截面面积比（$A_直 : A_阻 : A_横 : A_内$ = 1.5 : 1 : 2.4 : 4.6。内浇道截面面积 $A_内$ = 2160mm²，横浇道截面面积 $A_横$ = 1150mm²，直浇道截面面积 $A_直$ = 700mm²，阻流截面面积 $A_阻$ = 470mm²。

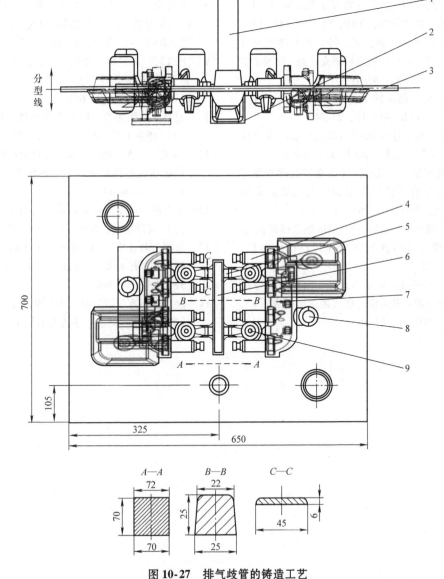

图 10-27　排气歧管的铸造工艺
1—直浇道　2—陶瓷过滤片　3—钢制模板　4—芯头　5—内浇道
6—横浇道　7—排气歧管　8—溢流冒口　9—不缩冒口

采用3t中频感应电炉熔化，先加入生铁、部分废钢，待部分废钢熔化后，再加入部分增碳剂和废钢（循环加入）、回炉料。铬铁、镍板、硅铁等合金待熔炼后期（约1450～1500℃）加入，遵循先增碳后增硅、快速熔炼。铁液温度1540～1560℃取光谱试样，检测原铁液化学成分，成分合格后，升温至1610～1620℃后，停电静置5～8min后准备出炉。球化处理及浇注：热包球化处理，出铁量为（500±15）kg；采用"三明治"装包法，加入0.7% NiMg + 0.4% SiMg 球化剂，覆盖0.3% SiSr 孕育剂，用平冲压实后用1.5～2kg同牌号铁屑覆盖。出铁时，炉口要对准球化处理包，快速大流量出铁，出铁至2/3时加入0.4～0.6% SiSr 孕育剂孕育，出铁至额定量。待球化反应结束后，用扒渣棍搅拌后，撒入除渣剂，搅拌扒渣两次；球化合格的铁液浇入铸型内，首箱浇注温度1520～1550℃，浇注时加入0.1%硅锶锆随流孕育剂。

热处理：升温速率≤150℃/h，加热到（940±10）℃，保温5h，达到规定的保温时间后出炉空冷。

参 考 文 献

[1] 忻晓霏. 耐热铸铁排气支管开裂失效分析 [J]. 理化检验：物理分册，2019，55（2）：141-143.

[2] 于海侠，杨云龙，曹占义，等. 汽车排气歧管用耐热球墨铸铁的抗氧化性研究 [J]. 热加工工艺，2014，43（8）：43-49.

[3] 樊康. 铝硅耐热球铁 RQTA15SI5 的生产 [J]. 工业科技，2011，40（4）：23-24.

[4] 房敏，吴小雄. 中硅钼耐热球墨铸铁的生产控制 [J]. 热加工工艺，2014，17：94-98.

[5] 李贵，茂柳艳，杜成武，等. 变质处理对高镍铬钼铸铁复合轧辊工作层组织及性能的影响 [J]. 铸铁，2018，67（6）：526-528.

[6] 莫俊超，张尊，乐田辉. 中SiMo蠕墨铸铁蜗壳-排气歧管连体铸件的研发 [J]. 现代铸铁，2020，2：25-29.

[7] 孙东杰，古可成，那元真，等. 耐热球墨可锻铸铁的热处理及其组织与硬度的试验研究 [J]. 热处理，2007，2：34-36.

[8] 李洪波，葛洪亮，李海涛，等. 耐热球墨铸铁的研制及其组织性能的试验研究 [J]. 热加工工艺，2012，41（01）：32-34.

[9] 于思荣，朱先勇，高乾，等. 合金元素对球墨铸铁抗热疲劳性能的影响 [J]. 铸造技术，2010，31（6）：691-694.

[10] 赵新武，张居卿. 高Ni奥氏体球墨铸铁的生产 [J]. 铸造工艺，2011（2），28-35.

[11] 刘庆，王强. 发动机排气歧管用高硅钼球墨铸铁抗热疲劳性研究 [J]. 热加工工艺，2018，47（14）：44-47.

[12] 王广欣. 球墨铸铁氢致缺陷的无损检测和消除 [J]. 天津冶金，2016，15（5）：51-53.

[13] 朱刚，蒋业华，刘星舟等. 稀土蠕化剂对蠕墨铸铁石墨形态和性能的影响 [J]. 铸造，2010，59（4）：400-403.

[14] 陕西省标准化研究院，中外常用金属材料手册 [M]. 西安：陕西科学技术出版社，2012.

第11章 耐蚀铸铁

11.1 铸铁的耐蚀性

11.1.1 铸铁的腐蚀失效及特征

1. 腐蚀的定义和基本原理

腐蚀是材料受环境介质的化学、电化学和物理作用产生的损坏或变质现象。腐蚀会导致铸件结构完整性受到破坏。腐蚀可分为常温（湿）腐蚀和高温（干）腐蚀。本章讨论的是常温腐蚀，主要指电化学腐蚀，其广泛存在于大气、水、土壤等自然环境以及多种工业环境中。

金属浸入导电的溶液，金属表面与溶液间产生电位差，称为金属在该溶液中的绝对电位。但绝对电位不可测，通常采用电极电位来表征。金属表面可能存在不同的相、晶界、晶体缺陷、夹杂，应力，表面损伤等，这些都将产生电化学上的不均匀性，导致金属表面微观各部分电极电位不同，构成腐蚀微电池。电位低的部分失去电子，成为金属离子，进入溶液，称为阳极；电子流向电位高的部分，称为阴极，这就是由微电池作用造成的金属腐蚀。如果在阴极发生电子积累，阴极电位降低，与阳极的电位差减小或消除，腐蚀速度降低或停止，这种现象称为极化。如果在阴极有氢离子得到电子形成氢气，极化不能发生，腐蚀反应继续进行，这是氢去极化反应或析氢反应。如果在阴极是氧得到电子，形成 OH^-，称为氧去极化反应或吸氧反应。析氢和吸氧是电化学腐蚀阴极反应的两个基本类型。

2. 全面腐蚀

铸铁件的腐蚀形式可分为全面腐蚀和局部腐蚀。全面腐蚀分为均匀和不均匀的全面腐蚀，是指铸件的整个腐蚀表面比较均匀地遭受破坏，宏观上铸件厚度普遍地减薄，允许有一定的不均匀性。全面腐蚀是铸铁件腐蚀失效的基本形式。铸铁的耐全面腐蚀性能可以通过实验室和现场挂片腐蚀试验比较准确地预测，并可采用有效的方式进行防护。

3. 局部腐蚀

相对于全面腐蚀而言，局部腐蚀是在很小的区域内由腐蚀而发生的选择性破坏现象。铸铁的局部腐蚀破坏形态主要有点蚀、选择性浸出腐蚀、磨损腐蚀、空泡腐蚀、应力腐蚀和电偶腐蚀等。局部腐蚀的发生和破坏程度较难预测，所以比全面腐蚀有更大的危险性。

（1）铸铁的石墨化腐蚀 普通铸铁金相组织主要由铁素体、石墨和渗碳体组成。渗碳体的阴极性比铁素体强，石墨的阴极性又比渗碳体强。石墨在多数腐蚀介质中既不起化学反应，也不溶解。大量石墨和渗碳体的存在使铸铁中形成了许多腐蚀微电池，加速了铸铁基体的腐蚀。残余的石墨和腐蚀产物构成一个表面层存留于铸铁表面。这实质是一种相选择性浸出腐蚀，称为石墨化腐蚀。表11-1列出了土壤腐蚀条件下灰铸铁和球墨铸铁石墨化腐蚀产物层的组成。

表 11-1　石墨化腐蚀产物层的组成

腐蚀产物层的组成	组成物的质量分数（%）	
	球墨铸铁管	灰铸铁管
三氧化二铁（Fe_2O_3）	47.49	40.27
二氧化硅（SiO_2）	25.42	14.43
石墨碳（C）	13.84	16.01
磷化铁（Fe_3P）	0.77	15.11
渗碳体（Fe_3C）	2.10	1.50
碳酸铁（$FeCO_3$）	2.09	0.87
硫化铁（FeS）	0.60	0.86
硫化锰（MnS）	0.46	0.67
结合水（H_2O）	8.64	11.12

铸铁的腐蚀速度与其表面形成的石墨化腐蚀残留物层厚度有密切关系。如图11-1所示，随腐蚀残留物层厚度增加，铸铁的腐蚀速度先增加，然后减小，最后达到一个稳定值。这是因为腐蚀开始时，少量的腐蚀产物和石墨一起作为腐蚀微电池的阴极，加速铸铁基体的腐蚀。随腐蚀产物增加，阴极面积加大，腐蚀速度增加。腐蚀表面由石墨骨架和腐蚀产物组成的残留物层的厚度增加，逐渐阻碍了铸铁基体与腐蚀介质的接触，抑制了腐蚀过程，降低了腐蚀速度。

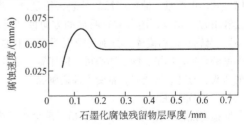

图 11-1　在室温、质量分数为 0.05% 的 H_2SO_4 中灰铸铁和球墨铸铁的腐蚀速度与腐蚀残留物层厚度的关系

在自然环境和许多工业介质腐蚀条件下，铸铁的石墨化腐蚀残留物层都比较致密，有一定强度。有些应用实例表明，灰铸铁件的某些局部金属基体已腐蚀穿透，只靠石墨化腐蚀残留物层仍能维持铸件的正常工作。这样，由于铸件表面形状和功能没有明显改变，其损坏不易被发现，将带来隐患。在强酸等重腐蚀条件下或有磨蚀及强烈冲刷条件下，铸铁表面不易形成残留物保护层，石墨将促进铸铁的腐蚀，并破坏铸件结构的完整性以及损坏功能。

（2）点腐蚀　又称坑蚀，小孔腐蚀。是一种腐蚀集中在金属表面的很小范围内并深入到金属内部的小孔状腐蚀形态。由于材料本身和外界腐蚀环境条件的不同，铸铁件表面的腐蚀是不均匀的。由于某种原因，一些局部腐蚀很快形成蚀坑。这种情况和不锈钢的点蚀类似，只是不锈钢的点蚀坑往往深度大于直径，而铸铁的点蚀坑很浅，坑深远小于直径。图11-2所示为因点腐蚀失效的灰铸铁海水泵叶轮盖板。

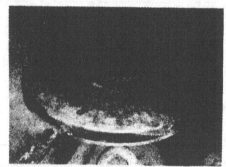

**图 11-2　因点腐蚀失效的
灰铸铁海水泵叶轮盖板**

（3）冲刷腐蚀　金属表面与腐蚀流体由于高速相对运动引起的金属损伤。这种相对运动速度很快，介质对金属表面有机械磨耗作用，同时金属表面在电化学腐蚀作用下，金属以溶解的离子状态脱离表面，或者生成固态的腐蚀产物，而后受到机械冲刷，脱离金属表面。当腐蚀介质中含有悬浮的固体颗粒时，冲刷腐蚀破坏更严重。冲刷腐蚀的外表特征是槽、沟、波纹和山谷形花纹，还常常有明显的方向性（见图11-3）。暴露在运动流体，特别是液固两相流中的所有类型的设备，如泵、阀、离心机、搅拌器，管道系统的弯头、肘管、三通等，都受到冲刷腐蚀。

（4）磨损腐蚀

磨损腐蚀指摩擦副对偶表面在相对滑动过程中，表面材料与周围介质发生化学或电化学反应，并伴随机械作用而引起的材料损失现象。实际工况中，磨损腐蚀往往受限于材料因素（材料的成分、组织、力学性能、物化性能等）、电化学因素（腐蚀介质的种类、浓度、pH值等）、力学因素（载荷、速度等）和环境因素（温度及压力等）等的影响。磨损腐蚀行为与纯腐蚀行为和纯磨损行为均有很大的差异，常发生在矿上、农业、冶金机械等接触部件或直接与砂、石、煤、灰渣等摩擦的部件，如磨煤机、矿石破碎机、球磨机、溜槽、振动筛、螺旋加料器、刮板运输机、旋风除尘器等。

**图 11-3　在盐浆中使用过的白口耐磨铸铁的
PN 型泵叶轮叶片的磨损腐蚀表面形貌**

冲刷腐蚀和磨损腐蚀条件下的设备选材是个很难解决的问题。通常的耐蚀合金抗机械磨耗能力较差。例如，不锈钢类是靠表面钝化膜耐蚀的，在机械磨损腐蚀条件下钝化膜受到固体颗粒的冲刷破坏，腐蚀电位降低，腐蚀加剧。在流体高速冲刷下，普通铸铁的石墨化腐蚀残留物保护层不易形成，故流速越高，铸铁的腐蚀越快。在干态磨料磨损条件下抗磨性很好的Cr15Mo3高铬白口铸铁在两相流矿浆冲蚀条件下，质量流失率是Cr30合金质量流失率的20倍，但Cr15Mo3的硬度是Cr30的2倍。在液固两相流冲蚀条件下，材料的耐蚀性是影响抗磨蚀性能的首要因素。磨蚀条件下的稳定腐蚀电位越高，合金的耐磨蚀性能越好。在合金耐磨蚀性较好的前提下，提高合金硬度，可以显著增强合金的耐磨蚀性能。在钝化型耐蚀合金中，如果存在均匀分布的高硬度第二相，在磨损腐蚀过程中，高硬度相突出于基体，抵抗介质固体颗粒的冲击，减轻了固体粒子对合金基体表面钝化膜的破坏程度，可以大幅度提高合金的耐磨蚀性能。

（5）空泡腐蚀　又称气蚀。在液体与金属材料表面之间相对速度很高的情况下，材料表面的局部低压区可形成空穴或气泡，随后气泡又迅速破灭。有人估计，在一个微小低压区，每秒可能有 2×10^6 个空穴破灭。空泡破灭时产生的冲击波，其压力可达410MPa。在这样巨大的压力作用下，金属表面层崩落或变形，保护膜遭到破坏，形成蚀坑。蚀坑形成后，粗糙不平的表面又成为新的空穴形成核心。气蚀也是力学因素和电化学因素共同作用，促进金属质量流失，是一种特殊形式的冲刷腐蚀。泵的叶轮、水轮机叶片、船舶的螺旋桨常出现这种腐蚀。金属空泡腐蚀表面特征是密而浅的蚀坑，气蚀后表面变得十分粗糙，甚至腐蚀成海绵状。在有的铸铁海水泵叶轮、叶片背侧常可看到蜂窝状腐蚀坑，这就是由气蚀造成的。提高铸铁的强度和硬度，采用耐蚀铸铁，降低铸件表面粗糙度值，都可以改善铸铁的抗气蚀性能。

（6）应力腐蚀 机械设备或零件在应力和特定的腐蚀介质的联合作用下，出现了低于材料强度极限的脆性开裂，致使设备或零件失效，这种现象称为应力腐蚀开裂。普通铸铁和碳钢在高温碱中都可能发生应力腐蚀，或称碱脆。在碱液中，普通铸铁件表面会形成一层以 Fe_3O_4 和 Fe_2O_3 为主要成分的表面膜。在晶界处表面膜不够稳定，在外力作用下产生膜的开裂，新暴露出来的铁产生 FeO_2^- 选择性溶解，形成应力腐蚀裂纹。在 60℃ 以上，质量分数大于 5% 的氢氧化钠溶液中都可以产生碱脆，在质量分数为 30% 左右的烧碱溶液和熔融碱中应力腐蚀更加敏感。降低铸铁件的残余应力，减小工作应力、避免应力集中都是降低碱脆敏感性的有效方法。

（7）电偶腐蚀 当两种电位不同的金属相互接触，并浸入电解质溶液中时，电位较负的贱金属腐蚀加速，电位较正的贵金属腐蚀减缓。这说明两种金属构成了宏观腐蚀电池，贱金属作为阳极被腐蚀，贵金属作为阴极受到保护。这种腐蚀现象称为电偶腐蚀，也称异金属接触腐蚀。随着科技发展，复合材料等新型材料的应用增多，金属与非金属材料接触而发生的电偶腐蚀现象也被逐渐重视。在腐蚀环境中，铸铁件与其他金属接触是常有的情况，如铸铁设备上的钢或铜的螺栓，铸铁泵中的不锈钢叶轮等。两种金属接触后能不能产生电偶腐蚀，取决于两种金属在该介质中的自腐蚀电位差别大小，差别越大，腐蚀倾向越大。在大多数情况下，铸铁和碳素钢的腐蚀电位差别很小，所以铸铁和碳素钢接触，一般不产生电偶腐蚀现象。但当铸铁表面生成致密的石墨化腐蚀残留物层时其电极电位升高，与钢接触时可能使钢加速腐蚀，如在淡水中就是这样。铸铁与铜或不锈钢接触时铸铁往往由于作为电偶腐蚀中的阳极而被加速腐蚀，铜或不锈钢则受到保护。在实际工程中，如在大气腐蚀条件下，铸铁件上的不锈钢螺栓所影响到的加速腐蚀部位，可能限于螺栓附近区域，铸铁件可能因局部较大的腐蚀坑而失效，此时应采用把螺栓与铸铁件用绝缘垫隔开的方法降低腐蚀速度。

11.1.2 铸铁的化学成分和金相组织对耐蚀性的影响

1. 化学成分对铸铁耐蚀性的影响

普通铸铁中的碳、硅、锰、磷和硫五元素在常规范围内对铸铁的耐蚀性没有明显影响，但硫偏高时会降低铸铁的耐蚀性，如当硫元素的质量分数大于 0.1% 时会显著提高可锻铸铁在大气环境中的腐蚀速率。通过向普通铸铁中添加适当的合金元素，可提高铸铁基体的电极电位，促使铸铁表面生成致密、附着牢固的保护膜，或者降低腐蚀微电池的阳极和阴极的活性，起到提高铸铁的耐蚀性的作用。

（1）硅 硅是提高铸铁耐酸性的重要元素，如图 11-4 和图 11-5 所示。硅的大量加入，使铸铁的表面形成比较致密与完整的 SiO_2 保护膜，这种膜具有很高的电阻率和较高的化学稳定性。铸铁表面的这种保护膜使铸铁在酸中处于钝化态。铸铁中硅的质量分数达到 14.4% 以上，在稀硫酸中有很好的耐蚀性（见图 11-6）。硅的质量分数大于 14.8% 时，铸铁耐蚀性不能进一步提高，但脆性大大增加。

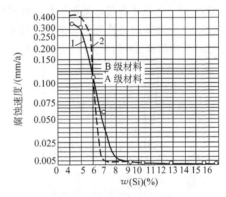

图 11-4 灰铸铁和球墨铸铁中 Si 含量与铸铁在质量分数为 98% 的 H_2SO_4 中腐蚀速度的关系

1—球墨铸铁 2—灰铸铁

（试验温度：60℃；试验时间：30d）

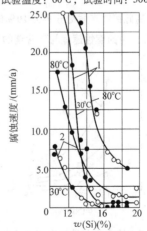

图 11-5 Si 含量对铸铁在盐酸溶液中腐蚀速度的影响

1—$w(HCl) = 35\%$

2—$w(HCl) = 10\%$ 实验时间：100h

（2）镍　镍的热力学稳定性比铁高，铸铁中加入镍可以提高热力学稳定性。铁中加入镍的重要作用是使腐蚀电位正向移动。铸铁中加入少量的镍，腐蚀电位可比碳素钢高50mV，与碳素钢接触可使碳素钢腐蚀速度加快，含镍铸铁受到保护。铸铁中加入少量镍，在促进铸铁珠光体细化的同时，还能促进铸铁表面生成黏附牢固、致密的保护膜，提高铸铁的耐蚀性。镍的质量分数为1.5%～3%的低镍铸铁常用于自然水腐蚀、碱腐蚀等环境。在多种环境中添加镍都可提高铸铁的耐蚀性。铸铁中的镍含量越高，耐蚀性越好。图11-7所示为镍含量与铸铁在烧碱中的腐蚀速度的关系。苛化碱中镍质量分数在20%以上的铸铁就有很好的耐蚀性。电解碱中含少量次氯酸钠等氧化性物质，增强了腐蚀反应的阴极过程，镍的质量分数达到30%时，铸铁才有很好的耐蚀性。镍的质量分数为13.5%～36%的铸铁是高镍奥氏体铸铁，在许多腐蚀环境中都有很好的耐蚀性，应用很广。

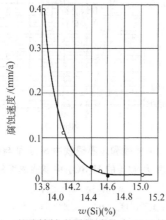

图 11-6　高硅铸铁在质量分数为10%的 H_2SO_4

（80℃）中的腐蚀速度与硅含量的关系

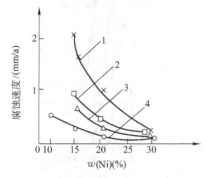

图 11-7　镍含量与铸铁在烧碱中的腐蚀

速度的关系

介质条件：曲线1—150℃，电解法碱

2—150℃，苛性碱　3—120℃，电解法碱

4—80℃，w（苛性碱）=50%

（3）铬　铬不能提高铸铁的热力学稳定性。铬是容易钝化的金属，在氧化性介质中表面能形成牢固而致密的氧化膜。铸铁中加入少量的铬，能使铸铁件表面的锈层更致密，更具保护性，因而耐蚀性有所提升（见图11-8和图11-9）。铸铁中的铬含量高时，有很大一部分铬存在于碳化物中。铸铁基体中固溶的铬量对铸铁耐蚀性有很大影响。由图11-10可见，当固溶的铬质量分数小于12.5%时，随铬含量增加，腐蚀速度迅速降低；铬的质量分数大于12.5%后，腐蚀速度下降很缓。通常在腐蚀条件恶劣的环境应用的高铬铸铁的质量分数都在24%以上。

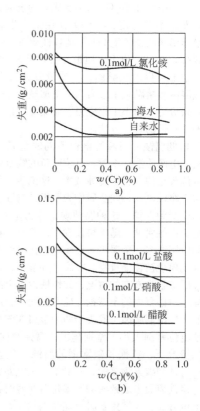

图 11-8　铬的质量分数对铸铁在

各种介质中腐蚀速度的影响

试验条件：温度15.5℃　时间28d

a）在氯化铵溶液、海水和自来水中

b）在酸中

（4）铝　铝的化学性质十分活泼，极易形成保护性良好的 Al_2O_3 钝化膜。铸铁中加入少量的铝，可改善其在盐水和海水中的耐全面腐蚀性能，但点蚀倾向增大。铸铁中铝的质量分数为3%～6%时，在氨碱中有很好的耐蚀性。

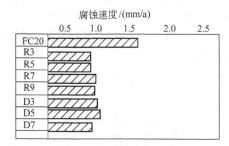

图 11-9　含铬低合金铸铁在流动海水中的腐蚀速度

注：1. R3～R9；$w(Cr)$ = 0.5%～1.6% 片状石墨铸铁。

2. D3～D7；$w(Cr)$ = 1.0%～2.3% 球状石墨铸铁。

3. FC20：普通灰铸铁。

4. 试验海水流速为 15m/s，时间为 30d。

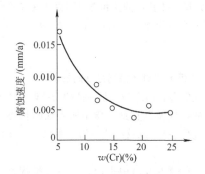

图 11-10　高铬铸铁在 20℃ 饱和食盐水中的腐蚀速度与基体固溶铬含量的关系

（5）少量合金元素　研究表明，在溶液 pH 值为 3.5～5 的醋酸溶液中，铜、钼、钒、锰、锡、铌、锆、铟和银等合金元素对球墨铸铁的耐蚀性没有影响。当溶液 pH 值低于 3.0 时，锡、铟和铜能改善球墨铸铁的耐蚀性，当 pH 值低于 2.75 时，钼和镍也能提高球墨铸铁的耐蚀性，其中锡和铜的作用最显著（见图 11-11 和图 11-12）。磷和锑增加了球墨铸铁在醋酸中的腐蚀速度。

1）铜的电极电位较高，少量的铜在铸铁的腐蚀过程中起活性阴极的作用，但在一定的条件下可促使铸铁的基体钝化，降低腐蚀速度。有试验证实，铜会富集于靠近金属基体的锈层内层中，改善锈层的保护性。铸铁中铜的质量分数达到 0.4% 时，在大气中的腐蚀速度可减少 25% 以上。质量分数为 1%～2% 的铜可以改善铸铁在海水中的耐蚀性（见表 11-2）。在含硫高的冷或热的重油中，铜可有效提高铸铁的耐蚀性，所以石油工业常采用含铜铸铁。

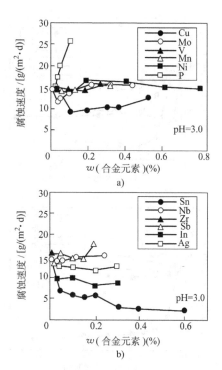

图 11-11　在 pH 为 3.0 的醋酸溶液中合金元素加入量对球墨铸铁耐蚀速度的影响

a）加入 Cu、Mo、V、Mn、Ni、P 元素

b）加入 Sn、Nb、Zr、Sb、In、Ag 元素

2）锡在铸铁中的作用与铜相似。在铜的质量分数为 0.1%～1.0% 的铸铁中加入质量分数小于 0.3% 的锡，可大大提高铸铁抗潮湿工业大气的腐蚀能力。当这种含铜、锡的铸铁中加入质量分数为 0.3% 的铬时，在 0.5mol/L 的硫酸中的腐蚀速度比普通无合金铸铁有所降低。铸铁中加锡也能提高其在浓硫酸中的耐蚀性。

3）钼的作用与铜、镍类似，少量的钼能细化铸铁的基体组织，促进铸铁表面锈层的致密性，改善铸铁的耐蚀性。

4）锑对铸铁耐蚀性的影响因腐蚀条件不同有较大差异。研究表明，铸铁中加入质量分数为 0.1% 以上的锑，在浓硫酸中的耐蚀性大大提高。含锑及其他合金元素的低合金化铸铁泵在高温浓硫酸中使用，取得较好效果。锑和铜、铬、镍及铝等元素配合，还能够改善铸铁的抗海水和含泥砂盐水的冲蚀性能及耐农药和盐酸的腐蚀能力。但锑降低铸铁的强度，恶化铸铁的品质系数。虽加铜、稀土等合金元素可在一定程度上克服锑的有害作用，但不能消除之。加锑铸铁裂纹倾向大，焊补性能差。

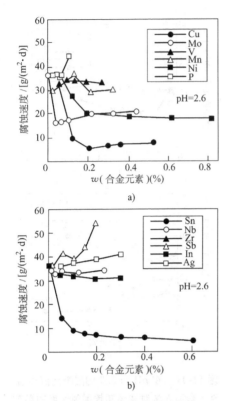

图 11-12　在 pH 为 2.6 的醋酸溶液中合金元素加入量对球墨铸铁耐蚀性的影响

　　a）加入 Cu、Mo、V、Mn、Ni、P 元素

　　b）加入 Sn、Nb、Zr、Sb、In、Ag 元素

表 11-2　在不同流速的海水中铸铁中的铜、锡含量对铸铁相对腐蚀失重系数的影响

海水的流速/(m/s)	2.91	4.92	7.09
铸铁中铜、锡含量	相对失重系数		
原无合金铸铁	1	1	1
$w(Cu)=0.95\%$	0.83	0.77	0.64
$w(Cu)=2.05\%$	0.69	0.72	—
$w(Cu)=1.02\%$、$w(Sn)=0.45\%$	0.45	0.55	0.65

　　5）砷可以改善铸铁的耐酸性，但对耐碱性能则有不利影响。

　　6）钛能提高铸铁组织致密性，改进耐酸性。在硅的质量分数为 2.5% 的铸铁中加入质量分数为 0.35% 的钛，使其在质量分数为 1% 的硫酸中腐蚀失重降低了 50%。在质量分数为 80% 的硫酸中，随铸铁中钛含量的增加，耐蚀性也有所改善。铸铁中加入钛，并添加少量的锆，能改善耐高温硫腐蚀性能（见图 11-13）。铸铁中加入质量分数为 0.05% ~

1.0% 的钛和质量分数为 1.5% ~4% 的铝，可提高抗熔融金属，如 Al、Zn、Mg、Sn 的侵蚀能力。

　　7）钒和硼能有效改善含磷铸铁在燃气腐蚀环境中的耐蚀性。

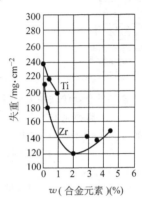

图 11-13　铸铁中的钛和锆对高温硫腐蚀的影响

　　注：Ti 和 Zr 加入的质量分数一般为 0.1% ~ 0.6%，
　　　　不大于 1%。

2. 金相组织对铸铁耐蚀性的影响

　　铸铁的金相组织与其耐蚀性的关系取决于所处腐蚀环境的特性及其在此环境中所表现的状态（活化态还是钝化态），以及铸铁表面石墨化腐蚀残留物层的作用。

　　（1）铸铁在介质中表现为活性溶解状态　在各种稀酸中，普通铸铁一般处于活性溶解状态，腐蚀速度很快，不易形成具有保护性的腐蚀残留物层，石墨作为有效阴极，加速基体的腐蚀。在质量分数为 1% ~10% 的硝酸、盐酸和硫酸中的电化学试验和失重试验都证实，球状石墨铸铁的耐蚀性优于片状石墨和枝晶间石墨铸铁。表 11-3 的数据表明，在稀硫酸中，珠光体和退火铁素体球墨铸铁的腐蚀速度都低于灰铸铁。有文献研究了灰铸铁、蠕墨铸铁和球墨铸铁在质量分数为 15% ~ 30% 的 H_2SO_4、HNO_3 和 5%、30% 的 HCl 中的腐蚀规律，发现石墨由片状向蠕虫状，再向球状过渡，铸铁耐蚀性提高。例如，在质量分数为 8% 的 HNO_3 中，不同形态石墨的铸铁腐蚀速度之比是：片状:蠕虫状:(蠕＋球)状:球状 = (1.47 ~ 1.68):(1.26 ~1.47):(1.12 ~1.29):1。铸铁中的石墨是腐蚀微电池析氢反应的活性阴极。对于同样质量分数的石墨，在二维平面上，球墨铸铁中球状石墨的总面积比灰铸铁中片状石墨的总面积小得多。这意味着球墨铸铁表面的阴极面积比灰铸铁小，因而腐蚀速度比灰铸铁慢。铸铁表面的腐蚀是不均匀的，越邻近石墨处的基体腐蚀越重，而且铁素体基体的铸铁耐蚀性优于珠光体铸铁。铸铁基体中珠光体含量越多，腐蚀越严重。因为珠光体中的碳化物也作为阴极，加速了邻近铁素体的腐蚀。

表 11-3 普通球墨铸铁和灰铸铁在空气饱和的质量分数为 5% 的稀硫酸中的腐蚀速度

铸铁类型	珠光体球墨铸铁	退火铁素体球墨铸铁	珠光体灰铸铁	退火铁素体灰铸铁
腐蚀速度 /(mm/a)	137.2	81.3	167.6	203.2

注：试样运动速度：5m/min，试验时间：24h。

（2）铸铁在腐蚀介质中表现为钝化态　在浓硫酸中铸铁表现为钝化态。铸铁表面形成不溶的硫酸铁薄膜，这种腐蚀产物和石墨结合在一起组成了附着在铸铁表面的不透性保护膜，降低了铸铁在浓硫酸中的腐蚀速度。一项对铸铁金相组织与耐硫酸腐蚀性关系的研究表明，在热（90℃）浓（质量分数为 98%）硫酸中，具有细片状石墨的珠光体灰铸铁在各种金相组织的铸铁中有最慢的腐蚀速度（4.47mm/a）。某化学公司的使用经验也证明，球墨铸铁在热浓硫酸中的腐蚀比灰铸铁严重。这是因为片状石墨在铸铁中相互连接成网状，有利于形成黏附性更好、更致密的石墨化腐蚀残留物保护层。珠光体中的层片状碳化物能够促进铸铁的钝化，有利于石墨化网络及腐蚀产物组成完整的具有保护作用的膜层。

铸铁在自然环境（如大气、水和土壤）和碱性介质中应用最为广泛。在这些环境中，铸铁的腐蚀阴极过程是吸氧反应。大多数情况下，吸氧腐蚀的反应速度受到氧向铸铁腐蚀表面扩散速度的控制。氧要通过液体介质，穿过铸铁表面石墨化腐蚀残留物层到达铸铁的金属基体表面。石墨网络和腐蚀产物组成的表面层的黏附牢固性、致密性对铸铁腐蚀具有良好的抵抗作用。在此情况下，细致的珠光体基体和连续性好的片状石墨有利于获得致密的表面膜。

在大气腐蚀环境中，灰铸铁、球墨铸铁和可锻铸铁的耐蚀性差别很小，它们的腐蚀速度普遍小于普通碳素钢。珠光体球墨铸铁耐蚀性稍优于铁素体球墨铸铁，但差别不大。在海洋大气腐蚀环境中，灰铸铁的耐蚀性优于球墨铸铁。在土壤环境中，灰铸铁、球墨铸铁和可锻铸铁的耐蚀性没有区别；在淡水和海水环境中，这三种铸铁的腐蚀速度也基本相同。由表 11-4 可见，无论是含镍球墨铸铁和灰铸铁，还是普通灰铸铁，铸态珠光体组织和退火后的铁素体组织，耐蚀性没有明显差别。

表 11-4 铸态珠光体和退火铁素体铸铁在 30℃、空气饱和 $w(NaCl)=3.5\%$ 溶液中的腐蚀速度比较

材　料	含镍球墨铸铁		含镍灰铸铁		普通灰铸铁	
基本组织	珠光体	铁素体	珠光体	铁素体	珠光体	铁素体
腐蚀速度 /(mm/a)	0.74	0.79	0.69	0.66	0.91	0.71

在大气、土壤和 25℃、质量分数为 0.5% 的硫酸中腐蚀试验证明，铸铁件铸造表面的耐蚀性优于加工表面。因为在高温下铸件表面与型砂相互作用，使铸件表面形成一层硅酸盐保护膜，提高了铸造表面的耐蚀性。

因此，铸铁在相应腐蚀环境中表现为钝化态时，其腐蚀速度由表面腐蚀产物膜的致密性和稳定性等决定。

（3）冲刷腐蚀环境　泵、阀、管道中的铸铁件经常工作在受冲蚀状态。在吸氧腐蚀环境中，介质流速增加有利于氧的扩散，腐蚀界面可得到的氧增加，腐蚀可能加剧。普通铸铁和低合金铸铁在海水环境中的腐蚀速度随海水流速的增加而增大。在这种情况下，铸铁表面的石墨化腐蚀残留物层受到冲刷，保护性降低。试验表明，在海水流动速度小于 5.7m/s 时，灰铸铁和球墨铸铁的耐蚀性没有区别。在流速为 8.2m/s 的海水环境中，铁素体球墨铸铁比珠光体球墨铸铁受到了更严重的腐蚀。在流速为 11m/s 的海水冲蚀条件下，Cu-Cr 低合金灰铸铁的耐蚀性高于 Cu-Cr 低合金球墨铸铁。海水流速越快，铸铁的表面腐蚀残留物层保护性越差。灰铸铁的石墨化腐蚀残留物层致密性优于球墨铸铁，珠光体球墨铸铁的残留物层优于铁素体球墨铸铁。另有试验表明，普通灰铸铁和低合金球墨铸铁 $[w(Cu)=0.5\%$ 和 $w(Cr)=0.2\%]$ 在青岛海域海水流速由低流速（3m/s）变化到中流速（7m/s）时，其平均腐蚀速度增加特别明显；海水流速由中流速（7m/s）变化到高流速（11m/s）时，其平均腐蚀速度增加幅度相对减小。海水流速对普通灰铸铁和低合金球墨铸铁平均腐蚀速度的影响如图 11-14 所示。海水流速对钢和铸铁平均腐蚀速度的影响如图 11-15 所示。

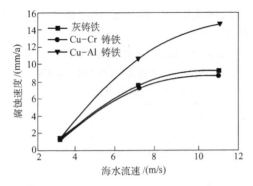

**图 11-14　海水流速对普通灰铸铁和
低合金球墨铸铁平均腐蚀速度的影响**

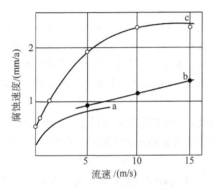

**图 11-15　海水流速对钢和
铸铁平均腐蚀速度的影响**

a—碳素钢约23℃测试36d　b—碳素钢室温测试30d

c—铸铁25℃测试7d

淡水流速对钢和铸铁腐蚀速度的影响如图11-16所示。与在海水环境中不同,铸铁在淡水流速达0.3～0.7m/s时,就开始钝化,腐蚀速度随之下降。这是因为海水环境中 Cl⁻浓度很高,破坏钢铁材料表面腐蚀残留物膜层的保护作用;而淡水环境中 Cl⁻浓度相对较低,淡水流动增加供氧量,加快腐蚀速度,当达到临界流速后,钢铁材料进入钝态,腐蚀速度下降。

(4) 空泡腐蚀环境　水泵叶轮类铸件除受流体高速冲刷外,还受到空泡腐蚀。通常增加材料的强度和硬度可以提高耐空泡腐蚀能力。表11-5是不同石墨形态的铸铁在清水中气蚀试验的失重量,试验时间13h。可见石墨越粗,抗气蚀越差;石墨越紧密,抗气蚀越好,C型石墨和粗A型石墨最差,球状石墨最好。HT200经不同热处理,获得马氏体、托氏体、珠光体和铁素体组织,在清水和质量分数为3%的食盐水中进行了气蚀试验。结果表明,在清水中铸铁基体

组织硬度越高,抗气蚀性越好,在盐水中马氏体铸铁失重高于托氏体(见表11-6)。珠光体灰铸铁经热处理得到贝氏体组织或激光硬化形成马氏体组织之后,在质量分数为3%的食盐水中抗气蚀性能都有所降低。这是由于空泡腐蚀是一种磨损腐蚀,在含 Cl⁻的腐蚀环境中腐蚀的作用大于在不含 Cl⁻的清水环境中,随着铸铁的耐蚀性下降,抗气蚀性可能下降。

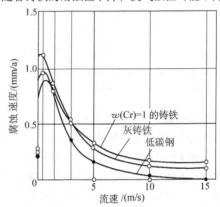

**图 11-16　淡水流速对钢和
铸铁腐蚀速度的影响**

**表 11-5　不同石墨形态的铸铁在清水中气蚀
试验的失重量**

石墨形态	C 型	粗 A 型	细 A 型	A + D 型	D + E + A 型	团絮状	球状
失重量/mg	854.4	534.3	480.8	459.2	416.0	339.8	322.0

**表 11-6　不同基体组织铸铁气蚀
试验的失重量**

铸铁基体组织		马氏体	托氏体	珠光体	铁素体	铸态
失重量 /mg	清水中	37.8	40.8	41.2	61.0	48.0
	盐水中	34.0	31.8	45.4	36.8	42.8

注:清水中试验时间13h,盐水中试验时间2.5h。

(5) 石墨形态对铸铁腐蚀的影响　在相同基体无合金元素条件下,不同石墨形态的铸铁表现出不同的腐蚀行为。表11-7列出了灰铸铁、球墨铸铁在青岛静海全浸区试验结果。三种铸铁材料的平均腐蚀速度无本质区别,主要差别表现在点蚀深度上,球墨铸铁的平均和最大点蚀深度是普通灰铸铁的2.85倍,表现出明显的点蚀特征,造成更大危害,说明石墨形态对铸铁的腐蚀形态有显著影响,这是由表面腐蚀残留物膜层的性质决定的。

表 11-7　普通灰铸铁、球墨铸铁静海全浸区试验结果

试验材料	质量分数（%）					石墨形态	基体组织	平均腐蚀速度/(mm/a)	蚀坑深度/mm		主要腐蚀形式
	C	Si	Mn	P	S				平均深度	最大深度	
普通灰铸铁	3.34	1.92	0.61	0.1	0.05	片状	珠光体	0.18	0.14	0.20	均匀腐蚀
高 Si/C 灰铸铁	2.93	2.45	0.20	0.07	0.014	片状	珠光体	0.20	0.16	0.25	均匀腐蚀
球墨铸铁	3.45	2.12	0.61	0.06	0.04	球状	珠光体	0.16	0.40	0.57	点蚀

注：青岛静海全浸区试验周期 365d。

3. 普通铸铁的耐蚀性能及应用

普通铸铁易于生产，成本低廉，对某些介质有一定的耐蚀能力，因此是工业上应用广泛的结构材料。普通铸铁在各种介质中的耐蚀性能如下：

（1）酸　普通铸铁能被任何浓度的盐酸迅速腐蚀，也能被任何浓度和温度下的纯磷酸腐蚀。不过粗磷酸含有三氧化二砷之类的杂质，这种杂质具有缓蚀作用，所以铸铁可用于粗磷酸的环境中。

在氧化性酸中，铸铁中的石墨相促进了金属的钝化，所以铸铁的腐蚀速度比碳素钢低。在硝酸和硫酸中，溶液的浓度对铸铁腐蚀速度有很大的影响。硝酸的质量分数在 35% 以上时，发生钝化倾向；高于50% 时，实际上腐蚀速度较低；当硝酸质量分数高达94%～100% 时，会引起铁碳合金的严重过钝化破坏。

由于硫酸在水中分两级离解，所以其腐蚀性具有一个明显的特点，即 $w(H_2SO_4) < 85\%$ 时腐蚀性随浓度的升高而增强，$w(H_2SO_4) > 85\%$ 时腐蚀性随浓度的提高而急剧下降。室温下的 $w(H_2SO_4) = 98\%$ 硫酸对金属的腐蚀速度很小，但随着温度的升高腐蚀性逐渐增强。硫酸腐蚀的另一个重要特点是随着温度和浓度的不同或呈氧化性或呈还原性，这一点与典型的氧化性酸，如硝酸和典型的还原性酸，如盐酸对金属的腐蚀是不同的。硫酸的氧化性和还原性可作如下划分：$w(H_2SO_4) < 65\%$，在一切温度下都呈还原性；$w(H_2SO_4) = 65\%～85\%$，在低温下呈还原性，在高温或沸点呈氧化性；$w(H_2SO_4) = 85\%～100\%$，在一切温度下都呈氧化性。由于硫酸具有以上特性，腐蚀过程十分复杂，给选材和新材料的研究带来很大困难。一般来说，硫酸在质量分数高于 70% 时就造成钝性，低于这个浓度就引起迅速腐蚀，铸铁对质量分数为 85%～100% 的浓硫酸很稳定。因此，在浓硫酸生产中，铸铁可用于制造硫酸冷却器、输酸管线、泵和阀。当质量分数超过 100%（游离 SO_3）时，由于 SO_3 和 Si 反应生成 SiO_2，使铸铁体积增大，引起晶间开裂。

在浓硝酸和浓硫酸的混酸中，当温度低于 110℃时，铸铁耐蚀性优良，但混酸中水的质量分数不应超过 35%。一些有机酸，如醋酸、丁酸、草酸、柠檬酸和乳酸，即使在低浓度下也能严重地腐蚀铸铁。

（2）碱溶液　铸铁与碳素钢一样，对碱溶液有相当好的耐蚀性。灰铸铁可耐质量分数小于 70% 的 NaOH 稀溶液的腐蚀。若质量分数超过 70%、温度接近沸点时，铸铁的腐蚀速度迅速加快。在熔融烧碱中，铸铁易产生应力腐蚀开裂。然而在国内的烧碱生产企业，大量使用的设备，如阀门、泵、固碱锅等多数为普通灰铸铁件，也常被用来制造无水 NaOH 储罐，虽然其腐蚀速度很快，但比使用其他合金经济。

在 $w(NaOH) = 40\%$ 浓碱溶液中，铸铁发生典型的均匀腐蚀，且腐蚀首先发生在基体和石墨交界处，并逐渐扩展到基体。随温度的升高，铸铁的极化曲线右移，腐蚀电流增大，腐蚀程度明显加剧。图 11-17所示为灰铸铁在四种温度 $w(NaOH) = 40\%$ 溶液中的极化曲线。

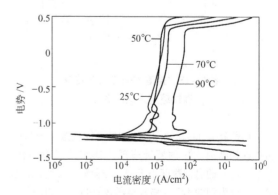

图 11-17　灰铸铁在四种温度 $w(NaOH) = 40\%$ 溶液中的极化曲线

在氨水中，铸铁具有较好的耐蚀性，但质量分数为小于 1% 的稀氨水对铸铁腐蚀性较强。

（3）盐溶液　铸铁广泛应用于各种水环境中，各种水环境虽然千差万别，但都含有多种正负离子，如 Ca^{2+}、SO_4^{2-}、Mg^{2+}、Cl^- 等，因此各种水环境实质上就是各种不同浓度的盐溶液。对化学成分为：$w(C) = 3.34\%$、$w(Si) = 1.92\%$、$w(Mn) = 0.61\%$、$w(S) = 0.07\%$、$w(P) = 0.08\%$ 的灰铸铁，在组成（见表 11-8）的盐溶液中进行挂片腐蚀试验，盐溶液浓度与灰铸铁腐蚀速度之间的关系如图 11-18 所示。在质量浓度高于 3% 的盐溶液中，铸铁的腐蚀为典型的石墨化腐蚀，腐蚀速度随盐溶液质量浓度的升高而降低，铸铁的耐蚀性提高 2 倍以上。

表 11-8　试验用盐溶液的组成

| 编号 | 质量浓度(%) | 主要成分（摩尔分数，%） | | | | | | pH 值 |
		K^+	Na^+	Ca^{2+}	Mg^{2+}	Cl^-	SO_4^{2-}	
A	3	0.13	0.11	0.02	0.61	2.08	0.05	7.3
B	13	0.56	0.48	0.09	2.64	9.01	0.22	6.7
C	23	0.99	0.84	0.15	4.68	15.98	0.36	6.9
D	33	1.40	1.20	0.21	6.70	23.00	0.50	6.8

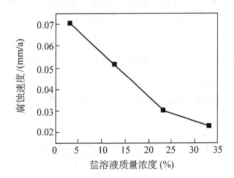

图 11-18　盐溶液浓度与灰铸铁腐蚀速度之间的关系

四种金属材料在盐湖卤水中的腐蚀数据见表 11-9。铸铁在盐湖卤水中的腐蚀表现为典型的"石墨化"腐蚀。铸铁的腐蚀速度小于钢，球墨铸铁的腐蚀速度最小，仅为钢的 1/2 左右。球墨铸铁自身的组织特点是其获得良好耐蚀性的重要因素。在卤水中，高质量浓度的盐量和较低的溶氧量使介质对钢铁材料腐蚀的危害大为减少。试样表面的覆盖物及腐蚀产物层中的"网状"石墨骨架层对减小铸铁的腐蚀起到有益作用。

表 11-9　四种金属材料在盐湖卤水中的腐蚀数据

试验材料	腐蚀速度 /(mm/a)	最大点蚀深度/mm	腐蚀类型
Q235	0.045	< 0.03	全面不均匀腐蚀
Q345	0.045	< 0.03	全面不均匀腐蚀
HT200	0.040	0	均匀腐蚀
QT700-2	0.023	0	均匀腐蚀

注：1. 试验在青海盐湖钾肥股份有限公司的矿池内进行。
　　2. 试验时间：451d。

HT200 在海水中的腐蚀深度与时间的关系如图 11-19 所示。

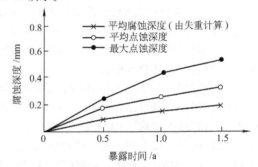

图 11-19　HT200 在海水中的腐蚀深度与时间的关系

（4）大气、土壤和中性溶液　一般来说，所有铸铁对大气、土壤和大多数中性溶液具有相当好的耐蚀性。铸铁在常温蒸馏水中的腐蚀速度约为 0.254mm/a，在海水中的腐蚀速度约为 0.203mm/a。各种普通铸铁在不同大气环境中的腐蚀速度见表 11-10。

（5）有机化合物　在无湿气存在时，所有铸铁都耐大多数有机化合物的腐蚀，但中等温度以上的有机酸水溶液会迅速腐蚀灰铸铁。醋酸、四氯化碳和四氯化乙炔等卤化物腐蚀性都较强。然而，乙烯基乙二醇不腐蚀灰铸铁，特别是与适当的缓蚀剂联合使用时，耐蚀性更好。

（6）熔融金属　铸铁和钢一样通常用来制作许多熔融金属设备。但因为它价廉，所以甚至在腐蚀很严重的情况下，还是采用铸铁或钢。完全退火或无化合碳存在的铸铁，在熔融锌、铝、镉或锡中腐蚀速度很慢。在铸铁中加入 Ni、Cr、Cu 或 Mo，反而增加了在熔融锌中的腐蚀。铸铁在其他几种熔融金属中的相对耐蚀性见表 11-11。

表 11-10　各种普通铸铁在不同大气环境中的腐蚀速度

| 材　　料 | 在大气环境中的腐蚀速度 /[10mg/(m²·h)] | | | | | | |
| | 农村 | 城市 | | 工业区 | | | 海洋 | |
		1	2	1	2	3	1	2
灰铸铁	—	58 ~ 87	—	—	133	56 ~ 50	25	—
白口铸铁	—	4 ~ 12	—	—	54	—	—	—
w(S) ≤0.1%	25	—	87	42	—	137	—	37
w(S) >0.1%	29	204 ~ 250	—	79	—	233	—	50
珠光体球墨铸铁	25	—	—	54	—	—	—	42
铁素体球墨铸铁	37	—	—	50	—	—	—	67

表 11-11　铸铁在几种熔融金属中的相对耐蚀性

熔融金属	温度/℃	耐蚀性(腐蚀速度)/(mm/a)
Al	650	可用，但腐蚀较严重，0.5 ~ 1.5
Pb	327	可用，但腐蚀较严重，0.5 ~ 1.5
	1000	不适用，腐蚀严重，大于1.5
Na	260	优良，小于0.05
	316	不可用，腐蚀严重，大于1.5
Mg	651	良好，0.05 ~ 0.5
Sn	250	可用，但腐蚀较严重，0.5 ~ 1.5
Zn	450	可用，但腐蚀较严重，0.5 ~ 1.5
Sb	649	不适用，腐蚀严重，大于1.5
Cd	650	优良，小于0.05
	750	良好，0.05 ~ 0.5

普通铸铁在各种常见介质中的耐蚀性见表 11-12。

表 11-12　普通铸铁在各种常见介质中的耐蚀性

介质（% 均为质量分数）		温度/℃	压力 /MPa	试验时间 /h	腐蚀速度 /(mm/a)	备　注
硝酸（5% ~67%）		15 ~ 45	—	—	不可用	—
硫酸（61% ~100%）		20	—	—	0.07 ~ 0.2	
发烟硫酸（105%）		约60	<0.294	—	可用	使用易开裂
发烟硫酸（SO₃2% ~30%）		20 ~ 90	—	480	>10	使用易开裂
混酸（H₂SO₄，HNO₃）	80%，20%	20	—	—	0.15	
	55%，20%（加水25%）	20	—	—	0.31	
	76%，9%（加水15%）	110	—	264	0.10	
盐酸（0.4% ~浓）		—	—	—	不可用	
磷酸	3.3%	20	—	—	0.62	—
	80%	60	—	—	22.4	
氢氟酸		常温	—	—	不耐蚀	
氢氧化钾		常温	受力不大	—	可用	
氢氧化钾（熔融）		>300	<0.294	—	尚耐蚀	
氢氧化钠		常温	—	—	可用	

（续）

介质（%均为质量分数）		温度/℃	压力/MPa	试验时间/h	腐蚀速度/(mm/a)	备注
氢氧化钠（熔融）		510	—	—	0.645~3.43	
碱液	NaOH700g/L，NaCl≤0.5g/L	40	<0.294	—	尚耐蚀	
	NaOH300~700g/L	80~120	—	—	不耐蚀	
	NaCl150g/L	—	—	—		
熔融碱（NaOH95%~96%，NaCl2.8%~3.3%，Na$_2$CO$_3$1.5%~1.8%，氧化物0.01%~0.02%）		330~350	—	—	不耐蚀	
氨水	<25%（含CO$_2$、H$_2$S）	<40	—	—	可用	
	约380g/L	常温	—	—	耐蚀	
	氨	—	—	—	可用	
氢氧化钙		20~25	—	—	耐蚀	
硫		>100	—	—	耐蚀	
二氧化硫（干燥）		>100	—	—	耐蚀	
氯	干燥	—	—	—	耐蚀	
	潮湿	—	—	—	耐蚀性弱	
氯化氢（100%）		<100	—	—	耐蚀	
氯化钠（10%，循环流动）		20	—	250	0.52	
氯化钠		<60	—	—	可用	
次氯酸钠（<50g/L）		常温	<0.294	—	不耐蚀	
氯化钾饱和盐水		常温	<0.294	—	耐蚀	
氯化铵（<50%）		常温	—	—	可用	
粗盐水（含NaCl310~320g/L、SO$_4^{2-}$、Mg^{2+}、Ca^{2+}及含盐颗粒）		<60	<0.294	—	尚耐蚀	
精盐水（含NaCl310~320g/L，NaOH0.1~0.2g/L，Na$_2$CO$_3$0.3~0.4g/L）		<50	<0.294	—	尚耐蚀	
淡盐水（含NaCl270g/L，少量次氯酸根与氯根，pH<7）		60	约0.196	—	不耐蚀	
盐浆（NaCl50%~70%，NaOH10%~20%）		70~100	常压	—	耐蚀	
硫酸钠（<10%）		<20	—	—	可用	
亚硫酸钠		40~90	<0.294	—	不耐蚀	
碳酸钠（稀）		80~沸点	—	—	<0.1	
碳酸钙		—	—	—	可用	
碳酸氢铵70%+微量H$_2$S		<40	<0.294	—	尚耐蚀	

（续）

介质（%均为质量分数）		温度/℃	压力/MPa	试验时间/h	腐蚀速度/(mm/a)	备 注
碳铵液（$NH_3 + CO_2$）		<40	<1.67	—	可用	
蚁酸		—	—	—	不耐蚀	
醋酸	8%~63%	20~沸点	—	—	>10	
	78%~83%	20	—	—	>6	
	98%~100%	20	—	—	<1.0	
乙醇		—	—	—	可用	
聚乙烯醇		—	—	—	可用	
甲醛（<40%）		50~60	<0.294	—	可用	
乙醛		—	—	—	可用	—
苯		常温	<0.294	—	耐蚀	
苯酚		50~70	<0.294	—	耐蚀	
苯磺酸钠（48%~51%）		90~110	<0.294	—	不耐蚀	
丙酮		—	—	—	可用	
四氯化碳（干燥）		—	—	—	可用	
四氯化碳+水1.77g/L		40	—	100	0.043	
海水		—	—	27288	0.203	

11.2 高硅耐蚀铸铁

硅的质量分数在10%~18%之间的Fe-Si-C铸造合金称为高硅铸铁。高硅铸铁硬而脆，力学性能较低，但耐蚀性很好。在强酸等许多腐蚀性介质中表面都能形成一层致密的二氧化硅保护膜，使金属基体不受腐蚀。高硅铸件可用于化工、石油、化纤、冶金、国防等工业所需的耐蚀铸件，还可用于制造外加电流阴极保护用的辅助阳极铸件，但不适于制造承受较大冲击载荷、交变负荷或温度突变的零部件。

11.2.1 高硅耐蚀铸铁件标准

《高硅耐蚀铸铁件》（GB/T 8491—2009）中规定了4个牌号高硅铸铁的化学成分和力学性能（见表11-13和表11-14）。表11-13所列的化学成分是高硅铸铁件的交货验收依据，力学性能通常不作为验收依据，只是在用户提出要求时才按表11-14的规定验收。

GB/T 8491—2009的修订采用美国标准ASTM A518/A518M—1999（2008）《高硅耐蚀铸铁件标准规范》。与GB/T 8491—1987标准比较，删除了原标准的四个牌号的材料及其相应的化学成分和力学性能，增加了三个新牌号材料及其相应的化学成分和力学性能，更改了材料牌号的表示方法，删除了原标准中铸件的机械加工余量，删除了原标准中铸件的运行缺陷范围，增加了完全试验试棒规格。

11.2.2 高硅耐蚀铸铁的化学成分和金相组织

高硅铸铁中的硅对金相组织和性能影响较大。当硅的质量分数小于15.2%时，高硅铸铁的金相组织为少量片状石墨分布在富硅的铁素体基体上（见图11-20）；当硅质量分数大于15.2%时，铁素体基体中析出η相（Fe_5Si_2）；随硅含量增加，η相增多，耐蚀性能增强（见图11-21）。但合金的力学性能特别是塑性和韧性明显下降，当硅的质量分数达到15%时，其塑性几乎为零，合金的强度和冲击韧性很低，硬度高、脆性大，热导率小且线膨胀系数大，在铸造生产过程很容易产生缩松、缩孔和裂纹等缺陷，不能经受剧烈的温度变化及承受高压、机械加工困难。因此，在实际生产中一般控制高硅铸铁的硅含量在标准规定范围以内，以减小铸件的脆裂倾向，有利于稳定高硅铸铁的力学性能。

表 11-13 高硅耐蚀铸铁的化学成分 (GB/T 8491—2009)

牌 号	化学成分(质量分数,%)								
	C	Si	Mn≤	P≤	S≤	Cr	Mo	Cu	RE残余量≤
HTSSi11Cu2CrRE	≤1.20	10.00~12.00	0.50	0.10	0.10	0.60~0.80	—	1.80~2.20	0.10
HTSSi15RE	0.65~1.10	14.20~14.75	1.50	0.10	0.10	≤0.50	≤0.50	≤0.50	0.10
HTSSi15Cr4MoRE	0.75~1.15	14.20~14.75	1.50	0.10	0.10	3.25~5.00	0.40~0.60	≤0.50	0.10
HTSSi15Cr4RE	0.70~1.10	14.20~14.75	1.50	0.10	0.10	3.25~5.00	≤0.20	≤0.50	0.10

表 11-14 高硅耐蚀铸铁的力学性能
(GB/T 8491—2009)

牌 号	最小抗弯强度 /MPa	最小挠度 /mm
HTSSi11Cu2CrRE	190	0.80
HTSSi15RE	118	0.66
HTSSi15Cr4MoRE	118	0.66
HTSSi15Cr4RE	118	0.66

图 11-20 高硅铸铁 (HTSSi15RE)
金相组织 ×250

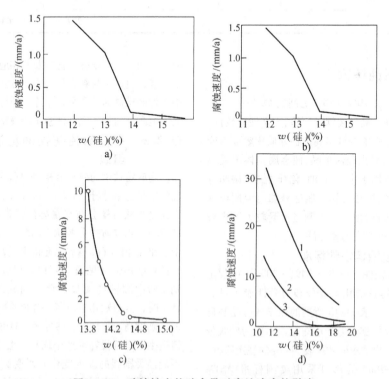

a)

b)

c)

d)

图 11-21 硅铸铁中的硅含量对腐蚀速度的影响

a) 60℃, w(硝酸)=20% b) 60℃, w(硝酸)=40% c) 80℃, w(硫酸)=10% d) 在盐酸中的腐蚀速度
1—80℃, w(盐酸)=35% 2—80℃, w(盐酸)=10% 3—30℃, w(盐酸)=10%

高硅铸铁的碳含量越低,其硬度、脆性越高,但流动性降低;当碳含量过高时,会析出粗大石墨,引起严重的组织疏松。因此,碳含量应偏上限,使铸铁正好处于共晶成分附近或稍过共晶。锰含量过高对铸铁的耐蚀性和力学性能都不利,但在标准范围内对性能没有显著影响。在高硅铸铁中加入少量的稀土,可以减小铸件的气孔和缩松倾向,有利于获得致密铸件,同时还可提高力学性能,改善耐蚀性和可加工性。有研究表明,对化学成分为 $w(C) = 0.9\%$ 、 $w(Si) = 14.5\%$ 、 $w(Mn) = 2.0\%$ 的高硅铸铁,当稀土加入质量分数为 0.2% 时,综合性能较好。稀土加入量与高硅铸铁腐蚀速度的关系如图 11-22 所示。

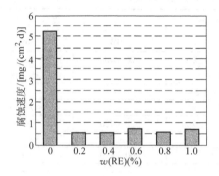

图 11-22 稀土加入量与高硅铸铁腐蚀速度的关系

注:腐蚀介质是质量分数为 36% 的盐酸溶液。

高硅铸铁中常用的合金元素是钼、铬和铜。钼能改善高硅铸铁在盐酸中的耐蚀性。图 11-23 所示为钼含量对耐盐酸腐蚀性能的影响。钼能强化 SiO_2 保护膜,提高合金对氯离子的耐蚀能力。含钼的高硅铸铁 HTSSi15Mo3RE 也叫抗氯铸铁,其强度低于 HTSSi15RE,也更脆。所以,只有在特殊需要的场合使用。

高硅铸铁中加入质量分数为 4% ~ 5% 的铬可进一步提高其在氧化性酸中的耐蚀性,但同时也降低了铸铁的强度,增加了脆性。

高硅铸铁中加入大量的铜会改善对热硫酸的耐蚀性,因为铜在晶界处析出可以促进铁素体晶粒的阳极钝化。表 11-15 列出的两种高硅铜铸铁的化学成分都是在 Si15 型基础上加铜得到的。铜虽然使高硅铸铁的硬度降低,但可使其强度和韧性提高,改善切削加工性能。高硅铜铸铁可以进行车、刨、钻孔和螺纹加工,因此加工量大的高硅铸铁件常用加铜的牌号制

造。如在 HTSSi11Cu2 的基础上把 Cu 的质量分数增加到 5% ~ 6%,可使高硅铜铸铁的力学性能和可加工性进一步得到改善。用这种高硅铜铸铁制造的高扬程水泵,用于含泥沙的高腐蚀性的矿坑水,使用效果很好。

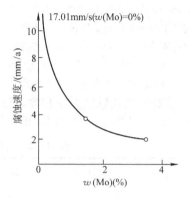

图 11-23 钼含量对硅的质量分数为 14.3% 的 Fe-Si 合金在 65℃ 、质量分数为 30% 的盐酸中腐蚀速度的影响

注:试验时间为 16h,次数为 4 次,有搅拌。

在高硅铸铁中加入铜,并配合加入少量其他元素,可以进一步改善高硅铸铁的力学性能。例如,在俄罗斯 ЧС15(硅的质量分数为 14.6%)的基础上加入质量分数为 4.10% 的铜、0.1% ~ 0.3% 的钒、0.05% ~ 0.2% 的钇、0.1% ~ 0.3% 的铅和 0.1% ~ 0.3% 的硒等元素,得到的新型高硅铸铁比原来的 ЧС15 强度和冲击值提高一倍,耐蚀性提高 1.5 ~ 2 倍。日本专利昭和 57—8178 在高硅铸铁中加入质量分数为 0.2% 的石墨、0.4% 的铜和 0.005% 的镁,不仅使抗弯强度达到 378MPa,硬度降到了 315HBW 以下,可以进行机械加工,在硫酸和硝酸中的耐蚀性也明显提高。日本住友重型机械铸锻株式会社采用添加适当合金元素与特殊处理工艺相结合的方法改进高硅铸铁的性能,使高硅铸铁金相组织明显细化,石墨呈粒状和短条状,抗拉强度达到 180 ~ 210MPa,抗弯强度达 300 ~ 330MPa。在 HTSSi15 中加入 Cu 和稀土,可使石墨的形态由长片状改变为弯曲、断续的短片状和点状,并使 Si 的分布均匀,组织致密,晶粒明显细化,改善了力学性能和耐蚀性。加入 $w(Cu) = 5\%$ 或加入 $w(RE) = 0.2\%$,耐蚀性分别比普通高硅铸铁提高了 1.7 倍和 1.3 倍。而 Cu 和稀土同时加入的复合作用优于单独加入的作用,耐蚀性比普通高硅铸铁提高了 3.8 倍,力学性能为抗弯强度 193MPa,断裂挠度 1.3mm,冲击韧度 1.5J/cm²,硬度 41.8HRC。

表 11-15　高硅铜铸铁的化学成分

牌　　号	化学成分(质量分数,%)						
	C	Si	Mn	P	S	Cu	RE
HTSSi14Cu7.5	0.5~0.8	13.5~15.0	0.5~0.8	≤0.07	≤0.05	6.5~8.5	—
HTSSi14Cu9	0.5~0.7	13.5~15.0	0.35~0.55	≤0.07	≤0.03	8.0~10.0	0~0.05

在 HTSSi15 中加入质量分数为 16%~20% 的镍，能使高硅铁基合金中出现奥氏体相，减弱了其低温脆性和硅脆现象，从而有效提高了合金的力学性能，平均冲击韧度可达 5.5J/cm²，平均硬度达 36HRC，同时耐蚀性与普通高硅铁基合金的性能相当。

11.2.3　高硅耐蚀铸铁的力学和物理性能

各种高硅耐蚀铸铁的力学性能实测值作为参考数据列于表 11-16，物理性能见表 11-17。高硅耐蚀铸铁的力学性能低，是一种硬而脆的材料，其传热系数小，线胀系数大。在铸造生产、运输和使用过程中，容易因铸造应力、热应力、机械撞击等外力作用产生裂纹或破损。高硅耐蚀铸铁的可加工性较差，普通高硅耐蚀铸铁件很难接受磨削以外的切削加工。这些特点限制了高硅耐蚀铸铁的应用范围。

表 11-16　各种高硅耐蚀铸铁的力学性能实测值

牌　　号	抗拉强度 /MPa	抗弯强度 /MPa	挠度 /mm	硬　　度	
				HBW	HRC
HTSSi15RE[①]	60~80	140~170	0.8~1.2	300~400	—
	59~78	177	0.9	—	35~48
	—	160~180	0.8~1.26	—	—
	78	245	0.9	—	40~50
	—	250~320	0.8~1.0	320~420	—
HTSSi11Cu2CrRE	147	275	1.2	—	30~42
HTSSi15Mo3RE	58~74	—	2	400~450	—
	—	140~180	0.78~0.87	—	—
HTSSi15Cr4RE[①]	—	140~170	0.8~0.9	—	—
	—	230	0.78	—	—
HTSSi17RE	—	120~190	0.6~0.8	350~450	—
HTSSi14Cu7.5	127~196	177~314	—	—	37~45
	130~200	180~300	—	255~375	—
HTSSi14Cu9	157~196	—	—	—	—

注：在同样化学成分下，由于生产工艺不同、测量的误差，导致各研究者与生产厂所报道的性能有较大差异。

① 右边参数来自不同文献。

表 11-17　常用高硅耐蚀铸铁的物理性能

性　　能	HTSSi15RE	HTSSi17RE	HTSSi15Mo3RE
密度/(kg/m³)	6900, 6670~6860[①]	6700	7000, 6860[①]
熔点/℃	1170~1285, 1190[①]	1190	1170
比热容/[J/(kg·K)]	0~100℃, 500	—	0~100℃, 500
线胀系数/10⁻⁶K⁻¹	0~100℃, 3.60 0~200℃, 4.70 0~300℃, 6.15 0~400℃, 7.15 0~500℃, 7.75 0~600℃, 9.10 0~1200℃, 15.60	0~200℃, 4.70	0~200℃, 4.70
热导率/[W/(m·K)]	52.335	52.335	41.868
线收缩（%）	1.2~1.6, 2.0~2.3[①]	1.7~2.3	2.0, 2.6[①]
电阻率/10⁻⁶Ω·m	0.63	—	—

① 数据取自文献[9]，其余数据取自文献[5]。

11.2.4　高硅耐蚀铸铁的耐蚀性及应用

图 11-24 ~ 图 11-28 所示为 Si15 型高硅耐蚀铸铁在硝酸、硫酸、磷酸、醋酸和蚁酸中的等蚀曲线。表 11-18 列出了各种高硅铸铁的耐蚀性。

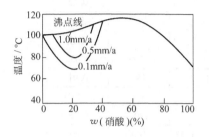

图 11-24　高硅耐蚀铸铁在硝酸中的等蚀曲线

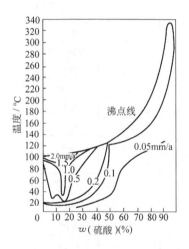

图 11-25　高硅耐蚀铸铁在硫酸中的等蚀曲线

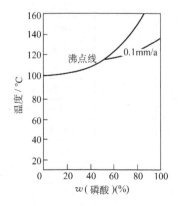

图 11-26　高硅耐蚀铸铁在磷酸中的等蚀曲线

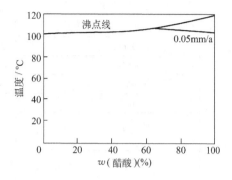

图 11-27　高硅耐蚀铸铁在醋酸中的等蚀曲线

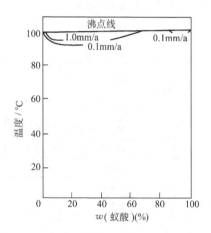

图 11-28　高硅耐蚀铸铁在蚁酸中的等蚀曲线

在硝酸和硫酸中，除了对热的稀硝酸和质量分数为 10% ~ 30% 的热硫酸耐蚀性较差之外，高硅耐蚀铸铁对各种温度和质量分数的硝酸、硫酸及两者的混酸都有很好的耐蚀性。在各种质量分数和温度的磷酸、醋酸和蚁酸、脂肪酸、乳酸等有机酸中，高硅耐蚀铸铁都具有良好的耐蚀性。Si15 型高硅铸铁在质量分数为 20% 的盐酸中耐蚀性不好，可通过加入 Cr、Mo 加以改善或提高 Si 质量分数至 17% 而提高耐蚀性。高硅铸铁在氢氟酸、苛性碱、亚硫酸、氟化物、卤素等介质中耐蚀性差。在苛性碱和氢氟酸中，SiO_2 保护膜与介质发生下列反应：

$$SiO_2 + 2NaOH = Na_2SiO_3 + H_2O$$
$$SiO_2 + 4HF = SiF_4 \uparrow + 2H_2O$$

由上述反应可知，高硅铸铁腐蚀表面的 SiO_2 保护膜被破坏，金属基体受到腐蚀，并且在温度较高的盐酸中，普通高硅耐蚀铸铁的耐蚀性较差，如图 11-29 所示。

表 11-18　各种高硅铸铁的耐蚀性

铸　铁	介质 (%均为质量分数)		温度 /℃	压力 /MPa	试验时间 /h	腐蚀速度 /(mm/a)	备　注
HTSSi15RE	硝酸	7.6%	20~沸腾	—	—	<0.13	—
		66%	沸点		23	0.12	
		93%~98%	常温			耐蚀	
		100%	沸点			耐蚀	
	硫酸	0.5%	40		1300	0.052	
			195	1.47	150	0.91	
		8%~13%	15~20	—		<0.01	
		25%	60		1300	0.18	
			190	1.18~1.37	100	1.51	
		63%~68%	20		—	<0.01	
			100			<0.1	
		80%	195		150	0.013	
		85%~98%	常温			耐蚀	
	发烟硫酸	SO₃11%	60	—	—	耐蚀	
			100			耐蚀性弱	
		SO₃>25%	高温			耐蚀	
	混酸	$H_2SO_4$88.7%，$HNO_3$4.7%	50		22	0.051	
		$H_2SO_4$67%，$HNO_3$0.3%	沸点		22	0.55	
	亚硫酸	0.3%	40		2500	1.17	
		0.4%	130			6.9	
		4.5%	100	0.49~0.59		3.2	
	磷酸	8%~13%	20			<1.0	
			88			<10	
		40%	20			0.08	
			沸点			0.13	
		83%~100%	20			<0.15	
		浓	沸点			0.60	
	盐酸	1%~13%	15~25	—	—	<0.5	
		3%~13%	85~沸点			<6.0	
		28%~37%	15~25			<0.1	
		28%~33%	80~沸点			>10	
		含氯	<26			耐蚀	
	氢氟酸		—			不耐蚀	
	氢氧化钾	10%~50%	20			<0.13	
		50%，浓	沸点			<10	
		熔融	360			>10	
	氢氧化钠	12%	100			<1.3	
		34%	100			<1.3	
		熔融	318			>10	

（续）

铸　铁	介质 （%均为质量分数）		温度 /℃	压力 /MPa	试验时间 /h	腐蚀速度 /（mm/a）	备　注
HTSSi15RE	氢氧化钙（饱和以下）		沸点以下	—	—	耐蚀	—
	氨（25%）		20			<0.10	
			沸点			<1.0	
	硝酸铵（65%）		20			0.003	
	硝酸钾		—			耐蚀	
	硝酸铜					耐蚀	
	硫酸钠（25%）		20			0.026	
	硫酸氢钠（熔融）		200			<0.13	
	硫酸铜（25%）		20			0.026	
	硫酸铵（20%~30%）		常温			耐蚀	
	氯化钠（稀）		20			<0.01	
	氯化钠（饱和）		85~沸点			<1.0	
	次氯酸钠 [$\varphi(Cl^-)$<0.1%]		30~40			耐蚀	
	氯化钙（稀）		85~沸点			<0.1	
	氯化锌（饱和）		沸点以下			<0.1	
	氯化铵（10%）		沸点			不耐蚀	
	海水		—			尚耐蚀	
	漂白粉		20			耐蚀	
	氯气（干燥）		20			不耐蚀	
	氯气（湿）		20			耐蚀	
	二氧化硫（9%）		90			0.98	
	二氧化硫（饱和水分）		20			12.5	
	氯化氢（100%）		100			0.384	
			300			2.832	
	硫化氢（湿）		<100			耐蚀	
	醋酸	8%~13%	20~沸点			<0.5	
		58%~63%	20~沸点			<0.5	
		96%~100%	20~沸点			<0.01	
	蚁酸（50%）		20~70			耐蚀	
	甲醇（98%）		常温			耐蚀	
	甲苯		—			耐蚀	
	甲醛					耐蚀	
	酚（95%）		沸点			<0.13	
	乙醛（20%）		20			耐蚀	
	丙酮					耐蚀	
HTSSi11 Cu2CrRE	硝酸	30%	20	—	72	0.0636	实验室试验
		70%	20		72	0.0285	实验室试验
	硫酸	50%	20		72	0.184	实验室试验
		94%	110		72	0.0161	实验室试验
	硝酸（46%）+硫酸（94%）（1:2）		110		72	0.1070	实验室试验
	硝酸（44%~46%）		常温		120	0.0812	硝酸储槽挂片
	硫酸	70%~73%	47	—	96	0.0290	浓缩硫酸平 衡桶挂片
		92.5%	60~90		96	0.0070	硫酸储槽挂片
	硫酸（9.25%）+苯磺酸		160~205		106.5	0.0316	磺化锅挂片
	硫酸（60%~70%）+饱和氯气		常温	—	144	0.0310	氯气干燥塔废 硫酸储槽挂片

（续）

铸　铁	介质 （%均为质量分数）	温度 /℃	压力 /MPa	试验时间 /h	腐蚀速度 /（mm/a）	备　注
高硅铜 耐蚀铸铁 （GT合金）	碳酸氢钠悬浮液	40	—	72	<0.1	—
	氯化铵母液	40		120	<0.1	
	氨盐水	40		72	<0.1	
	硝酸（45%）	40		120	0.1～1.0	
	硫酸（75%）	75		120	<0.1	
	苛性钠（5%）	75		120	<0.1	
高硅钼铜 耐蚀铸铁	硝酸（46%）	50	—	72	0.2740	实验室试验
	硫酸（93%）	110		72	0.0596	实验室试验
	硝酸（46%）+硫酸（93%）	110		72	0.3090	实验室试验
	硝酸（44%～46%）	常温		72	0.109	稀硝酸储槽挂片
	硫酸（70%～73%）	47		72	0.039	浓缩硫酸 平衡桶挂片
	硫酸（9.25%）+苯磺酸	160～205		166	0.1017	磺化锅挂片
	硫酸（60%～70%）+饱和蒸汽	常温		144	0.1704	氯气干燥塔废 硫酸储槽挂片

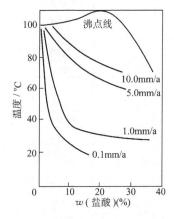

**图 11-29　HTSSi15RE 高硅耐蚀
铸铁在盐酸中的等蚀曲线**

高硅铸铁被广泛用于生产硫酸及硝酸设备、化肥、纺织及炸药设备，污水处理设备，石油提炼设备过程，金属清理或酸洗中输送无机酸设备，纸、饮料、油漆、颜料的加工设备。高硅耐蚀铸铁可制成各种耐蚀离心泵、纳氏真空泵、旋塞、阀门、异型管和管接头、管道、文丘里管、旋风分离器、脱硝塔和漂白塔、浓缩炉和预洗机等。在浓硝酸生产中，做提馏塔使用时硝酸温度高达 115～170℃。浓硝酸离心泵所处理的硝酸质量分数高达 98%。做硫酸和硝酸混酸的换热器、填料塔，使用情况良好。炼油生产中汽油部分加热炉，三醋酸纤维生产中醋酸醋酐蒸馏塔、苯蒸馏塔，冰醋酸生产和浓硫酸生产中的酸泵以及各种酸或盐溶液泵和旋塞等，均有用高硅耐蚀铸铁的。

高硅耐蚀铸铁的使用条件要求无振动，温度一般应低于 80℃ 且波动较小，压力小于 0.294～0.392MPa 或微负压。

含钼高硅耐蚀铸铁 HTSSi15Mo3RE 在热盐酸等环境中的耐蚀性较好（见图 11-30），因此可用于盐酸、硫酸、盐水及其他要求高耐蚀性材料的环境。但高硅钼耐蚀铸铁比普通高硅耐蚀铸铁更脆，用其制造的零件工作时各部位温差不应大于 30℃，且动载荷、交变载荷和脉冲载荷。

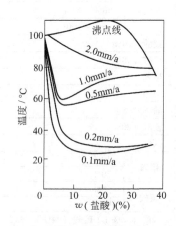

**图 11-30　HTSSi15Mo3RE 在热
盐酸中的等蚀曲线**

HTSSi11Cu2CrRE 适用于温度小于 50℃，质量分数小于 46% 的硝酸；温度小于 90℃，质量分数为 70%～80% 的硫酸；温度为 160～205℃，苯磺酸加质量分数 92.5% 的硫酸；室温下被氯气饱和的硫酸（H_2SO_4 的质量分数为 60% ~ 70%）；温度为 90 ~ 100℃ 的粗萘加质量分数为 92.5% 的硫酸等介质。但 HTSSi11Cu2CrRE 不适用于有急剧交变载荷、冲击载荷和温度突变的情况。

11.2.5　高硅耐蚀铸铁件生产工艺

（1）生产设备和原材料

熔炼设备：电炉或用冲天炉先浇铸锭，再采用电炉、反射炉重熔。

金属炉料：生铁、废钢、硅钢片、硅铁和回炉料等，所有炉料均不允许有严重锈蚀，并保持干燥。应选用低硫、低磷生铁，气孔少的硅铁。

热处理设备：采用电阻炉、烧煤和煤气的反射式退火炉或其他适用的炉型。

（2）熔炼工艺　可以直接用电炉熔化，加料顺序依次为废钢、生铁、回炉料、硅铁等。将铁液过热至 1500℃，保温 30min，可以改善高硅铸铁的力学性能，也可以采用重熔工艺（见表 11-19）。要注意加强回炉料的管理。

（3）铁液含气量检测　铁液含气量过高，铸件易出现气孔；含气量过低，某些铸件的缩孔倾向大。含气量的控制是获得健全铸件的关键环节之一。检测含气量的试样采用 $\phi 30mm \times 120mm$ 的试棒，判断的方法见表 11-20。

表 11-19　高硅铸铁的重熔工艺

工序	主要内容					操作要点
冲天炉熔炼	将原料配熔成近似标准化学成分的铁锭					装料次序：硅钢片废料或废钢→硅铁→回炉料→生铁→焦炭→石灰石，铁液出炉温度为 1380 ~ 1400℃，浇入金属型中铸成铁锭
	项目	C	Si	Mn	P、S	
	要求成分（质量分数，%）	0.5 ~ 0.9	15 ~ 16	≤0.5	< 0.10	
	冲天炉内元素增减（质量分数，%）	+ 10 ~ + 20	- 15 ~ - 20	- 10 ~ - 20	—	
电炉或反射炉重熔	重熔起到调整化学成分与脱气的作用。调整化学成分可加入一些废钢、回炉料、锰铁以及少量硅铁。利用硅铁、稀土合金将高硅耐蚀铸铁含气量控制在最佳范围内 电炉内元素增减（质量分数，%）：C：0 ~ - 5，Si：- 10 ~ - 12，Mn：- 10 ~ - 20					将铁锭破碎成 150mm × 200mm 左右块度，一次装炉。熔化过程可以不加造渣剂或加入少量玻璃等覆盖。每隔 20 ~ 30min 搅拌一次并扒掉部分熔渣，待铁液温度达 1400 ~ 1420℃ 时，可取含气量试样。依据试样判断含气量多少，分别采取相应的措施。铁液出炉温度 1420℃

表 11-20　高硅耐蚀铸铁铁液含气量的判断及控制

序号	试棒外貌与断口	含气程度	铸件质量	技术措施
1	顶面光滑，中间凹下 8 ~ 15mm，两侧微凸成月牙形 剖面测缩孔深占试棒总长的 1/3 左右	少	适用于轴套、叶轮	如有缩孔可加少量硅铁
2	顶面尚光滑，中间凹下，深小于 8mm 剖面测缩孔深占试棒总长的 1/5 左右	中	适用于泵壳、护板、叶轮	如需浇注轴套零件，需用少量 Fe-SiRE21（1#稀土硅铁）合金或稀土镁硅铁合金孕育
3	顶面中心缩成管状，中心又长出小铁豆	较多	易出现皮下气孔	用少量稀土硅铁合金孕育
4	顶面不光滑，凸起，缓缓上涨	多	不合格	用少量稀土硅铁合金孕育，应频繁地搅拌熔池，并加石灰石释释熔渣

（4）孕育处理与浇注工艺

1）孕育剂。用稀土硅铁合金或稀土镁硅铁合金孕育，有时也可用 FeSi75 孕育。

孕育剂粒度视铁液量而定，常用粒度为 $\phi 2 ~ \phi 5mm$。

孕育剂的加入量取决于含气量与铸件要求。一般加入质量分数为 0.05% ~ 0.30% 的 FeSiRE21（1[#]稀土硅铁）（稀土镁硅铁加入量可略低些），易产生缩孔的铸件取下限，要求耐磨性高的形状简单的铸件取上限。

2）孕育工艺。将烘干的孕育剂在炉前直接冲入铁液中，搅拌 1min，孕育后的铁液应静置 3~5min 后即可浇注。孕育处理温度为 1380~1420℃。

3）浇注工艺。高硅耐蚀铸铁件的浇注温度与浇注时间见表 11-21。高温时气体在铁液中的溶解度大，低温时溶解度低而析出。因此，铁液熔炼温度不宜过高，在保证铸件成形的前提下，应低温浇注。另有研究认为，对化学成分为 $w(C)=0.9\%$、$w(Si)=14.5\%$、$w(Mn)=2.0\%$ 的高硅耐蚀铸铁，最优化工艺参数：熔化温度为 1650℃，加入稀土的质量分数为 0.2%，浇注温度为 1350℃。

表 11-21 高硅耐蚀铸铁铁件的浇注温度与浇注时间

铸件质量/kg	浇注温度/℃	浇注时间/s
<10	1300~1320	3~5
10~15	1280~1300	5~15
>25	1260~1280	>15

（5）造型工艺 高硅耐蚀铸铁的线收缩率为 1.6%~2.5%，铁液含气量低，线收缩率较大，反之则较小，一般模样缩尺可选 2.2%。高硅耐蚀铸铁的机械加工（磨削）余量取 1~1.5mm。

高硅耐蚀铸铁所用造型材料基本上同普通灰铸铁，但因高硅耐蚀铸铁的热导率低、收缩大、脆性大、吸气倾向大，铸件易开裂和出现气孔，因此造型材料应有较好的退让性、透气性（特别是型芯），一般采用干砂型。小件采用湿砂型时，水的质量分数应不超过 5%，叶轮的型芯应采用树脂砂制造，以保证铸件流道表面粗糙度值小，并减少铸造残余应力。

依据高硅耐蚀铸铁的特性，浇注系统的设计应遵循以下几项原则：

1）内浇道分散分布且总面积应加大，以达到快速浇注，防止局部过热。

2）浇注系统短，减少铁液吸气、氧化。

3）厚壁处应设置补缩冒口。最好使浇道经过冒口注入型腔。

4）必要时可采用外冷铁，避免放内冷铁。

5）确保铸型及型芯排气畅通。

铸件的造型工艺示例如图 11-31 所示。

（6）消除应力的热处理 铸件在红热状态下（750~900℃）开箱，迅速排除一切阻碍铸件自由收缩的机械阻力，清除浇冒口，迅速把红热的铸件装入

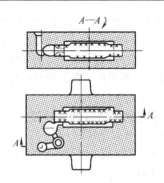

图 11-31 轴套的浇注系统和工艺

注：湿型、浇注后按箭头方向立起来冷却

预先加热到高于 600℃ 的热处理炉中，以小于等于 45℃/h 的加热速度将铸件缓慢加热到 750~850℃。根据铸件的壁厚和结构，在该温度范围内保温 2~4h，随后缓慢冷却，冷却速度不应大于 45℃/h，冷却到低于 100℃ 出炉。

（7）铸件的焊补 用电弧焊或气焊均可修补高硅耐蚀铸铁件。用电弧焊补时，将铸件预热至 600~800℃，用高硅铸铁焊条焊补。用气焊焊补时，可不加焊剂或用 100% 的硼砂（或质量分数为 50% 的硼砂 +50% 的 $NaHSO_4$）作焊剂均可。焊补后，将铸件装入炉中退火。

（8）典型缺陷及其防止措施（见表 11-22）。

表 11-22 高硅耐蚀铸铁的典型缺陷及防止措施

典型缺陷	形成原因	防止措施
裂纹常发生于壁厚相差大的铸件	1）合金脆性大 2）线收缩率大 3）800℃ 以下冷速过高	1）控制碳的质量分数小于 0.9% 2）添加少量硅铁 3）750℃ 以上开箱缓冷 4）加少量铜
加工时边角崩落或开裂	1）铸铁残余应力过大 2）硬度偏高	1）消除应力热处理 2）硅含量取中下限 3）加 $w(Cu)=3\%~8\%$
皮下气孔	氢含量超过固溶度	1）熔池充分烘干 2）预热炉料（大于 110℃） 3）控制型砂水分，宜用干型 4）用少量稀土硅铁或稀土镁硅铁脱气 5）吹氮精炼 6）充分搅拌
夹渣	铁液表面上的二氧化硅等浮渣随铁液流进入铸型	1）采取撇渣浇注系统 2）采用底注式或其他液流平稳的浇注系统 3）避免大平面朝上位置

11.3　高镍奥氏体耐蚀铸铁

高镍奥氏体耐蚀铸铁也称奥氏体耐蚀铸铁，是以镍为主要合金元素的高合金铸铁，其基体组织为奥氏体。在国外这种铸铁的商业名称是"Ni-Resist"，早在 20 世纪 30 年代开始用于工业。

11.3.1　高镍奥氏体耐蚀铸铁标准

20 世纪 50 年代末、60 年代初，工业发达国家相继建立了奥氏体铸铁国家标准。1973 年，国际标准化委员会制定了奥氏体铸铁国际标准，2007 年修订再版。2007 年颁布的奥氏体铸铁国际标准 ISO 2892：2007 对奥氏体铸铁的牌号和内容均作了较大调整。2006 年颁布的奥氏体铸铁欧盟标准 DIN EN 13835：2006-08 规定的牌号与 ISO 2892：2007 一致。我国于2011 年发布了 GB/T 26648—2011 奥氏体铸铁件，弥补了相应空白。

11.3.2　高镍奥氏体耐蚀铸铁的化学成分和金相组织

ISO 及各工业国家的奥氏体耐蚀灰铸铁和奥氏体耐蚀球墨铸铁的化学成分见本卷附录 A.6。

高镍奥氏体耐蚀铸铁件国家标准（GB/T 26648—2011）中规定了一般工程用（7 个牌号）和特殊用途（5 个牌号）高镍奥氏体耐蚀铸铁的化学成分和力学性能（见表 11-23 ~ 表 11-26）。与高硅耐蚀铸铁件国家标准一致，表 11-23 和表 11-24 所列的化学成分是高镍奥氏体耐蚀铸件的交货验收依据，力学性能通常不作为验收依据，只是在用户提出要求时才按表 11-25 和表 11-26 的规定验收。

GB/T 26648—2011 修改采用国际标准 ISO 2892：2007《奥氏体铸铁 分类》，与国际标准相比在结构上有较多调整，主要如下：在规范性引用文件方面为适应我国的技术条件，修改采用 GB/T 相应标准；修改了部分材料的化学成分；增加了金相组织；增加了几何形状和尺寸公差、表面质量、重量偏差、铸铁件的缺陷及修补、特殊要求等技术内容；增加了铸件的检验要求；增加了铸件的标志和质量证明书；增加了铸件的防锈、包装、储存和运输要求；删除部分附录等。

表 11-23　奥氏体铸铁化学成分（一般工程用牌号）（GB/T 26648—2011）

材料牌号	化学成分（质量分数，%）							
	C≤	Si	Mn	Cu	Ni	Cr	P≤	S≤
HTANi15Cu6Cr2	3.0	1.0 ~ 2.8	0.5 ~ 1.5	5.5 ~ 7.5	13.5 ~ 17.5	1.0 ~ 3.5	0.25	0.12
QTANi20Cr2	3.0	1.5 ~ 3.0	0.5 ~ 1.5	≤0.5	18.0 ~ 22.0	1.0 ~ 3.5	0.05	0.03
QTANi20Cr2Nb[①]	3.0	1.5 ~ 2.4	0.5 ~ 1.5	≤0.5	18.0 ~ 22.0	1.0 ~ 3.5	0.05	0.03
QTANi22	3.0	1.5 ~ 3.0	1.5 ~ 2.5	≤0.5	21.0 ~ 24.0	≤0.50	0.05	0.03
QTANi23Mn4	2.6	1.5 ~ 2.5	4.0 ~ 4.5	≤0.5	22.0 ~ 24.0	≤0.2	0.05	0.03
QTANi35	2.4	1.5 ~ 3.0	0.5 ~ 1.5	≤0.5	34.0 ~ 36.0	≤0.2	0.05	0.03
QTANi35Si5Cr2	2.3	4.0 ~ 6.0	0.5 ~ 1.5	≤0.5	34.0 ~ 36.0	1.5 ~ 2.5	0.05	0.03

注：对于一些牌号，添加一定量的 Mo 可以提高高温下的力学性能。

① 当 Nb% ≤[0.353 ~ 0.032(Si% + 64 × Mg%)]时，该材料具有良好的焊接性能。Nb 的正常范围是 0.12% ~ 0.20%。

表 11-24　奥氏体铸铁化学成分（特殊用途牌号）（GB/T 26648—2011）

材料牌号	化学成分（质量分数，%）							
	C≤	Si	Mn	Cu	Ni	Cr	P≤	S≤
HTANi13Mn7	3.0	1.5 ~ 3.0	6.0 ~ 7.0	≤0.5	12.0 ~ 14.0	≤0.2	0.25	0.12
QTANi13Mn7	3.0	2.0 ~ 3.0	6.0 ~ 7.0	≤0.5	12.0 ~ 14.0	≤0.2	0.05	0.03
QTANi30Cr3	2.6	1.5 ~ 3.0	0.5 ~ 1.5	≤0.5	28.0 ~ 32.0	2.5 ~ 3.5	0.05	0.03
QTANi30Si5Cr5	2.6	5.0 ~ 6.0	0.5 ~ 1.5	≤0.5	28.0 ~ 32.0	4.5 ~ 5.5	0.05	0.03
QTANi35Cr3	2.4	1.5 ~ 3.0	1.5 ~ 2.5	≤0.5	34.0 ~ 36.0	2.0 ~ 3.0	0.05	0.03

注：对于一些牌号，添加一定量的 Mo 可以提高高温下的力学性能。

表 11-25　奥氏体铸铁的力学性能（一般工程用牌号）（GB/T 26648—2011）

材料牌号	抗拉强度 R_m /MPa（≥）	名义屈服强度 $R_{p0.2}$ /MPa（≥）	断后伸长率 A（%）（≥）	冲击吸收能量（V 型缺口）/J（≥）	布氏硬度 HBW
HTANi15Cu6Cr2	170	—	—	—	120 ~ 215
QTANi20Cr2	370	210	7	13[①]	140 ~ 255
QTANi20Cr2Nb	370	210	7	13[①]	140 ~ 200
QTANi22	370	170	20	20	130 ~ 170
QTANi23Mn4	440	210	25	24	150 ~ 180
QTANi35	370	210	20	—	130 ~ 180
QTANi35Si5Cr2	370	200	10	—	130 ~ 170

① 非强制要求。

表 11-26　奥氏体铸铁的力学性能（特殊用途牌号）（GB/T 26648—2011）

材料牌号	抗拉强度 R_m /MPa（≥）	名义屈服强度 $R_{p0.2}$ /MPa（≥）	断后伸长率 A （%）（≥）	冲击吸收能量（V型缺口） /J（≥）	布氏硬度 HBW
HTANi13Mn7	140	—	—	—	120~150
QTANi13Mn7	390	210	15	16	120~150
QTANi30Cr3	370	210	7	—	140~200
QTANi30Si5Cr5	390	240	—	—	170~250
QTANi35Cr3	370	210	7	—	140~190

奥氏体耐蚀铸铁中镍的质量分数为 4 个基本等级：Ni=15%、Ni=20%、Ni=23% 和 Ni=35%，加入不同量的合金元素 Cr、Cu、Mn、Si、Mo、Nb 等，形成了不同的牌号，以适应不同的腐蚀环境和使用需求。大部分牌号奥氏体耐蚀铸铁中加有铬。加铬可以提高奥氏体耐蚀铸铁的强度和硬度，同时改善耐蚀性和耐热性。奥氏体耐蚀铸铁中铬的质量分数从 2% 增加到 3%，其抗冲蚀性大大提高。铬的质量分数为 5% 的奥氏体耐蚀铸铁具有优良的抗固液两相流磨损腐蚀的性能。

奥氏体耐蚀铸铁中硅的质量分数在 3% 以下时，硅含量的变化主要影响力学性能和铸造工艺性能。硅的质量分数增加到 5% 时，可显著改善奥氏体耐蚀铸铁在硫酸中的耐蚀性和抗氧化性能。

铜和锰与镍一样，都是扩大 γ 区的元素，可以代替部分镍，获得常温下稳定的奥氏体组织。以铜代镍，在某些条件下铸铁耐蚀性将不会降低，并且在海水和稀酸中的耐蚀性还有所改善。

以锰代镍，耐蚀性会显著降低。用电化学方法研究不同锰含量的镍奥氏体球墨铸铁在室温稀硫酸中的耐腐蚀性能，结果表明，随球墨铸铁中锰含量增加，镍含量相应降低，球墨铸铁基体的活性增加，阳极溶解加快，腐蚀速度提高（见表 11-27）。试样腐蚀表面的扫描电镜观察也表明，随锰含量增加，枝晶间和晶界、相界的腐蚀坑道增多、加大。

表 11-27　用电化学法测得的不同镍、
锰含量的奥氏体耐蚀球墨铸铁在室温、
$w(H_2SO_4)=5%$ 溶液中的腐蚀速度

球墨铸铁的化学成分（质量分数，%）					腐蚀速度 /（mm/a）	
C	Si	Mn	Ni	Cr	铸态	热处理态[①]
2.67	2.99	0.51	20.62	2.72	3.015	3.165
2.64	2.98	3.00	15.20	2.76	3.127	7.209
2.65	3.01	6.23	10.34	2.85	19.119	14.707
2.67	3.00	8.14	5.21	2.80	54.153	79.429

① 热处理工艺为 980℃ 保温 24h，水淬。

奥氏体耐蚀铸铁中加钼可显著提高耐蚀性。美国标准中含钼的 Type6 型奥氏体耐蚀灰铸铁在海水、盐水和稀酸中的耐蚀性明显优于同样镍含量的奥氏体耐蚀灰铸铁。铌在奥氏体耐蚀铸铁中的作用主要是改善焊接性能。用镁处理的奥氏体耐蚀球墨铸铁的焊接性低于普通铸铁。JSA/XNi20Cr2 型球墨铸铁中加入质量分数为 0.12%~0.20% 的铌，适当限制硅和镁的含量，得到的 JSA/XNi20Cr2Nb 型球墨铸铁具有良好的焊接性能。

奥氏体耐蚀铸铁的金相组织一般是单一的奥氏体基体上分布石墨和少量的碳化物。与普通铸铁一样，奥氏体耐蚀铸铁的石墨可以是 A 型片状、过冷枝晶状、蠕虫状和球状，如图 11-32 所示。球状石墨的奥氏体耐蚀铸铁的强度和塑性，显著高于片状石墨的奥氏体耐蚀铸铁，两者耐碱蚀性能相近。奥氏体耐蚀铸铁的碳化物主要是含铬的 M_7C_3 型碳化物，还可能有少量的 $M_{23}C_6$ 型点状析出的二次碳化物。当磷含量高时，会有磷化物存在。碳化物量与奥氏体耐蚀铸铁的铬含量有关，铬质量分数为 2% 时，碳化物的体积分数为 5%~15%，含铬高，碳化物多。那些不含铬的牌号组织中一般没有碳化物。

GB/T 26648—2011 中规定了 12 个牌号。ISO 2892：2007 规定了两个奥氏体耐蚀灰铸铁牌号，即 JLA/XNi15Cu6Cr2 和 JLA/XNi13Mn7。JLA/XNi13Mn7 有相应的耐蚀球墨铸铁牌号。DIN EN 13835：2006-08 中奥氏体耐蚀灰铸铁牌号规定与 ISO 2892：2007 一致。奥氏体灰铸铁件美国标准 ASTM A436-1984（2006）规定了包括 Ni15Cu6Cr3 在内的 8 个灰铸铁牌号（请见附录 A.6）。

奥氏体耐蚀铸铁金相组织的稳定性十分重要。当奥氏体耐蚀铸铁中的合金元素含量不足时，如 Ni20 型奥氏体耐蚀铸铁中不加铬，常温下就会在石墨片附近产生一些马氏体（见图 11-33）。奥氏体铸铁中一旦出现马氏体，会大大降低其耐蚀性。按 Nehrenburg 的固溶于奥氏体的合金元素对马氏体转变点 Ms 影响的经验公式（数字后的元素符号为该元素的质量分数）为

$$Ms(℃) = 500 - 300C - 33Mn - 22Cr - 17Ni - 11Si - 11Mo$$

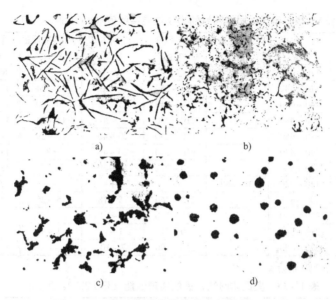

图 11-32 奥氏体耐蚀铸铁的金相组织 ×100

a）A 型片状石墨（腐蚀） b）过冷枝晶石墨（腐蚀）
c）蠕虫状石墨（未腐蚀） d）球状石墨（未腐蚀）

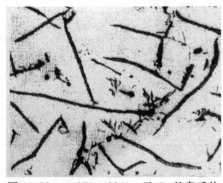

图 11-33 $w(Ni)=20\%$，无 Cr 的奥氏体
耐蚀灰铸铁金相组织 ×400

奥氏体耐蚀铸铁中各主要合金元素对稳定奥氏体都有作用。对于 Ni20 以下各牌号的奥氏体耐蚀铸铁，Ni、Cu、Si、Mn 等元素不低于标准规定的下限，是保证常温下获得稳定的奥氏体基体所必需的。碳虽然对 Ms 点影响很大，但在奥氏体中固溶度有限。奥氏体中 Ni 的质量分数为 12% 时，其固溶 C 的质量分数是 0.6%；Ni 的质量分数为 24% 时，固溶 C 的质量分数是 0.2%。表 11-28 列出了不同化学成分的 Ni15 型奥氏体耐蚀铸铁的奥氏体相变温度。可见，要保证北方严寒冬季条件下使用的奥氏体耐蚀铸铁件组织稳定，对 Ni15 型奥氏体耐蚀铸铁，主要元素的质量分数不应低于下列值（质量分数）：Mn 不低于 0.9%，Ni 不低于 15.5%，Cu 不低于 7%；对于 Ni20 型，Ni 不低于 22%。

有些元素，如铅、锌和锡，对奥氏体耐蚀铸铁的金相组织和力学性能是有害的。特别是铅，其质量分数达到 0.0007% 就会危害奥氏体耐蚀铸铁的石墨组织，产生魏氏体石墨组织，降低铸铁的强度。

表 11-28 不同化学成分的 Ni15 型奥氏体铸铁的奥氏体相变温度

化学成分（质量分数,%）								相变温度/℃
总碳含量	Si	Mn	S	P	Ni	Cr	Cu	
2.95	2.64	0.60	0.025	0.035	13.93	1.06	6.36	-10
2.91	2.44	0.57	0.022	0.031	15.55	1.17	6.17	-50
2.65	2.43	0.48	0.016	0.051	15.52	1.41	8.65	-88
2.58	2.36	0.98	0.122	0.080	15.55	1.61	8.02	-120
2.42	1.85	0.98	0.086	0.062	15.50	1.72	7.06	-175

11.3.3 高镍奥氏体耐蚀铸铁的力学和物理性能

各国奥氏体耐蚀铸铁标准规定了片状和球状石墨奥氏体耐蚀铸铁的力学性能最低值。表 11-25 和 11-26 是我国标准中所规定牌号的力学性能，并作为验收标准。表 11-29 列出了奥氏体铸铁国际标准 ISO 2892：2007 给出的奥氏体耐蚀铸铁的力学性能实测值。奥氏体耐蚀铸铁的物理性能见表 11-30。奥氏体铸铁欧盟标准 DIN EN 13835：2006-08 规定的相关内容与 ISO 2892：2007 一致。各国奥氏体耐蚀铸铁标准牌号及新旧标准牌号对照见表 11-31。

表 11-29 奥氏体耐蚀铸铁的力学性能实测值（ISO 2892：2007）

	牌　号	抗拉强度 /MPa	抗压强度 /MPa	屈服强度 /MPa	断后伸长率 （%）	冲击吸收能量 KV_2/J	弹性模量 /10^3MPa	硬度 HBW
工程牌号	JLA/XNi15Cu6Cr2	170~210	700~840	—	2	—	85~105	120~215
	JSA/XNi20Cr2	370~480	—	210~250	7~20	11~24	112~130	140~255
	JSA/XNi23Mn4	440~480	—	210~240	25~45	20~30	120~140	150~180
	JSA/XNi20Cr2Nb	370~480	—	210~250	8~20	11~24	112~130	140~200
	JSA/XNi22	370~450	—	170~250	20~40	17~29	85~112	130~170
	JSA/XNi35	370~420	—	210~240	20~40	18	112~140	130~180
	JSA/XNi35Si5Cr2	380~500	—	210~270	10~20	7~12	130~150	130~170
特殊用途牌号	JLA/XNi13Mn7	140~220	630~840	—	—	—	70~90	120~150
	JSA/XNi13Mn7	390~470	—	210~260	15~18	15~25	140~150	120~150
	JSA/XNi30Cr3	370~480	—	210~260	7~18	5	92~105	140~200
	JSA/XNi30Si5Cr5	390~500	—	240~310	1~4	1~3	90	170~250
	JSA/XNi35Cr3	370~450	—	210~290	7~10	4	112~123	140~190

注：数据取自 ISO 2892：2007 的附录 C。

表 11-30 奥氏体耐蚀铸铁的物理性能（ISO 2892：2007）

	牌　号	密度 /（kg/dm³）	线胀系数 （20~200℃）/10^{-6}K^{-1}	热导率/[W/(m·K)]	比热容[①]/[J/(kg·K)]	电阻率 /10^{-6}Ω·m	磁导率 μ/(μH/m) （H=7958A/m 时）
工程牌号	JLA/XNi15Cu6Cr2	7.3	18.7	39.00	460~500	1.6	1.03
	JSA/XNi20Cr2	7.4~7.45	18.7	12.60	460~500	1.0	1.05
	JSA/XNi23Mn4	7.45	14.7	12.60	460~500	—	1.02
	JSA/XNi20Cr2Nb	7.40	18.7	12.60	460~500	1.0	1.04
	JSA/XNi22	7.40	18.40	12.60	460~500	1.0	1.02
	JSA/XNi35	7.60	5.0	12.60	460~500	—	[②]
	JSA/XNi35Si5Cr2	7.45	15.10	12.60	460~500	—	[②]
特殊用途牌号	JLA/XNi13Mn7	7.40	17.70	39.00	460~500	1.2	1.02
	JSA/XNi13Mn7	7.30	18.20	12.60	460~500	1.0	1.02
	JSA/XNi30Cr3	7.45	12.60	12.60	460~500	—	[②]
	JSA/XNi30Si5Cr5	7.45	14.40	12.60	460~500	—	1.10
	JSA/XNi35Cr3	7.70	5.0	12.60	460~500	—	[②]

注：数据取自文献 ISO 2892：2007 的附录 C。

① ISO 2892：2007 的附录 C 原文数据为 46~50J/（g·K）。

② 该牌号具有铁磁性。

11.3.4 高镍奥氏体耐蚀铸铁的耐蚀性及应用

奥氏体耐蚀铸铁在海水、盐卤、海洋大气、烧碱、石油、硫及硫化物，常温还原性稀酸，许多有机酸及高温氧化等腐蚀环境中，都有很好的耐蚀性。在海水淡化、发电、化工、石油、食品、造纸、污水处理及汽车、船舶等许多工业部门都有广泛的应用。

1. 海洋环境

在海洋大气、海水和中性盐类水溶液环境中都良好的耐蚀性。表 11-32、图 11-34 和图 11-35，汇总了各文献报道的奥氏体耐蚀铸铁及对比材料在不同条件海水中的腐蚀速度。在海水中，奥氏体耐蚀铸铁的耐蚀性显著优于普通铸铁、碳素钢及普通不锈钢，与铜合金相当。抗缝隙腐蚀和孔蚀的能力比不锈钢好，这是奥氏体耐蚀铸铁的最大特点。海水对金属材料的腐蚀程度与海水的充气程度、流速、温度有关。海水

中充气多、氧含量大、对奥氏体铸铁腐蚀严重。例如，舟山站的奥氏体耐蚀铸铁腐蚀速度较快，除试验时间短之外，舟山海水氧的体积分数比青岛多 60% 是其重要因素。表 11-33 和图 11-36 和图 11-37 所示海水流速对奥氏体耐蚀铸铁耐蚀性的影响。在充气条件下，流速高，腐蚀重；在脱气条件下，流速对腐蚀速度影响不大。在自然海水环境中，奥氏体耐蚀铸铁的腐蚀速度先随流速增加而加大，出现一个峰值以后又下降。这种特点使奥氏体耐蚀铸铁非常适用于制造耐海水泵、阀、螺旋桨类受海水冲刷的零件。在含泥沙的海水和含固体盐颗粒的盐水环境中，奥氏体耐蚀球墨铸铁的抗蚀性较好，优于铜合金和普通不锈钢。在各牌号奥氏体耐蚀球墨铸铁中，Ni、Cr 含量越高，抗蚀性越好（见表 11-34）。图 11-38 表明，奥氏体耐蚀铸铁耐海洋大气腐蚀性能也优于普通灰铸铁和碳素钢。

表 11-31　各国奥氏体耐蚀铸铁标准牌号及新旧标准牌号对照

牌号	ISO 2892:2007	ISO 2892:1973	EN 13835:2006-08	国际商业名称	ASTM A436:1984	ASTM A439:1983 / ASTM A571:1984	BS 3468:1962	BS 3468:1986	NF A 32-301:1992	DIN 1694:1981
奥氏体灰铸铁	JLA/XNi13Mn7	L-NiMn 13 7	EN-GJLA-XNiMn13-7	Nomag	—	—	—	—	FGL Ni13 Mn 7	GGL-NiMn 13 7
	JLA/XNi15Cu6Cr2	L-NiCuCr 15 6 2	EN-GJLA-XNiCuCr15-6-2	Ni-Resist 1	Type 1	—	AUS 101A	F1	FGL Ni15 Cu6 Cr2	GGL-NiCuCr 15 6 2
	—	L-NiCuCr 15 6 3	—	Ni-Resist 1b	Type 1b	—	AUS 101B	F1	FGL Ni15 Cu6 Cr3	GGL-NiCuCr 15 6 3
	—	L-NiCr 20 2	—	Ni-Resist 2	Type 2	—	AUS 102A	F2	FGL Ni20 Cr2	GGL-NiCr 20 2
	—	L-NiCr 20 3	—	Ni-Resist 2b	Type 2b	—	AUS 102B	F2	FGL Ni20 Cr3	GGL-NiCr 20 3
	—	L-NiSiCr 20 5 3	—	—	—	—	AUS 104	F3	FGL Ni20 Si5 Cr3	GGL-NiSiCr 20 5 3
	—	L-NiCr 30 3	—	Ni-Resist 3	Type 3	—	AUS 105	—	FGL Ni30 Cr3	GGL-NiCr 30 3
	—	L-NiSiCr 30 5 5	—	—	Type 4	—	—	—	FGL Ni30 Si5 Cr5	GGL-NiSiCr 30 5 5
	—	L-Ni35	—	—	Type 5	—	—	—	FGL Ni35	—
奥氏体球墨铸铁	JSA/XNi13Mn7	S-NiMn 13 7	EN-GJSA-XNiMn13-7	Nodumag	—	—	—	S6	FGS Ni13 Mn7	GGG-NiMn13 7
	JSA/XNi20Cr2	S-NiCr 20 2	EN-GJSA-XNiCr20-2	Ni-Resist D-2	—	D2	AUS 202A	S2	FGS Ni20 Cr2	GGG-NiCr 20 2
	JSA/XNi20Cr2Nb	—	EN-GJSA-XNiCrNb20-2	—	—	—	—	S2W	FGS Ni20 Cr2 Nb 0.15	GGG-NiCrNb 20 2
	—	S-NiCr 20 3	—	Nicrosilal spheronic	—	D2B	AUS 202B	S2B	FGS Ni20 Cr3	GGG-NiCr 20 3
	—	—	—	—	—	—	—	—	FGS Ni20 Si5 Cr2	GGG-NiSiCr 20 5 2
	JSA/XNi22	S-Ni 22	EN-GJSA-XNi22	Ni-Resist D-2C	—	D2C	AUS 203	S2C	FGS Ni22	GGG-Ni 22
	JSA/XNi23Mn4	S-NiMn 23 4	EN-GJSA-XNiMn23-4	Ni-Resist D-2M	—	D2M	—	S2M	FGS Ni23 Mn4	GGG-NiMn 23 4
	JSA/XNi30Cr3	S-NiCr 30 1	—	Ni-Resist D-3A	—	D3A	—	—	FGS Ni30 Cr1	GGG-NiCr 30 1
	—	S-NiCr 30 3	EN-GJSA-XNiCr30-3	Ni-Resist D-3	—	D3	AUS 205	S3	FGS Ni30 Cr3	GGG-NiCr 30 3
	—	—	—	—	—	—	—	—	—	GGG-NiSiCr 30 5 2
	JSA/XNi30Si5Cr5	S-NiSiCr 30 5 5	EN-GJSA-XNiSiCr30-5-5	Ni-Resist D-4	—	D4	—	—	FGS Ni30 Si5 Cr5	GGG-NiSiCr 30 5 5
	JSA/XNi35	S-Ni 35	EN-GJSA-XNi35	Ni-Resist D-5	—	D5	—	—	FGS Ni35	GGG-Ni 35
	JSA/XNi35Cr3	S-NiCr 35 3	EN-GJSA-XNiCr35-3	Ni-Resist D-5B	—	D5B	—	—	FGS Ni35 Cr3	GGG-NiCr 35 3
	JSA/XNi35Si5Cr2	—	EN-GJSA-XNiSiCr35-5-2	Ni-Resist D-5S	—	D5S	—	S5S	FGS Ni35 Si5 Cr2	GGG-NiSiCr 35 5 2

表 11-32　奥氏体耐蚀铸铁及对比材料在海水中的腐蚀速度

材　料	腐蚀速度/(mm/a)	点蚀速度/(mm/a)	点蚀深度/mm	试验条件
JSA/XNi20Cr2	0.043	0.138	—	青岛海水挂片 632d
JLA/XNi15Cu6Cr2	0.049	0.052	—	
JSA/XNi20Cr2	0.154	—	—	舟山海水挂片 91d
JLA/XNi15Cu6Cr2	0.151	—	—	
JSA/XNi20Cr2	0.093	0.12	—	厦门海水挂片 245d
JLA/XNi15Cu6Cr2	0.105	0.24	—	
316L 不锈钢	0.014	7.20	—	
Ni-Resist	0.045~0.088	0.047~0.165	—	不同地点 海水挂片
海军黄铜	0.025~0.051	0.076~0.203	—	
316 不锈钢	0~0.127	0.043~3 以上	—	
JSA/XNi20Cr2	0.0016	—	—	25℃脱气人造海水,840h
JSA/XNi20Cr2	0.0476	—	—	25℃空气饱和人造海水,840h
JLA/XNi15Cu6Cr2	0.02	0	—	海水挂片 6a
316 型不锈钢	0.0064	6.2	—	海水挂片 6a
B30	0.02	0.66	—	海水挂片 4.4a
JLA/XNi15Cu6Cr2	0.055	—	—	25℃人造海水 有磁力搅拌 试验时间:2160h
XNT-1	0.039	—	—	
JSA/XNi20Cr2	0.071	—	—	
普通灰铸铁	0.19	—	—	
纯铜	0.081	—	—	
ZCuZn16Si4	0.039	—	—	
JLA/XNi15Cu6Cr2	0.042	—	—	青岛小麦岛海水挂片 试验时间:1.5a
Ni20Cr2 铸铁	0.049	—	0.15	
Ni20Cr5 铸铁	0.048	—	0.10	
Ni20Cr8 铸铁	0.049	—	0.06	
Ni30Cr3 铸铁	0.046	—	0.13	
ZG1Cr13Ni4	0.12	—	—	
ZG1Cr18Ni9Ti	0.085	—	—	
ZG0Cr18Ni12Mo2	0.011	—	0.45	
ZG0Cr20Ni25Mo5	0.0021	—	0.09	
ZG0Cr20Ni18Mo6N	0.0013	—	—	

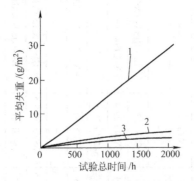

图 11-34　奥氏体耐蚀铸铁与普通灰铸铁、青铜在充气海水中的耐蚀性
1—灰铸铁　2—锡青铜(ZCuSn10Zn2)　3—Ni-20 型奥氏体耐蚀铸铁

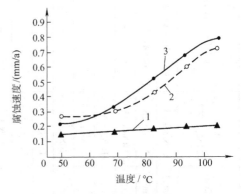

图 11-35　奥氏体耐蚀铸铁在脱气海水中的腐蚀速度
1—JSA/XNi20Cr2 奥氏体耐蚀铸铁　2—碳素钢　3—灰铸铁　试验时间 156d

表 11-33 青岛自然海水高流速冲蚀试验结果

材料牌号	腐蚀速度/(mm/a)	腐蚀形貌	海水温度/℃
耐蚀球墨铸铁 JSA/XNi20Cr2	0.8113	局部斑状	15 ± 3
奥氏体球墨铸铁 XNT-1	0.7435	局部斑状	28 ± 3
青铜 ZCuSn10Zn2	0.6572	均匀	28 ± 3

注: 海水流速 11m/s, 试验时间 40h。

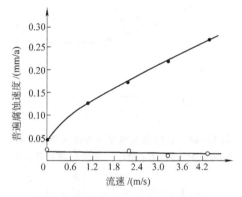

图 11-36 Ni20 奥氏体耐蚀铸铁腐蚀速度与海水流速的关系

● —曲线是海水充气条件下

○ —曲线是海水脱气条件下

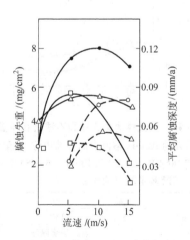

图 11-37 奥氏体耐蚀铸铁在海水中的腐蚀速度与海水流速的关系

○ —Ni15 型奥氏体耐蚀铸铁

△ —Ni20 型奥氏体耐蚀铸铁

□ —Ni30 型奥氏体耐蚀铸铁

注: 实线为去除腐蚀产物后的失重, 虚线为没去除表面腐蚀产物层的失重; 试验时间: 30d。

表 11-34 奥氏体耐蚀铸铁、铜合金及不锈钢在饱和食盐水中的腐蚀速度及在盐浆中的磨损腐蚀速度

材料种类	牌 号	静浸腐蚀速度/(μm/a)	磁力搅拌腐蚀速度/(μm/a)	磨损腐蚀速度/(mm/a)
奥氏体耐蚀灰铸铁	JLA/XNi15Cu6Cr2	—	—	4.45
奥氏体耐蚀球墨铸铁	JSA/XNi20Cr2	3.31	10.60	2.95
	XNT-1	3.68	10.25	2.68
	JSA/XNi30Cr3	3.64	8.22	0.84
不锈钢	1Cr18Ni9	2.11	0.52	3.05
	0Cr18Ni12Mo2Ti	0.69	0.24	2.36
铜合金	ZCuZn16Si4	7.10	4.5	6.60
	ZCuSn10Zn2	3.58	6.5	4.07
	纯铜	—	7.4	3.66

注: 表中饱和 NaCl 静浸试验时间为 4 个月, 磁力搅拌腐蚀时间 20d, 磨蚀试验盐浆固液比为 2.5:1, 试验时间为 12h, 试验线速度 12m/s, 试验的温度皆为室温。

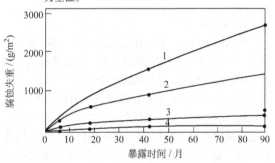

图 11-38 奥氏体耐蚀铸铁耐海洋大气腐蚀性能

试验地美国北 Caroline, Kare 海滨

1—质量分数为 0.2% 的碳钢 2—普通铸铁

3—Ni15 和 Ni20 型奥氏体耐蚀铸铁

4—Ni30 型奥氏体耐蚀铸铁

氯化钠和氯化钙、氯化钡、氯化锌等氯化物, 以及溴化钠等水溶液腐蚀特性与海水类似, 奥氏体耐蚀铸铁在这类介质中都有很好的耐蚀性。沿海油田、化工厂等使用的地下水往往含有较多的氯离子, 以及工业、生活污水等对普通铸铁和碳素钢的腐蚀严重, 使用奥氏体耐蚀铸铁可获得良好的应用效果。

我国奥氏体铸铁件应用实践表明, 在海水类氯离子腐蚀环境, 用奥氏体耐蚀铸铁制造的泵、阀类设备防腐效果很好。奥氏体耐蚀球墨铸铁泵叶轮在海水中的实际年腐蚀速度为 0.21mm/a。同条件下使用的铸铁叶轮和铜合金叶轮腐蚀速度分别是 8mm/a 和 1.1mm/a。图 11-39 所示为使用了 8 个月的吸入口直径为 250mm 的海水泵的奥氏体耐蚀球墨铸铁叶轮，其表面看不到很明显的冲蚀痕迹。美国在 Narragansett 海湾使用的泵体直径达 4.3m 的大型海水泵使用了 8 年没有腐蚀，该泵设计使用寿命是 50 年，泵的过流件都是用 JLA/XNi15Cu6Cr2 制造的。有研究表明，JSA/XNi20Cr2 的抗应力腐蚀性能优于 JSA/XNi-20Cr2Nb。

图 11-39 使用了 8 个月的海水泵的奥氏体耐蚀球墨铸铁叶轮

2. 碱溶液

在碱性介质中，奥氏体耐蚀铸铁的耐蚀性极为优越。从图 11-40 的阳极极化曲线看，奥氏体耐蚀铸铁在碱中很容易钝化，且钝态电流密度很低。图 11-41 所示为奥氏体耐蚀铸铁在烧碱溶液中的腐蚀电位-温度曲线。随温度升高，奥氏体铸铁的腐蚀电位降低，但变化幅度不大，而 12Cr18Ni9Ti 不锈钢的电位则陡然下降。温度高于 120℃时，12Cr18Ni9Ti 不锈钢的腐蚀电位显著低于奥氏体耐蚀铸铁。

表 11-35 列出了奥氏体耐蚀铸铁及对比材料在高温烧碱溶液中的腐蚀速度。在电解法烧碱中，Ni30 型奥氏体耐蚀铸铁耐蚀性是 12Cr18Ni9Ti 不锈钢的

8～20 倍，在苛性碱溶液中，两者耐蚀性差别更大。在内蒙古天然碱苛化烧碱溶液中，Ni14Cu7Cr2 奥氏体铸铁腐蚀速度低于 12Cr18Ni9Ti 不锈钢 40 多倍。温度越高，奥氏体耐蚀铸铁相对不锈钢的耐碱腐蚀性能越优越。Ni30 型奥氏体耐蚀铸铁可适用于各种含量和温度的碱溶液。碱厂的使用经验表明，Ni30 型奥氏体耐蚀铸铁泵、阀件的使用寿命数倍于 12Cr18Ni9Ti 不锈钢件。

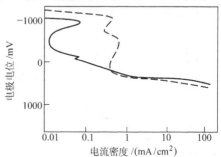

图 11-40 奥氏体耐蚀球墨铸铁在质量分数为 50% 的 NaOH（60℃）中的阳极极化曲线

虚线—铁素体球墨铸铁
实线—JSA/XNi30Cr3 奥氏体耐蚀球墨铸铁

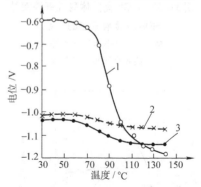

图 11-41 奥氏体耐蚀铸铁和不锈钢在质量分数为 42% 的 NaOH 溶液中的腐蚀电位-温度曲线

1—12Cr18Ni9Ti 2—JSA/XNi30Cr3 3—JSA/XNi20Cr2

表 11-35 奥氏体铸铁及对比材料在高温烧碱溶液中的腐蚀速度 （单位：mm/a）

碱中 NaOH 的质量分数（%）	50	30	42	30	20
碱液温度/℃	150	80	150	130	120
碱液类型	苛性碱溶液		电解法烧碱溶液		
奥氏体耐蚀球墨铸铁 JSA/XNi20Cr2	0.172	0.038	1.017	0.538	0.126
奥氏体耐蚀球墨铸铁 JSA/XNi30Cr3	0.081	0.025	0.153	0.145	0.043
奥氏体耐蚀灰铸铁 JLA/XNi15Cu6Cr2	—	—	—	0.814	0.362
不锈钢 12Cr18Ni9Ti	4.19	0.095	1.94	3.190	0.359
不锈钢 06Cr18Ni12Mo2Ti	3.14	0.023	—	—	—
因科镍 804（Cr30Ni42）	—	—	0.153	—	—
超纯铁素体不锈钢 EB26-1	3.44	0.050	—	—	—
普通灰铸铁	3.62	—	—	—	—

注：试验时间 72h，试样运动线速度 5m/min。

在高温熔融碱中，奥氏体耐蚀铸铁件可能产生应力腐蚀开裂现象，如大型碱锅的出锅泵。奥氏体耐蚀球墨铸铁碱脆倾向低于奥氏体耐蚀灰铸铁。消除铸造应力可降低碱脆倾向。

3. 石油和硫化氢

奥氏体耐蚀铸铁在硫化氢腐蚀环境中表面能生成硫化物保护膜，阻止金属基体被进一步腐蚀。奥氏体耐蚀铸铁有良好的耐硫化氢腐蚀性能，因此在石油工业中获得了广泛的应用。表11-36和表11-37列出了奥氏体耐蚀铸铁在硫化氢、石油中的腐蚀速度。

表11-36 奥氏体耐蚀铸铁在静止的含 H_2S 的气体中（80℃）的腐蚀速度

材 料	失重/（g/m²）			
	100h	200h	300h	400h
奥氏体耐蚀铸铁	59.68	83.45	83.45	83.45
灰铸铁	79.05	189.10	221.65	248.00
碳素钢	85.25	217.90	310.00	362.70

表11-37 奥氏体耐蚀灰铸铁在酸性石油中的腐蚀速度

材 料	腐蚀速度/（mm/a）		
1型奥氏体耐蚀灰铸铁	0.018	0.251	0.226
3型奥氏体耐蚀灰铸铁	—	0.178	—
普通灰铸铁	0.053	1.143	0.460
碳素钢	0.043	1.321	—
304不锈钢	—	0.203	—
试验条件	浸入油罐中23d后，再放在油面上的气体中52d	置于石油闪蒸塔的顶部43d，温度105~115℃，w(S)=0.34%，NaCl36.4kg/1000桶（0.23g/L）	置于石油预热器（115℃入口，175℃出口，流速为2.1m/s）中，463d

4. 酸溶液

在无机酸中，奥氏体耐蚀铸铁可用于室温质量分数为5%以下的脱气盐酸；50℃以下的、质量分数不超过10%和质量分数大于80%的脱气的硫酸（见图11-42）中。在硝酸中奥氏体耐蚀铸铁的腐蚀速度很快，在磷酸中的耐蚀性也不好。在许多有机酸中，如醋酸、脂肪酸、甲酸、草酸、乙二酸和油酸，奥氏体

耐蚀铸铁的耐蚀性相当好。在氟硅酸、铬酸和柠檬酸中，奥氏体耐蚀铸铁也有较好的耐蚀性。

5. 其他介质

奥氏体耐蚀铸铁在造纸、化肥、食品、冶金等工业的大多数介质中都有很好的耐蚀性。在熔融锌中，奥氏体耐蚀铸铁的侵蚀速度是普通铸铁的1/7；在低温和高温热腐蚀环境中，奥氏体耐蚀铸铁也有很好的使用性能。JSA/XNi23Mn4主要用于低温环境。Ni35各牌号主要用于热冲击和高温热腐蚀环境。

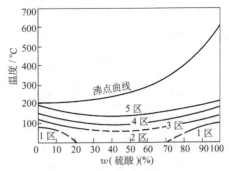

图11-42 Ni15型奥氏体耐蚀铸铁在脱气硫酸中的等蚀曲线

注：腐蚀速度，1区<0.125mm/a，2区0.125~0.5mm/a，3区0.5~1.25mm/a，4区1.25~5mm/a，5区>5mm/a。

高镍奥氏体耐蚀铸铁在各种介质中的耐蚀性见表11-38。

11.3.5 高镍奥氏体耐蚀铸铁件生产工艺

1. 铸造工艺性能

（1）线收缩 奥氏体耐蚀灰铸铁和奥氏体耐蚀球墨铸铁的线收缩率远大于普通铸铁，接近于碳素钢（见图11-43）。图中奥氏体耐蚀灰铸铁的缩前膨胀率为0.19%，奥氏体耐蚀球墨铸铁的缩前膨胀率为0.35%。表11-39列出了几种合金的主要化学成分及线收缩率。奥氏体耐蚀铸铁件模样收缩率视铸件的复杂程度和收缩受阻程度而定，一般取1.56%~2.0%，通常取2.0%。

（2）体收缩率 几种合金的主要化学成分及体收缩率见表11-40。奥氏体耐蚀铸铁体收缩大于普通铸铁，接近于碳素钢。奥氏体耐蚀球墨铸铁的体收缩率一般是奥氏体灰铸铁的1.5~2倍。

（3）流动性 铸铁铁液的流动性与合金的成分、铁液温度等因素有关，采用螺旋试样法测定了JSA/XNi35Si5Cr2的流动性，见表11-41。较高的碳当量，能降低液相线温度，不但提高了铁液流动性，而且降低了球化处理温度，减少了处理过程镁的烧损。

表 11-38　高镍奥氏体耐蚀铸铁在各种介质中的耐蚀性

介质 （未注明%为质量分数）		温度 /℃	通气 程度	试验时 间/h	腐蚀速度 /（mm/a）	备　注
硝酸	10%（体积分数）	16	少量	—	59.9	实验室
	50%（体积分数）	16	少量	—	26.2	实验室
	75%（体积分数）	16	少量	—	22.4	实验室
硫酸	10%	30	—	20	0.508	实验室
		90	—	20	13.5	实验室
	80%	30	—	20	0.508	实验室
		90	—	20	6.35	实验室
	85%	49~60	—	2160	2.29	实验室
	96%	室温	—	600	0.127	实验室
稀硫酸（酸洗废液）		16	少量	3936	2.03	排酸管
发烟硫酸（15%SO₃）		21	—	720	Ⅰ型 0.0356， Ⅲ型 0.00762	实验室浸泡
硫酸（72%，聚合物石油，丁烷，丁烯）		79	—	5688	0.508	汽油塔
硫酸（10%）+硫酸铜（2%）		32	良好	176	15.7	喷淋酸洗机，0.276MPa
盐酸	浓	16	少量	—	9.4	实验室
	1%	室温	—	—	0.152	实验室
	5%	室温	—	—	0.254	实验室
	20%	室温	—	—	0.305	实验室
	20%	54	完全	—	5.59	实验室
磷酸	15%	30	少量	20	2.03	实验室，流速 0.399m/min
		30	—	24	1.27	实验室，流速 0.399m/min
	15%	88	—	20	12.4	实验室，流速 0.399m/min
		88	—	20	8.13	实验室，流速 0.399m/min
	浓	各种温度	—	—	0.508	实验室
	78%粗酸	52~66	敞开	—	6.35	储槽
	浓，83.5%~84.5%P₂O₅	60	—	48	0.0483	实验室
		180	—	48	0.508	实验室
	12%	21~100	—	5524	1.52	酸洗槽
氢氧化钾（81%）		220	—	68	0.254	实验室
氢氧化钠	≤50%	—	—	2208	0.0178	碱蒸发器中
	>50%~70%	121	—	250	2.29	碱蒸发器中
	>70%	热	—	2256	0.508	高浓度蒸发器

（续）

介质 （未注明%为质量分数）		温度 /℃	通气 程度	试验时 间/h	腐蚀速度 /（mm/a）	备　注
无水		371	—	2304	0.330	刨片机盘中
熔融氢氧化钠		671	—	22.5	6.60	
氨水	75%	16	—	—	不损失	实验室
	10g/L	25	—	7632	0.00508	氨盘管内面，流动
		70	—	7632	0.152	氨盘管内面，流动
Ca（OH）$_2$		16	少量	—	0.00508	实验室
硫（熔融）		127	吸入部 分气体	20	0.508	实验室
		446	—	48	15.0	实验室
H$_2$S（湿）		93	—	168	0.254	实验室
硫化氢（含45~50g/LCaO）		59	H$_2$S饱和	1104	0.0254	燃气涡轮减震器，流速0.0254~ 0.0508m/s
氯化钠（天然盐水）		27	—	5304	0.0254	储槽
氯化钙（5%）		16	少量	—	0.127	实验室
氯化铵（10%）		16	少量	93	0.152	实验室
硫酸铵（10%）		16	少量	—	0.102	实验室
硫酸钠和碳酸钠（pH=7.5）		24	—	672	0.00229	储槽
磷酸钠（5%）		16	少量	—	0.0152	实验室
碳酸钠（10%）		16	少量	—	无失重	实验室
硫酸钙溶液		93	像细雾状	1636	0.0508	气体吸气室
硫酸铜（10%）		16	少量	—	12.4	实验室
氯化锌（30%~70%）		沸腾	—	720	2.03	实验室
硫酸锌（原电解液）		40	轻微	504	14.2	稠厚器，溢流液中
熔融锌（在氯化铵溶剂下）		427	—	137	60.7	锌表面下6mm
醋酸（25%）		16	少量	—	0.508	实验室
浓醋酸		16	少量	—	0.51	实验室
油酸		沸点和 大气温度	—	912	0.0254	红油洗槽水线处
乙醇（粗）		71	—	1927	0.102	蒸馏塔，流速中等
苯液		—	—	3504	0.0254	蒸馏塔体
酚（5%）		16	少量	—	0.229	实验室
CCl$_4$		21~32	—	1584	0.0254	排水槽，干燥清洁的机器
		71~77	—	1584	0.00762	主蒸馏塔，干燥清洁的机器
		室温	少量	2352	0.0508	主储槽，干燥清洁的机器
柠檬酸（5%）		16	少量	—	2.29	实验室

（续）

介质 （未注明%为质量分数）	温度 /℃	通气 程度	试验时间/h	腐蚀速度/（mm/a）	备　注
脂肪酸	218～316	—	2002	0.762	真空鼓泡塔顶部和进料盘间
甘油	54	—	4368	0.0508	供料槽
汽油（裂化，含 HCl 和 H₂S）	204～213	—	2784	0.0254	鼓泡塔顶部塔盘
石油（原油含硫酸）	大气	—	66240	0.0762	原油搅拌器
新鲜水（pH = 8.5，0.0185% Ca²⁺）、蒸馏水、海水	29	80%饱和	552	0.508	冷却塔来的排水管
	16	少量	—	0.0152	实验室
	大气	—	9456	0.0508	旋转式过滤器滤网
	30	—	1440	0.203	速度试验装置

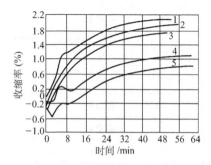

图 11-43　几种铸造合金的线收缩曲线

1—碳素钢　2—Ni20 型奥氏体耐蚀灰铸铁

3—Ni20 型奥氏体耐蚀球墨铸铁

4—普通灰铸铁　5—普通球墨铸铁

表 11-39　几种合金的主要化学成分及线收缩率

合金类别	主要化学成分（质量分数,%）				线收缩率（%）
	C	Si	Ni	Cr	
Ni20 型奥氏体耐蚀铸铁	2.3～3.0	1.5～4.5	17.2～21.0	1.7～2.8	1.77～2.2
普通灰铸铁	2.4～3.3	1.5～3.0	—	—	1.0～1.5
普通球墨铸铁	3.4～4.1	2.0～3.1	—	—	0.8～1.5
碳素钢	0.35～0.9	0.25～0.4	—	—	2.18～2.40

表 11-40　几种合金的主要化学成分及体收缩率

合金类别	主要化学成分（质量分数,%）				体收缩率（%）
	C	Si	Ni	Cr	
Ni20 型奥氏体耐蚀铸铁	2.3～2.8	2.3～4.3	19～21	1.5～2.3	4.2～10.5

（续）

合金类别	主要化学成分（质量分数,%）				体收缩率（%）
	C	Si	Ni	Cr	
普通灰铸铁	2.5～3.0	2.0～3.0	—	—	2.5～3.0
普通球墨铸铁	3.4～4.0	2.0～3.0	—	—	5.0～8.0
碳素钢	0.4～1.0	—	—	—	11～14

表 11-41　高镍耐蚀球墨铸铁铁液流动性

材　质	C 的质量分数（%）	温度/℃	螺旋试样长度/mm
JSA/XNi35Si5Cr2	1.4	1409	650
		1527	985
	1.57	1354	600
		1467	950
	1.6	1430	750
		1511	1000
	1.7	1360	600
		1432	825
	2.22	1418	950
		1531	1275
稀土镁普通球墨铸铁	3.62	1338	980
		1296	660
		1280	410

2. 铸件工艺设计

（1）造型材料　奥氏体耐蚀铸铁的浇注温度比普通铸铁高、收缩大，要求造型材料具有较高的耐火度、透气性、紧实率及良好的溃散性。型芯的退让性要好。小件可采用湿砂型，中、大型件应当采用刚性较好的铸型。树脂砂、水玻璃砂等都可使用。

（2）浇注系统　浇注系统的设计应尽量使铸件温度分布合理，尽量避免出现孤立的热节。铸件中的温度梯度应有利于铸件向冒口方向的顺序凝固。顶注有利于铸件补缩，尽管铁液充型不够平稳，也应尽量采用。实际生产中在分型面上开设内浇道的较多。在铸件临近冒口的厚断面上开设内浇道往往比在薄断面处的多个内浇道更有利。根据经验，浇注系统各部分截面面积比例为

$$A_直 : A_横 : A_内 = 4 : 8 : 3$$

当浇注系统挡渣效果不好时，也可采用陶瓷过滤网。奥氏体耐蚀铸铁件的浇注时间由以下经验公式确定：

$$t = 0.97\sqrt{W}$$

式中　t——浇注时间（s）；

　　　W——浇注铁液的质量（包括铸件和浇、冒口系统）（kg）。

内浇道的阻流面积根据浇注时间和内浇道铁液通过能力确定。浇注系统的铁液通过能力与铸件质量有关，铸件质量小于 70kg 时为 0.7kg/（s·cm²），铸件质量为 70~1140kg 时，为 1~1.1kg/(s·cm²)。计算得的内浇道总面积 A 与铁液质量 W 关系一般可用以下经验公式确定：

$$A = 0.93\sqrt{W}$$

也可用此经验公式直接计算内浇道的面积。

有文献指出，高镍奥氏体耐蚀球墨铸铁具有与普通球墨铸铁类似的凝固特性，均衡凝固技术也适用于高镍奥氏体耐蚀球墨铸铁。较高的碳当量有利于凝固过程的石墨化膨胀所产生的自补缩效果，可采用宽、薄、短冒口径，利用石墨化膨胀产生自补缩作用消除缩松。

（3）冒口和冷铁　无论是球状石墨还是片状石墨奥氏体耐蚀铸铁件，冒口和冷铁以及浇注系统都应很好配合，以使铁液有足够的静压力，保证铸件顺序凝固，最后凝固部分有充分补缩。奥氏体耐蚀铸铁的冒口与普通球墨铸铁冒口不同，除少数特殊件，如进气管适合于使用侧冒口外，奥氏体耐蚀铸铁件应尽量采用顶冒口，因为侧冒口补缩效果不好。

奥氏体耐蚀铸铁冒口的补缩距离目前还没有精确的计算方法，根据经验，至少相当于 2 倍的冒口直径。铸件上冒口补缩不到的厚断面或无补缩的热节，应当采用冷铁。冷铁的设计原则与铸钢件相同。联合使用几块冷铁时，冷铁之间的距离不要过大，否则两

冷铁间易产生热裂。必要时放置内冷铁和外冷铁，可以解决铸件的局部缩孔、缩松缺陷。但内冷铁或芯撑，应采用同成分合金或合金含量更高的材料制作，以防影响铸件的耐蚀性。

（4）铸件工艺设计实例

1）铸件为循环泵叶轮，铸件重 3.8kg，最小壁厚 3mm。铸造工艺（见图 11-44）：在轮毂部位放置冷铁和顶冒口，叶轮轮缘壁较薄且均匀，采用分散内浇道，以达到快浇与挡渣好的效果。

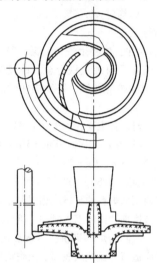

图 11-44　循环泵叶轮铸造工艺

2）烧碱蒸发器壳体，铸件重 978kg，最大壁厚 68mm，主要壁厚 25mm。铸造工艺（见图 11-45）为内浇道通过侧暗冒口从底部法兰引入铸型，顶部法兰设置明冒口补缩。

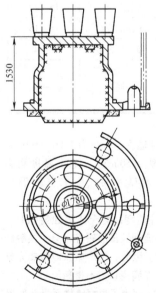

图 11-45　烧碱蒸发器壳体铸造工艺

3. 熔炼工艺

（1）熔炼设备、炉料

1）熔炼设备：采用电炉（感应电炉、电弧炉等）熔炼。炉衬类型不限，但采用碱性炉衬熔炼奥氏体耐蚀球墨铸铁，可延长其球化衰退时间。

2）炉料：低磷生铁、废钢、高镍奥氏体耐蚀铸铁回炉料、铬铁、锰铁、铌铁、镍、铜等。装炉前应除锈，去除泥土并应干燥。需要严格控制炉料中的如下杂质元素含量（质量分数）：Al < 0.03%，Ti < 0.04%，Zn、As 均应 <0.01%。

（2）熔炼工艺

1）加料次序：先将生铁、废钢、回炉料装入炉内加热，待熔化后再加入铁合金、镍或铜，为降低Cr 的烧损，减少炉衬侵蚀，铬铁应在铁液过热后期加入。

计算配料时，各主要元素的烧损率（质量分数）为：C≤5%、Si = 0% ~ 10%、Mn = 5% ~ 10%、Cr = 5% ~ 10%、Ni <3%、Cu = 3% ~ 5%。

2）熔炼温度：1480 ~ 1520℃。

配料中使用回炉料的数量应相对稳定。使用回炉料比例过高会增加铸件的缩松倾向。熔炼过程中为减少铁液吸气，应防止炉料搭桥，尽量加快熔炼速度，铁液熔清后应造渣覆盖铁液表面。出炉前用适当的脱氧剂在炉内脱氧。铁液在炉内过热温度不应过高，应以 1500 ~ 1550℃为宜。

4. 炉前处理及浇注

球化处理或孕育处理温度：1450 ~ 1480℃。

1）炉前处理：高镍奥氏体耐蚀灰铸铁可用硅铁孕育处理；高镍奥氏体耐蚀球墨铸铁先用球化剂球化处理，再用孕育剂孕育处理。球化剂、孕育剂配比见表 11-42。

对高镍球墨铸铁比较适合、常用的球化剂是镍镁硅合金和镍镁合金。使用高、中稀土的稀土镁合金球化剂，易使铸件中产生过多的碳化物，石墨球形态不圆整，铸件韧性和加工性能有所下降。生产大型或厚壁件，球化剂中不宜含轻稀土，因为在铸件凝固慢的情况下，铈会使石墨球化衰退，易出现碎块石墨。奥氏体球墨铸铁中的适宜残余镁量稍高于普通球墨铸铁，一般最低 $w(Mg_{残})$ 为 0.035%。美国霍尼威尔公司在 JSA/XNi35Si5Cr2 涡轮壳产品中规定残留镁量≤0.09%（质量分数）。球墨铸铁中的镁对焊接性能极为不利，从焊补性角度考虑，残余镁含量越低越好。

奥氏体铸铁用孕育剂和孕育方法与普通铸铁相同，孕育方法以瞬时孕育和型内孕育效果最佳。孕育剂主要是 FeSi75，采用含锶的孕育剂和含锆的孕育剂效果更好。锶对增加石墨球数十分有效，锆则能脱氮，促进石墨化，抑制孕育衰退。硅钡孕育剂比 Fe-Si75 孕育剂提高抗拉强度 2 ~ 4MPa。

表 11-42　奥氏体耐蚀铸铁用球化剂与孕育剂

种类	名称	成分（质量分数,%）				应用范围
		Mg	Ni	Si	其他	
球化剂	镍镁合金	15 ~ 20	80 ~ 85	—	—	大件奥氏体球墨铸铁
	镍镁硅合金	15 ~ 16	54 ~ 59	15 ~ 30	—	中大件奥氏体球墨铸铁
	稀土镁合金	8 ~ 10	40 ~ 45	40 ~ 45	RE = 4 ~ 6	薄小件奥氏体球墨铸铁
孕育剂	硅铁	—	—	74 ~ 77	Ca = 0.5 Al = 1.5 Fe 余量	灰铸铁与球墨铸铁

2）浇注温度：一般为 1380 ~ 1460℃。对厚壁大铸件（壁厚 ≥50mm），浇注温度可降至 1370 ~ 1400℃；对薄壁小件，要求浇注温度为 1450 ~ 1480℃。

3）浇注速度：奥氏体耐蚀铸件一般需快浇，因为铁液的流动性虽然较好，但一接触到铸型内壁就会迅速凝固。因此，生产中铁液包要充分预热，浇注尽可能快，充满浇口，不得断流。

表 11-43 列出了根据铸件质量选取奥氏体耐蚀铸铁件的浇注时间和浇注温度的参考值。

表 11-43　奥氏体耐蚀铸铁件的浇注时间和浇注温度参考值

铸件质量/kg	浇注时间/s	浇注温度/℃
1 ~ 2	3 ~ 4	1450 ~ 1480
70 ~ 1140	15 ~ 80	1370 ~ 1450

5. 热处理

1）消除铸造应力热处理：通常奥氏体耐蚀铸铁

件不需进行消除应力热处理,但在高温碱溶液中、次氯酸盐中应用的铸件和海水中应用的大型铸件,因为有应力腐蚀开裂的可能,应进行时效处理。图 11-46 所示为奥氏体耐蚀铸铁件消除应力的时效处理工艺。时效处理最好在铸件粗加工后进行。

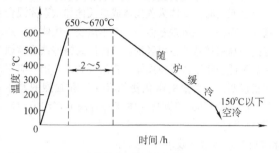

图 11-46 奥氏体耐蚀铸铁件消除应力的时效处理工艺

2)高温退火:当碳化物过多、加工困难时,可以采用高温退火,改善加工性能。含铬奥氏体耐蚀铸铁的退火温度为 982 ~ 1038℃,JSA/XNi23Mn4 型含锰球墨耐蚀铸铁退火温度是 850℃。要特别注意,退火时奥氏体耐蚀铸铁件在高温保温后要出炉快冷,不能像普通铸铁那样随炉缓冷。因为奥氏体耐蚀铸铁高温保温后,碳化物分解,碳溶入高温奥氏体,在缓冷过程中碳会在晶界以细小碳化物形式析出,严重降低奥氏体耐蚀铸铁的韧性。

热处理还可以改善奥氏体耐蚀铸铁的力学性能。JSA/XNi35Cr3 经 970℃ ±10℃保温 4h 后空冷处理后,碳化物变成了珠粒状,断后伸长率和力学性能大幅度提高,铸态和退火态力学性能见表 11-44。

表 11-44 JSA/XNi35Cr3 铸态和退火态力学性能

状 态	屈服强度/MPa	抗拉强度/MPa	断后伸长率(%)	硬度HBW
铸态	260	390	6	178
铸态	255	405	8	174
970℃退火态	325	470	13.5	163
970℃退火态	335	475	11.5	171
970℃退火态	310	500	13.0	166

6. 焊补

奥氏体耐蚀灰铸铁的焊接性能优于普通灰铸铁,可以和普通灰铸铁一样,用镍基焊条进行电弧焊,也可以用铸造的奥氏体铸铁焊丝,用氧乙炔火焰焊补。气焊焊补时铸件应适当预热,采用的焊丝应与铸件成分相同或含镍量高于铸件。

镁处理的奥氏体耐蚀球墨铸铁焊接性差,极易出现焊接裂纹。加入质量分数为 0.12% ~ 0.20% 的 Nb,即按 ISO2892:2007 中 JSA/XNi20Cr2Nb 牌号要求生产,该牌号具有良好的焊接性,可以很容易地用 $w(Ni) = 55\%$、$w(Fe) = 45\%$ 的焊条或纯镍焊条焊接。

复杂的奥氏体耐蚀铸铁件焊补前应进行消除铸造应力热处理。焊补后的奥氏体耐蚀铸铁件都应进行消除应力热处理,以防可能出现的应力腐蚀裂纹。

7. 典型缺陷、形成原因及防止方法(见表 11-45)

表 11-45 典型缺陷、形成原因及防止方法

典型缺陷	形成原因	防止方法
缩孔、缩松、缩裂和缩陷	1)浇注温度过高或过低 2)碳化物过多 3)工艺设计不合理 4)砂型硬度偏低	1)控制浇注温度 2)强化孕育 3)适当提高碳当量,降低铬含量 4)改进浇冒口和冷铁设置 5)提高铸型刚度
气孔	1)铁液氧化严重 2)没脱氧或脱氧不良 3)砂芯发气过多,排气不畅 4)浇注温度过低 5)冷铁锈蚀或预热不良	1)不用锈蚀过重的炉料 2)防熔炼温度过高,过热时间过长 3)加强炉内脱氧,增加包内脱氧 4)正确制备芯砂,通畅砂芯排气,采用加入抗气孔添加剂的覆膜砂 5)提高浇注温度 6)冷铁除锈,浇注前预热
冷隔	1)铁液氧化严重 2)浇注温度低 3)浇注速度慢 4)浇道开设不合理	1)防止铁液氧化 2)提高浇注温度 3)加快浇注速度 4)改善浇注系统

11.4 高铬耐蚀铸铁

11.4.1 高铬耐蚀铸铁标准

目前,高铬铸铁的执行标准有国内标准 GB/T 8263—2010、美国标准 ASTM A532/A532M—93a(2008)、国际标准 ISO21988:2006 等,但暂无高铬耐蚀铸铁标准。

11.4.2　高铬耐蚀铸铁的化学成分和金相组织

高铬耐蚀铸铁中铬的质量分数为20% ~ 36%，在氧化性腐蚀介质中，其表面能生成一层很薄（约10nm）且附着紧密的氧化膜，从而大大提高了耐蚀性。高铬耐蚀铸铁属于白口铸铁，其硬度较高，因此不但耐蚀性好，还有优异的抗固液两相流冲蚀磨损性能，其耐热性也很好。

各文献报道的高铬耐蚀铸铁的化学成分见表11-46。表中所列前5种高铬耐蚀铸铁在我国都已在工业生产中应用，并有一定的应用面。ECR合金是我国研制并获得工业应用的专利合金。Cr35Ni25是1992年末申请的美国专利合金。

高铬耐蚀铸铁的金相组织为合金基体上较均匀分布着碳化物，基体可以是铁素体、奥氏体或铁素体+奥氏体混合基体。当合金碳含量较低［如 $w(C) < 1.3\%$］，且奥氏体稳定元素镍、铜、氮含量很少时，基体为铁素体；当碳含量较高或含一定量奥氏体稳定化合金元素时，基体为奥氏体或奥氏体加铁素体混合基体。高铬耐蚀铸铁基体中一般不出现马氏体，这是与抗磨高铬铸铁的主要区别。马氏体高铬铸铁耐腐蚀性显著低于铁素体或奥氏体高铬耐蚀铸铁。铝厂应用实践证明，因严重的碳化物相界腐蚀和强烈的基体"碱脆"，Cr15Mo淬火马氏体高铬铸铁不宜作为铝矿浆泵材料。

表 11-46　高铬耐蚀铸铁的化学成分（质量分数,%）

牌号	C	Si	Mn	P	S	Cr	Mo	Ni	Cu
Cr28	0.5 ~ 1.0	0.5 ~ 1.3	0.5 ~ 0.8	≤0.1	≤0.08	26 ~ 30	—	—	—
Cr34	1.5 ~ 2.2	1.3 ~ 1.7	0.5 ~ 0.8	≤0.1	≤0.1	32 ~ 36	—	—	—
Cr22	0.87	1.55	0.26	0.048	0.026	22.13	2.07	—	1.66
Cr30Mo	0.9 ~ 1.1	2.13	0.50	—	—	29 ~ 32	1.7 ~ 2.2	0.30	0.03
ECR 合金	0.5 ~ 2.5	0.5 ~ 3.5	0.5 ~ 1.5	≤0.08	≤0.05	21 ~ 35	0.5 ~ 3.0	5 ~ 12	1.0 ~ 3.5
Fonte30% Cr	0.39	1.9	—	—	—	30.8	1.9	0.29	0.12
Cr35Ni25	1.4 ~ 1.8	≤1.5	≤1.5	≤0.25	—	32 ~ 37	3 ~ 6	21 ~ 30	≤1

注：表中为一固定数值者皆为实测值。

高铬耐蚀铸铁的碳化物数量取决于其化学成分，主要与碳、硅和铬有关。碳、硅、铬含量高，碳化物数量多，碳增加碳化物的作用最大。碳化物主要是凝固过程中形成的共晶碳化物。图11-47所示为ECR合金和Cr30Mo合金的显微组织。高铬耐蚀铸铁的碳含量对其耐蚀性有直接影响。对化学成分为 $w(Cr) = 30\%$、$w(Si) = 0.5\%$、$w(Mn) = 2.0\%$ 的高铬耐蚀铸

铁，碳含量对耐蚀性的影响如图11-48所示。

高铬耐蚀铸铁中的碳化物的耐蚀性优于基体，提高耐蚀性的关键是提高基体的耐蚀性，而基体的耐蚀性主要取决于其铬含量。高铬耐蚀铸铁在20℃饱和盐水中的动腐蚀试验表明，基体中铬的质量分数超过12.5%时高铬铸铁才具有较好的耐蚀性（见图11-10）。

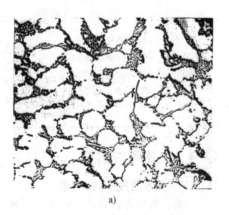
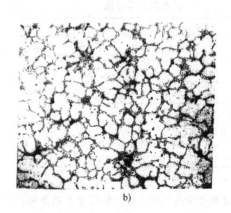

a)　　　　　　　　　　　　b)

图 11-47　ECR 合金和 Cr30Mo 合金的显微组织　×100

a) ECR 合金　b) Cr30Mo 合金

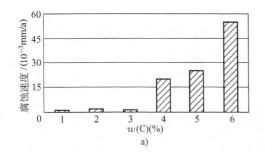

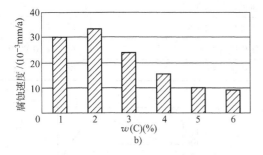

图 11-48 碳含量对 Cr30 高铬铸铁耐蚀性的影响

a）腐蚀介质为自来水、Cr30 高铬

铸铁腐蚀速度与碳含量的关系

b）腐蚀介质为 0.5mol/L H₂SO₄、

Cr30 高铬铸铁腐蚀速度与碳含量的关系

高铬耐蚀铸铁中加入钼、镍和铜可进一步增加耐蚀性，特别是在酸性介质中的耐蚀性。但随镍和铜加入量增加，铸铁基体由铁素体变为奥氏体，耐相间腐蚀（与晶间腐蚀现象一致）性能下降。高铬耐蚀铸铁的相间腐蚀与不锈钢的晶间腐蚀一样，是碳化物附近的金属基体中贫铬引起的。铁素体中铬的扩散速度比奥氏体中铬扩散速度快得多，因此奥氏体基体的高铬耐蚀铸铁碳化物附近基体贫铬比铁素体基体严重，导致在容易产生晶间腐蚀的介质中耐蚀性降低。

在高铬耐蚀铸铁中添加稀土元素 Y，可以提升合金的强度、耐蚀性和耐磨损腐蚀性。对化学成分（质量分数,%）为：Cr = 26.8、C = 2.89、Mn = 1.25、Ni = 0.52、Si = 0.42 的高铬耐蚀铸铁，Y 的最佳加入质量分数为 1%。但过量的 Y 则降低了铸铁的耐磨损腐蚀性。含 Y 的高铬耐蚀铸铁金属型和砂型铸造试样，在水 + 砂 30%、NaOH 水溶液(pH = 12) + 砂 30% 和 HNO₃ 水溶液(pH = 3) + 砂 30% 三种腐蚀介质中的磨损腐蚀试验结果表明：砂型铸造的试样，耐蚀性低于金属型铸造试样，这是因为砂型铸造的铸铁中含有更多的马氏体以及粗大的碳化物，降低了铸铁的耐蚀性。

11.4.3 高铬耐蚀铸铁的力学和物理性能

铁素体高铬耐蚀铸铁很脆，铬含量越高，脆性越大。Cr30Mo 合金铸件在加工、搬运和安装过程中必须加倍小心，防止碎裂。奥氏体基体的高铬耐蚀铸铁，如 ECR 合金，有较高的力学性能，强韧性优于普通灰铸铁。高铬耐蚀铸铁的力学性能和物理性能分别见表 11-47 和表 11-48。

表 11-47 高铬耐蚀铸铁的力学性能

牌 号	抗拉强度 /MPa	抗弯强度 /MPa	挠度[①] /mm	硬度 HBW
Cr28	≥350	≥550	≥6	220 ~ 270
Cr34	≥400	≥500	≥5	250 ~ 320
Cr22	378	686	—	233
Cr30Mo	>320	—	—	250 ~ 380
ECR 合金	500 ~ 750	—	—	250 ~ 370

① 为支距 600mm 的挠度，后同。

表 11-48 Cr28、Cr34 高铬耐蚀铸铁的物理性能

名称	密度 /(t/m³)	熔点 /℃	线胀系数 (0 ~ 200℃)/ 10⁻⁶K⁻¹	线收缩率 (%)
Cr28	7.4 ~ 7.5	1250 ~ 1300	9.4	1.6 ~ 1.9
Cr34	7.4 ~ 7.5	1300 ~ 1350	9.4	1.6 ~ 1.9

11.4.4 高铬耐蚀铸铁的耐蚀性及应用

高铬耐蚀铸铁对氧化性酸（尤其是硝酸）有良好的耐蚀性。它也可用于氧化态下的弱酸溶液、许多盐溶液、有机酸溶液和一般的大气环境中。高铬铸铁在海水中有很好的耐蚀性。由于有高硬度、抗磨的铬的碳化物存在，高铬铸铁抗流动海水冲刷性能好。已广泛用作泵件、阀座、阀体、压圈、离心机的耙齿等零件，在海洋工程船舶中也有良好的应用。

高铬耐蚀铸铁对硝酸的耐蚀性极好，在室温下耐质量分数为 95% 以下的各种浓度的硝酸腐蚀；对于质量分数小于 70% 的硝酸，在沸点以下的所有温度条件下，其腐蚀速度均小于 0.127mm/a。在接触硝酸的环境中，高铬耐蚀铸铁和高硅耐蚀铸铁可以配合互补使用，因为高铬耐蚀铸铁除了沸腾浓硝酸外，它能耐所有含量和温度的硝酸，而高硅耐蚀铸铁对热浓硝酸耐蚀性良好。

高铬耐蚀铸铁对 79℃ 以下任何含量亚硫酸，造纸工业中的亚硫酸盐废液，室温下的次氯酸漂白液，质量分数为 5% 以下的冷硫酸铝以及中性的或某些水解后产生酸性的盐类水溶液都具有良好的耐蚀性。它也可用于磷酸、硫酸铵、尿素、碳酸氢铵、温度不高的氢氧化钠和氢氧化钾等介质中。高铬耐蚀铸铁不能用于盐酸、氢氟酸、稀硫酸等还原性介质中。

以下介绍 Cr28、Cr22、ECR、Cr30Mo、Fonte30% Cr、Cr35Ni25 等高铬铸铁合金。

表 11-49 和表 11-50 列出了 Cr28 和 Cr22 高铬耐蚀铸铁的腐蚀数据。图 11-49 ~ 图 11-52 所示为高铬耐蚀铸铁在硝酸、硫酸、磷酸和醋酸中的等蚀曲线。Cr27 在各种 pH 的 $w(NaCl) = 3\%$ 溶液中的腐蚀性能如图 11-53 所示。

表 11-49 Cr28 高铬耐蚀铸铁的腐蚀数据

介质（质量分数）	温度/℃	腐蚀速度/(mm/a)
硝酸（66%）	20	< 0.1
硝酸（66%）	沸点	< 0.1
发烟硝酸	沸点	< 3.0
磷酸（45%）	沸点	< 0.1
磷酸（73%）	沸点	1.97
硫酸（62%）	20	< 0.1
醋酸（10%）	沸点	< 0.1
氢氧化钠（50%）	沸点	不耐蚀
硝酸铵（50%）	沸点	< 0.1
硫酸铵（50%）	100	< 0.1

表 11-50 Cr22 高铬耐蚀铸铁的腐蚀数据

介质（质量分数）	温度/℃	腐蚀速度/(mm/a)
硝酸（30%）	20	0
硝酸（50%）	20	0.0011
硝酸（66%）	20	0
磷酸（10%）	20	0.011
磷酸（60%）	60	0.0048
磷酸（80%）	60	0.088
磷酸（80%）	70	0.0242
硫酸（25%）	20	7.0
硫酸（5%）+氟硅酸（1%）	60	0.0055
草酸（10%）	20	0.011
盐酸（10%）	20	0.88
硫酸（60%）+硝酸（20%）	60	0.0022
磷酸（32%）+硫酸（5%）+氢氟酸	60	0.0088
硫酸（30%）+硝酸（50%）	28	0.36
碳酸氢铵（50%）	25	0
磷酸铵（80%）	70	0.0022
磷酸铵（65%）	100	0
硝酸铵（80%）	70	0
尿素（80%）	70	0
尿素（80%）	50	0.033

（续）

介质（质量分数）	温度/℃	腐蚀速度/(mm/a)
饱和硫酸铵 + 硫酸（1%）	沸点	0.0096
饱和硫酸铵 + 硫酸（2%）	10	0.0143
饱和硫酸铵 + 硫酸（5%）	70	0.0033
碳酸钠（50%）	60	0
氢氧化钾（50%）	60	0
氢氧化钠（35%）	60	0
氯化钠（25%）	60	0.0069
氯化钙（50%）	60	2.64

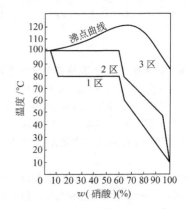

图 11-49 Cr29 高铬耐蚀铸铁 $[w(C) = 0.8\%]$ 在硝酸中的等蚀曲线

1 区—腐蚀速度 < 0.127mm/a

2 区—腐蚀速度为 0.127 ~ 1.27mm/a

3 区—腐蚀速度 > 1.27ram/a

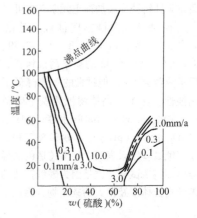

图 11-50 Cr30 高铬耐蚀铸铁 $[w(C) = 0.6\%]$ 在硫酸中的等蚀曲线

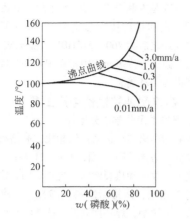

图 11-51 Cr30 高铬耐蚀铸铁 $[w(C) = 0.6\%]$
在磷酸中的等蚀曲线

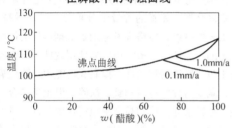

图 11-52 高铬耐蚀铸铁在
醋酸中的等蚀曲线

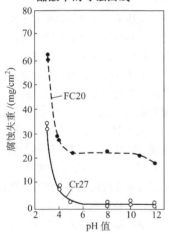

图 11-53 Cr27 高铬铸铁在各种 pH 的
$w(NaCl) = 3\%$ 溶液中的腐蚀性能与 FC20 比较
（FC20 相当于 HT200，试验 30d）

ECR 合金在盐浆中有很好的耐磨损腐蚀性（见表 11-51），是优异的制造盐浆泵材料。在海水、浓硫酸及纯碱工业等许多环境中都具有良好的耐蚀性。表 11-52 ~ 表 11-54 列出了 ECR 合金和不锈钢耐蚀性的对比。在纯碱制碱系统中，盐水、氨盐水、重碱分离母液、氯化铵分离母液、氯化钙废液及氢氧化钠等

介质中，不但腐蚀性很强，其中还悬浮着 NaCl、NaHCO₃、NH₄Cl、CaCO₃ 等固体颗粒，许多设备除了受苛刻的电化学腐蚀外，还同时忍受着悬浮固体颗粒的强烈磨损。在这些环境中使用 ECR 合金制作的泵、阀、旋塞、管道、旋流器等设备，使用效果很好。表 11-55 列出了 ECR 合金及对比材料在 5 种纯碱工业介质中现场挂片腐蚀试验的试验结果。碱厂的应用实践表明，按每千元投资的泵、阀等设备使用寿命比较，普通铸铁: 12Cr18Ni9Ti 不锈钢: 铝硅铬合金铸铁: 钛合金: ECR 合金 = 1:1:2:3:4。ECR 合金使用效益居 5 种材料之首。

表 11-51 ECR 合金和几种国内外常用的
主要盐浆泵材料在盐浆中的磨损腐蚀速度

材 料	试验次数	磨损腐蚀速度/(mm/a)	
		波动范围	平均值
ECR 合金	62	0.08 ~ 0.44	0.246
Mone1400	9	0.12 ~ 1.07	0.62
JSA/XNi30Cr3	9	0.64 ~ 0.88	0.81
12Cr18Ni9	15	1.12 ~ 4.15	3.05

表 11-52 ECR 合金和不锈钢在 $w(FeCl_3)$ 为 6% 腐蚀
试验结果

材 料	失重/[g/(m²·h)]	腐蚀后表面状态	失重/[g/(m²·h)]	腐蚀后表面状态
ECR 合金	14.06	打号处有蚀坑及 4 个小浅坑	13.94	有锈点但无蚀孔
12Cr18Ni9	21.66	有许多深孔	31.59	密集小深孔
06Cr18Ni12Mo2Ti	—	—	16.79	较稀疏大而圆的蚀坑
试验条件	35℃ 48h		50℃ 48h	

表 11-53 ECR 合金和不锈钢海洋
挂片试验结果

材 料	腐蚀速度/(mm/a)	腐蚀特征	试验时间/d
ECR 合金	0.0538	无孔蚀及皮下腐蚀	632
12Cr18Ni9	0.5772	严重的隧道腐蚀	548

**表 11-54　ECR 合金与 06Cr18Ni12Mo2Ti
不锈钢在硫酸中的腐蚀速度**

硫酸溶液 （质量分数）	温度 /℃	时间 /h	腐蚀速度/（mm/a）	
			ECR 合金	06Cr18Ni12Mo2Ti
$H_2SO_4$20%	沸腾	2	12.34	242.1
$H_2SO_4$80%	70	44	0.368	0.570
$H_2SO_4$4% + $H_3PO_4$30%	70	40	0.862	36.48

**表 11-55　ECR 合金及对比材料在 5 种纯碱
工业介质中的现场挂片腐蚀速度**

（单位：mg/cm² · d）

介　质	ECR 合金	12Cr18Ni9Ti 不锈钢	灰铸铁 HT200
二次盐水	0	0.30	0.30
预碳化液	0.21	0.80	2.0
碳化取出液	0.073	0.41	1.0
滤过母液	0.05	0.03	0.70
烧碱（NaOH）	0.72	5.10	8.80

Cr30Mo 在磷酸和磷酸料浆介质中都有较好的耐蚀性及抗磨蚀性能，主要用于制造磷酸、磷酸料浆泵，搅拌器等。

Fonte30%Cr 合金的显微组织为铁素体基体上分布着共晶碳化物和二次碳化物，也属于高铬耐蚀铸铁类合金，它是很好的氧化铝料浆泵材料。图 11-54 所示为 Fonte30%Cr 合金、20Cr13 马氏体不锈钢、Cr15Mo3 马氏体高铬白口抗磨铸铁、低镍麻口铸铁在工业氧化铝浆液中的现场冲刷试验结果。试验方法是把试验合金加工成 ϕ19mm × 11.7mm 圆柱，镶于泵盖的内侧，运行 530h 后测量试样表面距泵盖表面高度。Fonte30%Cr 合金试样的剩余高度显著高于其余三种合金。

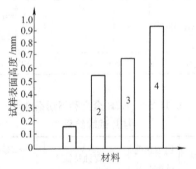

图 11-54　4 种材料试样表面距泵盖表面高度对比

1—低镍麻口铸铁　2—Cr15Mo3 高铬白口抗磨铸铁

3—20Cr13 不锈钢　4—Fonte30%Cr

Cr35Ni25 是专利合金，其合金成分中还可以有少量的钨、铌和钴。其铸态硬度为 325 ~ 375HBW，经适当热处理之后为 460 ~ 515HBW。在硫酸、硝酸、磷酸、碱、硝铵等许多介质中都有很好的耐蚀性，适用于强磨损腐蚀环境。

11.4.5　高铬耐蚀铸铁件生产工艺

1. 工艺特性及化学成分选择

同普通的高铬白口抗磨铸铁相比，高铬耐蚀铸铁的碳含量低，铬含量高，因而其流动性更差，铁液氧化倾向更大，收缩和热裂倾向也更大。同高铬镍的奥氏体不锈钢相比，高铬耐蚀铸铁脆性大，冷裂倾向大，冒口难于切割，焊补性太差。这些特点使得高铬耐蚀铸铁件生产难度较大。

化学成分对高铬耐蚀铸铁的使用性能有显著影响，准确掌握各元素的含量十分重要。铬含量越高，铸造工艺性越差，但铬含量范围是根据铸件的使用环境确定的，降低铬会影响铸件的使用性能。碳和硅高有利于改善铁液的流动性，提高充型能力，降低氧化倾向，减少铸件的冷隔和皱皮缺陷，但也增加合金的脆性。在铁素体基体的高铬耐蚀铸铁中，硅含量高会显著粗化合金显微组织，增加合金脆性；在奥氏体基体高铬耐蚀铸铁中，硅对力学性能没有显著影响。在表 11-46 所列的成分范围内，锰对高铬耐蚀铸铁的使用性能没有明显影响，锰含量高有利于铁液脱氧，改善充型能力。磷和硫含量高会增加合金晶界夹杂物，对韧性不利，故磷、硫含量越低越好。

钼对铸造工艺性能的影响与铬类似。镍和铜对合金铸造工艺性没有明显影响，但可改善合金的力学性能。镍、铜和碳对合金基体组织的影响必须十分注意。例如，当 Cr30Mo 合金中不含镍或含很少量镍时，其晶间腐蚀特性与铁素体不锈钢相同，即从高温缓慢冷却，其耐蚀性好；从高温快冷，被敏化（在热处理过程中或在焊接过程中，碳与铬结合形成碳化物在晶界析出，使晶界贫铬），所获得组织发生晶间腐蚀。当镍含量增加到一定值、基体中尚未出现奥氏体时，合金的敏化特点就发生转变，从高温快冷不敏化，慢冷则发生敏化，这与奥氏体不锈钢有相同的敏化特征。奥氏体基体和奥氏体-铁素体混合基体的高铬耐蚀铸铁的敏化特性都与奥氏体不锈钢相同。

奥氏体基体的高铬耐蚀铸铁力学性能，特别是韧性不但远高于铁素体耐蚀高铬铸铁，也高于用于耐磨的高铬铸铁，其冷裂倾向也小于后两者。奥氏体高铬耐蚀铸铁件在安装、使用中未出现因力学性能不足而损坏的例子。生产奥氏体高铬耐蚀铸铁件的成品率和可靠性比生产铁素体高铬铸铁件高得多。但要特别注意，奥氏体高铬耐蚀铸铁不能用于晶间腐蚀倾向严重的环境。

无论是奥氏体还是铁素体的高铬耐蚀铸铁，机械加工性能都大大优于耐磨高铬铸铁，可以实施各种加工。铁素体高铬耐蚀铸铁的加工性能比奥氏体高铬耐蚀铸铁更好一些。

2. 铸件工艺设计

高铬耐蚀铸铁对造型材料的要求与铸钢类似，型芯材料要有高的耐火度，好的溃散性，因铸件在凝固和冷却过程中很容易开裂，应尽量减少铸件收缩的各种阻碍因素。浇注和补缩系统要严格按顺序凝固的原则进行设计。浇注系统宜采用半封闭式，以使其具有一定的撇渣能力，且使铁液平稳地进入型腔，严防铁液飞溅。浇道节流部分断面应大于普通灰铸铁，与不锈钢相近。为提高冒口补缩能力，内浇道尽量经过冒口进入型腔，或者从接近冒口补缩区的厚壁处进入铸型。浇道的布置不应阻碍铸件收缩，同时也要防止因浇道收缩使铸件产生较大的附加应力，因为已有这种附加应力使铸件开裂的实例。设计冒口时，应考虑到冒口难于切除，宜采用侧冒口和有易割片的顶冒口。铸件上冒口补缩不到的部位，易热裂部位都应放置适当冷铁。尽量使用外冷铁，必要时也可使用内冷铁。如有可能，应尽量使用发热保温冒口、保温补贴和冒口保温覆盖剂，以加强冒口的补缩效果。

3. 熔炼及浇注

应在电炉中熔炼（感应电炉和电弧炉都可）。炉衬应采用碱性炉衬。在酸性炉衬的炉中，二氧化硅与铁液中的碳可能发生下列反应：

$$SiO_2 + 2C = Si + 2CO$$

反应式的热力平衡温度约为 1466℃，高于此温度，反应向右进行。高铬耐蚀铸铁熔点高，熔炼中铁液温度可达 1600℃，在此温度下，炉衬中的 SiO_2 被还原成单质硅，进入铁液，铁液中的碳被烧损。在这种情况下，高铬耐蚀铸铁中的碳和硅含量都难于准确掌握。

在中频炉熔炼时，炉料用低碳、高碳或中碳铬铁，低碳钢边角料配制，用硅铁、锰铁和电解铜、镍等调整成分。炉料不得潮湿，钢料不应锈蚀。熔炼过程中应用生石灰造渣，覆盖铁液表面。注意防止熔炼时间过长和温度过高，铁液加热温度应为 1550 ~ 1580℃ 为宜。出炉前应采用多种方法，充分脱氧。锰、硅、铝、钛、稀土都可以用作脱氧剂。

铁液达到所需的过热温度就可脱氧出炉。出炉时在包内加适当变质剂，进行变质处理，可细化铸铁的显微组织，改善力学性能。出炉后扒渣、覆盖聚渣剂。铁液在包内静置几分钟，当温度下降到适宜温度后开始浇注。在铸件不出现冷隔的情况下，浇注温度低一些为好，这样可大大减少缩松和热裂的出现概率。厚、大铸件的浇注温度应为 1430 ~ 1460℃，薄小件应为 1480 ~ 1520℃。

4. 铸件工艺设计实例

铸件为 3PN 型盐浆泵叶轮。铸件质量为 19.6kg，最大厚度为 120mm，最小厚度为 10mm。铸造实物如图 11-55 所示。叶轮中央厚部放置内冷铁，内浇道经冒口进入叶片较厚位置。远离冒口的三个叶片用随型外冷铁强制冷却。铁液变质处理温度为 1543℃，浇注温度为 1430℃，浇注时间为 5s。

图 11-55　ECR 合金 3PN 型盐浆泵叶轮铸造实物

5. 铸件热处理

高铬耐蚀铸铁件都可以铸态使用，铁素体高铬耐蚀铸铁件退火后可以改善加工性和耐蚀性。退火工艺是把铸件缓慢加热到 820 ~ 850℃ 之后保温，出炉空冷。注意退火温度不要超过 860℃，当加热温度高于 860℃ 时，铁素体高铬耐蚀铸铁会发生敏化，耐蚀性降低。如果在 700 ~ 800℃ 之间停留时间过长，Cr28 以上铁素体高铬耐蚀铸铁可能产生硬而脆的 σ 相，使力学性能和耐蚀性降低，在 370 ~ 540℃ 之间长期保温，铁素体高铬耐蚀铸铁还会发生脆性转变，使韧性大大降低，硬度升高。

奥氏体基体高铬耐蚀铸铁的热处理特性与奥氏体钢相同，经高温固溶处理可以进一步改善韧性和耐蚀性，但由于淬火过程中铸件有开裂的危险，一般不能采用。在 600 ~ 900℃ 之间保温会有二次碳化物析出，硬度提高，韧性和耐蚀性都稍有下降。在合金耐蚀性足够，需要进一步提高硬度时可以采用，但保温时间不能过长，否则可能有 σ 相析出。如果铸件需消除铸造应力，可以加热到 430 ~ 480℃ 保温，保温时间按铸件厚度每 25mm 保温 1h，保温后随炉缓冷。

11.5　中、低合金耐蚀铸铁

铸铁中加入少量的合金元素，可以改善铸铁的力学性能，也可以改善铸铁在某些腐蚀介质中的耐蚀性。

11.5.1　铝铸铁

Al 的质量分数为 3.5% ~ 6% 的铸铁适用于制造输送联碱氨母液、氯化铵溶液、碳酸氢铵母液等腐蚀介质的泵、阀等零件。在不含结晶物的氨母液中。铝铸铁的腐蚀速度为 0.1 ~ 1.0mm/a。在含结晶物的联碱溶液中，为提高铝铸铁的耐磨损腐蚀性，在铝铸铁中加入质量分数为 4% ~ 6% 的 Si 和质量分数为 0.5% ~ 1.0% 的 Cr，制得铝硅铸铁，有更好的耐蚀性和耐磨性。

铝铸铁和铝硅铸铁的化学成分、力学性能和耐蚀性见表 11-56。

铝铸铁熔制方法：用电炉或冲天炉熔炼铸铁，用坩埚单独熔制铝，再把铁、铝液倒入同一包中混合，再压入质量分数为 0.1% ~ 0.15% 的干燥氯化锌。氯

化锌的沸点为 730℃，压入铁液后可沸腾去气，净化铁液。在中频炉中熔制铸铁时，也可把铝直接加入炉中铁液内，并造渣覆盖。铝铸铁件的浇注系统要使铁液充型时平稳，减少翻腾，建议采用封闭式浇道，防止浮渣进入型腔。浇注温度为 1300 ~ 1400℃。铝铸铁的线收缩率为 1.0% ~ 2.0%，铝硅铸铁的线收缩率为 1.5%。铝铸铁件易产生热裂，在制定铸造工艺时要特别注意。

11.5.2　镍铬合金铸铁

低镍铬合金铸铁在国内外应用较多，主要用于沿海的核电、火电、石油化工等工业部门海水冷却系统的海水输送设备，如导流体、吸入锥管、外接管、出水弯管等。几种低镍铬合金铸铁的化学成分和力学性能、铸造性能见表 11-57 和表 11-58。表 11-59 是低镍铬铸铁及普通灰铸铁在天然海水全浸区和海洋大气区的腐蚀试验数据。

表 11-56　铝铸铁、铝硅铸铁的化学成分、力学性能和耐蚀性

名称	化学成分（质量分数,%）	力学性能				介质条件			腐蚀速度 /(mm/a)
		抗拉强度 /MPa	抗弯强度[1] /MPa	挠度[1] /mm	硬度 HRC	种类	质量分数（%）	温度 /℃	
铝铸铁	C = 2.7 ~ 3.0 Si = 1.5 ~ 1.8 Mn = 0.6 ~ 0.8 Al = 4.0 ~ 6.0 P = S ≤ 0.10	180 ~ 210	360 ~ 440	2.0 ~ 4.0	≤20	联碱氨母液	20	40	0.074
						碳酸氢铵母液	—	常温	0.082
							—	50 ~ 60	0.086
铝硅铸铁	C = 2.0 ~ 2.5 Si = 4.0 ~ 6.0 Mn = 0.3 ~ 0.8 P = S ≤ 0.10 Al = 4.0 ~ 6.0 Cr = 0.7 ~ 1.0	60 ~ 150	150 ~ 330	—	26 ~ 35	含结晶的碱类溶液	—	—	可用

①　支距取 150mm 测定出抗弯强度和挠度值。

表 11-57　低镍铬铸铁的化学成分和力学性能

序号	化学成分（质量分数,%）					硬度 HBW	抗拉强度 /MPa
	C	Si	Mn	Ni	Cr		
1	3.0 ~ 3.3	1.3 ~ 2.0	0.5 ~ 1.0	2.0 ~ 2.5	0.4 ~ 0.6	—	360 ~ 380
2	3.2 ~ 3.4	0.9 ~ 1.4	0.5 ~ 0.8	1.5 ~ 2.0	0.6 ~ 1.0	200 ~ 240	240 ~ 280
3	3.0 ~ 3.2	2.0 ~ 2.2	0.6 ~ 0.9	3.0 ~ 3.5	0.2 ~ 0.4	240 ~ 260	300 ~ 350

表 11-58　低镍铬合金铸铁的铸造性能

铸铁种类	碳当量（%）	流动性螺旋线长 /mm	共晶膨胀（%）	共析膨胀（%）	总收缩率（%）	集中缩孔率（%）
NiCr 铸铁	3.58 ~ 3.78	632 ~ 847	0.146 ~ 0.225	0 ~ 0.015	1.39 ~ 1.60	4.81 ~ 6.93
普通灰铸铁	3.66	578	0.20	0.025	1.33	4.48

表 11-59　镍铬合金铸铁和普通铸铁在海水全浸区、海洋大气区的腐蚀试验数据

铸铁种类	化学成分(质量分数,%)								全浸区		大气区腐蚀速度/(mm/a)	试验时间
	C	Si	Mn	Ni	Cr	Cu	RE	其他	腐蚀速度/(mm/a)	点蚀程度/mm		
NiCr 铸铁	3.20	1.50	0.60	3.00	1.10	—	—		0.17	0.22	—	508d
普通灰铸铁	3.07	1.76	0.541	—	—	—	—		0.14	0.29	—	508d
NiCr 铸铁	3.23	1.63	0.91	0.50	0.50	—	—		0.20	0.98	—	378d
普通球墨铸铁	3.68	2.96	0.39	—	—	—	—		0.20	0.47	—	378d
NiCr 铸铁	3.23	1.63	0.91	2.48	0.51	—	—		0.138	0.21	—	—
HT200	—	—	—	—	—	—	—		0.19	0.18	—	0.5a
									0.16	0.27	0.049	1.0a
									0.14	0.34	—	1.5a
Ni2 铸铁	—	—	—	1.98	—	—	—		0.16	0.32	0.040	1.0a
Ni1.5Cr 铸铁	—	—	—	1.51	0.59	—	—		0.17	0.25	0.040	1.0a
Ni2.5Cr 铸铁	—	—	—	2.45	0.56	—	—		0.17	0.28	0.039	1.0a
Ni3.5Cr 铸铁	—	—	—	3.38	0.47	—	—		0.17	0.31	0.036	1.0a
Ni2.5CrMo 铸铁	—	—	—	2.69	0.61	—	—	Mo:0.15	0.16	0.27	0.035	1.0a
Ni2.5CrCu 铸铁	—	—	—	2.48	0.51	1.02	—		0.16	0.25	0.033	1.0a
Ni3CrRE 铸铁	—	—	—	3.05	0.47	—	0.052		0.16	0.27	0.037	1.0a
CrSbCu 铸铁	—	—	—	—	0.22	0.55	—	Sb:0.26	0.13	0.31	0.035	1.0a
CuCr 铸铁	—	—	—	—	0.25	0.50	—		0.19	0.19	0.036	1.0a
CuCr 球墨铸铁	—	—	—	—	0.25	0.50	—		0.17	0.61	0.037	1.0a
CuAl 球墨铸铁	—	—	—	—	—	0.54	—	Al:0.96	0.16	0.95	0.039	1.0a
CuSnRE 铸铁	—	—	—	—	—	1.20	0.15	Sn:0.45	0.17	0.30	0.035	1.0a

一种中铬镍硅耐碱腐蚀磨损铸铁具有较好的耐高温浓碱腐蚀性能、抗冲击磨料磨损性能和抗冲击疲劳性能,其性能优于马氏体高铬铸铁,是高温浓碱腐蚀冲击磨料磨损工况适宜的合金材料,如氧化铝厂用球磨机磨球。其化学成分(质量分数,%)为:C=2.1~2.4,Mn≤2.00,Si=0.80~2.80,Cr=7.00~13.00,Ni≤2.00,Mo≤1.00,W≤1.00,Cu≤1.50,Nb≤0.30,RE≤0.30,P≤0.10,S≤0.06,与马氏体高铬铸铁、低铬铸铁试验数据比较见表 11-60。

在铸铁中加入铬,使大片状连续性的石墨转变为细小的不连续的石墨,可防止硫酸向铸铁基体内扩散,从而改善铸铁的耐蚀性。铬的质量分数控制在1.2%~2.0%的低铬铸铁,在温度为70~82℃、质量浓度为98.1%~98.4%的硫酸中,281.5h现场挂片试验,腐蚀速度低于1.0mm/a,可用于铸造硫酸输送冷却系统中最常用的双法兰管等。

表 11-60　中铬镍硅耐碱腐蚀磨损铸铁、马氏体高铬铸铁、低铬铸铁试验数据比较

材　　料	金相组织	硬度 HRC	冲击韧度/(J/cm²)	腐蚀失重/(mg/cm²)	相对耐磨性
中铬镍硅耐碱腐蚀磨损铸铁	细 P + M_7C_3	50	4	6.4	1.45
马氏体 Cr15 高铬铸铁	M + M_7C_3 + $M_{23}C_6$ + A'	60	4	9.14	1.09
低铬铸铁	P + M_3C	50	3	15.5	1.00
45Mn2 锻钢	M + A'	58	38	38.4	—

注:1. 腐蚀试验条件:质量浓度为 NaOH =50% 的碱液,温度为 95℃,试验时间为 168h。

2. 耐磨性试验条件:湿式冲击磨料磨损试验采用改造的 MLD-10 型动载磨料磨损试验机,配副磨损下试样为铬合金钢 HRC51,冲击吸收能量为 2.72J,磨料为 40~80 号筛硅砂,砂浆质量浓度为 70%。

3. A' 为残留奥氏体。

11.5.3 低镍铸铁

铸铁中加入少量的镍（质量分数为 2% ~ 4%），可以提高铸铁在碱、盐溶液及海水环境中的耐蚀性，见表 11-61 和表 11-62。

低镍铸铁中加入适量的锆制得的铸铁有很强的耐蚀性、很好的铸造性能和足够的导电性，是代替石墨电极，作为生产有机化合物的电解槽的电极的理想材料。这种铸铁化学成分范围是：$w(C) = 3\% \sim 3.5\%$，$w(Si) = 0.8\% \sim 1.4\%$，$w(Mn) = 0.3\% \sim 0.5\%$，$w(Ni) = 1.5\% \sim 5\%$，$w(Zr) = 0.5\% \sim 2\%$。这种铸铁的电极用于电解槽取得了很好的经济效益。

表 11-61 在 510℃ 熔融氢氧化钠溶液中低镍铸铁的腐蚀性

材 质	腐蚀速度/(mm/a)	孔蚀深度/mm
灰铸铁	97 ~ 135	0.127
球墨铸铁	207	微
白口铸铁	151	0.50
$w(Ni) = 3\%$ 的铸铁	71	微
锻造镍	9	无

注：在无水烧碱（含有氯化钠质量分数为 0.5%，碳酸钠质量分数为 0.5% 和硫酸钠质量分数为 0.03%）中进行 14d 的现场试验。

表 11-62 低镍铸铁在海水中的腐蚀性和冲蚀试验

铸铁类型	温度/℃	腐蚀速度/(mm/a)
灰铸铁	86	176
球墨铸铁，退火态	79	106
球墨铸铁，铸态	79	84
$w(Ni) = 3\%$ 的铸铁	79	93

11.5.4 含铜铸铁

含铜铸铁主要用于海洋大气、含有浓硫酸烟气的大气、海水和石油工业，代替普通灰铸铁。表 11-63 列出了两种含铜铸铁的化学成分。在普通铸铁中加入质量分数为 1.5% 的铜，耐大气和海水的腐蚀性能有所提高。化学成分（质量分数，%）为：Cu = 1.0、Cr = 1.5 ~ 2.0、Mo = 0.8 ~ 1.2 等的低合金铸铁，其耐海水腐蚀性是普通铸铁的 5 倍。含铜的质量分数为 0.4% ~ 0.8%、锑的质量分数为 0.1% ~ 0.4% 的铸铁适于近海污染海水中使用。铜质量分数为 0.1% ~ 1%、锡质量分数小于 0.3%、铬的质量分数为 0.3% 的铸铁在 0.5mol/L 的硫酸中腐蚀速度低于无合金铸铁。

表 11-63 含铜铸铁的化学成分（质量分数，%）

名 称	C	Si	Mn	P	S	Cu	Al	其他
CuAlP 铸铁	3.4 ~ 3.5	1.65 ~ 2.0	0.7 ~ 0.8	0.37 ~ 0.42	0.04 ~ 0.05	1.5 ~ 2.0	0.4 ~ 0.5	—
CuAlSb 铸铁	3.2 ~ 3.8	3.3 ~ 4.5	0.5 ~ 1.5	—	—	1.5 ~ 3.5	0.1 ~ 2.5	Sb0.008 ~ 0.2

一种耐海水腐蚀的合金铸铁，化学成分（质量分数，%）为：C = 2.8 ~ 3.4，Ni = 0.8 ~ 3.2，Cr = 0.6 ~ 1.2，Cu = 0.4 ~ 0.8，Si = 1.2 ~ 2.2，Mn = 0.5 ~ 1.2，Sb = 0.1 ~ 0.4，杂质元素控制在 S≤0.12，余量为 Fe。适用于制造水利、水电工程的闸门、闸门槽等设备，在海水中的使用性能优于不锈钢，具有较好的耐蚀性和力学性能。

一种耐碱蚀铜镍合金铸铁，其化学成分（质量分数，%）为：C = 3.0 ~ 3.4、Si = 2.0 ~ 2.5、Mn = 0.5 ~ 0.8、S < 0.05、P < 0.11、Cu = 4.5、Ni = 1.5 ~ 2.5，在组成为 400g/L NaOH、6.7g/L Na_2CO_3、8.8g/L Na_2SO_4、38.7g/L NaCl 的室温浓碱液静态腐蚀环境中，腐蚀速度为 0.0065mm/a。研究发现，当铜含量较低时，随着铜含量的增加，有利于提高合金的耐蚀性。但超过一定值时析出铜化合物或游离铜，这些新相成为活性阴极相，降低了铸铁的耐蚀性。该类铸铁在 60℃、$w(NaOH) = 40\%$ 的碱溶液中，腐蚀速度与铜含量的关系如图 11-56 所示。

11.5.5 耐盐卤冲蚀铸铁

1）铸铁的化学成分：$w(C) = 2.8\% \sim 3.1\%$，

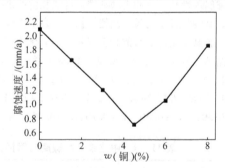

图 11-56 腐蚀速度与铜含量的关系

腐蚀介质：$w(NaOH) = 40\%$
的碱溶液、温度为 60℃

$w(Si) = 2.6\% \sim 3.0\%$，$w(Mn) = 1.1\% \sim 1.6\%$，$w(P) \leq 0.1\%$，$w(S) \leq 0.08\%$，$w(Cr) = 0.98\% \sim 1.37\%$，$w(Cu) = 0.8\% \sim 1.2\%$，$w(Mo) = 0.2\% \sim 0.4\%$。力学性能：抗弯强度 σ_{bb} 为 450 ~ 520MPa，挠度 f 为 2.7 ~ 3.2mm，硬度为 34 ~ 37HRC。显微组织为索氏体 + 碳化物 + 石墨。该铸铁用于制作输盐泵，使用寿命比普通灰铸铁提高 2 ~ 6 倍。

2）铸铁的化学成分：$w(C) = 3.2\% \sim 3.6\%$，

$w(Si) = 2.4\% \sim 3.0\%$，$w(Mn) \leqslant 0.6\%$，$w(Al) = 0.6\% \sim 1.0\%$，$w(Cu) = 0.4\% \sim 0.6\%$，$w(Ni) = 0.5\% \sim 1.0\%$，$w(Sb) = 0.1\% \sim 0.2\%$。力学性能：抗拉强度 R_m 为 685MPa，冲击韧度 a_K 为 $11J/cm^2$，硬度为 331HBW。显微组织为珠光体 + 球状石墨。用于制作输送含盐粒、泥沙的盐水的盐卤泵，使用寿命比普通灰铸铁提高 4 倍。

3）盐卤的组成与海水不同，盐卤中含 H_2S 为 $80 \sim 300mg/L$，海水中的 H_2S 含量极低。因而海水和盐卤对金属的腐蚀不尽相同，在含 NaCl 为 200g/L、H_2S 为 140mg/L 的盐溶液中的试验表明，当铸铁中含质量分数为 Cu = 1.1%、Ni = 0.7%、Mo = 0.5%、Si = 2.5% 时，其耐蚀性比普通灰铸铁提高 59%；当铸铁中含质量分数为 0.7% 的钛、1.0% 的镍、0.5% 的铝时，其耐蚀性比普通灰铸铁提高 54%。

11.5.6 烧碱熔融锅用铸铁

对一些低合金铸铁在高温烧碱中的耐蚀性研究表明，镍、铬铸铁的耐蚀性优于普通灰铸铁和其他合金铸铁。烧碱生产中的固碱大锅可以用镍铬耐碱铸铁制造。两种耐碱铸铁的化学成分和力学性能见表 11-64，其耐蚀性见表 11-65。

表 11-64 两种低合金耐碱铸铁的化学成分和力学性能

牌号	化学成分(质量分数,%)								抗弯强度 /MPa	挠度[①] /mm	硬度 HBW
	C		Si	Mn	P	S	Cr	Ni			
	总 C	自由 C									
СЧЩ-1	3.2 ~ 3.5	0.5 ~ 0.8	1.2 ~ 1.5	0.5 ~ 0.8	0.15 ~ 0.30	≤0.1	0.6 ~ 0.8	0.8 ~ 1.0	314 ~ 373	8 ~ 9	200 ~ 230
СЧЩ-2	3.2 ~ 3.6	0.5 ~ 0.8	1.5 ~ 2.0	0.4 ~ 0.8	0.15 ~ 0.30	≤0.1	0.4 ~ 0.8	0.35 ~ 0.50	314 ~ 373	8 ~ 9	210 ~ 260

① 支距取 600mm 测定出的挠度值。

表 11-65 两种低合金耐碱铸铁的耐蚀性

介质 (质量分数,%)	温度/℃	腐蚀速度/(mm/a)	
		СЧЩ-1	СЧЩ-2
NaOH = 20 ~ 25	20 ~ 50	0.1	0.1
NaOH = 50	100	1.0	1.0
KOH = 20	21	0.1	0.1
KOH = 50	50	0.1	1.0
KOH = 50	100	1 ~ 3	1 ~ 3
熔融 NaOH = 98	400	1.0	1 ~ 3
熔融 KOH = 98	550	1 ~ 3	10
熔融 KOH = 98	400	1.0	—
碱液[①]	110	1 ~ 3	1 ~ 3

① 组成(g/L)：NaOH = 740，NaCl = 25，NaHCO₃ = 5，KClO₃ = 5.6。

11.5.7 含锑铸铁

国内研究者在分析研究国产及进口浓硫酸泵用铸铁材质的化学成分、显微组织与使用性能关系的基础上，研制出的耐浓硫酸腐蚀低合金铸铁的化学成分为：$w(C) = 2.6\% \sim 3.4\%$，$w(Si) = 1.3\% \sim 2.6\%$，$w(Mn) = 0.5\% \sim 1.0\%$，$w(P) \leqslant 0.1\%$，$w(S) \leqslant 0.1\%$，$w(Cu) = 1.2\% \sim 2.0\%$，$w(Sb) = 0.1\% \sim 0.4\%$，$w(Ni) = 0.1\% \sim 0.6\%$，$w(Cr) = 0.1\% \sim 0.5\%$，$w(Mo) = 0.1\% \sim 0.5\%$，这种铜锑多元低合金铸铁在质量分数为 80% ~ 98%、温度低于 80℃ 的热浓硫酸中耐蚀性显著高于普通灰铸铁，是良好的浓硫酸泵用材料。

在铁液化学成分为 $w(C) = 3.3\% \sim 3.6\%$、$w(Si) = 1.2\% \sim 1.5\%$、$w(Mn) = 0.6\% \sim 0.9\%$、$w(S) < 0.12$、$w(P) < 0.15\%$ 的铁液中加入适量含锑、铜、锡、铝和稀土的中间合金，制得的低合金铸铁用于制造浓硫酸泵，使用寿命明显高于普通灰铸铁泵。

在 $w(C) = 3.5\%$、$w(Si) = 1.5\%$、$w(Mn) = 0.73\%$、$w(S) < 0.09\%$、$w(P) < 0.11\%$ 的铸铁中加入 $w(Cr) = 0.8\%$、$w(Cu) = 1.5\%$ 和 $w(Sb) = 0.4\% \sim 0.6\%$，制得的新型低合金铸铁硬度比普通灰铸铁 HT200 高出 68HBW，在质量分数为 10% 的室温盐酸和质量分数为 1% 的氧化乐果环境中，耐蚀性比普通灰铸铁大大提高，用于制造工作在 1/2000 农药乐果溶液中的滚子泵外圈，效果良好。

参 考 文 献

[1] NEVILLE A，HODGKIESS T. Study of Effect of Liquid Corrosivity in Liquid-Solid Impingement on Cast Iron and Austenitic Stainless Steel [J]. British Corrosion Journal，1997，32 (3)：197-205.

[2] WALTON C F，OPAR T J. 铸铁件手册 [M]. 童本行，等编译. 北京：清华大学出版社，1990.

[3] 申泽骥，姜炳焕，苏贵桥，等. 耐盐浆磨损腐蚀 ECR 合金的研制 [J]. 铸造，1997 (10)：

19-21.

[4] 申泽骥，苏贵桥，姜炳焕. ECR合金的耐蚀性和耐磨损腐蚀机理 [J]. 铸造，1999 (12)：1-4

[5] 黄嘉琥，吴剑. 耐腐蚀铸锻材料应用手册 [M]. 北京：机械工业出版社，1991.

[6] 朱相荣，王相润，等. 金属材料的海洋腐蚀与防护 [M]. 北京：国防工业出版社，1999.

[7] 柴跃生，等. 低合金铸铁在静海水中全浸区的腐蚀研究 [J]，铸造设备研究，1994 (2)：49.

[8] 武村守，橘堂忠，佐藤幸弘. 酢酸水溶液中にぉける球状黑鉛鑄鐵の耐食性改善 [J]. 鑄造工学，1999，71 (6)：398-403.

[9] 化学工业部化工机械研究院. 腐蚀与防护手册：耐蚀金属材料及防蚀技术 [M]. 北京：化学工业出版社，1990

[10] 田永生. 耐盐卤腐蚀铸铁的应用 [J]. 现代铸铁，1997 (3)：41-48.

[11] 张金旺，董良，李云香. 新型低合金耐磨耐蚀铸铁的开发与应用 [J]. 热加工工艺，1992 (5)：44-45.

[12] 柴跃生，田香菊，高春生. 低合金铸铁在高流速海水中的腐蚀研究 [J]. 太原重型机械学院学报，1997，18 (4)：307-311.

[13] 李自贵，王正谊，韦华. 低合金铸铁动海区实海腐蚀行为研究 [J]. 腐蚀科学与防护技术，2006，18 (5)：374-376.

[14] WINSTON REVIE R. 尤利格腐蚀手册 [M]. 2版. 杨武，等译. 北京：化学工业出版社，2005.

[15] 郝远，等. 铸铁气蚀性能的影响因素 [C]. 郑州：中国铸造分会铸铁及熔炼学组1991年年会论文集，1991.

[16] TOMLINSON W J, TALKS M G. Cavitation Erosion of Heat-Treated Low Alloy Cast Iron [J]. Wear，1990，137：143-146.

[17] 夏兰廷，黄桂桥，张三平，等. 金属材料的海洋腐蚀与防护 [M]. 北京：冶金工业出版社，2003.

[18] 夏兰廷，韦华，朱宏喜. 常用铸铁材料海水腐蚀行为的研究 [J]. 中国腐蚀与防护学报，2003，23 (2)：99-102.

[19] 夏兰廷，韦华. 自然海水中低合金铸铁点蚀的化学—电化学溶解机理 [J]. 机械工程学报，2002，38 (9)：140-143.

[20] 天华化工机械及自动化研究设计院主编. 腐蚀与防护手册：耐蚀金属材料及防蚀技术 [M]. 2版. 北京：化学工业出版社，2006.

[21] 刘焕安. 硫酸用新型耐蚀合金的研究与开发 [J]. 硫酸工业，2001 (1)：7-10

[22] 楠顶. 铸铁在不同温度浓碱介质中腐蚀行为的研究 [J]. 内蒙古石油化工，2008 (04)：6-8.

[23] 师素粉，夏兰廷，李宏战，等，盐溶液浓度对铸铁腐蚀性能的影响 [J]. 铸造，2008，57 (8)：823-825.

[24] 夏兰廷，王凤英，韦华. 铸铁材料在盐湖卤水中的腐蚀研究 [J]. 铸造，2005，54 (11)：1110-1112.

[25] 黄桂桥. 铸铁在海水中的腐蚀行为 [J]. 腐蚀与防护，2001，22 (09)：384-386.

[26] 张寅，王玉杰，刘东辉. 国家标准《高硅耐蚀铸铁件》解读 [J]. 铸造，2009，58 (11)：1188-1191.

[27] KIM B H, SHIN J S, S. M. Lee, et al. Improvement of TenSile Strength and Corrosion Resistance of High-Silicon Cast Irons by Optimizing Casting Process Parameters [J]. Material Science，2007，42：109-117.

[28] 李具仓，李志思，赵爱民，等. 高硅铸铁的研究 [J]. 铸造，2004，53 (12)：1028-1030.

[29] 李具仓，陈银莉，汪淑英，等. 一种新型的含镍耐蚀高硅铁基合金 [J]. 北京科技大学学报，2007，29 (2)：125-129.

[30] 龙文元，程国香. 改善高硅耐酸铸铁机械性能的研究 [J]. 南昌航空工业学院学报，1999 (6).

[31] 杨滨，陈国香，曾效舒，等. 一种高硅耐蚀铸铁的制备方法：ZL 200310123480.2 [P]. 2006-12-20.

[32] 史鉴开，史小雨. 浅析高硅耐蚀铸铁件的生产 [J]. 机械工人. 热加工，2005 (3)：58.

[33] 申泽骥，姜炳焕，苏贵桥，等. 稀土镍铜奥氏体球铁的研究 [J]. 铸造，1995 (7)：5-9.

[34] 李建国，王红旺，董俊慧. 奥氏体铸铁在内蒙古天然碱苟化烧碱液中的腐蚀性能 [J]. 化工科技，2000，8 (3)：11-16.

[35] MALIK A U, et al. Corrosion of Ni-Resist Cast Iron in Sea Water [J]. British Corrosion Jounal，1993，28 (3)：209-216.

[36] 郁春娟，黄桂桥. 合金铸铁和铸造不锈钢在海水中耐蚀性 [J]. 腐蚀科学与防护技术，2001

（11）：447-450.

[37] ALZAFIN Y A, MOURAD A-H I., ABOU ZOUR M, et al. Stress Corrosion Cracking of Ni-Resist Ductile Iron Used in Manufacturing Brine Circulating Pumps of Desalination Plants [J]. Engineering Failure Analysis, 2009, 16：733-739.

[38] 申泽骥，姜炳焕，苏贵桥，等. 奥氏体铸铁和18-8 不锈钢在烧碱中的腐蚀行为 [J]. 材料科学与工艺，1999，7（3）：10-13.

[39] 金永锡，范仲嘉. 高镍奥氏体球墨铸铁涡轮增压器壳体材质及工艺研究 [J]. 铸造，2005，54（5）：494-500.

[40] MORRISON J C. Practical Production of Ni-Resist Castings [J]. Foundry M&T, 1998, 128 (8)：54-64.

[41] 程武超，赵新武，党波涛，等. 高镍奥氏体球墨铸铁饱和度和碳当量的验证 [J]. 铸造技术，2009，30（9）：1907-1001.

[42] 赵新武. 高镍 D5B 奥氏体球铁排气管的生产工艺 [J]. 铸造技术，2008，29（11）：1456-1460.

[43] 李卫，涂小慧，苏俊义，等. 高铬铸铁铝矿浆泵泵壳腐蚀磨损失效分析 [J]. 机械工程材料，2000，24（2）：42-44.

[44] 盛申远. 大型磷复肥装置中运转设备的防蚀选材浅析 [J]. 化工防腐，1993（1）：25-29.

[45] JOHN H. CULLING. Erosion and Corrosion Resistant Alloy. U S A, C22C 38/08, US005246661A [P]. 1993 (09) 13.

[46] TANG X H, CHUNG R, LI D Y, et al. Variations in Microstructure of High Chromium Cast Irons and Resultant Changes in Resistance to Wear, Corrosion and Corrosive Wear [J]. Wear, 2009, 267：116-121.

[47] ZHANG T C, LI D Y. Modification of 27Cr Cast Iron with Alloying Yttrium for Enhanced Resistance to Sliding Wear in Corrosive Media [J]. Metallurgical and Materials Transactions, 2002, 33：1981-1989.

[48] ZHANG T C, LI D Y. Effect of Alloying Yttrium on Corrosion-Erosion Behavior of 27Cr Cast White Iron in Different Corrosive Slurries [J]. Materials Science and Engineering, 2002, 325：87-97.

[49] MOUSAVI ANIJDAN S H, BAHRAMI A, VARAHRAM N. et al. Effects of Tungsten on Erosion-Corrosion Behavior of High Chromium White Cast Iron [J]. Materials Science and Engineering, 2007, A 454-455：623-628.

[50] 刘坤吉. 中国纯碱协会 1993 年年会论文集 [C]. 北京：中国纯碱协会，1993.

[51] 姚永发. 磷酸磷铵装置中的耐腐蚀材料[J]. 磷肥与复肥，1992（2）：37-42.

[52] 王逸民. 耐碱铝铸铁的研究 [J]. 现代铸铁，1993（3）：10-13.

[53] 石俊生. C15 钢悬臂式碱泵研制 [J]. 大化科技，1995（2）：32.

[54] 夏兰廷，张琰，纪友才. 海水阀用低合金铸铁的铸造性能 [J]，太原重型机械学院学报，1990，11（3）：1-7.

[55] 夏兰廷，张琰. 防腐措施对低合金铸铁耐海水腐蚀性能的影响 [J]. 太原重型机械学院学报，1992，13（3）：103-109.

[56] 郑开宏，苏志辉. 中铬镍耐碱腐蚀磨损铸铁材料的研制 [J]. 有色金属，2005，57（3）：34-37.

[57] 李伟. 低铬铸铁在高温浓硫酸中耐蚀性研究 [J]. 现代铸铁，2006（02）：68-72.

[58] 黄健中，左禹. 材料的耐蚀性和腐蚀数据 [M]. 北京：化学工业出版社，2003.

[59] 陈宗志，王国明，杨致远，等. 耐海水腐蚀的合金铸铁. 中国，200510017821.7 [P]. 2005.

[60] 乌日根，董俊慧. 铜镍合金铸铁的组织和耐碱腐蚀性能 [J]. 机械工程材料，2007，31（11）：73-79.

[61] 乌日根，董俊慧，朱霞. 铜镍合金铸铁耐碱腐蚀性能研究 [J]. 铸造，2006，55（12）：1235-1238.

[62] 杜文波. 输盐泵用材质的研究 [J]. 铸造技术，1992（4）：8-10.

[63] 程骥，王桂芹，谢应良. 固碱锅用铸铁的研究 [J]. 化工机械，1993，20（6）：333.

[64] 李晓刚. 材料腐蚀与防护概论 第二版 [M]. 北京：机械工业出版社，2017.

[65] 杨德钧，沈卓身. 金属腐蚀学 第二版 [M]. 北京：冶金工业出版社，1999.

[66] 赵新武，郭全领. 国家标准《奥氏体铸铁》解读 [J]. 铸造 2012，61（7）：809-812.

[67] 钟发胜. 工程船用耐磨高铬铸铁的组织与性能研究 [D]. 厦门，集美大学，2013

第12章 铸 铁 熔 炼

12.1 概述

12.1.1 铸铁熔炼的基本要求

各种铸铁都是根据其牌号或使用要求的化学成分，经过计算选用多种金属炉料搭配，选用合适的熔炼设备及操作工艺熔炼而成。

选择熔炼炉时的基本要求见表12-1。

表 12-1 选择熔炼炉时的基本要求

要求项目	意　义	说　明
铁液出炉温度	是保证铸件外表光洁，内部质量健全（无任何铸造缺陷），符合化学成分、力学性能，铸件品质等要求的首要条件	1）各种铸铁都应根据其品质要求，将铁液过热至一定温度才能出炉 2）过热温度：一般铸件出铁温度应为 1440～1480℃，极少数铸件可例外 重要铸件要求出铁温度大于1500℃ 3）出铁温度也不宜过高，一般都不宜超过1550℃。出铁温度过高，一方面浪费了能源，另一方面对造型材料、铸型等要求相应提高，会造成资源的浪费，且对铸铁性能及熔炼炉耐火材料寿命有一定的负面影响
化学成分	是决定铸件力学性能、品质因素的基本保证	1）出炉铁液应符合牌号及工艺要求的化学成分 2）化学成分的波动范围应尽可能小。例如，碳当量 CE 的质量分数值的波动范围最好控制在 ±0.1% 以内 3）对于高质量铸铁，应尽可能熔炼出合适含量的低硫、低磷及低气体含量的铁液，特别应注意其非金属夹杂物的含量，微量元素的含量，追求铁液有一定的纯净度要求 4）元素烧损应尽可能低
熔化率	便于组织铸件浇注，均衡、稳定有节奏地生产运转	1）应充分发挥熔炼炉的熔化率，稳定出铁量，保证充足和适时的铁液供应，避免出铁量大幅度及经常性的变动 2）根据铸件的重量，熔炼炉出铁量应便于调节，即具有一定的"柔性"，这一条与1）有一定矛盾，但生产上有时又必须充分予以照顾，选择熔炼炉时需充分考虑
节能降耗	节能降耗不仅仅是为了降低生产成本，已是一项国策，应是生产企业追求的一项指标	1）选用熔炼炉应达到国家规定的能耗指标 2）尽量做到能源再生及循环使用 3）尽量采用先进熔炼炉及其附属设备；采用该种熔炼炉的配套设备、工艺及有关技术
环保	是关系子孙后代的大事，是企业职业道德及文明生产的体现	1）采用的熔炼炉及其附属设备，其粉尘、各种污染排放物、光、噪声等应达到企业所在城市、各类地区的法定指标 2）重视并努力增加环保设备投资及技术创新，致力于排放物的再生、循环利用，变废为宝，逐步实现污染物的零排放
安全可靠	生产必须安全，安全促进生产	选择熔炼设备应尽可能简单，使生产中故障少、隐患少，操作安全方便，维修及运转成本低，劳动条件好

12.1.2　铸铁熔炼炉的选择

在考虑表 12-1 的基础上, 适用于铸铁熔炼的炉很多, 其种类及使用情况见表 12-2。

1. 铸铁熔炼过程各阶段所需热量分析

节能, 减少能源消耗, 特别是减少不可再生能源的使用, 以利于国家可持续性发展的要求, 是选用铸铁熔炼炉的基本出发点之一。为此, 首先应分析研究铸铁熔炼过程中, 各阶段所需的热能消耗量, 从根本上提供熔炼节能的可能性。

表 12-2　铸铁熔炼炉的种类及使用情况

类　　型	熔炼炉名称		使 用 情 况
单一用熔炼炉	冲天炉	以焦炭为主要燃料	使用量在下降, 是铸铁熔炼的主要设备
		以天然气为主要燃料	正处于发展中
		以油、煤粉等为燃料	使用量有限, 逐渐减少
	电炉	工频炉	小容量工频炉使用逐步减少、淡出; 大容量工频炉仍在应用, 多用于保温或浇注
		中频炉	用于熔炼、保温或浇注、熔炼兼保温; 使用量占首位
		电弧炉	使用量越来越少
	反射炉	以氧气、天然气为燃料	使用量较少, 正处于发展完善中
组合用炉	高炉 + 电弧炉 高炉 + 感应电炉		视小高炉的能耗决定其存在可能性, 这种组合的应用有局限性
	冲天炉 + 感应电炉		是最传统的双联熔炼方式
	感应电炉 + 感应电炉		是目前双联熔炼的主流方式
	电弧炉 + 感应电炉		使用较少
其他熔炼炉	如历史上的勺炉、三节炉; 熔炼矿石、球团矿的矿渣炉; 熔炼铁屑、钢屑的再生炉; 近代的真空感应炉、等离子感应炉、增压感应炉等		这些炉子有的用于铸铁熔炼, 已应用很少, 只偶见于特殊用途; 有的已不属于铸铁熔炼, 用于特种材料或铸件的生产; 有的用于实验室、科研

每吨铸铁从室温 (24℃), 经预热、熔化并过热到 1550℃ 所吸收的总热量是固定的, 约为 1322600kJ。铸铁熔炼在各个阶段所需要的热量是不同的, 如图 12-1 所示。

计算依据是: 预热阶段的平均比热容 $c_1 = 0.632\text{kJ/(kg·K)}$

1200℃ 时的熔化潜热 $L = 2.554\text{kJ/kg}$

过热阶段平均比热容 $c_2 = 0.913\text{kJ/(kg·K)}$

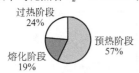

图 12-1　铸铁从预热、熔化到过热所需的热量

但是, 就冲天炉熔炼和感应电炉熔炼来说, 这两类炉在金属炉料加热时其各阶段的热效率是不同的。

由图 12-2 可见, 冲天炉过热阶段的热效率远比中频炉低。由图 12-3 可见, 单一使用冲天炉或中频炉熔化及过热铁液, 其能耗费用取决于用户当地的焦炭和电费等价格 (图中价格等数据取自一汽铸造有限公司)。

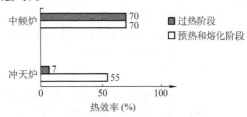

图 12-2　冲天炉和中频炉的热效率

2. 冲天炉熔炼、感应电炉熔炼及双联熔炼的特点

铸铁熔炼用炉是多元化的, 决定采用何种熔炼工艺是一项复杂的系统工程, 简单地判断熔炼用炉的好与坏是不适当的。表 12-3 ~ 表 12-5 列出了三种熔炼工艺的主要优缺点, 以供选用时综合考虑。

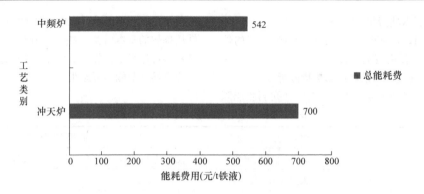

图 12-3　两种熔炼工艺的能耗费用比较

表 12-3　冲天炉熔炼的主要优缺点

项 目	优 点	缺 点
设备	自动化程度高	1）大修占用时间长 2）设备整体占用空间大
工艺	1）可连续熔炼，作业方式多元化，可单班制、两班制、长时间（数月）连续熔炼 2）熔化率可以很大，每小时熔炼数十吨甚至上百吨铁液 3）炉料应用的选择面宽，特别是镀锌钢板可以直接回炉 4）碳含量自动平衡，配料中碳含量高能降碳；配料中碳含量低能增碳（如熔炼中废钢含量比例大时），需要熔炼高或低碳含量铁液时，都必须对炉型及工艺采取一定的特殊措施	1）铁液升温过热效率低，温度波动范围大，不易长时间稳定铁液温度 2）铁液化学成分波动范围大，不易精确控制 3）焦炭中硫易渗入铁液，气体含量高，铁液纯净度低，元素烧损大 4）每小时出铁量固定，供应铁液"柔性"不足
效果	冶金效果好，铁液白口倾向小，切削加工均一性好	不适用于熔炼高合金特种铸铁

表 12-4　感应电炉熔炼的主要优缺点

项目	优 点	缺 点
设备	1）消烟、除尘、排渣等环保设备投资费用低，占用车间面积少 2）熔炉本身占用车间面积小	电容量需求高
工艺	1）金属炉料来源广泛，可以使用全部废钢为原料，其余如生铁锭、废铁、切屑、边角料等都能广为运用 2）铁液不和焦炭接触，避免了渗硫，在配料合格条件下无须脱硫处理 3）合金元素烧损少，便于熔炼高合金铸铁等特种铸铁 4）熔炼操作工艺相对简单，铁液温度能精确控制，出铁温度高 5）铁液化学成分易精确控制，波动范围小；由于电磁搅拌作用，化学成分均匀，温度均匀	对炉料洁净度要求较高

（续）

项目	优　　点	缺　　点
效果	1）铁液含气量低，非金属夹杂物少，铁液纯净度高，铸件品质高 2）生产中废气量少，粉尘低，炉渣少，处理方便，费用少 3）铁液供应"柔性"好，便于组织生产，铁液容易供需平衡 4）更换铸件品种、牌号方便，便于组织多品种铸件生产	炉内冶金反应不及冲天炉，铁液流动性较冲天炉熔炼差，白口倾向大，操作不当时，切削加工均一性较差，易产生因氮含量高而导致的铸造缺陷

表 12-5　双联熔炼（冲天炉 + 感应电炉）的主要优缺点

项目	优　　点	缺　　点
设备	是熔炼用炉最佳组合	设备一次性投资大，占据车间面积大
工艺	利用单一冲天炉及单一感应电炉熔炼时各自的优点，可获得互为补充的效果	增加了铁液运输的工序，将铁液由冲天炉转运到中频炉过程中，铁液的运输方法、途径、过程中的降温、安全，在熔化工部设计时，应予以充分考虑和规划
效果	1）节能效果好。冲天炉将金属炉料加热至炉料熔点，热效率高；中频炉将已熔化的铁液加热到高温热效率高，实现了强弱互补 2）能强弱互补，冶金效果好 3）便于生产组织，铁液供应"柔性"好，可连续供应铁液，满足机械化流水线铸件浇注工艺、均衡化生产的需要，减少了停工待浇损失，又可储存铁液，浇注大型铸件 4）能精确控制铁液温度及化学成分 5）适当控制冲天炉熔炼铁液出炉温度，由感应电炉提温过热，相应提高了冲天炉的熔化率，更节能	就铁液品质而言，双联熔炼的结果主要取决于冲天炉

表 12-3 ~ 表 12-5 中所列优缺点，并非绝对的，需要综合分析。个别的缺点如控制得当，也可变为优点。例如，现代铸铁生产理论关于硫多少的问题，也非绝对地强调越低越好。过分地强调硫含量低，反而对孕育处理不利。

在选择铸铁熔炼炉类型时，通常应考虑下述重要因素：

1）铸铁的材质类型和质量要求。
2）生产规模和条件。
3）当地能源和金属炉料的价格与供应情况。
4）设备投资能力和熔炼成本。
5）工业卫生和对环境污染的限制。

通常，单件小批和成批生产多采用单一种炉子熔炼；大批量生产多采用双联熔炼。

本章主要介绍有关获得优质铁液和降低能耗的铸铁熔炼技术。

12.2　冲天炉熔炼

12.2.1　基本原理

普通冲天炉基本上就是一个直筒：由下而上是由四个炉腿支撑着炉底、炉身及炉顶，构成了整个一台炉子，典型的两排大间距双层送风冲天炉如图 12-4 所示。

冲天炉熔炼工作原理：由风口进入炉内的空气与底焦发生燃烧反应，产生热量，生成的高温炉气向上流动，炉料（金属炉料、熔剂及焦炭）按一定质量分层，分批经加料口加入后，逐步受到预热，最后在底焦顶面的金属炉料由固态熔化为液态，液态金属经过赤热的焦炭及炉气继续加热（称为过热），经过炉缸和过桥进入前炉。底焦燃烧和金属炉料熔化使炉内炉料面逐步下降，一层炉料熔化后，下一层炉料予以补充，如此不断循环使熔炼连续进行。

炉料中的石灰石在炉气作用下，分解为二氧化碳与生石灰。生石灰与焦炭中的灰分、侵蚀的炉衬及炉料中的氧化物结合生成熔点较低的炉渣。在炉气、焦炭、炉渣的共同作用下，铁液的化学成分逐步发生变化。铁液的最终化学成分不仅取决于炉料的化学成分，而且取决于熔炼过程所产生的一系列冶金反应。

冲天炉中存在三个重要的过程，即底焦燃烧、热量传递、冶金反应。其中底焦燃烧是传热、传质、冶金反应进行的基础。

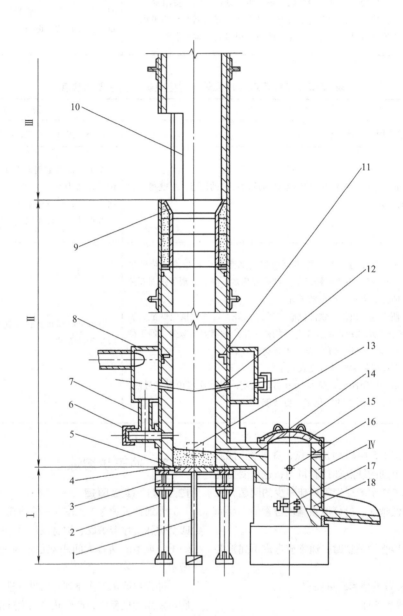

图 12-4　两排大间距双层送风冲天炉

Ⅰ—炉底部分：1—支柱　2—炉腿　3—框架　4—炉底板　5—炉底门

Ⅱ—炉身部分：6—窥视孔　7—引风管　8—风箱　9—铁砖　11—承重环　12—风口　13—工作门　14—过桥

Ⅲ—烟囱：10—加料口

Ⅳ—前炉：15—前炉盖　16—出渣口　17—工作门　18—出铁槽

1. 底焦燃烧

冲天炉炉膛内从炉底向上堆满了焦炭，一般高度都在 1m 以上，这部分的焦炭称为底焦。冲天炉内底焦的燃烧状态称为"层状燃烧"，与一般薄焦炭层的燃烧其机理有一定的区别。图 12-5 所示为冲天炉的工作原理。点燃焦炭，当空气进入焦炭层后，氧气与碳发生燃烧反应，氧气含量逐步趋于零，炉气中的 CO_2 含量逐步达到最高值，CO 也在不断增加，炉气温度不断提高达到最高值。从空气与焦炭接触开始，到空气中氧含量趋于零，该区间焦炭发生氧化反应，称为氧化带。

当空气中的氧气含量趋于零后，CO_2 在高温缺氧环境中被碳还原生成 CO，炉气中的 CO_2 含量减少，CO 含量增加。由于该还原反应属于吸热反应，因此导致炉气温度降低，该区间称为还原带。

炉气通过还原带进入预热区后，炉气温度低于还原反应所需温度，CO_2 与 CO 的含量不再变化。

底焦燃烧产生的热量使炉料预热、熔化、过热，同时燃烧产物（炉气、炉渣）参与了炉内的冶金反应，改变了铁液的化学成分。冲天炉内各区（带）的划分及焦炭燃烧特性见表 12-6。

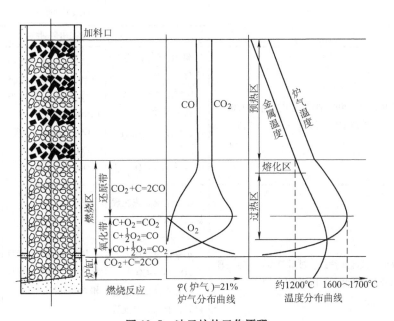

图 12-5　冲天炉的工作原理

表 12-6　冲天炉内各区（带）的划分及焦炭燃烧特性

冲天炉内各区（带）名称	炉料变化	焦炭燃烧特性		
		燃烧反应	炉气成分	炉温
预热区	金属炉料由加料口投入，下降到底焦上表面，温度由室温升至 1150 ~ 1200℃ 石灰石预热并分解，呈熔融状态 $CaCO_3 \rightarrow CaO + CO_2 - Q$ 焦炭被预热到着火温度，挥发物逸出及水分蒸发	焦炭不燃烧，被预热到高温；挥发物逸出；水分蒸发	CO_2、CO、O_2 浓度变化不大，当焦耗的质量分数为 7% ~ 12%，固定碳的质量分数为 80% 时，炉气中含（体积分数）： CO_2：13% ~18% CO：4% ~13% $O_2 < 0.5\%$	加料口温度一般为 200 ~ 300℃，到底焦上表面时为 1150 ~ 1200℃

（续）

冲天炉内各区（带）名称	炉料变化	焦炭燃烧特性		
		燃烧反应	炉气成分	炉　温
		还　原　带		
熔化区	金属在 1150~1200℃ 被熔化并进入过热阶段 随着金属元素熔化烧损，开始造渣，铁渣一起流下	炽热的焦炭在高温缺氧条件下主要进行吸热的还原反应 $CO_2 + C \rightarrow 2CO - Q$	炉气中含（体积分数）： CO_2：(13~18)% ~ (18~20)% CO：(4~13)% ~ (1~3)% O_2 <0.5%	上缘为 1200~1300℃ 下缘为 1700~1800℃ 即底焦顶面至炉内最高温度区之间
		氧　化　带		
过热区	炽热焦炭、炉气把铁液滴过热至 1500~1650℃，造渣结束，渣铁一起进入炉缸	氧气充足，主要进行 $C + O_2 \rightarrow CO_2 + Q$ 其次进行 $C + \frac{1}{2}O_2 \rightarrow CO + Q$ $CO + \frac{1}{2}O_2 \rightarrow CO_2 + Q$	风口进风氧的体积分数为 21%，燃烧反应使炉气成分为（体积分数）： CO_2：18% ~20% CO：1% ~3% O_2：<0.5%	从风口至炉内最高温度之间，炉温急剧上升至 1700~1800℃高温
炉缸区	高温铁液流经炉缸、过桥至前炉，这一段均为降温过程，一般降温 50~100℃	正常情况下焦炭燃烧反应微弱 $C + O_2 \rightarrow CO_2$ 少量还原反应 $CO_2 + C \rightarrow CO$ 打开出铁口或出渣口时，有部分空气流过炉缸及前炉，炉缸中部分焦炭燃烧	几乎全部充满 CO 或由 O_2、CO、CO_2 和 N_2 组成	此处温度随铁液温度而定，但炉缸外壁的热传导使炉缸区温度总是略低于铁液温度，在出渣口操作时，铁液温度略有提高

表 12-7　碳在氧气中燃烧的有关数据

反应序号	反应式	热效应 ΔH_0 /(kJ/mol)	自由焓 ΔG /(kJ/mol)	平衡常数对数 lg$K$	反应位置	反应条件	反应名称
1	$C + O_2 = CO_2$	-408.841	-394.40 - 0.0008T	0.044 + 20586/T	氧化带	氧气充足	完全燃烧
2	$C + \frac{1}{2}O_2 = CO$	-123.218	-223.60 - 0.1754T	9.156 + 11670/T		氧气不足	不完全燃烧
3	$CO + \frac{1}{2}O_2 = CO_2$	-285.623	-565.25 + 0.1738T	-9.069 + 29502/T	再次供氧		烧尽反应
4	$C + CO_2 = 2CO$	+162.375	170.83 - 0.1746T	-9.069 + 29502/T	还原带	高温缺氧	还原反应

注：表中"-"表示放热；"+"号表示吸热。

（1）碳的燃烧反应及其影响因素

1）碳的燃烧反应。碳与氧的燃烧反应，在物理化学中，一般用生成物的状态函数自由焓（ΔG 值）判断反应进行的方向。如果 ΔG 值小于零，说明反应可以正向进行，可以得到生成物。ΔG 值越小（或者说负值越大），反应生成物越稳定，反应越容易进行。反之，若 ΔG 值大于零，说明反应可以逆向进行。反应的平衡常数 K 用来判断反应进行的限度，K 值越大则反应得到的生成物的量越大。生成物的自由焓 ΔG 与反应的平衡常数 K 均是反应温度的函数，同一个反应在不同温度的自由焓 ΔG、平衡常数 K 有不同的值。所谓状态函数，是指对研究对象的重量、温度、压力、体积、聚集状态组成等一系列参数发生变化时，用数学语言来描述所研究对象实际所处状态。

表 12-7 列出了标准状态下（25℃，1atm）碳在氧气中燃烧的有关数据。图 12-6 和图 12-7 所示为按照表 12-7 中的有关方程式描绘的自由焓 ΔG、平衡常数对数 $\lg K$ 与热力学温度 T 之间的关系曲线。

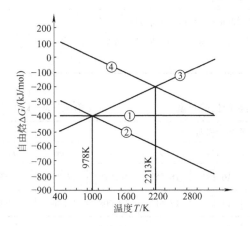

图 12-6　碳与氧反应的自由焓

从图 12-6 可以看出，当反应温度高于 978K（705℃）时，四个反应生成物的自由焓均小于零，均可自发进行。当反应温度在 978 ～ 2213K（705 ～ 1840℃）之间时，按照生成物的自由焓，生成物稳定性从高到低的顺序为②、①、③、④。当温度高于 2213K 时，生成物稳定性从高到低的顺序为②、①、④、③。从图 12-7 可以看出，放热反应①、②、③的平衡常数随温度升高而降低，但反应②平衡常数的降低幅度较小，反应③平衡常数的降低幅度较大。说明反应温度越高，炉气中 CO 的体积分数越高，CO_2 的体积分数越低。

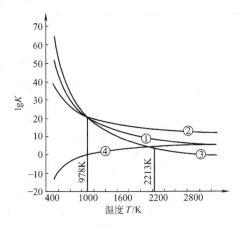

图 12-7　碳与氧反应的平衡常数

2）燃烧比及其影响因素。焦炭层状燃烧产生的炉气中，包含 CO_2 和 CO 两种成分。碳燃烧生成 CO_2，产生的热效应为 408.841kJ/mol，称为碳的完全燃烧；生成 CO 产生的热效应仅为 123.281kJ/mol，称为碳的不完全燃烧。燃烧比 η_V 可以反映碳完全燃烧的程度，其定义式为

$$\eta_V = \frac{\varphi(CO_2)}{\varphi(CO) + \varphi(CO_2)} \times 100\% \qquad (12\text{-}1)$$

式中　$\varphi(CO_2)$ 与 $\varphi(CO)$ ——分别为炉气中 CO_2 与 CO 的体积分数。

焦炭在层状燃烧过程中，炉气成分在不断变化，因此各层有不同的燃烧比。一般所说的燃烧比，是按脱离焦炭层后的炉气成分计算的。下列因素影响燃烧比：①焦炭量一定，鼓风量决定燃烧比。燃烧比越高，表明碳的完全燃烧程度越大，热量越多；②选用反应性低的焦炭有利于提高燃烧比。焦炭的反应性越低，则生成 CO 的能力越弱，越有利于完全燃烧，燃烧比越高；③炉内合理的燃烧状态有利于提高燃烧比，如双排大间距冲天炉的燃烧比较高；

3）碳在空气中的燃烧。每千克焦炭在空气中的燃烧状况见表 12-8。在焦炭消耗量一定的情况下，通过表 12-8 可以看出，如果燃烧比 η_V 越大、焦炭中碳的质量分数 k_C 越高，则焦炭燃烧需要的空气量越大，燃烧产生的热量越大，炉气量也越多。

在不同的燃烧比 η_V 与焦炭固定碳质量分数 k_C 情况下，每千克焦炭燃烧产生的热量、所需要的干空气量、产生的主要炉气（指 CO_2、CO、N_2）的总量见表 12-9 ～ 表 12-11。

表 12-8　每千克焦炭在空气中的燃烧状况

假设条件	1）空气中氧气的体积分数为21%，氮气的体积分数为79%，其他成分不计，绝对湿度为$w(g/m^3)$ 2）焦炭中碳的质量分数为k_C，水的质量分数为k_W，灰分的质量分数为k_A，硫、氢、氧与挥发分的质量分数不计，即$k_C + k_W + k_A = 1$ 3）燃烧比为η_V
燃烧所消耗的碳/kg	k_C
燃烧所需氧气量/(m^3/kg)	$O_2^V = 22.4(1+\eta_V)k_C \div (12 \times 2) = 0.933(1+\eta_V)k_C$
燃烧所需空气量 L /(m^3/kg)	1）理论计算：每千克焦炭中固定碳完全燃烧所需空气为$8.89m^3$ 2）干空气量 $L_干 = 4.45k_C(1+\eta_V)$ 3）湿空气量 $L = 4.45k_C(1+\eta_V)(1+0.001244w)$
燃烧产生的热量 $\Delta H/(kJ/kg)$	$\Delta H = (23802\eta_V + 10268)k_C$
炉气量/ (m^3/kg)	CO_2	$CO_2 = 22.4\eta_V k_C/12 = 1.867\eta_V k_C$
	CO	$CO = 22.4(1-\eta_V)k_C/12 = 1.867(1-\eta_V)k_C$
	N_2	$N_2 = 79O_2^V/21 = 3.511(1+\eta_V)k_C$
	H_2O/g	$H_2O = 22.4k_W/18 + 0.001244w \times 4.45k_C(1+\eta_V)$，或者 $H_2O = 1.244k_W + 0.005536(1+\eta_V)wk_C$
炉气总量 $V/(m^3/kg)$	$V = 1.244k_W + 1.867k_C + (0.005536w + 3.511)(1+\eta_V)k_C$ 略去空气与焦炭中的水分 k_W 与 w，则 CO_2、CO、N_2 等主要炉气的量为 $V = (5.378 + 3.511\eta_V)k_C$

表 12-9　每千克焦炭燃烧产生的热量　　　　　　（单位：MJ/kg）

燃烧比 η_V （%）	焦炭中固定碳的质量分数 k_C（%）									
	77	79	81	83	85	87	89	91	93	95
35	14.321	14.693	15.065	15.437	15.809	16.181	16.553	16.925	17.297	17.669
40	15.237	15.633	16.029	16.425	16.820	17.216	17.612	18.008	18.404	18.799
45	16.154	16.573	16.993	17.412	17.832	18.252	18.671	19.091	19.510	19.930
50	17.070	17.514	17.957	18.400	18.844	19.278	19.730	20.174	20.617	21.061
55	17.987	18.454	18.921	19.388	19.855	20.322	20.790	21.257	21.724	22.191
60	18.903	19.394	19.885	20.376	20.867	21.358	21.849	22.340	22.831	23.322
65	19.819	20.334	20.849	21.364	21.878	22.393	22.908	23.423	23.938	24.452
70	20.736	21.274	21.813	22.351	22.890	23.429	23.967	24.506	25.044	25.583
75	21.625	22.214	22.777	23.339	23.902	24.464	25.026	25.589	26.151	26.714
80	22.568	23.155	23.741	24.327	24.913	25.499	26.086	26.672	27.258	27.844
85	23.485	24.095	24.705	25.315	25.925	26.535	27.145	27.755	28.365	28.975
90	24.401	25.035	25.669	26.303	26.936	27.570	28.204	28.838	29.472	30.105

表 12-10 每千克焦炭燃烧所需的干空气量 （单位：m³/kg）

燃烧比 η_V (%)	焦炭中固定碳的质量分数 k_C (%)									
	77	79	81	83	85	87	89	91	93	95
35	4.626	4.746	4.866	4.986	5.106	5.227	5.347	5.467	5.587	5.707
40	4.797	4.922	5.046	5.171	5.296	5.420	5.545	5.669	5.794	5.919
45	4.968	5.097	5.227	5.356	5.485	5.614	5.743	5.872	6.001	6.130
50	5.140	5.273	5.407	5.540	5.674	5.807	5.941	6.074	6.208	6.341
55	5.311	5.449	5.587	5.725	5.863	6.001	6.139	6.277	6.415	6.553
60	5.482	6.625	6.767	5.910	6.052	6.194	6.337	6.479	6.622	6.764
65	5.654	5.801	5.947	6.094	6.241	6.388	6.535	6.682	6.829	6.975
70	5.825	5.976	6.128	6.279	6.430	6.582	6.733	6.884	7.035	7.187
75	5.996	6.152	6.308	6.464	6.619	6.775	6.931	7.087	7.242	7.398
80	6.186	6.328	6.488	6.648	6.809	6.969	7.129	7.289	7.449	7.610
85	6.339	6.504	6.668	6.833	6.998	7.162	7.327	7.492	7.656	7.821
90	6.510	6.679	6.849	7.018	7.187	7.356	7.525	7.694	7.863	8.032

表 12-11 每千克焦炭燃烧产生的主要炉气总量 （单位：m³/kg）

燃烧比 η_V (%)	焦炭中固定碳的质量分数 k_C (%)									
	77	79	81	83	85	87	89	91	93	95
35	5.087	5.219	5.352	5.484	5.616	5.748	5.880	6.012	6.144	6.277
40	5.222	5.358	5.494	5.629	5.765	5.901	6.036	6.172	6.308	6.443
45	5.358	5.497	5.636	5.775	5.914	6.053	6.193	6.332	6.471	6.610
50	5.493	5.635	5.778	5.921	6.063	6.206	6.349	6.491	6.634	6.777
55	5.628	5.774	5.920	6.067	6.213	6.359	6.505	6.651	6.797	6.944
60	5.763	5.913	6.063	6.212	6.362	6.512	6.661	6.811	6.961	7.110
65	5.898	6.052	6.205	6.358	6.511	6.664	6.818	6.971	7.124	7.277
70	6.033	6.190	6.347	6.504	6.660	6.817	6.974	7.130	7.287	7.444
75	6.169	6.329	6.489	6.649	6.810	6.970	7.130	7.290	7.450	7.611
80	6.304	6.468	6.631	6.795	6.959	7.123	7.286	7.450	7.614	7.777
85	6.439	6.606	6.774	6.941	7.108	7.275	7.442	7.610	7.777	7.944
90	6.574	6.745	6.916	7.086	7.257	7.428	7.599	7.769	7.940	8.111

（2）影响焦炭燃烧温度的因素　影响冲天炉底焦中焦炭燃烧温度的因素包括焦炭、送风、操作工艺和金属炉料等方面见表 12-12。

表 12-12 影响冲天炉底焦中焦炭燃烧温度的因素

影响因素		说　明
焦炭	固定碳含量	焦炭中固定碳含量的质量分数高，产生的热量大；灰分形成的炉渣较少，炉渣消耗的热量少，有利于提高底焦燃烧温度；灰分少，则焦炭表面易被炉渣清除而露出焦炭的新鲜表面，促进焦炭的燃烧
	块度	焦炭块度小，单块焦炭的燃烧表面积大，整体而言单位时间燃烧的焦炭表面积大，产生的热量多，有利于提高底焦燃烧温度；不利的一面是造成送风阻力大，导致入炉风量减小，氧化带高度降低，造成底焦燃烧温度低
	强度	强度低则易破碎，增加送风阻力，形成的焦炭粉及小焦炭块燃烧速度快，且部分未经燃烧即被炉气带出，不利于保持合适的底焦运行高度，降低了底焦燃烧温度
	反应性	焦炭的反应性低，则燃烧产物 CO 含量低，燃烧比 η_v 高，释放的热量多；冶金焦易产生 CO，而铸造焦的反应性能低，这是冶金焦不同于铸造焦的根本区别之一。因此，再好的冶金焦也不等于是铸造焦，铸造企业应尽可能选用铸造焦，以提高铁液出炉温度，保证铸造质量
	含水量	焦炭中的水分在蒸发时，要吸收焦炭释放出的热量，不利于提高冲天炉预热区中炉料的吸收热量。因此，焦炭不应露天储存，以免雨淋，增加焦炭的含水量
	清洁度	焦炭中混入泥沙、石块以及未焦化好的生焦，都会增加炉渣量，减少焦炭的发热量，不利于提高炉温。因此，焦炭在入炉前应预处理，避免混入夹杂物；加料时也应注意在倒入焦炭时不可将泥土等一同投入料桶
送风	送风温度	采用热风有利于提高焦炭的燃烧温度
	送风湿度	空气中的水分含量（绝对湿度）在 $5 \sim 10 \mathrm{g/m^3}$ 时，最有利于焦炭的燃烧，且有利于炉气与炉料的热交换；但送风湿度大于 $15 \mathrm{g/m^3}$ 时，则降低焦炭燃烧温度，不利于提高炉温。因此，在空气湿度大的南方地区及阴雨季节，应进行除湿送风
	氧气浓度	提高供风空气中氧的浓度，可提高单位时间固定碳的燃烧量，也相应减少了进入炉内的氮气，显著地提高焦炭燃烧温度。冲天炉富氧及喷氧送风等现代技术，应用已日趋普及，且有专业的企业供应有关设备，促进了冲天炉熔炼技术的发展
	底焦高度	底焦高度是决定冲天炉内的温度分布及最高温度大小的关键。底焦高度取决于供风量、风压、焦炭质量及操作制度等因素
	送风量	送风量不可过小，也不可过大，在层焦量一定的条件下，有一最佳送风量，可以保证得到炉内最高温度及最佳的熔化速度，即达到所谓"风焦平衡"（详见冲天炉网状图）
操作工艺	层焦量	合适的层焦量，可以保证最佳的底焦运行高度
	金属炉料批量	金属炉料批量的大小，决定了底焦运行高度的波动幅度。批量越小，波动幅度越小，即底焦平均运行高度越大，有利于提高炉温；但批量太小，容易使批料混杂，同时增加了加料的频率，操作起来烦琐，因此对冲天炉的操作是不利的
	熔剂用量	熔剂用量太大，则炉渣量太大，炉渣本身吸热量大，不利于提高炉温，且加大了炉衬的侵蚀，因此在保证炉渣良好流动性的条件下，熔剂应尽可能少加，有利于提高炉温

（续）

影响因素		说　　明
金属炉料	金属炉料的品种（即炉料熔点）	金属炉料熔点越高，则需要的焦耗量大、风量大，因此炉温高。例如，金属炉料中废钢用量多，则要求炉温高
	块度	金属炉料块度小，预热好，炉温高；金属炉料块度太大，会破坏炉内合理的温度分布曲线降低炉温和铁液出炉温度，甚至造成熔炼事故
	锈蚀程度	锈蚀程度高，说明渣中 FeO 多，还原反应吸热多，降低炉温。锈蚀严重的炉料应先经过预处理（如经滚筒除锈）才可投炉
	泥沙量	炉料中黏附及混入的泥沙、杂物多，则渣量大，吸热多，会降低炉温，影响化学成分
冲天炉结构	结构参数的影响	冲天炉的结构及其参数，都影响焦炭的燃烧状态，决定炉内温度分布曲线形状及温度数值。例如，炉身是否水冷；风口的排数、大小及方向；是否带有前炉；炉缸的深度等，详情见以后章节

（3）送风死区与炉壁效应　由风口送入炉膛的空气流，因受炉膛中焦炭块的阻挡及风口位置送风方向的影响，在炉膛横断面上分布是不均匀的，气流容易偏向炉壁，形成炉内的送风死区及附壁效应，造成炉内横断面上炉气量、空气量不均匀，冲天炉内温度分布不均匀。

1）送风死区。送风死区一般指风口附近空气不能到达的区域。该区域内的焦炭缺乏氧气，不利于氧化燃烧生成 CO_2，温度较低。图 12-8 形象地表示了送风死区形成的原因：在冲天炉风口平面上，两个风口之间的炉壁附近、炉膛中心，都是空气不易到达的部位。

2）附壁效应。炉气自动趋于炉壁流动的倾向称为冲天炉的附壁效应。附壁效应主要是由炉内阻力分布不均匀造成的。炉壁平滑，炉料在炉壁附近形成的空隙大，炉气通过炉壁附近的阻力较小，而在远离炉壁处，炉料相互交错、空隙小，炉气流量小、流速低。

附壁效应所产生的实际结果是：炉壁附近的温度高于炉膛中心，对流和辐射换热的强度高。预热区炉壁附近的金属炉料可吸收更多热量、达到较高温度；熔化区炉壁附近的金属炉料早于炉膛中心熔化，因此熔化区呈中心下陷的"锅底"形（见图 12-8）。炉壁附近炉料熔化后形成的铁液滴，经过过热区的距离长，而且过热区的温度高，因此炉壁温度高，即附壁效应严重，造成焦炭燃烧不均匀、炉气及炉温分布不均匀，而且炉子越大，上述现象越严重。

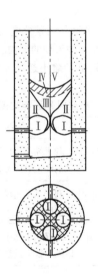

图 12-8　送风死区与附壁效应
Ⅰ—空气进入区　　Ⅱ—氧化反应区
Ⅲ—还原反应区　　Ⅳ—熔化区
Ⅴ—炉料预热区方格剖面线处—送风死区

用试验可测出炉膛纵截面 CO_2 等浓度曲线，如图 12-9 所示。其中，焦炭块度分别为图 a 小于图 b 小于图 c。由图 12-9 可知，焦炭块度增大，CO_2 等浓度曲线的位置升高，使炉内氧化带提高，对提高炉温有利。

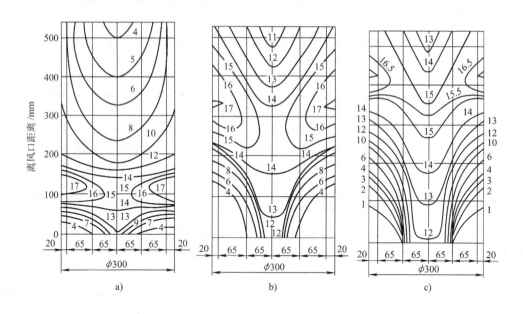

图 12-9　炉膛纵截面 CO₂ 等浓度曲线

3）缩小送风死区与附壁效应的措施。附壁效应与送风死区的大小与冲天炉的结构、操作参数等因素有关。表 12-13 列出了缩小送风死区与附壁效应的措施。

表 12-13　缩小送风死区与附壁效应的措施

措　施	效　果
增加风口排数与风口数量	利于缩小送风死区，对减小过热区的附壁效应无影响
上下排风口品字形布置	利于缩小送风死区，对减小过热区的附壁效应无影响
缩小风口区炉膛直径	不仅利于缩小送风死区，而且可以减小铁液过热区的附壁效应
适当的焦炭块度	减小焦炭块度可减小附壁效应，对送风死区影响不大。但一般规律是焦炭块度减小，铁液温度降低；焦炭块度太大，也不利于铁液温度的提高。只有在焦炭块度适当时，才有利于提高炉温，提高铁液温度
减小金属炉料直径	利于减小金属炉料预热区和熔化区的附壁效应，对送风死区无影响
缩小风口直径或提高风口风速	利于减小铁液过热区的附壁效应，但送风死区增大

2. 冲天炉内的热交换及强化焦炭燃烧的途径

（1）冲天炉内的热交换　金属炉料在预热区温度由室温上升到熔点（约 1200℃），在熔化区转变为铁液滴，铁液滴在过热区温度上升 300 ~ 350℃、达到 1500 ~ 1550℃，经过温度较低的炉缸区，温度下降约 50℃，铁液出炉温度为 1450 ~ 1500℃。金属炉料在炉内各区段中的热交换情况见表 12-14。

（2）强化焦炭燃烧的途径　提高炉内热交换的根本途径是强化焦炭的燃烧，提高炉气温度。强化焦炭燃烧的途径，即研究碳燃烧的动力学问题。碳的燃烧反应是一个多相反应，其反应式为

$$C_{(s)} + O_{2(g)} = CO_{2(g)}$$
$$C_{(s)} + O_{2(g)} = 2CO_{(g)}$$

分子式中的（s）表示固相，（g）表示气相。反应的结果是固相碳消失，形成了新的气相。既然是多相反应，则反应必存在相界面。相界面的存在，决定了上述多相反应可分解为：扩散、吸附、反应、脱附、扩散五个环节。其中最慢的环节将决定和控制碳的燃烧速度。在这些环节中，吸附比较快不是制约环节。实际上，碳的燃烧速度取决于化学反应速度，此时称为动力燃烧。大量研究证明，在 1300℃ 以上，不管是氧化反应，还是还原反应，动力燃烧都处于扩散燃烧区。因此，要提高炉内的热交换，就必须提高炉温，也就是要强化焦炭的扩散燃烧。

强化焦炭扩散燃烧的途径见表 12-15。

表 12-14 金属炉料在炉内各区段的热交换情况

区段	金属吸热概值①/(kJ/kg)	传热方向	主要传热方式	影响热交换的因素	进行热交换的时间
预热区	约 800	炉气→炉料	对流	炉气温度越高、炉气流速越快、炉料块度越小、预热区高度越大，热交换越充分	约 0.5h
熔化区	约 230	炉气→炉料	对流	炉气温度、炉气流速、炉料块度	4~6min
过热区	约 300	焦炭→铁液滴	传导传热约占 71.91%	焦炭表面温度、焦炭表面的灰分层厚度、炉气温度与流速、过热区高度	几十秒
		焦炭→铁液滴	辐射传热约占 6.36%		
		炉气→铁液滴	对流传热约占 18.36%		
		炉气→铁液滴	辐射传热约占 0.35%		
炉缸区	约 -70	铁液滴→焦炭	对流	焦炭表面温度、焦炭表面的灰分层厚度、炉缸区深度（但在开渣口操作时，可使铁液温度上升 10~30℃）	根据操作工艺及炉缸结构而变化
总计	约 1260	—	—	—	—

① 按生铁熔化的热容量计。

表 12-15 强化焦炭扩散燃烧的途径

途 径	方 法	原 因
1）提高风速，增加气流运动的紊流程度	1）送风量一定时，缩小风口，提高风口出风速度 2）保持风焦平衡，适当增加风量，使风口出风速及炉内气流速度增加 3）适当缩小风口区炉膛直径，适当扩大熔化区炉膛直径 4）增大焦炭块度及其均匀性，做好挑选焦炭的筛分，可使炉内气流运动通畅	提高风口出口风速及炉内气流速度，可以增加雷诺数，减薄扩散层厚度，增大质量交换系数，故可提高碳的燃烧速度 缩小风口区（氧化带）炉膛面积和扩大熔化区（还原带）炉膛面积，提高了氧化带内风速，有利于 $C+O_2$ 的扩散燃烧；还原带风速低，对 $C+O_2$ 还原反应起一定的抑制作用
2）提高风温	预热送风	风温提高，质量扩散系数增大
3）提高送风中氧的浓度	1）富氧或喷氧 2）二次送风	增加氧分子扩散速度
4）增加金属炉料及熔剂材料的受热面积	减小金属炉料及熔剂的直径	料块越小，表面积越大
5）延长被熔材料与传热介质的热交换时间	1）增加有效高度 2）双排大间距双层送风	增加炉料由上而下运动的距离，就是增加热交换的时间

3. 冶金过程

冲天炉的冶金过程指金属炉料在熔炼过程中，金属与炉气、焦炭、炉渣相接触，发生的一系列物理化学变化，引起铁液化学成分变化的过程。

（1）冲天炉的炉渣及其作用 炉渣对冲天炉熔炼有重要影响，它不仅可以清除焦炭表面的灰分层，

促进焦炭与氧气的燃烧反应，有利于焦炭与铁液接触，促进铁液增碳，而且可以及时清除炉料中携带的大量杂质，保证冲天炉顺利工作；同时，炉渣与铁液发生物理化学反应，直接影响铁液的成分。冲天炉炉渣及其主要作用见表 12-16。

表 12-16 冲天炉炉渣及其作用

项　目	说　明
炉渣来源	1）焦炭燃烧后的灰分，主要是 SiO_2、Al_2O_3 等 2）炉衬侵蚀后产物，主要是 SiO_2、Al_2O_3 等 3）炉料表面的泥沙以及金属炉料表面的氧化物（锈蚀附着物）、金属炉料在炉内的氧化产物 4）熔剂，主要是 CaO

组成及质量分数（%）	组成	SiO_2	CaO	Al_2O_3	MgO	FeO	MnO	P_2O_5	FeS
	性质	酸性	碱性	中性	碱性	碱性	碱性	酸性	碱性
	熔点/℃	1710	2570	2050	2800	1380	1585	—	—
	酸性渣	40 ~ 55	20 ~ 30	5 ~ 15	1 ~ 5	≤5%	2 ~ 10	0.1 ~ 0.5	0.2 ~ 0.8
	碱性渣	20 ~ 35	35 ~ 50	10 ~ 20	5 ~ 10	≤2	≤2	≤0.1	1 ~ 5

炉渣碱度 A	简化 $$A = \frac{w(CaO) + w(MgO)}{w(SiO_2)}$$ 或 $$A = \frac{w(CaO) + w(MgO)}{w(SiO_2) + w(Al_2O_3)}$$ $$A = \frac{w(CaO)}{w(SiO_2)}$$ 式中　$w(CaO)$、$w(SiO_2)$、$w(Al_2O_3)$—CaO、SiO_2、Al_2O_3 的质量分数（%）

炉渣的性质与碱度 A 的关系	酸性	中性	弱碱性	中碱性	强碱性
	<0.8	0.8 ~ 1.2	1.2 ~ 1.5	1.8 ~ 2.55	≥2.5

炉渣的熔点	定义：炉渣可以自由流动的温度定义为炉渣的熔点。当炉渣的碱度 $A < (2.0 ~ 2.5)$ 时，此时炉渣的熔点一般为 1300 ~ 1350℃ **影响因素** 1）温度升高，流动性上升 2）渣中 FeO 量增加，流动性上升 3）渣的熔点取决于渣的组成，详细需参考有关炉渣熔化温度图

造渣	造渣即炉料中配以适量的熔剂，使炉渣流动性良好。冲天炉用熔剂以石灰石为主，造渣的过程是石灰石在炉内受热而分解 $CaCO_3 \rightarrow CaO + CO_2 - 1784kJ$（每千克 $CaCO_3$ 吸收的热量） 生成的 CaO 与 SiO_2 复合成硅酸盐 $CaO + SiO_2 \rightarrow CaO \cdot SiO_2 + 1583kJ$（每千克 $CaO \cdot SiO_2$ 放出的热量） 石灰石用量一般为层焦的 25% ~ 30%

冶金作用	1）清洗焦炭燃烧后表面残留的灰分，露出新鲜表面，促进焦炭的燃烧，并增加焦炭与铁液的接触面，增加铁液增碳 2）酸性炉渣可抑制硅的烧损，在一定条件下促进铁液增硅 3）碱性炉渣可抑制锰的烧损，促进铁液脱硫 4）渣中 FeO 的含量增加，虽可使渣的流动性上升，但渣的氧化增强，增加炉料中元素的烧损及降低铁液的纯净度，应予以控制 5）熔剂的加入量及加入方法不恰当，易造成炉衬的不正常侵蚀，渣量增大，降低炉衬寿命

（2）熔炼过程中铁液化学成分的变化

1）铁的氧化还原反应。在预热区，炉料表面铁的高价氧化物（Fe_2O_3、Fe_3O_4）可以被炉气还原为 FeO，同时金属铁可以被炉气氧化为 FeO。在熔化、过热与炉缸区，炉渣中的 FeO 可以被焦炭还原为金属铁，液态 Fe 可能被炉气氧化为 FeO。在铁液内部，液态 Fe 可能被 [O] 氧化成为 FeO。在炉渣与铁液界面，渣中的 FeO 可以被铁液中的 [C] 还原为 Fe。铁在冲天炉中的氧化还原反应见表 12-17。

影响铁氧化与还原的因素见表 12-18。

表 12-17 铁在冲天炉内的氧化还原反应

反应名称	反应式	热效应	反应发生区
铁的氧化物被炉气中的 CO 还原为 FeO	$Fe_2O_3 + CO = 2FeO + CO_2$	吸热	预热区
炉料中的 Fe 被炉气中的 CO_2 氧化	$Fe + CO_2 = FeO + CO$	吸热	
液态 Fe 被炉气中的 CO_2 氧化进入炉渣	$Fe + CO_2 = FeO + CO$	吸热	熔化与过热区
液态 Fe 被炉气中的 O_2 氧化进入炉渣	$2Fe + O_2 = 2FeO$	放热	氧化带
液态 Fe 被铁液中的 [O] 氧化进入炉渣	$Fe + [O] = FeO$	放热	铁液内
铁液中的 FeS 被 Mn 还原为 Fe	$FeS + Mn = Fe + MnS$	吸热	铁液内
渣中的 FeO 被焦炭还原为 Fe	$FeO + C = Fe + CO$	吸热	熔化、过热与炉缸区
渣中的 FeO 被铁液中的 [C] 还原为 Fe	$FeO + [C] = Fe + CO$	吸热	炉渣与铁液界面

表 12-18 影响铁氧化与还原的因素

因 素	影 响 途 径
温度与燃烧比	1）温度与燃烧比越高，炉气中 CO_2 的浓度越高，氧化性越强，铁越容易被氧化为 FeO 2）温度越高，焦炭和铁液中的碳还原炉渣中 FeO 的能力越强
炉渣中 FeO 的含量	炉渣中 FeO 的含量越高，铁继续氧化的可能性越小，被还原为铁的可能性越大
炉渣流动性	炉渣流动性好，促进化学反应的进行

2）碳的变化。

a. 铁液的增碳与脱碳反应。碳元素含量对铸铁性能有重要影响。在冲天炉的熔化区、过热区与炉缸区，碳与铁液始终接触，在不同的炉气成分、不同的温度、不同的炉渣状态下，铁液既可能增碳，也可能脱碳。炉内碳元素的增减反应见表 12-19。

铁液增碳反应发生在铁液滴与焦炭的接触面上，铁液的碳含量低于焦炭的碳含量，焦炭与铁液之间存在着很大的碳浓度差，因此在熔化区、过热区与炉缸区中，碳不断溶入铁液。铁液与焦炭温度越高、铁液与焦炭的接触面积越大、铁液在焦炭表面的流速越快、铁液与焦炭接触时间越长，铁液增碳越多。

铁液中碳氧化成为气体逸出引起铁液碳含量减少，称为脱碳或烧损。炉气、炉渣、铁液本身的特性均可引起碳元素的氧化烧损。炉气中氧的含量越高、二氧化碳的含量就越高，炉渣和铁液中的氧含量越高，氧化亚铁的含量就越高，铁液越容易脱碳。

b. 影响铁液碳含量的因素。铁液在冲天炉中同时存在增碳与脱碳两个相反的过程。铁液的最终碳含量取决于增碳与脱碳反应各自进行的程度。表 12-20 列出了铁液中的碳含量及其影响因素和途径。

铸铁中的碳通常以石墨、碳化物及固溶体三种方式存在。熔炼过程中碳的增减示例见表 12-21 和表 12-22。原配料含碳高，熔炼过程中会自动减碳；原配料含碳量低，相应地会自动增碳。因此，一般认为，冲天炉熔炼过程中碳是自动趋于平衡的，即趋向于饱和共晶碳量。

表 12-19 炉内碳元素的增减反应

碳的增减	反应名称	反应式	热效应	反应发生区域
增碳	焦炭中的 C 溶入铁液	—	吸热	熔化区、过热区与炉缸区中
脱碳	炉气中的 O_2 与铁液中的 [C] 反应	$2[C] + O_2 = 2CO$	放热	过热区内的氧化带中
	炉气中的 CO_2 与铁液中的 [C] 反应	$[C] + CO_2 = 2CO$	吸热	熔化区与过热区中
	渣中（FeO）与铁液中的 [C] 反应	$[C] + (FeO) = [Fe] + CO$	吸热	熔化区、过热区与炉缸区中
	渣中（O）与铁液中的 [C] 反应	$(O) + [C] = CO$	放热	熔化区、过热区与炉缸区中

注：表中 [ ] 表示铁液中的元素或化合物，（ ）表示渣中的元素或化合物。

表 12-20　铁液中的碳含量及其影响因素和途径

因素组	影响因素	影　响　途　径
金属炉料	炉料碳当量	铁液的碳当量总是趋于共晶碳当量（饱和碳当量），炉料的碳当量低于共晶碳当量，则铁液增碳，反之则铁液脱碳。炉料中的碳当量越低，则增碳量越多。在冲天炉中，铁液中的碳当量一般达不到饱和状态
	合金元素含量	炉料中的硅、磷含量越高，铁液中的碳含量越低；炉料中的锰含量越高，铁液中的碳含量越高
	氧化铁含量	炉料中的 FeO 含量越高，炉渣中的 FeO 含量越高，脱碳反应越容易进行
焦炭	块度	焦炭块度越大，铁液与焦炭的接触机会越少，不容易增碳
	碳含量与灰分	碳含量越高，灰分越少，焦炭表面的灰分层越薄，铁液与焦炭的接触越紧密，越容易增碳
	反应性	焦炭反应性越强，炉气中 CO_2 含量越低，炉气脱碳能力越低，易增碳
操作	铁焦比	铁焦比高，则焦炭消耗少，不容易增碳
	风量	风量大，则氧化带范围大，炉气脱碳能力强，易脱碳
	底焦高度	底焦高度大，则铁液增碳距离长，易增碳
	石灰石用量	适当增加石灰石量，有利于消除焦炭表面灰分，利于增碳
	热风温度	热风温度高，则氧化带范围小，炉气脱碳能力弱，易增碳
炉渣	碱度	炉渣碱度高，则渣中 FeO 的活性增加，利于脱碳
	炉渣成分	炉渣中的 FeO 含量越高，脱碳反应越容易进行，易脱碳
冲天炉结构	炉缸深度与直径	炉缸深度大，则铁液增碳距离长；炉缸直径大，则容纳的焦炭量多，易增碳
	风口排数	风口排数多，则氧化带范围大，炉气脱碳能力强，易脱碳
	风口直径与数量	风口直径小、数量多，氧化带范围大，炉气脱碳能力强，易脱碳

表 12-21　熔炼过程碳量变化示例

炉次	配料成分（质量分数,%）			铁液碳含量（质量分数,%）	碳含量增减值（质量分数,%）	碳含量增减率
	C	Si	S_c	C	± C	%
1	2.63	2.00	0.71	3.12	+0.49	+18.5
2	3.97	2.87	1.19	3.50	-0.47	-11.9
3	4.04	2.49	1.17	3.49	-0.55	-13.6
4	4.08	2.62	1.20	3.34	-0.74	-18.1

注：在 10t/h 酸性冲天炉上测得的数据。

表 12-22　冲天炉熔炼过程碳含量增减率（%）

配料 $w(C)>3.6\%$ 或硅含量较高时	HT200 以下	HT200 以上	可锻铸铁
-（3~8）	+（5~10）	+（15~35）	+（40~50）

3）硅和锰的变化。冲天炉内呈氧化性气氛，除了个别元素外，绝大多数金属元素均会氧化而损耗。Si 与 Mn 元素在冲天炉内发生的氧化还原反应见表 12-23。Si 与 Mn 的烧损率见表 12-24。

表 12-23　Si 与 Mn 元素在冲天炉内发生的氧化还原反应

反应名称	反应式	热效应	反应发生区域
炉气中的 O_2 使 Si 与 Mn 烧损	$[Si] + O_2 = (SiO_2)$	放热	在风口附近的过热区
	$[Mn] + \frac{1}{2}O_2 = (MnO)$		
炉气中的 CO_2 使 Si 与 Mn 烧损	$[Si] + 2CO_2 = (SiO_2) + 2CO$	放热	在熔化、过热区
	$[Mn] + CO_2 = [MnO] + CO$	放热	
通过炉渣中的 FeO 烧损	$[Si] + 2(FeO) = 2[Fe] + (SiO_2)$	放热	在熔化、过热与炉缸区
	$[Mn] + (FeO) = [Fe] + (MnO)$	放热	
被溶解氧所氧化	$[Si] + 2[O] = SiO_2$	放热	在铁液中
	$[Mn] + [O] = (MnO)$	放热	
SiO_2 被石墨碳直接还原	$(SiO_2) + 2C = Si + 2CO$	吸热	在熔化、过热与炉缸区
SiO_2 被铁液中溶解碳还原	$(SiO_2) + 2[C] = [Si] + 2CO$	吸热	在熔化、过热与炉缸区
MnO 被石墨直接还原	$(MnO) + C = [Mn] + CO$	吸热	在熔化、过热与炉缸区
MnO 被铁液中的碳还原	$(MnO) + [C] = [Mn] + CO$	吸热	—

注：[ ] 表示铁液中的元素或化合物，( ) 表示渣中的元素或化合物。

表 12-24　Si 与 Mn 的烧损率（%）

元　　素	Si	Mn
酸性炉	10～20	15～25
碱性炉	20～30	小于 15～25

影响铁液硅、锰含量的因素大致相似，主要是炉气燃烧比（燃烧比增大，相应烧损增大）、炉渣成分（碱度高，锰烧损减少，硅烧损增大），炉内温度提高，硅、锰烧损减少。

4）硫的变化。

① 硫的增减反应。硫一般以 FeS 的形式存在于铁液中，焦炭中硫是铁液中所增硫分的来源。在预热区和熔化区，炉气中的 SO_2 使金属炉料表面形成 FeS。在熔化、过热与炉缸区中，炉料中的 FeS 通过炉渣逐步进入铁液，炉气中的 SO_2 与铁液反应生成 FeS 进入铁液，焦炭中的 S 也可以与液态铁反应生成 FeS。炉渣中的碱金属氧化物（CaO、MnO、Na_2O）在铁液与渣液的接触界面上，可以与铁液中的 FeS 反应，生成硫化物进入炉渣，降低铁液的含硫量。冲天炉中硫元素的增减反应见表 12-25。铁液最终硫含量可用下式估算：

$$w(S_{铁}) = 0.75w(S_{铁料}) + (0.25 \sim 0.354)\frac{w(S_{焦炭})}{K}$$

式中　$w(S_{铁})$——铁液中的硫的质量分数（%）；

$w(S_{铁料})$——铁料中硫的质量分数（%）；

$w(S_{焦炭})$——焦炭中硫的质量分数（%）；

K——铁焦比。

表 12-25　硫元素的增减反应

增减方向	反应名称	反应式	热效应	反应发生区
增硫	炉气中的 SO_2 使炉料增硫	$3Fe + SO_2 = FeS + 2FeO$	放热	预热、熔化区
		$10FeO + SO_2 = FeS + 3Fe_3O_4$		
	渣中的 FeS 引起增硫	$(FeS) \rightarrow [FeS]$ [①]	吸热	熔化、过热与炉缸区
	渣中的 CaS 与 FeO 反应增硫	$(CaS) + (FeO) = [FeS] + CaO$	放热	渣液与铁液的界面
	炉气中的 SO_2 使铁液增硫	$3Fe + SO_2 = FeS + 2FeO$	放热	熔化、过热与炉缸区
	焦炭中的 S 使铁液增硫	$Fe + S = FeS$	放热	熔化、过热与炉缸区

（续）

增减方向	反应名称	反应式	热效应	反应发生区
脱硫	渣中的 CaO 与 FeS 反应脱硫	$(FeS) + (CaO) = [CaS] + [FeO]$	吸热	渣液与铁液的界面
	渣中的 MnO 与 FeS 反应脱硫	$(FeS) + (MnO) = [MnS] + [FeO]$	吸热	渣液与铁液的界面
	渣中的 Na_2O 与 FeS 反应脱硫	$(FeS) + (Na_2O) = [Na_2S] + [FeO]$	吸热	渣液与铁液的界面
	铁液中的 Mn 与 FeS 反应脱硫	$[FeS] + [Mn] = MnS + Fe$	放热	铁液中

① （FeS）表示渣中的 FeS，[FeS] 表示铁液中的 FeS。

② 影响铁液硫含量的因素及其影响途径见表 12-26。

表 12-26　影响铁液硫含量的因素及其影响途径

因素	影响因素	影响途径
金属炉料	硫的质量分数	金属炉料中的硫含量高，铁液最终的硫含量大
	块度	块度大，增硫量少
焦炭	硫的质量分数	焦炭可使铁液中的硫含量增加，增硫量为金属炉料硫含量的 40%～100%
	块度	块度大，增硫速度慢
炉渣	碱度	碱度大，脱硫能力强
	FeO 含量	FeO 含量低，脱硫能力强
温度		温度高，有利于脱硫

炉渣对铁液硫含量影响很大。当温度和渣铁两相成分一定时，渣中硫的质量分数 (S) 与铁液中硫的质量分数 [S] 之比 L_S（称分配指数）为一定值，即

$$L_S = \frac{(S)}{[S]} \tag{12-2}$$

L_S 越大，炉渣的脱硫能力越强。炉渣的脱硫反应为

$$[FeS] + (CaO) = (CaS) + (FeO) - Q$$

Q 为热量，此反应的平衡常数为

$$K = \frac{(CaS)(FeO)}{[FeS](CaO)} \tag{12-3}$$

于是

$$\frac{(CaS)}{[FeS]} = K \frac{(CaO)}{(FeO)} \tag{12-4}$$

由于硫在渣中主要以 CaS 形式存在，在铁液中主要以 FeS 形式存在，所以

$$L_S = \frac{(S)}{[S]} \propto \frac{(CaS)}{[FeS]} \tag{12-5}$$

即

$$L_S \propto K \frac{(CaO)}{(FeO)} \tag{12-6}$$

K 大，L_S 也越大。脱硫反应是吸热反应，温度高则 K 值增大。所以，温度越高，L_S 值越大，即提高炉温有利于脱硫反应的进行。此外，增加渣中 CaO 含量，减少 FeO 含量，也可使 L_S 值增大。所以，炉渣碱度高，炉气的氧化性气氛弱或铁料锈蚀较轻时，有利于脱硫。

锰对铁液硫含量有重要影响。高温时，锰和硫产生下列反应，即

$$Mn + S \rightarrow MnS$$

$$Mn + FeS \rightarrow MnS + Fe$$

生成的 MnS 熔点高，密度小，进入渣中，起脱硫作用。所以，锰是影响铁液硫含量的一个重要的金属元素。一般按下列经验公式控制炉料的锰含量。

$$w(Mn) = 1.7w(C) + 0.3$$

5）磷含量的变化。用酸性冲天炉熔炼不能脱磷，所以磷含量基本不变。碱性冲天炉有脱磷作用：

$$2[P] + 5(FeO) + (CaO)$$
$$= (CaO \cdot P_2O_5) + 5[Fe] + Q$$

脱磷要求炉渣具有较高的碱度，这点与脱硫条件是一致的。但是，脱磷还要求炉渣中 FeO 质量浓度高，而且又是个放热反应，不要求高的炉温，这与脱硫的冶金条件及热力学条件相矛盾，而温度和脱硫又是铸铁熔炼过程中不容忽视的，即脱磷和脱硫二者无法同时满足。市场上所谓同时能脱硫、脱磷的添加剂（或变质剂）是违背理论和实践的，所以迄今为止尚

无有效而又可行的脱磷方法，铸铁的磷含量主要靠配料（选择炉料）来决定。

即使采用碱性冲天炉也难同时达到脱硫、脱磷的目的。

6）影响 C、Si、Mn、S、P 元素变化的因素见表 12-27。

表 12-27　影响 C、Si、Mn、S、P 变化的因素

因素组	因素变化	碳的增加率	硅、锰烧损率	硫的增加率	磷的变化
焦炭	碳质量分数高、灰分低	增加	减少	减少	—
	块度大	减少	—	减少	—
	强度高不易破碎	减少	减少	减少	—
	反应性强	增加	减少	减少	—
操作	增加风量和熔化率	减少	增加	减少	—
	增加层焦量	增加	减少	增加	—
	提高底焦高度	增加	减少	增加	—
	热风与富氧、提高炉温	增加	减少	减少	—
金属炉料	块度大	减少	增加	减少	—
	废钢量大	减少	减少	减少	—
	碳含量高	减少	硅烧损增加	—	—
	硅含量高	减少	硅烧损增加	—	—
	锰含量高	增加	硅、锰烧损增加	减少	—
	锈蚀程度严重	减少	增加	增加	—
炉渣	增加碱度	—	硅烧损增加，锰烧损减少	减少	减少
	FeO 含量高	减少	增加	增加	减少
冲天炉结构	增加炉缸深度和直径	增加	硅烧损减少	增加	—
	增加风口排数和数量	减少	增加	—	—
	炉膛侵蚀增大	减少	增加	增加	—
	使用碱性炉衬	增加	减少	减少	—
铁液中溶解氧	含量增加	减少	硅烧损增加锰变化少	—	—

12.2.2　冲天炉主要结构参数的选择

普通冲天炉的基本结构如图 12-10 所示。如前所述，在冲天炉熔炼中有一些冶金过程，但主要还是熔化金属炉料，获得高温的铁液。表 12-28 列出了冲天炉的类型、特征及适用范围。

表 12-28　冲天炉的类型、特征及适用范围

分类依据	名　称	特征	适用范围
熔化率	小型	熔化率小于 7t/h	熔化率的选择依据生产需要，由各厂铸件生产纲领计算确定。从节能和环保出发，熔化率小于 5t/h 的炉型将被淘汰
	中型	熔化率在 7～20t/h 之间	
	大型	熔化率在 20～50t/h 之间	
	超大型	熔化率大于 50t/h	
炉膛形状	直筒型	预热区、熔化区、风口区等处炉膛内径相同，炉膛形状简单，便于修炉	为基本炉膛形状，应用广泛
	曲线型	炉膛呈曲线或折线形，有利于提高炉温	目前最常用的炉膛形状

（续）

分类依据	名　　称		特　征	适用范围
送风形式	侧送风	单排风口	结构简单，但在炉气化学热不利用的普通冲天炉中不多见	常见于水冷长炉龄冲天炉
		两排风口	对各种品质的焦炭均有较强的适应性，同时具有节焦特性	冷风冲天炉上最常见的风口结构形式，以两排大间距最为常用
		多排风口	风口排数等于或多于三排	用于小型冲天炉或焦炭质量差的冲天炉，但排数太多时，炉温低、铁液易氧化，四排以上风口的炉子已较少见
	中央送风		由炉底中心的风嘴送风入炉	迄今已很少使用
	中央送风加侧送风		两种送风方式结合	应用逐渐减少
助燃气体	空气		使用空气	使用广泛
	富氧		在空气中增加体积分数为2%~4%的氧气	富氧喷氧送风冲天炉的运用日趋普及，尤其用于冷风冲天炉的初始运行时
	纯氧		使用纯氧	在天然气冲天炉中有应用
风温	无热风装置		常温空气送入炉内，俗称冷风炉，结构简单	使用广泛
	炉胆热风装置		利用预热区炉气的物理热能得到150~200℃的热风	热风温度低，对提高出铁温度效果不明显。使用不当，还会缩短炉胆寿命，增加运行成本
	炉顶热风装置		热风装置安装在加料口以上，回收炉气余热，可得到350~550℃的热风	最经济实用的热风装置，正处在积极改进和发展中
	炉外热风装置		包括炉气燃烧器、热风换热器等，设置在冲天炉侧旁，回收炉气余热，可得到400~650℃的热风	结构复杂、造价高，占地面积大，换热器有多种结构形式
炉衬性质	酸性炉衬		熔化、过热、炉缸等区采用酸性耐火材料	最常见
	碱性炉衬		熔化、过热、炉缸等区采用碱性耐火材料	有利于铁液脱硫
	中性炉衬		熔化、过热、炉缸等区采用中性耐火材料	长炉龄冲天炉
炉缸结构	固定炉缸		炉缸固定，不可移动	最常见
	活动炉缸		炉身、炉缸或炉底可沿轨道移出	便于小型冲天炉修炉
前炉结构	固定前炉		前炉固定不动	最常见
	移动前炉		前炉可以少量移动	适用于活动炉缸的小型冲天炉
	回转前炉		前炉回转倾出铁液	常用于长炉龄冲天炉
	无前炉		即湿炉底冲天炉，利用深炉缸贮存铁液	常见于铁屑炉与小型冲天炉，有利于增碳，不利于脱硫

（续）

分类依据	名　称	特征	适用范围
风口结构	普通风口	炉衬耐火材料修砌形成的风口	普通冲天炉最常用
	成型耐火砖	风口采用特制耐火砖	便于修炉，使用时间较普通风口长
	金属水冷风口	即插入式金属水冷风口	适合于长炉龄冲天炉和熔化率大于 15t/h 的冲天炉
作业制度（炉龄）	单班制	普通炉衬冲天炉，炉龄数小时	最常见
	两班制	炉壁有水冷装置，炉龄为 12～18h	适合于两班制生产的铸造厂
	长期连续	无炉衬，炉壁有水冷装置，采用插入式水冷风口	适合于铸造流水线，长期连续生产的铸造厂
炉料	常规金属炉料	绝大多数冲天炉使用的炉料，包括生铁、废钢、回炉铁、铁合金等	冲天炉主要的炉料供应方式
	大比例废钢	以废钢为主要炉料	今后炉料使用的方向
	铁、钢屑	以铁屑、钢屑为炉料生产铸铁件或再生铁	铁屑炉，必须先进行烧结或强力加压成块状，循环经济、废物利用
	矿石熔炼	用于矿棉、冶金辅料生产	矿石冲天炉
燃料	焦炭	以铸造焦炭为燃料	最常用
	天然气	以天然气为燃料	对节能、减少公害、环保有利，是发展方向之一，但有天然气供应问题
	石油	以柴油、煤油、重油等为燃料	较少应用
	煤粉或焦粉	以煤粉、焦粉为燃料	较少应用
炉缸性质	湿炉底	炉缸深度较大，铁液贮存在炉缸中	优点是无须前炉，由炉缸前出铁口直接出铁，由炉缸上出渣口直接排渣，结构简单，便于渗碳、渗硅；缺点是造成含硫量增高
	干炉底	炉缸不贮存铁液，铁液直接进入前炉	渗碳、渗硅少，但可避免硫量增加
渣铁分离	基本型	在炉缸上或在前炉上分别设出铁口和出渣口	炉体结构简单、投资少
	虹吸分渣	在出铁槽上设计虹吸分渣器，使炉渣自动与铁液分离排出	注意设计参数正确性
	压力分渣器（渣铁分离装置）	用压力分渣器代替前炉，一面贮存铁液，使铁液炉渣自动分离	结构较复杂，现长炉龄冲天炉多设两个压力分渣器，以便轮流检修及使用

（续）

分类依据	名　称	特征	适用范围
炉渣处理	干渣处理	炉渣经出渣口排出后直接流进渣罐，冷却后机械粉碎	设备简单、处理麻烦，有环境污染，劳动环境差
	水冲粒化	炉渣自出渣口排出后经水渣粒化器粒化，冲入沉淀池，用渣桶或提升器提出，沥干、回用	设备较多，水池、水槽占地面积大且耗水，污水需处理，但劳动环境好，操作简单
风口大小	小风口	指风口比在5%以下	焦炭质量差，块度小时宜用小风口
	大风口	指风口比在5%以上	国外冲天炉风口比可达20%左右
加料机	单轨加料机	由单轨主梁、限位装置、卷扬机构、料桶、小车组成，分固定式和回转式单轨加料机两种	优点：结构简单，省料、占地面积少 缺点：回转式单轨加料机不能同时供两台冲天炉加料，故当有两台冲天炉时，不能同时开炉
	爬式加料机	由机架、料桶和卷扬机构组成，分固定式和回转式两种	优点：加料作业动作少、工序少，易于自动化，生产率高 缺点：结构较复杂，占地面积大 适用于中、大型冲天炉
	翻斗加料机	由机架、料桶、卷扬机构组成，在冲天炉没有加料平台时，机架可直接与冲天炉炉身相连	优点：用料少、结构简单 缺点：由于倾倒料斗入炉，炉料在炉内分布不均匀，影响熔炼正常进行 限用于熔化 1～2t/h 的小型冲天炉，常见用于炉顶热风冲天炉

1. 炉身部分的参数选择

炉身部分系指从炉底向上至加料口下沿各组成部分，它由炉缸、风箱和炉筒组成。

（1）冲天炉炉径的确定

1）炉膛内径。按生产所需铁液量用式（12-7）计算：

$$D_{内} = \sqrt{\frac{4G}{\pi S}} = 1.12 \sqrt{\frac{G}{S}} \tag{12-7}$$

式中　$D_{内}$——直筒形炉膛内径，曲线形炉膛内径取熔化带内径（下同）（m）；

　　　G——熔化率（t/h）；

　　　S——熔化强度 [t/(m² · h)]，一般在 7～10t/(m² · h) 内选取。它与送风强度和焦耗有关，而焦耗又与所要求的出铁温度、焦炭质量有关。

也可根据熔化率参考图 12-11 选用合适的炉膛内径。

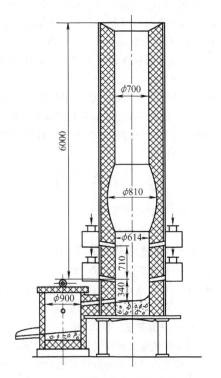

图 12-10 普通冲天炉（双层送风二排大间距）的基本结构

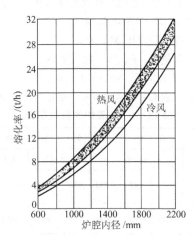

图 12-11 炉膛内径与熔化率的关系

曲线炉膛形状有以下特点：

① 风口区缩小，增加供风强度，强化底焦燃烧，减小燃烧"死角区"，提高氧化过热区的炉温，降低热损耗。

② 扩大熔化区，降低高温气流速度，抑制还原带内的反应速度，导致炉气还原速度和还原带温降梯

度同时下降，达到稳定或提高炉温的目的。此外，由于熔化区的扩大，增加了装料容量，有利于炉料预热和熔化，提高熔化区和减少底焦的波动范围。

曲线炉膛有三种类型，如图 12-12 所示。

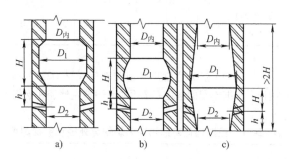

图 12-12 曲线炉膛

a）倒瓶型 b）灯罩型 c）高炉型

$D_2 < D_内 < D_1$

三种类型曲线炉膛有关尺寸：

$$D_1 = (1.1 \sim 1.2)D_内$$

$$D_2 = (0.7 \sim 0.8)D_内$$

$$H \geqslant D_内$$

$$H = 50 \sim 100mm$$

2）炉壳内径。炉壳内径 = 冲天炉炉膛内径 + 2（炉衬厚度 + 绝热层厚度）。

炉衬厚度 = 最长连续熔炼时间（h）×
炉衬侵蚀速度（mm/h）+
预留保温炉衬层厚度

连续开炉在 8h 以内，冲天炉炉衬侵蚀速度为 8 ~ 15mm/h，平均 12mm/h；连续开炉时间长（8 ~ 16h 之间）和耐火砖质量差的条件下，炉衬侵蚀速度选取 15 ~ 20mm/h。冲天炉过热区预留保温炉衬层厚度见表 12-29。

表 12-29 冲天炉过热区预留保温炉炉衬层厚度

熔化率 $G/$（t/h）	1	2	3	5	7	10	15
保温层厚度 /mm	80 ~ 100			150 ~ 180		200 ~ 230	

一班工作制冲天炉的炉衬厚度经验数据见表 12-30。

炉衬与炉壳间预留 10 ~ 30mm 间隙，填以绝热材料。常用的绝热材料为硅砂或硅酸铝等。

表 12-30　一班工作制冲天炉的炉衬厚度经验数据

熔化率 G /(t/h)	1	2	3	5	7	10	15
炉衬厚度 /mm	150	180	230	250	250	300	300

一般冲天炉外壳常用普通碳素钢板材 Q235A 等制作。根据不同的熔化率选用冲天炉炉壳外径和钢板厚度，见表 12-31。

表 12-31　根据熔化率选用冲天炉炉壳外径和钢板厚度

熔化率 G /(t/h)	1	2	3	5	7	10	15
炉壳外径 /mm	800	800	1140	1400	1600	1900	2260
钢板厚度 /mm	6	6	6	8	8	10	12

（2）炉身高度　包括炉底厚度、炉缸深度和有效高度。

1）炉底厚度系指炉底板上垫炉底的砂层或砂层 + 碎焦层的厚度，见表 12-32。

表 12-32　冲天炉熔化率与炉底厚度

熔化率 G /(t/h)	1	2	3	5	7	10	15
炉底厚度 /mm	200 ~ 250			250 ~ 300		300 ~ 400	

对连续熔化时间长和无前炉冲天炉，炉底厚度选取表 12-32 中的高限值。

2）炉缸深度系指炉底上表面中心至第一排风口中心线的距离，此值与炉子结构、有无前炉、要求铁液碳含量及炉子大小有关。

有前炉冲天炉的炉缸深度见表 12-33。

表 12-33　有前炉冲天炉的炉缸深度

熔化率 G /(t/h)	1	2	3	5	7	10	15
炉缸深度 /mm	150 ~ 200			200 ~ 250		250 ~ 300	

选择炉缸深度时，还应考虑具体条件，如：

① 熔炼低碳铸铁时，应尽量缩短炉缸深度；对

$G < 5t/h$ 的冲天炉，炉缸深度一般取 100 ~ 150mm。

② 当第一排风口斜度 > 5°时，应增加炉缸深度 50 ~ 100mm。目的是保护炉底，不被吹坏。

③ 对连续开渣操作的冲天炉，炉缸深度选取表 12-33 中的高限值。

对无前炉冲天炉，即所谓"湿炉底"冲天炉的炉缸深度，应根据一次要求最多贮铁液量计算。一般贮铁液量应少于炉子熔化率的 30%。此时炉缸深度可按式（12-8）计算：

$$h_缸 = \frac{2}{A_缸}\left(\frac{W_铁}{\rho_铁} + \frac{W_渣}{\rho_渣}\right) \qquad (12-8)$$

式中　$h_缸$——炉缸深度（m）;

$A_缸$——炉缸截面面积（m²）;

$W_铁$——炉缸贮存铁液重量（t）;

$\rho_铁$——铁液密度，取 7t/m³;

$W_渣$——与铁液重量相应的炉渣重量（t），一般每吨铁约有 0.1t 炉渣;

$\rho_渣$——炉渣密度，取 2t/m³。

为了减少炉渣溢入风口、风箱和鼓风吹冻炉渣的可能，炉缸深度在计算值外应再增加 100 ~ 150mm。

3）有效高度系指冲天炉第一排风口中心至加料口下沿之间的距离。适当的有效高度可保证冲天炉预热区的高度充分、合适。有效高度（$H_有$）与炉膛内径（$D_内$）之比，一般取 5 ~ 8。

$H_有$ 的值与下列因素有关：

① 炉径越大，$H_有/D_内$ 比值越小。

② 双排大间距供风的冲天炉（"大双"冲天炉），$H_有$ 按表 12-34 选定后应再增加 300 ~ 500mm。

表 12-34　冲天炉的有效高度

$D_内$/mm	500	600	700	900	1100	1300	1450
$H_有/D_内$	6 ~ 8			5.5 ~ 7		4.5 ~ 5.5	
$H_有$/mm	3000 ~ 4000	3600 ~ 4500	4000 ~ 4800	5000 ~ 5900	5500 ~ 6000	5900 ~ 6500	6600 ~ 7000

③ 单排风口供风的冲天炉，$H_有$ 选表 12-34 中数值低限，三排风口或多排风口供风冲天炉，选高限。

④ 焦炭块度大、质量好时，$H_有$ 的值适当增加，反之，应选小值。

⑤ 选值过小，使预热区短，热效率低，加料口火焰大；选值过大，炉子易于棚料，加料台增高，风机风压要增加，增加了基建投资。

（3）风箱和进风管

1）风箱。一般中小型冲天炉的风箱多选用整体

式结构，如图 12-13 所示。各排风口包容在一个环形带中，这种形式的风箱，结构简单，造价较低；缺点是供风不均匀，各排风风口供风量难以控制。

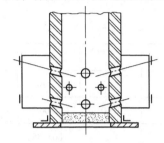

图 12-13 冲天炉整体式风箱

冲天炉汇流环式风箱如图 12-14 所示。风口从环下引出，在引风管中间设置调节风闸，可以分别调节各个风口供风量。

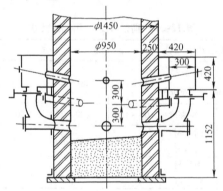

图 12-14 冲天炉汇流环式风箱

其他常见的几种风箱结构如图 12-15 所示。

风箱尺寸的确定主要以满足供风均匀为前提，由于风口排数和风箱结构不同，选定风箱尺寸的方法有如下 4 种：

① 按贮存 1s 总供风量的容积，选定风箱纵截面面积，即

$$A_{纵} = \frac{q_1}{v_1} \qquad (12\text{-}9)$$

式中　$A_{纵}$——风箱纵向矩形截面面积（m^2）；

　　　q_1——冲天炉 1s 总供风量（m^3/s）；

　　　v_1——风箱纵截面上的空气流速（m/s），一般取 $2.5 \sim 4.0 m/s$（小炉子取下限）。

② 风箱宽度 $=1.5$ 进风管径；风箱高度 $=4$ 倍进风管径。

适用于整体式风箱（见图 12-13）

③ 风箱外径 $=(1.8 \sim 2.5) D_{内}$；风箱高度 $= (0.4 \sim 1.0) D_{内}$。

适用于汇流环式风箱结构（参见图 12-14）

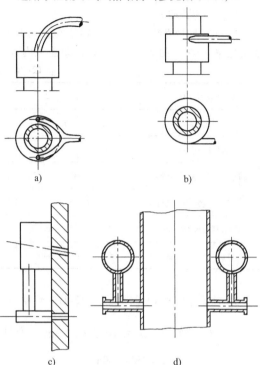

图 12-15 其他常见的几种风箱结构

a）顶部进风，用两个支管在风箱上方对称进风，最适宜用于每排四个风口

b）切线进风，一般用于每排风口个数超过 4 个，为使各风口进风均匀，可采用等风隔板

c）第一排风口用引风管和风口变管相连接，引风管起等风隔板作用，各风口进风较均匀

d）大型雨淋式水冷冲天炉一般采用圆形截面，风箱与炉壳间不相连接而留有间隙，用支架吊挂

④ 风箱宽度 $=1.5$ 倍进风管径；风箱高度 $=2$ 倍进风管径。

适用于大间距双排风口冲天炉两个单风箱，便于设置风阀调节风量。

2）进风管直径（$D_{进}$）可按式（12-10）计算：

$$D_{进} = 35 Q_{风}^{1/2} \qquad (12\text{-}10)$$

式中　$Q_{风}$——冲天炉供风量（m^3/min）。

推荐的冲天炉风箱进风管直径见表 12-35。

表 12-35 推荐的冲天炉风箱进风管直径

熔化率 G /(t/h)	1	2	3	5	7	10	15
$D_{进}$/mm	150	200	250	350	400	500	500

2. 前炉部分参数的选择

（1）固定式前炉

1）前炉和炉壳参数。①前炉容铁液量一般为炉子熔化率（t/h）的 50% ~ 100%；②前炉内径 = $(0.8 ~ 1.2)D_内$；③前炉壳外径 = $(0.9 ~ 1.2) ×$ 冲天炉炉壳外径；④炉前主要结构参数（前炉内径、容铁液量、炉衬厚度、炉壳钢板厚度）见表 12-36。

表 12-36　前炉主要结构参数

熔化率 G/(t/h)	1	2	3	5	7	10	15
容铁液量/t	0.75	1.5 ~ 2.0	2 ~ 3	3 ~ 5	5 ~ 7	8 ~ 10	12 ~ 15
前炉内径/mm	550	600	700	900	1000	1200	1700
炉衬厚度/mm　耐火材料	180		250		300 ~ 350		
炉衬厚度/mm　轻质保温材料	10 ~ 15		15 ~ 20		20 ~ 30		
炉壳钢板厚度/mm	6			8		10 ~ 12	
前炉壳内径/mm	950	1040	1140	1400	1600	1900	2400

2）前炉总高度（$H_前$）按式（12-11）计算：

$$H_前 = h_底 + h_渣口 + h_渣过 + h_过 + h_盖 \quad (12-11)$$

$$h_底 = 250 ~ 450mm$$

$$h_渣口 = 0.18 \frac{q_铁液}{D_{前内}^2} + L_余量$$

式中　$q_铁液$——前炉内容铁液重量（t）；

　　　$D_前内$——前炉内径（m）；

　　　$h_过$——过桥口高度（m）；

　　　$h_底$——炉底厚度（m）；

　　　$h_渣口$——出渣口高度（m）；

　　　$h_盖$——炉盖高度（m）；

　　　$L_余量$——最高铁液面至渣口预留量（m），$L_余量 = 0.05 ~ 0.10m$；

　　　$h_渣过$——出渣至过桥口下沿高度，$h_渣过 = 1/3 h_渣口$。

前炉 $h_过$ 和 $h_盖$ 的尺寸见表 12-37。

表 12-37　前炉 $h_过$ 和 $h_盖$ 的尺寸

熔化率 G/(t/h)	1	2	3	4	5	6	7
过桥尺寸（宽/mm × 高/mm）		40 × 80		50 × 150		80 × 200	
炉盖高度 $h_盖$/mm　内拱高度		100 ~ 150		200 ~ 350		300 ~ 400	
炉盖高度 $h_盖$/mm　耐火材料厚度		150 ~ 200		250 ~ 300		300 ~ 350	
炉盖高度 $h_盖$/mm　绝热材料厚度		10 ~ 15		15 ~ 20		20 ~ 30	

（2）回转式前炉　回转式前炉有立式和卧式两种，后炉和前炉有时采用过桥撇渣装置相连，前炉附加重油或煤气加热保温。这种前炉供出铁频繁，或者为实现自动出铁的条件下采用。

小型冲天炉采用的立式回转前炉如图 12-16 所示。铁液经回转前炉的轴心流入前炉内。

中、小型冲天炉多采用 U 形或圆筒形卧式前炉，如图 12-17。

U 形卧式前炉的结构尺寸见表 12-38。

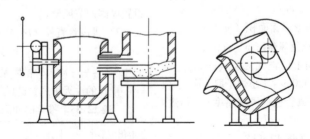

图 12-16　立式回转前炉

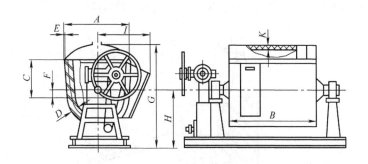

图 12-17　U 形卧式前炉

表 12-38　U 形卧式前炉的结构尺寸　　　　　　　（单位：mm）

容量/kg	A	B	C	D	E	F	G	H	I	K	炉衬厚度
450	710	1067	241	330	8	9.5	1016	559	572	76	191
800	930	1219	305	369	8	13	1206	673	622	114	191
1300	805	1422	313	381	8	13	1295	737	635	114	191
1600	1016	1524	387	457	9.5	13	1511	838	787	114	191
2300	1143	1524	393	521	9.5	13	1645	914	826	114	254
3400	1143	1930	449	521	13	16	1702	940	839	114	254

（3）渣铁分离装置，出铁口和出渣口

1）渣铁分离装置。渣铁分离装置的工作原理及结构如图 12-18 ~ 图 12-20 所示。

炉膛内压力　　$p_{内压} = p_{气压} + h_{内渣}$

过桥端压力　　$p_{外压} = \delta_{铁压} + \delta_{外渣}$

$$p_{内压} = p_{外压}$$

$$p_{气压} + h_{内渣} = \delta_{铁压} + \delta_{外渣}$$

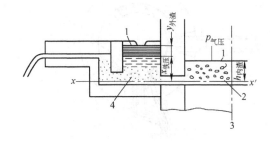

图 12-18　渣铁分离装置的工作原理

1—熔渣　2—铁滴　3—冲天炉中心线

4—铁液　xx'—炉内铁液面

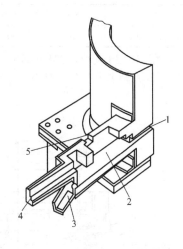

图 12-19　过桥渣铁分离装置的结构

1—过桥　2—熔渣池　3—备用口

4—出铁槽　5—出渣口

在炉膛内气压（$p_{内压}$）的作用下，铁液和熔渣可连续流出。熔炼过程中，炉缸内气压（$p_{气压}$）、渣层厚度$h_{内渣}$与炉缸外过桥处的铁液层厚度$\delta_{铁压}$和渣层厚度$\delta_{外渣}$应保持平衡，使连续熔化下来的铁液不断经过过桥流出。

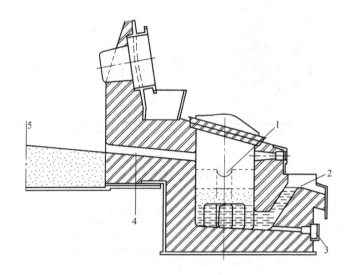

图12-20　长时间连续熔炼用渣铁分离装置的结构
1—出渣口　2—出铁口　3—残留铁液放出口　4—过桥　5—炉缸中心线

渣铁分离装置中风箱风压$p_{风箱}$与铁液层厚度$\delta_{铁压}$的关系见表12-39。

2）出渣口和出铁口。一般前炉中的出渣口直径为30～60mm，出铁口直径为20～40mm。采用过桥渣铁分离装置时，为防止炉缸内的流铁液冻结，铁、渣倒灌入风口，可在炉缸内风口下部预留一个安全自动溢铁口，修炉时在此安全自动溢流口中预埋一铝块，并在内侧刷层薄涂料或耐火材料，防止提前熔化，如图12-21所示。

表12-39　风箱风压$p_{风箱}$与铁液层厚度$\delta_{铁压}$的关系

$p_{风箱}$/Pa	1750	3550	5300	7000	8800	10600	12350	14100
$\delta_{铁压}$/mm	38	65	90	115	140	165	190	215

注：表中数值仅适用于大风口（静压）送风。小风口送风时，风箱风压应减去风口的阻力损耗；当风口比为3%～5%时，阻力损耗平均为1500～3000Pa，风口比小者取高限。

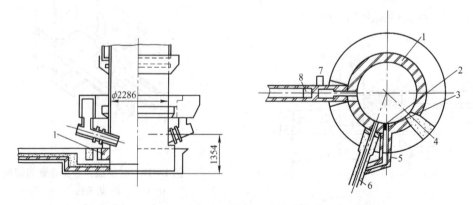

图12-21　大型冲天炉水冷无炉衬、渣铁分离槽和自动溢铁口
1—碳素砖　2—涂料层　3—铝块　4—备用门　5—安全自动溢铁口
6—放渣铁口　7—出渣口　8—出铁口

12.2.3　鼓风机的选择

冲天炉常用鼓风机有两类：离心（定压式）鼓风机和罗茨（定容式）鼓风机。

1. 离心鼓风机

HTD 离心鼓风机的结构如图 12-22 所示。离心鼓风机的特性曲线和炉内阻力对离心鼓风机风量的影响如图 12-23 和图 12-24 所示。

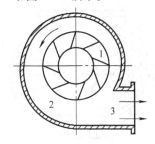

图 12-22　HTD 离心鼓风机的结构

1—叶轮　2—蜗壳　3—出风口

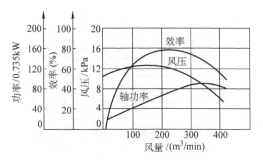

图 12-23　离心鼓风机的特性曲线

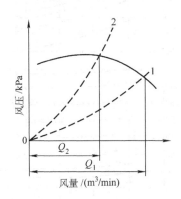

图 12-24　炉内阻力对

离心鼓风机风量的影响

实线—鼓风机特性曲线

虚线—炉内阻力变化

1—阻力小　2—阻力大

普通离心鼓风机虽然具有耗电量少（冲天炉熔

化 1t 铁液平均耗电量 7 ~ 9kW·h）、噪声低（低于 70dB）、结构简单、维护保养方便、价格便宜等特点，但其风量随炉内阻力的增加而急剧减少，不能适应冲天炉操作要求。

冲天炉专用高压离心鼓风机是根据我国冲天炉的特点而设计的，它具有风压高、风量适中、结构简单、耗电少、噪声低等特点，已广泛应用在中小型冲天炉上。其规格和性能见表 12-40 和表 12-41 及图 12-25。

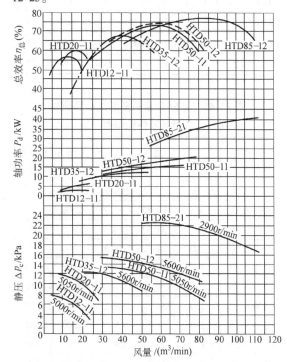

图 12-25　冲天炉专用高压离心鼓风机性能曲线

进气状态：进口压力 $p_j = 7600Pa$，进口温度 $t_j = 20℃$，相

对湿度 $\phi = 50\%$

表 12-40　HTD 系列离心鼓风机的型号

及部分性能参数

产品型号	风量/(m^3/min)	出口升压/Pa	轴功率/kW	主轴转速/(r/min)	电机功率/kW	冲天炉熔化率/(t/h)
HTD35-12	35	11786	10.4	5600	15	2
HTD50-11	50	12749	14.3	5750	18.5	3
HTD50-12	50	14710	16.7	5750	22	3
HTD50-13	50	16672	18.9	5600	22	3
HTD50-14	50	17652	22.9	5600	30	3
HTD85-21	85	19614	37.6	2900	45	5

（续）

产品型号	风量/ (m³/ min)	出口升压 /Pa	轴功率 /kW	主轴转速/(r/ min)	电机功率 /kW	冲天炉熔化率 /(t/h)
HTD85-22	85	23537	43.7	2900	55	5
HTD85-23	85	27459	50.6	2900	75	5
HTD85-24	85	29421	54	2900	75	5
HTD120-21	120	24517	64.2	2900	75	7
HTD150-21	150	27455	88.9	2940	110	10
HTD300-21	300	24517	154	2940	185	15
HTD350-21	350	24517	190.6	2940	200	20

表 12-41　部分 C 系列多级离心鼓风机的型号及性能参数

型号	风量/ (m³/min)	出口升压 /kPa	轴功率 /kW	主轴转速/ (r/min)	配套电机功率 /kW
C80-1.35	80	34.32	62.7	2900	75
C90-1.35	90	34.32	70.5	2900	75
C100-1.35	100	34,32	78.3	2900	90
C120-1.35	120	34.32	94.0	2900	110
C130-1.35	130	34.32	102.7	2900	110
C150-1.35	150	34.32	118.5	2900	132
C160-1.35	160	34.32	126.4	2900	132
C170-1.35	170	34.32	134.3	2900	160
C180-1.35	180	34.32	142.2	2900	160
C190-1.35	190	34.32	150.1	2900	160
C200-1.35	200	34.32	158.0	2900	185
C220-1.35	220	34.32	172.4	2900	185
C250-1.35	250	34.32	193.2	2900	200
C300-1.35	300	34.32	235.0	2900	250
C350-1.35	350	34.32	274.2	2900	290
C400-1.35	400	34.32	313.4	2900	360

2. 罗茨鼓风机

罗茨鼓风机的结构如图 12-26 所示。依靠图 12-26 所示的对辊旋转（称双叶式）挤压空气形成一定风压及流量，因此罗茨鼓风机又称容积式（或定容式）鼓风机。

罗茨鼓风机按叶轮的排列方式分为立式和卧式，分别用 L 和 W 表示；按传动方式分为联轴器直联和带轮连接，分别用 D 和 C 表示。部分适用于冲天炉

的双叶式罗茨鼓风机的性能参数见表 12-42 。罗茨鼓风机的特性曲线和炉内阻力对罗茨鼓风机风量的影响如图 12-27 和图 12-28 所示。三叶式罗茨鼓风机的工作原理同双叶式罗茨鼓风机，但其叶轮有所改进，效率高、噪声低、振动小，输出风量平稳，性能优于双叶式罗茨风机。其性能参数见表 12-43 。

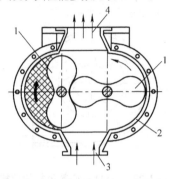

图 12-26　罗茨鼓风机的结构
1—对辊　2—机壳　3—进风口　4—出风口

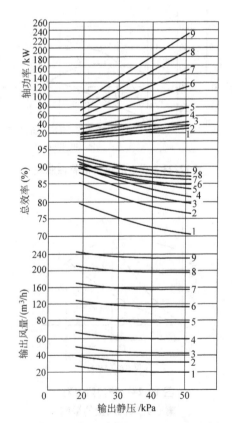

图 12-27　罗茨式鼓风机的特性曲线
鼓风机型号：1—D36×28-20　2—D36×28-30
3—D36×35-40　4—D36×46-60　5—D36×60-80
6—D36×48-120　7—D36×63-160
8—D36×78-200　9—D36×90-250

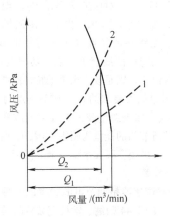

图 12-28 炉内阻力
对罗茨鼓风机量的影响

实线—鼓风机特性曲线 虚线—炉内阻力变化曲线
1—阻力小 2—阻力大

表 12-42 部分双叶式罗茨鼓风机的性能参数

型号	主轴转速/(r/min)	风压/kPa	风量/(m³/min)	电机功率/kW	冲天炉熔化率/(t/h)
L52LD	1450	9.8 ~ 19.6	31.0 ~ 32.6	7.5 ~ 15	2
L53LD	1450	9.8 ~ 19.6	40.1 ~ 41.8	11 ~ 18.5	3
L62LD	980	9.8 ~ 19.6	39.3 ~ 41.5	11 ~ 22	3
	1450	19.6 ~ 29.4	60.9 ~ 62.7	30 ~ 45	4
L63LD	980	9.8 ~ 19.6	50.2 ~ 52.7	15 ~ 30	3
	1450	19.6 ~ 29.4	77.5 ~ 79.6	37 ~ 55	5
L72WD	980	19.6 ~ 29.4	80.6 ~ 83.3	37 ~ 55	5
L73WD	980	19.6 ~ 29.4	97.6 ~ 101	45 ~ 75	7
L74WD	980	19.6 ~ 29.4	118 ~ 121	55 ~ 90	7
L81WD	980	19.6 ~ 29.4	122 ~ 126	55 ~ 90	10

(续)

型号	主轴转速/(r/min)	风压/kPa	风量/(m³/min)	电机功率/kW	冲天炉熔化率/(t/h)
L82WD	980	19.6 ~ 29.4	157 ~ 161	75 ~ 110	10
L83WD	980	19.6 ~ 29.4	202 ~ 207	90 ~ 132	15
L84WD	980	19.6 ~ 29.4	255 ~ 261	110 ~ 155	15

表 12-43 部分三叶式罗茨风机性能参数

型号	转速/(r/min)	风压/kPa	风量/(m³/min)	配套电机功率/kW
3L52WD	980	78.4	21.4 ~ 28.4	45
	1450	78.4	31.0 ~ 32.6	45
3L53WC	1100	68.6	28.5 ~ 32.7	55
	1200	68.6	31.9 ~ 36.1	55
	1310	68.6	35.5 ~ 39.7	55
3L53WD	1450	78.4	40.0 ~ 44.6	55
3L63WD	730	78.4	32.4 ~ 41	90
	970	78.4	48 ~ 56.6	90
	980	78.4	79.1 ~ 87.6	90
3L63WC	980	78.4	56.6 ~ 64.2	90
	980	78.4	63.4 ~ 72	90
	980	78.4	71.2 ~ 79.9	90

变频调速技术可以用于鼓风机，包括离心鼓风机与罗茨鼓风机。如果通过改变离心鼓风机的主轴转速进行风量调节，因其风压与主轴转速的二次方成正比，其风压变化幅度很大，因此用于冲天炉的离心鼓风机不容易利用变频器进行风量调节。罗茨鼓风机的出口风压与主轴转速无关，通过改变主轴转速则可以改变风量。根据公式

$$n = \frac{(1-s)f}{z} \tag{12-12}$$

$$\frac{Q}{Q_0} = \frac{n}{n_0}$$

式中　Q、Q_0——变化前后的风量；

　　　　n、n_0——变化前后的电动机转速；

　　　　s——电动机转速差，一般取 $s=1.3\%$；

　　　　f——交流电频率；

　　　　z——电动机磁极对数。

根据式（12-12）可知，改变交流电频率即可改变转速 n，鼓风机变频调速的原理即基于此。《中华人民共和国节约能源法》第39条就把它列为通用技术加以推广。

详细的变频节能原理如图12-29所示。

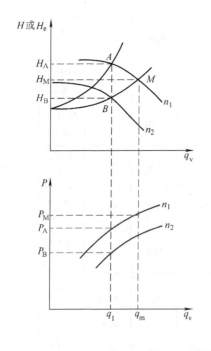

图 12-29　变频节能原理

q—风量　P—功率　H—压力

由图12-29可见，风机原来工作点在 M 点，转

速为 n_1，风量为 q_m 对应的功率是 P_M。现在将风量调节到 q_1，如果采用放风的办法，则鼓风机的特性曲线不变，而管路的特性（工作特性曲线）变陡，此时和风机的特性曲线交于 A 点，功率变为 P_A。如果采用变频调速，则是改变风机的特性曲线，其转速为 n_2，其风量仍为要求的 q_1，其工作点为 B 相对应的功率为 P_B。如果忽略鼓风机效率的改变，则用变频技术，其所节约的能量为图中 ABH_BH_A 所围的平面面积。不过，采用变频技术要一定的投资，故其实施要进行经济核算。

1）变频调速器是调节电源频率的一种装置，简称变频器。表12-44归纳了常见变频器的类型。

表 12-44　常见变频器的类型

分类依据	说　　明
控制方式	通用型变频器一般采用给定闭环控制方式，动态响应速度较慢，在电动机高速运转时可满足设备恒功率的运行特性，在低速时难以满足恒功率要求，但价格较低廉 工程型变频器在其内部通过检测设有自动补偿、自动限制的环节，在设备低速运转时也可保持较好的特性，实现闭环控制
安装形式	壁挂式：功率 <37kW，节省空间 书本式：功率在 0.2～37kW 之间，占用空间较小，可紧密排列安装 装机/装柜式：功率在 45～200kW 之间，体积较大，占用空间较大 柜式：功率为 45～1500kW，体积最大，占用空间最大
电压等级	单相：AC230～250V 三相：AC208～230V、380～460V、500～575V、660～690V 等
防护等级	IP00 与 IP54
精度及调速范围	FC（频率控制），调速范围 1:25 VC（矢量控制），调速范围（1:100）～（1:1000） SC（伺服控制），调速范围（1:400）～（1:1000）
采购来源	国产：价位约 500 元/kW，当变频器容量在 15～75kW 时，优先选用国产变频器 进口：价位为 800～1000 元/kW，当变频器容量大于 75kW 时，建议选用进口变频器

2）罗茨鼓风机的变频调速问题见表12-45。

表 12-45 罗茨鼓风机的变频调速问题

问题	说　明
工作原理	交流电动机的转速与电源频率成正比，改变电源频率可以改变电动机的转速；鼓风机的输出风量与主轴转速成正比，改变主轴转速可以改变鼓风机的输出风量
电气原理图	变频器　电动机
变频优越性	1）可以实现风量的无级调节、节省电力 20% ~30%，不仅比阀门控制调节风量快捷方便，而且杜绝了容积式鼓风机的放风噪声、改善了劳动环境，同时容易实现远程调节和监控 2）变频技术可实现电动机的软起动，起动无冲击电流，不仅有利于电网的安全运行，而且减少了起动期间压力瞬间升高对鼓风机及机械传动系统（齿轮及轴连接器）的冲击，延长了鼓风机和其他设备的使用寿命 3）变频调速系统一般具有完善的保护功能，大幅度降低了电动机的故障率
鼓风机变频调速的注意事项	1）鼓风机风量的调节范围。实践证明，容积式鼓风机风量可以在 -60% ~20% 之间调节，即电动机的供电频率可以在 20~60Hz 之间调节。如果风量增加幅度过大、电动机的供电频率过高，则铁损激增、发热严重、转矩减小、过载能力大幅度降低 2）电动机的选择。Y 系列电动机是国内当前较先进的三相异步电动机，效率高、节能、起动性能好、使用广泛。用水冷炉进行长期连续熔化的铸造厂，可以考虑选择 YX 系列高效异步电动机，YX 系列与 Y 系列电动机相比，效率平均高 3%，损耗低 20% ~30%，但价格较高 3）电动机的功率选配。用于变频调速的鼓风机，其电动机的功率应按鼓风机变频后的最大风量计算选配 4）变频器的容量。用于笼型异步电动机的变频器，其额定电流不小于电动机的最大实际工作电流的 1.1 倍即可。变频调速器的容量不能以电动机额定功率为依据，也不能以额定电流为依据，因为相同功率的两台电动机，极数多者额定电流大。但如果以额定电流选择变频器的容量，由于电动机的实际工作电流一般只为额定电流的 50% ~60%，所选变频器的容量裕度过大，容易造成浪费 5）变频器输出侧的接触器。几乎所有变频器使用说明书均规定，变频器输出侧不能加装电磁开关、电磁接触器。该规定是为了防止在变频器有输出时接触器动作、连接负载，造成漏电流使变频器的过电流保护回路动作。如果两台鼓风机互为备用，共用一台变频器，则需要在变频器输出侧加装分别控制两台鼓风机的接触器，这时控制回路必须设置必要的控制联锁，确保变频器无输出时接触器动作 在变频调速器供电与工频供电的相互切换时，必须在变频器输出频率为零时方可切换，变频器不得无负载输出和开路运行，也不允许带负荷切换。对于从工频切回变频供电的设备，必须在电动机断电停转后方可切换，以防止因电动机旋转发电而造成变频器的损坏 6）正确安装变频器。变频器为精密仪器设备，应安装在电控室内。控制线必须采用屏蔽电缆，并且在布线范围内与动力线的距离大于 100mm，相交时必须转 90°角，千万不可将控制线与动力线放在同一电缆托架（或线框）内，以避免变频器控制信号受到干扰。变频器负载输出线也要采取屏蔽措施，选用铠装电缆，以避免变频器对附近仪表产生干扰。部分变频器顶部有散热孔，灰尘和金属易于由此进入装置内部，应采取防护措施、防止内部短路。变频器接线时，应特别注意电源的输入和输出线绝不能接错，否则会损坏设备。变频器连接到电动机的电缆长度要求不能超过 50m，使用屏蔽电缆不能超过 25m 7）参数设置与调试。变频器开机调试前必须根据负载的特点，设定所有参数，检查无误后方可开机运行。在鼓风机起动、恒转速及减速过程中，要特别注意变频器输出电流，认真观察，如果第一次设定的参数不是十分理想，应逐步设定到合适为止。转矩提升功能主要考虑负载起动转矩，在负载能平稳起动的原则下，应尽量调低，否则在低频轻载时励磁太大，容易引起电动机严重过热 8）防止鼓风机共振　使用变频器后，供电频率可以在 20~60Hz 之间无级调节，鼓风机可能在某些频率点产生共振。如果发现鼓风机共振，应避开共振频率，跳过或屏蔽可使鼓风机产生共振的频率段

3. 鼓风机的故障及其处理

表12-46、表12-47分别说明了离心式与罗茨鼓风机的常见故障、产生原因及防止措施。

表12-46 离心式鼓风机的常见故障产生原因及防止措施

故障现象	产生原因	防止措施
风量、风压不足	1) 转速不够 2) 管道阻力损失太大 3) 漏风损失太多 4) 鼓风机内泄漏损失大	1) 调节电压、张紧传动带 2) 改造管道、扩张管径、减少压力损失 3) 检修送风系统、堵塞漏风 4) 调节鼓风机的密封间隙
风机振动过大	1) 叶轮不平衡 2) 基础不牢固 3) 风量太小导致鼓风机喘振	1) 检修或更换叶轮 2) 紧固地脚螺栓 3) 调节阀门开度
轴承温升过高	1) 润滑油过多或过少 2) 润滑油中有杂质 3) 叶轮不平衡	1) 按要求调节润滑油用量 2) 清洗油箱或轴承、更换润滑油 3) 检修叶轮重做静平衡、动平衡
电动机负荷过大	1) 电压过低 2) 风量过大 3) 转速过高	1) 调节电压 2) 调解阀门、检修送风系统 3) 调解传动带张紧程度、更换带轮

表12-47 罗茨鼓风机常见故障、产生原因及防止措施

故障现象	产生原因	防止措施
转子相互撞击	1) 齿轮键或转子键松动 2) 齿轮与主轴配合不良 3) 叶轮间隙不均匀 4) 齿轮或轴承磨损 5) 主动轴或从动轴弯曲	1) 更换齿轮键或转子键 2) 检修齿轮、主轴的配合 3) 调整叶轮间隙 4) 更换齿轮或轴承 5) 调整主动轴或从动轴

（续）

故障现象	产生原因	防止措施
转子与机壳局部摩擦	1) 轴承径向跳动太大 2) 主动轴或从动轴弯曲 3) 转子与机壳间隙不均匀	1) 更换轴承 2) 调直主动轴或从动轴 3) 调整转子与机壳间隙
转子与墙板发生局部摩擦	转子与墙板间隙不均匀	重新调整转子与前后墙板的间隙
鼓风机不能起动	1) 进出口风管上的阀门没有打开，鼓风机处于超负荷状态 2) 鼓风机上的进出口风管安装不妥，运行后鼓风机机壳受热变形 3) 电器部分故障	1) 打开进出口阀门 2) 拆掉鼓风机的进出口风管、重新安装并加支撑或采用柔性管连接 3) 检修电器部分
风量不足	1) 转子磨损、间隙过大 2) 风管漏损太多 3) 进风口堵塞	1) 检修或更换转子、机壳，重新调整间隙 2) 检修送风管道、堵塞漏风处 3) 清理进风口处的杂物
齿轮箱发热	1) 装配不当 2) 润滑油加注过多	1) 重新正确装配 2) 释放润滑油，使油液面达到油标刻度范围
电动机电流大	1) 进出口阀门关闭、风机超负荷 2) 电压过低	1) 打开进出口阀门 2) 调节电压

12.2.4 冲天炉熔炼主要工艺参数的选择

1. 供风强度（供风量）和风压的选择

（1）供风强度（供风量）的影响 风、焦平衡是保证冲天炉熔炼时铁液质量和降低消耗的关键。供风强度对炉子的熔化强度、铁液温度、金属烧损、燃烧系数、炉内温度分布、加料口废气温度、炉子热损失等均有影响，如图 12-30 ~ 图 12-37 所示。

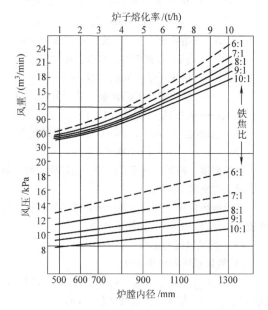

图 12-30 风量、风压与炉子大小的关系

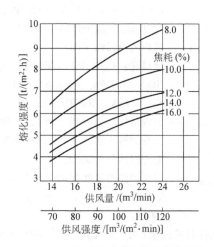

图 12-31 供风强度与熔化强度的关系

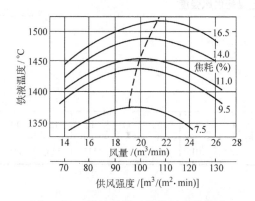

图 12-32 供风强度对铁液温度的影响

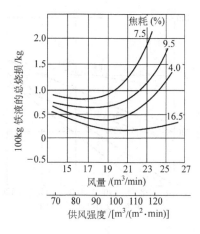

图 12-33 供风强度对金属烧损的影响

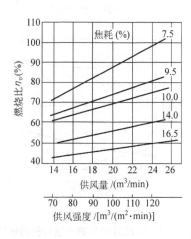

图 12-34 供风强度对燃烧比的影响

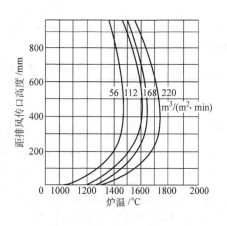

图 12-35 供风强度对炉内
温度分布的影响

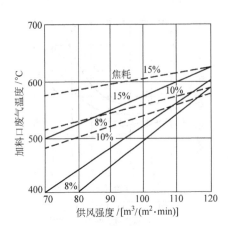

图 12-36　供风强度对加料口废气温度的影响

−−−−冷风　——热风

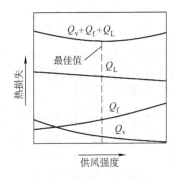

图 12-37　供风强度对炉子热损失的影响

Q_L—废气潜热损失　Q_f—废气显热损失

Q_v—辐射热损失 + 炉衬蓄热

（2）冲天炉供风量或供风强度的选择　供风量或供风强度的计算方法如下：

$$Q_风 = 74KSC(1 + \eta_V) \qquad (12\text{-}13)$$

式中　$Q_风$——供风量（m^3/min）或供风强度 $W_风$ $[m^3/(m^2 \cdot min)]$；

　　　S——熔化率（t/h）或熔化强度（$t/m^2 \cdot$ h），分别与 $Q_风$ 的单位相对应；

　　　K——层焦耗量（质量分数,%）；

　　　C——焦炭中固定碳含量（质量分数,%）；

　　　η_V——燃烧比［见式（12-1）］。

按一般情况，$C = 0.8$，$\eta_V = 0.7$，则可简化为

$$W_风 = 100SK$$

供风强度：根据现场实践经验，由层碳耗确定最佳送风强度见表 12-48。

选择鼓风机风量时，就将供风量或供风强度的计算值 $Q_风$ 乘以 1.2～1.4 的漏风系数。

（3）供风风压的选择

1）鼓风机所需风压计算：

$$p_风机 = p_管损 + p_风口 + p_料位 - p_抽力 \qquad (12\text{-}14)$$

式中　$p_风机$——鼓风机出口处风压（Pa）；

　　　$p_管损$——供风管阻力损耗（Pa），供风管长度 $L < 5m$，$p_管损 = 1000 \sim 1500Pa$；$L > 5 \sim 10m$，$p_管损 = 1500 \sim 2500Pa$；

　　　$p_风口$——风口阻力损耗（Pa）；风口比：$n_风 = 3\% \sim 6\%$ 时，$p_风口 = 3000 \sim 4000Pa$；$n_风 = 8\% \sim 12\%$ 时，$p_风口 = 1500 \sim 2000Pa$；

　　　$p_料位$——炉内料柱阻力损耗（Pa），一般冲天炉在炉料正常条件下每米有效高度的阻力损耗为 1500Pa。

　　　$p_抽力$——冲天炉烟囱自然抽力（Pa），与冲天炉烟囱高度有关，一般 $p_抽力 = 100 \sim 200Pa$。

选择鼓风机风压时应比计算值增加 20%～30%。

表 12-48　由层碳耗确定最佳供风强度

公　式	$$W_{最佳} = 71 + \frac{10}{3}C$$ 式中　$W_{最佳}$——最佳供风强度 $[m^3/(m^2 \cdot min)]$；　　$C^{①}$——层碳耗（kg 碳/100kg 铁）									
数　据	C（kg 碳/100kg 铁）	5	6	7	8	9	10	11	12	13	14
	$W_{最佳}[m^3/(m^2 \cdot min)]$	88	91	94	98	101	104	108	111	114	118

① 层碳耗 $= \dfrac{层焦耗 \times 焦炭中固定碳含量（质量分数,\%）}{100}$。

2）风箱风压的计算：

$$p = \left\{ \left[\xi_1 H_{有} + \xi_2 \left(1 + \frac{t}{273} \right) \right] v^2 \right\} \quad (12\text{-}15)$$

式中　p——风箱内风压（Pa）；

ξ_1——炉料块度系数，见表 12-49；

$H_{有}$——炉子有效高度（m）；

ξ_2——风口阻力系数，见表 12-50；

t——空气温度（℃）；

v——炉膛内炉气假定流速（m/s），

$$v = \frac{每秒空气流量}{炉膛截面积}。$$

表 12-49　炉料块度系数

炉料平均块度 /mm	$\phi300$	$\phi150$	$\phi100$	$\phi50$
ξ_1	40	45	50	55

表 12-50　风口阻力系数

风口比（%）	3	4	5	6	7	8	9
ξ_2	140	87	65	52	43	36	32

选定的鼓风机风压应比风箱风压计算值加大 30% ~ 50%。

2. 送风系统参数的选择

送风系统包括风口比，风口面积分配比及风口排数、排距和风口斜度等工艺参数。

（1）风口比（$n_{风}$）

$$n_{风} = \frac{\sum A_{风}}{A_{膛}} \quad (12\text{-}16)$$

式中　$\sum A_{风}$——风口总面积（m^2）；

$A_{膛}$——炉膛截面面积（m^2）。

国内一般取 $n_{风} = 3\% \sim 7\%$（小风口），国外取 $n_{风} = 8\% \sim 20\%$（大风口）。据试验，出口风速在 30 ~ 50m/s 范围内，对强化燃烧和改善炉内温度分布有明显的效果。

风口比的选择可参见表 12-51 和图 12-38，并与下列因素有关。

表 12-51　供风强度与风口比的关系

供风强度/ [$m^3/(m^2 \cdot min)$]	100	110	120	130
最小风口比（%）	3.3 ~ 5.5	3.7 ~ 6.1	4.0 ~ 6.7	4.3 ~ 7.2

1）与焦炭质量和块度大小有关。标准铸造焦 $n_{风} = 10\% \sim 15\%$；标准冶金焦 $n_{风} = 6\% \sim 7\%$；小块焦炭和灰分（质量分数）高于 12% 时，$n_{风} = 3\% \sim 5\%$。

2）与冲天炉配用鼓风机的性能有关。采用定容式鼓风机（罗茨或叶式鼓风机）时，风口比可选低限，采用定压式离心鼓风机时应选高限。

3）选用鼓风机额定风量超过冲天炉最大需用量时可选用小的风口比。

4）冲天炉供风系统阻力损耗大和漏风损失多，风口比应选大一些。

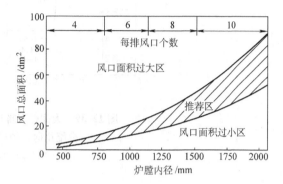

图 12-38　冲天炉炉膛内径和风口总面积的关系

（2）风口面积分配比

1）双排大间距送风风口面积分配比。$\sum A_{风上}/\sum A_{风下} = 60/40$ 为倒置，$\sum A_{风上}/\sum A_{风下} = 50/50$ 为等置，$\sum A_{风上}/\sum A_{风下} = 40/60$ 为顺置。风口面积分配比与风量分配比的关系见表 12-52。大间距双排风口冲天炉不同风口面积分配比时，炉内温度场分布曲线如图 12-39 所示。倒置、等置或顺置的选用，可根据现场使用的焦炭质量试验，以选择适合本炉的风口分配比方案。

表 12-52　风口面积分配比与风量 分配比的关系[3]

参　数	分 配 比		
$\sum A_{风上}/\sum A_{风下}$[1]	倒置 60/40	等置 50/50	顺置 40/60
$\sum Q_{上}/\sum Q_{下}$[2]	62/38	56/44	52/48
$(\sum Q_{上} - \sum A_{风上})/(\sum Q_{下} - \sum A_{风下})$	+2/ −2	+6/ −6	+12/ −12

[1]　$\dfrac{\sum A_{风上}}{\sum A_{风下}}$ = 上、下排风口面积分配比。

[2]　$\dfrac{\sum Q_{上}}{\sum Q_{下}}$ = 上、下排风口入炉风量比。

[3]　在一个同箱供风的条件下，风口排距 $h_{排} = 720mm$，$h_{排}/D_{内} = 1.1$ 时的实测结果。

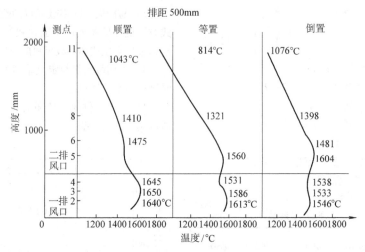

图 12-39　大间距双排风口冲天炉不同风口面积
分配比时，炉内温度场分布曲线
注：炉径 $\phi620mm$，$h_{排} = 0.8D_{内}$。

表中数据说明：

① 风口面积分配比不等于入炉风量分配比。

② 不论倒置、等置和顺置，上排入炉风量比值均高于风口面积分配比值，下排则相反。

③ 风口分配比由倒置、等置至顺置，随上排风口面积分配比的减小，入炉风量差值增大。

一般经验认为，当焦炭质量较差时，宜选用倒置方案；当焦炭质量正常时，一般选用顺置方案。

2）对三排或多排风口冲天炉，风口面积分配有主、辅之分，下面第一排风口为主风口，占风口总面积的 60%～70%，其余各排统称为辅助风口，共占风口总面积的 30%～40%，各排辅助风口按总数均分。

（3）风口排数　风口排数的选择与下列因素有关：

1）标准铸造焦或优质冶金焦选用大间距双排风口冲天炉。大型冲天炉和有效高度比小的冲天炉可选用单排风口送风。

2）焦块小、灰分高可选用三排风口送风。

3）熔炼球墨铸铁、高强度灰铸铁及部分品种的合金铸铁时推荐选用大间距双排风口送风冲天炉。

4）可锻铸铁熔炼宜选用三排风口送风。

5）鼓风机供风压力不足时选用三排风口送风。

随着铸造焦的推广，各铸造厂把铸件品质放在第一位考虑，多排风口的应用已越来越少。

（4）风口排距　一般风口排距是按供风形成氧化带的高度来确定的。在风口燃烧区氧化还原带交界面上增设风口补加送风，可以提高氧化带和高温过热区，

这是"大间距双排风口"冲天炉结构设计的理论依据。

大间距双排风口冲天炉的风口排距大大超过一般的风口排距，故形成了两个氧化带和两个还原带，类似于两个单排风口送风冲天炉的叠加。这就使炉内最高温度提高并拉长了铁液过热的途径，从而使铁液出炉温度提高，这是大间距双排风口冲天炉节能的根本原因。

风口排距 $h_{排}$ 的选择应注意如下几点：

1）对大间距双排风口冲天炉，风口排距 $h_{排} = 0.8～1.0D_{内}$。大间距双排风口冲天炉的风口排距见表 12-53。

表 12-53　大间距双排的风口冲天炉的风口排距

熔化率 G /(t/h)	1	2	3	5	7	10	15
$h_{排}$/mm	450	550	650	750	800	900	900

2）应用铸造焦或质量好、块度大的焦炭时，双排大间距的 $h_{排}$ 可适当加大，取

$$h_{排} = (1.1～1.3)D_{内}$$

3）双排大间距的风口面积分配比为顺置时，$h_{排}$ 取低限；倒置时，$h_{排}$ 取高限。

（5）风口斜度　风口斜度是影响入炉气流"渗透作用"和"炉壁效应"的重要工艺参数，对于大型冲天炉，风口斜度的影响更为明显。

一般风口为下斜，其取值为一排 0～5°，二排 5°～10°，三排 10°～15°。带前炉的冲天炉推荐采用表 12-54 的数据。

表 12-54 冲天炉常用风口斜度（下斜）

冲天炉类型	风口斜度/(°)		
	一排	二排	三排
单排大风口	5	—	—
大间距双排风口	0～5	5～10	—
三排小风口	5	10	15

选择风口斜度时，还应考虑具体情况，如：

1）无前炉及炉缸深时，斜度应大些。

2）焦块小和有效高度比小时，风口斜度可选大一些。

3）风口比小，斜度宜选大一些。

（6）每排风口个数　在简化炉子结构的前提下，保证供风均匀，推荐每排风口个数按表 12-55 选取。

表 12-55 大、小风口送风冲天炉每排风口个数

熔化率 G/(t/h)	1	2	3	5	7	10	15
大风口送风/个	4			6		8	
小风口送风/个	4		6		8		10

3. 底焦高度的选择

底焦高度有实际运行底焦高度（$h_{底运}$）和装炉底焦高度（$h_{底装}$）之分。

（1）实际运行底焦高度 $h_{底运}$　在正常熔炼的工况下，$h_{底运}$ 应处于炉内燃烧区的还原带的上端，它的下限应超过最上一排风口形成的氧化带。此间的温度为 1300℃ 左右。波动范围为一批层料高度（为 200～300mm）。图 12-40 所示为冲天炉 $h_{底运}$ 与炉温分布的关系，影线区即为熔化带或 $h_{底运}$ 波动区。金属炉料在氧化性较弱的气氛中熔化，既能防止过分氧化，又能保证铁滴有足够的过热高度。

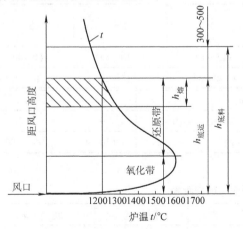

图 12-40 冲天炉 $h_{底运}$ 与炉温分布的关系

$h_{底运}$ 的平衡位置与下列因素有关：

1）供风强度大，$h_{底运}$ 高。

2）风口排距大、斜度大和风口排数多，$h_{底运}$ 高。

3）焦炭块度小，反应性能高，$h_{底运}$ 低。

4）层焦焦耗高，$h_{底运}$ 高。

（2）装炉底焦高度 $h_{底装}$　由于点火至开风期间底焦的损耗，故装炉底焦高度一般要高于 $h_{底运}$300～500mm。$h_{底装}$ 过低，将导致熔化初期出铁、出渣温度低，甚至产生冻炉的严重后果，过高会影响初期熔化率和增加底焦消耗。

（3）底焦高度的选择与确定　影响底焦高度的因素很多，严格地说，底焦高度应由炉温分布曲线及金属熔化温度决定。但对第一次开炉来说，没有炉温分布曲线，也没有一个可靠的理论计算方法。一般通用的确定装炉底焦高度的方法有如下几种。

1）按风箱风压选择装炉底焦高度 $h_{底装}$，见表 12-56。

表 12-56 按风箱风压选择装炉底焦高度 $h_{底装}$ 的关系

风箱风压	Pa[①]	2800	3840	4800	5760	6720	7680	8640	8600
	mm H₂O	300	400	500	600	700	800	900	1000
装炉底焦高度 $h_{底装}$	mm	900	1000	1100	1200	1250	1300	1400	1500

① 按 1mm H₂O = 9.80665Pa 计算。

2）按炉膛直径初选装炉底焦高度 $h_{底装}$，见表 12-57。

表 12-57 按炉膛直径初选装炉底焦高度

炉膛直径/mm	500	600	700	900	1100	1300	1500
装炉底焦高度 $h_{底装}$/mm	1250～1650	1300～1700	1350～1750	1400～1800	1500～1900	1600～2000	1700～2100

3）按风口排数初选装炉底焦高度 $h_{底装}$，见表12-58。

表 12-58　按风口排数初选装炉底焦高度 $h_{底装}$

风口结构	单排风口	双排风口	三排风口	多排风口
装炉底焦高度 $h_{底装}$/mm	1300 ~ 1500	1500 ~ 2000	1250 ~ 1700	1200 ~ 1800

4）按经验公式计算。双排、三排风口冲天炉，可按经验公式（12-17）初选装炉底焦高度：

$$h_{底装} = h_p + (800 \sim 1000) \qquad (12\text{-}17)$$

式中　$h_{底装}$——初选装炉底焦高度（mm）；

　　　h_p——最上一层风口高度（mm）。

常数项的选择：风口倒置时，可取中上限；顺置时，可取中下限。

（4）装炉底焦高度的调整　在实际生产中，对初选的装炉底焦高度可通过经验来校验并修正。如果开风后 6 ~ 8min 在第一排风口看到下落的铁滴，开风后 9 ~ 12min 在前炉出铁口看到铁液，说明装炉底焦高度合适。如果开风后不到 6min 在第一排风口看到下落的铁滴，不到 9min 在前炉出铁口看到铁液，说明装炉底焦高度过低，应该以所选初装值为基础适当增加。如果开风后在第一排风口看到下落的铁滴的时间超过 8min，在前炉出铁口看到铁液的时间超过 12min，说明装炉底焦高度过高，应该在所选初装值的基础上适当减少。或者可在打开炉后观察炉衬侵蚀的高度，炉衬明显侵蚀之处，应是运行底焦的顶面。若初选底焦高度与之相符且略高一些，可认为选择是正确的。

4. 金属炉料的组成及批铁量的选择

（1）配料计算　配料时，在保证铁液质量的前提下，应尽量结合我国原料特点，充分利用来源广泛和价格合适的材料。本着节约的原则，优先选用废钢、回炉料、钢屑、铁屑等，合理选用新生铁和铁合金。要尽量减少材料的品种和换料次数，以免加料时过分杂乱。

铸铁配料的计算方法很多，主要有试算法、表格法、图解法、计算尺法和电子计算机法等，这里仅介绍试算法。

试算时应有以下 4 个方面的原始资料：

1）铸件要求的化学成分。

2）各种金属炉料的化学成分（以分析数据为准）。

3）常见元素在冲天炉熔炼过程中的增减率（见表12-59）。

4）炉前（出铁槽或铁液包中）添加合金元素的回收率（见表12-60）。

表 12-59　常见元素在冲天炉熔炼过程中的增减率（质量分数）　（%）

增减情况	C		S	Mn	Si
	炉料中 <3.2	炉料中 >3.6			
极限范围	+ (0 ~ 60)	− (0 ~ 10)	+ (25 ~ 100)	− (10 ~ 50)	− (0 ~ 40)
一般范围	+ (5 ~ 40)	− (3 ~ 8)	+ (40 ~ 80)	− (15 ~ 25)	− (10 ~ 20)

增减情况	P	Cr	Mo	Cu	Ni	V[①]	Ti[①]
极限范围	0	− (0 ~ 20)	− (0 ~ 10)	− (0 ~ 3)	− (0 ~ 3)	—	—
一般范围	0	− (8 ~ 12)	− (3 ~ 4)	− (1 ~ 2)	− (1 ~ 2)	− (30 ~ 40)	− (40 ~ 50)

①　以钒钛生铁形式加入。

表 12-60　炉前添加合金元素的回收率

元　素	添加合金	回收率（%）	元　素	添加合金	回收率（%）
Al	铝	30 ~ 40	Mo	钼铁	>95
B	硼铁	40 ~ 50	Ni	镍	100
Ti	钛铁	60 ~ 70	Cu	紫铜	100
Si	硅铁	80 ~ 90	Bi	铋	30 ~ 50
V	钒铁	≈85	Sb	锑	75
Mn	锰铁	85 ~ 90	Sn	锡	90
Cr	铬铁	>85			

试算主要步骤：

第一步，计算炉料中各元素的应有含量，可用式（12-18）计算：

$$X_{炉料} = \frac{X_{铁液}}{1 \pm \eta\%} \qquad (12\text{-}18)$$

式中　$X_{炉料}$——炉料中元素的质量分数（%）；

　　　$X_{铁液}$——铁液中元素的质量分数（%）；

　　　$\eta\%$——元素在冲天炉熔炼过程中的增减率（见表 12-59）。

式中　"+"号用于元素增加，"-"号用于元素减少。

碳含量可按式（12-19）估算：

$$w(C_{炉料}) = \frac{w(C_{铁液}) - (1.7 \sim 1.9)}{0.4 \sim 0.6} \qquad (12\text{-}19)$$

式中　$w(C_{炉料})$——炉料碳含量（质量分数，%）；

　　　$w(C_{铁液})$——铁液碳含量（质量分数，%）。

因为碳的增减率是因炉子不同而变化的，所以式中的常数为一波动值，使用时应根据具体情况加以选择。若均取中间值，（见表 12-59）则变为

$$w(C_{炉料}) = \frac{w(C_{铁液}) - 1.8}{0.5} \qquad (12\text{-}20)$$

第二步，初步确定炉料配比并进行试算。一般先根据经验确定废钢的加入量，可根据表 12-61 中的经验数据选取。随着废钢市场供应量的增加，选用废钢可降低铁液成本，故原则上应多用废钢。

表 12-61　废钢加入量

铸铁牌号	灰 铸 铁					球墨铸铁	蠕墨铸铁	可锻铸铁
	HT150	HT200	HT250	HT300	HT350			
废钢加入量（质量分数，%）	0 ~ 10	15 ~ 20	20 ~ 30	30 ~ 40	40 ~ 50	0 ~ 15	0 ~ 15	70 ~ 95

回炉铁加入量的确定可根据车间情况而定。灰铸铁一般为 30%（质量分数）左右，球墨铸铁、蠕墨铸铁和可锻铸铁可稍低些。

根据初步确定的配比，核算主要元素的含量是否符合第一个步骤计算出的含量要求，如不符合，则应另行确定配料比例，重新核算。为计算方便，金属炉料配料通常按 100kg 配算，然后再换算成实际每批金属炉料的配料质量。

第三步，确定配比并计算铁合金的补加量。硅铁、锰铁等的补加量可按下式计算：

铁合金配比

$$= \frac{炉料中应有合金含量 - 炉料中合金含量}{铁合金中合金含量 \times (1 - 合金烧损率)}$$

式中

炉料中应有合金含量

$$= \frac{铁液要求合金量 - 炉前加入合金量}{1 - 合金烧损率}$$

炉前加入合金量 = 炉前加入铁合金量 × 铁合金中合金含量 × 回收率

第四步，根据以上试算，最后确定配料比，写出配料单。

（2）批铁量的选择　层料厚度对冲天炉熔化区的影响如图 12-41 所示。薄料层能提高熔化区的平均高度，延长铁液的过热路程，改善铁液的过热条件。因此，应尽量选择薄料层，但也不能过薄，以防止相邻批料铁液窜混和上料过程过于频繁。一般取冲天炉

小时熔化率的 1/8 ~ 1/10 或按层铁焦比选择（如核算批铁量不当，则应调整层焦量）。

5. 层焦量的选择

（1）层焦量的影响　层焦的作用是不断补充熔炼过程中底焦的消耗，维持足够的运行底焦高度。层焦厚度一般为（3 ~ 4）块焦炭直径，即 150 ~ 200mm，层焦厚度对金属料预热、熔化区高度的影响，亦可参见图 12-41。

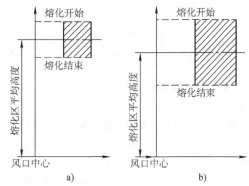

图 12-41　层料厚度对冲天炉熔化区的影响

a）薄料层　b）厚料层

（2）层焦加入量的选定

1）层焦加入量一般可按式（12-21）计算：

$$W_{层焦} = A_{内} h_{层焦} \rho_{焦} \qquad (12\text{-}21)$$

式中　$W_{层焦}$——层焦质量（kg）；

　　　$A_{内}$——炉膛截面面积（m²）；

$h_{层焦}$——层焦厚度（m），一般 $h_{层焦} = 0.15 \sim$
　　　　0.2m；

$\rho_{焦}$——焦炭堆积密度，取 $450kg/m^3$。

2）层焦加入量按选定铁焦比计算。

$$W_{层焦} = \frac{W_{层铁}}{k} = \frac{(0.125 \sim 0.1)G}{k} \quad (12\text{-}22)$$

式中　$W_{层焦}$——层焦质量（kg）；

　　　　$W_{层铁}$——层铁质量（kg），一般为炉子熔化率
　　　　　　　　G 的 $1/8 \sim 1/10$；

　　　　G——炉子熔化率（kg/h）；

　　　　k——层铁焦比。

6. 层熔剂量的选择

（1）炉渣对铁液成分的影响　炉渣碱度高、流动性好，焦炭表面酸性灰层易于清除，有利于铁液脱硫和增碳。在高温炉缸中，当选择焦炭作为还原剂和还原性气氛时，炉渣层越厚，铁液中硅含量越高。

（2）造渣材料　造渣材料有石灰石、白云石，熟石灰、冰晶石，石灰烧碱等，见本章12.5节。

（3）层熔剂加入量的选定　根据炉料（焦炭和金属炉料）质量选定层熔剂加入量，见表12-62。

表 12-62　层熔剂加入量

炉料质量	熔剂（质量分数）	层熔剂加入量
一般	石灰石	层焦质量的30%或层铁质量的4%～6%
焦炭灰分大于15%和金属炉料锈蚀带有泥沙	石灰石 80%～90% 氟石 10%～20%	层焦质量的30%～40%或层铁质量的5%～6%
用锈蚀钢铁屑和废钢料	石灰石 70%～80% 氟石 20%～30%	层焦质量的50%～70%或层铁质量的6%～8%

表中的氟石，又名萤石，成分是（CaF_2），其平均成分见表12-63。当炉渣黏稠流动性不好时，加入少量的氟石，可显著改进炉渣流动性。当氟石与二氧化硅反应时，生成的 SiF_4 气体对人体及农作物有害，故一般应尽可能使炉料洁净，不使用氟石，而使用其他替代材料。

表 12-63　氟石的平均成分

组　成	CaF_2	SiO_2	S	形　态
含量（质量分数,%）	>85	<5	<0.2	绿色或紫色结晶体
与 SiO_2 反应	$2CaF_2 + SiO_2 = 2CaO + SiF_4 \uparrow$（有毒）			
替代材料	含 MnO、B_2O_3 或 TiO_2 等的天然矿物，如软锰矿、硼酸钙、钛铁矿、方硼石等			

12.2.5　冲天炉熔炼操作

1. 主要操作内容

冲天炉熔炼操作通常按下述工序进行：修炉材料及炉料的准备；修炉、修铁液包、烘烤；点火、燃烧底焦、测量底焦高度；装料、焖炉；鼓风正式熔炼；适时出铁、出渣；打炉、收拾残焦及残铁；冷却炉身；修炉、修铁液包、烘烤。一次循环完毕，周而复始。各工序及操作要点见表12-64。

酸性炉衬修理材料配方示例见表12-65。

表 12-64　冲天炉熔炼各工序及操作要点

工　序	操　作　要　点
修炉材料及炉料的准备	1）通过化验分析，确认每种炉料及修炉材料的化学成分符合配料要求 2）确认焦炭的固定碳含量、水分含量、块度符合要求 3）焦炭块度均匀，经筛分后，不同产地的焦炭，块度按大小分开存放，不允许混杂泥砂和焦末，焦炭水的质量分数应小于4% 4）金属炉料按牌号或成分分别存放，金属炉料使用前应破碎，使块度符合要求 5）炉料要洁净，不得混入杂质或可疑物（爆炸物），必要时金属炉料用滚筒清理除锈

（续）

工　序	操　作　要　点
炉包修砌与烘烤	1）修炉前在加料口设置防护盖，注意安全生产，防止炉衬、炉料坠落伤人 2）修炉材料应符合技术要求，后炉、前炉、浇包的内膛尺寸应符合技术要求；耐火砖之间的泥缝不大于 3mm，耐火泥、捣打料要紧密砌筑 3）特别注意风口、过桥、炉缸、炉底的修砌材料、修砌尺寸与修砌质量 4）后炉、前炉、浇包的搪衬经过文火烘烤后用大火烘烤；高级耐火材料按照其既定加热工艺曲线烘烤烧结
正确选用熔化参数	1）正确选用熔化工艺参数，首先要选择合适的装炉底焦高度，确保冲天炉熔化初期炉况正常 2）按照铸件对铁液的成分要求、温度要求、炉料质量状况选择合适的铁焦比、送风量和熔剂用量
点火与装加料	1）准确控制点火时间，一般在开风前 2.0～2.5h 点火，首批加入的焦炭量为底焦总量的 40%，预送风。待焦炭全部烧红后再加入 40% 的焦炭，再鼓风，至底焦燃烧至上层风口发暗红色时，停止预鼓风，夯实底焦，再加入 20% 的焦炭以测量调整好底焦高度，然后加入金属炉料；焖炉（也有厂不焖炉），正式鼓风 2）严格按照配料单配料，炉料准确称量，保证称重器具、仪器的准确性 3）按铁料→焦炭→石灰石的加料顺序加料，及时记录加料批次及加料量 4）加料应及时，不可空料，以至加料口处有明显火苗，保证冲天炉满料运行
熔化与控制	1）熔化初期炉膛直径较小、熔化率较低，炉膛侵蚀扩大将引起底焦高度下降，应及时补充接力焦，同时增大入炉风量，保证风焦平衡，按网状图原理控制风量大小 2）随时观察风口、出铁口、出渣口、加料口、风量风压、冷却水流量和温度，分析判断炉况，及时调整风量、焦炭加入量、冷却水流量，保证冲天炉在最佳工作点附近工作 3）及时捅捣风口，必须保证风口通畅、明亮；捅捣风口需要细心操作，防止火星喷出灼伤眼睛，防止损坏风口 4）开风或停风前打开风口窥视盖，防止一氧化碳进入风箱引起爆炸 5）计划停风时，按照先补焦后停风的方法操作 6）熔化几种牌号的铁液时，要准确计算各个牌号的铁液量；变料时加隔离焦减少不同牌号铁液的混杂，处理好交界铁液，尽量减少浪费 7）使用固定前炉间断排渣的冲天炉时，要及时排渣，同时通过炉渣分析判断炉况 8）按规定采取铁液、炉渣化验样品
停风与打炉	1）根据当日铸件产量，估算铁液熔化量，准确计算停风时间 2）停风前上足压炉铁，随料面下降逐步减少风量 3）提前做好打炉准备，清除炉底地面积水并用干砂铺垫，防止打炉引起爆炸 4）打炉动作要迅速、快捷，打炉后立即喷水熄灭红热的焦炭，减少残焦燃烧损耗、保护炉腰炉底

表 12-65　酸性炉衬修理材料配方示例（质量分数）　　　　　（%）

材料名称	黏土	耐火泥	耐火砖粉	焦炭粉	硅砂	型砂	石墨粉	水
后炉膛料Ⅰ	40～3	—	—	—	60～70	—	—	
后炉膛料Ⅱ	10	20	35	—	35	—	—	
后炉膛料Ⅲ	—	40～20	—	—	60～80	—	—	
砖缝填料Ⅰ	40～30	60～70	—	—	—	—	—	
砖缝填料Ⅱ	—	40～30	60～70	—	—	—	—	
炉底填料	—	—	—	—	—	100	—	适量
炉底顶层填料	10～5	—	—	50	—	40～45	—	
过桥搪料	30～20	—	—	—	60～70	—	10	
前炉内壁搪料	20～10	—	80～90	—	—	—	—	
前炉外层隔热材料	10	—	—	10	60	60	—	
前炉内壁和过桥涂料	10	—	—	—	—	—	90	

2. 冲天炉熔炼操作依据

（1）网状图法

1）冲天炉网状图的特性。网状图是用实测数据绘制而成的，它揭示出熔炼过程中出铁液温度、熔化率、焦耗量，送风量之间的关系。由于物料质量、操作条件和炉型结构参数不同，不同网状图的数值有差异，但上述四项参数量之间相互关系的趋势是类同的。具有代表性的冲天炉网状图如图12-42所示。为了更好地控制熔炼质量，最好经过实测绘制出各工厂自己的冲天炉网状图，以指导生产。

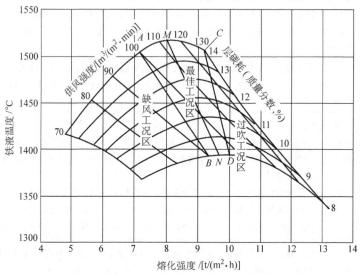

图 12-42　冲天炉网状图

网状图中不同层碳耗[层碳耗＝层焦耗×焦炭中固定碳的质量分数（%）]下的铁液温度最高点的连线 MN 为冲天炉最佳工况点。ABDCA 为最佳工况区；AB 线左侧为缺风工况区，CD 线右侧为过吹工况区。各区不同送风强度与层碳耗对冲天炉熔炼效果的影响见表12-66。

网状图最佳工况区的层碳耗、供风强度、铁液温度与熔化强度之间的关系见表12-67。

表 12-66　送风强度与层碳耗对冲天炉熔炼效果的影响

区域	不变因素	变化因素	熔化强度/[t/(m²·h)]	铁液温度/℃	元素烧损（质量分数，%） C, Si, Mn	Fe	特性说明
缺风工况区	W	K↑	↓↓	↑	↓↓	↓	1) 碳多风少，增加风量效果明显
	K	W↑	↑	↑↑	↓	↓	2) 高层碳耗时，增大风量铁液升温
最佳工况区	W	K↑	↓	↑	↓↓	↓	1) 风碳配合基本平衡，出铁温度高，波动小
	K	W↑	↑	~	~	~	2) 元素烧损最少，铁液质量高 3) 层碳耗高时比层碳耗低时出铁温度高，元素烧损率低
过吹工况区	W	K↑	↓	↑	↓	↓	1) 碳少风多，层碳耗高，铁液温度下降缓慢，反之下降迅速
	K	W↑	↑↑	↓↓	↑↑	↑↑	2) 元素烧损率高 3) 容许风量波动范围小

注：1. W 表示供风强度，K—碳耗量，层碳耗＝层焦耗×焦炭中固定碳的质量分数（%）。

2. ↑表示增大或提高，↑↑—显著增大或显著提高。

3. ↓表示降低或减少，↓↓—显著降低或显著减少。

4. ~表示基本稳定或波动小。

表 12-67 网状图最佳工况区的层碳耗、供风强度、铁液温度与熔化强度之间的关系

层碳耗(质量分数,%)	供风强度/[m³/(m²·min)]		铁液温度/℃		熔化强度/[t/(m²·h)]	
	范围	差值	最高	范围	范围	差值
14	98~132	34	1530	>1500 <1530	7.1~9.2	2.1
13	83~130	47	1490	<1490	6.0~9.6	3.6
12	90~110	40	1475		7.2~10.2	3.0
11	98~125	28	1460	>1450	8.2~9.8	1.6
10	76~130	54	1435	<1435	6.9~11.4	4.5
9	80~110	30	1420		7.8~11.1	3.5
8	94~100	8	1390	>1390	9.6~10.4	0.8

2) 利用网状图判断炉况。

① 调整风量判断炉况。

已知:

a. 5t/h 冲天炉,炉膛内径 $D_内 = 900mm$,炉膛截面面积 $A_内 = 0.64m^2$。

b. 用二级铸造焦,固定碳的质量分数 = 85%。

c. 生产球墨铸铁曲轴铸件,壁厚大于 50mm。

方法:

a. 按铸件类型、壁厚和材质选定所需的铁液温度范围。选定铁液温度大于 1470℃。

b. 参见网状图 12-42 和表 12-67,选定冲天炉层碳耗和最佳工况区:层碳耗为 13%,折算层焦耗为 $0.13 \div 85\% \approx 0.15$,即 15%(均质量分数)。

c. 查表 12-67,初定冲天炉最佳工况区的供风强度范围为 83~130m³/(m²·min)。供风量范围按式(12-23)计算:

$$\begin{cases} Q_低 = W_低 A_内 = 83 \times 0.64 m^3/min \approx 53 m^3/min \\ Q_高 = W_高 A_内 = 130 \times 0.64 m^3/min \approx 83 m^3/min \end{cases}$$

$$(12-23)$$

式中 $Q_高$——冲天炉供风量高限(m³/min)另加漏风损失;

$Q_低$——冲天炉供风量低限(m³/min);

$W_高$——送风强度高限[m³/(m²·min)];

$W_低$——送风强度低限[m³/(m²·min)];

$A_内$——冲天炉炉膛截面面积(m²)。

d. 开炉校核炉子实际熔炼效果。由于很难检测真正的入炉风量,只能在开炉后 1h 采用逐渐调整供风量、观测炉子铁液温度和熔化率变化的趋向来判断炉况。

开炉初期选定供风量为 53m³/min,测量实际铁液温度和熔化率;按表 12-67 以供风量为变化量,将炉子反馈出的效果数据作为炉况的判据。若风量调大时,熔化率明显提高,铁液温度下降,则此时炉子处于过吹工况区运行,应及时减少风量;若熔化率缓慢提高,铁液温度明显上升,则是处于缺风工况区,则应及时逐渐加大风量,直至达到最佳工况区为止。

② 根据熔化率判断炉况。网状图揭示出不同层碳耗的最佳工况点的熔化强度波动范围[熔化强度 = 8.0~9.6t/(m²·h)]。层碳耗高时,熔化强度居于低限,层碳耗低时居高限。表 12-68 列出了冲天炉各种炉径和焦铁比(层焦)下,炉子处于最佳工况运行时所对应的熔化率。

通常以开炉第二小时实测炉子正常熔化率作为判据。如果实测炉子熔化率低于表中数值,说明炉况处于"缺风工况区",应增大风量,使之进入"最佳工况区"。反之,则应减风,直至达到最佳工况区熔化率为限。

(2) 观察法 冲天炉炉况正常与否,可采用观察风口、渣口、加料口、炉渣、铁液等各种现象,凭借经验对炉况进行判断,具体方法见表 12-69。

表 12-68　冲天炉的最佳熔化率（第二小时化铁的 t 数）

炉子平均直径/mm	焦铁比（层焦）															
	1:5	1:6	1:7	1:8	1:9	1:10	1:11	1:12	1:13	1:14	1:15	1:16	1:17	1:18	1:18	1:20
	最佳熔化率/(t/h)															
400	0.841	0.93	1.00	1.03	1.10	1.15	1.19	1.21	1.24	1.29	1.30	1.32	1.35	1.37	1.39	1.41
450	1.02	1.15	1.24	1.31	1.37	1.46	1.48	1.51	1.54	1.61	1.62	1.65	1.69	1.72	1.73	1.76
500	1.31	1.46	1.59	1.67	1.72	1.80	1.88	1.92	1.96	2.05	2.07	2.10	2.14	2.17	2.20	2.21
550	1.58	1.76	1.89	1.98	2.08	2.17	2.26	2.30	2.35	2.43	2.47	2.51	2.55	2.60	2.63	2.64
600	1.90	2.10	2.26	2.38	2.49	2.60	2.70	2.75	2.81	2.94	2.96	3.00	3.07	3.10	3.15	3.20
650	2.23	2.46	2.66	2.80	2.93	3.07	3.16	3.24	3.30	3.44	3.46	3.54	3.60	3.66	3.71	3.79
700	2.57	2.85	3.07	3.24	3.37	3.54	3.65	3.74	3.81	3.97	4.00	4.10	4.16	4.22	4.27	4.35
750	2.96	3.26	3.52	3.70	3.89	4.06	4.20	4.30	4.36	4.55	4.60	4.66	4.75	4.86	4.90	5.00
800	3.36	3.71	4.02	4.20	4.40	4.61	4.76	4.86	4.95	5.19	5.20	5.31	5.40	5.50	5.60	5.70
850	3.74	4.13	4.45	4.70	4.90	5.12	5.30	5.40	5.52	5.76	5.80	5.90	6.01	6.12	6.20	6.30
900	4.26	4.70	5.10	5.35	5.60	5.85	6.10	6.20	6.30	6.58	6.60	6.77	6.90	7.00	7.10	7.20
1000	5.25	5.81	6.30	6.60	6.90	7.22	7.45	7.62	7.80	8.10	8.20	8.32	8.50	8.60	8.72	8.90
1100	6.35	7.10	7.60	7.95	7.95	8.72	9.00	9.20	9.40	9.80	9.90	10.12	10.21	10.42	10.60	10.70
1200	7.50	8.30	8.95	9.40	9.40	10.30	10.60	10.80	11.10	11.50	11.60	11.80	12.10	12.30	12.40	12.60
1300	8.85	9.80	10.55	11.10	11.10	12.10	12.50	12.80	13.10	13.60	13.80	14.00	14.20	14.50	14.60	14.90
1400	10.2	11.2	12.20	12.80	12.80	14.00	14.40	14.70	15.00	15.60	15.80	16.10	16.40	16.70	16.90	17.20

注：1. 若熔化率比表中数值小，说明风量太小，应加大风量；熔化率比表中数值大，则应减小风量。

　　2. 炉子平均直径指底排风口至底焦上沿燃烧区的平均直径，当曲线部分尺寸变化不很悬殊时，取最大尺寸与最小尺寸的平均值即可。

　　3. 熔化率以第 2h 为准，即第 2h 的加料批数乘以每批炉料的质量。

表 12-69　炉 况 判 断

项　目	现 象 与 判 断
观察风口	1）开风后，从风口处观察铁液滴，若 6～8min 见到铁液滴，则说明底焦高度合适。大于 10min，底焦高度过高；小于 5min，底焦高度过低 2）熔化过程中，风口发白发亮，说明底焦燃烧良好，炉温较高。铁液落下速度快，说明底焦高度合适，铁液温度较高。若风口发暗，有黑渣、铁液发红、流动性差，滴到焦炭上停顿一下才落下，说明底焦高度太低，炉温及铁液温度偏低，应及时补加接力焦 3）若风口情况良好，熔化率偏低，说明底焦高度过高 4）若风口结渣，说明炉温低，炉渣太黏
观察加料口	1）火焰呈桃红色并带有少量蓝色，加批料后即熄灭，说明风量正常 2）若火焰旺盛、带黄色，加料后压不住火，说明风量过大 3）加料口不见火焰、有白烟无力地旋出，表明炉内棚料 4）铁焦比高时，炉气中 CO 少，加料口处大多无火焰 5）炉子有效高度高，有热风炉胆时，炉口温度较低，多在 100～150℃ 以下

（续）

项　目	现 象 与 判 断
观察风量风压	1）用罗茨鼓风机时，风量基本不变，而风压随炉内阻力大小而变化。当风压上升时，鼓风机声音沉闷，说明炉内阻力增加，预示着炉内已棚料或风口有堵塞。当风压下降时，表明料柱偏低或预热区上部料块过大造成棚料，也可能是风箱漏风 2）用离心式鼓风机时，风量随炉内阻力变化而变化。风口结渣、炉料细碎时炉内阻力增加，风压增加，风量减少。炉内棚料或炉料不满时，风压降低，风量增加

观察炉渣

1）从炉渣颜色观察酸碱度

黑色	出炉时可拉成丝	酸性	碱度≤1.0
黑色多孔	出炉时拉不成丝	低碱性	碱度 >1.0 ~1.2
黄色或灰白色多孔	质轻	碱性	碱度 >1.2 ~3.0
乳白色多孔	质轻，冷却后自然粉碎	强碱性	碱度 >3.0 以上

2）酸性与碱性冲天炉炉渣成分见表 12-16
3）将炉渣拉成细丝，在亮处观察，据此判断炉况

炉渣颜色	炉况
黄绿色玻璃状	炉况正常，熔剂加入量合适
带白道或白点	石灰石加入量多，渣子较稀，炉衬侵蚀增大，补加接力焦，并减少熔剂加以调整
黑色玻璃状很致密，密度较大	炉温低，铁液氧化严重，渣中氧化铁较多，石灰石加入量少。应补加接力焦、减少风量和增加熔剂
炉渣呈深咖啡色，炉渣疏松变黑并发泡	炉渣含硫较多，应勤放渣，防止炉渣回硫。熔化中最坏的情况：炉前三角试样白口增加，Si、Mn 烧损严重，渣中 FeO 质量分数已大于 12% ~15%。它与下列原因有关：风量过大；底焦下降太快或底焦高度过低；炉渣中酸碱度发生变化（炉料中带入的砂子多，炉衬脱落，熔剂不足），应及时减少风量，补加焦炭，但不能停风，以免凝炉

观察铁液温度	1）铁液发白，流动性好，说明铁液温度高；铁液不十分白，但流动性好，说明铁液中碳、硅含量高，温度正常。铁液发白，流动性不好，说明铁液氧化较严重，铁液温度往往不高 2）铁液温度前期高，而后逐渐下降，这是由于炉膛逐渐扩大，底焦高度下降或底焦加入量不足所致，此时应调整风量，补加接力焦 3）铁液温度突然下降，这是棚料造成底焦高度下降或风口堵塞、炉衬塌落、风箱漏风所致 4）铁液温度忽高忽低，这是料块块度差别过大或批料过大，或者送风不稳定、经常棚料造成，应调整风量和批量，料块应大小搭配使用
观察铁液氧化程度	铁液表面不断产生很厚的氧化皮，铁液表面呈白亮色，但流动性差，三角试样白口增大，铸件补缩困难，易产生气孔，说明铁液氧化严重。这是因风量过大、底焦高度下降所致
观察炉衬侵蚀位置	炉温最高处是在氧化带和还原带交接的地方，即氧化带顶端，它与熔化区处都是炉衬侵蚀最大的地方，故通过第 2 天对炉衬侵蚀位置的观察，可判断炉况： 1）侵蚀位置最深的高度过短，说明氧化带短了 2）侵蚀的位置不深，也不集中，曲线平滑，说明燃烧的高温区不集中 3）熔化区侵蚀区低，说明底焦高度不够；熔化区侵蚀区很长，说明底焦高度波动大

（3）影响冲天炉炉温的因素（见表12-70）

3. 冲天炉熔炼的控制

（1）炉料熔化顺序　冲天炉开风熔化前，应该

首先根据生产安排及铸件浇注的要求，安排好当天各牌号铁液的熔化顺序。一般首先熔化低牌号铁液，然后熔化高牌号铁液。

表 12-70　影响冲天炉温度的因素

因素组	影响因素	说　明
焦炭	碳的质量分数	碳的质量分数（固定碳含量）高，不仅燃烧产生的热量大，而且灰分形成的炉渣量小，炉渣消耗的热量少，因此有利于提高炉温
	焦炭块度	焦炭块度越小，燃烧表面积越大，产生的热量越多，燃烧温度越高，但如果块度过小，则送风阻力增加，可能导致入炉风量减小，燃烧温度降低，也难以维持合适的底焦高度
	焦炭强度	焦炭强度高则不易破碎，有利于保证焦炭块度
	焦炭反应性	焦炭反应性低，则燃烧生成的炉气中 CO 含量低，燃烧比高、燃烧放出的热量多，因此炉气温度高。铸造焦的反应性低，是区别于冶金焦的主要技术指标
	焦炭水分	焦炭中的水分在预热区吸收热量、蒸发进入冲天炉尾气，焦炭水分低有利于提高预热区的炉气温度
送风	送风温度	采用热风能明显促进焦炭在氧化带的燃烧，利于提高焦炭燃烧温度及炉气温度
	送风湿度	空气中水的含量（绝对湿度）在 $5\sim10g/m^3$ 之间时，最有利于焦炭燃烧；当绝对湿度大于 $15g/m^3$ 时，焦炭燃烧温度及炉气温度降低
	氧气浓度	提高空气中的氧气质量浓度，不仅可以促进焦炭的快速燃烧，同时相应减少了进入炉内的 N_2 量，有利于提高焦炭燃烧温度，因此冲天炉富氧、喷氧送风技术的应用正日益普及
	供风强度	送风强度应适当，过大或过小都会降低炉温，应参考冲天炉网状图所示原理操作
操作	底焦高度	底焦燃烧是冲天炉热量的根本来源，是控制炉温的关键因素，底焦高度由风量与层焦量决定
	送风量	增加焦炭用量的同时适当增加风量，可以提高炉内的空气流速，提高焦炭的燃烧速度，扩大氧化带，提高焦炭燃烧温度和炉气温度。但送风量过大，又会降低炉气温度，应参考冲天炉网状图所示操作原理
	层焦量	增加风量的同时增加焦炭用量，可以提高底焦的燃烧温度，炉温增高但层焦用量太大，会浪费焦炭，降低熔化率
	金属批料量	金属批料量影响底焦高度的波动幅度，金属批料量越小，底焦高度的波动幅度越小，有利于稳定提高炉温
	熔剂用量	熔剂（石灰石）可以去除焦炭燃烧表面的灰分层，有利于焦炭与氧气的接触，提高炉温，但如果熔剂用量过大，则炉渣量大，不利于提高炉温，炉衬侵蚀加大，降低炉子寿命
金属炉料	炉料熔点	金属炉料熔点间接影响炉温：金属炉料熔点高，则需要焦耗高、风量大，因此炉温高、炉气温度高
	锈蚀程度	金属炉料锈蚀程度高，则炉渣中 FeO 含量高，铁还原反应吸热多，炉温低、元素烧损大
	泥沙含量	金属炉料中泥沙含量高，则炉渣量大，炉渣吸热多，炉温低

（2）熔化率的调控　冲天炉的熔化率，可以从炉后每小时的加料批数来判断。多品种铸件生产的铸造厂，一般需要经常调整冲天炉的熔化率。降低熔化率或提高熔化率，都应在炉子进入正常状态时进行，如果当天生产某牌号铸件的数量较多、单件质量小、需要的浇注时间长，为了防止铁液出炉后等待时间过长、降温过大，需要降低冲天炉的熔化率，可通过适当减少送风量或增加层焦量进行控制。

提高熔化率，最好安排在熔化后期进行，这时炉

膛已被侵蚀、直径扩大了，并且炉内温度高，炉膛处于满料状态、炉料已得到充分预热，通过补足底焦、提高层焦量、增大风量，可以提高冲天炉的熔化率，同时保证铁液温度。普通炉衬冲天炉熔化后期，实际熔化率可以提高到名义熔化率的 120%～140%。

（3）出铁时间控制　一般冲天炉开风后 25～30min 出第一包铁液，所出铁液的量约为冲天炉每小时正常熔化量的 1/4，其后 5～10min 出第二包铁液。此后的出铁时间根据冲天炉的熔化率确定。普通冲天

炉熔化初期的熔化率较低,后期熔化率较高,可以根据加料速度准确推断冲天炉各个时间段内的熔化率、熔化量。控制出铁时间还需要考虑前炉或双联熔炼时二次炉的容量问题,根据前炉或双联熔炼时二次炉的容量确定出铁时间。

(4) 出渣时间的控制 普通冲天炉炉渣的体积约为铁液体积的 1/3,或者说前炉中炉渣的高度约为铁液高度的 1/3,可以按此数据确定出渣时间。一般情况下,前炉应每隔 1~1.5h 排一次炉渣。

当前炉中储存的铁液面快要达到或刚到出渣口时,打开出渣口排放炉渣。

如果冲天炉开炉初期采用开渣口操作,应根据铸件浇注情况,每隔 40~80min,通过铁液在前炉内的存积(憋铁)、铁液面上升,使炉渣液面高度到达渣口或略高于渣口,让炉渣自动流出前炉,清除前炉内的炉渣。

(5) 铁液温度的控制 如果铁液温度较低,或者熔化初期铁液温度较高,以后逐步降低,应根据底焦、层焦、金属炉料、焦炭的块度与质量、风量大小等操作因素进行综合分析,及时采取措施,多种操作因素均直接或间接影响铁液出炉温度。

1) 防止棚料。如果加料口始终处于满料状态,每隔 6~7min 加一批料,同时料面连续均匀下降,冲天炉风口明亮、很少挂渣,说明炉内熔化正常,铁液温度一般较高。

如果从加料口发现炉料下行速度不均匀,说明炉内有轻微棚料,铁液温度会有一定程度的波动;如果已经棚料,炉温与铁液温度将有较大幅度波动。因此,稳定保持冲天炉的铁液温度,必须首先严格按工艺要求备料,并严格控制炉料块度,防止冲天炉棚料故障。如果发现棚料,应及时处理,尽快恢复正常炉况,否则很难稳定保持较高的铁液温度。

2) 控制运行底焦高度。合理的层焦量与入炉风量,可以保证铁焦平衡、风焦平衡,稳定保持运行底焦高度,保证炉况稳定,熔化出温度高而稳定铁液。底焦必须选用块度较大、强度较高、固定碳含量高的焦炭;同时应根据炉衬侵蚀引起的炉膛扩大、底焦高度下降的情况,按照一定时间间隔及时添加接力焦。若层焦量偏大,接力焦的时间间隔可适当加大,甚至取消接力焦;若层焦量偏小,应缩短间隔。

3) 风量控制与风压监测。风量属于冲天炉操作中最重要的工艺参数之一,增大风量则熔化率增加,但一定的铁焦比对应于一最佳风量。一般开炉初期炉温低,应适当减少风量,待炉温升高后,逐步加大风量。如果开炉初期风量过大,风口附近的焦炭容易发

黑,造成风口结渣甚至发渣,底焦无法正常燃烧。不仅所熔化的铁液温度较低,而且铁液氧化较严重。随着熔化时间的继续,炉衬逐步侵蚀、炉膛内径扩大,鼓风强度逐步降低引起铁液温度降低,这时应首先添加接力焦,恢复底焦高度,然后适当加大风量。

除了通过仪表观察风量外,还需要注意冲天炉的实际入炉风量。若风口结渣、炉衬局部塌落造成风口堵塞,使用了细碎炉料造成送风阻力加大,都会使冲天炉实际入炉风量减少;若风管、热风胆、风箱、风口窥视盖等处漏风增大,入炉风量也会减少。

要控制铁液温度,还应该注意风压的监测。炉况正常时风箱风压比较稳定,风压异常变化一般预示炉况不正常。风压变化并不一定说明风量变化。离心式鼓风机通过控制鼓风机进风口阀门的开度进行风量调整;容积式鼓风机(罗茨风机、叶氏风机)通过风机出口管道上的放风阀控制风量,但不管何种鼓风机,均不能通过风压控制风量。

4) 炉料块度与批料量控制。炉料块度影响冲天炉的铁液温度,因此必须控制炉料块度。焦炭除了固定碳含量影响铁液温度外,块度也影响铁液温度,焦炭块度应该适当大而均匀。块度小的金属炉料熔化时间短,过热距离和过热时间长,所熔化的铁液温度相对较高;块度过大则熔化速度慢,过热距离短、铁液温度低。

若金属炉料批料量小、料层薄,底焦高度波动范围小,熔化的铁液过热距离波动小,铁液温度波动小;若金属炉料批料量大、料层厚,铁液温度波动大。因此,为了稳定铁液温度,金属炉料的块度宜小,批料量宜少。

开炉初期炉温低,宜用块度较小的金属炉料熔化低牌号铸铁,低牌号铸铁的熔点较低,可以得到足够过热度的铁液,开风后第一包铁液就可以浇注低牌号铸件。在熔化中后期炉温高时,适当加入块度较大的金属炉料,对铁液的温度影响不大。在熔炼高牌号铸铁时,要加入较多的废钢,废钢的熔点高,再加上高牌号铁液的液相温度高,为保证铁液有一定的流动性,必须保证较高的过热温度,因此应该采用较小块度的金属炉料。

5) 加氧送风。在冲天炉送风中加入 2%~4%(体积分数)的氧气称为加氧送风,加氧送风分为短时加氧送风、长期加氧送风两种。加氧送风不仅可以有效提高铁液温度,而且可以提高冲天炉的熔化率。如果冲天炉中途停风时间过长,造成炉温大幅度下降,可以在冲天炉风口、过桥、点火门等处短时吹氧,以快速提高炉温,保证铁液温度。

6) 交界铁液的控制。控制交界铁液，首先要清楚区分不同牌号的铁液，同时尽量减少交界铁液数量。要控制好交界铁液，必须掌握炉料熔化速度的计算方法，根据一定时间内炉后金属炉料的加料量，推算冲天炉的熔化量，判断金属炉料在炉内下行的具体位置。

控制交界铁液，必须保证冲天炉始终处于满料状态、炉料均匀下行。否则，很难判断炉料的下行位置，也很难推算更换牌号后首批金属炉料的开始熔化时间。为了减少交界铁液的混杂，更换炉料前一般需要在炉内添加隔离焦，即额外添加一批焦炭。

由于附壁效应，冲天炉熔化区的形状一般为中心下陷、四周较高，呈"锅底"形，金属炉料熔化不在同一水平面内进行。炉壁附近的金属炉料首先熔化，炉膛中心的炉料下行一段后才开始熔化；同时，由于金属炉料的熔点不同，废钢或铁合金可能在下批炉料中进行熔化，因此后一牌号的铁液中总会混杂前一牌号的成分。另外，前炉或双联熔炼时，二次炉内残留的部分上一牌号的铁液，也会影响下一牌号铁液成分的准确性。

交界铁液就是下一牌号在交界初期混入上一牌号成分所形成的混杂铁液，该铁液应该得到合理利用以减少浪费。

7) 浇注液量的估算与控制。准确估算铸件的铁液浇注量，可以避免铁液浪费或铁液量不足问题。要估算铸件的铁液浇注量，必须首先知道铸件净重及铸件出品率。为了防止出现铁液量不足问题，一般应该适当偏大估算铸件的铁液浇注量。

8) 浇注温度的控制。铁液温度高，流动性好，容易使铁液中的气体、熔渣自动上浮，得到优质铁液。但铁液温度也不宜过高，如果铁液温度过高，不仅需要耗费更多燃料，增加生产成本，而且往往影响铸件的成功浇注，使铸件废品率增加，因此铁液在浇注前需要进行温度控制。

9) 铁液成分的控制。不同品种的铸铁对冲天炉出炉铁液的成分有不同的要求，不同品种铸铁的处理工艺也对铁液成分有不同要求。冲天炉铁液中的化学成分除了碳、硅、锰、硫、磷外，还包括其他元素，其含量主要取决于炉料中各元素的含量，以及元素在冲天炉内的烧损率，而元素烧损率与冲天炉的特性及操作工艺参数密切相关。

控制铁液中的各元素含量，必须从炉料开始，同时需要掌握冲天炉内各元素的变化规律，按规律控制冲天炉的工艺参数，用最经济的手段获得成分适当的铁液。

10) 计划停风的控制。冲天炉停风分为计划停风和意外停风。由于浇注速度低于冲天炉的熔化速度，出现铁液过剩引起的停风称为计划停风。计划停风一般指满料情况下的停风（带料停风）。计划停风前，应该根据中间包、保温电炉的熔炼容量，确定停风前继续熔化的铁液量相对的炉后加料批数；根据预计停风时间的长短，停风前预先加接力焦，保证恢复送风后立即得到高温铁液。

计划停风时，应该首先打开风口窥视盖然后停风，复风时要先送风后关闭风口窥视盖，防止停风期间一氧化碳通过风口进入风箱、管道，引起爆炸。

冲天炉带料停风期间，必须加强对冲天炉的巡视，当发现炉温下降、风口发黑时，应该立即恢复送风。如果停风前炉况良好，普通冲天炉带料停风时间一般不超过 20~30min；风温 400℃ 左右的热风冲天炉、富氧送风的冲天炉带料停风时间可以达到 30~50min。

冲天炉熔化初期炉温低、炉衬未彻底干透，停风很容易导致冲天炉严重事故，因此熔化初期 1~2h 内一般不得安排带料停风。如果熔化初期由于某些特殊原因确需停风，则必须将炉膛内金属炉料全部熔清后停风。停风需采取措施保护出铁口，防止前炉内的炉渣损坏出铁口。

冲天炉停风后，如果炉内较长时间保持火种，俗称为封炉，封炉属于停风时间较长的计划停风。为了防止封炉期间火种熄灭，封炉一般需要使用优质焦炭。

4. 冲天炉熔炼安全措施

冲天炉熔炼工部设备特别复杂，分布在空中、地面及地下，因此是高温作业，故安全操作特别重要。详细的冲天炉安全操作规程，可参考《冲天炉技术手册》。表 12-71 列出了冲天炉安全作业规程。

表 12-71　冲天炉安全作业规程

条款	安全作业规程
1	所有熔化工上岗前必须通过三级（厂级、车间级、班组级）安全教育或培训，未经过三级安全教育培训的人员不得上岗。每个熔化班组的班组长为该班组的安全员，对该班组的安全生产负担全部责任
2	制订冲天炉各种事故的处理预案，结构体系复杂、安全隐患多的冲天炉开炉前，必须进行事故演练
3	冲天炉熔炼工部应结合自身车间的特点，如厂房、运输、操作工艺特点等，制订本车间安全的特别注意事项

12.2.6　冲天炉熔炼检测技术及控制

在冲天炉熔炼过程中，准确、迅速地检测有关技术参数，对提高熔炼操作水平、保证铁液质量、实现熔炼过程的自动控制，具有十分重要的作用。

1. 检测内容及主要技术经济指标的统计方法

一般冲天炉熔炼过程应对以下的技术参数进行检测：

1）配料加料系统的炉料质量、装炉底焦高度、炉内料位高度、加料批数及时间等。

2）供风系统的送风压力、送风量、送风温度、送风湿度、氧气加入量等。

3）炉况控制系统的运行底焦高度、铁液温度、前炉铁液量、铁液化学成分、铁液含气量、加料口炉气成分和温度等。本节重点介绍熔炼过程和炉前的检测方法。

冲天炉主要参数检测项目及检测位置见图 12-43。冲天炉主要技术经济指标的统计方法见表 12-72。

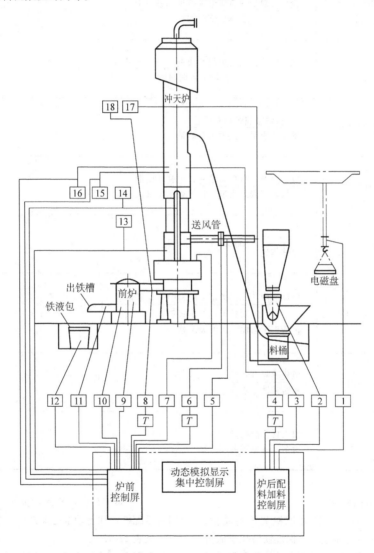

图 12-43　冲天炉主要参数检测项目及检测位置

1—金属炉料质量　2—焦炭石灰石质量　3—加料批数　4—炉内料位（附加控制）
5—送风湿度　6—入炉风量　7—送风压力　8—过桥铁液温度　9—前炉铁液高度
10—前炉铁液温度（附加控制）　11—出铁槽铁液温度　12—包内铁液温度
13—底焦高度波动情况　14—热风温度　15—炉气成分　16—炉气温度
17—加料批数炉前大屏幕数字显示　18—铁液温度炉前大屏幕数字显示

表 12-72　冲天炉主要技术经济指标的统计方法

指标名称		统 计 方 法
铁液温度/℃		从正常熔炼开始（开风后1h至停止加料）所测铁液温度的算术平均值为铁液平均温度，所测的最低和最高温度波动范围，并记录温度和时间的变化曲线，但应注明测温位置和所用仪表
熔化效率	平均熔化率/(t/h)	$\dfrac{投炉金属炉料总质量 - 打炉剩铁质量}{实际熔炼时间}$
	阶段熔化率/(t/h)	$\dfrac{该阶段所投金属炉料总质量（一般为几批料）}{该阶段的计时时间}$
焦炭消耗量	层铁焦比	$\dfrac{投炉金属炉料总质量}{批焦总质量 + 接力焦总质量}$
	总铁焦比	$\dfrac{投炉金属炉料总质量 - 打炉剩铁质量}{投炉焦炭总质量 - 打炉剩焦质量}$
	焦耗（%）	$\dfrac{1}{总铁焦比} \times 100\%$
元素增减（质量分数,%）		$\dfrac{原铁液中该元素含量 - 配料中该元素含量}{配料中该元素含量} \times 100\%$ 正值表示增加，负值表示减少
电力消耗量/(kW·h/t)		$\dfrac{风机等耗电总量}{所熔铸铁总质量}$
耐火材料消耗量/(kg/t)		$\dfrac{耐火材料消耗量}{所熔铸铁总质量}$

2. 有关技术参数的检测

（1）炉料质量的检测　准确地检测炉料质量，是控制冲天炉熔炼过程正常进行，保证铁液化学成分准确、稳定的关键环节之一，采用自动检测配料质量的方法，可减轻操作人员的劳动强度、提高配料效率，减少人为误差，及时准确地完成配料工作。

炉料质量自动检测的方法：电磁配铁秤（电磁吸盘式配铁秤）、自动电磁配铁秤（自动定量电磁吸盘式配铁秤）、磅秤式自动称量器和电子自动称量器等。

1）金属炉料质量检测。金属炉料质量检测多采用电磁配铁秤和自动电磁配铁秤。金属炉料质量检测方法见表 12-73。

采用电磁配铁秤应注意的事项：

① 采用电磁配铁秤，应设置铁料翻斗或过渡料车，这样在配料速度上可以完全满足冲天炉熔炼过程的加料要求。

② 铁料日耗库的形式和布置应满足电磁配铁秤的需要，日耗库不能采用地坑式，库间隔墙不能太高，应尽量靠近铁料翻斗。

③ 冲天炉熔炼过程中，电磁配铁秤的桥式起重机必须专用。

④ 电磁配铁秤应同时配有两台电子秤，其中一台作为备件。

⑤ 为保证配料准确，配料时电磁盘应在未接触铁料前先通电，尽量使被吸铁料成"串状"，这样可以提高配料的准确度。

2) 焦炭、石灰石质量检测。焦炭、石灰石质量的检测装置多采用电磁振动给料机配以自动称量器的方法。常用的自动称量器有磅秤式和电子式两大类，其工作原理、主要优缺点及结构示意图见表 12-74。

表 12-73　金属炉料质量检测方法

名　　称	工作原理	主要优缺点	结构示意图
电磁吸盘式配铁秤	电磁配铁秤由 MW-1 电磁盘、DKP 型控制屏、DCZ 电子秤和方向挂钩等组成。当电磁盘吸料时，传感器所受拉力增加，通过应变片将拉力变成一个成正比的直流电势，并送入电子电位差计与测量桥路的直流电势相比较，差值电势经过放大输出，驱动可逆电动机，可逆电动机带动电桥线路中滑线电阻的动臂，达到新的平衡，指示机构示出吸料质量	性能稳定，操作方便，适应性强，称量速度快，便于实现冲天炉配料加料自动化。需专人操作，配料称量不能超负荷	1—电磁盘　2—方向挂钩　3—传感器　4—电子电位差计
自动定量电磁吸盘式配铁秤	在电磁配铁秤上，增加自动放料系统、自动超差鉴别补偿系统和自动程序定值系统。自动放料系统可将吸盘与预定值质量进行比较，将多吸铁料放掉，达到自动鉴别吸重的超量值，在配下批料时给予自动补偿；自动程序定值系统能根据批料要求，按程序自动定量配料	简化操作，提高配料精度和工作效率。构造复杂，价格较高	1—传感器　2—显示仪表　3—程序控制器　4—电磁盘

表 12-74　自动称量器的工作原理、主要优缺点及结构示意图

名　称	工作原理	主要优缺点	结构示意图
磅秤式自动称量器	定量斗装在台秤上，振动给料机根据空料信号将炉料送入定量斗内，当达到给定的质量时，计量杆砝码端抬起，接通控制电路，发出停止给料信号，电磁振动给料机停止送料	结构简单、耗电少、并可连锁控制。只能进行一种物料定量，最多两次定量	1—定量斗　2—计量杆 3—框架　4—台秤
电子式自动称量器	定量斗装在荷重电子传感器的框架上，振动给料机根据空料信号，将炉料送入定量斗内，当达到给定质量时，传感器发出信号，给料机停止给料	可先后称量4种物料，在控制室内即可改变称量质量，使用寿命较长。传感器框架的制造和安装要求高，不宜承受较大的冲击，一般所受冲击负荷不宜超过全量程的20%	1—闸门　2—定量斗 3—框架　4—传感器

（2）炉内料位的检测　冲天炉内料位的变化将直接影响熔炼过程的正常进行，稳定的料位高度是最佳熔炼制度的保证。实现炉内料位的连续自动检测，能及时准确地发出空料信号，输出加料指令，控制加料机按时加料到炉内，以保持料位高度，从而为冲天炉熔炼过程的正常进行，实现配料加料自动化，改善劳动条件等创造条件。

冲天炉料位检测的方法很多，如机械法、导电法、光电法、激光法、同位素法和炉气压差法。其中机械法和炉气压差法最常用，见表 12-75。

表 12-75　炉内料位检测方法

名　称	检测原理	主要优缺点	结构示意图
机械法（探杆式）	将探测杆置于炉内，在炉料下落低于料位时，配重使杠杆下落，接通电触点，发出空料信号	简单，容易制造，不需外加动力 探测杆长期受炉气加热易变形损坏，使用中易出故障，适用于开炉时间不长的小型冲天炉	1—控制信号　2—行程开关 3—配重　4—杠杆　5—探测杆

（续）

名　称	检测原理	主要优缺点	结构示意图
炉气压差法 （U 形管式）	在料位线炉壁处埋装一根引压管，并接 U 形压差计和 6301 型电子继电器。料满时压差大，接通电极经放大发出控制信号	结构简单、性能可靠，容易配置 U 形管中的电极须经常清洗，北方需要采取防冻措施	 1—控制信号　2—电极 3—U 形管　4—引压管
炉气压差法 （薄膜微压开关式）	在料位线炉壁处埋装一根引压管，经容积式除尘器通入气电转换装置。当料满时，压力升高，起动膜张开，把微压开关常闭触点断开	结构简单，稳定可靠，可省略继电器和放大电路	 1—控制信号　2—薄膜微压开关 3—容积式除尘器　4—引压管
炉气压差法 （空气压差式）	在料位线炉壁处埋装一根引压管，接三通管，将稳压的压缩空气或鼓风管的空气通入信号管，吹入炉膛。料满时，通路受阻，则空气经三通管反向吹入，一薄膜阀闭合触点，发出控制信号	结构简单，性能可靠，容易配置 需接送风管或压缩空气源	 1—控制信号　2—薄膜开关 3—信号管　4—三通管 5—稳压器　6—冲天炉送风管

冲天炉加料批数自动检测计数显示的方法有机械式计数器、电磁式计数器、等离子发光屏计数器、场致发光计数器和灯泡组字计数器5种。其中，机械式计数器和电磁式计数器虽有结构简单、容易制造、可灵活安装等优点，但由于其计数标记小不醒目，多用于机械化程度低的小型冲天炉上。后3种比较实用，多用于机械化自动化程度较高的冲天炉，并配有大屏幕显示屏，是比较理想的显示方法。

冲天炉加料批数大屏幕数字显示屏可以进行炉前和炉后同时醒目的显示，以方便操作者准确地掌握与控制铁液牌号的更换和加料数量。显示屏的板面布置如图12-44所示。板上设有数字屏4块，分为两组。在板面的左上方，装有不同铁液牌号字屏（如QT、HT或指示灯）数个，表示正在加料的铁液牌号；其下方的一组数字，表示已加入炉内的炉料批数；右上方是加料总批数字样，下方的一组数字为已加入炉内的批料总数的累计值。等离子发光计数器、场致发光计数器和灯泡组字计数器的计数、显示原理、技术规范及特点见表12-76。

图 12-44　显示屏的板面布置

表 12-76　计数器的计数、显示原理、技术规范及特点

名称项目	等离子发光屏计数器	场致发光计数器	灯泡组字计数器
计数检测方法	批料计数信号是由接通焦炭电磁振动给料机电源的接触器吸合时发出的，计数信号输入后，经计数器线路、译码线路及继电器线路输入等离子发光屏上	自动计数信号来自程序系统，当料桶自冲天炉加料口返回地坑时，脉冲信号输入计数器，计数系统用 HTL 系列 5GYB 体集成电路单个"与非门"译码	批料计数信号是通过上料机、卷扬机同轴上的丝杠拨动限位开关、接通时间继电器，使步进选线器通电，实现译码、显示
显示原理	在两片玻璃板上敷以导电的荧光材料，中间留有 0.5mm 的间隙，四周密封胶合，抽真空后充以氖氩等气体，使它具有电容器的作用；通电后气体电离为等离子态，激发导电荧光材料，发出橘红色光辉	在透明导电玻璃和锌、锡、银等金属材料制成的两片电极间夹粉末状硫化锌发光材料，在两片电极间加 400～300Hz、220V 左右交变电场。发光材料透过导电玻璃发出绿色光辉	将若干个 6.3V 的小灯泡按一定顺序排列，采用字形译码器，利用二极管单向导电的原理，有选择地点亮某些灯泡，显示出白黄色数字
数字	（七段数码管示意图，段标记 1~8）	（七段数码管示意图，段标记 a、b、c、d、e、f、g、H）	（灯泡排列示意图，灯泡编号 1~25）
字体尺寸（高×宽）	200mm×160mm	320mm×200mm	328mm×122mm
明视度	30m 清晰可见，最远 50m	30m 清晰可见	50m 清晰可见
优点	亮度高、数字醒目清晰，寿命较长	消耗功率较小，减振性好，视角大、显示清楚，寿命长	结构简单、容易制造、造价低，视角广、显示清晰
缺点	电性能不尽一致，不易普及	制作困难，光度偏低，日光强时不够清晰	小灯泡寿命短

为了掌握加料时间的变化，需记录每批料的加料时间。简单地可在加料机上加一信号机构，并把发出的信号输入到自动平衡显示仪表上，用辅助记录笔记录下加料时间的记号。

（3）送风压力的检测　冲天炉送风压力系指入炉风压，通常用风箱风压表示，但也有在主风管和风口支管上测定送风压力的。

冲天炉送风压力的检测装置多采用液柱式压力计或弹簧式压力计。液柱式压力计常用的有 U 形管压力计、单管压力计，如图 12-45 所示。弹簧式压力计的规格见表 12-77。

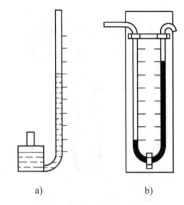

图 12-45　液柱式压力计

a）单管压力计　b）U 形管压力计

表 12-77　弹簧式压力计的规格

仪表名称	型　号	测量范围	精　度	功　能
膜盒压力计	YE-150 YEJ-101 YEJ-111 YEJ-121	0 ~ 40kPa 多种系列	2.5 级	指示 指示 指示、上下限报警 位式调节
膜片微压计	CPB-1	0 ~ 30kPa 多种系列	1 级	指示（圆盘表）
波纹管压力计	YE-270 YE-278 YE-410 YE-610 YE-613	0 ~ 0.4kPa 多种系列	1.5 级 1.5 级	指示 指示、电接点报警调节 指示、钟表机构记录 指示、同步电动机记录 指示、电接点报警调节

安装测压计时要正确选择测压点，一般多装在风箱或主风管上。若在风口支管处开设测压孔，测压点应选择在管壁空气流速最低处，引管端部应与空气流动方向垂直，引压管可用内径为 5 ~ 10mm 金属管焊接于测压点处，并用尽量短的（3 ~ 20mm）胶管与测压计连接（见图 12-46）。压力计安装处的环境温度尽可能保持在 0 ~ 40℃，使用前调整液面至零点位置。

（4）送风量的检测　风量检测仪表由一次检测元件和二次仪表所组成。毕托管法和标准孔板法是检测冲天炉送风量的常用方法。

1）毕托管法。毕托管是利用流体动压与流速有关的原理进行风量检测的动管。图 12-47 所示为毕托管结构。

简易毕托管是由内径为 $\phi = (4 ~ 6)$ mm 的铜管或钢管构成。静压管垂直焊于风管外壁，全压管伸入风管，其端部弯成 90°，开口迎向气流方向，轴线与风管中心线平行。标准毕托管是一种复合式结构，全压感受孔开在半球顶端，静压感受孔均匀地开在复合

套管的四周。

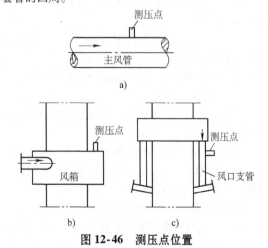

图 12-46　测压点位置

a）主风管测压点　b）风箱测压点
c）风口支管测压点

使用时，静压管和全压管两端与差压计连接，测出压差值，代入风量计算公式即可。风量计算公式与

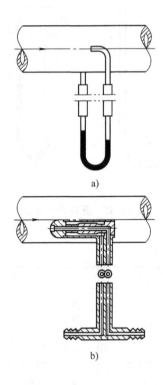

图 12-47　毕托管结构

a) 简易毕托管　b) 标准毕托管

测点有关，测点设在平均流速管径 1/3 处，则实用风量 Q_{20}（20℃时）（m^3/min）计算公式为

$$Q_{20} = 189.9\varphi D^2 \sqrt{\Delta h} \qquad (12\text{-}24)$$

测点设在最大流速（管中心）处，则实用风量 Q_{20} 计算公式为

$$Q_{20} = 159.5\varphi D^2 \sqrt{\Delta h} \qquad (12\text{-}25)$$

式中　D——风管内径（m）；

　　　Δh——压差值（mmH_2O，$1mmH_2O \approx 9.80665Pa$）；

　　　φ——结构系数。

适用条件：水（测量液）的重度以 20℃ 为准，空气的重度以 20℃、101kPa 为准。

不同管径时风量与压差的关系见表 12-78 和表 12-79（表中取 φ 为 1，）。当为非标准毕托管时，表中数值应乘以 0.98 ~ 0.99。

使用毕托管测量风量时应注意：

① 全压孔应严格对准气流方向，全压管应与风管中心平行。

② 毕托管插入风管距离应准确无误。

③ 毕托管测点前后应有足够的直管段长度，迎气流方向直管段长度不小于 10D（管内径），测点后直管段长度不小于 5D。

表 12-78　标准毕托管的风量与压差的关系

（平均流速处测风）

（单位：m^3/min）

压差/mmH_2O[①]	风管直径/mm						
	100	150	200	250	300	350	400
	风量						
5	4.2	9.5	17.0	26.5	38.2	52.0	67.9
6	4.7	10.6	18.6	29.1	41.9	57.0	74.4
7	5.0	11.3	20.1	31.4	45.2	61.5	80.4
8	5.4	12.1	21.5	33.6	48.3	65.8	85.9
9	5.7	12.8	22.8	35.6	51.3	69.8	91.1
10	6.0	13.5	24.0	37.5	54.0	73.6	96.1
11	6.3	14.2	25.2	39.4	56.7	77.1	100.8
12	6.8	14.8	26.3	41.1	59.2	80.6	105.2
13	6.9	15.4	27.4	42.8	61.6	83.9	109.5
14	7.1	16.0	28.4	44.4	63.9	87.0	113.7
15	7.4	16.5	29.4	46.0	66.2	90.1	117.7
16	7.6	17.1	30.4	47.5	68.4	93.0	121.5
17	7.8	17.6	31.3	48.9	70.5	95.9	125.3
18	8.1	18.1	32.2	50.4	72.5	98.7	128.9
19	8.3	18.6	33.1	51.7	74.5	101.4	132.4
20	8.5	19.1	34.0	53.1	76.4	104.0	135.9
21	8.7	19.6	34.8	54.4	78.3	106.6	139.2
22	8.9	20.0	35.6	55.7	80.2	109.1	142.5
23	9.1	20.5	36.4	56.9	82.0	111.6	145.7
24	9.3	20.9	37.2	58.2	83.7	114.0	148.0
25	9.5	21.4	38.0	59.4	85.5	116.3	151.9
26	9.7	21.8	38.8	60.5	87.1	118.6	154.9
27	9.9	22.2	39.5	61.7	88.8	120.8	157.9
28	10.1	22.6	40.2	62.8	90.4	123.1	160.8
29	10.2	23.0	40.9	63.9	92.0	125.3	163.6
30	10.4	23.4	41.6	65.0	93.6	127.4	166.4

① 　$1mmH_2O = 9.80665Pa$。

④ 毕托管不得装在管道弯曲和断面有变化的部位。

⑤ 毕托管应定期清理以免堵塞。

2）标准孔板法。孔板是节流装置中构造最简单的一种，并已实现标准化。其工作原理是利用流体通过孔板时，在孔板前后产生压力降，以测得的压差进行计算得出流量。由于孔板制造困难、阻力损失大等原因，生产中应用不够广泛。孔板取压方式有 5 种，冲天炉上多采用角接取压方式。图 12-48 所示为采用角接取压方式的环室标准孔板。

表 12-79　标准毕托管的风量与压差的关系

（最大流速处测风）

（单位：m³/min）

压差/mmH₂O①	风管直径/mm						
	100	150	200	250	300	350	400
	风量						
10	5.1	11.4	20.2	31.5	45.5	61.8	80.7
11	5.3	11.9	21.2	33.1	47.6	64.8	84.6
12	5.5	12.4	22.1	34.5	49.7	67.7	88.4
13	5.8	12.9	23.0	35.9	51.8	70.5	92.0
14	6.0	13.4	23.9	37.3	53.7	73.1	85.5
15	6.2	13.9	24.7	38.6	55.6	75.7	98.8
16	6.4	14.4	25.5	39.9	57.1	78.2	102.0
17	6.6	14.8	26.3	41.1	59.2	80.6	105.2
18	6.8	15.2	27.1	42.3	60.9	82.9	108.3
19	7.0	15.6	27.8	43.5	62.6	85.2	111.2
20	7.3	16.1	28.5	44.6	64.2	87.4	114.1
21	7.3	16.5	29.2	45.7	65.8	89.5	116.9
22	7.5	16.9	29.9	46.8	67.4	91.7	119.7
23	7.7	17.2	30.6	47.8	68.9	93.7	122.4
24	7.8	17.6	31.3	48.8	70.3	95.7	125.0
25	8.0	18.0	31.9	49.9	71.8	97.7	127.6
26	8.2	18.3	32.5	50.8	73.2	99.6	130.1
27	8.3	18.7	33.2	51.8	74.6	101.5	132.6
28	8.5	19.0	33.8	52.8	76.0	103.4	135.0
29	8.6	19.3	34.4	53.7	77.3	105.2	137.4
30	8.8	19.7	34.9	54.6	78.7	107.0	139.8
31	8.9	20.0	35.5	55.5	80.0	108.8	142.1
32	9.1	20.3	36.1	56.4	81.2	110.5	144.4
33	9.2	20.6	36.7	57.3	82.5	112.2	146.6
34	9.3	20.9	37.2	58.1	83.7	113.9	148.8
35	9.5	21.2	37.7	59.0	85.0	115.6	151.0
36	9.6	21.5	38.3	59.8	86.2	117.2	153.0
37	9.7	21.8	38.8	60.6	87.3	118.9	155.2
38	9.7	22.1	39.3	61.5	88.5	120.5	157.3
39	10.0	22.4	39.8	62.3	89.7	122.0	159.4
40	10.1	22.7	40.4	63.1	90.8	123.6	161.4

① 1mmH₂O = 9.80665Pa。

其实用风量 Q_{20}（m³/min）计算公式为

$$Q_{20} = 187.4ad^2 \sqrt{\Delta h} \qquad (12\text{-}26)$$

式中　a——流量系数；

　　　d——孔板开孔直径（m）；

　　　Δh——压差（Pa）。

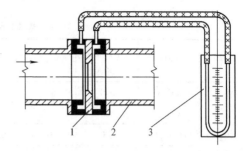

图 12-48　采用角接取压方式的环室标准孔板

1—环室标准孔板　2—风管　3—U 形管压差计

流量系数由标准孔板设计制造商提供，也可由表 12-80 查出。

表 12-80　标准孔板的流量系数 a

D/mm	d/D						
	0.40	0.45	0.50	0.55	0.60	0.65	0.70
	流量系数 a						
50	0.678	0.693	0.713	0.736	0.761	0.791	0.827
100	0.670	0.686	0.706	0.727	0.752	0.782	0.817
200	0.663	0.679	0.699	0.720	0.745	0.773	0.808
≥300	0.660	0.677	0.695	0.716	0.740	0.768	0.802

注：D—风管内径；d—孔板开孔直径。

对孔板前后的直管段长度有严格要求，见表 12-81。当直管段长度减少时，附加误差 ±0.5%。管道前端由局部阻力产生旋流时，或者直管段长度不足时可加整流器。整流器长度为 2 倍管道直径，安装位置离阻力区 2 倍管道直径。整流器的结构如图 12-49 所示。

表 12-81　孔板前后的直管段长度

d/D	0.50	0.55	0.60	0.65	0.70	0.75	0.80
孔板前直管段	20D	22D	26D	32D	36D	42D	50D
孔板后直管段	6D	6D	7D	7D	7D	8D	8D

注：D—风管内径；d—孔板开孔直径。

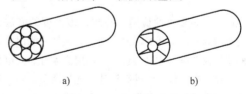

图 12-49　整流器的结构

a）管状　b）板状

3）风量检测二次仪表的选用。风量检测用二次仪表种类很多，适用于冲天炉的专用差压计见表 12-82。冲天炉通常采用 U 形管差压计、斜管差压计和双管差压计，如图 12-50 所示，它们简单易行，系统误差小，但需运算求得风量。

表 12-82　专用差压计

名　称	型号	工作压力 /kPa	可用范围/kPa	备　注
双管差 压 计	CG-3	300	0 ~ 7	指示，带压力测量装置
	CG-5	500	0 ~ 7	
环称式 差压计	YCH-211	25	0 ~ 0.25，0.4，0.6，1，1.6	圆标尺指示
	YCH-311	25	0 ~ 0.25，0.4，0.6，1，1.6	钟表机构圆图记录
膜片差压计	CE-64		0 ~ 1.6，2.5，4.0，6.3，10，16，25	自动差动仪
单波纹 管差压计	BC-280	500	5.3 ~ 13	圆标尺指示
	BC-410	500	5.3 ~ 13	钟表机构圆图记录
	BC-430	500	5.3 ~ 13	同 BC-410，且带压力测量装置
双波纹管 差压计	CDW-280	6000	84 ~ 533	圆标尺指示
	CDW-410	6000	84 ~ 533	钟表机构圆图记录
	CDW-430	6000	84 ~ 533	同 CWD-410，且带压力测量装置
	CDW-276	1600	84 ~ 533	指示带电变送（mV. D. C）
	CDW-277	1600	84 ~ 533	指示带电变送（mV. D. C）

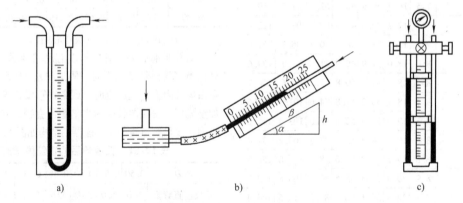

图 12-50　冲天炉常用差压计

a）U 形管　b）斜管　c）双管

（5）铁液温度的检测　检测铁液温度的方法有非接触测温和接触式测温两大类。非接触法测温常采用的检测仪器有光学高温计、全辐射高温计、光电高温计、比色高温计、红外高温计和光导高温计等；接触法测温多采用热电偶配二次显示仪表进行测温，因热电偶高温计具有测量准确、可靠、简便和易于维修等特点，冲天炉铁液温度的检测多采用此种方法。光学高温计在现场应用有测量精度差的弱点，但使用方便，因此在生产中还有少数单位在应用。

1）光学高温计。铁液温度测量常用的光学高温计有 WGG2-201 和 WGG2-202 两种，其型号和性能见表 12-83。

表 12-83　光学高温计的型号和性能

型　号	量程/℃	量程号	允许基本误差/℃	
WGG2-201	700 ~ 2000	1	700 ~ 800	±33
			800 ~ 1500	±22
		2	1200 ~ 2000	±30
WGG2-202	700 ~ 2000	1	700 ~ 800	±20
			800 ~ 1500	±18
		2	1200 ~ 2000	±20

由于这种仪表是根据绝对黑体刻度的，因此指示温度低于真实温度，故应按下式进行修正：

真实温度 = 指示温度 + 修正值

修正时先由表 12-84 查出修正系数，再根据修正系数和指示温度由表 12-85 中直接查出真实温度。

表 12-84　光学高温计的修正系数

测量对象	修正系数
表面无渣的包内铁液	0.90
通过小孔测温	1.00
出铁时的铁液流	0.55
浇注时的铁液流	0.50
表面有氧化皮 1350℃ 以下包内铁液	0.70
炉内熔渣	0.65
浇注后立即开箱的铸件	0.90

表 12-85　光学高温计修正后的温度值　　（单位：℃）

修正系数	指示温度						
	1100	1200	1300	1400	1600	1800	2000
	修正后的温度值						
0.05	1415	1569	1728	1840	2240	2614	3017
0.10	1330	1468	1609	1754	2056	2372	2708
0.15	1284	1414	1546	1682	1960	2503	2552
0.20	1253	1378	1504	1633	1897	2172	2453
0.25	1230	1350	1473	1597	1850	1110	2379
0.30	1211	1329	1448	1568	1814	2065	2322
0.35	1196	1311	1427	1545	1783	2027	2276
0.40	1183	1396	1410	1525	1758	1996	2237
0.45	1172	1283	1395	1508	1736	1968	2204
0.50	1162	1272	1382	1493	1717	1945	2175
0.55	1153	1261	1371	1480	1700	1923	2149
0.60	1145	1252	1360	1467	1685	1905	2126
0.65	1138	1244	1350	1457	1671	1838	2105
0.70	1131	1236	1341	1447	1659	1872	2087

（续）

修正系数	指示温度						
	1100	1200	1300	1400	1600	1800	2000
	修正后的温度值						
0.75	1125	1229	1333	1437	1647	1858	2069
0.80	1119	1222	1325	1429	1636	1844	2054
0.85	1114	1216	1318	1421	1626	1832	2039
0.90	1109	1210	1312	1413	1617	1821	2025
0.95	1104	1205	1306	1407	1608	1810	2012
1.00	1100	1200	1300	1400	1600	1800	2000

2）热电偶高温计。热电偶配二次仪表后组成高温计。

① 测温仪表的选用。热电偶材料的选用十分重要，其主要技术性能见表 12-86。

采用热电偶测温时，需用补偿导线把自由端移到离热源较远处且环境温度比较稳定的地方。补偿导线的色别及热电特性见表 12-87。

热电偶分度是以冷端温度 $t_0 = 0℃$ 的条件下进行的，故使用时需进行补偿或修正。一般应选用带有温度自动补偿装置的二次仪表。若无温度补偿装置，采用下述方法修正。

当冷端温度 $t_冷$ 大于 0℃ 时，仪表指示温度 t 指比被测介质实际温度低 Δt，则

$$t_实 = t_指 + \Delta t，\quad \Delta t = kt_冷，$$
$$t_实 = t_指 + kt_冷$$

k 为修正系数。对一般铂铑$_{10}$-铂热电偶，k 值近似值取 0.5；对铂铑$_{30}$-铂铑$_6$ 热电偶，冷端温度在 0～50℃ 时为负电势，不需修正。

热电偶高温计配套的二次显示仪表，可根据现场条件参照表 12-88 选用。现在不少公司已推出便携式数显或大屏幕数显的热电偶测温仪，使用单位不必再选二次仪表，仅需更换测温头（热电偶）即可。

表 12-86　热电偶材料的主要技术性能

名称	分度号	$t = 0℃$ $t = 100℃$ 时 热电势/mV	使用温度		允许误差	特点
			长期	短期		
铂铑$_{10}$-铂	LB$_3$	0.643 ± 0.023	1300	1600	$t > 600℃$ $\pm 0.4t\%$	稳定性、复视性能好，易受碳、氢、硫、硅及其化合物侵蚀
铂铑$_{30}$-铂铑$_6$	LL$_2$	0.034	1600	1800	$t > 600℃$ $\pm 0.5t\%$	精度高，稳定，复视性、抗氧化性好，测温上限高
钨铼$_5$-钨铼$_{20}$	WL	1.359	2000	2400	$t > 300℃$ $\pm 1t\%$	价格便宜，适于点测，需在真空、惰性或弱还原性气氛中使用

表 12-87 补偿导线的色别及热电特性

分度号	配用热电偶	线芯材料		包线绝缘颜色		$t = 100℃$时热电势/mV
		正极	负极	正极	负极	
LB_3	铂铑$_{10}$-铂	铜	铜镍	红	绿	0.643 ± 0.023
WL	钨铼$_5$-钨铼$_{20}$	铜	铜 1.7~1.8 镍	红	蓝	1.337 ± 0.045
LL_2	铂铑$_{30}$-铂铑$_6$	铜	铜	—	—	—

表 12-88 常用于铁液测温的显示仪表

名称	型号	全量程时间/s	分度号	测量范围/℃	基本误差（%）	用途
便携式高温毫伏计	EFZ-020 EFZ-030 EFZ-050	<7	LB_3 LL_2	0~1600 0~1800	±1	间断测温和不需记录的连续测温
便携式交直两用自动平衡记录仪	XWX-104 XWX-204	<1	LB_3 LL_2	0~1600 0~1800	±0.5	间断测温和连续测温多量程仪表
大型长图自动平衡记录仪	XWC-100 XWC-DO/AB	2.5 或 5 1	LB_3 LL_2	0~1600 0~1800	±0.5	间断测量和连续测温
大型长图自动平衡记录仪	XWC-200/A	<1	LB_3 LL_2	0~1600 0~1800	±0.5	间断测量和连续测温同时使用
中型长图自动平衡记录仪	XWF-100 XWZH-100	5	LB_3 LL_2	0~1600 0~1800	±0.5	连续测温
大型圆图自动平衡记录仪	XWB-100	<5	LB_3 LL_2	0~1600 0~1800	±0.5	连续测温
中型圆图自动平衡记录仪	XWC-100	<5	LB_3 LL_2	0~1600 0~1800	0.5	连续测温
大型圆图自动平衡记录仪	XWY-02 EWY-704	<1	LB_3 LL_2	0~1600 0~1800	±0.5	间断测温和连续测温
数字直读温度电位计	PY$_8$-1 PY$_{5a}$	—	LB_3 LL_2	0~1600 0~1800	±0.3	间断测温和连续测温

② 热电偶高温计检测铁液温度的方法。利用热电偶高温计检测铁液温度的方法有间断测温和连续测温。

间断测温是采用快速微型热电偶法，此种方法简单方便，准确可靠，测温速度快。快速微型热电偶的结构如图 12-51 所示。其二次仪表参照表 12-88 选配。

测量铁液出炉温度时，测点在出铁槽中距出铁口 200mm 处，偶头逆铁液流方向全部浸入。在铁液包中测量时，扒开渣层，迅速插入铁液中。操作应在 4~6s 内完成，最多不得超过 10s。

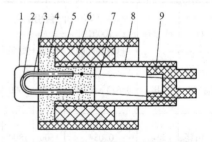

图 12-51 快速微型热电偶的结构
1—保护帽 2—偶丝 3—石英管 4—高温水泥
5—外纸管 6—绝热填料 7—补偿导线
8—小纸管 9—插座

连续测温装置由可换保护套管、热电偶、补偿导线、导线和二次仪表组成。套管头部到测温部位的铁液中，热电偶外露端应加保护措施，其检测系统和保护套管热电偶结构如图 12-52 所示。

保护套管是关键环节。连续测温时外保护套管的选用可参考表 12-89。

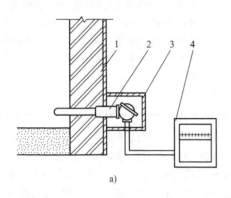

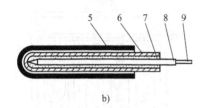

图 12-52　连续测温装置的检测系统及保护套管热电偶的结构

a）检测系统　b）保护套管热电偶的结构

1—前炉　2、9—热电偶　3—安全罩　4—显示仪表（可接数显屏）　5—外保护套管　6—内保护套管（刚玉管）　7—氧化铝填料　8—绝缘管（刚玉管）

由于热电偶长期在铁液中工作，因此正确选择

表 12-89　连续测温时外保护套管的选用

套管材料	特　点	测温位置	使用温度/℃	使用寿命/h
石墨坩埚料套管	导热性能好，耐热冲击，机械强度低，价格低	前炉	1480	10～15
异型石墨坩埚料套管	导热性能好，耐热冲击，价格便宜	前炉	1480	8～12
		过桥	1590	4～7
石墨碳化硅 1 号料套管	导热性能好，耐热冲击，价格便宜	前炉	1480	10～15
		过桥	1590	6～8
氧化镁 + 钼套管	耐渣、铁液侵蚀，高温使用寿命长，价格高	前炉	1480	>25
		过桥	1590	10～20
二氧化锆 + 钼套管	耐渣、铁液侵蚀，高温使用寿命长，价格高	前炉	1480	>25

连续测温热电偶二次仪表的选用见表 12-88。

安装操作铁液连续测温装置时的注意事项：

a. 连续测温装置的安装位置可根据生产要求，确定装在冲天炉过桥或前炉炉缸等处。

b. 测温点的设置应考虑测温真实准确、装拆方便、安全可靠，测温点不应受附近物体散热和吸热等因素的影响。过桥与前炉测温点的设置及安装说明见表 12-90。

表 12-90　连续测温点的设置及安装说明

测温部位	测温点设置示意图	安 装 说 明
过桥	测温点	过桥测温点最好设置在具有连续分渣的过桥中，如无连续分渣过桥，应在过桥中部测点处修一小凹坑，热电偶应突出侧壁 30mm 以上，套管与周围距离不小于 30mm，头部应全部埋入铁液中，停炉时应将凹坑处铁液放净

（续）

测温部位	测温点设置示意图	安装说明
前炉	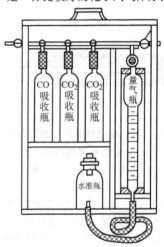 测温点	前炉测温点应设在无出渣口一侧，热电偶管应凸出炉壁60～80mm，距炉底80～100mm，套管应水平放置，与出铁口成45°。修炉与清渣时应注意不要碰坏套管，出铁时应保证炉渣不与套管接触

c. 外保护套管不得与炉渣接触，停炉或修炉时不得使套管激冷和损坏。

d. 套管埋入位置和深度必须符合规定要求，套管周围用填料填实，密封冷端周围温度不得超过50℃。

e. 带绝缘管的热电偶须在开风半小时后确认套管完好无损后再插入。使用过程中出现故障时，应先将偶丝抽出及时处理。停炉前应先将热电丝取出。

（6）炉气成分的检测　冲天炉炉气成分通常指加料口料线下400～500mm处炉气的成分。它是由CO_2、CO、N_2、微量O_2和少量的H_2、CH_4、SO_2组成。炉气中CO_2和CO的含量以及其组成的比例，是评价冲天炉燃烧状况的重要指标，根据它可正确判断炉况，控制和调整熔炼过程，并为分析炉况和改进炉子操作控制提供科学的依据。因此，炉气成分的检测工作是十分重要的。

用于检测炉气成分的分析仪器种类很多，常用于冲天炉炉气分析的仪器有化学式气体分析仪、导热式气体分析仪、红外线气体分析仪和气相色谱分析仪等几种。各种气体分析仪器的工作原理、结构、操作要求和使用条件分别介绍如下：

1）奥氏气体分析仪。奥氏气体分析仪是一种化学式气体分析仪。由于它结构简单，易于掌握、分析准确、价格便宜，因此被用于冲天炉的炉气分析。其结构如图12-53所示。它是由装有不同吸收剂的吸收瓶、梳形管、量气瓶和水准瓶等器件组成。

① 工作原理。奥氏气体分析仪是通过采用不同化学试剂配制的吸收液来吸收炉气中不同气体组分进行气体成分分析的。当气体通过不同吸收液时，相应的气体组分就被吸收，使气体的体积减少，所减少的体积占气体总体积的分数即为该组分气体的体积分数。这个数值可从带有刻度的量气瓶上直接读出。

常用的化学式气体分析仪有奥氏气体分析仪手动67-1型和QF1901～1902型，以及半自动的SB67-1型分析仪。SB67-1型仪器容量小、精度高、稳定性好，能减轻操作人员的劳动强度，提高分析效率。6～8min就能完成O_2、H_2、CO_2、CO、CH_4等组分的全分析，是一种比较好的化学式气体分析仪器。

图12-53　奥氏气体分析仪的结构

② 吸收液的配制。

a. CO_2吸收液是质量浓度为30%的氢氧化钾水溶液。配制方法是取135g氢氧化钾溶于270mL水中。1mL吸收液可吸收40mL的CO_2。

其吸收反应为

$$2KOH + CO_2 = K_2CO_3 + H_2O$$

b. 氧的吸收液为焦性没食子酸氢氧化钾水溶液。配制方法是将130g氢氧化钾溶于260mL水中，再加入30g焦性没食子酸（苯三酚或三羟基苯）。配好后即刻装入吸收瓶，避免与空气接触吸收氧。1mL吸收液可吸收8～12mL氧，吸收速度随温度降低而降低，测定温度应不低于15℃。其吸收反应为

$$C_6H_3(OH)_3 + 3KOH = C_6H_3(OK)_3 + 3H_2O$$

$$2C_6H_3(OK)_3 + \frac{1}{2}O_2 = 2C_6H_2(OK)_3 + H_2O$$

c. CO 的吸收液为氯化亚铜氨水溶液。配制方法是将 60g 氯化铵溶于 180mL 将近沸腾的水中，溶后放冷再加入 45g 氯化亚铜（Cu_2Cl_2），取其清液，加 1/3 体积的浓氨水（密度 $0.91g/cm^3$），及时装入吸收瓶以防氧化。1mL 吸收液可吸收 15mL 的 CO。其吸收反应为

$$Cu_2Cl_2 + 2CO = Cu_2Cl_2 \cdot 2CO$$
$$Cu_2Cl_2 \cdot 2CO + 4NH_3 + 2H_2O = 2Cu + 2NH_4Cl + 2COONH_4$$

③ 炉气取样。炉气取样方法十分重要。往往由于取样方法不当而使分析结果报废，并会导致对炉况的错误判断。一般间断取样位置应在加料口料线以下 400 ~ 500mm 处，开风后 30min 开始取样，以后每隔 20min 或 30min 取样一次。加料口设置 3/4in 或 1/8in 的固定采样管，端部装有 ϕ6mm 的管嘴。采样可用取气球胆或水封取气瓶，用球胆取气时应先用炉气迅速冲洗球胆 2 ~ 3 次后再正式取样。气样放置的时间不能过长，所采气样最好在 2h 以内做出分析结果，最多不得超过 4h，否则将会影响分析的准确度。

④ 分析操作要点。

a. 分析前必须检查仪器各连接部位有无漏气。

b. 正式采样分析前，须用气样清洗仪器 2 ~ 3 次，排除管道内原有气体。

c. 因吸收液有的能吸收两种气体成分，因此分析时应严格按照先 CO_2、再 O_2、最后 CO 的顺序进行吸收分析，绝不能改变分析顺序。

d. 吸收液不可掺混，分析时应严防任何一种溶液进入梳形管，如发现有溶液溢入梳形管时，应立即拆洗。

e. 分析时必须检查吸收是否完全，绝不能草率从事。特别注意 CO_2 的吸收情况，吸收液饱和或放置时间过长应重新配制。

⑤ 分析结果的校核。为保证分析结果的准确性，分析后可用下式校核分析结果：

用石灰石作熔剂时
$$CO_2\% + 0.605CO\% + O_2\% = 21\%$$
用生石灰作熔剂时
$$CO_2\% + 0.605CO\% + O_2\% = 20\%$$

严格来说，炉气中氧气含量应近于零，因此规定加料口炉气中氧气的体积分数不能大于 0.5%，超过 0.5% 的一组数据应舍去或取样重作分析。

上述校核式是按空气中氧气的体积分数为 21% 计算的，所以用生石灰作熔剂时，由于没有 CO_2 析出，故扣除体积分数 1% 的氧，以补偿氧化金属的耗氧量。

若在高原气候条件下或当空气湿度过高、空气中氧气的体积分数不足 21% 时（应先调查工厂当地各月份的气象资料），对检测结果应加以修正。因此，测试方法中规定了一般情况的校核式，即

$$CO_2\% + 0.605CO\% + O_2\% = 19\% ~ 21\%$$

2）导热式气体分析仪。导热式气体分析仪是利用各种气体热导率不同这一物理性质设计制作的。它结构比较简单，是用铂丝或钨铼丝桥臂作热敏元件组成不平衡电桥，用以比较气体的热导率而测得气体组成含量。热导池电桥如图 12-54 所示。图中 R_1、R_2 为电桥的参比臂，四周充满空气。R_2、R_4 为电桥工作臂，它与被测气体相通。R_1、R_2、R_3、R_4 的电阻必须完全相同。在电桥的 A、B 两端施以直流电压后，如参比臂和工作臂均为空气，由于热导率相同，各臂的热敏元件将加热到相同的温度。热敏元件温度相同，所以电阻也相同，电桥处于平衡状态，C、D 两端没有电信号输出。当工作臂通以被测炉气时，由于其热导率与空气不同，工作臂与参比臂的热敏元件温度出现差别，即可反映被测组分的体积浓度。以此来测定某一组分的体积分数。

常用于冲天炉进行 CO_2 分析的导热式气体分析仪有固定式 RD-002 型和便携式 RD-7A 型两种。应当指出，H_2、CH_4、H_2S、SO_2 等气体对 CO_2 分析结果影响很大，特别是 H_2 是 CH_4，当炉气中含有体积分数为 0.5% 的 H_2 时，仪器会把体积分数为 10% 的 CO_2 显示为 2.5%。这种气体分析仪目前在冲天炉上应用较少。

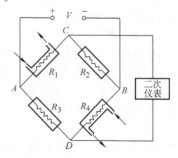

图 12-54　热导池电桥

3）红外线气体分析仪。红外线分析仪近年来发展迅速，国内已大量生产，并且用于冲天炉炉气成分的连续测量。

它的基本原理是多原子气体对红外辐射能有吸收能力，而且这种吸收作用具有对波长和频率的选择性。各种多原子气体都分别有选择吸收某一特定波长的辐射能。由于吸收特定频率能量的结果，则本身温度有所增加，温度升高多少，取决于物质分子的数量或混合物中该物质的浓度。气体成分分析就是利用这一特性来完成的。

QGS-04型红外线气体分析仪用于固定式连续测量混合气体的一种组分，如二氧化碳或一氧化碳等气体的浓度。其结构原理如图12-55所示。

常用于冲天炉炉气连续分析的红外线分析仪有HQG-71型和HW-001型等。仪器由两个几何和物理参数相同的红外光源供给其1.35A的恒定电流，使辐射器加热至700～900℃。辐射器发出所要求波长的红外线。两束红外线辐射线分别由两个抛物体反射成两束平行光束，由同步电动机带动切光片以每秒12.5周的频率调制成断续的红外辐射。

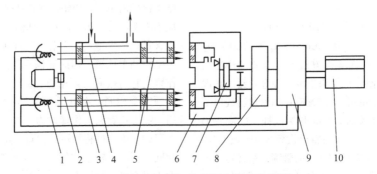

图12-55　红外线气体分析仪的结构原理
1—红外线光源　2—切光片　3—参比滤波室　4—工作气室
5—滤波室　6—检测室　7—电容微音器　8—前置放大器
9—主放大器　10—记录仪表

两束红外线中的一束通过工作气室、滤波室到达检测室，另一束则通过参比滤波室到达检测室。滤波室滤掉干扰组分。

检测室充入待分析气体，内腔装有薄膜微音器。微音器实际是个铝膜（动极）和铝板（定极）为两个极的电容器。当工作室连续通过被测气体时，吸收了一部分红外辐射，使到检测室的两束红外辐射产生了差异，在检测室的两个接收室中发生光-声效应。由于被测气体吸收红外辐射产生的声压，通过孔道导入微音器薄膜的两侧，其压差使薄膜周期振动，从而引起微音器电容量的周期变化。周期变化产生的电流信号经前置放大器和主放大器放大，再由记录仪表指示和记录出来。

QGS-04型红外线分析仪的技术规范如下：

① 基本误差：测量上限的±3%。

② 稳定性：每周飘移小于±3%。

③ 当气体流量为0.5L/min时滞后时间不超过15s。

④ 供电电源：电压220V±10%V，50Hz。

⑤ CO_2测量范围（体积分数）：0～1，0～2，0～5，0～10，0～20，0～30，0～50，0～70，0～100。

用红外线气体分析仪进行炉气分析时，应根据需要正确选择取气位置，用专门的采样泵或真空泵连续抽取气样。分析前要用炉气冲洗管路，并需另外加设除尘和去除有害气体的预处理装置。

4) 气相色谱分析仪。色谱分析是近代自动分析仪中发展极迅速的一种物理化学式分析仪器。它所以发展迅速是因为它具有下列特点：

① 能够分离分析多组分的混合物。

② 分析速度快，一般只需几分钟。

③ 灵敏度高，能分析出样品中的微量杂质。

④ 样品用量少，液体样品在1μL左右，气体样品用量在1mL左右。

⑤ 分析样品种类广泛，凡能够进入气相的物质均可分析。

⑥ 分析结果全部可以自动记录。

气相色谱分析仪的工作原理及流程：气相色谱分析仪是基于被分析样品在流动相（载气）的带动下，经过填充色谱柱中的惰性支持体表面的吸附剂、固定相进行吸附、脱附重复的分配，分离成单一组分，逐次导入热导池检测器。由于各组分的热导率不同，使检测器内测量臂散热条件发生变化，最后引起检测器中钨丝元件电阻的变化；利用电桥将此变化转换为电压信号，用自动记录仪将此电信号记录下，即可得到样品各组分的色谱峰；然后根据峰值的大小和出峰时间的长短，即可测出所含组分和各组分的含量值。

气相色谱仪的分析流程如图12-56所示。

热导池的结构和原理与导热式气体分析仪结构相同，但热敏元件是半导体，所以灵敏度要高得多。

为了获得正确的分析结果，仪器应满足下述要求：

① 载气的流量温度要恒定。

② 热导池部分的温度要求恒定。

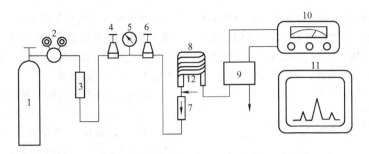

图 12-56　气相色谱仪的分析流程

1—载气瓶　2—减压阀　3—净化干燥瓶　4、6—稳压阀　5—压力表

7—流量计　8—色谱仪　9—鉴定器

10—直流放大器　11—记录仪　12—气化室

③ 半导体热敏元件的电阻值要稳定。

目前色谱仪多用于实验室，常用于冲天炉的型号有 102G 型气相色谱仪和 CX-401、CX-106 型等。

3. 冲天炉熔炼过程的控制与调节

为保证冲天炉高水平运行，并获得好的技术经济指标，应用现代科学技术对整个熔炼过程进行有效的控制。冲天炉熔炼过程控制的主要环节是送风量、送风温度、送风湿度、铁液温度和配料、加料等。

（1）送风量的控制　常用的控制方法有 3 种：按质量调节风量、按体积调节风量和按炉气成分（CO_2 或 CO）调节风量。按质量和体积调节风量时，送风温度和送风湿度应保持大体上不变，如有变化时应根据具体条件加以修正。

上述因素的变化一般都能表现在燃烧产物的变化上，即表现在炉气成分的变化上。根据炉气成分的变化，自动控制入炉风量是比较理想的。

1）按质量调节风量。按质量调节风量是根据离心式鼓风机的电动机功率变化与按质量计的供风量有一定关系而实现的，若能保持电动机功率不变，则单位时间内送入炉内的空气质量也保持不变。

一般自动控制调节机构包括 3 个部分：测量元件变送器和信号转换装置；自动调节装置，即将送来的信号与工艺上需要保持的给定值进行比较，然后发出控制信号；执行器自动地根据调节信号改变阀门的开度。

用于冲天炉风量控制的调节装置有油压喷管式调节器，如图 12-57 所示。执行器多采用可逆电动机或油压活塞带动调节阀门，也可用 DDZ-Ⅱ型电动单元组合仪表。

根据电动机功率调节风量系统示意如图 12-58 所示。

2）按体积调节风量。测量通过风管的空气体积，

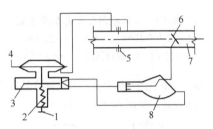

图 12-57　油压喷射管式调节器

1—调节螺钉　2—弹簧　3—喷膜管　4—薄膜

5—孔板　6—阀门　7—风管　8—油压活塞

根据风量与规定值的偏差，自动调节所要求的风量。该装置较为简单，应用的也比较多，体积控制的装置有 U 形管差压计、环形天秤、油压喷射管等。其系统示意如图 12-59 所示。

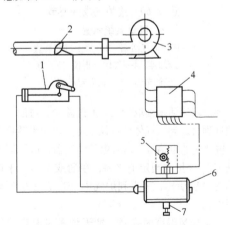

图 12-58　根据电动机功率调节风量系统示意

1—执行机构　2—调节阀　3—鼓风机

4—变压器　5—可逆电动机

6—液压调节器　7—空气质量调节器

3）按炉气成分调节风量。根据炉气成分中 CO_2 或 CO 含量自动调节风量的关键是通过合适仪器将气体组分含量转变为控制信号。红外线气体分析仪和气相色谱分析仪均满足这一条件，而且简单易行。

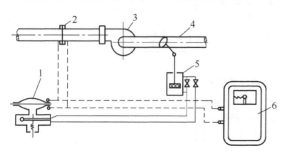

图 12-59　按体积调节风量系统示意

1—液压喷射器　2—孔板　3—鼓风机
4—调节阀　5—执行机构　6—显示仪表

自动调节是利用气体分析仪将气体含量转换成与其成比例的电流，如图 12-60 所示。

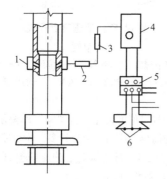

**图 12-60　按炉气成分调节
风量系统示意**

1—环行取气活塞　2—除尘过滤装置
3—冷却器　4—气体分析仪　5—电
子调节器　6—磁力起动器

环形取气活塞抽取炉气，通过除尘、过滤、冷却等预处理后，导入气体分析仪，将分析结果转换成与 CO_2 成比例的电信号，送入电子调节器，电子调节器根据 CO_2 含量与规定值之差，接通或切断接于调节阀的磁力启动器，一直到炉气中 CO_2 含量达到规定范围为止。

（2）送风湿度的控制　冲天炉送风湿度对熔炼过程的影响，以及它与铸件质量的关系，早已引起人们的注意。通过长期生产实践的观察与统计，发现送风湿度对铁液温度、熔化率、炉气组成、铁液化学成分及铸造性能等都有一定的影响，并直接或间接地反映到燃料消耗、氧化损失以及铸件质量等方面。铸件废品率受季节气候变化的影响，有周期性的变化规律。因此，正确地控制冲天炉送风的绝对湿度，将有利于稳定炉况，对铸件的优质、高产、低耗等方面都会带来良好的经济效果。

控制送风湿度的方法很多，常用的有两类：

1）脱湿法。冲天炉送风脱湿有 3 种方法。

① 冷冻脱湿法。其原理是用冷冻机使空气冷却至露点以下，此时过剩的水汽从空气中冷凝析出。空气湿度降低到 $5g/m^3$，需把空气温度降低至 4℃。冷冻脱湿法的基本流程如图 12-61 所示。

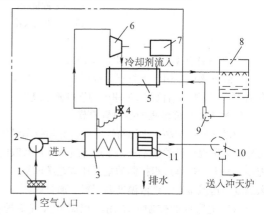

图 12-61　冷冻脱湿法的基本流程

1—滤清器　2—增压风机　3—冷却器
4—膨胀线　5—凝缩器　6—冷冻机
7—电动机　8—冷却塔　9—冷却水泵
10—鼓风机　11—气体分离器

冲天炉使用这种方法比较方便，能满足脱湿要求，容易实现自动控制。因此，在铸造生产中已得到广泛应用。

② 吸附法。把吸湿性强的粒状固体加硅胶和氟石放于容器内，空气通过容器达到除湿的目的。

当吸附剂被水饱和时，需用电热或蒸汽等方法进行再生处理。因此，必需设置两套除湿塔，以备轮流除湿和再生加热。

③ 吸收法。用喷射吸湿性高的液体，如氯化锂、氯化钙等（水溶液），让空气通过其间达到除湿的方法。吸收液吸湿被冲淡后，同样可以通过加热浓缩，用水冷却后再用。此种方法反应稳定，可以连续工作，其吸收效果与吸收液的温度和浓度有关，因此必须保持正确的温度和浓度。吸收法中的吸收液易被空气中的灰尘污染，所以使用前需对空气进行净化处理。另外，为避免将吸收液带入炉中，还必须进行送风的后处理。

2）额定湿度法。采用现代方法将送风中的水分完全去掉，常常不能获得最好的经济效果。合理的方法是将送风湿度始终保持在较低的额定值上，既能保证炉内的正常燃烧与冶金反应的顺利进行，又有利于风量的自动控制，并可获得良好的经济效果。这种方法称为额定湿度送风系统。

这一系统能在各种情况下用干燥送风或润湿送风，以自动调节送风湿度。调节送风湿度的装置如图 12-62 所示。

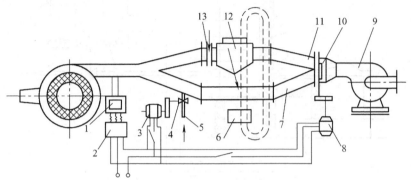

图 12-62　调节送风湿度的装置

1—湿度检测仪　2—发送器　3、8—伺服电动机　4—阀门　5—蒸汽管　6—再生器
7、11—风管　9—鼓风机　10—差动闸板　12—干燥器　13—闸板

采用干燥送风时，空气由风机口进入，流过差动闸板 10（由伺服电机控制）、风管 7 和 11 分成两路，无论闸板在任何位置，两路风管截面面积的总和是一定的，一路风管打开多少，另一路风管就被关闭多少。沿风管 11 流过的那部分空气通过干燥器 12、闸板 13 在冲天炉开炉前打开，不经干燥的空气沿风管 7 与通过干燥器的空气相混合。混合气体的平均湿度取决于差动闸板 10 的位置。

为使鼓风机送入的空气湿润，可从蒸汽管 5 引入过热蒸汽。蒸汽由专用发生器供给。蒸汽的加入量由阀门 4 控制，蒸汽通过阀门 4 进入风管 7 中，与送入的空气混合，并使其湿润程度达到规定的数值。每秒进入空气中的蒸汽量取决于阀门 4 的开口孔的截面面积。风管的脉冲电流通过发送器 2 和湿度检测仪 1、驱动伺服电动机 3 更进一步调节阀的位置，6 为再生器。

冲天炉运行时，可根据实际气候条件分别按固定湿度送风法或干燥送风法控制送风湿度。在调节送风湿度时，多采用毛发湿度计或干湿球湿度计作为发送器。

（3）铁液温度的自动控制　铁液温度自动控制的目的是使冲天炉出铁温度保持在规定的范围内，以满足工艺上的要求，这对流水线生产以及球墨铸铁的连续生产有较大的实用价值。

在冲天炉熔炼过程中，提高铁液温度可采用补加燃料、辅加燃料、提高热风温度和加氧等措施。前几种措施虽能达到提高铁液温度的目的，但受冲天炉炉料滞后或措施复杂等原因，很难尽快取得效果。比较理想的方法是提高热风温度，或者在风口、炉缸吹氧。

用富氧送风控制铁液温度的系统如图 12-63 所示。它是用热电偶在过桥处连续测温，当铁液温度低于要求时，带调节器的显示仪表 8 的电触点闭合，电磁铁线圈 7 有电流通过，电磁铁吸动阀柄 6 将阀门 4 打开，使氧气通过氧气管道 3 到集氧管 1，送入炉中。当铁液达到规定温度时，调节器的电触点断开，线圈无电通过，阀柄靠弹簧力拉回，停止送氧。如此重复进行，达到控制铁液温度的目的。

冲天炉如与感应电炉双联熔炼，铁液温度比较容易控制。用光电比色高温计连续检测出铁槽中的铁液温度，并在带控制接点的显示仪表上显示出来，同时通过功率控制电路控制感应电炉的功率，从而控制了铁液出炉的温度，如图 12-64 所示。

（4）冲天炉的自动配料、加料、计数的集中控制

冲天炉配料自动控制有以下几种形式：

1）冲天炉加料计数、显示。加料由炉气压差式料位自动检测器发出测量信号，由自动计数显示器进行批料计数显示。

2）冲天炉自动配料、加料和计数显示。由炉气压差式料位检测器发出指令后自动加料计数，此时电磁配铁秤自动配料和加料，焦炭、石灰石用料斗式自动称量器自动配料和加料，最后使上面两个动作联动起来，成为一个完整的系统。熔化工部的设备可采用集中控制。

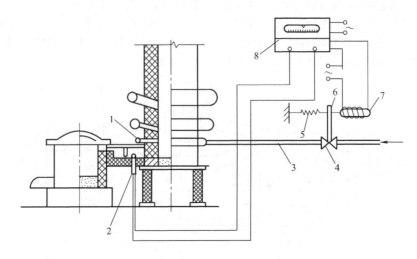

图 12-63　用富养送风控制铁液温度的系统

1—集氧管　2—热电偶　3—氧气管道　4—阀门　5—弹簧　6—阀柄
7—电磁铁线圈　8—带调节器的显示仪表

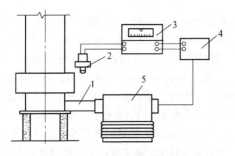

图 12-64　自动控制前炉铁液温度

1—出铁槽　2—比色高温计　3—带控制
接点的显示仪表　4—功率控制电路
5—感应电炉

3) 冲天炉加料、配料的程序控制。自动电磁配铁秤进行配料后，将信号送入 ZLCK-1 型程序控制器，对加料过程进行程序控制。整个配料、加料过程采用场致发光动态模拟显示，熔化工部所有设备、工艺参数的指示和记录采用集中控制。

ZLCK-1 型程序控制器控制系统的作用如下：

1) 对冲天炉配料（不包括铁料）和加料实行程序控制。

2) 对各牌号铸铁的批料进行计数和显示。

3) 对本班次生产的各种牌号铸铁及批数可预先设定并显示。

4) 用场致发光显示屏对整个工艺流程进行动态模拟显示。

5) 能自动发出"棚"料报警信号。

6) 当某种牌号铸铁达到预定批数时，可发出报

警及设备自动联锁信号。

7) 在前炉及炉后都设有大型场致发光显示器，显示正在熔炼铸铁的牌号、预定批数、加料批数以及累计的批数。

ZLCK-1 型程序控制系统逻辑图如图 12-65 所示。根据输入信号，由半导体组成的"门"电路和触发器产生不同的程序控制信号，以驱动中间继电器使交流接触器动作，完成应执行的任务。

4. 冲天炉炉前检测

在铁液出炉后浇注前进行炉前检测，是保证铸件质量、减少废品的关键环节。冲天炉炉前检测主要检测化学成分、组织性能和气体含量，见表 12-91。

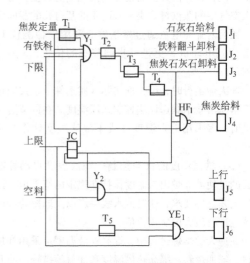

图 12-65　程序控制系统逻辑图

表 12-91　冲天炉炉前检测方法

检测方法	检测内容	说　明
三角试样检测	成分组织、性能的判断	根据三角试样宏观断口的颜色、晶粒大小，白口宽度来判断铸铁牌号、成分和相应的性能。三角试样的白口宽度与铁液成分的关系见表 12-92
级比法测定	灰铸铁的抗拉强度等	炉前浇注试样，取得信息、分析处理，可直接得出铸铁件的某些力学性能
圆柱试样检测	铁液中碳、硅含量与牌号	根据在铁型中浇注圆柱试样上端的膨胀与收缩情况、断口颜色及白口层深度来判断铁液的碳、硅含量与牌号，见表 12-93
热分析和微分热分析法	碳硅含量、碳当量、共晶度、铸铁组织和石墨析出形态、孕育效果、抗拉强度和硬度	根据合金冷却行为与其成分、结晶热力学和动力学因素有关的原理，测定合金冷却过程中的微分热分析曲线，通过其特征值可测得灰铸铁的成分、力学性能及合金的组织形态等。它是检验铁液质量较为简便、有效的方法之一
炉前快速金相法	金相组织	根据铸件壁厚，用处理后的铁液浇注 $\phi10 \sim \phi30mm$ 试样，冷却后制成金相试片，在显微镜下观察金相组织
非真空光电直读光谱仪	可检测除 C、P、S 外其他多种元素	用电能或热能将分析样品蒸发形成原子蒸气，同时使原子受激而发射出一定波长的原子光线，再用光谱仪器将这些原子光线按波长顺序展开形成光谱，根据测量到的光谱线强度进行物质化学元素的定性和定量分析
真空光电直读光谱仪	能作 C、P、S 和其他多种元素	
浓差电池法	可检测铁液中溶解氧量、石墨形态	利用 ZrO + CaO 固体电解质作浓差电池，检测铁液中的溶解氧量，而铁液中溶解氧与铸铁石墨形态有关，因此检测铁液中的氧活度可预报石墨形态
气相色谱法	可检测铸铁中的 O_2、N_2、H_2 含量	把从铸铁中制好的气样中的氧和氧化物用碳还原成 CO，同时也使溶氢、溶氮和氧化物、氮化物发生分解后测定 N_2、O_2、H_2

表 12-92　白口宽度与铁液成分的关系

序号	白口宽度 /mm	化学成分（质量分数，%）							共晶度 S_C
		C	Si	Mn	P	S	碳硅总量	碳当量	
1	无	3.61	2.26	0.99	0.124	0.126	5.87	4.40	1.01
2	无	3.73	1.56	1.06	0.075	0.087	5.23	4.25	0.99
3	≈1	3.64	1.70	0.99	0.071	0.114	5.34	4.20	0.97
4	≈2	3.50	1.56	1.42	—	0.098	5.06	4.02	0.93
5	≈2	3.25	2.10	0.81	—	0.109	5.35	3.95	0.90
6	≈3	3.45	1.54	1.00	0.093	1.109	4.99	3.96	0.91
7	≈4	3.37	1.67	1.26	—	0.117	5.04	3.92	0.89
8	4～5	3.33	1.46	0.95	0.095	0.117	4.79	3.82	0.88
9	≈5	3.09	1.63	0.97	0.106	0.195	4.72	3.63	0.83
10	≈6	2.98	1.83	0.97	0.103	0.057	4.81	3.59	0.81
11	≈7	2.92	1.46	0.93	0.101	0.067	4.83	3.41	0.77
12	≈8	2.78	1.73	0.95	0.099	0.057	4.59	3.35	0.75
13	9～10	2.85	1.02	0.88	0.085	0.069	3.87	3.19	0.73

表 12-93　圆柱试样形状与碳、硅含量的关系

编号		1	2	3	4	5	6	7
头部形状								
大约成分（质量分数，%）	C	3.3	3.3	3.2	3.2	3.1	3.1	3.0
	Si	2.5	2.4	2.4	2.2	2.2	2.0	2.0

热分析法具有分析快速、简便和较准确的特点，在25～30s内测出碳当量，3min内测出碳、硅含量，测试精度（均为质量分数）为CEL（液相线碳当量）±0.05%、C±0.05%、Si±0.1%。目前在市场上销售的国产热分析仪的简况见表12-94。当使用热分析仪时，为保证测试精度，应注意：

表12-94　国产热分析仪的简况

序号	型　号	功能和精度	仪器特点
1	CEF型微机铸铁成分热分析仪	自动打印记录，2.5～3min完成测报。$w(CE) \leq \pm 0.06\%$，准确率>98%；$w(C) \leq \pm 0.05\%$，准确率>97%；$w(Si) \leq \pm 0.1\%$，准确率>95%。数显	P量调节和数学模型系数可用计算机键盘设定、修改和检查；有亚共晶、共晶、过共晶样杯配套供应
2	ZTZY-Ⅱ型分析仪	能数显出铁液温度、过冷度，分辨率为1℃，测报$w(CE) < \pm 0.05\%$，$w(C) < \pm 0.05\%$，$w(Si) < \pm 0.1\%$，共晶度$< \pm 0.03$，并打印记录	用于可锻铸铁、球墨铸铁、低合金铸铁，配有可锻铸铁、灰铸铁、蠕墨铸铁、球墨铸铁、低合金铸铁样杯
3	ZTFX-Ⅰ型微机炉前分析仪	数显、打印、记录。$w(C) \pm 0.05$，$w(Si) \pm 0.2$，$w(CE) \pm 0.08$	该仪器引进日本技术，操作简便、性能稳定
4	CTF-Ⅰ型计算机热分析仪	$w(C) < \pm 0.05\%$，$w(Si) < \pm 0.1\%$	用于可锻铁、灰铸铁、合金铸铁，可为用户编制不同软件程序
5	ZHQ-401、ZHQ-403型铸铁碳硅量、球化率炉前快速测定仪	$w(CE)$、$w(C) \leq \pm 0.05\%$，$w(Si) \pm 0.1\%$	自动打印，自动显示
6	热分析仪	—	微机控制，带微分记录曲线、打印记录
7	WRZ-1型微机热分析综合参数测试装置	配有屏幕显示热分析及微分曲线，打印记录R_m、HBW、C、Si。R_m、HBW值与常规测试相对偏差$< \pm 7\%$、$w(C) < \pm 0.05\%$，$w(Si) < \pm 0.1\%$	此外，还打印记录TM、TL、CE及过冷度、最大冷速和微分时间参数

1）经常用化学分析修正数学模型，因数学模型中的常数要随化学成分、炉料配比及熔炼工艺等的变化而进行修正，否则达不到精度指标。

2）使用超精密级的镍铬-镍硅电偶丝，在1100℃标准电势为45.1mV±0.05mV；用氩弧焊机焊接，要求在1000℃时精度为±1℃。

3）使用相配套的样杯，保证样杯的尺寸、材料和热电偶丝安放位置不变。

国内外铸铁热分析仪均正向多功能化发展，除能测报成分（C、Si、CE）外，还能测报孕育、球化、蠕化效果和抗拉强度、硬度等力学性能，且都能数显和打印记录。

12.2.7　改善冲天炉熔炼效果的主要措施

1. 预热送风

（1）热风的作用

1）由于风温的提高，使得空气中自由氧的活性增加，因而能强化底焦的燃烧。

2）由于氧与焦炭反应速度的加快，燃烧区缩短，燃烧更加集中，使铁液温度和熔化率提高。

3）热风使冲天炉内导入了补充热量，使炉气温度提高，有利于铁液过热度的提高。

4）采用热风，虽然焦耗可减少，但铁液的增碳量仍有可能上升。

5）热风减少了元素的烧损，并有利于脱硫，铁液中硫含量降低。

6）炉料范围广，可使用较多金属切屑，废钢用量可大幅度提高（国外铸造厂基本上都仅用废钢和回炉料组成炉料）。

7）在相同碳当量的条件下，热风冲天炉生产的铸件的力学性能较冷风冲天炉高，可加工性能好。

（2）预热送风的效果及技术经济指标分析　现代热风冲天炉采用的热风装置基本都是换热器。因为换热器的结构比较紧凑，可获得较为稳定和较高的风温。如果热风温度能达到500～700℃，其效果更佳，而且铁液质量较好。表12-95列出了内径为650mm的冲天炉使用冷风和热风的热平衡比较。

从表12-95可以看出，废气带走的物理热和化学热以及辐射热损失，随风温增高，其损失减小。冲天炉的热效率，随着风温的提高而显著提高，当风温达600℃时，其热效率几乎是冷风的1倍。虽然空气预热器还需外加燃料，如在600℃风温时，每吨铁液需增加25kg的煤，但却使每吨铁液焦炭耗量由冷风的162.5kg下降到600℃风温时的79kg，全部燃料节约36.1%。

各种热风装置比较见表12-96。

表 12-95　内径为 650mm 的冲天炉使用冷风和热风的热平衡比较（熔炼可锻铸铁）

项　目	冷 风	热 风		项　目	冷 风	热 风	
		300℃	600℃			300℃	600℃
焦炭发热量（%）	97.00	88.70	79.30	辐射热损失（%）	8.20	5.06	4.40
铁烧损发热（%）	3.00	3.90	4.90	总计	100.00	100.0	100.00
热风带入热（%）	—	7.40	15.80	冲天炉的热效率（%）	31.80	51.80	60.0
共计（%）	100.00	100.00	100.00	空气预热器的热效率（%）	—	60.00	64.20
铁液含热（%）	31.8	51.8	60.00	整个车间的热效率（%）	31.8	48.70	53.80
渣含热（%）	3.34	6.4	5.65	最后废气温度/℃	350	200	200
石灰石分解吸热（%）	1.60	2.07	—	冲天炉每吨铁液焦炭耗量/kg	162.5	105.8	79
焦炭水分蒸发（%）	0.02	0.05	0.04	焦炭节省（%）	—	35	51.5
鼓风中水气分解（%）	0.90	2.02	3.06	每吨铁液空气预热器耗煤量/kg		26.8	25
废气带走的物理热（%）	9.20	5.30	4.95				
废气带走的化学热（%）	43.00	26.50	20.00	全部燃烧节省（%）	—	18.4	36.1
冷却水吸热（%）	0.94	0.80	1.90				

表 12-96　各种热风装置比较

热源	换热器类型	安装位置	热风温度/℃	换热器材料	优缺点
炉气物理热	密筋炉胆	炉内	150~250	碳素钢板及锅炉钢板	操作方便，设备投资少，但热风温度不高，寿命不长，逐步淡出
炉气物理热和化学热	针状、管状换热器	炉内（烟囱）或炉外	当炉气温度为 570~800℃时，可达 300~400	铸铁或耐热铸铁	设备投资不大，但维修及清灰较麻烦，处于发展中，正逐步完善
炉气并外加燃料	管状换热器、陶瓷粒子换热器、辐射换热器	炉外	300~400	铸铁、耐热钢	风温较稳定，寿命较长，投资大，维修操作复杂
炉气并外加燃烧	辐射-对流综合换热器	炉外	400~600	耐热钢	设备技术复杂，风温较高，寿命较长，投资大，维修操作复杂，但稳定可靠，正处于发展和普及中

2. 富氧送风

（1）冲天炉富氧送风的意义　为了提高冲天炉的效率和出铁温度，在冲天炉上采取富氧送风，可以取得良好的效果。富氧送风可强化燃烧，使燃烧区集中从而提高炉气温度。由于增加了送风中氧的浓度，相对地减少了空气中氮的浓度和焦炭燃烧产物中氮的浓度，这样使每一单位燃料燃烧时氮的体积就大为降低，也就是提高了燃烧区中炉气的温度。如果把氧的体积浓度由一般送风条件下的 21% 提高到 25%，理论上使碳完全燃烧成二氧化碳的情况下，焦炭燃烧产物的温度就会由 2400℃提高到 2800℃，从而使炉气最高温度由 1750℃提高到 2050℃。因此，富氧送风的实际效果如下：

1）节能、减少焦炭消耗量，或者在相同的焦耗下提高铁液温度。

2）提高冲天炉的熔化率。

3）能迅速提高铁液温度，开风后即可得到高温铁液；便于中途停风恢复送风后，快速恢复并提高炉温。

4）硅、锰烧损低、增硫少，铁液含气量少，非金属夹杂物降低。

（2）富氧送风的方法　在冲天炉中用氧气使底焦燃烧强化的方法，按加氧的部位可分风管中加氧、风口喷氧。另外，还可在炉缸、前炉和出铁槽中加氧。按加氧工艺可分连续加氧、间断加氧。

通过在冲天炉风管中加氧（见图 12-66），加了氧的风经风管、风口进入炉内，由于炉壁效应，使炉衬加剧燃蚀，而且使燃料燃烧的不均匀性也加大了。若改为从冲天炉风口喷氧（见图 12-67），氧气可深入到炉子中心，加大了铁液的过热区，提高了冲天炉的各项技术指标。表 12-97 列出了送氧方式及效果。

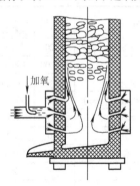

图 12-66　在冲天炉风管中加氧时

炉内气体流动

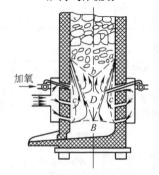

图 12-67　从冲天炉风口喷氧时炉

内气体流动

c—饱和氧气区　　D—中心区

aBa—普通熔化时氧化带的边界

aba—加氧时氧化带的边界

（3）加氧量　根据国内外试验结果，各种条件下的加氧量见表 12-98 和表 12-99。

表 12-97　送氧方式及效果

送氧方式	送氧部位	提高铁液温度/℃
富氧送风	一排风口	15
风口喷氧	一排风口	40
炉缸喷氧	在风口下 230mm 处	50
炉缸喷氧	在风口下 610mm 处	85
炉缸喷氧	在风口下 915mm 处	85
双排大间距	不喷氧	较单排风口提高 50

（续）

送氧方式	送氧部位	提高铁液温度/℃
双排大间距	在下排风口处喷氧	能提高 35（包括本身能提高的温度合计约 85℃）

表 12-98　不同内径冲天炉的加氧量

冲天炉内径/mm	送风量 /(m³/min)	氧气用量/(m³/min)		
		2%	3%	4%
500	20	0.4	0.6	0.8
600	30	0.6	0.9	1.2
700	40	0.8	1.2	1.6
800	50	1.0	1.5	2.0
1000	80	1.6	2.4	3.2
送风中的氧气体积浓度（%）	21.0	22.7	23.3	24.0

表 12-99　各种条件下所需的加氧量

条　件	氧气压力/MPa	每吨铁液加氧量/m³
当炉况运行不正常时用以调整炉况	0.5	10 ~ 12
需提高铁液温度 20 ~ 25℃ 或需提高生产率 20% ~ 30%	1.0	18 ~ 20
需提高铁液温度 30 ~ 40℃ 或需提高生产率 40%	1.0	28 ~ 30

（4）喷氧速度　风口喷吹时的氧气速度有两种方式：亚声速和超声速。采用装有拉瓦尔喷管的风口喷嘴，喷氧速度可达 $2 \sim 3Ma$。速度越快，透过底焦的氧分子越多，氧气流在较长的路程中将保持稳定，不致被周围的送风空气所稀释，从而在局部形成被纯氧燃烧所形成的高氧浓度燃烧区，达到较高的燃烧温度。喷嘴是用不锈钢或蒙乃尔合金制成，直接插入每个单独的风口，每个喷嘴都配备截止阀和流量控制阀，可根据需要单独调节。喷嘴内径通常为 2 ~ 3mm，超声速喷嘴操作压力一般为 690 ~ 790kPa。对于小型冲天炉，超声速喷氧没有必要。风口喷氧和风管富氧比较，可减少漏氧损失，降低用氧成本。

（5）加氧送风系统　加氧送风系统由液氧贮罐、蒸发器、流量控制器和调节器等部分组成，如图 12-68 所示。

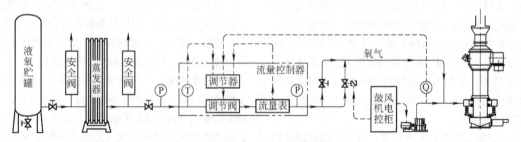

图 12-68　加氧送风系统的组成

氧气开关电磁阀能控制冲天炉开风后延时开启氧气，在冲天炉停风前，提前关闭氧气，实现自动控制。

冲天炉用氧是一项成熟并在我国逐步普及的技术，我国已有空气化工产品有限公司成套供应冲天炉风口燃烧器系统等产品。

3. 除湿送风

一般工厂都是直接将大气送入冲天炉，此时大量的水蒸气同时被带入冲天炉内，对冲天炉的热工过程和冶金过程产生如下影响：

1）水蒸气与赤热焦炭发生反应，生成水煤气

$$H_2O + C \rightarrow CO + H_2$$

水蒸气在高温下分解

$$H_2O \rightarrow H_2 + \frac{1}{2}O_2$$

上述两式均为吸热反应，会降低炉温，导致铁液温度和熔化率下降。

2）水蒸气在冲天炉内对许多元素都有氧化作用，产生如下反应：

$$H_2O + \begin{vmatrix} Si \\ Mn \\ C \\ Fe \end{vmatrix} \rightarrow \begin{vmatrix} SiO_2 \\ MnO \\ CO \\ FeO \end{vmatrix} + [H]$$

反应的结果不仅增加元素的氧化烧损，而且增加铁液的氢含量，恶化铁液质量，使石墨化困难、白口倾向增大，容易产生缩孔、气孔和裂纹等缺陷。

我国的试验研究和生产实践表明，除湿送风是提高铸件质量和减少焦耗的有效措施。送风湿度控制在 $5 \sim 7 g/m^3$ 范围内，熔炼效果最好（因能提高辐射传热效果）。冲天炉除湿送风的效果对比如图 12-69 所示。一般来说，冷风除湿送风可使铁液平均温度提高 20℃；Si、Mn 烧损减少 5% ~ 10%（质量分数）；渣中 $w(FeO)$ 含量减少 20% ~ 25%；铁液中气含量（主要是氢量）降低，白口倾向减小，铸件力学性能改善。

冲天炉除湿送风的方法很多，常用的是吸附除湿、吸收除湿和冷冻除湿等。各种除湿方法的特点见表 12-100。冲天炉采用冷冻除湿送风系统的示例如图 12-70 所示。

表 12-100 各种除湿方法的特点

除湿方法	特　　点
吸附除湿	空气通过吸湿性高的粒状固体（硅胶、氟石、分子筛等）而被脱湿。当吸湿剂被水饱和时，需进行再生处理，因而必须有两套设备轮换使用，再处理需较多的时间和费用
吸收除湿	空气通过吸湿性高的液体（硫酸、氯化锂等）或液体浸泡过的滤纸而被脱湿。当吸湿剂的吸湿能力降低后，要通过加热等方法恢复吸湿能力。吸湿能力与吸湿剂的温度、浓度有关，为此必须保持吸湿剂有适当的温度和浓度。另外，为了消除灰尘的影响和吸收液不被空气带走，除湿前后均需对空气进行处理
冷冻除湿	将空气冷却到露点以下，使空气中的水蒸气凝结成水后分离排除，此方法用冷冻机等装置，除湿效率高、费用低、容易实现程序化生产

4. 铸造焦熔炼

焦炭是冲天炉熔炼的主要热源，由于冲天炉熔炼和高炉熔炼是性质不同的冶金过程，因而对焦炭的要求也不同。铸造用焦炭必须要具备发热值高、反应能力低、气孔率小、假密度大、强度高、块度大、灰分小、硫分低的特性。因此，再好的冶金焦也不如铸造焦，铸造焦和冶金焦属于两种类型的焦炭。严格地说，使用铸造焦，不应看成是改善冲天炉熔炼效果的措施，而应视为正常操作工艺之必需，冲天炉熔炼就应该用铸造焦。

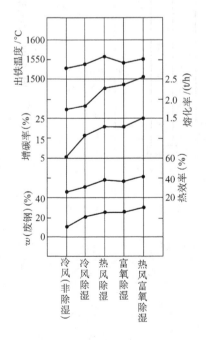

图 12-69 冲天炉除湿送风的效果对比

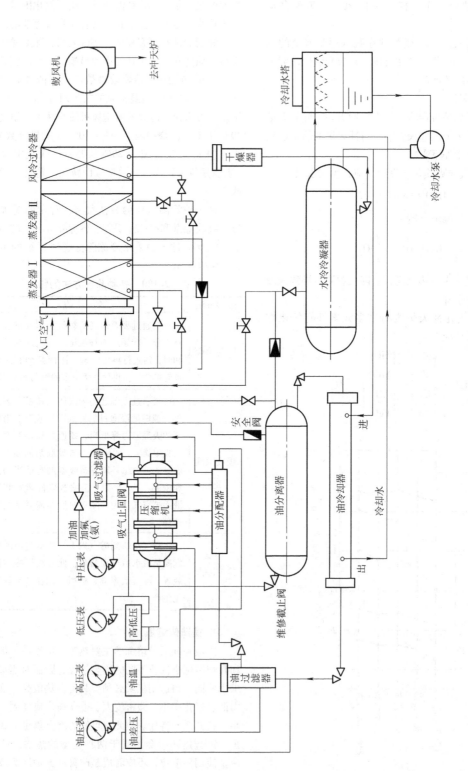

图 12-70　冲天炉采用冷冻除湿送风系统的示例

冲天炉熔炼采用铸造焦是实现铁液高温出炉、提高铁液渗碳率、减少炉内合金元素烧损、提高铁焦比，最终实现降低成本、改善铸件内部质量的必要条件。以国内某铸造专业厂为例，该厂大批量流水生产灰铸铁，曾先后使用过冶金焦和铸造焦，两种焦炭的性能指标和炉料配比见表 12-101 和表 12-102。

表 12-101　焦炭性能指标

类别	固定碳（质量分数,%）	灰分（质量分数,%）	硫分（质量分数,%）	块度/mm
冶金焦	≥80	15~18	0.6~0.8	60~150
铸造焦	≥88	<10	<0.5	100~250

表 12-102　炉料配比（质量分数,%）

类别	层焦量	生铁	废钢	回炉料
冶金焦	14.6~16	46~54	16~24	30
铸造焦	10.7~13	40~48	22~30	30

使用铸造焦后，冲天炉铁液出炉温度普遍提高 50℃以上，硅和锰的烧损减少 5%以上。从表 12-102 中可以看出，采用铸造焦可降低焦耗、减少生铁用量、增加废钢用量，这对于降低成本、提高铸铁质量十分有利。

国内某大型铸造厂利用 20t/h 热风除尘水冷无炉衬冲天炉（热风温度为 350~550℃），采用铸造焦（性能见表 12-103）熔炼灰铸铁、球墨铸铁和蠕墨铸铁等不同品种铸铁时的情况见表 12-104 和表 12-105。

表 12-103　铸造焦性能

块度	硫分	挥发分	灰分	水分	碎焦率（<40mm）
70~200mm	≤0.6%	≤1.5%	≤12%	≤5%	≤4%

注：表内%均为质量分数。

表 12-104　灰铸铁炉料配比（质量分数,%）

铸造焦层焦量	生铁	废钢	回炉料
13~15	10	45~60	30~50

表 12-105　球墨铸铁和蠕墨铸铁炉料配比（质量分数,%）

铸造焦层焦量	生铁	废钢	回炉料
13~16	25~40	25~30	25~40

采用铸造焦，冲天炉铁液的出炉温度大于 1490℃，硫的质量分数小于 0.12%，硅烧损的质量分数为 15%~25%，锰烧损的质量分数为 20%~30%。高温铁液和硫含量的稳定为后续的炉外脱硫创造了有利条件。

从以上实例证明，应用铸造焦是提高铸件质量、出精品铸件的正确道路和有力保证。

5. 脱硫

为了获得低硫铁液，除了尽可能采用硫含量少的焦炭、生铁和优质熔剂外，必要时还应采取脱硫措施。

根据脱硫反应的位置来分，脱硫可分为炉内脱硫和炉外脱硫。

（1）炉内脱硫

1）碱性冲天炉。碱性冲天炉内可造高碱度渣，因此可以有效地脱硫。当炉渣的碱度为 1.5~2.0 时，铁液中硫的质量分数一般可降至 0.03%以下。采用水冷无炉衬热风冲天炉，由于炉渣性质不受炉衬材料限制，而是取决于熔剂，所以很容易造高碱度渣，有利于脱硫。

用预制的石灰石砖和石灰石砖粉修砌的石灰石炉衬热风冲天炉也具有很好的脱硫效果。石灰石砖是以优质石灰石为原料，经破碎、碾磨成粉，用盐水调和，打结成形后低温烧结而成。由于炉衬是碱性材料，可以造高碱度渣，为脱硫创造了有利条件，所以熔炼过程的脱硫质量分数（包括焦炭的硫分）达 70%。

2）加脱硫剂。在酸性冲天炉中加入脱硫剂也是常用的脱硫方法，但这种方法会加速对炉衬的侵蚀。脱硫剂主要有石灰、氟石、电石和白云石等。

石灰是最便宜的脱硫剂。以石灰作熔剂脱硫效果比石灰石好，因为：①石灰的 CaO 含量高，加入量比石灰石少，也能收到更好的脱硫效果；②由于熔剂加入量减少，可以减少热损失，因而炉温可以提高，炉渣碱度也可提高，有利于脱硫。

用作炉内脱硫剂的石灰，除 CaO 含量高（质量分数大于 85%）以外，还要求有一定块度（>100mm）。如果加入石灰细粒及粉，容易被吹失，会降低脱硫效果。

电石脱硫的效果最为显著，加入电石的质量分数为 2%时可脱硫 30%。由风口吹入电石，能使硫的质量分数由 0.03%降低到 0.006%。这除电石本身有脱硫作用外，还由于电石在炉内起着第二种燃料的作用，提高了炉温和铁液温度，又进一步促进脱硫反应的进行。

氟石、白云石等与石灰（石灰石）或电石配合使用，也可取得较好的脱硫效果。

（2）炉外脱硫　炉外脱硫是向浇包或专用铁液装置中加入脱硫剂，使之与铁液中的硫发生化学反应，形成稳定而不溶于铁液的硫化物，从而达到脱硫的目的。脱硫剂种类很多，脱硫效果也不尽相同（见表 12-106）。

表 12-106　炉外脱硫用脱硫剂

脱硫剂	脱硫反应	脱硫效果及特点
苏打	$$Na_2CO_3 \xrightarrow{1300℃} Na_2O + CO_2 \uparrow$$ $$Na_2O + FeS = Na_2S + FeO$$	工艺简单，易于掌握加入量，一般加入的质量分数为铁液的 0.3% ~ 0.5%，可脱硫 30% ~ 50%；脱硫产物（Na_2S）侵蚀包衬（SiO_2），并产生回硫反应，反应产物 Na_2SiO_3 不易除净，易使铸件产生夹渣缺陷，所以应及时扒渣。处理过程中易产生粉末飞扬和有刺激性气体，需注意防护。目前使用者逐渐减少
电石	$$CaC_2 + FeS = CaS + Fe + 2C$$	加入的质量分数为铁液的 0.3% ~ 1.5%，脱硫效果显著；处理过程中要强烈搅拌，因此必须保证铁液温度足够高，电石粒度较小（65 ~ 200 号筛）。由于脱硫反应是放热反应，对铁液的降温作用小，所以少量铁液也可处理；工艺复杂，需要相应设备及专用脱硫电石，价格较贵；粉碎后电石更易吸潮，并产生可燃气体，需注意保存和防护，脱硫处理后的炉渣易污染环境
石灰	$$CaO + FeS = CaS + FeO$$	价格最便宜，但脱硫效果较差。欲获得较好的脱硫效果，其加入量应为电石的两倍以上，因而降温作用大，要求铁液有较高的出炉温度；工艺简单、炉渣易清理
复合脱硫剂	—	几种脱硫剂复合使用。例如，石灰 95%、氟石 5%；苏打 10% ~ 80%，石灰 90% ~ 20% 等（均为质量分数），脱硫效果较好。现市场上有复合脱硫剂商品出售

　　脱硫效果的好坏不仅与脱硫剂的种类、加入量有关，而且在很大程度上取决于脱硫剂与铁液接触作用的好坏。为了加强脱硫剂与铁液的混合、接触，以提高脱硫效果，出现了各种脱硫方法和脱硫装置。

　　1）冲入法。将脱硫剂放入包内，冲入铁液；或者出铁时将脱硫剂撒在铁液流中，冲入包内。这种方法简单易行，但脱硫效果较差。在出铁槽端部接上一个旋流器，使铁液产生涡流，与脱硫剂较好地混合，可获得很好的脱硫效果。冲入法脱硫现已逐渐淡出，较少采用。

　　2）机械搅拌法。用机械装置搅拌铁液，使脱硫剂与铁液充分混合。搅拌器的种类有多种。图 12-71 所示为丁字形搅拌器。若用空心式搅拌器时，由于离心力的作用，铁液沿竖管上升，沿横管排出，其作用如同离心泵，所以这种搅拌器又称为泵式搅拌器。此外，还有十字形器及由偏心轮带动进行上下冲击移动的搅拌器。

　　机械搅拌法铁液降温较大，所以只适于大量铁液的脱硫处理，应用较少。

　　3）吹气搅拌法。吹气搅拌法是向铁液中吹氮气，使脱硫剂与铁液充分混合、接触，使脱硫剂随氮气吹入铁液中，以提高脱硫效果的一种方法。

　　图 12-72 所示装置是以氮气为载体，将电石粉吹入铁液，利用氮气流的作用搅拌铁液，来获得较高的脱硫效果。这种方法又称为喷射脱硫法，铁液中硫的质量分数可降至 0.02% 以下，但设备复杂，铁液降温较严重，所以很难用于 0.5t 以下铁液的脱硫处理。图 12-73 所示的吹气脱硫装置较为简单。脱硫剂加在铁液面上或出铁前加在包底，靠气体搅拌作用使脱硫反应迅速进行。此方法可以处理少量（300kg）铁液。

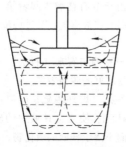

图 12-71　丁字形搅拌器

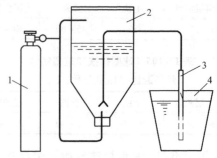

图 12-72　喷射脱硫法

1—氮气瓶　2—电石容器
3—石墨通气管　4—铁液包

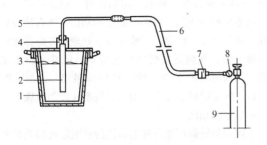

图 12-73　吹气脱硫装置

1—处理用铁液包　2—石墨通气管

3—电石　4—管接头　5—管道

6—皮管　7—流量计　8—压力表

9—氮气瓶

　　另一种吹气搅拌法如图 12-74 所示。氮气通过用耐火材料制成的多孔塞吹入铁液，形成气流，促进加入的脱硫剂与铁液的接触、混合，加速脱硫反应。这种方法的脱硫率可高达 90%。此方法又称为多孔塞吹气脱硫法。此法应用较多，是一种较为普及的脱硫法。

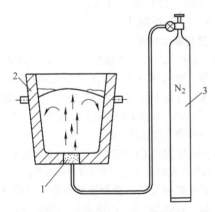

图 12-74　多孔塞吹气脱硫法

1—多孔塞　2—浇包　3—氮气瓶

　　4）摇包法和回转包法。图 12-75 所示为摇包法，通过偏心轮使铁液包摇晃。如果偏心轮转动方向不变，铁液包的摇晃方向也不变，称为单向摇包；如果偏心轮转动方向及铁液包的摇晃方向每隔一定时间变化一次，即正向摇晃、反向摇晃交替进行，称为双向摇包。

　　图 12-76 所示为回转包法。可回转的鼓形铁液包在一套机构的驱动下做回转运动。

　　摇包和回转包法借助铁液包的晃动或转动，使脱硫剂与铁液更好地接触、混合，从而获得较好的脱硫效果。这一方法的缺点是操作时间长，铁液降温严重，故只用于大量铁液的脱硫处理。此法国外应用较多。

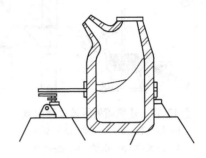

图 12-75　摇包法

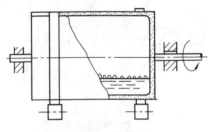

图 12-76　回转包法

　　5）连续脱硫法。图 12-77 所示为一种连续冲入脱硫处理装置，图 12-78 所示为连续喷射脱硫处理装置。

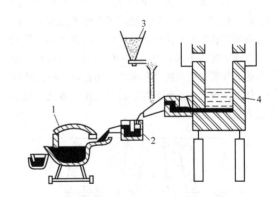

图 12-77　连续冲入脱硫处理装置

1—茶壶式座包　2—前炉　3—苏打　4—冲天炉

　　目前，国内铸造厂已将多孔塞连续脱硫法成功地用于大量流水生产，取得了良好的效果。这种方法的脱硫处理装置与图 12-77 所示的连续冲入脱硫装置联用，即多孔塞连续脱硫茶壶式座包（见图 12-79）。若此时使铁液从切线方式流入包内，则又可增加旋转运动的搅拌，取得更理想的效果。

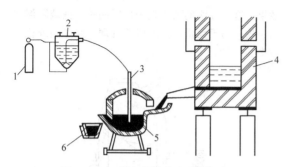

图 12-78　连续喷射脱硫处理装置

1—氮气瓶　2—脱硫剂　3—喷管
4—冲天炉　5—前炉　6—茶壶包

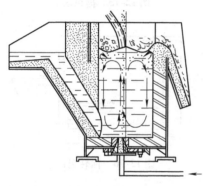

图 12-79　多孔塞连续脱硫茶壶式座包

从图 12-79 中可见，在座包的底部偏心 50mm 安装一多孔塞装置，它由 3 个部分组成，即多孔塞、内衬套和外衬套。其中，外衬套固定在铁液包底部，而内衬套和多孔塞都是能随时更换的。这 3 个部分按照一定方式装配在一起，如图 12-80 所示。当具有一定压力的氮气通过底部的多孔塞进入座包时，将使铁液产生强烈的搅动，达到有效的脱硫效果。多孔塞偏心设置有利于熔渣的溢出。

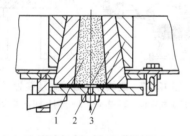

图 12-80　多孔塞装配

1—多孔塞　2—内衬套　3—外衬套

脱硫剂可选用电石或石灰-氟石复合脱硫剂，两者的脱硫速度和脱硫效果基本相同。所谓复合脱硫剂就是将质量分数为 90% ~ 95% 石灰和质量分数为

5% ~ 10% 氟石磨成粉状，均匀混合，制成粒状，这样可避免粉尘飞扬。这两种脱硫剂相比，电石价格较高，并且加工、贮存、运输及渣子处理等方面都比较困难，而石灰则是最便宜的脱硫剂，但其脱硫速度慢，仅为电石的 1/20，故处理后降温较多。加入氟石后，使得脱硫速度大大加快，脱硫速度和脱硫效果基本与电石相同。

国内某铸造厂生产球墨铸铁的铁液原硫的质量分数为 0.07% ~ 0.10%。每包处理 2.5t 铁液，加入质量分数为 2% ~ 2.5% 的石灰-氟石复合脱硫剂，供气压力为 0.3 ~ 0.6MPa，通气时间为 3 ~ 5min，处理铁液温度为 1450 ~ 1500℃，处理后降温 50℃ 左右。处理后，铁液中硫的质量分数为 0.02% ~ 0.03%，脱硫率为 80% 以上。自制的多孔塞的寿命可连续使用 8h 以上。

连续脱硫方法是边出铁边加脱硫剂进行脱硫处理，适于大批量、流水作业生产。所有的脱硫方法都会降低铁液温度，而且原铁液硫含量越高，脱硫剂加入量越多，降温作用就越大。为了保证脱硫效果和浇注温度，应尽量提高炉温或铁液的出炉温度，并从原材料和熔炼过程加以控制，努力降低出炉铁液的硫含量，以减轻炉外脱硫的工作量。

12.2.8　冲天炉除尘

1. 除尘基本知识

冲天炉的烟气中有大量有害气体及固体物质，对环境污染，对人体有害。冲天炉烟气中有害物质名称、来源、含量及危害见表 12-107，冲天炉烟尘分类见表 12-108，烟尘的颗粒粒径分散度见表 12-109，烟尘中各种物质的含量见表 12-110。

表 12-111 列出了铸造冲天炉烟尘排放限量，说明排放标准与冲天炉所在地区特点有密切关系；表 12-112 列出了工业炉窑大气污染物排放标准。表 12-112 所列数据都已超过 20 年，已不满足当前环保之要求，故仅供参考。当前的地方法规，一般都要求冲天炉粉尘排放限制低于 $50mg/m^3$。

2. 除尘器的种类、特点及选用

为保护环境，保障人体健康，冲天炉的消烟除尘、净化装置是必不可少的附属设备。冲天炉除尘器的基本类型与特点见表 12-113，常见冲天炉除尘器的特性见表 12-114。除尘器的设计、制造是否优良，应用维护是否得当，直接影响投资费用、除尘效果、运行作业率。掌握除尘器的工作机理，精心设计、制造和维护管理除尘器，对搞好环保工作具有重要意义。由于这方面资料很多，请参考《除尘器手册》《铸造车间通风除尘技术》《冲天炉及其熔炼技术》等专著。

表 12-107 冲天炉烟气中有害物质名称、来源、含量及危害

有害物质名称	来 源	烟气中一般含量/(mg/m³)	每生产一吨铁液时烟气中含量/(kg/t)	主要产生的危害
HF	熔剂中加入氟石（CaF_2）高温下分解，少量来自焦炭	炉料中不加氟石时：200~500 炉料中加入氟石时：1000~3500	炉料中不加氟石时：0.16~0.40 炉料中加入氟石时：0.8~2.8	一次吸入量过高，发生齿斑，再高，引发骨骼病变；腐蚀金属制品；侵蚀建筑物；影响植物生长
SO_2	焦炭中硫燃烧	100~600	0.08~0.48	引起呼吸道病变；酸化土壤、水源；有害于植物生长
CO	焦炭不完全燃烧	10000~120000	8.0~9.6	使人缺氧、中毒
CO_2	焦炭完全燃烧，石灰石高温下分解	80000~90000	6.4~7.2	污染大气层，是引发温室效应气体
烟尘	炉料受化学作用、热作用及机械作用综合产生	3500~15000	2.8~12.0	粗尘污染环境；细尘吸入沉积肺部，甚至进入血液；SiO_2 细尘造成人的硅肺病；PbO、ZnO 等造成人中毒

表 12-108 冲天炉烟尘分类

类 别	冶金烟尘	碳素烟尘	粉 尘
定 义	粒径小于 1μm 链状物	粒径小于 1μm 球状	粒径大于 1μm 烟尘统称
来 源	冲天炉氧化带	碳氢化合物热分解	气流运动混入炉气
主要成分	金属氧化物 FeO、PbO、ZnO 等	炭	焦炭及金属氧化物
去除方法	袋式、静电、文氏除尘器等	有凝结及导电性，不易去除	各种除尘器

表 12-109 冲天炉烟尘的颗粒粒径分散度 （单位：μm）

烟尘的颗粒粒径分散度（%）	<5	5~10	>10~20	>20~40	>40~60	>60
热风冲天炉	27.0	5.0	5.0	3.0	20.0	40.0
冷风冲天炉	0	3.0	1.5	7.5	8.0	80

表 12-110 冲天炉烟尘中各种物质的含量

化学成分	SO_2	CaO	Al_2O_3	MgO	MnO	FeO	灼失与其他
含量（质量分数，%）	20~40	3~6	2~4	1~3	1~2	12~16	20~50

表 12-111 铸造冲天炉烟尘排放限量
（JB/T 6953—2018）

区域分类[①]	适用地区	允许颗粒物排放浓度/(mg/m³) 现有	允许颗粒物排放浓度/(mg/m³) 新扩建
1	风景名胜区、自然保护区和其他需要特殊保护区域	不允许排放	
2	省辖市级以上城市中及规划居民区	120	80
3	工业区、郊区及县城	120	90

① 1 类地区由国家确定，2、3 类地区由县以上人民政府确定。

表 12-112 工业炉窑大气污染物排放标准
（GB 9078—1996）

标准级别	排放限值 烟尘浓度/(mg/m³)	排放限值 烟气黑度（格林曼级）
已有冲天炉 一	100	1
已有冲天炉 二	200	1
已有冲天炉 三	300	1
新建、改建、扩建冲天炉 一	禁排	
新建、改建、扩建冲天炉 二	150	1
新建、改建、扩建冲天炉 三	200	1

冲天炉除尘器必须按照国家或地方法规所规定的排放标准选用，同时要注意除尘器的投资与运行成本。具体选用原则如下：

1）冲天炉的炉气量波动范围大、温度高、粉尘浓度大，炉气中存在 CO 与煤尘等可燃易爆物，必须认真研究炉气特性、粉尘特性、除尘器的特性，最好结合炉气的余热回收利用，制订完善的除尘技术方案。

表 12-113　冲天炉除尘器的基本类型与特点

基本类型	除尘器举例	说　明
干法除尘器	旋风除尘器 沉降除尘器 袋式除尘器 静电除尘器	1）干法为优先采用的冲天炉除尘方法 2）旋风除尘器、沉降除尘器等适合于初级除尘，袋式除尘器、静电除尘器可达到冲天炉粉尘排放要求，袋式除尘器最适合冲天炉除尘 3）对炉气中的有害气体缺乏净化作用，不适宜于对有害气体排放有严格要求的场合
湿法除尘器	喷淋除尘器 泡沫除尘器 水击除尘器 泰森除尘器 文氏除尘器	1）除尘的同时可以净化炉气中的有害气体，除了泰森除尘器外，除尘器本身的结构均比较简单 2）喷淋除尘器、泡沫除尘器等适合于初级除尘，泰森除尘器、文氏（文丘里）除尘器可达到冲天炉粉尘排放要求 3）存在器壁腐蚀、冬季结冻等问题；污水、污泥处理设备复杂，投资费用高、占地面积大

表 12-114　常见冲天炉除尘器的特性

名称		一般适用范围			阻力/Pa	粒径与除尘效率（质量分数,%）		
		粉尘直径 /μm	粉尘浓度 /（g/m^3）	温度限制 /℃		50μm	5μm	1μm
沉降除尘器		>20	>10 但 <100	<400	200~1200	95	16~20	3~5
旋风除尘器		>5	<100	<400	400~2000	94	27	8
袋式除尘器	振打清灰	>0.1	3~10	<300	800~2000	>99	>99	99
	脉冲清灰	>0.1	3~10	<300	800~2000	100	>99	99
	反吹清灰	>0.1	3~10	<300	800~2000	100	>99	99
干式静电除尘器		>0.05	<30	<300	200~300	>99	99	86
喷淋除尘器		0.05~100	<10	<400	800~1000	100	96	75
文氏除尘器		0.05~100	<100	<800	5000~10000	100	>99	93

2）冲天炉除尘宜采用多级除尘器，首先用结构简单的初级除尘器去除粗大颗粒，然后用袋式除尘器之类的除尘器去除细微粉尘、达到排放标准。各种除尘器对不同粒径的尘粒和其他因素有一定的适用性，见表 12-115 和图 12-81。

表 12-115　各类除尘器对各种因素的适应性

除尘器	因素													
	粗粉尘[①]	细粉尘[②]	超细粉尘[③]	气体相对湿度高	气体温度高	腐蚀性气体	可燃性气体	风量波动大	除尘效率>99%	维修量大	占空间小	投资小	运行费用小	管理困难
重力沉降室	★	⊗	⊗	☑	★	★	★	⊗	⊗	★	⊗	★	★	★
惯性除尘器	★	⊗	⊗	☑	★	★	★	⊗	⊗	★	★	★	★	★
旋风除尘器	★	☑	⊗	☑	★	★	★	⊗	⊗	★	★	★	⊗	☑
冲击除尘器	★	★	☑	★	☑	☑	★	☑	⊗	☑	★	☑	☑	☑
泡沫除尘器	★	★	⊗	★	☑	☑	★	⊗	⊗	☑	★	☑	☑	☑
水膜除尘器	★	★	☑	★	☑	☑	★	⊗	⊗	☑	★	☑	☑	☑
文氏管除尘器	★	★	★	★	☑	☑	★	☑	☑	☑	★	☑	⊗	☑
袋式除尘器	★	★	★	☑	☑	☑	⊗	★	★	⊗	⊗	⊗	☑	⊗
颗粒层除尘器	★	★	★	☑	★	☑	☑	★	★	⊗	⊗	⊗	★	⊗
电除尘器（干）	★	★	★	☑	☑	☑	⊗	☑	★	☑	⊗	⊗	★	⊗

注：★为适应；☑为采取措施后可适应；⊗为不适应。

① 粗粉尘：指50%（质量分数）的粉尘粒径大于75μm。

② 细粉尘：指90%（质量分数）的粉尘粒径小于75μm，大于10μm。

③ 超细粉尘：指90%（质量分数）的粉尘粒径小于10μm。

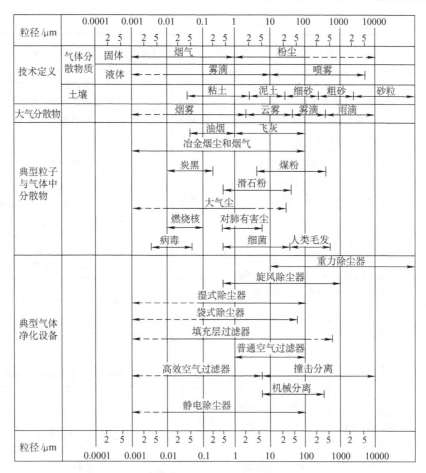

图 12-81　烟尘颗粒物特性及粒径范围与相应除尘器

3）必须考虑除尘器的二次污染与配套设备问题，湿法除尘器需要完善的污水、污泥处理设备。

4）炉气量波动对大部分除尘器的工作性能均有一定影响，重力除尘器、惯性除尘器需要特别注意炉气排放量的波动问题。

3. 袋式除尘器

（1）袋式除尘原理　袋式除尘的原理是利用烟气通过纤维织物构成的过滤袋时，将烟气中的尘粒捕集而达到除尘的目的。这种除尘器除尘效率高，特别对微细烟尘的除尘效率高达 99%，这是除静电除尘器以外的除尘器难以达到的效果。袋式除尘器的结构类型与特性见表 12-116。

表 12-116　袋式除尘器的结构类型与特性

分类依据	结构类型	说　明
过滤方向	外滤式	含尘气流由滤袋外侧进入内侧，粉尘沉积在滤袋外表面。多用于机械振动、气流反吹袋式除尘器

（续）

分类依据	结构类型	说　明
过滤方向	内滤式	含尘气流由滤袋内侧进入外侧，粉尘沉积在滤袋内表面。多用于脉冲喷吹、扁布袋除尘器
清灰方式	脉冲喷吹	根据除尘压力变化或时间间隔，用压力为 0.15 ~ 0.7MPa 的压缩空气射流对滤袋进行反吹，清除滤袋积灰。需要加强对压缩空气的除油去湿，防止滤袋结露冻结。清灰作用强烈，适合于毡类滤料
清灰方式	气流反吹	通过清灰风机提供的气流或除尘主风机的旁路气流反吹清灰，清灰作用较弱、不易损伤滤袋，适合于编织布滤料，如果粉尘无粘接性也可以用于毡类滤料

（续）

分类依据	结构类型	说　明
清灰方式	机械振动	通过振动机构产生的水平、垂直、转动等方向的机械振动，清除滤袋积灰。清灰作用弱且容易损伤滤袋，适合于纺织布滤袋
进风口位置	上进风口	含尘气流由上部进入除尘器，气流与粉尘沉降方向一致，有利于粉尘沉降，除尘效率高、阻力小
	下进风口	结构简单，含尘气流由下部进入除尘器，有利于大颗粒粉尘直接落入灰箱，减少滤袋磨损，但气流与细粉尘的沉降方向相反，不利于粉尘沉降，影响清灰效果、阻力大
工作压力	负压型	系统风机在袋式除尘器之后，除尘器内为负压，粉尘不外溢，风机噪声大，袋式需要密封、造价较高
	正压型	系统风机在袋式除尘器之前，除尘器内为正压，粉尘易外溢，风机易磨损，结构简单；袋式不需要严格密封，造价低
工作温度	常温型	工作温度低于120℃，一般使用涤纶、丙纶、腈纶等常温滤料
	高温型	工作温度高于120℃，使用高温滤料，同时有防火、热膨胀等装置
滤料纤维	化学纤维	包括合成纤维、半合成纤维、再生纤维等三类
	无机纤维	包括碳纤维、玻璃纤维、不锈钢纤维、矿渣和陶瓷纤维等
	天然纤维	包括植物纤维（棉、麻）、动物纤维（毛）、矿物纤维（石棉）等三类
滤料制作	织造滤布	由经纬线织造而成，包括平纹、斜纹、缎纹、起绒斜纹4种组织，起绒斜纹组织滤布拦截粉尘的能力强且容易清灰
	针刺毡/呢	由收缩性强的基布与纤维絮通过针刺、热定型、表面处理等工艺制得，透气性高、阻力小、容易清灰、除尘效果好

（续）

分类依据	结构类型	说　明
滤料制作	复合滤料	为获得某些特殊性能，由两种或两种以上材料复合制成的滤料，包括材料融合与表面处理两种基本方式
排灰与锁气	星型卸灰器	包含驱动机构，有卸灰与锁气两种功能
	重力卸灰器	依靠重力工作，有卸灰与锁气两种功能，结构简单
	螺旋输送器	包含驱动机构，用于大型除尘器底部的灰尘输送，需要配套锁气器

（2）冲天炉袋式除尘系统的问题　袋式除尘器属冲天炉优选的除尘器，其除尘系统存在的技术问题与需采取的技术措施见表12-117。

表 12-117　冲天炉袋式除尘系统的技术问题与技术措施

序号	炉气特点	技术问题与技术措施
1	1）粉尘粒度粗、粒径范围大 2）包含焦粉等高磨损性粉尘	1）袋式除尘器前最少设置一级初级除尘器，降低袋式除尘器的除尘负荷，防止滤袋磨损 2）选用耐磨性强的滤袋，除尘器内设入口挡板
2	包含CO、焦粉等可燃物	1）设置CO检测仪表与炉气燃烧器，减少炉气燃爆可能性，可同时回收热风，达到安全节能目的 2）设置火星捕集器，防止火星进入除尘系统 3）设置防爆阀，采用防静电滤袋
3	炉气温度高且波动范围大	1）需要设置炉气冷却装置（热交换器）、冷风阀等，降低炉气温度 2）选用高温型滤袋材料 3）管道、除尘器采取隔热保温措施

（续）

序号	炉气特点	技术问题与技术措施
4	1）停机起动初期系统温度低 2）炉气水分高 3）炉气中包含 CaO 等潮解物与碳素烟尘 4）可能包含 HF、F_2 等腐蚀气体	1）除尘系统设置预热、保温装置 2）系统预热后再引入冲天炉产生的炉气，选用玻璃纤维等长纤维、易清灰滤袋，并对滤袋进行浸硅油、碳氟树脂处理，表面覆四氟乙烯膜 3）注意初级除尘器的除尘效率，尽量去除炉气中的 CaO 4）正式运行前对滤袋预挂灰处理，隔离潮性与粘接性粉尘 5）改变熔剂，不加氟石，采用对 HF、F_2 不敏感的滤袋材料
5	炉气量波动范围大	按冲天炉最大炉气量选用袋式除尘器，同时需要选用对风量波动不敏感的初级除尘器

国内已定型生产多种类型的袋式除尘器，详细请参考《除尘器手册》。干法除尘器的特点：能去除冲天炉烟气中的烟尘，但不能去除烟气中的气体有害物质。另外，干法除尘器没有废水产生，故不致因废水造成二次污染，也不需要废水处理系统。

4. 湿法除尘器

（1）湿法除尘原理 它是利用水与冲天炉烟气做相对运动时，烟气中的烟尘和有害气体分子与水接触中，所发生的惯性碰撞、阻拦、扩散溶解作用以及水分子的凝聚作用，使烟气中的烟尘相互结合（指烟尘颗粒与水之间或颗粒与颗粒之间），逐渐形成较大的粒子而被捕集，也使烟气中的有害气体溶入到水中而被捕集。

（2）湿法除尘器的类型 冲天炉常用的湿法除尘器的结构类型和主要特性见表 12-118。

喷淋塔在冲天炉上得到推广应用，其结构如图 12-82 所示，其除尘净化效率见表 12-119。喷淋塔除尘器结构简单，安装在冲天炉烟囱顶部，故不需另占空间；阻力损失少，不需消耗动力，但除尘效率不高，只适用于中小冲天炉或作为冲天炉除尘系统中的一部分。

表 12-118 冲天炉常用的湿法除尘器的结构类型和主要特性

结构类型	气流速度/(m/s)	压力损失/mmH$_2$O①	用水量/(L/m³)	最小捕集直径/μm	结构特点	动力消耗	除尘效率(%)	适用范围
喷淋塔	0.5~2	5~50	0.05~1.1	3~5	简单庞大	小（无）	94.5	中小型冲天炉
低压文氏管	30~100	500	0.3~2.0	0.1~0.3	简单大	中	97.7	中型冲天炉
高压文氏管	70~150	>800	0.3~2.0	0.1~0.3	简单大	大	99.9	要求高的冲天炉
离心式洗涤机	60~90	增压50~150	0.7~2.0	1.0~0.5	简单小	大	99.0	要求高的冲天炉

① 1mmH$_2$O = 9.8060Pa。

表 12-119 喷淋塔的除尘净化效率

指标项目	含尘量/(mg/m³)		SO$_2$/(kg/h)		HF/(kg/h)	
	实测值	排放标准	实测值	排放标准	实测值	排放标准
除尘前/除尘后	3500~16500 180~226	200	0.4~45 0.1~0.8	52	1.8~4.3 0.3~0.8	1.8
效率（%）	94~97		80~95		87~97	

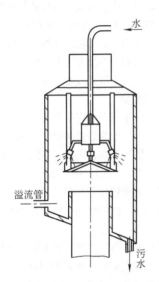

图 12-82　喷淋塔结构

文氏管除尘器是以鼓风机为动力，将烟气以高速气流通过喉管，并在此处喷水，高速气流使水形成水滴，在与烟气接触时，烟尘碰撞并吸附在其表面而被捕集。它的性能取决于喉管处烟气流的速度，速度越高，除尘效率越高，阻力损失也越大，消耗的能量也越高，因此有高压、低压文氏管之分。文氏管除尘器

系统原理图如图 12-83 所示，详细内容请参考《除尘器手册》。

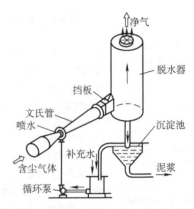

图 12-83　文氏管除尘器系统原理图

5. 典型的冲天炉除尘净化系统

由于冲天炉炉气粉尘的粒经分布广，有粗有细，单靠一种类型的除尘器很难将不同粒经的粉尘完全捕捉，故冲天炉除尘净化系统多使用不同的除尘器进行多级除尘净化。例如，在袋式除尘器之前加一、二级多管水冷旋风除尘器，典型的多级除尘器净化系统如图 12-84 和图 12-85 所示。

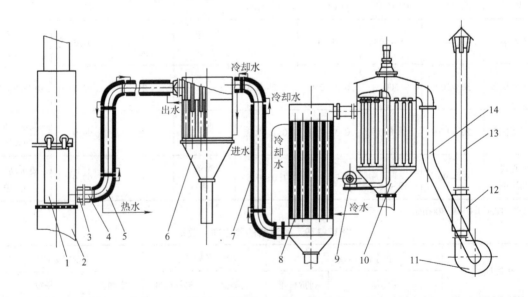

图 12-84　多管水冷旋风除尘器与袋式除尘器组成的系统

1—加料口移动门　2—冲天炉　3—炉气接口　4—手动阀　5、7—套式水冷管道　6—多管水冷旋风除尘器　8—炉气冷却器　9—除尘反吹鼓风机　10—袋式除尘器
11—系统鼓风机　12—消声器　13—烟囱　14—管道

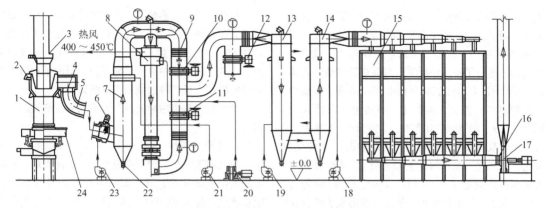

图 12-85 炉外热风冲天炉袋式除尘器系统

1—热风水冷冲天炉　2—防爆阀　3—加料口　4—炉气接口　5—炉气管道　6—自动燃烧机　7—炉气燃烧器
8—热风换热器　9—金属膨胀节　10—水冷炉气旁路阀　11—水冷炉气阀　12—冷风阀　13—第一级炉气
冷却器　14—第二节炉气冷却器　15—袋式除尘器　16—风量调节阀　17—除尘系统鼓风机
18—第一级炉气冷却风机　19—第二级炉气冷却风机　20—冲天炉鼓风机
21—燃烧室冷却风机　22—卸灰器　23—炉气助燃鼓风机　24—风带

现代热风冲天炉加料系统有的设计不用爬式加料机，不在侧面加料，并取消了烟囱，在炉顶上配置一个密封盖，而在炉顶中心加料。加料时盖子打开，加料后盖子关闭。这种设置有利于减少野风渗入，减少了除尘器处理炉气量，也有利修炉前的操作，减少焦炭的消耗。

6. 废水处理

在冲天炉烟气除尘净化过程中，往往产生大量的废水，这些废水中含有大量的烟尘颗粒和溶解的有害气体物质，会对环境造成污染，通常称这种污染为二次污染。因此，对烟气除尘净化过程中产生的废水必须加以处理，以达到循环使用或对外排放的要求。其处理原理及主要方法有：

1）采取中和法，解决废水中 pH 值的超标问题。冲天炉废水中的 pH 值超标，其主要原因是在除尘净化过程中，烟气中的 SO_2、HF 和 CO_2 溶入水中，生成了亚硫酸（H_2SO_3）、氢氟酸（HF）及碳酸（H_2CO_3），为了降低废水中的 pH 值，必须加入碱性物质，如 HaOH、Na_2CO_3 或 $Ca(OH)_2$ 等，使它们与酸性物质中和，从而达到降低 pH 值的目的。其反应如下：

$$H_2CO_3 + Ca(OH)_2 \longrightarrow CaCO_3 \downarrow + 2H_2O$$
$$2HF + Ca(OH)_2 \longrightarrow CaF_2 \downarrow + 2H_2O$$
$$H_2CO_3 + Ca(OH)_2 \longrightarrow CaCO_3 \downarrow + 2H_2O$$
$$H_2SiF_6 + Ca(OH)_2 \longrightarrow CaSiF_6 \downarrow + 2H_2O$$

从上述反应式中可以看出，反应的产物若能从废水中除去，既可以降低 pH 值，又可降低硫化物、氟

化物的含量，以解决两项指标超过排放标准的问题。生产实践证明，用焊接生产中的废物——电石渣[其主要成分是 $Ca(OH)_2$，其质量分数在 31% 左右]作中和剂加入废水中，由于电石渣中含有一定量的 FeO，当废水的 pH 值达到或超过 8 时，它与水中的"OH"根作用生成 $Fe(OH)_3$，因它有一定的凝聚作用，通过它将上述的中和反应产物聚集成更大的矾花，从而增加其沉降速度，便于去除。因此，国内冲天炉废水处理时，多用电石渣作中和剂，这样既可以处理废水，又处理了乙炔使用中产生的废物——电石渣，达到"以废治废"的综合治理效果。

2）用物理方法去除悬浮物、沉淀物以及固体颗粒。这三类物质的去除，是冲天炉废水处理的又一重要任务。它们中间的粗颗粒是比较容易沉淀出来的，而废水中的悬浮物和细颗粒沉淀物则难以沉淀，为了使它们能尽快沉淀，可以采用物理方法加速沉淀（如斜倾管沉淀池），并采用过滤层进行过滤加以去除，还可以在废水中加入促凝剂使其尽快沉淀。

12.2.9 常用的几种典型冲天炉

20 世纪 40 年代末，我国铸铁熔炼仍然使用的是传统的勺炉、三节炉等。国内屈指可数的几台冲天炉，熔炼技术水平也相当低。第一个五年计划期间，从苏联引进了三排风口冲天炉。但由于是大风口（风口比在 25% 左右），结合当时的焦炭供应情况，这种炉子并不切合国内的实际需要。于是，各种强化底焦燃烧的措施，围绕着改炉、节焦，提高铁液温度为中心展开，出现了从多排小风口冲天炉、卡腰炉、

中央送风加侧吹冲天炉，到双排大间距冲天炉，使铁液温度得到了提高，初步满足了铸造生产的需要。20世纪60年代中期，开发了密筋炉胆换热器，对炉气余热的利用进行了系统地研究，对促进铸铁熔炼起到了良好的作用。20世纪70年代中期，完成了密筋炉胆冲天炉的"完善化、典型化、系列化"设计（后简称老三化）。20世纪80年代，沈阳研究所等单位联合开发了双排大间距双层送风冲天炉的"系统化、规模化、商品化"设计（后称新三化），从此开创了冲天炉专业化商品生产的时代。2001年，江阴铸造设备厂开发了长炉龄冲天炉，从而初步形成了符合我国国情和独具特色的冲天炉系列，使我国的铸铁熔炼技术水平又有了新的提高。目前，我国已有多家企业正在开发研究外热风长炉龄冲天炉。现在，我国已拥有先进工业国家铸铁熔炼炉的各种主要类型，某些经济技术指标已跨入世界先进行列。

目前，我国大多数工厂应用的冲天炉类型主要是双排大间距冲天炉、热风冲天炉和热风除尘水冷无炉衬冲天炉，尚有少数工厂还在应用多排小风口冲天炉、卡腰三节炉和中央送风冲天炉，但由于我国焦炭质量的提高，后三种的应用正不断减少。

综合我国现用的冲天炉，用不同方法归类起来见表12-120。

1. 冷风冲天炉

冷风冲天炉是发展历史最长的一类冲天炉，长时间的运用实践证明，双排大间距冲天炉（又称大间距双排风口冲天炉或双层送风冲天炉）为运用最多的冲天炉。其特点是具有两排风口（或两组风口），其排距较一般多排风口为大。1~30t/h双排大间距冲天炉系列参考尺寸见表12-121。以这种冲天炉为基础，逐步又发展成一类双层送风二班制冲天炉及冷风大间距双层送风长炉龄冲天炉。

表 12-120　我国常用冲天炉类型

风温	炉龄时间	按炉身配置冷却系统	按配置插入式水冷风口	按有无炉衬
冷风 热风	单班制 两班制 长炉龄	配置冷却系统： 冷风两班制冲天炉 热风两班制冲天炉	已配置水冷风口： 冷风长炉龄冲天炉 热风长炉龄冲天炉	有炉衬冲天炉 无炉衬冲天炉
		未配置冷却系统： 单班制普通冷风冲天炉 单班制普通热风冲天炉	未配置水冷风口： 冷风两班制冲天炉 热风两班制冲天炉	

注：1. 市场上所谓薄炉衬冲天炉，就其使用时间的长短来说，短时间使用可归纳入两班制冲天炉；使用时间长（有水冷风口）时因炉衬已侵蚀，则可归纳为长炉龄冲天炉。因此，薄炉衬其本身并无一特定的性能而自成系统一类冲天炉。

2. 各类炉子都应配备除尘设备，因此有无除尘器设备不能作为分类的依据。

表 12-121　1~30t/h 双排大间距冲天炉系列参考尺寸

熔化率/(t/h)			3	5	7	10	15	20	25	30
炉膛内径/mm			700	900	1000	1200	1500	1700	1900	2100
炉壳外径/mm			1212	1464	1566	1868	2170	2374	2580	2780
有效高度/mm			4900	5820	6100	7300	7600	7600	7600	7600
炉缸深度/mm			250	300	400	400	450	450	500	500
炉底厚度/mm			250	250	300	300	350	350	400	400
风口	（风口直径/m） ×（数量/个） ×（°）	一排 （或一组）	$\phi35\times6\times5$	$\phi28\times8\times5$ $\phi28\times8\times5$	$\phi31\times8\times5$ $\phi31\times8\times5$	$\phi33\times10\times5$ $\phi33\times10\times5$	—	—	—	—
		二排 （或二组）	$\phi35\times6\times10$	$\phi28\times8\times10$ $\phi28\times8\times10$	$\phi31\times8\times10$ $\phi31\times8\times10$	$\phi33\times10\times10$ $\phi33\times10\times10$	—	—	—	—
	风口比（%）		3~4	3~4	3~4	3~4	3~4	3~4	3~4	3~4
	排距/mm		600	100 550 100	150 550 150	150 600 150	800	850	900	900

（续）

	熔化率/(t/h)	3	5	7	10	15	20	25	30
前炉	有效容量/t	2~3	3~5	5~7	8~12	10~15	15	20	20
	内径/mm	800	950	1000	1380	1700	—	—	—
	高度/mm	1140	1370	1660	1815	1900	—	—	—
烟囱内径/mm		900	1000	1098	1370	1500	1500	1700	1700
加料口高宽（高/mm）×（宽/mm）	单轨加料	2500×1000	2600×1100	2800×1300	3000×1560	—	—	—	—
	爬式加料	2000×1000	2600×1100	2800×1300	3000×1560	3000×1600	3300×1700	3500×1800	3500×1800
底焦高度/mm		1500	1600	1700	1750	1800	1850	1900	1900
理论风量/(m³/min)		30	50	70	100	150	200	250	300
风压/kPa		10~12	10~12	12~14	12~14	14~16	—	—	—
风机		HTD50-11 HTD50-12	HTD80-11 HTD85-21	HTD120-21			D250-31	D300-31	D340-42

双排大间距冲天炉无论是单风箱或双风箱，上、下两排风口的送风量都可通过风量调节阀予以控制。实际熔炼操作中，根据焦炭质量情况，有三种风量控制方法，即顺置、等置和倒置。

顺置——下排风口的送风量大于上排风口的送风量；

等置——上、下排风口送风量相等；

倒置——下排风口的送风量小于上排风口送风量。

当焦炭质量不够理想时，常采用倒置的供风方式，可取得较好的熔炼效果。此时，该冲天炉习惯上称为"倒、大、双"冲天炉。

双排大间距冲天炉底焦燃烧特点：排距较大的双排风口送风后，底焦燃烧形成两个独立的燃烧区。第一排风口送风使底焦燃烧形成第一燃烧区，第二排风口送风使焦炭燃烧形成第二燃烧区。在每一个燃烧区中，焦炭燃烧时都会发生碳的氧化和还原反应，而各自形成氧化带和还原带。底焦中两个独立的燃烧带所进行的氧化与还原反应过程是相互影响和制约的，主要受排距大小的影响。

一般情况下，双排大间距冲天炉（中小型冲天炉，排距与炉内径之比为 0.8~1.1）在靠近炉壁部位，沿底焦高度出现两个独立的氧化带和还原带。而在炉中心部位，沿底焦高度只出现一个氧化带和一个还原带，即没有出现第一燃烧区中的还原带，两燃烧区中的氧化带连接一起，相互叠加。随着排距的增大，炉壁的双氧化带和双还原带逐渐向炉中心深入发展，如图 12-86 所示。

双排大间距冲天炉底焦燃烧过程中还原带的发展，尤其第一燃烧区中第一还原带的发展，会使炉温下降，影响过热区热交换。在避免第一还原带产生及发展的前提下，增大排距使过热区拉长，为获得高温铁液创造了极有利的条件。另外，从第二排风口进入的气流射入炉温约为1500℃左右的第一燃烧带末端，促进了高温下焦炭的激烈的扩散燃烧，缩短了燃烧时间，集中地放出热量。即使利用固定碳质量分数为75%~80%的冶金焦、气化焦，也能获得1750~1800℃的炉温，从而强化了冲天炉过热区的热交换过程。双排大间距冲天炉底焦燃烧所形成的过热区拉长，增加了铁液过热路程及底焦的激烈燃烧，提高了炉温。强化过热区热交换过程是获得高温铁液的根本保证。

我国幅员广大，各地使用的炉料、燃料差别较大；气候温度、湿度、压力有所不同；各厂厂房条件不同，各有限制，故双排大间距冲天炉系列参考尺寸表 12-121，用户应用此表应因地制宜，进行必要的调整。双排大间距冲天炉的主要优缺点见表 12-122。

2. 热风冲天炉

（1）热风冲天炉的结构和特点 热风冲天炉按热交换原理，分为利用炉气物理热或化学热两类；按热源位置分为炉外热风冲天炉、炉顶热风冲天炉和炉内热风冲天炉三类（见表 12-123）

1）炉内热风冲天炉。炉内热风冲天炉主要指在冲天炉炉体预热区上装有密筋炉胆式换热器的热风冲天炉。热源是利用炉气的物理热来加热鼓风的新鲜空气。我国对内热式 φ500~φ900mm 冲天炉的密筋炉胆换热器进行了定型设计研究，对我国冲天炉发展起到了一定的促进作用。炉胆换热器由双层圆柱形套筒组成集风圈，有上下两个，上端有热膨胀补偿机构。换热器外筒及集风圈采用一般碳素钢板制造，其余为锅炉钢板。

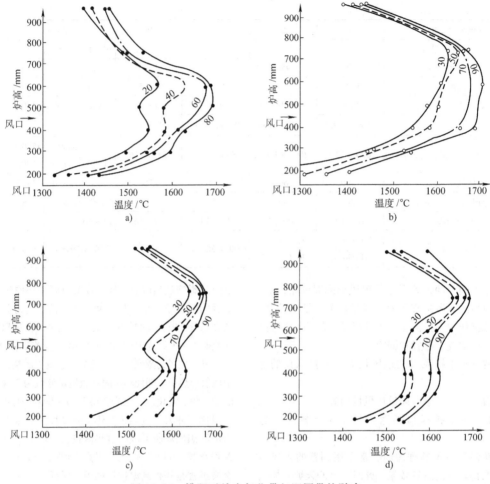

图 12-86　排距对炉内氧化带与还原带的影响

a) $\dfrac{h}{D}=0.6$　b) $\dfrac{h}{D}=0.9$　c) $\dfrac{h}{D}=1.2$　d) $\dfrac{h}{D}=1.5$

注：1. h—两排风口间距（mm）　D—冲天炉内径（mm）。

　　2. 试验时，第一、二排风口截面面积相等。

　　3. 图中数字为风嘴距离炉壁的尺寸（mm）。

表 12-122　双排大间距冲天炉的主要优缺点

优　点	缺　点
1）炉况稳定，铁液温度高 2）Si、Mn 烧损正常，铁液不易氧化 3）结构简单、操作方便、容易控制和掌握 4）炉内热交换好，节能效果好	装炉底焦高，因而底焦消耗量较高

表 12-123　热风冲天炉按热源位置分类

热源位置	换热器名称	结构特征及说明	发展情况
炉外热风	针状、管状换热器 陶瓷粒子换热器	热风系统包括炉气燃烧器、热风换热器和控制系统等，热风温度为 400～850℃，结构复杂、造价高，系统都设计在冲天炉一侧，利用炉气化学热	多为引进技术，并结合国内实际情况加以研制并创新，效果稳定可靠（但陶瓷粒子换热器引进后使用经验还较少）

（续）

热源位置	换热器名称	结构特征及说明	发展情况
炉顶热风	蛇形换热器、多程管换热器、窑式换热器等	结构简单、造价低，利用炉气物理热或部分利用炉气化学热，热风温度可达 400 ~ 550℃，系统设计在冲天炉加料口上方或上侧方	为国内首创，热风温度较高，但结构易损坏，正在进一步完善和开发中
炉内热风（炉胆热风）	密筋炉胆	设置在冲天炉预热段，结构简单，利用炉气物理热，热风温度不高，一般为 150 ~ 250℃，易损坏	为国内首创，热风温度不高，对提高铁液温度作用不大

由于密筋炉胆换热器只是利用了炉气的物理热，一方面炉气经熔化区进入预热区后，所携带的热量要用于预热炉料；另一方面，炉气经炉壳传热给密筋炉胆的热量是有限的（限于炉壳的外圆圆周长度），如果设定进入预热区后炉气携带的物理热是一常数，则用于预热炉料的热多了，传给密筋炉胆的热就少了。因此，提取物理热预热空气，热风的温度有限，一般为 100 ~ 200℃，对提高铁液的效果有限。从经济效益上说，投入和产出的效益比不高。

2）炉顶热风冲天炉。炉顶热风冲天炉也是通过回收炉气余热来得到热风，但是界定这类回收余热装置究竟利用的是炉气物理热，还是化学热，还是两者兼而有之，则现在尚缺少文献论证。因为实际上，设置在炉顶的换热器外围仍有不定量的炉气，会产生不时的间隙燃烧。虽然这类冲天炉的加料口都设计得很小，没有应用中心加料桶，一般都用翻斗加料机倾斜式加料，即使如此，加料口处仍然会吸进炉内一部分新鲜空气，使炉气进行燃烧。应该说这类冲天炉的热源是以炉气的物理热为主，也应用了炉气的部分化学热。因此，这类冲天炉热风温度比密筋炉胆高得多，热风温度可达 350 ~ 550℃。各种炉顶热风冲天炉的结构如图 12-87 所示。

图 12-87a 所示为窑室热风水冷炉，可以熔化铸铁，更常见于熔化铁屑、钢屑压块以生产铸件或再生铁。该炉的热风换热器（热风窑）设置在加料平台上，炉龄 15 ~ 30d，熔化铸铁时铁焦比为 9 ~ 10，铁液出炉温度为 1500 ~ 1550℃；熔化铁屑时铁焦比为 3 ~ 4，铁液温度为 1400 ~ 1450℃。

该炉热风窑室用耐火砖修砌形成，质量大、加料平台的负荷大。该炉热风换热器内特别容易积灰，需设置清灰口（门）和清灰通道。

图 12-87b 所示为最早的蛇形换热器热风冲天炉，该炉热风换热器内的换热管首尾相接、上下相连，因此得名于蛇形换热器。该换热器可应用于矿石冲天炉、铁屑再生炉、铸铁熔化炉。该换热器安装在冲天炉加料口以上，不增加对加料平台的负荷、不占用工厂地面的面积，但换热器中炉气的流速仍然很慢，换热效率不高。

图 12-87c 所示为改进的蛇形换热器热风冲天炉。该炉的主换热器仍然为蛇形换热器，但空气进入主换热器前，经过了两级环缝换热器（结构类似于热风炉胆）的预热，预热温度为 200 ~ 250℃。

图 12-87d 所示为蛇形换热器热风水冷炉，空气进入主换热器前经过了一级环缝换热器的预热。

相对于窑室热风炉，蛇形换热器热风炉体积小、质量轻，加料平台无额外负荷，建造成本低。

图 12-87e 所示为多程管换热器热风水冷炉，图 12-87f 为多程管换热器普通热风炉。多程管换热器热风炉具有重量轻、建造成本低的优越性。

常见的炉顶热风换热器的结构如图 12-88 所示。其中，图 12-88a、b 为两种不同的窑室热风换热器，图 12-88c 为蛇形热风换热器，图 12-89d、e 为多程管热风换热器。

炉顶热风换热器的结构简单，有较高的性价比，但打炉产生的高温炉气、熔化期间炉气过高均容易造成换热器的损毁。为了延长其使用寿命，换热器必须具备表 12-124 所列的 7 项结构要素。

炉顶热风换热器在冲天炉点火后，热风温度逐步上升，正式熔化后 45 ~ 60min 热风温度达到正常值。热风温度与换热面积、冲天炉的铁焦比等因素有关，同时与换热器的材料有关。如果采用低碳钢换热器，热风温度控制在 350 ~ 450℃之间；如果采用不锈钢换热器，热风温度可以达到 450 ~ 550℃。各种炉顶热风换热器的性能参数见表 12-125。

炉顶热风换热器冲天炉虽然有很多优点，但对其研究还很不深入，炉气中的 CO 如何利用？换热后的炉气如何除尘？这些问题都有待进一步完善。

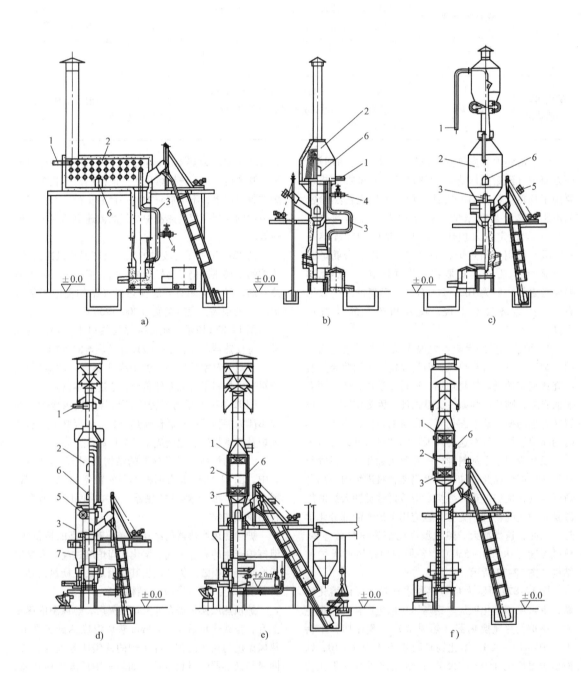

a)　　　　　　　b)　　　　　　　c)

d)　　　　　　　e)　　　　　　　f)

图 12-87　各种炉顶热风冲天炉的结构

1—空气进口　2—热风换热器　3—热风出口　4—放风阀　5—轴流鼓风机　6—清灰口　7—膨胀节

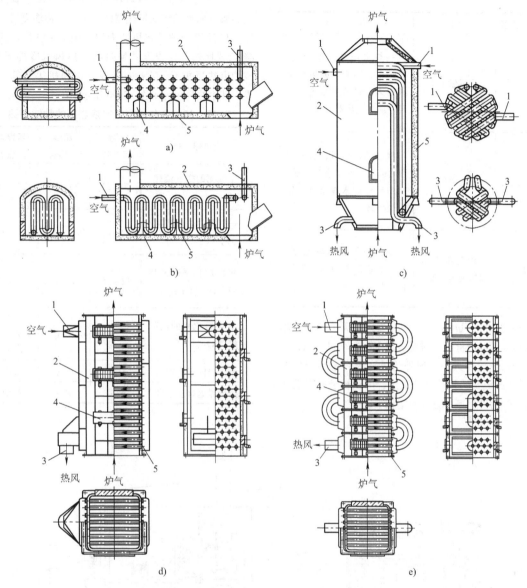

图 12-88 常见的炉顶热风换热器的结构
1—空气进口 2—换热器体 3—热风出口 4—清灰口 5—搪衬

表 12-124 炉顶热风换热器的结构要素 （续）

结构要素	设置部位	说　　明	结构要素	设置部位	说　　明
内部搪衬	换热器内	一般用轻质耐火砖、轻质耐火水泥浇注料，防止换热器壳体变形、损坏	膨胀节	热风管道中	一般用金属波纹管，可以有效防止管道在热应力作用下的变形、焊缝开裂
清灰口	换热器壳（室）体上	换热器内部积灰影响换热效率，需通过清灰口（门）及时清除积灰	隔热包覆	热风管道与风箱外	一般用耐火纤维毡，外包薄钢板铠甲，可以减少热风温度损失，同时改善炉工的工作环境

（续）

结构要素	设置部位	说　明
放风阀	热风管道上	一般采用高温型阀门，打炉时，冲天炉鼓风机继续送风，对换热器进行冷却，防止换热器损毁
冷却风机	炉气进口处	常用轴流风机，热风温度过高时，起动冷却风机，向炉气中掺入冷空气，保护换热器
温度仪表	炉气进出口和热风出口处	测量炉气和热风温度，自动起动冷却风机，保护换热器

3）炉外热风冲天炉。炉外热风冲天炉的热风单元结构复杂、造价高，需要占用一定的车间面积，一般用于长炉龄冲天炉。炉外热风冲天炉包括间壁式（即管式或板式）换热器冲天炉、陶瓷粒子换热器热风冲天炉两种类型，分别介绍如下：

① 环缝-管式换热器热风冲天炉。环缝-管式换热器属于两种间壁式换热器的组合，又称埃夏式换热器，广泛用于炉外热风冲天炉。图 12-89 所示为环缝-管式换热器（埃夏式换热器）热风水冷冲天炉。该炉由热风单元、水冷冲天炉、加料机等几部分组成，其中热风单元如图 12-90 所示。

表 12-125　各种炉顶热风换热器的性能参数

换热器名称	窑室换热器	蛇形换热器	多程管换热器
空气侧的空气流速/（m/s）	20 ~ 25	20 ~ 25	20 ~ 25
炉气侧的炉气流速/（m/s）	0.2 ~ 0.3	0.3 ~ 0.4	0.4 ~ 0.5
单位熔化率的换热面积/[m²/（t/h）]	12 ~ 15	10 ~ 12	10 ~ 12
单位熔化率的内衬用量/[kg/（t/h）]	0.8 ~ 1.5	0.5 ~ 0.9	0.3 ~ 0.5
换热器体积比较	最大	中等	最小
换热器钢材总用量	最多	中等	最少

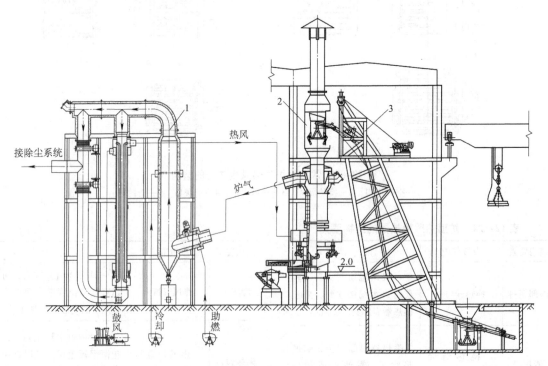

图 12-89　环缝-管式换热器热风水冷冲天炉

1—热风单元　2—水冷冲天炉　3—加料机

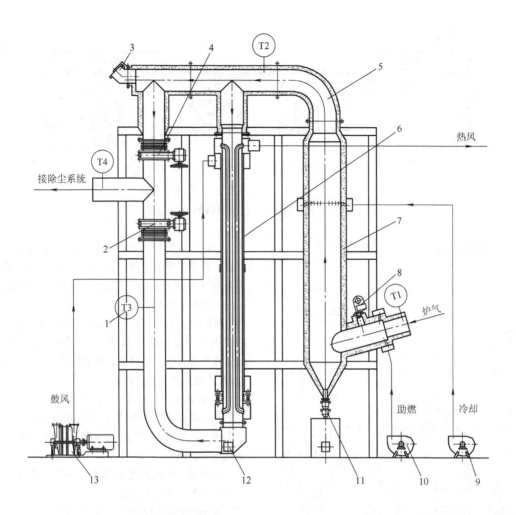

图 12-90 环缝-管式换热器热风水冷炉的热风单元

1—温度仪表 2—炉气调节阀 3—防爆阀 4—旁路调节阀 5—水平管道
6—环缝-管式热风换热器（埃夏式换热器） 7—炉气燃烧室 8—自动点火器
9—冷却风机 10—炉气助燃风机 11—自动卸灰阀 12—清灰门 13—鼓风机

热风单元由炉气燃烧室、环缝-管式热风换热器、控制系统等组成。含有 CO 的炉气从燃烧室下部进入燃烧室，首先与一定量的助燃空气混合，在燃烧室中燃烧释放出热能；充分燃烧混合的高温炉气通过水平管自上而下进入环缝-管式热风换热器，与空气进行热交换，将空气加热到一定温度；炉气换热后进入除尘系统。

热风单元设有多处温度检测点，在电气系统的控制下自动工作。如果炉气温度低，或者炉气燃烧室内温度低，混合炉气不能燃烧，则自动点火器启动，引燃炉气。如果炉气温度超过一定值，将对热风换热器造成损坏，此时起动炉气冷却风机，降低炉气温度。冲天炉打炉时，炉气温度大幅度升高，则开启旁路调节阀、关闭炉气调节阀，炉气不经换热器而从旁路进入除尘系统。

环缝-管式热风换热器（埃夏式换热器）的结构如图 12-91 所示。该换热器由环缝换热器与管式换热器组合形成。空气首先自上而下进入外层环缝，在环缝中得到预热，然后自下而上进入内部的梅花式分布的扁管换热管，最终得到 400～450℃ 的热风。因为外筒及梅花扁管均为竖管，不易集尘，因此热效率高，应用效果好。

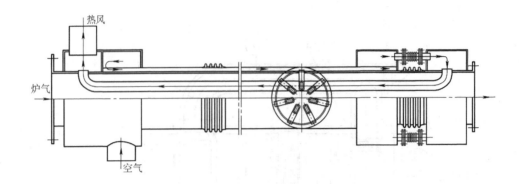

图 12-91　环缝-管式换热器的结构

② 针状换热器热风冲天炉（见图 12-92）。

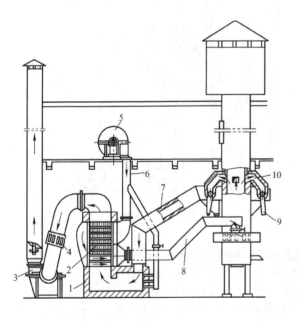

图 12-92　针状换热器热风冲天炉

1—燃烧室　2—针状换热器　3—烟泵　4—吸入
冷空气的圆形调解环　5—鼓风机　6—冷风管
7—冲天炉炉气管道　8—炉子热风管
9—排废物斗　10—抽取烟气的支管

基本结构说明：冲天炉内径为 620mm，生产率为 1.5 ~ 2/h，采用针状铸铁管换热器。它由 8 排（40 根）管子组成，为了增加总的传热系数，有 20 根管子的内外都有针，在靠近废气进入处的 20 根管子为了防止管壁过热积灰，则只用单面（内面）有针的管子；炉气是用 4 根管子自加料口下 1450mm 处

抽出，抽气支管与水平线成 45°角，以便于除灰；炉气在聚集器聚集后，通往燃烧室内燃烧，在室内设有补充空气进口，以便使炉气能完全燃烧，燃烧后的气流进入换热器以加热空气。

优缺点：其优点为热风温度 350℃ 时，减少层焦耗量 40%，提高生产率 30%，出铁温度为 1430℃。缺点为易于发生灰尘堵塞，热惰性较大，开炉后 1 ~ 1.5 h 才能达到上述指标。

③ 管式换热器冲天炉如图 12-93 所示。

基本结构说明：炉气的一半预热炉料，另一半被抽出燃烧后热风。炉气燃烧温度不应超出 880℃，以免把换热管烧坏。

优缺点：热风温度为 300 ~ 350℃，铁液温度提高 30 ~ 50℃，但结构较庞大。

④ 辐射换热器冲天炉（见图 12-94）。

基本结构说明：这被称为夏克（schack）式换热器的热风冲天炉，炉气导入除尘器后，就送入燃烧室，用一个小燃烧嘴点火，燃烧所需的空气由另一喷嘴供给，燃烧气体的温度可达 850℃。

优缺点：在使用灰分的质量分数为 12.1% 的冶金焦时，热风温度可达 450℃，除尘问题较易解决，但制造较为复杂。

⑤ 螺旋管辐射换热器冲天炉（见图 12-95）。

基本结构说明：两座冲天炉合用一座热风装置轮流使用，炉气经燃烧室，燃烧的气流经过螺旋管辐射换热器后排出，冷风进入换热器上端的环形分配器中，再经螺旋管受热变成热风。

优缺点：热风温度高达 500℃，而且可得稳定的风温，积灰也少，但制造复杂，焦比不能高。

⑥ 外加煤气的钢管换热器热风冲天炉（见图 12-96）。

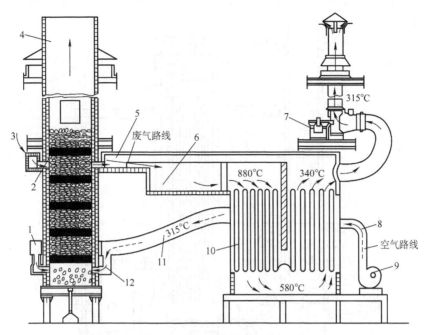

图 12-93　管式换热器冲天炉

1—风带　2—抽气孔　3—废气聚集器　4—烟囱　5—废气管道　6—燃烧室　7—抽气机
8—冷风管　9—鼓风机　10—管式换热器　11—热风管　12—风口

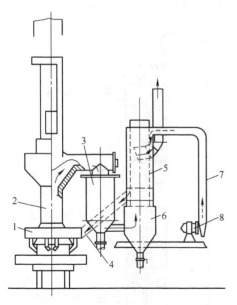

图 12-94　辐射换热器
冲天炉

⟶废气路线　-----⟶空气路线

1—冲天炉　2—风带　3—除尘器
4—热风管　5—辐射换热器　6—燃烧室
7—冷风管　8—鼓风机

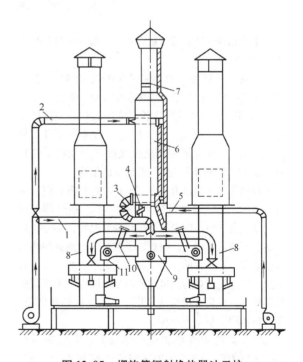

图 12-95　螺旋管辐射换热器冲天炉

1—支气管　2—冷风管　3—吹气管　4—热风管
5—燃烧空气管　6—螺旋管换热器　7—调节阀
8—冲天炉　9—燃烧室　10—闸式滑阀　11—煤气出口

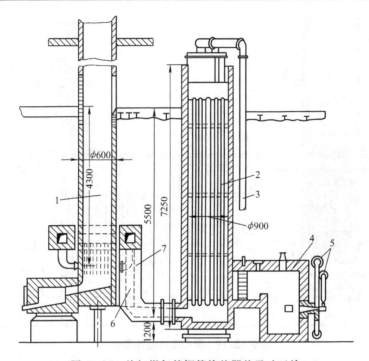

图 12-96　外加煤气的钢管换热器热风冲天炉
1—冲天炉　2—管状换热器　3—冷风管　4—燃烧室　5—空气
管道及发生炉煤气管道　6—水冷风口　7—热风管

　　基本结构说明：煤气加管式换热器，风口是具有水冷的形式。

　　优缺点：风温可达 500～600℃，出铁温度为 1480～1500℃，只限于在煤气来源方便的地区。

　　⑦ 陶瓷粒子热风换热器水冷冲天炉。该热风水冷炉仍然由热风单元、水冷冲天炉、加料机等几部分组成，但热风单元所使用的是接触式陶瓷粒子换热器，图 12-97 所示为该热风换热器的结构。

　　该热风换热器以直径 1～2mm 的高铝陶瓷粒子为传热介质，热风温度可达 500～800℃。换热器包括炉气室、空气室、陶瓷粒子循环提升机构三部分，炉气室位于空气室以上。陶瓷粒子在炉气室内被加热至高温状态，在重力的作用下流入空气室，与空气逆向换热，将空气加热为热风。换热后的陶瓷粒子流到换热器底部，在提升机构的作用下，回到换热器顶部，在换热器中不断上下循环。

　　冲天炉的炉气添加空气燃烧后，生成的高温（900～1100℃）炉气从炉气室的下部进入炉气室，通过格栅后向上流动不断穿过陶瓷粒子间的空隙，与陶瓷粒子逆向换热，将陶瓷粒子加热至高温状态。与陶瓷粒子换热后的炉气进入除尘系统或下一级余热回收系统。空气从空气室的下部进入空气室，通过

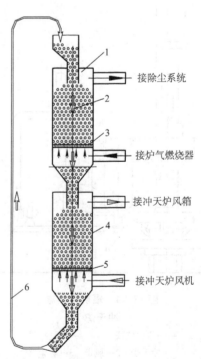

接除尘系统

接炉气燃烧器

接冲天炉风箱

接冲天炉风机

图 12-97　陶瓷粒子热风换热器的结构
1—炉气室　2—陶瓷粒子　3—炉气室
格栅　4—空气室　5—空气室格栅
6—陶瓷粒子提升机构

格栅后不断穿过高温陶瓷粒子间的空隙，与陶瓷粒子进行热交换，空气温度不断升高，从而得到高温热风。

陶瓷粒子循环提升机构可以是气力提升装置，也可以是机械式提升机构（如环链式斗式提升机）。

3. 长炉龄冲天炉

随着铸造行业生产向大批量、铸造流水线方向不断发展，冲天炉必然要向长炉龄方向发展。采用长炉龄冲天炉熔炼，一次点火开炉能够连续熔炼数周乃至数月之久。冲天炉不管是使用冷风还是热风，都可以设计成长炉龄冲天炉，但必须具备两个条件：①炉身必须配置冷却水装置；②必须使用插入式水冷风口。长炉龄冲天炉熔化区在开炉前是否修砌炉衬可根据操作习惯。有炉衬的长炉龄冲天炉，在开风后第一包铁液出炉温度，可以较无炉衬长炉龄冲天炉为高，但在冲天炉热平衡后，有炉衬长炉龄冲天炉实际上仍然是无炉衬长炉龄冲天炉。因此可以说，长炉龄冲天炉一定是无炉衬冲天炉。

（1）冲天炉水冷却的意义　冲天炉熔化过程的稳定性除与一系列因素，如炉料供风、炉子结构等有关外，长时间开炉对炉衬的腐蚀也有着重要影响。因此，在风口附近区域保持炉衬的稳定具有重要意义，如果这个区域的腐蚀程度过大，它将引起耐火材料消耗量增大，渣量过多，最后炉壳发红、烧穿，难以保证长时间熔炼。

炉衬腐蚀与冲天炉工作时间的关系如图 12-98 所示。炉衬腐蚀几乎和开炉时间成正比，在 10h 后急剧增加。如果是热风的话，在熔化区炉衬的腐蚀情况较之冷风更为严重。

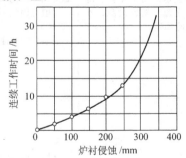

图 12-98　炉衬腐蚀与冲天炉工作时间的关系

对于连续熔炼时间长的长炉龄冲天炉，必须采取强烈冷却措施来减少炉衬腐蚀，稳定炉膛尺寸，以保证熔炼的正常进行。用水冷却是最常用的方法。只有具有水冷系统的冲天炉，才能称为长炉龄冲天炉

（即一次炉役可连续熔炼数周甚至数月）。即使是两班制冲天炉，也必须配置炉身水冷却系统。两班制冲天炉再配置插入式水冷风口后，即具备了长炉龄冲天炉的基本条件。

（2）水冷方式

1）雨淋式水冷。如图 12-99 所示，在炉壳周围安装一层或多层水管，喷水冷却炉壁。这种冷却装置结构简单，维护方便，使用寿命长，但耗水量较大，所以一般均设置废水处理装置，使水可循环使用。

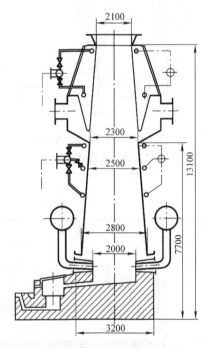

图 12-99　40t/h 热风水冷无炉衬冲天炉（雨淋式水冷）

2）水套式水冷。如图 12-100 所示，在炉壁设置夹层水套，通过冷却水冷却炉壁。这种冷却装置的结构缺点是较雨淋式复杂，运行中安全预警设施需特别注意，以严防水套渗漏。一旦漏水维修麻烦，但耗水量较少。

由于炉壁有冷却水强制冷却，所以熔化区及上下一定范围内不砌筑耐火材料或只搪薄薄一层耐火材料，主要是靠炉壁传热与冷却水吸热。热平衡后，在炉壁内侧结成一定厚度的渣壳来维持长时间熔炼。

（3）插入式水冷风口　水冷风口是长炉龄水冷无炉衬冲天炉的关键部件之一。插入式水冷风口的种类、特点及应用见表 12-126 和表 12-127。

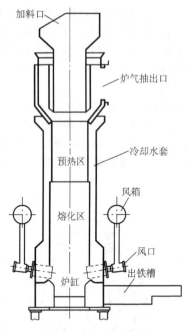

图 12-100　6t/h 热风水冷无炉
衬冲天炉（水套式水冷）

（4）长炉龄冲天炉的特点　与普通冲天炉相比，长炉龄冲天炉具有以下优点：

1）由于不存在炉衬因长时间熔炼被大量侵蚀而引起炉膛尺寸的变化，所以炉况容易稳定，可以长时间连续熔炼。

2）炉渣性质（酸碱度）不再受炉衬材料限制，而是取决于熔剂，酸性操作和碱性操作可以随时更换，给熔炼过程操作或铁液质量的控制带来很大方便。

3）虽然水冷增加了炉体的散热损失，但一般都设有高效热风装置，炉温比较高，炉气的氧化性气氛也较弱，所以合金元素烧损少，铁液质量高。另外，增碳效果显著，甚至可以全部以废钢为炉料进行铸铁熔炼。

4）由于一般都采用插入式水冷风口，风口的插入深度及风量等可在一定范围内调整，所以炉子的熔化率是可以改变的，适应性较强。

5）大大地节省了耐火材料和修炉工时。

6）水冷无炉衬热风冲天炉一般都配备炉气净化装置，与热风装置相结合，所以对环境污染小。

表 12-126　插入式水冷风口的种类、特点

风口名称	风 口 简 图	基本原理	特点说明
钢铜焊接双腔式风口	1—鼓风接口法兰　2—冷却水接口　3—炉体接口法兰　4—风口体　5—流道隔套　6—风口帽	借流道隔套将风口帽分成两个腔体，并有扰动螺旋加强水的对流换热，冷却水无流径短路现象，不存在冷却死角	风口帽用高导热性脱氧铜经挤压、锻造加工而成，流道隔套及扰动螺旋用不锈钢制成 一般可用到一年左右（2500h） 安装拆卸方便
铜钢焊接贯流式风口	1—鼓风接口法兰　2—冷却水接口　3—炉体接口法兰　4—风口体　5—螺旋流道　6—风口帽	冷却水沿螺旋流道以螺旋轨迹流向回水口（双腔式风口基本上是直线流动），冷却水的冷却作用更为强烈	材质与钢铜焊接双腔式风口相同 使用寿命最长，一般可用到二年左右（5000h） 安装拆卸方便，使用可靠

表 12-127　插入式水冷风口的应用

项目	定　义	特　点	应　用
冷却水压力	包括： 1）风口冷却水压力损失—风口前后冷却水压力之差 2）冷却水工作压力—风口进水口的实际压力应大于风口压力损失和回水管回水阻力损失 流量越大，压力损失越大	1）贯流式压力损失最大，为 0.4 ~ 0.6MPa 2）双腔式压力损失次之，为 0.1 ~ 0.2MPa	1）提高工作压力，提高水的沸点，可抑制风口内冷却水的气化趋势；增加流速，提高风口的可靠性及寿命 2）通过调节阀调节
冷却水流量	1）水量太小，冷却不足，风口易烧毁 2）水量较小，风口易结垢	1）贯流式风口要求流量较小 2）双腔式风口要求流量较大	通过截止阀调节
冷却水流速	冷却水流速大，冷却效果好	贯流式的冷却水流速大于双腔式风口	调节工作压力，可以调节流量，从而加大或减小流速

4. 热风和除尘的组合问题

对任何冲天炉，除尘永远是必需的，但对于外热风冲天炉热风与除尘的组合可以有两种方式，即先除尘后热风和先热风后除尘。先除尘后热风冲天炉的工艺流程如图 12-101 所示。先热风后除尘冲天炉的工艺流程如图 12-102 所示。这两种形式的体系各具特点，可根据具体条件选用。

外热风水冷冲天炉的整体布置如图 12-103 所示。它由废气-炉气系统、冷风-热风系统和水冷系统三大系统组成，构成了现代冲天炉的布置模式。

5. 长炉龄冲天炉的操作与故障处理

普通炉操作的基本原则适合于长炉龄炉，本节仅介绍与长炉龄冲天炉有关的热风系统及冷却水系统的操作要点和常见故障及处理。

（1）热风系统的操作要点

1）炉外热风系统操作要点。

① 该类冲天炉属于目前结构最为复杂的冲天炉，自动化程度高，只需要少数操作人员；上岗前，操作人员必须经过反复的技术培训，熟知冲天炉各个部分的结构与控制方法。

② 该类冲天炉一般配备有完善的仪表、电气控制系统，设置有专门的中央控制室，可以自动记录冲天炉运行参数。冲天炉主要通过仪器仪表和自动执行机构控制冲天炉的工作，因此必须按规定时间及时校核仪器仪表的准确性，保证仪器仪表的正确指示，以及自动执行机构或遥控执行机构的正常工作。

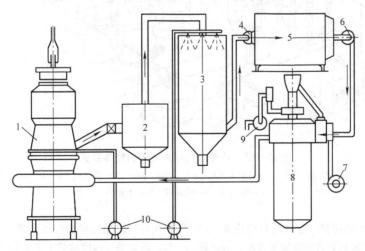

图 12-101　20t/h 先除尘后热风冲天炉的工艺流程

1—冲天炉　2—旋风分离器　3—文丘里湿法除尘器　4、6—引风机
5—干燥室　7、9—鼓风机　8—换热器　10—水泵

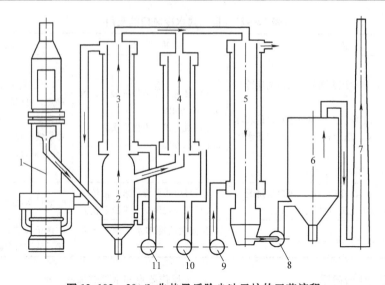

图 12-102 20t/h 先热风后除尘冲天炉的工艺流程

1—冲天炉 2—燃烧室 3—换热器 4、5—冷却器 6—布袋除尘器
7—烟囱 8—引风机 9、10—冷却风机 11—鼓风机

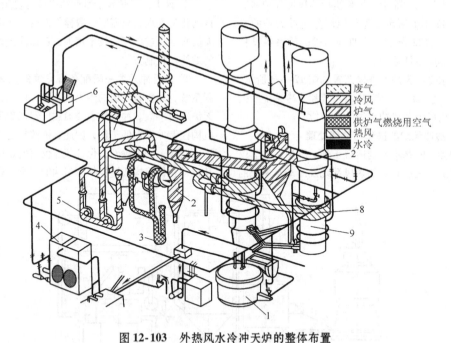

图 12-103 外热风水冷冲天炉的整体布置

1—电炉 2—炉气除尘器 3—助燃鼓风机 4—水循环系统 5—鼓风机 6—炉顶除尘水系统
7—换热器 8—热风箱 9—冲天炉

③ 该类型冲天炉的配料、加料均自动完成，一般不需要人工干预，因此炉料的质量等级高，对炉料块度要求严格。对配料称量仪器仪表必须进行定期校准，因炉料称量误差容易导致冲天炉的熔化故障或事故。

④ 冲天炉的热风部分工作前一般需要预热，可采用煤气或油料对炉气燃烧器、热风换热器进行预热，防止炉气温度骤然上升对热风换热器造成损坏。由于热风换热器结构复杂、造价高，使用中必须及时观测和调节炉气温度和热风温度，防止损坏热风换热器。

⑤ 冲天炉一般配备有完善的炉气除尘净化系统，

工作过程中必须注意调节炉气温度，防止炉气温度过高而损坏除尘器或管道系统；同时也要防止炉气温度过低，造成炉气中的水分凝结而对管道或除尘器的损坏。

2）炉顶热风长炉龄冲天炉系统的操作要点。

① 应该根据热风换热器所用的材料控制热风温度，如果热风温度过高，换热器很容易损坏。不锈钢换热器的热风温度一般控制在550℃左右，但不得超过600℃；普通低碳钢换热器的热风温度一般控制在400℃左右，但不得超过450℃。可以通过两个途径控制热风温度，保护换热器：首先通过层焦量控制炉气温度。当开风熔化 45～60min 后，如果热风温度超过预定控制值，应该适当减少层焦量、降低炉气温度；如果热风温度过高，可以开动炉气冷却风机，在炉气中掺入冷空气，以降低炉气温度。其次，为了保护热风换热器，打炉后应该继续鼓风 15～30min，以对换热器进行冷却。

② 该类冲天炉热风温度较高，热风管道在高温作用下的膨胀量较大，极易引起热风管道本身及相邻结构的变形、焊缝开裂、热风泄露，使冲天炉入炉风量不足。因此，应该根据具体情况改进热风管道结构，加强热风管道的检修，防止热风管道漏风影响冲天炉的正常熔化。

③ 该类热风换热器内部容易积灰，需要定期清除。如果需要进入换热器内部清灰，作业人员必须佩带护目镜、围脖等个人防护用品，在换热器内部完全冷却后方可进入换热器清扫积灰。

④ 如果该类冲天炉的铁液出炉温度过高，应该适当减少层焦用量。

（2）热风系统常见故障及处理

1）炉气燃烧不稳定的原因与排除见表 12-128。

表 12-128　炉气燃烧不稳定的原因与排除

故障现象	炉气燃烧器或换热器中燃烧产生的火焰忽明忽灭，炉气温度波动
故障原因	1）冲天炉燃烧温度低，炉气中一氧化碳含量在临界体积浓度（12.5%）附近波动 2）炉气燃烧需要的助燃空气量偏大 3）开风初期、停风复风后、风焦失衡底焦高度下降后，炉气温度低 4）开风初期炉气燃烧器或热风换热器预热温度偏低

（续）

故障排除	1）适当增加层焦量，保持风焦平衡，提高冲天炉的炉温 2）严格控制助燃空气量，保证炉气中一氧化碳的浓度 3）冲天炉启动前对炉气燃烧器进行充分预热 4）启动或设置炉气燃烧器或换热器中的炉气点火器

2）热风温度偏低的原因与排除见表 12-129。

表 12-129　热风温度偏低的原因与排除

故障现象	热风温度低于正常值
故障原因	1）炉气燃烧需要的助燃空气量偏大 2）层焦量偏小或风量偏大，导致底焦高度下降，炉气中余热量值低
故障排除	1）适当降低铁焦比，增加焦炭用量 2）适当减少助燃空气量

3）排烟温度不正常的原因与排除见表 12-130。

表 12-130　排烟温度不正常的原因与排除

故障现象	排烟温度不正常
故障损害	排烟温度偏高，容易导致排烟管道、除尘器、系统风机等变形、发红损坏；温度偏低，则容易导致袋式除尘器内部结露，使滤袋挂泥、损坏
故障原因	如果排烟温度偏高，则可能是： 1）冲天炉层焦量过大，炉气中化学潜热过大，此时热风温度偏高 2）炉气冷却器的冷却风机、水泵等存在故障，不能正常工作 3）炉气冷却控制系统发生故障，不能正常工作 如果排烟温度偏低，则可能是： 1）层焦量偏小或风量偏大，导致底焦高度下降，炉气中余热量值低，此时热风温度偏低 2）炉气中掺入的冷空气量过大

（续）

故障排除	1）首先观察故障现象，分析故障原因 2）如果排烟温度偏高，紧急开启野风阀，防止管道、除尘器损坏 3）调整冲天炉的层焦量、送风量、除尘系统掺入的冷空气量等 4）保证炉气冷却器及其控制系统正常工作，调整冷却器的冷却空气量、冷却水量，保证袋式除尘器炉气入口温度在 100～140℃之间

4）间壁式热风换热器损坏的原因与预防见表 12-131。

表 12-131　间壁式热风换热器损坏原因与预防

故障现象	1）换热器内炉气与空气之间的器壁穿透、损坏 2）换热器外壳穿透、损坏
故障原因	1）换热器使用前未预热，或者换热器达到寿命期限，焊缝疲劳开裂 2）操作不当导致热风换热器损坏，如打炉时、棚料时未对炉气进行通风冷却 3）炉气温度过高，导致器壁氧化损毁 4）换热器内部耐火材料层脱落，导致外壳损坏
故障预防	1）随时观测换热器内部的温度，严格控制炉气温度，及时检修换热器 2）打炉和棚料时对炉气进行及时冷却 3）换热器使用前进行充分预热

5）管道变形的原因、预防与处理见表 12-132。

表 12-132　管道变形的原因、预防与处理

故障现象	输送热风（或炉气）的管道起皱、变形
故障原因	1）冲天炉或热风（炉气）温度控制系统工作不正常，导致温度过高 2）管道中未设置膨胀节（金属波纹管），或者膨胀节膨胀量不足
预防与处理	1）保证冲天炉和热风（炉气）温度控制系统正常工作 2）严格计算管道膨胀量，在管道中设置膨胀节，管道内建立搪衬 3）改造管道系统，消除存在的问题

6）管道积灰的原因、预防与处理见表 12-133。

表 12-133　管道积灰的原因、预防与处理

故障现象	冲天炉与热风单元之间输送炉气的管道内积灰，炉气输送不畅甚至无法工作
故障原因	1）管道直径过大或过长、管内风速过低、粉尘颗粒直径过大 2）管道走向不合理
预防与处理	1）根据炉气中粉尘颗粒的密度与直径，采用直径较小的管道直径，尽量提高管内风速 2）尽量采用与水平面有一定夹角的管道走向，防止粉尘沉降 3）炉气进入管道前最好经过一级除尘器，去除其中的粗大颗粒 4）在管道上设置一定数量的清灰口，使作业人员可以进入管道内部清除积灰 5）清除管道积灰应注意安全，打开清灰口应首先起动风机，用洁净空气吹扫管道中的一氧化碳，然后进入管道清除积灰

（3）冷却水系统的操作要点

1）风口冷却水与炉壁喷淋冷却水一般分别采用两台水泵供水，两路冷却水之间接设有截止阀，如果任一路冷却水出现意外故障，可以开启截止阀，用其中一路冷却水为另一路紧急供水。

2）循环冷却水的温度通过冷却塔自动控制，如果冷却水温度超过设定值，冷却塔自动起动供水。

3）如果冲天炉熔化过程中电网意外停电，首先开启高位水箱冷却水阀门对冲天炉进行冷却，同时起动柴油动力水泵对冲天炉进行紧急冷却。

4）每个水冷风口冷却水的进口均装有闸阀，出口装有温度测量仪表、流量仪表，同时装有可以调节风口冷却水工作压力的截止阀。

5）该冷却系统的炉缸利用炉壁冷却水进行冷却，通过调节回水截止阀的开度控制炉缸四周水槽中的液面高度，对炉缸或采用浸浴式冷却，或者采用喷淋式冷却。

6）当冲天炉循环冷却水系统中的主泵发生故障，不能正常为冲天炉供水时，电气系统必须通过管道中的水压信号，自动起动备用泵为系统供水。

7）如果电网意外停电，必须在规定时间内起动应急发电机组为冷却水系统紧急供电。在起动应急发电机组期间，利用高位水箱中的冷却水对冲天炉进行应急冷却，一般可以自流 20min，作为在高位水箱应急发电机组起动前城市自来水对冲天炉的应急冷却水源。

6. 长炉龄冲天炉的搪衬技术

用于连续生产的现代冲天炉，通常都采用水冷无炉衬技术。这样的冲天炉，工作状况最恶劣的是炉缸部分。冲天炉炉缸内部是赤热的焦炭，温度大约为 1600~1750℃，焦炭和风口吹入的氧气进行激烈的燃烧，焦炭由上而下运动，炉衬受到风和焦炭在高温下的机械磨损，而熔化的铁液滴和熔渣不断冲刷和侵蚀着炉衬，所以对炉缸内的耐火材料的要求是：①要有较高的耐火度；②要有较好的抗氧化、抗侵蚀性能；③要有良好的抗机械磨损性。此外，炉衬材料的物理性能还要具有荷重软化点高、气孔率低、密度大、耐火度高、耐压强度高，干燥前与烧结前后的线变化率要低等性能。图 12-104 所示为 8t/h 长炉龄冲天炉的炉衬情况。不同部位使用不同品种的材料，炉龄可达 50~60d。

长炉龄冲天炉普遍使用 Al_2O_3-SiC-C（石墨）系（即 ASC 系）高级耐火材料，该系为中性炉衬材料。表 12-134 列出了各类 ASC 耐火材料的成分范围、使用部位或用途等。捣打料为现今最普遍使用的炉衬材料，而低水泥浇注料以其施工方便、炉龄长，越来越多地受到人们的重视，传统的 ASC 出铁口成形砖正在逐步被超低水泥浇注成形砖所替代。

图 12-105 为 20t/h 长炉龄的修筑实例。该炉无炉衬，炉缸底全部用 ABC 捣打料。

图 12-105 所示为 20t/h 热风长炉龄冲天炉的炉衬情况。

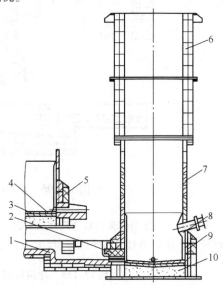

图 12-104　8t/h 长炉龄冲天炉的炉衬情况

1—Al_2O_3-SiC 可塑料　2—Al_2O_3-SiC-G 出铁口砖
3、4—Al_2O_3-SiC-G 炉底捣打料　5—SiC 砖　6—高铝砖
7—Al_2O_3-SiC-G（石墨）砖　8—Al_2O_3-SiC-C（石墨）
可塑料　9—Al_2O_3-SiC 砖　10—型砂

表 12-134　各类 ASC 耐火材料的成分范围、使用部位或用途

名　　称	骨料的成分范围 w（质量分数,%）					密度 /(g/cm³)	使用部位或用途
	Al_2O_3	SiC	C	SiO_2	CaO		
耐火砖					—		炉缸后备衬、挡渣堰
出铁口成形砖					—		用于出铁口
捣打料	60~75	11~26	2.5~3	4~10	—	2.69~2.98	修砌炉缸、出铁槽表层
修补泥	60~75	11~26	2.5~3	4~10	—	2.75~2.95	炉缸、出铁槽修补
低水泥浇注料							浇注炉缸
超低水泥浇注料							浇注出铁口成形砖

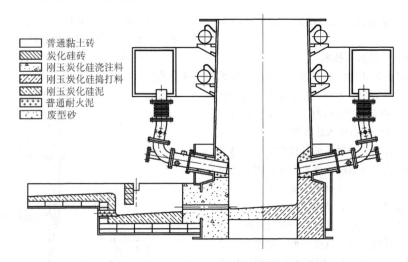

图 12-105　20t/h 热风长炉龄冲天炉的炉衬情况

图例：
- □ 普通黏土砖
- ▨ 炭化硅砖
- ▧ 刚玉炭化硅浇注料
- ▨ 刚玉炭化硅捣打料
- ▨ 刚玉炭化硅泥
- ▨ 普通耐火泥
- ▨ 废型砂

7. 两班制、长炉龄冲天炉系列尺寸及实例

两班制、长炉龄冲天炉的系列尺寸及实例见 表 12-135 ~ 表 12-137。

表 12-135　冷风两班制、长炉龄冲天炉的主要技术规格

技　术　参　数		熔化率/(t/h)					
		5	7	10	15	20	30
炉膛内径/mm		900	1000	1200	1500	1700	2100
供风强度/[m³/(m²·min)]		90 ~ 120					
炉壁冷却水耗量/(m³/min)		50	80	120	150	150	180
两班制	炉缸深度/mm	400	400	400	500	500	500
	理论风量/(m³/min)	78	120	200	200	320	400
	风口比（%）	3 ~ 5					
	风口排距/mm	650	700	800	850	850	850
长炉龄	炉缸深度/mm	1050	1100	1200	1250	1250	1250
	理论风量/(m³/min)	78	100	150	200	320	400
	风口直径/mm	70	90	100	110	115	130
	风口比（%）	3 ~ 5					
	风口冷却水耗量/(m³/min)	80	100	100	120	120	150

注：长炉龄冲天炉为单排风口。

表 12-136　不同吨位两班制大排距双层送风冲天炉的主要技术参数和使用效果实例

名义熔化率/(t/h)	7	10	12	15	20
炉膛平均内径/mm	1000	1100	1200	1250	1400
炉壳平均内径/mm	1767.5，锥度2°	2035	2000	2100	2160
炉底厚度/mm	300	400	450 ~ 500	450	500

（续）

名义熔化率/(t/h)		7	10	12	15	20
炉缸高度/mm		400	400	450~500	450	450
有效高度/mm		6900	7500	7800	8700	9000
后炉至分渣器中心距/mm		虹吸分渣器:1495	固定前炉:2500	2100~2200	2300	2450
风口排距/mm		800	900	900	900	950
风口尺寸(φ/mm)× (长/mm)×[/(°)]	上排	φ55×8×10	φ60×10×10	φ68×10×10	φ70×10×10	φ72×12×10
	下排	φ48×8×5	φ50×10×5	φ55×10×5	φ50×12×5	φ58×12×5
风口比(%)		4	4	4.2	4.2	4.5
装炉底焦高度/mm		1800	2200	2300	2300	2400
焦耗(%)		10~12.5	10~12.5	9.5~10	106	10.5
连续化铁时间/h		12~15	12~15	18~20	12~16	12~18
总化铁量/t		115	125.54	250~280	240~260	320~330
熔化率/(t/h)		7	13	12~15	15~16	19~24
铁水温度/℃	最高	1520	1499	1550	1520	1500
	平均	1490	1489	1500	1480	1480
硅烧损(质量分数,%)		<13.5	<15	<15	<15	25
锰烧损(质量分数,%)		<17.5	<20	<20	<20	30
渣中FeO含量(质量分数,%)		<3.1	<4.0	2.5~4.5	2.5~4.5	<4.5
焦炭固定碳含量(质量分数,%)		86 山西改良焦	87 山西改良焦	> 山西改良焦	88~90 山西改良焦	>88 山西改良焦
风量、风压		$Q=86m^3/min$ $p=14kPa$	$Q=240~285m^3/min$	$Q=160m^3/min$ $p=15.5kPa$	$Q=170~180m^3/min$ $p=18.4~20.4kPa$	$Q=220m^3/min$ $p=19.4kPa$

注：表中参数由江阴市铸造设备厂有限公司提供，仅供参考。

表 12-137　不同吨位大排距双层送风长炉龄冲天炉的主要技术参数和使用效果

名义熔化率/(t/h)		5	7	10	15
炉膛平均内径/mm		853	1020	1379	1508
炉壳平均内径/mm		986 锥度2°	1235 锥度4°	1504 锥度4°	1712.5 锥度3.5°
炉底厚度/mm		400	600	500	650
炉缸高度/mm		450	500	650	650
有效高度/mm		6750	7000	7550	8550
后炉至分渣器中心距/mm		虹吸分渣器:1400	压力分渣器:1500	虹吸分渣器:1650	压力分渣器:2200
风口排距/mm		700	700	800	800
风口尺寸(φ/mm)× (长/mm)×[/(°)]	上排	φ52×6×10	φ76×4×10	φ60×8×10	φ85×6×10
	下排	φ65×6×5	φ60×4×5	φ60×8×5	φ85×6×5
风口比(%)		57	3.59	3	3.8
装炉底焦高度/mm		1800~2000	2300	2300	2400
焦耗(%)		12	13	14	12
连续化铁时间/h		120	79.5	144	264
总化铁量/t		500	550.35	1375	2675.2

（续）

名义熔化率/(t/h)		5	7	10	15
熔化率/(t/h)		5	6.5~7.5	10~12	15.2
铁水温度/℃	最高	1510	1503	1497	1550
	平均	1480	1481	1457	1491
硅烧损(质量分数,%)		<16	<15	<14.03	<12
锰烧损(质量分数,%)		<18	<19	<17.58	<18
渣中FeO含量(质量分数,%)		<3	<2.73	<2.8	<3.18
焦炭固定碳含量(质量分数,%)		85 镇江二级铸造焦	85.1 山西改良焦	68~81 云贵地方焦	88~90 山西改良焦
风量、风压		$Q=56\mathrm{m^3/min}$ $p=14~15\mathrm{kPa}$	$Q=87\mathrm{m^3/min}$ $p=14\mathrm{kPa}$	$Q=135~140\mathrm{m^3/min}$ $p=11~13\mathrm{kPa}$	$Q=180~200\mathrm{m^3/min}$ $p=2.54\mathrm{kPa}$
风机型号		L63L	L74WD	L83WD	离心鼓风机033~11

注：表中参数由江阴市铸造设备厂有限公司提供，仅供参考。

12.2.10　热平衡与节能

1. 冲天炉内热平衡计算

在冲天炉熔炼过程中计算各项热量收支及其有关统计工作，称之为冲天炉的"热平衡"。根据实际的数据或经验指标，在全面掌握热量收支的基础上，通过分析热量的有效利用和热损失的数量，以及引起损失的原因，进行炉子的热平衡计算。热平衡计算为提高冲天炉的热能有效利用率、为节能减排指明途径。

冲天炉热平衡计算见式（12-27）及式（12-28）。某冲天炉物料平衡及热平衡计算结果举例见表12-138、表12-139。

$$Q_{收入} = Q_{支出} \quad (12\text{-}27)$$

式中　$Q_{收入}$——冲天炉热量收入；

　　　　$Q_{支出}$——冲天炉热量支出。

$$Q_{收入} = Q_{燃料} + Q_{氧化} + Q_{造渣} + Q_{热风}$$

$$Q_{支出} = Q_{铁} + Q_{石} + Q_{渣} + Q_{气} + Q_{化} + Q_{机} + Q_{打炉}$$
$$+ Q_{蒸发} + Q_{湿} + Q_{湿风} + Q_{蓄} + Q_{散} + Q_{其他}$$

$$(12\text{-}28)$$

式中　$Q_{燃料}$——燃料燃烧的化学热；

　　　　$Q_{氧化}$——金属元素氧化反应的化学热；

　　　　$Q_{造渣}$——造渣反应的化学热；

　　　　$Q_{热风}$——预热送风带入的物理热（外热式）；

　　　　$Q_{铁}$——铁料加热熔化所需的热量；

　　　　$Q_{石}$——石灰石分解吸收的热量；

　　　　$Q_{渣}$——炉渣带走的物理热；

　　　　$Q_{气}$——炉气带走的物理热；

　　　　$Q_{化}$——炉气带走的化学热；

　　　　$Q_{机}$——燃料不完全燃烧损失的热量；

　　　　$Q_{打炉}$——打炉残料带走的热量；

　　　　$Q_{蒸发}$——燃料中水分的蒸发热；

　　　　$Q_{湿}$——送风湿度的热损耗；

　　　　$Q_{湿风}$——热风漏损的热量损失；

　　　　$Q_{蓄}$——炉体蓄热损失的热量；

　　　　$Q_{散}$——炉体散热损失的热量；

　　　　$Q_{其他}$——其他热损失及计算误差。

表12-138　某冲天炉物料平衡举例

（对100kg金属料）

入炉物料	出炉产物
1）金属炉料 100kg	1）铁液 98kg
2）焦炭 10kg	2）炉渣 6.09kg
3）石灰石 3.5kg	3）炉气 91.16kg
4）炉衬侵蚀量 0.13kg	
5）空气 81.62kg	
合计：195.25kg	合计：195.25kg

2. 节能、环保

节能指加强用能管理，采取技术上可行、经济上合理以及环境和社会可承受的措施，减少从能源生产到消费各个环节中的损失和浪费，更加有效、合理地利用能源。冲天炉熔炼是耗能大户，冲天炉节能应从设备节能、工艺节能、控制节能三方面着手。为了评定冲天炉节能的水平，国家颁布了机械行业标准JB/T 50155—1999，冲天炉能耗分等及其计算有关内容（见表12-140），各种能源和物质消耗折算标准煤参考系数见表12-141。

表 12-139　某冲天炉热平衡举例（对 100kg 金属料）

热量收入	kcal[①]	%	热量支出	kcal[①]	%
1）焦炭燃烧发热	65733	93.95	1）铁料熔化与过热	29890	42.7
2）金属氧化发热	3734	5.35	2）炉渣带走热	2558	3.7
3）造渣反应发热	487	0.70	3）炉气带走物理热	11712	16.7
			4）炉气带走化学热	15775	22.6
			5）石灰石分解吸热	1442	2.0
			6）水分蒸发分解热	1158	1.7
			7）炉体散热	6506	9.3
			8）其他热损失及误差	933	1.3
	69954	100		69954	100

① 1kcal = 4.1868kJ。

表 12-140　冲天炉能耗分等及其计算（摘自 JB/T 50155—1999）

熔化能力	可比单耗 b 指标（标准煤 kg/金属炉料 t）		
t/h	一等	二等	三等
1～3	≤95	>95～115	>115～140
>3～10	≤90	>90～110	>110～135
>10～20	≤97	>97～121	>121～145

冲天炉可比单耗计算

计算项目	计算公式	说　明
可比单耗 b	$b = \dfrac{\sum W_i + \sum W_i'}{\sum G_i}$	b—统计期内金属炉料可比单耗（标准煤 kg/金属炉料 t） $\sum W_i$—统计期内总能耗量（标准煤 kg） $\sum W_i'$—统计折算成基准温度的能耗总附加量（标准煤 kg） $\sum G_i$—统计期内实际用金属炉料总量（t）
实际用金属炉料量 G_i	$G_i = G_i' - G_i''$	G_i—某一炉次合格铁液金属炉料实际用量（t） G_i'—该炉次金属炉料入炉量（t） G_i''—该炉次打炉残存金属炉料质量（t）
总能耗量 $\sum W_i$	$\sum W_i = \sum W_1 + \sum W_2$	$\sum W_i$—统计期内总能耗量（标准煤 kg） $\sum W_1$—统计期内该炉用焦炭总消耗量（标准煤 kg） $\sum W_2$—统计期内该炉外加热总能耗量（标准煤 kg） 按实际能耗量折标准煤计算
焦炭实际消耗量 W_1	$W_1 = (W_1' - W_1'') \dfrac{Q_{DW}^y}{29308}$	W_1—某炉次焦炭实际消耗量（标准煤 kg） W_1'—某炉次焦炭入炉量（标准煤 kg） W_1''—该炉次打炉焦炭量（标准煤 kg） Q_{DW}^y—该炉次焦炭低位发热值（kJ/kg） 焦炭低位发热值以测定为准,如确有困难可按 $Q_{DW}^y = 28470$ kJ/kg 计算
折算成基准温度的能耗附加量 W_1'	$W_1' = 0.25(1400 - t_i) G_i$	W_1'—某炉次能耗附加量（标准煤 kg） t_i—该炉次铁液温度（℃） G_i—该炉次合格铁液实际用金属炉料量（t） 0.25—温度系数（标准煤 kg/金属炉料 t·℃）

表 12-141　各种能源和物质消耗折算
标准煤参考系数

名　　称	折算标准煤系数/(标准煤 kg/kg)
原煤	0.7143
洗精煤	0.9000
洗中煤	0.2857
煤泥	0.2857 ~ 0.4286
焦炭	0.9714
原油	1.4286
燃料油	1.4286
汽油	1.4714
煤油	1.4714
柴油	1.4571
液化石油气	1.7143
油田天然气	1.3300 标准煤 kg/m³
气田天然气	1.2143 标准煤 kg/m³
热力	0.3412 标准煤 kg/MJ
电力	0.4040 标准煤 kg/(kW·h)
外购水	0.0857 标准煤(kg/t)
软水	0.4857 标准煤(kg/t)
除氧水	0.9417 标准煤(kg/t)
压缩空气	0.0400
鼓风	0.0300
氧气	0.4000
氮气	0.6714
二氧化碳气	0.2143
氢气	0.3686
低压蒸汽	128.6 标准煤 kg/t

冲天炉熔炼的节能及环保技术应采取的措施
如下:

(1) 炉料及配料方面

1) 炉料需预处理, 金属炉料应除锈去污, 大块
炉料应预先破碎 (如铁锭、大块回炉机铁、废钢等)
成合适尺寸。

2) 焦炭应筛分, 大、中、小块分别堆放, 贮存
地应有棚, 不得日晒雨淋, 每层层焦选用其中一种,
穿插使用。

3) 优先使用廉价金属炉料 (如废钢), 少用生
铁锭。

4) 使用铸造焦。

5) 采用计算机配料。

(2) 设备

1) 优先使用长炉龄冲天炉, 安排好生产计划,
一次炉役, 尽可能延长, 以求长时间连续生产。

2) 推广冲天炉-感应炉双联熔炼。

3) 冲天炉大型化。

4) 推广使用节能风机、变频风机。

5) 大力推广多级袋式除尘系统。

6) 注意加强风机房的隔声措施及风机的消声设
备的应用。

7) 有计划地逐步研究开发天然气化铁炉。

(3) 工艺

1) 推广双排大间距双层送风冲天炉, 采用预热
送风、富氧送风、除湿送风。

2) 推广应用合成铸铁。

3) 避免中途停风。

4) 加强浇包等的保温措施。

5) 严格按工艺规程操作。

(4) 循环经济废物利用

1) 加强水处理, 循环使用废水。

2) 加强余热利用, 可用于生产热水洗浴、取
暖、烘芯或余热发电 (大型冲天炉), 实现低碳化
生产。

3) 炉渣及打炉后炉衬等, 用于制水泥、造砖和
铺路等。

4) 炉气中的固体废物重新加入炉内燃烧 (从风
口吹入)。

5) 大量使用镀锌钢板时, 富锌的烟尘可以回
收锌。

12.2.11　冲天炉的余热利用

国内某厂从国外引进的 25t/h 冲天炉系统的最大
优势就是可以 100% 收集冲天炉生产中外排的废气并
使其转化再利用 (见图 12-106)。该项目投资成本能
够实现快速回收, 彻底实现环保排放, 降低了能耗和
生产成本。这些都是依靠冲天炉生产中废气的回收与
利用来实现的。

在该 25t/h 冲天炉正常生产中, 每小时可以通过
其炉气的完全收集再燃烧, 产生约 9MW/h 的热能,
并实现余热利用。

1. 用于冲天炉生产的鼓风加热

设计中用大约 3.4MW/h 的热能向 25t/h 冲天炉
生产时约 20℃ 的 20000Nm³/h 的冷空气鼓风供热, 将
冷空气加热到 550℃ 以上, 这部分热能可以把冷风转
为热风, 实现冲天炉热风生产, 降低成本效果显著。

2. 用于砂芯烘干炉的涂料烘干

设计中用 3MW/h 的热能向砂芯烘干炉供热, 实
现砂芯涂料烘干。将 3MW/h 的热能分解为 13 个换热
参数不同的换热器, 形成 13 个独立自循环的风与油
的换热系统, 最高可以将冷风换热为 185℃ 的热风,

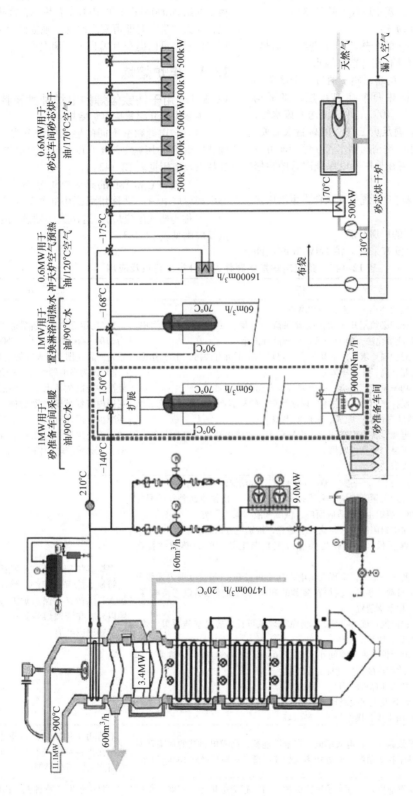

图 12-106　国内某厂冲天炉的余热利用

总热风量约为200000Nm³/h。经测算，每小时最多可以节约306m³的天然气，基本取代天然气热源。

3. 用于职工洗浴水加热

利用冲天炉1MW/h的余热将员工洗浴水加热，在冲天炉生产中可以停止使用外购高温水。

利用现有一个约40t的蓄水箱，通过一个1MW/h的油/水换热和水/水换热两个换热程序，将平均10℃的自来水加热到65~70℃，并直接送入该水箱，按现有控制方式，可以满足员工洗浴用高温水需要，取代了外购系统高温水。洗浴间储水箱在停产前可以有40t高温水的储备，若在夏季可以保证次日的检修用水需要。

另外，还可以实现将此系统并入到食堂生活热水系统中。

4. 用于砂准备车间的厂房升温

砂准备车间厂房内没有采暖，将1MW/h的热能输送到砂准备车间的原砂库附近，通过油/风换热器换出的约24000Nm³/h的80℃左右热风直接吹入车间里，冲天炉生产时即可实现向这个独立的（7500m²）厂房供暖。可以提升10℃以上厂房温度。

12.3　电炉熔炼

12.3.1　用于铸铁熔炼的电炉种类及特点

本章主要介绍感应电炉熔炼。

（1）按电源频率不同的感应电炉分类　可分工频感应电炉、中频感应电炉和高频感应电炉三大类，其特点及应用见表12-142。

（2）按有心和无心的感应电炉分类　可分为无心中频感应电炉（又称坩埚式中频炉）和有心中频炉（又称沟槽式感应炉）。这两类中频感应电炉的特点及应用见表12-143。

表12-142　感应电炉按电源频率的分类、特点及应用

电源频率范围	特　　　点	应　　　用
工频感应炉 （50Hz或60Hz）	1）比功率小，一般为300kW/t 2）开炉必须用开炉块，或者保留一定量上炉的铁液在坩埚中，称为残液熔化法，但变换熔炼铁液品种困难 3）对炉料要求高，料块要有一定尺寸，不可有油污，不可潮湿 4）能耗高，热效率差 5）功率调节范围窄，有级调节，自动调节困难 6）搅拌作用大，"驼峰"现象严重，铁液表面难以造渣覆盖，大气对铁液有污染，脱氧、精炼效果差 7）电源设备占用空间大，维修量大，故障诊断及保护功能差 8）不易与计算机联网 9）投资费用高	1）已运行的最大容量达20t，功率为3100~4600kW，能生产500kg~40t系列产品（国外最大容量达100t） 2）因为在电器特性、操作灵活及经济性方面的不足，工频感应电炉在国内铸铁熔炼方面的使用量已逐渐减少，国外有些国家工频感应电炉已停止生产，但在有心保温炉方面，工频感应电炉仍有一定优势
中频感应炉 （75~10000Hz）	1）比功率大，一般在600~1400kW/t，起动快，熔化快，生产率高 2）开炉无须开炉块，采用批料熔化法，变换铁液品种及牌号方便，便于组织生产，适应面广，供应铁液"柔性"好 3）对炉料限制少，料块大小随意，特别适合铁屑重熔 4）能耗低，一般较工频感应电炉节电约10%，热效率提高约8% 5）便于一拖二，实现双供电，功率可在0~100%范围内无级调节，可自动变频以适应炉料参数的变化；无须接触器以切换电容；无须二相平衡装置 6）铁液搅拌能力可调，"驼峰"现象可控，容易造渣覆盖精炼，便于脱氧、脱硫、增碳 7）电源设备占用空间小（比工频炉要少60%左右），维修工作量小，故障诊断保护功能完全 8）易与计算机联网 9）设备及土建投资较工频感应电炉低（要少10%~15%） 10）用人少，操作简单，环保好	根据其主要优点，中频感应电炉是铸铁熔炼首选用炉，使用量日益扩大，除在有心保温炉方面仍用工频以外，在铸铁熔炼炉中基本取代了工频感应电炉
高频感应炉 （>10000Hz）	电源线路复杂，电效率低，安全性能差，高频电磁波的污染及对通信的干扰等限制了电源功率及炉体容量，一般只做到100kg以下	不适用于铸铁件的批量生产，只能用在实验室内进行科学研究，开发新产品、新材料等
其他	真空感应电炉、等离子感应电炉、增压感应电炉等，其电源与中频感应电炉相似	主要用于生产特种钢，高温合金，耐蚀合金等，不用于生产铸铁件

表 12-143 无心和有心感应电炉的特点及应用

比较项目	无心感应电炉	有心中频感应电炉（沟槽式）
优点	1）搅拌作用好，便于合金元素的吸收和均匀化，去硫能力强，特别适于球墨铸铁件的生产 2）输入功率大，调整化学成分及提温迅速，生产率高 3）铁液可以排空，变更铁液品种方便，可用冷炉料起动 4）炉衬费用低，更换炉衬、筑炉及停炉拆修方便 5）铁液成分及温度均匀、准确，元素烧损少，易于控制	1）因搅拌作用小，使这种炉子元素烧损极微，更适用于保温及贮存铁液 2）因感应器与熔沟间电磁耦合性好，能量传递效率高，因此电效率和功率因数高，保温功率小，并能准确控制浇注温度 3）炉衬绝缘层厚，热损失小、能耗少，寿命长 4）炉膛形状和容量可以按需设计，最大容量可达300t 5）操作中可一边兑入铁液、一边出铁，便于连续、频繁出铁，平衡铁液供应能力强，"柔性"好
缺点	1）保温功率大，能耗相对较大 2）炉子投资费用大 3）结构设计复杂	1）因允许功率密度值的限制，对过热能力有限制 2）搅拌力小，不适宜于温度及化学成分的均匀，调整缓慢 3）铁液不可倒空，不可冷炉料起炉，不能任意停炉，变更铁液品种困难，适合于连续作业 4）炉衬材料昂贵，筑炉及维修不够方便、时间长
应用	熔炼、保温	适宜作为保温炉、浇注炉，多采用工频电源供电

（3）中频感应电炉按电源类型分类 中频电源的类型分两类，在铸造行业，习惯把晶闸管（SCR）全桥并联逆变中频电源感应电炉称为中频炉；对配置（IGBT 或 SCR）半桥串联逆变中频电源感应电炉称为变频炉，这两类的逆变电路如图 12-107 所示。性能比较及应用见表 12-144 和表 12-145。

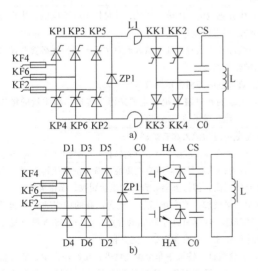

图 12-107 逆变电路

a）SCR 全桥并联逆变器　b）IGBT 半桥串联逆变器

表 12-144 两种中频电源的主要性能比较

比较项目	SCR 全桥并联逆变中频电源（PS 系列电源）	IGBT 半桥串联逆变中频电源（CS 系列电源）
产品规格范围	100～6000kW	50～3300kW
电网侧功率因数	额定功率时接近于1，功率减小时，功率因数降低	始终接近于1
变换效率	中功率时相同，大功率时略低	中功率时相同，大功率时略高
负载适应范围	一般	宽阔
恒功率输出能力	冷料起动阶段输出功率较低，改进逆变控制后，可接近恒功率运行，但控制技术复杂	整个熔化过程中始终可以保持恒功率运行，控制简单
工作频率范围	高于 2500Hz 的主要用于感应熔化和保温	最高可达 100kHz，适用于感应熔化和保温，也能用于透热及淬火

（续）

比较项目	SCR 全桥并联逆变中频电源（PS 系列电源）	IGBT 半桥串联逆变中频电源（CS 系列电源）
工作稳定性	中频电流自成回路，触发晶闸管必须有一定的电流，抗干扰能力强	中频电流必须通过 IGBT 构成回路，IGBT 是电压控制器件，外界干扰电压可能误触发 IGBT
器件过流容量和过流保护	过流容量大，保护电路简单	过流容量小，保护电路复杂，技术要求高
配置电源变压器的余量要求	变压器配置余量较大，约为中频电源最大输出功率的 1.25 倍	变压器余量小。变压器配置容量约为中频电源最大输出功率的 1.1 倍
电源功率共享可能性性	不能	可以
设备价格	低	高

表 12-145　两种中频电源适用范围

电炉类型	中频电源类型	优 点
中、小功率熔炼炉	IGBT 半桥串联逆变中频电源	高性能
	SCR 全桥并联逆变中频电源	低价格
大功率熔炼炉	SCR 全桥并联逆变中频电源	高可靠性
DX 双向供电炉	IGBT 半桥串联逆变中频电源	唯一选择
保温电炉	IGBT 半桥串联逆变中频电源	高功率因数

（4）中频感应电炉熔炼铸铁冶金特点　中频感应电炉熔炼铸铁时，由于不用焦炭，熔炼过程中不用鼓风，因此铁液不为焦炭成分中有害元素所污染，同时由于其炉体材质及熔炼工艺的影响，其冶金反应和冲天炉熔炼铸铁时有许多不同。中频感应电炉熔炼铸铁的冶金特点见表 12-146。

12.3.2　无心感应电炉熔炼

1. 基本原理

（1）感应加热原理　无心感应电炉就像一个空心变压器，工作时不用铁心，（因此被称为无心感应电炉），根据电磁感应原理工作（见图 12-108），坩

表 12-146　中频感应电炉熔炼铸铁的冶金特点

项 目	特 点	应用说明
碳和硅的变化	当铁液温度达到 1450℃ 以上时，酸性炉衬中的 SiO_2 将被铁液中的 C 所还原，使铁液脱碳增硅。温度越高、保温时间越长，脱碳增硅现象越强烈	铸件的碳当量主要取决于精确配料。当使用大量廉价废钢为原料时，可用增碳剂于熔炼加料前加入炉内，或者用生铁（于熔炼后期加入作为微调）以达到要求的含量。一般要求终碳含量比冲天炉熔炼时高 0.05%～0.1%（质量分数）
锰含量的变化	酸性炉衬时，熔炼中锰含量是减少的，但烧损量不大，一般在 5%（质量分数）以下	应在配料时精确计算。MnS 起石墨化核心作用，锰含量应与硫含量一同考虑
硫含量的变化	因熔炼中不接触焦炭，因此铁液无增硫的来源；若长时间高温保温，铁液中的硫化物会上浮，且在扒渣中去除，从而使硫含量下降；高硫原材料时，可使用脱硫剂，使硫含量下降到 0.01%（质量分数）以下	1）中频感应电炉熔炼不增硫，这是用中频感应电炉生产球墨铸铁的突出优点 2）熔炼灰铸铁时，硫含量太低对孕育不利，故必要时还必须用增硫剂增硫 3）硫含量应和锰含量综合考虑 4）增碳剂是铁液增硫的重要来源，应选择高质量的增碳剂，避免硫含量不适当地提高
磷的变化	熔炼中磷变化不显著，磷含量在 0.08%（质量分数）以下时，对铸件性能无影响	注意配料时勿混入高磷炉料 微量磷能提高铁液流动性，对铸件的力学性能有好的影响
铁液气体含量的变化	铁液中气含量（氮、氧、氢）比冲天炉熔炼时要少 1/3～1/4，相应非金属夹杂物少，元素烧损少	1）氮对铸铁质量的影响有两重性，氮含量高使铸件强度和硬度有所提高，但过高会导致产生虫状裂纹、缩松等缺陷 废钢用量增加，氮含量增加；氮含量高的增碳剂会引起增氮，选择适当保温有助于降低氮含量；适当的氮含量有稳定珠光体的作用，对改善力学性能有利 2）氧含量低，铁液中非金属夹杂物少，元素烧损少；氧含量太低，对铁液孕育不利。高温使氧含量急剧下降，白口倾向增加，导致产生过冷石墨，即使加强孕育，效果也不理想 3）氢在钢中易产生有害影响，但在铸铁熔炼中，很少论及，主要原因是氢含量比冲天炉熔炼时更低，产生危害可能更小

（续）

项 目		特 点	应 用 说 明
铁液宏观特征变化		流动性下降	在相同碳当量时，螺旋试样证明，中频感应电炉铁液流动性较冲天炉熔炼的铁液差
		白口及缩孔倾向加大	在相同碳当量时，三角试片检验，白口深度及缩孔深度都较冲天炉熔炼的铁液为大
石墨的变化		同样的化学成分，同样的铸型浇注方法，中频感应电炉熔炼比冲天炉熔炼的铸件相比，其金相组织中石墨长度较短，易产生 D 型、E 型石墨，白口倾向大	中频感应电炉铁液结晶核心较少，使共晶团数量减少，熔炼中应严格限制过热温度，尽量缩短保温时间，并适量增加炉料中新生铁的配比

坩埚外的感应线圈相当于变压器的一次绕组，坩埚内的金属炉料相当于二次绕组。当感应线圈通以交变电流时，由于交变磁场的作用，使金属炉料内产生感应电流，从而使金属炉料加热熔化并过热。由于几乎整个炉内空间被磁力线覆盖，这种电炉具有更高的功率密度，但比沟槽式感应电炉电效率略低。感应效应体现在感应器和金属炉料中的电流密度分布，如图 12-109 所示。在无心感应电炉内，被熔化金属受到电磁力的作用，产生强烈搅拌，其运动方向、透入深度和驼峰如图 12-110 ~ 图 12-112 所示。

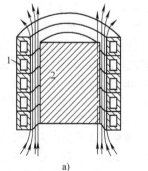

图 12-108　无心感应电炉加热原理

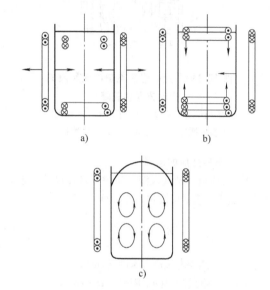

图 12-110　电磁力的方向

a）线圈与金属液间存在相互的斥力

b）金属液之间相互吸引产生压缩力

c）金属液受斥力和压缩力的作用使金属液运动

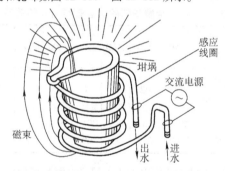

图 12-109　感应器与金属炉料中的电流密度分布

a）感应效应示意　b）感应器和金属炉料的电流密度分布

1—感应器　2—金属炉料

δ_1、δ_2—感应器和金属炉料的电流透入深度

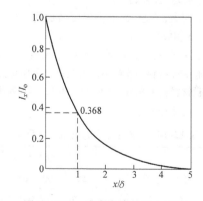

图 12-111　感应电流的透入深度

I_x—距物体表面为 x 处的电流密度（A/cm^2）

I_0—导体表面的电流密度（A/cm^2）

x—表面到测量处的距离（cm）

δ—感应电流的渗入深度（cm）

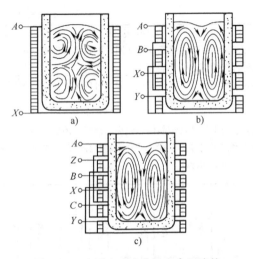

图 12-112　无心感应电炉内金属液的
运动方向和驼峰

a）单相供电，两段四区搅拌　b）两相供电，
整体搅拌　c）三相供电，整体搅拌

（2）电磁效应的运用

1）感应电流的透入深度与炉料最佳尺寸。感应电流的透入深度 δ 可按式（12-29）计算：

$$\delta = 5030 \times \sqrt{\frac{\rho}{\mu f}} \qquad (12\text{-}29)$$

式中　δ——感应电流透入深度（cm）；

　　　ρ——金属炉料的电阻率（$\Omega \cdot$ cm）；

　　　μ——金属炉料的相对磁导率；

　　　f——电流频率（Hz）。

由式（12-29）可得出如下结论：

①f 值越大，δ 越小。

②ρ 越大，δ 越大。ρ 随温度增加而增加，加热过程中，δ 相应增加。

③对铁磁材料，在居里点以下温度时，$\mu \geqslant 1$，因此比非磁性材料的 δ 要小；当温度升至居里点以上时，铁磁材料失去磁性，δ 增大。表 12-147 列出了常用材料的电流透入深度。

表 12-147　常见材料的电流透入深度

材料名称		频率 f/Hz			
		50	500	1000	3000
		电流透入深度 δ/cm			
碳钢 （磁性区）	21℃	0.64	0.14	0.084	0.042
	300℃	0.86	0.19	0.122	0.058
	600℃	1.30	0.29	0.180	0.090

（续）

材料名称		频率 f/Hz			
		50	500	1000	3000
		电流透入深度 δ/cm			
碳钢 （非磁性区）	800℃	7.46	2.37	1.67	0.96
	1200℃	7.98	2.53	1.97	1.03
	1550℃（液态）	9.06	2.85	2.01	1.16
铜	50℃	1.01	0.32	0.23	0.13
	850℃	1.95	0.62	0.44	0.25
	1250℃	3.30	1.04	0.74	0.43
铝	常温	1.07	0.37	0.26	0.14
	450℃	2.01	0.64	0.45	0.26
	750℃（液态）	3.70	1.17	0.83	0.48

金属炉料的热量，由于趋肤效应最初是在炉料外层，靠热传导来使整个炉料断面升温，为了减少热传导过程中的热损失以提高感应炉的 $\eta_{热}$，一般炉料的最佳尺寸应为（3～6）δ。以 45 钢为例，金属炉料的最佳直径与 δ 的关系见表 12-148。

表 12-148　金属炉料的最佳直径与 δ 的关系

电流频率 f/Hz	50	150	1000	2500	3000	4000	8000
电流透入深度 δ/mm	73	42	16	10	9.5	8	6
金属炉料最佳直径/mm	219～438	126～252	48～96	30～60	29～57	24～48	18～36

从表 12-148 可以看出，随着电源频率增加，最佳金属炉料尺寸相应地减小。因此，频率高的电源应选用小尺寸的金属炉料；频率低的电源可选用大尺寸的金属炉料。这就是感应电炉分成工频（低频）、中频和高频在金属炉料上的显著不同。也就是说，工频感应电炉可选用大块金属炉料，而且必须利用大块金属炉料（起炉块）才能保证起动节能；中频感应电炉的金属炉料块度可适中，而高频感应电炉只能用较小的金属炉料（一般用于实验室进行科学研究）。同样的原因，工频感应电炉容量可以做得很大（可达100t）、中频感应电炉适中（20t），1t 以下的感应电炉大多为中频感应电炉。中频感应电炉电源频率与熔炼炉容量的关系的见表 12-149。国内已能制造容量为 40t 的工频感应电炉，20t 的中频感应电炉和 1.5t 的真空感应电炉。

表 12-149　电源频率与熔炼炉容量的关系

熔炼炉容量/t	0.5~1	1.5~3	3~6	6~10	10t 以上
频率/Hz	1000	1000~500	500~300	300~200	200~100

2）电磁搅拌的利用和限制。电磁力造成金属熔池内的搅拌。电磁搅拌的优点：

① 促进金属炉料的熔解、升温；

② 促进合金及增碳剂的吸收；

③ 使化学成分均匀，温度均匀。

缺点：

① 使炉衬侵蚀冲刷加剧；

② 不利于造渣，不利于金属液面覆盖，液态金属氧化增加；

③ 导致非金属夹杂物及气孔等铸造缺陷的增多。

过强的搅拌作用，使金属液面产生驼峰现象。为了抑制驼峰，减弱搅拌力，工频感应电炉可把感应器设计成若干组，操作时熔化期各组全用，熔清后将上面绕组断开，只使用下面绕组；或者采用控制熔池金属液面高出感应器上端面一定距离的办法，利用金属液自重来抑制驼峰，如图 12-113 和图 12-114 所示。设感应器高度为 h_1，熔池内金属液面高度为 h_2，则工频感应电炉熔炼时控制 $h_1 = (0.8 \sim 0.9)h_2$，而中频感应电炉熔炼时，控制 $h_1 = (0.1 \sim 1.3)h_2$。中频感应电炉的功率可实现无级调节。不同频率、不同炉子容量 G_L 时，感应器最大输入功率 P 可根据图 12-115 查出，

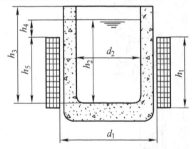

图 12-113　感应器与金属液面相对位置

h_1—感应器高度　h_2—金属炉料高　h_3—坩埚高度
h_4—驼峰高度　h_5—被感应器包围的金属炉料高度
d_1—感应器内径　d_2—金属炉料直径（坩埚内径）

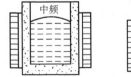

图 12-114　中频感应电炉和工频炉感应器与熔池相对位置

操作时可限制单位容量输入功率 P。

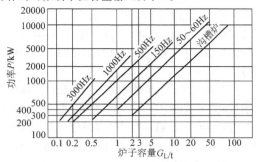

图 12-115　炉子容量在不同频率时的最大输入功率

2. 无心感应电炉结构及参数

（1）无心感应电炉的组成

1）炉体及其机械部件。一个简单的熔炼装置，基本上由感应线圈环绕的圆桶状耐火材料炉衬、磁轭及钢制支架结构组成。

① 耐火材料炉衬。由耐火材料筑成的炉体内衬。

② 感应线圈和磁轭。感应线圈是感应电炉的心脏，除了具有产生电磁场的电气功能外，也承担了在径向支撑耐火材料炉衬的重要机械任务。线圈在径向由磁轭固定，磁轭控制了线圈外的磁场，因此磁轭具有机械和电气的双重功能。线圈必须由磁轭支撑固定，以确保线圈在承受由炉衬热膨胀引起的压力下不会变形，而磁轭的电气功能在设计时必须考虑满足可将线圈外的磁场尽可能吸收导入，从而将磁场外泄量减到最小。

③ 炉架和炉盖。炉体安装在由液压系统驱动的倾翻炉架上。倾翻轴的轴线应与炉嘴前沿吻合，以防止倾炉时铁液流出时前后晃动。炉盖应考虑到与吸烟装置的连接。

④ 电气部分。包括变压器、逆变柜、电容柜、水冷电缆和炉体线圈。

2）工艺控制系统。

① 称重装置。感应电炉安装在称重系统上，以便记录重量并将数据传输至熔炼处理器。

② 工艺控制。熔炼处理器根据实际铁液重量计算能量需求和功率输入，以便在高功率输入条件下也可以获得可靠、重复性好的熔炼。

③ 周边设备。高性能的熔炼设备，除了感应电炉本身，还包括冷却系统、自动加料设备、扒渣设备以及程序控制系统等外围辅助设备。

a. 冷却系统。冷却系统的合理设计和可靠维护，是确保感应设备正常运行的前提。由于对水质的要求不同，感应电炉和电源柜通常采用彼此独立的冷却循

环系统。需要冷却的部件对水质的要求、最高进水温度和允许升温范围是冷却系统的基本设计参数，因此需要充分考虑当地的水质和气候条件，同时要充分考虑炉体冷却、电气冷却、防冻与水质调节、废热利用等。

b. 加料设备。主要使用加料小车加料。加料小车通过振动槽或输送带为熔炼炉加料，整个加料过程安装需要基本上是连续的。加料时小车与开启的除尘罩合成一个封闭的系统，这样就可以有效避免铁液飞溅，并确保排烟效果。

c. 扒渣设备。除了许多小型熔炼炉以及从出铁口进行人工扒渣作业外，一般有两种扒渣方式：扒渣机的优势在于机械化取代了艰苦的人工劳动；后倾扒渣便于操作，并且节省能耗（炉盖仅仅倾斜进行扒渣），但不足之处是后倾机械结构成本的较高，扒渣口的保养维护费事，高低平台引起的噪声较大。

④ 排烟装置。一般采用全封闭型烟罩，可有效地将中频感应电炉整个熔炼过程中产生的烟气完全捕集。

无心感应电炉炉体结构如图 12-116 所示。

（2）炉子容量及坩埚（炉衬）几何尺寸选择
炉子容量 G_L 通常根据需要熔化的铁液量或需浇注的最大铸件质量而定，可按式（12-30）估算：

$$G_L = \frac{A_1(\tau_L + \tau_b)}{8bcm} \qquad (12\text{-}30)$$

式中　A_1——每年需要熔化的铁液量（t/a）；

　　　τ_L——每炉实际熔化时间（h），可参考表 12-150 选定；

　　　τ_b——每炉辅助时间，包括装料等（h），一般取 0.15~0.5h；

　　　8——每班 8h（h/班）；

　　　b——每年工作日（d/a）；

　　　c——每天工作班数（班/d）；

　　　m——同时熔化时采用的炉子台数。

坩埚平均直径 d（cm），可按式（12-31）计算：

$$d = \sqrt[3]{\frac{4V_L}{\pi y}} \qquad (12\text{-}31)$$

式中　y——金属液面高度 h 与坩埚平均直径 d 之比，即 h/d，一般 $h/d = 1.1~1.6$，小容量炉子选大值；

　　　V_L——坩埚有效容积 V_L（cm³），$V_L = 1.4 \times 10^5 G_L$，$G_L$ 是炉子容量（t）。

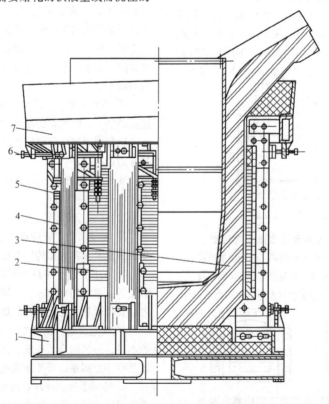

图 12-116　无心感应电炉炉体结构

1—下压圈　2—感应线圈　3—炉衬　4—磁轭　5—感应圈压紧装置　6—感应圈定位位置　7—上压圈

表 12-150 炉子容量与每炉实际熔化时间

炉子容量 G_L/t		<0.5	0.5~1	1~5	5~10	10~30
熔化时间 τ_L/h	工频	—	1.5~1.8	1.8~2.0	2.0~2.4	2.4~2.6
	中频	0.4~1.2	1.2~1.3	1.3~1.7	—	—

一定的坩埚壁厚可保证感应器的绝缘不至于被熔化金属的高温所烧坏，使炉衬材料有良好的刚性，但坩埚壁过厚会降低炉子的电效率，因此在选择炉衬厚度时，必须综合考虑，并参考表 12-151 选定。

表 12-151 坩埚壁厚与坩埚直径及炉子容量关系

炉子容量 /t	<0.5	0.5~1	1~5	5~10	10~30
坩埚壁厚 /cm	(0.28~0.21)d	(0.21~0.20)d	(0.20~0.14)d	(0.14~0.13)d	(0.13~0.11)d

注：d—坩埚平均直径。

（3）炉子变压器功率的确定 炉子变压器功率 P_1（kW）可按式（12-32）估算确定。

$$P_1 = 1.2 \times \frac{P_y + P_r}{\eta_d} = 1.2\left(\frac{P_y}{\eta_d} + P_B\right) = 1.2 P_g \tag{12-32}$$

式中 P_y——熔化和升温所消耗功率（kW），对熔炼炉，每吨铁液取 $P'_{y1300℃}$ 为 268kW、$P'_{y1400℃}$ 为 291kW、$P'_{y1500℃}$ 为 314kW；对过热炉，铁液温度在 1200~1600℃ 范围内，每吨铁液过热 100℃ 取为 23kW；P_y 为熔化率乘以 P'_y；

P_r——炉子热损耗功率（kW），见图 12-117；

P_B——炉子保温时所损耗功率（kW），见图 12-118；

η_d——感应器的电效率，取为 0.75；

P_g——感应器的输入功率（kW）。

（4）补偿及平衡电容器容量的确定 补偿电容器容量 P_Q（kvar）为

$$P_Q = 4.9 P_g \tag{12-33}$$

平衡电容器容量 P_C（kvar）为

$$P_C = \frac{P_g}{3} \tag{12-34}$$

需要电容器总容量 P_{QC}（kvar）为

$$P_{QC} = P_Q + P_C \tag{12-35}$$

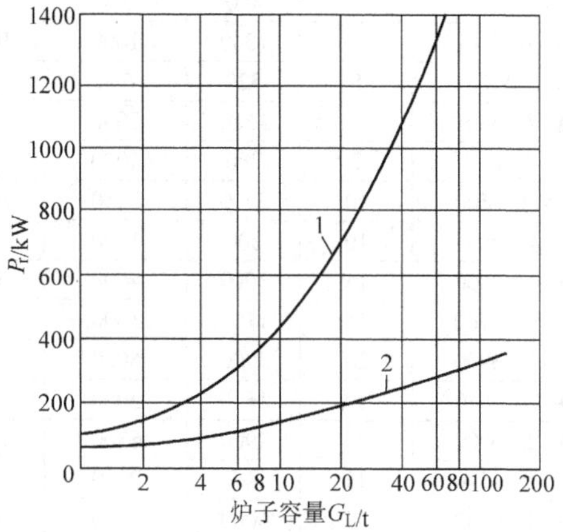

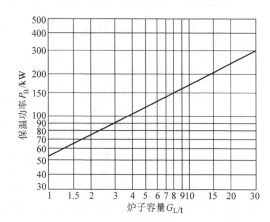

图 12-117 无心感应电炉开盖和闭盖时热损耗功率 P_r

1—开盖时热损耗功率　2—闭盖时热损耗功率

图 12-118 无心感应电炉保温时所消耗功率 P_B

（5）国内无心感应电炉产品系列规格见表 12-152~表 12-154。

表 12-152 国内工频无心感应电炉产品系列规格

型　号	额定容量 /t	额定功率 /kW	变压器容量 /kVA	额定电压 /V	工作温度 /℃	1450℃ 熔化率/(t/h)	1450℃ 电耗/(kW·h/t)	升温 100℃ 升温能力/(t/h)	升温 100℃ 电耗/(kW·h/t)	冷却水流量 /(m³/h)
GW-0.75-270	0.75	270	400	500	1450	0.39	685	5.33	51	6
GW-1-360	1	360	500	500	1450	0.55	650	7.23	50	7.2
GW-1.5-500	1.5	500	630	750	1450	0.82	607	11.14	45	9.5

（续）

型　号	额定容量 /t	额定功率 /kW	变压器容量 /kVA	额定电压 /V	工作温度 /℃	1450℃ 熔化率/ (t/h)	1450℃ 电耗/ (kW·h/t)	升温100℃ 升温能力/ (t/h)	升温100℃ 电耗/ (kW·h/t)	冷却水流量 /(m³/h)
GW-3-800	3	800	1000	1000	1450	1.39	575	18.80	42.5	14.2
GW-3-480	3	480	630	—	1450	—	—	10.67	45	—
GW-5-1300	5	1300	1600	1000	1450	2.40	542	32.40	40.2	20.5
GW-5-520	5	520	630	—	1450	—	—	11.15	45.2	—
GW-7-1580	7	1580	2000	2000	1450	2.92	541	39.50	40	24.8
GW-7-780	7	780	1000	—	1450	—	—	18.10	43.2	—
GW-10-2500	10	2500	3450	2000	1450	4.78	524	64.61	38.7	—
GW-10-800	10	800	1000	—	1450	—	—	18.50	43.5	—
GW-15-3000	15	3000	4000	2000	1450	5.84	514	78.91	38	—
GW-15-1100	15	1100	1600	—	1450	—	—	26.32	42	—
GW-20-3900	20	3900	5000	3000	1450	7.70	507	104	37.5	—
GW-20-1670	20	1670	3000	—	1450	—	—	33	41.2	—
GW-25-4900	25	4900	6300	3000	1450	9.75	502	132	37.2	—
GW-25-1670	25	1670	2000	—	1450	—	—	40	41	—
GW-30-6000	30	6000	8000	3000	1450	12.0	497	163	36.8	—
GW-30-1670	30	1670	2000	—	1450	—	—	40	41	—

注：摘自西安电力机械制造公司产品目录。

表 12-153　国内用于熔炼的中频无心感应电炉产品系列规格

感应炉额定容量/t	配用的变频电源 额定功率推荐范围/kW	配用的变频电源 频率推荐范围/Hz	配用的变频电源 进线输入电压或者电压范围/V	熔化率范围/(t/h)
0.1~0.15	100	1000~2500	380~660	0.15~0.25
0.25~0.5	200~500	1000~2500	380~660	0.32~20.84
0.75~1	600~800	1000~2500	380~660	1.05~1.40
1.5	750~1200	500~1000	575~1250	1.35~2.20
2	1000~1600	500~1000	575~1250	1.80~2.90
3~4	1500~3000	500	575~1250	2.75~5.50
5	2000~3500	500	575~1250	3.64~6.45
8~10	2500~6000	200~500	575~1400	5.45~11.10
12~15	4000~8000	150~500	1250~1500	9.10~16.8
20~30	6000~12000	200~300	1400~1600	14.90~27.50
40~60	12000~20000	150~250	1500~1600	21.30~37.20

注：摘自苏州振吴电炉有限公司目录。

表 12-154　国内用于保温的中频无心感应电炉产品系列规格

额定容量/t	中频电源额定功率推荐值/kW	中频电源频率推荐值/Hz	中频电源电压推荐值/V	升温100℃的能力范围/(t/h)
1	150~300	500~800	380~660	2.0~4.0
1.5	200~300	500~800	380~660	4.0~6.0
2~2.5	250~600	500~800	380~660	5.5~13.0
3~4	400~1000	300~500	380~660	8.8~220
5	600~1200	300~500	575~1250	13.6~27.0
8~10	800~2000	200~500	575~1400	17.5~45.5
12~15	1200~3200	150~500	1250~1500	26.6~71.0
20~30	2000~5000	200~300	1250~1500	44.5~110.0
35~60	3000~8000	150~250	1300~1600	66.0~177.0

注：1. 摘自苏州振吴电炉有限公司产品目录。
　　2. 电源参数可根据用户要求具体商定。

3. 操作及其控制

（1）坩埚准备　坩埚感应电炉的坩埚（炉衬）的制备方法分三种：炉内捣制（或振动）整体式、炉内砌筑式和炉外预制成形式。

1）坩埚修筑与烧结。酸性坩埚在熔炼时的蚀损与结瘤情况如图 12-119 所示。

坩埚修筑分大修和中修两种。如果在拆除部分炉衬后，剩余的炉衬仍较牢固，而且绝缘层和绝热层仍然完好，此时可进行中修；如果在拆除部分炉衬后，剩余的炉衬很松或绝缘层和绝热层已被破坏，此时则应全部拆除炉衬和绝缘层、绝热层，进行大修。

修筑坩埚用模具（见表 12-155）不仅应具有一定的尺寸和强度，而且其外表面应光洁。

修筑坩埚用耐火材料一般都是用硅砂；当熔炼合金铸铁和球墨铸铁时，常用高铝质和镁质耐火材料，详见表 12-156 ~ 表 12-158。

修筑坩埚时的操作要点见表 12-159 和表 12-160。

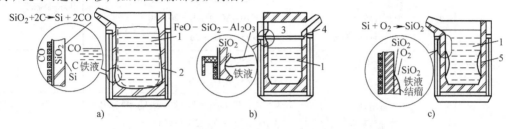

图 12-119　酸性坩埚在熔炼时的蚀损与结瘤情况

a）熔炼侵蚀　b）渣线侵蚀　c）坩埚结瘤

1—铁液　2—坩埚侵蚀层　3—渣　4—渣线侵蚀　5—坩埚结瘤

表 12-155　修筑坩埚用模具

模 具 名 称	图　　　例	用　　　途
钢坩埚模	整体式　　可拆式 3~8　　3~8 4×φ10　　4×φ10	主要用于新筑坩埚
钢圈	上钢圈　　下钢圈 3~8　　3~8	主要用于中修时形成坩埚内表面
起熔体		主要用于中修时形成坩埚炉底

注：使用前，均需用砂布将外表面擦净，然后涂上煤油或柴油。

表 12-156　修筑坩埚用耐火材料

使用部分	种类		化学成分(质量分数,%)	备 注
熔炼部分	酸性	硅质炉衬	$SiO_2 > 98, Al_2O_3 < 0.2, Fe_2O_3 < 0.5$	主要用于灰铸铁和可锻铸铁
		电熔石英质炉衬	$SiO_2 > 99, Fe_2O_3 < 0.5$	
		锆石质炉衬	$ZrO_2 = 20 \sim 60, SiO_2 = 30 \sim 70$	
	中性	高铝质炉衬	$Al_2O_3 > 85, SiO_2 < 15$	主要用于合金铸铁和球墨铸铁
		多铝红柱石质炉衬	$Al_2O_3 = 70 \sim 80, SiO_2 = 20 \sim 30$	
	碱性	镁质炉衬	$MgO > 85, Al_2O_3 < 10, (Fe_2O_3 \; SiO_2) < 0.5$	
		尖晶石质炉衬	$MgO = 70 \sim 80, Al_2O_3 = 20 \sim 30$	
		尖晶石镁质炉衬	$MgO > 75, Al_2O_3 < 25$	
感应线圈保护部分	矾土水泥		$Al_2O_3 > 90, SiO_2 < 10$	
	硅质水泥		$SiO_2 > 83, Al_2O_3 < 10$	
炉口部分	石墨膏		$C = 15 \sim 20, SiO_2 = 70 \sim 80, Al_2O_3 = 5 \sim 10$	
	铸造烟灰泥		$Al_2O_3 > 70, SiO_2 < 30, CaO < 5$	

表 12-157　硅砂坩埚材料配比实例

序号	硅砂(质量分数,%)					黏结剂(质量分数,%)			备 注
	6～12号筛	12～20号筛	20～40号筛	40～140号筛	140号筛以上	硼酸(工业用)	水	水玻璃	
1	30	40	—	10	20	1.5 1.8	— —	— —	主要用于炉底和炉壁 主要用于炉口
2	38	12	—	35	15	1.8 2～2.4	— —	— —	主要用于炉底和炉壁 主要用于炉口
3	15	8	15	24	38	3.0	1～1.5	— 4～5	主要用于炉底和炉壁 主要用于炉口

表 12-158　镁质坩埚材料配比实例

序号	电炉容量/kg	坩埚材料组成(质量分数,%)		粒度组成(质量分数,%)			
		一等镁砂	电熔镁砂	5～20mm	3～5mm	1～3mm	<1mm
1	10～30	70～80	30～20	—	30	45	25
2	250～3000	50～20	50～80	20	25	35	25

注:黏结剂加入量(均为质量分数),可用下面任一种:

1)硼酸黏结剂:硼酸 1.3% ~ 1.5%。

2)水玻璃黏结剂:水玻璃 5%。

3)水玻璃-硼酸黏结剂:硼酸 1% + 水玻璃 5%。

4)黏土-硼酸黏结剂:硼酸 1.5% ~ 1.8% + 黏土 1% ~ 1.5%。

表 12-159　坩埚大修(或新修)时的操作要点

操作程序	主要内容	操作要点
1	在感应线圈内圆表面、胶木垫块以及轭铁内侧涂上绝缘漆	若有损坏,待修补好后涂硅有机漆或酚醛绝缘漆

（续）

操作程序	主 要 内 容	操 作 要 点
2	在感应线圈内圆表面以及轭铁内侧、轭铁底部的耐火砖面上垫上隔热绝缘层	要尽量使各绝缘层不发生裂缝等现象，以保证每层绝缘效果，若有裂缝应用同种材料垫补上 常见的隔热绝缘层的形式如下： 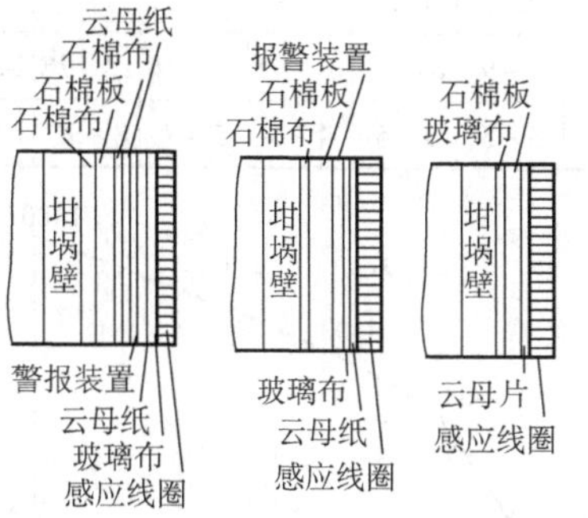
3	填筑坩埚底部	逐层用捣固平锤紧实，通常第一层浮材料可铺100mm，以后每层都不宜超过 50～60mm 最后应高出炉底 10～30mm，在用平锤捣实后刮平，炉底应保持水平
4	安置钢坩埚模	在安置钢坩埚模时，使炉衬壁厚尽可能均匀，当钢坩埚模安置好后，可在其中放入一块起熔体，以把它压牢
5	填筑坩埚壁	填筑方法与填筑坩埚底部同
6	填筑炉口和炉嘴	先涂以适量水玻璃，然后填筑，并用小榔头打结实。通常，炉口、炉嘴应具有外高内低的斜面，以防金属液外溢

表 12-160　坩埚中修时的操作要点

操作程序	主 要 内 容	操 作 要 点
1	在原坩埚内表面上撒上适量硼酸水溶液	坩埚内表面清除干净，撒上硼酸水溶液
2	修补坩埚底部	修补方法与大修时基本相同
3	放入起熔体修补坩埚壁下部	放入起熔体时力求放在中心位置，其修补方法与大修时基本相同
4	放置下钢圈修补坩埚壁中部	先将上、下两钢圈对好，同时吊入，将钢圈底脚搁在起熔体上，使其尽量位于中心，用粉笔在上、下两钢圈内表面接缝处做出定位记号，然后取出上钢圈，固定上钢圈，如下图所示。其修补方法与大修时基本相同 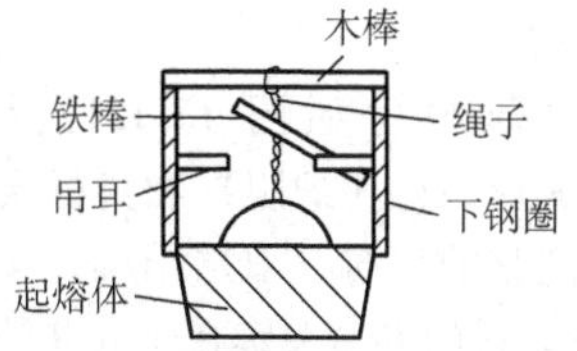
5	放置上钢圈修补坩埚壁上部	先把下钢圈的紧固绳子松开，取出木棒，并按原定位记号把上钢圈套在下钢圈上面，用白泥把上、下两钢圈的接缝封住，固定上钢圈。其修补方法与大修时也基本相同
6	修补炉口和炉嘴	修补方法与大修时基本相同

坩埚烘烤和烧结时，通常采用"空炉低功率慢升温"的办法，缓慢地升温到钢坩埚模即将软化时（约1100℃），然后投入第一炉炉料继续进行烧结。烘烤烧结时间见表12-161和图12-120。

表 12-161　硅砂坩埚烘烤烧结时间（参考）

炉子容量/t	0.15	0.5	1.5	3	5	10
烘烤时间/h	7~9	8~10	10~11	12~16	12~18	24~30
烧结时间/h	3~5	3~5	4~6	5~7	8~10	12~14

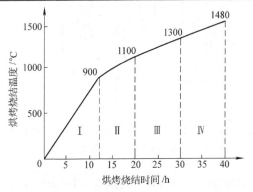

图 12-120　10t 无心感应电炉硅砂坩埚烘烤烧结规范实例

Ⅰ—室温加热至900℃，时间12h，平均温升1.3℃/min，目的是为了排除硅砂中的水分，并使部分硅砂进行转变。

Ⅱ—由900℃加热至1100℃，时间8h，平均温升0.4℃/min，目的是使坩埚温度上下均匀。

Ⅲ—由1100℃加热至1300℃，时间10h，平均温升0.3℃/min，目的是使坩埚初步烧结。

Ⅳ—由1300℃加热至1480℃，时间10h，平均温升0.18℃/min，目的是使坩埚烧结到一定的厚度，具有相当的强度，能经受住铁液的搅拌和加料的冲击。

2）成形炉衬（炉胆）及其应用。现市场上有较多预制成形炉衬（俗称炉胆）出售，容量从25kg至5000kg。这种炉胆的优点在于安装简便，更换快捷，不需烘炉，寿命稳定，安全性高。使用结果证明，成形炉衬有较好的发展前景。

安装后的成形炉衬如图12-121所示。由图12-121可见，成形炉衬（炉胆）和捣打层（安全衬）组成了一个完整的炉衬（双层结构，又称炉衬复合结构）。成形炉衬的寿命关键在于安装的正确及炉胆和安全衬的捣打质量（特别是炉胆与炉底安全衬之界面结合质量），所以应使用电动筑炉机打捣。

3）筑炉法。感应电炉的使用寿命在很大程度上取决于筑炉的质量（包括烘烤烧结的质量）。筑炉方法及特点见表12-162。

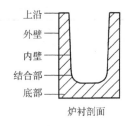

炉衬剖面

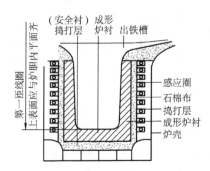

图 12-121　安装后的成形炉衬

表 12-162　筑炉方法及特点

分类	筑炉方法	特　　点	应　　用
手工	手工打结筑炉法	优点：操作细致的打结质量好，炉衬致密，耐火材料性能发挥好，水分低，烘烤时间短 缺点：劳动条件差，粉尘高，劳动强度大，打结质量受人的操作技术及细致程度影响很大	一般应用在1.5t以下的炉子
机械	电动筑炉机筑炉法 气动锤击机筑炉法	图12-122所示为电动振动筑炉机 图12-123所示为气动锤击筑炉机 机械化筑炉法筑炉时间短，劳动条件较好，劳动强度较低，筑炉质量较易得到保证	适合于1.5t以上的大中型感应电炉

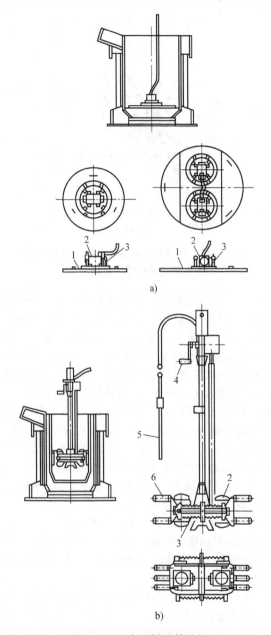

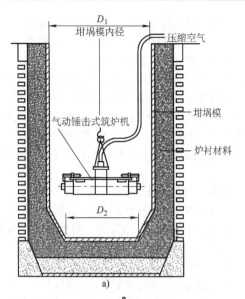

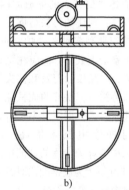

图 12-122　电动振动筑炉机

a）炉底捣筑机　b）侧壁炉衬捣筑机

1—底盘　2—振动电动机　3—压簧组

4—触头距离调整手柄　5—电缆及控制器　6—触头

图 12-123　气动锤击筑炉机

a）用于炉衬侧壁打结　b）用于炉衬炉底打结

表 12-163　手工和液压两种拆炉方法
所消耗的工时　（单位：h）

炉子容量/t	手工拆炉法			液压拆炉法		
	冷却	拆除	总计	冷却	拆除	总计
1 ~ 5	10	3	13	4	0.5	4.5
6 ~ 8	12	4	16	5	0.5	5.5
10 ~ 15	14	7	21	6	1	7
20 ~ 30	20	10	30	8	1	9
40	24	16	40	10	1	11

4）炉衬快速拆除。旧炉衬的拆除劳动强度大、条件恶劣，应用液压推出炉衬法，可大大提高工作效率。表 12-163 列出了手工和液压两种方法拆炉所消耗的工时。液压推出炉衬法如图 12-124 所示。先将炉子倾侧 90°，在炉底上装上液压缸，将推杆顶住推出块，起动液压泵、液压缸的推杆就通过推出块将整个旧炉衬推出炉外。

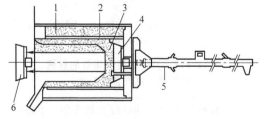

图 12-124　液压推出炉衬法

1—感应器　2—线圈涂料　3—硅砂炉衬　4—推出块

5—可移式液压推出机构　6—完全推出炉衬后的推出块

（2）感应电炉熔炼铸铁的特点及增碳剂

1）感应电炉熔炼铸铁的特点。单一熔炼炉（指冲天炉或感应电炉）熔炼铸铁时，一般认为：对于感应电炉和冲天炉，由于其热源不同，其炉料的熔化、过热等的机理不同，炉料、炉气、炉衬、炉渣的冶金反应不同，利用感应电炉和冲天炉熔炼的铁液，即使牌号、化学成分、浇注工艺都相同，其铸件质量也有很大的区别。感应电炉熔炼的铁液的主要特点如下：

① 激冷白口倾向大。

② 石墨长度短，易产生 D 型、E 型石墨。

③ 铁液流动性差，收缩大，易产生皮下气孔、冷隔、缩孔及缩松等铸造缺陷。

④ 易脱碳、增硅。

⑤ 硬度不均，切削加工时刀具磨损大。

理论上解释上述主要特点的形成原因尚不充分，但可以统一的论点是：现代的铸铁熔炼要用冶金理论来指导生产，而摈弃那种多种成分炉料重熔的观点，不能仅注意合金元素宏观数量，而应注意到微观区域内各种元素的行为，如晶核的萌发和消失等。一般认为，感应电炉熔炼铸铁时，铁液的成核能力低，因而白口倾向较大，其原因是废钢用量多，增碳剂的含氮含量高时，此时铁液中氮含量高、氧含量低。图 12-125 所示为三种熔炼炉熔炼的铁液中氮气、氧气含量对比；图 12-126 所示为废钢配比对感应电炉（工频）和冲天炉铁液中氮含量的影响。为克服上述感应电炉铁液熔炼的缺点，感应电炉操作中应力求快速熔炼，尽量缩短铁液在高温下的持续时间；在保证后处理工艺条件下，尽量选择合适的温度规范；在炉料配比中增加新生铁的份额，并广泛使用优质增碳剂等。

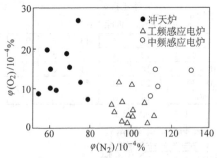

图 12-125　三种熔炼炉熔炼的铁液中氮气、氧气含量对比

2）增碳剂的种类、化学成分和选用。增碳剂的作用是对铁液增碳、调整碳当量，促进形核，增加铁液中晶核数，从而改变铁液的铸造性能，达到浇注优质铸件的各项指标。

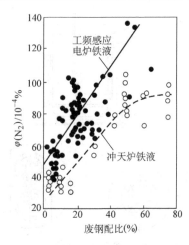

图 12-126　废钢配比对感应电炉（工频）和冲天炉铁液中氮含量的影响

① 铸造用增碳剂的种类及化学成分。铸造用增碳剂有煤、石油焦、天然石墨和人造石墨 4 种类型，其中煤和石油焦的晶型是无定型碳，天然石墨和人造石墨的晶型是石墨。石墨是网平面的三维有序堆聚的结构，而无定型碳是乱层结构（仅在网平面上二维有序，其整体呈紊乱状态，层间距较大，表观微晶尺寸的 L_c 和 L_a 均较小），可以通过热处理将无定型碳结构转变为石墨结构。当超过某一热处理温度时，乱层结构开始发生三维层平面的排列，层间距减小和微晶尺寸增大，成为三维有序结构，这就是石墨化过程。处理温度越高，石墨化程度也就越高。

a. 煅烧无烟煤。煤属无定型碳晶型。煅烧煤是用优质的无烟煤经煅烧（1200－1500℃）而成。煅烧无烟煤的增碳效果差、价格较低，在中、低牌号灰铸铁生产中有一定市场。

b. 煅烧石油焦。石油焦也属无定型碳晶型。石油焦是精炼原油的副产品，原油经常压蒸馏或减压蒸馏得到的渣油及石油沥青，再经过焦化后就得到生石油焦。

生石油焦有海绵状、针状、粒状和流态等形态，用最易石墨化的海绵状生石油焦经 1200～1350℃ 高温煅烧，除去杂质、硫分、水分、挥发分，即得到煅烧石油焦，煅烧后的石油焦固定碳高，灰分、挥发分、水分都较低（见表 12-164），可以用作增碳剂，同时还是制作人造石墨的主要原料。

煅烧石油焦的增碳效果不如人造石墨。在使用煅烧石油焦增碳时，要注意硫和氮的含量，硫含量高不宜用在球墨铸铁上，氮含量高不宜用在灰铸铁上。

表 12-164　国内石油焦增碳剂的化学成分（质量分数）　　　（%）

品种	固定碳	灰分	水分	挥发分	硫分	氮
生石油焦	85 ~ 89	0.2 ~ 0.5	8 ~ 10	10 ~ 14	1 ~ 6	—
煅烧石油焦	98.5	0.2 ~ 0.5	≤0.5	0.3 ~ 0.5	0.02 ~ 3.0	0.6 ~ 0.8

c. 天然石墨。天然石墨属晶型石墨或隐晶型石墨。天然石墨杂质多，增碳效果差，而且商品均为粉料，使用时容易造成环境污染，还容易被除尘设备带走，因而难以控制吸收率，故不宜作为增碳剂。

d. 人造石墨。人造石墨（包括人造石墨和人造石墨碎）属石墨晶型。原料是煅烧的石油焦和沥青焦，混合后经过长时间的高温石墨化处理，所以也被称为石墨化增碳剂。由于碳含量高（大部分的质量分数 >99%），杂质极低（见表 12-165），铁液吸收率高，是优质的增碳剂。

表 12-165　石墨化增碳剂的理化指标（YB/T 4403—2014）（质量分数）　　　（%）

等级	固定碳 ≥	灰分 ≤	挥发分 ≤	水分 ≤	硫 ≤	氮 ≤
特级	99.7	0.15	0.10	0.2	0.01	0.002
一级	99.5	0.20	0.30	0.3	0.02	0.015
二级	99.0	0.50	0.50	0.5	0.03	0.02
三级	98.5	1.00	0.50	0.5	0.05	0.03

② 增碳剂的选用。在选择增碳剂时，除考虑成本、资源外，还必须重点考虑其增碳效果及由此产生的任何冶金影响。

非石墨型增碳剂（煤和石油焦）虽然有增碳作用，但与石墨增碳剂相比，吸收率低，且因杂质（如 S、N）较多，很容易产生铸造缺陷，而石墨型的人造石墨碎是石墨化产品加工时的切削碎屑或废品破碎而成，产品的石墨化程度不同（如电弧炉或矿热电炉用的电极就有石墨电极、石墨阳极、阳极糊等），质量很难保证一致。因此，这些增碳剂一般不在推荐范围。选用增碳剂时，首选的是经过长时间高温石墨化处理的人造石墨增碳剂。人造石墨增碳剂经过长时间高温处理，石油焦中的杂质气体等有害物质逸出完全，能得到比较纯净的碳，经筛分破碎后得到品质极高的人造石墨增碳剂。

人造石墨增碳剂的优点：

a. 固定碳含量高（质量分数 >99%），吸收率高，增碳的可控性和预测性好。既可在熔炼炉内大量增碳，也可在包内少量增碳（微调）。

b. 质量稳定、杂质极低，不会因增碳剂加入而产生其他的铸造缺陷。

c. 人造石墨与铁液中的石墨属同质晶核，在一定条件下对铁液成核有一定促进作用。

d. 由于石油工业发展，石油焦和沥青焦等原料供应充足，可以工业化大批量生产。

e. 相当多的厂家在增碳剂生产的同时还生产附加值更高的电池电极材料，在某种意义上讲，增碳剂只是一种副产品，成本不高。

f. 在生产工工艺上能够做到循环经济，节能环保。

③ 主要技术指标对增碳效果及铸铁质量的影响。

a. 固定碳含量和灰分。固定碳是增碳剂的有效成分，含量越高越好。灰分是一些金属或非金属的氧化物，是杂质，应尽量少。增碳剂中固定碳含量和灰分是此消彼长的两个重要参数，增碳剂中的固定碳含量高，增碳效率也高。灰分含量高的增碳剂容易"焦化"而形成渣层，渣层将碳颗粒隔离，使其不能溶解，因而降低了碳的吸收率。灰分含量高还造成铁液渣量多，增加电耗，增大熔炼过程中的工作量。

b. 硫分。硫是干扰球化的有害元素，一般球墨铸铁要求原铁液中 $w(S) \leqslant 0.015\%$，因此生产球墨铸铁时增碳剂中硫含量应尽量低，而为了保证孕育效果，灰铸铁铁液要求 $w(S) \geqslant 0.06\% \sim 0.12\%$，因此灰铸铁用增碳剂中硫含量可以高一点。

c. 挥发分和水分。增碳剂中过高的挥发分和水分增加了铸件产生气孔类缺陷的危险性，而煅烧无烟煤、煅烧石油焦和人造石墨都经过了高温处理，挥发分和水分含量都很低，故一般不做检测和重点考虑。

d. 氮含量。灰铸铁铁液中 $w(N) > 0.01\%$（100ppm）时易产生裂隙型氮气孔。不同增碳剂的溶氮量差别很大。石墨型增碳剂中氮含量少，而煤类和煅烧石油焦增碳剂中氮含量要高很多，因此在选用煤类和石油焦增碳剂时，必须注意氮的含量。

e. 颗粒度。一般来说，增碳剂的颗粒度小，与铁液接触的界面面积大，增碳的效率会高，但过细的颗粒易被氧化，也容易被热对流空气或除尘的气流带走；颗粒尺寸的最大值应该以能在作业时间内完全溶于铁液为准。若增碳剂随炉料一起加入，则颗粒可大一些；若作为微调在铁液中或出铁前加入，则颗粒可小些；若在包内增碳及用作预处理，颗粒可以更小些。

f. 石墨化程度。石墨化程度高，不仅可以增加碳的吸收速度，还因其结构具有与铁液石墨同质异核的作用而能够提高铁液的形核能力。石墨化增碳剂与非石墨化增碳剂最大的不同就是石墨化增碳剂有孕育效果，而非石墨化增碳剂没有孕育效果或孕育效果不显著。此项指标未列入多数生产厂家的理化检测内容。

g. 致密度。增碳剂的致密度影响增碳剂的吸收率，如有些人造石墨碎虽然纯度很高，但由于密度较大，比表面积小，吸收能耗高，溶解速度慢，导致吸收率不高。

增碳剂的致密度大多用真比重来表示，此项指标未列入各生产厂家的理化检测内容。

h. 稳定性。每批增碳剂的主要指标数值均在控制范围内，才能保证增碳效果，使得铁液成分的可预测性和可控性好，减少铁液成分的微调，提高生产率并减小铁液质量的变差程度。不同种类、不同产地、不同批次的增碳剂，其使用效果都可能有差异，应用时必须注意。

3) 增碳剂使用要点。

① 增碳剂粒度对增碳效果的影响如图 12-127 所示。其中，图 12-127a 所示为是增碳剂粒度对增碳时间的影响，其试验用增碳剂的成分及粒度分布见表 12-166。

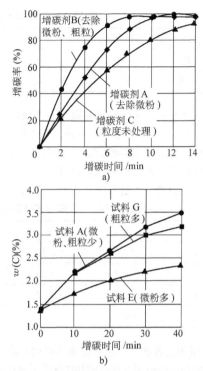

图 12-127 增碳剂粒度对增碳效果的影响

a) 对增碳时间的影响 b) 对增碳量的影响

由图 12-127a 及表 12-166 得下列结论：

a. 虽然在 15min 后，增碳率相同，但增碳速度是不同的。

b. 达到 90% 增碳率所需时间相差很大，增碳剂 B 只需 6min；增碳剂 A 需 8min；增碳剂 C 需 13min。

c. 从试验可知，使用增碳剂时，颗粒应均匀、细小、过大过小的颗粒组成都应该筛除。

② 增碳剂粒度对增碳量的影响如图 12-127b 所示，其试验用增碳剂的化学成分及粒度分布见表 12-167。

表 12-166 试验用增碳剂的成分及粒度分布

试验用增碳剂	成分（质量分数,%）					粒度分布（质量分数,%）				增碳剂预处理
	C	挥发物	N	S	灰分	<0.5mm	0.5~1mm	>1~3mm	>3mm	
A	99.80	0.10	0.01	0.02	0.10	—	0.4	35.0	64.6	除去微粉
B	99.80	0.10	0.01	0.02	0.10	3.6	2.8	78.4	14.8	除去微粉及粗粒
C	99.76	0.11	0.01	0.01	0.13	58.2	28.2	12.7	0.7	未预处理

表 12-167 试验用增碳剂的化学成分及粒度分布

试验用增碳剂	化学成分(质量分数,%)		粒度分布(质量分数,%)				
	C	S	0.5~1.0mm	>1.0~2.38mm	>2.38~4.76mm	>4.76~6.73mm	>6.73~9.52mm
A	99.8	0.023	10	40	50	—	—
E	99.8	0.022	50	50	—	—	—
G	99.8	0.023	—	—	15	35	50

由图 12-127b 和表 12-167 可得下列结论：

a. 粒度偏于粗粒的增碳剂 G，效果较好。

b. 增碳剂 E 粒子偏于微粉，效果极差。

c. 增碳剂 A 去除微粉及粗粒，效果最好，使用增碳剂时应筛除微粉及粗粒。

③ 增碳剂及铁液中的硅对增碳效果的影响。当

原铁液中硅的质量分数分别为 0.6% 和 2.1% 时，用表 12-167 中 A、B 两种增碳剂进行试验，试验结果如图 12-128 所示。由图 12-128 得出结论：原铁液中硅含量宜低不宜高。硅含量高，将降低增碳吸收率。

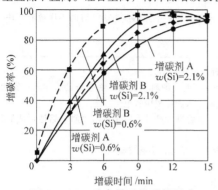

图 12-128　硅含量对增碳的影响

④ 增碳剂加入方法对增碳效果的影响

a. 工频感应电炉增碳易、中频感应电炉增碳难，即频率越低增碳越容易，这与搅拌力有关。从增碳效率出发，应降低频率。

b. 增碳剂加入量一次不宜太多，应分批、多次加入。

c. 增碳剂加入时间太早和太晚都不好，都会造成吸收不好或加重炉衬侵蚀，使炉子寿命缩短。增碳剂宜在整个加料过程中逐步加入。

d. 装料顺序应保证炉底尽快形成高碳熔池。先铺些轻薄废钢保护炉底，再装回炉料和废钢，增碳剂随废钢一同加入。回炉料先熔形成熔池，废钢混入其中，因表面渗碳而降熔点，加快了废钢的熔化。增碳剂随炉料一起熔化可提高碳的吸收率。若必须在铁液化清后增碳（微调碳含量或补充烧损的碳），则必须扒净铁液表面熔渣，然后再加入增碳剂并大功率送电，尽量利用电炉的搅拌功能，要避免增碳剂卷入炉渣，否则会严重降低增碳效果；若必须在包内增碳，则可将增碳剂置于包底，用高温铁液直接冲到增碳剂上，但增碳效果不好，而且吸收率难以控制，因此应尽量避免。

不论使用那一种增碳剂，都应通过生产试验确定增碳工艺和吸收率，工艺一经确定，就不要轻易更换增碳剂种类及产地，若要更改就必须再次通过生产试验。

（3）感应电炉熔炼操作步骤　无心感应电炉熔炼铸铁操作及主要的冶金反应见表 12-168 ~ 表 12-172。

表 12-168　无心感应电炉熔炼铸铁操作

操作步骤	主要内容	说　明	
起熔	起熔方式	中频感应电炉用批料熔化法：即不加起熔块，直接将炉料加入炉内后通电起熔。为此，每次熔炼后可以将炉内铁液倒干净，然后重新加入金属炉料。但如果炉内残留部分铁液，也无坏处，反而可以在下一炉熔炼一开始即投入较大电力，以缩短熔炼时间	工频感应电炉用残液熔化法可分为冷起熔和热起熔两种 冷起熔。加入预制的熔块，其质量为炉子容量的 10% ~ 30%，内径应比坩埚内径略小 10 ~ 20mm，高度应为坩埚 1/3 热起熔。向坩埚注入铁液或保留上一炉熔炼的铁液，质量可为炉子容量的 10% ~ 30%，视具体情况而定
配料	配料一般原则	1）金属炉料有回炉料、废钢、生铁、铁屑（钢屑）、铁合金等 2）在保证获得优质铸件的前提下，配料时可优先选用大量廉价的废钢，以及大量钢屑、铁屑，但不得使用镀锌板废钢，一般不用或少用新生铁，但为了改善铁液的冶金性能，生铁的配比有增加份额的趋势 3）一般情况下，灰铸铁的配料（质量分数）约为：回炉铁 30%，废钢 50%、生铁和铁屑各 10%	
	配料计算	1）酸性无心感应电炉熔炼时，配料中元素的烧损（质量分数）约为：C = 1% ~ 7%、Si = 1% ~ 10%、Mn = 1% ~ 15%、S、P 基本不变。各种铁合金及元素的烧损如下：	

名　称	铜（Cu）	镍（Ni）	锰铁（Fe-Mn）	硅铁（Fe-Si）	钼铁（Fe-Mo）	铬铁（Fe-Cr）	钒铁（Fe-V）	磷铁（Fe-P）	钛铁（Fe-Ti）	回炉铁、生铁废钢、铁屑	增碳剂
烧损（质量分数,%）	0	0	10	5 ~ 10	5 ~ 10	5 ~ 10	10 ~ 20	10 ~ 20	40 ~ 50	0	10 ~ 20

2）由于感应电炉熔炼时易产生脱碳增硅现象，一般配料时，碳当量应比冲天炉配料时略高 0.2% ~ 0.4%

3）配料时，应先根据所生产铸件成分计算 C、Si、Mn 含量，不足部分由增碳剂及铁合金来调整

（续）

操作步骤	主要内容	说　明	
加料	加料一般顺序	炉底先加入一定量造渣材料→工频感应电炉熔炼时先放入起熔块，中频感应电炉熔炼时不用放起熔块→回炉料和生铁→切屑→废钢	
操作步骤	加料操作注意事项	1）炉料不得潮湿、锈蚀及黏附泥砂和油污等，应用清理滚筒予以清理 2）熔点低、元素烧损小的炉料先加入；熔点高、元素烧损大的炉料后加入；铁合金最后加入；管状料、罐状料切勿混入；采用固体料投入熔池的方法比将液体金属兑入固体料中省电 3）略带潮湿的炉料要放在上面，让其充分预热并蒸发水分后进入铁液，以免铁液飞溅；熔池形成后，才可投入管状料及罐状料，并应先检查和预热 4）轻拿轻放，避免粗暴装料，砸坏炉衬；避免冷料直接投入熔池，引起飞溅 5）炉料最好都预热、节电，提高生产率 6）炉底装渣料的优点是及时在初期就对熔池起保护作用 7）生铁后期加入有减少白口作用，但生铁熔点低，早期加入有利于节能，故要具体分析 8）一般投入炉料质量应计入5%的熔损和烧损	
熔化	给电	中频感应电炉 1）因中频感应电炉功率连续可调，功率密度大，操作方便，有利于实现快速熔化 2）要防止炉料搭桥。搭桥会使坩埚下部铁液过热，引起炉衬侵蚀加剧，严重时导致漏炉（漏铁），元素严重烧损，铁液气含量增加等缺点	工频感应电炉 1）冷起动时，开始以低压供电，然后逐步提高，及时调节功率因数，做好相平衡 2）热起动时，开始即可以额定功率加热
	熔化期	1）后续炉料应在前面投入的炉料未完全熔化完毕以前加入 2）切屑加入量一次不宜太多，一般以炉子容量的8%为宜，应先预处理（烧结或加压打包），加入前要预热	要求同中频感应电炉熔炼
精炼	精炼期	1）炉料熔清后补充渣料，使整个液面被熔渣覆盖，熔渣形成后铁液进入精炼：提高铁液温度，调整化学成分，非金属夹杂物在电磁搅拌力作用下与渣料结合，气体含量降低 2）精炼期应及时分析化学成分，调整化学成分，测量三角试块断面、测温、观测气体含量 3）调整化学成分时先调C，后调Si及合金成分 4）炉内铁液S含量高时，应进行脱S，S含量低时，应进行炉内增S 5）铸铁熔化温度在1150~1200℃时，一旦熔清后熔池铁液升温很快，故一切操作应抓紧，不得延误，熔炼条件对元素行为的影响见表12-169~表12-172 6）精炼温度一般控制在1400~1500℃之间	1）要求同中频炉熔炼 2）元素烧损工频炉熔炼大于中频炉熔炼
出铁	停电扒渣倾炉出铁	1）检验合格后，即可停电、扒渣、倾炉、出铁 2）出铁以一次完成为佳，分包出铁，前后铁液成分会有所不同 3）出铁可以出尽，不必保留残余铁液 4）出铁温度不宜过高，原则上是"高温出炉，低温浇注"，但降渣很费时，倒包降温可较快；单纯静置降温，对3t左右的铁液，包内无覆盖剂，每分钟降温速度不超过3℃左右	工频感应电炉出铁时，应根据本炉次和下一炉次熔炼的铁液牌号是否相同或接近，可在坩埚中保留15%~30%的铁液备用

表 12-169 铁液温度、供电频率对 C 行为的影响

熔炼条件	C	
	铁液温度 1450℃ 以下	铁液温度 1450℃ 以上
铁液温度升高，供电频率增大	C 吸收增加	C 反应减小

表 12-170 铁液温度对 Si 和 Mn 行为的影响

元素	铁液温度	
	≈1450℃ 以下	≈1450℃ 以上
Si	Si 烧损	Si 增加
Mn	Mn 烧损	

表 12-171 炉衬材料对元素行为的影响

炉衬	铸铁化学元素（质量分数，%）				
	C	Si	Mn	P	S
酸性	3.56 / 3.13	2.35 / 2.13	0.28 / 0.26	0.04 / 0.04	0.05 / 0.05
中性	3.47 / 3.11	2.88 / 2.04	0.26 / 0.25	0.04 / 0.04	0.05 / 0.05

注：分子均为开始值，分母为最终值。

表 12-172 铁液等温保温时对元素行为的影响

等温保温温度 /℃	铁液中硅的质量分数为 1.8% ~2.2%	
	C 烧损/(%[①]/h)	Si 增加/(%[①]/h)
1350	—	—
1450	0.07	—
1500	0.18	0.07
1550	0.30	0.11
1600	0.40	0.19

① 指质量分数。

（4）感应电炉熔炼用炉渣 感应电炉熔炼中合理地运用炉渣（造渣、覆盖、撇渣等），对铸铁的质量、节能、环保起着一定的作用。及时的造渣并对坩埚熔池表面覆盖，首先可以在一定程度上将熔池和空气隔离，从而减少了空气和熔池表面的接触面积，降低了空气中的 N_2、O_2 及 H_2O 向熔池的溶解及扩散，从而减少了铁液中气体的含量、金属的氧化及合金元素的烧损；其次炉渣起了隔热作用，减少了熔池表面对空气的散热，降低了热损失，提高了热效率；在感应电炉熔炼中，由于炉渣的热量由熔池中铁液传导的，因此温度低于铁液温度，并且由于炉渣量小，和

铁液接触界面小，所以其冶金功能差。尽管如此，感应电炉熔炼中仍应重视炉渣的运用。

感应电炉熔炼炉渣原材料一般为石灰、氟石、镁砂及普通玻璃等。感应电炉用炉渣的设计化学成分见表 12-173。

炉渣的成分实际上是很复杂的，因为在熔炼过程中，有坩埚材料的侵蚀产物、炉料污染等的附着物，熔炼过程中的元素烧损产物等不断混入，但基本成分变化不大。

表 12-173 感应电炉用炉渣的设计化学成分

炉渣类型	化学成分（质量分数，%）					
	CaO	CaF₂	SiO₂	Al₂O₃	MgO	其他
碱性渣	78 ~ 80	20 ~ 30	—	—	—	—
中性渣	30 ~ 40	—	—	45 ~ 55	5 ~ 10	—
酸性渣	5 ~ 10	—	75 ~ 80	—	—	(Na₂O + K₂O) 约 15
	普通玻璃					

（5）感应电炉停工期安排 中频无心感应电炉在停炉时间较长时完全清空，而对于单班生产的二、三班次，以及两班制生产的第三班次，或者在周末，依据时间的长短，电炉逐步冷却到室温条件。在最后一炉铁液出铁后，将冷炉料加入炉中，直到加满工作线圈高度为止。有了这些炉料以及盖紧盖，炉衬缓慢冷却。这可以避免重新开炉时炉料加入空的冷炉体容易产生的以下风险：

1）熔炉料中的细小部分可能进入冷却微裂缝，导致这些裂缝不能及时闭合。

2）较重炉料落下可能危及坩埚冷炉衬。

3）在线圈浆料与冷炉之间可能形成 1cm 左右的间隙，如果存在机械振动，未烧结的炉衬材料可能纷纷落入这一间隙，结果坩埚在重加热后无法膨胀到原有位置，这将导致对低位线圈形成不可接受的巨大压力，从而导致线圈变形以及在电流接口部分产生拉弧现象。

为了下一炉的熔炼，装满炉料的坩埚无心感应电炉可以冷却到室温，或者利用自动控制保温在 800℃。保温不得超过 800℃，否则将形成很多氧化物，同时引起炉衬的侵蚀。无心感应电炉炉料通过冷炉启动程序在生产开始前一定时间自动加热到 1000℃，随后第一炉可以在操作人员的监控下进行熔化。

（6）感应电炉炉衬侵蚀

1）化学腐蚀。采用酸性石英砂炉衬材料熔炼

时，SiO_2 与金属液中的 [C] 发生以下反应：

$$SiO_2(s) + 2[C] \rightarrow [Si](s) + 2CO(g)$$

当熔化温度超过平衡温度时，炉衬中 SiO_2 被 C 还原，炉衬变薄。

第二种化学腐蚀反应是形成熔点相对较低的二氧化硅混合氧化物。与此相关的熔点为 1180℃ 的 $(FeO)_2 \cdot SiO_2$，即所谓铁橄榄石，以及熔点为 1250℃ 含锰硅酸盐 $MnO \cdot SiO_2$。这两种氧化混合物通常以 10%～30% 和 2%～10% 的比例附着在炉渣上，在 $w(SiO_2)$ 为 50%～70% 下饱和，从而不再侵蚀二氧化硅炉衬。但是如果炉料中使用了比例较大的锈蚀材料，由于这将增加炉渣内的氧化物含量，从而对炉衬形成化学腐蚀作用。

2）气液渗透。铁液渗入炉衬缝隙到达线圈通常是由于在冷炉启动时加热时间不足的情况。这意味着冷却缝隙没有足够的时间闭合。那么就应当相应修改冷却启动程序。由于坩埚炉体烧结区域温度的变化，产生网状微裂缝与渗透点，最终导致接近均匀的坩埚炉衬侵蚀，意味着坩埚使用寿命的终结。

通过气相渗入炉衬同样意味着炉衬使用寿命的终结。这里首先需要提到的是锌蒸汽。另外，渗透到炉衬的 CO 在线圈附近反应生成二氧化碳与碳元素，即 $2[CO] = [CO_2] + C$，从而沉淀在线圈附近。加上汽化的硫，如加入含油的炉料时，以及从新筑炉与/或维修过的线圈浆料，可能形成化学活性强、导电性好的物质，从而损坏线圈。

（7）坩埚监控　坩埚磨损与微裂的监控是无故障、可靠熔炼作业的重要因素。其监控包括以下几个方面：

1）定期在出铁后坩埚呈红黑色时进行目测。

2）对电炉的功率与频率进行测评。

3）在接触的铁液与线圈之间检测电阻值大小。

电炉和电源的配置　采用合理的电源与电炉的配置方案，可以充分利用电源装置的输出功率，最大限度提高功率利用系数，满足铸造作业的要求。中频无心感应电炉常用的电源配置方案见表 12-174。

表 12-174　中频无心感应电炉常用的电源配置方案

电源与电炉配置方案		性能特点	适用范围	优缺点
单台电源配单炉		简单可靠	适合于电炉内金属液熔化后迅速倒空，再重新加料熔化的中小铸造厂的铸造作业	设备投资最少，但功率利用低
两台电源配两台电炉		通过开关切换，两台电炉可交替作业，可将向熔化作业供电的电源短时间内切换到处于浇注保温作业状态的电炉，以补偿浇注作业的降温	适用于需要连续供应铁液的铸造作业	开关切换频繁，而且因为两台电源合供一台电源时，频率低，搅拌效果差，功率利用系数低
		通过开关切换，保温电源既可与熔化电源同时进行熔化作业，又可切向处于保温状态的电炉，以补偿浇注作业的降温	适用于需要连续供应铁液的铸造作业	投资降低，合金化时搅拌作用小，有时需短短时间切换熔化电源供合金化过程
一台电源配两台电炉		一台电源可以同时向两台电炉供电（俗称一拖二），这种双重输出电源向每台电炉输出的功率可在 0～100% 的范围内调节，功率利用系数几乎可达 100%。双供电电源主要技术参数见表 12-175	适用于单位时间内铁液需求波动较大的铸造作业	无机械切换开关，整个熔化过程中能以恒功率运行，功率利用系数高，只需一台变压器，装机容量小，占用空间小

表 12-175　双供电电源主要技术参数

型　号	进线电压/V	进线电流/A	直流电压/V	直流电流/A	中频电压/V	中频频率/Hz	中频功率/kW
KGPS-DX-250kW		480		500			250
KGPS-DX-500kW	380/三相	816	500	1000	1200±120	100~500	500
KGPS-DX-800kW		1305		1600			800
KGPS-DX-1000kW		816		1000			1000
KGPS-DX-1500kW	380/六相	1220	1000	1500	2400±240	100~400	1500
KGPS-DX-2000kW		1630		2000			2000
KGPS-DX-2500kW		2040		2500			2500
KGPS-DX-3000kW		1960		2400			3000
KGPS-DX-3500kW	480/六相	2280	1250	2800	2900±290	100~300	3500
KGPS-DX-4000kW		2610		3200			4000
KGPS-DX-4500kW		2940		3600			4500
KGPS-DX-5000kW		2720		3330			5000
KGPS-DX-6000kW	575/六相	3260	1500	4000	3400±340	100~250	6000
KGPS-DX-8000kW		4350		5330			8000
KGPS-DX-10000kW	620/六相	5100	1600	6250	3600±360	100~200Hz	10000
KGPS-DX-1500kW		7650		9370			15000

注：摘自苏州振吴电炉有限公司产品目录。

12.3.3　有心感应电炉熔炼

有心感应电炉又称沟槽式感应电炉，通常采用工业频率电流，并根据炉体的形状分为立式工频有心感应电炉及卧式工频有心感应电炉。

1. 基本原理

（1）感应加热原理　有心感应电炉与无心感应电炉类似，也像一个变压器，也是根据电磁感应加热原理工作（见图 12-129），不过它有一个闭合的铁心，在铁心上安装的感应线圈相当于变压器的一次绕组，与心柱同心放置的充满金属液的熔沟相当于二次绕组，当感应器线圈通以交变电流时，则因交变磁场的作用使自成回路的熔沟里的金属产生出强大的感应电流，致使金属料加热和熔化。

（2）熔沟中金属液的受力情况　有心感应电炉熔沟中的金属液，一方面会由于熔沟中大电流产生的磁场的相互作用而产生电磁压缩效应，压缩力的方向是从表面指向熔沟轴线；另一方面会由于熔沟中的电流和感应器中的电流方向相反而产生电动效应，电动力的方向是沿着熔沟半径的方向向外。由于在熔沟与感应器之间漏磁场较弱，压缩力比电动力大数倍。上述两种力对熔沟中液态金属的作用结果，在靠近熔沟中心最强，在熔沟外侧最弱，熔沟内侧液态金属被排斥到熔沟外壁，沿着外壁被压入熔池，熔池中的铁液又沿着熔沟内壁进入熔沟，不断进行新的循环，如图 12-130 所示。

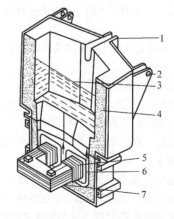

图 12-129　有心感应电炉加热原理

1—出铁口　2—倾动轴　3—铁液面　4—炉壁
5——次线圈　6—二次线圈　7—铁心

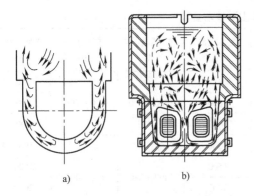

图 12-130　有心感应电炉熔沟中金属液运动状态

a) 等截面单熔沟中液态金属运动状态

b) 带"喷射—流动"双熔沟中液态金属流动状态

2. 结构及其参数选择

有心感应电炉由炉体、炉盖、炉架、倾炉机构、水冷系统、感应器以及电气设备等部分组成。有心感应电炉主要用于保温铁液的有心感应炉的炉腔通常设计成浴盆状、坩埚状或准球形，并带有可移动的密封良好的炉盖。浴盆状炉腔的有心感应电炉具有高度较低的优点，可以直接安装在铸造厂的地坪上而节省较大的基建成本；坩埚状炉腔为炉衬及其维修提供了有利条件，而球形结构的有心感应电炉特别适用于大容量的需求（近似球形结构不仅减少了热损失，使炉盖尺寸最小化，耐火材料炉衬的拱形结构也有利于提高其使用寿命）。耐火材料炉衬一般由绝热层、安全与工作层耐火材料组成。首先将陶瓷纤维板绝热耐火材料置于钢壳上，然后砌上轻质绝热砖或涂覆上其他绝热材质。硬质耐火土或其他高质量涂覆材料可用于安全耐火层。干振料可选用下列中的一种用于工作层炉衬：

1) 半松散干振料（通常由磷酸盐骨料、刚玉捣打料及抗渣剂组成）。

2) 刚玉基的空心砖。

3) 浇注料（低或极低耐火水泥型且低含水量）。低含水量的浇注料越来越多地得到应用，其特点为优良的耐火特性，高密度低气孔率，较高的高温荷重强度及易于施工。

沟槽感应器由感应线圈、冷却水套、封闭的铁心，以及容纳液态金属的沟槽型感应壳体与耐火材料组成。感应器内线圈的输出功率大于250kW的，通常都是水冷的。高功率感应器的钢制壳体也是水冷的，而对于铁心而言，通常风冷就足够了。耐火材料炉衬外面由壳体夹紧而里面紧裹在水冷夹套外面。冷却夹套也是水冷的，用铜或非磁性材料制成，用于在

感应器损坏时保护线圈。感应器炉衬通常采用镁基的含 10% ~15%（质量分数）氧化铝的镁铝尖晶石干振料打结而成。

冷却装置：感应器和炉体法兰的冷却与无心感应电炉一样，通过采用闭式循环冷却水系统进行冷却。另外配备一套辅助冷却回路用于感应器更换，一旦从炉上拆下感应器，就立即与辅助冷却回路连接，从而避免烧坏感应器线圈。炉体及感应器结构如图 12-131 所示。

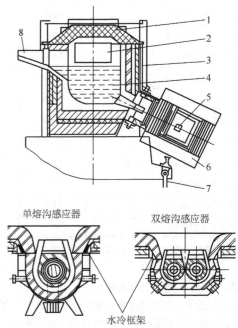

图 12-131　有心感应电炉炉体及感应器结构

1—炉盖　2—工作门　3—炉壳　4—炉腔
5—熔沟槽　6—感应器　7—倾炉结构　8—出铁槽

（1）熔沟截面选择　熔沟截面面积 S（cm^2）可按式（12-36）确定：

$$S = \frac{I}{J} \tag{12-36}$$

式中　I——熔沟中的电流（A）；

　　　J——熔沟金属液中允许的电流密度，为 3 ~ 6A/cm^2。

熔沟截面形状有矩形、方形、圆形和椭圆形等，一般采用椭圆形。取熔沟宽度 b 小于或接近熔沟金属的透入深度 δ（铸铁 δ 约为 83mm）。

由于与坩埚式感应电炉回转对称的电磁场不同，沟槽式感应电炉的电磁场由于其几何复杂性需要三维描述。数值分析方法可以对三维电磁场与三维流动性进行计算。流动特征计算的目的是通过功率与沟槽几

何尺寸的设计优化铁液流动，具体如下：

1）避免熔沟磨损与堵塞。

2）减少局部流速过大问题。

3）优化炉体内铁液的混合效果。

4）防止出现断沟现象。

感应器功率输出和沟槽几何结构的优化设计是为了阻止即使炉内铁液液位处于最低位置也没有压缩效应的出现。然而，实际沟槽尺寸的变化（如由于堵塞的原因）往往是压缩现象仍然出现的原因。这样感应器的输入功率就会在这期间受到限制。

（2）感应器数量选择 感应器数量受耐火材料性能的影响，当炉子功率在 700 ~ 1200kW 时，可采用单熔沟感应器；当炉子功率在 1200kW 以上时，则可采用数个单熔沟感应器或双熔沟感应器。单熔沟主要用于保温和浇注铸铁，双熔沟主要用于熔炼和保温有色金属。感应器数量 n 可用式（12-37）估算确定：

$$n = \frac{P}{P_g} \qquad (12\text{-}37)$$

式中 P_g——每个感应器的额定输入功率（kW）。瑞典 ASEA 公司设计了 100kW、200kW、300kW、400kW、500kW、700kW 等 6 种规格的标准单熔沟感应器和 1100kW 的标准双熔沟感应器。具有"喷射-流动"双熔沟感应器的额定输入功率有 250kW、540kW、750kW、1100kW、1300kW、1500kW 等；

P——炉子有功功率（kW）。

炉子有功功率 P（kW）也可按式（12-38）估算确定：

$$P = \frac{P_y + P_r}{\eta_{dg}} = \frac{P_y}{\eta_{dg}} + P_B \qquad (12\text{-}38)$$

式中 P_y——熔化和升温所消耗功率（kW）；

P_r——炉子热损耗功率（kW），其值等于感应器自身散热损耗功率和熔池（及炉体）的散热损耗功率之和；

η_{dg}——感应器的电效率，一般取为 0.95 ~ 0.98；

P_B——炉子保温所消耗功率（kW），可从图 12-132 查得。

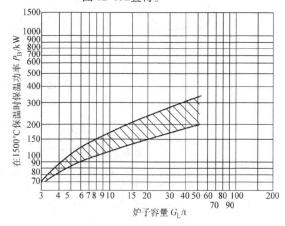

图 12-132 有心感应电炉保温所消耗功率与炉子容量的关系

（3）国内用于保温过热的有心感应电炉系列产品规格（见表 12-176）

3. 操作及其控制

（1）炉的修筑和烘烤 修筑熔沟用模具（见图 12-133）不仅应具有一定的尺寸和强度，而且外表面应光洁，不能有裂纹、气眼缩孔等缺陷。

修筑熔沟时，可采用硅砂、镁砂或刚玉等耐火材料；修筑熔池时多用硅藻土绝热砖、高铝砖或黏土砖内衬，其表面也常捣结一层硅砂、高铝矾土、镁砂或刚玉砂等耐火材料，或者用其他耐火混凝土进行浇灌，其配方见表 12-177 ~ 表 12-181。修筑炉的操作要点和浇灌耐热混凝土的施工工艺要点见表 12-182 和表 12-183。

表 12-176 国内用于保温过热的有心感应电炉系列产品规格

主要参数型号	结构形式	容量/t		功率/kW（额定/保温）	电压/V	工作温度/℃	电耗/(kW·h/t)	生产率[1]/(t/h)	主变压器容量/kVA	烘炉变压器容量/kVA	电抗器容量/kVA	冷却水流量/(t/h)
		有效容量	最大容量									
GY-3-250	立式	3	4.2	250/40	344/137	1450	50	5(150℃)	300	30/20	200	5.5
GY-15-600	立式	15	21	600/176	380/205	1500	57.6	10(150℃)	1000	50		6
GY-30-1100	卧式	30	40	1100/295	365/190	1500	70	15.2(200℃)	2000	400		10
GY-45-700	立式	45	64	700/280	740/470	1500	64	10.9(200℃)	1000	100	500	6

注：摘自西安电力机械制造公司产品目录。

① 括号中温度系过热温度。

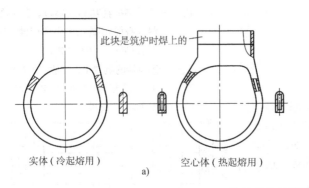
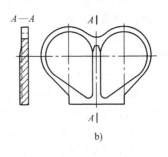

实体（冷起熔用）　　　　　　空心体（热起熔用）

a)

b)

图 12-133　修筑熔沟用模具

a）单熔沟模具　b）双熔沟模具

表 12-177　硅砂捣结材料配方实例

序号	硅砂（质量分数,%）			硼酸（工业用）（质量分数,%）	水（质量分数,%）	备　注
	20/40 筛	40/70 筛	140 筛以上			
1	20	40	40	3 ~ 4	3 ~ 4	修筑熔池用
	—	40	60	3 ~ 4	3 ~ 4	修筑熔沟用
2	30	30	40	2 ~ 2.5	2 ~ 3	修筑熔沟、熔池用
3	40	—	60	1.8	—	修筑熔沟、熔池用

表 12-178　高铝矾土捣结材料配方实例

序号	一级或二级高铝矾土熟料（质量分数,%）						备　注
	>10 ~ 13mm	>5 ~ 10mm	>3 ~ 5mm	>1 ~ 3mm	0.083 ~ 1mm	<0.083mm	
1	40	20	10	—	—	30	修筑熔沟、熔池用
2	—	—	—	47.5	20	32.5	修筑熔沟、熔池用
3	—	—	40	—	30	30	修筑熔沟、熔池用

表 12-179　刚玉砂捣结材料配方实例

刚玉砂（质量分数,%）				磷酸铝溶液（密度 1.5g/cm³）（质量分数,%）	钛白粉（质量分数,%）	备　注
16 筛	100 筛	150 筛	240 筛			
34	19	24	23	4	2	修筑熔沟、熔池用

表 12-180　镁砂捣结材料配方实例

序号	一等冶金镁砂（质量分数,%）				卤水（密度 1.65g/cm³）（质量分数,%）	沥青焦油（质量分数,%）	备　注
	<1mm	1 ~ 3mm	3 ~ 4mm	5 ~ 8mm			
1	40	10	50		8 ~ 10	—	修筑熔沟、熔用
2	—	—	40	60	—	10	修筑熔沟、熔池用 沥青焦油质量分数：沥青 焦油 夏天　　40%　60% 冬天　　25%　75%

表 12-181　耐热混凝土浇灌材料配方实例

序号	颗粒级别及成分（质量分数，%）						黏结剂（纯铝酸盐水泥）（质量分数，%）	MF外加减水剂（质量分数，%）	外加水量（质量分数，%）	备　注
	骨　料				掺合料					
	5～10mm	1.6～5mm	0.2～1.6mm	成分	<0.088mm	成分				
1	—	40	24	电熔刚玉	20	氧化铝粉	16	0.15	7.5	浇灌熔沟、熔池用
2	15	30	25	烧结刚玉	14	一级铝矾土粉	16	0.15	7.5	浇灌熔沟、熔池用

表 12-182　修筑炉的操作要点

操作程序	主要内容	操作要点
1	捣筑熔沟	捣筑熔沟有水平捣筑和垂直捣筑 水平捣筑步骤如下 1）先在感应器下壳的中心安置耐火套管 2）在感应器壳体底部及筒皮部分铺设一层 3～10mm 的绝热石棉板 3）填入耐火材料，用捣固器捣实打结，但每次加入耐火材料的厚度不超过 50mm 4）当打结至比熔沟高 60～80mm 时，刨出沟槽，放置熔沟模（起熔体），并继续填入耐火材料，捣结直至高出上缘 20～30mm 时为止 5）按上缘将高出的耐火材料刨平，并铺上一层 3～10mm 的绝热石棉板，最后将感应器上盖盖上紧固
2	安置磁轭并将感应器安装在炉体上	1）在捣筑好熔沟的感应器上安装磁轭。安装磁轭时应在其上铺一层 1mm 的高压石棉板或 0.2mm 的云母纸进行绝缘 2）将安置好磁轭的感应器安装到炉体上
3	砌筑炉体	1）在炉壳四周及底部先铺上一层 3～10mm 的绝热石棉板 2）砌筑炉底。第一层可用硅藻土绝热砖或黏土砖平砌，第二层可用高铝砖或镁砖与第一层交错 45°平砌，第三或第四层均与第二层一样，交错 90°平砌高铝砖或镁砖，砖缝不得大于 1～1.5mm；然后用捣筑熔沟同类型的耐火材料逐层打结，打结时要与熔沟、炉墙接触好 3）砌筑炉墙。在砌筑圆柱形炉墙时，可在铺有石棉板的炉壳上用纵侧楔形砖回转立砌一层或两层，然后放置胎具，用与捣筑熔沟同类型的耐火材料逐层打结
4	砌筑装料门、炉嘴及炉盖	—

表 12-183　浇灌耐热混凝土的施工工艺要点

操作程序	主要内容	施工工艺要点
1	原材料	配制的原材料应经严格磁选，去除铁质金属，严禁煤屑等杂质混入
2	配制	以表 12-181 耐热混凝土浇灌材料配方为例，按比例配制的骨料、粉料、纯铝酸盐水泥、减水剂，在快速搅拌机内干混 3～4min 后，逐渐加水湿混 1min，搅拌混制好的混凝土必须在 15min 内用完
3	浇灌	浇灌时用插入式高频振动器搅动，使气泡充分向上排出，但应控制振动时间，避免产生粗细骨料分层现象
4	拆模	浇灌一天后才允许拆模。拆模后在 10～30℃室温下静放养护 7d，方可进行烘炉

图 12-134～图 12-137 所示为生产中常用的烘炉实例。

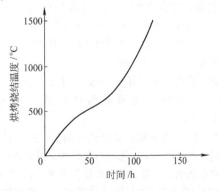

图 12-134　1t 工频有心感应电炉用镁砂炉衬材料的烘炉实例

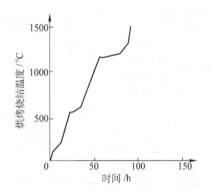

图 12-135　1.5t 工频有心感应电炉用硅砂炉衬
材料的烘炉实例

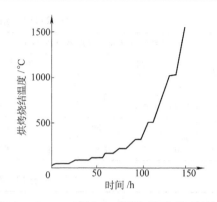

图 12-136　3t 工频有心感应电炉用刚玉砂炉衬
材料的烘炉实例

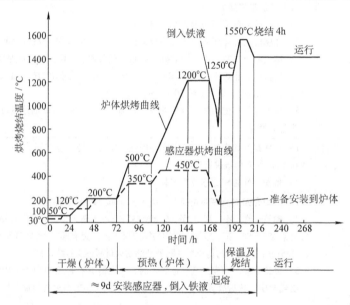

图 12-137　工频有心感应电炉用刚玉砂耐热混凝土浇灌材料的烘炉实例

（2）熔炼特性与操作　有心感应电炉熔炼时，由于金属液与外界介质隔绝，气相稳定，元素的氧化反应更弱，烧损更少，元素通常烧损为（质量分数）：C = 1% ~ 5%、Si = 1% ~ 8%、Mn = 1% ~ 12%。外加合金元素吸收率也较高，其熔炼与无心感应电炉相似（见表12-168）。

有心感应电炉的熔沟温度比熔池温度高 100 ~ 200℃。合理的熔沟槽截面可使其差值减小，见表12-184。

有心感应电炉的起熔方式有两种，一种是热起炉，另一种是冷起炉。采用冷起炉时，烘炉和熔炼过程是有机地联在一起，其熔炼操作程序见表12-185。

（3）感应器熔沟部位蚀损阻塞状况的判断　有心感应电炉的使用寿命在很大程度上取决于感应器熔沟的蚀损和阻塞状况，通常采用 R-X 曲线图判断。

表 12-184　有心感应电炉熔沟温度与熔池温度差

感应器形式	感应器功率/kW	熔沟最高温度/℃	熔池温度/℃	熔沟与熔池温度差/℃
具有等截面单熔沟的感应器	350	1650	1540	110
	600	1700		160
	720	1730		190
具有"喷射-流动"双熔沟的感应器	540	1550	1540	10
	750	1554		14
	1100	1558		18
	1300	1560		20
	1500	1562		22
	2000	1570		30

R-X 曲线图法又称电阻-电抗曲线图法或熔沟状态图法。其使用和判断方法如下：

1) 首先根据感应器的额定电压、功率制定出 R-X 曲线图,供标志运行点用。图 12-138 是按 350V 额定电压、170kW 额定功率及 190kvar 无功功率的感应器为基础做出的。

2) 然后在 R-X 曲线图上确定感应器的开始运行点 S 和工作范围 $ABCD$,此范围应根据感应器的电参数和运行经验确定,既应保证感应器能输出足够的功率,又应从安全要求和电气元件额定电容量的限制出发,控制感应器的最大输出功率。根据经验取 130% 和 80% 的 P 和 P_Q 曲线为它的工作范围(见图 12-138)。

3) 定期记录感应器运行时的电气参数数值,如电压 U(V)、电流 I(A)、功率 P(kW)或无功功率 P_Q(kvar)、视在功率 P_S(kVA),并计算出电阻 R(Ω)、电抗 X(Ω)或功率因数 $\cos\varphi$。

4) 根据 R、X 和 $\cos\varphi$ 三个电气特性数值中的两个,便可在曲线图中标注出运行点的坐标位置。图 12-138 中粗箭头所示方向是该感应器在运行 8 个月内从 S 点开始的熔沟蚀损或阻塞状态的变化趋势。

5) 根据运行点的变化来判断熔沟蚀损或阻塞状况,还需借助实际生产中积累的经验来推断,图 12-139 ~ 图 12-141 所示为根据经验得到的几种蚀损或阻塞状况的 R-X 曲线图。

表 12-185 有心感应电炉的熔炼操作程序(冷起炉)

熔炼程序	主要内容	操作要点
1	分批加装铁料,提高电压升温熔化	当喷口温度到达 700 ~ 1000℃ 时,熔沟内会有局部熔化状态,此时应注意调整感应器,并加入第一批碎小铁料将喷口填满。当喷口温度到达 1300 ~ 1400℃ 时,可开始加入第二批碎小铁料 当第二批铁料熔化后,可逐次再装入适当块度的铁料,装入的铁料必须预热,装入量约为熔池中铁液质量的 1/10,直至装满熔池为止
2	加熔剂、除渣	在每加一次铁料前均应扒渣一次;在熔炼过程中,渣的厚度不宜超过 10 ~ 15mm。出铁前,可用硅石、氟石作稀释剂,加入量可根据渣的情况而定
3	进行炉前质量控制	浇注前,应调整成分,进行炉前控制和检验。若加入合金元素,应分析化学成分,观察三角试块断面,测定铁液温度,观察气体以及炉渣情况等
4	出铁液	出铁液时应留一部分铁液在炉内,其高度约为熔池高度,即 100 ~ 400mm;若熔炼结束,在采用停电不保温操作时,铁液表面应覆盖一层石墨粉,然后将炉盖和炉嘴封严 若熔炼结束,采用供电保温操作时,铁液保温温度为 1180 ~ 1250℃,保温电压应使熔池中没有激烈的搅拌作用。通常渣的厚度为 15mm 左右

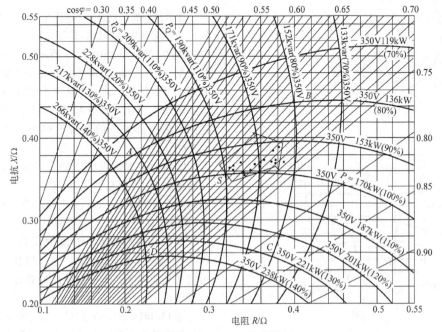

图 12-138 R-X 曲线图

($U = 350$V, $P = 170$kW, $P_Q = 190$kvar)

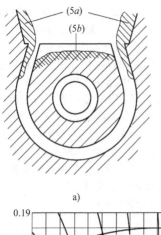

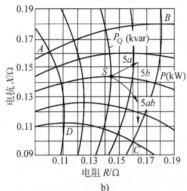

图 12-139　熔沟喷口蚀损或阻塞状况

a）熔沟状况　b）R-X 图

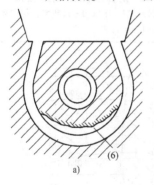

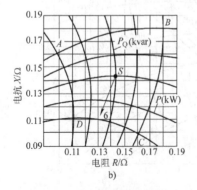

图 12-140　熔沟底部蚀损状况

a）熔沟状况　b）R-X 图

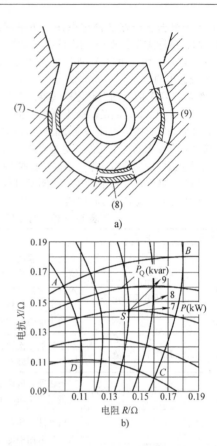

图 12-141　熔沟槽局部或均匀阻塞状况

a）熔沟状况　b）R-X 图

① 熔沟喷口蚀损或阻塞状况分析。如图 12-139a 所示，在熔沟喷口部分结渣时（5a），运行点的变化趋势如图 12-139b 图中 S-5a 所示，即电阻增大，电抗 X 变化较小。5a 常伴随着如图 12-139b 中 5b 所示线圈上方的蚀损，此时电抗 X 急剧下降，而电阻 R 几乎不发生变化，如图 12-139b 中 5b 的变化趋势。这两个因素影响下的运行点趋势如图 12-139b 中 S-5ab 所示。

② 熔沟底部蚀损状况分析。如图 12-140a 所示，在熔沟底部发生过量蚀损时（6），电阻 R 变化较小，而电抗 X 急剧降低，运行点变化趋势如图 12-140b 中 S-6 所示。

③ 熔沟槽局部或均匀阻塞状况分析。图 12-141a 中（7）属熔沟槽局部阻塞，它引起电阻 R 剧增，而电抗 X 变化不大，运行点变化趋势如图 12-141b 中 S-7 所示。

图 12-141a 中（8）属整个熔沟槽上的同心阻塞，它引起电阻 R 和电抗 X 均趋大，运行点变化趋势如图 12-141b 中 S-8 所示。

图 12-141a 中（9）属熔沟槽内的偏心阻塞，引起熔沟槽截面缩小，电阻 R 增大，电抗 X 剧增，运行点变化趋势如图 12-141b 中 S-9 所示。

4. 有心感应电炉保温

有心感应电炉由于具有虹吸式结构，用于补充铁液与出铁同步进行，以及有利的电效率与热效率因素而成为常用的铁液保温装置。

（1）优化生产节拍　在产能巨大的铸造厂里有连续供应铁液的需求，这在熔化环节优势最为明显，因此铁液保温从技术与经济角度具有可行性。

在熔化节拍中的缓冲功能有以下几种：

1）并排的双供电熔炼炉。

2）浇注炉的容量可以满足 $0.5\sim1h$ 的铁液需求。

3）以有心感应电炉作为保温单元以满足 2h 左右的铁液需求。

第 3 条可以通过铁液的保温和存储来实现。

铁液存储的基本意义是可以通过提高造型线的利用率来提高产能，电炉熔炼配套的存储单元进一步提供利用低价电的可能，它承担着在用电高峰时段提供铁液的作用，由此可以适应峰谷用电状况平衡熔炼过程。在冲天炉熔炼中，有心感应电炉作为一个加热容器，不仅承担保温存储的物流任务，而且也承担重要的冶金功能，即均化来自冲天炉的铁液温度与成分。

（2）有心感应电炉的特征　在封闭的炉腔内保温铁液是有心感应电炉的特征。在保温小段时间后，铁液上方逐步形成还原性气氛，这最大限度地防止了碳和硅的流失，尤其在保温温度较低的情况下。然而，也有其局限性：有心感应电炉通常也不是完全气密性的，因此在出铁状态下，空气中的氧气进入铁液上的炉腔从而产生氧化气氛。使用虹吸通道来补充与清空铁液具有如下优点：

1）由于炉渣上浮，补铁液时具有清洁功能。

2）在转运包或浇包中，铁液从液面以下出铁液，从而实现无渣浇注。

3）通过炉体倾翻轴上的进出口设计，可以实现同时补充铁液与倒出铁液的选择。这些特征使有心感应电炉特别适合作为连续生产的保温加热炉：冲天炉熔炼的铁液可以直接通过流道进入有心保温炉。

混合效果是有心保温炉的另一个重要特征，从冲天炉过来的铁液成分与温度得以均化，特别是在开始正常生产之后。

有心感应电炉作为保温单元与无心感应电炉相比也有如下缺点：

1）由于感应器所用的耐火材料对温度变化较敏感（形成裂纹），使用中应始终保留一定的残留铁液。因此，生产停止期间同样需要消耗电能，同时铁液成分变更的灵活性也大打折扣。

2）有心保温炉只能利用现成的铁液。

3）炉内搅拌效果相对较弱，由此所能进行的冶金功能非常有限。

（3）操作方法　有心感应电炉通过流道连续补充铁液，或者使用浇包补充铁液。无论哪种情况都必须注意尽可能少的炉渣进入炉口。对于连续补充铁液的情况，在进入加料槽前方设置炉渣分离器很有帮助，而如果用浇包补充铁液，应当仔细清除炉渣。

有心保温炉应尽可能保持密封以防止氧化与炉渣的形成。因此，在连续生产中，有心保温炉出铁的限度是进出口保持在铁液液面下方而处于密封状态。当出铁进行到最低残留铁液位置时，倾炉过程通过限位开关加以限制，从而确保漂浮的炉渣不会进入感应器的喉部。一旦达到所需的出铁量，有心保温炉应当返回原有位置以保证可以补充同样的铁液量。无论是通过流道还是浇包，都无须随后调整炉体位置。最小的向后倾斜角度首先可以保持最短的出铁时间，其次由于铁液入口侧液位高，可以保持补充铁液时的清洁效果。同样，为了减少堵塞，首先要阻止沉淀物的形成，切忌混入孕育或其他处理过的回用铁液。通常，有心感应电炉每三周需要后倾扒渣一次。

5. 感应器的快速更换

有心感应电炉在结构上的重大改进是采用可拆换的感应器，如图 12-142 所示。

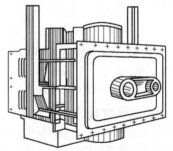

图 12-142　待装配的感应器

通常情况下，当熔沟侵蚀阻塞严重时，只需把炉子转一定的角度，不必倒出全部铁液，便可拆下损坏的感应器，并把预先烘烤好的感应器装上去，连拆带装只要数小时。装上新感应器后，炉子重新回到工作位置，就可继续正常运行，因此对生产的影响可减少到最小程度，并能有效地延长有心感应电炉的使用寿命。

实现感应器的快速更换，有以下几个重要因素：

1）感应器与炉体结合部位设计成标准的结构，

在炉体结合部位应设置水冷框架（见图 12-131）。

2）为使感应器炉衬和炉体炉衬在炉子长期工作后也不粘连，容易分开，还必须选用合适的接合面面料和隔离料。

3）面料由较细颗粒度的耐火骨料加胶结剂组成，在准备连接前涂抹在感应器与炉体接合面的表面，面料厚度一般为 5～8mm，面料用平尺刮平，高出接合面法兰约 1～2mm。面料组成（均为质量分数）为：小于 1.1mm 的电熔刚玉（或烧结刚玉）骨料 40%；小于 0.088mm 的煅烧氧化铝粉 40%；氧化铝水泥 10%；外加适量水，使面料成糊状。

隔离料是在感应器装上炉体前涂刷在面料上，涂刷厚度约 0.5～1mm。隔离料组成（均为质量分数）为：小于 0.088mm 的煅烧氧化铝粉 95%；耐火黏土 5%，外加水调成稠状液。

4）为使感应器能在热态时快速更换，需采用装卸方便的供电和供水的快速配合接头，如图 12-143所示。

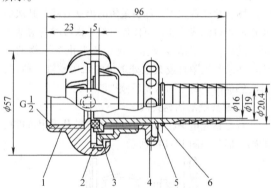

图 12-143　快换配合接头

1—前接头　2—后接头　3—密封圈　4—锁紧套
5—密封接管　6—卡圈

12.3.4　感应电炉在烧注作业方面的应用

半自动化和全自动化的造型线要求使用半自动化和全自动化的浇注装置与其配套，现代化的铸造车间常使用浇注保温炉。对浇注保温炉的要求如下：

1）保证浇注质量，能保证铁液的化学成分及浇注温度控制在所需范围之内，浇注时不混入炉渣和任何夹杂物。浇注工艺参数可调，浇注精度高。

2）密封性能好，减少铁液的氧化和吸气。

3）浇注装置操作方便、迅速、安全、可靠。

4）能耗低，经济性好，占地面积小，作业环境好。

1. 气压式浇注保温炉

浇注保温炉都是有心感应电炉，按其浇注方式可分为侧倾式、气压式、气压-塞杆式、塞杆底注式和电磁泵式。其中气压式、气压-塞杆式应用最广。

不同的加热方式形成了不同类型的气压式浇注保温炉。最为常见的是带有感应加热装置的气压式浇注保温炉（见图 12-144），此外还有无心感应气压式浇注保温炉及非加热气压式浇注保温炉。

带有感应加热装置的气压式浇注保温炉必须始终保有恒温的残留铁液，主要由于感应器耐火材料对温度变化的敏感；无心感应气压式浇注保温炉的功率由无极可调变频电源提供，浇注保温炉可完全清空；非加热气压式浇注保温炉对于生产具有不同化学成分的小批量铸件更加灵活方便，停炉过程几乎没有电能消耗，运行成本低，更有利于维护工作的进行，但温度变化控制难度较大。

带有感应加热装置的气压式浇注保温炉的工作原理：利用压力介质（压缩空气或氮气）将铁液由密封的炉膛熔池通过升液道压入浇注流槽，然后由浇口砖孔流出，注入下方的铸型。铁液温度由感应器输出的功率维持（见图 12-144）。保温球墨铸铁铁液时，镁的衰减速度仅为 0.002%/h。

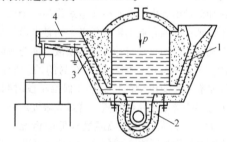

图 12-144　带有感应加热装置的
气压式浇注保温炉

1—加料道　2—感应器　3—升液道
4—浇注流槽

定量浇注的方法有三种：①冒口探测定量法浇注作业（见图 12-145）；②称量定量法浇注作业（见图 12-146）；③定时定量法浇注作业。其气压控制系统可以是手动、半自动和自动。传感器称量法自动气

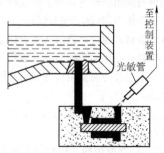

图 12-145　冒口探测定量法浇注作业

控系统原理如图 12-147 所示。世界上最大的气压-塞杆式浇注电炉的有效容量达 40t，感应器功率达

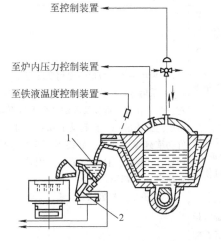

图 12-146　称量定量法浇注作业

1—铁液称量包　2—电子称量装置

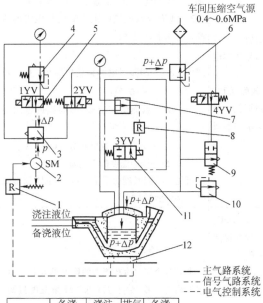

	备浇	浇注	排气	备浇
电磁气阀1YV		✕		
电磁气阀2YV	✕	✕	✕	✕
电磁气阀3YV	✕		✕	✕
炉内压力				
浇注速度				

图 12-147　传感器称量法自动气控系统原理

1—调节器　2—伺服电动机　3—调压继动器　4—调压阀
5—电磁气阀1YV、2YV、3YV、4YV　6—气控调压阀
7—微差压发信器　8—中间继电器　9—快速排气阀
10—安全阀　11—卸压阀　12—支柱
p—基本压力　Δp—脉冲压力

1200kW，浇注件质量达 200 ~ 400kg，浇注速度达 200 ~ 250 型/h，与中间转包配合时，可达 400 型/h。

中频无心气压保温底注式浇注炉主要技术参数见表 12-186。

2. 浇注中间包

浇注保温炉仅用于铸件质量大，进行孕育处理、球化处理、微合金化要求、砂型上有浇注杯等情况时铁液的保温及定量供应。真正的浇注工作还需有浇注中间包配套。

浇注中间包分倾注式和底注式。倾注式（扇形）浇注中间包布置在浇注线旁，铁液由浇注保温炉定量供给，倾动包体进行浇注。底注式（盆形）浇注中间包架在造型线上方，通过控制塞杆进行浇注。

表 12-186　中频无心气压保温底注式浇注炉的主要技术参数

型号	额定容量/t	钢包上口内径/mm	真空罐直径/mm	氩气耗量/(L/min)	工作真空度/Pa	喷射泵抽气能力/(kg/h)	设备水粗量/(m³/h)	喷射泵水耗量/(m³/h)
VD-15	15	2100	3800	100	67	100	20	300
VD-20	20	2250	4000	120	67	150	40	350
VD-25	25	2350	4200	150	67	190	60	400
VD-30	30	2560	4200	180	67	220	80	500
VD-40	40	2650	4400	200	67	250	100	600
VD-50	50	3080	4600	250	67	300	120	800
VD-60	60	3180	4800	300	67	360	120	900
VD-70	70	3280	5200	500	67	360	120	1000
VD-80	90	3450	5600	550	67	380	120	1000
VD-90	90	3550	5700	650	67	420	130	1200
VD-100	100	3600	5820	700	67	450	150	

注：摘自苏州振昊电炉有限公司产品目录。

12.3.5　感应电炉的节能与环保

1. 节能

感应电炉的节能可以从电源与电炉的配置、电器设备、筑炉和熔炼工艺等方面入手。无心感应电炉熔炼铸铁的能耗指标见表 12-187；感应电炉的节能措施见表 12-188。

表 12-187　无心感应电炉熔炼铸铁的能耗指标

感应电炉容量/t	每 t 金属液能耗指标/kW·h
≈0.8	<600
1.5	<580
2	<570
3	<560
5	<550

表 12-188　感应炉熔炼节能措施

节能途径	项　　目	节　能　原　理	应　　用
电器设备的选择	变压器的选择	提高二次输出电压，可以在输出功率一定时降低输出电流（如由 380V 提高到 650V），可使铜损降低 1/3，降低线圈的电阻，减少热损耗	1）采用中频感应电炉专用变压器 2）采用零电压数字扫描式起动，保证设备在空载、轻载、重载及冻炉情况下可靠起动，对电网无冲击；一旦起动成功后，可自动提升功率到设定功率，始终保证全功率输出，频率自动跟踪，自动调节功率因数，保证设备稳定、可靠运行 3）配齐监控报警仪器仪表
	正确选择炉子容量功率	1）根据铁液量供应的需要，可以选用单台大容量炉子，也可选择多台小容量炉子，分析利弊决定应如何选择 2）除非经常需要大量铁液供应大铸件浇注，一般情况下不宜选用单台大容量炉子，应该选用多台适当容量的炉子，这样可使生产组织灵活、可靠、节能	
	匹配功率的选择	选择多台适当容量的炉子并不意味着容量越小越好，相反大容量的炉子技术经济指标高，单位能耗低（见表 12-189）	
	感应线圈水电缆的选择	1）为减少铜损，需检查线圈材质，一定不能用电阻值高的杂铜，应选用高品质的电解铜 2）增大感应线圈水电缆的横截面面积，可以降低电流密度，减少供电线路铜耗，降低线圈及水电缆的工作温度，减少水垢形成的概率及故障，节能降耗	1）感应线圈壁厚的增加、水电缆直径的增加与电阻的变化和节能效果见表 12-190 2）线圈及水电缆的工作温度与电阻的增高，可用下式表达： $$R_t = \alpha(1 + \Delta t)R_{20}$$ 式中　R_{20}—20℃时电解铜的电阻值，$0.0175 \times 10^{-6}\Omega$ 　　　R_t—线圈温度上升 t℃ 时铜的电阻值（Ω） 　　　α—铜的电阻温度系数（0004/℃） 　　　Δt—线圈温度的变化量（℃） 可见，线圈温度每升高 10℃ 其电阻值增加 4%，电耗增加 4%
	阻垢器的选用	水垢指不溶性盐类（如 $CaCO_3$、$CaSO_4$ 等）及氧化物沉淀，在溶解量超过饱和极限后在线圈内壁上沉淀，其不良影响有： 1）堵塞管道，减少流动水道截面面积，增加水循环阻力；减少热交换 2）水垢的热导率是 $0.464 \sim 0.8W/(m \cdot K)$，铜的热导率是 $320W/(m \cdot K)$，有水垢后热效率大大降低，也缩短了设备寿命 3）局部结垢过多，出现局部过热，烧坏线圈、水电缆，造成漏电、短路等严重事故	水垢对冷却水冷却能力的影响见表 12-191。水垢增加，换热能力降低，线圈温度提高，电阻值增加，无功电耗增加 采用新型阻垢器可大大降低水垢的产生
	封闭式循环冷却水系统	由外回路敞开式循环水系统和内回路封闭式循环水系统组成。外环路不要求高水质，内回路采用软水和蒸馏水，用于冷却感应器。两回路间用水-水热交换器传递热量，即外回路的水冷却内回路，内回路冷却感应器，如此便于水质处理，可靠性大，效率高，运行费用低，感应器寿命延长	内循环用水固体物含量小于 10mg/L，亚硫酸盐和氯化物含量小于 50mg/L，总硬度为 2.8mg/L，最好用蒸馏水；外循环对水质无特殊要求

（续）

节能途径	项目	节能原理	应用
筑炉工艺	炉衬寿命	提高炉衬寿命，减少筑炉工作量，则筑炉电耗就应降低，为此应力求达到科学的三层结构烧结层：烧结层、半烧结层、缓冲层，初始厚度应各1/3	1）使用优质耐火材料 2）为减少炉衬的侵蚀，可使用中性炉用材料（如高铝质耐火材料），其热稳定性好，耐火度高，炉寿命大大延长，并且可避免硅砂粉尘对人健康的危害 3）炉衬不宜太厚，合适厚度见表 12-151 4）通过胶结剂加入量控制烧结层结构
熔炼工艺控制	科学配料和装料	1）精确计算炉料的化学成分，尽量减少以后调整成分而拖延的熔炼时间 2）炉料尺寸应和感应电流透入深度相匹配 3）固体炉料加入到熔池中比液体炉料加入到固体料中节能	1）投炉前大块料应切割，轻、薄料应打包，尺寸应合适，根据电流频率选择最佳炉料尺寸（见表 12-148） 2）防止"蓬料"
尽量组织连续熔炼	延长熔炼时间	冷起动单位电耗约为 580kW·h/t 热炉操作单位电耗为 505～545kW·h/t 连续操作仅为 494kW·h/t	尽量增加一次冶炼的炉次，减少冷炉起动熔炼次数，延长熔炼时间，做到连续操作
	科学的供电制度	1）控制搅拌力度，减少"驼峰"现象，减少氧化、合金元素烧损 2）力求短时间内温度达到浇注温度，化学成分均匀、温度均匀，即"低温熔化、快速提温浇注"，避免熔池在高温区间长期停留 3）熔炼中高温停留时间越长，炉衬中 SiO_2 被铁液中的碳还原越多，这种侵蚀作用越大；高温下炉渣引起的化学反应使炉衬腐蚀加剧	1）采用浇注前短时间升温，其余时间铁液保持相对较低温度 2）严格限制铁液的过热温度，铁液过热温度太高的不良影响见表 12-192
	合适的冷却水温度	冷却水温度太低，冷却水从炉体带走热量多；冷却水温太高，不利于感应线圈的冷却，会增加电耗损	一般以进水温度为 20～30℃、出水温度为 50℃为宜
	尽量减少开启炉盖时间	炉盖打开时，铁液表面热辐射损失很大，应减少炉盖开启次数及每次延续的时间	1）使用液压驱动回转式炉盖开合机构 2）尽量缩短装料、取样、检测的时间

表 12-189　中频无心感应电炉容量和能耗的关系

技术特性	炉子的容量/t				
	0.15	0.5	1	2.5	5
额定功率/kW	100	250	500	1000	2000
频率/Hz	1000	1000	1000	1000	1000
铁液温度/℃	1600	1600	1600	1600	1600
生产率/(t/h)	0.12	0.35	0.80	1.5	3.33
电耗/(kW·h/t)	850	750	690	680	660

表 12-190　中频感应炉线圈壁厚、水电缆直径与电阻的变化和节能效果

线圈壁厚/mm	0	0.5	1	1.5	2	2.5	3
$R'/R(\%)$	100	78.46	64.15	54.97	46.36	40.48	35.79
水电缆直径/mm	0	5	10	15	20	25	30
$R_1'/R(\%)$	100	85.21	73.47	64.00	56.25	49.83	44.44
节约电量/kW·h	0	17.50	29.14	36.61	43.61	48.40	52.22
两项总节电(%)	0	21.51	35.80	44.98	53.59	59.47	64.17

注：R'/R 和 R_1'/R 表示电阻比。

由表 12-190 可见，如线圈壁厚增加至 3mm，水电缆直径增加至 30mm，可每小时节电 52.22kW，比增加前节电 64.17%，节能效果显著。

表 12-191　水垢对冷却水冷却能力的影响

水垢厚度 δ/mm	0.5	1	1.5	2	3	4
综合换热系数降低(%)	22	37	46	54	64	70

表 12-192　铁液过热温度太高的不良影响

项　目	说　明
电能单耗提高	在 1300～1500℃时，对不同容量的炉子，铁液温度每升高 100℃，电能单耗增加 35～45/kW·h；若升高至 1500～1600℃，电耗增量更大，过热温度太高，不利于节能
铁液化学成分波动	铁液温度高于 1500℃后，Si 和 C 波动剧烈，不利于化学成分控制
炉衬化学侵蚀	炉衬侵蚀加剧，炉衬中 SiO_2 被碳还原，增加运行成本

2. 环保

1) 中频感应电炉熔炼时，因无须与焦炭接触，也不用鼓风机，所以其烟尘污染较冲大炉熔炼时为少，其消烟除尘环保的工作量相应较少，但其劳动条件仍然较差，务必注意通风除尘设施的健全配置及正常运转。

2) 中频感应电炉排烟设施一般使用排烟罩，其后继除尘使用袋式除尘器，可稳定达标排放。应注意粉尘的收集及回用等。

3) 中频感应电炉电器房应设通风、降温措施，保证夏季室内温度不超过 35℃；某些电器设备可能泄漏有害气体，此类工作室应设计成室内微负压，通风应采用机械进风，机械排风（不可依靠自然排风）。

4) 由于锌的熔点为 420℃，沸点为 907℃，在此温度下锌被迅速气化。冲天炉的氧化性气氛及其冶金条件可使锌形成氧化锌（ZnO）、硅酸锌（$ZnSiO_4$）和铁酸锌（$ZnFe_2O_4$）等，并不以锌的单质出现，并且可以回收利用，故对冲天炉而言，镀锌废钢板可以直接投炉。而一般情况下，中频感应电炉熔炼时限制使用镀锌板废钢为炉料时应特别注意。

汽车制造业的最新发展表明，汽车业的镀锌金属板材废料，尤其是低锰含量的深拉伸镀锌金属板比率越来越高，未镀锌板材越来越少，因此铸造厂必须具备处理这种镀锌板废钢的能力。一般只要设计排烟能力达到每 t 炉体容量不低于 3000 m^3/h，以及除尘罩与封闭式加料小车精确对接，可以满足这种镀锌废钢的排烟要求。除尘粉尘中的锌可以进行回收处理以达到回收锌的目的。为了避免由于锌沉淀造成的线圈拉弧现象，较高的锌蒸汽压力要求炉衬材料具有足够高的致密性以阻止锌蒸汽的渗透。可以通过确保在烧结与开始进行熔炼的前三炉铁液所用炉料不含锌的办法来实现。同样，在冷炉起动的前两炉也应当如此，主要由于冷炉过程中出现冷却微裂。另外，建议保持铁液与线圈之间较高的温差，以利于锌集中区域尽可能远离线圈，由此建议使用高导热性的线圈浆料与低绝热能力的箔片。实践经验表明，熔炼结束后，溶于铁液的锌达到 0.25%～0.35%，这是饱和数值。这一数值即使镀锌废钢的使用比例再高也不会上升。这种水平的锌含量不会对铸件的力学性能产生负面影响。

12.4　双联熔炼

12.4.1　双联熔炼的主要形式和特点

1. 双联熔炼的主要形式

双联熔炼的主要形式见表 12-193。冲天炉与无心感应电炉双联熔炼时的连接（或铁液进入的）方式如图 12-148 所示。

表 12-193 双联熔炼的主要形式

炉子的组合		炉子的连接方式	应用情况
熔化用炉	过热精炼或保温、贮存铁液用炉		
冲天炉	有心感应电炉	直接或间接	最多
	无心感应电炉		
	电弧炉	间接	较少
无心感应电炉	有心感应电炉	间接	逐渐增多
电弧炉	无心感应电炉		较少
高炉			
复合感应电炉	有心和无心感应电炉做成一体	无过渡连接	新型

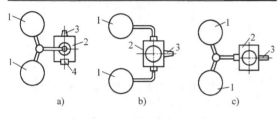

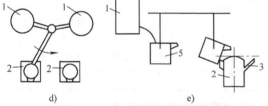

图 12-148 冲天炉与无心感应电炉双联熔炼时的连接（或铁液进入的）方式

a) 铁液从炉顶进入（直接） b) 铁液从一端轴径进入（直接） c) 铁液从一端轴径进入，从另一端轴径流出（直接） d) 铁液交替进入两台炉子（间接） e) 用铁液包转注（间接）

1—冲天炉 2—无心感应电炉 3—出铁口 4—出渣口 5—铁液包

2. 双联熔炼的主要特点

双联熔炼有以下主要特点：

（1）在铁液供求方面 可靠地实现铁液的供求平衡，把停工损失减少到最小，并可最大限度地发挥熔炼炉的熔化能力。

（2）在铁液成分和温度方面 可获得稳定的铁液成分，波动范围较小，并能进行成分调整、合金化或脱硫，还能补偿运送和浇注过程中所造成的温度损失。

（3）在冶金特性方面 铁液经过电炉后，晶核数量减少，过冷度增加，白口倾向加大，生成枝晶状石墨和点状石墨的倾向加大，石墨尺寸小。

（4）在能源和材料利用方面 可充分利用两种炉子的各自热效率优势，并且可回用冷铁液和浇注剩余铁液，提高金属材料的利用率，降低铁液的费用，炉料中可大量利用廉价的废钢。

（5）在生产适应性方面 在两班工作时，第三班可向保温炉添加炉料，熔化并使铁液升温，或者聚集夜间熔炼炉熔炼的铁液，以便在第二天一上班就有合格的铁液供应浇注工部，提高工作效率。另外，还可利用一种成分的铁液作为基铁，通过添加合金等办法得到多种牌号的铸铁。对各种类型的铸造生产都有较强的适应性。

应该指出：采用冲天炉-电炉双联熔炼，是为了发挥冲天炉熔炼铸铁的冶金特点，而这些特点是单一感应电炉熔炼时并不具备的。

12.4.2 双联熔炼炉的合理选配

1. 双联熔炼炉选配的主要依据

双联熔炼时用作熔炼炉的主要依据见表 12-194，用作过热精炼或保温贮存铁液用炉的主要依据见表 12-195。双联熔炼时熔炼炉的选配可参考图 12-149。

表 12-194 双联熔炼时用作熔炼炉的主要依据

用作熔炼炉类型	选配的主要依据
冲天炉	老的铸造车间大多数安装的是冲天炉，若配以保温炉或精炼炉就可很快改造成双联熔炼。新建铸造车间也常常优先选用冲天炉作为双联熔炼的熔炼炉，因为冲天炉熔化效率高，冶金效果好，设备投资费用小，建造速度快，操作和维修方便且占地面积小
无心感应电炉	无心感应电炉熔炼质量好，特别是在以金属废料和屑料为主要炉料时，选用无心感应电炉作为双联熔炼的熔炼炉最为有利。无心感应电炉生产方式比较灵活，机械化和自动化程度比较高，劳动卫生条件比较好。用于除尘净化的设备费用和操作费用小，因此在电力充足的情况下，也有用无心感应电炉取代冲天炉作为双联熔炼的熔炼炉
电弧炉	电弧炉运行可靠，炉料选择范围宽，可使用劣质材料及体积大的回炉料；对铸铁可以进行精炼操作，但调整化学成分不易，只能熔炼出成分比较准确的铁液；难以连续熔化作业及保温，过热铁液热效率低，现较少见电弧炉用作双联熔炼保温炉
高炉	高炉的铁液经混铁炉到感应电炉内精炼，是最经济节能的生产模式，但高炉应具有一定规模，太小的高炉生产的铁液并不节能；高炉铁液在化学成分、温度等方面难以调节、控制，必须经双联熔炼才能应用

表 12-195　双联熔炼时感应炉用作过热精炼或保温贮运铁液用炉的主要依据

分析项目	说　明	
应具备的基本条件	1）应具有一定的升温能力，但其配备的单位炉容量的功率密度可小于熔炼炉，一般在120kW/t以下 2）良好的保温及隔热设施 3）炉子容量应足够大，能满足不同用途的需要 4）密封性能好，降低铁液氧化、烧损，合金元素含量衰减速度慢 5）搅动均匀，但不可过大，以免元素烧损速度过快 6）最好能连续进铁液，间隙出铁液	
	优　点	缺　点
无心中频感应电炉（坩埚式）的特点	1）搅拌作用好，便于合金元素的吸收及均匀化，脱硫能力强 2）输入功率大，可用于精炼，调整化学成分及升温较迅速，生产率高 3）筑炉、拆修炉衬方便，费用低 4）可冷炉起动，适宜用作周期作业及变换铁液品种和牌号	1）保温功率大于有心中频感应电炉（沟槽式） 2）炉膛容量、形状结构设计有限制 3）投资大
有心中频感应电炉（沟槽式）的特点	1）炉衬厚，保温、隔热性能更好，使用寿命长 2）电效率、热效率高，与坩埚式相比，消耗保温功率小，最大容量已达300t 3）容量大，炉膛形状、容量可按需设计，最大容量已达300t 4）适中的搅拌作用，基本满足化学成分均匀的需要 5）可连续进铁液，频繁出铁液 6）初次投资及运行费用低	1）大容量炉子过热能力低，最大感应体功率只能做到2500~3000kW 2）特殊冶金要求时搅拌力不足，温度及化学成分调整困难 3）不宜间隙作业，不易变更铁液品种和牌号 4）炉衬、材料贵，筑炉拆修费时费力，但好的炉衬材料及可拆卸感应体的应用，炉衬寿命长（可达1~2年），可抵销了造价的昂贵

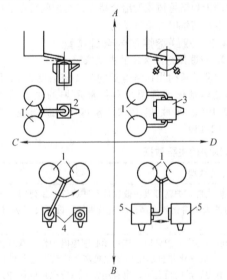

图 12-149　双联熔炼时熔炼炉的选配

A—连续使用　*B*—间隙使用　*C*——班工作
D—三班工作
1—冲天炉　2—双联专用无心感应电炉　3—双联
专用有心感应电炉　4—普通无心感应电炉
5—普通有心感应电炉

2. 双联熔炼炉容量的选配

双联熔炼炉容量的选配主要根据双联熔炼的工艺特性，可参见表 12-196 所示。

表 12-196　双联熔炼炉容量的选配

双联熔炼的工艺特性	炉容量之比
主要用于贮存（间接双联）	$\dfrac{贮存炉容量\ Q}{熔炼炉容量\ q}=4\sim6$
主要用于保温（直接双联）	$\dfrac{保温炉容量\ Q}{熔炼炉容量\ q}=1\sim3$
主要用于过热（间接或直接双联）	$\dfrac{过热炉容量\ Q}{熔炼炉容量\ q}=0.5\sim1.5$
主要用于精炼（直接双联）	$\dfrac{精炼炉容量\ Q}{熔炼炉容量\ q}=0.5\sim1.0$

12.4.3　双联熔炼的应用实例（见表 12-197）

表 12-197　双联熔炼的应用实例

序号	生产情况	双联熔炼的应用特点
1	生产汽车、拖拉机灰铸铁件	冲天炉-有心感应电炉双联 1）用两台交替工作的直径为 2700mm、生产率为 45t/h 的水冷无炉衬热风冲天炉与三台 125t 有心感应电炉双联熔炼。冲天炉铁液沿出铁槽直接流入有心感应电炉中，铁液在其中过热到 1540～1560℃出炉。冲天炉连续运行一周后，在非工作日修理完毕，下周工作日开始时又可继续工作（或备用） 2）用两台生产率为 12.5t/h 的热风冲天炉与一台功率为 700kW 的 60t 有心感应电炉间接双联。冲天炉在第一班交替工作，铁液贮存于有心感应电炉中供两个班浇注，为了满足第二班对铁液的需要，在第一班结束时，有心感应电炉中储存有 60t 铁液，其中 45t 铁液用于浇注，15t 铁液作为炉子的起熔体
2	生产汽车、拖拉机球墨铸铁件	冲天炉与有心感应电炉双联 用直径为 2900mm、热风为 540℃、生产率为 55t/h 的水冷无炉衬冲天炉熔化与容量为 60t 的有心感应电炉双联
3	生产球墨铸铁件，需进行脱硫处理	冲天炉-无心感应电炉双联 用 3t/h 冲天炉与 5t 中频无心感应电炉间接双联。冲天炉铁液注入中频无心感应电炉后，扒去酸性渣，调整碳、硅、锰含量，然后用 CaC_2（质量分数为 0.75%～1.1%）在中频无心感应电炉中进行脱硫，用搅拌器搅拌 7min，硫的质量分数降到 0.015%，随后再添加合金元素进行第二次成分调整，直到硫的质量分数不超过 0.006% 为止
4	生产多种牌号的合金铸铁件	冲天炉-无心感应电炉双联 用 3t/h 冲天炉与 3t 无心感应电炉双联，在无心感应电炉中添加合金元素调整成分，生产各种牌号合金铸铁
5	生产高强度灰铸铁件	冲天炉-电弧炉双联 用两台生产率为 40t/h 的水冷热风冲天炉（交替使用）作为熔炼炉，与两台容量为 20t 的电弧炉双联
6	生产球墨铸铁件，金属炉料为 90% 的废钢和 10% 的生铁（均为质量分数）	无心感应电炉-有心感应电炉双联 用两台 8t 无心感应电炉与一台 10t 有心感应电炉双联，铁液用 6t 铁液包兑入有心感应电炉中贮存并过热到 1470℃，过热速度约为 50℃/h。增碳剂用石墨粉，加入有心感应电炉中，白天进行浇注，铁液基本浇完，只剩起熔体
7	生产合金铸铁件，金属炉料为回炉铁 44.6%、铸造用生铁 15.0%、铁屑 15.4%、成捆废钢 12.6%、锻造废料 10.8%、硅铁（FeSi45）1.3%、碎锰铁 0.1%，大块铬铁 0.2%，外加石墨屑 1.0% 和粒状石墨 1.21%（均为质量分数）	用 25t 无心感应电炉与 45t 有心感应电炉双联。用 6t 底开料桶装料。装料顺序如下：铁屑、石墨屑、铁合金、生铁块、成捆废钢、锻造废料和回炉铁。当加入的第一批炉料还剩上层炉料没有熔化时，便加入第二批炉料；然后每经过 30min 加入一批新炉料，直至加满炉料为止；炉料熔化后，取样确定化学成分和碳当量。得出成分分析结果后除渣，必要时调整成分。精炼好的铁液沿出铁槽流入有心感应电炉中。无心感应电炉出铁 20t，留下 5t 铁液作起熔体，也可根据需要，采用每次出铁液 6t 再向炉内加料 6t 的方式进行熔炼作业。定期检查有心感应电炉铁液的化学成分和温度。有心感应电炉出铁时，向铁液流中添加复合孕育剂进行孕育处理
8	生产各种牌号的灰铸铁件	高炉-感应电炉间接双联，高炉铁液用保温铁液包装载，用汽车或铁路运输于城市内各工厂之间或各城市之间。铁液温度要下降 5～7℃/h
9	生产球墨铸铁件	高炉-无心感应电炉双联 高炉与容量为 30t 的无心感应电炉间接双联，加入废钢和合金调整化学成分，用碳化钙脱硫，并进行球化孕育处理

12.5　炉料及修炉材料

12.5.1　炉料

随着机电产品的性能要求越来越高，现代铸件的检测项目越来越多，检验要求越来越严格；铸铁的熔炼技术，已不能简单地看成是几种金属炉料的重新搭配、重熔，不能只是注意原材料的品种，而应该深入到原材料的微观世界，关注液体金属微观区域内各元素的行为，如晶核的萌发、生长及消失，铁液后处理与原铁液的微量元素之关系等。铸铁的熔炼要用冶金理论来指导，同样要用冶金学的观点来分析炉料，予以评价和选择。

1. 金属炉料

对金属炉料的主要技术要求见表12-198。

表12-198 对金属炉料的主要技术要求

金属炉料名称	使用目的	主要技术要求
新生铁	是灰铸铁、球墨铸铁、蠕墨铸铁和特种铸铁的最主要部分，约占配料质量的0~100%	1）新生铁进厂时应有质量证明书，注明生铁的牌号及化学成分等，并经工厂取样化验核实 2）新生铁进厂后，必须根据其牌号、产地、批号分类堆放 3）新生铁在投炉前，铁块表面应洁净不应黏附泥砂 4）新生铁在投入冲天炉时，铁块块度最大尺寸不得超过加料口炉径的1/3，铁块块度最大质量应符合以下规定： <table><tr><td>冲天炉熔化率/(t/h)</td><td>2</td><td>3</td><td>5~7</td><td>10</td></tr><tr><td>铁块最大质量/kg</td><td><15</td><td><20</td><td><25</td><td><40</td></tr></table> 5）铁液牌号不同，选用新生铁牌号也应有所区别。对于低牌号灰铸铁，宜选用铸造用生铁 Z22、Z26、Z30；对于高牌号灰铸铁，宜选用铸造用生铁 Z14、Z18；对于球墨铸铁，宜选用球墨铸铁用生铁 Q10、Q12、Q16 或炼钢用生铁 L04、L08、L10；对于合金铸铁，宜选用含相应合金的生铁，如含 P 生铁、含 Cu 生铁、含 V、Ti 生铁等
废钢	主要用以调整原铁液的碳含量，并改变生铁的遗传性 在高温热风冲天炉中可多用或全部使用废钢代替新生铁，降低成本	1）废钢表面不得有严重锈蚀和油污，夹带的泥砂必须清理干净 2）废钢要分类保管，成批的合金钢废料必须有成分化验单才能使用，一般应单独配料使用，不要和普通钢混在一起或使用，含 W、Mo 的高合金钢（如高速工具钢）最好不要用作冲天炉炉料 3）废钢中严禁混有弹壳、密封管头和其他易爆物品 4）废钢在投入冲天炉时，废钢块度最大尺寸不得超过加料口炉径的1/3，废钢块度最大质量不宜超过以下规定： <table><tr><td>冲天炉熔化率/(t/h)</td><td>2</td><td>3</td><td>6~7</td><td>10</td></tr><tr><td>废钢最大质量/kg</td><td><6</td><td><5</td><td><10</td><td><15</td></tr></table> 5）钢屑应进行打包、压块或烧结，每块质量不得大于10kg 6）灰铸铁中废钢加入量为配料重的0~70%，加入量越多，铁液中的碳含量就越低，铸铁件的力学性能就会高。球墨铸铁中的废钢加入量不宜过多，而且废钢不应含反球化元素以及容易产生偏析和碳化物的合金元素；可锻铸铁中的废钢加入量较大，一般为70%~95%，但废钢中铬的质量分数应小于0.6%
回炉铁	从经济性考虑，回炉铁（或废铁）加入越多，成本越低，但从质量考虑加入量不应超过70%	1）回炉铁应按不同牌号和成分分类堆放、不得混杂，特别不要将普通灰铸铁与特种铸铁的回炉料混杂在一起 2）回炉铁在使用前应清除表面粘砂及型腔内的泥芯等，力求洁净 3）回炉铁在投入冲天炉时，回炉铁块度最大尺寸不得超过加料口炉径的1/3，回炉铁块度最大质量不宜超过以下规定： <table><tr><td>冲天炉熔化率/(t/h)</td><td>2</td><td>3</td><td>5~7</td><td>10</td></tr><tr><td>废铁最大质量/kg</td><td><15</td><td><20</td><td><25</td><td><40</td></tr></table> 4）回炉铁在配料中一般只占30%左右，并尽量不要超过70%（均质量分数）
合金铁（或纯金属等）	主要用以调整铸铁中的合金元素含量，提高铸件的有关性能	1）各类铁合金（或纯金属等）均应有质量证明书，注明铁中的合金元素含量、种类及化学成分等 2）铁合金（或纯金属等）在堆放时应避免受损，也应避免黏附泥砂和油污 3）铁合金（或纯金属等）在使用时，应破碎成规定的块度，炉后加入的块度一般为 30~100mm，炉前对孕育剂、球化剂的块度要求如下： <table><tr><td>铁液量/kg</td><td>≤200</td><td>>200~1000</td><td>>1000~2000</td><td>>2000</td></tr><tr><td>块度/mm</td><td>2~5</td><td>>5~10</td><td>>10~15</td><td>>15~20</td></tr></table>

（1）生铁　生铁分为铸造用生铁、炼钢用生铁等。球墨铸铁用生铁是专门适应球墨铸铁生产的需要而配制的生铁，炼钢生铁曾一段时间用于球墨铸铁的生产，现已很少采用。

为了生产高质量、高性能要求的精品铸件，如汽车、风电、航天等制造业的铸件，选用生铁时，不仅要注意其常规元素的含量，还应特别关注其微量元素的含量。我国生铁有关标准见表 12-199～表 12-201、表 12-205 和表 12-206；部分生铁的微量元素含量等见表 12-202 和表 12-204。我国本溪钢铁（集团）公司生产的生铁，其微量元素含量低，并在世界上享有一定盛誉，素有"人参铁"之称，其化学成分见表 12-203。现在我国又有河北龙凤山铸业有限公司等几个生铁生产基地试验成功，在高炉外精炼条件下可获得 S，P 及微量元素特别低的生铁，供应铸造厂生产高质量的铸件。

表 12-199　铸造用生铁（GB/T 718—2005）

牌　　号		Z14	Z18	Z22	Z26	Z30	Z34
化学成分（质量分数，%）	C			≥3.30			
	Si	≥1.25	>1.60	>2.00	>2.40	>2.80	>3.20
	Mn 1组			≤0.5			
	Mn 2组			>0.50～0.90			
	Mn 3组			>0.90～1.30			
	P 1级			≤0.060			
	P 2级			>0.060～0.100			
	P 3级			>0.100～0.200			
	P 4级			>0.200～0.400			
	P 5级			>0.400～0.900			
	S 1类			≤0.030			
	S 2类			≤0.040			
	S 3类			≤0.050			

表 12-200　球墨铸铁用生铁（GB/T 1412—2005）

牌号	化学成分（质量分数，%）									
	C	Si	Ti		Mn		P		S	
Q10	≥340	0.50～1.00	1档	≤0.050	1组	≤0.20	1级	≤0.050	1类	≤0.020
			2档	0.050～0.080					2类	>0.020～0.030
Q12		>1.00～1.40			2组	0.20～0.50	2级	>0.050～0.060	3类	>0.030～0.040
					3组	>0.50～0.80	3级	>0.060～0.080	4类	≤0.045

表 12-201　我国部分地区生铁的化学成分

生铁产地	化学成分（质量分数，%）						特点
	C	Si	Mn	P	S	其他	
本溪生铁	3.8～4.0	1.5～2.5	0.4～0.7	<0.07	<0.05	—	—
武汉生铁	3.4～3.8	1.5～2.0	0.2～0.9	<0.1	<0.04	Cu：0.2～0.5	优质
徐州生铁	3.9～4.1	1.3～1.5	0.1	0.07～0.08	0.03～0.07	0.03～0.05	—
邯郸生铁	3.3～4.0	1.5～2.0	0.1～0.15	<0.09	0.04～0.07	—	—
渡口生铁	3.7～4.0	1.5～2.0	0.8～1.0	0.09～0.10	0.04～0.06	V：0.35～0.45 Ti：0.15～0.30	含 V、Ti
福建三明生铁	4.3～4.5	1.5～2.0	1.0～2.0	0.04～0.06	0.02～0.07	—	Mn 高
河南安阳生铁	3.9～4.5	1.5～2.0	0.1	0.07～0.08	0.03～0.08	—	—
广东广钢生铁	3.6～4.1	1.0～1.5	0.67～1.0	0.10～0.36	0.025～0.055	—	P 高，含 As
安徽淮南生铁	3.0～3.5	2.0～2.5	0.5～1.2	0.12～0.40	0.08～0.18	As：0.2～0.3	P、S 高，含 As
安徽慈湖生铁	3.0～3.5	1.7～2.2	0.35～0.85	0.20～0.28	0.03～0.06	As：0.2～0.3	C 低，P 高 As 高
安徽芜湖生铁	3.5～4.1	1.0～2.5	0.35～0.75	0.15～0.20	0.02～0.13	—	P 高
广西英山生铁	3.2～4.3	1.2～2.5	1.7～2.3	≤0.2	≤0.07	—	P 高
吉林通化生铁	3.4～4.0	1.1～1.6	0.4～0.46	0.04～0.09	0.028～0.042	—	Mn 高
甘肃三九生铁	—	1.98～2.20	0.52～0.68	0.12～0.15	0.03～0.06	—	P 高
山东济南生铁	4.1～4.3	1.28～1.65	0.043	0.07～0.15	0.01～0.04	—	P
台湾纯化生铁	—	—	—	0.040	0.014	—	优质
河北龙凤山	≥3.80	0.40～1.30	≤0.10～0.20	≤0.030～0.040	≤0.015～0.025	≤0.025～0.035	高纯生铁

表 12-202　我国部分生铁微量元素含量

生产工厂	微量元素(质量分数,10^{-4}%)																
	Pb	Bi	Sn	Sb	Nb	Sc	V	Cr	Se	Zn	B	Al	Cu	Ti	Ni	Mo	总量
本钢一厂	1	0.2	1.08	2.08	4.6	8	40	50	<1	<1	7.3	18	28	520	30	3.3	715.6
本钢二厂	1	0.4	1.11	2.06	11.5	25	62	46	<1	<1	8.6	37	55	590	63	5.1	881.5
太钢	1	0.2	1.20	4.28	15.5	28	79	77	1	<1	7.6	17	59	840	52	11.7	1194.3
包钢	1	0.2	1.23	3.10	22.0	36	230	43	<1	<1	8.5	8	40	1380	76	28.0	2000.8
鞍钢	1	0.2	1.34	6.70	10.5	21	130	150	<1	<1	7.3	12.0	35	1960	52	3.5	2470.5
湘钢	1	0.4	1.15	27.1	22.0	18	150	53	<1	<1	8.3	12	75	710	23	5.0	1108.0
武钢	1	0.3	1.34	50.0	25.0	94	280	47	<1	<1	9.1	55	101	910	94	9.7	1634.4

表 12-203　本溪生铁的化学成分

牌号	化学成分(质量分数,%)						
	C	Si	Mn	P	S	Ti	V
Q10	4.2	0.750	0.0610	0.0280	0.016	0.0231	0.0090
Q12	4.37	1.182	0.0705	0.0300	0.018	0.0350	0.0089
Z18	4.31	1.650	0.0720	0.0351	0.019	—	—

表 12-204　世界上几种生铁的微量元素含量

铁种	微量元素(质量分数,%)												
	Mn	P	S	Ti	V	Cr	Cu	As	Al	Ni	Sb	Pb	Mg
瑞典木炭生铁	<0.01	<0.025	0.02	0.06	0.020	0.003	0.04	0.008	0.007	0.010	0.002	—	—
挪威 OB 生铁	<0.05	<0.025	<0.025	<0.01	0.005	<0.01	0.035	—	—	—	<0.05	—	—
日本球铁专用生铁	0.14	0.073	0.017	0.04	0.008	0.016	0.1	0.001	0.001	—	0.008	—	—
日本高纯生铁	0.04	0.007	0.003	0.004	0.003	0.002	0.07	0.001	0.008	—	0.008	—	—
德国蒂森厂生铁	—	—	—	0.006~0.01	0.003~0.01	0.006~0.01	0.003~0.004	0.002~0.004	0.002~0.003	0.001~0.003	0.003~0.006	0.003~0.005	0.001~0.002
俄罗斯亚述厂生铁	0.0034	—	—	0.046	0.032	0.019	0.04	0.002	0.0013	0.0012	0.002	0.00015	—
加拿大 Sorelmetal	0.009	0.027	0.020	—	—	—	—	—	—	—	—	—	—
南非 Sorelmetal R-D-1	0.043	0.026	0.070	—	—	—	—	—	—	—	—	—	—

表 12-205　含钒生铁(YB/T 5125—2006)

牌号			F02	F03	F04	F05
化学成分(质量分数,%)	V ≥		0.2	0.3	0.4	0.5
	C ≥		3.50			
	Ti		0.60			
	Si		0.80			
	P	一级	0.100			
		二级	0.150			
		三级 ≤	0.250			
	S	一级	0.050			
		二级	0.070			
		三级	0.100			

表 12-206　炼钢用生铁(YB/T 5296—2011)

铁号	牌号		炼04	炼08	炼10
	代号		L04	L08	L10
化学成分(质量分数,%)	Si		<0.45	>0.45~0.85	>0.85~1.25
	Mn	一组	<0.30		
		二组	>0.30~0.50		
		三组	>0.50		
	P	一级	<0.15		
		二级	>0.15~0.25		
		三级	>0.25~0.40		
	S	特类	<0.02		
		一类	>0.02~0.03		
		二类	>0.03~0.05		
		三类	>0.05~0.07		

注:各牌号产品的含碳量均不作为质量判定依据。

（2）废钢

1）新废钢和旧废钢。在今后的铸铁熔炼中，废钢在金属炉料中的比例将会越来越大，废钢的资源将越来越丰富，因为借鉴工业发达国家的经验，今天生产出的有关钢的制品，使用 15 年后，就有 45% 要变成废钢熔化以重新使用。一般说来，旧的废钢存量尚未用完，新的废钢又已形成。因此，在铸造生产中消化大量废钢是一件必然的趋势，应引起特别注意。

废钢分为新废钢和旧废钢两类。从厚度上分为重型废钢，厚度大于 3mm；轻废钢，厚度小于 3mm。轻废钢应强力压实打包后应用。新废钢指冷变形加工厂的边角余料。它的特点是可以预先知道它们的化学成分，微量元素（Ti、V、Nb）的质量分数小于 0.22%，对生产球墨铸铁（尤其是铸态铁素体球墨铸铁）是有利的。新废钢一般比较干净，锈蚀及污染物少。

旧废钢的特点是未经仔细分检，即使分类后其化学成分也很难精确评定，而且旧废钢有不同程度污染、锈蚀，不宜用于生产特别重要的铸件，应用上应慎重考虑。

在西欧，80% 以上高强度、冷变形钢都经过热镀锌处理，镀锌钢板作为冲天炉炉料时可直接投炉，作为中频感应电炉炉料时应除锌并加强通用除尘。

2）从生铁和废钢冶金特点，分析生铁和废钢铁选用问题。当冲天炉熔炼炉料选用生铁较多时，由于生铁的碳含量接近饱和，熔点低，块度均匀，易达到牌号要求的化学成分，炉子运行出问题少，铁液中存在一定量的成核原始基底——难熔的石墨微粒、悬浮的 SiO_2 及硫化物夹杂等形成的微观的浓度起伏因冲天炉熔炼时间短，并未被完全熔解均匀。因此，用这种铁液浇注的铸件激冷倾向小。当炉料中选用废钢量较多时，由于废钢熔点高、块度不均匀而难熔，块度大的废钢须运行到熔化区较低的位置时才能熔化，破坏了冲天炉正常稳定的熔化过程，因此铁液的最终化学成分波动性大、偏离度大，而且选用废钢量越多，问题会表现得更严重。因此，冷风冲天炉炉料选

用生铁多于使用废钢。热风冲天炉由于增碳能力强，可以多用废钢。因可用增碳剂最终达到牌号铁液所需碳含量，故中频感应电炉熔炼时可大量使用废钢。

3）铸铁熔炼用废钢　我国钢消耗已进入峰值平台区，废钢积蓄量在逐年增加，预计到 2020 年我国废钢资源总量能够达到 2 亿 t。但在众多废钢中，80%～85% 用于炼钢，10%～15% 用于高炉炼铁和铸造行业，用于铸造的仅占 6%～8%，即用于铸造的废钢资源保障不足。废钢铁回收利用法律法规尚未完善，废钢铁回收循环体系及废钢铁加工配送体系的建设尚需加强。目前，国内仅 180 余家废钢收集企业，年处理能力约为 6000 万 t。

铸铁熔炼用废钢有以下特点：

① 化学成分。废钢碳含量低［理论上 $w(C) <$ 2.0%，实际 $w(C) \leqslant 0.6\%$］；与新生铁相比，废钢纯净，杂质和气体的含量都很低［$w(s、p) \leqslant 0.05\%$］。

值得注意的是，随着对材料的强度、轻量化要求越来越高，合金钢和低合金钢在钢材中所占比逐渐增大，因此废钢中合金钢和低合金钢比例也越来越多；即使是非合金钢，一些合金元素（如 Mn、Cr、B、Pb、Al）的含量界限值也足以给铸铁性能带来重大影响。目前，国内大多数废钢回收单位尚未做到像发达国家那样将不同成分的废钢分类管理、分类销售，因此要特别注意回收废钢中的合金元素给铸铁性能带来的影响。

② 外形尺寸、单件重量。由于铸造熔炉炉膛尺寸较小，废钢料的外形尺寸和单件重量不能太大，原则上不能大于炉子直径的 1/3。在感应电炉熔炼时，不仅要考虑加料方便，还要考虑炉料加得紧密，以提高熔化速度。另外，松散的废钢切屑和未经打包的薄钢皮也不宜直接加入炉内（须压实或打包后使用）；废钢表面的锈蚀会增加铁液的渣量，增加铸件出现夹杂和气孔的危险性，应严格控制或进行预处理。

4）有关废钢的参考资料见表 12-207～表 12-209

表 12-207　熔炼用废钢分类（GB/T 4223—2017）

型号	类别	外形尺寸及重量要求	供应形状	典型示例
重型废钢	I 类	1200mm×600mm 以下，厚度≥12mm，单重 10～2000kg	块、条、板、型	钢锭和钢坯、切头、切尾、中包铸余、冷包、重机解体类、圆钢、板材、型钢、钢轨头、铸钢件、扁状废钢等
	II 类	800mm×400mm 以下，厚度≥6mm，单重≥3kg	块、条、板、型	圆钢、型钢、角钢、槽钢、板材等工业用料、螺纹钢余料、纯工业用料边角料，满足厚度单重要求的批量废钢

（续）

型号	类别	外形尺寸及重量要求	供应形状	典型示例
中型废钢	—	600mm × 400mm 以下，厚度≥4mm，单重≥1kg	块、条、板、型	角钢、槽钢、圆钢、板型钢等单一的工业余料，各种机器零部件、铆焊件，大车轮轴，拆船废、管切头、螺纹钢头/各种工业加工料边角料废钢
小型废钢	—	400mm × 400mm 以下，厚度≥2mm	块、条、板、型	螺栓、螺母、船板、型钢边角余料、机械零部件、农家具钢板等各种工业废钢，无严重锈蚀氧化废钢及其他符合尺寸要求的工业余料
轻薄料废钢	—	300mm × 300mm 以下，厚度<2mm	块、条、板、型	薄板、机动车废钢板、冲压件边角余料、各种工业废钢、社会废钢边角料，但无严重锈蚀氧化
打包块	—	700mm ×700mm ×700mm 以下，密度≥1000kg/m³	块	各类汽车外壳、工业薄料、工业扁丝、社会废钢薄料、扁丝、镀锡板、镀锌板冷轧边料等加工（无锈蚀、无包芯、夹杂）成形
破碎废钢	Ⅰ类	150mm × 150mm 以下，堆密度≥1000kg/m³	—	各类汽车外壳、箱板、摩托车架，电动车架，大桶、电器柜壳等经破碎机械加工而成
	Ⅱ类	200mm × 200mm 以下，堆密度≥800kg/m³	—	各种龙骨，各种小家电外壳，自行车架，白铁皮等经破碎机械加工而成
渣钢	—	500mm ×400mm 以下或单重≤800 kg	块	炼钢厂钢包、翻包、渣罐内含铁料等加工而成（渣的质量分数≤10%）
钢屑	—	—	—	团状、碎切屑及粉状

表 12-208　废钢及废钢屑化学成分的参考值

废钢特征	化学成分(质量分数,%)				
	C	Si	Mn	P	S
普通碳素钢	0.14 ~ 0.22	0.12 ~ 0.30	0.35 ~ 0.65	<0.045	<0.050
普通碳素铸钢	0.20 ~ 0.60	0.50 ~ 0.60	0.80 ~ 0.90	0.04	0.04
钢屑压块	0.12 ~ 0.32	0.20 ~ 0.45	0.35 ~ 0.85	<0.06	<0.06

表 12-209　常见废钢的种类及所属钢类、钢号

废钢来源或零件名称	所属钢类或钢号
冲压件与冲压边角	优质碳素结构钢 25 ~ 35，低合金高强度结构钢 09MnV[①]、12Mn[①]，Q355 [w（C）≤0.05%，w（Si）=2.8%] 等
锻件与锻压边角	优质碳素结构钢 25 ~ 45，非合金工模具钢 T7 ~ T9，合金工具模钢 9SiCr、CrWMn、Cr2 等
焊接与气割边角	碳素结构钢 Q235A
锅炉与压力容器	压力容器用钢 Q245R、20G
桥梁建筑、船舶废钢	耐蚀钢

（续）

废钢来源或零件名称	所属钢类或钢号
轴、曲轴、连杆、齿轮	优质碳素结构钢 45，合金结构钢 40Cr
板弹簧、卷簧	弹簧钢 65Mn、60Si2Mn 等
锻模、压铸模	模具钢 5CrMnMo、4Cr5MnSiV、4Cr5W2SiV 等，合金结构钢 40CrNi
履带板、颚板、衬板	耐磨抗磨钢 ZGMn13
麻花钻、扳手、丝锥	合金工模具钢 9SiCr、CrWMn、Cr2 等
高速切削钢	W18Cr4V、W2Mo8Cr4V 等
耐热钢零件	耐热钢棒 12Cr13、10Cr17、12Cr18Ni9Ti 等
滚动轴承	轴承钢 GCr9SiMn 等
耐高温零件	耐热钢 12Cr18Ni9Ti、26Cr18Mn12Si2N、22Cr20Mn9Ni25Si2N 等
钢屑压块	$w(C)=0.125\%\sim0.32\%$，$w(Si)=0.2\%\sim0.45\%$，$w(Mn)=0.35\%\sim0.85\%$，$w(S、P)\leqslant0.06\%$、$w(S)\leqslant0.06\%$、$w(P)\leqslant0.06\%$ 等

（3）废铁 废铁的化学成分难以预先掌握，在使用中应防止所要生产铸件不应带入的元素。例如，生产可锻铸铁，应防止夹杂含铬废铁；生产球墨铸铁，应防止带入含反球化元素的废铁。因此，废铁应先进行预处理，其目的是：

1）拣出合金钢、铁合金、非铁金属及特种铸铁件。

2）去除锈蚀，防止铁液增硫、吸气，必要时进行滚筒清理。

3）拣出两端封闭的管状物及一切封闭容器，以防爆炸物，如雷管、废旧炮弹等混入。

熔炼用废铁化学成分的参考值见表 12-210。

表 12-210 熔炼用废铁化学成分的参考值

废 铁 特 征		铸铁种类估计	化学成分（质量分数，%）				
			C	Si	Mn	P	S
断口为灰色	晶粒较粗	普通灰铸铁	3.2~3.9	1.8~2.6	0.5~0.9	<0.2	<0.15
	晶粒较细	高牌号灰铸铁	2.7~3.2	1.1~1.7	0.8~1.4	<0.15	<0.12
断口为银灰色，晶粒较细		球墨铸铁	3.5~3.9	2.1~3.2	0.4~0.9	<0.10	<0.03
断口为银灰色，略暗于球墨铸铁，晶粒较细		蠕墨铸铁	3.5~3.9	2.2~2.8	0.3~0.7	<0.08	<0.08
断口为黑绒色		黑心可锻铸铁	2.3~3.0	0.7~1.6	0.4~0.7	<0.2	<0.2

（4）铁合金 常见铁合金见表 12-211～表 12-220。

表 12-211 普通硅铁和低铝硅铁（GB/T 2272—2020）

类别	牌号	化学成分（质量分数，%）								
		Si	Al	Ca	Mn	Cr	P	S	C	Ti
						≤				
普通硅铁	PG FeSi75Al1.5	75.0~<80.0	1.5	1.5	0.4	0.3	0.045	0.020	0.10	0.30
	PG FeSi75Al2.0		2.0	1.5			0.040	0.020	0.20	
	PG FeSi75Al2.5		2.5	—						
	PG FeSi72Al1.5	72.0~<75.0	1.5	1.5	0.4	0.3	0.045	0.020	0.20	0.30
	PG FeSi72Al2.0		2.0				0.040			
	PG FeSi72Al2.5		2.5	—						
	PG FeSi70Al2.0	70.0~<72.0	2.0		0.5	0.5	0.045	0.020	0.20	—
	PG FeSi70Al2.5		2.5							
	PG FeSi65	65.0~<70.0	3.0	—	0.5	0.5	0.045	0.020	—	—
	PG FeSi40	40.0~<47.0	—	—	0.6	0.5	0.045	0.020	—	—

（续）

类别	牌号	化学成分（质量分数,%）								
		Si	Al	Ca	Mn	Cr	P	S	C	Ti
							≤			
低铝硅铁	DL FeSi75Al0.3	75.0 ~ <80.0	0.3	0.3	0.4	0.3	0.030	0.020	0.10	0.30
	DL FeSi75Al0.5		0.5	0.5						
	DL FeSi75Al0.8		0.8	1.0			0.035			
	DL FeSi75Al1.0		1.0	1.0						
	DL FeSi72Al0.3	72.0 ~ <75.0	0.3	0.3	0.4	0.3	0.030	0.020	0.10	0.30
	DL FeSi72Al0.5		0.5	0.5			0.030			
	DL FeSi72Al0.8		0.8	1.0			0.035			
	DL FeSi72Al1.0		1.0	1.0			0.035			

类别	级别	规格/mm	筛下物（质量分数,%）	筛上物（质量分数,%）
			粒度下限值	2边或3边长度超过粒度上限的1.15倍的量
硅铁粒度要求	自然块	—	小于20mm×20mm的质量 ≤8	—
	加工块	10 ~ 50	≤6	≤5
	硅粒	3 ~ 10	≤6	≤5
	硅粉	0 ~ 3	—	≤5
		0 ~ 1	—	≤10

表 12-212　锰铁（GB/T 3795—2014）

类别	牌号	化学成分（质量分数,%）						
		Mn	C	Si		P		S
				I	II	I	II	
					≤			
微碳	FeMn90C0.05	87.0 ~ 93.5	0.05	0.5	1.0	0.03	0.04	0.02
	FeMn84C0.05	80.0 ~ 87.0	0.05	0.5	1.0	0.03	0.04	0.02
	FeMn90C0.10	87.0 ~ 93.5	0.10	1.0	2.0	0.05	0.10	0.02
	FeMn84C0.10	80.0 ~ 87.0	0.10	1.0	2.0	0.05	0.10	0.02
	FeMn90C0.15	87.0 ~ 93.5	0.15	1.0	2.0	0.08	0.10	0.02
	FeMn84C0.15	80.0 ~ 87.0	0.15	1.0	2.0	0.08	0.10	0.02
低碳	FeMn88C0.2	85.0 ~ 92.0	0.2	1.0	2.0	0.10	0.30	0.02
	FeMn84C0.4	80.0 ~ 87.0	0.4	1.0	2.0	0.15	0.30	0.02
	FeMn84C0.7	80.0 ~ 87.0	0.7	1.0	2.0	0.20	0.30	0.02
中碳	FeMn82C1.0	78.0 ~ 85.0	1.0	1.0	2.5	0.20	0.35	0.03
	FeMn82C1.5	78.0 ~ 85.0	1.5	1.5	2.5	0.20	0.35	0.03
	FeMn78C2.0	75.0 ~ 82.0	2.0	1.5	2.5	0.20	0.40	0.03

（续）

类别	牌号	化学成分（质量分数，%）						
		Mn	C	Si		P		S
				I	II	I	II	
					≤			
高碳	FeMn78C8.0	75.0～82.0	8.0	1.5	2.5	0.20	0.33	0.33
	FeMn74C7.5	70.0～77.0	7.5	2.0	3.0	0.25	0.38	0.03
	FeMn68C7.0	65.0～72.0	7.0	2.5	4.5	0.25	0.40	0.03
高炉	FeMn78	75.0～82.0	7.5	1.0	2.0	0.20	0.30	0.03
	FeMn73	70.0～75.0	7.5	1.0	2.0	0.20	0.30	0.03
	FeMn68	65.0～70.0	7.0	1.0	2.0	0.20	0.30	0.03
	FeMn63	60.0～65.0	7.0	1.0	2.0	0.20	0.30	0.03

	等级	粒度/mm	允许偏差（%）≤	
			筛上物	筛下物
锰铁粒度要求	1	20～250	3	7
	2	50～150	3	7
	3	10～50（或70）	3	7
	4	0.097～0.45	3	30

注：中碳锰铁可以粉状交货；需方对产品粒度有特殊要求时，可由供需双方另行协商。

表 12-213　铬铁（GB/T 5683—2008）

类别	牌号	化学成分（质量分数，%）									
		Cr	Cr≥		C	Si≤		P≤		S≤	
			I	II		I	II	I	II	I	II
微碳	FeCr65C0.03	60.0～70.0	—	—	0.03	1.0	—	0.03	—	0.025	
	FeCr55C0.03	—	60.0	52.0	0.03	1.5	2.0	0.03	0.04	0.03	—
	FeCr65C0.06	60.0～70.0	—	—	0.06	1.0	—	0.03	—	0.025	
	FeCr55C0.06	—	60.0	52.0	0.06	1.5	2.0	0.04	0.06	0.03	—
	FeCr65C0.10	60.0～70.0	—	—	0.10	1.0	—	0.03	—	0.025	
	FeCr55C0.10	—	60.0	52.0	0.10	1.5	2.0	0.04	0.06	0.03	—
	FeCr65C0.15	60.0～70.0	—	—	0.15	1.0	—	0.03	—	0.025	
	FeCr55C0.15	—	60.0	52.0	0.15	1.5	2.0	0.04	0.06	0.03	—
低碳	FeCr65C0.25	60.0～70.0	—	—	0.25	1.5	—	0.03	—	0.025	
	FeCr55C0.25	—	60.0	52.0	0.25	2.0	3.0	0.04	0.06	0.03	0.05
	FeCr65C0.50	60.0～70.0	—	—	0.50	1.5	—	0.03	—	0.025	
	FeCr55C0.50	—	60.0	52.0	0.50	2.0	3.0	0.04	0.06	0.03	0.05
中碳	FeCr65C1.0	60.0～70.0	—	—	1.0	1.5	—	0.03	—	0.025	
	FeCr55C1.0	—	60.0	52.0	1.0	2.5	3.0	0.04	0.06	0.03	0.05
	FeCr65C2.0	60.0～70.0	—	—	2.0	1.5	—	0.03	—	0.025	
	FeCr55C2.0	—	60.0	52.0	2.0	2.5	3.0	0.04	0.06	0.03	0.05
	FeCr65C4.0	60.0～70.0	—	—	4.0	1.5	—	0.03	—	0.025	
	FeCr55C4.0	—	60.0	52.0	4.0	2.5	3.0	0.04	0.06	0.03	0.05

（续）

类别	牌　号	化学成分（质量分数,%）									
		Cr	Cr≥		C	Si≤		P≤		S≤	
			Ⅰ	Ⅱ		Ⅰ	Ⅱ	Ⅰ	Ⅱ	Ⅰ	Ⅱ
高碳	FeCr67C6.0	60.0~72.0	—	—	6.0	3.0	—	0.03	—	0.04	0.06
	FeCr55C6.0	—	60.0	52.0	6.0	3.0	5.0	0.04	0.06	0.04	0.06
	FeCr57C9.5	60.0~72.0	—	—	9.5	3.0	—	0.03	—	0.04	0.06
	FeCr55C10.0	—	60.0	52.0	10.0	3.0	5.0	0.04	0.06	0.04	0.06
其他要求	1）铬铁以质量分数为50%的铬作为基准量考核单位。需方对砷、锑、铋、锡、铅等元素含量有特殊要求时，由供需双方协商确定 2）铬铁应呈块状，每块重量不得大于15kg，尺寸小于20mm×20mm铬铁块的质量分数不得超过铬铁总质量分数的5%，其他粒度要求由供需双方协商										

注：本表未收录该标准中的真空法微碳铬铁。

表 12-214　钼铁（GB/T 3649—2008）

牌　号	化学成分（质量分数,%）							
	Mo	Si	S	P	C	Cu	Sb	Sn
		≤						
FeMo70	65.0~75.0	1.50	0.10	0.05	0.10	0.05	—	—
FeMo70Cu1	65.0~75.0	2.00	0.10	0.05	0.10	1.00	—	—
FeMo70Cu1.5	65.0~75.0	2.50	0.20	0.10	0.10	1.50	—	—
FeMo60-A	55.0~65.0	1.00	0.10	0.04	0.10	0.50	0.04	0.04
FeMo60-B	55.0~65.0	1.50	0.10	0.05	0.10	0.50	0.05	0.06
FeMo60-C	55.0~65.0	2.00	0.15	0.05	0.20	1.00	0.08	0.08
FeMo60	≥60.0	2.00	0.10	0.05	0.15	0.50	0.04	0.04
FeMo55-A	≥55.0	1.00	0.10	0.08	0.20	0.50	0.05	0.06
FeMo55-B	≥55.0	1.50	0.15	0.10	0.25	1.00	0.08	0.08

表 12-215　钨铁（GB/T 3648—2013）

牌号	化学成分（质量分数,%）											
	W	C	P	S	Si	Mn	Cu	As	Bi	Pb	Sb	Sn
		≤										
FeW80-A	75.0~85.0	0.10	0.03	0.06	0.50	0.25	0.10	0.06	0.05	0.05	0.05	0.06
FeW80-B	75.0~85.0	0.30	0.04	0.07	0.70	0.35	0.12	0.08	0.05	0.05	0.05	0.08
FeW80-C	75.0~85.0	0.40	0.05	0.08	0.70	0.50	0.15	0.10	0.05	0.05	0.05	0.08
FeW70	≥70.0	0.80	0.07	0.10	1.20	0.60	0.18	0.12	0.05	0.05	0.05	0.10

表 12-216　硼铁（GB/T 5682—2015）

类别	牌号		化学成分（质量分数,%）					
			B	C	Si	Al	S	P
						≤		
低碳	FeB22C0.05		21.0 ~ 25.0	0.05	1.0	1.5	0.010	0.050
	FeB20C0.05		19.0 ~ <21.0	0.05	1.0	1.5	0.010	0.050
	FeB18C0.1		17.0 ~ <19.0	0.10	1.0	1.5	0.010	0.050
	FeB16C0.1		14.0 ~ <17.0	0.10	1.0	1.5	0.010	0.050
中碳	FeB20C0.15		19.0 ~ 21.0	0.15	1.0	0.5	0.010	0.05
	FeB20C0.5	A	19.0 ~ 21.0	0.50	1.5	0.05	0.010	0.10
		B		0.50	1.5	0.50	0.010	0.10
	FeB18C0.5	A	17.0 ~ <19.0	0.50	1.5	0.05	0.010	0.10
		B		0.50	1.5	0.50	0.010	0.10
	FeB16C1.0		15.0 ~ 17.0	1.0	2.5	0.50	0.010	0.10
	FeB14C1.0		13.0 ~ <15.0	1.0	2.5	0.50	0.010	0.20
	FeB12C1.0		9.0 ~ <13.0	1.0	2.5	0.50	0.010	0.20

表 12-217　磷铁（YB/T 5036—2012）

牌号	化学成分（质量分数,%）								
	P	Si	C		S		Mn	Ti	
			I	II	I	II		I	II
					≤				
FeP29	28.0 ~ 30.0	2.0	0.20	1.00	0.05	0.50	2.0	0.70	2.00
FeP26	25.0 ~ <28.0	2.0	0.20	1.00	0.05	0.50	2.0	0.70	2.00
FeP24	23.0 ~ <25.0	3.0	0.20	1.00	0.05	0.50	2.0	0.70	2.00
FeP21	20.0 ~ <23.0	3.0	1.0		0.5		2.0	—	
FeP18	17.0 ~ <20.0	3.0	1.0		0.5		2.0	—	
FeP16	15.0 ~ <17.0	3.0	1.0		0.5		2.0	—	

表 12-218　钒铁（GB/T 4139—2012）

牌号	化学成分（质量分数,%）						
	V	C	Si	P	S	Al	Mn
					≤		
FeV50-A	48.0 ~ 55.0	0.40	2.0	0.06	0.04	1.5	—
FeV50-B	48.0 ~ 55.0	0.60	3.0	0.10	0.06	2.5	—
FeV50-C	48.0 ~ 55.0	5.0	3.0	0.10	0.06	0.5	—
FeV60-A	58.0 ~ 65.0	0.40	2.0	0.06	0.04	1.5	—
FeV60-B	58.0 ~ 65.0	0.60	2.5	0.10	0.06	2.5	—
FeV60-C	58.0 ~ 65.0	3.0	1.5	0.10	0.06	0.5	—
FeV80-A	78.0 ~ 82.0	0.15	1.5	0.05	0.04	1.5	0.50
FeV80-B	78.0 ~ 82.0	0.30	1.5	0.08	0.06	2.0	0.50
FeV80-C	78.0 ~ 82.0	0.30	1.5	0.08	0.06	2.0	0.50

表 12-219　钛铁（GB/T 3282—2012）

牌号	化学成分（质量分数，%）							
	Ti	C	Si	P	S	Al	Mn	Cu
		≤						
FeTi50-B	>45.0~55.0	0.20	4.0	0.08	0.04	9.5	3.0	0.40
FeTi60-A	>55.0~65.0	0.10	3.0	0.04	0.03	7.0	1.0	0.20
FeTi60-B	>55.0~65.0	0.20	4.0	0.06	0.04	8.0	1.5	0.20
FeTi60-C	>55.0~65.0	0.30	5.0	0.08	0.04	8.5	2.0	0.20
FeTi70-A	>65.0~75.0	0.10	0.50	0.04	0.03	3.0	1.0	0.20
FeTi70-B	>65.0~75.0	0.20	3.5	0.06	0.04	6.0	1.0	0.20
FeTi70-C	>65.0~75.0	0.40	4.0	0.08	0.04	8.0	1.0	0.20
FeTi80-A	>75.0	0.10	0.50	0.04	0.03	3.0	1.0	0.20
FeTi80-B	>75.0	0.20	3.5	0.06	0.04	6.0	1.0	0.20
FeTi80-C	>75.0	0.40	4.0	0.08	0.04	7.0	1.0	0.20

其他要求

1）钛铁应按炉组批或按牌号组批交货，每批批量不大于60t。按牌号组批时，构成一批交货产品的各炉号之间的平均钛含量之差应不大于3%。产品的组批方式应在合同中注明

2）粒度规格符合下表要求。经供需双方协商并在合同中注明，可供应其他粒度要求的钛铁

粒度组别	粒度/mm	小于下限粒度（%）	大于上限粒度（%）
		≤	
1	5~100	5	5
2	5~70	5	5
3	5~40	5	5
4	<20	—	3
5	<2	—	5

表 12-220　铌铁（GB/T 7737—2007）

牌号	化学成分(质量分数,%)															
	Nb+Ta	Ta	Al	Si	C	S	P	W	Ti	Cu	Mn	As	Sn	Sb	Pb	Bi
		≤														
FeNb70	7~80	0.8	3.8	1.5	0.04	0.03	0.04	0.30	0.3	0.3	0.30	0.005	0.002	0.002	0.002	0.002
FeNb60-A	60~70	0.5	2.0	0.4	0.04	0.02	0.02	0.20	0.2	0.3	0.30	0.005	0.002	0.002	0.002	0.002
FeNb60-B	60~70	0.8	2.0	1.0	0.05	0.03	0.05	0.20	0.3	0.3	0.30	0.005	0.002	0.002	0.002	0.002
FeNb50-A	50~60	0.8	2.0	1.2	0.05	0.03	0.05	0.10	0.3	0.3	0.30	0.005	0.002	0.002	0.002	0.002
FeNb50-B	50~60	1.5	2.0	4.0	0.05	0.03	0.05	—	—	—	—	—	—	—	—	—

注：FeNb50-B 供方提出 W 的分析数据。

（5）非铁合金　常用非铁合金见表 12-221~表 12-231。

表 12-221　重熔用铝锭（GB/T 1196—2017）

牌号	化学成分（质量分数，%）									
	Al[①]	杂质元素≤								
	≥	Si	Fe	Cu	Ca	Mg	Zn	Mn	其他单个	总和
Al99.85[②]	99.85	0.08	0.12	0.005	0.03	0.02	0.03	—	0.015	0.15
Al99.80[②]	99.80	0.09	0.14	0.005	0.03	0.02	0.03	—	0.015	0.20

（续）

牌号	Al[①] ≥	化学成分（质量分数,%）								
		杂质元素 ≤								
		Si	Fe	Cu	Ca	Mg	Zn	Mn	其他单个	总和
Al99.70[②]	99.70	0.10	0.20	0.01	0.03	0.02	0.03	—	0.03	0.30
Al99.60[②]	99.60	0.16	0.25	0.01	0.03	0.03	0.03		0.03	0.40
Al99.50[②]	99.50	0.22	0.30	0.02	0.03	0.05	0.05		0.03	0.50
Al99.00[②]	99.00	0.42	0.50	0.02	0.05	0.05	0.05		0.05	1.00
Al99.7E[②③]	99.70	0.07	0.20	0.01		0.02	0.04	0.005	0.03	0.30
Al99.6E[②④]	99.60	0.10	0.30	0.01		0.02	0.04	0.007	0.03	0.40

注：1. 对于表中未规定的其他杂质元素含量，如需方有特殊要求时，可由供需双方另行协商。

2. 分析数值的判定采用修约比较，修约规则按 GB/T 8170 的规定进行，修约数位与表中所列极限值数位一致。

① 铝含量为 100% 与表中所列有数值要求的杂质元素含量实测值及大于或等于 0.010% 的其他杂质总和的差值，求和前数值修约至与表中所列极限数位一致，求和后将数值修约至 0.0X% 再与 100% 求差。

② Cd、Hg、Pb、As 元素，供方可不做常规分析，但应监控其含量，要求 $w(Cd + Hg + Pb) \leqslant 0.0095\%$；$w(As) \leqslant 0.009\%$。

③ $w(B) \leqslant 0.04\%$，$w(Cr) \leqslant 0.004\%$，$w(Mn + Ti + Cr + V) \leqslant 0.020\%$。

④ $w(B) \leqslant 0.04\%$，$w(Cr) \leqslant 0.005\%$，$w(Mn + Ti + Cr + V) \leqslant 0.030\%$。

表 12-222　原生镁锭（GB/T 3499—2011）

牌号	Mg ≥	化学成分（质量分数,%）										
		杂质元素 ≤										
		Fe	Si	Ni	Cu	Al	Mn	Ti	Pb	Sn	Zn	其他单个杂质
Mg9999	99.99	0.002	0.002	0.0003	0.0003	0.002	0.002	0.0005	0.001	0.002	0.003	—
Mg9998	99.98	0.002	0.003	0.0005	0.0005	0.004	0.002	0.001	0.001	0.004	0.004	—
Mg9995A	99.95	0.003	0.006	0.001	0.002	0.008	0.006	—	0.005	0.005	0.005	0.005
Mg9995B	99.95	0.005	0.015	0.001	0.002	0.015	0.015	—	0.005	0.005	0.01	0.01
Mg9990	99.90	0.04	0.03	0.001	0.004	0.02	0.03	—	—	—	—	0.01
Mg9980	99.80	0.05	0.05	0.002	0.02	0.05	0.05	—	—	—	—	0.05

注：Cd、Hg、As、Cr^{6+} 元素，供方可不做常规分析，但应监控其含量，要求 $w(Cd + Hg + As + Cr^{6+}) \leqslant 0.03\%$。

表 12-223　A 级阴极铜（Cu-CATH-1）**化学成分**（质量分数）（GB/T 467—2010）　　（%）

元素组	杂质元素	含量 ≤	元素组总含量 ≤	
1	Se	0.00020	0.00030	0.0003
	Te	0.00020		
	Bi	0.00020		
2	Cr	—		0.0015
	Mn	—		
	Sb	0.0004		
	Cd	—		
	As	0.0005		
	P	—		

（续）

元素组	杂质元素	含量≤	元素组总含量≤
3	Pb	0.0005	0.0005
4	S	0.0015	0.0015
5	Sn	—	0.0020
	Ni	—	
	Fe	0.0010	
	Si	—	
	Zn	—	
	Co	—	
6	Ag	0.0025	0.0025
表中所列杂质元素总含量			0.0065

表 12-224　1 号标准阴极铜（Cu-CATH-2）化学成分（质量分数）（GB/T 467—2010）　（%）

Cu + Ag≥	杂质元素 ≤									
	As	Sb	Bi	Fe	Pb	Sn	Ni	Zn	S	P
99.95	0.0015	0.0015	0.0005	0.0025	0.002	0.0010	0.0020	0.002	0.0025	0.001

注：1. 供方需按批测定 1 号标准阴极铜中的铜、银、锑、铋含量，并保证其他杂质符合该标准的规定。

2. 表中铜含量为直接测得。

表 12-225　2 号标准阴极铜（Cu-CATH-3）化学成分（质量分数）（GB/T 467—2010）　（%）

Cu≥	杂质元素 ≤			
	Bi	Pb	Ag	总含量
99.90	0.0005	0.005	0.025	0.03

注：表中铜含量为直接测得。

表 12-226　锡锭（GB/T 728—2010）

牌号			Sn99.90		Sn99.95		Sn99.99
级别			A	AA	A	AA	A
化学成分（质量分数,%）	Sn≥		99.90	99.90	99.95	99.95	99.99
	杂质元素≤	As	0.0080	0.0080	0.0030	0.0030	0.0005
		Fe	0.0070	0.0070	0.0040	0.0040	0.0020
		Cu	0.0080	0.0080	0.0040	0.0040	0.0005
		Pb	0.0320	0.0100	0.0200	0.0100	0.0035
		Bi	0.0150	0.0150	0.0060	0.0060	0.0025
		Sb	0.0200	0.0200	0.0140	0.0140	0.0015
		Cd	0.0008	0.0008	0.0005	0.0005	0.0003
		Zn	0.0010	0.0010	0.0008	0.0008	0.0003
		Al	0.0010	0.0010	0.0008	0.0008	0.0003
		S	0.0005	0.0005	0.0005	0.0005	0.0003
		Ag	0.0050	0.0050	0.0001	0.0001	0.0001
		Ni + Co	0.0050	0.0050	0.0050	0.0050	0.0006
		杂质总和	0.10	0.10	0.05	0.05	0.01

注：表中杂质总和指表中所列杂质元素实测值之和。

表 12-227 铋（GB/T 915—2010）

牌号	化学成分（质量分数,%）														
	Bi≥	杂质元素 ≤													
		Cu	Pb	Zn	Fe	Ag	As	Sb	Sn	Cd	Hg	Ni	Te	Cl	总和
Bi99997	99.997	0.0003	0.0007	0.0001	0.0005	0.0005	0.0003	0.0003	0.0002	0.0001	0.00005	0.0005	—	—	0.003
Bi9999	99.99	0.001	0.001	0.0005	0.001	0.004	0.0003	0.0005	—	—	—	—	0.0003	0.0015	0.010
Bi9995	99.95	0.003	0.008	0.005	0.001	0.015	0.001	0.001	—	—	—	—	0.001	0.004	—
Bi998	99.8	0.005	0.02	0.005	0.005	0.025	0.005	0.005	—	—	—	—	0.005	0.005	—

注：铋含量为 100% 减去 Bi99997 牌号所列实测杂质总量的差值。

表 12-228 锑锭（GB/T 1599—2014）

牌号	化学成分（质量分数,%）									
	Sb ≥	杂质元素 ≤								
		As	Fe	S	Cu	Se	Pb	Bi	Cd	总和
Sb99.90	99.90	0.010	0.015	0.040	0.0050	0.0010	0.010	0.0010	0.0005	0.10
Sb99.70	99.70	0.050	0.020	0.040	0.010	0.0030	0.150	0.0030	0.0010	0.30
Sb99.65	99.65	0.100	0.030	0.060	0.050	—	0.300	—	—	0.35
Sb99.50	99.50	0.150	0.050	0.080	0.080	—	—	—	—	0.50

注：锑的含量为 100% 减去表中所列砷、铁、硫、铜、硒、铅、铋和镉杂质含量实测总和的差值。

表 12-229 锌锭（GB/T 470—2008）

牌号	化学成分(质量分数,%)							
	Zn ≥	杂质元素 ≤						
		Pb	Fe	Cd	Cu	Sn	Al	总和
Zn99.995	99.995	0.003	0.001	0.002	0.001	0.001	0.001	0.005
Zn99.99	99.99	0.005	0.003	0.003	0.002	0.001	0.002	0.01
Zn99.95	99.95	0.030	0.02	0.01	0.002	0.001	0.01	0.05
Zn99.5	99.5	0.45	0.05	0.01	0.002	—	—	0.5
Zn98.5	98.5	1.4	0.05	0.01	0.005	—	—	1.5

注：锌含量为 100% 减去表中所列杂质总和的差值。

表 12-230 氧化钼块（YB/T 5129—2012）

牌号	化学成分（质量分数,%）							
	Mo	S		Cu	P	C	Sn	Sb
		I	II					
	≥	≤						
YMo60	60.0	0.10		0.50	0.05	0.10	0.05	0.04
YMo57	57.0	0.10		0.50	0.05	0.10	0.05	0.04
YMo55-A	55.0	0.10	0.15	0.25	0.04	0.10	0.05	0.04
YMo55-B	55.0	0.10	0.15	0.40	0.04	0.10	0.05	0.04
YMo52-A	52.0	0.10	0.15	0.25	0.05	0.15	0.07	0.06
YMo52-B	52.0	0.15	0.25	0.50	0.05	0.15	0.07	0.06
YMo50	50.0	0.15	0.25	0.50	0.05	0.15	0.07	0.06
YMo48	48.0	0.15	0.30	0.80	0.07	0.15	0.07	0.06

表 12-231　铁合金的密度、堆密度及熔点

铁合金 名称	密　　度		堆密度/ (t/m^3)	熔　　点	
	密度/(g/cm^3)	备注(质量分数,%)		熔点/℃	备注(质量分数,%)
硅铁	3.5	Si:75	1.4 ~ 1.6	1300 ~ 1330	Si:75
	5.15	Si:45	2.2 ~ 2.9	1290	Si:45
高碳锰铁	7.10	Mn:76	3.5 ~ 3.7	1250 ~ 1300	Mn:70 C:6
中碳锰铁	7.0	Mn:92	—	1310	Mn:80 C:0.5
高碳铬铁	6.94	Cr:60	3.8 ~ 4.0	1520 ~ 1550	Cr:65 ~ 70 C:6 ~ 8
中碳铬铁	7.28	Cr:60	—	1600 ~ 1640	—
低碳铬铁	7.29	Cr:60	2.7 ~ 3.0	—	—
硅钙	2.55	Ca:31 Si:59	—	1000 ~ 1245	—
钒铁	7.9	V:40	3.4 ~ 3.9	1540 1480 1680	V:60 V:40 V:80
钼铁	9.0	Mo:60	4.7	1760 1440	Mo:58 Mo:36
铌铁	≈7.4	Nb:50	3.2	1410 1590	Nb:20 Nb:30
钨铁	16.4	W:70 ~ 80	≈7.2	>2000 1600	W>70 W:50
钛铁	6.0	Ti:20	2.7 ~ 3.5	1580 1450	Ti:40 Ti:20
磷铁	6.34	P:25	—	1050 1160 1360	P:10 P:15 P:20
硼铁	≈7.2	B:15	3.1	1380	B:10

2. 焦炭

(1) 焦炭的化学组成

1) 固定碳和挥发分。固定碳是焦炭的主要成分。将焦炭再次隔绝空气加热到 850℃ 以上，从中析出挥发分（H_2、CH_4 等物质），剩余部分是固定碳和灰分。挥发分含量是焦炭成熟度的重要标志，挥发分含量过高，表示焦化不完全（生焦），生焦耐磨性差，易形成粒度很小的焦炭。铸造焦希望挥发分含量越低越好。正常焦炭的挥发分质量分数在 1% 左右。

2) 灰分。灰分是焦炭燃烧后的残留物，它是焦炭中的有害杂质，其中主要是二氧化硅及三氧化二铝、氧化钙、氧化镁等氧化物。

3) 水分。焦炭在 102 ~ 105℃ 的烘箱内干燥到恒重后的损失量为水分，一般质量分数为 3% ~ 5%。焦炭水分力求稳定。

4) 硫分。生成的 SO_2 和 H_2S 等对人体健康有害。铁液中的硫化物，约 50% 来自焦炭。在炼焦过程中，煤中硫的质量分数 70% ~ 90% 转入焦炭，故焦炭硫分的高低取决于煤的硫分。铸造焦硫分的质量分数一般应 <0.8%。

5) 磷分。焦炭中的磷分在炼铁时大部分转入铁中，煤炼焦时，磷分全部转入焦炭，故焦炭磷分的高低取决于煤的磷含量。

(2) 焦炭的物理性能　铸造焦的抗碎强度和耐磨强度是两项极重要的物理性能。焦炭如无足够的抗碎强度和耐磨强度，容易在冲天炉内碎裂产生较多的碎焦，会使冲天炉内料柱透气性下降，炉况变差。因此，焦炭的物理性能指标是筛分组成、耐磨性和抗碎性。

（3）焦炭的质量指标 焦炭是煤高温干馏的固体产物，主要成分是碳，是具有裂纹和不规则的孔洞结构体（或多孔体）。裂纹的多少直接影响到焦炭机械强度，其指标一般以裂纹度（指单位体积焦炭内的裂纹长度的多少）来衡量。衡量孔洞结构的指标主要用显气孔率（焦炭气孔体积占总体积的百分数）来表示，它影响到焦炭的反应性和强度。

1）焦炭成分。焦炭的化学成分主要有碳、氢、氧、氮、硫、灰分及水分，但工业生产中，焦化厂、铸造厂都不进行元素分析，而只进行工业分析，其内容包括：固定碳、挥发分、硫分、灰分、水分和焦末等。我国焦炭固定碳的质量分数为 80% ~ 87%；镇江铸造焦固定碳的质量分数达 90.48%。

2）焦炭反应性。指焦炭固定碳与 CO_2 作用生成 CO 的能力，又称还原能力。焦炭反应性高，焦炭的热能得不到充分利用。焦炭反应性主要与制焦原料、生产方法、挥发分含量的多少及反应表面积大小有关。挥发分越多，显气孔率越大，粒度越小，则反应性就越好。一般铸造焦的反应性要求控制在 15% ~ 25%。

3）焦炭强度。焦炭的机械强度包括抗冲击强度、抗压强度和耐磨强度，尤以高温下焦炭强度更为重要。焦炭的抗冲击强度用落下强度表示，耐磨强度常用大、小转鼓强度表示。

4）焦炭块度与均匀性。冲天炉熔炼时，随着焦炭块度增大和均匀性增加，能明显提高铁液温度，硅、锰烧损趋于减少，而且硫含量可以适当降低。焦炭块度与均匀性与分级处理有关，并受焦炭强度的影响。

5）显气孔率。焦炭显气孔率指焦炭中孔隙体积与其外形体积之比。不同用途的焦炭，对显气孔率指标要求不同，一般冶金焦气显孔率要求为 40% ~ 45%，铸造焦要求为 30% ~ 40%。焦炭裂纹度与显气孔率的高低、焦炭所用煤种有直接关系，如以气煤为主炼得的焦炭，裂纹多，显气孔率高，强度低；而以焦煤作为基础煤炼得的焦炭裂纹少，显气孔率低，强度高。

（4）有关焦炭参考资料（见表 12-232 ~ 表 12-236）

表 12-232 铸造焦炭 （GB/T 8729—2017）

指 标	等 级		
	优级	一级	二级
粒度/mm	>120、120 ~ 80、80 ~ 60		
水分 M_t（%）	≤5.0		
灰分 A_d（%）	≤8.00	≤10.00	≤12.00
挥发分 V_{daf}（%）	≤1.5		
硫分 $S_{t,d}$（%）	≤0.60	≤0.80	≤0.80
抗碎强度 M_{40}（%）	≥87.0	≥83.0	≥80.0
落下强度 SI_4^{50}（%）	≥93.0	≥89.0	≥85.0
显气孔率 P_S（%）	≤40	≤45	≤45
碎焦率（<40mm）（%）	≤4.0		

表 12-233 我国主要焦炭产地与技术参数

名称	组成（质量分数，%）			水分（质量分数，%）	发热量/(kcal[①]/kg)/(kJ/kg)	大转鼓强度/kg	堆密度/（g/cm³）	显气孔率（%）	着火温度/℃	备注
	灰分	硫分	挥发分							
桥西焦	13.20	0.65	0.60	8.6	6944/20068	327	0.89	45.0	550 ~ 600	
宜化焦	13.67	0.57	0.43	4.27	6906/28827	318	1.01	43.6	500 ~ 550	
吴淞焦	12.25	0.77	0.68	4.90	7020/29385	304	0.96	41.6	520 ~ 580	反应性30.5%（900℃）
吴径焦	12.52	0.74	0.75	3.27	6998/29294	339	1.01	41.0	560 ~ 500	
沈阳焦	13.29	0.76	0.62	4.20	6937/29038	—	0.97	43.1	—	
鞍钢焦	13.20	0.57	0.81	2.95	—	325	0.9	48.5	—	
马钢焦	11.45	0.61	0.45	3.30	6926/29005	330	1	43.2	—	
本钢焦	12.67	0.79	0.74	4.90	7084/29654	—	—	—	—	
武钢焦	12.03	0.85	0.89	3.00	—	332	0.38	44.4	—	
济钢焦	12.28	0.58	0.67	9.00	7038/34205	—	—	—	—	强度82.2%（M40）
渡口焦	14.30	0.64	1.70	0.18	—	—	—	—	—	强度85%（M10）
镇江焦	<8	<0.6	1.5	—	7270/30432	—	—	<3.5	—	特级铸造焦、强度（M40）>85%

① 1cal = 4.186J。

表 12-234　我国山西等焦炭主要产地焦炭组成

名　称	组成(质量分数,%)				水分 (质量分数,%)	粒度/mm	备　注
	固定碳	灰分	挥发分	硫分			
山西柳林	88 ~ 90	8 ~ 10	< 1.5	< 0.5	< 8	100 ~ 300	铸造焦
山西柳林	83 ~ 86	12 ~ 18	< 1.5	0.5 ~ 0.6	< 8	100 ~ 300	铸造焦
山西太谷	88.5	10	1.4	< 0.5	5 ~ 8	80 ~ 300	铸造焦
山西沁源	88 ~ 89	8 ~ 10	1.5	0.5 ~ 0.6	5	80 ~ 120 以上	铸造焦
山西神木	85	14.5	1.5	0.7	8	30 ~ 80	二级焦炭
山西运城	85 ~ 90	10	1.5	0.6	8	—	二级焦炭
山西太原	85 ~ 87	11 ~ 13	1.3 ~ 1.6	0.4 ~ 0.5	5 ~ 10	—	二级焦炭
河北峰峰	85 ~ 86	12.5 ~ 13	1.2 ~ 1.9	0.6 ~ 0.7	< 8	40 ~ 80	二级焦炭
山东兖州	85 ~ 86	12 ~ 12.5	1.15 ~ 1.65	0.6	8 ~ 10	25 ~ 80	二级焦炭
山东德州	88	10.7	1.3	0.8	—	—	铸造焦
山东邹平	87	10 ~ 11	1.2	0.5	5	—	铸造焦
内蒙乌海	85 ~ 86	12.8 ~ 13.4	1.1 ~ 1.6	0.75 ~ 0.8	8	25 ~ 80	二级焦炭
安徽淮北	84 ~ 85	12.5 ~ 12.84	1.27	0.38 ~ 0.57	7 ~ 8	25 ~ 80	二级焦炭
宁夏	85	13.5	1.5	0.8	10	0 ~ 100	二级焦炭
贵州六盘水	78 ~ 82	16	1.98	0.82	12 ~ 13	—	二级焦炭

表 12-235　国外几种铸造焦炭质量指标

生产国	灰分(质量分数,%)	硫分(质量分数,%)	挥发分(质量分数,%)	转鼓强度(%)		落下强度 (%)	堆密度 /(g/cm³)	显气孔率 (%)	粒度/mm
				M80	M40				
美国	< 7	< 0.6	< 1.0	—	> 80	> 95	0.85 ~ 1.1	45 ~ 50	76 ~ 230
英国	< 7	< 0.7	< 1.0	—	> 80	> 90	0.95 ~ 1.4	45 ~ 52	76 ~ 150
法国	9 ~ 10	< 0.7	< 1.0	65 ~ 70	—	—	0.9 ~ 1.1	45 ~ 52	60 ~ 90 90 ~ 152
日本	6 ~ 14	< 0.8	< 20	65 ~ 70	—	701 ~ 90.1	—	—	> 100 100 ~ 75 50 ~ 35
德国	7.5 ~ 8.5	0.8 ~ 0.95	—	65 ~ 70	—	701 ~ 90.1	—	—	> 100 > 80 80 ~ 120
俄罗斯	9.5 ~ 12.5	0.45 ~ 1.4	< 1.2	—	73 ~ 80	—	—	—	> 80 > 60 40 ~ 60 60 ~ 80

表 12-236　冶金焦炭（GB/T 1996—2017）

指标		等级	粒度/mm		
			>40	>25	25~40
灰分 A_d（%）		一级	≤12.0		
		二级	≤13.5		
		三级	≤15.0		
硫分 $S_{t,d}$（%）		一级	≤0.70		
		二级	≤0.90		
		三级	≤1.10		
机械强度	抗碎强度	M_{25}（%）	一级	≥92.0		按供需双方协议
			二级	≥89.0		
			三级	≥85.0		
		M_{40}（%）	一级	≥82.0		
			二级	≥78.0		
			三级	≥74.0		
	耐磨强度	M_{10}（%）	一级	≤7.0		
			二级	≤8.5		
			三级	≤10.5		
反应性 CRI（%）		一级	≤30		
		二级	≤35		
		三级	—		
反应后强度 CSR（%）		一级	≥60		—
		二级	≥55		
		三级	—		
挥发分 V_{daf}（%）			≤1.8		
水分含量 M_t（%）		干熄焦	≤2.0		
		湿熄焦	≤7.0		
焦末含量（%）			≤5.0		

注：百分数为质量分数。

3. 熔剂

对熔剂的主要技术要求见表 12-237，对石灰石和冰晶石的成分要求见表 12-238 和表 12-239。

12.5.2　修炉材料

修炉材料是指用来砌炉、修炉（包括搪包）用的各种砖料、粉料、纤维制品、不定形制品等耐火材料及隔热材料。

1. 耐火材料的主要性能（见表 12-240）

2. 耐火材料的化学成分和熔点（见表 12-241）

3. 耐火材料的分类（见表 12-242）

4. 常用耐火材料标准（见表 12-243）

表 12-237　对熔剂的主要技术要求

熔剂名称	使用目的	主要技术要求
石灰石	炉内造渣	1）成分要求见表 12-238 2）块度要求： 　冲天炉熔化率/（t/h）　≤3　　　5~7　　　≥10 　石灰石块度/mm　　φ30~φ50 φ60~φ80 φ100~φ150
冰晶石	包内处理球墨铸铁时用作熔渣稀释及覆盖剂	1）成分要求见表 12-239 2）加入包内前必须经过充分烘烤

表 12-238　铸造冲天炉用石灰石（质量分数）

指标名称	石灰石级别		指标名称	石灰石级别	
	ZS-1	ZS-2		ZS-1	ZS-2
氧化钙(%) ≥	52	50	不熔解剩余物(%)(包括 SiO₂) ≤	2	5
二氧化硅(%) ≤	1.6	4	Al₂O₃ + Fe₂O₃(%) ≤	1.5	3
氧化镁(%) ≤	2.5	3.5	碎块(<20mm,%) ≤	2	2

注：百分数均为质量分数。

表 12-239　冰晶石（GB/T 4291—2017）

分类	牌号	化学成分（质量分数,%）									物理性能
		F	Al	Na	SiO₂	Fe₂O₃	SO₄²⁻	CaO	P₂O₅	湿存水	灼烧减量（%）
		≥			≤						
高分子比冰晶石	CH-0	52.0	12.0	33.0	0.25	0.03	0.50	0.10	0.02	0.20	1.5
	CH-1	52.0	12.0	33.0	0.36	0.05	0.80	0.15	0.03	0.40	2.5
普通冰晶石	CM-0	53.0	13.0	32.0	0.25	0.05	0.50	0.20	0.02	0.20	2.0
	CM-1	53.0	13.0	32.0	0.36	0.08	0.80	0.60	0.03	0.40	2.5

表 12-240　耐火材料的主要性能（GB/T 18930—2020）

主要性能	说明
耐火度	耐火材料在无荷重条件下，抵抗高温作用而不熔化的特性（℃），属于选用耐火材料的重要参考，耐火材料容许使用温度大大低于耐火度
荷重软化温度	也称荷重变形温度或荷重软化点，一般指耐火材料在升温中承受某恒定额度载荷产生规定变形时的温度。一般是在高温中承受 0.2MPa 净负荷、产生 4% 变形时的温度
热稳定性	承受温度剧烈变化而不开裂、损坏的能力（用次数表示）
加热永久线变化	耐火材料加热到规定的温度，保温一定时间，冷却到常温后所产生的线性膨胀或线性收缩。正号"＋"表示膨胀，负号"－"表示收缩。针对烧成耐火制品，也称作重烧线变化
强度	包括高温抗拉强度、常温抗拉强度、高温耐压强度、高温抗扭强度等
高温扭转蠕变	在设定的扭矩和温度下，在保温过程中或一定的时间内，耐火材料产生的扭转角度或断裂
气孔率	耐火材料中的气孔分为封闭型、开口型和贯通型。显气孔率是开口和贯通型气孔的总和占耐火材料总体积的百分率（%），真气孔率指耐火材料中的开口气孔和闭口气孔的体积之和占总体积的百分率（%）
吸水率	耐火材料中开口气孔所吸收水的质量与其干燥试样的质量之比（%），吸水率常用于鉴定制品或原料的烧结质量
体积密度	也称容积密度，指耐火材料在 110℃ 温度下干燥后的质量与其总体积之比（kg/m³）
试样渣蚀率	在高温流动的渣液中，试样被炉渣熔蚀的质量分数
抗氧化性	规定尺寸的试样在高温和氧化气氛中抵抗氧化的能力。选用高纯度石墨和碳化硅，提高致密度，添加高纯金属 Si、Al、Mg 粉，可提高含碳与碳化硅耐火材料的抗氧化性
抗热震性	耐火材料抵抗温度急剧变化而不损坏的能力

表 12-241 耐火材料的化学成分和熔点

名　称	化学成分	熔点/℃	名　称	化学成分	熔点/℃
氧化硅	SiO_2	1725	氮化硼	BN	3000
氧化铝	Al_2O_3	2025	石墨	C	3700
氧化钙	CaO	2570	莫来石	$3Al_2O_3 \cdot 2SiO_2$	1810
氧化镁	MgO	2800	镁铝尖晶石	$MgO \cdot Al_2O_3$	2135
氧化铬	Cr_2O_3	2435	镁铬尖晶石	$MgO \cdot Cr_2O_3$	2180
氧化锆	ZrO_2	2690	锆石	$ZrO_2 \cdot SiO_2$	2500
碳化硅	SiC	2700	正硅酸钙	$2CaO \cdot SiO_2$	2130
氮化硅	Si_3N_4	2170	镁橄榄石	$2MgO \cdot SiO_2$	1890
碳化硼	B_4C	2350	白云石	$MgO \cdot CaO$	2300（低共熔点）

表 12-242 耐火材料的分类

分类依据	类型与类别		说　明
化学性质	酸性		主要化学成分为 SiO_2、ZrO_2 等，矿物成分包括硅质、半硅质、黏土质、锆质、锆石等
	中性		主要化学成分为 Al_2O_3、Cr_2O_3、SiC、C 等，矿物成分包括高铝质、铬质、碳质、碳化硅质、氮化硅质等
	碱性		主要化学成分为 MgO、CaO 等，矿物成分包括镁质、白云石质、镁铝质、镁铬质等
矿物成分	硅质	硅砖	主要化学成分为 SiO_2，矿物成分包括鳞石英、方石英
		熔融石英	化学成分为 SiO_2，即石英玻璃
	铝质	半硅砖	化学成分主要为 SiO_2、Al_2O_3 等，矿物成分包括方石英、莫来石
		黏土砖	化学成分主要为 SiO_2、Al_2O_3 等，矿物成分包括莫来石、方石英
		高铝砖	化学成分主要为 Al_2O_3、SiO_2 等，矿物成分包括莫来石、刚玉
	镁质	镁砖	化学成分主要为 MgO，矿物成分为方镁石
		镁硅砖	化学成分主要为 MgO、SiO_2 等，矿物成分包括方镁石、镁橄榄石
		镁橄榄石砖	化学成分主要为 MgO、SiO_2 等，矿物成分包括镁橄榄石、方镁石
		镁铝砖	化学成分主要为 MgO、Al_2O_3 等，矿物成分包括方镁石、镁铝尖晶石
		镁钙砖	化学成分主要为 MgO、CaO 等，矿物成分包括方镁石、硅酸二钙、硅酸三钙
		镁铬砖	化学成分主要为 MgO、Cr_2O_3 等，矿物成分包括方镁石、镁铬尖晶石
	白云石质	白云石砖	化学成分主要为 CaO、MgO 等，矿物成分包括氧化钙、方镁石
		镁白云石砖	化学成分主要为 MgO、CaO 等，矿物成分包括方镁石、氧化钙
	铬质制品	铬砖	化学成分主要为 Cr_2O_3、FeO 等，矿物成分包括亚铁尖晶石
		铬镁砖	化学成分主要为 Cr_2O_3、MgO 等，矿物成分包括镁铬尖晶石、方镁石
	锆质	锆石砖	主要化学成分为 ZrO_2、SiO_2 等，矿物成分为锆英石
		锆刚玉砖	化学成分主要为 ZrO_2、Al_2O_3、SiO_2 等，矿物成分包括刚玉、斜锆石、莫来石
		锆莫来石砖	化学成分主要为 ZrO_2、Al_2O_3、SiO_2 等，矿物成分包括莫来石、锆英石
	碳质	碳砖	化学成分为 C，矿物成分包括无定形碳、石墨
		石墨化碳砖	化学成分为 C，矿物成分包括石墨、无定形碳

（续）

分类依据	类型与类别		说　明
矿物成分	碳质	镁碳砖	化学成分主要为 MgO、C 等，矿物成分包括方镁石或石墨、无定形碳
		铝碳砖	化学成分主要为 Al_2O_3、C 等，矿物成分包括刚玉、莫来石、无定形碳或石墨
	碳化硅质	碳化硅砖	化学成分主要为 SiC、Al_2O_3、SiO_2、Si_2ON_2、Si_3N_4 等，矿物成分包括碳化硅、莫来石、氧氮化硅、氮化硅等
	氧化物	氧化铝	化学成分为 Al_2O_3，矿物成分为刚玉
		氧化镁	化学成分为 MgO，矿物成分为方镁石
		氧化锆	化学成分为 ZrO_2，矿物成分为立方 ZrO_2
		氧化钙	化学成分为 CaO，矿物成分为氧化钙
制作工艺	熔铸制品		熔化矿物质浇注成形的耐火材料，如灰绿铸石
	烧结制品		经过破碎、筛选、混合、压制、烧结等工艺制成的耐火材料
	不烧结制品		经过破碎、筛选、混合、压制等工艺但未经烧结的耐火材料
	不定形制品		干散状、流态、半流态耐火材料，如捣打料、浇注料、可塑料、泥浆等
	天然岩石制品		以天然岩石为原料制成的耐火材料，如红硅石砖、白泡石砖
耐火度	普通耐火材料		耐火度在 1580～1770℃ 之间的耐火材料
	高级耐火材料		耐火度在 1770～2000℃ 之间的耐火材料
	特级耐火材料		耐火度 >2000℃ 的耐火材料
气孔率	超轻质制品		气孔率 >85% 的耐火材料
	轻质制品		气孔率在 45%～85% 之间的耐火材料
	普通制品		气孔率 >20%～30% 的耐火材料
	烧结制品		气孔率 >16%～20% 的耐火材料
	致密制品		气孔率 >10%～16% 的耐火材料
	高致密制品		气孔率 >3%～10% 的耐火材料
	特致密		气孔率 ≤3% 的耐火材料
制品形态	耐火砖		包括烧结砖、不烧结砖、熔铸砖、隔热轻质砖等
	耐火纤维		包括耐火纤维棉、毡、毯、块、带、纸等
	不定形耐火材料		包括浇注料、捣打料、可塑料、压入料、喷涂料、涂抹料、耐火泥浆等

表 12-243　常用耐火材料标准　　　　　　　　　　　　　　（续）

标准号	标准名称	标准号	标准名称
GB/T 2992.1—2011	耐火砖形状尺寸第 1 部分：通用砖	YB/T 5179—2005	高铝矾土熟料
GB/T 34188—2017	粘土质耐火砖	YB/T 2804—2016	普通高炉炭块
GB/T 2608—2012	硅砖	YB/T 5278—2007	白云石
GB/T 2275—2017	镁砖和镁硅砖		
YB/T 5011—2014	镁铬砖		
GB/T 2988—2012	高铝砖		
GB/T 2273—2007	烧结镁砂		

5. 现代冲天炉新型耐火材料

（1）不定型耐火材料　随着热风长炉龄冲天炉及中频感应电炉应用日益增多，相应的高质量耐火材料层出不穷。其中不定形耐火材料因节省了烧结工序（包括制砖一系列工艺过程），所以节约能源、成本低廉，便于机械化施工，而使用寿命大大提高。

1）不定形耐火材料的分类（见表12-244）。

2）部分不定型耐火材料的性能参数。高铝-碳化硅捣打料的性能指标见表12-245，以高铝水泥、磷酸盐、水玻璃为结合剂的浇注料的性能参数见表12-246，常见水泥浇注料的组成和使用部位表12-247，黏土质和高铝质耐火可塑料的性能见表12-248。

表 12-244 不定形耐火材料的分类

分类依据	类型与类别		说　明
化学性质矿物成分	高铝质		$w(Al_2O_3) \geq 45\%$，莫莱石、刚玉等
	黏土质		$10\% \leq w(Al_2O_3) \leq 45\%$，莫莱石、方石英等
	硅质		$w(SiO_2) \geq 85\%$、$w(Al_2O_3) < 10\%$，鳞石英、方石英等
	碱性材料		碱土金属氧化物及其混合物，镁砂、铬铁矿、尖晶石、镁橄榄石、白云石、方镁石、镁铝尖晶石、氧化钙、硅酸二钙、铬尖晶石等
	特殊材料		炭、碳化物、氮化物、锆石等及其混合物，碳化硅、氮化硅、锆石等
结合剂	陶瓷结合		由高温烧结形成的非晶质和晶质联结的结合形式
	水硬性结合		室温下通过水化凝结、硬化
	化学结合		在室温或高温下通过化学反应而产生的结合形式
	有机结合		在室温或稍高温度下由有机物的作用而产生的硬化
使用类型	整体构筑修补材料	捣打料	用捣打（机械或人工）方法施工的不定形耐火材料
		可塑料	具有较高的可塑性，以软坯状、块状或片状等状态交货，施工后加热硬化的不定形耐火材料
		浇注料	主要以干散状交货，加水或其他液体混合后浇注，也可制备成预制件交货。浇注料按氧化钙的含量分为普通水泥浇注料[1]、低水泥浇注料[2]、超低水泥浇注料[3]、无水泥浇注料[4]4种
		压入料	加水或液态结合剂调和成膏状或浆用挤压方法施工的不定形耐火材料
		喷涂料	以机械喷射方法施工的不定形耐火材料
	接缝泥浆	水硬性	细骨料、粉料以水泥为结合剂组成的混合料
		热硬性	细骨料、粉料和磷酸或磷酸盐等热硬结合剂组成的混合料
		气硬性	细骨料、粉料和硅酸钠等气硬性结合剂组成的混合料
	涂抹料		以手工或机械涂抹方法施工的混合物
密度	致密材料		真气孔率小于30%的不定形耐火材料
	隔热材料		真气孔率不低于45%的不定形耐火材料

[1] 普通水泥浇注料：氧化钙的质量分数大于2.5%的水泥浇注料。

[2] 低水泥浇注料：氧化钙的质量分数在1.0%～2.5%之间的水泥耐火浇注料。

[3] 超低水泥浇注料：氧化钙的质量分数在0.2%～1.0%之间的水泥耐火浇注料。

[4] 无水泥浇注料：氧化钙的质量分数小于0.2%的水泥浇注料。

表 12-245 高铝-碳化硅捣打料的性能指标

项　目		捣打料的牌号						
		SAK3	SAN1-1	SAN1-2	SAN2-1	SAN2-2	SSN	SRG-10
化学成分（质量分数,%）	Al_2O_3　$\geq$	65	55	45	75	70	45	58
	SiC　$\geq$	10	20	20	3	3	10	12

（续）

项　目		捣打料的牌号						
		SAK3	SAN1-1	SAN1-2	SAN2-1	SAN2-2	SSN	SRG-10
密度/(kg/m³) ≥	干燥后	2500	2450	2350	2700	2650	2000	2200
	1450℃、2h	2.45	2.40	2.30	2.65	2.60	1.95	2.20
抗折强度/kPa ≥	干燥后	1960	2450	1960	3430	2940	1765	1960
	1450℃、2h	3920	2940	2450	2940	2450	2745	2940
1450℃、2h 线变化率（%）		±0.5						
热态抗折强度/kPa（1450℃、1h）		1470	—	—	980	980	—	

表 12-246　浇注料的性能参数

结合剂类型	高铝水泥						磷酸盐			水玻璃
浇注料牌号	G3L	G2L	G2N	G1L	G1N2	G1N1	LL2	LL1	LN	BN
$w(Al_2O_3)$（%）≥	85	60	42	60	42	30	75	60	45	40
耐火度/℃ ≥	1790	1690	1650	1690	1650	1610	1770	1730	1710	—
重烧线变化不大于1%，保温3h的温度/℃	1500	1400	1350	1400	1350	1300	1450	1450	1450	1000
105~110℃烘干后抗压强度/MPa ≥	25	20	20	10	10	10	15	15	15	20
105~110℃烘干后抗弯强度/MPa ≥	5	4	4	3.5	3.5	3.5	3.5	3.5	3.5	—
最高使用温度/℃	1650	1400	1350	1400	1350	1300	1600	1500	1450	1000

表 12-247　常见水泥浇注料的组成和使用部位

组　成　材　料			最高使用温度/℃	冲天炉使用部位
胶结料	掺和料	骨料		
硅酸盐水泥	黏土熟料粉、废耐火黏土砖粉	黏土熟料、废耐火黏土砖	1000~1200	烟囱、加料口、热风炉胆、除尘器、热风换热器、炉气冷却器等内衬
高铝水泥	高铝熟料粉	高铝熟料	1300~1400	过桥与流槽底层铺垫，烟囱、加料口、热风炉胆、除尘器、热风换热器、炉气冷却器等内衬
铝60高铝水泥	高铝黏土熟料粉等	高铝、黏土熟料等	1300~1500	前炉内衬的修砌与修补
低钙高铝水泥	高铝矾土熟料粉、废高铝砖	高铝矾土熟料、废高铝砖	1400~1500	炉缸、出铁口、出渣口的砌筑、预制与修补

表 12-248　黏土质和高铝质耐火可塑料的性能

类　别		A　类						B　类					
牌　号		SG1	SG2	SG3	SG4	SG5	SG6	SD1	SD2	SD3	SD4	SD5	SD6
$w(Al_2O_3)$ ≥		—	—	—	48	60	70	—	—	—	48	60	70
耐火度/℃ ≥		1580	1690	1730	1770	1790	1790	1580	1690	1730	1770	1790	1790
1300~1600℃、3h 重烧线变化（%）		±2											
110℃干燥后强度/MPa ≥	耐压	5.884						1.961					
	抗折	1.471						0.490					

（续）

类　别	A　类	B　类
可塑性指数（%）	15 ~ 40	15 ~ 40
吸水率（%）	≤13.0	≤13.0

（2）Al_2O_3-SiC-C 砖　与不定型耐火材料同级别的有 Al_2O_3-SiC-C 砖，其性能见表 12-249。

这种砖简称 ASC 砖，耐冲刷、抗侵蚀、热稳定性好，是用作炉缸内衬及过桥的优良耐火材料，使用寿命长是其显著特点，是长炉龄冲天炉运行周期的长短、生产能否正常的重要保证。

6. 其他常用耐火材料

几种常用的耐火材料见表 12-250 ~ 表 12-257。

表 12-249　Al_2O_3-SiC-C 砖的性能

成分及性能		刚玉基	铝矾土基	红柱石基
化学成分 （质量分数,%）	Al_2O_3	53 ~ 75	50 ~ 68	40 ~ 50
	SiO_2	—	5	29
	Fe_2O_3	0.4	1.3	1.0
	TiO_2	—	2.6	0.2
	SiC	8 ~ 36	8 ~ 36	8 ~ 36
密度/（kg/m³）		2000 ~ 4000	2000 ~ 4000	2000 ~ 4000
显气孔率(%)		≤3.0	≤2.93	≤2.80
耐压强度/MPa		≥50	≥45	≥40

表 12-250　硅藻土砖

技术要求	耐火度/℃	密度/（kg/m³）	显气孔率（%）	耐压强度/MPa	线胀系数/$10^{-6} \cdot K^{-1}$	平均热容量
	1280	(500 ~ 600) ±50	73 ~ 78	0.5 ~ 1.1	0.9 ~ 0.97	$0.2 + 0.06 \times 10^{-9}$
外观	砖体四周应完好无损，不得雨浇水泡					

表 12-251　普通粘土砖的理化指标（GB/T 34188—2017）

项目		指标				
		PN-42	PN-40	PN-35	PN-30	PN-25
$w(Al_2O_3)$（%）	$\mu_0 \geq$	42	40	35	30	25
	σ	2.5				
$w(Fe_2O_3)$（%）	$\mu_0 \leq$	2.0	—	—	—	—
	σ	0.4				
显气孔率（%）	$\mu_0 \leq$	20 (22)	24 (26)	26 (28)	23 (25)	21 (23)
	σ	2.0				
常温耐压强度/MPa	$\mu_0 \geq$	45 (35)	35 (30)	30 (25)	30 (25)	30 (25)
	X_{min}	35 (25)	25 (20)	20 (15)	20 (15)	20 (15)
	σ	10				
0.2MPa 荷重软化 温度 $T_{0.6}$/℃	$\mu_0 \geq$	1400	1350	1320	1300	1250
	σ	13				
加热永久线变化（%）	U-L	1400℃ ×2h -0.4 ~ 0.1	1350℃ ×2h -0.4 ~ 0.1	1300℃ ×2h -0.4 ~ 0.1	1300℃ ×2h -0.4 ~ 0.1	1250℃ ×2h -0.4 ~ 0.1

注：1. 括号内数值为格子砖或特异型砖的指标。

2. 推荐用途：PN-42、PN-40、PN-35 可适用于热风炉、焦炉及一般工业炉等；PN-30、PN-25 可适用于焦炉半硅砖及一般工业炉耐碱砖等。

3. 抗热震性、体积密度根据用户要求提供检测数据。

4. μ_0 代表合格质量批均值，σ 代表批标准偏差估计值，U 代表上规范限，L 代表下规范限。

表 12-252　轻质高铝砖

技术要求	耐火度/℃	荷重软化温度/℃	常温耐压强度/MPa	密度(g/cm³)	重烧线变化
	1730～1750	1100～1230	2～4	0.6～1.0	1350～1400℃时 为 -1.0～ -0.5
外观	砖体四周完好无损,缺角不超过10mm,不得雨浇水泡				

表 12-253　高铝硅线石砖

技术要求	Al₂O₃ (质量分数,%)	耐火度 /℃	0.2MPa 荷重 软化点/℃	重烧线变化 (%)	显气孔率(%)	常温耐压 强度/MPa
	≥70	>1770	>1510	1500℃ +0.2 -0.1	>20	≥44.1
外观	尺寸偏差:400～600mm 允许±5mm 或 0～5mm,不允许有裂纹、缝隙、裂痕,缺角小于3mm					

表 12-254　叶蜡石硅线石砖

技术要求	Al₂O₃(质量分数,%)	0.2MPa 荷重软化点/℃	重烧线变化(%)	显气孔率(%)	常温耐压强度/MPa
	≥40	>1430	1400℃ +0.2 -0.1	<2.5	≥34.3
外观	尺寸偏差:231～300 允许±1.5mm,扭曲1.5mm,缺角和熔洞≤2mm,缺棱≤3mm,工作面不允许有裂纹				

表 12-255　白　泥

技术要求	主要成分	$w(\mathrm{SiO_2})/$ $w(\mathrm{Al_2O_3})$	耐火度/℃	用途
	SiO₂,Al₂O₃	2.65	1580	—

表 12-256　红硅石和白泡石

项　目	红硅石	白泡石
SiO₂ 含量(质量分数,%)	94～97	73～90
Al₂O₃ 含量(质量分数,%)	2～4	7.6～21
耐火度/℃	1650～1730	1670～1690
0.2MPa 荷重软化开始温度/℃	1560～1570	
密度/(g/cm³)	2.51～2.62	

（续）

项　目	红硅石	白泡石
显气孔率(%)	3.2～3.5	
常温耐压强度/MPa	9～12	

注：1. 红硅石、白泡石的耐火度都比黏土耐火砖高;气孔率都比黏土耐火砖低,使用效果很好,很有发展前途。

2. 天然红硅石产于河南新郑市一带,天然白泡石产于四川。

3. 成分及性能随产地不同差别很大,须在选用时认真鉴别。

4. 注意不可受潮或雨淋。

表 12-257　狭缝式透气塞（多孔塞）

技术要求	材质	耐火度	透气性	Al₂O₃	体积密度	荷重软化点
	铬刚玉	≥1700℃	0.2MPa 流量为 10.5～12.5m³/h	$w(\mathrm{Al_2O_3})≥97\%$	3.2g/cm³	在 0.2MPa 的压力下 大于或等于1670℃
外观	不允许有裂纹,裂痕					

12.5.3　隔热材料

隔热材料常用于炉体、前炉及有关管道等需隔热保温的部位，做好隔热材料的选用工作，有利于节能降耗。

隔热材料是利用其本身的物理性能优势，如气孔率高、体积密度低、热导率小等，适宜于用作有关设置或设备的保温隔热层，但由于其疏松、强度低、耐磨性及抗渣性能差，故不宜用作承重构件，也不能直接和铁液、炉渣接触。

1. 隔热材料的分类（见表 12-258）

表 12-258　隔热材料的分类

分类依据	类　型	说　　明
矿物或成分	膨胀蛭石	蛭石颜色为褐色、黄色、金黄、青铜黄色。莫氏硬度为 1~1.5，密度为 2.4~2.7g/cm³，熔点为 1300~1370℃。蛭石是由黑云母、金云母等层状硅酸盐矿物蚀变或风化形成的一种铁、镁铝硅酸盐类矿物，其化学结构式为：$(Mg,Fe^{2+},Fe^{3+})_2[(Al,Si)_4O_{10}](OH)_2 \cdot 4H_2O$ 蛭石被加热时体积膨胀，变成蚂蟥形弯曲长柱状，因此得名蛭石。当温度加热至 800~1100℃ 时，体积膨胀达到最大值，为加热前的 10~25 倍。加热后的蛭石称为膨胀蛭石，其体积密度为 100~300kg/m³，热导率在 0.046~0.07W/(m·K) 之间，是一种良好的隔热材料，一般用高强防水黏结剂黏结成形制品使用，优质蛭石的最高使用温度可达 1100℃
	硅藻土	硅藻土为古代硅藻及部分放射虫类硅质遗体形成的沉积岩，其主要成分（质量分数）60%~93% 为 SiO_2，同时含有少量的 Al_2O_3、Fe_2O_3、CaO、MgO、K_2O、Na_2O、P_2O_5 与有机质，其主要矿物组成为蛋白石，含少量石英和黏土。纯净的硅藻土一般呈白色、土状，含杂质时呈黄、灰、绿、粉红、黑色等，堆密度为 0.16~0.72kg/m³，熔点为 1400~1650℃。因其含有大量极细微孔，吸附液体能力很强（可达本身质量 1.5~4 倍），对热、声、电的传导性极低，是一种很好的隔热材料，其允许工作温度一般不大于 900℃
	矿渣棉、岩棉	矿渣棉和岩棉是用矿渣或岩石经过高温熔化后喷吹而制得的无机纤维材料，冲天炉熔炼中，有时在渣口处也偶见喷出絮状物。矿渣棉和岩棉质轻、热导率低、化学性能稳定、耐腐蚀、吸声、不燃烧，有隔热保温、防振作用 矿渣棉和岩棉按产品形态分为絮棉与板、带、毡、管壳等制品
	膨胀珍珠岩	珍珠岩是一种酸性岩浆喷射形成的玻璃质熔岩，颜色有灰白、灰、灰绿、深绿、褐、棕、黑等，有玻璃或珍珠的光泽，莫氏硬度为 5.2~6.4，密度为 2.2~2480kg/m³，耐火度为 1300~1380℃。珍珠岩在 1300℃ 左右急剧膨胀为原体积的 7~10 倍以上，形成一种颗粒状、轻质膨胀珍珠岩。膨胀珍珠岩体积密度小，热导率低，绝热性能好，化学性能稳定，适应范围广泛，是一种常用的隔热保温材料，也有时用于聚渣材料
	硅酸钙	硅酸钙隔热制品的主要成分为硅酸钙水化物，它以石灰、氧化硅为原料，首先在高压釜中蒸养合成水化硅酸钙，再添加适量石棉等纤维材料，经压力成形制得的多孔结构的隔热材料。制品外形包括平板、弧形板和管壳，使用温度一般不超过 1000℃
	黏土质	黏土质隔热材料以黏土熟料为原料，用软质或半软质黏土为结合剂，加入一定量的木屑、木炭、无烟煤等可燃物，或者用苛性钠（NaOH）、松香和骨胶发泡制作的成形隔热材料，其显气孔率为 30%~50%，常用于隔热，有时也用于不被侵蚀的窑炉内衬
	高铝质	高铝质隔热材料的制作工艺与黏土质相同，区别仅在于主要骨料为铝矾土熟料，烧成温度较高（在 1300℃ 左右），其应用范围与黏土质基本相同

（续）

分类依据	类　型	说　　明
矿物或成分	氧化铝	氧化铝质隔热材料以工业氧化铝为原料，用氧化铝水泥浆发泡、浇注成形、干燥、烧成、加工成轻质成形隔热制品；新工艺用电熔喷吹成空心球，再用空心球和刚玉细粉、结合剂制成轻质成形隔热制品。氧化铝质隔热制品耐压强度大、导热性低、重烧体积收缩率低、热震稳定性好，可用于高温热工设备的隔热层或与火焰直接接触的高温炉内衬，但不宜用直接接触金属液及熔渣，其使用温度在 1650～1800℃ 之间
形态或形状	耐火纤维	人造无机非金属纤维材料，也称陶瓷纤维，工业窑炉常用的耐火纤维有硅酸铝质纤维、高铝质纤维、氧化铝纤维及其混合纤维。耐高温、体积密度小、高温隔热性好、热震稳定性好、热容量小，节能效果非常显著。可制成各种绳、带、毡、毯、块等制品，用于高温热工设备的隔热层或工业窑炉内衬，但不能用于气流流速大高，与金属液、熔渣直接接触的部位。常用的普通硅酸铝纤维制品的工作温度不大于 1000℃，适用于中性或氧化性气氛的工业炉
	散料	填充用
	成形砖	形状尺寸应符合 GB/T 2992.1—2011
	板材	板状、块状材料
	卷材	绳、带、毡、毯等

2. 常见隔热材料制品及其性能

表 12-259 ~ 表 12-270 列出了部分常见隔热材料制品的性能指标，供选用参考。

12.5.4　冲天炉各部位及浇包耐火材料的选用

以工作温度为主列出了冲天炉与浇包耐火材料的选用（见表 12-271）。

表 12-259　膨胀蛭石制品的性能指标

品种与等级	水泥膨胀蛭石			水玻璃膨胀蛭石			沥青膨胀蛭石
	优等品	一等品	合格品	300	350	400	
密度/(kg/m³)	≤350	≤480	≤550	300	350	400	360～400
耐压强度/MPa	≥0.245	≥0.245	≥0.245	≥0.35	≥0.55	≥0.65	≥0.196
含水率(质量分数,%)	≤4	≤5	≤6	—	—	—	—
热导率/[W/(m·K)]	≤0.090	≤0.112	≤0.142	≤0.079	≤0.081	≤0.084	0.082～0.106
允许工作温度/℃	≤600	≤600	≤600	<900	<900	<900	≤900

表 12-260　硅藻土隔热制品的性能指标

项　　目	制品牌号					
	GG-0.7a	GG-0.7b	GG-0.6	GG-0.5a	GG-0.5b	GG-0.4
密度/(g/cm³)　≤	0.7	0.7	0.6	0.5	0.5	0.4
常温耐压强度/MPa　≥	2.5	1.2	0.8	0.8	0.6	0.8
重烧线变化不大于2%,保温8h的试验温度/℃	900					
300℃±10℃的热导率/[W/(m·K)]　≤	0.20	0.21	0.17	0.15	0.16	0.13

表 12-261　矿渣棉、岩棉板的性能指标

密度/(kg/m³)	密度的极限偏差(%)			70℃±5℃的热导率 /[W/(m·K)]	有机物含量 (质量分数,%)	最高使用 温度/℃
	优等	一等	合格			
80	±10	±15	±20	≤0.044	≤4.0	400
100	±10	±15	±20	≤0.044	≤4.0	400
120	±10	±15	±20	≤0.046	≤4.0	400
150	±10	±15	±20	≤0.048	≤4.0	600
160	±10	±15	±20	≤0.048	≤4.0	600

表 12-262　矿渣棉、岩棉毡的性能指标

密度/(kg/m³)	密度的极限偏差(%)			70℃±5℃的热导率 /[W/(m·K)]	有机物含量 (质量分数,%)	最高使用 温度/℃
	优等	一等	合格			
60	±10	±15	±20	≤0.049	≤1.5	400
80	±10	±15	±20	≤0.049	≤1.5	400
100	±10	±15	±20	≤0.049	≤1.5	600
120	±10	±15	±20	≤0.049	≤1.5	600

表 12-263　矿渣棉、岩棉管壳的性能指标

密度/(kg/m³)	密度的极限偏差(%)			70℃±5℃的热导率 /[W/(m·K)]	有机物含量 (质量分数,%)	最高使用 温度/℃
	优等	一等	合格			
≤200	±10	±15	±20	≤0.044	≤5	600

表 12-264　膨胀珍珠岩制品的性能要求

项　　目	制 品 分 类							
	200		250		300		350	
	优等	合格	优等	合格	优等	合格	优等	合格
密度/(kg/cm³)　≤	200		250		300		350	
25℃±5℃的热导率/[W/(m·K)]　≤	0.056	0.060	0.064	0.068	0.072	0.076	0.080	0.087
抗压强度/kPa　≥	392	294	490	392	490	392	490	392
含水率（质量分数,%）　≤	2	5	2	5	3	5	4	6

表 12-265　硅酸钙绝热制品的性能指标

项　　目	Ⅰ 型			Ⅱ 型			
	240 号	220 号	170 号	270 号	220 号	170 号	140 号
密度/(kg/m³)	≤240	≤220	≤170	≤270	≤220	≤170	≤140
质量含水率（%）	≤7.5			≤7.5			
平均抗压强度/MPa	≥0.50		≥0.40	≥0.50		≥0.40	
平均抗弯强度/MPa	≥0.30		≥0.20	≥0.30		≥0.20	
剩余抗压强度/MPa	≥0.40		≥0.32	≥0.40		≥0.32	

（续）

项　目	Ⅰ型			Ⅱ型			
	240号	220号	170号	270号	220号	170号	140号
匀温灼烧试验温度/℃	650			1000			
线收缩率（%）	≤2			≤2			
平均温度/℃	热导率/[W/(m·K)]						
100	≤0.065		≤0.058	≤0.065			≤0.058
200	≤0.075		≤0.069	≤0.075			≤0.069
300	≤0.087		≤0.081	≤0.087			≤0.081
400	≤0.100		≤0.095	≤0.100			≤0.095
500	≤0.115		≤0.112	≤0.115			≤0.112
600	≤0.130		≤0.130	≤0.130			≤0.130

表 12-266　黏土质隔热砖的性能指标

牌　号	密度/(kg/m³) ≤	常温耐压强度 /MPa ≥	重烧线变化不大于2% 的试验温度/℃	350℃±25℃的热导率 /[W/(m·K)] ≤
NG-1.5	1500	6.0	1400	0.70
NG-1.3a	1300	4.5	1400	0.60
NG-1.3b	1300	4.0	1350	0.60
NG-1.0	1000	3.0	1350	0.50
NG-0.9	900	2.5	1300	0.40
NG-0.8	800	2.5	1250	0.35
NG-0.7	700	2.0	1250	0.35
NG-0.6	600	1.5	1200	0.25
NG-0.5	500	1.2	1150	0.25
NG-0.4	400	1.0	1150	0.20

注：黏土隔热砖的工作温度不得超过重烧线变化试验温度。

表 12-267　高铝隔热砖的性能指标

项　目		高铝质隔热砖牌号						
		LG-1.0	LG-0.9	LG-0.8	LG-0.7	LG-0.6	LG-0.5	LG-0.4
化学成分 （质量分数,%）	Al_2O_3 ≥	48						
	Fe_2O_3 ≤	2.0						
密度/(kg/m³) ≤		1000	900	800	700	600	500	400
常温耐压强度/MPa ≥		4	3.5	3	2.5	2	1.5	0.8
重烧线变化不大于2%的试验温度		1400	1400	1400	1350	1350	1250	1250
350℃±25℃的热导率/[W/(m·K)] ≤		0.50	0.45	0.35	0.35	0.30	0.25	0.20

注：高铝隔热砖的工作温度不超过重烧线变化试验温度。

表 12-268 氧化铝空心球的性能指标

项 目		氧化铝空心球的级别		
		Ⅰ级	Ⅱ级	Ⅲ级
化学成分 (质量分数,%)	$Al_2O_3 \geqslant$	98		
	$SiO_2 \leqslant$	1		
	$Fe_2O_3 \leqslant$	0.7		
耐火度/℃ ≥		1790		
0.1MPa 荷重软化开始温度/℃ ≥		1600		
密度/(kg/cm³) ≤		1200	1400	1600
真气孔率(%) ≥		62	60	58
常温耐压强度/MPa ≥		3	10	12
热面 1100℃的热导率/[W/(m·K)] ≤		0.93	1.04	1.16

表 12-269 氧化铝隔热制品的性能指标

项 目		氧化铝隔热制品牌号		
		RYG-0.8	RYG-0.6	RYG-0.4
化学成分 (质量分数,%)	$Al_2O_3 \geqslant$	90		
	$Fe_2O_3 \leqslant$	0.5		
密度/(kg/m³)		0.8 ± 0.05	0.6 ± 0.09	0.4 ± 0.04
常温耐压强度/MPa ≥		2.0	1.0	0.6
重烧线变化	温度/℃	1500	1450	1400
	时间/h	12		
	线变化(%)	±0.2		

表 12-270 普通硅酸铝耐火纤维及制品的性能指标

项 目		耐火纤维及制品的耐温类型		
		低温型	中温型	高温型
化学成分 (质量分数,%)	Al_2O_3	≥40	≥50	≥60
	$Al_2O_3 + SiO_2$	≥95	≥96	≥98.5
	Fe_2O_3	≤2	≤1.2	≤0.3
直径 5μm 纤维的含量(%)		>80	>80	>70
渣球直径 >0.25mm 的含量(质量分数,%)		≤5	≤5	≤8
密度/(kg/m³)		50~200	5~200	270 ± 20
热导率/[W/(m·K)]		—	900℃时≤0.128	1100℃时≤0.21
收缩率4%时的试验温度与时间/(℃/h)		1000/6	1150/9	1350/6
耐火度/℃		>1650	>1760	>1810
工作温度/℃		≤900	≤1050	≤1200

表 12-271　冲天炉与浇包耐火材料的选用

修砌部位	工作温度/℃	适合的耐火材料
烟囱	200~300	1) 低级别黏土质耐火砖 N-5、N-6 修砌，修砌厚度为 65mm 2) 硅酸盐水泥浇注料，浇注厚度为 50~80mm
加料口	200~300	1) 低级别黏土质耐火砖 N-5、N-6 砌筑，修砌厚度为 65mm 或 114mm 2) 硅酸盐水泥浇注料，浇注厚度为 80~120mm
预热区	400~1300	1) 半硅砖或中等黏土质耐火砖 N-3、N-4，低级别的高铝砖 LZ-48 2) 高铝水泥浇注料、磷酸盐浇注料、高铝捣打料、高铝可塑料 3) 天然红硅石、白泡石砖或天然红硅石粉捣打料
熔化区和过热区	1300~1750	1) 酸性普通冲天炉：高级别的黏土质耐火砖 N-1、N-2 2) 碱性普通冲天炉：镁砖 MZ-87、MZ-82，镁铝砖 ML-80A、ML-80B，镁质白云石砖 M-75、M-70 等 3) 中性普通冲天炉：①高级别的高铝砖 LZ-65、LZ-75；②如果确实必要，可以用 Al_2O_3-SiC-C（简称 ASC）砖、高铝水泥浇注料、捣打料、可塑料等高级材料修砌 4) 水冷长炉龄冲天炉：由于冷却水对炉壁的保护作用，大型炉可不修砌耐火材料，中小型炉为了提高熔化初期的铁液温度，可用低级别黏土砖 N-6、黏土可塑料（即耐火泥）
炉缸	≈1600	1) 酸性、碱性、中性普通冲天炉：同熔化区和过热区选用耐火材料 2) 水冷长炉龄冲天炉：采用 Al_2O_3-SiC-C（简称 ASC）系列中性炉衬材料。①ASC 砖作后备衬，表面用 ASC 捣打料；②全部采用 ASC 捣打料；③全部采用 ASC 低水泥浇注料；④修补料用 ASC 可塑料
过桥或出铁口	1450~1550	1) 酸性、碱性、中性普通冲天炉：同熔化区和过热区选用耐火材料 2) 水冷长炉龄冲天炉：①出铁口与出渣口采用高纯高密 ASC 树脂结合成形砖；或者采用 SiC 质量分数不低于 85% 的 ASC 系列超低水泥浇注料预制；或者采用 ASC 捣打料与炉缸同时成形；用 ASC 可塑料修补料出铁口与出渣口；②出铁槽底、槽侧首先用黏土砖铺垫，表面用 ASC 捣打料，ASC 可塑料修砌
前炉	>1450	1) 保温层用黏土隔热砖 NG-0.8、NG-0.9，高铝隔热砖 LG-0.7、LG-0.8，Z 膨胀珍珠岩砖，硅酸铝纤维毡等 2) 接触铁液、渣液的内层用高级别黏土砖 N-1、N-2 或高铝砖 LZ-65、LZ-75；还可以用黏土或高铝水泥结合的浇注料或捣打料、可塑料 3) 采用合成莫来石原料或 ASC 原料，用沥青、树脂、磷脂盐、高铝水泥、黏土等结合剂结合的浇注料、捣打料、可塑料，可使内衬寿命达到半年
浇包	>1450	1) 耐火材料选用同前炉，其特点为：铁液流入流出搪衬温度变化频繁并受高温铁液冲刷，铁液带入的熔渣对搪衬有一定侵蚀，需要注意材料的热震性与抗渣性 2) 浇包嘴、浇包口容易黏附低温铁液、渣液，导致浇包搪衬故障，包嘴、包口需涂刷抗渣性、抗铁液渗透性优良的石墨基涂料 3) 个别用于球墨铸铁、孕育铸铁的底注包，其塞杆、滑动水口耐火材料组件应使用沥青浸渍高铝成形砖

参 考 文 献

[1] 张明，何光新，殷黎丽，等．冲天炉及其熔炼技术 [M]．北京：中国电力出版社，2010．

[2] 刘国懿，逯登斌，鲁子龙，等．25t/h 热风除尘长炉龄冲天炉及其应用 [C] //第十三届中国铸造协会年会论文集．北京：中国铸造协会，2017．

[3] 逯登斌．25t/h 热风冲天炉的应用及探讨 [C] //第十四届中国铸造协会年会论文集．北京：中国铸造协会，2018．

[4] 巩济民．合成铸铁的生产与发展 [R]．铸造技术创新论坛．长春，2019．

[5] ABP．感应熔化与保温 [M]．德国火山出版有限公司，2010．

[6] 全国铸造标准化技术委员会．铸造冲天炉烟尘排放限量：JB/T 6953—2018 [S]．北京：机械工业出版社，2018．

[7] 全国生铁及铁合金标准化技术委员会．硅铁：GB/T 2272—2020 [S]．北京：中国标准出版社，2020．

[8] 全国煤化工标准化技术委员会炼焦化学分技术委员会．铸造焦炭：GB/T 8729—2017 [S]．北京：中国标准出版社，2017．

[9] 全国煤化工标准化技术委员会炼焦化学分技术委员会．冶金焦炭：GB/T 1996—2017 [S]．北京：中国标准出版社，2017．

[10] 全国耐火材料标准化技术委员会．耐火材料术语：GB/T 18930—2020 [S]．北京：中国标准出版社，2020．

附　　录

附录 A　灰铸铁国外有关标准（摘录）

灰铸铁各标准牌号对照见表 A-1。

表 A-1　ISO185 牌号与其他灰铸铁标准牌号的对照

ISO 185	DIN EN 1561	ASTM A48	JIS G5501	SAE J431
ISO 185/JL/150	EN-GJL-150	150	FC150	G9H12
ISO 185/JL/200	EN-GJL-200	200	FC200	G10H13
ISO 185/JL/225	—	225	—	G10H21 G11H18
ISO 185/JL/250	EN-GJL-250	250	FC250	G11H20
ISO 185/JL/275	—	275	—	G12H21 G13H19
ISO 185/JL/300	EN-GJL-300	300	FC300	G13H22
ISO 185/JL/350	EN-GJL-350	350	FC350	G13H24
ISO 185/JL/HBW155	EN-GJL-HB155	—	—	H10
ISO 185/JL/HBW175	EN-GJL-HB175	—	—	H11
ISO 185/JL/HBW195	EN-GJL-HB195	—	—	H13 H14
ISO 185/JL/HBW215	EN-GJL-HB215	—	—	H16
ISO 185/JL/HBW235	EN-GJL-HB235	—	—	H18
ISO 185/JL/HBW255	EN-GJL-HB255	—	—	H20

A.1　国际标准（ISO 185：2019）

灰铸铁的力学性能见表 A-2 和表 A-3。试块和试样的形状和尺寸见图 A-1～图 A-6 及表 A-4。

单铸试块应在刚性砂型或热导率与之相仿的砂型中立浇，或者经双方协商同意也可以湿型中立浇，一个铸型可以同时浇注几个试块。在同一铸型中，试块之间的间距至少为 50mm。仅在铸件壁厚大于 20mm 且质量大于 200kg 时采用附铸试块（见图 A-2 及图 A-3）。

表 A-2　灰铸铁的抗拉强度（ISO185：2019）

材料牌号	铸件壁厚 t/mm	抗拉强度 R_m/MPa 单铸或并排试样 ≥	单铸或并排试样 ≤	附铸试样 ≥
ISO 185/JL/100	5~40	**100**	200	—
ISO 185/JL/150	2.5~5	**150**	250	—
	>5~10			—
	>10~20			—
	>20~40			125
	>40~80			110
	>80~150			100
	>150~300			90

（续）

材料牌号	铸件壁厚 t/mm	抗拉强度 R_m/MPa 单铸或并排试样 ≥	单铸或并排试样 ≤	附铸试样 ≥
ISO 185/JL/200	2.5~5	**200**	300	—
	>5~10			—
	>10~20			—
	>20~40			170
	>40~80			155
	>80~150			140
	>150~300			130
ISO 185/JL/225	5~10	**225**	325	—
	>10~20			—
	>20~40			190
	>40~80			170
	>80~150			155
	>150~300			145
ISO 185/JL/250	5~10	**250**	350	—
	>10~20			—
	>20~40			210
	>40~80			190
	>80~150			170
	>150~300			160
ISO 185/JL/275	10~20	**275**	375	—
	>20~40			230
	>40~80			210
	>80~150			190
	>150~300			180

材料牌号	铸件壁厚 t/mm	抗拉强度 R_m/MPa 单铸或并排试样 ≥	单铸或并排试样 ≤	附铸试样 ≥
ISO 185/JL/300	10~20	**300**	400	—
	>20~40			250
	>40~80			225
	>80~150			210
	>150~300			190
ISO 185/JL/350	10~20	**350**	450	—
	>20~40			290
	>80~150			240
	>150~300			220

注：1. 粗体数字表示由 30mm 单铸试样或并排试样测得到的对应钢种的最小抗拉强度值。

2. 最小和最大抗拉强度值对单铸试样或并排试样是强制性要求。

3. 抗拉强度值对相同厚度的附铸试样是强制的，应由供需双方协商确定。

4. 对于壁厚大于 300mm 的铸件，供需双方应就试样的种类和尺寸以及最小的抗拉强度值上协商一致。

5. 牌号后"/"附加的字母表示试样类型：S，单铸试样或并排试样；U，附铸试样；C，直接从铸件本体上切取的试样。

6. 如果订货时同意检验抗拉强度，试样的种类应在合同中注明。若合同中未注明，则由供方决定试样种类。

7. ISO 185/JL/100 具有最佳热振性和热传导性。

8. 所有牌号的布氏硬度值随壁厚的增加而降低。

表 A-3　灰铸铁布氏硬度在商定试验位置的要求值和预期值（ISO 185：2019）

材料牌号	铸件壁厚 t/mm	布氏硬度[①][②] HBW ≥	布氏硬度[①][②] HBW ≤
ISO 185/JL/HBW155	>40[③]~80	—	155
	>20~40	—	160

（续）

材料牌号	铸件壁厚 t/mm	布氏硬度[1][2] HBW	
		≥	≤
ISO 185/JL/HBW155	>10~20	—	170
	>5~10	—	185
	2.5~5	—	210
ISO 185/JL/HBW175	>40[3]~80	100	175
	>20~40	110	185
	>10~20	125	205
	>5~10	140	225
	2.5~5	170	260
ISO 185/JL/HBW195	>40[3]~80	120	195
	>20~40	135	210
	>10~20	150	230
	>5~10	170	260
	4~5	190	275
ISO 185/JL/HBW215	>40[3]~80	145	215
	>20~40	160	235
	>10~20	180	255
	5~10	200	275
ISO 185/JL/HBW235	>40[3]~80	165	235
	>20~40	180	255
	10~20	200	275
ISO 185/JL/HBW255	>40[3]~80	185	255
	20~40	200	275

注：每个牌号所在的行列出的数据为布氏硬度最小值和最大值，以及相应的参考铸件壁厚范围与牌号有关。

[1] 布氏硬度值随铸件壁厚的增加而降低。

[2] 经供需双方同意，可在铸件商定的部位采用较小的硬度范围，但不应小于40HBW，如连续铸造的铸坯。

[3] 该牌号的参考铸件壁厚。

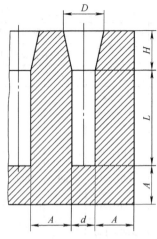

（单位：mm）

尺寸	类型			
	Ⅰ	Ⅱ	Ⅲ	Ⅳ
$d(+2/-0)$	15	30	45	75
L	试块的长度取决于拉伸试样（见图A-5和附图A-6及夹持段的长度）			
$D(\pm5)$	40	50	70	105
H	≥40	≥50	≥60	≥90
A	≥40	≥50	≥60	≥90
优先采用的拉伸试样直径	10	20	32	32

图 A-1　单铸试块或并排试块铸型

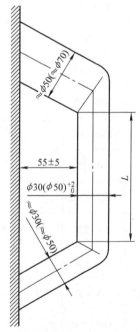

图 A-2　附铸试块1型的形状和尺寸

注：对壁厚≥100mm的铸件，试样采用括号中的数值。

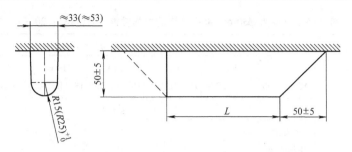

图 A-3　附铸试块Ⅱ型的形状和尺寸

注：对壁厚≥100mm 的铸件，试样采用括号中的数值。

布氏硬度试验可以采用图 A-1 所示的单铸试块，也可经供需双方协商，采用布氏硬度试块（见图 A-4）。

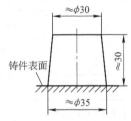

图 A-4　布氏硬度试块

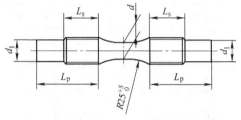

图 A-5　试样 A 的形状（尺寸见表 A-4）

L_s—带螺纹头　L_p—平头

表 A-5 和表 A-6 列出了直径为 ϕ30mm 单铸试样的力学性能和物理性能的附加资料。

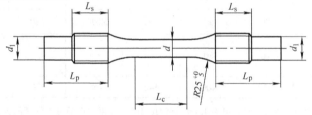

图 A-6　试样 B 的形状（尺寸见表 A-4）

L_s—带螺纹头　L_p—平头

表 A-4　拉伸试样 A 和 B 的尺寸　　（单位：mm）

平行段直径 d[①]	试样的螺纹规格	螺纹段长度 L_s	平直端直径 d_1	螺纹试样 A 总长度	试样 B 平行段长度 L_c
6 ±0.1	M10	13	8	46	18
8 ±0.1	M12	16	10	53	24
10 ±0.1	M16	20	12	63	30
12.5 ± 0.1	M20	24	15	73	36.5
16 ±0.1	M24	30	20	87	48
20 ± 0.1	**M30**	**36**	**23**	**102**	**60**
25 ±0.1	M36	44	30	119	75
32 ± 0.1	M45	55	40	143	96

注：1. 为便于夹紧 $L_p > L_s$。

　　2. 加粗参数表示优先考虑采用的试样尺寸。

①　截面面积 S_0 应由计算得出。

表 A-5　直径为 φ30mm 单铸试样的力学性能（ISO 185：2019）

力学性能	材料牌号[①]						
	ISO 185/JL/150	ISO 185/JL/200	ISO 185/JL/225	ISO 185/JL/250	ISO 185/JL/275	ISO 185/JL/300	ISO 185/JL/350
	基体组织						
	铁素体 + 珠光体	珠光体					
抗拉强度 R_m/MPa	150 ~ 250	200 ~ 300	225 ~ 325	250 ~ 350	275 ~ 375	300 ~ 400	350 ~ 450
条件屈服强度 $R_{p0.1}$/MPa	98 ~ 165	130 ~ 195	150 ~ 210	165 ~ 228	180 ~ 245	195 ~ 260	228 ~ 285
断后伸长率 A(%)	0.3 ~ 0.8	0.3 ~ 0.8	0.3 ~ 0.8	0.3 ~ 0.8	0.3 ~ 0.8	0.3 ~ 0.8	0.3 ~ 0.8
抗压强度 R_{mc}/MPa	600	720	780	840	900	960	1030
抗压条件屈服强度 $R_{pc0.1}$/MPa	195	260	290	325	360	390	455
抗弯强度 σ_{bb}/MPa	250	290	315	340	365	390	490
抗剪强度 τ_b/MPa	170	230	260	290	320	345	400
扭转强度[②] S_D/MPa	170	230	260	290	320	345	400
弹性模量[③] E/GPa	78 ~ 103	88 ~ 113	95 ~ 115	103 ~ 118	105 ~ 128	108 ~ 137	123 ~ 143
泊松比 ν	0.26	0.26	0.26	0.26	0.26	0.26	0.26
弯曲疲劳强度[④] σ_{bw}/MPa	70	90	105	105	130	140	145
交变拉压应力下的疲劳极限[⑤] σ_{zbw}/MPa	40	50	55	60	68	75	85
断裂韧度 K_{IC}/MPa	320	400	440	480	520	560	650

① 当对机械加工或磁性有特殊要求时，可使用 ISO 185/JL/100。如果试图通过热处理的方式改变材料金相组织，从而获得所需要的性能时，不宜选用 ISO 185/JL/100。但此处未列入 ISO 185/JL/100。

② 扭转疲劳强度 $\tau_{tw} \approx 0.42 R_m$。

③ 取决于石墨数量、存在形式及机械负载。

④ $\sigma_{bw} \approx (0.35 ~ 0.50) R_m$。

⑤ $\sigma_{zbw} \approx 0.53 \times \sigma_{bw} \approx 0.26 R_m$。

表 A-6　直径为 φ30mm 单铸试样的物理性能（ISO 185：2019）

物理性能		材料牌号[①]						
		ISO 185/JL/150	ISO 185/JL/200	ISO 185/JL/225	ISO 185/JL/250	ISO 185/JL/275	ISO 185/JL/300	ISO 185/JL/350
密度 ρ/(kg/dm³)		7.10	7.15	7.15	7.20	7.20	7.25	7.30
比热容 c/[J/(kg·K)]	20 ~ 200℃	460						
	20 ~ 600℃	535						
线胀系数 α/ 10⁻⁶K⁻¹	-100 ~ 20℃	10.0						
	20 ~ 200℃	11.7						
	20 ~ 400℃	13.0						

（续）

物理性能		材料牌号①						
		ISO 185/JL/150	ISO 185/JL/200	ISO 185/JL/225	ISO 185/JL/250	ISO 185/JL/275	ISO 185/JL/300	ISO 185/JL/350
热导率 $\lambda/[W/(m \cdot K)]$	100℃	52.5	50.0	49.0	48.5	48.0	47.5	45.5
	200℃	51.0	49.0	48.0	47.5	47.0	46.0	44.5
	300℃	50.0	48.0	47.0	46.5	46.0	45.0	43.5
	400℃	49.0	47.0	46.0	45.0	44.5	44.0	42.0
	500℃	48.5	46.0	45.0	44.5	43.5	43.0	41.5
电阻率 $\rho/10^{-6}\Omega \cdot m$		0.80	0.77	0.75	0.73	0.72	0.70	0.67
矫磁力 $H_o/(A/m)$		560~720						
室温下的最大磁导率 $\mu/(\mu H/m)$		220~330						
$B=1T$ 时的磁滞损耗/(J/m^3)		2500~3000						

① 当对机械加工和磁性有特殊要求时，可使用 ISO 185/JL/100。如果试图通过热处理的方式改变材料金相组织，从而获得所需要的性能时，不宜选用 ISO 185/JL/100。但此处未列入 ISO 185/JL/100。

灰铸铁布氏硬度（HBW）和抗拉强度 R_m 之间的经验公式为

$$HBW = RH(A + BR_m)$$

通常取值为：$A = 100$

$$B = 0.44$$

此处，RH 为相对硬度，其值一般为 0.8~1.2（见图 A-7）。

简单形状铸件主要壁厚与抗拉强度最小值、布氏硬度平均值之间的关系如图 A-8 和图 A-9 所示。

A.2 美国标准

1. 灰铸铁件标准（ASTM A48M—2016）

灰铸铁单铸试样的力学性能见表 A-7。

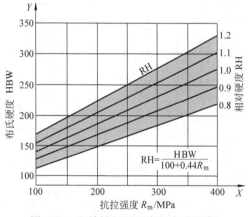

图 A-7 灰铸铁相对硬度与布氏硬度、抗拉强度之间的关系

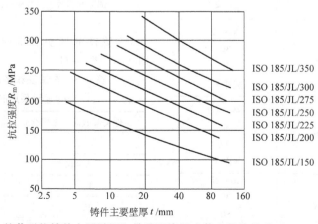

图 A-8 简单形状铸件主要壁厚与抗拉强度最小值之间的关系（ISO 185：2019）

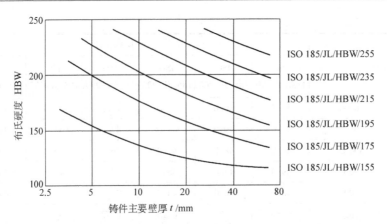

图 A-9　简单形状铸件主要壁厚与布氏硬度平均值之间的关系

表 A-7　灰铸铁单铸试样的
力学性能（ASTM A48M—2016）

（续）

牌　号	抗拉强度 MPa≥	试样直径标称尺寸/mm
No. 150A		20 ~ 22
No. 150B	150	30
No. 150C		50
No. 150S		试样 S[①]
No. 175A		20 ~ 22
No. 175B	175	30
No. 175C		50
No. 175S		试样 S[①]
No. 200A		20 ~ 22
No. 200B	200	30
No. 200C		50
No. 200S		试样 S[①]
No. 225A		20 ~ 22
No. 225B	225	30
No. 225C		50
No. 225S		试样 S[①]
No. 250A		20 ~ 22
No. 250B	250	30
No. 250C		50
No. 250S		试样 S[①]
No. 275A		20 ~ 22
No. 275B	275	30
No. 275C		50
No. 275S		试样 S[①]
No. 300A		20 ~ 22
No. 300B	300	30
No. 300C		50
No. 300S		试样 S[①]

牌　号	抗拉强度 MPa≥	试样直径标称尺寸/mm
No. 325A		20 ~ 22
No. 325B	325	30
No. 325C		50
No. 325S		试样 S[①]
No. 350A		20 ~ 22
No. 350B	350	30
No. 350C		50
No. 350S		试样 S[①]
No. 375A		20 ~ 22
No. 375B	375	30
No. 375C		50
No. 375S		试样 S[①]
No. 400A		20 ~ 22
No. 400B	400	30
No. 400C		50
No. 400S		试样 S[①]

①　试样 S 的所有尺寸应由供需双方商定。

灰铸铁的试块和试样见表 A-8 ~ 表 A-10，图 A-10 及图 A-11。

表 A-8　在试块和铸件间的特殊关系
未确定时采用的铸造试样

铸件关键截面的壁厚/mm	试　样
<5	S
5 ~ 14	A
15 ~ 25	B
26 ~ 50	C
>50	S

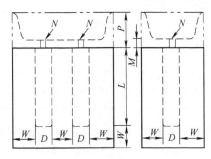

要求的特性

1. 材料：干硅砂混合料
2. 位置：试块竖直
3. L：见表 A-9
4. D：见表 A-9
5. W：不小于直径 D

推荐的特性

1. 单个铸型内的试块数，建议用两块
2. 浇口杯设计
3. P：建议为 50mm
4. N：建议为 8mm
5. $M = 1.5N$（建议）

**图 A-10　灰铸铁圆柱形单铸
试块的铸型设计和尺寸**

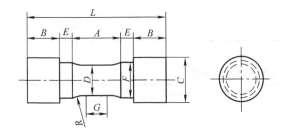

图 A-11　灰铸铁拉伸试样（尺寸见表 A-10）

表 A-9　拉伸试样的直径和长度

试样	铸态直径 D/mm			长度 L/mm	
	标称直径（中部）	最小值（底部）	最大值（顶部）	最小值（规定）	最大值（推荐）
A	22.4	21.6	24.4	125	150
B	30.5	29.0	33.5	150	230
C	50.8	48.3	53.3	175	255
S①	—	—	—	—	—

① 试样 S 的所有尺寸应由供需双方商定。

表 A-10　灰铸铁拉伸试样的尺寸

（单位：mm）

尺寸	拉伸试样 A	拉伸试样 B	拉伸试样 C
平行段长度 $G \geqslant$	13	19	32
直径 D	13 ± 0.25	20 ± 0.4	30 ± 0.6
圆角半径 $R \geqslant$	25	25	50
截面缩减部分长度 $A \geqslant$	32	38	57
全长 $L \geqslant$	95	100	160
端部直径 C	≈20	≈30	≈47
肩部长度 $E \geqslant$	6	6	8
肩部直径 F	16 ± 0.4	24 ± 0.4	36 ± 0.4
端部长度 B	①	①	①

① 根据试验机夹头选定，如果车螺纹，螺纹根部直径
不应小于 F。

2. 机动车辆用灰铸铁件标准（ASTM A159—2015）
（见表 A-11 ~ 表 A-18）

表 A-11　机动车辆用灰铸铁牌号

牌号	铸件硬度范围	基体组织
G1800	≤187HBW ≥4.4BID 或按规定①	铁素体 + 珠光体
G2500	170 ~ 229HBW 4.6 ~ 4.0BID 或按规定①	珠光体 + 铁素体
G3000	187 ~ 241HBW 4.4 ~ 3.9BID 或按规定①	珠光体
G3500	207 ~ 255HBW 4.2 ~ 3.8BID 或按规定①	珠光体
G4000	217 ~ 269HBW 4.1 ~ 3.7BID 或按规定①	珠光体

① 布氏硬度压痕直径 BID（brinett impression diameter）
是用直径为 10mm 的钢球在 29420N 负荷时的压痕
直径（单位为 mm）。

表 A-12　专用的制动鼓轮和离合器摩擦片铸件

牌号	$w(C)(\%)$[1] ≥	铸件硬度	显微组织	
			石　墨	基　体
G2500a	3.40	170~229HBW 4.6~4.0BID 或按规定	Ⅶ型,2~4[2]级大小 A型分布	层状珠光体,铁素体(如果 有的话)≤15%
G3500b	3.40[3]	207~255HBW 4.2~3.8BID 或按规定	Ⅶ型,3~5[2]级大小 A型分布	层状珠光体,铁素体或碳化 物(如果有的话)≤5%
G3500c	3.50[3]			

① 分析总碳含量时,应从激冷的笔状试块上取样,或者从试块上切取 0.8mm 厚的薄片。钻屑取样时石墨可能会脱落,
故不可靠。

② 见 ASTM A247 方法。

③ G3500b 和 G3500c 通常需合金化,以期在规定的高碳含量时获得规定的硬度。

表 A-13　机动车辆用灰铸铁典型的原铁液化学成分

牌　　号	化学成分(质量分数,%)					CE(%)
	C	Si	Mn	S≤	P≤	
G1800	3.40~3.70	2.30~2.80	0.50~0.80	0.15	0.25	4.25~4.5
G2500	3.20~3.50	2.00~2.40	0.60~0.90	0.15	0.20	4.0~4.25
G3000	3.10~3.40	1.90~2.30	0.60~0.90	0.15	0.15	3.9~4.15
G3500	3.00~3.30	1.80~2.20	0.60~0.90	0.15	0.12	3.7~3.9
G4000	3.00~3.30	1.80~2.10	0.70~1.00	0.15	0.10	3.7~3.9 (一般需合金化)

表 A-14　机动车辆用灰铸铁的力学性能

牌　　号	硬度范围[1]	抗拉强度/MPa ≥	抗弯载荷[2]/N ≥	挠度[2]/mm ≥
G1800	143~187HBW 5.0~4.4BID	140	7800	3.6
G2500	170~229HBW 4.6~4.0BID	175	9100	4.3
G3000	187~241HBW 4.4~3.9BID	210	10000	5.1
G3500	207~255HBW 4.2~3.8BID	245	10900	6.1
G4000	217~269HBW 4.1~3.7BID	280	11800	6.9

① 布氏压痕直径 BID 是用直径为 10mm 的钢球在 29420N 负荷时的压痕直径 (单位为 mm)。

② 见 ASTM A438 中关于 B 型抗弯试块和抗弯试验的资料。

表 A-15　专用的制动鼓轮和离合器摩擦片的通用化学成分

牌号		G2500a	G3500b	G3500c
化学成分（质量分数,%）	C 总量（规定的）	≥3.40	≥3.40	≥3.50
	Si（按要求）	1.60~2.10	1.30~1.80	1.30~1.80
	Mn（按要求）	0.60~0.90	0.60~0.90	0.60~0.90
	S	≤0.12	≤0.12	≤0.12
	P	≤0.15	≤0.15	≤0.15
	其他合金元素	按要求	按要求	按要求

表 A-16　专用的制动鼓轮和离合器摩擦片的力学性能

力学性能	牌号		
	G2500a	G3500b	G3500c
抗拉强度/MPa ≥	175	245	245
抗弯载荷/N ≥	9100	10900	10900
挠度/mm	4.3	6.1	6.1
硬度 HBW	170~229	207~255	207~255
布氏压痕直径/mm	4.6~4.0	4.2~3.8	4.2~3.8

表 A-17　机动车辆凸轮轴合金灰铸铁的通用化学成分

牌号	G4000d
化学成分（质量分数,%） C（总量）	3.10~3.60
Si	1.95~2.40
Mn	0.60~0.90
P	≤0.10
S	≤0.15
Cr	0.85~1.25
Mo	0.40~0.60
Ni	0.20~0.45（非必需的）
Cu	微量

注：所列化学成分的凸轮轴灰铸铁的力学性能应达到如下要求：抗拉强度 R_m≥280MPa；挠度 f≥6.9mm；硬度为 241~321HBW。

表 A-18　机动车辆用灰铸铁的典型应用

牌号	一般特性
G1800	以强度作为主要性能要求的各种低硬度铸铁件（铸态或退火状态），可用合金的或非合金的本牌号灰铸铁制造排气歧管。为避免由于加热引起膨胀开裂，排气歧管铸件可进行退火处理
G2500	小型气缸体、气缸盖、气冷气缸、活塞、离合器摩擦片、液压泵体、传动箱、齿轮箱、离合器壳体和轻型制动鼓轮
G3000	汽车和柴油机气缸体、气缸盖、飞轮、差速器座架、活塞、中型制动鼓轮和离合器摩擦片
G3500	柴油发动机气缸体、货车和拖拉机气缸体与气缸盖、大型飞轮、拖拉机传动箱和重载齿轮箱
G4000	柴油发动机铸件，如衬套、气缸和活塞

A.3　欧洲标准（DIN EN 1561：2012）

单铸试块、附铸试块，拉伸试样和布氏硬度试块的形状和尺寸，以及铸铁布氏硬度与抗拉强度之间的关系均与 ISO 185：2019 相同（图 A-1~图 A-6 和表 A-4）。

简单形状铸件主要壁厚与抗拉强度最小值和布氏硬度平均值之间的关系如图 A-12 和图 A-13 所示。

灰铸铁的力学性能见表 A-19 和表 A-20。

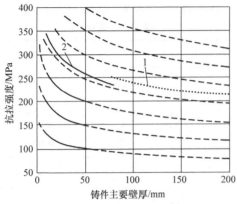

图 A-12　简单形状铸件主要壁厚与

抗拉强度最小值之间的关系

注：1 和 2 代表 EN-GJL-300 铸件。

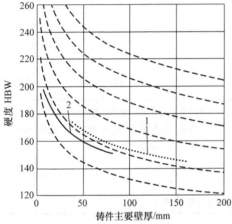

图 A-13　简单形状铸件主要壁厚

与布氏硬度平均值之间的关系

注：1 和 2 代表 EN-GJL-HB 195 铸件。

表 A-19　灰铸铁的抗拉强度（DIN EN 1561：2012）

材料牌号与代号		铸件壁厚 t/mm	抗拉强度[1] R_m/MPa 铸件要求最低数值
牌号	代号		
EN-GJL-100	5.1100	>5 ~ 40	**100**
EN-GJL-150	5.1200	>2.5[2] ~ 50	**150**
		>50 ~ 100	130
		>100 ~ 200	110
EN-GJL-200	5.1300	>2.5[2] ~ 50	**200**
		>50 ~ 100	180
		>100 ~ 200	160
EN-GJL-250	5.1301	>5[2] ~ 50	**250**
		>50 ~ 100	220
		>100 ~ 200	200

（续）

材料牌号与代号		铸件壁厚 t/mm	抗拉强度[1] R_m/MPa 铸件要求最低数值
牌号	代号		
EN-GJL-300	5.1302	>10[2] ~ 50	**300**
		>50 ~ 100	260
		>100 ~ 200	240
EN-GJL-350	5.1303	>10[2] ~ 50	**350**
		>50 ~ 100	310
		>100 ~ 200	280

注：1. 牌号与试样种类无关。

　　2. 具有最佳减振性和热传导性。

　　3. 粗体字表示相应牌号的最小抗拉强度，浇注试
　　　　样直径与铸件主要壁厚有关。

　　4. 对于主要壁厚大于 200mm 的铸件，供需双方应
　　　　就铸造试样的种类和尺寸以及最小值协商一致。

[1] 如果抗拉强度被指定为检测指标，试样的种类应在
　　订单中指明，否则由供方决定。

[2] 该值为铸件主要壁厚范围的下限值。

表 A-20　灰铸铁的布氏硬度在商定试验位置的要求值

和预期值（DIN EN 1561：2012）

牌号与代号		铸件壁厚 t/mm	布氏硬度[1][2]/HBW	
牌号	代号		≥	≤
EN-GJL-HB155	5.1101	>2.5[3] ~ 50	—	**155**
EN-GJL-HB175	5.1201	>2.5[3] ~ 50	115	**175**
		>50 ~ 100	105	165
EN-GJL-HB195	5.1304	>5[3] ~ 50	135	**195**
		>50 ~ 100	125	185
EN-GJL-HB215	5.1305	>5[3] ~ 50	155	**215**
		>50 ~ 100	145	205
EN-GJL-HB235	5.1306	>10[3] ~ 50	175	**235**
		>50 ~ 100	160	220
EN-GJL-HB255	5.1307	>20[3] ~ 50	195	**255**
		>50 ~ 100	180	240

注：1. 相对硬度与布氏硬度、抗拉强度之间的关系见
　　　　图 A-7。铸件壁厚与抗拉强度最小值、布氏硬度
　　　　平均值之间的关系见图 A-8 和图 A-9。

　　2. 加粗数字为相应材料牌号的最大布氏硬度值。

[1] 布氏硬度值随铸件壁厚的增加而降低。

[2] 经供需双方同意，可在铸件商定的部位采用较小的
　　硬度范围，但不应小于 40HBW，如连续铸造的
　　铸坯。

[3] 该牌号的参考铸件主要壁厚下限值。

A.4　日本标准（JIS G5501：1995）（见表 A-21 ~ 表 A-23）

表 A-21　单铸试样的力学性能（JIS G5501：1995）

牌号	抗拉强度/MPa	硬度 HBW
FC100	100	201
FC150	150	212
FC200	200	223
FC250	250	241
FC300	300	262
FC350	350	277

表 A-22　附铸试样的力学性能

牌号	铸件壁厚/mm	抗拉强度/MPa
FC100	—	—
FC150	20 ~ <40	≥120
	40 ~ <80	≥110
	80 ~ <150	≥100
	150 ~ <300	≥90
FC200	20 ~ <40	≥170
	40 ~ <80	≥150
	80 ~ <150	≥140
	150 ~ <300	≥130
FC250	20 ~ <40	≥210
	40 ~ <80	≥190
	80 ~ <150	≥170
	150 ~ <300	≥160
FC300	20 ~ <40	≥250
	40 ~ <80	≥220
	80 ~ <150	≥210
	150 ~ <300	≥190
FC350	20 ~ <40	≥290
	40 ~ <80	≥260
	80 ~ <150	≥230
	150 ~ <300	≥210

表 A-23　从铸件本体上切取试样的力学性能（JIS G5501：1995）

牌号	铸件壁厚/mm	抗拉强度/MPa
PC100	2.5 ~ <10①	≥120
	10 ~ 20	≥90
FC150	2.5 ~ <10①	≥155
	10 ~ 20	≥130
	20 ~ <40	≥110
	40 ~ <80	≥95
	80 ~ <150	≥80

（续）

牌号	铸件壁厚/mm	抗拉强度/MPa
FC200	2.5 ~ <10①	≥205
	10 ~ 20	≥180
	20 ~ <40	≥155
	40 ~ <80	≥130
	80 ~ <150	≥115
FC250	4.0 ~ <10①	≥250
	10 ~ 20	≥225
	20 ~ <40	≥195
	40 ~ <80	≥170
	80 ~ <150	≥155
PC300	10 ~ <20	≥270
	20 ~ <40	≥140
	40 ~ <80	≥210
	80 ~ <150	≥195
PC350	10 ~ <20	≥315
	20 ~ <40	≥380
	40 ~ <80	≥250
	80 ~ <150	≥225

① 试样形状和尺寸由供需双方商定。

单铸试块和附铸试块的形状和尺寸与 ISO 185：2019 相同（见图 A-1 ~ 图 A-3）。

A.5　俄罗斯标准（ГОСТ 1412—1985）（见表 A-24 ~ 表 A-27）

表 A-24　灰铸铁单铸试样的力学性能（ГОСТ 1412—1985）

牌号	按 CT CЭB4560—1984 灰铸铁牌号	抗拉强度 R_m /MPa
СЧ10	31110	100
СЧ15	31115	150
СЧ18	—	180
СЧ20	31120	200
СЧ21	—	210
СЧ24	—	240
СЧ25	31125	250
СЧ30	31130	300
СЧ35	31135	350

表 A-25　灰铸铁件不同断面壁厚的抗拉强度和硬度的近似数据（ГОСТ 1412—1985）

牌　号	铸件壁厚/mm						
	4	8	15	30	50	80	150
	抗拉强度 R_m/MPa ≥						
СЧ10	140	120	100	80	75	70	65
СЧ15	220	180	150	110	105	90	80
СЧ20	270	220	200	160	140	130	120
СЧ25	310	270	250	210	180	165	150
СЧ30	—	330	300	260	220	195	180
СЧ35	—	380	350	310	260	225	205
	硬度 HBW ≤						
СЧ10	205	200	190	185	156	149	120
СЧ15	241	224	210	201	163	156	130
СЧ20	255	240	230	216	170	163	143
СЧ25	260	255	245	238	187	170	156
СЧ30	—	270	260	250	197	187	163
СЧ35	—	290	275	270	229	201	179

表 A-26　片状石墨铸铁的物理性能（ГОСТ 1412—1985）

牌号	密度 $\rho/(kg/dm^3)$	铸造收缩率 $\varepsilon(\%)$	弹性模量 $E/10^{-2}MPa$	比热容 (20~200℃) $/[J/(kg \cdot K)]$	线胀系数 (20~200℃) $\alpha_l/10^{-6}K^{-1}$	热导率 (20℃) $\lambda/[W/(m \cdot K)]$
СЧ10	6.8	1.0	700~1100	460	8.0	60
СЧ15	7.0	1.1	700~1100	460	9.0	59
СЧ20	7.1	1.2	850~1100	480	9.5	54
СЧ25	7.2	1.2	900~1100	500	10.0	50
СЧ30	7.3	1.3	1200~1450	525	10.5	46
СЧ35	7.4	1.3	1200~1550	545	11.0	42

表 A-27　片状石墨铸铁的化学成分（ГОСТ 1412—1985）

牌　号	化学成分(质量分数,%)				
	C	Si	Mn	P	S
				≤	
СЧ10	3.5~3.7	2.2~2.6	0.5~0.8	0.3	0.15
СЧ15	3.5~3.7	2.0~2.4	0.5~0.8	0.2	0.15
СЧ20	3.3~3.5	1.4~2.4	0.7~1.0	0.2	0.15
СЧ25	3.2~3.4	1.4~2.2	0.7~1.0	0.2	0.15
СЧ30	3.0~3.2	1.3~1.9	0.7~1.0	0.2	0.12
СЧ35	2.9~3.0	1.2~1.5	0.7~1.0	0.2	0.12

附录 B　球墨铸铁国外有关标准（摘录）

球墨铸铁各标准牌号对照见表 B-1。

B.1　国际标准（ISO 1083：2018）

球墨铸铁的力学性能见表 B-2 ~ 表 B-6，试块和试样的形状和尺寸见表 B-7 ~ 表 B-11 和图 B-1。

表 B-1　球墨铸铁各标准牌号对照

ISO 1083：2018	EN 1563：2012	ASTM A536	SAE J434	JIS G 5502	ГОСТ 7293
ISO 1083/JS/350-22-LT	EN-GJS-350-22-LT	—	—	FCD 350-22 FCD 350-22L	B35
ISO 1083/JS/350-22-RT	EN-GJS-350-22-RT	—	—		
ISO 1083/JS/350-22	EN-GJS-350-22	—	—		
ISO 1083/JS/400-18-LT	EN-GJS-400-18-LT	—	—	FCD 400-18 FCD 400-18L	—
ISO 1083/JS/400-18-RT	EN-GJS-400-18-RT	—	—		
ISO 1083/JS/400-18	EN-GJS-400-18	60-40-18	D400	—	—
ISO 1083/JS/400-15	EN-GJS-400-15	—	—	—	B40
ISO 1083/JS/450-10	EN-GJS-450-10	65-45-12	D450	FCD450-10	B45
ISO 1083/JS/500-7	EN-GJS-500-7	—	D500	FCD500-7	B50
ISO 1083/JS/550-5	—	80-55-06	D550	—	—
ISO 1083/JS/600-3	EN-GJS-600-3	—	—	FCD 600-3	B60
ISO 1083/JS/700-2	EN-GJS-700-2	100-70-03	D700	FCD 700-2	B70
ISO 1083/JS/800-2	EN-GJS-800-2	120-90-02	D800	FCD 800-2	B80
ISO 1083/JS/900-2	EN-GJS-900-2	—	—	—	—
ISO 1083/JS/450-18	EN-GJS-450-18	—	—	—	—
ISO 1083/JS/500-14	EN-GJS-500-14	—	—	—	—
ISO 1083/JS/600-10	EN-GJS-600-10	—	—	—	—

表 B-2　铁素体珠光体球墨铸铁的力学性能（测试试样来自加工后的铸造试样）（ISO 1083：2018）

材料牌号	铸件壁厚 t/mm	条件屈服强度 $R_{p0.2}/MPa$ ≥	抗拉强度 R_m/MPa ≥	断后伸长率 A（%） ≥
ISO 1083/JS/350-22-LT[①]	≤30	220	350	22
	>30 ~ 60	210	330	18
	>60 ~ 200	200	320	15
ISO1083/JS/350-22-RT[②]	≤30	220	350	22
	>30 ~ 60	220	330	18
	>60 ~ 200	210	320	15
ISO1083/JS/350-22	≤30	220	350	22
	>30 ~ 60	220	330	18
	>60 ~ 200	210	320	15
ISO1083/JS/400-18-LT[①]	≤30	240	400	18
	>30 ~ 60	230	380	15
	>60 ~ 200	220	360	12

（续）

材料牌号	铸件壁厚 t/mm	条件屈服强度 $R_{p0.2}$/MPa ≥	抗拉强度 R_m/MPa ≥	断后伸长率 A（%） ≥
ISO1083/JS/400-18-RT[②]	≤30	250	400	18
	>30~60	250	390	15
	>60~200	240	370	12
ISO1083/JS/400-18	≤30	250	400	18
	>30~60	250	390	15
	>60~200	240	370	12
ISO1083/JS/400-15	≤30	250	400	15
	>30~60	250	390	14
	>60~200	240	370	11
ISO1083/JS/400-10	≤30	310	450	10
	>30~60	由供需双方协商		
	>60~200			
ISO1083/JS/500-7	≤30	320	500	7
	>30~60	300	450	7
	>60~200	290	420	5
ISO1083/JS/550-5	≤30	350	550	5
	>30~60	330	520	4
	>60~200	320	500	3
ISO1083/JS/600-3	≤30	370	600	3
	>30~60	360	600	2
	>60~200	340	550	1
ISO1083/JS/700-2	≤30	420	700	2
	>30~60	400	700	2
	>60~200	380	650	1
ISO1083/JS/800-2	≤30	480	800	2
	>30~60	由供需双方协商		
	>60~200			
ISO1083/JS/900-2	≤30	600	900	2
	>30~60	由供需双方协商		
	>60~200			

注：1. 断后伸长率由 $L_0 = 5d$ 试样测定。

　　2. 从试样测得的力学性能并不一定能非常准确地反映铸件本体的力学性能。铸件本体的拉伸性能指导值见该标准附
　　　　录 D。

　　3. 本表数据适用于单铸试样、附铸试样和并排试样，因此不需要后缀 S。

① LT 表示低温。

② RT 表示室温。

表 B-3　由铁素体珠光体球磨铸铁单铸试块加工的 V 型缺口试样获得的最小冲击吸收能量（ISO 1083：2018）

材料牌号	铸件壁厚 t/mm	最小冲击吸收能量/J					
		室温 (23 ± 5)℃		低温 (−20 ± 2)℃		低温 (−40 ±2)℃	
		三个试样平均值	单个值	三个试样平均值	单个值	三个试样平均值	单个值
ISO 1083/JS/350-22-LT[①]	≤30	—	—	—	—	12	9
	>30 ~ 60	—	—	—	—	12	9
	>60 ~ 200	—	—	—	—	10	7
ISO 1083/JS/350-22-RT[②]	≤3	17	14	—	—	—	—
	>30 ~ 60	17	14	—	—	—	—
	>60 ~ 200	15	12	—	—	—	—
ISO 1083/JS/400-18-LT[①]	≤30	—	—	12	9	—	—
	>30 ~ 60	—	—	12	9	—	—
	>60 ~ 200	—	—	10	7	—	—
ISO 1083/JS/400-18-RT[②]	≤30	14	11	—	—	—	—
	>30 ~ 60	14	11	—	—	—	—
	>60 ~ 200	12	9	—	—	—	—

注：1. 这些材料牌号适合用于制作压力容器。

2. 从试样上测得的力学性能并不一定能非常准确地反映铸件本体的力学性能。

3. 本表数据适用于单铸试样、附铸试样和并排试样，因此不需要后缀 S。

① LT 表示低温。

② RT 表示室温。

表 B-4　由附铸试块加工的试样获得的力学性能（ISO 1083：2018）

材 料 牌 号	铸件壁厚 t/mm	抗拉强度 R_m /MPa≥	条件屈服强度 $R_{p0.2}$ /MPa≥	断后伸长率 A (%)≥
ISO 1083/JS/350-22-LT[①]/U	≤30	350	220	22
	>30 ~ 60	330	210	18
	>60 ~ 200	320	200	15
ISO 1083/JS/350-22-RT[②]/U	≤30	350	220	22
	>30 ~ 60	330	210	18
	>60 ~ 200	320	200	15
ISO 1083/JS/350-22/U	≤30	350	220	22
	>30 ~ 60	330	210	18
	>60 ~ 200	320	200	15
ISO 1083/JS/400-18-LT[①]/U	≤30	380	240	18
	>30 ~ 60	370	230	15
	>60 ~ 200	360	220	12
ISO 1083/JS/400-18-RT[②]/U	≤30	400	250	18
	>30 ~ 60	390	250	15
	>60 ~ 200	370	240	12

（续）

材料牌号	铸件壁厚 t/mm	抗拉强度 R_m /MPa≥	条件屈服强度 $R_{p0.2}$ /MPa≥	断后伸长率 A （%）≥
ISO 1083/JS/400-18/U	≤30	400	250	18
	>30~60	390	250	15
	>60~200	370	240	12
ISO 1083/JS/400-15/U	≤30	400	250	15
	>30~60	390	250	14
	>60~200	370	240	11
ISO 1083/JS/450-10/U	≤30	450	310	10
	>30~60	供需双方商定		
	>60~200			
ISO 1083/JS/500-7/U	≤30	500	320	7
	>30~60	450	300	7
	>60~200	420	290	5
ISO 1083/JS/550-5/U	≤30	550	350	5
	>30~60	520	330	4
	>60~200	500	320	3
ISO 1083/JS/600-3/U	≤30	600	370	3
	>30~60	600	360	2
	>60~200	550	340	1
ISO 1083/JS/700-2/U	≤30	700	420	2
	>30~60	700	400	2
	>60~200	650	380	1
ISO 1083/JS/800-2/U	≤30	800	480	2
	>30~60	供需双方商定		
	>60~200			
ISO 1083/JS/900-2/U	≤30	900	600	2
	>30~60	供需双方商定		
	>60~200			

注：1. 由附铸试样测得的力学性能并不一定能准确地反映铸件本体的力学性能，但比单铸试样更接近实际。

　　2. 断后伸长率按 $L_o = 5d$ 测定。

① LT 表示低温。

② RT 表示室温。

表 B-5　由附铸试块机械加工的 V 型缺口试样获得的最小冲击吸收能量（ISO 1083：2018）

材料牌号	铸件壁厚 t/mm	最小冲击吸收能量/J					
		室温(23±5)℃		低温(-20±2)℃		低温(-40±2)℃	
		三个试样平均值	单个值	三个试样平均值	单个值	三个试样平均值	单个值
ISO 1083/JS/350-22-LT①/U	≤60	—	—	—	—	12	9
	>60~200	—	—	—	—	10	7
ISO 1083/JS/350-22-RT②/U	≤60	17	14	—	—	—	—
	>60~200	15	12	—	—	—	—
ISO 1083/JS/350-18-LT①/U	>30~60	—	—	12	9	—	—
	>60~200	—	—	10	7	—	—
ISO 1083/JS/350-18-RT②/U	>30~60	14	11	—	—	—	—
	>60~200	12	9	—	—	—	—

注：1. 这些材料的冲击吸收能量值适用于壁厚为 30~200mm 或质量大于 2000kg 的铸件。

　　2. 由附铸试样测得的力学性能并不能准确地反映铸件本体的力学性能，但比单铸试样更接近实际。

① LT 表示低温。

② RT 表示室温。

表 B-6　球墨铸铁材料的力学性能和物理性能（ISO 1083：2018）

特性	材料牌号											
	ISO1083/ JS/350-22	ISO1083/ JS/400-18	ISO1083/ JS/450-10	ISO1083/ JS/500-7	ISO1083/ JS/550-5	ISO1083/ JS/600-3	ISO1083/ JS/700-2	ISO1083/ JS/800-2	ISO1083/ JS/900-2	ISO1083/ JS/450-18	ISO1083/ JS/500-14	ISO1083/ JS/600-10
抗剪强度/MPa	315	360	405	450	500	540	630	720	810	—	①	—
抗扭强度/MPa	315	360	405	450	500	540	630	720	810	—	①	—
弹性模量 E （拉伸和压缩）/GPa	169	169	169	169	172	174	176	176	176	170	170	170
泊松比 ν	0.275	0.275	0.275	0.275	0.275	0.275	0.275	0.275	0.275	0.28~0.29	0.28~0.29	0.28~0.29
抗压强度/MPa	—	700	700	800	840	870	1000	1150	—	—	①	—
300℃时的热导率/[W/(K·m)]	36.2	36.2	36.2	35.2	34	32.5	31.1	31.1	31.1	—	—	—
20~500℃时的比热容/[J/(Kg·K)]	515	515	515	515	515	515	515	515	515	—	—	—
20~400℃时的线胀系数/[μm/(m·K)]	12.5	12.5	12.5	12.5	12.5	12.5	12.5	12.5	12.5	—	—	—
密度/(kg/dm³)	7.1	7.1	7.1	7.1	7.1	7.2	7.2	7.2	7.2	7.1	7.0	7.0
最大磁导率/(μH/m)	2136	2136	2136	1596	1200	866	501	501	501	①	①	①
B=1T 时的磁滞损耗/(J/m³)	600	600	600	1345	1800	2248	2700	2700	2700	①	①	①
电阻率/10^{-6}Ω·m	0.50	0.5	0.5	0.51	0.52	0.53	0.54	0.54	0.54	①	①	①
主要基体组织	铁素体	铁素体	铁素体	铁素体+珠光体	铁素体+珠光体	铁素体+珠光体	珠光体②	珠光体或索氏体	回火马氏体或索氏体+屈氏体②	铁素体	铁素体	铁素体

注：除非指明，表中性能均为室温测得。

① 不确定。

② 对于大型铸件，也可能为珠光体。

表 B-7 单铸试块或并排试块—选项 1：U 型的形状和尺寸 （单位：mm）

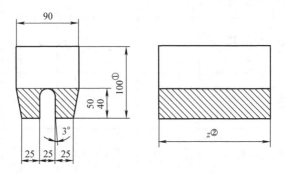

注：1. 试块最小吃砂量为 40 mm。

　　2. 对薄壁铸件或金属型铸件，经供需双方协商，拉伸试样也可以从壁厚小于 12.5mm 的试块上加工。

①　仅供参考。

②　根据表 B-10 所列不同规格拉伸试样的总长度确定。

表 B-8 单铸试块或并排试块—选项 2：Y 型的形状和尺寸 （单位：mm）

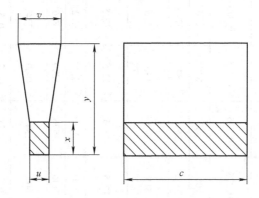

尺寸	试块类型			
	I	II	III	IV
u	12.5	25	50	75
v	40	55	100	125
x	25	40	50	65
y①	135	140	150	175
c②	根据附表 2-10 所列不同规格拉伸试样的总长度确定			

注：试块的吃砂量：对于 I 和 II 型，至少为 40mm；对于 III 和 IV 型，至少为 80mm。

①　仅供参考。

②　对薄壁铸件或金属型铸件，经供需双方协商，拉伸试样也可以从壁厚小于 12.5mm 的试块上加工。

表 B-9　单铸试块或并排试块—选项 3：圆棒的形状和尺寸　　　　　（单位：mm）

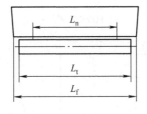
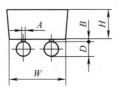

a) a型

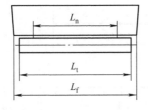

b) b型

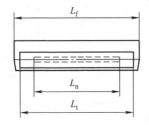
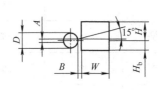

c) c型

类型	A	B	D	H	H_b	L_f	L_n	L_t	W
a	4.5	5.5	25	50	—	$L_t + 20$	$L_t - 50$	①	100
b	4.5	5.5	25	50	—	$L_t + 20$	$L_t - 50$		50
c	4.0	5.0	25	35	15	$L_t + 20$	$L_t - 50$		50

注：试块最小吃砂量为 40mm。

① L_t 值的选择应根据表 B-10 所列不同规格拉伸试样的总长度确定。

表 B-10　拉伸试样的形状和尺寸　　　　　　　　　　　　　　（续）

d	L_o	L_c① 最小值
14②	70	84
20	100	120

d	L_o	L_c① 最小值
5	25	30
7	35	42
10	50	60

注：1. L_o 是原始标距长度，如 $L_o = 5d$。

2. d 是试样标距长度处直径。

3. L_c 是平行段长度，$L_c > L_o$（原则上 $L_c - L_o > d$）。

4. l_t 是试样夹持端长度。

5. L_1 是试样总长，主要取决于 L_c 和 l_t。

6. r 是过渡段圆弧半径，至少应为 4mm。

7. Rz 是表面粗糙度（μm）。

8. 试样两端的夹紧方式由供需双方协商决定。

① 原则上的取值。

② 优先选用的尺寸。

表 B-11　附铸试块的形状和尺寸　　　　　　　　　（单位：mm）

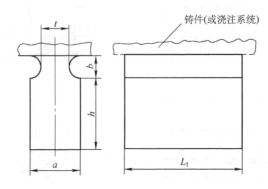

形式	铸件主要壁厚 t	a	b ⩽	c ⩾	h	L_t
A	$t<12.5$	15	11	7.5	$20\sim30$	①
B	$12.5<t⩽30$	25	19	12.5	$30\sim40$	①
C	$30<t⩽60$	40	30	20	$40\sim65$	①
D	$60<t⩽200$	70	52.5	35	$65\sim105$	①

注：如果供需双方商定采用较小的附铸试块时，则应采用下面的关系式：$b=0.75a$，$c=a/z$。

① L_t 根据表 B-10 所列不同规格拉伸试样的总长度确定。

当使用 $L_o=5d$ 和 $L_o=4d$ 试样时，所获得的断后伸长率数值之间关系见表 B-12。

表 B-12　$L_o=5d$ 和 $L_o=4d$ 试样
伸长率数值之间的关系

断后伸长率 $A(\%)$ ($L_o=5d$)	断后伸长率 $A(\%)$ ($L_o=4d$)
22	23
18	19
15	16
10	11
7	8
5	6
3	3.5
2	2.5

注：$L_o=4d$ 时，断后伸长率 A 为
$A(L_o=4d)=A(L_o=5d)\times1.047+0.39$。

$L_o=4d$ 时，拉伸试样的形状和尺寸如图 B-1 所示。

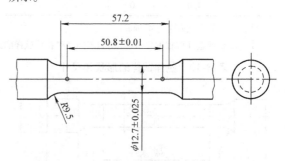

图 B-1　$L_o=4d$ 时拉伸试样的形状和尺寸

B.2　美国标准（ASTM A536—2014）

球墨铸铁的力学性能见表 B-13 及表 B-14。试块、试样的形状和尺寸见图 B-2～图 B-4 及表 B-15。改进型基尔试块铸型如图 B-5 所示。

表 B-13　球墨铸铁单铸试样的力学性能（ASTM A536—2014）

牌　号	60-40-18	65-45-12	80-55-06	100-70-03	120-90-02
抗拉强度/MPa　≥	414	448	552	689	827
屈服强度/MPa　≥	276	310	379	483	621
50mm 标距的断后伸长率(%)　≥	18	12	6.0	3.0	2.0

图 B-2　球墨铸铁基尔试块的形状和尺寸
（供加工试样用）

注：基尔试块的长度应为 152mm。

表 B-14　特殊用途球墨铸铁单铸试样的
力学性能（ASTM A536—2014）

牌　号	60-42-10	70-50-05	80-60-03
抗拉强度/MPa≥	415	485	555
屈服强度/MPa≥	290	345	415
50mm 标距的断后伸长率(%)　≥	10	5	3

表 B-15　球墨铸铁 Y 型
试块的形状和尺寸
（供加工试样用）（ASTM A536—2014）

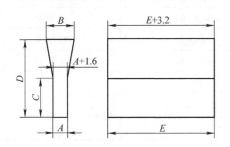

尺寸	Y 型试块尺寸/mm		
	铸件壁厚 ≤13mm	铸件壁厚 13~38mm	铸件壁厚 ≥38mm
A	13	25	75

（续）

尺寸	Y 型试块尺寸/mm		
	铸件壁厚 ≤13mm	铸件壁厚 13~38mm	铸件壁厚 ≥38mm
B	40	54	125
C	50	75	100
D	100	150	200
E	175	175	175

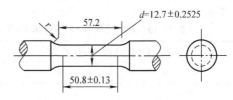

图 B-3　标距为 50mm 的标准圆形拉伸试样
的形状和尺寸（供计算断后伸长率用）

注：1. 标距和圆角应如图所示，试样两端应该是
　　　适合于试验机夹具的任何形状，但必须保
　　　持负荷沿着轴向，缩颈部分应从靠近两端
　　　逐渐向中心缩减，近两端直径比中部直径
　　　d 大 $0.08 \sim 0.13$mm。

　　2. 推荐的最小 $r = 9.5$mm，不允许 $r < 3.2$mm。

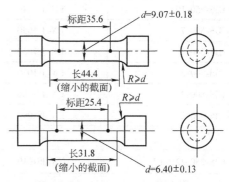

图 B-4　与 12.7mm 标准圆形
试样成适当比例的小试样的形状和尺寸

注：如需要时，缩颈部分的长度可以增加，以适应
　　伸长仪。

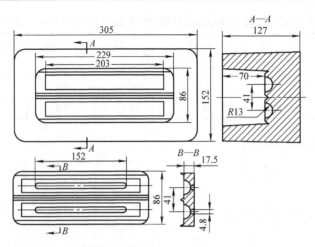

图 B-5　改进型基尔试块铸型

B.3　欧洲标准（DIN EN 1563：2019）

该标准由 EN 1563：1997 + A1：2002 + A2：2005 (D) 组成。

DIN EN 1563 牌号与 DIN 1693-1：1973 和 DIN 1693-2：1977 牌号的对照见表 B-16。

表 B-16　DIN EN 1563 牌号与 DIN 1693-1：1973 和 DIN 1693-2：1977 牌号的对照

DIN EN 1563 牌号与代号		DIN 1693-1：1973 和 DIN 1693-2：1977 牌号与代号	
牌　号	代　号	牌　号	代　号
单铸试棒			
EN-GJS-350-22-LT	EN-JS1015	GGG-35. 3	0. 7033
EN-GJS-350-22-RT	EN-JS1014	——	——
EN-GJS-350-22	EN-JS1010	——	——
EN-GJS-400-18-LT	EN-JS1025	GGG-40. 3	0. 7043
EN-GJS-400-18-RT	EN-JS1024	——	——
EN-GJS-400-18	EN-JS1020	——	——
EN-GJS-400-15	EN-JS1030	GGG-40	0. 7040
EN-GJS-450-10	EN-JS1040	——	——
EN-GJS-500-7	EN-JS1050	GGG-50	0. 7050
EN-GJS-600-3	EN-JS1060	GGG-60	0. 7060
EN-GJS-700-2	EN-JS1070	GGG-70	0. 7070
EN-GJS-800-2	EN-JS1080	GGG-80	0. 7080
EN-GJS-900-2	EN-JS1090	——	——
附铸试棒			
EN-GJS-350-22U-LT	EN-JS1019	——	——
EN-GJS-350-22U-RT	EN-JS1029	——	——
EN-GJS-350-22U	EN-JS1032	——	——
EN-GJS-400-18U-LT	EN-JS1049	GGG-40. 3	0. 7043
EN-GJS-400-18U-RT	EN-JS1059	——	——

（续）

DIN EN 1563 牌号与代号		DIN 1693-1:1973 和 DIN 1693-2:1977 牌号与代号	
牌　　号	代　　号	牌　　号	代　　号
EN-GJS-400-18U	EN-JS1062	—	—
EN-GJS-450-15U	EN-JS1072	GGG-40	0.7040
EN-GJS-450-10U	EN-JS1132	—	—
EN-GJS-500-7U	EN-JS1082	GGG-50	0.7050
EN-GJS-600-3U	EN-JS1092	GGG-60	0.7060
EN-GJS-700-2U	EN-JS1102	GGG-70	0.7070
EN-GJS-800-2U	EN-JS1112	—	—
EN-GJS-900-2U	EN-JS1122	—	—
硬度等级			
EN-GJS-HB130	EN-JS2010	—	—
EN-GJS-HB150	EN-JS2020	—	—
EN-GJS-HB155	EN-JS2030	—	—
EN-GJS-HB185	EN-JS2040	—	—
EN-GJS-HB200	EN-JS2050	—	—
EN-GJS-HB230	EN-JS2060	—	—
EN-GJS-HB265	EN-JS2070	—	—
EN-GJS-HB300	EN-JS2080	—	—
EN-GJS-HB330	EN-JS2090	—	—

球墨铸铁的力学性能见表 B-17 ~ 表 B-20。

表 B-17　球墨铸铁单铸试样的力学性能（DIN EN 1563：2019）

牌号与代号		抗拉强度	条件屈服强度	断后伸长率
牌　　号	代　　号	R_m/MPa≥	$R_{p0.2}$/MPa≥	A(%)≥
EN-GJS-350-22-LT[1]	EN-JS1015	350	220	22
EN-GJS-350-22-RT[2]	EN-JS1014	350	220	22
EN-GJS-350-22	EN-JS1010	350	220	22
EN-GJS-400-18-LT[1]	EN-JS1025	400	240	18
EN-GJS-400-18—RT[2]	EN-JS1024	400	250	18
EN-GJS-400-18	EN-JS1020	400	250	18
EN-GJS-400-15	EN-JS1030	400	250	15
EN-GJS-450-10	EN-JS1040	450	310	10
EN-GJS-500-7	EN-JS1050	500	320	7
EN-GJS-600-3	EN-JS1060	600	370	3

（续）

牌号与代号		抗拉强度 R_m/MPa≥	条件屈服强度 $R_{p0.2}$/MPa≥	断后伸长率 $A(\%)$≥
牌　号	代　号			
EN-GJS-700-2	EN-JS1070	700	420	2
EN-GJS-800-2	EN-JS1080	800	480	2
EN-GJS-900-2	EN-JS1090	900	600	2

注：1. 表中数值适用于热导率相仿的砂型铸件，也可用于其他铸型生产的铸件，但应在合同中做出规定。

2. 不管铸件采用何种铸型，牌号是以砂型或热导率相仿的铸型单铸试样的力学性能为基础。

3. 材料牌号与 EN1560 一致。

① LT 表示低温。

② RT 表示室温。

表 B-18　球墨铸铁 V 型缺口试样最小冲击吸收能量（单铸试样）（DIN EN 1563：2019）

牌号与代号		最小冲击吸收能量/J					
牌　号	代　号	室温(23±5)℃		低温(−20±2)℃		低温(−40±2)℃	
		三个试样平均值	单个值	三个试样平均值	单个值	三个试样平均值	单个值
EN-GJS-350-22-LT①	EN-JS1015	—	—	—	—	12	9
EN-GJS-350-22-RT②	EN-JS1014	17	14	—	—	—	—
EN-GJS-400-18-LT①	EN-JS1025	—	—	12	9	—	—
EN-GJS-400-18-RT②	EN-JS1024	14	11	—	—	—	—

注：同表 B-17 注，①②同表 B-17。

表 B-19　球墨铸铁附铸试样的力学性能（DIN EN 1563：2019）

牌号与代号		铸件壁厚 t/mm	抗拉强度 R_m/MPa≥	条件屈服强度 $R_{p0.2}$/MPa≥	断后伸长率 $A(\%)$≥
牌　号	代　号				
EN-GJS-350-22U-LT①	EN-JS1019	≤30	350	220	22
		>30~60	330	210	18
		>60~200	320	200	15
EN-GJS-350-22U-RT②	EN-JS1029	≤30	350	220	22
		>30~60	330	220	18
		>60~200	320	210	15
EN-GJS-350-22	EN-JS1032	≤30	350	220	22
		>30~60	330	220	18
		>60~200	320	210	15
EN-GJS-400-18U-LT①	EN-JS1049	≤30	400	240	18
		>30~60	390	230	15
		>60~200	370	220	12
EN-GJS-400-18U-RT②	EN-JS1059	≤30	400	250	18
		>30~60	390	250	15
		>60~200	370	240	12

（续）

牌号与代号		铸件壁厚	抗拉强度	条件屈服强度	断后伸长率
牌　　号	代　　号	t/mm	R_m/MPa$\geqslant$	$R_{p0.2}$/MPa$\geqslant$	$A(\%)\geqslant$
EN-GJS-400-18U	EN-JS1062	$\leqslant$30	400	250	18
		>30~60	390	250	15
		>60~200	370	240	12
EN-GJS-400-15U	EN-JS1072	$\leqslant$30	400	250	18
		>30~60	390	250	14
		>60~200	370	240	11
EN-GJS-450-10U	EN-JS1132	$\leqslant$30	450	310	10
		>30~60		供需双方商定	
		>60~200			
EN-GJS-500-7U	EN-JS1082	$\leqslant$30	500	320	7
		>30~60	450	300	7
		>60~200	420	290	5
EN-GJS-600-3U	EN-JS1092	$\leqslant$30	600	370	3
		>30~60	600	360	2
		>60~200	550	340	1
EN-GJS-700-2U	EN-JS1102	$\leqslant$30	700	420	2
		>30~60	700	400	2
		>60~200	660	380	1
EN-GJS-800-2U	EN-JS1112	$\leqslant$30	800	480	2
		>30~60		供需双方商定	
		>60~200			
EN-GJS-900-2U	EN-JS1122	$\leqslant$30	900	600	25
		>30~60		供需双方商定	
		>60~200			

注：1. 从附铸试样测得的力学性能不能准确地反映铸件本体的力学性能，但比单铸试样更接近实际。

2. 材料牌号与 EN 1560 一致。

① LT 表示低温。

② RT 表示室温。

表 B-20　球墨铸铁 V 型缺口试样最小冲击吸收能量（附铸试样）（DIN EN 1563：2019）

牌号与代号			最小冲击吸收能量/J					
牌　　号	代　　号	铸件壁厚 t/mm	室温(23 ±5)℃		低温(−20 ±2)℃		低温(−40 ±2)℃	
			三个试样平均值	单个值	三个试样平均值	单个值	三个试样平均值	单个值
EN-FJS-350-22U-LT①	EN-JS1019	=60	—	—	—	—	12	9
		60~200					10	7

（续）

牌号与代号		铸件壁厚 t/mm	最小冲击吸收能量/J					
			室温(23±5)℃		低温(-20±2)℃		低温(-40±2)℃	
牌　　号	代　　号		三个试样平均值	单个值	三个试样平均值	单个值	三个试样平均值	单个值
EN-FJS-350-22U-RT[②]	EN-JS1029	≤60 >60~200	17 15	14 12	— —	— —	— —	— —
EN-FJS-350-18U-LT[①]	EN-JS1049	>60~200	— —	— —	12 10	9 7	— —	— —
EN-FJS-350-18U-RT[②]	EN-JS1059	>30~60 >60~200	14 12	11 9	— —	— —	— —	— —

注：1. 表中数据适用于铸件壁厚为30~200mm，质量大于2000kg或铸件壁厚在30~200mm之间变化的铸件。

　　2. 同表B-19注。

①　LT表示低温。

②　RT表示室温。

单铸试块（选项1、选项2）拉伸试样和附铸试块的形状和尺寸与ISO 1083：2018相同（见表B-7、表B-8、表B-10和表B-11）。

单铸试块（选项3）与铸型如图B-6所示。

各种牌号的硬度值见表B-21。

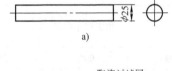

a)

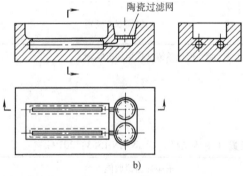

b)

图 B-6　单铸试块（选项3）与铸型

a) 试块　b) 铸型

表 B-21　各种牌号的硬度值

牌号与代号		布氏硬度 HBW	附加性能（仅供参考）	
牌号	代号		R_m/MPa	$R_{p0.2}$/MPa
EN-GJS-HB130	EN-JS2010	≤160	350	220
EN-GJS-HB150	EN-JS2020	130~175	400	250
EN-GJS-HB155	EN-JS2030	135~180	400	250
EN-GJS-HB185	EN-JS2040	160~210	450	310
EN-GJS-HB200	EN-JS2050	170~230	500	320
EN-GJS-HB230	EN-JS2060	190~270	600	370
EN-GJS-HB265	EN-JS2070	225~305	700	420
EN-GJS-HB300[①]	EN-JS2080[①]	245~335	800	480
EN-GJS-HB300[①]	EN-JS2090[①]	270~360	900	600

①　不适用于大断面铸件。

球墨铸铁材料的力学性能和物理性能见表B-22。

表 B-22　球墨铸铁材料的力学性能和物理性能（DIN EN 1563: 2019）

性　能	材料牌号							
	NE-GJS-350-22 (EN-JS1010)	EN-GJS-400-18 (EN-JS1020)	EN-GJS-450-10 (NE-JS1040)	EN-GJS-500-7 (EN-JS1050)	EN-GJS-600-3 (EN-JS1060)	EN-GJS-700-2 (NE-JS1070)	EN-GJS-800-2 (EN-JS1080)	EN-GJS-900-2 (NE-JS1090)
抗剪强度/MPa	315	360	405	450	540	630	720	810
抗扭强度/MPa	315	360	405	450	540	630	720	810
弹性模量 E（拉伸与压缩）/GPa	169	169	169	169	174	176	176	176
泊松比 ν	0.275	0.275	0.275	0.275	0.275	0.275	0.275	0.275
疲劳极限（循环弯曲）无缺口[①]（ϕ10.6mm）/MPa	180	195	210	224	248	280	304	317
疲劳极限（循环弯曲）有缺口[②]（ϕ10.6mm）/MPa	114	122	128	134	149	168	182	190
抗压强度/MPa	—	700	700	800	870	1000	1150	—
断裂韧度 K_{IC}/MPa·$\sqrt{m}$	31	30	23	25	20	15	14	14
300℃时的热导率/[W/(m·K)]	36.2	36.2	36.2	35.2	32.5	31.1	31.1	31.1
20~500℃时的比热容/[J/(kg·K)]	515	505	515	515	515	515	515	515
20~400℃时的线胀系数/10^{-6} K^{-1}	12.5	12.5	12.5	12.5	12.5	12.5	12.5	12.5
密度/(kg/dm³)	7.1	7.1	7.1	7.1	7.2	7.2	7.2	7.2
最大磁导率/(μH/m)	2136	2136	136	1596	866	501	501	501
$B=1$T 时的磁滞频耗/(J/m³)	600	600	600	1345	2248	2700	2700	2700
电阻率/10^{-6} Ω·m	0.50	0.50	0.50	0.51	0.53	0.54	0.54	0.54
主要基体组织	铁素体	铁素体	铁素体	铁素体+珠光体	珠光体+铁素体	珠光体+铁素体	珠光体	珠光体或回火马氏体[③]

① 无缺口试样。当抗拉强度为370MPa时，退火铁素体球墨铸铁件的疲劳极限约为0.5×抗拉强度；珠光体球墨铸铁的疲劳极限约为0.4×抗拉强度。当抗拉强度超过740MPa时，其比值还会进一步降低。

② 有缺口试样。对于圆角半径为0.25mm，45°V型缺口的 ϕ10.6mm 直径试样，当抗拉强度为370MPa时，退火球墨铸铁的疲劳极限为0.63×无缺口试样的疲劳极限。这个比值随着铁素体球墨铸铁件抗拉强度的增加而降低。对中等强度的，珠光体的和淬火+回火球墨铸铁件，有缺口试样的疲劳极限约为0.6×无缺口球墨铸铁件的疲劳极限。

③ 对于大型铸件，也可能为珠光体。

从铸件本体上截取加工而成试样测得的条件屈服 **B.4 日本标准**（JIS G5502：2011）

强度参考值见表 B-23。 球墨铸铁的力学性能见表 B-24 和表 B-25。

表 B-23 铸件的条件屈服强度参考值（DIN EN 1563：2019）

牌号与代号		条件屈服强度参考值 $R_{p0.2}$/MPa≥			
		铸件壁厚 t			
牌 号	代 号	≤50mm	>50~80mm	>80~120mm	>120~200mm
EN-GJS-400-15C	EN-JS1073	250	240	230	230
EN-GJS-500-7C	EN-JS1083	290	280	270	260
EN-GJS-600-3C	EN-JS1093	360	340	330	320
EN-GJS-700-2C	EN-JS1103	400	380	370	360

表 B-24 球墨铸铁单铸试样的力学性能（JIS G5502：2011）

牌 号	抗拉强度/MPa≥	屈服强度/MPa≥	断后伸长率(%)≥	冲击吸收能量			参 考 值	
				试验温度/℃	三个试样平均值/J≥	单个值/J≥	硬度 HBW	基体组织
FCD350-22	350	220	22	23±5	17	14	150	铁素体
FCD350-22L	350	220	22	−40±2	12	9	150	铁素体
FCD400-18	400	250	18	23±5	14	11	130~180	铁素体
FCD400-18L	400	250	18	−20±2	12	9	130~180	铁素体
FCD400-15	400	250	15	—	—	—	130~180	铁素体
FCD450-10	450	280	10	—	—	—	140~210	铁素体
FCD500-7	500	320	7	—	—	—	150~230	铁素体+珠光体
FCD600-3	600	370	3	—	—	—	170~270	珠光体+铁素体
FCD700-2	700	420	2	—	—	—	180~300	珠光体
FCD800-2	800	480	2	—	—	—	200~330	珠光体或回火组织

表 B-25 球墨铸铁附铸试样的力学性能（JIS G5502：2011）

牌 号	铸件主要壁厚/mm	抗拉强度/MPa≥	屈服强度 MPa≥	断后伸长率(%)≥	冲击吸收能量			参 考 值	
					试验温度/℃	三个试样平均值/J≥	单个值/J≥	硬度 HBW	基体组织
FCD400-18A	>30~60	390	250	15	23±5	14	11	120~180	铁素体
	>60~200	370	240	12	23±5	12	9	120~180	
FCD400-18A	>30~60	390	250	15	−20±2	12	9	120~180	铁素体
	>60~200	370	240	12	−20±2	10	7	120~180	
FCD400-15A	>30~60	390	250	15	—	—	—	120~180	铁素体
	>60~200	370	240	12	—	—	—	120~180	
FCD400-7A	>30~60	450	300	7	—	—	—	120~180	铁素体+珠光体
	>60~200	420	290	5	—	—	—	120~180	
FCD400-3A	>30~60	600	360	2	—	—	—	160~270	珠光体+铁素体
	>60~200	550	340	1	—	—	—	160~270	

球墨铸铁的试块见表 B-26、表 B-27 和图 B-7。

表 B-26　球墨铸铁 Y 型试块（JIS G5502—2011）

（单位：mm）

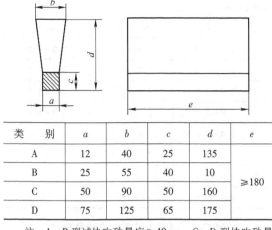

类　别	a	b	c	d	e
A	12	40	25	135	
B	25	55	40	10	≥180
C	50	90	50	160	
D	75	125	65	175	

注：A、B 型试块吃砂量应 ≥40mm，C、D 型块吃砂量应 ≥80mm。

表 B-27　球墨铸铁附铸试块（JIS G5502—2011）

（单位：mm）

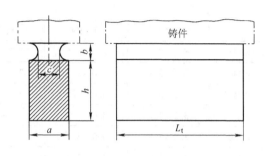

铸件主要壁厚	a	$b≥$	$c≥$	h	L_t
>30~60	40	30	20	40~60	180
>30~200	70	52.5	35	70~105	180

注：$b≥0.75a$，$c≥a/2$。

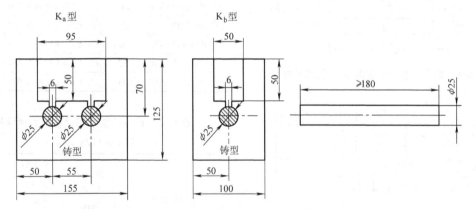

图 B-7　球墨铸铁"敲落"型试块（K_a 型和 K_b 型）的铸型和尺寸

B.5　俄罗斯标准（ГОСТ 7293—1985）

球墨铸铁单铸试样的力学性能见表 B-28，化学成分见表 B-29。

球墨铸铁拉伸试样的形状和尺寸如图 B-8 所示。试块的形状和尺寸如图 B-9 和图 B-10 所示。

表 B-28　球墨铸铁单铸试样的力学性能（ГОСТ 7293—1985）

牌号	按 СТ СЭ B4558—1984 球墨铸铁牌号	抗拉强度 R_m/MPa ≥	条件屈服强度 $R_{p0.2}$/MPa ≥	断后伸长率 A （%） ≥	布氏硬度 HBW
ВЧ35	33135	350	220	22	140~170
ВЧ40	33140	400	250	15	140~202
ВЧ45	33145	450	310	10	140~225
ВЧ50	33150	500	320	73	153~245
ВЧ60	33160	600	370	2	192~277
ВЧ70	33170	700	420	2	228~302
ВЧ80	33180	800	480	2	248~351
ВЧ100	—	1000	700	2	270~360

表 B-29　球墨铸铁的化学成分（ГОСТ 7293—1985）

牌　号	主要元素（质量分数,%）					
	C			Si		
	铸件壁厚/mm					
	<50	50～100	≤100	<50	50～100	≤100
ВЧ35	3.3～3.8	3.0～3.5	2.7～3.2	1.9～2.9	1.3～1.7	0.5～1.5
ВЧ40	3.3～3.8	3.0～3.5	2.7～3.2	1.9～2.9	1.2～1.7	0.5～1.5
ВЧ45	3.3～3.8	3.0～3.5	2.7～3.2	1.9～2.9	1.3～1.7	0.5～1.5
ВЧ50	3.2～3.7	3.0～3.3	2.7～3.2	1.9～2.9	2.2～2.6	0.8～1.5
ВЧ60	3.2～3.6	3.0～3.3	—	2.4～2.6	2.4～2.8	—
ВЧ70	3.2～3.6	3.0～3.3	—	2.6～2.9	2.6～2.9	—
ВЧ80	3.2～3.6	—	—	2.6～2.9	—	—
ВЧ100	3.2～3.6	—	—	3.0～3.8	—	—

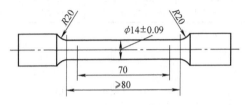

图 B-8　球墨铸铁拉伸试样的形状和尺寸

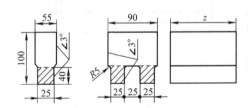

图 B-9　球墨铸铁 U 型试块的形状和尺寸

注：z—根据试样尺寸和数量而定。

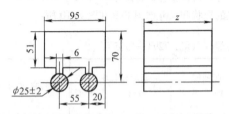

图 B-10　球墨铸铁"敲落"型试块的形状和尺寸

注：z—根据试样尺寸和数量而定。

附录 C　蠕墨铸铁国外有关标准（摘录）

蠕墨铸铁各标准牌号对照见表 C-1。

C.1　国际标准［ISO 16112：2017］

蠕墨铸铁单铸试样的力学性能见表 C-2。

表 C-1　蠕墨铸铁各标准牌号对照

ISO 16112	ASTM A842	EN 16079	JIS G5505	SAE J1887
ISO 16112/JV/300	300	EN-GJV-300	FCV 300	C300
ISO 16112/JV/350	350	EN-GJV-350	FCV 350	C350
ISO 16112/JV/400	400	EN-GJV-400	FCV 400	C400
ISO 16112/JV/450	450	EN-GJV-450	FCV 450	C450
ISO 16112/JV/500	500	EN-GJV-500	FCV 500	—

表 C-2　蠕墨铸铁单铸试样的力学性能（ISO 16112：2017）

材　料　牌　号	抗拉强度 R_m /MPa ≥	条件屈服强度 $R_{p0.2}$ /MPa ≥	断后伸长率 $A(\%)$ ≥
ISO 16112/JV/300/S	300	210	2.0
ISO 16112/JV/350/S	350	245	1.5
ISO 16112/JV/400/S	400	280	1.0
ISO 16112/JV/450/S	450	315	1.0
ISO 16112/JV/500/S	500	350	0.5

注：表中数据是砂型或类似热工状况铸型铸件的值。

单铸试块的形状和尺寸均与 ISO 1083：2018 球墨铸铁的单铸试块（表 B-7～表 B-9）相同。

蠕墨铸铁附铸试样的力学性能见表 C-3。

附铸试块的形状和尺寸同 ISO 1083：2018 球墨铸铁的附铸试块（见表 B-11）。其拉伸试样的形状和尺寸见表 B-10。

蠕墨铸铁的力学性能和物理性能资料见表 C-4。

表 C-3　蠕墨铸铁附铸试样的力学性能（ISO 16112：2017）

材料牌号	铸件壁厚/mm	抗拉强度 R_m/MPa $\geq$	条件屈服强度 $R_{p0.2}$ /MPa $\geq$	断后伸长率 A(%) $\geq$
ISO16112/JV/300/U	>12.5~30	300	210	2.0
	>30~60	275	195	2.0
	>60~200	250	175	2.0
ISO16112/JV/350/U	>12.5~30	350	245	1.5
	>30~60	325	230	1.5
	>60~200	300	210	1.5
ISO16112/JV/400/U	>12.5~30	400	280	1.0
	>30~60	375	260	1.0
	>60~200	325	230	1.0
ISO16112/JV/450/U	>12.5~30	450	315	1.0
	>30~60	400	280	1.0
	>60~200	375	260	1.0
ISO16112/JV/500/U	>12.5~30	500	350	0.5
	>30~60	450	315	0.5
	>60~200	400	280	0.5

注：1. 由附铸试样测得的力学性能不能准确地反映铸件本体的性能，但比单铸试样更接近实际。在表 C-4 中给出了附加数值。

2. 厚壁铸件力学性能降低的百分数取决于铸件的几何形状和它们的冷却条件。

表 C-4　蠕墨铸铁的力学性能和物理性能资料（ISO 16112：2017）

性　能		温度	材料牌号				
			ISO 16112/JV/300	ISO 16112/JV/350	ISO 16112/JV/400	ISO 16112/JV/450	ISO 16112/JV/500
抗拉强度 R_m/MPa		23℃	300~375	350~425	400~475	450~525	500~575
		100℃	275~350	325~400	375~450	425~500	475~550
		400℃	225~300	275~350	300~375	350~425	400~475
条件屈服强度 $R_{p0.2}$/MPa		23℃	210~260	245~295	280~330	315~365	350~400
		100℃	190~240	220~270	255~305	290~340	325~375
		400℃	170~220	195~245	230~280	265~315	300~350
断后伸长率 A(%)		23℃	2.0~5.0	1.5~4.0	1.0~3.5	1.0~2.5	0.5~2.0
		100℃	1.5~4.5	1.5~3.5	1.0~3.0	1.0~2.0	0.5~1.5
		400℃	1.0~4.0	1.0~3.0	1.0~2.5	0.5~1.5	0.5~1.5
弹性模量[①②]/GPa		23℃	130~145	135~150	140~150	145~155	145~160
		100℃	125~140	130~145	135~145	140~150	140~155
		400℃	120~135	125~140	130~140	135~145	135~150
布氏硬度 HBW		23℃	140~210	160~220	180~240	200~250	220~260
持久比	旋转—弯曲	23℃	0.50~0.55	0.47~0.52	0.45~0.50	0.45~0.50	0.43~0.48
	拉伸—压缩	23℃	0.30~0.40	0.27~0.37	0.25~0.35	0.25~0.35	0.20~0.30
	3 点弯曲	23℃	0.62~0.75	0.62~0.72	0.60~0.70	0.60~0.70	0.55~0.65

（续）

性　　能	温度	材料牌号				
		ISO 16112/JV/300	ISO 16112/JV/350	ISO 16112/JV/400	ISO 16112/JV/450	ISO 16112/JV/500
泊松比 ν		0.26	0.26	0.26	0.26	0.26
密度/(g/cm³)		7.0	7.0	7.0~7.1	7.0~7.2	7.0~7.2
热导率/[W/(m·K)]	23℃	47	43	39	38	36
	100℃	45	42	39	37	35
	400℃	42	40	38	36	34
热膨胀系数/[μm/(m·K)]	100℃	11	11	11	11	11

① 壁厚为25mm。

② 割线模数为200~300MPa。

非球形系数的石墨分级见表 C-5。

石墨球形系数百分率的计算如下：

$$球形系数百分率 = \frac{\Sigma A\,球形 + 0.5 \times \Sigma A\,中间形态}{\Sigma A\,全部质点}$$

式中　A——石墨颗粒面积。

非球形系数的石墨质点图形如图 C-1 所示。

蠕墨铸铁的性能和典型应用见表 C-6。

表 C-5　非球形系数的石墨分级

非球形系数	石 墨 形 态
0.625~1	球状石墨（ISO Ⅵ形）
0.525~0.625	中间表态石墨（ISO Ⅳ和Ⅴ形）
<0.525	蠕虫状石墨（ISO Ⅲ形）

注：在分析中，片状石墨和最大轴向长度≤10μm 的石墨质点不计入内。

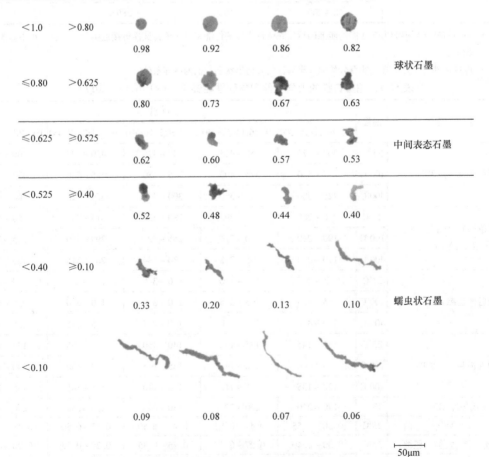

图 C-1　非球形系数的石墨质点图形

表 C-6　蠕墨铸铁的性能和典型应用（ISO 16112：2017）

材料牌号	性　　能	典型应用
ISO 16112/JV/300	最低的强度和最高的韧性 高的热导率和低的弹性模量,使热应力的累积减小至最低 主要为铁素体基体。在温度升高时,断后伸长率最小	排气歧管 大型船用和固定式发动机的气缸盖
ISO 16112/JV/350	强度比合金灰铸铁高,且有良好韧性 比球墨铸铁有较好的铸造性能铸件成品率和切削性能	底板 托架和联轴器 大型船用和固定式内燃发动机的气缸体和气缸盖 钢锭模
ISO 16112/JV/400	具有强度、刚度和热导率良好的结合 好的耐磨性	汽车的气缸体和气缸盖 底板、托架和联轴器 货车制动毂 泵室和液压元件 钢锭模
ISO 16112/JV/450	比 ISO 16112/JV/400 有更高的强度、刚度和耐磨性,但切削性能稍差	汽车的气缸体和气缸盖 缸套 火车刹车片 泵室和液压元件
ISO 16112/JV/500	最高的强度和最低的韧性 最高的耐磨性和最低的切削性能	高承载力的汽车气缸体 缸套

C.2　美国标准

1. 美国材料试验标准

蠕墨铸铁的拉伸性能要求及试样见表 C-7 和图 C-2,以及图 A-10 和图 B-2。

表 C-7　蠕墨铸铁的拉伸性能要求（ASTM A842—2011）

性能	250[①]	300	350	400	450[②]
抗拉强度 /MPa≥	250	300	350	400	450
屈服强度 /MPa≥	175	210	245	280	315
50mm 断后 伸长率 (%)≥	3.0	1.5	1.0	1.0	1.0

① 牌号 250 为铁素体, 供方将选择热处理方法, 以获得所需的力学性能和显微组织。

② 牌号 450 为珠光体, 通常不采用热处理, 而采用加入一定量合金元素方法, 改善作为主要基体的珠光体。

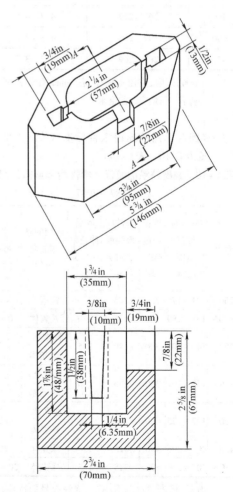

图 C-2　蠕墨铸铁金相检验用试样

单铸圆柱形试块铸型的设计和尺寸与 ASTM A48M—2016 相同（见图 A-10）。

改进型基尔试块的铸型与 ASTM A536—2014 相同（见图 B-2）。

铸造试样的直径和长度见表 C-8，蠕墨铸铁的硬度范围见表 C-9。

表 C-8　铸造试样的直径和长度

铸造试样	直径/mm			长度/mm	
	标称	最小值	最大值	最小值	最大值
B	30	29	31	150	230

表 C-9　蠕墨铸铁的硬度范围（ASTM A842—2011）

牌　　号	布氏硬度 HBW	压痕直径（BID[①]）/mm
250	≤179	≥4.50
300	143～207	5.0～4.2
350	163～229	4.7～4.0
400	197～255	4.3～3.8
450	207～269	4.2～3.7

① 布氏硬度压痕直径（BID）是 10mm 钢球在 29420N 负载下，压痕直径的毫米数。

2. 美国汽车用蠕墨铸铁件标准（SAE J1887—2007）（见表 C-10～表 C-14）

表 C-10　蠕墨铸铁的最低力学性能和显微组织（SAE J1887—2007）

牌号[①]	典型的硬度范围 HBW	抗拉强度/MPa ≥	条件屈服强度/MPa ≥	断后伸长率（%）≥	典型的基体显微组织	石墨球形率（%）
C250	121～179	250	175	3.0	铁素体	<20
C300HN	131～189	300	175	3.0	铁素体	20～50
C300	143～207	300	210	2.5	铁素体/珠光体	<20
C350	163～207	350	245	2.0	铁素体/珠光体	<20
C400	197～225	400	280	1.5	珠光体/铁素体	<20
C450	207～296	450	315	1.0	珠光体	<20
C500HN	207～269	500	315	1.5	珠光体	20～50

① "HN" 代表 "高球形率"。这些牌号的特性是有 20%～50% 的球形石墨，而普通蠕墨铸铁的球形石墨率低于 20%。

表 C-11　珠光体灰铸铁、蠕墨铸铁和球墨铸铁的相对性能

性　　能	灰铸铁	蠕墨铸铁	球墨铸铁
抗拉强度	55	100	155
0.2% 屈服强度	—	100	155
弹性模量	75	100	110
断后伸长率	0	100	200
旋转—弯曲疲劳极限	55	100	125
相对布氏硬度	85	100	115
热导率	130	100	75
减振能力	285	100	65

注：以蠕墨铸铁性能为基数（100）进行比较。

表 C-12　蠕墨铸铁的典型化学成分（质量分数）（SAE J1887—2007）

碳当量（CE）	C	Si	S	Mn	P
4.20～4.60	3.5～3.8	2.0～2.6	<0.025	0.20～0.50	<0.050

表 C-13　珠光体蠕墨铸铁的力学和物理性能（SAE J1887—2007）

材料性能	球形石墨率（体积分数,%）				
	10	30	50	70	90
抗拉强度/MPa	450	520	590	640	700
0.2% 屈服强度/MPa	370	390	410	440	490
疲劳极限/MPa	210	220	230	240	255
弹性模量/MPa	145	150	155	155	160
断后伸长率（%）	1～2	1～3	2～4	2～5	3～6
热膨胀系数/$10^{-6}K^{-1}$	11.0	11.0	11.0	11.5	12.0
热导率/[W/(m·K)]	37	33	31	30	28

表 C-14　蠕墨铸铁的力学和物理性能（SAE J1887—2007）

性能	试验方法	温度/℃	70% 珠光体	100% 珠光体
最终抗拉强度/MPa	ASTM E8M（25℃）	25	420	450
	ASTM E21（100℃和300℃）	100	415	430
		300	375	410

（续）

性能	试验方法	温度/℃	70%珠光体	100%珠光体
条件屈服强度/MPa	ASTM E8M 和 E21 ASTM E21（100℃和300℃）	25	315	370
		100	295	335
		300	284	320
弹性模量/GPa	ASTM E8M 和 E21 ASTM E21（100℃和300℃）	25	145	145
		100	140	140
		300	130	130
断后伸长率（%）	ASTM E8M 和 E21 ASTM E21（100℃和300℃）	25	1.5	1.0
		100	1.5	1.0
		300	1.0	1.0
无缺口疲劳极限/MPa	旋转—弯曲，3000r/min	25	195	210
		100	185	190
		300	165	175
持久比	疲劳极限/最终抗拉强度	25	0.46	0.44
		100	0.45	0.44
		300	0.44	0.43

（续）

性能	试验方法	温度/℃	70%珠光体	100%珠光体
热导率/[W/(m·K)]	比较轴向热流 电解铸铁资料	25	37	36
		100	37	36
		300	36	35
热膨胀系数/$10^{-6}K^{-1}$	推杆膨胀测量法 铂资料	25	11.0	11.0
		100	11.5	11.5
		300	12.0	12.0
泊松比 ν	ASTM E132	25	0.26	0.26
		100	0.26	0.26
		300	0.27	0.27
0.2%压缩屈服强度/MPa	—	25	400	430
		400	300	370
密度/(g/cm³)	—	25	7.0～7.1	7.0～7.1
布氏硬度 HBW	—	25	183～235	192～255

注：百分数为体积分数。

附录 D　可锻铸铁国外有关标准（摘录）

可锻铸铁各标准牌号对照见表 D-1。

表 D-1　可锻铸铁各标准牌号对照

ISO 5922	EN 1562	ASTM A47	ASTM A47M	JIS G5707
ISO 5922/JMW/350-4	EN-GJMW-350-4	—	—	FCMW35-04
ISO 5922/JMW/360-12	EN-GJMW/360-12	—	—	—
ISO 5922/JMW/400-5	EN-GJMW/400-5	—	—	FCMW40-05
ISO 5922/JMW/450-7	EN-GJMW/450-7	—	—	FCMW45-07
ISO 5922/JMW/550-4	EN-GJMW/550-4	—	—	—
ISO 5922/JMB/275-5	—	—	—	FCMB27-05
ISO 5922/JMB/300-6	EN-GJMB/300-6	—	—	FCMB30-06
ISO 5922/JMB/350-10	EN-GJMB/350-10	Grade 32510	Grade 22010	FCMB35-10
—	—	ASTM A220	ASTM A220M	—
ISO 5922/JMB/450-6	EN-GJMB/450-6	Grade 45006	Grade 310M6	FCMP45-06
ISO 5922/JMB/500-5	EN-GJMB/500-5	Grade 45008	Grade 310M8	FCMP50-05
ISO 5922/JMB/550-4	EN-GJMB/550-4	Grade 50005	Grade 340M5	FCMP55-04
ISO 5922/JMB/600-3	EN-GJMB/600-3	Grade 60004	Grade 410M4	FCMP60-03

（续）

ISO 5922	EN 1562	ASTM A47	ASTM A47M	JIS G5707
ISO 5922/JMB/650-2	EN-GJMB/650-2	Grade 70003	Grade 480M3	FCMP65-02
ISO 5922/JMB/700-2	EN-GJMB/700-2	Grade 80002	Grade 550M2	FCMP70-02
ISO 5922/JMB/800-1	EN-GJMB/800-1	Grade 90001	Grade 620M1	FCMP80-01

D.1　国际标准（ISO 5922：2005）

白心可锻铸铁的力学性能见表 D-2。

表 D-2　白心可锻铸铁的力学性能（ISO 5922：2005）

牌　　号	试样直径[①] /mm	抗拉强度 R_m/MPa ≥	断后伸长率 $A(\%)$ ≥	条件屈服强度 $R_{p0.2}$/MPa ≥	布氏硬度(仅供参考)HBW ≤
ISO 5922/JMW/350-4	6	270	10	[②]	230
	9	310	5	—	
	12	350	4	—	
	15	360	3	—	
ISO 5922/JMW/360-12	6	280	16	[②]	200
	9	320	15	170	
	12	360	12	190	
	15	370	7	200	
ISO 5922/JMW/400-5	6	300	12	[②]	220
	9	360	8	200	
	12	400	5	220	
	15	420	4	230	
ISO 5922/JMW/450-7	6	330	12	[②]	220
	9	400	10	230	
	12	450	7	260	
	15	480	4	280	
ISO 5922/JMW/550-4	6	—	—	[②]	250
	9	490	5	310	
	12	550	4	340	
	15	570	3	350	

注：所有牌号的白心可锻铸铁都可以焊接，但要采用正确的焊接工艺。凡对强度有一定的要求而不需进行焊后热处理的零件可采用 JMW/360-12（对于壁厚超过 8mm 的铸件，建议采用焊后热处理）。

①　试样直径取决于铸件的主要壁厚。

②　由于小试样的屈服强度确定较困难，供需双方应在合同中确认测量的数值和方法。

黑心可锻铸铁的力学性能见表 D-3。

表 D-3　黑心可锻铸铁的力学性能（ISO 5922：2005）

牌　　号	试样直径[①②] /mm	抗拉强度 R_m/MPa ≥	断后伸长率 $A(\%)$ ≥	条件屈服强度 $R_{p0.2}$/MPa ≥	布氏硬度(仅供参考)HBW ≤
ISO 5922/JMB/275-5[③]	12 或 15	275	5	—	≤150
ISO 5922/JMB/300-6[③]	12 或 15	300	6	—	≤150
ISO 5922/JMB/350-10	12 或 15	350	10	200	≤150

（续）

牌　号	试样直径[①②] /mm	抗拉强度 R_m/MPa ≥	断后伸长率 A(%) ≥	条件屈服强度 $R_{p0.2}$/MPa ≥	布氏硬度(仅供 参考)HBW ≤
ISO 5922/JMB/450-6	12 或 15	450	9	270	150～200
ISO 5922/JMB/500-5	12 或 15	500	5	300	165～215
ISO 5922/JMB/550-4	12 或 15	550	4	340	180～230
ISO 5922/JMB/600-3	12 或 15	600	3	390	195～245
ISO 5922/JMB/650-2	12 或 15	650	2	430	210～260
ISO 5922/JMB/700-2[④⑤]	12 或 15	700	2	530	240～290
ISO 5922/JMB/800-1[④]	12 或 15	800	1	600	370～320

① 如果需方没有明确要求，供方可任选表中规定的两种直径试棒中的一种。
② 对于薄壁铸件，可以使用直径为6mm或9mm试样，供需双方应在合同中商定。在此表中给出了最低性能值。
③ JMB/275-5 和 JMB/300-6 是专门用于要求保证压力密封性能，而不要求高的强度、刚度或韧性的工作场合。
④ 油淬并立即回火。
⑤ 如空淬并立即回火，则条件屈服强度应大于或等于430MPa。

可锻铸铁拉伸试棒的形状和尺寸见表D-4。

表 D-4　可锻铸铁拉伸试棒的形状和尺寸（ISO 5922：2005）

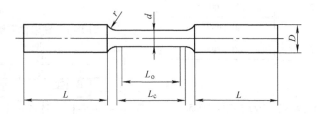

直径[①] d/mm	直径的[②] 极限偏差 /mm	原始截面 面积 S_o/mm²	原始标距长度 $L_o=3.4\sqrt{S_o}$ /mm	平行段长度 最小值 L_c/mm	轴肩圆角半径 最小值 r/mm	圆柱体尺寸[③] （仅供参考）	
						直径 D/mm	直径 L/mm
6	±0.5	28.3	18	25	4	10	30
9	±0.5	63.6	27	30	6	13	40
12	±0.7	113.1	36	40	8	16	50
15	±0.7	176.7	45	50	8	19	60

① 直径 d 应取自相互垂直方向测得的两个测量值的平均值，两个测量值之间的差值不能超过0.7mm。
② 沿着平行段，直径 d 的误差不能超过0.35mm。
③ 如有必要，两端部尺寸可加以修整，以与所采用试验机的夹具相匹配。

可锻铸铁的冲击性能见表 D-5 ~ 表 D-7（仅供参考）。

表 D-5　白心可锻铸铁的冲击性能（ISO 5922：2005）

［无缺口，单铸试样，尺寸为（10×10×55）mm］

牌　　号	冲击吸收能量/J
ISO 5922/JMW/350-4	30 ~ 80
ISO 5922/JMW/360-12	130 ~ 180
ISO 5922/JMW/400-5	40 ~ 90
ISO 5922/JMW/450-7	80 ~ 130
ISO 5922/JMW/550-4	30 ~ 80

表 D-6　黑心可锻铸铁的冲击性能（ISO 5922：2005）

［无缺口，单铸试样，尺寸为（10×10×55）mm］

牌　　号	冲击吸收能量/J
ISO 5922/JMW/350-10	90 ~ 130
ISO 5922/JMW/450-6	80 ~ 120[①]
ISO 5922/JMW/500-5	—
ISO 5922/JMW/550-4	70 ~ 110[①]
ISO 5922/JMW/600-3	—
ISO 5922/JMW/650-2	60 ~ 100[①]
ISO 5922/JMW/700-2	50 ~ 90[①]
ISO 5922/JMW/800-1	30 ~ 70[①]

① 油淬试样数值。

表 D-7　可锻铸铁的冲击性能（ISO 5922：2005）

［V 型缺口，切削试样，尺寸为（10×10×55）mm］

牌　　号	冲击吸收能量/J
ISO 5922/JMW/360-12	14
ISO 5922/JMW/450-7	10
ISO 5922/JMW/350-10	14
ISO 5922/JMW/450-6	10

D.2　美国标准

1. 铁素体可锻铸铁件标准（米制）［ASTM A47/A47M—1999（2014）］（见表 D-8 ~ 表 D-10）

表 D-8　铁素体可锻铸铁的力学性能要求

（ISO 5922：2005）

牌号	抗拉强度/MPa ≥	屈服强度/MPa ≥	断后伸长率（%）≥（标距50mm）
22010	340	220	10

表 D-9　铁素体可锻铸铁的典型硬度

［ASTM A47/A47M—1999（2014）］

牌　　号	硬度 HBW≤	压痕直径/mm
22010	156	4.8

表 D-10　铁素体可锻铸铁件的允许尺寸偏差

［ASTM A47/A47M—1999（2014）］

尺寸/mm	偏差/±mm
<25	0.8
25 ~ 150	1.6
151 ~ 300	3.2
301 ~ 460	3.8
461 ~ 600	4.8
601 ~ 900	5.6

铁素体可锻铸铁的拉伸试样见图 D-1 ~ 图 D-3。

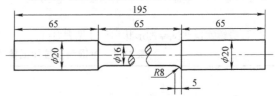

图 D-1　铁素体可锻铸铁拉伸试样

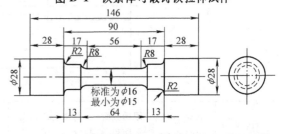

图 D-2　铁素体可锻铸铁可选用的不加工拉伸试样

注：根据试验方法和设备要求，可以改变图中拉伸试样标距以外部分的尺寸

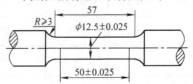

图 D-3　铁素体可锻铸铁加工后的拉伸试样

2. 珠光体可锻铸铁件标准［ASTM A220/A220M—1999（2014）］（见表 D-11 及表 D-12）

表 D-11　珠光体可锻铸铁单铸试样的力学性能
[ASTM A220/A220M—1999 (2014)]

牌　号	抗拉强度 /MPa≥	屈服强度 /MPa≥	断后伸长率(%) (标距50mm)
280M10	400	280	10
310M8	450	310	8
310M6	450	310	6
310M5	480	340	5
410M4	550	410	4
480M3	590	480	3
550M2	650	550	2
620M1	720	620	1

表 D-12　珠光体可锻铸铁件的典型硬度
[ASTM A220/A220M—1999 (2014)]

牌　号	典型的硬度范围 HBW[①]	压痕直径/mm
280M10	149~197	4.3~4.9
310M8	156~197	4.3~4.8
310M6	156~207	4.2~4.8
310M5	179~229	4.0~4.5
410M4	197~241	3.9~4.3
480M3	217~269	3.7~4.1
550M2	241~285	3.6~3.8
620M1	269~321	3.4~3.7

① 使用29420N载荷,直径为10mm钢球测度硬度。

珠光体可锻铸铁的试样尺寸同 ASTM A47/A47M—1999 (2014)。

3. 冲天炉用可锻铸铁标准 (ASTM A197M—2006)

抗拉强度≥275MPa

屈服强度≥200MPa

50mm 标距时的断后伸长率≥5%

冲天炉可锻铸铁的试棒尺寸同 ASTM A47/A47M—1999 (2014)。

4. 汽车用可锻铸铁件标准 [ASTM A602—1994 (2009)] (见表 D-13 和表 D-14)

表 D-13　汽车用可锻铸铁的牌号

牌　号	铸件硬度范围	热　处　理
M3210	≤156 HBW ≥4.8BID[①]	退火
M4504	163~217HBW 4.4~4.1BID[①]	空淬和回火
M5003	187~241HBW 4.4~3.9BID[①]	空淬和回火
M5503	187~241HBW 4.4~3.9BID[①]	液淬和回火
M7002	229~269HBW 4.0~3.7BID[①]	液淬和回火
M8501	269~302HBW 3.7~3.5BID[①]	液淬和回火

① BID 是直径 10mm 的钢球在 29420N 载荷下产生的压痕直径。

表 D-14　汽车用可锻铸铁的典型力学性能

牌　号	硬度范围	热处理	抗拉强度/MPa	屈服强度 /MPa	断后伸长率 (%) (标距50mm)	弹性模量 /GPa
M3210	≤156HBW ≥4.8BID[①]	退火	345	221	10	172
M4504	163~217HBW 4.7~4.1BID[①]	空淬或液淬和回火	448	310	4	179
M5003	187~241HBW 4.4~3.9BID[①]	液淬和回火	517	345	3	179
M5003	187~241HBW 4.4~3.9BID[①]	液淬和回火	517	379	3	179
M7002	229~269HBW 4.0~3.7BID[①]	液淬和回火	621	483	2	179
M8501	269~302HBW 3.7~3.5BID[①]	液淬和回火	724	586	1	179

① BID 是直径 10mm 的钢球在 29420N 载荷下产生的压痕直径。

D. 3　欧洲标准[EN 1562:2012(E)]

可锻铸铁的力学性能见表 D-15 和表 D-16, 可锻

铸铁拉伸试样的形状和尺寸见表 D-17。

表 D-15　白心可锻铸铁的力学性能[EN 1562:2012(E)]

材料牌号与代号		铸件壁厚 t/mm	试样公称 直径 d/mm	抗拉强度 R_m/MPa ≥	断后伸长率 $A_{3.4}$ (%) ≥	条件 屈服强度 $R_{p0.2}$/MPa ≥	布氏硬度 (仅供参考) HBW ≤
牌号	代号						
EN-GJMW-350-4	5.4200	≤3	6	270	10	①	230
		>3~5	9	310	5	—	
		>5~7	12	**350**	**4**	—	
		>7	15	360	3	—	
EN-GJMW-360-12②	5.4201	≤3	6	280	16	①	200
		>3~5	9	320	15	170	
		>5~7	12	**360**	**12**	**190**	
		>7	15	370	7	200	
EN-GJMW-400-5	5.4202	≤3	6	300	12	①	220
		>3~5	9	360	8	200	
		>5~7	12	**400**	**5**	**220**	
		>7	15	420	4	230	
EN-GJMW-450-7	5.4203	≤3	6	330	12	①	220
		>3~5	9	400	10	230	
		>5~7	12	**450**	**7**	**260**	
		>7	15	480	4	280	
EN-GJMW-550-4	5.4204	≤3	6	—	—	①	250
		>3~5	9	490	5	310	
		>5~7	12	**550**	**4**	**340**	
		>7	15	570	3	350	

注: 1. 粗体字代表最小的抗拉强度、条件屈服强度和最小的断后伸长率。

　　2. 表中给出的数值为与牌号有关的最小抗拉强度和最小断后伸长率 $A_{3.4}$, 以及试棒常用公称直径和相应的最小屈服
　　　 强度。

① 由于小试样的屈服强度难以测定, 供需双方在签订合同时应签订检测的方法。

② 具有最佳焊接性能的材料。

表 D-16a　黑心可锻铸铁的力学性能[EN1562:2012(E)]

材料牌号与代号		试样的直径① d/mm	抗拉强度 R_m/MPa ≥	断后伸长率 $A_{3.4}$ (%) ≥	条件 屈服强度 $R_{p0.2}$/MPa ≥	布氏硬度 (仅供参考) HBW
牌号	代号					
EN-GJMB-300-6②	5.4100	12 或 15	300	6	—	max. 150
EN-GJMB-500-5	5.4206	12 或 15	500	5	300	165~215
EN-GJMB-550-4	5.4207	12 或 15	550	4	340	180~230
EN-GJMB-600-3	5.4208	12 或 15	600	3	390	195~245

（续）

材料牌号与代号		试样的直径①	抗拉强度	断后伸长率	条件屈服强度	布氏硬度（仅供参考）
牌号	代号	d/mm	R_m/MPa ≥	$A_{3.4}$（%）≥	$R_{p0.2}/MPa$ ≥	HBW
EN-GJMB-700-2 ③④	5.4301	12 或 15	700	2	530	240～290
EN-GJMB-800-1 ③	5.4302	12 或 15	800	1	600	270～320

① 当采用直径为6mm或9mm试样代表铸件主要壁厚时，试样的尺寸可由供需双方协商解决。本表给出的最小值适用。

② EN-GJMB-300-6（5.4100）不可用于任何压力应用，如压力设备指令97/23/EC所规定的压力应用。

③ 油淬＋回火。

④ 如果该钢种采用空淬，条件屈服强度至少为430MPa。

表 D-16b　黑心可锻铸铁的力学性能（指明最小冲击吸收能量）[EN 1562:2012（E）]

材料牌号与代号		试样直径①	抗拉强度	断后伸长率	条件屈服强度	（23±5）℃时冲击吸收能量/J	布氏硬度（仅供参考）
牌号	代号	d/mm	R_m/MPa ≥	$A_{3.4}$（%）≥	$R_{p0.2}/MPa$ ≥	≥	HBW
EN-GJMB-350-10	5.4101	12 或 15	350	10	200	14	max. 150
EN-GJMB-450-6	5.4205	12 或 15	450	6	270	10	150～200
EN-GJMB-650-2	5.4300	12 或 15	650	2	430	5	210～260

① 当采用直径为6mm或9mm试样代表铸件主要壁厚时，试样的尺寸可由供需双方协商解决。本表给出的最小值适用。

表 D-17　可锻铸铁拉伸试样的形状和尺寸[EN 1562:2012（E）]

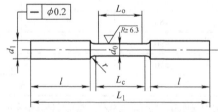

直径 d_0/mm	直径公差 /mm	原始截面面积 /mm²	原始标距长度 $L_0=3.4\sqrt{S_0}$/mm	平行段长度 L_c/mm	肩部最小半径 r/mm	常用夹持部分尺寸（仅供参考）	
						直径 d_1/mm	直径 l/mm
6	±0.5	28.3	18	25	4	10	30
9	±0.5	63.6	27	30	6	13	40
12	±0.7	113.1	36	40	8	16	50
15	±0.7	176.7	45	50	8	19	60

注：断后伸长率 $A_{3.4}$ 在 L_0 长度内测定。

D.4　日本标准（JIS G5705:2018）

可锻铸铁的力学性能见表 D-18 和表 D-19。可锻

铸铁拉伸试样的形状和尺寸见表 D-20。

表 D-18　白心可锻铸铁件的力学性能（JIS G5705：2018）

材料牌号	试样直径 d/mm	抗拉强度 R_m/MPa ≥	断后伸长率 $A_{3.4}$（%） ≥	条件屈服强度[①] $R_{p0.2}$/MPa ≥	布氏硬度 （仅供参考）HBW ≤
FCMW350-4	9	310	5	—	230
	12	350	4	—	
	15	360	3	—	
FCMW360-12	9	320	15	170	200
	12	360	12	190	
	15	370	7	200	
FCMW380-7	6（<5）[②]	350	14	—	192
	10（5≤d<9）[②]	370	8	185	
	12（≥9）[②]	380	7	200	
FCMW380-12	9	320	15	170	200
	12	380	12	200	
	15	400	8	210	
FCMW400-5	9	360	8	200	220
	12	400	5	220	
	15	420	4	230	
FCMW450-7	9	400	10	230	220
	12	450	7	260	
	15	480	4	280	
FCMW550-4	9	490	5	310	250
	12	550	4	340	
	15	570	3	350	

①　屈服强度取残余变形为 0.2% 时的强度值，也可取用载荷下总断后伸长率为 0.5% 时的强度值。

②　括号内数字表示白心可锻铸铁的主要壁厚数值。

表 D-19　黑心可锻铸铁的力学性能（JIS G5705：2018）

材料牌号	试样直径 d/mm	抗拉强度 R_m/MPa ≥	断后伸长率 $A_{3.4}$（%） ≥	条件屈服强度[①] $R_{p0.2}$/MPa ≥	布氏硬度 （仅供参考）HBW ≤
FCMB275-5	12 或 15	275	5	165	150
FCMB300-6	12 或 15	300	6	—	150
FCMB310-8	12 或 15	310	8	185	163
FCMB340-10	12 或 15	340	10	205	163
FCMB350-10	12 或 15	350	10	200	150
FCMB350-10S[②]	12 或 15	350	10	200	150

注：表中的力学性能适用于采用试样直径为 6 或 9mm 的拉伸试验，并且需依照供需双方的协议。

①　屈服强度取残余变形为 0.2% 时的强度值，也可取用载荷下总断后伸长率为 0.5% 时的强度值。

②　FCMB350-10S 的三个试样平均冲击吸收能量值应不低于 15J，而且单个值不得低于 13J。

表 D-20　可锻铸铁拉伸试样的形状和尺寸（JIS G5705：2018）

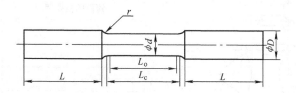

直径 d[1]/mm	直径 d 极限偏差[2]/mm	原始截面面积 S_o/mm²	原始标距长度 $L_o = 3.4\sqrt{S_o}$/mm	平行段最小距离 L_c/mm	轴肩圆角半径 r/mm	端部尺寸[3] 直径 D/mm	端部尺寸[3] 长度 L/mm
6	±0.5	28.3	18	25	4	10	30
9	±0.5	63.6	27	30	6	13	40
10	±0.7	78.5	35	42	≥15	16	45
12	±0.7	113.1	36	40	8	16	50
15	±0.7	176.7	45	50	8	19	60

① 直径 d 是两次测量值的平均值，两次测量值的误差不得超过 0.7mm。

② 对于直径 d，沿平行段所测的平均值的波动不应超过 0.35mm。

③ 若有必要，端部尺寸可进行调整，以与所采用的试验机的夹具匹配。

D.5 俄罗斯标准（ГОСТ 1215—1979）（见表 D-21 和表 D-22）

表 D-21　可锻铸铁的力学性能（ГОСТ 1215—1979）

（续）

铁素体和珠光体可锻铸铁牌号	抗拉强度/MPa≥	断后伸长率(%)≥	布氏硬度 HBW
КЧ30-6	294	6	100 ~ 163
КЧ33-8	323	8	100 ~ 163
КЧ35-10	333	10	100 ~ 163
КЧ37-12	362	12	110 ~ 163
КЧ45-7	441	7[1]	150 ~ 207
КЧ50-5	490	5[1]	170 ~ 230
КЧ55-4	539	4[1]	192 ~ 241
КЧ60-3	588	3	200 ~ 269
КЧ65-3	637	3	212 ~ 269
КЧ70-2	686	2	241 ~ 285
КЧ80-1.5	784	1.5	270 ~ 320

① 根据供需双方协商允许降低 1%。

表 D-22　可锻铸铁的化学成分（质量分数）（ГОСТ 1215—1979）　（%）

牌号	熔化方法	C	Si	Si 和 C 的总含量	Mn	P	S	Cr
铁素体型								
КЧ30-6 КЧ33-8	冲天炉	2.6 ~ 2.9	1.0 ~ 1.6	3.7 ~ 4.2	0.4 ~ 0.6	0.18	0.20	0.08
КЧ35-10	冲天炉-电炉	2.5 ~ 2.8	1.1 ~ 1.3	3.6 ~ 4.0	0.3 ~ 0.6	0.12	0.20	0.06
КЧ37-12	电炉-电炉	2.4 ~ 2.7	1.2 ~ 1.4	3.6 ~ 4.0	0.2 ~ 0.4	0.12	0.06	0.06
珠光体型								
КЧ45-7 КЧ50-5 КЧ55-4 КЧ60-3	冲天炉-电炉	2.5 ~ 2.8	1.1 ~ 1.3	3.6 ~ 3.9	0.3 ~ 1.0	0.10	0.20	0.08
КЧ65-3 КЧ70-2 КЧ80-1.5	电炉-电炉	2.4 ~ 2.7	1.2 ~ 1.4	3.6 ~ 3.9	0.3 ~ 1.0	0.10	0.06	0.08

可锻铸铁试块浇注方案见图 D-4 和图 D-5。

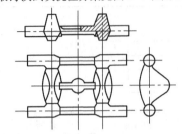

图 D-4　可锻铸铁试块浇注方案（Ⅰ）

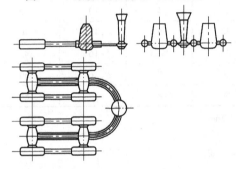

图 D-5　可锻铸铁试块浇注方案（Ⅱ）

可锻铸铁拉伸试样的形状和尺寸见表 D-23。

表 D-23　可锻铸铁拉伸试样的形状和尺寸

（ГОСТ 1215—1979）

（单位：mm）

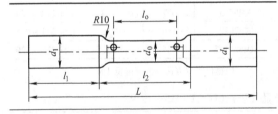

（续）

铸件的主要壁厚			试样计算部分直径 d_0		
<12			8		
12～20			12		
试样直径 d_0	d_1	L	l_0	l_1	l_2
16	20	190	50	60	70
12	16	150	36	50	50
8	12	105	25	35	35

注：1. 拉伸试样端部的形状和尺寸可随试验机夹紧装置的尺寸及形状改变。

2. 拉伸试样在计算部分任何截面上的直径极限偏差不应大于 ±0.5mm。

试样计算直径的测试中精度达 0.1mm，分型线的错位量每边不得超过 0.2mm。

附录 E　耐磨铸铁国外有关标准（摘录）

耐磨铸铁各标准牌号对照见表 E-1。

E.1　国际标准 [ISO 21988:2006（E）]

按 [ISO 21988:2006(E)]，耐磨铸铁可分为：

1）非合金或低合金铸铁。

2）Ni-Cr 铸铁，分为两种：4% Ni 2% Cr 铸铁；9% Cr 5% Ni 铸铁。

3）高 Cr 铸铁，分为五种：$11\% < w(Cr) \leqslant 14\%$；$14\% < w(Cr) \leqslant 18\%$；$18\% < w(Cr) \leqslant 23\%$；$23\% < w(Cr) \leqslant 30\%$；$30\% < w(Cr) \leqslant 40\%$。

耐磨铸铁的布氏硬度和化学成分见表 E-2 和表 E-3。

表 E-1　耐磨铸铁各标准牌号对照

	ISO 21988：2006	ASTM A532	AS 2027—2002	EN 12513：2011
非合金、低合金、Ni-Cr 铸铁	ISO 21988/JN/HBW340	—	U-350	EN-GJN-HB340
	ISO 21988/JN/HBW400	—	U-400	EN-GJN-HB400
	—	Ni-Cr-GB	—	—
	ISO 21988/JN/HBW480Cr2	Ni-Cr-Lc	NiCr2-500	EN-GJN-HB480
	ISO 21988/JN/HBW510Cr2	Ni-Cr-He	NiCrl-550	EN-GJN-HB510
	ISO 21988/JN/HBW500Cr9	—	NiCr4-500	EN-GJN-HB500
	ISO 21988/JN/HBW555Cr9	Ni-HiCr	NiCr4-600	EN-GJN-HB555
	ISO 21988/JN/HBW630Cr9	—	NiCr4-630	EN-GJN-HB630

（续）

	ISO 21988：2006	ASTM A532	AS 2027—2002	EN 12513：2011
高合金铸铁	ISO 21988/JN/HBW555XCr13	12% Cr		EN-GJN-HB555（XCr11）
	ISO 21988/JN/HBW555XCr16	15% Cr-Mo	CrMo15-3	EN-GJN-HB555（XCr14）
	ISO 21988/JN/HBW555XCr21	20% Cr-Mo	CrMo 20-1	EN-GJN-HB555（XCr18）
	ISO 21988/JN/HBW600XCr20MoCu		CrMoCu20-2-1	
	ISO 21988/JN/HBW555XCr27	25% Cr	Cr27 LC 和 Cr 27 HC	EN-GJN-HB555（XCr23）
	ISO 21988/JN/HBW600XCr35		Cr 35	

表 E-2　镍-铬耐磨铸铁的布氏硬度和化学成分［ISO 21988：2006（E）］

牌号	布氏硬度 HBW ≥	化学成分（质量分数，%）						
		C	Si	Mn	P	S	Ni	Cr
ISO 21988/JN/GBW480Cr2	480	2.5~3.0	≤0.8	≤0.8	≤0.10	≤0.10	3.0~5.5	1.5~3.0
ISO 21988/JN/GBW500Cr9	500	2.4~2.8	1.5~2.2	0.2~0.8	0.06	0.06	4.0~5.5	8.0~10.0
ISO 21988/JN/GBW510Cr2	510	3.0~3.6	≤0.8	≤0.8	≤0.10	≤0.10	4.5~6.5	1.5~3.0
ISO 21988/JN/GBW555Cr9	555	2.4~2.8	1.5~2.5	0.3~0.8	≤0.08	≤0.08	4.5~6.5	8.0~10.0
ISO 21988/JN/GBW630Cr9	630	2.5~3.0	1.5~2.2	0.2~0.8	0.06	0.06	4.0~5.5	8.0~10.0

注：1. 铸件壁厚与化学成分之间的关系见表 E-6 和表 E-7。

2. 随着碳含量的减少，韧性和耐冲击性均提高。碳含量增加，则耐磨性提高。

表 E-3　高铬耐磨铸铁的布氏硬度和化学成分［ISO 21988：2006（E）］

牌号	布氏硬度 HBW ≥	化学成分（质量分数，%）								
		C	Si ≤	Mn	P ≤	S ≤	Cr	Ni ≤	Mo ≤	Cu ≤
ISO 21988/JN/HBW555XCr13	555	>1.8~3.6	1.0	0.5~1.5	0.08	0.08	11.0~14.0	2.0	3.0	1.2
ISO 21988/JN/HBW555XCr16	555	>1.8~3.6	1.0	0.5~1.5	0.08	0.08	14.0~18.0	2.0	3.0	1.2
ISO 21988/JN/HBW555XCr21	555	>1.8~3.6	1.0	0.5~1.5	0.08	0.08	18.0~23.0	2.0	3.0	1.2
ISO 21988/JN/HBW555XCr27	555	>1.8~3.6	1.0	0.5~2.0	0.08	0.08	23.0~30.0	2.0	3.0	1.2
ISO 21988/JN/HBW555XCr35	600	>3.0~5.5	1.0	1.0~3.0	0.06	0.06	30.0~40.0	1.0	1.5	1.2
ISO 21988/JN/HBW600XCr20Mo2Cu	600	>2.6~2.9	1.0	1.0	0.06	0.06	18.0~21.0	1.0	1.4~2.0	0.8~1.2

注：1. 各种材料的碳含量范围应根据铸件的使用工况，由供需双方商定。碳含量降低，韧性和耐冲击性能均提高。推荐采用下述含量范围（均为质量分数）：低碳（>1.8%~2.4%）用于高韧性和抗冲击工况；中碳（C>2.4%~3.2%）用于韧性与抗冲击的良好结合范围工况；高碳（C>3.2%~5.5%）用于高磨损工况，但韧性和抗冲击性降低了。

2. 高铬耐磨铸铁的组织取决于冷却速度，它对壁厚是敏感的，为了获得表 E-4 中的特殊性能范围值，应加入必要含量的合金元素，其值取决于铸件的尺寸。

3. 随着铬含量增加和/或含量减少，耐蚀性提高。

耐磨铸铁的布氏硬度，维氏硬度和洛氏硬度之间　　　　的换算关系见表 E-4。

表 E-4　耐磨铸铁的布氏硬度、维氏硬度和洛氏硬度
之间的换算关系

布氏硬度[1] HBW	维氏硬度[2] HV	洛氏硬度[3] HRC
340	350	34
378	400	39
420	450	44
465	500	47
480	520	48
510	550	50
555	600	53
595	650	56
640	700	58
—	750	60

①　布氏硬度的最大值为 650HBW，见 ISO 18265。

②　维氏硬度的最小量测为 30HV。

③　耐磨铸铁的洛氏硬度值一般不低于 39HRC。

镍-铬耐磨铸铁件的壁厚与化学成分之间的关系
见表 E-5 和表 E-6。

表 E-5　镍-铬耐磨铸铁件[$w(Ni)=4\%$,$w(Cr)=2\%$]
的壁厚与化学成分之间的关系

铸件壁厚/mm	化学成分(质量分数,%)			
	Si	Mn	Ni	Cr
≤25	0.50	0.40	3.4	1.8
>25 ~ 50	0.40	0.50	3.8	2.0
>50 ~ 100	0.40	0.50	4.2	2.5
>100	0.40	0.60	4.5	3.0

注：如果铸件壁厚超过 100mm，应采用较高的镍含量。

表 E-6　镍-铬耐磨铸铁件[$w(Cr)=9\%$,$w(Ni)=5\%$]
的壁厚与化学成分之间的关系

铸件壁厚/mm	化学成分(质量分数,%)			
	Si	Mn	Ni	Cr
≤25	1.90	0.40	4.5	8.5
>25 ~ 50	1.80	0.50	5.0	9.0
>50 ~ 100	1.80	0.50	5.0	9.0
>100	1.60	0.60	5.5	9.5

注：如果铸件壁厚超过 100mm，应采用较高的镍含量。

E.2　美国标准（ASTM A532—2014）

耐磨铸铁的化学成分和硬度要求见表 E-7
和表 E-8。

表 E-7　耐磨铸铁的化学成分（ASTM A532—2014）

级别	种类	牌号	化学成分(质量分数,%)								
			C	Mn	Si	Ni	Cr	Mo	Cu	P	S
Ⅰ	A	Ni-Cr-HC	2.8 ~ 3.6	≤2.0	≤0.8	3.3 ~ 5.0	1.4 ~ 4.0	≤1.0	—	≤0.30	≤0.15
Ⅰ	B	Ni-Cr-LC	2.4 ~ 3.0	≤2.0	≤0.8	3.3 ~ 5.0	1.4 ~ 4.0	≤1.0	—	≤0.30	≤0.15
Ⅰ	C	Ni-Cr-GB	2.5 ~ 3.7	≤2.0	≤0.8	≤4.0	1.0 ~ 2.5	≤1.0	—	≤0.30	≤0.15
Ⅰ	D	Ni-HiCr	2.5 ~ 3.6	≤2.0	≤2.0	4.5 ~ 7.0	7.0 ~ 11.0	≤1.5	—	≤0.10	≤0.15
Ⅱ	A	12% Cr	2.0 ~ 3.3	≤2.0	≤1.5	≤2.5	11.0 ~ 14.0	≤3.0	≤1.2	≤0.10	≤0.06
Ⅱ	B	15% Cr-Mo	2.0 ~ 3.3	≤2.0	≤1.5	≤2.5	14.0 ~ 18.0	≤3.0	≤1.2	≤0.10	≤0.06
Ⅱ	D	20% Cr-Mo	2.0 ~ 3.3	≤2.0	1.0 ~ 2.2	≤2.5	18.0 ~ 23.0	≤3.0	≤1.2	≤0.10	≤0.06
Ⅲ	A	25% Cr	2.0 ~ 3.3	≤2.0	≤1.5	≤2.5	23.0 ~ 30.0	≤3.0	≤1.2	≤0.10	≤0.06

表 E-8　耐磨铸铁的硬度要求（ASTM A532—2014）

级别	种类	牌号	硬度									冷硬铸造[2] ≥			退火 ≥			典型截面 厚度
			砂型铸造[1] ≥															
			铸态或铸态 + 去应力退火			淬火或淬火 + 去应力回火												
						水平 1			水平 2									
			HBW	HRC	HV	HBW	HRC	HV	HBW	HRC	HV	HBW	HRC	HV	HBW	HRC	HV	
Ⅰ	A	Ni-Cr-HC	550	53	600	600	56	660	650	59	715	660	56	660	—	—	—	—
Ⅰ	B	Ni-Cr-LoC	550	53	600	600	56	660	650	59	715	660	56	660	—	—	—	—
Ⅰ	C	Ni-Cr-GB	550	53	600	600	56	660	650	59	715	660	56	660	400	41	430	—
Ⅰ	D	Ni-HiCr	550	50	540	600	56	660	650	59	715	660	53	600	—	—	—	—

（续）

级别	种类	牌号	硬 度															典型截面厚度
			砂型铸造①≥									冷硬铸造②≥			退火≥			
			铸态或铸态+去应力退火			淬火或淬火+去应力回火												
						水平1			水平2									
			HBW	HRC	HV	HBW	HRC	HV	HBW	HRC	HV	HBW	HRC	HV	HBW	HRC	HV	
Ⅱ	A	12% Cr	550	53	600	600	56	660	650	59	715	660	53	600	400	41	430	—
Ⅱ	B	15% Cr-Mo	450	46	485	600	56	660	650	59	715	—	—	—	400	41	430	—
Ⅱ	D	20% Cr-Mo	450	46	485	600	56	660	650	59	715	—	—	—	400	41	430	—
Ⅲ	A	25% Cr	450	46	485	600	56	660	650	59	715	—	—	—	400	41	430	—

① 铸件断面的40%厚度应达到最小硬度值的90%，心部允许稍有降低。由供需双方确定取样方法。
② 铸件非激冷区应满足砂型铸造的最低硬度要求。

E.3 欧洲标准（DIN EN 12513：2011）

耐磨铸铁的布氏硬度和化学成分见表 E-9～表 E-11。

表 E-9 非合金和低合金耐磨铸铁的布氏硬度和化学成分（DIN EN 12513：2011）

牌号与代号		布氏硬度 HBW ≥	化学成分（质量分数,%）			
牌号	代号		C	Si	Mn	Cr
EN-GJN-HB340	5.5600	340	2.4～3.9	0.4～1.5	0.2～1.0	≤2.0
EN-GJN-HB400	5.5601	400	2.4～3.9	0.4～1.5	0.2～1.0	≤2.0

注：材料牌号与 EN 1560 一致。

表 E-10 镍-铬耐磨铸铁的布氏硬度和化学成分（DIN EN 12513：2011）

牌号与代号		布氏硬度 HBW	化学成分（质量分数,%）						
牌号	代号		C	Si	Mn	P ≤	S ≤	Ni	Cr
EN-GJN-HB480	5.5602	480	2.5～3.0	≤0.8	≤0.8	0.10	0.10	3.0～5.5	1.5～3.0
EN.GJN-HB500	5.5603	500	2.4～2.8	1.5～2.2	0.2～0.8	0.06	0.06	4.0～5.5	8.0～10.0
EN-GJN-HB510	5.5604	510	3.0～3.6	≤0.8	≤0.8	0.10	0.10	3.0～5.5	1.5～3.0
EN-GJN-HB555	5.5605	555	2.5～3.5	1.5～2.5	0.3～0.8	0.08	0.08	4.5～6.5	8.0～10.0
EN-GJN-HB630	5.5606	630	3.2～3.6	1.5～2.2	0.2～0.8	0.06	0.06	4.0～5.5	8.0～10.0

注：1. 铸件壁厚与化学成分之间的关系见表 E-13 和表 E-14。
2. 随着碳含量减少，韧性和耐冲击性均提高。碳含量增加，则抗磨性提高。
3. 对于合金含量位于规定范围下限且以铸态交货或壁厚较大的铸件，最小厚度难以测定，供需双方应就该类铸件的要求达成一致。
4. 材料牌号的认定与 EN-1560 一致。

表 E-11 高铬耐磨铸铁的化学成分和布氏硬度（DIN EN 12513：2011）

牌号与代号		化学成分（质量分数,%）									布氏硬度 HBW ≥
牌号	代号	C	Si ≤	Mn	P ≤	S ≤	Cr	Ni ≤	Mo ≤	Cu ≤	
EN-GJN-HB555（XCr11）	5.5607	1.8～3.6	1.0	0.5～1.5	0.08	0.08	11.0～14.0	2.0	3.0	1.2	550
EN-GJN-HB555（XCr14）	5.5608	1.8～3.6	1.0	0.5～1.5	0.08	0.08	14.0～18.0	2.0	3.0	1.2	550

（续）

牌号与代号		化学成分（质量分数，%）									布氏硬度 HBW ≥
牌号	代号	C	Si ≤	Mn	P ≤	S ≤	Cr	Ni ≤	Mo ≤	Cu ≤	
EN-GJN-HB555（XCr18）	5.5609	1.8~3.6	1.0	0.5~1.5	0.08	0.08	18.0~23.0	2.0	3.0	1.2	550
EN-GJN-HB555（XCr23）	5.610	1.8~3.6	1.0	0.5~1.5	0.08	0.08	23.0~30.0	2.0	3.0	1.2	550

注：1. 为了获得铸件要求的最小硬度，应根据铸件尺寸和生产方法，对化学成分进行调整。最小硬度也可以通过热处理工艺获得。

2. 材料牌号与 EN 1560 一致，括号中包括其化学成分信息。材料牌号中的代号符合 EN 1560 标准。

耐磨铸铁的布氏硬度、维氏硬度和洛氏硬度之间的换算关系见表 E-12。

表 E-12　耐磨铸铁的布氏硬度、维氏硬度和洛氏硬度之间的换算关系（DIN EN 12513：2011）

布氏硬度[1] HBW	维氏硬度[2] HV	洛氏硬度 HRC
333	350	35.5
380	400	40.8
428	450	45.3
475	500	49.1
494	520	50.5
523	550	52.3
570	600	55.2
618	650	57.8
—	700	60.1
—	750	62.2

[1] 根据 EN ISO 6506-1，布氏硬度的最大量程为 650HBW。

[2] 除非另有规定，维氏硬度的最小尺度为 30HV。

镍-铬耐磨铸铁件的壁厚与化学成分之间的关系见表 E-13 和表 E-14。

表 E-13　镍-铬耐磨铸铁件[$w(Ni)=4\%, w(Cr)=2\%$]**的壁厚与化学成分之间的关系**（DIN EN 12513：2011）

铸件壁厚/mm	化学成分（质量分数，%）			
	Si	Mn	Ni	Cr
≤25	0.50	0.40	3.4	1.8
>25~50	0.40	0.50	3.8	2.0
>50~100	0.40	0.50	4.2	2.5
>100	0.40	0.60	4.5	3.0

注：如果铸件壁厚远大于 100mm，则采用较高的镍含量。

表 E-14　镍-铬耐磨铸铁件[$w(Cr)=9\%, w(Ni)=5\%$]**的壁厚与化学成分之间的关系**（DIN EN 12513：2011）

铸件壁厚/mm	化学成分（质量分数，%）			
	Si	Mn	Ni	Cr
≤25	1.90	0.40	4.5	8.5
>25~50	1.80	0.50	5.0	9.0
>50~100	1.80	0.50	5.0	9.0
>100	1.60	0.60	5.5	9.5

注：如果铸件壁厚远大于 100mm，则采用较高的镍含量。

E.4　俄罗斯标准

1. 耐磨铸铁标准（ГОСТ 1585—1985）

耐磨铸铁的化学成分、金相组织、硬度及用途见表 E-15 ~ 表 E-18。

表 E-15　耐磨铸铁的化学成分（ГОСТ 1585—1985）

牌号[①]	化学成分(质量分数,%)												
	C	Si	Mn	Cr	Ni	Ti	Cu	Sb	Pb	Al	Mg	P	S
АЧС-1	3.2~3.6	1.3~2.0	0.6~1.2	0.2~0.5	—	—	0.8~1.6					0.15~0.40	≤0.12
АЧС-2	3.0~3.8	1.4~2.2	0.3~1.0	0.2~0.5	0.2~0.5	0.03~0.10	0.2~0.5					0.15~0.40	≤0.12
АЧС-3	3.2~3.8	1.7~2.6	0.3~0.7	≤0.3	≤0.3	0.03~0.10	0.2~0.5					0.15~0.40	≤0.12
АЧС-4	3.0~3.5	1.4~2.2	0.4~0.8					0.04~0.40			≤0.30	0.12~0.20	
АЧС-5	3.5~3.4	2.5~3.2	7.5~12.5							0.4~0.8		≤0.20	≤0.05
АЧС-6	2.2~2.8	3.0~4.0	0.2~0.6						0.5~1.0		0.5~1.0		≤0.12
АЧВ-1	2.8~3.5	1.8~2.7	0.6~1.2				≤0.7				0.03~0.08	≤0.20	≤0.03
АЧВ-2	2.8~3.5	2.2~2.7	0.4~0.8								0.03~0.08	≤0.20	≤0.03
АЧК-1	2.3~3.0	0.5~1.0	0.6~1.2				1.0~1.5					≤0.20	≤0.12
АЧК-2	2.6~3.0	0.8~1.3	0.2~0.6									≤0.20	≤0.12

①　在牌号标记中：АЧ—耐磨铸铁；С—片状石墨的灰铸铁；В—高强度球墨铸铁；К—团絮状石墨的可锻铸铁；数字—牌号的顺序号。

表 E-16　耐磨铸铁的金相组织（ГОСТ 1585—1985）

牌号	石墨			珠光体[①]		磷共晶（分布特征）	其他组成物
	形态	尺寸	分布	所占视场面积	弥散度		
АЧС-1 АЧС-2 АЧС-3 АЧС-4 АЧС-5	1、2、4、5级	15~180	1~3级	11~1170[②] 1165、1170 11~1185	0.3~1.6	1、2级	不允许渗碳体
				奥氏体：淬火后磨片视场面积≥80%，铸态磨片视场面积≥45% 碳化物（体积分数）：淬火后≤8%，铸态≤25%			
АЧС-6				11~1185	0.3~1.6	2、3级	不允许渗碳体
АЧВ-1	11~13级	15~180		1196~1145	0.3~1.0	1、2级	渗碳体（体积分数）≤5%
АЧВ-2				1170~1145			
АЧК-1	8、9级	15~90		11~1185			不允许渗碳体
АЧК-2				1170~1145			

①　所有牌号中的珠光体均为 IIT-1 型。

②　1170 指珠光体占视场面积为 70%，余同。

表 E-17　耐磨铸铁的硬度（ГОСТ 1585—1985）

牌号	布氏硬度 HBW
АЧС-1	180 ~ 241
АЧС-2	160 ~ 229
АЧС-3	160 ~ 190
АЧС-4	180 ~ 229
АЧС-5	180 ~ 290 140 ~ 180[①]
АЧС-6	100 ~ 120
АЧВ-1	210 ~ 260
АЧВ-2	167 ~ 197
АЧК-1	187 ~ 229
АЧК-2	167 ~ 197

① 加热至 950 ~ 1000℃，保温并淬火。

表 E-18　耐磨铸铁的用途（ГОСТ 1585—1985）

牌　号	用　　途
АЧС-1 АЧС-2	用于淬火或正火态的摩擦副
АЧС-3	用于淬火或正火态以及不进行热处理的摩擦副
АЧС-4	用于淬火或正火态的摩擦副
АЧС-5	用于特殊载荷摩擦部件的淬火或正火态的摩擦副
АЧС-6	用于不进行热处理的在 300℃ 温度使用的摩擦部件
АЧВ-1	用于高圆周速度的淬火或正火态的摩擦部件
АЧВ-2	用于高圆周速度的不进行热处理的摩擦部件
АЧК-1	用于淬火或正火态的摩擦副
АЧК-2	用于不进行热处理的摩擦副

　　滑动摩擦时耐磨铸铁件的使用应符合表 E-19 的规定。

表 E-19　滑动摩擦时耐磨铸铁件的使用应符合的规定

牌号	压力 p/MPa	滑动速度 $v/(m/s)$ ≤	pv $/(MPa \cdot m/s)$
АЧС-1	5.0 14.0	5.0 0.3	12.0 2.5
АЧС-2	10.0 0.1	0.3 3.0	2.5 0.3
АЧС-3	6.0	1.0	5.0
АЧС-4	15.0	5.0	40.0
АЧС-5	20.0 30.0	1.0 0.4	20.0 12.5
АЧС-6	9.0	4.0	9.0
АЧВ-1	1.5 20.0	10.0 1.0	12.0 20.0
АЧВ-2	1.0 12.0	5.0 1.0	3.0 12.0
АЧК-1	20.0	2.0	20.0
АЧК-2	0.5 12.0	5.0 1.0	2.5 12.0

注：几种铸铁牌号有两个 p 值，以及相应的 v 值。

АЧС-5 牌号铸件的锰含量见表 E-20。

表 E-20　АЧС-5 牌号铸件的锰含量

铸铁壁厚/mm	Mn（质量分数，%）
5 ~ 10	7.5 ~ 8.5
10 ~ 20	8.5 ~ 9.5
20 ~ 30	9.5 ~ 10.5
30 ~ 40	10.5 ~ 11.5
40 ~ 60	11.5 ~ 12.5

2. 特殊性能的合金铸铁件标准（ГОСТ 7769—1982）

合金铸铁的化学成分和力学性能见表 E-21 和表 E-22。

表 E-21　合金铸铁的化学成分（ГОСТ 7769—1982）

化学成分（质量分数，%）

牌号	C	Si	Mn≤	P≤	S≤	Cr	Ni	Cu	V	Mo	Ti	Ai
ЧХ1	3.0~3.8	1.5~2.0	1.0	0.30	0.12	0.40~1.00	—	—	—	—	—	—
ЧХ2	3.0~3.8	2.0~3.0	1.0	0.30	0.12	1.01~2.00	—	—	—	—	—	—
ЧХ3	3.0~3.8	2.8~3.8	1.0	0.30	0.12	2.01~3.00	—	—	—	—	—	—
ЧХ3Т	2.6~3.6	0.7~1.5	1.0	0.30	0.12	2.01~3.00	—	0.5~0.8	—	—	0.7~1.0	—
ЧХ9Н5	2.8~3.6	1.2~2.0	0.5~1.5[1]	0.06	0.10	8.0~9.50	4.0~6.0	—	—	0~0.4	—	—
Чх16	1.6~2.4	1.5~2.2	1.0	0.10	0.05	13.0~19.0	—	—	—	—	—	—
ЧХ16М2	2.4~3.6	0.5~1.5	1.5~2.5[1]	0.10	0.05	13.0~19.0	—	1.0~1.5	—	0.5~2.0[2]	—	—
Чх22	2.4~3.6	0.2~1.0	1.5~2.5[1]	0.10	0.08	19.0~25.0	—	—	0.15~0.35	—	0.15~2.0[2]	—
ЧХ22С	0.6~1.0	3.0~4.0	1.0	0.10	0.08	19.0~25.0	—	—	—	—	—	—
Чх28	0.5~1.6	0.5~1.5	1.0	0.10	0.08	25.0~30.0	—	—	—	—	—	—
ЧХ28П	1.8~3.0	1.5~2.5	1.0	0.8~1.5[1]	0.08	25.0~30.0	—	—	—	—	—	—
Чх28Д2	2.2~3.0	0.5~1.5	1.5~2.5[1]	0.10	0.08	25.0~30.0	0.4~0.8	1.5~2.5	—	—	—	—
ЧХ32	1.6~3.2	1.5~2.5	1.0	0.10	0.08	30.0~34.0	—	—	—	—	0.1~0.3	—
ЧС5	2.5~3.2	4.5~6.0	0.8	0.30	0.12	0.5~1.0	—	—	—	—	—	—
ЧС5Ш	2.7~3.3	4.5~5.5	0.8	0.10	0.03	0~0.2	—	—	—	—	—	0.1~0.3
ЧС13	0.6~1.4	12.0~14.0	0.8	0.10	0.07	—	—	—	—	—	—	—
ЧС15	0.3~0.8	14.1~16.0	0.8	0.10	0.07	—	—	—	—	—	—	—
ЧС15М4	0.5~0.9	14.0~16.0	0.8	0.10	0.10	—	—	—	—	3.0~4.0	—	—
ЧС17	0.3~0.5	16.1~18.0	0.8	0.10	0.07	—	—	—	—	—	—	—

（续）

牌号	化学成分（质量分数，%）											
	C	Si	Mn≤	P≤	S≤	Cr	Ni	Cu	V	Mo	Ti	Al
ЧС17М3	0.3~0.6	16.0~18.0	1.0	0.30	0.10	0.4~1.0	—	—	—	2.0~3.0	—	—
ЧЮХШ	3.0~3.8	2.0~3.0	0.5	0.10	0.03	—	—	—	—	—	—	0.6~1.5
ЧЮ5С5	1.8~2.4	4.5~6.0	0.8	0.30	0.12	—	—	—	—	—	—	5.5~7.0
ЧЮ7Х2	2.5~3.0	1.5~3.0	1.0	0.30	0.12	1.5~3.0	—	—	—	—	—	5.0~9.0
ЧЮ22Ш	1.6~2.5	1.0~2.0	0.8	0.20	0.03	—	—	—	—	—	—	19.0~25.0
ЧЮ30	1.0~1.2	0.0~0.5	0.8	0.04	0.08	0.0~0.15	—	—	—	—	0.05~0.12	29.0~31.0
ЧТ6С3Ш	2.2~3.0	2.0~3.5	4.0~7.0①	0.06	0.03	3.0~5.0	—	—	—	0.5~1.0	—	0.5~1.5
ЧТ7Х4	3.0~3.8	1.4~2.0	6.0~8.0①	0.10	0.05	—	—	—	—	—	—	—
ЧТ8Д3	3.0~3.8	2.0~2.5	7.0~9.0①	0.30	0.10	—	0.8~1.5	2.5~3.5	—	—	—	0.5~1.0
ЧНХТ	2.7~3.4	1.4~2.0	0.8~1.6①	0.3~0.6①	0.15	0.2~0.6	0.3~0.7	—	—	—	0.05~0.12	—
ЧНХМД	2.8~3.2	1.6~2.0	0.8~1.2①	0.15	0.12	0.2~0.7	0.7~1.6	0.2~0.5	—	0.2~0.7	—	—
ЧНМШ	2.8~3.8	1.7~3.2	0.8~1.2①	0.10	0.03	0.0~0.1	0.8~1.5	—	—	0.3~0.7	—	—
ЧН2Х	3.0~3.6	1.2~2.0	0.6~1.0①	0.25	0.12	0.4~0.6	1.5~2.0	—	—	—	—	—
ЧН4Х2	2.8~3.6	0.0~1.0	0.8~1.3①	0.30	0.15	0.8~2.5	3.5~5.0	—	—	—	—	—
ЧН11Г7Ш	2.3~3.0	1.8~2.5	5.0~8.0①	0.08	0.03	1.5~2.5	10.0~12.0	—	—	—	—	—
ЧН15Д7	2.2~3.0	2.0~2.5	0.5~1.6①	0.30	0.10	1.5~3.0	14.0~18.0	5.0~8.0	—	—	—	—
ЧН15Д3Ш	2.5~3.0	1.4~3.0	1.3~1.8①	0.08	0.03	0.6~1.0	14.0~18.0	3.0~3.5	—	—	—	—
ЧН19Д3Ш	2.3~3.0	1.8~2.5	1.3~1.6①	0.10	0.03	1.5~3.0	18.0~21.0	—	—	—	—	—
ЧН20Д2Ш	1.8~2.5	3.0~3.5	1.5~2.0①	0.03	0.01	0.5~1.0	19.0~21.0	1.5~2.0	—	—	—	0.1~0.3

① 锰、磷的质量分数处于表中所指范围内。
② 当铬的质量分数为13%~16%及16%~19%时，钼的质量分数相应为2.0%~1.50%及1.5%~0.5%。

表 E-22　合金铸铁的力学性能① （不低于）

铸铁牌号	抗拉强度/MPa	断后伸长率（%）	抗弯强度/MPa	硬度HBW	铸铁牌号	抗拉强度/MPa	断后伸长率（%）	抗弯强度/MPa	硬度HBW
ЧХ1	170	—	350	207～280	ЧЮХⅢ	390	—	590	187～364
ЧХ2	150	—	310	207～286	ЧЮ6С5	120	—	240	235～300
ЧХ3	150	—	310	228～364	ЧЮ7Х2	120	—	170	240～286
ЧХ3Т	200	—	400	440～590	ЧЮ22Ⅲ	290	—	390	241～364
ЧХ9Н5	350	—	700	490～610	ЧЮ30	200	—	350	364～550
ЧХ16	350	—	700	400～450	ЧГ6С3Ⅲ	490	—	680	219～259
ЧХ16М2	170	—	490	490～610	ЧГ7Х4	150	—	330	390～450
ЧХ22	290	—	540	330～610	ЧГ8П3	150	—	330	176～285
ЧХ22С	290	—	540	215～340	ХТ	280	—	430	201～286
ЧХ28	370	—	560	215～270	ЧНХМД	290	—	690	201～286
ЧХ28П	200	—	400	245～390	ЧНХМДⅢ	600	—	—	270～320
ЧХ28Д2	390	—	690	390～640	ЧНМⅢ	490	2	—	183～286
ЧХ32	390	—	690	245～340	ЧН2Х	290	—	490	215～280
ЧС5	150	—	290	140～300	ЧН3ХМДⅢ	550	—	—	350～550
ЧС5Ⅲ	290	—	—	228～300	ЧН4Х2	200	—	400	400～650
ЧС13	100	—	210	290～390	ЧН11Г7Ⅲ	390	4	—	120～255
ЧС15	60	—	170	290～390	ЧН15Д17	150	—	350	120～297
ЧС17	40	—	140	390～450	ЧН15Д3Ⅲ	340	4	—	120～255
ЧС15М4	60	—	140	390～450	ЧН19Х3Ⅲ	340	4	—	120～255
ЧС17М3	60	—	100	390～450	ЧН20Д2Ⅲ	500	25	—	120～220

① 高铬、含锰和含镍铸铁正火和低温回火后的强度和硬度。

合金铸铁件的使用条件与应用范例见表 E-23。

表 E-23　合金铸铁件的使用条件与应用范例

牌号	使用条件	应用范例
ЧХ1	在摩擦及磨料磨损的条件下，于气体、空气、碱性介质中具有高耐蚀性。于773K温度以下空气介质中具有耐热性	高炉冷却板，烧结机炉条，焦化装置上的零件，二硫化碳发生器，燃气发动机和增压机零件，燃烧嘴、金属型、玻璃压模、柴油机排气总管
ЧХ2	在摩擦及磨料磨损条件下，于气体、空气、碱性介质中具有高耐蚀性。于873K温度以下空气介质中具有耐热性	烧结机炉条和炉缸横梁，化工装备接触器零件，石化工厂用管状炉炉栅，涡轮压缩机零件，玻璃制造机零件
ЧХ3	在摩擦及磨料磨损条件下，于气体、空气、碱性介质中具有高耐蚀性。于973K温度以下空气介质中具有耐热性	热处理炉零件，电解槽零件，炉栅，玻璃制造机零件，熄焦车护板
ЧХ13Т	在泥浆泵、煤粉输送管等介质磨料磨损条件下具有高耐磨性	水力机耐磨零件，流动磨料，煤粉导管衬层
ЧХ9Н5	在磨碎机、抛砂机、抛丸机等冲击磨料磨损条件下具有高耐磨性	水力机耐磨零件，流动磨料，煤粉导管等的衬层，煤和矿石粉碎机上的磨碎零件，抛砂机抛头，走梭板，漏料管等

（续）

牌号	使 用 条 件	应用范例
ЧХ16М2	在磨碎机、抛砂机和喷丸室等冲击、磨料磨损条件下具有最高的耐磨性	水力机耐磨零件，流动磨料，煤粉导管等的衬层，煤和矿石粉碎机上的磨碎零件，抛砂机抛头，走梭板，漏料管，抛丸叶轮上的高耐磨叶片
ЧХ16	在1173K温度以下，于空气介质中具有耐热性，在常温和高温条件下具有耐磨性，在浓有机酸介质中有高的稳定性	化工机械附件，炉用附件，水泥煅烧窑零件
ЧХ22 ЧХ28П2	在磨碎装置、筛分机和漏料管、烧结机及抛砂、喷丸室的磨料磨损条件下具有高温耐磨性	水力机耐磨零件，流动磨料，煤粉导管等的衬层，煤和矿石粉碎机上的磨碎零件，抛砂机抛头，走梭板、漏料管、抛丸叶轮上的高抗耐叶片，连续铸钢装置二次冷却区梁条加强块，磨碎机衬层等
ЧХ22С	在1273K温度以下，于含粉尘的气相介质中具有高的耐蚀性、高耐酸性和抗晶间腐蚀性	不承受负荷和重复交变负荷的零件，浓硝酸、磷酸设备上的零件，炉用附件等
ЧХ28 ЧХ32	在酸（硝酸、硫酸、磷酸、盐酸、醋酸、乳酸等）、碱和盐（硝酸铵、硫酸铵、漂白粉、氯化铁、硝酸钾）溶液、含硫或 $S_2O、H_2O$ 的气相介质中具有高耐蚀性。在 $1373 \sim 1423K$ 温度时有耐热性，耐磨料磨损能力高	在1273K温度下，于如下介质，如：SO_2 和 SO_3 介质，浓碱、硝酸，盐溶液和碱溶液工作的低机械负荷，如离心泵零件、炉用附件、渗碳炉、燃烧喷嘴、气缸、阀体、黄铁矿焙烧炉铁耙等。也可用于制作喷砂装置上的喷嘴，经受磨料磨损的零件，食品制作装置零件，小型轧钢机导板附件
ЧХ28П	在823K温度以下于锌熔液下，经氧化性退火处理后具有高的稳定性	连续式热镀装置中锌熔液内工作的摩擦副耦合零件
ЧС5	在973K温度以下的炉气和空气介质中具有耐热性	水泥焙烧炉用炉栅、护板，二硫化碳发生器
ЧС5Ш	在1073K温度以下的炉气和空气介质中具有耐热性	锅炉炉用附件，蒸汽过热锅炉遥控零件，燃气喷嘴，热处理炉炉底板
ЧС13 ЧС15 ЧС17	在473K温度以下具有高耐蚀性，能耐浓酸、稀酸、碱溶液、盐溶液（氢氟酸盐和含氟化合物除外）等的腐蚀作用	形状简单的离心泵、活塞泵、压缩机零件和管道附件，换热器上使用的管件和成形零件，以及其他化工装备上应用的零件
ЧС15М4 ЧС17М3	在30K以下的局部温差时，在硫酸、硝酸、盐酸（不同浓度及温度情况下）、碱液及盐液中具有很高抗蚀性（此时零件本身不受动负荷、交变负荷及脉冲冲击）	
ЧЮХШ	在923K温度以下的空气介质中具有耐热性，合金铸铁件具有高的耐磨损性能	玻璃制品用的压模、炉用设备零件、钢板轧制机及精轧机架上的辊子
ЧЮ7Х2	在1023K温度以下的空气介质中具有耐热性，合金铸铁件具有高的耐磨损性能	炉用零件
ЧЮ6С5	在1073K温度以下具有耐热性，在含硫的介质中具有耐蚀性，在急变温度的条件下具有耐热性	在1073K温度以下工作的铸件
ЧЮ22Ш	在含硫、二氧化硫、氧化钒和水蒸气的介质中具有耐热性，在空气介质中的耐热可达1373K，常温和高温条件下具有高的强度	锅炉附件零件，蒸汽过热锅炉遥控零件，黄铁矿焙烧炉炉用零件，环式加热炉炉用零件，烧结机炉栅
ЧЮ30	在1073K温度以下的空气介质中具有耐热性，合金铸铁件具有耐磨损性能	黄铁矿焙烧炉用零件

（续）

牌号	使 用 条 件	应 用 范 例
ЧГ6С3Ш ЧГ7Х4	在摩擦介质中具有耐磨性，在煤粉、泥浆管道以及磨碎设备等工作条件下具有耐磨损性能	磨碎设备上的零件，水泵零件，磨碎机、喷丸室和喷砂处理室的衬层
ЧГ8Д3	可在高温条件下应用的非磁性耐磨铸铁	非磁性零件，设备附件中的耦合摩擦零件
ЧНХТ	具有高的力学性能，在弱碱性和气相（燃料燃烧产物、工业纯氧气）以及水溶液介质中具有耐蚀性和耐磨性	活塞式压缩机的环形油罐、油环，柴油机和气动压缩机用阀底座和导向套，平整压力机和造纸机粉碎装置上的零件
ЧНХМД	具有高力学性能，在弱碱和气相介质（燃料燃烧产物、工业纯氧气）以及水溶液中具有耐蚀性和耐磨性	气缸盖、气缸体、内燃发动机、蒸汽机和涡轮机上的排气歧管。蒸汽机、内燃机车发动机和船用柴油机活塞和气缸套，氧气和气动压缩机零件，造纸机零件
ЧН2Х	具有高的力学性能，在弱碱性和气相介质（燃料燃烧产物、工业纯氧气），水溶液以及氢氧化钠溶液中具有耐蚀性	各式齿轮，发动机气缸，摩擦轮，节流阀，冷却气缸，造纸机，纸板机和烘干机机轴，冲压机模
ЧНМШ	在773K温度下具有高的力学性能和热稳定性	柴油机气缸头和气缸底，活塞头、活塞环，环形油罐，冷却气缸，造纸机，纸板机和烘干机机轴
ЧН4Х2	在摩擦磨损条件下具有高的耐磨性	机器耐磨零件，流动摩擦介质，磨碎机和煤粉输送管道衬层，破碎轧辊和磨球，喷嘴，走梭板，筛分机零件
ЧН15Д3Ш ЧН15Д7	在如下介质中具有高的耐蚀性和耐侵蚀性：碱、弱酸溶液、温度大于323K和任意浓度的硫酸溶液、海水和过热蒸汽。合金具有高的热膨胀系数，在低铬含量下可能有顺磁性	石油开采、化工、石油加工和管道阀门制造业中使用的泵、阀门及其他各种零件。电工用的非磁性铸件、气缸套衬套，活塞头，内燃机中排气管，阀门导向套及阀座
ЧН19Х3Ш ЧН11Г7Ш	在873K以下具有热强性。在如下介质中具有高的耐蚀性和耐侵蚀性：碱、弱酸溶液，温度大于323K和任意浓度的硫酸溶液、海水和过热蒸汽。合金具有高的热膨胀系数，低铬含量下可能有顺磁性	燃气轮机中的排气管、气阀导杆和透平增压器壳体、活塞头、泵体、阀及非磁性零件
ЧН20Д2Ш	在173K温度以下具有高力学性能，具有高的冲击值（恰贝式缺口冲击试块的冲击韧度大于30J/cm²），冷态具有塑性变形能力	石油开采和加工行业中使用的泵和其他零件，燃料管道阀门零件

合金铸铁件的热处理及适应范围见表 E-24。

表 E-24　合金铸铁件的热处理及适应范围

热处理及其目的	规 范			适应范围
	温度/K	保温时间/h	冷却方式	
高温石墨化退火，降低铸件硬度和减少游离渗碳体的含量	1173 ~ 1223	6 ~ 2	随炉冷却	各类低合金铸铁，但耐磨类除外
	1133 ~ 1153	1 ~ 2	随炉冷却	高硅类铸铁
均匀化保温与正火处理，降低铸件的磁导率和硬度，提高塑性和强度	1253 ~ 1313	4 ~ 6	空气（油或水玻璃液）中冷却	高锰和高镍类铸铁，但ЧН4Х2和ЧГ7Х4牌号铸铁除外
正火处理，提高铸件硬度	1323 ~ 1373	1 ~ 2	空气中冷却	高铬类耐磨铸铁
	1133 ~ 1153	1 ~ 2	空气中冷却	低铬、铝和镍合金铸铁以及ЧГ7Х4和ЧН4Х2耐磨铸铁

（续）

热处理及其目的	规　范			适应范围
	温度/K	保温时间/h	冷却方式	
浇注后回火或正火处理，消除铸件内应力	473 ~ 523	2 ~ 3	随炉冷却	适用于高铬类和高铝类以外的各类合金铸铁
	793 ~ 833	3 ~ 4	随炉冷却	高铬类和高铝类合金铸铁
退火和高温回火，降低铸件硬度和改善加工性能	963 ~ 1023	6 ~ 12	随炉冷却	高合金铸铁
	933 ~ 963	1 ~ 12	随炉冷却	低合金铸铁
回火，降低热强型合金铸铁件的蠕变（由于高弥散态渗碳体的沉淀析出导致磁导率的升高）	723 ~ 923（比使用温度高30 ~ 50K）	4 ~ 6	随炉冷却	高镍合金球墨铸铁

耐热铸铁的高温抗拉强度见表 E-25。

表 E-25　耐热铸铁的高温（瞬时）抗拉强度

牌号	在以下温度（K）时的抗拉强度 /MPa				
	773	873	973	1073	1173
ЧХ1	196	147	68	29	—
ЧХ2	196	147	78	29	—
ЧХ3	167	147	88	29	—
ЧХ16	440	294	137	88	68
ЧХ30	392	294	196	98	—
ЧС5	118	98	49	19	—
ЧС5Ш	440	382	118	39	—
ЧЮХШ	343	235	130	78	—
ЧЮ7Х2	294	226	157	29	—
ЧЮ6С5	118	98	49	19	—
ЧЮ22Ш	245	275	168	137	78

合金球墨铸铁的力学性能见表 E-26 和表 E-27。

表 E-26　873K 时合金球墨铸铁（瞬时）力学性能

牌号	抗拉强度/MPa	屈服强度/MPa	断后伸长率（%）	冲击吸收能量/J	标准弹性模量/MPa
	≥				
ЧН19Х3Ш	250	180	2.0	2.0	11×10^4
ЧН11Г7Ш	300	180	10.0	2.0	12×10^4
ЧЮ22Ш	350	—	0.5	0.5	13×10^4

表 E-27　高温下合金球墨铸铁的持久强度和蠕变速率

牌号	873K 时持久强度		应力为 40MPa 时的蠕变速率/h^{-1}
	应力/MPa	断裂前的时间/h	
ЧН19Х3Ш	120	1000	1.0×10^{-4}（873K） 2.0×10^{-4}（973K）[①]

（续）

牌号	873K 时持久强度		应力为 40MPa 时的蠕变速率/h^{-1}
	应力/MPa	断裂前的时间/h	
ЧН11Г7Ш	120	1000	1.8×10^{-4}（873K）
ЧЮ22Ш	100	1000	40×10^{-4}（973K）[①]

① 温度 973K 及应力 30MPa 时的蠕变速度。

合金铸铁试块的形状和尺寸如图 E-1 和图 E-2 所示。

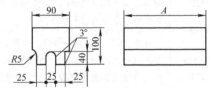

图 E-1　合金铸铁 U 型试样的形状和尺寸

A—随试样长度和数量改变

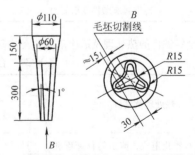

图 E-2　合金铸铁"梅花"型试块的形状和尺寸

附录 F　奥氏体铸铁国外有关标准（摘录）

奥氏体铸铁各牌号对照见表 F-1。

表 F-1　奥氏体铸铁各标准牌号对照

ISO 2892	EN13835	ASTM A439	JIS G 5510
ISO 2892/JSA/XNi13Mn7	EN-GJSA-XNiMn13-7	—	FCDA-NiMn13-7
ISO 2892/JSA/XNi20Cr2	EN-GJSA-XNiCr20-2	D-2	FCDA-NiCr20-2
ISO 2892/JSA/XNi20Cr2Nb	EN-GJSA-XNiCrNb20-2	—	FCDA-NiCrNb20-2
—	—	D-2B	—
ISO 2892/JSA/XNi22	EN-GJSA-XNi22	D-2C	FCDA-Ni22
ISO 2892/JSA/XNi23Mn4	EN-GJSA-XNiMn23-4	—	FCDA-NiMn23-4
—	—	D-3A	—
ISO 2892/JSA/XNi30Cr3	EN-GJSA-XNiCr30-3	D-3	FCDA-NiCr30-3
ISO 2892/JSA/XNi30Si5Cr5	—	D-4	FCDA-NiSiCr30-5-5
ISO 2892/JSA/XNi35	EN-GJSA-XNi35	D-5	FCDA-Ni35
ISO 2892/JSA/XNi35Cr3	—	D-5B	FCDA-NiCr35-3
ISO 2892/JSA/XNi35Si5Cr2	EN-GJSA-XNiSiCr35-5-2	D-5S	FCDA-NiSiCr35-5-2
ISO 2892/JLA/XNi13Mn7	EN-GJL-AXNiMn13-7	—	FCA-NiMn13-7
ISO 2892/JLA/XNi15Cu6Cr2	EN-GJL-AXNiCuCr15-6-2	—	FCA-NiCuCr15-6-2

F.1　国际标准 [ISO 2892：2007（E）]

奥氏体铸铁的化学成分和力学性能见表 F-2 ~ 表 F-10。试样和试棒的形状和尺寸同 ISO 1083：2018（E）球墨铸铁国际标准（见表 B-7 ~ 表 B-10）。

表 F-2　工程牌号奥氏体铸铁的化学成分 [ISO 2892：2007（E）]

石墨形态	材料牌号	化学成分（质量分数,%）						
		C	Si	Mn	Ni	Cr	P	Cu
片状	ISO2892/JLA/XNi15Cu6Cr2	≤3.0	1.0 ~ 2.8	0.5 ~ 1.5	13.5 ~ 17.5	1.0 ~ 3.5	≤0.25	5.5 ~ 7.5
球状	ISO2892/JSA/XNi20Cr2	≤3.0	1.5 ~ 3.0	0.5 ~ 1.5	18.0 ~ 22.0	1.0 ~ 3.5	≤0.08	≤0.5
	ISO2892/JSA/XNi23Mn4	≤2.6	1.5 ~ 2.5	4.0 ~ 4.5	22.0 ~ 24.0	≤0.2	≤0.08	≤0.5
	ISO2892/JSA/XNi20Cr2Nb[①]	≤3.0	1.5 ~ 2.4	0.5 ~ 1.5	18.0 ~ 22.0	1.5 ~ 3.5	≤0.08	≤0.5
	ISO2892/JSA/XNi22	≤3.0	1.5 ~ 3.0	1.5 ~ 2.5	21.0 ~ 24.0	≤0.5	≤0.08	≤0.5
	ISO2892/JSA/XNi35	≤2.4	1.5 ~ 3.0	0.5 ~ 1.5	34.0 ~ 36.0	≤0.2	≤0.08	≤0.5
	ISO2892/JSA/XNi35Si5Cr2	≤2.0	4.0 ~ 6.0	0.5 ~ 1.5	34.0 ~ 36.0	1.5 ~ 2.5	≤0.08	≤0.5

注：在某些场合，加 Mo 可改善高温强度。

① 含 $w(\mathrm{Nb}) \leqslant \{0.353 - 0.032[w(\mathrm{Si}) + 64w(\mathrm{Mg})]\}$ 的材料具有良好的焊接性能。Nb 的正常质量分数为 0.12% ~ 0.20%。

表 F-3　特殊用途牌号奥氏体铸铁的化学成分 [ISO 2892：2007（E）]

石墨形态	材料牌号	化学成分（质量分数,%）						
		C	Si	Mn	Ni	Cr	P	Cu
片状	ISO2892/JLA/XNi13Mn7	≤3.0	1.5 ~ 3.0	6.0 ~ 7.0	12.0 ~ 14.0	≤0.2	≤0.25	≤0.5
球状	ISO2892/JSA/XNi13Mn7	≤3.0	2.0 ~ 3.0	6.0 ~ 7.0	12.0 ~ 14.0	≤0.2	≤0.08	≤0.5
	ISO2892/JSA/XNi30Cr13	≤2.6	1.5 ~ 3.0	0.5 ~ 1.5	28.0 ~ 32.0	2.5 ~ 3.5	≤0.08	≤0.5
	ISO2892/JSA/XNi30Si5Cr5	≤2.6	5.0 ~ 6.0	0.5 ~ 1.5	28.0 ~ 32.0	4.5 ~ 5.5	≤0.08	≤0.5
	ISO2892/JSA/XNi35Cr3	≤2.4	1.5 ~ 3.0	1.5 ~ 2.5	34.0 ~ 36.0	2.0 ~ 3.0	≤0.08	≤0.5

注：在某些场合，加 Mo 可改善高温强度。

表 F-4　奥氏体铸铁的性能特点和应用［ISO 2892：2007（E）］

材料牌号	性　能	应　用
工　程　牌　号		
ISO2892/JLA/XNi15Cu6Cr2	特别对于强碱、弱酸、海水和盐渣有较好的耐融性能。承载能力强，热膨胀率大，在 Cr 含量低时，无磁性	泵、阀、炉子构件、衬套、活塞环、底座、无磁性铸件
ISO2892/JSA/XNi20Cr2	良好的耐蚀性和耐热性，承载能力强，热膨胀率大，低 Cr 时无磁性，如加入 1%（质量分数）的 Mo，可提高高温性能	泵阀、压缩机、衬套、涡轮增压器壳体、各种排气管、无磁性铸件
ISO2892/JSA/XNi23Mn4	特别高的塑性，－196℃时仍保留有韧性，无磁性	用于冷至－196℃的制冷工程铸件
ISO2892/JSA/XNi20Cr2Nb	除适用于焊接加工的性能外，其他性能与 ISO2892/JSA/XNi20Cr2 相同	同 ISO2892/JSA/XNi20Cr2
ISO2892/JSA/XNi22	塑性高。与 ISO2892/JSA/XNi20Cr2 相比，耐蚀性和耐热性均较低。高的膨胀系数，－100℃时仍保留韧性，无磁性	泵、阀、压缩机、衬套、涡轮增压器壳体、各种排气管、无磁性铸件
ISO2892/JSA/XNi35	在所有铸铁中，热膨胀系数最低，具有抗热冲击能力	机床中的尺寸稳定零件，科学仪器，玻璃模具
ISO2892/JSA/XNi35Si5Cr2	特别高的耐热性，比 ISO2892/JSA/XNi35Cr3 有更高的塑性和蠕变强度。当加入 1%（质量分数）的 Mo 时，可改善蠕变强度	气体涡轮机壳体铸件、排气管，涡轮增压器壳体
特殊用途牌号		
ISO2892/JLA/XNi13Mn7	无磁性	无磁性铸件，如涡轮发电机端盖、配电盘壳体，绝缘子法兰，接线栓、套管
ISO2892/JSA/XNi13Mn7	无磁性。与 ISO2892/JLA/XNi13Mn7 相似，但力学性能有所改善	同 ISO2892/JLA/XNi13Mn7
ISO2892/JSA/XNi30Cr3	力学性能与 ISO2892/JSA/XNi20Cr2 相似，但耐蚀性和耐热性有所改善。中等线膨胀系数，加入 1%（质量分数）的 Mo 有特别好的耐热冲击和良好的耐高温性能	泵、锅炉、阀、过滤器零件、排气管、增压器壳体
ISO2892/JSA/XNi30Si5Cr5	特别高的耐腐蚀性，抗侵蚀性和耐热能力，线膨胀系数中等	泵、过滤器、各种排气管、涡轮增压器壳体、工业炉锅件
ISO2892/JSA/XNi35Cr3	与 ISO2892/JSA/XNi35 相似，但当加入 1%（质量分数）的 Mo 耐高温性能有所改善	气体涡轮机壳体零件、玻璃模具

表 F-5 工程牌号奥氏体铸铁的力学性能[ISO 2892:2007(E)]

石墨形态	材料牌号	抗拉强度 R_m/MPa ≥	条件屈服强度 $R_{p0.2}$/MPa ≥	断后伸长率 A（%） ≥	三个试样平均冲击吸收能量（V 型缺口）/J ≥
片状	ISO2892/JLA/XNi15Cu6Cr2	170	—	—	—
球状	ISO2892/JSA/XNi20Cr2	370	210	7	13[①]
	ISO2892/JSA/XNi23Mn4	440	210	25	24
	ISO2892/JSA/XNi20Cr2Nb[②]	370	210	7	13[①]
	ISO2892/JSA/XNi22	370	170	20	20
	ISO2892/JSA/XNi35	370	210	20	—
	ISO2892/JSA/XNi35Si5Cr2	370	200	10	—

① 由供需双方按需要商定。
② $w(Nb) \leq 0.353 - 0.032[w(Si) + 64 \times w(Mg)]$ 的材料具有良好的焊接性，Nb 的正常质量分数为 0.12% ~ 0.20%。

表 F-6 特殊用途牌号奥氏体铸铁的力学性能[ISO 2892:2007(E)]

石墨形态	材料牌号	抗拉强度 R_m/MPa ≥	条件屈服强度 $R_{p0.2}$/MPa ≥	断后伸长率 A（%） ≥	三个试样平均冲击吸收能量（V 型缺口）/J ≥
片状	ISO2892/JLA/XNi13Mn7	140	—	—	—
球状	ISO2892/JSA/XNi13Mn7	390	210	15	16
	ISO2892/JSA/XNi30Cr3	370	210	7	—
	ISO2892/JSA/XNi30Si5Cr5	390	240	—	—
	ISO2892/JSA/XNi35Cr3	370	210	7	—

表 F-7 工程和特殊用途牌号奥氏体铸铁的力学性能数值举例[ISO 2892:2007(E)]

类别	材料牌号	抗拉强度 /MPa	压缩强度 /MPa	条件屈服强度 /MPa	断后伸长率 （%）	V 型缺口冲击吸收能量 /J	弹性模量 /GPa	布氏硬度 HBW
工程	ISO2892/JLA/XNi15Cu6Cr2	170 ~ 210	700 ~ 840	—	2	—	85 ~ 105	120 ~ 215
	ISO2892/JSA/XNi20Cr2	370 ~ 480	—	210 ~ 250	7 ~ 20	11 ~ 24	112 ~ 130	140 ~ 225
	ISO2892/JSA/XNi23Mn4	440 ~ 480	—	210 ~ 240	25 ~ 45	20 ~ 30	120 ~ 140	150 ~ 180
	ISO2892/JSLA/XNi20Cr2Nb	370 ~ 480	—	210 ~ 250	8 ~ 20	11 ~ 24	112 ~ 130	140 ~ 200
	ISO2892/JSA/XNi22	370 ~ 450	—	170 ~ 250	20 ~ 40	17 ~ 29	85 ~ 112	130 ~ 170
	ISO2892/JSA/XNi35	370 ~ 420	—	210 ~ 240	20 ~ 40	18	112 ~ 140	130 ~ 180
	ISO2892/JSA/XNi35Si5Cr2	380 ~ 500	—	210 ~ 270	10 ~ 20	7 ~ 12	130 ~ 150	130 ~ 170
特殊用途	ISO2892/JLA/XNi13Mn7	140 ~ 220	630 ~ 840	—	—	—	70 ~ 90	120 ~ 150
	ISO2892/JSA/XNi13Mn7	390 ~ 470	—	210 ~ 260	15 ~ 18	15 ~ 25	140 ~ 150	120 ~ 150
	ISO2892/JSA/XNi30Cr3	370 ~ 480	—	210 ~ 260	7 ~ 18	5	92 ~ 105	140 ~ 200
	ISO2892/JSA/XNi30Si5Cr5	390 ~ 500	—	240 ~ 310	1 ~ 4	1 ~ 3	90	170 ~ 250
	ISO2892/JSA/XNi35Cr3	370 ~ 450	—	210 ~ 290	7 ~ 10	4	112 ~ 123	140 ~ 190

表 F-8　工程和特殊用途牌号奥氏体铸铁的物理性能数值举例[ISO 2892:2007(E)]

类别	材料牌号	密度/(kg/dm³)	线膨胀系数(20~200℃)/10⁻⁶K⁻¹	热导率/[W/(m·K)]	比热容/[J/(g·K)]	电阻率/10⁻⁶Ω·m	磁导率(H=79.58A/cm时)
工程	ISO2892/JLA/XNi15Cu6Cr2	7.3	18.7	39.00	46~50	1.6	1.03
	ISO2892/JSA/XNi20Cr2	7.4~7.45	18.7	12.60	46~50	1.0	1.05
	ISO2892/JSA/XNi23Mn4	7.45	14.7	12.60	46~50	—	1.02
	ISO2892/JSA/XNi20Cr2Nb	7.40	18.7	12.60	46~50	1.0	1.04
	ISO2892/JSA/XNi22	7.40	18.40	12.60	46~50	1.0	1.02
	ISO2892/JSA/XNi35	7.60	5.0	12.60	46~50	—	①
	ISO2892/JSA/XNi35Si5Cr2	7.45	15.10	12.60	46~50	—	①
特殊用途	ISO2892/JLA/XNi13Mn7	7.40	17.70	39.00	46~50	1.2	1.02
	ISO2892/JSA/XNi13Mn7	7.30	18.20	12.60	46~50	1.0	1.02
	ISO2892/JSA/XNi30Cr3	7.45	12.60	12.60	46~50	—	①
	ISO2892/JSA/XNi30Si5Cr5	7.45	14.40	12.60	46~50	—	1.10
	ISO2892/JSA/XNi35Cr3	7.70	5.0	12.60	46~50	—	①

① 这些牌号是铁磁性的。

表 F-9　ISO2892/JAS/XNi23Mn4 的低温力学性能数值举例[ISO 2892:2007(E)]

温度/℃	抗拉强度 R_m/MPa	条件屈服强度 $R_{p0.2}$/MPa	断后伸长率 A(%)	断面收缩率(%)	V型缺口冲击吸收能量/J
20	450	220	35	32	29
0	450	240	35	32	31
-50	460	260	38	35	32
-100	490	300	40	37	34
-150	530	350	38	35	33
-183	580	430	33	27	29
-196	620	450	27	25	27

表 F-10　球状石墨奥氏体铸铁在高温时的力学性能举例[ISO 2892:2007(E)]

力学性能	温度/℃	工程牌号		特殊用途牌号		
		ISO2892/JSA/XNi20Cr2 ISO2892/JSA/XNi20Cr2Nb	ISO2892/JSA/XNi22	ISO2892/JSA/XNi30Cr3	ISO2892/JSA/XNi30Si5Cr5	ISO2892/JSA/XNi35Cr3
抗拉强度 R_m/MPa	20	417	437	410	450	427
	430	380	368	—	—	—
	540	335	295	337	426	332
	650	250	197	293	337	286
	760	155	121	186	1536	175

（续）

力学性能	温度/℃	工程牌号		特殊用途牌号		
		ISO2892/JSA/XNi20Cr2 ISO2892/JSA/XNi20Cr2Nb	ISO2892/JSA/ XNi22	ISO2892/JSA/ XNi30Cr3	ISO2892/JSA/ XNi30Si5Cr5	ISO2892/JSA/ XNi35Cr3
条件屈服强度 $R_{p0.2}$/MPa	20	246	240	276	312	288
	430	197	184	—	—	—
	540	197	165	199	291	181
	650	176	170	193	239	170
	760	119	117	107	130	131
断后伸长率（加 速试验）（%）	20	10.5	35	7.5	3.5	7
	430	12	23	—	—	—
	540	10.5	19	7.5	4	9
	650	10.5	10	7	11	6.5
	760	15	13	18	30	24.5
持久强度 (1000h)/MPa	540	197	148	—	—	—
	595	(127)	(95)	165	120	176
	650	84	63	(105)	(67)	105
	705	(60)	(42)	68	44	70
	760	(39)	(28)	(42)	(21)	(39)
达到最小蠕变速 度所需的应力 (1%/1000h)/MPa	540	162	91	—	—	(190)
	595	(92)	(63)	—	—	(112)
	650	56	40	—	—	(67)
	705	(34)	(24)	—	—	56
达到最小蠕变速 度所需的应力 (1%/10000h)/MPa	540	63	—	—	—	—
	595	(39)	—	—	—	70
	650	24	—	—	—	—
	705	(15)	—	—	—	39
持久伸长率 (1000h)（%）	540	6	14	—	—	—
	595	—	—	7	10.5	6.5
	650	13	13	—	—	—
	705	—	—	12.5	25	13.5

注：括号内的数值是用内推法或外推法计算出的。

F.2　美国标准

1. 奥氏体灰铸铁件标准［ASTM A436—1984（2015）］

奥氏体灰铸铁的化学成分和力学性能见表 F-11 和表 F-12。

表 F-11　奥氏体灰铸铁的化学成分［ASTM A436—1984（2015）］

化学成分 （质量分数,%）	1 型	1b 型	2 型	2b 型	3 型	4 型	5 型	6 型
C（总量）≤	3.00	3.00	3.00	3.00	2.60	2.60	2.40	3.00
Si	1.00~2.80	1.00~2.80	1.00~2.80	1.00~2.80	1.00~2.00	5.00~6.00	1.00~2.00	1.50~2.50

（续）

化学成分（质量分数,%）	1 型	1b 型	2 型	2b 型	3 型	4 型	5 型	6 型
Mn	0.5~1.5	0.5~1.5	0.5~1.5	0.5~1.5	0.5~1.5	0.5~1.5	0.5~1.5	0.5~1.5
Ni	13.50~17.50	13.50~17.50	18.0~22.0	18.00~22.00	28.00~32.00	29.00~32.00	34.00~36.00	18.00~22.00
Cu	5.50~7.50	5.50~7.50	≤0.50	≤0.50	≤0.50	≤0.50	≤0.50	3.50~5.50
Cr	1.50~2.5	2.50~3.50	1.5~2.5	3.00~6.00[①]	2.50~3.50	4.50~5.50	≤0.10	1.00~2.00
S≤	0.12	0.12	0.12	0.12	0.12	0.12	0.12	0.12
Mo≤	—	—	—	—	—	—	—	1.00

① 在要求少量机械加工时，铬的质量分数以3.00%~4.00%为宜。

表 F-12 奥氏体灰铸铁的力学性能 [ASTM A436—1984（2015）]

力学性能	1 型	1b 型	2 型	2b 型	3 型	4 型	5 型	6 型
抗拉强度/MPa≥	172	207	172	207	172	172	138	172
布氏硬度 HBW (29420N) 时	131~183	149~212	118~174	171~248	118~159	149~212	99~124	127~174

奥氏体灰铸铁的试样和试棒的形状和尺寸同图 B-2~图 B-4 及表 B-15（ASTM A536—2014）。

2. 奥氏体球墨铸铁件标准（ASTM A439—2015）

奥氏体球墨铸铁件的化学成分和力学性能见表 F-13 和表 F-14。

表 F-13 奥氏体球墨铸铁的化学成分（ASTM A439—2015）

化学成分（质量分数,%）	类 别									
	D-2[①]	D-2B	D-2C	D-2S	D-3[①]	D-3A	D-4	D-5	D-5B	D-5S
C（总量）≤	3.00	3.00	2.90	2.60	2.60	2.60	2.60	2.40	2.40	2.30
Si	1.50~3.00	1.50~3.00	1.00~3.00	4.80~5.80	1.00~2.80	1.00~2.80	1.00~2.80	1.00~2.80	1.00~2.80	4.90~5.00
Mn	0.70~1.25	0.70~1.25	1.80~2.40	≤1.00	≤1.00[②]	≤1.00[②]	≤1.00[②]	≤1.00[②]	≤1.00[②]	≤1.00[②]
P≤	0.08	0.08	0.08	0.08	0.08	0.08	0.08	0.08	0.08	0.08
Ni	18.00~22.00	18.00~22.00	21.00~24.00	24.00~28.00	28.00~32.00	28.00~32.00	28.00~32.00	34.00~36.00	34.00~36.00	34.00~37.00
Cr	1.75~2.75	2.75~4.00	≤0.50[②]	1.75~2.25	2.50~3.50	1.00~1.50	4.50~5.50	≤1.00	2.00~3.00	1.75~2.25

① 加 $w(Mo)$ =0.07%~1.0% 将提高高于 425℃ 时的力学性能。

② 不是有意加入的。

表 F-14 奥氏体球墨铸铁的力学性能（ASTM A439—2015）

力学性能	类 别									
	D-2	D-2B	D-2C	D-2S	D-3	D-3A	D-4	D-5	D-5B	D-5S
	性 能									
抗拉强度/MPa≥	400	400	400	380	379	379	414	379	379	449
屈服强度（0.25 残余变形）/MPa≥	207	207	193	210	207	207	—	207	207	207

（续）

力学性能	类　别									
	D-2	D-2B	D-2C	D-2S	D-3	D-3A	D-4	D-5	D-5B	D-5S
	性　能									
标距为50mm的断后伸长率（%）≥	8.0	7.0	20.0	10.0	6.0	10.0	—	20.0	60	10.0
布氏硬度HBW（29420N时）	139~202	148~211	121~171	131~193	139~202	131~185	202~273	131~185	131~193	131~193

奥氏体球墨铸铁的试块和试样的形状和尺寸与图 B-2~图 B-4 及表 B-15（ASTM A536—2014）相同。

F.3　欧洲标准（EN 13835：2012）

奥氏体铸铁的化学成分和力学性能见表 F-15~表 F-23。

表 F-15　工程牌号奥氏体铸铁的化学成分（EN 13835：2012）

石墨形态	材料牌号与代号		化学成分（质量分数,%）						
	牌号	代号	C	Si	Mn	Ni	Cr	P	Cu
片状	EN-GJLA-XNiCuCr15-6-2	5.1500	≤3.0	1.0~2.8	0.5~1.5	13.5~17.5	1.0~3.5	≤0.25	5.5~7.5
球状	EN-GJSA-XNiCr20-2	5.3500	≤3.0	1.5~3.0	0.5~1.5	18.0~22.0	1.0~3.5	≤0.08	≤0.50
	EN-GJSA-XNiMn23-4	5.3501	≤2.6	1.5~2.5	4.0~4.5	22.0~24.0	≤0.2	≤0.08	≤0.50
	EN-GJSA-XNiCrNb20-2[①]	5.3502[①]	≤3.0	1.5~2.4	0.5~1.5	18.0~22.0	1.0~3.5	≤0.08	≤0.50
	EN-GJSA-XNi22	5.3503	≤3.0	1.0~3.0	1.5~2.5	21.0~24.0	≤0.5	≤0.08	≤0.50
	EN-GJSA-XNi35	5.3504	≤2.4	1.5~3.0	0.5~1.5	34.0~36.0	≤0.2	≤0.08	≤0.50
	EN-GJSA-XNiSiCr35-5-2	5.3505	≤2.0	4.0~6.0	0.5~1.5	34.0~36.0	1.5~2.5	≤0.08	≤0.50

①　$w(Nb) \leqslant 0.353 - 0.032[w(Si) + 64w(Mg)]$ 的材料具有良好的焊接性。Nb 的一般质量分数为 0.12%~0.20%。

表 F-16　特殊用途牌号奥氏体铸铁的化学成分（EN 13835：2012）

石墨形态	材料牌号与代号		化学成分（质量分数,%）						
	牌号	代号	C	Si	Mn	Ni	Cr	P	Cu
片状	EN-GJLA-XNiMn13-7	5.1501	≤3.0	1.5~3.0	6.0~7.0	12.0~14.0	≤0.2	≤0.25	≤0.50
球状	EN-GJSA-XNiMn13-7	5.3506	≤3.0	2.0~3.0	6.0~7.0	12.0~14.0	≤0.2	≤0.08	≤0.50
	EN-GJSA-XNiCr30-3	5.3507	≤2.6	1.5~3.0	0.5~1.5	28.0~32.0	2.5~3.5	≤0.08	≤0.50
	EN-GJSA-XNISCr30-5-5	5.3508	≤2.6	5.0~6.0	0.5~1.5	28.0~32.0	4.5~5.5	≤0.08	≤0.50
	EN-GJSA-XNiCr35-3	5.3509	≤2.4	1.5~3.0	0.5~1.5	34.0~36.0	2.0~3.0	≤0.08	≤0.50

表 F-17　工程牌号奥氏体铸铁在（23±5）℃时的力学性能型（EN 13835：2012）

石墨形态	材料牌号与代号		条件屈服强度 $R_{p0.2}$/MPa	抗拉强度 R_m/MPa	断后伸长率 A（%）	三个试样 V 型夏比冲击吸收能量平均值/J ≥
球状	EN-GJSA-XNiCr20-2	5.3500	210	370	7	13[①]
	EN-GJSA-XNiMn23-4	5.3501	210	440	25	24
	EN-GJSA-XNiCrNb20-2	5.3502	210	370	7	13[①]
	EN-GJSA-XNi22	5.3503	170	370	20	20
	EN-GJSA-XNi35	5.3504	210	370	20	13[①]
	EN-GJSA-XNiSiCr35-5-2	5.3505	200	370	10	7[①]
	EN-GJSA-XNiMn13-7	5.3506	210	390	15	16

①　由供需双方协商决定。

表 F-18　特殊用途牌号奥氏体铸铁在（23±5）℃时的力学性能（EN 13835：2012）

| 石墨形态 | 材料牌号与代号 | | 条件屈服强度 $R_{p0.2}$/MPa | 抗拉强度 R_m/MPa | 伸长率 A（%） |
	牌号	代号			
片状	EN-GJLA-XNiMn13-7	5.1501	—	140	—
	EN-GJLA-XNiCuCr15-6-2	5.1500	—	170	—
球状	EN-GJSA-XNiCr30-3	5.3507	210	370	7
	EN-CGJSA-XNiSiCr30-5-5	5.3508	240	390	
	EN-GJSA-XNiCr35-3	5.3509	210	370	7

表 F-19　奥氏体铸铁的性能特点和应用（EN 13835：2012）

| 材料牌号与代号 | | 性能特点 | 应用 |
牌号	代号		
工程牌号			
EN-GJLA-XNiCuCr15-6-2	5.1500	特别对于强碱、弱酸、海水和盐渣，有较好的耐蚀性，承载能力力强，热膨胀率大。在铬含量较低时无磁性	用于制造泵、阀、炉子构件，衬套、活塞环、底座、无磁性铸件
EN-GJSA-XNiCr20-2	5.3500	良好的耐蚀性和耐热性，承载能力强，热膨胀率大，低铬时无磁性。如加入质量分数为1%的Mo，可提高高温性能	用于制造泵、阀、压缩机、衬套、涡轮增压器壳体、各种排气管、无磁性铸件
EN-GJSA-XNiMn23-4	5.3501	特别高的塑性，−196℃时仍保留有韧性，无磁性	用于制造冷至−196℃的制冷工程铸件
EN-GJSA-XNiCrNb20-2	5.3502	除适用于焊接加工的性能外，其他性能与ISO 2892/JSA/XNi20Cr2相同	同 EN-GJSA-XNiCr20-2
EN-GJSA-XNi22	5.3503	塑性高。与ISO 2892/JSA/XNi20Cr2相比，耐蚀性和耐热性均较低。高的膨胀系数，100℃时仍保持韧性，无磁性	用于制造泵、阀、压缩机、衬套、涡轮增压器壳体、各种排气管、无磁性铸件
EN-GJSA-XNi35	5.3504	在所有铸铁中热膨胀系数最低，具有抗热冲击能力	用于制造机床中的尺寸稳定零件、科学仪器、玻璃模具
EN-GJSA-XNiSiCr35-5-2	5.3505	特别高的耐热性，比ISO 2892/JSA/XNi35Cr3有更高的塑性和蠕变强度。当加入质量分数为1%的Mo时可改善蠕变强度	用于制造气体涡轮机壳体铸件、排气管、涡轮增压器壳体
特殊用途牌号			
EN-GJLA-XNiMn13-7	5.1501	无磁性	用于制造无磁性铸件，如涡轮发电机端盖、配电盘壳体、绝缘子法兰、接线栓、套管
EN-GJSA-XNiMn13-7	5.3506	无磁性，与 EN-GJLA-XNiMn13-7（5.1501）相似，但力学性能有所改善	同 EN-GJLA-XNiMn13-7
EN-GJSA-XNiCr30-3	5.3507	力学性能与 EN-GJSA-XNiCrNb20-2（5.3502）相似，但耐蚀性和耐热性有所改善。中等膨胀系数，加入质量分数为1%的Mo时有特别好的耐热冲击和良好的耐高温性能	用于制造泵、锅炉、阀、过滤器、排气管、增压器壳体

（续）

材料牌号与代号		性能特点	应用
牌号	代号		
特殊用途牌号			
EN-GJSA-XNiSiCr30-5-5	5.3508	特别高的耐蚀性，抗侵蚀性和耐热能力，膨胀系数中等	用于制造泵、过滤器、各种排气管、涡轮增压器壳体、工业炉铸件
EN-GJSA-XNiCr35-3	5.3509	与 EN-GJSA-XNi35（5.3504），但当加质量分数为 1% 的 Mo 时耐高温性能有所改善	用于制造气体涡轮机壳体零件、玻璃模具

表 F-20　（23±5）℃时各种牌号奥氏体铸铁的力学性能举例（EN 13835：2012）

类别	材料牌号与代号		条件屈服强度 $R_{p0.2}$ /MPa	抗拉强度 R_m /MPa	断后伸长率 A （%）	抗压强度 /MPa	V 型缺口冲击吸收能力 /J	弹性模量 E /GPa	布氏硬度 HBW
	牌号	代号							
工程	EN-GJLA-XNiCuCr15-6-2	5.1500	—	170~210	2	700~840	—	85~105	120~215
	EN-GJSA-XNiCr20-2	5.3500	210~250	370~480	7~20	—	11~24	112~130	140~255
	EN-GJSA-XNiMn23-4	5.3501	210~240	440~480	25~45	—	20~30	120~140	150~180
	EN-GJSA-XNiCrNb20-2	5.3502	210~250	370~480	8~20	—	11~24	112~130	140~200
	EN-GJSA-XNi22	5.3503	170~250	370~450	20~40	—	17~29	85~112	130~170
	EN-GJSA-XNi35	5.3504	210~240	370~420	20~40	—	10~18	112~140	130~180
	EN-GJSA-XNiSiCr35-5-2	5.3505	200~270	370~500	10~20	—	7~12	130~150	130~170
特殊用途	EN-GJLA-XNiMn13-7	5.1501	—	140~220	—	630~840	—	70~90	120~150
	EN-GJSA-XNiMn13-7	5.3506	210~260	390~470	15~18	—	15~25	140~150	120~150
	EN-GJSA-XNiCr30-3	5.3507	210~260	370~480	7~18	—	5	92~105	140~200
	EN-GJSA-XNiSiCr30-5-5	5.3508	240~310	390~500	1~4	—	1~3	90	170~250
	EN-GJSA-XNiCr35-3	5.3509	210~290	370~450	7~10	—	4	112~123	140~190

表 F-21　工程和特殊用途牌号奥氏体铸铁的物理性能举例（EN 13835：2012）

类别	材料牌号与代号		密度 ρ /(kg/dm³)	线膨胀系数 (20~200℃) α /[μm/(m·K)]	热导率 λ /[W/(m·K)]	比热容 /[J/(g·K)]	电阻率 /$10^{-6}\Omega\cdot m$	磁导率 (1H=79.58A/cm)
	牌号	代号						
工程	EN-GJLA-XNiCuCr15-6-2	5.1500	7.3	18.7	39.00	46~50	1.6	1.03
	EN-GJSA-XNiCr20-2	5.3500	7.4~7.45	18.7	12.60	46~50	1.0	1.05
	EN-GJSA-XNiMn23-4	5.3501	7.45	14.7	12.60	46~50		1.02
	EN-GJSA-XNiCrNb20-2	5.3502	7.40	18.7	12.60	46~50	1.0	1.04
	EN-GJSA-XNi22	5.3503	7.40	18.40	12.60	46~50	1.0	1.02
	EN-GJSA-XNi35	5.3504	7.60	5.0	12.60	46~50		—
	EN-GJSA-XNiSiCr35-5-2	5.3505	7.45	15.10	12.60	46~50		—

（续）

类别	材料牌号与代号		密度 ρ /（kg/dm³）	线膨胀系数 （202200℃） α/［μm/ （m·K）］	热导率 λ/［W/ （m·K）］	比热容 /［J/ （g·K）］	电阻率 /10⁻⁶Ω·m	磁导率 （1H = 79.58A/cm）
	牌号	代号						
特殊用途	EN-GJLA-XNiMn13-7	5.1501	7.40	17.70	39.00	46～50	1.2	1.02
	EN-GJSA-XNiMn13-7	5.3506	7.30	18.20	12.60	46～50	1.0	1.02
	EN-GJSA-XNiCr30-3	5.3507	7.45	12.60	12.60	46～50	—	—
	EN-GJSA-XNiSiCr30-5-5	5.3508	7.45	14.40	12.60	46～50	—	1，10
	EN-GJSA-XNiCr35-3	5.3509	7.70	5.0	12.60	46～50	—	—

表 F-22　EN-GJSA-XNiMn23-4（5.3501）的典型低温力学性能（EN 13835：2012）

温度℃	条件屈服强度 $R_{p0.2}$ /MPa	抗拉强度 R_m /MPa	断后伸长率 A （%）	断面收缩率 （%）	夏比冲击吸收能量 /J
+20	220	450	35	32	29
0	240	450	35	32	31
-50	260	460	38	35	32
-100	300	490	40	37	34
-150	350	530	38	35	33
-183	430	580	33	27	29
-196	450	620	27	25	27

表 F-23　奥氏体球墨铸铁的高温力学性能举例（EN 13835：2012）

性能	温度/℃	工程		特殊性质		
		EN-GJSA-XNiCr20-2 （5.3500） EN-GJSA-XNiCrNb20-2 （5.3502）	EN-GJSA-XNi22 （5.3503）	EN-GJSA-XNiCr 30-3 （5.3507）	EN-GJSA-XNiSiCr 30-5-5 （5.3508）	EN-GJSA-XNi Cr35-3 （5.3509）
条件屈服 强度 $R_{p0.2}$/MPa	20	246	240	276	312	288
	430	197	184	—	—	—
	540	197	165	199	291	181
	650	176	170	193	239	170
	760	119	117	107	130	131
抗拉强度 R_m/MPa	20	417	437	410	450	427
	430	380	368	—	—	—
	540	335	295	337	426	332
	650	250	197	293	337	286
	760	155	121	186	153	175

（续）

性能	温度/℃	工程		特殊性质		
		EN-GJSA-XNiCr20-2 (5.3500) EN-GJSA-XNiCrNb20-2 (5.3502)	EN-GJSA-XNi22 (5.3503)	EN-GJSA-XNiCr 30-3 (5.3507)	EN-GJSA-XNiSiCr 30-5-5 (5.3508)	EN-GJSA-XNi Cr35-3 (5.3509)
断后伸长率（加速试验）（%）	20	10.5	35	7.5	3.5	7
	430	12	23	—	—	—
	540	10.5	19	7.5	4	9
	650	10.5	10	7	11	6.5
	760	15	13	18	30	24.5
持久强度（1000 h）/MPa	540	197	148	—	—	—
	595	(127)	(95)	165	120	176
	650	84	63	(105)	(67)	(105)
	705	(60)	(42)	68	44	70
	760	(39)	(28)	(42)	(21)	(39)
达到最小蠕变速率所需的应力（1%/1000h）/MPa	540	162	91	—	—	(190)
	595	(92)	(63)	—	—	(112)
	650	56	40	—	—	(67)
	705	(34)	(24)	—	—	56
达到最小蠕变速率所需的应力（1%/10000h）/MPa	540	63	—	—	—	—
	595	(39)	—	—	—	70
	650	24	—	—	—	—
	705	(15)	—	—	—	39
蠕变伸长率（1000 h）（%）	540	6	14	—	—	—
	595	—	—	7	10.5	6.5
	650	13	13	—	—	—
	705	—	—	12.5	25	13.5

注：括号内的数值是使用内推法或外推法计算出的。

附录 G　等温淬火球墨铸铁国际标准（摘录）

由单铸或附铸试块加工的试样和 V 型缺口试样

测定的力学性能见表 G-1 和表 G-2。

等温淬火球墨铸铁与铸件主要壁厚对应的铸造试块的类型、尺寸和拉伸试样的尺寸见表 G-3。

表 G-1　由单铸或附铸试块加工的试样测定的力学性能（ISO 17804：2005）

材料牌号	铸铁的相关壁厚/mm	抗拉强度 R_m/MPa≥	条件屈服强度 $R_{p0.2}$/MPa≥	断后伸长率 A（%）≥
ISO 17804/JS/800-10 ISO 17804/JS/800-10RT①	≤30	800	500	10
	>30~60	750		6
	>60~100	720		5

（续）

材料牌号	铸铁的相关壁厚/mm	抗拉强度 R_m/MPa ≥	条件屈服强度 $R_{p0.2}$/MPa ≥	断后伸长率 A（%） ≥
ISO 17804/JS/900-8	≤30	900	600	8
	>30～60	850		5
	>60～100	820		4
ISO 17804/JS/1050-6	≤30	1050	700	6
	>30～60	1000		4
	>60～100	970		3
ISO 17804/JS/1200-3	≤30	1200	850	3
	>30～60	1170		2
	>60～100	1140		1
ISO 17804/JS/1400-1	≤30	1400	1100	1
	>30～60	1170	由供需双方商定	
	>60～100	1140		

注：1. 由于断面厚度复杂且波动，故铸件性能不均一。

2. 通过合适的热处理，可以获得此表所列的最低条件屈服强度；随着壁厚的增加，抗拉强度和断后伸长率下降。

3. 如果试样类型是特殊的，牌号后"/"附加的字母表示试样类型：S，单铸试样；U，附铸试样。

① RT 表示室温。后同

表 G-2　由单铸或附铸试块加工的 V 型缺口试样测定的最小冲击吸收能量

材料牌号	铸件的主要壁厚/mm	室温（23℃±5℃）时最小冲击吸收能量/J	
		三个试样平均值	单个值
ISO 17804/JS/800-10RT	≤30	10	9
	>30～60	9	8
	>60～100	8	7

注：如果试样类型是特殊的，牌号后"/"附加的字母表示试样类型：S，单铸试样；U，附铸试样。

表 G-3　与铸件主要壁厚对应的铸造试块的类型、尺寸和拉伸试样的尺寸

铸件主要壁厚/mm	试块类型				拉伸试样首选直径⑤ D/mm
	U 型①	Y 型②	圆柱形③	方形试片④	
≤12.5	Ⅰ	Ⅰ	Ⅰ、Ⅱ或Ⅲ	A	7
>12.5～30	Ⅱₐ	Ⅱ_b	Ⅰ、Ⅱ或Ⅲ	B	14
>30～60	Ⅲ	Ⅲ	—	C	14
>60～200	Ⅳ	Ⅳ	—	D	14

① 与 ISO 1083：2018 球墨铸铁 U 型试块相同，见表 B-7。

② 与 ISO 1083：2018 球墨铸铁 Y 型试块相同，见表 B-8。

③ 见表 G-4。

④ 与 ISO 1083：2018 球墨铸铁附铸试块相同，见表 B-11。

⑤ 其他直径供需双方商定。拉伸试样尺寸与 ISO 1083：2018 表 B-10 相同。

表 G-4　单铸和附铸试块（用于 $\phi14mm$ 试样的圆柱形棒块带冒口试块）（单位：mm）

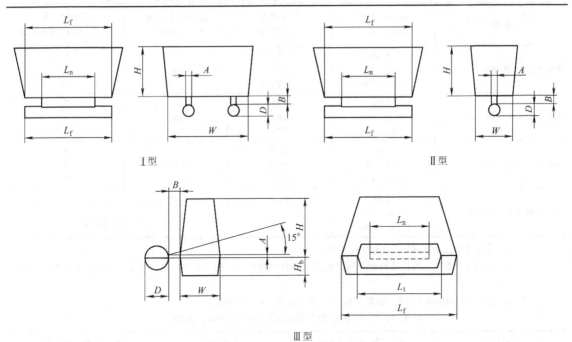

Ⅰ型　　　　　　　　　　　　　　Ⅱ型

Ⅲ型

型号	A	B	D	H	H_b	L_f	L_n	L_t	W
Ⅰ	4.5	5.5	25	50	—	L_f+20	L_1-50	见附图	100
Ⅱ	4.5	5.5	25	50	—	L_f+20	L_1-50		50
Ⅲ	4	5	25	50	15	L_f	L_1-50		50

等温淬火球墨铸铁的抗磨料磨损性能见表 G-5。

原始标距长度 $L_o=4d$ 试样的断后伸长率最低值见表 G-6，布氏硬度的控制值见表 G-7，抗拉强度和断后伸长率的控制值见表 G-8，等温淬火球墨铸铁的无缺口冲击吸收能量见表 G-9，等温淬火球墨铸铁典型的力学和物理性能见表 G-10，用于齿轮的等温淬火球墨铸铁的典型力学性能见表 G-11。

表 G-5　等温淬火球墨铸铁的抗磨料磨损性能（ISO 17804：2005）

材料牌号	布氏硬度 HBW ≥	其他性能（仅供参考）		
		抗拉强度 R_m/MPa	条件屈服强度 $R_{p0.2}$/MPa	断后伸长率 A（%）
ISO 17804/JS/HBW400	400	1400	1100	1
ISO 17804/JS/HBW450	450	1600	1300	—

注：1. 布氏硬度最大值由供需双方商定。

　　2. 牌号后"/"附加的字母为试样类型：S，单铸试样；U，附铸试样；C，铸件本体。

表 G-6　由单铸或附铸试块加工的试样测定的力学性能

（ISO 17804：2005）（拉伸试样原始标距长度 $L_o=4d$）

材料牌号	铸件的主要壁厚/mm	抗拉强度 R_m/MPa≥	条件屈服强度 $R_{p0.2}$/MPa≥	断后伸长率 A（$L_o=4d$）（%）≥
ISO 17804/JS/800-10 ISO 17804/JS/800-10RT	≤30	800	500	11
	>30~60	750		7
	>60~100	720		6

（续）

材料牌号	铸件的主要壁厚/mm	抗拉强度 R_m/MPa ≥	条件屈服强度 $R_{p0.2}$/MPa ≥	断后伸长率 A（$L_o=4d$）（%）≥
ISO 17804/JS/900-8	≤30	900	600	9
	>30~60	850		6
	>60~100	820		5
ISO 17804/JS/1050-6	≤30	1050	700	7
	>30~60	1000		5
	>60~100	970		4
ISO 17804/JS/1200-3	≤30	1200	850	4
	>30~60	1170		3
	>60~100	1140		2
ISO 17804/JS/1400-1	≤30	1400	1100	1
	>30~60	1170	由供需双方商定	
	>60~100	1140		

注：1. 由于断面壁厚复杂且波动、故铸件性能不均一。
　　2. 通过合适的热处理，可以获得此表所列的最低条件屈服强度；随着铸件壁厚的增加，抗拉强度和断后伸长率下降。
　　3. 牌号后"/"附加的字母表示试样类型：S，单铸试样；U，附铸试样。

表 G-7　布氏硬度的控制值（ISO 17804：2005）

材料牌号	布氏硬度范围 HBW	材料牌号	布氏硬度范围 HBW
ISO 17804/JS/800-10	250~310	ISO 17804/JS/1050-6	320~380
ISO 17804/JS/800-10RT		ISO 17804/JS/1200-3	340~420
ISO 17804/JS/900-8	280~340	ISO 17804/JS/1400-1	380~480

表 G-8　从铸件本体上切取试样的抗拉强度和断后伸长率的控制值（ISO 17804：2005）

材料牌号	条件屈服强度 $R_{p0.2}$/MPa ≥	抗拉强度 R_m/MPa ≥			断后伸长率 A（%）≥		
		铸件壁厚/mm					
		≤30	>30~60	>60~100	≤30	>30~60	>60~100
ISO 17804/JS/800-10/C	500	790	740	710	8	5	4
ISO 17804/JS/900-8/C	600	880	830	800	7	4	3
ISO 17804/JS/1050-6/C	700	1020	970	940	5	3	2
ISO 17804/JS/1200-3/C	850	1170	1140	1110	2	1	1
ISO 17804/JS/1400-1/C	1100	1360	由供需双方商定				

表 G-9　等温淬火球墨铸铁的无缺口试样的
冲击吸收能量（ISO 17804：2005）

材料牌号	（23±5）℃时最低冲击吸收能量/J	材料牌号	（23±5）℃时最低冲击吸收能量/J
ISO 17804/JS/800-10	110	ISO 17804/JS/1200-3	60
ISO 17804/JS/800-10RT		ISO 17804/JS/1400-1	35
ISO 17804/JS/900-8	100	ISO 17804/JS/HBW400	25
ISO 17804/JS/1050-6	80	ISO 17804/JS/HBW450	20

注：1. 无缺口试样冲击吸收能量为（23±5）℃时测得，表中值为4个单独试样中3个最高试样值的平均值。
　　2. 牌号后"/"附加的字母为试样类型：S，单铸试样；U，附铸试样；C，铸件本体。

表 G-10　等温淬火球墨铸铁典型的力学和物理性能（ISO 17804：2005）

等温淬火球墨铸铁的力学性能	材料牌号 ISO 17804/JS/					
	800-10 800-10RT	900-8	1050-6	1200-3	1400-1 HBW400	HBW450
	性能的指示值[①]					
拉压强度 R_{mc}/MPa	1300	1450	1675	1900	2200	2500
条件屈服强度/MPa	620	700	840	1040	1220	1350
抗剪强度 τ_b/MPa	720	800	940	1080	1260	1400
条件屈服强度/MPa	350	420	510	590	770	850
抗扭强度 τ_m/MPa	720	800	940	1080	1260	1400
条件屈服强度/MPa	350	420	510	590	770	850
断裂韧度 K_{IC}/MPa $\sqrt{m}$	62	60	59	54	50	—
疲劳极限（旋转弯曲）［无缺口（直径 ϕ10.6mm）$N = 2 \times 10^6$ 循环资料］/MPa	375	400	430	450	375	300
疲劳极限（旋转弯曲）［有缺口（直径 ϕ10.6mm）[②]，$N = 2 \times 10^6$ 循环资料］/MPa	225	240	265	280	275	270
弹性模量 E（拉伸和压缩）/GPa	170	169	168	167	165	165
泊松比 ν	0.27	0.27	0.27	0.27	0.27	0.27
切变模量/GPa	65	65	64	63	62	62
密度 ρ/(g/dm³)	7.1	7.1	7.1	7.0	7.0	7.0
线胀系数 α_l（20 ~ 200℃）/10⁻⁶K⁻¹	14 ~ 18[③]					
200℃时热导率/[W/(m·K)]	20 ~ 23[④]					

注：除非有特别说明，该表中值均在室温时测得。

① 最低值从≤50mm 壁厚中获得。对于较厚断面，由供需双方商定。

② 缺口试样经热处理，带 45°V 型缺口，圆角半径为 0.25mm。

③ 强度较低的牌号，线膨胀系数 α 值较高。

④ 强度较低的牌号，热导率值较高。

表 G-11　用于齿轮的等温淬火球墨铸铁的典型力学性能（ISO 17804：2005）

等温淬火球墨铸铁的力学性能	材料牌号 ISO 17804/JS/			
	800-10 800-10RT	900-8	1050-6	1200-3
	典型性能值			
压缩疲劳强度 $\sigma_{Hlim90\%}$（$N = 10^7$ 循环次数）/MPa	1050	1100	1300	1350
齿根弯曲疲劳强度 $\sigma_{Hlim90\%}$（$N = 10^7$ 循环次数）/MPa	350	320	300	290

附录 H 固溶强化铁素体球墨铸铁和高硅铸铁国外有关标准（摘录）

H.1 国际标准（ISO 1083：2018）

固溶强化铁素体球墨铸铁的拉伸性能、硬度等级和硅含量指导值见表H-1～表H-3。

表 H-1 固溶强化铁素体球墨铸铁铸造试样的拉伸性能

材料牌号	铸件壁厚 t/mm	条件屈服强度 $R_{p0.2}$ /MPa ≥	抗拉强度 R_m /MPa ≥	断后伸长率 A (%) ≥
ISO1083/JS/450-18	≤30	350	450	18
	>30～60	340	430	14
	>60～200	由供需双方协商		
ISO1083/JS/500-14	≤30	400	500	14
	30～60	390	480	12
	60～200	由供需双方协商		
ISO1083/JS/600-10	≤30	470	600	10
	30～60	450	580	8
	>60～200	由供需双方协商		

注：1. 由铸造试样测得力学性能并不能准确反映铸件本体的力学性能。

2. 表中数据适用于单铸试样、附铸试样和并排铸造试样，因此没用使用后缀"S"。

表 H-2 固溶强化铁素体球墨铸铁的硬度等级

材料牌号	布氏硬度范围 HBW	其他性能[1] R_m /MPa ≥	其他性能[1] $R_{p0.2}$ /MPa ≥
ISO1083/JS/HBW175	160～190	450	350
ISO1083/JS/HBW195	180～210	500	400
ISO1083/JS/HBW210	195～225	600	470

[1] 当硬度作为检验项目时，这些性能仅供参考。

表 H-3 固溶强化铁素体球墨铸铁硅含量指导值

材料牌号	$w(Si)(\%)^{①②}$
ISO1083/JS/450-18	≈3.20
ISO1083/JS/500-14	≈3.80
ISO1083/JS/600-10	≈4.20

① 由于其他合金元素，或者对厚壁件，硅含量可能偏低。

② 随着硅含量的增加，碳含量应相应地降低。

H.2 美国标准（ASTM A518M—2018）

高硅耐蚀铸铁的化学成分和抗弯试验要求见表H-4和表H-5。高硅耐蚀铸铁抗弯强度试棒铸型和弯曲试棒尺寸如图H-1和图H-2所示。

表 H-4 高硅耐蚀铸铁的化学成分

（ASTM A518M—2018）

合金元素	化学成分（质量分数，%） 牌号1	牌号2	牌号3
C	0.65～1.10	0.75～1.15	0.70～1.10
Mn	≤1.50	≤1.50	≤1.50
Si	14.20～14.75	14.20～14.75	14.20～14.75
Cr	≤0.50	≤3.25～5.00	3.25～5.00
Mo	≤0.50	0.40～0.60	≤0.020
Cu	≤0.50	≤0.50	≤0.50

表 H-5 抗弯试验最低要求

中心处的负载力/N ≤	4090
中心处的挠度/mm ≤	0.66

注：试棒在间距为305mm的支点间试验。

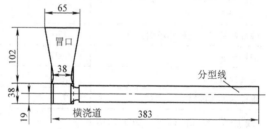

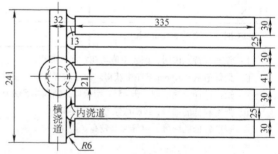

图 H-1 高硅耐蚀铸铁抗弯试棒铸型

注：水平铸造，试样直径为 ϕ30.5mm。

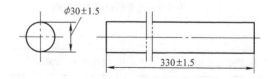

图 H-2 高硅耐蚀铸铁弯曲试棒尺寸

注：建议试棒在型内冷却至540℃以下落砂，在进行抗弯试验前应进行消除残应力处理。

H.3　欧洲标准（EN 1563：2019）

高硅耐蚀铸铁的化学成分见表 H-6。

表 H-6　高硅耐蚀铸铁的化学成分

牌　号	化学成分（质量分数,%）						牌　号	化学成分（质量分数,%）					
	C	Si	Mn	P	S	Cr		C	Si	Mn	P	S	Cr
	≤		≤	≤	≤			≤		≤	≤	≤	
Si10	1.2	10.00 ~ 12.00	0.5	0.25	0.1	—	SiCr144	1.4	14.25 ~ 15.25	0.5	0.25	0.1	4.0 ~ 0.5
Si14	1.0	14.25 ~ 15.25	0.5	0.25	0.1	—	Si16	0.8	16.00 ~ 18.00	0.5	0.25	0.1	—

附录 I 元素周期表

说明：
- 92 U —— 原子序数（加粗表示放射性元素）
- 铀 —— 元素符号（加粗表示放射性元素）
- 238.0 —— 元素名称（注*的表示人造元素）
- 相对原子质量（加括号数据为该放射性元素半衰期最长同位素的质量数）

金属元素　非金属元素

周期	IA 1	IIA 2	IIIB 3	IVB 4	VB 5	VIB 6	VIIB 7	VIII 8	VIII 9	VIII 10	IB 11	IIB 12	IIIA 13	IVA 14	VA 15	VIA 16	VIIA 17	0 18	电子层	0族电子数
1	1 H 氢 1.008																	2 He 氦 4.003	K	2
2	3 Li 锂 6.941	4 Be 铍 9.012											5 B 硼 10.81	6 C 碳 12.01	7 N 氮 14.01	8 O 氧 16.00	9 F 氟 19.00	10 Ne 氖 20.18	L K	8 2
3	11 Na 钠 22.99	12 Mg 镁 24.31											13 Al 铝 26.98	14 Si 硅 28.09	15 P 磷 30.97	16 S 硫 32.06	17 Cl 氯 35.45	18 Ar 氩 39.95	M L K	8 8 2
4	19 K 钾 39.10	20 Ca 钙 40.08	21 Sc 钪 44.96	22 Ti 钛 47.87	23 V 钒 50.94	24 Cr 铬 52.00	25 Mn 锰 54.94	26 Fe 铁 55.85	27 Co 钴 58.93	28 Ni 镍 58.69	29 Cu 铜 63.55	30 Zn 锌 65.38	31 Ga 镓 69.72	32 Ge 锗 72.63	33 As 砷 74.92	34 Se 硒 78.96	35 Br 溴 79.90	36 Kr 氪 83.80	N M L K	8 18 8 2
5	37 Rb 铷 85.47	38 Sr 锶 87.62	39 Y 钇 88.91	40 Zr 锆 91.22	41 Nb 铌 92.91	42 Mo 钼 95.96	43 Tc 锝 [98]	44 Ru 钌 101.1	45 Rh 铑 102.9	46 Pd 钯 106.4	47 Ag 银 107.9	48 Cd 镉 112.4	49 In 铟 114.8	50 Sn 锡 118.7	51 Sb 锑 121.8	52 Te 碲 127.6	53 I 碘 126.9	54 Xe 氙 131.3	O N M L K	8 18 18 8 2
6	55 Cs 铯 132.9	56 Ba 钡 137.3	57~71 La~Lu 镧系	72 Hf 铪 178.5	73 Ta 钽 180.9	74 W 钨 183.8	75 Re 铼 186.2	76 Os 锇 190.2	77 Ir 铱 192.2	78 Pt 铂 195.1	79 Au 金 197.0	80 Hg 汞 200.6	81 Tl 铊 204.4	82 Pb 铅 207.2	83 Bi 铋 209.0	84 Po 钋 [209]	85 At 砹 [210]	86 Rn 氡 [222]	P O N M L K	8 18 32 18 8 2
7	87 Fr 钫 [223]	88 Ra 镭 [226]	89~103 Ac~Lr 锕系	104 Rf 𬬻* [265]	105 Db 𬭊* [268]	106 Sg 𬭳* [271]	107 Bh 𬭛* [270]	108 Hs 𬭶* [277]	109 Mt 䥑* [276]	110 Ds 𫟼* [281]	111 Rg 𬬭* [280]	112 Cn 鿔* [285]	113 Nh 𫓧* [284]	114 Fl 𫓧* [289]	115 Mc 镆* [288]	116 Lv 𫟷* [293]	117 Ts 鿬* [294]	118 Og 鿫* [294]	Q P O N M L K	8 18 32 32 18 8 2

镧系	57 La 镧 138.9	58 Ce 铈 140.1	59 Pr 镨 140.9	60 Nd 钕 144.2	61 Pm 钷* [145]	62 Sm 钐 150.4	63 Eu 铕 152.0	64 Gd 钆 157.3	65 Tb 铽 158.9	66 Dy 镝 162.5	67 Ho 钬 164.9	68 Er 铒 167.3	69 Tm 铥 168.9	70 Yb 镱 173.1	71 Lu 镥 175.0
锕系	89 Ac 锕 [227]	90 Th 钍 232.0	91 Pa 镤 231.0	92 U 铀 238.0	93 Np 镎 [237]	94 Pu 钚 [244]	95 Am 镅* [243]	96 Cm 锔* [247]	97 Bk 锫* [247]	98 Cf 锎* [251]	99 Es 锿* [252]	100 Fm 镄* [257]	101 Md 钔* [258]	102 No 锘* [259]	103 Lr 铹* [262]